찐합격

당신도 이번에 반드시 합격합니다!

기계① | 필기

소방설비기사

I 본문

우석대학교 소방방재학과 교수 **공하성**

BM (주)도서출판 **성안당**

머리말

God loves you, and has a wonderful plan for you.

안녕하십니까?

우석대학교 소방방재학과 교수 공하성입니다.

지난 30년간 보내주신 독자 여러분의 아낌없는 찬사에 진심으로 감사드립니다.

앞으로도 변함없는 성원을 부탁드리며, 여러분들의 성원에 힘입어 항상 더 좋은 책으로 거듭나겠습니다.

본 책의 특징은 학원 강의를 듣듯 정말 자세하게 설명해 놓았다는 것입니다.

시험의 기출문제를 분석해 보면 문제은행식으로 과년도 문제가 매년 거듭 출제되고 있음을 알 수 있습니다. 그러므로 과년도 문제만 충실히 풀어보아도 쉽게 합격할 수 있을 것입니다.

그런데, 2004년 5월 29일부터 소방관련 법령이 전면 개정됨으로써 "소방관계법규"는 2005년부터 신법에 맞게 새로운 문제들이 출제되고 있습니다.

본 서는 여기에 중점을 두어 국내 최다의 과년도 문제와 신법에 맞는 출제 가능한 문제들을 최대한 많이 수록하였습니다.

또한, 각 문제마다 아래와 같이 중요도를 표시하였습니다.

별표없는것	출제빈도 10%	★	출제빈도 30%
★★	출제빈도 70%	★★★	출제빈도 90%

그리고 해답의 근거를 다음과 같이 약자로 표기하여 신뢰성을 높였습니다.

- 기본법 : 소방기본법
- 기본령 : 소방기본법 시행령
- 기본규칙 : 소방기본법 시행규칙
- 소방시설법 : 소방시설 설치 및 관리에 관한 법률
- 소방시설법 시행령 : 소방시설 설치 및 관리에 관한 법률 시행령
- 소방시설법 시행규칙 : 소방시설 설치 및 관리에 관한 법률 시행규칙
- 화재예방법 : 화재의 예방 및 안전관리에 관한 법률
- 화재예방법 시행령 : 화재의 예방 및 안전관리에 관한 법률 시행령
- 화재예방법 시행규칙 : 화재의 예방 및 안전관리에 관한 법률 시행규칙
- 공사업법 : 소방시설공사업법
- 공사업령 : 소방시설공사업법 시행령
- 공사업규칙 : 소방시설공사업법 시행규칙
- 위험물법 : 위험물안전관리법
- 위험물령 : 위험물안전관리법 시행령
- 위험물규칙 : 위험물안전관리법 시행규칙
- 건축령 : 건축법 시행령
- 위험물기준 : 위험물안전관리에 관한 세부기준
- 피난·방화구조 : 건축물의 피난·방화구조 등의 기준에 관한 규칙

본 책에는 잘못된 부분이 있을 수 있으며, 잘못된 부분에 대해서는 발견 즉시 성안당(www.cyber.co.kr) 또는 예스미디어(www.ymg.kr)에 올리도록 하고, 새로운 책이 나올 때마다 늘 수정·보완하도록 하겠습니다.

이 책의 집필에 도움을 준 이종화·안재천 교수님, 임수란님에게 고마움을 표합니다.

끝으로 이 책에 대한 모든 영광을 그 분께 돌려 드립니다.

공하성 올림

소방설비기사 필기(기계분야) 출제경향분석

‖ 제1과목 소방원론

1. 화재의 성격과 원인 및 피해	9.1% (2문제)
2. 연소의 이론	16.8% (4문제)
3. 건축물의 화재성상	10.8% (2문제)
4. 불 및 연기의 이동과 특성	8.4% (1문제)
5. 물질의 화재위험	12.8% (3문제)
6. 건축물의 내화성상	11.4% (2문제)
7. 건축물의 방화 및 안전계획	5.1% (1문제)
8. 방화안전관리	6.4% (1문제)
9. 소화이론	6.4% (1문제)
10. 소화약제	12.8% (3문제)

‖ 제2과목 소방유체역학

1. 유체의 일반적 성질	26.2% (5문제)
2. 유체의 운동과 법칙	17.3% (4문제)
3. 유체의 유동과 계측	20.1% (4문제)
4. 유체정역학 및 열역학	20.1% (4문제)
5. 유체의 마찰 및 펌프의 현상	16.3% (3문제)

‖ 제3과목 소방관계법규

1. 소방기본법령	20% (4문제)
2. 소방시설 설치 및 관리에 관한 법령	14% (3문제)
3. 화재의 예방 및 안전관리에 관한 법령	21% (4문제)
4. 소방시설공사업법령	30% (6문제)
5. 위험물안전관리법령	15% (3문제)

‖ 제4과목 소방기계시설의 구조 및 원리

1. 소화기구	2.2% (1문제)
2. 옥내소화전설비	11.0% (2문제)
3. 옥외소화전설비	6.3% (1문제)
4. 스프링클러설비	15.9% (3문제)
5. 물분무소화설비	5.6% (1문제)
6. 포소화설비	9.7% (2문제)
7. 이산화탄소 소화설비	5.3% (1문제)
8. 할론·할로겐화합물 및 불활성기체 소화설비	5.9% (1문제)
9. 분말소화설비	7.8% (2문제)
10. 피난구조설비	8.4% (2문제)
11. 제연설비	7.2% (1문제)
12. 연결살수설비	5.3% (1문제)
13. 연결송수관설비	6.6% (1문제)
14. 소화용수설비	2.8% (1문제)

차 례

1 ┃ 소방원론

CONTENTS ++++++++++++++ ++++++++++++

CONTENTS ++++++++++++ ++++++++++++

++++++++ 책선정시유의사항

첫째 저자의 지명도를 보고 선택할 것
(저자가 책의 모든 내용을 집필하기 때문)

둘째 문제에 대한 100% 상세한 해설이 있는지 확인할 것
(해설이 없을 경우 문제 이해에 어려움이 있음)

셋째 과년도문제가 많이 수록되어 있는 것을 선택할 것
(국가기술자격시험은 대부분 과년도문제에서 출제되기 때문)

넷째 핵심내용을 정리한 요점 노트가 있는지 확인할 것
(요점 노트가 있으면 중요사항을 쉽게 구분할 수 있기 때문)

이 책의 특징 ++++++++++++++++

1. 요점

> **요점 8** **폭발의 종류**
> ① **분해폭발** : 과산화물, 아세틸렌, 다이나마이트
> ② **분진폭발** : 밀가루, 담뱃가루, 석탄가루, 먼지, 전분, 금속
> ③ **중합폭발** : 염화비닐, 시안화수소

핵심내용을 별책 부록화하여 어디서든 휴대하기 간편한 요점 노트를 수록하였음.
(으흠 이런 깊은 뜻이!)

2. 문제

각 문제마다 중요도를 표시하여 ★이 많은 것은 특별히 주의깊게 볼 수 있도록 하였음!

> ★★★
> **08** 자기연소를 일으키는 가연물질로만 짝지어진 것은?
> ① 니트로셀룰로오즈, 유황, 등유
> ② 질산에스테르, 셀룰로이드, 니트로화합물
> ③ 셀룰로이드, 발연황산, 목탄
> ④ 질산에스테르, 황린, 염소산칼륨

각 문제마다 100% 상세한 해설을 하고 꼭 알아야 될 사항은 고딕체로 구분하여 표시하였음.

> **해설** 위험물 **제4류 제2석유류**(등유, 경유)의 특성
> (1) 성질은 **인화성 액체**이다.
> (2) 상온에서 안정하고, 약간의 자극으로는 쉽게 폭발하지 않는다.
> (3) 용해하지 않고, **물보다 가볍다.**
> (4) 소화방법은 **포말소화**가 좋다. **답 ①**

용어에 대한 설명을 첨부하여 문제를 쉽게 이해하여 답안작성이 용이하도록 하였음.

> **소방력** : 소방기관이 소방업무를 수행하는 데 필요한 인력과 장비

3. 초스피드 기억법

> **중요** **표시방식**
> (1) 차량용 운반용기 : **흑색** 바탕에 **황색** 반사도료
> (2) 옥외탱크저장소 : **백색** 바탕에 **흑색** 문자
> (3) 주유취급소 : **황색** 바탕에 흑색 문자
> (4) 물기엄금 : **청색** 바탕에 **백색** 문자
> (5) 화기엄금 · 화기주의 : **적색** 바탕에 **백색** 문자

특히, 중요한 내용은 별도로 정리하여 쉽게 암기할 수 있도록 하였음.

> **9** 점화원이 될 수 없는 것
>
> ① **흡**착열
> ② **기**화열
> ③ **융**해열
>
>  ● 초스피드 **기억법**
>
> **흡기 융점없**(호흡기의 융점은 없다.)

시험에 자주 출제되는 내용들은 초스피드 기억법을 적용하여 한번에 기억할 수 있도록 하였음.

소방설비기사 필기(기계분야)의 가장 효율적인 공부방법을 소개합니다. 이 책으로 이대로만 공부하면 반드시 한 번에 합격할 수 있습니다.

첫째, 요점 노트를 읽고 숙지한다.
　(요점 노트에서 평균 60% 이상이 출제되기 때문에 항상 휴대하고 다니며 틈날 때마다 눈에 익힌다.)

둘째, 초스피드 기억법을 읽고 숙지한다.
　(특히 혼동되면서 중요한 내용들은 기억법을 적용하여 쉽게 암기할 수 있도록 하였으므로 꼭 기억한다.)

셋째, 본 책의 출제문제 수를 파악하고, 시험 때까지 3번 정도 반복하여 공부할 수 있도록 1일 공부 분량을 정한다.
　(이때 너무 무리하지 않도록 1주일에 하루 정도는 쉬는 것으로 하여 계획을 짜는 것이 좋겠다.)

넷째, 본문은 Key Point란에 특히 관심을 가지며 부담없이 한 번 정도 읽은 후, 처음부터 차근차근 문제를 풀어 나간다.
　(해설을 보며 암기할 사항이 요점 노트에 있으면 그것을 다시 한번 보고 혹시 요점 노트에 없으면 요점 노트의 여백에 기록한다.)

다섯째, 시험 전날에는 책 전체를 한 번 쭉 훑어보며 문제와 답만 체크(check)하며 보도록 한다.
　(가능한 한 시험 전날에는 책 전체 내용을 밤을 세우더라도 꼭 점검하기 바란다. 시험 전날 본 문제가 의외로 많이 출제된다.)

여섯째, 시험장에 갈 때에도 책과 요점 노트는 반드시 지참한다.
　(가능한 한 대중교통을 이용하여 시험장으로 향하는 동안에도 요점 노트를 계속 본다.)

일곱째, 시험장에 도착해서는 책을 다시 한번 훑어본다.
　(마지막 5분까지 최선을 다하면 반드시 한 번에 합격할 수 있습니다.)

소방설비기사 필기(기계분야) 시험내용

1. 필기시험

구 분	내 용
시험 과목	1. 소방원론 2. 소방유체역학 3. 소방관계법규 4. 소방기계시설의 구조 및 원리
출제 문제	과목당 20문제(전체 80문제)
합격 기준	과목당 40점 이상 평균 60점 이상
시험 시간	2시간
문제 유형	객관식(4지선택형)

2. 실기시험

구 분	내 용
시험 과목	소방기계시설 설계 및 시공실무
출제 문제	9~18 문제
합격 기준	60점 이상
시험 시간	3시간
문제 유형	필답형

단위환산표(기계분야)

명 칭	기 호	크 기	명 칭	기 호	크 기
테라(tera)	T	10^{12}	피코(pico)	p	10^{-12}
기가(giga)	G	10^{9}	나노(nano)	n	10^{-9}
메가(mega)	M	10^{6}	마이크로(micro)	μ	10^{-6}
킬로(kilo)	k	10^{3}	밀리(milli)	m	10^{-3}
헥토(hecto)	h	10^{2}	센티(centi)	c	10^{-2}
데카(deka)	D	10^{1}	데시(deci)	d	10^{-1}

〈보기〉
- $1km=10^{3}m$
- $1mm=10^{-3}m$
- $1pF=10^{-12}F$
- $1\mu m=10^{-6}m$

단위읽기표

단위읽기표(기계분야)

여러분들이 고민하는 것 중 하나가 단위를 어떻게 읽느냐 하는 것일 듯 합니다. 그 방법을 속시원하게 공개해 드립니다.

(알파벳 순)

단 위	단위 읽는 법	단위의 의미(물리량)
Aq	아쿠아(**Aq**ua)	물의 높이
atm	에이 티 엠(**atm** osphere)	기압, 압력
bar	바(**bar**)	압력
barrel	배럴(**barrel**)	부피
BTU	비티유(**B**ritish **T**hermal **U**nit)	열량
cal	칼로리(**cal**orie)	열량
cal/g	칼로리 퍼 그램(**cal**orie per **g**ram)	융해열, 기화열
cal/g·℃	칼로리 퍼 그램 도 씨(**cal**orie per **g**ram degree **C**elsius)	비열
dyn, dyne	다인(**dyne**)	힘
g/cm³	그램 퍼 세제곱 센티미터(**g**ram per **C**enti**M**eter cubic)	비중량
gal, gallon	갈론(**gallon**)	부피
H_2O	에이치 투 오(water)	물의 높이
Hg	에이치 지(mercury)	수은주의 높이
HP	마력(**H**orse **P**ower)	일률
J/s, J/sec	줄 퍼 세컨드(**J**oule per **se**cond)	일률
K	케이(**K**elvin temperature)	켈빈온도
kg/m²	킬로그램 퍼 제곱 미터(**ki**lo**g**ram per **m**eter square)	화재하중
kg_f	킬로그램 포스(**ki**logram **f**orce)	중량
kg_f/cm²	킬로그램 포스 퍼 제곱 센티미터 (**ki**logram **f**orce per **C**enti**M**eter square)	압력
l	리터(**l**eter)	부피
lb	파운드(pound)	중량
lb_f/in²	파운드 포스 퍼 제곱 인치 (pound **f**orce per **i**nch square)	압력

단 위	단위 읽는 법	단위의 의미(물리량)
m/min	미터 퍼 미니트(meter per minute)	속도
m/sec^2	미터 퍼 제곱 세컨드(meter per second square)	가속도
m^3	세제곱 미터(meter cubic)	부피
m^3/min	세제곱 미터 퍼 미니트(meter cubic per minute)	유량
m^3/sec	세제곱 미터 퍼 세컨드(meter cubic per second)	유량
mol, mole	몰(mole)	물질의 양
m^{-1}	매미터(per meter)	감광계수
N	뉴턴(Newton)	힘
N/m^2	뉴턴 퍼 제곱 미터(Newton per meter square)	압력
P	푸아즈(Poise)	점도
Pa	파스칼(Pascal)	압력
PS	미터 마력(PferdeStärke)	일률
PSI	피 에스 아이(Pound per Square Inch)	압력
s, sec	세컨드(second)	시간
stokes	스토크스(stokes)	점도
vol%	볼륨 퍼센트(volume percent)	농도
W	와트(Watt)	동력
W/m^2	와트 퍼 제곱 미터(Watt per meter square)	대류열
W/m$^2 \cdot$K^4	와트 퍼 제곱 미터 케이 네제곱 (Watt per meter square Kelvin)	스테판-볼츠만 상수
W/m$^2 \cdot$℃	와트 퍼 제곱 미터 도 씨 (Watt per meter square degree Celsius)	열전달률
W/m$\cdot$K	와트 퍼 미터 케이(Watt per meter Kelvin)	열전도율
W/sec	와트 퍼 세컨드(Watt per Second)	전도열
℃	도 씨(degree Celsius)	섭씨온도
℉	도 에프(degree Fahrenheit)	화씨온도
℉R	도 알(Rankine temperature)	랭킨온도

단위변환표

중력단위(공학단위)와 SI단위

중력단위	SI단위	비고
$1kg_f$	$9.8N = 9.8kg \cdot m/s^2$	힘
$1kg_f/m^2$	$9.8kg/m \cdot s^2$	–
–	$1kg/m \cdot s = 1N \cdot s/m^2$	점성계수
–	$1m^3/kg = 1m^4/N \cdot s^2$	비체적
–	$1000kg/m^3 = 1000N \cdot s^2/m^4$ (물의 밀도)	밀도
$1000kg_f/m^3$ (물의 비중량)	$9800N/m^3$ (물의 비중량)	비중량
$$PV = mRT$$ 여기서, P : 압력$[kg_f/m^2]$ V : 부피$[m^3]$ m : 질량$[kg]$ $R : \dfrac{848}{M}[kg_f \cdot m/kg \cdot K]$ T : 절대온도$(273+℃)[K]$	$$PV = mRT$$ 여기서, P : 압력$[N/m^2]$ V : 부피$[m^3]$ m : 질량$[kg]$ $R : \dfrac{8314}{M}[N \cdot m/kg \cdot K]$ T : 절대온도$(273+℃)[K]$	이상기체 상태방정식
$$P = \dfrac{\gamma QH}{102\eta}K$$ 여기서, P : 전동력$[kW]$ γ : 비중량(물의 비중량 $1000kg_f/m^3$) Q : 유량$[m^3/s]$ H : 전양정$[m]$ K : 전달계수 η : 효율	$$P = \dfrac{\gamma QH}{1000\eta}K$$ 여기서, P : 전동력$[kW]$ γ : 비중량(물의 비중량 $9800N/m^3$) Q : 유량$[m^3/s]$ H : 전양정$[m]$ K : 전달계수 η : 효율	전동력
$$P = \dfrac{\gamma QH}{102\eta}$$ 여기서, P : 축동력$[kW]$ γ : 비중량(물의 비중량 $1000kg_f/m^3$) Q : 유량$[m^3/s]$ H : 전양정$[m]$ η : 효율	$$P = \dfrac{\gamma QH}{1000\eta}$$ 여기서, P : 전동력$[kW]$ γ : 비중량(물의 비중량 $9800N/m^3$) Q : 유량$[m^3/s]$ H : 전양정$[m]$ η : 효율	축동력
$$P = \dfrac{\gamma QH}{102}$$ 여기서, P : 수동력$[kW]$ γ : 비중량(물의 비중량 $1000kg_f/m^3$) Q : 유량$[m^3/s]$ H : 전양정$[m]$	$$P = \dfrac{\gamma QH}{1000}$$ 여기서, P : 수동력$[kW]$ γ : 비중량(물의 비중량 $9800N/m^3$) Q : 유량$[m^3/s]$ H : 전양정$[m]$	수동력

시험안내 연락처 ✝✝✝✝✝✝✝

기관명	주소	전화번호
서울지역본부	02512 서울 동대문구 장안벚꽃로 279(휘경동 49-35)	02-2137-0590
서울서부지사	03302 서울 은평구 진관3로 36(진관동 산100-23)	02-2024-1700
서울남부지사	07225 서울시 영등포구 버드나루로 110(당산동)	02-876-8322
서울강남지사	06193 서울시 강남구 테헤란로 412 T412빌딩 15층(대치동)	02-2161-9100
인천지사	21634 인천시 남동구 남동서로 209(고잔동)	032-820-8600
경인지역본부	16626 경기도 수원시 권선구 호매실로 46-68(탑동)	031-249-1201
경기동부지사	13313 경기 성남시 수정구 성남대로 1217(수진동)	031-750-6200
경기서부지사	14488 경기도 부천시 길주로 463번길 69(춘의동)	032-719-0800
경기남부지사	17561 경기 안성시 공도읍 공도로 51-23	031-615-9000
경기북부지사	11801 경기도 의정부시 바대논길 21 해인프라자 3~5층(고산동)	031-850-9100
강원지사	24408 강원특별자치도 춘천시 동내면 원창 고개길 135(학곡리)	033-248-8500
강원동부지사	25440 강원특별자치도 강릉시 사천면 방동길 60(방동리)	033-650-5700
부산지역본부	46519 부산시 북구 금곡대로 441번길 26(금곡동)	051-330-1910
부산남부지사	48518 부산시 남구 신선로 454-18(용당동)	051-620-1910
경남지사	51519 경남 창원시 성산구 두대로 239(중앙동)	055-212-7200
경남서부지사	52733 경남 진주시 남강로 1689(초전동 260)	055-791-0700
울산지사	44538 울산광역시 중구 종가로 347(교동)	052-220-3277
대구지역본부	42704 대구시 달서구 성서공단로 213(갈산동)	053-580-2300
경북지사	36616 경북 안동시 서후면 학가산 온천길 42(명리)	054-840-3000
경북동부지사	37580 경북 포항시 북구 법원로 140번길 9(장성동)	054-230-3200
경북서부지사	39371 경상북도 구미시 산호대로 253(구미첨단의료 기술타워 2층)	054-713-3000
광주지역본부	61008 광주광역시 북구 첨단벤처로 82(대촌동)	062-970-1700
전북지사	54852 전북 전주시 덕진구 유상로 69(팔복동)	063-210-9200
전북서부지사	54098 전북 군산시 공단대로 197번지 풍산빌딩 2층(수송동)	063-731-5500
전남지사	57948 전남 순천시 순광로 35-2(조례동)	061-720-8500
전남서부지사	58604 전남 목포시 영산로 820(대양동)	061-288-3300
대전지역본부	35000 대전광역시 중구 서문로 25번길 1(문화동)	042-580-9100
충북지사	28456 충북 청주시 흥덕구 1순환로 394번길 81(신봉동)	043-279-9000
충북북부지사	27480 충북 충주시 호암수청2로 14 충주농협 호암행복지점 3~4층(호암동)	043-722-4300
충남지사	31081 충남 천안시 서북구 상고1길 27(신당동)	041-620-7600
세종지사	30128 세종특별자치시 한누리대로 296(나성동)	044-410-8000
제주지사	63220 제주 제주시 복지로 19(도남동)	064-729-0701

※ 청사이전 및 조직변동 시 주소와 전화번호가 변경, 추가될 수 있음

14

응시자격

기사 : 다음 각 호의 어느 하나에 해당하는 사람

1. **산업기사** 등급 이상의 자격을 취득한 후 응시하려는 종목이 속하는 동일 및 유사 직무분야에서 **1년 이상** 실무에 종사한 사람
2. **기능사** 자격을 취득한 후 응시하려는 종목이 속하는 동일 및 유사 직무분야에서 **3년 이상** 실무에 종사한 사람
3. 응시하려는 종목이 속하는 동일 및 유사 직무분야의 다른 종목의 기사 등급 이상의 자격을 취득한 사람
4. 관련학과의 대학졸업자 등 또는 그 졸업예정자
5. **3년제 전문대학** 관련학과 졸업자 등으로서 졸업 후 응시하려는 종목이 속하는 동일 및 유사 직무분야에서 **1년 이상** 실무에 종사한 사람
6. **2년제 전문대학** 관련학과 졸업자 등으로서 졸업 후 응시하려는 종목이 속하는 동일 및 유사 직무분야에서 **2년 이상** 실무에 종사한 사람
7. 동일 및 유사 직무분야의 **기사** 수준 기술훈련과정 이수자 또는 그 이수예정자
8. 동일 및 유사 직무분야의 **산업기사** 수준 기술훈련과정 이수자로서 이수 후 응시하려는 종목이 속하는 동일 및 유사 직무분야에서 **2년 이상** 실무에 종사한 사람
9. 응시하려는 종목이 속하는 동일 및 유사 직무분야에서 **4년 이상** 실무에 종사한 사람
10. 외국에서 동일한 종목에 해당하는 자격을 취득한 사람

산업기사 : 다음 각 호의 어느 하나에 해당하는 사람

1. **기능사** 등급 이상의 자격을 취득한 후 응시하려는 종목이 속하는 동일 및 유사 직무분야에 **1년 이상** 실무에 종사한 사람
2. 응시하려는 종목이 속하는 동일 및 유사 직무분야의 다른 종목의 산업기사 등급 이상의 자격을 취득한 사람
3. 관련학과의 **2년제** 또는 **3년제 전문대학**졸업자 등 또는 그 졸업예정자
4. 관련학과의 대학졸업자 등 또는 그 졸업예정자
5. 동일 및 유사 직무분야의 산업기사 수준 기술훈련과정 이수자 또는 그 이수예정자
6. 응시하려는 종목이 속하는 동일 및 유사 직무분야에서 **2년 이상** 실무에 종사한 사람
7. 고용노동부령으로 정하는 기능경기대회 입상자
8. 외국에서 동일한 종목에 해당하는 자격을 취득한 사람
※ 세부사항은 한국산업인력공단 **1644-8000**으로 문의바람

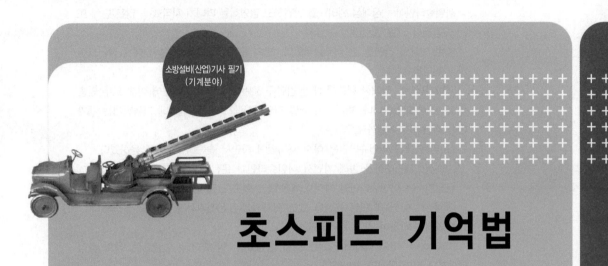

초스피드 기억법

상대성 원리

아인슈타인이 '상대성 원리'를 발견하고 강연회를 다니기 시작했다. 많은 단체 또는 사람들이 그를 불렀다.

30번 이상의 강연을 한 어느날이었다. 전속 운전기사가 아인슈타인에게 장난스럽게 이런말을 했다.

"박사님! 전 상대성 원리에 대한 강연을 30번이나 들었기 때문에 이제 모두 암송할 수 있게 되었습니다. 박사님은 연일 강연하시느라 피곤하실텐데 다음번에는 제가 한번 강연하면 어떨까요?"

그 말을 들은 아인슈타인은 아주 재미있어 하면서 순순히 그 말에 응하였다.

그래서 다음 대학을 향해 가면서 아인슈타인과 운전기사는 옷을 바꿔입었다.

운전기사는 아인슈타인과 나이도 비슷했고 외모도 많이 닮았다.

이때부터 아인슈타인은 운전을 했고 뒷자석에는 운전기사가 앉아 있게 되었다.

학교에 도착하여 강연이 시작되었다.

가짜 아인슈타인 박사의 강의는 정말 훌륭했다. 말 한마디, 얼굴표정, 몸의 움직임까지도 진짜 박사와 흡사했다.

성공적으로 강연을 마친 가짜 박사는 많은 박수를 받으며 강단에서 내려오려고 했다. 그 때 문제가 발생했다. 그 대학의 교수가 질문을 한 것이다.

가슴이 '쿵'하고 내려앉은 것은 가짜박사보다 진짜 박사쪽이었다.

운전기사 복장을 하고 있으니 나서서 질문에 답할 수도 없는 상황이었다.

그런데 단상에 있던 가짜 박사는 조금도 당황하지 않고 오히려 빙그레 웃으며 이렇게 말했다.

"아주 간단한 질문이오. 그 정도는 제 운전기사도 답할 수 있습니다."

그러더니 진짜 아인슈타인 박사를 향해 소리쳤다.

"여보게나? 이 분의 질문에 대해 어서 설명해 드리게나!"

그말에 진짜 박사는 안도의 숨을 내쉬며 그 질문에 대해 차근차근 설명해 나갔다.

인생을 살면서 아무리 어려운 일이 닥치더라도 결코 당황하지 말고 침착하고 지혜롭게 대처하는 여러분들이 되시길 바랍니다.

제1편

소방원론

1 화재의 발생현황(눈을 크게 뜨고 보라!)

1. 발화요인별 : 부주의>전기적 요인>기계적 요인>화학적 요인>교통사고>방화의심>방화>자연적 요인>가스누출
2. 장소별 : 근린생활시설>공동주택>공장 및 창고>복합건축물>업무시설>숙박시설>교육연구시설
3. 계절별 : 겨울>봄>가을>여름

Key Point

※ 화재
자연 또는 인위적인 원인에 의하여 불이 물체를 연소시키고, 인명과 재산의 손해를 주는 현상

2 화재의 종류

구 분　　등 급	A급	B급	C급	D급	K급
화재종류	일반화재	유류화재	전기화재	금속화재	주방화재
표시색	**백**색	**황**색	**청**색	**무**색	−

● 초스피드 기억법

백황청무(백색 황새가 청나라 무서워한다.)

※ 요즘은 표시색의 의무규정은 없음

※ 일반화재
연소 후 재를 남기는 가연물

※ 유류화재
연소 후 재를 남기지 않는 가연물

3 연소의 색과 온도

색	온도(℃)
암적색(**진**홍색)	**7**00~750
적색	**8**50
휘적색(**주**황색)	**9**25~950
황적색	1100
백적색(백색)	1200~1300
휘백색	1500

● 초스피드 기억법

진7 (진출), 적8 (저팔개), 주9 (주먹구구)

4 전기화재의 발생원인

1. **단락**(합선)에 의한 발화
2. **과부하**(과전류)에 의한 발화
3. **절연저항 감소**(누전)로 인한 발화

※ 전기화재가 아닌 것
① 승압
② 고압전류

Key Point

❋ 단락
두 전선의 피복이 녹아
서 전선과 전선이 서로
접촉되는 것

❋ 누전
전류가 전선 이외의 다
른 곳으로 흐르는 것

**❋ 폭발한계와 같은
의미**
① 폭발범위
② 연소한계
③ 가연한계
④ 가연범위

④ 전열기기 과열에 의한 발화

⑤ 전기불꽃에 의한 발화

⑥ 용접불꽃에 의한 발화

⑦ 낙뢰에 의한 발화

5 공기중의 폭발한계 (익사천러로 나와야 한다.)

가 스	하한계(vol%)	상한계(vol%)
아세틸렌(C_2H_2)	2.5	81
<u>수</u>소(H_2)	<u>4</u>	<u>75</u>
일산화탄소(CO)	12	75
암모니아(NH_3)	15	25
메탄(CH_4)	5	15
에탄(C_2H_6)	3	12.4
프로판(C_3H_8)	2.1	9.5
<u>부</u>탄(C_4H_{10})	<u>1</u>.8	<u>8</u>.4

 ● 초스피드 기억법

수475 (수사후 치료하세요.)
부18 (부자의 일반적인 팔자)

6 폭발의 종류 (물 흐르듯 나와야 한다.)

**❋ 분진폭발을 일으
키지 않는 물질**
① 시멘트
② 석회석
③ 탄산칼슘($CaCO_3$)
④ 생석회(CaO)

① <u>분</u>해폭발 : <u>아</u>세틸렌, <u>과</u>산화물, <u>다</u>이너마이트

② 분진폭발 : 밀가루, 담뱃가루, 석탄가루, 먼지, 전분, 금속분

③ 중합폭발 : 염화비닐, 시안화수소

④ 분해 · 중합폭발 : 산화에틸렌

⑤ 산화폭발 : 압축가스, 액화가스

 ● 초스피드 기억법

아과다해(아세틸렌이 과다해)

7 폭굉의 연소속도

❋ 폭굉
화염의 전파속도가 음
속보다 빠르다.

1000~3500m/s

Key Point

8 가연물이 될 수 없는 물질

구 분	설 명
주기율표의 0족 원소	헬륨(He), 네온(Ne), 아르곤(Ar), 크립톤(Kr), 크세논(Xe), 라돈(Rn)
산소와 더이상 반응하지 않는 물질	물(H_2O), 이산화탄소(CO_2), 산화알루미늄(Al_2O_3), 오산화인(P_2O_5)
흡열반응 물질	질소(N_2)

● 초스피드 기억법

질흡(진흙탕)

* 질소
복사열을 흡수하지 않는다.

9 점화원이 될 수 없는 것

① 흡착열
② 기화열
③ 융해열

● 초스피드 기억법

흡기 융점없(호흡기의 융점은 없다.)

* 점화원과 같은 의미
① 발화원
② 착화원

10 연소의 형태(다 외웠는가? 훌륭하다!)

연소 형태	종 류
표면연소	숯, 코크스, 목탄, 금속분
분해연소	아스팔트, 플라스틱, 중유, 고무, 종이, 목재, 석탄
증발연소	황, 왁스, 파라핀, 나프탈렌, 가솔린, 등유, 경유, 알코올, 아세톤
자기연소	나이트로글리세린, 나이트로셀룰로오스(질화면), TNT, 피크린산
액적연소	벙커C유
확산연소	메탄(CH_4), 암모니아(NH_3), 아세틸렌(C_2H_2), 일산화탄소(CO), 수소(H_2)

● 초스피드 기억법

아플 중고종목 분석(아플땐 중고종목을 분석해)
자T피(쟈니윤이 티피코시를 입었다.)

11 연소와 관계되는 용어

연소 용어	설 명
발화점	가연성 물질에 불꽃을 접하지 아니하였을 때 연소가 가능한 최저온도
인화점	휘발성 물질에 불꽃을 접하여 연소가 가능한 최저온도
연소점	어떤 인화성 액체가 공기중에서 열을 받아 점화원의 존재하에 지속적인 연소를 일으킬 수 있는 온도

* 물질의 발화점
① 황린 : 30~50℃
② 황화인 · 이황화탄소 : 100℃
③ 나이트로셀룰로오스 : 180℃

Key Point

● 초스피드 기억법

연지(연지 곤지)

12 물의 잠열

* **융해잠열**
고체에서 액체로 변할
때의 잠열

* **기화잠열**
액체에서 기체로 변할
때의 잠열

구 분	열 량
<u>융</u>해잠열	<u>80</u>cal/g
<u>기</u>화(증발)잠열	<u>539</u>cal/g
0℃의 <u>물</u> 1g이 100℃의 수증기로 되는 데 필요한 열량	639cal
0℃의 <u>얼음</u> 1g이 100℃의 수증기로 되는 데 필요한 열량	719cal

● 초스피드 기억법

융8(왕파리), 5기(오기가 생겨서)

13 증기비중

* **증기밀도**

$$증기밀도 = \frac{분자량}{22.4}$$

여기서,
22.4 : 기체 1몰의 부피[l]

$$증기비중 = \frac{분자량}{29}$$

여기서, 29 : 공기의 평균 분자량

14 증기-공기밀도

$$증기 - 공기밀도 = \frac{P_2 \, d}{P_1} + \frac{P_1 - P_2}{P_1}$$

여기서, P_1 : 대기압
P_2 : 주변온도에서의 증기압
d : 증기밀도

15 일산화탄소의 영향

* **일산화탄소**
화재시 인명피해를 주
는 유독성 가스

농 도	영 향
0.2%	1시간 호흡시 생명에 위험을 준다.
0.4%	1시간 내에 사망한다.
1%	2~3분 내에 실신한다.

16 스테판-볼츠만의 법칙

$$Q = a A F (T_1^{\,4} - T_2^{\,4})$$

여기서, Q : 복사열[W]
a : 스테판-볼츠만 상수[W/m^2 · K^4]

F : 기하학적 factor
A : 단면적[m^2]
T_1 : 고온[K]
T_2 : 저온[K]

> **스테판-볼츠만의 법칙** : 복사체에서 발산되는 복사열은 복사체의 절대온도의 **4제곱**에 비례한다.

● 초스피드 기억법

> 스4(수사하라.)

17 보일 오버(boil over)

① 중질유의 탱크에서 장시간 조용히 연소하다 탱크 내의 잔존기름이 갑자기 분출하는 현상
② 유류탱크에서 탱크바닥에 물과 기름의 **에멀전**이 섞여 있을 때 이로 인하여 화재가 발생하는 현상
③ 연소유면으로부터 100℃ 이상의 열파가 탱크 저부에 고여 있는 물을 비등하게 하면서 연소유를 탱크 밖으로 비산시키며 연소하는 현상

> **＊ 에멀전**
> 물의 미립자가 기름과 섞여서 기름의 증발능력을 떨어뜨려 연소를 억제하는 것

18 열전달의 종류

① **전**도
② **복**사 : 전자파의 형태로 열이 옮겨지며, 가장 크게 작용한다.
③ **대**류

● 초스피드 기억법

> 전복열대 (전복은 열대어다.)

19 열에너지원의 종류(이 내용은 자다가도 말할 수 있어야 한다.)

(1) 전기열

① **유도열** : 도체주위의 자장에 의해 발생
② **유전열** : **누설전류**(절연감소)에 의해 발생
③ **저항열** : 백열전구의 발열
④ 아크열
⑤ 정전기열
⑥ 낙뢰에 의한 열

(2) 화학열

① **연**소열 : 물질이 완전히 산화되는 과정에서 발생

> **＊ 자연발화의 형태**
> 1. 분해열
>   ① 셀룰로이드
>   ② 나이트로셀룰로오스
> 2. 산화열
>   ① 건성유(정어리유, 아마인유, 해바라기유)
>   ② 석탄
>   ③ 원면
>   ④ 고무분말
> 3. **발**효열
>   ① **먼**지
>   ② **곡**물
>   ③ **퇴**비
> 4. 흡착열
>   ① 목탄
>   ② 활성탄
>
> **기억법**
> **자면곡발퇴**(자네 먼 곳에서 오느라 발이 불어텄나)

② **분**해열

③ **용**해열 : 농황산

④ **자**연발열(자연발화) : 어떤 물질이 외부로부터 열의 공급을 받지 아니하고 온도가 상승하는 현상

⑤ **생**성열

● 초스피드 기억법

연분용 자생화(연분홍 자생화)

20 자연발화의 방지법

① 습도가 높은 곳을 피할 것(건조하게 유지할 것)

② 저장실의 **온도를 낮출 것**

③ 통풍이 잘 되게 할 것

④ 퇴적 및 수납시 열이 쌓이지 않게 할 것

21 보일-샤를의 법칙

✻ 샤를의 법칙
압력이 일정할 때 기체의 부피는 절대온도에 비례한다.

기체가 차지하는 부피는 **압력**에 **반비례**하며, **절대온도**에 **비례**한다.

$$\frac{P_1 V_1}{T_1} = \frac{P_2 V_2}{T_2}$$

여기서, P_1, P_2 : 기압[atm]
V_1, V_2 : 부피[m^3]
T_1, T_2 : 절대온도[K]

22 목재 건축물의 화재진행과정

✻ 무염착화
가연물이 재로 덮힌 숯불 모양으로 불꽃 없이 착화하는 현상

✻ 발염착화
가연물이 불꽃이 발생되면서 착화하는 현상

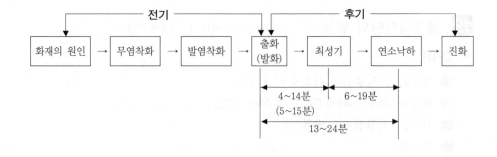

23 건축물의 화재성상 (다 중요! 참 중요!)

(1) 목재 건축물

1. 화재성상 : **고온 단기형**
2. 최고온도 : 1300℃

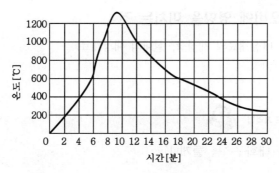

  ● 초스피드 기억법

> 고단목(고단할 땐 목캔디가 최고야!)

(2) 내화 건축물

1. 화재성상 : 저온 장기형
2. 최고온도 : 900~1000℃

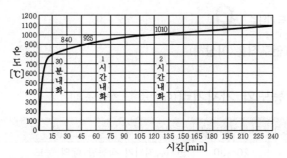

※ **내화건축물의 표준 온도**
① 30분 후 : 840℃
② 1시간 후 : 925~950℃
③ 2시간 후 : 1010℃

24 플래시 오버(flash over)

(1) 정의

1. 폭발적인 착화현상
2. 순발적인 연소확대현상
3. 화재로 인하여 실내의 온도가 급격히 상승하여 화재가 순간적으로 실내전체에 확산되어 연소되는 현상

(2) 발생시점

성장기~최성기(성장기에서 최성기로 넘어가는 분기점)

(3) 실내온도 : 약 8̲00~9̲00℃

● 초스피드 기억법

내플89 (내풀팔고 네플쓰자)

25 플래시 오버에 영향을 미치는 것

① 내장재료(내장재료의 제성상, 실내의 내장재료)
② 화원의 크기
③ 개구율

● 초스피드 기억법

내화플개 (내화구조를 풀게나)

26 연기의 이동속도

구 분	이동속도
수평방향	0.5~1m/s
수직̲방향	2̲~3̲m/s
계단실 내의 수직 이동속도	3~5m/s

● 초스피드 기억법

연직23 (연구직은 이상해)

27 연기의 농도와 가시거리 (아주 중요! 정말 중요!)

감광계수〔m⁻¹〕	가시거리〔m〕	상 황
0.1̲	2̲0̲~̲3̲0̲	연̲기감지기가 작동할 때의 농도
0.3	5	건물내부에 익숙한 사람이 피난에 지장을 느낄 정도의 농도
0.5	3	어두운 것을 느낄 정도의 농도
1	1~2	거의 앞이 보이지 않을 정도의 농도
10	0.2~0.5	화재 최성기 때의 농도
30	—	출화실에서 연기가 분출할 때의 농도

● 초스피드 기억법

연1 2030 (연일 20~30℃까지 올라간다.)

28 위험물의 일반 사항(숙숙 나오도록 외우자!)

위험물	성 질	소화방법
제1류	강산화성 물질(산화성 고체)	물에 의한 **냉각소화** (단, **무기과산화물**은 **마른모래** 등에 의한 질식소화)
제2류	환원성 물질(가연성 고체)	물에 의한 **냉각소화** (단, **금속분**은 **마른모래** 등에 의한 **질식소화**)
제3류	금수성 물질 및 자연발화성 물질	**마른모래** 등에 의한 질식소화 (단, **칼륨·나트륨**은 연소확대 방지)
제4류	인화성 물질(인화성 액체)	포·분말·CO_2·할론소화약제에 의한 **질식소화**
제5류	폭발성 물질(자기 반응성 물질)	화재 초기에만 대량의 물에 의한 **냉각소화**(단, 화재가 진행되면 자연진화 되도록 기다릴 것)
제6류	산화성 물질(산화성 액체)	마른모래 등에 의한 **질식소화** (단, **과산화수소**는 다량의 물로 **희석소화**)

● 초스피드 기억법

1강산(일류, 강산)
4인(싸인해)
5폭자(오폭으로 자멸하다.)

29 물질에 따른 저장장소

물 질	저장장소
황린, 이황화탄소(CS_2)	물속
나이트로셀룰로오스	알코올 속
칼륨(K), 나트륨(Na), 리튬(Li)	석유류(등유) 속
아세틸렌(C_2H_2)	디메틸포름아미드(DMF), 아세톤에 용해

● 초스피드 기억법

황물이(황토색 물이 나온다.)

30 주수소화시 위험한 물질

구 분	주수소화시 현상
무기 과산화물	산소발생
금속분·마그네슘·알루미늄·칼륨·나트륨	수소발생
가연성 액체의 유류화재	연소면(화재면) 확대

● 초스피드 기억법

무산(무산 됐다.)

**＊최소 정전기 점화
에너지**
국부적으로 온도를 높
이는 전기불꽃과 같은
점화원에 의해 점화될
때의 에너지 최소값

31 최소 정전기 점화에너지

① 수소(H_2) : 0.02mJ
② 메탄(CH_4)
③ 에탄(C_2H_6)
④ 프로판(C_3H_8)　　0.3mJ
⑤ 부탄(C_4H_{10})

● 초스피드 기억법

002점수(국제전화 002의 점수)

제2장　방화론

32 공간적 대응

① 도피성
② 대항성 : 내화성능 · 방연성능 · 초기소화 대응 등의 화재사상의 저항능력
③ 회피성

＊회피성
불연화 · 난연화 · 내장
제한 · 구획의 세분화 · 방
화훈련(소방훈련) · 불
조심 등 출화유발 · 확
대 등을 저감시키는 예
방조치 강구사항을 말
한다.

● 초스피드 기억법

도대회공(도에서 대회를 개최하는 것은 공무수행이다.)

33 연소확대방지를 위한 방화계획

① 수평구획(면적단위)
② 수직구획(층단위)
③ 용도구획(용도단위)

● 초스피드 기억법

연수용(연수용 건물)

Key Point

34 내화구조 · 불연재료(진짜 중요!)

내화구조	불연재료
① **철**근 콘크리트조 ② **석**조 ③ **연**와조	① 콘크리트 · 석재 ② 벽돌 · 기와 ③ 석면판 · 철강 ④ 알루미늄 · 유리 ⑤ 모르타르 · 회

  ● **초스피드 기억법**

> **철석연내**(철석 소리가 나더니 **연내** 무너졌다.)

✽ **내화구조**
공동주택의 각 세대간의 경계벽의 구조

35 내화구조의 기준

내화구분	기 준
벽 · 바닥	철골 · 철근 콘크리트조로서 두께가 <u>10cm</u> 이상인 것
기둥	철골을 두께 **5cm** 이상의 콘크리트로 덮은 것
보	두께 **5cm** 이상의 콘크리트로 덮은 것

 ● **초스피드 기억법**

> **벽바내1**(벽을 바라보면 **내**일이 보인다.)

36 방화구조의 기준

구조내용	기 준
● **철망모르타르** 바르기	두께 **2cm** 이상
● 석고판 위에 시멘트모르타르를 바른 것 ● 석고판 위에 회반죽을 바른 것 ● 시멘트모르타르 위에 타일을 붙인 것	두께 **2.5cm** 이상
● 심벽에 흙으로 맞벽치기 한 것	모두 해당

✽ **방화구조**
화재시 건축물의 인접부분에로의 연소를 차단할 수 있는 구조

37 방화문의 구분

60분+방화문	60분 방화문	30분 방화문
연기 및 불꽃을 차단할 수 있는 시간이 60분 이상이고, 열을 차단할 수 있는 시간이 30분 이상인 방화문	연기 및 불꽃을 차단할 수 있는 시간이 60분 이상인 방화문	연기 및 불꽃을 차단할 수 있는 시간이 30분 이상 60분 미만인 방화문

✽ **방화문**
① 직접 손으로 열 수 있을 것
② 자동으로 닫히는 구조(자동폐쇄 장치)일 것

Key Point

✱ 주요 구조부
건물의 주요 골격을 이루는 부분

38 주요 구조부(정말 중요!)

1. <u>주</u>계단(옥외계단 제외)
2. <u>기</u>둥(사잇기둥 제외)
3. <u>바</u>닥(최하층 바닥 제외)
4. <u>지</u>붕틀(차양 제외)
5. <u>벽</u>(내력벽)
6. <u>보</u>(작은보 제외)

● 초스피드 기억법

주기바지벽보(**주기**적으로 **바지**가 그려져 있는 **벽보**를 보라.)

39 피난행동의 성격

1. <u>계단</u> 보행속도
2. <u>군</u>집 <u>보</u>행속도 ┬ 자유보행 : 0.5~2m/s
                    └ 군집보행 : 1m/s
3. 군집 <u>유</u>동계수

● 초스피드 기억법

계단 군보유(그 **계단**은 **군**이 **보유**하고 있다.)

✱ 피난동선
'피난경로'라고도 부른다.

40 피난동선의 특성

1. 가급적 **단순형태**가 좋다.
2. **수평동선**과 **수직동선**으로 구분한다.
3. 가급적 상호 반대방향으로 다수의 출구와 연결되는 것이 좋다.
4. 어느 곳에서도 2개 이상의 방향으로 피난할 수 있으며, 그 말단은 화재로부터 안전한 장소이어야 한다.

✱ 제연방법
① 희석
② 배기
③ 차단

41 제연방식

1. 자연 제연방식 : **개구부** 이용
2. 스모크타워 제연방식 : **루프 모니터** 이용
3. 기계 제연방식 ┬ 제1종 기계 제연방식 : **송풍기 + 배연기**
                ├ 제**2**종 기계 제연방식 : **송풍기**
                └ 제**3**종 기계 제연방식 : **배연기**

✱ 모니터
창살이나 넓은 유리창이 달린 지붕 위의 구조물

● 초스피드 기억법

송2(송이 버섯), 배3(배삼룡)

42 제연구획

구 분	설 명
제연경계의 폭	**0.6m 이상**
제연경계의 수직거리	**2m 이내**
예상제연구역~배출구의 수평거리	**10m 이내**

43 건축물의 안전계획

(1) 피난시설의 안전구획

안전구획	설 명
1차 안전구획	**복도**
2차 안전구획	**부실(계단전실)**
3차 안전구획	**계단**

● 초스피드 기억법

복부계(복부인 계하나 더세요.)

(2) 패닉(Panic)현상을 일으키는 피난형태

① <u>H</u>형

② <u>C</u>O형

● 초스피드 기억법

패H(피해), Panic C(Pani**c** **C**)

44 적응 화재

화재의 종류	적응 소화기구
A급	● 물 ● 산알칼리
AB급	● 포
BC급	● 이산화탄소 ● 할론 ● 1, 2, 4종 분말
ABC급	● 3종 분말 ● 강화액

✱ 패닉현상
인간이 극도로 긴장되어 돌출행동을 하는 것

45 주된 소화작용(참 중요!)

소화제	주된 소화작용
• **물**	• **냉**각효과
• 포 • **분**말 • 이산화탄소	• 질식효과
• **할**론	• **부**촉매효과(연쇄반응**억**제)

 ● 초스피드 기억법

물냉(물냉면)
할부억(할아버지 억지부리지 마세요.)

46 분말 소화약제

종 별	소화약제	약제의 착색	적응 화재	비 고
제**1**종	중탄산나트륨 ($NaHCO_3$)	백색	BC급	**식**용유 및 지방질유의 화재에 적합
제2종	중탄산칼륨 ($KHCO_3$)	담자색 (담회색)	BC급	—
제**3**종	제1인산암모늄 ($NH_4H_2PO_4$)	담홍색	ABC급	**차**고 · **주**차장에 적합
제4종	중탄산칼륨＋요소 ($KHCO_3＋(NH_2)_2CO$)	회(백)색	BC급	—

 ● 초스피드 기억법

1식분(일식 분식)
3분 차주(삼보컴퓨터 차주)

✽ 질식효과
공기중의 산소농도를 16%(10~15%) 이하로 희박하게 하는 방법

✽ 할론 1301
① 할론 약제 중 소화 효과가 가장 좋다.
② 할론 약제 중 독성이 가장 약하다.
③ 할론 약제 중 오존 파괴지수가 가장 높다.

✽ 중탄산나트륨
"탄산수소나트륨"이라고도 부른다.

✽ 중탄산칼륨
"탄산수소칼륨"이라고도 부른다.

제2편

소방관계법규

1 기 간 (30분만 눈에 불을 켜고 보라!)

(1) 1일

제조소 등의 변경신고(위험물법 6조)

(2) 2일

① 소방시설공사 착공·변경신고처리(공사업규칙 12조)

② 소방공사감리자 지정·변경신고처리(공사업규칙 15조)

(3) 3일

① **하**자보수기간(공사업법 15조)

② 소방시설업 등록증 **분**실 등의 **재발급**(공사업규칙 4조)

  ● **초스피드 기억법**

3하분재(**상하**이에서 **분재**를 가져왔다.)

(4) 4일

건축허가 등의 **동의** 요구서류 보완(소방시설법 시행규칙 3조)

(5) 5일

① 일반적인 **건축허가** 등의 **동의**여부 회신(소방시설법 시행규칙 3조)

② 소방시설업 등록증 **변**경신고 등의 **재발급**(공사업규칙 6조)

  ● **초스피드 기억법**

5변재(오이로 **변제**해)

(6) 7일

① 옮긴 물건 등의 **보관**기간(화재예방법 시행령 17조)

② 건축허가 등의 취소통보(소방시설법 시행규칙 3조)

③ 소방공사 감리원의 배치통보일(공사업규칙 17조)

④ 소방공사 감리결과 통보·보고일(공사업규칙 19조)

(7) 10일

① 화재예방강화지구 안의 소방훈련·교육 통보일(화재예방법 시행령 20조)

Key Point

✽ 제조소
위험물을 제조할 목적으로 지정수량 이상의 위험물을 취급하기 위하여 허가를 받은 장소

✽ 소방시설업
① 소방시설설계업
② 소방시설공사업
③ 소방공사감리업
④ 방염처리업

✽ 건축허가 등의 동의 요구
① 소방본부장
② 소방서장

✽ 화재예방강화지구
화재발생 우려가 크거나 화재가 발생할 경우 피해가 클 것으로 예상되는 지역에 대하여 화재의 예방 및 안전관리를 강화하기 위해 지정·관리하는 지역

② **50층** 이상(지하층 제외) 또는 **200m** 이상인 아파트의 건축허가 등의 동의 여부 회신 (소방시설법 시행규칙 3조)

③ **30층** 이상(지하층 포함) 또는 **120m** 이상의 건축허가 등의 동의 여부 회신(소방시설법 시행규칙 3조)

④ 연면적 **10만m²** 이상의 건축허가 등의 동의 여부 회신(소방시설법 시행규칙 3조)

⑤ 소방안전교육 통보일(화재예방법 시행규칙 40조)

⑥ 소방기술자의 **실무교육** 통지일(공사업규칙 26조)

⑦ **실무교육** 교육계획의 변경보고일(공사업규칙 35조)

⑧ 소방기술자 **실무교육기관** 지정사항 변경보고일(공사업규칙 33조)

⑨ 소방시설업의 등록신청서류 보완일(공사업규칙 2조 2)

⑩ 제조소 등의 재발급 완공검사합격확인증 제출일(위험물령 10조)

(8) 14일

① 옮긴 물건 등을 보관하는 경우 공고기간(화재예방법 시행령 17조)

② 소방기술자 실무교육기관 휴폐업신고일(공사업규칙 34조)

③ **제**조소 등의 용도**폐**지 신고일(위험물법 11조)

④ 위험물안전관리자의 **선**임신고일(위험물법 15조)

⑤ 소방안전관리자의 **선**임신고일(화재예방법 26조)

 ● **초스피드 기억법**

14제폐선(**일사**천리로 **제패**하여 **성공**하라.)

(9) 15일

① 소방기술자 **실무교육기관** 신청서류 **보**완일(공사업규칙 31조)

② 소방시설업 등록증 발급(공사업규칙 3조)

 ● **초스피드 기억법**

실 15보(**실제** 일과는 **오**전에 **보**라!)

(10) 20일

소방안전관리자의 **강습**실시공고일(화재예방법 시행규칙 25조)

 ● **초스피드 기억법**

강2(**강의**)

(11) 30일

① 소방시설업 등록사항 변경신고(공사업규칙 6조)

② 위험물안전관리자의 **재선임**(위험물법 15조)

③ 소방안전관리자의 **재선임**(화재예방법 시행규칙 14조)

④ 소방안전관리자의 **실무교육** 통보일(화재예방법 시행규칙 29조)

＊ 위험물안전관리자 와 소방안전관리자

(1) 위험물안전관리자 제조소 등에서 위험 물의 안전관리에 관 한 직무를 수행하는 자

(2) 소방안전관리자 특정소방대상물에서 화재가 발생하지 않 도록 관리하는 사람

⑤ **도급계약** 해지(공사업법 23조)

⑥ 소방시설공사 중요사항 변경시의 신고일(공사업규칙 12조)

⑦ 소방기술자 실무교육기관 지정서 발급(공사업규칙 32조)

⑧ 소방공사감리자 변경서류제출(공사업규칙 15조)

⑨ **승계**(위험물법 10조)

⑩ 위험물안전관리자의 직무대행(위험물법 15조)

⑪ 탱크시험자의 변경신고일(위험물법 16조)

(12) 90일

① 소방시설업 **등**록신청 자산평가액 · 기업진단보고서 **유효**기간(공사업규칙 2조)

② 위험물 임시저장기간(위험물법 5조)

③ 소방시설관리사 시험공고일(소방시설법 시행령 42조)

● 초스피드 기억법

등유9(등유 구해와.)

2 횟수

(1) **월 1회 이상** : 소방용수시설 및 **지**리조사(기본규칙 7조)

● 초스피드 기억법

월1지(월요일이 지났다.)

※ 소방용수시설
① 소화전
② 급수탑
③ 저수조

(2) **연** 1회 이상

① 화재예방강화지구 안의 화재안전조사 · 훈련 · 교육(화재예방법 시행령 20조)

② 특정소방대상물의 소방훈련 · 교육(화재예방법 시행규칙 36조)

③ 제조소 등의 **정**기점검(위험물규칙 64조)

④ **종**합점검(특급 소방안전관리대상물은 반기별 1회 이상)(소방시설법 시행규칙 [별표 3])

⑤ 작동점검(소방시설법 시행규칙 [별표 3])

※ 종합점검자의 자격
① 소방안전관리자(소방시설관리사 · 소방기술사)
② 소방시설관리업자(소방시설관리사)

● 초스피드 기억법

연1정종(연일 정종술을 마셨다.)

(3) **2년마다 1회 이상**

① 소방대원의 소방교육 · 훈련(기본규칙 9조)

② **실**무교육(화재예방법 시행규칙 29조)

● 초스피드 기억법

실2(실리)

3 **담당자**(모두 시험에 썩! 잘 나온다.)

(1) 소방대장

소방활동구역의 설정(기본법 23조)

● 초스피드 기억법

대구활(대구의 활동)

(2) 소방본부장 · 소방서장

① 소방용수시설 및 지리조사(기본규칙 7조)
② 건축허가 등의 동의(소방시설법 6조)
③ 소방안전관리자 · 소방안전관리보조자의 선임신고(화재예방법 26조)
④ 소방훈련의 지도 · 감독(화재예방법 37조)
⑤ 소방시설 등의 자체점검 결과 보고(소방시설법 23조)
⑥ 소방계획의 작성 · 실시에 관한 지도 · 감독(화재예방법 시행령 27조)
⑦ 소방안전교육 실시(화재예방법 시행규칙 40조)
⑧ 소방시설공사의 착공신고 · 완공검사(공사업법 13 · 14조)
⑨ 소방공사 감리결과 보고서 제출(공사업법 20조)
⑩ 소방공사 감리원의 배치통보(공사업규칙 17조)

(3) 소방본부장 · 소방서장 · 소방대장

① 소방활동 종사명령(기본법 24조)
② 강제처분(기본법 25조)
③ 피난명령(기본법 26조)

● 초스피드 기억법

소대종강피(소방대의 종강파티)

(4) 시 · 도지사

① 제조소 등의 설치허가(위험물법 6조)
② 소방업무의 지휘 · 감독(기본법 3조)
③ 소방체험관의 설립 · 운영(기본법 5조)
④ 소방업무에 관한 세부적인 종합계획수립 및 소방업무 수행(기본법 6조)
⑤ 소방시설업자의 지위승계(공사업법 7조)
⑥ 제조소 등의 승계(위험물법 10조)
⑦ 소방력의 기준에 따른 계획 수립(기본법 8조)
⑧ 화재예방강화지구의 지정(화재예방법 18조)

✽ 소방활동구역
화재, 재난 · 재해 그 밖의 위급한 상황이 발생한 현장에 정하는 구역

✽ 소방본부장과 소방대장
(1) 소방본부장
시 · 도에서 화재의 예방 · 경계 · 진압 · 조사 · 구조 · 구급 등의 업무를 담당하는 부서의 장
(2) 소방대장
소방본부장 또는 소방서장 등 화재, 재난 · 재해 그 밖의 위급한 상황이 발생한 현장에서 소방대를 지휘하는 자

✽ 소방체험관
화재현장에서의 피난 등을 체험할 수 있는 체험관

✽ 소방력 기준
행정안전부령

Key Point

⑨ 소방시설관리업의 **등록**(소방시설법 29조)

⑩ 탱크시험자의 **등록**(위험물법 16조)

⑪ 소방시설관리업의 과징금 부과(소방시설법 36조)

⑫ 탱크안전성능검사(위험물법 8조)

⑬ 제조소 등의 **완공검사**(위험물법 9조)

⑭ 제조소 등의 용도 폐지(위험물법 11조)

⑮ **예**방규정의 제출(위험물법 17조)

  ● 초스피드 기억법

허시승화예(농구선수 **허**재가 차 **시승**장에서 나와 **화해**했다.)

(5) 시·도지사·소방본부장·소방서장

① 소방**시**설업의 **감독**(공사업법 31조)

② 탱크시험자에 대한 명령(위험물법 23조)

③ **무**허가장소의 위험물 조치명령(위험물법 24조)

④ 소방기본법령상 **과**태료부과(기본법 56조)

⑤ 제조소 등의 수리·개조·이전명령(위험물법 14조)

  ● 초스피드 기억법

감무시소과(감나무 아래에 있는 **시소**에서 **과**일 먹기)

(6) 소방**청**장

① 소방업무에 관한 종합계획의 수립·시행(기본법 6조)

② **방**염성능 **검**사(소방시설법 21조)

③ 소방박물관의 설립·운영(기본법 5조)

④ 한국소방안전원의 정관 변경(기본법 43조)

⑤ 한국소방안전원의 **감독**(기본법 48조)

⑥ 소방대원의 소방교육·훈련 정하는 것(기본규칙 9조)

⑦ 소방박물관의 설립·운영(기본규칙 4조)

⑧ 소방용품의 형식승인(소방시설법 37조)

⑨ 우수품질제품 인증(소방시설법 43조)

⑩ 시공능력평가의 공시(공사업법 26조)

⑪ 실무교육기관의 지정(공사업법 29조)

⑫ 소방기술자의 실무교육 필요사항 제정(공사업규칙 26조)

 ● 초스피드 기억법

검방청(검사는 방청객)

* **시·도지사**
제조소 등의 완공검사

* **소방본부장·소방서장**
소방시설공사의 착공
신고·완공검사

* **한국소방안전원**
소방기술과 안전관리
기술의 향상 및 홍보
그 밖의 교육훈련 등
행정기관이 위탁하는
업무를 수행하는 기관

* **우수품질인증**
소방용품 가운데 품질
이 우수하다고 인정되
는 제품에 대하여 품질인
증 마크를 붙여주는 것

(7) 소방청장 · 소방본부장 · 소방서장(소방관서장)

① 119 종합상황실의 설치 · 운영(기본법 4조)
② 소방활동(기본법 16조)
③ 소방대원의 소방교육 · 훈련 실시(기본법 17조)
④ 특정소방대상물의 화재안전조사(화재예방법 7조)
⑤ 화재안전조사 결과에 따른 조치명령(화재예방법 14조)
⑥ 화재의 예방조치(화재예방법 17조)
⑦ 옮긴 물건 등을 보관하는 경우 공고기간(화재예방법 시행령 17조)
⑧ 화재위험경보발령(화재예방법 20조)
⑨ 화재예방강화지구의 화재안전조사 · 소방훈련 및 교육(화재예방법 시행령 20조)

 ● 초스피드 기억법

종청소(종로구 청소)

(8) 소방청장(위탁 : 한국소방안전원장)

① 소방안전관리자의 **실**무교육(화재예방법 48조)
② 소방안전관리자의 **강**습(화재예방법 48조)

 ● 초스피드 기억법

실강원(실강이 벌이지 말고 원망해라.)

(9) 소방청장 · 시 · 도지사 · 소방본부장 · 소방서장

① 소방시설 설치 및 관리에 관한 법령상 과태료 부과권자(소방시설법 61조)
② 화재의 예방 및 안전관리에 관한 법령상 과태료 부과권자(화재예방법 52조)
③ 제조소 등의 출입 · 검사권자(위험물법 22조)

4 관련법령

(1) 대통령령

① 소방**장**비 등에 대한 **국**고보조 기준(기본법 9조)
② 불을 사용하는 설비의 관리사항 정하는 기준(화재예방법 17조)
③ **특**수가연물 저장 · 취급(화재예방법 17조)
④ **방**염성능 기준(소방시설법 20조)
⑤ 건축허가 등의 동의대상물의 범위(소방시설법 6조)
⑥ 소방시설관리업의 등록기준(소방시설법 29조)
⑦ 화재의 예방조치(화재예방법 17조)
⑧ 소방시설업의 업종별 영업범위(공사업법 4조)
⑨ 소방공사감리의 종류 및 대상에 따른 감리원 배치, 감리의 방법(공사업법 16조)
⑩ 위험물의 정의(위험물법 2조)

⑪ 탱크안전성능검사의 내용(위험물법 8조)

⑫ 제조소 등의 안전관리자의 자격(위험물법 15조)

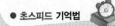 ● 초스피드 기억법

대국장 특방(**대구** 시장에서 **특수 방**한복 지급)

(2) 행정안전부령

① 119 종합상황실의 설치 · 운영에 관하여 필요한 사항(기본법 4조)

② 소방**박**물관(기본법 5조)

③ 소방**력** 기준(기본법 8조)

④ 소방**용**수시설의 기준(기본법 10조)

⑤ 소방대원의 소방교육 · 훈련 실시규정(기본법 17조)

⑥ 소방신호의 종류와 방법(기본법 18조)

⑦ 소방활동장비 및 설비의 종류와 규격(기본령 2조)

⑧ 소방용품의 형식승인의 방법(소방시설법 36조)

⑨ 우수품질제품 인증에 관한 사항(소방시설법 43조)

⑩ 소방공사감리원의 세부적인 배치기준(공사업법 18조)

⑪ 시공능력평가 및 공시방법(공사업법 26조)

⑫ 실무교육기관 지정방법 · 절차 · 기준(공사업법 29조)

⑬ 탱크안전성능검사의 실시 등에 관한 사항(위험물법 8조)

 ● 초스피드 기억법

용력행박(**용역**할 사람이 **행**실이 반듯한 **박**씨)

(3) 시 · 도의 조례

① 소방**체**험관(기본법 5조)

② 지정수량 **미**만의 위험물 취급(위험물법 4조)

 ● 초스피드 기억법

시체미(**시체미** 육체미)

5 인가 · 승인 등(꼭! 외워야 합니다.)

(1) 인가

한국소방안전원의 **정**관변경(기본법 43조)

  ● 초스피드 기억법

인정(**인정**사정)

(2) 승인

한국소방안전원의 **사**업계획 및 예산(기본령 10조)

※ 소방신호의 목적
① 화재예방
② 소방활동
③ 소방훈련

※ 시공능력의 평가 기준
① 소방시설공사 실적
② 자본금

※ 조례
지방자치단체가 고유 사무와 위임사무 등을 지방의회의 결정에 의하여 제정하는 것

※ 지정수량
제조소 등의 설치허가 등에 있어서 최저의 기준이 되는 수량

Key Point

> 승사(성사)

(3) 등록

① 소방시설관리업(소방시설법 29조)
② 소방시설업(공사업법 4조)
③ 탱크안전성능시험자(위험물법 16조)

(4) 신고

① 위험물안전관리자의 **선**임(위험물법 15조)
② 소방안전관리자·소방안전관리보조자의 **선**임(화재예방법 28조)
③ 제조소 등의 **승**계(위험물법 10조)
④ 제조소 등의 용도폐지(위험물법 11조)

 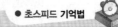
> 신선승(신선이 **승**천했다.)

(5) 허가

제조소 등의 설치(위험물법 6조)

> 허제(농구선수 허재)

6 용어의 뜻

(1) 소방대상물 : 건축물·차량·선박(매어둔 것)·선박건조구조물·산림·인공구조물·물건(기본법 2조)

> **비교**
>
> 위험물의 저장·운반·취급에 대한 적용 제외(위험물법 3조)
> ① 항공기   ② 선박   ③ 철도   ④ 궤도

(2) 소방시설(소방시설법 2조)

① **소**화설비
② **경**보설비
③ **소**화용수설비
④ **소**화활동설비
⑤ **피**난구조설비

> 소경소피(소경이 소피본다.)

＊ 승계
직계가족으로부터 물려받음

＊ 인공구조물
전기설비, 기계설비 등의 각종 설비를 말한다.

＊ 소화설비
물, 그 밖의 소화약제를 사용하여 소화하는 기계·기구 또는 설비

＊ 소화용수설비
화재를 진압하는 데 필요한 물을 공급하거나 저장하는 설비

＊ 소화활동설비
화재를 진압하거나 인명구조활동을 위하여 사용하는 설비

Key Point

(3) 소방용품(소방시설법 2조)

소방시설 등을 구성하거나 소방용으로 사용되는 제품 또는 기기로서 **대통령령**으로 정하는 것

(4) 관계지역(기본법 2조)

소방대상물이 있는 **장소** 및 그 **이웃지역**으로서 화재의 예방·경계·진압, 구조·구급 등의 활동에 필요한 지역

(5) 무창층(소방시설법 시행령 2조)

지상층 중 개구부의 면적의 합계가 해당 층의 바닥 면적의 $\frac{1}{30}$ 이하가 되는 층

(6) 개구부(소방시설법 시행령 2조)

① 개구부의 크기가 지름 **50cm** 이상의 원이 통과할 수 있을 것
② 해당 층의 바닥면으로부터 개구부 밑부분까지의 높이가 **1.2m** 이내일 것
③ 개구부는 **도로** 또는 **차량**이 진입할 수 있는 **빈터**를 향할 것
④ 화재시 건축물로부터 쉽게 피난할 수 있도록 개구부에 창살, 그 밖의 장애물이 설치되지 않을 것
⑤ 내부 또는 외부에서 **쉽게 부수**거나 **열** 수 있을 것

※ **개구부**
화재시 쉽게 피난할 수 있는 출입문, 창문 등을 말한다.

(7) 피난층(소방시설법 시행령 2조)

곧바로 지상으로 갈 수 있는 출입구가 있는 층

7 특정소방대상물의 소방훈련의 종류(화재예방법 37조)

① 소화훈련　　② 피난훈련　　③ 통보훈련

 ● **초스피드 기억법**

소피통훈(소의 피는 통 훈기가 없다.)

8 특정소방대상물의 관계인과 소방안전관리대상물의 소방안전관리자의 업무(화재예방법 24조)

특정소방대상물(관계인)	소방안전관리대상물(소방안전관리자)
① 피난시설·방화구획 및 방화시설의 관리	① 피난시설·방화구획 및 방화시설의 관리
② 소방시설, 그 밖의 소방관련시설의 관리	② 소방시설, 그 밖의 소방관련시설의 관리
③ **화기취급**의 감독	③ **화기취급**의 감독
④ 소방안전관리에 필요한 업무	④ 소방안전관리에 필요한 업무
⑤ 화재발생시 초기대응	⑤ **소방계획서**의 작성 및 시행(대통령령으로 정하는 사항 포함)
	⑥ **자위소방대** 및 **초기대응체계**의 구성·운영·교육
	⑦ 소방훈련 및 교육
	⑧ 소방안전관리에 관한 업무수행에 관한 기록·유지
	⑨ 화재발생시 초기대응

※ **자위소방대 vs 자체소방대**
(1) 자위소방대
　빌딩·공장 등에 설치한 사설소방대
(2) 자체소방대
　다량의 위험물을 저장·취급하는 제조소에 설치하는 소방대

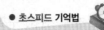

9 제조소 등의 설치허가 제외장소(위험물법 6조)

① 주택의 난방시설(공동주택의 **중앙난방시설**은 제외)을 위한 **저장소** 또는 **취급소**
② 지정수량 **20**배 이하의 **농**예용 · **축**산용 · **수**산용 난방시설 또는 건조시설의 **저장소**

● 초스피드 기억법

농축수2

10 제조소 등 설치허가의 취소와 사용정지(위험물법 12조)

① **변경허가**를 받지 아니하고 제조소 등의 위치 · 구조 또는 설비를 변경한 경우
② **완공검사**를 받지 아니하고 제조소 등을 사용한 경우
③ **안전조치 이행명령**을 따르지 아니할 때
④ 수리 · 개조 또는 이전의 **명령**에 **위반**한 경우
⑤ **위험물안전관리자**를 선임하지 아니한 경우
⑥ 안전관리자의 직무를 대행하는 **대리자**를 지정하지 아니한 경우
⑦ **정기점검**을 하지 아니한 경우
⑧ **정기검사**를 받지 아니한 경우
⑨ 저장 · 취급기준 준수명령에 위반한 경우

11 소방시설업의 등록기준(공사업법 4조)

① **기**술인력
② **자**본금

● 초스피드 기억법

기자등(**기자**가 **등**장했다.)

12 소방시설업의 등록취소(공사업법 9조)

① 거짓, 그 밖의 **부정한 방법**으로 등록을 한 경우
② **등록결격사유**에 해당된 경우
③ 영업정지 기간 중에 소방시설공사 등을 한 경우

13 하도급범위(공사업법 22조)

(1) 도급받은 소방시설공사의 일부를 다른 공사업자에게 하도급할 수 있다. 하도급인은 제3자에게 다시 하도급 불가

(2) 소방시설공사의 시공을 하도급할 수 있는 경우(공사업령 12조 ①항)

❶ 주택건설사업

❷ 건설업

❸ 전기공사업

❹ 정보통신공사업

14 소방기술자의 의무(공사업법 27조)

2 이상의 업체에 취업금지(1개 업체에 취업)

15 소방대(기본법 2조)

❶ 소방공무원   ❷ 의무소방원

❸ 의용소방대원

＊ 소방기술자
① 소방시설관리사
② 소방기술사
③ 소방설비기사
④ 소방설비산업기사
⑤ 위험물기능장
⑥ 위험물산업기사
⑦ 위험물기능사

16 의용소방대의 설치(기본법 37조, 의용소방대법 2조)

❶ 특별시   ❷ 광역시, 특별자치시, 특별자치도, 도

❸ 시   ❹ 읍

❺ 면

＊ 의용소방대의
　설치권자
① 시·도지사
② 소방서장

17 무기 또는 5년 이상의 징역(위험물법 33조)

제조소 등 또는 허가를 받지 않고 지정수량 이상의 위험물을 저장 또는 취급하는 장소에서 위험물을 유출·방출 또는 확산시켜 사람을 **사망**에 이르게 한 자

18 무기 또는 3년 이상의 징역(위험물법 33조)

제조소 등 또는 허가를 받지 않고 지정수량 이상의 위험물을 저장 또는 취급하는 장소에서 위험물을 유출·방출 또는 확산시켜 사람을 **상해**에 이르게 한 자

19 1년 이상 10년 이하의 징역(위험물법 33조)

제조소 등 또는 허가를 받지 않고 지정수량 이상의 위험물을 저장 또는 취급하는 장소에서 위험물을 유출·방출 또는 확산시켜 사람의 생명·신체 또는 재산에 대하여 **위험**을 발생시킨 자

20 5년 이하의 징역 또는 1억원 이하의 벌금(위험물법 34조 2)

제조소 등의 설치허가를 받지 아니하고 제조소 등을 설치한 자

＊ 벌금
범죄의 대가로서 부과하는 돈

21 5년 이하의 징역 또는 5000만원 이하의 벌금

❶ 소방시설에 폐쇄·차단 등의 행위를 한 자(소방시설법 56조)

❷ 소방자동차의 출동 방해(기본법 50조)

❸ 사람구출 방해(기본법 50조)

❹ 소방용수시설 또는 비상소화장치의 효용 방해(기본법 50조)

＊ 소방용수시설
화재진압에 사용하기 위한 물을 공급하는 시설

Key Point

22 벌칙(소방시설법 56조)

5년 이하의 징역 또는 5천만원 이하의 벌금	7년 이하의 징역 또는 7천만원 이하의 벌금	10년 이하의 징역 또는 1억원 이하의 벌금
소방시설 폐쇄·차단 등의 행위를 한 자	소방시설 폐쇄·차단 등의 행위를 하여 사람을 **상해**에 이르게 한 자	소방시설 폐쇄·차단 등의 행위를 하여 사람을 **사망**에 이르게 한 자

23 3년 이하의 징역 또는 3000만원 이하의 벌금

① 화재안전조사 결과에 따른 조치명령(화재예방법 50조)
② **소방시설관리업** 무등록자(소방시설법 57조)
③ **형식승인**을 받지 않은 소방용품 제조·수입자(소방시설법 57조)
④ **제품검사**를 받지 않은 사람(소방시설법 57조)
⑤ 거짓이나 그 밖의 **부정한 방법**으로 제품검사 전문기관의 지정을 받은 사람(소방시설법 57조)
⑥ 소방용품을 판매·진열하거나 소방시설공사에 사용한 자(소방시설법 57조)
⑦ 구매자에게 명령을 받은 사실을 알리지 아니하거나 필요한 조치를 하지 아니한 자 (소방시설법 57조)
⑧ 소방활동에 필요한 소방대상물 및 토지의 강제처분을 방해한 자(기본법 51조)
⑨ 소방시설업 무등록자(공사업법 35조)
⑩ 부정한 청탁을 받고 재물 또는 재산상의 이익을 취득하거나 부정한 청탁을 하면서 재물 또는 재산상의 이익을 제공한 자(공사업법 35조)
⑪ 제조소 등이 아닌 장소에서 위험물을 저장·취급한 자(위험물법 34조 3)

  초스피드 기억법

33관(삼삼하게 관리하기!)

✳ 소방시설관리업
소방안전관리업무의 대행 또는 소방시설 등의 점검 및 유지·관리업

✳ 우수품질인증
소방용품 가운데 품질이 우수하다고 인정되는 제품에 대하여 품질인증마크를 붙여주는 것

✳ 감리
소방시설공사가 설계도서 및 관계법령에 적법하게 시공되는지 여부의 확인과 품질·시공관리에 대한 기술지도를 수행하는 것

24 1년 이하의 징역 또는 1000만원 이하의 벌금

① 소방시설의 **자체점검** 미실시자(소방시설법 58조)
② **소방시설관리사증** 대여(소방시설법 58조)
③ **소방시설관리업**의 등록증 또는 등록수첩 대여(소방시설법 58조)
④ 화재안전조사시 관계인의 정당업무방해 또는 **비밀누설**(화재예방법 50조)
⑤ **제품검사** 합격표시 위조(소방시설법 58조)
⑥ **성능인증** 합격표시 위조(소방시설법 58조)
⑦ **우수품질 인증표시** 위조(소방시설법 58조)
⑧ 제조소 등의 정기점검 기록 허위 작성(위험물법 35조)
⑨ **자체소방대**를 두지 않고 제조소 등의 허가를 받은 자(위험물법 35조)
⑩ **위험물 운반용기**의 검사를 받지 않고 유통시킨 자(위험물법 35조)
⑪ 제조소 등의 긴급 사용정지 위반자(위험물법 35조)
⑫ 영업정지처분 위반자(공사업법 36조)
⑬ 거짓 감리자(공사업법 36조)

⑭ 공사감리자 미지정자(공사업법 36조)

⑮ 소방시설 설계 · 시공 · 감리 하도급자(공사업법 36조)

⑯ 소방시설공사 재하도급자(공사업법 36조)

⑰ 소방시설업자가 아닌 자에게 **소방시설공사** 등을 도급한 관계인(공사업법 36조)

⑱ 공사업법의 명령에 따르지 않은 소방기술자(공사업법 36조)

25 1500만원 이하의 벌금(위험물법 36조)

① **위험물**의 저장 · **취급**에 관한 중요기준 위반

② 제조소 등의 무단 변경

③ 제조소 등의 **사용정지** 명령 위반

④ 안전관리자를 **미선임**한 관계인

⑤ 대리자를 미지정한 관계인

⑥ 탱크시험자의 업무정지 명령 위반

⑦ **무허가장소**의 위험물 조치 명령 위반

26 1000만원 이하의 벌금(위험물법 37조)

① **위험물 취급**에 관한 안전관리와 감독하지 않은 자

② **위험물 운반**에 관한 중요기준 위반

③ 위험물운반자 요건을 갖추지 아니한 위험물운반자

④ 위험물안전관리자 또는 그 대리자가 참여하지 아니한 상태에서 위험물을 취급한 자

⑤ 변경한 예방규정을 제출하지 아니한 관계인으로서 제조소 등의 설치허가를 받은 자

⑥ 위험물 저장 · 취급장소의 출입 · 검사시 관계인의 정당업무 방해 또는 **비밀누설**

⑦ 위험물 운송규정을 위반한 위험물 운송자

27 300만원 이하의 벌금

① 관계인의 **화재안전조사**를 정당한 사유없이 거부 · 방해 · 기피(화재예방법 50조)

② 방염성능검사 합격표시 위조 및 거짓시료제출(소방시설법 59조)

③ 소방안전관리자, 총괄소방안전관리자 또는 소방안전관리보조자 미선임(화재예방법 50조)

④ 위탁받은 업무종사자의 **비밀누설**(화재예방법 50조, 소방시설법 59조)

⑤ 다른 자에게 자기의 성명이나 상호를 사용하여 소방시설공사 등을 수급 또는 시공하게 하거나 소방시설업의 등록증 · 등록수첩을 빌려준 자(공사업법 37조)

⑥ 감리원 미배치자(공사업법 37조)

⑦ 소방기술인정 자격수첩을 빌려준 자(공사업법 37조)

⑧ <u>2</u> 이상의 업체에 취업한 자(공사업법 37조)

⑨ 소방시설업자나 관계인 감독시 관계인의 업무를 방해하거나 **비밀누설**(공사업법 37조)

⑩ 화재의 예방조치명령 위반(화재예방법 50조)

＊ 관계인
① 소유자
② 관리자
③ 점유자

28 100만원 이하의 벌금

① <u>피난 명령</u> 위반(기본법 54조)
② 위험시설 등에 대한 긴급조치 방해(기본법 54조)
③ 소방활동을 하지 않은 **관계인**(기본법 54조)
④ 정당한 사유없이 물의 **사용**이나 **수도**의 **개폐장치**의 사용 또는 조작을 하지 못하게 하거나 **방해**한 자(기본법 54조)
⑤ 거짓 보고 또는 자료 미제출자(공사업법 38조)
⑥ 관계공무원의 출입 또는 검사·조사를 거부·방해 또는 기피한 자(공사업법 38조)
⑦ 소방대의 생활안전활동을 방해한 자(기본법 54조)

＊시·도지사
화재예방강화지구의 지정

＊소방대장
소방활동구역의 설정

● 초스피드 기억법

피1(차일**피일**)

 비교

비밀누설

1년 이하의 징역 또는 1000만원 이하의 벌금	1000만원 이하의 벌금	300만원 이하의 벌금
● 화재안전조사시 관계인의 정당업무방해 또는 **비밀누설**	● 위험물 저장·취급장소의 출입·검사시 관계인의 정당업무방해 또는 **비밀누설**	① 위탁받은 업무종사자의 **비밀누설** ② 소방시설업자나 관계인 감독시 관계인의 업무를 방해하거나 **비밀누설**

29 500만원 이하의 과태료

① 화재 또는 **구조·구급**이 필요한 상황을 **거짓**으로 알린 사람(기본법 56조)
② 정당한 사유없이 화재, 재난·재해, 그 밖의 위급한 상황을 소방본부, 소방서 또는 관계행정기관에 알리지 아니한 관계인(기본법 56조)
③ 위험물의 임시저장 미승인(위험물법 39조)
④ 위험물의 운반에 관한 세부기준 위반(위험물법 39조)
⑤ 제조소 등의 지위 승계 거짓신고(위험물법 39조)
⑥ 예방규정을 준수하지 아니한 자(위험물법 39조)
⑦ 제조소 등의 **점검결과**를 기록·보존하지 아니한 자(위험물법 39조)
⑧ 위험물의 **운송기준** 미준수자(위험물법 39조)
⑨ 제조소 등의 폐지 허위신고(위험물법 39조)

＊피난시설
인명을 화재발생장소에서 안전한 장소로 신속하게 대피할 수 있도록 하기 위한 시설

＊방화시설
① 방화문
② 비상구

30 300만원 이하의 과태료

① 소방시설을 화재안전기준에 따라 설치·관리하지 아니한 자(소방시설법 61조)
② **피난시설·방화구획** 또는 **방화시설의 폐쇄·훼손·변경** 등의 행위를 한 자(소방시설법 61조)
③ 임시소방시설을 설치·관리하지 아니한 자(소방시설법 61조)

④ 관계인의 소방안전관리 업무 미수행(화재예방법 52조)

⑤ **소방훈련** 및 **교육** 미실시자(화재예방법 52조)

⑥ 관계인의 거짓 자료제출(소방시설법 61조)

⑦ 소방시설의 점검결과 미보고(소방시설법 61조)

⑧ 공무원의 출입 또는 검사를 거부·방해 또는 기피한 자(소방시설법 61조)

31 200만원 이하의 과태료

① 소방용수시설·소화기구 및 설비 등의 설치명령 위반(화재예방법 52조)

② 특수가연물의 저장·취급 기준 위반(화재예방법 52조)

③ 한국119청소년단 또는 이와 유사한 명칭을 사용한 자(기본법 56조)

④ 소방활동구역 출입(기본법 56조)

⑤ 소방자동차의 출동에 지장을 준 자(기본법 56조)

⑥ 한국소방안전원 또는 이와 유사한 명칭을 사용한 자(기본법 56조)

⑦ 관계서류 미보관자(공사업법 40조)

⑧ 소방기술자 미배치자(공사업법 40조)

⑨ 하도급 미통지자(공사업법 40조)

⑩ 완공검사를 받지 아니한 자(공사업법 40조)

⑪ 방염성능기준 미만으로 방염한 자(공사업법 40조)

⑫ 관계인에게 지위승계·행정처분·휴업·폐업 사실을 거짓으로 알린 자(공사업법 40조)

32 100만원 이하의 과태료

전용구역에 차를 주차하거나 전용구역의 진입을 가로막는 등의 방해행위를 한 자(기본법 56조)

33 20만원 이하의 과태료

화재로 오인할 만한 불을 피우거나 연막 소독을 하려는 자가 신고를 하지 아니하여 소방자동차를 출동하게 한 자(기본법 57조)

34 건축허가 등의 동의대상물(소방시설법 시행령 7조)

① 연면적 400m²(학교시설 : 100m², 수련시설·노유자시설 : 200m², 정신의료기관·장애인의료재활시설 : 300m²) 이상

② **6층** 이상인 건축물

③ 차고·주차장으로서 바닥면적 200m² 이상(자동차 20대 이상)

④ **항공기격납고, 관망탑, 항공관제탑, 방송용 송수신탑**

⑤ 지하층 또는 무창층의 바닥면적 150m²(공연장은 100m²) 이상

⑥ **위험물저장 및 처리시설**

⑦ **결핵환자**나 **한센인**이 24시간 생활하는 **노유자시설**

⑧ **지하구**

⑨ 전기저장시설, 풍력발전소

※ **항공기격납고**
항공기를 안전하게 보관하는 장소

⑩ 조산원, 산후조리원, 의원(입원실이 있는 것)

⑪ 요양병원(의료재활시설 제외)

⑫ 노인주거복지시설·노인의료복지시설 및 재가노인복지시설, 학대피해노인 전용쉼터, 아동복지시설, 장애인거주시설

⑬ 정신질환자 관련시설(공동생활가정을 제외한 재활훈련시설과 종합시설 중 24시간 주거를 제공하지 않는 시설 제외)

⑭ 노숙인자활시설, 노숙인재활시설 및 노숙인요양시설

⑮ 공장 또는 창고시설로서 지정하는 수량의 **750배** 이상의 특수가연물을 저장·취급하는 것

⑯ 가스시설로서 지상에 노출된 탱크의 저장용량의 합계가 **100t** 이상인 것

35 관리의 권원이 분리된 특정소방대상물의 소방안전관리(화재예방법 35조, 화재예방법 시행령 35조)

① 복합건축물(지하층을 제외한 11층 이상 또는 연면적 3만m² 이상 건축물)

② 지하가

③ 도매시장, 소매시장, 전통시장

36 소방안전관리자의 선임(화재예방법 시행령 〔별표 4〕)

(1) 특급 소방안전관리대상물의 소방안전관리자 선임조건

자 격	경 력	비 고
• 소방기술사 • 소방시설관리사	경력 필요 없음	특급 소방안전관리자 자격증을 받은 사람
• 1급 소방안전관리자(소방설비기사)	5년	
• 1급 소방안전관리자(소방설비산업기사)	7년	
• 소방공무원	20년	
• 소방청장이 실시하는 특급 소방안전관리대상물의 소방안전관리에 관한 시험에 합격한 사람	경력 필요 없음	

(2) 1급 소방안전관리대상물의 소방안전관리자 선임조건

자 격	경 력	비 고
• 소방설비기사·소방설비산업기사	경력 필요 없음	1급 소방안전관리자 자격증을 받은 사람
• 소방공무원	7년	
• 소방청장이 실시하는 1급 소방안전관리대상물의 소방안전관리에 관한 시험에 합격한 사람	경력 필요 없음	
• 특급 소방안전관리대상물의 소방안전관리자 자격이 인정되는 사람		

❋ 복합건축물
하나의 건축물 안에 둘 이상의 특정소방대상물로서 용도가 복합되어 있는 것

❋ 특급소방안전관리대상물(동식물원, 불연성 물품 저장·취급 창고, 지하구, 위험물제조소 등 제외)
① 50층 이상(지하층 제외) 또는 지상 200m 이상 아파트
② 30층 이상(지하층 포함) 또는 지상 120m 이상(아파트 제외)
③ 연면적 10만m² 이상(아파트 제외)

(3) 2급 소방안전관리대상물의 소방안전관리자 선임조건

자 격	경 력	비 고
• 위험물기능장 · 위험물산업기사 · 위험물기능사	경력 필요 없음	2급 소방안전관리자 자격증을 받은 사람
• 소방공무원	3년	
• 소방청장이 실시하는 2급 소방안전관리대상물 의 소방안전관리에 관한 시험에 합격한 사람		
• 「기업활동 규제완화에 관한 특별조치법」에 따라 소방안전관리자로 선임된 사람(소방안전관리자 로 선임된 기간으로 한정)	경력 필요 없음	
• **특급** 또는 **1급** 소방안전관리대상물의 소방안전 관리자 자격이 인정되는 사람		

(4) 3급 소방안전관리대상물의 소방안전관리자 선임조건

자 격	경 력	비 고
• 소방공무원	1년	3급 소방안전관리자 자격증을 받은 사람
• 소방청장이 실시하는 3급 소방안전관리대상물 의 소방안전관리에 관한 시험에 합격한 사람		
• 「기업활동 규제완화에 관한 특별조치법」에 따라 소방안전관리자로 선임된 사람(소방안전관리자 로 선임된 기간으로 한정)	경력 필요 없음	
• **특급** 소방안전관리대상물, **1급** 소방안전관리대 상물 또는 **2급** 소방안전관리대상물의 소방안전 관리자 자격이 인정되는 사람		

37 특정소방대상물의 방염

(1) 방염성능기준 이상 적용 특정소방대상물(소방시설법 시행령 30조)

① 체력단련장, 공연장 및 종교집회장
② 문화 및 집회시설
③ 종교시설
④ 운동시설(수영장 제외)
⑤ 의료시설(종합병원, 정신의료기관)
⑥ 의원, 조산원, 산후조리원
⑦ 교육연구시설 중 합숙소
⑧ 노유자시설
⑨ 숙박이 가능한 수련시설
⑩ 숙박시설
⑪ 방송국 및 촬영소
⑫ 다중이용업소(단란주점영업, 유흥주점영업, 노래연습장의 영업장 등)
⑬ 층수가 11층 이상인 것(아파트 제외 : 2026. 12. 1. 삭제)

＊2급 소방안전관리대상물
① 지하구
② 가스제조설비를 갖추고 도시가스사업 허가를 받아야 하는 시설 또는 가연성가스를 100~1000t 미만 저장 · 취급하는 시설
③ 스프링클러설비 또는 물분무등소화설비 설치대상물(호스릴 제외)
④ 옥내소화전설비 설치대상물
⑤ 공동주택(옥내소화전설비 또는 스프링클러설비가 설치된 공동주택 한정)
⑥ 목조건축물(국보 · 보물)

＊방염
연소하기 쉬운 건축물의 실내장식물 등 또는 그 재료에 어떤 방법을 가하여 연소하기 어렵게 만든 것

(2) 방염대상물품(소방시설법 시행령 31조)

제조 또는 가공 공정에서 방염처리를 한 물품	건축물 내부의 천장이나 벽에 부착하거나 설치하는 것
① 창문에 설치하는 **커튼류**(블라인드 포함) ② 카펫 ③ 벽지류(두께 **2mm 미만인 종이벽지** 제외) ④ **전시용 합판·목재** 또는 섬유판 ⑤ **무대용 합판·목재** 또는 섬유판 ⑥ **암막·무대막**(영화상영관·가상체험 체육 　시설업의 **스크린** 포함) ⑦ 섬유류 또는 합성수지류 등을 원료로 하 　여 제작된 소파·의자(단란주점영업, 유 　흥주점영업 및 노래연습장업의 영업장에 　설치하는 것만 해당)	① 종이류(두께 **2mm 이상**), **합성수지류** 또 　는 **섬유류**를 주원료로 한 물품 ② **합판**이나 **목재** ③ 공간을 구획하기 위하여 설치하는 **간이칸** 　**막이** ④ **흡음재**(흡음용 커튼 포함) 또는 **방음재** 　(방음용 커튼 포함) 가구류(옷장, 찬장, 식탁, 식탁용 의자, 사 무용 책상, 사무용 의자, 계산대)와 너비 **10cm** 이하인 반자돌림대, 내부 마감재 료 제외

(3) 방염성능기준(소방시설법 시행령 31조)

① 버너의 불꽃을 **올**리며 연소하는 상태가 그칠 때까지의 시간 **20초** 이내

② 버너의 불꽃을 **올**리지 않고 연소하는 상태가 그칠 때까지의 시간 **30초** 이내

③ 탄화한 면적 $50cm^2$ 이내(길이 20cm 이내)

④ 불꽃의 접촉횟수는 **3회** 이상

⑤ 최대 연기밀도 400 이하

  ● 초스피드 기억법

올2(올리다.)

38 **자체소방대의 설치제외 대상인 일반취급소**(위험물규칙 73조)

① 보일러·버너로 위험물을 소비하는 일반취급소

② 이동저장탱크에 위험물을 주입하는 일반취급소

③ 용기에 위험물을 옮겨 담는 일반취급소

④ 유압장치·윤활유순환장치로 위험물을 취급하는 일반취급소

⑤ 광산안전법의 적용을 받는 일반취급소

39 **소화활동설비**(소방시설법 시행령 〔별표 1〕)

① **연**결송수관설비

② **연**결살수설비

③ **연**소방지설비

④ **무**선통신보조설비

＊ 잔염시간
버너의 불꽃을 제거한
때부터 불꽃을 올리며
연소하는 상태가 그칠
때까지의 시간

＊ 잔진시간(잔신시간)
버너의 불꽃을 제거한
때부터 불꽃을 올리지
않고 연소하는 상태가
그칠 때까지의 시간

＊ 광산안전법
광산의 안전을 유지하
기 위해 제정해 놓은 법

＊ 연소방지설비
지하구에 헤드를 설치
하여 지하구의 화재시
소방차에 의해 물을
공급받아 헤드를 통해
방사하는 설비

⑤ 제연설비

⑥ 비상콘센트설비

 ● 초스피드 기억법

3연 무제비(3년에 한 번은 제비가 오지 않는다.)

40 소화설비(소방시설법 시행령 〔별표 4〕)

(1) 소화설비의 설치대상

종 류	설치대상
소화기구	① 연면적 33m^2 이상 ② 국가유산 ③ 가스시설, 전기저장시설 ④ 터널 ⑤ 지하구
주거용 주방자동소화장치	① 아파트 등(모든 층) ② 오피스텔(모든 층)

 ● 초스피드 기억법

아자(아자!)

(2) 옥내소화전설비의 설치대상

설치대상	조 건
① 차고 · 주차장	• 200m^2 이상
② 근린생활시설 ③ 업무시설(금융업소 · 사무소)	• 연면적 1500m^2 이상
④ 문화 및 집회시설, 운동시설 ⑤ 종교시설	• 연면적 3000m^2 이상
⑥ 특수가연물 저장 · 취급	• 지정수량 750배 이상
⑦ 지하가 중 터널길이	• 1000m 이상

(3) 옥외소화전설비의 설치대상

설치대상	조 건
① 목조건축물	• 국보 · 보물
② 지상 1 · 2층	• 바닥면적 합계 9000m^2 이상
③ 특수가연물 저장 · 취급	• 지정수량 750배 이상

 ● 초스피드 기억법

지9외(지구의)

(4) 스프링클러설비의 설치대상

설치대상	조 건
① 문화 및 집회시설, 운동시설 ② 종교시설	• 수용인원 – 100명 이상 • 영화상영관 – 지하층 · 무창층 500m² (기타 1000m²) 이상 • 무대부 　① 지하층 · 무창층 · 4층 이상 300m² 이상 　② 1~3층 500m² 이상
③ 판매시설 ④ 운수시설 ⑤ 물류터미널	• 수용인원 – 500명 이상 • 바닥면적 합계 5000m² 이상
⑥ 노유자시설 ⑦ 정신의료기관 ⑧ 수련시설(숙박 가능한 것) ⑨ 종합병원, 병원, 치과병원, 한방 　병원 및 요양병원(정신병원 제외) ⑩ 숙박시설	• 바닥면적 합계 600m² 이상
⑪ 지하층 · 무창층 · 4층 이상	• 바닥면적 1000m² 이상
⑫ 창고시설(물류터미널 제외)	• 바닥면적 합계 5000m² 이상 – 전층
⑬ 지하가(터널 제외)	• 연면적 1000m² 이상
⑭ 10m 넘는 랙식 창고	• 연면적 1500m² 이상
⑮ 복합건축물 ⑯ 기숙사	• 연면적 5000m² 이상 – 전층
⑰ 6층 이상	• 전층
⑱ 보일러실 · 연결통로	• 전부
⑲ 특수가연물 저장 · 취급	• 지정수량 1000배 이상
⑳ 발전시설 중 전기저장시설	• 전부

❋ 노유자시설
① 아동관련시설
② 노인관련시설
③ 장애인관련시설

❋ 랙식 창고
① 물품보관용 랙을 설
　치하는 창고시설
② 선반 또는 이와 비
　슷한 것을 설치하고
　승강기에 의하여 수
　납을 운반하는 장치
　를 갖춘 것

❋ 물분무등소화설비
① 물분무소화설비
② 미분무소화설비
③ 포소화설비
④ 이산화탄소 소화설비
⑤ 할론소화설비
⑥ 분말소화설비
⑦ 할로겐화합물 및 불
　활성기체 소화설비
⑧ 강화액 소화설비

(5) 물분무등소화설비의 설치대상

설치대상	조 건
① 차고 · 주차장	• 바닥면적 합계 200m² 이상
② 전기실 · 발전실 · 변전실 ③ 축전지실 · 통신기기실 · 전산실	• 바닥면적 300m² 이상
④ 주차용 건축물	• 연면적 800m² 이상
⑤ 기계식 주차장치	• 20대 이상
⑥ 항공기격납고	• 전부(규모에 관계없이 설치)

41 비상경보설비의 설치대상(소방시설법 시행령 〔별표 4〕)

설치대상	조 건
① 지하층 · 무창층	• 바닥면적 150m²(공연장 100m²) 이상
② 전부	• 연면적 400m² 이상
③ 지하가 중 터널	• 길이 500m 이상
④ 옥내작업장	• 50인 이상 작업

42 인명구조기구의 설치장소 (소방시설법 시행령 [별표 4])

① 지하층을 포함한 **7층** 이상의 **관광호텔**[방열복, 방화복(안전모, 보호장갑, 안전화 포함), 인공소생기, 공기호흡기]]
② 지하층을 포함한 **5층** 이상의 **병원**[방열복, 방화복(안전모, 보호장갑, 안전화 포함), 공기호흡기]]

 초스피드 기억법

5병(오병이어의 기적)

43 제연설비의 설치대상 (소방시설법 시행령 [별표 4])

설치대상	조 건
① 문화 및 집회시설, 운동시설 ② 종교시설	• 바닥면적 **200m²** 이상
③ 기타	• 1000m² 이상
④ 영화상영관	• 수용인원 **100인** 이상
⑤ 지하가 중 터널	• 예상교통량, 경사도 등 터널의 특성을 고려하여 **행정안전부령**으로 정하는 터널
⑥ 특별피난계단 ⑦ 비상용 승강기의 승강장 ⑧ 피난용 승강기의 승강장	• 전부

44 소방용품 제외 대상 (소방시설법 시행령 6조)

① 주거용 주방자동소화장치용 소화약제
② 가스자동소화장치용 소화약제
③ 분말자동소화장치용 소화약제
④ 고체에어로졸자동소화장치용 소화약제
⑤ 소화약제 외의 것을 이용한 간이소화용구
⑥ 휴대용 비상조명등
⑦ 유도표지
⑧ 벨용 푸시버튼스위치
⑨ 피난밧줄
⑩ 옥내소화전함
⑪ 방수구
⑫ 안전매트
⑬ 방수복

45 화재예방강화지구의 지정지역 (화재예방법 18조)

① 시장지역
② 공장·창고 등이 밀집한 지역

✻ 인명구조기구와 피난기구

(1) **인**명구조기구
① **방**열복
② 방화복(안전모, 보호장갑, 안전화 포함)
③ **공**기호흡기
④ **인**공소생기

기억법
방공인(방공인)

(2) 피난기구
① 피난사다리
② 구조대
③ 완강기
④ 소방청장이 정하여 고시하는 화재안전성능기준으로 정하는 것(미끄럼대, 피난교, 공기안전매트, 피난용 트랩, 다수인 피난장비, 승강식 피난기, 간이완강기, 하향식 피난구용 내림식 사다리)

✻ 제연설비
화재시 발생하는 연기를 감지하여 방연 및 제연함은 물론 화재의 확대, 연기의 확산을 막아 연기로 인한 탈출로 차단 및 질식으로 인한 인명피해를 줄이는 등 피난 및 소화활동상 필요한 안전설비

✻ 화재예방강화지구
화재발생 우려가 크거나 화재가 발생할 경우 피해가 클 것으로 예상되는 지역에 대하여 화재의 예방 및 안전관리를 강화하기 위해 지정·관리하는 지역

③ 목조건물이 밀집한 지역
④ 노후 · 불량건축물이 밀집한 지역
⑤ 위험물의 저장 및 처리시설이 밀집한 지역
⑥ 석유화학제품을 생산하는 공장이 있는 지역
⑦ 소방시설 · 소방용수시설 또는 소방출동로가 없는 지역
⑧ 「산업입지 및 개발에 관한 법률」에 따른 산업단지
⑨ 「물류시설의 개발 및 운영에 관한 법률」에 따른 물류단지
⑩ 소방청장, 소방본부장 또는 소방서장이 화재예방강화지구로 지정할 필요가 있다고 인정하는 지역

46 근린생활시설(소방시설법 시행령 〔별표 2〕)

면 적	적용장소	
150m² 미만	• 단란주점	
300m² 미만	• 종교시설 • 비디오물 감상실업	• 공연장 • 비디오물 소극장업
500m² 미만	• 탁구장 • 테니스장 • 체육도장 • 사무소 • 학원 • 당구장	• 서점 • 볼링장 • 금융업소 • 부동산 중개사무소 • 골프연습장
1000m² 미만	• 자동차영업소 • 일용품 • 의약품 판매소	• 슈퍼마켓 • 의료기기 판매소
전부	• 기원 • 이용원 · 미용원 · 목욕장 및 세탁소 • 휴게음식점 · 일반음식점, 제과점 • 안마원(안마시술소 포함) • 의원, 치과의원, 한의원, 침술원, 접골원	• 독서실 • 조산원(산후조리원 포함)

 ● 초스피드 기억법

종3(중세시대)

47 업무시설(소방시설법 시행령 〔별표 2〕)

면적	적용장소	
전부	• 주민자치센터(동사무소) • 소방서 • 보건소 • 국민건강보험공단 • 금융업소 · 오피스텔 · 신문사	• 경찰서 • 우체국 • 공공도서관

48 위험물(위험물령 〔별표 1〕)

❶ 과산화수소 : 농도 36wt% 이상
❷ 황 : 순도 60wt% 이상
❸ 질산 : 비중 1.49 이상

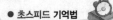

● 초스피드 기억법

3과(삼가 인사올립니다.)
질49(제일 **싸구려**)

49 소방시설공사업(공사업령 〔별표 1〕)

종 류	자본금	영업범위
전문	• 법인 : **1억원** 이상 • 개인 : **1억원** 이상	• 특정소방대상물
일반	• 법인 : **1억원** 이상 • 개인 : **1억원** 이상	• 연면적 10000m^2 미만 • **위험물제조소** 등

※ 소방시설공사업의
보조기술인력
① 전문공사업 :
2명 이상
② 일반공사업 :
1명 이상

50 소방용수시설의 설치기준(기본규칙 〔별표 3〕)

거리기준	지 역
<u>100m</u> 이하	• **주**거지역 • **공**업지역 • **상**업지역
140m 이하	• 기타지역

※ 소방용수시설
화재진압에 사용하기
위한 물을 공급하는
시설

● 초스피드 기억법

주공 100상(주공아파트에 **백상**어가 그려져 있다.)

51 소방용수시설의 저수조의 설치기준(기본규칙 〔별표 3〕)

① 낙차 : **4.5m** 이하
② 수심 : **0.5m** 이상
③ 투입구의 길이 또는 지름 : **60cm** 이상
④ 소방 펌프 자동차가 **쉽게 접근**할 수 있도록 할 것
⑤ 흡수에 지장이 없도록 **토사** 및 **쓰레기** 등을 제거할 수 있는 설비를 갖출 것
⑥ 저수조에 물을 공급하는 방법은 **상수도**에 연결하여 **자동**으로 **급수**되는 구조일 것

52 소방신호표(기본규칙 〔별표 4〕)

종 별 \ 신호방법	타종신호	사이렌신호
경계신호	**1타**와 **연 2타**를 반복	**5초** 간격을 두고 **30초**씩 **3회**
발화신호	**난타**	**5초** 간격을 두고 **5초**씩 **3회**
해제신호	상당한 간격을 두고 **1타**씩 반복	**1분**간 **1회**
훈련신호	**연 3타** 반복	**10초** 간격을 두고 **1분**씩 **3회**

※ 경계신호
화재예방상 필요하다
고 인정되거나 화재위
험경보시 발령

※ 발화신호
화재가 발생한 때 발령

※ 해제신호
소화활동이 필요 없다
고 인정되는 때 발령

※ 훈련신호
훈련상 필요하다고 인
정되는 때 발령

소방유체역학

제1장 유체의 일반적 성질

1 유체의 종류

종 류	설 명
실제 유체	**점**성이 **있**으며, **압**축성인 유체
이상 유체	점성이 없으며, **비압축성**인 유체
압축성 유체	**기체**와 같이 체적이 변화하는 유체
비압축성 유체	**액체**와 같이 체적이 변화하지 않는 유체

● 초스피드 기억법

실점있압(실점이 있는 사람만 압박해!)
기압(기압)

2 열량

$$Q = rm + m\,C\Delta T$$

여기서, Q : 열량[cal]
        r : 융해열 또는 기화열[cal/g]
        m : 질량[g]
        C : 비열[cal/g · ℃]
        ΔT : 온도차[℃]

3 유체의 단위 (다 시험에 잘 나온다.)

① $1N = 10^5 dyne$

② $1N = 1kg \cdot m/s^2$

③ $1dyne = 1g \cdot cm/s^2$

④ $1Joule = 1N \cdot m$

⑤ $1kg_f = 9.8N = 9.8kg \cdot m/s^2$

⑥ $1P(poise) = 1g/cm \cdot s = 1dyne \cdot s/cm^2$

⑦ $1cP(centipoise) = 0.01g/cm \cdot s$

⑧ $1stokes(St) = 1cm^2/s$

⑨ $1atm = 760mmHg = 1.0332kg_f/cm^2$
            $= 10.332mH_2O(mAq) = 10.332m$
            $= 14.7PSI(lb_f/in^2)$

＊ 유체
외부 또는 내부로부터 어떤 힘이 작용하면 움직이려는 성질을 가진 액체와 기체상태의 물질

＊ 비열
1g의 물체를 1℃만큼 온도 상승시키는 데 필요한 열량(cal)

$$=101.325\text{kPa}(\text{kN/m}^2)$$
$$=1013\text{mbar}$$

4 체적탄성계수

$$K=-\frac{\Delta P}{\Delta V/V}$$

여기서, K : 체적탄성계수[kPa]
ΔP : 가해진 압력[kPa]
$\Delta V/V$: 체적의 감소율

중요 **압축률**

$$\beta=\frac{1}{K}$$

여기서, β : 압축률
K : 체적탄성계수[kPa]

5 절대압(꼭! 알아야 한다.)

① **절**대압=**대**기압+**게**이지압(계기압)
② **절**대압=**대**기압-**진**공압

● 초스피드 기억법

절대게 (절대로 개입하지 마라.)
절대-진 (절대로 마이너지진이 남지 않는다.)

6 동점성 계수(동점도)

$$V=\frac{\mu}{\rho}$$

여기서, V : 동점도[cm²/s]
μ : 일반점도[g/cm·s]
ρ : 밀도[g/cm³]

7 비중량

$$\gamma=\rho g$$

여기서, γ : 비중량[N/m³]
ρ : 밀도[kg/m³]
g : 중력가속도(9.8m/s²)

* **체적탄성계수**
1. 등온압축

$$K=P$$

2. 단열압축

$$K=kP$$

여기서,
K : 체적탄성계수[kPa]
P : 절대압력[kPa]
k : 비열비

* **절대압**
완전**진**공을 기준으로
한 압력

기억법
절진(절전)

* **게이지압(계기압)**
국소대기압을 기준으
로 한 압력

* **동점도**
유체의 저항을 측정하
기 위한 절대점도의 값

* **비중량**
단위체적당 중량

* **비체적**
단위질량당 체적

Key Point

＊몰수

$$n = \frac{m}{M}$$

여기서, n : 몰수
M : 분자량
m : 질량[kg]

① 물의 비중량

$$1g_f/cm^3 = 1000kg_f/m^3 = 9800N/m^3$$

② 물의 밀도

$$\rho = 1g/cm^3 = \boxed{1000kg/m^3 = 1000N \cdot s^2/m^4}$$

8 이상기체 상태방정식

$$PV = nRT = \frac{m}{M}RT, \quad \rho = \frac{PM}{RT}$$

여기서, P : 압력[atm]
V : 부피[m³]
n : 몰수$\left(\dfrac{m}{M}\right)$
R : 0.082(atm · m³/kmol · K)
T : 절대온도(273 + ℃)[K]
m : 질량[kg]
M : 분자량[kg/kmol]
ρ : 밀도[kg/m³]

9 물체의 무게

$$W = \gamma V$$

여기서, W : 물체의 **무**게[N]
γ : **비**중량[N/m³]
V : 물체가 잠긴 **체**적[m³]

● 초스피드 기억법

무비체 (무비 카메라 가진 자를 체포하라!)

10 열역학의 법칙(이 내용들이 환하면 그대는 「역역학」 박사!)

(1) 열역학 제0법칙(열평형의 법칙)

온도가 높은 물체와 낮은 물체를 접촉시키면 온도가 높은 물체에서 낮은 물체로 열이
이동하여 두 물체의 **온도**는 **평형**을 이루게 된다.

(2) 열역학 제1법칙(에너지 보존의 법칙)

기체의 공급 에너지는 **내부 에너지**와 외부에서 한 일의 합과 같다.

● 초스피드 기억법

열1내 (열받으면 일낸다.)

(3) 열역학 제2법칙

① 자발적인 변화는 **비가역적**이다.

② 열은 스스로 **저온**에서 **고온**으로 절대로 흐르지 않는다.

③ 열을 완전히 일로 바꿀 수 있는 **열기관**을 만들 수 **없다**.

 초스피드 기억법

열비 저고 2 (열이나 **비**에 강한 **저고리)**

(4) 열역학 제3법칙

순수한 물질이 1atm하에서 결정상태이면 엔트로피는 0K에서 0이다.

11 엔트로피(ΔS)

① **가**역 단열과정 : $\Delta S = \underline{0}$

② 비가역 단열과정 : $\Delta S > 0$

등엔트로피 과정 = 가역 단열과정

 초스피드 기억법

가 0 (가영이)

제2장 | 유체의 운동과 법칙

12 유량

$$Q = AV$$

여기서, Q : 유량[m³/s]
A : 단면적[m²]
V : 유속[m/s]

13 베르누이 방정식(Bernoulli's equation)

$$\frac{V^2}{2g} + \frac{p}{\gamma} + Z = 일정$$

(속도수두) (압력수두) (위치수두)

여기서, V : 유속[m/s]
p : 압력[N/m²]

Z : 높이[m]

g : 중력가속도(9.8m/s²)

γ : 비중량[N/m³]

※ 베르누이 방정식에 의해 2개의 공 사이에 기류를 불어 넣으면(속도가 증가하여) 압력이 감소하므로 2개의 공은 **달라붙는다.**

14 토리첼리의 식(Torricelli's theorem)

$$V = \sqrt{2gH}$$

여기서, V : 유속[m/s]

g : 중력가속도(9.8m/s²)

H : 높이[m]

15 파스칼의 원리(Principle of Pascal)

✽ 수압기
파스칼의 원리를 이용한 대표적 기계

기억법
파수(파수꾼)

$$\frac{F_1}{A_1} = \frac{F_2}{A_2}$$

여기서, F_1, F_2 : 가해진 힘[kg_f]

A_1, A_2 : 단면적[m²]

제3장 ⸻⸻ 유체의 유동과 계측

16 레이놀드수(Reynolds number)(잊지 말라!)

✽ 레이놀드수
층류와 난류를 구분하기 위한 계수

① 층류 : $Re < 2,100$

② 천이영역(임계영역) : $2,100 < Re < 4,000$

③ 난류 : $Re > 4,000$

$$Re = \frac{DV\rho}{\mu} = \frac{DV}{\nu}$$

여기서, Re : 레이놀드수

D : 내경[m]

V : 유속[m/s]

ρ : 밀도[kg/m³]

μ : 점도[g/cm · s]

ν : 동점성계수$\left(\dfrac{\mu}{\rho}\right)$[cm²/s]

17 관마찰계수

$$f = \frac{64}{Re}$$

여기서, f : 관마찰계수
Re : 레이놀드수

① 층류 : **레이놀드수**에만 관계되는 계수
② 천이영역(임계영역) : **레이놀드수**와 관의 **상대조도**에 관계되는 계수
③ 난류 : 관의 **상대조도**에 **무관**한 계수

※ 마찰계수 (f)는 파이프의 **조도**와 **레이놀드**에 관계가 있다.

18 다르시-바이스바하 공식(Darcy-Weisbach's formula)

$$H = \frac{\Delta P}{\gamma} = \frac{fl V^2}{2gD}$$

여기서, H : 마찰손실수두[m]
ΔP : 압력차[MPa] 또는 [kN/m^2]
γ : 비중량(물의 비중량 9800N/m^3)
f : 관마찰계수
l : 길이[m]
V : 유속[m/s]
g : 중력가속도(9.8m/s^2)
D : 내경[m]

19 수력반경(hydraulic radius)

$$R_h = \frac{A}{l} = \frac{1}{4}(D - d)$$

여기서, R_h : 수력반경[m]
A : 단면적[m^2]
l : 접수길이[m]
D : 관의 외경[m]
d : 관의 내경[m]

20 무차원의 물리적 의미(마르고 닳도록 보라!)

명 칭	물리적 의미
레이놀드(Reynolds)수	관성력/점성력
프루드(Froude)수	관성력/중력
마하(Mach)수	관성력/압축력

＊레이놀드수
① 층류
② 천이영역
③ 난류

＊다르시-바이스바하 공식
곧고 긴 관에서의 손실수두 계산

＊수력반경
면적을 접수길이(둘레길이)로 나눈 것

＊무차원
단위가 없는 것

웨버(Weber)수	관성력/표면장력
오일러(Euler)수	압축력/관성력

● 초스피드 기억법

웨관표(왜관행 표)

21 유체 계측기기

정압 측정	동압(유속) 측정	유량 측정
① 피에조미터 ② 정압관 기억법 조정(조정)	① 피토관 ② 피토-정압관 ③ 시차액주계 ④ 열선 속도계 기억법 속토시 열(속이 따뜻한 토시는 열이 난다.)	① 벤투리미터 ② 위어 ③ 로터미터 ④ 오리피스 기억법 벤위로 오량(벤치 위로 오양이 보인다.)

22 시차액주계

$$p_A + \gamma_1 h_1 - \gamma_2 h_2 - \gamma_3 h_3 = p_B$$

여기서, p_A : 점 A의 압력[kg$_f$/m^2]
p_B : 점 B의 압력[kg$_f$/m^2]
$\gamma_1, \gamma_2, \gamma_3$: 비중량[kg$_f$/m^3]
h_1, h_2, h_3 : 높이[m]

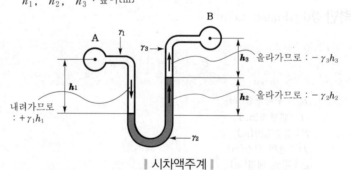

‖ 시차액주계 ‖

※ 시차액주계의 압력계산 방법 : 점 A를 기준으로 내려가면 더하고, 올라가면 뺀다.

제4장 유체정역학 및 열역학

23 경사면에 작용하는 힘

$$F = \gamma y \sin \theta A = \gamma h A$$

여기서, F : 전압력[N]

γ : 비중량(물의 비중량 9800N/m³)

y : 표면에서 수문 중심까지의 경사거리[m]

h : 표면에서 수문 중심까지의 수직거리[m]

A : 단면적[m²]

중요

작용점 깊이

명 칭	구형(rectangle)
형 태	I_c / h / b / y_c
A(면적)	$A = bh$
y_c (중심위치)	$y_c = y$
I_c (관성능률)	$I_c = \dfrac{bh^3}{12}$

$$y_p = y_c + \frac{I_c}{A y_c}$$

여기서, y_p : 작용점 깊이(작용위치)[m]

y_c : 중심위치[m]

I_c : 관성능률$\left(I_c = \dfrac{bh^3}{12} \right)$

A : 단면적[m²]$(A = bh)$

24 기체상수

$$R = C_P - C_V = \frac{\overline{R}}{M}$$

여기서, R : 기체상수[kJ/kg·K]

C_P : 정압비열[kJ/kg·K]

C_V : 정적비열[kJ/kg·K]

$\overline{R}$: 일반기체상수[kJ/kmol·K]

M : 분자량[kg/kmol]

※ **정압비열**

$$C_P = \frac{KR}{K-1}$$

여기서,

C_P : 정압비열[kJ/kg]

R : 기체상수
[kJ/kg·K]

K : 비열비

※ **정적비열**

$$C_V = \frac{R}{K-1}$$

여기서,

C_V : 정적비열[kJ/kg·K]

R : 기체상수
[kJ/kg·K]

K : 비열비

25 절대일(압축일)

정압과정	단열변화
$_1W_2 = P(V_2 - V_1) = mR(T_2 - T_1)$	$_1W_2 = \dfrac{mR}{K-1}(T_1 - T_2)$

여기서, $_1W_2$: 절대일[kJ]
　　　　P : 압력[kJ/m³]
　　　　$V_1 \cdot V_2$: 변화전후의 체적[m³]
　　　　m : 질량[kg]
　　　　R : 기체상수[kJ/kg·K]
　　　　$T_1 \cdot T_2$: 변화전후의 온도
　　　　　　　　(273+℃)[K]

여기서, $_1W_2$: 절대일[kJ]
　　　　m : 질량[kg]
　　　　R : 기체상수[kJ/kg·K]
　　　　K : 비열비
　　　　$T_1 \cdot T_2$: 변화전후의 온도
　　　　　　　　(273+℃)[K]

* 정압과정
  압력이 일정할 때의 과정

* 단열변화
  손실이 없을 때의 과정

26 폴리트로픽 변화

$PV^n = $정수 $(n=0)$	등압변화(정압변화)
$PV^n = $정수 $(n=1)$	등온변화
$PV^n = $정수 $(n=K)$	단열변화
$PV^n = $정수 $(n=\infty)$	정적변화

여기서, P : 압력[kJ/m³]
　　　　V : 체적[m³]
　　　　n : 폴리트로픽 지수
　　　　K : 비열비

제5장 유체의 마찰 및 펌프의 현상

27 펌프의 동력

(1) 전동력

$$P = \frac{0.163QH}{\eta}K$$

여기서, P : 전동력[kW]
　　　　Q : 유량[m³/min]
　　　　H : 전양정[m]
　　　　K : 전달계수
　　　　η : 효율

(2) 축동력

$$P = \frac{0.163QH}{\eta}$$

여기서, P : 축동력[kW]
　　　　Q : 유량[m³/min]
　　　　H : 전양정[m]
　　　　η : 효율

* 단위
① 1HP=0.746kW
② 1PS=0.735kW

* 펌프의 동력
1. 전동력
   전달계수와 효율을 모두 고려한 동력
2. 축동력
   전달계수를 고려하지 않은 동력

기억법
축전(축전)

3. 수동력
   전달계수와 효율을 고려하지 않은 동력

기억법
효전수(효를 전수해 주세요.)

(3) 수동력

$$P = 0.163\,QH$$

여기서, P : 수동력[kW]
Q : 유량[m³/min]
H : 전양정[m]

28 원심 펌프

(1) 벌류트 펌프 : 안내깃이 없고, **저양정**에 적합한 펌프

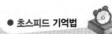

> 저벌 (저벌관)

(2) 터빈 펌프 : 안내깃이 있고, **고양정**에 적합한 펌프

> ※ 안내깃 = 안내날개 = 가이드 베인

29 펌프의 운전

(1) 직렬운전

1. 토출량 : Q
2. 양정 : $2H$(토출량 : $2P$)

‖직렬운전‖

> 정2직(정이 든 직장)

(2) 병렬운전

1. 토출량 : $2Q$
2. 양정 : H(토출량 : P)

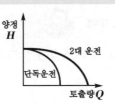

‖병렬운전‖

30 공동현상 (정말 잊지 말라.)

(1) 공동현상의 발생현상

1. 펌프의 **성**능저하
2. 관 **부**식
3. **임**펠러의 손상(수차의 날개 손상)
4. **소**음과 진동발생

Key Point

✱ 원심펌프
소화용수펌프

기억법
소원(소원)

✱ 안내날개
임펠러의 바깥쪽에 설치되어 있으며, 임펠러에서 얻은 물의 속도에너지를 압력에너지로 변환시키는 역할을 한다.

✱ 펌프
전동기로부터 에너지를 받아 액체 또는 기체를 수송하는 장치

✱ 공동현상
① 소화펌프의 흡입고가 클 때 발생
② 펌프의 흡입측 배관 내의 물의 정압이 기존의 증기압보다 낮아져서 물이 흡입되지 않는 현상

Key Point

(2) 공동현상의 방지대책

① 펌프의 흡입수두를 작게 한다.

② 펌프의 마찰손실을 작게 한다.

③ 펌프의 임펠러속도(회전수)를 작게 한다.

④ 펌프의 설치위치를 수원보다 낮게 한다.

⑤ 양흡입 펌프를 사용한다(펌프의 흡입측을 가압한다).

⑥ 관내의 물의 정압을 그 때의 증기압보다 높게 한다.

⑦ 흡입관의 구경을 크게 한다.

⑧ 펌프를 2대 이상 설치한다.

＊ 수격작용
흐르는 물을 갑자기
정지시킬 때 수압이
급상승하는 현상

31 수격작용의 방지대책

① 관로의 **관**경을 **크**게 한다.

② 관로 내의 **유**속을 **낮**게 한다(관로에서 일부 고압수를 방출한다).

③ 조압수조(surge tank)를 설치하여 적정압력을 유지한다.

④ **플라이휠**(flywheel)을 설치한다.

⑤ 펌프 송출구 가까이에 밸브를 설치한다.

⑥ 펌프 송출구에 **수격**을 **방지**하는 **체크밸브**를 달아 역류를 막는다.

⑦ **에어 챔버**(air chamber)를 설치한다.

⑧ 회전체의 **관성 모멘트**를 **크**게 한다.

제1장 소화설비

1 소화기의 사용온도

종 류	사용온도
• 강화액 • 분말	−20~40℃ 이하
• 그 밖의 소화기	0~40℃ 이하

● 초스피드 기억법

> 강분24온(강변에서 이사온 나)

2 각 설비의 주요사항 (입사천러로 나와야 한다.)

구 분	드렌처설비	스프링클러 설비	소화용수 설비	옥내소화전 설비	옥외소화전 설비	포소화설비, 물분무소화설비, 연결송수관설비
방수압	0.1 MPa 이상	0.1~1.2 MPa 이하	0.15 MPa 이상	0.17~0.7 MPa 이하	0.25~0.7 MPa 이하	0.35 MPa 이상
방수량	80*l* /min 이상	80*l* /min 이상	800*l* /min 이상 (가압송수 장치 설치)	130*l* /min 이상 (30층 미만 : **최대 2개**, 30층 이상 : **최대 5개**)	350*l* /min 이상 (**최대 2개**)	75*l* /min 이상 (포워터 스프링클러 헤드)
방수 구경	–	–	–	40 mm	65 mm	–
노즐 구경	–	–	–	13 mm	19 mm	–

❋ 이산화탄소 소화기
고압·액상의 상태로
저장한다.

3 수원의 저수량 (참 중요!)

(1) 드렌처설비

$$Q = 1.6N$$

여기서, Q : 수원의 저수량[m^3]
　　　　N : 헤드의 설치개수

❋ 드렌처설비
건물의 창, 처마 등 외
부화재에 의해 연소·파
손하기 쉬운 부분에 설
치하여 외부 화재의
영향을 막기 위한 설비

Key Point

(2) 스프링클러설비(폐쇄형)

기타시설(폐쇄형)	창고시설(라지드롭형 폐쇄형)
$Q = 1.6N$(30층 미만) $Q = 3.2N$(30~49층 이하) $Q = 4.8N$(50층 이상) 여기서, Q : 수원의 저수량$[\text{m}^3]$ 　　　N : 폐쇄형 헤드의 기준개수(설치개 　　　　수가 기준개수보다 적으면 그 설 　　　　치개수)	$Q = 3.2N$(일반 창고) $Q = 9.6N$(랙식 창고) 여기서, Q : 수원의 저수량$[\text{m}^3]$ 　　　N : 가장 많은 방호구역의 설치개수 　　　　(최대 30개)

❊ 폐쇄형 헤드
정상상태에서 방수구를 막고 있는 감열체가 일정 온도에서 자동적으로 파괴·용해 또는 이탈됨으로써 분사구가 열려지는 헤드

중요 **폐쇄형 헤드의 기준개수**

특정소방대상물		폐쇄형 헤드의 기준개수
지하가 · 지하역사		30
11층 이상		
10층 이하	공장(특수가연물), 창고시설	
	판매시설(슈퍼마켓, 백화점 등), 복합건축물(판매시설이 설치된 것)	
	근린생활시설, 운수시설	20
	8m 이상	
	8m 미만	10
공동주택(아파트 등)		10(각 동이 주차장으로 연결된 주차장 : 30)

(3) 옥내소화전설비

$$Q = 2.6N\text{(30층 미만, } N : \text{최대 2개)}$$
$$Q = 5.2N\text{(30~49층 이하, } N : \text{최대 5개)}$$
$$Q = 7.8N\text{(50층 이상, } N : \text{최대 5개)}$$

여기서, Q : 수원의 저수량$[\text{m}^3]$
　　　N : 가장 많은 층의 소화전 개수

❊ 수원
물을 공급하는 곳

(4) 옥외소화전설비

$$Q \geqq 7N$$

여기서, Q : 수원의 저수량$[\text{m}^3]$
　　　N : 옥외소화전 설치개수(최대 **2개**)

4 가압송수장치(펌프 방식)(합격이 눈앞에 있소이다.)

(1) 스프링클러설비

❊ 스프링클러설비
스프링클러헤드를 이용하여 건물 내의 화재를 자동적으로 진화하기 위한 소화설비

$$H = h_1 + h_2 + \underline{10}$$

여기서, H : 전양정$[\text{m}]$
　　　h_1 : 배관 및 관부속품의 마찰손실수두$[\text{m}]$
　　　h_2 : 실양정(흡입양정+토출양정)$[\text{m}]$

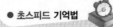

● 초스피드 기억법

> 스10(서열)

(2) 물분무소화설비

$$H = h_1 + h_2 + h_3$$

여기서, H : 필요한 낙차[m]
h_1 : 물분무 헤드의 설계압력 환산수두[m]
h_2 : 배관 및 관부속품의 마찰손실수두[m]
h_3 : 실양정(흡입양정＋토출양정)[m]

※ 물분무소화설비
물을 안개모양(분무) 상태로 살수하여 소화하는 설비

(3) 옥내소화전설비

$$H = h_1 + h_2 + h_3 + \underline{17}$$

여기서, H : 전양정[m]
h_1 : 소방 호스의 마찰손실수두[m]
h_2 : 배관 및 관부속품의 마찰손실수두[m]
h_3 : 실양정(흡입양정＋토출양정)[m]

※ 소방호스의 종류
① 소방용 고무내장호스
② 소방용 릴호스

● 초스피드 기억법

> 내17(내일 칠해)

(4) 옥외소화전설비

$$H = h_1 + h_2 + h_3 + \underline{25}$$

여기서, H : 전양정[m]
h_1 : 소방 호스의 마찰손실수두[m]
h_2 : 배관 및 관부속품의 마찰손실수두[m]
h_3 : 실양정(흡입양정＋토출양정)[m]

● 초스피드 기억법

> 외25(왜이래요?)

(5) 포소화설비

$$H = h_1 + h_2 + h_3 + h_4$$

여기서, H : 펌프의 양정[m]
h_1 : 방출구의 설계압력 환산수두 또는 노즐선단의 방사압력 환산수두[m]
h_2 : 배관의 마찰손실수두[m]
h_3 : 소방 호스의 마찰손실수두[m]
h_4 : 낙차[m]

※ 포소화설비
차고, 주차장, 비행기 격납고 등 물로 소화가 불가능한 장소에 설치하는 소화설비로서 물과 포원액을 일정비율로 혼합하여 이것을 발포기를 통해 거품을 형성하게 하여 화재 부위에 도포하는 방식

Key Point

* **가지배관**
  헤드에 직접 물을 공급하는 배관

5 옥내소화전설비의 배관구경

구 분	가지배관	주배관 중 수직배관
호스릴	25mm 이상	32mm 이상
일반	**4**0mm 이상	**5**0mm 이상
연결송수관 겸용	65mm 이상	100mm 이상

※ 순환배관 : 체절운전시 수온의 상승 방지

● 초스피드 기억법

가4(가사 일)
주5(주5일 근무)

6 헤드수 및 유수량(다 외웠으면 신통하다.)

(1) 옥내소화전설비

배관구경(mm)	40	50	65	80	100
유수량(l/min)	130	260	390	520	650
옥내소화전수	1개	2개	3개	4개	5개

* **연결살수설비**
  실내에 개방형 헤드를 설치하고 화재시 현장에 출동한 소방차에서 실외에 설치되어 있는 송수구에 물을 공급하여 개방형 헤드를 통해 방사하여 화재를 진압하는 설비

(2) 연결살수설비

배관구경(mm)	32	40	50	65	80
살수헤드수	1개	2개	3개	4~5개	6~10개

(3) 스프링클러설비

급수관구경 (mm)	25	32	40	50	65	80	90	100	125	150
폐쇄형 헤드수	2개	3개	5개	10개	30개	60개	80개	100개	160개	161개 이상

* **유속**
  유체(물)의 속도

7 유속

설 비		유 속
옥내소화전설비		4m/s 이하
스프링클러설비	**가**지배관	**6**m/s 이하
	기타의 배관	10m/s 이하

● 초스피드 기억법

6가스유(육교에 갔어유)

8 펌프의 성능

① 체절운전시 정격토출 압력의 **140%**를 초과하지 아니할 것

② 정격토출량의 **150%**로 운전시 정격토출압력의 **65%** 이상이 되어야 한다.

✻ 체절운전
펌프의 성능시험을 목적으로 펌프 토출측의 개폐 밸브를 닫은 상태에서 펌프를 운전하는 것

9 옥내소화전함

① 강판(철판) 두께 : **1.5mm** 이상

② **합**성수지제 두께 : **4mm** 이상

③ 문짝의 면적 : **0.5m^2** 이상

● 초스피드 기억법

내합4(내가 합한 사과)

10 옥외소화전함의 설치거리

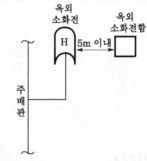

┃옥외소화전~옥외소화전함의 설치거리┃

✻ 옥외소화전함
  설치기구

옥외소화전 개수	소화전함 개수
10개 이하	5m 이내 마다 1개 이상
11~30개 이하	11개 이상 소화전함 분산설치
31개 이상	소화전 3개마다 1개 이상

11 스프링클러헤드의 배치기준(다 외웠으면 장하다.)

설치장소의 최고 주위온도	표시온도
39℃ 미만	79℃ 미만
39~64℃ 미만	79~121℃ 미만
64~106℃ 미만	121~162℃ 미만
106℃ 이상	162℃ 이상

✻ 스프링클러헤드
화재시 가압된 물이 내뿜어져 분산됨으로써 소화기능을 하는 헤드이다. 감열부의 유무에 따라 폐쇄형과 개방형으로 나눈다.

12 헤드의 배치형태

(1) **정방형**(정사각형)

$$S = 2R\cos 45°, \quad L = S$$

여기서, S : 수평헤드간격
 R : 수평거리
 L : 배관간격

(2) 장방형(직사각형)

$$S = \sqrt{4R^2 - L^2}, \quad S = 2R$$

여기서, S : 수평헤드간격
R : 수평거리
L : 배관간격
S : 대각선헤드간격

중요

수평거리(R)

설치장소	설치기준
무대부 · **특**수가연물(창고 포함)	수평거리 **1.7**m 이하
기타구조(창고 포함)	수평거리 **2.1**m 이하
내화구조(창고 포함)	수평거리 **2.3**m 이하
공동주택(**아**파트) 세대 내	수평거리 **2.6**m 이하

● 초스피드 기억법

무특 7
기   1
내   3
아   6

13 스프링클러헤드 설치장소

① **위**험물 취급장소
② **복**도
③ **슈**퍼마켓
④ **소**매시장
⑤ **특**수가연물 취급장소
⑥ **보**일러실

● 초스피드 기억법

위스복슈소 특보(위스키는 복잡한 수소로 만들었다는 **특보**가 있다.)

14 압력챔버 · 리타딩챔버

압력챔버	리타딩챔버
① 모터펌프를 가동시키기 위하여 설치	① 오작동(오보)방지 ② 안전밸브의 역할 ③ 배관 및 압력스위치의 손상보호

✽ 무대부
노래, 춤, 연극 등의 연기를 하기 위해 만들어 놓은 부분

✽ 랙식 창고
물품보관용 랙을 설치하는 창고시설

✽ 압력챔버
펌프의 게이트밸브(gate valve) 2차측에 연결되어 배관 내의 압력이 감소하면 압력스위치가 작동되어 충압펌프 (jockey pump) 또는 주펌프를 작동시킨다. '기동용 수압개폐장치' 또는 '압력탱크'라고도 부른다.

✽ 리타딩챔버
화재가 아닌 배관 내의 압력불균형 때문에 일시적으로 흘러들어온 압력수에 의해 압력스위치가 작동되는 것을 방지하는 부품

15 스프링클러설비의 비교 (잘 구분이 되는가?)

구분 \ 방식	습 식	건 식	준비작동식	부압식	일제살수식
1차측	가압수	가압수	가압수	가압식	가압수
2차측	가압수	압축공기	대기압	부압 (진공)	대기압
밸브종류	습식 밸브 (자동경보밸브, 알람체크밸브)	건식 밸브	준비작동밸브	준비작동밸브	일제개방밸브 (델류즈밸브)
헤드종류	폐쇄형 헤드	폐쇄형 헤드	폐쇄형 헤드	폐쇄형 헤드	개방형 헤드

16 고가수조 · 압력수조

고가수조에 필요한 설비	압력수조에 필요한 설비
① 수위계 ② 배수관 ③ 급수관 ④ 맨홀 ⑤ **오**버플로관 기억법 **고오(Go!)**	① 수위계 ② 배수관 ③ 급수관 ④ 맨홀 ⑤ **급기**관 ⑥ **압력**계 ⑦ **안전**장치 ⑧ **자동**식 공기압축기 기억법 **기압안자(기아자동차)**

✽ **오버플로관**
필요이상의 물이 공급될 경우 이 물을 외부로 배출시키는 관

17 배관의 구경

① **교**차배관 ┐
② **청**소구(청소용) ┘ ─**40mm** 이상
③ **수**직배수배관 : **50mm** 이상

● 초스피드 기억법

교4청 (교사는 청소 안하냐?)
5수(호수)

✽ **교차배관**
수평주행배관에서 가지배관에 이르는 배관

18 행거의 설치

① 가지배관 : **3.5m** 이내마다 설치
② **교**차배관 ┐
③ 수평주행배관 ┘ ─**4.5m** 이내마다 설치
④ 헤드와 **행**거 사이의 간격 : **8cm** 이상

※ **시험배관** : 유수검지장치(유수경보장치)의 기능점검

✽ **행거**
천장 등에 물건을 달아매는 데 사용하는 철재

● 초스피드 기억법

교4(교사), 행8(해파리)

19 기울기(진짜로 중요하데이~)

① $\dfrac{1}{100}$ 이상 : 연결살수설비의 수평주행배관

② $\dfrac{2}{100}$ 이상 : 물분무소화설비의 배수설비

③ $\dfrac{1}{250}$ 이상 : 습식·부압식 설비 외 설비의 가지배관

④ $\dfrac{1}{500}$ 이상 : 습식·부압식 설비 외 설비의 수평주행배관

20 설치높이

0.5~1m 이하	0.8~1.5m 이하	1.5m 이하
① **연**결송수관설비의 송수구 ② **연**결살수설비의 송수구 ③ **소**화용수설비의 채수구 **기억법** 연소용 51(연소용 오일은 잘 탄다.)	① **제**어밸브(수동식 개방밸브) ② **유**수검지장치 ③ **일**제개방밸브 **기억법** 제유일85(제가 유일하게 팔았어요.)	① **옥내**소화전설비의 방수구 ② **호**스릴함 ③ **소**화기 **기억법** 옥내호소 5(옥내에서 호소하시오.)

21 물분무소화설비의 수원(NFPC 104 4조, NFTC 104 2.1.1)

특정소방대상물	토출량	최소기준	비 고
컨베이어벨트	$10L/min \cdot m^2$	–	벨트부분의 바닥면적
절연유 봉입변압기	$10L/min \cdot m^2$	–	표면적을 합한 면적(바닥면적 제외)
특수가연물	$10L/min \cdot m^2$	최소 $50m^2$	최대방수구역의 바닥면적 기준
케이블트레이·덕트	$12L/min \cdot m^2$	–	투영된 바닥면적
차고·주차장	$20L/min \cdot m^2$	최소 $50m^2$	최대방수구역의 바닥면적 기준
위험물 저장탱크	$37L/min \cdot m$	–	위험물탱크 둘레길이(원주길이) : 위험물규칙 〔별표 6〕 Ⅱ

※ 모두 **20분**간 방수할 수 있는 양 이상으로 하여야 한다.

● 초스피드 기억법

컨절특케차
1   1 2

옆 주석

✳ 습식설비
습식밸브의 1차측 및 2차측 배관 내에 항상 가압수가 충수되어 있다가 화재발생시 열에 의해 헤드가 개방되어 소화하는 방식

✳ 부압식 스프링클러설비
가압송수장치에서 준비작동식 유수검지장치의 1차측까지는 항상 정압의 물이 가압되고, 2차측 폐쇄형 스프링클러헤드까지는 소화수가 부압으로 되어 있다가 화재시 감지기의 작동에 의해 정압으로 변하여 유수가 발생하면 작동하는 스프링클러설비

✳ 케이블트레이
케이블을 수용하기 위한 관로로 사용되며 윗부분이 개방되어 있다.

22 포소화설비의 적용대상

특정소방대상물	설비 종류
• 차고 · 주차장 • 항공기격납고 • 공장 · 창고(특수가연물 저장 · 취급)	• 포워터 스프링클러설비 • 포헤드 설비 • 고정포 방출설비 • 압축공기포 소화설비
• 완전개방된 옥상주차장(주된 벽이 없고 기둥뿐이거나 주위가 위해방지용 철주 등으로 둘러싸인 부분) • **지상 1층**으로서 지붕이 없는 차고 · 주차장 • 고가 밑의 주차장(주된 벽이 없고 기둥뿐이거나 주위가 위해방지용 철주 등으로 둘러싸인 부분)	• 호스릴포 소화설비 • 포소화전 설비
• 발전기실 • 엔진펌프실 • 변압기 • 전기케이블실 • 유압설비	• 고정식 압축공기포 소화설비(바닥면적 합계 $300m^2$ 미만)

23 고정포 방출구 방식

$$Q = A \times Q_1 \times T \times S$$

여기서, Q : 포소화약제의 양[l]
A : 탱크의 액표면적[m^2]
Q_1 : 단위포 소화수용액의 양[l/m^2 · 분]
T : 방출시간[분]
S : 포소화약제의 사용농도

24 고정포 방출구(위험물안전관리에 관한 세부기준 133조)

탱크의 종류	포 방출구
고정지붕구조	• Ⅰ형 방출구 • Ⅱ형 방출구 • Ⅲ형 방출구 • Ⅳ형 방출구
부상덮개부착 고정지붕구조	• Ⅱ형 방출구
부상지붕구조	• **특**형 방출구

 ● 초스피드 기억법

부특 (보트)

* **포워터 스프링클러헤드**
포디플렉터가 있다.

* **포헤드**
포디플렉터가 없다.

* **고정포 방출구**
포를 주입시키도록 설계된 탱크 등에 반영구적으로 부착된 포소화설비의 포방출장치

* **Ⅰ형 방출구**
고정지붕구조의 탱크에 상부포주입법을 이용하는 것으로서 방출된 포가 액면 아래로 몰입되거나 액면을 뒤섞지 않고 액면상을 덮을 수 있는 통계단 또는 미끄럼판 등의 설비 및 탱크내의 위험물증기가 외부로 역류되는 것을 저지할 수 있는 구조 · 기구를 갖는 포방출구

* **Ⅱ형 방출구**
고정지붕구조 또는 부상덮개부착고정지붕구조의 탱크에 상부포주입법을 이용하는 것으로서 방출된 포가 탱크 옆판의 내면을 따라 흘러내려 가면서 액면 아래로 몰입되거나 액면을 뒤섞지 않고 액면상을 덮을 수 있는 반사판 및 탱크내의 위험물증기가 외부로 역류되는 것을 저지할 수 있는 구조 · 기구를 갖는 포방출구

✽ 특형 방출구
부상지붕구조의 탱크에 상부포주입법을 이용하는 것으로서 부상지붕의 부상부분상에 높이 0.9m 이상의 금속제의 칸막이를 탱크 옆판의 내측로부터 1.2m 이상 이격하여 설치하고 탱크 옆판과 칸막이에 의하여 형성된 환상부분에 포를 주입하는 것이 가능한 구조의 반사판을 갖는 포방출구

25 CO_2 설비의 특징

① 화재진화 후 깨끗하다.
② **심부화재**에 적합하다.
③ 증거보존이 양호하여 화재원인 조사가 쉽다.
④ 방사시 소음이 **크다**.

26 CO_2 설비의 가스압력식 기동장치

구 분	기 준
비활성 기체 충전압력	6MPa 이상(21℃ 기준)
기동용 가스용기의 체적	5l 이상
기동용 가스용기 안전장치의 압력	내압시험압력의 0.8~내압시험압력 이하
기동용 가스용기 및 해당 용기에 사용하는 밸브의 견디는 압력	25MPa 이하

27 약제량 및 개구부 가산량(꿈에서도 안 외울 생각은 마라!)

$$
\text{저장량[kg]} = \text{약제량[kg/m}^3\text{]} \times \text{방호구역체적[m}^3\text{]} + \text{개구부면적[m}^2\text{]} \times \text{개구부가산량[kg/m}^2\text{]}
$$

 ● 초스피드 기억법

저약방개산(저약방에서 계산해)

(1) CO_2 소화설비(심부화재)

✽ 심부화재
가연물의 내부 깊숙한 곳에서 연소하는 화재

방호대상물	약제량	개구부 가산량 (자동폐쇄장치 미설치시)
전기설비(55m² 이상), 케이블실	1.3kg/m³	10kg/m²
전기설비(55m² 미만)	1.6kg/m³	
서고, **박**물관, **목**재가공품창고, **전**자제품창고	2.0kg/m³	
석탄창고, **면**화류창고, **고**무류, **모**피창고, **집**진설비	2.7kg/m³	

 ● 초스피드 기억법

서박목전(선박이 목전에 보인다.)
석면고모집(석면은 고모집에 있다.)

Key Point

(2) 할론 1301

방호대상물	약제량	개구부 가산량 (자동폐쇄장치 미설치시)
차고 · 주차장 · 전기실 · 전산실 · 통신기기실	$0.32kg/m^3$	$2.4kg/m^2$
고무류 · 면화류	$0.52kg/m^3$	$3.9kg/m^2$

(3) 분말소화설비(전역방출방식)

종 별	약제량	개구부 가산량(자동폐쇄장치 미설치시)
제1종	$0.6kg/m^3$	$4.5kg/m^2$
제2 · 3종	$0.36kg/m^3$	$2.7kg/m^2$
제4종	$0.24kg/m^3$	$1.8kg/m^2$

✻ 전역방출방식
불연성의 벽 등으로
밀폐되어 있는 경우
방호구역 전체에 가스
를 방출하는 방식

28 호스릴방식

(1) CO₂ 소화설비

약제 종별	약제 저장량	약제 방사량
CO_2	90kg	60kg/min

(2) 할론소화설비

약제 종별	약제량	약제 방사량
할론 1301	45kg	35kg/min
할론 1211	50kg	40kg/min
할론 2402	50kg	45kg/min

✻ 호스릴방식
호스와 약제방출구만
이동하여 소화하는 방
식으로서, 호스를 원
통형의 호스감개에 감
아놓고 호스의 말단을
잡아당기면 호스감개
가 회전하면서 호스가
풀리어 화재부근으로 이
동시켜 소화하는 방식

(3) 분말소화설비

약제 종별	약제 저장량	약제 방사량
제1종 분말	50kg	45kg/min
제2 · 3종 분말	30kg	27kg/min
제4종 분말	20kg	18kg/min

**✻ 할론설비의 약제량
측정법**
① 중량측정법
② 액위측정법
③ 비파괴검사법

29 할론소화설비의 저장용기 ('안 외워도 되겠지'하는 용감한 사람이 있다.)

구 분		할론 1211	할론 1301
저장압력		1.1MPa 또는 2.5MPa	2.5MPa 또는 4.2MPa
방출압력		0.2MPa	0.9MPa
충전비	가압식	0.7~1.4 이하	0.9~1.6 이하
	축압식		

30 할론 1301(CF₃Br)의 특징

① 여과망을 설치하지 않아도 된다.
② 제3류 위험물에는 사용할 수 없다.

31 호스릴방식

설 비	수평거리
분말 · 포 · CO₂ 소화설비	수평거리 15m 이하
할론소화설비	수평거리 20m 이하
옥내소화전설비	수평거리 25m 이하

 ● 초스피드 기억법

> 호할20 (호텔의 할부이자가 영아니네.)
> 호옥25(홍옥이오!)

32 분말소화설비의 배관

① 전용
② 강관 : 아연도금에 의한 배관용 탄소강관
③ 동관 : 고정압력 또는 최고 사용압력의 1.5배 이상의 압력에 견딜 것
④ 밸브류 : 개폐위치 또는 개폐방향을 표시한 것
⑤ 배관의 관부속 및 밸브류 : 배관과 동등 이상의 강도 및 내식성이 있는 것
⑥ 주밸브 헤드까지의 배관의 분기 : 토너먼트방식
⑦ 저장용기 등 배관의 굴절부까지의 거리 : 배관 내경의 20배 이상

33 압력조정장치(압력조정기)의 압력

할론소화설비	분말 소화설비
2MPa 이하	2.5MPa 이하

> ※ **정압작동장치의 목적** : 약제를 적절히 보내기 위해

 ● 초스피드 기억법

> 분압25(분압이오.)

34 분말소화설비 가압식과 축압식의 설치기준

사용가스 ＼ 구 분	가압식	축압식
질소(N₂)	40ℓ/kg 이상	10ℓ/kg 이상
이산화탄소(CO₂)	20g/kg＋배관청소 필요량 이상	20g/kg＋배관청소 필요량 이상

35 약제 방사시간

소화설비		전역방출방식		국소방출방식	
		일반건축물	위험물제조소	일반건축물	위험물 제조소
할론소화설비		10초 이내	30초 이내	10초 이내	30초 이내
분말소화설비		30초 이내			
CO₂ 소화설비	표면화재	1분 이내	60초 이내	30초 이내	
	심부화재	7분 이내			

제2장   피난구조설비

36 피난사다리의 분류

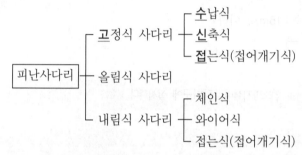

- 피난사다리
  - 고정식 사다리
    - 수납식
    - 신축식
    - 접는식(접어개기식)
  - 올림식 사다리
  - 내림식 사다리
    - 체인식
    - 와이어식
    - 접는식(접어개기식)

 초스피드 기억법

고수접신(고수의 접시)

※ 올림식 사다리
① 사다리 상부지점에 안전장치 설치
② 사다리 하부지점에 미끄럼방지장치 설치

37 피난기구의 적응성

구 분	층 별	3층
의료시설		• 피난교 • 구조대 • 미끄럼대 • 피난용트랩 • 다수인 피난장비 • 승강식 피난기
노유자시설		• 피난교 • 구조대 • 미끄럼대 • 다수인 피난장비 • 승강식 피난기

※ 피난기구의 종류
① 피난사다리
② 구조대
③ 완강기
④ 소방청장이 정하여 고시하는 화재안전기준으로 정하는 것 (미끄럼대, 피난교, 공기안전매트, 피난용 트랩, 다수인 피난장비, 승강식 피난기, 간이완강기, 하향식 피난구용 내림식 사다리)

Key Point

제3장 소화활동설비 및 소화용수설비

38 제연구역의 구획

① 1제연구역의 면적은 1,000m² 이내로 할 것
② 거실과 통로는 **각각 제연구획**할 것
③ 통로상의 제연구역은 보행중심선의 길이가 60m를 초과하지 않을 것
④ 1제연구역은 직경 60m 원내에 들어갈 것
⑤ 1제연구역은 2개 이상의 층에 미치지 않을 것

> ※ 제연구획에서 제연경계의 폭은 0.6m 이상, 수직거리는 2m 이내이어야 한다.

39 풍 속 (잊지 말라!)

① 배출기의 **흡입**측 풍속 : 15m/s 이하
② 배출기 배출측 풍속 ─┐
③ 유입 풍도안의 풍속 ─┘ 20m/s 이하

> ※ 연소방지설비 : **지하구**에 설치한다.

● 초스피드 **기억법**

5입(옷 입어.)

40 헤드의 수평거리

스프링클러헤드	살수헤드
2.3m 이하	3.7m 이하

> ※ 연결살수설비에서 하나의 송수구역에 설치하는 개방형 헤드수는 10개 이하로 하여야 한다.

● 초스피드 **기억법**

살37(살상은 칠거지악 중의 하나다.)

41 연결송수관설비의 설치순서

습식	건식
송수구 → **자**동배수밸브 → **체**크밸브	송수구 → 자동배수밸브 → 체크밸브 → 자동배수밸브

● 초스피드 **기억법**

송자체습(송자는 채식주의자)

✻ 연소방지설비
지하구의 화재시 지하구의 진입이 곤란하므로 지상에 설치된 송수구를 통하여 소방펌프차로 가압수를 공급하여 설치된 지하구 내의 살수헤드에서 방수가 이루어져 화재를 소화하기 위한 연결살수설비의 일종이다.

✻ 지하구
지하의 케이블 통로

✻ 연결송수관설비
건물 외부에 설치된 송수구를 통하여 소화용수를 공급하고, 이를 건물 내에 설치된 방수구를 통하여 화재 발생장소에 공급하여 소방관이 소화할 수 있도록 만든 설비

42 연결송수관설비의 방수구

① 층마다 설치(아파트인 경우 3층부터 설치)
② 11층 이상에는 쌍구형으로 설치(아파트인 경우 단구형 설치 가능)
③ 방수구는 개폐기능을 가진 것일 것
④ 방수구는 구경 65mm로 한다.
⑤ 방수구는 바닥에서 0.5~1m 이하에 설치한다.

＊방수구의 설치장소
비교적 연소의 우려가
적고 접근이 용이한
계단실과 같은 곳

43 수평거리 및 보행거리(다 외웠으면 롱타!)

① 수평거리

구 분	수평거리
예상제연구역	10m 이하
분말**호**스릴	
포**호**스릴	15m 이하
CO_2 **호**스릴	
할론 호스릴	20m 이하
옥내소화전 방수구	
옥내소화전 **호**스릴	
포소화전 방수구	25m 이하
연결송수관 방수구(지하가)	
연결송수관 방수구(지하층 바닥면적 3,000m² 이상)	
옥외소화전 방수구	40m 이하
연결송수관 방수구(사무실)	50m 이하

＊수평거리

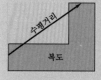

＊보행거리

② 보행거리

구 분	보행거리
소형소화기	20m 이하
대형소화기	30m 이하

 비교

수평거리와 보행거리

수평거리	보행거리
직선거리로서 반경을 의미하기도 한다.	걸어선 간 거리

● 초스피드 기억법

호15(호일 오려)
옥호25

바르게 앉는 자세

1 엉덩이를 등받이까지 바짝 붙이고 상체를 편다.

2 몸통과 허벅지, 허벅지와 종아리, 종아리와 발이 옆에서 볼 때 직각이 되어야 한다.

3 등이 등받이에서 떨어지지 않는다(바닥과 90도 각도인 등받이가 좋다).

4 발바닥이 편하게 바닥에 닿는다.

5 되도록 책상 가까이 앉는다.

6 시선은 정면을 유지해 고개나 가슴이 앞으로 수그러지지 않게 한다.

소방설비기사 필기
(기계분야)

Part 1

소방원론

출제경향분석

화재론

CHAPTER 01

* * * * * * * * * * *

②연소의 이론
16.8%(4문제)

③건축물의 화재성상
10.8%(2문제)

12문제

①화재의 성격과 원인 및 피해
9.1%(2문제)

④불 및 연기의 이동과 특성
8.4%(1문제)

⑤물질의 화재위험
12.8%(3문제)

화재론

1 화재의 성격과 원인 및 피해

출제확률 9.1% (2문제)

Key Point

1 화재의 성격과 원인

(1) 화재의 정의

① 자연 또는 인위적인 원인에 의하여 불이 물체를 연소시키고, 인명과 재산의 손해를 주는 현상

② 불이 그 사용목적을 넘어 다른 곳으로 연소하여 사람들에게 예기치 않은 경제상의 손해를 발생시키는 현상

③ 사람의 의도에 반(反)하여 출화 또는 방화에 의하여 불이 발생하고 확대되는 현상

④ 불을 사용하는 사람의 부주의와 불안정한 상태에서 발생되는 것

⑤ 실화, 방화로 발생하는 연소현상을 말하며 사람에게 유익하지 못한 해로운 불

⑥ 사람의 의사에 반한, 즉 대부분의 사람이 원치 않는 상태의 불

⑦ 소화의 필요성이 있는 불

⑧ 소화에 효과가 있는 어떤 물건(소화시설)을 사용할 필요가 있다고 판단되는 불

* **화재**
자연 또는 인위적인 원인에 의하여 불이 물체를 연소시키고, 인간의 신체·재산·생명에 손해를 주는 현상

* **일반화재**
연소 후 재를 남기는 가연물

* **유류화재**
연소 후 재를 남기지 않는 가연물

★★★

문제 화재의 정의로서 옳지 않은 것은?

① 사람의 의사에 반한, 즉 대부분의 사람이 원치 않는 상태의 불

② 소화의 필요성이 있는 불

③ 소화의 경제적 필요성이 있는 불

④ 소화에 효과가 있는 어떤 물건을 사용할 필요가 있다고 판단되는 불

해설 ③ '이로운 불'로서 화재가 아니다.

답 ③

(2) 화재의 발생현황

① **발화요인별** : 부주의＞전기적 요인＞기계적 요인＞화학적 요인＞교통사고＞방화의심＞방화＞자연적 요인＞가스누출

② **장소별** : 근린생활시설＞공동주택＞공장 및 창고＞복합건축물＞업무시설＞숙박시설＞교육연구시설

③ **계절별** : 겨울＞봄＞가을＞여름

화재의 특성 : 우발성, 확대성, 불안정성

* **화재발생요인**
① 취급에 관한 지식 결여
② 기기나 기구 등의 정격미달
③ 사전교육 및 관리 부족

**❋ 경제발전과 화재
피해의 관계**
경제발전속도 < 화재
피해속도

**❋ 화재피해의 감소
대책**
① 예방
② 경계(발견)
③ 진압

❋ 화재의 특성
① 우발성 : 화재가 돌
발적으로 발생
② 확대성
③ 불안정성

2 화재의 종류

┃ 국가별 화재의 구분 ┃

화재종류	표시색	적응물질
일반화재(A급)	백색	• 일반가연물(목재)
유류화재(B급)	황색	• 가연성 액체(유류) • 가연성 가스(가스)
전기화재(C급)	청색	• 전기설비(전기)
금속화재(D급)	무색	• 가연성 금속
주방화재(K급)	–	• 식용유화재

> A급 화재 : 합성수지류, 섬유류에 의한 화재

> ※ 요즘은 표시색의 의무규정은 없음

(1) 일반화재
목재 · 종이 · 섬유류 · 합성수지 등의 일반가연물에 의한 화재

(2) 유류화재
제4류 위험물(특수인화물, 석유류, 알코올류, 동식물유류)에 의한 화재
① 특수인화물 : **다이에틸에터 · 이황화탄소** 등으로서 인화점이 −20℃ 이하인 것
② 제1석유류 : **아세톤 · 휘발유 · 콜로디온** 등으로서 인화점이 21℃ 미만인 것
③ 제2석유류 : **등유 · 경유** 등으로서 인화점이 21~70℃ 미만인 것
④ 제3석유류 : **중유 · 크레오소트유** 등으로서 인화점이 70~200℃ 미만인 것
⑤ 제4석유류 : **기어유 · 실린더유** 등으로서 인화점이 200~250℃ 미만인 것
⑥ 알코올류 : 포화 1가 알코올(변성알코올 포함)

(3) 가스화재
① 가연성 가스 : 폭발 하한계가 **10%** 이하 또는 폭발 상한계와 하한계의 차이가 **20%**
이상인 것
② 압축가스 : 산소(O_2), 수소(H_2)
③ 용해가스 : **아세틸렌**(C_2H_2)
④ 액화가스 : 액화석유가스(LPG), 액화천연가스(LNG)

❋ LPG
액화석유가스로서 주
성분은 프로판(C_3H_8)
과 부탄(C_4H_{10})이다.

❋ LNG
액화천연가스로서 주
성분은 메탄(CH_4)이다.

❋ 프로판의 액화압력
7기압

❋ 누전
전기가 도선 이외에 다
른 곳으로 유출되는 것

(4) 전기화재
전기화재의 발생원인은 다음과 같다.
① 단락(합선)에 의한 발화
② 과부하(과전류)에 의한 발화
③ 절연저항 감소(누전)에 의한 발화
④ 전열기기 과열에 의한 발화
⑤ 전기불꽃에 의한 발화
⑥ 용접불꽃에 의한 발화

⑦ 낙뢰에 의한 발화

승압 · 고압전류 : 전기화재의 주요원인이라 볼 수 없다.

★
문제 전기화재의 발생가능성이 가장 낮은 부분은 ?
① 코드 접촉부   ② 전기장판
③ 전열기   ④ 배선차단기

해설 배선차단기(배선용 차단기)는 전기화재의 발생가능성이 가장 낮다.
④ **배선용 차단기** : 저압배선용 과부하차단기, MCCB라고 부른다.

답 ④

(5) 금속화재
① 금속화재를 일으킬 수 있는 위험물
㉮ 제1류 위험물 : 무기과산화물
㉯ 제2류 위험물 : 금속분(알루미늄(Al), 마그네슘(Mg))
㉰ 제3류 위험물 : 황린(P_4), 칼슘(Ca), 칼륨(K), 나트륨(Na)
② 금속화재의 특성 및 적응소화제
㉮ 물과 반응하면 주로 **수소**(H_2), **아세틸렌**(C_2H_2) 등 가연성 가스를 발생하는 **금수성 물질**이다.
㉯ 금속화재를 일으키는 분진의 양은 30~80mg/l 이다.
㉰ **알킬알루미늄**에 적당한 소화제는 **팽창질석, 팽창진주암**이다.

(6) 산불화재
산불화재의 형태는 다음과 같다.
① **수간화 형태** : 나무기둥 부분부터 연소하는 것
② **수관화 형태** : 나뭇가지 부분부터 연소하는 것
③ **지중화 형태** : 썩은 나무의 유기물이 연소하는 것
④ **지표화 형태** : 지면의 낙엽 등이 연소하는 것

3 가연성 가스의 폭발한계

(1) 폭발한계
① 정의 : 가연성 물질이 기체상태에서 공기와 혼합하여 일정농도 범위내에서 연소가 일어나는 범위를 말하며, **하한계**와 **상한계**로 표시한다.
② 공기중의 폭발한계 (상온, 1atm)

가 스	하한계〔vol%〕	상한계〔vol%〕
아세틸렌(C_2H_2)	2.5	81
수소(H_2)	4	75
일산화탄소(CO)	12	75

가 스	하한계〔vol%〕	상한계〔vol%〕
에터($C_2H_5OC_2H_5$)	1.7	48
이황화탄소(CS_2)	1	50
에틸렌(C_2H_4)	2.7	36
암모니아(NH_3)	15	25
메탄(CH_4)	5	15
에탄(C_2H_6)	3	12.4
프로판(C_3H_8)	2.1	9.5
부탄(C_4H_{10})	1.8	8.4
휘발유($C_5H_{12} \sim C_9H_{20}$)	1.2	7.6

문제 다음 물질의 증기가 공기와 혼합기체를 형성하였을 때 폭발한계 중 폭발상한계
가 가장 높은 혼합비를 형성하는 물질은?

① 수소(H_2)   ② 이황화탄소(CS_2)

③ 아세틸렌(C_2H_2)   ④ 에터(($C_2H_5)_2O$)

해설   ③ 상한계가 81vol%로서 가장 높다.

답 ③

휘발유 = 가솔린

③ 폭발한계와 위험성
㈎ 하한계가 낮을수록 위험하다.
㈏ 상한계가 높을수록 위험하다.
㈐ 연소범위가 넓을수록 위험하다.
㈑ 연소범위의 하한계는 그 물질의 인화점에 해당된다.
㈒ 연소범위는 주위온도와 관계가 깊다.
㈓ 압력상승시 하한계는 불변, 상한계만 상승한다.

연소범위
① 공기와 혼합된 가연성 기체의 체적농도로 표시된다.
② 가연성 기체의 종류에 따라 다른 값을 갖는다.
③ 온도가 낮아지면 좁아진다.
④ 압력이 상승하면 넓어진다.
⑤ 불활성 기체를 첨가하면 좁아진다.
⑥ **일산화탄소**(CO), **수소**(H_2)는 압력이 상승하면 좁아진다.
⑦ 가연성 기체라도 점화원이 존재하에 그 농도 범위내에 있을 때 발화한다.

④ 위험도(Degree of hazards)

$$H = \frac{U - L}{L}$$

여기서, H : 위험도
U : 폭발상한계
L : 폭발하한계

⑤ 혼합가스의 폭발하한계 : 가연성 가스가 혼합되었을 때 폭발하한계는 르샤틀리에
법칙에 의하여 다음과 같이 계산된다.

$$\frac{100}{L} = \frac{V_1}{L_1} + \frac{V_2}{L_2} + \frac{V_3}{L_3} + \cdots\cdots + \frac{V_n}{L_n}$$

여기서, L : 혼합가스의 폭발하한계[vol%]
L_1, L_2, L_3, L_n : 가연성 가스의 폭발하한계[vol%]
V_1, V_2, V_3, V_n : 가연성 가스의 용량[vol%]

4 폭발(Explosion)

폭발 ─┬─ 폭연(Deflagration)
      └─ 폭굉(Detonation)

(1) 폭 연(Deflagration)

① 정의

㉮ 급격한 압력의 증가로 인해 격렬한 음향을 발하며 팽창하는 현상

㉯ 발열반응으로 연소의 전파속도가 음속보다 느린현상

화염전파속도 < 음속

(2) 폭 굉(Detonation)

① 정의 : 폭발 중에서도 격렬한 폭발로서 **화염**의 **전파속도**가 **음속보다 빠른 경우**로 파
면선단에 충격파(압력파)가 진행되는 현상

화염전파속도 > 음속

② 연소속도 : 1000~3500m/s

(3) 폭발의 종류

폭발종류	물 질
분해폭발	● 과산화물 · 아세틸렌 ● 다이나마이트

※ 물과 반응하여 가연
성 기체를 발생하지
않는 것
① 시멘트
② 석회석
③ 탄산칼슘($CaCO_3$)

※ 분진폭발을 일으키
지 않는 물질
① 시멘트
② 석회석
③ 탄산칼슘($CaCO_3$)
④ 생석회(CaO) = 산화
칼슘

※ 음속
소리의 속도로서 약
340m/s이다.

※ 폭굉의 연소속도
1000~3500m/s

분진폭발	• 밀가루 · 담뱃가루 • 석탄가루 · 먼지 • 전분 · 금속분
중합폭발	• 염화비닐 • 시안화수소
분해 · 중합폭발	• 산화에틸렌
산화폭발	• 압축가스, 액화가스

중요 폭발발생 원인

물리적 · 기계적 원인	화학적 원인
① 압력방출에 의한 폭발	① 증기운(vapor cloud) 폭발 ② 분해폭발 ③ 석탄분진의 폭발

5 열과 화상

사람의 피부는 열로 인하여 화상을 입는 수가 있는데 화상은 다음의 4가지로 분류한다.

화상분류	설명
1도 화상	화상의 부위가 분홍색으로 되고, **가벼운 부음**과 통증을 수반하는 화상
2도 화상	화상의 부위가 분홍색으로 되고, **분비액**이 많이 분비되는 화상
3도 화상	화상의 부위가 벗겨지고, 검게 되는 화상
4도 화상	전기화재에서 입은 화상으로서 피부가 탄화되고, 뼈까지 도달되는 화상

* **화상**
불에 의해 피부에 상처를 입게 되는 것

* **2도 화상**
화상의 부위가 분홍색으로 되고, 분비액이 많이 분비되는 화상의 정도

* **탄화**
불에 의해 피부가 검게 된 후 부스러지는 것

2 연소의 이론

출제확률 16.8% (4문제)

1 연 소

(1) 연소의 정의

가연물이 공기중에 있는 산소와 반응하여 **열**과 **빛**을 동반하며 급격히 산화반응하는 현상

(2) 연소의 색과 온도

‖ 연소의 색과 온도 ‖

색	온도[℃]
암적색 (진홍색)	700~750
적색	850
휘적색 (주황색)	925~950
황적색	1100
백적색 (백색)	1200~1300
휘백색	1500

***

문제 보통 화재에서 주황색의 불꽃온도는 섭씨 몇 도 정도인가?

① 525도   ② 750도

③ 925도   ④ 1075도

해설 ③ 주황색 : 925~950℃

답 ③

(3) 연소물질의 온도

‖ 연소물질의 온도 ‖

상 태	온도[℃]
목재화재	1200~1300
연강 용해, 촛불	1400
전기용접 불꽃	3000~4000
아세틸렌 불꽃	3300

(4) 연소의 3요소

가연물, 산소공급원, 점화원을 연소의 3요소라 한다.

① 가연물

  ㈎ 가연물의 구비 조건

    ㉮ **열전도율**이 작을 것

    ㉯ 발열량이 클 것

    ㉰ **산화반응**이면서 **발열반응**할 것

    ㉱ **활성화 에너지**가 작을 것

＊ 활성화 에너지
가연물이 처음 연소하
는데 필요한 열

＊ 프레온
불연성 가스

＊ 질소
복사열을 흡수하지 않
는다.

＊ 공기의 구성 성분
① 산소 : 21%
② 질소 : 78%
③ 아르곤 : 1%

**＊ 점화원이 될 수 없
는 것**
① 기화열
② 융해열
③ 흡착열

＊ 나화
불꽃이 있는 연소 상태

    ㉤ 산소와 화학적으로 친화력이 클 것

    ㉥ 표면적이 넓을 것

    ㉦ 연쇄반응을 일으킬 수 있을 것

  ㈏ 가연물이 될 수 없는 물질(불연성 물질)

특 징	불연성 물질
주기율표의 0족 원소	• 헬륨(He) • 네온(Ne) • 아르곤(Ar) • 크립톤(Kr) • 크세논(Xe) • 라돈(Rn)
산소와 더 이상 반응하지 않는 물질	• 물(H_2O) • 이산화탄소(CO_2) • 산화알루미늄(Al_2O_3) • 오산화인(P_2O_5)
흡열반응 물질	• 질소(N_2)

② 산소공급원 : 공기중의 산소 외에 다음의 위험물이 포함된다.

  ㈎ 제1류 위험물

  ㈏ 제5류 위험물

  ㈐ 제6류 위험물

> **산소공급원** : 산소, 공기, 바람, 산화제

③ 점화원

  ㈎ 자연발화

  ㈏ 단열압축

  ㈐ 나화 및 고온표면

  ㈑ 충격마찰

  ㈒ 전기불꽃

  ㈓ 정전기불꽃

(5) 연소의 4요소(4면체적 요소)

  ① 가연물(연료)

  ② 산소공급원(산소, 산화제, 공기, 바람)

  ③ 점화원(온도)

  ④ 순조로운 연쇄반응 : **불꽃연소**와 관계

> **※ 불꽃연소**
> ① 증발연소   ② 분해연소   ③ 확산연소   ④ 예혼합기연소(예혼합연소)

중요 불꽃연소의 특징

① 가연성 성분의 기체상태 연소
② **연쇄반응**이 일어난다.
③ 연소시 **발열량**이 매우 **크다.**

(6) 정전기

① 정전기의 방지대책

㈎ **접지**를 한다.
㈏ 공기의 상대습도를 **70%** 이상으로 한다.
㈐ 공기를 **이온화**한다.
㈑ **도체물질**을 사용한다.

② 정전기의 발화과정

| 전하의 **발생** | → | 전하의 **축적** | → | **방**전 | → | 발화 |

정전기 : 가연성 물질을 발화시킬 수가 있다.

기억법 **발축방**

2 연소의 형태

(1) 고체의 연소

① 표면연소 : **숯, 코크스, 목탄, 금속분** 등이 열분해에 의하여 가연성 가스를 발생하지 않고 그 물질 자체가 연소하는 현상

표면연소 = 응축연소 = 작열연소 = 직접연소

중요 작열연소

① 연쇄반응이 존재하지 않음
② 순수한 **숯**이 타는 것
③ 불꽃연소에 비하여 발열량이 크지 않다.

② 분해연소 : **석탄, 종이, 플라스틱, 목재, 고무** 등의 연소시 열분해에 의하여 발생된 가스와 산소가 혼합하여 연소하는 현상
③ 증발연소 : **황, 왁스, 파라핀, 나프탈렌** 등을 가열하면 고체에서 액체로, 액체에서 기체로 상태가 변하여 그 기체가 연소하는 현상
④ 자기연소 : 제5류 위험물인 **나이트로글리세린, 나이트로셀룰로오스**(질화면), **TNT, 나이트로화합물**(피크린산), **질산에스터류**(셀룰로이드) 등이 열분해에 의해 산소를 발생하면서 연소하는 현상

Key Point

★★★
문제 자기연소를 일으키는 가연물질로만 짝지어진 것은?

① 나이트로셀룰로오스, 황, 등유

② 질산에스터류, 셀룰로이드, 나이트로화합물

③ 셀룰로이드, 발연황산, 목탄

④ 질산에스터류, 황린, 염소산칼륨

해설 ② 자기연소 : 질산에스터류(셀룰로이드), 나이트로화합물 **답** ②

자기연소 = 내부연소

---

(2) 액체의 연소

① 분해연소 : **중유, 아스팔트**와 같이 점도가 높고 비휘발성인 액체가 고온에서 열분해에 의해 가스로 분해되어 연소하는 현상

② 액적연소 : **벙커C유**와 같이 가열하고 점도를 낮추어 버너 등을 사용하여 액체의 입자를 안개형태로 분출하여 연소하는 현상

③ 증발연소 : **가솔린, 등유, 경유, 알코올, 아세톤** 등과 같이 액체가 열에 의해 증기가 되어 그 증기가 연소하는 현상

④ 분무연소 : 물질의 입자를 분산시켜 공기의 접촉면적을 넓게 하여 연소하는 현상

(4) 기체의 연소

① 확산연소 : **메탄**(CH_4), **암모니아**(NH_3), **아세틸렌**(C_2H_2), **일산화탄소**(CO), **수소**(H_2) 등과 같이 기체연료가 공기중의 산소와 혼합되면서 연소하는 현상

② 예혼합기 연소 : 기체연료에 공기중의 산소를 미리 혼합한 상태에서 연소하는 현상

용어

임계온도와 임계압력

임계온도	임계압력
아무리 큰 압력을 가해도 액화하지 않는 최저온도	임계온도에서 액화하는데 필요한 압력

3 연소와 관계되는 용어

(1) 발화점(Ignition point)

가연성 물질에 불꽃을 접하지 아니하였을 때 연소가 가능한 최저 온도

탄화수소계의 분자량이 클수록 발화온도는 일반적으로 낮다.

(2) 인화점(Flash point)

① 휘발성 물질에 **불꽃**을 접하여 연소가 가능한 **최저온도**

② 가연성 증기 발생시 연소범위의 **하한계**에 이르는 **최저온도**

※ 확산연소
화염의 안정범위가 넓고 조작이 용이하며 역화의 위험이 없는 연소

※ 예혼합기연소
'예혼합연소'라고도 한다.

※ 임계온도
압력조건에 관계없이 그 값이 일정하다.

※ 발화점과 같은 의미
착화점

※ 인견
고체물질 중 발화온도가 높다.

③ 가연성 증기를 발생하는 액체가 공기와 혼합하여 기상부에 다른 불꽃이 닿았을 때 연소가 일어나는 **최저온도**

④ **위험성 기준**의 척도

 인화점

(1) 가연성 액체의 발화와 깊은 관계가 있다.

(2) 연료의 조성, 점도, 비중에 따라 달라진다.

(3) 연소점(Fire point)

① 인화점보다 **10℃** 높으며 연소를 **5초** 이상 지속할 수 있는 온도

② 어떤 인화성 액체가 공기중에서 열을 받아 점화원의 존재하에 **지속적**인 연소를 일으킬 수 있는 온도

③ 가연성 액체에 점화원을 가져가서 인화된 후에 점화원을 제거하여도 가연물이 **계속** 연소되는 **최저온도**

 문제 어떤 물질이 공기중에서 열을 받아 지속적인 연소를 일으킬 수 있는 온도를 무엇이라 하는가?

① 발화점   ② 발열점

③ 연소점   ④ 가연점

 ③ 연소점 : 지속적인 연소를 일으킬 수 있는 온도   답 ③

(4) 비중(Specific gravity)

물 4℃를 기준으로 했을 때의 물체의 무게

(5) 비점(Boiling point)

액체가 끓으면서 증발이 일어날 때의 온도

(6) 비열(Specific heat)

단위	정의
1cal	1g의 물체를 1℃만큼 온도 상승시키는데 필요한 열량
1BTU	1lb의 물체를 1°F만큼 온도 상승시키는데 필요한 열량
1chu	1lb의 물체를 1℃만큼 온도 상승시키는데 필요한 열량

(7) 융점(Melting point)

대기압하에서 고체가 용융하여 액체가 되는 온도

(8) 잠열(Latent heat)

어떤 물질이 고체, 액체, 기체로 상태를 변화하기 위해 필요로 하는 열

Key Point

＊ **발화점이 낮아지는 경우**
① 열전도율이 낮을 때
② 분자구조가 복잡할 때
③ 습도가 낮을 때

＊ **물질의 발화점**
① 황린 : 30~50℃
② 황화인·이황화탄소 : 100℃
③ 나이트로셀룰로오스 : 180℃

＊ **1BTU**
252cal

＊ **lb**
파운드

※ 열량

$$Q = rm + mC\Delta T$$

여기서,
Q : 열량[cal]
r : 융해열 또는 기화열[cal/g]
m : 질량[g]
C : 비열[cal/g℃]
ΔT : 온도차[℃]

※ 열용량

비점이 낮은 액체일수록 증기압이 높다.

※ 증기비중과 같은 의미

가스비중

※ 증기밀도

$$증기밀도 = \frac{분자량}{22.4}$$

여기서,
22.4 : 기체 1몰의 부피[l]

※ 증기압

비점이 낮은 액체일수록 증기압이 높다.

※ 비중이 무거운 순서

① HALON 2402
② HALON 1211
③ HALON 1301
④ CO₂

중요 물의 잠열

잠열 및 열량	설명
80cal/g	융해잠열
539cal/g	기화(증발)잠열
639cal	0℃의 물 1g이 100℃의 수증기로 되는데 필요한 열량
719cal	0℃의 얼음 1g이 100℃의 수증기로 되는데 필요한 열량

(9) 점도(Viscosity)

액체의 점착과 응집력의 효과로 인한 흐름에 대한 저항을 측정하는 기준

(10) 온도

온도단위	설명
섭씨[℃]	1기압에서 물의 빙점을 0℃, 비점을 100℃로 한 것
화씨[℉]	대기압에서 물의 빙점을 32℉, 비점을 212℉로 한 것
캘빈온도[K]	1기압에서 물의 빙점을 273.18K, 비점을 373.18K로 한 것
랭킨온도[℉R]	온도차를 말할 때는 화씨와 같으나 0℉가 459.71℉R로 한 것

(11) 증기비중(Vapor Specific Gravity)

$$증기비중 = \frac{분자량}{29}$$

여기서, 29 : 공기의 평균분자량

문제 CO_2의 증기비중은? (단, 분자량 CO_2 : 44, N_2 : 28, O_2 : 32)

① 0.8 ② 1.5

③ 1.8 ④ 2.0

해설 ② 증기비중 = $\frac{분자량}{29} = \frac{44}{29} ≒ 1.5$

답 ②

(12) 증기–공기밀도(Vapor–Air Density)

어떤 온도에서 액체와 평형상태에 있는 증기와 공기의 혼합물의 증기밀도

$$증기 – 공기밀도 = \frac{P_2 d}{P_1} + \frac{P_1 - P_2}{P_1}$$

여기서, P_1 : 대기압
P_2 : 주변온도에서의 증기압
d : 증기밀도

Key Point

4 위험물질의 위험성

① 비등점(비점)이 낮아질수록 위험하다.
② 융점이 낮아질수록 위험하다.
③ 점성이 낮아질수록 위험하다.
④ 비중이 낮아질수록 위험하다.

용어

용어	설명
비등점	액체가 끓어오르는 온도, '비점'이라고도 한다.
융점	녹는 온도. '융해점'이라고도 한다.
점성	끈끈한 성질
비중	어떤 물질과 표준물질과의 질량비

5 연소의 온도 및 문제점

(1) 연소온도에 영향을 미치는 요인

① 공기비
② 산소농도
③ 연소상태
④ 연소의 발열량
⑤ 연소 및 공기의 현열
⑥ 화염전파의 열손실

(2) 연소속도에 영향을 미치는 요인

① 압력
② 촉매
③ 산소의 농도
④ 가연물의 온도
⑤ 가연물의 입자

(3) 연소상의 문제점

① 백-파이어(Back-fire) ; 역화

가스가 노즐에서 나가는 속도가 연소속도보다 느리게 되어 버너 내부에서 연소하게 되는 현상

∥ 백-파이어 ∥

✳ 공기비
① 고체 : 1.4~2.0
② 액체 : 1.2~1.4
③ 기체 : 1.1~1.3

✳ 연소
빛과 열을 수반하는 산화반응

✳ 촉매
반응을 촉진시키는 것

＊ 리프트
버너내압이 높아져서
분출속도가 빨라지는
현상

> 혼합가스의 유출속도 〈 연소속도

② 리프트(Lift)

가스가 노즐에서 나가는 속도가 연소속도보다 빠르게 되어 불꽃이 버너의 노즐에서 떨어져서 연소하게 되는 현상

| 리프트 |

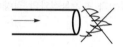

> 혼합가스의 유출속도 〉 연소속도

③ 블로 - 오프(Blow - off)

리프트 상태에서 불이 꺼지는 현상

| 블로-오프 |

＊ 연소생성물
① 열
② 연기
③ 불꽃
④ 가연성 가스

6 연소생성물의 종류 및 특성

(1) 일산화탄소(CO)

① 화재시 흡입된 일산화탄소(CO)의 화학적 작용에 의해 **헤모글로빈**(Hb)이 혈액의 산소운반작용을 저해하여 사람을 질식·사망하게 한다.

② 산소와의 결합력이 극히 강하여 질식작용에 의한 독성을 나타냄

＊ 일산화탄소
① 화재시 인명피해를 주는 유독성 가스
② 인체의 폐에 큰 자극을 줌
③ 연기로 인한 의식불명 또는 질식을 가져오는 유해성분

| 일산화탄소의 영향 |

농 도	영 향
0.2%	1시간 호흡시 **생명**에 위험을 준다.
0.4%	1시간 내에 **사망**한다.
1%	2~3분 내에 **실신**한다.

문제 ★★★ 일산화탄소(CO)를 1시간 정도 마셨을 때 생명에 위험을 주는 위험농도는?

① 0.1% ② 0.2%

③ 0.3% ④ 0.4%

해설 ② 0.2% : 1시간 정도 마셨을 때 생명에 위험을 줌

답 ②

중요 고체가연물 연소시 생성물질

- CO
- CO_2
- SO_2
- NH_3
- HCN
- HCl

Key Point

(2) 이산화탄소(CO_2)

연소가스 중 **가장 많은 양**을 차지하고 있으며 가스 그 자체의 독성은 거의 없으나 다량이 존재할 경우, 사람의 호흡속도를 증가시키고, 이로 인하여 화재가스에 혼합된 유해가스의 혼입을 증가시켜 위험을 가중시키는 가스

문제 연소가스 중 가장 많은 양을 차지하고 있으며 가스 그 자체의 독성은 거의 없으나 다량이 존재할 경우, 사람의 호흡속도를 증가시키고, 이로 인하여 화재가스에 혼합된 유해가스의 흡입을 증가시켜 위험을 가중시키는 가스는?

① CO   ② CO_2
③ SO_2 ④ NH_3

해설   ② CO_2 : 화재가스에 혼합된 유해가스의 흡입을 증가시켜 위험을 가중시키는 가스

답 ②

임계점
액화 CO_2를 가열하여 액체와 기체의 밀도가 서로 같아질 때의 온도

‖ 이산화탄소의 영향 ‖

농 도	영 향
1%	공중위생상의 상한선이다.
2%	수 시간의 흡입으로는 증상이 없다.
3%	호흡수가 증가되기 시작한다.
4%	두부에 압박감이 느껴진다.
6%	호흡수가 현저하게 증가한다.
8%	호흡이 곤란해진다.
10%	2~3분 동안에 의식을 상실한다.
20%	사망한다.

두부
"머리"를 말한다.

※ 이산화탄소는 온도가 낮을수록, 압력이 높을수록 용해도는 증가한다.

용해도
포화용액 가운데 들어 있는 용질의 농도

중요 PVC 연소시 생성가스

① HCl(염화수소) : 부식성 가스
② CO_2(이산화탄소)
③ CO(일산화탄소)

농황산
용해열

(3) 포스겐($COCl_2$)

매우 독성이 강한 가스로서 소화제인 **사염화탄소**(CCl_4)를 화재시에 사용할 때도 발생한다.

연소시 SO_2 발생 물질
S성분이 있는 물질

(4) 황화수소(H_2S)

① **달걀 썩는 냄새**가 나는 특성이 있다.
② **황분**이 포함되어 있는 물질의 불완전 연소에 의하여 발생하는 가스
③ **자극성**이 있다.

연소시 HCl 발생 물질
Cl성분이 있는 물질

※ 질소함유 플라스틱
연소시 발생가스
N성분이 있는 물질

※ 연소시 HCN 발생
물질
① 요소
② 멜라민
③ 아닐린
④ poly urethane
　(폴리우레탄)

※ 아황산가스
$S + O_2 \rightarrow SO_2$

> **중요**　**가연성가스 + 독성가스**
> ① 황화수소(H_2S)
> ② 암모니아(NH_3)

(5) 아크롤레인($CH_2 = CHCHO$)
독성이 매우 높은 가스로서 **석유제품, 유지** 등이 연소할 때 생성되는 가스

(6) 암모니아(NH_3)
① 나무, 페놀수지, 멜라민수지 등의 **질소함유물**이 연소할 때 발생하며, 냉동시설의 **냉매**로 쓰인다.
② **눈·코·폐** 등에 매우 자극성이 큰 가연성 가스

> **중요**　**인체에 영향을 미치는 연소생성물**
> ● 일산화탄소(CO)·이산화탄소(CO_2)·황화수소(H_2S)
> ● 아황산가스(SO_2)·암모니아(NH_3)·시안화수소(HCN)
> ● 염화수소(HCl)·이산화질소(NO_2)·포스겐($COCl_2$)

---

7 유류탱크, 가스탱크에서 발생하는 현상

※ 유류탱크에서 발생
하는 현상
① 보일 오버
② 오일 오버
③ 프로스 오버
④ 슬롭 오버

(1) 블래비(BLEVE : Boiling Liquid Expanding Vapour Explosion)
과열상태의 탱크에서 내부의 액화가스가 분출하여 기화되어 폭발하는 현상

안전밸브

액화가스

‖ 블래비(BLEVE) ‖

(2) 보일 오버(Boil over)
① 중질유의 탱크에서 장시간 조용히 연소하다 탱크내의 잔존기름이 갑자기 분출하는 현상
② 유류탱크에서 탱크 바닥에 물과 기름의 **에멀전**(emulsion)이 섞여 있을 때 이로 인하여 화재가 발생하는 현상
③ 연소 유면으로부터 **100℃** 이상의 열파가 탱크 저부에 고여 있는 물을 비등하게 하면서 연소유를 탱크 밖으로 비산시키며 연소하는 현상
④ 유류탱크의 화재시 탱크 저부의 물이 뜨거운 열류층에 의하여 수증기로 변하면서 급작스런 부피팽창을 일으켜 유류가 탱크 외부로 분출하는 현상

※ 보일 오버의 발생
조건
① 화염이 된 탱크의 기름이 열파를 형성하는 기름일 것
② 탱크 일부분에 물이 있을 것
③ 탱크 밑부분의 물이 증발에 의하여 거품을 생성하는 고점도를 가질 것

⑤ 탱크저부의 물이 급격히 증발하여 탱크밖으로 화재를 동반하며 방출하는 현상

문제 중질유의 탱크에서 장시간 조용히 연소하다 탱크내의 잔존기름이 갑자기 분출하는 현상을 무엇이라고 하는가?

① 보일 오버(Boil over)
② 플래시 오버(Flash over)
③ 슬롭 오버(Slop over)
④ 프로스 오버(Froth over)

해설 ① **보일 오버** : 탱크내의 잔존기름이 갑자기 분출하는 현상

답 ①

(3) 오일 오버(Oil over)

저장탱크내에 저장된 유류저장량이 내용적의 **50%** 이하로 충전되어 있을 때 화재로 인하여 탱크가 폭발하는 현상

(4) 프로스 오버(Froth over)

물이 점성의 뜨거운 기름 표면 아래에서 끓을 때 화재를 수반하지 않고 용기가 넘치는 현상

(5) 슬롭 오버(Slop over)

① 물이 연소유의 뜨거운 표면에 들어갈 때 기름표면에서 화재가 발생하는 현상
② 유화제로 소화하기 위한 물이 수분의 급격한 증발에 의하여 액면이 거품을 일으키면서 열유층 밑의 냉유가 급히 열팽창하여 기름의 일부가 불이 붙은 채 탱크벽을 넘어서 일출하는 현상

8 열전달의 종류

(1) 전도(Conduction)

① 정의 : 하나의 물체가 다른 물체와 **직접 접촉**하여 열이 이동하는 현상
② 전도의 예 : 티스푼을 통해 커피의 열이 손에 전달되는 것

$$\mathring{Q} = \frac{kA(T_2 - T_1)}{l}$$

여기서, $\mathring{Q}$: 전도열[W]
k : 열전도율[W/m·K]
A : 단면적[m²]
$(T_2 - T_1)$: 온도차[K]
l : 벽체 두께[m]

(2) 대류(Convection)

① 정의 : 유체의 흐름에 의하여 열이 이동하는 현상
② 대류의 예 : 난로에 의해 방안의 공기가 데워지는 것

$$\mathring{Q} = Ah(T_2 - T_1)$$

Key Point

에멀전
물의 미립자가 기름과 섞여서 기름의 증발능력을 떨어뜨려 연소를 억제하는 것

열파
열의 파장

슬롭 오버
① 연소유면의 온도가 100℃ 이상일 때 발생
② 연소유면의 폭발적 연소로 탱크 외부까지 화재가 확산
③ 소화시 외부에서 뿌려지는 물에 의하여 발생

유화제
물을 기름화재에 사용할 수 있도록 거품을 일으키는 물질을 섞은 것

열의 전도와 관계 있는 것
① 온도차
② 자유전자
③ 분자의 병진운동

열의 전달
전도, 대류, 복사가 모두 관여된다.

유체
액체 또는 기체

여기서, A : 대류면적(표면적)[m²]

$\overset{\circ}{Q}$: 대류열[W]

h : 열전달률[W/m² · ℃]

$(T_2 - T_1)$: 온도차[℃]

(3) 복사(Radiation)

① 정의 : 전자파의 형태로 열이 옮겨지는 현상으로서, 높은 온도에서 낮은 온도로 열이 이동한다.

② 복사의 예 : 태양의 열이 지구에 전달되어 따뜻함을 느끼는 것

$$\overset{\circ}{Q} = aAF(T_1^{\,4} - T_2^{\,4})$$

여기서, $\overset{\circ}{Q}$: 복사열[W], a : 스테판-볼츠만 상수[W/m² · K⁴]

A : 단면적[m²], T_1 : 고온[K], T_2 : 저온[K]

F : 기하학적 Factor

중요 스테판-볼츠만의 법칙

복사체에서 발산되는 복사열은 복사체의 절대온도의 **4제곱**에 비례한다.

★★★

문제 스테판-볼츠만의 법칙으로 온도차이가 있는 두 물체(흑체)에서 저온(T_2)의 물체가 고온(T_1)의 물체로부터 흡수하는 복사열 Q 에 대한 식으로 옳은 것은? (a : 스테판-볼츠만 상수, A : 단면적, F : 기하학적 Factor, T_1, T_2 : 물체의 절대온도)

① $Q = aAF(T_1^{\,4} - T_2^{\,4})$

② $Q = aAF(T_2^{\,4} - T_1^{\,4})$

③ $Q = aA/F(T_1^{\,4} - T_2^{\,4})$

④ $Q = aA/F(T_2^{\,4} - T_1^{\,4})$

해설 ① $Q = aAF(T_1^{\,4} - T_2^{\,4})$

답 ①

9 열에너지원(Heat Energy Sources)의 종류

(1) 기계열

① 압축열 : 기체를 급히 압축할 때 발생되는 열

② 마찰열 : 두 고체를 마찰시킬 때 발생되는 열

③ 마찰스파크 : 고체와 금속을 마찰시킬 때 불꽃이 일어나는 것

(2) 전기열

① 유도열 : 도체 주위에 변화하는 **자장**이 존재하거나 도체가 자장 사이를 통과하여 전위차가 발생하고 이 전위차에서 전류의 흐름이 일어나 도체의 저항에 의하여 열이 발생하는 것

② 유전열 : **누설전류**에 의해 절연능력이 감소하여 발생되는 열

③ 저항열 : 도체에 전류가 흐르면 도체물질의 원자구조 특성에 따르는 **전기저항** 때문에 전기에너지의 일부가 열로 변하는 발열

④ 아크열 : 스위치의 ON/OFF에 의해 발생하는 것

⑤ 정전기열 : 정전기가 방전할 때 발생되는 열

⑥ 낙뢰에 의한 열 : 번개에 의해 발생되는 열

(3) 화학열

① 연소열 : 어떤 물질이 완전히 **산화**되는 과정에서 발생하는 열

② 용해열 : 어떤 물질이 액체에 **용해**될 때 발생하는 열(**농황산, 묽은 황산**)

③ 분해열 : 화합물이 **분해**할 때 발생하는 열

④ 생성열 : 발열반응에 의한 화합물이 **생성**할 때의 열

⑤ 자연발열(자연발화) : 어떤 물질이 외부로부터 열의 공급을 받지 아니하고 온도가 상승하는 현상

 자연발화의 방지법

• **습도**가 **높은** 곳을 **피할 것**(건조하게 유지할 것)

• 저장실의 온도를 낮출 것(주위온도를 낮게 유지)

• 통풍이 잘 되게 할 것

• 퇴적 및 수납시 열이 쌓이지 않게 할 것(열의 축적 방지)

• 발열반응에 정촉매 작용을 하는 물질을 피할 것

 비교

자연발화 조건

(1) **열전도율**이 **작을 것**

(2) 발열량이 클 것

(3) 주위의 온도가 높을 것

(4) 표면적이 넓을 것

10 기체의 부피에 관한 법칙

(1) 보일의 법칙(Boyle's law)

온도가 일정할 때 기체의 부피는 절대압력에 반비례한다.

$$P_1 V_1 = P_2 V_2$$

여기서, P_1, P_2 : 기압[atm], V_1, V_2 : 부피[m³]

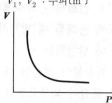

‖ 보일의 법칙 ‖

* **기압**
  기체의 압력

(2) 샤를의 법칙(Charl's law)

압력이 일정할 때 기체의 부피는 절대온도에 비례한다.

$$\frac{V_1}{T_1} = \frac{V_2}{T_2}$$

여기서, V_1, V_2 : 부피[m³], T_1, T_2 : 절대온도[K]

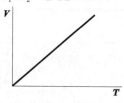

‖ 샤를의 법칙 ‖

* **절대온도**
  ① 켈빈온도
    K = 273 + ℃
  ② 랭킨온도
    °R = 460 + °F

(3) 보일-샤를의 법칙(Boyle-Charl's law)

기체가 차지하는 부피는 압력에 반비례하며, 절대온도에 비례한다.

$$\frac{P_1 V_1}{T_1} = \frac{P_2 V_2}{T_2}$$

여기서, P_1, P_2 : 기압[atm]
  V_1, V_2 : 부피[m³]
  T_1, T_2 : 절대온도[K]

* **보일-샤를의 법칙**
  ★ 꼭 기억하세요 ★

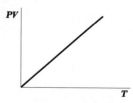

‖ 보일-샤를의 법칙 ‖

★★★

문제 "기체가 차지하는 부피는 압력에 반비례하며 절대온도에 비례한다."와 가장 관련이 있는 법칙은?

① 보일의 법칙
② 샤를의 법칙
③ 보일-샤를의 법칙
④ 줄의 법칙

 ③ 보일-샤를의 법칙 : 기체가 차지하는 부피는 **압력**에 **반비례**하여 **절대온도**에 **비례**한다.

답 ③

(4) 이상기체 상태방정식

$$PV = nRT$$

여기서, P : 기압[atm]

V : 부피[m³]

n : 몰수$\left(n = \dfrac{m\,(질량[kg])}{M(분자량[kg/kmol])} \right)$

R : 기체상수(0.082atm · m³/kmol · K)

T : 절대온도[K]

Key Point

※ 이상기체 상태방정식
★ 꼭 기억하세요 ★

※ 몰수
아보가드로수에 해당하는 물질의 입자수 또는 원자수

③ 건축물의 화재성상

출제확률 ━━━ 10.8% (2문제)

1 목재 건축물

* 석면, 암면
열전도율이 가장 적다.

(1) 열전도율

목재의 열전도율은 콘크리트보다 적다.

> 철근콘크리트에서 철근의 허용응력을 위태롭게 하는 최저온도는 600℃이다.

* 철근콘크리트
① 철근의 허용응력
　: 600℃
② 콘크리트의 탄성
　: 500℃

(2) 열팽창률

목재의 열팽창률은 벽돌·철재·콘크리트보다 적으며, 벽돌·철재·콘크리트 등은 열팽창률이 비슷하다.

(3) 수분함유량

목재의 수분함유량이 **15%** 이상이면 고온에 장시간 접촉해도 착화하기 어렵다.

> **문제** 목재가 고온에 장시간 접촉해도 착화하기 어려운 수분함유량은 최소 몇 % 이상인가?
> ① 10　　　　　　　　　② 15
> ③ 20　　　　　　　　　④ 25
>
> **해설** ② 목재의 수분함유량이 **15%** 이상이면 고온에 장시간 접촉해도 착화하기 어렵다.
>
> **답** ②

* 목재 건축물
① 화재성상
　: 고온 단기형
② 최고온도
　: 1300℃

목재건축물=목조건
축물

(4) 목재의 연소에 영향을 주는 인자

① 비중　　　　　② 비열　　　　　③ 열전도율
④ 수분함량　　　⑤ 온도　　　　　⑥ 공급상태
⑦ 목재의 비표면적

(5) 목재의 상태와 연소속도

* 내화 건축물
① 화재성상
　: 저온 장기형
② 최고온도
　: 900~1000℃

목재의 상태 ＼ 연소속도	빠르다	느리다
형 상	사각형	둥근 것
표 면	거친 것	매끈한 것
두 께	얇은 것	두꺼운 것
굵 기	가는 것	굵은 것
색	흑 색	백 색
내화성	없는 것	있는 것
건조상태	수분이 적은 것	수분이 많은 것

> 작고 얇은 가연물은 입자표면에서 전도율의 방출이 적기 때문에 잘 탄다.

Key Point

(6) 목재의 연소과정

목재의 가열→ 100℃ 갈　색	수분의 증발→ 160℃ 흑 갈 색	목재의 분해→ 220~260℃ 분해가 급격히 일어난다.	탄화 종료→ 300~350℃	발　화→ 420~470℃

(7) 목재 건축물의 화재 진행과정

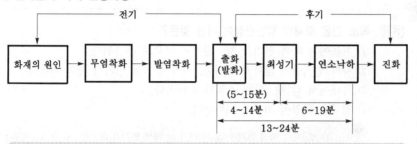

최성기 = 성기 = 맹화

＊ 무염착화

가연물이 재로 덮힌 숯불 모양으로 불꽃없이 착화하는 현상

(8) 출화의 구분

옥내출화	옥외출화
① **천장 속·벽 속** 등에서 **발염착화**한 때 ② 가옥 구조시에는 천장판에 **발염착화**한 때 ③ 불연 벽체나 칸막이의 불연천장인 경우 실내에서는 그 뒤판에 **발염착화**한 때	① **창·출입구** 등에 **발염착화**한 때 ② 목재사용 가옥에서는 **벽·추녀밑**의 판자나 목재에 **발염착화**한 때

＊ 발염착화

가연물이 불꽃이 발생되면서 착화하는 현상

＊ 건축물의 화재성상

① 실(室)의 규모
② 내장재료
③ 공기유입부분의 형태

용어

도괴방향법	탄화심도 비교법
출화가옥의 기둥 등은 발화부를 향하여 파괴하는 경향이 있으므로 이곳을 출화부로 추정하는 원칙	탄소화합물이 분해되어 탄소가 되는 깊이, 즉 나무를 예로 들면 나무가 불에 탄 깊이를 측정하여 출화부를 추정하는 원칙

＊ 일반가연물의 연소 생성물

① 수증기
② 이산화탄소(CO_2)
③ 일산화탄소(CO)

＊ 출화

"화재"를 의미한다.

(9) 목재 건축물의 표준온도곡선

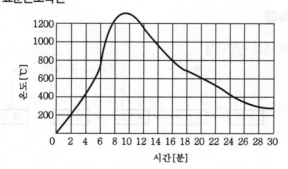

＊ 탄화심도

발화부에 가까울수록 깊어지는 경향이 있다.

＊ 목조건축물

처음에는 백색연기 발생

중요 최성기의 상태

- 온도는 국부적으로 1200~1300℃ 정도가 된다.
- 상층으로 완전히 연소되고 농연은 건물전체에 충만된다.
- 유리가 타서 녹아 떨어지는 상태가 목격된다.

문제 ★ 목조 건물 화재의 일반현상이 아닌 것은?

① 처음에는 흑색 연기가 창·환기구 등으로 분출된다.
② 차차 연기량이 많아지고 지붕, 처마 등에서 연기가 새어 나온다.
③ 옥내에서 탈 때, 타는 소리가 요란하다.
④ 결국은 화염이 외부에 나타난다.

해설 ① 처음에는 **백색 연기**가 발생하며 차차 **흑색 연기**가 창·환기구 등으로 분출된다.

답 ①

(10) 목재 건축물의 화재원인

구분	설명
접염	건축물과 건축물이 연결되어 불이 옮겨 붙는 것
비화	불씨가 날라가서 다른 건축물에 옮겨 붙는 것
복사열	복사파에 의해 열이 높은 온도에서 낮은 온도로 이동하는 것

※ 목재 건축물 = 목조 건축물

(11) 훈 소

구분	설명
훈소	불꽃없이 연기만 내면서 타다가 어느 정도 시간이 경과 후 발열될 때의 연소상태
훈소흔	목재에 남겨진 흔적

2 내화 건축물

(1) 내화 건축물의 내화 진행과정

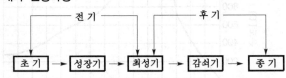

※ 접염
농촌의 목재 건축물에서 주로 발생한다.

※ 복사열
열이 높은 온도에서 낮은 온도로 이동하는 것

(2) 내화 건축물의 표준온도곡선

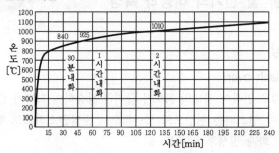

내화 건축물의 화재시 1시간 경과된 후의 화재온도는 약 925~950℃이다.

④ 불 및 연기의 이동과 특성

출제확률 ● 8.4% (2문제)

1 불의 성상

※ 플래시오버
① 폭발적인 착화현상
② 순발적인 연소확대 현상
③ 옥내화재가 서서히 진행하여 열이 축적되었다가 일시에 화염이 크게 발생하는 상태
④ 가연성 가스가 동시에 연소되면서 급격한 온도상승 유발
⑤ 가연성가스가 일시에 인화하여 화염이 충만하는 단계

(1) 플래시오버(Flash over)
① 정의 : 화재로 인하여 실내의 온도가 급격히 상승하여 화재가 순간적으로 실내 전체에 확산되어 연소되는 현상으로 일반적으로 **순발연소**라고도 한다.
② 발생시간 : 화재 발생후 **5~6분** 경
③ 발생시점 : **성장기~최성기**(성장기에서 최성기로 넘어가는 분기점)
④ 실내온도 : 약 800~900℃

> **플래시오버 포인트**(Flash Over Point) : 내화건축물에서 최성기로 보는 시점

★★★
문제 플래시오버(flash-over)를 설명한 것은 어느 것인가?
① 도시가스의 폭발적 연소를 말한다.
② 휘발유 등 가연성 액체가 넓게 흘러서 발화한 상태를 말한다.
③ 옥내화재가 서서히 진행하여 열이 축적되었다가 일시에 화염이 크게 발생하는 상태를 말한다.
④ 화재층의 불이 상부층으로 옮아 붙는 현상을 말한다.

해설 ③ **플래시오버** : 일시에 화염이 크게 발생하는 상태

답 ③

(2) 플래시오버에 영향을 미치는 것
① 개구율
② 내장재료(내장재료의 제성상, 실내의 내장재료)
③ 화원의 크기
④ 실의 내표면적(실의 넓이 · 모양)

(3) 플래시오버의 발생시간과 내장재의 관계
① 벽보다 천장재가 크게 영향을 받는다.
② 가연재료가 난연재료보다 빨리 발생한다.
③ 열전도율이 적은 내장재가 빨리 발생한다.
④ 내장재의 두께가 얇은 쪽이 빨리 발생한다.

※ 가연재료
불에 잘 타는 성능을 가진 건축재료

※ 난연재료
불에 잘 타지 아니하는 성능을 가진 건축재료

(4) 플래시오버 시간(FOT)
① 열의 **발생속도**가 빠르면 FOT는 짧아진다.
② 개구율이 크면 FOT는 짧아진다.
③ 개구율이 너무 크게 되면 FOT는 길어진다.
④ 실내부의 FOT가 짧은 순서는 **천장, 벽, 바닥**의 순이다.
⑤ 열전도율이 작은 내장재가 발생시각을 빠르게 한다.

 플래시오버(flash over)현상과 관계 있는 것
(1) 복사열
(2) 분해연소
(3) 화재성장기

(5) 화재의 성장 – 온도곡선

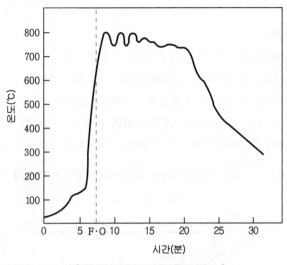

‖ 화재의 성장과 실내온도 변화 ‖

2 연기의 성상

(1) 연 기

① 정의 : 가연물 중 완전 연소되지 않은 고체 또는 액체의 미립자가 떠돌아 다니는 상태
② 입자크기 : $0.01{\sim}99\mu m$

> 〔μm〕= 미크론 = 마이크로 미터

(2) 연기의 이동속도

구분	이동속도
수평방향	0.5~1m/s
수직방향	2~3m/s
계단실내의 수직 이동속도	3~5m/s

> 화재초기의 연소속도는 평균 0.75~1m/min씩 원형의 모양을 그리면서 확대해 나간다.

✳ F·O
'플래시오버(Flash
Over)'를 말한다.

✳ 연기
탄소 및 타르입자에
의해 연소가스가 눈에
보이는 것

✳ 연기의 형태
(1) 고체 미립자계
　: 일반적인 연기
(2) 액체 미립자계
　① 담배연기
　② 훈소연기

✳ 피난한계거리
연기로부터 2~3m
거리 유지

 ★★★

문제 연기가 자기 자신의 열에너지에 의해서 유동할 때 수직방향에서의 유동속도는 몇 m/s 정도 되는가?

① 2~3   ② 5~6

③ 8~9   ④ 11~12

해설 ① 연기의 **수직방향** 유동속도 : 2~3m/s

답 ①

(3) 연기의 전달현상

① 연기의 유동확산은 **벽** 및 **천장**을 따라서 진행한다.

② 연기의 농도는 상층으로부터 점차적으로 하층으로 미친다.

③ 연기의 유동은 건물 내외의 **온도차**에 영향을 받는다.

④ 연기는 공기보다 고온이므로 **천장**의 **하면**을 따라 이동한다.

⑤ 수직공간에서 확산속도가 빠르고 그 흐름에 따라 화재 **최상층**부터 차례로 충만해 간다.

화재초기의 연기량은 화재성숙기의 발연량보다 많다.

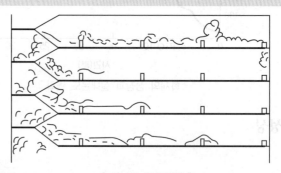

‖ 연기의 전달현상 ‖

(4) 연기의 농도와 가시거리

감광계수[m^{-1}]	가시거리[m]	상 황
0.1	20~30	연기감지기가 작동할 때의 농도
0.3	5	건물내부에 익숙한 사람이 피난에 지장을 느낄 정도의 농도
0.5	3	어두운 것을 느낄 정도의 농도
1	1~2	거의 앞이 보이지 않을 정도의 농도
10	0.2~0.5	화재 최성기 때의 농도
30	–	출화실에서 연기가 분출할 때의 농도

(5) 연기로 인한 사람의 투시거리에 영향을 주는 요인

① 연기농도(주된 요인)

② 연기의 흐름속도

③ 보는 표시의 휘도, 형상, 색

Key Point

중요 **연기(smoke)**

(1) 연소생성물이 눈에 보이는 것을 **연기**라고 한다.

(2) 수직으로 연기가 이동하는 속도는 수평으로 이동하는 속도보다 **빠르다**.

(3) 연기 중 **액체미립자계**만 유독성이다.

(4) 연기는 **대류**에 의하여 전파된다.

(6) 연기를 이동시키는 요인

① **연돌**(굴뚝) **효과**

② 외부에서의 **풍력**의 영향

③ 온도상승에 의한 증기 **팽창**(온도상승에 따른 기체의 팽창)

④ 건물내에서의 강제적인 공기 이동(공조설비)

⑤ 건물내외의 **온도차**(기후조건)

⑥ 비중차

⑦ 부력

문제 화재시 연기를 이동시키는 추진력으로 옳지 않은 것은?

① 굴뚝효과   ② 팽창

③ 중력   ④ 부력

해설 ③ **중력**은 연기의 이동과 관계없음

답 ③

용어

연돌(굴뚝) **효과(stack effect)**

① 건물 내의 연기가 압력차에 의하여 순식간에 이동하여 상층부로 상승하거나 외부로 배출되는 현상

② 실내·외 공기사이의 **온도**와 밀도의 **차이**에 의해 공기가 건물의 수직방향으로 이동하는 현상

중성대 : 건물내의 기류는 중성대의 **하부**에서 **상부** 또는 **상부**에서 **하부**로 이동한다.

(7) 연기를 이동시키지 않는 방호조치

① 계단에는 반드시 **전실**을 만든다.

② 고층부의 **드래프트 효과**(draft effect)를 감소시킨다.

③ 전용실내에 **에스컬레이터**를 설치한다.

④ 가능한 한 각층의 엘리베이터 홀은 구획한다.

(8) 연기가 인체에 미치는 영향

① 질식사   ② 시력장애   ③ 인지능력감소

공기의 양이 **부족**할 경우 짙은 연기가 생성된다.

＊ 굴뚝효과와 관계
있는 것
① 화재실의 온도
② 건물의 높이
③ 건물 내외의 온도차

＊ 드래프트 효과
화재시 열에 의해 공기
가 상승하며 연소가스
가 건물 외부로 빠져나
가고 신선한 공기가 흡
입되어 순환하는 것

＊ 연기의 이동과 관
계 있는 것
① 굴뚝효과
② 비중차
③ 공조설비

＊ 연기
① 고체미립자계 : 무
독성
② 액체미립자계 : 유
독성

＊ 검은 연기생성
탄소를 많이 함유한
경우

5 물질의 화재위험

출제확률 12.8% (3문제)

1 화재의 발생체계

(1) 화재위험

① 발화위험
② 확대위험
③ 피해의 증가

(2) 화재를 발생시키는 열원

물리적인 열원	화학적인 열원
마찰, 충격, 단열, 압축, 전기, 정전기	화합, 분해, 혼합, 부가

2 위험물의 일반사항

(1) 제1류 위험물

구 분	내 용
성질	**강산화성 물질**(산화성 고체)
종류	① 염소산 염류 · 아염소산 염류 · 과염소산 염류 ② 브로민산 염류 · 아이오딘산 염류 · 과망가니즈산 염류 ③ 질산 염류 · 다이크로뮴산 염류 · 삼산화크로뮴
특성	① 상온에서 **고체상태**이다. ② 반응속도가 대단히 빠르다. ③ 가열 · 충격 및 다른 화학제품과 접촉시 쉽게 분해하여 산소를 방출한다. ④ **조연성 · 조해성** 물질이다.
저장 및 취급방법	① 산화되기 쉬운 물질과 화재 위험이 있는 것으로부터 멀리 할 것 ② 환기가 잘되는 곳에 저장할 것 ③ 가연물 및 분해성 물질과의 접촉을 피할 것 ④ **습기에 주의**하며 **밀폐용기에 저장**할 것
소화방법	물에 의한 **냉각소화** (단, **무기과산화물**은 **마른모래** 등에 의한 질식소화)

> 자체화재시에는 주위의 가연물에 대량의 물을 뿌려 연소확대를 방지한다.

(2) 제2류 위험물

구 분	내 용	
성질	**환원성 물질**(가연성 고체)	
종류	① 황화인 · 적린 · 황 ③ 인화성 고체	② 철분 · 마그네슘 · 금속분

❋ 위험물
인화성 또는 발화성 물품

❋ 조연성
연소를 돕는 성질

❋ 조해성
녹는 성질(질산염류)

❋ 무기과산화물
물과 반응시 산소 발생

❋ 질산염류
흡습성이 있으므로 습기에 주의할 것

❋ 황화인
온도 및 습도가 높은 장소에서 자연발화의 위험이 크다.

특성	① 상온에서 **고체상태**이다. ② 연소속도가 대단히 빠르다. ③ 산화제와 접촉하면 폭발할 수 있다. ④ **금속분**은 물과 접촉시 발열한다. ⑤ 화재시 유독가스를 많이 발생한다. ⑥ 비교적 낮은 온도에서 착화하기 쉬운 가연물이다.
저장 및 취급방법	① 용기가 파손되지 않도록 할 것 ② 점화원의 접촉을 피할 것 ③ 산화제의 접촉을 피할 것 ④ 금속분은 물과의 접촉을 피할 것
소화방법	물에 의한 **냉각소화** (단, **황화인 · 철분 · 마그네슘 · 금속분**은 **마른모래** 등에 의한 질식소화)

※ 저장물질

(1) 황린, 이황화탄소(CS_2)
  : 물속
(2) 나이트로셀룰로오스
  : 알코올 속
(3) 칼륨(K), 나트륨(Na),
  리튬(Li) : 석유류
  (등유) 속
(4) 아세틸렌(C_2H_2)
  : 디메틸포름아미
  드(DMF), 아세톤

🌱 **용어**

질식소화

공기중의 산소농도를 **16% 이하**로 희박하게 하여 소화하는 방법

(3) 제3류 위험물

구 분	내 용
성질	**금수성 물질** 및 **자연발화성 물질**
종류	① 황린 · 칼륨 · 나트륨 · 생석회 ② 알킬리튬 · 알킬알루미늄 · 알칼리 금속류 · 금속칼슘 · 탄화칼슘 ③ 금속인화물 · 금속수소화합물 · 유기금속화합물
특성	① 상온에서 **고체상태**이다. ② 대부분 불연성 물질이다. (단, 금속칼륨, 금속나트륨은 가연성 물질이다) ③ 물과 접촉시 발열 및 가연성 가스를 발생하며, 급격히 발화한다.
저장 및 취급방법	① 용기가 부식 · 파손되지 않도록 할 것 ② 보호액 속에 보관하는 경우 위험물이 보호액 표면에 노출되지 않도록 할 것 ③ 화재시 소화가 용이하게 하기 위해 나누어서 보관할 것
소화방법	**마른모래** 등에 의한 질식소화 (단, **칼륨 · 나트륨**은 주변 인화물질을 제거하여 연소확대를 막는다.)

※ 저장제외 물질

산화프로필렌, 아세트
알데하이드, 아세틸렌
(C_2H_2) : 구리(Cu), 마그
네슘(Mg), 은(Ag), 수은
(Hg)용기에 사용금지

> ※ 제3류 위험물은 **금수성 물질**이므로 절대로 물로 소화하면 안 된다.

※ 금수성 물질

① 생석회
② 금속칼슘
③ 탄화칼슘

🔑 ★★

문제 제3류 위험물은 가연성 및 불연성 물질을 포함하고 있다. 이 위험물이 지니는 특수성은 어느 것인가?

① 금수성   ② 자기연소성

③ 강산성   ④ 산화성

해설 ① 제3류 위험물 ② 제5류 위험물 ③ 제1류 위험물 ④ 제6류 위험물

답 ①

 물과 반응하여 발화하는 물질

위험물	종 류
제2류 위험물	• 금속분(수소화 마그네슘)
제3류 위험물	• 칼륨
	• 나트륨
	• 알킬알루미늄

(4) 제4류 위험물

구 분	내 용
성질	**인화성 물질**(인화성 액체)
종류	① 제1~4석유류 ② 특수인화물 · 알코올류 · 동식물유류
특성	① 상온에서 **액체상태**이다(**가연성 액체**). ② 상온에서 **안정**하다. ③ **인화성 증기**를 발생시킨다. ④ 연소범위의 폭발 하한계가 낮다. ⑤ 물보다 가벼우며 물에 잘 녹지 않는다. ⑥ 약간의 자극으로는 쉽게 폭발하지 않는다.
저장 및 취급방법	① 용기가 파손되지 않도록 할 것 ② 불티, 불꽃, 화기 기타 열원의 접촉을 피할 것 ③ 온도를 인화점 이하로 유지할 것 ④ 운반용기에 "**화기엄금**" 등의 표시를 할 것
소화방법	포 · 분말 · CO_2 · 할론소화약제에 의한 질식소화

> 알코올류는 알코올포 소화약제를 사용하여 소화하여야 한다.

(5) 제5류 위험물

구 분	내 용
성질	**폭발성 물질**(자기 반응성 물질)
종류	① 유기과산화물 · 나이트로화합물 · 나이트로소화합물 ② 질산에스터류(셀룰로이드, 나이트로셀룰로오스) · 하이드라진유도체 ③ 아조화합물 · 다이아조화합물
특성	① 상온에서 **고체** 또는 **액체상태**이다. ② 연소속도가 대단히 빠르다. ③ 불안정하고 분해되기 쉬우므로 폭발성이 강하다. ④ **자기연소** 또는 **내부연소**를 일으키기 쉽다. ⑤ 산화반응에 의한 자연발화를 일으킨다. ⑥ 한번 불이 붙으면 소화가 곤란하다.
저장 및 취급방법	① 용기가 파손되지 않도록 할 것 ② 화재시 소화가 용이하게 하기 위해 나누어서 보관할 것 ③ 점화원 및 분해 촉진 물질과의 접촉을 피할 것 ④ 운반용기에 "**화기엄금**" 등의 표시를 할 것

✽ 가연성 액체
유류화재

✽ 실리콘유
난연성물질

✽ 제5류 위험물
자체에서 산소를 함유하고 있어 공기중의 산소를 필요로 하지 않고 자기 연소하는 물질

✽ 나이트로셀룰로오스
질화도가 클수록 위험성이 크다.

✽ TNT폭발시 발생 기체
① CO_2
② 질소
③ 수증기

소화방법	화재 초기에만 대량의 물에 의한 **냉각소화**(단, 화재가 진행되면 자연진화 되도록 기다릴 것)

※ 자기 반응성 물질 = 자체 반응성 물질 = 자기 연소성 물질

문제 나이트로셀룰로오스에 대하여 잘못된 설명은?

① 질화도가 낮을수록 위험성이 크다.

② 알코올, 물 등으로 적신 상태로 보관한다.

③ 화약의 원료로 쓰인다.

④ 충분히 정제되지 않고 산 성분이 남아 있는 것이 더 위험하다.

해설 ① 질화도가 클수록 위험성이 크다.

※ **질화도** : 나이트로셀룰로오스의 질소 함유율

답 ①

(6) 제6류 위험물

구 분	내 용
성질	**산화성 물질**(산화성 액체)
종류	① 질산 ② 과염소산 · 과산화수소
특성	① 상온에서 **액체상태**이다. ② 불연성 물질이지만 강산화제이다. ③ 물과 접촉시 발열한다. ④ 유기물과 혼합하면 산화시킨다. ⑤ 부식성이 있다.
저장 및 취급방법	① 용기가 파손되지 않도록 할 것 ② 물과의 접촉을 피할 것 ③ 가연물 및 분해성 물질과의 접촉을 피할 것
소화방법	마른모래 등에 의한 **질식소화** (단, **과산화수소**는 다량의 **물**로 희석소화)

중요

1. 무기과산화물
   - $2K_2O_2 + 2H_2O \rightarrow 4KOH + O_2 \uparrow$
   - $2Na_2O_2 + 2H_2O \rightarrow 4NaOH + O_2 \uparrow$
2. 금속분
   - $Al + 2H_2O \rightarrow Al(OH)_2 + H_2 \uparrow$
3. 기타물질
   - $2K + 2H_2O \rightarrow 2KOH + H_2 \uparrow$
   - $2Na + 2H_2O \rightarrow 2NaOH + H_2 \uparrow$
   - $2Li + 2H_2O \rightarrow 2LiOH + H_2 \uparrow$
   - $Mg + 2H_2O \rightarrow Mg(OH)_2 + H_2 \uparrow$

Key Point

※ 산소공급원
① 제1류 위험물
② 제5류 위험물
③ 제6류 위험물

※ 유기물
탄소를 주성분으로 한 물질

※ 과산화물질
용기옮길 때 밀폐용기 사용

※ 주수소화시 위험한 물질
① 무기과산화물
 : 산소 발생
② 금속분 · 마그네슘
 : 수소 발생
③ 가연성 액체의 유류화재 : 연소면(화재면) 확대

동소체 : 연소생성물을 보면 알 수 있다.

3 특수가연물(화재예방법 시행령 [별표 2])

품 명		수 량
면화류		200kg 이상
나무껍질 및 대팻밥		400kg 이상
넝마 및 종이부스러기		1000kg 이상
사류(絲類)		
볏짚류		
가연성 고체류		3000kg 이상
석탄·목탄류		10000kg 이상
가연성 액체류		2m³ 이상
목재가공품 및 나무부스러기		10m³ 이상
고무류·플라스틱류	발포시킨 것	20m³ 이상
	그 밖의 것	3000kg 이상

(비고)
1. **"면화류"**란 불연성 또는 난연성이 아닌 **면상** 또는 **팽이모양**의 섬유와 마사(麻絲) 원료를 말한다.
2. 넝마 및 종이부스러기는 불연성 또는 난연성이 아닌 것(동식물유류가 깊이 스며들어 있는 옷감·종이 및 이들의 제품 포함)에 한한다.
3. **"사류"**란 불연성 또는 난연성이 아닌 **실**(실부스러기와 솜털 포함)과 **누에고치**를 말한다.
4. **"볏짚류"**란 마른 볏짚·마른 북더기와 이들의 제품 및 건초를 말한다.

4 위험물질의 화재성상

(1) 합성섬유의 화재성상

종 류	화 재 성 상
모	① 연소시키기가 어렵다. ② 연소속도가 느리지만 면에 비해 소화하기 어렵다.
나일론	① 지속적인 연소가 어렵다. ② 용융하여 망울이 되며 용융점은 160~260℃이다. ③ 착화점은 425℃이다.
폴리에스테르	① 쉽게 연소된다. ② 256~292℃에서 연화하여 망울이 된다. ③ 착화점은 450~485℃이다.
아세테이트	① 불꽃을 일으키기 전에 연소하여 용융한다. ② 착화점은 475℃이다.

동물성 섬유 : 섬유 중 화재위험성이 가장 낮다.

(2) 합성수지의 화재성상

① 열가소성 수지 : 열에 의하여 변형되는 수지로서 PVC 수지, 폴리에틸렌수지, 폴리

스틸렌수지 등이 있다.

② **열경화성 수지**: 열에 의하여 변형되지 않는 수지로서 **페놀수지, 요소수지, 멜라민수지** 등이 있다.

(3) 고분자재료의 난연화방법

① 재료의 표면에 열전달을 제어하는 방법
② 재료의 열분해 속도를 제어하는 방법
③ 재료의 열분해 생성물을 제어하는 방법
④ 재료의 기상반응을 제어하는 방법

(4) 방염섬유의 화재성상

방염섬유는 L.O.I(Limited Oxygen Index)에 의해 결정된다.

용어

방염성능

화재의 발생초기단계에서 화재확대의 매개체를 **단절**시키는 성질

① **L.O.I(산소지수)**: 가연물을 수직으로 하여 가장 윗부분에 착화하여 연소를 계속 유지시킬 수 있는 최소산소농도

> ※ L.O.I가 높을수록 연소의 우려가 적다.

② 고분자 물질의 L.O.I

고분자 물질	산소지수
폴리에틸렌	17.4%
폴리스틸렌	18.1%
폴리프로필렌	19%
폴리염화비닐	45%

중요 잔진시간과 잔염시간

잔진시간(잔신시간)	잔염시간
버너의 불꽃을 제거한 때부터 **불꽃을 올리지 않고** 연소하는 상태가 그칠 때까지의 경과시간	버너의 불꽃을 제거한 때부터 **불꽃을 올리며** 연소하는 상태가 그칠 때까지의 경과시간

(5) 액화석유가스(LPG)의 화재성상

① 주성분은 **프로판**(C_3H_8)과 **부탄**(C_4H_{10})이다.
② 무색, 무취하다.
③ 독성이 없는 가스이다.
④ 액화하면 물보다 가볍고, 기화하면 **공기보다 무겁다.**
⑤ 휘발유 등 **유기용매**에 잘 녹는다.
⑥ 천연고무를 잘 녹인다.

※ 방염
연소하기 쉬운 건축물의 실내장식물 등 또는 그 재료에 어떤 방법을 가하여 연소하기 어렵게 만든 것

※ 방염제
세탁하여도 쉽게 씻겨지지 않을 것

※ 방염성능 측정기준
① 잔진시간(잔신시간)
② 잔염시간
③ 탄화면적
④ 탄화길이
⑤ 불꽃접촉 횟수
⑥ 최대연기밀도

※ 도시가스의 주성분
메탄(CH_4)

※ 도시가스
공기보다 가볍다.

⑦ 공기중에서 쉽게 연소, 폭발한다.

LPG, CO₂, 할론 저장용기는 40℃ 이하로 유지하여야 한다.

(6) 액화천연가스(LNG)의 화재성상

① 주성분은 **메탄**(CH_4)이다.

② 무색, 무취하다.

③ 액화하면 물보다 가볍고, 기화하면 **공기보다 가볍다**.

중요 가스의 주성분

가스	주성분	증기비중
도시가스 액화천연가스(LNG)	• **메탄**(CH_4)	0.55
액화석유가스(LPG)	• **프로판**(C_3H_8)	1.51
	• **부탄**(C_4H_{10})	2

증기비중이 1보다 작으면 공기보다 가볍다.

기억법 **도메**

(7) 최소발화에너지(MIE ; Minimum Ignition Energy)

가연성 가스	최소발화에너지	소염거리
2유화염소	1.5×10^{-5}J (0.015mJ)	0.0078cm
수소	2.0×10^{-5}J (0.02mJ)	0.0098cm
아세틸렌	3×10^{-5}J (0.03mJ)	0.011cm
에틸렌	9.6×10^{-5}J (0.096mJ)	0.019cm
메탄올	21×10^{-5}J (0.21mJ)	0.028cm
프로판	30×10^{-5}J (0.3mJ)	0.031cm
메탄	33×10^{-5}J (0.33mJ)	0.039cm
에탄	42×10^{-5}J (0.42mJ)	0.035cm
벤젠	76×10^{-5}J (0.76mJ)	0.043cm
헥산	95×10^{-5}J (0.95mJ)	0.055cm

용어

용 어	설 명
최소발화에너지 (Minimum Ignition Energy)	① 가연성가스 및 공기와의 혼합가스에 착화원으로 점화시에 발화하기 위하여 필요한 착화원이 갖는 최소에너지 ② 국부적으로 온도를 높이는 전기불꽃과 같은 점화원에 의해 점화될 때의 에너지 최소값
소염거리 (Quenching Distance)	인화가 되지 않는 최대거리

당신의 활동지수는?

요령 : 번호별 점수를 합산해 맨 아래쪽 판정표로 확인

1. 얼마나 걷나(하루 기준)
- 빠른걸음(시속 6km)으로 걷는 시간은?
  - 10분 : 50점
  - 20분 : 100점
  - 30분 : 150점
  - 10분 추가 때마다 50점씩 추가
- 느린걸음(시속 3km)으로 걷는 시간은?
  - 10분 : 30점
  - 20분 : 60점
  - 10분 추가 때마다 30점씩 추가

2. 집에서 뭘 하나
- 집안청소·요리·못질 등
  - 10분 : 30점
  - 20분 : 60점
  - 10분 추가 때마다 30점 추가
- 정원 가꾸기
  - 10분 : 50점
  - 20분 : 100점
  - 10분 추가 때마다 50점 추가
- 힘이 많이 드는 집안일(장작패기·삽질·곡괭이질 등)
  - 10분 : 60점
  - 20분 : 120점
  - 10분 추가 때마다 60점 추가

3. 어떻게 움직이나
- 조깅
  - 10분 : 100점
  - 20분 : 200점
  - 10분 추가 때마다 100점 추가
- 자전거 타기
  - 10분 : 50점
  - 20분 : 100점
  - 10분 추가 때마다 50점 추가
- 운전
  - 10분 : 15점
  - 20분 : 30점
  - 10분 추가 때마다 15점 추가

4. 2층 이상 올라가야 할 경우
- 승강기를 탄다 : -100점
- 승강기냐 계단이냐 고민한다 : -50점
- 계단을 이용한다 : +50점

5. 운동유형별
- 골프(캐디 없이)·수영 : 30분당 150점
- 테니스·댄스·농구·롤러 스케이트 : 30분당 180점
- 축구·복싱·격투기 : 30분당 250점

6. 직장 또는 학교에서 돌아와 컴퓨터나 TV 앞에 앉아 있는 시간은?
- 1시간 이하 : 0점
- 1~3시간 이하 : -50점
- 3시간 이상 : -250점

7. 여가시간은
- 쇼핑한다
  - 10분 : 25점
  - 20분 : 50점
  - 10분 추가 때마다 25점씩 추가
- 사랑을 한다.
  - 10분 : 45점
  - 20분 : 90점
  - 10분 추가 때마다 45점씩 추가

판정표
- 150점 이하 : 정말 움직이지 않는 사람. 건강에 참으로 문제가 많을 것이다.
- 150~1000점 : 그럭저럭 활동적인 사람. 그럭저럭 건강할 것이다.
- 1000점 이상 : 매우 활동적인 사람. 건강이 매우 좋을 것이다.

※1점은 소비열량 기준 1cal에 해당
자료=리베라시옹

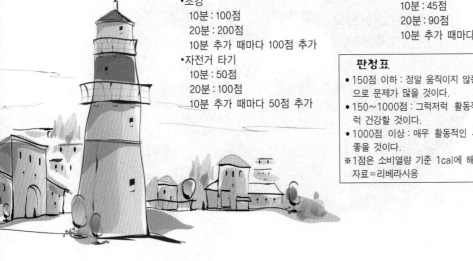

출제경향분석

방화론

* * * * * * * * * * *

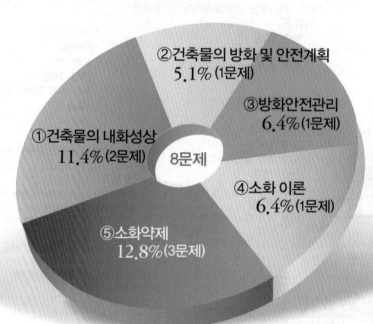

②건축물의 방화 및 안전계획
5.1% (1문제)

③방화안전관리
6.4% (1문제)

①건축물의 내화성상
11.4% (2문제)

8문제

④소화 이론
6.4% (1문제)

⑤소화약제
12.8% (3문제)

1 건축물의 내화성상

출제확률  11.4% (2문제)

1 건축방재의 기본적인 사항

(1) 공간적 대응

공간적 대응	설명
대항성	• 내화성능 · 방연성능 · 초기 소화대응 등의 화재사상의 저항능력
회피성	• 불연화 · 난연화 · 내장제한 · 구획의 세분화 · 방화훈련(소방훈련) · 불조심 등 출화유발 · 확대 등을 저감시키는 예방조치 강구
도피성	• 화재가 발생한 경우 안전하게 피난할 수 있는 시스템

> **문제** 건축방재의 계획에 있어서 건축의 설비적 대응과 공간적 대응이 있다. 공간적 대응 중 대항성에 대한 설명으로 맞는 것은 어느 것인가?
> ① 불연화, 난연화, 내장제한, 구획의 세분화로 예방조치강구
> ② 방화훈련(소방훈련), 불조심 등 출화유발, 대응을 저감시키는 조치
> ③ 화재가 발생한 경우보다 안전하게 계단으로부터 피난할 수 있는 공간적 시스템
> ④ 내화성능, 방연성능, 초기 소화대응 등의 화재사상의 저항능력
>
> **해설** ①② 회피성 ③ 도피성 ④ 대항성
>
> 답 ④

(2) 설비적 대응

제연설비 · 방화문 · 방화셔터 · 자동화재탐지설비 · 스프링클러설비 등에 의한 대응

2 건축물의 방재기능

(1) 부지선정, 배치계획

소화활동에 지장이 없도록 적합한 건물 배치를 하는 것

(2) 평면계획

방연구획과 제연구획을 설정하여 화재예방 · 소화 · 피난 등을 유효하게 하기 위한 계획

(3) 단면계획

불이나 연기가 다른 층으로 이동하지 않도록 구획하는 계획

(4) 입면계획

불이나 연기가 다른 건물로 이동하지 않도록 구획하는 계획으로 입면계획의 가장 큰 요소는 **벽**과 **개구부**이다.

(5) 재료계획

불연성능 · 내화성능을 가진 재료를 사용하여 화재를 예방하기 위한 계획

3 건축물의 내화구조와 방화구조

(1) 내화구조의 기준(피난 · 방화구조 3)

<table>
<tr><th colspan="2">내화구분</th><th>기 준</th></tr>
<tr><td rowspan="9">벽</td><td rowspan="5">모든 벽</td><td>① 철골 · 철근콘크리트조로서 두께가 10cm 이상인 것</td></tr>
<tr><td>② 골구를 철골조로 하고 그 양면을 두께 4cm 이상의 철망 모르타르로 덮은 것</td></tr>
<tr><td>③ 두께 5cm 이상의 콘크리트 블록 · 벽돌 또는 석재로 덮은 것</td></tr>
<tr><td>④ 석조로서 철재에 덮은 콘크리트 블록의 두께가 5cm 이상인 것</td></tr>
<tr><td>⑤ 벽돌조로서 두께가 19cm 이상인 것</td></tr>
<tr><td rowspan="4">외벽 중 비내력벽</td><td>① 철골 · 철근콘크리트조로서 두께가 7cm 이상인 것</td></tr>
<tr><td>② 골구를 철골조로 하고 그 양면을 두께 3cm 이상의 철망 모르타르로 덮은 것</td></tr>
<tr><td>③ 두께 4cm 이상의 콘크리트 블록 · 벽돌 또는 석재로 덮은 것</td></tr>
<tr><td>④ 석조로서 두께가 7cm 이상인 것</td></tr>
<tr><td colspan="2">기둥(작은 지름이 25cm 이상인 것)</td><td>① 철골을 두께 6cm 이상의 철망 모르타르로 덮은 것
② 두께 7cm 이상의 콘크리트 블록 · 벽돌 또는 석재로 덮은 것
③ 철골을 두께 5cm 이상의 콘크리트로 덮은 것</td></tr>
<tr><td colspan="2">바닥</td><td>① 철골 · 철근콘크리트조로서 두께가 10cm 이상인 것
② 석조로서 철재에 덮은 콘크리트 블록 등의 두께가 5cm 이상인 것
③ 철재의 양면을 두께 5cm 이상의 철망 모르타르로 덮은 것</td></tr>
<tr><td colspan="2">보</td><td>① 철골을 두께 6cm 이상의 철망 모르타르로 덮은 것
② 두께 5cm 이상의 콘크리트로 덮은 것</td></tr>
</table>

※ 공동주택의 각 세대간의 경계벽의 구조는 **내화구조**이다.

문제 다음에 열거한 건축재료 중 화재에 대한 내화성능이 가장 우수한 것은 어떤 재료로 시공한 건축물인가?

① 내화재료　　　　　　　　② 불연재료

③ 난연재료　　　　　　　　④ 준불연재료

해설 내화성능이 우수한 순서
　　　 내화재료 > 불연재료 > 준불연재료 > 난연재료

답 ①

※ 내화구조

(1) 정의
 ① 수리하여 재사용할 수 있는 구조
 ② 화재시 쉽게 연소되지 않는 구조
 ③ 화재에 대하여 상당한 시간동안 구조상 내력이 감소되지 않는 구조

(2) 종류
 ① 철근콘크리트조
 ② 연와조
 ③ 석조

※ 방화구조

(1) 정의
 화재시 건축물의 인접부분에로의 연소를 차단할 수 있는 구조

(2) 구조
 ① 철망 모르타르 바르기
 ② 회반죽 바르기

※ 내화성능이 우수한 순서

① 내화재료
② 불연재료
③ 준불연재료
④ 난연재료

Key Point

(2) 방화구조의 기준(피난·방화구조 4)

구 조 내 용	기 준
• 철망 모르타르 바르기	바름 두께가 2cm 이상인 것
• 석고판 위에 시멘트 모르타르 또는 회반죽을 바른 것 • 시멘트 모르타르 위에 타일을 붙인 것	두께의 합계가 2.5cm 이상인 것
• 심벽에 흙으로 맞벽치기 한 것	모두 해당

✳ 모르타르
시멘트와 모래를 섞어서 물에 갠 것

✳ 석조
돌로 만든 것

중요 **직통계단의 설치거리**(건축령 34)

구분	보행거리
일반건축물	30m 이하
16층 이상인 공동주택	40m 이하
내화구조 또는 불연재료로 된 건축물	50m 이하

4 건축물의 방화문과 방화벽

(1) 방화문의 구분(건축령 64조)

60분+방화문	60분 방화문	30분 방화문
연기 및 불꽃을 차단할 수 있는 시간이 60분 이상이고, 열을 차단할 수 있는 시간이 30분 이상인 방화문	연기 및 불꽃을 차단할 수 있는 시간이 60분 이상인 방화문	연기 및 불꽃을 차단할 수 있는 시간이 30분 이상 60분 미만인 방화문

✳ 방화문
① 직접 손으로 열 수 있을 것
② 자동으로 닫히는 구조(자동폐쇄장치)일 것

 용어

방화문
화재시 상당한 시간 동안 연소를 차단할 수 있도록 하기 위하여 방화구획선상 또는 방화벽에 개구부 부분에 설치하는 것

(2) 방화벽의 구조(건축령 제57조)

대상 건축물	구획단지	방화벽의 구조
주요 구조부가 내화구조 또는 불연재료가 아닌 연면적 1000m² 이상인 건축물	연면적 1000m² 미만마다 구획	• **내화구조**로서 홀로 설 수 있는 구조일 것 • 방화벽의 양쪽끝과 위쪽끝을 건축물의 외벽면 및 지붕면으로부터 0.5m 이상 튀어나오게 할 것 • 방화벽에 설치하는 출입문의 너비 및 높이는 각각 2.5m 이하로 하고 해당 출입문에는 60분+방화문 또는 60분 방화문을 설치할 것

✳ 주요구조부
① 내력벽
② 보(작은 보 제외)
③ 지붕틀(차양 제외)
④ 바닥(최하층 바닥 제외)
⑤ 주계단(옥외계단 제외)
⑥ 기둥(사잇기둥 제외)

＊ 불연재료
① 콘크리트
② 석재
③ 벽돌
④ 기와
⑤ 석면판
⑥ 철강
⑦ 알루미늄
⑧ 유리
⑨ 모르타르
⑩ 회

중요 불연·준불연재료·난연재료(건축령 2조, 피난·방화구조 5~7조)

구분	불연재료	준불연재료	난연재료
정의	불에 타지 않는 재료	불연재료에 준하는 방화 성능을 가진 재료	불에 잘 타지 아니하는 성능을 가진 재료
종류	① 콘크리트 ② 석재 ③ 벽돌 ④ 기와 ⑤ 유리(그라스울) ⑥ 철강 ⑦ 알루미늄 ⑧ 모르타르 ⑨ 회	① 석고보드 ② 목모시멘트판	① 난연 합판 ② 난연 플라스틱판

문제 ★★★ 불연재료가 아닌 것은?

① 기와   ② 연와조

③ 벽돌   ④ 콘크리트

해설   ② 내화구조

답 ②

용어

간벽
외부에 접하지 아니하는 건물내부공간을 분할하기 위하여 설치하는 벽

5 건축물의 방화구획

(1) 방화구획의 기준(건축령 46조, 피난·방화구조 14조)

대상건축물	대상규모	층 및 구획방법		구획부분의 구조
주요 구조부가 내화구조 또는 불연재료로 된 건축물	연면적 1000m² 넘는 것	10층 이하	바닥면적 1000m² 이내마다	• 내화구조로 된 바닥·벽 • 60분+방화문, 60분 방화문 • 자동방화셔터
		매 층마다	지하 1층에서 지상으로 직접 연결하는 경사로 부위는 제외	
		11층 이상	바닥면적 200m² 이내마다(실내 마감을 불연재료로 한 경우 500m² 이내마다)	

• **스프링클러**, 기타 이와 유사한 **자동식 소화설비**를 설치한 경우 바닥면적은 위의 **3배** 면적으로 산정한다.
• **필로티**나 그 밖의 비슷한 구조의 부분을 주차장으로 사용하는 경우 그 부분은 건축물의 다른 부분과 구획할 것

> **중요** 대규모 건축물의 방화벽 등(건축령 57③)
> 연면적이 1000m² 이상인 목조의 건축물은 국토교통부령이 정하는 바에 따라 그 구조를 **방화구조**로 하거나 **불연재료**로 하여야 한다.

(2) 연소확대방지를 위한 방화구획
① 층 또는 면적별 구획
② 승강기의 승강로 구획
③ 위험 용도별 구획
④ 방화 댐퍼 설치

(3) 방화구획용 방화 댐퍼의 기준(피난 · 방화구조 ⑭)
화재로 인한 연기 또는 불꽃을 감지하여 자동적으로 닫히는 구조로 할 것(단, 주방 등 연기가 항상 발생하는 부분에는 온도를 감지하여 자동적으로 닫히는 구조로 할 수 있다.)

(4) 개구부에 설치하는 방화설비(피난 · 방화구조 ㉓)
① 60분+방화문 또는 60분 방화문
② 창문 등에 설치하는 **드렌처**(drencher)
③ 환기구멍에 설치하는 불연재료로 된 방화커버 또는 그물눈 2mm 이하인 금속망
④ 해당 창문 등과 연소할 우려가 있는 다른 건축물의 부분을 차단하는 내화구조나 불연재료로 된 벽 · 담장, 기타 이와 유사한 방화설비

(5) 건축물의 방화계획시 피난계획
① 공조설비
② 건물의 층고
③ 옥내소화전의 위치
④ 화재탐지와 통보

(6) 건축물의 방화계획과 직접적인 관계가 있는 것
① 건축물의 층고
② 건물과 소방대와의 거리
③ 계단의 폭

＊ 승강기
"엘리베이터"를 말한다.

＊ 방화구획의 종류
① 층단위
② 용도단위
③ 면적단위

＊ 드렌처
화재발생시 열에 의해 창문의 유리가 깨지지 않도록 창문에 물을 방사하는 장치

＊ 공조설비
"공기조화설비"를 말한다.

* **피난계획**
  2방향의 통로확보

* **특별피난계단의 구조**
  화재발생시 인명피해 방지를 위한 건축물

6 피난계단의 설치기준(건축령 35조)

층 및 용도		계단의 종류	비 고
• 5~10층 이하 • 지하 2층 이하	판매시설	피난계단 또는 특별피난계단 중 1개소 이상은 특별피난계단	–
• 11층 이상 • 지하 3층 이하		특별피난계단	• 공동주택은 **16층** 이상 • **지하 3층** 이하의 바닥면적이 **400m²** 미만인 층은 제외

중요 피난계단과 특별피난계단

피난계단	특별피난계단
계단의 출입구에 방화문이 설치되어 있는 계단이다.	건물 각 층으로 통하는 문은 방화문이 달리고 내화구조의 벽체나 연소우려가 없는 창문으로 구획된 피난용 계단으로 반드시 부속실을 거쳐서 계단실과 연결된다.

7 건축물의 화재하중

(1) 화재하중

① 가연물 등의 연소시 건축물의 붕괴 등을 고려하여 설계하는 하중
② 화재실 또는 화재구획의 단위면적당 가연물의 양
③ 일반건축물에서 가연성의 건축구조재와 가연성 수용물의 양으로서 건물화재시 **발열량** 및 **화재위험성**을 나타내는 용어
④ 건물화재에서 가열온도의 정도를 의미한다.
⑤ 건물의 내화설계시 고려되어야 할 사항이다.
⑥ 단위면적당 건물의 가연성구조를 포함한 양으로 정한다.

(2) 건축물의 화재하중

* **화재하중**

$$q = \frac{\Sigma G_t H_t}{HA} = \frac{\Sigma Q}{4500A}$$

여기서,
q : 화재하중[kg/m²]
G_t : 가연물의 양[kg]
H_t : 가연물의 단위중량당 발열량[kcal/kg]
H : 목재의 단위중량당 발열량[kcal/kg]
A : 바닥면적[m²]
ΣQ : 가연물의 전체 발열량[kcal]

건축물의 용도	화재하중[kg/m²]
호텔	5~15
병원	10~15
사무실	10~20
주택 · 아파트	30~60
점포(백화점)	100~200
도서관	250
창고	200~1000

문제 화재하중(fire load)을 나타내는 단위는?

① kcal/kg

② ℃/m²

③ kg/m²

④ kg/kcal

해설 ③ 화재하중 단위 : **kg/m²** 또는 N/m²

답 ③

※ **화재하중의 감소방법** : 내장재의 불연화

(3) 화재강도(Fire intensity)**에 영향을 미치는 인자**

① 가연물의 비표면적

② 화재실의 구조

③ 가연물의 배열상태

8 개구부와 내화율

개구부의 종류	설치 장소	내화율
A급	건물과 건물 사이	3시간 이상
B급	계단 · 엘리베이터	1시간 30분 이상
C급	복도 · 거실	45분 이상
D급	건물의 외부와 접하는 곳	1시간 30분 이상

※ **화재강도**
열의 집중 및 방출량을 상대적으로 나타낸 것 즉, 화재의 온도가 높으면 화재강도는 커진다.

※ **개구부**
화재발생시 쉽게 피난할 수 있는 출입문 또는 창문 등을 말한다.

2 건축물의 방화 및 안전계획

출제확률 5.1% (1문제)

1 피난행동의 특성

(1) 재해 발생시의 피난행동

① 비교적 평상상태에서의 행동
② 긴장상태에서의 행동
③ 패닉(Panic) 상태에서의 행동

> **중요**
> **패닉(Panic)의 발생원인**
> • 연기에 의한 시계제한
> • 유독가스에 의한 호흡장애
> • 외부와 단절되어 고립

※ 패닉상태
인간이 극도로 긴장되어 돌출행동을 할 수 있는 상태

(2) 피난행동의 성격

① 계단 보행속도
② 군집 보행속도
  ㈎ 자유보행 : 아무런 제약을 받지 않고 걷는 속도로서 보통 0.5~2m/s이다.
  ㈏ 군집보행 : 후속 보행자의 제약을 받아 후속 보행속도에 동조하여 걷는 속도로서 보통 1m/s이다.
③ 군집 유동계수 : 협소한 출구에서의 출구를 통과하는 일정한 인원을 단위폭, 단위시간으로 나타낸 것으로 평균적으로 1.33인/m · s이다.

※ 피난행동의 성격
① 계단 보행속도
② 군집 보행속도
③ 군집 유동계수

※ 군집보행속도
① 자유보행 : 0.5~2m/s
② 군집보행 : 1.0m/s

2 건축물의 방화대책

(1) 피난대책의 일반적인 원칙

① 피난경로는 **간단 명료**하게 한다.
② 피난구조설비는 **고정식 설비**를 위주로 설치한다.
③ 피난수단은 **원시적 방법**에 의한 것을 원칙으로 한다.
④ **2방향**의 피난통로를 확보한다.
⑤ 피난통로를 **완전불연화**한다.
⑥ **화재층**의 피난을 **최우선**으로 고려한다.
⑦ 피난시설 중 피난로는 **복도** 및 **거실**을 가리킨다.
⑧ 인간의 **본능적 행동**을 무시하지 않도록 고려한다.
⑨ 계단은 **직통계단**으로 할 것

※ 피난동선
복도·통로·계단과
같은 피난전용의 통행
구조로서 '피난경로'라
고도 부른다.

문제 피난대책으로 부적합한 것은?
① 화재층의 피난을 최우선으로 고려한다.
② 피난동선은 2방향 피난을 가장 중시한다.
③ 피난시설 중 피난로는 출입구 및 계단을 가리킨다.
④ 인간의 본능적 행동을 무시하지 않도록 고려한다.

해설 ③ 피난시설 중 피난로는 **복도** 및 **거실**을 가리킨다.
답 ③

(2) 피난동선의 특성
① 가급적 **단순형태**가 좋다.
② **수평동선**과 **수직동선**으로 구분한다.
③ 가급적 상호 반대방향으로 다수의 출구와 연결되는 것이 좋다.
④ 어느 곳에서도 2개 이상의 방향으로 피난할 수 있으며 그 말단은 화재로부터 안전한 장소이어야 한다.

(3) 화재발생시 인간의 피난특성

피난특성	설 명
귀소본능	① 피난시 **평소**에 사용하는 **문**, 길, **통로**를 사용하거나 자신이 왔었던 길로 **되돌아가려는** 본능 ② **친숙한 피난경로**를 선택하려는 행동 ③ 무의식 중에 **평상시** 사용하는 **출입구**나 **통로**를 사용하려는 행동 ④ 화재시 본능적으로 원래 왔던 길 또는 늘 사용하는 경로로 탈출하려고 하는 것
지광본능	① 화재시 연기 및 정전 등으로 시야가 흐려질 때 어두운 곳에서 개구부, 조명부 등의 **밝은 빛**을 따르려는 본능 ② **밝은 쪽**을 지향하는 행동 ③ 화재의 공포감으로 인하여 **빛**을 따라 외부로 달아나려고 하는 행동
퇴피본능	① 반사적으로 **위험**으로부터 **멀리**하려는 본능 ② 화염, 연기에 대한 공포으로 발화의 **반대방향**으로 이동하려는 행동 ③ 화재가 발생하면 확인하려 하고, 그것이 비상사태로 확인되면 **화재**로부터 **멀어지려고** 하는 본능 ④ 연기, 불의 **차폐물**이 있는 곳으로 도망가거나 숨는다. ⑤ **발화점**으로부터 조금이라도 **먼 곳**으로 피난한다.
추종본능	① 많은 사람이 달아나는 방향으로 쫓아가려는 행동 ② 화재시 **최초**로 **행동**을 **개시**한 사람을 따라 전체가 움직이려는 행동
좌회본능	**좌측통행**을 하고 **시계반대방향**으로 회전하려는 행동
폐쇄공간지향본능	가능한 **넓은 공간**을 찾아 **이동**하다가 위험성이 높아지면 의외의 좁은 공간을 찾는 본능
초능력본능	비상시 **상상도 못할 힘**을 내는 본능
공격본능	**이상심리현상**으로서 구조용 헬리콥터를 부수려고 한다든지 무차별적으로 주변 사람과 구조인력 등에게 공격을 가하는 본능
패닉(Panic)현상	인간의 비이성적인 또는 부적합한 **공포반응행동**으로서 무모하게 높은 곳에서 뛰어내리는 행위라든지, 몸이 굳어서 움직이지 못하는 행동

피난로온도의 기준 : 사람의 어깨높이

(4) 방화진단의 중요성

① 화재발생 위험의 배제
② 화재확대 위험의 배제
③ 피난통로의 확보

(5) 제연방식

① **자연제연방식** : 개구부(건물에 설치된 창)를 통하여 연기를 자연적으로 배출하는 방식

‖ 자연 제연방식 ‖

문제 제연방식에는 자연제연과 기계제연 2종류가 있다. 다음 중 자연제연과 관계가 깊은 것은?

① 스모크타워
② 건물에 설치된 창
③ 배연기, 송풍기 설치
④ 배연기 설치

해설 ② **자연제연방식** : 건물에 설치된 창을 통한 연기의 자연배출방식

답 ②

---

② **스모크타워 제연방식** : 루프 모니터를 설치하여 제연하는 방식

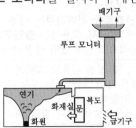

‖ 스모크타워 제연방식 ‖

③ **기계제연방식(강제제연방식)**

㉮ **제1종 기계제연방식** : **송풍기**와 **배연기**(배풍기)를 설치하여 급기와 배기를 하는 방식으로 **장치**가 **복잡**하다.

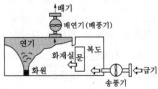

‖ 제1종 기계제연방식 ‖

㉯ **제2종 기계제연방식** : **송풍기**만 설치하여 급기와 배기를 하는 방식으로 **역류**의 **우려**가 있다.

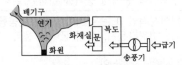

‖ 제2종 기계제연방식 ‖

※ 개구부

화재시 쉽게 피난 할 수 있는 문이나 창문 등을 말한다.

※ 스모크타워 제연방식

① 고층빌딩에 적당하다.
② 제연 샤프트의 굴뚝효과를 이용한다.
③ 모든 층의 일반 거실화재에 이용할 수 있다.
④ 제연통의 제연구는 바닥에서 윗쪽에 설치하고 급기통의 급기구는 바닥부분에 설치한다.

※ 스모크타워 제연방식

창살이나 넓은 유리창이 달린 지붕 위의 구조물

※ 기계제연방식

① 제1종 : 송풍기 +배연기
② 제2종 : 송풍기
③ 제3종 : 배연기

※ 기계제연방식과 같은 의미

① 강제제연방식
② 기계식 제연방식

(대) 제3종 기계제연방식 : **배연기**(배풍기)만 설치하여 급기와 배기를 하는 방식으로 가장 많이 사용한다.

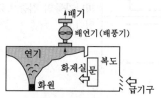

제3종 기계제연방식

(6) 제연방법

제연방법	설명
희석(Dilution)	외부로부터 신선한 공기를 대량 불어 넣어 연기의 양을 일정농도 이하로 낮추는 것
배기(Exhaust)	건물내의 압력차에 의하여 연기를 외부로 배출시키는 것
차단(Confinement)	연기가 일정한 장소내로 들어오지 못하도록 하는 것

★★
문제 건축물의 제연방법과 가장 관계가 먼 것은?
① 연기의 희석 ② 연기의 배기
③ 연기의 차단 ④ 연기의 가압

해설 ④ 연기의 가압은 건축물의 제연방법과 관계가 없다.

답 ④

(7) 제연구획

① 제연경계의 폭 : 0.6m 이상
② 제연경계의 수직거리 : 2m 이내
③ 예상제연구역~배출구의 수평거리 : 10m 이내

3 건축물의 안전계획

(1) 피난시설의 안전구획

① 1차 안전구획 : 복도
② 2차 안전구획 : 부실(계단전실)
③ 3차 안전구획 : 계단

(2) 피난형태

형태	피난 방향	상 황
X형	↕↔	**확실한 피난통로**가 보장되어 신속한 피난이 가능하다.
Y형	↗↖↓	

Key Point

❋ **패닉현상**
① CO형
② H형

CO형	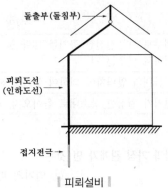 피난자들의 집중으로 **패닉**(Panic) **현상**이 일어날 수가 있다.
H형	

(3) 피뢰설비

피뢰설비는 **돌출부, 피뢰도선, 접지전극**으로 구성되어 있다.

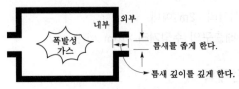

‖ 피뢰설비 ‖

(4) 방폭구조의 종류

❋ **방폭구조**
폭발성 가스가 있는 장소에서 사용하더라도 주위에 있는 폭발성 가스에 영향을 받지 않는 구조

① **내압**(耐壓) **방폭구조** : d

폭발성 가스가 용기 내부에서 폭발하였을 때 용기가 그 압력에 견디거나 또는 외부의 폭발성 가스에 인화될 우려가 없도록 한 구조

❋ **내압**(耐壓) **방폭구조**
가장 많이 사용된다.

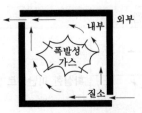

‖ 내압(耐壓) 방폭구조 ‖

② **내압**(內壓) **방폭구조** : p

용기 내부에 질소 등의 보호용 가스를 충전하여 외부에서 폭발성 가스가 침입하지 못하도록 한 구조

❋ **내압**(內壓) **방폭구조**
'내부압력 방폭구조'라고도 부른다.

‖ 내압(內壓) 방폭구조 ‖

Key Point

③ 안전증 방폭구조 : e

기기의 정상운전중에 폭발성 가스에 의해 점화원이 될 수 있는 전기불꽃 또는 고온이 되어서는 안 될 부분에 기계적, 전기적으로 특히 안전도를 증가시킨 구조

┃ 안전증 방폭구조 ┃

＊ 안전증 방폭구조
"안전증가 방폭구조"
라고도 부른다.

④ 유입 방폭구조 : o

전기불꽃, 아크 또는 고온이 발생하는 부분을 기름 속에 넣어 폭발성 가스에 의해 인화가 되지 않도록 한 구조

┃ 유입 방폭구조 ┃

＊ 유입 방폭구조
전기불꽃 발생부분을
기름 속에 넣은 것

⑤ 본질안전 방폭구조 : i

폭발성 가스가 단선, 단락, 지락 등에 의해 발생하는 전기불꽃, 아크 또는 고온에 의하여 점화되지 않는 것이 확인된 구조

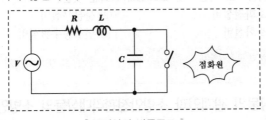

┃ 본질안전 방폭구조 ┃

＊ 본질안전 방폭구조
회로의 전압·전류를
제한하여 폭발성 가스
가 점화되지 않도록
만든 구조

⑥ 특수 방폭구조 : s

위에서 설명한 구조 이외의 방폭구조로서 폭발성 가스에 의해 점화되지 않는 것이 시험 등에 의하여 확인된 구조

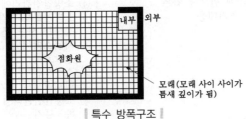

┃ 특수 방폭구조 ┃

＊ 특수 방폭구조
① 사입 방폭구조
② 협극 방폭구조

✳ **가정불화**
방화의 동기유형으로
가장 큰 비중 차지

✳ **화점**
화재의 원인이 되는
불이 최초로 존재하고
발생한 곳

✳ **방화문, 방화셔터**
화재시 열, 연기를 차
단하여 화재의 연소확
대를 방지하기 위한
설비

✳ **방화댐퍼**
화재시 연소를 방지하
기 위한 설비

✳ **방연수직벽**
화재시 연기의 유동을
방지하기 위한 설비

✳ **제연설비**
화재시 실내의 연기를
배출하고 신선한 공기
를 불어 넣어 피난을
용이하게 하기 위한
설비

③ 방화안전관리

출제확률 6.4% (1문제)

1 화점의 관리

① 화기 사용장소의 한정
② 화기 사용책임자의 선정
③ 화기 사용시간의 제한
④ 가연물 · 위험물의 보관
⑤ 모닥불 · 흡연 등의 처리

2 연소방지(방배연) 설비

① 방화문, 방화셔터　　② 방화댐퍼
③ 방연수직벽　　　　④ 제연설비
⑤ 기타 급기구 등

3 초기소화설비와 본격소화설비

초기 소화설비	본격 소화설비
① 소화기류	① 소화용수설비
② 물분무소화설비	② 연결송수관설비
③ 옥내소화전설비	③ 연결살수설비
④ 스프링클러설비	④ 비상용 엘리베이터
⑤ CO_2 소화설비	⑤ 비상콘센트 설비
⑥ 할론소화설비	⑥ 무선통신 보조설비
⑦ 분말소화설비	
⑧ 포소화설비	

★★★
문제 초기 소화용으로 사용되는 소화설비가 아닌 것은?
　① 옥내소화전설비　　　　② 물분무설비
　③ 분말소화설비　　　　　④ 연결송수관설비
해설　④ 본격소화설비
답 ④

4 특정소방대상물의 관계인과 소방안전관리대상물의 소방안전관리자의 업무
(화재예방법 24조)

특정소방대상물(관계인)	소방안전관리대상물(소방안전관리자)
① 피난시설 · 방화구획 및 방화시설의 관리	① 피난시설 · 방화구획 및 방화시설의 관리
② 소방시설, 그 밖의 소방관련시설의 관리	② 소방시설, 그 밖의 소방관련시설의 관리
③ **화기취급**의 감독	③ **화기취급**의 감독
④ 소방안전관리에 필요한 업무	④ 소방안전관리에 필요한 업무
⑤ 화재발생시 초기대응	⑤ **소방계획서**의 작성 및 시행(대통령령으로 정하는 사항 포함)
	⑥ **자위소방대** 및 **초기대응체계**의 구성 · 운영 · 교육
	⑦ 소방훈련 및 교육
	⑧ 화재발생시 초기대응
	⑨ 소방안전관리에 관한 업무수행에 관한 기록 · 유지

Key Point

＊ 3E
① 교육·홍보
② 법규의 시행
③ 기술

＊ 피난교의 폭
60cm 이상

＊ 거실
거주, 집무, 작업, 집
회, 오락, 기타 이와
유사한 목적을 위하여
사용하는 것

＊ 피난을 위한 시설물
① 객석유도등
② 방연커텐
③ 특별피난계단 전실

＊ 소방의 주된 목적
재해방지

＊ 방재센터
화재를 사전에 예방하
고 초기에 진압하기 위
해 모든 소방시설을 제
어하고 비상방송 등을
통해 인명을 대피시키
는 총체적 지휘본부

＊ C.R.T 표시장치
화재의 발생을 감시하
는 모니터

5 소방훈련

실시방법에 의한 분류	대상에 의한 분류
① 기초훈련 ② 부분훈련 ③ 종합훈련 ④ 도상훈련 : **화재진압작전도**에 의하여 실시하는 훈련	① 자체훈련 ② 지도훈련 ③ 합동훈련

6 인명구조 활동

인명구조 활동시 주의하여야 할 사항은 다음과 같다.

① 구조대상자 위치확인

② 필요한 장비장착

③ 세심한 주의로 명확한 판단

④ 용기와 정확한 판단

> 고층건축물 : 11층 이상 또는 높이 31m 초과

7 방재센터

방재센터는 다음의 기능을 갖추고 있어야 한다.

① 방재센터는 피난인원의 유도를 위하여 **피난층**으로부터 가능한 한 **같은 위치**에 설치한다.

② 방재센터는 연소위험이 없도록 **충분한 면적**을 갖도록 한다.

③ 소화설비 등의 기동에 대하여 **감시제어기능**을 갖추어야 한다.

 중요 **방재센터내의 설비, 기기**
(1) C.R.T 표시장치
(2) 소화펌프의 원격기동장치
(3) 비상전원장치

8 안전관리

안전관리에 대한 내용은 다음과 같다.

① 무사고 상태를 유지하기 위한 활동

② 인명 및 재산을 보호하기 위한 활동

③ 손실의 최소화를 위한 활동

Key Point

✳ 비상조명장치
조도 1lx 이상

✳ 화재부위 온도측정
① 열전대
② 열반도체

✳ 가연성가스 누출시
배기팬 작동금지

중요 안전관리 관련색

표시색	안전관리 상황
녹색	● 안전 · 구급
백색	● 안내
황색	● 주의
적색	● 위험방화

9 피난기구

① 피난사다리
② 구조대(경사강하식 구조대, 수직강하식 구조대)
③ 완강기
④ 소방청장이 정하여 고시하는 화재안전기준으로 정하는 것(미끄럼대, 피난교, 공기안
   전매트, 피난용 트랩, 다수인 피난장비, 승강식 피난기, 간이완강기, 하향식 피난구용
   내림식 사다리)

문제 화재발생시 피난기구로서 직접 활용할 수 없는 것은?
　　① 완강기　　　　　　　　② 무선통신 보조장치
　　③ 수직강하식 구조대　　　④ 구조대

해설　② 소화활동설비

답 ②

10 소방용 배관

① 배관용 탄소강관
② 압력배관용 탄소강관
③ 이음매 없는 동 및 동합금관
④ 배관용 스테인리스강관 또는 일반배관용 스테인리스강관
⑤ 덕타일 주철관

4 소화이론

출제확률 6.4% (1문제)

1 소화의 정의

물질이 연소할 때 연소의 3요소 중 일부 또는 전부를 제거하여 연소가 계속될 수 없도록 하는 것을 말한다.

2 소화의 원리

물리적 소화	화학적 소화
① 화재를 **냉각**시켜 소화하는 방법	① **분말소화약제**로 소화하는 방법
② 화재를 **강풍**으로 불어 소화하는 방법	② **할론소화약제**로 소화하는 방법
③ 혼합물성의 **조성변화**를 시켜 소화하는 방법	③ 할로겐화합물 소화약제

아르곤(Ar) : 불연성 가스이지만 소화효과는 기대할 수 없다.

3 소화의 형태

(1) 냉각소화

① **점화원**을 냉각시켜 소화하는 방법
② **증발잠열**을 이용하여 열을 빼앗아 가연물의 온도를 떨어뜨려 화재를 진압하는 소화
③ 다량의 물을 뿌려 소화하는 방법
④ 가연성물질을 발화점 이하로 냉각

물의 소화효과를 크게 하기 위한 방법 : **무상주수**(분무상 방사)

(2) 질식소화

① 공기 중의 산소농도를 **16%**(10~15% 또는 12~15%) 이하로 희박하게 하여 소화하는 방법
② 산화제의 농도를 낮추어 연소가 지속될 수 없도록 함
③ **산소공급**을 **차단**하는 소화방법

Key Point

❋ **연소의 3요소**
① 가연물질(연료)
② 산소공급원(산소)
③ 점화원(온도)

❋ **가연물이 완전연소시 발생물질**
① 물(H_2O)
② 이산화탄소(CO_2)

❋ **불연성 가스**
① 수증기(H_2O)
② 질소(N_2)
③ 아르곤(Ar)
④ 이산화탄소(CO_2)

❋ **공기중의 산소농도**
약 21%

❋ **소화약제의 방출 수단**
① 가스압력(CO_2, N_2 등)
② 동력(전동기 등)
③ 사람의 손

Key Point

 중요 공기 중 산소농도

구분	산소농도
체적비 (부피백분율)	약 21%
중량비 (중량백분율)	약 23%

＊ **질식소화**
공기 중의 산소농도 16%
(12~15%) 이하

 문제 ★★★ 질식소화시 공기 중의 산소농도는 몇 % 이하 정도인가?

① 3~5   ② 5~8

③ 12~15   ④ 15~18

해설 ③ **질식소화** : 공기중의 산소농도를 **16%**(10~15% 또는 12~15%) 이하로 희박하게 하여 소화하는 방법

답 ③

(3) 제거소화

가연물을 제거하여 소화하는 방법

 중요 제거소화의 예

① 산불의 확산방지를 위하여 **산림**의 **일부**를 **벌채**한다.

② 화학반응기의 화재시 원료공급관의 **밸브**를 **잠근다**.

③ 유류탱크 화재시 **옥외소화전**을 사용하여 **탱크외벽**에 **주수**(注水)한다.

④ 금속화재시 불활성물질로 가연물을 덮어 미연소부분과 분리한다.

⑤ 전기화재시 신속히 **전원**을 **차단**한다.

⑥ 목재를 **방염**처리하여 가연성기체의 생성을 억제 · 차단한다.

＊ **화학소화(억제소화)**
할론소화제의 주요 소
화원리

(4) 화학소화(부촉매효과) = 억제소화

① 연쇄반응을 차단하여 소화하는 방법

② 화학적인 방법으로 화재 억제

③ 염(炎) 억제작용

화학소화 : 할로젠화 탄화수소는 원자수의 비율이 클수록 소화효과가 좋다.

 문제 ★ 할론소화제의 주요 소화원리는?

① 냉각소화   ② 질식소화

③ 염(炎) 억제작용   ④ 차단소화

해설 ③ **할론소화제**의 주요 소화원리는 **염**(炎) **억제작용**이다.

답 ③

Key Point

(5) 희석소화

기체, 고체, 액체에서 나오는 분해가스나 증기의 농도를 낮춰 소화하는 방법

희석소화의 예

① **아세톤**에 물을 다량으로 섞는다.

② 폭약 등의 **폭풍**을 이용한다.

③ **불연성 기체**를 화염 속에 투입하여 **산소**의 농도를 **감소**시킨다.

※ 희석소화
아세톤, 알코올, 에테르, 에스터, 케톤류

(6) 유화소화

① 물을 무상으로 방사하거나 **포소화약제**를 방사하여 유류 표면에 **유화층**의 막을 형성시켜 공기의 접촉을 막아 소화하는 방법

② 물의 미립자가 기름과 섞여서 기름의 증발능력을 떨어뜨려 연소를 억제하는 것

※ 유화소화
중유

| 유화소화의 예 |

(7) 피복소화

비중이 공기의 **1.5배** 정도로 무거운 소화약제를 방사하여 가연물의 구석구석까지 침투·피복하여 소화하는 방법

※ 피복소화
이산화탄소 소화약제

| 소화약제의 소화형태 |

소화약제의 종류		냉각 소화	질식 소화	화학 소화 (부촉매효과)	희석 소화	유화 소화	피복 소화
물	봉상	○	–	○	○	–	–
	무상	○	○	○	○	○	–
강화액	봉상	○	–	○	–	–	–
	무상	○	○	○	–	–	–
포	화학포	○	○	–	–	○	–
	기계포	○	○	–	–	○	–
분말		○	○	○	–	–	–
이산화탄소		○	○	–	–	–	○
산·알칼리		○	○	–	–	○	–
할론		○	○	○	–	–	–
간이소화약제	팽창질석·진주암	–	○	–	–	–	–
	마른 모래	–	○	–	–	–	–

4 물의 주수형태

구분	봉상주수	무상주수
정의	대량의 물을 뿌려 소화하는 것	안개처럼 분무상으로 방사하여 소화하는 것
주된 효과	냉각소화	질식효과

※ 무상주수 : 물의 소화효과를 가장 크게 하기 위한 방법

중요

물의 주수형태

구분	봉상주수	적상주수	무상주수
방사형태	막대 모양의 굵은 물줄기	물방울 (직경 0.5~6mm)	물방울 (직경 0.1~1mm)
적응화재	• 일반화재	• 일반화재	• 일반화재 • 유류화재 • 전기화재

5 소화방법

(1) 적응화재

화재의 종류	적응 소화기구
A급	• 물 • 산알칼리
AB급	• 포
BC급	• 이산화탄소 • 할론 • 1, 2, 4종 분말
ABC급	• 3종 분말 • 강화액

(2) 소화기구

소화제	소화작용
• 포 • 산알칼리	• 냉각효과 • 질식효과 • 유화효과
• 이산화탄소	• 냉각효과 • 질식효과 • 피복효과

※ 포
AB급

※ CO_2 · 할론
BC급

※ 주된 소화효과
① 이산화탄소 : 질식효과
② 분말 : 질식효과
③ 물 : 냉각효과
④ 할론 : 부촉매효과

• 물	• 냉각효과 • 질식효과 • 희석효과 • 유화효과
• 할론	• 냉각효과 • 질식효과 • 부촉매효과(억제작용)
• 강화액	• 냉각효과 • 질식효과 • 부촉매효과(억제작용) • 유화효과
• 분말	• 냉각효과 • 질식효과 • 부촉매효과(억제작용) • 차단효과(분말운무) • 방진효과

① 산알칼리 소화기

$$2NaHCO_3 + H_2SO_4 \rightarrow Na_2SO_4 + 2CO_2 + 2H_2O$$

② 강화액 소화기

$$K_2CO_3 + H_2SO_4 \rightarrow K_2SO_4 + H_2O + CO_2$$

③ 포소화기

$$\underset{(외통)}{6NaHCO_3} + \underset{(내통)}{AL_2(SO_4)_3 \cdot 18H_2O} \rightarrow 3Na_2SO_4 + 2Al(OH)_3 + 6CO_2 + 18H_2O$$

④ 할론소화기 : 연쇄반응억제, 질식효과

할론 1301 농도	증 상
6%	• 현기증 • 맥박수 증가 • 가벼운 지각 이상 • 심전도는 변화 없음
9%	• 불쾌한 현기증 • 맥박수 증가 • 심전도는 변화 없음
10%	• 가벼운 현기증과 지각 이상 • 혈압이 내려간다. • 심전도 파고가 낮아진다.
12~15%	• 심한 현기증과 지각 이상 • 심전도 파고가 낮아진다.

할론 1301 : 소화효과가 가장 좋고 독성이 가장 약하다.

Key Point 우측 여백

※ 방진효과
가연물의 표면에 부착되어 차단효과를 나타내는 것

※ 포소화기
① 내통 : 황산알루미늄 $(Al_2(SO_4)_3)$
② 외통 : 중탄산소다 $(NaHCO_3)$

※ 할론소화약제
(1) 부촉매 효과 크기
   I>Br>Cl>F
(2) 전기음성도(친화력) 크기
   F>Cl>Br>I

※ 분말약제의 소화 효과
① 냉각효과(흡열반응)
② 질식효과(CO_2, NH_3, H_2O)
③ 부촉매효과(NH_4^+)
④ 차단효과(분말운무)
⑤ 방진효과(HPO_3)

⑤ 분말 소화기 : 질식효과

종별	소화약제	약제의 착색	화학반응식	적응화재
제1종	중탄산나트륨 ($NaHCO_3$)	백색	$2NaHCO_3 \rightarrow NA_2CO_3 + CO_2 + H_2O$	BC급
제2종	중탄산칼륨 ($KHCO_3$)	담자색 (담회색)	$2KHCO_3 \rightarrow K_2CO_3 + CO_2 + H_2O$	BC급
제3종	인산암모늄 ($NH_4H_2PO_4$)	담홍색	$NH_4H_2PO_4 \rightarrow HPO_3 + NH_3 + H_2O$	ABC급
제4종	중탄산칼륨+요소 ($KHCO_3+(NH_2)_2CO$)	회(백)색	$2KHCO_3 + (NH_2)_2CO \rightarrow K_2CO_3 + 2NH_3 + 2CO_2$	BC급

중요

제3종 분말약제의 열분해 반응식

- 190℃ : $NH_4H_2PO_4 \rightarrow H_3PO_4 + NH_3$
- 215℃ : $2H_3PO_4 \rightarrow H_4P_2O_7 + H_2O$
- 300℃ : $H_4P_2O_7 \rightarrow 2HPO_3 + H_2O$
- 250℃ : $2HPO_3 \rightarrow P_2O_5 + H_2O$

(3) 소화기의 설치장소

① 통행 또는 피난에 지장을 주지 않는 장소
② 사용시 방출이 용이한 장소
③ 사람들의 눈에 잘 띄는 장소
④ 바닥으로부터 1.5m 이하의 위치에 설치

> 지하층 및 무창층에는 CO_2와 할론 1211의 사용을 제한하고 있다.

6 유기화합물의 성질

① **공유결합**으로 구성되어 있다.
② 연소되어 **물**과 **탄산가스**를 생성한다.
③ 물에 녹는 것보다 **유기용매**에 녹는 것이 많다.
④ 유기화합물 상호간의 반응속도는 비교적 느리다.

＊ 오손
더럽혀지고 손상됨

＊ 무창층
지상층 중 개구부의 면적의 합계가 해당 층의 바닥면적의 1/30 이하가 되는 층

＊ 공유결합
전자를 서로 한 개씩 갖는 것

5 소화약제

출제확률 12.8% (3문제)

1 물소화약제

(1) 물이 소화작업에 사용되는 이유
① 가격이 싸다.
② 쉽게 구할 수 있다.
③ 열흡수가 매우 크다.
④ 사용방법이 비교적 간단하다.

> 물은 **극성공유결합**을 하고 있으므로 다른 소화약제에 비해 비등점(비점)이 높다.

(2) 주수형태
① **봉상주수** : 물이 가늘고 긴 물줄기 모양을 형성하면서 방사되는 형태
② **적상주수** : 물이 물방울 모양을 형성하면서 방사되는 형태
③ **무상주수** : 물이 안개 또는 구름모양을 형성하면서 방사되는 형태

> 물소화기는 **자동차**에 설치하기에는 **부적합**하다.

(3) 물소화약제의 성질
① 비열이 크다.
② 표면장력이 크다.
③ 열전도계수가 크다.
④ **점도**가 낮다.

> 물의 기화잠열(증발잠열) : 539cal/g

(4) 물의 동결방지제
① **에틸렌글리콜** : 가장 많이 사용한다.
② 프로필렌글리콜
③ 글리세린

> 수용액의 소화약제 : 검정의 석출, 용액의 분리 등이 생기지 않을 것

★★★
문제 소화용수로 사용되는 물의 동결방지제로 사용하지 않는 것은?
① 에틸렌글리콜　　　　　② 프로필렌글리콜
③ 질소　　　　　　　　　④ 글리세린

해설　③ **질소**는 물의 동결방지제로 사용하지 않는다.

답 ③

＊ 물(H_2O)
① 기화잠열(증발잠열)
　: 539cal/g
② 융해열 : 80cal/g

＊ 극성공유결합
전자가 이동하지 않고
공유하는 결합중 이온결
합형태를 나타내는 것

＊ 주수형태
① 봉상주수
　옥내·외 소화전
② 적상주수
　스프링클러헤드
③ 무상주수
　물분무 헤드

**＊ 물분무설비의 부적
　합물질**
① 마그네슘(Mg)
② 알루미늄(Al)
③ 아연(Zn)
④ 알칼리금속 과산화물

✻ 부촉매효과 소화
   약제
① 물
② 강화액
③ 분말
④ 할론

(5) Wet Water

물의 침투성을 높여주기 위해 Wetting agent가 첨가된 물로서 이의 특징은 다음과 같다.

① 물의 표면장력을 저하하여 침투력을 좋게 한다.
② 연소열의 흡수를 향상시킨다.
③ 다공질 표면 또는 심부화재에 적합하다.
④ 재연소방지에도 적합하다.

> **Wetting agent** : 주수소화시 물의 표면장력에 의해 연소물의 침투속도를 향상시키기 위해 첨가하는 침투제

---

2 포소화약제

✻ 포소화약제
가연성 기체에 화재적
응성이 가장 낮다.
① 냉각작용
② 질식작용

(1) 포소화약제의 구비조건

❶ **유동성**이 있어야 한다.
❷ **안정성**을 가지고 내열성이 있을 것
❸ 독성이 적어야 한다.
❹ 화재면에 부착하는 성질이 커야 한다.(응집성과 안정성이 있을 것)
❺ 바람에 견디는 힘이 커야 한다.

✻ 알코올포 사용온도
0~40℃(5~30℃) 이하

> **유동점** : 포소화약제가 액체상태를 유지할 수 있는 최저의 온도

★★
문제 포소화약제가 갖추어야 할 조건이 아닌 것은?
  ① 부착성이 있을 것
  ② 유동성을 가지고 내열성이 있을 것
  ③ 응집성과 안정성이 있을 것
  ④ 파포성을 가지고 기화가 용이할 것

  ^{해설} ④ 파포성을 가지지 않을 것   답 ④

✻ 파포성
포가 파괴되는 성질

(2) 포소화약제의 유류화재 적응성

① 유류표면으로부터 **기포의 증발**을 **억제** 또는 **차단**한다.
② 포가 유류표면을 덮어 기름과 **공기와의 접촉**을 **차단**한다.
③ 수분의 **증발잠열**을 이용한다.

> 포소화약제 저장조의 약제 충전시는 **밑부분**에서 서서히 주입시킨다.

(3) 화학포 소화약제

① 1약제 건식설비 : 내약제(B제)인 **황산 알루미늄**($Al_2(SO_4)_3$)과 외약제(A제)인 **탄산수소나트륨**($NaHCO_3$)을 **하나의 저장탱크**에 저장했다가 물과 혼합해서 방사하는 방식

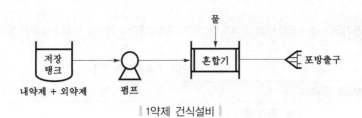

▮ 1약제 건식설비 ▮

② **2약제 건식설비** : 내약제인 **황산알루미늄**($Al_2(SO_4)_3$)과 외약제인 **탄산수소나트륨** ($NaHCO_3$)을 각각 **다른 저장탱크**에 저장했다가 물과 혼합해서 방사하는 방식

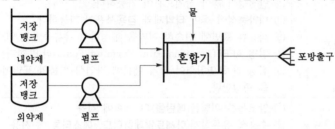

▮ 2약제 건식설비 ▮

화학포 : 침투성이 좋지 않다.

❸ **2약제 습식설비** : 내약제 수용액과 외약제 수용액을 각각 **다른 저장탱크**에 저장했다가 혼합기로 혼합해서 방사하는 방식

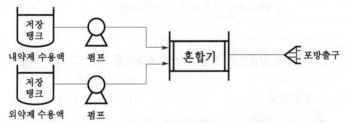

▮ 2약제 습식설비 ▮

2약제 습식설비 : 화학포 소화설비에서 가장 많이 사용된다.

(4) 기계포(공기포) 소화약제

① **특 징**

㉮ 유동성이 크다.

㉯ 고체표면에 접착성이 우수하다.

㉰ 넓은 면적의 **유류화재**에 적합하다.

㉱ 약제탱크의 용량이 작아질 수 있다.

㉲ **혼합기구가 복잡**하다.

❊ **화학포 소화약제의 저장방식**
① 1약제 건식설비
② 2약제 건식설비
③ 2약제 습식설비

❊ **황산알루미늄과 같은 의미**
황산반토

❊ **탄산수소나트륨과 같은 의미**
① 중조
② 중탄산소다
③ 중탄산나트륨

❊ **기포 안정제**
① 가수분해단백질
② 사포닝
③ 젤라틴
④ 카세인
⑤ 소다회
⑥ 염화제1철

❊ **2약제 습식의 혼합비**
물 1l에 분말 120g

❊ **포헤드**
공기포를 형성하는 곳

❊ **포약제의 pH**
6~8

❊ **규정농도**
용액 1l 속에 포함되어 있는 용질의 g당량수

❊ **몰농도**
용액 1l 속에 포함되어 있는 용질의 g수

❊ **비중**
① 내알코올형포
 : 0.9~1.2 이하
② 합성계면활성제포
 : 0.9~1.2 이하
③ 수성막포
 : 1.0~1.15 이하
④ 단백포
 : 1.1~1.2 이하

※ 과포화용액
용질이 용해도 이상
으로 불안정한 상태

※ 단백포
옥외저장탱크의 측벽에
설치하는 고정포 방출
구용

※ 수성막포
유류화재 진압용으로 가
장 뛰어나며 일명 light
water라고 부른다.

※ 수성막포 적용대상
① 항공기 격납고
② 유류저장탱크
③ 옥내 주차장의 폼
　헤드용

공기포 : 수용성의 인화성 액체 및 모든 가연성액체의 화재에 탁월한 효과가 있다.

공기포 소화약제의 특징

약제의 종류	특　징
단백포	① **흑갈색**이다. ② **냄새**가 **지독**하다. ③ 포안정제로서 **제 1철염**을 첨가한다. ④ 다른 포약제에 비해 **부식성**이 **크다**.
수성막포	① 안전성이 좋아 장기보관이 가능하다. ② 내약품성이 좋아 **타약제**와 **겸용**사용이 가능하다. ③ 석유류 표면에 신속히 피막을 형성하여 유류증발을 억제한다. ④ 일명 **AFFF**(Aqueous Film Forming Foam)라고 한다. ⑤ 점성 및 표면장력이 작기 때문에 가연성 기름의 표면에서 쉽게 피막을 형성한다.
내알코올형포	① 알코올류 위험물(**메탄올**)의 소화에 사용 ② 수용성 유류화재(**아세트알데하이드, 에스터류**)에 사용 ③ **가연성 액체**에 사용
불화단백포	① 소화성능이 가장 우수하다. ② 단백포와 수성막포의 결점인 열안정성을 보완시킴 ③ **표면하 주입방식**에도 적합
합성계면활성 제포	① **저발포**와 **고발포**를 임의로 발포할 수 있다. ② **유동성**이 좋다. ③ 카바이트 저장소에는 부적합하다.

문제 ★★★ 유류화재 진압용으로 가장 뛰어난 소화력을 가진 포소화약제는?
① 단백포　　　　　　　　② 수성막포
③ 고팽창포　　　　　　　④ 웨트 워터(wet water)

해설　② 수성막포 : 유류화재 진압용

답 ②

중요

(1) **단백포의 장·단점**

장점	단점
① **내열성**이 우수하다. ② **유면봉쇄성**이 우수하다.	① 소화기간이 길다. ② 유동성이 좋지 않다. ③ 변질에 의한 저장성 불량 ④ 유류오염

(2) **수성막포의 장·단점**

장점	단점
① 석유류표면에 신속히 **피막**을 **형성**하여 유류증발을 억제한다.	① 가격이 비싸다. ② 내열성이 좋지 않다.

※ 수성막포의 특징
① 점성이 작다.
② 표면장력이 작다.

② **안전성**이 좋아 장기보존이 가능하다. ③ **내약품성**이 좋아 타약제와 겸용사용 　도 가능하다. ④ **내유염성**이 우수하다.	③ 부식방지용 저장설비가 요구된다.

(3) **합성계면활성제포**의 장·단점

장점	단점
① **유동성**이 우수하다. ② **저장성**이 우수하다.	① 적열된 기름탱크 주위에는 효과가 　적다. ② 가연물에 양이온이 있을 경우 발포 　성능이 저하된다. ③ 타약제와 겸용시 소화효과가 좋지 　않을 수가 있다.

② **저발포용 소화약제(3%, 6%형)**

　(가) 단백포 소화약제

　(나) 수성막포 소화약제

　(다) 내알코올형포 소화약제

　(라) 불화단백포 소화약제

　(마) 합성계면활성제포 소화약제

③ **고발포용 소화약제(1%, 1.5%, 2%형)**

　합성계면활성제포 소화약제

> **포헤드** : 기계포를 형성하는 곳

④ **팽창비**

저발포	고발포
• 20배 이하	• 제1종 기계포 : 80~250배 미만 • 제2종 기계포 : 250~500배 미만 • 제3종 기계포 : 500~1000배 미만

중요

(1) **팽창비**

$$팽창비 = \frac{방출된\ 포의\ 체적[l]}{방출전\ 포수용액의\ 체적[l]}$$

(2) **발포배율**

$$발포배율 = \frac{내용적(용량,\ 부피)}{전체중량 - 빈\ 시료용기의\ 중량}$$

(5) 포소화약제의 혼합장치

① **펌프 프로포셔너 방식(Pump Proportioner; 펌프 혼합 방식)** : 펌프의 **토출관**과 **흡입관** 사이의 배관 도중에 설치한 흡입기에 펌프에서 토출된 물의 일부를 보내고 **농**

＊ **표면하 주입방식**
① 불화단백포
② 수성막포

＊ **내유염성**
포가 기름에 의해 오염되기 어려운 성질

＊ **적열**
열에 의해 빨갛게 달구어진 상태

＊ **포수용액**
포원액+물

＊ **포혼합장치 설치**
　목적
일정한 혼합비를 유지하기 위해서

도조정밸브에서 조정된 포소화약제의 필요량을 포소화약제 탱크에서 펌프 흡입측
으로 보내어 약제를 혼합하는 방식

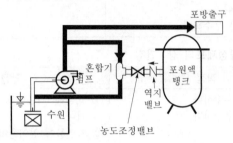

‖ 펌프 프로포셔너 방식 ‖

② **프레져 프로포셔너 방식**(Pressure Proportioner; **차압 혼합 방식**) : 펌프와 발포기
의 중간에 설치된 벤투리관의 **벤투리 작용**과 펌프 가압수의 **포소화약제 저장탱크**에
대한 압력에 의하여 포소화약제를 흡입·혼합하는 방식

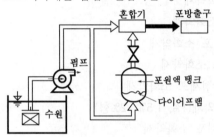

‖ 프레져 프로포셔너 방식 ‖

③ **라인 프로포셔너 방식**(Line Proportioner; **관로 혼합 방식**) : 펌프와 발포기의 중
간에 설치된 벤투리관의 **벤투리 작용**에 의하여 포소화약제를 흡입·혼합하는 방식

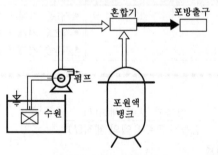

‖ 라인 프로포셔너 방식 ‖

④ **프레져 사이드 프로포셔너 방식**(Pressure Side Proportioner; **압입 혼합 방식**) :
펌프 **토출관**에 압입기를 설치하여 포소화약제 **압입용 펌프**로 포소화약제를 압입시
켜 혼합하는 방식

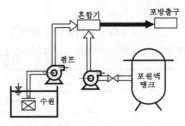

▌프레져 사이드 프로포셔너 방식 ▌

⑤ **압축공기포 믹싱챔버방식** : 포수용액에 **공기**를 강제로 **주입**시켜 **원거리** 방수가 가능하고 물 사용량을 줄여 **수손피해**를 **최소화**할 수 있는 방식

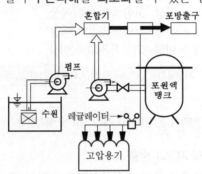

▌압축공기포 믹싱챔버방식 ▌

3 이산화탄소 소화약제

(1) 이산화탄소 소화약제의 성상

① 대기압, 상온에서 **무색**, **무취**의 기체이며 화학적으로 안정되어 있다.

② 기체상태의 가스비중은 **1.51**로 공기보다 무겁다.

③ **31℃**에서 액체와 증기가 동일한 밀도를 갖는다.

> CO_2 소화기는 밀폐된 공간에서 소화효과가 크다.

▌이산화탄소의 물성 ▌

구 분	물 성
임계압력	72.75atm
임계온도	31℃
3중점	-56.3℃
승화점(비점)	-78.5℃
허용농도	0.5%
수분	0.05% 이하(함량 99.5% 이상)

> CO_2의 고체상태 : -80℃, 1기압

❋ CO_2 소화작용
산소와 더 이상 반응하지 않는다.
① 질식작용 : 주효과
② 냉각작용
③ 피복작용(비중이 크기 때문)

❋ 일산화탄소(CO)
소화약제가 아니다.

❋ 임계압력
임계온도에서 액화하는 데 필요한 압력

❋ 임계온도
아무리 큰 압력을 가해도 액화하지 않는 최저온도

❋ 3중점
고체, 액체, 기체가 공존하는 온도

❋ CO_2의 상태도

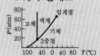

(2) 이산화탄소 소화약제의 충전비

| CO₂ 소화약제의 충전비 |

구 분	저장용기
저압식	1.1~1.4 이하
고압식	1.5~1.9 이하

★★

문제 이산화탄소 소화약제의 저장용기 충전비로서 적합하게 짝지어져 있는 것은?
  ① 저압식은 1.1 이상, 고압식은 1.5 이상
  ② 저압식은 1.4 이상, 고압식은 2.0 이상
  ③ 저압식은 1.9 이상, 고압식은 2.5 이상
  ④ 저압식은 2.3 이상, 고압식은 3.0 이상

해설
  ① CO_2 저장용기충전비 : 저압식 1.1~1.4 이하, 고압식 1.5~1.9 이하

답 ①

고압가스 용기 : 40℃ 이하의 온도변화가 작은 장소에 설치한다.

(3) 이산화탄소 소화약제의 저장과 방출
  ① 이산화탄소는 상온에서 용기에 **액체상태**로 저장한 후 방출시에는 기체화된다.
  ② 이산화탄소의 증기압으로 **완전방출**이 가능하다.
  ③ 20℃에서의 CO_2 저장용기의 내압력은 충전비와 관계가 있다.
  ④ 이산화탄소의 방출시 용기내의 온도는 급강하하지만, 압력은 변하지 않는다.

4 할론소화약제

(1) 할론소화약제의 특성
  ① 전기의 불량도체이다(**전기절연성**이 크다).
  ② 금속에 대한 **부식성**이 **적다**.
  ③ 화학적 **부촉매 효과**에 의한 연소억제작용이 뛰어나 소화능력이 크다.
  ④ **가연성 액체화재**에 대하여 소화속도가 매우 크다.

(2) 할론소화약제의 구비조건
  ① 증발잔유물이 없어야 한다.
  ② 기화되기 쉬워야 한다.
  ③ **저비점** 물질이어야 한다.
  ④ **불연성**이어야 한다.

(3) 할론소화약제의 성상
  ① 할론인 F, Cl, Br, I 등은 화학적으로 안정되어 있으며, 소화성능이 우수하여 할론 소화약제로 사용된다.
  ② 소화약제는 할론 1011, 할론 104, 할론 1211, 할론 1301, 할론 2402 등이 있다.

충전된 질소의 일부가 할론 1301에 용해되어도 액체 할론 1301의 용액은 증가하지 않는다.

※ 기체의 용해도
① 온도가 일정할 때 압력이 증가하면 용해도는 증가한다.
② 온도가 낮고 압력이 높을수록(저온·고압) 용해되기 쉽다.

※ 할론소화작용
① 부촉매(억제)효과 : 주효과
② 질식효과

※ 할론소화약제
난연성능 우수

※ 증발성액체 소화약제
인체에 대한 독성이 적은 것도 있고 심한 것도 있다.

※ 저비점 물질
끓는점이 낮은 물질

※ 할로겐 원소
① 불소 : F
② 염소 : Cl
③ 브로민(취소) : Br
④ 아이오딘(옥소) : I

할론소화약제의 물성

구 분 \ 종 류	할론 1301	할론 2402
임계압력	39.1atm(3.96MPa)	33.9atm(3.44MPa)
임계온도	67℃	214.5℃
임계밀도	750kg/m³	790kg/m³
증발잠열	119kJ/kg	105kJ/kg
분 자 량	148.95	259.9

★★★
문제 할론소화약제 중 상온상압에서 액체상태인 것은 다음 중 어느 것인가?
① 할론 2402   ② 할론 1301
③ 할론 1211   ④ 할론 1400

해설
① 상온상압에서 **액체상태** ② ③ 상온상압에서 **기체상태**
④ 할론 1400 : 이런 약제는 없다.   답 ①

(4) 할론소화약제의 명명법

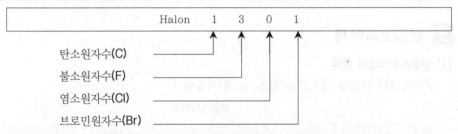

Halon 1 3 0 1

탄소원자수(C)
불소원자수(F)
염소원자수(Cl)
브로민원자수(Br)

수소원자의 수 = (첫번째 숫자×2)+2-나머지 숫자의 합

할론소화약제

종 류	약 칭	분 자 식	충 전 비
Halon 1011	CB	CH_2ClBr	-
Halon 104	CTC	CCl_4	-
Halon 1211	BCF	CF_2ClBr	0.7~1.4 이하
Halon 1301	BTM	CF_3Br	0.9~1.6 이하
Halon 2402	FB	$C_2F_4Br_2$	0.51~0.67 미만(가압식)
			0.67~2.75 이하(축압식)

중요
액체 할론 1211의 부식성이 큰 순서
알루미늄>청동>니켈>구리

＊ **상온에서 기체상태**
① 할론 1301
② 할론 1211
③ 탄산가스(CO₂)

＊ **상온에서 액체상태**
① 할론 1011
② 할론 104
③ 할론 2402

＊ **할론소화약제**
① 부촉매 효과 크기
I > Br > Cl > F
② 전기음성도(친화력) 크기
F > Cl > Br > I

＊ **휴대용 소화기**
① Halon 1211
② Halon 2402

＊ **Halon 1211**
① 약간 달콤한 냄새가 있다.
② 전기전도성이 없다.
③ 공기보다 무겁다.
④ 알루미늄(Al)이 부식성이 크다.

＊ **할론 1011·104**
독성이 강하여 소화약제로 사용하지 않는다.

Key Point

※ **할론 1301**
① 소화성능이 가장 좋다.
② 독성이 가장 약하다.
③ 오존층 파괴지수가 가장 높다.
④ 비중은 약 5.1배이다.

※ **증발잠열**
① 할론1301 : 119kJ/kg
② 아르곤 : 156kJ/kg
③ 질소 : 199kJ/kg
④ 이산화탄소 : 574kJ/kg

(5) 할론소화약제의 저장용기(NFPC 107 4조, NFTC 107 2.1.1)

① 방호구역 외의 장소에 설치할 것
② 온도가 40℃ 이하이고, 온도변화가 작은 곳에 설치할 것
③ 직사광선 및 빗물이 침투할 우려가 없는 곳에 설치할 것
④ 방화문 구획된 실에 설치할 것
⑤ 용기의 설치장소에는 해당 용기가 표시된 곳임을 표시하는 표지를 설치할 것
⑥ 용기간의 간격은 점검에 지장이 없도록 **3cm** 이상의 간격을 유지할 것
⑦ 저장용기와 집합관을 연결하는 연결배관에는 **체크 밸브**를 설치할 것

> 이산화탄소 소화약제 저장용기의 기준과 동일하다.

중요 **할론소화약제의 측정법**
- 압력 측정법
- 비중 측정법
- 액위 측정법
- 중량 측정법
- 비파괴 검사법

5 분말소화약제

(1) 분말소화약제의 종류

분말약제의 가압용 가스로는 **질소**(N_2)가 사용된다.

‖ 분말소화약제 ‖

종별	분자식	착색	적응화재	충전비 [l/kg]	저장량	순도(함량)
제1종	중탄산나트륨 ($NaHCO_3$)	백색	BC급	0.8	50kg	90% 이상
제2종	중탄산칼륨 ($KHCO_3$)	담자색 (담회색)	BC급	1.0	30kg	92% 이상
제3종	제1인산암모늄 ($NH_4H_2PO_4$)	담홍색	ABC급	1.0	30kg	75% 이상
제4종	중탄산칼륨+요소 ($KHCO_3+(NH_2)_2CO$)	회(백)색	BC급	1.25	20kg	—

※ **제1종 분말**
식용유 및 지방질유의 화재에 적합

※ **제3종 분말**
차고·주차장에 적합

※ **제4종 분말**
소화성능이 가장 우수

중요 **충전가스(압력원)**

질소(N_2)	• **분**말소화설비(축압식) • **할**론소화설비
이산화탄소(CO_2)	• 기타설비

기억법 질충분할(**질**소가 **충분할** 것)

Key Point

(2) 제2종 분말소화약제의 성상

구분	설명
비중	• 2.14
함유수분	• 0.2% 이하
소화효능	• 전기화재, 기름화재
조성	• KHCO$_3$ 97%, 방습가공제 3%

＊ 충전비
0.8 이상

(3) 제3종 분말소화약제의 소화작용

① 열분해에 의한 **냉각작용**
② 발생한 불연성 가스에 의한 **질식작용**
③ 메타인산(HPO$_3$)에 의한 **방진작용**
④ 유리된 NH$_4^+$의 **부촉매작용**
⑤ 분말운무에 의한 **열방사**의 **차단효과**

> 제3종 분말소화약제가 A급화재에도 적용되는 이유 : **인산분말 암모늄계**가 열에 의해 분해되면서 생성되는 불연성의 용융물질이 가연물의 표면에 부착되어 **차단효과**를 보여주기 때문이다.

＊ 방진작용
가연물의 표면에 부착되어 차단효과를 나타내는 것

(4) 분말소화약제의 미세도

① 20~25μm의 입자로 미세도의 분포가 골고루 되어 있어야 한다.
② 입도가 너무 미세하거나 너무 커도 소화성능이 저하된다.

> μm : 미크론 또는 마이크로미터라고 읽는다.

＊ 미세도
입자크기를 의미하는 것으로서 '입도'라고도 부른다.

 문제 분말소화약제 분말입도의 소화성능에 대하여 옳은 것은?
① 미세할수록 소화성능이 우수하다.
② 입도가 클수록 소화성능이 우수하다.
③ 입도와 소화성능과는 관련이 없다.
④ 입도가 너무 미세하거나 너무 커도 소화성능은 저하된다.

해설 ④ 분말소화약제의 분말입도가 너무 미세하거나 너무 커도 소화성능은 저하된다.

답 ④

(5) 수분함유율

$$M = \frac{W_1 - W_2}{W_1} \times 100\%$$

여기서, M : 수분함유율[%]
　　　　W_1 : 원시료의 중량[g]
　　　　W_2 : 24시간 건조후의 시료중량[g]

＊ 원시료
원래상태의 시험재료

기억전략법

읽었을 때 **10%** 기억

들었을 때 **20%** 기억

보았을 때 **30%** 기억

보고 들었을 때 **50%** 기억

친구(동료)와 이야기를 통해 **70%** 기억

누군가를 가르쳤을 때 95% 기억

소방설비기사 필기
(기계분야)

Part **2**

소방관계법규

출제경향분석

01 소방기본법령

★ ★ ★ ★ ★ ★ ★ ★ ★ ★ ★

① 소방기본법
10% (2문제)

4문제

② 소방기본법 시행령
5% (1문제)

③ 소방기본법 시행규칙
5% (1문제)

CHAPTER

01 소방기본법령

---

1 소방기본법　　出題확률  10% (2문제)

Key Point

1 용어(기본법 2조)

소방대상물	소방대
① 건축물 ② 차량 ③ 선박(매어둔 것) ④ 선박건조구조물 ⑤ 인공구조물 ⑥ 물건 ⑦ 산림	① 소방공무원 ② 의무소방원 ③ 의용소방대원

＊ 관계인
① 소유자
② 관리자
③ 점유자

2 소방용수시설(기본법 10조)

① 종류 : **소화전 · 급수탑 · 저수조**
② 기준 : **행정안전부령**
③ 설치 · 유지 · 관리 : **시 · 도**(단, 수도법에 의한 소화전은 일반수도사업자가 관할소방서장과 협의하여 설치)

3 소방활동구역의 설정(기본법 23조)

(1) **설정권자** : 소방대장

(2) **설정구역** ┬ 화재현장
　　　　　　　└ 재난 · 재해 등의 위급한 상황이 발생한 현장

＊ 증표 제시
위급한 상황에서도 증표는 반드시 내보여야한다.

4 의용소방대 및 한국소방안전원

(1) **의용소방대의 설치**(의용소방대법 2~14조)
① **설치권자** : 시 · 도지사, 소방서장
② **설치장소** : 특별시 · 광역시 · 특별자치시 · 도 · 특별자치도 · 시 · 읍 · 면
③ **의용소방대의 임명** : 그 지역의 주민 중 희망하는 사람
④ **의용소방대원의 직무** : 소방업무 보조
⑤ **의용소방대의 경비부담자** : 시 · 도지사

＊ 의용소방대원
비상근

＊ 비상근
평상시 근무하지 않고 필요에 따라 소집되어 근무하는 형태

* 한국소방안전원의
정관변경
소방청장의 인가

(2) **한국소방안전원의 업무**(기본법 41조)

① 소방기술과 안전관리에 관한 **교육** 및 **조사·연구**

② 소방기술과 안전관리에 관한 각종 **간행물**의 **발간**

③ 화재예방과 안전관리의식의 고취를 위한 **대국민 홍보**

④ 소방업무에 관하여 **행정기관**이 **위탁**하는 **사업**

⑤ 소방안전에 관한 **국제협력**

⑥ **회원**에 대한 **기술지원** 등 정관이 정하는 사항

* 벌금과 과태료
(1) 벌금
범죄의 대가로서 부
과하는 돈
(2) 과태료
지정된 기한 내에 어떤
의무를 이행하지 않았
을 때 부과하는 돈

5 벌칙

(1) **5년 이하의 징역 또는 5000만원 이하의 벌금**(기본법 50조)

① 소방자동차의 출동 방해

② 사람구출 방해

③ 소방용수시설 또는 비상소화장치의 효용방해

④ **위력**을 사용하여 출동한 소방대의 화재진압·인명구조 또는 구급활동을 방해하는 행위를 한 사람

⑤ 소방대가 화재진압·인명구조 또는 구급활동을 위하여 현장에 출동하거나 현장에 출입하는 것을 고의로 **방해**하는 행위를 한 사람

⑥ 출동한 소방대원에게 **폭행** 또는 **협박**을 행사하여 화재진압·인명구조 또는 구급활동을 방해하는 행위를 한 사람

⑦ 출동한 소방대의 **소방장비**를 **파손**하거나 그 **효용**을 해하여 화재진압·인명구조 또는 구급활동을 방해하는 행위를 한 사람

* 500만원 이하의 과
태료(기본법 56조)
① 화재 또는 구조·
구급이 필요한 상
황을 거짓으로 알
린 사람
② 정당한 사유없이 화
재, 재난·재해, 그
밖의 위급한 상황
을 소방본부, 소방
서 또는 관계행정
기관에 알리지 아
니한 관계인

(2) **3년 이하의 징역 또는 3000만원 이하의 벌금**(기본법 51조)

소방활동에 필요한 소방대상물 및 토지의 강제처분을 방해한 자

(3) **200만원 이하의 과태료**(기본법 56조)

① 한국119청소년단 또는 이와 유사한 명칭을 사용한 자

② 소방활동구역 출입

③ 소방자동차의 출동에 지장을 준 자

④ 한국소방안전원 또는 이와 유사한 명칭을 사용한 자

2 소방기본법 시행령

출제확률 5% (1문제)

1 국고보조의 대상 및 기준(기본령 2조)

(1) 국고보조의 대상

① 소방활동장비와 설비의 구입 및 설치

   ⑦ 소방자동차

   ⑭ 소방 헬리콥터 · 소방정

   ⑭ 소방전용통신설비 · 전산설비

   ⑭ 방화복

② 소방관서용 청사

(2) 소방활동장비 및 설비의 종류와 규격 : 행정안전부령

(3) 대상사업의 기준보조율 : 「보조금관리에 관한 법률 시행령」에 따름

> **✱ 국고보조**
> 국가가 소방장비의 구입 등 시 · 도의 소방 업무에 필요한 경비의 일부를 보조

2 소방활동구역 출입자(기본령 8조)

① **소유자 · 관리자** 또는 **점유자**

② **전기 · 가스 · 수도 · 통신 · 교통**의 업무에 종사하는 자로서 원활한 **소방활동**을 위하여 필요한 자

③ **의사 · 간호사** 그 밖의 구조 · 구급업무에 종사하는 자

④ **취재인력** 등 보도업무에 종사하는 자

⑤ **수사업무**에 종사하는 자

⑥ **소방대장**이 소방활동을 위하여 **출입**을 **허가한 자**

> **✱ 소방활동구역**
> 화재, 재난 · 재해 그 밖의 위급한 상황이 발생한 현장에 정하는 구역

3 소방기본법 시행규칙

출제확률 (1문제)

1 종합상황실 실장의 보고 화재(기본규칙 3조)

① 사망자 **5명** 이상 화재
② 사상자 **10명** 이상 화재
③ 이재민 **100명** 이상 화재
④ 재산피해액 **50억원** 이상 화재
⑤ **관광호텔**, 층수가 11층 이상인 건축물, **지하상가, 시장, 백화점**
⑥ **5층** 이상 또는 객실 **30실** 이상인 **숙박시설**
⑦ **5층** 이상 또는 병상 **30개** 이상인 **종합병원 · 정신병원 · 한방병원 · 요양소**
⑧ **1000t** 이상인 선박(항구에 매어둔 것), **철도차량, 항공기, 발전소** 또는 **변전소**
⑨ 지정수량 **3000배** 이상의 위험물 제조소 · 저장소 · 취급소
⑩ 연면적 **15000㎡** 이상인 **공장** 또는 **화재예방강화지구**에서 발생한 화재
⑪ **가스** 및 **화약류**의 폭발에 의한 화재
⑫ **관공서 · 학교 · 정부미 도정공장 · 문화재 · 지하철** 또는 **지하구**의 **화재**
⑬ 다중이용업소의 화재

2 소방용수시설

(1) 소방용수시설 및 지리조사(기본규칙 7조)

① 조사자 : 소방본부장 · 소방서장
② 조사일시 : **월 1회** 이상
③ 조사내용
  ㈎ 소방용수시설
  ㈏ 도로의 **폭 · 교통상황**
  ㈐ 도로주변의 **토지 고저**
  ㈑ 건축물의 **개황**
④ 조사결과 : **2년간** 보관

> **기억법** 월1지(**월요일**이 **지**났다)

(2) 소방용수시설의 설치기준(기본규칙 〔별표 3〕)

거리기준	지역
100m 이하	• 공업지역 • 상업지역 • 주거지역
140m 이하	• 기타지역

(3) 소방용수시설의 저수조의 설치기준(기본규칙 〔별표 3〕)

① 낙차 : **4.5m** 이하
② 수심 : **0.5m** 이상

❋ 종합상황실
화재 · 재난 · 재해 · 구조 · 구급 등이 필요한 때에 신속한 소방활동을 위한 정보를 수집 · 분석과 판단 · 전파, 상황관리, 현장지휘 및 조정 · 통제 등의 업무수행

❋ 소방용수시설의 설치 · 유지 · 관리
시 · 도지사

③ 투입구의 길이 또는 지름 : **60cm** 이상

④ 소방 펌프 자동차가 **쉽게 접근**할 수 있도록 할 것

⑤ 흡수에 지장이 없도록 **토사** 및 **쓰레기** 등을 제거할 수 있는 설비를 갖출 것

⑥ 저수조에 물을 공급하는 방법은 **상수도**에 연결하여 **자동**으로 **급수**되는 구조일 것

기억법 **수5(수호**천사)

＊ **토사**
흙과 모래

3 소방교육 훈련(기본규칙 9조)

실 시	2년마다 1회 이상 실시
기 간	2주 이상
정하는 자	소방청장
종 류	① 화재진압훈련 ② 인명구조훈련 ③ 응급처치훈련 ④ 인명대피훈련 ⑤ 현장지휘훈련

4 소방신호

(1) 소방신호의 종류(기본규칙 10조)

소방신호 종류	설 명
경계신호	화재예방상 필요하다고 인정되거나 화재위험경보시 발령
발화신호	화재가 발생한 경우 발령
해제신호	소화활동이 필요없다고 인정되는 경우 발령
훈련신호	훈련상 필요하다고 인정되는 경우 발령

＊ **소방신호의 종류**
① 경계신호
② 발화신호
③ 해제신호
④ 훈련신호

(2) 소방신호표(기본규칙 〔별표 4〕)

신호방법 종 별	타종신호	사이렌 신호
경계신호	**1타**와 연 **2타**를 반복	**5초** 간격을 두고 **30초**씩 **3회**
발화신호	**난타**	**5초** 간격을 두고 **5초**씩 **3회**
해제신호	상당한 간격을 두고 **1타**씩 반복	**1분** 간 **1회**
훈련신호	**연 3타** 반복	**10초** 간격을 두고 **1분**씩 **3회**

출제경향분석

CHAPTER 02 소방시설 설치 및 관리에 관한 법령

＊＊＊＊＊＊＊＊＊＊＊＊

① 소방시설 설치 및 관리에 관한 법률
5% (1문제)

3문제

② 소방시설 설치 및 관리에 관한
법률 시행령
7% (1문제)

③ 소방시설 설치 및 관리
에 관한 법률 시행규칙
2% (1문제)

CHAPTER 02 소방시설 설치 및 관리에 관한 법령

① 소방시설 설치 및 관리에 관한 법률

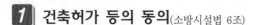

출제확률 █████ (1문제)

※ 건축물의 동의
　범위
대통령령

1 건축허가 등의 동의(소방시설법 6조)

① 건축허가 등의 동의권자 : **소방본부장 · 소방서장**
② 건축허가 등의 동의대상물의 범위 : **대통령령**

2 변경강화기준 적용 설비(소방시설법 13조)

① 소화기구
② 비상경보설비
③ 자동화재탐지설비
④ 자동화재속보설비
⑤ 피난구조설비
⑥ 소방시설(공동구 설치용, 전력 및 통신사업용 지하구)
⑦ **노유자시설, 의료시설**에 설치하여야 하는 소방시설(소방시설법 시행령 13조)

공동구, 전력 및 통신사업용 지하구	노유자시설에 설치하여야 하는 소방시설	의료시설에 설치하여야 하는 소방시설
① 소화기 ② 자동소화장치 ③ 자동화재탐지설비 ④ 통합감시시설 ⑤ 유도등 및 연소방지설비	① 간이스프링클러설비 ② 자동화재탐지설비 ③ 단독경보형 감지기	① 스프링클러설비 ② 간이스프링클러설비 ③ 자동화재탐지설비 ④ 자동화재속보설비

3 방염(소방시설법 20 · 21조)

① 방염성능기준 : **대통령령**
② 방염성능검사 : **소방청장**

※ 방염성능기준
대통령령

※ 방염성능
화재의 발생 초기단
계에서 화재 확대의
매개체를 **단절**시키는
성질

4 벌칙

(1) 벌칙(소방시설법 56조)

5년 이하의 징역 또는 5천만원 이하의 벌금	7년 이하의 징역 또는 7천만원 이하의 벌금	10년 이하의 징역 또는 1억원 이하의 벌금
소방시설 폐쇄 · 차단 등의 행위를 한 자	**소방시설 폐쇄 · 차단** 등의 행위를 하여 사람을 **상해**에 이르게 한 자	**소방시설 폐쇄 · 차단** 등의 행위를 하여 사람을 **사망**에 이르게 한 자

(2) 3년 이하의 징역 또는 3000만원 이하의 벌금(소방시설법 57조)
① **소방시설관리업** 무등록자
② **형식승인**을 받지 않은 소방용품 제조·수입자
③ **제품검사**를 받지 않은 자
④ 거짓이나 그 밖의 **부정한 방법**으로 제품검사 전문기관의 지정을 받은 자
⑤ 소방용품을 판매·진열하거나 소방시설공사에 사용한 자
⑥ 구매자에게 명령을 받은 사실을 알리지 아니하거나 필요한 조치를 하지 아니한 자

(3) 1년 이하의 징역 또는 1000만원 이하의 벌금(소방시설법 58조)
① 소방시설의 **자체점검** 미실시자
② **소방시설관리사증** 대여
③ **소방시설관리업**의 등록증 대여

(4) 300만원 이하의 과태료(소방시설법 61조)
① 소방시설을 화재안전기준에 따라 설치·관리하지 아니한 자
② **피난시설·방화구획** 또는 **방화시설의 폐쇄·훼손·변경** 등의 행위를 한 자
③ 임시소방시설을 설치·관리하지 아니한 자

Chapter_ 02

Key Point

2 소방시설 설치 및 관리에 관한 법률 시행령

출제확률 7% (1문제)

1 무창층(소방시설법 시행령 2조)

(1) 무창층의 뜻

지상층 중 기준에 의한 개구부의 면적의 합계가 해당 층의 바닥면적의 $\frac{1}{30}$ 이하가 되는 층

(2) 무창층의 개구부의 기준

① 개구부의 크기가 지름 **50cm** 이상의 원이 통과할 수 있을 것
② 해당 층의 바닥면으로부터 개구부 밑부분까지의 높이가 **1.2m** 이내일 것
③ 개구부는 **도로** 또는 **차량**이 진입할 수 있는 **빈터**를 향할 것
④ 화재시 건축물로부터 **쉽게 피난**할 수 있도록 개구부에 창살 그 밖의 장애물이 설치되지 않을 것
⑤ 내부 또는 외부에서 **쉽게 부수**거나 **열** 수 있을 것

※ **피난층**
곧바로 지상으로 갈 수 있는 출입구가 있는 층

2 소방용품 제외 대상(소방시설법 시행령 6조)

① 주거용 주방자동소화장치용 소화약제
② 가스자동소화장치용 소화약제
③ 분말자동소화장치용 소화약제
④ 고체에어로졸자동소화장치용 소화약제
⑤ 소화약제 외의 것을 이용한 간이소화용구
⑥ 휴대용 비상조명등
⑦ 유도표지
⑧ 벨용 푸시버튼스위치
⑨ 피난밧줄
⑩ 옥내소화전함
⑪ 방수구
⑫ 안전매트
⑬ 방수복

※ **소방용품**
① 소화기
② 소화약제
③ 방염도료

3 건축허가 등의 동의대상물(소방시설법 시행령 7조)

① 연면적 400m²(학교시설 : 100m², 수련시설 · 노유자시설 : 200m², 정신의료기관 · 장애인의료재활시설 : 300m²) 이상
② 6층 이상인 건축물

※ **건축허가 등의 동의 대상물**
★꼭 기억하세요★

③ 차고 · 주차장으로서 바닥면적 **200m²** 이상(자동차 **20대** 이상)

④ **항공기격납고, 관망탑, 항공관제탑, 방송용 송수신탑**

⑤ 지하층 또는 무창층의 바닥면적 **150m²**(공연장은 **100m²**) 이상

⑥ **위험물저장 및 처리시설**

⑦ **결핵환자**나 **한센인**이 24시간 생활하는 **노유자시설**

⑧ **지하구**

⑨ 전기저장시설, 풍력발전소

⑩ 조산원, 산후조리원, 의원(입원실이 있는 것)

⑪ 요양병원(의료재활시설 제외)

⑫ 노인주거복지시설 · 노인의료복지시설 및 재가노인복지시설, 학대피해노인 전용 쉼터, 아동복지시설, 장애인거주시설

⑬ 정신질환자 관련시설(공동생활가정을 제외한 재활훈련시설과 종합시설 중 24시간 주거를 제공하지 않는 시설 제외)

⑭ 노숙인자활시설, 노숙인재활시설 및 노숙인요양시설

⑮ 공장 또는 창고시설로서 지정하는 수량의 **750배** 이상의 특수가연물을 저장 · 취급 하는 것

⑯ 가스시설로서 지상에 노출된 탱크의 저장용량의 합계가 **100t** 이상인 것

4 방염

(1) 방염성능기준 이상 적용 특정소방대상물(소방시설법 시행령 30조)

① 체력단련장, 공연장 및 종교집회장

② 문화 및 집회시설

③ 종교시설

④ 운동시설(수영장 제외)

⑤ 의료시설(종합병원, 정신의료기관)

⑥ 의원, 조산원, 산후조리원

⑦ 교육연구시설 중 합숙소

⑧ 노유자시설

⑨ 숙박이 가능한 수련시설

⑩ 숙박시설

⑪ 방송국 및 촬영소

⑫ 다중이용업소(단란주점영업, 유흥주점영업, 노래연습장의 영업장 등)

⑬ 층수가 11층 이상인 것(아파트 제외)

> **11층** 이상 : '고층건축물'에 해당된다.

＊ 다중이용업
① 휴게음식점영업 · 일반음식점영업 100m²(지하층은 66m² 이상)
② 단란주점영업
③ 유흥주점영업
④ 비디오물감상실업
⑤ 비디오물소극장업 및 복합영상물제공업
⑥ 게임제공업
⑦ 노래연습장업
⑧ 복합유통게임 제공업
⑨ 영화상영관
⑩ 학원 · 목욕장업 수용인원 100명 이상

(2) 방염대상물품(소방시설법 시행령 31조)

제조 또는 가공 공정에서 방염처리를 한 물품	건축물 내부의 천장이나 벽에 부착하거나 설치하는 것
① 창문에 설치하는 **커튼류**(블라인드 포함) ② 카펫 ③ **벽지류**(두께 2mm 미만인 종이벽지 제외) ④ **전시용 합판·목재** 또는 **섬유판** ⑤ **무대용 합판·목재** 또는 **섬유판** ⑥ **암막·무대막**(영화상영관·가상체험 체육 　시설업의 **스크린** 포함) ⑦ 섬유류 또는 합성수지류 등을 원료로 하 　여 제작된 소파·의자(단란주점영업, 유 　흥주점영업 및 노래연습장업의 영업장에 　설치하는 것만 해당)	① 종이류(두께 2mm 이상), **합성수지류** 또 　는 **섬유류**를 주원료로 한 물품 ② **합판**이나 **목재** ③ 공간을 구획하기 위하여 설치하는 **간이칸** 　**막이** ④ **흡음재**(흡음용 커튼 포함) 또는 **방음재** 　(방음용 커튼 포함) ※ 가구류(옷장, 찬장, 식탁, 식탁용 의자, 　사무용 책상, 사무용 의자, 계산대)와 　너비 10cm 이하인 반자돌림대, 내부 　마감재료 제외

(3) 방염성능기준(소방시설법 시행령 31조)

① 잔염시간 : **20초** 이내
② 잔**진**시간(잔신시간) : **30초** 이내

> 기억법 3진(삼진아웃)

③ 탄화길이 : **20cm** 이내
④ 탄화면적 : **50cm²** 이내
⑤ 불꽃 접촉 횟수 : **3회** 이상
⑥ 최대 연기밀도 : **400** 이하

5 소화활동설비(소방시설법 시행령 〔별표 1〕)

① **연결송수관**설비
② **연결살수**설비
③ **연소방지**설비
④ **무선통신보조**설비
⑤ **제연**설비
⑥ **비상 콘센트** 설비

> 기억법 3연무제비콘

※ 잔염시간과
　잔진시간
(1) 잔염시간
　버너의 불꽃을 제거한
　때부터 불꽃을 올리며
　연소하는 상태가 그칠
　때까지의 시간
(2) 잔진시간(잔신시간)
　버너의 불꽃을 제거
　한 때부터 불꽃을 올
　리지 않고 연소하는
　상태가 그칠 때까지
　의 시간

※ 소화활동설비
화재를 진압하거나 인
명구조활동을 위하여
사용하는 설비

* 근린생활시설
사람이 생활을 하는데
필요한 여러 가지 시설

6 근린생활시설(소방시설법 시행령 〔별표 2〕)

면 적	적용장소	
150m² 미만	• 단란주점	
300m² 미만	• **종**교시설 • 비디오물 감상실업	• 공연장 • 비디오물 소극장업
500m² 미만	• 탁구장 • 테니스장 • 체육도장 • 사무소 • 학원 • 당구장	• 서점 • 볼링장 • 금융업소 • 부동산 중개사무소 • 골프연습장
1000m² 미만	• 자동차영업소 • 일용품 • 의약품 판매소	• 슈퍼마켓 • 의료기기 판매소
전부	• 기원 • 이용원 · 미용원 · 목욕장 및 세탁소 • 휴게음식점 · 일반음식점, 제과점 • 독서실 • 안마원(안마시술소 포함) • 조산원(산후조리원 포함) • 의원, 치과의원, 한의원, 침술원, 접골원	

기억법 종3(중세시대)

7 스프링클러설비의 설치대상(소방시설법 시행령 〔별표 4〕)

* 무대부
노래 · 춤 · 연극 등의
연기를 하기 위해 만
들어 놓은 부분

설치대상	조 건
① 문화 및 집회시설, 운동시설 ② 종교시설	• 수용인원 – 100명 이상 • 영화상영관 – 지하층 · 무창층 500m²(기타 1000m²) 이상 • 무대부 　① 지하층 · 무창층 · 4층 이상 300m² 이상 　② 1~3층 500m² 이상
③ 판매시설 ④ 운수시설 ⑤ 물류터미널	• 수용인원 – 500명 이상 • 바닥면적 합계 5000m² 이상
⑥ 노유자시설 ⑦ 정신의료기관 ⑧ 수련시설(숙박 가능한 것) ⑨ 종합병원, 병원, 치과병원, 한방병원 및 요양병원(정신병원 제외) ⑩ 숙박시설	• 바닥면적 합계 600m² 이상

설치대상	조 건
⑪ 지하층·무창층·4층 이상	• 바닥면적 1000m² 이상
⑫ 창고시설(물류터미널 제외)	• 바닥면적 합계 5000m² 이상-전층
⑬ 지하가(터널 제외)	• 연면적 1000m² 이상
⑭ 10m 넘는 랙식 창고	• 연면적 1500m² 이상
⑮ 복합건축물 ⑯ 기숙사	• 연면적 5000m² 이상-전층
⑰ 6층 이상	• 전층
⑱ 보일러실·연결통로	• 전부
⑲ 특수가연물 저장·취급	• 지정수량 1000배 이상
⑳ 발전시설 중 전기저장시설	• 전부

8 인명구조기구의 설치장소 (소방시설법 시행령 [별표 4])

① 지하층을 포함한 **7층** 이상의 **관광호텔**[방열복, 방화복(안전모, 보호장갑, 안전화 포함), 인공소생기, 공기호흡기]]
② 지하층을 포함한 **5층** 이상의 **병원**[방열복, 방화복(안전모, 보호장갑, 안전화 포함), 공기호흡기]]

기억법 5병(**오병**이어의 기적)

Key Point

✴ 랙식 창고
① 물품보관용 랙을 설치하는 창고시설
② 선반 또는 이와 비슷한 것을 설치하고 승강기에 의하여 수납을 운반하는 장치를 갖춘 것

✴ 복합건축물
하나의 건축물 안에 2 이상의 용도로 사용되는 것

Key Point

③ 소방시설 설치 및 관리에 관한 법률 시행규칙

출제확률 ⬤ (1문제)

1️⃣ 건축허가 등의 동의(소방시설법 시행규칙 3조)

내 용		날 짜
• 동의요구 서류보완		**4일** 이내
• 건축허가 등의 취소통보		**7일** 이내
• 동의여부 회신	5일 이내	기타
	10일 이내	① **50층** 이상(지하층 제외) 또는 지상으로부터 높이 **200m** 이상인 아파트 ② **30층** 이상(지하층 포함) 또는 높이 **120m** 이상 (아파트 제외) ③ 연면적 **10만m²** 이상(아파트 제외)

2️⃣ 소방시설 등의 자체점검(소방시설법 시행규칙 23조, 〔별표 3〕)

(1) 소방시설 등의 자체점검결과

① 점검결과 자체 보관 : **2년**
② 자체점검 실시결과 보고서 제출

구 분	제출기간	제출처
관리업자 또는 소방안전관리자로 선임된 소방시설관리사 · 소방기술사	**10일** 이내	관계인
관계인	**15일** 이내	소방본부장 · 소방서장

(2) 소방시설 등 자체점검의 점검대상, 점검자의 자격, 점검횟수 및 시기

점검구분	정 의	점검대상	점검자의 자격 (주된 인력)	점검횟수 및 점검시기
작동점검	소방시설 등을 인위적으로 조작하여 정상적으로 작동하는지를 점검하는 것	① 간이스프링클러설비 · 자동화재탐지설비	• 관계인 • 소방안전관리자로 선임된 소방시설관리사 또는 소방기술사 • 소방시설관리업에 등록된 기술인력 중 소방시설관리사 또는 「소방시설공사업법 시행규칙」에 따른 특급 점검자	• 작동점검은 **연 1회** 이상 실시하며, 종합점검대상은 종합점검을 받은 달부터 **6개월**이 되는 달에 실시 • 종합점검대상 외의 특정소방대상물은 사용승인일이 속하는 달의 말일까지 실시
		② ①에 해당하지 아니하는 특정소방대상물	• 소방시설관리업에 등록된 기술인력 중 소방시설관리사 • 소방안전관리자로 선임된 소방시설관리사 또는 소방기술사	
		③ 작동점검 제외대상 • 특정소방대상물 중 소방안전관리자를 선임하지 않는 대상 • 위험물제조소 등 • 특급 소방안전관리대상물		

점검구분	정 의	점검대상	점검자의 자격 (주된 인력)	점검횟수 및 점검시기
종합점검	소방시설 등의 작동점검을 포함하여 소방시설 등의 설비별 주요 구성부품의 구조기준이 화재안전기준과 「건축법」 등 관련 법령에서 정하는 기준에 적합한지 여부를 점검하는 것 (1) 최초점검 : 특정소방대상물의 소방시설이 새로 설치되는 경우 건축물을 사용할 수 있게 된 날부터 60일 이내에 점검하는 것 (2) 그 밖의 종합점검 : 최초점검을 제외한 종합점검	④ 소방시설 등이 신설된 경우에 해당하는 특정소방대상물 ⑤ **스프링클러설비**가 설치된 특정소방대상물 ⑥ **물분무등소화설비**(호스릴 방식의 물분무등소화설비만을 설치한 경우는 제외)가 설치된 연면적 **5000m²** 이상인 특정소방대상물(위험물제조소 등 제외) ⑦ 다중이용업의 영업장이 설치된 특정소방대상물로서 연면적이 **2000m²** 이상인 것 ⑧ **제연설비**가 설치된 터널 ⑨ **공공기관** 중 연면적(터널·지하구의 경우 그 길이와 평균 폭을 곱하여 계산된 값)이 **1000m²** 이상인 것으로서 옥내소화전설비 또는 자동화재탐지설비가 설치된 것(단, 소방대가 근무하는 공공기관 제외) **중요** **종합점검** ① 공공기관 : 1000m² ② 다중이용업 : 2000m² ③ 물분무등(호스릴 ×) : 5000m²	• 소방시설관리업에 등록된 기술인력 중 **소방시설관리사** • 소방안전관리자로 선임된 **소방시설관리사** 또는 **소방기술사**	〈점검횟수〉 ㉠ 연 1회 이상(특급 소방안전관리대상물은 반기에 1회 이상) 실시 ㉡ ㉠에도 불구하고 소방본부장 또는 소방서장은 소방청장이 소방안전관리가 우수하다고 인정한 특정소방대상물에 대해서는 3년의 범위에서 소방청장이 고시하거나 정한 기간 동안 종합점검을 면제할 수 있다(단, 면제기간 중 화재가 발생한 경우는 제외). 〈점검시기〉 ㉠ ④에 해당하는 특정소방대상물은 건축물을 사용할 수 있게 된 날부터 60일 이내 실시 ㉡ ㉠을 제외한 특정소방대상물은 건축물의 사용승인일이 속하는 달에 실시(단, 학교의 경우 해당 건축물의 사용승인일이 1월에서 6월 사이에 있는 경우에는 6월 30일까지 실시할 수 있다) ㉢ 건축물 사용승인일 이후 ⑥에 따라 종합점검 대상에 해당하게 된 경우에는 그 다음 해부터 실시 ㉣ 하나의 대지경계선 안에 2개 이상의 자체점검대상 건축물 등이 있는 경우 그 건축물 중 사용승인일이 가장 빠른 연도의 건축물의 사용승인일을 기준으로 점검할 수 있다.

＊ **종합점검**
소방시설 등의 작동점검을 포함하여 설비별 주요구성부품의 구조기준이 화재안전기준에 적합한지 여부를 점검하는 것

출제경향분석

CHAPTER 03 화재의 예방 및 안전관리에 관한 법령

★ ★ ★ ★ ★ ★ ★ ★ ★ ★ ★

4문제

① 화재의 예방 및 안전관리에 관한 법률
5% (1문제)

② 화재의 예방 및 안전관리에 관한 법률 시행령
13% (2문제)

③ 화재의 예방 및 안전관리에 관한 법률 시행규칙
3% (1문제)

CHAPTER 03 화재의 예방 및 안전관리에 관한 법령

1 화재의 예방 및 안전관리에 관한 법률

출제확률 5% (1문제)

1 화재안전조사 및 조치명령 등

(1) **화재안전조사**(화재예방법 7조)
① 실시자 : **소방청장 · 소방본부장 · 소방서장(소방관서장)**
② 관계인의 승낙이 필요한 곳 : **주거**(주택)

(2) **화재안전조사 결과에 따른 조치명령**(화재예방법 14조)
① 명령권자 : **소방관서장**
② 명령사항
㉮ 화재안전조사 조치명령
㉯ **개수**명령
㉰ **이전**명령
㉱ **제거**명령
㉲ **사용**의 **금지** 또는 제한명령, 사용폐쇄
㉳ **공사**의 **정지** 또는 중지명령

2 화재예방강화지구(화재예방법 18조)

(1) **지정권자** : **시 · 도지사**

(2) **지정지역**
① **시장**지역
② **공장 · 창고** 등이 밀집한 지역
③ **목조건물**이 밀집한 지역
④ **노후 · 불량** 건축물이 밀집한 지역
⑤ **위험물**의 **저장** 및 **처리시설**이 **밀집**한 지역
⑥ **석유화학제품**을 생산하는 공장이 있는 지역
⑦ 「**산업입지 및 개발에 관한 법률**」에 따른 **산업단지**
⑧ 소방시설 · 소방용수시설 또는 소방출동로가 **없는** 지역
⑨ 「물류시설의 개발 및 운영에 관한 법률」에 따른 물류단지
⑩ **소방관서장**이 화재예방강화지구로 지정할 필요가 있다고 인정하는 지역

(3) **화재안전조사**
소방관서장

Key Point

❋ 화재안전조사
소방대상물, 관계지역 또는 관계인에 대하여 소방시설 등이 소방관계법령에 적합하게 설치 · 관리되고 있는지, 소방대상물에 화재의 발생위험이 있는지 등을 확인하기 위하여 실시하는 현장조사 · 문서열람 · 보고요구 등을 하는 활동

❋ 화재예방강화지구
화재발생 우려가 크거나 화재가 발생할 경우 피해가 클 것으로 예상되는 지역에 대하여 화재의 예방 및 안전관리를 강화하기 위해 지정 · 관리하는 지역

❋ 소방관서장
소방청장, 소방본부장 또는 소방서장

3 특정소방대상물의 소방안전관리(화재예방법 24조)

(1) 소방안전관리업무 대행자
소방시설관리업을 등록한 자(소방시설관리업자)

✽ 소방안전관리자
특정소방대상물에서 화재가 발생하지 않도록 관리하는 사람

(2) 소방안전관리자의 선임
① 선임신고 : 14일 이내
② 신고대상 : **소방본부장·소방서장**

(3) 특정소방대상물의 관계인과 소방안전관리대상물의 소방안전관리자의 업무(화재예방법 24조 ⑤항)

특정소방대상물(관계인)	소방안전관리대상물(소방안전관리자)
① 피난시설·방화구획 및 방화시설의 관리	① 피난시설·방화구획 및 방화시설의 관리
② 소방시설, 그 밖의 소방관련시설의 관리	② 소방시설, 그 밖의 소방관련시설의 관리
③ **화기취급**의 감독	③ **화기취급**의 감독
④ 소방안전관리에 필요한 업무	④ 소방안전관리에 필요한 업무
⑤ 화재발생시 초기대응	⑤ **소방계획서**의 작성 및 시행(대통령령으로 정하는 사항 포함)
	⑥ **자위소방대** 및 **초기대응체계**의 구성·운영·교육
	⑦ 소방훈련 및 교육
	⑧ 소방안전관리에 관한 업무수행에 관한 기록·유지
	⑨ 화재발생시 초기대응

관리의 권원이 분리된 특정소방대상물의 소방안전관리(화재예방법 35조)
1. 복합건축물(지하층을 제외한 11층 이상 또는 연면적 30000m² 이상)
2. 지하가
3. 대통령령이 정하는 특정소방대상물

4 특정소방대상물의 소방훈련(화재예방법 37조)

✽ 특정소방대상물
건축물 등의 규모·용도 및 수용인원 등을 고려하여 소방시설을 설치하여야 하는 소방대상물로서 대통령령으로 정하는 것

(1) 소방훈련의 종류
① 소화훈련
② **통보훈련**
③ 피난훈련

(2) 소방훈련의 지도·감독 : **소방본부장·소방서장**

5 벌칙

(1) 3년 이하의 징역 또는 3000만원 이하의 벌금(화재예방법 50조)

① **화재안전조사** 결과에 따른 조치명령을 정당한 사유 없이 위반한 자
② **소방안전관리자** 선임명령 등을 정당한 사유 없이 위반한 자
③ 화재예방안전진단 결과에 따라 보수·보강 등의 조치명령을 정당한 사유 없이 위반한 자
④ 거짓이나 그 밖의 부정한 방법으로 진단기관으로 지정을 받은 자

(2) 1년 이하의 징역 또는 1000만원 이하의 벌금(화재예방법 50조)

① **관계인**의 정당한 업무를 방해하거나, 조사업무를 수행하면서 취득한 자료나 알게 된 **비밀**을 다른 사람 또는 기관에게 제공 또는 누설하거나 목적 외의 용도로 사용한 자
② **소방안전관리자 자격증**을 다른 사람에게 빌려 주거나 빌리거나 이를 알선한 자
③ **진단기관**으로부터 화재예방안전진단을 받지 아니한 자

(3) 300만원 이하의 벌금(화재예방법 50조)

① 화재안전조사를 정당한 사유 없이 거부·방해 또는 기피한 자
② 화재발생 위험이 크거나 소화활동에 지장을 줄 수 있다고 인정되는 행위나 물건에 대한 금지 또는 제한 명령을 정당한 사유 없이 따르지 아니하거나 방해한 자
③ 소방안전관리자, 총괄소방안전관리자 또는 소방안전관리보조자를 선임하지 아니한 자
④ 소방시설·피난시설·방화시설 및 방화구획 등이 법령에 위반된 것을 발견하였음에도 필요한 조치를 할 것을 요구하지 아니한 소방안전관리자
⑤ **소방안전관리자**에게 불이익한 처우를 한 관계인
⑥ 업무를 수행하면서 알게 된 비밀을 이 법에서 정한 목적 외의 용도로 사용하거나 다른 사람 또는 기관에 제공하거나 누설한 자

(4) 300만원 이하의 과태료(화재예방법 52조)

① 정당한 사유 없이 **화재예방강화지구** 및 이에 준하는 대통령령으로 정하는 장소에서의 금지 명령에 해당하는 행위를 한 자
② 다른 안전관리자가 소방안전관리자를 겸한 자
③ 소방안전관리업무를 하지 아니한 특정소방대상물의 관계인 또는 소방안전관리대상물의 소방안전관리자
④ 소방안전관리업무의 지도·감독을 하지 아니한 자
⑤ 건설현장 소방안전관리대상물의 소방안전관리자의 업무를 하지 아니한 소방안전관리자
⑥ 피난유도 안내정보를 제공하지 아니한 자
⑦ **소방훈련** 및 **교육**을 하지 아니한 자
⑧ 화재예방안전진단 결과를 제출하지 아니한 자

(5) 200만원 이하의 과태료(화재예방법 52조)

① 불을 사용할 때 지켜야 하는 사항 및 특수가연물의 저장 및 취급 기준을 위반한 자

② 소방설비 등의 설치명령을 정당한 사유 없이 따르지 아니한 자

③ 기간 내에 **선임신고**를 하지 아니하거나 **소방안전관리자**의 성명 등을 게시하지 아니한 자

④ 기간 내에 선임신고를 하지 아니한 자

⑤ 기간 내에 소방훈련 및 교육 결과를 제출하지 아니한 자

(6) 100만원 이하의 과태료(화재예방법 52조)

실무교육을 받지 아니한 **소방안전관리자** 및 **소방안전관리보조자**

Key Point

② 화재의 예방 및 안전관리에 관한 법률 시행령

출제확률 13% (2문제)

1 화재예방강화지구 안의 화재안전조사·소방훈련 및 교육(화재예방법 시행령 20조)

① 실시자 : **소방청장 · 소방본부장 · 소방서장**(소방관서장)
② 횟수 : **연 1회 이상**
③ 훈련 · 교육 : **10일 전 통보**

2 관리의 권원이 분리된 특정소방대상물(화재예방법 35조, 화재예방법 시행령 35조)

① 복합건축물(지하층을 제외한 11층 이상 또는 연면적 3만m² 이상인 건축물)
② 지하가
③ 도매시장, 소매시장, 전통시장

3 벽 · 천장 사이의 거리(화재예방법 시행령 〔별표 1〕)

종류	벽 · 천장 사이의 거리
건조설비	0.5m 이상
보일러	0.6m 이상

4 특수가연물(화재예방법 시행령 〔별표 2〕)

① 면화류
② 나무껍질 및 대팻밥
③ 넝마 및 종이 부스러기
④ 사류
⑤ 볏짚류
⑥ 가연성 고체류
⑦ 석탄 · 목탄류
⑧ 가연성 액체류
⑨ 목재가공품 및 나무 부스러기
⑩ 고무류 · 플라스틱류

※ 특급 소방안전관리
  대상물
① 50층 이상(지하층
  제외) 또는 지상
  200m 이상 아파트
② 30층 이상(지하층
  포함) 또는 지상
  120m 이상(아파트
  제외)
③ 연면적 10만m² 이
  상(아파트 제외)

5 소방안전관리자

(1) 소방안전관리자 및 소방안전관리보조자를 선임하는 특정소방대상물(화재예방법 시행령 〔별표 4〕)

소방안전관리대상물	특정소방대상물
특급 소방안전관리대상물 (동식물원, 철강 등 불연성 물품 저장 · 취급창고, 지하구, 위험물 제조소 등 제외)	•50층 이상(지하층 제외) 또는 지상 200m 이상 **아파트** •30층 이상(지하층 포함) 또는 지상 120m 이상(아파트 제외) •연면적 10만m² 이상(아파트 제외)
1급 소방안전관리대상물 (동식물원, 철강 등 불연성 물품 저장 · 취급창고, 지하구, 위험물 제조소 등 제외)	•30층 이상(지하층 제외) 또는 지상 120m 이상 **아파트** •연면적 15000m² 이상인 것(아파트 및 연립주택 제외) •11층 이상(아파트 제외) •가연성 가스를 1000t 이상 저장 · 취급하는 시설
2급 소방안전관리대상물	•지하구 •가스제조설비를 갖추고 도시가스사업 허가를 받아야 하 는 시설 또는 가연성 가스를 100~1000t 미만 저장 · 취급하는 시설 •**옥내소화전설비 · 스프링클러설비** 설치대상물 •**물분무등소화설비** 설치대상물(호스릴방식의 물분무등소 화설비만을 설치한 경우 제외) •공동주택(옥내소화전설비 또는 스프링클러설비가 설치된 공동주택 한정) •목조건축물(국보 · 보물)
3급 소방안전관리대상물	•**자동화재탐지설비** 설치대상물 •**간이스프링클러설비**(주택 전용 간이스프링클러설비 제외) 설치대상물

(2) 소방안전관리자(화재예방법 시행령 〔별표 4〕)

① 특급 소방안전관리대상물의 소방안전관리자 선임조건

자 격	경 력	비 고
•소방기술사 •소방시설관리사	경력 필요 없음	특급 소방안전관리자 자격증을 받은 사람
•1급 소방안전관리자(소방설비기사)	5년	
•1급 소방안전관리자(소방설비산업기사)	7년	
•소방공무원	20년	
•소방청장이 실시하는 특급 소방안전관리대상물 의 소방안전관리에 관한 시험에 합격한 사람	경력 필요 없음	

② 1급 소방안전관리대상물의 소방안전관리자 선임조건

자 격	경 력	비 고
•소방설비기사 · 소방설비산업기사	경력 필요 없음	1급 소방안전관리자 자격증을 받은 사람
•소방공무원	7년	
•소방청장이 실시하는 1급 소방안전관리대상물 의 소방안전관리에 관한 시험에 합격한 사람	경력 필요 없음	
•특급 소방안전관리대상물의 소방안전관리자 자격 이 인정되는 사람		

③ 2급 소방안전관리대상물의 소방안전관리자 선임조건

자 격	경 력	비 고
• 위험물기능장 · 위험물산업기사 · 위험물기능사	경력 필요 없음	
• 소방공무원	3년	
• 소방청장이 실시하는 2급 소방안전관리대상물 의 소방안전관리에 관한 시험에 합격한 사람		2급 소방안전관리자 자격증을 받은 사람
• 「기업활동 규제완화에 관한 특별조치법」에 따 라 소방안전관리자로 선임된 사람(소방안전관리 자로 선임된 기간으로 한정)	경력 필요 없음	
• **특급** 또는 **1급** 소방안전관리대상물의 소방안전 관리자 자격이 인정되는 사람		

④ 3급 소방안전관리대상물의 소방안전관리자 선임조건

자 격	경 력	비 고
• 소방공무원	1년	
• 소방청장이 실시하는 3급 소방안전관리대상물 의 소방안전관리에 관한 시험에 합격한 사람		
• 「기업활동 규제완화에 관한 특별조치법」에 따 라 소방안전관리자로 선임된 사람(소방안전관리 자로 선임된 기간으로 한정)	경력 필요 없음	3급 소방안전관리자 자격증을 받은 사람
• **특급** 소방안전관리대상물, **1급** 소방안전관리대 상물 또는 **2급** 소방안전관리대상물의 소방안전 관리자 자격이 인정되는 사람		

③ 화재의 예방 및 안전관리에 관한 법률 시행규칙

출제확률 █████ (1문제)

1 소방훈련 · 교육 및 강습 · 실무교육

(1) 근무자 및 거주자의 소방훈련 · 교육(화재예방법 시행규칙 36조)
① 실시횟수 : 연 1회 이상
② 실시결과 기록부 보관 : 2년

> 소방안전관리자의 재선임 : 30일 이내

(2) 소방안전관리자의 강습(화재예방법 시행규칙 25조)
① 실시자 : **소방청장**(위탁 : 한국소방안전원장)
② 실시공고 : **20일** 전

(3) 소방안전관리자의 실무교육(화재예방법 시행규칙 29조)
① 실시자 : **소방청장**(위탁 : 한국소방안전원장)
② 실시 : **2년**마다 **1회** 이상
③ 교육통보 : **30일** 전

(4) 소방안전관리업무의 강습교육과목 및 교육시간(화재예방법 시행규칙 〔별표 5〕)
① 교육과정별 과목 및 시간

구 분	교육과목	교육시간
특급 소방안전 관리자	• 소방안전관리자 제도 • 화재통계 및 피해분석 • 직업윤리 및 리더십 • 소방관계법령 • 건축 · 전기 · 가스 관계법령 및 안전관리 • 위험물안전관계법령 및 안전관리 • 재난관리 일반 및 관련법령 • 초고층재난관리법령 • 소방기초이론 • 연소 · 방화 · 방폭공학 • 화재예방 사례 및 홍보 • 고층건축물 소방시설 적용기준 • 소방시설의 종류 및 기준 • 소방시설(소화설비, 경보설비, 피난구조설비, 소화용수설비, 소화활동설비)의 구조 · 점검 · 실습 · 평가 • 공사장 안전관리 계획 및 감독 • 화기취급감독 및 화재위험작업 허가 · 관리 • 종합방재실 운용 • 피난안전구역 운영 • 고층건축물 화재 등 재난사례 및 대응방법 • 화재원인 조사실무	160시간

✱ 특정소방대상물의
소방훈련 · 교육
연 1회 이상

✱ 소방안전관리자
특정소방대상물에서
화재가 발생하지 않도
록 관리하는 사람

특급 소방안전 관리자	• 위험성 평가기법 및 성능위주 설계 • 소방계획 수립 이론 · 실습 · 평가(피난약자의 피난계획 등 포함) • 자위소방대 및 초기대응체계 구성 등 이론 · 실습 · 평가 • 방재계획 수립 이론 · 실습 · 평가 • 재난예방 및 피해경감계획 수립 이론 · 실습 · 평가 • 자체점검 서식의 작성 실습 · 평가 • 통합안전점검 실시(가스, 전기, 승강기 등) • 피난시설, 방화구획 및 방화시설의 관리 • 구조 및 응급처치 이론 · 실습 · 평가 • 소방안전 교육 및 훈련 이론 · 실습 · 평가 • 화재시 초기대응 및 피난 실습 · 평가 • 업무수행기록의 작성 · 유지 실습 · 평가 • 화재피해 복구 • 초고층 건축물 안전관리 우수사례 토의 • 소방신기술 동향 • 시청각 교육	160시간
1급 소방안전 관리자	• 소방안전관리자 제도 • 소방관계법령 • 건축관계법령 • 소방학개론 • 화기취급감독 및 화재위험작업 허가 · 관리 • 공사장 안전관리 계획 및 감독 • 위험물 · 전기 · 가스 안전관리 • 종합방재실 운영 • 소방시설의 종류 및 기준 • 소방시설(소화설비, 경보설비, 피난구조설비, 소화용수설비, 소화활동설비)의 구조 · 점검 · 실습 · 평가 • 소방계획 수립 이론 · 실습 · 평가(피난약자의 피난계획 등 포함) • 자위소방대 및 초기대응체계 구성 등 이론 · 실습 · 평가 • 작동점검표 작성 실습 · 평가 • 피난시설, 방화구획 및 방화시설의 관리 • 구조 및 응급처치 이론 · 실습 · 평가 • 소방안전 교육 및 훈련 이론 · 실습 · 평가 • 화재시 초기대응 및 피난 실습 · 평가 • 업무수행기록의 작성 · 유지 실습 · 평가 • 형성평가(시험)	80시간
공공기관 소방안전 관리자	• 소방안전관리자 제도 • 직업윤리 및 리더십 • 소방관계법령 • 건축관계법령 • 공공기관 소방안전규정의 이해 • 소방학개론 • 소방시설의 종류 및 기준 • 소방시설(소화설비, 경보설비, 피난구조설비, 소화용수설비, 소화활동설비)의 구조 · 점검 · 실습 · 평가 • 소방안전관리 업무대행 감독 • 공사장 안전관리 계획 및 감독 • 화기취급감독 및 화재위험작업 허가 · 관리 • 위험물 · 전기 · 가스 안전관리	40시간

공공기관 소방안전 관리자	• 소방계획 수립 이론 · 실습 · 평가(피난약자의 피난계획 등 포함) • 자위소방대 및 초기대응체계 구성 등 이론 · 실습 · 평가 • 작동점검표 및 외관점검표 작성 실습 · 평가 • 피난시설, 방화구획 및 방화시설의 관리 • 응급처치 이론 · 실습 · 평가 • 소방안전 교육 및 훈련 이론 · 실습 · 평가 • 화재시 초기대응 및 피난 실습 · 평가 • 업무수행기록의 작성 · 유지 실습 · 평가 • 공공기관 소방안전관리 우수사례 토의 • 형성평가(수료)	40시간
2급 소방안전 관리자	• 소방안전관리자 제도 • 소방관계법령(건축관계법령 포함) • 소방학개론 • 화기취급감독 및 화재위험작업 허가 · 관리 • 위험물 · 전기 · 가스 안전관리 • 소방시설의 종류 및 기준 • 소방시설(소화설비, 경보설비, 피난구조설비)의 구조 · 원리 · 점검 · 실습 · 평가 • 소방계획 수립 이론 · 실습 · 평가(피난약자의 피난계획 등 포함) • 자위소방대 및 초기대응체계 구성 등 이론 · 실습 · 평가 • 작동점검표 작성 실습 · 평가 • 피난시설, 방화구획 및 방화시설의 관리 • 응급처치 이론 · 실습 · 평가 • 소방안전 교육 및 훈련 이론 · 실습 · 평가 • 화재시 초기대응 및 피난 실습 · 평가 • 업무수행기록의 작성 · 유지 실습 · 평가 • 형성평가(시험)	40시간
3급 소방안전 관리자	• 소방관계법령 • 화재일반 • 화기취급감독 및 화재위험작업 허가 · 관리 • 위험물 · 전기 · 가스 안전관리 • 소방시설(소화기, 경보설비, 피난구조설비)의 구조 · 점검 · 실습 · 평가 • 소방계획 수립 이론 · 실습 · 평가(업무수행기록의 작성 · 유지 실습 · 평가 및 피난약자의 피난계획 등 포함) • 작동점검표 작성 실습 · 평가 • 응급처치 이론 · 실습 · 평가 • 소방안전 교육 및 훈련 이론 · 실습 · 평가 • 화재시 초기대응 및 피난 실습 · 평가 • 형성평가(시험)	24시간
업무대행 감독자	• 소방관계법령 • 소방안전관리 업무대행 감독 • 소방시설 유지 · 관리 • 화기취급감독 및 위험물 · 전기 · 가스 안전관리 • 소방계획 수립 이론 · 실습 · 평가(업무수행기록의 작성 · 유지 및 피난약자의 피난계획 등 포함) • 자위소방대 구성운영 등 이론 · 실습 · 평가 • 응급처치 이론 · 실습 · 평가 • 소방안전 교육 및 훈련 이론 · 실습 · 평가 • 화재시 초기대응 및 피난 실습 · 평가 • 형성평가(수료)	16시간

| 건설현장
소방안전
관리자 | • 소방관계법령
• 건설현장 관련 법령
• 건설현장 화재일반
• 건설현장 위험물 · 전기 · 가스 안전관리
• 임시소방시설의 구조 · 점검 · 실습 · 평가
• 화기취급감독 및 화재위험작업 허가 · 관리
• 건설현장 소방계획 이론 · 실습 · 평가
• 초기대응체계 구성 · 운영 이론 · 실습 · 평가
• 건설현장 피난계획 수립
• 건설현장 작업자 교육훈련 이론 · 실습 · 평가
• 응급처치 이론 · 실습 · 평가
• 형성평가(수료) | 24시간 |

❋ '수료'만 해도 되는 것
① 공공기관
② 업무대행 감독자
③ 건설현장

② 교육과정별 교육시간 운영 편성기준

구 분	시간 합계	이론(30%)	실무(70%)	
			일반(30%)	실습 및 평가(40%)
특급 소방안전관리자	160시간	48시간	48시간	64시간
1급 소방안전관리자	80시간	24시간	24시간	32시간
2급 및 공공기관 소방안전관리자	40시간	12시간	12시간	16시간
3급 소방안전관리자	24시간	7시간	7시간	10시간
업무대행감독자	16시간	5시간	5시간	6시간
건설현장 소방안전관리자	24시간	7시간	7시간	10시간

2 한국소방안전원의 시설기준(화재예방법 시행규칙 〔별표 10〕)

① 사무실 : 60m² 이상

② 강의실 : 100m² 이상

③ 실습 · 실험실 : 100m² 이상

출제경향분석

CHAPTER
04

소방시설공사업법령

* * * * * * * * * * *

① 소방시설공사업법
15% (3문제)

6문제

② 소방시설공사업법 시행령
5% (1문제)

③ 소방시설공사업법 시행규칙
10% (2문제)

04 소방시설공사업법령

① 소방시설공사업법

출제확률 15% (3문제)

Key Point

1 소방시설업의 종류(공사업법 2조)

소방시설설계업	소방시설공사업	소방공사감리업	방염처리업
소방시설공사에 기본이 되는 공사계획·설계도면·설계설명서·기술계산서 등을 작성하는 영업	설계도서에 따라 소방시설을 신설·증설·개설·이전·정비하는 영업	소방시설공사가 설계도서 및 관계법령에 따라 적법하게 시공되는지 여부의 확인과 기술지도를 수행하는 영업	방염대상물품에 대하여 방염처리하는 영업

2 소방시설업(공사업법 2·4·6·7조)

① 등록권자 ─┐
② 등록사항변경 ─ **시·도지사**
③ 지위승계 ─┘
④ 등록기준 ─┬ **자본금**(개인은 자산평가액)
            └ **기술인력**
⑤ 종류 ─┬ 소방시설 설계업
         ├ 소방시설 공사업
         ├ 소방공사 감리업
         └ 방염처리업
⑥ 업종별 영업범위 : 대통령령

※ 소방시설업 등록기준
① 자본금
② 기술인력

※ 소방시설업의 영업범위
대통령령

3 등록 결격사유 및 등록취소

(1) 소방시설업의 등록결격사유(공사업법 5조)

① 피성년후견인
② 금고 이상의 실형을 선고받고 그 집행이 끝나거나(집행이 끝난 것으로 보는 경우 포함) 면제된 날부터 **2년**이 지나지 아니한 사람
③ 금고 이상의 형의 집행유예를 선고받고 그 유예기간 중에 있는 사람
④ 시설업의 등록이 취소된 날부터 **2년**이 지나지 아니한 자
⑤ **법인**의 **대표자**가 위 ①~④에 해당되는 경우
⑥ **법인**의 **임원**이 위 ②~④에 해당되는 경우

(2) 소방시설업의 등록취소(공사업법 9조)

① **거짓** 그 밖의 **부정한 방법**으로 등록을 한 경우
② **등록결격사유**에 해당된 경우
③ 영업정지 기간 중에 소방시설공사 등을 한 경우

> **중요** **착공신고 · 완공검사 등**(공사업법 13 · 14 · 15조)
>
> ① 소방시설공사의 착공신고 ┐ **소방본부장 · 소방서장**
> ② 소방시설공사의 완공검사 ┘
> ③ 하자보수 기간 : **3일** 이내

4 소방공사감리 및 하도급

(1) 소방공사감리(공사업법 16 · 18 · 20조)

① 감리의 종류와 방법 : **대통령령**
② 감리원의 세부적인 배치기준 : **행정안전부령**
③ 공사감리결과
⑦ 서면통지 ┬ **관계인**
├ **도급인**
└ **건축사**
㈏ 결과보고서 제출 : **소방본부장 · 소방서장**

(2) 하도급범위(공사업법 21 · 22조)

① 도급받은 소방시설공사의 일부를 다른 공사업자에게 하도급할 수 있다. 하수급인은 제3자에게 다시 하도급 불가
② 소방시설공사의 시공을 하도급할 수 있는 경우(공사업령 12조 ①항)
⑦ 주택건설사업
㈏ 건설업
㈐ 전기공사업
㈑ 정보통신공사업

> **중요** **소방기술자의 의무**(공사업법 27조)
> 소방기술자는 동시에 **2** 이상의 업체에 **취업**하여서는 **아니 된다**(1개 업체에 취업).

5 권한의 위탁(공사업법 33조)

업무	위탁	권한
• 실무교육	• 한국소방안전원 • 실무교육기관	• 소방청장
• 소방기술과 관련된 자격 · 학력 · 경력의 인정 • 소방기술자 양성 · 인정 교육훈련 업무	• 소방시설업자협회 • 소방기술과 관련된 법인 또는 단체	• 소방청장
• 시공능력평가	• 소방시설업자협회	• 소방청장 • 시 · 도지사

※ 도급인
　공사를 발주하는 사람

※ 도급계약의 해지
　30일 이상

6 벌칙

(1) 3년 이하의 징역 또는 3000만원 이하의 벌금_(공사업법 35조)

① 소방시설업 무등록자
② 부정한 청탁을 받고 재물 또는 재산상의 이익을 취득하거나 부정한 청탁을 하면서 재물 또는 재산상의 이익을 제공한 자

(2) 1년 이하의 징역 또는 1000만원 이하의 벌금_(공사업법 36조)

① 영업정지처분 위반자
② 거짓 감리자
③ 공사감리자 미지정자
④ 소방시설 설계·시공·감리 하도급자
⑤ 소방시설공사 재하도급자
⑥ 소방시설업자가 아닌 자에게 소방시설공사 등을 도급한 관계인

(3) 100만원 이하의 벌금_(공사업법 38조)

① 거짓보고 또는 자료 미제출자
② 관계공무원의 출입 또는 검사·조사를 거부·방해 또는 기피한 자

② 소방시설공사업법 시행령

출제확률 5% (1문제)

1 소방시설공사의 하자보수보증기간(공사업령 6조)

보증 기간	소방시설
2년	① 유도등 · 유도표지 · 피난기구 ② 비상조명등 · 비상경보설비 · 비상방송설비 ③ 무선통신보조설비
3년	① 자동소화장치 ② 옥내 · 외소화전설비 ③ 스프링클러 설비 · 간이스프링클러 설비 ④ 물분무등소화설비 · 상수도소화용수설비 ⑤ 자동화재탐지설비 · 소화활동설비(무선통신보조설비 제외)

2 소방시설업

(1) 소방시설설계업(공사업령 〔별표 1〕)

종류	기술인력	영업범위
전문	• 주된 기술인력 : 1명 이상 • 보조기술인력 : 1명 이상	• 모든 특정소방대상물
일반	• 주된 기술인력 : 1명 이상 • 보조기술인력 : 1명 이상	• **아파트**(기계분야 제연설비 제외) • 연면적 30000m² (공장 10000m²) 미만(기계분야 제연설비 제외) • **위험물 제조소** 등

(2) 소방시설공사업(공사업령 〔별표 1〕)

종류	기술인력	자본금	영업범위
전문	• 주된기술인력 : **1명** 이상 • 보조기술인력 : **2명** 이상	• 법인 : **1억원** 이상 • 개인 : **1억원** 이상	• 특정소방대상물
일반	• 주된기술인력 : **1명** 이상 • 보조기술인력 : **1명** 이상	• 법인 : **1억원** 이상 • 개인 : **1억원** 이상	• 연면적 **10000m²** 미만 • 위험물제조소 등

(3) 소방공사감리업(공사업령 〔별표 1〕)

종류	기술인력	영업범위
전문	• 소방기술사 **1명** 이상 • **특급**감리원 **1명** 이상 • **고급**감리원 **1명** 이상 • **중급**감리원 **1명** 이상 • **초급**감리원 **1명** 이상	• 모든 특정소방대상물
일반	• **특급**감리원 **1명** 이상 • **고급** 또는 **중급**감리원 **1명** 이상 • **초급**감리원 **1명** 이상	• **아파트**(기계분야 제연설비 제외) • 연면적 30000m²(공장 10000m²) 미만 (기계분야 제연설비 제외) • **위험물 제조소** 등

Key Point 옆단 정리

※ 하자보수 보증기간 (2년)
① 유도등 · 유도표지
② 비상경보설비 · 비상조명등 · 비상방송설비
③ 피난기구
④ 무선통신 보조설비

※ 소방시설설계업의 보조기술인력

업종	보조기술인력
전문설계업	1명 이상
일반설계업	1명 이상

※ 소방시설공사업의 보조기술인력

업종	보조기술인력
전문공사업	2명 이상
일반공사업	1명 이상

(4) 방염처리업(공사업령 〔별표 1〕)

항목 업종별	실험실	영업범위
섬유류 방염업	1개 이상 갖출 것	**커튼·카펫** 등 섬유류를 주된 원료로 하는 방염대상물품을 제조 또는 가공 공정에서 방염처리
합성수지류 방염업		**합성수지류**를 주된 원료로 하는 방염대상물품을 제조 또는 가공 공정에서 방염처리
합판·목재류 방염업		**합판** 또는 **목재류**를 제조·가공 공정 또는 설치 현장에서 방염처리

3 소방시설공사업법 시행규칙

출제확률 10% (2문제)

1 소방시설업(공사업규칙 3 · 4 · 6 · 7조)

내용		날짜
• 등록증 재발급	지위승계 · 분실 등	3일 이내
	변경 신고 등	5일 이내
• 등록서류보완		10일 이내
• 등록증 발급		15일 이내
• 등록사항 변경신고 • 지위승계 신고시 서류제출		30일 이내

2 공사 및 공사감리자

(1) 소방시설공사(공사업규칙 12조)

내용	날짜
• 착공 · 변경신고처리	2일 이내
• 중요사항 변경시의 신고	30일 이내

(2) 소방공사감리자(공사업규칙 15조)

내용	날짜
• 지정 · 변경신고처리	2일 이내
• 변경서류 제출	30일 이내

3 공사감리원

(1) 소방공사감리원의 세부배치기준(공사업규칙 16조)

감리대상	책임감리원
일반공사감리대상	• 주1회 이상 방문감리 • 담당감리현장 5개 이하로서 연면적 총합계 100000m² 이하

(2) 소방공사 감리원의 배치 통보(공사업규칙 17조)

① 통보대상 : 소방본부장 · 소방서장
② 통보일 : 배치일로부터 7일 이내

4 소방시설공사 시공능력 평가의 신청 · 평가(공사업규칙 22 · 23조)

제출일	내용
① 매년 2월 15일	• 공사실적증명서류 • 소방시설업 등록수첩 사본 • 소방기술자 보유현황 • 신인도 평가신고서

※ 소방시설업
① 소방시설설계업
② 소방시설공사업
③ 소방공사감리업
④ 방염처리업

소방시설업 등록신청 자산평가액 · 기업진단보고서 : 신청일 90일 이내에 작성한 것

※ 소방공사감리의 종류
① 상주공사감리 : 연면적 30000m² 이상
② 일반공사감리

※ 시공능력평가자
시공능력 평가 및 공사에 관한 업무를 위탁받은 법인으로서 소방청장의 허가를 받아 설립된 법인

제출일	내용
② 매년 **4월 15일**(법인) ③ 매년 **6월 10일**(개인)	• 법인세법 · 소득세법 신고서 • 재무제표 • 회계서류 • 출자, 예치 · 담보 금액확인서
④ 매년 **7월 31일**	• 시공능력평가의 공시

비교

실무교육기관

보고일	내용
매년 1월말	• 교육실적보고
다음연도 1월말	• 실무교육대상자 관리 및 교육실적보고
매년 11월 30일	• 다음 연도 교육계획 보고

5 실무교육

(1) 소방기술자의 실무교육(공사업규칙 26조)

① 실무교육실시 : **2년마다 1회 이상**

② 실무교육 통지 : **10일 전**

③ 실무교육 필요사항 : **소방청장**

(2) 소방기술자 실무교육기관(공사업규칙 31~35조)

내용	날짜
• 교육계획의 변경보고 • 지정사항 변경보고	**10일** 이내
• 휴 · 폐업 신고	**14일**전까지
• 신청서류 보완	**15일** 이내
• 지정서 발급	**30일** 이내

6 시공능력평가의 산정식(공사업규칙 〔별표 4〕)

① **시공능력평가액**=실적평가액+자본금평가액+기술력평가액+경력평가액±신인도평가액

② **실적평가액**=연평균공사실적액

③ **자본금평가액**=(실질자본금×실질자본금의 평점+소방청장이 지정한 금융회사 또는 소방산업공제 조합에 출자·예치·담보한 금액)×$\frac{70}{100}$

④ **기술력평가액**=전년도 공사업계의 기술자 1인당 평균생산액×보유기술인력가중치합계 ×$\frac{30}{100}$+전년도 기술개발투자액

⑤ **경력평가액**=실적평가액×공사업경영기간 평점×$\frac{20}{100}$

⑥ **신인도평가액**=(실적평가액+자본금평가액+기술력평가액+경력평가액)×신인도 반영 비율 합계

※ **소방기술자의 실무교육**
① 실무교육실시 : 2년마다 1회 이상
② 실무교육 통지 : 10일 전

※ **시공능력 평가 및 공사방법**
행정안전부령

출제경향분석

위험물안전관리법령

* * * * * * * * * * * * -

① 위험물안전관리법
6% (1문제)

3문제

② 위험물안전관리법 시행령
5% (1문제)

③ 위험물안전관리법 시행규칙
4% (1문제)

CHAPTER

05 위험물안전관리법령

1 위험물안전관리법

출제확률  7% (1문제)

1 위험물

(1) 위험물의 저장·운반·취급에 대한 적용 제외(위험물법 3조)
① 항공기
② 선박
③ 철도(기차)
④ 궤도

비교

소방대상물
* 건축물
* 차량
* 선박(매어둔 것)
* 선박건조구조물
* 인공구조물
* 물건
* 산림

(2) 위험물(위험물법 4·5조)
① 지정수량 미만인 위험물의 저장·취급 : **시·도의 조례**
② 위험물의 임시저장기간 : **90일** 이내

2 제조소

(1) 제조소 등의 설치허가(위험물법 6조)
① 설치허가자 : **시·도지사**
② 설치허가 제외장소
  ㉮ **주택**의 난방시설(공동주택의 중앙난방시설은 제외)을 위한 **저장소** 또는 **취급소**
  ㉯ 지정수량 **20배** 이하의 **농예용·축산용·수산용** 난방시설 또는 건조시설의 **저장소**
③ 제조소 등의 변경신고 : 변경하고자 하는 날의 **1일** 전까지

(2) 제조소 등의 시설기준(위험물법 6조)
① 제조소 등의 **위치**
② 제조소 등의 **구조**
③ 제조소 등의 **설비**

(3) 제조소 등의 승계 및 용도폐지(위험물법 10·11조)

제조소 등의 승계	제조소 등의 용도폐지
① 신고처 : **시·도지사**	① 신고처 : **시·도지사**
② 신고기간 : **30일** 이내	② 신고일 : **14일** 이내

3 과징금(소방시설법 36조 · 공사업법 10조 · 위험물법 13조)

3000만원 이하	2억원 이하
• 소방시설관리업 영업정지 처분 갈음	• 제조소 사용정지 처분 갈음 • 소방시설업(설계업 · 감리업 · 공사업 · 방염업) 영업정지 처분 갈음

4 위험물 안전관리자(위험물법 15조)

(1) 선임신고

① 소방안전관리자 ┐
② 위험물 안전관리자 ┘ 14일 이내에 소방본부장 · 소방서장에게 신고

(2) 제조소 등의 안전관리자의 자격 : 대통령령

날 짜	내 용
14일 이내	• 위험물 안전관리자의 선임신고
30일 이내	• 위험물 안전관리자의 재선임 • 위험물 안전관리자의 직무대행

> **중요**
>
> 예방규정(위험물법 17조)
>
> 예방규정의 제출자 : 시 · 도지사

5 벌칙

(1) 1년 이하의 징역 또는 1000만원 이하의 벌금(위험물법 35조)

① 제조소 등의 정기점검기록 허위 작성

② **자체소방대**를 두지 않고 제조소 등의 허가를 받은 자

③ **위험물 운반용기**의 검사를 받지 않고 유통시킨 자

④ 제조소 등의 긴급 사용정지 위반자

(2) 500만원 이하의 과태료(위험물법 39조)

① 위험물의 임시저장 미승인

② 위험물의 운반에 관한 세부기준 위반

③ 제조소 등의 지위 승계 허위신고 · 미신고

④ 예방규정을 준수하지 아니한 자

⑤ **제조소** 등의 **점검결과** 기록보존 아니한 자

⑥ **위험물**의 **운송기준** 미준수자

⑦ 제조소 등의 폐지 허위 신고

② 위험물안전관리법 시행령

출제확률 (1문제)

1 예방규정을 정하여야 할 제조소 등(위험물령 15조)

① 10배 이상의 제조소 · 일반취급소
② 100배 이상의 옥외저장소
③ 150배 이상의 옥내저장소
④ 200배 이상의 옥외 탱크 저장소
⑤ 이송취급소
⑥ 암반탱크저장소

> **제조소 등의 재발급 완공검사합격확인증 제출**(위험물령 10조)
> (1) 제출일 : **10일** 이내
> (2) 제출대상 : **시 · 도지사**

※ 예방규정
제조소 등의 화재예방과 화재 등 재해발생시의 비상조치를 위한 규정

2 위험물

(1) 운송책임자의 감독 · 지원을 받는 위험물(위험물령 19조)

① 알킬알루미늄
② 알킬리튬

(2) 위험물(위험물령 〔별표 1〕)

유 별	성 질	품 명	
제1류	산화성 고체	● 아염소산염류 ● 과염소산염류 ● 무기과산화물	● 염소산염류 ● 질산염류
제2류	가연성 고체	● 황화인 ● 황	● 적린 ● 마그네슘
제3류	자연발화성 물질 및 금수성 물질	● 황린 ● 나트륨	● 칼륨
제4류	인화성 액체	● 특수인화물 ● 알코올류	● 석유류 ● 동식물유류
제5류	자기반응성 물질	● 셀룰로이드 ● 나이트로화합물 ● 아조화합물	● 유기과산화물 ● 나이트로소화합물
제6류	산화성 액체	● 과염소산 ● 질산	● 과산화수소

※ 가연성 고체
고체로서 화염에 의한 발화의 위험성 또는 인화의 위험성을 판단하기 위하여 고시로 정하는 시험에서 고시로 정하는 성질과 상태를 나타내는 것

※ 자연발화성
어떤 물질이 외부로부터 열의 공급을 받지 아니하고 온도가 상승하는 성질

※ 금수성
물의 접촉을 피하여야 하는 것

중요 **제4류 위험물**(위험물령 〔별표 1〕)

성 질	품 명		지정수량	대표물질
인화성액체	특수인화물		50*l*	• 다이에틸에터 • 이황화탄소
	제1석유류	비수용성	200*l*	• 휘발유 • 콜로디온
		수용성	400*l*	• 아세톤
	알코올류		400*l*	• 변성알코올
	제2석유류	비수용성	1000*l*	• 등유 • 경유
		수용성	2000*l*	• 아세트산
	제3석유류	비수용성	2000*l*	• 중유 • 크레오소트유
		수용성	4000*l*	• 글리세린
	제4석유류		6000*l*	• 기어유 • 실린더유
	동식물유류		10000*l*	• 아마인유

(3) 위험물(위험물령 〔별표 1〕)

① **과산화수소** : 농도 **36wt%** 이상

② **황** : 순도 **60wt%** 이상

③ **질산** : 비중 **1.49** 이상

✳ **판매취급소**
점포에서 위험물을 용기에 담아 판매하기 위하여 지정수량의 **40배** 이하의 위험물을 취급하는 장소

3 **위험물 탱크 안전성능시험자의 기술능력 · 시설 · 장비**(위험물령 〔별표 7〕)

기술능력(필수인력)	시설	장비(필수장비)
• 위험물기능장 · 산업기사 · 기능사 **1명** 이상 • 비파괴검사기술사 **1명** 이상 · 초음파비파괴검사 · 자기비파괴검사 · 침투비파괴검사별로 기사 또는 산업기사 각 **1명** 이상	전용 사무실	• 영상초음파시험기 • 방사선투과시험기 및 초음파시험기 ⎫ 택 1 • 자기탐상시험기 • 초음파두께측정기

Key Point

③ 위험물안전관리법 시행규칙

출제확률 (1문제)

1 자체소방대의 설치제외 대상인 일반 취급소(위험물 규칙 73조)

① 보일러 · 버너로 위험물을 소비하는 일반취급소
② 이동저장탱크에 위험물을 주입하는 일반취급소
③ 용기에 위험물을 옮겨담는 일반취급소
④ 유압장치 · 윤활유순환장치로 위험물을 취급하는 일반취급소
⑤ 광산안전법의 적용을 받는 일반취급소

✳ 자체소방대의 설치
광산안전법의 적용을 받지 않는 일반취급소

2 위험물제조소의 안전거리(위험물 규칙 〔별표 4〕)

안전 거리	대 상
3m 이상	•7~35kV 이하의 특고압가공전선
5m 이상	•35kV를 초과하는 특고압가공전선
10m 이상	•주거용으로 사용되는 것
20m 이상	•고압가스 제조시설(용기에 충전하는 것 포함) •고압가스 사용시설(1일 30m³ 이상 용적 취급) •고압가스 저장시설 •액화산소 소비시설 •액화석유가스 제조 · 저장시설 •도시가스 공급시설
30m 이상	•학교 •병원급 의료기관 •공연장 ┐ •영화상영관 ┘ 300명 이상 수용시설 •아동복지시설 ┐ •노인복지시설 │ •장애인복지시설 │ •한부모가족복지시설 ├ 20명 이상 수용시설 •어린이집 │ •성매매피해자 등을 위한 지원시설 │ •정신건강증진시설 │ •가정폭력 피해자 보호시설 ┘
50m 이상	•유형문화재 •지정문화재

✳ 안전거리
건축물의 외벽 또는 이에 상당하는 인공구조물의 외측으로부터 해당 제조소의 외벽 또는 이에 상당하는 인공구조물의 외측까지의 수평거리

3 위험물제조소의 표지 설치기준(위험물 규칙 〔별표 4〕)

① 한 변의 길이가 0.3m 이상, 다른 한 변의 길이가 0.6m 이상인 직사각형일 것
② 바탕은 백색으로, 문자는 흑색일 것

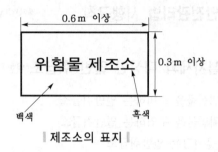

	0.6 m 이상
	위험물 제조소	0.3 m 이상
백색		흑색

┃ 제조소의 표지 ┃

※ 게시판의 기재사항
① 위험물의 유별
② 위험물의 품명
③ 위험물의 저장최대 수량
④ 위험물의 취급최대 수량
⑤ 지정수량의 배수
⑥ 안전관리자의 성명 또는 직명

4 위험물제조소의 게시판 설치기준(위험물 규칙 [별표 4])

위험물	주의 사항	비 고
• 제1류 위험물(알칼리금속의 과산화물) • 제3류 위험물(금수성 물질)	물기 엄금	**청색**바탕에 **백색**문자
• 제2류 위험물(인화성 고체 제외)	화기 주의	
• 제2류 위험물(인화성 고체) • 제3류 위험물(자연발화성 물질) • 제4류 위험물 • 제5류 위험물	화기 엄금	**적색**바탕에 **백색**문자
• 제6류 위험물	별도의 표시를 하지 않는다.	

비교

위험물 운반용기의 주의사항(위험물 규칙 [별표 19])

※ 위험물 운반용기의 재질
① 강판
② 알루미늄판
③ 양철판
④ 유리
⑤ 금속판
⑥ 종이
⑦ 플라스틱
⑧ 섬유판
⑨ 고무류
⑩ 합성섬유
⑪ 삼
⑫ 짚
⑬ 나무

위험물		주의사항
제1류 위험물	알칼리금속의 과산화물	• 화기 · 충격 주의 • 물기 엄금 • 가연물 접촉 주의
	기타	• 화기 · 충격 주의 • 가연물 접촉 주의
제2류 위험물	철분 · 금속분 · 마그네슘	• 화기 주의 • 물기 엄금
	인화성 고체	• 화기 엄금
	기타	• 화기 주의
제3류 위험물	자연발화성 물질	• 화기 엄금 • 공기 접촉 엄금
	금수성 물질	• 물기 엄금
제4류 위험물		• 화기 엄금
제5류 위험물		• 화기 엄금 • 충격 주의
제6류 위험물		• 가연물 접촉 주의

5 주유취급소의 게시판(위험물 규칙 〔별표 13〕)

주유중 엔진 정지 : **황색** 바탕에 **흑색** 문자

 표시방식

구분	표시방식
옥외탱크저장소 · 컨테이너식 이동탱크저장소	**백색** 바탕에 **흑색** 문자
주유취급소	**황색** 바탕에 **흑색** 문자
물기엄금	**청색** 바탕에 **백색** 문자
화기엄금 · 화기주의	**적색** 바탕에 **백색** 문자

6 위험물제조소 방유제의 용량(위험물 규칙 〔별표 4〕)

1기의 탱크	방유제용량＝탱크용량×0.5
2기 이상의 탱크	방유제용량＝최대탱크용량×0.5＋기타 탱크용량의 합×0.1

＊ 방유제
기름탱크가 흘러넘쳐 화재가 확산되는 것을 방지하기 위해 탱크주위에 설치하는 벽

 비교

옥외탱크저장소의 방유제(위험물 규칙 〔별표 6〕)

구분	설명
높이	0.5~3m 이하
탱크	**10기**(모든 탱크용량이 **20만**l 이하, 인화점이 70~200℃ 미만은 **20기**) 이하
면적	**80000m²** 이하
용량	●1기 이상 : **탱크용량**×110% 이상 ●2기 이상 : **최대용량**×110% 이상

지정수량의 **10배** 이상의 위험물을 취급하는 제조소(**제6류 위험물**을 취급하는 위험물제조소 제외)에는 **피뢰침**을 설치하여야 한다.

7 옥내저장소의 보유공지(위험물 규칙 〔별표 5〕)

위험물의 최대수량	공지너비	
	내화구조	기타구조
지정수량의 5배 이하	–	0.5m 이상
지정수량의 5배 초과 10배 이하	1m 이상	1.5m 이상
지정수량의 10배 초과 20배 이하	2m 이상	3m 이상
지정수량의 20배 초과 50배 이하	3m 이상	5m 이상
지정수량의 50배 초과 200배 이하	5m 이상	10m 이상
지정수량의 200배 초과	10m 이상	15m 이상

＊ 보유공지
위험물을 취급하는 건축물, 그 밖의 시설의 주위에 마련해 놓은 안전을 위한 빈터

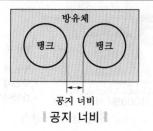
공지 너비

Key Point

중요 **1. 옥외저장소의 보유공지**(위험물 규칙 〔별표 11〕)

위험물의 최대수량	공지의 너비
지정수량의 10배 이하	3m 이상
지정수량의 11~20배 이하	5m 이상
지정수량의 21~50배 이하	9m 이상
지정수량의 51~200배 이하	12m 이상
지정수량의 200배 초과	15m 이상

2. 옥외탱크저장소의 보유공지(위험물 규칙 〔별표 6〕)

위험물의 최대수량	공지의 너비
지정수량의 500배 이하	3m 이상
지정수량의 501~1000배 이하	5m 이상
지정수량의 1001~2000배 이하	9m 이상
지정수량의 2001~3000배 이하	12m 이상
지정수량의 3001~4000배 이하	15m 이상
지정수량의 4000배 초과	당해 탱크의 수평단면의 **최대지름**(가로형인 경우에는 긴 변)과 **높이** 중 **큰 것**과 같은 거리 이상(단, 30m 초과의 경우에는 **30m 이상**으로 할 수 있고, 15m 미만의 경우에는 **15m 이상**)

3. 지정과산화물의 옥내저장소의 보유공지(위험물 규칙 〔별표 5〕)

저장 또는 취급하는 위험물의 최대수량	공지의 너비	
	저장창고의 주위에 담 또는 토제를 설치하는 경우	기타의 경우
5배 이하	3.0m 이상	10m 이상
6~10배 이하	5.0m 이상	15m 이상
11~20배 이하	6.5m 이상	20m 이상
21~40배 이하	8.0m 이상	25m 이상
41~60배 이하	10.0m 이상	30m 이상
61~90배 이하	11.5m 이상	35m 이상
91~150배 이하	13.0m 이상	40m 이상
151~300배 이하	15.0m 이상	45m 이상
300배 초과	16.5m 이상	50m 이상

❋ 보유공지 너비

위험물의 최대수량	공지 너비
지정수량 10배 이하	3m 이상
지정수량 10배 초과	5m 이상

❋ 토제
흙으로 만든 방죽

⑧ 옥외 탱크 저장소의 방유제(위험물 규칙 〔별표 6〕)

구분	설명
높이	0.5~3m 이하
탱크	10기(모든 탱크용량이 20만*l* 이하, 인화점이 70~200℃ 미만은 **20기**) 이하
면적	80000m² 이하
용량	• 1기 이상 : **탱크용량**×110% 이상 • 2기 이상 : **최대용량**×110% 이상

방유제
• 방유제 높이 : 0.5~3m
• 방유제 면적 : 80000m² 이하
• 간막이둑의 높이 : 0.3m 이상

1000만*l* 이상인 탱크

‖**옥외 탱크 저장소**‖

Key Point

9 거리

거리	설명
0.15m(15cm) 이상	이동저장 탱크 배출밸브 수동폐쇄장치 **레버**의 길이(위험물 규칙 〔별표 10〕)  **수동폐쇄장치(레버) : 길이 15cm 이상** ‖ 이동저장 탱크 배출밸브 수동폐쇄장치 레버 ‖
0.2m 이상	CS_2 옥외 탱크 저장소의 두께(위험물 규칙 〔별표 6〕)
0.3m 이상	지하 탱크 저장소의 철근 콘크리트조 **뚜껑** 두께(위험물 규칙 〔별표 8〕)
0.5m 이상	① **옥내 탱크 저장소**의 탱크 등의 **간격**(위험물 규칙 〔별표 7〕) ② 지정수량 100배 이하의 지하 탱크 저장소의 상호간격(위험물 규칙 〔별표 8〕)
0.6m 이상	지하 탱크 저장소의 철근 콘크리트 뚜껑 크기(위험물 규칙 〔별표 8〕)
1m 이내	이동 탱크 저장소 측면틀 탱크 상부 네 모퉁이에서의 위치(위험물 규칙 〔별표 10〕)
1.5m 이하	황 옥외저장소의 **경계표시** 높이(위험물 규칙 〔별표 11〕)
2m 이상	주유취급소의 **담** 또는 **벽**의 높이(위험물 규칙 〔별표 13〕)
4m 이상	주유취급소의 **고정주유설비**와 **고정급유설비** 사이의 **이격거리**(위험물 규칙 〔별표 13〕)
5m 이내	주유취급소의 주유관의 길이(위험물 규칙 〔별표 13〕)
6m 이하	옥외저장소의 **선반** 높이(위험물 규칙 〔별표 11〕)
50m 이내	이동 탱크 저장소의 **주입설비**의 길이(위험물 규칙 〔별표 10〕)

10 용량

용량	설명
100ℓ 이하	① 셀프용 고정주유설비 **휘발유 주유량**의 상한(위험물 규칙 〔별표 13〕) ② 셀프용 고정주유설비 **급유량**의 상한(위험물 규칙 〔별표 13〕)
200ℓ 이하	셀프용 고정주유설비 **경유** 주유량의 상한(위험물 규칙 〔별표 13〕)
400ℓ 이상	이송취급소 **기자재창고 포소화약제** 저장량(위험물 규칙 〔별표 15〕)
600ℓ 이하	간이 탱크 저장소의 탱크 용량(위험물 규칙 〔별표 9〕)
1900ℓ 미만	**알킬알루미늄** 등을 저장·취급하는 이동저장 탱크의 용량(위험물 규칙 〔별표 10〕)
2000ℓ 미만	이동저장 탱크의 방파판 설치제외(위험물 규칙 〔별표 10〕)

✽ **방유제**
위험물의 유출을 방지하기 위하여 위험물 옥외탱크저장소의 주위에 철근콘크리트 또는 흙으로 뚝을 만들어 놓은 것

✽ **고정주유설비와 고정급유설비**
(1) 고정주유설비
펌프기기 및 호스기기로 되어 위험물을 자동차 등에 직접 주유하기 위한 설비로서 현수식 포함
(2) 고정급유설비
펌프기기 및 호스기기로 되어 위험물을 용기에 채우거나 이동저장탱크에 주입하기 위한 설비로서 현수식 포함

Key Point

용량	설명
2000*l* 이하	주유취급소의 폐유 탱크 용량(위험물 규칙 〔별표 13〕)
4000*l* 이하	이동저장 탱크의 칸막이 설치(위험물 규칙 〔별표 10〕)  칸막이 : 3.2mm 이상 강철판 4000*l* 이하 │ 4000*l* 이하 │ 4000*l* 이하 ▌이동저장 탱크▐
40000*l* 이하	일반취급소의 지하전용 탱크의 용량(위험물 규칙 〔별표 16〕) 옮겨담는 일반취급소 주유기 · 갑종 또는 을종 방화문 설치 배수구 및 유분리장치 설치 40,000*l* 이하 지하전용 탱크 ▌지하전용 탱크▐
60000*l* 이하	**고속국도** 주유취급소의 특례(위험물 규칙 〔별표 13〕)
50만~100만*l* 미만	**준특정 옥외 탱크 저장소**의 용량(위험물 규칙 〔별표 6〕)
100만*l* 이상	① **특정 옥외 탱크 저장소**의 용량(위험물 규칙 〔별표 6〕) ② 옥외저장 탱크의 **개폐상황 확인장치** 설치(위험물 규칙 〔별표 6〕)
1000만*l* 이상	옥외저장탱크의 **간막이 둑** 설치용량(위험물 규칙 〔별표 6〕)

11 온도

온도	설명
15℃ 이하	**압력 탱크 외**의 **아세트알데하이드**의 온도(위험물 규칙 〔별표 18〕)
21℃ 미만	① 옥외저장 탱크의 **주입구 게시판** 설치(위험물 규칙 〔별표 6〕) ② 옥외저장 탱크의 **펌프 설비 게시판** 설치(위험물 규칙 〔별표 6〕)
30℃ 이하	**압력 탱크 외**의 **다이에틸에터 · 산화프로필렌**의 온도(위험물 규칙 〔별표 18〕)
38℃ 이상	**보일러** 등으로 위험물을 소비하는 일반취급소(위험물 규칙 〔별표 16〕)
40℃ 미만	이동 탱크저장소의 **원동기** 정지(위험물 규칙 〔별표 18〕)
40℃ 이하	① **압력 탱크**의 다이에틸에터 · 아세트알데하이드의 온도(위험물 규칙 〔별표 18〕) ② **보냉장치가 없는** 다이에틸에터 · 아세트알데하이드의 온도(위험물 규칙 〔별표 18〕)
40℃ 이상	① 지하 탱크 저장소의 배관 **윗부분** 설치 제외(위험물 규칙 〔별표 8〕) ② **세정작업**의 일반취급소(위험물 규칙 〔별표 16〕) ③ 이동저장 탱크의 **주입구 주입호스** 결합 제외(위험물 규칙 〔별표 18〕)
55℃ 이하	옥내저장소의 **용기수납** 저장온도(위험물 규칙 〔별표 18〕)

Key Point

온도	설명
70℃ 미만	**옥내저장소** 저장창고의 **배출설비** 구비(위험물 규칙 〔별표 5〕) 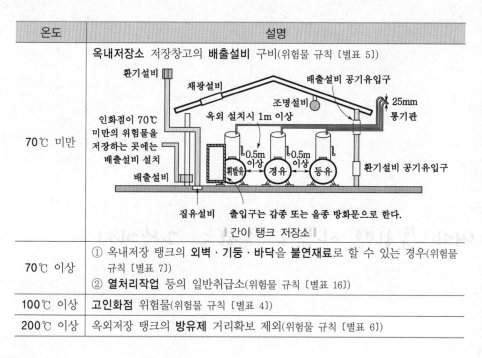 간이 탱크 저장소
70℃ 이상	① 옥내저장 탱크의 **외벽 · 기둥 · 바닥**을 **불연재료**로 할 수 있는 경우(위험물 규칙 〔별표 7〕) ② **열처리작업** 등의 일반취급소(위험물 규칙 〔별표 16〕)
100℃ 이상	**고인화점** 위험물(위험물 규칙 〔별표 4〕)
200℃ 이상	옥외저장 탱크의 **방유제** 거리확보 제외(위험물 규칙 〔별표 6〕)

12 위험물의 혼재기준(위험물 규칙 〔별표 19〕)

① 제1류 위험물＋제6류 위험물
② 제2류 위험물＋제4류 위험물
③ 제2류 위험물＋제5류 위험물
④ 제3류 위험물＋제4류 위험물
⑤ 제4류 위험물＋제5류 위험물

＊ **제1류 위험물**
① 가연물과의 접촉 · 혼합 · 분해를 촉진하는 물품과의 접근 또는 과열 · 충격 · 마찰 등을 피할 것
② 알칼리금속의 과산화물 및 이를 함유한 것은 물과의 접촉을 피할 것

＊ **제4류 위험물**
① 불티 · 불꽃 · 고온체와의 접근 또는 과열을 피할 것
② 함부로 증기를 발생시키지 아니할 것

＊ **제5류 위험물**
불티 · 불꽃 · 고온체와의 접근이나 과열 · 충격 · 마찰을 피할 것

＊ **제6류 위험물**
가연물과의 접촉 · 혼합이나 분해를 촉진하는 물품과 접근 · 과열을 피할 것

내가 못하면 아무도 못하는 그날까지...

소방설비기사 필기
(기계분야)

Part 3

소방유체역학

출제경향분석

소방유체역학

* * * * * * * * * * *

① 유체의 일반적 성질
26.2% (5문제)

13문제

② 유체의 운동과 법칙
17.3% (4문제)

③ 유체의 유동과 계측
20.1% (4문제)

01 유체의 일반적 성질

① 유체의 정의

출제확률 26.2% (5문제)

1 유체

외부 또는 내부로부터 어떤 힘이 작용하면 움직이려는 성질을 가진 액체와 기체상태의 물질

2 실제 유체

점성이 있으며, **압축성**인 유체

> ★★
> **문제** 실제유체란 어느 것인가?
> ① 이상유체를 말한다.
> ② 유동시 마찰이 존재하는 유체
> ③ 마찰 전단응력이 존재하지 않는 유체
> ④ 비점성유체를 말한다.
>
> **해설** **실제유체**
> (1) 유동시 **마찰**이 **존재**하는 유체
> (2) 점성이 있으며, **압축성**인 유체
>
> **답** ②

3 이상 유체

점성이 없으며, **비압축성**인 유체

✳ **실제 유체**
유동시 마찰이 존재하는 유체

✳ **압축성 유체**
기체와 같이 체적이 변화하는 유체

✳ **비압축성 유체**
액체와 같이 체적이 변화하지 않는 유체

② 유체의 단위와 차원

차원	중력단위[차원]	절대단위[차원]
길 이	m[L]	m[L]
시 간	s[T]	s[T]
운동량	N・s[FT]	$kg・m/s[MLT^{-1}]$
힘	N[F]	$kg・m/s^2[MLT^{-2}]$
속 도	$m/s[LT^{-1}]$	$m/s[LT^{-1}]$
가속도	$m/s^2[LT^{-2}]$	$m/s^2[LT^{-2}]$

＊무차원

단위가 없는 것

질 량	$N \cdot s^2/m[FL^{-1}T^2]$	$kg[M]$
압 력	$N/m^2[FL^{-2}]$	$kg/m \cdot s^2[ML^{-1}T^{-2}]$
밀 도	$N \cdot s^2/m^4[FL^{-4}T^2]$	$kg/m^3[ML^{-3}]$
비 중	무차원	무차원
비중량	$N/m^3[FL^{-3}]$	$kg/m^2 \cdot s^2[ML^{-2}T^{-2}]$
비체적	$m^4/N \cdot s^2[F^{-1}L^4T^{-2}]$	$m^3/kg[M^{-1}L^3]$

＊절대온도

① 켈빈온도
  $K = 273 + ℃$
② 랭킨온도
  $°R = 460 + °F$

＊일

$$W = JQ$$

여기서,
W : 일[J]
J : 열의 일당량[J/cal]
Q : 열량[cal]

1 온 도

$$℃ = \frac{5}{9}(°F - 32)$$

$$°F = \frac{9}{5}℃ + 32$$

2 힘

$1N = 10^5 dyne, \ 1N = 1kg \cdot m/s^2, \ 1dyne = 1g \cdot cm/s^2$
$1kg_f = 9.8N = 9.8kg \cdot m/s^2$

문제 다음 중 단위가 틀린 것은?

① $1N = 1kg \cdot m/s^2$ ② $1Joule = 1N \cdot m$

③ $1Watt = 1Joule/s$ ④ $1dyne = 1kg \cdot m$

해설 ④ $1dyne = 1g \cdot cm/s^2$

답 ④

3 열 량

$1kcal = 3.968BTU = 2.205CHU$
$1BTU = 0.252kcal, \ 1CHU = 0.4535kcal$

중요 열 량

$$Q = mc\Delta T + rm$$

여기서, Q : 열량[kcal]
  m : 질량[kg]
  c : 비열(물의 비열 1kcal/kg · ℃)
  ΔT : 온도차[℃]
  r : 기화열(물의 기화열 539kcal/kg)

문제 20℃의 물 소화약제 0.4kg을 사용하여 거실의 화재를 소화하였다. 이 물 소화약제 0.4kg이 기화하는 데 흡수한 열량은 몇 kcal인가?

① 247.6   ② 212.6

③ 251.6   ④ 223.6

해설 열량 Q 는

$Q = mc\Delta T + rm$
$\quad = 0.4 \times 1 \times (100 - 20) + 539 \times 0.4 = 247.6\,\text{kcal}$

답 ①

4 일

$$W(\text{일}) = F(\text{힘}) \times S(\text{거리}), \quad 1\text{Joule} = 1\text{N} \cdot \text{m} = 1\text{kg} \cdot \text{m}^2/\text{s}^2$$
$$9.8\text{N} \cdot \text{m} = 9.8\text{J} = 2.34\text{cal}, \quad 1\text{cal} = 4.184\text{J}$$

5 일 률

$1\text{kW} = 1000\text{N} \cdot \text{m/s}$
$1\text{PS} = 75\text{kg} \cdot \text{m/s} = 0.735\text{kW}$
$1\text{HP} = 76\text{kg}_\text{f} \cdot \text{m/s} = 0.746\text{kW}$
$1\text{W} = 1\text{J/s}$

6 압 력

$$p = \gamma h, \quad p = \frac{F}{A}$$

여기서, p : 압력[kPa]
$\quad\quad \gamma$: 비중량[kN/m³]
$\quad\quad h$: 높이[m]
$\quad\quad F$: 힘[kN]
$\quad\quad A$: 단면적[m²]

중요 **표준 대기압**

$1\text{atm}(1\text{기압}) = 760\text{mmHg}(76\text{cmHg}) = 1.0332\text{kg}_\text{f}/\text{cm}^2(10332\text{kg}_\text{f}/\text{m}^2)$
$\quad\quad\quad\quad\quad\quad\quad\quad\quad\quad\quad = 10.332\text{mH}_2\text{O}(\text{mAq})(10332\text{mmH}_2\text{O}) = 10.332\text{m}$
$\quad\quad\quad\quad\quad\quad\quad\quad\quad\quad\quad = 14.7\text{PSI}(\text{lb}_\text{f}/\text{in}^2)$
$\quad\quad\quad\quad\quad\quad\quad\quad\quad\quad\quad = 101.325\text{kPa}(\text{kN/m}^2)(101325\text{Pa})$
$\quad\quad\quad\quad\quad\quad\quad\quad\quad\quad\quad = 1013\text{mbar}$

✽ 대기
지구를 둘러싸고 있는 공기

✽ 대기압
대기에 의해 누르는 압력

✽ 표준대기압
해수면에서의 대기압

✽ 국소대기압
한정된 일정한 장소에서의 대기압으로, 지역의 고도와 날씨에 따라 변함

✽ 압력
단위면적당 작용하는 힘

✽ 물속의 압력

$$P = P_0 + \gamma h$$

여기서,
P : 물속의 압력[kPa]
P_0 : 대기압
$\quad\quad (101.325\text{kPa})$
γ : 물의 비중량
$\quad\quad (9800\text{N/m}^3)$
h : 물의 깊이[m]

소방유체역학

✻ 절대압
완전진공을 기준으로
한 압력
① 절대압＝대기압＋
　게이지압(계기압)
② 절대압
　＝대기압－진공압

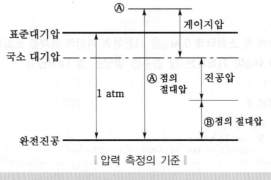

∥ 압력 측정의 기준 ∥

※ 물에 있어서 압력이 증가하면 **비등점**(비점)이 높아진다.

✻ 게이지압(계기압)
국소대기압을 기준으
로 한 압력

 문제 ⭐⭐

게이지압력이 1225.86kPa인 용기에서 대기의 압력이 105.9kPa였다면, 이 용기
의 절대압력 kPa는?

① 1225.86　　　　　　② 1331.76
③ 1119.95　　　　　　④ 1442

해설 **절**대압＝**대**기압＋**게**이지압(계기압)
　＝105.9＋1225.86＝1331.76kPa

기억법 절대게

답 ②

7 부 피

$1gal = 3.785l$,　$1barrel = 42gallon$
$1m^3 = 1000l$

✻ 25℃의 물의 점도
1cp＝0.01g/cm·s

8 점 도

$1p = 1g/cm·s = 1dyne·s/cm^2$
$1cp = 0.01g/cm·s$
$1stokes = 1cm^2/s$(동점도)

✻ 동점성 계수
유체의 저항을 측정하
기 위한 절대점도의 값

 중요 **동점성 계수**

$$\nu = \frac{\mu}{\rho}$$

여기서, ν : 동점성계수[cm²/s]
　　　μ : 점성계수[g/cm·s]
　　　ρ : 밀도[g/cm³]

9 비 중

$$s = \frac{\rho}{\rho_w} = \frac{\gamma}{\gamma_w}$$

여기서, s : 비중
ρ : 표준 물질의 밀도[kg/m³]
ρ_w : 물의 밀도(1000kg/m³ 또는 1000N·s²/m⁴)
γ : 어떤 물질의 비중량[N/m³]
γ_w : 물의 비중량(9800N/m³)

10 비중량

$$\gamma = \rho g = \frac{W}{V}$$

여기서, γ : 비중량[kN/m³]
ρ : 밀도[kg/m³]
g : 중력가속도(9.8m/s²)
W : 중량[kN]
V : 체적[m³]

 ★★
문제 유체의 비중량 γ, 밀도 ρ 및 중력가속도 g와의 관계는?

① $\gamma = \rho/g$ ② $\gamma = \rho g$

③ $\gamma = g/\rho$ ④ $\gamma = \rho/g^2$

해설
$$\gamma = \rho g = \frac{W}{V}$$

답 ②

11 비체적

$$V_s = \frac{1}{\rho}$$

여기서, V_s : 비체적[m³/kg]
ρ : 밀도[kg/m³]

12 밀 도

$$\rho = \frac{m}{V}$$

여기서, ρ : 밀도[kg/m³]
m : 질량[kg]
V : 부피[m³]

소방유체역학

Key Point

중요 이상기체 상태방정식

$$PV = nRT = \frac{m}{M}RT, \ \rho = \frac{PM}{RT}$$

여기서, P : 압력[atm], V : 부피[m³]

n : 몰수$\left(\dfrac{m}{M}\right)$, R : 0.082(atm · m³/kmol · K)

T : 절대온도(273+℃)[K], m : 질량[kg]

M : 분자량[kg/kmol], ρ : 밀도[kg/m³]

$$PV = mRT, \ \rho = \frac{P}{RT}$$

여기서, P : 압력[N/m²], V : 부피[m³]

m : 질량[kg], R : $\dfrac{8314}{M}$ [N · m/kg · K]

T : 절대온도(273+℃)[K], ρ : 밀도[kg/m³]

$$PV = mRT$$

여기서, P : 압력[Pa], V : 부피[m³]

m : 질량[kg], $R(N_2)$: 296J/kg · K

T : 절대온도(273+℃)[K]

* **몰수**

$$n = \frac{m}{M}$$

여기서, n : 몰수

M : 분자량

m : 질량[kg]

* **완전기체**

$P = \rho RT$를 만족시키
는 기체

* **공기의 기체상수**

R_{air} = 287J/kg · K

= 287N · m/kg · K

= 53.3lb$_f$ · ft/lb · R

문제 압력 784.55kPa, 온도 20℃의 CO₂ 기체 8kg을 수용한 용기의 체적은 얼마인가?
(단, CO₂의 기체상수 R = 0.188kJ/kg · K)

① 0.34m³ ② 0.56m³

③ 2.4m³ ④ 19.3m³

해설 1kPa = 1kJ/m³, 784.55kPa = 784.55kJ/m³

절대온도 K 는

K = 273 + ℃ = 273 + 20 = 293K

$PV = mRT$에서

체적 V 는

$V = \dfrac{mRT}{P}$

$= \dfrac{8\text{kg} \times 0.188\text{kJ/kg} \cdot \text{K} \times 293\text{K}}{784.55\text{kJ/m}^3} ≒ 0.56\text{m}^3$

답 ②

* **체적탄성계수**

(1) 등온압축

$K = P$

(2) 단열압축

$K = kp$

여기서,

K : 체적탄성계수
[kPa]

p : 절대압력[kPa]

k : 비열비

③ 체적탄성계수

유체에서 작용한 **압력**과 **길이**의 **변형률**간의 비례상수를 말하며, 체적탄성계수가 클수
록 압축하기 힘들다.

$$K = -\frac{\Delta P}{\Delta V / V}$$

여기서, K : 체적탄성계수[kPa], ΔP : 가해진 압력[kPa], $\Delta V/V$: 체적의 감소율

중요 압축률

$$\beta = \frac{1}{K}$$

여기서, β : 압축률[1/kPa]
K : 체적탄성계수[kPa]

※ 압축률
① 체적탄성계수의 역수
② 단위압력변화에 대한 체적의 변형도
③ 압축률이 적은 것은 압축하기 어렵다.

④ 힘의 작용

1 수평면에 작용하는 힘

$$F = \gamma h A$$

여기서, F : 수평면에 작용하는 힘[kN]
γ : 비중량[kN/m³]
h : 깊이[m]
A : 면적[m²]

2 부력

$$F_B = \gamma V$$

여기서, F_B : 부력[kN]
γ : 비중량[kN/m³]
V : 물체가 잠긴 체적[m³]

※ 부력은 그 물체에 의해서 배제된 액체의 무게와 같다.

※ 부력
정지된 유체에 잠겨있거나 떠있는 물체가 유체에 의해 수직상방으로 받는 힘

※ 비중량
단위체적당 중량

문제 유체 속에 잠겨진 물체에 작용되는 부력은?
① 물체의 중량보다 크다.
② 그 물체에 의하여 배제된 액체의 무게와 같다.
③ 물체의 중력과 같다.
④ 유체의 비중량과 관계가 있다.

해설 **부력**은 그 물체에 의하여 배제된 액체의 무게와 같다.

용어
부력(buoyant force)
정지된 유체에 잠겨있거나 떠 있는 물체가 유체에 의해 수직상방으로 받는 힘

답 ②

3 물체의 무게

$$W = \gamma V$$

여기서, W : 물체의 무게[kN]
γ : 비중량[kN/m³]
V : 물체가 잠긴 체적[m³]

※ 부력의 크기는 물체의 무게와 같지만 방향이 반대이다.

5 뉴턴의 법칙

1 뉴턴의 운동법칙

① 제1법칙(관성의 법칙) : 물체가 외부에서 작용하는 힘이 없으면, 정지해 있는 물체는 계속 정지해 있고, 운동하고 있는 물체는 계속 운동상태를 유지하려는 성질이다.

② 제2법칙(가속도의 법칙) : 물체에 힘을 가하면 힘의 방향으로 가속도가 생기고 물체에 가한 힘은 **질량**과 **가속도**에 **비례**한다.

$$F = ma$$

여기서, F : 힘[N]
m : 질량[kg]
a : 가속도[m/s²]

문제 200그램의 무게는 몇 뉴턴(newton)인가? (단, 중력가속도는 $980\text{cm}/s^2$이라고 한다.)

① 1.96　　　　② 193
③ 19600　　　④ 196000

해설 $F = mg = 0.2\text{kg} \times 9.8\text{m}/s^2 = 1.96\text{kg} \cdot \text{m}/s^2 = 1.96\,\text{N}$

$$1\text{N} = 1\text{kg} \cdot \text{m}/s^2$$

답 ①

③ 제3법칙(작용·반작용의 법칙) : 물체에 힘을 가하면 다른 물체에는 반작용이 일어나고, 힘의 크기와 작용선은 서로 같으나 방향이 서로 반대이다.

2 뉴턴의 점성법칙

① 층류 : 전단응력은 원관내에 유체가 흐를 때 **중심선**에서 **0**이고, **선형분포**에 **비례**하여 변화한다.

$$\tau = \frac{p_A - p_B}{l} \cdot \frac{r}{2}$$

관성
물체가 현재의 운동상태를 계속 유지하려는 성질

$$F = \frac{Wg}{g_c}$$

여기서,
F : 힘[N]
W : 중량[N]
g : 지구에서의 중력가속도 (9.8m/s²)
g_c : 특정 장소에서의 중력 가속도[m/s²]

$$F = mg$$

여기서,
F : 힘[N]
m : 질량[kg]
g : 중력가속도(9.8m/s²)

점성
운동하고 있는 유체에 서로 인접하고 있는 층 사이에 미끄럼이 생겨 마찰이 발생하는 성질

여기서, τ : 전단응력[N/m²]

$p_A - p_B$: 압력강하[N/m²]

l : 관의 길이[m]

r : 반경[m]

※ 전단응력은 흐름의 **중심**에서는 0이고, 벽면까지 직선적으로 상승하며 **반지름**에 **비례**하여 변한다.

② 난류 : 전단응력은 **점성계수**와 **속도구배**(속도변화율, 속도기울기)에 비례한다.

$$\tau = \mu \frac{du}{dy}$$

* **층류와 난류**
① 층류
    규칙적으로 운동하면서 흐르는 유체
② 난류
    불규칙적으로 운동하면서 흐르는 유체

여기서, τ : 전단응력[N/m²], μ : 점성계수[N·s/m²]

$\frac{du}{dy}$: 속도구배(속도기울기) $\left[\frac{1}{s}\right]$

※ 유체에 전단응력이 작용하지 않으면 유동이 빨라진다.

문제 다음 중 Newton의 점성법칙과 관계없는 항은?

① 전단응력　　② 속도구배　　③ 점성계수　　④ 압력

해설 Newton의 **점성법칙**

$$\tau = \mu \frac{du}{dy}$$

여기서, τ : 전단응력[N/m²], μ : 점성계수[N·s/m²]

$\frac{du}{dy}$: 속도구배(속도기울기)

답 ④

③ 뉴턴 유체 : 점성계수가 속도구배와 관계없이 일정하다.

(속도구배와 전단응력의 변화가 **원점**을 통하는 **직선적**인 **관계**를 갖는다.)

* **뉴턴유체와 비뉴턴유체**
① 뉴턴유체
    뉴턴의 점성법칙을 만족하는 유체
② 비뉴턴유체
    뉴턴의 점성법칙을 만족하지 않는 유체

6 열역학의 법칙

1 열역학 제 0법칙(열평형의 법칙)

온도가 높은 물체와 낮은 물체를 접촉시키면 온도가 높은 물체에서 낮은 물체로 열이 이동하여 두 물체의 온도는 평형을 이루게 된다.

2 열역학 제 1법칙(에너지보존의 법칙)

기체의 공급에너지는 내부에너지와 외부에서 한 일의 합과 같다.

중요 Gibbs의 자유에너지

$$G = H - TS$$

여기서, G : Gibbs의 자유에너지, H : 엔탈피, T : 온도, S : 엔트로피

* **완전기체의 엔탈피**
온도만의 함수이다.

* **엔트로피(ΔS)**
① 가역단열과정 :
    $\Delta S = 0$
② 비가역단열과정 :
    $\Delta S > 0$

3 열역학 제 2법칙

① 외부에서 열을 가하지 않는 한 열은 항상 **고온**에서 **저온**으로 **흐른다**(열은 스스로 저온에서 고온으로 절대로 흐르지 않는다).

② 자발적인 변화는 **비가역적**이다(자연계에서 일어나는 모든 변화는 비가역적이다).

③ 열을 완전히 일로 바꿀 수 있는 **열기관**은 만들 수 **없다**(흡수한 열전부를 일로 바꿀 수 없다).

4 열역학 제 3법칙

1atm에서 결정상태이면 그 엔트로피는 **0K**에서 **0**이다(절대 영(0) 도에 있어서는 모든 순수한 고체 또는 액체의 엔트로피 등압비열의 증가량은 0이 된다).

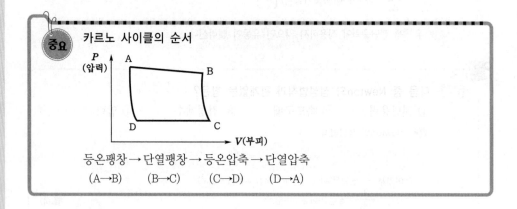

중요

카르노 사이클의 순서

등온팽창 → 단열팽창 → 등온압축 → 단열압축
(A→B)   (B→C)   (C→D)   (D→A)

출제확률 26.2% (5문제)

01 이상유체란 무엇을 가리키는가?
① 점성이 없고 비압축성인 유체
② 점성이 없고 $PV = RT$를 만족시키는 유체
③ 비압축성 유체
④ 점성이 없고 마찰손실이 없는 유체

해설
① 이상유체 : 점성이 없으며, 비압축성인 유체

비교
실제유체
(1) 유동시 **마찰**이 **존재**하는 유체
(2) 점성이 있으며, **압축성**인 유체

답 ①

02 이상유체에 대한 설명 중 적합한 것은?
① 비압축성 유체로서 점성의 법칙을 만족시킨다.
② 비압축성 유체로서 점성이 없다.
③ 압축성 유체로서 점성이 있다.
④ 점성유체로서 비압축성이다.

해설 **문제 1 참조**
② 이상유체 : 점성이 없으며, 비압축성인 유체

답 ②

03 질량 M, 길이 L, 시간 T로 표시할 때 운동량의 차원은 어느 것인가?
① [MLT]
② [ML^{-1}T]
③ [MLT^{-2}]
④ [MLT^{-1}]

해설

차원	중력단위[차원]	절대단위[차원]
운동량	N·s[FT]	kg·m/s[MLT^{-1}]
힘	N[F]	kg·m/s^2[MLT^{-2}]
압력	N/m^2[FL^{-2}]	kg/m·s^2[ML^{-1}T^{-2}]
밀도	N·s^2/m^4[FL^{-4}T^2]	kg/m^3[ML^{-3}]
비중량	N/m^3[FL^{-3}]	kg/m^2·s^2[ML^{-2}T^{-2}]
비체적	m^4/N·s^2[F^{-1}L^{4}T^{-2}]	m^3/kg[M^{-1}L^3]

답 ④

04 단위가 틀린 것은?
① $1N = 1kg \cdot m/s^2$
② $1J = 1N \cdot m$
③ $1W = 1J/s$
④ $1dyne = 1kg/cm^2$

해설
④ $1dyne = 1g \cdot cm/s^2$

답 ④

05 열은 에너지의 한 형태로서 기계적 일이 열로 변화하고, 반대로 열이 기계적 일로도 변화할 수 있는데, 열량 Q는 JQ만한 기계적 일과 같은데 M. K. S 절대단위로 J은 얼마인가?
① 4.18kJoule/kcal
② 4.18kcal
③ 3.75kJoule/kcal
④ 3.75kJoule

해설
열의 일당량 : 4.18kJoule/kcal

답 ①

06 탄산가스 5kg을 일정한 압력하에 10℃하에서 50℃까지 가열하는데 필요한 열량(kcal)은? (이때 정압비열은 0.19kcal/kg·℃이다.)
① 9.5
② 38
③ 47.4
④ 58

해설 **열량**

$$Q = mc\Delta T + rm$$

여기서, Q : 열량(kcal)
m : 질량(kg)
c : 비열(kcal/kg·℃)
ΔT : 온도차(℃)
r : 기화열(kcal/kg)

열량 Q 는
$Q = mc\Delta T$
$= 5kg \times 0.19 kcal/kg \cdot ℃ \times (50 - 10)℃ = 38 kcal$

• 온도변화만 있고 기화는 되지 않았으므로 공식에서 rm은 무시

답 ②

07 탄산가스 5kg을 일정 압력하에 10℃에서 80℃까지 가열하는데 68kcal의 열량을 소비하였다. 이때 정압비열은 얼마인가?

① 0.1943kcal/kg·℃

② 0.2943kcal/kg·℃

③ 0.3943kcal/kg·℃

④ 0.4943kcal/kg·℃

해설 문제 6 참조

열량 Q는

$Q = mc\Delta T$에서

정압비열 c 는

$c = \dfrac{Q}{m\Delta T}$

$= \dfrac{68kcal}{5kg \times (80-10)℃} ≒ 0.1943\,kcal/kg℃$

답 ①

08 20℃의 물분무 소화약제 0.4kg을 사용하여 거실의 화재를 소화하였다. 이 약제가 기화하는데 흡수한 양은 몇 kcal인가?

① 247.6

② 212.5

③ 251.6

④ 223.5

해설 문제 6 참조

열량 Q는

$Q = mC\Delta T + rm$

$= 0.4kg \times 1kcal/kg℃ \times (100-20)℃ + 539kcal/kg$
$\times 0.4kg = 247.6kcal$

참고

물의 비열	물의 기화열
1kcal/kg·℃	539kcal/kg

답 ①

09 탄산가스 2kg을 일정 압력하에 10℃에서 80℃까지 가열하는데 68kcal의 열량을 소비하였다. 이 때 정압비열은 얼마인가?

① 0.1943 kcal/kg·℃

② 0.2943 kcal/kg·℃

③ 0.3943 kcal/kg·℃

④ 0.4857 kcal/kg·℃

해설 **열량**

$$Q = mC_P\Delta T + rm$$

여기서, Q : 열량[kcal]

m : 질량[kg]

C_P : 정압비열[kcal/kg·℃]

ΔT : 온도차[℃]

r : 기화열[kcal]

열량 Q 는

$Q = mC_P\Delta T$에서

정압비열 C_P 는

$C_P = \dfrac{Q}{m\Delta T}$

$= \dfrac{68kcal}{2kg \times (80-10)℃} ≒ 0.4857\,kcal/kg·℃$

참고

정압비열과 정적비열

정압비열	정적비열
압력을 일정하게 유지하고 단위질량의 개체온도를 1℃ 높이는데 필요한 열량	**체적**을 일정하게 유지하고 단위질량의 개체온도를 1℃ 높이는데 필요한 열량

답 ④

10 표준대기압 1atm으로서 옳지 않은 것은?

① 101.325kPa

② 760mmHg

③ 10.33mAq

④ 2.0bar

해설 $1atm = 760\,mmHg(76cmHg) = 1.0332\,kg_f/cm^2$

$= 10.332\,mH_2O\,(mAq)(10332\,mmAq)$

$= 14.7\,PSI\,(lb_f/in^2)$

$= 101.325\,kPa(kN/m^2)(101325\,Pa)$

$= 1.013\,bar\,(1013\,mbar)$

답 ④

11 표준대기압 1atm의 표시방법 중 틀린 것은?

① 101.325kPa

② 10.332mAq

③ 0.98bar

④ 760mmHg

해설 문제 10 참조

③ 1atm=1.013bar

답 ③

12 다음의 단위환산 중 옳지 않은 것은?

① $1atm = 1013\,mbar = 760\,mmHg$

② $10\,mAq = 735.5\,mmHg$

③ $1\,bar = 750\,mmHg$

④ $1\,Pa = 75\,mmHg$

해설 문제 10 참조

$$101325\,Pa = 760\,mmHg$$

$\dfrac{1\,Pa}{101325\,Pa} \times 760\,mmHg ≒ 7.5 \times 10^{-3}\,mmHg$

답 ④

13 소방펌프차가 화재현장에 출동하여 그 곳에 설치되어 있는 정호에 물을 흡입하였다. 이때 진공계가 45cmHg를 표시하였다면 수면에서 펌프까지의 높이는 몇 m인가?

① 6.12

② 0.61

③ 5.42 ④ 0.54

해설 문제 10 참조

$$760\,\mathrm{mmHg} = 76\,\mathrm{cmHg} = 10.332\,\mathrm{mH_2O}$$

$$\frac{45\,\mathrm{cmHg}}{76\,\mathrm{cmHg}} \times 10.332\,\mathrm{mH_2O} \fallingdotseq 6.12\,\mathrm{mH_2O}$$

답 ①

14 스프링클러 설비에서 펌프 양정이 100m이고 고 가수조에서 펌프까지의 자연낙차가 50m일 때 펌프 기동용 압력스위치의 조정압력은 다음 중 어느 것이 가장 적당한 것인가?

① 펌프 정지압력 1MPa, 기동압력 0.6MPa
② 펌프 정지압력 1MPa, 기동압력 0.5MPa
③ 펌프 정지압력 0.8MPa, 기동압력 0.5MPa
④ 펌프 정지압력 0.8MPa, 기동압력 0.6MPa

해설 문제 10 참조

$$10.332\,\mathrm{mH_2O} = 101.325\,\mathrm{kPa} = 0.101325\,\mathrm{MPa}$$

펌프 정지압력
$$= \frac{100\,\mathrm{mH_2O}}{10.332\,\mathrm{mH_2O}} \times 0.101325\,\mathrm{MPa} \fallingdotseq 1\,\mathrm{MPa}$$

기동압력 $= \dfrac{50\,\mathrm{mH_2O}}{10.332\,\mathrm{mH_2O}} \times 0.101325\,\mathrm{MPa} \fallingdotseq 0.5\,\mathrm{MPa}$

답 ②

15 물올림중인 어느 수평 회전축 원심펌프에서 흡 입구측에 설치된 연성계가 460mmHg를 가리키 고 있었다면 이 펌프의 이론흡입양정은 얼마인 가? (단, 대기압은 절대압력으로 101.4kPa라고 한다.)

① 약 6.3m ② 약 5.8m
③ 약 4.6m ④ 약 4.1m

해설 문제 10 참조

$$760\,\mathrm{mmHg} = 101.4\,\mathrm{kPa} = 10.34\,\mathrm{mH_2O}$$

$$\frac{460\,\mathrm{mmHg}}{760\,\mathrm{mmHg}} \times 10.34\,\mathrm{mH_2O} \fallingdotseq 6.3\,\mathrm{mH_2O}$$

답 ①

16 24.85mH₂O의 단위는 kPa로 환산하면 얼마나 되는가?

① 102.6 ② 202.6
③ 243.5 ④ 252.4

해설 문제 10 참조

$$10.332\,\mathrm{mH_2O} = 101.325\,\mathrm{kPa}$$

$$\frac{24.85\,\mathrm{mH_2O}}{10.332\,\mathrm{mH_2O}} \times 101.325\,\mathrm{kPa} \fallingdotseq 243.5\,\mathrm{kPa}$$

답 ③

17 수두 100mmAq로 표시되는 압력은 몇 Pa인 가?

① 9.8 ② 98
③ 980 ④ 9800

해설 문제 10 참조

$$10.332\,\mathrm{mAq} = 101.325\,\mathrm{kPa}$$

$$10332\,\mathrm{mmAq} = 101325\,\mathrm{Pa}$$

$$\frac{100\,\mathrm{mmAq}}{10332\,\mathrm{mmAq}} \times 101325\,\mathrm{Pa} \fallingdotseq 980\,\mathrm{Pa}$$

답 ③

18 수압 4903.46kPa의 물 50N이 받는 압력에너지 는 얼마인가? (단, 게이지압력이 0일 때 압력에 너지는 없다고 한다.)

① 25N·m ② 250N·m
③ 2500N·m ④ 25000N·m

해설 문제 10 참조

$$101.325\,\mathrm{kPa} = 10.332\,\mathrm{mH_2O}$$

단위를 보고 계산하면

$$50\mathrm{N} \times \frac{4903.46\,\mathrm{kPa}}{101.325\,\mathrm{kPa}} \times 10.332\,\mathrm{mH_2O} = 25000\mathrm{N \cdot m}$$

답 ④

19 1atm 4℃에서의 물의 비중량은? (단, 중력의 가 속도(g)는 9.8m/s²이다.)

① 9.8 ② 5.1
③ 2.5 ④ 1.7

해설

$$9800\mathrm{N/m^3} = 9.8\mathrm{kN/m^3}$$

답 ①

20 어떤 유체의 밀도가 842.8N·s²/m⁴이다. 이 액 체의 비체적은 몇 m³/kg인가?

① 1.186×10^{-5} ② 1.186×10^{-3}
③ 2.03×10^{-3} ④ 2.03×10^{-5}

해설 **비체적**

$$V_S = \frac{1}{\rho}$$

여기서, V_S : 비체적(m³/kg 또는 m⁴/N·s²)
ρ : 밀도(kg/m³ 또는 N·s²/m⁴)

비체적 V_S는

$$V_S = \frac{1}{\rho} = \frac{1}{842.8\mathrm{N \cdot s^2/m^4}} \fallingdotseq 1.186 \times 10^{-3}\mathrm{m^4/N \cdot s^2}$$
$$= 1.186 \times 10^{-3}\mathrm{m^3/kg}$$

- 1m³/kg=1m⁴/N·s²
- 1kg/m³=1N·s²/m⁴

답 ②

21 무게가 44100N인 어떤 기름의 체적이 5.36m³ 이다. 이 기름의 비중량은 얼마인가?

① 1.19kN/m³
② 8.23kN/m³
③ 1190kN/m³
④ 8400kN/m³

해설 비중량

$$\gamma = \rho g = \frac{W}{V}$$

여기서, γ : 비중량[N/m³]
ρ : 밀도[N·s²/m⁴]
g : 중력가속도(9.8m/s²)
W : 중량(무게)[N]
V : 체적[m³]

비중량 γ은

$$\gamma = \frac{W}{V} = \frac{44100N}{5.36m^3} ≒ 8230N/m^3 = 8.23kN/m^3$$

답 ②

22 수은의 비중은 13.55이다. 수은의 비체적 m³/kg 은?

① 13.55
② $\frac{1}{13.55} \times 10^{-3}$
③ $\frac{1}{13.55}$
④ 13.55×10^{-3}

해설 문제 20 참조
비중

$$s = \frac{\rho}{\rho_w} = \frac{\gamma}{\gamma_w}$$

여기서, s : 비중
ρ : 어떤 물질의 밀도[kg/m³]
ρ_w : 물의 밀도(1000kg/m³)
γ : 어떤 물질의 비중량[N/m³]
γ_w : 물의 비중량(9800N/m³)

비중 s 는

$$s = \frac{\rho}{\rho_w} 에서$$

수은의 밀도 ρ는

$$\rho = s \cdot \rho_w$$
$$= 13.55 \times 1000kg/m^3 = 13550kg/m^3$$

비체적 V_s는

$$V_s = \frac{1}{\rho} = \frac{1}{13550} = \frac{1}{13.55} \times 10^{-3}m^3/kg$$

답 ②

23 240mmHg의 압력은 계기압력으로 몇 kPa인가? (단, 대기압의 크기는 760mmHg이고, 수은의 비중은 13.6이다.)

① −31.58
② −70.72
③ −69.33
④ −85.65

해설

절대압 = 대기압 + 게이지압(계기압)

게이지압 = 절대압 − 대기압
= 240mmHg − 760mmHg = −520mmHg

760mmHg = 101.325kPa

$$\frac{-520mmHg}{760mmHg} \times 101.325kPa ≒ -69.33kPa$$

수은의 비중은 본 문제를 해결하는데 관계없다.

비교

절대압 = 대기압 − 진공압

답 ③

24 대기압의 크기는 760mmHg이고, 수은의 비중은 13.6일 때, 250mmHg의 압력은 계기압력으로 몇 kPa인가?

① −31.58
② −70.68
③ −67.99
④ −85.65

해설

절대압 = 대기압 + 게이지압

게이지압 = 절대압 − 대기압
= 250mmHg − 760mmHg = −510mmHg

760mmHg = 101.325kPa

$$\frac{-510mmHg}{760mmHg} \times 101.325kPa = -67.99kPa$$

"−"는 **진공상태**를 의미한다.

답 ③

25 국소 대기압이 750mmHg이고, 계기압력이 29.42kPa 일 때 절대압력은 몇 kPa인가?

① 129.41
② 12.94
③ 102.61
④ 10.26

해설 절대압 = 대기압 + 계기압
$$= \left(\frac{750mmHg}{760mmHg} \times 101.325kPa\right) + 29.42kPa ≒ 129.41kPa$$

계기압 = 게이지압

답 ①

26 소방차에 설치된 펌프에 흡입되는 물의 압력을 진공계로 재어보니 75mmHg이었다. 이때 기압계는 760mmHg를 가리키고 있다고 할 때 절대압력은 몇 kPa인가?

① 913.3
② 9.133
③ 91.33
④ 0.9133

해설 절대압 = 대기압 − 진공압

$$= 760 mmHg − 75 mmHg = 685 mmHg$$

760mmHg = 101.325kPa 이므로

$$\frac{685 mmHg}{760 mmHg} \times 101.325 kPa ≒ 91.33 kPa$$

답 ③

27 포아즈(P)는 유체의 점도를 나타낸다. 다음 중 점도의 단위로서 옳게 표시된 것은?

① $g/cm \cdot s$ ② m^2/s

③ $g \cdot cm/s$ ④ $cm/g \cdot s^2$

해설

$$1p = 1g/cm \cdot s = 1dyne \cdot s/cm^2$$

답 ①

28 점성계수의 단위로는 포아즈(poise)를 사용하는데 다음 중 포아즈는 어느 것인가?

① cm^2/s ② $newton \cdot s/m^2$

③ $dyne \cdot s^2/cm^2$ ④ $dyne \cdot s/cm^2$

해설 문제 27 참조

④ 1poise = 1g/cm · s = 1dyne · s/cm²

답 ④

29 $9.8N \cdot s/m^2$은 몇 Poise인가?

① 9.8 ② 98

③ 980 ④ 9800

해설 $1m^2 = 10^4 cm^2$

$1N = 10^5 dyne$ 이므로

$9.8N = 9.8 \times 10^5 dyne$

$1Poise = 1dyne \cdot s/cm^2$이므로

$$9.8N \cdot s/m^2 = \frac{9.8N \cdot s}{1m^2} \times \frac{1m^2}{10^4 cm^2} \times \frac{9.8 \times 10^5 dyne}{9.8N}$$

$$= 98 dyne \cdot s/cm^2 = 98 Poise$$

점도의 단위는 'Poise' 또는 'P'를 사용한다.

답 ②

30 점성계수가 0.9poise이고 밀도가 $931N \cdot s^2/m^4$인 유체의 동점성 계수는 몇 stokes인가?

① 9.66×10^{-2} ② 9.66×10^{-4}

③ 9.66×10^{-1} ④ 9.66×10^{-3}

해설 $0.9p = 0.9g/cm \cdot s$

$$1g/cm^3 = 1000N \cdot s^2/m^4$$

$$\frac{931N \cdot s^2/m^4}{1000N \cdot s^2/m^4} \times 1g/cm^3 = 0.931g/cm^3$$

동점성 계수

$$\nu = \frac{\mu}{\rho}$$

여기서, ν : 동정성계수$[cm^2/s]$

μ : 점성계수$[g/cm \cdot s]$

ρ : 밀도$[g/cm^3]$

동점성 계수 ν는

$$\nu = \frac{\mu}{\rho}$$

$$= \frac{0.9g/cm \cdot s}{0.931g/cm^3} = 0.966 cm^2/s$$

$$= 9.66 \times 10^{-1} cm^2/s$$

$$= 9.66 \times 10^{-1} stokes$$

답 ③

31 기체상수 R의 값 중 $l \cdot atm/mol \cdot K$의 단위에 맞는 수치는?

① 0.082 ② 62.36

③ 10.73 ④ 1.987

해설 **기체상수** R는

$R = 0.082 atm \cdot m^3/kmol \cdot K = 0.082 atm \cdot l/mol \cdot K$

답 ①

32 1kg의 이산화탄소가 기화하는 경우 체적은 약 몇 l인가?

① 22.4 ② 224

③ 509 ④ 535

해설 **몰수**

$$n = \frac{m}{M}$$

여기서, n : 몰수

m : 질량$[g]$

M : 분자량$[g/mol]$

기체 1mol의 부피는 **22.4l** 이므로

체적 V는

$$V = \frac{m}{M} \times 22.4l = \frac{1000g}{44g/mol} \times 22.4l ≒ 509l$$

• CO_2 분자량 : **44g/mol**

• 1kg = 1000g

답 ③

33 1kg의 액체 탄산가스를 15℃에서 대기 중에 방출하면 몇 l의 가스체로 되는가?

① 34 ② 443

③ 534 ④ 434

해설 **절대온도** K는

K = 273 + ℃ = 273 + 15 = 288K

이상기체 상태방정식

$$PV = nRT = \frac{m}{M}RT$$

여기서, P : 압력$[atm]$

V : 체적$[m^3]$

n : 몰수$\left(\frac{m}{M}\right)$

R : 0.082(atm · m³/kmol · K)
T : 절대온도(273+℃)〔K〕
m : 질량〔kg〕
M : 분자량〔kg/kmol〕

$$PV = nRT = \frac{m}{M}RT \text{ 에서}$$

부피 V 는
$$V = \frac{mRT}{PM}$$

$$= \frac{1\text{kg} \times 0.082\text{atm} \cdot \text{m}^3/\text{kmol} \cdot \text{K} \times 288\text{K}}{1\text{atm} \times 44\text{kg}/\text{kmol}}$$

$$= 0.5367\text{m}^3 = 536.7l$$

1m³=1000l 이므로 0.5367m³=536.7l

탄산가스(CO_2)의 순도를 **99.5%**로 계산하면
$V = 536.7l \times 0.995 = 534l$

답 ③

34 압력이 P일 때, 체적 V인 유체에 압력을 ΔP 만큼 증가시켰을 경우 체적이 ΔV만큼 감소되 었다면 이 유체의 체적탄성계수(K)는 어떻게 표현할 수 있는가?

① $K = -\dfrac{\Delta V}{\Delta P/\Delta V}$

② $K = -\dfrac{\Delta P}{\Delta V/V}$

③ $K = -\dfrac{\Delta P}{\Delta V/P}$

④ $K = -\dfrac{V}{\Delta V/P}$

해설 **체적탄성계수**

$$K = -\frac{\Delta P}{\Delta V/V}$$

여기서, K : 체적탄성계수〔kPa〕
　　　ΔP : 가해진 압력〔kPa〕
　　　$\Delta V/V$: 체적의 감소율

※ **체적탄성계수** : 어떤 압력으로 누를 때 이를 떠 받치는 힘의 크기를 의미하며, 체적탄성계수가 클수록 압축하기 힘들다.

답 ②

35 물의 체적탄성계수가 245×10⁴kPa일 때 물의 체적을 1% 감소시키기 위해서는 몇 kPa의 압력 을 가하여야 하는가?

① 20000　　　② 24500
③ 30000　　　④ 34500

해설 **문제 34 참조**
체적탄성계수 K 는
$K = -\dfrac{\Delta P}{\Delta V/V}$ 에서
가해진 압력 ΔP 는

$\Delta P = \Delta V/V \cdot K$
　　$= 0.01 \times 245 \times 10^4\text{kPa} = 24500\text{kPa}$

• $\Delta V/V$: 1%=0.01

답 ②

36 배관 속의 물에 압력을 가했더니 물의 체적이 0.5% 감소하였다. 이 때 가해진 압력(kPa)은 얼 마인가? (단, 물의 압축률은 5.098×10⁻⁷〔1/kPa〕 이다.)

① 9806　　　② 2501
③ 3031　　　④ 3502

해설 **문제 34 참조**
압축률

$$\beta = \frac{1}{K}$$

여기서, β : 압축률〔1/kPa〕
　　　K : 체적탄성계수〔kPa〕
압축률 β 는
$\beta = \dfrac{1}{K}$ 에서 $K = \dfrac{1}{\beta}$
체적탄성계수 K 는
$K = -\dfrac{\Delta P}{\Delta V/V}$ 에서
가해진 압력 ΔP 는
$\Delta P = \Delta V/V \cdot K$
　　$= \Delta V/V \cdot \dfrac{1}{\beta}$
　　$= 0.005 \times \dfrac{1}{5.098 \times 10^{-7} \ 1/\text{kPa}} = 9806\text{kPa}$

답 ①

37 상온, 상압의 물의 부피를 2% 압축하는데 필요 한 압력은 몇 kPa인가? (단, 상온, 상압시 물의 압축률은 4.844×10⁻⁷〔1/kPa〕)

① 19817　　　② 21031
③ 39625　　　④ 41287

해설 **문제 34, 36 참조**
$\beta = \dfrac{1}{K}$
$K = -\dfrac{\Delta P}{\Delta V/V}$ 에서
가해진 압력 ΔP 는
$\Delta P = \Delta V/V \cdot K$
　　$= \Delta V/V \cdot \dfrac{1}{\beta} = 0.02 \times \dfrac{1}{4.844 \times 10^{-7} \ 〔1/\text{kPa}〕}$
　　$= 41287\text{kPa}$

답 ④

38 이상기체를 등온압축시킬 때 체적탄성계수는? (단, P : 절대압력, k : 비열비, V : 비체적)

① P　　　② V
③ kP　　　④ kV

해설 체적탄성계수

등온압축	단열압축
$K = P$	$K = kP$
여기서, K : 최적탄성계수〔kPa〕 P : 절대압력〔kPa〕	여기서, K : 최적탄성계수〔kPa〕 k : 비열비 P : 절대압력〔kPa〕

답 ①

39 유체의 압축률에 대한 서술로서 맞지 않는 것은?

① 체적탄성계수의 역수에 해당한다.

② 체적탄성계수가 클수록 압축하기 힘들다.

③ 압축률은 단위 압력변화에 대한 체적의 변형도를 말한다.

④ 체적의 감소는 밀도의 감소와 같은 의미를 갖는다.

해설 밀도

$$\rho = \frac{m}{V}$$

여기서, ρ : 밀도〔kg/m³〕
m : 질량〔kg〕
V : 체적〔m³〕

④ 체적의 감소는 밀도의 증가와 같은 의미를 갖는다.

답 ④

40 압축률에 대한 설명으로서 틀린 것은?

① 압축률은 체적탄성계수의 역수이다.

② 유체의 체적감소는 밀도의 감소와 같은 의미를 가진다.

③ 압축률은 단위압력 변화에 대한 체적의 변형도를 뜻한다.

④ 압축률이 적은 것은 압축하기 어렵다.

해설 문제 39 참조

② 유체의 체적 감소는 밀도의 증가와 같은 의미를 가진다.

답 ②

41 비중이 1.03인 바닷물에 전체부피의 15%가 밖에 떠 있는 빙산이 있다. 이 빙산의 비중은?

① 0.875 ② 0.927

③ 1.927 ④ 0.155

해설 잠겨있는 **체적**(부피) **비율**

$$V = \frac{s_s}{s}$$

여기서, V : 잠겨있는 체적(부피)비율
s_s : 어떤물질의 비중(빙산의 비중)
s : 표준물질의 비중(바닷물의 비중)

빙산의 **비중** s_s 는

$s_s = s \cdot V$
$= 1.03 \times 0.85$
$\fallingdotseq 0.875$

답 ①

42 바닷속을 잠수함이 항진하고 있는데 그 위에 빙산이 떠있다. 잠수함에 미치는 압력의 변화는?

① 빙산이 없을 때와 같다.

② 빙산이 있으면 압력이 작아진다.

③ 빙산이 있으면 압력이 커진다.

④ 잠수함이 정지하고 있을 때와 항진하고 있을 때 차이가 있다.

해설 빙산이 떠있다 할지라도 잠수함에 미치는 압력의 변화는 없다.

답 ①

① 흐름의 상태   출제확률 ● 17.3% (4문제)

① 정상류와 비정상류

(1) 정상류(steady flow) : 유체의 흐름의 특성이 **시간**에 따라 변하지 않는 흐름

$$\frac{\partial V}{\partial t}=0, \ \ \frac{\partial \rho}{\partial t}=0, \ \ \frac{\partial p}{\partial t}=0, \ \ \frac{\partial T}{\partial t}=0$$

여기서, V : 속도[m/s]
ρ : 밀도[kg/m³]
p : 압력[kPa]
T : 온도[℃]
t : 시간[s]

(2) 비정상류(unsteady flow) : 유체의 흐름의 특성이 **시간**에 따라 변하는 흐름

$$\frac{\partial V}{\partial t}\neq 0, \ \ \frac{\partial \rho}{\partial t}\neq 0, \ \ \frac{\partial p}{\partial t}\neq 0, \ \ \frac{\partial T}{\partial t}\neq 0$$

여기서, V : 속도[m/s]
ρ : 밀도[kg/m³]
p : 압력[kPa]
T : 온도[℃]
t : 시간[s]

문제 흐르는 유체에서 정상류란 어떤 것을 지칭하는가?
① 흐름의 임의의 점에서 흐름특성이 시간에 따라 일정하게 변하는 흐름
② 흐름의 임의의 점에서 흐름특성이 시간에 따라 변하지 않는 흐름
③ 임의의 시각에 유로내 모든 점의 속벡터가 일정한 흐름
④ 임의의 시각에 유로내 각점의 속도벡터가 다른 흐름

해설 정상류와 비정상류

정상류(steady flow)	비정상류(unsteady flow)
유체의 흐름의 특성이 **시간**에 따라 변하지 않는 흐름	유체의 흐름의 특성이 **시간**에 따라 변하는 흐름

답 ②

2 점성유체와 비점성유체

점성유체(viscous fluid)	비점성유체(inviscous fluid)
유체 유동시 **마찰저항**이 **존재**하는 유체 이다.	유체 유동시 마찰저항이 존재(유발)하지 않는 유체를 말한다.

3 유선, 유적선, 유맥선

구분	설명
유선(stream line)	유동장의 한 선상의 모든 점에서 그은 접선이 그 점의 속도방향과 일치되는 선이다.
유적선(path line)	한 유체 입자가 일정한 기간내에 움직여 간 경로를 말한다.
유맥선(streak line)	모든 유체 입자의 **순간적인 부피를** 말하며, 연소하는 물질의 체적 등을 말한다.

＊ 유동장
여러 개의 유선군으로 이루어져 있는 흐름영역

2 연속방정식(continuity equation)

유체의 흐름이 정상류일 때 임의의 한 점에서 속도, 온도, 압력, 밀도 등의 평균값이 시간에 따라 변하지 않으며 그림과 같이 임의의 점 1과 점 2에서의 단면적, 밀도, 속도를 곱한 값은 같다.

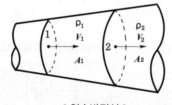

| 연속방정식 |

＊ 연속방정식
질량보존(질량불변)의 법칙의 일종
① $d(\rho VA) = 0$
② $\rho VA = C$
③ $\dfrac{dA}{A} = \dfrac{d\rho}{\rho}$
$= \dfrac{dV}{V} = 0$

1 질량유량(mass flowrate)

$$\overline{m} = A_1 V_1 \rho_1 = A_2 V_2 \rho_2$$

여기서, $\overline{m}$: 질량유량[kg/s]
$A_1,\ A_2$: 단면적[m²]
$V_1,\ V_2$: 유속[m/s]
$\rho_1,\ \rho_2$: 밀도[kg/m³]

＊ 유속
유체의 속도

★★
문제 질량유량 300kg/s의 물이 관로 내를 흐르고 있다. 내경이 350mm인 관에서 320mm의 관으로 물이 흐를 때 320mm인 관의 평균유속은 얼마인가?
① 3.120m/s   ② 37.32m/s   ③ 3.732m/s   ④ 31.20m/s

Key Point

해설 $\overline{m} = A V \rho$ 에서
평균유속 V 는
$$V = \frac{\overline{m}}{A\rho} = \frac{300\text{kg/s}}{\frac{\pi}{4}(0.32\text{m})^2 \times 1000\text{kg/m}^3} \fallingdotseq 3.732\text{m/s}$$

물의 밀도$(\rho) = 1000\text{kg/m}^3$

답 ③

---

* 비압축성 유체
유체의 속도나 압력의
변화에 관계없이 밀도
가 일정하다.

2 중량유량(weight flowrate)

$$G = A_1 V_1 \gamma_1 = A_2 V_2 \gamma_2$$

여기서, G : 중량유량[N/s]
A_1, A_2 : 단면적[m²]
V_1, V_2 : 유속[m/s]
γ_1, γ_2 : 비중량[N/m³]

* 유량
관내를 흘러가는 유체
의 양

3 유량(flowrate) = 체적유량

$$Q = A_1 V_1 = A_2 V_2$$

여기서, Q : 유량[m³/s]
A_1, A_2 : 단면적[m²]
V_1, V_2 : 유속[m/s]

※ 공기가 관속으로 흐르고 있을 때는 체적유량으로 표시하기 곤란하다.

* 비압축성 유체
액체와 같이 체적이
변화하지 않는 유체

4 비압축성 유체

압력을 받아도 체적변화를 일으키지 아니하는 유체이다.

$$\frac{V_1}{V_2} = \frac{A_2}{A_1} = \left(\frac{D_2}{D_1}\right)^2$$

여기서, V_1, V_2 : 유속[m/s]
A_1, A_2 : 단면적[m²]
D_1, D_2 : 직경[m]

★★
문제 안지름 25cm의 관에 비중이 0.998의 물이 5m/s의 유속으로 흐른다. 하류에서 파이프의 내경이 10cm로 축소되었다면 이 부분에서의 유속은 얼마인가?
① 25.0m/s
② 12.5m/s
③ 3.125m/s
④ 31.25m/s

해설 $\frac{V_1}{V_2} = \frac{A_2}{A_1} = \left(\frac{D_2}{D_1}\right)^2$ 에서

$V_2 = \left(\frac{D_1}{D_2}\right)^2 \times V_1 = \left(\frac{25\text{cm}}{10\text{cm}}\right)^2 \times 5\text{m/s} = 31.25\text{m/s}$

답 ④

③ 오일러의 운동방정식과 베르누이 방정식

① 오일러의 운동방정식(Euler equation of motion)

오일러의 운동방정식을 유도하는데 사용된 가정은 다음과 같다.

① **정상유동**(정상류)일 경우
② 유체의 **마찰이 없을 경우**(점성마찰이 없을 경우)
③ 입자가 **유선**을 따라 **운동**할 경우

② 베르누이 방정식(Bernoulli's equation)

그림과 같이 유체흐름이 관의 단면 1과 2를 통해 정상적으로 유동하는 이상유체라면 에너지 보존법칙에 의해 다음과 같은 식이 성립된다.

> ※ **베르누이 방정식** : 같은 유선상에 있는 임의의 두점사이에 일어나는 관계이다.

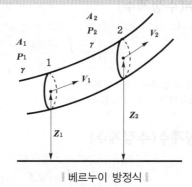

‖ 베르누이 방정식 ‖

(1) 이상유체

$$\frac{V_1^{\,2}}{2g} + \frac{p_1}{\gamma} + Z_1 = \frac{V_2^{\,2}}{2g} + \frac{p_2}{\gamma} + Z_2 = \text{일정 (또는 } H)$$

↑ (속도수두) ↑ (압력수두) ↑ (위치수두)

여기서, V_1, V_2 : 유속[m/s]
p_1, p_2 : 압력[kPa] 또는 [kN/m²]
Z_1, Z_2 : 높이[m]
g : 중력가속도(9.8m/s²)
γ : 비중량[kN/m³]
H : 전수두[m]

※ **베르누이 방정식**
수두 각 항의 단위는 m이다.

속도수두	압력수두
동압으로 환산	정압으로 환산

※ **베르누이 방정식의 적용 조건**
① 정상흐름
② 비압축성 흐름
③ 비점성 흐름
④ 이상유체

※ **전압**
전압＝동압＋정압

※ **운동량**
운동량＝질량×속도
[kg·m/s] 또는 [N·s]

(2) 비압축성 유체(수정 베르누이 방정식)

$$\frac{V_1{}^2}{2g} + \frac{p_1}{\gamma} + Z_1 = \frac{V_2{}^2}{2g} + \frac{p_2}{\gamma} + Z_2 + \Delta H$$

(속도수두) (압력수두) (위치수두)

여기서, V_1, V_2 : 유속[m/s]

p_1, p_2 : 압력[kPa] 또는 [kN/m²]

Z_1, Z_2 : 높이[m]

g : 중력가속도(9.8m/s²)

γ : 비중량[kN/m³]

ΔH : 손실수두[m]

4 운동량 방정식

1 운동량 보정계수(수정계수)

* 운동량 방정식의 가정
① 유동단면에서의 유속은 일정하다.
② 정상유동이다.

$$\beta = \frac{1}{AV^2} \int_A v^2 dA$$

여기서, β : 운동량 보정계수, A : 단면적[m²]

dA : 미소단면적[m²], V : 유속[m/s]

2 운동에너지 보정계수(수정계수)

* 보정계수
  수정계수

$$\alpha = \frac{1}{AV^3} \int_A v^3 dA$$

여기서, α : 운동에너지 보정계수, A : 단면적[m²]

dA : 미소단면적[m²], V : 유속[m/s]

문제 단면 A를 통과하는 유체의 속도를 변수 V라 하고 미소단면을 dA라 하면 운동에너지 수정계수(α)는 어떻게 표시할 수 있는가?

① $\alpha = \dfrac{1}{A^3V^3} \int_A v^3 dA$ 　　② $\alpha = \dfrac{1}{A^3V} \int_A v^3 dA$

③ $\alpha = \dfrac{1}{AV^3} \int_A v^3 dA$ 　　④ $\alpha = \dfrac{1}{AV^2} \int_A v^2 dA$

해설 운동량 방정식

운동량 수정계수	운동에너지 수정계수
$\beta = \dfrac{1}{AV^2} \int_A v^2 dA$	$\alpha = \dfrac{1}{AV^3} \int_A v^3 dA$

답 ③

3 운동에너지

$$E_k = \frac{1}{2} m V^2$$

여기서, E_k : 운동에너지[kg · m²/s²]

m : 질량[kg]

V : 유속[m/s]

※ 이상기체의 내부에너지는 온도만의 함수이다.

4 힘

$$F = \rho Q V$$

여기서, F : 힘[N]

ρ : 밀도(물의 밀도 $1000N \cdot s^2/m^4$)

Q : 유량[m³/s]

V : 유속[m/s]

문제 물이 10m/s의 속도로 가로 50cm×50cm의 고정된 평판에 수직으로 작용하고 있다. 이 때 평판에 작용하는 힘은?

① 2450N   ② 2500N

③ 8500N   ④ 25000N

유량 Q 는

$Q = AV = (0.5 \times 0.5)m^2 \times 10m/sec = 2.5m^3/sec$

힘 F 는

$F = \rho Q V = 1000N \cdot s^2/m^4 \times 2.5m^3/s \times 10m/s ≒ 25000N$

물의 밀도(ρ) = $1000N \cdot s^2/m^4$

답 ④

5 토리첼리의 식과 파스칼의 원리

1 토리첼리의 식(Torricelli's theorem)

$$V = \sqrt{2gH}$$

여기서, V : 유속[m/s]

g : 중력가속도(9.8m/s²)

H : 높이[m]

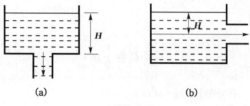

| (a) | (b) |

‖유 속‖

2 파스칼의 원리(principle of pascal)

$$\frac{F_1}{A_1} = \frac{F_2}{A_2}, \ p_1 = p_2$$

여기서, F_1, F_2 : 가해진 힘[kN]
A_1, A_2 : 단면적[m²]
p_1, p_2 : 압력[kPa] 또는 [kN/m²]

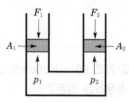

‖파스칼의 원리‖

※ **수압기** : 파스칼의 원리를 이용한 대표적 기계

★★
문제 수압기는 다음 어느 정리를 응용한 것인가?
① 토리첼리의 정리
② 베르누이의 정리
③ 아르키메데스의 정리
④ 파스칼의 정리

해설 **수압기** : **파스칼**의 **원리**를 이용한 대표적 기계

기억법 **수파**

※ **파스칼의 원리** : 밀폐용기에 들어있는 유체압력의 크기는 변하지 않으며 모든
방향으로 전달된다.

답 ④

6 표면장력과 모세관 현상

1 표면장력(surface tension)

액체와 공기의 경계면에서 액체분자의 응집력이 액체분자와 공기분자 사이에 작용하는
부착력보다 크게 되어 액체표면적을 축소시키기 위해 발생하는 힘

$$\sigma = \frac{\Delta p D}{4}$$

여기서, σ : 표면장력[N/m]
Δp : 압력차[Pa]
D : 내경[m]

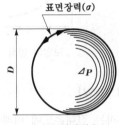

‖ 표면장력 ‖

2 모세관 현상(capillarity in tube)

액체와 고체가 접촉하면 상호 **부착**하려는 **성질**을 갖는데 이 **부착력**과 액체의 **응집력**의
상대적 크기에 의해 일어나는 현상

$$h = \frac{4\sigma \cos \theta}{\gamma D}$$

여기서, h : 상승 높이[m]
σ : 표면장력[N/m]
θ : 각도(접촉각)
γ : 비중량(물의 비중량 9800N/m³)
D : 관의 내경[m]

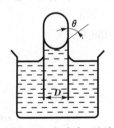
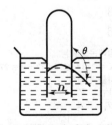

(a) 물(H_2O) 응집력＜부착력   (b) 수은(Hg) 응집력＞부착력

‖ 모세관 현상 ‖

* 표면장력
① 단위 : (dyne/cm,
  N/m)
② 차원 : [FL⁻¹]

* 응집력과 부착력
① 응집력 : 같은 종류
  의 분자끼리 끌어
  당기는 성질
② 부착력 : 다른 종류
  의 분자끼리 끌어
  당기는 성질

* 모세관 현상
액체속에 가는 관을
넣으면 액체가 상승
또는 하강하는 현상

* 응집력＜부착력
액면이 상승한다.

* 응집력＞부착력
액면이 하강한다.

Key Point

7 이상기체의 성질

1 보일의 법칙(Boyle's law)

온도가 일정할 때 기체의 부피는 절대압력에 반비례한다.

$$P_1 V_1 = P_2 V_2$$

여기서, P_1, P_2 : 기압[atm]
V_1, V_2 : 부피[m³]

∥ 보일의 법칙 ∥

* **절대온도**
① 켈빈온도
　$K = 273 + ℃$
② 랭킨온도
　$°R = 460 + °F$

2 샤를의 법칙(Charl's law)

압력이 일정할 때 기체의 부피는 절대온도에 비례한다.

$$\frac{V_1}{T_1} = \frac{V_2}{T_2}$$

여기서, V_1, V_2 : 부피[m³]
T_1, T_2 : 절대온도[K]

∥ 샤를의 법칙 ∥

★★
문제 0℃의 기체가 몇 ℃가 되면 부피가 2배로 되는가? (단, 압력의 변화는 없을 경우임)

① 273
② −273
③ 546
④ 136.5

해설 **절대온도** K는
$$K = 273 + ℃ = 273 + 0 = 273K$$
샤를의 법칙
$$\frac{V_1}{T_1} = \frac{V_2}{T_2}$$
$$T_2 = T_1 \times \frac{V_2}{V_1} = 273K \times \frac{2}{1} = 546K$$
$$K = 273 + ℃$$
온도 ℃는
$$℃ = K - 273 = 546 - 273 = 273℃$$

답 ①

3 보일-샤를의 법칙(Boyle-Charl's law)

기체가 차지하는 부피는 압력에 반비례하며, 절대온도에 비례한다.

$$\frac{P_1 V_1}{T_1} = \frac{P_2 V_2}{T_2}$$

여기서, P_1, P_2 : 기압[atm]
V_1, V_2 : 부피[m³]
T_1, T_2 : 절대온도[K]

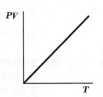

| 보일-샤를의 법칙 |

Key Point

＊ 기압
기체의 압력

＊ 보일-샤를의 법칙
☆ 꼭 기억하세요 ☆

과년도 출제문제

출제확률 17.3% (4문제)

01 ⭐ 유선에 대한 설명 중 옳게 된 것은?

① 한 유체입자가 일정한 기간내에 움직여 간 경로를 말함
② 모든 유체입자의 순간적인 부피를 말하며, 연소하는 물질의 체적 등을 말한다.
③ 유동장의 한 선상의 모든 점에서 그은 접선이다. 그 점에서의 속도방향과 일치되는 선이다.
④ 유동장의 모든 점에서 속도벡터에 수직한 방향을 갖는 접선이다.

해설 유선, 유적선, 유맥선

구분	설명
유선(stream line)	유동장의 한 선상의 모든 점에서 그은 접선이 그 점에서 **속도방향과 일치**되는 선이다.
유적선(path line)	한 유체입자가 일정한 기간내에 움직여 간 경로를 말한다.
유맥선(streak line)	모든 유체입자의 순간적인 부피를 말하며, 연소하는 물질의 체적 등을 말한다.

기억법 유속일

답 ③

02 유선에 대한 설명 중 맞는 것은?

① 한 유체입자가 일정한 기간내에 움직여 간 경로를 말한다.
② 모든 유체입자의 순간적인 부피를 말하며, 연소하는 물질의 체적 등을 말한다.
③ 유동장의 한 선상의 모든 점에서 그은 접선이다.
④ 유동장의 모든 점에서 속도벡터에 수직인 방향을 갖는 선이다.

해설 문제 1 참조

③ **유선** : 유동장의 한 선상의 모든 점에서 그은 접선이 그 점에서 **속도방향과 일치**되는 선이다.

기억법 유속일

답 ③

03 ⭐⭐ 유체흐름의 연속방정식과 관계없는 것은?

① 질량불변의 법칙
② $Q = AV$
③ $G = \gamma AV$
④ $Re = \dfrac{DV\rho}{\mu}$

해설 연속방정식
(1) 질량불변의 법칙(질량보존의 법칙)
(2) 질량유량($\overline{m} = AV\rho$)
(3) 중량유량($G = AV\gamma$)
(4) 유량($Q = AV$)

④ 레이놀드수와는 무관하다.

답 ④

04 ⭐⭐ 비중이 0.01인 유체가 지름 30cm인 관내를 98N/s로 흐른다. 이때의 평균유속은 몇 m/s인가?

① 13.54
② 14.15
③ 17.32
④ 20.15

해설 (1) 비중

$$s = \dfrac{\gamma}{\gamma_w}$$

여기서, s : 비중
γ : 어떤 물질의 비중량[N/m³]
γ_w : 물의 비중량[9800N/m³]

비중 s 는
$s = \dfrac{\gamma}{\gamma_w}$ 에서
유체의 비중량 γ 는
$\gamma = \gamma_w \cdot s = 9800\text{N/m}^3 \times 0.01 = 98\text{N/m}^3$

(2) 중량유량

$$G = AV\gamma$$

여기서, G : 중량유량[N/s]
A : 단면적[m²]
V : 유속[m/s]
R : 비중량[N/m³]

중량유량 G 는
$G = AV\gamma$ 에서
평균유속 V 는
$V = \dfrac{G}{A\gamma} = \dfrac{98\text{N/s}}{\dfrac{\pi}{4}(0.3\text{m})^2 \times 98\text{N/m}^3} ≒ 14.15\text{m/s}$

답 ②

05 그림과 같이 지름이 300mm에서 200mm로 축소된 관으로 물이 흐르고 있는데, 이 때 중량유량을 1274N/s로 하면 작은 관의 평균속도는 얼마인가?

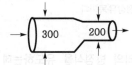

① 3.840m/s　　② 4.140m/s
③ 6.240m/s　　④ 18.3m/s

해설　**문제 4 참조**
중량유량 G는
$G = AV\gamma$ 에서
평균속도 V는
$$V = \frac{G}{A\gamma} = \frac{1274\text{N/s}}{\frac{\pi}{4}(0.2\text{m})^2 \times 9800\text{N/m}^3} ≒ 4.14\text{m/s}$$

• 물의 비중량(γ)= 9800N/m³

답 ②

06 물이 단면적 A인 배관속을 흐를 때 유속 U 및 그 유량 Q와의 관계를 나타내는 것으로서 옳은 것은?

① $U = \dfrac{A}{Q}$　　② $U = A^2 Q$

③ $Q = \dfrac{U}{A}$　　④ $Q = UA$

해설　**유량**(체적유량)
$$Q = AV = \left(\frac{\pi}{4}D^2\right)V$$

여기서, Q : 유량[m³/s]
　　　　A : 단면적[m²]
　　　　V : 유속[m/s]
　　　　D : 지름[m]

유속의 기호는 "V" 또는 "U"로 표시한다.

∴ $Q = UA$

답 ④

07 지름 100mm인 관속에 흐르고 있는 물의 평균속도는 3m/s이다. 이때 유량은 몇 m³/min인가?

① 0.2355　　② 1.4
③ 2.355　　④ 14.13

해설　**문제 6 참조**
유량 Q는
$Q = AV = \left(\dfrac{\pi}{4}D^2\right)V$
　　$= \dfrac{\pi}{4}(0.1\text{m})^2 \times 3\text{m/s} = 0.0235\text{m}^3/\text{s}$

$= 0.235\text{m}^3/\dfrac{1}{60}\text{min} = 0.0235 \times 60\text{m}^3/\text{min} ≒ 1.4\text{m}^3/\text{min}$

• 1000mm=1m이므로 100mm=0.1m
• 1min=60s

답 ②

08 안지름 100mm인 파이프를 통해 5m/s의 속도로 흐르는 물의 유량은 몇 m³/min인가?

① 23.55　　② 2.355
③ 0.517　　④ 5.170

해설　**문제 6 참조**
유량 Q는
$Q = AV = \left(\dfrac{\pi}{4}D^2\right)V$
　　$= \dfrac{\pi}{4}(0.1\text{m})^2 \times 5\text{m/s} = 0.0392\text{m}^3/\text{s}$
　　$= 0.0392\text{m}^3/\dfrac{1}{60}\text{min} = 0.0392 \times 60\text{m}^3/\text{min}$
　　　　$≒ 2.355\text{m}^3/\text{min}$

答 ②

09 정상류의 흐름양이 2.4m³/min이고 관내경이 100mm일 때, 평균유속은 다음 중 어느 것인가? (단, 마찰손실은 무시한다.)

① 약 3m/s　　② 약 4.7m/s
③ 약 5.1m/s　　④ 약 6m/s

해설　**문제 6 참조**
유량 Q는
$Q = AV$에서
평균유속 V는
$$V = \frac{Q}{A} = \frac{Q}{\frac{\pi}{4}D^2}$$
$$= \frac{2.4\text{m}^3/\text{min}}{\frac{\pi}{4}(0.1\text{m})^2} = \frac{2.4\text{m}^3/60\text{s}}{\frac{\pi}{4}(0.1\text{m})^2} ≒ 5.1\text{m/s}$$

• 1000mm=1m이므로 100mm=0.1m

답 ③

10 내경 20mm인 배관속을 매분 30ℓ의 물이 흐르다가 내경이 10mm로 축소된 배관을 흐를 때 그 유속은 몇 m/s인가?

① 4.54　　② 5.87
③ 6.37　　④ 7.08

해설　**문제 6 참조**
유량 Q는
$Q = AV$에서
유속 V는
$$V = \frac{Q}{A} = \frac{Q}{\frac{\pi}{4}D^2}$$

$$= \frac{0.03\text{m}^3/\text{min}}{\frac{\pi}{4}(0.01\text{m})^2} = \frac{0.03\text{m}^3/60\text{s}}{\frac{\pi}{4}(0.01\text{m})^2} ≒ 6.37\text{m/s}$$

$1000l = 1\text{m}^3$이므로 $30l/\text{min} = 0.03\text{m}^3/\text{min}$

답 ③

11 구경 40mm 소방용 호스 160l/분씩 소화약제인 물을 방사하고 있다. 이 때의 물의 유속 m/s은 얼마나 되겠는가?

① 0.64 ② 1.06
③ 2.12 ④ 3.12

해설 문제 6 참조
유량 Q는
$Q = AV$에서
유속 V는
$$V = \frac{Q}{A} = \frac{Q}{\frac{\pi}{4}D^2}$$
$$= \frac{160l/\text{min}}{\frac{\pi}{4}(0.04\text{m})^2} = \frac{0.16\text{m}^3/60\text{s}}{\frac{\pi}{4}(0.04\text{m})^2} ≒ 2.12\text{m/s}$$

$1000l = 1\text{m}^3$

답 ③

12 다음 중 비압축성 유체란 어느 것을 말하는가?
① 관내에 흐르는 가스이다.
② 관내에 워터 햄머를 일으키는 물질이다.
③ 배의 순환시 옆으로 갈라지며 유동하는 것이다.
④ 압력을 받아도 체적변화를 일으키지 아니하는 유체이다.

해설 유체

압축성 유체	비압축성 유체
기체와 같이 체적이 변화하는 유체	**액체**와 같이 체적이 변하지 않는 유체

기억법 압기비액

답 ④

13 오일러 방정식을 유도하는데 관계가 없는 가정은?
① 정상유동할 때
② 유선따라 입자가 운동할 때
③ 유체의 마찰이 없을 때
④ 비압축성 유체일 때

해설 **오일러 방정식**의 유도시 가정
(1) **정상유동**(정상류)일 경우
(2) **유체**의 **마찰이 없을** 경우

(3) 입자가 **유선**을 따라 **운동**할 경우

기억법 오방정유마운

비교
운동량 방정식의 가정
(1) 유동단면에서의 **유속**은 **일정**하다.
(2) **정상유동**이다.

답 ④

14 오일러의 방정식을 유도하는데 필요하지 않은 사항은?
① 정상류
② 유체입자는 유선에 따라 움직인다.
③ 비압축성 유체이다.
④ 유체마찰이 없다.

해설 문제 13 참조
③ 비압축성 유체 : 액체와 같이 체적이 변화하지 않는 유체

답 ③

15 내경의 변화가 없는 곧은 수평배관 속에서, 비압축성 정상류의 물 흐름에 관계되는 설명 중 옳은 것은?
① 물의 속도수두는 배관의 모든 부분에서 같다.
② 물의 압력수두는 배관의 모든 부분에서 같다.
③ 물의 속도수두와 압력수두의 총합은 배관의 모든 부분에서 같다.
④ 배관의 어느 부분에서도 물의 위치에너지는 존재하지 않는다.

해설 **베르누이 방정식**

$$\frac{V^2}{2g} + \frac{p}{\gamma} + Z = 일정$$

(속도수두)(압력수두)(위치수두)

여기서, $V(U)$: 유속(m/s)
P : 압력(kPa) 또는 (kN/m²)
Z : 높이(m)
g : 중력가속도(9.8m/s²)
γ : 비중량(kN/m³)

물의 **속도수두**와 **압력수두**의 **총합**은 배관의 모든 부분에서 같다.

답 ③

16 층류 흐름에 작용되는 베르누이 방정식에 관한 설명으로 맞는 것은?
① 비정상상태의 흐름에 대해 적용된다.

Chapter_ 02

② 동일한 유선상이 아니더라도 흐름유체의 임의점에 대해 사용된다.

③ 점성유체의 마찰효과가 충분히 고려된다.

④ 압력수두, 속도수두, 위치수두의 합이 일정함을 표시한다.

해설 **문제 15 참조**

④ 베르누이 방정식

$$\frac{V^2}{2g} + \frac{p}{\gamma} + Z = 일정$$

(속도수두)(압력수두)(위치수두)

답 ④

17 베르누이의 정리로서 $\left[H = \frac{U_1^2}{2g} + \frac{p_1}{\gamma} + Z_1 = \frac{U_2^2}{2g} + \frac{P_2}{\gamma} + Z_2 = 일정 \right]$ 의 식이 있다. 이 중에서 $\frac{U^2}{2g}$ 은 무엇을 나타내는가?

① 압력수두　　② 위치수두

③ 속도수두　　④ 전수두

해설 **문제 15 참조**

유속의 기호는 'V' 또는 'U'로 나타낸다.

답 ③

18 다음 설명 중 옳은 것은?

① 유체의 속도는 압력에 비례한다.

② 유체의 속도는 빠르면 압력이 커진다.

③ 유체의 속도는 압력과 관계가 없다.

④ 유체의 속도가 빠르면 압력이 작아진다.

해설 **문제 15 참조**

베르누이 식

$$\frac{V^2}{2g} + \frac{P}{\gamma} + Z = 일정$$

유체의 속도가 빠르면 압력이 작아진다.

답 ④

19 다음 중 베르누이 방정식과 관계없는 것은? (단, γ : 비중량, V : 유속, Z : 위치수두, A : 단면적, P : 압력)

① $\frac{P_1}{\gamma} + \frac{V_1^2}{2g} + Z_1 = \frac{P_2}{\gamma} + \frac{V_2^2}{2g} + Z_2$

② $\frac{dA}{A} + \frac{d\rho}{\rho} + \frac{dV}{V} = 0$

③ $\frac{p}{\gamma} + \left(\frac{V^2}{2g} \right) + Z = C$

④ $\frac{dp}{A} + d\left(\frac{V^2}{2g} \right) + dV = 0$

해설 **베르누이 방정식**

(1) $\frac{p_1}{\gamma} + \frac{V_1^2}{2g} + Z_1 = \frac{p_2}{\gamma} + \frac{V_2^2}{2g} + Z_2$

(2) $\frac{p}{\gamma} + \left(\frac{V^2}{2g} \right) + Z = C$

(3) $\frac{dp}{A} + d\left(\frac{V^2}{2g} \right) + dV = 0$

② 연속방정식

답 ②

20 다음 그림과 같이 2개의 가벼운 공 사이로 빠른 기류를 불어 넣으면 2개의 공은 어떻게 되겠는가?

공

기류

① 베르누이법칙에 따라 달라붙는다.

② 베르누이법칙에 따라 벌어진다.

③ 뉴턴의 법칙에 따라 달라붙는다.

④ 뉴턴의 법칙에 따라 벌어진다.

해설 베르누이법칙에 의해 2개의 공 사이에 기류를 불어 넣으면 **속도**가 **증가**하여 **압력**이 **감소**하므로 2개의 공은 **달라 붙는다.**

답 ①

21 운동량 방정식 $\Sigma E = \rho Q(V_2 - V_1)$ 을 유도하는데 필요한 가정은 어느 것인가?

〔보기〕 a : 단면에서의 평균유속은 일정하다.
　　　 b : 정상유동이다.
　　　 c : 평균속도 운동이다.
　　　 d : 압축성 유체이다.
　　　 e : 마찰이 없는 유체이다.

① a, b　　　② a, e

③ a, c　　　④ c, e

해설 **운동량 방정식**의 가정

(1) 유동단면에서의 **유속**은 **일정**하다.

(2) **정상유동**이다.

비교

베르누이 방정식의 적응 조건

① 정상흐름

② 비압축성 흐름

제3편 소방유체역학 · **3-33**

③ 비점성 흐름
④ 이상유체

답 ①

22 내경 27mm의 배관 속을 정상류의 물이 매분 150리터로 흐를 때 속도수두는 몇 m인가? (단, 중력가속도는 $9.8m/s^2$이다.)

① 1.904
② 0.974
③ 0.869
④ 0.635

해설 **문제 6 참조**
(1) 유량 Q는
$Q = AV$에서
유속 V는

$$V = \frac{Q}{A} = \frac{Q}{\frac{\pi}{4}D^2}$$

$$= \frac{0.15m^3/min}{\frac{\pi}{4}(0.027m)^2} = \frac{0.15m^3/60s}{\frac{\pi}{4}(0.027m)^2} ≒ 4.37m/s$$

$$150l/min = 0.15m^3/min$$

(2) **속도수두**

$$H = \frac{V^2}{2g}$$

여기서, H : 속도수두[m]
V : 유속[m/s]
g : 중력가속도($9.8m/s^2$)
속도수두 H는

$$H = \frac{V^2}{2g} = \frac{(4.37m/s)^2}{2 \times 9.8m/s^2} ≒ 0.974m$$

답 ②

23 내경 28mm인 어느 배관내에 120l/min의 유량으로 물이 흐르고 있을 때 이 물의 속도수두는 얼마인가?

① 약 0.54m
② 약 0.2m
③ 약 0.4m
④ 약 1.08m

해설 **문제 6 참조**
(1) 유량 Q는
$Q = AV$에서
유속 V는

$$V = \frac{Q}{A} = \frac{0.12m^3/60s}{\frac{\pi}{4}(0.028m)^2} ≒ 3.25m/s$$

(2) **속도수두** H는

$$H = \frac{V^2}{2g} = \frac{(3.25m/s)^2}{2 \times 9.8m/s^2} ≒ 0.54m$$

답 ①

24 관내의 물의 속도가 12m/s, 압력이 102.97kPa이다. 속도수두와 압력수두는? (단, 중력가속도는 $9.8m/s^2$이다.)

① 7.35m, 9.52m
② 7.5m, 10m
③ 7.35m, 10.5m
④ 7.5m, 9.52m

해설 (1) **속도수두**

$$H = \frac{V^2}{2g}$$

여기서, H : 속도수두[m]
V : 유속[m/s]
g : 중력가속도($9.8m/s^2$)
속도수두 H는

$$H = \frac{V^2}{2g} = \frac{(12m/s)^2}{2 \times 9.8m/s^2} ≒ 7.35m$$

(2) **압력수두**

$$H = \frac{p}{\gamma}$$

여기서, H : 압력수두[m]
p : 압력[N/m²]
γ : 비중량(물이 비중량 9800N/m³)

$$1kPa = 1kN/m^2$$

압력수두 H는

$$H = \frac{p}{\gamma} = \frac{102.97kN/m^2}{9.8kN/m^3} = 10.5m$$

$$물의 비중량(\gamma) = 9800N/m^3 = 9.8kN/m^3$$

답 ③

25 파이프 내 물의 속도가 9.8m/s, 압력이 98kPa이다. 이 파이프가 기준면으로부터 3m 위에 있다면 전수두는 몇 m 인가?

① 13.5
② 16
③ 16.7
④ 17.9

해설 **전수두**

$$H = \frac{V^2}{2g} + \frac{P}{\gamma} + Z$$

여기서, H : 전수두[m]
V : 유속[m/s]
g : 중력가속도($9.8m/s^2$)
P : 압력[kN/m²]
γ : 비중량(물의 비중량 9.8kN/m³)
Z : 높이[m]

$$1kPa = 1kN/m^2$$

$$H = \frac{V^2}{2g} + \frac{p}{\gamma} + Z$$

$$= \frac{(9.8m/s)^2}{2 \times 9.8m/s^2} + \frac{98kN/m^2}{9.8kN/m^3} + 3m = 17.9m$$

답 ④

26 유속이 13.0m/s인 물의 흐름 속에 피토관을 흐름의 방향으로 두었을 때 자유표면과의 높이차 Δh는 몇 m인가?

① 19.6   ② 16.9
③ 8.62   ④ 6.82

해설 문제 25 참조
높이차 Δh는

$$\Delta h = \frac{V^2}{2g} = \frac{(13.0\text{m/s})^2}{2 \times 9.8\text{m/s}^2} ≒ 8.62\text{m}$$

답 ③

27 유속 4.9m/s의 속도로 소방호스의 노즐로부터 물이 방사되고 있을 때 피토관의 흡입구를 Vena Contracta 위치에 갖다 대었다고 하자. 이때 피토관의 수직부에 나타나는 수주의 높이는 몇 m인가? (단, 중력가속도는 9.8m/s²이다.)

① 1.225   ② 1.767
③ 2.687   ④ 3.696

해설 문제 25 참조
수주의 높이 H는

$$H = \frac{V^2}{2g} = \frac{(4.9\text{m/s})^2}{2 \times 9.8\text{m/s}^2} = 1.225\text{m}$$

※ Vena Contracta : 소방호스 노즐의 끝부분에서 직각으로 굽어진 부분을 의미한다.

답 ①

28 물이 흐르는 파이프 안에 A점은 지름이 2m, 압력은 196.14kPa, 속도 2m/s이다. A점 보다 2m 위에 있는 B점은 지름이 1m, 압력 98.07kPa이다. 이때 물은 어느 방향으로 흐르는가?

① B에서 A로 흐른다.
② A에서 B로 흐른다.
③ 흐르지 않는다.
④ 알 수 없다.

해설 문제 25 참조

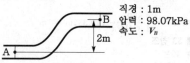

직경 : 1m
압력 : 98.07kPa
속도 : V_B
2m

비압축성 유체

$$\frac{V_1}{V_2} = \frac{A_2}{A_1} = \left(\frac{D_2}{D_1}\right)^2$$

여기서, V_1, V_2 : 유속[m/s]
A_1, A_2 : 단면적[m²]
D_1, D_2 : 직경(지름)[m]

$\dfrac{V_1}{V_2} = \dfrac{A_2}{A_1} = \left(\dfrac{D_2}{D_1}\right)^2$ 에서

$$\frac{V_A}{V_B} = \left(\frac{D_B}{D_A}\right)^2$$

속도 V_B는

$$V_B = \left(\frac{D_A}{D_B}\right)^2 \times V_A = \left(\frac{2\text{m}}{1\text{m}}\right)^2 \times 2\text{m/s} = 8\text{m/s}$$

- 1kPa=1kN/m²
- 물의 비중량(γ)=9800N/m³=9.8kN/m³

A점의 전수두 H_A는

$$H_A = \frac{V_A^2}{2g} + \frac{p_A}{\gamma} + Z_A$$
$$= \frac{(2\text{m/s})^2}{2 \times 9.8\text{m/s}^2} + \frac{196.14\text{kN/m}^2}{9.8\text{kN/m}^3} + 0\text{m} ≒ 20.2\text{m}$$

B점의 전수두 H_B는

$$H_B = \frac{V_B^2}{2g} + \frac{p_B}{\gamma} + Z_B$$
$$= \frac{(8\text{m/s})^2}{2 \times 9.8\text{m/s}^2} + \frac{98.07\text{kN/m}^2}{9.8\text{kN/m}^3} + 2\text{m} ≒ 15.27\text{m}$$

A점의 수두가 높으므로 물은 A에서 B로 흐른다.

답 ②

29 운동량 방정식 $\Sigma F = \rho Q (V_2 - V_1)$을 유도하는 데 필요한 가정은 어느 것인가? (단, a : 단면에서의 평균유속은 일정하다. b : 정상유동이다. c : 평균속도 운동이다. d : 압축성 유체이다. e : 마찰이 없는 유체이다.)

① a, b   ② a, e
③ a, c   ④ c, e

해설 운동량 방정식의 가정
(1) 유동단면에서의 유속은 일정하다.
(2) 정상유동이다.

기억법 운방유일정

답 ①

30 이상기체의 내부 에너지에 대한 줄의 법칙에 맞는 것은?

① 내부에너지는 위치만의 함수이다.
② 내부에너지는 압력만의 함수이다.
③ 내부에너지는 엔탈피만의 함수이다.
④ 내부에너지는 온도만의 함수이다.

해설 ④ 이상기체의 내부에너지는 온도만의 함수이다.

답 ④

★★ 31 에너지선에 대한 다음 설명 중 맞는 것은?

① 수력구배선보다 속도수두 만큼 위에 있다.
② 수력구배선보다 압력수두 만큼 위에 있다.
③ 수력구배선보다 속도수두 만큼 아래에 있다.
④ 항상 수평선이다.

해설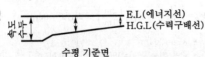

E.L(에너지선)
H.G.L(수력구배선)
수평 기준면
속도수두

① 에너지선은 수력구배선보다 속도수두만큼 위에 있다.

중요

수력기울기선(HGL)	에너지선
관로중심에서의 **위치수두**에 **압력수두**를 더한 높이점을 연결한 선	관로중심에서의 **압력수두**, **속도수두**, 위치수두를 모두 더한 높이점을 연결한 선
수력기울기선= 수력구배선	

답 ①

★★★ 32 지름이 5cm인 소방노즐에서 물제트가 40m/s의 속도로 건물벽에 수직으로 충돌하고 있다. 벽이 받는 힘은 몇 N인가?

① 2300
② 2500
③ 3120
④ 3220

해설 (1) 유량

$$Q = AV = \left(\frac{\pi}{4}D^2\right)V$$

여기서, Q : 유량[m³/s]
A : 단면적[m²]
V : 유속[m/s]
D : 지름[m]

유량 Q 는
$Q = AV$
$\quad = \frac{\pi}{4}(0.05m)^2 \times 40m/s = 0.078m^3/s$

(2) 힘

$$F = \rho QV$$

여기서, F : 힘[N]
ρ : 밀도(물의 밀도 1000N·s²/m⁴)
Q : 유량[m³/s]
V : 유속[m/s]

힘 F 는
$F = \rho QV$
$\quad = 1000N·s^2/m^4 \times 0.078m^3/s \times 40m/s ≒ 3120N$

물의 밀도(ρ)= $1000N·s^2/m^4$

답 ③

★★ 33 높이가 4.5m 되는 탱크의 밑변에 지름이 10cm인 구멍이 뚫렸다. 이 곳으로 유출되는 물의 유속 m/s을 구하여라.

① 4.5
② 6.64
③ 9.39
④ 14.0

해설 유속

$$V = \sqrt{2gH}$$

여기서, V : 유속[m/s]
g : 중력가속도(9.8m/s²)
H : 높이[m]

유속 V 는
$V = \sqrt{2gH}$
$\quad = \sqrt{2 \times 9.8m/s^2 \times 4.5m} ≒ 9.39m/s$

답 ③

★★ 34 옥내소화전의 노즐을 통해 방사되는 방사압력이 166.72kPa이다. 이 때 노즐의 순간 유속 V 는?

① 1.82m/s
② 18.25m/s
③ 57.7m/s
④ 5.77m/s

해설 **문제 33 참조**

101.325kPa=10.332m

유속 V 는
$166.72kPa = \frac{166.72kPa}{101.325kPa} \times 10.332m ≒ 17m$
$V = \sqrt{2gH}$
$\quad = \sqrt{2 \times 9.8m/s^2 \times 17m} ≒ 18.25m/s$

답 ②

★★★ 35 내경 20cm인 배관에 정상류로 흐르는 물의 동압을 측정하였더니 9.8kPa이었다. 이 물의 유량은? (단, 계산의 편의상 중력가속도는 10m/s², π의 값은 3, $\sqrt{20}$ 의 값은 4.5로 하며, 물의 밀도는 1kg/l 이다.)

① 2,400l/min
② 6,300l/min
③ 8,100l/min
④ 9,800l/min

해설 101.325kPa=10.332m

$9.8kPa = \frac{9.8kPa}{101.325kPa} \times 10.332m ≒ 1m$

문제 33 참조
유속 V 는
$V = \sqrt{2gH}$
$\quad = \sqrt{2 \times 10m/s^2 \times 1m} ≒ 4.5m/s$

문제 32 참조
유량 Q 는
$Q = AV = \left(\frac{\pi}{4}D^2\right)V$
$\quad = \frac{3}{4}(0.2m)^2 \times 4.5m/s = 0.135m^3/s$

$$0.135\text{m}^3/\text{s} = 0.135\text{m}^3/\frac{1}{60}\text{min} = 0.135 \times 60\text{m}^3/\text{min}$$
$$= 8.1\text{m}^3/\text{min}$$
$$= 8100l/\text{min}$$

- 1min=60s 이므로 1s=$\frac{1}{60}$min
- 1m³=1000l 이므로 8.1m³/min=8100l/min

답 ③

36 다음 그림과 같이 수조에서 노즐을 통하여 물이 유출될 때 유출속도 m/s는?

① 4.4
② 6.8
③ 8.5
④ 9.9

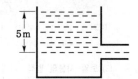

해설 문제 33 참조
유출속도 V 는
$$V = \sqrt{2gH}$$
$$= \sqrt{2 \times 9.8\text{m}/\text{s}^2 \times 5\text{m}} \doteqdot 9.9\text{m}/\text{s}$$

답 ④

37 수직방향으로 15m/s의 속도로 내뿜는 물의 분류는 공기저항을 무시할 때 몇 m까지 상승하겠는가?

① 15
② 11.5
③ 7.5
④ 3.06

해설 문제 33 참조
속도 V 는
$V = \sqrt{2gH}$ 에서
$$V^2 = (\sqrt{2gH})^2$$
$$V^2 = 2gH$$
$$\frac{V^2}{2g} = H$$
$$H = \frac{V^2}{2g}$$
상승높이 H 는
$$H = \frac{V^2}{2g} = \frac{(15\text{m}/\text{s})^2}{2 \times 9.8\text{m}/\text{s}^2} \doteqdot 11.5\text{m}$$

답 ②

38 물이 노즐을 통해서 대기로 방출된다. 노즐입구(入口)에서의 압력이 계기압력으로 P[kPa]라면 방출속도는 몇 m/s인가? (단, 마찰손실이 전혀 없고 속도는 무시하며, 중력가속도는 9.8m/s^{2}이다.)

① $19.6P$
② $19.6\sqrt{P}$
③ $1.4\sqrt{P}$
④ $1.4P$

P[kPa]

해설
$$101{,}325\text{kPa}=10{,}332\text{mH}_2\text{O}$$

$$H = \frac{P[\text{kPa}]}{101.325\text{kPa}} \times 10.332\text{m} \doteqdot 0.1P$$
문제 33 참조
방출속도 V 는
$$V = \sqrt{2gH}$$
$$= \sqrt{2 \times 9.8\text{m}/\text{s}^2 \times 0.1P} = 1.4\sqrt{P}$$

답 ③

39 그림과 같은 물탱크에 수면으로부터 6m 되는 지점에 지름 15cm가 되는 노즐을 부착하였을 경우 출구속도와 유량을 계산하면?

① 10.84m/s, 0.766m³/s
② 7.67m/s, 0.766m³/s
③ 10.84m/s, 0.191m³/s
④ 7.67m/s, 0.191m³/s

해설 문제 33 참조
(1) **출구속도** V 는
$$V = \sqrt{2gH}$$
$$= \sqrt{2 \times 9.8\text{m}/\text{s}^2 \times 6\text{m}} \doteqdot 10.84\text{m}/\text{s}$$
(2) **유량**

$$Q = AV = \left(\frac{\pi}{4}D^2\right)V$$

여기서, Q : 유량[m³/s]
$\quad\quad\quad A$: 단면적[m²]
$\quad\quad\quad V$: 유속[m/s]
$\quad\quad\quad D$: 지름[m]
유량 Q 는
$$Q = AV = \left(\frac{\pi}{4}D^2\right)V = \frac{\pi}{4}(0.15\text{m})^2 \times 10.84\text{m}/\text{s}$$
$$\doteqdot 0.191\text{m}^3/\text{s}$$

- 100cm=1m이므로 15cm=0.15m

답 ③

40 피스톤 A_2의 반지름이 A_1의 2배일 때 힘 F_1과 F_2 사이의 관계로서 옳은 것은?

① $F_1 = 2F_2$
② $F_2 = 2F_1$
③ $F_2 = 4F_1$
④ $F_1 = 4F_2$

해설 **파스칼의 원리**

$$\frac{F_1}{A_1} = \frac{F_2}{A_2}$$

여기서, F_1, F_2 : 가해진 힘[N]
A_1, A_2 : 단면적[m²]

$$r_2 = 2r_1$$

여기서, r : 반지름[m]

파스칼의 원리에서

$$\frac{F_1}{A_1} = \frac{F_2}{A_2}$$

$$\frac{F_1}{\pi r_1^2} = \frac{F_2}{\pi r_2^2}$$

$r_2 = 2r_1$ 를 적용하면

$$\frac{F_1}{\pi r_1^2} = \frac{F_2}{\pi (2r_1)^2}$$

$$\frac{F_1}{\pi r_1^2} = \frac{F_2}{\pi 4r_1^2}, \quad F_2 = 4F_1$$

참고

단면적

$$A = \pi r^2 = \frac{\pi}{4}D^2$$

여기서, A : 단면적[m²]
r : 반지름[m]
D : 지름[m]

답 ③

41 이상기체의 성질을 틀리게 나타낸 그래프는?

① 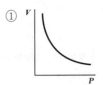 ②

③ 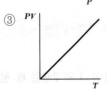 ④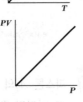

해설 **이상기체의 성질**

(1) **보일의 법칙** : 온도가 일정할 때 기체의 부피는 절대압력에 반비례한다.

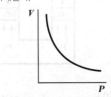

$$P_1 V_1 = P_2 V_2$$

여기서, P_1, P_2 : 기압[atm]
V_1, V_2 : 부피[m³]

(2) **샤를의 법칙** : 압력이 일정할 때 기체의 부피는 절대온도에 비례한다.

$$\frac{V_1}{T_1} = \frac{V_2}{T_2}$$

여기서, V_1, V_2 : 부피[m³]
T_1, T_2 : 절대온도[K]

(3) **보일-샤를의 법칙** : 기체가 차지하는 부피는 압력에 반비례하며, 절대온도에 비례한다.

$$\frac{P_1 V_1}{T_1} = \frac{P_2 V_2}{T_2}$$

여기서, P_1, P_2 : 기압[atm]
V_1, V_2 : 부피[m³]
T_1, T_2 : 절대온도[K]

답 ④

CHAPTER
03 유체의 유동과 계측

① 점성유동

출제확률  20.1% (4문제)

1 층류와 난류

구 분	층 류		난 류
흐름	정상류		비정상류
레이놀드수	2,100 이하		4,000 이상
손실수두	유체의 속도를 알 수 있는 경우 $H = \dfrac{flV^2}{2gD}$ [m] (다르시-바이스바하의 식)	유체의 속도를 알 수 없는 경우 $H = \dfrac{128\mu Ql}{\gamma \pi D^4}$ [m] (하젠-포아젤의 식)	$H = \dfrac{2flV^2}{gD}$ [m] (패닝의 법칙)
전단응력	$\tau = \dfrac{p_A - p_B}{l} \cdot \dfrac{r}{2}$ [N/m²]		$\tau = \mu \dfrac{du}{dy}$ [N/m²]
평균속도	$V = 0.5\, U_{max}$		$V = 0.8\, U_{max}$
전이길이	$L_t = 0.05 Re\, D$ [m]		$L_t = 40 \sim 50\, D$ [m]
관마찰계수	$f = \dfrac{64}{Re}$		$f = 0.3164 Re^{-0.25}$

(1) **층류**(laminar flow) : 규칙적으로 운동하면서 흐르는 유체

> ※ 층류일 때 생기는 저항은 난류일 때보다 작다.

(2) **난류**(turbulent flow) : 불규칙적으로 운동하면서 흐르는 유체

(3) **레이놀드수**(Reynolds number) : **층류**와 **난류**를 **구분**하기 위한 계수

$$Re = \frac{DV\rho}{\mu} = \frac{DV}{\nu}$$

여기서, Re : 레이놀드수
D : 내경[m]
V : 유속[m/s]
ρ : 밀도[kg/m³]
μ : 점도[kg/m · s]
ν : 동점성 계수$\left(\dfrac{\mu}{\rho}\right)$[m²/s]

Key Point

❋ **달시-웨버의 식**

$$H = \frac{\Delta P}{\gamma} = \frac{flV^2}{2gD} \text{[m]}$$

여기서,
H : 마찰손실(손실수두)
[m]
ΔP : 압력차[Pa] 또는
[N/m²]
γ : 비중량(물의 비중
량 9800N/m³)
f : 관마찰계수
l : 길이[m]
V : 유속[m/s]
g : 중력가속도(9.8m/s²)
D : 내경[m]

❋ **하겐-포아젤의 식**

$$H = \frac{\Delta P}{\gamma} = \frac{128\mu Ql}{\gamma \pi D^4} \text{[m]}$$

여기서,
ΔP : 압력차(압력강하,
압력손실)[N/m²]
γ : 비중량(물의 비중량
9800N/m³)
μ : 점성계수[N · s/m²]
Q : 유량[m³/s]
l : 길이[m]
D : 내경[m]

❋ **전이길이**
유체의 흐름이 완전발달
된 흐름이 될 때의 길이

❋ **전이길이와 같은 의미**
① 입구길이
② 조주거리

❋ **레이놀드수**
원관유동에서 중요한
무차원수
① 층류 : $Re < 2100$
② 천이영역(임계영역) :
$2100 < Re < 4000$
③ 난류 : $Re > 4000$

❋ **점도와 같은 의미**
점성계수

Key Point

 용어

임계 레이놀드수

상임계 레이놀드수	하임계 레이놀드수
층류에서 **난류**로 변할 때의 레이놀드수 (4000)	**난류**에서 **층류**로 변할 때의 레이놀드수 (2100)

(4) 관마찰계수

$$f = \frac{64}{Re}$$

여기서, f : 관마찰계수
　　　　Re : 레이놀드수

 ★★

문제 관로에서 레이놀드수가 1850일 때 마찰계수 f 의 값은?

① 0.1851　　　　　　　　② 0.0346

③ 0.0214　　　　　　　　④ 0.0185

해설 관마찰계수 f 는
$$f = \frac{64}{Re} = \frac{64}{1850} ≒ 0.0346$$

답 ②

＊ 레이놀드수
층류와 난류를 구분하
기 위한 계수

① **층류** : 레이놀드수에만 관계되는 계수
② **천이영역(임계영역)** : **레이놀드수**와 관의 **상대조도**에 관계되는 계수
③ **난류** : 관의 **상대조도**에 **무관**한 계수

(5) 국부속도

$$V = U_{\max}\left[1 - \left(\frac{r}{r_0}\right)^2\right]$$

여기서, V : 국부속도[cm/s]
　　　　$U_{\max}$: 중심속도[cm/s]
　　　　r_0 : 반경[cm]
　　　　r : 중심에서의 거리[cm]

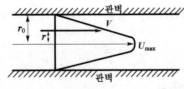

| 국부속도 |

※ 두 개의 평행한 고정평판 사이에 점성유체가 층류로 흐를 때 속도는 **중심**에서 **최대**가 된다.

(6) 마찰손실

① 다르시-바이스바하의 식(Darcy-Weisbach formula) : 층류

$$H = \frac{\Delta p}{\gamma} = \frac{fl V^2}{2gD}$$

여기서, H : 마찰손실(수두)[m], Δp : 압력차[Pa] 또는 [N/m²]
γ : 비중량(물의 비중량 9800N/m³), f : 관마찰계수
l : 길이[m], V : 유속[m/s]
g : 중력가속도(9.8m/s²), D : 내경[m]

 중요 관의 상당관 길이

$$L_e = \frac{KD}{f}$$

여기서, L_e : 관의 상당관 길이[m]
K : 손실계수
D : 내경[m]
f : 마찰손실계수

 ★★

문제 관로문제의 해석에서 어떤 두 변수가 같아야 등가의 관이 되는가?
① 전수두와 유량   ② 길이와 유량
③ 길이와 지름   ④ 관마찰계수와 지름

 해설

$$L_e = \frac{KD}{f}$$

관마찰계수와 지름이 같아야 등가의 관이 된다.

답 ④

② 패닝의 법칙(Fanning's law) : 난류

$$H = \frac{2fl V^2}{gD}$$

여기서, H : 마찰손실[m]
f : 관마찰계수
l : 길이[m]
V : 유속[m/s]
g : 중력가속도(9.8m/s²)
D : 내경[m]

③ 하겐-포아젤의 법칙(Hargen-Poiselle's law) : 층류
수평원통관속의 층류의 흐름에서 **유량, 관경, 점성계수, 길이, 압력강하** 등의 관계식이다.

$$H = \frac{32\mu l V}{D^2 \gamma}$$

여기서, H : 마찰손실[m]

μ : 점성계수[N·s/m²] 또는 [kg/m·s]

l : 길이[m]

V : 유속[m/s]

D : 내경[m]

γ : 비중량(물의 비중량 9800N/m³)

$$\Delta p = \frac{128\mu Q l}{\pi D^4}$$

여기서, Δp : 압력차(압력강하)[kPa], μ : 점성계수[N·s/m²] 또는 [kg/m·s]

Q : 유량[m³/s], l : 길이[m]

D : 내경[m]

④ 하겐-윌리엄스의 식(Hargen-William's formula)

$$\Delta P_m = 6.053 \times 10^4 \times \frac{Q^{1.85}}{C^{1.85} \times D^{4.87}} \times L$$

여기서, ΔP_m : 압력손실[MPa]

C : 조도

D : 관의 내경[mm]

Q : 관의 유량[l/min]

L : 배관길이[m]

(7) 돌연 축소·확대관에서의 손실

① 돌연 축소관에서의 손실

$$H = K\frac{V_2{}^2}{2g}$$

여기서, H : 손실수두[m]

K : 손실계수

V_2 : 축소관 유속[m/s]

g : 중력가속도(9.8m/s²)

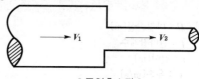

┃ 돌연축소관 ┃

② 돌연 확대관에서의 손실

$$H = K\frac{(V_1 - V_2)^2}{2g}$$

여기서, H : 손실수두[m], K : 손실계수

V_1 : 축소관 유속[m/s], V_2 : 확대관 유속[m/s]

g : 중력가속도(9.8m/s²)

Key Point

✽ 하겐-윌리엄스식
의 적용
① 유체종류 : 물
② 비중량 : 9800N/m³
③ 온도 : 7.2~24℃
④ 유속 : 1.5~5.5m/s

✽ 조도
① 흑관(건식)·주철관
: 100
② 흑관(습식)·백관
(아연도금강관) :
120
③ 동관 : 150

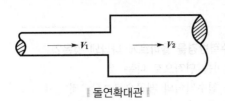

∥ 돌연확대관 ∥

Key Point

2 항력과 양력

(1) 항력 : 유동속도와 **평행방향**으로 작용하는 성분의 힘

$$D = C\frac{AV^2\rho}{2}$$

여기서, D : 항력$[\text{kg} \cdot \text{m/s}^2]$
C : 항력계수(무차원수)
A : 면적$[\text{m}^2]$
V : 유동속도$[\text{m/s}]$
ρ : 밀도$[\text{kg/m}^3]$

(2) 양력 : 유동속도와 **직각방향**으로 작용하는 성분의 힘

$$L = C\frac{AV^2\rho}{2}$$

여기서, L : 양력$[\text{kg} \cdot \text{m/s}^2]$
C : 양력계수(무차원수)
A : 면적$[\text{m}^2]$
V : 유동속도$[\text{m/s}]$
ρ : 밀도$[\text{kg/m}^3]$

3 수력반경과 수력도약

(1) 수력반경(hydraulic radius)

$$R_h = \frac{A}{l} = \frac{1}{4}(D-d)$$

여기서, R_h : 수력반경$[\text{m}]$
A : 단면적$[\text{m}^2]$
l : 접수길이$[\text{m}]$
D : 관의 외경$[\text{m}]$
d : 관의 내경$[\text{m}]$

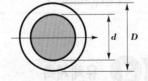

∥ 수력반경 ∥

※ 수력반경 = 수력반지름 = 등가반경

※ 축소, 확대노즐

축소부분	확대부분
언제나 아음속이다.	초음속이 가능하다.

※ 항력
유속의 제곱에 비례한다.
① 마찰항력
② 압력항력

※ 수력반경
면적을 접수길이(둘레 길이)로 나눈 것

※ 상대조도

$$상대조도 = \frac{\varepsilon}{4R_h}$$

여기서,
ε : 조도계수
R_h : 수력반경$[\text{m}]$

※ 원관의 수력반경

$$R_h = \frac{d}{4}$$

여기서,
R_h : 수력반경$[\text{m}]$
d : 지름$[\text{m}]$

★★

문제 다음 중 수력반경을 올바르게 나타낸 것은?

① 접수길이를 면적으로 나눈 것

② 면적을 접수길이의 제곱으로 나눈 것

③ 면적의 제곱근

④ 면적을 접수길이로 나눈 것

해설 **수력반경**(hydraulic radius)

$$R_h = \frac{A}{l} = \frac{1}{4}(D-d)$$

여기서, R_h : 수력반경[m], A : 단면적[m²], l : 접수길이[m]
D : 관의 외경[m], d : 관의 내경[m]

※ **수력반경** : 면적을 접수길이(둘레길이)로 나눈 것

답 ④

(2) **수력도약**(hydraulic jump) : 개수로에 흐르는 액체의 **운동에너지**가 갑자기 **위치에너지**로 변할 때 일어난다.

② 차원해석

┃무차원수의 물리적 의미와 유동의 중요성┃

명 칭	물리적인 의미	유동의 중요성
레이놀드(Reynolds)수	관성력/점성력	모든 유체유동
프루드(Froude)수	관성력/중력	자유 표면 유동
마하(Mach)수	관성력/압축력 $\left(\dfrac{V}{C}\right)$	압축성 유동
코우시스(Cauchy)수	관성력/탄성력 $\left(\dfrac{\rho V^2}{k}\right)$	압축성 유동
웨버(Weber)수	관성력/표면장력	표면장력
오일러(Euler)수	압축력/관성력	압력차에 의한 유동

✽ **무차원수**
단위가 없는 것

③ 유체계측

① 정압측정

✽ **정압관 · 피에조미터**
유동하고 있는 유체의
정압 측정

정압관(static tube)	피에조미터(piezometer)
측면에 작은 구멍이 뚫어져 있고, 원통 모양의 선단이 막혀 있다.	매끄러운 표면에 수직으로 작은 구멍 뚫어져서 액주계와 연결되어 있다.

※ **마노미터**(mano meter) : 유체의 **압력차를 측정**하여 유량을 **계산**하는 계기

문제 정압관은 다음 어떤 것을 측정하기 위해 사용하는가?

① 유동하고 있는 유체의 속도

② 유동하고 있는 유체의 정압

③ 정지하고 있는 유체의 정압

④ 전압력

해설 유동하고 있는 유체의 **정압**측정

정압관	피에조미터
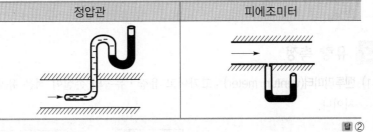	

답 ②

2 동압(유속) 측정

(1) 시차액주계(differential manometer) : 유속 및 **두 지점**의 **압력**을 측정하는 장치

$$p_A + \gamma_1 h_1 - \gamma_2 h_2 - \gamma_3 h_3 = p_B$$

여기서, p_A : 점 A의 압력[kPa] 또는 [kN/m²]

p_B : 점 B의 압력[kPa] 또는 [kN/m²]

$\gamma_1, \gamma_2, \gamma_3$: 비중량[kN/m³]

h_1, h_2, h_3 : 높이[m]

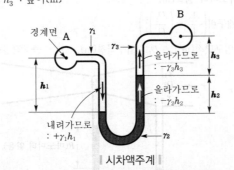

∥시차액주계∥

※ **시차액주계의 압력계산방법** : 경계면에서 내려가면 **더하고**, 올라가면 **뺀다**.

(2) 피토관(pitot tube) : 유체의 **국부속도**를 측정하는 장치이다.

$$V = C\sqrt{2gH}$$

여기서, V : 유속[m/s], C : 측정계수

g : 중력가속도(9.8m/s²), H : 높이[m]

 Key Point

❋ **부르동관**
금속의 탄성변형을 기계적으로 확대시켜 유체의 압력을 측정하는 계기

❋ **전압**
전압＝동압＋정압

❋ **비중량**
① 물 : 9.8kN/m³
② 수은 : 133.28kN/m³

❋ **동압(유속)측정**
① 시차액주계
② 피토관
③ 피토-정압관
④ 열선속도계

❋ **파이프속을 흐르는**
수압측정
① 부르동 압력계
② 마노미터
③ 시차압력계

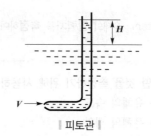

‖ 피토관 ‖

(3) **피토-정압관**(pitot-static tube) : 피토관과 정압관이 결합되어 **동압**(유속)을 **측정**한다.

(4) **열선속도계**(hot-wire anemometer) : **난류유동**과 같이 매우 빠른 유속 측정에 사용한다.

3 유량 측정

(1) **벤투리미터**(venturi meter) : **고가**이고 유량·유속의 손실이 적은 유체의 유량 측정 장치이다.

$$Q = C_v \frac{A_2}{\sqrt{1-m^2}} \sqrt{\frac{2g(\gamma_s - \gamma)}{\gamma}} R = CA_2 \sqrt{\frac{2g(\gamma_s - \gamma)}{\gamma}} R$$

여기서, Q : 유량[m³/s]

C_v : 속도계수

C : 유량계수$\left(C = C_v \dfrac{1}{\sqrt{1-m^2}}\right)$

A_2 : 출구면적[m²]

g : 중력가속도(9.8m/s²)

γ_s : 비중량(수은의 비중량 133.28kN/m³)

γ : 비중량(물의 비중량 9.8kN/m³)

R : 마노미터 읽음[m]

m : 개구비$\left(\dfrac{A_2}{A_1} = \left(\dfrac{D_2}{D_1}\right)^2\right)$

A_1 : 입구면적[m²], D_1 : 입구직경[m], D_2 : 출구직경[m]

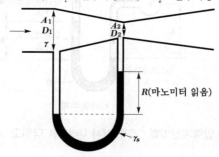

‖ 벤투리미터 ‖

(2) **오리피스**(orifice) : **저가**이나 **압력손실**이 크다.

$$\Delta p = p_1 - p_2 = R(\gamma_s - \gamma)$$

※ **유량 측정**
① 벤투리미터
② 오리피스
③ 위어
④ 로터미터
⑤ 노즐
⑥ 마노미터

※ **로켓**
외부유체의 유동에 의존하지 않고 추력이 만들어지는 유체기관

※ **오리피스**
두 점간의 압력차를 측정하여 유속 및 유량을 측정하는 기구

여기서, Δp : U자관 마노미터의 압력차(kPa) 또는 (kN/m²)

   p_2 : 출구압력(kPa) 또는 (kN/m²)

   p_1 : 입구압력(kPa) 또는 (kN/m²)

   R : 마노미터 읽음(m)

   γ_s : 비중량(수은의 비중량 133.28kN/m³)

   γ : 비중량(물의 비중량 9.8kN/m³)

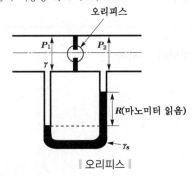

‖ 오리피스 ‖

(3) 위어(weir) : 개수로의 **유량측정**에 사용되는 장치이다.

   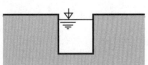

(a) 직각 3각 위어(V-notch 위어)   (b) 4각 위어

‖ 위어의 종류 ‖

(4) 로터미터(rotameter) : 유량을 **부자**(float)에 의해서 **직접 눈으로 읽을 수 있는 장치**이다.

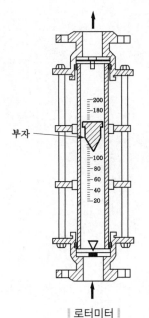

부자

‖ 로터미터 ‖

Key Point

❋ **오리피스의 조건**

① 유체의 흐름이 정상류일 것

② 유체에 대한 압축・전도 등의 영향이 적을 것

③ 기포가 없을 것

④ 배관이 수평상태일 것

❋ **V-notch 위어**

① $H^{\frac{5}{2}}$ 에 비례한다.

② 개수로의 소유량 측정에 적합

❋ **위어의 종류**

① V-notch 위어

② 4각 위어

③ 예봉 위어

④ 광봉 위어

문제 다음의 유량측정장치 중 유체의 유량을 직접 볼 수 있는 것은?

① 오리피스미터   ② 벤투리미터

③ 피토관   ④ 로터미터

해설 **로터미터**(rotameter) : 유량을 **부자**(float)에 의해서 직접 눈으로 읽을 수 있는 장치

답 ④

(5) **노즐**(nozzle) : 벤투리미터와 유사하다.

출제확률 20.1% (4문제)

01 ★★ 다음 중 무차원군인 것은?

① 비열
② 열량
③ 레이놀드수
④ 밀도

해설 ① 비열[kcal/kg·℃]　② 열량[kcal]
③ 레이놀드수(무차원군)　④ 밀도[kg/m³]

　※ **무차원군** : 단위가 없는 것

답 ③

02 ★★★ 레이놀드수가 얼마일 때를 통상 층류라고 하는가?

① 2100 이하
② 3100~4000
③ 3000
④ 4000 이상

해설 레이놀드수

구분	설명
층류	$Re < 2100$
천이영역(임계영역)	$2100 < Re < 4000$
난류	$Re > 4000$

답 ①

03 ★ 원관내를 흐르는 층류 흐름에서 유체의 점도에 의한 마찰손실을 어떻게 나타내는가?

① 레이놀드수에 비례한다.
② 레이놀드수에 반비례한다.
③ 레이놀드수의 제곱에 비례한다.
④ 레이놀드수의 제곱에 반비례한다.

해설 레이놀드수

$$Re = \frac{DV\rho}{\mu} = \frac{DV}{\nu}$$

여기서, Re : 레이놀드수
　　　　D : 내경[m]
　　　　V : 유속[m/s]
　　　　ρ : 밀도[kg/m³]
　　　　μ : 점도[kg/m·s]
　　　　ν : 동점성 계수$\left(\dfrac{\mu}{\rho}\right)$[cm²/s]

점도 μ는
$$\mu = \frac{DV\rho}{Re} \propto \frac{1}{Re}$$

　유체의 점도는 레이놀드수에 **반비례**한다.

답 ②

04 동점성계수가 0.8×10^{-6} m²/s인 어느 유체가 내경 20cm인 배관속을 평균유속 2m/s로 흐른다면 이 유체의 레이놀드수는 얼마인가?

① 3.5×10^5
② 5.0×10^5
③ 6.5×10^5
④ 7.0×10^5

해설 **문제 3 참조**

$$Re = \frac{DV\rho}{\mu} = \frac{DV}{\nu}$$

레이놀드 수 Re 는

$$Re = \frac{DV}{\nu}$$

$$= \frac{0.2\text{m} \times 2\text{m/s}}{0.8 \times 10^{-6}\text{m}^2/\text{s}} = 5.0 \times 10^5$$

　100cm=1m 이므로 20cm=0.2m

답 ②

05 ★★ 직경이 2cm의 수평원관에 평균속도 0.5m/s로 물이 흐르고 있다. 이때 레이놀드수를 구하면? (단, 0℃ 물의 동점성계수는 1.7887×10^{-6} m²/s이고, 0℃ 물이 흐르고 있을 때임)

① 3581
② 5590
③ 11180
④ 12000

해설 **문제 3 참조**
레이놀드수 Re 는
$$Re = \frac{DV}{\nu}$$

$$= \frac{0.02\text{m} \times 0.5\text{m/s}}{1.7887 \times 10^{-6}\text{m}^2/\text{s}} \fallingdotseq 5590$$

　2cm=0.02m

　※ **레이놀드수** : 층류와 난류를 구분하기 위한 계수

답 ②

06 ★★ 지름이 10cm인 원관 속에 비중이 0.85인 기름이 0.01m³/s로 흐르고 있다. 이 기름의 동점성계수가 1×10^{-4} m²/s일 때 이 흐름의 상태는?

① 층류
② 난류
③ 천이구역
④ 비정상류

해설 (1) **유량**

$$Q = AV = \left(\frac{\pi}{4}D^2\right)V$$

여기서, Q : 유량[m³/s]
　　　A : 단면적[m²]
　　　V : 유속[m/s]
　　　D : 지름[m]

유량 Q 는
$Q = AV$ 에서
유속 V 는

$$V = \frac{Q}{A} = \frac{Q}{\frac{\pi}{4}D^2} = \frac{0.01\text{m}^3/\text{s}}{\frac{\pi}{4}(0.1\text{m})^2} \fallingdotseq 1.27\text{m/s}$$

문제 3 참조
(2) **레이놀드수 Re 는**

$$Re = \frac{DV}{\nu} = \frac{0.1\text{m} \times 1.27\text{m/s}}{1 \times 10^{-4}\text{m}^2/\text{s}} = 1270$$

> 10cm=0.1m

- 비중은 적용하지 않는 것에 주의할 것
- $Re < 2100$ 이므로 **층류**이다.

답 ①

07 동점성 계수가 1.15×10^{-6}m²/s의 물이 지름 30 mm 의 관내를 흐르고 있다. 층류가 기대될 수 있는 최대의 유량은?

① 4.69×10^{-5}m³/s
② 5.69×10^{-5}m³/s
③ 4.69×10^{-7}m³/s
④ 5.69×10^{-7}m³/s

해설 **문제 3, 6 참조**
레이놀드수 Re 는
$Re = \frac{DV}{\nu}$ 에서
층류의 최대 레이놀드수 **2100**을 적용하면

$$2100 = \frac{0.03\text{m} \times V}{1.15 \times 10^{-6}\text{m}^2/\text{s}}$$

유속 $V = 0.08$m/s
최대유량 Q 는
$Q = AV$

$$= \frac{\pi \times (0.03\text{m})^2}{4} \times 0.08\text{m/s} \fallingdotseq 5.69 \times 10^{-5}\text{m}^3/\text{s}$$

> 1000mm=1m 이므로 30mm=0.03m

참고

레이놀드수

구분	설명
층류	$Re < 2100$
천이영역(임계영역)	$2100 < Re < 4000$
난류	$Re > 4000$

답 ②

08 비중 0.9인 기름의 점성계수는 0.0392N·s/m² 이다. 이 기름의 동점성계수는 얼마인가?(단, 중력가속도는 9.8m/s²)

① 4.1×10^{-4}m²/s
② 4.3×10^{-5}m²/s
③ 6.1×10^{-4}m²/s
④ 6.3×10^{-5}m²/s

해설 (1) **비중**

$$s = \frac{\rho}{\rho_w}$$

여기서, s : 비중
　　　ρ : 어떤 물질의 밀도[N·s²/m⁴]
　　　ρ_w : 물의 밀도(1000N·s²/m⁴=1000kg/m³)

기름의 밀도 ρ 는
$\rho = \rho_w \times s = 1000\text{N} \cdot \text{s}^2/\text{m}^4 \times 0.9 = 900\text{N} \cdot \text{s}^2/\text{m}^4$

(2) **동점성 계수**

$$\nu = \frac{\mu}{\rho}$$

여기서, ν : 동점성계수[m²/s]
　　　μ : 점성계수[N·s/m²]
　　　ρ : 밀도[N·s²/m⁴]

동점성계수 ν 는
$$\nu = \frac{\mu}{\rho} = \frac{0.0392\text{N} \cdot \text{s}/\text{m}^2}{900\text{N} \cdot \text{s}^2/\text{m}^4} \fallingdotseq 4.3 \times 10^{-5}\text{m}^2/\text{s}$$

답 ②

09 하임계 레이놀드수에 대하여 옳게 설명한 것은?
① 난류에서 층류로 변할 때의 가속도
② 층류에서 난류로 변할 때의 임계속도
③ 난류에서 층류로 변할 때의 레이놀드수
④ 층류에서 난류로 변할 때의 레이놀드수

해설 **임계 레이놀드수**

상임계 레이놀드수	하임계 레이놀드수
층류에서 난류로 변할때의 레이놀드수(4000)	난류에서 층류로 변할때의 레이놀드수(2100)

답 ③

10 파이프내의 흐름에 있어서 마찰계수(f)에 대한 설명으로 옳은 것은?
① f 는 파이프의 조도와 레이놀드에 관계가 있다.
② f 는 파이프 내의 조도에는 전혀 관계가 없고 압력에만 관계가 있다.
③ 레이놀드수에는 전혀 관계없고 조도에만 관계가 있다.
④ 레이놀드수와 마찰손실수두에 의하여 결정된다.

3-50 · 제3장 유체의 유동과 계측

해설 **관마찰계수**

구분	설명
층류	레이놀드수에만 관계되는 계수
천이영역(임계영역)	레이놀드수와 관의 상대조도에 관계되는 계수
난류	관의 상대조도에 무관한 계수

마찰계수(f)는 파이프의 **조도**와 **레이놀드**에 관계가 있다.

답 ①

11 다음 중 관마찰계수는 어느 것인가?
① 절대조도와 관지름의 함수
② 절대조도와 상대조도의 관계
③ 레이놀드수와 상대조도의 함수
④ 마하수와 코시수의 함수

해설 **문제 10 참조**

관마찰계수(f)는 레이놀드수와 상대조도의 함수이다.

답 ③

12 원관 내를 흐르는 층류 흐름에서 마찰손실은?
① 레이놀드수에 비례한다.
② 레이놀드수에 반비례한다.
③ 레이놀드수의 제곱에 비례한다.
④ 레이놀드수의 제곱에 반비례한다.

해설 **관마찰계수**

$$f = \frac{64}{Re}$$

여기서, f : 관마찰계수
Re : 레이놀드수
관마찰계수 f 는
$f = \frac{64}{Re} \propto \frac{1}{Re}$

마찰손실은 레이놀드수에 **반비례**한다.

답 ②

13 Reynold 수가 1200인 유체가 매끈한 원관 속을 흐를 때 관 마찰계수는 얼마인가?
① 0.0254 ② 0.00128
③ 0.0059 ④ 0.053

해설 **문제 12 참조**
층류일 때 관마찰계수 f 는
$f = \frac{64}{Re} = \frac{64}{1200} ≒ 0.053$

답 ④

14 관로(소화배관)의 다음과 같은 변화 중 부차적 손실에 해당되지 아니하는 것은?
① 관벽의 마찰 ② 급격한 확대
③ 급격한 축소 ④ 부속품의 설치

해설 **배관의 마찰손실**

구분	종류
주손실	관로에 의한 마찰손실
부차적 손실	① **관**의 급격한 **확**대손실 ② **관**의 급격한 **축**소손실 ③ 관 **부**속품에 의한 손실

기억법 **부관확축**

답 ①

15 배관 내를 흐르는 유체의 마찰손실에 대한 설명 중 옳은 것은?
① 유속과 관길이에 비례하고 지름에 반비례한다.
② 유속의 제곱과 관길이에 비례하고 지름에 반비례한다.
③ 유속의 제곱근과 관길이에 비례하고 지름에 반비례한다.
④ 유속의 제곱과 관길이에 비례하고 지름의 제곱근에 반비례한다.

해설 **달시-웨버의 식**

$$H = \frac{\Delta P}{\gamma} = \frac{flV^2}{2gD}$$

여기서, H : 마찰손실[m]
ΔP : 압력차[kPa] 또는 [kN/m^2]
γ : 비중량(물의 비중량 9.8kN/m^3)
f : 관마찰계수
l : 길이[m]
V : 유속[m/s]
g : 중력가속도(9.8m/s^2)
D : 내경[m]

유체의 마찰손실은 유속의 **제곱**과 관길이에 **비례**하고 지름에 **반비례**한다.

답 ②

16 배관속을 흐르는 유체의 손실수두에 관한 사항으로서 다음 중 옳은 것은?
① 관의 길이에 반비례한다.
② 관의 내경의 제곱에 반비례한다.
③ 유속의 제곱에 비례한다.
④ 유체의 밀도에 반비례한다.

해설 문제 15 참조

③ 유체의 마찰손실은 유속의 제곱과 관길이에 비례하고 지름에 반비례한다.

답 ③

17

소화설비배관 중에서 내경이 15cm이고, 길이가 1000m의 곧은 배관(아연강관)을 통하여 50l/s의 물이 흐른다. 마찰손실수두를 구하면 몇 m인가? (단, 마찰계수는 0.02이다.)

① 17.01 　　② 44.5
③ 54.5 　　④ 60.5

해설 문제 15 참조
(1) 유량

$$Q = A V = \left(\frac{\pi}{4}D^2\right)V$$

여기서, Q : 유량[m³/s]
　　　　 A : 단면적[m²]
　　　　 V : 유속[m/s]
　　　　 D : 지름(내경)[m]

유속 V 는

$$V = \frac{Q}{A} = \frac{Q}{\frac{\pi}{4}D^2}$$

$$= \frac{0.05\text{m}^3/\text{s}}{\frac{\pi}{4}(0.15\text{m})^2} ≒ 2.83\text{m/s}$$

• $1000l = 1\text{m}^3$이므로 $50l/s = 0.05\text{m}^3/\text{s}$
• $100\text{cm} = 1\text{m}$ 이므로 $15\text{cm} = 0.15\text{m}$

(2) 달시-웨버의 식

$$H = \frac{fl\,V^2}{2gD}$$

$$= \frac{0.02 \times 1000\text{m} \times (2.83\text{m/s})^2}{2 \times 9.8\text{m/s}^2 \times 0.15\text{m}} ≒ 54.5\text{m}$$

• [문제]에서 특별한 조건이 없는 한 층류로 보고 달시-웨버의 식$\left(H = \frac{fl\,V^2}{2gD}\right)$을 적용하면 된다.
패닝의 법칙$\left(H = \frac{2fl\,V^2}{gD}\right)$은 난류라고 주어진 경우에만 적용한다.

답 ③

18

지름이 150mm인 관을 통해 소방용수가 흐르고 있다. 유속 5m/s A점과 B점 간의 길이가 500m일 때 A, B점간의 수두 손실을 10m 라고 하면, 이 관의 마찰계수는 얼마인가?

① 0.00235 　　② 0.00315
③ 0.00351 　　④ 0.00472

해설 문제 15 참조

$H = \frac{fl\,V^2}{2gD}$ 에서

관마찰계수 f 는

$$f = \frac{2gDH}{l\,V^2} = \frac{2 \times 9.8\text{m/s}^2 \times 0.15\text{m} \times 10\text{m}}{500\text{m} \times (5\text{m/s})^2} ≒ 0.00235$$

• 1000mm=1m 이므로 150mm=0.15m

답 ①

19

직경 7.5cm인 원관을 통하여 3m/s의 유속으로 물을 흘려 보내려 한다. 관의 길이가 200m이면 압력강하는 몇 kPa인가? (단, 마찰계수 f = 0.03이다.)

① 122 　　② 360
③ 734 　　④ 135

해설 문제 15 참조
달시-웨버식

$H = \frac{\Delta p}{\gamma} = \frac{fl\,V^2}{2gD}$ 에서

압력강하 Δp 는

$$\Delta p = \frac{fl\,V^2\gamma}{2gD}$$

$$= \frac{0.03 \times 200\text{m} \times (3\text{m/s})^2 \times 9.8\text{kN/m}^3}{2 \times 9.8\text{m/s}^2 \times 0.075\text{m}}$$

$$= 360\text{kN/m}^2 = 360\text{kPa}$$

$1\text{kN/m}^2 = 1\text{kPa}$

답 ②

20

관내에서 유체가 흐를 경우 유동이 난류라면 수두손실은?

① 속도에 정비례한다.
② 속도의 제곱에 반비례한다.
③ 지름의 제곱에 반비례하고 속도에 정비례한다.
④ 대략 속도의 제곱에 비례한다.

해설 패닝의 법칙 : 난류

$$H = \frac{2fl\,V^2}{gD}$$

여기서, H : 수두손실[m]
　　　　 f : 관마찰계수
　　　　 l : 길이[m]
　　　　 V : 유속[m/s]
　　　　 g : 중력가속도(9.8m/s²)
　　　　 D : 내경[m]

수두손실은 속도(유속)의 **제곱**에 비례한다.

답 ④

21

어느 일정길이의 배관 속을 매분 200 l의 물이 흐르고 있을 때의 마찰손실압력이 0.02MPa이었다면 물 흐름이 매분 300 l로 증가할 경우 마찰손실압력은 얼마가 될 것인가? (단, 마찰손실계산은 하겐-윌리엄스 공식을 따른다고 한다.)

① 0.03MPa 　　② 0.04MPa
③ 0.05MPa 　　④ 0.06MPa

해설 하겐-윌리엄스 공식

$$\Delta P_m = 6.053 \times 10^4 \times \frac{Q^{1.85}}{C^{1.85} \times D^{4.87}} \times L$$

여기서, ΔP_m : 압력손실[MPa]
　　　　C : 조도
　　　　D : 관의 내경[mm]
　　　　Q : 관의 유량[l/min]
　　　　L : 배관길이[m]

$\Delta P_m = 6.053 \times 10^4 \times \dfrac{Q^{1.85}}{C^{1.85} \times D^{4.87}} \times L$ 에서

$\Delta P_m \propto Q^{1.85}$
비례식으로 풀면
$0.02\text{MPa} : (200l/\text{min})^{1.85} = x : (300l/\text{min})^{1.85}$
$x = \dfrac{(300l/\text{min})^{1.85}}{(200l/\text{min})^{1.85}} \times 0.02\text{MPa} \fallingdotseq 0.04\text{MPa}$

답 ②

★★
22 물 소화설비에서 배관 내 정상류의 흐름에 대한 마찰손실계산은 하겐-윌리엄스 공식이라고 불리는 실험식이 주로 사용되지만 이 식도 모든 유속에 대해 정확한 결과를 주는 것이 아니고 사용할 수 있는 유속의 적정범위가 있다. 그것은 어떤 범위의 유속인가?
① 약 0.5m/s~약 7.0m/s
② 약 1.0m/s~약 6.0m/s
③ 약 1.2m/s~약 6.0m/s
④ 약 1.5m/s~약 5.5m/s

해설 하겐-윌리엄스 공식의 적용범위
(1) 유체의 종류 : **물**
(2) 비중량 : **9.8kN/m³**
(3) 온도 : **7.2~24℃**
(4) 유속 : **1.5~5.5m/s**

답 ④

23 오리피스 헤드가 6cm이고 실제 물의 유출속도가 9.7 m/s일 때 손실 수두는? (단, K=0.25이다.)
① 0.6 m
② 1.2 m
③ 1.5 m
④ 2.4 m

해설 손실수두

$$H = K \frac{V^2}{2g}$$

여기서, H : 손실수두[m]
　　　　K : 손실계수
　　　　V : 유출속도[m/s]
　　　　g : 중력가속도(9.8m/s²)

손실수두 H는
$H = K \dfrac{V^2}{2g}$
$\quad = 0.25 \times \dfrac{(9.7\text{m/s})^2}{2 \times 9.8\text{m/s}^2} = 1.2\text{m}$

답 ②

24 수면의 수직 하부 H에 위치한 오리피스에서 유출되는 물의 속도수두는 어떻게 표시되는가? (단, 속도계수는 C_V이고, 오리피스에서 나온 직후의 유속은 $U = C_V\sqrt{2gH}$로 표시된다.)
① C_V/H
② C_V^2/H
③ $C_V^2 H$
④ $C_V H$

해설 속도수두

$$H = \frac{V^2}{2g}$$

여기서, H : 속도수두[m]
　　　　$V(U)$: 유속[m/s]
　　　　g : 중력가속도(9.8m/s²)

속도수두 H는
$H = \dfrac{U^2}{2g}$
$\quad = \dfrac{(C_V\sqrt{2gH})^2}{2g} = \dfrac{C_V^2 \times 2gH}{2g} = C_V^2 H$

답 ③

★
25 항력에 관한 설명 중 틀린 것은 어느 것인가?
① 항력계수는 무차원수이다.
② 물체가 받는 항력은 마찰항력과 압력항력이 있다.
③ 항력은 유체의 밀도에 비례한다.
④ 항력은 유속에 비례한다.

해설 항력

$$D = C \frac{A V^2 \rho}{2}$$

여기서, D : 항력[kg·m/s²]
　　　　C : 항력계수(무차원수)
　　　　A : 면적[m²]
　　　　V : 유속[m/s]
　　　　ρ : 밀도[kg/m³]

항력은 유속의 **제곱에 비례**한다.

답 ④

★★
26 내경이 d, 외경이 D인 동심 2중관에 액체가 가득차 흐를 때 수력반경 R_h는?
① $\dfrac{1}{6}(D-d)$
② $\dfrac{1}{6}(D+d)$
③ $\dfrac{1}{4}(D-d)$
④ $\dfrac{1}{4}(D+d)$

해설 수력반경

$$R_h = \frac{A}{l} = \frac{1}{4}(D-d)$$

여기서, R_h : 수력반경[m]
 A : 단면적[m²]
 l : 접수길이[m]
 D : 관의 외경[m]
 d : 관의 내경[m]

※ **수력반경** : 면적을 접수길이(둘레길이)로 나눈 것

답 ③

27 지름 d인 판에 액체가 가득차 흐를 때 수력반경 R_h은 어떻게 표시되는가?

① $2d$ ② $\dfrac{d}{4}$

③ $\dfrac{1}{2}d$ ④ $\dfrac{1}{4}d^2$

해설 **문제 26 참조**

$$수력반경 = \frac{단면적}{접수길이} = \frac{\frac{\pi}{4}d^2}{\pi d} = \frac{d}{4}$$

답 ②

★★★
28 치수가 30cm×20cm인 4각 단면 관에 물이 가득차 흐르고 있다. 이 관의 수력반경은 몇 cm인가?

① 3   ② 6
③ 20   ④ 25

해설
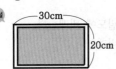

문제 26 참조
수력반경 R_h는

$$R_h = \frac{A}{l}$$

$$= \frac{(30 \times 20)\text{cm}^2}{(30 \times 2\text{면})\text{cm} + (20 \times 2\text{면})\text{cm}} = 6\text{cm}$$

답 ②

★
29 직사각형 수로의 깊이가 4m, 폭이 8m인 수력반경은 몇 m인가?

① 2   ② 4
③ 6   ④ 8

해설
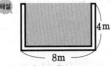

문제 26 참조
수력반경 R_h는

$$R_h = \frac{A}{l} = \frac{(4 \times 8)\text{m}^2}{8\text{m} + (4 \times 2\text{면})\text{m}} = 2\text{m}$$

※ **수로** : 물을 보내는 통로

답 ①

30 단면이 5cm×5cm인 관내로 유체가 흐를 때 조도계수 $\varepsilon = 0.0008$m일 때 상대조도는?

① 0.008   ② 0.016
③ 0.020   ④ 0.040

해설

문제 26 참조
(1) **수력반경** R_h는

$$R_h = \frac{A}{l} = \frac{(5 \times 5)\text{cm}^2}{(5 \times 2\text{면})\text{cm} + (5 \times 2\text{면})\text{cm}} = 1.25\text{cm}$$

(2) **상대조도**

$$상대조도 = \frac{\varepsilon}{4R_h}$$

여기서, ε : 조도계수
 R_h : 수력반경[m]

상대조도 $= \dfrac{\varepsilon}{4R_h} = \dfrac{0.08\text{cm}}{4 \times 1.25\text{cm}} = 0.016$

답 ②

★★★
31 프루드(Froude)수의 물리적인 의미는?

① 관성력/탄성력   ② 관성력/중력
③ 관성력/압력   ④ 관성력/점성력

해설 **무차원수**의 물리적 의미

명 칭	물리적 의미
레이놀즈(Reynolds)수	관성력 / 점성력
프루드(Froude)수	**관**성력 / **중**력
마하(Mach)수	관성력 / 압축력
웨버(Weber)수	관성력 / 표면장력
오일러(Euler)수	압축력 / 관성력

기억법 **프관중**

② 프루드수 = 관성력/중력

답 ②

★★★
32 다음 그림과 같이 시차액주계의 압력차(Δp)는?

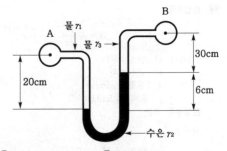

① 8.976kPa   ② 0.897kPa
③ 89.76kPa   ④ 0.089kPa

해설 **시차액주계**

$$p_A + \gamma_1 h_1 - \gamma_2 h_2 - \gamma_3 h_3 = p_B$$

여기서, p_A : 점 A의 압력[kPa 또는 kN/m²]
p_B : 점 B의 압력[kPa 또는 kN/m²]
$\gamma_1, \gamma_2, \gamma_3$: 비중량[kN/m³]
h_1, h_2, h_3 : 높이[m]

$p_A - p_B$
$= -\gamma_1 h_1 + \gamma_2 h_2 + \gamma_3 h_3$
$= (-9.8\text{kN/m}^3 \times 0.2\text{m}) + (133.28\text{kN/m}^3 \times 0.06\text{m})$
$\quad + (9.8\text{kN/m}^3 \times 0.3\text{m})$
$\fallingdotseq 8.976\text{kN/m}^2 = 8.976\text{kPa}$

- 물의 비중량 = 9.8kN/m³
- 수은의 비중량 = 133.28kN/m³

▶ 참고

시차액주계의 압력계산방법
계면을 기준으로 내려오면 더하고, 올라가면 뺀다.

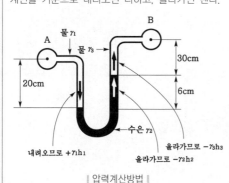

∥압력계산방법∥

답 ①

33 그림과 같이 액주계에서 $\gamma_1 = 9.8\text{kN/m}^3$, $\gamma_2 = 133.28\text{kN/m}^3$, $h_1 = 500\text{mm}$, $h_2 = 800\text{mm}$일 때 관 중심 A의 게이지압은 얼마인가?

① 101.7kPa
② 109.6kPa
③ 126.4kPa
④ 131.7kPa

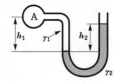

해설 **문제 32 참조**
$p_A + \gamma_1 h_1 - \gamma_2 h_2 = 0$
$p_A = -\gamma_1 h_1 + \gamma_2 h_2$
$\quad = (-9.8\text{kN/m}^3 \times 0.5\text{m}) + (133.28\text{kN/m}^3 \times 0.8\text{m})$
$\quad = 101.7\text{kN/m}^2 = 101.7\text{kPa}$

1kN/m² = 1kPa

답 ①

34 유체를 측정할 수 있는 계측기기가 아닌 것은?

① 마노미터
② 오리피스미터
③ 크로마토그래피
④ 벤투리미터

해설 **유체 측정기기**

(1) 마노미터
(2) 오리피스미터
(3) 벤투리미터
(4) 로터미터
(5) 위어
(6) 노즐(유동노즐)

③ 크로마토그래피 : 물질분석기기

답 ③

35 배관 내에 유체가 흐를 때 유량을 측정하기 위한 것으로 관련이 없는 것은?

① 오리피스미터
② 벤투리미터
③ 위어
④ 로터미터

해설 **배**관 내의 **유**량측정
(1) **마**노미터 : 직접 측정은 불가능
(2) **오**리피스미터 [보기 ①]
(3) **벤**투리미터 [보기 ②]
(4) **로**터미터 [보기 ④]
(5) **유**동노즐(노즐)

기억법 배유마오벤로

③ 위어 : 개수로의 유량측정

답 ③

36 관로의 유량을 측정하기 위하여 오리피스를 설치한다. 유량을 오리피스에서 생기는 압력차에 의하여 계산하면 얼마인가? (단, 액주계 액체의 비중은 2.50, 흐르는 유체의 비중은 0.85, 마노미터의 읽음은 400mm이다.)

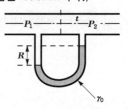

① 9.8kPa
② 63.24kPa
③ 6.468kPa
④ 98.0kPa

해설 (1) **비중**

$$s = \frac{\gamma}{\gamma_w}$$

여기서, s : 비중
γ : 어떤 물질의 비중량[kN/m³]
γ_w : 물의 비중량(9.8kN/m³)

액주계 액체의 비중
$s = \dfrac{\gamma}{\gamma_w}$
$\gamma = \gamma_w \cdot s = 9.8\text{kN/m}^3 \times 2.5 = 24.5\text{kN/m}^3$

흐르는 유체의 비중
$s = \dfrac{\gamma}{\gamma_w}$
$\gamma = \gamma_w \cdot s = 9.8\text{kN/m}^3 \times 0.85 = 8.33\text{kN/m}^3$

물의 비중량(γ_w) = 9800N/m³ = 9.8kN/m³

(2) **오리피스**

$$\Delta p = p_2 - p_1 = R(\gamma_s - \gamma)$$

여기서, Δp : U자관 마노미터의 압력차[kPa]
p_2 : 출구압력[kPa]
p_1 : 입구압력[kPa]
R : 마노미터 읽음[m]
γ_s : 비중량(수은의 비중량 133.28kN/m³)
γ : 비중량(물의 비중량 9.8kN/m³)

압력차 Δp 는
$$\Delta p = R(\gamma_s - \gamma)$$
$$= 0.4\text{m} \times (24.5 - 8.33)\text{kN/m}^3$$
$$= 6.468\text{kN/m}^2 = 6.468\text{kPa}$$

$$1\text{kN/m}^2 = 1\text{kPa}$$

답 ③

37 V-notch 위어를 통하여 흐르는 유량은?

① $H^{-1/2}$에 비례한다.

② $H^{1/2}$에 비례한다.

③ $H^{3/2}$에 비례한다.

④ $H^{5/2}$에 비례한다.

해설 **V-notch 위어**의 유량 Q는
$$Q = \frac{8}{15} \sqrt{2g} \tan\frac{\theta}{2} H^{\frac{5}{2}}$$

$$\text{V-notch 위어} = \text{직각 3각 위어}$$

답 ④

38 파이프 내를 흐르는 유체의 유량을 파악할 수 있는 기능을 갖지 않는 것은?

① 벤투리미터

② 사각 위어

③ 오리피스미터

④ 로터미터

해설 **파이프 내의 유량측정**
(1) **벤**투리미터
(2) **오**리피스미터
(3) **로**터미터

기억법 파유로오벤

② **사각 위어** : 개수로의 유량측정

답 ②

승리의 원리

서부 영화를 보면 대개 어떻습니까?

어느 술집에서, 카우보이 모자를 쓴 선한 총잡이가 담배를 물고 탁자에 앉아 조용히 술잔을 기울이고 있습니다.

곧이어 그 뒤에 등장하는 악한 총잡이가 양다리를 벌리고 섰습니다.

손은 벌써 허리춤에 찬 권총 가까이 대고 이렇게 소리를 지르죠.

"야, 이 비겁자야! 어서 총을 뽑아라. 내가 본떼를 보여줄 테다."

여전히 침묵이 흐르고 주위 사람들은 숨을 죽이고 이들을 지켜봅니다.

그러다가 일순간 총성이 울려 퍼지고 한 총잡이가 쓰러집니다.

물론 각본에 따라 이루어지는 일이지만, 쓰러진 총잡이는 등을 보이고 앉아 있던 선한 총잡이가 아니라 금방이라도 총을 뽑을 것처럼 떠들어대던 악한 총잡이입니다.

승리는 침묵 속에서 준비한 자의 것입니다. 서두르는 사람이 먼저 쓰러지게 되어 있거든요.

무슨 일을 하든 조용히 준비하는 사람이 승리합니다.

•도서출판 규장의 「지하철 사랑의 편지」 중에서•

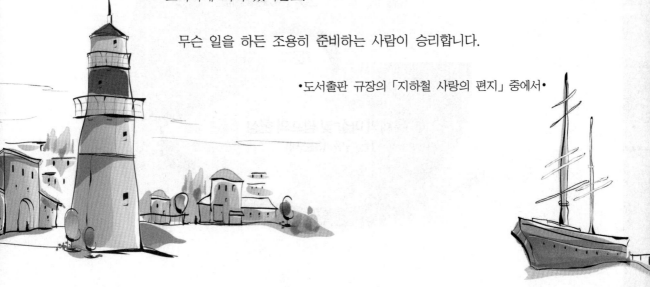

출제경향분석

CHAPTER 04~05

소방유체 관련 열역학

* * * * * * * * * * *

④ 유체정역학 및 열역학
20.1% (4문제)

7문제

⑤ 유체의 마찰 및 펌프의 현상
16.3% (3문제)

1 평면에 작용하는 힘

출제확률 20.1% (4문제)

1 수평면에 작용하는 힘

$$F = \gamma h A$$

여기서, F : 수평면에 작용하는 힘[N]
γ : 비중량(물의 비중량 9800N/m³)
h : 표면에서 수문중심까지의 수직거리[m]
A : 수문의 단면적[m²]

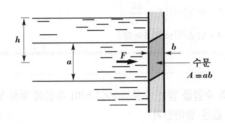

2 경사면에 작용하는 힘

$$F = \gamma y \sin\theta A$$

여기서, F : 경사면에 작용하는 힘(전압력)[N]
γ : 비중량(물의 비중량 9800N/m³)
y : 표면에서 수문 중심까지의 경사거리[m]
θ : 각도
A : 수문의 단면적[m²]

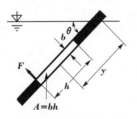

‖ 경사면에 작용하는 힘 ‖

Key Point

* 열역학
에너지, 열(Heat), 일 (work), 엔트로피와 과정의 자발성을 다루는 물리학

* 물의 비중량
9800N/m³=9.8kN/m³

* 수문
저수지 또는 수로에 설치하여 물의 양을 조절하는 문

Key Point

※ 관성능률
① 어떤 물체를 회전
시키려 할 때 잘
돌아가지 않으려
는 성질
② 각 운동상태의 변
화에 대하여 그 물
체가 지니고 있는
저항적 성질

중요 작용점 깊이

명 칭	구형(rectangle)
형 태	
A(면적)	$A = bh$
y_c (중심위치)	$y_c = y$
I_c (관성능률)	$I_c = \dfrac{bh^3}{12}$

$$y_p = y_c + \dfrac{I_c}{A\,y_c}$$

여기서, y_p : 작용점 깊이(작용위치)[m]

y_c : 중심위치[m]

I_c : 관성능률$\left(I_c = \dfrac{bh^3}{12}\right)$

A : 단면적[m²]$(A = bh)$

문제 ★★ 그림과 같이 수압을 받는 수문(3m×4m)이 수압에 의해 넘어지지 않게 하기 위한 최소 y 의 값은 얼마인가?

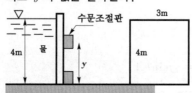

① 2.67m

② 2m

③ 1.84m

④ 1.34m

$$y_P = y_C + \dfrac{I_C}{Ay_C} = y + \dfrac{\frac{bh^3}{12}}{(bh)y} = 2 + \dfrac{\frac{3 \times 4^3}{12}}{3 \times 4 \times 2} \fallingdotseq 2.667\text{m}$$

$$y' = (4 - 2.667)\text{m} \fallingdotseq 1.34\text{m}$$

답 ④

2 운동량의 법칙

1 평판에 작용하는 힘

$$F = \rho A (V - u)^2$$

여기서, F : 평판에 작용하는 힘[N]
ρ : 밀도(물의 밀도 $1000 N \cdot s^2/m^4$)
V : 액체의 속도[m/s]
u : 평판의 이동속도[m/s]

※ 물의 밀도
① $1000 kg/m^3$
② $1000 N \cdot s^2/m^4$

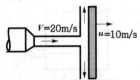

‖ 평판에 작용하는 힘 ‖

중요

경사 고정평판에 충돌하는 분류

$$Q_1 = \frac{Q}{2}(1 + \cos \theta)$$

$$Q_2 = \frac{Q}{2}(1 - \cos \theta)$$

여기서, $Q_1 \cdot Q_2$: 분류 유량[m^3/s]
Q : 전체 유량[m^3/s]
θ : 각도

‖ 경사 고정평판 ‖

2 고정곡면판에 미치는 힘

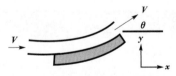

‖ 고정곡면판에 미치는 힘 ‖

(1) 곡면판이 받는 x방향의 힘

$$F_x = \rho Q V (1 - \cos \theta)$$

여기서, F_x : 곡면판이 받는 x방향의 힘[N], ρ : 밀도[$N \cdot s^2/m^4$]
Q : 유량[m^3/s], V : 속도[m/s], θ : 유출방향

※ 힘(기본식)

$$F = \rho Q V$$

여기서,
F : 힘[N]
ρ : 밀도(물의 밀도 $1000 N \cdot s^2/m^4$)
Q : 유량[m^3/s]
V : 유속[m/s]

Key Point

(2) 곡면판이 받는 y 방향의 힘

$$F_y = \rho QV \sin \theta$$

여기서, F_y : 곡면판이 받는 y방향의 힘[N]
ρ : 밀도[N · s²/m⁴]
Q : 유량[m³/s]
V : 속도[m/s]
θ : 유출방향

3 탱크가 받는 추력

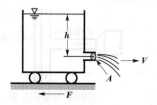

| 탱크가 받는 추력 |

※ 물의 밀도
1000N · s²/m⁴

(1) 기본식

$$F = \rho QV$$

여기서, F : 힘[N]
ρ : 밀도(물의 밀도 1000N · s²/m⁴)
Q : 유량[m³/s]
V : 유속[m/s]

※ 물의 비중량
9800N/m³

(2) 변형식

$$F = 2\gamma Ah$$

※ 추력
뉴턴의 제2운동법칙
과 제3운동법칙을 설
명하는 반작용의 힘

여기서, F : 힘[N]
γ : 비중량(물의 비중량 9800N/m³)
A : 단면적[m²]
h : 높이[m]

3 열역학

1 열역학의 기초

※ 엔탈피
어떤 물질이 가지고
있는 총에너지

(1) 엔탈피

$$H = U + PV$$

※ 비체적
밀도의 반대개념으로
단위 질량당 체적을
말한다.

여기서, H : 엔탈피[kJ/kg], U : 내부에너지[kJ/kg]
P : 압력[kPa], V : 비체적[m³/kg]

또는

$$H = (U_2 - U_1) + (P_2 V_2 - P_1 V_1)$$

여기서, H : 엔탈피[J], $U_2 \cdot U_1$: 내부 에너지[J]

$P_2 \cdot P_1$: 압력[Pa], $V_2 \cdot V_1$: 부피[m³]

★★

문제 압력 0.1MPa, 온도 60℃ 상태의 R-134a의 내부 에너지(kJ/kg)를 구하면?

(단, 이때 $h = 454.99\text{kJ/kg}$, $v = 0.26791\text{m}^3/\text{kg}$이다.)

① 428.20kJ/kg   ② 454.27kJ/kg

③ 454.96kJ/kg   ④ 26336kJ/kg

해설

$$H = U + PV$$

여기서, H : 엔탈피[kJ/kg]

U : 내부에너지[kJ/kg]

P : 압력[kPa]

V : 비체적[m³/kg]

내부에너지 U는

$U = H - PV$

$= 454.99\text{kJ/kg} - 0.1 \times 10^3 \text{kPa} \times 0.26791\text{m}^3/\text{kg} = 428.2\text{kJ/kg}$

답 ①

(2) 열과 일

① 열

$$Q = (U_2 - U_1) + W$$

여기서, Q : 열[kJ], $U_2 - U_1$: 내부에너지 변화[kJ]

W : 일[kJ]

• W (일)이 필요로 하면 '−' 값을 적용한다.

• Q (열)이 계 밖으로 손실되면 '−' 값을 적용한다.

② 일

$$_1 W_2 = \int_1^2 P dV = P(V_2 - V_1)$$

여기서, W : 상태가 1에서 2까지 변화할 때의 일[kJ]

P : 압력[kPa]

dV, $(V_2 - V_1)$: 체적변화[m³]

③ 정압비열과 정적비열

정압비열	정적비열
$$C_P = \dfrac{KR}{K-1}$$	$$C_V = \dfrac{R}{K-1}$$
여기서, C_P : 단위질량당 정압비열 [kJ/K] R : 기체상수[kJ/kg · K] K : 비열비	여기서, C_V : 단위질량당 정적비열 [kJ/K] R : 기체상수[kJ/kg · K] K : 비열비

＊ 비열비

$$K = \frac{C_P}{C_V}$$

여기서,

K : 비열비

C_P : 정압비열[kJ/K]

C_V : 정적비열[kJ/K]

비교

> **폴리트로픽 비열**
>
> $$C_n = C_V \frac{n-K}{n-1}$$
>
> 여기서, C_n : 폴리트로픽 비열[kJ/K]
> C_V : 정적비열[kJ/K]
> n : 폴리트로픽 지수
> K : 비열비

✱ 비열비
기체분자들의 정압비
열과 정적비열의 비

2 이상기체

(1) 기본사항

① 이상기체 상태방정식

$$\rho = \frac{P}{RT}$$

여기서, ρ : 밀도[kg/m³]
P : 압력[Pa]
R : 기체상수(287J/kg·K)
T : 절대온도(273+℃)[K]

② 기체상수

$$R = C_P - C_V = \frac{\overline{R}}{M}$$

여기서, R : 기체상수[kJ/kg·K]
C_P : 정압비열[kJ/kg·K]
C_V : 정적비열[kJ/kg·K]
$\overline{R}$: 일반기체상수[kJ/kmol·K]
M : 분자량[kg/kmol]

✱ 이상기체 상태방
정식

$$PV = mRT$$

여기서,
P : 압력[kJ/m³]
V : 체적[m³]
m : 질량[kg]
R : 기체상수
[kJ/kg·K]
T : 절대온도
(273+℃)[K]

✱ 공기의 기체상수
① 287J/kg·K
② 287N·m/kg·K

✱ 원자량

원 소	원자량
H	1
C	12
N	14
O	16
F	19
Cl	35.5
Br	80

중요 **기체상수**

기체상수(가스상수)	일반기체상수
$$R = \frac{8314}{M} \text{J/kg·K}$$	$$\overline{R} = 8.314\text{kJ/kmol·K}$$
여기서, R : 기체상수(가스상수)[J/kg·K] M : 분자량[kg/kmol]	여기서, $\overline{R}$: 일반기체상수[J/kmol·K]

(2) 정압과정

Key Point

구 분	공 식
① 비체적과 온도	$$\frac{v_2}{v_1} = \frac{T_2}{T_1}$$ 여기서, $v_1 \cdot v_2$: 변화전후의 비체적$[\text{m}^3/\text{kg}]$ $T_1 \cdot T_2$: 변화전후의 온도$(273+℃)[\text{K}]$
② 절대일 (압축일)	$${}_1W_2 = P(V_2 - V_1) = mR(T_2 - T_1)$$ 여기서, ${}_1W_2$: 절대일$[\text{kJ}]$ P : 압력$[\text{kJ}/\text{m}^3]$ $V_1 \cdot V_2$: 변화전후의 체적$[\text{m}^3]$ m : 질량$[\text{kg}]$ R : 기체상수$[\text{kJ}/\text{kg} \cdot \text{K}]$ $T_1 \cdot T_2$: 변화전후의 온도$(273+℃)[\text{K}]$
③ 공업일	$${}_1W_{t2} = 0$$ 여기서, ${}_1W_{t2}$: 공업일$[\text{kJ}]$
④ 내부에너지 변화	$$U_2 - U_1 = C_V(T_2 - T_1) = \frac{R}{K-1}(T_2 - T_1) = \frac{P}{K-1}(V_2 - V_1)$$ 여기서, $U_2 - U_1$: 내부에너지 변화$[\text{kJ}]$ C_V : 정적비열$[\text{kJ}/\text{K}]$ $T_1 \cdot T_2$: 변화전후의 온도$(273+℃)[\text{K}]$ R : 기체상수$[\text{kJ}/\text{kg} \cdot \text{K}]$ K : 비열비 P : 압력$[\text{kJ}/\text{m}^3]$ $V_1 \cdot V_2$: 변화전후의 체적$[\text{m}^3]$
⑤ 엔탈피	$$h_2 - h_1 = C_P(T_2 - T_1) = m\frac{KR}{K-1}(T_2 - T_1) = K(U_2 - U_1)$$ 여기서, $h_2 - h_1$: 엔탈피$[\text{kJ}]$ C_P : 정압비열$[\text{kJ}/\text{K}]$ $T_1 \cdot T_2$: 변화전후의 온도$(273+℃)[\text{K}]$ m : 질량$[\text{kg}]$ K : 비열비 R : 기체상수$[\text{kJ}/\text{kg} \cdot \text{K}]$ $U_2 - U_1$: 내부에너지 변화$[\text{kJ}]$
⑥ 열량	$${}_1q_2 = C_P(T_2 - T_1)$$ 여기서, ${}_1q_2$: 열량$[\text{kJ}]$ C_P : 정압비열$[\text{kJ}/\text{K}]$ $T_1 \cdot T_2$: 변화전후의 온도$(273+℃)[\text{K}]$

＊ 정압과정
압력이 일정한 상태에서의 과정

$$\frac{v}{T} = 일정$$

여기서,
v : 비체적$[\text{m}^4/\text{N} \cdot \text{s}^2]$
T : 절대온도$[\text{K}]$

✻ 정적과정

비체적이 일정한 상태
에서의 과정

$$\frac{P}{T} = 일정$$

여기서,

P : 압력[N/m²]

T : 절대온도[K]

**✻ 정적과정
(엔트로피 변화)**

$$\Delta S = C_v \ln \frac{T_2}{T_1}$$

여기서,

ΔS : 엔트로피의 변화
〔J/kg · K〕

C_v : 정적비열
〔J/kg · K〕

$T_1 · T_2$: 온도변화
(273+℃)〔K〕

✻ 엔탈피와 엔트로피

① 엔탈피
어떤 물질이 가지
고 있는 총에너지

② 엔트로피
어떤 물질의 정렬
상태를 나타낸다.

(3) 정적과정

구 분	공 식
① 압력과 온도	$$\frac{P_2}{P_1} = \frac{T_2}{T_1}$$ 여기서, $P_1 · P_2$: 변화전후의 압력[kJ/m³] $T_1 · T_2$: 변화전후의 온도(273+℃)[K]
② 절대일 (압축일)	$$_1W_2 = 0$$ 여기서, $_1W_2$: 절대일[kJ]
③ 공업일	$$_1W_{t2} = -V(P_2 - P_1) = V(P_1 - P_2) = mR(T_1 - T_2)$$ 여기서, $_1W_{t2}$: 공업일[kJ] V : 체적[m³] $P_1 · P_2$: 변화전후의 압력[kJ/m³] R : 기체상수[kJ/kg · K] m : 질량[kg] $T_1 · T_2$: 변화전후의 온도(273+℃)[K]
④ 내부에너지 변화	$$U_2 - U_1 = C_V(T_2 - T_1) = \frac{mR}{K-1}(T_2 - T_1) = \frac{V}{K-1}(P_2 - P_1)$$ 여기서, $U_2 - U_1$: 내부에너지 변화[kJ] C_V : 정적비열[kJ/K] $T_1 · T_2$: 변화전후의 온도(273+℃)[K] m : 질량[kg] R : 기체상수[kJ/kg · K] K : 비열비 V : 체적[m³] $P_1 · P_2$: 변화전후의 압력[kJ/m³]
⑤ 엔탈피	$$h_2 - h_1 = C_P(T_2 - T_1) = m\frac{KR}{K-1}(T_2 - T_1) = K(U_2 - U_1)$$ 여기서, $h_2 - h_1$: 엔탈피[kJ] C_P : 정압비열[kJ/K] $T_1 · T_2$: 변화전후의 온도(273+℃)[K] m : 질량[kg] K : 비열비 R : 기체상수[kJ/kg · K] $U_2 - U_1$: 내부에너지 변화[kJ]
⑥ 열량	$$_1q_2 = U_2 - U_1$$ 여기서, $_1q_2$: 열량[kJ] $U_2 - U_1$: 내부에너지 변화[kJ]

(4) 등온과정

구 분	공 식
① 압력과 비체적	$$\dfrac{P_2}{P_1}=\dfrac{v_1}{v_2}$$ 여기서, $P_1 \cdot P_2$: 변화전후의 압력$[kJ/m^3]$ $v_1 \cdot v_2$: 변화전후의 비체적$[m^3/kg]$
② 절대일 (압축일)	$$_1W_2=P_1V_1\ln\dfrac{V_2}{V_1}$$ $$=mRT\ln\dfrac{V_2}{V_1}$$ $$=mRT\ln\dfrac{P_1}{P_2}$$ $$=P_1V_1\ln\dfrac{P_1}{P_2}$$ 여기서, $_1W_2$: 절대일$[kJ]$ $P_1 \cdot P_2$: 변화전후의 압력$[kJ/m^3]$ $V_1 \cdot V_2$: 변화전후의 체적$[m^3]$ m : 질량$[kg]$ R : 기체상수$[kJ/kg \cdot K]$ T : 절대온도$(273+℃)[K]$
③ 공업일	$$_1W_{t2}=\,_1W_2$$ 여기서, $_1W_{t2}$: 공업일$[kJ]$ $_1W_2$: 절대일$[kJ]$
④ 내부에너지 변화	$$U_2-U_1=0$$ 여기서, U_2-U_1 : 내부에너지 변화$[kJ]$
⑤ 엔탈피	$$h_2-h_1=0$$ 여기서, h_2-h_1 : 엔탈피$[kJ]$
⑥ 열량	$$_1q_2=\,_1W_2$$ 여기서, $_1q_2$: 열량$[kJ]$ $_1W_2$: 절대일$[kJ]$

등온과정 = 등온변화 = 등온팽창

Key Point

＊ **등온과정**
온도가 일정한 상태에서의 과정
$$Pv = 일정$$
여기서,
P : 압력$[N/m^2]$
v : 비체적$[m^4/N \cdot s^2]$

＊ **등온팽창(등온과정)**
(1) 내부에너지 변화량
$$\Delta U = U_2 - U_1 = 0$$
(2) 엔탈피 변화량
$$\Delta H = H_2 - H_1 = 0$$

＊ **등온과정**
(엔트로피 변화)
$$\Delta S = R\ln\dfrac{V_2}{V_1}$$
여기서,
ΔS : 엔트로피 변화 $[J/kg \cdot K]$
R : 공기의 가스 정수 $(287J/kg \cdot K)$
$V_1 \cdot V_2$: 체적변화$[m^3]$

＊ 단열변화
손실이 없는 상태에서
의 과정

$$PV^k = 일정$$

여기서,
P : 압력[N/m²]
V : 비체적[m⁴/N·s²]
k : 비열비

(5) 단열변화

구 분	공 식
① 온도, 비체적과 압력	$$\frac{T_2}{T_1} = \left(\frac{v_1}{v_2}\right)^{K-1} = \left(\frac{P_2}{P_1}\right)^{\frac{K-1}{K}}$$ $$\frac{P_2}{P_1} = \left(\frac{v_1}{v_2}\right)^{K}$$ 여기서, $T_1 \cdot T_2$: 변화전후의 온도(273+℃)[K] $v_1 \cdot v_2$: 변화전후의 비체적[m³/kg] $P_1 \cdot P_2$: 변화전후의 압력[kJ/m³] K : 비열비
② 절대일 (압축일)	$${}_1W_2 = \frac{1}{K-1}(P_1 V_1 - P_2 V_2) = \frac{mR}{K-1}(T_1 - T_2) = C_V(T_1 - T_2)$$ 여기서, ${}_1W_2$: 절대일[kJ] K : 비열비 $P_1 \cdot P_2$: 변화전후의 압력[kJ/m³] $V_1 \cdot V_2$: 변화전후의 체적[m³] m : 질량[kg] R : 기체상수[kJ/kg·K] $T_1 \cdot T_2$: 변화전후의 온도(273+℃)[K] C_V : 정적비열[kJ/K]
③ 공업일	$${}_1W_{t2} = -C_P(T_2 - T_1) = C_P(T_1 - T_2) = m\frac{KR}{K-1}(T_1 - T_2)$$ 여기서, ${}_1W_{t2}$: 공업일[kJ] C_P : 정압비열[kJ/K] $T_1 \cdot T_2$: 변화전후의 온도(273+℃)[K] m : 질량[kg] K : 비열비 R : 기체상수[kJ/kg·K]
④ 내부에너지 변화	$$U_2 - U_1 = C_V(T_2 - T_1) = \frac{mR}{K-1}(T_2 - T_1)$$ 여기서, $U_2 - U_1$: 내부에너지 변화[kJ] C_V : 정적비열[kJ/K] $T_1 \cdot T_2$: 변화전후의 온도(273+℃)[K] m : 질량[kg] R : 기체상수[kJ/kg·K] K : 비열비
⑤ 엔탈피	$$h_2 - h_1 = C_P(T_2 - T_1) = m\frac{KR}{K-1}(T_2 - T_1)$$ 여기서, $h_2 - h_1$: 엔탈피[kJ] C_P : 정압비열[kJ/K] $T_1 \cdot T_2$: 변화전후의 온도(273+℃)[K] m : 질량[kg] K : 비열비 R : 기체상수[kJ/kg·K]
⑥ 열량	$${}_1q_2 = 0$$ 여기서, ${}_1q_2$: 열량[kJ]

(6) 폴리트로픽 변화

구 분	공 식
① 온도, 비체적 과 압력	$$\frac{P_2}{P_1} = \left(\frac{v_1}{v_2}\right)^n$$ $$\frac{T_2}{T_1} = \left(\frac{v_1}{v_2}\right)^{n-1} = \left(\frac{P_2}{P_1}\right)^{\frac{n-1}{n}}$$ 여기서, $P_1 \cdot P_2$: 변화전후의 압력$[kJ/m^3]$ $v_1 \cdot v_2$: 변화전후의 비체적$[m^3]$ $T_1 \cdot T_2$: 변화전후의 온도(273+℃)$[K]$ n : 폴리트로픽 지수
② 절대일 (압축일)	$$_1W_2 = \frac{1}{n-1}(P_1V_1 - P_2V_2) = \frac{mR}{n-1}(T_1 - T_2)$$ $$= \frac{mRT_1}{n-1}\left(1 - \frac{T_2}{T_1}\right) = \frac{mRT_1}{n-1}\left[1 - \left(\frac{P_2}{P_1}\right)^{\frac{n-1}{n}}\right]$$ 여기서, $_1W_2$: 절대일$[kJ]$ n : 폴리트로픽 지수 $P_1 \cdot P_2$: 변화전후의 압력$[kJ/m^3]$ $V_1 \cdot V_2$: 변화전후의 체적$[m^3]$ m : 질량$[kg]$ $T_1 \cdot T_2$: 변화전후의 온도(273+℃)$[K]$ R : 기체상수$[kJ/kg \cdot K]$
③ 공업일	$$_1W_{t2} = R(T_1 - T_2)\left(\frac{1}{n-1} + 1\right) = m\frac{nRT_1}{n-1}\left[1 - \left(\frac{P_2}{P_1}\right)^{\frac{n-1}{n}}\right]$$ 여기서, $_1W_{t2}$: 공업일$[kJ]$ R : 기체상수$[kJ/kg \cdot K]$ $T_1 \cdot T_2$: 변화전후의 온도(273+℃)$[K]$ n : 폴리트로픽 지수 m : 질량$[kg]$ $P_1 \cdot P_2$: 변화전후의 압력$[kJ/m^3]$
④ 내부에너지 변화	$$U_2 - U_1 = C_V(T_2 - T_1) = \frac{mR}{K-1}(T_2 - T_1)$$ 여기서, $U_2 - U_1$: 내부에너지 변화$[kJ]$ C_V : 정적비열$[kJ/K]$ $T_1 \cdot T_2$: 변화전후의 온도(273+℃)$[K]$ m : 질량$[kg]$ R : 기체상수$[kJ/kg \cdot K]$ K : 비열비
⑤ 엔탈피	$$h_2 - h_1 = C_P(T_2 - T_1) = m\frac{KR}{K-1}(T_2 - T_1) = K(U_2 - U_1)$$ 여기서, $h_2 - h_1$: 엔탈피$[kJ]$ C_P : 정압비열$[kJ/K]$

Key Point

※ 폴리트로픽 변화

$PV^n = $정수 $(n=0)$	등압변화 (정압변화)
$PV^n = $정수 $(n=1)$	등온변화
$PV^n = $정수 $(n=K)$	단열변화
$PV^n = $정수 $(n=\infty)$	정적변화

여기서,
P : 압력$[kJ/m^3]$
V : 체적$[m^3]$
n : 폴리트로픽 지수
K : 비열비

※ 폴리트로픽 과정 (일)

$$W = \frac{P_1V_1}{n-1}\left(1 - \frac{T_2}{T_1}\right)$$

여기서,
W : 일$[kJ]$
P_1 : 압력$[kPa]$
V_1 : 체적$[m^3]$
$T_2 \cdot T_1$: 절대온도$[K]$
n : 폴리트로픽 지수

※ 폴리트로픽 과정 (엔트로피 변화)

$$\Delta S = C_n \ln \frac{T_2}{T_1}$$

여기서,
ΔS : 엔트로피 변화 $[kJ/K]$
C_n : 폴리트로픽 비열 $[kJ/K]$

$T_1 \cdot T_2$: 변화전후의 온도(273+℃)[K]

K : 비열비

m : 질량[kg]

R : 기체상수[kJ/kg·K]

$U_2 - U_1$: 내부에너지 변화[kJ]

⑥ 열량

$$_1q_2 = m\frac{KR}{K-1}(T_2 - T_1) - m\frac{nR}{n-1}(T_2 - T_1)$$

$$= C_V\left(\frac{n-K}{n-1}\right)(T_2 - T_1) = C_n(T_2 - T_1)$$

여기서, $_1q_2$: 열량[kJ]

m : 질량[kg]

K : 비열비

R : 기체상수[kJ/kg·K]

$T_1 \cdot T_2$: 변화전후의 온도(273+℃)[K]

C_V : 정적비열[kJ/K]

n : 폴리트로픽 지수

C_n : 폴리트로픽 비열[kJ/K]

＊ 카르노사이클
두 개의 가역단열과정
과 두 개의 가역등온
과정으로 이루어진 열
기관의 가장 이상적인
사이클

3 카르노사이클

(1) 열효율

$$\eta = 1 - \frac{T_L}{T_H} = 1 - \frac{Q_L}{Q_H}$$

여기서, η : 카르노사이클의 열효율

T_L : 저온(273+℃)[K]

T_H : 고온(273+℃)[K]

Q_L : 저온열량[kJ]

Q_H : 고온열량[kJ]

문제 500℃와 20℃의 두 열원 사이에 설치되는 열기관이 가질 수 있는 최대의 이론 열효율은 약 몇 %인가?

① 48

② 58

③ 62

④ 96

해설

$$\eta = 1 - \frac{T_L}{T_H}$$

여기서, η : 열효율

T_H : 고온(273+℃)[K]

T_L : 저온(273+℃)[K]

열효율 η 는

$$\eta = 1 - \frac{T_L}{T_H} = 1 - \frac{(273+20)\text{K}}{(273+500)\text{K}} \fallingdotseq 0.62 = 62\%$$

답 ③

(2) 출력일

$$W = Q_H\left(1 - \frac{T_L}{T_H}\right)$$

여기서, W : 출력(일)[kJ]

Q_H : 고온열량[kJ]

T_L : 저온(273+℃)[K]

T_H : 고온(273+℃)[K]

(3) 성능계수(COP ; Coefficient of Performance)

냉동기의 성능계수	열펌프의 성능계수
$$\beta = \frac{Q_L}{Q_H - Q_L} = \frac{T_L}{T_H - T_L}$$ 여기서, β : 냉동기의 성능계수 $\quad Q_L$: 저열[k] $\quad Q_H$: 고열[kJ] $\quad T_L$: 저온[k] $\quad T_H$: 고온[k]	$$\beta = \frac{Q_H}{Q_H - Q_L} = \frac{T_H}{T_H - T_L}$$ 여기서, β : 열펌프의 성능계수 $\quad Q_L$: 저열[kJ] $\quad Q_H$: 고열[kJ] $\quad T_L$: 저온[k] $\quad T_H$: 고온[k]

❋ 성능계수
냉동기 또는 난방기 (열펌프)에서 성능을 표시하는 지수

❋ 성능계수와 같은 의미
① 성적계수
② 동작계수

4 열전달

(1) 전도

① 열전달량

$$\overset{\circ}{q} = \frac{kA(T_2 - T_1)}{l}$$

여기서, $\overset{\circ}{q}$: 열전달량[W]

k : 열전도율[W/m·℃]

A : 단면적[m²]

$(T_2 - T_1)$: 온도차[℃]

l : 벽체두께[m]

열전달량 = 열전달률 = 열유동률 = 열흐름률

❋ 전도
하나의 물체가 다른 물체와 직접 접촉하여 열이 이동하는 현상

❋ 열전도율과 같은 의미
열전도도

❋ 열전도율
어떤 물질이 열을 전달할 수 있는 능력의 정도

★
문제 면적이 12m², 두께가 10mm인 유리의 열전도율이 0.8W/m·℃이다. 어느 차가운 날 유리의 바깥쪽 표면온도는 -1℃이며 안쪽 표면온도는 3℃이다. 이 경우 유리를 통한 열전달량은 몇 W인가?

① 3780　　　② 3800　　　③ 3820　　　④ 3840

해설 열전달량

$$\overset{\circ}{q} = \frac{kA(T_2 - T_1)}{l}$$

여기서, $\mathring{q}$: 열전달량[W], k : 열전도율[W/m · ℃]

A : 단면적[m²], $(T_2 - T_1)$: 온도차[℃]

l : 벽체두께[m]

열전달량 $\mathring{q}$는

$$\mathring{q} = \frac{kA(T_2 - T_1)}{l}$$

$$= \frac{0.8W/m \cdot ℃ \times 12m^2 \times (3-(-1))℃}{10mm}$$

$$= \frac{0.8W/m \cdot ℃ \times 12m^2 \times (3-(-1))℃}{0.01m} = 3840W$$

답 ④

② 단위면적당 열전달량

$$\mathring{q}'' = \frac{k(T_2 - T_1)}{l}$$

여기서, $\mathring{q}''$: 단위면적당 열전달량[W/m²]

k : 열전도율[W/m · K]

$(T_2 - T_1)$: 온도차[℃ 또는 K]

l : 두께[m]

(2) 대류

① 대류열류

$$\mathring{q} = Ah(T_2 - T_1)$$

여기서, $\mathring{q}$: 대류열류[W]

A : 대류면적[m²]

h : 대류전열계수[W/m² · ℃]

$(T_2 - T_1)$: 온도차[℃]

② 단위면적당 대류열류

$$\mathring{q}'' = h(T_2 - T_1)$$

여기서, $\mathring{q}''$: 대류열류[W/m²]

h : 대류전열계수[W/m² · C]

$(T_2 - T_1)$: 온도차[℃]

(3) 복사

① 복사열

$$\mathring{q} = AF_{12}\varepsilon\sigma T^4$$

여기서, $\mathring{q}$: 복사열[W]

A : 단면적[m²]

F_{12} : 배치계수(형상계수)

ε : 복사능(방사율)[$1-e^{(-kl)}$]

k : 흡수계수(absorption coefficient)[m⁻¹]

l : 화염두께[m]

σ : 스테판-볼츠만 상수(5.667×10⁻⁸W/m² · K⁴)

T : 온도[K]

※ 단위면적당 열전달량과 같은 의미

① 단위면적당 열유동률

② 열유속

③ 순열류

④ 열류(Heat Flux)

※ 대류

액체 또는 기체의 흐름에 의하여 열이 이동하는 현상

※ 대류전열계수

'열손실계수' 또는 '열전달률'이라고도 부른다.

※ 복사

전자파의 형태로 열이 옮겨지는 현상으로서, 높은 온도에서 낮은 온도로 열이 이동한다.

※ 복사열과 같은 의미

복사에너지

② 단위면적당 복사열

$$\overset{\circ}{q}'' = F_{12}\,\varepsilon\sigma\,T^4$$

여기서, $\overset{\circ}{q}''$: 단위면적당 복사열[W/m²]

F_{12} : 배치계수(형상계수)

ε : 복사능(방사율)$[1-e^{(-kl)}]$

k : 흡수계수(absorption coefficient)[m⁻¹]

l : 화염두께[m]

σ : 스테판-볼츠만 상수(5.667×10^{-8}W/m² · K⁴)

T : 온도[K]

완전흑체 $\varepsilon = 1$

 중요 흑체방사도

$$\varepsilon = \sigma\,T_0^{\,4}\,t$$

여기서, ε : 흑체방사도

σ : Stefan−Baltzman 상수(5.667×10^{-8}W/m² · K⁴)

T_0 : 상수

t : 시간[s]

출제확률 20.1% (4문제)

★★
01 다음 그림과 같은 탱크에 물이 들어 있다. A-B 면(5m×3m)에 작용하는 힘은?

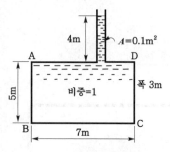

① 0.95kN ② 10kN
③ 95kN ④ 955kN

해설 **전압력**(작용하는 힘)

$$F = \gamma y \sin\theta A = \gamma h A$$

여기서, F : 전압력[N]
γ : 비중량(물의 비중량 9800N/m³)
y : 표면에서 수문 중심까지의 경사거리[m]
h : 표면에서 수문 중심까지의 수직거리[m]
A : 단면적[m²]

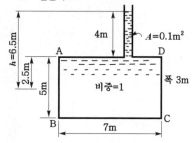

작용하는 힘 F는

$F = \gamma h A$
$= 9800\text{N/m}^3 \times 6.5\text{m} \times (5\text{m} \times 3\text{m}) ≒ 955000\text{N}$
$= 955\text{kN}$

답 ④

★★
02 그림과 같은 수문이 열리지 않도록 하기 위하여 그 하단 A점에서 받쳐 주어야 할 최소 힘 F_p는 몇 kN인가? (단, 수문의 폭 : 1m, 유체의 비중량 : 9800N/m³)

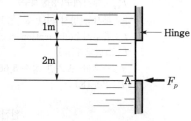

① 43 ② 27
③ 23 ④ 13

해설 (1) **전압력**

$$F = \gamma y \sin\theta A = \gamma h A$$

여기서, F : 전압력[N]
γ : 비중량(물의 비중량 9800N/m³)
y : 표면에서 수문 중심까지의 경사거리[m]
h : 표면에서 수문 중심까지의 수직거리[m]
A : 수문의 단면적[m²]

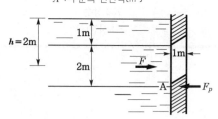

전압력 F는
$F = \gamma h A$
$= 9800\text{N/m}^3 \times 2\text{m} \times (2 \times 1)\text{m}^2 = 39200\text{N} = 39.2\text{kN}$

(2) **작용점 깊이**

명 칭	구형(rectangle)
형 태	![rectangle diagram]
A (면적)	$A = bh$
y_c (중심위치)	$y_c = y$
I_c (관성능률)	$I_c = \dfrac{bh^3}{12}$

$$y_p = y_c + \frac{I_c}{A y_c}$$

여기서, y_p : 작용점 깊이(작용위치)[m]
y_c : 중심위치[m]
I_c : 관성능률$\left(I_c = \dfrac{bh^3}{12}\right)$
A : 단면적[m²]$(A = bh)$

작용점 깊이 y_p는

$$y_p = y_c + \frac{I_c}{A\, y_c}$$

$$= y + \frac{\dfrac{bh^3}{12}}{(bh)\,y}$$

$$= 2\text{m} + \frac{\dfrac{1\text{m} \times (2\text{m})^3}{12}}{(1 \times 2)\text{m}^2 \times 2\text{m}} = 2.17\text{m}$$

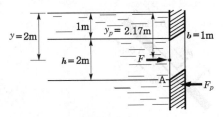

A지점 모멘트의 합이 0이므로
$$\Sigma M_A = 0$$
$$F_p \times 2\text{m} - F \times (2.17 - 1)\text{m} = 0$$
$$F_p \times 2\text{m} - 39.2\text{kN} \times (2.17 - 1)\text{m} = 0$$
$$F_p \times 2\text{m} = 39.2\text{kN} \times (2.17 - 1)\text{m}$$
$$F_p \times 2\text{m} = 45.86\text{kN·m}$$
$$F_p = \frac{45.86\text{kN·m}}{2\text{m}} = 23\text{kN}$$

답 ③

★★
03 직경 2m의 원형 수문이 그림과 같이 수면에서 3m 아래에 30° 각도로 기울어져 있을 때 수문의 자중을 무시하면 수문이 받는 힘은 몇 kN인가?

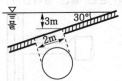

① 107.7 ② 94.2
③ 78.5 ④ 62.8

 해설

$$F = \gamma\, y \sin\theta\, A = \gamma\, h\, A$$

여기서, F : 힘[N]
　　　γ : 비중량(물의 비중량 9800N/m³)
　　　y : 표면에서 수문중심까지의 경사거리[m]
　　　θ : 각도
　　　A : 수문의 단면적[m²]
　　　h : 표면에서 수문중심까지의 수직거리[m]

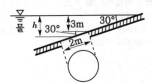

$$h = 3\text{m} + y_c \sin\theta$$

여기서, h : 표면에서 수문중심까지의 수직거리[m]
　　　y_c : 수문의 반경[m]
　　　θ : 각도
$$h = 3\text{m} + (1\text{m} \times \sin 30°) = 3.5\text{m}$$
힘 F는
$$F = \gamma\, h\, A$$
$$= 9800\text{N/m}^3 \times 3.5\text{m} \times \left(\frac{\pi}{4}D^2\right)$$
$$= 9800\text{N/m}^3 \times 3.5\text{m} \times \frac{\pi}{4}(2\text{m})^2$$
$$= 107700\text{N} = 107.7\text{kN}$$

답 ①

★★★
04 그림과 같이 30°로 경사진 원형수문에 작용하는 힘은 몇 kN인가?

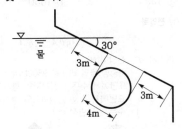

① 2.5 ② 24.5
③ 31.4 ④ 308

해설

$$F = \gamma\, y \sin\theta\, A = \gamma\, h\, A$$

여기서, F : 힘[N]
　　　γ : 비중량(물의 비중량 9800N/m³)
　　　y : 표면에서 수문중심까지의 경사거리[m]
　　　h : 표면에서 수문중심까지의 수직거리[m]
　　　A : 수문의 단면적[m²]

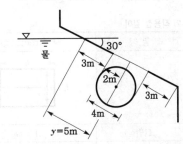

힘 F는
$$F = \gamma\, y \sin\theta\, A$$
$$= 9800\text{N/m}^3 \times 5\text{m} \times \sin 30° \times \left(\frac{\pi}{4}D^2\right)$$
$$= 9800\text{N/m}^3 \times 5\text{m} \times \sin 30° \times \frac{\pi}{4}(4\text{m})^2 = 308000\text{N}$$
$$= 308\text{kN}$$

답 ④

05 그림과 같이 $60°$ 기울어진 4m×8m의 수문이 A 지점에서 힌지(hinge)로 연결되어 있을 때 이 수문을 열기 위한 최소 힘 F는 몇 kN인가?

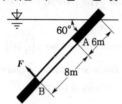

① 1450
② 1540
③ 1590
④ 1650

 (1) 전압력

$$F = \gamma y \sin\theta A = \gamma h A$$

여기서, F : 전압력[N]
γ : 비중량(물의 비중량 9800N/m³)
y : 표면에서 수문 중심까지의 경사거리[m]
h : 표면에서 수문 중심까지의 수직거리[m]
A : 수문의 단면적[m²]

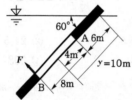

전압력 F는
$$F = \gamma y \sin\theta A$$
$$= 9800\text{N/m}^3 \times 10\text{m} \times \sin 60° \times (4 \times 8)\text{m}^2$$
$$\fallingdotseq 2716000\text{N}$$

(2) 작용점 깊이

명칭	구형(rectangle)
형태	I_c, h, b, Y_c
A (면적)	$A = bh$
y_c (중심 위치)	$y_c = y$
I_c (관성능률)	$I_c = \dfrac{bh^3}{12}$

$$y_p = y_c + \frac{I_c}{A y_c}$$

여기서, y_p : 작용점 깊이(작용위치)[m]
y_c : 중심위치[m]
I_c : 관성능률$\left(I_c = \dfrac{bh^3}{12}\right)$
A : 단면적[m²]$(A = bh)$

작용점 깊이 y_p는
$$y_p = y_c + \frac{I_c}{A y_c}$$
$$= y + \frac{\dfrac{bh^3}{12}}{(bh)y}$$
$$= 10\text{m} + \frac{\dfrac{4\text{m} \times (8\text{m})^3}{12}}{(4 \times 8)\text{m}^2 \times 10\text{m}} \fallingdotseq 10.53\text{m}$$

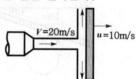

A지점 모멘트의 합이 0이므로
$$\Sigma M_A = 0$$
$$F_B \times 8\text{m} - F \times (10.53 - 6)\text{m} = 0$$
$$F_B \times 8\text{m} - 2716000\text{N} \times (10.53 - 6)\text{m} = 0$$
$$F_B \times 8\text{m} = 2716000\text{N} \times (10.53 - 6)\text{m}$$
$$F_B \times 8\text{m} = 12303480\text{N·m}$$
$$F_B = \frac{12303480\text{N·m}}{8\text{m}} \fallingdotseq 1540000\text{N} = 1540\text{kN}$$

답 ②

06 그림과 같이 평판이 $u=10$m/s의 속도로 움직이고 있다. 노즐에서 20m/s의 속도로 분출된 분류(면적 0.02m²)가 평판에 수직으로 충돌할 때 평판이 받는 힘은 얼마인가?

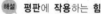

① 1kN
② 2kN
③ 3kN
④ 4kN

평판에 작용하는 힘

$$F = \rho A (V - u)^2$$

여기서, F : 평판에 작용하는 힘[N]
ρ : 밀도(물의 밀도 1000N·s²/m⁴)
V : 액체의 속도[m/s]
u : 평판의 이동속도[m/s]

평판에 작용하는 힘 F는
$$F = \rho A (V - u)^2$$
$$= 1000\text{N·s}^2/\text{m}^4 \times 0.02\text{m}^2 \times [(20 - 10)\text{m/s}]^2$$
$$= 2000\text{N} = 2\text{kN}$$

답 ②

07 다음 그림에서의 Q_1의 양을 옳게 나타낸 식은?

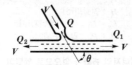

① $Q_1 = \dfrac{Q}{2}(1-\cos\theta)$

② $Q_1 = \dfrac{Q}{2}(1+\cos\theta)$

③ $Q_1 = \dfrac{\rho Q}{2}\sin\theta$

④ $Q_1 = \dfrac{\rho Q}{2}\cos\theta$

해설 경사 고정평판에 충돌하는 분류

$$Q_1 = \frac{Q}{2}(1+\cos\theta)$$

$$Q_2 = \frac{Q}{2}(1-\cos\theta)$$

여기서, $Q_1 \cdot Q_2$: 분류 유량[m³/s]
　　　　Q : 전체 유량[m³/s]
　　　　θ : 각도

답 ②

08 그림과 같이 속도 V인 유체가 정지하고 있는 곡면 깃에 부딪혀 θ의 각도로 유동 방향이 바뀐다. 유체가 곡면에 가하는 힘의 x, y 성분의 크기를 $|F_x|$와 $|F_y|$라 할 때, $|F_y|/|F_x|$는? (단, 유동 단면적은 일정하고 $0° < \theta < 90°$이다.)

① $\dfrac{1-\cos\theta}{\sin\theta}$　　② $\dfrac{\sin\theta}{1-\cos\theta}$

③ $\dfrac{1-\sin\theta}{\cos\theta}$　　④ $\dfrac{\cos\theta}{1-\sin\theta}$

해설 (1) 힘(기본식)

$$F = \rho Q V$$

여기서, F : 힘[N]
　　　　ρ : 밀도(물의 밀도 1000N · s²/m⁴)
　　　　Q : 유량[m³/s]
　　　　V : 유속[m/s]

(2) 곡면판이 받는 x방향의 힘

$$F_x = \rho Q V(1-\cos\theta)$$

여기서, F_x : 곡면판이 받는 x방향의 힘[N]
　　　　ρ : 밀도[N · s²/m⁴]
　　　　Q : 유량[m³/s]
　　　　V : 속도[m/s]
　　　　θ : 유출방향

(3) 곡면판이 받는 y방향의 힘

$$F_y = \rho Q V \sin\theta$$

여기서, F_y : 곡면판이 받는 y방향의 힘[N]
　　　　ρ : 밀도[N · s²/m⁴]
　　　　Q : 유량[m³/s]
　　　　V : 속도[m/s]
　　　　θ : 유출방향

$$\frac{|F_y|}{|F_x|} = \frac{\rho Q V \sin\theta}{\rho Q V(1-\cos\theta)}$$
$$= \frac{\sin\theta}{1-\cos\theta}$$

답 ②

09 그림과 같이 수조차의 탱크 측벽에 지름이 25cm인 노즐을 달아 깊이 h=3m만큼 물을 실었다. 차가 받는 추력 F는 몇 kN인가? (단, 노면과의 마찰은 무시한다.)

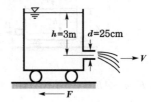

① 2.89　　　② 5.21

③ 1.79　　　④ 4.56

해설 (1) 유속

$$V = \sqrt{2gH}$$

여기서, V : 유속[m/s]
　　　　g : 중력가속도(9.8m/s²)
　　　　H : 높이[m]

유속 V는
$$V = \sqrt{2gH} = \sqrt{2 \times 9.8m/s^2 \times 3m} \fallingdotseq 7.668m/s$$

(2) 유량

$$Q = AV$$

여기서, Q : 유량[m³/s]
　　　　A : 단면적[m²]
　　　　V : 유속[m/s]

유량 Q는
$$Q = AV$$
$$= \frac{\pi}{4}D^2 V$$

$$= \frac{\pi}{4} \times (25\mathrm{cm})^2 \times 7.668\mathrm{m/s}$$
$$= \frac{\pi}{4} \times (0.25\mathrm{m})^2 \times 7.668\mathrm{m/s} \fallingdotseq 0.376\mathrm{m}^3/\mathrm{s}$$

(3) 힘

$$F = \rho Q V$$

여기서, F : 힘[N]

ρ : 밀도(물의 밀도 1000N·s²/m⁴)

Q : 유량[m³/s]

V : 유속[m/s]

차가 받는 추력(힘) F는

$F = \rho Q V$

$= 1000\mathrm{N} \cdot \mathrm{s}^2/\mathrm{m}^4 \times 0.376\mathrm{m}^3/\mathrm{s} \times 7.668\mathrm{m/s} \fallingdotseq 2890\mathrm{N}$

$= 2.89\mathrm{kN}$

답 ①

10 다음 그림과 같은 수조차의 탱크측벽에 설치된 노즐에서 분출하는 분수의 힘에 의해 그 반작용으로 분류 반대방향으로 수조차가 힘 F를 받아서 움직인다. 속도계수 : C_v, 수축계수 : C_c, 노즐의 단면적 : A, 비중량 : γ, 분류의 속도 : V로 놓고 노즐에서 유량계수 $C = C_v \cdot C_c = 1$로 놓으면 F는 얼마인가?

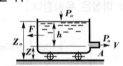

① $F \fallingdotseq \gamma A h$

② $F \fallingdotseq 2\gamma A h$

③ $F \fallingdotseq 1/2 \gamma A h$

④ $F \fallingdotseq \gamma \sqrt{A h}$

해설 반작용의 힘

$$F = 2\gamma A h$$

여기서, F : 힘[N]

γ : 비중량(물의 비중량 9800N/m³)

A : 단면적[m²]

h : 높이[m]

답 ②

11 어떤 기체 1kg이 압력 50kPa, 체적 2.0m³의 상태에서 압력 1000kPa, 체적이 0.2m³의 상태로 변화하였다. 이때 내부 에너지의 변화가 없다고 하면 엔탈피(enthalpy)의 증가량은 몇 kJ인가?

① 100

② 115

③ 120

④ 0

해설

$$H = (u_2 - u_1) + (P_2 V_2 - P_1 V_1)$$

여기서, H : 엔탈피[J]

$U_2 \cdot U_1$: 내부 에너지[J]

$P_2 \cdot P_1$: 압력[Pa]

$V_2 \cdot V_1$: 부피[m³]

내부에너지의 변화가 없으므로 엔탈피 H는

$H = (P_2 V_2 - P_1 V_1)$

$= 1000\mathrm{kPa} \times 0.2\mathrm{m}^3 - 50\mathrm{kPa} \times 2.0\mathrm{m}^3 = 100\mathrm{kJ}$

답 ①

12 0.5kg의 어느 기체를 압축하는데 15kJ의 일을 필요로 하였다. 이 때 12kJ의 열이 계 밖으로 손실 전달되었다. 내부에너지의 변화는 몇 kJ인가?

① -27

② 27

③ 3

④ -3

해설 열

$$Q = (U_2 - U_1) + W$$

여기서, Q : 열[kJ]

$U_2 - U_1$: 내부에너지 변화[kJ]

W : 일[kJ]

내부에너지 변화 $U_2 - U_1$은

$U_2 - U_1 = Q - W$

$= (-12\mathrm{kJ}) - (-15\mathrm{kJ}) = 3\mathrm{kJ}$

• W(일)이 필요로 하면 '$-$' 값을 적용한다.

• Q(열)이 계 밖으로 손실되면 '$-$' 값을 적용한다.

답 ③

13 초기 체적 0인 풍선을 지름 60cm까지 팽창시키는 데 필요한 일의 양은 몇 kJ인가? (단, 풍선 내부의 압력은 표준대기압 상태로 일정하고, 풍선은 구(球)로 가정한다.)

① 11.46

② 13.18

③ 114.6

④ 121.8

해설

$$W = P(V_2 - V_1)$$

여기서, W : 일[kJ]

P : 압력[kPa]

$V_2 - V_1$: 체적변화[m³]

일 W는

$W = P(V_2 - V_1) = P\left(\dfrac{\pi D_2^{3}}{6} - \dfrac{\pi D_1^{3}}{6}\right)$

$= 101.325\,\mathrm{kPa}\left(\dfrac{\pi \times (60\mathrm{cm})^3}{6} - 0\right)$

$= 101.325\,\mathrm{kPa}\left(\dfrac{\pi \times (0.6\mathrm{m})^3}{6} - 0\right) \fallingdotseq 11.46\,\mathrm{kJ}$

• 표준대기압 $= 101.325\,\mathrm{kPa}$

• 풍선(구)의 체적 $= \dfrac{\pi D_2^{3}}{6}$

여기서, D_2 : 팽창시킨 구의 지름[m]

• $\dfrac{\pi D_1^{3}}{6} = 0$: 초기체적이 0이므로

답 ①

14 어느 용기에서 압력(P)과 체적(V)의 관계는 다음과 같다. $P = (50V+10) \times 10^2 \text{kPa}$, 체적이 2m^3에서 4m^3로 변하는 경우 일량은 몇 MJ인가? (단, 체적 V의 단위는 m^3이다.)

① 30 ② 32
③ 34 ④ 36

해설
$$_1W_2 = \int_2^4 p\,dv$$
$$= \int_2^4 (50V+10) \times 10^2 dv$$

적분공식 $\int_a^b x^n dx = \left[\frac{x^{n+1}}{n+1}\right]_a^b = \left[\frac{b^{n+1}}{n+1}\right] - \left[\frac{a^{n+1}}{n+1}\right]$

$$= \left[\left(\frac{50}{2}V^2 + 10V\right) \times 10^2\right]_2^4$$
$$= \left[\left(\frac{50}{2} \times 4^2 + 10 \times 4\right) - \left(\frac{50}{2} \times 2^2 + 10 \times 2\right)\right] \times 10^2$$
$$= 32000\text{kJ} = 32\text{MJ}$$

답 ②

15 피토관의 두 구멍 사이에 차압계를 연결하였다. 이 피토관을 풍동실험에 사용했는데 ΔP가 700Pa이었다. 풍동에서의 공기 속도는 몇 m/s인가? (단, 풍동에서의 압력과 온도는 각각 98kPa과 20℃이고 공기의 기체상수는 287J/kg·K이다.)

① 32.53 ② 34.67
③ 36.85 ④ 38.94

해설 **(1) 이상기체 상태방정식**
$$\rho = \frac{P}{RT}$$

여기서, ρ : 밀도[kg/m³]
　　　　P : 압력[Pa]
　　　　R : 기체상수(287J/kg·K)
　　　　T : 절대온도(273+℃)[K]

밀도 ρ는
$$\rho = \frac{P}{RT}$$
$$= \frac{98\text{kPa}}{287\text{J/kg·K} \times (273+20)\text{K}}$$
$$= \frac{(98 \times 10^3)\text{Pa}}{287\text{J/kg·K} \times (273+20)\text{K}} \fallingdotseq 1.165\text{kg/m}^3$$

(2) 공기의 속도
$$V = C\sqrt{\frac{2\Delta P}{\rho}}$$

여기서, V : 공기의 속도[m/s]
　　　　C : 보정계수
　　　　ΔP : 압력[Pa] 또는 [N/m²]
　　　　ρ : 밀도[kg/m³] 또는 [N·s²/m⁴]

공기의 속도 V는
$$V = C\sqrt{\frac{2\Delta P}{\rho}} = \sqrt{\frac{2 \times 700\text{Pa}}{1.165\text{kg/m}^3}} \fallingdotseq 34.67\text{m/s}$$

답 ②

16 풍동에서 유속을 측정하기 위하여 피토 정압관을 사용하였다. 이때 비중이 0.8인 알코올의 높이 차이가 10cm가 되었다. 압력이 101.3kPa이고, 온도가 20℃일 때 풍동에서 공기의 속도는 몇 m/s인가?(단, 공기의 기체상수는 287N·m/kg·K이다.)

① 26.5 ② 28.5
③ 29.4 ④ 36.1

해설 **(1) 공기의 밀도**
$$\rho = \frac{P}{RT}$$

여기서, ρ : 밀도[kg/m³]
　　　　P : 압력[Pa]
　　　　R : 기체상수(공기기체상수 287N·m/kg·K)
　　　　T : 절대온도(273+℃)[K]

공기의 밀도 ρ는
$$\rho = \frac{P}{RT}$$
$$= \frac{101.3\text{kPa}}{287\text{N·m/kg·K} \times (287+20)\text{K}}$$
$$= \frac{101.3 \times 10^3 \text{Pa}}{287\text{N·m/kg·K} \times (273+20)\text{K}} \fallingdotseq 1.2\text{kg/m}^3$$

(2) 비중
$$s = \frac{\rho}{\rho_w}$$

여기서, s : 비중
　　　　ρ : 어떤 물질의 밀도[kg/m³]
　　　　ρ_w : 표준 물질의 밀도(물의 밀도 1000kg/m³)

알코올의 밀도 ρ는
$$\rho = s \cdot \rho_w = 0.8 \times 1000\text{kg/m}^3 = 800\text{kg/m}^3$$

(3) 공기의 속도
$$V = C\sqrt{2g\,\Delta H\left(\frac{\rho_s}{\rho}-1\right)}$$

여기서, V : 공기의 속도[m/s]
　　　　C : 보정계수
　　　　g : 중력가속도(9.8m/s²)
　　　　ΔH : 높이차[m]
　　　　ρ_s : 어떤 물질의 밀도[kg/m³]
　　　　ρ : 공기의 밀도[kg/m³]

공기의 속도 V는
$$V = C\sqrt{2g\,\Delta H\left(\frac{\rho_s}{\rho}-1\right)}$$
$$= \sqrt{2 \times 9.8\text{m/s}^2 \times 10\text{cm} \times \left(\frac{800\text{kg/m}^3}{1.2\text{kg/m}^3}-1\right)}$$
$$= \sqrt{2 \times 9.8\text{m/s}^2 \times 0.1\text{m} \times \left(\frac{800\text{kg/m}^3}{1.2\text{kg/m}^3}-1\right)}$$
$$\fallingdotseq 36.1\text{m/s}$$

답 ④

17 온도 20℃, 압력 5bar에서 비체적이 $0.2m^3/kg$ 인 이상 기체가 있다. 이 기체의 기체상수는 몇 $kJ/kg \cdot K$인가?

① 0.341
② 3.41
③ 34.1
④ 341

해설 **표준대기압**

$$1atm = 760mmHg = 1.0332kg_f/cm^2$$
$$= 10.332mH_2O(mAq)$$
$$= 14.7psi(lb_f/in^2)$$
$$= 101.325kPa(kN/m^2)$$
$$= 1013mbar$$

$101.325kN/m^2 = 1013mbar$이므로
$101325N/m^2 = 1.013bar$

$$5bar = \frac{5bar}{1.013bar} \times 101325N/m^2 ≒ 500123N/m^2$$

$$PV = mRT$$

여기서, P : 압력$[N/m^2]$
V : 부피$[m^3]$
m : 질량$[kg]$
R : $\frac{8314}{M}$ $[N \cdot m/kg \cdot K]$
T : 절대온도(273+℃)$[K]$

위 식을 변형하면

$$PV_s = RT$$

여기서, P : 압력$[N/m^2]$
V_s : 비체적$[m^3/kg]$
R : 기체상수$[N \cdot m/kg \cdot K]$
T : 절대온도(273+℃)$[K]$

기체상수 R는

$$R = \frac{PV_s}{T}$$
$$= \frac{500123N/m^2 \times 0.2m^3/kg}{(273+20)K} ≒ 341N \cdot m/kg \cdot K$$
$$= 341J/kg \cdot K = 0.341kJ/kg \cdot K$$

답 ①

18 온도 60℃, 압력 100kPa인 산소가 지름 10mm 인 관 속을 흐르고 있다. 임계 레이놀드가 2100 인 층류로 흐를수 있는 최대 평균속도(m/s)와 유량(m^3/s)은? (단, 점성계수는 $\mu = 23 \times 10^{-6}$ $kg/m \cdot s$이고, 기체상수는 $R = 260N \cdot m/kg \cdot K$ 이다.)

① 4.18, 3.28×10^{-4}
② 41.8, 32.8×10^{-4}
③ 3.18, 24.8×10^{-4}
④ 3.18, 2.48×10^{-4}

해설 **(1) 밀도**

$$\rho = \frac{P}{RT}$$

여기서, ρ : 밀도$[kg/m^3]$
P : 압력$[Pa]$
R : 기체상수$[N \cdot m/kg \cdot K]$
T : 절대온도(273+℃)$[K]$

밀도 ρ는

$$\rho = \frac{P}{RT} = \frac{100kPa}{260N \cdot m/kg \cdot K \times (273+60)K}$$
$$= \frac{100 \times 10^3 Pa}{260N \cdot m/kg \cdot K \times (273+60)K} ≒ 1.155kg/m^3$$

(2) 최대평균속도

$$V_{max} = \frac{Re\mu}{D\rho}$$

여기서, V_{max} : 최대평균속도$[m/s]$
Re : 레이놀드수
μ : 점성계수$[kg/m \cdot s]$
D : 직경(관경)$[m]$
ρ : 밀도$[kg/m^3]$

최대평균속도 V_{max}는

$$V_{max} = \frac{Re\mu}{D\rho} = \frac{2100 \times 23 \times 10^{-6}kg/m \cdot s}{10mm \times 1.155kg/m^3}$$
$$= \frac{2100 \times 23 \times 10^{-6}kg/m \cdot s}{0.01m \times 1.155kg/m^3} ≒ 4.18m/s$$

(3) 유량

$$Q = AV$$

여기서, Q : 유량$[m^3/s]$
A : 단면적$[m^2]$
V : 유속$[m/s]$

유량 Q는

$$Q = AV = \frac{\pi D^2}{4}V = \frac{\pi \times (10mm)^2}{4} \times 4.18m/s$$
$$= \frac{\pi \times (0.01m)^2}{4} \times 4.18m/s ≒ 3.28 \times 10^{-4} m^3/s$$

답 ①

19 처음에 온도, 비체적이 각각 T_1, v_1인 이상기체 1kg을 압력을 P로 일정하게 유지한 채로 가열하여 온도를 $4T_1$까지 상승시킨다. 이상기체가 한 일은 얼마인가?

① Pv_1
② $2Pv_1$
③ $3Pv_1$
④ $4Pv_1$

해설 **정압과정**시의 비체적과 온도와의 관계

$$\frac{v_2}{v_1} = \frac{T_2}{T_1}$$

여기서, v_1 : 변화 전의 비체적$[m^3/kg]$
v_2 : 변화 후의 비체적$[m^3/kg]$
T_1 : 변화 전의 온도(273+℃)$[K]$
T_2 : 변화 후의 온도(273+℃)$[K]$

$$T_2 = 4T_1$$

이므로

변화후의 **비체적** v_2는

$$v_2 = v_1 \times \frac{T_2}{T_1} = v_1 \times \frac{4T_1}{T_1} = 4v_1$$

$$_1W_2 = P(v_2 - v_1)$$

여기서, $_1W_2$: 외부에서 한 일[J/kg]
$\qquad P$: 압력[Pa]
$\qquad v_1$: 변화 전의 비체적[m³/kg]
$\qquad v_2$: 변화 후의 비체적[m³/kg]

외부에서 **한 일** $_1W_2$는

$$_1W_2 = P(v_2 - v_1) = P(4v_1 - v_1) = 3Pv_1$$

답 ③

★★
20 처음의 온도, 비체적이 각각 T_1, v_1인 이상기체 1kg을 압력 P로 일정하게 유지한 채로 가열하여 온도를 $3T_1$까지 상승시킨다. 이상기체가 한 일은 얼마인가?

① Pv_1 ② $2Pv_1$
③ $3Pv_1$ ④ $4Pv_1$

해설 (1) 압력이 P로 일정하므로
등압과정

$$\frac{v_2}{v_1} = \frac{T_2}{T_1}$$

여기서, $v_1 \cdot v_2$: 비체적[m³/kg]
$\qquad T_1 \cdot T_2$: 절대온도(273 + ℃)[K]

$$\frac{v_2}{v_1} = \frac{T_2}{T_1}$$

$$\frac{v_2}{v_1} = \frac{3T_1}{T_1}$$

$$\frac{v_2}{v_1} = 3$$

$$v_2 = 3v_1$$

(2) **일**

$$_1W_2 = PdV = P(v_2 - v_1)$$

여기서, $_1W_2$: 일[J]
$\qquad P$: 압력[Pa=N/m²]
$\qquad dV$: 비체적의 변화량[m³/kg]
$\qquad v_1 \cdot v_2$: 비체적[m³/kg]

일 $_1W_2$는
$$_1W_2 = PdV = P(v_2 - v_1) = P(3v_1 - v_1) = 2Pv_1$$

답 ②

★
21 압력이 300kPa, 체적 1.66m³인 상태의 가스를 정압하에서 열을 방출시켜 체적을 1/2로 만들었다. 기체가 한 일은 몇 kJ인가?

① 249 ② 129
③ 981 ④ 399

해설
$$_1W_2 = PdV$$

여기서, $_1W_2$: 일[J]
$\qquad P$: 압력[Pa, N/m²]
$\qquad dV$: 체적의 변화량[m³]

일 $_1W_2$는

$$_1W_2 = PdV$$
$$= 300\text{kPa} \times \left(1.66 - \frac{1.66}{2}\right)\text{m}^3$$
$$= 300\text{kN/m}^2 \times \left(1.66 - \frac{1.66}{2}\right)\text{m}^3 = 249\text{kN} \cdot \text{m}$$
$$= 249\text{kJ}$$

답 ①

★
22 20℃의 공기(기체상수 $R = 0.287$kJ/kg·K, 정압비열 $C_p = 1.004$kJ/kg·K) 3kg이 압력 0.1MPa에서 등압팽창하여 부피가 2배로 되었다. 이때 공급된 열량은 약 몇 kJ인가?

① 252 ② 883
③ 441 ④ 1765

해설 **정압과정**

(1) **이상기체 상태방정식**

$$PV = mRT$$

여기서, P : 압력[kPa]
$\qquad V$: 체적(부피)[m³]
$\qquad m$: 질량[kg]
$\qquad R$: 기체상수[kJ/kg·K]
$\qquad T$: 절대온도(273+℃)[K]

체적(부피) V는

$$V = \frac{mRT}{P}$$
$$= \frac{3\text{kg} \times 0.287\text{kJ/kg} \cdot \text{K} \times (273 + 20)\text{K}}{0.1\text{MPa}}$$
$$= \frac{3\text{kg} \times 0.287\text{kJ/kg} \cdot \text{K} \times (273 + 20)\text{K}}{(0.1 \times 10^3)\text{kPa}} ≒ 2.52\text{m}^3$$

• 1MPa = 10^3kPa이므로 0.1MPa = (0.1×10^3)kPa
• 1MPa = 10^6Pa
• 1kPa = 10^3Pa

부피가 2배가 되었으므로
$$V_2 = 2V_1 = 2 \times 2.52\text{m}^3 = 5.04\text{m}^3$$

(2) **절대일**

$$_1W_2 = P(V_2 - V_1) = Rm(T_2 - T_1)$$

여기서, $_1W_2$: 절대일[kJ]
$\qquad P$: 압력[kPa]
$\qquad V_1$: 원래체적[m³]
$\qquad V_2$: 팽창된 체적[m³]
$\qquad R$: 기체상수[kJ/kg·K]
$\qquad m$: 질량[kg]
$\qquad T_2 - T_1$: 온도차(273+℃)[K]

온도차 $T_2 - T_1$은

$$T_2 - T_1 = \frac{P(V_2 - V_1)}{Rm}$$
$$= \frac{(0.1 \times 10^3)\text{kPa} \times (5.04 - 2.52)\text{m}^3}{0.287\text{kJ/kg} \cdot \text{K} \times 3\text{kg}} ≒ 292.7\text{K}$$

(3) **열량**

$$_1q_2 = C_p m(T_2 - T_1)$$

여기서, $_1q_2$: 열량[kJ]

C_p : 정압비열[kJ/kg·K]
m : 질량[kg]
$T_2 - T_1$: 온도차(273+℃)[K]

열량 $_1q_2$ 는

$_1q_2 = C_p m (T_2 - T_1)$
$= 1.004\text{kJ/kg·K} \times 3\text{kg} \times 292.7\text{K} ≒ 882\text{kJ}$

∴ 883kJ

답 ②

23 체적 2m³, 온도 20℃의 기체 1kg을 정압하에서 체적을 5m³로 팽창시켰다. 가한 열량은 약 몇 kJ인가? (단, 기체의 정압비열은 2.06kJ/kg·K, 기체상수는 0.488kJ/kg·K으로 한다.)

① 954 ② 905
③ 889 ④ 863

해설 | 정압과정 |

(1) **이상기체 상태방정식**

$$PV = mRT$$

여기서, P : 압력[kJ/m³]
V : 체적[m³]
m : 질량[kg]
R : 기체상수[kJ/kg·K]
T : 절대온도(273+℃)[K]

압력 P 는

$P = \dfrac{mRT}{V}$

$= \dfrac{1\text{kg} \times 0.488\text{kJ/kg·K} \times (273+20)\text{K}}{2\text{m}^3}$

$≒ 71.49\text{kJ/m}^3$

(2) **절대일**

$$_1W_2 = P(V_2 - V_1) = R(T_2 - T_1)$$

여기서, $_1W_2$: 절대일[kJ]
P : 압력[kJ/m³]
V_1 : 원래 체적[m³]
V_2 : 팽창된 체적[m³]
R : 기체상수[kJ/kg·K]
$T_2 - T_1$: 온도차(273+℃)[K]

온도차 $T_2 - T_1$ 은

$T_2 - T_1 = \dfrac{P(V_2 - V_1)}{R}$

$= \dfrac{71.49\text{kJ/m}^3 \times (5-2)\text{m}^3}{0.488\text{kJ/kg·K}} ≒ 439.5\text{K}$

(3) **열량**

$$_1q_2 = C_P(T_2 - T_1)$$

여기서, $_1q_2$: 열량[kJ]
C_P : 정압비열[kJ/kg·K]
$T_2 - T_1$: 온도차(273+℃)[K]

열량 $_1q_2$ 은

$_1q_2 = C_P(T_2 - T_1)$
$= 2.06\text{kJ/kg·K} \times 439.5\text{K} ≒ 905\text{kJ}$

답 ②

24 CO 5kg을 일정한 압력하에 25℃에서 60℃로 가열하는데 필요한 열량은 몇 kJ인가? (단, 정압비열은 0.837kJ/kg·℃이다.)

① 105 ② 146
③ 251 ④ 356

해설

$$q = C_p(T_2 - T_1)$$

여기서, q : 열량[kJ/kg]
C_p : 정압비열[kJ/kg·℃]
$T_2 - T_1$: 온도차(273+℃)[K]

• $T_1 = 273 + 25℃ = 298\text{K}$
• $T_2 = 273 + 60℃ = 333\text{K}$

열량 q 는

$q = C_p(T_2 - T_1)$
$= 0.837\text{kJ/kg} \times (333-298)\text{K} = 29.295\text{kJ/kg}$

5kg이므로
$29.295\text{kJ/kg} \times 5\text{kg} ≒ 146\text{kJ}$

용어

| 정압비열 |
| 압력이 일정할 때의 비열 |

답 ②

25 공기 10kg이 정적과정으로 20℃에서 250℃까지 온도가 변하였다. 이 경우 엔트로피의 변화는 얼마인가? (단, 공기의 $C_v = 0.717$kJ/kg·K이다.)

① 약 2.39kJ/K ② 약 3.07kJ/K
③ 약 4.15kJ/K ④ 약 5.81kJ/K

해설 | 정적과정 |

$$\Delta S = C_v \ln \dfrac{T_2}{T_1}$$

여기서, ΔS : 엔트로피의 변화[J/kg·K]
C_v : 정적비열[J/kg·K]
$T_1 \cdot T_2$: 온도변화(273+℃)[K]

엔트로피 변화 ΔS 는

$\Delta S = C_v \ln \dfrac{T_2}{T_1}$

$= 0.717\text{kJ/kg·K} \times \ln \dfrac{(273+250)\text{K}}{(273+20)\text{K}}$

$= 0.415\text{kJ/kg·K}$

공기 **10kg** 이므로
$0.415\text{kJ/kg·K} \times 10\text{kg} = 4.15\text{kJ/K}$

※ **엔트로피** : 어떤 물질의 정렬상태를 나타낸다.

답 ③

26 어떤 이상기체가 체적 V_1, 압력 P_1으로부터 체적 V_2, 압력 P_2까지 등온팽창하였다. 이 과정 중에 일어난 내부에너지의 변화량 $\Delta U = U_2 - U_1$ 과 엔탈피의 변화량 $\Delta H = H_2 - H_1$을 맞게 나타낸 관계식은?

① $\Delta U > 0$, $\Delta H < 0$

② $\Delta U < 0$, $\Delta H > 0$

③ $\Delta U > 0$, $\Delta H > 0$

④ $\Delta U = 0$, $\Delta H = 0$

 해설 등온팽창(등온과정)

(1) 내부에너지 변화량

$$\Delta U = U_2 - U_1 = 0$$

(2) 엔탈피 변화량

$$\Delta H = H_2 - H_1 = 0$$

비교

등압팽창(정압과정)

(1) 내부에너지 변화량

$$\Delta U = U_2 - U_1 = C_v(T_2 - T_1)$$

여기서, ΔU : 내부에너지 변화량[J]

$\quad\quad C_v$: 정적비열[J/K]

$\quad\quad T_2 - T_1$: 온도차[K]

(2) 엔탈피 변화량

$$\Delta H = H_2 - H_1 = C_p(T_2 - T_1)$$

여기서, ΔH : 엔탈피 변화량[J]

$\quad\quad C_p$: 정압비열[J/K]

$\quad\quad T_2 - T_1$: 온도차[K]

답 ④

27 1kg의 공기가 온도 18℃에서 등온 변화를 하여 체적의 증가가 0.5m³, 엔트로피의 증가가 0.2135kJ/kg · K였다면, 초기의 압력은 약 몇 kPa인가? (단, 공기의 기체 상수 $R = 0.287$kJ/kg · K이다.)

① 204.4　　② 132.6

③ 184.4　　④ 231.6

 해설 등온변화

$$\Delta S = R \ln \frac{V_2}{V_1}$$

여기서, ΔS : 엔트로피의 변화[J/kg · K]

$\quad\quad R$: 공기의 가스 정수(287J/kg · K)

$\quad\quad V_1 \cdot V_2$: 체적변화[m³]

체적의 증가가 0.5m³이므로 이것을 식으로 표현하면

$$V_2 = V_1 + 0.5$$

$$\Delta S = R \ln \frac{V_2}{V_1}$$

$$\frac{V_2}{V_1} = e^{\left(\frac{\Delta S}{R}\right)}$$

$$\frac{(V_1 + 0.5)}{V_1} = e^{\left(\frac{0.2135 \text{kJ/kg} \cdot \text{K}}{287 \text{J/kg} \cdot \text{K}}\right)}$$

$$\frac{(V_1 + 0.5)}{V_1} = e^{\left(\frac{213.5 \text{J/kg} \cdot \text{K}}{287 \text{J/kg} \cdot \text{K}}\right)}$$

$$\frac{(V_1 + 0.5)}{V_1} = 2.1$$

$$V_1 + 0.5 = 2.1 V_1$$

$$2.1 V_1 - V_1 = 0.5$$

$$1.1 V_1 = 0.5$$

$$V_1 = \frac{0.5}{1.1} = 0.454 \text{m}^3$$

$$PV = mRT$$

여기서, P : 압력[Pa]

$\quad\quad V$: 부피[m³]

$\quad\quad m$: 질량[kg]

$\quad\quad R$: 공기의 가스 정수(287J/kg · K)

$\quad\quad T$: 절대온도(273+℃)[K]

압력 P는

$$P = \frac{mRT}{V}$$

$$= \frac{1\text{kg} \times 287\text{J/kg} \cdot \text{K} \times (273 + 18)\text{K}}{0.454\text{m}^3} ≒ 184400\text{Pa}$$

$$= 184.4\text{kPa}$$

답 ③

28 초기온도와 압력이 50℃, 600kPa인 완전가스를 100kPa까지 가역 단열팽창하였다. 이때 온도는 몇 K인가? (단, 비열비는 1.4)

① 194　　② 294

③ 467　　④ 539

해설 단열변화시의 온도와 압력과의 관계

$$\frac{T_2}{T_1} = \left(\frac{P_2}{P_1}\right)^{\frac{K-1}{K}}$$

여기서, T_1 : 변화 전의 온도(273+℃)[K]

$\quad\quad T_2$: 변화 후의 온도(273+℃)[K]

$\quad\quad P_1$: 변화 전의 압력[Pa]

$\quad\quad P_2$: 변화 후의 압력[Pa]

$\quad\quad K$: 비열비

변화 후의 온도 T는

$$T_2 = T_1 \times \left(\frac{P_2}{P_1}\right)^{\frac{K-1}{K}}$$

$$= (273 + 50)\text{K} \times \left(\frac{100 \times 10^3 \text{Pa}}{600 \times 10^3 \text{Pa}}\right)^{\frac{1.4-1}{1.4}} ≒ 194\text{K}$$

답 ①

29 온도 30℃, 최초 압력 98.67kPa인 공기 1kg을 단열적으로 986.7kPa까지 압축한다. 압축일은 몇 kJ인가? (단, 공기의 비열비는 1.4, 기체상수 $R = 0.287$kJ/kg · K이다.)

① 100.23　　② 187.43

③ 202.34　　④ 321.84

해설 단열변화시의 온도와 압력과의 관계

$$\frac{T_2}{T_1} = \left(\frac{P_2}{P_1}\right)^{\frac{K-1}{K}}$$

여기서, T_1 : 변화 전의 온도(273+℃)[K]
T_2 : 변화 후의 온도(273+℃)[K]
P_1 : 변화 전의 압력[Pa]
P_2 : 변화 후의 압력[Pa]
K : 비열비

변화 후의 온도 T_2는

$$T_2 = T_1 \times \left(\frac{P_2}{P_1}\right)^{\frac{K-1}{K}}$$

$$= (273+30)\text{K} \times \left(\frac{986.7\text{kPa}}{98.67\text{kPa}}\right)^{\frac{1.4-1}{1.4}} \fallingdotseq 585\text{K}$$

$$_1W_2 = \frac{mR}{K-1}(T_1 - T_2)$$

여기서, $_1W_2$: 압축일[J]
m : 질량[kg]
R : 기체상수(0.287kJ/kg·K)
T_1 : 변화 전의 온도(273+℃)[K]
T_2 : 변화 후의 온도(273+℃)[K]

압축일 $_1W_2$는

$$_1W_2 = \frac{mR}{K-1}(T_1 - T_2)$$

$$= \frac{1\text{kg} \times 0.287\text{kJ/kg·K}}{1.4-1}[(273+30)-585]$$

$$= -202.34\text{kJ}$$

$$\therefore 202.34\text{kJ}$$

답 ③

30 폴리트로픽 지수(n)가 1인 과정은?
① 단열과정　　② 정압과정
③ 등온과정　　④ 정적과정

해설 **폴리트로픽 변화**

PV^n=정수($n=0$)	등압변화(정압변화)
PV^n=정수($n=1$)	등온변화
PV^n=정수($n=k$)	단열변화
PV^n=정수($n=\infty$)	정적변화

답 ③

31 압력 P_1=100kPa, 온도 T_1=400K, 체적 V_1=1.0m³인 밀폐기(closed system)의 이상기체가 $PV^{1.4}$=상수인 폴리트로픽 과정(polytropic process)을 거쳐 압력 P_2=400kPa까지 압축된다. 이 과정에서 기체가 한 일은 약 몇 kJ인가?
① -100　　② -120
③ -140　　④ -160

해설 **폴리트로픽 과정**
(1) 절대온도

$$\frac{T_2}{T_1} = \left(\frac{P_2}{P_1}\right)^{\frac{n-1}{n}}$$

여기서, $T_2 \cdot T_1$: 절대온도[K]
$P_2 \cdot P_1$: 압력[kPa]
n : 폴리트로픽 지수

(2) **일**

$$W = \frac{P_1 V_1}{n-1}\left(1 - \frac{T_2}{T_1}\right)$$

여기서, W : 일[kJ]
P_1 : 압력[kPa]
V_1 : 체적[m³]
n : 폴리트로픽 지수
$T_2 \cdot T_1$: 절대온도[K]

일 W는
$$W = \frac{P_1 V_1}{n-1}\left(1 - \frac{T_2}{T_1}\right)$$

$$= \frac{P_1 V_1}{n-1}\left(1 - \left(\frac{P_2}{P_1}\right)^{\frac{n-1}{n}}\right)$$

$$= \frac{100\text{kPa} \times 1.0\text{m}^3}{1.4-1}\left(1 - \left(\frac{400\text{kPa}}{100\text{kPa}}\right)^{\frac{1.4-1}{1.4}}\right) \fallingdotseq -120\text{kJ}$$

답 ②

32 완전가스의 폴리트로픽 과정에 대한 엔트로피 변화량을 나타낸 것은? (단, C_p : 정압비열, C_v : 정적비열, C_n : 폴리트로픽 비열이다)
① $C_p \ln\frac{T_2}{T_1}$　　② $C_n \ln\frac{T_2}{T_1}$
③ $R \ln\frac{P_1}{P_2}$　　④ $C_v \ln\frac{T_2}{T_1}$

해설 **폴리트로픽 과정의 엔트로피 변화량**

$$\Delta S = C_n \ln\frac{T_2}{T_1}$$

여기서, ΔS : 엔트로피 변화[kJ/K]
C_n : 폴리트로픽 비열[kJ/K]
$T_1 \cdot T_2$: 절대온도(273+℃)[K]

답 ②

33 Carnot 사이클이 1000K의 고온 열원과 400K의 저온 열원 사이에서 작동할 때 사이클의 열효율은 얼마인가?
① 20%　　② 40%
③ 60%　　④ 80%

해설

$$\eta = 1 - \frac{T_L}{T_H}$$

여기서, η : 카르노 사이클의 효율
T_L : 저온(273+℃)[K]
T_H : 고온(273+℃)[K]

효율 η는
$$\eta = 1 - \frac{T_L}{T_H} = 1 - \frac{400\text{K}}{1000\text{K}} = 0.6 = 60\%$$

답 ③

34 카르노 사이클에서 고온 열저장소에서 받은 열량이 Q_H이고 저온 열저장소에서 방출된 열량이 Q_L일 때, 카르노 사이클의 열효율 η는?

① $\eta = \dfrac{Q_L}{Q_H}$ ② $\eta = \dfrac{Q_H}{Q_L}$

③ $\eta = 1 - \dfrac{Q_L}{Q_H}$ ④ $\eta = 1 - \dfrac{Q_H}{Q_L}$

 (1)

$$\eta = 1 - \dfrac{T_L}{T_H}$$

여기서, η : 카르노 사이클의 효율
T_L : 저온(273+℃)[K]
T_H : 고온(273+℃)[K]

(2)

$$\eta = 1 - \dfrac{Q_L}{Q_H}$$

여기서, η : 카르노 사이클의 효율
Q_L : 저온열량
Q_H : 고온열량

답 ③

35 800K의 고온열원과 400K의 저온열원 사이에서 작동하는 Carnot 사이클에 공급하는 열량이 사이클당 400kJ이라 할 때 1사이클당 외부에 하는 일은 얼마인가?

① 100kJ   ② 200kJ
③ 300kJ   ④ 400kJ

$$\dfrac{W}{Q_H} = 1 - \dfrac{T_L}{T_H}$$

여기서, W : 출력(일)[kJ]
Q_H : 열량[kJ]
T_L : 저온[K]
T_H : 고온[K]

출력(일) W는

$$W = Q_H\left(1 - \dfrac{T_L}{T_H}\right) = 400\text{kJ}\left(1 - \dfrac{400\text{K}}{800\text{K}}\right) = 200\text{kJ}$$

답 ②

36 냉동실로부터 300K의 대기로 열을 배출하는 가역 냉동기의 성능계수가 4이다. 냉동실 온도는?

① 225K   ② 240K
③ 250K   ④ 270K

냉동기의 성능계수

$$\beta = \dfrac{Q_L}{Q_H - Q_L} = \dfrac{T_L}{T_H - T_L}$$

여기서, β : 냉동기의 성능계수
Q_L : 저열[kJ]
Q_H : 고열[kJ]
T_L : 저온[K]
T_H : 고온[K]

$$\beta = \dfrac{T_L}{T_H - T_L}$$
$$\beta(T_H - T_L) = T_L$$
$$\beta T_H - \beta T_L = T_L$$
$$\beta T_H = T_L + \beta T_L$$
$$\beta T_H = T_L(1 + \beta)$$
$$\dfrac{\beta T_H}{1 + \beta} = T_L$$
$$T_L = \dfrac{\beta T_H}{1 + \beta} = \dfrac{4 \times 300\text{K}}{1 + 4} = 240\text{K}$$

성능계수 = 성적계수 = 동작계수

비교

열펌프의 성능계수

$$\beta = \dfrac{Q_H}{Q_H - Q_L} = \dfrac{T_H}{T_H - T_L}$$

여기서, β : 열펌프의 성능계수
Q_L : 저열[kJ]
Q_H : 고열[kJ]
T_L : 저온[K]
T_H : 고온[K]

답 ②

37 두께 4 mm의 강 평판에서 고온측 면의 온도가 100℃이고 저온측 면의 온도가 80℃이며 단위면적(1m²)에 대해 매분 30000 kJ의 전열을 한다고 하면 이 강판의 열전도율은 몇 W/m·℃인가?

① 100   ② 105
③ 110   ④ 115

전도

$$\mathring{q} = \dfrac{kA(T_2 - T_1)}{l}$$

여기서, $\mathring{q}$: 열전달량[J/s] = [W]
k : 열전도율[W/m·℃]
A : 단면적[m²]
$T_2 - T_1$: 온도차[℃ 또는 K]
l : 두께[m]

열전도율 K는

$$K = \dfrac{\mathring{q}l}{A(T_2 - T_1)} = \dfrac{30000\text{kJ/min} \times 4\text{mm}}{1\text{m}^2(100 - 80)℃}$$
$$= \dfrac{30000 \times 10^3\text{J/60s} \times 0.004\text{m}}{1\text{m}^2(100 - 80)℃} = 100\text{W/m}\cdot℃$$

• 1min = 60s   • 1kJ = 10^3J
• 1mm = 0.001m

답 ①

38 열전도도가 0.08W/m · K인 단열재의 내부면의 온도(고온)가 75℃ 외부면의 온도(저온)가 20℃ 이다. 단위 면적당 열손실을 200W/m²으로 제한하려면 단열재의 두께는?

① 22.0 mm
② 45.5 mm
③ 55.0 mm
④ 80.0 mm

해설 (1) 절대온도

$$T = 273 + ℃$$

여기서, T : 절대온도[K]
℃ : 섭씨온도[℃]

절대온도 T 는
$T_2 = 273 + 75℃ = 348K$
$T_1 = 273 + 20℃ = 293K$

(2) 전도

$$\overset{\circ}{q}'' = \frac{k(T_2 - T_1)}{l}$$

여기서, $\overset{\circ}{q}''$: 단위면적당 열량[W/m²]
k : 열전도율[W/m · K]
$T_2 - T_1$: 온도차[℃ 또는 K]
l : 두께[m]

두께 l 은
$$l = \frac{k(T_2 - T_1)}{\overset{\circ}{q}''}$$
$$= \frac{0.08W/m · K × (348 - 293)K}{200W/m²} ≒ 0.022m = 22mm$$
$$≒ 22.0mm$$

답 ①

39 전도는 서로 접촉하고 있는 물체의 온도차에 의하여 발생하는 열전달현상이다. 다음 중 단위면적당의 열전달률(W/m²)을 설명한 것 중 옳은 것은?

① 전열면에 직각인 방향의 온도 기울기에 비례한다.
② 전열면과 평행한 방향의 온도 기울기에 비례한다.
③ 전열면에 직각인 방향의 온도 기울기에 반비례한다.
④ 전열면과 평행한 방향의 온도 기울기에 반비례한다.

해설 **전도**

$$\overset{\circ}{q}'' = \frac{k(T_2 - T_1)}{l}$$

여기서, $\overset{\circ}{q}''$: 단위면적당 열량[W/m²]
k : 열전도율[W/m · K]
$T_2 - T_1$: 온도차[℃ 또는 K]
l : 두께[m]

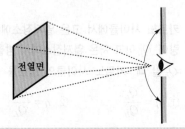

※ 단위면적당의 **열전달률**($\overset{\circ}{q}''$)은 전열면에 **직각**인 방향의 온도기울기에 **비례**한다.

답 ①

40 그림과 같이 대칭인 물체를 통하여 1차원 열전도가 생긴다. 열발생률은 없고 $A(x) = 1 - x$ $T(x) = 300(1 - 2x - x^3)$, $Q = 300\,W$인 조건에서 열전도율을 구하면? (단, A, T, x의 단위는 각각 m², K, m이다.)

① $\dfrac{1}{(1-x)(2+3x^2)}$ [W/m · K]

② $\dfrac{1}{(1-x)(2x-x^3)}$ [W/m · K]

③ $\dfrac{1}{(1+x)(2x-x^3)}$ [W/m · K]

④ $\dfrac{1}{(1+x)(2+3x^2)}$ [W/m · K]

해설

$$Q = -kA\frac{dT}{dx}$$

여기서, Q : 열전도열량[W]
k : 열전도율[W/m · K]
A : 단면적[m²]
T : 절대온도[K]

$T(x) = 300(1 - 2x - x^3)$
$\dfrac{dT}{dx} = 300(-2 - 3x^2) = -300(2 + 3x^2)$

열전도율 k 는
$$k = -\frac{Q}{A}\frac{dx}{dT}$$
$$= -\frac{300}{(1-x)} × \frac{1}{-300(2+3x^2)} = \frac{1}{(1-x)(2+3x^2)}$$
$$= \frac{1}{(1-x)(2+3x^2)} [W/m · K]$$

답 ①

41 지름 5cm인 구가 대류에 의해 열을 외부공기로 방출한다. 이 구는 50W의 전기히터에 의해 내부에서 가열되고 있다면 구 표면과 공기 사이의

온도차가 30℃라면 공기와 구 사이의 대류 열전
달계수는 얼마인가?

① $111\text{W/m}^2 \cdot ℃$ ② $212\text{W/m}^2 \cdot ℃$

③ $313\text{W/m}^2 \cdot ℃$ ④ $414\text{W/m}^2 \cdot ℃$

해설 대류열

$$\overset{\circ}{q} = Ah(T_2 - T_1)$$

여기서, $\overset{\circ}{q}$: 대류열류[W]
  A : 대류면적[m²]
  h : 대류전열계수[W/m² · ℃]
  $(T_2 - T_1)$: 온도차[℃]

대류 열전달계수 h 는

$$h = \frac{\overset{\circ}{q}}{A(T_2 - T_1)}$$

$$= \frac{\overset{\circ}{q}}{4\pi r^2(T_2 - T_1)} = \frac{50\text{W}}{4\pi(0.025\text{m})^2 \times 30℃}$$

$$\fallingdotseq 212\text{W/m}^2 \cdot ℃$$

※ **구의 면적** $= 4\pi r^2$
  여기서, r : 반지름[m]

답 ②

---

42 실제표면에 대한 복사를 연구하는 것은 매우 어
려우므로 이상적인 표면인 흑체의 표면을 도입
하는 것이 편리하다. 다음 흑체를 설명한 것 중
잘못된 것은?

① 흑체는 방향, 파장의 길이에 관계없이 에너
지를 흡수 또는 방사한다.

② 흑체에서 방출된 총복사는 파장과 온도만의
함수이고 방향과는 관계없다.

③ 일정한 온도와 파장에서 흑체보다 더 많은
에너지를 방출하는 표면은 없다.

④ 흑체가 방출하는 단위면적당 복사에너지는
온도와 무관하다.

해설 **복사열**(단위면적당 복사에너지)

$$\overset{\circ}{q}'' = F_{12}\varepsilon\sigma T^4$$

여기서, $\overset{\circ}{q}''$: 복사열[W/m²]
  F_{12} : 배치계수(형상계수)
  ε : 복사능(방사율)$(1 - e^{(-kl)})$
  k : 흡수계수(absorption coefficient)[m⁻¹]
  l : 화염두께[m]
  σ : 스테판-볼츠만 상수
    $(5.667 \times 10^{-8}\text{W/m}^2 \cdot \text{K}^4)$
  T : 온도[K]

④ 흑체가 방출하는 단위면적당 복사에너지는 **온
도의 4제곱에 비례**한다.

중요

흑체(Black Body)
복사에너지를 투과나 반사없이 모두 흡수하는 것

답 ④

---

43 완전 흑체로 가정한 흑연의 표면 온도가 450℃이
다. 단위 면적당 방출되는 복사에너지(kW/m²)
는?(단, Stefan Boltzmann 상수 $\sigma = 5.67 \times 10^{-8}$
$\text{W/m}^2 \cdot \text{K}^4$이다.)

① 2,325   ② 15.5

③ 21.4   ④ 2325

해설

$$q'' = \varepsilon\sigma T^4$$

여기서, q'' : 복사에너지[W/m²]
  ε : 복사능(완전흑체 $\varepsilon = 1$)
  σ : Stefan Boltzmann상수(5.67×10^{-8} W/m² · K⁴)
  T : 온도(273 + ℃)K

복사에너지 q'' 는

$$q'' = \varepsilon\sigma T^4$$

$$= 1 \times (5.67 \times 10^{-8}\text{W/m}^2 \cdot \text{K}^4) \times (273 + 450)^4$$

$$\fallingdotseq 15500\text{W/m}^2 = 15.5\text{kW/m}^2$$

답 ②

---

44 판의 온도 T 가 시간 t 에 따라 $T_0 t^{1/4}$으로 변하
고 있다. 여기서 상수 T_0는 절대온도이다. 이 판
의 흑체방사도는 시간에 따라 어떻게 변하는가?
(단, σ 는 스테판-볼츠만 상수이다.)

① σT_0^4 ② $\sigma T_0^4 t$

③ $\sigma T_0 t^2$ ④ $\sigma T_0 t^4$

해설

$$\varepsilon = \sigma T_0^4 t$$

여기서, ε : 흑체방사도
  σ : Stefan-Baltzman 상수(5.667×10^{-8}W/m² · K⁴)
  T_0 : 상수
  t : 시간[s]

※ **흑체(Black Body)** : 복사에너지를 투과나 반사
  없이 모두 흡수하는 것

답 ②

---

45 열복사 현상에 대한 이론적인 설명과 거리가 먼
것은?

① Fourier의 법칙

② Kirchhoff의 법칙

③ Stefan-Boltzmann의 법칙

④ Planck의 법칙

해설 **열복사 현상**에 대한 **이론적인 설명**
(1) 키르히호프의 법칙(Kirchhoff의 법칙)
(2) 스테판-볼츠만의 법칙(Stefan-Boltzmann의 법칙)
(3) 플랑크의 법칙(Planck의 법칙)

답 ①

① 유체의 마찰

출제확률 16.3% (3문제)

1 배관(pipe)

배관의 **강도**는 스케줄 번호(Schedule No)로 표시한다.

$$\text{Schedule No} = \frac{\text{내부 작업압력}}{\text{재료의 허용응력}} \times 1000$$

❋ 스케줄 번호
① 저압배관 : 40 이상
② 고압배관 : 80 이상

2 관부속품(pipe fitting)

용도	관부속품
2개의 관 연결	플랜지(flange), 유니언(union), 커플링(coupling), 니플(nipple), 소켓(socket)
관의 방향변경	Y지관, 엘보(elbow), 티(Tee), 십자(cross)
관의 직경변경	리듀서(reducer), 부싱(bushing)
유로 차단	플러그(plug), 밸브(valve), 캡(cap)
지선 연결	Y지관, 티(Tee), 십자(cross)

❋ 티
배관부속품 중 압력손
실이 가장 크다.

3 배관부속류에 상당하는 직관길이

관 이음쇠 밸브	티(측류)	45°엘보	게이트 밸브	유니언
	상당 직관길이			
50mm	3m	1.2m	0.39m	극히 작다

※ 직관길이가 길수록 압력손실이 크다.

② 펌프의 양정

1 흡입양정

수원에서 펌프중심까지의 수직거리

※ NPSH(Net Positive Suction Head) : 흡입양정

❋ 최대 NPSH
대기압수두－유효NPSH

중요 (1) **흡입 NPSH**(수조가 펌프보다 낮을 때)

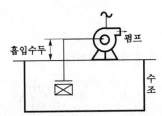

$$NPSH = H_a - H_v - H_s - H_L$$

여기서, NPSH : 유효흡입양정[m]
　　　H_a : 대기압수두[m]
　　　H_v : 수증기압수두[m]
　　　H_s : 흡입수두[m]
　　　H_L : 마찰손실수두[m]

(2) **압입 NPSH**(수조가 펌프보다 높을 때)

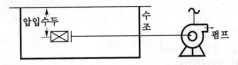

$$NPSH = H_a - H_v + H_s - H_L$$

여기서, NPSH : 유효흡입양정[m]
　　　H_a : 대기압수두[m]
　　　H_v : 수증기압수두[m]
　　　H_s : 압입수두[m]
　　　H_L : 마찰손실수두[m]

2 토출양정

펌프의 중심에서 송출 높이까지의 수직거리

3 실양정

수원에서 송출 높이까지의 수직거리로서 **흡입양정**과 **토출양정**을 합한 값

4 전양정

실양정에 직관의 마찰손실수두와 관부속품의 마찰손실수두를 합한 값

* **실양정과 전양정**
$$\frac{전양정(H)}{실양정(H_a)} = 1.2 \sim 1.5$$

3 펌프의 동력

✱ 동력
단위시간에 한 일

✱ 단위
① 1HP = 0.746kW
② 1PS = 0.735kW

✱ 효율
전동기가 실제가 행한
유효한 일

✱ 역률
전원에서 공급된 전력
이 부하에서 유효하게
이용되는 비율

1 전동력

일반적인 전동기의 동력(용량)을 말한다.

$$P = \frac{\gamma Q H}{1000\eta} K$$

여기서, P : 전동력[kW]
γ : 비중량(물의 비중량 9800N/m³)
Q : 유량[m³/s]
H : 전양정[m]
K : 전달계수
η : 효율

또는,

$$P = \frac{0.163\, Q H}{\eta} K$$

여기서, P : 전동력[kW]
Q : 유량[m³/min]
H : 전양정[m]
K : 전달계수
η : 효율

 ★★

문제 전양정 80m, 토출량 500ℓ/min인 소화펌프가 있다. 펌프효율 65%, 전달계수
1.1인 경우 전동기 용량은 얼마가 적당한가?

① 10kW ② 11kW

③ 12kW ④ 13kW

 전동기의 용량 P 는

$$P = \frac{0.163\, Q H}{\eta} K = \frac{0.163 \times 0.5\text{m}^3/\text{min} \times 80\text{m}}{0.65} \times 1.1 ≒ 11\text{kW}$$

$$500ℓ/\text{min} = 0.5\text{m}^3/\text{min}$$

답 ②

✱ 펌프의 동력
(1) 전동력
전달계수와 효율을
모두 고려한 동력
(2) 축동력
전달계수를 고려하
지 않은 동력
(3) 수동력
전달계수와 효율을
고려하지 않은 동력

2 축동력

전달계수(K)를 고려하지 않은 동력이다.

$$P = \frac{\gamma Q H}{1000\eta}$$

여기서, P : 축동력[kW]
γ : 비중량(물의 비중량 9800N/m³)
Q : 유량[m³/s]
H : 전양정[m]
η : 효율

또는,

$$P = \frac{0.163\,QH}{\eta}$$

여기서, P : 축동력[kW], Q : 유량[m³/min]
H : 전양정[m], η : 효율

3 수동력

전달계수(K)와 효율(η)을 고려하지 않은 동력이다.

$$P = \frac{\gamma QH}{1000}$$

여기서, P : 수동력[kW], γ : 비중량(물의 비중량 9800N/m³)
Q : 유량[m³/s], H : 전양정[m]

또는,

$$P = 0.163\,QH$$

여기서, P : 수동력[kW]
Q : 유량[m³/min]
H : 전양정[m]

✻ 비중량
단위체적당 중량

4 압축비

$$K = \sqrt[\varepsilon]{\frac{p_2}{p_1}}$$

여기서, K : 압축비
ε : 단수
p_1 : 흡입측 압력[MPa]
p_2 : 토출측 압력[MPa]

✻ 단수
'임펠러개수'를 말한다.

4 펌프의 종류

1 원심 펌프(centrifugal pump)

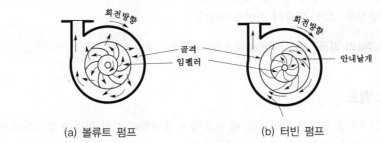

(a) 볼류트 펌프　　(b) 터빈 펌프
‖ 원심 펌프 ‖

✻ 원심 펌프
소화용수펌프

✻ 볼류트 펌프
안내 날개(가이드 베인)가 없다.

✻ 터빈 펌프
안내 날개(가이드 베인)가 있다.

(1) 종 류

볼류트 펌프(volute pump)	터빈 펌프(turbine pump)
저양정과 많은 토출량에 적용, **안내 날개가 없다.**	고양정과 적은 토출량에 적용, **안내 날개가 있다.**

(2) 특 징

① 구조가 간단하고 송수하는 양이 크다.
② 토출양정이 작고, 배출이 연속적이다.

문제 ★★★ 회전차의 외주에 접해서 안내깃이 없고 저양정에 적합한 펌프는?

① 디퓨저 펌프   ② 피스톤 펌프
③ 볼류트 펌프   ④ 기어 펌프

해설 원심 펌프

볼류트 펌프	터빈 펌프
안내깃이 없고, 저양정에 적합한 펌프	안내깃이 있고, 고양정에 적합한 펌프

회전방향 / 골격 / 임펠러

회전방향 / 골격 / 임펠러 / 안내 날개

안내깃＝안내날개＝가이드 베인

답 ③

2 왕복 펌프(reciprocating pump)

토출측의 밸브를 닫은 채(shut off) 운전해서는 안 된다.

(1) 종 류

① 다이어프램 펌프(diaphragm pump)
② 피스톤 펌프(piston pump)
③ 플런저 펌프(plunger pump)

(2) 특 징

① 구조가 복잡하고, 송수하는 양이 적다.
② 토출양정이 크고, 배출이 불연속적이다.

※ Nash 펌프 : 유독성 가스를 수용하는데 적합한 펌프

3 회전 펌프

펌프의 회전수를 일정하게 하였을 때 토출량이 증가함에 따라 양정이 감소하다가 어느 한도 이상에서는 급격히 감소하는 펌프이다.

(1) 종 류

① 기어 펌프(gear pump)

② 베인 펌프(vane pump) : **회전속도**의 범위가 가장 넓고, **효율**이 가장 높다.

(2) 특 징

① **소유량, 고압**의 양정을 요구하는 경우에 적합하다.

② **구조**가 **간단**하고 취급이 용이하다.

③ 송출량의 변동이 적다.

④ 비교적 점도가 높은 유체에도 성능이 좋다.

5 펌프설치시의 고려사항

① 실내의 펌프배열은 운전보수에 편리하게 한다.

② 펌프실은 될 수 있는 한 흡수원을 가깝게 두어야 한다.

③ 펌프의 기초중량은 보통 펌프중량의 **3~5배**로 한다.

④ 홍수시의 전동기를 위한 **배수설비**를 갖추어 안전을 고려한다.

6 관내에서 발생하는 현상

1 공동현상(cavitation)

펌프의 흡입측 배관내의 물의 정압이 기존의 증기압보다 낮아져서 기포가 발생되어 물이 흡입되지 않는 현상이다.

(1) 공동현상의 발생현상

① 소음과 진동발생

② 관부식

③ **임펠러의 손상**(수차의 날개를 해친다)

④ 펌프의 성능 저하

문제 공동현상이 발생하여 가장 크게 영향을 미치는 것은?

① 수차의 축을 해친다.　　② 수차의 흡축관을 해친다.

③ 수차의 날개를 해친다.　　④ 수차의 배출관을 해친다.

> 해설 **공동현상**의 발생현상
> (1) 소음과 진동발생
> (2) 관 부식
> (3) 임펠러의 손상(수차의 날개 손상)
> (4) 펌프의 성능저하
>
> 답 ③

Key Point

＊ **다익팬(시로코팬)**
송풍기의 일종으로 풍압이 낮으나 비교적 큰 풍량을 얻을 수 있다.

＊ **축류식 FAN**
효율이 가장 높으며 큰 풍량에 적합하다.

＊ **공동현상**
소화 펌프의 흡입고가 클 때 발생

＊ **임펠러**
수차에서 물을 회전시키는 바퀴를 의미하는 것으로서, '수차날개'라고도 한다.

(2) 공동현상의 발생원인

① 펌프의 흡입수두(흡입양정)가 클 때(소화펌프의 흡입고가 클 때)
② 펌프의 마찰손실이 클 때
③ 펌프의 임펠러속도가 클 때
④ 펌프의 설치 위치가 수원보다 높을 때
⑤ 관내의 수온이 높을 때(물의 온도가 높을 때)
⑥ 관내의 물의 정압이 그때의 증기압보다 낮을 때
⑦ 흡입관의 구경이 작을 때
⑧ 흡입거리가 길 때
⑨ 유량이 증가하여 펌프물이 과속으로 흐를 때

(3) 공동현상의 방지대책

① 펌프의 흡입수두를 작게 한다.
② 펌프의 마찰손실을 작게 한다.
③ 펌프의 **임펠러속도**(회전수)를 작게 한다.
④ 펌프의 설치 위치를 수원보다 낮게 한다.
⑤ 양흡입 펌프를 사용한다(펌프의 흡입측을 가압한다).
⑥ 관내의 물의 정압을 그때의 증기압보다 높게 한다.
⑦ 흡입관의 구경을 크게 한다.
⑧ 펌프를 2개 이상 설치한다.

2 수격작용(water hammering)

배관속의 물흐름을 급히 차단하였을 때 동압이 정압으로 전환되면서 일어나는 쇼크(shock) 현상으로 다시 말하면, 배관내를 흐르는 유체의 유속을 급격하게 변화시키므로 압력이 상승 또는 하강하여 **관로의 벽면**을 **치는 현상**이다.

(1) 수격작용의 발생원인

① 펌프가 갑자기 정지할 때
② 급히 밸브를 개폐할 때
③ 정상운전시 유체의 압력변동이 생길 때

(2) 수격작용의 방지대책

① 관의 관경(직경)을 크게 한다.
② 관내의 유속을 낮게 한다(관로에서 일부 고압수를 방출한다).
③ 조압수조(surge tank)를 관선에 설치한다.
④ **플라이 휠**(fly wheel)을 설치한다.
⑤ 펌프 송출구(토출측) 가까이에 밸브를 설치한다.
⑥ 펌프 송출구에 **수격**을 **방지**하는 **체크밸브**를 달아 역류를 막는다.
⑦ 에어챔버(Air chamber)를 설치한다.
⑧ 회전체의 **관성 모멘트**를 크게 한다.

＊ 수격작용
흐르는 물을 갑자기 정지시킬 때 수압이 급상승하는 현상

＊ 조압수조
배관내에 적정압력을 유지하기 위하여 설치하는 일종의 물탱크를 말한다.

＊ 플라이 휠
펌프의 회전속도를 일정하게 유지하기 위하여 펌프축에 설치하는 장치

3 맥동현상(surging)

유량이 단속적으로 변하여 펌프 입출구에 설치된 진공계·압력계가 흔들리고 진동과
소음이 일어나며 펌프의 토출유량이 변하는 현상이다.

(1) 맥동현상의 발생원인

① 배관중에 **수조**가 있을 때
② 배관중에 **기체상태**의 부분이 있을 때
③ **유량조절밸브**가 배관중 수조의 위치 **후방**에 있을 때
④ 펌프의 특성곡선이 **산모양**이고 운전점이 그 **정상부**일 때

★★★

문제 관의 서징(surging) 발생조건으로 적당치 않은 것은?

① 유량조절밸브가 배관 중 수조의 위치 후방에 있을 때
② 배관 중에 수조가 있을 때
③ 배관 중에 기체상태의 부분이 있을 때
④ 펌프의 입상곡선이 우향 강하 구배일 때

해설 서징의 발생조건
(1) 배관 중에 수조가 있을 때
(2) 배관 중에 **기체상태**의 부분이 있을 때
(3) 유량조절밸브가 배관 중 수조의 **위치 후방**에 있을 때
(4) 펌프의 특성곡선이 **산 모양**이고 운전점이 그 **정상부**일 때

서징(surging) = 맥동현상

답 ④

(2) 맥동현상의 방지대책

① 배관중의 불필요한 수조를 없앤다.
② 배관내의 기체(공기)를 제거한다.
③ 유량조절밸브를 배관중 수조의 전방에 설치한다.
④ 운전점을 고려하여 적합한 펌프를 선정한다.
⑤ 풍량 또는 토출량을 줄인다.

※ 에어챔버
공기가 들어있는 칸으
로서 '공기실'이라
고도 부른다.

**※ 맥동현상이 발생
하는 펌프**

출제확률 16.3% (3문제)

01 동일구경, 동일재질의 배관부속류 중 압력손실이 가장 큰 것은 어느 것인가?

① 티(측류) ② 45° 엘보
③ 게이트 밸브 ④ 유니언

해설 배관부속류에 상당하는 **직관길이**

관이음쇠밸브	티(측류)	45°엘보	게이트밸브	유니언
	상당 직관길이			
50mm	3m	1.2m	0.39m	극히 작다.

티(측류)>45°엘보>게이트 밸브>유니언

직관길이가 길수록 압력손실이 크다.

답 ①

02 완전개방 상태에서 동일한 유량이 흘러갈 때 압력 손실이 가장 큰 밸브는?

① 글로브밸브 ② 앵글밸브
③ 볼밸브 ④ 게이트밸브

해설 **등가길이**

호칭경\종류	볼밸브	글로브밸브	앵글밸브	게이트밸브
40mm	13.8m	13.5m	6.5m	0.3m

등가길이가 길수록 압력손실이 크다.(시중에 답이 틀린 책들이 참 많다. 주의하라!!)

답 ③

03 마찰손실수두가 3.5m인 펌프가 그림과 같이 설치되어 있을 때 펌프 흡입구와 풋밸브 상단까지의 흡입가능높이는 최대 몇 m인가? (단, 수증기압은 0.0018MPa이고, 대기압은 0.1MPa이다.)

① 7.85
② 6.88
③ 6.32
④ 5.94

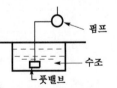

해설 **유효흡입양정**(흡입가능높이)

$$NPSH = H_a - H_v - H_s - H_L$$

여기서, NPSH : 유효흡입양정[m]
H_a : 대기압수두[m]
H_v : 수증기압수두[m]
H_s : 흡입수두[m]
H_L : 마찰손실수두[m]
흡입가능높이 NPSH는
$$NPSH = H_a - H_v - H_s - H_L$$
$$= 0.1MPa - 0.0018MPa - 3.5m$$
$$= 10m - 0.18m - 3.5m = 6.32m$$

1MPa=100m 이므로 0.1MPa=10m

답 ③

04 운전하고 있는 펌프의 압력계는 출구에서 0.35MPa이고, 흡입구에서는 -0.02MPa이다. 펌프의 전양정은?

① 37m ② 35m
③ 33m ④ 31m

해설 1MPa=100m

펌프의 전양정 = 입구압력 + 출구압력
$$= 0.02MPa + 0.35MPa = 0.37MPa = 37m$$

-0.02MPa에서 "-"는 단지 진공상태의 압력을 의미하며, 계산에는 적용하지 않는다.

답 ①

05 물분무 소화설비의 가압송수장치로서 전동기 구동형의 펌프를 사용하였다. 펌프의 토출량 800ℓ/min, 양정 50m, 효율 65%, 전달계수 1.1인 경우 전동기 용량은 얼마가 적당한가?

① 10마력 ② 15마력
③ 20마력 ④ 25마력

해설 **전동력**(전동기의 용량)

$$P = \frac{0.163\,QH}{\eta}K$$

여기서, P : 전동력[kW]
Q : 유량[m³/min]
H : 전양정[m]
K : 전달계수
η : 효율
전동기의 **용량** P는
$$P = \frac{0.163QH}{\eta}K$$
$$= \frac{0.163 \times 0.8m^3/min \times 50m}{0.65} \times 1.1 ≒ 11kW$$

1HP = 0.746kW 이므로

$$\frac{11kW}{0.746kW} \times 1HP ≒ 15HP$$

같은식

$$P = \frac{\gamma QH}{1000\eta} K$$

여기서, P : 전동력[kW]
γ : 비중량(물의 비중량 9800N/m³)
Q : 유량[m³/s]
H : 전양정[m]
K : 전달계수
η : 효율

답 ②

06 펌프로서 지하 5m 에 있는 물을 지상 50m의 물탱크까지 1분간에 1.8m³를 올리려면 몇 마력(PS)이 필요한가?(단, 펌프의 효율 $\eta = 0.6$, 관로의 전손실수두(全損失水頭)를 10m, 동력전달계수를 1.1 이라 한다.)

① 47.7   ② 53.3
③ 63.3   ④ 73.3

해설 **문제 5 참조**
전양정 H 는
$H = 5m + 50m + 10m = 65m$
전동기의 용량 P 는
$P = \frac{0.163QH}{\eta}K$
$= \frac{0.163 \times 1.8m³/min \times 65m}{0.6} \times 1.1 = 34.96kW$

1PS = 0.735kW   이므로

$\frac{34.96kW}{0.735kW} \times 1PS ≒ 47.7PS$

답 ①

07 유량 2m³/min, 전양정 25m인 원심펌프를 설계하고자 할 때 펌프의 축동력은 몇 kW인가? (단, 펌프의 전효율은 0.78, 펌프와 전동기의 전달계수는 1.1이다.)

① 9.52   ② 10.47
③ 11.52   ④ 13.47

해설 **문제 5 참조**
펌프의 축동력 P 는
$P = \frac{0.163QH}{\eta}$
$= \frac{0.163 \times 2m³/min \times 25m}{0.78} ≒ 10.47kW$

※ **축동력** : 전달계수(K)를 고려하지 않은 동력

답 ②

08 단면적이 0.3m²인 원관 속을 유속 2.8m/s, 압력 39.23kPa의 물이 흐르고 있다. 수동력은 몇 PS인가?

① 50   ② 0.84
③ 56   ④ 4200

해설 (1) **유량**

$$Q = AV$$

여기서, Q : 유량[m³/s]
A : 단면적[m²]
V : 유속[m/s]

유량 Q 는
$Q = AV$
$= 0.3m² \times 2.8m/s = 0.84m³/s$
전양정 H 는
$H = 39.23kPa = 4m$

문제 5 참조
(2) **펌프의 수동력** P 는
$P = \frac{\gamma QH}{1000}$
$= \frac{9800N/m³ \times 0.84m³/s \times 4m}{1000} = 32.93kW$

1PS = 0.735kW 이므로

$\frac{32.93kW}{0.735kW} \times 1PS ≒ 50PS$

※ **수동력** : 전달계수(K)와 효율(η)을 고려하지 않은 동력

답 ①

09 어떤 수평관 속에 물이 2.8m/s의 속도와 45.11kPa의 압력으로 흐르고 있다. 이 물의 유량이 0.95m³/s일 때 수동력은 얼마인가?

① 25.5 PS   ② 32.5 PS
③ 53.4 PS   ④ 58.3 PS

해설 **문제 5 참조**

101.325kPa=10,332m

전양정 H 는
$H = 45.11kPa = \frac{45.11kPa}{101.325kPa} \times 10.332m ≒ 4.6m$
펌프의 수동력 P 는
$P = \frac{\gamma QH}{1000}$
$= \frac{9800N/m³ \times 0.95m³/s \times 4.6m}{1000} = 42.83kW$

1PS = 0.735kW
이므로

$\frac{42.83kW}{0.735kW} \times 1PS ≒ 58.3PS$

물의 비중량(γ) = 9800 N/m³

답 ④

10 동일 펌프 내에서 회전수를 변경시켰을 때 유량과 회전수의 관계로서 옳은 것은?

① 유량은 회전수에 비례한다.
② 유량은 회전수 제곱에 비례한다.

③ 유량은 회전수 세제곱에 비례한다.

④ 유량은 회전수 평방근에 비례한다.

해설 (1) 유량(토출량) $Q' = Q\left(\dfrac{N'}{N}\right)^1$

(2) 양정 $H' = H\left(\dfrac{N'}{N}\right)^2$

(3) 동력(축동력) $P' = P\left(\dfrac{N'}{N}\right)^3$

여기서, $Q \cdot Q'$: 변화 전후의 유량(토출량)[㎥/min]
$H \cdot H'$: 변화 전후의 양정[m]
$P \cdot P'$: 변화 전후의 동력(축동력)[kW]
$N \cdot N'$: 변화 전후의 회전수[rpm]

> 유량은 **회전수**에 **비례**한다.

답 ①

11 펌프에 대한 설명 중 틀린 것은?

① 가이드베인이 있는 원심 펌프를 볼류트 펌프(Volute pump)라 한다.

② 기어 펌프는 회전식 펌프의 일종이다.

③ 플런저 펌프는 왕복식 펌프이다.

④ 터빈 펌프는 고양정, 양수량이 많을 때 사용하면 적합하다.

해설

> ① 가이드베인이 있는 펌프는 **터빈 펌프**이다.

⚠️ 중요

원심 펌프

(1) **볼류트 펌프** : 안내깃이 없고, **저양정**에 적합한 펌프

(2) **터빈 펌프** : 안내깃이 있고, **고양정**에 적합한 펌프

> 안내깃＝안내날개＝가이드 베인

답 ①

12 다음 펌프 중 토출측의 밸브를 닫은 채(Shut off) 운전해서는 안 되는 것은?

① 터빈 펌프   ② 왕복 펌프

③ 볼류트 펌프   ④ 사류 펌프

해설 왕복 펌프

(1) **다**이어프램 펌프
(2) **피**스톤 펌프
(3) **플**런저 펌프

기억법 왕다피플

> ※ **왕복 펌프** : 토출측의 밸브를 닫은 채 운전하면 펌프의 압력에 의해 펌프가 손상된다.

답 ②

13 다음 중 왕복식 펌프에 속하는 것은?

① 플런저 펌프(plunger pump)

② 기어 펌프(gear pump)

③ 볼류트 펌프(volute pump)

④ 에어 리프트(air lift)

해설 문제 12 참조

> ① **왕복 펌프** : 다이어프램 펌프, 피스톤 펌프, 플런저 펌프

답 ①

14 펌프의 회전수를 일정하게 하였을 때 토출량이 증가함에 따라 양정이 감소하다가 어느 한도 이상에서는 급격히 감소하는 것은 어떤 종류의 펌프인가?

① 왕복 펌프

② 회전 펌프

③ 볼류트 펌프

④ 피스톤 펌프

해설 회전 펌프

(1) **기어 펌프**

(2) **베인 펌프** : 회전 속도범위가 가장 넓고, 효율이 가장 높은 펌프

> ※ **회전 펌프** : 펌프의 회전수를 일정하게 하였을 때 토출량이 증가함에 따라 양정이 감소하다가 어느 한도 이상에서는 급격히 감소하는 펌프

답 ②

15 다음 중 회전속도의 범위가 가장 넓고, 효율이 가장 높은 펌프는 어느 것인가?

① 베인 펌프

② 반지름방향 피스톤 펌프

③ 축방향 피스톤 펌프

④ 내접기어 펌프

해설 문제 14 참조

> ① **베인 펌프** : 회전 속도범위가 넓고 효율이 가장 높은 펌프

답 ①

16 다음 중 소방 펌프로의 사용이 부적합한 것은?

① 수중 펌프 ② 다단볼류트 펌프
③ 터빈 펌프 ④ 케스톤 캐시 펌프

해설 수중 펌프는 소방펌프로 부적합하다.

> ※ **소방 펌프** : 원심펌프(볼류트 펌프, 터빈 펌프)가 가장 적합하다.

답 ①

17 성능이 같은 두 대의 펌프(토출량 $Q[l/min]$)를 직렬 연결하였을 경우 전유량은?

① Q ② $1.5Q$
③ $2Q$ ④ $3Q$

해설 **펌프의 연결**

직렬연결	병렬연결
① 양수량 : Q	① 양수량 : $2Q$
② 양정 : $2H$(토출압 : $2P$)	② 양정 : H(토출압 : P)

답 ①

18 토출량과 토출압력이 각각 $Q[l/min]$, $P[MPa]$ 이고, 특성곡선이 서로 같은 두 대의 소화펌프를 병렬연결하여 두 펌프를 동시 운전하였을 경우 총토출량과 총토출압력은 각각 어떻게 되는가? (단, 토출측 배관의 마찰손실은 무시한다.)

① 총토출량 $Q[l/min]$, 총토출압 $P[MPa]$
② 총토출량 $2Q[l/min]$, 총토출압 $2P[MPa]$
③ 총토출량 $Q[l/min]$, 총토출압 $2P[MPa]$
④ 총토출량 $2Q[l/min]$, 총토출압 $P[MPa]$

해설 문제 17 참조
답 ④

19 다음의 송풍기 특성 중 축류식 FAN의 특징은 무엇인가?

① 효율이 가장 높으며, 큰 풍량에 적합하다.
② 풍압이 변해도 풍량은 변하지 않는다.
③ 임펠러는 원심 펌프와 비슷한 구조이다.
④ 기체를 나사의 공간에 흡입하여 압축해서 압력을 높인다.

해설 **축류식 FAN** : 효율이 가장 높으며, 큰 풍량에 적합하다.

> 비교
> **회전식 FAN**
> 기체를 나사의 공간에 흡입하여 압축해서 압력을 높이는 FAN

답 ①

20 공동현상 발생요건이 아닌 것은?

① 흡입거리가 길다.
② 물의 온도가 높다.
③ 유량이 증가하여 펌프물이 과속으로 흐른다.
④ 회전수를 낮추어 비교회전도가 적다.

해설 회전수를 낮추면 공동현상이 발생되지 않는다.

> 중요
> **공동현상의 발생원인**
> (1) 펌프의 흡입수두가 클 때(소화펌프의 흡입고가 클 때)
> (2) 펌프의 마찰손실이 클 때
> (3) 펌프의 임펠러속도가 클 때
> (4) 펌프의 설치 위치가 수원보다 높을 때
> (5) 관내의 수온이 높을 때(물의 온도가 높을 때)
> (6) 관내의 물의 정압이 그때의 증기압보다 낮을 때
> (7) 흡입관의 구경이 작을 때
> (8) 흡입거리가 길 때
> (9) 유량이 증가하여 펌프물이 과속으로 흐를 때

답 ④

21 펌프의 흡입고가 클 때 발생될 수 있는 현상은?

① 공동현상(Cavitation)
② 서징현상(Surging)
③ 비회전상태
④ 수격현상(Water Hammering)

해설 **공동현상**(cavitation)은 펌프의 흡입고가 클 때 발생된다.

> ※ **공동현상** : 펌프의 흡입측 배관 내 물의 정압이 기존의 증기압보다 낮아져서 기포가 발생되어 물이 흡입되지 않는 현상

답 ①

22 다음 중 공동현상(캐비테이션)의 예방 대책이 아닌 것은?

① 펌프의 설치위치를 수원보다 낮게 한다.
② 펌프의 임펠러속도를 가속한다.
③ 펌프의 흡입측을 가압한다.
④ 펌프의 흡입측 관경을 크게 한다.

해설 **공동현상**의 **방지대책**
(1) 펌프의 흡입수두를 작게 한다.
(2) 펌프의 마찰손실을 작게 한다.
(3) 펌프의 임펠러속도(회전수)를 작게 한다.
(4) 펌프의 설치위치를 수원보다 낮게 한다.
(5) **양흡입 펌프**를 사용한다(펌프의 흡입측을 가압한다).
(6) 관내 물의 정압을 그때의 증기압보다 높게 한다.
(7) 흡입관의 **구경**을 **크게** 한다.
(8) 펌프를 **2대** 이상 설치한다.

> ② 펌프의 임펠러속도를 작게 하여야 한다.

답 ②

23 다음 중 원심 펌프의 공동현상(cavitation) 방지 대책과 거리가 먼 것은?

① 펌프의 설치위치를 낮춘다.
② 펌프의 회전수를 높인다.
③ 흡입관의 구경을 크게 한다.
④ 단흡입 펌프는 양흡입으로 바꾼다.

해설 **문제 22 참조**

> ② 펌프의 회전수를 작게 하여야 한다.

답 ②

24 다음 설명 중에서 펌프의 공동현상(Cavitation)을 방지하기 위한 방법에 맞지 않는 것은 어느 것인가?

① 펌프의 흡입관경을 크게 한다.
② 펌프의 회전수를 크게 한다.
③ 양흡입 펌프를 사용한다.
④ 펌프의 위치를 낮추어 흡입고를 적게 한다.

해설 **문제 22 참조**

> ② 펌프의 회전수를 작게 하여야 한다.

> ※ **공동현상**(cavitation) : 펌프의 흡입측 배관내의 물의 정압이 기존의 증기압보다 낮아져서 기포가 발생되어 물이 흡입되지 않는 현상

답 ②

25 배관 내에 흐르는 물이 수격현상(water hammer)을 일으키는 수가 있는데 이를 방지하기 위한 조치와 관계없는 것은?

① 관내 유속을 적게 한다.
② 펌프에 플라이 휠 부착
③ 에어챔버 설치
④ 흡수양정을 작게 한다.

해설 **수격작용**의 **방지대책**
(1) 관로의 **관경**을 크게 한다.
(2) 관로 내의 유속을 낮게 한다(관로에서 일부 고압수를 방출한다).
(3) 조압수조(surge tank)를 설치하여 적정압력을 유지한다.
(4) **플라이 휠**(fly wheel)을 설치한다.
(5) 펌프 송출구 가까이에 밸브를 설치한다.
(6) 펌프 송출구에 **수격**을 **방지**하는 **체크밸브**를 달아 역류를 막는다.
(7) **에어챔버**(air chamber)를 설치한다.
(8) 회전체의 **관성 모멘트**를 **크게** 한다.

기억법 **수방관플에**

④ 흡수양정을 작게 하면 수격작용이 발생한다.

답 ④

26 펌프 운전 중 발생하는 수격작용의 발생을 예방하기 위한 방법에 해당되지 않는 것은?

① 서지탱크를 관로에 설치한다.
② 회전체의 관성 모멘트를 크게 한다.
③ 펌프 송출구에 체크밸브를 달아 역류를 막는다.
④ 관로에서 일부 고압수를 방출한다.

해설 **문제 25 참조**

> ③ 일반 체크밸브가 아닌 **수격**을 **방지**하는 **체크밸브**를 달아야 한다.

답 ③

27 펌프나 송풍기 운전시 서징현상이 발생될 수 있는데 이 현상과 관계가 없는 것은?

① 서징이 일어나면 진동과 소음이 일어난다.
② 펌프에서는 워터햄머보다 더 빈번하게 발생한다.
③ 펌프의 특성곡선이 산모양이고 운전점이 그 정상부일 때 발생하기 쉽다.
④ 풍량 또는 토출량을 줄여 서징을 방지할 수 있다.

해설 ② 펌프에서는 워터햄머(수격작용)보다 적거나 그와 비슷하게 발생한다.

답 ②

소방설비기사 필기
(기계분야)

Part **4**

소방기계시설의 구조 및 원리

출제경향분석

CHAPTER
01

소화설비

* * * * * * * * * * * *

① 소화기구
2.2% (1문제)

② 옥내소화전설비
11.0% (2문제)

③ 옥외소화전설비
6.3% (1문제)

⑩ 분말소화설비
7.8% (2문제)

14문제

④ 스프링클러설비
15.9% (3문제)

⑧ 할로겐 화합물 ·
⑨ 청정소화약제 소화설비
5.9% (1문제)

⑤ 물분무 소화설비
5.6% (1문제)

⑦ 이산화탄소 소화설비
5.3% (1문제)

⑥ 포소화설비
9.7% (2문제)

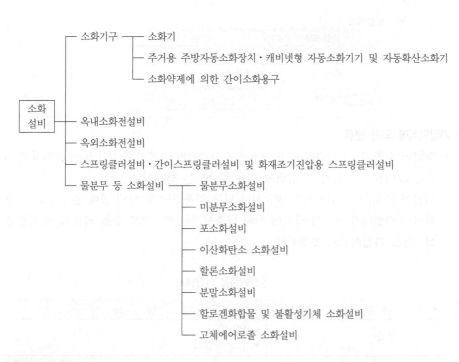

소화기구 ── 소화기

├ 주거용 주방자동소화장치·캐비넷형 자동소화기기 및 자동확산소화기

└ 소화약제에 의한 간이소화용구

소화
설비 ── 옥내소화전설비

── 옥외소화전설비

── 스프링클러설비·간이스프링클러설비 및 화재조기진압용 스프링클러설비

── 물분무 등 소화설비 ── 물분무소화설비

├ 미분무소화설비

├ 포소화설비

├ 이산화탄소 소화설비

├ 할론소화설비

├ 분말소화설비

├ 할로겐화합물 및 불활성기체 소화설비

└ 고체에어로졸 소화설비

Key Point

⁕ 질석
흑운모와 비슷한 광물
로서 가열하면 팽창하
여 용융됨

⁕ 마른모래
예전에는 '건조사'라고
불렀다.

① 소화 기구

출제확률 (1문제)

① 소화기의 분류

(1) 소화능력단위에 의한 분류(소화기 형식 4)

① 소형소화기 : 1단위 이상

② 대형소화기 ┬ A급 : **10단위** 이상
　　　　　　 └ B급 : **20단위** 이상

┃ 대형소화기의 소화약제 충전량(소화기 형식 10) **┃**

종 별	충전량
포	$20l$ 이상
분말	20kg 이상
할로겐화합물	30kg 이상
이산화탄소	50kg 이상
강화액	$60l$ 이상
물	$80l$ 이상

⁕ 소화능력단위
소방기구의 소화능력
을 나타내는 수치

⁕ 소화기 추가설치거리
(1) 소형소화기 : 20m
　　이내
(2) 대형소화기 : 30m
　　이내

**⁕ 소화기 추가 설치
개수**
(1) 전기설비
　　$\dfrac{\text{해당 바닥면적}}{50\text{m}^2}$
(2) 보일러·음식점·의
　　료시설·업무시설 등
　　$\dfrac{\text{해당 바닥면적}}{25\text{m}^2}$

문제 ★★★

대형 소화기를 설치할 때에 소방대상물의 각 부분으로부터 1개의 대형 소화기까지의 보행거리가 몇 m 이내가 되도록 배치하여야 하는가?

① 20 ② 25
③ 30 ④ 40

해설 보행거리

보행거리	적용
20m 이내	• 소형 소화기
30m 이내	• 대형 소화기

기억법 보3대

답 ③

(2) 가압방식에 의한 분류

① 축압식 소화기 : 소화기의 용기 내부에 소화약제와 함께 압축공기 또는 불연성 가스 (N_2, CO_2)를 축압시켜 그 압력에 의해 방출되는 방식이다.

② 가압식 소화기 : 소화약제의 방출원이 되는 압축 가스를 압력 봄베 등의 별도의 용기에 저장했다가 가스의 압력에 의해 방출시키는 방식으로 **수동 펌프식, 화학반응식, 가스 가압식**으로 분류된다.

‖ 소화약제별 가압방식 ‖

소 화 기	방 식
분말	• 축압식 • 가스 가압식
강화액	• 축압식 • 가스 가압식 • 화학반응식
물	• 축압식 • 가스 가압식 • 수동 펌프식
할론	• 축압식 • 수동 펌프식 • 자기 증기압식
산·알칼리	• 파병식 • 전도식
포	• 보통전도식 • 내통밀폐식 • 내통밀봉식
이산화탄소	• 고압 가스 용기

Key Point

✽ **축압식 소화기**
압력원이 봄베 내에 있음

✽ **가압식 소화기**
압력원이 외부의 별도 용기에 있음
① 가스 가압식
② 수동 펌프식
③ 화학 반응식

✽ **봄베**
고압의 기체를 저장하는데 사용하는 강철로 만든 원통용기

✽ **압력원**

소화기	압력원 (충전 가스)
① 강화액 ② 산·알칼리 ③ 화학포 ④ 분말(가스 가압식)	이산화탄소
① 할론 ② 분말(축압식)	질소

✽ **이산화탄소 소화기**
고압·액상의 상태로 저장한다.

✽ **CO_2 소화기의 적응대상**
① 가연성 액체류
② 가연성 고체
③ 합성수지류

2 소화기의 유지관리

(1) 소화기의 점검
① 외관점검
② 작동점검
③ 종합점검

(2) 소화기의 정밀검사
① 수압시험 ┬ 분말소화기
　　　　　├ 강화액소화기
　　　　　├ 포소화기
　　　　　├ 물소화기
　　　　　└ 산·알칼리소화기
② 기밀시험 ┬ 분말소화기
　　　　　├ 강화액소화기
　　　　　└ 할로겐화합물소화기

(3) 소화기의 유지관리
① 소화기는 바닥에서 **1.5m 이하**의 높이에 설치하여야 한다.
② 소화기는 소화제의 동결, 변질 또는 분출할 우려가 적은 곳에 설치하여야 한다.
③ 소화기는 통행 및 피난에 지장이 없고, 사용하기 쉬운 곳에 설치하여야 한다.
④ 설치한 곳에 「**소화기**」 표시를 잘 보이도록 하여야 한다.
⑤ 습기가 많지 않은 곳에 설치하여야 한다.
⑥ 사람의 눈에 잘 띄는 곳에 설치하여야 한다.

‖ 소화기의 사용온도(소화기 형식 36) ‖

소화기의 종류	사용온도
• 분말 • 강화액	-20~40℃ 이하
• 그밖의 소화기	0~40℃ 이하

문제 다음 중 강화액 소화기의 사용온도 범위로 가장 적합한 것은?
　① 섭씨 영하 20도 이상 섭씨 40도 이하
　② 섭씨 영하 30도 이상 섭씨 40도 이하
　③ 섭씨 영하 10도 이상 섭씨 50도 이하
　④ 섭씨 영하 0도 이상 섭씨 50도 이하

해설 　① 강화액 소화기의 사용온도 : **-20~40℃** 이하
　　　　　　　　　　　　　　　　　　　답 ①

Key Point

(4) 소화기의 사용 후 처리

① 강화액 소화기(**황산반응식**)의 내액을 완전히 배출시키고 용기는 **물**로 **세척**한다.
② 산·알칼리 소화기는 유리파편을 제거하고 용기를 **물**로 **세척**한다.
③ 분말소화기는 거꾸로 하여 **잔압**에 의해 호스를 **세척**한다.
④ 포말소화기는 용기 내외면 및 호스를 **물**로 **세척**한다.

> ※ 포소화기의 호스 노즐, 스트레이너 등은 소금물로 세척하면 안 된다.

3 소화기의 설치기준(NFPC 101④, NFTC 101 2.1.2)

(1) 소화기의 설치기준

① 소방대상물의 각 층이 **2 이상**의 **거실**로 구획된 경우에는 각 층마다 설치하는 것 외에 바닥면적이 **33m² 이상**으로 구획된 각 거실에도 배치
② 능력단위가 **2단위 이상**이 되도록 소화기를 설치하여야 할 소방대상물 또는 그 부분에 있어서는 간이소화용구의 능력단위수치의 합계수가 전체 능력단위 합계수의 $\frac{1}{2}$ 을 초과하지 아니하게 할 것

(2) 주거용 주방자동소화장치의 설치기준

사용 가스	탐지부 위치
LNG(공기보다 가벼운 가스)	**천장면**에서 **30cm** 이하
LPG(공기보다 무거운 가스)	**바닥면**에서 **30cm** 이하

① 소화약제 방출구는 환기구의 청소부분과 분리되어 있을 것
② 감지부는 형식 승인받은 **유효한** 높이 및 위치에 설치할 것
③ 차단장치(전기 또는 가스)는 상시 확인 및 점검이 가능하도록 설치할 것
④ 수신부는 주위의 열기류 또는 습기 등과 주위 온도에 영향을 받지 아니하고 사용자가 **상시 볼 수 있는 장소**에 설치할 것

4 소화기의 감소(NFPC 101⑤, NFTC 101 2.2)

(1) 소화기의 감소기준

감소대상	감소기준	적용설비
소형 소화기	$\frac{1}{2}$	• 대형 소화기
	$\frac{2}{3}$	• 옥내·외소화전설비 • 스프링클러 설비 • 물분무 등 소화설비

(2) 대형 소화기의 면제기준

면제대상	대체설비
대형 소화기	• 옥내·외소화전설비 • 스프링클러 설비 • 물분무 등 소화설비

✱ 탐지부
수신부와 분리하여 설치

✱ LNG
액화천연가스

✱ LPG
액화석유가스

**✱ 주거용 주방자동
소화장치**
아파트의 각 세대별 주방에 설치

✱ 환기구
주방에서 발생하는 열기류 등을 밖으로 배출하는 장치

5 소화기구의 소화약제별 적용성 (NFTC 101 2.1.1.1)

소화약제 구분 적응대상	가 스			분 말		액 체				기 타		
	이산화탄소소화약제	할론소화약제	할로겐화합물 및 불활성기체 소화약제	인산염류소화약제	중탄산염류소화약제	산알칼리소화약제	강화액소화약제	포소화약제	물 · 침윤소화약제	고체에어로졸화합물	마른모래	팽창질석 · 팽창진주암	그 밖의 것
일반화재 (A급 화재)	–	○	○	○	–	○	○	○	○	○	○	○	–
유류화재 (B급 화재)	○	○	○	○	○	○	○	○	○	○	○	○	○
전기화재 (C급 화재)	○	○	○	○	○	*	*	*	*	○	–	–	–
주방화재 (K급 화재)	–	–	–	–	*	–	*	*	*	–	–	–	*
금속화재 (D급 화재)	–	–	–	–	*	–	–	–	–	○	○	*

[비고] "*"의 소화약제별 적용성은 「소방시설 설치 및 관리에 관한 법률」 제37조에 의한 형식승인 및 제품검사의 기술기준에 따라 화재 종류별 적용성에 적합한 것으로 인정되는 경우에 한한다.

* 액체계 소화기(액체 소화기)
① 산알칼리소화약제
② 강화액소화약제
③ 포소화약제
④ 물 · 침윤소화약제

★★★
문제 소화기구 및 자동소화장치의 화재안전성능기준(NFPC 101)에서 A급 화재에 적응성이 없는 소화약제는?

① 이산화탄소소화약제　　　　② 할론소화약제
③ 강화액소화약제　　　　　　④ 할로겐화합물 및 불활성기체 소화약제

해설

구 분	소화약제
가스	• 할론소화약제 • 할로겐화합물 및 불활성기체 소화약제
분말	• 인산염류소화약제
액체	• 산알칼리소화약제 • 강화액소화약제 • 포소화약제 • 물 · 침윤소화약제
기타	• 고체에어로졸화합물 • 마른모래 • 팽창질석 · 팽창진주암

답 ①

※ 간이소화용구
소화기 및 주거용 주방자동소화장치 이외의 것으로서 간이소화용으로 사용하는 것

※ 무기과산화물 적응 소화제
① 마른 모래
② 팽창질석
③ 팽창진주암

6 간이소화용구의 능력단위(NFTC 101 1.7.1.6)

간이소화용구		능력단위
• 마른모래	삽을 상비한 50*l* 이상의 것 1포	0.5단위
• 팽창질석 또는 팽창진주암	삽을 상비한 80*l* 이상의 것 1포	0.5단위

7 특정소방대상물별 소화기구의 능력단위기준(NFTC 101 2.1.1.2)

특정소방대상물	능력단위(바닥면적)	내화구조이고 불연재료·준불연재료·난연재료(바닥면적)
• 위락시설	30m²마다 1단위 이상	60m²마다 1단위 이상
• 공연장·집회장 • 관람장 및 문화재 • 의료시설	50m²마다 1단위 이상	100m²마다 1단위 이상
• 근린생활시설·판매시설·운수시설 • 숙박시설·노유자시설 • 전시장 • 공동주택·업무시설 • 방송통신시설·공장 • 창고·항공기 및 자동차 관련시설 • 관광휴게시설	100m²마다 1단위 이상	200m²마다 1단위 이상
• 그 밖의 것	200m²마다 1단위 이상	400m²마다 1단위 이상

8 소화기의 형식승인 및 제품검사기술기준

※ 소화능력시험 대상
1. A급 : 목재
2. B급 : 휘발유

※ 잔염
불꽃을 알아볼 수 있는 상태

(1) A급 화재용 소화기의 소화능력시험(제4조)

① **목재**를 대상으로 실시한다.
② 소화는 최초의 모형에 불을 붙인 다음 **3분** 후에 시작하되, 불을 붙인 순으로 한다. 이 경우 그 모형에 잔염이 있다고 인정될 경우에는 다음 모형에 대한 소화를 계속할 수 없다.
③ 소화기를 조작하는 자는 적합한 작업복(**안전모**, **내열성**의 **얼굴가리개** 및 **방화복**, **장갑** 등)을 착용할 수 있다.
④ 소화는 **무풍상태**와 **사용상태**에서 실시한다.
⑤ 소화약제의 방사가 완료될 때 잔염이 없어야 하며, 방사완료 후 **2분** 이내에 다시 불타지 아니한 경우 그 모형은 완전히 소화된 것으로 본다.

(2) B급 화재용 소화기의 소화능력시험(제4조)

① **휘발유**를 대상으로 실시한다.
② 소화는 모형에 불을 붙인 다음 **1분** 후에 시작한다.
③ 소화기를 조작하는 자는 적합한 작업복(**안전모**, **내열성**의 **얼굴가리개** 및 **방화복**, **장갑** 등)을 착용할 수 있다.
④ 소화는 **무풍상태**와 **사용상태**에서 실시한다.
⑤ 소화약제의 방사 완료 후 **1분** 이내에 다시 불타지 아니한 경우 그 모형은 완전히 소화된 것으로 본다.

※ 무풍상태
풍속 0.5m/s 이하의 상태

(3) 합성수지의 노화시험(제5조)

노화시험	설 명
공기가열 노화시험	(100±5)℃에서 180일 동안 가열 노화시킨다. 다만, 100℃에서 견디지 못하는 재료는 (87±5)℃에서 430일 동안 시험한다.
소화약제 노출시험	소화약제와 접촉된 상태로 (87±5)℃에서 210일 동안 시험한다.
내후성 시험	카본아크원을 사용하여 자외선에 17분간을 노출하고 물에 3분간 노출 (크세논아크원을 사용하는 경우 자외선에 102분간을 노출하고 물에 18분간 노출)하는 것을 1사이클로 하여 720시간 동안 시험한다.

(4) 자동차용 소화기(제9조)
  ① 강화액 소화기(**안개모양**으로 방사되는 것)
  ② 할로겐화합물소화기 ③ 이산화탄소 소화기
  ④ 포소화기 ⑤ 분말소화기

(5) 호스의 부착이 제외되는 소화기(제15조)
  ① 소화약제의 중량이 **4kg** 이하인 **할로겐화합물소화기**
  ② 소화약제의 중량이 **3kg** 이하인 **이산화탄소 소화기**
  ③ 소화약제의 용량이 **3L** 이하인 **액체계 소화기(액체소화기)**
  ④ 소화약제의 중량이 **2kg** 이하인 **분말소화기**

(6) 여과망 설치 소화기(제17조)
  ① 물소화기(수동 펌프식) ② 산알칼리 소화기
  ③ 강화액 소화기 ④ 포소화기

(7) 소화기의 방사성능(제19조) : **8초** 이상

(8) 소화기의 표시사항(제38조)
  ① 종별 및 형식
  ② 형식승인번호
  ③ 제조연월 및 제조번호, 내용연한(분말소화약제를 사용하는 소화기에 한함)
  ④ 제조업체명 또는 상호, 수입업체명
  ⑤ 사용온도범위
  ⑥ 소화능력단위
  ⑦ 충전된 소화약제의 주성분 및 중(용)량
  ⑧ 방사시간, 방사거리
  ⑨ 가압용 가스용기의 가스종류 및 가스량(가압식 소화기에 한함)
  ⑩ 총중량
  ⑪ 적응화재별 표시사항
  ⑫ 취급상의 주의사항
  ⑬ 사용방법
  ⑭ 품질보증에 관한 사항(보증기간, 보증내용, A/S방법, 자체검사필증 등)
  ⑮ 소화기의 원산지
  ⑯ 소화기에 충전한 소화약제의 물질안전자료(MSDS)에 언급된 동일한 소화약제명의 다음 정보
    (가) 1%를 초과하는 위험물질 목록
    (나) 5%를 초과하는 화학물질 목록
    (다) MSDS에 따른 위험한 약제에 관한 정보
  ⑰ 소화 가능한 가연성 금속재료의 종류 및 형태, 중량, 면적(D급 화재용 소화기에 한함)

* **합성수지의 노화시험**
① 공기가열 노화시험
② 소화약제 노출시험
③ 내후성 시험

* **자동차용 소화기**
★ 꼭 기억하세요 ★

* **소화능력단위**
소화에 대한 능력단위 수치

Key Point

* **옥내소화전의 설치 위치**
① 가압송수장치
② 압력수조
③ 지하수조(평수조)

* **옥내소화전의 규정방수량**
$130 l/min \times 20min = 2600 l$
$= 2.6m^3$

* **펌프와 체크밸브의 사이에 연결되는 것**
① 성능시험배관
② 물올림장치
③ 릴리프밸브 배관 (순환배관)
④ 압력계

* **가압송수장치**
물에 압력을 가하여 보내기 위한 장치

* **토출량**
$Q = N \times 130 l/min$
여기서,
Q : 토출량[l/min]
N : 가장 많은 층의 소화전 개수(최대 2개)

② 옥내소화전 설비

출제확률 11.0% (2문제)

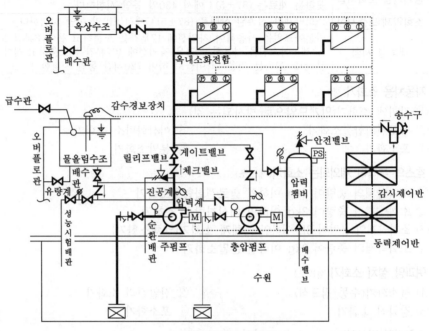

‖옥내소화전설비 계통도‖

1 주요구성

① 수원
② 가압송수장치
③ 배관(**성능시험배관** 포함)
④ 제어반
⑤ 비상전원
⑥ 동력장치
⑦ 옥내소화전함

2 수원(NFPC 102 ④, NFTC 102 2.1)

(1) 수원의 저수량

$$Q \geq 2.6N (1 \sim 29층 이하, N : 최대 2개)$$
$$Q \geq 5.2N (30 \sim 49층 이하, N : 최대 5개)$$
$$Q \geq 7.8N (50층 이상, N : 최대 5개)$$

여기서, Q : 수원의 저수량[m^3]
N : 가장 많은 층의 소화전 개수

 ★★★

문제 옥내소화전이 3층에 4개, 4층에 4개, 5층에 2개가 설치되어 있을 때 수원의 양은?

① 2.6m³   ② 5.2m³

③ 10.4m³   ④ 14m³

해설 수원의 저수량 Q 는

$$Q = 2.6N = 2.6 \times 2 = 5.2m^3$$

N 은 가장 많은 층의 소화전 개수 **(최대 2개)**

답 ②

(2) 옥상수원의 저수량

$$Q' \geqq 2.6N \times \frac{1}{3} \text{ (30층 미만, } N : \text{최대 2개)}$$

$$Q' \geqq 5.2N \times \frac{1}{3} \text{ (30~49층 이하, } N : \text{최대 5개)}$$

$$Q' \geqq 7.8N \times \frac{1}{3} \text{ (50층 이상, } N : \text{최대 5개)}$$

여기서, Q' : 옥상수원의 저수량[m³]

N : 가장 많은 층의 소화전 개수

3 옥내소화전설비의 가압송수장치(NFPC 102 ⑤, NFTC 102 2.2)

(1) 고가수조방식

건물의 옥상이나 높은 지점에 물탱크를 설치하여 필요 부분의 방수구에서 규정 방수압력 및 규정 방수량을 얻는 방식이다.

$$H \geqq h_1 + h_2 + 17$$

여기서, H : 필요한 낙차[m]

h_1 : 소방호스의 마찰손실수두[m]

h_2 : 배관 및 관부속품의 마찰손실수두[m]

※ **고가수조** : 수위계, 배수관, 급수관, 오버플로관, 맨홀 설치

기억법 고오(GO!)

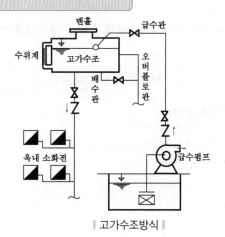

┃고가수조방식┃

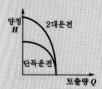
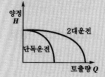

(2) 압력수조방식

압력탱크의 $\frac{1}{3}$은 자동식 공기압축기로 **압축공기**를 $\frac{2}{3}$는 급수 펌프로 **물**을 가압시켜 필요부분의 방수구에서 규정 방수압력 및 규정 방수량을 얻는 방식이다.

$$P \geqq P_1 + P_2 + P_3 + 0.17$$

여기서, P : 필요한 압력[MPa]
　　　　P_1 : 소방호스의 마찰손실수두압[MPa]
　　　　P_2 : 배관 및 관부속품의 마찰손실수두압[MPa]
　　　　P_3 : 낙차의 환산수두압[MPa]

※ **압력수조** : 수위계, 급수관, **급**기관, **압**력계, **안**전장치, **자**동식 공기압축기, 맨홀 설치

기억법 기압안자(**기아자**동차)

* **소방호스의 종류**
① 소방용 고무내장호스
② 소방용 릴호스

* **스트레이너와 같은 의미**
여과장치

* **풋밸브**
수원이 펌프보다 아래에 있을 때 설치하는 밸브
① 여과기능(이물질 침투방지)
② 체크밸브기능(역류방지)

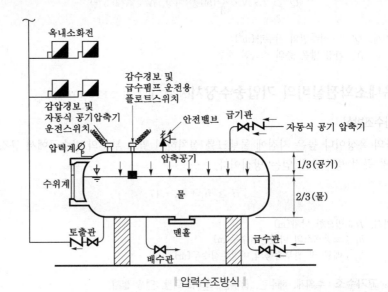

‖ 압력수조방식 ‖

(3) 펌프 방식 (지하수조방식)

펌프의 가압에 의하여 필요부분의 방수구에서 규정 방수압력 및 규정 방수량을 얻는 방식이다.

$$H \geqq h_1 + h_2 + h_3 + 17$$

여기서, H : 전양정(펌프의 양정)[m]
　　　　h_1 : 소방 호스의 마찰손실수두[m]
　　　　h_2 : 배관 및 관부속품의 마찰손실수두[m]
　　　　h_3 : 실양정(흡입양정+토출양정)[m]

* **펌프**
전동기로부터 에너지를 받아 액체 또는 기체를 수송하는 장치

* **원심펌프(소방펌프)의 종류**
① 볼류트펌프
② 터빈펌프
③ 프로펠러 펌프

* **소화장치로 사용할 수 없는 펌프**
제트펌프

┃ 펌프 방식 ┃

문제 ★★

옥내소화전설비에서 사용하고 있는 $H = h_1 + h_2 + h_3 + \cdots + 17$의 식은 무엇을 나타내는 식인가?

① 내연기관의 용량　　　　② 펌프의 양정

③ 모터의 용량　　　　　　④ 펌프의 용량

답 ②

4 옥내소화전설비의 설치기준

(1) 펌프에 의한 가압송수장치의 기준(NFPC 102 ⑤, NFTC 102 2.2)

① 쉽게 접근할 수 있고 점검하기에 충분한 공간이 있는 장소로서 화재 및 침수 등의 재해로 인한 피해를 받을 우려가 없는 곳에 설치할 것

② 동결방지조치를 하거나 동결의 우려가 없는 장소에 설치할 것

③ 펌프는 **전용**으로 할 것

④ 펌프의 **토출측**에는 **압력계**를 체크 밸브 이전에 펌프 토출측 플랜지에서 가까운 곳에 설치하고, **흡입측**에는 **연성계** 또는 **진공계**를 설치할 것(단, 수원의 수위가 펌프의 위치보다 높거나 **수직회전축 펌프**의 경우에는 연성계 또는 진공계를 설치하지 아니할 수 있다.)

중요 압력계 · 진공계 · 연성계

① 압력계 ┬ 펌프의 **토출측**에 설치
　　　　├ 정의 게이지압력 측정
　　　　└ 0.05~200MPa의 계기눈금

② 진공계 ┬ 펌프의 **흡입측**에 설치
　　　　├ 부의 게이지압력 측정
　　　　└ 0~76cmHg의 계기눈금

＊ **가압송수장치**
물에 압력을 가하여 보내기 위한 장치

＊ **연성계 · 진공계의 설치 제외**
① 수원의 수위가 펌프의 위치보다 높은 경우
② 수직회전축 펌프의 경우

③ 연성계 ┬ 펌프의 **흡입측**에 설치
        ├ 정 및 부의 게이지 압력 측정
        └ 0.1~2MPa, 0~76cmHg의 계기눈금

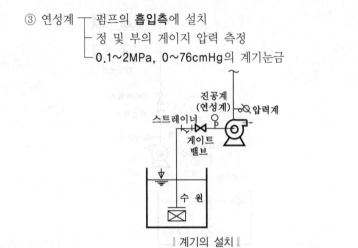

‖ 계기의 설치 ‖

⑤ 가압송수장치에는 정격부하운전시 **펌프**의 **성능**을 **시험**하기 위한 **배관**을 설치할 것 (단, **충압 펌프**는 제외)

⑥ 가압송수장치에는 체절운전시 **수온**의 **상승**을 **방지**하기 위한 순환배관을 설치할 것 (단, **충압 펌프**는 제외)

⑦ 기동장치로는 **기동용수압개폐장치** 또는 이와 동등 이상의 성능이 있는 것을 설치할 것

중요 | 기동 스위치에·보호판을 부착하여 옥내소화전함 내에 설치할 수 있는 경우
① 학교
② 공장 ┬ 동결의 우려가 있는 장소
③ 창고시설

⑧ 기동용수압개폐장치(압력 챔버)를 사용할 경우 그 용적은 **100ℓ** 이상의 것으로 할 것

문제 | 옥내소화전설비의 기동용 수압개폐장치를 사용할 경우 압력 챔버 용적의 기준이 되는 수치는?

① 50ℓ
② 100ℓ
③ 150ℓ
④ 200ℓ

해설 100ℓ 이상
(1) **기동용 수압개폐장치**(압력 챔버)의 용적
(2) **물올림수조**의 용량

답 ②

✱ 압력챔버 용량
100ℓ 이상

✱ 물올림수조 용량
100ℓ 이상

✱ 충압 펌프와 같은 의미
보조 펌프

✱ RANGE
펌프의 작동정지점

✱ DIFF
펌프의 작동정지점에서 기동점과의 압력 차이

✱ 순환배관
체절운전시 수온의 상승 방지

중요 **기동용 수압개폐장치(압력 챔버)**

① 압력 챔버의 기능은 펌프의 게이트 밸브(gate valve) 2차측에 연결되어 배관내의 압력이 감소하면 압력스위치가 작동되어 충압 펌프(jocky pump) 또는 주펌프를 작동시킨다.

> ※ 게이트 밸브(gate valve) = 메인 밸브(main valve) = 주밸브

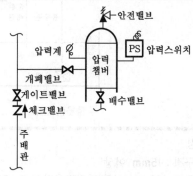

| 기동용 수압 개폐장치 |

② 압력스위치의 RANGE는 펌프의 **작동 정지점**이며, DIFF는 펌프의 작동정지점에서 기동점과의 **압력 차이**를 나타낸다.

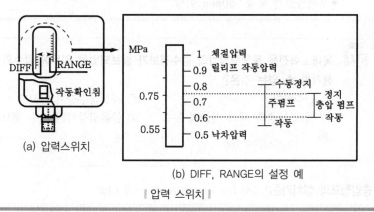

(a) 압력스위치

(b) DIFF, RANGE의 설정 예

| 압력 스위치 |

(2) **물올림장치의 설치기준**(NFPC 102 ⑤, NFTC 102 2.2.1.12)

① **전용의 수조**를 설치할 것

② 수조의 유효수량은 **100ℓ** 이상으로 하되, 구경 **15mm** 이상의 급수배관에 따라 해당 수조에 물이 계속 보급되도록 할 것

> 물올림수조 = 호수조 = 물마중장치 = 프라이밍 탱크(priming tank)

※ **순환배관의 토출량**
정격토출량의 2~3%

※ **기동용 수압개폐장치**
소화설비의 배관내 압력변동을 검지하여 자동적으로 펌프를 기동 및 정지시키는 것으로서 "압력 챔버" 또는 "기동용 압력스위치"라고도 부른다.

※ **물올림장치**
수원의 수위가 펌프보다 낮은 위치에 있을 때 설치하며 펌프와 후트 밸브 사이의 흡입관 내에 항상 물을 충만시켜 펌프가 물을 흡입할 수 있도록 하는 설비

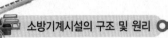

❋ 수조가 펌프보다 높
을 때 제외시킬 수
있는 것
① 풋밸브
② 진공계(연성계)
③ 물올림장치

┃ 물올림장치 ┃

중요 **용량 및 구경**
- 급수배관 구경 : 15mm 이상
- 순환배관 구경 : 20mm 이상(정격토출량의 2~3% 용량)
- 물올림관 구경 : 25mm 이상(높이 1m 이상)
- 물올림수조 용량 : 100ℓ 이상
- 오버플로관 구경 : 50mm 이상

❋ 물올림장치의 감수
경보 원인
① 급수 밸브의 차단
(급수차단)
② 자동급수장치의 고장
③ 물올림장치의 배수
밸브의 개방
④ 풋밸브의 고장

문제 ★★ 옥내소화전용 물올림장치의 감수경보가 발보되었을 경우에 감수의 원인이라고
생각할 수 없는 것은?
① 급수차단   ② 자동급수장치의 고장
③ 펌프 토출측 체크 밸브의 누수   ④ 물올림장치의 배수 밸브의 개방

해설 ③ 해당사항 없음   답 ③

❋ 충압펌프
기동용 수압개폐장치
를 기동장치로 사용할
경우에 설치

(3) 충압펌프의 설치기준(NFPC 102 5조, NFTC 102 2.2.1.13)

토출압력	정격토출량
설비의 최고위 호스접결구의 **자연압**보다 적어도 0.2MPa이 더 크도록 하거나 가압송수장치의 정격토출압력과 같게 할 것	정상적인 누설량보다 적어서는 아니 되며, 옥내소화전설비가 자동적으로 작동할 수 있도록 충분한 토출량을 유지할 것

(4) 배관의 종류(NFPC 102 6조, NFTC 102 2.3.1)

사용압력	배관 종류
1.2MPa 미만	① 배관용 탄소강관 ② 이음매 없는 구리 및 구리합금관(단, **습식** 배관에 한함) ③ 배관용 스테인리스강관 또는 일반배관용 스테인리스강관 ④ 덕타일 주철관
1.2MPa 이상	① 압력배관용 탄소강관 ② 배관용 아크용접 탄소강강관

중요 **소방용 합성수지배관으로 설치할 수 있는 경우**
- 배관을 **지하**에 **매설**하는 경우
- 다른 부분과 **내화구조**로 구획된 **덕트** 또는 **피트**(pit)의 내부에 설치하는 경우
- 천장과 반자를 **불연재료** 또는 **준불연재료**로 설치하고 **소화배관 내부**에 항상 **소화수가 채워진 상태**로 설치하는 경우

※ 급수배관은 **전용**으로 할 것

(5) 펌프 흡입측 배관의 설치기준(NFPC 102 6조, NFTC 102 2.3.4)
① 공기고임이 생기지 아니하는 구조로 하고 **여과장치**를 설치할 것
② 수조가 펌프보다 낮게 설치된 경우에는 각 펌프(**충압 펌프** 포함)마다 수조로부터 별도로 설치할 것

펌프 토출측 배관

구분	가지배관	주배관 중 수직배관
호스릴	25mm 이상	32mm 이상
일반	40mm 이상	50mm 이상
연결송수관 겸용	65mm 이상	100mm 이상

(6) 펌프의 성능(NFPC 102 5조, NFTC 102 2.2.1.7)
체절운전시 정격토출압력의 **140%**를 초과하지 않고, 정격토출량의 **150%**로 운전시 정격토출압력의 **65%** 이상이 될 것

★★★
문제 펌프의 체절운전(Shut off)시의 성능은 운전시 몇 퍼센트가 적당한가? (단, 토출량은 정격토출량의 150%임)
① 65　　　　　② 75　　　　　③ 100　　　　　④ 120

해설 ① 펌프의 성능은 정격토출량의 **150%** 운전시 정격토출압력의 **65%** 이상이 되어야 한다.

답 ①

중요 **(1) 펌프의 성능곡선**

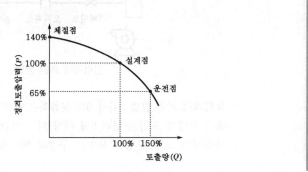

* 옥내소화전설비 유속
4m/s 이하

* 관경에 따른 방수량

방수량	관경
130l/min	40mm
260l/min	50mm
390l/min	65mm
520l/min	80mm
650l/min	100mm

* 펌프의 동력
$$P = \frac{0.163QH}{E}K$$
여기서,
P : 전동력(kW)
Q : 정격토출량(m³/분)
H : 전양정(m)
K : 동력전달계수
$E(\eta)$: 펌프의 효율

✻ 단위
① 1PS = 75kg$_f$ · m/s
　　 = 0.735kW
② 1HP = 76kg$_f$ · m/s
　　 = 0.746kW

✻ 조도(C)
'마찰계수'라고도 하며
배관의 재질, 상태에
따라 다르다.

✻ 성능시험배관
펌프 토출측의 개폐
밸브와 펌프 사이에서
분기

✻ 유량측정방법
① 압력계에 의한 방법
② 유량계에 의한 방법

(2) 펌프의 동력

$$P = \frac{\gamma QH}{1000\eta}K$$

여기서, P : 전동력[kW]
γ : 비중량(물의 비중량 9800N/m³)
Q : 유량[m³/s], H : 전양정[m]
K : 전달계수, η : 효율

(3) 배관의 압력손실(하겐 – 윌리엄스의 식)

$$\Delta P_m = 6.053 \times 10^4 \times \frac{Q^{1.85}}{C^{1.85} \times D^{4.87}} \times L$$

여기서, ΔP_m : 압력손실[MPa]
C : 조도, D : 관의 내경[mm]
Q : 관의 유량[l/min]
L : 배관길이[m]

1MPa = 100m

(7) 펌프 성능시험배관의 적합기준(NFPC 102 6조, NFTC 102 2.3.7)

성능시험배관	유량측정장치
펌프의 토출측에 설치된 **개폐 밸브 이전에**서 분기하여 설치하고, 유량측정장치를 기준으로 **전단 직관부에 개폐 밸브**를, **후단 직관부**에는 **유량조절 밸브**를 설치할 것	성능시험배관의 직관부에 설치하되, 펌프의 정격토출량의 175% 이상 측정할 수 있는 성능이 있을 것

중요 유량측정방법

① **압력계**에 의한 **방법** : 오리피스 전후에 설치한 압력계 P_1, P_2와 압력차를 이용한 유량 측정법

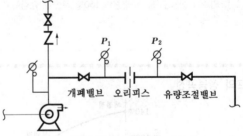

‖ 압력계에 의한 방법 ‖

② **유량계**에 의한 **방법** : 유량계의 **상류측**은 유량계 호칭 구경의 **8배** 이상 **하류측**은 유량계 호칭 구경의 **5배** 이상 되는 직관부를 설치하여야 하며 배관은 유량계의 호칭 구경과 동일한 구경의 배관을 사용한다.

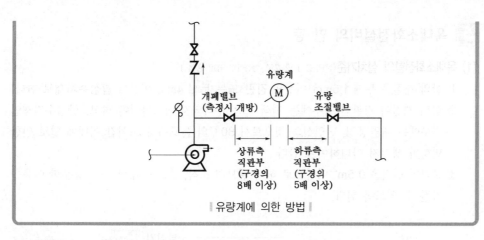

|유량계에 의한 방법|

(8) 순환배관(NFPC 102 6조, NFTC 102 2.2.1.8)

가압송수장치의 체절운전시 **수온**의 **상승**을 **방지**하기 위하여 체크밸브와 펌프 사이에서 분기한 구경 **20mm** 이상의 배관에 체절압력 미만에서 개방되는 **릴리프 밸브**를 설치할 것

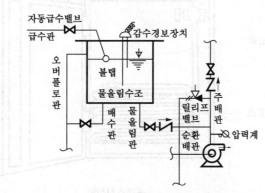

|순환배관|

급수배관에 설치되어 급수를 차단할 수 있는 개폐밸브는 개폐표시형으로 하여야 한다. 이 경우 펌프의 흡입측 배관에는 **버터플라이 밸브** 외의 개폐표시형 밸브를 설치하여야 한다.

(9) 송수구의 설치기준(NFPC 102 6조, NFTC 102 2.3.12)

① 소방차가 쉽게 접근할 수 있고 노출된 장소에 설치할 것
② 송수구로부터 옥내소화전설비의 주배관에 이르는 연결배관에는 **개폐 밸브**를 설치하지 않을 것(단, **스프링클러 설비·물분무소화설비·포소화설비·연결송수관 설비**의 배관과 겸용하는 경우는 제외)
③ 지면으로부터 높이가 **0.5~1m** 이하의 위치에 설치할 것
④ 구경 **65mm**의 **쌍구형** 또는 **단구형**으로 할 것
⑤ 송수구의 가까운 부분에 **자동배수 밸브**(또는 직경 **5mm**의 배수공) 및 **체크 밸브**를 설치할 것

※ 옥내소화전함의 재질
① 강판 : 1.5mm 이상
② 합성수지재 : 4mm 이상

5 옥내소화전설비의 함 등

(1) 옥내소화전함의 설치기준(NFPC 102 7조, NFTC 102 2.4.1)

① 함의 재질은 두께 1.5mm 이상의 **강판** 또는 두께 4mm 이상의 **합성수지재**로 한다.

② 함의 재질이 강판인 경우에는 변색 또는 부식되지 아니하여야 하고, 합성수지재인 경우에는 내열성 및 난연성의 것으로서 80℃의 온도에서 24시간 이내에 열로 인한 변형이 생기지 아니하여야 한다.

③ 문짝의 면적은 0.5m² 이상으로 하여 밸브의 조작, 호스의 수납 등에 충분한 여유를 가질 수 있도록 한다.

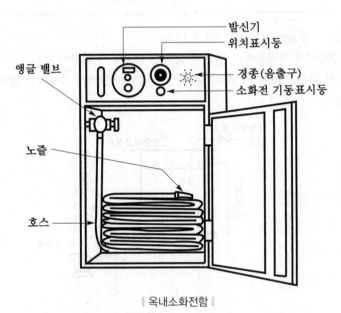

‖ 옥내소화전함 ‖

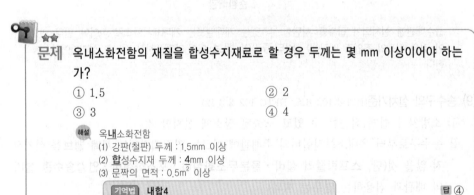

문제 옥내소화전함의 재질을 합성수지재료로 할 경우 두께는 몇 mm 이상이어야 하는가?

① 1.5 ② 2
③ 3 ④ 4

해설 옥내소화전함
(1) 강판(철판) 두께 : 1.5mm 이상
(2) **합**성수지재 두께 : **4**mm 이상
(3) 문짝의 면적 : 0.5m² 이상

기억법 내합4

답 ④

중요 **옥내소화전함과 옥외소화전함의 비교**

옥내소화전함	옥외소화전함
수평거리 25m 이하	수평거리 40m 이하
호스(40mm×15m×2개)	호스(65mm×20m×2개)
앵글 밸브(40mm×1개)	−
노즐(13mm×1개)	노즐(19mm×1개)

(2) 옥내소화전 방수구의 설치기준(NFPC 102 7조, NFTC 102 2.4.2)

① 특정소방대상물의 **층**마다 설치하되, 해당 특정소방대상물의 각 부분으로부터 하나의 옥내소화전 방수구까지의 **수평거리**가 **25m** 이하가 되도록 한다.

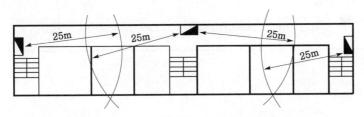

┃ 옥내소화전의 설치거리 ┃

② 바닥으로부터 높이가 **1.5m** 이하가 되도록 한다.

③ 호스는 구경 **40mm(호스릴은 25mm)** 이상의 것으로서 소방대상물의 각 부분에 물이 유효하게 뿌려질 수 있는 길이로 설치한다.

(3) 표시등의 설치기준(NFPC 102 7조, NFTC 102 2.4.3)

① 옥내소화전설비의 위치를 표시하는 표시등은 함의 상부에 설치하되 그 불빛은 부착면으로부터 **15°** 이상의 범위안에서 부착지점으로부터 **10m**의 어느 곳에서도 쉽게 식별할 수 있는 **적색등**으로 한다.

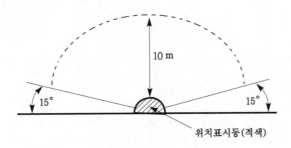

┃ 표시등의 식별 범위 ┃

② 적색등은 사용전압의 **130%**인 전압을 **24시간** 연속하여 가하는 경우에도 **단선, 현저한 광속변화, 전류변화** 등의 현상이 발생되지 아니하여야 한다.

Key Point

✲ 호스의 종류
① 아마 호스
② 고무내장 호스
③ 젖는 호스

✲ 방수구
옥내소화전설비의 방수구는 일반적으로 '앵글 밸브'를 사용한다.

✲ 수평거리와 같은 의미
① 최단거리
② 반경

✲ 표시등
① 기동표시등 : 기동시 점등
② 위치표시등 : 평상시 점등

✲ 표시등의 식별범위
15° 이상의 각도에서 10m 떨어진 거리에서 식별이 가능할 것

✲ 비상전원(자가발전설비 또는 축전지설비)의 용량
20분 이상(30~49층 이하 : 40분 이상, 50층 이상 : 60분 이상)

③ 가압송수장치의 시동을 표시하는 표시등은 옥내소화전함의 상부 또는 그 직근에 설치하되 **적색등**으로 한다.

문제 옥내소화전함에 설치하는 표시등의 기준에 맞는 것은?

① 부착면과 10도 이상의 각도로 발산하여 전방 10m 거리에서 식별 가능하여야 한다.

② 부착면과 10도 이상의 각도로 발산하여 전방 15m 거리에서 식별 가능하여야 한다.

③ 부착면과 15도 이상의 각도로 발산하여 전방 10m 거리에서 식별 가능하여야 한다.

④ 부착면과 15도 이상의 각도로 발산하여 전방 15m 거리에서 식별 가능하여야 한다.

해설 ③ 발산각도 : **15도** 이상, 식별거리 : **10m**

답 ③

Key Point

③ 옥외소화전설비

출제확률 6.3% (1문제)

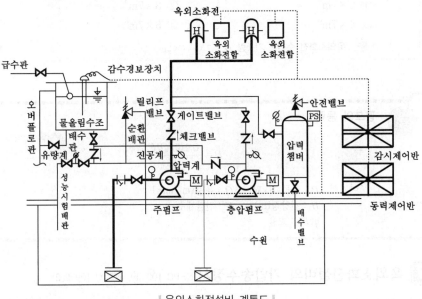

‖ 옥외소화전설비 계통도 ‖

1 주요구성

① 수원
② 가압송수장치
③ 배관
④ 제어반
⑤ 비상전원
⑥ 동력장치
⑦ 옥외소화전함

중요 옥외소화전함의 종류

설치 위치에 따라	방수구에 따라
지상식, 지하식	단구형, 쌍구형

2 수원(NFPC 109 ④, NFTC 109 2.1)

$$Q \geqq 7N$$

여기서, Q : 수원의 저수량[m³]
　　　　N : 옥외소화전 설치개수(최대 **2개**)

★★★

문제 어느 대상물에 옥외소화전이 4개 설치 되어 있는 경우 옥외소화전의 수원의 수량 계산방법에 있어 다음 중 맞는 것은?

① $2 \times 7 \text{m}^3$ ② $3 \times 7 \text{m}^3$

③ $4 \times 7 \text{m}^3$ ④ $5 \times 7 \text{m}^3$

해설 옥외소화전 수원의 저수량 $Q \geqq 7N = 7 \times 2 \text{m}^3$ **답** ①

✳ 펌프의 동력

$$P = \frac{\gamma QH}{1000\eta} K$$

여기서,

P : 전동력[kW]

γ : 비중량(물의 비
중량 9800N/m³)

Q : 유량[m³/s]

H : 전양정[m]

K : 전달계수

$\eta(E)$: 효율

Q[m³/s]의 단위에
주의할 것

중요 펌프의 동력

$$P = \frac{0.163 \, QH}{\eta} K$$

여기서, P : 전동력[kW], Q : 유량[m³/min]

H : 전양정[m], K : 전달계수

$\eta(E)$: 효율

3 옥외소화전설비의 가압송수장치(NFPC 109 ⑤, NFTC 109 2.2)

(1) 고가수조방식

$$H \geqq h_1 + h_2 + 25$$

여기서, H : 필요한 낙차[m]

h_1 : 소방 호스의 마찰손실수두[m]

h_2 : 배관 및 관부속품의 마찰손실수두[m]

✳ 단위

① 1HP=0.746kW

② 1PS=0.735kW

(2) 압력수조방식

$$P \geqq P_1 + P_2 + P_3 + 0.25$$

여기서, P : 필요한 압력[MPa]

P_1 : 소방 호스의 마찰손실수두압[MPa]

P_2 : 배관 및 관부속품의 마찰손실수두[MPa]

P_3 : 낙차의 환산수두압[MPa]

✳ 방수량

$$Q = 0.653D^2 \sqrt{10P}$$

여기서,

Q : 방수량[ℓ/min]

D : 구경[mm]

P : 방수압력[MPa]

(3) 펌프방식(지하수조방식)

$$H \geqq h_1 + h_2 + h_3 + 25$$

여기서, H : 전양정[m]

h_1 : 소방 호스의 마찰손실수두[m]

h_2 : 배관 및 관부속품의 마찰손실수두[m]

h_3 : 실양정(흡입양정+토출양정)[m]

4 옥외소화전설비의 배관 등(NFPC 109 6조, NFTC 109 2.3)

① 호스 접결구는 소방대상물 각 부분으로부터 호스 접결구까지의 수평거리가 **40m** 이하가 되도록 설치한다.

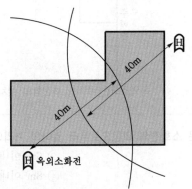

┃옥외소화전의 설치거리┃

② 호스는 구경 **65mm**의 것으로 한다.
③ 관창은 **방사형**으로 비치하여야 한다.
④ 관은 주로 **주철관**을 사용한다(**지하에 매설시 소방용 합성수지배관** 설치가능).

5 옥외소화전설비의 소화전함(NFPC 109 7조, NFTC 109 2.4)

(1) 설치거리

옥외소화전설비에는 옥외소화전으로부터 **5m** 이내에 소화전함을 설치하여야 한다.

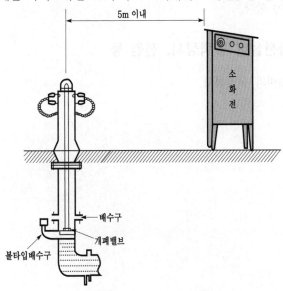

┃옥외소화전함의 설치거리(실체도)┃

Key Point

＊ 배관
수격작용을 고려하여 직선으로 설치

＊ 옥외소화전의
지하매설 배관
소방용 합성수지배관

＊ 호스결합금구

옥내 소화전	옥외 소화전
구경 40mm	구경 65mm

＊ 옥외소화전함
설치기구
① 호스(65mm×20m×
2개)
② 노즐(19mm×1개)

Key Point

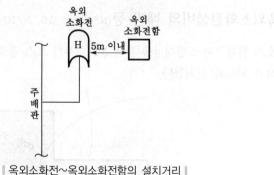

|옥외소화전~옥외소화전함의 설치거리|

★★

문제 옥외소화전은 소화전의 외함으로부터 얼마의 거리에 설치하여야 하는가?

① 5m 이내　　　　　　　　② 6m 이내

③ 7m 이내　　　　　　　　④ 8m 이내

해설　① 옥외소화전 외함의 거리 : 5m 이내

답 ①

(2) 설치개수

① 옥외소화전이 10개 이하 설치된 때에는 옥외소화전마다 5m 이내의 장소에 1개 이상의 소화전함을 설치하여야 한다.

② 옥외소화전이 11~30개 이하 설치된 때에는 11개 이상의 소화전함을 각각 분산하여 설치하여야 한다.

③ 옥외소화전이 31개 이상 설치된 때에는 옥외소화전 3개마다 1개 이상의 소화전함을 설치하여야 한다.

6 옥외소화전설비 동력장치, 전원 등

옥내소화전설비와 동일하다.

※ 옥외소화전함 설치

구분	설명
10개 이하	5m 이내마다 1개 이상
11~30개 이하	11개 이상 소화전함 분산설치
31개 이상	소화전 3개마다 1개 이상

4 스프링클러설비

출제확률 15.9% (3문제)

1 스프링클러 헤드의 종류

(1) 감열부의 유무에 따른 분류

폐쇄형(closed type)	개방형(open type)
감열부가 **있다.** 퓨즈블링크형, 글라스 벌브형, 케미컬 솔더형, 메탈피스형 등으로 구분한다.	감열부가 **없다.**

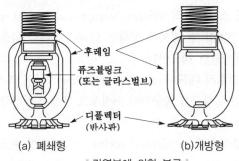

```
                후레임
                퓨즈블링크
                (또는 글라스벌브)
                디플렉터
                (반사판)
```

(a) 폐쇄형   (b)개방형

‖ 감열부에 의한 분류 ‖

> **★★**
> **문제** 다음 폐쇄형 스프링클러헤드 중 압력을 받고 있지 않는 곳은?
> ① 후레임   ② 퓨즈블링크
> ③ 디플렉터   ④ 글라스벌브
>
> **해설** 디플렉터에는 평상시 압력을 받지 않는다.
>
> **답** ③

(2) 설치형태에 따른 분류

① **상향형**(upright type) : **반자가 없는 곳**에 설치하며, 살수방향은 상향이다.

② **하향형**(pendent type) : **반자가 있는 곳**에 설치하며, 살수방향은 하향이다.

③ **측벽형**(sidewall type) : 실내의 **벽상부**에 설치하며, 폭이 **9m** 이하인 경우에 사용한다.

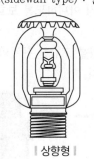 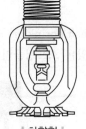 

‖ 상향형 ‖   ‖ 하향형 ‖   ‖ 측벽형 ‖

⑤ **반매입형**(flush type) : 헤드의 몸체 전부 또는 일부는 반자 내부에 설치되고 감열부만 반자 아래로 노출된 스프링클러 헤드이다.

⑥ **은폐형**(concealed type) : 덮개가 있는 **매입형 스프링클러 헤드**이다.

Key Point

✻ 스프링클러설비의 특징
① 초기화재에 효과적이다.
② 소화제가 물이므로 값이 싸서 경제적이다.
③ 감지부의 구조가 기계적이므로 오동작 염려가 적다.
④ 시설의 수명이 반영구적이다.

✻ 스프링클러 설비의 대체설비
물분무소화설비

✻ 디플렉터(반사판)
① 헤드에서 유출되는 물을 세분시키는 작용을 하며, 수압이 걸려 있을 때 부하가 걸리지 않는다.
② 평상시 압력을 받지 않는다.

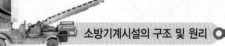

| 반매입형 | 은폐형 |

(3) 설계 및 성능특성에 따른 분류

① 화재조기진압형 스프링클러 헤드(early suppression fast-response sprinkler) : 화재를 **초기**에 **진압**할 수 있도록 정해진 면적에 충분한 물을 방사할 수 있는 빠른 작동능력의 스프링클러 헤드이다.

② 라지 드롭 스프링클러 헤드(large drop sprinkler) : 동일 조건의 수(水)압력에서 표준형 헤드보다 큰 물방울을 방출하여 저장창고 등에서 발생하는 **대형화재**를 **진압**할 수 있는 헤드이다.

③ 주거형 스프링클러 헤드(residential sprinkler) : 폐쇄형 헤드의 일종으로 **주거지역**의 화재에 적합한 감도·방수량 및 살수분포를 갖는 헤드로서 **간이형 스프링클러 헤드**를 포함한다.

| 화재조기진압형 | 라지 드롭 | 주거형 |

④ 랙형 스프링클러 헤드(rack sprinkler) : **랙식 창고**에 설치하는 헤드로서 상부에 설치된 헤드의 방출된 물에 의해 작동에 지장이 생기지 아니하도록 **보호판**이 **부착**된 헤드이다.

⑤ 플러쉬 스프링클러 헤드(flush sprinkler) : 부착나사를 포함한 몸체의 일부나 전부가 **천장면 위**에 설치되어 있는 스프링클러 헤드이다.

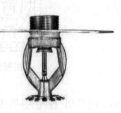

(a)　　　　　(b)
| 랙형 | 플러쉬(flush) |

⑥ 리세스드 스프링클러 헤드(recessed sprinkler) : 부착나사 이외의 몸체 일부나 전부가 **보호집안**에 설치되어 있는 스프링클러 헤드를 말한다.

⑦ 컨실드 스프링클러 헤드(concealed sprinkler) : 리세스드 스프링클러헤드에 덮개가 **부착**된 스프링클러 헤드이다.

| 리세스드(recessed) | | 컨실드(concealed) |

⑧ 속동형 스프링클러 헤드(quick-response sprinkler) : 화재로 인한 **감응속도**가 일반 스프링클러 보다 **빠른** 스프링클러로서 **사람**이 **밀집**한 **지역**이나 인명피해가 우려되는 장소에 가장 빨리 작동되도록 설계된 스프링클러 헤드이다.

⑨ 드라이 펜던트 스프링클러 헤드(dry pendent sprinkler) : **동파방지**를 위하여 롱 니플 내에 **질소가스**가 충전되어 있는 헤드이다. 습식과 건식 시스템에 사용되며, 배관 내의 물이 스프링클러 몸체에 들어가지 않도록 설계되어 있다.

| 속동형 | | 드라이펜던트(dry pendent) |

* **속동형 스프링클러 헤드의 사용장소**
① 인구밀집지역
② 인명피해가 우려되는 장소

(4) 감열부의 구조 및 재질에 의한 분류

퓨즈블링크형(fusible link type)	글라스 벌브형(glass bulb type)
화재감지속도가 빨라 신속히 작동하며, 파손시 **재생**이 **가능**하다.	유리관 내에 **액체**를 **밀봉**한 것으로 동작이 정확하며, 녹이 슬 염려가 없어 반영구적이다.

Key Point

＊ 퓨즈블링크
이융성금속으로 융착
되거나 이융성물질에
의하여 조립된 것

＊ 글라스벌브
감열체 중 유리구 안
에 액체 등을 넣어 봉
입할 것

**＊ 퓨즈블링크에 가
하는 하중**
설계하중의 13배

**＊ 글라스 벌브형의
봉입물질**
① 알코올
② 에터

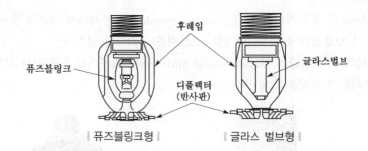

| 퓨즈블링크형 | 글라스 벌브형 |

문제 스프링클러 헤드의 감열체 중 이융성금속으로 융착되거나 이융성 물질에 의하여
조립된 것은?

① 후레임　　　　　　　　　　② 디플렉터
③ 유리 벌브　　　　　　　　　④ 퓨즈블링크

해설

① **후레임** : 스프링클러 헤드의 나사부분과 디플렉터를 연결하는 이음쇠부분
② **디플렉터** : 스프링클러 헤드의 방수구에서 유출되는 물을 세분시키는 작용을
　하는 것
③ **유리 벌브** : 감열체 중 유리구 안에 액체 등을 넣어 봉한 것
④ **퓨즈블링크** : 감열체 중 이융성금속으로 융착되거나 이융성물질에 의하여 조
　립된 것

답 ④

2 스프링클러 헤드의 선정

(1) 폐쇄형(NFPC 103 ⑩, NFTC 103 2.7.6)

설치장소의 최고 주위온도	표시온도
39℃ 미만	79℃ 미만
39~64℃ 미만	79~121℃ 미만
64~106℃ 미만	121~162℃ 미만
106℃ 이상	162℃ 이상

문제 스프링클러 헤드 설치장소의 최고 주위온도가 105℃인 경우에 폐쇄형 스프링클
러 헤드는 표시온도가 섭씨 몇 도인 것을 사용하여야 하는가?

① 79도 이상, 121도 미만
② 121도 이상, 162도 미만
③ 162도 이상, 200도 미만
④ 200도 이상

해설

② 주위온도가 64~106℃ 미만일 때 표시온도는 121~162℃ 미만

답 ②

＊ 최고 주위온도
$T_A = 0.9T_M - 27.3$
여기서,
T_A : 최고주위온도
　〔℃〕
T_M : 헤드의 표시온
　도〔℃〕

(2) 퓨즈블링크형·글라스 벌브형(스프링클러 헤드 형식 12조6)

퓨즈블링크형		글라스 벌브형(유리 벌브형)	
표시온도(℃)	색	표시온도(℃)	색
77℃ 미만	표시없음	57℃	오렌지
78~120℃	흰색	68℃	빨강
121~162℃	파랑	79℃	노랑
163~203℃	빨강	93℃	초록
204~259℃	초록	141℃	파랑
260~319℃	오렌지	182℃	연한자주
320℃ 이상	검정	227℃ 이상	검정

✻ 헤드의 표시온도
최고 온도보다 높은 것
을 선택

3 스프링클러 헤드의 배치

(1) 헤드의 배치기준(NFPC 103 ⑩, NFTC 103 2.7.3·2.7.4/NFPC 608 7조, NFTC 608 2.3.1.4)

‖ 스프링클러 헤드의 배치기준 ‖

설치장소	설치기준
무대부·특수가연물(창고 포함)	수평거리 **1.7m** 이하
기타구조(창고 포함)	수평거리 **2.1m** 이하
내화구조(창고 포함)	수평거리 **2.3m** 이하
공동주택(아파트) 세대 내	수평거리 **2.6m** 이하

① 스프링클러 헤드는 소방대상물의 천장·반자·천장과 반자 사이, 덕트·선반 기타
  이와 유사한 부분(폭 **1.2m** 초과)에 설치하여야 한다(단, 폭이 **9m** 이하인 실내에 있
  어서는 측벽에 설치할 수 있다.).
② 무대부 또는 연소할 우려가 있는 개구부에는 **개방형** 스프링클러 헤드를 설치하여야 한다.

(2) 헤드의 배치형태

① 정방형(정사각형)

✻ 랙식 창고 헤드 설
  치높이
3m 이하

$$S = 2R\cos 45°$$
$$L = S$$

여기서, S : 수평 헤드 간격, R : 수평거리, L : 배관간격

✻ 정방형
★ 꼭 기억하세요 ★

✻ 수평거리와 같은
  의미
① 유효반경
② 직선거리

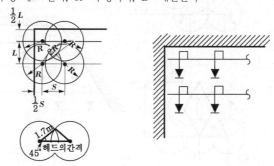

‖ 정방형 ‖

Key Point

* 정방형의 최대 방호면적

$$A = S^2$$

여기서,
A : 최대방호면적[m²]
S : 수평헤드 간격[m]

* 헤드

화재시 가압된 물이 내뿜어져 분산됨으로써 소화기능을 하는 것

* 수평헤드간격

① 정방형

$$S = 2R\cos 45°$$

② 장방형

$$S = \sqrt{4R^2 - L^2}$$

③ 지그재그형

$$S = 2R\cos 30°$$

여기서,
S : 수평 헤드 간격
R : 수평거리

* 폐쇄형 스프링클러 헤드

설치장소	설치기준
무대부·특수가연물 (창고 포함)	수평거리 1.7m 이하
기타구조 (창고 포함)	수평거리 2.1m 이하
내화구조 (창고 포함)	수평거리 2.3m 이하
공동주택 (아파트) 세대 내	수평거리 2.6m 이하

문제 스프링클러 헤드를 방호반지름 2.3m로 설치하였을 때, 한 개의 헤드가 담당하는 최대 유효방호면적은?

① 18.60m^2 ② 16.61m^2 ③ 10.58m^2 ④ 5.29m^2

해설 **정방형** 배열시 헤드간의 거리 S는
$S = 2R\cos 45° = 2 \times 2.3 \times \cos 45° ≒ 3.25\text{m}$
최대방호면적 A는
$A = S^2 = 3.25^2 ≒ 10.58\text{m}^2$

답 ③

② **장방형(직사각형)**

$$S = \sqrt{4R^2 - L^2}$$
$$S' = 2R$$

여기서, S : 수평 헤드 간격, R : 수평거리, L : 배관간격, S' : 대각선 헤드 간격

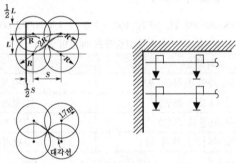

‖ 장방형 ‖

③ **지그재그형(나란히꼴형)**

$$S = 2R\cos 30°$$
$$b = 2S\cos 30°$$
$$L = \frac{b}{2}$$

여기서, S : 수평 헤드 간격, R : 수평거리, b : 수직 헤드 간격, L : 배관 간격

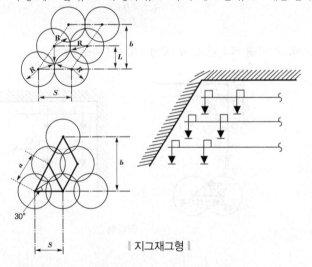

‖ 지그재그형 ‖

(3) 헤드의 설치기준(NFPC 103 ⑩, NFTC 103 2.7.7)

① 스프링클러 헤드와 그 부착면과의 거리는 **30cm** 이하로 할 것

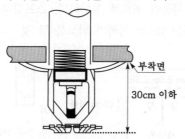

| 헤드와 부착면과의 이격거리 |

② 배관, 행거 및 조명기구 등 살수를 방해하는 것이 있는 경우에는 그로부터 아래에 설치하여 살수에 장애가 없도록 할 것(단, 스프링클러헤드와 장애물과의 이격거리를 장애물폭의 3배 이상 확보한 경우는 제외)

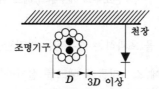

| 헤드와 조명기구등과의 이격거리 |

③ 살수가 방해되지 않도록 스프링클러 헤드로부터 반경 **60cm** 이상의 공간을 보유하여야 한다(단, 벽과 스프링클러 헤드간의 공간은 **10cm** 이상).

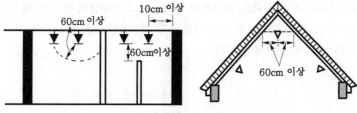

| 헤드반경 |

문제 ★★ 스프링클러설비의 화재안전기준에서 스프링클러를 설치할 경우 살수에 방해가 되지 않도록 스프링클러헤드로부터 반경 몇 cm 이상의 공간을 확보하여야 하는가?

① 20 ② 40 ③ 60 ④ 90

해설

거 리	적 용
10cm 이상	벽과 스프링클러헤드간의 공간
30cm 이하	스프링클러헤드와 부착면과의 거리
60cm 이상	스프링클러헤드의 공간 반경

답 ③

Key Point

❋ **스프링클러 헤드**
화재시 가압된 물이 내뿜어져 분산됨으로써 소화기능을 하는 헤드이다. 감열부의 유무에 따라 폐쇄형과 개방형으로 나눈다.

❋ **불연재료**
불에 타지 않는 재료

❋ **난연재료**
불에 잘 타지 않는 재료

Key Point

✽ **헤드의 반사판**
부착면과 평행되게 설치

✽ **반사판**
'디플렉터'라고도 한다.

✽ **개구부**
화재시 유효하게 대피
할 수 있는 문, 창문
등을 말한다.

✽ **연소**
가연물이 공기중에 있
는 산소와 반응하여
열과 빛을 동반하며
급격히 산화하는 현상

✽ **습식 스프링클러**
설비
습식밸브의 1차측 및
2차측 배관 내에 항상
가압수가 충수되어 있
다가 화재발생시 열에
의해 헤드가 개방되어
소화하는 형식

✽ **상향식 스프링클러**
헤드 설치 이유
배관의 부식 및 동파
를 방지하기 위함

✽ **드라이 펜던트 스**
프링클러 헤드
동파방지를 위하여 롱
니플내에 질소가스를
넣은 헤드

④ 스프링클러 헤드의 반사판이 그 부착면과 **평행**되게 설치하여야 한다.

⑤ 연소할 우려가 있는 개구부에는 그 상하좌우 **2.5m** 간격으로(폭이 2.5m 이하인 경우에는 중앙) 스프링클러 헤드를 설치하되, 스프링클러 헤드와 개구부의 내측면으로부터의 직선거리는 **15cm** 이하가 되도록 할 것

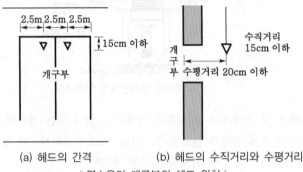

(a) 헤드의 간격   (b) 헤드의 수직거리와 수평거리

┃ 연소우려 개구부의 헤드 위치 ┃

⑥ 천장의 기울기가 $\frac{1}{10}$ 을 초과하는 경우에는 가지관을 천장의 마루와 평행되게 설치하고, 천장의 최상부에 스프링클러 헤드를 설치하는 경우에는 최상부에 설치하는 스프링클러 헤드의 반사판을 **수평**으로 설치하고, 천장의 최상부를 중심으로 가지관을 서로 마주보게 설치하는 경우에는 최상부의 가지관 상호간의 거리가 가지관상의 스프링클러 헤드 상호간의 거리의 $\frac{1}{2}$ 이하(최소 1m 이상) 가 되게 스프링클러 헤드를 설치하고, 가지관의 최상부에 설치하는 스프링클러 헤드는 천장의 최상부로부터의 수직거리가 **90cm** 이하가 되도록 할 것. 톱날지붕, 둥근지붕 기타 이와 유사한 지붕의 경우에도 이에 준한다.

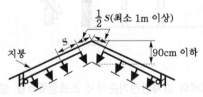

┃ 경사천장에 설치하는 경우 ┃

⑦ **습식 스프링클러설비** 또는 **부압식 스프링클러설비** 외의 설비에는 **상향식 스프링클러 헤드**를 설치할 것

>
> **상향식 스프링클러 헤드 설치 제외**
> • 드라이 펜던트 스프링클러 헤드를 사용하는 경우
> • 스프링클러 헤드의 설치장소가 동파의 우려가 없는 곳인 경우
> • 개방형 스프링클러 헤드를 사용하는 경우

4 스프링클러 헤드 설치 제외 장소(NFPC 103 ⑮, NFTC 103 2.12)

① 계단실·경사로·목욕실·수영장·파이프덕트 기타 이와 유사한 장소

② **통신기기실·전자기기실** 기타 이와 유사한 장소

③ **발전실·변전실·변압기** 기타 이와 유사한 전기설비가 설치되어 있는 장소

④ 병원의 **수술실·응급처치실** 기타 이와 유사한 장소

⑤ 천장 및 반자 양쪽이 **불연재료**로 되어 있고 그 사이의 거리 및 구조가 다음에 해당하는 부분

　㉮ 천장과 반자 사이의 거리가 2m **미만**인 부분

　㉯ 천장과 반자 사이의 벽이 불연재료이고 천장과 반자 사이의 거리가 2m **이상**으로서 그 사이에 가연물이 존재하지 아니하는 부분

⑥ 천장 및 반자가 **불연재료 외**의 것으로 되어 있고, 천장과 반자 사이의 거리가 0.5m 미만인 부분

⑦ 천장·반자 중 한쪽이 불연재료로 되어 있고, 천장과 반자 사이의 거리가 1m 미만인 부분

⑧ 현관·로비 등으로서 바닥에서 높이가 20m 이상인 장소

> **중요** **스프링클러 헤드 설치장소**
> ● 보일러실
> ● 복도
> ● 슈퍼마켓
> ● 소매시장
> ● 위험물·특수가연물 취급장소

문제 ★★★ 다음 중 스프링클러를 설치해야 되는 곳은?

① 발전실 ② 병원의 수술실

③ 전자기기실 ④ 보일러실

해설 **스프링클러 헤드** 설치장소
(1) **보**일러실　　(2) **복**도
(3) **슈**퍼마켓　　(4) **소**매시장
(5) **위**험물 취급장소
(6) **특**수가연물 취급장소

기억법 위스복슈소 특보(**위스**키는 **복**잡한 **수소**로 만들었다는 **특보**가 있다.

답 ④

5 스프링클러 헤드의 형식승인 및 제품검사기술기준

(1) 폐쇄형 헤드의 충격시험(제2조)

헤드의 충격시험은 디플렉터(반사판)의 중심으로부터 1m 높이에서, 헤드 중량에 0.15N(15g)을 더한 중량의 원통형 추를 자유낙하시켜 1회의 충격을 가하여도 균열·파손

※ 불연재료
불에 타지 않는 재료

※ 반자
천장 밑 또는 지붕 밑에 설치되어 열차단, 소음방지 및 장식용으로 꾸민 부분

※ 로비
대합실, 현관, 복도, 응급실 등을 겸한 넓은 방

※ 특수가연물
화재가 발생하면 그 확대가 빠른 물품

이 되지 않고 기능에 이상이 생기지 않아야 한다.

(2) 퓨즈블링크의 강도(제6조)

폐쇄형 헤드의 퓨즈블링크는 20±1℃의 공기 중에서 그 설계하중의 **13배**인 하중을 10일간 가하여도 파손되지 않아야 한다.

(3) 분해 부분의 강도(제8조)

폐쇄형 헤드의 분해 부분은 설계하중의 **2배**인 하중을 외부로부터 헤드의 중심축 방향으로 가하여도 파괴되지 않아야 한다.

(4) 진동시험(제9조)

폐쇄형 헤드는 전진폭 5mm, 25Hz의 진동을 헤드의 축방향 및 수직방향으로 각각 3시간 가한 다음 정수압시험에 적합하여야 한다.

(5) 수격시험(제10조)

폐쇄형 헤드는 매초 0.35~3.5MPa까지의 압력변동을 연속하여 4000회 가한 후 정수압시험에 적합하여야 한다.

6 스프링클러 설비의 종류

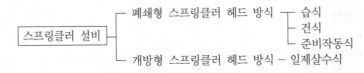

스프링클러 설비	폐쇄형 스프링클러 헤드 방식	습식
		건식
		준비작동식
	개방형 스프링클러 헤드 방식 - 일제살수식	

‖ 스프링클러 설비의 비교 ‖

구분 \ 방식	습 식	건 식	준비작동식	부압식	일제살수식
1차측	가압수	가압수	가압수	가압수	가압수
2차측	가압수	압축공기	대기압	부압 (진공)	대기압
밸브 종류	자동경보 밸브 (알람 체크 밸브)	건식 밸브	준비작동 밸브	준비작동 밸브	일제개방 밸브 (델류즈 밸브)
헤드 종류	폐쇄형 헤드	폐쇄형 헤드	폐쇄형 헤드	폐쇄형 헤드	개방형 헤드

1) 습식 스프링클러 설비

1차측 및 2차측 배관 내에 항상 가압수가 충수되어 있다가 화재발생시 열에 의해 헤드가 개방되어 소화한다.

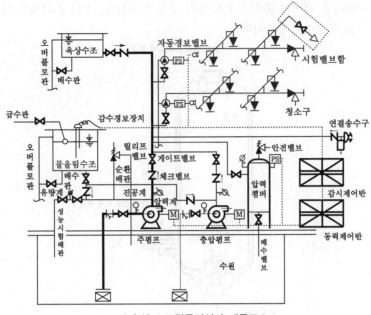

┃ 습식 스프링클러설비 계통도 ┃

(1) 유수검지장치

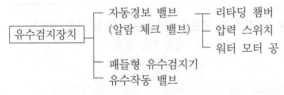

① 자동경보 밸브(Alarm Check Valve)

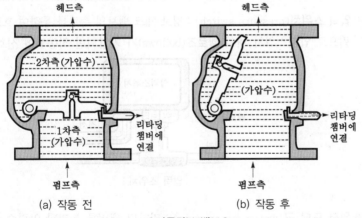

| (a) 작동 전 | (b) 작동 후 |

┃ 자동경보 밸브 ┃

(개) **리타딩 챔버**(retarding chamber) : 누수로 인한 유수검지장치의 **오동작을 방지**하기 위한 안전장치로서 안전 밸브의 역할, 배관 및 압력 스위치가 손상되는 것을 방지한다.

＊ **가압송수장치의 작동**

① 압력탱크(압력 스위치)
② 자동경보 밸브
③ 흡수작동 밸브

＊ **습식설비의 유수검지장치**

① 자동경보 밸브
② 패들형 유수검지기
③ 유수작동 밸브

＊ **유수검지장치의 작동시험**

말단시험 밸브 또는 유수검지장치의 배수 개방하여 유수검지장치에 부착되어 있는 압력 스위치의 작동여부를 확인한다.

＊ **유수경보장치**

알람 밸브 세트에는 반드시 시간지연장치가 설치되어 있어야 한다.

Key Point

✳ 리타딩 챔버의 역할
① 오동작(오보) 방지
② 안전 밸브의 역할
③ 배관 및 압력 스위
치의 손상보호

리타딩 챔버의 용량은 7.5ℓ 형이 주로 사용되며, 압력 스위치의 작동지연시간은 약 **20초** 정도이다.

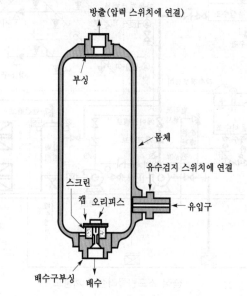

┃ 리타딩 챔버 ┃

문제 스프링클러 설비의 자동경보장치 중 오보를 방지하는 기능을 가진 것은?
① 배수 밸브　　　　　　　　② 자동경보 밸브
③ 작동시험 밸브　　　　　　④ 리타딩 챔버

 ④ 오보방지기능 : **리타딩 챔버**

답 ④

✳ 압력 스위치
① 미코이트 스위치
② 서킷 스위치

(내) **압력 스위치**(pressure switch) : 경보 체크 밸브의 측로를 통하여 흐르는 물의 압력으로 압력스위치 내의 **벨로즈**(bellows)가 **가압**되면 작동되어 신호를 보낸다.

┃ 압력 스위치 ┃

✳ 트림잉 셀
리타딩 챔버의 압력을 워터 모터 공에 전달하는 역할

(대) **워터 모터 공**(water motor gong) : 리타딩 챔버를 통과한 압력수가 노즐을 통해서 방수되고 이 압력에 의하여 수차가 회전하게 되면 타종링이 함께 회전하면서 경보한다.

② **패들형 유수검지기** : 배관내에 패들(paddle)이라는 얇은 판을 설치하여 물의 흐름에 의해 패들이 들어 올려지면 접점이 붙어서 신호를 보낸다.

✳ 패들형 유수검지기
경보지연장치가 없다.

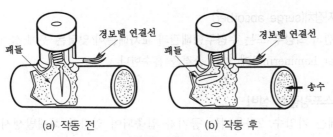

(a) 작동 전   (b) 작동 후

‖ 패들형 유수검지기 ‖

③ 유수작동 밸브 : 체크 밸브의 구조로서 물의 흐름에 의해 밸브에 부착되어 있는 마이크로 스위치가 작동되어 신호를 보낸다.

> **✻ 마이크로 스위치**
> 물의 흐름 등에 작동되는 스위치로서 '리미트 스위치'의 축소 형태라고 할 수 있다.

★ **문제** 체크 밸브형(alarm check valve) 유수검지장치와 패들형(paddle type) 유수검지장치의 상이점으로 적당한 것은?
① 체크 밸브형 유수검지장치만이 서키트 스위치를 가지고 있다.
② 패들형 유수검지장치는 경보지연장치가 없다.
③ 패들형 유수검지장치는 입상관에 장치하지 못한다.
④ 패들형 유수검지장치에는 마이크로 스위치가 없다.

해설

체크 밸브형 유수검지장치	패들형 유수검지장치
경보지연장치가 있다.	경보지연장치가 없다.

> **참고**
> 압력 스위치와 같은 의미
> ① 미코이트 스위치
> ② 서킷 스위치

답 ②

---

(2) 유수제어밸브의 형식승인 및 제품검사기술기준

① 워터 모터 공의 기능(제12조)
   (가) 3시간 연속하여 울렸을 경우 기능에 지장이 생기지 아니하여야 한다.
   (나) 3m 떨어진 위치에서 90dB 이상의 음량이 있어야 한다.

② 유수검지장치의 표시사항(제6조)
   (가) 종별 및 형식
   (나) 형식승인번호
   (다) 제조연월 및 제조번호
   (라) 제조업체명 또는 상호
   (마) 안지름, 사용압력범위
   (바) 유수방향의 화살 표시
   (사) 설치방향

> **✻ 유수검지장치**
> 스프링클러 헤드 개방 시 물흐름을 감지하여 경보를 발하는 장치

※ 수평 주행배관
각 층에서 교차배관까
지 물을 공급하는 배관

※ 교차배관
수평주행배관에서 가
지배관에 이르는 배관

※ 워터해머링
배관 내를 흐르는 유
체의 유속을 급격하게
변화시키므로 압력이
상승 또는 하강하여
관로의 벽면을 치는
현상으로서, '수격작
용'이라고도 부른다.

(3) 수격방지장치(surge absorber)

수직배관의 **최상부** 또는 **수평주행배관**과 **교차배관**이 **맞닿은 곳**에 설치하여 워터 해머
링(water hammering)에 의한 충격을 흡수한다.

2) 건식 스프링클러 설비

1차측에는 가압수, 2차측에는 공기가 압축되어 있다가 화재발생시 열에 의해 헤
드가 개방되어 소화한다.

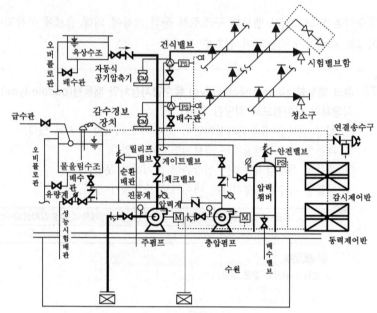

|| 건식 스프링클러설비 계통도 ||

(1) 건식 밸브(dry valve)

습식설비에서의 자동경보 밸브와 같은 역할을 한다.

**※ 건식설비의 주요
구성요소**
① 건식 밸브
② 액셀레이터
③ 익져스터
④ 자동식 에어 컴프
레서
⑤ 에어 레귤레이터
⑥ 로알람 스위치

※ 건식 밸브의 기능
① 자동경보기능
② 체크 밸브기능

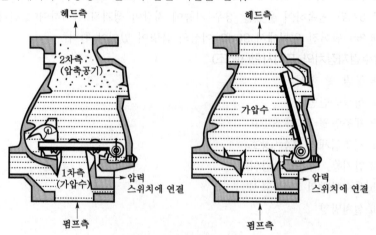

|| 건식 밸브 ||

(2) 액셀레이터(accelerater), 익져스터(exhauster)

건식 밸브 개방시 압축공기의 배출속도를 가속시켜 1차측 배관내의 가압수를 2차측 헤드까지 신속히 송수할 수 있도록 한다.

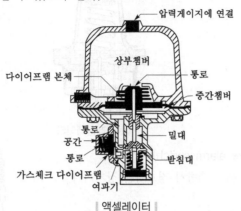

‖ 액셀레이터 ‖

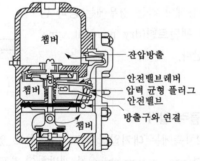

‖ 익져스터 ‖

★★

문제 건식 스프링클러설비의 공기를 빼내는 속도를 증가시키기 위하여 드라이밸브에 설치하는 것은?

① 트림잉 셀　　　　　　　　　② 리타딩 챔버
③ 탬퍼 스위치　　　　　　　　　④ 액셀레이터

해설　④ 공기를 빼내는 속도를 증가시키는 것 : 액셀레이터

답 ④

(3) 자동식 공기압축기(auto type compressor)

건식 밸브의 2차측에 압축공기를 채우기 위해 설치한다.

(4) 에어 레귤레이터(air regulator)

건식설비에서 자동식 에어 컴프레서가 스프링클러설비 전용이 아닌 일반 컴프레서를 사용하는 경우 **건식 밸브**와 **주공기공급관** 사이에 설치한다.

Key Point

❊ **가스배출가속장치**
① 액셀레이터
② 익져스터

❊ **액셀레이터**
가속기

❊ **익져스터**
공기배출기

❊ **에어 레귤레이터**
공기조절기

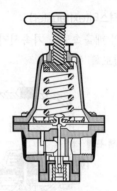

‖ 에어 레귤레이터 ‖

※ 로알람 스위치
'저압경보 스위치'라
고도 한다.

※ 드라이 펜던트형
헤드
동파방지

(5) 로알람 스위치(low alarm switch)

공기 누설 또는 헤드 개방시 경보하는 장치이다.

(6) 스프링클러 헤드

건식설비에는 **상향형 헤드**만 사용하여야 하는데 만
약 하향형 헤드를 사용해야 하는 경우에는 **동파 방
지**를 위하여 **드라이 펜던트형**(dry pendent type)
헤드를 사용하여야 한다.

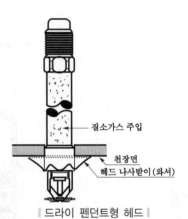

질소가스 주입

천장면
헤드 나사받이 (와셔)

‖ 드라이 펜던트형 헤드 ‖

※ 준비작동식
폐쇄형 헤드를 사용하
고 경보 밸브의 1차측
에만 물을 채우고 가
압한 상태를 유지하며
2차측에는 대기압상
태로 두게 되고, 화재
의 발견은 자동화재탐
지설비의 감지기의 작
동에 의해 이루어지며
감지기의 작동에 따라
밸브를 미리 개방, 2
차측의 배관 내에 송
수시켜 두었다가 화재
의 열에 의해 헤드가
개방되면 살수되게 하
는 방식

3) 준비작동식 스프링클러 설비

1차측에는 **가압수**, 2차측에는 **대기압**상태(또는 공기)로 있다가 화재발생시 감지기에
의하여 **준비작동 밸브**(pre-action valve)를 개방하여 헤드까지 가압수를 송수시켜 놓
고 있다가 열에 의해 헤드가 개방되면 소화한다.

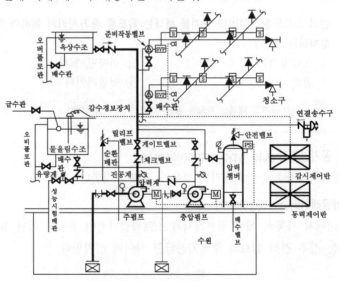

‖ 준비작동식 스프링클러설비 계통도 ‖

문제 스프링클러설비 중 준비작동식 스프링클러설비의 2차측 배관 내 유체는?

① 물　　　　　② 질소　　　　　③ 공기　　　　　④ 압축가스

해설 스프링클러설비의 비교

구분 방식	습 식	건 식	준비 작동식	부압식	일제 살수식
1차측	가압수	가압수	가압수	가압수	가압수
2차측	가압수	압축공기	대기압(공기)	부압(진공)	대기압(공기)
밸브종류	습식 밸브 (자동경보밸브, 알람체크밸브)	건식밸브	준비작동밸브	준비작동밸브	일제개방밸브 (델류즈밸브)
헤드종류	폐쇄형헤드	폐쇄형헤드	폐쇄형헤드	폐쇄형헤드	개방형헤드

답 ③

(1) 준비작동 밸브(pre-action valve)

준비작동 밸브에는 전기식, 기계식, 뉴메틱식(공기관식)이 있으며 이 중 전기식이 가장 많이 사용된다.

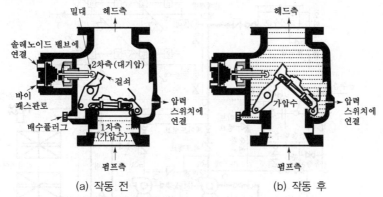

(a) 작동 전　　　　　(b) 작동 후

┃ 전기식 준비작동밸브 ┃

(2) 슈퍼바이저리 패널(supervisory panel)

슈퍼바이저리 패널은 준비작동 밸브의 조정장치로서 이것이 작동하지 않으면 준비작동 밸브는 작동되지 않는다. 여기에는 자체고장을 알리는 **경보장치**가 설치되어 있으며 화재감지기의 작동에 따라 **준비작동 밸브**를 **작동**시키는 기능 외에 **방화 댐퍼**의 **폐쇄** 등 관련 설비의 작동기능도 갖고 있다.

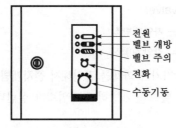

전원
밸브 개방
밸브 주의
전화
수동기동

┃ 슈퍼바이저리 패널 ┃

슈퍼바이저리 패널 = 슈퍼비조리 판넬

Key Point

✽ 준비작동 밸브의 종류
① 전기식
② 기계식
③ 뉴메틱식(공기관식)

✽ 전기식
준비작동 밸브의 1차측에는 가압수, 2차측에는 대기압상태로 있다가 감지기가 화재를 감지하면 감시제어반에 신호를 보내 솔레노이드 밸브를 작동시켜 준비작동 밸브를 개방하여 소화하는 방식

✽ 슈퍼바이저리 패널
스프링클러 설비의 상태를 항상 감시하는 기능을 하는 장치

✽ 방화 댐퍼
화재발생시 파이프 덕트 등의 중간을 차단시켜서 불 및 연기의 확산을 방지하는 안전장치

※ 교차회로방식
 (1) 정의
 하나의 준비작동 밸
 브의 담당구역 내에
 2 이상의 화재감지
 기 회로를 설치하고
 인접한 2 이상의 화
 재감지기가 동시에
 감지되는 때에 준비
 작동식 밸브가 개방·
 작동되는 방식
 (2) 적용설비
 ① 분말소화설비
 ② 할론소화설비
 ③ 이산화탄소 소화
  설비
 ④ 준비작동식 스프
  링클러설비
 ⑤ 일제살수식 스프
  링클러 설비

※ 토너먼트 방식
 (1) 정의
 가스계 소화설비에 적
 용하는 방식으로 용
 기로부터 노즐까지
 의 마찰손실을 일정
 하게 유지하기 위한
 방식
 (2) 적용설비
 ① 분말소화설비
 ② 이산화탄소 소화
  설비
 ③ 할론소화설비

(3) 감지기(detector)

준비작동식 설비의 감지기 회로는 **교차회로방식**을 사용하여 준비작동 밸브(pre-action)의 오동작을 방지한다.

‖ 교차회로 ‖

> ※ **교차회로방식** : 하나의 준비작동 밸브의 담당구역 내에 2 이상의 화재감지기 회로를 설치하고 인접한 2 이상의 화재감지기가 동시에 감지되는 때에 준비작동 밸브가 개방· 작동되는 방식

4) 일제살수식 스프링클러 설비

1차측에는 **가압수**, 2차측에는 **대기압**상태로 있다가 화재발생시 감지기에 의하여 **일제개방 밸브**(deluge valve)가 개방되어 소화한다.

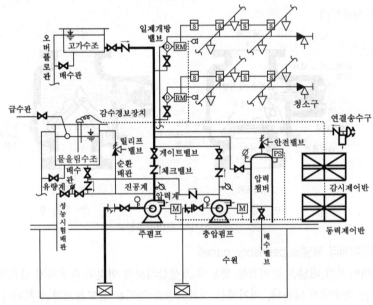

‖ 일제살수식 스프링클러설비 계통도 ‖

※ 일제개방 밸브
 델류즈 밸브

(1) 일제개방 밸브(deluge valve)

일제개방 밸브 ─┬─ 가압개방식
　　　　　　　└─ 감압개방식

① **가압개방식** : 화재감지기가 화재를 감지해서 **전자개방 밸브**(solenoid valve)를 개방시키거나, **수동개방 밸브**를 개방하면 가압수가 실린더 실을 **가압**하여 일제개방 밸브가 열리는 방식

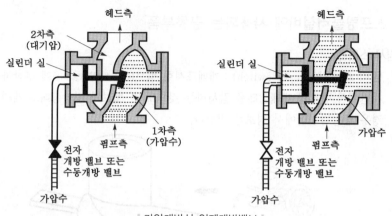

▮ 가압개방식 일제개방밸브 ▮

② **감압개방식** : 화재감지기가 화재를 감지해서 **전자개방 밸브**(solenoid valve)를 개방 시키거나, **수동개방 밸브**를 개방하면 가압수가 실린더실을 **감압**하여 일제개방 밸브 가 열리는 방식

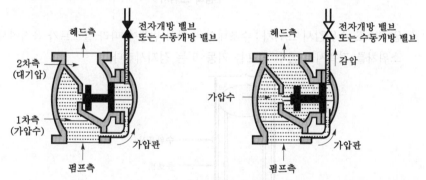

▮ 감압개방식 일제개방밸브 ▮

(2) 전자개방 밸브(solenoid valve)

화재에 의해 **감지기**가 작동되면 전자개방 밸브를 작동시켜서 가압수가 흐르게 된다.

▮ 전자개방밸브 ▮

Key Point

* **일제개방 밸브의 개방방식**

1. 가압개방식
   화재감지기가 화재를 감지해서 전자개방 밸 브를 개방시키거나, 수동개방밸브를 개방 하면 가압수가 실린 더실을 가압하여 일 제개방 밸브가 열리 는 방식
2. 감압개방식
   화재감지기가 화재를 감지해서 전자개방 밸브를 개방시키거나, 수동개방 밸브를 개 방하면 가압수가 실 린더실을 감압하여 일제개방 밸브가 열 리는 방식

* **전자개방 밸브와 같은 의미**

① 전자 밸브
② 솔레노이드 밸브

* **전자개방 밸브**

솔레노이드 밸브
① ▷◁ : 개방
② ▶◀ : 폐쇄

※ 템퍼 스위치와 같은 의미
① 주밸브 감시 스위치
② 밸브 모니터링 스위치

※ 개폐표시형 밸브
옥내소화전설비 또는 스프링클러 설비의 주밸브로 사용되는 밸브로서 육안으로 밸브의 개폐를 직접 확인할 수 있다.
'개폐지시형 밸브'라고도 부른다.

※ 수조
물 탱크

7 스프링클러설비에 사용되는 공통부품

(1) 감시 스위치

① 탬퍼 스위치(tamper switch) : 개폐표시형 밸브(OS & Y valve)에 부착하여 중앙감시반에서 밸브의 **개폐상태**를 **감시**하는 것으로서, 밸브가 정상상태로 개폐되지 않을 경우 중앙감시반에서 경보를 발한다.

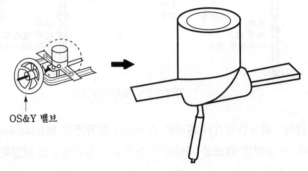

OS&Y 밸브

| 탬퍼 스위치 |

② 압력수조 수위감시 스위치 : 수조내의 수위의 변동에 따라 플로트가 움직여서 접촉스위치를 접촉시켜 **급수 펌프를 기동** 또는 **정지**시킨다.

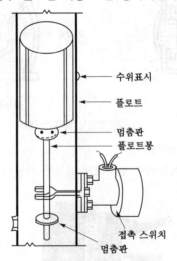

수위표시
플로트
멈춤판
플로트봉
접촉 스위치
멈춤판

| 압력수조 수위감시스위치 |

(2) 밸브

① OS & Y 밸브(outside screw & yoke valve) : 대형 밸브로서 유체의 흐름방향을 180°로 변환시킨다.

② 글로브 밸브(glove valve) : **소형 밸브**로서 유체의 흐름방향을 180°로 변환시킨다.

③ 앵글 밸브(angle valve) : 유체의 흐름방향을 90°로 변환시킨다.

④ 콕 밸브(cock valve) : 소형 밸브로서 레버가 달려 있으며, 주로 **계기용**으로 사용된다.

※ 스톱 밸브
물의 흐름을 차단시킬 수 있는 밸브
① 글로브 밸브
② 슬루스 밸브
③ 안전 밸브

⑤ **체크 밸브(check valve)** : 배관에 설치하는 체크 밸브는 호칭구경, 사용압력, 유수의 방향 등을 표시하여야 한다.

　(개) **스모렌스키 체크 밸브** : **제조회사명**을 밸브의 명칭으로 나타낸 것으로 주배관용으로서 바이패스 밸브가 있다.

　(내) **웨이퍼 체크 밸브** : **주배관용**으로서 **바이패스 밸브**가 **없다**.

　(대) **스윙 체크 밸브** : 작은 배관용

문제 ★ 다음의 밸브 중 스톱 밸브가 아닌 것은?

① 글로브 밸브(glove valve)　　② 슬루스 밸브(sluice valve)
③ 체크 밸브(check valve)　　　④ 안전 밸브(safety valve)

해설 **스톱 밸브**
(1) 글로브 밸브
(2) 슬루스 밸브
(3) 안전 밸브

※ **스톱밸브** : 물의 흐름을 차단시킬 수 있는 밸브

답 ③

---

(3) 배 관

① **배관용 탄소강관(SPP)의 특징**

　(개) 사용압력이 **1.2MPa** 미만인 물과 공기의 배관에 많이 사용 된다.

　(내) **주철관**에 비해서 **내식성**이 **적다**.

　(대) 관 1개의 길이는 원칙적으로 **6m**로 한다.

　(래) 호칭지름 300A 이하의 관은 양 끝에 나사를 내거나 **플레인 엔드**로 한다.

※ **신축이음의 종류** : 슬리브형, 벨로즈형, 루프형

② **강관의 이음**

　(개) 나사이음

명 칭	그림기호
부 싱	
캡	
리듀서	
오리피스 플랜지	

　(내) 용접이음 ┬ 전호용접
　　　　　　├ 맞대기용접
　　　　　　└ 차입형용접

　(대) 플랜지 이음

Key Point

❋ **OS & Y 밸브와 같은 의미**
① 게이트 밸브
② 메인 밸브
③ 슬루스 밸브

❋ **글로브 밸브**
유량조절을 목적으로 사용하는 밸브로서, 소화전 개폐에 사용할 수 없다.

❋ **체크 밸브**
역류방지를 목적으로 한다.
① 리프트형 : 수평설치용
② 스윙형 : 수평·수직설치용

❋ **배관의 지지간격 결정**
① 사용하는 관의 자중과 치수
② 배관속을 흐르는 유체의 중량
③ 접속하는 기기의 진동

❋ **브레이스**
열팽창 및 중력에 의한 힘이외의 외력에 의한 배관이동을 제한하기 위해 설치하는 것

❋ **파이프의 연결부속**
① 티
② 빅토리 조인트
③ 엘보

❋ **강관배관의 절단기**
① 쇠톱
② 톱반
③ 파이프 커터
④ 연삭기
⑤ 가스용접기

중요

용접이음의 특징

- 이음부의 강도가 강하다.
- 유체의 압력손실이 적다.
- 배관 보온 작업이 용이하고 보온재가 절약된다.
- 배관의 중량이 비교적 가볍다.

③ 관부속품(pipe fitting)

구분	종류
같은 지름의 관 **직선 연결**	플랜지(flange), 유니언(union), 커플링(coupling), 니플(nipple), 소켓(socket)
관의 **방향 변경**	Y지관, 엘보(elbow), 티(tee), 십자(cross)
관경이 **다른** 2개의 관 연결	리듀서(reducer), 부싱(bushing)
유로차단	플러그(plug), 밸브(valve), 캡(cap)
지선연결	Y지관, 티(tee), 십자(cross)

8 수원의 저수량(NFPC 103 ④, NFTC 103 2.1.1)

(1) 폐쇄형

기타시설(폐쇄형)	창고시설(라지드롭형 폐쇄형)
$Q = 1.6N$(30층 미만) $Q = 3.2N$(30~49층 이하) $Q = 4.8N$(50층 이상) 여기서, Q : 수원의 저수량[m³] N : 폐쇄형 헤드의 기준개수(설치개수가 기준개수보다 적으면 그 설치개수)	$Q = 3.2N$(일반 창고) $Q = 9.6N$(랙식 창고) 여기서, Q : 수원의 저수량[m³] N : 가장 많은 방호구역의 설치개수(최대 30개)

┃ 폐쇄형 헤드의 기준개수 ┃

특정소방대상물		폐쇄형 헤드의 기준개수
지하가 · 지하역사		30
11층 이상		
10층 이하	공장(특수가연물), 창고시설	
	판매시설(슈퍼마켓, 백화점 등), 복합건축물(판매시설이 설치된 것)	
	근린생활시설, 운수시설	20
	8m 이상	
	8m 미만	10
공동주택(아파트 등) 세대 내		10(각 동이 주차장으로 연결된 주차장 : 30)

★★★

문제 소매시장에 폐쇄형 습식 스프링클러 설비를 설치했을 때 수원의 양은?

① 16m³   ② 32m³
③ 48m³   ④ 80m³

해설 폐쇄형 헤드의 수원의 양 Q는
$$Q = 1.6N = 1.6 \times 30 = 48\text{m}^3$$

답 ③

(2) 개방형

① 30개 이하

$$Q = 1.6 N$$

여기서, Q : 수원의 저수량[m³]
N : 개방형 헤드의 설치개수

② 30개 초과

$$Q = K\sqrt{10P} \times N$$

여기서, Q : 헤드의 방수량[l/min]
k : 유출계수(15A : 80, 20A : 114)
P : 방수압력[MPa]
N : 개방형 헤드의 설치개수

※ 방수량

$$Q = 0.653D^2\sqrt{10P}$$

여기서,
Q : 토출량[l/min]
D : 내경[mm]
P : 방수압력[MPa]

$$Q = K\sqrt{10P}$$

여기서,
Q : 토출량[l/min]
K : 유출계수[mm]
P : 방수압력(절대압)[MPa]

※ 위의 두 가지 식 중 어느 것을 적용해도 된다.

9 스프링클러 설비의 가압송수장치 (NFPC 103 ⑤, NFTC 103 2.2)

(1) 고가수조방식

$$H \geqq h_1 + 10$$

여기서, H : 필요한 낙차[m]
h_1 : 배관 및 관부속품의 마찰손실수두[m]

※ **고가수조** : 수위계, 배수관, 급수관, 오버플로관, 맨홀 설치

※ 스프링클러 설비

방수량	방수압
80l/min	0.1MPa

★★

문제 스프링클러 설비의 고가수조에 설치하지 않는 것은?

① 수위계 　　　　② 배수관
③ 오버플로관 　　④ 압력계

해설 ④ 압력계 : 압력수조에 설치

답 ④

---

(2) 압력수조방식

$$P \geqq P_1 + P_2 + 0.1$$

여기서, P : 필요한 압력[MPa]
P_1 : 배관 및 관부속품의 마찰손실수두압[MPa]
P_2 : 낙차의 환산수두압[MPa]

※ **압력수조** : 수위계, 급수관, 급기관, 압력계, 안전장치, 자동식 공기압축기, 맨홀 설치

(3) 펌프방식(지하수조방식)

$$H \geqq h_1 + h_2 + 10$$

Key Point

여기서, H : 전양정[m]

h_1 : 배관 및 관부속품의 마찰손실수두[m]

h_2 : 실양정(흡입양정＋토출양정)[m]

10 가압송수장치의 설치기준(NFPC 103 ⑤, NFTC 103 2.2.1.10, 2.2.1.11)

① 가압송수장치의 정격토출압력은 하나의 헤드 선단에 0.1~1.2MPa 이하의 방수압력이 될 수 있게 하여야 한다.

② 가압송수장치의 송수량은 0.1MPa의 방수압력 기준으로 80l/min 이상의 방수성능을 가진 기준개수의 모든 헤드로부터의 방수량을 충족시킬 수 있는 양 이상의 것으로 하여야 한다.

11 기동용 수압개폐장치의 형식승인 및 제품검사기술기준

(1) 기동용 수압개폐장치(제2조)

소화설비의 배관 내의 압력변동을 검지하여 자동적으로 **펌프**를 **기동** 또는 **정지**시키는 것으로서 압력챔버, 기동용 압력스위치 등을 말한다.

(2) 압력 챔버의 구조 및 모양(제7조)

① 압력 챔버의 구조는 **몸체, 압력 스위치, 안전 밸브, 드레인 밸브, 유입구** 및 **압력계**로 이루어져야 한다.

② **몸체**의 **동체**의 모양은 원통형으로서 길이방향의 **이음매가 1개소** 이하이어야 한다.

③ **몸체**의 **경판**의 모양은 **접시형, 반타원형**, 또는 **온반구형**이어야 하며 **이음매가 없어야** 한다.

④ 몸체의 표면은 기능에 나쁜 영향을 미칠 수 있는 홈, 균열 및 주름 등의 결함이 없고 매끈하여야 한다.

⑤ 몸체의 외부 각 부분은 녹슬지 아니하도록 방청가공을 하여야 하며 내부는 부식되거나 녹슬지 아니하도록 내식가공 또는 방청가공을 하여야 한다(단, 내식성이 있는 재료를 사용하는 경우 제외).

⑥ 배관과의 접속부에는 쉽게 접속시킬 수 있는 **관용나사** 또는 **플랜지**를 사용하여야 한다.

(3) 기능시험(제10조)

압력 챔버의 안전 밸브는 **최고사용압력**과 **최고사용압력**의 1.3배의 압력범위 내에서 작동되어야 한다.

(4) 기밀시험(제12조)

압력 챔버의 용기는 **최고사용압력**의 **1.5배**에 해당하는 압력을 **공기압** 또는 **질소압**으로 **5분간** 가하는 경우에 누설되지 아니하여야 한다.

(5) 내압시험(제4조)

최고사용압력의 **2배**에 해당하는 압력을 수압력으로 **5분간** 가하는 시험에서 물이 새거나 현저한 변형이 생기지 아니하여야 한다.

Key Point

12 충압펌프의 설치기준(NFPC 103 ⑤, NFTC 103 2.2.1.14)

① 펌프의 정격토출압력은 그 설비의 최고위 살수장치의 **자연압**보다 적어도 0.2MPa 더 크거나 가압송수장치의 정격토출압력과 같게 하여야 한다.

② 펌프의 정격토출량은 정상적인 누설량보다 적어서는 아니되며 스프링클러 설비가 자동적으로 작동할 수 있도록 충분한 토출량을 유지하여야 한다.

※ **충압 펌프의 정격 토출압력**
자연압＋0.2MPa 이상

13 폐쇄형 설비의 방호구역 및 유수검지장치(NFPC 103 ⑥, NFTC 103 2.3)

① 하나의 방호구역의 바닥면적은 3000m²를 초과하지 않아야 한다.

★★★

문제 폐쇄형 스프링클러설비 하나의 방호구역은 어느 것인가?

① 바닥면적 4000m² ② 바닥면적 3000m²
③ 바닥면적 2000m² ④ 바닥면적 1000m²

해설 ② **폐쇄형 스프링클러설비** 하나의 방호구역은 바닥면적 3000m² 이하로 하여야 한다.

답 ②

※ **폐쇄형 밸브의 방호구역 면적**
3000m²

② 하나의 방호구역에는 1개 이상의 유수검지장치를 설치하여야 한다.

③ 하나의 방호구역은 **2개층**에 미치지 아니하도록 하되, 1개층에 설치되는 스프링클러 헤드의 수가 **10개 이하**인 경우에는 **3개층** 이내로 할 수 있다.

④ 유수검지장치를 실내에 설치하거나 보호용 철망 등으로 구획하여 바닥으로부터 **0.8m 이상 1.5m 이하**의 위치에 설치하되, 그 실 등에는 개구부가 가로 **0.5m 이상** 세로 **1m 이상**의 출입문을 설치하고 그 출입문 상단에 "**유수검지장치실**"이라고 표시한 표지를 설치할 것(단, 유수검지장치를 기계실(공조용 기계실 포함) 안에 설치하는 경우에는 별도의 실 또는 보호용 철망을 설치하지 않고 기계실 출입문 상단에 "**유수검지장치실**"이 라고 표시한 표지 설치가능)

⑤ 스프링클러 헤드에 공급되는 물은 **유수검지장치**를 지나도록 하여야 한다(단, 송수 구를 통하여 공급되는 물은 제외한다.).

⑥ 자연낙차에 의한 압력수가 흐르는 배관상에 설치된 유수검지장치는 화재시 물의 흐름을 검지할 수 있는 최소한의 압력이 얻어질 수 있도록 수조의 하단으로부터 낙차를 두어 설치하여야 한다.

※ **유수검지장치**
물이 방사되는 것을 감지하는 장치로서 압력스위치가 사용된다.

14 개방형 설비의 방수구역(NFPC 103 ⑦, NFTC 103 2.4)

① 하나의 방수구역은 **2개층**에 미치지 아니하여야 한다.

② 방수구역마다 일제개방 밸브를 설치하여야 한다.

③ 하나의 방수구역을 담당하는 헤드의 개수는 **50개** 이하로 하여야 한다(단, 2개 이상의 방수구역으로 나눌 경우에는 **25개** 이상).

④ 표지는 "**일제개방밸브실**"이라고 표시한다.

※ **배관의 크기 결정 요소**
① 물의 유속
② 물의 유량

15 스프링클러 배관

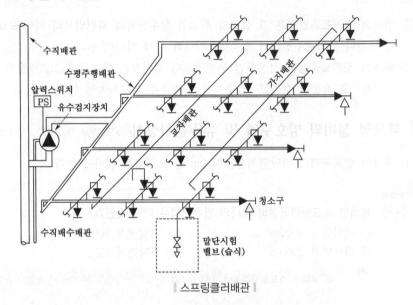

|| 스프링클러배관 ||

(1) 급수관(NFTC 103 2.5.3.3)

✱ **급수관**
수원 및 옥외송수구로
부터 스프링클러 헤드
에 급수하는 배관

|| 급수관의 구경 ||

구분 \ 급수관의 구경	25mm	32mm	40mm	50mm	65mm	80mm	90mm	100mm	125mm	150mm
폐쇄형 헤드수	2개	3개	5개	10개	30개	60개	80개	100개	160개	161개 이상

문제 폐쇄형 스프링클러 헤드를 사용하는 스프링클러 설비의 급수 배관 중 구경이 50mm인 배관에는 스프링클러 헤드를 몇 개까지 설치할 수 있는가? (단, 헤드는 반자 아래에만 설치한다.)

① 3개 ② 5개
③ 10개 ④ 12개

해설 ③ 구경 50mm이므로 헤드수는 10개이다.

답 ③

(2) 수직배수배관(NFPC 103 ⑧, NFTC 103 2.5.14)

✱ **수직배수배관**
층마다 물을 배수하는
수직배관

수직배수배관의 구경은 **50mm** 이상으로 해야 한다.

> ※ **수직배수배관** : 층마다 물을 배수하는 수직배관

(3) 수평주행배관(NFPC 103 ⑧, NFTC 103 2.5.13.3)

수평주행배관에는 **4.5m** 이내마다 1개 이상의 행가를 설치해야 한다.

> ※ **수평주행배관** : 각 층에서 교차배관까지 물을 공급하는 배관

Key Point

(4) 교차배관(NFPC 103 ⑧, NFTC 103 2.5.10)

① 교차배관은 가지배관과 **수평**으로 설치하거나 또는 **가지배관 밑**에 설치하고 구경은 **40mm** 이상이 되도록 한다.

✳ **시험배관 설치목적**
유수검지장치(유수경
보장치)의 기능점검

★★★

문제 스프링클러설비 배관에 대한 내용 중 잘못된 것은?

① 청소구는 교차배관 끝에 개폐 밸브를 설치한다.
② 급수배관 중 가지배관의 배열은 토너먼트 방식이 아니어야 한다.
③ 수직배수배관의 구경은 100mm 이상으로 하여야 한다.
④ 습식설비에서 하향식 헤드를 설치할 경우 상부 분기배관으로 하여야 한다.

해설 배관의 **구경**

교차배관	수직배수배관
40mm 이상	**50**mm 이상

기억법 5수(호수)

답 ③

② 청소구는 교차배관 끝에 개폐 밸브를 설치하고 호스 접결이 가능한 **나사식** 또는 **고정배수 배관식**으로 한다. 이 경우 나사식의 개폐밸브는 **옥내소화전 호스접결용**의 것으로 하고, 나사보호용의 캡으로 마감해야 한다.

③ **교차배관**에는 가지배관과 가지배관 사이마다 1개 이상의 행거를 설치하되 가지배관 사이의 거리가 **4.5m**를 초과하는 경우에는 **4.5m** 이내마다 1개 이상 설치해야 한다.

✳ **청소구**
교차배관의 말단에 설
치하며, 일반적으로 '앵
글 밸브'가 사용된다.

✳ **행거**
배관의 지지에 사용되
는 기구

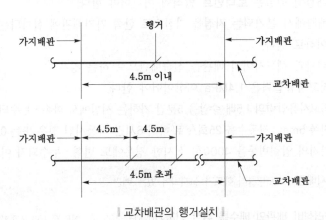

‖ 교차배관의 행거설치 ‖

④ 하향식 헤드를 설치하는 경우에 가지배관으로부터 헤드에 이르는 헤드 접속배관은 **가지관 상부**에서 분기해야 한다.

✳ **상향식 헤드**
반자가 없는 곳에 설
치하며, 살수방향은 상
향이다.

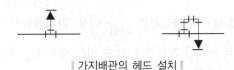

‖ 가지배관의 헤드 설치 ‖

Key Point

> **중요** **회향식 배관(상부분기방식)**
> 이물질에 의해 헤드의 오리피스가 막히는 것을 방지하기 위해 사용

⑤ **가지배관**에는 헤드의 설치지점 사이마다 1개 이상의 행거를 설치하되, 상향식 헤드의 경우에는 그 헤드와 행거 사이에 **8cm** 이상의 간격을 두어야 한다. 다만, 헤드간의 거리가 **3.5m**를 초과하는 경우에는 3.5m 이내마다 1개 이상을 설치한다.

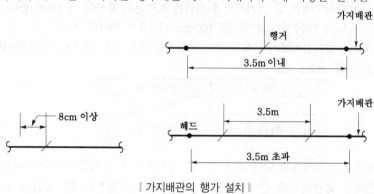

‖ 가지배관의 행가 설치 ‖

> ※ **교차배관** : 직접 또는 수직배관을 통하여 가지배관에 급수하는 배관

(5) 가지배관(NFPC 103 ⑧, NFTC 103 2.5.9)

① 가지배관의 배열은 **토너먼트 방식**이 아니어야 한다.

② 교차배관에서 분기되는 지점을 기점으로 한쪽 가지배관에 설치되는 헤드의 개수는 **8개** 이하로 한다.

③ 가지배관과 헤드사이의 배관을 신축배관으로 하는 경우

  ㉮ 최고사용압력은 **1.4MPa** 이상이어야 한다.

  ㉯ 최고사용압력의 1.5배 수압을 5분간 가하는 시험에서 파손·누수되지 않아야 한다.

  ㉰ 진폭 5mm, 진동수를 25회/s로 하여 6시간 작동시킨 경우 또는 0.35~3.5MPa/s 까지의 압력변동을 4000회 실시한 경우에도 변형·누수되지 아니하여야 한다.

> ※ **가지배관** : 스프링클러 헤드가 설치되어 있는 배관

(6) 스프링클러설비 배관의 배수를 위한 기울기(NFPC 103 ⑧, NFTC 103 2.5.17)

① **습식 스프링클러설비** 또는 **부압식 스프링클러설비**의 배관을 **수평**으로 할 것(단, 배관의 구조상 소화수가 남아있는 곳에는 배수밸브를 설치할 것)

② **습식 스프링클러설비** 또는 **부압식 스프링클러설비** 외의 설비에는 헤드를 향하여 상향으로 **수평주행배관**의 기울기를 $\frac{1}{500}$ 이상, **가지배관**의 기울기를 $\frac{1}{250}$ 이상으로 할 것(단, 배관의 구조상 기울기를 줄 수 없는 경우에는 배수를 원활하게 할 수 있도록 배수밸브를 설치할 것)

※ 가지배관
① 최고사용압력 : 1.4MPa 이상
② 헤드 개수 : 8개 이하

※ 습식·부압식 설비 외의 설비
① 수평주행배관 : $\frac{1}{500}$ 이상
② 가지배관 : $\frac{1}{250}$ 이상

※ 물분무소화설비
배수설비 : $\frac{2}{100}$ 이상

※ 연결살수설비
수평주행배관 : $\frac{1}{100}$ 이상

Key Point

(7) 시험장치의 설치기준(NFPC 103 ⑧, NFTC 103 2.5.12)

① 습식 스프링클러설비 및 부압식 스프링클러설비에 있어서는 유수검지장치 2차측 배관에 연결하여 설치하고 건식 스프링클러설비인 경우 유수검지장치에서 가장 먼 거리에 위치한 가지배관의 끝으로부터 연결하여 설치할 것. 유수검지장치 2차측 설비의 내용적이 2840L를 초과하는 건식 스프링클러설비의 경우 시험장치 개폐밸브를 완전개방 후 1분 이내에 물이 방사되어야 한다.

② 시험장치 배관의 구경은 25mm 이상으로 하고, 그 끝에 개폐밸브 및 개방형 헤드 또는 스프링클러헤드와 동등한 방수성능을 가진 오리피스를 설치할 것. 이 경우 개방형 헤드는 반사판 및 프레임을 제거한 오리피스만으로 설치할 수 있다.

③ 시험배관의 끝에는 **물받이통** 및 **배수관**을 설치하여 시험중 방사된 물이 바닥에 흘러내리지 아니하도록 하여야 한다(단, 목욕실·화장실 등으로서 배수처리가 쉬운 장소에 설치한 경우는 제외).

(8) 일제개방밸브(동 밸브 2차측 배관의 부대설비기준)

① **개폐표시형 밸브**를 설치한다.

② 개폐표시형 밸브와 일제개방 밸브 사이의 배관

   (개) 수직배수배관과 연결하고 동 연결배관상에는 **개폐 밸브**를 설치한다.

   (내) **자동배수장치** 및 **압력 스위치**를 설치한다.

   (대) 압력 스위치는 수신부에서 일제개방 밸브의 개방여부를 확인할 수 있게 설치한다.

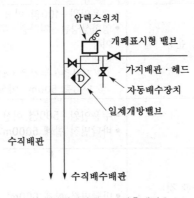

∥ 일제개방밸브 2차측배관 ∥

> ※ **반사판**
> 스프링클러 헤드의 방수구에서 유출되는 물을 세분시키는 작용을 하는 것으로서 '디플렉터(deflector)'라고도 부른다.
>
> ※ **프레임**
> 스프링클러 헤드의 나사부분과 디플렉터(반사판)를 연결하는 이음쇠 부분
>
> ※ **개폐표시형 밸브**
> 일반적으로 OS & Y 밸브를 말한다.
>
> ※ **일제개방밸브**
> 화재 발생시 자동 또는 수동식 기동장치에 따라 밸브가 열려지는 것

16 스프링클러 헤드와 보의 수평거리

스프링클러 헤드의 반사판 중심과 보의 수평거리	스프링클러 헤드의 반사판 높이와 보의 하단높이의 수직거리
0.75m 미만	보의 하단보다 낮을 것
0.75~1m 미만	0.1m 미만일 것
1~1.5m 미만	0.15m 미만일 것
1.5m 이상	0.3m 미만일 것

17 드렌처 설비(NFPC 103 ⑮, NFTC 103 2.12.2)

① 드렌처 헤드는 개구부 위측에 2.5m 이내마다 1개를 설치한다.
② 제어 밸브는 바닥면으로부터 0.8~1.5m 이하의 위치에 설치한다.
③ 수원의 저수량은 가장 많이 설치된 제어 밸브의 드렌처 헤드 개수에 1.6m³를 곱한 수치 이상이어야 한다.
④ 헤드 선단에 방수압력이 0.1MPa 이상, 방수량이 80ℓ/min 이상이어야 한다.
⑤ 수원에 연결하는 가압송수장치는 점검이 쉽고 화재 등의 재해로 인한 피해우려가 없는 장소에 설치할 것

문제 드렌처 설비를 설치했을 경우 설치헤드가 8개일 때 필요 수원량은?

① 2.0m³
② 1.6m³
③ 12.8m³
④ 3.2m³

해설 드렌처설비의 수원량 Q 는
$$Q = 1.6N = 1.6 \times 8 = 12.8\text{m}^3$$

답 ③

18 스프링클러설비의 설치대상(소방시설법 시행령 〔별표 4〕)

설치대상	조 건
① 문화 및 집회시설, 운동시설 ② 종교시설	• 수용인원－100명 이상 • 영화상영관－지하층·무창층 500m²(기타 1000m²) 이상 • 무대부 　① 지하층·무창층·4층 이상 300m² 이상 　② 1~3층 500m² 이상
③ 판매시설 ④ 운수시설 ⑤ 물류터미널	• 수용인원－500명 이상 • 바닥면적 합계 5000m² 이상
⑥ 노유자시설 ⑦ 정신의료기관 ⑧ 수련시설(숙박가능한 것) ⑨ 종합병원, 병원, 치과병원, 한방병원 및 요양병원(정신병원 제외) ⑩ 숙박시설	• 바닥면적 합계 600m² 이상
⑪ 지하층·무창층·4층 이상	• 바닥면적 1000m² 이상
⑫ 창고시설(물류터미널 제외)	• 바닥면적 합계 5000m² 이상－전층
⑬ 지하가(터널 제외)	• 연면적 1000m² 이상
⑭ 10m 넘는 랙식 창고	• 연면적 1500m² 이상
⑮ 복합건축물 ⑯ 기숙사	• 연면적 5000m² 이상－전층
⑰ 6층 이상	• 전층

⑱ 보일러실·연결통로	• 전부
⑲ 특수가연물 저장·취급	• 지정수량 **1000배** 이상
⑳ 발전시설 중 전기저장시설	• 전부

19 간이스프링클러설비

(1) 수원(NFPC 103A ④, NFTC 103A 2.1.1)

① 상수도 직결형의 경우에는 **수돗물**

② 수조를 사용하고자 하는 경우에는 적어도 **1개** 이상의 **자동급수장치**를 갖추어야 하며, **2개**의 **간이 헤드**에서 최소 **10분** 이상 방수할 수 있는 양 이상을 수조에 확보할 것

(2) 가압송수장치(NFPC 103A ⑤, NFTC 103A 2.2)

방수압력(상수도 직결형의 상수도 압력)은 가장 먼 가지배관에서 **2개**의 **간이헤드**를 동시에 개방할 경우 각각의 간이헤드 선단 방수압력은 **0.1MPa** 이상, 방수량은 **50ℓ/min** 이상이어야 한다.

(3) 배관 및 밸브(NFPC 103A ⑧, NFTC 103A 2.5.16)

① 상수도 직결형의 설치기준

수도용 계량기, 급수차단장치, 개폐표시형 밸브, 체크 밸브, 압력계, 유수검지장치 2개, 시험 밸브

② 펌프 등의 가압송수장치를 이용하여 배관 및 밸브 등을 설치하는 경우의 기준

수원, 연성계 또는 진공계, 펌프 또는 압력수조, 압력계, 체크 밸브, 성능시험배관, 개폐표시형 밸브, 유수검지장치, 시험 밸브

(4) 간이헤드의 적합기준(NFPC 103A ⑨, NFTC 103A 2.6)

① 폐쇄형 간이헤드를 사용할 것

② 간이헤드의 작동온도는 실내의 최대 주위천장온도가 **0~38℃** 이하인 경우 공칭작동온도가 **57~77℃**의 것을 사용하고, **39~66℃** 이하인 경우에는 공칭작동온도가 **79~109℃**의 것을 사용할 것

③ 간이헤드를 설치하는 천장·반자·천장과 반자 사이·덕트·선반 등의 각 부분으로부터의 간이헤드까지의 수평거리는 **2.3m** 이하일 것

문제 간이스프링클러 설비의 간이헤드에서 설치하는 천장·반자·천장과 반자 사이·덕트·선반 등의 각 부분으로부터의 간이헤드까지의 수평거리는 몇 m 이하가 되어야 하는가?

① 2.3m

② 2.4m

③ 2.5m

④ 2.6m

해설 간이헤드를 설치하는 천장·반자·천장과 반자 사이·덕트·선반 등의 각 부분으로부터의 간이헤드까지의 수평거리는 **2.3m** 이하일 것

답 ①

* **체크 밸브**
역류방지를 목적으로 한다.
① 리프트형
수평설치용으로 주배관상에 많이 사용
② 스윙형
수평·수직 설치용으로 작은 배관상에 많이 사용

* **수원**
물을 공급하는 곳

* **개폐표시형 개폐밸브**
옥내소화전설비 및 스프링클러 설비의 주밸브로 사용되는 밸브로서, 육안으로 밸브의 개폐를 직접 확인할 수 있다. 일반적으로 'OS & Y 밸브'라고 부른다.

* **유수검지장치**
스프링클러 헤드 개방 시 물흐름을 감지하여 경보를 발하는 장치

④ 상향식 간이헤드 또는 하향식 간이헤드의 경우에는 간이헤드의 디플렉터(반사판)에서 천장 또는 반자까지의 거리는 **25~102mm** 이내가 되도록 설치하여야 하며, 측벽형 간이 헤드의 경우에는 **102~152mm** 사이에 설치할 것

⑤ 간이헤드는 천장 또는 반자의 **경사·보·조명장치** 등에 따라 살수 장애의 영향을 받지 아니하도록 설치할 것

20 화재조기진압용 스프링클러 설비

(1) 설치장소의 구조(NFPC 103B ④, NFTC 103B 2.1)

① 해당 층의 높이가 **13.7m** 이하일 것(단, **2층** 이상일 경우에는 해당 층의 바닥을 **내화구조**로 하고 다른 부분과 방화구획할 것)

② 천장의 기울기가 $\dfrac{168}{1000}$ 을 초과하지 않아야 하고, 이를 초과하는 경우에는 반자를 지면과 **수평**으로 설치할 것

③ 천장은 평평하여야 하며 철재나 목재 트러스 구조인 경우, 철재나 목재의 돌출부분이 **102mm**를 초과하지 아니할 것

④ 보로 사용되는 목재·콘크리트 및 철재 사이의 간격이 **0.9~2.3m** 이하일 것(단, 보의 간격이 2.3m 이상인 경우에는 화재조기진압용 스프링클러 헤드의 동작을 원활히 하기 위하여 보로 구획된 부분의 천장 및 반자의 넓이가 **28m²**를 초과하지 아니할 것)

⑤ 창고 내의 선반의 형태는 하부로 물이 침투되는 구조로 할 것

(2) 수원(NFPC 103 B ⑤, NFTC 103B 2.2)

화재조기진압용 스프링클러 설비의 수원은 수리적으로 가장 먼 가지배관 3개에 각각 4개의 스프링클러 헤드가 동시에 개방되었을 때 헤드 선단의 압력이 별도로 정한 값 이상으로 **60분간** 방사할 수 있는 양으로 계산식은 다음과 같다.

$$Q = 12 \times 60 \times K\sqrt{10P}$$

여기서, Q : 방사량[l]
　　　K : 상수[l/min/MPa$^{\frac{1}{2}}$]
　　　P : 압력[MPa]

(3) 헤드(NFPC 103B ⑩, NFTC 103B 2.7)

① 헤드 하나의 방호면적은 **6.0~9.3m²** 이하로 할 것

② 가지배관의 헤드 사이의 거리는 천장의 높이가 **9.1m** 미만인 경우에는 **2.4~3.7m** 이하로, **9.1~13.7m** 이하인 경우에는 **3.1m** 이하로 할 것

③ 헤드의 반사판은 천장 또는 반자와 평행하게 설치하고 저장물의 최상부와 **914mm** 이상 확보되도록 할 것

④ 상향식 헤드의 감지부 중앙은 천장 또는 반자와 **101~152mm** 이하이어야 하며 반사판의 위치는 스프링클러 배관의 윗부분에서 최소 **178mm** 상부에 설치되도록 할 것

⑤ 헤드와 벽과의 거리는 헤드 상호간 거리의 $\frac{1}{2}$을 초과하지 않아야 하며 최소 **102mm** 이상일 것

⑥ 헤드의 작동온도는 **74℃** 이하일 것

＊ 헤드
화재시 가압된 물이 내뿜어져 분산됨으로써 소화기능을 하는 헤드

┃ 장애물의 하단과 헤드 반사판 사이의 수직거리 ┃

장애물과 헤드 사이의 수평거리	장애물의 하단과 헤드의 반사판 사이의 수직거리
0.3m 미만	0mm
0.3~0.5m 미만	40mm
0.5~0.6m 미만	75mm
0.6~0.8m 미만	140mm
0.8~0.9m 미만	200mm
0.9~1.1m 미만	250mm
1.1~1.2m 미만	300mm
1.2~1.4m 미만	380mm
1.4~1.5m 미만	460mm
1.5~1.7m 미만	560mm
1.7~1.8m 미만	660mm
1.8m 이상	790mm

(4) 저장물품의 간격(NFPC 103B ⑪, NFTC 103B 2.8.1)

저장물품 사이의 간격은 모든 방향에서 **152mm** 이상의 간격을 유지하여야 한다.

(5) 환기구(NFPC 103B ⑫, NFTC 103B 2.9)

화재조기진압용 스프링클러 설비의 환기구는 다음에 적합하여야 한다.

① 공기의 유동으로 인하여 헤드의 작동온도에 영향을 주지 않는 구조일 것

② 화재감지기와 연동하여 동작하는 **자동식 환기장치**를 설치하지 아니할 것. 다만, 자동식 환기장치를 설치할 경우에는 최소작동온도가 **180℃** 이상일 것

(6) 설치제외(NFPC 103B ⑰, NFTC 103B 2.14)

다음에 해당하는 물품의 경우에는 화재조기진압용 스프링클러를 설치하여서는 아니 된다(단, 물품에 대한 화재시험 등 공인기관의 시험을 받은 것은 제외).

① **제4류 위험물**

② **타이어, 두루마리 종이 및 섬유류, 섬유제품** 등 연소시 화염의 속도가 빠르고, 방사된 물이 하부까지에 도달하지 못하는 것

＊ 환기구와 같은 의미
① 통기구
② 배기구

＊ 제4류 위험물
① 특수인화물
② 제1~4석유류
③ 알코올류
④ 동식물유류

＊ 방호구역
화재로부터 보호하기 위한 구역

5 물분무 소화설비

출제확률 5.6% (1문제)

* **진공계**
대기압 이하의 압력을
측정하는 계측기

* **압력계**
대기압 이상의 압력을
측정하는 계측기

* **연성계**
대기압 이상의 압력과
대기압 이하의 압력을
측정할 수 있는 계측기

* **물분무소화설비**
① 질식효과
② 냉각효과
③ 유화효과
④ 희석효과

* **물분무설비 부적합
위험물**
제3류 위험물

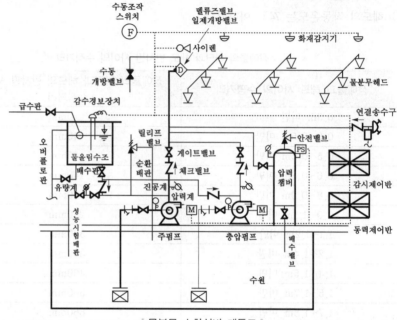

┃ 물분무 소화설비 계통도 ┃

1 주요구성

① 수원
② 가압송수장치
③ 배관
④ 제어반
⑤ 비상전원
⑥ 동력장치
⑦ 기동장치
⑧ 제어 밸브
⑨ 배수 밸브
⑩ 물분무 헤드

* **물분무가 전기설비
에 적합한 이유**
분무상태의 물은 비전
도성을 나타내므로

* **케이블 트레이**
케이블을 수용하기 위
한 관로로 사용되며 윗
부분이 개방되어 있다.

* **케이블 덕트**
케이블을 수용하기 위
한 관로로 사용되며 윗
부분이 밀폐되어 있다.

2 물분무소화설비의 수원(NFPC 104 4조, NFTC 104 2.1.1)

특정소방대상물	토출량	최소기준	비 고
컨베이어벨트	$10L/min \cdot m^2$	–	벨트부분의 바닥면적
절연유 봉입변압기	$10L/min \cdot m^2$	–	표면적을 합한 면적(바닥면적 제외)
특수가연물	$10L/min \cdot m^2$	최소 $50m^2$	최대방수구역의 바닥면적 기준
케이블트레이 · 덕트	$12L/min \cdot m^2$	–	투영된 바닥면적
차고 · 주차장	$20L/min \cdot m^2$	최소 $50m^2$	최대방수구역의 바닥면적 기준
위험물 저장탱크	$37L/min \cdot m$	–	위험물탱크 둘레길이(원주길이) : 위험물규칙 〔별표 6〕 Ⅱ

※ 모두 **20분**간 방수할 수 있는 양 이상으로 하여야 한다.

기억법
컨절특케차
　1　1 2

 ★★★

문제 물분무설비에서 차고 또는 주차장의 방수량은 바닥면적 $1m^2$에 대하여 매 분당 얼마 이상으로 하여야 하는가?

① $10l/\text{min}$　　　　　② $20l/\text{min}$

③ $30l/\text{min}$　　　　　④ $40l/\text{min}$

해설　② 차고·주차장 : $20l/\text{min}\cdot m^2$

답 ②

Key Point

3 가압송수장치(NFPC 104 ⑤, NFTC 104 2.2)

(1) 고가수조방식

$$H \geqq h_1 + h_2$$

여기서, H : 필요한 낙차[m]
h_1 : 물분무 헤드의 설계압력 환산수두[m]
h_2 : 배관 및 관부속품의 마찰손실수두[m]

※ **고가수조** : 수위계, 배수관, 급수관, 오버플로관, 맨홀 설치

(2) 압력수조방식

$$P \geqq P_1 + P_2 + P_3$$

여기서, P : 필요한 압력[MPa]
P_1 : 물분무 헤드의 설계압력[MPa]
P_2 : 배관 및 관부속품의 마찰손실수두압[MPa]
P_3 : 낙차의 환산수두압[MPa]

※ **압력수조** : 수위계, 급수관, 급기관, 압력계, 안전장치, 자동식 공기압축기, 맨홀 설치

(3) 펌프 방식(지하수조방식)

$$H \geqq h_1 + h_2 + h_3$$

여기서, H : 필요한 낙차[m]
h_1 : 물분무 헤드의 설계압력 환산수두[m]
h_2 : 배관 및 관부속품의 마찰손실수두[m]
h_3 : 실양정(흡입양정＋토출양정)[m]

4 기동장치(NFPC 104 ⑧, NFTC 104 2.5)

(1) 수동식 기동장치

① 직접조작 또는 원격조작에 의하여 각각의 가압송수장치 및 **수동식 개방 밸브** 또는 가압송수장치 및 **자동개방 밸브**를 개방할 수 있도록 설치하여야 한다.

② 기동장치의 가까운 곳의 보기 쉬운 곳에 "**기동장치**"라고 표시한 표지를 하여야 한다.

※ 고가수조에만 있는 것
오버플로관

※ 배관재료

1.2MPa 미만	1.2MPa 이상
• 배관용 탄소강관(백관) • 배관용 탄소강관(흑관)	압력배관용 탄소강관 • 이음매 없는 동 및 동합금의 배관용 동관

※ 수동식 개방 밸브
바닥에서　0.8~1.5m 이하

(2) 자동식 기동장치

자동식 기동장치는 **화재감지기**의 작동 또는 **폐쇄형 스프링클러헤드**의 개방과 연동하여 경보를 발하고, 가압송수장치 및 자동개방 밸브를 기동할 수 있는 것으로 하여야 한다(단, 자동화재탐지설비의 수신기가 설치되어 있는 장소에 상시 사람이 근무하고 있고 화재시 물분무소화설비를 즉시 작동시킬 수 있는 경우에는 제외).

> ✽ **OS&Y 밸브**
> 밸브의 개폐상태 여부를 용이하게 육안 판별하기 위한 밸브

5 제어 밸브(NFPC 104 ⑨, NFTC 104 2.6)

① 바닥으로부터 **0.8~1.5m** 이하의 위치에 설치한다.
② 가까운 곳의 보기쉬운 곳에 "**제어 밸브**"라고 표시한 표지를 한다.

6 배수 밸브(NFPC 104 ⑪, NFTC 104 2.8)

① **차량**이 주차하는 장소의 적당한 곳에 높이 **10cm** 이상의 경계턱으로 배수구를 설치한다.
② 배수구에는 새어나온 기름을 모아 소화할 수 있도록 길이 **40m** 이하마다 집수관·소화핏트 등 **기름분리장치**를 설치한다.
③ 차량이 주차하는 바닥은 배수구를 향하여 $\dfrac{2}{100}$ 이상의 기울기를 유지한다.
④ 배수설비는 가압송수장치의 **최대송수능력**의 수량을 유효하게 배수할 수 있는 크기 및 기울기를 유지한다.

7 물분무 헤드(NFPC 104 ⑩, NFTC 104 2.7)

> ✽ **물분무 헤드**
> 자동화재 감지장치가 있어야 한다.
> ① 충돌형
> ② 분사형
> ③ 선회류형
> ④ 슬리트형
> ⑤ 디플렉터형(반사판)

(a)　　　　　　(b)　　　　　　(c)

‖물분무 헤드‖

> ✽ **물분무 헤드**
> 직선류 또는 나선류의 물을 충돌·확산시켜 미립상태로 분무함으로써 소화기능을 하는 헤드

문제 분무상태를 만드는 방법에 따라 물분무 헤드를 분류할 때 부적당한 것은?
① 선회류형　　　　　　② 슬리트형
③ 충돌형　　　　　　　④ 측벽형

해설 **물분무헤드**
(1) 충돌형
(2) 분사형
(3) 선회류형
(4) 디플렉터형(반사판)

Key Point

(5) 슬리트형
④ 해당사항 없음

답 ④

┃물분무 헤드의 이격거리┃

전 압	거 리
66kV 이하	70cm 이상
67~77kV 이하	80cm 이상
78~110kV 이하	110cm 이상
111~154kV 이하	150cm 이상
155~181kV 이하	180cm 이상
182~220kV 이하	210cm 이상
221~275kV 이하	260cm 이상

8 물분무소화설비의 설치 제외 장소(NFPC 104 ⑮, NFTC 104 2.12)

① 물과 **심하게 반응하는 물질** 또는 물과 반응하여 위험한 물질을 생성하는 물질을 저장 또는 취급하는 장소
② **고온물질** 및 증류범위가 넓어 끓어넘치는 위험이 있는 물질을 저장 또는 취급하는 장소
③ 운전시에 표면의 온도가 **260℃** 이상으로 되는 등 직접 분무를 하는 경우 그 부분에 손상을 입힐 우려가 있는 기계장치 등이 있는 장소

＊ **물분무설비 설치 제외장소**
① 물과 심하게 반응하는 물질 취급장소
② 고온물질 취급장소
③ 표면온도 260℃ 이상

9 물분무소화설비의 설치대상(소방시설법 시행령 〔별표 4〕)

설치대상	조 건
① 차고·주차장	●바닥면적 합계 200m² 이상
② 전기실·발전실·변전실 ③ 축전지실·통신기기실·전산실	●바닥면적 300m² 이상
④ 주차용 건축물	●연면적 800m² 이상
⑤ 기계식 주차장치	●20대 이상
⑥ 항공기격납고	●전부

＊ **특수가연물**
화재가 발생하면 불길이 빠르게 번지는 물품

＊ **항공기격납고**
항공기를 수납하여 두는 장소

6 포소화설비

출제확률 9.7% (2문제)

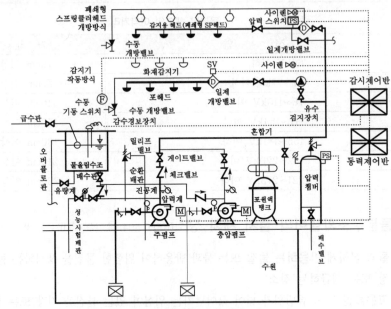

‖ 포소화설비의 계통도 ‖

※ 포소화설비의 특징
① 옥외소화에도 소화효력을 충분히 발휘한다.
② 포화 내화성이 커 대규모 화재 소화에도 효과가 크다.
③ 재연소가 예상되는 화재에도 적응성이 있다.
④ 인접되는 방호대상물에 연소방지책으로 적합하다.
⑤ 소화제는 인체에 무해하다.

※ 기계포소화약제
접착력이 우수하며 일반·유류화재에 적합하다.

1 주요구성

① 수원
② 가압송수장치
③ 배관
④ 제어반
⑤ 비상전원
⑥ 동력장치
⑦ 기동장치
⑧ 개방 밸브
⑨ 포소화약제의 저장탱크
⑩ 포소화약제의 혼합장치
⑪ 포 헤드
⑫ 고정포 방출구

2 포소화설비의 적용대상(NFPC 105 ④, NFTC 105 2.1)

‖ 특정소방대상물에 따른 헤드의 종류 ‖

특정소방대상물	설비 종류
• 차고 · 주차장 • 항공기격납고 • 공장 · 창고(특수가연물 저장 · 취급)	• 포워터 스프링클러설비(포워터 스프링클러 헤드) • 포헤드 설비(포헤드) • 고정포 방출설비 • 압축공기포 소화설비

Key Point

* 포워터스프링클러 헤드
포디플렉터가 있다.

* 포헤드
포디플렉터가 없다.

* 포소화전설비
포소화전방수구·호스 및 이동식포노즐을 사용하는 설비

• 완전개방된 옥상주차장(주된 벽이 없고 기둥뿐이거나 주위가 위해방지용 철주 등으로 둘러싸인 부분) • **지상 1층**으로서 지붕이 없는 차고·주차장 • 고가 밑의 주차장(주된 벽이 없고 기둥뿐이거나 주위가 위해방지용 철주 등으로 둘러싸인 부분)	• 호스릴포 소화설비 • 포소화전 설비
• 발전기실 • 엔진펌프실 • 변압기 • 전기케이블실 • 유압설비	• 고정식 압축공기포 소화설비 (바닥면적 합계 300m² 미만)

문제 항공기격납고에 설치하는 고정식 포소화설비로서 포헤드의 용도 중 가장 적당한 것은?
① 포워터스프링클러 헤드 ② 스프링클러 헤드
③ 포워터 스프레이 헤드 ④ 포소화전설비

해설 ① 항공기격납고 : 포워터스프링클러 헤드

답 ①

3 가압송수장치(NFPC 105 ⑥, NFTC 105 2.3)

(1) 고가수조방식

$$H \geqq h_1 + h_2 + h_3$$

여기서, H : 필요한 낙차[m]
h_1 : 방출구의 설계압력 환산수두 또는 노즐선단의 방사압력 환산수두[m]
h_2 : 배관의 마찰손실수두[m]
h_3 : 소방호스의 마찰손실수두[m]

※ **고가수조** : 수위계, 배수관, 급수관, 오버플로관, 맨홀 설치

(2) 압력수조방식

$$P \geqq P_1 + P_2 + P_3 + P_4$$

여기서, P : 필요한 압력[MPa]
P_1 : 방출구의 설계압력 또는 노즐 선단의 방사압력[MPa]
P_2 : 배관의 마찰손실수두압[MPa]
P_3 : 소방용 호스의 마찰손실수두압[MPa]
P_4 : 낙차의 환산수두압[MPa]

* 소방호스
① 소방용 고무내장 호스
② 소방용 릴호스

* 고가수조에만 있는 것
오버플로관

* 압력수조에만 있는 것
① 급기관
② 압력계
③ 안전장치
④ 자동식 공기압축기

Key Point

> ※ **압력수조** : 수위계, 급수관, 급기관, 압력계, 안전장치, 자동식 공기압축기, 맨홀 설치

(3) 펌프방식(지하수조방식)

$$H \geqq h_1 + h_2 + h_3 + h_4$$

여기서, H : 펌프의 양정[m]
　　　 h_1 : 방출구의 설계압력 환산수두 또는 노즐선단의 방사압력 환산수두[m]
　　　 h_2 : 배관의 마찰손실수두[m]
　　　 h_3 : 소방호스의 마찰손실수두[m]
　　　 h_4 : 낙차[m]

(4) 감압장치(NFPC 105 ⑥, NFTC 105 2.3.4)

가압송수장치에는 포헤드·고정포방출구 또는 이동식 포노즐의 방사압력이 설계압력 또는 방사압력의 허용범위를 넘지 않도록 **감압장치**를 설치해야 한다.

(5) 표준방사량(NFPC 105 ⑥, NFTC 105 2.3.5)

구　분	표준방사량
• 포 워터 스프링클러 헤드	75 l/min 이상
• 포헤드 • 고정포 방출구 • 이동식 포노즐	각 포헤드·고정포방출구 또는 이동식 포노즐의 설계압력에 의하여 방출되는 소화약제의 양

4 배관(NFPC 105 ⑦, NFTC 105 2.4.3, 2.4.4)

① 송액관은 포의 방출 종료 후 배관 안의 액을 방출하기 위하여 적당한 기울기를 유지하고 그 낮은 부분에 **배액 밸브**를 설치해야 한다.

② 포워터 스프링클러 설비 또는 포헤드설비의 가지배관의 배열은 **토너먼트 방식**이 아니어야 하며, 교차배관에서 분기하는 지점을 기준으로 한쪽 가지배관에 설치하는 헤드의 수는 **8개** 이하로 한다.

5 기동장치(NFPC 105 ⑪, NFTC 105 2.8)

(1) 수동식 기동장치

① 직접조작 또는 원격조작에 의하여 가압송수장치·수동식 개방 밸브 및 소화약제 혼합장치를 기동할 수 있는 것으로 한다.

② 2 이상의 방사구역을 가진 포소화설비에는 방사구역을 선택할 수 있는 구조로 한다.

③ 기동장치의 조작부는 화재시 쉽게 접근할 수 있는 곳에 설치하되, 바닥으로부터 0.8~1.5m 이하의 위치에 설치하고, 유효한 보호장치를 설치한다.

④ 기동장치의 조작부 및 호스접결구에는 가까운 곳의 보기 쉬운 곳에 각각 "**기동장치의 조작부**" 및 "**접결구**"라고 표시한 표지를 설치한다.

⑤ **차고** 또는 **주차장**에 설치하는 포소화설비의 수동식 기동장치는 방사구역마다 **1개** 이상 설치한다.

※ 포챔버
지붕식 옥외저장 탱크에서 포말(거품)을 방출하는 기구

※ 송액관
수원으로부터 포헤드·고정포방출구 또는 이동식 포노즐에 급수하는 배관

※ 배액밸브
소화약제를 배출시키는 밸브

※ 토너먼트 방식 적용설비
① 분말소화설비
② 이산화탄소 소화설비
③ 할론소화설비

※ 가지배관
헤드 8개 이하

※ 밸브의 크기
접속되는 배관의 호칭 크기로서 결정

※ 호스접결구
호스를 연결하기 위한 구멍으로서 '방수구'를 의미한다.

⑥ 항공기격납고에 설치하는 포소화설비의 수동식 기동장치는 각 방사구역마다 **2개** 이상을 설치하되, 그 중 1개는 각 방사구역으로부터 가장 가까운 곳 또는 조작에 편리한 장소에 설치하고, 1개는 화재감지수신기를 설치한 **감시실** 등에 설치한다.

(2) 자동식 기동장치

① 폐쇄형 스프링클러 헤드 개방방식

⑦ 표시온도가 79℃ 미만인 것을 사용하고, 1개의 스프링클러 헤드의 경계면적은 **20m²** 이하로 한다.

⑧ 부착면의 높이는 바닥으로부터 **5m** 이하로 하고, 화재를 유효하게 감지할 수 있도록 한다.

⑨ 하나의 감지장치 경계구역은 하나의 **층**이 되도록 한다.

> ★
> **문제** 포소화설비의 자동식 기동장치에 사용되는 폐쇄형 스프링클러 헤드에 대한 내용 중 잘못된 것은?
> ① 하나의 감지장치 경계구역은 하나의 층이 되도록 할 것
> ② 표시온도가 79℃ 미만인 것을 사용할 것
> ③ 1개의 스프링클러 헤드의 경계면적은 20m² 이하로 할 것
> ④ 부착면의 높이는 바닥으로부터 3m 이하로 할 것
>
> **해설** ④ 부착면의 높이는 바닥으로부터 **5m** 이하
>
> **답** ④

② 감지기 작동방식

⑦ 감지기는 자동화재탐지설비의 **감지기**에 관한 기준에 준하여 설치한다.

⑧ 자동화재탐지설비의 **발신기**에 관한 기준에 준하여 발신기를 설치한다.

> ※ 동결우려가 있는 장소의 포소화설비의 자동식 기동장치는 **자동화재탐지설비와 연동**으로 하여야 한다.

6 개방 밸브(NFPC 105 ⑩, NFTC 105 2.7)

① 자동개방 밸브는 화재감지장치의 작동에 의하여 자동으로 개방되는 것으로 한다.
② 수동식 개방밸브는 화재시 쉽게 접근할 수 있는 곳에 설치한다.

7 포소화약제의 저장 탱크(NFPC 105 ⑧, NFTC 105 2.5.1)

① 화재 등의 재해로 인한 피해를 받을 우려가 없는 장소에 설치한다.
② **기온**의 변동으로 포의 발생에 장애를 주지 않는 장소에 설치한다.
③ 포소화약제가 변질될 우려가 없고 **점검**에 편리한 장소에 설치한다.
④ 가압송수장치 또는 포소화약제 혼합장치의 기동에 의하여 압력이 가해지는 것 또는 상시 가압된 상태로 사용되는 것에 있어서는 **압력계**를 설치한다.
⑤ 포소화약제 저장량의 확인이 쉽도록 **액면계** 또는 **계량봉** 등을 설치한다.
⑥ 가압식이 아닌 저장 탱크는 **글라스 게이지**를 설치하여 액량을 측정할 수 있는 구조로 한다.

※ 표시온도
스프링클러 헤드가 개방되는 온도로서 스프링클러 헤드에 표시되어 있다.

※ 포혼합장치 설치 목적
일정한 혼합비를 유지하기 위해서

※ 액면계
포소화약제 저장량의 높이를 외부에서 볼 수 있게 만든 장치

※ 계량봉
포소화약제 저장량을 확인하는 강선으로 된 막대

※ 글라스 게이지
포소화약제의 양을 측정하는 계기

Key Point

8 포소화약제의 저장량 (NFPC 105 ⑧, NFTC 105 2.5.2)

(1) 고정포 방출구 방식

① 고정포 방출구

$$Q = A \times Q_1 \times T \times S$$

여기서, Q : 포소화약제의 양$[l]$
A : 탱크의 액표면적$[m^2]$
Q_1 : 단위포 소화수용액의 양$[l/m^2 \cdot 분]$
T : 방출시간$[분]$
S : 포소화약제의 사용농도

> ★★★
> **문제** 포소화약제의 저장량은 고정포 방출구에서 방출하기 위하여 필요량 이상으로 하여야 한다. 공식에 대한 설명이 틀린 것은?
>
> $$Q = A \times Q_1 \times T \times S$$
>
> ① Q : 포소화약제의 양$[l]$ ② T : 방출시간$[분]$
> ③ A : 탱크의 체적$[m^3]$ ④ S : 전포화약제의 농도
>
> **해설** ③ A : 탱크의 액표면적$[m^2]$
>
> 답 ③

② 보조포소화전

$$Q = N \times S \times 8000$$

여기서, Q : 포소화약제의 양$[l]$
N : 호스 접결구 수(최대 3개)
S : 포소화약제의 사용농도

(2) 옥내포소화전방식 또는 호스릴 방식

$$Q = N \times S \times 6000 (바닥면적\ 200m^2\ 미만은\ 75\%)$$

여기서, Q : 포소화약제의 양$[l]$
N : 호스 접결구 수(최대 5개)
S : 포소화약제의 사용농도

※ 포헤드의 표준방사량 : 10분

9 포소화약제의 혼합장치 (NFPC 105 ⑨, NFTC 105 2.6)

(1) 펌프 프로포셔너 방식(펌프 혼합 방식)

펌프의 토출관과 흡입관 사이의 배관 도중에 설치한 흡입기에 펌프에서 토출된 물의 일부를 보내고 **농도조정밸브**에서 조정된 포소화약제의 필요량을 포소화약제 탱크에서 펌프 흡입측으로 보내어 이를 혼합하는 방식

※ $Q = A \times Q_1 \times T \times S$
★ 꼭 기억하세요 ★

※ **호스릴 포소화설비**
호스릴 포 방수구·호스릴 및 이동식 포노즐을 사용하는 설비

※ **수용액이 거품으로 형성되는 장치**
① 포챔버
② 포헤드
③ 포노즐

※ **포소화설비의 기기 장치**
① 비례혼합기
② 소화약제 저장 탱크
③ 유수검지장치

※ **역지 밸브(체크 밸브)**
펌프 프로포셔너의 흡입기의 하류측에 있는 밸브

Key Point

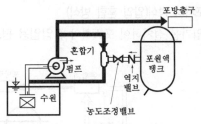

| 펌프 프로포셔너 방식 |

(2) 라인 프로포셔너 방식(관로 혼합 방식)

펌프와 발포기의 중간에 설치된 벤투리관의 **벤투리 작용**에 의하여 포소화약제를 흡입·혼합하는 방식

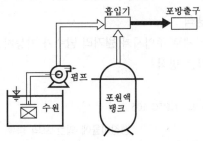

| 라인 프로포셔너 방식 |

★★

문제 펌프와 발포기의 중간에 설치된 벤투리관의 벤투리작용에 의하여 포소화약제를 흡입·혼합하는 방식은?

① 펌프 비례혼합식 ② 라인 비례혼합식

③ 석션 비례혼합식 ④ 프레져 비례혼합식

해설 **라인 비례혼합식**(라인 프로포셔너 방식)
(1) 펌프와 발포기의 중간에 설치된 벤투리관의 **벤투리작용**에 의하여 포소화약제를 흡입·혼합하는 방식
(2) 급수관의 배관 도중에 포소화약제 **흡입기**를 설치하여 그 흡입관에서 소화약제를 흡입·혼합하는 방식

답 ②

(3) 프레져 프로포셔너 방식(차압 혼합 방식)

펌프와 발포기의 중간에 설치된 벤투리관의 벤투리 작용과 **펌프 가압수**의 **포소화약제 저장 탱크**에 대한 압력에 의하여 포소화약제를 흡입·혼합하는 방식

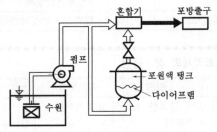

| 프레져 프로포셔너 방식 |

＊ 라인 프로포셔너 방식
급수관의 배관도중에 포소화약제 흡입기를 설치하여 그 흡입관에서 소화약제를 흡입하여 혼합하는 방식

＊ 프레져 프로포셔너 방식
원액 저장조속의 원액이 점점 소모됨에 따라 혼합비도 작아지게 된다.
① 가압송수관 도중에 공기포 소화원액 혼합조(PPT)와 혼합기를 접속하여 사용하는 방법
② 격막방식 휨 탱크를 쓰는 에어 휨 혼합 방식
③ 펌프가 물을 가압해서 관로내로 보내면 비례혼합기가 수량을 조정 원액 탱크 내에 수량의 일부를 유입시켜서 혼합하는 방식

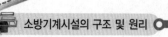

※ 프레져 사이드 프로포셔너 방식
① 소화원액 가압 펌프(압입용 펌프)를 별도로 사용하는 방식
② 포말을 탱크로부터 펌프에 의해 강제로 가압송수관로 속으로 밀어넣는 방식

(4) 프레져 사이드 프로포셔너 방식(압입 혼합 방식)

펌프의 토출관에 압입기를 설치하여 포소화약제 **압입용 펌프로 포소화약제를 압입시켜** 혼합하는 방식

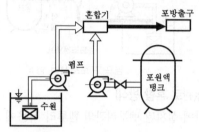

┃ 프레져 사이드 프로포셔너 방식 ┃

(5) 압축공기포 믹싱챔버방식

포수용액에 공기를 강제로 주입시켜 **원거리 방수가 가능**하고 물 사용량을 줄여 수손피해를 최소화할 수 있는 방식

10 포헤드 (NFPC 105 ⑫, NFTC 105 2.9)

┃ 팽창비율에 의한 포의 종류 ┃

팽창비	포방출구의 종류	비고
팽창비 20 이하	포헤드, 압축공기포헤드	저발포
팽창비 80~1000 미만	고발포용 고정포 방출구	고발포

※ 팽창비
최종 발생한 포 체적을 원래 포수용액 체적으로 나눈값

> **중요** **발포배율식**
>
> $$발포배율 = \frac{내용적(용량)}{전체중량 - 빈 \, 시료용기의 \, 중량}$$

① 포워터 스프링클러 헤드는 바닥면적 $8m^2$마다 1개 이상 설치한다.
② 포헤드는 바닥면적 $9m^2$마다 1개 이상 설치한다.

※ 이동식 포소화설비
① 화재시 연기가 현저하게 충만하지 않은 곳에 설치
② 호스와 포방출구만 이동하여 소화하는 설비
③ 화학포차량

┃ 소방대상물별 약제방사량 ┃

소방대상물	포소화약제의 종류	방사량
●차고·주차장 ●항공기격납고	수성막포	$3.7l/m^2 \cdot min$
	단백포	$6.5l/m^2 \cdot min$
	합성계면활성제포	$8.0l/m^2 \cdot min$
특수가연물 저장·취급소	수성막포·단백포·합성계면활성제포	$6.5l/m^2 \cdot min$

※ 내유염성
포가 기름에 의해 오염되기 어려운 성질

※ 포슈트
① 고정지붕구조의 탱크에 사용
② 포방출구 형상이 I형인 경우에 사용
③ 포가 안정된 상태로 공급
④ 수직형이므로 토출구가 많다.

> **중요** **수성막포 소화약제의 장·단점**
>
> | 장점 | 단점 |
> |---|---|
> | ① **유동성**이 좋아 급속한 소화에 효과적이다. | ① 내열성이 낮다. |
> | ② **침투력**이 우수하다. | ② 수성막 혁성 조건이 까다 |
> | ③ **소화효과**가 뛰어나다. | 롭다. |
> | ④ **내유염성**이 우수하다. | ③ 가격이 고가이다. |
> | ⑤ 화학적으로 안정하여 **장기보존**이 가능하다. | |

11 고정포 방출구

포방출구(위험물기준 133)

탱크의 구조	포 방출구
고정지붕구조	• Ⅰ형 방출구 • Ⅱ형 방출구 • Ⅲ형 방출구 • Ⅳ형 방출구
고정지붕구조 또는 부상덮개부착 고정지붕구조	• Ⅱ형 방출구
부상지붕구조	• 특형 방출구

문제 위험물 옥외탱크저장소의 부상지붕구조에 설치하는 포방출구는?

① Ⅰ형 방출구

② Ⅱ형 방출구

③ Ⅲ형 방출구

④ 특형 방출구

해설 ④ 부상지붕구조에 설치하는 포방출구 : **특형 방출구**

기억법 부특(보트)

답 ④

(1) 차고·주차장에 설치하는 호스릴 포설비 또는 포소화전설비(NFPC 105 ⑫, NFTC 105 2.9.3)

① 방사압력 : **0.35MPa** 이상

② 방사량 : **300**l/min(바닥면적 200m² 이하는 230l/min) 이상

③ 방사거리 : 수평거리 **15m** 이상

④ 호스릴함 또는 호스함의 설치 높이 : **1.5m** 이하

(2) 전역방출방식의 고발포용 고정포방출구(NFPC 105 ⑫, NFTC 105 2.9.4.1)

① 개구부에 **자동폐쇄장치**를 설치할 것

② 포방출구는 바닥면적 **500m²**마다 1개 이상으로 할 것

③ 포방출구는 방호대상물의 **최고 부분**보다 **높은 위치**에 설치할 것

④ 해당 방호구역의 관포체적 1m³에 대한 포수용액 방출량은 소방대상물 및 포의 팽창비에 따라 달라진다.

※ **관포체적** : 해당 바닥면으로부터 방호대상물의 높이보다 0.5m 높은 위치까지의 체적

(3) 국소방출방식의 고발포용 고정포 방출구(NFPC 105 ⑫, NFTC 105 2.9.4.2.2)

방호대상물	방 출 량
특수가연물	$3l/m^2 \cdot min$
기타	$2l/m^2 \cdot min$

12 포소화설비의 설치대상(소방시설법 시행령 〔별표 4〕)

물분무소화설비와 동일하다.

(7) 이산화탄소 소화설비

출제확률 5.3% (1문제)

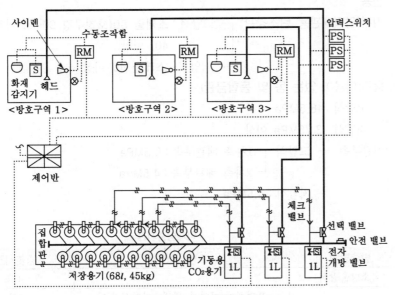

| 이산화탄소 소화설비의 계통도 |

★★★

문제 이산화탄소 소화설비의 특징이 아닌 것은?

① 화재진화 후 깨끗하다.

② 부속은 고압배관, 고압밸브에 사용하여야 한다.

③ 소음이 적다.

④ 전기, 기계, 유류화재에 효과가 있다.

해설   ③ 방사시 소음이 크다.

답 ③

1 주요구성

① 배관

② 제어반

③ 비상전원

④ 기동장치

⑤ 자동폐쇄장치

⑥ 저장용기

⑦ 선택 밸브

⑧ 이산화탄소 소화약제

⑨ 감지기

⑩ 분사 헤드

Key Point

✽ CO₂ 설비의 소화
효과

① 질식효과
이산화탄소가 공기중
의 산소 공급을 차단
하여 소화한다.

② 냉각효과
이산화탄소 방사시
기화열을 흡수하여
냉각 소화한다.

③ 피복소화
비중이 공기의 1.52
배 정도로 무거운 이
산화탄소를 방사하
여 가연물의 구석구
석까지 침투·피복
하여 소화한다.

✽ CO₂ 설비의 특징

① 화재진화 후 깨끗
하다.

② 심부화재에 적합하다.

③ 증거보존이 양호
하여 화재원인조
사가 쉽다.

④ 방사시 소음이 크다.

✽ 심부화재
물질의 내부 깊숙한
곳에서 연소하는 것

※ 배관의 재질
① 동관
② 강관

※ 스케줄
관의 구경, 두께, 내부 압력 등의 일정한 표준

※ 표면화재
가연물의 표면에서 연소하는 화재

※ 심부화재
가연물의 내부 깊숙한 곳에서 연소하는 화재

※ 기동장치
용기 내에 있는 가스를 외부로 분출시키는 장치

2 배관(NFPC 106 ⑧, NFTC 106 2.5)

① 전용
② 강관(압력배관용 탄소강관) ┬ 고압식 : **스케줄 80**(호칭구경 20mm 이하 **스케줄 40**) 이상
    └ 저압식 : **스케줄 40** 이상
③ 동관(이음이 없는 동 및 동합금관)
    ┬ 고압식 : **16.5MPa** 이상
    └ 저압식 : **3.75MPa** 이상
④ 배관부속 ┬ 고압식 ┬ 1차측 배관부속 : **9.5MPa**
    │   └ 2차측 배관부속 : **4.5MPa**
    └ 저압식 : **4.5MPa**

┃약제방출시간┃

방출방식	소방대상물	방출시간
국소방출방식	–	30초
전역방출방식	표면화재(가연성 액체·가연성가스)	1분
	심부화재(종이·석탄·석유류)	7분

3 기동장치(NFPC 106 ⑥, NFTC 106 2.3)

(1) 수동식 기동장치

① 전역방출방식은 **방호구역**마다, 국소방출방식은 **방호대상물**마다 설치한다.
② 해당 방호구역의 **출입구 부분** 등 조작을 하는 자가 쉽게 피난할 수 있는 장소에 설치한다.
③ 기동장치의 조작부는 바닥에서 **0.8~1.5m** 이하의 위치에 설치하고, 보호판 등에 의한 보호장치를 설치한다.
④ 기동장치에는 "**이산화탄소 소화설비 기동장치**"라고 표시한 표지를 한다.
⑤ 전기를 사용하는 기동장치에는 **전원표시등**을 설치한다.
⑥ 기동장치의 방출용 스위치는 **음향경보장치**와 연동하여 조작될 수 있는 것으로 한다.
⑦ 기동장치에는 **보호장치**를 설치해야 하며, 보호장치를 개방하는 경우 기동장치에 설치된 **버저** 또는 벨 등에 의하여 경고음을 발할 것
⑧ 기동장치를 **옥외**에 설치하는 경우 **빗물** 또는 외부**충격**의 영향을 받지 않도록 설치할 것

(2) 자동식 기동장치

① 자동식 기동장치는 수동으로도 기동할 수 있는 구조로 한다.
② 전기식 기동장치로서 **7병** 이상의 저장용기를 동시에 개방하는 설비는 **2병** 이상의 저장용기에 **전자개방 밸브**를 부착한다.
③ 기계식 기동장치는 저장 용기를 쉽게 개방할 수 있는 구조로 한다.

Key Point

‖ 가스 압력식 기동장치 ‖

구분	기준
비활성 기체 충전압력	6MPa 이상(21℃ 기준)
기동용 가스용기의 체적	5ℓ 이상
기동용 가스용기 안전장치의 압력	내압시험압력의 0.8~내압시험압력 이하
기동용 가스용기 및 해당 용기에 사용하는 밸브의 견디는 압력	25MPa 이상

※ 자동식 기동장치는 **자동화재 탐지설비**의 **감지기**의 작동과 연동하여야 한다.

 ★★★

문제 이산화탄소 소화설비의 기동용 가스용기에 사용되는 안전장치의 작동압력은?
① 17MPa 이상
② 17MPa 이상 20MPa 이하
③ 내압시험압력의 0.8~내압시험압력 이하
④ 25MPa 이상

해설 ③ 안전장치의 작동압력 : 내압시험압력의 **0.8~내압시험압력** 이하

답 ③

4 **자동폐쇄장치**(NFPC 106 ⑭, NFTC 106 2.11)

① 환기장치를 설치한 것에는 이산화탄소가 방사되기 전에 해당 **환기장치**가 정지할 수 있도록 한다.
② 개구부가 있거나 천장으로부터 1m 이상의 아래부분 또는 바닥으로부터 해당 층의 높이의 $\frac{2}{3}$ 이내의 부분에 통기구가 있어 이산화탄소의 유출에 의하여 소화효과를 감소시킬 우려가 있는 것에는 이산화탄소가 방사되기 전에 해당 **개구부** 및 **통기구**를 폐쇄할 수 있도록 한다.
③ 자동폐쇄장치는 방호구역 또는 방호대상물이 있는 구획의 밖에서 복구할 수 있는 구조로 하고, 그 위치를 표시하는 표지를 한다.

5 **저장용기**(NFPC 106 ④, NFTC 106 2.1)

① **방호구역 외**의 장소에 설치한다(단, 방호구역 내에 설치할 경우 **피난구 부근**에 설치).
② 온도가 **40℃** 이하이고, 온도변화가 작은 곳에 설치한다.
③ **직사광선** 및 빗물이 침투할 우려가 없는 곳에 설치한다.
④ **방화문**으로 구획된 실에 설치한다.
⑤ 용기의 설치장소에는 해당 용기가 설치된 곳임을 표시하는 표지를 한다.

＊ 충전비
① 저장용기의 부피[ℓ] 소화약제 저장량[kg]
② 내용적[ℓ] 가스량[kg]

＊ CO₂ 저장용기의 충전비
① 고압식 : 1.5~1.9 이하
② 저압식 : 1.1~1.4 이하

＊ 저장용기의 구성요소
① 자동냉동장치
② 압력경보장치
③ 안전 밸브
④ 봉판
⑤ 압력계
⑥ 액면계

＊ 불연성 가스 소화설비의 구성
① 집합장치
② 화재감지 및 경보장치
③ 기동장치

저장용기

자동냉동장치	2.1MPa 유지, −18℃ 이하
압력경보장치	2.3MPa 이상, 1.9MPa 이하
선택 밸브 또는 개폐 밸브의 안전장치	배관의 최소사용설계압력과 최대허용압력 사이의 압력
저장용기 • 고압식	25MPa 이상
• 저압식	3.5MPa 이상
안전 밸브	내압시험압력의 0.64~0.8배
봉판	내압시험압력의 0.8~내압시험압력
충전비 고압식	1.5~1.9 이하
저압식	1.1~1.4 이하

＊ 충전비
용기의 용적과 소화약제의 중량과의 비율

 ★★★
문제 이산화탄소 소화설비의 저압식 저장방식의 저장온도와 압력으로 맞는 것은?
① 15℃, 5.3MPa   ② 15℃, 2.1MPa
③ −18℃, 5.3MPa   ④ −18℃, 2.1MPa

해설 ④ 저압식 저장용기의 저장온도 및 압력 : −18℃, 2.1MPa

답 ④

6 **선택 밸브**(CO₂ 저장용기를 공용하는 경우) (NFPC 106 ⑨, NFTC 106 2.6)

① 방호구역 또는 방호대상물마다 설치할 것
② 각 선택 밸브에는 그 담당 방호구역 또는 방호대상물을 표시할 것

※ **가스용기 밸브** : 다른 밸브와 같이 개방 후 폐지하면 안 된다.

＊ 방호대상물
화재로부터 방어하기 위한 대상물

＊ CO₂ 설비의 방출방식
① 전역방출방식
② 국소방출방식
③ 이동식(호스릴 방식)

7 **이산화탄소 소화약제**(NFPC 106 ⑤, NFTC 106 2.2)

(1) 전역방출방식(표면화재)

CO_2 저장량[kg] = 방호구역 체적[m³] × 약제량[kg/m³] × 보정계수 + 개구부면적[m²] × 개구부 가산량(5kg/m²)

＊ 전역방출방식
주차장이나 통신기기실에 적합한 CO₂ 소화설비

＊ 표면화재
물질의 표면에서 연소하는 것

표면화재의 약제량 및 개구부 가산량

방호구역 체적	약제량	개구부 가산량 (자동폐쇄장치 미설치시)	최소저장량
45m³ 미만	1kg/m³	5kg/m²	45kg
45~150m³ 미만	0.9kg/m³		
150~1450m³ 미만	0.8kg/m³		135kg
1450m³ 이상	0.75kg/m³		1125kg

(2) 전역방출방식(심부화재)

$$CO_2\ 저장량[kg] = 방호구역\ 체적[m^3] \times 약제량(kg/m^3) + 개구부면적[m^2] \times 개구부$$
$$가산량(10kg/m^2)$$

┃ 심부화재의 약제량 및 개구부 가산량 ┃

방호대상물	약제량	개구부 가산량 (자동폐쇄장치 미설치시)	설계농도
전기설비($55m^3$ 이상), 케이블실	$1.3kg/m^3$		50%
전기설비($55m^3$ 미만)	$1.6kg/m^3$	$10kg/m^2$	
서고, 박물관, 목재가공품창고, 전자제품창고	$2.0kg/m^3$		65%
석탄창고, 면화류창고, 고무류, 모피창고, 집진설비	$2.7kg/m^3$		75%

(3) 호스릴 이산화탄소 소화설비

하나의 노즐에 대하여 **90kg** 이상이어야 한다.

8 분사 헤드(NFPC 106 ⑩, NFTC 106 2.7)

(1) 전역방출방식

① 방사된 소화약제가 방호구역의 전역에 균일하게 신속히 확산될 수 있도록 한다.
② 분사 헤드의 방사압력은 고압식을 **2.1MPa** 이상, 저압식은 **1.05MPa** 이상이어야 한다.

(2) 국소방출방식

① 소화약제의 방사에 의하여 가연물이 비산하지 않는 장소에 설치한다.
② 이산화탄소의 소화약제의 저장량은 **30초** 이내에 방사할 수 있는 것으로 한다.

(3) 호스릴 방식

① 방호대상물의 각 부분으로부터 하나의 호스 접결구까지의 수평거리가 **15m** 이하가 되도록 한다.
② 노즐은 **20℃**에서 하나의 노즐마다 **60kg/min** 이상의 소화약제를 방사할 수 있는 것으로 한다.

문제 ★★
호스릴 이산화탄소 소화설비는 섭씨 20도에서 하나의 노즐마다 분당 몇 kg 이상을 방사할 수 있어야 하는가?
① 40
② 50
③ 60
④ 80

해설
③ 호스릴 분사헤드의 방사량 : 60kg/min 이상

답 ③

③ 소화약제 저장용기는 **호스릴**을 설치하는 장소마다 설치한다.

Key Point

❋ **심부화재**
목재 또는 섬유류와 같은 고체가연물에서 발생하는 화재형태로서 가연물 내부에서 연소하는 화재

❋ **CO_2 소요량**
$$\frac{21 - O_2}{21} \times 100\%$$

❋ **설계농도**

종류	설계농도
메탄	34%
부탄	
프로판	36%
에탄	40%

❋ **이동식 CO_2 설비의 구성**
① 호스릴
② 봄베
③ 용기 밸브

❋ **호스릴 소화약제 저장량**
90kg 이상

❋ **호스릴 분사헤드 방사량**
60kg/min 이상

❋ **CO_2 설비의 분사 헤드**
온도의 변화나 진동 등에 의하여 새지 않고 안전하게 설치되어 있다.

❋ **전역방출방식**
고정식 이산화탄소 공급장치에 배관 및 분사 헤드를 고정 설치하여 밀폐 방호구역내에 이산화탄소를 방출하는 설비

④ 소화약제 저장용기의 개방밸브는 호스의 설치장소에서 **수동**으로 **개폐**할 수 있는 것으로 한다.

⑤ 소화약제 저장용기의 가장 가까운 곳의 보기 쉬운 곳에 **표시등**을 설치하고, 호스릴 이산화탄소 소화설비가 있다는 뜻을 표시한 표지를 할 것

9 분사 헤드 설치제외 장소(NFPC 106 ⑪, NFTC 106 2.8)

① **방재실, 제어실** 등 사람이 상시 근무하는 장소
② **나이트로셀룰로오스, 셀룰로이드** 제품 등 자기연소성 물질을 저장, 취급하는 장소
③ **나트륨, 칼륨, 칼슘** 등 활성금속 물질을 저장, 취급하는 장소
④ **전시장** 등의 관람을 위하여 다수인이 출입·통행하는 통로 및 전시실 등

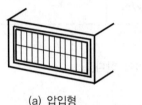 

(a) 압입형   (b) 양방형

‖ 분사 헤드 ‖

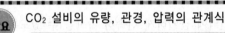

중요 CO_2 설비의 유량, 관경, 압력의 관계식

$$Q^2 = \frac{1.52 D^{5.25} Y}{L + 0.77 D^{1.25} Z}$$

여기서, Q : 유량[kg/min]
D : 관의 내경[cm]
L : 배관길이[m]
Y, Z : 저장압력 및 관로압력에 의한 계수

10 이산화탄소 소화설비의 설치대상

물분무소화설비와 동일하다.

8 할론소화설비

출제확률 5.5% (1문제)

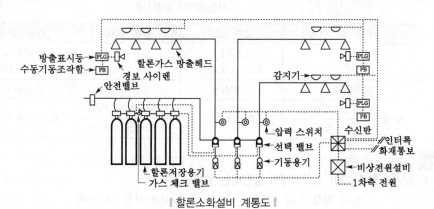

| 할론소화설비 계통도 |

1 주요구성

① 배관
② 제어반
③ 비상전원
④ 기동장치
⑤ 자동폐쇄장치
⑥ 저장용기
⑦ 선택 밸브
⑧ 할론소화약제
⑨ 감지기
⑩ 분사 헤드

2 배 관(NFPC 107 ⑧, NFTC 107 2.5)

① 전용
② 강관(압력배관용 탄소강관) ┬ 고압식 : 스케줄 80 이상
                              └ 저압식 : 스케줄 40 이상
③ 동관(이음이 없는 동 및 동합금관) ┬ 저압식 : 3.75MPa 이상
                                    └ 고압식 : 16.5MPa 이상
④ 배관부속 및 밸브류 : 강관 또는 동관과 동등 이상의 강도 및 내식성 유지

> ※ **스케줄** : 관의 구경, 두께, 내부압력 등의 일정한 표준

＊ 알루미늄(Al)
할론 1211에 부식성이
가장 큰 금속

3 저장용기(NFPC 107 ④ / NFTC 107 2.1.2, 2.7.1.3)

▌저장용기의 설치기준

구 분		할론 1301	할론 2402	할론 1211
저장압력		2.5MPa 또는 4.2MPa	–	1.1MPa 또는 2.5MPa
방출압력		0.9MPa	0.1MPa	0.2MPa
충전비	가압식	0.9~1.6 이하	0.51~0.67 미만	0.7~1.4 이하
	축압식		0.67~2.75 이하	

문제 할론 1301 소화약제의 충전비는 얼마인가?
　① 0.51 이상 0.67 이하　　　② 0.9 이상 1.6 이하
　③ 0.67 이상 2.75 이하　　　④ 0.7 이상 1.4 이하

해설　② 할론 1301 충전비 : 0.9~1.6 이하

답 ②

① 가압용 가스용기 : 2.5MPa 또는 4.2MPa
② 가압용 저장용기 : 2MPa 이하의 압력조정장치 설치
③ 저장용기의 소화약제량보다 방출배관의 내용적이 **1.5배** 이상일 경우 방호구역설비
는 별도 독립방식으로 한다.

＊ 가압용 가스용기
질소가스 충전

＊ 축압식 용기의 가스
질소(N_2)

4 할론소화약제(NFPC 107 ⑤, NFTC 107 2.2)

(1) 전역방출방식

할론 저장량[kg] = 방호구역체적[m³]×약제량[kg/m³]+개구부면적[m²]×개구부가산량[kg/m²]

▌할론 1301의 약제량 및 개구부 가산량

방호대상물	약제량	개구부 가산량 (자동폐쇄장치 미설치시)
차고·주차장·전기실·전산실·통신기기실	0.32~0.64kg/m³	2.4kg/m²
고무류·면화류	0.52~0.64kg/m³	3.9kg/m²

＊ 고무류·면화류
단위체적당 가장 많은
양의 소화약제 필요

(2) 국소방출방식

① 연소면 한정 및 비산우려가 없는 경우와 윗면 개방용기

▌약제 저장량식

약제종별	저장량
할론 1301	방호대상물 표면적×6.8kg/m²×1.25
할론 1211	방호대상물 표면적×7.6kg/m²×1.1
할론 2402	방호대상물 표면적×8.8kg/m²×1.1

＊ 방호공간
방호대상물의 각 부분
으로부터 0.6m의 거
리에 의하여 둘러싸인
공간

② 기타

$$Q = X - Y\frac{a}{A}$$

여기서, Q : 방호공간 1$[m^3]$에 대한 할론소화약제의 양$[kg/m^3]$
a : 방호대상물의 주위에 설치된 벽면적의 합계$[m^2]$
A : 방호공간의 벽면적의 합계$[m^2]$
X, Y : 다음 표의 수치

▮수치▮

약제종별	X의 수치	Y의 수치
할론 1301	4.0	3.0
할론 1211	4.4	3.3
할론 2402	5.2	3.9

★

문제 할론소화설비의 국소방출방식에 대한 소화약제 산출방식이 관련된 공식 $Q = X - Y\frac{a}{A}$에 대한 설명으로 옳지 않은 것은?

① Q는 방호공간 1m^3에 대한 할론소화약제량이다.
② a는 방호대상물 주위에 설치된 벽면적의 합계이다.
③ A는 방호공간의 벽면적이다.
④ X는 개구부 면적이다.

해설
④ $X \cdot Y$: 수치

답 ④

(3) 호스릴방식

▮하나의 노즐에 대한 약제량▮

약제종별	약 제 량
할론 1301	45kg
할론 1211	50kg
할론 2402	

＊ 호스릴 방식
① CO_2·분말설비
: 수평거리 15m 이하
② 할론설비
: 수평거리 20m 이하
③ 옥내소화전설비
: 수평거리 25m 이하

5 분사헤드(NFPC 107 ⑩, NFTC 107 2.7)

(1) 전역·국소방출방식

① 할론 2402의 분사 헤드는 **무상**으로 분무되는 것으로 한다.
② 소화약제를 **10초** 이내에 방사할 수 있어야 한다.

＊ 무상
안개 모양

(2) 호스릴 방식

▮하나의 노즐에 대한 약제의 방사량▮

약제 종별	약제의 방사량(20℃)
할론 1301	35kg/min
할론 1211	40kg/min
할론 2402	45kg/min

＊ 할론 1301(CF_3Br)
① 여과망을 설치하지
않아도 된다.
② 제3류 위험물에는
사용할 수 없다.

Key Point

❋ **방호대상물**
화재로부터 보호하기
위한 건축물

❋ **호스접결구**
호스를 연결하기 위한
구멍

❋ **물분무 설비의 설
치 대상**
① 차고·주차장 : 200m²
이상
② 전기실 : 300m² 이상
③ 주차용 건축물 :
800m² 이상
④ 자동차 : 20대 이상
⑤ 항공기격납고

❋ **할로겐화합물 및
불활성기체 소화약
제의 종류**
① 퍼플루오로부탄
② 트리플루오로메탄
③ 펜타플루오로에탄
④ 헵타플루오로프로판
⑤ 클로로테트라 플루
오로에탄
⑥ 하이드로클로로 플
루오로 카본혼화제
⑦ 불연성·불활성 기
체 혼합가스

❋ **할로겐화합물 및 불
활성기체 소화약제**
할로겐화합물(할론
1301, 할론 2402, 할
론 1211 제외) 및 불활
성기체로서 전기적으
로 비전도성이며 휘발
성이 있거나 증발 후
잔여물을 남기지 않는
소화약제

① 방호대상물의 각 부분으로부터 하나의 호스 접결구까지의 수평거리가 **20m** 이하가 되도록 한다.
② 소화약제 저장용기의 개방밸브는 호스릴의 설치장소에서 **수동**으로 **개폐**할 수 있는 것으로 한다.
③ 소화약제의 저장용기는 **호스릴**을 설치하는 장소마다 설치한다.
④ 소화약제 저장용기의 가까운 곳의 보기 쉬운 곳에 **적색 표시등**을 설치하고 호스릴 할론소화설비가 있다는 뜻을 표시한 표지를 한다.

6 할론소화설비의 설치대상

물분무소화설비와 동일하다.

9 할로겐화합물 및 불활성기체 소화설비

1 할로겐화합물 및 불활성기체 소화약제의 종류 (NFPC 107A ④, NFTC 107A 2.1.1)

소화약제	상품명	화학식
퍼플루오로부탄 (FC-3-1-10)	CEA-410	C_4F_{10}
트리플루오로메탄 (HFC-23)	FE-13	CHF_3
펜타플루오로에탄 (HFC-125)	FE-25	CHF_2CF_3
헵타플루오로프로판 (HFC-227ea)	FM-200	CF_3CHFCF_3
클로로테트라플루오로에탄 (HCFC-124)	FE-241	$CHClFCF_3$
하이드로클로로플루오로카본 혼화제 (HCFC BLEND A)	NAF S-Ⅲ	HCFC-22($CHClF_2$) : 82% HCFC-123($CHCl_2CF_3$) : 4.75% HCFC-124($CHClFCF_3$) : 9.5% $C_{10}H_{16}$: 3.75%
불연성·불활성 기체 혼합가스 (IG-541)	Inergen	N_2 : 52% Ar : 40% CO_2 : 8%

★★★
문제 할로겐화합물 및 불활성기체 소화약제 중에서 IG-541의 혼합가스 성분비는?
① Ar 52%, N_2 40%, CO_2 8%   ② N_2 52%, Ar 40%, CO_2 8%
③ CO_2 52%, Ar 40%, N_2 8%   ④ N_2 10%, Ar 40%, CO_2 50%

해설 ② IG-541의 혼합가스성분비 : N_2 52%, Ar 40%, CO_2 8%

답 ②

② 할로겐화합물 및 불활성기체 소화약제의 명명법

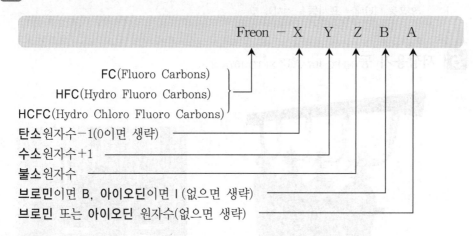

Freon － X Y Z B A

FC(Fluoro Carbons)
HFC(Hydro Fluoro Carbons)
HCFC(Hydro Chloro Fluoro Carbons)
탄소원자수－1(0이면 생략)
수소원자수＋1
불소원자수
브로민이면 B, 아이오딘이면 I(없으면 생략)
브로민 또는 아이오딘 원자수(없으면 생략)

③ 배관(NFPC 107A ⑩, NFTC 107A 2.7)

① 전용
② 할로겐화합물 및 불활성기체 소화설비의 배관은 배관·배관부속 및 밸브류는 저장용기의 방출내압을 견딜 수 있어야 한다.
③ 배관과 배관, 배관과 배관부속 및 밸브류의 접속은 **나사접합, 용접접합, 압축접합** 또는 **플랜지 접합** 등의 방법을 사용하여야 한다.
④ 배관의 구경은 해당 방호구역에 **할로겐화합물** 소화약제가 **10초**(불활성기체 소화약제는 A·C급 화재 2분, B급 화재 1분) 이내에 **최소설계농도의 95%** 이상 방출되어야 한다.

④ 기동장치(NFPC 107A ⑧, NFTC 107A 2.5)

(1) 수동식 기동장치의 기준

① **방호구역**마다 설치
② 해당 방호구역의 **출입구 부근** 등 조작 및 피난이 용이한 곳에 설치
③ 조작부는 바닥으로부터 **0.8~1.5 m** 이하의 위치에 설치하고, 보호판 등에 의한 보호장치를 설치
④ 기동장치에는 가깝고 보기 쉬운 곳에 "**할로겐화합물 및 불활성기체 소화설비 기동장치**"라는 표지를 설치
⑤ 기동장치에는 **전원표시등**을 설치
⑥ 방출용 스위치는 **음향경보장치**와 연동하여 조작될 수 있도록 설치
⑦ **50N** 이하의 힘을 가하여 기동할 수 있는 구조로 설치할 것
⑧ 기동장치에는 보호장치를 설치해야 하며, 보호장치를 개방하는 경우 기동장치에 설치된 버저 또는 벨 등에 의하여 경고음을 발할 것
⑨ 기동장치를 옥외에 설치하는 경우 빗물 또는 외부충격의 영향을 받지 않도록 설치할 것

(2) 자동식 기동장치의 기준

① 자동식 기동장치에는 **수동식 기동장치**를 함께 설치
② 기계적·전기적 또는 가스압에 의한 방법으로 기동하는 구조로 설치

※ 할로겐화합물 및 불활성기체 소화설비가 설치된 구역의 출입구에는 소화약제가 방출되고 있음을 나타내는 **표시등**을 설치할 것

5 저장용기 등(NFPC 107A ⑥, NFTC 107A 2.3)

(a) NAF S-Ⅲ

(b) FM-200

| 저장용기 |

✳ 저장용기의 표시
 사항
① 약제명
② 약제의 체적
③ 충전일시
④ 충전압력
⑤ 저장용기의 자체중
 량과 총중량

(1) 저장용기의 적합 장소

① **방호구역 외**의 장소에 설치할 것

② 온도가 **55℃** 이하이고 온도의 변화가 작은 곳에 설치할 것

③ 방호구역 내에 설치할 경우에는 피난 및 조작이 용이하도록 **피난구 부근**에 설치할 것

④ **방화문**으로 구획된 실에 설치할 것

⑤ 용기간의 간격은 점검에 지장이 없도록 **3cm** 이상의 간격을 유지할 것

 ★★

문제 할로겐화합물 및 불활성기체 소화설비의 화재안전기준에서 할로겐화합물 및 불활성기체 소화약제 저장용기 설치기준으로 틀린 것은?

① 용기 간의 간격은 점검에 지장이 없도록 3cm 이상의 간격을 유지할 것

② 온도가 70℃ 이하이고 온도의 변화가 작은 곳에 설치할 것

③ 직사광선 및 빗물이 침투할 우려가 없는 곳에 설치할 것

④ 방화문으로 구획된 실에 설치할 것

해설 저장용기 온도

40℃ 이하	55℃ 이하
• 이산화탄소 소화설비 • 할론소화설비 • 분말 소화설비	• 할로겐화합물 및 불활성기체 소화설비

답 ②

※ 충전밀도
용기의 단위용적당 소
화약제의 중량의 비율

(2) 저장용기의 기준

① 저장용기에는 **약제명·**저장용기의 **자체중량**과 **총중량·충전일시·충전압력** 및 약제의 체적을 표시할 것

② 집합관에 접속되는 저장용기는 동일한 내용적을 가진 것으로 충전량 및 **충전압력**이 같도록 할 것

③ 저장용기는 충전량 및 충전압력을 확인할 수 있는 구조로 할 것

④ 저장용기의 **약제량 손실**이 5%를 초과하거나 **압력손실**이 **10%**를 초과할 경우에는 재충전하거나 저장용기를 교체하여야 한다.

> ※ 하나의 방호구역을 담당하는 저장용기의 소화약제의 체적합계보다 소화약제의 방출시 방출경로가 되는 배관(집합관을 포함한다)의 내용적의 비율이 할로겐화합물 및 불활성기체 소화약제 제조업체의 설계기준에서 정한 값 이상일 경우에는 해당 방호구역에 대한 설비는 **별도독립방식**으로 하여야 한다.

6 선택밸브(NFPC 107A ⑪, NFTC 107A 2.8)

하나의 소방대상물 또는 그 부분에 2 이상의 방호구역이 있어 소화약제의 저장용기를 공용하는 경우에 있어서 방호구역마다 선택 밸브를 설치하고 선택 밸브에는 각각의 방호구역을 표시하여야 한다.

※ 선택 밸브
방호구역을 여러 개로
분기하기 위한 밸브로
서, 방호구역마다 1개
씩 설치된다.

7 소화약제량의 산정(NFPC 107A ⑦, NFTC 107A 2.4)

(1) 할로겐화합물 소화약제

$$W = \frac{V}{S} \times \left(\frac{C}{100 - C} \right)$$

여기서, W : 소화약제의 무게[kg]
V : 방호구역의 체적[m³]
S : 소화약제별 선형상수($K_1 + K_2 t$)
C : 체적에 따른 소화약제의 설계농도[%]
t : 방호구역의 최소 예상 온도[℃]

※ 방호구역
화재로부터 보호하기
위한 구역

문제 할로겐화합물 및 불활성기체 소화설비의 화재안전기준상 할로겐화합물 소화약제 산출공식은?(단, W : 소화약제의 무게[kg], V : 방호구역의 체적[m³], S : 소화약제별선형상수($K_1 + K_2 \times t$)[m³/kg], C : 체적에 따른 소화약제의 설계농도[%], t : 방호구역의 최소 예상온도[℃]이다.)

① $W = V/S \times [C/(100-C)]$ ② $W = V/S \times [(100-C)/C]$

③ $W = S/V \times [C/(100-C)]$ ④ $W = S/V \times [(100-C)/C]$

해설
① $W = \dfrac{V}{S} \times \left(\dfrac{C}{100-C} \right)$

답 ①

(2) 불활성기체 소화약제

$$X = 2.303 \times \frac{V_s}{S} \times \left(\log \frac{100}{100-C} \right)$$

여기서, X : 공간체적에 더해진 소화약제의 부피[m³]
S : 소화약제별 선형상수($K_1 + K_2 t$)
C : 체적에 따른 소화약제의 설계농도[%]
V_s : 20℃에서 소화약제의 비체적[m³/kg]
t : 방호구역의 최소예상온도[℃]

설계농도	소화농도	설계농도
A급	A급	A급 설계농도=A급 소화농도×1.2
B급	B급	B급 설계농도=B급 소화농도×1.3
C급	A급	C급 설계농도=A급 소화농도×1.35

(3) 방호구역이 둘 이상인 경우

방호구역이 둘 이상인 경우에 있어서는 가장 큰 방호구역에 대하여 기준에 의해 산출한 양 이상이 되도록 하여야 한다.

8 할로겐화합물 및 불활성기체 소화약제의 설치제외장소(NFPC 107A 5조, NFTC 107A 2.2)

① 사람이 상주하는 곳으로서 최대허용설계농도를 초과하는 장소
② 제3류 위험물 및 제5류 위험물을 사용하는 장소

9 분사 헤드(NFPC 107A 12조, NFTC 107A 2.9)

(1) 분사 헤드의 기준

① 분사 헤드의 설치 높이는 방호구역의 바닥으로부터 최소 0.2 m 이상 최대 3.7 m 이하로 하여야 하며 천장높이가 3.7 m를 초과할 경우에는 추가로 다른 열의 분사 헤드를 설치할 것
② 분사 헤드의 개수는 방호구역에 할로겐화합물 소화약제가 **10초**(불활성기체 소화약제는 A·C급 화재 2분, B급 화재 1분) 이내에 방호구역 각 부분에 최소설계농도의 **95%** 이상 해당하는 약제량이 방출되도록 해야 한다.
③ 분사 헤드에는 **부식방지조치**를 하여야 하며 **오리피스의 크기, 제조일자, 제조업체**를 새겨 넣을 것

(2) 분사 헤드의 오리피스 면적

분사 헤드가 연결되는 배관 구경면적의 **70%**를 초과하여서는 아니된다.

⑩ 분말소화설비

출제확률 7.8% (2문제)

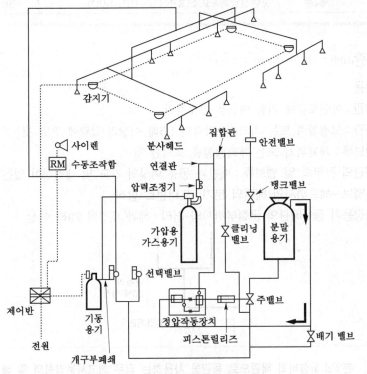

| 분말소화설비의 계통도 |

Key Point

✽ **클리닝 밸브**
소화약제의 방출 후 송출배관 내에 잔존하는 분말약제를 배출시키는 배관 청소용으로 사용

✽ **배기 밸브**
약제방출 후 약제 저장용기 내의 잔압을 배출시키기 위한 것

✽ **집합관**
분말소화설비의 가압용가스(질소 또는 이산화탄소)와 분말소화약제가 혼합되는 관

✽ **정압작동장치**
약제를 적절히 내보내기 위해 다음의 기능이 있다.
① 기동장치가 작동한 뒤에 저장용기의 압력이 설정압력 이상이 될 때 방출면을 개방시키는 장치
② 탱크의 압력을 일정하게 해주는 장치
③ 저장용기마다 설치

1 주요구성

① 배관
② 제어반
③ 비상전원
④ 기동장치
⑤ 자동폐쇄장치
⑥ 저장용기
⑦ 가압용 가스용기
⑧ 선택 밸브
⑨ 분말소화약제
⑩ 감지기
⑪ 분사 헤드

중요 분말소화약제

종 별	주성분	적응화재
제1종	중탄산나트륨($NaHCO_3$)	BC급

제2종	중탄산칼륨(KHCO₃)	BC급
제3종	제1인산암모늄(NH₄H₂PO₄)=인산염	ABC급
제4종	중탄산칼륨+요소(KHCO₃)+(NH₂)₂CO)	BC급

2 배관(NFPC 108 ⑨, NFTC 108 2.6)

① 전용

② 강관 : 아연도금에 의한 배관용 탄소강관

③ 동관 : 고정압력 또는 최고사용압력의 1.5배 이상의 압력에 견딜 것

④ 밸브류 : 개폐위치 또는 개폐방향을 표시한 것

⑤ 배관의 관부속 및 밸브류 : 배관과 동등 이상의 강도 및 내식성이 있는 것

⑥ 주밸브~헤드까지의 배관의 분기 : 토너먼트 방식

⑦ 저장용기 등~배관의 굴절부까지의 거리 : 배관 내경의 20배 이상

내경의
20배 이상

‖ 배관의 이격거리 ‖

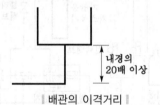

문제 분말소화설비의 배관으로 동관을 사용하는 경우 최고사용압력의 몇 배 이상의 압력에 견딜 수 있는 동관을 사용하여야 하는가?

① 1   ② 1.5

③ 2   ④ 2.5

해설 ② 동관 : 최고사용압력의 1.5배 압력에 견딜 것   **답** ②

3 저장용기(NFPC 108 ④, NFTC 108 2.1.2)

‖ 저장용기의 충전비 ‖

약제 종별	충전비[ℓ/kg]
제1종 분말	0.8
제2·3종 분말	1
제4종 분말	1.25

① 안전 밸브 ┬ 가압식 : 최고사용압력의 1.8배 이하
             └ 축압식 : 내압시험압력의 0.8배 이하

② 충전비 : 0.8 이상

③ 축압식 : 지시압력계 설치

④ 정압작동장치 설치

⑤ 청소장치 설치

※ 분말소화설비
알칼리금속화재에 부적합하다.

※ 경보밸브 적용설비
① 스프링클러 설비
② 물분무소화설비
③ 포소화설비

※ 분말설비의 충전용 가스
질소(N₂)

※ 충전비
용기의 용적과 소화약제의 중량과의 비율

※ 지시압력계
분말소화설비의 사용압력의 범위를 표시한다.

※ 청소장치
잔류소화약제를 처리하는 장치

Key Point

4 가압용 가스용기(NFPC 108 ⑤, NFTC 108 2.2)

① 분말소화약제의 **저장용기**에 접속하여 설치한다.

② 가압용 가스용기를 **3병** 이상 설치시 **2병** 이상의 용기에 **전자개방밸브**(solenoid valve)를 부착한다.

> ※ 가압 가스용기 밸브 : 전자 밸브(전자개방 밸브)를 사용하는 곳

③ 2.5MPa 이하의 **압력조정기**를 설치한다.

┃분말소화설비 가압식과 축압식의 설치기준┃

구 분 사용가스	가압식	축압식
질소(N₂)	40*l*/kg 이상	10*l*/kg 이상
이산화탄소(CO₂)	20g/kg＋배관청소 필요량 이상	20g/kg＋배관청소 필요량 이상

※ 배관청소용 가스는 별도의 용기에 저장한다.

❋ 압력조정기
분말용기에 도입되는 압력을 감압시키기 위해 사용

❋ 용기유닛의 설치밸브
① 배기 밸브
② 안전 밸브
③ 세척 밸브(클리닝 밸브)

5 분말소화약제의 방출방식(NFPC 108 ⑥, NFTC 108 2.3.2)

(1) 전역방출방식

> 분말저장량[kg]＝방호구역 체적[m³]×약제량[kg/m³]＋개구부면적[m²]×개구부 가산량[kg/m²]

┃전역방출방식의 약제량 및 개구부 가산량┃

약제종별	약제량	개구부 가산량(자동폐쇄장치 미설치시)
제1종 분말	0.6kg/m³	4.5kg/m²
제2·3종 분말	0.36kg/m³	2.7kg/m²
제4종 분말	0.24kg/m³	1.8kg/m²

❋ 세척 밸브(클리닝 밸브)
소화약제 탱크의 내부를 청소하여 약제를 충전하기 위한 것

❋ 제3종 분말
차고·주차장

❋ 제1종 분말
식당

문제 전역방출방식 분말 소화설비에서 방호구역의 개구부에 자동폐쇄장치를 설치하지 아니한 경우에 개구부의 면적 1m²에 대한 분말소화약제의 가산량으로 잘못 연결된 것은?
　① 제1종 분말 – 4.5kg　　② 제2종 분말 – 2.7kg
　③ 제3종 분말 – 2.5kg　　④ 제4종 분말 – 1.8kg

해설　③ 제3종 분말 : 2.7kg/m²

답 ③

❋ 분말소화설비의 방식
① 전역방출방식
② 국소방출방식
③ 호스릴(이동식)방식

(2) 국소방출방식

$$Q = \left(X - Y \frac{a}{A} \right) \times 1.1$$

여기서, Q : 방호공간 1m^{3}에 대한 분말소화약제의 양[kg/m^3]
　　　 a : 방호대상물의 주변에 설치된 벽면적의 합계[m^2]
　　　 A : 방호공간의 벽면적의 합계[m^2]
　　　 X, Y : 다음 표의 수치

‖ 약제량 및 수치 ‖

약제종별	약제량	X의 수치	Y의 수치
제1종분말	8.8kg/m^2	5.2	3.9
제2·3종분말	5.2kg/m^2	3.2	2.4
제4종분말	3.6kg/m^2	2.0	1.5

(3) 호스릴 방식

‖ 하나의 노즐에 대한 약제량 ‖

약제종별	약 제 량
제1종 분말	50kg
제2·3종 분말	30kg
제4종 분말	20kg

6 분사 헤드 (NFPC 108 ⑪, NFTC 108 2.8)

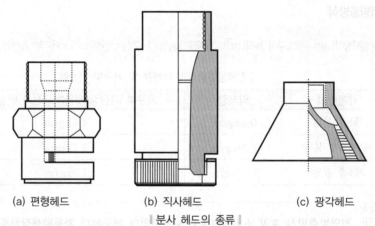

(a) 편형헤드　　(b) 직사헤드　　(c) 광각헤드

‖ 분사 헤드의 종류 ‖

(1) 전역·국소방출방식

① **전역방출방식**은 소화약제가 방호구역의 전역에 신속하고 균일하게 확산되도록 한다.
② **국소방출방식**은 소화약제 방사시 가연물이 비산되지 않도록 한다.
③ 소화약제를 **30초** 이내에 방사할 수 있어야 한다.

(2) 호스릴 방식

‖ 하나의 노즐에 대한 약제의 방사량 ‖

약제 종별	약제의 방사량
제1종 분말	45kg/min
제2·3종 분말	27kg/min
제4종 분말	18kg/min

Key Point

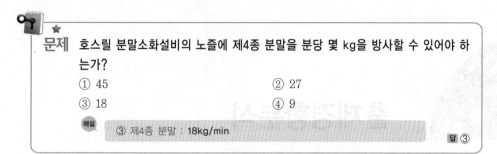

문제 호스릴 분말소화설비의 노즐에 제4종 분말을 분당 몇 kg을 방사할 수 있어야 하는가?

① 45 ② 27

③ 18 ④ 9

해설 ③ 제4종 분말 : 18kg/min

답 ③

① 방호대상물의 각 부분으로부터 하나의 호스 접결구까지의 수평거리가 **15m** 이하가 되도록 한다.

② 소화약제 저장용기의 개방 밸브는 호스릴의 설치장소에서 **수동**으로 **개폐**할 수 있는 것으로 하여야 한다.

③ 소화약제의 저장용기는 **호스릴**을 설치하는 장소마다 설치한다.

④ 저장용기에는 가까운 곳의 보기 쉬운 곳에 **적색 표시등**을 설치하고, 이동식 분말소화설비가 있다는 뜻을 표시한 표지를 한다.

7 분말소화설비의 설치대상

물분무소화설비와 동일하다.

---

* **분말소화설비의 방호대상**
① 목재창고
② 방직공장
③ 변전실

* **물분무설비의 설치대상**
① 차고·주차장 : 200m² 이상
② 전기실 : 300m² 이상
③ 주차용 건축물 : 800m² 이상
④ 자동차 : 20대 이상
⑤ 항공기격납고

출제경향분석

CHAPTER 02 피난구조설비

* * * * * * * * * * *

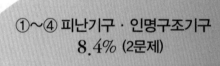

①~④ 피난기구 · 인명구조기구
8.4% (2문제)

2문제

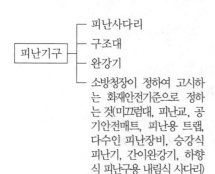

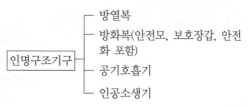

※ 피난기구의 설치 완화조건
① 층별 구조에 의한 감소
② 계단수에 의한 감소
③ 건널복도에 의한 감소

1 피난기구의 종류

 출제확률 ●8.4%(2문제)

피난기구의 적응성(NFTC 301 2.1.1)

설치 장소별 구분 \ 층별	1층	2층	3층	4층 이상 10층 이하
노유자시설	• 미끄럼대 • 구조대 • 피난교 • 다수인 피난장비 • 승강식 피난기	• 미끄럼대 • 구조대 • 피난교 • 다수인 피난장비 • 승강식 피난기	• 미끄럼대 • 구조대 • 피난교 • 다수인 피난장비 • 승강식 피난기	• 구조대[1] • 피난교 • 다수인 피난장비 • 승강식 피난기
의료시설·입원실이 있는 의원·접골원·조산원	–	–	• 미끄럼대 • 구조대 • 피난교 • 피난용 트랩 • 다수인 피난장비 • 승강식 피난기	• 구조대 • 피난교 • 피난용 트랩 • 다수인 피난장비 • 승강식 피난기
영업장의 위치가 4층 이하인 다중이용업소	–	• 미끄럼대 • 피난사다리 • 구조대 • 완강기 • 다수인 피난장비 • 승강식 피난기	• 미끄럼대 • 피난사다리 • 구조대 • 완강기 • 다수인 피난장비 • 승강식 피난기	• 미끄럼대 • 피난사다리 • 구조대 • 완강기 • 다수인 피난장비 • 승강식 피난기
그 밖의 것	–	–	• 미끄럼대 • 피난사다리 • 구조대 • 완강기 • 피난교 • 피난용 트랩 • 간이완강기[2] • 공기안전매트[3] • 다수인 피난장비 • 승강식 피난기	• 피난사다리 • 구조대 • 완강기 • 피난교 • 간이완강기[2] • 공기안전매트[3] • 다수인 피난장비 • 승강식 피난기

[비고] 1) 구조대의 적응성은 장애인 관련 시설로서 주된 사용자 중 스스로 피난이 불가한 자가 있는 경우 추가로 설치하는 경우에 한한다.

2), 3) 간이완강기의 적응성은 숙박시설의 3층 이상에 있는 객실에 추가로 설치하는 경우에 한한다.

※ 피난사다리
① 소방대상물에 고정시키거나 매달아 피난용으로 사용하는 금속제 사다리
② 화재시 긴급대피를 위해 사용하는 사다리

Key Point

＊ 올림식 사다리
① 사다리 상부지점에 안전장치 설치
② 사다리 하부 지점에 미끄럼 방지 장치 설치

＊ 피난사다리 설치시 검토사항
하중을 부담하는 부재(部材)는 어떠한가

＊ 환봉과 정6각형 단면봉
환봉이 더 큰 하중을 지탱할 수 있다.

＊ 피난사다리의 설치위치
개구부의 크기가 적당한 곳

1 피난사다리

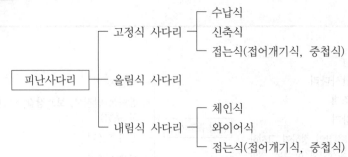

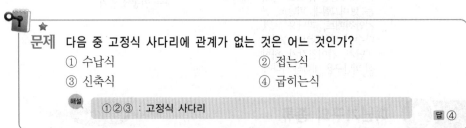

문제 다음 중 고정식 사다리에 관계가 없는 것은 어느 것인가?
① 수납식　　② 접는식
③ 신축식　　④ 굽히는식

해설 ①②③ : 고정식 사다리

답 ④

① 금구는 전면측면에서 **수직**, 사다리 하단은 **수평**이 되도록 설치한다.
② 피난사다리의 횡봉과 벽 사이는 10cm 이상 떨어지도록 한다.
③ 사다리의 각 간격, 종봉과 횡봉이 **직각**이 되도록 설치한다.
④ **4층** 이상에 금속성 고정사다리를 설치한다.

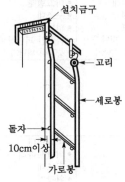

‖ 피난사다리의 구조 ‖

2 피난사다리의 형식승인 및 제품검사기술기준

(1) 일반구조(제3조)
① 안전하고 확실하며 쉽게 사용할 수 있는 금속제 구조이어야 한다.
② 피난사다리는 2개 이상의 종봉 및 횡봉으로 구성되어야 한다. 다만, 고정식 사다리인 경우에는 종봉의 수를 1개로 할 수 있다.
③ 피난사다리(종봉이 1개인 고정식사다리는 제외)의 종봉의 간격은 최외각 종봉 사이의 안치수가 30cm 이상이어야 한다.
④ 피난사다리의 횡봉은 지름 14~35mm의 원통인 단면이거나 또는 이와 비슷한 손으로 잡을 수 있는 형태의 단면이 있는 것이어야 한다.

⑤ 피난사다리의 횡봉은 종봉에 동일한 간격으로 부착한 것이어야 하며, 그 간격은 25~35cm 이하이어야 한다.

⑥ 피난사다리 횡봉의 디딤면은 미끄러지지 아니하는 구조이어야 한다.

⑦ 절단 또는 용접 등으로 인한 모서리 부분은 사람에게 해를 끼치지 않도록 조치되어 있어야 한다.

Key Point

※ **피난사다리**
(1) 횡봉의 간격 :
   25~35cm 이하
(2) 종봉의 간격 :
   30cm 이상

(2) 올림식 사다리의 구조(제5조)

① **상부지지점**(끝부분으로부터 60cm 이내의 임의의 부분으로 한다)에 미끄러지거나 넘어지지 아니하도록 하기 위하여 **안전장치**를 설치하여야 한다.

② **하부지지점**에서는 **미끄러짐을 막는 장치**를 설치하여야 한다.

③ **신축하는 구조**인 것은 사용할 때 자동적으로 작동하는 **축제방지장치**를 설치하여야 한다.

④ **접어지는 구조**인 것은 사용할 때 자동적으로 작동하는 **접힘방지장치**를 설치하여야 한다.

※ **신축하는 구조**
축제방지장치 설치

※ **접어지는 구조**
접힘방지장치 설치

> **문제** 사다리 하부에 미끄럼방지장치를 하여야 하는 사다리는 다음 중 어느 것인가?
> ① 내림식 사다리   ② 수납식 사다리
> ③ 올림식 사다리   ④ 신축식 사다리
>
> **해설** **올림식 사다리**
> (1) 사다리 상부지점에 **안전장치** 설치
> (2) 사다리 하부지점에 **미끄럼방지장치** 설치
>
> **답** ③

(3) 내림식 사다리의 구조(제6조)

① 사용시 소방대상물로부터 **10cm** 이상의 거리를 유지하기 위한 유효한 돌자를 횡봉의 위치마다 설치하여야 한다. 다만, 그 돌자를 설치하지 아니하여도 사용시 소방대상물에서 10cm 이상의 거리를 유지할 수 있는 것은 그러하지 아니하다.

② 종봉의 끝부분에는 가변식 걸고리 또는 걸림장치가 부착되어 있어야 한다.

③ 걸림장치 등은 쉽게 이탈하거나 파손되지 아니하는 구조이어야 한다.

④ 하향식 피난구용 내림식 사다리는 사다리를 접거나 천천히 펼쳐지게 하는 완강장치를 부착할 수 있다.

⑤ 하향식 피난구용 내림식 사다리는 한 번의 동작으로 사용 가능한 구조이어야 한다.

(4) 부품의 재료(제7조)

구 분	부 품 명	재 료
고정식 사다리 및 올림식 사다리	종봉·횡봉·보강재 및 지지재	• 일반구조용 압연 강재 • 일반구조용 탄소 강관 • 알루미늄 및 알루미늄합금압출형재
	축제방지장치 및 접힘방지장치	• 리벳용 원형강 • 탄소강 단강품
	활차	• 구리 및 구리합금 주물
	속도조절기의 연결부	• 일반구조용 압연 강재

※ **활차**
'도르래'를 말한다.

※ **고정식 사다리의 종류**
① 수납식
② 신축식
③ 접는식(접어개기식)

Key Point

✳ 내림식 사다리의
  종류
① 체인식
② 와이어식
③ 접는식(접어개기식,
  중첩식)

✳ 가하는 하중
① 올림식 사다리 :
  압축하중
② 내림식 사다리 :
  인장하중

✳ 피난사다리의 중량
① 올림식 사다리 :
  35kgf 이하
② 내림식 사다리(하향식
  피난구용은 제외) :
  20kgf 이하

내림식 사다리	종봉 및 돌자	• 일반구조용 압연 강재 • 항공기용 와이어 로프 • 알루미늄 및 알루미늄합금압출형재
	횡봉	• 일반구조용 압연 강재 • 마봉강 • 일반구조용 탄소 강관 • 알루미늄 및 알루미늄합금의 판 및 띠
	결합금구(내림식)	• 일반구조용 압연 강재

(5) 강도(제8조)

부품명	정 하 중
종 봉	최상부의 횡봉으로부터 최하부 횡봉까지의 부분에 대하여 2m의 간격으로 또는 종봉 1개에 대하여 750N의 **압축하중(내림식 사다리는 인장하중)**을 가하고, 종봉이 3개 이상인 것은 그 내측에 설치된 종봉 하나에 대하여 종봉이 하나인 것은 그 종봉에 대하여 각각 1500N의 압축하중을 가한다.
횡 봉	횡봉 하나에 대하여 중앙 7cm의 부분에 1500N의 **등분포하중**을 가한다.

(6) 중량(제9조)

피난사다리의 중량은 **올림식 사다리**인 경우 **35kg**f 이하, **내림식 사다리(하향식 피난구용은 제외)**인 경우는 **20kg**f 이하이어야 한다.

(7) 피난사다리의 표시사항(제11조)

① 종별 및 형식
② 형식승인번호
③ 제조연월 및 제조번호
④ 제조업체명
⑤ 길이
⑥ 자체중량(고정식 및 하향식 피난구용 내림식 사다리 제외)
⑦ 사용안내문(사용방법, 취급상의 주의사항)
⑧ 용도(하향식 피난구용 내림식 사다리에 한하며, **"하향식 피난구용"**으로 표시)
⑨ 품질보증에 관한 사항(보증기간, 보증내용, A/S방법, 자체검사필증 등)

Key Point

문제 피난사다리에 표시할 사항 중 불필요한 것은?

① 종별　　　　　　　　② 길이

③ 형식승인번호　　　　④ 관리책임자

해설 피난사다리에 표시할 사항 : ①②③

답 ④

③ 피난교

① 피난교의 폭 : 60cm 이상

② 피난교의 적재하중 : 350kg/m² 이상

③ 난간의 높이 : 1.1m 이상

④ 난간의 간격 : 18cm 이하

✱ 피난교
인접한 건축물 등에 가교를 설치하여 상호간에 피난할 수 있도록 한 것

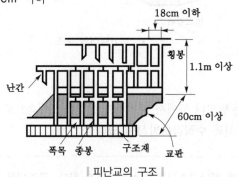

18cm 이하

횡봉

1.1m 이상

난간

60cm 이상

폭목　종봉　구조재　교판

‖ 피난교의 구조 ‖

④ 피난용 트랩

소방대상물의 외벽 또는 지하층의 내벽에 설치하는 것으로 **매입식**과 **계단식**이 있다.

① 철근의 직경 : 16mm 이상

② 발판의 돌출치수 : 벽으로부터 10~15cm

③ 발디딤 상호간의 간격 : 25~35cm

④ 적재하중 : 1300N(130kg) 이상

✱ 피난용 트랩
수직계단처럼 생긴 철재로 만든 피난기구

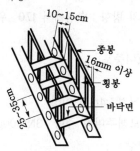

10~15cm

종봉

16mm 이상

횡봉

25~35cm

바닥면

‖ 피난용 트랩의 구조 ‖

* 미끄럼대의 종류
① 고정식
② 반고정식
③ 수납식

5 미끄럼대

피난자가 앉아서 미끄럼을 타듯이 활강하여 피난하는 기구로서 **고정식·반고정식·수납식**의 3종류가 있다.

① 미끄럼대의 폭 : 0.5~1m 이하
② 측판의 높이 : 30~50cm 이하
③ 경사각도 : 25~35°

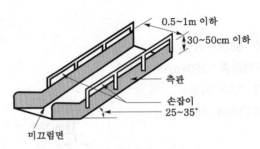

0.5~1m 이하
30~50cm 이하
측판
손잡이
25~35°
미끄럼면

| 미끄럼대의 구조 |

6 구조대

피난자가 창 또는 발코니 등에서 지면까지 설치한 포대속으로 활강하여 피난하는 기구로서 **경사강하방식**과 **수직강하방식**이 있다.

* 구조대 정의
포지 등을 사용하여 자루형태로 만든 것으로서 화재시 사용자가 그 내부에 들어가서 내려옴으로써 대피할 수 있는 것

* 구조대
3층 이상에 설치

문제 의료시설에 피난구조시설을 설치하고자 한다. 구조대를 설치하여야 할 층은?
① 지하층 이상
② 1층 이상
③ 2층 이상
④ 3층 이상

해설 구조대(의료시설) : **3층** 이상에 설치한다. 답 ④

* 발코니
건물의 외벽에서 밖으로 설치된 낮은 벽 또는 난간으로 계획된 장소, '베란다' 또는 '노대'라고도 한다.

* 경사강하방식
① 각대 : 포대에 설치한 로프에 인장력을 지니게 하는 구조
② 환대 : 포대를 구성하는 범포에 인장력을 지니게 하는 구조

(1) 경사강하방식(경사강하식 구조대)
① 상부지지장치 ─ 설계하중 : 30kg/m
└ 하중의 방향 : 수직에서 30° 위쪽
② 하부지지장치 ─ 설계하중 : 20kg/m
└ 하중의 방향 : 수평에서 170° 위쪽
③ 보호장치 ┬ 보호망
├ 보호범포(이중포)
└ 보호대
④ 유도 로프 ┬ 로프의 직경 : 4mm 이상
└ 선단의 모래주머니 중량 : 3N(300g) 이상
⑤ 재료 : 중량 60MPa 이상
⑥ 수납함
⑦ 본체

Key Point

※ 개구부
화재발생시 쉽게 탈출
할 수 있는 출입문, 창
문 등을 말한다.

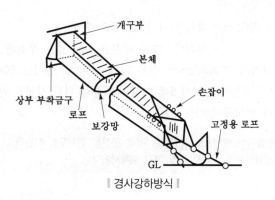

‖ 경사강하방식 ‖

(2) 수직강하방식(수직강하식 구조대)

① 상부지지장치
② 하부 캡슐
③ 본체

※ 수직강하식 구조대
본체에 적당한 간격으
로 협축부를 만든 것

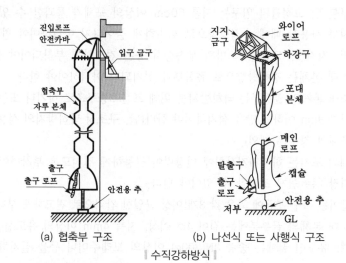

(a) 협축부 구조 (b) 나선식 또는 사행식 구조

‖ 수직강하방식 ‖

※ 나선식 또는 사행
식 구조
하강경로를 선회시킨 것

문제 **수직강하식 구조대의 구조를 바르게 설명한 것은?**
① 본체 내부에 로프를 사다리형으로 장착한 것
② 본체에 적당한 간격으로 협축부를 마련한 것
③ 본체 전부가 신축성이 있는 것
④ 내림식 사다리의 동쪽에 복대를 씌운 것

해설 ② 수직강하식 구조대의 구조 : **본체**에 **적당한 간격**으로 **협축부**를 마련한 것

답 ②

(3) 구조대의 선정 및 설치방법

① 부대의 길이 ┬ 경사형(사강식) : 수직거리의 약 **1.3~1.5배**의 길이
　　　　　　　└ 수직형 : 수직거리에서 **1.3~1.5m**를 뺀 길이

※ 사강식 구조대의
부대길이
수직거리의 1.3~1.5배

Key Point

* **구조대**
포지 등을 사용하여
자루형태로 만든 것으로 화재시 사용자가
그 내부에 들어가서
내려옴으로써 대피할
수 있는 것

② 부대둘레의 길이 ┬ 경사형(사강식) : 1.5~2.5m
└ 수직형 : 좁은 부분은 1m, 넓은 부분은 2m 정도

③ 구조대의 크기가 45×45cm인 경우 창의 너비 및 높이는 60cm 이상으로 한다.

④ 구조대는 기존건물에 있어서 **5배** 이상의 하중을 더한 시험을 한 경우 이외에는 창틀에 지지하지 않도록 한다.

> 구조대의 돛천을 가로방향으로 봉합하는 경우 돛천을 겹치도록 하는데 그 이유는 사용자가 강하 중 봉합부분에 걸리지 않게 하기 위해서이다.

7 구조대의 형식승인 및 제품검사기술기준

(1) 경사강하식 구조대의 구조(제3조)

* **경사강하식 구조대**
소방대상물에 비스듬하게 고정시키거나 설치하여 사용자가 미끄럼식으로 내려올 수 있는 구조대

① 연속하여 활강할 수 있는 구조로 안전하고 쉽게 사용할 수 있어야 한다.

② 입구틀 및 고정틀의 입구는 지름 **60cm** 이상의 구체가 통과할 수 있어야 한다.

③ 포지를 사용할 때에 수직방향으로 현저하게 늘어나지 아니하여야 한다.

④ 포지, 지지틀, 고정틀 그 밖의 부속장치 등은 견고하게 부착되어야 한다.

* **입구틀·고정틀의 입구지름**
60cm 이상

⑤ 구조대 본체는 강하방향으로 봉합부가 설치되지 아니하여야 한다.

⑥ 구조대 본체의 활강부는 **낙하방지**를 위해 포를 2중구조로 하거나 또는 망목의 변의 길이가 8cm 이하인 망을 설치하여야 한다(단, 구조상 낙하방지의 성능을 갖고 있는 구조대의 경우는 제외).

⑦ 본체의 포지는 하부지지장치에 인장력이 균등하게 걸리도록 부착하여야 하며 하부지지장치는 쉽게 조작할 수 있어야 한다.

⑧ 손잡이는 출구 부근에 좌우 각 3개 이상 균일한 간격으로 견고하게 부착하여야 한다.

⑨ 구조대 본체의 끝부분에는 길이 **4m** 이상, 지름 **4mm** 이상의 유도선을 부착하여야 하며, 유도선 끝에는 중량 3N(300g) 이상의 모래주머니 등을 설치하여야 한다.

(2) 수직강하식 구조대의 구조(제17조)

* **완강기의 3종류 하중**
① 250N
② 750N
③ 1500N

① 구조대는 안전하고 쉽게 사용할 수 있는 구조이어야 한다.

② 구조대의 포지는 외부포지와 내부포지로 구성하되, 외부포지와 내부포지의 사이에 충분한 공기층을 두어야 한다(단, 건물 내부의 별실에 설치하는 것은 외부포지 설치 제외 가능).

③ 입구틀 및 고정틀의 입구는 지름 **60cm** 이상의 구체가 통과할 수 있는 것이어야 한다.

④ 구조대는 **연속**하여 **강하**할 수 있는 구조이어야 한다.

* **완강기에 기름이 묻으면**
하강속도의 변화

⑤ 포지는 사용할 때 수직방향으로 현저하게 늘어나지 아니하여야 한다.

⑥ 포지·지지틀·고정틀 그 밖의 부속장치 등은 견고하게 부착되어야 한다.

8 완강기

* **속도조절기**
피난자의 체중에 의해 강하속도를 조절하는 것

속도조절기·속도조절기의 연결부·로프·연결금속구·벨트로 구성되며, 피난자의 체중에 의하여 속도조절기가 자동적으로 강하속도를 조절하여 강하하는 기구이다.

문제 완강기의 구성 부분으로서 다음 중 적합한 것은?

① 속도조절기, 로프, 벨트, 속도조절기의 연결부

② 설치공구, 체인, 벨트, 속도조절기의 연결부

③ 속도조절기, 로프, 벨트, 세로봉

④ 속도조절기, 체인, 벨트, 속도조절기의 연결부

해설 완강기의 구성

(1) 속도조절기

(2) 로프

(3) 벨트

(4) 속도조절기의 연결부

(5) 연결금속구

답 ①

> ※ 로프에 기름이 있는 경우
> 강하속도의 현저한 변화
>
> ※ 속도조절기의 연결부 안전고리
> 나사는 격납시에 벗겨져 있어야 화재시에 신속하게 사용할 수 있다.

(1) 구조 및 기능

① 속도조절기

- 견고하고 **내구성**이 있어야 한다.
- **평상시**에 분해·청소 등을 하지 아니하여도 작동할 수 있어야 한다.
- 강하시 발생하는 열에 의하여 기능에 이상이 생기지 아니하여야 한다.
- 속도조절기는 사용 중에 분해·손상·변형되지 아니하여야 하며, **속도조절기의** 이탈이 생기지 아니하도록 **덮개**를 하여야 한다.
- 강하시 로프가 손상되지 아니하여야 한다.
- 속도조절기의 **풀리**(pulley) 등으로부터 로프가 노출되지 아니하는 구조이어야 한다.

② 로프 ┬ 직경 **3mm** 이상
└ 강도시험 : **3900N**

③ 벨트 ┬ 너비 : **45mm** 이상
├ 최소원주길이 : **55~65cm** 이하
├ 최대원주길이 : **160~180cm** 이하
└ 강도시험 : **6500N**

④ 속도조절기의 연결부 : 사용 중 꼬이거나 분해·이탈되지 않아야 한다.

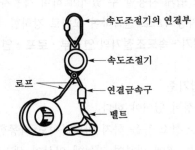

‖ 완강기의 구조 ‖

중요

최대사용자수

$$최대사용자수 = \frac{최대사용하중}{1500N} \quad (절하)$$

지지대의 강도

지지대의 강도 = 최대사용자수 × **5000N**

(2) 정비시 점검사항

① 로프의 운행은 원활한가?

② 로프의 말단 및 속도조절기에 봉인은 되어 있는가?

③ 로프에 이물질(산성약품, 기름 등)이 붙어 있지는 않은가?

④ 완강기 전체에 나사의 부식·손상은 없는가?

⑤ 속도조절기의 연결부는 정상적으로 가동하는가?

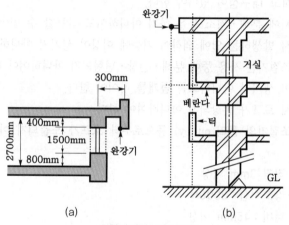

‖ 완강기의 설치위치 ‖

9 완강기의 형식승인 및 제품검사기술기준

(1) 구조 및 성능(제3·11조)

① 완강기는 안전하고 쉽게 사용할 수 있어야 하며 사용자가 타인의 도움없이 자기의
몸무게에 의하여 자동적으로 연속하여 교대로 강하할 수 있는 기구이어야 한다.

② 완강기는 **속도조절기·속도조절기**의 **연결부·로프·연결금속구** 및 **벨트**로 구성되
어야 한다.

③ 속도조절기의 적합기준

㉮ 견고하고 내구성이 있어야 한다.

㉯ 평상시에 분해·청소 등을 하지 아니하여도 작동할 수 있어야 한다.

㉰ 강하시 발생하는 열에 의하여 기능에 이상이 생기지 아니하여야 한다.

㉱ 속도조절기는 사용 중에 분해·손상·변형되지 아니하여야 하며, 속도조절기
의 이탈이 생기지 아니하도록 덮개를 하여야 한다.

(ⅲ) 강하시 로프가 손상되지 아니하여야 한다.

(ⅳ) 속도조절기의 풀리(pulley) 등으로부터 로프가 노출되지 아니하는 구조이어야 한다.

④ 기능에 이상이 생길 수 있는 모래나 기타의 이물질이 쉽게 들어가지 아니하도록 견고한 덮개로 덮여져 있어야 한다.

⑤ 완강기에 사용하는 로프(와이어 로프)의 적합기준(제3조)

　(가) 와이어 로프는 지름이 3mm 이상 또는 안전계수(와이어 파단하중(N)을 최대사용하중(N)으로 나눈 값) 5 이상이어야 하며, 전체 길이에 걸쳐 균일한 구조이어야 한다.

　(나) 와이어 로프에 외장을 하는 경우에는 전체 길이에 걸쳐 균일하게 외장을 하여야 한다.

⑥ 벨트의 적합기준(제3조)

　(가) 사용할 때 벗겨지거나 풀어지지 아니하고 또한 벨트가 꼬이지 않아야 한다.

　(나) 벨트의 너비는 **45mm 이상**이어야 하고 벨트의 최소원주길이는 **55~65cm** 이하이어야 하며, 최대원주길이는 **160~180cm** 이하이어야 하고 최소원주길이 부분에는 너비 **100mm** 두께 **10mm** 이상의 **충격보호재**를 덧씌워야 한다.

(2) 강하속도(제12조)

주위온도가 −20~50℃인 상태에서 **250N·750N·1500N**의 하중, 최대사용자수에 750N을 곱하여 얻은 값의 하중 또는 최대사용하중에 상당하는 하중으로 좌우 교대하여 각각 1회 연속 강하시키는 경우 각각의 강하속도는 **25~150cm/s** 미만이어야 한다.

문제 완강기의 강하속도에 대한 기술 중 맞는 것은?

① 하중 250N을 가했을 때 매초 20cm=5cm

② 하중 600N을 가했을 때 매초 35cm=5cm

③ 하중 1000N을 가했을 때 매초 40cm=5cm

④ 250N·750N·1500N의 하중, 최대사용자수에 750N을 곱하여 얻은 값의 하중, 최대사용하중에 상당하는 하중으로 좌우 교대하여 각각 1회 연속 강하시키는 경우 각각의 강하속도는 25cm/s 이상 150cm/s 미만이어야 한다.

해설 ④ 완강기의 강하속도 : 3가지 시험방식 선택

답 ④

2 피난기구의 설치기준(NFPC 301 ⑤, NFTC 301 2.1.3)

① 피난기구를 설치하는 **개구부**는 서로 **동일 직선상**이 **아닌 위치**에 있을 것

② 피난기구는 피난시설로부터 적당한 거리에 있는 안전한 구조로 된 개구부에 설치하여야 한다.

③ **4층** 이상의 층에 피난사다리를 설치하는 경우에는 **금속성 고정사다리**를 설치하고, 해당 고정사다리에는 쉽게 피난할 수 있는 구조의 **노대**를 설치할 것

＊ 공기안전 매트
화재 발생시 사람이 건축물 내에서 외부로 긴급히 뛰어 내릴 때 충격을 흡수하여 안전하게 지상에 도달할 수 있도록 포지에 공기 등을 주입하는 구조로 되어 있는 것

＊ 완강기 벨트
① 너비 : 45mm 이상
② 착용길이 : 160~180cm 이하

＊ 완강기의 강하속도
25~150cm/s 미만

＊ 개구부
화재시 쉽게 대피할 수 있는 대문, 창문 등을 말한다.

④ 완강기 로프의 길이는 부착위치에서 지면 기타 **피난상 유효한 착지면**까지의 길이로 할 것

3 피난기구의 설치대상(NFPC 301 ⑤, NFTC 301 2.1.2.1)

① 숙박시설·노유자시설·의료시설 : 500m²마다(층마다 설치)
② 위락시설·문화 및 집회시설·운동시설·판매시설 또는 복합용도의 층 : 800m²마다 (층마다 설치)
③ 그 밖의 용도의 층 : 1000m²마다
④ 아파트 등(계단실형 아파트) : **각 세대마다**

4 인명구조기구의 설치기준(NFTC 302 2.1.1.1)

① 화재시 **쉽게 반출** 사용할 수 있는 장소에 비치할 것
② 인명구조기구가 설치된 가까운 장소의 보기 쉬운 곳에 **"인명구조기구"**라는 축광식 표지와 그 사용방법을 표시한 표지를 부착할 것

▌인명구조기구의 설치대상▐

특정소방대상물	인명구조기구의 종류	설치수량
•**7층** 이상인 **관광호텔** 및 **5층** 이상인 **병원**(지하층 포함)	•방열복 •방화복(안전모, 보호장갑, 안전화 포함) •공기호흡기 •인공소생기	•각 **2개** 이상 비치할 것. (단, 병원은 인공소생기 설치 제외)
•문화 및 집회시설 중 수용인원 **100명** 이상의 영화상영관 •**대규모점포** •**지하역사** •**지하상가**	•공기호흡기	•층마다 **2개** 이상 비치할 것
•**물분무등소화설비** 중 이산화탄소소화설비를 설치하여야 하는 특정소방대상물	•공기호흡기	•이산화탄소소화설비가 설치된 장소의 출입구 외부 인근에 **1대** 이상 비치할 것

※ **방열복**
고온의 복사열에 가까이 접근하여 소방활동을 수행할 수 있는 내열피복

※ **공기호흡기**
소화활동시에 화재로 인하여 발생하는 각종 유독가스 중에서 일정 시간 사용할 수 있도록 제조된 압축공기식 개인호흡장비

※ **인공소생기**
호흡 부전 상태인 사람에게 인공호흡을 시켜 환자를 보호하거나 구급하는 기구

당신의 활동지수는?

요령 : 번호별 점수를 합산해 맨 아래쪽 판정표로 확인

1. 얼마나 걷나(하루 기준)
• 빠른걸음(시속 6km)으로 걷는 시간은?
　10분 : 50점
　20분 : 100점
　30분 : 150점
　10분 추가 때마다 50점씩 추가
• 느린걸음(시속 3km)으로 걷는 시간은?
　10분 : 30점
　20분 : 60점
　10분 추가 때마다 30점씩 추가

2. 집에서 뭘 하나
• 집안청소·요리·못질 등
　10분 : 30점
　20분 : 60점
　10분 추가 때마다 30점 추가
• 정원 가꾸기
　10분 : 50점
　20분 : 100점
　10분 추가 때마다 50점 추가
• 힘이 많이 드는 집안일(장작패기·삽질·곡괭이질 등)
　10분 : 60점
　20분 : 120점
　10분 추가 때마다 60점 추가

3. 어떻게 움직이나
• 조깅
　10분 : 100점
　20분 : 200점
　10분 추가 때마다 100점 추가
• 자전거 타기
　10분 : 50점
　20분 : 100점
　10분 추가 때마다 50점 추가

• 운전
　10분 : 15점
　20분 : 30점
　10분 추가 때마다 15점 추가

4. 2층 이상 올라가야 할 경우
• 승강기를 탄다 : −100점
• 승강기냐 계단이냐 고민한다 : −50점
• 계단을 이용한다 : +50점

5. 운동유형별
• 골프(캐디 없이)·수영 : 30분당 150점
• 테니스·댄스·농구·롤러 스케이트 : 30분당 180점
• 축구·복싱·격투기 : 30분당 250점

6. 직장 또는 학교에서 돌아와 컴퓨터나 TV 앞에 앉아 있는 시간은?
• 1시간 이하 : 0점
• 1~3시간 이하 : −50점
• 3시간 이상 : −250점

7. 여가시간은
• 쇼핑한다
　10분 : 25점
　20분 : 50점
　10분 추가 때마다 25점씩 추가
• 사랑을 한다.
　10분 : 45점
　20분 : 90점
　10분 추가 때마다 45점씩 추가

판정표
• 150점 이하 : 정말 움직이지 않는 사람. 건강에 참으로 문제가 많을 것이다.
• 150~1000점 : 그럭저럭 활동적인 사람. 그럭저럭 건강할 것이다.
• 1000점 이상 : 매우 활동적인 사람. 건강이 매우 좋을 것이다.
※ 1점은 소비열량 기준 1cal에 해당
자료=리베라시옹

출제경향분석

CHAPTER 03

소화활동설비 및 소화용수설비

* * * * * * * * * * --------------------------------

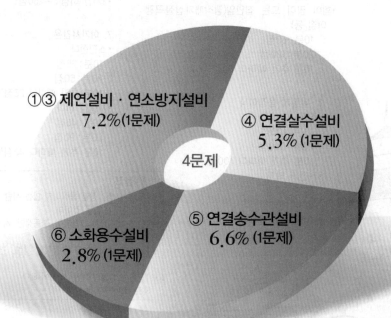

①③ 제연설비 · 연소방지설비
7.2%(1문제)

④ 연결살수설비
5.3% (1문제)

4문제

⑤ 연결송수관설비
6.6% (1문제)

⑥ 소화용수설비
2.8% (1문제)

1 제연설비

 출제확률 (1문제)

소화활동설비 ─┬─ 비상 콘센트 설비
　　　　　　├─ 무선통신보조설비
　　　　　　├─ 제연설비
　　　　　　├─ 연결살수설비
　　　　　　├─ 연결송수관설비
　　　　　　└─ 연소방지설비

소화용수설비 ─┬─ 소화수조
　　　　　　└─ 상수도 소화용수설비

1 제연방식의 종류

제연방식 ─┬─ 자연 제연방식
　　　　├─ 스모크 타워 제연방식
　　　　└─ 기계 제연방식 ─┬─ 제1종 기계 제연방식
　　　　　　　　　　　　├─ 제2종 기계 제연방식
　　　　　　　　　　　　└─ 제3종 기계 제연방식

(1) 자연제연 방식
개구부를 통하여 연기를 자연적으로 배출하는 방식

(2) 스모크 타워 제연방식
루프 모니터를 설치하여 제연하는 방식으로 **고층 빌딩**에 적당하다.

(3) 기계 제연방식

제1종 기계 제연방식	제2종 기계 제연방식	제3종 기계 제연방식
송풍기와 **배연기**(배풍기)를 설치하여 급기와 배기를 하는 방식으로 장치가 복잡하다.	송풍기만 설치하여 급기와 배기를 하는 방식으로 역류의 우려가 있다.	**배연기**(배풍기)만 설치하여 급기와 배기를 하는 방식으로 가장 많이 사용된다.

2 제연구역의 기준(NFPC 501 ④, NFTC 501 2.1.1)

① 하나의 제연구역의 면적은 1000m² 이내로 한다.
② 거실과 통로는 **각각 제연구획**한다.
③ 통로상의 제연구역은 보행중심선의 길이가 60m를 초과하지 않아야 한다.

Key Point

＊ **제연설비**
화재발생시 급기와 배기를 하여 질식 및 피난을 유효하게 하기 위한 안전설비

＊ **제연설비의 연기제어**
① 희석(가장 많이 사용)
② 배기
③ 차단

＊ **연기의 이동요인**
① 온도상승에 의한 증기팽창
② 연돌효과
③ 외부에서의 풍력의 영향

＊ **스모크 타워 제연방식**
① 고층 빌딩에 적당
② 제연 샤프트의 굴뚝효과를 이용
③ 모든 층의 일반 거실화재에 이용

＊ **스모크 해치 효과를 높이는 장치**
드래프트 커튼

＊ **연소할 우려가 있는 개구부**
각 방화구획을 관통하는 에스컬레이터 또는 이와 유사한 시설의 주위로서 방화구획이 되어 있지 아니한 부분

Key Point

* **기계 제연방식**
  강제 제연방식

* **제연구의 방식**
  ① 회전식
  ② 낙하식
  ③ 미닫이식

* **제연구역**
  제연경계에 의해 구획된 건물 내의 공간

* **방화구획 면적**
  $1000m^2$

* **방화 댐퍼**
  철판의 두께 1.5mm 이상

* **제연경계의 폭**
  제연경계의 천장 또는 반자로부터 그 수직하단까지의 거리

* **수직거리**
  제연경계의 바닥으로부터 그 수직하단까지의 거리

* **대규모 화재실의 제연효과**
  ① 거주자의 피난 루트 형성
  ② 화재 진압대원의 진압루트 형성
  ③ 인접실로의 연기 확산 지연

* **Duct 내의 풍량과 관계되는 요인**
  ① Duct의 내경
  ② 제연구역과 Duct와의 거리
  ③ 흡입 댐퍼의 개수

④ 하나의 제연구역은 직경 60m 원내에 들어갈 수 있도록 한다.
⑤ 하나의 제연구역은 2개 이상의 층에 미치지 않도록 한다.

★★★
문제 제연구획에 대한 설명 중 잘못된 것은?
  ① 하나의 제연구역의 면적은 $1000m^2$ 이내로 하여야 한다.
  ② 거실과 통로는 각각 제연구획하여야 한다.
  ③ 제연구역의 구획은 보·제연경계벽 및 벽으로 해야 한다.
  ④ 통로상의 제연구역은 보행 중심선으로 길이가 최대 50m 이내이어야 한다.

해설
  ④ 통로상의 제연구역은 보행중심선의 길이가 60m를 초과하지 않을 것

답 ④

3 제연구역의 구획(NFPC 501 ④, NFTC 501 2.1.2)

① 제연경계의 재질은 **내화재료, 불연재료** 또는 제연경계벽으로 성능을 인정받은 것으로서 화재시 쉽게 변형·파괴되지 아니하고 연기가 누설되지 않는 기밀성 있는 재료로 할 것
② 제연경계의 폭은 **0.6m** 이상이고, 수직거리가 **2m** 이내이어야 한다.
③ 제연경계벽은 배연시 기류에 의하여 그 하단이 쉽게 흔들리지 아니하여야 한다.

4 배출량 및 배출방식(NFPC 501 ⑥, NFTC 501 2.3)

(1) 통로
예상제연구역이 통로인 경우의 배출량은 $45000m^3/hr$ 이상으로 할 것

(2) 거실

바닥면적	예상제연구역의 직경	배출량
$400m^2$ 미만	–	$5000m^3/h$ 이상
$400m^2$ 이상	40m 이내	$40000m^3/h$ 이상
	40m 초과	$45000m^3/h$ 이상

5 예상제연구역 및 유입구

① 예상제연구역의 각 부분으로부터 하나의 배출구까지의 수평거리는 **10m** 이내로 한다.
② 예상제연구역에 공기가 유입되는 순간의 풍속은 **5m/s** 이하가 되도록 한다.
③ 공기 유입구의 구조는 유입공기를 상향으로 분출하지 않도록 설치하여야 한다(단, 유입구가 바닥에 설치되는 경우에는 상향으로 분출가능하며 이때의 풍속은 1m/s 이하가 되도록 해야 한다).
④ 공기 유입구의 크기는 $35cm^2 \cdot min/m^3$ 이상으로 한다.

중요 공기유입량

$$Q = CA(2P)^N$$

Key Point

여기서, Q : 공기 유입량
C : 유입계수
A : 틈새면적
P : 기압차
N : 보통 0.5~1의 값을 가짐

❋ **예상제연구역**
화재발생시 연기의 제어가 요구되는 제연구역

대규모 화재실의 제연 : 바닥면적이 커지면 연기배출량도 커져야 한다.

❋ **공동예상제연구역**
2개 이상의 예상제연구역

6 배출기 및 배출풍도(NFPC 501 ⑨, NFTC 501 2.6)

(1) 배출기

① 배출기와 배출풍도의 접속부분에 사용하는 **캔버스**는 내열성(**석면 제외**)이 있는 것으로 하여야 한다.

② 배출기의 전동기 부분과 배풍기 부분은 **분리**하여 설치하여야 하며, **배풍기 부분**은 **내열처리**하여야 한다.

❋ **예상제연구역의 공기유입량**
배출량 이상이 될 것

제연풍도가 벽 등을 관통하는 경우에는 틈이 없어야 한다.

(2) 배출풍도

① 배출풍도는 **아연도금강판** 또는 이와 동등 이상의 내식성·내열성이 있는 것으로 한다.

② 배출기 **흡입측** 풍도 안의 풍속은 15m/s 이하로 하고, **배출측** 풍속은 20m/s 이하로 한다.

❋ **배출풍도의 강판 두께**
0.5mm 이상

※ 유입풍도 안의 풍속 : 20m/s 이하

❋ **비상전원 용량**
20분 이상

> ★★★
> **문제** 제연설비에서 배출기 및 배출풍도에 관한 다음 설명 중 틀린 것은?
> ① 배출기와 배출풍도의 접속부분에 사용하는 캔버스는 내열성이 있는 것으로 할 것
> ② 배출기의 전동기 부분과 배풍기 부분은 분리하여 설치할 것
> ③ 배출기의 흡입구 풍도 안의 풍속은 초속 20m 이상으로 할 것
> ④ 배출기의 배출측 풍도 안의 풍속은 초속 20m 이하로 할 것
>
> **해설** 풍속
> (1) 배출기 흡입측 풍속 : 15m/s 이하
> (2) 배출기 배출측 풍속 ㄱ 20m/s 이하
> (3) 유입풍도 안의 풍속 ㄴ
> **답** ③

❋ **연소방지설비**
지하구에 설치

(3) 배출풍도의 기준

‖ 배출풍도의 강판두께 ‖

풍도단면의 긴변 또는 직경의 크기	강판두께
450mm 이하	0.5mm 이상
451~750mm 이하	0.6mm 이상

751~1500mm 이하	0.8mm 이상
1501~2250mm 이하	1.0mm 이상
2250mm 초과	1.2mm 이상

7 제연설비의 설치대상(소방시설법 시행령 〔별표 4〕)

설치대상	조건
① 문화 및 집회시설, 운동시설	• 바닥면적 **200m²** 이상
② 기타	• **1000m²** 이상
③ 영화상영관	• 수용인원 **100명** 이상
④ 지하가 중 터널	• 예상 교통량, 경사도 등 터널의 특성을 고려하여 **행정안전부령**으로 정하는 것
⑤ 특별피난계단 ⑥ 비상용 승강기의 승강장 ⑦ 피난용 승강기의 승강장	• 전부

② 특별피난계단의 계단실 및 부속실 제연설비

1 제연설비의 적합기준(NFPC 501A ④, NFTC 501A 2.1.1)

① 제연구역에 옥외의 신선한 공기를 공급하여 제연구역의 기압을 제연구역 이외의 옥내보다 높게 하되 차압을 유지하게 함으로써 옥내로부터 **제연구역 내로 연기가 침투**하지 못하도록 할 것
② 피난을 위하여 제연구역의 출입문이 일시적으로 개방되는 경우 **방연풍속**을 유지하도록 옥외의 공기를 **제연구역** 내로 **보충공급**하도록 할 것
③ 출입문이 닫히는 경우 제연구역의 과압을 방지할 수 있는 유효한 조치를 하여 차압을 유지할 것

✻ **제연구역**
제연하고자 하는 계단실 및 부속실

✻ **차압**
일정한 기압의 차이

2 제연구역의 선정(NFPC 501A ⑤, NFTC 501A 2.2)

① **계단실** 및 그 **부속실**을 동시에 제연하는 것
② **부속실**을 단독으로 제연하는 것
③ **계단실** 단독제연 하는 것

Key Point

3 차압 등(NFPC 501A ⑥, NFTC 501A 2.3)

① 제연구역과 옥내와의 사이에 유지하여야 하는 차압은 **40Pa**(옥내에 **스프링클러 설비**가 설치된 경우 **12.5Pa**) 이상으로 하여야 한다.

② 제연설비가 가동되었을 경우 출입문의 개방에 필요한 힘은 **110N** 이하로 하여야 한다.

③ 출입문이 일시적으로 개방되는 경우 개방되지 아니하는 제연구역과 옥내와의 차압은 40 Pa의 **70% 미만**이 되어서는 아니 된다.

> ※ 계단실과 부속실을 동시에 제연하는 경우의 차압 : 5 Pa 이하

4 급기량(NFPC 501A ⑦, NFTC 501A 2.4)

(1) 급기량

> 급기량$[m^3/s]$ = 기본량(Q)+보충량(q)

(2) 기본량과 보충량

① **기본량** : 차압을 유지하기 위하여 제연구역에 공급하여야 할 공기량

② **보충량** : 방연풍속을 유지하기 위하여 제연구역에 보충하여야 할 공기량

5 보충량(NFPC 501A ⑨, NFTC 501A 2.6)

보충량은 부속실의 수가 20 이하는 **1개층** 이상, 20을 초과하는 경우에는 **2개층** 이상의 보충량으로 한다.

중요 보충량

부속실 수 20 이하	부속실 수 20 초과
1개층 이상	2개층 이상

6 방연풍속의 기준(NFPC 501A ⑩, NFTC 501A 2.7.1)

제연구역		방연풍속
계단실 및 그 부속실을 동시에 제연하는 것 또는 계단실만 단독으로 제연하는 것		0.5m/s 이상
부속실만 단독으로 제연하는 것	부속실 또는 승강장이 면하는 옥내가 거실인 경우	0.7m/s 이상
	부속실이 면하는 옥내가 복도로서 그 구조가 방화구조(내화시간이 30분 이상인 구조를 포함한다)인 것	0.5m/s 이상

＊ 급기량
제연구역에 공급하여야 할 공기

＊ 기본량
차압을 유지하기 위하여 제연구역에 공급하여야 할 공기량으로 누설량과 같아야 한다.

＊ 누설량
제연구역에 설치된 출입문, 창문 등의 틈새를 통하여 제연구역으로부터 흘러나가는 공기량

＊ 보충량
방연풍속을 유지하기 위하여 제연구역에 보충하여야 할 공기량

＊ 방연풍속
옥내로부터 제연구역내로 연기의 유입을 유효하게 방지할 수 있는 풍속

＊ 제연구역
제연하고자 하는 계단실 및 부속실

※ 제연경계벽
제연경계가 되는 가동
형 또는 고정형의 벽

7 과압방지조치(NFPC 501A ⑪, NFTC 501A 2.8)

제연구역에서 발생하는 과압을 해소하기 위해 과압방지장치를 설치하는 등의 과압방지
조치를 해야 한다. 단, 제연구역 내에 과압발생의 우려가 없다는 것을 시험 또는 공학
적인 자료로 입증하는 경우에는 과압방지조치를 하지 않을 수 있다.

8 누설틈새면적의 기준(NFPC 501A ⑫, NFTC 501A 2.9)

① 출입문의 틈새면적

$$A = \frac{L}{l} A_d$$

여기서, A : 출입문의 틈새면적[m²]
   L : 출입문 틈새의 길이[m] (조건 : $L \geq 1$)
   l : 표준출입문의 틈새길이[m]
     (외여닫이문 : **5.6**, 쌍여닫이문 : **9.2**, 승강기 출입문 : **8.0**)
   A_d : 표준출입문의 누설면적[m²]

   외여닫이문 ┬ 제연구역 실내쪽으로 개방 : **0.01**
       └ 제연구역 실외쪽으로 개방 : **0.02**
   쌍여닫이문 : **0.03**
   승강기 출입문 : **0.06**

② 창문의 틈새면적

※ 방수 패킹
누수를 방지하기 위하
여 창문 틀 사이에 끼
워넣는 부품

  ㈎ 여닫이식 창문으로서 창틀에 방수 패킹이 없는 경우

$$A = 2.55 \times 10^{-4} L$$

  ㈏ 여닫이식 창문으로서 창틀에 방수 패킹이 있는 경우

$$A = 3.61 \times 10^{-5} L$$

※ 여닫이
앞으로 잡아당기거나
뒤로 밀어 열고 닫는 문

  ㈐ 미닫이식 창문이 설치되어 있는 경우

$$A = 1.00 \times 10^{-4} L$$

※ 미닫이
옆으로 밀어 열고 닫
는 문

  여기서, A : 창문의 틈새면적[m²]
     L : 창문틈새의 길이[m]

③ 제연구역으로부터 누설하는 공기가 승강기와 승강로를 경유하여 승강로의 외부로
유출하는 유출면적은 **승강로 상부의 환기구의 면적**으로 할 것
④ 제연구역을 구성하는 벽체가 벽돌 또는 시멘트블록 등의 조적구조이거나 석고판 등
의 조립구조인 경우에는 **불연재료**를 사용하여 틈새를 조정할 것
⑤ 제연설비의 완공시 제연구역의 출입문 등은 크기 및 개방방식이 해당 설비의 설계시
와 같아야 한다.

9 유입공기의 배출기준(NFPC 501A ⑬, NFTC 501A 2.10.2)

(1) 수직풍도에 따른 배출

옥상으로 직통하는 전용의 배출용 수직풍도를 설치하여 배출하는 것

자연배출식	기계배출식
굴뚝효과에 의하여 배출하는 것	수직풍도의 상부에 전용의 **배출용 송풍기**를 설치하여 강제로 배출하는 것

(2) 배출구에 따른 배출

건물의 옥내와 면하는 외벽마다 옥외와 통하는 배출구를 설치하여 배출하는 것

(3) 제연설비에 따른 배출

10 수직풍도에 의한 배출기준(NFPC 501A ⑭, NFTC 501A 2.11)

① 수직풍도는 **내화구조**로 할 것

② 수직풍도의 내부면은 두께 **0.5 mm** 이상의 **아연도금강판**으로 마감하되 강판의 접합부에 대하여는 통기성이 없도록 조치할 것

③ 배출 댐퍼의 적합기준

　(가) 배출 댐퍼는 두께 **1.5mm** 이상의 **강판** 또는 이와 동등 이상의 강도가 있는 것으로 설치하여야 하며, **비내식성재료**의 경우에는 **부식방지 조치**를 할 것

　(나) 평상시 닫힌구조로 기밀상태를 유지할 것

　(다) 개폐여부를 해당 장치 및 제어반에서 확인할 수 있는 감지기능을 내장하고 있을 것

　(라) 구동부의 작동상태와 닫혀있을 때의 기밀상태를 수시로 점검할 수 있는 구조일 것

　(마) 풍도의 내부마감상태에 대한 점검 및 댐퍼의 정비가 가능한 **이·탈착구조**로 할 것

　(바) 화재층의 설치된 화재감지기의 동작에 따라 해당 층의 댐퍼가 개방될 것

　(사) 개방시의 **실제개구부**의 크기는 **수직풍도**의 **최소 내부단면적** 이상으로 할 것

　(아) 댐퍼는 풍도내의 공기흐름에 지장을 주지 않도록 수직풍도의 내부로 돌출하지 않게 설치할 것

④ 수직풍도의 내부단면적 적합기준

　(가) 자연배출식(풍도길이 **100 m 이하**)

$$A_p = 0.5Q_N$$

　(나) 자연배출식(풍도길이 **100 m 초과**)

$$A_p = 0.6Q_N$$

여기서, A_P : 수직풍도의 내부단면적[m²]

　　　　Q_N : 수직풍도가 담당하는 1개층의 제연구역의 출입문 1개의 면적과 방연풍속을 곱한 값[m³/s]

Key Point

11 배출구에 의한 배출기준(NFPC 501A ⑮, NFTC 501A 2.12)

① 개폐기의 적합기준

　㈎ 빗물과 이물질이 유입하지 아니하는 구조로 할 것

　㈏ 옥외쪽으로만 열리도록 하고 옥외의 풍압에 의하여 자동으로 닫히도록 할 것

② 개폐기의 개구면적

$$A_o = 0.4 Q_N$$

여기서, A_o : 개폐기의 개구면적[m²]

　　　　Q_N : 수직풍도가 담당하는 1개층의 제연구역의 출입문 1개의 면적[m²]과 방연풍속[m/s]를 곱한 값[m³/s]

12 제연구역의 급기기준(NFPC 501A ⑯, NFTC 501A 2.13)

① 부속실을 제연하는 경우 동일 수직선상의 모든 부속실은 하나의 전용수직풍도에 의하여 동시에 급기할 것

② 하나의 수직풍도마다 **전용의 송풍기**로 급기할 것

13 제연구역의 급기구 기준(NFPC 501A ⑰, NFTC 501A 2.14)

① 급기용 수직풍도와 직접 면하는 벽체 또는 천장에 고정하되, 옥내와 면하는 출입문으로부터 가능한한 먼 위치에 설치할 것

② 계단실과 그 부속실을 동시에 제연하거나 계단실만 제연하는 경우 계단실의 급기구는 **3개층** 이하의 높이마다 설치할 것

③ 급기구의 댐퍼 설치기준

　급기 댐퍼의 재질은 「자동차압 급기 댐퍼의 성능인증 및 제품검사의 기술기준」에 적합한 것으로 할 것

14 급기송풍기의 설치기준(NFPC 501A ⑲, NFTC 501A 2.16)

① 송풍기의 송풍능력은 송풍기가 담당하는 제연구역에 대한 급기량의 **1.15배** 이상으로 할 것

② 송풍기에는 **풍량조절장치**를 설치하여 풍량조절을 할 수 있도록 할 것

③ 송풍기에는 **풍량**을 실측할 수 있는 유효한 조치를 할 것

④ 송풍기는 인접장소의 화재로부터 영향을 받지 아니하고 접근 및 점검이 용이한 곳에 설치할 것

⑤ 송풍기는 옥내의 **화재감지기**의 동작에 따라 작동하도록 할 것

* **송풍기**
공기 또는 연기를 불어넣는 FAN

* **수직풍도**
수직으로 설치한 덕트

* **댐퍼**
공기의 양을 조절하기 위하여 덕트 전면에 설치된 수동 또는 자동식 장치

* **급기풍도**
공기가 유입되는 덕트

* **캔버스**
덕트와 덕트 사이에 끼워넣는 불연재료(석면재료 제외)로서 진동 등이 직접 덕트에 전달되지 않도록 하기 위한 것

* **외기취입구**
옥외로부터 공기를 불어 넣는 구멍

Key Point

> **중요** 제연설비용 송풍기의 종류
>
> | 송풍기 | 설명 |
> |---|---|
> | 다익형 송풍기 | '**실록팬**'이라고도 부르며, 가장 소형이다. |
> | 터보형 송풍기 | '**사일런트팬**'이라고도 부르며, 주로 고속용 덕트에 사용된다. |
> | 리미트로드형 송풍기 | 다익형과 터보형의 장점을 종합한 것 |

15 옥상에 설치하는 취입구의 적합기준(NFPC 501A ⑳, NFTC 501A 2.17)

① 취입구는 배기구 등으로부터 수평거리 5 m 이상, 수직거리 1 m 이상 낮은 위치에 설치할 것

② 취입구는 옥상의 외곽면으로부터 수평거리 5 m 이상, 외곽면의 상단으로부터 하부로 수직거리 1 m 이하의 위치에 설치할 것

16 수동기동장치의 설치목적(NFPC 501A ㉒, NFTC 501A 2.19)

① 전층의 제연구역에 설치된 급기 댐퍼의 개방
② 해당 층의 배출 댐퍼 또는 개폐기의 개방
③ 급기송풍기 및 유입공기의 배출용 송풍기의 작동
④ 개방·고정된 모든 출입문의 개폐장치의 작동

※ **해정장치**
개방된 출입문을 원래대로 닫힘 상태를 유지하도록 하는 장치

※ **수동기동장치의 설치장소**
① 배출 댐퍼
② 개폐기의 직근
③ 제연구역

3 연소방지설비

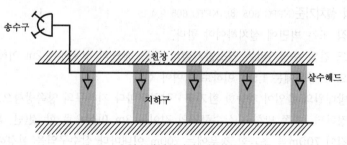

| 연소방지설비의 계통도 |

※ **소화활동설비 적용 대상**(지하가 터널 2000m)
연결송수관설비

※ **연소 방지 설비**
지하구에 설치

> **문제** ★★ 연소방지설비는 어느 곳에 설치하여야 하는가?
> ① 기계실 ② 보일러실
> ③ 화장실 ④ 지하구
>
> **해설** 연소방지설비 : **지하구**의 화재를 방지하기 위한 설비
> ※ **지하구** : 지하의 케이블 통로
> **답** ④

✱ 송수구
물을 배관에 공급하기
위한 구멍

1 주요구성

① 송수구
② 배관
③ 헤드

2 연소방지설비의 설치기준

(1) 송수구의 설치기준(NFPC 605 ⑧, NFTC 605 2.4.3)

① 소방차가 쉽게 접근할 수 있는 노출된 장소에 설치하되, 눈에 띄기 쉬운 **보도** 또는 **차도**에 설치하여야 한다.
② 송수구는 구경 **65mm**의 **쌍구형**으로 하여야 한다.
③ 송수구로부터 **1m** 이내에 **살수구역 안내표지**를 설치하여야 한다.

(2) 연소방지설비의 배관구경(NFPC 605 ⑧, NFTC 605 2.4.1.3.1)

① 연소방지설비 전용 헤드를 사용하는 경우

배관의 구경	32 mm	40 mm	50 mm	65 mm	80 mm
살수 헤드 수	1개	2개	3개	4개 또는 5개	6개 이상

② 스프링클러 헤드를 사용하는 경우

구분 \ 배관의 구경	25 mm	32 mm	40 mm	50 mm	65 mm	80 mm	90 mm	100 mm	125mm	150mm
폐쇄형 헤드 수	2개	3개	5개	10개	30개	60개	80개	100개	160개	161개 이상
개방형 헤드 수	1개	2개	5개	8개	15개	27개	40개	55개	90개	91개 이상

✱ 헤드
연소방지설비용 전용 헤드 및 스프링클러 헤드를 말한다.

(3) 헤드의 설치기준(NFPC 605 ⑧, NFTC 605 2.4.2)

① **천장** 또는 **벽면**에 설치하여야 한다.
② 헤드 간의 수평거리는 **연소방지설비 전용 헤드**의 경우에는 **2m** 이하, **스프링클러 헤드**의 경우에는 **1.5m** 이하로 하여야 한다.
③ 소방대원의 출입이 가능한 **환기구 · 작업구**마다 지하구의 양쪽방향으로 살수헤드를 설정하되, 한쪽 방향의 살수구역의 길이는 **3m 이상**으로 할 것(단, 환기구 사이의 간격이 **700m**를 초과할 경우에는 700m 이내마다 살수구역을 설정하되, 지하구의 구조를 고려하여 방화벽을 설치한 경우 제외)

④ 연결살수설비

출제확률 5.3% (1문제)

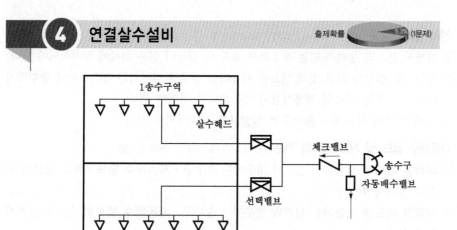

∥연결살수설비의 계통도∥

1 주요구성

① 송수구(단구형 또는 쌍구형)
② 밸브(선택 밸브, 자동배수 밸브, 체크 밸브)
③ 배관
④ 살수 헤드(또는 폐쇄형 헤드)

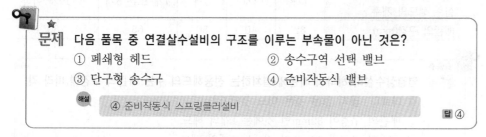

문제 다음 품목 중 연결살수설비의 구조를 이루는 부속물이 아닌 것은?
① 폐쇄형 헤드   ② 송수구역 선택 밸브
③ 단구형 송수구   ④ 준비작동식 밸브

해설 ④ 준비작동식 스프링클러설비

답 ④

2 연결살수설비의 설치기준

(1) 송수구의 기준(NFPC 503 ④, NFTC 503 2.1)

① 소방차가 쉽게 접근할 수 있고 **노출**된 장소에 설치하여야 한다. 이 경우 가연성 가스의 저장·취급시설에 설치하는 연결살수설비의 송수구는 그 방호대상물로부터 **20m 이상**의 거리를 두거나 방호대상물에 면하는 부분이 높이 1.5m 이상, 폭 2.5m 이상의 철근콘크리트벽으로 가려진 장소에 설치하여야 한다.

② 송수구는 구경 **65mm**의 **쌍구형**으로 하여야 한다. 다만, 하나의 송수구역에 부착하는 살수헤드의 수가 **10개** 이하인 것에 있어서는 **단구형**의 것으로 할 수 있다.

③ 개방형 헤드를 사용하는 송수구의 호스 접결구는 각 송수구역마다 설치하여야 한다 (단, 송수구역을 선택할 수 있는 **선택 밸브**가 설치되어 있고 각 송수구역의 주요구조부가 내화구조로 되어 있는 경우는 제외).

④ 송수구의 부근에는 **송수구역 일람표**를 설치하여야 한다.

✱ **호스 접결구**
호스를 연결하는 데 사용되는 장비일체

✱ **송수구**
소화설비에 소화용수를 보급하기 위하여 건물 외벽 또는 구조물에 설치하는 관

✱ **방수구**
송수구를 통해 보내어진 가압수를 방수하기 위한 구멍

✱ **송수구의 설치높이**
0.5~1m 이하

✱ **연결살수설비의 송수구**
구경 65mm의 쌍구형

Key Point

※ 체크밸브와 같은
의미
① 역지 밸브
② 역류방지 밸브
③ 불환 밸브

※ 연결살수설비의
배관 종류
① 배관용 탄소 강관
② 압력배관용 탄소 강관
③ 소방용 합성수지 배관
④ 이음매 없는 구리 및 구리합금관(습식에 한함)
⑤ 배관용 스테인리 스강관
⑥ 일반용 스테인리 스강관
⑦ 덕타일 주철관
⑧ 배관용 아크용접 탄소강강관

※ 연결살수설비의
부속재료
① 나사식 가단주철재 엘보
② 배수 트랩

(2) 선택 밸브의 기준(NFPC 503 ④, NFTC 503 2.1.2)

① 화재시 연소의 우려가 없는 장소로서 조작 및 점검이 쉬운 위치에 설치하여야 한다.
② 자동개방 밸브에 의한 선택 밸브를 사용하는 경우에 있어서는 송수구역에 방수하지 아니하고 자동 밸브의 작동시험이 가능하도록 하여야 한다.
③ 선택 밸브의 부근에는 **송수구역 일람표**를 설치하여야 한다.

(3) 자동배수 밸브 및 체크 밸브의 기준(NFPC 503 ④, NFTC 503 2.1.3)

① **폐쇄형 헤드**를 사용하는 설비의 경우에는 **송수구·자동배수 밸브·체크 밸브**의 순으로 설치하여야 한다.
② **개방형 헤드**를 사용하는 설비의 경우에는 **송수구·자동배수 밸브**의 순으로 설치하여야 한다.
③ 자동배수 밸브는 배관 안의 물이 잘 빠질 수 있는 위치에 설치하되 배수로 인하여 다른 물건 또는 장소에 피해를 주지 아니하여야 한다.

> 개방형 헤드의 송수구역당 살수 헤드수 : **10개** 이하

(4) 배관의 기준(NFPC 503 ⑤, NFTC 503 2.2)

┃연결살수설비 전용헤드 사용시의 구경┃

하나의 배관에 부착하는 살수 헤드의 개수	1개	2개	3개	4개 또는 5개	6~10개 이하
배관의 구경(mm)	32	40	50	65	80

★★★

문제 연결살수설비 하나의 배관에 설치하는 전용헤드의 수는 배관의 구경에 따라 각각 다르다. 옳지 않은 것은 어느 것인가?
① 배관의 구경이 32mm인 것에는 1개의 헤드
② 배관의 구경이 40mm인 것에는 2개의 헤드
③ 배관의 구경이 50mm인 것에는 3개의 헤드
④ 배관의 구경이 65mm인 것에는 6개의 헤

해설 ④ 배관의 구경이 **65mm**인 것에는 4~5개의 헤드

답 ④

① 폐쇄형 헤드를 사용하는 연결살수설비의 주배관은 옥내소화전 설비의 주배관 및 수도배관 또는 옥상에 설치된 수조에 접속하여야 한다. 이 경우 연결살수설비의 주배관과 옥내소화전설비의 주배관·수도배관·옥상에 설치된 수조의 접속부분에는 체크 밸브를 설치하되 점검하기 쉽게 하여야 한다.
② 폐쇄형 헤드의 시험배관 설치
　㉮ 송수구에서 가장 먼 거리에 위치한 가지배관의 끝으로부터 연결·설치하여야 한다.
　㉯ 시험배관의 구경은 25mm 이상으로 하고, 시험배관의 끝에는 **물받이통** 및 **배수관**을 설치하여 시험 중 방사된 물이 바닥으로 흘러내리지 아니하도록 하여야

한다(단, 목욕실·화장실 또는 그 밖의 배수처리가 쉬운 장소의 경우에는 물받이통 또는 배수관을 설치하지 아니할 수 있다.).

③ 개방형 헤드를 사용하는 연결살수설비에 있어서의 수평주행배관은 헤드를 향하여 상향으로 $\frac{1}{100}$ 이상의 기울기로 설치하고 주배관 중 낮은 부분에는 자동배수 밸브를 설치하여야 한다.

④ 가지배관 또는 교차배관을 설치하는 경우에는 가지배관의 배열은 **토너먼트 방식이 아니어야** 하며 가지배관은 교차배관 또는 주배관에서 분기되는 지점을 기점으로 한 쪽 **가지배관**에 설치되는 헤드의 개수는 **8개** 이하로 하여야 한다.

(5) 헤드의 기준(NFPC 503 6조, NFTC 503 2.3)

① 연결살수설비의 헤드는 연결살수설비 전용 헤드 또는 스프링클러 헤드로 설치하여야 한다.

② 건축물에 설치하는 헤드의 설치기준

(개) 천장 또는 반자의 실내에 면하는 부분에 설치하여야 한다.

(내) 천장 또는 반자의 각 부분으로부터 하나의 살수 헤드까지의 수평거리가 연결살수설비 전용 헤드의 경우는 **3.7m** 이하, 스프링클러 헤드의 경우는 **2.3m** 이하로 하여야 한다(단, 살수 헤드의 부착면과 바닥과의 높이가 **2.1m** 이하인 부분에 있어서는 살수헤드의 살수분포에 따른 거리로 할 수 있다.).

★★★
문제 천장 또는 반자의 각 부분으로부터 하나의 살수 헤드까지의 수평거리가 연결살수설비 전용 헤드의 경우는 얼마이어야 하는가?
① 2.1m 이하   ② 2.3m 이하
③ 3.2m 이하   ④ 3.7m 이하

해설 ④ 살수헤드 : **3.7m** 이하

답 ④

③ 가연성 가스의 저장·취급시설에 설치하는 헤드의 설치기준

(개) 연결살수설비 전용의 **개방형 헤드**를 설치하여야 한다.

(내) 가스 저장 탱크·가스 홀더 및 가스 발생기의 주위에 설치하되 헤드 상호간의 거리는 **3.7m** 이하로 하여야 한다.

(대) 헤드의 살수범위는 가스 저장 탱크·가스 홀더 및 가스 발생기의 몸체의 중간 윗부분의 모든 부분이 포함되도록 하여야 하고 살수된 물이 흘러 내리면서 살수범위에 포함되지 아니한 부분에도 모두 적셔질 수 있도록 하여야 한다.

3 살수 헤드의 설치제외장소(NFPC 503 7조, NFTC 503 2.4)

연결살수설비를 설치하여야 할 상점(판매시설 바닥면적 **150m²** 이상인 지하층에 설치된 것 제외)로서 주요구조부가 내화구조 또는 방화구조로 되어 있고 바닥면적이 **500m²** 미만으로 방화구획되어 있는 소방대상물 또는 그 부분

Key Point

＊ **수평주행배관**
각층에서 교차배관까지 물을 공급하는 배관

＊ **가지배관의 헤드 개수**
8개 이하

＊ **헤드의 수평거리**
1. 살수 헤드 : 3.7m 이하
2. 스프링클러 헤드 : 2.3m 이하

＊ **연소할 우려가 있는 개구부**
각 방화구획을 관통하는 컨베이어·에스컬레이터 또는 이와 유사한 시설의 주위로서 방화구획을 할 수 없는 부분

＊ **보일러실**
연결살수설비의 살수헤드를 설치하여야 한다.

＊ 살수 헤드
화재시 직선류 또는
나선류의 물을 충돌·
확산시켜 살수함으로
써 소화기능을 하는
헤드

4 연결살수설비의 설치대상(소방시설법 시행령 [별표 4])

설치대상	조건
① 지하층	• 바닥면적 합계 150m²(학교 700m²) 이상
② 판매시설·운수시설·물류터미널	• 바닥면적 합계 1000m² 이상
③ 가스 시설	• 30t 이상 탱크 시설
④ 연결통로	• 전부

5 연결송수관설비

출제확률 6.6% (1문제)

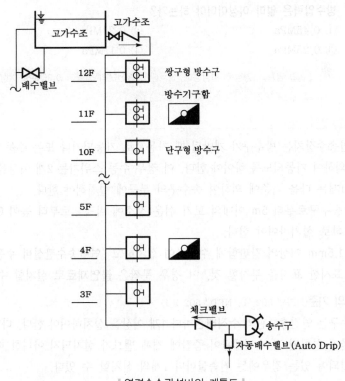

‖ 연결송수관설비의 계통도 ‖

1 주요구성

① 가압송수장치
② 송수구
③ 방수구
④ 방수기구함
⑤ 배관
⑥ 전원 및 배선

2 연결송수관설비의 설치기준

(1) 가압송수장치의 기준(NFPC 502 ⑧, NFTC 502 2.5)

① 펌프의 토출량 2400ℓ/min 이상이 되는 것으로 할 것. 다만, 해당 층에 설치된 방수구가 3개 초과(방수구가 5개 이상은 5개)인 경우에는 1개마다 800ℓ/min을 가산한 양이 되는 것으로 하여야 한다.
② 펌프의 양정은 최상층에 설치된 노즐선단의 압력이 0.35MPa 이상의 압력이 되도록 하여야 한다.

※ **연결송수관 설비**
시험용 밸브가 필요없다.

※ **연결송수관설비의 부속장치**
① 쌍구형 송수구
② 자동배수 밸브 (오토 드립)
③ 체크 밸브

※ **가압송수장치**
높이 70m 이상에 설치

※ **노즐 선단의 압력**
0.35MPa 이상

Key Point

문제 높이 70m 이상의 소방대상물로서 연결송수관 설비의 최상층에 설치된 노즐선단 방수압력은 얼마 이상이어야 하는가?

① 0.45MPa

② 0.35MPa

③ 0.25MPa

④ 0.17MPa

해설

② 펌프의 양정은 최상층에 설치된 노즐선단의 압력이 **0.35MPa** 이상의 압력이 되도록 하여야 한다.

답 ②

③ 가압송수장치는 방수구가 개방될 때 자동으로 기동되거나 또는 수동스위치의 조작에 의하여 기동되도록 하여야 한다. 이 경우 수동 스위치는 2개 이상을 설치하되 그 중 1개는 다음 기준에 의하여 송수구의 부근에 설치해야 한다.

㈎ 송수구로부터 **5m** 이내의 보기 쉬운 장소에 바닥으로부터 높이 **0.8~1.5m** 이하로 설치하여야 한다.

㈏ **1.5mm** 이상의 강판함에 수납하여 설치하고 "**연결송수관설비 수동스위치**"라고 표시한 표지를 부착할 것. 이 경우 문짝은 **불연재료**로 설치할 수 있다.

(2) 송수구의 기준(NFPC 502 ④, NFTC 502 2.1)

① 송수구는 연결송수관의 **수직배관**마다 **1개** 이상을 설치하여야 한다. 다만, 하나의 건축물에 설치된 각 수직배관이 중간에 개폐 밸브가 설치되지 아니한 배관으로 상호 연결되어 있는 경우에는 건축물마다 1개씩 설치할 수 있다.

② 송수구의 부근에는 자동배수 밸브 또는 체크 밸브를 다음의 기준에 의하여 설치하여야 한다. 이 경우 자동배수 밸브는 배관 안의 물이 잘 빠질 수 있는 위치에 설치하되 배수로 인하여 다른 물건이나 장소에 피해를 주지 아니하여야 한다.

㈎ **습식**의 경우에는 **송수구·자동배수 밸브·체크 밸브**의 순으로 설치하여야 한다.

㈏ **건식**의 경우에는 **송수구·자동배수 밸브·체크 밸브·자동배수 밸브**의 순으로 설치하여야 한다.

③ 송수구에는 가까운 곳의 보기 쉬운 곳에 "**연결송수관설비 송수구**"라고 표시한 표지를 설치하여야 한다.

> 옥내소화전설비에서 송수구로부터 주배관에 이르는 연결배관에는 개폐밸브를 설치하여서는 아니된다.

(3) 방수구의 기준(NFPC 502 ⑥, NFTC 502 2.3)

① 연결송수관설비의 방수구는 그 소방대상물의 **층**마다 설치하여야 한다. 다만, 다음에 해당하는 층에는 설치하지 아니할 수 있다.

㈎ **아파트**의 **1층 및 2층**

㈏ 소방차의 접근이 가능하고 소방대원이 소방차로부터 각 부분에 쉽게 도달할 수 있는 피난층

✻ 수직배관
층마다 물을 공급하는 수직배관

✻ 송수구
소화설비에 소화용수를 보급하기 위하여 건물 외벽 또는 구조물의 외벽에 설치하는 관

✻ 방수구
① 아파트인 경우 3층부터 설치
② 11층 이상에는 쌍구형으로 설치

✻ 방수구의 설치장소
비교적 연소의 우려가 적고 접근이 용이한 계단실과 같은 곳

(대) 송수구가 부설된 옥내소화전이 설치된 소방대상물(집회장·관람장·판매시설·창고시설 또는 지하가를 제외한다)로서 다음에 해당하는 층

   (개) 지하층을 제외한 층수가 **4층** 이하이고 연면적이 **6000m²** 미만인 소방대상물의 지상층

   (내) 지하층의 층수가 **2** 이하인 소방대상물의 지하층

② 방수구는 아파트 또는 바닥면적이 1000m² 미만인 층에 있어서는 계단(계단이 2 이상 있는 경우에는 그 중 1개의 계단)으로부터 5m 이내에 바닥면적 1000m² 이상인 층(아파트 제외)에 있어서는 각 계단(계단이 3 이상 있는 층의 경우에는 그 중 2개의 계단)으로부터 5m 이내에 설치하되 그 방수구로부터 그 층의 각 부분까지의 수평거리가 다음 기준을 초과하는 경우에는 그 기준 이하가 되도록 방수구를 추가하여 설치하여야 한다.

   (개) 지하가 또는 지하층의 바닥면적의 합계가 **3000m²** 이상인 것은 **25m**

   (내) (개)에 해당하지 아니하는 것은 **50m**

③ 11층 이상의 부분에 설치하는 방수구는 **쌍구형**으로 하여야 한다. 다만 다음에 해당하는 층에는 **단구형**으로 설치할 수 있다.

   (개) 아파트의 용도로 사용되는 층

   (내) 스프링클러 설비가 유효하게 설치되어 있고 방수구가 2개소 이상 설치된 층

④ 방수구의 호스 접결구는 바닥으로부터 높이 **0.5~1m** 이하의 위치에 설치하여야 한다.

⑤ 방수구는 연결송수관설비의 전용방수구 또는 옥내소화전방수구로서 구경 **65mm**의 것으로 하여야 한다.

⑥ 방수구의 위치표시는 **표시등**이나 **발광식** 또는 **축광식 표지**로 하여야 한다.

⑦ 방수구는 **개폐기능**을 가진 것으로 하여야 한다.

(4) 방수기구함의 기준(NFPC 502 7조, NFTC 502 2.4)

① 방수기구함은 **피난층**과 **가장 가까운 층**을 기준으로 **3개층**마다 설치하되, 그 층의 방수구마다 보행거리 5m 이내에 설치할 것

② 방수기구함에는 길이 15m의 호스와 **방사형 관창**을 다음 기준에 의하여 비치하여야 한다.

   (개) 호스는 방수구에 연결하였을 때 그 방수구가 담당하는 구역의 각 부분에 유효하게 물이 뿌려질 수 있는 개수 이상을 비치하여야 한다. 이 경우 쌍구형 방수구는 단구형 방수구의 2배 이상의 개수를 설치하여야 한다.

   (내) 방사형 관창은 **단구형 방수구**의 경우에는 **1개**, **쌍구형 방수구**의 경우에는 **2개** 이상 비치하여야 한다.

중요 **방수기구함 방사형 관창**

단구형 방수구	쌍구형 방수구
1개	2개

---

③ 방수기구함에는 "**방수기구함**"이라고 표시한 축광식표지를 할 것

Key Point 측면 내용:

✻ 설치높이

(1) 0.5~1m 이하
 ① 연결송수관설비의 송수구
 ② 소화용수설비의 채수구

(2) 0.8~1.5m 이하
 ① 제어 밸브
 ② 유수검지장치
 ③ 일제개방 밸브

(3) 1.5m 이하
 ① 옥내소화전설비의 방수구
 ② 호스릴함
 ③ 소화기

✻ 방수구의 구경
65mm

✻ 방수기구함
3개층마다 설치

✻ 관창
호스의 끝부분에 설치하는 원통형의 금속제로서 '노즐'이라고도 부른다.

Key Point

(5) 배관의 기준(NFPC 502 5조, NFTC 502 2.2)

① 주배관의 구경은 **100mm** 이상의 것으로 할 것. 단, 주배관의 구경이 100mm 이상인 옥내소화전설비의 배관과는 겸용할 수 있다.

② 지면으로부터의 높이가 **31m** 이상인 특정소방대상물 또는 지상 **11층** 이상인 특정소방대상물에 있어서는 **습식설비**로 할 것

✳ **습식설비로 하여야 하는 경우**
① 높이 31m 이상
② 지상 11층 이상

문제 연결송수관의 주배관이 옥내소화전설비의 배관과 겸용할 수 있는 경우는 어떤 때인가?

① 구경이 100mm 이상인 경우
② 준비작동식 스프링클러 설비인 경우
③ 건물의 층고 31m 이하인 경우
④ 가압 펌프가 따로 설치되어 있는 경우

해설 **옥내소화전설비**(NFPC 102 ⑥, NFTC 102 2.3.4)

구분	가지배관	주배관 중 수직배관
호스릴	25mm 이상	32mm 이상
일반	40mm 이상	50mm 이상
연결송수관 겸용	65mm 이상	100mm 이상 보기 ①

답 ①

③ 연결송수관설비의 설치대상(소방시설법 시행령 〔별표 4〕)

① **5층** 이상으로서 연면적 **6000m²** 이상
② **7층** 이상
③ **지하 3층** 이상이고 바닥면적 **1000m²** 이상
④ 지하가 중 터널길이 **2000m** 이상

✳ **연면적**
각 바닥면적의 합계를 말하는 것으로, 지하 · 지상층의 모든 바닥면적을 포함한다.

6 소화용수설비

출제확률 2.6% (1문제)

1 주요구성

① 가압송수장치
② 소화수조
③ 저수조
④ 상수도 소화용수설비

2 소화용수설비의 설치기준

(1) 가압송수장치의 기준(NFPC 402 ⑤, NFTC 402 2.2)

① 소화수조 또는 저수조가 지표면으로부터의 깊이(수조내부바닥까지 길이)가 **4.5m**
이상인 지하에 있는 경우에는 표에 의하여 가압송수장치를 설치하여야 한다.

┃ 가압송수장치의 분당 양수량 ┃

저 수 량	20~40m³ 미만	40~100m³ 미만	100m³ 이상
분당 양수량	1100ℓ 이상	2200ℓ 이상	3300ℓ 이상

② 소화수조가 옥상 또는 옥탑의 부분에 설치된 경우에는 지상에서 설치된 채수구에서
의 압력이 **0.15MPa** 이상이 되도록 하여야 한다.

(2) 소화수조 · 저수조의 기준(NFPC 402 ④, NFTC 402 2.1)

① 소화수조, 저수조의 채수구 또는 흡수관투입구는 소방차가 채수구로부터 **2m** 이내
의 지점까지 접근할 수 있는 위치에 설치하여야 한다.

★★★

문제 소화용수설비에서 소방 펌프차가 채수구로부터 어느 거리 이내까지 접근할 수
있도록 설치하여야 하는가?

① 1m 이내　　　　　　　　② 2m 이내
③ 3m 이내　　　　　　　　④ 5m 이내

해설 소화용수설비에서 소방 펌프차가 채수구로부터 **2m** 이내까지 접근할 수 있도록 설치하여야
한다.

답 ②

---

② 소화수조 또는 저수조의 저수량은 특정소방대상물의 연면적을 다음 표에 따른 기준
면적으로 나누어 얻은 수(소수점 이하의 수는 1로 본다)에 **20m³**를 곱한 양 이상이
되도록 하여야 한다.

중요 소화용수의 양

$$Q = \frac{연면적}{기준면적}(절상) \times 20m^3$$

여기서, Q : 소화용수의 양[m³]

* **소화용수설비**
부지가 넓은 대규모
건물이나 고층건물의
경우에 설치한다.

* **가압송수장치의**
설치
깊이 4.5m 이상

* **소화수조 · 저수조**
수조를 설치하고 여기
에 소화에 필요한 물
을 항시 채워두는 것

* **소화수조**
옥상에 설치할 수 있다.

소화수조 또는 저수조의 저수량 산출

소방대상물의 구분	기준면적[m²]
지상 1층 및 2층의 바닥면적 합계 15000m² 이상	7500
기 타	12500

③ 소화수조 또는 저수조의 설치기준

　(가) 지하에 설치하는 소화용수설비의 흡수관 투입구는 그 한변이 **0.6m** 이상이거나 직경이 0.6m 이상인 것으로 할 것

흡수관 투입구의 수

소요수량	80m³ 미만	80m³ 이상
흡수관 투입구의 수	**1개** 이상	**2개** 이상

　(나) 소화용수설비에 설치하는 채수구에는 다음 표에 의하여 소방호스 또는 소방용 흡수관에 사용하는 규격 **65mm** 이상의 **나사식 결합금속구**를 설치하여야 한다.

채수구의 수

소화수조용량	20~40m³ 미만	40~100m³ 미만	100m³ 이상
채수구의 수	1개	2개	3개

　(다) 채수구는 지면으로부터의 높이가 **0.5~1m** 이하의 위치에 설치하고 "**채수구**"라고 표시한 표지를 하여야 한다.

④ 소화용수설비를 설치하여야 할 특정소방대상물에 있어서 유수의 양이 **0.8m³/min** 이상인 유수를 사용할 수 있는 경우에는 소화수조를 설치하지 아니할 수 있다.

(3) 상수도 소화용수설비의 설치기준(NFPC 401 ④, NFTC 401 2.1)

① 호칭지름 75mm 이상의 수도배관에 호칭지름 100mm 이상의 소화전을 접속할 것
② 소화전은 소방자동차 등의 진입이 쉬운 **도로변** 또는 **공지**에 설치할 것
③ 소화전은 특정소방대상물의 수평투영면의 각 부분으로부터 **140m** 이하가 되도록 설치할 것
④ 지상식 소화전의 호스접결구는 지면으로부터 높이가 0.5m 이상 1m 이하가 되도록 설치할 것

★★

문제 소화용수설비에 관한 설명 중 틀린 것은?

① 소화용수설비는 건축물의 각 부분으로부터 1개의 소화용수설비까지의 수평거리가 10m 이하가 되도록 설치하여야 한다.
② 소화용수설비의 깊이가 지면으로부터 4.5m 이상인 때에는 가압송수장치를 설치하여야 한다.
③ 소화용수설비의 채수구는 지면으로부터 높이가 0.5m 이상 1.0m 이하의 위치에 설치하여야 한다.
④ 소화용수설비는 소방펌프 자동차가 채수구로부터 2m 이내의 지점까지 접근할 수 있는 위치에 설치하여야 한다.

해설
① 소화용수설비는 특정소방대상물의 수평투영면의 각 부분으로부터 **140m** 이하가 되도록 설치하여야 한다.

답 ①

※ 채수구
소방차의 소방 호스와 접결되는 흡입구로서 지면에서 0.5~1m 이하에 설치

※ 호칭지름
일반적으로 표기하는 배관의 직경

※ 소화용수설비
수평거리 140m 이하마다 설치

※ 수평투영면
건축물을 수평으로 투영하였을 경우의 면

3 상수도 소화용수설비의 설치대상(소방시설법 시행령 〔별표 4〕)

① 연면적 5000m² 이상인 것(단, 위험물 저장 및 처리시설 중 가스시설, 지하가 중 터
   널 또는 지하구의 경우 제외)
② 가스 시설로서 지상에 노출된 탱크의 저장용량의 합계가 100t 이상인 것
③ 자원순환 관련시설 중 폐기물재활용시설 및 폐기물처분시설

※ 가스시설, 지하구, 지하가 중 터널을 제외한다.

* **지하가**
  지하에 있는 상가

* **지하구**
  지하에 있는 케이블
  통로

* **상수도 소화용수**
  설비 설치대상
  연면적 5000m² 이상

면면이 이어져 오는 개성상인 5대 경영철학

1. 남의 돈으로 사업하지 않는다.
2. 한 가지 업종을 선택해 그 분야 최고 기업으로 키운다.
3. 장사꾼은 목에 칼이 들어와도 신용을 지킨다.
4. 자식이라도 능력이 모자라면 회사를 물려주지 않는다.
5. 기업은 국가경제발전에 기여해야 한다.

이게 실화냐?
23년 연속판매 1위!

2025
👍 공하성

찐합격

당신도 이번에 반드시 합격합니다!

기계❶ | 필기

소름 돋는
중요도 표시 및 용어설명!

소방설비기사

영혼을 갈아 넣은
100% 상세한 해설!

Ⅱ 10개년 과년도 출제문제

우석대학교 소방방재학과 교수 **공하성**

+

초스피드 기억법

+

본문및 10개년 과년도

+

요점 노트

+

스마트폰 카메라로
QR코드를 찍어보세요!

Q&A

Ch http://pf.kakao.com/_TZKbxj
Daum cafe.daum.net/firepass
NAVER cafe.naver.com/fireleader

No.1

공하성 교수의 노하우와 함께 소방자격시험 완전정복!

"명품교재 번호 제대로 알고 단번에 합격하기!"

필기

기사

85점 합격!	65점 합격!	75점 합격!
①	**1-7**	**1-10**
이론부터 제대로!	기출로 빠르게!	기출 완전정복!
☑ 초스피드기억법 ☑ 본문 ☑ 10개년 과년도 ☑ 요점노트	☑ 초스피드기억법 ☑ 7개년 과년도	☑ 초스피드기억법 ☑ 10개년 과년도 ☑ 요점노트

산업기사

85점 합격!	65점 합격!
③	**3-7**
이론부터 제대로!	기출로 빠르게!
☑ 초스피드기억법 ☑ 본문 ☑ 10개년 과년도 ☑ 요점노트	☑ 초스피드기억법 ☑ 7개년 과년도

실기

기사

80점 합격!		60점 합격!	70점 합격!
대해부	**④**	**4-7**	**4-12**
유형별로 확실하게!	이론부터 제대로!	기출로 빠르게!	기출 완전정복!
☑ 기본이론+핵심요약 ☑ 과년도 대해부 ☑ 실제 문제형태 그대로 ☑ 최근 과년도 문제	☑ 초스피드기억법 ☑ 본문 ☑ 13개년 과년도 ☑ 요점노트	☑ 초스피드기억법 ☑ 7개년 과년도	☑ 초스피드기억법 ☑ 12개년 과년도 ☑ 요점노트

산업기사

80점 합격!
⑥
이론부터 제대로!
☑ 초스피드기억법 ☑ 본문 ☑ 10개년 과년도 ☑ 요점노트

자문위원 · 자문위원님들의 끊임없는 노력으로 더 좋은 책이 만들어집니다.

김귀주 강동대학교 　　　　 정기성 우석대학교 　　　　 최영상 대구보건대학교
이장원 서정대학교 　　　　 차종호 호원대학교 　　　　 황상균 경북전문대학교
이해평 강원대학교

※가나다 순

정가 : 46,000원 (별책 포함, 1·2권 SET)

BM Book Multimedia Group

성안당은 선진화된 출판 및 영상교육 시스템을 구축하고
항상 연구하는 자세로 독자 앞에 다가갑니다.

13530
9 788931 513110
ISBN 978-89-315-1311-0
http://www.cyber.co.kr

찐합격

당신도 이번에 반드시 **합격**합니다!

기계① | 필기

소방설비기사

Ⅱ 10개년 과년도 출제문제

우석대학교 소방방재학과 교수 **공하성**

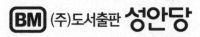

BM (주)도서출판 **성안당**

소방설비기사 필기(기계분야) 출제경향분석

제1과목 소방원론

1. 화재의 성격과 원인 및 피해		9.1% (2문제)
2. 연소의 이론		16.8% (4문제)
3. 건축물의 화재성상		10.8% (2문제)
4. 불 및 연기의 이동과 특성		8.4% (1문제)
5. 물질의 화재위험		12.8% (3문제)
6. 건축물의 내화성상		11.4% (2문제)
7. 건축물의 방화 및 안전계획		5.1% (1문제)
8. 방화안전관리		6.4% (1문제)
9. 소화이론		6.4% (1문제)
10. 소화약제		12.8% (3문제)

제2과목 소방유체역학

1. 유체의 일반적 성질		26.2% (5문제)
2. 유체의 운동과 법칙		17.3% (4문제)
3. 유체의 유동과 계측		20.1% (4문제)
4. 유체정역학 및 열역학		20.1% (4문제)
5. 유체의 마찰 및 펌프의 현상		16.3% (3문제)

제3과목 소방관계법규

1. 소방기본법령		20% (4문제)
2. 소방시설 설치 및 관리에 관한 법령		14% (3문제)
3. 화재의 예방 및 안전관리에 관한 법령		21% (4문제)
4. 소방시설공사업법령		30% (6문제)
5. 위험물안전관리법령		15% (3문제)

제4과목 소방기계시설의 구조 및 원리

1. 소화기구		2.2% (1문제)
2. 옥내소화전설비		11.0% (2문제)
3. 옥외소화전설비		6.3% (1문제)
4. 스프링클러설비		15.9% (3문제)
5. 물분무소화설비		5.6% (1문제)
6. 포소화설비		9.7% (2문제)
7. 이산화탄소 소화설비		5.3% (1문제)
8. 할로겐화합물 · 청정소화약제 소화설비		5.9% (1문제)
9. 분말소화설비		7.8% (2문제)
10. 피난구조설비		8.4% (2문제)
11. 제연설비		7.2% (1문제)
12. 연결살수설비		5.3% (1문제)
13. 연결송수관설비		6.6% (1문제)
14. 소화용수설비		2.8% (1문제)

CONTENTS

♣ 과년도 기출문제(CBT기출복원문제 포함)

2024년

소방설비기사 필기(기계분야)

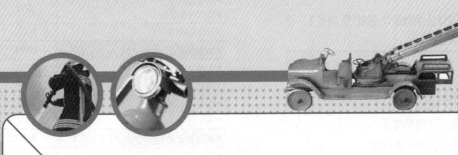

** 수험자 유의사항 **

1. 문제지를 받는 즉시 **본인**이 응시한 **종목**이 맞는지 확인하시기 바랍니다.

2. 문제지 표지에 본인의 **수험번호**와 **성명**을 기재하여야 합니다.

3. 문제지의 **총면수, 문제번호 일련순서, 인쇄상태, 중복 및 누락 페이지 유무**를 확인하시기 바랍니다.

4. 답안은 각 문제마다 요구하는 가장 적합하거나 가까운 답 1개만을 선택하여야 합니다.

5. 답안카드는 뒷면의「수험자 유의사항」에 따라 작성하시고, 답안카드 작성 시 형별누락, 마킹착오로 인한 불이익은 전적으로 수험자에게 책임이 있음을 알려드립니다.

6. 문제지는 시험 종료 후 본인이 가져갈 수 있습니다.

** 안내사항 **

- 가답안/최종정답은 큐넷(www.q-net.or.kr)에서 확인하실 수 있습니다. 가답안에 대한 의견은 큐넷의 [가답안 의견 제시]를 통해 제시할 수 있으며, 확정된 답안은 최종정답으로 갈음합니다.

- 공단에서 제공하는 자격검정서비스에 대해 개선할 점이 있으시면 고객참여(http://hrdkorea.or.kr/7/1/1)를 통해 건의하여 주시기 바랍니다.

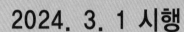

2024. 3. 1 시행

2024년 기사 제1회 필기시험 CBT 기출복원문제				수험번호	성명

자격종목	종목코드	시험시간	형별
소방설비기사(기계분야)		2시간	

※ 각 문항은 4지택일형으로 질문에 가장 적합한 보기 항을 선택하여 체크하여야 합니다.

제 1 과목   소방원론

★★★

01 위험물안전관리법상 위험물의 정의 중 다음 ( ) 안에 알맞은 것은?

23.09.문03
23.05.문04
17.03.문52
13.03.문47

위험물이라 함은 (㉠) 또는 발화성 등의 성질을 가지는 것으로서 (㉡)이/가 정하는 물품을 말한다.

유사문제부터
풀어보세요.
실력이 팍!팍!
올라갑니다.

① ㉠ 인화성, ㉡ 대통령령
② ㉠ 휘발성, ㉡ 국무총리령
③ ㉠ 인화성, ㉡ 국무총리령
④ ㉠ 휘발성, ㉡ 대통령령

 위험물법 2조
용어의 정의

용 어	뜻
위험물	**인화성** 또는 **발화성** 등의 성질을 가지는 것으로서 **대통령령**이 정하는 물품 보기 ①
지정수량	위험물의 종류별로 위험성을 고려하여 대통령령이 정하는 수량으로서 제조소 등의 설치허가 등에 있어서 **최저**의 기준이 되는 **수량**
제조소	위험물을 제조할 목적으로 **지정수량 이상의** 위험물을 취급하기 위하여 허가를 받은 장소
저장소	지정수량 이상의 위험물을 저장하기 위한 **대통령령**이 정하는 장소
취급소	지정수량 이상의 위험물을 제조 외의 목적으로 취급하기 위한 대통령령이 정하는 장소
제조소 등	제조소·저장소·취급소

답 ①

★★★

02 인화점이 낮은 것부터 높은 순서로 옳게 나열된 것은?

23.09.문04
21.03.문14
18.04.문05
15.09.문02
14.05.문05
14.03.문10
12.03.문01
11.06.문09
11.03.문12
10.05.문11

① 에틸알코올<이황화탄소<아세톤
② 이황화탄소<에틸알코올<아세톤
③ 에틸알코올<아세톤<이황화탄소
④ 이황화탄소<아세톤<에틸알코올

 해설

물 질	인화점	착화점
● 프로필렌	−107℃	497℃
● 에틸에터 ● 다이에틸에터	−45℃	180℃
● 가솔린(휘발유)	−43℃	300℃
● **이황화탄소** 보기 ④	−30℃	**100℃**
● 아세틸렌	−18℃	335℃
● **아세톤** 보기 ④	−18℃	**538℃**
● 벤젠	−11℃	562℃
● 톨루엔	4.4℃	480℃
● **에틸알코올** 보기 ④	13℃	**423℃**
● 아세트산	40℃	−
● 등유	43~72℃	210℃
● 경유	50~70℃	200℃
● 적린	−	260℃

답 ④

★★★

03 분말소화약제의 열분해 반응식 중 옳은 것은?

19.03.문01
17.03.문04
16.10.문03
16.10.문06
16.10.문10
16.05.문15
16.03.문09
16.03.문11
15.05.문08
14.05.문17
12.03.문13

① $2KHCO_3 \rightarrow K_2CO_3 + 2CO_2 + H_2O$
② $2NaHCO_3 \rightarrow Na_2CO_3 + 2CO_2 + H_2O$
③ $NH_4H_2PO_4 \rightarrow HPO_3 + NH_3 + H_2O$
④ $KHCO_3 + (NH_2)_2CO \rightarrow K_2CO_3 + NH_2 + CO_2$

해설

① $2CO_2 \rightarrow CO_2$
② $2CO_2 \rightarrow CO_2$
④ $NH_2 \rightarrow 2NH_3$, $CO_2 \rightarrow 2CO_2$

분말소화기 : 질식효과

종 별	소화약제	약제의 착색	화학반응식	적응 화재
제1종	탄산수소 나트륨 ($NaHCO_3$)	백색	$2NaHCO_3 \rightarrow$ $Na_2CO_3 + CO_2 + H_2O$ 보기 ②	BC급
제2종	탄산수소 칼륨 ($KHCO_3$)	담자색 (담회색)	$2KHCO_3 \rightarrow$ $K_2CO_3 + CO_2 + H_2O$ 보기 ①	
제3종	인산암모늄 ($NH_4H_2PO_4$)	담홍색	$NH_4H_2PO_4 \rightarrow$ $HPO_3 + NH_3 + H_2O$ 보기 ③	ABC 급

| 제4종 | 탄산수소
칼륨+요소
(KHCO₃+
(NH₂)₂CO) | 회(백)색 | 2KHCO₃+
(NH₂)₂CO →
K₂CO₃+
2NH₃+2CO₂
보기 ④ | BC급 |

- 탄산수소나트륨=중탄산나트륨
- 탄산수소칼륨=중탄산칼륨
- 제1인산암모늄=인산암모늄=인산염
- 탄산수소칼륨+요소=중탄산칼륨+요소

답 ③

★★ 04 제4류 위험물의 물리·화학적 특성에 대한 설명으로 틀린 것은?

23.09.문12
18.09.문07

① 증기비중은 공기보다 크다.
② 정전기에 의한 화재발생위험이 있다.
③ 인화성 액체이다.
④ 인화점이 높을수록 증기발생이 용이하다.

해설

④ 높을수록 → 낮을수록

제4류 위험물
(1) 증기비중은 공기보다 크다. 보기 ①
(2) 정전기에 의한 화재발생위험이 있다. 보기 ②
(3) 인화성 액체이다. 보기 ③
(4) 인화점이 낮을수록 증기발생이 용이하다. 보기 ④
(5) 상온에서 **액체상태**이다(**가연성 액체**).
(6) 상온에서 **안정**하다.

답 ④

★★★ 05 할로젠원소의 소화효과가 큰 순서대로 배열된 것은?

23.09.문16
17.09.문15
15.03.문16
12.03.문04

① I > Br > Cl > F
② Br > I > F > Cl
③ Cl > F > I > Br
④ F > Cl > Br > I

해설 **할론소화약제**

부촉매효과(소화효과) 크기	전기음성도(친화력) 크기
I > Br > Cl > F 보기 ①	F > Cl > Br > I

- 소화효과=소화능력
- 전기음성도 크기=수소와의 결합력 크기

 중요

할로젠족 원소
(1) 불소 : F
(2) 염소 : Cl
(3) 브로민(취소) : Br
(4) 아이오딘(옥소) : I

기억법 FClBrI

답 ①

★★★ 06 프로판가스의 연소범위〔vol%〕에 가장 가까운 것은?

19.09.문09
14.09.문16
12.03.문12
10.09.문02

① 9.8~28.4
② 2.5~81
③ 4.0~75
④ 2.1~9.5

해설 (1) **공기 중의 폭발한계**

가 스	하한계 (하한점, 〔vol%〕)	상한계 (상한점, 〔vol%〕)
아세틸렌(C₂H₂)	2.5	81
수소(H₂)	4	75
일산화탄소(CO)	12	75
에터(C₂H₅OC₂H₅)	1.7	48
이황화탄소(CS₂)	1	50
에틸렌(C₂H₄)	2.7	36
암모니아(NH₃)	15	25
메탄(CH₄)	5	15
에탄(C₂H₆)	3	12.4
프로판(C₃H₈) 보기 ④	→ 2.1	9.5
부탄(C₄H₁₀)	1.8	8.4

(2) **폭발한계**와 **같은 의미**
ㄱ 폭발범위
ㄴ 연소한계
ㄷ 연소범위
ㄹ 가연한계
ㅁ 가연범위

답 ④

★★★ 07 위험물의 유별에 따른 대표적인 성질의 연결이 옳지 않은 것은?

19.04.문44
16.05.문46
16.05.문52
15.09.문03
15.09.문18
15.05.문10
15.05.문42
15.03.문51
14.09.문18
14.03.문18
11.06.문54

① 제1류 : 산화성 고체
② 제2류 : 가연성 고체
③ 제4류 : 인화성 액체
④ 제5류 : 산화성 액체

해설

④ 산화성 액체 → 자기반응성 물질

위험물령 〔별표 1〕
위험물

유 별	성 질	품 명
제1류	산화성 고체 보기 ①	• 아염소산염류 • 염소산염류(**염소산나트륨**) • 과염소산염류 • 질산염류 • 무기과산화물 1산고염나

제2류	가연성 고체 보기 ②	• 황화인 • 적린 • 황 • 마그네슘
제3류	자연발화성 물질 및 금수성 물질	• **황린** • **칼륨** • **나트륨** • **알칼리토금속** • **트리에틸알루미늄** 기억법 **황칼나알트**
제4류	인화성 액체 보기 ③	• 특수인화물 • 석유류(벤젠) • 알코올류 • 동식물유류
제5류	**자**기반응성 물질 보기 ④	• 유기과산화물 • 나이트로화합물 • 나이트로소화합물 • 아조화합물 • 질산에스터류(셀룰로이드) 기억법 5자(**오자**탈자)
제6류	산화성 액체	• 과염소산 • 과산화수소 • 질산

답 ④

★★★ 08 중앙코어방식으로 피난자들의 집중으로 패닉(Panic) 현상이 발생할 우려가 있는 피난형태는?

21.03.문03
17.03.문09
12.03.문06
08.05.문20

① X형 ② T형
③ Z형 ④ CO형

해설 피난형태

형 태	피난방향	상 황
X형	↕↔	**확실한 피난통로**가 보장되어 신속한 피난이 가능하다.
Y형	Y	
CO형	▭	피난자들의 집중으로 **패닉**(Panic)**현상**이 일어날 수 있다. 보기 ④
H형	⫤	

• 보기에 H형이 있다면 H형도 정답

중요

패닉(Panic)의 **발생원인**
(1) 연기에 의한 시계제한
(2) 유독가스에 의한 호흡장애
(3) 외부와 단절되어 고립

답 ④

★★★ 09 종이, 나무, 섬유류 등에 의한 화재에 해당하는 것은?

20.06.문02
19.03.문08
17.09.문07
16.05.문09
15.09.문19
13.09.문07

① A급 화재 ② B급 화재
③ C급 화재 ④ D급 화재

해설 화재의 종류

구 분	표시색	적응물질
일반화재(A급) 보기 ①	백색	• 일반가연물 • 종이류 화재 • 목재(나무)·섬유 화재(섬유류)
유류화재(B급)	황색	• 가연성 액체 • 가연성 가스 • 액화가스화재 • 석유화재
전기화재(C급)	청색	• 전기설비
금속화재(D급)	무색	• 가연성 금속
주방화재(K급)	–	• 식용유화재

※ 요즘은 표시색의 의무규정은 없음

답 ①

★★★ 10 플래시오버(flash over)현상에 대한 설명으로 옳은 것은?

22.09.문06
20.09.문14
14.05.문18
14.03.문11
13.06.문17
11.06.문11

① 실내에서 가연성 가스가 축적되어 발생되는 폭발적인 착화현상
② 실내에서 에너지가 느리게 집적되는 현상
③ 실내에서 가연성 가스가 분해되는 현상
④ 실내에서 가연성 가스가 방출되는 현상

해설 **플래시오버**(flash over) : 순발연소
(1) **실내**에서 폭발적인 착화현상 보기 ①
(2) 폭발적인 **화재확대현상**
(3) 건물화재에서 발생한 가연성 가스가 일시에 인화하여 화염이 **충**만하는 단계
(4) 실내의 가연물이 연소됨에 따라 생성되는 가연성 가스가 실내에 누적되어 **폭**발적으로 연소하여 실 전체가 순간적으로 불길에 싸이는 현상
(5) **옥내화재**가 서서히 진행하여 열이 축적되었다가 일시에 화염이 크게 발생하는 상태
(6) **다량**의 **가연성 가스**가 동시에 연소되면서 **급**격한 온도상승을 유발하는 현상
(7) 건축물에서 한순간에 폭발적으로 화재가 확산되는 현상

기억법 **플확충 폭급**

• 플래시오버=플래쉬오버

비교

(1) **패닉(panic)현상**
인간의 비이성적인 또는 부적합한 **공포반응행동**으로서 무모하게 높은 곳에서 뛰어내리는 행위라든지, 몸이 굳어서 움직이지 못하는 행동

(2) **굴뚝효과**(stack effect)
㉠ 건물 내외의 **온도차**에 따른 공기의 흐름현상이다.
㉡ 굴뚝효과는 **고층건물**에서 주로 나타난다.
㉢ 평상시 건물 내의 기류분포를 지배하는 중요 요소이며 화재시 **연기의 이동**에 큰 영향을 미친다.
㉣ 건물 외부의 온도가 내부의 온도보다 높은 경우 저층부에서는 내부에서 외부로 공기의 흐름이 생긴다.

(3) **블레비(BLEVE)＝블레이브(BLEVE)현상**
과열상태의 탱크에서 내부의 액화가스가 분출하여 기화되어 폭발하는 현상
㉠ 가연성 액체
㉡ 화구(fire ball)의 형성
㉢ 복사열의 대량 방출

답 ①

★★★
11 화재발생시 인간의 피난특성으로 틀린 것은?

20.09.문10
18.04.문03
16.05.문03
12.05.문15
11.10.문09
10.09.문11

① 본능적으로 평상시 사용하는 출입구를 사용한다.
② 최초로 행동을 개시한 사람을 따라서 움직인다.
③ 공포감으로 인해서 빛을 피하여 어두운 곳으로 몸을 숨긴다.
④ 무의식 중에 발화장소의 반대쪽으로 이동한다.

해설

③ 공포감으로 인해서 빛을 따라 외부로 달아나려는 경향이 있다.

화재발생시 인간의 피난 특성

구 분	설 명
귀소본능	• **친숙한 피난경로**를 선택하려는 행동 • 무의식 중에 **평상시 사용**하는 출입구나 통로를 사용하려는 행동 보기 ①
지광본능	• **밝은 쪽**을 지향하는 행동 • 화재의 공포감으로 인하여 **빛**을 따라 외부로 달아나려고 하는 행동 보기 ③
퇴피본능	• 화염, 연기에 대한 공포감으로 **발화의 반대방향**으로 이동하려는 행동 보기 ④
추종본능	• 많은 사람이 달아나는 방향으로 쫓아가려는 행동 • 화재시 최초로 행동을 개시한 사람을 따라 전체가 움직이려는 행동 보기 ②

좌회본능	• **좌측통행**을 하고 **시계반대방향**으로 회전하려는 행동
폐쇄공간 지향본능	• 가능한 **넓은 공간**을 찾아 **이동**하다가 위험성이 높아지면 의외의 좁은 공간을 찾는 본능
초능력 본능	• 비상시 **상상도 못할 힘**을 내는 본능
공격본능	• **이상심리현상**으로서 구조용 헬리콥터를 부수려고 한다든지 무차별적으로 주변사람과 구조인력 등에게 공격을 가하는 본능
패닉 (panic) 현상	• 인간의 비이성적인 또는 부적합한 **공포반응행동**으로서 무모하게 높은 곳에서 뛰어내리는 행위라든지, 몸이 굳어서 움직이지 못하는 행동

답 ③

★★★
12 화재시 이산화탄소를 방출하여 산소농도를 13vol%로 낮추어 소화하기 위한 공기 중 이산화탄소의 농도는 약 몇 vol%인가?

19.09.문10
15.05.문13
14.05.문07
13.09.문16
12.05.문14

① 9.5
② 25.8
③ 38.1
④ 61.5

해설 (1) **주어진 값**

• O_2 농도 : 13vol%
• CO_2 농도 : ?

(2) **이산화탄소의 농도**

$$CO_2 = \frac{21 - O_2}{21} \times 100$$

여기서, CO_2 : CO_2의 농도〔vol%〕
O_2 : O_2의 농도〔vol%〕

$$CO_2 = \frac{21 - O_2}{21} \times 100 = \frac{21 - 13}{21} \times 100 = 38.1\text{vol}\%$$

 중요

이산화탄소 소화설비와 관련된 식

$$CO_2 = \frac{방출가스량}{방호구역체적 + 방출가스량} \times 100$$
$$= \frac{21 - O_2}{21} \times 100$$

여기서, CO_2 : CO_2의 농도〔vol%〕
O_2 : O_2의 농도〔vol%〕

$$방출가스량 = \frac{21 - O_2}{O_2} \times 방호구역체적$$

여기서, O_2 : O_2의 농도〔vol%〕

답 ③

13

⭐ 건축물의 피난·방화구조 등의 기준에 관한 규칙상 불연재료에 대한 설명이다. 다음 중 빈칸에 들어가지 않는 것은?

> ( )·( )·( )·( )·( )·( )·
> ( )·시멘트모르타르 및 회, 이 경우 시멘트 모르타르 또는 회 등 미장재료를 사용하는 경우에는 「건설기술 진흥법」 제44조 제1항 제2호에 따라 제정된 건축공사표준시방서에서 정한 두께 이상인 것에 한한다.

① 콘크리트   ② 석재
③ 벽돌   ④ 철근

해설 ④ 철근 → 철강

불연·준불연재료·난연재료(건축령 2조, 피난·방화구조 5~7조)

구분	불연재료	준불연재료	난연재료
정의	불에 타지 않는 재료	불연재료에 준하는 방화성능을 가진 재료	불에 잘 타지 아니하는 성능을 가진 재료
종류	① 콘크리트 보기① ② 석재 보기② ③ 벽돌 보기③ ④ 기와 ⑤ 유리(그라스울) ⑥ 철강 보기④ ⑦ 알루미늄 ⑧ 모르타르(시멘트 모르타르) ⑨ 회	① 석고보드 ② 목모시멘트판	① 난연 합판 ② 난연 플라스틱판

용어

철강	철근
철에 탄소나 다른 합금원소를 첨가해 만든 합금	철강을 특정한 형태로 가공한 것

답 ④

14

⭐⭐⭐ 휘발유 화재시 물을 사용하여 소화할 수 없는 이유로 가장 옳은 것은?

23.05.문19
20.06.문14
16.10.문19
13.06.문19

① 인화점이 물보다 낮기 때문이다.
② 비중이 물보다 작아 연소면이 확대되기 때문이다.
③ 수용성이므로 물에 녹아 폭발이 일어나기 때문이다.
④ 물과 반응하여 수소가스를 발생하기 때문이다.

해설 **주수소화**(물소화)시 **위험**한 물질

구 분	현 상
• 무기과산화물	산소 발생
• **금**속분 • **마**그네슘 • 알루미늄 • **칼**륨 • 나트륨 • 수소화리튬 • **부**틸리튬	**수**소 발생
• 가연성 액체(휘발유)의 유류화재	**연소면**(화재면) 확대 보기②

기억법 금마수

답 ②

15

⭐ 백드래프트(back draft)에 관한 설명으로 틀린 것은?

23.09.문08

① 내화조건물의 화재 초기에 주로 발생한다.
② 새로운 공기가 공급되면 화염이 숨 쉬듯이 분출되는 현상이다.
③ 화재진압 과정에서 갑작스러운 폭발의 위험이 있다.
④ 공기가 지속적으로 원활하게 공급되는 경우에는 발생 가능성이 낮다.

해설 ① 초기 → 감쇠기

백드래프트(back draft)

(1) 내화조건물의 화재 **감쇠기**에 주로 발생한다. 보기①

플래시오버	백드래프트
성장기~최성기	감쇠기

(2) 새로운 공기가 공급되면 **화염**이 **숨** 쉬듯이 분출되는 현상이다. 보기②
(3) **화재진압** 과정에서 갑작스러운 **폭발**의 위험이 있다. 보기③
(4) **공기**가 지속적으로 **원활**하게 공급되는 경우에는 발생 가능성이 **낮다.** 보기④
(5) **산소**의 **공급**이 원활하지 **못한** 화재실에 급격히 **산소**가 **공급**이 될 경우 순간적으로 연소하여 화재가 폭풍을 동반하여 **실외**로 **분출**하는 현상
(6) 소방대가 소화활동을 위하여 화재실의 문을 개방할 때 신선한 공기가 유입되어 실내에 축적되었던 가연성 가스가 **단시간**에 **폭발적**으로 **연소**함으로써 화재가 폭풍을 동반하며 **실외**로 분출되는 현상으로 **감쇠기**에 나타난다.
(7) 화재로 인하여 **산소**가 **부족**한 건물 내에 산소가 새로 유입된 때 **고열가스**의 **폭발** 또는 급속한 **연소**가 발생하는 현상
(8) **통기력**이 좋지 않은 상태에서 연소가 계속되어 산소가 심히 부족한 상태가 되었을 때 **개구부**를 통하여 산소가 공급되면 실내의 가연성 혼합기가 공급되는 **산소**의 **방향**과 **반대**로 흐르며 급격히 연소하는 현상으로서 "**역화현상**"이라고 하며 이때에는 **화염**이 산소의 공급통로로 분출되는 현상을 눈으로 확인할 수 있다.

기억법 백감

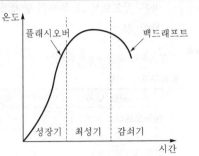

‖ 백드래프트와 플래시오버의 발생시기 ‖

답 ①

★★★ 16 CO₂ 소화약제의 장점으로 틀린 것은?

21.05.문03
14.09.문03

① 한냉지에서도 사용이 가능하다.
② 자체압력으로도 방사가 가능하다.
③ 전기적으로 비전도성이다.
④ 인체에 무해하고 GWP가 0이다.

해설 ④ 무해 → 유해, 0 → 1

이산화탄소 소화설비

구 분	설 명
장점	• **한냉지**에서도 사용이 가능하다. 보기 ① • 자체압력으로도 방사가 가능하다. 보기 ② • 화재진화 후 깨끗하다. • **심부화재**에 적합하다. • **증거보존**이 양호하여 화재원인조사가 쉽다. • 전기의 **부도체**(비전도성)로서 전기절연성이 높다(**전기설비**에 사용 가능). 보기 ③ • 화학적으로 안정하다. • 불연성이다. • **전기절연성**이 우수하다. • **비전도성**이다. 보기 ③ • **장시간 저장**이 가능하다. • 소화약제에 의한 **오손**이 **없다**. • **무색**이고 **무취**이다.
단점	• 인체의 **질식**이 우려된다. • 소화약제의 방출시 인체에 닿으면 **동상**이 우려된다. • 소화약제의 방사시 **소리**가 **요란**하다.

 용어

GWP

지구온난화지수
(GWP; Glrobal Warming Potential)

• 지구온난화에 기여하는 정도를 나타내는 지표로 CO_2(이산화탄소)의 **GWP**를 **1**로 하여 다음과 같이 구한다.

$$GWP = \frac{\text{어떤 물질 1kg이 기여하는 온난화 정도}}{CO_2\text{의 1kg이 기여하는 온난화 정도}}$$

• 지구온난화지수가 **작을수록 좋은 소화약제**이다.

답 ④

★★★ 17 수소의 공기 중 폭발한계는 약 몇 vol.%인가?

17.03.문03
16.03.문13
15.09.문14
13.06.문04
09.03.문02

① 1.05~6.7
② 4~75
③ 5~15
④ 12.5~54

해설 (1) **공기 중의 폭발한계**(*일사천리*로 나와야 한다.)

가 스	하한계〔vol%〕	상한계〔vol%〕
아세틸렌(C_2H_2)	2.5	81
수소(H_2) 보기 ②	**4**	**75**
일산화탄소(CO)	12	75
암모니아(NH_3)	15	25
메탄(CH_4)	5	15
에탄(C_2H_6)	3	12.4
프로판(C_3H_8)	2.1	9.5
부탄(C_4H_{10})	**1.8**	**8**.4

vol%=vol.%

기억법 **수475**(**수사** 후 **치료**하세요.)
부18(부자의 **일반적인 팔자**)

(2) **폭발한계**와 **같은 의미**

㉠ 폭발범위　　㉡ 연소한계
㉢ 연소범위　　㉣ 가연한계
㉤ 가연범위

답 ②

★★★ 18 유류탱크의 화재시 탱크 저부의 물이 뜨거운 열류층에 의하여 수증기로 변하면서 급작스런 부피팽창을 일으켜 유류가 탱크 외부로 분출하는 현상을 무엇이라고 하는가?

23.05.문15
20.06.문10
17.05.문04

① 보일오버
② 프로스오버
③ 블래비
④ 플래시오버

해설 **유류탱크**, **가스탱크**에서 **발생**하는 **현상**

구 분	설 명
블래비=블레비 (BLEVE)	• 과열상태의 탱크에서 내부의 액화가스가 분출하여 기화되어 폭발하는 현상
보일오버 (boil over)	• 중질유의 석유탱크에서 장시간 조용히 연소하다 탱크 내의 잔존기름이 갑자기 분출하는 현상 • 유류탱크에서 **탱크바닥**에 물과 기름의 **에멀션**이 섞여 있을 때 이로 인하여 화재가 발생하는 현상 • 연소유면으로부터 100℃ 이상의 열파가 **탱크 저부**에 고여 있는 물을 비등하게 하면서 연소유를 탱크 밖으로 비산시키며 연소하는 현상 보기 ①

오일오버 (oil over)	• 저장탱크에 저장된 유류저장량이 내 용적의 **50%** 이하로 충전되어 있을 때 화재로 인하여 탱크가 폭발하는 현상
프로스오버 (froth over)	• 물이 점성의 뜨거운 기름표면 아래에 서 끓을 때 화재를 수반하지 않고 용 기가 넘치는 현상
슬롭오버 (slop over)	• **유류탱크 화재시** 기름 표면에 물을 실수하면 **기름**이 **탱크** 밖으로 **비산** 하여 화재가 확대되는 현상(연소유가 비산되어 탱크 외부까지 화재가 확산) • 물이 연소유의 뜨거운 표면에 들어 갈 때 기름 표면에서 화재가 발생하 는 현상 • 유화제로 소화하기 위한 물이 수분 의 급격한 증발에 의하여 액면이 거 품을 일으키면서 열유층 밑의 냉유 가 급히 열팽창하여 기름의 일부가 불이 붙은 채 탱크벽을 넘어서 일출 하는 현상 • 연소면의 온도가 100℃ 이상일 때 물 을 주수하면 발생 • 소화시 외부에서 방사하는 포에 의 해 발생

중요

건축물 내에서 발생하는 현상

현상	정의
플래시오버 (flash over)	• 화재로 인하여 실내의 온도가 급격 히 상승하여 화재가 순간적으로 실 내 전체에 확산되어 연소되는 현상
백드래프트 (back draft)	• **통기력**이 좋지 않은 상태에서 연 소가 계속되어 산소가 심히 부족 한 상태가 되었을 때 **개구부**를 통 하여 산소가 공급되면 실내의 가 연성 혼합기가 공급되는 **산소의** **방향**과 **반대**로 흐르며 급격히 연 소하는 현상 • 소방대가 소화활동을 위하여 화재 실의 문을 개방할 때 신선한 공기 가 유입되어 실내에 축적되었던 가 연성 가스가 **단시간**에 **폭발적**으로 **연소**함으로써 화재가 폭풍을 동반 하며 **실외**로 분출되는 현상

답 ①

★★★ 19 방화구조의 기준으로 틀린 것은?

16.05.문05
15.05.문02
14.05.문12
07.05.문19

① 심벽에 흙으로 맞벽치기한 것
② 철망모르타르로서 그 바름 두께가 2cm 이
상인 것
③ 시멘트모르타르 위에 타일을 붙인 것으로서
그 두께의 합계가 1.5cm 이상인 것
④ 석고판 위에 시멘트모르타르 또는 회반죽을
바른 것으로서 그 두께의 합계가 2.5cm 이
상인 것

해설 ③ 1.5cm 이상 → 2.5cm 이상

방화구조의 기준

구조 내용	기준
① **철망모르타르** 바르기 보기 ②	두께 **2cm** 이상
② 석고판 위에 시멘트모르타르를 바른 것 보기 ④	두께 **2.5cm** 이상
③ 석고판 위에 회반죽을 바른 것 보기 ④	
④ 시멘트모르타르 위에 타일을 붙인 것 보기 ③	
⑤ 심벽에 흙으로 맞벽치기 한 것 보기 ①	모두 해당

비교

내화구조의 기준

내화 구분	기준
벽·바닥	철골·철근 콘크리트조로서 두께가 **10cm** 이 상인 것
기둥	철골을 두께 **5cm** 이상의 콘크리트로 덮은 것
보	두께 **5cm** 이상의 콘크리트로 덮은 것

기억법 **벽바내1**(**벽**을 **바**라보면 **내**일이 보인다.)

답 ③

★★★ 20 연소시 암적색 불꽃의 온도는 약 몇 ℃인가?

① 700℃
② 950℃
③ 1100℃
④ 1300℃

해설 연소의 색과 온도

색	온도[℃]
암적색(진홍색)	700~750 보기 ①
적색	850
휘적색(주황색)	925~950
황적색	1100
백적색(백색)	1200~1300
휘백색	1500

답 ①

제2과목 소방유체역학

21

유량 2m³/min, 전양정 25m인 원심펌프의 축동력은 약 몇 kW인가? (단, 펌프의 전효율은 0.78이고, 유체의 밀도는 1000kg/m³이다.)

[23.05.문35]
[22.09.문35]

① 9.52
② 10.47
③ 11.52
④ 13.47

해설 (1) 기호

- Q : 2m³/min=2m³/60s(1min=60s)
- H : 25m
- P : ?
- η : 0.78
- ρ : 1000kg/m³=1000N·s²/m⁴(1kg/m³=1N·s²/m⁴)

(2) **비중량**

$$\gamma = \rho g$$

여기서, γ : 비중량[N/m³]
ρ : 밀도[N·s²/m⁴]
g : 중력가속도(9.8m/s²)

비중량 γ는
$\gamma = \rho g = 1000N·s²/m⁴ \times 9.8m/s² = 9800N/m³$

(3) **축동력**

$$P = \frac{\gamma QH}{1000\eta}$$

여기서, P : 축동력[kW]
γ : 비중량[N/m³]
Q : 유량[m³/s]
H : 전양정[m]
η : 효율

축동력 P는
$$P = \frac{\gamma QH}{1000\eta}$$
$$= \frac{9800N/m³ \times 2m³/60s \times 25m}{1000 \times 0.78} ≒ 10.47kW$$

용어

축동력
전달계수(K)를 고려하지 않은 동력

별해

원칙적으로 밀도가 주어지지 않을 때 적용
축동력

$$P = \frac{0.163QH}{\eta}$$

여기서, P : 축동력[kW]
Q : 유량[m³/min]
H : 전양정(수두)[m]
η : 효율

펌프의 축동력 P는

$$P = \frac{0.163QH}{\eta}$$
$$= \frac{0.163 \times 2m³/min \times 25m}{0.78} = 10.448 ≒ 10.45kW$$

(정확하지는 않지만 유사한 값이 나옴)

답 ②

22

펌프운전 중 발생하는 수격작용의 발생을 예방하기 위한 방법에 해당되지 않는 것은?

[17.03.문22]
[16.03.문34]
[12.05.문35]

① 밸브를 가능한 펌프송출구에서 멀리 설치한다.
② 서지탱크를 관로에 설치한다.
③ 밸브의 조작을 천천히 한다.
④ 관 내의 유속을 낮게 한다.

해설 ① 멀리 → 가까이

수격작용(water hammering)

개요	• 배관 속의 물흐름을 급히 차단하였을 때 동압이 정압으로 전환되면서 일어나는 쇼크(shock)현상 • 배관 내를 흐르는 유체의 유속을 급격하게 변화시키므로 압력이 상승 또는 하강하여 **관로의 벽면을 치는 현상**
발생원인	• 펌프가 갑자기 정지할 때 • 급히 밸브를 개폐할 때 • 정상운전시 유체의 압력변동이 생길 때
방지대책	• 관로의 **관경**을 크게 한다. • 관로 내의 유속을 낮게 한다.(관로에서 일부 고압수를 방출한다.) 보기 ④ • 서지탱크(조압수조)를 설치하여 적정압력을 유지한다. 보기 ② • **플라이 휠**(fly wheel)을 설치한다. • 펌프송출구 **가까이**에 밸브를 설치한다. 보기 ① • 펌프송출구에 **수격을 방지**하는 **체크밸브**를 달아 역류를 막는다. • **에어챔버**(air chamber)를 설치한다. • 회전체의 **관성모멘트**를 **크게** 한다. • 밸브조작을 천천히 한다. 보기 ③

답 ①

23

다음 중 열전달 매질이 없이도 열이 전달되는 형태는?

[21.05.문28]
[18.03.문13]
[17.09.문35]
[17.05.문33]
[16.10.문40]

① 전도
② 자연대류
③ 복사
④ 강제대류

해설 **열전달의 종류**

종류	설명	관련 법칙
전도 (conduction)	하나의 물체가 다른 물체와 직접 **접촉**하여 열이 이동하는 현상	**푸리에**(Fourier)의 법칙

대류 (convection)	유체의 흐름에 의하여 열이 이동하는 현상	뉴턴의 법칙
복사 (radiation)	① 화재시 화원과 **격리**된 인접 가연물에 불이 옮겨 붙는 현상 ② **열전달 매질이 없이 열이 전달되는 형태** 보기 ③ ③ 열에너지가 **전자파**의 형태로 옮겨지는 현상으로, **가장 크게 작용**한다.	**스테판-볼츠만**의 법칙

중요

공식

(1) 전도

$$Q = \frac{kA(T_2 - T_1)}{l}$$

여기서, Q : 전도열[W]
k : 열전도율[W/m·K]
A : 단면적[m²]
$(T_2 - T_1)$: 온도차[K]
l : 벽체 두께[m]

(2) 대류

$$Q = h(T_2 - T_1)$$

여기서, Q : 대류열[W/m²]
h : 열전달률[W/m²·℃]
$(T_2 - T_1)$: 온도차[℃]

(3) 복사

$$Q = aAF(T_1^4 - T_2^4)$$

여기서, Q : 복사열[W]
a : 스테판-볼츠만 상수[W/m²·K⁴]
A : 단면적[m²]
F : 기하학적 Factor
T_1 : 고온[K]
T_2 : 저온[K]

참고

대류의 종류

강제대류	자연대류
송풍기, **펌프** 또는 바람들의 외부 사단에 의해 표면 위의 유동이 **강제**적으로 생길 때의 대류	강제대류와 달리 유체의 **온도** 차이로 인한 **밀도** 차이에 의해 발생하는 부력이 유체의 유동을 생기계 할 때의 대류

답 ③

24 ★★

21.05.문29
13.03.문28

양정 220m, 유량 0.025m³/s, 회전수 2900rpm인 4단 원심 펌프의 비교회전도(비속도)[m³/min·m/rpm]는 얼마인가?

① 23 ② 45
③ 167 ④ 176

해설 (1) 기호

• H : 220m
• Q : $0.025\text{m}^3/\text{s} = 0.025\text{m}^3 / \dfrac{1}{60}\text{min}$
  $= (0.025 \times 60)\text{m}^3/\text{min}$
  $\left(1\text{min} = 60\text{s},\ 1\text{s} = \dfrac{1}{60}\text{min}\right)$
• N : 2900rpm
• n : 4
• N_s : ?

(2) 비교회전도(비속도)

$$N_s = N \frac{\sqrt{Q}}{\left(\dfrac{H}{n}\right)^{\frac{3}{4}}}$$

여기서, N_s : 펌프의 비교회전도(비속도) [m³/min·m/rpm]
N : 회전수[rpm]
Q : 유량[m³/min]
H : 양정[m]
n : 단수

펌프의 비교회전도 N_s 는

$$N_s = N \frac{\sqrt{Q}}{\left(\dfrac{H}{n}\right)^{\frac{3}{4}}}$$

$$= 2900\text{rpm} \times \frac{\sqrt{(0.025 \times 60)\text{m}^3/\text{min}}}{\left(\dfrac{220\text{m}}{4}\right)^{\frac{3}{4}}}$$

$$= 175.8 \fallingdotseq 176\text{m}^3/\text{min·m/rpm}$$

• **rpm**(revolution per minute) : 분당 회전속도

용어

비속도
펌프의 성능을 나타내거나 가장 적합한 **회전수**를 결정하는 데 이용되며, **회전자**의 형상을 나타내는 척도가 된다.

답 ④

25 ★★★

15.05.문29
15.05.문30
12.09.문35

펌프로부터 분당 150L의 소방용수가 토출되고 있다. 토출 배관의 내경이 65mm일 때 레이놀즈수는 약 얼마인가? (단, 물의 점성계수는 0.001kg/m·s로 한다.)

① 1300 ② 5400
③ 49000 ④ 82000

해설 (1) 기호

• Q : 150L/분 = 150L/min = 0.15m³/60s(1000L = 1m³, 1min = 60s)
• D : 65mm = 0.065m(1000mm = 1m)
• Re : ?
• μ : 0.001kg/m·s

(2) 유량

$$Q = AV = \left(\frac{\pi}{4}D^2\right)V$$

여기서, Q : 유량[m³/s]
  A : 단면적[m²]
  D : 직경[m]
  V : 유속[m/s]

유속 V는

$$V = \frac{Q}{\frac{\pi}{4}D^2} = \frac{0.15\text{m}^3/60\text{s}}{\frac{\pi}{4}\times(0.065\text{m})^2} = 0.753\text{m/s}$$

(3) 레이놀즈수

$$Re = \frac{DV\rho}{\mu}$$

여기서, Re : 레이놀즈수
  D : 내경[m]
  V : 유속[m/s]
  ρ : 밀도(물의 밀도 1000kg/m³)
  μ : 점성계수(점도)[kg/m · s=N · s/m²]

레이놀즈수 Re는

$$Re = \frac{DV\rho}{\mu}$$

$$= \frac{0.065\text{m}\times0.753\text{m/s}\times1000\text{kg/m}^3}{0.001\text{kg/m}\cdot\text{s}}$$

$$≒ 49000$$

- ρ : 물의 밀도 1000kg/m³

답 ③

★★
26 유체의 압축률에 관한 설명으로 올바른 것은?

21.05.문37
13.03.문32

① 압축률= 밀도×체적탄성계수

② 압축률= $\dfrac{1}{체적탄성계수}$

③ 압축률= $\dfrac{밀도}{체적탄성계수}$

④ 압축률= $\dfrac{체적탄성계수}{밀도}$

해설 압축률 보기 ②

$$\beta = \frac{1}{K}$$

여기서, β : 압축률[1/kPa]
  K : 체적탄성계수[kPa]

중요

압축률
(1) 체적탄성계수의 역수
(2) 단위압력변화에 대한 체적의 변형도
(3) 압축률이 적은 것은 압축하기 어렵다.

답 ②

★
27 10kg의 수증기가 들어 있는 체적 2m³의 단단한
19.04.문27 용기를 냉각하여 온도를 200℃에서 150℃로 낮추었다. 나중 상태에서 액체상태의 물은 약 몇 kg인가? (단, 150℃에서 물의 포화액 및 포화증기의 비체적은 각각 0.0011m³/kg, 0.3925m³/kg이다.)

① 0.508

② 1.24

③ 4.92

④ 7.86

해설 **(1) 기호**

- m_1 : 10kg
- V : 2m³
- v_{S2} : 0.0011m³/kg
- v_{S1} : 0.3925m³/kg
- m_2 : ?

(2) 계산 : 문제를 잘 읽어보고 식을 만들면 된다.

$$v_{S2}m_2 + v_{S1}(m_1 - m_2) = V$$

여기서, v_{S2} : 물의 포화액 비체적[m³/kg]
  m_2 : 액체상태물의 질량[kg]
  v_{S1} : 물의 포화증기 비체적[m³/kg]
  m_1 : 수증기상태 물의 질량[kg]
  V : 체적[m³]

$v_{S2} \cdot m_2 + v_{S1}(m_1 - m_2) = V$

$0.0011\text{m}^3/\text{kg} \cdot m_2 + 0.3925\text{m}^3/\text{kg} \cdot (10 - m_2) = 2\text{m}^3$

계산의 편의를 위해 단위를 없애면 다음과 같다.

$0.0011m_2 + 0.3925(10 - m_2) = 2$

$0.0011m_2 + 3.925 - 0.3925m_2 = 2$

$0.0011m_2 - 0.3925m_2 = 2 - 3.925$

$-0.3914m_2 = -1.925$

$$m_2 = \frac{-1.925}{-0.3914} ≒ 4.92\text{kg}$$

답 ③

★★★
28 물의 온도에 상응하는 증기압보다 낮은 부분이
19.04.문22
15.03.문35
14.03.문32 발생하면 물은 증발되고 물속에 있던 공기와 물이 분리되어 기포가 발생하는 펌프의 현상은?

① 피드백(feed back)

② 서징현상(surging)

③ 공동현상(cavitation)

④ 수격작용(water hammering)

용 어	설 명
공동현상 (cavitation)	펌프의 흡입측 배관 내의 물의 정압이 기존의 증기압보다 낮아져서 **기**포가 발생되어 물이 흡입되지 않는 현상 기억법 **공기**
수격작용 (water hammering)	• 배관 속의 물흐름을 급히 차단하였을 때 동압이 정압으로 전환되면서 일어나는 쇼크(shock)현상 • 배관 내를 흐르는 유체의 유속을 급격하게 변화시키므로 압력이 상승 또는 하강하여 **관로**의 **벽면**을 **치**는 현상
서징현상 (surging)	유량이 단속적으로 변하여 펌프 입출구에 설치된 **진공계·압력계**가 흔들리고 **진동**과 **소음**이 일어나며 펌프의 **토출유량**이 **변하**는 현상

• 서징현상= 맥동현상
• 펌프의 현상에는 피드백(feed back)이란 것은 없다.

답 ③

29

19.09.문21
15.09.문29

검사체적(control volume)에 대한 운동량 방정식(momentum equation)과 가장 관계가 깊은 법칙은?

① 열역학 제2법칙
② 질량보존의 법칙
③ 에너지보존의 법칙
④ 뉴턴(Newton)의 운동법칙

해설 **뉴턴**의 운동법칙 : 검사체적에 대한 운동량 방정식 보기 ④

구 분	설 명
제1법칙 (관성의 법칙)	물체가 외부에서 작용하는 힘이 없으면, 정지해 있는 물체는 **계속 정지**해 있고, 운동하고 있는 물체는 **계속 운동**상태를 유지하려는 성질
제**2**법칙 (가속도의 법칙)	① 물체에 힘을 가하면 힘의 방향으로 가속도가 생기고 물체에 가한 힘은 질량과 **가속도**에 **비례**한다는 법칙 ② **운동량 방정식**의 근원이 되는 법칙 기억법 **뉴2운**

제3법칙 (작용·반작용의 법칙)	물체에 힘을 가하면 다른 물체에는 **반작용**이 일어나고, 힘의 크기와 작용선은 서로 같으나 **방향**이 서로 **반대**이다라는 법칙

비교

연속방정식
질량보존법칙을 만족하는 법칙

답 ④

30

21.05.문29
13.03.문28

유량이 2m^3/min인 5단의 다단펌프가 2000rpm의 회전으로 50m의 양정이 필요하다면 비속도 [m^3/min·m/rpm]는?

① 403   ② 425
③ 503   ④ 525

해설 (1) 기호

• Q : 2m^3/min
• n : 5
• N : 2000rpm
• H : 50m
• N_s : ?

(2) **비교회전도**(비속도)

$$N_s = N \frac{\sqrt{Q}}{\left(\dfrac{H}{n}\right)^{\frac{3}{4}}}$$

여기서, N_s : 펌프의 비교회전도(비속도)
         [m^3/min·m/rpm]
    N : 회전수[rpm]
    Q : 유량[m^3/min]
    H : 양정[m]
    n : 단수

펌프의 **비교회전도** N_s 는

$$N_s = N \frac{\sqrt{Q}}{\left(\dfrac{H}{n}\right)^{\frac{3}{4}}}$$

$$= 2000\,\mathrm{rpm} \times \frac{\sqrt{2\mathrm{m}^3/\mathrm{min}}}{\left(\dfrac{50\mathrm{m}}{5}\right)^{\frac{3}{4}}}$$

$$= 502.97 \fallingdotseq 503\,\mathrm{m}^3/\mathrm{min}\cdot\mathrm{m}/\mathrm{rpm}$$

• rpm(revolution per minute) : 분당 회전속도

용어

비속도
펌프의 성능을 나타내거나 가장 적합한 **회전수**를 결정하는 데 이용되며, **회전자**의 **형상**을 나타내는 척도가 된다.

답 ③

★★★

31

21.05.문39
18.04.문38
15.09.문34

무한한 두 평판 사이에 유체가 채워져 있고 한 평판은 정지해 있고 또 다른 평판은 일정한 속도로 움직이는 Couette 유동을 하고 있다. 유체 A만 채워져 있을 때 평판을 움직이기 위한 단위면적당 힘을 τ_1이라 하고 같은 평판 사이에 점성이 다른 유체 B만 채워져 있을 때 필요한 힘을 τ_2라 하면 유체 A와 B가 반반씩 위아래로 채워져 있을 때 평판을 같은 속도로 움직이기 위한 단위면적당 힘에 대한 표현으로 옳은 것은?

① $\dfrac{\tau_1+\tau_2}{2}$ ② $\sqrt{\tau_1\tau_2}$

③ $\dfrac{2\tau_1\tau_2}{\tau_1+\tau_2}$ ④ $\tau_1+\tau_2$

해설 **단위면적당 힘**

$$\tau = \frac{2\tau_1\tau_2}{\tau_1+\tau_2}$$

여기서, τ : 단위면적당 힘(N)
　　　τ_1 : 평판을 움직이기 위한 단위면적당 힘(N)
　　　τ_2 : 평판 사이에 다른 유체만 채워져 있을 때 필요한 힘(N)

답 ③

★

32

20.08.문32

그림과 같이 반경 2m, 폭(y 방향) 3m의 곡면 AB가 수문으로 이용된다. 물에 의하여 AB에 작용하는 힘의 수직성분(z방향)의 크기는 약 몇 kN인가?

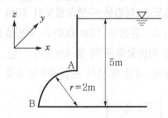

① 75.7   ② 92.3
③ 202   ④ 294

해설 (1) **기호**

- r : 2m
- b : 3m
- F_z : ?

(2) **수직분력**

$$F_z = \gamma V$$

여기서, F_z : 수직분력(N)
　　　γ : 비중량(물의 비중량 9800N/m³)
　　　V : 체적(m³)

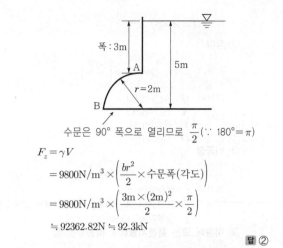

수문은 90° 폭으로 열리므로 $\dfrac{\pi}{2}$ ($\because 180° = \pi$)

$F_z = \gamma V$

$= 9800\text{N/m}^3 \times \left(\dfrac{br^2}{2} \times 수문폭(각도)\right)$

$= 9800\text{N/m}^3 \times \left(\dfrac{3\text{m} \times (2\text{m})^2}{2} \times \dfrac{\pi}{2}\right)$

$≒ 92362.82\text{N} ≒ 92.3\text{kN}$

답 ②

★★

33

23.05.문28
13.09.문31

직경이 $D/2$인 출구를 통해 유체가 대기로 방출될 때, 이음매에 작용하는 힘은? (단, 마찰손실과 중력의 영향은 무시하고, 유체의 밀도= ρ, 단면적 $A = \dfrac{\pi}{4}D^2$)

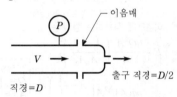

① $\dfrac{1}{2}\rho V^2 A$ ② $3\rho V^2 A$

③ $\dfrac{9}{2}\rho V^2 A$ ④ $\dfrac{15}{2}\rho V^2 A$

해설 (1) **단면적**

$$A = \frac{\pi}{4}D^2 \propto D^2$$

여기서, A : 단면적(m²)
　　　D : 직경(m)

출구직경이 $\dfrac{D}{2}$인 경우

출구단면적 A_2는

$A : D^2 = A_2 : \left(\dfrac{D}{2}\right)^2$

$A_2 D^2 = A \times \dfrac{D^2}{4}$

$A_2 = A \times \dfrac{D^2}{4} \times \dfrac{1}{D^2}$

$$\therefore A_2 = \frac{A}{4}$$

직경 D는 입구직경이므로 $D = D_1$으로 나타낼 수 있다.

단서에서 $A = \dfrac{\pi}{4}D^2$이므로 $A_1 = \dfrac{\pi}{4}D_1^2 = \dfrac{\pi}{4}D^2$

$$\therefore \ A = A_1$$

(2) 유량

$$Q = AV = \left(\frac{\pi D^2}{4}\right)V$$

여기서, Q : 유량[m³/s]
　　　　A : 단면적[m²]
　　　　V : 유속[m/s]
　　　　D : 지름[m]

(3) 비중량

$$\gamma = \rho g$$

여기서, γ : 비중량[N/m³]
　　　　ρ : 밀도(물의 밀도 1000kg/m³ 또는 1000N·s²/m⁴)
　　　　g : 중력가속도(9.8m/s²)

(4) 이음매 또는 플랜지볼트에 작용하는 힘

$$F = \frac{\gamma Q^2 A_1}{2g}\left(\frac{A_1 - A_2}{A_1 A_2}\right)^2$$

여기서, F : 이음매 또는 플랜지볼트에 작용하는 힘[N]
　　　　γ : 비중량(물의 비중량 9800N/m³)
　　　　Q : 유량[m³/s]
　　　　A_1 : 호스의 단면적[m²]
　　　　A_2 : 노즐의 출구단면적[m²]
　　　　g : 중력가속도(9.8m/s²)
이음매에 작용하는 힘 F는

$$F = \frac{\gamma Q^2 A_1}{2g}\left(\frac{A_1 - A_2}{A_1 A_2}\right)^2$$

$$= \frac{\rho g (AV)^2 A}{2g}\left(\frac{A - \frac{A}{4}}{A \times \frac{A}{4}}\right)^2 \rightarrow \begin{array}{l} \gamma = \rho g \\ Q = AV \\ A_1 = A \ \text{대입} \\ A_2 = \frac{A}{4} \end{array}$$

$$\left(\frac{\frac{4A}{4} - \frac{A}{4}}{\frac{A^2}{4}}\right)^2 = \left(\frac{\frac{4A - A}{4}}{\frac{A^2}{4}}\right)^2 = \left(\frac{3A}{\frac{A^2}{4}}\right)^2$$

$$= \left(\frac{3}{A}\right)^2 = \frac{9}{A^2}$$

$$= \frac{\rho g A^2 V^2 A}{2g} \times \frac{9}{A^2} = \frac{9}{2}\rho V^2 A$$

답 ③

★★★
34

18.09.문27
17.09.문40
16.03.문31
15.03.문23
07.03.문30

2cm 떨어진 두 수평한 판 사이에 기름이 차 있고, 두 판 사이의 정중앙에 두께가 매우 얇은 한 변의 길이가 10cm인 정사각형 판이 놓여 있다. 이 판을 10cm/s의 일정한 속도로 수평하게 움직이는 데 0.02N의 힘이 필요하다면, 기름의 점도는 약 몇 N·s/m²인가? (단, 정사각형 판의 두께는 무시한다.)

① 0.01　　　　② 0.02
③ 0.1　　　　④ 0.2

해설 Newton의 **점성법칙**

$$\tau = \frac{F}{A} = \mu\frac{du}{dy}$$

여기서, τ : 전단응력[N/m²]
　　　　F : 힘[N]
　　　　A : 단면적[m²]
　　　　μ : 점성계수(점도)[N·s/m²]
　　　　du : 속도의 변화[m/s]
　　　　dy : 거리의 변화[m]

문제에서 정중앙에 판이 놓여있으므로 F와 거리는 $\frac{1}{2}$로 해야 한다.

$F = 0.01\text{N}, \ dy = 0.01\text{m}$

점도 μ는

$$\mu = \frac{Fdy}{Adu} = \frac{0.01\text{N} \times 0.01\text{m}}{(0.1 \times 0.1)\text{m}^2 \times 0.1\text{m/s}} = 0.1\text{N} \cdot \text{s/m}^2$$

비교

Newton의 **점성법칙**(층류)

$$\tau = \frac{p_A - p_B}{l} \cdot \frac{r}{2}$$

여기서, τ : 전단응력[N/m²]
　　　　$p_A - p_B$: 압력강하[N/m²]
　　　　l : 관의 길이[m]
　　　　r : 반경[m]

답 ③

★★
35

17.05.문38
08.09.문36

그림과 같이 물탱크에서 2m²의 단면적을 가진 파이프를 통해 터빈으로 물이 공급되고 있다. 송출되는 터빈은 수면으로부터 30m 아래에 위치하고, 유량은 10m³/s이고 터빈효율이 80%일 때 터빈출력은 약 몇 kW인가? (단, 밴드나 밸브 등에 의한 부차적 손실계수는 2로 가정한다.)

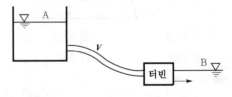

① 1254　　　　② 2690
③ 2152　　　　④ 3363

해설

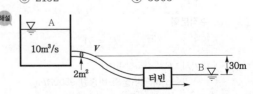

(1) 기호

- A : 2m²
- Z_2 : −30m
- Q : 10m³/s
- η : 80%=0.8
- P : ?
- K : 2

(2) 유량

$$Q=AV$$

여기서, Q : 유량[m³/s]
A : 단면적[m²]
V : 유속[m/s]

유속 V는

$$V=\frac{Q}{A}=\frac{10\text{m}^3/\text{s}}{2\text{m}^2}=5\text{m/s}$$

(3) 돌연축소관에서의 손실

$$H=K\frac{V_2^2}{2g}$$

여기서, H : 손실수두(단위중량당 손실)[m]
K : 손실계수
V_2 : 축소관유속[m/s]
g : 중력가속도(9.8m/s²)

손실수두 H는

$$H=K\frac{V_2^2}{2g}=K\frac{V^2}{2g}$$

$$=2\times\frac{(5\text{m/s})^2}{2\times9.8\text{m/s}^2}\fallingdotseq2.55\text{m}$$

(4) 기계에너지 방정식

$$\frac{V_1^2}{2g}+\frac{P_1}{\gamma}+Z_1=\frac{V_2^2}{2g}+\frac{P_2}{\gamma}+Z_2+h_L+h_s$$

여기서, V_1, V_2 : 유속[m/s]
P_1, P_2 : 압력[kN/m²]
g : 중력가속도(9.8m/s²)
γ : 비중량[N/m³]
Z_1, Z_2 : 높이[m]
h_L : 단위중량당 손실[m]
h_s : 단위중량당 축일[m]

$P_1=P_2$
$Z_1=0$m
$Z_2=-30$m
$V_1=V_2$ 매우 작으므로 무시

$$\frac{V_1^2}{2g}+\frac{P_1}{\gamma}+Z_1=\frac{V_2^2}{2g}+\frac{P_2}{\gamma}+Z_2+h_L+h_s$$

$$0+\frac{P_1}{\gamma}+0\text{m}=0+\frac{P_2}{\gamma}-30\text{m}+2.55\text{m}+h_s$$

$\boxed{P_1=P_2}$ 이므로 $\dfrac{P_1}{\gamma}$과 $\dfrac{P_2}{\gamma}$를 생략하면

$$0+0\text{m}=0-30\text{m}+2.55\text{m}+h_s$$

$$h_s=30\text{m}-2.55\text{m}=27.45\text{m}$$

(5) 터빈의 동력(출력)

$$P=\frac{\gamma h_s Q\eta}{1000}$$

여기서, P : 터빈의 동력[kW]
γ : 비중량(물의 비중량 9800N/m³)
h_s : 단위중량당 축일[m]
Q : 유량[m³/s]
η : 효율

터빈의 출력 P는

$$P=\frac{\gamma h_s Q\eta}{1000}$$

$$=\frac{9800\text{N/m}^3\times27.45\text{m}\times10\text{m}^3/\text{s}\times0.8}{1000}$$

$$\fallingdotseq2152\text{kW}$$

- 터빈은 유체의 흐름으로부터 에너지를 얻어내는 것이므로 효율을 곱해야 하고 전동기처럼 에너지가 소비된다면 효율을 나누어야 한다.

답 ③

★★ 36

14.09.문38
10.03.문25

직경이 40mm인 비눗방울의 내부초과압력이 30N/m² 일 때 비눗방울의 표면장력은 몇 N/m인가?

① 0.075
② 0.15
③ 0.2
④ 0.3

해설 (1) 기호

- D : 40mm=0.04m(1000mm=1m)
- ΔP : 30N/m²
- σ : ?

(2) 비눗방울의 표면장력(surface tension)

$$\sigma=\frac{\Delta p D}{8}$$

여기서, σ : 비눗방울의 표면장력[N/m]
Δp : 압력차(내부초과 압력)[Pa] 또는 [N/m²]
D : 직경[m]

$$\sigma=\frac{\Delta p D}{8}$$

$$=\frac{30\text{N/m}^2\times40\text{mm}}{8}=\frac{30\text{N/m}^2\times0.04\text{m}}{8}$$

$$=0.15\text{N/m}$$

- Pa=N/m²
- 1000mm=1m이므로 40mm=0.04m

비교

물방울의 표면장력(surface tension)

$$\sigma=\frac{\Delta p D}{4}$$

여기서, σ : 물방울의 표면장력[N/m]
Δp : 압력차([Pa] 또는 [N/m²])
D : 직경[m]

답 ②

★ 37
16.10.문33

수면에 잠긴 무게가 490N인 매끈한 쇠구슬을 줄에 매달아서 일정한 속도로 내리고 있다. 쇠구슬이 물속으로 내려갈수록 들고 있는 데 필요한 힘은 어떻게 되는가? (단, 물은 정지된 상태이며, 쇠구슬은 완전한 구형체이다.)

① 적어진다.
② 동일하다.
③ 수면 위보다 커진다.
④ 수면 바로 아래보다 커진다.

해설 **부력**은 배제된 부피만큼의 유체의 무게에 해당하는 힘이다. 부력은 항상 **중력**의 **반대방향**으로 **작용**하므로 쇠구슬이 물속으로 내려갈수록 들고 있는 데 필요한 힘은 **동일하다.**

중요

부 력	물체의 무게
$F_B = \gamma V$	$F_w = \gamma V$
여기서, F_B : 부력[N] γ : 액체의 비중량 [N/m^3] V : 물속에 잠긴 부피[m^3]	여기서, F_w : 물체의 무게 [N] γ : 물체의 비중량 [N/m^3] V : 전체 부피[m^3]

답 ②

★★★ 38
23.05.문37
 19.04.문23
 12.09.문21
 09.05.문39

단면적이 A와 $2A$인 U자형 관에 밀도가 d인 기름이 담겨져 있다. 단면적이 $2A$인 관에 관벽과는 마찰이 없는 물체를 놓았더니 그림과 같이 평형을 이루었다. 이때 이 물체의 질량은?

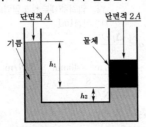

① $2Ah_1d$
② Ah_1d
③ $A(h_1+h_2)d$
④ $A(h_1-h_2)d$

해설 (1) 중량

$$F=mg$$

여기서, F : 중량(힘)[N]
 m : 질량[kg]
 g : 중력가속도[9.8m/s^2]

$F=mg \propto m$
 질량은 중량(힘)에 비례하므로 파스칼의 원리식 적용

(2) 파스칼의 원리

$$\frac{F_1}{A_1}=\frac{F_2}{A_2}, \ p_1=p_2$$

여기서, F_1, F_2 : 가해진 힘[kN]
 A_1, A_2 : 단면적[m^2]
 p_1, p_2 : 압력[kPa]

$\frac{F_1}{A_1}=\frac{F_2}{A_2}$ 에서 $A_2=2A_1$ 이므로

$$F_2=\frac{A_2}{A_1}\times F_1=\frac{2A_1}{A_1}\times F_1=2F_1$$

질량은 중량(힘)에 비례하므로 $F_2=2F_1$를 $m_2=2m_1$로 나타낼 수 있다.

(3) 물체의 질량

$$m_1=dh_1A$$

여기서, m_1 : 물체의 질량[kg]
 d : 밀도[kg/m^3]
 h_1 : 깊이[m]
 A : 단면적[m^2]

$m_2=2m_1=2\times dh_1A=2Ah_1d$

답 ①

★ 39
21.09.문25

그림과 같이 노즐이 달린 수평관에서 계기압력이 0.49MPa이었다. 이 관의 안지름이 6cm이고 관의 끝에 달린 노즐의 지름이 2cm라면 노즐의 분출속도는 몇 m/s인가? (단, 노즐에서의 손실은 무시하고, 관마찰계수는 0.025이다.)

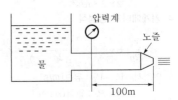

① 16.8
② 20.4
③ 25.5
④ 28.4

해설

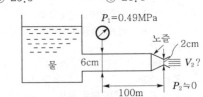

(1) 기호

- P_1 : 0.49MPa=0.49×10^{6}Pa=0.49×10^{6}N/m^2
 =490×10^{3}N/m^2=490kN/m^2
- D_1 : 6cm=0.06m(100cm=1m)
- D_2 : 2cm=0.02m(100cm=1m)
- V_2 : ?
- f : 0.025
- L : 100m

(2) 유량

$$Q = AV = \frac{\pi D^2}{4}V$$

여기서, Q : 유량[m³/s]
A : 단면적[m²]
V : 유속[m/s]
D : 지름(안지름)[m]

식을 변형하면

$$Q = A_1 V_1 = A_2 V_2 = \frac{\pi D_1{}^2}{4}V_1 = \frac{\pi D_2{}^2}{4}V_2 \quad \text{에서}$$

$$\frac{\pi D_1{}^2}{4}V_1 = \frac{\pi D_2{}^2}{4}V_2$$

$$\left(\frac{\pi \times 0.06^2}{4}\right)\text{m}^2 \times V_1 = \left(\frac{\pi \times 0.02^2}{4}\right)\text{m}^2 \times V_2$$

$$\therefore V_2 = 9V_1$$

(3) 마찰손실수두

$$\Delta H = \frac{\Delta P}{\gamma} = \frac{fLV^2}{2gD}$$

여기서, ΔH : 마찰손실(수두)[m]
ΔP : 압력차[kPa] 또는 [kN/m²]
γ : 비중량(물의 비중량 9800N/m³)
f : 관마찰계수
L : 길이[m]
V : 유속[m/s]
g : 중력가속도(9.8m/s²)
D : 내경[m]

배관의 **마찰손실** ΔH 는

$$\Delta H = \frac{fLV_1{}^2}{2gD_1} = \frac{0.025 \times 100\text{m} \times V_1{}^2}{2 \times 9.8\text{m/s}^2 \times 0.06\text{m}}$$
$$≒ 2.12 V_1{}^2$$

(4) 베르누이 방정식(비압축성 유체)

$$\underbrace{\frac{V_1{}^2}{2g}}_{\text{속도수두}} + \underbrace{\frac{P_1}{\gamma}}_{\text{압력수두}} + \underbrace{Z_1}_{\text{위치수두}} = \frac{V_2{}^2}{2g} + \frac{P_2}{\gamma} + Z_2 + \Delta H$$

여기서, V_1, V_2 : 유속[m/s]
P_1, P_2 : 압력[N/m²]
Z_1, Z_2 : 높이[m]
g : 중력가속도(9.8m/s²)
γ : 비중량(물의 비중량 9.8kN/m³)
ΔH : 마찰손실(수두)[m]

• 수평관이므로 $Z_1 = Z_2$
• 노즐을 통해 대기로 분출되므로 노즐로 분출 되는 계기압 $P_2 ≒ 0$

$$\frac{V_1{}^2}{2g} + \frac{P_1}{\gamma} + \cancel{Z_1} = \frac{V_2{}^2}{2g} + \frac{0}{\gamma} + \cancel{Z_2} + \Delta H$$

$$\frac{V_1{}^2}{2 \times 9.8\text{m/s}^2} + \frac{490\text{kN/m}^2}{9.8\text{kN/m}^3}$$
$$= \frac{(9V_1)^2}{2 \times 9.8\text{m/s}^2} + 0\text{m} + 2.12V_1{}^2$$

$$\frac{490\text{kN/m}^2}{9.8\text{kN/m}^3} = \frac{(9V_1)^2}{2 \times 9.8\text{m/s}^2} - \frac{V_1{}^2}{2 \times 9.8\text{m/s}^2} + 2.12V_1{}^2$$

$$\frac{490\text{kN/m}^2}{9.8\text{kN/m}^3} = \frac{81V_1{}^2 - V_1{}^2}{2 \times 9.8\text{m/s}^2} + 2.12V_1{}^2$$

$$\frac{490\text{kN/m}^2}{9.8\text{kN/m}^3} = \frac{80V_1{}^2}{2 \times 9.8\text{m/s}^2} + 2.12V_1{}^2$$

$$50\text{m} = 4.081V_1{}^2 + 2.12V_1{}^2$$

$$50\text{m} = 6.201V_1{}^2$$

$$6.201V_1{}^2 = 50\text{m}$$

$$V_1{}^2 = \frac{50\text{m}}{6.201}$$

$$\sqrt{V_1{}^2} = \sqrt{\frac{50\text{m}}{6.201}}$$

$$V_1 = \sqrt{\frac{50\text{m}}{6.201}} = 2.84\text{m/s}$$

노즐에서의 유속 V_2 는
$$V_2 = 9V_1 = 9 \times 2.84\text{m/s} ≒ 25.5\text{m/s}$$

답 ③

★★★
40 단위 및 차원에 대한 설명으로 틀린 것은?

23.05.문39
22.04.문31
21.05.문30
19.04.문40
17.05.문40
16.05.문25

① 밀도의 단위로 kg/m³을 사용한다.
② 운동량의 차원은 MLT이다.
③ 점성계수의 차원은 ML⁻¹T⁻¹이다.
④ 압력의 단위로 N/m²을 사용한다.

해설
② MTL → MTL⁻¹
• 1N=1kg·m/s²만 알면 중력단위에서 절대단위로 쉽게 단위변환이 된다.

차 원	중력단위[차원]	절대단위[차원]
길이	m[L]	m[L]
시간	s[T]	s[T]
운동량	N·s[FT]	kg·m/s[MLT⁻¹] 보기 ②
힘	N[F]	kg·m/s²[MLT⁻²]
속도	m/s[LT⁻¹]	m/s[LT⁻¹]
가속도	m/s²[LT⁻²]	m/s²[LT⁻²]
질량	N·s²/m[FL⁻¹T²]	kg[M]
압력	N/m²[FL⁻²] 보기 ④	kg/m·s²[ML⁻¹T⁻²]
밀도	N·s²/m⁴[FL⁻⁴T²]	kg/m³[ML⁻³] 보기 ①
비중	무차원	무차원
비중량	N/m³[FL⁻³]	kg/m²·s²[ML⁻²T⁻²]
비체적	m⁴/N·s²[F⁻¹L⁴T⁻²]	m³/kg[M⁻¹L³]
일률	N·m/s[FLT⁻¹]	kg·m²/s³[ML²T⁻³]
일	N·m[FL]	kg·m²/s²[ML²T⁻²]
점성계수	N·s/m²[FL⁻²T]	kg/m·s[ML⁻¹T⁻¹] 보기 ③

답 ②

제3과목 소방관계법규

★★★ 41

소방시설의 하자가 발생한 경우 통보를 받은 공사업자는 며칠 이내에 이를 보수하거나 보수일정을 기록한 하자보수계획을 관계인에게 서면으로 알려야 하는가?

23.05.문56
20.08.문56
14.03.문44

① 3일
② 7일
③ 14일
④ 30일

해설 3일

(1) **하**자보수기간(공사업법 15조)
(2) 소방시설업 등록증 **분**실 등의 **재**발급(공사업규칙 4조)

기억법 3하분재(**상하**이에서 **분재**를 가져왔다.)

답 ①

★★★ 42

소방시설 설치 및 관리에 관한 법령상 자동화재탐지설비를 설치하여야 하는 특정소방대상물의 기준으로 틀린 것은?

16.05.문43
16.03.문57
14.03.문79
12.03.문74

① 공장 및 창고시설로서 「소방기본법 시행령」에서 정하는 수량의 500배 이상의 특수가연물을 저장·취급하는 것
② 지하가(터널은 제외한다)로서 연면적 600m² 이상인 것
③ 숙박시설이 있는 수련시설로서 수용인원 100명 이상인 것
④ 장례시설 및 복합건축물로서 연면적 600m² 이상인 것

해설 ② 600m² 이상 → 1000m² 이상

소방시설법 시행령 〔별표 4〕
자동화재탐지설비의 설치대상

설치대상	조 건
① 정신의료기관·의료재활시설	• 창살설치 : 바닥면적 300m² 미만 • 기타 : 바닥면적 300m² 이상
② 노유자시설	• 연면적 400m² 이상
③ **근**린생활시설·**위**락시설 ④ **의**료시설(정신의료기관, 요양병원 제외) ⑤ **복**합건축물·**장**례시설 보기④	• 연면적 600m² 이상

기억법 근위의복6

---

⑥ 목욕장·문화 및 집회시설, 운동시설 ⑦ 종교시설 ⑧ 방송통신시설·관광휴게시설 ⑨ 업무시설·판매시설 ⑩ 항공기 및 자동차 관련시설·공장·창고시설 ⑪ 지하가(터널 제외)·운수시설·발전시설·위험물 저장 및 처리시설 보기② ⑫ 교정 및 군사시설 중 국방·군사시설	• 연면적 1000m² 이상
⑬ **교**육연구시설·**동**물관련시설 ⑭ **자**원순환관련시설·**교**정 및 군사시설(국방·군사시설 제외) ⑮ **수**련시설(숙박시설이 있는 것 제외) ⑯ 묘지관련시설 **기억법** **교동자교수 2**	• 연면적 2000m² 이상
⑰ 지하가 중 터널	• 길이 1000m 이상
⑱ 지하구 ⑲ 노유자생활시설 ⑳ 아파트 등 기숙사 ㉑ 숙박시설 ㉒ **6층** 이상인 건축물 ㉓ 조산원 및 산후조리원 ㉔ 전통시장 ㉕ 요양병원(정신병원, 의료재활시설 제외)	• 전부
㉖ 특수가연물 저장·취급 보기①	• 지정수량 500배 이상
㉗ 수련시설(숙박시설이 있는 것) 보기③	• 수용인원 100명 이상
㉘ 발전시설	• 전기저장시설

답 ②

★★★ 43

소방기본법령상 소방대장은 화재, 재난·재해 그 밖의 위급한 상황이 발생한 현장에 소방활동구역을 정하여 소방활동에 필요한 자로서 대통령령으로 정하는 사람 외에는 그 구역에의 출입을 제한할 수 있다. 다음 중 소방활동구역에 출입할 수 없는 사람은?

23.05.문59
21.05.문60
19.04.문42
15.03.문43
11.06.문48
06.03.문44

① 소방활동구역 안에 있는 소방대상물의 소유자·관리자 또는 점유자
② 전기·가스·수도·통신·교통의 업무에 종사하는 사람으로서 원활한 소방활동을 위하여 필요한 사람
③ 시·도지사가 소방활동을 위하여 출입을 허가한 사람
④ 의사·간호사 그 밖에 구조·구급업무에 종사하는 사람

③ 시·도지사 → 소방대장

기본령 8조
소방활동구역 출입자
(1) **소방활동구역** 안에 있는 **소유자·관리자** 또는 **점유자** 보기 ①
(2) **전기·가스·수도·통신·교통**의 업무에 종사하는 자로서 원활한 **소방활동**을 위하여 필요한 자 보기 ②
(3) **의사·간호사**, 그 밖에 구조·구급업무에 종사하는 자 보기 ④
(4) **취재인력** 등 보도업무에 종사하는 자
(5) **수사업무**에 종사하는 자
(6) **소방대장**이 소방활동을 위하여 **출입**을 **허가**한 자 보기 ③

> **용어**
>
> **소방활동구역**
> 화재, 재난·재해 그 밖의 위급한 상황이 발생한 현장에 정하는 구역

답 ③

⭐ 44
23.05.문45

특정소방대상물의 소방시설 등에 대한 자체점검 기술자격자의 범위에서 '행정안전부령으로 정하는 기술자격자'는?
① 소방안전관리자로 선임된 소방설비산업기사
② 소방안전관리자로 선임된 소방설비기사
③ 소방안전관리자로 선임된 전기기사
④ 소방안전관리자로 선임된 소방시설관리사 및 소방기술사

해설 **소방시설법 시행규칙 19조**
소방시설 등 자체점검 기술자격자
(1) 소방안전관리자로 선임된 **소방시설관리사** 보기 ④
(2) 소방안전관리자로 선임된 **소방기술사** 보기 ④

답 ④

⭐⭐⭐ 45
19.03.문60
17.09.문55
16.03.문52
15.03.문60
13.09.문51

화재의 예방 및 안전관리에 관한 법령상 특정소방대상물 중 1급 소방안전관리대상물의 해당기준이 아닌 것은?
① 연면적이 1만 5천m² 이상인 것(아파트 및 연립주택 제외)
② 층수가 11층 이상인 것(아파트는 제외)
③ 가연성 가스를 1천톤 이상 저장·취급하는 시설
④ 10층 이상이거나 지상으로부터 높이가 40m 이상인 아파트

해설
④ 10층 이상이거나 지상으로부터 높이가 40m 이상인 아파트 → 30층 이상(지하층 제외) 또는 120m 이상 아파트

화재예방법 시행령〔별표 4〕
소방안전관리자를 두어야 할 특정소방대상물
(1) **특급 소방안전관리대상물** : 동식물원, 철강 등 불연성 물품 저장·취급창고, 지하구, 위험물제조소 등 제외
　㉠ **50층 이상**(지하층 제외) 또는 지상 **200m 이상 아파트**
　㉡ **30층 이상**(지하층 포함) 또는 지상 **120m 이상**(아파트 제외)
　㉢ 연면적 **10만m²** 이상(아파트 제외)
(2) **1급 소방안전관리대상물** : 동식물원, 철강 등 불연성 물품 저장·취급창고, 지하구, 위험물제조소 등 제외
　㉠ **30층 이상**(지하층 제외) 또는 지상 **120m 이상 아파트**
　㉡ 연면적 **15000m²** 이상인 것(아파트 및 연립주택 제외) 보기 ①
　㉢ **11층 이상**(아파트 제외) 보기 ②
　㉣ 가연성 가스를 **1000t 이상** 저장·취급하는 시설 보기 ③
(3) **2급 소방안전관리대상물**
　㉠ 지하구
　㉡ 가스제조설비를 갖추고 도시가스사업 허가를 받아야 하는 시설 또는 가연성 가스를 **100~1000t 미만** 저장·취급하는 시설
　㉢ 옥내소화전설비·스프링클러설비 설치대상물
　㉣ 물분무등소화설비(호스릴방식의 물분무등소화설비만을 설치한 경우 제외) 설치대상물
　㉤ **공동주택**(옥내소화전설비 또는 스프링클러설비가 설치된 공동주택 한정)
　㉥ **목조건축물**(국보·보물)
(4) **3급 소방안전관리대상물**
　㉠ **자동화재탐지설비** 설치대상물
　㉡ 간이스프링클러설비(주택전용 간이스프링클러설비 제외) 설치대상물

답 ④

⭐⭐⭐ 46
23.03.문51
21.03.문47
19.09.문01
18.04.문45
14.09.문52
14.03.문53
13.06.문48

화재의 예방 및 안전관리에 관한 법령상 소방안전관리대상물의 소방안전관리자의 업무가 아닌 것은?
① 자위소방대의 구성·운영·교육
② 소방시설공사
③ 소방계획서의 작성 및 시행
④ 소방훈련 및 교육

해설 ② 소방시설공사 : 소방시설공사업체

화재예방법 24조 ⑤항
관계인 및 소방안전관리자의 업무

특정소방대상물 (관계인)	소방안전관리대상물 (소방안전관리자)
① 피난시설·방화구획 및 방화시설의 관리	① **피난시설·방화구획** 및 방화시설의 관리
② **소방시설**, 그 밖의 소방관련 시설의 관리	② **소방시설**, 그 밖의 소방관련 시설의 관리
③ **화기취급**의 감독	③ **화기취급**의 감독
④ 소방안전관리에 필요한 업무	④ 소방안전관리에 필요한 업무
⑤ 화재발생시 초기대응	⑤ **소방계획서**의 작성 및 시행(대통령령으로 정하는 사항 포함) 보기 ③
	⑥ **자위소방대** 및 **초기대응체계**의 구성·운영·교육 보기 ①
	⑦ 소방훈련 및 교육 보기 ④
	⑧ 소방안전관리에 관한 업무 수행에 관한 기록·유지
	⑨ 화재발생시 초기대응

용어

특정소방대상물	소방안전관리대상물
① 다수인이 출입하는 곳으로서 소방시설 설치장소 ② 건축물 등의 규모·용도 및 수용인원 등을 고려하여 소방시설을 설치하여야 하는 소방대상물로서 대통령령으로 정하는 것	① 특급, 1급, 2급 또는 3급 소방안전관리자를 배치하여야 하는 건축물 ② 대통령령으로 정하는 특정소방대상물

답 ②

47

★★
18.03.문58
12.05.문42

화재의 예방 및 안전관리에 관한 법률상 소방안전특별관리시설물의 대상기준 중 틀린 것은?

① 수련시설
② 항만시설
③ 전력용 및 통신용 지하구
④ 지정문화유산인 시설(시설이 아닌 지정문화유산를 보호하거나 소장하고 있는 시설을 포함)

해설 ① 해당없음

화재예방법 40조
소방안전특별관리시설물의 안전관리
(1) 공항시설
(2) 철도시설
(3) 도시철도시설
(4) **항만시설** 보기 ②
(5) **지정문화유산** 및 **천연기념물** 등인 시설(시설이 아닌 지정문화유산 및 천연기념물 등을 보호하거나 소장하고 있는 시설 포함) 보기 ④
(6) 산업기술단지
(7) 산업단지
(8) 초고층 건축물 및 지하연계 복합건축물
(9) 영화상영관 중 수용인원 **1000명** 이상인 영화상영관
(10) **전력용 및 통신용 지하구** 보기 ③
(11) 석유비축시설
(12) 천연가스 인수기지 및 공급망
(13) 전통시장(**대통령령**으로 정하는 전통시장)

답 ①

48

★
23.03.문42

위험물안전관리법령상 제조소 또는 일반취급소의 위험물취급탱크 노즐 또는 맨홀을 신설하는 경우, 노즐 또는 맨홀의 직경이 몇 mm를 초과하는 경우에 변경허가를 받아야 하는가?

① 250
② 300
③ 450
④ 600

해설 **위험물규칙〔별표 1의 2〕**
제조소 또는 일반취급소의 변경허가
(1) **제조소 또는 일반취급소의 위치**를 **이전**하는 경우
(2) 건축물의 벽·기둥·바닥·보 또는 지붕을 **증설** 또는 **철거**하는 경우
(3) **배출설비**를 **신설**하는 경우
(4) 위험물취급탱크를 신설·교체·철거 또는 보수(탱크의 본체를 절개)하는 경우

(5) 위험물취급탱크의 **노즐** 또는 **맨홀**을 신설하는 경우(노즐 또는 맨홀의 직경이 **250mm**를 초과하는 경우) 보기 ①

250mm 초과

↑ 맨홀 변경허가

(6) 위험물취급탱크의 **방유제**의 **높이** 또는 방유제 내의 **면적**을 **변경**하는 경우
(7) 위험물취급탱크의 탱크전용실을 **증설** 또는 **교체**하는 경우
(8) **300m**(지상에 설치하지 아니하는 배관은 **30m**)를 초과하는 위험물배관을 신설·교체·철거 또는 보수(배관 절개)하는 경우
(9) 불활성기체의 봉입장치를 **신설**하는 경우

기억법 **노맨 250mm**

답 ①

49

★★★
22.04.문56
21.03.문44
12.03.문48

다음 중 소방기본법령에 따라 화재예방상 필요하다고 인정되거나 화재위험경보시 발령하는 소방신호의 종류로 옳은 것은?

① 경계신호
② 발화신호
③ 경보신호
④ 훈련신호

해설 **기본규칙 10조**
소방신호의 종류

소방신호	설명
경계신호 보기 ①	화재예방상 필요하다고 인정되거나 화재위험경보시 발령
발화신호	화재가 발생한 때 발령
해제신호	소화활동이 필요없다고 인정되는 때 발령
훈련신호	훈련상 필요하다고 인정되는 때 발령

중요

기본규칙〔별표 4〕
소방신호표

신호방법 종별	타종신호	사이렌 신호
경계신호	**1타**와 연 **2타**를 반복	**5초** 간격을 두고 **30초**씩 **3회**
발화신호	**난타**	**5초** 간격을 두고 **5초**씩 **3회**
해제신호	상당한 간격을 두고 **1타**씩 반복	**1분간 1회**
훈련신호	연 **3타** 반복	**10초** 간격을 두고 **1분**씩 **3회**

기억법
　　　　타　　사
경계 1+2　5+30=3
발 　난 　5+5=3
해 　1 　　1=1
훈 　3 　　10+1=3

답 ①

50

22.09.문56
20.09.문57
13.09.문56

소방기본법령상 소방안전교육사의 배치대상별 배치기준에서 소방본부의 배치기준은 몇 명 이상인가?

① 1

② 2

③ 3

④ 4

해설 **기본령** 〔별표 2의 3〕
소방안전교육사의 배치대상별 배치기준

배치대상	배치기준
소방서	• **1명** 이상
한국소방안전원	• 시 · 도지부 : **1명** 이상 • 본회 : **2명** 이상
소방본부	• **2명** 이상 보기 ②
소방청	• **2명** 이상
한국소방산업기술원	• **2명** 이상

답 ②

51

22.04.문54
16.10.문58
05.05.문44

소방시설공사업법령상 일반 소방시설설계업(기계분야)의 영업범위에 대한 기준 중 ( )에 알맞은 내용은? (단, 공장의 경우는 제외한다.)

> 연면적 ( )m² 미만의 특정소방대상물(제연설비가 설치되는 특정소방대상물은 제외한다)에 설치되는 기계분야 소방시설의 설계

① 10000

② 20000

③ 30000

④ 50000

해설 **공사업령** 〔별표 1〕
소방시설설계업

종 류	기술인력	영업범위
전문	• 주된기술인력: **1명** 이상 • 보조기술인력: **1명** 이상	• 모든 특정소방대상물
일반	• 주된기술인력: **1명** 이상 • 보조기술인력: **1명** 이상	• **아파트**(기계분야 제연설비 제외) • 연면적 **30000m²**(공장 **10000m²**) 미만(기계분야 제연설비 제외) 보기 ③ • **위험물제조소** 등

답 ③

52

21.09.문55
19.04.문48
19.04.문56
18.04.문56
16.05.문49
14.03.문58
11.06.문49

화재의 예방 및 안전관리에 관한 법령상 옮긴 물건 등의 보관기간은 해당 소방관서의 인터넷 홈페이지에 공고하는 기간의 종료일 다음 날부터 며칠로 하는가?

① 3

② 4

③ 5

④ 7

해설 **7일**
(1) 옮긴 물건 등의 보관기간(화재예방법 시행령 17조) 보기 ④
(2) 건축허가 등의 취소통보(소방시설법 시행규칙 3조)
(3) 소방공사 **감리원**의 **배치통보일**(공사업규칙 17조)
(4) 소방공사 감리결과 통보 · 보고일(공사업규칙 19조)

> 기억법 **감배7**(감 배치)

7일	14일
옮긴 물건 등의 보관기간	옮긴 물건 등의 공고기간

답 ④

53

19.09.문60

화재의 예방 및 안전관리에 관한 법령상 소방대상물의 개수 · 이전 · 제거, 사용의 금지 또는 제한, 사용폐쇄, 공사의 정지 또는 중지, 그 밖의 필요한 조치로 인하여 손실을 받은 자가 손실보상청구서에 첨부하여야 하는 서류로 틀린 것은?

① 손실보상합의서

② 손실을 증명할 수 있는 사진

③ 손실을 증명할 수 있는 증빙자료

④ 소방대상물의 관계인임을 증명할 수 있는 서류(건축물대장은 제외)

해설 ① 해당없음

화재예방법 시행규칙 6조
손실보상 청구자가 제출하여야 하는 서류
(1) 소방대상물의 **관계인임**을 증명할 수 있는 서류(건축물대장 제외) 보기 ④
(2) 손실을 증명할 수 있는 **사진**, 그 밖의 **증빙자료** 보기 ②③

> 기억법 **사증관손**(사정관의 손)

답 ①

54

23.09.문51
22.04.문59
15.09.문09
13.09.문52
12.09.문46
12.05.문46
12.03.문44
05.03.문48

소방시설 설치 및 관리에 관한 법령상 시 · 도지사가 실시하는 방염성능검사 대상으로 옳은 것은?

① 설치현장에서 방염처리를 하는 합판 · 목재

② 제조 또는 가공공정에서 방염처리를 한 카펫

③ 제조 또는 가공공정에서 방염처리를 한 창문에 설치하는 블라인드

④ 설치현장에서 방염처리를 하는 암막 · 무대막

해설 소방시설법 시행령 32조
시·도지사가 실시하는 방염성능검사
설치현장에서 방염처리를 하는 **합판·목재류** 보기 ①

👉 중요

소방시설법 시행령 31조
방염대상물품

제조 또는 가공 공정에서 방염처리를 한 물품	건축물 내부의 천장이나 벽에 부착하거나 설치하는 것
① 창문에 설치하는 **커튼류**(블라인드 포함)	① 종이류(두께 **2mm 이상**), 합성수지류 또는 섬유류를 주원료로 한 물품
② 카펫	
③ 벽지류(두께 2mm 미만인 종이벽지 제외)	② 합판이나 목재
④ 전시용 합판·목재 또는 섬유판	③ 공간을 구획하기 위하여 설치하는 간이칸막이
⑤ 무대용 합판·목재 또는 섬유판	④ 흡음재(흡음용 커튼 포함) 또는 방음재(방음용 커튼 포함)
⑥ 암막·무대막(영화상영관·가상체험 체육시설업의 **스크린** 포함)	※ 가구류(옷장, 찬장, 식탁, 식탁용 의자, 사무용 색상, 사무용 의자, 계산대)와 너비 10cm 이하인 반자 돌림대, 내부 마감재료 제외
⑦ 섬유류 또는 합성수지류 등을 원료로 하여 제작된 소파·의자(단란주점영업, 유흥주점영업 및 노래연습장업의 영업장에 설치하는 것만 해당)	

답 ①

★★★
55 복도통로유도등의 설치기준으로 틀린 것은?

19.09.문69
16.10.문64
14.09.문66
14.05.문67
14.03.문80
11.03.문68
08.05.문69

① 바닥으로부터 높이 1.5m 이하의 위치에 설치할 것
② 구부러진 모퉁이 및 입체형 또는 바닥에 설치된 통로유도등을 기점으로 보행거리 20m마다 설치할 것
③ 지하역사, 지하상가인 경우에는 복도·통로 중앙부분의 바닥에 설치할 것
④ 바닥에 설치하는 통로유도등은 하중에 따라 파괴되지 아니하는 강도의 것으로 할 것

해설

① 1.5m 이하 → 1m 이하

(1) 설치높이

구 분	설치높이
• 계단통로유도등 • **복도통로유도등** 보기 ① • 통로유도표지	바닥으로부터 높이 **1m** 이하
• 피난구유도등	피난구의 바닥으로부터 높이 **1.5m** 이상
• 거실통로유도등	바닥으로부터 높이 **1.5m** 이상(단, 거실통로의 기둥은 1.5m 이하)
• 피난구유도표지	출입구 상단

기억법 계복1, 피유15상

(2) 설치거리

구 분	설치거리
복도통로유도등	구부러진 모퉁이 및 피난구유도등이 설치된 출입구의 맞은편 복도에 입체형 또는 바닥에 설치한 통로유도등을 기점으로 보행거리 20m마다 설치
거실통로유도등	구부러진 모퉁이 및 **보행거리 20m마다** 설치
계단통로유도등	각 층의 **경사로참** 또는 계단참마다 설치

답 ①

★★★
56 다음 위험물 중 자기반응성 물질은 어느 것인가?

23.09.문53
21.09.문11
19.04.문44
16.05.문46
15.09.문03
15.09.문18
15.05.문10
15.05.문42
15.03.문51
14.09.문18

① 황린
② 염소산염류
③ 특수인화물
④ 질산에스터류

해설 위험물령 〔별표 1〕
위험물

유 별	성 질	품 명
제1류	산화성 고체	• 아염소산염류 • 염소산염류 보기 ② • 과염소산염류 • 질산염류 • 무기과산화물
제2류	가연성 고체	• 황화인 • **적린** • **황** • **철분** • 마그네슘
제3류	자연발화성 물질 및 금수성 물질	• 황린 보기 ① • 칼륨 • 나트륨
제4류	**인화성 액체**	• 특수인화물 보기 ③ • 알코올류 • 석유류 • 동식물유류
제5류	자기반응성 물질	• 나이트로화합물 • 유기과산화물 • 나이트로소화합물 • 아조화합물 • 질산에스터류(셀룰로이드) 보기 ④
제6류	산화성 액체	• 과염소산 • 과산화수소 • 질산

답 ④

57

★★★

위험물안전관리법령상 제조소와 사용전압이 35000V를 초과하는 특고압가공전선에 있어서 안전거리는 몇 m 이상을 두어야 하는가? (단, 제6류 위험물을 취급하는 제조소는 제외한다.)

22.04.문43
15.09.문55
11.10.문59

① 3
② 5
③ 20
④ 30

해설 위험물규칙 〔별표 4〕
위험물제조소의 안전거리

안전거리	대상
3m 이상	7000~35000V 이하의 특고압가공전선
5m 이상 보기 ②	35000V를 초과하는 특고압가공전선
10m 이상	**주거용**으로 사용되는 것
20m 이상	• 고압가스 **제조**시설(용기에 충전하는 것 포함) • 고압가스 **사용**시설(1일 30m³ 이상 용적 취급) • 고압가스 **저장**시설 • 액화산소 **소비**시설 • 액화석유가스 제조·저장시설 • 도시가스 공급시설
30m 이상	• 학교 • 병원급 의료기관 • 공연장 ┐ • 영화상영관 ┘ **300명** 이상 수용시설 • 아동복지시설 • 노인복지시설 • 장애인복지시설 • 한부모가족복지시설 **20명** 이상 수용시설 • 어린이집 • 성매매피해자 등을 위한 지원시설 • 정신건강증진시설 • 가정폭력피해자 보호시설 ┘
50m 이상	• 유형**문**화재 • 지정문화재 **기억법** 문5(문어)

답 ②

58

★★★

다음 중 소방시설 설치 및 관리에 관한 법령상 소방시설관리업을 등록할 수 있는 자는?

23.09.문46
20.08.문57
15.09.문45
15.03.문41
12.09.문44

① 피성년후견인
② 소방시설관리업의 등록이 취소된 날부터 2년이 경과된 자
③ 금고 이상의 형의 집행유예를 선고받고 그 유예기간 중에 있는 자
④ 금고 이상의 실형을 선고받고 그 집행이 면제된 날부터 2년이 지나지 아니한 자

해설 ② 2년이 경과된 자는 등록 가능

소방시설법 30조
소방시설관리업의 등록결격사유
(1) 피성년후견인 보기 ①

(2) 금고 이상의 실형을 선고받고 그 집행이 끝나거나 집행이 면제된 날부터 **2년**이 지나지 아니한 사람 보기 ④
(3) 금고 이상의 형의 집행유예를 선고받고 그 유예기간 중에 있는 사람 보기 ③
(4) 관리업의 등록이 취소된 날부터 **2년**이 지나지 아니한 자

 용어

> **피성년후견인**
> 사무처리능력이 지속적으로 결여된 사람

답 ②

59

★★★

일반공사감리대상의 경우 감리현장 연면적의 총합계가 10만m² 이하일 때 1인의 책임감리원이 담당하는 소방공사감리현장은 몇 개 이하인가?

① 2개
② 3개
③ 4개
④ 5개

해설 공사업규칙 16조
소방공사감리원의 세부배치기준

감리대상	책임감리원
일반공사감리대상	• 주 1회 이상 방문감리 • 담당감리현장 **5개** 이하로서 연면적 총 합계 **100000m²** 이하 보기 ④

답 ④

60

★★★

위험물안전관리법령에 따른 정기점검의 대상인 제조소 등의 기준 중 틀린 것은?

18.09.문53
17.09.문51
16.10.문45
10.03.문52

① 암반탱크저장소
② 지하탱크저장소
③ 이동탱크저장소
④ 지정수량의 150배 이상의 위험물을 저장하는 옥외탱크저장소

해설 ④ 해당없음

위험물령 16조
정기점검의 대상인 제조소 등
(1) 예방규정을 정하여야 할 제조소 등(위험물령 15조)
  ⊙ **10배** 이상의 **제조소·일반취급소**
  ○ **100배** 이상의 **옥외저장소**
  © **150배** 이상의 **옥내저장소**
  @ **200배** 이상의 **옥외탱크저장소**
  © **이송취급소**
  ⊕ **암반탱크저장소**

기억법	0	제 일
	0	외
	5	내
	2	탱

(2) **지하탱크**저장소 보기 ②
(3) **이동탱크**저장소 보기 ③
(4) 위험물을 취급하는 탱크로서 지하에 매설된 탱크가 있는 **제조소·주유취급소** 또는 **일반취급소**

기억법 정 지이

답 ④

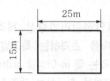

제4과목 소방기계시설의 구조 및 원리 ⠿

★★★
61 다음은 포소화설비에서 배관 등 설치기준에 관한 내용이다. ( ) 안에 들어갈 내용으로 옳은 것은?

23.09.문63
19.09.문67
18.09.문68
15.09.문72
11.10.문72
02.03.문62

> 펌프의 성능은 체절운전시 정격토출압력의 (㉠)%를 초과하지 않고, 정격토출량의 150%로 운전시 정격토출압력의 (㉡)% 이상이 되어야 한다.

① ㉠ 120, ㉡ 65
② ㉠ 120, ㉡ 75
③ ㉠ 140, ㉡ 65
④ ㉠ 140, ㉡ 75

해설 **(1) 포소화설비**의 **배관**(NFPC 105 7조, NFTC 105 2.4)
- ㉠ 급수개폐밸브 : **탬퍼스위치** 설치
- ㉡ 펌프의 흡입측 배관 : **버터플라이밸브 외**의 개폐표시형 밸브 설치
- ㉢ 송액관 : **배액밸브** 설치

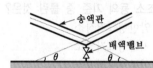

‖ 송액관의 기울기 ‖

(2) 소화펌프의 **성능시험 방법** 및 **배관**
- ㉠ 펌프의 성능은 체절운전시 정격토출압력의 **140%**를 초과하지 않을 것 보기 ㉠
- ㉡ 정격토출량의 **150%**로 운전시 정격토출압력의 **65%** 이상이어야 할 것 보기 ㉡
- ㉢ 성능시험배관은 펌프의 토출측에 설치된 **개폐밸브 이전**에서 분기할 것
- ㉣ 유량측정장치는 펌프 정격토출량의 **175%** 이상 측정할 수 있는 성능이 있을 것

답 ③

★★★
62 평면도와 같이 반자가 있는 어느 실내에 전등이나 공조용 디퓨저 등의 시설물에 구애됨이 없이 수평거리를 2.1m로 하여 스프링클러헤드를 정방형으로 설치하고자 할 때 최소한 몇 개의 헤드를 설치하면 될 것인가? (단, 반자 속에는 헤드를 설치하지 아니하는 것으로 한다.)

19.04.문79
19.03.문68
14.03.문67

① 24개
② 42개
③ 54개
④ 72개

해설 **(1) 기호**
- R : 2.1m
- 헤드개수 : ?

(2) 정방형(정사각형) 헤드 간격

$$S = 2R\cos 45°$$

여기서, S : 헤드 간격[m]
　　　　R : 수평거리[m]

헤드 간격 S는
$$S = 2R\cos 45°$$
$$= 2 \times 2.1m \times \cos 45°$$
$$= 2.97m$$

가로 설치 헤드개수 $= \dfrac{가로길이}{S} = \dfrac{25m}{2.97m} = 9개$

세로 설치 헤드개수 $= \dfrac{세로길이}{S} = \dfrac{15m}{2.97m} = 6개$

∴ 9×6 = 54개

답 ③

★★★
63 스프링클러설비의 화재안전기준상 건식 스프링클러설비에서 헤드를 향하여 상향으로 수평주행배관의 기울기가 최소 몇 이상이 되어야 하는가?

23.03.문69
19.03.문70
13.09.문61

① 0
② $\dfrac{1}{250}$
③ $\dfrac{1}{500}$
④ $\dfrac{1}{1000}$

해설 **기울기**

기울기	설 비
$\dfrac{1}{100}$ 이상	연결살수설비의 수평주행배관
$\dfrac{2}{100}$ 이상	물분무소화설비의 배수설비
$\dfrac{1}{250}$ 이상	습식·부압식 설비 외 설비의 **가지배관**
$\dfrac{1}{500}$ 이상 보기 ③	습식·부압식 설비 외 설비의 **수평주행배관**

답 ③

64

⭐⭐⭐

피난기구의 화재안전기준에 따른 피난기구의 설치 및 유지에 관한 사항 중 틀린 것은?

23.05.문80
22.09.문67
22.05.문80
22.04.문63
20.08.문77
19.04.문76
16.03.문74
15.03.문61
13.03.문70

① 4층 이상의 층에 설치하는 피난사다리는 고강도 경량폴리에틸렌 재질을 사용할 것
② 완강기 로프 길이는 부착위치에서 피난상 유효한 착지면까지의 길이로 할 것
③ 피난기구는 특정소방대상물의 기둥·바닥 및 보 등 구조상 견고한 부분에 볼트조임·매입 및 용접 기타의 방법으로 견고하게 부착할 것
④ 피난기구를 설치하는 개구부는 서로 동일 직선상이 아닌 위치에 있을 것

해설

① 고강도 경량폴리에틸렌 재질을 사용할 것→ 금속성 고정사다리를 설치할 것

피난기구의 설치기준(NFPC 301)
(1) 피난기구는 계단·피난구 기타 피난시설로부터 적당한 거리에 있는 안전한 구조로 된 피난 또는 소화활동상 유효한 개구부(가로 **0.5m** 이상, 세로 **1m** 이상)에 고정하여 설치하거나 필요한 때에 신속하고 유효하게 설치할 수 있는 상태에 둘 것
(2) 피난기구는 특정소방대상물의 **기둥·바닥** 및 **보** 등 구조상 견고한 부분에 볼트조임·매입 및 용접 등의 방법으로 견고하게 부착할 것 보기 ③
(3) **4층 이상**의 층에 피난사다리(하향식 피난구용 내림식사다리 제외)를 설치하는 경우에는 **금속성 고정사다리**를 설치하고, 당해 고정사다리에는 쉽게 피난할 수 있는 구조의 **노대**를 설치할 것 보기 ①
(4) 완강기는 강하시 로프가 건축물 또는 구조물 등과 접촉하여 손상되지 않도록 하고, 로프의 길이는 부착위치에서 지면 또는 기타 피난상 유효한 **착지면**까지의 **길이로** 할 것 보기 ②
(5) 피난기구를 설치하는 **개구부**는 서로 **동일 직선상이 아닌 위치**에 있을 것 보기 ④

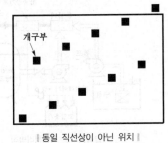

┃ 동일 직선상이 아닌 위치 ┃

답 ①

65

⭐⭐⭐

하향식 폐쇄형 스프링클러 헤드의 살수에 방해가 되지 않도록 헤드 주위 반경 몇 센티미터 이상의 살수공간을 확보하여야 하는가?

23.05.문61
22.03.문76
18.04.문71
11.10.문70

① 30　　　　② 40
③ 50　　　　④ 60

해설 (1) **스프링클러설비헤드**의 **설치기준**(NFTC 103 2.7.7)
　　ⓐ 살수가 방해되지 아니하도록 스프링클러헤드로부터 반경 **60cm 이상**의 공간을 보유할 것 (단, **벽과 스프링클러헤드**간의 공간은 **10cm 이상**) 보기 ④
　　ⓑ 스프링클러헤드와 그 부착면과의 거리는 **30cm 이하**로 할 것
　　ⓒ 측벽형 스프링클러헤드를 설치하는 경우 긴 변의 한쪽 벽에 일렬로 설치(폭이 **4.5~9m** 이하인 실에 있어서는 긴 변의 양쪽에 각각 일렬로 설치하되 마주 보는 스프링클러헤드가 나란히 꼴이 되도록 설치)하고 **3.6m** 이내마다 설치할 것
　　ⓓ 상부에 설치된 헤드의 방출수에 따라 감열부에 영향을 받을 우려가 있는 헤드에는 방출수를 차단할 수 있는 유효한 **차폐판**을 설치할 것

(2) **스프링클러헤드**

거리	적용
10cm 이상	**벽과 스프링클러헤드** 간의 공간
60cm 이상 보기 ④	**스프링클러헤드**의 공간 ┃ 헤드 반경 ┃
30cm 이하	**스프링클러헤드**와 **부착면**과의 거리 ┃ 헤드와 부착면과의 이격거리 ┃

답 ④

66

⭐⭐⭐

할로겐화합물 및 불활성기체소화설비의 화재안전기준상 저장용기 설치기준으로 틀린 것은?

21.03.문72
17.09.문78
14.09.문74
04.03.문75

① 온도가 40℃ 이하이고 온도의 변화가 작은 곳에 설치할 것
② 용기 간의 간격은 점검에 지장이 없도록 3cm 이상의 간격을 유지할 것
③ 직사광선 및 빗물이 침투할 우려가 없는 곳에 설치할 것
④ 저장용기를 방호구역 외에 설치한 경우에는 방화문으로 구획된 실에 설치할 것

해설

① 40℃ 이하 → 55℃ 이하

저장용기 온도

40℃ 이하	55℃ 이하 [보기 ①]
• 이산화탄소소화설비 • 할론소화설비 • 분말소화설비	• 할로겐화합물 및 불활성 기체소화설비

답 ①

67 포소화설비의 화재안전기준상 펌프의 토출관에 압입기를 설치하여 포소화약제 압입용 펌프로 포소화약제를 압입시켜 혼합하는 방식은?

21.05.문74
16.03.문64
15.09.문76
15.05.문80
12.05.문64

① 라인 프로포셔너방식
② 펌프 프로포셔너방식
③ 프레져 프로포셔너방식
④ 프레져사이드 프로포셔너방식

해설 **포소화약제의 혼합장치**

(1) **펌프 프로포셔너방식(펌프 혼합방식)**
　㉠ 펌프 토출측과 흡입측에 바이패스를 설치하고, 그 바이패스의 도중에 설치한 어댑터(adaptor)로 펌프 토출측 수량의 일부를 통과시켜 공기포 용액을 만드는 방식
　㉡ 펌프의 **토출관**과 **흡입관** 사이의 배관 도중에 설치한 흡입기에 펌프에서 토출된 물의 일부를 보내고 **농도조정 밸브**에서 조정된 포소화약제의 필요량을 포소화약제 탱크에서 펌프 흡입측으로 보내어 약제를 혼합하는 방식

[기억법] **펌농**

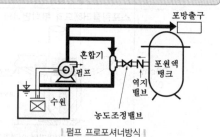

| 펌프 프로포셔너방식 |

(2) **프레져 프로포셔너방식(차압 혼합방식)**
　㉠ 가압송수관 도중에 공기포 소화원액 혼합조(P.P.T)와 혼합기를 접속하여 사용하는 방법
　㉡ **격막방식 휩탱크**를 사용하는 에어휩 혼합방식
　㉢ 펌프와 발포기의 중간에 설치된 벤투리관의 **벤투리 작용**과 펌프 가압수의 **포소화약제 저장탱크**에 대한 압력에 의하여 포소화약제를 흡입·혼합하는 방식

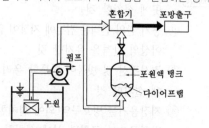

| 프레져 프로포셔너방식 |

(3) **라인 프로포셔너방식(관로 혼합방식)**
　㉠ 급수관의 배관 도중에 포소화약제 흡입기를 설치하여 그 흡입관에서 소화약제를 흡입하여 혼합하는 방식
　㉡ 펌프와 발포기의 중간에 설치된 **벤투리관**의 **벤투리 작용**에 의하여 포소화약제를 흡입·혼합하는 방식

[기억법] **라벤벤**

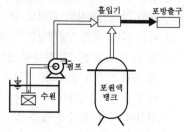

| 라인 프로포셔너방식 |

(4) **프레져사이드 프로포셔너방식(압입 혼합방식)** [보기 ④]
　㉠ 소화원액 가압펌프(**압입용 펌프**)를 별도로 사용하는 방식
　㉡ 펌프 **토출관**에 압입기를 설치하여 포소화약제 **압입용 펌프**로 포소화약제를 압입시켜 혼합하는 방식

[기억법] **프사압**

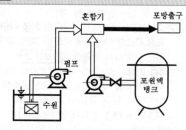

| 프레져사이드 프로포셔너방식 |

(5) **압축공기포 믹싱챔버방식**
포수용액에 공기를 강제로 주입시켜 **원거리 방수**가 가능하고 물 사용량을 줄여 **수손피해**를 **최소화**할 수 있는 방식

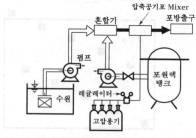

| 압축공기포 믹싱챔버방식 |

답 ④

68 물분무소화설비의 소화작용이 아닌 것은?

19.09.문71
14.03.문79
12.03.문11

① 부촉매작용
② 냉각작용
③ 질식작용
④ 희석작용

해설 **소화설비의 소화작용**

소화설비	소화작용	주된 소화작용
물(스프링클러)	• 냉각작용 • 희석작용	냉각작용 (냉각소화)
물분무	• 냉각작용 보기 ② • 질식작용 보기 ③ • 유화작용 • 희석작용 보기 ④	
포	• 냉각작용 • 질식작용	
분말	• 질식작용 • 부촉매작용 (억제작용) • 방사열 차단 효과	질식작용 (질식소화)
이산화탄소	• 냉각작용 • 질식작용 • 피복작용	
할론	• 질식작용 • 부촉매작용 (억제작용)	부촉매작용 (연쇄반응 차단소화)

중요

부촉매 작용
① 분말
② 할론
③ 할로겐화합물

답 ①

★★ 69 다음 중 피난기구의 화재안전기준에 따라 피난기구를 설치하지 아니하여도 되는 소방대상물로 틀린 것은?

21.09.문70
13.09.문79

① 갓복도식 아파트 또는 4층 이상인 층에서 발코니에 해당하는 구조 또는 시설을 설치하여 인접세대로 피난할 수 있는 아파트
② 주요구조부가 내화구조로서 거실의 각 부분으로 직접 복도로 피난할 수 있는 학교(강의실 용도로 사용되는 층에 한함)
③ 무인공장 또는 자동창고로서 사람의 출입이 금지된 장소
④ 문화 · 집회 및 운동시설 · 판매시설 및 영업시설 또는 노유자시설의 용도로 사용되는 층으로서 그 층의 바닥면적이 1000m² 이상인 것

해설 **피난기구**의 **설치장소**(NFTC 301 2.2.1.3)
문화 · 집회 및 **운동시설 · 판매시설** 및 **영업시설** 또는 **노유자시설**의 용도로 사용되는 층으로서 그 층의 바닥면적이 **1000m²** 이상 보기 ④

기억법 피설문1000(피설문천)

답 ④

★ 70 소화기구 및 자동소화장치의 화재안전기준상 소형소화기를 설치하여야 할 특정소방대상물 또는 그 부분에 옥내소화전설비 · 스프링클러설비 · 물분무등소화설비 · 옥외소화전설비를 설치한 경우에는 해당 설비의 유효범위의 부분에 대하여 소화기의 3분의 2를 감소할 수 있다. 이에 해당하는 대상물은?

23.03.문72

① 숙박시설
② 관광 휴게시설
③ 공장 · 창고시설
④ 교육연구시설

해설 **소형소화기 감소기준 적용 제외**(NFPC 101 5조, NFTC 101 2.2.1)
(1) 11층 이상
(2) 근린생활시설
(3) 위락시설
(4) 문화 및 집회시설
(5) 운동시설
(6) 판매시설
(7) 운수시설
(8) 숙박시설 보기 ①
(9) 노유자시설
(10) 의료시설
(11) 업무시설(무인변전소 제외)
(12) 방송통신시설
(13) 교육연구시설 보기 ④
(14) 항공기 및 자동차관련 시설
(15) 관광 휴게시설 보기 ②

비교

소화기의 감소기준

감소대상	감소기준	적용설비
소형소화기	$\frac{1}{2}$	• 대형소화기
	$\frac{2}{3}$	• 옥내 · 외소화전설비 • 스프링클러설비 • 물분무등소화설비

답 ③

★★★ 71 물분무헤드의 설치에서 전압이 110kV 초과 154kV 이하일 때 전기기기와 물분무헤드 사이에 몇 cm 이상의 거리를 확보하여 설치하여야 하는가?

19.04.문61
15.09.문79
14.09.문78
02.03.문68

① 80cm
② 110cm
③ 150cm
④ 180cm

해설 **물분무헤드**의 **이격거리**(NFPC 104 10조, NFTC 104 2.7.2)

전 압	거 리
66kV 이하	**70**cm 이상
66kV 초과 **77**kV 이하	**80**cm 이상
77kV 초과 **110**kV 이하	**110**cm 이상
110kV 초과 **154**kV 이하 →	**150**cm 이상 보기 ③
154kV 초과 **181**kV 이하	**180**cm 이상
181kV 초과 **220**kV 이하	**210**cm 이상
220kV 초과 **275**kV 이하	**260**cm 이상

기억법	
66	→ 70
77	→ 80
110	→ 110
154	→ 150
181	→ 180
220	→ 210
275	→ 260

답 ③

72 분말소화약제 저장용기의 설치기준으로 틀린 것은?

17.05.문74

① 설치장소의 온도가 40℃ 이하이고, 온도변화가 작은 곳에 설치할 것

② 용기간의 간격은 점검에 지장이 없도록 5cm 이상의 간격을 유지할 것

③ 저장용기의 충전비는 0.8 이상으로 할 것

④ 저장용기에는 가압식은 최고사용압력의 1.8배 이하, 축압식은 용기의 내압시험압력의 0.8배 이하의 압력에서 작동하는 안전밸브를 설치할 것

해설

② 5cm 이상 → 3cm 이상

분말소화약제의 **저장용기 설치장소기준**(NFPC 108 4조, NFTC 108 2.1)

(1) **방호구역 외**의 장소에 설치할 것(단, 방호구역 내에 설치할 경우에는 피난 및 조작이 용이하도록 피난구 부근에 설치)

(2) 온도가 **40℃** 이하이고, 온도변화가 작은 곳에 설치할 것 보기 ①

(3) 직사광선 및 빗물이 침투할 우려가 없는 곳에 설치할 것

(4) 방화문으로 구획된 실에 설치할 것

(5) 용기의 설치장소에는 해당용기가 설치된 곳임을 표시하는 표지를 할 것

(6) 용기간의 간격은 점검에 지장이 없도록 **3cm** 이상의 간격을 유지할 것 보기 ②

3cm 이상

(7) 저장용기와 집합관을 연결하는 연결배관에는 **체크밸브**를 설치할 것

(8) 저장용기의 **충전비**는 0.8 이상 보기 ③

(9) 안전밸브의 설치 보기 ④

가압식	축압식
최고사용압력의 **1.8배** 이하	내압시험압력의 **0.8배** 이하

답 ②

73 배출풍도의 설치기준 중 다음 ( ) 안에 알맞은 것은?

16.10.문70
15.03.문80
10.05.문76

> 배출기 흡입측 풍도 안의 풍속은 (㉠)m/s 이하로 하고 배출측 풍속은 (㉡)m/s 이하로 할 것

① ㉠ 15, ㉡ 10 ② ㉠ 10, ㉡ 15

③ ㉠ 20, ㉡ 15 ④ ㉠ 15, ㉡ 20

해설 **제연설비**의 **풍속**(NFPC 501 8~10조, NFTC 501 2.5.5, 2.6.2.2, 2.7.1)

조 건	풍 속
• 유입구가 바닥에 설치시 상향분출 가능	1m/s 이하
• 예상제연구역의 공기유입 풍속	5m/s 이하
• 배출기의 흡입측 풍속	15m/s 이하 보기 ㉠
• 배출기의 **배출측** 풍속 • 유입풍도 안의 풍속	20m/s 이하 보기 ㉡

※ 흡입측보다 배출측 풍속을 빠르게 하여 역류를 방지한다.

기억법 배2유(배이다 아파! 이유)

용어

풍도
공기가 유동하는 덕트

답 ④

74 거실제연설비 설계 중 배출량 선정에 있어서 고려하지 않아도 되는 사항은?

19.04.문63
13.06.문61

① 예상제연구역의 수직거리

② 예상제연구역의 바닥면적

③ 제연설비의 배출방식

④ 자동식 소화설비 및 피난구조설비의 설치 유무

해설

④ 해당없음

거실제연설비 설계 중 **배출량 선정시 고려사항**

(1) 예상제연구역의 **수직거리** 보기 ①

(2) 예상제연구역의 **면적(바닥면적)**과 형태 보기 ②

(3) **공기**의 **유입방식**과 제연설비의 **배출방식** 보기 ③

답 ④

75 소화기구 및 자동소화장치의 화재안전기준상 건축물의 주요구조부가 내화구조이고, 벽 및 반자의 실내에 면하는 부분이 불연재료로 된 바닥면적이 600m²인 노유자시설에 필요한 소화기구의 능력단위는 최소 얼마 이상으로 하여야 하는가?

21.09.문65
19.04.문78
18.09.문79
16.05.문65
15.09.문78
14.03.문71
05.03.문72

① 2단위 ② 3단위

③ 4단위 ④ 6단위

해설 특정소방대상물별 소화기구의 능력단위기준(NFTC 101 2.1.1.2)

특정소방대상물	소화기구의 능력단위	건축물의 주요구조부가 내화구조이고, 벽 및 반자의 실내에 면하는 부분이 불연재료·준불연재료 또는 난연재료로 된 특정소방대상물의 능력단위
• 위락시설 기억법 위3(위상)	바닥면적 30m²마다 1단위 이상	바닥면적 60m²마다 1단위 이상
• 공연장 • 집회장 • 관람장 및 문화재 • 의료시설·장례시설 기억법 5공연장 문의 집관람 (손오공 연장 문의 집관람)	바닥면적 50m²마다 1단위 이상	바닥면적 100m²마다 1단위 이상
• 근린생활시설 • 판매시설 • 운수시설 • 숙박시설 • 노유자시설 • 전시장 • 공동주택 • 업무시설 • 방송통신시설 • 공장·창고 • 항공기 및 자동차 관련 시설 및 관광휴게시설 기억법 근판숙노전 주업방차창 1항관광(근판숙노전 주업방차창 일 본항 관광)	바닥면적 100m²마다 1단위 이상	바닥면적 200m²마다 1단위 이상
• 그 밖의 것	바닥면적 200m²마다 1단위 이상	바닥면적 400m²마다 1단위 이상

노유자시설로서 **내화구조**이고 **불연재료**를 사용하므로 바닥면적 **200m²**마다 1단위 이상

노유자시설 최소능력단위 $= \dfrac{600m^2}{200m^2} = 3$단위

답 ②

☆ **76** 특정소방대상물에 할론 1301 소화약제를 이용하여 할론소화설비의 화재안전기준에 따른 전역방출방식의 할론소화설비를 설치할 경우 단위체적당 최소 약제량이 가장 많이 요구되는 곳은?

22.03.문66
13.03.문74

① 합성수지류를 저장·취급하는 장소
② 차고 또는 주차장
③ 가연성고체 또는 액체류를 저장·취급하는 장소
④ 면화류, 목재 가공품 또는 대팻밥을 저장·취급하는 장소

해설
①, ②, ③ : 0.32kg
④ : 0.52kg

할론 1301(NFPC 107 5조, NFTC 107 2.2.1.1.1)

방호대상물	약제량	개구부 가산량 (자동폐쇄장치 미설치시)
• **차고·주차장**·전기실·전산실·통신기기실 보기 ② • **가연성고체류**·가연성액체류 보기 ③ • 합성수지류 보기 ①	0.32 ~0.64 kg/m³	2.4kg/m²
• **면화류**·나무껍질 및 대팻밥·넝마 및 종이부스러기·사류·볏짚류·목재가공품 및 나무부스러기 보기 ④	0.52 ~0.64 kg/m³	3.9kg/m²

답 ④

☆☆ **77** 구조대의 돛천을 구조대의 가로방향으로 봉합하는 경우 아래 그림과 같이 돛천을 겹치도록 하는 것이 좋다고 하는데 그 이유에 대해서 가장 적합한 것은?

14.05.문70
09.08.문78

① 둘레길이가 밑으로 갈수록 작아지는 것을 방지하기 위하여
② 사용자가 강하시 봉합부분에 걸리지 않게 하기 위하여
③ 봉합부가 몹시 굳어지는 것을 방지하기 위하여
④ 봉합부의 인장강도를 증가시키기 위하여

해설 ② 구조대의 돛천을 가로방향으로 봉합하는 경우 돛천을 겹치도록 하는데 그 이유는 사용자가 강하 중 봉합부분에 **걸리지 않게** 하기 위해서이다.

답 ②

★★★
78 이산화탄소 소화약제의 저장용기 설치기준 중 옳은 것은?

19.03.문67
18.04.문62
16.03.문77
15.03.문74
12.09.문69

① 저장용기의 충전비는 고압식은 1.9 이상 2.3 이하, 저압식은 1.5 이상 1.9 이하로 할 것

② 저압식 저장용기에는 액면계 및 압력계와 2.1MPa 이상 1.7MPa 이하의 압력에서 작동하는 압력경보장치를 설치할 것

③ 저장용기는 고압식은 25MPa 이상, 저압식은 3.5MPa 이상의 내압시험압력에 합격한 것으로 할 것

④ 저압식 저장용기에는 내압시험압력의 1.8배의 압력에서 작동하는 안전밸브와 내압시험압력의 0.8배부터 내압시험압력까지의 범위에서 작동하는 봉판을 설치할 것

해설 ① 1.9 이상 2.3 이하 → 1.5 이상 1.9 이하,
1.5 이상 1.9 이하 → 1.1 이상 1.4 이하
② 2.1MPa 이상 1.7MPa 이하 → 2.3MPa 이상 1.9MPa 이하
④ 1.8배 → 0.64배 이상 0.8배 이하

이산화탄소 소화설비의 저장용기(NFPC 106 4조, NFTC 106 2.1.2)

자동냉동장치	2.1MPa 유지, -18℃ 이하	
압력경보장치 보기②	2.3MPa 이상 1.9MPa 이하	
선택밸브 또는 개폐밸브의 안전장치	배관의 최소사용설계압력과 최대허용압력 사이의 압력	
저장용기 보기③	고압식	25MPa 이상
	저압식	3.5MPa 이상
안전밸브 보기④	내압시험압력의 0.64~0.8배	
봉판	내압시험압력의 0.8~내압시험압력	
충전비 보기①	고압식	1.5~1.9 이하
	저압식	1.1~1.4 이하

답 ③

★★
79 폐쇄형 스프링클러헤드를 최고주위온도 40℃인 장소(공장 제외)에 설치할 경우 표시온도는 몇 ℃의 것을 설치하여야 하는가?

19.04.문64
13.09.문80
04.05.문69

① 79℃ 미만

② 79℃ 이상 121℃ 미만

③ 121℃ 이상 162℃ 미만

④ 162℃ 이상

해설 **폐쇄형 스프링클러헤드**(NFTC 103 2.7.6)

설치장소의 최고주위온도	표시온도
39℃ 미만	**79**℃ 미만
39℃ 이상 **64**℃ 미만 →	79℃ 이상 **121**℃ 미만 보기②
64℃ 이상 **106**℃ 미만	121℃ 이상 **162**℃ 미만
106℃ 이상	162℃ 이상

기억법	39	79
	64	121
	106	162

답 ②

★
80 수원의 수위가 펌프의 흡입구보다 높은 경우에 소화펌프를 설치하려고 한다. 고려하지 않아도 되는 사항은?

15.05.문61

① 펌프의 토출측에 압력계 설치

② 펌프의 성능시험 배관 설치

③ 물올림장치를 설치

④ 동결의 우려가 없는 장소에 설치

해설 수원의 수위가 **펌프보다 높은 위치**에 있을 때 제외되는 설비(NFPC 103 5조, NFTC 103 2.2.1.4, 2.2.1.9)

(1) 물올림장치 보기③

(2) 풋밸브(foot valve)

(3) 연성계(진공계)

답 ③

∎ 2024년 기사 제2회 필기시험 CBT 기출복원문제 ∎

			수험번호	성명

자격종목	종목코드	시험시간	형별	
소방설비기사(기계분야)		**2시간**		

※ 각 문항은 4지택일형으로 질문에 가장 적합한 보기 항을 선택하여 체크하여야 합니다.

제 1 과목   소방원론

01 ★★ 촛불의 주된 연소 형태에 해당하는 것은?

<small>14.09.문01
10.03.문17</small>

① 표면연소
② 분해연소
③ 증발연소
④ 자기연소

유사문제부터 풀어보세요. 실력이 팍!팍! 올라갑니다.

해설 연소의 형태

연소 형태	종 류	
표면연소	• **숯** • **목탄**	• **코**크스 • **금**속분
분해연소	• **석**탄 • **플**라스틱 • **고**무 • **아**스팔트	• **종**이 • **목**재 • **중**유
증발연소 보기 ③	• **황** • **파**라핀(**양초**) • **가**솔린(휘발유) • **경**유 • **아**세톤	• **왁**스 • **나**프탈렌 • **등**유 • **알**코올
자기연소	• 나이트로글리세린 • 나이트로셀룰로오스(질화면) • TNT • 피크린산	
액적연소	• 벙커C유	
확산연소	• 메탄(CH_4) • 암모니아(NH_3) • 아세틸렌(C_2H_2) • 일산화탄소(CO) • 수소(H_2)	

> **기억법** 표숯코 목탄금, 분석종플 목고중아,
증황왁파양 나가등경알아

> ※ **파라핀** : 양초(초)의 주성분

답 ③

02 ★★★ 다음 중 상온·상압에서 액체인 것은?

<small>20.06.문05
18.03.문04
13.09.문04
12.03.문17</small>

① 이산화탄소
② 할론 1301
③ 할론 2402
④ 할론 1211

해설

상온·상압에서 **기체상태**	상온·상압에서 **액체상태**
• 할론 1301 • 할론 1211 • 이산화탄소(CO_2)	• 할론 1011 • 할론 104 • **할론 2402** 보기 ③

> ※ **상온·상압** : 평상시의 온도·평상시의 압력

답 ③

03 ★ 다음 중 건축물의 방재기능 설정요소로 틀린 것은?

① 배치계획
② 국토계획
③ 단면계획
④ 평면계획

해설 (1) **건축물**의 **방재기능 설정요소**(건물을 지을 때 내·외부 및 부지 등의 방재계획을 고려한 계획)

구 분	설 명
부지선정, 배치계획 보기 ①	소화활동에 지장이 없도록 적합한 **건물 배치**를 하는 것
평면계획 보기 ④	**방연구획**과 **제연구획**을 설정하여 화재 예방·소화·피난 등을 유효하게 하기 위한 계획
단면계획 보기 ③	불이나 연기가 **다른 층**으로 이동하지 않도록 구획하는 계획
입면계획	불이나 연기가 **다른 건물**로 이동하지 않도록 구획하는 계획(입면계획의 가장 큰 요소 : 벽과 개구부)
재료계획	불연성능·내화성능을 가진 재료를 사용하여 화재를 예방하기 위한 계획

(2) **건축물 내부**의 **연소확대방지**를 위한 **방화계획**
① 수평구획
② 수직구획
③ 용도구획

답 ②

★★★
04 다음 원소 중 전기음성도가 가장 큰 것은?

20.08.문13
17.05.문20
15.03.문16
12.03.문04

① F   ② Br

③ Cl   ④ I

해설 **할론소화약제**

부촉매효과(소화능력) 크기	전기음성도(친화력, 결합력) 크기 보기①
I > Br > Cl > F	F > Cl > Br > I

- 전기음성도 크기=수소와의 결합력 크기

중요

할로젠족 원소
(1) 불소 : **F**
(2) 염소 : **Cl**
(3) 브로민(취소) : **Br**
(4) 아이오딘(옥소) : **I**

기억법 FClBrI

답 ①

★★★
05 프로판가스의 연소범위[vol%]에 가장 가까운 것은?

23.05.문16
19.09.문09
14.09.문16
12.03.문12
10.09.문02

① 9.8~28.4

② 2.5~81

③ 4.0~75

④ 2.1~9.5

해설 (1) **공기 중의 폭발한계**

가 스	하한계 (하한점, [vol%])	상한계 (상한점, [vol%])
아세틸렌(C_2H_2)	2.5	81
수소(H_2)	4	75
일산화탄소(CO)	12	75
에터($C_2H_5OC_2H_5$)	1.7	48
이황화탄소(CS_2)	1	50
에틸렌(C_2H_4)	2.7	36
암모니아(NH_3)	15	25
메탄(CH_4)	5	15
에탄(C_2H_6)	3	12.4
프로판(C_3H_8) 보기④ →	2.1	9.5
부탄(C_4H_{10})	1.8	8.4

(2) **폭발한계**와 같은 의미
ⓐ 폭발범위
ⓑ 연소한계
ⓒ 연소범위
ⓓ 가연한계
ⓔ 가연범위

답 ④

★★★
06 가연물이 연소가 잘 되기 위한 구비조건으로 틀린 것은?

20.06.문04
17.05.문18
08.03.문11

① 열전도율이 클 것

② 산소와 화학적으로 친화력이 클 것

③ 표면적이 클 것

④ 활성화에너지가 작을 것

해설 ① 클 것 → 작을 것

가연물이 연소하기 쉬운 조건
(1) 산소와 **친화력**이 클 것 보기②
(2) **발열량**이 클 것
(3) **표면적**이 넓을 것 보기③
(4) **열전도율**이 **작을 것** 보기①
(5) **활성화에너지**가 **작을 것** 보기④
(6) **연쇄반응**을 일으킬 수 있을 것
(7) 산소가 포함된 **유기물**일 것

※ **활성화에너지** : 가연물이 처음 연소하는 데 필요한 열

답 ①

★★★
07 석유, 고무, 동물의 털, 가죽 등과 같이 황성분을 함유하고 있는 물질이 불완전연소될 때 발생하는 연소가스로 계란 썩는 듯한 냄새가 나는 기체는?

19.04.문10
11.03.문10
04.09.문14

① H_2S ② $COCl_2$

③ SO_2 ④ HCN

해설 **연소가스**

구 분	특 징
일산화탄소 (CO)	화재시 흡입된 일산화탄소(CO)의 화학적 작용에 의해 **헤모글로빈**(Hb)이 혈액의 산소운반작용을 저해하여 사람을 질식·사망하게 한다.
이산화탄소 (CO_2)	연소가스 중 **가장 많은 양**을 차지하고 있으며 가스 그 자체의 독성은 거의 없으나 다량이 존재할 경우 호흡속도를 증가시키고, 이로 인하여 화재가스에 혼합된 유해가스의 혼입을 증가시켜 위험을 가중시키는 가스이다.
암모니아 (NH_3)	나무, 페놀수지, 멜라민수지 등의 **질소함유물**이 연소할 때 발생하며, 냉동시설의 **냉매**로 쓰인다.
포스겐 ($COCl_2$)	매우 독성이 강한 가스로서 소화제인 **사염화탄소**(CCl_4)를 화재시에 사용할 때도 발생한다.
황화수소 (H_2S) 보기①	달걀(계란) 썩는 냄새가 나는 특성이 있다. 기억법 황달
아크롤레인 ($CH_2=CHCHO$)	독성이 매우 높은 가스로서 **석유제품, 유지** 등이 연소할 때 생성되는 가스이다.

답 ①

08 화재의 분류방법 중 유류화재를 나타낸 것은?

21.09.문17
19.03.문08
17.09.문07
16.05.문09
15.09.문19
13.09.문07

① A급 화재
② B급 화재
③ C급 화재
④ D급 화재

해설 **화재의 종류**

구 분	표시색	적응물질
일반화재(A급)	백색	● 일반가연물 ● 종이류 화재 ● 목재 · 섬유화재
유류화재(B급) 보기 ②	황색	● 가연성 액체 ● 가연성 가스 ● 액화가스화재 ● 석유화재
전기화재(C급)	청색	● 전기설비
금속화재(D급)	무색	● 가연성 금속
주방화재(K급)	–	● 식용유화재

※ 요즘은 표시색의 의무규정은 없음

답②

09 일반적으로 공기 중 산소농도를 몇 vol% 이하로 감소시키면 연소속도의 감소 및 질식소화가 가능한가?

21.03.문06
19.09.문13
18.09.문19
17.05.문06
16.03.문08
15.03.문17
14.03.문19
11.10.문19
03.08.문11

① 15
② 21
③ 25
④ 31

해설 **소화의 방법**

구 분	설 명
냉각소화	다량의 물 등을 이용하여 **점화원을 냉각**시켜 소화하는 방법
질식소화	공기 중의 **산소농도를 16%** 또는 **15%**(10~15%) 이하로 희박하게 하여 소화하는 방법 보기 ①
제거소화	가연물을 제거하여 소화하는 방법
화학소화 (부촉매효과)	연쇄반응을 차단하여 소화하는 방법, **억제작용**이라고도 함
희석소화	고체 · 기체 · 액체에서 나오는 **분해가스**나 **증기의 농도**를 낮추어 연소를 중지시키는 방법
유화소화	물을 무상으로 방사하여 유류표면에 **유화층**의 막을 형성시켜 공기의 접촉을 막아 소화하는 방법
피복소화	비중이 공기의 **1.5배** 정도로 무거운 소화약제를 방사하여 가연물의 구석구석까지 침투 · 피복하여 소화하는 방법

용어

%	vol%
수를 100의 비로 나타낸 것	어떤 공간에 차지하는 부피를 백분율로 나타낸 것
50%	공기 50vol% 50vol%
50%	50vol%

답①

10 위험물 탱크에 압력이 0.3MPa이고, 온도가 0℃인 가스가 들어 있을 때 화재로 인하여 100℃까지 가열되었다면 압력은 약 몇 MPa인가? (단, 이상기체로 가정한다.)

14.05.문19
07.05.문13

① 0.41
② 0.52
③ 0.63
④ 0.74

해설 **보일-샤를의 법칙**(Boyle-Charl's law)

$$\frac{P_1 V_1}{T_1} = \frac{P_2 V_2}{T_2}$$

여기서, P_1, P_2 : 기압(MPa)
V_1, V_2 : 부피(m³)
T_1, T_2 : 절대온도(273+℃)(K)

기압 P_2 는

$P_2 = P_1 \times \dfrac{V_1}{V_2} \times \dfrac{T_2}{T_1}$

$= 0.3\text{MPa} \times \dfrac{(273+100)\text{K}}{(273+0)\text{K}}$

$≒ 0.41\text{MPa}$

이상기체이므로 **부피**는 **일정**하여 무시한다.

답①

11 실내 화재시 발생한 연기로 인한 감광계수〔m⁻¹〕와 가시거리에 대한 설명 중 틀린 것은?

23.03.문03
22.04.문05
21.09.문02
20.06.문01
17.03.문10
16.10.문16
14.05.문04
13.09.문11

① 감광계수가 0.1일 때 가시거리는 20~30m이다.
② 감광계수가 0.3일 때 가시거리는 15~20m이다.
③ 감광계수가 1.0일 때 가시거리는 1~2m이다.
④ 감광계수가 10일 때 가시거리는 0.2~0.5m이다.

해설 ② 15~20m → 5m

감광계수와 가시거리

감광계수 [m⁻¹]	가시거리 [m]	상 황
0.1	20~30 보기 ①	연기**감**지기가 작동할 때의 농도(연기 감지기가 작동하기 직전의 농도)
0.3	5	건물 내부에 **익**숙한 사람이 피난에 지장을 느낄 정도의 농도
0.5	3	**어**두운 것을 느낄 정도의 농도
1	1~2 보기 ③	앞이 거의 **보**이지 않을 정도의 농도
10	0.2~0.5 보기 ④	화재 **최**성기 때의 농도
30	–	출화실에서 연기가 **분**출할 때의 농도

기억법		
0123	감	
035	익	
053	어	
112	보	
100205	최	
30	분	

답 ②

★★★
12 위험물의 저장방법으로 틀린 것은?

22.09.문10
17.03.문11
16.05.문19
16.03.문07
10.03.문09
09.03.문16

① 금속나트륨–석유류에 저장
② 이황화탄소–수조에 저장
③ 알킬알루미늄–벤젠액에 희석하여 저장
④ 산화프로필렌–구리용기에 넣고 불연성 가스를 봉입하여 저장

해설 **물질**에 따른 **저장장소**

물 질	저장장소
황린, **이**황화탄소(CS_2)	**물**속 보기 ②
나이트로셀룰로오스	알코올 속
칼륨(K), 나트륨(Na), 리튬(Li)	석유류(등유) 속 보기 ①
알킬알루미늄	벤젠액 속 보기 ③
아세틸렌(C_2H_2)	디메틸포름아미드(DMF), 아세톤에 용해

기억법 **황물**이(**황**토색 **물**이 나온다.)

🔧 중요

산화프로필렌, 아세트알데하이드
구리, **마**그네슘, **은**, **수**은 및 그 합금과 저장 금지
기억법 **구마은수**

답 ④

★★★
13 메탄 80vol%, 에탄 15vol%, 프로판 5vol%인 혼합가스의 공기 중 폭발하한계는 약 몇 vol%인가? (단, 메탄, 에탄, 프로판의 공기 중 폭발하한계는 5.0vol%, 3.0vol%, 2.1vol%이다.)

23.09.문08
22.09.문15
21.05.문20
17.05.문03

① 4.28
② 3.61
③ 3.23
④ 4.02

해설 **혼합가스의 폭발하한계**

$$\frac{100}{L} = \frac{V_1}{L_1} + \frac{V_2}{L_2} + \frac{V_3}{L_3}$$

여기서, L : 혼합가스의 폭발하한계[vol%]
L_1, L_2, L_3 : 가연성 가스의 폭발하한계[vol%]
V_1, V_2, V_3 : 가연성 가스의 용량[vol%]

$$\frac{100}{L} = \frac{V_1}{L_1} + \frac{V_2}{L_2} + \frac{V_3}{L_3}$$

$$\frac{100}{L} = \frac{80}{5.0} + \frac{15}{3.0} + \frac{5}{2.1}$$

$$\frac{100}{\frac{80}{5.0} + \frac{15}{3.0} + \frac{5}{2.1}} = L$$

$$L = \frac{100}{\frac{80}{5.0} + \frac{15}{3.0} + \frac{5}{2.1}} ≒ 4.28 \text{vol\%}$$

• 단위가 원래는 [vol%] 또는 [v%], [vol.%]인데 줄여서 [%]로 쓰기도 한다.

답 ①

★★★
14 위험물의 유별에 따른 분류가 잘못된 것은?

22.03.문02
19.04.문44
16.05.문46
16.05.문52
15.09.문03
15.09.문18
15.05.문10
15.05.문42
15.03.문51
14.09.문18
14.03.문18
11.06.문54

① 제1류 위험물 : 산화성 고체
② 제3류 위험물 : 자연발화성 물질 및 금수성 물질
③ 제4류 위험물 : 인화성 액체
④ 제6류 위험물 : 가연성 액체

해설 ④ 가연성 액체 → 산화성 액체

위험물령〔별표 1〕
위험물

유 별	성 질	품 명
제**1**류	**산화성 고체** 보기 ①	• 아염소산염류 • 염소산염류(**염소산나트륨**) • 과염소산염류 • 질산염류 • 무기과산화물 기억법 **1산고염나**
제2류	가연성 고체	• **황화인** • **적**린 • **황** • **마**그네슘 기억법 **황화적황마**

제3류	자연발화성 물질 및 금수성 물질 보기 ②	• 황린 • 칼륨 • 나트륨 • 알칼리토금속 • 트리에틸알루미늄 기억법 황칼나알트
제4류	인화성 액체 보기 ③	• 특수인화물 • 석유류(벤젠) • 알코올류 • 동식물유류
제5류	자기반응성 물질	• 유기과산화물 • 나이트로화합물 • 나이트로소화합물 • 아조화합물 • 질산에스터류(셀룰로이드) 기억법 5자(오자탈자)
제6류	산화성 액체 보기 ④	• 과염소산 • 과산화수소 • 질산

답 ④

★★★ 15 인화점이 낮은 것부터 높은 순서로 옳게 나열된 것은?

21.03.문14
18.04.문05
15.09.문02
14.05.문05
14.03.문10
12.03.문01
11.06.문09
11.03.문12
10.05.문11

① 에틸알코올<이황화탄소<아세톤
② 이황화탄소<에틸알코올<아세톤
③ 에틸알코올<아세톤<이황화탄소
④ 이황화탄소<아세톤<에틸알코올

 해설

물 질	인화점	착화점
• 프로필렌	−107℃	497℃
• 에틸에터 • 다이에틸에터	−45℃	180℃
• 가솔린(휘발유)	−43℃	300℃
• 이황화탄소 보기 ④	−30℃	100℃
• 아세틸렌	−18℃	335℃
• 아세톤 보기 ④	−18℃	538℃
• 벤젠	−11℃	562℃
• 톨루엔	4.4℃	480℃
• 에틸알코올 보기 ④	13℃	423℃
• 아세트산	40℃	–
• 등유	43~72℃	210℃
• 경유	50~70℃	200℃
• 적린	–	260℃

답 ④

★★★ 16 건물의 주요구조부에 해당되지 않는 것은?

17.09.문19
15.03.문18
13.09.문18

① 바닥
② 천장
③ 기둥
④ 주계단

해설 **주요구조부**
(1) 내력**벽**
(2) **보**(작은 보 제외)

(3) **지**붕틀(차양 제외)
(4) **바**닥(최하층 바닥 제외)
(5) **주**계단(옥외계단 제외)
(6) **기**둥(사잇기둥 제외)

기억법 벽보지 바주기

답 ②

★★★ 17 제2종 분말소화약제의 열분해반응식으로 옳은 것은?

23.09.문10
19.03.문01
18.04.문06
17.09.문10
16.10.문06
16.10.문10
16.05.문15
16.05.문17
16.03.문09
15.09.문01
15.05.문08
14.09.문10

① $2NaHCO_3 \rightarrow Na_2CO_3 + CO_2 + H_2O$
② $2KHCO_3 \rightarrow K_2CO_3 + CO_2 + H_2O$
③ $2NaHCO_3 \rightarrow Na_2CO_3 + 2CO_2 + H_2O$
④ $2KHCO_3 \rightarrow K_2CO_3 + 2CO_2 + H_2O$

해설 **분말소화기(질식효과)**

종 별	소화약제	약제의 착색	화학반응식	적응 화재
제1종	탄산수소 나트륨 ($NaHCO_3$)	백색	$2NaHCO_3 \rightarrow$ $Na_2CO_3 + CO_2 + H_2O$	BC급
제2종	탄산수소 칼륨 ($KHCO_3$)	담자색 (담회색)	$2KHCO_3 \rightarrow$ $K_2CO_3 + CO_2 + H_2O$ 보기 ②	BC급
제3종	인산암모늄 ($NH_4H_2PO_4$)	담홍색	$NH_4H_2PO_4 \rightarrow$ $HPO_3 + NH_3 + H_2O$	AB C급
제4종	탄산수소 칼륨+요소 ($KHCO_3$+ $(NH_2)_2CO$)	회(백)색	$2KHCO_3 +$ $(NH_2)_2CO \rightarrow$ $K_2CO_3 +$ $2NH_3 + 2CO_2$	BC급

• 탄산수소나트륨=중탄산나트륨
• 탄산수소칼륨=중탄산칼륨
• 제1인산암모늄=인산암모늄=인산염
• 탄산수소칼륨+요소=중탄산칼륨+요소

답 ②

★★ 18 표준상태에서 메탄가스의 밀도는 몇 g/L인가?

15.05.문07
10.09.문16

① 0.21
② 0.41
③ 0.71
④ 0.91

해설 (1) **원자량**

원 소	원자량
H →	1
C →	12
N	14
O	16

메탄(CH_4)분자량=12+1×4=16

(2) **증기밀도**

$$증기밀도 [g/L] = \frac{분자량}{22.4}$$

여기서, 22.4 : 공기의 부피[L]

$$증기밀도 [g/L] = \frac{분자량}{22.4} = \frac{16}{22.4} ≒ 0.71$$

• 단위를 보고 계산하면 쉽다.

비교

증기비중

$$증기비중 = \frac{분자량}{29}$$

여기서, 29 : 공기의 평균 분자량[g/mol]

답 ③

★★★
19 화재하중의 단위로 옳은 것은?

20.08.문14
19.07.문20
16.10.문18
15.09.문17
01.06.문06
97.03.문19

① kg/m^2
② $℃/m^2$
③ $kg \cdot L/m^3$
④ $℃ \cdot L/m^3$

해설 화재하중
(1) 가연물 등의 **연소시 건축물의 붕괴** 등을 고려하여 설계하는 하중
(2) 화재실 또는 화재구획의 **단위면적당 가연물의 양**
(3) 일반건축물에서 가연성의 건축구조재와 **가연성 수용물의 양**으로서 건물화재시 발열량 및 화재위험성을 나타내는 용어
(4) 화재하중이 크면 단위면적당의 발열량이 크다.
(5) 화재하중이 같더라도 물질의 상태에 따라 가혹도는 달라진다.
(6) 화재하중은 화재구획실 내의 가연물 총량을 목재 중량 당비로 환산하여 면적으로 나눈 수치이다.
(7) 건물화재에서 가열온도의 정도를 의미한다.
(8) 건물의 내화설계시 고려되어야 할 사항이다.
(9)

$$q = \frac{\Sigma G_t H_t}{HA} = \frac{\Sigma Q}{4500A}$$

여기서, q : 화재하중[kg/m²] 또는 [N/m²]
G_t : 가연물의 양[kg]
H_t : 가연물의 단위발열량[kcal/kg]
H : 목재의 단위발열량[kcal/kg]
(4500kcal/kg)
A : 바닥면적[m²]
ΣQ : 가연물의 전체 발열량[kcal]

비교

화재가혹도
화재로 인하여 건물 내에 수납되어 있는 재산 및 건물 자체에 손상을 주는 능력의 정도

답 ①

★★★
20 물체의 표면온도가 250℃에서 650℃로 상승하면 열복사량은 약 몇 배 정도 상승하는가?

18.04.문15
17.05.문11
14.09.문14
13.06.문08

① 2.5
② 5.7
③ 7.5
④ 9.7

해설 (1) **기호**
• t_1 : 250℃
• t_2 : 650℃
• Q : ?

(2) **스테판-볼츠만의 법칙**(Stefan-Boltzman's law)

$$\frac{Q_2}{Q_1} = \frac{(273+t_2)^4}{(273+t_1)^4} = \frac{(273+650)^4}{(273+250)^4} = 9.7$$

※ 열복사량은 복사체의 **절대온도**의 **4제곱**에 **비례**하고, **단면적**에 **비례**한다.

참고

스테판-볼츠만의 법칙(Stefan-Boltzman's law)

$$Q = aAF(T_1{}^4 - T_2{}^4)$$

여기서, Q : 복사열[W]
a : 스테판-볼츠만 상수[W/m² · K⁴]
A : 단면적[m²]
F : 기하학적 Factor
T_1 : 고온(273+t_1)[K]
T_2 : 저온(273+t_2)[K]
t_1 : 저온[℃]
t_2 : 고온[℃]

답 ④

제2과목 소방유체역학

★★★
21 에너지선(EL)에 대한 설명으로 옳은 것은?

23.05.문40
14.09.문21
14.05.문35
12.03.문28

① 수력구배선보다 아래에 있다.
② 압력수두와 속도수두의 합이다.
③ 속도수두와 위치수두의 합이다.
④ 수력구배선보다 속도수두만큼 위에 있다.

해설 에너지선
(1) 항상 수력기울기선 위에 있다.
(2) 수력구배선=수력기울기선
(3) 수력구배선보다 속도수두만큼 위에 있다. 보기 ④

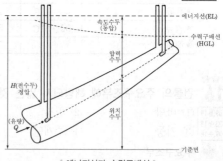

| 에너지선과 수력구배선 |

답 ④

22

19.03.문24
18.03.문37
15.09.문26
10.03.문35

그림에서 $h_1 = 120mm$, $h_2 = 180mm$, $h_3 = 100mm$일 때 A에서의 압력과 B에서의 압력의 차이($P_A - P_B$)를 구하면? (단, A, B 속의 액체는 물이고, 차압액주계에서의 중간 액체는 수은(비중 13.6)이다.)

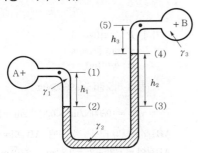

① 20.4kPa
② 23.8kPa
③ 26.4kPa
④ 29.8kPa

해설 (1) 기호

- h_1 : 120mm=0.12m
- h_2 : 180mm=0.18m
- h_3 : 100mm=0.1m
- S_2 : 13.6(수은)
- r_1 : 9.8kN/m³(물)
- r_3 : 9.8kN/m³(물)
- $P_A - P_B$: ?
- 1000mm=1m

계산의 편의를 위해 기호를 수정하면

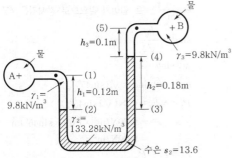

(2) 비중

$$s = \frac{\gamma}{\gamma_w}$$

여기서, s : 비중
γ : 어떤 물질(수은)의 비중량[kN/m³]
γ_w : 물의 비중량(9.8kN/m³)

수은의 비중량 $\gamma_2 = s_2 \times \gamma_w$
$$= 13.6 \times 9.8kN/m^3$$
$$= 133.28kN/m^3$$

(3) **압력차**

$$P_A + \gamma_1 h_1 - \gamma_2 h_2 - \gamma_3 h_3 = P_B$$

$$P_A - P_B = -\gamma_1 h_1 + \gamma_2 h_2 + \gamma_3 h_3$$
$$= -9.8kN/m^3 \times 0.12m$$
$$+ 133.28kN/m^3 \times 0.18m$$
$$+ 9.8kN/m^3 \times 0.1m$$
$$\fallingdotseq 23.8kN/m^2$$
$$= 23.8kPa$$

- $1N/m^2=1Pa$, $1kN/m^2=1kPa$이므로
  $23.8kN/m^2 = 23.8kPa$

중요

시차액주계의 압력계산방법
점 A를 기준으로 내려가면 **더하고**, 올라가면 **빼면** 된다.

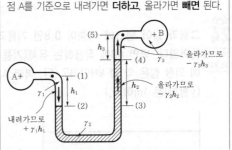

답 ②

23

23.03.문36
21.03.문30
17.09.문40
16.03.문31
15.03.문23
12.03.문31
07.03.문30

Newton의 점성법칙에 대한 옳은 설명으로 모두 짝지은 것은?

㉠ 전단응력은 점성계수와 속도기울기의 곱이다.
㉡ 전단응력은 점성계수에 비례한다.
㉢ 전단응력은 속도기울기에 반비례한다.

① ㉠, ㉡
② ㉡, ㉢
③ ㉠, ㉢
④ ㉠, ㉡, ㉢

해설

㉢ 반비례 → 비례

Newton의 점성법칙 특징
(1) 전단응력은 **점성계수와 속도기울기의 곱**이다. 보기㉠
(2) 전단응력은 **속도기울기에 비례**한다. 보기㉢
(3) 속도기울기가 0인 곳에서 전단응력은 0이다.
(4) 전단응력은 **점성계수에 비례**한다. 보기㉡
(5) Newton의 점성법칙(난류)

$$\tau = \mu \frac{du}{dy}$$

여기서, τ : 전단응력[N/m²]
μ : 점성계수[N·s/m²]
$\frac{du}{dy}$: 속도구배(속도기울기)$\left[\frac{1}{s}\right]$

비교

Newton의 점성법칙

층 류	난 류
$\tau = \dfrac{p_A - p_B}{l} \cdot \dfrac{r}{2}$	$\tau = \mu \dfrac{du}{dy}$
여기서,	여기서,
τ : 전단응력$[N/m^2]$	τ : 전단응력$[N/m^2]$
$p_A - p_B$: 압력강하$[N/m^2]$	μ : 점성계수$[N \cdot s/m^2]$
l : 관의 길이$[m]$	또는 $[kg/m \cdot s]$
r : 반경$[m]$	$\dfrac{du}{dy}$: 속도구배(속도기울기)$\left[\dfrac{1}{s}\right]$

답 ①

24 ★★
15.09.문32
09.05.문34

그림과 같이 탱크에 비중이 0.8인 기름과 물이 들어있다. 벽면 AB에 작용하는 유체(기름 및 물)에 의한 힘은 약 몇 kN인가? (단, 벽면 AB의 폭(y방향)은 1m이다.)

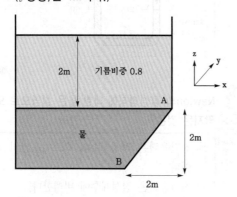

① 50 　　　　② 72
③ 82 　　　　④ 96

해설

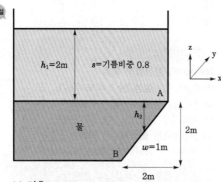

(1) **기호**
- s : 0.8
- h_1 : 2m
- h_2 : 경사면 중심에서의 수직거리
- w : 1m(벽면 AB의 폭) → y방향

(2) **전체압력**

$$P_0 = P_1 + P_2$$

여기서, P_0 : 전체압력$[kN]$
$\quad\quad\quad P_1$: 기름부분의 압력$[kN]$
$\quad\quad\quad P_2$: 물부분의 경사면에 미치는 압력$[kN]$

(3) **압력**

$$P = \gamma h$$

여기서, P : 압력$[N/m^2]$
$\quad\quad\quad \gamma$: 비중량$[N/m^3]$
$\quad\quad\quad h$: 높이$[m]$

※ 물의 비중량(γ) : $9800N/m^3$

$P_1 = \gamma_1 h_1 = (9800N/m^3 \times 0.8) \times 2m = 15680N/m^2$

AB길이 계산(피타고라스 정리 이용 : AB길이$= \sqrt{A^2 + B^2}$)

AB길이 $= \sqrt{2^2 + 2^2} = 2.828m = 2\sqrt{2}\,m$

경사면 중심길이 $= \dfrac{\text{AB길이}}{2} = \dfrac{2\sqrt{2}\,m}{2} = \sqrt{2}\,m$

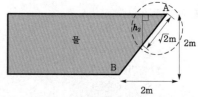

점선 3각형을 바로세워놓으면 아래그림과 같이 되고

$$\underset{\text{2m}}{\overset{\text{2m}}{\longleftrightarrow}}$$ 로 길이가 같으므로 경사각은 45°

$\sin\theta = \dfrac{h_2}{\sqrt{2}}$

$\sqrt{2}\sin\theta = h_2$

$h_2 = \sqrt{2}\sin\theta = \sqrt{2}\sin45°$

$P_2 = \gamma_2 h_2 = \gamma_2 \times (\sqrt{2}\sin45°)$
$\quad\quad = 9800N/m^3 \times (\sqrt{2} \times \sin45°)m$
$\quad\quad = 9800N/m^2$

$P_0 = P_1 + P_2$
$\quad\quad = 15680N/m^2 + 9800N/m^2 = 25480N/m^2$

(4) **경사면의 면적**
$A = w(\text{폭}) \times h(\text{높이})$
$\quad\quad = 1m \times 2.828m = 2.828m^2$

(5) **벽면 AB에 작용하는 유체에 의한 힘** F
$F = P_0(\text{전체압력}) \times A(\text{경사면의 면적})$
$\quad\quad = 25480N/m^2 \times 2.828m^2$
$\quad\quad = 72057.44N ≒ 72kN$

답 ②

★★★
25 힘의 차원을 MLT(질량 M, 길이 L, 시간 T)계로 바르게 나타낸 것은?

23.03.문31
22.04.문31
21.05.문30
19.04.문40
17.05.문40
16.05.문25
13.09.문40
12.03.문25
10.03.문37

① MLT^{-1}
② MLT^{-2}
③ M^2LT^{-2}
④ ML^2T^{-3}

해설 **단위**와 **차원**

차 원	중력단위[차원]	절대단위[차원]
길이	m[L]	m[L]
시간	s[T]	s[T]
운동량	N · s[FT]	kg · m/s[MLT^{-1}]
속도	m/s[LT^{-1}]	m/s[LT^{-1}]
가속도	m/s²[LT^{-2}]	m/s²[LT^{-2}]
질량	N · s²/m[$FL^{-1}T^2$]	kg[M]
압력	N/m²[FL^{-2}]	kg/m · s²[$ML^{-1}T^{-2}$]
밀도	N · s²/m⁴[$FL^{-4}T^2$]	kg/m³[ML^{-3}]
비중	무차원	무차원
비중량	N/m³[FL^{-3}]	kg/m² · s²[$ML^{-2}T^{-2}$]
비체적	m⁴/N · s²[$F^{-1}L^4T^{-2}$]	m³/kg[$M^{-1}L^3$]
점성계수	N · s/m²[$FL^{-2}T$]	kg/m · s[$ML^{-1}T^{-1}$]
동점성계수	m²/s[L^2T^{-1}]	m²/s[L^2T^{-1}]
부력(힘)	N[F] →	kg · m/s²[MLT^{-2}] 보기 ②
일(에너지 · 열량)	N · m[FL]	kg · m²/s²[ML^2T^{-2}]
동력(일률)	N · m/s[FLT^{-1}]	kg · m²/s³[ML^2T^{-3}]
표면장력	N/m[FL^{-1}]	kg/s²[MT^{-2}]

답 ②

★
26 유량 2m³/min, 전양정 25m인 원심펌프의 축동력은 약 몇 kW인가? (단, 펌프의 전효율은 0.78이고, 유체의 밀도는 1000kg/m³이다.)

22.09.문35

① 11.52 ② 9.52
③ 10.47 ④ 13.47

해설 **(1) 기호**

- Q : 2m³/min=2m³/60s(1min=60s)
- H : 25m
- P : ?
- η : 0.78
- ρ : 1000kg/m³=1000N · s²/m⁴(1kg/m³= 1N · s²/m⁴)

(2) 비중량

$$\gamma = \rho g$$

여기서, γ : 비중량[N/m³]
ρ : 밀도[N · s²/m⁴]
g : 중력가속도(9.8m/s²)
비중량 γ는
$\gamma = \rho g = 1000N · s²/m⁴ \times 9.8m/s² = 9800N/m³$

(3) 축동력

$$P = \frac{\gamma QH}{1000\eta}$$

여기서, P : 축동력[kW]
γ : 비중량[N/m³]
Q : 유량[m³/s]
H : 전양정[m]
η : 효율
축동력 P는
$$P = \frac{\gamma QH}{1000\eta}$$
$$= \frac{9800N/m³ \times 2m³/60s \times 25m}{1000 \times 0.78} ≒ 10.47kW$$

용어

축동력
전달계수(K)를 고려하지 않은 동력

별해

원칙적으로 밀도가 주어지지 않을 때 적용
축동력

$$P = \frac{0.163QH}{\eta}$$

여기서, P : 축동력[kW]
Q : 유량[m³/min]
H : 전양정(수두)[m]
η : 효율
펌프의 축동력 P는
$$P = \frac{0.163QH}{\eta}$$
$$= \frac{0.163 \times 2m³/min \times 25m}{0.78} = 10.448 ≒ 10.45kW$$
(정확하지는 않지만 유사한 값이 나옴)

답 ③

★★★
27 체적탄성계수가 2×10^9Pa인 물의 체적을 3% 감소시키려면 몇 MPa의 압력을 가하여야 하는가?

19.09.문27
15.09.문31
14.05.문36
11.06.문23

① 25 ② 30
③ 45 ④ 60

해설 **(1) 기호**

- K : 2×10^9Pa
- $\Delta V/V$: 3%=0.03

(2) 체적탄성계수

$$K = -\frac{\Delta P}{\Delta V / V}$$

여기서, K : 체적탄성계수[Pa]
ΔP : 가해진 압력[Pa]
$\Delta V / V$: 체적의 감소율

- '$-$' : $-$ 압력의 방향을 나타내는 것으로 특별한 의미를 갖지 않아도 된다.

가해진 압력 ΔP는

$\Delta P = K \times \Delta V / V$
$= 2 \times 10^9 \text{Pa} \times 0.03 = 60 \times 10^6 \text{Pa} = 60 \text{MPa}$

- $1 \times 10^6 \text{Pa} = 1 \text{MPa}$이므로 $60 \times 10^6 \text{Pa} = 60 \text{MPa}$

답 ④

★★★
28 그림과 같이 수평과 30° 경사된 폭 50cm인 수
22.03.문35
18.09.문33
09.03.문24
07.05.문29
문 AB가 A점에서 힌지(hinge)로 되어 있다. 이 문을 열기 위한 최소한의 힘 F(수문에 직각방향)는 약 몇 kN인가? (단, 수문의 무게는 무시하고, 유체의 비중은 1이다.)

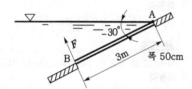

① 11.5　　　② 7.35
③ 5.51　　　④ 2.71

해설 (1) 기호

- θ : 30°
- A : 3m×50cm=3m×0.5m(100cm=1m)
- F_0 : ?
- s : 1

(2) 비중

$$s = \frac{\rho}{\rho_w} = \frac{\gamma}{\gamma_w}$$

여기서, s : 비중
ρ : 어떤 물질의 밀도[kg/m³]
ρ_w : 물의 밀도(1000kg/m³)
γ : 어떤 물질의 비중량[N/m³]
γ_w : 물의 비중량(9800N/m³)

유체(어떤 물질)의 **비중량** γ는

$\gamma = s \times \gamma_w$
$= 1 \times 9800 \text{N/m}^3 = 9800 \text{N/m}^3 = 9.8 \text{kN/m}^3$

(3) 전압력

$$F = \gamma y \sin\theta A = \gamma h A$$

여기서, F : 전압력[kN]
γ : 비중량(물의 비중량 9.8kN/m³)

y : 표면에서 수문 중심까지의 경사거리[m]
h : 표면에서 수문 중심까지의 수직거리[m]
A : 수문의 단면적[m²]

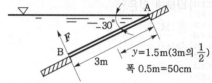

전압력 F는

$F = \gamma y \sin\theta A$
$= 9.8 \text{kN/m}^3 \times 1.5 \text{m} \times \sin 30° \times (3 \times 0.5) \text{m}^2$
$= 11.025 \text{kN}$

(4) 작용점 깊이

명칭	구형(rectangle)
형태	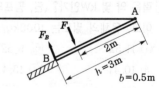
A(면적)	$A = bh$
y_c (중심위치)	$y_c = y$
I_c (관성능률)	$I_c = \dfrac{bh^3}{12}$

$$y_p = y_c + \frac{I_c}{A y_c}$$

여기서, y_p : 작용점 깊이(작용위치)[m]
y_c : 중심위치[m]
I_c : 관성능률$\left(I_c = \dfrac{bh^3}{12}\right)$
A : 단면적[m²] $(A = bh)$

작용점 깊이 y_p는

$y_p = y_c + \dfrac{I_c}{A y_c} = y + \dfrac{\dfrac{bh^3}{12}}{(bh)y}$

$= 1.5 \text{m} + \dfrac{\dfrac{0.5 \times (3 \text{m})^3}{12}}{(0.5 \times 3) \text{m}^2 \times 1.5 \text{m}} = 2 \text{m}$

A지점 모멘트의 합이 0이므로
$\Sigma M_A = 0$
$F_B \times 3 \text{m} - F \times 2 \text{m} = 0$
$F_B \times 3 \text{m} - 11.025 \text{kN} \times 2 \text{m} = 0$
$F_B \times 3 \text{m} = 11.025 \text{kN} \times 2 \text{m}$
$F_B = \dfrac{11.025 \text{kN} \times 2 \text{m}}{3 \text{m}} = 7.35 \text{kN}$

답 ②

29

20.06.문31
19.03.문22

비중이 0.85이고 동점성계수가 $3 \times 10^{-4} \mathrm{m^2/s}$인 기름이 직경 10cm의 수평원형관 내에 20L/s로 흐른다. 이 원형관의 100m 길이에서의 수두손실[m]은? (단, 정상 비압축성 유동이다.)

① 16.6

② 25.0

③ 49.8

④ 82.2

해설 (1) **기호**

- s : 0.85
- ν : $3 \times 10^{-4} \mathrm{m^2/s}$
- D : 10cm=0.1m(100cm=1m)
- Q : 20L/s=0.02m³/s(1000L=1m³)
- L : 100m
- H : ?

(2) **비중**

$$s = \frac{\rho}{\rho_w} = \frac{\gamma}{\gamma_w}$$

여기서, s : 비중

ρ : 어떤 물질의 밀도(기름의 밀도)[kg/m³]

또는 [N·s²/m⁴]

ρ_w : 물의 밀도(1000kg/m³ 또는 1000N·s²/m⁴)

γ : 어떤 물질의 비중량(기름의 비중량)[N/m³]

γ_w : 물의 비중량(9800N/m³)

기름의 밀도 ρ는

$\rho = s \times \rho_w = 0.85 \times 1000 \mathrm{kg/m^3} = 850 \mathrm{kg/m^3}$

(3) **유량**(flowrate, 체적유량, 용량유량)

$$Q = AV = \left(\frac{\pi D^2}{4}\right)V$$

여기서, Q : 유량[m³/s]

A : 단면적[m²]

V : 유속[m/s]

D : 직경(안지름)[m]

유속 V는

$$V = \frac{Q}{\frac{\pi D^2}{4}} = \frac{0.02 \mathrm{m^3/s}}{\frac{\pi \times (0.1\mathrm{m})^2}{4}} ≒ 2.546 \mathrm{m/s}$$

(4) **레이놀즈수**

$$Re = \frac{DV\rho}{\mu} = \frac{DV}{\nu}$$

여기서, Re : 레이놀즈수

D : 내경[m]

V : 유속[m/s]

ρ : 밀도[kg/m³]

μ : 점성계수[g/cm·s] 또는 [kg/m·s]

ν : 동점성계수$\left(\frac{\mu}{\rho}\right)$[cm²/s] 또는 [m²/s]

레이놀즈수 Re는

$$Re = \frac{DV}{\nu} = \frac{0.1\mathrm{m} \times 2.546\mathrm{m/s}}{3 \times 10^{-4} \mathrm{m^2/s}} ≒ 848.7(층류)$$

‖ 레이놀즈수 ‖

층 류	천이영역(임계영역)	난 류
$Re < 2100$	$2100 < Re < 4000$	$Re > 4000$

(5) **관마찰계수**(**층류**일 때만 적용 가능)

$$f = \frac{64}{Re}$$

여기서, f : 관마찰계수

Re : 레이놀즈수

관마찰계수 f는

$$f = \frac{64}{Re} = \frac{64}{848.7} ≒ 0.075$$

(6) **달시-웨버의 식**(Darcy-Weisbach formula, 층류)

$$H = \frac{\Delta p}{\gamma} = \frac{fLV^2}{2gD}$$

여기서, H : 마찰손실수두(전양정, 수두손실)[m]

Δp : 압력차[Pa] 또는 [N/m²]

γ : 비중량(물의 비중량 9800N/m³)

f : 관마찰계수

L : 길이[m]

V : 유속[m/s]

g : 중력가속도(9.8m/s²)

D : 내경[m]

마찰손실수두 H는

$$H = \frac{fLV^2}{2gD}$$

$$= \frac{0.075 \times 100\mathrm{m} \times (2.546\mathrm{m/s})^2}{2 \times 9.8\mathrm{m/s^2} \times 0.1\mathrm{m}} = 24.8 ≒ 25\mathrm{m}$$

답 ②

30

16.05.문32
17.09.문21

질량 4kg의 어떤 기체로 구성된 밀폐계가 열을 받아 100kJ의 일을 하고, 이 기체의 온도가 10℃ 상승하였다면 이 계가 받은 열은 몇 kJ인가? (단, 이 기체의 정적비열은 5kJ/kg·K, 정압비열은 6kJ/kg·K이다.)

① 200

② 240

③ 300

④ 340

해설

$$Q = (U_2 - U_1) + W$$

(1) 기호

- m : 4kg
- w : 100kJ
- $T_2 - T_1$: 10℃=10K
- Q : ?
- C_V : 5kJ/kg · K
- C_P : 6kJ/kg · K

(2) 내부에너지 변화(정적과정)

$$U_2 - U_1 = C_V(T_2 - T_1)$$

여기서, $U_2 - U_1$: 내부에너지 변화[kJ/kg]

$\quad C_V$: 정적비열[kJ/K]

$\quad T_1,\ T_2$: 변화 전후의 온도(273+℃)[K]

내부에너지 변화 $U_2 - U_1$은

$U_2 - U_1 = C_V(T_2 - T_1)$
$\qquad = 5kJ/kg \cdot K \times 10K = 50kJ/kg$

문제에서 질량 4kg이므로

$U_2 - U_1 = 50kJ/kg \times 4kg = 200kJ$

> - 온도가 10℃ 상승했으므로 변화 전후의 온도차는 10℃이다. 또한 온도차는 ℃로 나타내던지 K로 나타내던지 계산해 보면 값은 같다. 그러므로 여기서는 단위를 일치시키기 위해 10K로 쓰기로 한다.
>   예 $50℃ - 40℃ = 10℃$
> $(273+50℃)-(273+40℃)=10K$

(3) 열

$$Q = (U_2 - U_1) + W$$

여기서, Q : 열[kJ]

$\quad U_2 - U_1$: 내부에너지 변화[kJ]

$\quad W$: 일[kJ]

열 Q는

$Q = (U_2 - U_1) + W = 200kJ + 100kJ = 300kJ$

답 ③

★★★ 31

18.03.문28
11.10.문39
10.05.문40

비압축성 유체의 2차원 정상유동에서, x방향의 속도를 u, y방향의 속도를 v라고 할 때 다음에 주어진 식들 중에서 연속방정식을 만족하는 것은 어느 것인가?

① $u = 2x + 2y,\ v = 2x - 2y$

② $u = x + 2y,\ v = x^2 - 2y$

③ $u = 2x + y,\ v = x^2 + 2y$

④ $u = x + 2y,\ v = 2x - y^2$

해설 비압축성 2차원 정상유동

$$\frac{du}{dx} = 2x + 2y = 2$$

$$\frac{dv}{dy} = 2x - 2y = -2$$

답 ①

★★ 32

17.09.문36
12.09.문28

이상적인 교축과정(throttling process)에 대한 설명 중 옳은 것은?

① 압력이 변하지 않는다.

② 온도가 변하지 않는다.

③ 엔탈피가 변하지 않는다.

④ 엔트로피가 변하지 않는다.

해설 **교축과정**(throttling process) : 이상기체의 **엔탈피**가 변하지 않는 과정 보기③

용어

엔탈피와 엔트로피	
엔탈피	엔트로피
어떤 물질이 가지고 있는 총에너지	어떤 물질의 정렬상태를 나타내는 수치

답 ③

★★ 33

22.09.문30
13.09.문35

공기가 수평노즐을 통하여 대기 중에 정상적으로 유출된다. 노즐의 입구 면적이 $0.1m^2$이고, 출구면적은 $0.02m^2$이다. 노즐 출구에서 50m/s의 속도를 유지하기 위하여 노즐 입구에서 요구되는 계기 압력[kPa]은 얼마인가? (단, 유동은 비압축성이고 마찰은 무시하며 공기의 밀도는 $1.23kg/m^3$이다.)

① 1.35

② 1.20

③ 1.48

④ 1.55

해설

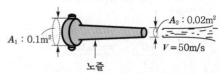

노즐

(1) 기호

- A_1 : $0.1m^2$
- A_2 : $0.02m^2$
- V_2 : 50m/s
- P_1 : ?
- ρ : $1.23kg/m^3 = 1.23N \cdot s^2/m^4(1kg/m^3 = 1N \cdot s^2/m^4)$

(2) 유량

$$Q = A_1 V_1 = A_2 V_2$$

여기서, Q : 유량[m³/s]
$A_1 \cdot A_2$: 단면적[m²]
$V_1 \cdot V_2$: 유속[m/s]

$$V_1 = \frac{A_2}{A_1} V_2 = \frac{0.02\text{m}^2}{0.1\text{m}^2} \times 50\text{m/s} = 10\text{m/s}$$

(3) 베르누이 방정식

$$\frac{V_1^2}{2g} + \frac{P_1}{\gamma} + Z_1 = \frac{V_2^2}{2g} + \frac{P_2}{\gamma} + Z_2$$

여기서, $V_1 \cdot V_2$: 유속[m/s]
$P_1 \cdot P_2$: 압력[kPa] 또는 [kN/m²]
$Z_1 \cdot Z_2$: 높이[m]
g : 중력가속도(9.8m/s²)
γ : 비중량[kN/m³]

$Z_1 = Z_2$, $P_2 = 0$(대기압)이므로

$$\frac{V_1^2}{2g} + \frac{P_1}{\gamma} + \cancel{Z_1} = \frac{V_2^2}{2g} + \frac{0}{\gamma} + \cancel{Z_2}$$

$$\frac{P_1}{\gamma} = \frac{V_2^2}{2g} - \frac{V_1^2}{2g}$$

$$P_1 = \gamma \left(\frac{V_2^2 - V_1^2}{2g} \right)$$

$$= \rho g \left(\frac{V_2^2 - V_1^2}{2g} \right)$$

$$= \rho \left(\frac{V_2^2 - V_1^2}{2} \right)$$

$$= 1.23\text{N} \cdot \text{s}^2/\text{m}^4 \left(\frac{(50\text{m/s})^2 - (10\text{m/s})^2}{2} \right)$$

$$\fallingdotseq 1476\text{N/m}^2 = 1476\text{Pa} \fallingdotseq 1480\text{Pa} = 1.48\text{kPa}$$

$$\boxed{\gamma = \rho g}$$

여기서, γ : 비중량[N/m³]
ρ : 밀도[N · s²/m⁴]
g : 중력가속도(9.8m/s²)

답 ③

★★★
34
어떤 물체가 공기 중에서 무게는 588N이고, 수중에서 무게는 98N이었다. 이 물체의 체적(V)과 비중(s)은?

① $V = 0.05\text{m}^3$, $s = 1.2$
② $V = 0.05\text{m}^3$, $s = 1.5$
③ $V = 0.5\text{m}^3$, $s = 1.2$
④ $V = 0.5\text{m}^3$, $s = 1.5$

해설 (1) 기호

- 공기 중 무게 : 588N
- 수중무게 : 98N
- W_1 : 물체의 무게(공기 중 무게 – 수중무게)

(2) 물체의 무게

$$W_1 = \gamma V$$

여기서, W_1 : 물체의 무게(공기 중 무게-수중무게)[N]
γ : 비중량(물의 비중량 9800N/m³)
V : 물체의 체적[m³]

물체의 체적 V는

$$V = \frac{W_1}{\gamma} = \frac{(588 - 98)\text{N}}{9800\text{N/m}^3} = 0.05\text{m}^3$$

(3) 비중

$$s = \frac{\gamma}{\gamma_w}$$

여기서, s : 비중
γ : 어떤 물체의 비중량[N/m³]
γ_w : 물의 비중량(9800N/m³)

어떤 유체의 비중량 γ는
$$\gamma = s \times \gamma_w = 9800s$$

(4) 물체의 비중

$$W_2 = \gamma V = (9800s)V$$

여기서, W_2 : 공기 중 무게[N]
γ : 어떤 물체의 비중량[N/m³]
V : 물체의 체적[m³]
s : 비중

$$W_2 = 9800s V$$

$$\frac{W_2}{9800 V} = s$$

$$s = \frac{W_2}{9800 V} = \frac{588\text{N}}{9800 \times 0.05\text{m}^3} = 1.2$$

답 ①

★★★
35
지름이 150mm인 원관에 비중이 0.85, 동점성계수가 1.33×10^{-4}m²/s인 기름이 0.01m³/s의 유량으로 흐르고 있다. 이때 관마찰계수는? (단, 임계 레이놀즈수는 2100이다.)

① 0.10
② 0.14
③ 0.18
④ 0.22

해설 (1) 기호

- D : 150mm = 0.15m
- S : 0.85
- ν : 1.33×10^{-4}m²/s
- Q : 0.01m³/s
- f : ?
- Re : 2100

(2) 유량

$$Q = AV = \left(\frac{\pi D^2}{4} \right) V$$

여기서, Q : 유량[m³/s]
A : 단면적[m²]
V : 유속[m/s]
D : 내경[m]

유속 V는

$$V = \frac{Q}{\frac{\pi D^2}{4}} = \frac{0.01\text{m}^3/\text{s}}{\frac{\pi \times (0.15\text{m})^2}{4}} = 0.565\text{m/s}$$

(3) 레이놀즈수

$$Re = \frac{DV\rho}{\mu} = \frac{DV}{\nu}$$

여기서, Re : 레이놀즈수

D : 내경[m]

V : 유속[m/s]

ρ : 밀도[kg/m³]

μ : 점도[kg/m · s]

ν : 동점성계수$\left(\dfrac{\mu}{\rho}\right)$[m²/s]

레이놀즈수 Re는

$$Re = \frac{DV}{\nu} = \frac{0.15\text{m} \times 0.565\text{m/s}}{1.33 \times 10^{-4}\text{m}^2/\text{s}} = 637.218$$

(4) 관마찰계수

$$f = \frac{64}{Re}$$

여기서, f : 관마찰계수

Re : 레이놀즈수

관마찰계수 f는

$$f = \frac{64}{Re} = \frac{64}{637.218} ≒ 0.10$$

답 ①

★★★ 36 다음은 어떤 열역학법칙을 설명한 것인가?

19.09.문25
19.03.문21
14.09.문30
13.06.문40

> 열은 고온열원에서 저온의 물체로 이동하나, 반대로 스스로 돌아갈 수 없는 비가역 변화이다.

① 열역학 제0법칙 ② 열역학 제1법칙
③ 열역학 제2법칙 ④ 열역학 제3법칙

해설 **열역학의 법칙**

(1) **열역학 제0법칙** (열평형의 법칙)
온도가 높은 물체에 낮은 물체를 접촉시키면 온도가 높은 물체에서 낮은 물체로 열이 이동하여 두 물체의 **온도**는 **평형**을 이루게 된다.

(2) **열역학 제1법칙** (에너지보존의 법칙)
㉠ 기체의 공급에너지는 **내부에너지**와 외부에서 한 일의 합과 같다.
㉡ 사이클 과정에서 **시스템(계)**이 한 **총일**은 시스템이 받은 **총열량**과 같다.

(3) **열역학 제2법칙**
㉠ 열은 스스로 **저온**에서 **고온**으로 절대로 흐르지 않는다(일을 가하면 **저온**부로부터 **고온**부로 열을 이동시킬 수 있다).
㉡ 열은 그 스스로 저열원체에서 고열원체로 이동할 수 없다.
㉢ 자발적인 변화는 **비가역적**이다.
㉣ 열을 완전히 일로 바꿀 수 있는 **열기관**을 만들 수 **없다**(일을 100% 열로 변환시킬 수 없다).

(4) **열역학 제3법칙**
㉠ 순수한 물질이 1atm하에서 결정상태이면 **엔트로피**는 **0K**에서 **0**이다.
㉡ 단열과정에서 시스템의 **엔트로피**는 변하지 않는다.

답 ③

★★★ 37 어떤 팬이 1750rpm으로 회전할 때의 전압은 155mmAq, 풍량은 240m³/min이다. 이것과 상사한 팬을 만들어 1650rpm, 전압 200mmAq로 작동할 때 풍량은 약 몇 m³/min인가? (단, 공기의 밀도와 비속도는 두 경우에 같다고 가정한다.)

23.03.문21
22.09.문24
21.05.문29
15.05.문24
13.03.문28

① 396 ② 386
③ 356 ④ 366

해설 **(1) 기호**

- N_1 : 1750rpm
- H_1 : 155mmAq=0.155mAq=0.155m
  (1000mm=1m, Aq 생략 가능)
- Q_1 : 240m³/min
- N_2 : 1650rpm
- H_2 : 200mmAq=0.2mAq=0.2m(1000mm=1m, Aq 생략 가능)
- Q_2 : ?

(2) 비교회전도(비속도)

$$N_s = N\frac{\sqrt{Q}}{\left(\dfrac{H}{n}\right)^{\frac{3}{4}}}$$

여기서, N_s : 펌프의 비교회전도(비속도) [m³/min · m/rpm]

N : 회전수[rpm]

Q : 유량[m³/min]

H : 양정[m]

n : 단수

펌프의 비교회전도 N_s 는

$$N_s = N_1\frac{\sqrt{Q_1}}{\left(\dfrac{H_1}{n}\right)^{\frac{3}{4}}} = 1750\text{rpm} \times \frac{\sqrt{240\text{m}^3/\text{min}}}{(0.155\text{m})^{\frac{3}{4}}}$$

$$= 109747.5\text{m}^3/\text{min} \cdot \text{m/rpm}$$

- n : 주어지지 않으므로 무시

펌프의 비교회전도 N_{s2} 는

$$N_{s2} = N_2\frac{\sqrt{Q_2}}{\left(\dfrac{H_2}{n}\right)^{\frac{3}{4}}}$$

$$109747.5\text{m}^3/\text{min} \cdot \text{m/rpm} = 1650\text{rpm} \times \frac{\sqrt{Q_2}}{(0.2\text{m})^{\frac{3}{4}}}$$

$$\frac{109747.5\text{m}^3/\text{min} \cdot \text{m/rpm} \times (0.2\text{m})^{\frac{3}{4}}}{1650\text{rpm}} = \sqrt{Q_2}$$

$$\sqrt{Q_2} = \frac{109747.5\text{m}^3/\text{min} \cdot \text{m/rpm} \times (0.2\text{m})^{\frac{3}{4}}}{1650\text{rpm}} \leftarrow \text{좌우이항}$$

$$\left(\sqrt{Q_2}\right)^2 = \left(\frac{109747.5 \times (0.2\text{m})^{\frac{3}{4}}}{1650\text{rpm}}\right)^2$$

$$Q_2 = 396\text{m}^3/\text{min}$$

> **기억법** 396m³/min(369! 369! 396)

🌱 **용어**

> **비속도(비교회전도)**
> 펌프의 성능을 나타내거나 가장 적합한 **회전수**를 결정하는 데 이용되며, **회전자의 형상**을 나타내는 척도가 된다.

답 ①

★★★
38 유체의 거동을 해석하는 데 있어서 비점성 유체에 대한 설명으로 옳은 것은?

23.09.문27
20.08.문36
18.04.문32
06.09.문22
01.09.문28
98.03.문34

① 실제유체를 말한다.
② 전단응력이 존재하는 유체를 말한다.
③ 유체 유동시 마찰저항이 속도기울기에 비례하는 유체이다.
④ 유체 유동시 마찰저항을 무시한 유체를 말한다.

해설

> ① 실제유체 → 이상유체
> ② 존재하는 → 존재하지 않는
> ③ 마찰저항이 속도기울기에 비례하는 → 마찰저항을 무시한

비점성 유체
(1) 이상유체
(2) 전단응력이 존재하지 않는 유체
(3) 유체 유동시 마찰저항을 무시한 유체 보기 ④

⚙ **중요**

> **유체의 종류**
>
> | 종류 | 설명 |
> |---|---|
> | **실제유체** | **점**성이 **있**으며, **압축성**인 유체 |
> | 이상유체 | 점성이 없으며, **비압축성**인 유체 |
> | **압축성** 유체 | **기체**와 같이 체적이 변화하는 유체 |
> | 비압축성 유체 | **액체**와 같이 체적이 변화하지 않는 유체 |
>
> **기억법** **실점있압**(**실점**이 **있**는 사람만 **압**박해!)
> **기압**(**기압**)

🔧 **비교**

> **비압축성 유체**
> (1) 밀도가 압력에 의해 변하지 않는 유체
> (2) 굴뚝둘레를 흐르는 **공기흐름**
> (3) 정지된 자동차 주위의 **공기흐름**
> (4) **체적탄성계수**가 큰 유체
> (5) **액체**와 같이 체적이 변화하지 않는 유체

답 ④

★★★
39 20℃ 물 100L를 화재현장의 화염에 살수하였다. 물이 모두 끓는 온도(100℃)까지 가열되는 동안 흡수하는 열량은 약 몇 kJ인가? (단, 물의 비열은 4.2kJ/(kg·K)이다.)

23.09.문26
18.04.문27
13.03.문35
99.04.문32

① 500
② 2000
③ 8000
④ 33600

해설 (1) 기호

> • ΔT : (100-20)℃ 또는 $\underset{273+100\ 273+20}{(373-293)\text{K}}$
> • m : 100L=100kg(물 1L=1kg이므로 100L=100kg)
> • C : 4.2kJ/(kg·K)
> • Q : ?

(2) **열량**

$$Q = r_1 m + mC\Delta T + r_2 m$$

여기서, Q : 열량(kJ)
m : 질량(kg)
C : 비열(kJ/kg·K)
ΔT : 온도차(273+℃)(K) 또는 (K)
r_1 : 융해열(융해잠열)(kJ/kg)
r_2 : 기화열(증발잠열)(kJ/kg)

> 융해열(얼음), 기화열(수증기)는 존재하지 않으므로 $r_1 m$, $r_2 m$ 삭제

열량 Q는
$Q = mC\Delta T = 100\text{kg} \times 4.2\text{kJ}/(\text{kg·K}) \times (373-293)\text{K}$
$= 33600\text{kJ}$

답 ④

★
40 공기의 온도 T_1에서의 음속 c_1과 이보다 20K 높은 온도 T_2에서의 음속 c_2의 비가 $c_2/c_1 = 1.05$이면 T_1은 약 몇 도인가?

16.10.문32

① 97K
② 195K
③ 273K
④ 300K

해설 (1) 기호

> • c_1 : 처음 음속(m/s)
> • c_2 : 나중 음속(m/s)
> • T_1 : 처음 온도(K)
> • T_2 : 나중 온도(K)

(2) **음속과 온도**

$$\frac{c_2}{c_1} = \sqrt{\frac{T_2}{T_1}}$$

문제에서 $T_2 = T_1 + 20$ 이므로

$$1.05 = \sqrt{\frac{T_1 + 20}{T_1}}$$

$$1.05^2 = \left(\sqrt{\frac{T_1+20}{T_1}}\right)^2 \leftarrow \text{계산의 편의를 위해 양변에 제곱을 곱함}$$

$$1.05^2 = \frac{T_1+20}{T_1}$$

$$1.05^2 T_1 = T_1 + 20$$

$$1.05^2 T_1 - T_1 = 20$$

$$1.1025 T_1 - T_1 = 20$$

$$0.1025 T_1 = 20$$

$$T_1 = \frac{20}{0.1025} \fallingdotseq 195\text{K}$$

답 ②

제 3 과목 　소방관계법규

★★★
41

22.03.문58
19.09.문46
18.09.문55
16.03.문55
13.09.문47
11.03.문56

위험물안전관리법령상 제조소 등의 관계인은 위험물의 안전관리에 관한 직무를 수행하게 하기 위하여 제조소 등마다 위험물의 취급에 관한 자격이 있는 자를 위험물안전관리자로 선임하여야 한다. 이 경우 제조소 등의 관계인이 지켜야 할 기준으로 틀린 것은?

① 제조소 등의 관계인은 안전관리자를 해임하거나 안전관리자가 퇴직한 때에는 해임하거나 퇴직한 날부터 15일 이내에 다시 안전관리자를 선임하여야 한다.

② 제조소 등의 관계인이 안전관리자를 선임한 경우에는 선임한 날부터 14일 이내에 소방본부장 또는 소방서장에게 신고하여야 한다.

③ 제조소 등의 관계인은 안전관리자가 여행ㆍ질병 그 밖의 사유로 인하여 일시적으로 직무를 수행할 수 없는 경우에는 국가기술자격법에 따른 위험물의 취급에 관한 자격취득자 또는 위험물안전에 관한 기본지식과 경험이 있는 자를 대리자로 지정하여 그 직무를 대행하게 하여야 한다. 이 경우 대행하는 기간은 30일을 초과할 수 없다.

④ 안전관리자는 위험물을 취급하는 작업을 하는 때에는 작업자에게 안전관리에 관한 필요한 지시를 하는 등 위험물의 취급에 관한 안전관리와 감독을 하여야 하고, 제조소 등의 관계인은 안전관리자의 위험물안전관리에 관한 의견을 존중하고 그 권고에 따라야 한다.

해설 ① 15일 이내 → 30일 이내

위험물안전관리법 15조
위험물안전관리자의 재선임
30일 이내 보기 ①

🔖 **중요**

30일
(1) 소방시설업 등록사항 변경신고(공사업규칙 6조)
(2) **위험물안전관리자**의 **재선임**(위험물안전관리법 15조) 보기 ①
(3) **소방안전관리자**의 **재선임**(화재예방법 시행규칙 14조)
(4) 도급계약 해지(공사업법 23조)
(5) 소방시설공사 중요사항 변경시의 신고일(공사업규칙 12조)
(6) 소방기술자 실무교육기관 지정서 발급(공사업규칙 32조)
(7) 소방공사감리자 변경서류 제출(공사업규칙 15조)
(8) **승계**(위험물법 10조)
(9) 위험물안전관리자의 직무대행(위험물법 15조)
(10) 탱크시험자의 변경신고일(위험물법 16조)

답 ①

★★★
42

23.03.문51
21.03.문47
19.09.문01
18.04.문45
14.09.문52
14.03.문53
13.06.문48

화재의 예방 및 안전관리에 관한 법령상 소방안전관리대상물의 소방안전관리자의 업무가 아닌 것은?

① 자위소방대의 구성ㆍ운영ㆍ교육
② 소방시설공사
③ 소방계획서의 작성 및 시행
④ 소방훈련 및 교육

해설 ② 소방시설공사 : 소방시설공사업체

화재예방법 24조 ⑤항
관계인 및 소방안전관리자의 업무

특정소방대상물 (관계인)	소방안전관리대상물 (소방안전관리자)
① **피난시설ㆍ방화구획** 및 방화시설의 관리	① **피난시설ㆍ방화구획** 및 방화시설의 관리
② **소방시설**, 그 밖의 소방관련 시설의 관리	② 소방시설, 그 밖의 소방관련 시설의 관리
③ **화기취급**의 감독	③ **화기취급**의 감독
④ 소방안전관리에 필요한 업무	④ 소방안전관리에 필요한 업무
⑤ 화재발생시 초기대응	⑤ **소방계획서**의 작성 및 시행(대통령령으로 정하는 사항 포함) 보기 ③
	⑥ **자위소방대** 및 **초기대응체계**의 구성ㆍ운영ㆍ교육 보기 ①
	⑦ 소방훈련 및 교육 보기 ④
	⑧ 소방안전관리에 관한 업무수행에 관한 기록ㆍ유지
	⑨ 화재발생시 초기대응

용어

특정소방대상물	소방안전관리대상물
① 다수인이 출입하는 곳으로서 소방시설 설치장소 ② 건축물 등의 규모 · 용도 및 수용인원 등을 고려하여 소방시설을 설치하여야 하는 소방대상물로서 대통령령으로 정하는 것	① 특급, 1급, 2급 또는 3급 소방안전관리자를 배치하여야 하는 건축물 ② **대통령령**으로 정하는 특정소방대상물

답 ②

43 화재의 예방 및 안전관리에 관한 법령상 1급 소방안전관리 대상물에 해당되지 않는 건축물은?

20.08.문44
19.03.문60
17.09.문55
16.03.문52
15.03.문60
13.09.문51

① 지하구
② 가연성 가스를 2000톤 저장 · 취급하는 시설
③ 연면적 15000m² 이상인 금융업소
④ 30층 이상 또는 지상으로부터 높이가 120m 이상 아파트

해설

① 2급 소방안전관리 대상물
② 1000톤 이상이므로 2000톤은 1급 소방안전관리 대상물

화재예방법 시행령〔별표 4〕
소방안전관리자를 두어야 할 특정소방대상물
(1) |특급 소방안전관리대상물| : 동식물원, 철강 등 불연성 물품 저장 · 취급창고, 지하구, 위험물제조소 등 제외
　⑦ **50층** 이상(지하층 제외) 또는 지상 **200m** 이상 **아파트**
　ⓛ **30층** 이상(지하층 포함) 또는 지상 **120m** 이상(아파트 제외)
　ⓒ 연면적 **10만m²** 이상(아파트 제외)
(2) |1급 소방안전관리대상물| : 동식물원, 철강 등 불연성 물품 저장 · 취급창고, 지하구, 위험물제조소 등 제외
　⑦ **30층** 이상(지하층 제외) 또는 지상 **120m** 이상 아파트 |보기 ④|
　ⓛ 연면적 **15000m²** 이상인 것(아파트 및 연립주택 제외) |보기 ③|
　ⓒ **11층** 이상(아파트 제외)
　ⓓ 가연성 가스를 **1000t** 이상 저장 · 취급하는 시설 |보기 ②|
(3) |2급 소방안전관리대상물|
　⑦ 지하구 |보기 ①|
　ⓛ 가스제조설비를 갖추고 도시가스사업 허가를 받아야 하는 시설 또는 가연성 가스를 **100~1000t** 미만 저장 · 취급하는 시설
　ⓒ **옥내소화전설비 · 스프링클러설비** 설치대상물
　ⓓ **물분무등소화설비**(호스릴방식의 물분무등소화설비만을 설치한 경우 제외) 설치대상물
　ⓔ 공동주택(옥내소화전설비 또는 스프링클러설비가 설치된 공동주택 한정)
　ⓕ 목조건축물(국보 · 보물)

(4) |3급 소방안전관리대상물|
　⑦ **자동화재탐지설비** 설치대상물
　ⓛ 간이스프링클러설비(주택전용 간이스프링클러설비 제외) 설치대상물

답 ①

44 소방시설 설치 및 관리에 관한 법령상 특정소방대상물의 소방시설 설치의 면제기준에 따라 연결살수설비를 설치 면제받을 수 있는 경우는?

22.03.문52
21.05.문50
17.09.문48
14.09.문78
14.03.문53

① 송수구를 부설한 간이스프링클러설비를 설치하였을 때
② 송수구를 부설한 옥내소화전설비를 설치하였을 때
③ 송수구를 부설한 옥외소화전설비를 설치하였을 때
④ 송수구를 부설한 연결송수관설비를 설치하였을 때

해설 소방시설법 시행령〔별표 5〕
소방시설 면제기준

면제대상	대체설비
스프링클러설비	• **물분무등소화설비**
물분무등소화설비	• **스프링클러설비**
간이스프링클러설비	• 스프링클러설비 • **물분무소화설비** • 미분무소화설비
비상**경**보설비 또는 **단독**경보형 감지기	• **자동화재탐지설비** [기억법] 탐경단
비상**경**보설비	• 2개 이상 단독경보형 감지기 연동 [기억법] 경단2
비상방송설비	• 자동화재탐지설비 • 비상경보설비
연결살수설비 ←	• 스프링클러설비 • 간이스프링클러설비 |보기 ①| • 물분무소화설비 • 미분무소화설비
제연설비	• **공기조화설비**
연소방지설비	• 스프링클러설비 • 물분무소화설비 • 미분무소화설비
연결송수관설비	• 옥내소화전설비 • 스프링클러설비 • 간이스프링클러설비 • 연결살수설비

자동화재탐지설비	• 자동화재탐지설비의 기능을 가진 스프링클러설비 • 물분무등소화설비
옥내소화전설비	• 옥외소화전설비 • 미분무소화설비(호스릴방식)

중요

물분무등소화설비
(1) **분**말소화설비
(2) **포**소화설비
(3) **할**론소화설비
(4) **이**산화탄소 소화설비
(5) **할**로겐화합물 및 불활성기체 소화설비
(6) **강**화액소화설비
(7) **미**분무소화설비
(8) 물분무소화설비
(9) **고**체에어로졸 소화설비

기억법 분포할이 할강미고

답 ①

45 소방시설 설치 및 관리에 관한 법령상 대통령령 또는 화재안전기준이 변경되어 그 기준이 강화되는 경우 기존 특정소방대상물의 소방시설 중 강화된 기준을 적용하여야 하는 소방시설은?
21.03.문45
17.03.문48

① 비상경보설비　② 비상방송설비
③ 비상콘센트설비　④ 옥내소화전설비

해설 **소방시설법 13조**
변경**강화기준** 적용설비
(1) 소화기구
(2) 비상**경**보설비 보기 ①
(3) 자동화재탐지설비
(4) **자**동화재**속**보설비
(5) **피**난구조설비
(6) 소방시설(공동구 설치용, 전력 및 통신사업용 지하구)
(7) **노**유자시설
(8) 의료시설

기억법 강비경 자속피노

중요

소방시설법 시행령 13조
변경강화기준 적용설비

공동구, 전력 및 통신사업용 지하구	노유자시설에 설치하여야 하는 소방시설	의료시설에 설치하여야 하는 소방시설
• 소화기 • 자동소화장치 • 자동화재탐지설비 • 통합감시시설 • 유도등 및 연소방지설비	• 간이스프링클러설비 • 자동화재탐지설비 • 단독경보형 감지기	• 간이스프링클러설비 • 스프링클러설비 • 자동화재탐지설비 • 자동화재속보설비

답 ①

46 다음 중 소방신호의 종류가 아닌 것은?
22.04.문56
21.03.문44
12.03.문48

① 경계신호　② 발화신호
③ 경보신호　④ 훈련신호

해설 **기본규칙 10조**
소방신호의 종류

소방신호	설 명
경계신호 보기 ①	화재예방상 필요하다고 인정되거나 화재위험경보시 발령
발화신호 보기 ②	화재가 발생한 때 발령
해제신호	소화활동이 필요없다고 인정되는 때 발령
훈련신호 보기 ④	훈련상 필요하다고 인정되는 때 발령

중요

기본규칙 〔별표 4〕
소방신호표

신호방법 종 별	타종신호	사이렌 신호
경계신호	**1**타와 연 **2**타를 반복	**5**초 간격을 두고 **30**초씩 **3**회
발화신호	**난**타	**5**초 간격을 두고 **5**초씩 **3**회
해제신호	상당한 간격을 두고 **1**타씩 반복	**1**분간 **1**회
훈련신호	연 **3**타 반복	**10**초 간격을 두고 **1**분씩 **3**회

기억법　타　사
경계 1+2　5+30=3
발　난　5+5=3
해　1　1=1
훈　3　10+1=3

답 ③

47 화재안전조사 결과 화재예방을 위하여 필요한 때 관계인에게 소방대상물의 개수·이전·제거, 사용의 금지 또는 제한 등의 필요한 조치를 명할 수 있는 사람이 아닌 것은?
19.04.문54
19.03.문57
15.05.문56
15.03.문57
13.06.문42
05.05.문46

① 소방서장　② 소방본부장
③ 소방청장　④ 시·도지사

해설 **화재예방법 14조**
화재안전조사 결과에 따른 조치명령
(1) **명령권자** : 소방청장·소방본부장·소방서장 - 소방관서장
(2) **명령사항**
　㉠ 화재안전조사 조치명령
　㉡ **개수**명령
　㉢ **이전**명령
　㉣ **제거**명령
　㉤ **사용**의 금지 또는 제한명령, 사용폐쇄
　㉥ **공사**의 **정지** 또는 중지명령

답 ④

★
48 소방기본법에서 정의하는 용어에 대한 설명으로
14.09.문44 틀린 것은?

① "소방대상물"이란 건축물, 차량, 항해 중인 모든 선박과 산림 그 밖의 인공구조물 또는 물건을 말한다.

② "관계지역"이란 소방대상물이 있는 장소 및 그 이웃지역으로서 화재의 예방·경계·진압, 구조·구급 등의 활동에 필요한 지역을 말한다.

③ "소방본부장"이란 특별시·광역시·도 또는 특별자치도에서 화재의 예방·경계·진압·조사 및 구조·구급 등의 업무를 담당하는 부서의 장을 말한다.

④ "소방대장"이란 소방본부장 또는 소방서장 등 화재, 재난·재해 그 밖의 위급한 상황이 발생한 현장에서 소방대를 지휘하는 사람을 말한다.

 ① 항해 중인 모든 선박 → 항해 중인 선박 제외

기본법 2조
소방대상물
(1) **건**축물
(2) **차**량
(3) **선**박(항구에 매어둔 것) 보기 ①
(4) **선**박건조구조물
(5) **산**림
(6) **인**공구조물
(7) **물**건

기억법 건차선 산인물

답 ①

★★★
49 화재의 예방 및 안전관리에 관한 법령상 시·도지
23.03.문47 사는 화재가 발생할 우려가 높거나 화재가 발생하
22.03.문44 는 경우 그로 인하여 피해가 클 것으로 예상되는
20.09.문55 지역을 화재예방강화지구로 지정할 수 있는데 다
19.09.문50 음 중 지정대상지역에 대한 기준으로 틀린 것은?
17.09.문49 (단, 소방청장·소방본부장 또는 소방서장이 화
16.05.문53 재예방강화지구로 지정할 필요가 있다고 별도로
13.09.문56 인정하는 지역은 제외한다.)

① 소방용수시설이 없는 지역
② 시장지역
③ 목조건물이 밀집한 지역
④ 섬유공장이 분산되어 있는 지역

---

 ④ 분산되어 있는 → 밀집한

화재예방법 18조
화재예방강화지구의 지정
(1) **지정권자** : 시·도지사
(2) **지정지역**
　㉠ **시장**지역 보기 ②
　㉡ **공장·창고** 등이 밀집한 지역 보기 ④
　㉢ **목조건물**이 밀집한 지역 보기 ③
　㉣ **노후·불량** 건축물이 밀집한 지역
　㉤ **위험물**의 **저장** 및 **처리시설**이 밀집한 지역
　㉥ **석유화학제품**을 생산하는 공장이 있는 지역
　┌───────────────────────────┐
　│㉦ **소방시설·소방용수시설** 또는 **소방출동로**가 **없**│
　│　는 지역 보기 ①│
　└───────────────────────────┘
　㉧ 「**산업입지** 및 **개발**에 관한 **법률**」에 따른 산업단지
　㉨ 「**물류시설**의 **개발** 및 **운영**에 관한 **법률**」에 따른 **물류단지**
　㉩ **소방청장·소방본부장·소방서장**(소방관서장)이 화재예방강화지구로 지정할 필요가 있다고 인정하는 지역

　┌───────────────────────────┐
　│※ **화재예방강화지구** : 화재발생 우려가 크거나 화│
　│재가 발생할 경우 피해가 클 것으로 예상되는 지│
　│역에 대하여 화재의 예방 및 안전관리를 강화하│
　│기 위해 지정·관리하는 지역│
　└───────────────────────────┘

📋 비교

기본법 19조
화재로 오인할 만한 불을 피우거나 연막소독시 신고 지역
(1) **시장**지역
(2) **공장·창고**가 밀집한 지역
(3) **목조건물**이 밀집한 지역
(4) **위험물**의 **저장** 및 **처리시설**이 **밀집**한 지역
(5) **석유화학제품**을 생산하는 공장이 있는 지역
(6) 그 밖에 **시·도**의 **조례**로 정하는 지역 또는 장소

답 ④

★★★
50 소방시설 설치 및 관리에 관한 법령상 제조 또는
23.03.문56 가공공정에서 방염처리를 한 물품 중 방염대상
22.04.문59 물품이 아닌 것은?
15.09.문09
13.09.문52 ① 카펫
13.06.문53
12.09.문46 ② 전시용 합판
12.05.문46
12.03.문46 ③ 창문에 설치하는 커튼류
　④ 두께 2mm 미만인 종이벽지

 ④ 종이벽지 → 종이벽지 제외

소방시설법 시행령 31조
방염대상물품

제조 또는 가공 공정에서 방염처리를 한 물품	건축물 내부의 천장이나 벽에 부착하거나 설치하는 것
① 창문에 설치하는 **커튼류**(블라인드 포함) 보기 ③	① 종이류(두께 **2mm 이상**), **합성수지류** 또는 **섬유류**를 주원료로 한 물품
② **카펫** 보기 ①	② **합판**이나 **목재**
③ **벽지류**(두께 2mm 미만인 종이벽지 제외) 보기 ④	③ 공간을 구획하기 위하여 설치하는 **간이칸막이**
④ **전시용 합판·목재** 또는 **섬유판** 보기 ②	④ **흡음재**(흡음용 커튼 포함) 또는 **방음재**(방음용 커튼 포함)
⑤ **무대용 합판·목재** 또는 **섬유판**	※ 가구류(옷장, 찬장, 식탁, 식탁용 의자, 사무용 책상, 사무용 의자, 계산대)와 너비 10cm 이하인 반자돌림대, 내부 마감재료 제외
⑥ **암막·무대막**(영화상영관·가상체험 체육시설업의 **스크린** 포함)	
⑦ 섬유류 또는 합성수지류 등을 원료로 하여 제작된 소파·의자(단란주점영업, 유흥주점영업 및 노래연습장업의 영업장에 설치하는 것만 해당)	

답 ④

⭐ **51**
22.03.문57

위험물안전관리법령상 위험물 및 지정수량에 대한 기준 중 다음 ( ) 안에 알맞은 것은?

> 금속분이라 함은 알칼리금속·알칼리토류금속·철 및 마그네슘 외의 금속의 분말을 말하고, 구리분·니켈분 및 (㉠)마이크로미터의 체를 통과하는 것이 (㉡)중량퍼센트 미만인 것은 제외한다.

① ㉠ 150, ㉡ 50
② ㉠ 53, ㉡ 50
③ ㉠ 50, ㉡ 150
④ ㉠ 50, ㉡ 53

해설 **위험물령 〔별표 1〕**
금속분
알칼리금속·알칼리토류 금속·철 및 마그네슘 외의 금속의 분말을 말하고, **구리분·니켈분** 및 150μm의 체를 통과하는 것이 **50wt%** 미만인 것은 제외한다. 보기 ①

- μm = 마이크로 미터
- wt% = 중량퍼센트

답 ①

⭐⭐⭐ **52**
21.09.문55
19.04.문48
19.04.문56
18.04.문56
16.05.문49
14.03.문58
11.06.문49

화재의 예방 및 안전관리에 관한 법령상 옮긴 물건 등의 보관기간은 해당 소방관서의 인터넷 홈페이지에 공고하는 기간의 종료일 다음 날부터 며칠로 하는가?

① 3
② 4
③ 5
④ 7

해설 **7일**
(1) <u>옮긴 물건 등의 보관기간</u>(화재예방법 시행령 17조) 보기 ④
(2) 건축허가 등의 취소통보(소방시설법 시행규칙 5조)
(3) **소방공사 감리원의 배치통보일**(공사업규칙 17조)
(4) 소방공사 감리결과 통보·보고일(공사업규칙 19조)

기억법 **감배7**(감 배치)

🔈 중요

7일	14일
옮긴 물건 등의 보관기간	옮긴 물건 등의 공고기간

답 ④

⭐⭐⭐ **53**
21.05.문55
18.03.문50
17.03.문53
16.03.문43

소방시설 설치 및 관리에 관한 법령상 음료수 공장의 충전을 하는 작업장 등과 같이 화재안전기준을 적용하기 어려운 특정소방대상물에 설치하지 않을 수 있는 소방시설의 종류가 아닌 것은?

① 상수도소화용수설비
② 스프링클러설비
③ 연결송수관설비
④ 연결살수설비

해설 **소방시설법 시행령 〔별표 6〕**
소방시설을 설치하지 않을 수 있는 특정소방대상물 및 소방시설의 범위

구 분	특정소방대상물	소방시설
화재위험도가 낮은 특정소방대상물	**석재, 불연성 금속, 불연성 건축재료** 등의 가공공장·기계조립공장 또는 불연성 물품을 저장하는 창고	① **옥외**소화전설비 ② **연결살수설비** 기억법 석불금외
화재안전기준을 적용하기 어려운 특정소방대상물	**펄프공장의 작업장, 음료수 공장**의 세정 또는 충전을 하는 작업장, 그 밖에 이와 비슷한 용도로 사용하는 것	① **스프링클러설비** 보기 ② ② **상수도소화용수설비** 보기 ① ③ **연결살수설비** 보기 ④
	정수장, 수영장, 목욕장, 어류양식용 시설, 그 밖에 이와 비슷한 용도로 사용되는 것	① **자동화재탐지설비** ② **상수도소화용수설비** ③ **연결살수설비**

화재안전기준을 달리 적용해야 하는 특수한 용도 또는 구조를 가진 특정소방대상물	원자력발전소, 중·저준위 방사성 폐기물의 저장시설	① 연결송수관설비 ② 연결살수설비
자체소방대가 설치된 특정소방대상물	자체소방대가 설치된 위험물제조소 등에 부속된 사무실	① 옥내소화전설비 ② 소화용수설비 ③ 연결살수설비 ④ 연결송수관설비

중요

소방시설법 시행령 〔별표 6〕
소방시설을 설치하지 않을 수 있는 소방시설의 범위
(1) **화재위험도**가 낮은 특정소방대상물
(2) 화재안전기준을 적용하기가 어려운 특정소방대상물
(3) 화재안전기준을 달리 적용하여야 하는 특수한 **용도·구조**를 가진 특정소방대상물
(4) **자체소방대**가 설치된 특정소방대상물

답 ③

★★ 54

23.05.문41
19.03.문53

소방서장은 소방대상물에 대한 위치·구조·설비 등에 관하여 화재가 발생하는 경우 인명피해가 클 것으로 예상되는 때에는 소방대상물의 개수·사용의 금지 등의 필요한 조치를 명할 수 있는데 이때 그 손실에 따른 보상을 하여야 하는 바, 해당되지 않은 사람은?

① 특별시장
② 도지사
③ 행정안전부장관
④ 광역시장

해설 **소방기본법 49조의 2**
소방대상물의 개수명령 손실보상
소방청장, 시·도지사

중요

시·도지사
(1) 특별시장 [보기 ①]
(2) 광역시장 [보기 ④]
(3) 도지사 [보기 ②]
(4) 특별자치도지사
(5) 특별자치시장

답 ③

★★ 55

16.10.문58
05.05.문44

일반 소방시설설계업(기계분야)의 영업범위는 공장의 경우 연면적 몇 m² 미만의 특정소방대상물에 설치되는 기계분야 소방시설의 설계에 한하는가? (단, 제연설비가 설치되는 특정소방대상물은 제외한다.)

① 10000m²
② 20000m²
③ 30000m²
④ 40000m²

해설 **공사업령 〔별표 1〕**
소방시설설계업

종류	기술인력	영업범위
전문	• 주된기술인력:1명 이상 • 보조기술인력:1명 이상	• 모든 특정소방대상물
일반	• 주된기술인력:1명 이상 • 보조기술인력:1명 이상	• **아파트**(기계분야 제연설비 제외) • 연면적 30000m²(공장 10000m²) 미만(기계분야 제연설비 제외) [보기 ①] • 위험물제조소 등

답 ①

★★★ 56

23.05.문51
16.03.문57
16.05.문43
14.03.문79
12.03.문74

소방시설 설치 및 관리에 관한 법령상 자동화재탐지설비를 설치하여야 하는 특정소방대상물 기준으로 틀린 것은?

① 연면적 2000m² 이상인 수련시설
② 특수가연물을 저장·취급하는 곳으로서 지정수량 500배 이상
③ 연면적 500m² 이상인 판매시설
④ 연면적 1000m² 이상인 군사시설

해설

③ 500m² 이상 → 1000m² 이상

소방시설법 시행령 〔별표 4〕
자동화재탐지설비의 설치대상

설치대상	조 건
① 정신의료기관·의료재활시설	• 창살설치 : 바닥면적 300m² 미만 • 기타 : 바닥면적 300m² 이상
② 노유자시설	• 연면적 400m² 이상
③ **근**린생활시설·**위**락시설	• 연면적 600m² 이상
④ **의**료시설(정신의료기관, 요양병원 제외), 숙박시설	
⑤ **복**합건축물·장례시설	
⑥ 목욕장·문화 및 집회시설, 운동시설	• 연면적 1000m² 이상
⑦ 종교시설	
⑧ 방송통신시설·관광휴게시설	
⑨ 업무시설·판매시설 [보기 ③]	
⑩ 항공기 및 자동차 관련시설·공장·창고시설	
⑪ 지하가(터널 제외)·운수시설·발전시설·위험물 저장 및 처리시설	
⑫ 교정 및 군사시설 중 국방·군사시설 [보기 ④]	

⑬ <u>교</u>육연구시설·<u>동</u>식물관련시설	• 연면적 2000m² 이상
⑭ <u>자</u>원순환관련시설·<u>교</u>정 및 군사시설(국방·군사시설 제외)	
⑮ <u>수</u>련시설(숙박시설이 있는 것 제외) 보기 ①	
⑯ 묘지관련시설	
⑰ 지하가 중 터널	• 길이 1000m 이상
⑱ 지하구	• 전부
⑲ 노유자생활시설	
⑳ 아파트 등 기숙사	
㉑ 숙박시설	
㉒ 6층 이상인 건축물	
㉓ 조산원 및 산후조리원	
㉔ 전통시장	
㉕ 요양병원(정신병원, 의료재활시설 제외)	
㉖ 특수가연물 저장·취급 보기 ②	• 지정수량 500배 이상
㉗ 수련시설(숙박시설이 있는 것)	• 수용인원 100명 이상
㉘ 발전시설	• 전기저장시설

기억법 근위의복6, 교동자교수2

답 ③

★★ 57

17.05.문45
06.05.문56

제조소 등의 위치·구조 및 설비의 기준 중 위험물을 취급하는 건축물의 환기설비 설치기준으로 다음 (   ) 안에 알맞은 것은?

> 급기구는 당해 급기구가 설치된 실의 바닥면적 (㉠)m²마다 1개 이상으로 하되, 급기구의 크기는 (㉡)cm² 이상으로 할 것

① ㉠ 100, ㉡ 800   ② ㉠ 150, ㉡ 800
③ ㉠ 100, ㉡ 1000   ④ ㉠ 150, ㉡ 1000

해설 위험물규칙 〔별표 4〕
위험물제조소의 환기설비
(1) 환기는 **자연배기방식**으로 할 것
(2) 급기구는 바닥면적 150m²마다 1개 이상으로 하되, 그 크기는 800cm² 이상일 것 보기 ㉠㉡

바닥면적	급기구의 면적
60m² 미만	150cm² 이상
60~90m² 미만	300cm² 이상
90~120m² 미만	450cm² 이상
120~150m² 미만	600cm² 이상

(3) 급기구는 **낮은 곳**에 설치하고, **인화방지망**을 설치할 것
(4) 환기구는 지붕 위 또는 지상 **2m** 이상의 높이에 회전식 고정 벤틸레이터 또는 루프팬방식으로 설치할 것

답 ②

★★★ 58

23.03.문44
22.09.문56
20.09.문57
13.09.문46

소방기본법령상 소방안전교육사의 배치대상별 배치기준으로 틀린 것은?

① 소방청 : 2명 이상 배치
② 소방본부 : 2명 이상 배치
③ 소방서 : 1명 이상 배치
④ 한국소방안전원(본회) : 1명 이상 배치

해설 ④ 1명 이상 → 2명 이상

기본령 〔별표 2의 3〕
소방안전교육사의 배치대상별 배치기준

배치대상	배치기준
소방서	• 1명 이상 보기 ③
한국소방안전원	• 시·도지부 : 1명 이상 • 본회 : 2명 이상 보기 ④
소방본부	• 2명 이상 보기 ②
소방청	• 2명 이상 보기 ①
한국소방산업기술원	• 2명 이상

답 ④

★★★ 59

23.05.문59
21.05.문60
19.04.문42
15.03.문43
11.06.문48
06.03.문44

소방기본법령상 소방대장은 화재, 재난·재해 그 밖의 위급한 상황이 발생한 현장에 소방활동구역을 정하여 소방활동에 필요한 자로서 대통령령으로 정하는 사람 외에는 그 구역에의 출입을 제한할 수 있다. 다음 중 소방활동구역에 출입할 수 없는 사람은?

① 소방활동구역 안에 있는 소방대상물의 소유자·관리자 또는 점유자
② 전기·가스·수도·통신·교통의 업무에 종사하는 사람으로서 원활한 소방활동을 위하여 필요한 사람
③ 시·도지사가 소방활동을 위하여 출입을 허가한 사람
④ 의사·간호사 그 밖에 구조·구급업무에 종사하는 사람

해설 ③ 시·도지사 → 소방대장

기본령 8조
소방활동구역 출입자
(1) **소방활동구역** 안에 있는 **소유자·관리자** 또는 **점유자** 보기 ①

(2) **전기 · 가스 · 수도 · 통신 · 교통**의 업무에 종사하는 자로서 원활한 **소방활동**을 위하여 필요한 자 보기 ②

(3) **의사 · 간호사**, 그 밖에 구조 · 구급업무에 종사하는 자 보기 ④

(4) **취재인력** 등 보도업무에 종사하는 자

(5) **수사업무**에 종사하는 자

(6) **소방대장**이 소방활동을 위하여 **출입을 허가한 자** 보기 ③

🔖 **용어**

> **소방활동구역**
> 화재, 재난 · 재해 그 밖의 위급한 상황이 발생한 현장에 정하는 구역

답 ③

⭐⭐⭐
60
22.04.문58
19.04.문60
16.10.문41
15.05.문46

소방시설 설치 및 관리에 관한 법령상 소방청장 또는 시 · 도지사가 청문을 하여야 하는 처분이 아닌 것은?

① 소방시설관리사 자격의 정지

② 소방안전관리자 자격의 취소

③ 소방시설관리업의 등록취소

④ 소방용품의 형식승인취소

🔖 **소방시설법 49조**
청문실시 대상

(1) **소방시설관리사 자격**의 **취소** 및 **정지** 보기 ①

(2) **소방시설관리업**의 **등록취소** 및 영업정지 보기 ③

(3) **소방용품**의 **형식승인취소** 및 제품검사중지 보기 ④

(4) 소방용품의 제품검사 전문기관의 지정취소 및 업무정지

(5) 우수품질인증의 취소

(6) 소방용품의 성능인증 취소

기억법 **청사 용업**(청사 용역)

답 ②

제4과목 소방기계시설의 구조 및 원리 ••

⭐⭐⭐
61
23.09.문72
22.04.문74
21.05.문74
16.03.문64
15.09.문76
15.05.문80
12.05.문64

포소화설비에서 펌프의 토출관에 압입기를 설치하여 포소화약제 압입용 펌프로 포소화약제를 압입시켜 혼합하는 방식은?

① 라인 프로포셔너

② 펌프 프로포셔너

③ 프레져 프로포셔너

④ 프레져사이드 프로포셔너

🔖 **포소화약제의 혼합장치**

(1) 펌프 프로포셔너방식(펌프 혼합방식)

　㉠ 펌프 토출측과 흡입측에 바이패스를 설치하고, 그 바이패스의 도중에 설치한 어댑터(Adaptor)로 펌프 토출측 수량의 일부를 통과시켜 공기포 용액을 만드는 방식

　㉡ 펌프의 **토출관**과 **흡입관** 사이의 배관 도중에 설치한 흡입기에 펌프에서 토출된 물의 일부를 보내고 **농도조정밸브**에서 조정된 포소화약제의 필요량을 포소화제 탱크에서 펌프 흡입측으로 보내어 약제를 혼합하는 방식

기억법 **펌농**

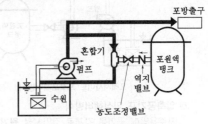

‖ 펌프 프로포셔너방식 ‖

(2) 프레져 프로포셔너방식(차압 혼합방식)

　㉠ 가압송수관 도중에 공기포 소화원액 혼합조(P.P.T)와 혼합기를 접속하여 사용하는 방법

　㉡ **격막방식 휨탱크**를 사용하는 에어휨 혼합방식

　㉢ 펌프와 발포기의 중간에 설치된 벤투리관의 **벤투리작용**과 펌프 가압수의 **포소화약제 저장탱크**에 대한 압력에 의하여 포소화약제를 흡입 · 혼합하는 방식

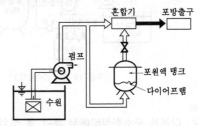

‖ 프레져 프로포셔너방식 ‖

(3) 라인 프로포셔너방식(관로 혼합방식)

　㉠ 급수관의 배관 도중에 포소화약제 흡입기를 설치하여 그 흡입관에서 소화약제를 흡입하여 혼합하는 방식

　㉡ 펌프와 발포기의 중간에 설치된 **벤투리관**의 **벤투리작용**에 의하여 포소화약제를 흡입 · 혼합하는 방식

기억법 **라벤벤**

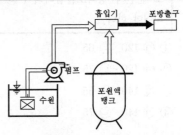

‖ 라인 프로포셔너방식 ‖

(4) 프레져사이드 프로포셔너방식(압입 혼합방식)

보기 ④

㉠ 소화원액 가압펌프(압입용 펌프)를 별도로 사용하는 방식

㉡ 펌프 **토출관**에 압입기를 설치하여 포소화약제 **압입용 펌프**로 포소화약제를 압입시켜 혼합하는 방식

기억법 프사압

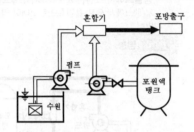

| 프레져사이드 프로포셔너방식 |

(5) 압축공기포 믹싱챔버방식

포수용액에 공기를 강제로 주입시켜 **원거리 방수**가 가능하고 물 사용량을 줄여 **수손피해**를 **최소화**할 수 있는 방식

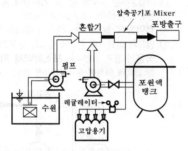

| 압축공기포 믹싱챔버방식 |

답 ④

★★★
62 다음은 포소화설비에서 배관 등 설치기준에 관한 내용이다. ( ) 안에 들어갈 내용으로 옳은 것은?

23.09.문63
19.09.문67
18.09.문68
15.09.문72
11.10.문72
02.03.문62

> 펌프의 성능은 체절운전시 정격토출압력의 (㉠)%를 초과하지 않고, 정격토출량의 150%로 운전시 정격토출압력의 (㉡)% 이상이 되어야 한다.

① ㉠ 120, ㉡ 65

② ㉠ 120, ㉡ 75

③ ㉠ 140, ㉡ 65

④ ㉠ 140, ㉡ 75

해설 **(1) 포소화설비의 배관**(NFPC 105 7조, NFTC 105 2.4)

㉠ 급수개폐밸브 : **탬퍼스위치** 설치

㉡ 펌프의 흡입측 배관 : **버터플라이밸브 외의** 개폐표시형 밸브 설치

㉢ 송액관 : **배액밸브** 설치

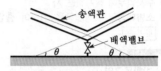

| 송액관의 기울기 |

(2) 소화펌프의 성능시험 방법 및 배관

㉠ 펌프의 성능은 체절운전시 정격토출압력의 **140%**를 초과하지 않을 것 보기 ㉠

㉡ 정격토출량의 150%로 운전시 정격토출압력의 **65%** 이상이어야 할 것 보기 ㉡

㉢ 성능시험배관은 펌프의 토출측에 설치된 **개폐밸브 이전**에서 분기할 것

㉣ 유량측정장치는 펌프 정격토출량의 **175%** 이상 측정할 수 있는 성능이 있을 것

답 ③

★★★
63 물분무소화설비를 설치하는 차고 또는 주차장의 배수설비 설치기준 중 틀린 것은?

19.03.문70
17.09.문72
16.10.문67
16.05.문79
15.05.문78
10.03.문63

① 차량이 주차하는 장소의 적당한 곳에 높이 10cm 이상 경계턱으로 배수구를 설치할 것

② 배수구에는 새어 나온 기름을 모아 소화할 수 있도록 길이 30m 이하마다 집수관, 소화피트 등 기름분리장치를 설치할 것

③ 차량이 주차하는 바닥은 배수구를 향하여 100분의 2 이상의 기울기를 유지할 것

④ 배수설비는 가압송수장치의 최대송수능력의 수량을 유효하게 배수할 수 있는 크기 및 기울기로 할 것

해설
② 30m 이하 → 40m 이하

물분무소화설비의 **배수설비**(NFPC 104 11조, NFTC 104 2.8)

(1) **10cm** 이상의 경계턱으로 배수구 설치(차량이 주차하는 곳) 보기 ①

(2) **40m** 이하마다 기름분리장치 설치

(3) 차량이 주차하는 바닥은 $\dfrac{2}{100}$ 이상의 기울기 유지 보기 ③

(4) **배수설비** : 가압송수장치의 최대송수능력의 수량을 유효하게 배수할 수 있는 크기 및 기울기로 할 것 보기 ④

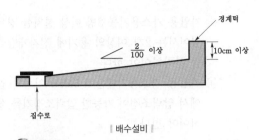

| 배수설비 |

참고

기울기

구 분	설 명
$\dfrac{1}{100}$ 이상	연결살수설비의 수평주행배관
$\dfrac{2}{100}$ 이상	물분무소화설비의 배수설비
$\dfrac{1}{250}$ 이상	습식·부압식 설비 외 설비의 가지배관
$\dfrac{1}{500}$ 이상	습식·부압식 설비 외 설비의 수평주행배관

답 ②

64 피난사다리의 형식승인 및 제품검사의 기술기준
22.03.문74 상 피난사다리의 일반구조 기준으로 옳은 것은?

① 피난사다리는 2개 이상의 횡봉으로 구성되어야 한다. 다만, 고정식 사다리인 경우에는 횡봉의 수를 1개로 할 수 있다.

② 피난사다리(종봉이 1개인 고정식 사다리는 제외)의 종봉의 간격은 최외각 종봉 사이의 안치수가 15cm 이상이어야 한다.

③ 피난사다리의 횡봉은 지름 15mm 이상 25mm 이하의 원형인 단면이거나 또는 이와 비슷한 손으로 잡을 수 있는 형태의 단면이 있는 것이어야 한다.

④ 피난사다리의 횡봉은 종봉에 동일한 간격으로 부착한 것이어야 하며, 그 간격은 25cm 이상 35cm 이하이어야 한다.

 해설

① 횡봉 → 종봉 및 횡봉
② 15cm → 30cm
③ 15mm 이상 25mm 이하 → 14mm 이상 35mm 이하

피난사다리의 구조(피난사다리의 형식 3조)
(1) 안전하고 확실하며 쉽게 사용할 수 있는 구조
(2) 피난사다리는 **2개** 이상의 **종봉** 및 **횡봉**으로 구성(고정식 사다리는 종봉의 수 1개 가능) 보기 ①

(3) 피난사다리(종봉이 1개인 고정식 사다리 제외)의 **종봉의 간격**은 최외각 종보 사이의 **안치수가 30cm 이상** 보기 ②

(4) 피난사다리의 **횡봉**은 **지름 14~35mm 이하**의 원형인 단면이거나 또는 이와 비슷한 손으로 잡을 수 있는 형태의 단면이 있는 것 보기 ③

(5) 피난사다리의 **횡봉**은 종봉에 동일한 간격으로 부착한 것이어야 하며, 그 간격은 **25~35cm 이하** 보기 ④

(6) 피난사다리 횡봉의 디딤면은 미끄러지지 아니하는 구조

종봉간격	횡봉간격
안치수 30cm 이상	25~35cm 이하

(7) 절단 또는 용접 등으로 인한 **모서리** 부분은 사람에게 해를 끼치지 않도록 조치

답 ④

65 스프링클러설비의 화재안전기준에 따라 폐쇄형
21.09.문77 스프링클러헤드를 최고 주위온도 40℃인 장소
19.04.문64 (공장 제외)에 설치할 경우 표시온도는 몇 ℃의
13.09.문80 것을 설치하여야 하는가?
04.05.문69

① 79℃ 미만

② 79℃ 이상 121℃ 미만

③ 121℃ 이상 162℃ 미만

④ 162℃ 이상

해설 **폐쇄형 스프링클러헤드**(NFTC 103 2.7.6)

설치장소의 최고주위온도	표시온도
39℃ 미만	**79℃** 미만
39℃ 이상 **64℃** 미만	→79℃ 이상 **121℃** 미만
64℃ 이상 **106℃** 미만	121℃ 이상 **162℃** 미만
106℃ 이상	162℃ 이상

기억법	39	79
	64	121
	106	162

답 ②

66 전역전출방식의 할론소화설비의 분사헤드에 대
13.06.문64 한 내용 중 잘못된 것은?

① 할론 1211을 방사하는 분사헤드 방사압력은 0.7MPa 이상이어야 한다.

② 할론 1301을 방사하는 분사헤드 방사압력은 0.9MPa 이상이어야 한다.

③ 할론 2402를 방출하는 분사헤드는 약제가 무상으로 분무되어야 한다.

④ 할론 2402를 방사하는 분사헤드 방사압력은 0.1MPa 이상이어야 한다.

 해설

> ① 할론 1211을 방사하는 분사헤드의 방사압력은 0.2MPa 이상으로 할 것

할론소화약제

구 분		할론 1301	할론 1211	할론 2402
저장압력		2.5 MPa 또는 4.2 MPa	1.1 MPa 또는 2.5 MPa	–
방사압력		0.9 MPa 보기 ②	0.2 MPa	0.1 MPa 보기 ④
충전비	가압식	0.9~1.6 이하	0.7~1.4 이하	0.51~0.67 미만
	축압식			0.67~2.75 이하

답 ①

20.06.문76
16.10.문70
15.03.문80
10.05.문76

⭐⭐⭐
67 제연설비의 화재안전기준상 유입풍도 및 배출풍도에 관한 설명으로 맞는 것은?

① 유입풍도 안의 풍속은 25m/s 이하로 한다.
② 배출풍도는 석면재료와 같은 내열성의 단열재로 유효한 단열 처리를 한다.
③ 배출풍도와 유입풍도의 아연도금강판 최소 두께는 0.45mm 이상으로 하여야 한다.
④ 배출기 흡입측 풍도 안의 풍속은 15m/s 이하로 하고 배출측 풍속은 20m/s 이하로 한다.

해설 **제연설비의 풍속**(NFPC 501 8~10조, NFTC 501 2.5.5, 2.6.2.2, 2.7.1)

조 건	풍 속
• 유입구가 바닥에 설치시 상향분출 가능	1m/s 이하
• 예상제연구역의 공기유입 풍속	5m/s 이하
• 배출기의 흡입측 풍속	15m/s 이하 보기 ④
• 배출기의 **배출측** 풍속 • **유입풍도** 안의 풍속	20m/s 이하 보기 ④

기억법 배2유(배이다 아파! 이유)

🐛 용어

> **풍도**
> 공기가 유동하는 덕트

답 ④

⭐⭐⭐
68 분말소화약제의 가압용 가스용기의 설치기준 중 틀린 것은?

19.04.문69
19.03.문63
18.03.문67
17.09.문80
13.09.문77

① 분말소화약제의 저장용기에 접속하여 설치하여야 한다.
② 가압용 가스는 질소가스 또는 이산화탄소로 하여야 한다.

③ 가압용 가스용기를 3병 이상 설치한 경우에 있어서는 2개 이상의 용기에 전자개방밸브를 부착하여야 한다.
④ 가압용 가스용기에는 2.5MPa 이상의 압력에서 압력조정이 가능한 압력조정기를 설치하여야 한다.

 해설

> ④ 2.5MPa 이상 → 2.5MPa 이하

압력조정장치(압력조정기)의 **압력**

할론소화설비	**분말소화설비**(분말소화약제)
2MPa 이하	**2.5**MPa 이하

기억법 분압25(분압이오.)

⚠️ 중요

(1) 전자개방밸브 부착

분말소화약제 가압용 가스용기	이산화탄소·분말소화 설비 전기식 기동장치
3병 이상 설치한 경우 **2개** 이상 보기 ③	**7병** 이상 개방시 **2병** 이상

기억법 이7(이치)

(2) 가압식과 **축압식**의 **설치기준**(35℃에서 1기압의 압력 상태로 환산한 것)(NFPC 108 5조, NFTC 108 2.2.4)

구 분 사용가스	가압식 보기 ②	축압식
N₂(질소)	40L/kg 이상	10L/kg 이상
CO₂(이산화탄소)	20g/kg+배관청소 필요량 이상	20g/kg+배관청소 필요량 이상

※ 배관청소용 가스는 별도의 용기에 저장한다.

답 ④

⭐⭐⭐
69 미분무소화설비의 화재안전기준상 용어의 정의 중 다음 ( ) 안에 알맞은 것은?

23.03.문76
22.03.문78
20.09.문78
18.04.문74
17.05.문75

> "미분무"란 물만을 사용하여 소화하는 방식으로 최소설계압력에서 헤드로부터 방출되는 물입자 중 99%의 누적체적분포가 (㉠)μm 이하로 분무되고 (㉡)급 화재에 적응성을 갖는 것을 말한다.

① ㉠ 400, ㉡ A, B, C
② ㉠ 400, ㉡ B, C
③ ㉠ 200, ㉡ A, B, C
④ ㉠ 200, ㉡ B, C

해설 미분무소화설비의 용어정의(NFPC 104A 3조)

용어	설명
미분무 소화설비	가압된 물이 헤드 통과 후 **미세한 입자**로 분무됨으로써 소화성능을 가지는 설비를 말하며, **소화력을 증가**시키기 위해 **강화액** 등을 첨가할 수 있다.
미분무	물만을 사용하여 소화하는 방식으로 최소 설계압력에서 헤드로부터 방출되는 물입자 중 **99%의 누적체적분포가 400μm** 이하로 분무되고 **A, B, C급 화재**에 적응성을 갖는 것 보기 ①
미분무 헤드	**하나 이상의 오리피스**를 가지고 미분무소화설비에 사용되는 헤드

답 ①

★★
70
16.03.문61
13.09.문74

스프링클러헤드의 감도를 반응시간지수(RTI) 값에 따라 구분할 때 RTI 값이 51 초과 80 이하일 때의 헤드감도는?

① Fast response
② Special response
③ Standard response
④ Quick response

해설 반응시간지수(RTI) 값

구분	RTI 값
조기반응 (fast response)	$50(m \cdot s)^{1/2}$ 이하
특수반응 (special response)	$51\sim80(m \cdot s)^{1/2}$ 이하 보기 ②
표준반응 (standard response)	$81\sim350(m \cdot s)^{1/2}$ 이하

기억법 조5(조로증), 특58(특수오판)

답 ②

★★
71
20.06.문67
18.04.문69

완강기의 형식승인 및 제품검사의 기술기준상 완강기의 최대사용하중은 최소 몇 N 이상의 하중이어야 하는가?

① 800   ② 1000
③ 1200   ④ 1500

해설 완강기의 하중
(1) 250N 이상(최소사용하중)
(2) 750N
(3) 1500N 이상(최대사용하중) 보기 ④

🔖 중요

완강기의 **최대사용자수**

$$최대사용자수 = \frac{최대사용하중}{1500N}$$

답 ④

★★★
72
20.08.문65
19.04.문61
18.09.문69
17.03.문74
15.09.문79
14.09.문78
12.09.문79

고압의 전기기기가 있는 장소에 있어서 전기의 절연을 위한 전기기기와 물분무헤드 사이의 최소 이격거리 기준 중 옳은 것은?

① 66kV 이하−60cm 이상
② 66kV 초과 77kV 이하−80cm 이상
③ 77kV 초과 110kV 이하−100cm 이상
④ 110kV 초과 154kV 이하−140cm 이상

해설

① 60cm → 70cm
③ 100cm → 110cm
④ 140cm → 150cm

물분무헤드의 이격거리(NFPC 104 10조, NFTC 104 2.7.2)

전압[kV]	거리[cm]
66 이하	**70** 이상
66 초과 **77** 이하	**80** 이상
77 초과 **110** 이하	**110** 이상
110 초과 **154** 이하	**150** 이상
154 초과 **181** 이하	**180** 이상
181 초과 **220** 이하	**210** 이상
220 초과 **275** 이하	**260** 이상

기억법
66 → 70
77 → 80
110 → 110
154 → 150
181 → 180
220 → 210
275 → 260

답 ②

★★★
73
23.05.문78
22.09.문68
18.03.문64
17.05.문70
17.03.문72
17.03.문80
16.05.문67
13.06.문62
09.03.문79

차고·주차장의 부분에 호스릴포소화설비 또는 포소화전설비를 설치할 수 있는 기준 중 틀린 것은?

① 지상 1층으로서 지붕이 없는 부분
② 고가 밑의 주차장 등으로서 주된 벽이 없고 기둥뿐이거나 주위가 위해방지용 철주 등으로 둘러싸인 부분
③ 옥외로 통하는 개구부가 상시 개방된 구조의 부분으로서 그 개방된 부분의 합계면적이 해당 차고 또는 주차장의 바닥면적의 20% 이상인 부분
④ 완전개방된 옥상주차장

③ 무관한 내용

포소화설비의 적응대상(NFPC 105 4조, NFTC 105 2.1.1)

특정소방대상물	설비 종류
• 차고 · 주차장 • 항공기격납고 • 공장 · 창고(특수가연물 저장 · 취급)	• 포워터스프링클러설비 • 포헤드설비 • 고정포방출설비 • 압축공기포소화설비
• 완전개방된 옥상주차장(주된 벽이 없고 기둥뿐이거나 주위가 위해방지용 철주 등으로 둘러싸인 부분) 보기 ④ • **지상 1층**으로서 지붕이 없는 차고 · 주차장 보기 ① • 고가 밑의 주차장(주된 벽이 없고 기둥뿐이거나 주위가 위해방지용 철주 등으로 둘러싸인 부분) 보기 ②	• 호스릴포소화설비 • 포소화전설비
• 발전기실 • 엔진펌프실 • 변압기 • 전기케이블실 • 유압설비	• 고정식 압축공기포소화설비(바닥면적 합계 **300m²** 미만)

답 ③

★★★
74 스프링클러설비의 화재안전기준상 고가수조를 이용한 가압송수장치의 설치기준 중 고가수조에 설치하지 않아도 되는 것은?

23.03.문68
22.03.문69
15.09.문71
14.09.문66
12.03.문69
05.09.문70

① 수위계　　② 배수관
③ 압력계　　④ 오버플로우관

해설 ③ 압력수조에 설치

필요설비

고가수조	압력수조
① 수위계 보기 ① ② 배수관 보기 ② ③ 급수관 ④ 맨홀 ⑤ **오버플로우관** 보기 ④	① 수위계 ② 배수관 ③ 급수관 ④ 맨홀 ⑤ 급기관 ⑥ 압력계 보기 ③ ⑦ 안전장치 ⑧ 자동식 공기압축기

기억법 고오(GO!)

답 ③

★★★
75 분말소화설비의 화재안전기준에 따라 분말소화약제 가압식 저장용기는 최고사용압력의 몇 배 이하의 압력에서 작동하는 안전밸브를 설치해야 되는가?

23.03.문61
20.09.문79
18.09.문78

① 0.8　　② 1.2
③ 1.8　　④ 2.0

해설 **분말소화약제의 저장용기 설치장소기준**(NFPC 108 4조, NFTC 108 2.1)

(1) **방호구역 외**의 장소에 설치할 것(단, 방호구역 내에 설치할 경우에는 피난 및 조작이 용이하도록 피난구 부근에 설치)
(2) 온도가 **40℃** 이하이고, 온도변화가 작은 곳에 설치할 것
(3) 직사광선 및 빗물이 침투할 우려가 없는 곳에 설치할 것
(4) 방화문으로 구획된 실에 설치할 것
(5) 용기의 설치장소에는 해당용기가 설치된 곳임을 표시하는 표지를 할 것
(6) 용기 간의 간격은 점검에 지장이 없도록 **3cm** 이상의 간격을 유지할 것
(7) 저장용기와 집합관을 연결하는 연결배관에는 **체크밸브**를 설치할 것
(8) 주밸브를 개방하는 **정압작동장치** 설치
(9) 저장용기의 **충전비**는 0.8 이상

저장용기의 내용적

소화약제의 종별	소화약제 1kg당 저장용기의 내용적
제1종 분말(탄산수소나트륨을 주성분으로 한 분말)	0.8L
제2종 분말(탄산수소칼륨을 주성분으로 한 분말)	1L
제3종 분말(인산염을 주성분으로 한 분말)	1L
제4종 분말(탄산수소칼륨과 요소가 화합된 분말)	1.25L

(10) 안전밸브의 설치

가압식	축압식
최고사용압력의 **1.8배** 이하 보기 ③	**내압시험압력**의 **0.8배** 이하

답 ③

★★
76 연결살수설비의 배관에 관한 설치기준 중 옳은 것은?

17.05.문80
12.03.문63

① 개방형 헤드를 사용하는 연결살수설비의 수평주행배관은 헤드를 향하여 상향으로 100분의 5 이상의 기울기로 설치한다.
② 가지배관 또는 교차배관을 설치하는 경우에는 가지배관의 배열은 토너먼트방식이어야 한다.
③ 교차배관에는 가지배관과 가지배관 사이마다 1개 이상의 행거를 설치하되, 가지배관 사이의 거리가 4.5m를 초과하는 경우에는 4.5m 이내마다 1개 이상 설치한다.
④ 가지배관은 교차배관 또는 주배관에서 분기되는 지점을 기점으로 한쪽 가지배관에 설치되는 헤드의 개수는 6개 이하로 하여야 한다.

해설
① 100분의 5 이상 → 100분의 1 이상
② 토너먼트방식이어야 한다. → 토너먼트방식이 아니어야 한다.
④ 6개 이하 → 8개 이하

행거의 설치(NFPC 503 5조, NFTC 503 2.2.10)
(1) 가지배관 : **3.5m** 이내마다 설치
(2) 교차배관 ┐
(3) 수평주행배관 ┘ ─ **4.5m** 이내마다 설치 보기 ③
(4) 헤드와 행거 사이의 간격 : **8cm** 이상

답 ③

★★★
77
23.05.문63
16.03.문78
12.05.문73
스프링클러헤드를 설치하는 천장과 반자 사이, 덕트, 선반 등의 각 부분으로부터 하나의 스프링클러헤드까지의 수평거리 적용기준으로 잘못된 항목은?
① 특수가연물 저장 랙식 창고 : 2.5m 이하
② 공동주택(아파트) 세대 : 2.6m 이하
③ 내화구조의 사무실 : 2.3m 이하
④ 비내화구조의 판매시설 : 2.1m 이하

해설
① 특수가연물 저장 랙식 창고 : 1.7m 이하

수평거리(R)(NFPC 103 10조, NFTC 103 2.7.3 · 274/NFPC 608 7조, NFTC 608 2.3.1.4)

설치장소	설치기준
무대부 · **특**수가연물 (창고 포함)	→ 수평거리 **1.7m** 이하
기타구조(창고 포함)	수평거리 **2.1m** 이하 보기 ④
내화구조(창고 포함)	수평거리 **2.3m** 이하 보기 ③
공동주택(**아**파트) 세대 내	수평거리 **2.6m** 이하 보기 ②

기억법 무특 7
　　　　기 1
　　　　내 3
　　　　아 6

답 ①

★★★
78
23.03.문75
21.05.문67
17.03.문72
14.03.문73
13.03.문64
연결살수설비의 화재안전기준상 배관의 설치기준 중 하나의 배관에 부착하는 살수헤드의 개수가 7개인 경우 배관의 구경은 최소 몇 mm 이상으로 설치해야 하는가? (단, 연결살수설비 전용헤드를 사용하는 경우이다.)
① 40
② 50
③ 65
④ 80

해설 **연결살수설비**(NFPC 503 5조)

배관의 구경	32mm	40mm	50mm	65mm	80mm
살수헤드 개수	1개	2개	3개	4개 또는 5개	6~10개 이하

기억법 80610살

답 ④

★★★
79
17.09.문77
15.03.문76
07.09.문72
물분무헤드를 설치하지 아니할 수 있는 장소의 기준 중 다음 ( ) 안에 알맞은 것은?

운전시에 표면의 온도가 ( )℃ 이상으로 되는 등 직접 분무를 하는 경우 그 부분에 손상을 입힐 우려가 있는 기계장치 등이 있는 장소

① 160　　　　② 200
③ 260　　　　④ 300

해설 **물분무헤드 설치제외장소**(NFPC 104 15조, NFTC 104 2.12)
(1) **물**과 심하게 **반응**하는 물질 취급장소
(2) **고**온물질 취급장소
(3) **표**면온도 **260℃** 이상 보기 ③

기억법 물표26(물표 이륙)

답 ③

★★★
80
17.05.문79
15.05.문73
13.03.문71
국소방출방식의 분말소화설비 분사헤드는 기준 저장량의 소화약제를 몇 초 이내에 방사할 수 있는 것이어야 하는가?
① 60　　　　② 30
③ 20　　　　④ 10

해설 **약제방사시간**

소화설비		전역방출방식		국소방출방식	
		일반 건축물	위험물 제조소	일반 건축물	위험물 제조소
할론소화설비		10초 이내	30초 이내	10초 이내	30초 이내
분말소화설비		30초 이내		30초 이내	
CO₂ 소화설비	표면 화재	1분 이내	60초 이내		
	심부 화재	7분 이내			

※ 문제에서 특정한 조건이 없으면 '일반건축물'을 적용하면 된다.

답 ②

2024년 기사 제3회 필기시험 CBT 기출복원문제				수험번호	성명
자격종목 **소방설비기사(기계분야)**		종목코드	시험시간 **2시간**	형별	

※ 각 문항은 4지택일형으로 질문에 가장 적합한 보기 항을 선택하여 체크하여야 합니다.

제1과목 소방원론

01 화재시 이산화탄소를 방출하여 산소농도를 13vol%로 낮추어 소화하기 위한 공기 중 이산화탄소의 농도는 약 몇 vol%인가?

19.09.문10
15.05.문13
14.05.문07
13.09.문16
12.05.문14

① 9.5 　　② 25.8
③ 38.1 　　④ 61.5

유사문제부터 풀어보세요. 실력이 팍!팍! 올라갑니다.

해설 이산화탄소의 농도

$$CO_2 = \frac{21 - O_2}{21} \times 100$$

여기서, CO_2 : CO_2의 농도(vol%)
　　　　O_2 : O_2의 농도(vol%)

$$CO_2 = \frac{21 - O_2}{21} \times 100 = \frac{21 - 13}{21} \times 100 \fallingdotseq 38.1 vol\%$$

중요

이산화탄소 소화설비와 관련된 식

$$CO_2 = \frac{방출가스량}{방호구역체적 + 방출가스량} \times 100$$
$$= \frac{21 - O_2}{21} \times 100$$

여기서, CO_2 : CO_2의 농도(vol%)
　　　　O_2 : O_2의 농도(vol%)

$$방출가스량 = \frac{21 - O_2}{O_2} \times 방호구역체적$$

여기서, O_2 : O_2의 농도(vol%)

답 ③

02 할론(Halon) 1301의 분자식은?

23.05.문09
19.09.문07
17.03.문05
16.10.문08
15.03.문04
14.09.문04
14.03.문02

① CH_3Cl
② CH_3Br
③ CF_3Cl
④ CF_3Br

해설 할론소화약제의 약칭 및 분자식

종류	약칭	분자식
할론 1011	CB	CH_2ClBr
할론 104	CTC	CCl_4
할론 1211	BCF	CF_2ClBr
할론 1301	BTM	CF_3Br 보기 ④
할론 2402	FB	$C_2F_4Br_2$

답 ④

03 같은 원액으로 만들어진 포의 특성에 관한 설명으로 옳지 않은 것은?

15.09.문16

① 발포배율이 커지면 환원시간은 짧아진다.
② 환원시간이 길면 내열성이 떨어진다.
③ 유동성이 좋으면 내열성이 떨어진다.
④ 발포배율이 작으면 유동성이 떨어진다.

해설 ② 떨어진다 → 좋아진다

포의 특성

(1) 발포배율이 커지면 환원시간은 짧아진다. 보기 ①
(2) 환원시간이 길면 내열성이 **좋아진다.** 보기 ②
(3) 유동성이 좋으면 내열성이 떨어진다. 보기 ③
(4) 발포배율이 작으면 유동성이 떨어진다. 보기 ④

• 발포배율 = 팽창비

용어

용어	설명
발포배율	수용액의 포가 팽창하는 비율
환원시간	발포된 포가 원래의 포수용액으로 되돌아가는 데 걸리는 시간
유동성	포가 잘 움직이는 성질

답 ②

04 건축물의 피난·방화구조 등의 기준에 관한 규칙상 방화구획의 설치기준 중 스프링클러를 설치한 10층 이하의 층은 바닥면적 몇 m^2 이내마다 방화구획을 구획하여야 하는가?

23.05.문03
22.03.문11
19.03.문15
18.04.문04

① 1000 　　② 1500
③ 2000 　　④ 3000

해설
④ 스프링클러소화설비를 설치했으므로 $1000m^2 \times$ 3배$=3000m^2$

건축령 46조, 피난 · 방화구조 14조
방화구획의 기준

대상 건축물	대상 규모	층 및 구획방법		구획부분의 구조
주요 구조부가 내화구조 또는 불연재료로 된 건축물	연면적 $1000m^2$ 넘는 것	10층 이하	• 바닥면적 $1000m^2$ 이내마다	• 내화구조로 된 바닥·벽 • 60분+방화문, 60분 방화문 • 자동방화셔터
		매 층 마다	• 지하 1층에서 지상으로 직접 연결하는 경사로 부위는 제외	
		11층 이상	• 바닥면적 $200m^2$ 이내마다(실내마감을 불연재료로 한 경우 $500m^2$ 이내마다)	

• **스프링클러**, 기타 이와 유사한 **자동식 소화설비**를 설치한 경우 바닥면적은 위의 **3배** 면적으로 산정한다.
• **필로티**나 그 밖의 비슷한 구조의 부분을 주차장으로 사용하는 경우 그 부분은 건축물의 다른 부분과 구획할 것

답 ④

⭐⭐⭐
05 건축물의 내화구조에서 바닥의 경우에는 철근콘크리트의 두께가 몇 cm 이상이어야 하는가?

20.08.문04
16.05.문05
14.05.문12

① 7
② 10
③ 12
④ 15

해설 **내화구조의 기준**

구 분	기 준
벽 · 바닥	철골 · 철근콘크리트조로서 두께가 **10cm** 이상인 것
기둥	철골을 두께 **5cm** 이상의 콘크리트로 덮은 것
보	두께 **5cm** 이상의 콘크리트로 덮은 것

기억법 **벽바내1**(**벽**을 **바**라보면 **내일**이 보인다.)

비교
방화구조의 기준

구조 내용	기 준
• **철망모르타르** 바르기	두께 2cm 이상
• 석고판 위에 시멘트모르타르를 바른 것 • 석고판 위에 회반죽을 바른 것 • 시멘트모르타르 위에 타일을 붙인 것	두께 2.5cm 이상
• 심벽에 흙으로 맞벽치기 한 것	모두 해당

답 ②

⭐⭐⭐
06 할로젠원소의 소화효과가 큰 순서대로 배열된 것은?

23.09.문16
17.09.문15
15.03.문16
12.03.문04

① I > Br > Cl > F
② Br > I > F > Cl
③ Cl > F > I > Br
④ F > Cl > Br > I

해설 **할론소화약제**

부촉매효과(소화효과) 크기	전기음성도(친화력) 크기
I > Cl > Br > F	F > Cl > Br > I

• 소화효과=소화능력
• 전기음성도 크기=수소와의 결합력 크기

중요
할로젠족 원소
(1) 불소 : **F**
(2) 염소 : **Cl**
(3) 브로민(취소) : **Br**
(4) 아이오딘(옥소) : **I**

기억법 FClBrI

답 ①

⭐⭐⭐
07 경유화재가 발생했을 때 주수소화가 오히려 위험할 수 있는 이유는?

18.09.문17
15.09.문13
15.09.문06
14.03.문06
12.09.문16
04.05.문06
03.03.문15

① 경유는 물과 반응하여 유독가스를 발생하므로
② 경유의 연소열로 인하여 산소가 방출되어 연소를 돕기 때문에
③ 경유는 물보다 비중이 가벼워 화재면의 확대 우려가 있으므로
④ 경유가 연소할 때 수소가스를 발생하여 연소를 돕기 때문에

해설 **경유화재시 주수소화가 부적당한 이유**
물보다 비중이 가벼워 물 위에 떠서 **화재 확대**의 우려
가 있기 때문이다. 보기 ③

중요

주수소화(물소화)시 위험한 물질

위험물	발생물질
• 무기과산화물	**산소**(O_2) **발생**
• 금속분 • 마그네슘 • 알루미늄 • 칼륨 • 나트륨 • 수소화리튬	**수소**(H_2) **발생**
• 가연성 액체의 유류화재(경유)	**연소면**(화재면) 확대

답 ③

 중요

열전달의 종류

종류	설명	관련 법칙
전도 (conduction)	하나의 물체가 다른 물체 와 직접 **접촉**하여 열이 이동하는 현상	**푸리에**(Fourier) 의 법칙
대류 (convection)	**유체**의 흐름에 의하여 열 이 이동하는 현상	**뉴턴**의 법칙
복사 (radiation)	① 화재시 화원과 **격리**된 인접 가연물에 불이 옮 겨 붙는 현상 ② 열전달 **매질**이 **없이** 열 이 전달되는 형태 ③ 열에너지가 **전자파**의 형 태로 옮겨지는 현상으로, **가장 크게 작용**한다.	**스테판-볼츠만** 의 법칙

답 ②

---

08 Fourier법칙(전도)에 대한 설명으로 틀린 것은?

23.09.문18
18.03.문13
17.09.문35
17.05.문33
16.10.문40

① 이동열량은 전열체의 단면적에 비례한다.
② 이동열량은 전열체의 두께에 비례한다.
③ 이동열량은 전열체의 열전도도에 비례한다.
④ 이동열량은 전열체 내·외부의 온도차에 비례한다.

해설 ② 비례 → 반비례

공식

(1) 전도

$$Q = \frac{kA(T_2 - T_1)}{l} \quad \begin{array}{l}\text{← 비례}\\[4pt]\text{← 반비례}\end{array}$$

여기서, Q : 전도열[W]
k : 열전도율[W/m·K]
A : 단면적[m²]
$(T_2 - T_1)$: 온도차[K]
l : 벽체 두께[m]

(2) 대류

$$Q = h(T_2 - T_1)$$

여기서, Q : 대류열[W/m²]
h : 열전달률[W/m²·℃]
$(T_2 - T_1)$: 온도차[℃]

(3) 복사

$$Q = aAF(T_1^4 - T_2^4)$$

여기서, Q : 복사열[W]
a : 스테판-볼츠만 상수[W/m²·K⁴]
A : 단면적[m²]
F : 기하학적 Factor
T_1 : 고온[K]
T_2 : 저온[K]

---

09 폭굉(detonation)에 관한 설명으로 틀린 것은?

23.09.문13
22.04.문13
16.05.문14
03.05.문10

① 연소속도가 음속보다 느릴 때 나타난다.
② 온도의 상승은 충격파의 압력에 기인한다.
③ 압력상승은 폭연의 경우보다 크다.
④ 폭굉의 유도거리는 배관의 지름과 관계가 있다.

해설 ① 느릴 때 → 빠를 때

연소반응(전파형태에 따른 분류)

폭연(deflagration)	폭굉(detonation)
연소속도가 음속보다 느릴 때 발생	① 연소속도가 음속보다 빠 를 때 발생 보기 ① ② 온도의 상승은 **충격파** 의 압력에 기인한다. 보기 ② ③ 압력상승은 **폭연**의 경 우보다 **크다**. 보기 ③ ④ 폭굉의 **유도거리**는 배 관의 **지름**과 **관계**가 있 다. 보기 ④

※ **음속** : 소리의 속도로서 약 **340m/s**이다.

답 ①

---

10 대체 소화약제의 물리적 특성을 나타내는 용어 중 지구온난화지수를 나타내는 약어는?

23.03.문03
17.09.문06
16.10.문12
15.03.문20
14.03.문15

① ODP
② GWP
③ LOAEL
④ NOAEL

해설

용어	설명
오존파괴지수 (**O**DP : Ozone Depletion Potential)	오존파괴지수는 어떤 물질의 **오존파괴능력**을 상대적으로 나타내는 지표
지구**온**난화지수 보기② (**G**WP : Global Warming Potential)	지구온난화지수는 **지구온난화**에 기여하는 정도를 나타내는 지표
LOAEL (Least Observable Adverse Effect Level)	인체에 **독성**을 주는 **최소농도**
NOAEL (No Observable Adverse Effect Level)	인체에 **독성**을 주지 않는 **최대농도**

기억법 G온O오(**지온!오온!**)

중요

공식

오존파괴지수(ODP)	지구온난화지수(GWP)
$ODP = \dfrac{\text{어떤 물질 1kg이 파괴하는 오존량}}{\text{CFC 11의 1kg이 파괴하는 오존량}}$	$GWP = \dfrac{\text{어떤 물질 1kg이 기여하는 온난화 정도}}{CO_2\ 1kg이\ 기여하는\ 온난화\ 정도}$

답②

★★★
11 화재의 종류에 따른 분류가 틀린 것은?

20.08.문03
19.03.문08
17.09.문07
16.05.문09
15.09.문19
13.09.문07

① A급 : 일반화재
② B급 : 유류화재
③ C급 : 가스화재
④ D급 : 금속화재

해설 ③ 가스화재 → 전기화재

화재의 종류

구 분	표시색	적응물질
일반화재(A급)	백색	• 일반가연물 • 종이류 화재 • 목재·섬유화재
유류화재(B급)	황색	• 가연성 액체 • 가연성 가스 • 액화가스화재 • 석유화재
전기화재(C급)	청색	• 전기설비
금속화재(D급)	무색	• 가연성 금속
주방화재(K급)	–	• 식용유화재

※ 요즘은 표시색의 의무규정은 없음

답③

★★★
12 방호공간 안에서 화재의 세기를 나타내고 화재

23.09.문01
19.04.문16
02.03.문19

가 진행되는 과정에서 온도에 따라 변하는 것으로 온도 – 시간 곡선으로 표시할 수 있는 것은?

① 화재저항
② 화재가혹도
③ 화재하중
④ 화재플럼

해설

구 분	화재하중 (fire load)	화재가혹도 (fire severity)
정의	화재실 또는 화재구획의 단위바닥면적에 대한 등가 가연물량값	① 화재의 양과 질을 반영한 화재의 강도 ② 방호공간 안에서 화재의 세기를 나타냄 보기②
계산식	화재하중 $$q = \dfrac{\Sigma G_t H_t}{HA} = \dfrac{\Sigma Q}{4500A}$$ 여기서, q : 화재하중[kg/m²] G_t : 가연물의 양[kg] H_t : 가연물의 단위발열량 [kcal/kg] H : 목재의 단위발열량 [kcal/kg] A : 바닥면적[m²] ΣQ : 가연물의 전체 발열량[kcal]	화재가혹도 =지속시간×최고온도 보기② 화재시 지속시간이 긴 것은 가연물량이 많은 양적 개념이며, 연소시 최고온도는 최성기 때의 온도로서 화재의 질적 개념이다.
비교	① 화재의 **규모**를 판단하는 척도 ② **주수시간**을 결정하는 인자	① 화재의 **강도**를 판단하는 척도 ② **주수율**을 결정하는 인자

용어

화재플럼	화재저항
상승력이 커진 부력에 의해 연소가스와 유입공기가 상승하면서 화염이 섞인 연기 기둥형태를 나타내는 현상	화재시 최고온도의 지속시간을 견디는 내력

답②

★★
13 다음은 위험물의 정의이다. 다음 ( ) 안에 알맞은 것은?

23.05.문04
13.03.문47

"위험물"이라 함은 (㉠) 또는 발화성 등의 성질을 가지는 것으로서 (㉡)이 정하는 물품을 말한다.

① ㉠ 인화성, ㉡ 국무총리령
② ㉠ 휘발성, ㉡ 국무총리령
③ ㉠ 휘발성, ㉡ 대통령령
④ ㉠ 인화성, ㉡ 대통령령

해설 **위험물법 2조**
"위험물"이라 함은 **인화성** 또는 **발화성** 등의 성질을 가지는 것으로서 **대통령령**이 정하는 물품

답④

14

★★

[23.09.문08]
[13.09.문05]

가스 A가 40vol%, 가스 B가 60vol%로 혼합된 가스의 연소하한계는 몇 vol%인가? (단, 가스 A의 연소하한계는 4.9vol%이며, 가스 B의 연소하한계는 4.15vol%이다.)

① 1.82
② 2.02
③ 3.22
④ 4.42

해설 폭발하한계

$$\frac{100}{L} = \frac{V_1}{L_1} + \frac{V_2}{L_2} + \cdots\cdots + \frac{V_n}{L_n}$$

여기서, L : 혼합가스의 폭발하한계[vol%]
L_1, L_2, L_n : 가연성 가스의 폭발하한계[vol%]
V_1, V_2, V_n : 가연성 가스의 용량[vol%]

폭발하한계 L 은

$$L = \frac{100}{\dfrac{V_1}{L_1} + \dfrac{V_2}{L_2} + \cdots\cdots + \dfrac{V_n}{L_n}}$$

$$= \frac{100}{\dfrac{40}{4.9} + \dfrac{60}{4.15}}$$

$$\doteqdot 4.42 \text{vol}\%$$

> 연소하한계 = 폭발하한계

답 ④

15

★★★

[23.09.문17]
[20.06.문12]
[18.04.문18]

인화알루미늄의 화재시 주수소화하면 발생하는 물질은?

① 수소
② 메탄
③ 포스핀
④ 아세틸렌

해설 **인화알루미늄**과 물과의 반응식 보기 ③
$$AlP + 3H_2O \longrightarrow Al(OH)_3 + PH_3$$
인화알루미늄 물 수산화알루미늄 포스핀=인화수소

 비교

(1) 인화칼슘과 물의 반응식
$$Ca_3P_2 + 6H_2O \longrightarrow 3Ca(OH)_2 + 2PH_3 \uparrow$$
인화칼슘 물 수산화칼슘 포스핀

(2) 탄화알루미늄과 물의 반응식
$$Al_4C_3 + 12H_2O \longrightarrow 4Al(OH)_3 + 3CH_4 \uparrow$$
탄화알루미늄 물 수산화알루미늄 메탄

답 ③

16

★★

[17.09.문08]
[97.03.문04]

고비점 유류의 탱크화재시 열류층에 의해 탱크 아래의 물이 비등·팽창하여 유류를 탱크 외부로 분출시켜 화재를 확대시키는 현상은?

① 보일오버(Boil over)
② 롤오버(Roll over)
③ 백드래프트(Back draft)
④ 플래시오버(Flash over)

해설 **보일오버**(Boil over)
(1) **중**질유의 탱크에서 장시간 조용히 연소하다 탱크 내의 잔존기름이 갑자기 분출하는 현상
(2) 유류탱크에서 탱크바닥에 물과 기름의 **에멀션**이 섞여 있을 때 이로 인하여 화재가 발생하는 현상
(3) 연소유면으로부터 100℃ 이상의 **열**파가 탱크 저부에 고여 있는 물을 비등하게 하면서 연소유를 탱크 밖으로 비산시키며 연소하는 현상
(4) **고비점 유류**의 탱크화재시 열류층에 의해 **탱크 아래의 물**이 비등·팽창하여 유류를 탱크 외부로 분출시켜 화재를 확대시키는 현상

> ※ **에멀션** : 물의 미립자가 기름과 섞여서 기름의 증발능력을 떨어뜨려 연소를 억제하는 것

기억법 보중에열

중요

유류탱크, 가스탱크에서 발생하는 현상

여러 가지 현상	정 의
블래비 (BLEVE)	• 과열상태의 탱크에서 내부의 액화가스가 분출하여 기화되어 폭발하는 현상
보일오버 (Boil over)	• 중질유의 탱크에서 장시간 조용히 연소하다 탱크 내의 잔존기름이 갑자기 분출하는 현상 • 유류탱크에서 탱크바닥에 물과 기름의 **에멀션**이 섞여 있을 때 이로 인하여 화재가 발생하는 현상 • 연소유면으로부터 100℃ 이상의 열파가 탱크 저부에 고여 있는 물을 비등하게 하면서 연소유를 탱크 밖으로 비산시키며 연소하는 현상 • 탱크 **저부**의 물이 급격히 증발하여 기름이 탱크 밖으로 화재를 동반하여 방출하는 현상 **기억법** 보저(보자기)
오일오버 (Oil over)	• 저장탱크에 저장된 유류저장량이 내용적의 **50%** 이하로 충전되어 있을 때 화재로 인하여 탱크가 폭발하는 현상
프로스오버 (Froth over)	• **물**이 점성의 뜨거운 **기름표면 아래에서 끓을 때** 화재를 수반하지 않고 용기가 넘치는 현상
슬롭오버 (Slop over)	• **물**이 연소유의 **뜨거운 표면**에 들어**갈 때** 기름표면에서 화재가 발생하는 현상 • 유화제로 소화하기 위한 **물**이 수분의 급격한 증발에 의하여 액면이 거품을 일으키면서 **열유층 밑의 냉유**가 급히 열팽창하여 **기름의 일부**가 불이 붙은 채 탱크벽을 넘어서 일출하는 현상

답 ①

17 화재의 지속시간 및 온도에 따라 목재건물과 내화건물을 비교했을 때, 목재건물의 화재성상으로 가장 적합한 것은?

19.09.문11
18.03.문05
16.10.문04
14.05.문01
10.09.문08

① 저온장기형이다.　② 저온단기형이다.
③ 고온장기형이다.　④ 고온단기형이다.

해설 (1) **목조건물**(목재건물)
ㄱ 화재성상 : **고온단기형**
ㄴ 최고온도(최성기온도) : **1300℃**

기억법 목고단 13

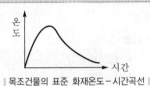
‖ 목조건물의 표준 화재온도-시간곡선 ‖

(2) **내화건물**
ㄱ 화재성상 : **저온장기형**
ㄴ 최고온도(최성기온도) : **900~1000℃**

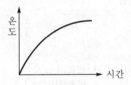
‖ 내화건물의 표준 화재온도-시간곡선 ‖

답 ④

18 물체의 표면온도가 250℃에서 650℃로 상승하면 열복사량은 약 몇 배 정도 상승하는가?

18.04.문15
17.05.문11
14.09.문14
13.06.문08

① 2.5
② 5.7
③ 7.5
④ 9.7

해설 **스테판-볼츠만의 법칙**(Stefan-Boltzman's law)
$$\frac{Q_2}{Q_1} = \frac{(273+t_2)^4}{(273+t_1)^4} = \frac{(273+650)^4}{(273+250)^4} \fallingdotseq 9.7$$

※ 열복사량은 복사체의 **절대온도**의 **4제곱**에 비례하고, **단면적**에 비례한다.

참고

스테판-볼츠만의 법칙(Stefan-Boltzman's law)

$$Q = aAF(T_1{}^4 - T_2{}^4)$$

여기서, Q : 복사열[W]
a : 스테판-볼츠만 상수[W/m² · K⁴]
A : 단면적[m²]
F : 기하학적 Factor
T_1 : 고온(273+t_1)[K]
T_2 : 저온(273+t_2)[K]
t_1 : 저온[℃]
t_2 : 고온[℃]

답 ④

19 유류탱크 화재시 기름 표면에 물을 살수하면 기름이 탱크 밖으로 비산하여 화재가 확대되는 현상은?

20.06.문10
17.05.문04

① 슬롭오버(Slop over)
② 플래시오버(Flash over)
③ 프로스오버(Froth over)
④ 블레비(BLEVE)

해설 **유류탱크, 가스탱크**에서 **발생**하는 **현상**

구 분	설 명
블래비=블레비 (BLEVE)	• 과열상태의 탱크에서 내부의 액화가스가 분출하여 기화되어 폭발하는 현상
보일오버 (Boil over)	• 중질유의 석유탱크에서 장시간 조용히 연소하다 탱크 내의 잔존기름이 갑자기 분출하는 현상 • 유류탱크에서 **탱크바닥**에 물과 기름의 **에멀션**이 섞여 있을 때 이로 인하여 화재가 발생하는 현상 • 연소유면으로부터 100℃ 이상의 열파가 탱크 저부에 고여 있는 물을 비등하게 하면서 연소유를 탱크 밖으로 비산시키며 연소하는 현상
오일오버 (Oil over)	• 저장탱크에 저장된 유류저장량이 내용적의 **50%** 이하로 충전되어 있을 때 화재로 인하여 탱크가 폭발하는 현상
프로스오버 (Froth over)	• 물이 점성의 뜨거운 기름표면 아래에서 끓을 때 화재를 수반하지 않고 용기가 넘치는 현상
슬롭오버 (Slop over)	• **유류탱크 화재시 기름 표면에 물을 살수하면 기름이 탱크 밖으로 비산하여 화재가 확대되는 현상(연소유가 비산되어 탱크 외부까지 화재가 확산) 보기 ①** • 물이 연소유의 뜨거운 표면에 들어갈 때 기름 표면에서 화재가 발생하는 현상 • 유화제로 소화하기 위한 물이 수분의 급격한 증발에 의하여 액면이 거품을 일으키면서 열유층 밑의 냉유가 급히 열팽창하여 기름의 일부가 불이 붙은 채 탱크벽을 넘어서 일출하는 현상 • 연소면의 온도가 100℃ 이상일 때 물을 주수하면 발생 • 소화시 외부에서 방사하는 포에 의해 발생

답 ①

20

★★

15.05.문12
14.03.문04

다음 중 할론소화약제의 가장 주된 소화효과에 해당하는 것은?

① 냉각효과
② 제거효과
③ 부촉매효과
④ 분해효과

해설 소화약제의 소화작용

소화약제	소화효과	주된 소화효과
• 물(스프링클러)	• 냉각효과 • 희석효과	• 냉각효과 (냉각소화)
• 물(무상)	• 냉각효과 • 질식효과 • 유화효과 • 희석효과	• 질식효과 (질식소화)
• 포	• 냉각효과 • 질식효과	
• 분말	• 질식효과 • 부촉매효과 (억제효과) • 방사열 차단 효과	
• 이산화탄소	• 냉각효과 • 질식효과 • 피복효과	
• 할론	• 질식효과 • 부촉매효과 (억제효과)	• 부촉매효과 (연쇄반응차단 소화)

기억법 할부(할아버지)

답 ③

제 2 과목   소방유체역학

21

★★★

23.09.문21
17.03.문28
05.05.문23

점성계수의 단위가 아닌 것은?

① poise
② dyne · s/cm^2
③ N · s/m^2
④ cm^2/s

해설 ④ 동점성계수의 단위

점도(점성계수)

1poise=1p=1g/cm · s=**1dyne · s/cm^2** 보기 ① ②

1N · s/m^2 보기 ③

1cp=0.01g/cm · s

비교

동점성계수

1stokes=1cm^2/s 보기 ④

답 ④

22

★★★

23.09.문24
19.03.문30
18.09.문25
17.05.문26
10.03.문27
05.09.문28
05.03.문22

그림과 같이 피스톤의 지름이 각각 25cm와 5cm이다. 작은 피스톤을 화살표방향으로 20cm만큼 움직일 경우 큰 피스톤이 움직이는 거리는 약 몇 mm인가? (단, 누설은 없고, 비압축성이라고 가정한다.)

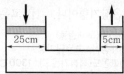

① 2
② 4
③ 8
④ 10

해설 (1) 기호

• D_1 : 25cm
• D_2 : 5cm
• h_2 : 20cm
• h_1 : ?

(2) 압력

$$P = \gamma h = \frac{F}{A} = \frac{F}{\frac{\pi D^2}{4}}$$

여기서, P : 압력[N/cm^2]
γ : 비중량[N/cm^3]
h : 움직인 높이[cm]
F : 힘[N]
A : 단면적[cm^2]
D : 지름(직경)[cm]

힘 $F = \gamma h A$ 에서

$\gamma h_1 A_1 = \gamma h_2 A_2$

$h_1 A_1 = h_2 A_2$

큰 피스톤이 움직인 거리 h_1은

$$h_1 = \frac{A_2}{A_1} h_2$$

$$= \frac{\frac{\pi}{4} \times (5cm)^2}{\frac{\pi}{4} \times (25cm)^2} \times 20cm$$

$$= 0.8cm = 8mm \quad (1cm = 10mm)$$

답 ③

23

★★★

23.09.문25
17.09.문23
17.03.문29
13.03.문26
13.03.문37

다음 그림과 같이 설치한 피토 정압관의 액주계 눈금 R =100mm일 때 ㉠에서의 물의 유속은 약 몇 m/s인가? (단, 액주계에 사용된 수은의 비중은 13.6이다.)

① 15.7
② 5.35
③ 5.16
④ 4.97

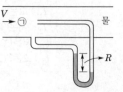

해설 (1) **기호**

- R : 100mm=0.1m(1000mm=1m)
- V : ?
- s : 13.6

(2) **비중**

$$s = \frac{\gamma}{\gamma_w}$$

여기서, s : 비중
　　　　γ : 어떤 물질의 비중량[N/m³]
　　　　γ_w : 물의 비중량(9800N/m³)
수은의 비중량 γ는
$\gamma = s \times \gamma_w = 13.6 \times 9800\text{N/m}^3 = 133280\text{N/m}^3$

(3) **압력차**

$$\Delta P = p_2 - p_1 = (\gamma_s - \gamma) R$$

여기서, ΔP : U자관 마노미터의 압력차[Pa] 또는 [N/m²]
　　　　p_2 : 출구압력[Pa] 또는 [N/m²]
　　　　p_1 : 입구압력[Pa] 또는 [N/m²]
　　　　R : 마노미터 읽음[m]
　　　　γ_s : 어떤 물질의 비중량[N/m³]
　　　　γ : 비중량(물의 비중량 9800N/m³)
압력차 ΔP는
$\Delta P = (\gamma_s - \gamma)R = (133280 - 9800)\text{N/m}^3 \times 0.1\text{m}$
　　　$= 12348\text{N/m}^2$

- R : 100mm=0.1m(1000mm=1m)

(4) **높이**(압력수두)

$$H = \frac{P}{\gamma}$$

여기서, H : 압력수두[m]
　　　　P : 압력[N/m²]
　　　　γ : 비중량(물의 비중량 9800N/m³)
압력수두 H는
$H = \dfrac{P}{\gamma} = \dfrac{12348\text{N/m}^2}{9800\text{N/m}^3} = 1.26\text{m}$

(5) **피토관**(pitot tube)

$$V = \sqrt{2gH}$$

여기서, V : 유속[m/s]
　　　　g : 중력가속도(9.8m/s²)
　　　　H : 높이[m]
$V = \sqrt{2gH} = \sqrt{2 \times 9.8\text{m/s}^2 \times 1.26\text{m}} ≒ 4.97\text{m/s}$

답 ④

★★★
24 스프링클러설비헤드의 방수량이 2배가 되면 방수압은 몇 배가 되는가?

23.09.문32
19.03.문31
05.09.문23
98.07.문39

① $\sqrt{2}$ 배　　　　② 2배
③ 4배　　　　　　④ 8배

해설 (1) **기호**

- Q : 2배
- P : ?

(2) **방수량**

$$Q = 0.653D^2\sqrt{10P}$$
$$= 0.6597CD^2\sqrt{10P} \propto \sqrt{P}$$

여기서, Q : 방수량[L/min]
　　　　D : 구경[mm]
　　　　P : 방수압[MPa]
　　　　C : 노즐의 흐름계수(유량계수)
방수량 Q는
$Q \propto \sqrt{P}$
$Q^2 \propto (\sqrt{P})^2$
$Q^2 \propto P$
$P \propto Q^2 = 2^2 = 4$배

답 ③

★
25 폭 2m의 수로 위에 그림과 같이 높이 3m의 판이 수직으로 설치되어 있다. 유속이 매우 느리고 상류의 수위는 3.5m 하류의 수위는 2.5m일 때, 물이 판에 작용하는 힘은 약 몇 kN인가?

23.09.문38

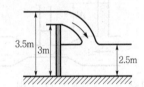

① 26.9　　　　② 56.4
③ 76.2　　　　④ 96.8

해설

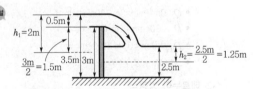

(1) **기호**

- h_1 : 2m
- h_2 : 1.25m
- A_1 : (폭×판이 물에 닿는 높이)=(2×3)m²
- A_2 : (폭×판이 물에 닿는 높이)=(2×2.5)m²
- F_H : ?

(2) **수평분력**(기본식)

$$F_H = \gamma h A$$

여기서, F_H : 수평분력[N]
　　　　γ : 비중량(물의 비중량 9800N/m³)
　　　　h : 표면에서 판 중심까지의 수직거리[m]
　　　　A : 판의 단면적[m²]

(3) **수평분력**(변형식)

$$F_H = \gamma h_1 A_1 - \gamma h_2 A_2$$

여기서, F_H : 수평분력(N)

γ : 비중량(물의 비중량 9800N/m³)

h_1, h_2 : 표면에서 판 중심까지의 수직거리(m)

A_1, A_2 : 판의 단면적(m²)

수평분력 F_H는

$F_H = \gamma h_1 A_1 - \gamma h_2 A_2$

$= 9800\text{N/m}^3 \times 2\text{m} \times (2 \times 3)\text{m}^2 - 9800\text{N/m}^3 \times 1.25\text{m}$

$\quad \times (2 \times 2.5)\text{m}^2$

$= 56350\text{N}$

$= 56.35\text{kN}$

≒ 56.4kN(소수점 반올림한 값)

답 ②

★
26 그림과 같은 벤투리관에 유량 3m³/min으로 물이
23.09.문40 흐르고 있다. 단면 1의 직경이 20cm, 단면 2의
직경이 10cm일 때 벤투리효과에 의한 물의 높이
차 Δh는 약 몇 m인가? (단, 주어지지 않은 손실
은 무시한다.)

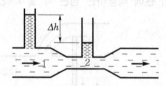

① 1.2　　　　② 1.61

③ 1.94　　　　④ 6.37

해설 (1) **기호**

- Q : 3m³/min=3m³/60s (1min=60s)
- D_1 : 20cm=0.2m (100cm=1m)
- D_2 : 10cm=0.1m (100cm=1m)
- $\Delta h(Z_1-Z_2)$: ?

(2) **베르누이 방정식**

$$\frac{V_1^2}{2g} + \frac{P_1}{\gamma} + Z_1 = \frac{V_2^2}{2g} + \frac{P_2}{\gamma} + Z_2$$

여기서, V_1, V_2 : 유속(m/s)

P_1, P_2 : 압력(N/m²)

Z_1, Z_2 : 높이(m)

g : 중력가속도(9.8m/s²)

γ : 비중량(물의 비중량 9.8kN/m³)

[단서]에서 주어지지 않은 손실은 무시하라고 했으므
로 문제에서 주어지지 않은 P_1, P_2를 무시하면

$$\frac{V_1^2}{2g} + \frac{\cancel{P_1}}{\cancel{\gamma}} + Z_1 = \frac{V_2^2}{2g} + \frac{\cancel{P_2}}{\cancel{\gamma}} + Z_2$$

$$\frac{V_1^2}{2g} + Z_1 = \frac{V_2^2}{2g} + Z_2$$

$$Z_1 - Z_2 = \frac{V_2^2}{2g} - \frac{V_1^2}{2g}$$

$$= \frac{V_2^2 - V_1^2}{2g}$$

(3) **유량**

$$Q = AV = \left(\frac{\pi D^2}{4}\right) V$$

여기서, Q : 유량(m³/s)

A : 단면적(m²)

V : 유속(m/s)

D : 지름(m)

유속 V_1은

$$V_1 = \frac{Q}{\dfrac{\pi D_1^2}{4}}$$

$$= \frac{3\text{m}^3/60\text{s}}{\dfrac{\pi \times (0.2\text{m})^2}{4}} = \frac{(3 \div 60)\text{m}^3/\text{s}}{\dfrac{\pi \times (0.2\text{m})^2}{4}} \fallingdotseq 1.59\text{m/s}$$

유속 V_2은

$$V_2 = \frac{Q}{\dfrac{\pi D_2^2}{4}}$$

$$= \frac{3\text{m}^3/60\text{s}}{\dfrac{\pi \times (0.1\text{m})^2}{4}} = \frac{(3 \div 60)\text{m}^3/\text{s}}{\dfrac{\pi \times (0.1\text{m})^2}{4}} \fallingdotseq 6.37\text{m/s}$$

높이차 $Z_1 - Z_2 = \dfrac{V_2^2 - V_1^2}{2g}$

$$= \frac{(6.37\text{m/s})^2 - (1.59\text{m/s})^2}{2 \times 9.8\text{m/s}^2}$$

$$\fallingdotseq 1.94\text{m}$$

답 ③

★★★
27 Newton의 점성법칙에 대한 옳은 설명으로 모두
23.03.문36 짝지은 것은?
21.03.문30
17.09.문40
16.03.문31
15.03.문23
12.03.문31
07.03.문30

ⓐ 전단응력은 점성계수와 속도기울기의 곱
이다.

ⓑ 전단응력은 점성계수에 비례한다.

ⓒ 전단응력은 속도기울기에 반비례한다.

① ㉠, ㉡　　　　② ㉡, ㉢

③ ㉠, ㉢　　　　④ ㉠, ㉡, ㉢

해설 　 ㉢ 반비례 → 비례

Newton의 점성법칙 특징

(1) 전단응력은 **점성계수**와 **속도기울기**의 **곱**이다. 보기 ㉠

(2) 전단응력은 **속도기울기**에 **비례**한다. 보기 ⓒ

(3) 속도기울기가 0인 곳에서 전단응력은 0이다.

(4) 전단응력은 **점성계수**에 **비례**한다. 보기 ⓛ

(5) Newton의 **점성법칙**(난류)

$$\tau = \mu \frac{du}{dy}$$

여기서, τ : 전단응력[N/m²]

μ : 점성계수[N·s/m²]

$\dfrac{du}{dy}$: 속도구배(속도기울기) $\left[\dfrac{1}{s}\right]$

비교

Newton의 점성법칙

층 류	난 류
$\tau = \dfrac{p_A - p_B}{l} \cdot \dfrac{r}{2}$	$\tau = \mu \dfrac{du}{dy}$
여기서, τ : 전단응력[N/m²] $p_A - p_B$: 압력강하[N/m²] l : 관의 길이[m] r : 반경[m]	여기서, τ : 전단응력[N/m²] μ : 점성계수[N·s/m²] 또는 [kg/m·s] $\dfrac{du}{dy}$: 속도구배(속도기울기) $\left[\dfrac{1}{s}\right]$

답 ①

★★★ 28

에너지선(EL)에 대한 설명으로 옳은 것은?

23.05.문40
14.09.문21
14.05.문35
12.03.문28

① 수력구배선보다 아래에 있다.

② 압력수두와 속도수두의 합이다.

③ 속도수두와 위치수두의 합이다.

④ 수력구배선보다 속도수두만큼 위에 있다.

해설 **에너지선**

(1) 항상 수력기울기선 위에 있다.

(2) 수력구배선=수력기울기선

(3) 수력구배선보다 속도수두만큼 위에 있다. 보기 ④

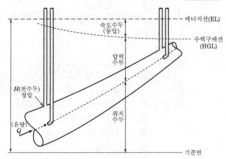

∥ 에너지선과 수력구배선 ∥

답 ④

★★★ 29

그림과 같은 U자관 차압액주계에서 A와 B에 있는 유체는 물이고 그 중간의 유체는 수은(비중 13.6)이다. 또한 그림에서 $h_1 = 20cm$, $h_2 = 30cm$, $h_3 = 15cm$일 때 A의 압력(P_A)과 B의 압력(P_B)의 차이($P_A - P_B$)는 약 몇 kPa인가?

19.03.문24
18.03.문37
15.09.문26
10.03.문35

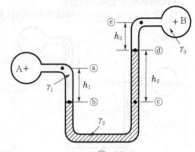

① 35.4　　② 39.5

③ 44.7　　④ 49.8

해설 (1) **기호**

- h_1 : 20cm=0.2m (100cm=1m)
- h_2 : 30cm=0.3m (100cm=1m)
- h_3 : 15cm=0.15m (100cm=1m)
- s_2 : 13.6
- $P_A - P_B$: ?

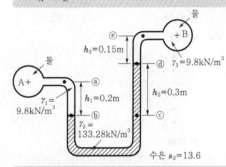

- 100cm=1m이므로 20cm=0.2m, 30cm=0.3m, 15cm=0.15m

(2) **비중**

$$s = \frac{\gamma}{\gamma_w}$$

여기서, s : 비중

γ : 어떤 물질(수은)의 비중량[kN/m³]

γ_w : 물의 비중량(9.8kN/m³)

수은의 **비중량** $\gamma_2 = s_2 \times \gamma_w$

$= 13.6 \times 9.8 kN/m^3$

$= 133.28 kN/m^3$

(3) **압력차**

$$P_A + \gamma_1 h_1 - \gamma_2 h_2 - \gamma_3 h_3 = P_B$$

$P_A - P_B = -\gamma_1 h_1 + \gamma_2 h_2 + \gamma_3 h_3$

$= -9.8kN/m^3 \times 0.2m + 133.28kN/m^3$

$\times 0.3m + 9.8kN/m^3 \times 0.15m$

$$≒39.5kN/m^2$$
$$=39.5kPa$$

- $1N/m^2=1Pa$, $1kN/m^2=1kPa$이므로
  $39.5kN/m^2=39.5kPa$
- 시차액주계=차압액주계

 중요

시차액주계의 압력계산방법
점 A를 기준으로 내려가면 **더하고**, 올라가면 **빼면** 된다.

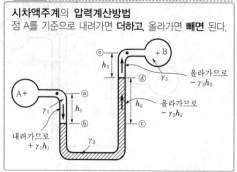

답 ②

★★★
30

19.09.문24
18.09.문26
12.03.문34

지름이 150mm인 원관에 비중이 0.85, 동점성계수가 $1.33×10^{-4}m^2/s$인 기름이 $0.01m^3/s$의 유량으로 흐르고 있다. 이때 관마찰계수는? (단, 임계 레이놀즈수는 2100이다.)

① 0.10 ② 0.14
③ 0.18 ④ 0.22

해설 (1) 기호

- D : 150mm=0.15m
- S : 0.85
- γ : $1.33×10^{-4}m^2/s$
- Q : $0.01m^3/s$
- f : ?
- Re : 2100

(2) 유량

$$Q=AV=\left(\frac{\pi D^2}{4}\right)V$$

여기서, Q : 유량[m³/s]
A : 단면적[m²]
V : 유속[m/s]
D : 내경[m]

유속 V는

$$V=\frac{Q}{\frac{\pi D^2}{4}}=\frac{0.01m^3/s}{\frac{\pi×(0.15m)^2}{4}}=0.565m/s$$

(3) 레이놀즈수

$$Re=\frac{DV\rho}{\mu}=\frac{DV}{\nu}$$

여기서, Re : 레이놀즈수
D : 내경[m]
V : 유속[m/s]
ρ : 밀도[kg/m³]

μ : 점도[kg/m·s]
ν : 동점성계수$\left(\frac{\mu}{\rho}\right)$[m²/s]

레이놀즈수 Re는

$$Re=\frac{DV}{\nu}=\frac{0.15m×0.565m/s}{1.33×10^{-4}m^2/s}=637.218$$

(4) 관마찰계수

$$f=\frac{64}{Re}$$

여기서, f : 관마찰계수
Re : 레이놀즈수

관마찰계수 f는

$$f=\frac{64}{Re}=\frac{64}{637.218}≒0.10$$

답 ①

★★★
31

21.03.문22
18.03.문31
17.05.문39

지름 0.4m인 관에 물이 $0.5m^3/s$로 흐를 때 길이 300m에 대한 동력손실은 60kW이었다. 이때 관마찰계수(f)는 얼마인가?

① 0.0151 ② 0.0202
③ 0.0256 ④ 0.0301

해설

$$H=\frac{\Delta P}{\gamma}=\frac{fLV^2}{2gD}$$

(1) 기호

- D : 0.4m
- Q : $0.5m^3/s$
- L : 300m
- P : 60kW
- f : ?

(2) 유량

$$Q=AV=\left(\frac{\pi D^2}{4}\right)V$$

여기서, Q : 유량[m³/s]
A : 단면적[m²]
V : 유속[m/s]
D : 지름[m]

유속 V는

$$V=\frac{Q}{\frac{\pi D^2}{4}}=\frac{0.5m^3/s}{\frac{\pi×(0.4m)^2}{4}}≒3.979m/s$$

(3) 전동력

$$P=\frac{0.163QH}{\eta}K$$

여기서, P : 전동력 또는 동력손실[kW]
Q : 유량[m³/min]
H : 전양정 또는 손실수두[m]
K : 전달계수
η : 효율

손실수두 H는

$$H=\frac{P\cancel{\eta}}{0.163Q\cancel{K}}$$

$$H = \frac{60kW}{0.163 \times (0.5 \times 60)m^3/min} = 12.269m$$

- η, K : 주어지지 않았으므로 무시
- 1min=60s, $1s = \frac{1}{60}$min이므로

$$0.5m^3/s = 0.5m^3 \left| \frac{1}{60}min = (0.5 \times 60)m^3/min \right.$$

(4) **마찰손실**(달시-웨버의 식, Darcy-Weisbach formula)

$$H = \frac{\Delta P}{\gamma} = \frac{fLV^2}{2gD}$$

여기서, H : 마찰손실(수두)[m]
　　　　ΔP : 압력차[kPa] 또는 [kN/m²]
　　　　γ : 비중량(물의 비중량 9.8kN/m³)
　　　　f : 관마찰계수
　　　　L : 길이[m]
　　　　V : 유속(속도)[m/s]
　　　　g : 중력가속도(9.8m/s²)
　　　　D : 내경[m]

관마찰계수 f 는

$$f = \frac{2gDH}{LV^2}$$

$$= \frac{2 \times 9.8m/s^2 \times 0.4m \times 12.269m}{300m \times (3.979m/s)^2} \fallingdotseq 0.0202$$

답 ②

⭐ **32** 다음과 같은 유동형태를 갖는 파이프 입구영역
18.04.문40 의 유동에서 부차적 손실계수가 가장 큰 것은?

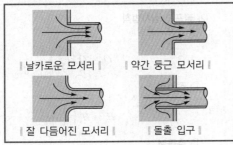

| 날카로운 모서리 | 약간 둥근 모서리 |
| 잘 다듬어진 모서리 | 돌출 입구 |

① 날카로운 모서리
② 약간 둥근 모서리
③ 잘 다듬어진 모서리
④ 돌출 입구

해설 **부차적 손실계수**

입구 유동조건	손실계수
잘 다듬어진 모서리 (많이 둥근 모서리)	0.04
약간 둥근 모서리 (조금 둥근 모서리)	0.2
날카로운 모서리 (직각 모서리)	0.5
돌출 입구	0.8

답 ④

⭐⭐ **33** 관 내 물의 속도가 12m/s, 압력이 103kPa이다. 속
17.05.문28 도수두(H_v)와 압력수두(H_p)는 각각 약 몇 m인가?
01.03.문21

① $H_v = 7.35$, $H_p = 9.8$
② $H_v = 7.35$, $H_p = 10.5$
③ $H_v = 6.52$, $H_p = 9.8$
④ $H_v = 6.52$, $H_p = 10.5$

해설 (1) **기호**

- V : 12m/s
- P : 103kPa
- H_v : ?
- H_p : ?

(2) **수두**

$$H_v = \frac{V^2}{2g}, \quad H_p = \frac{P}{\gamma}$$

여기서, H_v : 속도수두[m]
　　　　V : 유속[m/s]
　　　　g : 중력가속도(9.8m/s²)
　　　　H_p : 압력수두[m]
　　　　P : 압력[kN/m²]
　　　　γ : 비중량(물의 비중량 9.8kN/m³)

속도수두 H_v 는

$$H_v = \frac{V^2}{2g} = \frac{(12m/s)^2}{2 \times 9.8m/s^2} \fallingdotseq 7.35m$$

압력수두 H_p 는

$$H_p = \frac{P}{\gamma} = \frac{103kPa}{9.8kN/m^3} = \frac{103kN/m^2}{9.8kN/m^3} \fallingdotseq 10.5m$$

- 물의 **비중량**(γ)=9800N/m³=9.8kN/m³
- 1kPa=1kN/m²이므로, 103kPa=103kN/m²

🔊 **중요**

베르누이정리

$$\frac{V^2}{2g} + \frac{P}{\gamma} + Z = 일정$$

(속도수두)(압력수두)(위치수두)

- 물의 **속도수두**와 **압력수두**의 총합은 배관의 모든 부분에서 같다.

답 ②

⭐⭐⭐ **34** 다음 중 동점성계수의 차원을 옳게 표현한 것은?
23.09.문29 (단, 질량 M, 길이 L, 시간 T로 표시한다.)
19.04.문40
17.05.문40 ① $[ML^{-1}T^{-1}]$　　② $[L^2T^{-1}]$
16.05.문25
12.03.문25 ③ $[ML^{-2}T^{-2}]$　　④ $[ML^{-1}T^{-2}]$
10.03.문37

해설

차 원	중력단위[차원]	절대단위[차원]
길이	m[L]	m[L]
시간	s[T]	s[T]
운동량	N·s[FT]	kg·m/s[MLT^{-1}]
힘	N[F]	kg·m/s^2[MLT^{-2}]
속도	m/s[LT^{-1}]	m/s[LT^{-1}]
가속도	m/s^2[LT^{-2}]	m/s^2[LT^{-2}]
질량	N·s^2/m[FL^{-1}T^2]	kg[M]
압력	N/m^2[FL^{-2}]	kg/m·s^2[ML^{-1}T^{-2}]
밀도	N·s^2/m^4[FL^{-4}T^2]	kg/m^3[ML^{-3}]
비중	무차원	무차원
비중량	N/m^3[FL^{-3}]	kg/m^2·s^2[ML^{-2}T^{-2}]
비체적	m^4/N·s^2[F^{-1}L^{4}T^{-2}]	m^3/kg[M^{-1}L^3]
일률	N·m/s[FLT^{-1}]	kg·m^2/s^3[ML^{2}T^{-3}]
일	N·m[FL]	kg·m^2/s^2[ML^{2}T^{-2}]
점성계수	N·s/m^2[FL^{-2}T]	kg·m/s[ML^{-1}T^{-1}]
동점성계수	m^2/s[L^{2}T^{-1}]	m^2/s[L^{2}T^{-1}] 보기 ②

답 ②

★★★
35 초기 상태에서 압력 100kPa, 온도 15℃인 공기가 있다. 공기의 부피가 초기 부피의 $\frac{1}{20}$ 이 될 때까지 가역단열 압축할 때 압축 후의 온도는 약 몇 ℃인가? (단, 공기의 비열비는 1.40이다.)

21.09.문31
20.06.문30
18.04.문29
18.03.문35
13.03.문28
04.09.문32

① 54   ② 348
③ 682   ④ 912

해설 (1) 기호
- P_1 : 100kPa
- T_1 : 15℃=(273+15)K
- V_1 : 1m^3
- V_2 : $\frac{1}{20}$m^3 ─ 공기의 부피(v_2)가 초기 부피(v_1)의 $\frac{1}{20}$ 이므로
- T_2 : ?
- K : 1.4

(2) 단열변화

$$\frac{T_2}{T_1} = \left(\frac{v_1}{v_2}\right)^{K-1} = \left(\frac{V_1}{V_2}\right)^{K-1} = \left(\frac{P_2}{P_1}\right)^{\frac{K-1}{K}}$$

여기서, T_1, T_2 : 변화 전후의 온도(273+℃)[K]
v_1, v_2 : 변화 전후의 비체적[m^3/kg]
V_1, V_2 : 변화 전후의 체적[m^3]
P_1, P_2 : 변화 전후의 압력[kJ/m^3] 또는 [kPa]
K : 비열비

$$\frac{T_2}{T_1} = \left(\frac{V_1}{V_2}\right)^{K-1}$$

압축 후의 온도 T_2는

$$T_2 = T_1 \left(\frac{V_1}{V_2}\right)^{K-1}$$

$$T_2 = (273+15)\text{K} \times \left(\frac{1\text{m}^3}{\frac{1}{20}\text{m}^3}\right)^{1.4-1} ≒ 955\text{K}$$

(3) 절대온도

$$\text{K} = 273 + ℃$$

여기서, K : 절대온도[K]
℃ : 섭씨온도[℃]
K = 273 + ℃
955 = 273 + ℃
℃ = 955 − 273 = 682℃

답 ③

★★★
36 회전속도 N[rpm]일 때 송출량 Q[m^3/min], 전양정 H[m]인 원심펌프를 상사한 조건에서 회전속도를 $1.4N$[rpm]으로 바꾸어 작동할 때 (㉠) 유량과 (㉡) 전양정은?

20.06.문33
19.03.문34
17.05.문29
14.09.문23
11.06.문35
11.03.문35
05.09.문29
00.10.문61

① ㉠ $1.4Q$, ㉡ $1.4H$
② ㉠ $1.4Q$, ㉡ $1.96H$
③ ㉠ $1.96Q$, ㉡ $1.4H$
④ ㉠ $1.96Q$, ㉡ $1.96H$

해설 (1) 기호
- N_1 : N[rpm]
- Q_1 : Q[m^3/min]
- H_1 : H[m]
- N_2 : $1.4N$[rpm]
- Q_2 : ?
- H_2 : ?

(2) 펌프의 상사법칙
㉠ 유량(송출량)

$$Q_2 = Q_1 \left(\frac{N_2}{N_1}\right)$$

㉡ 전양정

$$H_2 = H_1 \left(\frac{N_2}{N_1}\right)^2$$

㉢ 축동력

$$P_2 = P_1 \left(\frac{N_2}{N_1}\right)^3$$

여기서, Q_2, Q_1 : 변경 전후의 유량(송출량)[m^3/min]
H_2, H_1 : 변경 전후의 전양정[m]
P_2, P_1 : 변경 전후의 축동력[kW]
N_2, N_1 : 변경 전후의 회전수(회전속도)[rpm]

∴ 유량 $Q_2 = Q_1 \left(\frac{N_2}{N_1}\right) = Q\frac{1.4N}{N} = 1.4Q$

전양정 $H_2 = H_1 \left(\frac{N_2}{N_1}\right)^2 = H\left(\frac{1.4\cancel{N}}{\cancel{N}}\right)^2 = 1.96H$

용어

상사법칙
기하학적으로 유사하거나 같은 펌프에 적용하는 법칙

답 ②

37

21.09.문36
20.06.문39
12.03.문26

비중이 0.89이며 중량이 35N인 유체의 체적은 약 몇 m^3인가?

① 0.13×10^{-3} ② 2.43×10^{-3}
③ 3.03×10^{-3} ④ 4.01×10^{-3}

해설 (1) 기호

- s : 0.89
- W : 35N
- V : ?

(2) 비중

$$s = \frac{\gamma}{\gamma_w}$$

여기서, s : 비중
γ : 어떤 물질의 비중량[N/m^3]
γ_w : 물의 비중량(9800N/m^3)

$\gamma = s \times \gamma_w = 0.89 \times 9800\text{N/m}^3 = 8722\text{N/m}^3$

(3) 비중량

$$\gamma = \frac{W}{V}$$

여기서, γ : 비중량[N/m^3]
W : 중량[N]
V : 체적[m^3]

$V = \dfrac{W}{\gamma} = \dfrac{35\text{N}}{8722\text{N/m}^3} = 0.00401 = 4.01 \times 10^{-3}\text{m}^3$

답 ④

38

16.10.문24
15.05.문23
06.05.문34

열전도도가 0.08W/m·K인 단열재의 고온부가 75℃, 저온부가 20℃이다. 단위면적당 열손실이 200W/m^2인 경우의 단열재 두께는 몇 mm인가?

① 22 ② 45
③ 55 ④ 80

해설 (1) 기호

- $℃_1$: 20℃
- $℃_2$: 75℃
- K : 0.08W/m·K
- $\mathring{q}''$: 200W/m^2
- l : ?

(2) 절대온도

$$T = 273 + ℃$$

여기서, T : 절대온도[K]
$℃$: 섭씨온도[℃]

절대온도 T는
$T_2 = 273 + ℃_2 = 273 + 75℃ = 348\text{K}$
$T_1 = 273 + ℃_1 = 273 + 20℃ = 293\text{K}$

(3) 전도

$$\mathring{q}'' = \frac{K(T_2 - T_1)}{l}$$

여기서, $\mathring{q}''$: 단위면적당 열량(열손실)[W/m^2]
K : 열전도율[W/m·K]
$T_2 - T_1$: 온도차[℃] 또는 [K]
l : 두께[m]

두께 l은
$l = \dfrac{K(T_2 - T_1)}{\mathring{q}''}$

$= \dfrac{0.08\text{W/m·K} \times (348 - 293)\text{K}}{200\text{W/m}^2}$

$= 0.022\text{m} = 22\text{mm}(1\text{m} = 1000\text{mm})$

답 ①

39

19.09.문25
19.03.문21
14.09.문30
13.06.문40

다음은 어떤 열역학법칙을 설명한 것인가?

> 열은 고온열원에서 저온의 물체로 이동하나, 반대로 스스로 돌아갈 수 없는 비가역 변화이다.

① 열역학 제0법칙
② 열역학 제1법칙
③ 열역학 제2법칙
④ 열역학 제3법칙

해설 열역학의 법칙

(1) **열역학 제0법칙** (열평형의 법칙)
온도가 높은 물체에 낮은 물체를 접촉시키면 온도가 높은 물체에서 낮은 물체로 열이 이동하여 두 물체의 **온도**는 **평형**을 이루게 된다.

(2) **열역학 제1법칙** (에너지보존의 법칙)
㉠ 기체의 공급에너지는 **내부에너지**와 외부에서 한 일의 합과 같다.
㉡ 사이클 과정에서 **시스템(계)**이 한 **총일**은 시스템이 받은 **총열량**과 같다.

(3) **열역학 제2법칙**
㉠ 열은 스스로 **저온**에서 **고온**으로 절대로 흐르지 않는다(일을 가하면 **저온**부로부터 **고온**부로 열을 이동시킬 수 있다).
㉡ 열은 그 스스로 저열원체에서 고열원체로 이동할 수 없다.
㉢ 자발적인 변화는 **비가역적**이다. 보기 ③
㉣ 열을 완전히 일로 바꿀 수 있는 **열기관**을 만들 수 **없다**(일을 100% 열로 변환시킬 수 없다).

(4) **열역학 제3법칙**
㉠ 순수한 물질이 1atm하에서 결정상태이면 **엔트로피**는 **0K에서 0**이다.
㉡ 단열과정에서 시스템의 **엔트로피**는 변하지 않는다.

답 ③

★★★

40 내경이 20cm인 원판 속을 평균유속 7m/s로 물이 흐른다. 관의 길이 15m에 대한 마찰손실수두는 몇 m인가?(단, 관마찰계수는 0.013이다.)

22.09.문37
21.03.문22
18.03.문31
17.05.문39

① 4.88   ② 23.9

③ 2.44   ④ 1.22

해설 **(1) 기호**

- D : 20cm=0.2m(100cm=1m)
- V : 7m/s
- L : 15m
- H : ?
- f : 0.013

(2) 마찰손실(달시-웨버의 식 ; Darcy-Weisbach formula)

$$H= \frac{\Delta P}{\gamma} = \frac{fLV^2}{2gD}$$

여기서, H : 마찰손실수두[m]

ΔP : 압력차[kPa] 또는 [kN/m^2]

γ : 비중량(물의 비중량 9.8kN/m^3)

f : 관마찰계수

L : 길이[m]

V : 유속(속도)[m/s]

g : 중력가속도(9.8m/s^2)

D : 내경[m]

마찰손실수두 H는

$$H= \frac{fLV^2}{2gD}$$

$$= \frac{0.013 \times 15m \times (7m/s)^2}{2 \times 9.8m/s^2 \times 0.2m} = 2.437 ≒ 2.44m$$

비교

층류 : 손실수두	
유체의 속도를 알 수 있는 경우	유체의 속도를 알 수 없는 경우
$H= \frac{\Delta P}{\gamma} = \frac{fLV^2}{2gD}$ [m] (다르시-바이스바하의 식)	$H= \frac{\Delta P}{\gamma} = \frac{128\mu QL}{\gamma\pi D^4}$ [m] (하겐-포아젤의 식)
여기서,	여기서,
H : 마찰손실(손실수두)[m]	ΔP : 압력차(압력강하, 압력
ΔP : 압력차[Pa] 또는 [N/m^2]	손실)[N/m^2]
γ : 비중량(물의 비중량 9800N/m^3)	γ : 비중량(물의 비중량 9800N/m^3)
f : 관마찰계수	μ : 점성계수[N · s/m^2]
L : 길이[m]	Q : 유량[m^3/s]
V : 유속[m/s]	L : 길이[m]
g : 중력가속도(9.8m/s^2)	D : 내경[m]
D : 내경[m]	

답 ③

제 3 과목   **소방관계법규**

★★★

41 소방기본법에 따른 출동한 소방대의 소방장비를 파손하거나 그 효용을 해하여 화재진압 · 인명구조 또는 구급활동을 방해하는 행위를 한 사람에 대한 벌칙기준은?

21.05.문47
18.09.문42
17.03.문49
16.05.문57
15.09.문43
15.05.문58
11.10.문51
10.09.문54

① 5년 이하의 징역 또는 5000만원 이하의 벌금

② 5년 이하의 징역 또는 3000만원 이하의 벌금

③ 3년 이하의 징역 또는 3000만원 이하의 벌금

④ 3년 이하의 징역 또는 1500만원 이하의 벌금

해설 **기본법 50조**

5년 이하의 징역 또는 **5000만원** 이하의 벌금

(1) 소방자동차의 **출동** 방해

(2) 사람**구출** 방해(화재진압, 구급활동 방해)

(3) **소방용수시설** 또는 **비상소화장치**의 효용 방해

기억법 출구용5

답 ①

★★★

42 소방기본법령상 인접하고 있는 시 · 도 간 소방업무의 상호응원협정을 체결하고자 할 때, 포함되어야 하는 사항으로 틀린 것은?

19.04.문47
15.05.문55
11.03.문54

① 소방교육 · 훈련의 종류에 관한 사항

② 화재의 경계 · 진압활동에 관한 사항

③ 출동대원의 수당 · 식사 및 의복의 수선의 소요경비의 부담에 관한 사항

④ 화재조사활동에 관한 사항

해설 ① 소방교육 · 훈련의 종류는 해당없음

기본규칙 8조

소방업무의 상호응원협정

(1) 다음의 **소방활동**에 관한 사항

  ㉠ 화재의 경계 · 진압활동

  ㉡ 구조 · 구급업무의 지원

  ㉢ 화재조사활동

(2) **응원출동 대상지역** 및 **규모**

(3) **소요경비**의 **부담**에 관한 사항

  ㉠ 출동대원의 수당 · 식사 및 의복의 수선

  ㉡ 소방장비 및 기구의 정비와 연료의 보급

(4) **응원출동**의 **요청방법**

(5) **응원출동 훈련** 및 **평가**

답 ①

43 소방용수시설 중 소화전과 급수탑의 설치기준으로 틀린 것은?

19.03.문58
17.03.문54
16.10.문55
09.08.문43

① 소화전은 상수도와 연결하여 지하식 또는 지상식의 구조로 할 것

② 소방용 호스와 연결하는 소화전의 연결금속구의 구경은 65mm로 할 것

③ 급수탑 급수배관의 구경은 100mm 이상으로 할 것

④ 급수탑의 개폐밸브는 지상에서 1.5m 이상 1.8m 이하의 위치에 설치할 것

해설 ④ 1.5m 이상 1.8m 이하 → 1.5m 이상 1.7m 이하

기본규칙 〔별표 3〕
소방용수시설별 설치기준

소화전	급수탑
•65mm : 연결금속구의 구경	•100mm : 급수배관의 구경 •1.5~1.7m 이하 : 개폐밸브 높이

답 ④

44 소방시설공사업법령상 소방공사감리를 실시함에 있어 용도와 구조에서 특별히 안전성과 보안성이 요구되는 소방대상물로서 소방시설물에 대한 감리를 감리업자가 아닌 자가 감리할 수 있는 장소는?

23.03.문46
20.06.문54

① 정보기관의 청사

② 교도소 등 교정관련시설

③ 국방 관계시설 설치장소

④ 원자력안전법상 관계시설이 설치되는 장소

해설 (1) **공사업법 시행령 8조**
감리업자가 아닌 자가 감리할 수 있는 보안성 등이 요구되는 소방대상물의 시공장소 **「원자력안전법」** 제2조 제10호에 따른 **관계시설**이 설치되는 장소 [보기 ④]

(2) **원자력안전법 2조 10호**
"관계시설"이란 원자로의 안전에 관계되는 시설로서 **대통령령**으로 정하는 것을 말한다.

답 ④

45 다음 중 소방시설 설치 및 관리에 관한 법령상 소방시설관리업을 등록할 수 있는 자는?

23.09.문46
20.08.문57
15.09.문45
15.03.문41
12.09.문44

① 피성년후견인

② 소방시설관리업의 등록이 취소된 날부터 2년이 경과된 자

③ 금고 이상의 형의 집행유예를 선고받고 그 유예기간 중에 있는 자

④ 금고 이상의 실형을 선고받고 그 집행이 면제된 날부터 2년이 지나지 아니한 자

해설 **소방시설법 30조**
소방시설관리업의 등록결격사유

(1) 피성년후견인 [보기 ①]

(2) 금고 이상의 실형을 선고받고 그 집행이 끝나거나 집행이 면제된 날부터 **2년**이 지나지 아니한 사람 [보기 ④]

(3) 금고 이상의 형의 집행유예를 선고받고 그 유예기간 중에 있는 사람 [보기 ③]

(4) 관리업의 등록이 취소된 날부터 **2년**이 지나지 아니한 자

답 ②

46 화재의 예방 및 안전관리에 관한 법령상 특수가연물의 저장 및 취급의 기준 중 ( )에 들어갈 내용으로 옳은 것은? (단, 석탄·목탄류의 경우는 제외한다.)

22.04.문49
21.05.문45
19.03.문55
18.03.문60
14.05.문46
14.03.문46
13.03.문60

> 쌓는 높이는 (㉠)m 이하가 되도록 하고, 쌓는 부분의 바닥면적은 (㉡)m² 이하가 되도록 할 것

① ㉠ 15, ㉡ 200

② ㉠ 15, ㉡ 300

③ ㉠ 10, ㉡ 30

④ ㉠ 10, ㉡ 50

해설 **화재예방법 시행령 〔별표 3〕**
특수가연물의 저장·취급기준

(1) **품명별**로 구분하여 쌓을 것

(2) 쌓는 높이는 **10m** 이하가 되도록 할 것 [보기 ④]

(3) 쌓는 부분의 바닥면적은 **50m²**(석탄·목탄류는 200m²) 이하가 되도록 할 것(단, 살수설비를 설치하거나 대형 수동식 소화기를 설치하는 경우에는 높이 **15m** 이하, 바닥면적 **200m²**(석탄·목탄류는 300m²) 이하) [보기 ④]

(4) 쌓는 부분의 바닥면적 사이는 실내의 경우 **1.2m** 또는 쌓는 높이의 $\frac{1}{2}$ 중 **큰 값**(실외 **3m** 또는 쌓는 높이 중 **큰 값**) 이상으로 간격을 둘 것

(5) 취급장소에는 **품명, 최대저장수량, 단위부피당 질량** 또는 **단위체적당 질량, 관리책임자 성명·직책·연락처** 및 **화기취급의 금지표지** 설치

답 ④

★★★ 47

22.09.문45
20.06.문46
17.09.문56
10.05.문41

소방기본법령에 따른 소방용수시설의 설치기준상 소방용수시설을 주거지역·상업지역 및 공업지역에 설치하는 경우 소방대상물과의 수평거리를 몇 m 이하가 되도록 해야 하는가?

① 280 ② 100
③ 140 ④ 200

해설 기본규칙 〔별표 3〕
소방용수시설의 설치기준

거리기준	지역
수평거리 **100m** 이하 보기②	• **공**업지역 • **상**업지역 • **주**거지역 **기억법** 주상공100(주상공 **백**지에 사인을 하시오.)
수평거리 **140m** 이하	• 기타지역

답 ②

★★★ 48

23.09.문56
21.09.문46
20.09.문48
17.09.문51
16.10.문45

위험물안전관리법령상 정기점검의 대상인 제조소 등의 기준으로 틀린 것은?

① 지하탱크저장소
② 이동탱크저장소
③ 지정수량의 10배 이상의 위험물을 취급하는 제조소
④ 지정수량의 20배 이상의 위험물을 저장하는 옥외탱크저장소

해설 ④ 20배 이상 → 200배 이상

위험물령 15·16조
정기점검의 대상인 제조소 등
(1) **제조소** 등(**이**송취급소·**암**반탱크저장소)
(2) **지하탱크**저장소 보기①
(3) **이동탱크**저장소 보기②
(4) 위험물을 취급하는 탱크로서 지하에 매설된 탱크가 있는 **제조소·주유취급소** 또는 **일반취급소**

기억법 정이암 지이

(5) 예방규정을 정하여야 할 제조소 등

배 수	제조소 등
10배 이상	• **제조소** 보기③ • **일반**취급소
100배 이상	• 옥**외**저장소
150배 이상	• 옥**내**저장소
200배 이상 ←	• 옥외**탱**크저장소 보기④

모두 해당	• 이송취급소 • 암반탱크저장소

기억법
1	제일
0	외
5	내
2	탱

※ **예방규정**: 제조소 등의 화재예방과 화재 등 재해발생시의 비상조치를 위한 규정

답 ④

★★ 49

15.09.문55
11.10.문59

제4류 위험물제조소의 경우 사용전압이 22kV인 특고압가공전선이 지나갈 때 제조소의 외벽과 가공전선 사이의 수평거리(안전거리)는 몇 m 이상이어야 하는가?

① 2 ② 3
③ 5 ④ 10

해설 위험물규칙 〔별표 4〕
위험물제조소의 안전거리

안전거리	대 상
3m 이상	• 7~35kV 이하의 특고압가공전선
5m 이상	• 35kV를 초과하는 특고압가공전선
10m 이상	• **주거용**으로 사용되는 것
20m 이상	• 고압가스 **제조**시설(용기에 충전하는 것 포함) • 고압가스 **사용**시설(1일 30m³ 이상 용적 취급) • 고압가스 **저장**시설 • 액화산소 **소비**시설 • 액화석유가스 제조·저장시설 • 도시가스 공급시설
30m 이상	• 학교 • 병원급 의료기관 • 공연장 ┐ 300명 이상 수용시설 • 영화상영관 ┘ • 아동복지시설 ┐ • 노인복지시설 │ • 장애인복지시설 │ • 한부모가족 복지시설 │ 20명 이상 • 어린이집 ├ 수용시설 • 성매매 피해자 등을 위한 지원시설 │ • 정신건강증진시설 │ • 가정폭력 피해자 보호시설 ┘
50m 이상	• 유형문화재 • 지정문화재

답 ②

★★★
50
23.09.문50
19.03.문51
15.03.문12
14.09.문52
14.09.문53
13.06.문48
08.05.문53

화재의 예방 및 안전관리에 관한 법률상 소방안전 관리대상물의 소방안전관리자 업무가 아닌 것은?

① 소방훈련 및 교육
② 피난시설, 방화구획 및 방화시설의 관리
③ 자위소방대 및 본격대응체계의 구성·운영·교육
④ 피난계획에 관한 사항과 대통령령으로 정하는 사항이 포함된 소방계획서의 작성 및 시행

해설

③ 본격대응체계 → 초기대응체계

화재예방법 24조 ⑤항
관계인 및 소방안전관리자의 업무

특정소방대상물 (관계인)	소방안전관리대상물 (소방안전관리자)
• 피난시설·방화구획 및 방화시설의 관리 • 소방시설, 그 밖의 소방관련시설의 관리 • **화기취급**의 감독 • 소방안전관리에 필요한 업무 • 화재발생시 초기대응	• 피난시설·방화구획 및 방화시설의 관리 보기 ② • 소방시설, 그 밖의 소방관련시설의 관리 • **화기취급**의 감독 • 소방안전관리에 필요한 업무 • **소방계획서**의 작성 및 시행(대통령령으로 정하는 사항 포함) 보기 ④ • **자위소방대** 및 **초기대응체계**의 구성·운영·교육 보기 ③ • 소방훈련 및 교육 보기 ① • 소방안전관리에 관한 업무 수행에 관한 기록·유지 • 화재발생시 초기대응

용어

특정소방대상물	소방안전관리대상물
건축물 등의 규모·용도 및 수용인원 등을 고려하여 소방시설을 설치하여야 하는 소방대상물로서 대통령령으로 정하는 것	대통령령으로 정하는 특정소방대상물

답 ③

★★★
51
22.04.문54
16.10.문58
05.05.문44

소방시설공사업법령상 일반 소방시설설계업(기계분야)의 영업범위에 대한 기준 중 (　)에 알맞은 내용은? (단, 공장의 경우는 제외한다.)

연면적 (　)m² 미만의 특정소방대상물(제연설비가 설치되는 특정소방대상물은 제외한다)에 설치되는 기계분야 소방시설의 설계

① 10000
② 20000
③ 30000
④ 50000

해설 공사업령 [별표 1]
소방시설설계업

종 류	기술인력	영업범위
전문	• 주된기술인력 : **1명** 이상 • 보조기술인력 : **1명** 이상	• 모든 특정소방대상물
일반	• 주된기술인력 : **1명** 이상 • 보조기술인력 : **1명** 이상	• **아파트**(기계분야 제연설비 제외) • 연면적 30000m²(공장 10000m²) 미만(기계분야 제연설비 제외) 보기 ③ • **위험물제조소** 등

답 ③

★★★
52
23.03.문47
22.03.문44
20.09.문55
19.09.문50
17.09.문49
16.05.문53
13.09.문56

화재의 예방 및 안전관리에 관한 법령상 시·도지사는 화재가 발생할 우려가 높거나 화재가 발생하는 경우 그로 인하여 피해가 클 것으로 예상되는 지역을 화재예방강화지구로 지정할 수 있는데 다음 중 지정대상지역에 대한 기준으로 틀린 것은? (단, 소방청장·소방본부장 또는 소방서장이 화재예방강화지구로 지정할 필요가 있다고 별도로 인정하는 지역은 제외한다.)

① 소방출동로가 없는 지역
② 석유화학제품을 생산하는 공장이 있는 지역
③ 석조건물이 2채 이상 밀집한 지역
④ 공장이 밀집한 지역

해설

③ 해당없음

화재예방법 18조
화재예방강화지구의 지정
(1) **지정권자** : 시·도지사
(2) **지정지역**
ㄱ **시장**지역
ㄴ **공장·창고** 등이 밀집한 지역 보기 ④
ㄷ **목조건물**이 밀집한 지역
ㄹ **노후·불량** 건축물이 밀집한 지역
ㅁ **위험물**의 **저장** 및 **처리시설**이 밀집한 지역
ㅂ **석유화학제품**을 생산하는 공장이 있는 지역 보기 ②
ㅅ **소방시설·소방용수시설** 또는 **소방출동로**가 **없는** 지역 보기 ①
ㅇ 「산업입지 및 개발에 관한 법률」에 따른 산업단지
ㅈ 「물류시설의 개발 및 운영에 관한 법률」에 따른 **물류단지**
ㅊ **소방청장·소방본부장·소방서장**(소방관서장)이 화재예방강화지구로 지정할 필요가 있다고 인정하는 지역

※ **화재예방강화지구** : 화재발생 우려가 크거나 화재가 발생할 경우 피해가 클 것으로 예상되는 지역에 대하여 화재의 예방 및 안전관리를 강화하기 위해 지정·관리하는 지역

비교

기본법 19조
화재로 오인할 만한 불을 피우거나 연막소독시 신고지역
(1) **시장**지역
(2) **공장·창고**가 밀집한 지역
(3) **목조건물**이 밀집한 지역
(4) **위험물**의 **저장** 및 **처리시설**이 **밀집**한 지역
(5) **석유화학제품**을 생산하는 공장이 있는 지역
(6) 그 밖에 **시·도**의 **조례**로 정하는 지역 또는 장소

답 ③

★★★
53

23.05.문50
21.05.문48
19.06.문57
18.04.문58

위험물안전관리법령상 제조소 또는 일반 취급소의 위험물취급탱크 노즐 또는 맨홀을 신설하는 경우, 노즐 또는 맨홀의 직경이 몇 mm를 초과하는 경우에 변경허가를 받아야 하는가?

① 500   ② 450
③ 250   ④ 600

해설 **위험물규칙** 〔**별표 1의 2**〕
제조소 등의 변경허가를 받아야 하는 경우
(1) 제조소 또는 일반취급소의 위치를 이전
(2) 건축물의 벽·기둥·바닥·보 또는 지붕을 증설 또는 철거
(3) 배출설비를 신설
(4) 위험물취급탱크를 신설·교체·철거 또는 보수
(5) 위험물취급탱크의 노즐 또는 맨홀의 직경이 **250mm**를 초과하는 경우에 신설 **보기 ③**
(6) 위험물취급탱크의 방유제의 높이 또는 방유제 내의 면적을 변경
(7) 위험물취급탱크의 탱크전용실을 증설 또는 교체
(8) **300m**(지상에 설치하지 아니하는 배관의 경우에는 **30m**)를 초과하는 위험물배관을 신설·교체·철거 또는 보수(배관을 절개하는 경우에 한한다)하는 경우

답 ③

★★★
54

23.09.문41
20.08.문47
19.03.문48
15.03.문42
12.05.문51

소방시설 설치 및 관리에 관한 법령상 스프링클러설비를 설치하여야 하는 특정소방대상물의 기준으로 틀린 것은? (단, 위험물 저장 및 처리 시설 중 가스시설 또는 지하구는 제외한다.)

① 복합건축물로서 연면적 3500m² 이상인 경우에는 모든 층
② 창고시설(물류터미널은 제외)로서 바닥면적 합계가 5000m² 이상인 경우에는 모든 층
③ 숙박이 가능한 수련시설 용도로 사용되는 시설의 바닥면적의 합계가 600m² 이상인 것은 모든 층
④ 판매시설, 운수시설 및 창고시설(물류터미널에 한정)로서 바닥면적의 합계가 5000m² 이상이거나 수용인원이 500명 이상인 경우에는 모든 층

해설 ① 3500m² → 5000m²

소방시설법 시행령 〔**별표 4**〕
스프링클러설비의 설치대상

설치대상	조 건
① 문화 및 집회시설, 운동시설 ② 종교시설	• 수용인원 : 100명 이상 • 영화상영관 : 지하층·무창층 500m²(기타 1000m²) 이상 • 무대부 　- 지하층·무창층·4층 이상 300m² 이상 　- 1~3층 500m² 이상
③ 판매시설 ④ 운수시설 ⑤ 물류터미널	• 수용인원 : 500명 이상 • 바닥면적 합계 : 5000m² 이상 보기 ④
⑥ 노유자시설 ⑦ 정신의료기관 ⑧ 수련시설(숙박 가능한 것) ⑨ 종합병원, 병원, 치과병원, 한방병원 및 요양병원(정신병원 제외) ⑩ 숙박시설	• 바닥면적 합계 : 600m² 이상 보기 ③
⑪ 지하층·무창층·4층 이상	• 바닥면적 1000m² 이상
⑫ 창고시설(물류터미널 제외)	• 바닥면적 합계 : 5000m² 이상 : 전층 보기 ②
⑬ **지하가**(터널 제외)	• 연면적 1000m² 이상
⑭ 10m 넘는 랙식 창고	• 연면적 1500m² 이상
⑮ 복합건축물 ⑯ 기숙사	• 연면적 5000m² 이상 : 전층 보기 ①
⑰ 6층 이상	• 전층
⑱ 보일러실·연결통로	• 전부
⑲ 특수가연물 저장·취급	• 지정수량 1000배 이상
⑳ 발전시설	• 전기저장시설 : 전부

답 ①

★★★
55

23.03.문44
22.09.문56
20.09.문57
13.09.문46

소방기본법령상 소방안전교육사의 배치대상별 배치기준에서 소방본부의 배치기준은 몇 명 이상인가?

① 1   ② 2
③ 3   ④ 4

해설 기본령 〔별표 2의 3〕
소방안전교육사의 배치대상별 배치기준

배치대상	배치기준
소방서	• 1명 이상
한국소방안전원	• 시·도지부 : 1명 이상 • 본회 : 2명 이상
소방본부	• 2명 이상 보기 ②
소방청	• 2명 이상
한국소방산업기술원	• 2명 이상

답 ②

★★★
56 소방기본법령상 소방대상물에 해당하지 않는 것은?

23.09.문60
21.03.문58
15.05.문54
12.05.문48

① 차량

② 운항 중인 선박

③ 선박건조구조물

④ 건축물

해설 ② 운항 중인 → 매어둔

기본법 2조 1호
소방대상물
(1) **건**축물 보기 ④
(2) **차**량 보기 ①
(3) **선**박(매어둔 것) 보기 ②
(4) **선**박건조구조물 보기 ③
(5) **인**공구조물
(6) **물**건
(7) **산**림

기억법 건차선 인물산

비교

위험물법 3조
위험물의 저장·운반·취급에 대한 적용 제외
(1) 항공기
(2) 선박
(3) 철도(기차)
(4) 궤도

답 ②

★★★
57 하자보수대상 소방시설 중 하자보수 보증기간이 3년인 것은?

22.09.문60
21.09.문49
21.05.문59
17.05.문51
16.10.문56
15.05.문59
15.03.문52
12.05.문59

① 유도등

② 피난기구

③ 비상방송설비

④ 간이스프링클러설비

해설 ①, ②, ③ 2년
④ 3년

공사업령 6조
소방시설공사의 하자보수 보증기간

보증기간	소방시설
2년	① **유**도등·유도표지·**피**난기구 ② **비**상**조**명등·비상**경**보설비·비상**방**송설비 ③ **무**선통신보조설비 기억법 유비조경방무피2
3년	① 자동소화장치 ② 옥내·외소화전설비 ③ 스프링클러설비·**간**이스프링클러설비 보기 ④ ④ 물분무등소화설비·상수도 소화용수설비 ⑤ 자동화재탐지설비·소화활동설비(무선통신 보조설비 제외)

답 ④

★★★
58 소방기본법령상 소방서 종합상황실의 실장이 서면·모사전송 또는 컴퓨터통신 등으로 소방본부의 종합상황실에 지체 없이 보고하여야 하는 화재의 기준으로 틀린 것은?

22.09.문57
21.09.문51
20.08.문52
18.04.문41
17.05.문53
16.03.문46
05.09.문55

① 이재민이 50인 이상 발생한 화재

② 재산피해액이 50억원 이상 발생한 화재

③ 층수가 11층 이상인 건축물에서 발생한 화재

④ 사망자가 5인 이상 발생하거나 사상자가 10인 이상 발생한 화재

해설 ① 50인 → 100인

기본규칙 3조
종합상황실 실장의 보고화재
(1) 사망자 **5인** 이상 화재
(2) 사상자 **10인** 이상 화재
(3) 이재민 **100인** 이상 화재
(4) 재산피해액 **50억원** 이상 화재
(5) 관광호텔, 층수가 11층 이상인 건축물, 지하상가, 시장, 백화점
(6) **5층** 이상 또는 객실 **30실** 이상인 **숙박시설**
(7) 5층 이상 또는 병상 30개 이상인 **종합병원·정신병원·한방병원·요양소**
(8) 1000t 이상인 선박(항구에 매어둔 것), 철도차량, 항공기, 발전소 또는 변전소
(9) 지정수량 3000배 이상의 위험물 제조소·저장소·취급소
(10) 연면적 15000m² 이상인 **공장** 또는 **화재예방강화지구**에서 발생한 화재
(11) **가스** 및 **화약류**의 폭발에 의한 화재
(12) 관공서·학교·정부미 도정공장·문화재·지하철 또는 지하구의 **화재**
(13) 다중이용업소의 화재

※ **종합상황실** : 화재·재난·재해·구조·구급 등이 필요한 때에 신속한 소방활동을 위한 정보를 수집·전파하는 소방서 또는 소방본부의 지령관제실

답 ①

★★★
59 관리의 권원이 분리된 특정소방대상물의 기준이 아닌 것은?

22.04.문48
18.09.문58
18.03.문53
16.03.문42

① 판매시설 중 도매시장 및 소매시장
② 복합건축물로서 층수가 11층 이상인 것(단, 지하층 제외)
③ 지하층을 제외한 층수가 7층 이상인 고층건축물
④ 복합건축물로서 연면적이 30000m² 이상인 것

해설 ③ 7층 이상 고층건축물 → 11층 이상 복합건축물

화재예방법 35조, 화재예방법 시행령 35조
관리의 권원이 분리된 특정소방대상물의 소방안전관리
(1) **복합건축물**(지하층을 제외한 **11층** 이상, 또는 연면적 **30000m²** 이상인 건축물)
(2) 지하가
(3) 도매시장, 소매시장, 전통시장

답 ③

★★
60 소방시설 설치 및 관리에 관한 법률상 지방소방기술심의위원회의 심의사항은?

19.04.문50
18.03.문47

① 화재안전기준에 관한 사항
② 소방시설의 성능위주설계에 관한 사항
③ 소방시설에 하자가 있는지의 판단에 관한 사항
④ 소방시설의 설계 및 공사감리의 방법에 관한 사항

해설 ③ 지방소방기술심의위원회의 심의사항

소방시설법 18조
소방기술심의위원회의 심의사항

중앙소방기술심의위원회	지방소방기술심의위원회
① 화재안전기준에 관한 사항 ② 소방시설의 구조 및 원리 등에서 공법이 특수한 설계 및 시공에 관한 사항 ③ 소방시설의 설계 및 공사감리의 방법에 관한 사항 ④ **소방시설공사**의 하자를 판단하는 기준에 관한 사항 ⑤ 신기술·신공법 등 검토·평가에 고도의 기술이 필요한 경우로서 중앙위원회에 심의를 요청한 상태	**소방시설**에 하자가 있는지의 판단에 관한 사항

답 ③

제 4 과목 **소방기계시설의 구조 및 원리**

★★★
61 스프링클러설비의 화재안전기준상 스프링클러헤드를 설치하는 천장·반자·천장과 반자 사이·덕트·선반 등의 각 부분으로부터 하나의 스프링클러헤드까지의 수평거리 기준으로 틀린 것은? (단, 성능이 별도로 인정된 스프링클러헤드를 수리계산에 따라 설치하는 경우는 제외한다.)

20.08.문72
17.09.문75
16.10.문71
12.05.문76

① 무대부에 있어서는 1.7m 이하
② 공동주택(아파트) 세대 내에 있어서는 2.6m 이하
③ 특수가연물을 저장 또는 취급하는 장소에 있어서는 2.1m 이하
④ 특수가연물을 저장 또는 취급하는 랙식 창고의 경우에는 1.7m 이하

해설 ③ 2.1m → 1.7m

수평거리(R)(NFPC 103 10조, NFTC 103 2.7.3·274/NFPC 608 7조, NFTC 608 2.3.1.4)

설치장소	설치기준
무대부·**특**수가연물 (창고 포함)	수평거리 **1.7m** 이하 보기 ①③④
기타구조(창고 포함)	수평거리 **2.1m** 이하
내화구조(창고 포함)	수평거리 **2.3m** 이하
공동주택(**아**파트) 세대 내	수평거리 **2.6m** 이하 보기 ②

기억법	**무특**	7
	기	1
	내	3
	아	6

답 ③

★★
62 피난기구를 설치하여야 할 소방대상물 중 피난기구의 2분의 1을 감소할 수 있는 조건이 아닌 것은?

20.06.문63
13.09.문69

① 주요구조부가 내화구조로 되어 있다.
② 특별피난계단이 2 이상 설치되어 있다.
③ 소방구조용(비상용) 엘리베이터가 설치되어 있다.
④ 직통계단인 피난계단이 2 이상 설치되어 있다.

해설 피난기구의 $\frac{1}{2}$을 감소할 수 있는 경우(NFPC 301 7조, NFTC 301 2.3.1.)
(1) 주요구조부가 **내화구조**로 되어 있을 것
(2) 직통계단인 **피난계단**이 2 이상 설치되어 있을 것
(3) 직통계단인 **특별피난계단**이 2 이상 설치되어 있을 것

답 ③

★★★
63 인명구조기구의 화재안전기준상 특정소방대상물의 용도 및 장소별로 설치하여야 할 인명구조기구 종류의 기준 중 다음 ( ) 안에 알맞은 것은?

21.03.문80
18.09.문75
17.03.문75

특정소방대상물	인명구조기구의 종류
물분무등소화설비 중 ( )를 설치하여야 하는 특정소방대상물	공기호흡기

① 분말소화설비

② 할론소화설비

③ 이산화탄소소화설비

④ 할로겐화합물 및 불활성기체소화설비

해설 **특정소방대상물**의 용도 및 장소별로 설치하여야 할 **인명구조기구**(NFTC 302 2.1.1.1)

특정소방대상물	인명구조기구의 종류	설치수량
7층 이상인 **관광호텔** 및 **5층** 이상인 **병원**(지하층 포함)	• **방열복** 또는 **방화복**(안전모, 보호장갑, 안전화 포함) • **공기호흡기** • **인공소생기**	각 2개 이상 비치할 것(단, 병원의 경우에는 인공소생기 설치 제외 가능)
• 문화 및 집회시설 중 수용인원 **100명** 이상의 영화상영관 • 대규모 점포 • 지하역사 • **지하상가**	공기호흡기	층마다 **2개** 이상 비치할 것(단, 각 층마다 갖추어 두어야 할 공기호흡기 중 일부를 직원이 상주하는 인근 사무실에 갖추어 둘 수 있음)
이산화탄소소화설비(호스릴 이산화탄소소화설비 제외)를 설치하여야 하는 특정소방대상물 보기 ③	공기호흡기	이산화탄소소화설비가 설치된 장소의 출입구 외부 인근에 **1대** 이상 비치할 것

답 ③

★★★
64 개방형 스프링클러설비에서 하나의 방수구역을 담당하는 헤드의 개수는 몇 개 이하로 해야 하는가? (단, 방수구역은 나누어져 있지 않고 하나의 구역으로 되어 있다.)

19.03.문62
17.03.문78
16.05.문66
11.10.문62

① 50

② 40

③ 30

④ 20

해설 **개방형 설비**의 **방수구역**(NFPC 103 7조, NFTC 103 2.4.1)
(1) 하나의 방수구역은 **2개층**에 미치지 아니할 것
(2) 방수구역마다 **일제개방밸브**를 설치
(3) 하나의 방수구역을 담당하는 헤드의 개수는 **50개** 이하(단, 2개 이상의 방수구역으로 나눌 경우에는 **25개** 이상)

기억법 5개(오골개)

(4) 표지는 '일제개방밸브실'이라고 표시한다.

답 ①

★★★
65 스프링클러설비의 교차배관에서 분기되는 지점을 기점으로 한쪽 가지배관에 설치되는 헤드는 몇 개 이하로 설치하여야 하는가? (단, 수리학적 배관방식의 경우는 제외한다.)

23.09.문62
19.09.문74
17.05.문69
15.09.문73
13.09.문63
09.03.문75

① 8

② 10

③ 12

④ 18

해설 **한**쪽 가지배관에 설치되는 헤드의 개수는 **8개** 이하로 한다. 보기 ①

기억법 한8(한팔)

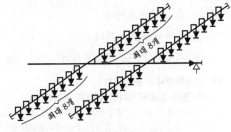

┃가지배관의 헤드 개수┃

비교
연결살수설비
연결살수설비에서 하나의 송수구역에 설치하는 **개방형 헤드**의 수는 **10개** 이하로 한다.

중요
헤드개수

한쪽가지배관	연결살수설비	개방형 방수구역
8개	10개	50개

답 ①

★★★
66 소화용수설비의 소화수조가 옥상 또는 옥탑부분에 설치된 경우 지상에 설치된 채수구에서의 압력은 얼마 이상이어야 하는가?

23.09.문67
19.03.문64
17.09.문66
17.05.문68
15.03.문77
09.05.문63

① 0.15MPa

② 0.20MPa

③ 0.25MPa

④ 0.35MPa

해설 **소화수조 및 저수조**의 **설치기준**(NFPC 402 4~5조, NFTC 402 2.1.1, 2.2)

(1) 소화수조의 깊이가 **4.5m** 이상일 경우 가압송수장치를 설치할 것

(2) 소화수조는 소방펌프자동차가 채수구로부터 **2m** 이내의 지점까지 접근할 수 있는 위치에 설치할 것

(3) 소화수조가 **옥상** 또는 옥탑부분에 설치된 경우에는 지상에 설치된 채수구에서의 압력 **0.15MPa** 이상 되도록 한다. 보기 ①

기억법 **옥15**

용어

채수구
소방대상물의 펌프에 의하여 양수된 물을 소방차가 흡입하는 구멍

답 ①

★★★
67 포소화설비에서 펌프의 토출관에 압입기를 설치하여 포소화약제 압입용 펌프로 포소화약제를 압입시켜 혼합하는 방식은?

23.09.문72
22.04.문74
21.05.문74
16.03.문64
15.09.문76
15.05.문80
12.05.문64

① 라인 프로포셔너

② 펌프 프로포셔너

③ 프레져 프로포셔너

④ 프레져사이드 프로포셔너

해설 **포소화약제**의 **혼합장치**

(1) **펌프 프로포셔너방식(펌프 혼합방식)**

㉠ 펌프 토출측과 흡입측에 바이패스를 설치하고, 그 바이패스의 도중에 설치한 어댑터(Adaptor)로 펌프 토출측 수량의 일부를 통과시켜 공기포 용액을 만드는 방식

㉡ 펌프의 **토출관**과 흡입관 사이의 배관 도중에 설치한 흡입기에 펌프에서 토출된 물의 일부를 보내고 **농도조정밸브**에서 조정된 포소화약제의 필요량을 포소화약제 탱크에서 펌프 흡입측으로 보내어 약제를 혼합하는 방식

기억법 **펌농**

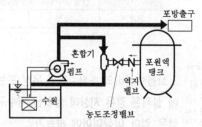

| 펌프 프로포셔너방식 |

(2) **프레져 프로포셔너방식(차압 혼합방식)**

㉠ 가압송수관 도중에 공기포 소화원액 혼합조(P.P.T)와 혼합기를 접속하여 사용하는 방법

㉡ **격막방식 휨탱크**를 사용하는 에어휨 혼합방식

㉢ 펌프와 발포기의 중간에 설치된 벤투리관의 **벤투리 작용**과 펌프 가압수의 **포소화약제 저장탱크**에 대한 압력에 의하여 포소화약제를 흡입·혼합하는 방식

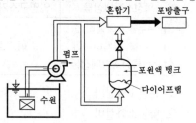

| 프레져 프로포셔너방식 |

(3) **라인 프로포셔너방식(관로 혼합방식)**

㉠ 급수관의 배관 도중에 포소화약제 흡입기를 설치하여 그 흡입관에서 소화약제를 흡입하여 혼합하는 방식

㉡ 펌프와 발포기의 중간에 설치된 **벤**투리관의 **벤투리 작용**에 의하여 포소화약제를 흡입·혼합하는 방식

기억법 **라벤벤**

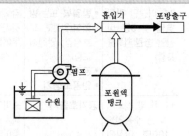

| 라인 프로포셔너방식 |

(4) **프레져사이드 프로포셔너방식(압입 혼합방식)**

보기 ④

㉠ 소화원액 가압펌프(압입용 펌프)를 별도로 사용하는 방식

㉡ 펌프 **토출관**에 압입기를 설치하여 포소화약제 **압입용 펌프**로 포소화약제를 압입시켜 혼합하는 방식

기억법 **프사압**

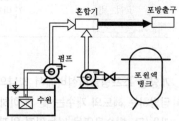

| 프레져사이드 프로포셔너방식 |

(5) 압축공기포 믹싱챔버방식

포수용액에 공기를 강제로 주입시켜 **원거리 방수**가 가능하고 물 사용량을 줄여 **수손피해**를 **최소화**할 수 있는 방식

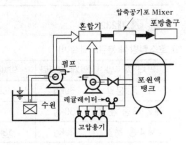

| 압축공기포 믹싱챔버방식 |

답 ④

68 분말소화설비의 화재안전기준상 분말소화약제의 가압용 가스 또는 축압용 가스의 설치기준으로 틀린 것은?

22.03.문62
17.09.문61

① 가압용 가스에 질소가스를 사용하는 것의 질소가스는 소화약제 1kg마다 40L(35℃에서 1기압의 압력상태로 환산한 것) 이상으로 할 것

② 가압용 가스에 이산화탄소를 사용하는 것의 이산화탄소는 소화약제 1kg에 대하여 20g에 배관의 청소에 필요한 양을 가산한 양 이상으로 할 것

③ 축압용 가스에 질소가스를 사용하는 것의 질소가스는 소화약제 1kg에 대하여 40L (35℃에서 1기압의 압력상태로 환산한 것) 이상으로 할 것

④ 축압용 가스에 이산화탄소를 사용하는 것의 이산화탄소는 소화약제 1kg에 대하여 20g에 배관의 청소에 필요한 양을 가산한 양 이상으로 할 것

 ③ 40L → 10L

분말소화약제 가압식과 **축압식**의 **설치기준**(35℃에서 1기압의 압력상태로 환산한 것)

구 분 사용가스	가압식	축압식
N_2(질소)	40L/kg 이상 보기 ①	10L/kg 이상 보기 ③

	20g/kg + 배관청소 필요량 이상	20g/kg + 배관청소 필요량 이상
CO_2 (이산화탄소)	보기 ②	보기 ④

※ 배관청소용 가스는 별도의 용기에 저장한다.

답 ③

69 다음은 포소화설비에서 배관 등 설치기준에 관한 내용이다. ( ) 안에 들어갈 내용으로 옳은 것은?

23.09.문63
19.09.문67
18.09.문68
15.09.문72
11.10.문72
02.03.문62

펌프의 성능은 체절운전시 정격토출압력의 (㉠)%를 초과하지 않고, 정격토출량의 150%로 운전시 정격토출압력의 (㉡)% 이상이 되어야 한다.

① ㉠ 120, ㉡ 65
② ㉠ 120, ㉡ 75
③ ㉠ 140, ㉡ 65
④ ㉠ 140, ㉡ 75

 (1) **포소화설비**의 **배관**(NFPC 105 7조, NFTC 105 2.4)
㉠ 급수개폐밸브 : **탬퍼스위치** 설치
㉡ 펌프의 흡입측 배관 : **버터플라이밸브 외**의 개폐표시형 밸브 설치
㉢ 송액관 : **배액밸브** 설치

| 송액관의 기울기 |

(2) **소화펌프**의 **성능시험 방법** 및 **배관**
㉠ 펌프의 성능은 체절운전시 정격토출압력의 **140%**를 초과하지 않을 것 보기 ㉠
㉡ 정격토출량의 **150%**로 운전시 정격토출압력의 **65%** 이상이어야 할 것 보기 ㉡
㉢ 성능시험배관은 펌프의 토출측에 설치된 **개폐밸브 이전**에서 분기할 것
㉣ 유량측정장치는 펌프 정격토출량의 **175%** 이상 측정할 수 있는 성능이 있을 것

답 ③

제2·3종 분말	0.36kg/m³	**2.7**kg/m² 보기 ②③
제4종 분말	0.24kg/m³	1.8kg/m² 보기 ④

기억법 개2327

(2) **호스릴방식**(분말소화설비)

약제 종·별	약제 저장량	약제 방사량
제1종 분말	50kg	45kg/min
제2·3종 분말	30kg	27kg/min
제4종 분말	20kg	**18**kg/min

기억법 호분418

답 ③

★★★
72 다음 평면도와 같이 반자가 있는 어느 실내에 전등이나 공조용 디퓨져 등의 시설물을 무시하고 수평거리를 2.1m로 하여 스프링클러헤드를 정방형으로 설치하고자 할 때 최소 몇 개의 헤드를 설치해야 하는가? (단, 반자 속에는 헤드를 설치하지 아니하는 것으로 본다.)

23.09.문66
19.04.문78
14.03.문67
99.04.문63

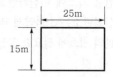

① 24개
② 42개
③ 54개
④ 72개

해설 (1) **기호**

- R : 2.1m

(2) **정방형 헤드간격**

$$S = 2R\cos45°$$

여기서, S : 헤드간격[m]
R : 수평거리[m]
헤드간격 S는
$S = 2R\cos45°$
  $= 2 \times 2.1\text{m} \times \cos45°$
  $= 2.97\text{m}$
가로 설치 헤드개수 : 25÷2.97m=8.4≒9개(절상)
세로 설치 헤드개수 : 15÷2.97m=5.05≒6개(절상)
∴ 9×6=54개

답 ③

★
70 지하구의 화재안전기준에 따른 지하구의 통합감시시설 설치기준으로 틀린 것은?

22.04.문77

① 소방관서와 지하구의 통제실 간에 화재 등 소방활동과 관련된 정보를 상시 교환할 수 있는 정보통신망을 구축할 것
② 수신기는 방재실과 공동구의 입구 및 연소방지설비 송수구가 설치된 장소(지상)에 설치할 것
③ 정보통신망(무선통신망 포함)은 광케이블 또는 이와 유사한 성능을 가진 선로일 것
④ 수신기는 화재신호, 경보, 발화지점 등 수신기에 표시되는 정보가 기준에 적합한 방식으로 119상황실이 있는 관할소방관서의 정보통신장치에 표시되도록 할 것

해설 **지하구 통합감시시설 설치기준**(NFPC 605 12조, NFTC 605 2.8)
(1) **소방관서**와 지하구의 통제실 간에 화재 등 소방활동과 관련된 정보를 상시 교환할 수 있는 **정보통신망**을 구축할 것 보기 ①
(2) 정보통신망(무선통신망 포함)은 **광케이블** 또는 이와 유사한 성능을 가진 선로일 것 보기 ③
(3) 수신기는 지하구의 통제실에 설치하되 **화재신호, 경보, 발화지점** 등 수신기에 표시되는 정보가 기준에 적합한 방식으로 119상황실이 있는 관할**소방관서**의 정보통신장치에 표시되도록 할 것 보기 ④

답 ②

★★★
71 전역방출방식 분말소화설비에서 방호구역의 개구부에 자동폐쇄장치를 설치하지 아니한 경우에 개구부의 면적 1제곱미터에 대한 분말소화약제의 가산량으로 잘못 연결된 것은?

23.09.문64
19.09.문65
14.03.문77
13.03.문73

① 제1종 분말－4.5kg
② 제2종 분말－2.7kg
③ 제3종 분말－2.5kg
④ 제4종 분말－1.8kg

해설 ③ 2.5kg → 2.7kg

(1) **분말소화설비**(전역방출방식)

약제 종별	약제량	개구부가산량 (자동폐쇄장치 미설치시)
제1종 분말	0.6kg/m³	4.5kg/m² 보기 ①

★★★ 73

23.09.문79
22.03.문72
20.09.문68
17.09.문63
16.03.문67
14.05.문70
09.08.문78

구조대의 형식승인 및 제품검사의 기술기준에 따른 경사강하식 구조대의 구조에 대한 설명으로 틀린 것은?

① 구조대 본체는 강하방향으로 봉합부가 설치되어야 한다.

② 연속하여 활강할 수 있는 구조로 안전하고 쉽게 사용할 수 있어야 한다.

③ 땅에 닿을 때 충격을 받는 부분에는 완충장치로서 받침포 등을 부착하여야 한다.

④ 입구틀 및 고정틀의 입구는 지름 60cm 이상의 구체가 통과할 수 있어야 한다.

 ① 설치되어야 한다. → 설치 금지

경사강하식 구조대의 기준(구조대 형식 3조)

(1) 구조대 본체는 **강하방향으로 봉합부 설치 금지** 보기 ①

(2) 손잡이는 출구 부근에 좌우 각 **3개** 이상 균일한 간격으로 견고하게 부착

(3) 구조대 본체의 끝부분에는 길이 **4m** 이상, 지름 **4mm** 이상의 유도선을 부착하여야 하며, 유도선 끝에는 중량 **3N**(300g) 이상의 모래주머니 등 설치

(4) 본체의 포지는 **하부지지장치**에 인장력이 균등하게 걸리도록 부착하여야 하며 하부지지장치는 쉽게 조작 가능

(5) 입구틀 및 고정틀의 입구는 지름 **60cm** 이상의 구체가 통과할 수 있을 것 보기 ④

(6) 구조대 본체의 활강부는 낙하방지를 위해 포를 **2중구조**로 하거나 망목의 변의 길이가 **8cm** 이하인 망 설치 (단, 구조상 낙하방지의 성능을 갖고 있는 구조대의 경우는 제외)

(7) **연속**하여 **활강**할 수 있는 구조로 안전하고 쉽게 사용할 수 있을 것 보기 ②

(8) 땅에 닿을 때 충격을 받는 부분에는 **완충장치**로서 **받침포** 등 부착 보기 ③

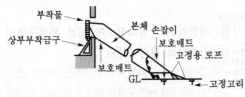

│ 경사강하식 구조대 │

답 ①

★★★ 74

21.03.문75
20.06.문65
19.03.문75

소화기구 및 자동소화장치의 화재안전기준상 일반화재, 유류화재, 전기화재 모두에 적응성이 있는 소화약제는?

① 마른모래

② 인산염류소화약제

③ 중탄산염류소화약제

④ 팽창질석 · 팽창진주암

 ② 인산암모늄=인산염류

분말소화약제

종 별	소화약제	충전비 [L/kg]	적응 화재	비 고
제1종	중탄산나트륨 (NaHCO₃)	0.8	BC급	**식**용유 및 지방질유의 화재에 적합 [기억법] **1식분**(일식 분식)
제2종	중탄산칼륨 (KHCO₃)		BC급	–
제3종	인산암모늄 (NH₄H₂PO₄)	1.0	ABC급	**차**고 · **주**차장에 적합 [기억법] **3분 차주** (삼보컴퓨터 차주)
제4종	중탄산칼륨+요소 (KHCO₃ +(NH₂)₂CO)	1.25	BC급	–

- ABC급 : 일반화재, 유류화재, 전기화재

답 ②

★★★ 75

19.03.문77
17.03.문67
16.05.문79
15.05.문78
10.03.문63

물분무소화설비를 설치하는 차고의 배수설비 설치기준 중 틀린 것은?

① 차량이 주차하는 장소의 적당한 곳에 높이 10cm 이상의 경계턱으로 배수구를 설치할 것

② 길이 40m 이하마다 집수관, 소화피트 등 기름분리장치를 설치할 것

③ 차량이 주차하는 바닥은 배수구를 향하여 100분의 1 이상의 기울기를 유지할 것

④ 배수설비는 가압송수장치의 최대송수능력의 수량을 유효하게 배수할 수 있는 크기 및 기울기로 할 것

해설 ③ 100분의 1 이상 → 100분의 2 이상

물분무소화설비의 **배수설비**(NFPC 104 11조, NFTC 104 2.8)

구분	설명
경계턱	**10cm** 이상의 경계턱으로 배수구 설치 (차량이 주차하는 곳) 보기 ①
기름분리장치	**40m** 이하마다 설치 보기 ②
기울기	차량이 주차하는 바닥은 $\frac{2}{100}$ 이상 유지 보기 ③
배수설비	가압송수장치의 **최대송수능력**의 수량을 유효하게 배수할 수 있는 크기 및 기울기로 할 것 보기 ④

참고

기울기

구분	설명
$\frac{1}{100}$ 이상	연결살수설비의 수평주행배관
$\frac{2}{100}$ 이상	물분무소화설비의 배수설비
$\frac{1}{250}$ 이상	습식·부압식 설비 외 설비의 가지배관
$\frac{1}{500}$ 이상	습식·부압식 설비 외 설비의 수평주행배관

답 ③

★★★
76 포소화설비의 화재안전기준상 전역방출방식 고발포용 고정포방출구의 설치기준으로 옳은 것은? (단, 해당 방호구역에서 외부로 새는 양 이상의 포수용액을 유효하게 추가하여 방출하는 설비가 있는 경우는 제외한다.)

20.08.문80
16.10.문76
07.03.문62

① 개구부에 자동폐쇄장치를 설치할 것
② 바닥면적 600m²마다 1개 이상으로 할 것
③ 방호대상물의 최고부분보다 낮은 위치에 설치할 것
④ 특정소방대상물 및 포의 팽창비에 따른 종별에 관계없이 해당 방호구역의 관포체적 1m³에 대한 1분당 포수용액 방출량은 1L 이상으로 할 것

해설 ② 600m² → 500m²
③ 낮은 → 높은
④ 따른 종별에 관계없이 → 따라

전역방출방식의 **고발포용 고정포방출구**(NFPC 105 12조, NFTC 105 2.9.4)

(1) 개구부에 **자동폐쇄장치**를 설치할 것 보기 ①
(2) 고발포용 고정포방출구는 바 닥면적 **500m²**마다 1개 이상으로 할 것 보기 ②
(3) 고발포용 고정포방출구는 방호대상물의 **최고부분**보다 **높은 위치**에 설치할 것 보기 ③
(4) 해당 방호구역의 관포체적 1m³에 대한 1분당 포수용액 방출량은 특정소방대상물 및 포의 팽창비에 따라 달라진다. 보기 ④

답 ①

★★★
77 미분무소화설비의 화재안전기준상 용어의 정의 중 다음 ( ) 안에 알맞은 것은?

23.03.문76
22.03.문78
20.09.문80
18.04.문74
17.05.문75

"미분무"란 물만을 사용하여 소화하는 방식으로 최소설계압력에서 헤드로부터 방출되는 물입자 중 99%의 누적체적분포가 (㉠)μm 이하로 분무되고 (㉡)급 화재에 적응성을 갖는 것을 말한다.

① ㉠ 400, ㉡ A, B, C
② ㉠ 400, ㉡ B, C
③ ㉠ 200, ㉡ A, B, C
④ ㉠ 200, ㉡ B, C

해설 **미분무소화설비**의 **용어정의**(NFPC 104A 3조)

용어	설명
미분무소화설비	가압된 물이 헤드 통과 후 미세한 **입자**로 분무됨으로써 소화성능을 가지는 설비를 말하며, **소화력**을 **증가**시키기 위해 **강화액** 등을 첨가할 수 있다.
미분무	물만을 사용하여 소화하는 방식으로 최소설계압력에서 헤드로부터 방출되는 물입자 중 **99%**의 누적체적분포가 **400**μm 이하로 분무되고 A, B, C급 화재에 적응성을 갖는 것 보기 ①
미분무헤드	**하나 이상**의 오리피스를 가지고 미분무소화설비에 사용되는 헤드

답 ①

★★★
78 제연설비의 설치장소에 따른 제연구역의 구획기준으로 틀린 것은?

19.09.문72
14.05.문69
13.06.문76
13.03.문63

① 거실과 통로는 각각 제연구획할 것
② 하나의 제연구역의 면적은 600m² 이내로 할 것
③ 하나의 제연구역은 직경 60m 원 내에 들어갈 수 있을 것
④ 하나의 제연구역은 2개 이상 층에 미치지 아니하도록 할 것

해설

② 600m² 이내 → 1000m² 이내

제연구역의 구획(NFPC 501 4조, NFTC 501 2.1.1)

(1) 1제연구역의 면적은 **1000m²** 이내로 할 것 보기 ②

(2) 거실과 통로는 **각각 제연구획**할 것 보기 ①

(3) 통로상의 제연구역은 보행중심선의 길이가 **60m**를 초과하지 않을 것

(4) 1제연구역은 직경 **60m** 원 내에 들어갈 것 보기 ③

(5) 1제연구역은 **2개** 이상의 층에 미치지 않을 것 보기 ④

기억법 제10006(충북 **제**천에 **육**교 있음)
2개제(**이게 제**목이야!)

답 ②

★★
79 스프링클러설비헤드의 설치기준 중 다음 ( ) 안
18.04.문71
11.10.문70 에 알맞은 것은?

> 살수가 방해되지 아니하도록 스프링클러헤드로부터 반경 (㉠)cm 이상의 공간을 보유할 것. 다만, 벽과 스프링클러헤드 간의 공간은 (㉡)cm 이상으로 한다.

① ㉠ 10, ㉡ 60   ② ㉠ 30, ㉡ 10

③ ㉠ 60, ㉡ 10   ④ ㉠ 90, ㉡ 60

해설 **스프링클러헤드**

거리	적용
10cm 이상	**벽**과 **스프링클러헤드** 간의 공간
60cm 이상	**스프링클러헤드**의 공간 60cm 이상 ⌇ 10cm 이상 ▽60cm 이상 | 헤드 반경 |
30cm 이하	**스프링클러헤드**와 **부착면**과의 거리 부착면 30cm 이하 | 헤드와 부착면과의 이격거리 |

답 ③

★★★
80 바닥면적이 1300m²인 관람장에 소화기구를 설치
19.04.문78 할 경우 소화기구의 최소능력단위는? (단, 주요구
18.09.문79
16.05.문65 조부가 내화구조이고, 벽 및 반자의 실내와 면하
15.09.문78 는 부분이 불연재료로 된 특정소방대상물이다.)
14.03.문71
05.03.문72
① 7단위   ② 13단위

③ 22단위   ④ 26단위

해설 **특정소방대상물별 소화기구의 능력단위기준**(NFTC 101 2.1.1.2)

특정소방대상물	소화기구의 능력단위	건축물의 주요구조부가 **내화구조**이고, 벽 및 반자의 실내에 면하는 부분이 **불연재료·준불연재료** 또는 **난연재료**로 된 특정소방대상물의 능력단위
• **위**락시설 기억법 **위**3(**위**상)	바닥면적 30m²마다 1단위 이상	바닥면적 60m²마다 1단위 이상
• **공연**장 • **집**회장 • **관람**장 및 **문**화재 • **의**료시설·**장**례시설 기억법 5공연장 문의 집관람 (손오공 연장 문의 집관람)	바닥면적 50m²마다 1단위 이상	바닥면적 100m²마다 1단위 이상
• **근**린생활시설 • **판**매시설 • 운**수**시설 • **숙**박시설 • **노**유자시설 • **전**시장 • 공동**주**택 • **업**무시설 • **방**송통신시설 • 공**장**·**창**고 • **항**공기 및 자동**차** 관련 시설 및 **관광**휴게시설 기억법 근판숙노전 주업방차창 1항관광(근판숙노전 주업방차창 일본항 관광)	바닥면적 100m²마다 1단위 이상	바닥면적 200m²마다 1단위 이상
• 그 밖의 것	바닥면적 200m²마다 1단위 이상	바닥면적 400m²마다 1단위 이상

관람장으로서 **내화구조**이고 **불연재료**를 사용하므로 바닥면적 100m²마다 1단위 이상

관람장 최소능력단위 $= \dfrac{1300m^2}{100m^2} = 13$단위(소수점이 발생하면 절상)

답 ②

좋은 습관 3가지

1. 남보다 먼저 하루를 계획하라.
2. 메모를 생활화하라.
3. 항상 웃고 남을 칭찬하라.

CBT 기출복원문제

2023년
소방설비기사 필기(기계분야)

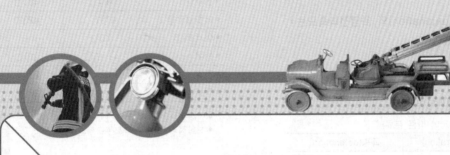

** 수험자 유의사항 **

1. 문제지를 받는 즉시 **본인**이 **응시한 종목**이 맞는지 확인하시기 바랍니다.
2. 문제지 표지에 본인의 **수험번호**와 **성명**을 기재하여야 합니다.
3. 문제지의 **총면수, 문제번호 일련순서, 인쇄상태, 중복 및 누락 페이지 유무**를 확인하시기 바랍니다.
4. 답안은 각 문제마다 요구하는 가장 적합하거나 가까운 답 1개만을 선택하여야 합니다.
5. 답안카드는 뒷면의「수험자 유의사항」에 따라 작성하시고, 답안카드 작성 시 형별누락, 마킹착오로 인한 불이익은 전적으로 수험자에게 책임이 있음을 알려드립니다.
6. 문제지는 시험 종료 후 본인이 가져갈 수 있습니다.

** 안내사항 **

• 가답안/최종정답은 큐넷(www.q-net.or.kr)에서 확인하실 수 있습니다. 가답안에 대한 의견은 큐넷의 [가답안 의견 제시]를 통해 제시할 수 있으며, 확정된 답안은 최종정답으로 갈음합니다.
• 공단에서 제공하는 자격검정서비스에 대해 개선할 점이 있으시면 고객참여(http://hrdkorea.or.kr/7/1/1)를 통해 건의하여 주시기 바랍니다.

2023. 3. 1 시행

▌2023년 기사 제1회 필기시험 CBT 기출복원문제▌

		수험번호	성명

자격종목	종목코드	시험시간	형별
소방설비기사(기계분야)		**2시간**	

※ 각 문항은 4지택일형으로 질문에 가장 적합한 보기 항을 선택하여 체크하여야 합니다.

제 1 과목 　소방원론

★★★
01 다음 중 폭굉(detonation)의 화염전파속도는?

22.04.문20
16.05.문14
03.05.문10

① 0.1~10m/s
② 10~100m/s
③ 1000~3500m/s
④ 5000~10000m/s

해설 **연소반응**(전파형태에 따른 분류)

폭연(deflagration)	폭굉(detonation)
0.1~10m/s	1000~3500m/s 보기 ③
연소속도가 음속보다 느릴 때 발생	① 연소속도가 음속보다 빠를 때 발생 ② 온도의 상승은 **충격파**의 압력에 기인한다. ③ 압력상승은 **폭연**의 경우보다 **크다**. ④ 폭굉의 **유도거리**는 배관의 **지름**과 관계가 있다.

※ **음속**: 소리의 속도로서 약 **340m/s**이다.

답 ③

> 유사문제부터 풀어보세요.
> 실력이 팍!팍!
> 올라갑니다.

★★★
02 다음 중 휘발유의 인화점은?

21.03.문14
18.04.문05
15.09.문02
14.05.문05
14.03.문10
12.03.문01
11.06.문09
11.03.문12
10.05.문11

① −18℃
② −43℃
③ 11℃
④ 70℃

해설

물 질	인화점	착화점
● 프로필렌	−107℃	497℃
● 에틸에터 ● 다이에틸에터	−45℃	180℃
● **가솔린(휘발유)**	−43℃ 보기 ②	300℃
● 이황화탄소	−30℃	**100℃**
● 아세틸렌	−18℃	335℃

● 아세톤	−18℃	**538℃**
● 벤젠	−11℃	562℃
● 톨루엔	4.4℃	480℃
● 에틸알코올	13℃	**423℃**
● 아세트산	40℃	−
● 등유	43~72℃	210℃
● 경유	50~70℃	200℃
● 적린	−	260℃

● 인화점=인화온도
● 착화점=발화점=착화온도=발화온도

답 ②

★★★
03 다음 중 연기에 의한 감광계수가 0.1m⁻¹, 가시거리가 20~30m일 때의 상황으로 옳은 것은?

22.04.문15
21.09.문02
20.06.문01
17.03.문10
16.10.문16
16.03.문03
14.05.문06
13.09.문11

① 건물 내부에 익숙한 사람이 피난에 지장을 느낄 정도
② 연기감지기가 작동할 정도
③ 어두운 것을 느낄 정도
④ 앞이 거의 보이지 않을 정도

해설 **감광계수**와 **가시거리**

감광계수 [m⁻¹]	가시거리 [m]	상 황
0.1	**20~30**	연기**감**지기가 작동할 때의 농도(연기감지기가 작동하기 직전의 농도) 보기 ②
0.3	**5**	건물 내부에 **익**숙한 사람이 피난에 지장을 느낄 정도의 농도 보기 ①
0.5	**3**	**어**두운 것을 느낄 정도의 농도 보기 ③
1	**1~2**	앞이 거의 **보**이지 않을 정도의 농도 보기 ④
10	**0.2~0.5**	화재 **최**성기 때의 농도
30	−	출화실에서 연기가 **분**출할 때의 농도

기억법	0123	감
	035	익
	053	어
	112	보
	100205	최
	30	분

답 ②

★★★
04 분진폭발의 위험성이 가장 낮은 것은?

22.03.문12
18.03.문01
15.05.문03
13.03.문20
12.09.문17
11.10.문01
10.05.문16
03.05.문08
01.03.문20

① 알루미늄분
② 황
③ 팽창질석
④ 소맥분

해설
③ 팽창질석 : 소화약제

분진폭발의 **위험성**이 있는 것
(1) 알루미늄분 보기 ①
(2) 황 보기 ②
(3) 소맥분(밀가루) 보기 ④
(4) 석탄분말

 중요

분진폭발을 **일으키지 않는** 물질
(1) **시**멘트(시멘트가루)
(2) **석**회석
(3) **탄**산칼슘(CaCO₃)
(4) **생**석회(CaO)=산화칼슘

기억법 **분시석탄생**

답 ③

★★★
05 다음 중 가연물의 제거를 통한 소화방법과 무관한 것은?

22.04.문12
19.09.문05
19.04.문18
17.03.문14
16.10.문07
16.03.문12
14.05.문11
13.03.문01
11.03.문04
08.09.문17

① 산불의 확산방지를 위하여 산림의 일부를 벌채한다.
② 화학반응기의 화재시 원료공급관의 밸브를 잠근다.
③ 전기실 화재시 IG-541 약제를 방출한다.
④ 유류탱크 화재시 주변에 있는 유류탱크의 유류를 다른 곳으로 이동시킨다.

해설
③ **질식소화** : IG-541(불활성기체 소화약제)

제거소화의 예
(1) **가연성 기체** 화재시 **주밸브**를 **차단**한다(화학반응기의 화재시 원료공급관의 **밸브**를 **잠금**). 보기 ②
(2) **가연성 액체** 화재시 펌프를 이용하여 **연료**를 제거한다.
(3) **연료탱크**를 **냉각**하여 가연성 가스의 발생속도를 작게 하여 연소를 억제한다.

---

(4) 금속화재시 **불활성 물질**로 가연물을 덮는다.
(5) **목재**를 **방염처리**한다.
(6) 전기화재시 **전원**을 **차단**한다.
(7) 산불이 발생하면 화재의 진행방향을 앞질러 **벌목**한다(산불의 확산방지를 위하여 **산림**의 **일부**를 **벌채**). 보기 ①
(8) 가스화재시 **밸브**를 **잠궈** 가스흐름을 차단한다(가스화재시 중간밸브를 잠금).
(9) 불타고 있는 장작더미 속에서 아직 타지 않은 것을 안전한 곳으로 **운반**한다.
(10) 유류탱크 화재시 주변에 있는 유류탱크의 유류를 다른 곳으로 이동시킨다. 보기 ④
(11) 양초를 입으로 불어서 끈다.

🌱 용어

제거효과
가연물을 반응계에서 제거하든지 또는 반응계로의 공급을 정지시켜 소화하는 효과

답 ③

★★★
06 분말소화약제로서 ABC급 화재에 적용성이 있는 소화약제의 종류는?

22.04.문18
21.05.문07
20.09.문07
19.03.문01
18.04.문06
17.09.문10
17.03.문18
16.10.문06
16.10.문10
16.05.문15

① NH₄H₂PO₄
② NaHCO₃
③ Na₂CO₃
④ KHCO₃

해설
분말소화약제

종 별	분자식	착 색	적응화재	비 고
제**1**종	탄산수소나트륨 (NaHCO₃)	백색	BC급	**식용유** 및 **지방질유**의 화재에 적합 기억법 **1**식**분**(일식 분식)
제2종	탄산수소칼륨 (KHCO₃)	담자색 (담회색)	BC급	-
제**3**종	제1인산암모늄 (NH₄H₂PO₄) 보기 ①	담홍색	ABC 급	**차고·주차장**에 적합 기억법 **3분 차주** (**삼보** 컴퓨터 **차주**)
제4종	**탄산수소칼륨** **+요소** (KHCO₃+ (NH₂)₂CO)	회(백)색	BC급	-

답 ①

★★★ 07

19.09.문15
18.09.문08
17.03.문17
16.05.문02
15.03.문01
14.09.문12
14.03.문01
09.05.문10
05.09.문07
05.05.문07
03.03.문11
02.03.문20

액화가스 저장탱크의 누설로 부유 또는 확산된 액화가스가 착화원과 접촉하여 액화가스가 공기 중으로 확산, 폭발하는 현상은?

① 블래비(BLEVE)
② 보일오버(boill over)
③ 슬롭오버(slop over)
④ 프로스오버(forth over)

해설 **가스탱크 · 건축물 내**에서 발생하는 현상

(1) **가스탱크** 보기 ①

현 상	정 의
블래비 (BLEVE)	• 과열상태의 탱크에서 내부의 액화가스가 분출하여 기화되어 폭발하는 현상 • 탱크 주위 화재로 탱크 내 인화성 액체가 비등하고 가스부분의 압력이 상승하여 탱크가 파괴되고 폭발을 일으키는 현상

(2) **건축물 내**

현 상	정 의
플래시오버 (flash over)	• 화재로 인하여 실내의 온도가 급격히 상승하여 화재가 순간적으로 실내 전체에 확산되어 연소되는 현상
백드래프트 (back draft)	• **통기력**이 좋지 않은 상태에서 연소가 계속되어 산소가 심히 부족한 상태가 되었을 때 **개구부**를 통하여 산소가 공급되면 실내의 가연성 혼합기가 공급되는 **산소**의 **방향**과 **반대**로 흐르며 급격히 연소하는 현상 • 소방대가 소화활동을 위하여 화재실의 문을 개방할 때 신선한 공기가 유입되어 실내에 축적되었던 가연성 가스가 **단시간**에 폭발적으로 **연소**함으로써 화재가 폭풍을 동반하며 **실외**로 **분출**되는 현상

중요

유류탱크에서 **발생**하는 현상

현 상	정 의
보일오버 (boil over) 보기 ②	• 중질유의 석유탱크에서 장시간 조용히 연소하다 탱크 내의 잔존기름이 갑자기 분출하는 현상 • 유류탱크에서 탱크바닥에 물과 기름의 **에멀션**이 섞여 있을 때 이로 인하여 화재가 발생하는 현상 • 연소유면으로부터 100℃ 이상의 열파가 탱크 **저부**에 고여 있는 물을 비등하게 하면서 연소유를 탱크 밖으로 비산시키며 연소하는 현상 **기억법** 보저(**보자**기)

오일오버 (oil over)	• 저장탱크에 저장된 유류저장량이 내용적의 50% 이하로 충전되어 있을 때 화재로 인하여 탱크가 폭발하는 현상
프로스오버 (froth over) 보기 ④	• 물이 점성의 뜨거운 기름 표면 아래에서 끓을 때 화재를 수반하지 않고 용기가 넘치는 현상
슬롭오버 (slop over) 보기 ③	• 물이 연소유의 뜨거운 표면에 들어갈 때 기름 표면에서 화재가 발생하는 현상 • 유화제로 소화하기 위한 물이 수분의 급격한 증발에 의하여 액면이 거품을 일으키면서 열유층 밑의 냉유가 급히 열팽창하여 기름의 일부가 불이 붙은 채 탱크벽을 넘어서 일출하는 현상

답 ①

★★★ 08

19.09.문14
17.09.문16
13.03.문16
12.03.문10

방화벽의 구조 기준 중 다음 (　) 안에 알맞은 것은?

• 방화벽의 양쪽 끝과 위쪽 끝을 건축물의 외벽면 및 지붕면으로부터 (㉠)m 이상 튀어나오게 할 것
• 방화벽에 설치하는 출입문의 너비 및 높이는 각각 (㉡)m 이하로 하고, 해당 출입문에는 60분+방화문 또는 60분 방화문을 설치할 것

① ㉠ 0.3, ㉡ 2.5　② ㉠ 0.3, ㉡ 3.0
③ ㉠ 0.5, ㉡ 2.5　④ ㉠ 0.5, ㉡ 3.0

해설 **건축령 57조, 피난 · 방화구조 21조**
방화벽의 구조

구 분	설 명
대상 건축물	• 주요 구조부가 내화구조 또는 불연재료가 아닌 연면적 1000m² 이상인 건축물
구획단지	• 연면적 **1000m²** 미만마다 구획
방화벽의 구조	• **내화구조**로서 홀로 설 수 있는 구조일 것 • 방화벽의 양쪽 끝과 위쪽 끝을 건축물의 외벽면 및 지붕면으로부터 **0.5m** 이상 튀어나오게 할 것 보기 ㉠ • 방화벽에 설치하는 **출입문**의 **너비** 및 높이는 각각 **2.5m** 이하로 하고 해당 출입문에는 60분+방화문 또는 60분 방화문을 설치할 것 보기 ㉡

답 ③

09

★★★

다음 물질 중 연소범위를 통해 산출한 위험도값이 가장 높은 것은?

22.09.문18
20.06.문19
19.03.문03
18.03.문18

① 수소
② 에틸렌
③ 메탄
④ 이황화탄소

해설 위험도

$$H = \frac{U-L}{L}$$

여기서, H : 위험도
U : 연소상한계
L : 연소하한계

① 수소 $= \dfrac{75-4}{4} = 17.75$ [보기 ①]

② 에틸렌 $= \dfrac{36-2.7}{2.7} = 12.33$ [보기 ②]

③ 메탄 $= \dfrac{15-5}{5} = 2$ [보기 ③]

④ 이황화탄소 $= \dfrac{50-1}{1} = 49$(가장 높음) [보기 ④]

🔥 **중요**

공기 중의 폭발한계(상온, 1atm)

가 스	하한계 〔vol%〕	상한계 〔vol%〕
아세틸렌(C_2H_2)	2.5	81
수소(H_2) [보기 ①]	4	75
일산화탄소(CO)	12	75
에**터**(($C_2H_5)_2O$)	1.7	48
이**황**화탄소(CS_2) [보기 ④]	1	50
에**틸**렌(C_2H_4) [보기 ②]	2.7	36
암모니아(NH_3)	15	25
메탄(CH_4) [보기 ③]	5	15
에탄(C_2H_6)	3	12.4
프로판(C_3H_8)	2.1	9.5
부탄(C_4H_{10})	1.8	8.4

기억법		
아	2581	
수	475	
일	1275	
터	1748	
황	150	
틸	2736	
암	1525	
메	515	
에	3124	
프	2195	
부	1884	

● 연소한계＝연소범위＝가연한계＝가연범위＝폭발한계＝폭발범위

답 ④

10

★★★

알킬알루미늄 화재시 사용할 수 있는 소화약제로 가장 적당한 것은?

22.09.문19
21.05.문13
16.05.문20
07.09.문03

① 이산화탄소
② 물
③ 할로젠화합물
④ 마른모래

해설 위험물의 소화약제

위험물	소화약제
● 알킬알루미늄 ● 알킬리튬	● 마른모래 [보기 ④] ● 팽창질석 ● 팽창진주암

답 ④

11

★★

인화성 액체의 연소점, 인화점, 발화점을 온도가 높은 것부터 옳게 나열한 것은?

17.03.문20
06.03.문05

① 발화점＞연소점＞인화점
② 연소점＞인화점＞발화점
③ 인화점＞발화점＞연소점
④ 인화점＞연소점＞발화점

해설 인화성 액체의 온도가 높은 순서

발화점＞연소점＞인화점 [보기 ①]

🌱 **용어**

연소와 관계되는 용어

용어	설 명
발화점	가연성 물질에 불꽃을 접하지 아니하였을 때 연소가 가능한 **최저온도**
인화점	휘발성 물질에 불꽃을 접하여 연소가 가능한 **최저온도**
연소점	① 인화점보다 **10℃** 높으며 연소를 **5초** 이상 지속할 수 있는 온도 ② 어떤 인화성 액체가 공기 중에서 열을 받아 점화원의 존재하에 **지속적인 연소**를 일으킬 수 있는 온도 ③ 가연성 액체에 점화원을 가져가서 인화된 후에 점화원을 제거하여도 가연물이 **계속** 연소되는 **최저온도**

답 ①

12

★★★

다음 물질의 저장창고에서 화재가 발생하였을 때 주수소화를 할 수 없는 물질은?

20.06.문14
16.10.문19
13.06.문19

① 부틸리튬
② 질산에틸
③ 나이트로셀룰로오스
④ 적린

해설 **주수소화**(물소화)시 **위험**한 **물질**

구 분	현 상
• 무기과산화물	**산소**(O_2) 발생
• **금**속분 • **마**그네슘 • 알루미늄 • 칼륨 • 나트륨 • 수소화리튬 • **부틸리튬** 보기 ①	**수소**(H_2) 발생
• 가연성 액체의 유류화재	**연소면**(화재면) 확대

기억법 금마수

※ **주수소화** : 물을 뿌려 소화하는 방법

답 ①

★★★
13 피난계획의 일반원칙 중 페일 세이프(fail safe)
20.09.문01
16.10.문14 에 대한 설명으로 옳은 것은?
14.03.문07
① 본능적 상태에서도 쉽게 식별이 가능하도록 그림이나 색채를 이용하는 것
② 피난구조설비를 반드시 이동식으로 하는 것
③ 피난수단을 조작이 간편한 원시적 방법으로 설계하는 것
④ 한 가지 피난기구가 고장이 나도 다른 수단을 이용할 수 있도록 고려하는 것

해설
① Fool proof
② Fool proof : 이동식 → 고정식
③ Fool proof
④ Fail safe

페일 세이프(fail safe)와 풀 프루프(fool proof)

용 어	설 명
페일 세이프 (fail safe)	• 한 가지 피난기구가 고장이 나도 다른 수단을 이용할 수 있도록 고려하는 것 보기 ④ • 한 가지가 고장이 나도 다른 수단을 이용하는 원칙 • **두 방향**의 피난동선을 항상 확보하는 원칙
풀 프루프 (fool proof)	• 피난경로는 **간단명료**하게 한다. • 피난구조설비는 **고정식 설비**를 위주로 설치한다. 보기 ② • 피난수단은 **원시적 방법**에 의한 것을 원칙으로 한다. 보기 ③ • 피난통로를 **완전불연화**한다. • 막다른 복도가 없도록 계획한다. • 간단한 **그림**이나 **색채**를 이용하여 표시한다. 보기 ①

기억법 풀그색 간고원

답 ④

★★
14 다음 중 열전도율이 가장 작은 것은?
17.05.문14
09.05.문15 ① 알루미늄
② 철재
③ 은
④ 암면(광물섬유)

해설 27℃에서 물질의 **열전도율**

물 질	열전도율
암면(광물섬유) 보기 ④	0.046W/m · ℃
철재 보기 ②	80.3W/m · ℃
알루미늄 보기 ①	237W/m · ℃
은 보기 ③	427W/m · ℃

🔊 **중요**

열전도와 관계있는 것
(1) 열전도율[kcal/m · h · ℃, W/m · deg]
(2) 비열[cal/g · ℃]
(3) 밀도[kg/m³]
(4) 온도[℃]

답 ④

★★
15 정전기에 의한 발화과정으로 옳은 것은?
21.05.문04
16.10.문11 ① 방전 → 전하의 축적 → 전하의 발생 → 발화
② 전하의 발생 → 전하의 축적 → 방전 → 발화
③ 전하의 발생 → 방전 → 전하의 축적 → 발화
④ 전하의 축적 → 방전 → 전하의 발생 → 발화

해설 정전기의 **발화과정**

| 전하의
발생 | → | 전하의
축적 | → | **방전** | → | 발화 |

기억법 발축방

답 ②

★★
16 0℃, 1atm 상태에서 부탄(C_4H_{10}) 1mol을 완전
14.09.문19
07.09.문10 연소시키기 위해 필요한 산소의 mol수는?
① 2
② 4
③ 5.5
④ 6.5

해설 **연소**시키기 위해서는 O_2가 필요하므로
$$aC_4H_{10} + bO_2 \rightarrow cCO_2 + dH_2O$$
C : $4a = c$
H : $10a = 2d$
O : $2b = 2c + d$

$(2)C_4H_{10} + (13)O_2 \rightarrow 8CO_2 + 10H_2O$

2몰 ⟍ 13몰
1몰 ⟋ x

$2x = 13$

$x = \dfrac{13}{2} = 6.5$몰

중요

발생물질

완전연소	불완전연소
$CO_2 + H_2O$	$CO + H_2O$

답 ④

17 다음 중 연소시 아황산가스를 발생시키는 것은?

17.05.문08
07.09.문11

① 적린
② 황
③ 트리에틸알루미늄
④ 황린

해설 $S + O_2 \rightarrow SO_2$
황 산소 아황산가스

답 ②

18 pH 9 정도의 물을 보호액으로 하여 보호액 속에 저장하는 물질은?

18.03.문07
14.05.문20
07.09.문12

① 나트륨
② 탄화칼슘
③ 칼륨
④ 황린

해설 저장물질

물질의 종류	보관장소
• **황**린 보기 ④ • **이**황화탄소(CS_2)	• **물**속 **기억법** 황이물
• 나이트로셀룰로오스	• 알코올 속
• 칼륨(K) 보기 ③ • 나트륨(Na) 보기 ① • 리튬(Li)	• 석유류(등유) 속
• 탄화칼슘(CaC_2) 보기 ②	• 습기가 없는 밀폐용기
• 아세틸렌(C_2H_2)	• 디메틸포름아미드(DMF) • 아세톤 문제 19

참고

물질의 발화점

물질의 종류	발화점
• 황린	30~50℃
• 황화인 • 이황화탄소	100℃
• 나이트로셀룰로오스	180℃

답 ④

19 아세틸렌 가스를 저장할 때 사용되는 물질은?

18.03.문07
14.05.문20
07.09.문12

① 벤젠
② 톨루엔
③ 아세톤
④ 에틸알코올

해설 문제 18 참조

답 ③

20 연소의 4대 요소로 옳은 것은?

① 가연물-열-산소-발열량
② 가연물-열-산소-순조로운 연쇄반응
③ 가연물-발화온도-산소-반응속도
④ 가연물-산화반응-발열량-반응속도

해설 연소의 **3**요소와 **4**요소

연소의 3요소	연소의 4요소
• 가연물(연료)	• **가연물**(연료)
• 산소공급원(산소, 공기)	• 산소공급원(**산소**, 공기)
• 점화원(점화에너지, 열)	• 점화원(점화에너지, **열**)
	• **연쇄반응**(순조로운 연쇄반응)

기억법 연4(연사)

답 ②

제 2 과목 소방유체역학

21 어떤 팬이 1750rpm으로 회전할 때의 전압은 155mmAq, 풍량은 240m³/min이다. 이것과 상사한 팬을 만들어 1650rpm, 전압 200mmAq로 작동할 때 풍량은 약 몇 m³/min인가? (단, 공기의 밀도와 비속도는 두 경우에 같다고 가정한다.)

22.09.문24
21.05.문29
15.05.문24
13.03.문28

① 396
② 386
③ 356
④ 366

해설 (1) 기호

• N_1 : 1750rpm
• H_1 : 155mmAq = 0.155mAq = 0.155m
  (1000mm = 1m, Aq 생략 가능)
• Q_1 : 240m³/min
• N_2 : 1650rpm
• H_2 : 200mmAq = 0.2mAq = 0.2m(1000mm = 1m, Aq 생략 가능)
• Q_2 : ?

(2) **비교회전도**(비속도)

$$N_s = N \frac{\sqrt{Q}}{\left(\dfrac{H}{n}\right)^{\frac{3}{4}}}$$

여기서, N_s : 펌프의 비교회전도(비속도)
  [m³/min · m/rpm]
  N : 회전수[rpm]
  Q : 유량[m³/min]
  H : 양정[m]
  n : 단수

펌프의 **비교회전도** N_s 는

$$N_s = N_1 \frac{\sqrt{Q_1}}{\left(\dfrac{H_1}{n}\right)^{\frac{3}{4}}} = 1750\,\mathrm{rpm} \times \frac{\sqrt{240\mathrm{m^3/min}}}{(0.155\mathrm{m})^{\frac{3}{4}}}$$

$$= 109747.5\mathrm{m^3/min \cdot m/rpm}$$

- n : 주어지지 않았으므로 무시

펌프의 **비교회전도** N_{s2} 는

$$N_{s2} = N_2 \frac{\sqrt{Q_2}}{\left(\dfrac{H_2}{n}\right)^{\frac{3}{4}}}$$

$$109747.5\mathrm{m^3/min \cdot m/rpm} = 1650\mathrm{rpm} \times \frac{\sqrt{Q_2}}{(0.2\mathrm{m})^{\frac{3}{4}}}$$

$$\frac{109747.5\mathrm{m^3/min \cdot m/rpm} \times (0.2\mathrm{m})^{\frac{3}{4}}}{1650\mathrm{rpm}} = \sqrt{Q_2}$$

$$\sqrt{Q_2} = \frac{109747.5\mathrm{m^3/min \cdot m/rpm} \times (0.2\mathrm{m})^{\frac{3}{4}}}{1650\mathrm{rpm}} \blacktriangleleft \text{좌우 이항}$$

$$\left(\sqrt{Q_2}\right)^2 = \left(\frac{109747.5 \times (0.2\mathrm{m})^{\frac{3}{4}}}{1650\mathrm{rpm}}\right)^2$$

$$Q_2 ≒ 396\mathrm{m^3/min}$$

기억법 396m³/min(369! 369! 396)

용어

비속도(비교회전도)
펌프의 성능을 나타내거나 가장 적합한 **회전수**를 결정하는 데 이용되며, **회전자**의 **형상**을 나타내는 척도가 된다.

답 ①

★★★
22 게이지압력이 1225kPa인 용기에서 대기의 압력이 105kPa이었다면, 이 용기의 절대압력[kPa]은?

22.03.문39
20.06.문21
17.03.문39
14.05.문34
14.03.문33
13.06.문22
08.05.문38

① 1142　　　　② 1250
③ 1330　　　　④ 1450

해설 (1) **기호**

- 게이지압력 : 1225kPa
- 대기압력 : 105kPa
- 절대압력 : ?

(2) **절대압**
　㉠ **절**대압 = **대**기압 + **게**이지압(계기압)
　㉡ 절대압 = 대기압 − 진공압

기억법 절대게

절대압 = 대기압 + 게이지압(계기압)
　　　 = 105kPa + 1225kPa = 1330kPa

답 ③

★★★
23 관 A에는 물이, 관 B에는 비중 0.9의 기름이 흐르고 있으며 그 사이에 마노미터 액체는 비중이 13.6인 수은이 들어 있다. 그림에서 $h_1 = 120\mathrm{mm}$, $h_2 = 180\mathrm{mm}$, $h_3 = 300\mathrm{mm}$일 때 두 관의 압력차 $(P_A - P_B)$는 약 몇 kPa인가?

20.06.문38
19.03.문24
18.03.문37
15.09.문26
10.03.문35

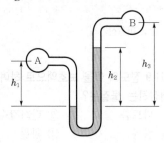

① 12.3　　　　② 18.4
③ 23.9　　　　④ 33.4

해설 (1) **기호**

- s_1 : 1(물이므로)
- s_3 : 0.9
- s_2 : 13.6
- h_1 : 120mm = 0.12m(1000mm = 1m)
- h_2 : 180mm = 0.18m(1000mm = 1m)
- $h_3{}'$: $(h_3 - h_2) = (300 - 180)\mathrm{mm}$
　　　　　　　 $= 120\mathrm{mm}$
　　　　　　　 $= 0.12\mathrm{m}(1000\mathrm{mm} = 1\mathrm{m})$
- $P_A - P_B$: ?

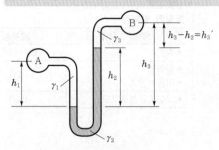

(2) 비중

$$s = \frac{\gamma}{\gamma_w}$$

여기서, s : 비중

γ : 어떤 물질의 비중량[kN/m³]

γ_w : 물의 비중량(9.8kN/m³)

물의 비중량 $s_1 = 9.8\text{kN/m}^3$

기름의 비중량 γ_3는

$\gamma_3 = s_3 \times \gamma_w = 0.9 \times 9.8\text{kN/m}^3 = 8.82\text{kN/m}^3$

수은의 비중량 γ_2는

$\gamma_2 = s_2 \times \gamma_w = 13.6 \times 9.8\text{kN/m}^3 = 133.28\text{kN/m}^3$

(3) **압력차**

$P_A + \gamma_1 h_1 - \gamma_2 h_2 - \gamma_3 h_3{}' = P_B$

$P_A - P_B = -\gamma_1 h_1 + \gamma_2 h_2 + \gamma_3 h_3{}'$

$\qquad = -9.8\text{kN/m}^3 \times 0.12\text{m} + 133.28\text{kN/m}^3$

$\qquad \times 0.18\text{m} + 8.82\text{kN/m}^3 \times 0.12\text{m}$

$\qquad ≒ 23.87 ≒ 23.9\text{kN/m}^2$

$\qquad = 23.9\text{kPa}(1\text{kN/m}^2 = 1\text{kPa})$

중요

시차액주계의 압력계산방법

점 A를 기준으로 내려가면 더하고, 올라가면 빼면
된다.

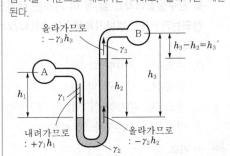

올라가므로
: $-\gamma_3 h_3$

내려가므로
: $+\gamma_1 h_1$

올라가므로
: $-\gamma_2 h_2$

답 ③

24 안지름 60cm의 수평 원관에 정상류의 층류흐름
이 있다. 이 관의 길이 60m에 대한 수두손실이
9m였다면 이 관에 대하여 관 벽으로부터 10cm
떨어진 지점에서의 전단응력의 크기[N/m²]는?

① 98   ② 147

③ 196   ④ 294

해설 (1) **기호**

- r : 30cm=0.3m(안지름이 60cm이므로 반지
  름은 30cm, 100cm=1m)
- r' : (30−10)cm=20cm=0.2m(100cm=1m)
- l : 60m
- h : 9m
- τ : ?

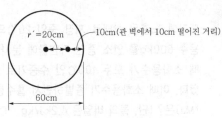

−10cm(관 벽에서 10cm 떨어진 거리)

$r' = 20\text{cm}$

60cm

(2) **압력차**

$$\Delta P = \gamma h$$

여기서, ΔP : 압력차[N/m²] 또는 [Pa]

γ : 비중량(물의 비중량 9800N/m³)

h : 높이(수두손실)[m]

압력차 ΔP는

$\Delta P = \gamma h = 9800\text{N/m}^3 \times 9\text{m} = 88200\text{N/m}^2$

(3) **뉴턴**의 **점성법칙**

$$\tau = \frac{P_A - P_B}{l} \cdot \frac{r}{2}$$

여기서, τ : 전단응력[N/m²] 또는 [Pa]

$P_A - P_B$: 압력강하[N/m²] 또는 [Pa]

l : 관의 길이[m]

r : 반경[m]

중심에서 **20cm** 떨어진 지점에서의 **전단응력** τ는

$\tau = \dfrac{P_A - P_B}{l} \cdot \dfrac{r'}{2}$

$\quad = \dfrac{88200\text{N/m}^2}{60\text{m}} \times \dfrac{0.2\text{m}}{2}$

$\quad = 147\text{N/m}^2$

● 전단응력=전단력

중요

전단응력

층 류	난 류
$\tau = \dfrac{P_A - P_B}{l} \cdot \dfrac{r}{2}$	$\tau = \mu \dfrac{du}{dy}$
여기서, τ :전단응력[N/m²] $P_A - P_B$:압력강하 [N/m²] l : 관의 길이[m] r : 반경[m]	여기서, τ :전단응력[N/m²] 또는 [Pa] μ : 점성계수 [N·s/m²] 또는 [kg/m·s] $\dfrac{du}{dy}$: 속도구배속도 변화율$\left(\dfrac{1}{s}\right)$ du : 속도[m/s] dy : 높이[m]

답 ②

25 대기에 노출된 상태로 저장 중인 20℃의 소화용수 500kg을 연소 중인 가연물에 분사하였을 때 소화용수가 모두 100℃인 수증기로 증발하였다. 이때 소화용수가 증발하면서 흡수한 열량〔MJ〕은? (단, 물의 비열은 4.2kJ/kg · ℃, 기화열은 2250kJ/kg이다.)

① 2.59　　　　② 168
③ 1125　　　　④ 1293

해설 (1) 기호

- m : 500kg
- ΔT : (100−20)℃
- Q : ?
- C : 4.2kJ/kg · ℃
- r_2 : 2250kJ/kg

(2) 열량

$$Q = r_1 m + mC\Delta T + r_2 m$$

여기서, Q : 열량〔cal〕
　　　　r_1 : 융해열〔cal/g〕
　　　　r_2 : 기화열〔cal/g〕
　　　　m : 질량〔kg〕
　　　　C : 비열〔cal/g · ℃〕
　　　　ΔT : 온도차〔℃〕

열량 Q는
$Q = \cancel{r_1 m} + mC\Delta T + r_2 m$ ◀ 융해열은 없으므로 $r_1 m$ 삭제
$= mC\Delta T + r_2 m$
$= 500\text{kg} \times 4.2\text{kJ/kg} \cdot ℃ \times (100-20)℃$
　$+ 2250\text{kJ/kg} \times 500\text{kg}$
$= 1293000\text{kJ} = 1293\text{MJ}(1000\text{kJ}=1\text{MJ})$

답 ④

26 설계규정에 의하면 어떤 장치에서의 원형관의 유체속도는 2m/s 내외이다. 이 관을 이용하여 물을 1m³/min 유량으로 수송하려면 관의 안지름〔mm〕은?

① 13　　　　② 25
③ 103　　　　④ 505

해설 (1) 기호

- V : 2m/s
- Q : 1m³/min=1m³/60s
- D : ?

(2) 유량

$$Q = AV = \left(\frac{\pi D^2}{4}\right) V$$

여기서, Q : 유량〔m³/s〕
　　　　A : 단면적〔m²〕
　　　　V : 유속〔m/s〕
　　　　D : 직경〔m〕

유량 Q는

$$Q = \left(\frac{\pi D^2}{4}\right) V$$

$$\frac{4Q}{\pi V} = D^2$$

$$D^2 = \frac{4Q}{\pi V} \text{ ◀ 좌우 이항}$$

$$\sqrt{D^2} = \sqrt{\frac{4Q}{\pi V}}$$

$$D = \sqrt{\frac{4Q}{\pi V}} = \sqrt{\frac{4 \times 1\text{m}^3/60\text{s}}{\pi \times 2\text{m/s}}}$$

$$≒ 0.103\text{m} = 103\text{mm}(1\text{m}=1000\text{mm})$$

답 ③

27 안지름이 150mm인 금속구(球)의 질량을 내부가 진공일 때와 875kPa까지 미지의 가스로 채워졌을 때 각각 측정하였다. 이때 질량의 차이가 0.00125kg이었고 실온은 25℃이었다. 이 가스를 순수물질이라고 할 때 이 가스는 무엇으로 추정되는가? (단, 일반기체상수는 8314J/kmol · K이다.)

① 수소(H_2, 분자량 약 2)
② 헬륨(He, 분자량 약 4)
③ 산소(O_2, 분자량 약 32)
④ 아르곤(Ar, 분자량 약 40)

해설 (1) 기호

- D : 150mm=0.15m(1000mm=1m)
- P : 875kPa=875kN/m²(1kPa=1kN/m²)
- m : 0.00125kg
- T : 25℃=(273+25)K
- $\overline{R}$: 8314J/kmol · K=8.314kJ/kmol · K (1000J=1kJ)
- M : ?

(2) 구의 부피(체적)

$$V = \frac{\pi}{6} D^3$$

여기서, V : 구의 부피〔m³〕
　　　　D : 구의 안지름〔m〕

구의 부피 V는

$$V = \frac{\pi}{6} D^3 = \frac{\pi}{6} \times (0.15\text{m})^3$$

(3) 이상기체상태 방정식

$$PV = mRT$$

여기서, P : 기압[kPa]
$\quad\quad V$: 부피[m³]
$\quad\quad m$: 질량[kg]
$\quad\quad R$: 기체상수[kJ/kg · K]
$\quad\quad T$: 절대온도(273+℃)[K]

기체상수 R는

$$R=\frac{PV}{mT}$$

$$=\frac{875\text{kN/m}^2\times\frac{\pi}{6}\times(0.15\text{m})^3}{0.00125\text{kg}\times(273+25)\text{K}}$$

$$≒4.15\text{kN}\cdot\text{m/kg}\cdot\text{K}$$

$$=4.15\text{kJ/kg}\cdot\text{K}\,(1\text{kN}\cdot\text{m}=1\text{kJ})$$

(4) 기체상수

$$R=C_P-C_V=\frac{\overline{R}}{M}$$

여기서, R : 기체상수[kJ/kg · K]
$\quad\quad C_P$: 정압비열[kJ/kg · K]
$\quad\quad C_V$: 정적비열[kJ/kg · K]
$\quad\quad \overline{R}$: 일반기체상수[kJ/kmol · K]
$\quad\quad M$: 분자량[kg/kmol]

분자량 M은

$$M=\frac{\overline{R}}{R}=\frac{8.314\text{kJ/kmol}\cdot\text{K}}{4.15\text{kJ/kg}\cdot\text{K}}≒2\text{kg/kmol}$$

(∴ 분자량 약 2kg/kmol인 ①번 정답)

답 ①

★★ 28

19.04.문24
12.05.문30

그림과 같은 사이펀(Siphon)에서 흐를 수 있는 유량[m³/min]은? (단, 관의 안지름은 50mm이며, 관로 손실은 무시한다.)

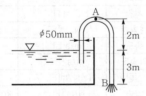

① 0.015
② 0.903
③ 15
④ 60

해설 **(1) 기호**

- Q : ?
- D : 50mm=0.05m(1000mm=1m)
- H : 3m(그림)

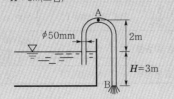

(2) 토리첼리의 식

$$V=C\sqrt{2gH}$$

여기서, V : 유속[m/s]
$\quad\quad C$: 유량계수
$\quad\quad g$: 중력가속도(9.8m/s²)
$\quad\quad H$: 높이[m]

유속 V는

$$V=C\sqrt{2gH}$$

$$=\sqrt{2\times9.8\text{m/s}^2\times3\text{m}}$$

$$≒7.668\text{m/s}$$

- C : 주어지지 않았으므로 무시

(3) 유량

$$Q=AV=\left(\frac{\pi D^2}{4}\right)V$$

여기서, Q : 유량[m³/s]
$\quad\quad A$: 단면적[m²]
$\quad\quad V$: 유속[m/s]
$\quad\quad D$: 직경[m]

유량 Q는

$$Q=\left(\frac{\pi D}{4}\right)^2 V$$

$$=\frac{\pi\times(0.05\text{m})^2}{4}\times7.668\text{m/s}$$

$$=0.01505\text{m}^3/\text{s}$$

$$=0.01505\text{m}^3\Big/\frac{1}{60}\text{min}\left(1\text{min}=60\text{s},\,1\text{s}=\frac{1}{60}\text{min}\right)$$

$$=0.01505\times60\text{m}^3/\text{min}$$

$$=0.903\text{m}^3/\text{min}$$

답 ②

★★★ 29

18.04.문26
14.09.문34
12.05.문32

물탱크에 담긴 물의 수면의 높이가 10m인데, 물탱크 바닥에 원형 구멍이 생겨서 10L/s만큼 물이 유출되고 있다. 원형 구멍의 지름은 약 몇 cm인가? (단, 구멍의 유량보정계수는 0.6이다.)

① 2.7
② 3.1
③ 3.5
④ 3.9

해설 **(1) 기호**

- H : 10m
- Q : 10L/s=0.01m³/s(1000L=1m³이므로 10L/s=0.01m³/s)
- C : 0.6
- D : ?

(2) 토리첼리의 식

$$V=C\sqrt{2gH}$$

여기서, V : 유속[m/s]
C : 보정계수
g : 중력가속도(9.8m/s^2)
H : 수면의 높이[m]

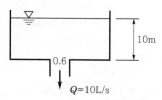

$$V=C\sqrt{2gH}=0.6\times\sqrt{2\times9.8\text{m/s}^2\times10\text{m}}=8.4\text{m/s}$$

(3) 유량

$$Q=AV=\left(\frac{\pi}{4}D^2\right)V$$

여기서, Q : 유량[m^3/s]
A : 단면적[m^2]
V : 유속[m/s]
D : 직경[m]

$$Q=\frac{\pi}{4}D^2V$$

$$\frac{Q}{V}\times\frac{4}{\pi}=D^2$$

$$D^2=\frac{Q}{V}\times\frac{4}{\pi}$$

$$\sqrt{D^2}=\sqrt{\frac{Q}{V}\times\frac{4}{\pi}}$$

$$D=\sqrt{\frac{Q}{V}\times\frac{4}{\pi}}=\sqrt{\frac{0.01\text{m}^3/\text{s}}{8.4\text{m/s}}\times\frac{4}{\pi}}$$

$$\fallingdotseq0.039\text{m}=3.9\text{cm}$$

- 1000L=1m^{3}이므로 10L/s=0.01m^3/s
- 1m=100cm이므로 0.039m=3.9cm

답 ④

★★★
30 수조의 수면으로부터 20m 아래에 설치된 지름 5cm의 오리피스에서 30초 동안 분출된 유량[m^3]
은? (단, 수심은 일정하게 유지된다고 가정하고 오리피스의 유량계수 $C=0.98$로 하여 다른 조건은 무시한다.)

18.04.문26
14.09.문34
12.05.문32

① 1.14
② 3.46
③ 11.4
④ 31.6

해설 (1) 기호
- H : 20m
- D : 5cm=0.05m(100cm=1m)
- t : 30s
- Q : ?
- C : 0.98

(2) 토리첼리의 식

$$V=C\sqrt{2gH}$$

여기서, V : 유속[m/s]
C : 유량계수
g : 중력가속도(9.8m/s^2)
H : 물의 높이[m]

유속 V는
$$V=C\sqrt{2gH}$$
$$=0.98\times\sqrt{2\times9.8\text{m/s}^2\times20\text{m}}\fallingdotseq19.4\text{m/s}$$

(3) 유량

$$Q=AV=\left(\frac{\pi D^2}{4}\right)V$$

여기서, Q : 유량[m^3/s]
A : 단면적[m^2]
V : 유속[m/s]
D : 지름[m]

유량 Q는
$$Q=\left(\frac{\pi D^2}{4}\right)V$$
$$=\frac{\pi\times(0.05\text{m})^2}{4}\times19.4\text{m/s}=0.038\text{m}^3/\text{s}$$

$$0.038\text{m}^3/\text{s}\times30\text{s}=1.14\text{m}^3$$

답 ①

★★★
31 동력(power)의 차원을 MLT(질량 M, 길이 L, 시간 T)
계로 바르게 나타낸 것은?

22.04.문31
21.05.문30
19.04.문40
17.05.문40
16.05.문25
13.09.문40
12.03.문25
10.03.문37

① MLT^{-1}
② MLT^{-2}
③ M^{2}LT^{-2}
④ ML^{2}T^{-3}

해설 단위와 차원

차 원	중력단위[차원]	절대단위[차원]
길이	m[L]	m[L]
시간	s[T]	s[T]
운동량	N·s[FT]	kg·m/s[MLT^{-1}]
속도	m/s[LT^{-1}]	m/s[LT^{-1}]
가속도	m/s^2[LT^{-2}]	m/s^2[LT^{-2}]
질량	N·s^2/m[FL^{-1}T^2]	kg[M]
압력	N/m^2[FL^{-2}]	kg/m·s^2[ML^{-1}T^{-2}]
밀도	N·s^2/m^4[FL^{-4}T^2]	kg/m^3[ML^{-3}]
비중	무차원	무차원
비중량	N/m^3[FL^{-3}]	kg/m^2·s^2[ML^{-2}T^{-2}]
비체적	m^4/N·s^2[F^{-1}L^{4}T^{-2}]	m^3/kg[M^{-1}L^3]
점성계수	N·s/m^2[FL^{-2}T]	kg/m·s[ML^{-1}T^{-1}]
동점성계수	m^2/s[L^{2}T^{-1}]	m^2/s[L^{2}T^{-1}]
부력(힘)	N[F]	kg·m/s^2[MLT^{-2}]
일(에너지·열량)	N·m[FL]	kg·m^2/s^2[ML^{2}T^{-2}]
동력(일률)	N·m/s[FLT^{-1}]	kg·m^2/s^3[ML^{2}T^{-3}] 보기 ④
표면장력	N/m[FL^{-1}]	kg/s^2[MT^{-2}]

답 ④

★ 32

20.08.문28

진공계기압력이 19kPa, 20℃인 기체가 계기압력 800kPa로 등온압축되었다면 처음 체적에 대한 최후의 체적비는? (단, 대기압은 100kPa이다.)

① $\dfrac{1}{11.1}$　　② $\dfrac{1}{9.8}$

③ $\dfrac{1}{8.4}$　　④ $\dfrac{1}{7.8}$

해설 등온과정

(1) 기호
- 진공압 : 19kPa
- 계기압 : 800kPa
- $\dfrac{V_2}{V_1}$: ?
- 대기압 : 100kPa

(2) 절대압
- ㉠ **절**대압 = **대**기압 + **게**이지압(계기압)
- ㉡ 절대압 = 대기압 − 진공압

기억법 절대게

P_1 : 절대압 = 대기압 − 진공압 = (100−19)kPa = **81kPa**
P_2 : 절대압 = 대기압 + 게이지압(계기압) = (100+800)kPa
   = **900kPa**

(3) 압력과 비체적

$$\frac{P_2}{P_1} = \frac{v_1}{v_2}$$

여기서, P_1, P_2 : 변화 전후의 압력[kJ/m³] 또는 [kPa]
　　　　v_1, v_2 : 변화 전후의 비체적[m³/kg]

(4) 변형식

$$\frac{P_2}{P_1} = \frac{V_1}{V_2}$$

여기서, P_1, P_2 : 변화 전후의 압력[kJ/m³] 또는 [kPa]
　　　　V_1, V_2 : 변화 전후의 체적[m³]

$$\frac{V_2}{V_1} = \frac{P_1}{P_2}$$

처음 체적에 대한 최후 체적의 비 $\dfrac{V_2}{V_1}$ 는

$$\frac{V_2}{V_1} = \frac{P_1}{P_2} = \frac{81\text{kPa}}{900\text{kPa}} = \frac{9}{100} = 0.09 ≒ \frac{1}{11.1}$$

답 ①

★★★ 33

18.03.문34
14.05.문32
11.03.문38

비중 0.92인 빙산이 비중 1.025의 바닷물 수면에 떠 있다. 수면 위에 나온 빙산의 체적이 150m³이면 빙산의 전체 체적은 약 몇 m³인가?

① 1314　　② 1464

③ 1725　　④ 1875

해설 비중

$$V = \frac{s_s}{s_w}$$

여기서, V : 바닷물에 잠겨진 부피
　　　　s_s : 어떤 물질의 비중(**빙**산의 비중)
　　　　s_w : 표준 물질의 비중(**바**닷물의 비중)

기억법 빙바(빙수바)

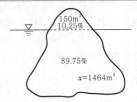

바닷물에 잠겨진 부피 V는

$$V = \frac{s_s}{s_w} = \frac{0.92}{1.025} = 0.8975 = 89.75\%$$

수면 위에 나온 빙산의 부피 = 100% − 89.75% = 10.25%
수면 위에 나온 빙산의 체적이 150m³이므로 비례식으로 풀면

　10.25% : 150m³ = 100% : x

$10.25\% x = 150\text{m}^3 \times 100\%$

$$x = \frac{150\text{m}^3 \times 100\%}{10.25\%} ≒ 1464\text{m}^3$$

답 ②

★ 34

체적이 200L인 용기에 압력이 800kPa이고 온도가 200℃의 공기가 들어 있다. 공기를 냉각하여 압력을 500kPa로 낮추기 위해 제거해야 하는 열[kJ]은? (단, 공기의 정적비열은 0.718kJ/kg·K이고, 기체상수는 0.287kJ/kg·K이다.)

① 150　　② 570

③ 990　　④ 1400

해설 (1) 기호
- V : 200L = 0.2m³(1000L = 1m³)
- P_1 : 800kPa = 800kN/m²(1kPa = 1kN/m²)
- T_1 : 200℃ = (273+200)K
- P_2 : 500kPa
- Q : ?
- C_V : 0.718kJ/kg·K
- R : 0.287kJ/kg·K = 0.287kN·m/kg·K
　(1kJ = 1kN·m)

(2) 이상기체상태 방정식

$$PV = mRT$$

여기서, P : 압력[kPa]
　　　　V : 체적[m³]
　　　　m : 질량[kg]
　　　　R : 기체상수[kJ/kg·K]
　　　　T : 절대온도(273+℃)[K]

질량 m은

$$m = \frac{PV}{RT}$$

$$= \frac{800 \text{kN/m}^2 \times 0.2 \text{m}^3}{0.287 \text{kN} \cdot \text{m/kg} \cdot \text{K} \times (273 + 200) \text{K}} \fallingdotseq 1.18 \text{kg}$$

(3) **정적과정**(체적이 변하지 않으므로)시의 온도와 압력과의 관계

$$\frac{P_2}{P_1} = \frac{T_2}{T_1}$$

여기서, P_1, P_2 : 변화 전후의 압력[kJ/m³]

T_1, T_2 : 변화 전후의 온도(273+℃)[K]

변화 후의 온도 T_2는

$$T_2 = \frac{P_2}{P_1} \times T_1$$

$$= \frac{500 \text{kPa}}{800 \text{kPa}} \times (273 + 200) \text{K} \fallingdotseq 295.6 \text{K}$$

(4) **열**

$$Q = mC_V(T_2 - T_1)$$

여기서, Q : 열[kJ]

m : 질량[kg]

C_V : 정적비열[kJ/kg · K]

$(T_2 - T_1)$: 온도차 [K] 또는 [℃]

열 Q는

$$Q = mC_V(T_2 - T_1)$$

$$= 1.18 \text{kg} \times 0.718 \text{kJ/kg} \cdot \text{K}$$

$$\times [295.6 - (273 + 200)] \text{K}$$

$$\fallingdotseq -150 \text{kJ}$$

- '—'는 **제거열**에 해당

답 ①

★★★
35 지름 60cm, 관마찰계수가 0.3인 배관에 설치한 밸브의 부차적 손실계수(K)가 10이라면 이 밸브의 상당길이[m]는?

19.09.문40
16.03.문23
15.05.문32
14.09.문39
11.06.문22

① 20　　　　② 22

③ 24　　　　④ 26

해설 (1) **기호**

- D : 60cm=0.6m(100cm=1m)
- f : 0.3
- K : 10
- L_e : ?

(2) **관의 등가길이**

$$L_e = \frac{KD}{f}$$

여기서, L_e : 관의 등가길이[m]

K : (부차적) 손실계수

D : 내경[m]

f : 마찰손실계수(마찰계수)

관의 **등가길이** L_e는

$$L_e = \frac{KD}{f}$$

$$= \frac{10 \times 0.6 \text{m}}{0.3} = 20 \text{m}$$

- 등가길이＝상당길이＝상당관길이
- 마찰계수＝마찰손실계수＝관마찰계수

답 ①

★★★
36 Newton의 점성법칙에 대한 옳은 설명으로 모두 짝지은 것은?

21.03.문30
17.09.문40
16.03.문31
15.03.문23
12.03.문31
07.03.문30

ⓐ 전단응력은 점성계수와 속도기울기의 곱이다.

ⓑ 전단응력은 점성계수에 비례한다.

ⓒ 전단응력은 속도기울기에 반비례한다.

① ⓐ, ⓑ　　　　② ⓑ, ⓒ

③ ⓐ, ⓒ　　　　④ ⓐ, ⓑ, ⓒ

해설

ⓒ 반비례 → 비례

Newton의 점성법칙 특징

(1) 전단응력은 **점성계수와 속도기울기의 곱**이다. 보기 ⓐ

(2) 전단응력은 **속도기울기에 비례**한다. 보기 ⓒ

(3) 속도기울기가 0인 곳에서 전단응력은 0이다.

(4) 전단응력은 **점성계수에 비례**한다. 보기 ⓑ

(5) Newton의 점성법칙(난류)

$$\tau = \mu \frac{du}{dy}$$

여기서, τ : 전단응력[N/m²]

μ : 점성계수[N · s/m²]

$\frac{du}{dy}$: 속도구배(속도기울기) $\left[\frac{1}{s}\right]$

비교

Newton의 점성법칙	
충 류	난 류
$\tau = \frac{p_A - p_B}{l} \cdot \frac{r}{2}$	$\tau = \mu \frac{du}{dy}$
여기서, τ : 전단응력[N/m²] $p_A - p_B$: 압력강하[N/m²] l : 관의 길이[m] r : 반경[m]	여기서, τ : 전단응력[N/m²] μ : 점성계수[N · s/m²] 　또는 [kg/m · s] $\frac{du}{dy}$: 속도구배(속도기 울기) $\left[\frac{1}{s}\right]$

답 ①

37

18.03.문24
17.09.문25

그림과 같이 수직평판에 속도 2m/s로 단면적이 0.01m²인 물 제트가 수직으로 세워진 벽면에 충돌하고 있다. 벽면의 오른쪽에서 물 제트를 왼쪽 방향으로 쏘아 벽면의 평형을 이루게 하려면 물 제트의 속도를 약 몇 m/s로 해야 하는가? (단, 오른쪽에서 쏘는 물 제트의 단면적은 0.005m²이다.)

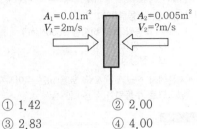

① 1.42　　　② 2.00
③ 2.83　　　④ 4.00

해설 (1) **기호**

- A_1 : 0.01m²
- V_1 : 2m/s
- A_2 : 0.005m²
- V_2 : ?

벽면이 평형을 이루므로 힘 $F_1 = F_2$

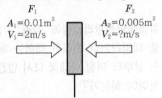

(2) **유량**

$$Q = AV = \frac{\pi}{4} D^2 V \quad \cdots\cdots\cdots ㉠$$

여기서, Q : 유량[m³/s]
　　　　A : 단면적[m²]
　　　　V : 유속[m/s]
　　　　D : 직경[m]

(3) **힘**

$$F = \rho QV \quad \cdots\cdots\cdots ㉡$$

여기서, F : 힘[N]
　　　　ρ : 밀도(물의 밀도 1000N·s²/m⁴)
　　　　Q : 유량[m³/s]
　　　　V : 유속[m/s]

㉡식에 ㉠식을 대입하면
$$F = \rho QV = \rho(AV)V = \rho A V^2$$

$$\boxed{F_1 = F_2}$$

$$\rho A_1 V_1^{\,2} = \rho A_2 V_2^{\,2}$$

$$\frac{A_1 V_1^{\,2}}{A_2} = V_2^{\,2}$$

$$V_2^{\,2} = \frac{A_1 V_1^{\,2}}{A_2}$$

$$\sqrt{V_2^{\,2}} = \sqrt{\frac{A_1 V_1^{\,2}}{A_2}}$$

$$V_2 = \sqrt{\frac{A_1 V_1^{\,2}}{A_2}} = \sqrt{\frac{0.01\text{m}^2 \times (2\text{m/s})^2}{0.005\text{m}^2}} ≒ 2.83\text{m/s}$$

답 ③

38

22.04.문35
21.09.문40
19.03.문28
13.03.문24

그림과 같이 물이 수조에 연결된 원형 파이프를 통해 분출되고 있다. 수면과 파이프의 출구 사이에 총 손실수두가 200mm이라고 할 때 파이프에서의 방출유량은 약 몇 m³/s인가? (단, 수면 높이의 변화속도는 무시한다.)

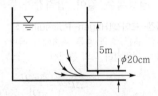

① 0.285　　　② 0.295
③ 0.305　　　④ 0.315

해설 (1) **기호**

- H_2 : 5m
- H_1 : 200mm = 0.2m(1000mm=1m)
- Q : ?
- D : 20cm = 0.2m(100cm=1m)

(2) **토리첼리의 식**

$$V = \sqrt{2gH} = \sqrt{2g(H_2 - H_1)}$$

여기서, V : 유속[m/s]
　　　　g : 중력가속도(9.8m/s²)
　　　　H_2 : 높이[m]
　　　　H_1 : 수면과 파이프 출구 사이 손실수두[m]

유속 V는
$$V = \sqrt{2g(H_2 - H_1)}$$
$$= \sqrt{2 \times 9.8\text{m/s}^2 \times (5 - 0.2)\text{m}} = 9.669\text{m/s}$$

(3) **유량**

$$Q = AV = \left(\frac{\pi D^2}{4}\right) V$$

여기서, Q : 유량[m³/s]
　　　　A : 단면적[m²]
　　　　V : 유속[m/s]
　　　　D : 직경[m]

유량 Q는
$$Q = AV = \frac{\pi D^2}{4} V$$
$$= \frac{\pi \times (0.2\text{m})^2}{4} \times 9.699\text{m/s} = 0.3047 ≒ 0.305\text{m}^3/\text{s}$$

답 ③

★★ 39
14.05.문27

하겐-포아젤(Hagen-Poiseuille)식에 관한 설명으로 옳은 것은?

① 수평 원관 속의 난류 흐름에 대한 유량을 구하는 식이다.
② 수평 원관 속의 층류 흐름에서 레이놀즈수와 유량과의 관계식이다.
③ 수평 원관 속의 층류 및 난류 흐름에서 마찰손실을 구하는 식이다.
④ 수평 원관 속의 층류 흐름에서 유량, 관경, 점성계수, 길이, 압력강하 등의 관계식이다.

해설 하겐-포아젤(Hagen-Poiseuille)식
수평 원관 속의 층류 흐름에서 유량, 관경, 점성계수, 길이, 압력강하 등의 관계식

$$\Delta P = \frac{128 \mu Q l}{\pi D^4}$$

여기서, ΔP : 압력차(압력강하)[N/m²]
  μ : 점성계수[N·s/m²]
  Q : 유량[m³/s]
  l : 길이[m]
  D : 내경[m]

▶ **비교**

층류 : 손실수두

유체의 속도를 알 수 있는 경우	유체의 속도를 알 수 없는 경우
$H = \dfrac{\Delta P}{\gamma} = \dfrac{f l V^2}{2gD}$ [m] (다르시-바이스바하의 식)	$H = \dfrac{\Delta P}{\gamma} = \dfrac{128 \mu Q l}{\gamma \pi D^4}$ [m] (하겐-포아젤의 식)
여기서,	여기서,
H : 마찰손실(손실수두)[m]	ΔP : 압력차(압력강하, 압력
ΔP : 압력차(압력강하, 압력손실)[Pa] 또는 [N/m²]	손실)[N/m²]
γ : 비중량(물의 비중량 9800N/m³)	γ : 비중량(물의 비중량 9800N/m³)
f : 관마찰계수	μ : 점성계수[N·s/m²]
l : 길이[m]	Q : 유량[m³/s]
V : 유속[m/s]	l : 길이[m]
g : 중력가속도(9.8m/s²)	D : 내경[m]
D : 내경[m]	

답 ④

★★★ 40
18.03.문26
14.05.문25
06.03.문22

펌프에 의하여 유체에 실제로 주어지는 동력은? (단, L_w는 동력[kW], γ는 물의 비중량[N/m³], Q는 토출량[m³/min], H는 전양정[m], g는 중력가속도[m/s²]이다.)

① $L_w = \dfrac{\gamma QH}{102 \times 60}$ ② $L_w = \dfrac{\gamma QH}{1000 \times 60}$

③ $L_w = \dfrac{\gamma QHg}{102 \times 60}$ ④ $L_w = \dfrac{\gamma QHg}{1000 \times 60}$

해설 **수동력**

$$L_w = \frac{\gamma QH}{1000 \times 60} = \frac{9800 QH}{1000 \times 60} \fallingdotseq 0.163 QH$$

여기서, L_w : 수동력[kW]
  γ : 비중량(물의 비중량 9800N/m³)
  Q : 유량[m³/min]
  H : 전양정[m]

• 지문에서 전달계수(K)와 효율(η)은 주어지지 않았으므로 **수동력**을 적용하면 됨

🌱 **용어**

수동력
전달계수(K)와 효율(η)을 고려하지 않은 동력

답 ②

제 3 과목 **소방관계법규** ⠿

★★★ 41
22.06.문48
19.03.문59
18.03.문56
16.10.문54
16.03.문55
11.03.문56

위험물안전관리법령에 따라 위험물안전관리자를 해임하거나 퇴직한 때에는 해임하거나 퇴직한 날부터 며칠 이내에 다시 안전관리자를 선임하여야 하는가?

① 30일 ② 35일
③ 40일 ④ 55일

해설 **30일**
(1) 소방시설업 등록사항 변경신고(공사업규칙 6조)
(2) **위험물안전관리자의 재선임**(위험물안전관리법 15조) **보기 ①**
(3) 소방안전관리자의 재선임(화재예방법 시행규칙 14조)
(4) **도급계약 해지**(공사업법 23조)
(5) 소방시설공사 중요사항 변경시의 신고일(공사업규칙 12조)
(6) 소방기술자 실무교육기관 지정서 발급(공사업규칙 32조)
(7) 소방공사감리자 변경서류 제출(공사업규칙 15조)
(8) **승계**(위험물법 10조)
(9) 위험물안전관리자의 직무대행(위험물법 15조)
(10) 탱크시험자의 변경신고일(위험물법 16조)

답 ①

★ 42

위험물안전관리법령상 제조소 또는 일반취급소의 위험물취급탱크 노즐 또는 맨홀을 신설하는 경우, 노즐 또는 맨홀의 직경이 몇 mm를 초과하는 경우에 변경허가를 받아야 하는가?

① 250 ② 300
③ 450 ④ 600

위험물규칙 〔별표 1의 2〕
제조소 또는 일반취급소의 변경허가
(1) **제조소** 또는 **일반취급소**의 **위치**를 **이전**하는 경우
(2) 건축물의 벽·기둥·바닥·보 또는 지붕을 **증설** 또는 **철거**하는 경우
(3) **배출설비**를 **신설**하는 경우
(4) 위험물취급탱크를 신설·교체·철거 또는 보수(탱크의 본체를 절개)하는 경우
(5) 위험물취급탱크의 **노즐** 또는 **맨홀**을 신설하는 경우(노즐 또는 맨홀의 직경이 **250mm**를 초과하는 경우) 보기 ①
(6) 위험물취급탱크의 **방유제**의 **높이** 또는 방유제 내의 **면적**을 변경하는 경우
(7) 위험물취급탱크의 탱크전용실을 **증설** 또는 **교체**하는 경우
(8) **300m**(지상에 설치하지 아니하는 배관은 **30m**)를 초과하는 위험물배관을 신설·교체·철거 또는 보수(배관 절개)하는 경우
(9) 불활성기체의 봉입장치를 **신설**하는 경우

기억법 노맨 250mm

답 ①

43
화재의 예방 및 안전관리에 관한 법령에 따라 소방안전관리대상물의 관계인이 소방안전관리업무에서 소방안전관리자를 선임하지 아니하였을 때 벌금기준은?
19.04.문49
15.09.문57
10.03.문57
① 100만원 이하
② 1000만원 이하
③ 200만원 이하
④ 300만원 이하

300만원 이하의 벌금
(1) 화재안전조사를 정당한 사유없이 거부·방해·기피(화재예방법 50조)
(2) **소방안전관리자, 총괄소방안전관리자** 또는 **소방안전관리보조자 미선임**(화재예방법 50조) 보기 ④
(3) 위탁받은 업무종사자의 **비밀누설**(소방시설법 59조)
(4) 성능위주설계평가단 비밀누설(소방시설법 59조)
(5) 방염성능검사 합격표시 위조(소방시설법 59조)
(6) 다른 자에게 자기의 성명이나 상호를 사용하여 소방시설공사 등을 수급 또는 시공하게 하거나 소방시설업의 등록증·**등록수첩을 빌려준 자**(공사업법 37조)
(7) **감리원 미배치자**(공사업법 37조)
(8) 소방기술인정 자격수첩을 빌려준 자(공사업법 37조)
(9) **2 이상의 업체에 취업**한 자(공사업법 37조)
(10) 소방시설업자나 관계인 감독시 관계인의 업무를 방해하거나 비밀누설(공사업법 37조)

기억법 비3(비상)

답 ④

44
소방기본법령상 소방안전교육사의 배치대상별 배치기준으로 틀린 것은?
22.09.문56
20.09.문57
13.09.문46
① 소방청 : 2명 이상 배치
② 소방본부 : 2명 이상 배치
③ 소방서 : 1명 이상 배치
④ 한국소방안전원(본회) : 1명 이상 배치

---

④ 1명 이상 → 2명 이상

기본령 〔별표 2의 3〕
소방안전교육사의 배치대상별 배치기준

배치대상	배치기준
소방서	• **1명** 이상 보기 ③
한국소방안전원	• 시·도지부 : **1명** 이상 • 본회 : **2명** 이상 보기 ④
소방본부	• **2명** 이상 보기 ②
소방청	• **2명** 이상 보기 ①
한국소방산업기술원	• **2명** 이상

답 ④

45
피난시설, 방화구획 및 방화시설을 폐쇄·훼손·변경 등의 행위를 3차 이상 위반한 자에 대한 과태료는?
21.09.문52
19.04.문49
18.04.문58
15.09.문57
10.03.문57
① 200만원
② 300만원
③ 500만원
④ 1000만원

소방시설법 61조
300만원 이하의 과태료
(1) 소방시설을 **화재안전기준**에 따라 설치·관리하지 아니한 자
(2) 피난시설, 방화구획 또는 방화시설의 **폐쇄·훼손·변경** 등의 행위를 한 자 보기 ②
(3) **임시소방시설**을 설치·관리하지 아니한 자
(4) **점검기록표**를 기록하지 아니하거나 특정소방대상물의 출입자가 쉽게 볼 수 있는 장소에 게시하지 아니한 관계인

비교

소방시설법 시행령 〔별표 10〕
피난시설, 방화구획 또는 방화시설을 폐쇄·훼손·변경 등의 행위

1차 위반	2차 위반	3차 이상 위반
100만원	200만원	300만원

답 ②

46
소방시설공사업법령상 소방공사감리를 실시함에 있어 용도와 구조에서 특별히 안전성과 보안성이 요구되는 소방대상물로서 소방시설물에 대한 감리를 감리업자가 아닌 자가 감리할 수 있는 장소는?
20.06.문54
① 정보기관의 청사
② 교도소 등 교정관련시설
③ 국방 관계시설 설치장소
④ 원자력안전법상 관계시설이 설치되는 장소

 (1) 공사업법 시행령 8조
감리업자가 아닌 자가 감리할 수 있는 보안성 등이 요구되는 소방대상물의 시공장소「**원자력안전법**」제2조 제10호에 따른 **관계시설**이 설치되는 장소 보기 ④

(2) 원자력안전법 2조 10호
"**관계시설**"이란 원자로의 안전에 관계되는 **시설**로서 **대통령령**으로 정하는 것을 말한다.

답 ④

47 화재의 예방 및 안전관리에 관한 법령상 시·도지사는 화재가 발생할 우려가 높거나 화재가 발생하는 경우 그로 인하여 피해가 클 것으로 예상되는 지역을 화재예방강화지구로 지정할 수 있는데 다음 중 지정대상지역에 대한 기준으로 틀린 것은? (단, 소방청장·소방본부장 또는 소방서장이 화재예방강화지구로 지정할 필요가 있다고 별도로 인정하는 지역은 제외한다.)
① 소방출동로가 없는 지역
② 석유화학제품을 생산하는 공장이 있는 지역
③ 석조건물이 2채 이상 밀집한 지역
④ 공장이 밀집한 지역

 ③ 해당 없음

화재예방법 18조
화재예방강화지구의 지정
(1) **지정권자** : 시·도지사
(2) **지정지역**
 ㉠ **시장지역**
 ㉡ **공장·창고** 등이 밀집한 지역 보기 ④
 ㉢ **목조건물**이 밀집한 지역
 ㉣ **노후·불량** 건축물이 밀집한 지역
 ㉤ **위험물**의 저장 및 **처리시설**이 **밀집**한 지역
 ㉥ **석유화학제품**을 생산하는 공장이 있는 지역 보기 ②
 ㉦ **소방시설·소방용수시설** 또는 **소방출동로**가 **없는** 지역 보기 ①
 ㉧ 「**산업입지 및 개발에 관한 법률**」에 따른 산업단지
 ㉨ 「**물류시설의 개발 및 운영에 관한 법률**」에 따른 **물류단지**
 ㉩ **소방청장·소방본부장·소방서장**(소방관서장)이 화재예방강화지구로 지정할 필요가 있다고 인정하는 지역

 ※ **화재예방강화지구** : 화재발생 우려가 크거나 화재가 발생할 경우 피해가 클 것으로 예상되는 지역에 대하여 화재의 예방 및 안전관리를 강화하기 위해 지정·관리하는 지역

비교

기본법 19조
화재로 오인할 만한 불을 피우거나 연막소독시 신고지역
(1) **시장지역**
(2) **공장·창고**가 밀집한 지역
(3) **목조건물**이 밀집한 지역
(4) **위험물**의 저장 및 **처리시설**이 밀집한 지역
(5) **석유화학제품**을 생산하는 공장이 있는 지역
(6) 그 밖에 **시·도**의 **조례**로 정하는 지역 또는 장소

답 ③

48 소방기본법령상 최대 200만원 이하의 과태료 처분 대상이 아닌 것은?
① 한국소방안전원 또는 이와 유사한 명칭을 사용한 자
② 소방활동구역을 대통령령으로 정하는 사람 외에 출입한 사람
③ 화재진압 구조·구급 활동을 위해 사이렌을 사용하여 출동하는 소방자동차에 진로를 양보하지 아니하여 출동에 지장을 준 자
④ 화재, 재난·재해, 그 밖의 위급한 상황이 발생한 구역에 소방본부장의 피난명령을 위반한 사람

④ 100만원 이하의 벌금

200만원 이하의 과태료
(1) 소방용수시설·소화기구 및 설비 등의 설치명령 위반 (화재예방법 52조)
(2) 특수가연물의 저장·취급 기준 위반 (화재예방법 52조)
(3) 한국119청소년단 또는 이와 유사한 명칭을 사용한 자 (기본법 56조)
(4) 소방활동구역 출입 (기본법 56조) 보기 ②
(5) 소방자동차의 출동에 지장을 준 자 (기본법 56조) 보기 ③
(6) 한국소방안전원 또는 이와 유사한 명칭을 사용한 자 (기본법 56조) 보기 ①
(7) 관계서류 미보관자 (공사업법 40조)
(8) **소방기술자 미배치자** (공사업법 40조)
(9) 완공검사를 받지 아니한 자 (공사업법 40조)
(10) 방염성능기준 미만으로 방염한 자 (공사업법 40조)
(11) 하도급 미통지자 (공사업법 40조)
(12) 관계인에게 지위승계·행정처분·휴업·폐업 사실을 거짓으로 알린 자 (공사업법 40조)

비교

100만원 이하의 벌금
(1) 관계인의 소방활동 미수행 (기본법 20조)
(2) **피난명령** 위반 (기본법 54조) 보기 ④
(3) 위험시설 등에 대한 긴급조치 방해 (기본법 54조)
(4) 거짓보고 또는 자료 미제출자 (공사업법 38조)
(5) 관계공무원의 출입·조사·검사 방해 (공사업법 38조)

기억법 **피1**(차일**피일**)

답 ④

49

17.05.문52
11.10.문56

위험물안전관리법령상 제조소 또는 일반취급소에서 취급하는 제4류 위험물의 최대수량의 합이 지정수량의 24만배 이상 48만배 미만인 사업소의 관계인이 두어야 하는 화학소방자동차와 자체소방대원의 수의 기준으로 옳은 것은? (단, 화재, 그 밖의 재난발생시 다른 사업소 등과 상호응원에 관한 협정을 체결하고 있는 사업소는 제외한다.)

① 화학소방자동차−2대, 자체소방대원의 수−10인
② 화학소방자동차−3대, 자체소방대원의 수−10인
③ 화학소방자동차−3대, 자체소방대원의 수−15인
④ 화학소방자동차−4대, 자체소방대원의 수−20인

해설 위험물령 〔별표 8〕
자체소방대에 두는 화학소방자동차 및 인원

구 분	화학소방자동차	자체소방대원의 수
지정수량 3천~12만배 미만	1대	5인
지정수량 12~24만배 미만	2대	10인
지정수량 24~48만배 미만 보기 ③	3대	15인
지정수량 48만배 이상	4대	20인
옥외탱크저장소에 저장하는 제4류 위험물의 최대수량이 지정수량의 50만배 이상	2대	10인

답 ③

50

위 소방기본법령상 화재, 재난·재해 그 밖의 위급한 사항이 발생한 경우 소방대가 현장에 도착할 때까지 관계인의 소방활동에 포함되지 않는 것은?

① 불을 끄거나 불이 번지지 아니하도록 필요한 조치
② 소방활동에 필요한 보호장구 지급 등 안전을 위한 조치
③ 경보를 울리는 방법으로 사람을 구출하는 조치
④ 대피를 유도하는 방법으로 사람을 구출하는 조치

해설 ② 소방본부장·소방서장·소방대장의 업무(기본법 24조)

기본법 20조
관계인의 소방활동

(1) 불을 끔 보기 ①
(2) 불이 번지지 않도록 조치 보기 ①
(3) 사람구출(경보를 울리는 방법) 보기 ③
(4) 사람구출(대피유도 방법) 보기 ④

답 ②

51

21.03.문47
19.09.문01
18.04.문45
14.09.문52
14.03.문53
13.06.문48

화재의 예방 및 안전관리에 관한 법령상 소방안전관리대상물의 소방안전관리자의 업무가 아닌 것은?

① 자위소방대의 구성·운영·교육
② 소방시설공사
③ 소방계획서의 작성 및 시행
④ 소방훈련 및 교육

해설 ② 소방시설공사 : 소방시설공사업체

화재예방법 24조 ⑤항
관계인 및 소방안전관리자의 업무

특정소방대상물 (관계인)	소방안전관리대상물 (소방안전관리자)
① 피난시설·방화구획 및 방화시설의 관리	① 피난시설·방화구획 및 방화시설의 관리
② 소방시설, 그 밖의 소방관련 시설의 관리	② 소방시설, 그 밖의 소방관련 시설의 관리
③ 화기취급의 감독	③ 화기취급의 감독
④ 소방안전관리에 필요한 업무	④ 소방안전관리에 필요한 업무
⑤ 화재발생시 초기대응	⑤ 소방계획서의 작성 및 시행(대통령령으로 정하는 사항 포함) 보기 ③
	⑥ 자위소방대 및 초기대응체계의 구성·운영·교육 보기 ①
	⑦ 소방훈련 및 교육 보기 ④
	⑧ 소방안전관리에 관한 업무수행에 관한 기록·유지
	⑨ 화재발생시 초기대응

용어

특정소방대상물	소방안전관리대상물
① 다수인이 출입하는 곳으로서 소방시설 설치장소 ② 건축물 등의 규모·용도 및 수용인원 등을 고려하여 소방시설을 설치하여야 하는 소방대상물로서 대통령령으로 정하는 것	① 특급, 1급, 2급 또는 3급 소방안전관리자를 배치하여야 하는 건축물 ② 대통령령으로 정하는 특정소방대상물

답 ②

★★★ 52

22.09.문53
20.09.문48
19.04.문53
17.03.문41
17.03.문55
15.09.문48
15.03.문58
14.05.문41
12.09.문52

위험물안전관리법령상 관계인이 예방규정을 정하여야 하는 제조소 등의 기준이 아닌 것은?

① 지정수량의 10배 이상의 위험물을 취급하는 제조소

② 지정수량의 200배 이상의 위험물을 저장하는 옥외탱크저장소

③ 지정수량의 50배 이상의 위험물을 저장하는 옥외저장소

④ 지정수량의 150배 이상의 위험물을 저장하는 옥내저장소

해설 ③ 50배 이상 → 100배 이상

위험물령 15조
예방규정을 정하여야 할 제조소 등

배 수	제조소 등
10배 이상	• **제조소** 보기 ① • **일**반취급소
100배 이상	• **옥외저장소** 보기 ③
150배 이상	• 옥**내**저장소 보기 ④
200배 이상	• 옥외**탱**크저장소 보기 ②
모두 해당	• 이송취급소 • 암반탱크저장소

기억법	1	제일
	0	외
	5	내
	2	탱

※ **예방규정**: 제조소 등의 화재예방과 화재 등 재해발생시의 비상조치를 위한 규정

답 ③

★★ 53

16.10.문50
06.03.문59

소방기본법령상 소방기관이 소방업무를 수행하는 데에 필요한 인력과 장비 등에 관한 기준은 어느 영으로 정하는가?

① 대통령령
② 행정안전부령
③ 시·도의 조례
④ 국토교통부장관령

해설 **기본법 8·9조**
(1) 소방력의 기준: **행정안전부령**
(2) 소방장비 등에 대한 국고보조 기준: **대통령령**

※ **소방력**: 소방기관이 소방업무를 수행하는 데 필요한 **인력**과 **장비**

답 ②

★★★ 54

22.04.문52
17.09.문41
15.09.문42
11.10.문60

소방시설 설치 및 관리에 관한 법령에 따른 방염성능기준 이상의 실내장식물 등을 설치하여야 하는 특정소방대상물의 기준 중 틀린 것은?

① 체력단련장
② 11층 이상인 아파트
③ 종합병원
④ 노유자시설

해설 ② 아파트 제외

소방시설법 시행령 30조
방염성능기준 이상 적용 특정소방대상물

(1) 층수가 **11층 이상**인 것(아파트 제외 : 2026. 12. 1. 삭제) 보기 ②
(2) 체력단련장, 공연장 및 종교집회장 보기 ①
(3) 문화 및 집회시설
(4) 종교시설
(5) 운동시설(수영장은 제외)
(6) 의료시설(종합병원, 정신의료기관) 보기 ③
(7) 의원, 조산원, 산후조리원
(8) 교육연구시설 중 합숙소
(9) 노유자시설 보기 ④
(10) 숙박이 가능한 수련시설
(11) 숙박시설
(12) 방송국 및 촬영소
(13) 다중이용업소(단란주점영업, 유흥주점영업, 노래연습장의 영업장 등)

답 ②

★★★ 55

22.09.문55
20.08.문42
15.09.문44
08.09.문45

위험물안전관리법령상 점포에서 위험물을 용기에 담아 판매하기 위하여 지정수량의 40배 이하의 위험물을 취급하는 장소의 취급소 구분으로 옳은 것은? (단, 위험물을 제조 외의 목적으로 취급하기 위한 장소이다.)

① 판매취급소
② 주유취급소
③ 일반취급소
④ 이송취급소

해설 **위험물령 [별표 3]**
위험물취급소의 구분

구 분	설 명
주유 취급소	고정된 주유설비에 의하여 **자동차·항공기** 또는 **선박** 등의 연료탱크에 직접 주유하기 위하여 위험물을 취급하는 장소
판매 취급소 보기 ①	**점포**에서 위험물을 용기에 담아 판매하기 위하여 지정수량의 **40배** 이하의 위험물을 취급하는 장소 기억법 **판4(판사** 검사)
이송 취급소	배관 및 이에 부속된 설비에 의하여 위험물을 **이송**하는 장소
일반 취급소	주유취급소·판매취급소·이송취급소 이외의 장소

답 ①

56

★★★

22.04.문59
15.09.문09
13.09.문52
13.06.문53
12.09.문46
12.05.문46
12.03.문44

소방시설 설치 및 관리에 관한 법령상 제조 또는 가공공정에서 방염처리를 한 물품 중 방염대상물품이 아닌 것은?

① 카펫
② 전시용 합판
③ 창문에 설치하는 커튼류
④ 두께 2mm 미만인 종이벽지

해설

④ 두께 2mm 미만인 종이벽지 → 두께 2mm 미만인 종이벽지 제외

소방시설법 시행령 31조
방염대상물품

제조 또는 가공 공정에서 방염처리를 한 물품	건축물 내부의 천장이나 벽에 부착하거나 설치하는 것
① 창문에 설치하는 **커튼류**(블라인드 포함) 보기 ③ ② 카펫 보기 ① ③ 벽지류(두께 2mm 미만인 종이벽지 제외) 보기 ④ ④ 전시용 합판·목재 또는 섬유판 보기 ② ⑤ 무대용 합판·목재 또는 섬유판 ⑥ 암막·무대막(영화상영관·가상체험 체육시설업의 **스크린** 포함) ⑦ 섬유류 또는 합성수지류 등을 원료로 하여 제작된 소파·의자(단란주점영업, 유흥주점영업 및 노래연습장업의 영업장에 설치하는 것만 해당)	① 종이류(두께 2mm 이상), 합성수지류 또는 섬유류를 주원료로 한 물품 ② 합판이나 목재 ③ 공간을 구획하기 위하여 설치하는 간이칸막이 ④ 흡음재(흡음용 커튼 포함) 또는 방음재(방음용 커튼 포함) ※ 가구류(옷장, 찬장, 식탁, 식탁용 의자, 사무용 책상, 사무용 의자, 계산대)와 너비 10cm 이하인 반자돌림대, 내부 마감재료 제외

답 ④

57

★★★

17.05.문54
17.03.문60
13.06.문55

소방시설공사업법령상 지하층을 포함한 층수가 16층 이상 40층 미만인 특정소방대상물의 소방시설 공사현장에 배치하여야 할 소방공사 책임감리원의 배치기준에서 ( ) 안에 들어갈 등급으로 옳은 것은?

행정안전부령으로 정하는 ( )감리원 이상의 소방공사감리원(기계분야 및 전기분야)

① 특급
② 중급
③ 고급
④ 초급

해설 **공사업령 [별표 4]**
소방공사감리원의 배치기준

공사현장	배치기준	
	책임감리원	보조감리원
• 연면적 5천m² 미만 • 지하구	**초급**감리원 이상 (기계 및 전기)	
• 연면적 5천~3만m² 미만	**중급**감리원 이상 (기계 및 전기)	
• **물분무등소화설비**(호스릴 제외) 설치 • **제연설비** 설치 • 연면적 3만~20만m² 미만 (아파트)	**고급**감리원 이상 (기계 및 전기)	**초급**감리원 이상 (기계 및 전기)
• 연면적 3만~20만m² 미만 (아파트 제외) • 16~40층 미만(지하층 포함) 보기 ①	**특급**감리원 이상 (기계 및 전기)	**초급**감리원 이상 (기계 및 전기)
• 연면적 20만m² 이상 • 40층 이상(지하층 포함)	특급감리원 중 **소방기술사**	**초급**감리원 이상 (기계 및 전기)

비교

공사업령 [별표 2]
소방기술자의 배치기준

공사현장	배치기준
• 연면적 1천m² 미만	소방기술인정자격수첩 발급자
• 연면적 1천~5천m² 미만 (아파트 제외) • 연면적 1천~1만m² 미만 (아파트) • 지하구	**초급기술자** 이상 (기계 및 전기분야)
• **물분무등소화설비**(호스릴 제외) 또는 **제연설비** 설치 • 연면적 5천~3만m² 미만 (아파트 제외) • 연면적 1만~20만m² 미만 (아파트)	**중급기술자** 이상 (기계 및 전기분야)
• 연면적 3만~20만m² 미만(아파트 제외) • 16~40층 미만(지하층 포함)	**고급기술자** 이상 (기계 및 전기분야)
• 연면적 20만m² 이상 • 40층 이상(지하층 포함)	**특급기술자** 이상 (기계 및 전기분야)

답 ①

58

★★

17.09.문52
17.05.문57

소방시설 설치 및 관리에 관한 법률상 시·도지사는 소방시설관리업자에게 영업정지를 명하는 경우로서 그 영업정지가 국민에게 심한 불편을 주거나 그 밖에 공익을 해칠 우려가 있을 때에는 영업정지처분을 갈음하여 얼마 이하의 과징금을 부과할 수 있는가?

① 1000만원
② 2000만원
③ 3000만원
④ 5000만원

해설 소방시설법 36조, 위험물법 13조, 공사업법 10조
과징금

3000만원 이하 보기 ③	2억원 이하
• 소방시설관리업 영업정지처분 갈음	• 제조소 사용정지처분 갈음 • 소방시설업 영업정지처분 갈음

중요

소방시설업
(1) 소방시설설계업
(2) 소방시설공사업
(3) 소방공사감리업
(4) 방염처리업

답 ③

★★★
59 소방기본법 제1장 총칙에서 정하는 목적의 내용
21.09.문50
15.05.문50
13.06.문60
으로 거리가 먼 것은?

① 구조, 구급 활동 등을 통하여 공공의 안녕 및 질서유지
② 풍수해의 예방, 경계, 진압에 관한 계획, 예산지원 활동
③ 구조, 구급 활동 등을 통하여 국민의 생명, 신체, 재산 보호
④ 화재, 재난, 재해 그 밖의 위급한 상황에서의 구조, 구급 활동

해설 기본법 1조
소방기본법의 목적
(1) 화재의 **예방·경계·진압**
(2) 국민의 **생명·신체** 및 **재산보호** 보기 ③
(3) 공공의 안녕 및 질서유지와 **복리증진** 보기 ①
(4) **구조·구급활동** 보기 ④

기억법 예경진(경진이한테 예를 갖춰라!)

답 ②

★★★
60 소방용수시설 중 소화전과 급수탑의 설치기준으
19.03.문58
17.03.문54
16.10.문55
09.08.문43
로 틀린 것은?

① 급수탑 급수배관의 구경은 100mm 이상으로 할 것
② 소화전은 상수도와 연결하여 지하식 또는 지상식의 구조로 할 것
③ 소방용 호스와 연결하는 소화전의 연결금속구의 구경은 65mm로 할 것
④ 급수탑의 개폐밸브는 지상에서 1.5m 이상 1.8m 이하의 위치에 설치할 것

해설 ④ 1.8m 이하 → 1.7m 이하

기본규칙 [별표 3]
소방용수시설별 설치기준

소화전	급수탑
• 65mm : 연결금속구의 구경	• 100mm : 급수배관의 구경 • 1.5~1.7m 이하 : 개폐밸브 높이

기억법 57탑(57층 탑)

답 ④

제4과목 **소방기계시설의 구조 및 원리**

★★
61 분말소화설비의 화재안전기준에 따라 분말소화약
20.09.문79
18.09.문78
제 가압식 저장용기는 최고사용압력의 몇 배 이하의 압력에서 작동하는 안전밸브를 설치해야 되는가?

① 0.8 ② 1.2
③ 1.8 ④ 2.0

해설 **분말소화약제의 저장용기 설치장소기준**(NFPC 108 4조, NFTC 108 2.1)
(1) **방호구역 외**의 장소에 설치할 것(단, 방호구역 내에 설치할 경우에는 피난 및 조작이 용이하도록 피난구 부근에 설치)
(2) 온도가 **40℃** 이하이고, 온도변화가 작은 곳에 설치할 것
(3) 직사광선 및 빗물이 침투할 우려가 없는 곳에 설치할 것
(4) 방화문으로 구획된 실에 설치할 것
(5) 용기의 설치장소에는 해당용기가 설치된 곳임을 표시하는 표지를 할 것
(6) 용기 간의 간격은 점검에 지장이 없도록 **3cm** 이상의 간격을 유지할 것
(7) 저장용기와 집합관을 연결하는 연결배관에는 **체크밸브**를 설치할 것
(8) 주밸브를 개방하는 **정압작동장치** 설치
(9) 저장용기의 **충전비**는 **0.8** 이상

저장용기의 내용적

소화약제의 종별	소화약제 1kg당 저장용기의 내용적
제1종 분말(탄산수소나트륨을 주성분으로 한 분말)	0.8L
제2종 분말(탄산수소칼륨을 주성분으로 한 분말)	1L
제3종 분말(인산염을 주성분으로 한 분말)	1L
제4종 분말(탄산수소칼륨과 요소가 화합된 분말)	1.25L

(10) 안전밸브의 설치

가압식	축압식
최고사용압력의 1.8배 이하 보기 ③	**내압시험압력의 0.8배** 이하

답 ③

62 이산화탄소소화설비의 화재안전기준상 이산화탄소소화설비의 배관설치기준으로 적합하지 않은 것은?

14.03.문72
07.09.문69

① 고압식의 1차측(개폐밸브 또는 선택밸브 이전) 배관부속의 최소 사용설계압력은 9.5MPa로 할 것
② 동관 사용시 이음이 없는 동 및 동합금관으로서 고압식은 16.5MPa 이상의 압력에 견딜 수 있는 것
③ 배관의 호칭구경이 20mm 이하인 경우에는 스케줄 20 이상인 것을 사용할 것
④ 배관은 전용으로 할 것

해설

③ 스케줄 20 이상 → 스케줄 40 이상

이산화탄소소화설비의 **배관**(NFPC 106 8조, NFTC 106 2.5)

구분	고압식	저압식
강관	**스케줄 80**(호칭구경 20mm 이하 **스케줄 40**) 이상 보기 ③	스케줄 40 이상
동관	16.5MPa 이상 보기 ②	3.75MPa 이상
배관 부속	• 1차측 배관부속: **9.5MPa** 보기 ① • 2차측 배관부속: 4.5MPa	4.5MPa

• 배관은 **전용**일 것 보기 ④

답 ③

63 분말소화설비의 분말소화약제 1kg당 저장용기의 내용적 기준으로 틀린 것은?

20.09.문79
19.09.문69
16.10.문66
12.09.문80

① 제1종 분말 : 0.8L ② 제2종 분말 : 1.0L
③ 제3종 분말 : 1.0L ④ 제4종 분말 : 1.0L

해설

④ 1.0L → 1.25L

분말소화약제

종별	소화약제	충전비〔L/kg〕	적응화재	비 고
제**1**종	중탄산나트륨(NaHCO₃)	0.8	BC급	**식**용유 및 지방질유의 화재에 적합
제2종	중탄산칼륨(KHCO₃)	1.0	BC급	–
제**3**종	인산암모늄(NH₄H₂PO₄)		ABC급	**차**고·**주**차장에 적합
제4종	중탄산칼륨+요소(KHCO₃+(NH₂)₂CO)	1.25	BC급	–

기억법 1식분(**일식 분식**)
3분 차주(**삼보**컴퓨터 **차주**)

• 1kg당 저장용기의 내용적=충전비

답 ④

64 스프링클러설비의 화재안전기준에 따라 층수가 16층인 아파트 건축물에 각 세대마다 12개의 폐쇄형 스프링클러헤드를 설치하였다. 이때 소화펌프의 토출량은 몇 L/min 이상인가?

15.05.문71

① 800 ② 960
③ 1600 ④ 2400

해설

스프링클러설비의 **펌프**의 **토출량**(폐쇄형 헤드)

$$Q = N \times 80 \text{L/min}$$

여기서, Q : 펌프의 토출량〔L/min〕
N : 폐쇄형 헤드의 기준개수(설치개수가 기준개수보다 적으면 그 설치개수)

폐쇄형 헤드의 기준개수

특정소방대상물		폐쇄형 헤드의 기준개수
지하가·지하역사		30
11층 이상		
10층 이하	공장(특수가연물), 창고시설	
	판매시설(슈퍼마켓, 백화점 등), 복합건축물(판매시설이 설치된 것)	
	근린생활시설, 운수시설	20
	8m 이상	
	8m 미만	10
공동주택(아파트 등)		10(각 동이 주차장으로 연결된 주차장 : 30)

펌프의 **토출량** Q는
$Q = N \times 80 \text{L/min} = 10\text{개} \times 80 \text{L/min} = 800 \text{L/min}$

비교

스프링클러설비의 **수원**의 **저수량**(폐쇄형 헤드)

$Q = 1.6N(30\sim49\text{층 이하}: 3.2N, 50\text{층 이상}: 4.8N)$

여기서, Q : 수원의 저수량〔m³〕
N : 폐쇄형 헤드의 기준개수(설치개수가 기준개수보다 적으면 그 설치개수)

답 ①

65 물분무소화설비의 화재안전기준상 물분무헤드를 설치하지 아니할 수 있는 장소의 기준 중 다음 ( ) 안에 알맞은 것은?

22.09.문68
21.09.문79
18.03.문73
17.09.문77
15.03.문76
14.09.문61
07.09.문72

운전시에 표면의 온도가 ( )℃ 이상으로 되는 등 직접 분무를 하는 경우 그 부분에 손상을 입힐 우려가 있는 기계장치 등이 있는 장소

① 160 ② 200
③ 260 ④ 300

해설 <u>물분무헤드 설치제외 장소</u>(NFPC 104 15조, NFTC 104 2.12)
(1) 물과 심하게 **반응**하는 물질 취급장소
(2) 물과 반응하여 **위험한** 물질을 **생성**하는 물질저장 · 취급장소
(3) **고온물질** 취급장소
(4) 표면온도 **260℃** 이상 [보기 ③]

[기억법] **물표26(물표 이륙)**

답 ③

★★ 66 다음 중 일반화재(A급 화재)에 적응성을 만족하지 못한 소화약제는?
18.04.문75
16.03.문80
① 포소화약제　　　② 강화액소화약제
③ 할론소화약제　　④ 이산화탄소소화약제

해설 ④ 이산화탄소소화약제 : BC급 화재

소화기구 및 **자동소화장치**(NFTC 101 2.1.1.1)
일반화재(A급 화재)에 적응성이 있는 소화약제
(1) 할론소화약제 [보기 ③]
(2) 할로겐화합물 및 불활성기체 소화약제
(3) **인산염류**소화약제(분말)
(4) **산알칼리**소화약제
(5) 강화액소화약제 [보기 ②]
(6) 포소화약제 [보기 ①]
(7) 물 · 침윤소화약제
(8) **고체에어로졸**화합물
(9) 마른모래
(10) 팽창질석 · 팽창진주암

비교
전기화재(C급 화재)에 적응성이 있는 소화약제
(1) 이산화탄소소화약제 [보기 ④]
(2) 할론소화약제
(3) 할로겐화합물 및 불활성기체 소화약제
(4) 인산염류소화약제(분말)
(5) **중탄산염류**소화약제(분말)
(6) 고체에어로졸화합물

답 ④

★★★ 67 건물 내의 제연계획으로 자연제연방식의 특징이 아닌 것은?
16.03.문68
14.09.문65
06.03.문12
① 기구가 간단하다.
② 연기의 부력을 이용하는 원리이므로 외부의 바람에 영향을 받지 않는다.
③ 건물 외벽에 제연구나 창문 등을 설치해야 하므로 건축계획에 제약을 받는다.
④ 고층건물은 계절별로 연돌효과에 의한 상하압력차가 달라 제연효과가 불안정하다.

해설 ② 영향을 받지 않는다. → 영향을 받는다.

자연제연방식의 특징
(1) **기구**가 **간단**하다. [보기 ①]
(2) 외부의 **바람**에 영향을 받는다. [보기 ②]
(3) 건물 외벽에 제연구나 창문 등을 설치해야 하므로 **건축계획**에 **제약**을 받는다. [보기 ③]
(4) **고층건물**은 계절별로 연돌효과에 의한 상하압력차가 달라 **제연효과**가 **불안정**하다. [보기 ④]

 중요

제연방식
(1) 자연제연방식 : **개구부** 이용
(2) 스모크타워 제연방식 : **루프모니터** 이용
(3) 기계제연방식 ┬ 제1종 기계제연방식
　　　　　　　　 │ : **송풍기 + 제연기**
　　　　　　　　 ├ 제2종 기계제연방식 : **송풍기**
　　　　　　　　 └ 제3종 기계제연방식 : **제연기**

‖ 제3종 기계제연방식 ‖

장 점	단 점
화재 초기에 **화재실**의 **내압**을 **낮추고** 연기를 다른 구역으로 누출시키지 않는다.	연기온도가 상승하면 기기의 **내열성**에 한계가 있다.

※ **자연제연방식** : 실의 상부에 설치된 **창** 또는 **전용 제연구**로부터 연기를 옥외로 배출하는 방식으로 전원이나 복잡한 장치가 필요하지 않으며, 평상시 **환기 겸용**으로 방재설비의 유휴화 방지에 이점이 있다.

답 ②

★★★ 68 스프링클러설비의 화재안전기준상 고가수조를 이용한 가압송수장치의 설치기준 중 고가수조에 설치하지 않아도 되는 것은?
22.03.문69
15.09.문71
14.09.문66
12.03.문69
05.09.문70
① 수위계　　　② 배수관
③ 압력계　　　④ 오버플로우관

해설 ③ 압력수조에 설치

필요설비

고가수조	압력수조
① 수위계 [보기 ①]	① 수위계
② 배수관 [보기 ②]	② 배수관
③ 급수관	③ 급수관
④ 맨홀	④ 맨홀
⑤ **오버플로우관** [보기 ④]	⑤ **급기관**
	⑥ **압력계** [보기 ③]
	⑦ **안전장치**
	⑧ **자동식 공기압축기**

[기억법] **고오(GO!)**

답 ③

69 ★★

스프링클러설비의 화재안전기준상 건식 스프링 클러설비에서 헤드를 향하여 상향으로 수평주행 배관의 기울기가 최소 몇 이상이 되어야 하는가?

19.03.문70
13.09.문61

① 0   ② $\frac{1}{250}$

③ $\frac{1}{500}$ ④ $\frac{1}{1000}$

해설 기울기

기울기	설비
$\frac{1}{100}$ 이상	연결살수설비의 수평주행배관
$\frac{2}{100}$ 이상	물분무소화설비의 배수설비
$\frac{1}{250}$ 이상	습식 · 부압식 설비 외 설비의 **가지 배관**
$\frac{1}{500}$ 이상 보기 ③	습식 · 부압식 설비 외 설비의 **수평 주행배관**

답 ③

70 ★★★

연결살수설비의 화재안전기준에 따른 건축물에 설치하는 연결살수설비의 헤드에 대한 기준 중 다음 (   ) 안에 알맞은 것은?

20.06.문66
18.04.문65
17.03.문73
15.03.문70
13.06.문70
10.03.문72

> 천장 또는 반자의 각 부분으로부터 하나의 살 수헤드까지의 수평거리가 연결살수설비 전용 헤드의 경우는 (㉠)m 이하, 스프링클러헤드 의 경우는 (㉡)m 이하로 할 것. 다만, 살수 헤드의 부착면과 바닥과의 높이가 (㉢)m 이 하인 부분은 살수헤드의 살수분포에 따른 거 리로 할 수 있다.

① ㉠ 3.7, ㉡ 2.3, ㉢ 2.1
② ㉠ 3.7, ㉡ 2.3, ㉢ 2.3
③ ㉠ 3.7, ㉡ 3.7, ㉢ 2.3
④ ㉠ 2.3, ㉡ 3.7, ㉢ 2.1

해설 **연결살수설비헤드**의 **수평거리**(NFPC 503 6조, NFTC 503 2.3.2.2)

연결살수설비 전용헤드	스프링클러헤드
3.7m 이하 보기 ㉠	**2.3m** 이하 보기 ㉡

살수헤드의 부착면과 바닥과의 높이가 **2.1m** 이하인 부분에 있어서는 살수헤드의 살수분포에 따른 거리로 할 수 있다. 보기 ㉢

(1) 연결살수설비에서 하나의 송수구역에 설치하는 **개 방형 헤드**수는 **10개** 이하

(2) 연결살수설비에서 하나의 송수구역에 설치하는 **단 구형 살수헤드**수도 **10개** 이하

> **비교**
>
> 연소방지설비 헤드 간의 수평거리
>
> | 연소방지설비 전용헤드 | 스프링클러헤드 |
> |----------------------|----------------|
> | **2m** 이하 | **1.5m** 이하 |

답 ①

71 ★

스프링클러설비의 화재안전기준에 따른 스프링 클러설비에 설치하는 음향장치 및 기동장치에 대한 설명으로 틀린 것은?

① 음향장치는 경종 또는 사이렌(전자식사이렌 을 포함한다)으로 하되, 주위의 소음 및 다른 용도의 경보와 구별이 가능한 음색으로 할 것
② 준비작동식 유수검지장치 또는 일제개방밸 브를 사용하는 설비에는 화재감지기의 감지 에 따른 음향장치가 경보되도록 할 것
③ 습식 유수검지장치 또는 건식 유수검지장치 를 사용하는 설비에 있어서는 헤드가 개방 되면 유수검지장치가 화재신호를 발신하고 그에 따라 음향장치가 경보되도록 할 것
④ 음향장치는 정격전압의 90% 전압에서 음향 을 발할 수 있는 것으로 할 것

해설
> ④ 90% → 80%

음향장치의 **구조** 및 **성능기준**

• 스프링클러설비 음향장치의 구조 및 성능기준 • 간이스프링클러설비 음향장치의 구조 및 성능기준 • 화재조기진압용 스프링클러설비 음향장치의 구조 및 성능기준	자동화재탐지설비 음향장치의 구조 및 성능기준	비상방송설비 음향장치의 구조 및 성능기준
① 정격전압의 80% 전압에서 음향 을 발할 것 보기 ④ ② 음량은 1m 떨어 진 곳에서 90dB 이상일 것	① 정격전압의 80% 전압에서 음향 을 발할 것 ② 음량은 1m 떨어 진 곳에서 90dB 이상일 것 ③ 감지기 · 발신기 의 작동과 연동 하여 작동할 것	① 정격전압의 80% 전압에서 음향 을 발할 것 ② 자동화재탐지설 비의 작동과 연 동하여 작동할 것

답 ④

72 소화기구 및 자동소화장치의 화재안전기준에 따라 옥내소화전설비가 설치된 특정소방대상물에서 소형소화기 감면기준은?

① 소화기의 2분의 1을 감소할 수 있다.
② 소화기의 4분의 3을 감소할 수 있다.
③ 소화기의 3분의 1을 감소할 수 있다.
④ 소화기의 3분의 2를 감소할 수 있다.

해설 **소화기**의 **감소기준**(NFPC 101 5조, NFTC 101 2.2)

감소대상	감소기준	적용설비
소형소화기	$\frac{1}{2}$	• 대형소화기
	$\frac{2}{3}$ 보기 ④	• 옥내·외소화전설비 • 스프링클러설비 • 물분무등소화설비

비교
대형소화기의 설치면제기준

면제대상	대체설비
대형소화기	• **옥**내·**외**소화전설비 • **스**프링클러설비 • **물**분무등소화설비

기억법 옥내외 스물대

답 ④

73 분말소화설비의 화재안전기준상 제1종 분말(탄산수소나트륨을 주성분으로 한 분말)의 경우 소화약제 1kg당 저장용기의 내용적은 몇 L인가?

20.09.문79
19.09.문69
16.10.문66
12.09.문80

① 0.5   ② 0.8
③ 1   ④ 1.25

해설 **분말소화약제**

종 별	소화약제	충전비 〔L/kg〕	적응 화재	비 고
제**1**종	탄산수소나트륨 ($NaHCO_3$)	0.8 →	BC급	**식**용유 및 지방질유의 화재에 적합
제2종	탄산수소칼륨 ($KHCO_3$)	1.0	BC급	–
제**3**종	인산암모늄 ($NH_4H_2PO_4$)		ABC급	**차**고·**주**차장에 적합
제4종	탄산수소칼륨+요소 ($KHCO_3+(NH_2)_2CO$)	1.25	BC급	–

기억법 **1식분**(일식 분식)
3분 차주(삼보컴퓨터 차주)

• 1kg당 저장용기의 내용적=충전비

답 ②

74 스프링클러설비의 화재안전기준에 따라 폐쇄형 스프링클러헤드를 사용하는 설비 하나의 방호구역의 바닥면적은 몇 m^2를 초과하지 않아야 하는가? (단, 격자형 배관방식은 제외한다.)

22.04.문80
19.09.문67
16.05.문63
10.05.문66

① 1000   ② 2000
③ 2500   ④ 3000

해설 **폐쇄형 설비**의 **방호구역** 및 **유수검지장치**(NFPC 103 6조, NFTC 103 2.3.1)

(1) 하나의 방호구역의 바닥면적은 **3000m²**를 초과하지 않을 것 보기 ④
(2) 하나의 방호구역에는 1개 이상의 유수검지장치 설치
(3) 하나의 방호구역은 **2개층**에 미치지 아니하도록 하되, 1개층에 설치되는 스프링클러헤드의 수가 **10개 이하** 및 **복층형 구조**의 공동주택에는 3개층 이내
(4) 유수검지장치는 바닥에서 **0.8~1.5m** 이하의 높이에 설치하여야 하며, 개구부가 가로 **0.5m** 이상 세로 **1m** 이상의 출입문을 설치하고 그 출입문 상단에 "유수검지장치실"이라고 표시한 표지 설치

답 ④

75 연결살수설비의 화재안전기준상 배관의 설치기준 중 하나의 배관에 부착하는 살수헤드의 개수가 7개인 경우 배관의 구경은 최소 몇 mm 이상으로 설치해야 하는가? (단, 연결살수설비 전용헤드를 사용하는 경우이다.)

21.05.문67
17.03.문72
14.03.문73
13.03.문64

① 40   ② 50
③ 65   ④ 80

해설 **연결살수설비**(NFPC 503 5조, NFTC 503 2.2.3.1)

배관의 구경	32mm	40mm	50mm	65mm	80mm
살수헤드 개수	1개	2개	3개	4개 또는 5개	6~10개 이하

기억법 80610살

답 ④

76 미분무소화설비의 화재안전기준상 용어의 정의 중 다음 (   ) 안에 알맞은 것은?

22.03.문78
20.09.문78
18.04.문74
17.05.문75

"미분무"란 물만을 사용하여 소화하는 방식으로 최소설계압력에서 헤드로부터 방출되는 물입자 중 99%의 누적체적분포가 (㉠)μm 이하로 분무되고 (㉡)급 화재에 적응성을 갖는 것을 말한다.

① ㉠ 400, ㉡ A, B, C
② ㉠ 400, ㉡ B, C
③ ㉠ 200, ㉡ A, B, C
④ ㉠ 200, ㉡ B, C

 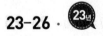

해설 미분무소화설비의 **용어정의**(NFPC 104A 3조, NFTC 104A 1.7)

용어	설명
미분무 소화설비	가압된 물이 헤드 통과 후 **미세**한 **입자**로 분무됨으로써 소화성능을 가지는 설비를 말하며, **소화력**을 **증가**시키기 위해 **강화액** 등을 첨가할 수 있다.
미분무	물만을 사용하여 소화하는 방식으로 최소 설계압력에서 헤드로부터 방출되는 물입자 중 **99%**의 누적체적분포가 **400μm** 이하로 분무되고 **A, B, C급 화재**에 적응성을 갖는 것 보기 ①
미분무 헤드	하나 이상의 **오리피스**를 가지고 미분무 소화설비에 사용되는 헤드

답 ①

★
77 다음 중 불소, 염소, 브로민 또는 아이오딘 중 하나 이상의 원소를 포함하고 있는 유기화합물을 기본 성분으로 하는 할로겐화합물 소화약제가 아닌 것은?
19.09.문06

① HFC-227ea

② HCFC BLEND A

③ HFC-125

④ IG-541

해설 ④ 불활성기체 소화약제

할로겐화합물 및 불활성기체 소화약제의 종류

구분	할로겐화합물 소화약제	불활성기체 소화약제
정의	**불소, 염소, 브로민** 또는 **아이오딘** 중 하나 이상의 원소를 포함하고 있는 유기화합물을 기본성분으로 하는 소화약제	**헬륨, 네온, 아르곤** 또는 **질소가스** 중 하나 이상의 원소를 기본성분으로 하는 소화약제
종류	① FC-3-1-10 ② HCFC BLEND A 보기 ② ③ HCFC-124 ④ HFC-125 보기 ③ ⑤ HFC-227ea 보기 ① ⑥ HFC-23 ⑦ HFC-236fa ⑧ FIC-13I1 ⑨ FK-5-1-12	① IG-01 ② IG-100 ③ IG-541 보기 ④ ④ IG-55
저장 상태	액체	기체
효과	부촉매효과 (연쇄반응 차단)	질식효과

답 ④

★★★
78 소화용수설비의 저수조 소요수량이 120m³인 경우 채수구의 수는 몇 개인가?
20.06.문72
19.09.문63
18.04.문64
16.10.문77
15.09.문77
11.03.문68

① 1

② 2

③ 3

④ 4

해설 **채수구**의 **수**(NFPC 402 4조)

소화수조 소요수량	20~40m³ 미만	40~100m³ 미만	100m³ 이상
채수구의 수	1개	2개	3개 보기 ③

용어

채수구
소방대상물의 펌프에 의하여 양수된 물을 소방차가 흡입하는 구멍

비교

흡수관 투입구		
소요수량	80m³ 미만	80m³ 이상
흡수관 투입구의 수	**1개** 이상	**2개** 이상

답 ③

★★★
79 상수도소화용수설비의 화재안전기준상 소화전은 특정소방대상물의 수평투영면의 각 부분으로부터 몇 m 이하가 되도록 설치해야 하는가?
22.03.문70
21.03.문77
20.08.문68
19.04.문74
19.03.문69
18.04.문79
17.03.문64
14.03.문63
13.03.문61
07.03.문70

① 25

② 40

③ 75

④ 140

해설 **상수도소화용수설비**의 **기준**(NFPC 401 4조, NFTC 401 2.1)
(1) 호칭지름

수도배관	소화전
75mm 이상	**100mm** 이상
기억법 수75(수지침으로 치료)	기억법 소1(소일거리)

(2) 소화전은 소방자동차 등의 진입이 쉬운 **도로변** 또는 **공지**에 설치
(3) 소화전은 특정소방대상물의 수평투영면의 각 부분으로부터 **140m** 이하가 되도록 설치 보기 ④
(4) 지상식 소화전의 호스접결구는 지면으로부터 높이가 0.5m 이상 1m 이하가 되도록 설치할 것

기억법 용14

답 ④

80 할로겐화합물 및 불활성기체 소화설비의 화재안전기준에 따른 할로겐화합물 및 불활성기체 소화약제의 저장용기에 대한 기준으로 틀린 것은?

① 저장용기는 약제명·저장용기의 자체중량과 총중량·충전일시·충전압력 및 약제의 체적을 표시할 것

② 집합관에 접속되는 저장용기는 동일한 내용적을 가진 것으로 충전량 및 충전압력이 같도록 할 것

③ 저장용기에 충전량 및 충전압력을 확인할 수 있는 장치를 하는 경우에는 해당 소화약제에 적합한 구조로 할 것

④ 불활성기체 소화약제 저장용기의 약제량 손실이 10%를 초과할 경우에는 재충전하거나 저장용기를 교체할 것

④ 10% → 5%

할로겐화합물 및 불활성기체 소화약제 저장용기 설치기준(NFPC 107A 6조, NFTC 107A 2.3.1)

(1) **방호구역 외**의 장소에 설치할 것(단, 방호구역 내에 설치할 경우에는 피난 및 조작이 용이하도록 **피난구 부근**에 설치할 것)

(2) 온도가 **55℃** 이하이고 온도의 변화가 작은 곳에 설치할 것

(3) 직사광선 및 빗물이 침투할 우려가 없는 곳에 설치할 것

(4) **방화문**으로 구획된 실에 설치할 것

(5) 용기의 설치장소에는 해당 용기가 설치된 곳임을 표시하는 표지를 할 것

(6) 용기 간의 간격은 점검에 지장이 없도록 **3cm** 이상의 간격을 유지할 것

(7) 저장용기와 집합관을 연결하는 연결배관에는 **체크밸브**를 설치할 것(단, 저장용기가 하나의 방호구역만을 담당하는 경우는 제외)

(8) 저장용기는 약제명·저장용기의 자체중량과 **총중량·충전일시·충전압력** 및 **약제의 체적**을 표시할 것 보기 ①

(9) 집합관에 접속되는 저장용기는 **동일**한 **내용적**을 가진 것으로 충전량 및 충전압력이 같도록 할 것 보기 ②

(10) 저장용기에 **충전량** 및 **충전압력**을 확인할 수 있는 장치를 하는 경우에는 해당 소화약제에 적합한 구조로 할 것 보기 ③

(11) 저장용기의 **약제량 손실**이 **5%**를 초과하거나 **압력손실** **10%**를 초과할 경우에는 재충전하거나 저장용기를 교체할 것 보기 ④

답 ④

2023. 5. 13 시행

※ 각 문항은 4지택일형으로 질문에 가장 적합한 보기 항을 선택하여 체크하여야 합니다.

 제1과목 　소방원론

★★
01 자연발화가 일어나기 쉬운 조건이 아닌 것은?

23.04.문19
12.05.문03

① 열전도율이 클 것
② 적당량의 수분이 존재할 것
③ 주위의 온도가 높을 것
④ 표면적이 넓을 것

 해설

　　① 클 것 → 작을 것

자연발화 조건
(1) 열전도율이 작을 것 [보기 ①]
(2) 발열량이 클 것
(3) 주위의 온도가 높을 것 [보기 ③]
(4) 표면적이 넓을 것 [보기 ④]
(5) 적당량의 수분이 존재할 것 [보기 ②]

 비교

자연발화의 방지법
(1) 습도가 높은 곳을 피할 것(건조하게 유지할 것)
(2) 저장실의 온도를 낮출 것
(3) 통풍이 잘 되게 할 것
(4) 퇴적 및 수납시 열이 쌓이지 않게 할 것
　　(**열 축적 방지**)
(5) 산소와의 접촉을 차단할 것
(6) **열전도성**을 좋게 할 것

답 ①

★★★
02 정전기로 인한 화재를 줄이고 방지하기 위한 대책 중 틀린 것은?

22.04.문03
21.09.문58
13.06.문44
12.09.문53

① 공기 중 습도를 일정값 이상으로 유지한다.
② 기기의 전기절연성을 높이기 위하여 부도체로 차단공사를 한다.
③ 공기 이온화 장치를 설치하여 가동시킨다.
④ 정전기 축적을 막기 위해 접지선을 이용하여 대지로 연결작업을 한다.

 해설

　　② 도체 사용으로 전류가 잘 흘러가도록 해야 함

위험물규칙 〔별표 4〕
정전기 제거방법
(1) **접지**에 의한 방법 [보기 ④]
(2) 공기 중의 상대습도를 **70%** 이상으로 하는 방법 [보기 ①]
(3) 공기를 **이온화**하는 방법 [보기 ③]

 비교

위험물규칙 〔별표 4〕
위험물을 가압하는 설비 또는 그 취급하는 위험물의 압력이 상승할 우려가 있는 설비에 설치하는 안전장치
(1) 자동적으로 압력의 **상승**을 **정지**시키는 장치
(2) 감압측에 **안전밸브**를 부착한 **감압밸브**
(3) **안전밸브**를 겸하는 **경보장치**
(4) 파괴판

답 ②

★★★
03 건축물의 피난·방화구조 등의 기준에 관한 규칙상 방화구획의 설치기준 중 스프링클러를 설치한 10층 이하의 층은 바닥면적 몇 m² 이내마다 방화구획을 구획하여야 하는가?

22.03.문11
19.03.문15
18.04.문04

① 1000
② 1500
③ 2000
④ 3000

해설

　　④ 스프링클러소화설비를 설치했으므로 1000m²×
　　　 3배=**3000m²**

건축령 46조, 피난·방화구조 14조
방화구획의 기준

대상 건축물	대상 규모	층 및 구획방법		구획부분의 구조
주요 구조부가 내화구조 또는 불연재료로 된 건축물	연면적 1000m² 넘는 것	10층 이하	• 바닥면적 **1000m²** 이내마다	• 내화구조로 된 바닥·벽 • 60분+방화문, 60분 방화문 • 자동방화셔터
		매 층 마다	• 지하 1층에서 지상으로 직접 연결하는 경사로 부위는 제외	
		11층 이상	• 바닥면적 **200m²** 이내마다(실내마감을 불연재료로 한 경우 **500m²** 이내마다)	

- 스프링클러, 기타 이와 유사한 **자동식 소화설비**를 설치한 경우 바닥면적은 위의 **3배** 면적으로 산정한다.
  문제 7
- 필로티나 그 밖의 비슷한 구조의 부분을 주차장으로 사용하는 경우 그 부분은 건축물의 다른 부분과 구획할 것

답 ④

☆ 04 다음은 위험물의 정의이다. 다음 ( ) 안에 알맞은 것은?

13.03.문47

"위험물"이라 함은 (㉠) 또는 발화성 등의 성질을 가지는 것으로서 (㉡)이 정하는 물품을 말한다.

① ㉠ 인화성, ㉡ 국무총리령
② ㉠ 휘발성, ㉡ 국무총리령
③ ㉠ 휘발성, ㉡ 대통령령
④ ㉠ 인화성, ㉡ 대통령령

해설 **위험물법 2조**
"위험물"이라 함은 **인화성** 또는 **발화성** 등의 성질을 가지는 것으로서 **대통령령**이 정하는 물품

답 ④

☆☆ 05 화재강도(fire intensity)와 관계가 없는 것은?

19.09.문19
15.05.문01

① 가연물의 비표면적
② 발화원의 온도
③ 화재실의 구조
④ 가연물의 발열량

해설 **화재강도**(fire intensity)에 영향을 미치는 인자
(1) 가연물의 비표면적
(2) 화재실의 구조
(3) 가연물의 배열상태(발열량)

> **용어**
> **화재강도**
> 열의 집중 및 방출량을 상대적으로 나타낸 것. 즉, 화재의 **온도**가 높으면 화재강도는 커진다(발화원의 온도가 아님).

답 ②

☆☆☆ 06 소화약제로 물을 사용하는 주된 이유는?

19.04.문04
18.03.문19
15.05.문04
99.08.문06

① 촉매역할을 하기 때문에
② 증발잠열이 크기 때문에
③ 연소작용을 하기 때문에
④ 제거작용을 하기 때문에

해설 **물의 소화능력**
(1) **비열**이 크다.
(2) **증발잠열**(기화잠열)이 크다.

(3) 밀폐된 장소에서 증발가열하면 수증기에 의해서 **산소희석작용** 또는 **질식소화작용**을 한다.
(4) **무상**으로 주수하면 **중질유 화재**에도 사용할 수 있다.

> **참고**
>
> **물이 소화약제로 많이 쓰이는 이유**
>
> | 장 점 | 단 점 |
> |---|---|
> | ① 쉽게 구할 수 있다. | ① 가스계 소화약제에 비해 사용 후 **오염**이 크다. |
> | ② 증발잠열(기화잠열)이 크다. | ② 일반적으로 **전기화재**에는 **사용**이 불가하다. |
> | ③ 취급이 간편하다. | |

답 ②

☆☆ 07 건축물에 설치하는 방화구획의 설치기준 중 스프링클러설비를 설치한 11층 이상의 층은 바닥면적 몇 m² 이내마다 방화구획을 하여야 하는가? (단, 벽 및 반자의 실내에 접하는 부분의 마감은 불연재료가 아닌 경우이다.)

19.03.문15
18.04.문04

① 200
② 600
③ 1000
④ 3000

해설 ② 스프링클러설비를 설치했으므로 $200m^2 \times 3$배$= 600m^2$

답 ②

☆☆ 08 탄산가스에 대한 일반적인 설명으로 옳은 것은?

14.03.문16
10.09.문14

① 산소와 반응시 흡열반응을 일으킨다.
② 산소와 반응하여 불연성 물질을 발생시킨다.
③ 산화하지 않으나 산소와는 반응한다.
④ 산소와 반응하지 않는다.

해설 **가연물이 될 수 없는 물질**(불연성 물질)

특 징	불연성 물질
주기율표의 0족 원소	• 헬륨(He) • 네온(Ne) • 아르곤(Ar) • 크립톤(Kr) • 크세논(Xe) • 라돈(Rn)
산소와 더 이상 반응하지 않는 물질	• 물(H_2O) • **이산화탄소**(CO_2) • 산화알루미늄(Al_2O_3) • 오산화인(P_2O_5)
흡열반응 물질	질소(N_2)

- 탄산가스=이산화탄소(CO_2)

답 ④

★★★
09 할론(Halon) 1301의 분자식은?

19.09.문07
17.03.문05
16.10.문08
15.03.문04
14.09.문04
14.03.문02

① CH_3Cl
② CH_3Br
③ CF_3Cl
④ CF_3Br

 할론소화약제의 약칭 및 분자식

종 류	약 칭	분자식
할론 1011	CB	CH_2ClBr
할론 104	CTC	CCl_4
할론 1211	BCF	CF_2ClBr
할론 1301	BTM	CF_3Br 보기 ④
할론 2402	FB	$C_2F_4Br_2$

답 ④

★
10 소화약제로서 물 1g이 1기압, 100℃에서 모두 증기로 변할 때 열의 흡수량은 몇 cal인가?

21.03.문20
18.03.문06
17.03.문08
14.09.문20
13.09.문09
13.06.문18
10.09.문20

① 429
② 499
③ 539
④ 639

 ③ 물의 기화잠열 539cal : 1기압 100℃의 물 1g이 모두 기체로 변화하는 데 539cal의 열량이 필요

물(H_2O)

기화잠열(증발잠열)	융해잠열
539cal/g 보기 ③	80cal/g
① 100℃의 물 1g이 수증기로 변화하는 데 필요한 열량 ② 물 1g이 1기압, 100℃에서 모두 증기로 변할 때 열의 흡수량	0℃의 얼음 1g이 물로 변화하는 데 필요한 열량

기억법 기53, 융8

답 ③

★★
11 소화약제인 IG-541의 성분이 아닌 것은?

20.09.문07
19.09.문06

① 질소
② 아르곤
③ 헬륨
④ 이산화탄소

 ③ 해당 없음

불활성기체 소화약제

구 분	화학식
IG-01	• Ar(아르곤)
IG-100	• N_2(질소)
IG-541	• N_2(질소) : 52% 보기 ① • Ar(아르곤) : 40% 보기 ② • CO_2(이산화탄소) : 8% 보기 ④ 기억법 NACO(내코) 5240
IG-55	• N_2(질소) : 50% • Ar(아르곤) : 50%

답 ③

★★★
12 이산화탄소의 증기비중은 약 얼마인가? (단, 공기의 분자량은 29이다.)

20.06.문13
19.03.문18
16.03.문01
15.03.문05
14.09.문15
12.09.문18
07.05.문17

① 0.81
② 1.52
③ 2.02
④ 2.51

 (1) **증기비중**

$$증기비중 = \frac{분자량}{29}$$

여기서, 29 : 공기의 평균 분자량

(2) **분자량**

원 소	원자량
H	1
C	12
N	14
O	16

이산화탄소(CO_2) 분자량 = $12 + 16 \times 2 = 44$

$$증기비중 = \frac{44}{29} ≒ 1.52$$

• 증기비중 = 가스비중

중요

이산화탄소의 물성

구 분	물 성
임계압력	72.75atm
임계온도	31.35℃(약 31.1℃)
3중점	-**56**.3℃(약 -56℃)
승화점(**비**점)	-**78**.5℃
허용농도	0.5%
증기비중	1.**5**29
수분	0.05% 이하(함량 99.5% 이상)

기억법 이356, 이비78, 이증15

답 ②

★
13 다음 중 가연성 물질에 해당하는 것은?

14.03.문08

① 질소
② 이산화탄소
③ 아황산가스
④ 일산화탄소

해설 **가연성 물질과 지연성 물질**

가연성 물질	지연성 물질(조연성 물질)
• **수**소 • **메**탄 • **일**산화탄소 [보기 ④] • **천**연가스 • **부**탄 • **에**탄	• 산소 • 공기 • 염소 • 오존 • 불소

[기억법] **가수메 일천부에**

용어

가연성 물질과 지연성 물질

가연성 물질	지연성 물질(조연성 물질)
물질 자체가 연소하는 것	자기 자신은 연소하지 않지만 연소를 도와주는 것

답 ④

14 가연성 액체로부터 발생한 증기가 액체표면에서 연소범위의 하한계에 도달할 수 있는 최저온도를 의미하는 것은?

14.09.문05
14.05.문15
11.06.문05

① 비점
② 연소점
③ 발화점
④ 인화점

해설 **발화점, 인화점, 연소점**

구 분	설 명
발화점 (ignition point)	• 가연성 물질에 불꽃을 접하지 아니하였을 때 연소가 가능한 **최저온도** • 점화원 **없이** 스스로 불이 붙는 **최저온도**
인화점 (flash point)	• 휘발성 물질에 **불꽃**을 접하여 연소가 가능한 **최저온도** • 가연성 증기를 발생하는 액체가 공기와 혼합하여 기상부에 다른 불꽃이 닿았을 때 연소가 일어나는 **최저온도** • **점화원**에 의해 불이 붙는 **최저온도** • 연소범위의 **하**한계 [보기 ④] [기억법] **불인하**(불임하면 안돼!)
연소점 (fire point)	• 인화점보다 **10℃** 높으며 연소를 **5초** 이상 지속할 수 있는 온도 • 어떤 인화성 액체가 공기 중에서 열을 받아 점화원의 존재하에 **지**속적인 연소를 일으킬 수 있는 온도 • 가연성 액체에 점화원을 가져가서 인화된 후에 점화원을 제거하여도 가연물이 **계**속 연소되는 **최저온도** [기억법] **연105초지계**

답 ④

15 유류탱크의 화재시 탱크 저부의 물이 뜨거운 열류층에 의하여 수증기로 변하면서 급작스런 부피팽창을 일으켜 유류가 탱크 외부로 분출하는 현상을 무엇이라고 하는가?

20.06.문10
17.05.문04

① 보일오버
② 슬롭오버
③ 브레이브
④ 파이어볼

해설 **유류탱크, 가스탱크에서 발생하는 현상**

구 분	설 명
블래비=블레비 (BLEVE)	• 과열상태의 탱크에서 내부의 액화가스가 분출하여 기화되어 폭발하는 현상
보일오버 (boil over)	• 중질유의 석유탱크에서 장시간 조용히 연소하다 탱크 내의 잔존기름이 갑자기 분출하는 현상 • 유류탱크에서 **탱크바닥**에 **물**과 기름의 **에멀션**이 섞여 있을 때 이로 인하여 화재가 발생하는 현상 • 연소유면으로부터 100℃ 이상의 열파가 **탱크 저부**에 고여 있는 물을 비등하게 하면서 연소유를 탱크 밖으로 비산시키며 연소하는 현상 [보기 ①]
오일오버 (oil over)	• 저장탱크에 저장된 유류저장량이 내용적의 **50%** 이하로 충전되어 있을 때 화재로 인하여 탱크가 폭발하는 현상
프로스오버 (froth over)	• 물이 점성의 뜨거운 기름표면 아래에서 끓을 때 화재를 수반하지 않고 용기가 넘치는 현상
슬롭오버 (slop over)	• **유류탱크 화재시** 기름 표면에 물을 실수하면 **기름**이 탱크 밖으로 **비산**하여 화재가 확대되는 현상(연소유가 비산되어 탱크 외부까지 화재가 확산) • 물이 연소유의 뜨거운 표면에 들어갈 때 기름 표면에서 화재가 발생하는 현상 • 유화제로 소화하기 위한 물이 수분의 급격한 증발에 의하여 액면이 거품을 일으키면서 열유층 밑의 냉유가 급히 열팽창하여 기름의 일부가 불이 붙은 채 탱크벽을 넘어서 일출하는 현상 • 연소면의 온도가 100℃ 이상일 때 물을 주수하면 발생 • 소화시 외부에서 방사하는 포에 의해 발생

답 ①

16 프로판가스의 연소범위[vol%]에 가장 가까운 것은?

19.09.문09
14.09.문16
12.03.문12
10.09.문02

① 9.8~28.4
② 2.5~81
③ 4.0~75
④ 2.1~9.5

해설 (1) **공기 중의 폭발한계**

가 스	하한계 (하한점, 〔vol%〕)	상한계 (상한점, 〔vol%〕)
아세틸렌(C_2H_2)	2.5	81
수소(H_2)	4	75
일산화탄소(CO)	12	75
에터($C_2H_5OC_2H_5$)	1.7	48
이황화탄소(CS_2)	1	50
에틸렌(C_2H_4)	2.7	36
암모니아(NH_3)	15	25
메탄(CH_4)	5	15
에탄(C_2H_6)	3	12.4
프로판(C_3H_8) 보기 ④ →	2.1	9.5
부탄(C_4H_{10})	1.8	8.4

(2) **폭발한계**와 **같은 의미**
  ㉠ 폭발범위
  ㉡ 연소한계
  ㉢ 연소범위
  ㉣ 가연한계
  ㉤ 가연범위

답 ④

★★★
17 다음 중 제거소화 방법과 무관한 것은?

22.04.문12
19.09.문05
19.04.문18
17.03.문16
16.10.문07
16.03.문12
14.05.문11
13.03.문01
11.03.문04
08.09.문17

① 산불의 확산방지를 위하여 산림의 일부를 벌채한다.
② 화학반응기의 화재시 원료 공급관의 밸브를 잠근다.
③ 유류화재시 가연물을 포(泡)로 덮는다.
④ 유류탱크 화재시 주변에 있는 유류탱크의 유류를 다른 곳으로 이동시킨다.

해설 ③ **질식소화** : 포 사용

제거소화의 **예**
(1) **가연성 기체** 화재시 **주밸브**를 **차단**한다(화학반응기의 화재시 원료공급관의 **밸브**를 **잠금**). 보기 ②
(2) **가연성 액체** 화재시 펌프를 이용하여 **연료**를 제거한다.
(3) **연료탱크**를 **냉각**하여 가연성 가스의 발생속도를 작게 하여 연소를 억제한다.
(4) 금속화재시 **불활성 물질**로 가연물을 덮는다.
(5) **목재**를 **방염처리**한다.
(6) 전기화재시 **전원**을 **차단**한다.
(7) 산불이 발생하면 화재의 진행방향을 앞질러 **벌목**한다(산불의 확산방지를 위하여 **산림**의 **일부를 벌채**). 보기 ①
(8) 가스화재시 **밸브**를 **잠가** 가스흐름을 차단한다(가스화재시 중간밸브를 잠금).

(9) 불타고 있는 장작더미 속에서 아직 타지 않은 것을 안전한 곳으로 **운반**한다.
(10) 유류탱크 화재시 주변에 있는 유류탱크의 유류를 다른 곳으로 이동시킨다. 보기 ④
(11) 양초를 입으로 불어서 끈다.

용어

제거효과
가연물을 반응계에서 제거하든지 또는 반응계로의 공급을 정지시켜 소화하는 효과

답 ③

★★★
18 분말소화약제 중 A급, B급, C급에 모두 사용할 수 있는 것은?

19.03.문01
18.04.문06
17.03.문04
16.10.문06
16.10.문10
16.05.문15
16.03.문09
16.03.문11
15.05.문08
14.05.문17
12.03.문13

① 제1종 분말
② 제2종 분말
③ 제3종 분말
④ 제4종 분말

해설 **분말소화기(질식효과)**

종 별	소화약제	약제의 착색	화학반응식	적응 화재
제1종	탄산수소 나트륨 ($NaHCO_3$)	백색	$2NaHCO_3 \rightarrow$ $Na_2CO_3 + CO_2 + H_2O$	BC급
제2종	탄산수소 칼륨 ($KHCO_3$)	담자색 (담회색)	$2KHCO_3 \rightarrow$ $K_2CO_3 + CO_2 + H_2O$	BC급
제3종 보기③	인산암모늄 ($NH_4H_2PO_4$)	담홍색	$NH_4H_2PO_4 \rightarrow$ $HPO_3 + NH_3 + H_2O$	**AB C급**
제4종	탄산수소 칼륨+요소 ($KHCO_3 +$ $(NH_2)_2CO$)	회(백)색	$2KHCO_3 +$ $(NH_2)_2CO \rightarrow$ $K_2CO_3 +$ $2NH_3 + 2CO_2$	BC급

- 탄산수소나트륨=중탄산나트륨
- 탄산수소칼륨=중탄산칼륨
- 제1인산암모늄=인산암모늄=인산염
- 탄산수소칼륨+요소=중탄산칼륨+요소

답 ③

★★★
19 휘발유 화재시 물을 사용하여 소화할 수 없는 이유로 가장 옳은 것은?

20.06.문14
16.10.문19
13.06.문19

① 인화점이 물보다 낮기 때문이다.
② 비중이 물보다 작아 연소면이 확대되기 때문이다.
③ 수용성이므로 물에 녹아 폭발이 일어나기 때문이다.
④ 물과 반응하여 수소가스를 발생하기 때문이다.

해설 주수소화(물소화)시 위험한 물질

구 분	현 상
• 무기과산화물	**산소** 발생
• **금**속분 • **마**그네슘 • 알루미늄 • 칼륨 • 나트륨 • 수소화리튬 • **부틸리튬**	**수소** 발생
• 가연성 액체(휘발유)의 유류화재	**연소면**(화재면) 확대 보기 ②

기억법 금마수

답 ②

★★★
20 다음 중 가연성 가스가 아닌 것은?

22.09.문20
21.03.문08
20.09.문20
17.03.문07
16.10.문03
16.03.문04
14.05.문10
12.09.문08
11.10.문02

① 메탄
② 수소
③ 산소
④ 암모니아

해설 ③ 산소 : 지연성 가스

가연성 가스와 **지연성 가스**

가연성 가스	지연성 가스(조연성 가스)
• **수**소 보기 ② • **메**탄 보기 ① • **일**산화탄소 • **천**연가스 • **부**탄 • **에**탄 • **암**모니아 보기 ④ • **프**로판	• **산**소 • **공**기 • **염**소 • **오**존 • **불**소 기억법 조산공 염불오

기억법 가수일천 암부
메에프

용어

가연성 가스와 **지연성 가스**

가연성 가스	지연성 가스(조연성 가스)
물질 자체가 연소하는 것	자기 자신은 연소하지 않지만 연소를 도와주는 가스

답 ③

★★★
21 관 A에는 물이, 관 B에는 비중 0.9의 기름이 흐르고 있으며 그 사이에 마노미터 액체는 비중이 13.6인 수은이 들어 있다. 그림에서 $h_1 = 120mm$, $h_2 = 180mm$, $h_3 = 300mm$일 때 두 관의 압력차 $(P_A - P_B)$는 약 몇 kPa인가?

20.06.문38
19.03.문24
18.03.문37
15.09.문26
10.03.문35

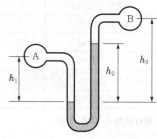

① 33.4
② 18.4
③ 12.3
④ 23.9

해설 (1) **기호**

- s_1 : 1(물이므로)
- s_3 : 0.9
- s_2 : 13.6
- h_1 : 120mm = 0.12m(1000mm=1m)
- h_2 : 180mm = 0.18m(1000mm=1m)
- h_3' : $(h_3 - h_2)$ = (300−180)mm
　　　= 120mm
　　　= 0.12m(1000mm=1m)
- $P_A - P_B$: ?

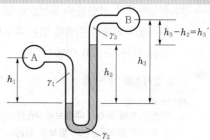

(2) **비중**

$$s = \frac{\gamma}{\gamma_w}$$

여기서, s : 비중
　　　γ : 어떤 물질의 비중량(kN/m³)
　　　γ_w : 물의 비중량(9.8kN/m³)
물의 비중량 $s_1 = 9.8kN/m^3$
기름의 비중량 γ_3는
$\gamma_3 = s_3 \times \gamma_w = 0.9 \times 9.8kN/m^3 = 8.82kN/m^3$
수은의 비중량 γ_2는
$\gamma_2 = s_2 \times \gamma_w = 13.6 \times 9.8kN/m^3 = 133.28kN/m^3$

(3) 압력차

$$P_A + \gamma_1 h_1 - \gamma_2 h_2 - \gamma_3 h_3' = P_B$$

$$P_A - P_B = -\gamma_1 h_1 + \gamma_2 h_2 + \gamma_3 h_3'$$

$$= -9.8 \text{kN/m}^3 \times 0.12\text{m} + 133.28 \text{kN/m}^3$$

$$\times 0.18\text{m} + 8.82 \text{kN/m}^3 \times 0.12\text{m}$$

$$= 23.87 = 23.9 \text{kN/m}^2$$

$$= 23.9 \text{kPa}(1\text{kN/m}^2 = 1\text{kPa})$$

🔧 중요

시차액주계의 압력계산방법
점 A를 기준으로 내려가면 더하고, 올라가면 빼면 된다.

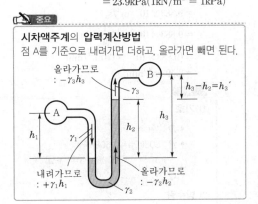

올라가므로
: $-\gamma_3 h_3$

$h_3 - h_2 = h_3'$

내려가므로
: $+\gamma_1 h_1$

올라가므로
: $-\gamma_2 h_2$

답 ④

⭐22 주어진 물리량의 단위로 옳지 않은 것은?

13.03.문30
① 펌프의 양정 : m　　② 동압 : MPa
③ 속도수두 : m/s　　④ 밀도 : kg/m³

해설 물리량의 단위

물리량	단위
펌프의 양정	m 보기①
동압	MPa 보기②
속도수두	m
속도	m/s
가속도	m/s²
밀도	kg/m³ 보기④

답 ③

⭐⭐⭐23 이상적인 열기관 사이클인 카르노사이클(Carnot

19.03.문27
16.05.문39
13.03.문31
cycle)의 특징으로 맞는 것은?
① 비가역 사이클이다.
② 공급열량과 방출열량의 비는 고온부의 절대
온도와 저온부의 절대온도비와 같지 않다.
③ 이론 열효율은 고열원 및 저열원의 온도만으
로 표시된다.
④ 두 개의 등압 변화와 두 개의 단열 변화로
둘러싸인 사이클이다.

해설 카르노사이클
(1) 이상적인 카르노사이클

단열압축	등온압축
엔트로피 변화가 없다.	엔트로피 변화는 **감소**한다.

(2) 이상적인 카르노사이클의 특징
　㉠ **가역사이클**이다.
　㉡ 공급열량과 방출열량의 비는 고온부의 절대온도와
　　저온부의 절대온도비와 같다.
　㉢ 이론 효율은 **고열원** 및 **저열원**의 온도만으로 표시된다.
　㉣ 두 개의 **등온변화**와 두 개의 **단열변화**로 둘러싸인
　　사이클이다.
(3) 카르노사이클의 순서

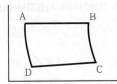

등온팽창 → 단열팽창 → 등온압축 → 단열압축
(A → B)　(B → C)　(C → D)　(D → A)

🐝 용어

엔트로피	엔탈피
어떤 물질의 정렬상태를 나타내는 수치	어떤 물질이 가지고 있는 총에너지

답 ③

⭐24 그림과 같이 바닥면적이 4m²인 어느 물탱크에
차있는 물의 수위가 4m일 때 탱크의 바닥이 받
는 물에 의한 힘[kN]은?

① 156.8
② 15.68
③ 39.1
④ 3.91

물탱크　바닥면적 = 4m²　물　4m

해설 (1) 기호
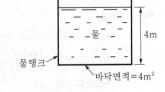
　• V : $4\text{m}^2 \times 4\text{m} = 16\text{m}^3$
　• F : ?

(2) 힘

$$F = \gamma V$$

여기서, F : 힘[N]
　　　　γ : 비중량(물의 비중량 9.8kN/m³)
　　　　V : 체적[m³]
힘 F는
$$F = \gamma V = 9.8 \text{kN/m}^3 \times 16 \text{m}^3 = 156.8 \text{kN}$$

답 ①

⭐⭐25 터보기계 해석에 사용되는 속도 삼각형에 직접

13.09.문32
12.09.문37
포함되지 않는 것은?
① 날개속도 : U
② 날개에 대한 상대속도 : W
③ 유체의 실제속도 : V
④ 날개의 각속도 : ω

해설 터보기계 해석에 사용되는 속도 삼각형에 직접 포함되는 것

(1) 날개속도 : U [보기 ①]

(2) 날개에 대한 **상대속도** : W [보기 ②]

(3) 유체의 **실제속도** : V [보기 ③]

중요

펌프의 성능해석에 사용되는 속도 삼각형

$$\vec{V} = \vec{W} + \vec{U}$$

여기서, $\vec{V}$: 절대속도(펌프로 유입되는 물의 속도)[m/s]

$\vec{W}$: 상대속도[m/s]

$\vec{U}$: 날개(원주)속도[m/s]

답 ④

★★★
26 안지름 19mm인 옥외소화전 노즐로 방수량을 측정하기 위하여 노즐 출구에서의 방수압을 측정한 결과 압력계가 608kPa로 측정되었다. 이때 방수량[m³/min]은?

[22.09.문28]
[21.03.문37]
[19.09.문29]

① 0.891　　② 0.435

③ 0.742　　④ 0.593

해설 (1) 기호

- D : 19mm=0.019m(1000mm=1m)

- P : 608kPa= $\dfrac{608\text{kPa}}{101.325\text{kPa}} \times 10.332\text{m}=61,997\text{m}$

- **표준대기압**
  1atm=760mmHg=1.0332kg$_f$/cm²
  　　　　=10.332mH₂O(mAq)=10.332m
  　　　　=14.7PSI(lb$_f$/in²)
  　　　　=101.325kPa(kN/m²)
  　　　　=1013mbar

- Q : ?

(2) 토리첼리의 식

$$V = \sqrt{2gH}$$

여기서, V : 유속[m/s]

　　　　g : 중력가속도(9.8m/s²)

　　　　H : 높이[m]

유속 V는

$V = \sqrt{2gH}$
　$= \sqrt{2 \times 9.8\text{m/s}^2 \times 61.997\text{m}} = 34.858\text{m/s}$

(3) 유량(flowrate, 체적유량, 용량유량)

$$Q = AV = \left(\dfrac{\pi D^2}{4}\right) V$$

여기서, Q : 유량[m³/s]

　　　　A : 단면적[m²]

V : 유속[m/s]

D : 직경(안지름)[m]

유량 Q는

$Q = \dfrac{\pi D^2}{4} V$

　$= \dfrac{\pi \times (0.019)^2}{4} \times 34.858\text{m/s}$

　$= 9.883 \times 10^{-3}\text{m}^3/\text{s}$

　$= 9.883 \times 10^{-3}\text{m}^3 / \dfrac{1}{60}\text{min}$

　$= (9.883 \times 10^{-3} \times 60)\text{m}^3/\text{min}$

　$= 0.593\text{m}^3/\text{min}$

별해

(1) 기호

- D : 19mm

- P : 608kPa=0.608MPa
  　　　　(1000kPa=1MPa)

- Q : ?

(2) 방수량

$$Q = 0.653D^2\sqrt{10P} = 0.6597CD^2\sqrt{10P}$$

여기서, Q : 방수량[L/min]

　　　　C : 유량계수(노즐의 흐름계수)

　　　　D : 내경[mm]

　　　　P : 방수압력[MPa]

방수량 Q는

$Q = 0.653D^2\sqrt{10P}$

　$= 0.653 \times (19\text{mm})^2 \times \sqrt{10 \times 0.608\text{MPa}}$

　$≒ 581\text{L/min}$

　$= 0.581\text{m}^3/\text{min}(1000\text{L} = 1\text{m}^3)$

- 여기서는 근접한 ④ 0.593m³/min이 답

답 ④

★★★
27 운동량의 차원을 MLT계로 옳게 나타낸 것은? (단, M은 질량, L은 길이, T는 시간을 나타낸다.)

[22.04.문31]
[21.05.문30]
[19.04.문40]
[17.05.문40]
[16.05.문25]

① MLT^{-1}　　② MLT

③ MLT^2　　④ MLT^{-2}

해설

차 원	중력단위[차원]	절대단위[차원]
길이	m[L]	m[L]
시간	s[T]	s[T]
운동량	N·s[FT]	kg·m/s[MLT⁻¹] [보기 ①]
힘	N[F]	kg·m/s²[MLT⁻²]
속도	m/s[LT⁻¹]	m/s[LT⁻¹]
가속도	m/s²[LT⁻²]	m/s²[LT⁻²]
질량	N·s²/m[FL⁻¹T²]	kg[M]
압력	N/m²[FL⁻²]	kg/m·s²[ML⁻¹T⁻²]

밀도	$N \cdot s^2/m^4 [FL^{-4}T^2]$	$kg/m^3 [ML^{-3}]$
비중	무차원	무차원
비중량	$N/m^3 [FL^{-3}]$	$kg/m^2 \cdot s^2 [ML^{-2}T^{-2}]$
비체적	$m^4/N \cdot s^2 [F^{-1}L^4T^{-2}]$	$m^3/kg [M^{-1}L^3]$
일률	$N \cdot m/s [FLT^{-1}]$	$kg \cdot m^2/s^3 [ML^2T^{-3}]$
일	$N \cdot m [FL]$	$kg \cdot m^2/s^2 [ML^2T^{-2}]$
점성계수	$N \cdot s/m^2 [FL^{-2}T]$	$kg/m \cdot s [ML^{-1}T^{-1}]$

답 ①

28 직경이 $D/2$인 출구를 통해 유체가 대기로 방출
`13.09.문31` 될 때, 이음매에 작용하는 힘은? (단, 마찰손실과 중력의 영향은 무시하고, 유체의 밀도$= \rho$, 단면적 $A = \dfrac{\pi}{4}D^2$)

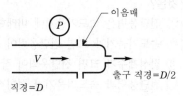

① $\dfrac{1}{2}\rho V^2 A$　　② $3\rho V^2 A$

③ $\dfrac{9}{2}\rho V^2 A$　　④ $\dfrac{15}{2}\rho V^2 A$

해설 (1) **단면적**

$$A = \frac{\pi}{4}D^2 \propto D^2$$

여기서, A : 단면적$[m^2]$
　　　　D : 직경$[m]$

출구직경이 $\dfrac{D}{2}$인 경우

출구단면적 A_2는

$A : D^2 = A_2 : \left(\dfrac{D}{2}\right)^2$

$A_2 D^2 = A \times \dfrac{D^2}{4}$

$A_2 = A \times \dfrac{D^2}{4} \times \dfrac{1}{D^2}$

$$\therefore A_2 = \frac{A}{4}$$

직경 D는 입구직경이므로 $D = D_1$으로 나타낼 수 있다.

단서에서 $A = \dfrac{\pi}{4}D^2$이므로 $A_1 = \dfrac{\pi}{4}D_1^2 = \dfrac{\pi}{4}D^2$

$$\therefore A = A_1$$

(2) **유량**

$$Q = AV = \left(\frac{\pi D^2}{4}\right)V$$

여기서, Q : 유량$[m^3/s]$
　　　　A : 단면적$[m^2]$
　　　　V : 유속$[m/s]$
　　　　D : 지름$[m]$

(3) **비중량**

$$\gamma = \rho g$$

여기서, γ : 비중량$[N/m^3]$
　　　　ρ : 밀도(물의 밀도 $1000kg/m^3$ 또는 $1000N \cdot s^2/m^4$)
　　　　g : 중력가속도$[m/s^2]$

(4) **이음매 또는 플랜지볼트에 작용하는 힘**

$$F = \frac{\gamma Q^2 A_1}{2g}\left(\frac{A_1 - A_2}{A_1 A_2}\right)^2$$

여기서, F : 이음매 또는 플랜지볼트에 작용하는 힘$[N]$
　　　　γ : 비중량(물의 비중량 $9800N/m^3$)
　　　　Q : 유량$[m^3/s]$
　　　　A_1 : 호스의 단면적$[m^2]$
　　　　A_2 : 노즐의 출구단면적$[m^2]$
　　　　g : 중력가속도$(9.8m/s^2)$

이음매에 작용하는 힘 F는

$$F = \frac{\gamma Q^2 A_1}{2g}\left(\frac{A_1 - A_2}{A_1 A_2}\right)^2$$

$$= \frac{\rho g (AV)^2 A}{2g}\left(\frac{A - \frac{A}{4}}{A \times \frac{A}{4}}\right)^2 \rightarrow \boxed{\begin{array}{l} \gamma = \rho g \\ Q = AV \\ A_1 = A \text{ 대입} \\ A_2 = \dfrac{A}{4} \end{array}}$$

$$\left(\frac{\frac{4A}{4} - \frac{A}{4}}{\frac{A^2}{4}}\right)^2 = \left(\frac{\frac{4A - A}{4}}{\frac{A^2}{4}}\right)^2 = \left(\frac{3A}{\frac{A^2}{A}}\right)^2$$

$$= \left(\frac{3}{A}\right)^2 = \frac{9}{A^2}$$

$$= \frac{\rho g A^2 V^2 A}{2g} \times \frac{9}{A^2} = \frac{9}{2}\rho V^2 A$$

답 ③

29 체적 또는 비체적이 일정하게 유지되면서 상태가 변하는 정적과정에서 밀폐계가 한 일은?

① 내부에너지 감소량과 같다.

② 평균압력과 체적의 곱과 같다.

③ 0

④ 엔탈피 증가량과 같다.

해설 ③ 밀폐계는 절대일이므로 정적과정 $_1W_2 = 0$

정적과정

구 분	공 식
① 압력과 온도	$$\frac{P_2}{P_1} = \frac{T_2}{T_1}$$ 여기서, $P_1 \cdot P_2$: 변화전후의 압력[kJ/m³] $T_1 \cdot T_2$: 변화전후의 온도(273+℃)[K]
② 절대일 =밀폐계 (압축일)	$${}_1W_2 = 0 \quad \boxed{\text{보기 ③}}$$ 여기서, ${}_1W_2$: 절대일[kJ]
③ 공업일 =개방계	$$\begin{aligned}{}_1W_{t2} &= -V(P_2 - P_1)\\&= V(P_1 - P_2)\\&= mR(T_1 - T_2)\end{aligned}$$ 여기서, ${}_1W_{t2}$: 공업일[kJ] V : 체적[m³] $P_1 \cdot P_2$: 변화전후의 압력[kJ/m³] R : 기체상수[kJ/kg·K] m : 질량[kg] $T_1 \cdot T_2$: 변화전후의 온도(273+℃)[K]

용어

밀폐계 VS 개방계

밀폐계	개방계
① 절대일	① 공업일
② 팽창일	② 압축일
③ 비유동일	③ 유동일
④ 가역일	④ 소비일
	⑤ 정상휴일
	⑥ 가역일

답 ③

★★★ 30

21.03.문23
15.05.문33
13.09.문27
10.05.문35

액체와 고체가 접촉하면 상호 부착하려는 성질을 갖는데 이 부착력과 액체의 응집력의 크기의 차이에 의해 일어나는 현상은 무엇인가?

① 모세관현상
② 공동현상
③ 점성
④ 뉴턴의 마찰법칙

해설 **모세관현상**(capillarity in tube)
(1) 액체분자들 사이의 **응집력**과 고체면에 대한 **부착력**의 차이에 의하여 관내 액체표면과 자유표면 사이에 **높이 차이**가 나타나는 것
(2) 액체와 고체가 접촉하면 상호 **부착**하려는 **성질**을 갖는데 이 **부착력**과 액체의 **응집력**의 **상대적 크기**에 의해 일어나는 현상 보기 ①

$$h = \frac{4\sigma \cos \theta}{\gamma D}$$

여기서, h : 상승높이[m]
σ : 표면장력[N/m]
θ : 각도(접촉각)
γ : 비중량(물의 비중량 9800N/m³)
D : 관의 내경[m]

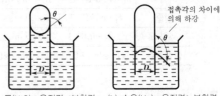

(a) 물(H₂O) : 응집력<부착력   (b) 수은(Hg) : 응집력>부착력
| 모세관현상 |

답 ①

★★★ 31

21.03.문30
21.09.문23
17.09.문40
16.03.문31
15.03.문23
12.03.문31
07.03.문30

유체의 마찰에 의하여 발생하는 성질을 점성이라 한다. 뉴턴의 점성법칙을 설명한 것으로 옳지 않은 것은?

① 전단응력은 속도기울기에 비례한다.
② 속도기울기가 크면 전단응력이 크다.
③ 점성계수가 크면 전단응력이 작다.
④ 전단응력과 속도기울기가 선형적인 관계를 가지면 뉴턴 유체라고 한다.

해설 **Newton**의 **점성법칙 특징**
(1) 전단응력은 **점성계수**와 **속도기울기**의 **곱**이다.
(2) 전단응력은 **속도기울기**에 **비례**한다. 보기 ①②
(3) 속도기울기가 0인 곳에서 전단응력은 0이다.
(4) 전단응력은 **점성계수**에 **비례**한다.
(5) Newton의 점성법칙(난류) 보기 ④

$$\tau = \mu \frac{du}{dy}$$

여기서, τ : 전단응력[N/m²]
μ : 점성계수[N·s/m²]
$\dfrac{du}{dy}$: 속도구배(속도기울기)$\left[\dfrac{1}{s}\right]$

비교

Newton의 **점성법칙**

층 류	난 류
$$\tau = \frac{p_A - p_B}{l} \cdot \frac{r}{2}$$	$$\tau = \mu \frac{du}{dy}$$
여기서, τ : 전단응력[N/m²] $p_A - p_B$: 압력강하[N/m²] l : 관의 길이[m] r : 반경[m]	여기서, τ : 전단응력[N/m²] μ : 점성계수[N·s/m²] 또는 [kg/m·s] $\dfrac{du}{dy}$: 속도구배(속도기울기)$\left[\dfrac{1}{s}\right]$

답 ③

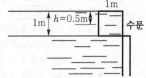

★★★
32 펌프의 흡입양정이 클 때 발생될 수 있는 현상은?

16.10.문23
13.09.문33
13.06.문32

① 공동현상(cavitation)
② 서징현상(surging)
③ 역회전현상
④ 수격현상(water hammering)

해설 **공동현상**의 **발생원인**
(1) 펌프의 흡입수두(**흡입양정**)가 **클** 때(소화펌프의 흡입고가 클 때)
(2) 펌프의 마찰손실이 클 때
(3) 펌프의 임펠러속도가 클 때
(4) 펌프의 설치위치가 수원보다 높을 때
(5) 관내의 수온이 높을 때(물의 온도가 높을 때)
(6) 관내의 물의 정압이 그때의 증기압보다 낮을 때
(7) 흡입관의 구경이 작을 때
(8) 흡입거리가 길 때
(9) 유량이 증가하여 펌프물이 과속으로 흐를 때

기억법 **흡공클**

답 ①

★★
33 댐 수위가 2m 올라갈 때 한 변이 1m인 정사각형 연직수문이 받는 정수력이 20% 늘어난다면 댐 수위가 올라가기 전의 수문의 중심과 자유표면의 거리는? (단, 대기압 효과는 무시한다.)

15.05.문40
14.09.문36

① 2m
② 4m
③ 5m
④ 10m

해설 **정수력**

$$F = \gamma h A$$

여기서, F : 정수력[N]
γ : 비중량(물의 비중량 9800N/m³)
h : 표면에서 수문중심까지의 수직거리[m]
A : 수문의 단면적[m²]

• **연직수문** : 수직으로 수문이 있다는 뜻

(1) **댐 수위가 2m 올라갈 때 정수력**

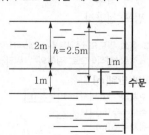

정수력 $F_2 = \gamma h A$
$= 9800\text{N/m}^3 \times 2.5\text{m} \times (1 \times 1)\text{m}^2 = 24500\text{N}$

(2) **댐 수위가 올라가기 전의 정수력**

정수력 $F_1 = \gamma h A$
$= 9800\text{N/m}^3 \times 0.5\text{m} \times (1 \times 1)\text{m}^2 = 4900\text{N}$

(3) **댐수위가 2m 올라갈 때 정수력 20% 늘어나므로**
$F_2 = (1 + 0.2)F_1 = 1.2F_1$
$F_2 - F_1 = F_2 - F_1$
$1.2F_1 - F_1 = (24500 - 4900)\text{N}$
$0.2F_1 = 19600\text{N}$
$F_1 = \dfrac{19600\text{N}}{0.2} = 98000\text{N}$

(4) **표면에서 수문중심까지의 수직거리**
$h = \dfrac{F_1}{\gamma A} = \dfrac{98000\text{N}}{9800\text{N/m}^3 \times (1 \times 1)\text{m}^2} = 10\text{m}$

답 ④

★★★
34 펌프의 공동현상(cavitation)을 방지하기 위한 방법이 아닌 것은?

21.09.문38
19.04.문22
17.09.문33
17.05.문37
16.10.문23
15.03.문35
14.05.문39
14.03.문32

① 펌프의 설치위치를 되도록 낮게 하여 흡입양정을 짧게 한다.
② 펌프의 회전수를 크게 한다.
③ 펌프의 흡입관경을 크게 한다.
④ 단흡입펌프보다는 양흡입펌프를 사용한다.

해설 ② 크게 → 작게

공동현상(cavitation, 캐비테이션)

개 요	펌프의 흡입측 배관 내의 물의 정압이 기존의 증기압보다 낮아져서 기포가 발생되어 물이 흡입되지 않는 현상
발생현상	• **소음**과 **진동** 발생 • 관 **부식** • **임펠러**의 손상(수차의 날개를 해친다) • 펌프의 성능저하
발생원인	• 펌프의 흡입수두가 클 때(소화펌프의 흡입고가 클 때) • 펌프의 마찰손실이 클 때 • 펌프의 임펠러속도가 클 때 • 펌프의 설치위치가 수원보다 높을 때 • 관 내의 수온이 높을 때(물의 온도가 높을 때) • 관 내의 물의 정압이 그때의 **증기압**보다 낮을 때 • 흡입관의 **구경**이 작을 때 • 흡입거리가 길 때 • 유량이 증가하여 펌프물이 과속으로 흐를 때

	• 펌프의 흡입수두를 작게 한다(흡입양정을 짧게 한다). 보기 ①
방지대책	• 펌프의 마찰손실을 작게 한다. • 펌프의 임펠러속도(회전수)를 낮추어 흡입비속도를 낮게 한다. 보기 ② • 펌프의 설치위치를 수원보다 낮게 한다. 보기 ① • **양흡입펌프**를 사용한다(펌프의 흡입측을 가압한다). 보기 ④ • 관 내의 물의 정압을 그때의 증기압보다 **높게** 한다. • 흡입관의 구경(관경)을 **크게** 한다. 보기 ③ • 펌프를 2개 이상 설치한다. • 입형펌프를 사용하고, 회전차를 수중에 완전히 잠기게 한다.

중요

비속도(비교회전도)

$$N_s = N \frac{\sqrt{Q}}{\left(\frac{H}{n}\right)^{\frac{3}{4}}} \propto N$$

여기서, N_s : 펌프의 비교회전도(비속도)[m³/min·m/rpm]
  N : 회전수[rpm]
  Q : 유량[m³/min]
  H : 양정[m]
  n : 단수

• 공식에서 비속도(N_s)와 회전수(N)는 비례

답 ②

35 유량 2m³/min, 전양정 25m인 원심펌프의 축동력은 약 몇 kW인가? (단, 펌프의 전효율은 0.78이고, 유체의 밀도는 1000kg/m³이다.)
22.09.문35

① 11.52   ② 9.52
③ 10.47   ④ 13.47

해설 **(1) 기호**
• Q : 2m³/min=2m³/60s(1min=60s)
• H : 25m
• P : ?
• η : 0.78
• ρ : 1000kg/m³=1000N·s²/m⁴(1kg/m³=1N·s²/m⁴)

(2) 비중량

$$\gamma = \rho g$$

여기서, γ : 비중량[N/m³]
  ρ : 밀도[N·s²/m⁴]
  g : 중력가속도(9.8m/s²)

비중량 γ는
$\gamma = \rho g = 1000\text{N}\cdot\text{s}^2/\text{m}^4 \times 9.8\text{m/s}^2 = 9800\text{N/m}^3$

(3) 축동력

$$P = \frac{\gamma QH}{1000\eta}$$

여기서, P : 축동력[kW]
  γ : 비중량[N/m³]
  Q : 유량[m³/s]
  H : 전양정[m]
  η : 효율

축동력 P는
$$P = \frac{\gamma QH}{1000\eta}$$
$$= \frac{9800\text{N/m}^3 \times 2\text{m}^3/60\text{s} \times 25\text{m}}{1000 \times 0.78} = 10.47\text{kW}$$

용어

축동력
전달계수(K)를 고려하지 않은 동력

별해

원칙적으로 밀도가 주어지지 않을 때 적용
축동력

$$P = \frac{0.163QH}{\eta}$$

여기서, P : 축동력[kW]
  Q : 유량[m³/min]
  H : 전양정(수두)[m]
  η : 효율

펌프의 축동력 P는
$$P = \frac{0.163QH}{\eta}$$
$$= \frac{0.163 \times 2\text{m}^3/\text{min} \times 25\text{m}}{0.78} = 10.448 = 10.45\text{kW}$$
(정확하지는 않지만 유사한 값이 나옴)

답 ③

36 다음 물성량 중 길이의 단위로 표시할 수 없는 것은?

① 수차의 유효낙차
② 속도수두
③ 물의 밀도
④ 펌프 전양정

해설 ③ 물의 밀도의 단위는 [kg/m³=N·s²/m⁴]으로 즉, 질량/체적이므로 길이의 단위가 아니다.

길이의 단위[m]
(1) 수차의 유효낙차[m] 보기 ①
(2) 속도수두[m] 보기 ②
(3) 위치수두[m]
(4) 압력수두[m]
(5) 펌프 전양정[m] 보기 ④

답 ③

★★★ 37

단면적이 A와 $2A$인 U자형 관에 밀도가 d인 기름이 담겨져 있다. 단면적이 $2A$인 관에 관벽과는 마찰이 없는 물체를 놓았더니 그림과 같이 평형을 이루었다. 이때 이 물체의 질량은?

19.04.문23
12.09.문21
09.05.문39

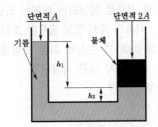

① $2A h_1 d$

② $A h_1 d$

③ $A(h_1 + h_2)d$

④ $A(h_1 - h_2)d$

해설 (1) 중량

$$F = mg$$

여기서, F : 중량(힘)[N]
　　　　 m : 질량[kg]
　　　　 g : 중력가속도[9.8m/s²]
$F = mg \propto m$
질량은 중량(힘)에 비례하므로 파스칼의 원리식 적용

(2) **파스칼의 원리**

$$\frac{F_1}{A_1} = \frac{F_2}{A_2}, \quad p_1 = p_2$$

여기서, F_1, F_2 : 가해진 힘[kN]
　　　　 A_1, A_2 : 단면적[m²]
　　　　 p_1, p_2 : 압력[kPa]

$\dfrac{F_1}{A_1} = \dfrac{F_2}{A_2}$ 에서 $A_2 = 2A_1$ 이므로

$$F_2 = \frac{A_2}{A_1} \times F_1 = \frac{2A_1}{A_1} \times F_1 = 2F_1$$

질량은 중량(힘)에 비례하므로 $F_2 = 2F_1$를 $m_2 = 2m_1$로 나타낼 수 있다.

(3) 물체의 **질량**

$$m_1 = dh_1 A$$

여기서, m_1 : 물체의 질량[kg]
　　　　 d : 밀도[kg/m³]
　　　　 h_1 : 깊이[m]
　　　　 A : 단면적[m²]
$m_2 = 2m_1 = 2 \times dh_1 A = 2Ah_1 d$

답 ①

★★★ 38

그림에서 물에 의하여 점 B에서 힌지된 사분원 모양의 수문이 평형을 유지하기 위하여 잡아당겨야 하는 힘 T는 몇 kN인가? (단, 폭은 1m, 반지름($r = \overline{OB}$)은 2m, 4분원의 중심은 O점에서 왼쪽으로 $\dfrac{4r}{3\pi}$인 곳에 있으며, 물의 밀도는 1000kg/m³이다.)

19.04.문21
19.03.문35
15.03.문30
13.06.문27

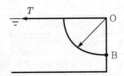

① 1.96

② 9.8

③ 19.6

④ 29.4

해설 **수평분력**

$$F_H = \gamma h A$$

여기서, F_H : 수평분력[N]
　　　　 γ : 비중량(물의 비중량 9800N/m³)
　　　　 h : 표면에서 수문 중심까지의 수직거리[m]
　　　　 A : 수문의 단면적[m²]

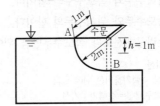

$h = \dfrac{2m}{2} = 1m$

$A = 가로 \times 세로(폭) = 2m \times 1m = 2m^2$

$F_H = \gamma h A = 9800N/m^3 \times 1m \times 2m^2 = 19600N = 19.6kN$

● 1000N=1kN이므로 19600N=19.6kN

답 ③

★★★ 39

단위 및 차원에 대한 설명으로 틀린 것은?

22.04.문31
21.05.문30
19.04.문40
17.05.문40
16.05.문25

① 밀도의 단위로 kg/m³을 사용한다.

② 운동량의 차원은 MLT이다.

③ 점성계수의 차원은 $ML^{-1}T^{-1}$이다.

④ 압력의 단위로 N/m²을 사용한다.

해설

② MTL → MTL⁻¹

차 원	중력단위[차원]	절대단위[차원]
길이	m[L]	m[L]
시간	s[T]	s[T]
운동량	N·s[FT]	kg·m/s[MLT⁻¹] 보기 ②
힘	N[F]	kg·m/s²[MLT⁻²]
속도	m/s[LT⁻¹]	m/s[LT⁻¹]
가속도	m/s²[LT⁻²]	m/s²[LT⁻²]
질량	N·s²/m[FL⁻¹T²]	kg[M]
압력	N/m²[FL⁻²] 보기 ④	kg/m·s²[ML⁻¹T⁻²]
밀도	N·s²/m⁴[FL⁻⁴T²]	kg/m³[ML⁻³] 보기 ①
비중	무차원	무차원
비중량	N/m³[FL⁻³]	kg/m²·s²[ML⁻²T⁻²]
비체적	m⁴/N·s²[F⁻¹L⁴T⁻²]	m³/kg[M⁻¹L³]
일률	N·m/s[FLT⁻¹]	kg·m²/s³[ML²T⁻³]
일	N·m[FL]	kg·m²/s²[ML²T⁻²]
점성계수	N·s/m²[FL⁻²T]	kg/m·s[ML⁻¹T⁻¹] 보기 ③

답 ②

★★★
40 에너지선(EL)에 대한 설명으로 옳은 것은?

14.09.문21
14.05.문35
12.03.문28

① 수력구배선보다 아래에 있다.
② 압력수두와 속도수두의 합이다.
③ 속도수두와 위치수두의 합이다.
④ 수력구배선보다 속도수두만큼 위에 있다.

해설
에너지선
(1) 항상 수력기울기선 위에 있다.
(2) 수력구배선=수력기울기선
(3) 수력구배선보다 속도수두만큼 위에 있다. 보기 ④

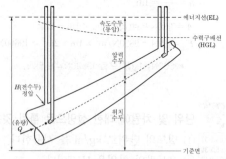

| 에너지선과 수력구배선 |

답 ④

제 3 과목 **소방관계법규**

★★
41 소방서장은 소방대상물에 대한 위치·구조·설

19.03.문53

비 등에 관하여 화재가 발생하는 경우 인명피해가 클 것으로 예상되는 때에는 소방대상물의 개수·사용의 금지 등의 필요한 조치를 명할 수 있는데 이때 그 손실에 따른 보상을 하여야 하는바, 해당되지 않은 사람은?

① 특별시장
② 도지사
③ 행정안전부장관
④ 광역시장

해설
소방기본법 49조의 2
소방대상물의 개수명령 손실보상
소방청장, 시·도지사

중요

시·도지사
(1) 특별시장 보기 ①
(2) 광역시장 보기 ④
(3) 도지사 보기 ②
(4) 특별자치도지사
(5) 특별자치시장

답 ③

★★★
42 소방본부장이나 소방서장이 소방시설공사가 공

21.05.문49
18.03.문51
17.03.문43
15.03.문59
14.05.문54

사감리 결과보고서대로 완공되었는지 완공검사를 위한 현장을 확인할 수 있는 대통령령으로 정하는 특정소방대상물이 아닌 것은?

① 노유자시설
② 문화 및 집회시설, 운동시설
③ 1000m² 미만의 공동주택
④ 지하상가

해설
③ 공동주택, 아파트는 해당 없음

공사업령 5조
완공검사를 위한 현장확인 대상 특정소방대상물의 범위
(1) **문**화 및 집회시설, **종**교시설, **판**매시설, **노**유자시설, **수**련시설, **운**동시설, **숙**박시설, **창**고시설, 지하**상**가 및 다중이용업소 보기 ①②④
(2) 다음의 어느 하나에 해당하는 설비가 설치되는 특정소방대상물
  ㉠ 스프링클러설비 등
  ㉡ 물분무등소화설비(호스릴방식의 소화설비 제외)
(3) 연면적 **10000m²** 이상이거나 **11층** 이상인 특정소방대상물(아파트 제외) 보기 ③

(4) 가연성 가스를 제조·저장 또는 취급하는 시설 중 지상에 노출된 가연성 가스탱크의 저장용량 합계가 **1000t** 이상인 시설

기억법 **문종판 노수운 숙창상현**

답 ③

★★
43 소방시설 설치 및 관리에 관한 법령상 소방용품 중 피난구조설비를 구성하는 제품 또는 기기에 속하지 않는 것은?

21.05.문46
15.03.문49
14.09.문42

① 통로유도등　　② 소화기구
③ 공기호흡기　　④ 피난사다리

해설　② 소화설비

소방시설법 시행령 〔별표 3〕
소방용품

소방시설	제품 또는 기기
소화용	① 소화**약**제 ② **방**염제(방염액·방염도료·방염성 물질) 기억법 **소약방**
피난구조설비	① **피난사다리**, 구조대, 완강기(간이완강기 및 지지대 포함) 보기 ④ ② **공기호흡기**(충전기를 포함) 보기 ③ ③ 피난구유도등, **통로유도등**, 객석유도등 및 예비전원이 내장된 비상조명등 보기 ①
소화설비	① **소화기구** 보기 ② ② 자동소화장치 ③ 간이소화용구(소화약제 외의 것을 이용한 간이소화용구 제외) ④ 소화전 ⑤ 송수구 ⑥ 관창 ⑦ 소방호스 ⑧ 스프링클러헤드 ⑨ 기동용 수압개폐장치 ⑩ 유수제어밸브 ⑪ 가스관 선택밸브

답 ②

★★★
44 소방상 필요할 때 소방본부장, 소방서장 또는 소방대장이 할 수 있는 명령에 해당되는 것은?

20.06.문56
19.03.문56
18.04.문43
17.05.문48

① 화재현장에 이웃한 소방서에 소방응원을 하는 명령
② 그 관할구역 안에 사는 사람 또는 화재 현장에 있는 사람으로 하여금 소화에 종사하도록 하는 명령
③ 관계 보험회사로 하여금 화재의 피해조사에 협력하도록 하는 명령
④ 소방대상물의 관계인에게 화재에 따른 손실을 보상하게 하는 명령

해설　**소방본부장·소방서장·소방대장**
(1) 소방활동 **종**사명령(기본법 24조) 보기 ②
(2) **강**제처분·제거(기본법 25조)
(3) **피**난명령(기본법 26조)
(4) 댐·저수지 사용 등 위험시설 등에 대한 긴급조치(기본법 27조)

기억법 **소대종강피**(소방대의 종강파티)

용어

소방활동 종사명령
화재, 재난·재해, 그 밖의 위급한 상황이 발생한 현장에서 소방활동을 위하여 필요할 때에는 그 관할구역에 사는 사람 또는 그 현장에 있는 사람으로 하여금 사람을 구출하는 일 또는 불을 끄거나 불이 번지지 아니하도록 하는 일을 하게 할 수 있는 것

답 ②

★
45 특정소방대상물의 소방시설 등에 대한 자체점검 기술자격자의 범위에서 '행정안전부령으로 정하는 기술자격자'는?

① 소방안전관리자로 선임된 소방설비산업기사
② 소방안전관리자로 선임된 소방설비기사
③ 소방안전관리자로 선임된 전기기사
④ 소방안전관리자로 선임된 소방시설관리사 및 소방기술사

해설　**소방시설법 시행규칙 19조**
소방시설 등 자체점검 기술자격자
(1) 소방안전관리자로 선임된 **소방시설관리사** 보기 ④
(2) 소방안전관리자로 선임된 **소방기술사** 보기 ④

답 ④

★
46 명예직 소방대원으로 위촉할 수 있는 권한이 있는 사람은?

① 도지사　　② 소방청장
③ 소방대장　　④ 소방서장

해설　**기본법 7조**
명예직 소방대원 위촉 : 소방청장
소방행정 발전에 공로가 있다고 인정되는 사람

답 ②

★★★
47 화재의 예방 및 안전관리에 관한 법률상 소방안전관리대상물의 소방안전관리자의 업무가 아닌 것은?

21.03.문47
19.09.문01
18.04.문45
14.09.문52
14.09.문53
13.06.문48

① 소방시설공사
② 소방훈련 및 교육
③ 소방계획서의 작성 및 시행
④ 자위소방대의 구성·운영·교육

해설 ① 소방시설공사 : 소방시설공사업자

화재예방법 24조 ⑤항
관계인 및 소방안전관리자의 업무

특정소방대상물 (관계인)	소방안전관리대상물 (소방안전관리자)
① 피난시설 · 방화구획 및 방화시설의 관리	① 피난시설 · 방화구획 및 방화시설의 관리
② 소방시설, 그 밖의 소방관련 시설의 관리	② 소방시설, 그 밖의 소방관련 시설의 관리
③ 화기취급의 감독	③ 화기취급의 감독
④ 소방안전관리에 필요한 업무	④ 소방안전관리에 필요한 업무
⑤ 화재발생시 초기대응	⑤ 소방계획서의 작성 및 시행(대통령령으로 정하는 사항 포함) 보기 ③
	⑥ 자위소방대 및 초기대응체계의 구성 · 운영 · 교육 보기 ④
	⑦ 소방훈련 및 교육 보기 ②
	⑧ 소방안전관리에 관한 업무수행에 관한 기록 · 유지
	⑨ 화재발생시 초기대응

용어

특정소방대상물	소방안전관리대상물
건축물 등의 규모 · 용도 및 수용인원 등을 고려하여 소방시설을 설치하여야 하는 소방대상물로서 대통령령으로 정하는 것	대통령령으로 정하는 특정소방대상물

답 ①

★★★
48 소방시설을 구분하는 경우 소화설비에 해당되지 않는 것은?

① 스프링클러설비
② 제연설비
③ 자동확산소화기
④ 옥외소화전설비

해설 ② 소화활동설비

소방시설법 시행령 〔별표 1〕
소화설비
(1) 소화기구 · 자동확산소화기 · 자동소화장치(주거용 주방자동소화장치)
(2) 옥내소화전설비 · 옥외소화전설비
(3) 스프링클러설비 · 간이스프링클러설비 · 화재조기진압용 스프링클러설비
(4) 물분무소화설비 · 강화액소화설비

비교

소방시설법 시행령 〔별표 1〕
소화활동설비
화재를 진압하거나 인명구조활동을 위하여 사용하는 설비
(1) **연**결송수관설비
(2) **연**결살수설비
(3) **연**소방지설비
(4) **무**선통신보조설비
(5) **제**연설비
(6) **비**상**콘**센트설비

기억법 3연무제비콘

답 ②

★★★
49 위험물안전관리법령상 산화성 고체인 제1류 위험물에 해당되는 것은?

① 질산염류
② 과염소산
③ 특수인화물
④ 유기과산화물

해설 **위험물령 〔별표 1〕**
위험물

유별	성질	품명
제**1**류	**산**화성 **고**체	• 아염소산염류 • 염소산염류(**염소산나트륨**) • 과염소산염류 • 질산염류 보기 ① • 무기과산화물 **기억법** 1산고염나
제2류	가연성 고체	• 황화인 • **적**린 • **황** • **마**그네슘 **기억법** 황화적황마
제3류	자연발화성 물질 및 금수성 물질	• **황**린 • **칼**륨 • **나**트륨 • **알**칼리토금속 • **트**리에틸알루미늄 **기억법** 황칼나알트
제4류	인화성 액체	• 특수인화물 보기 ③ • 석유류(벤젠) • 알코올류 • 동식물유류

제**5**류	**자**기반응성 물질	• 유기과산화물 보기 ④ • 나이트로화합물 • 나이트로소화합물 • 아조화합물 • 질산에스터류(셀룰로이드) 기억법 5자(**오자**탈자)
제6류	산화성 액체	• 과염소산 보기 ② • 과산화수소 • 질산

답 ①

★★★
50
21.05.문48
19.06.문57
18.04.문58

위험물안전관리법령상 제조소 또는 일반 취급소의 위험물취급탱크 노즐 또는 맨홀을 신설하는 경우, 노즐 또는 맨홀의 직경이 몇 mm를 초과하는 경우에 변경허가를 받아야 하는가?

① 500
② 450
③ 250
④ 600

해설 **위험물규칙 〔별표 1의 2〕**
제조소 등의 변경허가를 받아야 하는 경우
(1) 제조소 또는 일반취급소의 위치를 이전
(2) 건축물의 벽·기둥·바닥·보 또는 지붕을 증설 또는 철거
(3) 배출설비를 신설
(4) 위험물취급탱크를 신설·교체·철거 또는 보수
(5) 위험물취급탱크의 노즐 또는 맨홀의 직경이 **250mm**를 초과하는 경우에 신설 보기 ③
(6) 위험물취급탱크의 방유제의 높이 또는 방유제 내의 면적을 변경
(7) 위험물취급탱크의 탱크전용실을 증설 또는 교체
(8) **300m**(지상에 설치하지 아니하는 배관의 경우에는 **30m**)를 초과하는 위험물배관을 신설·교체·철거 또는 보수(배관을 절개하는 경우에 한한다)하는 경우

답 ③

★★★
51
16.03.문57
16.05.문43
14.03.문79
12.03.문74

소방시설 설치 및 관리에 관한 법령상 자동화재탐지설비를 설치하여야 하는 특정소방대상물 기준으로 틀린 것은?

① 지하가 중 길이 500m 이상의 터널
② 숙박시설로서 연면적 $600m^2$ 이상인 것
③ 의료시설(정신의료기관·요양병원 제외)로서 연면적 $600m^2$ 이상인 것
④ 지하구

해설 ① 500m 이상 → 1000m 이상

소방시설법 시행령 〔별표 4〕
자동화재탐지설비의 설치대상

설치대상	조 건
① 정신의료기관·의료재활시설	• 창살설치 : 바닥면적 $300m^2$ 미만 • 기타 : 바닥면적 $300m^2$ 이상
② 노유자시설	• 연면적 $400m^2$ 이상
③ **근**린생활시설·**위**락시설	• 연면적 $600m^2$ 이상
④ **의**료시설(정신의료기관, 요양병원 제외) 보기 ③, 숙박시설 보기 ②	
⑤ **복**합건축물·장례시설	
⑥ 목욕장·문화 및 집회시설, 운동시설	• 연면적 $1000m^2$ 이상
⑦ 종교시설	
⑧ 방송통신시설·관광휴게시설	
⑨ 업무시설·판매시설	
⑩ 항공기 및 자동차 관련시설·공장·창고시설	
⑪ 지하가(터널 제외)·운수시설·발전시설·위험물 저장 및 처리시설	
⑫ 교정 및 군사시설 중 국방·군사시설	
⑬ **교**육연구시설·**동**식물관련시설	• 연면적 $2000m^2$ 이상
⑭ **자**원순환관련시설·**교**정 및 군사시설(국방·군사시설 제외)	
⑮ **수**련시설(숙박시설이 있는 것 제외)	
⑯ 묘지관련시설	
⑰ 지하가 중 터널	• 길이 **1000m** 이상 보기 ①
⑱ 지하구 보기 ④	• 전부
⑲ 노유자생활시설	
⑳ 아파트 등 기숙사	
㉑ 숙박시설	
㉒ **6층** 이상인 건축물	
㉓ 조산원 및 산후조리원	
㉔ 전통시장	
㉕ 요양병원(정신병원, 의료재활시설 제외)	
㉖ 특수가연물 저장·취급	• 지정수량 **500배** 이상
㉗ 수련시설(숙박시설이 있는 것)	• 수용인원 **100명** 이상
㉘ 발전시설	• 전기저장시설

기억법 근위의복6, 교동자교수2

답 ①

★★★
52 소방기본법령상 소방용수시설에서 저수조의 설치 기준으로 틀린 것은?

21.03.문48
16.10.문52
16.05.문44
16.03.문41
13.03.문49

① 흡수에 지장이 없도록 토사 및 쓰레기 등을 제거할 수 있는 설비를 갖출 것
② 소방펌프자동차가 쉽게 접근할 수 있도록 할 것
③ 흡수부분의 수심이 0.5m 이상일 것
④ 지면으로부터의 낙차가 6m 이하일 것

해설
④ 6m 이하 → 4.5m 이하

기본규칙 [별표 3]
소방용수시설의 저수조에 대한 설치기준
(1) 낙차 : **4.5m** 이하 보기 ④
(2) **수심** : **0.5m** 이상 보기 ③
(3) 투입구의 길이 또는 지름 : 60cm 이상

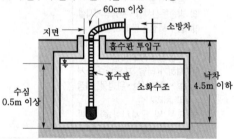

저수조의 깊이

(4) 소방펌프자동차가 **쉽게 접근**할 수 있도록 할 것 보기 ②
(5) 흡수에 지장이 없도록 **토사** 및 쓰레기 등을 제거할 수 있는 설비를 갖출 것 보기 ①
(6) 저수조에 물을 공급하는 방법은 **상수도**에 연결하여 **자동**으로 **급수**되는 구조일 것

기억법 수5(수호천사)

답 ④

★
53 화재의 예방 및 안전관리에 관한 법령상 화재예방을 위하여 불의 사용에 있어서 지켜야 하는 사항에 따라 이동식 난로를 사용하여서는 안 되는 장소로 틀린 것은? (단, 난로를 받침대로 고정시키거나 즉시 소화되고 연료 누출 차단이 가능한 경우는 제외한다.)

① 역 · 터미널   ② 슈퍼마켓
③ 가설건축물   ④ 한의원

해설
② 해당 없음

화재예방법 시행령 [별표 1]
이동식 난로를 설치할 수 없는 장소

(1) 학원
(2) 종합병원
(3) 역 · 터미널 보기 ①
(4) 가설건축물 보기 ③
(5) 한의원 보기 ④

답 ②

★★★
54 화재의 예방 및 안전관리에 관한 법령상 소방청장, 소방본부장 또는 소방서장은 관할구역에 있는 소방대상물에 대하여 화재안전조사를 실시할 수 있다. 화재안전조사 대상과 거리가 먼 것은? (단, 개인 주거에 대하여는 관계인의 승낙을 득한 경우이다.)

19.09.문56
14.09.문60
14.03.문41
13.06.문54

① 화재예방강화지구 등 법령에서 화재안전조사를 하도록 규정되어 있는 경우
② 관계인이 법령에 따라 실시하는 소방시설 등, 방화시설, 피난시설 등에 대한 자체점검 등이 불성실하거나 불완전하다고 인정되는 경우
③ 화재가 발생할 우려는 없으나 소방대상물의 정기점검이 필요한 경우
④ 국가적 행사 등 주요 행사가 개최되는 장소에 대하여 소방안전관리 실태를 조사할 필요가 있는 경우

해설
③ 해당 없음

화재예방법 7조
화재안전조사 실시대상
(1) **관계인**이 이 법 또는 다른 법령에 따라 실시하는 소방시설 등, 방화시설, 피난시설 등에 대한 자체점검이 불성실하거나 불완전하다고 인정되는 경우 보기 ②
(2) **화재예방강화지구** 등 법령에서 화재안전조사를 하도록 규정되어 있는 경우 보기 ①
(3) 화재예방안전진단이 불성실하거나 불완전하다고 인정되는 경우
(4) **국가적 행사** 등 주요 행사가 개최되는 장소 및 그 주변의 관계지역에 대하여 소방안전관리 실태를 조사할 필요가 있는 경우 보기 ④
(5) 화재가 **자주 발생**하였거나 발생할 우려가 뚜렷한 곳에 대한 조사가 필요한 경우
(6) **재난예측정보, 기상예보** 등을 분석한 결과 소방대상물에 화재의 발생 위험이 크다고 판단되는 경우
(7) 화재, 그 밖의 긴급한 상황이 발생할 경우 인명 또는 재산피해의 우려가 현저하다고 판단되는 경우

기억법 화관국안

중요

화재예방법 7·8조
화재안전조사
소방대상물에 대한 화재예방을 위하여 관계인에게 필요한 자료제출을 명하거나 위치·구조·설비 또는 관리의 상황을 조사하는 것
(1) 실시자 : 소방청장·소방본부장·소방서장
(2) 관계인의 승낙이 필요한 곳 : **주거**(주택)

답 ③

★★★
55 성능위주설계를 실시하여야 하는 특정소방대상물의 범위 기준으로 틀린 것은?

18.09.문50
17.03.문58
14.09.문48
12.09.문41

① 연면적 200000m² 이상인 특정소방대상물(아파트 등은 제외)
② 지하층을 포함한 층수가 30층 이상인 특정소방대상물(아파트 등은 제외)
③ 건축물의 높이가 120m 이상인 특정소방대상물(아파트 등은 제외)
④ 하나의 건출물에 영화상영관이 5개 이상인 특정소방대상물

해설
④ 5개 이상 → 10개 이상

소방시설법 시행령 9조
성능위주설계를 해야 할 특정소방대상물의 범위
(1) 연면적 **20만m²** 이상인 특정소방대상물(아파트 등 제외) 보기 ①
(2) **50층** 이상(지하층 제외)이거나 지상으로부터 높이가 **200m** 이상인 아파트
(3) **30층** 이상(지하층 포함)이거나 지상으로부터 높이가 **120m** 이상인 특정소방대상물(아파트 등 제외) 보기 ②③
(4) 연면적 **3만m²** 이상인 철도 및 도시철도 시설, **공항시설**
(5) 하나의 건축물에 관련법에 따른 **영화상영관**이 **10개** 이상인 특정소방대상물 보기 ④
(6) 연면적 **10만m²** 이상이거나 **지하 2층** 이하이고 지하층의 바닥면적의 합이 **3만m²** 이상인 창고시설
(7) 지하연계 복합건축물에 해당하는 특정소방대상물
(8) 터널 중 수저터널 또는 길이가 **5000m** 이상인 것

답 ④

★★★
56 소방시설의 하자가 발생한 경우 통보를 받은 공사업자는 며칠 이내에 이를 보수하거나 보수 일정을 기록한 하자보수 계획을 관계인에게 서면으로 알려야 하는가?

20.08.문56
14.05.문47
11.06.문59

① 3일
② 7일
③ 14일
④ 30일

해설 **공사업법 15조**
소방시설공사의 하자보수기간 : **3일** 이내 보기 ①

중요

3일
(1) **하**자보수기간(공사업법 15조)
(2) 소방시설업 **등**록증 **분**실 등의 **재**발급(공사업규칙 4조)

기억법 **3하등분재**(**상하**이에서 **동**생이 **분재**를 가져왔다.)

답 ①

★★★
57 위험물안전관리법령상 인화성 액체 위험물(이황화탄소를 제외)의 옥외탱크저장소의 탱크 주위에 설치하여야 하는 방유제의 기준 중 틀린 것은?

21.03.문42
18.09.문47
18.03.문54
15.03.문07
14.05.문45
08.09.문36

① 방유제의 용량은 방유제 안에 설치된 탱크가 하나인 때에는 그 탱크용량의 110% 이상으로 할 것
② 방유제의 용량은 방유제 안에 설치된 탱크가 2기 이상인 때에는 그 탱크 중 용량이 최대인 것의 용량의 110% 이상으로 할 것
③ 방유제는 높이 1m 이상 2m 이하, 두께 0.2m 이상, 지하매설깊이 0.5m 이상으로 할 것
④ 방유제 내의 면적은 80000m² 이하로 할 것

해설
③ 1m 이상 2m 이하 → 0.5m 이상 3m 이하, 0.5m → 1m

위험물규칙 〔별표 6〕
(1) **옥외탱크저장소의 방유제**

구 분	설 명
높이	**0.5~3m** 이하(두께 **0.2m** 이상, 지하매설깊이 **1m** 이상) 보기 ③
탱크	**10기**(모든 탱크용량이 **20만L** 이하, 인화점이 **70~200℃** 미만은 **20기**) 이하
면적	**80000m²** 이하 보기 ④
용량	① 1기 이상 : **탱크용량×110%** 이상 보기 ① ② 2기 이상 : **최대탱크용량×110%** 이상 보기 ②

(2) 높이가 **1m**를 넘는 방유제 및 간막이 둑의 안팎에는 방유제 내에 출입하기 위한 계단 또는 경사로를 약 **50m**마다 설치할 것

답 ③

58 소방시설 설치 및 관리에 관한 법령상 자동화재탐지설비를 설치하여야 하는 특정소방대상물의 기준으로 틀린 것은?

16.05.문43
16.03.문57
14.03.문79
12.03.문74

① 공장 및 창고시설로서 「소방기본법 시행령」에서 정하는 수량의 500배 이상의 특수가연물을 저장·취급하는 것

② 지하가(터널은 제외한다)로서 연면적 600m² 이상인 것

③ 숙박시설이 있는 수련시설로서 수용인원 100명 이상인 것

④ 장례시설 및 복합건축물로서 연면적 600m² 이상인 것

| | ② 600mm² 이상 → 1000m² 이상 |

소방시설법 시행령 〔별표 4〕
자동화재탐지설비의 설치대상

설치대상	조 건
① 정신의료기관·의료재활시설	• 창살설치 : 바닥면적 300m² 미만 • 기타 : 바닥면적 300m² 이상
② 노유자시설	• 연면적 400m² 이상
③ **근**린생활시설·**위**락시설	• 연면적 **600m²** 이상
④ **의**료시설(정신의료기관, 요양병원 제외)	
⑤ **복**합건축물·장례시설 보기 ④	
⑥ 목욕장·문화 및 집회시설, 운동시설	• 연면적 1000m² 이상
⑦ 종교시설	
⑧ 방송통신시설·관광휴게시설	
⑨ 업무시설·판매시설	
⑩ 항공기 및 자동차 관련시설·공장·창고시설	
⑪ 지하가(터널 제외) 보기 ② ·운수시설·발전시설·위험물 저장 및 처리시설	
⑫ 국방·군사시설	
⑬ **교**육연구시설·**동**식물관련시설	• 연면적 2000m² 이상
⑭ **자**원순환관련시설·**교**정 및 군사시설(국방·군사시설 제외)	
⑮ **수**련시설(숙박시설이 있는 것 제외)	
⑯ 묘지관련시설	
⑰ 지하가 중 터널	• 길이 1000m 이상
⑱ 지하구	• 전부
⑲ 노유자생활시설	
⑳ 아파트 등 기숙사	
㉑ 숙박시설	
㉒ 6층 이상인 건축물	
㉓ 조산원 및 산후조리원	
㉔ 전통시장	
㉕ 요양병원(정신병원, 의료재활시설 제외)	
㉖ 특수가연물 저장·취급	• 지정수량 **500배** 이상 보기 ①
㉗ 수련시설(숙박시설이 있는 것)	• 수용인원 **100명** 이상 보기 ③
㉘ 발전시설	• 전기저장시설

| 기억법 | 근위의복6, 교동자교수2 |

답 ②

59 소방기본법령상 소방대장은 화재, 재난·재해 그 밖의 위급한 상황이 발생한 현장에 소방활동구역을 정하여 소방활동에 필요한 자로서 대통령령으로 정하는 사람 외에는 그 구역에의 출입을 제한할 수 있다. 다음 중 소방활동구역에 출입할 수 없는 사람은?

21.05.문60
19.04.문42
15.03.문43
11.06.문48
06.03.문44

① 소방활동구역 안에 있는 소방대상물의 소유자·관리자 또는 점유자

② 전기·가스·수도·통신·교통의 업무에 종사하는 사람으로서 원활한 소방활동을 위하여 필요한 사람

③ 시·도지사가 소방활동을 위하여 출입을 허가한 사람

④ 의사·간호사 그 밖에 구조·구급업무에 종사하는 사람

| | ③ 시·도지사 → 소방대장 |

기본령 8조
소방활동구역 출입자

(1) **소방활동구역 안**에 있는 **소유자·관리자** 또는 **점유자** 보기 ①

(2) **전기·가스·수도·통신·교통**의 업무에 종사하는 자로서 원활한 **소방활동**을 위하여 필요한 자 보기 ②

(3) **의사·간호사**, 그 밖에 구조·구급업무에 종사하는 자 보기 ④

(4) **취재인력** 등 보도업무에 종사하는 자

(5) **수사업무**에 종사하는 자

(6) **소방대장**이 소방활동을 위하여 **출입**을 **허가**한 자 보기 ③

🌱 용어

소방활동구역
화재, 재난·재해 그 밖의 위급한 상황이 발생한 현장에 정하는 구역

답 ③

★★★
60 소방기본법령상 소방업무의 응원에 관한 설명으로 옳은 것은?

22.03.문54
18.03.문44
15.05.문55
11.03.문54

① 소방청장은 소방활동을 할 때에 필요한 경우에는 시·도지사에게 소방업무의 응원을 요청해야 한다.

② 소방업무의 응원을 위하여 파견된 소방대원은 응원을 요청한 소방본부장 또는 소방서장의 지휘에 따라야 한다.

③ 소방업무의 응원요청을 받은 소방서장은 정당한 사유가 있어도 그 요청을 거절할 수 없다.

④ 소방서장은 소방업무의 응원을 요청하는 경우를 대비하여 출동 대상지역 및 규모와 소요경비의 부담 등에 관하여 필요한 사항을 대통령령으로 정하는 바에 따라 이웃하는 소방서장과 협의하여 미리 규약으로 정하여야 한다.

해설 **기본법 제11조**
소방업무의 응원
(1) **소방본부장**이나 **소방서장**은 소방활동을 할 때에 긴급한 경우에는 이웃한 소방본부장 또는 소방서장에게 소방업무의 응원을 요청할 수 있다. 보기 ①
(2) 소방업무의 응원요청을 받은 **소방본부장 또는 소방서장**은 정당한 사유 없이 그 요청을 거절하여서는 아니 된다. 보기 ③
(3) 소방업무의 응원을 위하여 파견된 소방대원은 응원을 **요청한 소방본부장** 또는 **소방서장**의 지휘에 따라야 한다. 보기 ②
(4) **시·도지사**는 소방업무의 응원을 요청하는 경우를 대비하여 출동 대상지역 및 규모와 소요경비의 부담 등에 관하여 필요한 사항을 **행정안전부령**으로 정하는 바에 따라 이웃하는 **시·도지사**와 협의하여 미리 규약으로 정하여야 한다. 보기 ④

① 소방청장 → 소방본부장이나 소방서장
③ 정당한 사유가 있어도 → 정당한 사유 없이
④ 소방서장 → 시·도지사, 대통령령 → 행정안전부령

답 ②

제4과목 소방기계시설의 구조 및 원리 ::

★★★
61 하향식 폐쇄형 스프링클러 헤드의 살수에 방해가 되지 않도록 헤드 주위 반경 몇 센티미터 이상의 살수공간을 확보하여야 하는가?

22.03.문76
18.04.문71
11.10.문70

① 30   ② 40
③ 50   ④ 60

해설 (1) **스프링클러설비헤드**의 설치기준(NFPC 103 10조, NFTC 103 2.7.7)
㉠ 살수가 방해되지 않도록 스프링클러헤드로부터 반경 **60cm 이상**의 공간을 보유할 것(단, **벽과 스프링클러헤드**간의 공간은 **10cm 이상**) 보기 ④
㉡ 스프링클러헤드와 그 부착면과의 거리는 **30cm 이하**로 할 것
㉢ 측벽형 스프링클러헤드를 설치하는 경우 긴 변의 한쪽 벽에 일렬로 설치(폭이 **4.5~9m** 이하인 실에 있어서는 긴 변의 양쪽에 각각 일렬로 설치하되 마주 보는 스프링클러헤드가 나란히 꼴이 되도록 설치)하고 **3.6m** 이내마다 설치할 것
㉣ 상부에 설치된 헤드의 방출수에 따라 감열부에 영향을 받을 우려가 있는 헤드에는 방출수를 차단할 수 있는 유효한 **차폐판**을 설치할 것

(2) **스프링클러헤드**

거리	적용
10cm 이상	**벽과 스프링클러헤드** 간의 공간
60cm 이상 보기 ④	**스프링클러헤드**의 공간 헤드 반경
30cm 이하	**스프링클러헤드와 부착면**과의 거리 헤드와 부착면과의 이격거리

답 ④

★★★
62 소화기구 및 자동소화장치의 화재안전기준에 따라 옥내소화전설비가 설치된 특정소방대상물에서 소형소화기 감면기준은?

① 소화기의 2분의 1을 감소할 수 있다.
② 소화기의 4분의 3을 감소할 수 있다.
③ 소화기의 3분의 1을 감소할 수 있다.
④ 소화기의 3분의 2를 감소할 수 있다.

해설 **소화기의 감소기준**(NFPC 101 5조, NFTC 101 2.2)

감소대상	감소기준	적용설비
소형소화기	$\frac{1}{2}$	• 대형소화기
	$\frac{2}{3}$ 보기 ④	• 옥내·외소화전설비 • 스프링클러설비 • 물분무등소화설비

비교

대형소화기의 설치면제기준

면제대상	대체설비
대형소화기	• **옥내 · 외**소화전설비 • **스프**링클러설비 • **물**분무등소화설비

기억법 옥내외 스물대

답 ④

⭐⭐
63 스프링클러헤드를 설치하는 천장과 반자 사이,
16.03.문78
12.05.문73
덕트, 선반 등의 각 부분으로부터 하나의 스프링
클러헤드까지의 수평거리 적용기준으로 잘못된
항목은?

① 특수가연물 저장 랙식 창고 : 2.5m 이하

② 공동주택(아파트) 세대 : 2.6m 이하

③ 내화구조의 사무실 : 2.3m 이하

④ 비내화구조의 판매시설 : 2.1m 이하

해설
① 특수가연물 저장 랙식 창고 : 1.7m 이하

수평거리(R)

설치장소	설치기준
무대부 · **특**수가연물 (창고 포함)	수평거리 **1.7m** 이하
기타구조(창고 포함)	수평거리 **2.1m** 이하 보기 ④
내화구조(창고 포함)	수평거리 **2.3m** 이하 보기 ③
공동주택(**아**파트) 세대 내	수평거리 **2.6m** 이하 보기 ②

기억법 무특기내아(무기 내려봐 아!) 7136

답 ①

⭐⭐
64 폐쇄형 스프링클러 70개를 담당할 수 있는 급수
20.06.문66
18.04.문69
10.03.문65
관의 구경은 몇 mm인가?

① 65 　　② 80

③ 90 　　④ 100

해설 **스프링클러헤드 수별 급수관의 구경**(NFTC 103 2.5.3.3)

급수관의 구경 구분	25mm	32mm	40mm	50mm	65mm	80mm	90mm	100mm	125mm	150mm
폐쇄형 헤드수	2개	3개	5개	10개	30개	60개	80개	100개	160개	161개 이상
개방형 헤드수	1개	2개	5개	8개	15개	27개	40개	55개	90개	91개 이상

※ 폐쇄형 스프링클러헤드 : 최대면적 3000m² 이하

비교

옥내소화전설비

배관구경	40mm	50mm	65mm	80mm	100mm
방수량	130 L/min	260 L/min	390 L/min	520 L/min	650 L/min
소화전수	1개	2개	3개	4개	5개

• 폐쇄형 헤드로 70개보다 크거나 같은 값을 표에서 찾아보면 80개이므로 90mm 선택

답 ③

⭐⭐⭐
65 스프링클러설비의 누수로 인한 유수검지장치의 오
19.09.문79
15.05.문79
12.09.문68
11.10.문65
98.07.문68
작동을 방지하기 위한 목적으로 설치하는 것은?

① 솔레노이드밸브 　② 리타딩챔버

③ 물올림장치 　　④ 성능시험배관

해설 **리타딩챔버**의 역할

(1) **오**작동(오보) 방지

(2) 안전밸브의 역할

(3) 배관 및 압력스위치의 손상보호

기억법 오리(**오리** 꽥!꽥!)

참고

리타딩챔버(retarding chamber)

• 누수로 인한 유수검지장치의 오동작을 방지하기 위한 안전장치로서 안전밸브의 역할, 배관 및 압력스위치가 손상되는 것을 방지한다.

• 리타딩챔버의 용량은 **7.5ℓ**형이 주로 사용되며, 압력스위치의 작동지연시간은 약 **20초** 정도이다.

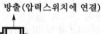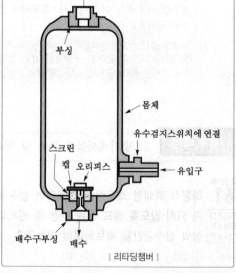

| 리타딩챔버 |

답 ②

66 다음 중 연결송수관설비의 구조와 관계가 없는 것은?

① 송수구
② 방수기구함
③ 방수구
④ 유수검지장치

해설

④ 유수검지장치 : 스프링클러설비의 구성요소

연결송수관설비 주요구성
① 가압송수장치
② 송수구 보기 ①
③ 방수구 보기 ③
④ 방수기구함 보기 ②
⑤ 배관
⑥ 전원 및 배선

참고

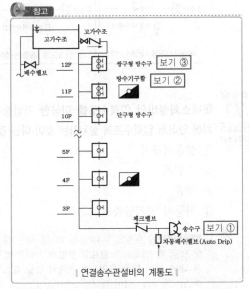

‖ 연결송수관설비의 계통도 ‖

답 ④

★★★
67 지하구의 화재안전기준에 따라 연소방지설비의 살수구역은 환기구 등을 기준으로 환기구 사이의 간격으로 최대 몇 m 이내마다 1개 이상의 방수헤드를 설치하여야 하는가?

20.09.문67
17.03.문73
14.03.문62

① 150   ② 350
③ 700   ④ 1000

해설 **연소방지설비 헤드**의 **설치기준**(NFPC 605 8조, NFTC 605 2.4.2)
(1) **천장** 또는 **벽면**에 설치하여야 한다.
(2) 헤드 간의 수평거리

스프링클러헤드	연소방지설비 전용헤드
1.5m 이하	2m 이하

(3) 소방대원의 출입이 가능한 환기구·작업구마다 지하구의 양쪽 방향으로 살수헤드를 설정하되, 한쪽 방향의 살수구역의 길이는 **3m** 이상으로 할 것(단, 환기구 사이의 간격이 **700m**를 초과할 경우에는 700m 이내마다 살수구역을 설정하되, 지하구의 구조를 고려하여 방화벽을 설치한 경우에는 제외) 보기 ③

기억법 **연방70**

비교

연결살수설비 헤드 간 수평거리

스프링클러헤드	연결살수설비 전용헤드
2.3m 이하	3.7m 이하

참고

연소방지설비
이 설비는 **700m 이하**마다 헤드를 설치하여 **지하구의 화재**를 진압하는 것이 목적이 아니고 **화재확산을 막는 것**을 주목적으로 한다.

$$살수구역수 = \frac{환기구\ 사이의\ 간격[m]}{700m} - 1(절상)$$

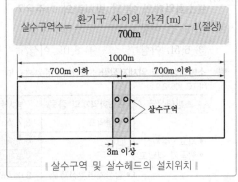

‖ 살수구역 및 살수헤드의 설치위치 ‖

답 ③

★★★
68 다음 소화기구 및 자동소화장치의 화재안전기준에 관한 설명 중 ( ) 안에 해당하는 설비가 아닌 것은?

22.09.문61
15.03.문62
07.05.문62

대형소화기를 설치하여야 할 특정소방대상물 또는 그 부분에 ( ), ( ), ( ) 또는 옥외소화전설비를 설치한 경우에는 해당 설비의 유효범위 안의 부분에 대하여는 대형소화기를 설치하지 아니할 수 있다.

① 스프링클러설비
② 제연설비
③ 물분무등소화설비
④ 옥내소화전설비

해설 **대형소화기**의 **설치면제기준**(NFPC 101 5조, NFTC 101 2.2)

면제대상	대체설비
대형소화기	• **옥**내 · **외**소화전설비 보기 ④ • **스**프링클러설비 보기 ① • **물**분무등소화설비 보기 ③

기억법 옥내외 스물대

비교

소화기의 감소기준		
감소대상	감소기준	적용설비
소형소화기	$\frac{1}{2}$	• 대형소화기
	$\frac{2}{3}$	• 옥내 · 외소화전설비 • 스프링클러설비 • 물분무등소화설비

답 ②

★★
69 차고 및 주차장에 단백포 소화약제를 사용하는
16.10.문64
12.09.문67 포소화설비를 하려고 한다. 바닥면적 1m²에 대한
포소화약제의 1분당 방사량의 기준은?

① 3.7L 이상   ② 5.0L 이상

③ 6.5L 이상   ④ 8.0L 이상

해설 **소방대상물별 약제저장량**(소화약제 기준)(NFPC 105 제12조, NFTC 105 2.9.2)

소방대상물	포소화약제의 종류	방사량
• 차고 · 주차장 • 항공기 격납고	• 수성막포	3.7L/m²분
	• 단백포	6.5L/m²분 보기 ③
	• 합성계면활성제포	8.0L/m²분
• 특수가연물 저장 · 취급소	• 수성막포 • 단백포 • 합성계면활성제포	6.5L/m²분

답 ③

★★★
70 다음 중 건식 연결송수관설비에서의 설치순서로
옳은 것은?

① 송수구 → 자동배수밸브 → 체크밸브 → 자동
배수밸브

② 송수구 → 체크밸브 → 자동배수밸브 → 체크
밸브

③ 송수구 → 체크밸브 → 자동배수밸브 → 개폐
밸브

④ 송수구 → 자동배수밸브 → 체크밸브 → 개폐
밸브

해설 **자동배수밸브** 및 **체크밸브**의 **설치**(NFTC 502 2.1.1.8.1, 2.1.1.8.2)

습 식	건 식
송수구-자동 배수밸브-체크밸브	**송**수구-**자**동배수밸브-**체**크밸브-**자**동배수밸브 기억법 송자체자건

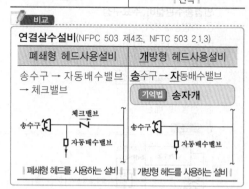

| 습식 | 건식 |

비교

연결살수설비(NFPC 503 제4조, NFTC 503 2.1.3)

폐쇄형 헤드사용설비	개방형 헤드사용설비
송수구 → 자동 배수밸브 → 체크밸브	**송**수구 → **자**동배수밸브 기억법 송자개

| 폐쇄형 헤드를 사용하는 설비 | 개방형 헤드를 사용하는 설비 |

답 ①

★★★
71 옥내소화설비의 압력수조를 이용한 가압송수장
22.04.문75
17.05.문63 치에 있어서 압력수조에 설치하는 것이 아닌 것은?

① 물올림장치

② 수위계

③ 맨홀

④ 자동식 공기압축기

해설

물올림장치 : 수원의 수위가 펌프보다 낮은 위치
에 있을 때 설치하며 **펌프**와 **풋밸브** 사이의 흡입
관 내에 항상 **물**을 **충만**시켜 펌프가 물을 흡입할
수 있도록 하는 설비

필요설비

고가수조	압력수조
• 수위계 • 배수관 • 급수관 • 맨홀 • 오버플로우관	• **수**위계 보기 ② • **배**수관 • **급**수관 • **맨**홀 보기 ③ • **급**기관 • **압**력계 • **안**전장치 • **자**동식 공기압축기 보기 ④

기억법 고오(GO!), 기안자 배급수맨

답 ①

72 5층 건물의 연면적 65000m²인 소방대상물에 설치되어야 하는 소화수조 또는 저수조의 저수량은 최소 얼마 이상이 되어야 하는가? (단, 각 층의 바닥면적은 동일하다.)

18.03.문74
11.06.문67

① 180m³ 이상

② 200m³ 이상

③ 220m³ 이상

④ 240m³ 이상

해설 (1) 1~2층 면적합계

$$65000 \times \frac{2층}{5층} = 26000m^2$$

(2) **수화수조** 또는 **저수조**의 **저수량 산출**(NFTC 402)

구 분	기준면적
지상 1층 및 2층의 바닥면적의 합계가 15000m² 이상인 소방대상물	7500m²
기 타	12500m²

15000m² 이상이므로 7500m²적용

(3) **저수량**

$$저수량 = \frac{연면적}{기준면적}(절상) \times 20m^3$$

$$= \frac{65000}{7500} = 8.67 = 9(절상)$$

$$= 9 \times 20m^3$$

$$= 180m^3$$

답 ①

73 소화수조 및 저수조의 화재안전기준에 따라 소화용수 소요수량이 50m³일 때 소화용수설비에 설치하는 채수구는 몇 개가 소요되는가?

19.09.문63
18.04.문64
16.10.문77
15.09.문77
11.03.문68

① 1

② 2

③ 3

④ 4

해설 소화수조·저수조

(1) **흡수관 투입구**

소요수량	80m³ 미만	80m³ 이상
흡수관 투입구의 수	1개 이상	2개 이상

(2) **채수구**

소요수량	20~40m³ 미만	40~100m³ 미만	100m³ 이상
채수구의 수	1개	2개 보기 ②	3개

용어

채수구
소방차의 소방호스와 접결되는 흡입구

답 ②

74 할로겐 화합물 소화약제의 저장용기에서 가압용 가스용기는 질소가스가 충전된 것으로 하고, 그 압력은 21℃에서 최대 얼마의 압력으로 축압되어야 하는가?

20.09.문80
05.09.문69

① 2.2MPa

② 3.2MPa

③ 4.2MPa

④ 5.2MPa

해설 **소화약제**의 **저장용기** 등(NFPC 107 4조, NFTC 107 2.1.3, 2.1.5, 2.1.6)

(1) 가압용 가스용기는 질소가스가 충전된 것으로 하고, 그 압력은 21℃에서 **2.5MPa** 또는 **4.2MPa**이 되도록 할 것 보기 ③

(2) 가압식 저장용기에는 **2.0MPa** 이하의 압력으로 조정할 수 있는 **압력조정장치**를 설치할 것

(3) 하나의 구역을 담당하는 소화약제 저장용기의 소화약제량의 체적합계보다 그 소화약제 방출시 방출경로가 되는 배관(집합관 포함)의 내용적이 **1.5배 이상**일 경우에는 해당 방호구역에 대한 설비는 **별도 독립방식**으로 할 것

중요

할론소화약제 저장용기의 설치기준

구 분		할론 1301	할론 1211	할론 2402
저장압력		2.5MPa 또는 4.2MPa	1.1MPa 또는 2.5MPa	–
방출압력		0.9MPa	0.2MPa	0.1MPa
충전비	가압식	0.9~1.6 이하	0.7~1.4 이하	0.51~0.67 미만
	축압식			0.67~2.75 이하

(1) 축압식 저장용기의 압력은 온도 20℃에서 **할론 1211**을 저장하는 것은 1.1MPa 또는 2.5MPa, **할론 1301**을 저장하는 것은 2.5MPa 또는 4.2MPa이 되도록 **질소가스**로 축압할 것

(2) 저장용기의 충전비는 **할론 2402**를 저장하는 것 중 **가압식** 저장용기는 0.51 이상 0.67 미만, **축압식** 저장용기는 0.67 이상 2.75 이하, **할론 1211**은 0.7 이상 1.4 이하, **할론 1301**은 0.9 이상 1.6 이하로 할 것

답 ③

75 스프링클러설비의 화재안전기준상 가압송수장치에서 폐쇄형 스프링클러헤드까지 배관 내에 항상 물이 가압되어 있다가 화재로 인한 열로 폐쇄형 스프링클러헤드가 개방되면 배관 내에 유수가 발생하여 습식 유수검지장치가 작동하게 되는 스프링클러설비는?
① 건식 스프링클러설비
② 습식 스프링클러설비
③ 부압식 스프링클러설비
④ 준비작동식 스프링클러설비

해설 **스프링클러설비의 종류**

종 류	설 명	헤 드
습식 스프링클러설비 보기 ②	**습식** 밸브의 **1차측** 및 **2차측** 배관 내에 항상 **가압수**가 충수되어 있다가 화재발생시 열에 의해 헤드가 개방되어 소화한다.	폐쇄형
건식 스프링클러설비	**건식** 밸브의 **1차측**에는 **가압수**, **2차측**에는 **공기**가 압축되어 있다가 화재발생시 열에 의해 헤드가 개방되어 소화한다.	폐쇄형
준비작동식 스프링클러설비	① **준비작동밸브**의 **1차측**에는 **가압수**, 2차측에는 **대기압** 상태로 있다가 화재발생시 감지기에 의하여 **준비작동밸브**(preaction valve)를 개방하여 헤드까지 가압수를 송수시켜 놓고 열에 의해 헤드가 개방되면 소화한다. ② **화재감지기**의 작동에 의해 밸브가 개방되고 다시 열에 의해 **헤드**가 개방되는 방식이다. • 준비작동밸브=준비작동식밸브	폐쇄형
부압식 스프링클러설비	준비작동식 밸브의 **1차측**에는 **가압수**, 2차측에는 **부압**(진공) 상태로 있다가 화재발생시 감지기에 의하여 준비작동식 밸브(preaction valve)를 개방하여 헤드까지 가압수를 송수시켜 놓고 열에 의해 헤드가 개방되면 소화한다.	폐쇄형
일제살수식 스프링클러설비	**일제개방밸브**의 **1차측**에는 **가압수**, 2차측에는 **대기압**상태로 있다가 화재발생시 감지기에 의하여 **일제개방밸브**(deluge valve)가 개방되어 소화한다.	개방형

답 ②

76 할로겐화합물 및 불활성기체 소화설비의 화재안전기준에 따른 할로겐화합물 및 불활성기체 소화설비의 배관설치기준으로 틀린 것은?
① 강관을 사용하는 경우의 배관은 입력배관용 탄소강관(KS D 3562) 또는 이와 동등 이상의 강도를 가진 것으로 사용할 것
② 강관을 사용하는 경우의 배관은 아연도금 등에 따라 방식처리된 것을 사용할 것
③ 배관은 전용으로 할 것
④ 동관을 사용하는 경우 배관은 이음이 많고 동 및 동합금관(KS D 5301)의 것을 사용할 것

해설 ④ 이음이 많고 → 이음이 없는

할로겐화합물 및 불활성기체 소화설비의 배관설치기준
(NFPC 107A 10조, NFTC 107A 2.7.1.2)

강 관	동 관
압력배관용 탄소강관(KS D 3562) 또는 이와 동등 이상의 강도를 가진 것으로서 **아연도금** 등에 따라 방식처리된 것	**이음이 없는 동** 및 **동합금관** (KS D 5301) 보기 ④

답 ④

77 분말소화설비의 소화약제 중 차고 또는 주차장에 사용할 수 있는 것은?

17.09.문10
17.09.문67
17.03.문04
16.10.문06
16.10.문10
16.05.문15
16.05.문17
16.05.문64
16.03.문09
16.03.문11
15.09.문01
15.05.문08
14.09.문10
14.05.문17
14.03.문03
12.03.문13

① 탄산수소나트륨을 주성분으로 한 분말
② 탄산수소칼륨을 주성분으로 한 분말
③ 탄산수소칼륨과 요소가 화합된 분말
④ 인산염을 주성분으로 한 분말

해설 **분말소화약제**

종 별	분자식	착 색	적응화재	비 고
제1종	중탄산나트륨 ($NaHCO_3$)	백색	BC급	**식용유** 및 **지방질유**의 화재에 적합
제**2**종	중탄산칼륨 ($KHCO_3$)	담자색 (담회색)	BC급	–
제3종	제1인산암모늄 ($NH_4H_2PO_4$) 보기 ④	담홍색	ABC급	**차고·주차장**에 적합
제4종	중탄산칼륨 +요소 ($KHCO_3$ + $(NH_2)_2CO$)	회(백)색	BC급	–

- 중탄산나트륨=탄산수소나트륨
- 중탄산칼륨=탄산**수소칼**륨
- 제1인산암모늄=인산암모늄=인산염 보기 ④
- 중탄산칼륨+요소=탄산수소칼륨+요소

기억법 2수칼(**이수**역에 **칼**이 있다.)

답 ④

78
22.09.문68
18.03.문64
17.05.문70
17.03.문72
17.03.문80
16.05.문67
13.06.문62
09.03.문79

차고·주차장의 부분에 호스릴포소화설비 또는 포소화전설비를 설치할 수 있는 기준 중 틀린 것은?

① 지상 1층으로서 지붕이 없는 부분
② 고가 밑의 주차장 등으로서 주된 벽이 없고 기둥뿐이거나 주위가 위해방지용 철주 등으로 둘러싸인 부분
③ 옥외로 통하는 개구부가 상시 개방된 구조의 부분으로서 그 개방된 부분의 합계면적이 해당 차고 또는 주차장의 바닥면적의 20% 이상인 부분
④ 완전개방된 옥상주차장

해설 ③ 무관한 내용

포소화설비의 **적응대상**(NFPC 105 4조, NFTC 105 2.1.1)

특정소방대상물	설비 종류
• 차고·주차장 • 항공기격납고 • 공장·창고(특수가연물 저장·취급)	• 포워터스프링클러설비 • 포헤드설비 • 고정포방출설비 • 압축공기포소화설비
• 완전개방된 옥상주차장(주된 벽이 없고 기둥뿐이거나 주위가 위해방지용 철주 등으로 둘러싸인 부분) 보기 ④ • **지상 1층**으로서 지붕이 없는 차고·주차장 보기 ① • 고가 밑의 주차장(주된 벽이 없고 기둥뿐이거나 주위가 위해방지용 철주 등으로 둘러싸인 부분) 보기 ②	• 호스릴포소화설비 • 포소화전설비
• 발전기실 • 엔진펌프실 • 변압기 • 전기케이블실 • 유압설비	• 고정식 압축공기포소화설비(바닥면적 합계 300m² 미만)

답 ③

79
17.05.문63
06.09.문79

건축물의 층수가 40층인 특별피난계단의 계단실 및 부속실 제연설비의 비상전원은 몇 분 이상 유효하게 작동할 수 있어야 하는가?

① 20
② 30
③ 40
④ 60

해설 **비상전원 용량**

설비의 종류	비상전원 용량
• **자**동화재탐지설비 • 비상**경**보설비 • **자**동화재속보설비	**10**분 이상
• 유도등 • 비상콘센트설비 • 제연설비 • 물분무소화설비 • 옥내소화전설비(30층 미만) • 특별피난계단의 계단실 및 부속실 제연설비(30층 미만)	20분 이상
• 무선통신보조설비의 **증**폭기	30분 이상
• 옥내소화전설비(30~49층 이하) • 특별피난계단의 계단실 및 부속실 제연설비(30~49층 이하) • 연결송수관설비(30~49층 이하) • 스프링클러설비(30~49층 이하)	**40**분 이상 보기 ③
• 유도등·비상조명등(지하상가 및 11층 이상) • 옥내소화전설비(50층 이상) • 특별피난계단의 계단실 및 부속실 제연설비(50층 이상) • 연결송수관설비(50층 이상) • 스프링클러설비(50층 이상)	60분 이상

기억법 경자비1(**경자**라는 이름은 **비일**비재하게 많다.)
3층(**3중**고)

답 ③

80
22.09.문67
22.04.문63
20.08.문77
19.04.문76
16.03.문74
15.03.문61
13.03.문70

피난기구의 화재안전기준에 따른 피난기구의 설치 및 유지에 관한 사항 중 틀린 것은?

① 피난기구를 설치하는 개구부는 서로 동일 직선상이 아닌 위치에 있을 것
② 4층 이상의 층에 설치하는 피난사다리는 고강도 경량폴리에틸렌 재질을 사용할 것
③ 피난기구는 특정소방대상물의 기둥·바닥 및 보 등 구조상 견고한 부분에 볼트조임·매입 및 용접 기타의 방법으로 견고하게 부착할 것
④ 완강기 로프 길이는 부착위치에서 피난상 유효한 착지면까지의 길이로 할 것

해설 ② 고강도 경량폴리에틸렌 재질을 사용할 것 → 금속성 고정사다리를 설치할 것

피난기구의 **설치기준**(NFPC 301 5조, NFTC 301 2.1.3)
(1) 피난기구는 계단·피난구 기타 피난시설로부터 적당한 거리에 있는 안전한 구조로 된 피난 또는 소화활동상 유효한 개구부(가로 **0.5m** 이상, 세로 **1m** 이상)에 고정하여 설치하거나 필요한 때에 신속하고 유효하게 설치할 수 있는 상태에 둘 것

(2) 피난기구는 특정소방대상물의 **기둥·바닥** 및 **보** 등 구조상 견고한 부분에 볼트조임·매입 및 용접 등의 방법으로 견고하게 부착할 것 보기 ③

(3) **4층 이상**의 층에 피난사다리(하향식 피난구용 내림식사다리 제외)를 설치하는 경우에는 **금속성 고정사다리**를 설치하고, 당해 고정사다리에는 쉽게 피난할 수 있는 구조의 **노대**를 설치할 것 보기 ②

(4) 완강기는 강하시 로프가 건축물 또는 구조물 등과 접촉하여 손상되지 않도록 하고, 로프의 길이는 부착위치에서 지면 또는 기타 피난상 유효한 **착지면**까지의 **길이**로 할 것 보기 ④

(5) 피난기구를 설치하는 **개구부**는 서로 **동일 직선상**이 아닌 **위치**에 있을 것 보기 ①

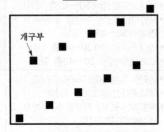

| 동일 직선상이 아닌 위치 |

답 ②

2023. 9. 2 시행

┃2023년 기사 제4회 필기시험 CBT 기출복원문제┃				수험번호	성명
자격종목 소방설비기사(기계분야)	종목코드	시험시간 2시간	형별		

※ 각 문항은 4지택일형으로 질문에 가장 적합한 보기 항을 선택하여 체크하여야 합니다.

제1과목 소방원론

★★★
01 방호공간 안에서 화재의 세기를 나타내고 화재가 진행되는 과정에서 온도에 따라 변하는 것으로 온도 – 시간 곡선으로 표시할 수 있는 것은?

19.04.문16
02.03.문19

유사문제부터 풀어보세요. 실력이 팍!팍! 올라갑니다.

① 화재저항
② 화재가혹도
③ 화재하중
④ 화재플럼

해설

구 분	화재하중 (fire load)	화재가혹도 (fire severity)
정의	화재실 또는 화재구획의 단위바닥면적에 대한 등가 가연물량값	① 화재의 양과 질을 반영한 화재의 강도 ② 방호공간 안에서 화재의 세기를 나타냄 보기 ②
계산식	화재하중 $$q = \dfrac{\Sigma G_t H_t}{HA} = \dfrac{\Sigma Q}{4500A}$$ 여기서, q : 화재하중[kg/m²] G_t : 가연물의 양[kg] H_t : 가연물의 단위발열량 [kcal/kg] H : 목재의 단위발열량 [kcal/kg] A : 바닥면적[m²] ΣQ : 가연물의 전체 발열량[kcal]	화재가혹도 =지속시간×최고온도 보기 ② 화재시 지속시간이 긴 것은 가연물량이 많은 양적 개념이며, 연소시 최고온도는 최성기 때의 온도로서 화재의 질적 개념이다.
비교	① 화재의 **규모**를 판단하는 척도 ② **주수시간**을 결정하는 인자	① 화재의 **강도**를 판단하는 척도 ② **주수율**을 결정하는 인자

용어

화재플럼	화재저항
상승력이 커진 부력에 의해 연소가스와 유입공기가 상승하면서 화염이 섞인 연기 기둥형태를 나타내는 현상	화재시 최고온도의 지속시간을 견디는 내력

답 ②

★★★
02 소화원리에 대한 일반적인 소화효과의 종류가 아닌 것은?

22.04.문05
17.09.문03
12.09.문09

① 질식소화
② 기압소화
③ 제거소화
④ 냉각소화

해설 소화의 형태

구 분	설 명
냉각소화 보기 ④	① **점화원**을 냉각하여 소화하는 방법 ② **증발잠열**을 이용하여 열을 빼앗아 가연물의 온도를 떨어뜨려 화재를 진압하는 소화방법 ③ **다량의 물**을 뿌려 소화하는 방법 ④ 가연성 물질을 **발화점 이하**로 **냉각**하여 소화하는 방법 ⑤ **식용유화재**에 신선한 **야채**를 넣어 소화하는 방법 ⑥ 용융잠열에 의한 **냉각효과**를 이용하여 소화하는 방법 **기억법** 냉점증발
질식소화 보기 ①	① 공기 중의 **산소농도**를 16%(10~15%) 이하로 희박하게 하여 소화하는 방법 ② 산화제의 농도를 낮추어 연소가 지속될 수 없도록 소화하는 방법 ③ 산소공급을 차단하여 소화하는 방법 ④ 산소의 농도를 낮추어 소화하는 방법 ⑤ 화학반응으로 발생한 **탄산가스**에 의한 소화방법 **기억법** 질산
제거소화 보기 ③	**가연물**을 **제거**하여 소화하는 방법

부촉매 소화 (=화학 소화)	① **연쇄반응**을 **차단**하여 소화하는 방법 ② 화학적인 방법으로 화재를 억제하여 소화 하는 방법 ③ **활성기**(free radical, 자유라디칼)의 **생성** 을 **억제**하여 소화하는 방법 ④ 할론계 소화약제 기억법 **부역(부엌)**
희석소화	① 기체·고체·액체에서 나오는 분해가스 나 증기의 농도를 낮춰 소화하는 방법 ② 불연성 가스의 **공기** 중 **농도**를 높여 소화 하는 방법

답 ②

03

★★

17.03.문52

위험물안전관리법상 위험물의 정의 중 다음 (　)
안에 알맞은 것은?

> 위험물이라 함은 (㉠) 또는 발화성 등의
> 성질을 가지는 것으로서 (㉡)이/가 정하는
> 물품을 말한다.

① ㉠ 인화성, ㉡ 대통령령
② ㉠ 휘발성, ㉡ 국무총리령
③ ㉠ 인화성, ㉡ 국무총리령
④ ㉠ 휘발성, ㉡ 대통령령

해설 **위험물법 2조**
용어의 정의

용어	뜻
위험물	**인화성** 또는 **발화성** 등의 성질을 가지는 것으 로서 **대통령령**이 정하는 물품 보기 ①
지정수량	위험물의 종류별로 위험성을 고려하여 대 통령령이 정하는 수량으로서 제조소 등의 설치허가 등에 있어서 **최저**의 기준이 되 는 **수량**
제조소	위험물을 제조할 목적으로 **지정수량 이 상**의 위험물을 취급하기 위하여 허가를 받은 장소
저장소	지정수량 이상의 위험물을 저장하기 위한 **대통령령**이 정하는 장소
취급소	지정수량 이상의 위험물을 제조 외의 목 적으로 취급하기 위한 대통령령이 정하 는 장소
제조소 등	제조소·저장소·취급소

답 ①

04

★★★

21.03.문14
18.04.문05
15.09.문02
14.05.문05
14.03.문10
12.03.문01
11.06.문09
11.03.문12
10.05.문11

인화점이 낮은 것부터 높은 순서로 옳게 나열된
것은?

① 에틸알코올<이황화탄소<아세톤
② 이황화탄소<에틸알코올<아세톤
③ 에틸알코올<아세톤<이황화탄소
④ 이황화탄소<아세톤<에틸알코올

해설

물 질	인화점	착화점
•프로필렌	−107℃	497℃
•에틸에터· 다이에틸에터	−45℃	180℃
•가솔린(휘발유)	−43℃	300℃
•이황화탄소	−30℃	100℃
•아세틸렌	−18℃	335℃
•아세톤	−18℃	538℃
•벤젠	−11℃	562℃
•톨루엔	4.4℃	480℃
•에틸알코올	13℃	423℃
•아세트산	40℃	−
•등유	43~72℃	210℃
•경유	50~70℃	200℃
•적린	−	260℃

답 ④

05

★★★

22.03.문09
21.09.문03
19.04.문13
17.03.문14
15.03.문14
14.05.문07
12.05.문14

상온·상압의 공기 중에서 탄화수소류의 가연물
을 소화하기 위한 이산화탄소 소화약제의 농도
는 약 몇 %인가? (단, 탄화수소류는 산소농도가
10%일 때 소화된다고 가정한다.)

① 28.57　　　　② 35.48
③ 49.56　　　　④ 52.38

해설 (1) **기호**
- O_2 : 10%

(2) **CO_2의 농도**(이론소화농도)

$$CO_2 = \frac{21 - O_2}{21} \times 100$$

여기서, CO_2 : CO_2의 이론소화농도[vol%] 또는 약식
  으로 [%]
  O_2 : 한계산소농도[vol%] 또는 약식으로 [%]

$$CO_2 = \frac{21 - O_2}{21} \times 100 = \frac{21 - 10}{21} \times 100 ≒ 52.38\%$$

답 ④

06

★★★

19.09.문14
19.04.문02
18.03.문14
17.09.문16
13.03.문16
12.03.문10
08.09.문05

건축물에 설치하는 방화벽의 구조에 대한 기준
중 틀린 것은?

① 내화구조로서 홀로 설 수 있는 구조이어야
 한다.
② 방화벽의 양쪽 끝은 지붕면으로부터 0.2m
 이상 튀어나오게 하여야 한다.
③ 방화벽의 위쪽 끝은 지붕면으로부터 0.5m
 이상 튀어나오게 하여야 한다.
④ 방화벽에 설치하는 출입문은 너비 및 높이가
 각각 2.5m 이하로 해당 출입문에는 60분+
 방화문 또는 60분 방화문을 설치하여야 한다.

해설

② 0.2m → 0.5m

건축령 제57조
방화벽의 구조

대상 건축물	• 주요구조부가 내화구조 또는 불연재료가 아닌 연면적 $1000m^2$ 이상인 건축물
구획단지	• 연면적 $1000m^2$ 미만마다 구획
방화벽의 구조	• 내화구조로서 홀로 설 수 있는 구조일 것 보기① • 방화벽의 양쪽 끝과 위쪽 끝을 건축물의 외벽면 및 지붕면으로부터 **0.5m** 이상 튀어나오게 할 것 보기②③ • 방화벽에 설치하는 **출입문의 너비** 및 높이는 각각 **2.5m** 이하로 하고 해당 출입문에는 60분+방화문 또는 60분 방화문을 설치할 것 보기④

답 ②

⭐⭐⭐
07 분말소화약제 중 탄산수소칼륨($KHCO_3$)과 요소(($NH_2)_2CO$)와의 반응물을 주성분으로 하는 소화약제는?

22.04.문18
20.09.문07
19.03.문01
18.04.문06
17.09.문10
17.03.문18
16.10.문06
16.10.문10
16.05.문16
16.03.문09
16.03.문11
15.05.문08
12.09.문15
09.03.문01

① 제1종 분말
② 제2종 분말
③ 제3종 분말
④ 제4종 분말

해설 **분말소화약제**

종 별	분자식	착 색	적응화재	비 고
제**1**종	탄산수소나트륨 ($NaHCO_3$)	백색	BC급	**식용유** 및 **지방질유**의 화재에 적합 **기억법** **1식분**(일식 분식)
제2종	탄산수소칼륨 ($KHCO_3$)	담자색 (담회색)	BC급	–
제3종	제1인산암모늄 ($NH_4H_2PO_4$)	담홍색	ABC급	**차고 · 주차장**에 적합 **기억법** 3분 차주 (삼보 컴퓨터 **차주**)
제4종 보기④	**탄산수소칼륨 +요소** ($KHCO_3$+ ($NH_2)_2CO$)	회(백)색	BC급	–

답 ④

⭐
08 가스 A가 40vol%, 가스 B가 60vol%로 혼합된 가스의 연소하한계는 몇 vol%인가? (단, 가스 A의 연소하한계는 4.9vol%이며, 가스 B의 연소하한계는 4.15vol%이다.)

13.09.문05

① 1.82
② 2.02
③ 3.22
④ 4.42

해설 **폭발하한계**

$$\frac{100}{L} = \frac{V_1}{L_1} + \frac{V_2}{L_2} + \cdots\cdots + \frac{V_n}{L_n}$$

여기서, L : 혼합가스의 폭발하한계[vol%]
L_1, L_2, L_n : 가연성 가스의 폭발하한계[vol%]
V_1, V_2, V_n : 가연성 가스의 용량[vol%]

폭발하한계 L 은

$$L = \frac{100}{\dfrac{V_1}{L_1} + \dfrac{V_2}{L_2} + \cdots\cdots + \dfrac{V_n}{L_n}}$$

$$= \frac{100}{\dfrac{40}{4.9} + \dfrac{60}{4.15}}$$

$$≒ 4.42 vol\%$$

연소하한계 = 폭발하한계

답 ④

⭐⭐⭐
09 BLEVE 현상을 설명한 것으로 가장 옳은 것은?

19.09.문15
18.09.문08
17.03.문17
16.05.문02
15.03.문01
14.09.문12
14.03.문01
09.05.문10
05.09.문07
05.05.문07
03.03.문11
02.03.문20

① 물이 뜨거운 기름 표면 아래에서 끓을 때 화재를 수반하지 않고 Over flow되는 현상
② 물이 연소유의 뜨거운 표면에 들어갈 때 발생되는 Over flow 현상
③ 탱크바닥에 물과 기름의 에멀션이 섞여 있을 때 물의 비등으로 인하여 급격하게 Over flow되는 현상
④ 탱크 주위 화재로 탱크 내 인화성 액체가 비등하고 가스부분의 압력이 상승하여 탱크가 파괴되고 폭발을 일으키는 현상

해설 **가스탱크 · 건축물 내에서 발생하는 현상**
(1) 가스탱크

현 상	정 의
블래비 (BLEVE)	• 과열상태의 탱크에서 내부의 액화가스가 분출하여 기화되어 폭발하는 현상 • 탱크 주위 화재로 탱크 내 인화성 액체가 비등하고 가스부분의 압력이 상승하여 탱크가 파괴되고 폭발을 일으키는 현상 보기④

(2) 건축물 내

현 상	정 의
플래시오버 (flash over)	• 화재로 인하여 실내의 온도가 급격히 상승하여 화재가 순간적으로 실내 전체에 확산되어 연소되는 현상
백드래프트 (back draft)	• **통기력**이 좋지 않은 상태에서 연소가 계속되어 산소가 심히 부족한 상태가 되었을 때 **개구부**를 통하여 산소가 공급되면 실내의 가연성 혼합기가 공급되는 **산소의 방향**과 **반대**로 흐르며 급격히 연소하는 현상 • 소방대가 소화활동을 위하여 화재실의 문을 개방할 때 신선한 공기가 유입되어 실내에 축적되었던 가연성 가스가 **단시간**에 **폭발적**으로 **연소**함으로써 화재가 폭풍을 동반하며 **실외**로 **분출**되는 현상

🔊 중요

유류탱크에서 **발생**하는 **현상**

현 상	정 의
보일오버 (boil over)	• 중질유의 석유탱크에서 장시간 조용히 연소하다 탱크 내의 잔존기름이 갑자기 분출하는 현상 • 유류탱크에서 탱크바닥에 물과 기름의 **에멀션**이 섞여 있을 때 이로 인하여 화재가 발생하는 현상 • 연소유면으로부터 100℃ 이상의 열파가 탱크 **저부**에 고여 있는 물을 비등하게 하면서 연소유를 탱크 밖으로 비산시키며 연소하는 현상 **기억법** 보저(보자기)
오일오버 (oil over)	• 저장탱크에 저장된 유류저장량이 내용적의 50% 이하로 충전되어 있을 때 화재로 인하여 탱크가 폭발하는 현상
프로스오버 (froth over)	• 물이 점성의 뜨거운 기름 표면 아래에서 끓을 때 화재를 수반하지 않고 용기가 넘치는 현상
슬롭오버 (slop over)	• 물이 연소유의 뜨거운 표면에 들어갈 때 기름 표면에서 화재가 발생하는 현상 • 유화제로 소화하기 위한 물이 수분의 급격한 증발에 의하여 액면이 거품을 일으키면서 열유층 밑의 냉유가 급히 열팽창하여 기름의 일부가 불이 붙은 채 탱크벽을 넘어서 일출하는 현상

답 ④

⭐⭐⭐
10 제1종 분말소화약제의 열분해반응식으로 옳은 것은?

19.03.문01
18.04.문06
17.09.문10
16.10.문06
16.10.문10
16.10.문11
16.05.문15
16.05.문17
16.03.문09
15.09.문01
15.05.문08
14.09.문10

① $2NaHCO_3 \rightarrow Na_2CO_3 + CO_2 + H_2O$
② $2KHCO_3 \rightarrow K_2CO_3 + CO_2 + H_2O$
③ $2NaHCO_3 \rightarrow Na_2CO_3 + 2CO_2 + H_2O$
④ $2KHCO_3 \rightarrow K_2CO_3 + 2CO_2 + H_2O$

해설 분말소화기(질식효과)

종 별	소화약제	약제의 착색	화학반응식	적응 화재
제1종	탄산수소 나트륨 ($NaHCO_3$)	백색	$2NaHCO_3 \rightarrow$ $Na_2CO_3 + CO_2 + H_2O$ 보기 ①	BC급
제2종	탄산수소 칼륨 ($KHCO_3$)	담자색 (담회색)	$2KHCO_3 \rightarrow$ $K_2CO_3 + CO_2 + H_2O$	BC급
제3종	인산암모늄 ($NH_4H_2PO_4$)	담홍색	$NH_4H_2PO_4 \rightarrow$ $HPO_3 + NH_3 + H_2O$	AB C급
제4종	탄산수소 칼륨+요소 ($KHCO_3 +$ $(NH_2)_2CO$)	회(백)색	$2KHCO_3 +$ $(NH_2)_2CO \rightarrow$ $K_2CO_3 +$ $2NH_3 + 2CO_2$	BC급

• 탄산수소나트륨 = 중탄산나트륨
• 탄산수소칼륨 = 중탄산칼륨
• 제1인산암모늄 = 인산암모늄 = 인산염
• 탄산수소칼륨 + 요소 = 중탄산칼륨 + 요소

답 ①

⭐⭐⭐
11 열경화성 플라스틱에 해당하는 것은?

20.09.문04
18.03.문03
13.06.문15
10.09.문07
06.05.문20

① 폴리에틸렌
② 염화비닐수지
③ 페놀수지
④ 폴리스티렌

해설 합성수지의 화재성상

열가소성 수지	열경화성 수지
• PVC수지 • **폴리에틸렌**수지 • **폴리스티렌**수지	• 페놀수지 보기 ③ • 요소수지 • 멜라민수지

• 수지 = 플라스틱

🏷 용어

열가소성 수지	열경화성 수지
열에 의해 변형되는 수지	열에 의해 변형되지 않는 수지

기억법 열가P폴

답 ③

12 제4류 위험물의 물리·화학적 특성에 대한 설명
18.09.문07 으로 틀린 것은?

① 증기비중은 공기보다 크다.

② 정전기에 의한 화재발생위험이 있다.

③ 인화성 액체이다.

④ 인화점이 높을수록 증기발생이 용이하다.

해설

④ 인화점이 높을수록 → 인화점이 낮을수록

제4류 위험물

(1) 증기비중은 공기보다 크다. 보기 ①

(2) 정전기에 의한 화재발생위험이 있다. 보기 ②

(3) 인화성 액체이다. 보기 ③

(4) 인화점이 낮을수록 증기발생이 용이하다. 보기 ④

(5) 상온에서 **액체상태**이다(**가연성 액체**).

(6) 상온에서 **안정**하다.

답 ④

13 폭굉(detonation)에 관한 설명으로 틀린 것은?
22.04.문13
16.05.문14 ① 연소속도가 음속보다 느릴 때 나타난다.
03.05.문10 ② 온도의 상승은 충격파의 압력에 기인한다.

③ 압력상승은 폭연의 경우보다 크다.

④ 폭굉의 유도거리는 배관의 지름과 관계가 있다.

해설

① 느릴 때 → 빠를 때

연소반응(전파형태에 따른 분류)

폭연(deflagration)	폭굉(detonation)
연소속도가 음속보다 느릴 때 발생	① 연소속도가 음속보다 빠를 때 발생 보기 ① ② 온도의 상승은 **충격파**의 압력에 기인한다. 보기 ② ③ 압력상승은 **폭연**의 경우보다 **크다**. 보기 ③ ④ 폭굉의 **유도거리**는 배관의 **지름**과 **관계**가 있다. 보기 ④

※ **음속** : 소리의 속도로서 약 **340m/s**이다.

답 ①

14 비수용성 유류의 화재시 물로 소화할 수 없는 이
19.03.문04 유는?
15.09.문06
15.09.문13 ① 인화점이 변하기 때문
14.03.문06
12.09.문16 ② 발화점이 변하기 때문
12.05.문05
③ 연소면이 확대되기 때문

④ 수용성으로 변하여 인화점이 상승하기 때문

해설 경유화재시 주수소화가 부적당한 이유
물보다 비중이 가벼워 물 위에 떠서 **화재면 확대**의 우려가 있기 때문이다.(연소면 확대)

중요

주수소화(물소화)시 위험한 물질

위험물	발생물질
• 무기과산화물	**산소**(O_2) 발생
• 금속분 • 마그네슘 • 알루미늄 • 칼륨 • 나트륨 • 수소화리튬	**수소**(H_2) 발생
• 가연성 액체의 유류화재(경유)	**연소면**(화재면) 확대

답 ③

15 포소화약제 중 고팽창포로 사용할 수 있는 것은?
17.09.문05
15.05.문09 ① 단백포   ② 불화단백포
15.05.문20
13.06.문03 ③ 내알코올포   ④ 합성계면활성제포

해설 **포소화약제**

저팽창포	고팽창포
• 단백포소화약제 • 수성막포소화약제 • 내알코올형포소화약제 • 불화단백포소화약제 • 합성계면활성제포소화약제	• **합**성계면활성제포소화약제 보기 ④ 기억법 **고합**(고합그룹)

• 저팽창포＝저발포
• 고팽창포＝고발포

중요

포소화약제의 **특징**

약제의 종류	특 징
단백포	• 흑갈색이다. • 냄새가 지독하다. • 포안정제로서 **제1철염**을 첨가한다. • 다른 포약제에 비해 **부식성**이 크다.
수성막포	• 안전성이 좋아 장기보관이 가능하다. • 내약품성이 좋아 **분말소화약제**와 **겸용** 사용이 가능하다. • 석유류 표면에 신속히 피막을 형성하여 유류증발을 억제한다. • 일명 AFFF(Aqueous Film Forming Foam)라고 한다. • 점성이 작기 때문에 가연성 기름의 표면에서 쉽게 피막을 형성한다. • 단백포 소화약제와도 병용이 가능하다. 기억법 **분수**

내알코올형포 (내알코올포)	• 알코올류 위험물(**메탄올**)의 소화에 사용한다. • 수용성 유류화재(**아세트알데하이드, 에스터류**)에 사용한다. • 가연성 액체에 사용한다.
불화단백포	• 소화성능이 가장 우수하다. • 단백포와 수성막포의 결점인 열안정성을 보완시킨다. • **표면하 주입방식**에도 적합하다.
합성계면 활성제포	• **저**팽창포와 **고**팽창포 모두 사용 가능하다. • 유동성이 좋다. • 카바이트 저장소에는 부적합하다.

기억법 합저고

답 ④

★★★ 16 할로젠원소의 소화효과가 큰 순서대로 배열된 것은?

17.09.문15
15.03.문16
12.03.문04

① I > Br > Cl > F
② Br > I > F > Cl
③ Cl > F > I > Br
④ F > Cl > Br > I

해설 **할론소화약제**

부촉매효과(소화효과) 크기	전기음성도(친화력) 크기
I > Br > Cl > F	F > Cl > Br > I

• 소화효과=소화능력
• 전기음성도 크기=수소와의 결합력 크기

중요

할로젠족 원소
(1) 불소 : **F**
(2) 염소 : **Cl**
(3) 브로민(취소) : **Br**
(4) 아이오딘(옥소) : **I**

기억법 FClBrI

답 ①

★★ 17 인화알루미늄의 화재시 주수소화하면 발생하는 물질은?

20.06.문12
18.04.문18

① 수소
② 메탄
③ 포스핀
④ 아세틸렌

해설 **인화알루미늄**과 물과의 반응식 보기 ③

$AlP + 3H_2O \rightarrow Al(OH)_3 + PH_3$
인화알루미늄 물   수산화알루미늄 포스핀=인화수소

 비교

(1) 인화칼슘과 물의 반응식
$Ca_3P_2 + 6H_2O \rightarrow 3Ca(OH)_2 + 2PH_3\uparrow$
인화칼슘 물   수산화칼슘 포스핀
(2) 탄화알루미늄과 물의 반응식
$Al_4C_3 + 12H_2O \rightarrow 4Al(OH)_3 + 3CH_4\uparrow$
탄화알루미늄 물   수산화알루미늄 메탄

답 ③

★★★ 18 Fourier법칙(전도)에 대한 설명으로 틀린 것은?

18.03.문13
17.09.문35
17.05.문33
16.10.문40

① 이동열량은 전열체의 단면적에 비례한다.
② 이동열량은 전열체의 두께에 비례한다.
③ 이동열량은 전열체의 열전도도에 비례한다.
④ 이동열량은 전열체 내·외부의 온도차에 비례한다.

해설 ② 비례 → 반비례

공식
(1) **전도**

$$Q = \frac{kA(T_2 - T_1) \leftarrow 비례}{l \leftarrow 반비례}$$

여기서, Q : 전도열〔W〕
k : 열전도율〔W/m·K〕
A : 단면적〔m²〕
$(T_2 - T_1)$: 온도차〔K〕
l : 벽체 두께〔m〕

(2) **대류**

$$Q = h(T_2 - T_1)$$

여기서, Q : 대류열〔W/m²〕
h : 열전달률〔W/m²·℃〕
$(T_2 - T_1)$: 온도차〔℃〕

(3) **복사**

$$Q = aAF(T_1{}^4 - T_2{}^4)$$

여기서, Q : 복사열〔W〕
a : 스테판-볼츠만 상수〔W/m²·K⁴〕
A : 단면적〔m²〕
F : 기하학적 Factor
T_1 : 고온〔K〕
T_2 : 저온〔K〕

 중요

열전달의 종류

종류	설명	관련 법칙
전도 (conduction)	하나의 물체가 다른 물체와 직접 **접촉**하여 열이 이동하는 현상	**푸리에**(Fourier) 의 법칙

대류 (convection)	**유체**의 흐름에 의하여 열이 이동하는 현상	**뉴턴**의 법칙
복사 (radiation)	① 화재시 화원과 **격리**된 인접 가연물에 불이 옮겨 붙는 현상 ② 열전달 **매질**이 **없이** 열이 전달되는 형태 ③ 열에너지가 **전자파**의 형태로 옮겨지는 현상으로, **가장 크게 작용**한다.	**스테판-볼츠만**의 법칙

답 ②

⭐⭐⭐ 19 위험물의 유별 성질이 자연발화성 및 금수성 물질은 제 몇류 위험물인가?

17.05.문13
14.03.문51
13.03.문19

① 제1류 위험물
② 제2류 위험물
③ 제3류 위험물
④ 제4류 위험물

해설 위험물령 〔별표 1〕
위험물

유별	성질	품명
제1류	산화성 고체	• 아염소산염류 • 염소산염류 • 과염소산염류 • 질산염류 • 무기과산화물
제2류	가연성 고체	• 황화인 • **적린** • **황** • **철분** • 마그네슘
제3류	**자연발화성 물질** 및 **금수성 물질** 보기 ③	• 황린 • 칼륨 • 나트륨
제4류	인화성 액체	• 특수인화물 • 알코올류 • 석유류 • 동식물유류
제5류	자기반응성 물질	• 나이트로화합물 • 유기과산화물 • 나이트로소화합물 • 아조화합물 • 질산에스터류(셀룰로이드)
제6류	산화성 액체	• 과염소산 • 과산화수소 • 질산

답 ③

⭐ 20 물소화약제를 어떠한 상태로 주수할 경우 전기화재의 진압에서도 소화능력을 발휘할 수 있는가?

19.04.문14

① 물에 의한 봉상주수
② 물에 의한 적상주수
③ 물에 의한 무상주수
④ 어떤 상태의 주수에 의해서도 효과가 없다.

해설 전기화재(변전실화재) 적응방법
(1) 무상주수 보기 ③
(2) 할론소화약제 방사
(3) 분말소화설비
(4) 이산화탄소 소화설비
(5) 할로겐화합물 및 불활성기체 소화설비

참고

물을 주수하는 방법

주수방법	설 명
봉상주수	화점이 멀리 있을 때 또는 고체가연물의 대규모 화재시 사용 예 **옥내소화전**
적상주수	일반 고체가연물의 화재시 사용 예 **스프링클러헤드**
무상주수	화점이 가까이 있을 때 또는 질식효과, 에멀션효과를 필요로 할 때 사용 예 **물분무헤드**

답 ③

제 2 과목 소방유체역학

⭐⭐ 21 점성계수의 단위가 아닌 것은?

17.03.문28
05.05.문23

① poise
② dyne · s/cm^2
③ N · s/m^2
④ cm^2/s

해설 ④ 동점성계수의 단위

점도(점성계수)

1poise=1p=1g/cm · s=**1dyne · s/cm^2** 보기 ①②
1N · s/m^2 보기 ③
1cp=0.01g/cm · s

비교

동점성계수

1stokes=1cm^2/s 보기 ④

답 ④

 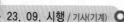
★★★
22

17.03.문25
15.03.문25
12.03.문30

그림과 같이 매끄러운 유리관에 물이 채워져 있을 때 모세관 상승높이 h는 약 몇 m인가?

〔조건〕
㉠ 액체의 표면장력 $\sigma=0.073$N/m
㉡ $R=1$mm
㉢ 매끄러운 유리관의 접촉각 $\theta \approx 0°$

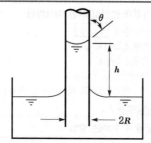

① 0.007
② 0.015
③ 0.07
④ 0.15

 (1) 기호

- h : ?
- D : 2mm(반지름 $R=1$mm이므로 직경(내경) $D=2$mm 주의!)
- 1000mm=1m이므로 2mm=0.002m
- $\theta \approx 0°(\approx$ '약', '거의'라는 뜻)

(2) 모세관현상(capillarity in tube)

$$h=\frac{4\sigma\cos\theta}{\gamma D}$$

여기서, h : 상승높이[m]
σ : 표면장력[N/m]
θ : 각도
γ : 비중량(물의 비중량 9800N/m³)
D : 관의 내경[m]

상승높이 h 는

$h=\dfrac{4\sigma\cos\theta}{\gamma D}$

$=\dfrac{4\times0.073\text{N/m}\times\cos0°}{9800\text{N/m}^3\times2\text{mm}}$

$=\dfrac{4\times0.073\text{N/m}\times\cos0°}{9800\text{N/m}^3\times0.002\text{m}}≒0.015\text{m}$

용어
모세관현상
액체와 고체가 접촉하면 상호 **부착**하려는 **성질**을 갖는데 이 **부착력**과 액체의 응집력의 **상대적 크기**에 의해 일어나는 현상

답 ②

★★★
23

17.09.문25
08.05.문23

지름이 5cm인 소방노즐에서 물제트가 40m/s의 속도로 건물벽에 수직으로 충돌하고 있다. 벽이 받는 힘은 약 몇 N인가?

① 1204
② 2253
③ 2570
④ 3141

 (1) 기호

- D : 5cm=0.05m(100cm=1m)
- V : 40m/s
- F : ?

(2) 유량

$$Q=AV=\frac{\pi}{4}D^2V$$

여기서, Q : 유량[m³/s]
A : 단면적[m²]
V : 유속[m/s]
D : 직경[m]

유량 Q는

$Q=\dfrac{\pi}{4}D^2V$

$=\dfrac{\pi}{4}(5\text{cm})^2\times40\text{m/s}$

$=\dfrac{\pi}{4}(5\times10^{-2}\text{m})^2\times40\text{m/s}≒0.0786\text{m}^3\text{/s}$

(3) 힘

$$F=\rho QV$$

여기서, F : 힘[N]
ρ : 밀도(물의 밀도 1000N·s²/m⁴)
Q : 유량[m³/s]
V : 유속[m/s]

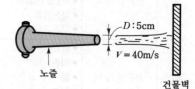

노즐　　건물벽

벽이 받는 **힘** F는
$F=\rho QV$

$=1000\text{N}\cdot\text{s}^2\text{/m}^4\times0.0786\text{m}^3\text{/s}\times40\text{m/s}$

$=3144\text{N}(\therefore\ 3141\text{N 정답})$

답 ④

★★★
24

19.03.문30
18.09.문26
17.05.문26
10.03.문27
05.09.문28
05.03.문22

그림과 같이 피스톤의 지름이 각각 25cm와 5cm이다. 작은 피스톤을 화살표방향으로 20cm만큼 움직일 경우 큰 피스톤이 움직이는 거리는 약 몇 mm인가? (단, 누설은 없고, 비압축성이라고 가정한다.)

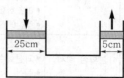

① 2
② 4
③ 8
④ 10

(1) 기호

- D_1 : 25cm
- D_2 : 5cm
- h_2 : 20cm
- h_1 : ?

(2) 압력

$$P = \gamma h = \frac{F}{A} = \frac{F}{\dfrac{\pi D^2}{4}}$$

여기서, P : 압력[N/cm²]
　　　γ : 비중량[N/cm³]
　　　h : 움직인 높이[cm]
　　　F : 힘[N]
　　　A : 단면적[cm²]
　　　D : 지름(직경)[cm]

힘　$\boxed{F = \gamma h A}$　에서

$\gamma h_1 A_1 = \gamma h_2 A_2$
$h_1 A_1 = h_2 A_2$
큰 피스톤이 움직인 거리 h_1은

$$h_1 = \frac{A_2}{A_1} h_2$$

$$= \frac{\dfrac{\pi}{4} \times (5\text{cm})^2}{\dfrac{\pi}{4} \times (25\text{cm})^2} \times 20\text{cm}$$

$$= 0.8\text{cm} = 8\text{mm} \quad (1\text{cm} = 10\text{mm})$$

답 ③

★★
25 다음 그림과 같이 설치한 피토 정압관의 액주계 눈금 $R = 100$mm일 때 ㉠에서의 물의 유속은 약 몇 m/s인가? (단, 액주계에 사용된 수은의 비중은 13.6이다.)

$\boxed{\begin{array}{l}17.09.\text{문}23\\17.03.\text{문}29\\13.03.\text{문}26\\13.03.\text{문}37\end{array}}$

① 15.7
② 5.35
③ 5.16
④ 4.97

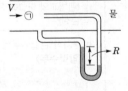

(1) 기호

- R : 100mm = 0.1m(1000mm = 1m)
- V : ?
- s : 13.6

(2) 비중

$$s = \frac{\gamma}{\gamma_w}$$

여기서, s : 비중
　　　γ : 어떤 물질의 비중량[N/m³]
　　　γ_w : 물의 비중량(9800N/m³)
수은의 비중량 γ는
$\gamma = s \times \gamma_w = 13.6 \times 9800\text{N/m}^3 = 133280\text{N/m}^3$

---

(3) 압력차

$$\Delta P = p_2 - p_1 = (\gamma_s - \gamma) R$$

여기서, ΔP : U자관 마노미터의 압력차[Pa] 또는 [N/m²]
　　　p_2 : 출구압력[Pa] 또는 [N/m²]
　　　p_1 : 입구압력[Pa] 또는 [N/m²]
　　　R : 마노미터 읽음[m]
　　　γ_s : 어떤 물질의 비중량[N/m³]
　　　γ : 비중량(물의 비중량 9800N/m³)
압력차 ΔP는
$\Delta P = (\gamma_s - \gamma) R = (133280 - 9800)\text{N/m}^3 \times 0.1\text{m}$
　　$= 12348\text{N/m}^2$

- R : 100mm = 0.1m(1000mm = 1m)

(4) 높이(압력수두)

$$H = \frac{P}{\gamma}$$

여기서, H : 압력수두[m]
　　　P : 압력[N/m²]
　　　γ : 비중량(물의 비중량 9800N/m³)
압력수두 H는
$$H = \frac{P}{\gamma} = \frac{12348\text{N/m}^2}{9800\text{N/m}^3} = 1.26\text{m}$$

(5) 피토관(pitot tube)

$$V = \sqrt{2gH}$$

여기서, V : 유속[m/s]
　　　g : 중력가속도(9.8m/s²)
　　　H : 높이[m]
$V = \sqrt{2gH} = \sqrt{2 \times 9.8\text{m/s}^2 \times 1.26\text{m}} \fallingdotseq 4.97\text{m/s}$

답 ④

★★
26 20℃ 물 100L를 화재현장의 화염에 살수하였다. 물이 모두 끓는 온도(100℃)까지 가열되는 동안 흡수하는 열량은 약 몇 kJ인가? (단, 물의 비열은 4.2kJ/(kg·K)이다.)

$\boxed{\begin{array}{l}18.04.\text{문}27\\13.03.\text{문}35\\99.04.\text{문}32\end{array}}$

① 500
② 2000
③ 8000
④ 33600

(1) 기호

- ΔT : (100−20)℃ 또는 $\underset{273+100 \quad 273+20}{(373-293)\text{K}}$
- m : 100L = 100kg(물 1L = 1kg이므로 100L = 100kg)
- C : 4.2kJ/(kg·K)
- Q : ?

(2) 열량

$$Q = r_1 m + m C \Delta T + r_2 m$$

여기서, Q : 열량[kJ]
　　　m : 질량[kg]
　　　C : 비열[kJ/kg·K]
　　　ΔT : 온도차(273+℃)[K] 또는 [K]
　　　r_1 : 융해열(융해잠열)[kJ/kg]
　　　r_2 : 기화열(증발잠열)[kJ/kg]

융해열(얼음), 기화열(수증기)는 존재하지 않으므로 $r_1 m$, $r_2 m$ 삭제

열량 Q는

$Q = mC\Delta T = 100\text{kg} \times 4.2\text{kJ/(kg·K)} \times (373-293)\text{K}$
$= 33600\text{kJ}$

답 ④

★★★
27 유체의 거동을 해석하는 데 있어서 비점성 유체에 대한 설명으로 옳은 것은?

20.08.문36
18.04.문32
06.09.문22
01.09.문28
98.03.문34

① 실제유체를 말한다.
② 전단응력이 존재하는 유체를 말한다.
③ 유체 유동시 마찰저항이 속도기울기에 비례하는 유체이다.
④ 유체 유동시 마찰저항을 무시한 유체를 말한다.

 해설
① 실제유체 → 이상유체
② 존재하는 → 존재하지 않는
③ 마찰저항이 속도기울기에 비례하는 → 마찰저항을 무시한

비점성 유체
(1) 이상유체
(2) 전단응력이 존재하지 않는 유체
(3) 유체 유동시 마찰저항을 무시한 유체 보기 ④

🖐 중요

유체의 종류

종류	설명
실제유체	**점**성이 **있**으며, **압**축성인 유체
이상유체	점성이 없으며, **비압축성**인 유체
압축성 유체	**기체**와 같이 체적이 변화하는 유체
비압축성 유체	**액체**와 같이 체적이 변화하지 않는 유체

기억법 **실점있압**(실점이 있는 사람만 압박해!)
기압(기압)

🔖 비교

비압축성 유체
(1) 밀도가 압력에 의해 변하지 않는 유체
(2) 굴뚝둘레를 흐르는 **공기흐름**
(3) 정지된 **자동차 주위의 공기흐름**
(4) **체적탄성계수**가 큰 유체
(5) 액체와 같이 체적이 변하지 않는 유체

답 ④

★★
28 다음 관 유동에 대한 일반적인 설명 중 올바른 것은?

19.04.문30
19.03.문37
15.03.문40
13.06.문23
10.09.문40

① 관의 마찰손실은 유속의 제곱에 반비례한다.
② 관의 부차적 손실은 주로 관벽과의 마찰에 의해 발생한다.

③ 돌연확대관의 손실수두는 속도수두에 비례한다.
④ 부차적 손실수두는 압력의 제곱에 비례한다.

 해설
① 반비례 → 비례
② 부차적 손실 → 주손실
④ 압력의 제곱에 → 압력에

(1) **돌연확대관에서의 손실**

$$H = K\frac{(V_1 - V_2)^2}{2g}$$

여기서, H : 손실수두[m]
K : 손실계수
V_1 : 축소관 유속[m/s]
V_2 : 확대관 유속[m/s]
g : 중력가속도(9.8m/s²)

(2) **속도수두**

$$H = \frac{V^2}{2g}$$

여기서, H : 속도수두[m]
V : 유속[m/s]
g : 중력가속도(9.8m/s²)

※ **돌연확대관**에서의 손실수두는 **속도수두**에 비례한다. 보기 ③

🔖 비교

(1) 관의 마찰손실은 유속의 제곱에 **비례**한다. 보기 ①

$$H = K\frac{(V_1 - V_2)^2}{2g} \propto V^2$$

(2) 관의 **주손실**은 주로 관벽과의 마찰에 의해 발생한다. 보기 ②

〈배관의 마찰손실〉

주손실	부차적 손실
관로에 의한 마찰손실 (관벽과의 마찰에 의한 손실)	• 관의 급격한 확대손실 • 관의 급격한 축소손실 • 관부속품에 의한 손실

(3) 부차적 손실수두는 압력에 **비례**한다. 보기 ④

〈압력수두〉

$$H = \frac{P}{\gamma} \propto P$$

여기서, H : 압력수두[m]
P : 압력[N/m²]
γ : 비중량(물의 비중량 9800N/m³)

답 ③

★★
29 다음 중 동점성계수의 차원을 옳게 표현한 것은? (단, 질량 M, 길이 L, 시간 T로 표시한다.)

19.04.문40
17.05.문40
16.05.문25
12.03.문25
10.03.문37

① $[ML^{-1}T^{-1}]$
② $[L^2 T^{-1}]$
③ $[ML^{-2}T^{-2}]$
④ $[ML^{-1}T^{-2}]$

해설

차 원	중력단위[차원]	절대단위[차원]
길이	m[L]	m[L]
시간	s[T]	s[T]
운동량	N·s[FT]	kg·m/s[MLT^{-1}]
힘	N[F]	kg·m/s^2[MLT^{-2}]
속도	m/s[LT^{-1}]	m/s[LT^{-1}]
가속도	m/s^2[LT^{-2}]	m/s^2[LT^{-2}]
질량	N·s^2/m[FL^{-1}T^2]	kg[M]
압력	N/m^2[FL^{-2}]	kg/m·s^2[ML^{-1}T^{-2}]
밀도	N·s^2/m^4[FL^{-4}T^2]	kg/m^3[ML^{-3}]
비중	무차원	무차원
비중량	N/m^3[FL^{-3}]	kg/m^2·s^2[ML^{-2}T^{-2}]
비체적	m^4/N·s^2[F^{-1}L^{4}T^{-2}]	m^3/kg[M^{-1}L^3]
일률	N·m/s[FLT^{-1}]	kg·m^2/s^3[ML^{2}T^{-3}]
일	N·m[FL]	kg·m^2/s^2[ML^{2}T^{-2}]
점성계수	N·s/m^2[FL^{-2}T]	kg/m·s[ML^{-1}T^{-1}]
동점성계수	m^2/s[L^{2}T^{-1}]	m^2/s[L^{2}T^{-1}] 보기 ②

답 ②

⭐⭐⭐
30 동점성계수가 0.1×10^{-5}m^2/s인 유체가 안지름
15.09.문33
11.06.문39 10cm인 원관 내에 1m/s로 흐르고 있다. 관의 마찰계수가 $f = 0.022$이며, 등가길이가 200m 일 때의 손실수두는 몇 m인가? (단, 비중량은 9800N/m^{3}이다.)

① 2.24　　　　② 6.58
③ 11.0　　　　④ 22.0

해설 (1) **기호**
- D : 10cm=0.1m (100cm=1m)
- f : 0.022
- L : 200m
- H : ?
- 동점성계수, 비중량은 필요 없다.

(2) **마찰손실**
달시-웨버의 식(Darcy-Weisbach formula) : 층류

$$H = \frac{\Delta P}{\gamma} = \frac{flV^2}{2gD}$$

여기서, H : 마찰손실(수두)[m]
　　ΔP : 압력차[kPa] 또는 [kN/m^2]
　　γ : 비중량(물의 비중량 9800N/m^3)
　　f : 관마찰계수
　　l : 길이[m]
　　V : 유속(속도)[m/s]
　　g : 중력가속도(9.8m/s^2)
　　D : 내경[m]

마찰손실 H는

$$H = \frac{flV^2}{2gD} = \frac{0.022 \times 200\text{m} \times (1\text{m/s})^2}{2 \times 9.8\text{m/s}^2 \times 0.1\text{m}} ≒ 2.24\text{m}$$

답 ①

⭐⭐⭐
31 유량이 0.6m^3/min일 때 손실수두가 7m인 관로
19.09.문26
17.09.문38
17.03.문38
15.09.문30
13.06.문38 를 통하여 10m 높이 위에 있는 저수조로 물을 이송하고자 한다. 펌프의 효율이 90%라고 할 때 펌프에 공급해야 하는 전력은 몇 kW인가?

① 0.45　　　　② 1.85
③ 2.27　　　　④ 136

해설 (1) **기호**
- Q : 0.6m^3/min
- K : 주어지지 않았으므로 무시
- H : (7+10)m
- η : 90%=0.9
- P : ?

(2) **전동력**

$$P = \frac{0.163QH}{\eta}K$$

여기서, P : 전동력[kW]
　　Q : 유량[m^3/min]
　　H : 전양정[m]
　　K : 전달계수
　　η : 효율
전동력 P는
$$P = \frac{0.163QH}{\eta}K$$
$$= \frac{0.163 \times 0.6\text{m}^3/\text{min} \times (7+10)\text{m}}{0.9}$$
$$≒ 1.85\text{kW}$$

답 ②

⭐⭐⭐
32 스프링클러설비헤드의 방수량이 2배가 되면 방
19.03.문31
05.09.문23
98.07.문39 수압은 몇 배가 되는가?

① $\sqrt{2}$ 배　　　　② 2배
③ 4배　　　　④ 8배

해설 (1) **기호**
- Q : 2배
- P : ?

(2) **방수량**

$$Q = 0.653D^2\sqrt{10P}$$
$$= 0.6597CD^2\sqrt{10P} \propto \sqrt{P}$$

여기서, Q : 방수량[L/min]
　　D : 구경[mm]
　　P : 방수압[MPa]
　　C : 노즐의 흐름계수(유량계수)

방수량 Q는

$$Q \propto \sqrt{P}$$
$$Q^2 \propto (\sqrt{P})^2$$
$$Q^2 \propto P$$
$$P \propto Q^2 = 2^2 = 4배$$

답 ③

★★ 33 실제기체가 이상기체에 가까워지는 조건은?

19.03.문31
05.09.문23
98.07.문39

① 온도가 낮을수록, 압력이 높을수록
② 온도가 높을수록, 압력이 낮을수록
③ 온도가 낮을수록, 압력이 낮을수록
④ 온도가 높을수록, 압력이 높을수록

해설 **이상기체화**

(1) **고온**(온도가 높을수록) 보기 ②
(2) **저압**(압력이 낮을수록) 보기 ②

답 ②

★★★ 34 온도 50℃, 압력 100kPa인 공기가 지름 10mm

15.03.문32

인 관 속을 흐르고 있다. 임계 레이놀즈수가 2100일 때 층류로 흐를 수 있는 최대평균속도 (V)와 유량(Q)은 각각 약 얼마인가? (단, 공기의 점성계수는 19.5×10^{-6}kg/m · s이며, 기체상수는 287J/kg · K이다.)

① $V = 0.6$m/s, $Q = 0.5 \times 10^{-4}$m³/s
② $V = 1.9$m/s, $Q = 1.5 \times 10^{-4}$m³/s
③ $V = 3.8$m/s, $Q = 3.0 \times 10^{-4}$m³/s
④ $V = 5.8$m/s, $Q = 6.1 \times 10^{-4}$m³/s

해설 (1) **기호**

- t : 50℃
- P : 100kPa
- D : 10mm
- Re : 2100
- $V_{\max}$: ?
- Q : ?
- μ : 19.5×10^{-6}kg/m · s
- R : 287J/kg · K

(2) **밀도**

$$\rho = \frac{P}{RT}$$

여기서, ρ : 밀도[kg/m³]
P : 압력[Pa]
R : 기체상수[N · m/kg · K]
T : 절대온도(273+℃)[K]

밀도 ρ는

$$\rho = \frac{P}{RT} = \frac{100\text{kPa}}{287\text{N} \cdot \text{m/kg} \cdot \text{K} \times (273+50)\text{K}}$$
$$= \frac{100 \times 10^3 \text{Pa}}{287\text{N} \cdot \text{m/kg} \cdot \text{K} \times (273+50)\text{K}}$$
$$\fallingdotseq 1.0787\text{kg/m}^3$$

- 1J=1N · m이므로 287J/kg · K=287N · m/kg · K
- 1kPa=10³Pa이므로 100kPa=100×10³Pa

(3) **최대평균속도**

$$V_{\max} = \frac{Re\mu}{D\rho}$$

여기서, $V_{\max}$: 최대평균속도[m/s]
Re : 레이놀즈수
μ : 점성계수[kg/m · s]
D : 직경(관경)[m]
ρ : 밀도[kg/m³]

최대평균속도 $V_{\max}$는

$$V_{\max} = \frac{Re\mu}{D\rho} = \frac{2100 \times 19.5 \times 10^{-6}\text{kg/m} \cdot \text{s}}{10\text{mm} \times 1.0787\text{kg/m}^3}$$
$$= \frac{2100 \times 19.5 \times 10^{-6}\text{kg/m} \cdot \text{s}}{0.01\text{m} \times 1.0787\text{kg/m}^3} \fallingdotseq 3.8\text{m/s}$$

- 1000mm=1m이므로 10mm=0.01m

(4) **유량**

$$Q = AV = \left(\frac{\pi D^2}{4}\right) V$$

여기서, Q : 유량[m³/s]
A : 단면적[m²]
V : 유속[m/s]
D : 내경[m]

유량 Q는

$$Q = \frac{\pi D^2}{4} V = \frac{\pi \times (10\text{mm})^2}{4} \times 3.8\text{m/s}$$
$$= \frac{\pi \times (0.01\text{m})^2}{4} \times 3.8\text{m/s} \fallingdotseq 3.0 \times 10^{-4}\text{m}^3/\text{s}$$

🔊 중요

R(기체상수)의 단위에 따른 밀도공식

[J/kg · K]	[atm · m³/kmol · K]
$\rho = \dfrac{P}{RT}$	$\rho = \dfrac{PM}{RT}$
여기서, ρ : 밀도[kg/m³] P : 압력[Pa] 또는 [N/m²] R : 기체상수 [J/kg · K] T : 절대온도 (273+℃)[K]	여기서, ρ : 밀도[kg/m³] P : 압력[atm] M : 분자량 [kg/kmol] R : 기체상수 [atm · m³/kmol · K] T : 절대온도 (273+℃)[K]

답 ③

★★★
35 외부표면의 온도가 24℃, 내부표면의 온도가 24.5℃일 때 높이 1.5m, 폭 1.5m, 두께 0.5cm인 유리창을 통한 열전달률은 약 몇 W인가? (단, 유리창의 열전도계수는 0.8W/(m·K)이다.)

19.04.문36
14.05.문28
13.09.문36
11.06.문29

① 180
② 200
③ 1800
④ 2000

해설 (1) **기호**

- T_1 : 273+℃=273+24℃=297K
- T_2 : 273+℃=273+24.5℃=297.5K
- A : $(1.5 \times 1.5)m^2$
- l : 0.5cm=0.005m(100cm=1m)
- $\mathring{q}$: ?
- K : 0.8W/(m·K)

(2) **절대온도**

$$K = 273 + ℃$$

여기서, K : 절대온도[K]
　　　　℃ : 섭씨온도[℃]
외부온도 $T_1 = 297K$
내부온도 $T_2 = 297.5K$

(3) **열전달량**

$$\mathring{q} = \frac{KA(T_2 - T_1)}{l}$$

여기서, $\mathring{q}$: 열전달량(열전달률)[W]
　　　　K : 열전도율(열전도계수)[W/(m·K)]
　　　　A : 단면적[m²]
　　　　$(T_2 - T_1)$: 온도차(273+℃)[K]
　　　　l : 벽체두께[m]

- 열전달량=열전달률=열유동률=열흐름률

$$\mathring{q} = \frac{KA(T_2 - T_1)}{l}$$
$$= \frac{0.8W/(m·K) \times (1.5 \times 1.5)m^2 \times (297.5-297)K}{0.005m}$$
$$= 180W$$

답 ①

★★
36 수은이 채워진 U자관에 어떤 액체를 넣었다. 수은과 액체의 계면으로부터 액체측 자유표면까지의 높이(l_B)가 24cm, 수은측 자유표면까지의 높이(l_A)가 6cm일 때 이 액체의 비중은 약 얼마인가? (단, 수은의 비중은 13.6이다.)

21.05.문22
12.05.문23

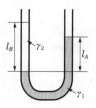

① 3.14
② 3.28
③ 3.4
④ 3.6

해설 (1) **기호**

- $h_2(l_B)$: 24cm
- $h_1(l_A)$: 6cm
- s_2 : ?
- s_1 : 13.6

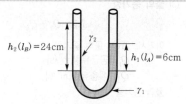

‖ U자관

(2) **물질의 높이와 비중량 관계식**

$$\gamma_1 h_1 = \gamma_2 h_2$$
$$s_1 h_1 = s_2 h_2$$

여기서, γ_1, γ_2 : 비중량[N/m³]
　　　　h_1, h_2 : 높이[m]
　　　　s_1, s_2 : 비중

액체의 비중 s_2는

$$s_2 = \frac{s_1 h_1}{h_2} = \frac{13.6 \times 6cm}{24cm} = 3.4$$

- 수은의 비중 : 13.6

답 ③

★★
37 물탱크의 아래로는 0.05m³/s로 물이 유출되고, 0.025m²의 단면적을 가진 노즐을 통해 물탱크로 물이 공급되고 있다. 유속은 8m/s이다. 물의 증가량[m³/s]은?

① 0.1
② 0.15
③ 0.2
④ 0.35

해설

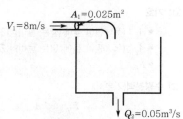

(1) 기호

- Q_2 : 0.05m³/s
- A_1 : 0.025m²
- V_1 : 8m/s
- ΔQ : ?

(2) 유량

$$Q = AV = \left(\frac{\pi D^2}{4}\right)V$$

여기서, Q : 유량[m³/s]
A : 단면적[m²]
V : 유속[m/s]
D : 지름[m]

공급유량 Q_1은

$$Q_1 = A_1 V_1 = 0.025\text{m}^2 \times 8\text{m/s} = 0.2\text{m}^3/\text{s}$$

(3) 물의 증가량

$$\Delta Q = Q_1 - Q_2$$

여기서, ΔQ : 물의 증가량[m³/s]
Q_1 : 공급유량[m³/s]
Q_2 : 유출유량[m³/s]

물의 증가량 ΔQ는

$$\Delta Q = Q_1 - Q_2 = 0.2\text{m}^3/\text{s} - 0.05\text{m}^3/\text{s} = 0.15\text{m}^3/\text{s}$$

답 ②

★★
38 폭 2m의 수로 위에 그림과 같이 높이 3m의 판이 수직으로 설치되어 있다. 유속이 매우 느리고 상류의 수위는 3.5m 하류의 수위는 2.5m일 때, 물이 판에 작용하는 힘은 약 몇 kN인가?

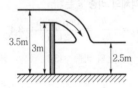

① 26.9　　② 56.4
③ 76.2　　④ 96.8

해설

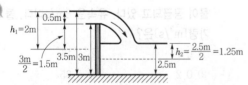

(1) 기호

- A_1 : (폭×판이 물에 닿는 높이)=(2×3)m²
- A_2 : (폭×판이 물에 닿는 높이)=(2×2.5)m²
- F_H : ?

(2) 수평분력(기본식)

$$F_H = \gamma h A$$

여기서, F_H : 수평분력[N]
γ : 비중량(물의 비중량 9800N/m³)
h : 표면에서 판 중심까지의 수직거리[m]
A : 판의 단면적[m²]

(3) 수평분력(변형식)

$$F_H = \gamma h_1 A_1 - \gamma h_2 A_2$$

여기서, F_H : 수평분력[N]
γ : 비중량(물의 비중량 9800N/m³)
h_1, h_2 : 표면에서 판 중심까지의 수직거리[m]
A_1, A_2 : 판의 단면적[m²]

수평분력 F_H는
$F_H = \gamma h_1 A_1 - \gamma h_2 A_2$
$= 9800\text{N/m}^3 \times 2\text{m} \times (2\times3)\text{m}^2 - 9800\text{N/m}^3 \times 1.25\text{m}$
$\times (2\times2.5)\text{m}^2$
$= 56350\text{N}$
$= 56.35\text{kN}$
≒56.4kN(소수점 반올림한 값)

답 ②

★★
39 가로 0.3m, 세로 0.2m인 직사각형 덕트에 유체가 가득차서 흐른다. 이때 수력직경은 약 몇 m인가? (단, P는 유체의 젖은 단면 둘레의 길이, 는 A 관의 단면적이며, $D_h = \dfrac{4A}{P}$로 정의한다.)

21.03.문39
17.09.문28
17.05.문22
16.10.문37
14.03.문24
08.05.문33
07.03.문36
06.09.문31

① 0.24　　② 0.92
③ 1.26　　④ 1.56

해설

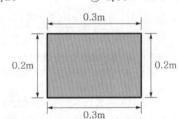

(1) 수력반경(hydraulic radius)

$$R_h = \frac{A}{L}$$

여기서, R_h : 수력반경[m]
A : 단면적[m²]
L : 접수길이(단면둘레의 길이)[m]

수력반경 R_h는

$$R_h = \frac{A}{L} = \frac{(0.3\times0.2)\text{m}^2}{0.3\text{m}\times2\text{개} + 0.2\text{m}\times2\text{개}} = 0.06\text{m}$$

(2) 수력직경(수력지름)

$$D_h = 4R_h$$

여기서, D_h : 수력직경[m]
R_h : 수력반경[m]

수력직경 D_h는
$D_h = 4R_h = 4\times0.06 = 0.24\text{m}$

답 ①

40 그림과 같은 벤투리관에 유량 3m³/min으로 물이 흐르고 있다. 단면 1의 직경이 20cm, 단면 2의 직경이 10cm일 때 벤투리효과에 의한 물의 높이차 Δh는 약 몇 m인가? (단, 주어지지 않은 손실은 무시한다.)

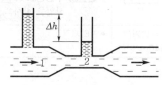

① 1.2
② 1.61
③ 1.94
④ 6.37

해설 (1) 기호

- Q : 3m³/min=3m³/60s (1min=60s)
- D_1 : 20cm=0.2m (100cm=1m)
- D_2 : 10cm=0.1m (100cm=1m)
- $\Delta h(Z_1 - Z_2)$: ?

(2) 베르누이 방정식

$$\frac{V_1^2}{2g} + \frac{P_1}{\gamma} + Z_1 = \frac{V_2^2}{2g} + \frac{P_2}{\gamma} + Z_2$$

여기서, V_1, V_2 : 유속[m/s]
P_1, P_2 : 압력[N/m²]
Z_1, Z_2 : 높이[m]
g : 중력가속도[9.8m/s²]
γ : 비중량(물의 비중량 9.8kN/m³)

[단서]에서 주어지지 않은 손실은 무시하라고 했으므로 문제에서 주어지지 않은 P_1, P_2를 무시하면

$$\frac{V_1^2}{2g} + \frac{\cancel{P_1}}{\cancel{\gamma}} + Z_1 = \frac{V_2^2}{2g} + \frac{\cancel{P_2}}{\cancel{\gamma}} + Z_2$$

$$\frac{V_1^2}{2g} + Z_1 = \frac{V_2^2}{2g} + Z_2$$

$$Z_1 - Z_2 = \frac{V_2^2}{2g} - \frac{V_1^2}{2g}$$

$$= \frac{V_2^2 - V_1^2}{2g}$$

(3) 유량

$$Q = AV = \left(\frac{\pi D^2}{4}\right)V$$

여기서, Q : 유량[m³/s]
A : 단면적[m²]
V : 유속[m/s]
D : 지름[m]

유속 V_1은

$$V_1 = \frac{Q}{\frac{\pi D_1^2}{4}}$$

$$= \frac{3m³/60s}{\frac{\pi \times (0.2m)^2}{4}} = \frac{(3 \div 60)m³/s}{\frac{\pi \times (0.2m)^2}{4}} \approx 1.59m/s$$

유속 V_2은

$$V_2 = \frac{Q}{\frac{\pi D_2^2}{4}}$$

$$= \frac{3m³/60s}{\frac{\pi \times (0.1m)^2}{4}} = \frac{(3 \div 60)m³/s}{\frac{\pi \times (0.1m)^2}{4}} \approx 6.37m/s$$

높이차 $Z_1 - Z_2 = \frac{V_2^2 - V_1^2}{2g}$

$$= \frac{(6.37m/s)^2 - (1.59m/s)^2}{2 \times 9.8m/s^2}$$

$$\approx 1.94m$$

답 ③

제3과목 **소방관계법규**

41 소방시설 설치 및 관리에 관한 법령상 스프링클러설비를 설치하여야 하는 특정소방대상물의 기준으로 틀린 것은? (단, 위험물 저장 및 처리 시설 중 가스시설 또는 지하구는 제외한다.)

20.08.문47
19.03.문48
15.03.문56
12.05.문51

① 복합건축물로서 연면적 3500m² 이상인 경우에는 모든 층
② 창고시설(물류터미널은 제외)로서 바닥면적 합계가 5000m² 이상인 경우에는 모든 층
③ 숙박이 가능한 수련시설 용도로 사용되는 시설의 바닥면적의 합계가 600m² 이상인 것은 모든 층
④ 판매시설, 운수시설 및 창고시설(물류터미널에 한정)로서 바닥면적의 합계가 5000m² 이상이거나 수용인원이 500명 이상인 경우에는 모든 층

해설 ① 3500m² → 5000m²

소방시설법 시행령 [별표 4]
스프링클러설비의 설치대상

설치대상	조건

① 문화 및 집회시설, 운동시설
② 종교시설
	• 수용인원 : **100명** 이상
	• 영화상영관 : 지하층 · 무창층 **500m²**(기타 **1000m²**) 이상
	• 무대부
	  – 지하층 · 무창층 · **4층** 이상 **300m²** 이상
	  – 1~3층 **500m²** 이상

③ 판매시설	• 수용인원 : **500명** 이상
④ 운수시설	• 바닥면적 합계 :**5000m²** 이상
⑤ 물류터미널	보기 ④
⑥ 노유자시설 ⑦ 정신의료기관 ⑧ 수련시설(숙박 가능한 것) ⑨ 종합병원, 병원, 치과병원, 한방병원 및 요양병원(정신병원 제외) ⑩ 숙박시설	• 바닥면적 합계 **600m²** 이상 보기 ③
⑪ 지하층·무창층·**4층** 이상	• 바닥면적 **1000m²** 이상
⑫ 창고시설(물류터미널 제외)	• 바닥면적 합계 :**5000m²** 이상 : 전층 보기 ②
⑬ **지하가**(터널 제외)	• 연면적 **1000m²** 이상
⑭ 10m 넘는 랙식 창고	• 연면적 **1500m²** 이상
⑮ 복합건축물 ⑯ 기숙사	• 연면적 **5000m²** 이상 : 전층 보기 ⑤
⑰ **6층** 이상	• 전층
⑱ 보일러실·연결통로	• 전부
⑲ 특수가연물 저장·취급	• 지정수량 **1000배** 이상
⑳ 발전시설	• 전기저장시설 : 전부

답 ①

42
20.06.문54
소방시설공사업법령상 소방공사감리를 실시함에 있어 용도와 구조에서 특별히 안전성과 보안성이 요구되는 소방대상물로서 소방시설물에 대한 감리를 감리업자가 아닌 자가 감리할 수 있는 장소는?
① 정보기관의 청사
② 교도소 등 교정관련시설
③ 국방 관계시설 설치장소
④ 원자력안전법상 관계시설이 설치되는 장소

해설 (1) **공사업법 시행령 8조**
감리업자가 아닌 자가 감리할 수 있는 보안성 등이 요구되는 소방대상물의 시공장소 「원자력안전법」 2조 10호에 따른 관계시설이 설치되는 장소
(2) **원자력안전법 2조 10호**
"**관계시설**"이란 **원자로**의 **안전**에 **관계**되는 **시설**로서 **대통령령**으로 정하는 것을 말한다.

답 ④

43
20.06.문46
17.09.문56
10.05.문41
소방기본법령에 따라 주거지역·상업지역 및 공업지역에 소방용수시설을 설치하는 경우 소방대상물과의 수평거리를 몇 m 이하가 되도록 해야하는가?
① 50
② 100
③ 150
④ 200

해설 **기본규칙〔별표 3〕**
소방용수시설의 설치기준

거리기준	지역
수평거리 **100m** 이하 보기 ②	• **공업지역** • **상업지역** • **주거지역** **기억법** **주상공100(주상공 백**지에 사인을 하시오.)
수평거리 **140m** 이하	• 기타지역

답 ②

44
21.09.문52
19.04.문49
15.09.문57
10.03.문57
소방시설 설치 및 관리에 관한 법령상 관리업자가 소방시설 등의 점검을 마친 후 점검기록표에 기록하고 이를 해당 특정소방대상물에 부착하여야 하나 이를 위반하고 점검기록표를 기록하지 아니하거나 특정소방대상물의 출입자가 쉽게 볼 수 있는 장소에 게시하지 아니하였을 때 벌칙기준은?
① 100만원 이하의 과태료
② 200만원 이하의 과태료
③ 300만원 이하의 과태료
④ 500만원 이하의 과태료

해설 **소방시설법 61조**
300만원 이하의 과태료
(1) 소방시설을 화재안전기준에 따라 설치·관리하지 아니한 자
(2) 피난시설, 방화구획 또는 방화시설의 **폐쇄·훼손·변경** 등의 행위를 한 자
(3) 임시소방시설을 설치·관리하지 아니한 자
(4) 점검기록표를 기록하지 아니하거나 특정소방대상물의 출입자가 쉽게 볼 수 있는 장소에 게시하지 아니한 관계인 보기 ③

답 ③

45
19.04.문46
13.03.문42
10.03.문45
소방대라 함은 화재를 진압하고 화재, 재난·재해, 그 밖의 위급한 상황에서 구조·구급 활동 등을 하기 위하여 구성된 조직체를 말한다. 소방대의 구성원으로 틀린 것은?
① 소방공무원
② 소방안전관리원
③ 의무소방원
④ 의용소방대원

해설 **기본법 2조**
소방대
(1) 소방공무원 보기 ①
(2) 의무소방원 보기 ③
(3) 의용소방대원 보기 ④

답 ②

★★★
46 다음 중 소방시설 설치 및 관리에 관한 법령상
20.08.문57 **소방시설관리업을 등록할 수 있는 자는?**
15.09.문45
15.03.문41 ① 피성년후견인
12.09.문44 ② 소방시설관리업의 등록이 취소된 날부터 2
　　　년이 경과된 자
　　③ 금고 이상의 형의 집행유예를 선고받고 그
　　　유예기간 중에 있는 자
　　④ 금고 이상의 실형을 선고받고 그 집행이 면
　　　제된 날부터 2년이 지나지 아니한 자

해설 **소방시설법 30조**
　　　소방시설관리업의 등록결격사유
　　(1) 피성년후견인 보기 ①
　　(2) 금고 이상의 실형을 선고받고 그 집행이 끝나거나 집
　　　　행이 면제된 날부터 **2년**이 지나지 아니한 사람 보기 ④
　　(3) 금고 이상의 형의 집행유예를 선고받고 그 유예기간
　　　　중에 있는 사람 보기 ③
　　(4) 관리업의 등록이 취소된 날부터 **2년**이 지나지 아니한 자
　　　　　　　　　　　　　　　　　　　　　　답 ②

★
47 화재의 예방 및 안전관리에 관한 법령상 소방대상
19.09.문60 **물의 개수 · 이전 · 제거, 사용의 금지 또는 제한,**
　　　사용폐쇄, 공사의 정지 또는 중지, 그 밖의 필요한
　　　조치로 인하여 손실을 받은 자가 손실보상청구서
　　　에 첨부하여야 하는 서류로 틀린 것은?
　　① 손실보상합의서
　　② 손실을 증명할 수 있는 사진
　　③ 손실을 증명할 수 있는 증빙자료
　　④ 소방대상물의 관계인임을 증명할 수 있는
　　　　서류(건축물대장은 제외)

해설 **화재예방법 시행규칙 6조**
　　　손실보상 청구자가 제출하여야 하는 서류
　　(1) 소방대상물의 **관계인**임을 증명할 수 있는 서류(건축
　　　　물대장 제외) 보기 ④
　　(2) 손실을 증명할 수 있는 **사진**, 그 밖의 **증빙자료**
　　　　보기 ②③

기억법 **사증관손**(**사정관**의 **손**)
　　　　　　　　　　　　　　　　　　　　　　답 ①

★★★
48 소방시설 설치 및 관리에 관한 법률상 특정소방
18.09.문49 **대상물의 피난시설, 방화구획 또는 방화시설의**
18.04.문58
15.03.문47 **폐쇄 · 훼손 · 변경 등의 행위를 한 자에 대한 과**
　　　태료 기준으로 옳은 것은?
　　① 200만원 이하의 과태료
　　② 300만원 이하의 과태료

③ 500만원 이하의 과태료
④ 600만원 이하의 과태료

해설 **소방시설법 61조**
　　　300만원 이하의 과태료
　　(1) 소방시설을 화재안전기준에 따라 설치 · 관리하지 아
　　　　니한 자
　　(2) **피난시설 · 방화구획** 또는 **방화시설**의 **폐쇄 · 훼손**
　　　　· 변경 등의 행위를 한 자 보기 ②
　　(3) 임시소방시설을 설치 · 관리하지 아니한 자

　　┌──────────────────────────┐
　　│ 비교 │
　　└──────────────────────────┘
　　(1) **300만원 이하의 벌금**
　　　ⓐ 화재안전조사를 정당한 사유없이 거부 · 방해
　　　　· 기피(화재예방법 50조)
　　　ⓑ 소방안전관리자, 총괄소방안전관리자 또는 소
　　　　방안전관리보조자 미선임(화재예방법 50조)
　　　ⓒ 성능위주설계평가단 비밀누설(소방시설법 59조)
　　　ⓓ 방염성능검사 합격표시 위조(소방시설법 59조)
　　　ⓔ 위탁받은 업무종사자의 비밀누설(소방시설법 59조)
　　　ⓕ 다른 자에게 자기의 성명이나 상호를 사용하여
　　　　소방시설공사 등을 수급 또는 시공하게 하거나
　　　　소방시설업의 등록증 · 등록수첩을 빌려준 자(공
　　　　사업법 37조)
　　　ⓖ 감리원 미배치자(공사업법 37조)
　　　ⓗ 소방기술인정 자격수첩을 빌려준 자(공사업법 37조)
　　　ⓘ 2 이상의 업체에 취업한 자(공사업법 37조)
　　　ⓙ 소방시설업자나 관계인 감독시 관계인의 업무
　　　　를 방해하거나 비밀누설(공사업법 37조)
　　(2) **200만원 이하의 과태료**
　　　ⓐ 소방용수시설 · 소화기구 및 설비 등의 설치명
　　　　령 위반(화재예방법 52조)
　　　ⓑ **특수가연물의 저장 · 취급 기준 위반**(화재예방법
　　　　52조)
　　　ⓒ 한국119청소년단 또는 이와 유사한 명칭을 사용
　　　　한 자(기본법 56조)
　　　ⓓ **소방활동구역 출입**(기본법 56조)
　　　ⓔ 소방자동차의 출동에 지장을 준 자(기본법 56조)
　　　ⓕ 한국소방안전원 또는 이와 유사한 명칭을 사용
　　　　한 자(기본법 56조)
　　　ⓖ 관계서류 미보관자(공사업법 40조)
　　　ⓗ 소방기술자 미배치자(공사업법 40조)
　　　ⓘ 하도급 미통지자(공사업법 40조)
　　　　　　　　　　　　　　　　　　　　　답 ②

★
49 위험물안전관리법령상 위험물의 안전관리와 관
18.04.문44 **련된 업무를 수행하는 자로서 소방청장이 실시**
　　　하는 안전교육대상자가 아닌 것은?
　　① 안전관리자로 선임된 자
　　② 탱크시험자의 기술인력으로 종사하는 자
　　③ 위험물운송자로 종사하는 자
　　④ 제조소 등의 관계인

해설 **위험물령 20조**
안전교육대상자
(1) **안전관리자**로 선임된 자 보기 ①
(2) 탱크시험자의 **기술인력**으로 종사하는 자 보기 ②
(3) **위험물운반자**로 종사하는 자
(4) **위험물운송자**로 종사하는 자 보기 ③

답 ④

★★★
50 화재의 예방 및 안전관리에 관한 법률상 소방
안전관리대상물의 소방안전관리자 업무가 아닌
것은?

19.03.문51
15.03.문12
14.09.문52
14.09.문53
13.06.문48
08.05.문53

① 소방훈련 및 교육
② 피난시설, 방화구획 및 방화시설의 관리
③ 자위소방대 및 본격대응체계의 구성·운영·교육
④ 피난계획에 관한 사항과 대통령령으로 정하는 사항이 포함된 소방계획서의 작성 및 시행

해설 ③ 본격대응체계 → 초기대응체계

화재예방법 24조 ⑤항
관계인 및 소방안전관리자의 업무

특정소방대상물 (관계인)	소방안전관리대상물 (소방안전관리자)
• 피난시설·방화구획 및 방화시설의 관리	• 피난시설·방화구획 및 방화시설의 관리 보기 ②
• 소방시설, 그 밖의 소방관련시설의 관리	• 소방시설, 그 밖의 소방관련시설의 관리
• **화기취급**의 감독	• **화기취급**의 감독
• 소방안전관리에 필요한 업무	• 소방안전관리에 필요한 업무
• 화재발생시 초기대응	• **소방계획서**의 작성 및 시행(대통령령으로 정하는 사항 포함) 보기 ④
	• **자위소방대** 및 **초기대응체계**의 구성·운영·교육 보기 ③
	• 소방훈련 및 교육 보기 ①
	• 소방안전관리에 관한 업무 수행에 관한 기록·유지
	• 화재발생시 초기대응

용어

특정소방대상물	소방안전관리대상물
건축물 등의 규모·용도 및 수용인원 등을 고려하여 소방시설을 설치하여야 하는 소방대상물로서 대통령령으로 정하는 것	대통령령으로 정하는 특정소방대상물

답 ③

★★★
51 소방시설 설치 및 관리에 관한 법령상 시·도
지사가 실시하는 방염성능검사 대상으로 옳은
것은?

22.04.문59
15.09.문09
13.09.문52
12.09.문46
12.05.문46
12.03.문44
05.03.문48

① 설치현장에서 방염처리를 하는 합판·목재
② 제조 또는 가공공정에서 방염처리를 한 카펫
③ 제조 또는 가공공정에서 방염처리를 한 창문에 설치하는 블라인드
④ 설치현장에서 방염처리를 하는 암막·무대막

해설 **소방시설법 시행령 32조**
시·도지사가 실시하는 방염성능검사
설치현장에서 방염처리를 하는 **합판·목재류**

중요

소방시설법 시행령 31조 방염대상물품	
제조 또는 가공 공정에서 방염처리를 한 물품	건축물 내부의 천장이나 벽에 부착하거나 설치하는 것
① 창문에 설치하는 **커튼류**(블라인드 포함) ② 카펫 ③ **벽지류**(두께 2mm 미만인 종이벽지 제외) ④ **전시용 합판·목재** 또는 섬유판 ⑤ **무대용 합판·목재** 또는 섬유판 ⑥ **암막·무대막**(영화상영관·가상체험 체육시설업의 **스크린** 포함) ⑦ 섬유류 또는 합성수지류 등을 원료로 하여 제작된 소파·의자(단란주점영업, 유흥주점영업 및 노래연습장업의 영업장에 설치하는 것만 해당)	① 종이류(두께 2mm 이상), 합성수지류 또는 섬유류를 주원료로 한 물품 ② **합판**이나 목재 ③ 공간을 구획하기 위하여 설치하는 **간이칸막이** ④ **흡음재**(흡음용 커튼 포함) 또는 **방음재**(방음용 커튼 포함) ※ 가구류(옷장, 찬장, 식탁, 식탁용 의자, 사무용 책상, 사무용 의자, 계산대)와 너비 10cm 이하인 반자돌림대, 내부 마감재료 제외

답 ①

★★★
52 지하층으로서 특정소방대상물의 바닥부분 중 최
소 몇 면이 지표면과 동일한 경우에 무선통신보
조설비의 설치를 제외할 수 있는가?

19.09.문80
18.03.문70
17.03.문68
16.03.문80
14.09.문64
08.03.문62
06.05.문79

① 1면 이상
② 2면 이상
③ 3면 이상
④ 4면 이상

해설 **무선통신보조설비**의 **설치 제외**(NFPC 505 4조, NFTC 505 2.1)

(1) **지**하층으로서 특정소방대상물의 바닥부분 **2면 이상**
이 지표면과 동일한 경우의 해당층 보기 ②

(2) 지하층으로서 지표면으로부터의 깊이가 **1m 이하**인
경우의 해당층

기억법 **2면무지**(**이면** 계약의 **무지**)

답 ②

★★★
53 다음 위험물 중 자기반응성 물질은 어느 것인가?

21.09.문11
19.04.문44
16.05.문46
15.09.문03
15.09.문18
15.05.문10
15.05.문42
15.03.문51
14.09.문18

① 황린
② 염소산염류
③ 알칼리토금속
④ 질산에스터류

해설 **위험물령** 〔별표 1〕
위험물

유 별	성 질	품 명
제1류	산화성 고체	• 아염소산염류 • 염소산염류 보기 ② • 과염소산염류 • 질산염류 • 무기과산화물
제2류	가연성 고체	• 황화인 • **적린** • **황** • **철분** • 마그네슘
제3류	자연발화성 물질 및 금수성 물질	• 황린 보기 ① • 칼륨 • 나트륨
제4류	**인화성 액체**	• 특수인화물 • 알코올류 • 석유류 • 동식물유류
제5류	자기반응성 물질	• 나이트로화합물 • 유기과산화물 • 나이트로소화합물 • 아조화합물 • 질산에스터류(셀룰로이드) 보기 ④
제6류	산화성 액체	• 과염소산 • 과산화수소 • 질산

답 ④

★★★
54 화재의 예방 및 안전관리에 관한 법률상 화재예
방강화지구의 지정대상이 아닌 것은? (단, 소방
청장·소방본부장 또는 소방서장이 화재예방강
화지구로 지정할 필요가 있다고 인정하는 지역
은 제외한다.)

20.09.문55
19.09.문50
17.09.문49
16.05.문53
13.09.문56

① 시장지역
② 농촌지역
③ 목조건물이 밀집한 지역
④ 공장·창고가 밀집한 지역

해설 ② 해당 없음

화재예방법 18조
화재예방강화지구의 지정

(1) **지정권자** : 시·도지사

(2) **지정지역**
  ㉠ **시장**지역 보기 ①
  ㉡ **공장·창고** 등이 밀집한 지역 보기 ④
  ㉢ **목조건물**이 밀집한 지역 보기 ③
  ㉣ 노후·불량 건축물이 밀집한 지역
  ㉤ **위험물**의 **저장** 및 **처리시설**이 **밀집**한 지역
  ㉥ **석유화학제품**을 생산하는 공장이 있는 지역
  ㉦ **소방시설·소방용수시설** 또는 **소방출동로**가 **없는**지역
  ㉧ 「**산업입지 및 개발에 관한 법률**」에 따른 산업단지
  ㉨ 「물류시설의 개발 및 운영에 관한 법률」에 따른 **물류단지**
  ㉩ **소방청장·소방본부장·소방서장**(소방관서장)이 화재예방강화지구로 지정할 필요가 있다고 인정하는 지역

※ **화재예방강화지구** : 화재발생 우려가 크거나 화재가 발생할 경우 피해가 클 것으로 예상되는 지역에 대하여 화재의 예방 및 안전관리를 강화하기 위해 지정·관리하는 지역

답 ②

★★★
55 소방시설공사업법령상 소방시설업자가 소방시
설공사 등을 맡긴 특정소방대상물의 관계인에게
지체 없이 그 사실을 알려야 하는 경우가 아닌
것은?

22.03.문47
15.05.문48
10.09.문53

① 소방시설업자의 지위를 승계한 경우
② 소방시설업의 등록취소처분 또는 영업정지
  처분을 받은 경우
③ 휴업하거나 폐업한 경우
④ 소방시설업의 주소지가 변경된 경우

해설 **공사업법** 8조
소방시설업자의 **관계인 통지사항**

(1) **소방시설업자**의 **지위**를 **승계**한 때 보기 ①

(2) 소방시설업의 **등록취소** 또는 **영업정지**의 처분을 받은 때 보기 ②

(3) **휴업** 또는 **폐업**을 한 때 보기 ③

답 ④

56

위험물안전관리법령상 정기점검의 대상인 제조소 등의 기준으로 틀린 것은?

21.09.문46
20.09.문48
17.09.문51
16.10.문45

① 지하탱크저장소
② 이동탱크저장소
③ 지정수량의 10배 이상의 위험물을 취급하는 제조소
④ 지정수량의 20배 이상의 위험물을 저장하는 옥외탱크저장소

 해설

④ 20배 이상 → 200배 이상

위험물령 15 · 16조
정기점검의 대상인 제조소 등
(1) **제조소** 등(**이**송취급소 · **암**반탱크저장소)
(2) **지하탱크**저장소 보기 ①
(3) **이동탱크**저장소 보기 ②
(4) 위험물을 취급하는 탱크로서 지하에 매설된 탱크가 있는 **제조소 · 주유취급소** 또는 **일반취급소**

기억법 정이암 지이

(5) 예방규정을 정하여야 할 제조소 등

배 수	제조소 등
10배 이상	• **제조소** 보기 ③ • **일**반취급소
100배 이상	• 옥**외**저장소
150배 이상	• 옥**내**저장소
200배 이상 ←	• 옥외**탱**크저장소 보기 ④
모두 해당	• 이송취급소 • 암반탱크저장소

기억법 1 제일
　　　 0 외
　　　 5 내
　　　 2 탱

※ **예방규정** : 제조소 등의 화재예방과 화재 등 재해발생시의 비상조치를 위한 규정

답 ④

57

특정소방대상물의 관계인이 소방안전관리자를 해임한 경우 재선임을 해야 하는 기준은? (단, 해임한 날부터를 기준일로 한다.)

19.03.문59
16.10.문54
16.03.문55
11.03.문56

① 10일 이내　　② 20일 이내
③ 30일 이내　　④ 40일 이내

해설 **화재예방법 시행규칙 14조**
소방안전관리자의 재선임
30일 이내

답 ③

58

산화성 고체인 제1류 위험물에 해당되는 것은?

19.04.문44
16.05.문46
15.09.문03
15.09.문18
15.05.문10
15.05.문42
15.03.문51
14.09.문18

① 질산염류
② 특수인화물
③ 과염소산
④ 유기과산화물

 해설

② 제4류 위험물
③ 제6류 위험물
④ 제5류 위험물

위험물령〔별표 1〕
위험물

유 별	성 질	품 명
제1류	산화성 고체	• 아염소산**염류** • 염소산**염류** • 과염소산**염류** • 질산**염류** 보기 ① • **무기과산화물** 기억법 1산고(일산GO), ~염류, 무기과산화물
제2류	가연성 고체	• **황화**인 • **적**린 • **황** • **마**그네슘 • 금속분 기억법 2황화적황마
제3류	자연발화성 물질 및 금수성 물질	• **황**린 • **칼**륨 • **나**트륨 • 트리에틸**알**루미늄 • 금속의 수소화물 기억법 황칼나트알
제4류	인화성 액체	• 특수인화물 보기 ② • 석유류(벤젠) • 알코올류 • 동식물유류
제5류	자기반응성 물질	• 유기과산화물 보기 ④ • 나이트로화합물 • 나이트로소화합물 • 아조화합물 • 질산에스터류(셀룰로이드)
제6류	산화성 액체	• 과염소산 보기 ③ • 과산화수소 • 질산

답 ①

59 다음 소방시설 중 경보설비가 아닌 것은?

20.06.문50
12.03.문47

① 통합감시시설

② 가스누설경보기

③ 비상콘센트설비

④ 자동화재속보설비

해설 ③ 비상콘센트설비 : 소화활동설비

소방시설법 시행령〔별표 1〕
경보설비
(1) 비상경보설비 ┬ 비상벨설비
             └ 자동식 사이렌설비
(2) 단독경보형 감지기
(3) 비상방송설비
(4) 누전경보기
(5) 자동화재탐지설비 및 시각경보기
(6) 자동화재속보설비 [보기 ④]
(7) 가스누설경보기 [보기 ②]
(8) 통합감시시설 [보기 ①]
(9) 화재알림설비

※ **경보설비** : 화재발생 사실을 통보하는 기계·기구 또는 설비

비교

소방시설법 시행령〔별표 1〕
소화활동설비
화재를 진압하거나 인명구조활동을 위하여 사용하는 설비
(1) **연**결송수관설비
(2) **연**결살수설비
(3) **연**소방지설비
(4) **무**선통신보조설비
(5) **제**연설비
(6) **비**상**콘**센트설비 [보기 ③]

기억법 3연무제비콘

답 ③

60 소방기본법에서 정의하는 소방대상물에 해당되지 않는 것은?

21.03.문58
15.05.문54
12.05.문48

① 산림   ② 차량

③ 건축물   ④ 항해 중인 선박

해설 기본법 2조 1호
소방대상물
(1) **건**축물 [보기 ③]
(2) **차**량 [보기 ②]
(3) **선**박(매어둔 것) [보기 ④]
(4) 선박건조구조물
(5) **산**림 [보기 ①]

(6) **인**공구조물
(7) **물**건

기억법 건차선 산인물

비교

위험물법 3조
위험물의 저장·운반·취급에 대한 적용 제외
(1) 항공기
(2) 선박
(3) 철도
(4) 궤도

답 ④

제 4 과목 소방기계시설의 구조 및 원리

61 다음은 상수도 소화용수설비의 설치기준에 관한 설명이다. ( ) 안에 들어갈 내용으로 알맞은 것은?

19.09.문64
17.03.문64
14.03.문63
07.03.문70

호칭지름 75mm 이상의 수도배관에 호칭지름 ( )mm 이상의 소화전을 접속할 것

① 50   ② 80

③ 100   ④ 125

해설 **상수도 소화용수설비**의 설치기준(NFPC 401 4조, NFTC 401 2.1)
(1) 호칭지름

수도배관	소화전
75mm 이상	100mm 이상 [보기 ③]

기억법 수75(**수**지침으로 **치료**), 소1(**소**일거리)

(2) 소화전은 소방자동차 등의 진입이 쉬운 **도로변** 또는 **공지**에 설치
(3) 소화전은 특정소방대상물의 수평투영면의 각 부분으로부터 140m 이하가 되도록 설치
(4) 지상식 소화전의 호스접구는 지면으로부터 높이가 0.5m 이상 1m 이하가 되도록 설치할 것

답 ③

62 스프링클러설비의 교차배관에서 분기되는 지점을 기점으로 한쪽 가지배관에 설치되는 헤드는 몇 개 이하로 설치하여야 하는가? (단, 수리학적 배관방식의 경우는 제외한다.)

19.09.문74
17.05.문69
15.09.문73
13.09.문63
09.03.문75

① 8   ② 10

③ 12   ④ 18

해설 **한**쪽 가지배관에 설치되는 헤드의 개수는 **8개** 이하로 한다. [보기 ①]

기억법 한8(한팔)

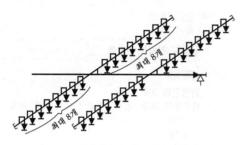

| 가지배관의 헤드 개수 |

비교

연결살수설비
연결살수설비에서 하나의 송수구역에 설치하는 **개방형 헤드**의 수는 **10개** 이하로 한다.

답 ①

63 다음은 포소화설비에서 배관 등 설치기준에 관한 내용이다. ( ) 안에 들어갈 내용으로 옳은 것은?

19.09.문67
18.09.문68
15.09.문72
11.10.문72
02.03.문62

펌프의 성능은 체절운전시 정격토출압력의 (㉠)%를 초과하지 않고, 정격토출량의 150%로 운전시 정격토출압력의 (㉡)% 이상이 되어야 한다.

① ㉠ 120, ㉡ 65
② ㉠ 120, ㉡ 75
③ ㉠ 140, ㉡ 65
④ ㉠ 140, ㉡ 75

해설 (1) **포소화설비**의 **배관**(NFPC 105 7조, NFTC 105 2.4)
  ㉠ 급수개폐밸브 : **탬퍼스위치** 설치
  ㉡ 펌프의 흡입측 배관 : **버터플라이밸브** 외의 개폐표시형 밸브 설치
  ㉢ 송액관 : **배액밸브** 설치

| 송액관의 기울기 |

(2) **소화펌프**의 **성능시험 방법** 및 **배관**
  ㉠ 펌프의 성능은 체절운전시 정격토출압력의 **140%**를 초과하지 않을 것 보기 ㉠
  ㉡ 정격토출량의 150%로 운전시 정격토출압력의 **65%** 이상이어야 할 것 보기 ㉡

㉢ 성능시험배관은 펌프의 토출측에 설치된 **개폐밸브 이전**에서 분기할 것
㉣ 유량측정장치는 펌프 정격토출량의 **175%** 이상 측정할 수 있는 성능이 있을 것

답 ③

64 전역방출방식 분말소화설비에서 방호구역의 개구부에 자동폐쇄장치를 설치하지 아니한 경우에 개구부의 면적 1제곱미터에 대한 분말소화약제의 가산량으로 잘못 연결된 것은?

19.09.문65
14.03.문77
13.03.문73

① 제1종 분말－4.5kg
② 제2종 분말－2.7kg
③ 제3종 분말－2.5kg
④ 제4종 분말－1.8kg

해설 ③ 2.5kg → 2.7kg

(1) **분말소화설비**(전역방출방식)

약제 종별	약제량	**개**구부가산량 (자동폐쇄장치 미설치시)
제1종 분말	0.6kg/m³	4.5kg/m² 보기 ①
제2 · 3종 분말	0.36kg/m³	**2.7**kg/m² 보기 ②③
제4종 분말	0.24kg/m³	1.8kg/m² 보기 ④

기억법 **개**2327

(2) **호스릴방식**(분말소화설비)

약제 종별	약제 저장량	약제 방사량
제1종 분말	50kg	45kg/min
제2 · 3종 분말	30kg	27kg/min
제**4**종 분말	20kg	**18**kg/min

기억법 **호분418**

답 ③

65 체적 100m³의 면화류창고에 전역방출방식의 이산화탄소 소화설비를 설치하는 경우에 소화약제는 몇 kg 이상 저장하여야 하는가? (단, 방호구역의 개구부에 자동폐쇄장치가 부착되어 있다.)

19.09.문77
16.10.문78
05.03.문75

① 12
② 27
③ 120
④ 270

해설 이산화탄소 소화설비 저장량[kg]

= **방**호구역체적[m³]×**약**제량[kg/m³] + **개**구부면적[m²]
×개구부가**산**량(10kg/m²)

기억법 **방약+개산**

=100m³×2.7kg/m³
=270kg

이산화탄소 소화설비 심부화재의 약제량 및 개구부가산량

방호대상물	약제량	개구부 가산량 (자동폐쇄 장치 미설치시)	설계농도
전기설비	1.3kg/m³		
전기설비 (55m³ 미만)	1.6kg/m³		50%
서고, 박물관, 목재가공품창고, 전자제품창고	2.0kg/m³	10kg/m²	65%
석탄창고, 면화류창고, 고무류, 모피창고, 집진설비	2.7kg/m³ →		75%

- 방호구역체적 : 100m³
- 단서에서 개구부에 **자동폐쇄장치**가 **부착**되어 있다고 하였으므로 **개구부면적** 및 **개구부가산량**은 제외
- 면화류창고의 경우 약제량은 **2.7kg/m³**

답 ④

66 다음 평면도와 같이 반자가 있는 어느 실내에 전등이나 공조용 디퓨저 등의 시설물을 무시하고 수평거리를 2.1m로 하여 스프링클러헤드를 정방형으로 설치하고자 할 때 최소 몇 개의 헤드를 설치해야 하는가? (단, 반자 속에는 헤드를 설치하지 아니하는 것으로 본다.)

19.04.문78
14.03.문67
99.04.문63

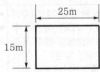

① 24개 ② 42개
③ 54개 ④ 72개

해설 (1) **기호**

- R : 2.1m

(2) **정방형 헤드간격**

$$S = 2R\cos 45°$$

여기서, S : 헤드간격[m]
R : 수평거리[m]

헤드간격 S는
$S = 2R\cos 45°$
$= 2 \times 2.1m \times \cos 45°$
$= 2.97m$

가로 설치 헤드개수 : 25÷2.97m=9개
세로 설치 헤드개수 : 15÷2.97m=6개
∴ 9×6=54개

답 ③

67 소화용수설비의 소화수조가 옥상 또는 옥탑부분에 설치된 경우 지상에 설치된 채수구에서의 압력은 얼마 이상이어야 하는가?

19.03.문64
17.09.문66
17.05.문68
15.03.문77
09.05.문63

① 0.15MPa ② 0.20MPa
③ 0.25MPa ④ 0.35MPa

해설 **소화수조 및 저수조의 설치기준**(NFPC 402 4~5조, NFTC 402 2.1.1, 2.2)
(1) 소화수조의 깊이가 **4.5m** 이상일 경우 가압송수장치를 설치할 것
(2) 소화수조는 소방펌프자동차가 채수구로부터 **2m** 이내의 지점까지 접근할 수 있는 위치에 설치할 것
(3) 소화수조가 **옥상** 또는 옥탑부분에 설치된 경우에는 지상에 설치된 채수구에서의 압력 **0.15MPa** 이상 되도록 한다. 보기 ①

기억법 **옥15**

용어

채수구
소방대상물의 펌프에 의하여 양수된 물을 소방차가 흡입하는 구멍

답 ①

68 오피스텔에서는 주거용 주방자동소화장치를 설치해야 하는데, 몇 층 이상인 경우 이러한 조치를 취해야 하는가?

19.03.문73
14.09.문80
11.03.문46
09.03.문52

① 6층 이상 ② 20층 이상
③ 25층 이상 ④ 모든 층

해설 **소방시설법 시행령** 〔별표 4〕
소화설비의 설치대상

종류	설치대상
소화기구	① 연면적 **33m²** 이상(단, **노유자시설**은 **투척용 소화용구** 등을 산정된 소화기 수량의 $\frac{1}{2}$ 이상으로 설치 가능) ② 국가유산 ③ 가스시설 ④ 터널 ⑤ 지하구 ⑥ 전기저장시설
주거용 주방자동소화장치	① 아파트 등(모든 층) ② **오피스텔**(모든 층) 보기 ④

답 ④

★★★ 69

피난기구의 화재안전기준상 노유자시설의 4층 이상 10층 이하에서 적응성이 있는 피난기구가 아닌 것은?

21.05.문64
19.03.문76
17.05.문62
16.10.문69
16.05.문74
11.03.문72

① 피난교
② 다수인 피난장비
③ 승강식 피난기
④ 미끄럼대

해설 피난기구의 적응성(NFTC 301 2.1.1)

설치장소별 구분 / 층별	1층	2층	3층	4층 이상 10층 이하
노유자시설	• 미끄럼대 • 구조대 • 피난교 • 다수인 피난 장비 • 승강식 피난기	• 미끄럼대 • 구조대 • 피난교 • 다수인 피난 장비 • 승강식 피난기	• 미끄럼대 • 구조대 • 피난교 • 다수인 피난 장비 • 승강식 피난기	• 구조대[1] • 피난교 보기 ① • 다수인 피난 장비 보기 ② • 승강식 피난기 보기 ③
의료시설· 입원실이 있는 의원·접골원 ·조산원	–	–	• 미끄럼대 • 구조대 • 피난교 • 피난용 트랩 • 다수인 피난 장비 • 승강식 피난기	• 구조대 • 피난교 • 피난용 트랩 • 다수인 피난 장비 • 승강식 피난기
영업장의 위치가 4층 이하인 다중 이용업소	–	• 미끄럼대 • 피난사다리 • 구조대 • 완강기 • 다수인 피난 장비 • 승강식 피난기	• 미끄럼대 • 피난사다리 • 구조대 • 완강기 • 다수인 피난 장비 • 승강식 피난기	• 미끄럼대 • 피난사다리 • 구조대 • 완강기 • 다수인 피난 장비 • 승강식 피난기
그 밖의 것 (근린생활시 설 사무실 등)	–	–	• 미끄럼대 • 피난사다리 • 구조대 • 완강기 • 피난교 • 피난용 트랩 • 간이완강기[2] • 공기안전매트[2] • 다수인 피난 장비 • 승강식 피난기	• 피난사다리 • 구조대 • 완강기 • 피난교 • 간이완강기[2] • 공기안전매트[2] • 다수인 피난 장비 • 승강식 피난기

[비고] 1) 구조대의 적응성은 장애인 관련 시설로서 주된 사용자 중 스스로 피난이 불가한 자가 있는 경우 추가로 설치하는 경우에 한한다.
2) **간이완강기**의 적응성은 **숙박시설의 3층** 이상에 있는 객실에 추가로 설치하는 경우에 한한다.

답 ④

★★★ 70

소화수조 및 저수조의 화재안전기준에 따라 소화용수설비에 설치하는 채수구의 수는 소요수량이 $40m^3$ 이상 $100m^3$ 미만인 경우 몇 개를 설치해야 하는가?

20.06.문72
19.09.문63
18.04.문64
16.10.문77
15.09.문77
11.03.문68

① 1
② 2
③ 3
④ 4

해설 채수구의 수(NFPC 402 4조, NFTC 402 2.1.3.2.1)

소화수조 소요수량	$20\sim40m^3$ 미만	$40\sim100m^3$ 미만	$100m^3$ 이상
채수구의 수	1개	2개 보기 ②	3개

용어

채수구
소방대상물의 펌프에 의하여 양수된 물을 소방차가 흡입하는 구멍

비교

흡수관 투입구

소요수량	$80m^3$ 미만	$80m^3$ 이상
흡수관 투입구의 수	1개 이상	2개 이상

답 ②

★★★ 71

포소화설비의 화재안전기준상 특수가연물을 저장·취급하는 공장 또는 창고에 적응성이 없는 포소화설비는?

22.04.문70
18.09.문67
16.05.문67
13.06.문62

① 고정포방출설비
② 포소화전설비
③ 압축공기포소화설비
④ 포워터 스프링클러설비

해설 포소화설비의 적용대상(NFPC 105 4조, NFTC 105 2.1.1)

특정소방대상물	설비 종류
• 차고·주차장 • 항공기 격납고 • 공장·창고(특수가연물 저장·취급)	• 포워터 스프링클러설비 보기 ④ • 포헤드설비 • 고정포방출설비 보기 ① • 압축공기포소화설비 보기 ③
• 완전개방된 옥상주차장(주된 벽이 없고 기둥뿐이거나 주위가 위해방지용 철주 등으로 둘러싸인 부분) • **지상 1층**으로서 지붕이 없는 차고·주차장 • 고가 밑의 주차장(주된 벽이 없고 기둥뿐이거나 주위가 위해방지용 철주 등으로 둘러싸인 부분)	• 호스릴포소화설비 • 포소화전설비
• 발전기실 • 엔진펌프실 • 변압기 • 전기케이블실 • 유압설비	• 고정식 압축공기포소화설비(바닥면적 합계 $300m^2$ 미만)

답 ②

★★★
72
포소화설비에서 펌프의 토출관에 압입기를 설치
하여 포소화약제 압입용 펌프로 포소화약제를
압입시켜 혼합하는 방식은?

22.04.문74
21.05.문74
16.03.문64
15.09.문76
15.05.문80
12.05.문64

① 라인 프로포셔너

② 펌프 프로포셔너

③ 프레져 프로포셔너

④ 프레져사이드 프로포셔너

해설 **포소화약제의 혼합장치**

(1) **펌프 프로포셔너방식(펌프 혼합방식)**

　㉠ 펌프 토출측과 흡입측에 바이패스를 설치하고, 그 바이패스의 도중에 설치한 어댑터(Adaptor)로 펌프 토출측 수량의 일부를 통과시켜 공기포 용액을 만드는 방식

　㉡ 펌프의 **토출관**과 **흡입관** 사이의 배관 도중에 설치한 흡입기에 펌프에서 토출된 물의 일부를 보내고 **농도조정밸브**에서 조정된 포소화약제의 필요량을 포소화약제 탱크에서 펌프 흡입측으로 보내어 약제를 혼합하는 방식

기억법 **펌농**

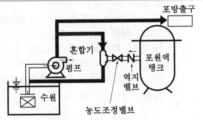
｜펌프 프로포셔너방식｜

(2) **프레져 프로포셔너방식(차압 혼합방식)**

　㉠ 가압송수관 도중에 공기포 소화원액 혼합조(P.P.T)와 혼합기를 접속하여 사용하는 방법

　㉡ **격막방식 휨탱크**를 사용하는 에어휨 혼합방식

　㉢ 펌프와 발포기의 중간에 설치된 벤투리관의 **벤투리작용**과 펌프 가압수의 **포소화약제 저장탱크**에 대한 압력에 의하여 포소화약제를 흡입·혼합하는 방식

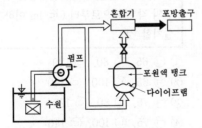
｜프레져 프로포셔너방식｜

(3) **라인 프로포셔너방식(관로 혼합방식)**

　㉠ 급수관의 배관 도중에 포소화약제 흡입기를 설치하여 그 흡입관에서 소화약제를 흡입하여 혼합하는 방식

　㉡ 펌프와 발포기의 중간에 설치된 **벤투리관**의 **벤투리작용**에 의하여 포소화약제를 흡입·혼합하는 방식

기억법 **라벤벤**

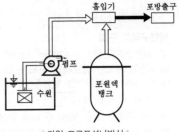
｜라인 프로포셔너방식｜

(4) **프레져사이드 프로포셔너방식(압입 혼합방식)**

　보기 ④

　㉠ 소화원액 가압펌프(압입용 펌프)를 별도로 사용하는 방식

　㉡ 펌프 **토출관**에 압입기를 설치하여 포소화약제 **압입용 펌프**로 포소화약제를 압입시켜 혼합하는 방식

기억법 **프사압**

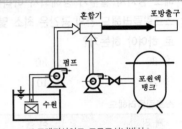
｜프레져사이드 프로포셔너방식｜

(5) **압축공기포 믹싱챔버방식**

포수용액에 공기를 강제로 주입시켜 **원거리 방수**가 가능하고 물 사용량을 줄여 **수손피해**를 **최소화**할 수 있는 방식

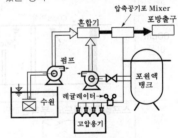
｜압축공기포 믹싱챔버방식｜

답 ④

★★★
73
제연설비의 화재안전기준상 제연설비 설치장소
의 제연구역 구획기준으로 틀린 것은?

22.04.문80
20.08.문76
19.09.문72
14.05.문69
13.06.문76
13.03.문63

① 하나의 제연구역의 면적은 $1000m^2$ 이내로 할 것

② 하나의 제연구역은 직경 60m 원 내에 들어갈 수 있을 것

③ 하나의 제연구역은 3개 이상 층에 미치지 아니하도록 할 것

④ 통로상의 제연구역은 보행중심선의 길이가 60m를 초과하지 아니할 것

해설 ③ 3개 이상 → 2개 이상

제연구역의 구획

(1) 1제연구역의 면적은 **1000m²** 이내로 할 것 보기 ①

(2) 거실과 통로는 **상호제연 구획**할 것

(3) 통로상의 제연구역은 보행중심선의 길이가 **60m**를 초과하지 않을 것 보기 ④

(4) 1제연구역은 직경 **60m** 원 내에 들어갈 것 보기 ②

(5) 1제연구역은 **2개** 이상의 층에 미치지 않을 것 보기 ③

> 기억법 제10006(충북 **제천**에 육교 있음)
> 2개제(이게 제목이야!)

답 ③

74 스프링클러설비의 화재안전기준상 스프링클러헤드 설치시 살수가 방해되지 아니하도록 벽과 스프링클러헤드 간의 공간은 최소 몇 cm 이상으로 하여야 하는가?

22.03.문76
18.04.문71
11.10.문70

① 60　　　　　　② 30

③ 20　　　　　　④ 10

해설 **스프링클러헤드**

거리	적용
10cm 이상 보기 ④	**벽**과 **스프링클러헤드** 간의 공간
60cm 이상	스프링클러헤드의 공간 60cm 이상　10cm 이상 60cm 이상 ㅣ헤드 반경ㅣ
30cm 이하	스프링클러헤드와 **부착면**과의 거리 부착면 30cm 이하 ㅣ헤드와 부착면과의 이격거리ㅣ

답 ④

75 옥내소화전설비의 화재안전기준에 따라 옥내소화전설비의 표시등 설치기준으로 옳은 것은?

21.09.문64

① 가압송수장치의 기동을 표시하는 표시등은 옥내소화전함의 상부 또는 그 직근에 설치한다.

② 가압송수장치의 기동을 표시하는 표시등은 녹색등으로 한다.

③ 자체소방대를 구성하여 운영하는 경우 가압송수장치의 기동표시등을 반드시 설치해야 한다.

④ 옥내소화전설비의 위치를 표시하는 표시등은 함의 하부에 설치하되, 「표시등의 성능인증 및 제품검사의 기술기준」에 적합한 것으로 한다.

해설 ② 녹색등 → 적색등
③ 반드시 설치해야 한다 → 설치하지 않을 수 있다
④ 하부 → 상부

옥내소화전설비의 표시등 설치기준(NFPC 102 7조, NFTC 102 2.4.3)

(1) 옥내소화전설비의 위치를 표시하는 **표시등**은 함의 **상부**에 설치하되, 소방청장이 고시하는 「표시등의 성능인증 및 제품검사의 기술기준」에 적합한 것으로 할 것 보기 ④

(2) 가압송수장치의 기동을 표시하는 **표시등**은 옥내소화전함의 **상부** 또는 그 **직근**에 설치하되 **적색등**으로 할 것(단, **자체소방대**를 구성하여 운영하는 경우(「위험물안전관리법 시행령」 〔별표 8〕에서 정한 소방자동차와 자체소방대원의 규모) **가압송수장치**의 **기동표시등**을 설치하지 않을 수 있다) 보기 ①②③

답 ①

76 상수도 소화용수설비의 화재안전기준에 따른 설치기준 중 다음 (　) 안에 알맞은 것은?

21.09.문67
19.09.문66
19.04.문74
19.03.문69
17.03.문64
14.03.문63
07.03.문70

> 호칭지름 (　㉠　)mm 이상의 수도배관에 호칭지름 (　㉡　)mm 이상의 소화전을 접속하여야 하며, 소화전은 특정소방대상물의 수평투영면의 각 부분으로부터 (　㉢　)m 이하가 되도록 설치할 것

① ㉠ 65, ㉡ 80, ㉢ 120

② ㉠ 65, ㉡ 100, ㉢ 140

③ ㉠ 75, ㉡ 80, ㉢ 120

④ ㉠ 75, ㉡ 100, ㉢ 140

해설 **상수도 소화용수설비의 기준**(NFPC 401 4조, NFTC 401 2.1)

(1) 호칭지름

수도배관	소화전
75mm 이상 보기 ㉠	**100**mm 이상 보기 ㉡

(2) 소화전은 소방자동차 등의 진입이 쉬운 **도로변** 또는 **공지**에 설치할 것

(3) 소화전은 특정소방대상물의 수평투영면의 각 부분으로부터 **140m** 이하가 되도록 설치할 것 [보기 ©]

(4) 지상식 소화전의 호스접결구는 지면으로부터 높이가 0.5m 이상 1m 이하가 되도록 설치할 것

[기억법] 수75(수지침으로 치료), 소1(소일거리)

답 ④

비교

연결살수설비 헤드간 수평거리

스프링클러헤드	연결살수설비 전용헤드
2.3m 이하	3.7m 이하

답 ④

★ 77 피난기구의 화재안전기준상 승강식 피난기 및 하향식 피난구용 내림식 사다리 설치시 2세대 이상일 경우 대피실의 면적은 최소 몇 m² 이상인가?

19.04.문76
16.03.문74
13.03.문70

① 3m² 이상　② 1m² 이상
③ 1.2m² 이상　④ 2m² 이상

해설 승강식 피난기 및 하향식 피난구용 내림식 사다리의 **설치기준**(NFPC 301 5조, NFTC 301 2.1.3.9)

(1) 대피실의 면적은 **2m²**(2세대 이상일 경우에는 **3m²**) 이상으로 하고, 건축법 시행령 제46조 제4항의 규정에 적합하여야 하며 하강구(개구부) 규격은 직경 **60cm** 이상일 것(단, 외기와 개방된 장소에는 제외) [보기 ①]

(2) 하강구 내측에는 기구의 연결금속구 등이 없어야 하며 전개된 피난기구는 하강구 수평투영면적 공간 내의 범위를 침범하지 않는 구조이어야 할 것(단, 직경 **60cm** 크기의 범위를 벗어난 경우이거나, 직하층의 바닥면으로부터 높이 **50cm** 이하의 범위는 제외)

(3) 착지점과 하강구는 상호 수평거리 **15cm** 이상의 간격을 둘 것

답 ①

★★ 78 연소방지설비 헤드의 설치기준 중 살수구역은 환기구 등을 기준으로 환기구 사이의 간격으로 몇 m 이내마다 1개 이상 설치하여야 하는가?

20.09.문67
17.03.문73

① 150　② 200
③ 350　④ 700

해설 **연소방지설비** 헤드의 **설치기준**(NFPC 605 8조, NFTC 605 2.4.2)

(1) **천장** 또는 **벽면**에 설치하여야 한다.

(2) 헤드 간의 수평거리

스프링클러헤드	연소방지설비 전용헤드
1.5m 이하	2m 이하

(3) 소방대원의 출입이 가능한 환기구·작업구마다 지하구의 양쪽 방향으로 살수헤드를 설정하되, 한쪽 방향의 살수구역의 길이는 **3m** 이상으로 할 것(단, 환기구 사이의 간격이 **700m**를 초과할 경우에는 700m 이내마다 살수구역을 설정하되, 지하구의 구조를 고려하여 방화벽을 설치한 경우에는 제외) [보기 ④]

[기억법] 연방70

★ 79 구조대의 형식승인 및 제품검사의 기술기준에 따른 경사강하식 구조대의 구조에 대한 설명으로 틀린 것은?

22.03.문72
20.09.문68
17.09.문63
16.03.문67
14.05.문70
09.08.문78

① 구조대 본체는 강하방향으로 봉합부가 설치되어야 한다.
② 연속하여 활강할 수 있는 구조로 안전하고 쉽게 사용할 수 있어야 한다.
③ 땅에 닿을 때 충격을 받는 부분에는 완충장치로서 받침포 등을 부착하여야 한다.
④ 입구틀 및 고정틀의 입구는 지름 60cm 이상의 구체가 통과할 수 있어야 한다.

해설 ① 설치되어야 한다. → 설치 금지

경사강하식 구조대의 기준(구조대 형식 3조)

(1) 구조대 본체는 **강하방향**으로 봉합부 설치 금지 [보기 ①]
(2) 손잡이는 출구 부근에 좌우 각 **3개** 이상 균일한 간격으로 견고하게 부착
(3) 구조대 본체의 끝부분에는 길이 **4m** 이상, 지름 **4mm** 이상의 유도선을 부착하여야 하며, 유도선 끝에는 중량 **3N**(300g) 이상의 모래주머니 등 설치
(4) 본체의 포지는 **하부지지장치**에 인장력이 균등하게 걸리도록 부착하여야 하며 하부지지장치는 쉽게 조작 가능
(5) 입구틀 및 고정틀의 입구는 지름 **60cm** 이상의 구체가 통과할 수 있을 것 [보기 ④]
(6) 구조대 본체의 활강부는 낙하방지를 위해 포를 **2중구조**로 하거나 망목의 변의 길이가 **8cm** 이하인 망 설치(단, 구조상 낙하방지의 성능을 갖고 있는 구조대의 경우는 제외)
(7) **연속**하여 **활강**할 수 있는 구조로 안전하고 쉽게 사용할 수 있을 것 [보기 ②]
(8) 땅에 닿을 때 충격을 받는 부분에는 **완충장치**로서 **받침포** 등 부착 [보기 ③]

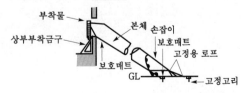

| 경사강하식 구조대 |

답 ①

★★★ 80

20.06.문61
19.04.문75
17.03.문77
16.03.문63
15.09.문74

물분무소화설비의 화재안전기준에 따른 물분무소화설비의 저수량에 대한 기준 중 다음 ( ) 안의 내용으로 맞는 것은?

> 절연유 봉입변압기는 바닥부분을 제외한 표면적을 합한 면적 1m²에 대하여 ( )L/min로 20분간 방수할 수 있는 양 이상으로 할 것

① 4 ② 8
③ 10 ④ 12

해설 **물분무소화설비**의 **수원**(NFPC 104 4조, NFTC 104 2.1.1)

특정소방대상물	토출량	비 고
컨베이어벨트	10L/min · m²	벨트부분의 바닥면적
절연유 봉입변압기	10L/min · m² 보기 ③	표면적을 합한 면적(바닥면적 제외)
특수가연물	10L/min · m² (최소 50m²)	최대방수구역의 바닥면적 기준
케이블트레이 · 덕트	12L/min · m²	투영된 바닥면적
차고 · 주차장	20L/min · m² (최소 50m²)	최대방수구역의 바닥면적 기준
위험물 저장탱크	37L/min · m	위험물탱크 둘레 길이(원주길이) : 위험물규칙 [별표 6] Ⅱ

※ 모두 **20분**간 방수할 수 있는 양 이상으로 하여야 한다.

기억법	컨	0
	절	0
	특	0
	케	2
	차	0
	위	37

답 ③

과년도 기출문제

2022년

소방설비기사 필기(기계분야)

** 수험자 유의사항 **

1. 문제지를 받는 즉시 **본인**이 **응시한 종목**이 맞는지 확인하시기 바랍니다.

2. 문제지 표지에 본인의 **수험번호**와 **성명**을 기재하여야 합니다.

3. 문제지의 **총면수, 문제번호 일련순서, 인쇄상태, 중복 및 누락 페이지 유무**를 확인하시기 바랍니다.

4. 답안은 각 문제마다 요구하는 가장 적합하거나 가까운 답 1개만을 선택하여야 합니다.

5. 답안카드는 뒷면의 「수험자 유의사항」에 따라 작성하시고, 답안카드 작성 시 형별누락, 마킹착오로 인한 불이익은 전적으로 수험자에게 책임이 있음을 알려드립니다.

6. 문제지는 시험 종료 후 본인이 가져갈 수 있습니다.

** 안내사항 **

• 가답안/최종정답은 큐넷(www.q-net.or.kr)에서 확인하실 수 있습니다. 가답안에 대한 의견은 큐넷의 [가답안 의견 제시]를 통해 제시할 수 있으며, 확정된 답안은 최종정답으로 갈음합니다.

• 공단에서 제공하는 자격검정서비스에 대해 개선할 점이 있으시면 고객참여(http://hrdkorea.or.kr/7/1/1)를 통해 건의하여 주시기 바랍니다.

▌2022년 기사 제1회 필기시험▌				수험번호	성명
자격종목 **소방설비기사(기계분야)**	종목코드	시험시간 **2시간**	형별		

※ 각 문항은 4지택일형으로 질문에 가장 적합한 보기 항을 선택하여 체크하여야 합니다.

제 1 과목	소방원론

★★★
01 소화원리에 대한 설명으로 틀린 것은?

19.09.문13
18.09.문19
17.05.문06
16.03.문08
15.03.문17
14.03.문19
11.10.문19
03.08.문11

① 억제소화 : 불활성기체를 방출하여 연소범위 이하로 낮추어 소화하는 방법
② 냉각소화 : 물의 증발잠열을 이용하여 가연물의 온도를 낮추는 소화방법
③ 제거소화 : 가연성 가스의 분출화재시 연료공급을 차단시키는 소화방법
④ 질식소화 : 포소화약제 또는 불연성기체를 이용해서 공기 중의 산소공급을 차단하여 소화하는 방법

> 유사문제부터 풀어보세요. 실력이 짝!짝! 올라갑니다.

해설 ① 억제소화 → 희석소화

소화의 형태

구 분	설 명
냉각소화	① **점화원**을 냉각하여 소화하는 방법 ② **증발잠열**을 이용하여 열을 빼앗아 가연물의 온도를 떨어뜨려 화재를 진압하는 소화방법 ③ **다량**의 **물**을 뿌려 소화하는 방법 ④ 가연성 물질을 **발화점 이하**로 **냉각**하여 소화하는 방법 ⑤ **식용유화재**에 신선한 **야채**를 넣어 소화하는 방법 ⑥ 용융잠열에 의한 **냉각효과**를 이용하여 소화하는 방법 기억법 냉점증발
질식소화	① 공기 중의 <u>산소농도</u>를 **16%(10~15%)** 이하로 희박하게 하여 소화하는 방법 ② 산화제의 농도를 낮추어 연소가 지속될 수 없도록 소화하는 방법 ③ 산소공급을 차단하여 소화하는 방법 ④ 산소의 농도를 낮추어 소화하는 방법 ⑤ 화학반응으로 발생한 **탄산가스**에 의한 소화방법 기억법 질산

제거소화	**가연물**을 **제거**하여 소화하는 방법
부촉매 소화 (억제소화, 화학소화)	① **연쇄반응**을 **차단**하여 소화하는 방법 ② 화학적인 방법으로 화재를 억제하여 소화하는 방법 ③ **활성기**(free radical, 자유라디칼)의 **생성**을 **억제**하여 소화하는 방법 ④ 할론계 소화약제 기억법 부억(부엌)
희석소화	① 기체·고체·액체에서 나오는 분해가스나 증기의 농도를 낮춰 소화하는 방법 ② 불연성 가스의 **공기 중 농도**를 높여 소화하는 방법 ③ 불활성기체를 방출하여 연소범위 이하로 낮추어 소화하는 방법 보기①

> 🔊 **중요**

화재의 소화원리에 따른 소화방법

소화원리	소화설비
냉각소화	① 스프링클러설비 ② 옥내·외소화전설비
질식소화	① 이산화탄소 소화설비 ② 포소화설비 ③ 분말소화설비 ④ 불활성기체 소화약제
억제소화 (부촉매효과)	① 할론소화약제 ② 할로겐화합물 소화약제

답 ①

★★★
02 위험물의 유별에 따른 분류가 잘못된 것은?

19.04.문44
16.05.문46
16.05.문52
15.09.문03
15.09.문18
15.05.문10
15.05.문42
15.03.문51
14.09.문18
14.03.문18
11.06.문54

① 제1류 위험물 : 산화성 고체
② 제3류 위험물 : 자연발화성 물질 및 금수성 물질
③ 제4류 위험물 : 인화성 액체
④ 제6류 위험물 : 가연성 액체

해설 ④ 가연성 액체 → 산화성 액체

위험물령〔별표 1〕
위험물

유별	성질	품명
제1류	산화성 고체	• 아염소산염류 • 염소산염류(염소산나트륨) • 과염소산염류 • 질산염류 • 무기과산화물 **기억법** 1산고염나
제2류	가연성 고체	• 황화인 • 적린 • 황 • 마그네슘 **기억법** 황화적황마
제3류	자연발화성 물질 및 금수성 물질	• 황린 • 칼륨 • 나트륨 • 알칼리토금속 • 트리에틸알루미늄 **기억법** 황칼나알트
제4류	인화성 액체	• 특수인화물 • 석유류(벤젠) • 알코올류 • 동식물유류
제5류	자기반응성 물질	• 유기과산화물 • 나이트로화합물 • 나이트로소화합물 • 아조화합물 • 질산에스터류(셀룰로이드) **기억법** 5자(오자탈자)
제6류	산화성 액체	• 과염소산 • 과산화수소 • 질산

답 ④

03 고층건축물 내 연기거동 중 굴뚝효과에 영향을 미치는 요소가 아닌 것은?

17.03.문01
16.05.문16
04.03.문19
01.06.문11

① 건물 내외의 온도차
② 화재실의 온도
③ 건물의 높이
④ 층의 면적

해설 ④ 해당없음

연기거동 중 **굴뚝효과**(연돌효과)와 관계있는 것
(1) 건물 내외의 온도차
(2) 화재실의 온도
(3) 건물의 높이

용어

굴뚝효과와 같은 의미
(1) 연돌효과
(2) Stack effect

중요

굴뚝효과(stack effect)
(1) 건물 내외의 **온도차**에 따른 공기의 흐름현상이다.
(2) 굴뚝효과는 **고층건물**에서 주로 나타난다.
(3) 평상시 건물 내의 기류분포를 지배하는 중요 요소이며 화재시 **연기의 이동**에 큰 영향을 미친다.
(4) 건물 외부의 온도가 내부의 온도보다 높은 경우 저층부에서는 내부에서 외부로 공기의 흐름이 생긴다.

답 ④

04 화재에 관련된 국제적인 규정을 제정하는 단체는?

19.03.문19

① IMO(International Maritime Organization)
② SFPE(Society of Fire Protection Engineers)
③ NFPA(Nation Fire Protection Association)
④ ISO(International Organization for Standardization) TC 92

해설

단체명	설 명
IMO(International Maritime Organization)	• 국제해사기구 • 선박의 항로, 교통규칙, 항만시설 등을 국제적으로 통일하기 위하여 설치된 유엔전문기구
SFPE(Society of Fire Protection Engineers)	• 미국소방기술사회
NFPA(National Fire Protection Association)	• 미국방화협회 • 방화 · 안전설비 및 산업안전 방지장치 등에 대해 약 270규격을 제정
ISO(International Organization for Standardization)	• 국제표준화기구 • 지적 활동이나 과학 · 기술 · 경제 활동 분야에서 세계 상호간의 협력을 위해 1946년에 설립한 국제기구 ※ TC 92 : Fire Safety, ISO의 237개 전문기술위원회(TC)의 하나로서, 화재로부터 인명 안전 및 건물 보호, 환경을 보전하기 위하여 건축자재 및 구조물의 **화재시험 및 시뮬레이션 개발**에 필요한 세부지침을 **국제규격**으로 제 · 개정하는 것 보기 ④

답 ④

05 제연설비의 화재안전기준상 예상제연구역에 공기가 유입되는 순간의 풍속은 몇 m/s 이하가 되도록 하여야 하는가?

20.06.문76
16.10.문70
15.03.문80
10.05.문76

① 2
② 3
③ 4
④ 5

해설 **제연설비의 풍속**(NFPC 501 8~10조, NFTC 501 2.5.5, 2.6.2.2, 2.7.1)

조 건	풍 속
• 유입구가 바닥에 설치시 상향분출 가능	1m/s 이하
• 예상제연구역의 공기유입 풍속 →	5m/s 이하 보기 ④
• 배출기의 흡입측 풍속	15m/s 이하
• 배출기의 배출측 풍속 • 유입풍도 안의 풍속	20m/s 이하

용어

풍도
공기가 유동하는 덕트

답 ④

★★★
06 물에 황산을 넣어 묽은 황산을 만들 때 발생되는 열은?

16.03.문17
15.03.문04

① 연소열 　　　② 분해열
③ 용해열 　　　④ 자연발열

해설 **화학열**

종 류	설 명
연소열	어떤 물질이 완전히 **산**화되는 과정에서 발생하는 열
용해열	어떤 물질이 액체에 **용해**될 때 발생하는 열(농**황**산, **묽은 황산**) 보기 ③
분해열	화합물이 **분해**할 때 발생하는 열
생성열	발열반응에 의한 화합물이 **생성**할 때의 열
자연발열 (자연발화)	어떤 물질이 **외**부로부터 열의 공급을 받지 아니하고 온도가 상승하는 현상

기억법 연산, 용황, 자외

답 ③

★★★
07 화재의 정의로 옳은 것은?

14.05.문04
11.06.문18

① 가연성 물질과 산소와의 격렬한 산화반응이다.
② 사람의 과실로 인한 실화나 고의에 의한 방화로 발생하는 연소현상으로서 소화할 필요성이 있는 연소현상이다.
③ 가연물과 공기와의 혼합물이 어떤 점화원에 의하여 활성화되어 열과 빛을 발하면서 일으키는 격렬한 발열반응이다.
④ 인류의 문화와 문명의 발달을 가져오게 한 근본 존재로서 인간의 제어수단에 의하여 컨트롤할 수 있는 연소현상이다.

해설 ①③④ **연소의 정의**

화재의 정의	연소의 정의
① 자연 또는 인위적인 원인에 의하여 불이 물체를 연소시키고, **인명**과 **재산**에 손해를 주는 현상	① **가연성 물질**과 **산소**와의 격렬한 **산화반응**이다.
② 불이 그 사용목적을 넘어 다른 곳으로 연소하여 사람들에게 예기치 않은 경제상의 손해를 발생시키는 현상	② 가연물과 공기와의 혼합물이 어떤 점화원에 의하여 활성화되어 **열**과 **빛**을 발하면서 일으키는 격렬한 **발열반응**이다.
③ 사람의 의도에 **반**(反)하여 출화 또는 방화에 의해 불이 발생하고 확대하는 현상	③ 인류의 문화와 문명의 발달을 가져오게 한 근본 존재로서 인간의 제어수단에 의하여 **컨트롤**할 수 있는 연소현상이다.
④ 불을 사용하는 사람의 부주의와 불안정한 상태에서 발생되는 것	
⑤ 실화, 방화로 발생하는 연소현상을 말하며 사람에게 유익하지 못한 **해로운 불**	
⑥ 사람의 의사에 반한, 즉 대부분의 사람이 원치 않는 상태의 불	
⑦ 소화의 필요성이 있는 불 보기 ②	
⑧ 소화에 효과가 있는 어떤 물건(소화시설)을 사용할 필요가 있다고 판단되는 불	

기억법 화인 재반해

답 ②

★★★
08 이산화탄소 소화약제의 임계온도는 약 몇 ℃인가?

19.03.문11
16.03.문15
14.05.문08
13.06.문20
11.03.문06

① 24.4
② 31.4
③ 56.4
④ 78.4

해설 **이산화탄소의 물성**

구 분	물 성
임계압력	72.75atm
임계온도 →	31.35℃(약 31.4℃) 보기 ②
3중점	**-56.**3℃(약 -56℃)
승화점(**비**점)	**-78.**5℃
허용농도	0.5%
증기비중	1.**5**29
수분	0.05% 이하(함량 99.5% 이상)

기억법 이356, 이비78, 이증15

답 ②

★★★
09 상온·상압의 공기 중에서 탄화수소류의 가연물을 소화하기 위한 이산화탄소 소화약제의 농도는 약 몇 %인가? (단, 탄화수소류는 산소농도가 10%일 때 소화된다고 가정한다.)

21.09.문03
19.04.문13
17.03.문14
15.03.문14
14.05.문07
12.05.문14

① 28.57 ② 35.48
③ 49.56 ④ 52.38

해설 (1) 기호
- O_2 : 10%

(2) CO_2의 농도(이론소화농도)

$$CO_2 = \frac{21-O_2}{21} \times 100$$

여기서, CO_2 : CO_2의 이론소화농도[vol%] 또는 약식으로 [%]
O_2 : 한계산소농도[vol%] 또는 약식으로 [%]

$$CO_2 = \frac{21-O_2}{21} \times 100$$
$$= \frac{21-10}{21} \times 100 = 52.38\%$$

답 ④

★
10 과산화수소 위험물의 특성이 아닌 것은?
① 비수용성이다.
② 무기화합물이다.
③ 불연성 물질이다.
④ 비중은 물보다 무겁다.

해설 ① 비수용성 → 수용성

과산화수소(H_2O_2)의 성질
(1) 비중이 1보다 크며(물보다 무겁다), 물에 잘 녹는다. 보기 ④
(2) 산화성 물질로 다른 물질을 산화시킨다.
(3) 불연성 물질이다. 보기 ③
(4) 상온에서 액체이다.
(5) 무기화합물이다. 보기 ②
(6) 수용성이다. 보기 ①

답 ①

★★
11 건축물의 피난·방화구조 등의 기준에 관한 규칙상 방화구획의 설치기준 중 스프링클러를 설치한 10층 이하의 층은 바닥면적 몇 m² 이내마다 방화구획을 구획하여야 하는가?

19.03.문15
18.04.문04

① 1000 ② 1500
③ 2000 ④ 3000

해설 ④ 스프링클러소화설비를 설치했으므로 1000m²×3배=3000m²

건축령 46조, 피난·방화구조 14조
방화구획의 기준

대상 건축물	대상 규모	층 및 구획방법	구획부분의 구조
주요 구조부가 내화구조 또는 불연재료로 된 건축물	연면적 1000m² 넘는 것	10층 이하 · 바닥면적 1000m² 이내마다	· 내화구조로 된 바닥·벽 · 60분+방화문, 60분 방화문 · 자동방화셔터
		매 층마다 · 지하 1층에서 지상으로 직접 연결하는 경사로 부위는 제외	
		11층 이상 · 바닥면적 200m² 이내마다(실내마감을 불연재료로 한 경우 500m² 이내마다)	

- 스프링클러, 기타 이와 유사한 자동식 소화설비를 설치한 경우 바닥면적은 위의 3배 면적으로 산정한다.
- 필로티나 그 밖의 비슷한 구조의 부분을 주차장으로 사용하는 경우 그 부분은 건축물의 다른 부분과 구획할 것

답 ④

★★★
12 다음 중 분진폭발의 위험성이 가장 낮은 것은 어느 것인가?

18.03.문01
15.05.문03
13.03.문03
12.09.문17
11.10.문01
10.05.문16
03.05.문08
01.03.문20
00.10.문02
00.07.문15

① 시멘트가루
② 알루미늄분
③ 석탄분말
④ 밀가루

해설 **분진폭발**을 **일으키지 않는 물질**(=물과 반응하여 가연성 기체를 발생하지 않는 것)
(1) 시멘트(시멘트가루) 보기 ①
(2) 석회석
(3) 탄산칼슘($CaCO_3$)
(4) 생석회(CaO)=산화칼슘

기억법 분시석탄생

중요
분진폭발의 위험성이 있는 것
(1) 알루미늄분
(2) 황
(3) 소맥분(밀가루)
(4) 석탄분말

답 ①

★★
13 백열전구가 발열하는 원인이 되는 열은?
① 아크열 ② 유도열
③ 저항열 ④ 정전기열

해설 전기열

종류	설명
유도열	도체 주위에 **자장**이 존재할 때 전류가 흘러 발생하는 열
유전열	전기**절**연불량에 의한 발열
저항열	도체에 전류가 흘렀을 때 전기저항 때문에 발생하는 열(예 **백**열전구)

기억법 유도자
유전절
저백

중요

열에너지원의 종류

기계열 (기계적 에너지)	전기열 (전기적 에너지)	화학열 (화학적 에너지)
압축열, **마**찰열, 마찰 스파크	유도열, 유전열, 저항열, 아크열, 정전기열, 낙뢰에 의한 열	**연**소열, **용**해열, **분**해열, **생**성열, **자**연발화열
기억법 기압마		**기억법** 화연용분생자

- 기계열=기계적 에너지=기계에너지
- 전기열=전기적 에너지=전기에너지
- 화학열=화학적 에너지=화학에너지
- 유도열=유도가열
- 유전열=유전가열

답 ③

14 동식물유류에서 "아이오딘값이 크다."라는 의미를 옳게 설명한 것은?

17.05.문07
14.05.문16
11.06.문16

① 불포화도가 높다.
② 불건성유이다.
③ 자연발화성이 낮다.
④ 산소와의 결합이 어렵다.

해설
② 불건성유 → 건성유
③ 낮다. → 높다.
④ 어렵다. → 쉽다.

"**아이오딘값**이 크다."라는 **의미**
(1) **불포**화도가 높다. 보기 ①
(2) **건성유**이다.
(3) **자연발화성**이 높다.
(4) 산소와 결합이 쉽다.

기억법 아불포

아이오딘값
(1) 기름 100g에 첨가되는 아이오딘의 g수
(2) 기름에 염화아이오딘을 작용시킬 때 기름 100g에 흡수되는 염화아이오딘의 양에서 아이오딘의 양을 환산하여 그램수로 나타낸 값

답 ①

15 단백포 소화약제의 특징이 아닌 것은?

18.03.문17
15.05.문09

① 내열성이 우수하다.
② 유류에 대한 유동성이 나쁘다.
③ 유류를 오염시킬 수 있다.
④ 변질의 우려가 없어 저장 유효기간의 제한이 없다.

해설
④ 변질의 우려가 없어 저장 유효기간의 제한이 없다. → 변질에 의한 저장성이 불량하고 유효기간이 존재한다.

(1) **단백포**의 장단점

장점	단점
① **내열성** 우수 보기 ①	① 소화기간이 길다.
② **유면봉쇄성** 우수	② 유동성이 좋지 않다. 보기 ②
③ 내화성 향상(우수)	③ 변질에 의한 저장성 불량 보기 ④
④ 내유성 향상(우수)	④ 유류오염 보기 ③

(2) **수성막포**의 장단점

장점	단점
① 석유류 표면에 신속히 **피막**을 **형성**하여 유류증발을 억제한다.	① 가격이 비싸다.
② **안전성**이 좋아 장기보존이 가능하다.	② 내열성이 좋지 않다.
③ **내약품성**이 좋아 타약제와 겸용사용도 가능하다.	③ 부식방지용 저장설비가 요구된다.
④ **내유염성**이 우수하다 (기름에 의한 오염이 적다).	
⑤ 불소계 계면활성제가 주성분이다.	

(3) **합성계면활성제포**의 장단점

장점	단점
① **유동성**이 우수하다.	① 적열된 기름탱크 주위에는 효과가 적다.
② **저장성**이 우수하다.	② 가연물에 양이온이 있을 경우 발포성능이 저하된다.
	③ 타약제와 겸용시 소화효과가 좋지 않을 수 있다.

답 ④

★★ 16 이산화탄소 소화약제의 주된 소화효과는?

15.05.문12
14.03.문04

① 제거소화　　② 억제소화
③ 질식소화　　④ 냉각소화

해설 **소화약제**의 소화작용

소화약제	소화효과	주된 소화효과
① 물(스프링클러)	• 냉각효과 • 희석효과	• 냉각효과 　(냉각소화)
② 물(무상)	• 냉각효과 • 질식효과 • 유화효과 • 희석효과	• **질식효과** 보기 ③ 　(질식소화)
③ 포	• 냉각효과 • 질식효과	
④ 분말	• 질식효과 • 부촉매효과 　(억제효과) • 방사열 차단효과	
⑤ 이산화탄소	• 냉각효과 • 질식효과 • 피복효과	
⑥ 할론	• 질식효과 • 부촉매효과 　(억제효과)	• **부**촉매효과 　(연쇄반응차단 소화)

기억법 할부(**할**아**버**지)
　　　　이질(**이질**적이다)

답 ③

★★★ 17 전기불꽃, 아크 등이 발생하는 부분을 기름 속에 넣어 폭발을 방지하는 방폭구조는?

19.03.문12
17.09.문17
12.03.문02
97.07.문15

① 내압방폭구조
② 유입방폭구조
③ 안전증방폭구조
④ 특수방폭구조

해설 **방폭구조**의 종류
(1) **내압(內壓)방폭구조**(압력방폭구조) : p
　용기 내부에 **질소** 등의 보호용 가스를 충전하여 외부에서 폭발성 가스가 침입하지 못하도록 한 구조

‖ 내압(內壓)방폭구조(압력방폭구조) ‖

(2) **내압(耐壓)방폭구조** : d 보기 ①
　폭발성 가스가 용기 내부에서 폭발하였을 때 용기가 그 압력에 견디거나 또는 **외부**의 **폭발성 가스**에 인화될 우려가 없도록 한 구조

‖ 내압(耐壓)방폭구조 ‖

(3) **유입방폭구조** : o 보기 ②
　전기불꽃, 아크 또는 고온이 발생하는 부분을 **기름** 속에 넣어 폭발성 가스에 의해 인화가 되지 않도록 한 구조

‖ 유입방폭구조 ‖

기억법 **유기**(**유기** 그릇)

(4) **안전증방폭구조** : e 보기 ③
　기기의 정상운전 중에 폭발성 가스에 의해 **점화원**이 될 수 있는 전기불꽃 또는 고온이 되어서는 안 될 부분에 기계적, 전기적으로 특히 **안전도**를 **증가**시킨 구조

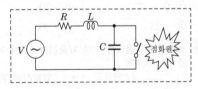

‖ 안전증방폭구조 ‖

(5) **본질안전방폭구조** : i
　폭발성 가스가 **단선, 단락, 지락** 등에 의해 발생하는 전기불꽃, 아크 또는 고온에 의하여 점화되지 않는 것이 확인된 구조

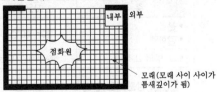

‖ 본질안전방폭구조 ‖

(6) **특수방폭구조** : s 보기 ④
　위에서 설명한 구조 이외의 방폭구조로서 폭발성 가스에 의해 점화되지 않는 것이 시험 등에 의하여 확인된 구조

모래 (모래 사이 사이가 틈새깊이가 됨)

‖ 특수방폭구조 ‖

답 ②

★★★
18 다음 중 자연발화의 방지방법이 아닌 것은 어느 것인가?

20.09.문05
18.04.문02
16.10.문05
16.03.문14
15.05.문19
15.03.문09
14.09.문09
14.09.문17
12.03.문09
10.03.문13

① 통풍이 잘 되도록 한다.
② 퇴적 및 수납시 열이 쌓이지 않게 한다.
③ 높은 습도를 유지한다.
④ 저장실의 온도를 낮게 한다.

해설
> ③ 높은 습도를 → 건조하게(낮은 습도를)

(1) **자연발화**의 **방지법**
 ㉠ **습**도가 높은 곳을 **피**할 것(건조하게 유지할 것) 보기 ③
 ㉡ 저장실의 온도를 낮출 것 보기 ④
 ㉢ 통풍이 잘 되게 할 것(**환기**를 원활히 시킨다) 보기 ①
 ㉣ 퇴적 및 수납시 열이 쌓이지 않게 할 것(**열축적 방지**) 보기 ②
 ㉤ 산소와의 접촉을 차단할 것(**촉매물질**과의 접촉을 피한다)
 ㉥ **열전도성**을 좋게 할 것

기억법 **자습피**

(2) **자연발화 조건**
 ㉠ 열전도율이 작을 것
 ㉡ 발열량이 클 것
 ㉢ 주위의 온도가 높을 것
 ㉣ 표면적이 넓을 것

답 ③

★
19 소화약제의 형식승인 및 제품검사의 기술기준상 강화액소화약제의 응고점은 몇 ℃ 이하이어야 하는가?

① 0
② -20
③ -25
④ -30

해설 **소화약제**의 **형식승인** 및 **제품검사**의 **기술기준** 6조
강화액소화약제
(1) 알칼리 금속염류의 수용액 : **알칼리성 반응**을 나타낼 것
(2) 응고점 : **-20℃** 이하

 중요

소화약제의 **형식승인** 및 **제품검사**의 **기술기준** 36조
소화기의 사용온도

종류	사용온도
• **분**말 • **강**화액	**-20~40℃** 이하
• 그 밖의 소화기	0~40℃ 이하

기억법 **강분24온**(강변에서 **이사온** 나)

답 ②

★
20 상온에서 무색의 기체로서 암모니아와 유사한 냄새를 가지는 물질은?

① 에틸벤젠
② 에틸아민
③ 산화프로필렌
④ 사이클로프로판

해설

물 질	특 징
에틸아민 ($C_2H_5NH_2$) 보기 ②	상온에서 **무색**의 **기체**로서 **암모니아**와 유사한 냄새를 가지는 물질
에틸벤젠 ($C_6H_5CH_2CH_3$) 보기 ①	**유기화합물**로, **휘발유**와 비슷한 냄새가 나는 가연성 무색액체
산화프로필렌 (CH_3CHCH_2O) 보기 ③	**급성 독성** 및 **발암성** 유기화합물
사이클로프로판 (C_3H_6) 보기 ④	결합각이 60도여서 **불안정**하므로 **첨가반응**을 잘하지만 브로민수 탈색반응은 잘 하지 못한다.

답 ②

제2과목 소방유체역학

★★★
21 30℃에서 부피가 10L인 이상기체를 일정한 압력으로 0℃로 냉각시키면 부피는 약 몇 L로 변하는가?

19.03.문26
18.09.문11
14.09.문07
12.03.문19
06.09.문13
97.03.문03

① 3
② 9
③ 12
④ 18

해설 (1) **기호**
 • T_1 : (273+℃)=(273+30)K
 • V_1 : 10L
 • T_2 : (273+℃)=(273+0)K
 • V_2 : ?

(2) **이상기체 상태방정식**

$$PV = nRT$$

여기서, P : 기압[atm]
 V : 부피[m³]
 n : 몰수$\left(n = \dfrac{W(질량)[kg]}{M(분자량)[kg/kmol]}\right)$
 R : 기체상수(0.082atm · m³/kmol · K)
 T : 절대온도(273+℃)[K]

$PV = nRT$에서

$$V \propto T$$

$V_1 : T_1 = V_2 : T_2$

$10\text{L} : (273+30)\text{K} = V_2 : (273+0)\text{K}$

$(273+30) V_2 = 10 \times (273+0)$

$V_2 = \dfrac{10 \times (273+0)}{(273+30)} ≒ 9\text{L}$

답 ②

22 비중이 0.6이고 길이 20m, 폭 10m, 높이 3m인
12.03.문26 직육면체 모양의 소방정 위에 비중이 0.9인 포소
화약제 5톤을 실었다. 바닷물의 비중이 1.03일
때 바닷물 속에 잠긴 소방정의 깊이는 몇 m인가?

① 3.54   ② 2.5
③ 1.77   ④ 0.6

해설 (1) **기호**

- s_1 : 0.6
- V : $(20 \times 10 \times 3)\text{m}^3$
- s_2 : 0.9
- G : 5톤
- s_3 : 1.03
- h : ?

(2) **비중량**

$$\gamma = \rho g \qquad \cdots\cdots\cdots ⓐ$$

여기서, γ : 비중량[N/m³]
　　　　ρ : 밀도[N · s²/m⁴]
　　　　g : 중력가속도[m/s²]

(3) **부력**

$$F_B = \gamma V = \rho_o g V_1 = \rho g V$$

여기서, F_B : 부력[N]
　　　　γ : 물질의 비중량[N/m³]
　　　　V : 물체가 잠긴 체적[m³]
　　　　ρ_o : 바닷물의 밀도[N · s²/m⁴]
　　　　g : 중력가속도(9.8m/s²)
　　　　V_1 : 바닷물 속에 잠긴 체적[m³]
　　　　ρ : 소방정의 밀도[N · s²/m⁴]

$$V_1 = Ah \qquad \cdots\cdots\cdots ⓑ$$

여기서, V_1 : 바닷물 속에 잠긴 체적[m³]
　　　　A : 소방정 면적[m²]
　　　　h : 물에 잠긴 소방정의 깊이[m]

$$V = AH \qquad \cdots\cdots\cdots ⓒ$$

여기서, V : 소방정의 체적[m³]
　　　　A : 소방정 면적[m²]
　　　　H : 소방정의 높이[m]

$F_B = \gamma V = \rho_o g V_1 = \rho g V$

$\rho_o g V_1 = \rho g V$

$$V_1 = \dfrac{\rho g V}{\rho_o g} = \dfrac{\rho V}{\rho_o} \qquad \cdots\cdots ⓓ$$

바닷물

ⓓ식에 ⓑ, ⓒ식을 각각 대입하면

$V_1 = \dfrac{\rho V}{\rho_o}$

$Ah = \dfrac{\rho \cdot AH}{\rho_o}$

$$h = \dfrac{\rho H}{\rho_o} \qquad \cdots\cdots\cdots\cdots\cdots ⓔ$$

(4) **비중**

$$s = \dfrac{\rho}{\rho_w} = \dfrac{\gamma}{\gamma_w} \qquad \cdots\cdots\cdots ⓕ$$

여기서, s : 비중
　　　　ρ : 물체의 밀도[N · s²/m⁴]
　　　　ρ_w : 물의 밀도(1000kg/m³)
　　　　γ : 어떤 물질의 비중량[N/m³]
　　　　γ_w : 물의 비중량(9800N/m³)

포소화약제의 질량=비중×5톤=0.9×5톤
　　　　　　　　＝4.5톤=4500kg(1톤=1000kg)

소방정의 밀도 ρ는

$\rho = s_1 \times \rho_w = 0.6 \times 1000\text{kg/m}^3 = 600\text{kg/m}^3$

(5) **밀도**

$$\rho = \dfrac{m}{V}$$

여기서, ρ : 물체의 밀도[kg/m³]
　　　　m : 질량[kg]
　　　　V : 부피[m³]

소방정 질량 m은
$m = \rho \times V$
　＝$600\text{kg/m}^3 \times (20\text{m} \times 10\text{m} \times 3\text{m}) = 360000\text{kg}$

총질량=포소화약제의 질량+소방정 질량
　　　＝4500kg + 360000kg = 364500kg

총밀도(포소화약제가 적재된 소방정 밀도)

$= \dfrac{364500\text{kg}}{(20\text{m} \times 10\text{m} \times 3\text{m})} = 607.5\text{kg/m}^3$

ⓔ식을 ⓕ식에 대입하면
바닷물 속에 잠긴 소방정 깊이 h는

$h = \dfrac{\rho H}{\rho_o} = \dfrac{\rho H}{s_3 \times \rho_w}$

　$= \dfrac{607.5\text{kg/m}^3 \times 3\text{m}}{1.03 \times 1000\text{kg/m}^3} = 1.769 ≒ 1.77\text{m}$

답 ③

★★★ 23

21.05.문24
18.04.문24

그림과 같이 대기압 상태에서 V의 균일한 속도로 분출된 직경 D의 원형 물제트가 원판에 충돌할 때 원판이 U의 속도로 오른쪽으로 계속 동일한 속도로 이동하려면 외부에서 원판에 가해야 하는 힘 F는? (단, ρ는 물의 밀도, g는 중력가속도이다.)

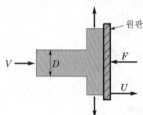

① $\dfrac{\rho\pi D^2}{4}(V-U)^2$

② $\dfrac{\rho\pi D^2}{4}(V+U)^2$

③ $\rho\pi D^2(V-U)(V+U)$

④ $\dfrac{\rho\pi D^2(V-U)(V+U)}{4}$

해설 (1) 유량

$$Q=AV=\left(\frac{\pi D^2}{4}\right)V \quad\cdots\cdots\cdots\cdots ㉠$$

여기서, Q : 유량[m³/s], A : 단면적[m²]
$\quad\quad\quad V$: 유속[m/s], D : 지름[m]

(2) 평판에 작용하는 힘

$$F=\rho A(V-u)^2 \quad\cdots\cdots\cdots\cdots ㉡$$

여기서, F : 평판에 작용하는 힘[N]
$\quad\quad\quad \rho$: 밀도(물의 밀도 1000N·s²/m⁴)
$\quad\quad\quad V$: 액체의 속도[m/s]
$\quad\quad\quad u$: 평판의 이동속도[m/s]

식 ㉠을 식 ㉡에 대입하면 **평판**에 **작용하는 힘** F는

$$F=\rho A(V-u)^2=\frac{\rho\pi D^2}{4}(V-U)^2$$

답 ①

★ 24

그림과 같이 폭이 넓은 두 평판 사이를 흐르는 유체의 속도분포 $u(y)$가 다음과 같을 때, 평판 벽에 작용하는 전단응력은 약 몇 Pa인가? (단, $u_m=1$m/s, $h=0.01$m, 유체의 점성계수는 0.1N·s/m²이다.)

$$u(y)=u_m\left[1-\left(\frac{y}{h}\right)^2\right]$$

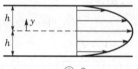

① 1
② 2
③ 10
④ 20

해설 (1) 기호

- u_m : 1m/s
- h : 0.01m
- μ : 0.1N·s/m²

(2) 전단응력

$$\tau=\mu\frac{du}{dy}$$

여기서, τ : 전단응력[N/m²]
$\quad\quad\quad \mu$: 점성계수[N·s/m²]
$\quad\quad\quad \dfrac{du}{dy}$: 속도구배(속도기울기)$\left[\dfrac{1}{s}\right]$

$$\tau=\mu\frac{d}{dy}\left[u_m\left\{1-\left(\frac{y}{h}\right)^2\right\}\right]$$

미분공식 $f(x)=x^n$
$\quad\quad\quad f'(x)=nx^{n-1}$

$$=\mu\cdot u_m\left(\frac{-2y}{h^2}\right)=-2\mu\cdot u_m\cdot\frac{y}{h^2}$$

평판 벽 전단응력 $\boxed{y=-h}$ 이므로

$$\tau=-2\mu\cdot u_m\cdot\frac{-\not{h}}{h^{\not{2}}}$$

$$=2\mu\cdot u_m\cdot\frac{1}{h}$$

$$=2\times0.1\text{N}\cdot\text{s/m}^2\times1\text{m/s}\times\frac{1}{0.01\text{m}}$$

$$=20\text{N/m}^2=20\text{Pa}(1\text{N/m}^2=1\text{Pa})$$

답 ④

★★★ 25

20.08.문33
18.04.문27
16.05.문34
13.03.문35
99.04.문32

−15℃의 얼음 10g을 100℃의 증기로 만드는 데 필요한 열량은 약 몇 kJ인가? (단, 얼음의 융해열은 335kJ/kg, 물의 증발잠열은 2256kJ/kg, 얼음의 평균비열은 2.1kJ/kg·K이고, 물의 평균비열은 4.18kJ/kg·K이다.)

① 7.85
② 27.1
③ 30.4
④ 35.2

해설 (1) 기호

- r_1 : 335kJ/kg
- r_2 : 2256kJ/kg
- c_i : 2.1kJ/kg·K
- c_w : 4.18kJ/kg·K
- $\Delta T_{-15\sim0℃}$: $(0-(-15))$K
- $\Delta T_{0\sim100℃}$: $(100-0)$K
- m : 10g=10×10^{-3}kg(1000g=1kg, 1g=10^{-3}kg)

(2) 열량

$$Q = r_1 m + mc\Delta T + r_2 m$$

여기서, Q : 열량[kJ]
m : 질량[kg]
c : 비열[kJ/kg · K]
ΔT : 온도차[℃]
r_1 : 융해열(융해잠열)[kJ/kg]
r_2 : 기화열(증발잠열)[kJ/kg]

㉠ −15℃ 얼음 → 0℃ 얼음
$$Q_1 = mc\Delta T$$
$$= (10 \times 10^{-3})\text{kg} \times 2.1\text{kJ/kg} \cdot \text{K} \times (0-(-15))\text{K}$$
$$= 0.315\text{kJ}$$

㉡ 0℃ 얼음 → 0℃ 물
$$Q_2 = r_1 m = 335\text{kJ/kg} \times (10 \times 10^{-3})\text{kg} = \mathbf{3.35kJ}$$

㉢ 0℃ 물 → 100℃ 물
$$Q_3 = mc\Delta T$$
$$= (10 \times 10^{-3})\text{kg} \times 4.18\text{kJ/kg} \cdot \text{K} \times (100-0)\text{K}$$
$$= \mathbf{4.18kJ}$$

㉣ 100℃ 물 → 100℃ 수증기
$$Q_4 = r_2 m = 2256\text{kJ/kg} \times (10 \times 10^{-3})\text{kg} = \mathbf{22.56kJ}$$

전열량 $Q = Q_1 + Q_2 + Q_3 + Q_4$
$$= 0.315\text{kJ} + 3.35\text{kJ} + 4.18\text{kJ} + 22.56\text{kJ}$$
$$\fallingdotseq \mathbf{30.4kJ}$$

답 ③

26 포화액-증기 혼합물 300g이 100kPa의 일정한 압력에서 기화가 일어나서 건도가 10%에서 30%로 높아진다면 혼합물의 체적 증가량은 약 몇 m³인가? (단, 100kPa에서 포화액과 포화증기의 비체적은 각각 0.00104m³/kg과 1.694m³/kg이다.)

① 3.386 ② 1.693
③ 0.508 ④ 0.102

해설 **(1) 기호**

- m : 300g=0.3kg(1000g=1kg)
- V_f : 0.00104m³/kg
- V_g : 1.694m³/kg

(2) 포화혼합물의 비체적

$$V_s = V_f + V_g$$

여기서, V_s : 비체적[m³/kg]
V_f : 포화액의 비체적[m³/kg]
V_g : 포화증기의 비체적[m³/kg]

㉠ 10% 건도
$$= 10\% \times V_g + 90\% \times V_f$$
$$= 0.1 \times 1.694\text{m}^3/\text{kg} + 0.9 \times 0.00104\text{m}^3/\text{kg}$$
$$= 0.17\text{m}^3/\text{kg}$$

㉡ 30% 건도
$$= 30\% \times V_g + 70\% \times V_f$$
$$= 0.3 \times 1.694\text{m}^3/\text{kg} + 0.7 \times 0.00104\text{m}^3/\text{kg}$$
$$= 0.5089 \fallingdotseq 0.509\text{m}^3/\text{kg}$$

(3) 증기체적

$$V = mV_s$$

여기서, V : 증기체적[m³]
m : 질량[kg]
V_s : 비체적[m³/kg]

㉠ 10% 건도 $V = mV_s = 0.3\text{kg} \times 0.17\text{m}^3/\text{kg}$
$$= 0.051\text{m}^3$$

㉡ 30% 건도 $V = mV_s = 0.3\text{kg} \times 0.509\text{m}^3/\text{kg}$
$$= 0.1527\text{m}^3$$

체적 증가량=30% 건도의 증기체적−10% 건도의 증기체적
$$= 0.1527\text{m}^3 - 0.051\text{m}^3$$
$$= 0.1017 \fallingdotseq 0.102\text{m}^3$$

용어

증기건도
증기 중의 기상부분과 액상부분의 중량비율, 즉 증기 속에 포함된 물의 중량

답 ④

27 비중량 및 비중에 대한 설명으로 옳은 것은?

① 비중량은 단위부피당 유체의 질량이다.
② 비중은 유체의 질량 대 표준상태 유체의 질량비이다.
③ 기체인 수소의 비중은 액체인 수은의 비중보다 크다.
④ 압력의 변화에 대한 액체의 비중량 변화는 기체 비중량 변화보다 작다.

해설
① 단위부피당 유체의 질량 → 단위체적당 중량
② 유체의 질량 대 표준상태 유체의 질량비 → 유체의 질량밀도 대 표준상태 유체의 질량밀도비
③ 크다. → 작다.

(1) 비중량 : 단위체적당 중량 보기 ①

$$\gamma = \frac{G}{V}$$

여기서, γ : 비중량[N/m³], G : 중량[N], V : 체적[m³]

(2) 비중
㉠ 물 4℃를 기준으로 했을 때의 물체의 무게
㉡ 물 4℃의 비중량에 대한 물질의 비중량의 비
㉢ 표준유체의 질량밀도 또는 비중에 대한 유체의 질량밀도 또는 비중의 비율 보기 ②

(3) 밀도 : 단위부피당 유체의 질량 보기 ①

$$\rho = \frac{m}{V}$$

여기서, ρ : 밀도[kg/m³], m : 질량[kg], V : 부피(체적)[m³]

(4) 기체인 수소의 비중 : 0.695, 액체인 수은의 비중 : 13.558 보기 ③

(5) 압력의 변화에 대한 액체의 비중량 변화는 기체 비중량 변화보다 작다. 보기 ④

답 ④

28

21.05.문34
19.09.문26
17.09.문38
17.03.문38
15.09.문30
13.06.문38

물분무소화설비의 가압송수장치로 전동기 구동형 펌프를 사용하였다. 펌프의 토출량 800L/min, 전양정 50m, 효율 0.65, 전달계수 1.1인 경우 적당한 전동기 용량은 몇 kW인가?

① 4.2 ② 4.7
③ 10.0 ④ 11.1

 (1) **기호**

- Q : 800L/min=0.8m³/min(1000L=1m³)
- H : 50m
- η : 0.65
- K : 1.1
- P : ?

(2) **소요동력**

$$P = \frac{0.163QH}{\eta}K$$

여기서, P : 전동력(소요동력)[kW]
Q : 유량[m³/min]
H : 전양정[m]
K : 전달계수
η : 효율

소요동력 P 는

$$P = \frac{0.163QH}{\eta}K = \frac{0.163 \times 0.8\text{m}^3/\text{min} \times 50\text{m}}{0.65} \times 1.1$$

$$\fallingdotseq 11.1\text{kW}$$

답 ④

29

21.09.문35
15.03.문21

수평원관 속을 층류상태로 흐르는 경우 유량에 대한 설명으로 틀린 것은?

① 점성계수에 반비례한다.
② 관의 길이에 반비례한다.
③ 관지름의 4제곱에 비례한다.
④ 압력강하량에 반비례한다.

 ④ 반비례 → 비례

층류(하겐-포아젤의 식)

$$H = \frac{\Delta P}{\gamma} = \frac{128\mu QL}{\gamma \pi D^4}\text{[m]}$$

여기서, ΔP : 압력차(압력강하, 압력손실)[N/m²]
γ : 비중량(물의 비중량 9800N/m³)
μ : 점성계수[N · s/m²]
Q : 유량[m³/s]
L : 길이[m]
D : 내경[m]

$$\frac{\Delta P}{\gamma} = \frac{128\mu QL}{\gamma \pi D^4}$$

$$Q = \Delta P \times \frac{\pi D^4(\text{비례})}{128\mu L(\text{반비례})} \propto \Delta P$$

비교		
층류 : 손실수두		
유체의 속도를 알 수 있는 경우	유체의 속도를 알 수 없는 경우	
$H = \dfrac{\Delta P}{\gamma} = \dfrac{fLV^2}{2gD}$ [m] (다르시-바이스바하의 식)	$H = \dfrac{\Delta P}{\gamma} = \dfrac{128\mu QL}{\gamma \pi D^4}$ [m] (하겐-포아젤의 식)	

여기서,
H : 마찰손실(손실수두)[m]
ΔP : 압력차(압력강하, 압력손실)[N/m²]
γ : 비중량(물의 비중량 9800N/m³)
f : 관마찰계수
L : 길이[m]
V : 유속[m/s]
g : 중력가속도(9.8m/s²)
D : 내경[m]

여기서,
ΔP : 압력차(압력강하, 압력손실)[N/m²]
γ : 비중량(물의 비중량 9800N/m³)
μ : 점성계수[N · s/m²]
Q : 유량[m³/s]
L : 길이[m]
D : 내경[m]

답 ④

30

16.05.문27
13.09.문29

부차적 손실계수 K 가 2인 관 부속품에서의 손실수두가 2m라면 이때의 유속은 약 몇 m/s인가?

① 4.43 ② 3.14
③ 2.21 ④ 2.00

(1) **기호**

- K : 2
- H : 2m
- V : ?

(2) **부차손실**

$$H = K\frac{V^2}{2g}$$

여기서, H : 부차손실[m]
K : 부차적 손실계수
V : 유속[m/s]
g : 중력가속도(9.8m/s²)

$$H = K\frac{V^2}{2g}$$

$$\frac{H \cdot 2g}{K} = V^2$$

$$V^2 = \frac{H \cdot 2g}{K} \leftarrow 좌우 이항$$

$$\sqrt{V^2} = \sqrt{\frac{H \cdot 2g}{K}}$$

$$V = \sqrt{\frac{H \cdot 2g}{K}} = \sqrt{\frac{2\text{m} \times 2 \times 9.8\text{m/s}^2}{2}}$$

$$= 4.427 \fallingdotseq 4.43\text{m/s}$$

답 ①

31

21.05.문32
20.09.문39
18.03.문22
14.05.문35
12.03.문28
07.09.문30
06.09.문26
06.05.문37
03.05.문25

관내에 흐르는 유체의 흐름을 구분하는 데 사용되는 레이놀즈수의 물리적인 의미는?

① $\dfrac{관성력}{중력}$ ② $\dfrac{관성력}{점성력}$

③ $\dfrac{관성력}{탄성력}$ ④ $\dfrac{관성력}{압축력}$

해설 레이놀즈수

원관 내에 유체가 흐를 때 유동의 특성을 결정하는 가장 중요한 요소

‖ 요소의 물리적 의미 ‖

명 칭	물리적 의미	비 고
레이놀즈 (Reynolds)수	**관**성력 **점**성력 보기 ②	–
프루드 (Froude)수	관성력 중력	–
마하 (Mach)수	관성력 압축력	$\dfrac{V}{C}$ 여기서, V : 유속[m/s] C : 음속[m/s]
코우시스 (Cauchy)수	관성력 탄성력	$\dfrac{\rho V^2}{k}$ 여기서, ρ : 밀도[N·s²/m⁴] k : 탄성계수[Pa] 또는 [N/m²] V : 유속[m/s]
웨버 (Weber)수	관성력 표면장력	–
오일러 (Euler)수	압축력 관성력	–

기억법 레관점

답 ②

★★★
32
19.03.문24
18.03.문37
15.09.문26
10.03.문35

그림과 같은 U자관 차압액주계에서 $\gamma_1 = 9.8$kN/m³, $\gamma_2 = 133$kN/m³, $\gamma_3 = 9.0$kN/m³, $h_1 = 0.2$m, $h_3 = 0.1$m이고, 압력차 $P_A - P_B = 30$kPa이다. h_2는 몇 m인가?

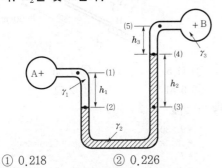

① 0.218
② 0.226
③ 0.234
④ 0.247

해설 (1) 기호

- γ_1 : 9.8kN/m³
- γ_2 : 133kN/m³
- γ_3 : 9.0kN/m³
- h_1 : 0.2m
- h_3 : 0.1m
- $P_A - P_B$: 30kPa
- h_2 : ?

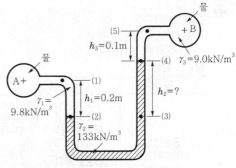

(2) 압력차

$$P_A + \gamma_1 h_1 - \gamma_2 h_2 - \gamma_3 h_3 = P_B$$

$$P_A - P_B = -\gamma_1 h_1 + \gamma_2 h_2 + \gamma_3 h_3$$

$$\gamma_2 h_2 = P_A - P_B + \gamma_1 h_1 - \gamma_3 h_3$$

$$h_2 = \frac{P_A - P_B + \gamma_1 h_1 - \gamma_3 h_3}{\gamma_2}$$

$$= \frac{30\text{kPa} + 9.8\text{kN/m}^3 \times 0.2\text{m} - 9.0\text{kN/m}^3 \times 0.1\text{m}}{133\text{kN/m}^3}$$

$$= 0.2335 \fallingdotseq 0.234\text{m}$$

중요

시차액주계의 압력계산방법

점 A를 기준으로 내려가면 **더하고**, 올라가면 **빼면** 된다.

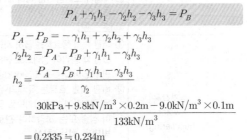

답 ③

★★★
33
20.08.문26
19.04.문22
18.03.문36
17.09.문35
17.05.문37
16.10.문23
15.03.문35
14.05.문39
14.03.문32

펌프와 관련된 용어의 설명으로 옳은 것은?

① 캐비테이션 : 송출압력과 송출유량이 주기적으로 변하는 현상

② 서징 : 액체가 포화증기압 이하에서 비등하여 기포가 발생하는 현상

③ 수격작용 : 관을 흐르던 물이 갑자기 정지할 때 압력파에 의해 이상음(異常音)이 발생하는 현상

④ NPSH : 펌프에서 상사법칙을 나타내기 위한 비속도

① 캐비테이션 → 서징
② 서징 → 캐비테이션
④ NPSH → 비교회전도

펌프의 현상

용 어	설 명
공동현상 (캐비테이션, cavitation)	① 펌프의 흡입측 배관 내의 물의 정압이 기존의 증기압보다 낮아져서 **기포**가 발생되어 물이 흡입되지 않는 현상 **기억법** **공기** ② 액체가 포화증기압 이하에서 비등하여 **기포**가 발생하는 현상 보기②
수격작용 (water hammering)	① 배관 속의 물흐름을 급히 차단하였을 때 동압이 정압으로 전환되면서 일어나는 쇼크(shock)현상 ② 배관 내를 흐르는 유체의 유속을 급격하게 변화시키므로 압력이 상승 또는 하강하여 **관로의 벽면을 치는 현상** ③ 관을 흐르던 **물**이 갑자기 **정지**할 때 **압력파**에 의해 이상음(異常音)이 발생하는 현상 보기③
서징현상 (surging, 맥동현상)	① 유량이 단속적으로 변하여 펌프 입출구에 설치된 **진공계 · 압력계**가 **흔들**리고 **진동**과 소음이 일어나며 펌프의 **토출유량**이 **변하는 현상** **기억법** **서흔**(서론) ② 송출압력과 송출유량이 주기적으로 **변하는 현상** 보기①
유효흡입수두 (NPSH)	펌프 운전시 캐비테이션 발생없이 펌프는 운전하고 있는가를 나타내는 척도
비교회전도	펌프에서 **상사법칙**을 나타내기 위한 **비속도** 보기④

답 ③

34

17.03.문24
16.10.문27
14.03.문31

베르누이의 정리 $\left(\dfrac{P}{\rho}+\dfrac{V^2}{2}+gZ=\text{constant}\right)$ 가 적용되는 조건이 아닌 것은?

① 압축성의 흐름이다.
② 정상상태의 흐름이다.
③ 마찰이 없는 흐름이다.
④ 베르누이 정리가 적용되는 임의의 두 점은 같은 유선상에 있다.

① 압축성 → 비압축성

베르누이방정식(정리)의 **적용 조건**

(1) **정**상흐름(정상류)=정상유동=정상상태의 흐름 보기②
(2) **비**압축성 흐름(비압축성 유체) 보기①
(3) **비**점성 흐름(비점성 유체)=마찰이 없는 유동=마찰이 없는 흐름 보기③
(4) **이**상유체
(5) 유선을 따라 운동=같은 유선 위의 두 점에 적용 보기④

기억법 **베정비이**(배를 정비해서 이곳을 떠나라!)

📖 **비교**

(1) **오일러 운동방정식**의 **가정**
　㉠ **정상유동**(정상류)일 경우
　㉡ 유체의 **마찰**이 **없을** 경우(점성마찰이 없을 경우)
　㉢ 입자가 **유선**을 따라 **운동**할 경우
(2) **운동량 방정식**의 **가정**
　㉠ 유동단면에서의 **유속**은 **일정**하다.
　㉡ **정상유동**이다.

답 ①

⭐⭐⭐
35

18.09.문33
09.03.문24
07.05.문29

그림과 같이 수평과 30° 경사된 폭 50cm인 수문 AB가 A점에서 힌지(hinge)로 되어 있다. 이 문을 열기 위한 최소한의 힘 F(수문에 직각방향)는 약 몇 kN인가? (단, 수문의 무게는 무시하고, 유체의 비중은 1이다.)

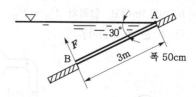

① 11.5
② 7.35
③ 5.51
④ 2.71

(1) **기호**

- θ : 30°
- A : 3m×50cm=3m×0.5m(100cm=1m)
- F_0 : ?
- s : 1

(2) **비중**

$$s=\frac{\rho}{\rho_w}=\frac{\gamma}{\gamma_w}$$

여기서, s : 비중
　ρ : 어떤 물질의 밀도〔kg/m³〕
　ρ_w : 물의 밀도(1000kg/m³)
　γ : 어떤 물질의 비중량〔N/m³〕
　γ_w : 물의 비중량(9800N/m³)

유체(어떤 물질)의 **비중량** γ는

$\gamma = s \times \gamma_w = 1 \times 9800\text{N/m}^3 = 9800\text{N/m}^3 = 9.8\text{kN/m}^3$

(3) 전압력

$$F = \gamma y \sin\theta A = \gamma h A$$

여기서, F : 전압력[kN]

γ : 비중량(물의 비중량 9.8kN/m^3)

y : 표면에서 수문 중심까지의 경사거리[m]

h : 표면에서 수문 중심까지의 수직거리[m]

A : 수문의 단면적[m²]

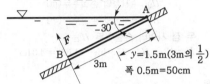

전압력 F는

$F = \gamma y \sin\theta A$

$= 9.8\text{kN/m}^3 \times 1.5\text{m} \times \sin 30° \times (3 \times 0.5)\text{m}^2$

$= 11.025\text{kN}$

(4) 작용점 깊이

명 칭	구형(rectangle)
형 태	
A(면적)	$A = bh$
y_c (중심위치)	$y_c = y$
I_c (관성능률)	$I_c = \dfrac{bh^3}{12}$

$$y_p = y_c + \frac{I_c}{A y_c}$$

여기서, y_p : 작용점 깊이(작용위치)[m]

y_c : 중심위치[m]

I_c : 관성능률$\left(I_c = \dfrac{bh^3}{12}\right)$

A : 단면적[m²]$(A = bh)$

작용점 깊이 y_p는

$y_p = y_c + \dfrac{I_c}{A y_c} = y + \dfrac{\dfrac{bh^3}{12}}{(bh)y}$

$= 1.5\text{m} + \dfrac{\dfrac{0.5\text{m} \times (3\text{m})^3}{12}}{(0.5 \times 3)\text{m}^2 \times 1.5\text{m}} ≒ 2\text{m}$

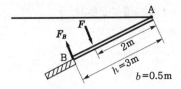

A지점 모멘트의 합이 0이므로

$\Sigma M_A = 0$

$F_B \times 3\text{m} - F \times 2\text{m} = 0$

$F_B \times 3\text{m} - 11.025\text{kN} \times 2\text{m} = 0$

$F_B \times 3\text{m} = 11.025\text{kN} \times 2\text{m}$

$F_B = \dfrac{11.025\text{kN} \times 2\text{m}}{3\text{m}} = 7.35\text{kN}$

답 ②

★★★ 36

18.03.문27
17.03.문21
16.05.문33
12.05.문39

성능이 같은 3대의 펌프를 병렬로 연결하였을 경우 양정과 유량은 얼마인가? (단, 펌프 1대의 유량은 Q, 양정은 H이다.)

① 유량은 $3Q$, 양정은 H

② 유량은 $3Q$, 양정은 $3H$

③ 유량은 $9Q$, 양정은 H

④ 유량은 $9Q$, 양정은 $3H$

해설 **펌프의 운전**

직렬운전	병렬운전 보기 ①
•유량(토출량) : Q •양정 : $2H$(양정증가)	•유량(토출량) : $2Q$(유량 증가) •양정 : H
직렬운전	병렬운전
•소요되는 양정이 일정하지 않고 크게 변동될 때	•유량이 변화가 크고 1대로는 유량이 부족할 때

• **3대 펌프를 병렬운전**하면 **유량**은 $3Q$, 양정은 H가 된다.

답 ①

★★ 37

15.09.문36
07.05.문35

수평배관설비에서 상류 지점인 A지점의 배관을 조사해 보니 지름 100mm, 압력 0.45MPa, 평균 유속 1m/s이었다. 또, 하류의 B지점을 조사해 보니 지름 50mm, 압력 0.4MPa이었다면 두 지점 사이의 손실수두는 약 몇 m인가? (단, 배관 내 유체의 비중은 1이다.)

① 4.34

② 4.95

③ 5.87

④ 8.67

해설 **(1) 기호**

- D_A : 100mm
- P_A : 0.45MPa=450kPa=450kN/m²(1kPa=1kN/m²)
- V : 1m/s
- D_B : 50mm
- P_B : 0.4MPa=400kPa=400kN/m²(1kPa=1kN/m²)
- H : ?
- S : 1

(2) 표준대기압

1atm=760mmHg=1.0332kg$_f$/cm²
=10.332mH₂O(mAq)
=14.7PSI(lb$_f$/in²)
=101.325kPa(kN/m²)
=1013mbar

101.325kPa = 0.101325MPa
= 1.0332kg$_f$/cm² = 10332kg$_f$/m²

$$0.45\text{MPa} = \frac{0.45\text{MPa}}{0.101325\text{MPa}} \times 101.325\text{kPa} \fallingdotseq 450\text{kPa}$$

$$0.4\text{MPa} = \frac{0.4\text{MPa}}{0.101325\text{MPa}} \times 101.325\text{kPa} \fallingdotseq 400\text{kPa}$$

(3) 손실수두

$$H = \frac{V^2}{2g} + \frac{P}{\gamma} + Z$$

여기서, H : 손실수두[m]
V : 유속[m/s]
g : 중력가속도(9.8m/s²)
P : 압력[kPa]
γ : 비중량(물의 비중량 9.8kN/m³)
Z : 높이[m]

- 1kPa=1kN/m²

(4) A지점의 손실수두

$$H_A = \frac{V_A{}^2}{2g} + \frac{P_A}{\gamma} + Z_A$$
$$= \frac{(1\text{m/s})^2}{2 \times 9.8\text{m/s}^2} + \frac{450\text{kN/m}^2}{9.8\text{kN/m}^3} \fallingdotseq 45.94\text{m}$$

- Z(높이) : 주어지지 않았으므로 **무시**

(5) 유속

$$\frac{V_A}{V_B} = \frac{A_B}{A_A} = \left(\frac{D_B}{D_A}\right)^2$$

여기서, V_A, V_B : 유속[m/s]
A_A, A_B : 단면적[m²]
D_A, D_B : 직경[m]

B지점의 유속 V_B는

$$V_B = V_A \times \left(\frac{D_A}{D_B}\right)^2 = 1\text{m/s} \times \left(\frac{100\text{mm}}{50\text{mm}}\right)^2 = 4\text{m/s}$$

(6) B지점의 손실수두

$$H_B = \frac{V_B{}^2}{2g} + \frac{P_B}{\gamma} + Z_B$$
$$= \frac{(4\text{m/s})^2}{2 \times 9.8\text{m/s}^2} + \frac{400\text{kN/m}^2}{9.8\text{kN/m}^3} \fallingdotseq 41.6\text{m}$$

(7) 두 점 사이의 손실수두

$$H = H_A - H_B$$

여기서, H : 두 점 사이의 손실수두[m]
H_A : A지점의 손실수두[m]
H_B : B지점의 손실수두[m]

두 점 사이의 손실수두 H는
$H = H_A - H_B = 45.94\text{m} - 41.6\text{m} = 4.34\text{m}$

답 ①

★★★
38 원관 속을 난류상태로 흐르는 유체의 속도분포가
다음과 같을 때 관벽에서 30mm 떨어진 곳에서
유체의 속도기울기(속도구배)는 약 몇 s⁻¹인가?

21.03.문30
17.09.문40
16.03.문31
15.03.문23
12.03.문31
07.03.문30

$$u = 3y^{\frac{1}{2}}$$
여기서, u : 유속[m/s]
y : 관벽으로부터의 거리[m]

① 0.87 ② 2.74
③ 8.66 ④ 27.4

해설 **(1) 기호**

- y : 30mm=0.03m(1000mm=1m)
- $\dfrac{du}{dy}$: ?

(2) 뉴턴(Newton)의 점성법칙(난류)

$$\tau = \mu \frac{du}{dy}$$

여기서, τ : 전단응력[N/m²]
μ : 점성계수[N·s/m²]
$\dfrac{du}{dy}$: 속도구배(속도기울기)$\left[\dfrac{1}{s}\right]$ 또는 [s⁻¹]

미분공식
$f(x) = x^n$
$f'(x) = nx^{n-1}$

$u = 3y^{\frac{1}{2}}$

$du = \dfrac{1}{2} \times 3 \times y^{\frac{1}{2}-1} = \dfrac{1}{2} \times 3 \times (0.03\text{m})^{-\frac{1}{2}} = 8.66$

- du : u를 미분한다는 뜻

dy = 존재하지 않으므로 무시

$\therefore \dfrac{du}{dy} = 8.66\text{s}^{-1}$

비교

Newton의 점성법칙

층류	난류
$\tau = \dfrac{p_A - p_B}{l} \cdot \dfrac{r}{2}$	$\tau = \mu \dfrac{du}{dy}$

여기서,
τ : 전단응력[N/m²]
$p_A - p_B$: 압력강하[N/m²]
l : 관의 길이[m]
r : 반경[m]

여기서,
τ : 전단응력[N/m²]
μ : 점성계수[N·s/m²]
　또는 [kg/m·s]
$\dfrac{du}{dy}$: 속도구배(속도기울
　기)$\left[\dfrac{1}{s}\right]$ 또는 [s⁻¹]

답 ③

★★★ 39

20.06.문21
17.03.문39
14.05.문34
14.03.문33
13.06.문22
08.05.문38

대기의 압력이 106kPa이라면 게이지압력이 1226kPa인 용기에서 절대압력은 몇 kPa인가?

① 1120　　② 1125
③ 1327　　④ 1332

해설 (1) **기호**
- 대기압력 : 106kPa
- 게이지압력 : 1226kPa
- 절대압력 : ?

(2) **절대압**
ⓐ **절**대압 = **대**기압 + **게**이지압(계기압)
ⓑ 절대압 = 대기압 – 진공압

기억법 **절대게**

절대압 = 대기압 + 게이지압(계기압)
　　　= 106kPa + 1226kPa = 1332kPa

답 ④

★★ 40

19.09.문36
13.06.문33

표면온도 15℃, 방사율 0.85인 40cm×50cm 직사각형 나무판의 한쪽 면으로부터 방사되는 복사열은 약 몇 W인가? (단, 스테판-볼츠만 상수는 $5.67×10^{-8}$W/m²·K⁴이다.)

① 12　　② 66
③ 78　　④ 521

해설 (1) **기호**
- T : (273+15℃)K = 288K
- F : 0.85
- A : 40cm×50cm = 0.4m×0.5m = 0.2m²(100cm =1m)
- Q : ?
- a : $5.67×10^{-8}$W/m²·K⁴

(2) **스테판-볼츠만의 법칙**(Stefan-Boltzman's law)

$$Q = aAF(T_1^{\,4} - T_2^{\,4})$$

여기서, Q : 복사열[W]
　　a : 스테판-볼츠만 상수[W/m²·K⁴]
　　A : 단면적[m²]
　　F : 기하학적 Factor
　　T_1 : 고온[K]
　　T_2 : 저온[K]

복사열 Q는
$Q = aAF(T_1^{\,4} - T_2^{\,4})$
　　$= 5.67×10^{-8}$W/m²·K⁴$×0.2$m²$×0.85×(288$K$)^4$
　　≒ 66W

답 ②

제3과목　소방관계법규

★★★ 41

17.09.문53

소방시설 설치 및 관리에 관한 법령상 건축허가 등을 할 때 미리 소방본부장 또는 소방서장의 동의를 받아야 하는 건축물 등의 범위가 아닌 것은?

① 연면적 200m² 이상인 노유자시설 및 수련시설
② 항공기격납고, 관망탑
③ 차고·주차장으로 사용되는 바닥면적이 100m² 이상인 층이 있는 건축물
④ 지하층 또는 무창층이 있는 건축물로서 바닥면적이 150m² 이상인 층이 있는 것

해설 ③ 100m² → 200m²

소방시설법 시행령 7조
건축허가 등의 동의대상물
(1) 연면적 400m²(학교시설 : 100m², 수련시설·노유자시설 : 200m², 정신의료기관·장애인 의료재활시설 : 300m²) 이상 [보기 ①]
(2) 6층 이상인 건축물
(3) 차고·주차장으로서 바닥면적 200m² 이상(자동차 20대 이상) [보기 ③]
(4) 항공기격납고, 관망탑, 항공관제탑, 방송용 송수신탑 [보기 ②]
(5) 지하층 또는 무창층의 바닥면적 150m²(공연장은 100m²) 이상 [보기 ④]
(6) 위험물저장 및 처리시설, 지하구
(7) 결핵환자나 한센인이 24시간 생활하는 노유자시설
(8) 전기저장시설, 풍력발전소
(9) 노인주거복지시설·노인의료복지시설 및 재가노인복지시설·학대피해노인 전용쉼터·아동복지시설·장애인거주시설
(10) 정신질환자 관련시설(공동생활가정을 제외한 재활훈련시설과 종합시설 중 24시간 주거를 제공하지 않는 시설 제외)
(11) 조산원, 산후조리원, 의원(입원실이 있는 것)
(12) 노숙인자활시설, 노숙인재활시설 및 노숙인요양시설
(13) 요양병원(의료재활시설 제외)
(14) 공장 또는 창고시설로서 지정하는 수량의 750배 이상의 특수가연물을 저장·취급하는 것
(15) 가스시설로서 지상에 노출된 탱크의 저장용량의 합계가 100t 이상인 것

기억법 2자(이자)

답 ③

42
18.03.문42
15.09.문53

화재의 예방 및 안전관리에 관한 법령상 일반음식점에서 음식조리를 위해 불을 사용하는 설비를 설치하는 경우 지켜야 하는 사항으로 틀린 것은?

① 주방시설에는 동물 또는 식물의 기름을 제거할 수 있는 필터 등을 설치할 것

② 열을 발생하는 조리기구는 반자 또는 선반으로부터 0.6미터 이상 떨어지게 할 것

③ 주방설비에 부속된 배출덕트는 0.2밀리미터 이상의 아연도금강판으로 설치할 것

④ 열을 발생하는 조리기구로부터 0.15미터 이내의 거리에 있는 가연성 주요구조부는 단열성이 있는 불연재료로 덮어 씌울 것

해설 ③ 0.2밀리미터 → 0.5밀리미터

화재예방법 시행령 〔별표 1〕
음식조리를 위하여 설치하는 설비
(1) 주방설비에 부속된 배출덕트(공기배출통로)는 **0.5mm** 이상의 **아연도금강판** 또는 이와 같거나 그 이상의 내식성 **불연재료**로 설치 보기 ③
(2) 열을 발생하는 조리기구로부터 **0.15m** 이내의 거리에 있는 가연성 주요구조부는 **단열성**이 있는 불연재료로 덮어 씌울 것 보기 ④
(3) 주방시설에는 동물 또는 식물의 기름을 제거할 수 있는 **필터** 등을 설치 보기 ①
(4) 열을 발생하는 조리기구는 반자 또는 선반으로부터 **0.6m** 이상 떨어지게 할 것 보기 ②

답 ③

43
소방시설공사업법령상 소방시설업의 감독을 위하여 필요할 때에 소방시설업자나 관계인에게 필요한 보고나 자료제출을 명할 수 있는 사람이 아닌 것은?

① 시 · 도지사   ② 119안전센터장
③ 소방서장   ④ 소방본부장

해설 **시 · 도지사 · 소방본부장 · 소방서장**
(1) 소방**시**설업의 **감독**(공사업법 31조) 보기 ①③④
(2) 탱크시험자에 대한 명령(위험물법 23조)
(3) **무**허가장소의 위험물 조치명령(위험물법 24조)
(4) 소방기본법령상 **과**태료부과(기본법 56조)
(5) 제조소 등의 수리 · 개조 · 이전명령(위험물법 14조)

기억법 감무시소과(**감**나**무** 아래에 있는 **시소**에서 **과**일 먹기)

답 ②

44
19.09.문50
17.09.문49
16.05.문53
13.09.문56

화재의 예방 및 안전관리에 관한 법령상 화재가 발생할 우려가 높거나 화재가 발생하는 경우 그로 인하여 피해가 클 것으로 예상되는 지역을 화재예방강화지구로 지정할 수 있는 자는?

① 한국소방안전협회장   ② 소방시설관리사
③ 소방본부장   ④ 시 · 도지사

해설 **화재예방법 18조**
화재예방강화지구의 지정
(1) **지정권자** : 시 · 도지사
(2) **지정지역**
   ㉠ **시장**지역
   ㉡ **공장 · 창고** 등이 밀집한 지역
   ㉢ **목조건물**이 밀집한 지역
   ㉣ **노후 · 불량 건축물**이 밀집한 지역
   ㉤ **위험물**의 저장 및 **처리시설**이 **밀집**한 지역
   ㉥ **석유화학제품**을 생산하는 공장이 있는 지역
   ㉦ **소방시설 · 소방용수시설** 또는 **소방출동로**가 **없**는 지역
   ㉧ **「산업입지 및 개발에 관한 법률」**에 따른 산업단지
   ㉨ **「물류시설의 개발 및 운영에 관한 법률」**에 따른 물류단지
   ㉩ **소방청장 · 소방본부장 · 소방서장**(소방관서장)이 화재예방강화지구로 지정할 필요가 있다고 인정하는 지역

용어

소방관서장
소방청장 · 소방본부장 · 소방서장

답 ④

45
14.03.문50
13.03.문58

소방시설공사업법령상 소방시설업에 대한 행정처분기준에서 1차 행정처분 사항으로 등록취소에 해당하는 것은?

① 거짓이나 그 밖의 부정한 방법으로 등록한 경우

② 소방시설업자의 지위를 승계한 사실을 소방시설공사 등을 맡긴 특정소방대상물의 관계인에게 통지를 하지 아니한 경우

③ 화재안전기준 등에 적합하게 설계 · 시공을 하지 아니하거나, 법에 따라 적합하게 감리를 하지 아니한 경우

④ 등록을 한 후 정당한 사유 없이 1년이 지날 때까지 영업을 시작하지 아니하거나 계속하여 1년 이상 휴업한 때

해설 **공사업규칙 〔별표 1〕**
소방시설업에 대한 행정처분기준

행정처분	위반사항
1차 등록취소	• 영업정지기간 중에 소방시설공사 등을 한 경우 • **거짓** 또는 **부정한 방법**으로 등록한 경우 보기 ① • **등록결격사유**에 해당된 경우

답 ①

★★★ 46

[21.09.문48]
[17.09.문47]

화재의 예방 및 안전관리에 관한 법령에 따라 2급 소방안전관리대상물의 소방안전관리자 선임기준으로 틀린 것은?

① 위험물기능사 자격을 가진 사람으로 2급 소방안전관리자 자격증을 받은 사람

② 소방공무원으로 3년 이상 근무한 경력이 있는 사람으로 2급 소방안전관리자 자격증을 받은 사람

③ 의용소방대원으로 5년 이상 근무한 경력이 있는 사람으로 2급 소방안전관리자 자격증을 받은 사람

④ 위험물산업기사 자격을 가진 사람으로 2급 소방안전관리자 자격증을 받은 사람

해설

③ 해당없음

화재예방법 시행령 〔별표 4〕
2급 소방안전관리대상물의 소방안전관리자 선임조건

자 격	경 력	비 고
• 위험물기능장 · 위험물산업기사 · 위험물기능사	경력 필요 없음	
• 소방공무원	3년	
• 소방청장이 실시하는 2급 소방안전관리대상물의 소방안전관리에 관한 시험에 합격한 사람		2급 소방안전관리자 자격증을 받은 사람
• 「기업활동 규제완화에 관한 특별조치법」에 따라 소방안전관리자로 선임된 사람(소방안전관리자로 선임된 기간으로 한정)	경력 필요 없음	
• 특급 또는 1급 소방안전관리대상물의 소방안전관리자 자격이 인정되는 사람		

📢 중요

2급 소방안전관리대상물
(1) 지하구
(2) 가연성 가스를 100~1000t 미만 저장 · 취급하는 시설
(3) 옥내소화전설비 · 스프링클러설비 설치대상물
(4) 물분무등소화설비(호스릴방식의 물분무등소화설비만을 설치한 경우 제외) 설치대상물
(5) **공동주택**(옥내소화전설비 또는 스프링클러설비가 설치된 공동주택 한정)
(6) **목조건축물**(국보 · 보물)

답 ③

★★ 47

[15.05.문48]
[10.09.문53]

소방시설공사업법령상 소방시설업자가 소방시설공사 등을 맡긴 특정소방대상물의 관계인에게 지체 없이 그 사실을 알려야 하는 경우가 아닌 것은?

① 소방시설업자의 지위를 승계한 경우

② 소방시설업의 등록취소처분 또는 영업정지 처분을 받은 경우

③ 휴업하거나 폐업한 경우

④ 소방시설업의 주소지가 변경된 경우

해설

공사업법 8조
소방시설업자의 관계인 통지사항
(1) **소방시설업자**의 **지위**를 **승계**한 때 보기 ①
(2) 소방시설업의 **등록취소** 또는 **영업정지**의 처분을 받은 때 보기 ②
(3) **휴업** 또는 **폐업**을 한 때 보기 ③

답 ④

★ 48

[14.03.문43]

소방시설공사업법령상 감리업자는 소방시설공사가 설계도서 또는 화재안전기준에 적합하지 아니한 때에는 가장 먼저 누구에게 알려야 하는가?

① 감리업체 대표자   ② 시공자

③ 관계인   ④ 소방서장

해설

공사업법 19조
위반사항에 대한 조치 : **관계인**에게 먼저 알림
(1) 감리업자는 공사업자에게 **공사**의 **시정** 또는 **보완** 요구
(2) 공사업자가 요구불이행시 행정안전부령이 정하는 바에 따라 **소방본부장**이나 **소방서장**에게 보고

답 ③

★★★ 49

[20.08.문58]
[19.04.문51]
[18.09.문43]
[17.03.문57]

소방시설 설치 및 관리에 관한 법령상 특정소방대상물의 수용인원 산정방법으로 옳은 것은?

① 침대가 없는 숙박시설은 해당 특정소방대상물의 종사자의 수에 숙박시설의 바닥면적의 합계를 4.6m²로 나누어 얻은 수를 합한 수로 한다.

② 강의실로 쓰이는 특정소방대상물은 해당 용도로 사용하는 바닥면적의 합계를 4.6m²로 나누어 얻은 수로 한다.

③ 관람석이 없을 경우 강당, 문화 및 집회시설, 운동시설, 종교시설은 해당 용도로 사용하는 바닥면적의 합계를 4.6m²로 나누어 얻은 수로 한다.

④ 백화점은 해당 용도로 사용하는 바닥면적의 합계를 4.6m²로 나누어 얻은 수로 한다.

해설

① 4.6m² → 3m²
② 4.6m² → 1.9m²
④ 4.6m² → 3m²

소방시설법 시행령 〔별표 7〕
수용인원의 산정방법

특정소방대상물		산정방법
• 강의실　• 교무실 • 상담실　• 실습실 • 휴게실		바닥면적 합계 $\dfrac{}{1.9\text{m}^2}$ 보기 ②
숙박 시설	침대가 있는 경우	종사자수 + 침대수
	침대가 없는 경우	종사자수 + $\dfrac{\text{바닥면적 합계}}{3\text{m}^2}$ 보기 ①
• 기타(백화점 등)		$\dfrac{\text{바닥면적 합계}}{3\text{m}^2}$ 보기 ④
• 강당(관람석 ×) • 문화 및 집회시설, 운동시설 (관람석 ×) • 종교시설(관람석 ×)		$\dfrac{\text{바닥면적 합계}}{4.6\text{m}^2}$

• 소수점 이하는 <u>반올림</u>한다.

<u>기억법</u> 수반(<u>수반</u>! 동반!)

답 ③

★★★
50 위험물안전관리법령상 제조소 등이 아닌 장소에
20.09.문45
19.09.문43
16.03.문47
07.09.문41
서 지정수량 이상의 위험물 취급에 대한 설명으로 틀린 것은?

① 임시로 저장 또는 취급하는 장소에서의 저장 또는 취급의 기준은 시·도의 조례로 정한다.
② 필요한 승인을 받아 지정수량 이상의 위험물을 120일 이내의 기간 동안 임시로 저장 또는 취급하는 경우 제조소 등이 아닌 장소에서 지정수량 이상의 위험물을 취급할 수 있다.
③ 제조소 등이 아닌 장소에서 지정수량 이상의 위험물을 취급할 경우 관할소방서장의 승인을 받아야 한다.
④ 군부대가 지정수량 이상의 위험물을 군사목적으로 임시로 저장 또는 취급하는 경우 제조소 등이 아닌 장소에서 지정수량 이상의 위험물을 취급할 수 있다.

<u>해설</u>
② 120일 → 90일

90일
(1) 소방시설업 <u>등록</u>신청 자산평가액·기업진단보고서 <u>유</u>효기간(공사업규칙 2조)
(2) 위험물 임시저장·취급 기준(위험물법 5조) 보기 ②

<u>기억법</u> 등유9(<u>등유 구</u>해와!)

 중요

위험물법 5조
임시저장 승인 : 관할**소방서장**

답 ②

★★★
51 소방시설공사업법령상 소방시설업 등록의 결격
15.09.문45
15.03.문41
12.09.문44
사유에 해당되지 않는 법인은?

① 법인의 대표자가 피성년후견인인 경우
② 법인의 임원이 피성년후견인인 경우
③ 법인의 대표자가 소방시설공사업법에 따라 소방시설업 등록이 취소된 지 2년이 지나지 아니한 자인 경우
④ 법인의 임원이 소방시설공사업법에 따라 소방시설업 등록이 취소된 지 2년이 지나지 아니한 자인 경우

<u>해설</u> **공사업법 5조**
소방시설업의 등록결격사유
(1) 피성년후견인
(2) 금고 이상의 실형을 선고받고 그 집행이 끝나거나 집행이 면제된 날부터 **2년**이 지나지 아니한 사람
(3) 금고 이상의 형의 집행유예를 선고받고 그 유예기간 중에 있는 사람
(4) 시설업의 등록이 취소된 날부터 **2년**이 지나지 아니한 자
(5) **법인의 대표자**가 위 (1)~(4)에 해당되는 경우 보기 ①③
(6) **법인의 임원**이 위 (2)~(4)에 해당되는 경우 보기 ②④

용어

피성년후견인
질병, 장애, 노령, 그 밖의 사유로 인한 정신적 제약으로 사무를 처리할 능력이 없어서 가정법원에서 판정을 받은 사람

답 ②

★★★
52 소방시설 설치 및 관리에 관한 법령상 특정소방
21.05.문50
17.09.문48
14.09.문78
14.03.문53
대상물의 소방시설 설치의 면제기준에 따라 연결살수설비를 설치 면제받을 수 있는 경우는?

① 송수구를 부설한 간이스프링클러설비를 설치하였을 때
② 송수구를 부설한 옥내소화전설비를 설치하였을 때
③ 송수구를 부설한 옥외소화전설비를 설치하였을 때
④ 송수구를 부설한 연결송수관설비를 설치하였을 때

해설 소방시설법 시행령 〔별표 5〕
소방시설 면제기준

면제대상	대체설비
스프링클러설비	• 물분무등소화설비
물분무등소화설비	• 스프링클러설비
간이스프링클러설비	• 스프링클러설비 • 물분무소화설비 • 미분무소화설비
비상**경**보설비 또는 **단**독경보형 감지기	• **자**동화재탐지설비 [기억법] 탐경단
비상**경**보설비	• **2**개 이상 단독경보형 감지기 연동 [기억법] 경단2
비상방송설비	• 자동화재탐지설비 • 비상경보설비
연결살수설비 ←	• 스프링클러설비 • 간이스프링클러설비 [보기 ①] • 물분무소화설비 • 미분무소화설비
제연설비	• **공기조화설비**
연소방지설비	• 스프링클러설비 • 물분무소화설비 • 미분무소화설비
연결송수관설비	• 옥내소화전설비 • 스프링클러설비 • 간이스프링클러설비 • 연결살수설비
자동화재탐지설비	• 자동화재탐지설비의 기능을 가 진 스프링클러설비 • 물분무등소화설비
옥내소화전설비	• 옥외소화전설비 • 미분무소화설비(호스릴방식)

🔥 **중요**

물분무등소화설비
(1) **분**말소화설비
(2) **포**소화설비
(3) **할**론소화설비
(4) **이**산화탄소 소화설비
(5) **할**로겐화합물 및 불활성기체 소화설비
(6) **강**화액소화설비
(7) **미**분무소화설비
(8) 물분무소화설비
(9) **고**체에어로졸 소화설비

[기억법] 분포할이 할강미고

답 ①

⭐
53 소방시설공사업법령상 소방공사감리업을 등록
16.05.문48 한 자가 수행하여야 할 업무가 아닌 것은?

① 완공된 소방시설 등의 성능시험
② 소방시설 등 설계변경사항의 적합성 검토
③ 소방시설 등의 설치계획표의 적법성 검토
④ 소방용품 형식승인 및 제품검사의 기술기준
에 대한 적합성 검토

해설 ④ 형식승인 및 제품검사의 기술기준에 대한 →
위치·규격 및 사용자재에 대한

공사업법 16조
소방공사감리업(자)의 업무수행
(1) 소방시설 등의 설치계획표의 적법성 검토 [보기 ③]
(2) 소방시설 등 설계도서의 적합성 검토
(3) 소방시설 등 설계변경사항의 적합성 검토 [보기 ②]
(4) 소방용품 등의 위치·규격 및 사용자재에 대한 적
합성 검토 [보기 ④]
(5) 공사업자의 소방시설 등의 시공이 설계도서 및 화재
안전기준에 적합한지에 대한 지도·감독
(6) **완공**된 소방시설 등의 **성능시험** [보기 ①]
(7) 공사업자가 작성한 시공상세도면의 적합성 검토
(8) 피난·방화시설의 적법성 검토
(9) 실내장식물의 불연화 및 방염물품의 적법성 검토

[기억법] 감성

답 ④

⭐⭐⭐
54 소방기본법령상 소방업무의 응원에 대한 설명
18.03.문44 중 틀린 것은?
15.05.문55
11.03.문54
① 소방본부장이나 소방서장은 소방활동을 할
때에 긴급한 경우에는 이웃한 소방본부장
또는 소방서장에게 소방업무의 응원을 요청
할 수 있다.
② 소방업무의 응원 요청을 받은 소방본부장 또
는 소방서장은 정당한 사유 없이 그 요청을
거절하여서는 아니 된다.
③ 소방업무의 응원을 위하여 파견된 소방대원
은 응원을 요청한 소방본부장 또는 소방서
장의 지휘에 따라야 한다.
④ 시·도지사는 소방업무의 응원을 요청하는
경우를 대비하여 출동 대상지역 및 규모와
필요한 경비의 부담 등에 관하여 필요한 사
항을 대통령령으로 정하는 바에 따라 이웃
하는 시·도지사와 협의하여 미리 규약으로
정하여야 한다.

④ 대통령령 → 행정안전부령

기본법 11조
소방업무의 응원
시·도지사는 소방업무의 응원을 요청하는 경우를 대비하여 출동 대상지역 및 규모와 필요한 경비의 부담 등에 관하여 필요한 사항을 **행정안전부령**으로 정하는 바에 따라 이웃하는 **시·도지사**와 **협의**하여 미리 규약으로 정하여야 한다.

답 ④

55 소방기본법령상 이웃하는 다른 시·도지사와 소방업무에 관하여 시·도지사가 체결할 상호응원협정 사항이 아닌 것은?

19.04.문47
15.05.문55
11.03.문54

① 화재조사활동
② 응원출동의 요청방법
③ 소방교육 및 응원출동훈련
④ 응원출동 대상지역 및 규모

③ 소방교육은 해당없음

기본규칙 8조
소방업무의 상호응원협정
(1) 다음의 **소방활동**에 관한 사항
  ㉠ 화재의 경계·진압활동
  ㉡ 구조·구급업무의 지원
  ㉢ 화재**조**사활동
(2) **응원출동 대상지역** 및 **규모**
(3) **소요경비의 부담**에 관한 사항
  ㉠ 출동대원의 수당·식사 및 의복의 수선
  ㉡ 소방장비 및 기구의 정비와 연료의 보급
(4) **응원출동의 요청방법**
(5) **응원출동 훈련** 및 **평가**

기억법 조응(조아?)

답 ③

56 위험물안전관리법령상 옥내주유취급소에 있어서 당해 사무소 등의 출입구 및 피난구와 당해 피난구로 통하는 통로·계단 및 출입구에 설치해야 하는 피난설비는?

16.05.문47
12.03.문55

① 유도등
② 구조대
③ 피난사다리
④ 완강기

위험물규칙 [별표 17]
피난구조설비
(1) 옥내주유취급소에 있어서는 해당 사무소 등의 출입구 및 피난구와 해당 피난구로 통하는 통로·계단 및 출입구에 **유도등** 설치 보기 ①
(2) 유도등에는 **비상전원** 설치

답 ①

57 위험물안전관리법령상 위험물 및 지정수량에 대한 기준 중 다음 ( ) 안에 알맞은 것은?

금속분이라 함은 알칼리금속·알칼리토류금속·철 및 마그네슘 외의 금속의 분말을 말하고, 구리분·니켈분 및 (㉠)마이크로미터의 체를 통과하는 것이 (㉡)중량퍼센트 미만인 것은 제외한다.

① ㉠ 150, ㉡ 50
② ㉠ 53, ㉡ 50
③ ㉠ 50, ㉡ 150
④ ㉠ 50, ㉡ 53

위험물령 [별표 1]
금속분
알칼리금속·알칼리토류 금속·철 및 마그네슘 외의 금속의 분말을 말하고, **구리분·니켈분** 및 **150μm**의 체를 통과하는 것이 **50wt%** 미만인 것은 제외한다. 보기 ①

답 ①

58 위험물안전관리법령상 제조소 등의 관계인은 위험물의 안전관리에 관한 직무를 수행하게 하기 위하여 제조소 등마다 위험물의 취급에 관한 자격이 있는 자를 위험물안전관리자로 선임하여야 한다. 이 경우 제조소 등의 관계인이 지켜야 할 기준으로 틀린 것은?

19.09.문46
18.09.문55
16.03.문55
13.09.문47
11.03.문56

① 제조소 등의 관계인은 안전관리자를 해임하거나 안전관리자가 퇴직한 때에는 해임하거나 퇴직한 날부터 15일 이내에 다시 안전관리자를 선임하여야 한다.
② 제조소 등의 관계인이 안전관리자를 선임한 경우에는 선임한 날부터 14일 이내에 소방본부장 또는 소방서장에게 신고하여야 한다.
③ 제조소 등의 관계인은 안전관리자가 여행·질병 그 밖의 사유로 인하여 일시적으로 직무를 수행할 수 없는 경우에는 국가기술자격법에 따른 위험물의 취급에 관한 자격취득자 또는 위험물안전에 관한 기본지식과 경험이 있는 자를 대리자로 지정하여 그 직무를 대행하게 하여야 한다. 이 경우 대행하는 기간은 30일을 초과할 수 없다.
④ 안전관리자는 위험물을 취급하는 작업을 하는 때에는 작업자에게 안전관리에 관한 필요한 지시를 하는 등 위험물의 취급에 관한 안전관리와 감독을 하여야 하고, 제조소 등의 관계인은 안전관리자의 위험물안전관리에 관한 의견을 존중하고 그 권고에 따라야 한다.

해설 ① 15일 이내 → 30일 이내

위험물안전관리법 15조
위험물안전관리자의 재선임
30일 이내 보기 ①

▸ 중요

30일
(1) 소방시설업 등록사항 변경신고(공사업규칙 6조)
(2) **위험물안전관리자**의 **재선임**(위험물안전관리법 15조)
(3) **소방안전관리자**의 **재선임**(화재예방법 시행규칙 14조)
(4) 도급계약 해지(공사업법 23조)
(5) 소방시설공사 중요사항 변경시의 신고일(공사업규칙 12조)
(6) 소방기술자 실무교육기관 지정서 발급(공사업규칙 32조)
(7) 소방공사감리자 변경서류 제출(공사업규칙 15조)
(8) **승계**(위험물법 10조)
(9) 위험물안전관리자의 직무대행(위험물법 15조)
(10) 탱크시험자의 변경신고일(위험물법 16조)

답 ①

★★
59 다음 중 소방기본법령상 한국소방안전원의 업무
19.09.문53
13.03.문41 가 아닌 것은?

① 소방기술과 안전관리에 관한 교육 및 조사·연구
② 위험물탱크 성능시험
③ 소방기술과 안전관리에 관한 각종 간행물 발간
④ 화재예방과 안전관리의식 고취를 위한 대국민 홍보

해설 ② 한국소방산업기술원의 업무

기본법 41조
한국소방안전원의 업무
(1) 소방기술과 안전관리에 관한 교육 및 **조사·연구** 보기 ①
(2) 소방기술과 안전관리에 관한 각종 **간행물**의 **발간** 보기 ③
(3) 화재예방과 안전관리의식의 고취를 위한 **대국민 홍보** 보기 ④
(4) 소방업무에 관하여 **행정기관**이 위탁하는 **사업**
(5) 소방안전에 관한 **국제협력**
(6) **회원**에 대한 **기술지원** 등 정관이 정하는 사항

답 ②

★★★
60 소방시설 설치 및 관리에 관한 법령상 소방시설
20.06.문50
19.04.문59
12.09.문60 의 종류에 대한 설명으로 옳은 것은?
12.03.문47
08.09.문55
08.03.문53
① 소화기구, 옥외소화전설비는 소화설비에 해당된다.
② 유도등, 비상조명등은 경보설비에 해당된다.
③ 소화수조, 저수조는 소화활동설비에 해당된다.
④ 연결송수관설비는 소화용수설비에 해당된다.

해설 ② 경보설비 → 피난구조설비
③ 소화활동설비 → 소화용수설비
④ 소화용수설비 → 소화활동설비

소화설비	피난구조설비	소화용수설비	소화활동설비
① 소화기구 ② 옥내소화전설비	① 유도등 ② 비상조명등	① 소화수조 ② 저수조	① 연결송수관설비

소방시설법 시행령〔별표 1〕
(1) 소화설비
  ㉠ 소화기구·자동확산소화기·자동소화장치(주거용 주방자동소화장치)
  ㉡ 옥내소화전설비·옥외소화전설비
  ㉢ 스프링클러설비·간이스프링클러설비·화재조기진압용 스프링클러설비
  ㉣ 물분무소화설비·강화액소화설비
(2) 소화활동설비
  화재를 진압하거나 인명구조활동을 위하여 사용하는 설비
  ㉠ **연**결송수관설비
  ㉡ **연**결살수설비
  ㉢ **연**소방지설비
  ㉣ **무**선통신보조설비
  ㉤ **제**연설비
  ㉥ **비**상**콘**센트설비

기억법 3연무제비콘

답 ①

제4과목 **소방기계시설의 구조 및 원리** ::

★★★
61 소화기구 및 자동소화장치의 화재안전기준상 대형
21.05.문77
20.09.문74
17.03.문71 소화기의 정의 중 다음 (   ) 안에 알맞은 것은?
16.05.문72
13.03.문68

화재시 사람이 운반할 수 있도록 운반대와 바퀴가 설치되어 있고 능력단위가 A급 (㉠)단위 이상, B급 (㉡)단위 이상인 소화기를 말한다.

① ㉠ 20, ㉡ 10   ② ㉠ 10, ㉡ 20
③ ㉠ 10, ㉡ 5   ④ ㉠ 5, ㉡ 10

해설 **소화능력단위**에 의한 **분류**(소화기 형식 4조)

소화기 분류		능력단위
소형소화기		1단위 이상
대형소화기 보기 ②	A급	10단위 이상
	B급	20단위 이상

기억법 대2B(데이빗!)

답 ②

62
17.09.문61

분말소화설비의 화재안전기준상 분말소화약제의 가압용 가스 또는 축압용 가스의 설치기준으로 틀린 것은?

① 가압용 가스에 질소가스를 사용하는 것의 질소가스는 소화약제 1kg마다 40L(35℃에서 1기압의 압력상태로 환산한 것) 이상으로 할 것
② 가압용 가스에 이산화탄소를 사용하는 것의 이산화탄소는 소화약제 1kg에 대하여 20g에 배관의 청소에 필요한 양을 가산한 양 이상으로 할 것
③ 축압용 가스에 질소가스를 사용하는 것의 질소가스는 소화약제 1kg에 대하여 40L(35℃에서 1기압의 압력상태로 환산한 것) 이상으로 할 것
④ 축압용 가스에 이산화탄소를 사용하는 것의 이산화탄소는 소화약제 1kg에 대하여 20g에 배관의 청소에 필요한 양을 가산한 양 이상으로 할 것

해설 ③ 40L → 10L

분말소화약제 가압식과 축압식의 설치기준(35℃에서 1기압의 압력상태로 환산한 것)

구 분 사용가스	가압식	축압식
N₂(질소)	40L/kg 이상 보기 ①	10L/kg 이상 보기 ③
CO₂ (이산화탄소)	20g/kg + 배관청소 필요량 이상 보기 ②	20g/kg + 배관청소 필요량 이상 보기 ④

※ 배관청소용 가스는 별도의 용기에 저장한다.

답 ③

63
17.05.문61

포소화설비의 화재안전기준상 포소화설비의 자동식 기동장치에 화재감지기를 사용하는 경우, 화재감지기 회로의 발신기 설치기준 중 ( ) 안에 알맞은 것은? (단, 자동화재탐지설비의 수신기가 설치된 장소에 상시 사람이 근무하고 있고, 화재시 즉시 해당 조작부를 작동시킬 수 있는 경우는 제외한다.)

특정소방대상물의 층마다 설치하되, 해당 특정소방대상물의 각 부분으로부터 수평거리가 (㉠)m 이하가 되도록 할 것. 다만, 복도 또는 별도로 구획된 실로서 보행거리가 (㉡)m 이상일 경우에는 추가로 설치하여야 한다.

① ㉠ 25, ㉡ 30   ② ㉠ 25, ㉡ 40
③ ㉠ 15, ㉡ 30   ④ ㉠ 15, ㉡ 40

해설 **발신기의 설치기준**(NFTC 105 2.8.2.2.2)
(1) 조작이 쉬운 장소에 설치하고, 스위치는 바닥으로부터 **0.8~1.5m** 이하의 높이에 설치할 것
(2) 특정소방대상물의 **층**마다 설치하되, 해당 특정소방대상물의 각 부분으로부터 **수평거리가 25m** 이하가 되도록 할 것(단, 복도 또는 별도로 구획된 실로서 **보행거리가 40m** 이상일 경우에는 추가 설치) 보기 ②
(3) 발신기의 위치를 표시하는 **표시등**은 함의 **상부**에 설치하되, 그 불빛은 부착면으로부터 **15°** 이상의 범위 안에서 부착지점으로부터 **10m** 이내의 어느 곳에서도 쉽게 식별할 수 있는 **적색등**으로 할 것

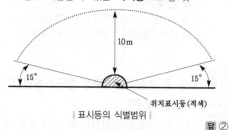

위치표시등(적색)

| 표시등의 식별범위 |

답 ②

64
16.05.문70

특별피난계단의 계단실 및 부속실 제연설비의 화재안전기준상 급기풍도 단면의 긴 변 길이가 1300mm인 경우, 강판의 두께는 최소 몇 mm 이상이어야 하는가?

① 0.6   ② 0.8
③ 1.0   ④ 1.2

해설 **급기풍도 단면의 긴 변 또는 직경의 크기**(NFPC 501A 18조, NFTC 501A 2.15.1.2.1)

풍도단면의 긴 변 또는 직경의 크기	450mm 이하	450mm 초과 750mm 이하	750mm 초과 1500mm 이하	1500mm 초과 2250mm 이하	2250mm 초과
강판두께	0.5mm	0.6mm	0.8mm 보기 ②	1.0mm	1.2mm

답 ②

65
13.03.문76

옥외소화전설비의 화재안전기준상 옥외소화전설비에서 성능시험배관의 직관부에 설치된 유량측정장치는 펌프 정격토출량의 최소 몇 % 이상 측정할 수 있는 성능이 있어야 하는가?

① 175   ② 150
③ 75   ④ 50

해설 ① **유량측정장치** : 펌프의 정격토출량의 **175%** 이상 성능측정

성능시험배관의 설치기준

(1) 성능시험배관은 펌프의 토출측에 설치된 **개폐밸브 이전**에 분기하여 설치

(2) 성능시험배관은 유량측정장치를 기준으로 **후단 직관부**에 **유량조절밸브** 설치

(3) **유량측**정장치는 펌프의 정격토출량의 **175% 이상** 측정할 수 있는 성능이 있을 것 보기 ①

기억법 유측 175

(4) 성능시험배관은 유량측정장치를 기준으로 **전단 직관부**에 **개폐밸브** 설치

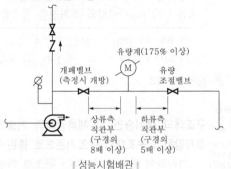

─ 성능시험배관 ─

답 ①

⭐
66 할론소화설비의 화재안전기준상 자동차 차고나
13.03.문74 주차장에 할론 1301 소화약제로 전역방출방식의 소화설비를 설치한 경우 방호구역의 체적 1m³당 얼마의 소화약제가 필요한가?

① 0.32kg 이상 0.64kg 이하
② 0.36kg 이상 0.71kg 이하
③ 0.40kg 이상 1.10kg 이하
④ 0.60kg 이상 0.71kg 이하

해설 **할론 1301의 약제량** 및 **개구부가산량**

방호대상물	약제량	개구부가산량 (자동폐쇄장치 미설치시)
차고·주차장·전기실· 전산실·통신기기실	0.32~0.64 kg/m³ 보기 ①	2.4kg/m²
고무류·면화류	0.52~0.64 kg/m³	3.9kg/m²

답 ①

⭐⭐⭐
67 소화기구 및 자동소화장치의 화재안전기준상 타
21.03.문70 고 나서 재가 남는 일반화재에 해당하는 일반가
19.09.문16
19.03.문08 연물은?
17.09.문10
16.05.문09 ① 고무 ② 타르
15.09.문19
13.09.문07 ③ 솔벤트 ④ 유성도료

해설 ②③④ 유류화재

화재의 종류

구 분	표시색	적응물질
일반화재(A급) : 재가 남음	백색	• 일반가연물 • 종이류 화재 • 목재·섬유화재 • 고무 보기 ①
유류화재(B급) : 재가 남지 않음	황색	• 가연성 액체 • 가연성 가스 • 액화가스화재 • 석유화재 • 타르 보기 ② • 솔벤트 보기 ③ • 유성도료 보기 ④ • 래커
전기화재(C급)	청색	• 전기설비
금속화재(D급)	무색	• 가연성 금속
주방화재(K급)	–	• 식용유화재

• 요즘은 표시색의 의무규정은 없음

답 ①

⭐⭐⭐
68 특별피난계단의 계단실 및 부속실 제연설비의
21.05.문73 화재안전기준상 차압 등에 관한 기준으로 옳은
19.09.문76
18.09.문64 것은?
18.04.문68
09.05.문64
① 제연설비가 가동되었을 경우 출입문의 개방에 필요한 힘은 150N 이하로 하여야 한다.
② 제연구역과 옥내와의 사이에 유지하여야 하는 최소차압은 옥내에 스프링클러설비가 설치된 경우에는 40Pa 이상으로 하여야 한다.
③ 계단실과 부속실을 동시에 제연하는 경우 부속실의 기압은 계단실과 같게 하거나 계단실의 기압보다 낮게 할 경우에는 부속실과 계단실의 압력차이는 3Pa 이하가 되도록 하여야 한다.
④ 피난을 위하여 제연구역의 출입문이 일시적으로 개방되는 경우 개방되지 아니하는 제연구역과 옥내와의 차압은 기준에 따른 차압의 70% 미만이 되어서는 아니 된다.

해설
① 150N → 110N
② 40Pa → 12.5Pa
③ 3Pa → 5Pa

차압(NFPC 501A 6·10조, NFTC 501A 2.3, 2.7.1)
(1) 제연구역과 옥내와의 사이에 유지하여야 하는 최소차압은 **40Pa**(옥내에 스프링클러설비가 설치된 경우는 **12.5Pa**) 이상 보기 ②

(2) 제연설비가 가동되었을 경우 출입문의 개방에 필요한 힘은 **110N 이하** 보기 ①

(3) 계단실과 부속실을 동시에 제연하는 경우 부속실의 기압은 계단실과 같게 하거나 계단실의 기압보다 낮게 할 경우에는 부속실과 계단실의 압력차이는 **5Pa 이하** 보기 ③

(4) 계단실 및 그 부속실을 동시에 제연하는 것 또는 계단실만 단독으로 제연할 때의 방연풍속은 **0.5m/s 이상**

(5) 피난을 위하여 제연구역의 출입문이 일시적으로 개방되는 경우 개방되지 아니하는 제연구역과 옥내와의 차압은 기준차압의 **70% 미만**이 되어서는 아니 된다. 보기 ④

답 ④

★★★
69 스프링클러설비의 화재안전기준상 고가수조를 이용한 가압송수장치의 설치기준 중 고가수조에 설치하지 않아도 되는 것은?

15.09.문71
14.09.문66
12.03.문69
05.09.문70

① 수위계
② 배수관
③ 압력계
④ 오버플로우관

해설 ③ 압력수조에 설치

필요설비

고가수조	압력수조
① 수위계 보기①	① 수위계
② 배수관 보기②	② 배수관
③ 급수관	③ 급수관
④ 맨홀	④ 맨홀
⑤ **오버플로우관** 보기④	⑤ **급기관**
	⑥ 압력계 보기③
	⑦ 안전장치
	⑧ 자동식 공기압축기

기억법 **고오**(**GO**!)

답 ③

★★★
70 상수도소화용수설비의 화재안전기준상 소화전은 특정소방대상물의 수평투영면의 각 부분으로부터 최대 몇 m 이하가 되도록 설치하여야 하는가?

21.03.문77
20.08.문68
19.04.문74
19.03.문60
18.04.문79
17.03.문64
14.03.문63
13.03.문61
07.03.문70

① 100
② 120
③ 140
④ 150

해설 **상수도소화용수설비**의 **기준**(NFPC 401 4조, NFTC 401 2.1.1)

(1) 호칭지름

수도배관	소화전
75mm 이상 문제71	**100**mm 이상 문제71
기억법 **수75**(**수**지침으로 **치료**)	기억법 **소1**(**소**일거리)

(2) 소화전은 소방자동차 등의 진입이 쉬운 **도로변** 또는 **공지**에 설치

(3) 소화전은 특정소방대상물의 수평투영면의 각 부분으로부터 **140m** 이하가 되도록 설치 보기③

---

(4) 지상식 소화전의 호스접결구는 지면으로부터 높이가 **0.5m 이상 1m 이하**가 되도록 설치할 것

기억법 **용14**

답 ③

★★★
71 상수도소화용수설비의 화재안전기준상 상수도소화용수설비 소화전의 설치기준 중 다음 ( ) 안에 알맞은 것은?

호칭지름 (㉠)mm 이상의 수도배관에 호칭지름 (㉡)mm 이상의 소화전을 접속할 것

① ㉠ 65, ㉡ 120
② ㉠ 75, ㉡ 100
③ ㉠ 80, ㉡ 90
④ ㉠ 100, ㉡ 100

해설 문제 70 참조

답 ②

★★★
72 구조대의 형식승인 및 제품검사의 기술기준상 경사강하식 구조대의 구조기준으로 틀린 것은?

20.09.문68
17.09.문63
16.03.문67
14.05.문70
09.08.문78

① 연속하여 활강할 수 있는 구조로 안전하고 쉽게 사용할 수 있어야 한다.

② 구조대 본체는 강하방향으로 봉합부가 설치되지 아니하여야 한다.

③ 입구틀 및 고정틀의 입구는 지름 40cm 이상의 구체가 통할 수 있어야 한다.

④ 본체의 포지는 하부지지장치에 인장력이 균등하게 걸리도록 부착하여야 하며 하부지지장치는 쉽게 조작할 수 있어야 한다.

해설 ③ 40cm → 60cm

경사강하식 구조대의 **기준**(구조대 형식 3조)

(1) 구조대 본체는 **강하방향**으로 봉합부 설치 금지 보기②

(2) 손잡이는 출구 부근에 좌우 각 **3개** 이상 균일한 간격으로 견고하게 부착

(3) 구조대 본체의 끝부분에는 길이 **4m** 이상, 지름 **4mm** 이상의 유도선을 부착하여야 하며, 유도선 끝에는 중량 **3N**(300g) 이상의 모래주머니 등 설치

(4) 본체의 포지는 **하부지지장치**에 인장력이 균등하게 걸리도록 부착하여야 하며 하부지지장치는 쉽게 조작 가능 보기④

(5) 입구틀 및 고정틀의 입구는 지름 **60cm** 이상의 구체가 통과할 수 있을 것 보기③

(6) 구조대 본체의 활강부는 낙하방지를 위해 포를 **2중구조**로 하거나 망목의 변의 길이가 **8cm** 이하인 망 설치 (단, 구조상 낙하방지의 성능을 갖고 있는 구조대의 경우는 제외)

(7) 연속하여 활강할 수 있는 구조로 안전하고 쉽게 사용할 수 있을 것 보기①

(8) 땅에 닿을 때 충격을 받는 부분에는 완충장치로서 받침포 등 부착

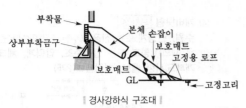

부착물
본체 손잡이
상부부착금구
보호매트
고정용 로프
보호매트
GL
고정고리

경사강하식 구조대

답 ③

★★★
73 분말소화설비의 화재안전기준상 차고 또는 주차장에 설치하는 분말소화설비의 소화약제는 어느 것인가?

① 제1종 분말
② 제2종 분말
③ 제3종 분말
④ 제4종 분말

해설 (1) **분말소화약제**

종 별	주성분	착 색	적응화재	비 고
제**1**종	중탄산나트륨 ($NaHCO_3$)	백색	BC급	**식용유** 및 **지방질유**의 화재에 적합
제2종	중탄산칼륨 ($KHCO_3$)	담자색 (담회색)	BC급	–
제**3**종	제1인산암모늄 ($NH_4H_2PO_4$)	담홍색	ABC급	**차고·주차장**에 적합 보기 ③
제4종	중탄산칼륨+요소 ($KHCO_3 + (NH_2)_2CO$)	회(백)색	BC급	–

기억법 1식분(일식 분식)
3분 차주(삼보컴퓨터 **차주**)

● 제1인산암모늄=인산염

(2) **이산화탄소 소화약제**

주성분	적응화재
이산화탄소(CO_2)	BC급

답 ③

★
74 피난사다리의 형식승인 및 제품검사의 기술기준상 피난사다리의 일반구조 기준으로 옳은 것은?

① 피난사다리는 2개 이상의 횡봉으로 구성되어야 한다. 다만, 고정식 사다리인 경우에는 횡봉의 수를 1개로 할 수 있다.
② 피난사다리(종봉이 1개인 고정식 사다리는 제외)의 종봉의 간격은 최외각 종봉 사이의 안치수가 15cm 이상이어야 한다.
③ 피난사다리의 횡봉은 지름 15mm 이상 25mm 이하의 원형인 단면이거나 또는 이와 비슷한 손으로 잡을 수 있는 형태의 단면이 있는 것이어야 한다.
④ 피난사다리의 횡봉은 종봉에 동일한 간격으로 부착한 것이어야 하며, 그 간격은 25cm 이상 35cm 이하이어야 한다.

해설
① 횡봉 → 종봉 및 횡봉
② 15cm → 30cm
③ 15mm 이상 25mm 이하 → 14mm 이상 35mm 이하

피난사다리의 **구조**(피난사다리의 형식 3조)
(1) 안전하고 확실하며 쉽게 사용할 수 있는 구조
(2) 피난사다리는 **2개** 이상의 **종봉** 및 **횡봉**으로 구성(고정식 사다리는 종봉의 수 1개 가능) 보기 ①
(3) 피난사다리(종봉이 1개인 고정식 사다리 제외)의 **종봉의 간격**은 최외각 종보 사이의 **안치수가 30cm 이상** 보기 ②
(4) 피난사다리의 **횡봉**은 **지름 14~35mm 이하**의 원형인 단면이거나 또는 이와 비슷한 손으로 잡을 수 있는 형태의 단면이 있는 것 보기 ③
(5) 피난사다리의 **횡봉**은 종봉에 동일한 간격으로 부착한 것이어야 하며, 그 간격은 **25~35cm 이하** 보기 ④
(6) 피난사다리 횡봉의 디딤면은 미끄러지지 아니하는 구조

종봉간격	횡봉간격
안치수 30cm 이상	25~35cm 이하

(7) 절단 또는 용접 등으로 인한 모서리 부분은 사람에게 해를 끼치지 않도록 조치되어 있어야 한다.

답 ④

★
75 간이스프링클러설비의 화재안전기준상 간이스프링클러설비의 배관 및 밸브 등의 설치순서로 맞는 것은? (단, 수원이 펌프보다 낮은 경우이다.)

14.05.문67

① 상수도직결형은 수도용 계량기, 급수차단장치, 개폐표시형 밸브, 체크밸브, 압력계, 유수검지장치, 2개의 시험밸브 순으로 설치할 것
② 펌프 설치시에는 수원, 연성계 또는 진공계, 펌프 또는 압력수조, 압력계, 체크밸브, 개폐표시형 밸브, 유수검지장치, 2개의 시험밸브 순으로 설치할 것
③ 가압수조 이용시에는 수원, 가압수조, 압력계, 체크밸브, 개폐표시형 밸브, 유수검지장치, 1개의 시험밸브 순으로 설치할 것
④ 캐비닛형인 경우 수원, 펌프 또는 압력수조, 압력계, 체크밸브, 연성계 또는 진공계, 개폐표시형 밸브 순으로 설치할 것

해설
② 개폐표시형 밸브, 유수검지장치, 2개의 시험밸브 → 성능시험배관, 개폐표시형 밸브, 유수검지장치, 시험밸브
③ 개폐표시형 밸브, 유수검지장치, 1개의 시험밸브 → 성능시험배관, 개폐표시형 밸브, 유수검지장치, 2개의 시험밸브
④ 펌프 또는 압력수조, 압력계, 체크밸브, 연성계 및 진공계, 개폐표시형 밸브 → 연성계 또는 진공계, 펌프 또는 압력수조, 압력계, 체크밸브, 개폐표시형 밸브, 2개의 시험밸브

(1) 간이스프링클러설비(상수도직결형) 보기 ①
수도용 계량기-급수차단장치-개폐표시형 밸브-체크밸브-압력계-유수검지장치-시험밸브(2개)

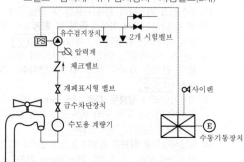

┃ 상수도직결형 ┃

(2) 펌프 보기 ②
수원, 연성계 또는 **진공계**(수원이 펌프보다 높은 경우 제외), **펌프** 또는 **압력수조, 압력계, 체크밸브, 성능시험배관, 개폐표시형 밸브, 유수검지장치, 시험밸브**

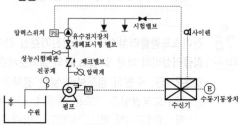

┃ 펌프 등의 가압송수장치 이용 ┃

(3) 가압수조 보기 ③
수원, 가압수조, 압력계, 체크밸브, 성능시험배관, 개폐표시형 밸브, 유수검지장치, 시험밸브(2개)

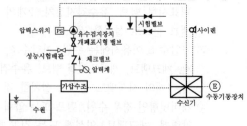

┃ 가압수조를 가압송수장치로 이용 ┃

(4) 캐비닛형 보기 ④
수원, 연성계 또는 **진공계**(수원이 펌프보다 높은 경우 제외), **펌프** 또는 **압력수조, 압력계, 체크밸브, 개폐표시형 밸브, 시험밸브(2개)**

┃ 캐비닛형의 가압송수장치 이용 ┃

답 ①

76 ★★
18.04.문71
11.10.문70
스프링클러설비의 화재안전기준상 스프링클러헤드 설치시 살수가 방해되지 아니하도록 벽과 스프링클러헤드 간의 공간은 최소 몇 cm 이상으로 하여야 하는가?
① 60
② 30
③ 20
④ 10

해설 스프링클러헤드

거 리	적 용
10cm 이상 보기 ④	벽과 **스프링클러헤드** 간의 공간
60cm 이상	**스프링클러헤드**의 공간 60cm 이상 / 10cm 이상 / 60cm 이상 ┃ 헤드 반경 ┃
30cm 이하	**스프링클러헤드**와 **부착면**과의 거리 부착면 / 30cm 이하 ┃ 헤드와 부착면과의 이격거리 ┃

답 ④

77

물분무소화설비의 화재안전기준상 차고 또는 주차장에 설치하는 물분무소화설비의 배수설비 기준으로 틀린 것은?

21.09.문75
19.03.문70
17.09.문72
17.03.문67
16.10.문67
16.05.문79
15.05.문78
10.03.문63

① 차량이 주차하는 바닥은 배수구를 향하여 100분의 2 이상의 기울기를 유지할 것
② 차량이 주차하는 장소의 적당한 곳에 높이 5cm 이상의 경계턱으로 배수구를 설치할 것
③ 배수설비는 가압송수장치의 최대송수능력의 수량을 유효하게 배수할 수 있는 크기 및 기울기로 할 것
④ 배수구에는 새어나온 기름을 모아 소화할 수 있도록 길이 40m 이하마다 집수관·소화피트 등 기름분리장치를 설치할 것

 해설
② 5cm → 10cm

물분무소화설비의 배수설비

(1) **10cm** 이상의 경계턱으로 배수구 설치(차량이 주차하는 곳) 보기 ②

(2) **40m** 이하마다 기름분리장치 설치 보기 ④

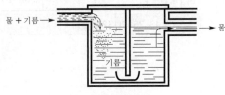

‖ 기름분리장치 ‖

(3) 차량이 주차하는 바닥은 $\dfrac{2}{100}$ 이상의 기울기 유지
보기 ①

(4) **배수설비** : 가압송수장치의 최대송수능력의 수량을 유효하게 배수할 수 있는 크기 및 기울기로 할 것
보기 ③

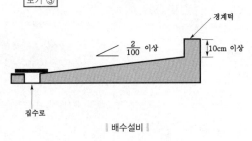

‖ 배수설비 ‖

참고

기울기

구 분		설 명
$\dfrac{1}{100}$	이상	연결살수설비의 수평주행배관
$\dfrac{2}{100}$	이상	물분무소화설비의 배수설비
$\dfrac{1}{250}$	이상	습식·부압식 설비 외 설비의 가지배관
$\dfrac{1}{500}$	이상	습식·부압식 설비 외 설비의 수평주행배관

답 ②

78

미분무소화설비의 화재안전기준상 용어의 정의 중 다음 ( ) 안에 알맞은 것은?

20.09.문78
18.04.문74
17.05.문75

"미분무"란 물만을 사용하여 소화하는 방식으로 최소설계압력에서 헤드로부터 방출되는 물입자 중 99%의 누적체적분포가 (㉠)μm 이하로 분무되고 (㉡)급 화재에 적응성을 갖는 것을 말한다.

① ㉠ 400, ㉡ A, B, C
② ㉠ 400, ㉡ B, C
③ ㉠ 200, ㉡ A, B, C
④ ㉠ 200, ㉡ B, C

해설 **미분무소화설비**의 용어정의(NFPC 104A 3조, NFTC 104A 1.7)

용어	설 명
미분무소화설비	가압된 물이 헤드 통과 후 **미세한 입자**로 분무됨으로써 소화성능을 가지는 설비를 말하며, **소화력을 증가**시키기 위해 **강화액** 등을 첨가할 수 있다.
미분무	물만을 사용하여 소화하는 방식으로 최소설계압력에서 헤드로부터 방출되는 물입자 중 **99%**의 누적체적분포가 **400μm** 이하로 분무되고 **A, B, C급 화재**에 적응성을 갖는 것 보기 ①
미분무헤드	**하나 이상의 오리피스**를 가지고 미분무소화설비에 사용되는 헤드

답 ①

79 ★★★

19.09.문75
19.04.문77
18.04.문66
17.03.문69
14.05.문65
13.09.문64

포소화설비의 화재안전기준상 포소화설비의 자동식 기동장치에 폐쇄형 스프링클러헤드를 사용하는 경우에 대한 설치기준 중 다음 ( )안에 알맞은 것은? (단, 자동화재탐지설비의 수신기가 설치된 장소에 상시 사람이 근무하고 있고, 화재시 즉시 해당 조작부를 작동시킬 수 있는 경우는 제외한다.)

- 표시온도가 (㉠)℃ 미만인 것을 사용하고 1개의 스프링클러헤드의 경계면적은 (㉡)m² 이하로 할 것
- 부착면의 높이는 바닥으로부터 (㉢)m 이하로 하고 화재를 유효하게 감지할 수 있도록 할 것

① ㉠ 60, ㉡ 10, ㉢ 7
② ㉠ 60, ㉡ 20, ㉢ 7
③ ㉠ 79, ㉡ 10, ㉢ 5
④ ㉠ 79, ㉡ 20, ㉢ 5

해설 **자동식 기동장치**(폐쇄형 헤드 개방방식)
(1) 표시온도가 **79**℃ 미만인 것을 사용하고, 1개의 스프링클러헤드의 **경**계면적은 **20m²** 이하 보기 ④
(2) 부착면의 높이는 바닥으로부터 **5m** 이하로 하고, 화재를 유효하게 감지할 수 있도록 함 보기 ④
(3) 하나의 감지장치 경계구역은 하나의 **층**이 되도록 함

기억법 **경27 자동**(**경**이롭다. **자동**차!)

답 ④

80 ★★★

20.06.문75
17.09.문61
17.03.문70
16.05.문68
12.05.문66
07.05.문70

할론소화설비의 화재안전기준상 할론소화약제 저장용기의 설치기준 중 다음 ( )안에 알맞은 것은?

축압식 저장용기의 압력은 온도 20℃에서 할론 1301을 저장하는 것은 (㉠)MPa 또는 (㉡)MPa이 되도록 질소가스로 축압할 것

① ㉠ 2.5, ㉡ 4.2
② ㉠ 2.0, ㉡ 3.5
③ ㉠ 1.5, ㉡ 3.0
④ ㉠ 1.1, ㉡ 2.5

해설 **할론소화약제**

구 분		할론 1301	할론 1211	할론 2402
저장압력		**2.5MPa 또는 4.2MPa** 보기 ①	1.1MPa 또는 2.5MPa	–
방출압력		0.9MPa	0.2MPa	0.1MPa
충전비	가압식	0.9~1.6 이하	0.7~1.4 이하	0.51~0.67 미만
	축압식			0.67~2.75 이하

기억법 **13 2542**(13254**둘**)

답 ①

■ 2022년 기사 제2회 필기시험 ■

				수험번호	성명

자격종목	종목코드	시험시간	형별		
소방설비기사(기계분야)		2시간			

※ 각 문항은 4지택일형으로 질문에 가장 적합한 보기 항을 선택하여 체크하여야 합니다.

제 1 과목　소방원론

01 목조건축물의 화재특성으로 틀린 것은?

21.05.문01
19.09.문11
18.03.문05
16.10.문04
14.05.문01
10.09.문08

① 습도가 낮을수록 연소확대가 빠르다.
② 화재진행속도는 내화건축물보다 빠르다.
③ 화재 최성기의 온도는 내화건축물보다 낮다.
④ 화재성장속도는 횡방향보다 종방향이 빠르다.

해설 ③ 낮다. → 높다.

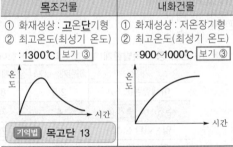

목조건물	내화건물
① 화재성상 : **고온단기형**	① 화재성상 : 저온장기형
② 최고온도(최성기 온도) : 1300℃ 보기 ③	② 최고온도(최성기 온도) : 900~1000℃ 보기 ③

기억법 목고단 13

● 목조건물=목재건물

답 ③

02 물이 소화약제로서 사용되는 장점이 아닌 것은?

13.03.문08

① 가격이 저렴하다.
② 많은 양을 구할 수 있다.
③ 증발잠열이 크다.
④ 가연물과 화학반응이 일어나지 않는다.

해설 물이 소화작업에 사용되는 이유
(1) 가격이 싸다. 보기 ①
(2) 쉽게 구할 수 있다(많은 양을 구할 수 있다). 보기 ②
(3) 열흡수가 매우 크다(증발잠열이 크다). 보기 ③
(4) 사용방법이 비교적 간단하다.

● 물은 **증발잠열**(기화잠열)이 커서 **냉각소화** 및 무
상주수시 **질식소화**가 가능하다.

답 ④

03 정전기로 인한 화재를 줄이고 방지하기 위한 대책 중 틀린 것은?

21.09.문58
13.06.문44
12.09.문53

① 공기 중 습도를 일정값 이상으로 유지한다.
② 기기의 전기절연성을 높이기 위하여 부도체로 차단공사를 한다.
③ 공기 이온화 장치를 설치하여 가동시킨다.
④ 정전기 축적을 막기 위해 접지선을 이용하여 대지로 연결작업을 한다.

해설 ② 도체 사용으로 전류가 잘 흘러가도록 해야 함

위험물규칙 [별표 4]
정전기 제거방법
(1) **접지**에 의한 방법 보기 ④
(2) 공기 중의 상대습도를 **70%** 이상으로 하는 방법 보기 ①
(3) 공기를 **이온화**하는 방법 보기 ③

비교

위험물규칙 [별표 4]
위험물을 가압하는 설비 또는 그 취급하는 위험물의 압력이 상승할 우려가 있는 설비에 설치하는 안전장치
(1) 자동적으로 **압력의 상승**을 **정지**시키는 장치
(2) 감압측에 **안전밸브**를 부착한 **감압밸브**
(3) **안전밸브**를 겸하는 **경보장치**
(4) 파괴판

답 ②

04 프로판가스의 최소점화에너지는 일반적으로 약 몇 mJ 정도되는가?

① 0.25
② 2.5
③ 25
④ 250

해설

물 질	최소점화에너지
수소(H$_2$)	0.011mJ
벤젠(C$_6$H$_6$)	0.2mJ
에탄(C$_2$H$_6$)	0.24mJ
프로판(C$_3$H$_8$)	0.25mJ 보기 ①
부탄(C$_4$H$_{10}$)	0.25mJ
메탄(CH$_4$)	0.28mJ

최소점화에너지

가연성 가스 및 공기의 혼합가스, 즉 **가연성 혼합기**에 착화원으로 점화를 시킬 때 발화하기 위하여 필요한 착화원이 갖는 **최저의 에너지**

$$E = \frac{1}{2}CV^2$$

여기서, E : 최소점화에너지[J 또는 mJ]
　　　　C : 정전용량[F]
　　　　V : 전압[V]

- 최소점화에너지=최소착화에너지=최소발화에너지=최소정전기점화에너지

답 ①

★★
05 목재화재시 다량의 물을 뿌려 소화할 경우 기대되는 주된 소화효과는?

17.09.문03
12.09.문09

① 제거효과　　　② 냉각효과
③ 부촉매효과　　④ 희석효과

해설 **소화의 형태**

구 분	설 명
냉각소화	• **점화원**을 냉각하여 소화하는 방법 • **증발잠열**을 이용하여 열을 빼앗아 가연물의 온도를 떨어뜨려 화재를 진압하는 소화방법 • **다량의 물을 뿌려 소화하는 방법** 보기 ② • 가연성 물질을 **발화점 이하**로 **냉각**하여 소화하는 방법 • **식용유화재**에 신선한 **야채**를 넣어 소화하는 방법 • 용융잠열에 의한 **냉각효과**를 이용하여 소화하는 방법 기억법 냉점증발
질식소화	• 공기 중의 **산소농도**를 16%(10~15%) 이하로 희박하게 하여 소화하는 방법 • 산화제의 농도를 낮추어 연소가 지속될 수 없도록 소화하는 방법 • 산소공급을 차단하여 소화하는 방법 • 산소의 농도를 낮추어 소화하는 방법 • 화학반응으로 발생한 **탄산가스**에 의한 소화방법 기억법 질산
제거소화	• **가연물**을 **제거**하여 소화하는 방법
부촉매소화 (=화학소화)	• **연쇄반응**을 **차단**하여 소화하는 방법 • 화학적인 방법으로 화재를 억제하여 소화하는 방법 • **활성기**(free radical)의 **생성**을 **억제**하여 소화하는 방법 기억법 부억(부엌)

희석소화	• 기체·고체·액체에서 나오는 분해가스나 증기의 농도를 낮춰 소화하는 방법 • 불연성 가스의 **공기 중 농도**를 높여 소화하는 방법

답 ②

★
06 물질의 연소시 산소공급원이 될 수 없는 것은?

13.06.문09

① 탄화칼슘　　　② 과산화나트륨
③ 질산나트륨　　④ 압축공기

해설 ① 탄화칼슘(CaC₂) : 제3류 위험물

산소공급원
(1) 제1류 위험물 : 과산화나트륨, 질산나트륨 보기 ②③
(2) 제5류 위험물
(3) 제6류 위험물
(4) 공기(압축공기) 보기 ④

답 ①

★★★
07 다음 물질 중 공기 중에서의 연소범위가 가장 넓은 것은?

20.09.문06
17.09.문20
17.03.문03
16.03.문13
15.09.문14
13.06.문04
09.03.문02

① 부탄
② 프로판
③ 메탄
④ 수소

해설 (1) 공기 중의 **폭발한계**(*외사천*리로 *나와야 한다.*)

가 스	하한계[vol%]	상한계[vol%]
아세틸렌(C₂H₂)	2.5	81
수소(H₂) 보기 ④	4	75
일산화탄소(CO)	12	75
암모니아(NH₃)	15	25
메탄(CH₄) 보기 ③	5	15
에탄(C₂H₆)	3	12.4
프로판(C₃H₈) 보기 ②	2.1	9.5
부탄(C₄H₁₀) 보기 ①	1.8	8.4

기억법
아 2581
수 475
일 1275
암 1525
메 515
에 3124
프 2195
부 1884

(2) **폭발한계**와 같은 의미
㉠ 폭발범위
㉡ 연소한계
㉢ 연소범위
㉣ 가연한계
㉤ 가연범위

답 ④

★ 08 이산화탄소 20g은 약 몇 mol인가?

17.09.문14

① 0.23 　　② 0.45

③ 2.2 　　④ 4.4

해설 원자량

원 소	원자량
H	1
C →	12
N	14
O →	16

이산화탄소 $CO_2 = 12 + 16 \times 2 = 44g/mol$

그러므로 이산화탄소는 $\boxed{44g = 1mol}$ 이다.

비례식으로 풀면 $44g : 1mol = 20g : x$

$44g \times x = 20g \times 1mol$

$$x = \frac{20g \times 1mol}{44g} = 0.45mol$$

답 ②

★★★ 09 플래시오버(flash over)에 대한 설명으로 옳은 것은?

20.09.문14
14.05.문18
14.03.문11
13.06.문17
11.06.문11

① 도시가스의 폭발적 연소를 말한다.

② 휘발유 등 가연성 액체가 넓게 흘러서 발화한 상태를 말한다.

③ 옥내화재가 서서히 진행하여 열 및 가연성 기체가 축적되었다가 일시에 연소하여 화염이 크게 발생하는 상태를 말한다.

④ 화재층의 불이 상부층으로 올라가는 현상을 말한다.

해설 플래시오버(flash over) : 순발연소

(1) 폭발적인 착화현상

(2) 폭발적인 **화재확대현상**

(3) 건물화재에서 발생한 가연성 가스가 일시에 인화하여 화염이 **충**만하는 단계

(4) 실내의 가연물이 연소됨에 따라 생성되는 가연성 가스가 실내에 누적되어 **폭**발적으로 연소하여 실 전체가 순간적으로 불길에 싸이는 현상

(5) **옥내화재**가 서서히 진행하여 열이 축적되었다가 일시에 화염이 크게 발생하는 상태 보기 ③

(6) **다량**의 **가연성 가스**가 동시에 연소되면서 **급**격한 온도상승을 유발하는 현상

(7) 건축물에서 한순간에 폭발적으로 화재가 확산되는 현상

기억법 플확충 폭급

• 플래시오버＝플래쉬오버

중요

플래시오버(flash over)

구 분	설 명
발생시간	화재발생 후 5~6분경
발생시점	**성장기~최성기**(성장기에서 최성기로 넘어가는 분기점) 기억법 플성최
실내온도	약 800~900℃

답 ③

★★★ 10 제4류 위험물의 성질로 옳은 것은?

17.05.문13
14.03.문51
13.03.문19

① 가연성 고체

② 산화성 고체

③ 인화성 액체

④ 자기반응성 물질

해설 위험물령 〔별표 1〕
위험물

유별	성 질	품 명
제1류	산화성 고체	• 아염소산염류 • 염소산염류 • 과염소산염류 • 질산염류 • 무기과산화물
제2류	가연성 고체	• **황화인** • **적린** • **황** • **철분** • **마그네슘** 기억법 황화적황철마
제3류	자연발화성 물질 및 금수성 물질	• **황린** • **칼륨** • **나트륨** • **알루미늄** 기억법 황칼나알
제4류	**인화성 액체**	• 특수인화물 • 알코올류 • 석유류 • 동식물유류
제5류	자기반응성 물질	• 나이트로화합물 • 유기과산화물 • 나이트로소화합물 • 아조화합물 • 질산에스터류(셀룰로이드)
제6류	산화성 액체	• 과염소산 • 과산화수소 • 질산

답 ③

11 할론소화설비에서 Halon 1211 약제의 분자식은 어느 것인가?

21.09.문08
21.03.문02
19.09.문07
17.03.문05
16.10.문08
15.03.문04
14.09.문04
14.03.문02
13.09.문14
12.05.문04

① CBr₂ClF
② CF₂BrCl
③ CCl₂BrF
④ BrC₂ClF

해설 할론소화약제의 약칭 및 분자식

종 류	약 칭	분자식
할론 1011	CB	CH_2ClBr
할론 104	CTC	CCl_4
할론 1211	BCF	$CF_2ClBr(CF_2BrCl)$ 보기 ②
할론 1301	BTM	CF_3Br
할론 2402	FB	$C_2F_4Br_2$

답 ②

12 다음 중 가연물의 제거를 통한 소화방법과 무관한 것은?

19.09.문05
19.04.문18
17.03.문16
16.10.문07
16.03.문12
14.05.문11
13.03.문01
11.03.문04
08.09.문17

① 산불의 확산방지를 위하여 산림의 일부를 벌채한다.
② 화학반응기의 화재시 원료공급관의 밸브를 잠근다.
③ 전기실 화재시 IG-541 약제를 방출한다.
④ 유류탱크 화재시 주변에 있는 유류탱크의 유류를 다른 곳으로 이동시킨다.

해설

③ 질식소화 : IG-541(불활성기체 소화약제)

제거소화의 예
(1) **가연성 기체** 화재시 **주밸브**를 **차단**한다(화학반응기의 화재시 원료공급관의 **밸브**를 **잠금**). 보기 ②
(2) **가연성 액체** 화재시 펌프를 이용하여 **연료**를 제거한다.
(3) **연료탱크**를 **냉각**하여 가연성 가스의 발생속도를 작게 하여 연소를 억제한다.
(4) 금속화재시 **불활성 물질**로 가연물을 덮는다.
(5) **목재**를 **방염처리**한다.
(6) 전기화재시 **전원**을 **차단**한다.
(7) 산불이 발생하면 화재의 진행방향을 앞질러 **벌목**한다(산불의 확산방지를 위하여 **산림의 일부를 벌채**). 보기 ①
(8) 가스화재시 **밸브**를 **잠궈** 가스흐름을 차단한다(가스화재시 중간밸브를 잠금).
(9) 불타고 있는 장작더미 속에서 아직 타지 않은 것을 안전한 곳으로 **운반**한다.
(10) 유류탱크 화재시 주변에 있는 유류탱크의 유류를 다른 곳으로 이동시킨다. 보기 ④
(11) 양초를 입으로 불어서 끈다.

용어

제거효과
가연물을 반응계에서 제거하든지 또는 반응계로의 공급을 정지시켜 소화하는 효과

답 ③

13 건물화재의 표준시간－온도곡선에서 화재발생 후 1시간이 경과할 경우 내부온도는 약 몇 ℃ 정도 되는가?

17.05.문02

① 125
② 325
③ 640
④ 925

해설 시간경과시의 온도

경과시간	온 도
30분 후	840℃
1시간 후	925~950℃ 보기 ④
2시간 후	1010℃

기억법 1시 95

답 ④

14 위험물안전관리법령상 위험물로 분류되는 것은?

20.09.문15
19.09.문44
16.03.문05
15.05.문05
11.10.문03
07.09.문18

① 과산화수소
② 압축산소
③ 프로판가스
④ 포스겐

해설 위험물령 〔별표 1〕
위험물

유별	성질	품명
제1류	산화성 고체	• 아염소산염류 • 염소산염류(**염소산나트륨**) • 과염소산염류 • 질산염류 • 무기과산화물 기억법 1산고염나
제2류	가연성 고체	• 황화인 • 적린 • 황 • 철분 • 마그네슘 기억법 황화적황철마
제3류	자연발화성 물질 및 금수성 물질	• 황린 • 칼륨 • 나트륨 • 알칼리토금속 • 트리에틸알루미늄 기억법 황칼나알트

제4류	인화성 액체	• 특수인화물 • 석유류(벤젠) • 알코올류 • 동식물유류
제5류	자기반응성 물질	• 유기과산화물 • 나이트로화합물 • 나이트로소화합물 • 아조화합물 • 질산에스터류(셀룰로이드)
제6류	산화성 액체	• **과염소산** • **과산화수소** 보기 ① • **질산**

답 ①

★★★
15 다음 중 연기에 의한 감광계수가 0.1m⁻¹, 가시거리가 20~30m일 때의 상황으로 옳은 것은?

21.09.문02
20.06.문01
17.03.문10
16.10.문16
16.03.문03
14.05.문06
13.09.문11

① 건물 내부에 익숙한 사람이 피난에 지장을 느낄 정도
② 연기감지기가 작동할 정도
③ 어두운 것을 느낄 정도
④ 앞이 거의 보이지 않을 정도

해설 **감광계수**와 **가시거리**

감광계수 [m⁻¹]	가시거리 [m]	상 황
0.1	20~30	연기**감**지기가 작동할 때의 농도(연기감지기가 작동하기 직전의 농도) 보기 ②
0.3	5	건물 내부에 **익**숙한 사람이 피난에 지장을 느낄 정도의 농도 보기 ①
0.5	3	**어**두운 것을 느낄 정도의 농도 보기 ③
1	1~2	앞이 거의 **보**이지 않을 정도의 농도 보기 ④
10	0.2~0.5	화재 **최**성기 때의 농도
30	–	출화실에서 연기가 **분**출할 때의 농도

기억법
0123	감
035	익
053	어
112	보
100205	최
30	분

답 ②

★★★
16 Fourier 법칙(전도)에 대한 설명으로 틀린 것은?

18.03.문13
17.09.문35
17.05.문33
16.10.문40

① 이동열량은 전열체의 단면적에 비례한다.
② 이동열량은 전열체의 두께에 비례한다.
③ 이동열량은 전열체의 열전도도에 비례한다.
④ 이동열량은 전열체 내·외부의 온도차에 비례한다.

해설 ② 비례 → 반비례

열전달의 **종류**

종 류	설 명	관련 법칙
전도 (conduction)	하나의 물체가 다른 물체와 직접 **접촉**하여 열이 이동하는 현상	**푸리에**(Fourier)의 법칙
대류 (convection)	**유체**의 흐름에 의하여 열이 이동하는 현상	**뉴턴**의 법칙
복사 (radiation)	① 화재시 화원과 **격리**된 인접 가연물에 불이 옮겨 붙는 현상 ② 열전달 **매질**이 **없이** 열이 전달되는 형태 ③ 열에너지가 **전자파**의 형태로 옮겨지는 현상으로, **가장 크게 작용**한다.	**스테판-볼츠만**의 법칙

중요

공식
(1) **전도**

$$Q = \frac{kA(T_2 - T_1)}{l} \quad \cdots \text{비례 } \boxed{\text{보기 } ①③④}$$
$$\cdots \text{반비례 } \boxed{\text{보기 } ②}$$

여기서, Q : 전도열[W]
k : 열전도율[W/m·K]
A : 단면적[m²]
$(T_2 - T_1)$: 온도차[K]
l : 벽체 두께[m]

(2) **대류**

$$Q = h(T_2 - T_1) \quad \cdots \text{비례}$$

여기서, Q : 대류열[W/m²]
h : 열전달률[W/m²·℃]
$(T_2 - T_1)$: 온도차[℃]

(3) **복사**

$$Q = aAF(T_1^4 - T_2^4) \quad \cdots \text{비례}$$

여기서, Q : 복사열[W]
a : 스테판-볼츠만 상수[W/m²·K⁴]
A : 단면적[m²]
F : 기하학적 Factor
T_1 : 고온[K]
T_2 : 저온[K]

답 ②

★★★
17 물질의 취급 또는 위험성에 대한 설명 중 틀린 것은?
19.03.문13
14.03.문12
07.05.문03
① 융해열은 점화원이다.
② 질산은 물과 반응시 발열반응하므로 주의를 해야 한다.
③ 네온, 이산화탄소, 질소는 불연성 물질로 취급한다.
④ 암모니아를 충전하는 공업용 용기의 색상은 백색이다.

해설 <u>점화원</u>이 될 수 없는 것
(1) **기**화열(증발열)
(2) **융**해열 보기 ①
(3) **흡**착열

기억법 점기융흡

답 ①

★★★
18 분말소화약제 중 탄산수소칼륨($KHCO_3$)과 요소(($NH_2)_2CO$)와의 반응물을 주성분으로 하는 소화약제는?
20.09.문07
19.03.문01
18.04.문06
17.09.문10
17.03.문18
16.10.문06
16.10.문10
16.05.문15
16.03.문09
16.03.문11
15.05.문08
12.09.문15
09.03.문01
① 제1종 분말
② 제2종 분말
③ 제3종 분말
④ 제4종 분말

해설 <u>분말소화약제</u>

종 별	분자식	착 색	적응 화재	비 고
제**1**종	탄산수소나트륨 ($NaHCO_3$)	백색	BC급	**식용유** 및 **지방질유** 의 화재에 적합 기억법 **1**식분(**일식 분**식)
제2종	탄산수소칼륨 ($KHCO_3$)	담자색 (담회색)	BC급	–
제**3**종	제1인산암모늄 ($NH_4H_2PO_4$)	담홍색	ABC급	**차고 · 주차장**에 적합 기억법 **3**분 차주 (**삼보 컴퓨터 차주**)
제4종 보기 ④	**탄산수소칼륨 +요소** ($KHCO_3+$ $(NH_2)_2CO$)	회(백)색	BC급	–

답 ④

★★
19 자연발화가 일어나기 쉬운 조건이 아닌 것은?
12.05.문03
① 열전도율이 클 것
② 적당량의 수분이 존재할 것
③ 주위의 온도가 높을 것
④ 표면적이 넓을 것

해설 ① 클 것 → 작을 것

자연발화 조건
(1) 열전도율이 작을 것 보기 ①
(2) 발열량이 클 것
(3) 주위의 온도가 높을 것 보기 ③
(4) 표면적이 넓을 것 보기 ④
(5) 적당량의 수분이 존재할 것 보기 ②

비교
자연발화의 방지법
(1) 습도가 높은 곳을 피할 것(건조하게 유지할 것)
(2) 저장실의 온도를 낮출 것
(3) 통풍이 잘 되게 할 것
(4) 퇴적 및 수납시 열이 쌓이지 않게 할 것 (**열 축적 방지**)
(5) 산소와의 접촉을 차단할 것
(6) **열전도성**을 좋게 할 것

답 ①

★★
20 폭굉(detonation)에 관한 설명으로 틀린 것은?
16.05.문14
03.05.문10
① 연소속도가 음속보다 느릴 때 나타난다.
② 온도의 상승은 충격파의 압력에 기인한다.
③ 압력상승은 폭연의 경우보다 크다.
④ 폭굉의 유도거리는 배관의 지름과 관계가 있다.

해설 ① 느릴 때 → 빠를 때

연소반응(전파형태에 따른 분류)

폭연(deflagration)	**폭굉(detonation)**
연소속도가 음속보다 느릴 때 발생	① 연소속도가 음속보다 빠를 때 발생 보기 ① ② 온도의 상승은 **충격파**의 압력에 기인한다. 보기 ② ③ 압력상승은 **폭연**의 경우보다 **크다.** 보기 ③ ④ 폭굉의 **유도거리**는 배관의 **지름**과 **관계**가 있다. 보기 ④

※ **음속** : 소리의 속도로서 약 **340m/s**이다.

답 ①

제 2 과목 소방유체역학

21 2MPa, 400℃의 과열증기를 단면확대 노즐을 통하여 20kPa로 분출시킬 경우 최대속도는 약 몇 m/s인가? (단, 노즐입구에서 엔탈피는 3243.3kJ/kg이고, 출구에서 엔탈피는 2345.8kJ/kg이며, 입구속도는 무시한다.)

14.05.문33

① 1340 　　　② 1349

③ 1402 　　　④ 1412

해설 (1) 기호

- P_1 : 2MPa
- T : 400℃
- P_2 : 20kPa
- H_1 : 3243.3kJ/kg
- H_2 : 2345.8kJ/kg
- V_1 : 0m/s(입구속도 무시)
- V_2 : ?

문제에서 **입구**에서의 **속도는 무시**한다고 했으므로 $V_1 = 0$

- **표준대기압**

$$1atm = 760mmHg = 1.0332kg_f/cm^2$$
$$= 10.332mH_2O(mAq)$$
$$= 14.7PSI(lb_f/in^2)$$
$$= 101.325kPa(kN/m^2)$$
$$= 101325Pa(N/m^2)$$
$$= 1013mbar$$

(2) 에너지 보존의 법칙

$$H_1 + \frac{V_1^2}{2} = H_2 + \frac{V_2^2}{2}$$

여기서, H_1 : 입구에서의 엔탈피[J/kg]
　　　　H_2 : 출구에서의 엔탈피[J/kg]
　　　　V_1 : 입구에서의 유속[m/s]
　　　　V_2 : 출구에서의 유속[m/s]

$$H_1 = H_2 + \frac{V_2^2}{2}$$

$$H_2 + \frac{V_2^2}{2} = H_1$$

$$\frac{V_2^2}{2} = H_1 - H_2$$

$$V_2^2 = 2(H_1 - H_2)$$

$$\sqrt{V_2^2} = \sqrt{2(H_1 - H_2)}$$

$$V_2 = \sqrt{2(H_1 - H_2)}$$

$$= \sqrt{2 \times [(3243.3 - 2345.8) \times 10^3 J/kg]}$$

$$≒ 1340m/s$$

- 1kJ = 10^3J이므로 (3243.3−2345.8)kJ/kg = (3243.3 − 2345.8) × 10^3J/kg

용어

엔탈피
어떤 물질이 가지고 있는 총에너지

답 ①

22 원형 물탱크의 안지름이 1m이고, 아래쪽 옆면에 안지름 100mm인 송출관을 통해 물을 수송할 때의 순간 유속이 3m/s이었다. 이때 탱크 내 수면이 내려오는 속도는 몇 m/s인가?

21.09.문25
21.09.문40
19.03.문28
13.03.문24

① 0.015 　　　② 0.02

③ 0.025 　　　④ 0.03

해설 (1) 기호

- D_1 : 1m
- D_2 : 100mm = 0.1m(1000mm=1m)
- V_1 : ?
- V_2 : 3m/s

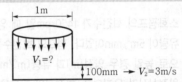

(2) 유량

$$Q = A_1 V_1 = A_2 V_2 = \frac{\pi D_1^2}{4} V_1 = \frac{\pi D_2^2}{4} V_2$$

여기서, Q : 유량[m³/s]
　　　　A_1, A_2 : 단면적[m²]
　　　　V_1, V_2 : 유속[m/s]

$$Q = \frac{\pi D_2^2}{4} V_2 = \frac{\pi \times (0.1m)^2}{4} \times 3m/s = 0.0235m^3/s$$

$$\boxed{Q = \frac{\pi D_1^2}{4} V_1}$$ 에서

$$V_1 = \frac{Q}{\frac{\pi D_1^2}{4}} = \frac{0.0235m^3/s}{\frac{\pi \times (1m)^2}{4}} ≒ 0.03m/s$$

답 ④

23 지름 5cm인 구가 대류에 의해 열을 외부공기로 방출한다. 이 구는 50W의 전기히터에 의해 내부에서 가열되고 있고 구표면과 공기 사이의 온도차가 30℃라면 공기와 구 사이의 대류열전달계수는 약 몇 W/m²·℃인가?

16.05.문29
14.03.문39
12.03.문27
07.05.문34

① 111 　　　② 212

③ 313 　　　④ 414

해설 (1) 기호

- r : 2.5cm=0.025m(D : 5cm이므로 반지름 r : 2.5cm)
- A : $4\pi r^2$(구의 표면적)=$4\times\pi\times(0.025\text{m})^2$
- $\overset{\circ}{q}$: 50W
- T_2-T_1 : 30℃
- h : ?

(2) 대류열류

$$\overset{\circ}{q}=Ah(T_2-T_1)$$

여기서, $\overset{\circ}{q}$: 대류열류(열손실)[W]

A : 대류면적[m²]

h : 대류열전달계수[W/m²·K] 또는 [W/m²·℃]

T_2-T_1 : 온도차[K] 또는 [℃]

대류열전달계수 h 는

$$h=\frac{\overset{\circ}{q}}{A(T_2-T_1)}$$

$$=\frac{50\text{W}}{4\times\pi\times(0.025\text{m})^2\times30℃}$$

$$≒212\text{W/m}^2\cdot℃$$

답 ②

★★★ 24

소화펌프의 회전수가 1450rpm일 때 양정이 25m, 유량이 5m³/min이었다. 펌프의 회전수를 1740rpm으로 높일 경우 양정[m]과 유량[m³/min]은? (단, 완전상사가 유지되고, 회전차의 지름은 일정하다.)

21.09.문24
20.06.문33
19.03.문34
17.05.문29
14.09.문23
11.06.문35
11.03.문35
05.09.문29
00.10.문61

① 양정 : 17, 유량 : 4.2

② 양정 : 21, 유량 : 5

③ 양정 : 30.2, 유량 : 5.2

④ 양정 : 36, 유량 : 6

해설 (1) 기호

- N_1 : 1450rpm
- N_2 : 1740rpm
- H_1 : 25m
- Q_1 : 5m³/min
- H_2 : ?
- Q_2 : ?

(2) 전펌프의 **상사법칙**(송출량)

ⓐ 유량(송출량)

$$Q_2=Q_1\left(\frac{N_2}{N_1}\right) \text{ 또는 } Q_1\left(\frac{N_2}{N_1}\right)\left(\frac{D_2}{D_1}\right)^3$$

ⓑ 전양정

$$H_2=H_1\left(\frac{N_2}{N_1}\right)^2 \text{ 또는 } H_1\left(\frac{N_2}{N_1}\right)^2\left(\frac{D_2}{D_1}\right)^2$$

ⓒ 축동력

$$P_2=P_1\left(\frac{N_2}{N_1}\right)^3 \text{ 또는 } P_1\left(\frac{N_2}{N_1}\right)^3\left(\frac{D_2}{D_1}\right)^5$$

여기서, $Q_1\cdot Q_2$: 변화 전후의 유량(송출량)[m³/min]

$H_1\cdot H_2$: 변화 전후의 전양정[m]

$P_1\cdot P_2$: 변화 전후의 축동력[kW]

$N_1\cdot N_2$: 변화 전후의 회전수(회전속도)[rpm]

$D_1\cdot D_2$: 변화 전후의 직경[m]

- [단서]에서 회전차의 지름은 일정하다고 했으므로 D_1, D_2 생략 가능

유량 $Q_2=Q_1\left(\frac{N_2}{N_1}\right)$

$$=5\text{m}^3/\text{min}\times\left(\frac{1740\text{rpm}}{1450\text{rpm}}\right)$$

$$=6\text{m}^3/\text{min}$$

양정 $H_2=H_1\left(\frac{N_2}{N_1}\right)^2$

$$=25\text{m}\times\left(\frac{1740\text{rpm}}{1450\text{rpm}}\right)^2$$

$$=36\text{m}$$

용어

상사법칙

기하학적으로 유사하거나 같은 펌프에 적용하는 법칙

답 ④

★★★ 25

다음 중 이상기체에서 폴리트로픽 지수(n)가 1인 과정은?

19.09.문30
13.09.문25
04.03.문24
03.08.문31

① 단열 과정

② 정압 과정

③ 등온 과정

④ 정적 과정

해설 **폴리트로픽 변화**

구분	내용
$PV^n=$정수($n=0$)	등압변화(정압변화)
$PV^n=$정수($n=1$) ⟶	등온변화 보기 ③
$PV^n=$정수($n=K$)	단열변화
$PV^n=$정수($n=\infty$)	정적변화

여기서, P : 압력[kJ/m³]

V : 체적[m³]

n : 폴리트로픽 지수

K : 비열비

답 ③

26 정수력에 의해 수직평판의 힌지(Hinge)점에 작용하는 단위폭당 모멘트를 바르게 표시한 것은? (단, ρ는 유체의 밀도, g는 중력가속도이다.)

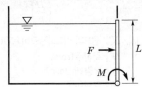

① $\dfrac{1}{6}\rho g L^3$ ② $\dfrac{1}{3}\rho g L^3$

③ $\dfrac{1}{2}\rho g L^3$ ④ $\dfrac{2}{3}\rho g L^3$

해설 **단위폭당 모멘트**(토크)

$$dr = r \times dF$$

여기서, $d\tau$: 토크[N·m]
　　　r : 힌지점에서 거리[m]
　　　dF : 거리 r의 dy에 작용하는 힘[N]

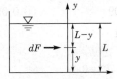

그림에서
$r = y$
$dF = \gamma(L-y)dy$(여기서, γ : 비중량[N/m³])
$d\tau = r \times dF$
$d\tau = y \times \gamma(L-y)dy$
$\tau = \gamma\displaystyle\int_0^L y(L-y)dy = \gamma\int_0^L (Ly - y^2)dy$

$$적분공식 = \int_a^b x^n dx$$
$$= \left[\frac{x^{n+1}}{n+1}\right]_a^b = \left[\frac{b^{n+1}}{n+1}\right] - \left[\frac{a^{n+1}}{n+1}\right]$$

$= \gamma\left[\left(\dfrac{Ly^2}{2} - \dfrac{y^3}{3}\right)\right]_0^L$

$= \gamma\left[\left(\dfrac{L\times L^2}{2} - \dfrac{L^3}{3}\right) - \left(\dfrac{L\times 0^2}{2} - \dfrac{0^3}{3}\right)\right]$

$= \gamma\left(\dfrac{L^3}{2} - \dfrac{L^3}{3}\right) = \gamma\left(\dfrac{3L^3}{2\times 3} - \dfrac{2L^3}{3\times 2}\right) = \gamma\left(\dfrac{3L^3 - 2L^3}{6}\right)$

$= \dfrac{\gamma L^3}{6} = \dfrac{\rho g L^3}{6}(\gamma = \rho g)$

$$\tau = \frac{1}{6}\rho g L^3$$

여기서, τ : 모멘트(토크)[N·m]
　　　γ : 비중량[N/m³]
　　　ρ : 밀도[N·s²/m⁴]
　　　g : 중력가속도(9.8m/s²)

답 ①

27 그림과 같은 중앙부분에 구멍이 뚫린 원판에 지름 20cm의 원형 물제트가 대기압 상태에서 5m/s의 속도로 충돌하여, 원판 뒤로 지름 10cm의 원형 물제트가 5m/s의 속도로 흘러나가고 있을 때, 원판을 고정하기 위한 힘은 약 몇 N인가?

21.05.문24 18.04.문24

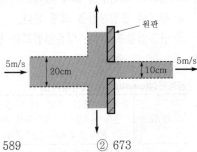

① 589 ② 673
③ 770 ④ 893

해설 **(1) 기호**

- D : 20cm = 0.2m(100cm = 1m)
- V : 5m/s
- F : ?

(2) 유량

$$Q = AV = \left(\frac{\pi D^2}{4}\right)V$$

여기서, Q : 유량[m³/s]
　　　A : 단면적[m²]
　　　V : 유속[m/s]
　　　D : 지름[m]

(3) 원판이 받는 힘

$$F = \rho QV$$

여기서, F : 원판이 받는 힘[N]
　　　ρ : 밀도(물의 밀도 1000N·s²/m⁴)
　　　Q : 유량[m³/s]
　　　V : 유속[m/s]

원판이 받는 힘 F는
$F = \rho QV$
$\quad = \rho(AV)V$
$\quad = \rho AV^2$
$\quad = \rho\left(\dfrac{\pi D^2}{4}\right)V^2 = \dfrac{\rho\pi V^2 D^2}{4}$

$\therefore$ 변형식 $F = \dfrac{\rho\pi V^2\left(D^2 - \left(\dfrac{D}{2}\right)^2\right)}{4} = \dfrac{\rho\pi V^2\left(D^2 - \dfrac{D^2}{4}\right)}{4}$

$= \dfrac{\rho\pi V^2\left(\dfrac{4D^2}{4} - \dfrac{D^2}{4}\right)}{4} = \dfrac{\rho\pi V^2\left(\dfrac{3D^2}{4}\right)}{4}$

$= \rho\pi V^2\dfrac{3D^2}{16} = \dfrac{3}{16}\rho\pi V^2 D^2$

$= \dfrac{3}{16}\times 1000\text{N}\cdot\text{s}^2/\text{m}^4 \times\pi\times(5\text{m/s})^2$
$\quad\times(0.2\text{m})^2$

$\fallingdotseq 589\text{N}$

답 ①

★★★
28 펌프의 공동현상(cavitation)을 방지하기 위한 방법이 아닌 것은?

21.09.문38
19.04.문22
17.09.문35
17.05.문37
16.10.문23
15.03.문35
14.05.문39
14.03.문32

① 펌프의 설치위치를 되도록 낮게 하여 흡입양정을 짧게 한다.

② 펌프의 회전수를 크게 한다.

③ 펌프의 흡입관경을 크게 한다.

④ 단흡입펌프보다는 양흡입펌프를 사용한다.

해설 ② 크게 → 작게

공동현상(cavitation, 캐비테이션)

개요	펌프의 흡입측 배관 내의 물의 정압이 기존의 증기압보다 낮아져서 기포가 발생되어 물이 흡입되지 않는 현상
발생현상	• **소음**과 **진동** 발생 • 관 **부식** • **임펠러**의 손상(수차의 날개를 해친다) • 펌프의 성능저하
발생원인	• 펌프의 흡입수두가 클 때(소화펌프의 흡입고가 클 때) • 펌프의 마찰손실이 클 때 • 펌프의 임펠러속도가 클 때 • 펌프의 설치위치가 수원보다 높을 때 • 관 내의 수온이 높을 때(물의 온도가 높을 때) • 관 내의 물의 정압이 그때의 **증기압**보다 낮을 때 • 흡입관의 **구경**이 작을 때 • 흡입거리가 길 때 • 유량이 증가하여 펌프물이 과속으로 흐를 때
방지대책	• 펌프의 흡입수두를 작게 한다(흡입양정을 짧게 한다). 보기 ① • 펌프의 마찰손실을 작게 한다. • 펌프의 임펠러속도(회전수)를 낮추어 흡입비속도를 낮게 한다. 보기 ② • 펌프의 설치위치를 수원보다 낮게 한다. 보기 ① • **양흡입펌프**를 사용한다(펌프의 흡입측을 가압한다). 보기 ④ • 관 내의 물의 정압을 그때의 증기압보다 **높게** 한다. • 흡입관의 구경(관경)을 **크게** 한다. 보기 ③ • 펌프를 2개 이상 설치한다. • 입형펌프를 사용하고, 회전차를 수중에 완전히 잠기게 한다.

 중요

비속도(비교회전도)

$$N_s = N \frac{\sqrt{Q}}{\left(\dfrac{H}{n}\right)^{\frac{3}{4}}} \propto N$$

여기서, N_s : 펌프의 비교회전도(비속도)[m³/min · m/rpm]
　　　N : 회전수[rpm]
　　　Q : 유량[m³/min]
　　　H : 양정[m]
　　　n : 단수

• 공식에서 비속도(N_s)와 회전수(N)는 비례

답 ②

★★
29 물을 송출하는 펌프의 소요축동력이 70kW, 펌프의 효율이 78%, 전양정이 60m일 때, 펌프의 송출유량은 약 몇 m³/min인가?

21.03.문40
17.05.문23

① 5.57 　　　② 2.57

③ 1.09 　　　④ 0.093

해설 (1) **기호**

• P : 70kW
• η : 78%=0.78
• H : 60m
• Q : ?

(2) **축동력**

$$P = \frac{0.163QH}{\eta}$$

여기서, P : 축동력[kW]
　　　Q : 유량[m³/min]
　　　H : 전양정(수두)[m]
　　　η : 효율

펌프의 축동력 P는

$P = \dfrac{0.163\,QH}{\eta}$

$P\eta = 0.163QH$

$\dfrac{P\eta}{0.163H} = Q$

$Q = \dfrac{P\eta}{0.163H}$ ← 좌우 이항

$= \dfrac{70\text{kW} \times 0.78}{0.163 \times 60\text{m}} ≒ 5.57\text{m}^3/\text{min}$

• K(전달계수) : 축동력이므로 K 무시

용어

축동력
전달계수(K)를 고려하지 않은 동력

답 ①

30
21.09.문35

그림에 표시된 원형 관로로 비중이 0.8, 점성계수가 0.4Pa · s인 기름이 층류로 흐른다. ㉠지점의 압력이 111.8kPa이고, ㉡지점의 압력이 206.9kPa일 때 유체의 유량은 약 몇 L/s인가?

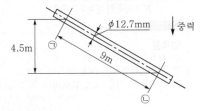

① 0.0149
② 0.0138
③ 0.0121
④ 0.0106

 (1) **기호**

- s : 0.8
- μ : 0.4Pa · s
- $P_{㉠}$: 111.8kPa=111800Pa(1kPa=1000Pa)
- $P_{㉡}$: 206.9kPa=206900Pa(1kPa=1000Pa)
- Q : ?
- D : 12.7mm=0.0127m(1000mm=1m)
- L : 9m

(2) **비중**

$$s = \frac{\rho}{\rho_w} = \frac{\gamma}{\gamma_w}$$

여기서, s : 비중
ρ : 어떤 물질의 밀도[kg/m³]
ρ_w : 물의 밀도(1000kg/m³)
γ : 어떤 물질의 비중량[N/m³]
γ_w : 물의 비중량(9800N/m³)

어떤 물질의 비중량 γ는
$\gamma = s \times \gamma_w = 0.8 \times 9800$N/m³
$= 7840$N/m³

(3) **압력차**

$$\Delta P = \gamma H$$

여기서, ΔP : 압력차[N/m²]
γ : 비중량(물의 비중량 9800N/m³)
H : 위치수두[m]

$\Delta P = \gamma H = 7840$N/m³ × 4.5m
$= 35280$N/m²
$= 35280$Pa(1N/m² = 1Pa)

총압력차 $\Delta P = P_{㉡} - P_{㉠} - \Delta P$
$= (206900 - 111800 - 35280)$Pa
$= 59820$Pa

(4) **층류** : 손실수두

유체의 속도를 알 수 있는 경우	유체의 속도를 알 수 없는 경우
$H = \dfrac{\Delta P}{\gamma} = \dfrac{fl V^2}{2gD}$ [m] (다르시-바이스바하의 식)	$H = \dfrac{\Delta P}{\gamma} = \dfrac{128\mu Q l}{\gamma\pi D^4}$ [m] (하겐-포아젤의 식)

여기서,
H : 마찰손실(손실수두)[m]
ΔP : 압력차[Pa] 또는 [N/m²]
γ : 비중량(물의 비중량 9800 N/m³)
f : 관마찰계수
l : 길이[m]
V : 유속[m/s]
g : 중력가속도(9.8m/s²)
D : 내경[m]

여기서,
ΔP : 압력차(압력강하, 압력손실)[N/m²]
γ : 비중량(물의 비중량 9800 N/m³)
μ : 점성계수[N · s/m²]
Q : 유량[m³/s]
l : 길이[m]
D : 내경[m]

(5) **하겐-포아젤의 식**

$$\frac{\Delta P}{\gamma} = \frac{128\mu QL}{\gamma\pi D^4}$$

$$\frac{\cancel{\gamma}\pi D^4 \Delta P}{\cancel{\gamma}128\mu L} = Q$$

$$Q = \frac{\pi D^4 \Delta P}{128\mu L} \leftarrow 좌우 이항$$

$$= \frac{\pi \times (0.0127\text{m})^4 \times 59820\text{Pa}}{128 \times 0.4\text{Pa} \cdot \text{s} \times 9\text{m}}$$

$= 1.06 \times 10^{-5}$m³/s
$= 0.0106 \times 10^{-3}$m³/s
$= 0.0106$L/s(1000L=1m³, 10^{-3}m³ = 1L)

답 ④

31
21.05.문30
19.04.문40
17.05.문40
16.05.문25
13.09.문40
12.03.문25
10.03.문37

다음 중 점성계수 μ의 차원은 어느 것인가? (단, M : 질량, L : 길이, T : 시간의 차원이다.)

① $ML^{-1}T^{-1}$
② $ML^{-1}T^{-2}$
③ $ML^{-2}T^{-1}$
④ $M^{-1}L^{-1}T$

해설 **단위와 차원**
(1) **중력단위 vs 절대단위**

차 원	중력단위[차원]	절대단위[차원]
길이	m[L]	m[L]
시간	s[T]	s[T]
운동량	N · s[FT]	kg · m/s[MLT⁻¹]
속도	m/s[LT⁻¹]	m/s[LT⁻¹]
가속도	m/s²[LT⁻²]	m/s²[LT⁻²]
질량	N · s²/m[FL⁻¹T²]	kg[M]
압력	N/m²[FL⁻²]	kg/m · s²[ML⁻¹T⁻²]
밀도	N · s²/m⁴[FL⁻⁴T²]	kg/m³[ML⁻³]
비중	무차원	무차원
비중량	N/m³[FL⁻³]	kg/m² · s²[ML⁻²T⁻²]

비체적	$m^4/N \cdot s^2[F^{-1}L^4T^{-2}]$	$m^3/kg[M^{-1}L^3]$
점성계수	$N \cdot s/m^2[FL^{-2}T]$	$kg/m \cdot s[ML^{-1}T^{-1}]$ 보기 ①
동점성계수	$m^2/s[L^2T^{-1}]$	$m^2/s[L^2T^{-1}]$
부력(힘)	$N[F]$	$kg \cdot m/s^2[MLT^{-2}]$
일(에너지·열량)	$N \cdot m[FL]$	$kg \cdot m^2/s^2[ML^2T^{-2}]$
동력(일률)	$N \cdot m/s[FLT^{-1}]$	$kg \cdot m^2/s^3[ML^2T^{-3}]$
표면장력	$N/m[FL^{-1}]$	$kg/s^2[MT^{-2}]$

(2) 점성계수
ⓐ 차원은 $ML^{-1}T^{-1}$이다.
ⓑ 전단응력과 전단변형률이 선형적인 관계를 갖는 유체를 Newton 유체라고 한다.
ⓒ **온도**의 변화에 따라 변화한다.
ⓓ 공기의 점성계수는 물보다 **작다**.

답 ①

★★ 32

20℃의 이산화탄소 소화약제가 체적 4m³의 용기 속에 들어 있다. 용기 내 압력이 1MPa일 때 이산화탄소 소화약제의 질량은 약 몇 kg인가? (단, 이산화탄소의 기체상수는 189J/kg·K이다.)

21.09.문32
12.05.문36

① 0.069 ② 0.072
③ 68.9 ④ 72.2

(1) 기호
• T : 20℃=(273+20)K
• V : 4m³
• P : 1MPa=10^6J/m³(1MPa=10^6Pa, 1Pa=1J/m³)
• m : ?
• R : 189J/kg·K

(2) 이상기체 상태방정식
$$PV = mRT$$
여기서, P : 압력[J/m³]
  V : 체적[m³]
  m : 질량[kg]
  R : 기체상수[J/kg·K]
  T : 절대온도(273+℃)[K]

공기의 질량 m은
$$m = \frac{PV}{RT} = \frac{10^6\text{J/m}^3 \times 4\text{m}^3}{189\text{J/kg·K} \times (273+20)\text{K}} = 72.2\text{kg}$$

답 ④

★★ 33

압축률에 대한 설명으로 틀린 것은?

21.05.문37
13.03.문32

① 압축률은 체적탄성계수의 역수이다.
② 압축률의 단위는 압력의 단위인 Pa이다.
③ 밀도와 압축률의 곱은 압력에 대한 밀도의 변화율과 같다.
④ 압축률이 크다는 것은 같은 압력변화를 가할 때 압축하기 쉽다는 것을 의미한다.

② Pa이다. → Pa의 **역수**이다.

압축률
$$\beta = \frac{1}{K}$$
여기서, β : 압축률[1/kPa]
  K : 체적탄성계수[kPa]

중요

압축률
(1) 체적탄성계수의 역수
(2) 단위압력변화에 대한 체적의 변형도
(3) 압축률이 적은 것은 압축하기 어렵다.

답 ②

★★★ 34

밸브가 장치된 지름 10cm인 원관에 비중 0.8인 유체가 2m/s의 평균속도로 흐르고 있다. 밸브 전후의 압력차가 4kPa일 때, 이 밸브의 등가길이는 몇 m인가? (단, 관의 마찰계수는 0.020이다.)

21.05.문35
17.05.문39
17.03.문36
16.10.문37
16.03.문38
15.09.문33
15.05.문36
14.03.문24
13.09.문24
11.10.문27
06.09.문31

① 10.5 ② 12.5
③ 14.5 ④ 16.5

(1) 기호
• D : 10cm=0.1m(100cm=1m)
• s : 0.8
• V : 2m/s
• $\triangle P$: 4kPa
• f : 0.02
• L : ?

(2) 비중
$$s = \frac{\rho}{\rho_w} = \frac{\gamma}{\gamma_w}$$
여기서, s : 비중
  ρ : 어떤 물질의 밀도[kg/m³]
  ρ_w : 물의 밀도(1000kg/m³)
  γ : 어떤 물질의 비중량[N/m³]
  γ_w : 물의 비중량(9.8kN/m³)

$s = \frac{\gamma}{\gamma_w}$

$\gamma = s \times \gamma_w = 0.8 \times 9.8\text{kN/m}^3$
  $= 7.84\text{kN/m}^3$
  $= 7.84\text{kPa/m}(1\text{kN/m}^2 = 1\text{kPa})$

(3) **마찰손실**(달시-웨버의 식, Darcy-Weisbach formula)
$$H = \frac{\Delta P}{\gamma} = \frac{fLV^2}{2gD}$$
여기서, H : 마찰손실(수두)[m]
  ΔP : 압력차[kPa] 또는 [kN/m²]
  γ : 비중량(물의 비중량 9.8kN/m³)
  f : 관마찰계수
  L : 길이[m]
  V : 유속(속도)[m/s]
  g : 중력가속도(9.8m/s²)
  D : 내경[m]

$\dfrac{\Delta P}{\gamma} = \dfrac{fLV^2}{2gD}$ 에서 **밸브**의 **등가길이** L은

$$L = \dfrac{\Delta P}{\gamma} \times \dfrac{2gD}{fV^2}$$

$$= \dfrac{4\text{kPa}}{7.84\text{kPa/m}} \times \dfrac{2 \times 9.8\text{m/s}^2 \times 0.1\text{m}}{0.02 \times (2\text{m/s})^2} = 12.5\text{m}$$

답 ②

★★★
35
21.09.문40
19.03.문28
13.03.문24

그림과 같이 물이 수조에 연결된 원형 파이프를 통해 분출되고 있다. 수면과 파이프의 출구 사이에 총 손실수두가 200mm이라고 할 때 파이프에서의 방출유량은 약 몇 m^3/s인가? (단, 수면 높이의 변화속도는 무시한다.)

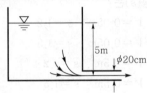

① 0.285
② 0.295
③ 0.305
④ 0.315

해설 **(1) 기호**

- H_2 : 5m
- H_1 : 200mm=0.2m(1000mm=1m)
- Q : ?
- D : 20cm=0.2m(100cm=1m)

(2) 토리첼리의 식

$$V = \sqrt{2gH} = \sqrt{2g(H_2 - H_1)}$$

여기서, V : 유속[m/s]
g : 중력가속도(9.8m/s^2)
H_2 : 높이[m]
H_1 : 수면과 파이프 출구 사이 손실수두[m]

유속 V는

$$V = \sqrt{2g(H_2 - H_1)}$$
$$= \sqrt{2 \times 9.8\text{m/s}^2(5 - 0.2)\text{m}} = 9.669\text{m/s}$$

(3) 유량

$$Q = AV = \left(\dfrac{\pi D^2}{4}\right)V$$

여기서, Q : 유량[m^3/s]
A : 단면적[m^2]
V : 유속[m/s]
D : 직경[m]

유량 Q는

$$Q = AV = \dfrac{\pi D^2}{4}V$$

$$= \dfrac{\pi \times (0.2\text{m})^2}{4} \times 9.699\text{m/s} = 0.3047 \fallingdotseq 0.305\text{m}^3/\text{s}$$

답 ③

★★★
36
21.03.문29
17.03.문24
16.10.문27
14.09.문27
14.03.문31

유체의 흐름에 적용되는 다음과 같은 베르누이 방정식에 관한 설명으로 옳은 것은?

$$\dfrac{P}{\gamma} + \dfrac{V^2}{2g} + Z = C(\text{일정})$$

① 비정상상태의 흐름에 대해 적용된다.
② 동일한 유선상이 아니더라도 흐름 유체의 임의점에 대해 항상 적용된다.
③ 흐름 유체의 마찰효과가 충분히 고려된다.
④ 압력수두, 속도수두, 위치수두의 합이 일정함을 표시한다.

해설
① 비정상 → 정상
② 동일한 유선상이 아니더라도 → 동일한 유선상에 있는
③ 충분히 고려된다. → 없다.

(1) 베르누이(Bernoulli)식
'에너지 보존의 법칙'을 유체에 적용하여 얻은 식

(2) 베르누이방정식(정리)의 **적용 조건**
㉠ **정**상흐름(정상류)=정상유동 보기 ①
㉡ **비**압축성 흐름(비압축성 유체)
㉢ **비**점성 흐름(비점성 유체)=마찰이 없는 유동 보기 ③
㉣ **이**상유체
㉤ 유선을 따라 운동=같은 유선 위의 두 점에 적용 보기 ②

기억법 **베정비이**(**배**를 **정비**해서 **이**곳을 떠나라!)

🔧 중요

베르누이정리
$$\dfrac{V^2}{2g} + \dfrac{P}{\gamma} + Z = \text{일정}$$
(속도수두)(압력수두)(위치수두)

- 물의 **속도수두**와 **압력수두**의 총합은 배관의 모든 부분에서 같다. 보기 ④

📋 비교

(1) 오일러 운동방정식의 가정
㉠ **정상유동**(정상류)일 경우
㉡ 유체의 **마찰**이 **없을 경우**(점성마찰이 없는 경우)
㉢ 입자가 **유선**을 따라 **운동**할 경우
(2) 운동량방정식의 가정
㉠ 유동단면에서의 **유속**은 **일정**하다.
㉡ **정상유동**이다.

답 ④

37 유체의 흐름 중 난류 흐름에 대한 설명으로 틀린 것은?
16.10.문21

① 원관 내부 유동에서는 레이놀즈수가 약 4000 이상인 경우에 해당한다.

② 유체의 각 입자가 불규칙한 경로를 따라 움직인다.

③ 유체의 입자가 갖는 관성력이 입자에 작용하는 점성력에 비하여 매우 크다.

④ 원관 내 완전발달 유동에서는 평균속도가 최대속도의 $\frac{1}{2}$ 이다.

 해설

④ $\frac{1}{2}$ → 0.8

(1) 층류와 난류

구 분	층 류		난 류
흐름	정상류		비정상류
레이놀즈수	2100 이하		4000 이상 보기 ①
손실수두	유체의 속도를 알 수 있는 경우 $H=\dfrac{flV^2}{2gD}$ [m] (다르시-바이스바하의 식)	유체의 속도를 알 수 없는 경우 $H=\dfrac{128\mu Ql}{\gamma\pi D^4}$ [m] (하겐-포아젤의 식)	$H=\dfrac{2flV^2}{gD}$ [m] (패닝의 법칙)
전단응력	$\tau=\dfrac{p_A-p_B}{l}\cdot\dfrac{r}{2}$ [N/m²]		$\tau=\mu\dfrac{du}{dy}$ [N/m²]
평균속도	$V=\dfrac{V_{\max}}{2}$		$V=0.8\,V_{\max}$ 보기 ④
전이길이	$L_t=0.05Re\,D$ [m]		$L_t=40$ $\sim50D$ [m]
관마찰계수	$f=\dfrac{64}{Re}$		-

• 난류 : 불규칙적으로 운동하면서 흐르는 유체 보기 ②

(2) 레이놀즈수

㉠ 원관 내에 유체가 흐를 때 유동의 특성을 결정하는 가장 중요한 요소

㉡ 관성력이 커지면 난류가 되기 쉽고, 점성력이 커지면 층류가 되기 쉽다. 보기 ③

명 칭	물리적 의미
레이놀즈(Reynolds)수	$\dfrac{관성력}{점성력}$

기억법 레관점

답 ④

38 어떤 물체가 공기 중에서 무게는 588N이고, 수중에서 무게는 98N이었다. 이 물체의 체적(V)과 비중(s)은?
13.09.문26
12.09.문24

① $V=0.05\text{m}^3$, $s=1.2$

② $V=0.05\text{m}^3$, $s=1.5$

③ $V=0.5\text{m}^3$, $s=1.2$

④ $V=0.5\text{m}^3$, $s=1.5$

해설 **(1) 물체의 무게**

$$W_1=\gamma V$$

여기서, W_1 : 물체의 무게(공기 중 무게-수중무게)[N]
γ : 비중량(물의 비중량 9800N/m³)
V : 물체의 체적[m³]

물체의 체적 V는

$$V=\frac{W_1}{\gamma}=\frac{(588-98)\text{N}}{9800\text{N/m}^3}=0.05\text{m}^3$$

(2) 비중

$$s=\frac{\gamma}{\gamma_w}$$

여기서, s : 비중
γ : 어떤 물체의 비중량[N/m³]
γ_w : 물의 비중량(9800N/m³)

어떤 유체의 비중량 γ는
$\gamma=s\times\gamma_w=9800s$

(3) 물체의 비중

$$W_2=\gamma V=(9800s)\,V$$

여기서, W_2 : 공기 중 무게[N]
γ : 어떤 물체의 비중량[N/m³]
V : 물체의 체적[m³]
s : 비중

$W_2=9800s\,V$

$\dfrac{W_2}{9800\,V}=s$

$s=\dfrac{W_2}{9800\,V}=\dfrac{588\text{N}}{9800\times0.05\text{m}^3}=1.2$

답 ①

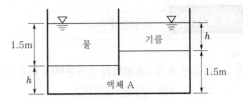
★★★
39 유체에 관한 설명 중 옳은 것은?

20.09.문25
16.10.문28
14.09.문40
00.10.문40

① 실제 유체는 유동할 때 마찰손실이 생기지 않는다.
② 이상유체는 높은 압력에서 밀도가 변화하는 유체이다.
③ 유체에 압력을 가하면 체적이 줄어드는 유체는 압축성 유체이다.
④ 압력을 가해도 밀도변화가 없으며 점성에 의한 마찰손실만 있는 유체가 이상유체이다.

해설 유체의 **종류**

종 류	설 명
실제유체	① **점**성이 **있**으며, **압축성**인 유체 ② 유동시 마찰이 존재하는 유체 보기① **기억법** **실점있압**(**실점**이 **있**는 사람만 **압**박해!)
이상유체	① 점성이 없으며, **비압축성**인 유체 (**비**점성, 비압축성 유체) ② 압력을 가해도 **밀도변화**가 없으며 점성에 의한 **마찰손실도 없는** 유체 보기②④ **기억법** 이비
압축성 유체	**기**체와 같이 체적이 변화하는 유체 (밀도가 변하는 유체) 보기③ **기억법** 기압(기압)
비압축성 유체	**액체**와 같이 체적이 변화하지 않는 유체
점성 유체	① 유동시 마찰저항이 유발되는 유체 ② 점성으로 인해 **마찰손실**이 생기는 유체
비점성 유체	유동시 마찰저항이 유발되지 않는 유체
뉴턴(Newton) 유체	전단속도의 크기에 관계없이 일정한 점도를 나타내는 유체(**점성 유체**)

답 ③

★★
40 그림에서 물과 기름의 표면은 대기에 개방되어

19.09.문36
13.06.문33

있고, 물과 기름 표면의 높이가 같을 때 h는 약 몇 m인가? (단, 기름의 비중은 0.8, 액체 A의 비중은 1.6이다.)

물과 기름의 표면은 대기에 개방되어 있는 그림. 왼쪽에 물(1.5m), 오른쪽에 기름(h), 아래에 액체 A, 오른쪽 1.5m, 아래 h.

① 1
② 1.1
③ 1.125
④ 1.25

해설 (1) **기호**
- $s_{기}$: 0.8
- s_A : 1.6

(2) **비중**

$$s = \frac{\gamma}{\gamma_w} = \frac{\rho}{\rho_w}$$

여기서, s : 비중
γ : 어떤 물질의 비중량[kN/m³]
γ_w : 물의 비중량(9.8kN/m³)
ρ : 어떤 물질의 밀도[kg/m³]
ρ_w : 물의 밀도(1000kg/m³)

기름의 비중량 γ는
$\gamma_{기} = s_{기} \times \gamma_w = 0.8 \times 9.8\text{kN/m}^3 = 7.84\text{kN/m}^3$
액체 A의 비중량 γ는
$\gamma_A = s_A \times \gamma_w = 1.6 \times 9.8\text{kN/m}^3 = 15.68\text{kN/m}^3$

(3) **압력**

$$P = \gamma h$$

여기서, P : 압력[N/m²]
γ : 비중량(물의 비중량 9.8kN/m³)
h : 높이[m]

물의 압력($\gamma_w h$) + 액체 A의 압력($\gamma_A h$)
= 기름의 압력($\gamma_{기} h$) + 액체 A의 압력($\gamma_A h$)
$9.8\text{kN/m}^3 \times 1.5\text{m} + 15.68\text{kN/m}^3 \times h$
$= 7.84\text{kN/m}^3 \times h + 15.68\text{kN/m}^3 \times 1.5\text{m}$
$9.8 \times 1.5 + 15.68h$ ← 계산편의를 위해 단위생략
$= 7.84h + 15.68 \times 1.5$
$15.68h - 7.84h = 15.68 \times 1.5 - (9.8 \times 1.5)$
$7.84h = 8.82$
$h = \frac{8.82}{7.84} = 1.125\text{m}$

답 ③

제3과목 소방관계법규

41 다음은 소방기본법령상 소방본부에 대한 설명이다. ( )에 알맞은 내용은?

> 소방업무를 수행하기 위하여 (   ) 직속으로 소방본부를 둔다.

① 경찰서장
② 시·도지사
③ 행정안전부장관
④ 소방청장

[해설] 기본법 3조
소방기관의 설치
시·도에서 소방업무를 수행하기 위하여 **시·도지사** 직속으로 **소방본부**를 둔다.

답 ②

42 위험물안전관리법령상 제4류 위험물을 저장·취급하는 제조소에 "화기엄금"이란 주의사항을 표시하는 게시판을 설치할 경우 게시판의 색상은?

```
19.04.문58
16.10.문53
16.05.문42
15.03.문44
11.10.문45
```

① 청색바탕에 백색문자
② 적색바탕에 백색문자
③ 백색바탕에 적색문자
④ 백색바탕에 흑색문자

[해설] 위험물규칙 〔별표 4〕
위험물제조소의 게시판 설치기준

위험물	주의사항	비 고
• 제1류 위험물(알칼리금속의 과산화물) • 제3류 위험물(금수성 물질)	물기엄금	**청색**바탕에 **백색문자**
• 제2류 위험물(인화성 고체 제외)	화기주의	**적색**바탕에 **백색문자** 보기 ②
• 제2류 위험물(인화성 고체) • 제3류 위험물(자연발화성 물질) • **제4류 위험물** ― • 제5류 위험물	화기엄금	
• 제6류 위험물		별도의 표시를 하지 않는다.

비교

위험물규칙 〔별표 19〕
위험물 운반용기의 주의사항

위험물		주의사항
제1류 위험물	알칼리금속의 과산화물	• 화기·충격주의 • 물기엄금 • 가연물 접촉주의
	기타	• 화기·충격주의 • 가연물 접촉주의
제2류 위험물	철분·금속분·마그네슘	• 화기주의 • 물기엄금
	인화성 고체	• 화기엄금
	기타	• 화기주의
제3류 위험물	자연발화성 물질	• 화기엄금 • 공기접촉엄금
	금수성 물질	• 물기엄금
제4류 위험물		• 화기엄금
제5류 위험물		• 화기엄금 • 충격주의
제6류 위험물		• 가연물 접촉주의

답 ②

43 소방시설공사업법령상 소방시설업의 등록을 하지 아니하고 영업을 한 자에 대한 벌칙기준으로 옳은 것은?

```
21.03.문54
20.06.문47
19.09.문47
14.09.문58
07.09.문58
```

① 1년 이하의 징역 또는 1천만원 이하의 벌금
② 2년 이하의 징역 또는 2천만원 이하의 벌금
③ 3년 이하의 징역 또는 3천만원 이하의 벌금
④ 5년 이하의 징역 또는 5천만원 이하의 벌금

[해설] 3년 이하의 징역 또는 3000만원 이하의 벌금
(1) **화재안전조사** 결과에 따른 조치명령 위반(화재예방법 50조)
(2) **소방시설관리업** 무등록자(소방시설법 57조)
(3) **소방시설업** 무등록자(공사업법 35조) 보기 ③
(4) 부정한 청탁을 받고 재물 또는 재산상의 이익을 취득하거나 부정한 청탁을 하면서 재물 또는 재산상의 이익을 제공한 자(공사업법 35조)
(5) 형식승인을 받지 않은 **소방용품** 제조·수입자(소방시설법 57조)
(6) **제품검사**를 받지 않은 자(소방시설법 57조)
(7) 거짓이나 그 밖의 **부정한 방법**으로 제품검사 전문기관의 지정을 받은 자(소방시설법 57조)

3년 이하의 징역 또는 3000만원 이하의 벌금	5년 이하의 징역 또는 1억원 이하의 벌금
① 소방시설업 무등록 ② 소방시설관리업 무등록	제조소 무허가(위험물법 34조 2)

답 ③

★★
44
16.10.문09
13.06.문01

위험물안전관리법령상 유별을 달리하는 위험물을 혼재하여 저장할 수 있는 것으로 짝지어진 것은?

① 제1류-제2류

② 제2류-제3류

③ 제3류-제4류

④ 제5류-제6류

해설 위험물규칙 〔별표 19〕
위험물의 혼재기준

(1) 제**1**류+제**6**류

(2) 제**2**류+제**4**류

(3) 제**2**류+제**5**류

(4) 제**3**류+제**4**류 보기 ③

(5) 제**4**류+제**5**류

기억법 1-6
2-4, 5
3-4
4-5

답 ③

★★★
45
20.06.문46
17.09.문56
10.05.문41

소방기본법령상 상업지역에 소방용수시설 설치 시 소방대상물과의 수평거리 기준은 몇 m 이하 인가?

① 100

② 120

③ 140

④ 160

해설 기본규칙 〔별표 3〕
소방용수시설의 설치기준

거리기준	지역
수평거리 100m 이하	• **공**업지역 • **상**업지역 보기 ① • **주**거지역 기억법 주상공100(주상공 백지에 사인을 하시오.)
수평거리 140m 이하	• 기타지역

답 ①

★★
46
20.06.문55
18.03.문41

소방시설 설치 및 관리에 관한 법령상 종합점검 실시대상이 되는 특정소방대상물의 기준 중 다음 (   ) 안에 알맞은 것은?

물분무등소화설비[호스릴(Hose Reel)방식의 물분무등소화설비만을 설치한 경우는 제외한 다]가 설치된 연면적 (   )m² 이상인 특정소방 대상물(위험물제조소 등은 제외한다)

① 2000

② 3000

③ 4000

④ 5000

해설 소방시설법 시행규칙 〔별표 3〕
소방시설 등 자체점검의 점검대상, 점검자의 자격, 점검횟수 및 시기

점검 구분	정 의	점검대상	점검자의 자격(주된 인력)	점검횟수 및 점검시기
작동점검	소방시설 등을 인위적으로 조작하여 정상적으로 작동하는지를 점검하는 것	① 간이스프링클러설비·자동화재탐지설비	• 관계인 • 소방안전관리자로 선임된 소방시설관리사 또는 소방기술사 • 소방시설관리업에 등록된 기술인력 중 소방시설관리사 또는 「소방시설공사업법 시행규칙」에 따른 특급 점검자	• 작동점검은 **연 1회** 이상 실시하며, 종합점검대상은 종합점검을 받은 달부터 **6개월**이 되는 달에 실시 • 종합점검대상 외의 특정소방대상물은 사용승인일이 속하는 달의 말일까지 실시
		② ①에 해당하지 아니하는 특정소방대상물	• 소방시설관리업에 등록된 기술인력 중 소방시설관리사 • 소방안전관리자로 선임된 소방시설관리사 또는 소방기술사	
		③ 작동점검 제외대상 • 특정소방대상물 중 소방안전관리자를 선임하지 않는 대상 • 위험물제조소 등 • 특급 소방안전관리대상물		
종합점검	소방시설 등의 작동점검을 포함하여 소방시설 등의 설비별 주요 구성 부품의 구조기준이 화재안전기준과 「건축법」 등 관련 법령에서 정하는 기준에 적합한지 여부를 점검하는 것 (1) 최초점검 : 특정소방대상물의 소방시설이 새로 설치되는 경우 건축물을 사용할 수 있게 된 날부터 **60일** 이내에 점검하는 것 (2) 그 밖의 종합점검 : 최초점검을 제외한 종합점검	④ 소방시설 등이 신설된 경우에 해당하는 특정소방대상물 ⑤ **스프링클러설비**가 설치된 특정소방대상물 ⑥ **물분무등소화설비**(호스릴 방식의 물분무등소화설비만을 설치한 경우는 제외)가 설치된 연면적 **5000m²** 이상인 특정소방대상물(위험물제조소 등 제외) [보기 ④] ⑦ 다중이용업의 영업장이 설치된 특정소방대상물로서 연면적이 **2000m²** 이상인 것 ⑧ **제연설비**가 설치된 터널 ⑨ **공공기관** 중 연면적(터널·지하구의 경우 그 길이와 평균폭을 곱하여 계산된 값)이 **1000m²** 이상인 것으로서 옥내소화전설비 또는 자동화재탐지설비가 설치된 것(단, 소방대가 근무하는 공공기관 제외)	• 소방시설관리업에 등록된 기술인력 중 **소방시설관리사** • 소방안전관리자로 선임된 **소방시설관리사** 또는 **소방기술사**	〈점검횟수〉 ㉠ 연 1회 이상(특급 소방안전관리대상물은 반기에 1회 이상) 실시 ㉡ ㉠에도 불구하고 소방본부장 또는 소방서장은 소방청장이 소방안전관리가 우수하다고 인정한 특정소방대상물에 대해서는 3년의 범위에서 소방청장이 고시하거나 정한 기간 동안 종합점검을 면제할 수 있다(단, 면제기간 중 화재가 발생한 경우는 제외).

점검 구분	정 의	점검대상	점검자의 자격(주된 인력)	점검횟수 및 점검시기
		종요 **종합점검** ① 공공기관 : 1000m^2 ② 다중이용업 : 2000m^2 ③ 물분무등(호스릴 ×) : 5000m^2		〈점검시기〉 ㉠ ④에 해당하는 특정소 방대상물은 건축물을 사 용할 수 있게 된 날부 터 60일 이내 실시 ㉡ ㉠을 제외한 특정소방 대상물은 건축물의 사 용승인일이 속하는 달 에 실시(단, 학교의 경 우 해당 건축물의 사용 승인일이 1월에서 6월 사이에 있는 경우에는 6월 30일까지 실시할 수 있다) ㉢ 건축물 사용승인일 이 후 ⑥에 따라 종합점 검대상에 해당하게 된 경우에는 그 다음 해 부터 실시 ㉣ 하나의 대지경계선 안 에 2개 이상의 자체점 검대상 건축물 등이 있 는 경우 그 건축물 중 사용승인일이 가장 빠 른 연도의 건축물의 사 용승인일을 기준으로 점 검할 수 있다.

[비고] 작동점검 및 종합점검(최초점검 제외)은 건축물 사용승인 후 그 다음 해부터 실시한다.

답 ④

47 다음 소방기본법령상 용어 정의에 대한 설명으로 옳은 것은?

21.05.문41
21.03.문58
19.04.문46
14.09.문44

① 소방대상물이란 건축물, 차량, 선박(항구에 매어둔 선박은 제외) 등을 말한다.
② 관계인이란 소방대상물의 점유예정자를 포함한다.
③ 소방대란 소방공무원, 의무소방원, 의용소방대원으로 구성된 조직체이다.
④ 소방대장이란 화재, 재난·재해, 그 밖의 위급한 상황이 발생한 현장에서 소방대를 지휘하는 사람(소방서장은 제외)이다.

 해설

① 매어둔 선박은 제외 → 매어둔 선박
② 포함한다. → 포함하지 않는다.
④ 소방서장은 제외 → 소방서장 포함

(1) **기본법 2조 1호** 보기 ①
소방대상물
㉠ **건**축물
㉡ **차**량
㉢ **선**박(매어둔 것)
㉣ 선박건조구조물
㉤ **산**림
㉥ **인**공구조물
㉦ **물**건

기억법 | 건차선 산인물

(2) **기본법 2조** 보기 ②
관계인
㉠ **소**유자
㉡ **관**리자
㉢ **점**유자

기억법 | 소관점

(3) **기본법 2조** 보기 ③
소방대
㉠ 소방공무원
㉡ 의무소방원
㉢ 의용소방대원

(4) **기본법 2조** 보기 ④
소방대장
소방본부장 또는 **소방서장** 등 화재, 재난·재해, 그 밖의 위급한 상황이 발생한 현장에서 소방대를 지휘하는 사람

답 ③

48 화재의 예방 및 안전관리에 관한 법령상 관리의 권원이 분리된 특정소방대상물에 소방안전관리자를 선임하여야 하는 특정소방대상물 중 복합건축물은 지하층을 제외한 층수가 최소 몇 층 이상인 건축물만 해당되는가?

18.09.문58
16.03.문42

① 6층
② 11층
③ 20층
④ 30층

해설 **화재예방법 35조, 화재예방법 시행령 35조**
관리의 권원이 분리된 특정소방대상물의 소방안전관리
(1) 복합건축물(**지하층**을 제외한 **11층** 이상, 또는 연면적 **30000m²** 이상인 건축물) 보기 ②
(2) 지하가
(3) **도매시장, 소매시장, 전통시장**

답 ②

49 화재의 예방 및 안전관리에 관한 법령상 특수가연물의 저장 및 취급의 기준 중 ( )에 들어갈 내용으로 옳은 것은? (단, 석탄·목탄류의 경우는 제외한다.)

21.05.문45
19.03.문55
18.03.문60
14.05.문46
14.03.문46
13.03.문60

> 쌓는 높이는 (㉠)m 이하가 되도록 하고, 쌓는 부분의 바닥면적은 (㉡)m² 이하가 되도록 할 것

① ㉠ 15, ㉡ 200
② ㉠ 15, ㉡ 300
③ ㉠ 10, ㉡ 30
④ ㉠ 10, ㉡ 50

해설 **화재예방법 시행령 〔별표 3〕**
특수가연물의 저장·취급기준
(1) **품명별**로 구분하여 쌓을 것
(2) 쌓는 높이는 **10m** 이하가 되도록 할 것 보기 ④
(3) 쌓는 부분의 바닥면적은 **50m²**(석탄·목탄류는 **200m²**) 이하가 되도록 할 것(단, 살수설비를 설치하거나 대형수동식 소화기를 설치하는 경우에는 높이 **15m** 이하, 바닥면적 **200m²**(석탄·목탄류는 **300m²**) 이하) 보기 ④
(4) 쌓는 부분의 바닥면적 사이는 실내의 경우 **1.2m** 또는 **쌓는 높이의 $\frac{1}{2}$ 중 큰 값**(실외 **3m** 또는 쌓는 높이 중 **큰 값**) 이상으로 간격을 둘 것
(5) 취급장소에는 **품명, 최대저장수량, 단위부피당 질량** 또는 단위체적당 질량, 관리책임자 성명·직책·연락처 및 **화기취급의 금지표지** 설치

답 ④

50 소방시설 설치 및 관리에 관한 법령상 자동화재탐지설비를 설치하여야 하는 특정소방대상물의 기준으로 틀린 것은?

21.03.문57
16.05.문43
16.03.문57
14.03.문79
12.03.문74

① 공장 및 창고시설로서 「화재의 예방 및 안전관리에 관한 법률」에서 정하는 수량의 500배 이상의 특수가연물을 저장·취급하는 것
② 지하가(터널은 제외한다)로서 연면적 600m² 이상인 것
③ 숙박시설이 있는 수련시설로서 수용인원 100명 이상인 것
④ 장례시설 및 복합건축물로서 연면적 600m² 이상인 것

해설

② 600m² 이상 → 1000m² 이상

소방시설법 시행령 [별표 4]
자동화재탐지설비의 설치대상

설치대상	조 건
① 정신의료기관 · 의료재활시설	• 창살설치 : 바닥면적 300m² 미만 • 기 타 : 바닥면적 300m² 이상
② 노유자시설	• 연면적 400m² 이상
③ 근린생활시설 · 위락시설 ④ 의료시설(정신의료기관, 요양병원 제외) → ⑤ 복합건축물 · 장례시설 [기억법] 근위의복 6	• 연면적 600m² 이상 [보기 ④]
⑥ 목욕장 · 문화 및 집회시설, 운동시설 ⑦ 종교시설 ⑧ 방송통신시설 · 관광휴게시설 ⑨ 업무시설 · 판매시설 ⑩ 항공기 및 자동차관련시설 · 공장 · 창고시설 ⑪ 지하가(터널 제외) · 운수시설 · 발전시설 · 위험물 저장 및 처리시설 ⑫ 교정 및 군사시설 중 국방 · 군사시설	• 연면적 1000m² 이상 [보기 ②]
⑬ 교육연구시설 · 동물관련시설 ⑭ 자원순환관련시설 · 교정 및 군사시설(국방 · 군사시설 제외) ⑮ 수련시설(숙박시설이 있는 것 제외) ⑯ 묘지관련시설 [기억법] 교동자교수 2	• 연면적 2000m² 이상
⑰ 지하가 중 터널	• 길이 1000m 이상
⑱ 지하구 ⑲ 노유자생활시설 ⑳ 아파트 등 기숙사 ㉑ 숙박시설 ㉒ 6층 이상인 건축물 ㉓ 조산원 및 산후조리원 ㉔ 전통시장 ㉕ 요양병원(정신병원, 의료재활시설 제외)	• 전부
㉖ 특수가연물 저장 · 취급	• 지정수량 500배 이상 [보기 ①]
㉗ 수련시설(숙박시설이 있는 것)	• 수용인원 100명 이상 [보기 ③]
㉘ 발전시설	• 전기저장시설

답 ②

19.04.문44
17.09.문02
16.05.문52
16.05.문46
15.09.문03
15.09.문18
15.05.문10
15.05.문42
15.03.문51
14.09.문18
14.03.문18
11.06.문54

★★★ 51 위험물안전관리법령에서 정하는 제3류 위험물에 해당하는 것은?

① 나트륨
② 염소산염류
③ 무기과산화물
④ 유기과산화물

해설
② 제1류
③ 제1류
④ 제5류

위험물령 [별표 1]
위험물

유 별	성 질	품 명
제1류	산화성 고체	• 아염소산염류 • 염소산염류(염소산나트륨) [보기 ②] • 과염소산염류 • 질산염류 • 무기과산화물 [보기 ③] [기억법] 1산고염나
제2류	가연성 고체	• 황화인 • 적린 • 황 • 마그네슘 [기억법] 황화적황마
제3류	자연발화성 물질 및 금수성 물질	• 황린 • 칼륨 • 나트륨 [보기 ①] • 알칼리토금속 • 트리에틸알루미늄 [기억법] 황칼나알트
제4류	인화성 액체	• 특수인화물 • 석유류(벤젠) • 알코올류 • 동식물유류
제5류	자기반응성 물질	• 유기과산화물 [보기 ④] • 나이트로화합물 • 나이트로소화합물 • 아조화합물 • 질산에스터류(셀룰로이드)
제6류	산화성 액체	• 과염소산 • 과산화수소 • 질산

답 ①

★★★ 52 소방시설 설치 및 관리에 관한 법령상 방염성능기준 이상의 실내장식물 등을 설치하여야 하는 특정소방대상물이 아닌 것은?

17.09.문41
15.09.문42
11.10.문60

① 방송국
② 종합병원
③ 11층 이상의 아파트
④ 숙박이 가능한 수련시설

해설
③ 아파트 제외

소방시설법 시행령 30조
방염성능기준 이상 적용 특정소방대상물
(1) 층수가 **11층 이상**인 것(아파트 제외 : 2026. 12. 1. 삭제) 보기 ③
(2) 체력단련장, 공연장 및 종교집회장
(3) 문화 및 집회시설
(4) 종교시설
(5) 운동시설(수영장은 제외)
(6) 의료시설(종합병원, 정신의료기관) 보기 ②
(7) 의원, 조산원, 산후조리원
(8) 교육연구시설 중 합숙소
(9) 노유자시설
(10) 숙박이 가능한 수련시설 보기 ④
(11) 숙박시설
(12) 방송국 및 촬영소 보기 ①
(15) 다중이용업소(단란주점영업, 유흥주점영업, 노래연습장의 영업장 등)

답 ③

★★★ 53

18.09.문09
10.05.문52
06.09.문57
05.03.문49

소방시설 설치 및 관리에 관한 법령상 무창층으로 판정하기 위한 개구부가 갖추어야 할 요건으로 틀린 것은?

① 크기는 반지름 30cm 이상의 원이 통과할 수 있을 것
② 해당 층의 바닥면으로부터 개구부 밑부분까지 높이가 1.2m 이내일 것
③ 도로 또는 차량이 진입할 수 있는 빈터를 향할 것
④ 화재시 건축물로부터 쉽게 피난할 수 있도록 창살이나 그 밖의 장애물이 설치되지 않을 것

해설 | ① 반지름 → 지름, 30cm 이상 → 50cm 이상

소방시설법 시행령 2조
무창층의 개구부의 기준
(1) 개구부의 크기는 지름 **50cm 이상**의 원이 통과할 수 있을 것 보기 ①
(2) 해당 층의 바닥면으로부터 개구부 밑부분까지의 높이가 **1.2m 이내**일 것 보기 ②
(3) 개구부는 **도로** 또는 **차량**이 진입할 수 있는 **빈터**를 향할 것 보기 ③
(4) 화재시 건축물로부터 **쉽게 피난**할 수 있도록 개구부에 창살, 그 밖의 장애물이 설치되지 않을 것 보기 ④
(5) 내부 또는 외부에서 **쉽게 부수거나 열 수** 있을 것

용어

소방시설법 시행령 2조
무창층
지상층 중 기준에 의해 개구부의 면적의 합계가 해당 층의 바닥면적의 $\frac{1}{30}$ 이하가 되는 층

답 ①

★★ 54

16.10.문58
05.05.문44

소방시설공사업법령상 일반 소방시설설계업(기계분야)의 영업범위에 대한 기준 중 ( )에 알맞은 내용은? (단, 공장의 경우는 제외한다.)

연면적 ( )m² 미만의 특정소방대상물(제연설비가 설치되는 특정소방대상물은 제외한다)에 설치되는 기계분야 소방시설의 설계

① 10000 ② 20000
③ 30000 ④ 50000

해설 공사업령 [별표 1]
소방시설설계업

종 류	기술인력	영업범위
전문	• 주된기술인력 : **1명** 이상 • 보조기술인력 : **1명** 이상	• 모든 특정소방대상물
일반	• 주된기술인력 : **1명** 이상 • 보조기술인력 : **1명** 이상	• **아파트**(기계분야 제연설비 제외) • 연면적 **30000m²**(공장 **10000m²**) 미만(기계분야 제연설비 제외) 보기 ③ • **위험물제조소** 등

답 ③

★ 55

17.09.문53

소방시설 설치 및 관리에 관한 법령상 건축허가 등을 할 때 미리 소방본부장 또는 소방서장의 동의를 받아야 하는 건축물 등의 범위기준이 아닌 것은?

① 노유자시설 및 수련시설로서 연면적 100m² 이상인 건축물
② 지하층 또는 무창층이 있는 건축물로서 바닥면적이 150m² 이상인 층이 있는 것
③ 차고·주차장으로 사용되는 바닥면적이 200m² 이상인 층이 있는 건축물이나 주차시설
④ 장애인 의료재활시설로서 연면적 300m² 이상인 건축물

해설 | ① 100m² 이상 → 200m² 이상

소방시설법 시행령 7조
건축허가 등의 동의대상물
(1) 연면적 **400m²**(학교시설 : **100m²**, 수련시설·노유자시설 : **200m²**, 정신의료기관·장애인 의료재활시설 : **300m²**) 이상
(2) **6층** 이상인 건축물
(3) 차고·주차장으로서 바닥면적 **200m²** 이상(**자동차 20대** 이상)
(4) 항공기격납고, 관망탑, 항공관제탑, 방송용 송수신탑
(5) 지하층 또는 무창층의 바닥면적 **150m²**(공연장은 **100m²**) 이상
(6) 위험물저장 및 **처리시설**, 지하구
(7) **결핵환자**나 **한센인**이 24시간 생활하는 **노유자시설**

(8) 전기저장시설, 풍력발전소
(9) 노인주거복지시설·노인의료복지시설 및 재가노인복지시설·학대피해노인 전용쉼터·아동복지시설·장애인거주시설
(10) 정신질환자 관련시설(공동생활가정을 제외한 재활훈련시설과 종합시설 중 24시간 주거를 제공하지 않는 시설 제외)
(11) 조산원, 산후조리원, 의원(입원실이 있는 것)
(12) 노숙인자활시설, 노숙인재활시설 및 노숙인요양시설
(13) 요양병원(의료재활시설 제외)
(14) 공장 또는 창고시설로서 지정하는 수량의 **750배** 이상의 특수가연물을 저장·취급하는 것
(15) 가스시설로서 지상에 노출된 탱크의 저장용량의 합계가 **100t** 이상인 것

> 기억법 **2자(이자)**

답 ①

★★
56
21.03.문44
12.03.문48

다음 중 소방기본법령에 따라 화재예방상 필요하다고 인정되거나 화재위험경보시 발령하는 소방신호의 종류로 옳은 것은?

① 경계신호　　　② 발화신호
③ 경보신호　　　④ 훈련신호

해설 **기본규칙 10조**
소방신호의 종류

소방신호	설 명
경계신호 보기①	화재예방상 필요하다고 인정되거나 화재위험경보시 발령
발화신호	화재가 발생한 때 발령
해제신호	소화활동이 필요없다고 인정되는 때 발령
훈련신호	훈련상 필요하다고 인정되는 때 발령

> **중요**
>
> **기본규칙 [별표 4]**
> **소방신호표**
>
> | 신호방법 / 종별 | 타종신호 | 사이렌 신호 |
> |---|---|---|
> | 경계신호 | 1타와 연 2타를 반복 | 5초 간격을 두고 30초씩 3회 |
> | 발화신호 | 난타 | 5초 간격을 두고 5초씩 3회 |
> | 해제신호 | 상당한 간격을 두고 1타씩 반복 | 1분간 1회 |
> | 훈련신호 | 연 3타 반복 | 10초 간격을 두고 1분씩 3회 |
>
> > 기억법
> > | | 타 | 사 |
> > |---|---|---|
> > | 경계 | 1+2 | 5+30=3 |
> > | 발 | 난 | 5+5=3 |
> > | 해 | 1 | 1=1 |
> > | 훈 | 3 | 10+1=3 |

답 ①

★★
57
16.05.문56
12.03.문57

화재의 예방 및 안전관리에 관한 법령상 보일러 등의 위치·구조 및 관리와 화재예방을 위하여 불의 사용에 있어서 지켜야 하는 사항 중 보일러에 경유·등유 등 액체연료를 사용하는 경우에 연료탱크는 보일러 본체로부터 수평거리 최소 몇 m 이상의 간격을 두어 설치해야 하는가?

① 0.5
② 0.6
③ 1
④ 2

해설 **화재예방법 시행령 [별표 1]**
경유·등유 등 액체연료를 사용하는 경우
(1) 연료탱크는 보일러 본체로부터 수평거리 1m 이상의 간격을 두어 설치할 것 보기③
(2) 연료탱크에는 화재 등 긴급상황이 발생할 때 연료를 차단할 수 있는 개폐밸브를 연료탱크로부터 0.5m 이내에 설치할 것

> **비교**
>
> **화재예방법 시행령 [별표 1]**
> **벽·천장 사이의 거리**
>
> | 종 류 | 벽·천장 사이의 거리 |
> |---|---|
> | 건조설비 | 0.5m 이상 |
> | 보일러 | 0.6m 이상 |
> | 보일러(경유·등유) | 수평거리 1m 이상 |

답 ③

★★
58

소방시설 설치 및 관리에 관한 법령상 소방청장 또는 시·도지사가 청문을 하여야 하는 처분이 아닌 것은?

① 소방시설관리사 자격의 정지
② 소방안전관리자 자격의 취소
③ 소방시설관리업의 등록취소
④ 소방용품의 형식승인취소

해설 **소방시설법 49조**
청문실시 대상
(1) 소방시설**관리사** 자격의 **취소** 및 **정지** 보기①
(2) 소방시설**관리업**의 **등록취소** 및 영업정지 보기③
(3) **소방용품**의 **형식승인취소** 및 제품검사중지 보기④
(4) 소방용품의 **제품검사 전문기관**의 **지정취소** 및 업무정지

(5) 우수품질인증의 취소
(6) 소방용품의 성능인증 취소

 기억법 청사 용업(청사 용역)

답 ②

★★★
59 소방시설 설치 및 관리에 관한 법령상 제조 또는 가공공정에서 방염처리를 한 물품 중 방염대상 물품이 아닌 것은?

15.09.문09
13.09.문52
13.06.문53
12.09.문46
12.05.문46
12.03.문44

① 카펫
② 전시용 합판
③ 창문에 설치하는 커튼류
④ 두께가 2mm 미만인 종이벽지

해설 ④ 제외대상

소방시설법 시행령 31조
방염대상물품

제조 또는 가공 공정에서 방염처리를 한 물품	건축물 내부의 천장이나 벽에 부착하거나 설치하는 것
① 창문에 설치하는 **커튼류**(블라인드 포함) 보기 ③ ② 카펫 보기 ① ③ 벽지류(두께 2mm 미만인 종이벽지 제외) 보기 ④ ④ 전시용 합판·목재 또는 섬유판 보기 ② ⑤ 무대용 합판·목재 또는 섬유판 ⑥ 암막·무대막(영화상영관·가상체험 체육시설업의 스크린 포함) ⑦ 섬유류 또는 합성수지류 등을 원료로 하여 제작된 소파·의자(단란주점영업, 유흥주점영업 및 노래연습장업의 영업장에 설치하는 것만 해당)	① 종이류(두께 2mm 이상), 합성수지류 또는 섬유류를 주원료로 한 물품 ② 합판이나 목재 ③ 공간을 구획하기 위하여 설치하는 간이칸막이 ④ 흡음재(흡음용 커튼 포함) 또는 방음재(방음용 커튼 포함) ※ 가구류(옷장, 찬장, 식탁, 식탁용 의자, 사무용 책상, 사무용 의자, 계산대)와 너비 10cm 이하인 반자돌림대, 내부 마감재료 제외

답 ④

★★★
60 위험물안전관리법령상 관계인이 예방규정을 정하여야 하는 위험물제조소 등에 해당하지 않는 것은?

20.09.문48
19.04.문53
17.03.문41
17.03.문55
15.09.문48
15.03.문58
14.05.문41
12.09.문52

① 지정수량 10배의 특수인화물을 취급하는 일반취급소
② 지정수량 20배의 휘발유를 고정된 탱크에 주입하는 일반취급소
③ 지정수량 40배의 제3석유류를 용기에 옮겨 담는 일반취급소
④ 지정수량 15배의 알코올을 버너에 소비하는 장치로 이루어진 일반취급소

해설
① 특수인화물 예방규정대상
② 10배 초과 휘발유 예방규정대상
③ 제3석유류는 해당없음
④ 10배 초과한 알코올류 예방규정대상

위험물령 15조
예방규정을 정하여야 할 제조소 등

배 수	제조소 등
10배 이상	• 제조소 • 일반취급소[단, 제4류 위험물(특수인화물 제외)만을 지정수량의 50배 이하로 취급하는 일반취급소(휘발유 등 제1석유류·알코올류의 취급량이 지정수량의 10배 이하인 경우)로 다음에 해당하는 것 제외] 보기 ①②④ – 보일러·버너 또는 이와 비슷한 것으로서 위험물을 소비하는 장치로 이루어진 일반취급소 – 위험물을 용기에 옮겨 담거나 차량에 고정된 탱크에 주입하는 일반취급소
100배 이상	• 옥외저장소
150배 이상	• 옥내저장소
200배 이상	• 옥외탱크저장소
모두 해당	• 이송취급소 • 암반탱크저장소

기억법	1	제일
	0	외
	5	내
	2	탱

※ **예방규정** : 제조소 등의 화재예방과 화재 등 재해발생시의 비상조치를 위한 규정

답 ③

제4과목 소방기계시설의 구조 및 원리 ⠶

61 할론소화설비의 화재안전기준에 따른 할론소화설비의 수동식 기동장치의 설치기준으로 틀린 것은?

19.04.문67
12.03.문62

① 국소방출방식은 방호대상물마다 설치할 것
② 기동장치의 방출용 스위치는 음향경보장치와 개별적으로 조작될 수 있는 것으로 할 것
③ 전기를 사용하는 기동장치에는 전원표시등을 설치할 것
④ 조작부는 바닥으로부터 높이 0.8m 이상 1.5m 이하의 위치에 설치할 것

해설 ② 개별적으로 → 연동하여

할론소화설비 수동식 기동장치 설치기준(NFTC 107 2.3.1)
(1) **전역방출방식**은 **방호구역**마다, **국소방출방식**은 **방호대상물**마다 설치할 것 보기 ①
(2) 해당 방호구역의 출입구 부분 등 조작을 하는 자가 쉽게 피난할 수 있는 장소에 설치할 것
(3) 기동장치의 조작부는 바닥으로부터 높이 **0.8m 이상 1.5m 이하**의 위치에 설치하고, 보호판 등에 따른 보호장치를 설치할 것 보기 ④
(4) 기동장치에는 그 가까운 곳의 보기 쉬운 곳에 "할론소화설비 기동장치"라고 표시한 표지를 할 것
(5) 전기를 사용하는 기동장치에는 **전원표시등**을 설치할 것 보기 ③
(6) 기동장치의 **방출용 스위치**는 음향경보장치와 **연동**하여 조작될 수 있는 것으로 할 것 보기 ②

답 ②

62 미분무소화설비의 화재안전기준에 따라 최저사용압력이 몇 MPa를 초과할 때 고압 미분무소화설비로 분류하는가?

① 1.2
② 2.5
③ 3.5
④ 4.2

해설 **미분무소화설비의 종류**(NFPC 104A 3조, NFTC 104A 1.7)

저압	중압	고압
최고사용압력 **1.2MPa** 이하	사용압력 1.2MPa 초과 3.5MPa 이하	최저사용압력 **3.5MPa** 초과 보기 ③

답 ③

63 피난기구의 화재안전기준에 따른 피난기구의 설치 및 유지에 관한 사항 중 틀린 것은?

19.04.문76
16.03.문74
13.03.문70

① 피난기구를 설치하는 개구부는 서로 동일 직선상의 위치에 있을 것
② 설치장소에는 피난기구의 위치를 표시하는 발광식 또는 축광식 표지와 그 사용방법을 표시한 표지를 부착할 것
③ 피난기구는 소방대상물의 기둥·바닥·보, 기타 구조상 견고한 부분에 볼트조임·매입·용접 기타의 방법으로 견고하게 부착할 것
④ 피난기구는 계단·피난구, 기타 피난시설로부터 적당한 거리에 있는 안전한 구조로 된 피난 또는 소화활동상 유효한 개구부에 고정하여 설치할 것

해설 ① 동일 직선상의 위치 → 동일 직선상이 아닌 위치

피난기구의 설치기준(NFPC 301 5조, NFTC 301 2.1.3)
(1) 피난기구는 소방대상물의 기둥·바닥·보, 기타 구조상 견고한 부분에 **볼트조임·매입·용접**, 기타의 방법으로 견고하게 부착할 것 보기 ③
(2) **4층 이상의 층**에 피난사다리(**하향식 피난구용 내림식 사다리**는 제외)를 설치하는 경우에는 **금속성 고정사다리**를 설치하고, 당해 고정사다리에는 쉽게 피난할 수 있는 구조의 **노대**를 설치할 것
(3) 설치장소에는 피난기구의 위치를 표시하는 **발광식 또는 축광식 표지**와 그 사용방법을 표시한 표지를 부착할 것 보기 ②
(4) 피난기구는 **계단·피난구**, 기타 피난시설로부터 적당한 거리에 있는 안전한 구조로 된 피난 또는 소화활동상 유효한 **개구부**에 고정하여 설치할 것 보기 ④
(5) 승강식 피난기 및 하향식 피난구용 내림식 사다리는 설치경로가 설치층에서 **피난층**까지 연계될 수 있는 구조로 설치할 것(단, 건축물 규모가 **지상 5층 이하**로서 구조 및 설치여건상 불가피한 경우는 제외)
(6) 승강식 피난기 및 하향식 피난구용 내림식 사다리의 하강구 내측에는 기구의 **연결금속구** 등이 없어야 하며 전개된 피난기구는 하강구 수평투영면적 공간 내의 범위를 침범하지 않는 구조이어야 할 것(단, 직경 **60cm** 크기의 범위를 벗어난 경우이거나, 직하층의 바닥면으로부터 높이 **50cm** 이하의 범위는 제외)
(7) 피난기구를 설치하는 **개구부**는 서로 **동일 직선상이 아닌 위치**에 있을 것 보기 ①

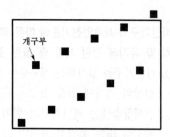

개구부

| 동일 직선상이 아닌 위치 |

답 ①

★
64 이산화탄소 소화설비의 화재안전기준에 따라 케이블실에 전역방출방식으로 이산화탄소 소화설비를 설치하고자 한다. 방호구역체적은 750m³, 개구부의 면적은 3m²이고, 개구부에는 자동폐쇄장치가 설치되어 있지 않다. 이때 필요한 소화약제의 양은 최소 몇 kg 이상인가?

① 930   ② 1005

③ 1230   ④ 1530

해설 **심부화재**의 **약제량** 및 **개구부가산량**

방호대상물	약제량	개구부가산량 (자동폐쇄장치 미설치시)	설계농도 [%]
전기설비(55m³ 이상), 케이블실	1.3kg/m³		
전기설비(55m³ 미만)	1.6kg/m³		50
서고, **전**자제품창고, **목**재가공품창고, **박**물관	2.0kg/m³	10kg/m²	65
고무류 · **면**화류창고, **모**피창고, **석**탄창고, **집**진설비	2.7kg/m³		75

기억법 서박목전(**선박**이 **목전**에 보인다.)
          석면고모집(**석면**은 **고모** **집**에 있다.)

CO_2 저장량[kg]

= **방**호구역체적[m³]×**약**제량[kg/m³]+**개**구부면적[m²]
   ×개구부가**산**량(10kg/m²)

= 750m³×1.3kg/m³+3m²×10kg/m²

=1005kg

기억법 **방약** + **개산**

답 ②

★★★
65 다음 중 피난기구의 화재안전기준에 따라 의료시설에 구조대를 설치하여야 할 층은?

21.03.문79
19.03.문76
17.05.문62
16.10.문69
16.05.문74
15.05.문75
11.03.문72
10.03.문71

① 지하 2층

② 지하 1층

③ 지상 1층

④ 지상 3층

해설 피난기구의 **적응성**(NFTC 301 2.1.1)

층별 설치 장소별	1층	2층	3층	4층 이상 10층 이하
노유자시설	•미끄럼대 •구조대 •피난교 •다수인 피난장비 •승강식 피난기	•미끄럼대 •구조대 •피난교 •다수인 피난장비 •승강식 피난기	•미끄럼대 •구조대 •피난교 •다수인 피난장비 •승강식 피난기	•구조대[1] •피난교 •다수인 피난장비 •승강식 피난기
의료시설 · 입원실이 있는 의원 · 접골원 · 조산원	–	–	•미끄럼대 •구조대 •보기 ④ •피난교 •피난용 트랩 •다수인 피난장비 •승강식 피난기	•구조대 •피난교 •피난용 트랩 •다수인 피난장비 •승강식 피난기
영업장의 위치가 4층 이하인 다중이용업소	–	•미끄럼대 •피난사다리 •구조대 •완강기 •다수인 피난장비 •승강식 피난기	•미끄럼대 •피난사다리 •구조대 •완강기 •다수인 피난장비 •승강식 피난기	•미끄럼대 •피난사다리 •구조대 •완강기 •다수인 피난장비 •승강식 피난기
그 밖의 것	–	–	•미끄럼대 •피난사다리 •구조대 •완강기 •피난교 •피난용 트랩 •간이완강기[2] •공기안전매트[2] •다수인 피난장비 •승강식 피난기	•피난사다리 •구조대 •완강기 •피난교 •간이완강기[2] •공기안전매트[2] •다수인 피난장비 •승강식 피난기

[비고] 1) 구조대의 적응성은 장애인관련시설로서 주된 사용자 중 스스로 피난이 불가한 자가 있는 경우 추가로 설치하는 경우에 한한다.
      2) 간이완강기의 적응성은 **숙박시설**의 **3층 이상**에 있는 객실에 추가로 설치하는 경우에 한한다.

답 ④

★★★
66 화재안전기준상 물계통의 소화설비 중 펌프의 성능시험배관에 사용되는 유량측정장치는 펌프의 정격토출량의 몇 % 이상 측정할 수 있는 성능이 있어야 하는가?

19.09.문67
18.09.문68
15.09.문72
11.10.문72
05.03.문80
02.03.문62

① 65   ② 100

③ 120   ④ 175

해설 **소화펌프**의 **성능시험 방법** 및 **배관**
(1) 펌프의 성능은 체절운전시 정격토출압력의 **140%**를 초과하지 않을 것
(2) 정격토출량의 **150%**로 운전시 정격토출압력의 **65%** 이상이어야 할 것
(3) 성능시험배관은 펌프의 토출측에 설치된 **개폐밸브 이전**에서 분기할 것
(4) 유량측정장치는 펌프 정격토출량의 **175%** 이상 측정할 수 있는 성능이 있을 것 보기 ④

답 ④

⭐⭐⭐
67 피난기구의 화재안전기준상 근린생활시설 3층에 적응성이 없는 피난기구는? (단, 근린생활시설 중 입원실이 있는 의원·접골원·조산원에 한한다.)

21.03.문79
19.03.문76
17.05.문62
16.10.문69
16.05.문74
15.05.문75
11.03.문72
10.03.문71

① 완강기
② 미끄럼대
③ 구조대
④ 피난교

해설 **피난기구**의 **적응성**(NFTC 301 2.1.1)

설치 장소별 구분 \ 층별	1층	2층	3층	4층 이상 10층 이하
의료시설·입원실이 있는 의원·접골원·조산원	–	–	●미끄럼대 ●구조대 ●피난교 ●피난용 트랩 ●다수인 피난장비 ●승강식 피난기	●구조대 ●피난교 ●피난용 트랩 ●다수인 피난장비 ●승강식 피난기

답 ①

⭐⭐⭐
68 제연설비의 화재안전기준에 따른 배출풍도의 설치기준 중 다음 ( ) 안에 알맞은 것은?

21.03.문73
20.06.문76
16.10.문70
15.03.문80
10.05.문76

배출기의 흡입측 풍도 안의 풍속은 (㉠)m/s 이하로 하고 배출측 풍속은 (㉡)m/s 이하로 할 것

① ㉠ 15, ㉡ 10 ② ㉠ 10, ㉡ 15
③ ㉠ 20, ㉡ 15 ④ ㉠ 15, ㉡ 20

해설 **제연설비**의 **풍속**(NFPC 501 8~10조, NFTC 501 2.5.5, 2.6.2.2, 2.7.1)

조 건	풍 속
●유입구가 바닥에 설치시 상향분출 가능	1m/s 이하
●예상제연구역의 공기유입 풍속	5m/s 이하
●배출기의 흡입측 풍속	15m/s 이하 보기 ④
●배출기의 **배출측** 풍속 ●**유**입풍도 안의 풍속	20m/s 이하 보기 ④

기억법 배2유(배이다 아파! 이유)

🐜 용어
풍도
공기가 유동하는 덕트

답 ④

⭐⭐⭐
69 스프링클러헤드에서 이융성 금속으로 융착되거나 이융성 물질에 의하여 조립된 것은?

16.10.문63
15.09.문80
10.05.문78

① 프레임(Frame)
② 디플렉터(Deflector)
③ 유리벌브(Glass bulb)
④ 퓨지블링크(Fusible link)

해설

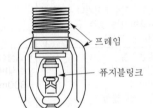

프레임
퓨지블링크
디플렉터

| 스프링클러헤드 |

용 어	설 명
프레임	스프링클러헤드의 나사부분과 디플렉터를 연결하는 이음쇠부분
디플렉터 (디프렉타)	스프링클러헤드의 방수구에서 유출되는 **물**을 **세분**시키는 작용을 하는 것 기억법 디세(드세다.)
퓨지블링크 보기 ④	감열체 중 **이융성 금속**으로 융착되거나 이융성 물질에 의하여 조립된 것

답 ④

⭐⭐⭐
70 포소화설비의 화재안전기준상 특수가연물을 저장·취급하는 공장 또는 창고에 적응성이 없는 포소화설비는?

18.09.문67
16.05.문67
13.06.문62

① 고정포방출설비
② 포소화전설비
③ 압축공기포소화설비
④ 포워터 스프링클러설비

해설 **포소화설비**의 **적응대상**(NFPC 105 4조, NFTC 105 2.1.1)

특정소방대상물	설비 종류
• 차고 · 주차장 • 항공기 격납고 • 공장 · 창고(특수가연물 저장 · 취급)	• 포워터 스프링클러설비 보기 ④ • 포헤드설비 • 고정포방출설비 보기 ① • 압축공기포소화설비 보기 ③
• 완전개방된 옥상주차장(주된 벽이 없고 기둥뿐이거나 주위가 위해방지용 철주 등으로 둘러싸인 부분) • **지상 1층**으로서 지붕이 없는 차고 · 주차장 • 고가 밑의 주차장(주된 벽이 없고 기둥뿐이거나 주위가 위해방지용 철주 등으로 둘러싸인 부분)	• 호스릴포소화설비 • 포소화전설비
• 발전기실 • 엔진펌프실 • 변압기 • 전기케이블실 • 유압설비	• 고정식 압축공기포소화설비(바닥면적 합계 **300m²** 미만)

답 ②

★★★
71 분말소화설비의 화재안전기준상 자동화재탐지설비의 감지기의 작동과 연동하는 분말소화설비 자동식 기동장치의 설치기준 중 다음 ( ) 안에 알맞은 것은?

21.09.문66
18.09.문61
17.03.문67
16.10.문61

• 전기식 기동장치로서 (㉠)병 이상의 저장용기를 동시에 개방하는 설비는 2병 이상의 저장용기에 전자개방밸브를 부착할 것
• 가스압력식 기동장치의 기동용 가스용기 및 해당 용기에 사용하는 밸브는 (㉡)MPa 이상의 압력에 견딜 수 있는 것으로 할 것

① ㉠ 3, ㉡ 2.5   ② ㉠ 7, ㉡ 2.5
③ ㉠ 3, ㉡ 25   ④ ㉠ 7, ㉡ 25

해설 **전자개방밸브 부착**

분말소화약제 가압용 가스용기	이산화탄소 소화설비 전기식 기동장치 · 분말소화설비 전기식 기동장치
3병 이상 설치한 경우 **2개** 이상	**7병** 이상 개방시 **2병** 이상 보기 ④

중요

(1) 분말소화설비 가스압력식 기동장치

구 분	기 준
기동용 가스용기의 체적	**5L** 이상(단, 1L 이상시 CO₂량 0.6kg 이상)
기동용 가스용기 충전비	**1.5~1.9** 이하
기동용 가스용기 안전장치의 압력	내압시험압력의 **0.8~ 내압시험압력** 이하
기동용 가스용기 및 해당 용기에 사용하는 밸브의 견디는 압력	**25MPa** 이상 보기 ④

(2) 이산화탄소 소화설비 가스압력식 기동장치

구 분	기 준
기동용 가스용기의 체적	**5L** 이상

답 ④

★★
72 분말소화설비의 화재안전기준상 분말소화약제의 가압용 가스용기에 대한 설명으로 틀린 것은?

19.03.문63
18.03.문67

① 가압용 가스용기를 3병 이상 설치한 경우에는 2개 이상의 용기에 전자개방밸브를 부착할 것
② 가압용 가스용기에는 2.5MPa 이하의 압력에서 조정이 가능한 압력조정기를 설치할 것
③ 가압용 가스에 질소가스를 사용하는 것의 질소가스는 소화약제 1kg마다 20L(35℃에서 1기압의 압력상태로 환산한 것) 이상으로 할 것
④ 축압용 가스에 질소가스를 사용하는 것의 질소가스는 소화약제 1kg에 대하여 10L(35℃에서 1기압의 압력상태로 환산한 것) 이상으로 할 것

해설 ③ 20L → 40L

가압식과 **축압식**의 설치기준
35℃에서 1기압의 압력상태로 환산한 것

사용 가스	가압식	축압식
질소(N₂) →	**40L/kg** 이상 보기 ③	**10L/kg** 이상
이산화탄소 (CO₂)	**20g/kg**+배관청소 필요량 이상	**20g/kg**+배관청소 필요량 이상

※ 배관청소용 가스는 별도의 용기에 저장한다.

답 ③

★★★
73 화재조기진압용 스프링클러설비의 화재안전기준 화재조기진압용 스프링클러설비 가지배관의 배열기준 중 천장의 높이가 9.1m 이상 13.7m 이하인 경우 가지배관 사이의 거리기준으로 옳은 것은?

20.09.문70
19.03.문68
18.04.문70

① 3.1m 이하

② 2.4m 이상 3.7m 이하

③ 6.0m 이상 8.5m 이하

④ 6.0m 이상 9.3m 이하

해설 화재조기진압용 스프링클러설비 가지배관의 배열기준

천장높이	가지배관 헤드 사이의 거리
9.1m 미만	2.4~3.7m 이하
9.1~13.7m 이하	3.1m 이하 보기 ①

중요

화재조기진압용 스프링클러헤드의 적합기준(NFPC 103B 10조, NFTC 103B 2.7)

(1) 헤드 하나의 방호면적은 $6.0 \sim 9.3 m^2$ 이하로 할 것

(2) 가지배관의 헤드 사이의 거리는 천장의 높이가 9.1m 미만인 경우에는 2.4~3.7m 이하로, 9.1~13.7m 이하인 경우에는 3.1m 이하로 할 것 보기 ①

(3) 헤드의 반사판은 천장 또는 반자와 평행하게 설치하고 저장물의 최상부와 914mm 이상 확보되도록 할 것

(4) **하향식** 헤드의 반사판의 위치는 천장이나 반자 아래 125~355mm 이하일 것

(5) **상향식** 헤드의 감지부 중앙은 천장 또는 반자와 101~152mm 이하이어야 하며, 반사판의 위치는 스프링클러배관의 윗부분에서 최소 178mm 상부에 설치되도록 할 것

(6) 헤드와 벽과의 거리는 헤드 상호간 거리의 $\frac{1}{2}$을 초과하지 않아야 하며 최소 102mm 이상일 것

(7) 헤드의 작동온도는 74℃ 이하일 것(단, 헤드 주위의 온도가 38℃ 이상의 경우에는 그 온도에서의 화재시험 등에서 헤드작동에 관하여 공인기관의 시험을 거친 것을 사용할 것)

답 ①

★★★
74 포소화설비에서 펌프의 토출관에 압입기를 설치하여 포소화약제 압입용 펌프로 포소화약제를 압입시켜 혼합하는 방식은?

21.05.문74
16.03.문64
15.09.문76
15.05.문80
12.05.문64

① 라인 프로포셔너

② 펌프 프로포셔너

③ 프레져 프로포셔너

④ 프레져사이드 프로포셔너

해설 **포소화약제의 혼합장치**

(1) **펌프 프로포셔너방식**(펌프 혼합방식)

㉠ 펌프 토출측과 흡입측에 바이패스를 설치하고, 그 바이패스의 도중에 설치한 어댑터(Adaptor)로 펌프 토출측 수량의 일부를 통과시켜 공기포 용액을 만드는 방식

㉡ 펌프의 **토출관**과 **흡입관** 사이의 배관 도중에 설치한 흡입기에 펌프에서 토출된 물의 일부를 보내고 **농도조정밸브**에서 조정된 포소화약제의 필요량을 포소화약제 탱크에서 펌프 흡입측으로 보내어 약제를 혼합하는 방식

기억법 펌농

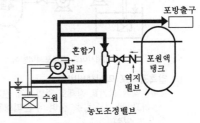

| 펌프 프로포셔너방식 |

(2) **프레져 프로포셔너방식**(차압 혼합방식)

㉠ 가압송수관 도중에 공기포 소화원액 혼합조(P.P.T)와 혼합기를 접속하여 사용하는 방법

㉡ **격막방식 휨탱크**를 사용하는 에어휨 혼합방식

㉢ 펌프와 발포기의 중간에 설치된 벤투리관의 **벤투리작용**과 펌프 가압수의 **포소화약제 저장탱크**에 대한 압력에 의하여 포소화약제를 흡입·혼합하는 방식

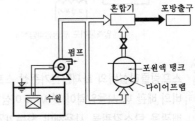

| 프레져 프로포셔너방식 |

(3) **라인 프로포셔너방식**(관로 혼합방식)

㉠ 급수관의 배관 도중에 포소화약제 흡입기를 설치하여 그 흡입관에서 소화약제를 흡입하여 혼합하는 방식

㉡ 펌프와 발포기의 중간에 설치된 **벤**투리관의 벤투리**작용**에 의하여 포소화약제를 흡입·혼합하는 방식

기억법 라벤벤

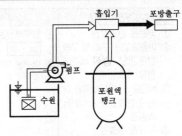

| 라인 프로포셔너방식 |

(4) 프레져사이드 프로포셔너방식(압입 혼합방식) 보기 ④
ㄱ 소화원액 가압펌프(압입용 펌프)를 별도로 사용하는 방식
ㄴ 펌프 **토출관**에 압입기를 설치하여 포소화약제 **압입용 펌프**로 포소화약제를 압입시켜 혼합하는 방식

기억법 프사압

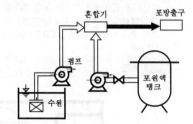

| 프레져사이드 프로포셔너방식 |

(5) 압축공기포 믹싱챔버방식
포수용액에 공기를 강제로 주입시켜 **원거리 방수**가 가능하고 물 사용량을 줄여 **수손피해**를 **최소화**할 수 있는 방식

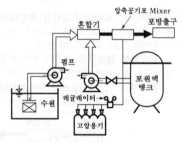

| 압축공기포 믹싱챔버방식 |

답 ④

★★★
75 스프링클러설비의 화재안전기준상 스프링클러설비의 배관 내 사용압력이 몇 MPa 이상일 때 압력배관용 탄소강관을 사용해야 하는가?
19.03.문65
15.09.문61
09.05.문73

① 0.1
② 0.5
③ 0.8
④ 1.2

해설 **스프링클러설비 배관 내 사용압력**(NFPC 103 8조, NFTC 103 2.5)

1.2MPa 미만	1.2MPa 이상
① 배관용 탄소강관	① 압력배관용 탄소강관 보기 ④
② 이음매 없는 구리 및 구리합금관(단, **습식** 배관에 한함)	② 배관용 아크용접 탄소강강관
③ 배관용 스테인리스강관 또는 일반배관용 스테인리스강관	
④ 덕타일 주철관	

답 ④

★★★
76 지하구의 화재안전기준에 따라 연소방지설비 전용헤드를 사용할 때 배관의 구경이 65mm인 경우 하나의 배관에 부착하는 살수헤드의 최대개수로 옳은 것은?
16.03.문66
13.09.문61
05.09.문79

① 2
② 3
③ 5
④ 6

해설 **연소방지설비**의 **배관구경**(NFPC 605 8조, NFTC 605 2.4.1.3.1)
(1) 연소방지설비 전용헤드를 사용하는 경우

배관의 구경	32mm	40mm	50mm	65mm	80mm
살수헤드수	1개	2개	3개	4개 또는 5개 보기 ③	6개 이상

(2) 스프링클러헤드를 사용하는 경우

배관의 구경 / 구분	25mm	32mm	40mm	50mm	65mm	80mm	90mm	100mm	125mm	150mm
폐쇄형 헤드수 〔개〕	2	3	5	10	30	60	80	100	160	161 이상
개방형 헤드수 〔개〕	1	2	5	8	15	27	40	55	90	91 이상

답 ③

★
77 지하구의 화재안전기준에 따른 지하구의 통합감시시설 설치기준으로 틀린 것은?
① 소방관서와 지하구의 통제실 간에 화재 등 소방활동과 관련된 정보를 상시 교환할 수 있는 정보통신망을 구축할 것
② 수신기는 방재실과 공동구의 입구 및 연소방지설비 송수구가 설치된 장소(지상)에 설치할 것
③ 정보통신망(무선통신망 포함)은 광케이블 또는 이와 유사한 성능을 가진 선로일 것
④ 수신기는 화재신호, 경보, 발화지점 등 수신기에 표시되는 정보가 기준에 적합한 방식으로 119상황실이 있는 관할소방관서의 정보통신장치에 표시되도록 할 것

해설 **지하구 통합감시시설 설치기준**(NFPC 605 12조, NFTC 605 2.8)
(1) **소방관서**와 지하구의 통제실 간에 화재 등 소방활동과 관련된 정보를 상시 교환할 수 있는 **정보통신망**을 구축할 것 보기 ①
(2) 정보통신망(무선통신망 포함)은 **광케이블** 또는 이와 유사한 성능을 가진 선로일 것 보기 ③
(3) 수신기는 지하구의 통제실에 설치하되 **화재신호, 경보, 발화지점** 등 수신기에 표시되는 정보가 기준에 적합한 방식으로 119상황실이 있는 관할**소방관서**의 정보통신장치에 표시되도록 할 것 보기 ④

답 ②

78 소화수조 및 저수조의 화재안전기준에 따라 소화용수설비에 설치하는 채수구의 지면으로부터 설치높이 기준은?

18.09.문65
16.10.문80
13.03.문66
04.09.문72
04.05.문77

① 0.3m 이상 1m 이하

② 0.3m 이상 1.5m 이하

③ 0.5m 이상 1m 이하

④ 0.5m 이상 1.5m 이하

해설 설치높이

0.5~1m 이하	0.8~1.5m 이하	1.5m 이하
• **연**결송수관설비의 송수구 • **연**결살수설비의 송수구 • 물분무소화설비의 송수구 • **소**화용수설비의 **채수구** 보기 ③ 기억법 연소용 51 (연소용 오일은 잘 탄다.)	• **제**어밸브(수동식 개방밸브) • **유**수검지장치 • **일**제개방밸브 기억법 제유일 85 (제가 유일하게 팔았어요.)	• **옥내**소화전설비의 방수구 • **호**스릴함 • **소**화기(투척용 소화기) 기억법 옥내호소 5 (옥내에서 호소하시오.)

답 ③

79 다음은 물분무소화설비의 화재안전기준에 따른 수원의 저수량 기준이다. ( )에 들어갈 내용으로 옳은 것은?

21.03.문66
20.06.문61
20.06.문62
19.04.문75
17.03.문77
16.03.문63
15.09.문74

특수가연물을 저장 또는 취급하는 특정소방대상물 또는 그 부분에 있어서 수원의 저수량은 그 바닥면적 1m² 에 대하여 ( )L/min로 20분간 방수할 수 있는 양 이상으로 할 것

① 10 ② 12

③ 15 ④ 20

해설 물분무소화설비의 **수원**(NFPC 104 4조, NFTC 104 2.1.1)

특정소방대상물	토출량	비고
컨베이어벨트	10L/min · m²	벨트부분의 바닥면적
절연유 봉입변압기	10L/min · m²	표면적을 합한 면적(바닥면적 제외)
특수가연물	10L/min · m² (최소 50m²) 보기 ①	최대방수구역의 바닥면적 기준
케이블트레이 · 덕트	12L/min · m²	투영된 바닥면적
차고 · 주차장	20L/min · m² (최소 50m²)	최대방수구역의 바닥면적 기준
위험물 저장탱크	37L/min · m	위험물탱크 둘레길이(원주길이) : 위험규칙 [별표 6] Ⅱ

※ 모두 **20분**간 방수할 수 있는 양 이상으로 하여야 한다.

기억법	컨	0
	절	0
	특	0
	케	2
	차	0
	위	37

답 ①

80 제연설비의 화재안전기준상 제연설비 설치장소의 제연구역 구획기준으로 틀린 것은?

20.08.문76
19.09.문72
14.05.문69
13.06.문76
13.03.문63

① 하나의 제연구역의 면적은 1000m² 이내로 할 것

② 하나의 제연구역은 직경 60m 원 내에 들어갈 수 있을 것

③ 하나의 제연구역은 3개 이상 층에 미치지 아니하도록 할 것

④ 통로상의 제연구역은 보행중심선의 길이가 60m를 초과하지 아니할 것

해설 ③ 3개 이상 → 2개 이상

제연구역의 **구획**

(1) 1제연구역의 면적은 **1000m²** 이내로 할 것 보기 ①

(2) 거실과 통로는 **각각 제연구획**할 것

(3) 통로상의 제연구역은 보행중심선의 길이가 **60m**를 초과하지 않을 것 보기 ④

(4) 1제연구역은 직경 **60m** 원 내에 들어갈 것 보기 ②

(5) 1제연구역은 **2개** 이상의 층에 미치지 않을 것 보기 ③

기억법 제10006(충북 **제천**에 **육**교 있음)
2개제(이게 제목이야!)

답 ③

┃2022년 기사 제4회 필기시험 CBT 기출복원문제┃				수험번호	성명
자격종목	종목코드	시험시간	형별		
소방설비기사(기계분야)		**2시간**			

※ 각 문항은 4지택일형으로 질문에 가장 적합한 보기 항을 선택하여 체크하여야 합니다.

제 1 과목　소방원론

★★★

01 제5류 위험물인 자기반응성 물질의 성질 및 소화에 관한 사항으로 가장 거리가 먼 것은?

16.05.문10
15.09.문58
14.09.문13

① 연소속도가 빨라 폭발적인 경우가 많다.

② 질식소화가 효과적이며, 냉각소화는 불가능하다.

③ 대부분 산소를 함유하고 있어 자기연소 또는 내부연소를 한다.

④ 가열, 충격, 마찰에 의해 폭발의 위험이 있는 것이 있다.

 ② 냉각소화가 효과적이며, 질식소화는 불가능하다.

제5류 위험물 : 자기반응성 물질(자기연소성 물질)

구 분	설 명
특징	① 연소속도가 빨라 **폭발**적인 경우가 많다. 보기 ① ③ 대부분 **산소**를 **함유**하고 있어 자기연소 또는 **내부연소**를 한다. 보기 ③ ④ 가열, 충격, 마찰에 의해 **폭발**의 **위험**이 있는 것이 있다. 보기 ④
소화방법	대량의 물에 의한 **냉각소화**가 효과적이다. 보기 ②
종류	• 유기과산화물 · 나이트로화합물 · 나이트로소화합물 • 질산에스터류(**셀**룰로이드) · 하이드라진유도체 • 아조화합물 · 다이아조화합물

기억법 **5자셀**

중요

위험물의 소화방법

종 류	소화방법
제1류	물에 의한 **냉각소화**(단, **무기과산화물**은 **마른모래** 등에 의한 질식소화)
제2류	물에 의한 **냉각소화**(단, **금속분**은 **마른모래** 등에 의한 질식소화)
제3류	마른모래, 팽창질석, 팽창진주암에 의한 소화(마른모래보다 **팽창질석** 또는 **팽창진주암**이 더 효과적)
제4류	포 · 분말 · CO_2 · 할론소화약제에 의한 **질식소화**
제5류	화재 초기에만 대량의 물에 의한 **냉각소화**(단, 화재가 진행되면 자연진화되도록 기다릴 것)
제6류	마른모래 등에 의한 **질식소화**

답 ②

★★★

02 0℃, 1기압에서 44.8m³의 용적을 가진 이산화탄소를 액화하여 얻을 수 있는 액화탄산가스의 무게는 약 몇 kg인가?

20.06.문17
18.09.문11
14.09.문07
12.03.문19
06.09.문13
97.03.문03

① 44

② 22

③ 11

④ 88

(1) 기호

- T : 0℃=(273+0℃)K
- P : 1기압=1atm
- V : 44.8m³
- m : ?

(2) 이상기체상태 방정식

$$PV = nRT$$

여기서, P : 기압[atm]

V : 부피[m³]

n : 몰수 $\left(n=\dfrac{m(질량)[kg]}{M(분자량)[kg/kmol]}\right)$

R : 기체상수(0.082atm · m³/kmol · K)

T : 절대온도(273+℃)[K]

$PV=\dfrac{m}{M}RT$에서

$m=\dfrac{PVM}{RT}$

$=\dfrac{1atm \times 44.8m^3 \times 44kg/kmol}{0.082atm \cdot m^3/kmol \cdot K \times (273+0℃)K}$

$≒88kg$

- 이산화탄소 분자량(M)=44kg/kmol

답 ④

★★★
03 부촉매효과에 의한 소화방법으로 옳은 것은?

19.09.문13
18.09.문19
17.05.문06
16.03.문08
15.03.문17
14.03.문19
11.10.문19
03.08.문11

① 산소의 농도를 낮추어 소화하는 방법이다.
② 용융잠열에 의한 냉각효과를 이용하여 소화하는 방법이다.
③ 화학반응으로 발생한 이산화탄소에 의한 소화방법이다.
④ 활성기(free radical)에 의한 연쇄반응을 억제하는 소화방법이다.

해설
```
① 질식소화
② 냉각소화
③ 질식소화
```

소화의 형태

소화형태	설 명
냉각소화	• **점화원**을 냉각하여 소화하는 방법 • **증**발잠열을 이용하여 열을 빼앗아 가연물의 온도를 떨어뜨려 화재를 진압하는 소화 방법 • **다량**의 **물**을 뿌려 소화하는 방법 • 가연성 물질을 발화점 이하로 **냉각** • **식용유화재**에 신선한 **야채**를 넣어 소화 • 용융잠열에 의한 **냉각효과**를 이용하여 소화하는 방법 보기 ② [기억법] 냉점증발
질식소화	• 공기 중의 **산소농도**를 **16%**(10~15%) 이하로 희박하게 하여 소화하는 방법 • 산화제의 농도를 낮추어 연소가 지속될 수 없도록 하는 방법 • 산소공급을 차단하는 소화방법 • 산소의 농도를 낮추어 소화하는 방법 보기 ① • 화학반응으로 발생한 **탄산가스**(이산화탄소)에 의한 소화방법 보기 ③ [기억법] 질산
제거소화	• **가연물**을 **제거**하여 소화하는 방법

부촉매소화 (화학소화, 부촉매효과)	• **연쇄반응**을 **차단**하여 소화하는 방법 • 화학적인 방법으로 화재억제 • **활성기**(free radical)의 **생성**을 **억제**하는 소화방법 보기 ④ [기억법] 부억(부엌)
희석소화	• 기체 · 고체 · 액체에서 나오는 분해가스나 증기의 농도를 낮춰 소화하는 방법

답 ④

★★
04 제1종 분말소화약제가 요리용 기름이나 지방질 기름의 화재시 소화효과가 탁월한 이유에 대한 설명으로 가장 옳은 것은?

16.05.문04
11.03.문14

① 아이오딘화반응을 일으키기 때문이다.
② 비누화반응을 일으키기 때문이다.
③ 브로민화반응을 일으키기 때문이다.
④ 질화반응을 일으키기 때문이다.

해설 **비누화현상**(saponification phenomenon)

구 분	설 명
정의	**소화약제**가 식용유에서 분리된 **지방산**과 **결합**해 **비누거품**처럼 부풀어 오르는 현상
적응소화약제	제1종 분말소화약제
적응성	• 요리용 기름 보기 ② • 지방질 기름 보기 ②
발생원리	에스터가 알칼리에 의해 가수분해되어 알코올과 산의 알칼리염이 됨
화재에 미치는 효과	주방의 식용유화재시에 나트륨이 기름을 둘러싸 외부와 분리시켜 **질식소화** 및 **재발화 억제효과** 비누화현상
화학식	$RCOOR' + NaOH \rightarrow RCOONa + R'OH$

- 비누화반응=비누화현상

답 ②

★
05 위험물안전관리법령상 제4류 위험물인 알코올류에 속하지 않는 것은?

15.03.문08

① C_4H_9OH ② CH_3OH
③ C_2H_5OH ④ C_3H_7OH

해설 ① 부틸알코올(C_4H_9OH)은 해당없음

위험물령 〔별표 1〕
위험물안전관리법령상 알코올류
(1) 메틸알코올(CH_3OH) 보기 ②
(2) 에틸알코올(C_2H_5OH) 보기 ③
(3) 프로필알코올(C_3H_7OH) 보기 ④

(4) 변성알코올

(5) 퓨젤유

> **중요**
>
> **위험물령 〔별표 1〕**
> **알코올류의 필수조건**
> (1) 1기압, 20℃에서 **액체**상태일 것
> (2) 1분자 내의 탄소원자수가 **5개** 이하일 것
> (3) 포화**1가** 알코올일 것
> (4) 수용액의 농도가 **60vol%** 이상일 것

답 ①

★★★
06 플래시오버(flash over)현상에 대한 설명으로 옳은 것은?

20.09.문14
14.05.문18
14.03.문11
13.06.문17
11.06.문11

① 실내에서 가연성 가스가 축적되어 발생되는 폭발적인 착화현상

② 실내에서 에너지가 느리게 집적되는 현상

③ 실내에서 가연성 가스가 분해되는 현상

④ 실내에서 가연성 가스가 방출되는 현상

> **해설** **플래시오버**(flash over) : 순발연소
> (1) **실내**에서 폭발적인 착화현상 [보기 ①]
> (2) 폭발적인 **화재확대현상**
> (3) 건물화재에서 발생한 가연성 가스가 일시에 인화하여 화염이 **충**만하는 단계
> (4) 실내의 가연물이 연소됨에 따라 생성되는 가연성 가스가 실내에 누적되어 **폭**발적으로 연소하여 실 전체가 순간적으로 불길에 싸이는 현상
> (5) **옥내화재**가 서서히 진행하여 열이 축적되었다가 일시에 화염이 크게 발생하는 상태
> (6) **다량**의 가연성 가스가 동시에 연소되면서 **급**격한 온도상승을 유발하는 현상
> (7) 건축물에서 한순간에 폭발적으로 화재가 확산되는 현상

> **기억법** **플확충 폭급**

> • 플래시오버＝플래쉬오버

> **비교**
>
> (1) **패닉(panic)현상**
> 인간의 비이성적인 또는 부적합한 **공포반응행동**으로서 무모하게 높은 곳에서 뛰어내리는 행위라든지, 몸이 굳어서 움직이지 못하는 행동
> (2) **굴뚝효과**(stack effect)
> ㉠ 건물 내외의 **온도차**에 따른 공기의 흐름현상이다.
> ㉡ 굴뚝효과는 **고층건물**에서 주로 나타난다.
> ㉢ 평상시 건물 내의 기류분포를 지배하는 중요 요소이며 화재시 연기의 **이동**에 큰 영향을 미친다.
> ㉣ 건물 외부의 온도가 내부의 온도보다 높은 경우 저층부에서는 내부에서 외부로 공기의 흐름이 생긴다.
> (3) **블레비(BLEVE)＝블레이브(BLEVE)현상**
> 과열상태의 탱크에서 내부의 액화가스가 분출하여 기화되어 폭발하는 현상
> ㉠ 가연성 액체
> ㉡ 화구(fire ball)의 형성
> ㉢ 복사열의 대량 방출

답 ①

★
07 다음 중 건물의 화재하중을 감소시키는 방법으로서 가장 적합한 것은?

① 건물 높이의 제한

② 내장재의 불연화

③ 소방시설증강

④ 방화구획의 세분화

> **해설** **화재하중을 감소시키는 방법**
> (1) 내장재의 **불연화** [보기 ②]
> (2) **가연물의 수납** : 불연화가 불가능한 서류 등의 가연물은 불연성 밀폐용기에 보관
> (3) **가연물의 제한** : 가연물을 필요 최소단위로 보관하여 가연물의 양을 줄임

> **용어**

화재하중	화재가혹도
① 가연물 등의 **연소시 건축물의 붕괴** 등을 고려하여 설계하는 하중 ② 화재실 또는 화재구획의 **단위면적당 가연물의 양** ③ 일반건축물에서 가연성의 건축구조재와 **가연성 수용물의 양**으로서 건물 화재시 발열량 및 화재 위험성을 나타내는 용어 ④ 화재하중이 크면 단위면적당의 발열량이 크다. ⑤ 화재하중이 같더라도 물질의 상태에 따라 가혹도는 달라진다. ⑥ 화재하중은 화재구획실 내의 가연물 총량을 목재 중량당비로 환산하여 면적으로 나눈 수치이다. ⑦ 건물화재에서 가열온도의 정도를 의미한다. ⑧ 건물의 내화설계시 고려되어야 할 사항이다.	화재로 인하여 건물 내에 수납되어 있는 재산 및 건물 자체에 손상을 주는 능력의 정도

$$q = \frac{\Sigma G_t H_t}{HA} = \frac{\Sigma Q}{4500A}$$

여기서,

q : 화재하중[kg/m²] 또는 [N/m²]

G_t : 가연물의 양[kg]

H_t : 가연물의 단위발열량 [kcal/kg]

H : 목재의 단위발열량 [kcal/kg](4500kcal/kg)

A : 바닥면적[m²]

ΣQ : 가연물의 전체 발열량 [kcal]

답 ②

★★★
08 자연발화가 일어나기 쉬운 조건이 아닌 것은?

20.09.문05
18.04.문02
16.10.문05
16.03.문14
15.05.문19
15.03.문09
14.09.문09
14.09.문17
12.03.문09
10.03.문13

① 적당량의 수분이 존재할 것
② 열전도율이 클 것
③ 주위의 온도가 높을 것
④ 표면적이 넓을 것

해설 ② 클 것 → 작을 것

자연발화의 방지법	자연발화 조건
① 습도가 높은 곳을 피할 것(**건조하게 유지**할 것)	① 열전도율이 작을 것 보기 ②
② 저장실의 온도를 낮출 것	② 발열량이 클 것
③ 통풍이 잘 되게 할 것	③ 주위의 온도가 높을 것 보기 ③
④ 퇴적 및 수납시 열이 쌓이지 않게 할 것(**열축적 방지**)	④ 표면적이 넓을 것 보기 ④
⑤ 산소와의 접촉을 차단할 것	⑤ 적당량의 수분이 존재할 것 보기 ①
⑥ **열전도성**을 좋게 할 것	

답 ②

★★★
09 건축물 화재에서 플래시오버(flash over) 현상이 일어나는 시기는?

21.09.문09
15.09.문07
11.06.문11

① 초기에서 성장기로 넘어가는 시기
② 성장기에서 최성기로 넘어가는 시기
③ 최성기에서 감쇠(퇴)기로 넘어가는 시기
④ 감쇠(퇴)기에서 종기로 넘어가는 시기

해설 플래시오버(flash over)

구 분	설 명
발생시간	화재발생 후 **5~6분경**
발생시점	**성장기~최성기**(성장기에서 최성기로 넘어가는 분기점) 보기 ② 기억법 플성최
실내온도	약 800~900℃

답 ②

★★★
10 물속에 저장할 때 안전한 물질은?

21.03.문15
17.03.문11
16.05.문19
16.03.문07
10.03.문09
09.03.문16

① 나트륨
② 수소화칼슘
③ 탄화칼슘
④ 이황화탄소

해설 물질에 따른 **저장장소**

물 질	저장장소
황린, **이**황화탄소(CS_2) 보기 ④	**물속**

나이트로셀룰로오스	알코올 속
칼륨(K), 나트륨(Na), 리튬(Li)	석유류(등유) 속
알킬알루미늄	벤젠액 속
아세틸렌(C_2H_2)	디메틸포름아미드(DMF), 아세톤에 용해
수소화칼슘	**환기**가 잘 되는 내화성 **냉암소**에 보관
탄화칼슘(칼슘카바이드)	습기가 없는 **밀폐용기**에 저장하는 곳

기억법 황물이(황토색 **물이** 나온다.)

중요

산화프로필렌, 아세트알데하이드
구리, **마**그네슘, **은**, **수**은 및 그 합금과 저장 금지
기억법 구마은수

답 ④

★
11 화재에 관한 설명으로 옳은 것은?

① PVC 저장창고에서 발생한 화재는 D급 화재이다.
② 연소의 색상과 온도와의 관계를 고려할 때 일반적으로 휘백색보다는 휘적색의 온도가 높다.
③ PVC 저장창고에서 발생한 화재는 B급 화재이다.
④ 연소의 색상과 온도와의 관계를 고려할 때 일반적으로 암적색보다는 휘적색의 온도가 높다.

해설
① D급 화재 → A급 화재
② 높다 → 낮다
③ B급 화재 → A급 화재

(1) PVC나 폴리에틸렌의 저장창고에서 발생한 화재는 **A급 화재**이다.
(2) **연소의 색과 온도**

색	온 도[℃]
암적색(진홍색)	700~750
적색	850
휘적색(주황색)	925~950
황적색	1100
백적색(백색)	1200~1300
휘백색	1500

답 ④

★★ 12
15.05.문07
10.09.문16

표준상태에서 44g의 프로판 1몰이 완전연소할 경우 발생한 이산화탄소의 부피는 약 몇 L인가?

① 22.4

② 44.8

③ 89.6

④ 67.2

해설 **프로판 연소반응식**

프로판(C_3H_8)이 **연소**되므로 **산소**(O_2)가 필요함

$aC_3H_8 + bO_2 \rightarrow cCO_2 + dH_2O$

$C : 3\overset{a}{a} = \overset{3}{c}$

$H : 8\overset{a}{a} = 2\overset{3}{d}$

$O : 2b = 2\overset{3}{c} + \overset{4}{d}$

①C_3H_8 + ⑤O_2 → ③CO_2 + ④H_2O

1mol → 3mol
22.4L → x

• **22.4L** : 표준상태에서 1mol의 기체는 0℃ 기압에서 22.4L를 가짐

$1\text{mol} \times x = 3\text{mol} \times 22.4\text{L}$

$x = \dfrac{3\text{mol} \times 22.4\text{L}}{1\text{mol}} = 67.2\text{L}$

답 ④

★★★ 13
19.04.문19
14.09.문14
13.09.문01
13.06.문08

표면온도가 350℃인 전기히터의 표면온도를 750℃로 상승시킬 경우, 복사에너지는 처음보다 약 몇 배로 상승되는가?

① 1.64

② 2.14

③ 7.27

④ 21.08

해설 **(1) 기호**

• T_1 : 350℃ = (273+350)K

• T_2 : 750℃ = (273+750)K

• $\dfrac{Q_2}{Q_1}$: ?

(2) 스테판-볼츠만의 법칙(Stefan-Boltzman's law)

$Q = aAF(T_1^4 - T_2^4) \propto T^4$ 이므로

$\dfrac{Q_2}{Q_1} = \dfrac{T_2^4}{T_1^4} = \dfrac{(273+t_2)^4}{(273+t_1)^4} = \dfrac{(273+750)^4}{(273+350)^4} ≒ 7.27$

• 열복사량은 복사체의 **절대온도**의 **4제곱**에 **비례**하고, **단면적**에 **비례**한다.

참고

스테판-볼츠만의 법칙(Stefan-Boltzman's law)

$$Q = aAF(T_1^4 - T_2^4)$$

여기서, Q : 복사열[W]

a : 스테판-볼츠만 상수[W/m² · K⁴]

A : 단면적[m²]

F : 기하학적 Factor

T_1 : 고온[K]

T_2 : 저온[K]

답 ③

★★ 14
15.05.문15
13.03.문10

화재를 발생시키는 에너지인 열원의 물리적 원인으로만 나열한 것은?

① 압축, 분해, 단열

② 마찰, 충격, 단열

③ 압축, 단열, 용해

④ 마찰, 충격, 분해

해설 **물리적 원인 vs 화학적 원인**

물리적 원인	화학적 원인
① **마찰**	① 분해
② **충격**	② 중합
③ **단열**	③ 흡착
④ **압축**	④ 용해

 기억법 **마충단압**

답 ②

★★ 15
21.05.문20
17.05.문03

메탄 80vol%, 에탄 15vol%, 프로판 5vol%인 혼합가스의 공기 중 폭발하한계는 약 몇 vol%인가? (단, 메탄, 에탄, 프로판의 공기 중 폭발하한계는 5.0vol%, 3.0vol%, 2.1vol%이다.)

① 4.28 ② 3.61

③ 3.23 ④ 4.02

해설 **혼합가스의 폭발하한계**

$$\dfrac{100}{L} = \dfrac{V_1}{L_1} + \dfrac{V_2}{L_2} + \dfrac{V_3}{L_3}$$

여기서, L : 혼합가스의 폭발하한계[vol%]

L_1, L_2, L_3 : 가연성 가스의 폭발하한계[vol%]

V_1, V_2, V_3 : 가연성 가스의 용량[vol%]

$\dfrac{100}{L} = \dfrac{V_1}{L_1} + \dfrac{V_2}{L_2} + \dfrac{V_3}{L_3}$

$\dfrac{100}{L} = \dfrac{80}{5.0} + \dfrac{15}{3.0} + \dfrac{5}{2.1}$

$$\frac{100}{\frac{80}{5.0}+\frac{15}{3.0}+\frac{5}{2.1}}=L$$

$$L=\frac{100}{\frac{80}{5.0}+\frac{15}{3.0}+\frac{5}{2.1}}≒4.28\text{vol\%}$$

- 단위가 원래는 [vol%] 또는 [v%], [vol.%]인데 줄여서 [%]로 쓰기도 한다.

답 ①

★★★ 16 Halon 1301의 증기비중은 약 얼마인가? (단, 원자량은 C : 12, F : 19, Br : 80, Cl : 35.5이고, 공기의 평균 분자량은 29이다.)

20.06.문13
19.03.문18
16.03.문01
15.03.문05
14.09.문15
12.09.문18
07.05.문17

① 6.14
② 7.14
③ 4.14
④ 5.14

해설 (1) **증기비중**

$$증기비중=\frac{분자량}{29}$$

여기서, 29 : 공기의 평균 분자량

(2) **분자량**

원 소	원자량
H	1
C →	12
N	14
O	16
F →	19
Cl	35.5
Br →	80

Halon 1301(CF_3Br) 분자량 $=12+19×3+80=149$

증기비중 $=\dfrac{149}{29}≒5.14$

- 증기비중 =가스비중

중요

할론소화약제의 약칭 및 분자식

종 류	약 칭	분자식
할론 1011	CB	CH_2ClBr
할론 104	CTC	CCl_4
할론 1211	BCF	$CF_2ClBr(CClF_2Br)$
할론 1301 →	BTM	CF_3Br
할론 2402	FB	$C_2F_4Br_2$

답 ④

★★★ 17 조연성 가스로만 나열한 것은?

21.03.문08
20.09.문20
17.03.문07
16.10.문03
16.03.문04
14.05.문10
12.09.문08
11.10.문02

① 산소, 이산화탄소, 오존
② 산소, 불소, 염소
③ 질소, 불소, 수증기
④ 질소, 이산화탄소, 염소

해설 **가연성 가스**와 **지연성 가스**

가연성 가스	지연성 가스(조연성 가스)
• 수소 • 메탄 • 일산화탄소 • 천연가스 • 부탄 • 에탄 • 암모니아 • 프로판	• 산소 보기② • 공기 • 염소 보기② • 오존 • 불소 보기②

기억법 조산공 염불오

기억법 가수일천 암부 메에프

용어

가연성 가스와 **지연성 가스**

가연성 가스	지연성 가스(조연성 가스)
물질 자체가 연소하는 것	자기 자신은 연소하지 않지만 연소를 도와주는 가스

답 ②

★★★ 18 다음 중 연소범위에 따른 위험도값이 가장 큰 물질은?

21.03.문11
20.06.문19
19.03.문03
18.03.문18

① 이황화탄소
② 수소
③ 일산화탄소
④ 메탄

해설 **위험도**

$$H=\frac{U-L}{L}$$

여기서, H : 위험도(degree of Hazards)
U : 연소상한계(Upper limit)
L : 연소하한계(Lower limit)

(1) **이황화탄소** $=\dfrac{50-1}{1}=49$

(2) **수소** $=\dfrac{75-4}{4}=17.75$

(3) **일산화탄소** $=\dfrac{75-12}{12}=5.25$

(4) **메탄** $=\dfrac{15-5}{5}=2$

공기 중의 폭발한계(상온, 1atm)

가 스	하한계 [vol%]	상한계 [vol%]
아세틸렌(C_2H_2)	2.5	81
수소(H_2) 보기 ②	4	75
일산화탄소(CO) 보기 ③	12	75
에터(($C_2H_5)_2O$)	1.7	48
이황화탄소(CS_2) 보기 ①	1	50
에틸렌(C_2H_4)	2.7	36
암모니아(NH_3)	15	25
메탄(CH_4) 보기 ④	5	15
에탄(C_2H_6)	3	12.4
프로판(C_3H_8)	2.1	9.5
부탄(C_4H_{10})	1.8	8.4

- 연소한계=연소범위=가연한계=가연범위=폭발한계=폭발범위

답 ①

가연성 가스와 지연성 가스

가연성 가스	지연성 가스(조연성 가스)
• **수**소 • **메**탄 보기 ② • **일**산화탄소 보기 ④ • **천**연가스 • **부**탄 • **에**탄 • **암**모니아 • **프**로판 보기 ③	• **산**소 • **공**기 • **염**소 • **오**존 • **불**소

가수일천 암부 메에프

지연성 가스 기억법: **조산공 염불오**

가연성 가스와 지연성 가스

가연성 가스	지연성 가스(조연성 가스)
물질 자체가 연소하는 것	자기 자신은 연소하지 않지만 연소를 도와주는 가스

답 ①

★★★
19 알킬알루미늄 화재시 사용할 수 있는 소화약제로 가장 적당한 것은?

21.05.문13
16.05.문20
07.09.문03

① 팽창진주암
② 물
③ Halon 1301
④ 이산화탄소

해설 **위험물의 소화약제**

위험물	소화약제
• 알킬알루미늄 • 알킬리튬	• 마른모래 • 팽창질석 • 팽창진주암 보기 ①

답 ①

★★★
20 다음 중 가연성 가스가 아닌 것은?

21.03.문08
20.09.문20
17.03.문07
16.10.문03
16.03.문04
14.05.문10
12.09.문04
11.10.문02

① 아르곤
② 메탄
③ 프로판
④ 일산화탄소

해설 ① 아르곤 : 불연성 가스(불활성 가스)

소방유체역학

★★★
21 액체와 고체가 접촉하면 상호 부착하려는 성질을 갖는데 이 부착력과 액체의 응집력의 크기의 차이에 의해 일어나는 현상은 무엇인가?

21.03.문23
15.05.문33
13.09.문27
10.05.문35

① 모세관현상
② 공동현상
③ 점성
④ 뉴턴의 마찰법칙

해설 **모세관현상**(capillarity in tube)
(1) 액체분자들 사이의 **응집력**과 고체면에 대한 **부착력**의 차이에 의하여 관내 액체표면과 자유표면 사이에 **높이 차이**가 나타나는 것
(2) 액체와 고체가 접촉하면 상호 **부착**하려는 **성질**을 갖는데 이 **부착력**과 액체의 **응집력**의 **상대적 크기**에 의해 일어나는 현상 보기 ①

$$h = \frac{4\sigma \cos \theta}{\gamma D}$$

여기서, h : 상승높이[m]
σ : 표면장력[N/m]
θ : 각도(접촉각)
γ : 비중량(물의 비중량 9800N/m³)
D : 관의 내경[m]

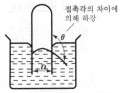

(a) 물(H₂O) : 응집력＜부착력 (b) 수은(Hg) : 응집력＞부착력

│ 모세관현상 │

답 ①

---

22 역 Carnot 사이클로 작동하는 냉동기가 300K의
14.05.문37 고온열원과 250K의 저온열원 사이에서 작동한다.
이 냉동기의 성능계수는 얼마인가?

① 6 ② 2

③ 5 ④ 3

해설 **(1) 기호**

- T_H : 300K
- T_L : 250K
- β : ?

(2) 냉동기의 성능계수

$$\beta = \frac{Q_L}{Q_H - Q_L} = \frac{T_L}{T_H - T_L}$$

여기서, β : 냉동기의 성능계수
Q_L : 저열[kJ]
Q_H : 고열[kJ]
T_L : 저온[K]
T_H : 고온[K]

냉동기의 성능계수

$$\beta = \frac{T_L}{T_H - T_L} = \frac{250K}{300K - 250K} = 5$$

답 ③

---

23 그림에서 1m×3m의 사각 평판이 수면과 45° 기
12.03.문29 울어져 물에 잠겨있다. 한쪽 면에 작용하는 유체
력의 크기(F)와 작용점의 위치(y_f)는 각각 얼마
인가?

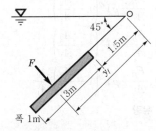

폭 1m

① $F = 62.4$kN, $y_f = 3.25$m

② $F = 132.3$kN, $y_f = 3.25$m

③ $F = 132.3$kN, $y_f = 3.5$m

④ $F = 62.4$kN, $y_f = 3.5$m

해설 **(1) 기호**

- b : 1m
- h : 3m
- A : (1×3)m²
- θ : 45°
- y : 3m
- F : ?
- y_f : ?

(2) 전압력

$$F = \gamma y \sin\theta A = \gamma h A$$

여기서, F : 전압력[kN]
γ : 비중량(물의 비중량 9.8kN/m³)
y : 표면에서 수문 중심까지의 경사거리[m]
h : 표면에서 수문 중심까지의 수직거리[m]
A : 수문의 단면적[m²]

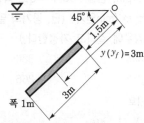

전압력 F는

$$\begin{aligned}F &= \gamma y \sin\theta A \\ &= 9.8\text{kN/m}^3 \times 3\text{m} \times \sin45° \times (1 \times 3)\text{m}^2 \\ &= 62.4\text{kN}\end{aligned}$$

(3) 작용점 깊이

명 칭	구형(rectangle)
형 태	b / I_c / h / Y_c
A (면적)	$A = bh$
y_c (중심위치)	$y_c = y$
I_c (관성능률)	$I_c = \dfrac{bh^3}{12}$

$$y_p = y_c + \frac{I_c}{A y_c}$$

여기서, $y_p(y_f)$: 작용점 깊이(작용위치)[m]
y_c : 중심위치[m]
I_c : 관성능률$\left(I_c = \dfrac{bh^3}{12}\right)$
A : 단면적[m²]$(A = bh)$

작용점 깊이 y_f는

$$\begin{aligned}y_f &= y_c + \frac{I_c}{A y_c} \\ &= y + \frac{\frac{bh^3}{12}}{(bh)y} = 3\text{m} + \frac{\frac{1\text{m} \times (3\text{m})^3}{12}}{(1 \times 3)\text{m}^2 \times 3\text{m}} \fallingdotseq 3.25\text{m}\end{aligned}$$

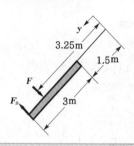

답 ①

24

어떤 팬이 1750rpm으로 회전할 때의 전압은 155mmAq, 풍량은 240m³/min이다. 이것과 상사한 팬을 만들어 1650rpm, 전압 200mmAq로 작동할 때 풍량은 약 몇 m³/min인가? (단, 공기의 밀도와 비속도는 두 경우에 같다고 가정한다.)

① 396
② 386
③ 356
④ 366

 (1) **기호**

- N_1 : 1750rpm
- H_1 : 155mmAq=0.155mAq=0.155m(1000mm= 1m, Aq 생략 가능)
- Q_1 : 240m³/min
- N_2 : 1650rpm
- H_2 : 200mmAq=0.2mAq=0.2m(1000mm=1m, Aq 생략 가능)
- Q_2 : ?

(2) **비교회전도**(비속도)

$$N_s = N \frac{\sqrt{Q}}{\left(\dfrac{H}{n}\right)^{\frac{3}{4}}}$$

여기서, N_s : 펌프의 비교회전도(비속도)
$[m^3/min \cdot m/rpm]$
N : 회전수[rpm]
Q : 유량[m³/min]
H : 양정[m]
n : 단수

펌프의 비교회전도 N_s 는

$$N_s = N_1 \frac{\sqrt{Q_1}}{\left(\dfrac{H_1}{n}\right)^{\frac{3}{4}}} = 1750rpm \times \frac{\sqrt{240m^3/min}}{(0.155m)^{\frac{3}{4}}}$$

$$= 109747.5m^3/min \cdot m/rpm$$

- n : 주어지지 않았으므로 무시

펌프의 비교회전도 N_{s2} 는

$$N_{s2} = N_2 \frac{\sqrt{Q_2}}{\left(\dfrac{H_2}{n}\right)^{\frac{3}{4}}}$$

$$109747.5m^3/min \cdot m/rpm = 1650rpm \times \frac{\sqrt{Q_2}}{(0.2m)^{\frac{3}{4}}}$$

$$\frac{109747.5m^3/min \cdot m/rpm \times (0.2m)^{\frac{3}{4}}}{1650rpm} = \sqrt{Q_2}$$

$$\sqrt{Q_2} = \frac{109747.5m^3/min \cdot m/rpm \times (0.2m)^{\frac{3}{4}}}{1650rpm} \leftarrow \text{좌우 이항}$$

$$\left(\sqrt{Q_2}\right)^2 = \left(\frac{109747.5 \times (0.2m)^{\frac{3}{4}}}{1650rpm}\right)^2$$

$$Q_2 \fallingdotseq 396m^3/min$$

용어

비속도(비교회전도)
펌프의 성능을 나타내거나 가장 적합한 **회전수**를 결정하는 데 이용되며, **회전자**의 **형상**을 나타내는 척도가 된다.

답 ①

25

그림과 같은 면적 A_1인 원형관의 출구에 노즐이 볼트로 연결되어 있으며 노즐 끝의 면적은 A_2이고 노즐 끝(2 지점)에서 물의 속도는 V, 물의 밀도는 ρ이다. 전체 볼트에 작용하는 힘이 F_B일 때, 1 지점에서의 게이지압력을 구하는 식은?

① $\dfrac{F_B}{A_1} - \rho V^2 \left(1 - \dfrac{A_2}{A_1}\right)\dfrac{A_2}{A_1}$

② $\dfrac{F_B}{A_1} - \rho V^2 \left(1 - \dfrac{A_2}{A_1}\right)$

③ $\dfrac{F_B}{A_1} - \rho V^2 \left(1 + \dfrac{A_2}{A_1}\right)$

④ $\dfrac{F_B}{A_1} + \rho V^2 \left(1 - \dfrac{A_2}{A_1}\right)\dfrac{A_2}{A_1}$

해설 (1) **유량**

$$Q = AV = \left(\frac{\pi}{4}D^2\right)V \cdots \cdots ㉠$$

여기서, Q : 유량[m³/s]
A : 단면적[m²]
V : 유속[m/s]
D : 지름[m]

(2) **힘**

$$F = PA = \rho QV \cdots\cdots \text{©}$$

여기서, F : 힘[N]

　　　P : 압력[N/m²]

　　　A : 단면적[m²]

　　　ρ : 밀도(물의 밀도 1000N·s²/m⁴)

　　　Q : 유량[m³/s]

　　　V : 유속[m/s]

(3) **비압축성 유체**

$$\frac{V_1}{V_2} = \frac{A_2}{A_1} = \left(\frac{D_2}{D_1}\right)^2 \cdots\cdots \text{©}$$

여기서, V_1, V_2 : 유속[m/s]

　　　A_1, A_2 : 단면적[m²]

　　　D_1, D_2 : 직경[m]

$$P_1 A_1 + \rho Q_1 V_1 = P_2 A_2 + \rho Q_2 V_2 + F_B$$

(4) **힘**

$$P_1 A_1 + \rho A_1 V_1{}^2 = P_2 A_2 + \rho A_2 V_2{}^2 + F_B$$

여기서, P_1 : 노즐 상류쪽의 게이지압력[N/m²]

　　　A_1 : 원형관의 단면적[m²]

　　　ρ : 밀도(물의 밀도 1000N·s²/m⁴)

　　　Q_1 : 노즐 상류쪽의 유량[m³/s]

　　　V_1 : 노즐 상류쪽의 유속[m/s]

　　　P_2 : 노즐 끝의 게이지압력[N/m²]

　　　A_2 : 노즐 끝의 단면적[m²]

　　　Q_2 : 노즐 끝의 유량[m³/s]

　　　V_2 : 노즐 끝쪽의 유속[m/s]

　　　F_B : 볼트 전체에 작용하는 힘[N]

$$P_1 A_1 + \rho A_1 V_1{}^2 = P_2 A_2 + \rho A_2 V_2{}^2 + F_B$$

노즐 끝은 대기압 상태이므로 노즐 끝의 게이지압력

$P_2 \fallingdotseq 0$

$$P_1 A_1 + \rho A_1 V_1{}^2 = P_2 A_2 + \rho A_2 V_2{}^2 + F_B$$

$$P_1 A_1 = F_B + \rho A_2 V_2{}^2 - \rho A_1 V_1{}^2$$

©식에서 $\dfrac{V_1}{V_2} = \dfrac{A_2}{A_1}$ 이므로 $V_1 = \dfrac{A_2}{A_1} V_2$

$$P_1 A_1 = F_B + \rho A_2 V_2{}^2 - \rho A_1 \cdot \left(\frac{A_2}{A_1} \cdot V_2\right)^2$$

$$= F_B + \rho A_2 V_2{}^2 - \rho A_1 \cdot \frac{A_2{}^2}{A_1{}^2} \cdot V_2{}^2$$

$$= F_B + \rho V_2{}^2 \left(A_2 - \frac{A_2{}^2}{A_1}\right)$$

$$\boxed{P_1 = \frac{F_B}{A_1} + \frac{\rho V_2{}^2}{A_1}\left(A_2 - \frac{A_2{}^2}{A_1}\right)}$$

$$= \frac{F_B}{A_1} + \rho V^2\left(\frac{A_2}{A_1} - \frac{A_2{}^2}{A_1{}^2}\right) = \frac{F_B}{A_1} + \rho V^2\left(1 - \frac{A_2}{A_1}\right)\frac{A_2}{A_1}$$

비교

(1) **반발력**

$$F = P_1 A_1 - \rho Q(V_2 - V_1)$$

여기서, F : 반발력[N]

　　　P_1 : 노즐 상류 쪽의 게이지압력[N/m²] 또는 [Pa]

　　　A_1 : 원형 관(호스)의 단면적[m²]

　　　ρ : 밀도(물의 밀도 1000kg/m³)

　　　Q : 방수량[m³/s]

　　　V_2 : 노즐의 평균유속[m/s]

　　　V_1 : 원형 관(호스)의 평균유속[m/s]

(2) **플랜지볼트**에 **작용**하는 **힘**

$$F = \frac{\gamma Q^2 A_1}{2g}\left(\frac{A_1 - A_2}{A_1 A_2}\right)^2$$

여기서, F : 플랜지볼트에 작용하는 힘[N]

　　　γ : 비중량(물의 비중량 9800N/m³)

　　　Q : 유량[m³/s]

　　　A_1 : 호스의 단면적[m²]

　　　A_2 : 노즐의 출구단면적[m²]

　　　g : 중력가속도(9.8m/s²)

답 ④

★★★
26 매분 670kJ의 열량을 공급받아 6kW의 출력을 발생하는 열기관의 열효율은?

21.05.문26
17.09.문32
12.03.문37

① 0.57　　　　　② 0.54

③ 0.72　　　　　④ 0.42

해설 (1) **기호**

- Q_H : 670kJ/min

- W : 6kW=6kJ/s=6kJ/$\dfrac{1}{60}$min=6×60kJ/min

　　　 =360kJ/min(1kW=1kJ/s, 1s=$\dfrac{1}{60}$min)

- η : ?

(2) **출력**(일)

$$W = Q_H\left(1 - \frac{T_L}{T_H}\right) \cdots\cdots \text{⊙}$$

여기서, W : 출력(일)[kJ]

　　　Q_H : 고온열량[kJ]

　　　T_L : 저온(273+℃)[K]

　　　T_H : 고온(273+℃)[K]

(3) **열효율**

$$\eta = 1 - \frac{T_L}{T_H} = 1 - \frac{Q_L}{Q_H} \cdots\cdots \text{©}$$

여기서, η : 카르노사이클의 열효율

T_L : 저온(273+℃)(K)

T_H : 고온(273+℃)(K)

Q_L : 저온열량(kJ)

Q_H : 고온열량(kJ)

ⓒ식에 ⓐ식을 대입하여 정리하면

$$\eta = \frac{W}{Q_H} = 1 - \frac{T_L}{T_H}$$

열효율 η는

$\eta = \dfrac{W}{Q_H} = \dfrac{360\text{kJ/min}}{670\text{kJ/min}} = 0.537 ≒ 0.54$

답 ②

★ 27 점성계수가 0.08kg/m · s이고 밀도가 800kg/m³인 유체의 동점성계수는 몇 cm²/s인가?

① 0.08

② 1.0

③ 0.0001

④ 8.0

해설 (1) **기호**

- μ : 0.08kg/m · s
- ρ : 800kg/m³
- ν : ?

(2) **동점성계수**

$$\nu = \frac{\mu}{\rho}$$

여기서, ν : 동점성계수(m²/s)

μ : 점성계수(kg/m · s)

ρ : 밀도(kg/m³)

동점성계수 $\nu = \dfrac{\mu}{\rho}$

$= \dfrac{0.08\text{kg/m} \cdot \text{s}}{800\text{kg/m}^3} = 1 \times 10^{-4}\text{m}^2/\text{s} = 1\text{cm}^2/\text{s}$

$(100\text{cm} = 10^2\text{cm} = 1\text{m}, \ (10^2\text{cm})^2 = 1\text{m}^2 = 10^4\text{cm}^2$

$= 10^{-4}\text{m}^2 = 1 \times 10^{-4}\text{m}^2 = 1\text{cm}^2)$

답 ②

★★★ 28 안지름이 25mm인 노즐 선단에서의 방수압력은 계기압력으로 5.8×10^5Pa이다. 이때 물의 방수량은 약 m³/s인가?

21.03.문37
19.09.문29
03.08.문30
00.03.문36

① 0.34

② 0.17

③ 0.017

④ 0.034

해설 (1) **기호**

- D : 25mm
- P : 5.8×10^5Pa = 0.58×10^6Pa = 0.58MPa (10^6Pa = 1MPa)
- Q : ?

(2) **방수량**

$$Q = 0.653D^2\sqrt{10P}$$

여기서, Q : 방수량(L/min)

D : 구경(mm)

P : 방수압(MPa)

방수량 Q는

$Q = 0.653D^2\sqrt{10P}$

$= 0.653 \times (25\text{mm})^2 \times \sqrt{10 \times 0.58\text{MPa}}$

$= 983\text{L/min}$

$= 0.983\text{m}^3/60\text{s}$ (1000L = 1m³, 1min = 60s)

$≒ 0.0163\text{m}^3/\text{s}$

($\therefore$ 유사한 $0.017\text{m}^3/\text{s}$ 가 정답)

답 ③

★★★ 29 파이프 내 흐르는 유체의 유량을 측정하는 장치가 아닌 것은?

20.06.문26
18.09.문28
16.03.문28
08.03.문37
01.09.문36
01.06.문25
99.08.문33

① 사각위어

② 로터미터

③ 오리피스미터

④ 벤투리미터

해설 ① 사각위어 : 개수로의 **유량** 측정

유량 · 유속 측정

배관의 유량 또는 유속 측정	개수로의 유량 측정
① 벤투리미터(벤투리관) 보기 ④	① 위어(삼각위어)
② 오리피스(오리피스미터) 보기 ③	② 위어(사각위어)
③ 로터미터 보기 ②	보기 ①
④ 노즐(유동노즐)	
⑤ 피토관	

 중요

측정기구의 용도

측정기구	설 명
피토관 (pitot tube)	유체의 **국부속도**를 측정하는 장치 ‖ 피토관 ‖
로터미터 (rotameter)	**부자**(float)의 오르내림에 의해서 배관 내의 **유량** 및 **유속**을 측정할 수 있는 기구

로터미터 (rotameter)	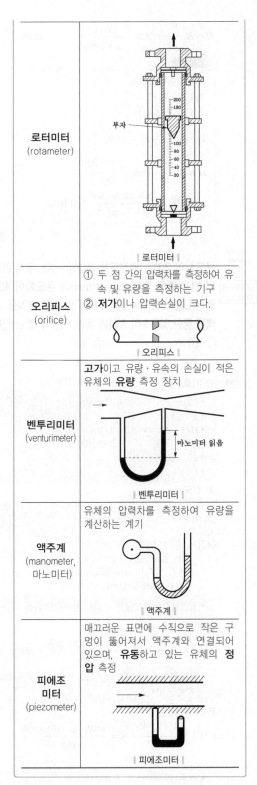 부자 200 180 100 80 60 40 20 | 로터미터 |
오리피스 (orifice)	① 두 점 간의 압력차를 측정하여 유속 및 유량을 측정하는 기구 ② **저가**이나 압력손실이 크다. | 오리피스 |
벤투리미터 (venturimeter)	**고가**이고 유량·유속의 손실이 적은 유체의 **유량** 측정 장치 마노미터 읽음 | 벤투리미터 |
액주계 (manometer, 마노미터)	유체의 압력차를 측정하여 유량을 계산하는 계기 | 액계주 |
피에조 미터 (piezometer)	매끄러운 표면에 수직으로 작은 구멍이 뚫어져서 액주계와 연결되어 있으며, **유동**하고 있는 유체의 **정압** 측정 | 피에조미터 |

답 ①

★
30 공기가 수평노즐을 통하여 대기 중에 정상적으로
13.09.문35 유출된다. 노즐의 입구 면적이 0.1m²이고, 출구 면적은 0.02m²이다. 노즐 출구에서 50m/s의 속도를 유지하기 위하여 노즐 입구에서 요구되는 계기 압력[kPa]은 얼마인가? (단, 유동은 비압축성이고 마찰은 무시하며 공기의 밀도는 1.23kg/m³이다.)

① 1.35　　② 1.20
③ 1.48　　④ 1.55

해설
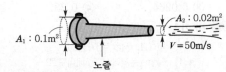
$A_1 : 0.1\text{m}^2$　　$A_2 : 0.02\text{m}^2$　$V = 50\text{m/s}$
노즐

(1) 기호
- A_1 : 0.1m²
- A_2 : 0.02m²
- V_2 : 50m/s
- P_1 : ?
- ρ : 1.23kg/m³ = 1.23N·s²/m⁴ (1kg/m³ = 1N·s²/m⁴)

(2) 유량

$$Q = A_1 V_1 = A_2 V_2$$

여기서, Q : 유량[m³/s]
$A_1 \cdot A_2$: 단면적[m²]
$V_1 \cdot V_2$: 유속[m/s]

$$V_1 = \frac{A_2}{A_1} V_2 = \frac{0.02\text{m}^2}{0.1\text{m}^2} \times 50\text{m/s} = 10\text{m/s}$$

(3) 베르누이 방정식

$$\frac{V_1{}^2}{2g} + \frac{P_1}{\gamma} + Z_1 = \frac{V_2{}^2}{2g} + \frac{P_2}{\gamma} + Z_2$$

여기서, $V_1 \cdot V_2$: 유속[m/s]
$P_1 \cdot P_2$: 압력[kPa] 또는 [kN/m²]
$Z_1 \cdot Z_2$: 높이[m]
g : 중력가속도(9.8m/s²)
γ : 비중량[kN/m³]

$Z_1 = Z_2$, $P_2 = 0$(대기압)이므로

$$\frac{V_1{}^2}{2g} + \frac{P_1}{\gamma} + \cancel{Z_1} = \frac{V_2{}^2}{2g} + \frac{0}{\gamma} + \cancel{Z_2}$$

$$\frac{P_1}{\gamma} = \frac{V_2{}^2}{2g} - \frac{V_1{}^2}{2g}$$

$$P_1 = \gamma\left(\frac{V_2{}^2 - V_1{}^2}{2g}\right)$$

$$= \rho \cancel{g}\left(\frac{V_2{}^2 - V_1{}^2}{2\cancel{g}}\right)$$

$$= \rho\left(\frac{V_2{}^2 - V_1{}^2}{2}\right)$$

$$= 1.23\text{N}\cdot\text{s}^2/\text{m}^4\left(\frac{(50\text{m/s})^2 - (10\text{m/s})^2}{2}\right)$$

$$≒ 1476\text{N/m}^2 = 1476\text{Pa} ≒ 1480\text{Pa} = 1.48\text{kPa}$$

$$\gamma = \rho g$$

여기서, γ : 비중량[N/m³]
ρ : 밀도[N·s²/m⁴]
g : 중력가속도(9.8m/s²)

답 ③

★★ 31

18.09.문35
11.03.문22

파이프 단면적이 2.5배로 급격하게 확대되는 구간을 지난 후의 유속이 1.2m/s이다. 부차적 손실계수가 0.36이라면 급격확대로 인한 손실수두는 몇 m인가?

① 0.165
② 0.056
③ 0.0264
④ 0.331

 해설

(1) 기호

- A_1 : 1m²(A_1=1m²로 가정)
- A_2 : 2.5m²(문제에서 2.5배이므로)
- V_2 : 1.2m/s(확대되는 구간을 지난 후 유속이므로 확대관 유속)
- K_1 : 0.36
- H : ?

(2) 손실계수

$$K_1 = \left(1 - \frac{A_1}{A_2}\right)^2, \quad K_2 = \left(1 - \frac{A_2}{A_1}\right)^2$$

여기서, K_1 : 작은 관을 기준으로 한 손실계수
K_2 : 큰 관을 기준으로 한 손실계수
A_1 : 작은 관 단면적[m²]
A_2 : 큰 관 단면적[m²]

큰 관을 기준으로 한 손실계수 K_2는

$$K_2 = \left(1 - \frac{A_2}{A_1}\right)^2 = \left(1 - \frac{2.5\text{m}^2}{1\text{m}^2}\right)^2 = 2.25$$

(3) 돌연확대관에서의 손실

$$H = K\frac{(V_1 - V_2)^2}{2g}$$

$$H = K_1\frac{V_1^2}{2g}, \quad H = K_2\frac{V_2^2}{2g}$$

여기서, H : 손실수두[m]
K : 손실계수
K_1 : 작은 관을 기준으로 한 손실계수
K_2 : 큰 관을 기준으로 한 손실계수
V_1 : 축소관 유속[m/s]
V_2 : 확대관 유속[m/s]
g : 중력가속도(9.8m/s²)

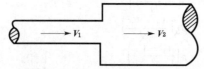

┃돌연확대관┃

- 이 문제에서 K_1은 적용하지 않아도 된다.

$$H = K_2\frac{V_2^2}{2g} = 2.25 \times \frac{(1.2\text{m/s})^2}{2 \times 9.8\text{m/s}^2} ≒ 0.165\text{m}$$

별해

$A_2 = 2.5A_1$ 이므로
$A_1 V_1 = A_2 V_2$
$A_1 V_1 = (2.5A_1)V_2$
$$V_1 = \frac{2.5A_1}{A_1}V_2 = 2.5V_2$$

$$H = K_1\frac{V_1^2}{2g} = K_1\frac{(2.5V_2)^2}{2g}$$
$$= 0.36 \times \frac{(2.5 \times 1.2\text{m/s})^2}{2 \times 9.8\text{m/s}^2} ≒ 0.165\text{m}$$

답 ①

★★ 32

19.03.문38
13.03.문27

온도차이 20℃, 열전도율 5W/(m·K), 두께 20cm인 벽을 통한 열유속(heat flux)과 온도차이 40℃, 열전도율 10W/(m·K), 두께 t'인 같은 면적을 가진 벽을 통한 열유속이 같다면 두께 t'는 약 몇 cm인가?

① 10
② 40
③ 20
④ 80

해설

(1) 기호

- $(T_2 - T_1)$: 20℃ (또는 20K)
- k : 5W/(m·K)
- $l(t)$: 20cm=0.2m(100cm=1m)
- $(T_2 - T_1)'$: 40℃ (또는 40K)
- k' : 10W/(m·K)
- $l'(t')$: ?

(2) 전도

$$\overset{\circ}{q}'' = \frac{k(T_2 - T_1)}{l}$$

여기서, $\overset{\circ}{q}''$: 열전달량[W/m²]
k : 열전도율[W/(m·K)]
$(T_2 - T_1)$: 온도차[℃] 또는 [K]
$l(t)$: 벽체두께[m]

- 열전달량=열전달률=열유동률=열흐름률

열전달량 $\overset{\circ}{q}''$ 는
$$\overset{\circ}{q}'' = \frac{k(T_2 - T_1)}{l} = \frac{5\text{W/(m·K)} \times 20\text{K}}{0.2\text{m}} = 500\text{W/m}^2$$

- **온도차이**를 나타낼 때는 ℃와 K를 계산하면 같다 (20℃=20K).

두께 $l'(t')$는
$$l'(t') = \frac{k'(T_2 - T_1)'}{\overset{\circ}{q}''} = \frac{10\text{W/(m·K)} \times 40\text{K}}{500\text{W/m}^2}$$
$$= 0.8\text{m} = 80\text{cm}$$

- 1m=100cm이므로 0.8m=80cm

답 ④

★★
33 다음은 유체 운동학과 관련된 설명이다. 옳은 것을 모두 고른 것은?

<small>14.03.문40
12.03.문32</small>

> ㉠ 유적선은 유체입자의 이동경로를 그린 선이다.
> ㉡ 유맥선은 유동장 내의 어느 한 점을 지나는 유체입자들로 만들어지는 선이다.
> ㉢ 정상유동에서는 유선, 유적선, 유맥선이 모두 일치한다.

① ㉠, ㉡   ② ㉠, ㉢
③ ㉡, ㉢   ④ ㉠, ㉡, ㉢

🔵 **유선, 유적선, 유맥선**

구 분	설 명
유선 (stream line)	① 유동장의 한 선상의 모든 점에서 그은 접선이 그 점에서 **속도방향**과 **일치**되는 선이다. ② 유동장 내의 모든 점에서 **속도벡터**에 접하는 가상적인 선이다.
유적선 (path line)	① 유체입자의 이동경로를 그린 선이다. 보기 ㉠ ② 한 유체입자가 일정한 기간 내에 움직여 간 **경로**를 말한다. ③ 일정한 시간 내에 유체입자가 흘러간 **궤적**이다.
유맥선 (streak line)	① 유동장 내의 어느 한 점을 지나는 유체입자들로 만들어지는 선이다. 보기 ㉡ ② 모든 유체입자의 **순간적인 부피**를 말하며, **연소**하는 **물질**의 **체적** 등을 말한다.(예 굴뚝에서 나온 연기 형상)
정상유동	유선, 유적선, 유맥선이 모두 일치한다. 보기 ㉢

🔲 **기억법** 유속일, 맥연(매연)

답 ④

★★
34 비체적 $v = 0.76\text{m}^3/\text{kg}$인 기체를 $Pv^k = \text{const}$의 폴리트로픽 과정을 거쳐 1기압에서 3기압으로 압축하였을 때의 비체적은 약 몇 m³/kg인가? (단, 기체의 비열비 k는 1.4이고, P는 압력이다.)

<small>14.05.문31
10.09.문30</small>

① 0.25   ② 0.35
③ 0.5   ④ 1.67

🔵 **(1) 기호**

> • v_1 : 0.76m³/kg
> • P_1 : 1기압=1atm
> • P_2 : 3기압=3atm
> • v_2 : ?
> • $k(n)$: 1.4
> ($Pv^k = \text{const}$, 폴리트로픽 과정 $Pv^n = \text{const}$이므로 $k = n$)

(2) 온도, 비체적과 압력

$$\frac{P_2}{P_1} = \left(\frac{v_1}{v_2}\right)^n, \quad \frac{T_2}{T_1} = \left(\frac{v_1}{v_2}\right)^{n-1} = \left(\frac{P_2}{P_1}\right)^{\frac{n-1}{n}}$$

여기서, P_1, P_2 : 변화 전후의 압력[kJ/m³]
　　　v_1, v_2 : 변화 전후의 비체적[m³]
　　　T_1, T_2 : 변화 전후의 온도(273+℃)[K]
　　　n : 폴리트로픽 지수

$$\frac{P_2}{P_1} = \left(\frac{v_1}{v_2}\right)^n$$

$$\left(\frac{P_2}{P_1}\right)^{\frac{1}{n}} = \left(\frac{v_1}{v_2}\right)^{\cancel{n} \times \frac{1}{\cancel{n}}} \quad \leftarrow \text{양 변에 } \frac{1}{n} \text{승을 함}$$

$$\left(\frac{P_2}{P_1}\right)^{\frac{1}{n}} = \left(\frac{v_1}{v_2}\right)$$

$$v_2 = \frac{v_1}{\left(\dfrac{P_2}{P_1}\right)^{\frac{1}{n}}} = \frac{0.76\text{m}^3/\text{kg}}{\left(\dfrac{3\text{atm}}{1\text{atm}}\right)^{\frac{1}{1.4}}} = 0.346 \fallingdotseq 0.35$$

답 ②

★
35 유량 2m³/min, 전양정 25m인 원심펌프의 축동력은 약 몇 kW인가? (단, 펌프의 전효율은 0.78이고, 유체의 밀도는 1000kg/m³이다.)

① 11.52   ② 9.52
③ 10.47   ④ 13.47

🔵 **(1) 기호**

> • Q : 2m³/min=2m³/60s(1min=60s)
> • H : 25m
> • P : ?
> • η : 0.78
> • ρ : 1000kg/m³=1000N·s²/m⁴(1kg/m³=1N·s²/m⁴)

(2) 비중량

$$\gamma = \rho g$$

여기서, γ : 비중량[N/m³]
　　　ρ : 밀도[N·s²/m⁴]
　　　g : 중력가속도(9.8m/s²)
비중량 γ는
$\gamma = \rho g = 1000\text{N·s}^2/\text{m}^4 \times 9.8\text{m/s}^2 = 9800\text{N/m}^3$

(3) 축동력

$$P = \frac{\gamma Q H}{1000\eta}$$

여기서, P : 축동력[kW]
　　　γ : 비중량[N/m³]
　　　Q : 유량[m³/s]
　　　H : 전양정[m]
　　　η : 효율
축동력 P는
$$P = \frac{\gamma Q H}{1000\eta}$$
$$= \frac{9800\text{N/m}^3 \times 2\text{m}^3/60\text{s} \times 25\text{m}}{1000 \times 0.78} \fallingdotseq 10.47\text{kW}$$

용어

축동력
전달계수(K)를 고려하지 않은 동력

별해

원칙적으로 밀도가 주어지지 않을 때 적용
축동력

$$P = \frac{0.163QH}{\eta}$$

여기서, P : 축동력(kW)
Q : 유량(m^3/min)
H : 전양정(수두)(m)
η : 효율

펌프의 축동력 P는

$$P = \frac{0.163QH}{\eta}$$
$$= \frac{0.163 \times 2m^3/min \times 25m}{0.78} = 10.448 ≒ 10.45kW$$

(정확하지는 않지만 유사한 값이 나옴)

답 ③

★★ 36

표준대기압하에서 게이지압력 190kPa을 절대압력으로 환산하면 몇 kPa이 되겠는가?

17.03.문39
08.05.문38

① 88.7 ② 291.3
③ 120 ④ 190

해설 **(1) 기호**

• 대기압 : 표준대기압=101.325kPa
• 게이지압 : 190kPa
• 절대압 : ?

(2) 절대압
㉠ 절대압=**대**기압+**게**이지압(계기압)
㉡ 절대압=대기압-진공압

기억법 절대게

㉢ 절대압=대기압+게이지압(계기압)
　　　 =(101.325+190)kPa=291.325 ≒ 291.3kPa

중요

표준대기압
1atm=760mmHg
　　=1.0332kg$_f$/cm^2
　　=10.332mH$_2$O(mAq)
　　=14.7PSI(lb$_f$/in^2)
　　=101.325kPa(kN/m^2)
　　=1013mbar

답 ②

★★★ 37

내경이 20cm인 원판 속을 평균유속 7m/s로 물이 흐른다. 관의 길이 15m에 대한 마찰손실수두는 몇 m인가?(단, 관마찰계수는 0.013이다.)

21.03.문22
18.03.문31
17.05.문39

① 4.88 ② 23.9
③ 2.44 ④ 1.22

해설 **(1) 기호**

• D : 20cm=0.2m(100cm=1m)
• V : 7m/s
• L : 15m
• H : ?
• f : 0.013

(2) 마찰손실(달시-웨버의 식 ; Darcy-Weisbach formula)

$$H = \frac{\Delta P}{\gamma} = \frac{fLV^2}{2gD}$$

여기서, H : 마찰손실수두(m)
ΔP : 압력차(kPa) 또는 (kN/m^2)
γ : 비중량(물의 비중량 9.8kN/m^3)
f : 관마찰계수
L : 길이(m)
V : 유속(속도)(m/s)
g : 중력가속도(9.8m/s^2)
D : 내경(m)

마찰손실수두 H는

$$H = \frac{fLV^2}{2gD}$$
$$= \frac{0.013 \times 15m \times (7m/s)^2}{2 \times 9.8m/s^2 \times 0.2m} = 2.437 ≒ 2.44m$$

비교

층류 : 손실수두	
유체의 속도를 알 수 있는 경우	유체의 속도를 알 수 없는 경우
$H = \dfrac{\Delta P}{\gamma} = \dfrac{flV^2}{2gD}$(m) (다르시-바이스바하의 식)	$H = \dfrac{\Delta P}{\gamma} = \dfrac{128\mu Ql}{\gamma\pi D^4}$(m) (하젠-포아젤의 식)
여기서, H : 마찰손실(손실수두)(m) ΔP : 압력차(Pa) 또는 (N/m^2) γ : 비중량(물의 비중량 9800N/m^3) f : 관마찰계수 l : 길이(m) V : 유속(m/s) g : 중력가속도(9.8m/s^2) D : 내경(m)	여기서, ΔP : 압력차(압력강하, 압력 손실)(N/m^2) γ : 비중량(물의 비중량 9800N/m^3) μ : 점성계수(N·s/m^2) Q : 유량(m^3/s) l : 길이(m) D : 내경(m)

답 ③

★★★ 38

이상유체에 대한 다음 설명 중 올바른 것은?

20.08.문36
18.04.문32
16.09.문22
01.09.문28
98.03.문34

① 압축성 유체로서 점성이 없다.
② 압축성 유체로서 점성이 있다.
③ 비압축성 유체로서 점성이 있다.
④ 비압축성 유체로서 점성이 없다.

해설 **유체의 종류**

종류	설명
실제유체	**점**성이 **있**으며, **압축성**인 유체
이상유체	점성이 없으며, **비압축성**인 유체 보기④
압축성 유체	**기체**와 같이 체적이 변화하는 유체
비압축성 유체	**액체**와 같이 체적이 변화하지 않는 유체

기억법 실점있압(실점이 있는 사람만 **압**박해!)
기압(기압)

비교

비점성 유체	비압축성 유체
① 이상유체 ② 전단응력이 존재하지 않는 유체 ③ 유체 유동시 마찰저항을 무시한 유체	① 밀도가 압력에 의해 변하지 않는 유체 ② **굴뚝둘레**를 흐르는 **공기흐름** ③ **정지**된 **자동차 주위**의 **공기흐름** ④ **체적탄성계수**가 큰 유체 ⑤ **액체**와 같이 체적이 변하지 않는 유체

답 ④

★★
39 그림과 같이 평형 상태를 유지하고 있을 때 오른쪽 관에 있는 유체의 비중(s)은?
13.09.문37
16.05.문21

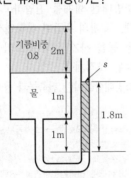

① 0.9 ② 1.8
③ 2.0 ④ 2.2

해설 **(1) 기호**
- s' : 0.8
- h' : 2m
- s_2 : ?

(2) 높이

$$sh = s'h'$$

여기서, s : 물의 비중($s=1$)
　h : 물의 높이[m]
　s' : 기름의 비중
　h' : 기름의 높이[m]
기름의 높이를 물의 높이로 환산한 h는

$$h = \frac{s'h'}{s} = \frac{0.8 \times 2m}{1} = 1.6m$$

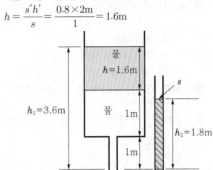

(3) 유체의 비중

$$s_1 h_1 = s_2 h_2$$

여기서, s_1 : 물의 비중($s_1=1$)
　h_1 : 물의 높이[m]
　s_2 : 어떤 물질의 비중
　h_2 : 어떤 물질의 높이[m]
어떤 물질의 비중 s_2는

$$s_2 = \frac{s_1 h_1}{h_2} = \frac{1 \times 3.6m}{1.8m} = 2$$

답 ③

★★
40 피토관을 사용하여 일정 속도로 흐르고 있는 물의 유속(V)을 측정하기 위해 그림과 같이 비중 s인 유체를 갖는 액주계를 설치하였다. $s=2$일 때 액주의 높이차이가 $H=h$가 되면, $s=3$일 때 액주의 높이차(H)는 얼마가 되는가?
19.04.문29
09.03.문37

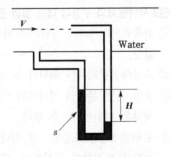

① $\frac{h}{9}$ ② $\frac{h}{\sqrt{3}}$
③ $\frac{h}{3}$ ④ $\frac{h}{2}$

해설 유속

$$V = \sqrt{2gh\left(\frac{s}{s_w} - 1\right)}$$

여기서, V : 유속[m/s]

g : 중력가속도(9.8m/s²)

h : 높이[m]

s : 어떤 물질의 비중

s_w : 물의 비중

물의 비중 $s_w = 1$, $s = 2$일 때 $H = h$가 되면

$$V = \sqrt{2gh\left(\frac{s}{s_w} - 1\right)}$$

$$= \sqrt{2gh\left(\frac{2}{1} - 1\right)} = \sqrt{2gh}$$

$s = 3$일 때 액주의 높이차 H는

$$V = \sqrt{2gH\left(\frac{s}{s_w} - 1\right)}$$

$$= \sqrt{2gH\left(\frac{3}{1} - 1\right)} = \sqrt{4gH}$$

$$\sqrt{2gh} = \sqrt{4gH}$$

$(\sqrt{2gh})^2 = (\sqrt{4gH})^2 \leftarrow \sqrt{}$ 를 없애기 위해 양변에 제곱

$$2gh = 4gH$$

$$\frac{2gh}{4g} = H$$

$$H = \frac{2gh}{4g} = \frac{1}{2}h = \frac{h}{2}$$

답 ④

제 3 과목 소방관계법규

41 화재의 예방 및 안전관리에 관한 법령상 화재안전조사위원회의 구성에 대한 설명 중 틀린 것은?

① 위촉위원의 임기는 2년으로 하고 연임할 수 없다.

② 소방시설관리사는 위원이 될 수 있다.

③ 소방 관련 분야의 석사학위 이상을 취득한 사람은 위원이 될 수 있다.

④ 위원장 1명을 포함한 7명 이내의 위원으로 성별을 고려하여 구성하고, 위원장은 소방관서장이 된다.

해설
① 연임할 수 없다. → 한 차례만 연임할 수 있다.

화재예방법 시행령 11조
화재안전조사위원회

구 분	설 명
위원	① **과장급** 직위 이상의 **소방공무원** ② **소방기술사** ③ **소방시설관리사** 보기 ② ④ 소방 관련 분야의 **석사학위** 이상을 취득한 사람 보기 ③ ⑤ 소방 관련 법인 또는 단체에서 소방 관련 업무에 **5년** 이상 종사한 사람 ⑥ 소방공무원 교육훈련기관, 학교 또는 연구소에서 소방과 관련한 교육 또는 연구에 **5년** 이상 종사한 사람
위원장	소방관서장 보기 ④
구성	**위원장 1명**을 **포함**한 **7명** 이내의 위원으로 성별을 고려하여 구성 보기 ④
임기	**2년**으로 하고, 한 **차례**만 **연임**할 수 있다. 보기 ①

답 ①

---

42 소방기본법령상 용어의 정의로 옳은 것은?

21.03.문41
19.09.문52
19.04.문46
13.03.문42
10.03.문45
05.09.문44
05.03.문57

① 소방서장이란 시·도에서 화재의 예방·진압·조사 및 구조·구급 등의 업무를 담당하는 부서의 장을 말한다.

② 관계인이란 소방대상물의 소유자·관리자 또는 점유자를 말한다.

③ 소방대란 화재를 진압하고 화재, 재난·재해, 그 밖의 위급한 상황에서 구조·구급 활동 등을 하기 위하여 소방공무원으로만 구성된 조직체를 말한다.

④ 소방대상물이란 건축물과 공작물만을 말한다.

해설
① 소방서장 → 소방본부장
③ 소방공무원으로만 → 소방공무원, 의무소방원, 의용소방대원
④ 건축물과 공작물만을 → 건축물, 차량, 선박(매어둔 것), 선박건조구조물, 산림, 인공구조물, 물건을

(1) **기본법 2조 6호** 보기 ①
소방본부장
시·도에서 화재의 예방·진압·조사 및 구조·구급 등의 업무를 담당하는 **부서의 장**

(2) **기본법 2조** 보기 ②
관계인
㉠ **소**유자
㉡ **관**리자
㉢ **점**유자

기억법 **소관점**

(3) **기본법 2조** 보기 ③

소방대
ⓐ 소방**공**무원
ⓑ **의**무소방원
ⓒ **의**용소방대원

기억법 **소공의**

(4) **기본법 2조 1호** 보기 ④

소방대상물
ⓐ **건**축물
ⓑ **차**량
ⓒ **선**박(매어둔 것)
ⓓ 선박건조구조물
ⓔ **산**림
ⓕ **인**공구조물
ⓖ **물**건

기억법 **건차선 산인물**

답 ②

★★★
43

21.03.문53
18.04.문53
18.03.문57
17.05.문41

위험물안전관리법령상 업무상 과실로 제조소 등에서 위험물을 유출·방출 또는 확산시켜 사람의 생명·신체 또는 재산에 대하여 위험을 발생시킨 자에 대한 벌칙기준은?

① 7년 이하의 금고 또는 7000만원 이하의 벌금
② 5년 이하의 금고 또는 2000만원 이하의 벌금
③ 5년 이하의 금고 또는 7000만원 이하의 벌금
④ 7년 이하의 금고 또는 2000만원 이하의 벌금

해설 **위험물법 34조**

벌 칙	행 위
7년 이하의 금고 또는 **7천만원** 이하의 벌금 보기 ①	업무상 과실로 제조소 등에서 **위험물**을 유출·방출 또는 확산시켜 사람의 생명·신체 또는 재산에 대하여 **위험**을 발생시킨 자 기억법 **77천위**(위험한 **칠천량** 해전)
10년 이하의 징역 또는 금고나 **1억원** 이하의 벌금	업무상 과실로 제조소 등에서 위험물을 유출·방출 또는 확산시켜 사람을 **사상**에 이르게 한 자

비교 **소방시설법**

벌 칙	행 위
5년 이하의 징역 또는 **5천만원** 이하의 벌금	소방시설에 폐쇄·차단 등의 **행위**를 한 자
7년 이하의 징역 또는 **7천만원** 이하의 벌금	소방시설에 폐쇄·차단 등의 행위를 하여 사람을 **상해**에 이르게 한 때
10년 이하의 징역 또는 **1억원 이하의** 벌금	소방시설에 폐쇄·차단 등의 행위를 하여 사람을 **사망**에 이르게 한 때

답 ①

★★
44

18.03.문42
15.09.문53

화재의 예방 및 안전관리에 관한 법령상 일반음식점에서 음식조리를 위해 불을 사용하는 설비를 설치하는 경우 지켜야 하는 상황으로 틀린 것은?

① 열을 발생하는 조리기구는 반자 또는 선반으로부터 0.6m 이상 떨어지게 할 것
② 주방설비에 부속된 배출덕트는 0.5mm 이상의 아연도금강판으로 설치할 것
③ 주방시설에는 동물 또는 식물의 기름을 제거할 수 있는 필터 등을 설치할 것
④ 열을 발생하는 조리기구로부터 0.5m 이내의 거리에 있는 가연성 주요구조부는 단열성이 있는 불연재료로 덮어 씌울 것

해설 ④ 0.5m 이내 → 0.15m 이내

화재예방법 시행령 〔별표 1〕
음식조리를 위하여 설치하는 설비

(1) 주방설비에 부속된 배출덕트(공기배출통로)는 **0.5mm** 이상의 **아연도금강판** 또는 이와 같거나 그 이상의 내식성 **불연재료**로 설치 보기 ②
(2) 열을 발생하는 조리기구로부터 **0.15m** 이내의 거리에 있는 가연성 주요구조부는 **단열성**이 있는 불연재료로 덮어 씌울 것 보기 ④
(3) 주방시설에는 동물 또는 식물의 기름을 제거할 수 있는 **필터** 등을 설치 보기 ③
(4) 열을 발생하는 조리기구는 반자 또는 선반으로부터 **0.6m** 이상 떨어지게 할 것 보기 ①

답 ④

★★★
45

20.06.문46
17.09.문56
10.05.문41

소방기본법령에 따른 소방용수시설의 설치기준상 소방용수시설을 주거지역·상업지역 및 공업지역에 설치하는 경우 소방대상물과의 수평거리를 몇 m 이하가 되도록 해야 하는가?

① 280
② 100
③ 140
④ 200

해설 **기본규칙** 〔별표 3〕
소방용수시설의 설치기준

거리기준	지 역
수평거리 **100m** 이하 보기 ②	• **공업지역** • **상업지역** • **주거지역** 기억법 **주상공100(주상공** 백지에 사인을 하시오.)
수평거리 **140m** 이하	• 기타지역

답 ②

★★★
46 화재의 예방 및 안전관리에 관한 법령상 2급 소
방안전관리대상물이 아닌 것은?

20.08.문44
19.03.문60
17.09.문55
16.03.문62
15.03.문60
13.09.문51

① 층수가 10층, 연면적이 6000m²인 복합건축물
② 지하구
③ 25층의 아파트(높이 75m)
④ 11층의 업무시설

해설 ④ 1급 소방안전관리대상물

화재예방법 시행령 〔별표 4〕
소방안전관리자를 두어야 할 특정소방대상물
(1) 특급 소방안전관리대상물 : 동식물원, 철강 등 불연성
물품 저장·취급창고, 지하구, 위험물제조소 등 제외
㉠ **50층** 이상(지하층 제외) 또는 지상 **200m** 이상 **아파트**
㉡ **30층** 이상(지하층 포함) 또는 지상 **120m** 이상(아파
트 제외)
㉢ 연면적 **10만m²** 이상(아파트 제외)
(2) 1급 소방안전관리대상물 : 동식물원, 철강 등 불연성
물품 저장·취급창고, 지하구, 위험물제조소 등 제외
㉠ **30층** 이상(지하층 제외) 또는 지상 **120m** 이상 아파트
㉡ 연면적 **15000m²** 이상인 것(아파트 및 연립주택 제외)
㉢ **11층** 이상(아파트 제외)
㉣ 가연성 가스를 **1000t** 이상 저장·취급하는 시설
(3) 2급 소방안전관리대상물
㉠ 지하구 보기 ②
㉡ 가스제조설비를 갖추고 도시가스사업 허가를 받아
야 하는 시설 또는 가연성 가스를 **100~1000t** 미만
저장·취급하는 시설
㉢ **옥내소화전설비·스프링클러설비** 설치대상물
㉣ **물분무등소화설비**(호스릴방식의 물분무등소화설비
만을 설치한 경우 제외) 설치대상물
㉤ **공동주택**(옥내소화전설비 또는 스프링클러설비가
설치된 공동주택 한정) 보기 ③
㉥ **목조건축물**(국보·보물)
㉦ **11층** 미만 보기 ①
(4) 3급 소방안전관리대상물
㉠ **자동화재탐지설비** 설치대상물
㉡ 간이스프링클러설비(주택전용 간이스프링클러설비
제외) 설치대상물

답 ④

★★★
47 소방시설공사업법령상 소방시설업에 속하지 않
는 것은?

20.09.문50
15.09.문51
10.09.문48

① 소방시설공사업
② 소방시설관리업
③ 소방시설설계업
④ 소방공사감리업

해설 **공사업법 2조**
소방시설업의 종류

소방시설 설계업 보기 ③	소방시설 공사업 보기 ①	소방공사 감리업 보기 ④	방염처리업
소방시설공사 에 기본이 되 는 **공사계획** · **설계도면** · **설계설명** **서** · **기술계** **산서** 등을 작 성하는 영업	설계도서에 따라 소방시 설을 **신설** · **증설 · 개설** · **이전 · 정** **비**하는 영업	소방시설공사 에 관한 발주자 의 권한을 대행 하여 소방시설 공사가 설계도 **서**와 관계법령 에 따라 **적법** 하게 **시공**되는 지를 확인하고, 품질 · 시공 관 리에 대한 **기** **술지도**를 하 는 영업	방염대상물 품에 대하여 **방 염 처 리** 하는 영업

답 ②

★★★
48 다음 중 위험물안전관리법령에 따른 제3류 자연
발화성 및 금수성 위험물이 아닌 것은?

21.05.문53
17.09.문02
16.05.문46
16.05.문52
15.09.문03
15.05.문10
15.03.문51
14.09.문18
11.06.문54

① 적린
② 황린
③ 칼륨
④ 금속의 수소화물

해설 ① 적린 : 제2류 가연성 고체

위험물령 〔별표 1〕
위험물

유별	성질	품명
제**1**류	**산화성 고체**	• 아염소산염류 • **염소산염류(염소산나트륨)** • 과염소산염류 • 질산염류 • 무기과산화물 기억법 **1산고염나**

제2류	가연성 고체	• **황화**인 • **적**린 보기 ① • **황** • **마**그네슘 기억법 황화적황마
제3류	자연발화성 물질 및 금수성 물질	• **황**린 보기 ② • **칼**륨 보기 ③ • **나**트륨 • **알**칼리토금속 • **트**리에틸알루미늄 • 금속의 수소화물 보기 ④ 기억법 황칼나알트
제4류	인화성 액체	• 특수인화물 • 석유류(벤젠) • 알코올류 • 동식물유류
제5류	자기반응성 물질	• 유기과산화물 • 나이트로화합물 • 나이트로소화합물 • 아조화합물 • 질산에스터류(셀룰로이드)
제6류	산화성 액체	• **과염소산** • 과산화수소 • 질산

답 ①

---

 49 소방시설공사업법령상 소방시설업에서 보조기술인력에 해당되는 기준이 아닌 것은?

① 소방설비기사 자격을 취득한 사람
② 소방공무원으로 재직한 경력이 2년 이상인 사람
③ 소방설비산업기사 자격을 취득한 사람
④ 소방기술과 관련된 자격·경력 및 학력을 갖춘 사람으로서 자격수첩을 발급받은 사람

해설 ② 2년 이상 → 3년 이상

공사업령 [별표 1]
보조기술인력
(1) **소방기술사, 소방설비기사** 또는 **소방설비산업기사** 자격을 취득하는 사람
(2) **소방공무원**으로 재직한 경력이 **3년** 이상인 사람으로서 자격수첩을 발급받은 사람
(3) **소방기술**과 관련된 자격·경력 및 학력을 갖춘 사람으로서 **자격수첩**을 발급받은 사람

답 ②

★★★
50 위험물안전관리법령상 자체소방대에 대한 기준으로 틀린 것은?

21.09.문41
16.03.문50
08.03.문54

① 시·도지사에게 제조소 등 설치허가를 받았으나 자체소방대를 설치하여야 하는 제조소 등에 자체소방대를 두지 아니한 관계인에 대한 벌칙은 1년 이하의 징역 또는 1천만원 이하의 벌금이다.
② 자체소방대를 설치하여야 하는 사업소로 제4류 위험물을 취급하는 제조소 또는 일반취급소가 있다.
③ 제조소 또는 일반취급소의 경우 자체소방대를 설치하여야 하는 위험물 최대수량의 합 기준은 지정수량의 3만배 이상이다.
④ 자체소방대를 설치하는 사업소의 관계인은 규정에 의하여 자체소방대에 화학소방자동차 및 자체소방대원을 두어야 한다.

해설 ③ 3만배 이상 → 3천배 이상

위험물령 18조
자체소방대를 설치하여야 하는 사업소 : 대통령령

(1) **제4류** 위험물을 취급하는 **제조소** 또는 **일반취급소**
(대통령령이 정하는 제조소 등)

제조소 또는 **일반취급소**에서 취급하는 제4류 위험물의 최대수량의 합이 지정수량의 **3천배** 이상 보기 ②③

(2) **제4류** 위험물을 저장하는 **옥외탱크저장소**

옥외탱크저장소에 저장하는 제4류 위험물의 최대수량이 지정수량의 **50만배** 이상

 중요

(1) **1년 이하의 징역** 또는 **1000만원 이하의 벌금**
㉠ 소방시설의 **자체점검** 미실시자(소방시설법 49조)
㉡ **소방시설관리사증** 대여(소방시설법 49조)
㉢ **소방시설관리업**의 등록증 또는 등록수첩 대여(소방시설법 49조)
㉣ 제조소 등의 정기점검기록 허위작성(위험물법 35조)
㉤ **자체소방대**를 두지 않고 제조소 등의 허가를 받은 자(위험물법 35조) 보기 ①
㉥ **위험물 운반용기**의 검사를 받지 않고 유통시킨 자(위험물법 35조)
㉦ 소방용품 형상 일부 변경 후 변경 미승인(소방시설법 49조)

(2) 위험물령 [별표 8]

자체소방대에 두는 화학소방자동차 및 인원 보기 ④

구 분	화학소방 자동차	자체소방대 원의 수
지정수량 **3천~12만배** 미만	1대	5인
지정수량 **12~24만배** 미만	2대	10인
지정수량 **24~48만배** 미만	3대	15인
지정수량 **48만배** 이상	4대	20인
옥외탱크저장소에 저장하는 제4류 위험물의 최대수량이 지정수량의 **50만배** 이상	2대	10인

답 ③

---

51 소방시설 설치 및 관리에 관한 법령상 특정소방 대상물의 관계인이 소방시설에 폐쇄(잠금을 포함) · 차단 등의 행위를 하여서 사람을 상해에 이르게 한 때에 대한 벌칙기준은?

21.03.문53
18.04.문53
18.03.문57
17.05.문41

① 3년 이하의 징역 또는 3천만원 이하의 벌금
② 7년 이하의 징역 또는 7천만원 이하의 벌금
③ 5년 이하의 징역 또는 5천만원 이하의 벌금
④ 10년 이하의 징역 또는 1억원 이하의 벌금

해설 **소방시설법 56조**

벌 칙	행 위
5년 이하의 징역 또는 5천만원 이하의 벌금	소방시설에 폐쇄 · 차단 등의 **행위**를 한 자
7년 이하의 징역 또는 7천만원 이하의 벌금 보기 ②	소방시설에 폐쇄 · 차단 등의 행위를 하여 사람을 **상해**에 이르게 한 때
10년 이하의 징역 또는 1억원 이하의 벌금	소방시설에 폐쇄 · 차단 등의 행위를 하여 사람을 **사망**에 이르게 한 때

비교

위험물법 34조

벌 칙	행 위
7년 이하의 금고 또는 **7천만원** 이하의 벌금	업무상 과실로 제조소 등에서 **위험물**을 유출 · 방출 또는 확산시켜 사람의 생명 · 신체 또는 재산에 대하여 **위험**을 발생시킨 자 기억법 **77위**(위험한 **칠천량** 해전)
10년 이하의 징역 또는 금고나 **1억원** 이하의 벌금	업무상 과실로 제조소 등에서 위험물을 유출 · 방출 또는 확산시켜 사람을 **사상**에 이르게 한 자

답 ②

---

52 소방시설 설치 및 관리에 관한 법령상 건축허가 등의 동의대상물 범위기준으로 옳은 것은?

20.06.문59
17.09.문53

① 항공기격납고, 관망탑, 항공관제탑, 방송용 송수신탑
② 차고 · 주차장 또는 주차용도로 사용되는 시설로서 차고 · 주차장으로 사용되는 층 중 바닥면적이 100제곱미터 이상인 층이 있는 시설
③ 연면적이 300제곱미터 이상인 건축물
④ 지하층 또는 무창층에 공연장이 있는 건축물로서 바닥면적이 150제곱미터의 이상인 층이 있는 것

해설

② 100제곱미터 이상 → 200제곱미터 이상
③ 300제곱미터 이상 → 400제곱미터 이상
④ 150제곱미터 이상 → 100제곱미터 이상

소방시설법 시행령 7조
건축허가 등의 동의대상물

(1) 연면적 $400m^2$(학교시설 : $100m^2$, 수련시설 · 노유자시설 : $200m^2$, 정신의료기관 · 장애인 의료재활시설 : $300m^2$) 이상 보기 ③
(2) **6층** 이상인 건축물
(3) 차고 · 주차장으로서 바닥면적 $200m^2$ 이상(**자**동차 **20대** 이상) 보기 ②
(4) **항공기격납고, 관망탑, 항공관제탑, 방송용 송수신탑**
(5) 지하층 또는 무창층의 바닥면적 $150m^2$(공연장은 $100m^2$) 이상 보기 ④
(6) **위험물저장** 및 **처리시설, 지하구**
(7) **결핵환자**나 **한센인**이 24시간 생활하는 **노유자시설**
(8) 전기저장시설, 풍력발전소
(9) 노인주거복지시설 · 노인의료복지시설 및 재가노인복지시설 · 학대피해노인 전용쉼터 · 아동복지시설 · 장애인거주시설
(10) 정신질환자 관련시설(공동생활가정을 제외한 재활훈련시설과 종합시설 중 24시간 주거를 제공하지 않는 시설 제외)
(11) 조산원, 산후조리원, 의원(입원실이 있는 것)
(12) 노숙인자활시설, 노숙인재활시설 및 노숙인요양시설
(13) 요양병원(의료재활시설 제외)
(14) 공장 또는 창고시설로서 지정하는 수량의 **750배** 이상의 특수가연물을 저장 · 취급하는 것
(15) 가스시설로서 지상에 노출된 탱크의 저장용량의 합계가 100t 이상인 것

기억법 **2자(이자)**

답 ①

53 위험물안전관리법령상 관계인이 예방규정을 정하여야 하는 제조소 등의 기준이 아닌 것은?

20.09.문48
19.04.문53
17.03.문41
17.03.문55
15.09.문48
15.03.문58
14.05.문41
12.09.문52

① 지정수량의 10배 이상의 위험물을 취급하는 제조소
② 지정수량의 200배 이상의 위험물을 저장하는 옥외탱크저장소
③ 지정수량의 50배 이상의 위험물을 저장하는 옥외저장소
④ 지정수량의 150배 이상의 위험물을 저장하는 옥내저장소

해설 ③ 50배 이상 → 100배 이상

위험물령 15조
예방규정을 정하여야 할 제조소 등

배 수	제조소 등
10배 이상	• **제조소** 보기① • **일반**취급소
100배 이상	• 옥**외**저장소 보기③
150배 이상	• 옥**내**저장소 보기④
200배 이상	• 옥외**탱**크저장소 보기②
모두 해당	• 이송취급소 • 암반탱크저장소

기억법 1 제일
0 외
5 내
2 탱

※ **예방규정** : 제조소 등의 화재예방과 화재 등 재해발생시의 비상조치를 위한 규정

답 ③

54 소방시설공사업법령상 소방시설공사업자가 소속 소방기술자를 소방시설공사 현장에 배치하지 않았을 경우의 과태료 기준은?

21.09.문54
17.09.문43

① 100만원 이하
② 200만원 이하
③ 300만원 이하
④ 400만원 이하

해설 **200만원 이하의 과태료**
(1) 소방용수시설·소화기구 및 설비 등의 설치명령 위반(화재예방법 52조)
(2) 특수가연물의 저장·취급 기준 위반(화재예방법 52조)
(3) 한국119청소년단 또는 이와 유사한 명칭을 사용한 자(기본법 56조)

(4) 소방활동구역 출입(기본법 56조)
(5) 소방자동차의 출동에 지장을 준 자(기본법 56조)
(6) 한국소방안전원 또는 이와 유사한 명칭을 사용한 자(기본법 56조)
(7) 관계서류 미보관자(공사업법 40조)
(8) **소방기술자 미배치자**(공사업법 40조) 보기②
(9) 완공검사를 받지 아니한 자(공사업법 40조)
(10) 방염성능기준 미만으로 방염한 자(공사업법 40조)
(11) 하도급 미통지자(공사업법 40조)
(12) 관계인에게 지위승계·행정처분·휴업·폐업 사실을 거짓으로 알린 자(공사업법 40조)

답 ②

55 위험물안전관리법령상 점포에서 위험물을 용기에 담아 판매하기 위하여 지정수량의 40배 이하의 위험물을 취급하는 장소의 취급소 구분으로 옳은 것은? (단, 위험물을 제조 외의 목적으로 취급하기 위한 장소이다.)

20.08.문42
15.09.문44
08.09.문45

① 판매취급소
② 주유취급소
③ 일반취급소
④ 이송취급소

해설 **위험물령 [별표 3]**
위험물취급소의 구분

구 분	설 명
주유취급소	고정된 주유설비에 의하여 **자동차·항공기** 또는 **선박** 등의 연료탱크에 직접 주유하기 위하여 위험물을 취급하는 장소
판매취급소 보기①	**점포**에서 위험물을 용기에 담아 판매하기 위하여 지정수량의 **40배** 이하의 위험물을 취급하는 장소 기억법 판4(판사 검사)
이송취급소	배관 및 이에 부속된 설비에 의하여 위험물을 **이송**하는 장소
일반취급소	주유취급소·판매취급소·이송취급소 이외의 장소

답 ①

56 소방기본법령상 소방안전교육사의 배치대상별 배치기준에서 소방본부의 배치기준은 몇 명 이상인가?

20.09.문57
13.09.문46

① 3
② 4
③ 2
④ 1

해설 기본령 〔별표 2의 3〕
소방안전교육사의 배치대상별 배치기준

배치대상	배치기준
소방서	•**1명** 이상
한국소방안전원	•시·도지부 : **1명** 이상 •본회 : **2명** 이상
소방본부	•**2명** 이상 보기 ③
소방청	•**2명** 이상
한국소방산업기술원	•**2명** 이상

답 ③

★★★
57 소방기본법령상 소방본부 종합상황실의 실장이
소방청의 종합상황실에 지체없이 서면·팩스 또
는 컴퓨터 통신 등으로 보고해야 할 상황이 아닌
것은?

21.09.문51
18.04.문41
17.05.문53
16.03.문46
05.09.문55

① 위험물안전관리법에 의한 지정수량의 3천배
이상의 위험물의 제조소에서 발생한 화재
② 사망자가 3인 이상 발생한 화재
③ 재산피해액이 50억원 이상 발생한 화재
④ 연면적 1만 5천제곱미터 이상인 공장 또는
화재예방강화지구에서 발생한 화재

해설 ② 사망자가 3인 이상 → 사망자가 5인 이상

기본규칙 3조
종합상황실 실장의 보고화재
(1) 사망자 **5인** 이상 화재 보기 ②
(2) 사상자 **10인** 이상 화재
(3) 이재민 **100인** 이상 화재
(4) 재산피해액 **50억원** 이상 화재 보기 ③
(5) 관광호텔, 층수가 11층 이상인 건축물, 지하상가, 시장, 백화점
(6) **5층** 이상 또는 객실 **30실** 이상인 **숙박시설**
(7) **5층** 이상 또는 병상 **30개** 이상인 **종합병원·정신병원·한방병원·요양소**
(8) **1000t** 이상인 선박(항구에 매어둔 것)
(9) 지정수량 **3000배** 이상의 위험물 제조소·저장소·취급소 보기 ①
(10) 연면적 **15000m²** 이상인 **공장** 또는 **화재예방강화지구**에서 발생한 화재 보기 ④
(11) **가스** 및 **화약류**의 폭발에 의한 화재
(12) **관공서·학교·정부미도정공장·문화재·지하철** 또는 지하구의 **화재**
(13) 철도차량, 항공기, 발전소 또는 변전소에서 발생한 화재
(14) 다중이용업소의 화재

용어
종합상황실
화재·재난·재해·구조·구급 등이 필요한 때에 신속한 소방활동을 위한 정보를 수집·전파하는 소방서 또는 소방본부의 지령관제실

답 ②

★★
58 소방시설 설치 및 관리에 관한 법령상 방염성능
기준으로 틀린 것은?

15.05.문11
11.06.문12

① 탄화한 면적은 50cm² 이내, 탄화한 길이는 20cm 이내
② 버너의 불꽃을 제거한 때부터 불꽃을 올리지 않고 연소하는 상태가 그칠 때까지 시간은 30초 이내
③ 버너의 불꽃을 제거한 때부터 불꽃을 올리며 연소하는 상태가 그칠 때까지 시간은 20초 이내
④ 불꽃에 의하여 완전히 녹을 때까지 불꽃의 접촉횟수는 2회 이상

해설 ④ 2회 이상 → 3회 이상

소방시설법 시행령 31조
방염성능기준
(1) 잔염시간 : **20초** 이내 보기 ③
(2) 잔신시간(잔**진**시간) : **30초** 이내 보기 ②
(3) 탄화길이 : **20cm** 이내 보기 ①
(4) 탄화면적 : **50cm²** 이내 보기 ①
(5) 불꽃 접촉횟수 : **3회** 이상 보기 ④
(6) 최대연기밀도 : **400** 이하

| 잔신시간(잔진시간) vs 잔염시간 |||

구 분	잔**신**시간(잔진시간)	잔염시간
정의	버너의 **불꽃**을 제거한 때부터 **불꽃**을 올리지 않고 연소하는 상태가 그칠 때까지의 경과시간	버너의 **불꽃**을 제거한 때부터 **불꽃**을 올리며 연소하는 상태가 그칠 때까지의 경과시간
시간	**30초** 이내	**20초** 이내

• 잔신시간=잔진시간

기억법 3진(**삼진** 아웃), 3신(**삼신** 할머니)

답 ④

59
17.09.문77

소방시설 설치 및 관리에 관한 법령에 따른 비상방송설비를 설치하여야 하는 특정소방대상물의 기준 중 틀린 것은? (단, 위험물 저장 및 처리 시설 중 가스시설, 사람이 거주하지 않는 동물 및 식물 관련시설, 지하가 중 터널, 축사 및 지하구는 제외한다.)

① 층수가 11층 이상인 것
② 연면적 3500m² 이상인 것
③ 연면적 1000m² 미만의 기숙사
④ 지하층의 층수가 3층 이상인 것

해설 ③ 해당없음

소방시설법 시행령 〔별표 4〕
비상방송설비의 설치대상
(1) 연면적 **3500m²** 이상 보기 ②
(2) **11층** 이상 보기 ①
(3) **지하 3층** 이상 보기 ④

답 ③

 60
21.05.문59
17.05.문51
16.10.문56
15.05.문59
15.03.문52
12.05.문59

소방시설공사업법령상 소방시설공사의 하자보수 보증기간이 3년이 아닌 것은?

① 자동화재탐지설비
② 자동소화장치
③ 간이스프링클러설비
④ 무선통신보조설비

해설 ④ 무선통신보조설비 : 2년

공사업령 6조
소방시설공사의 하자보수 보증기간

보증기간	소방시설
2년	① **유**도등 · 유도표지 · **피**난기구 ② **비상조**명등 · 비상**경**보설비 · 비상**방**송설비 ③ **무**선통신보조설비 보기 ④ **기억법** 유비 조경방무피2
3년	① 자동소화장치 보기 ② ② 옥내 · 외소화전설비 ③ 스프링클러설비 · 간이스프링클러설비 보기 ③ ④ 물분무등소화설비 · 상수도소화용수설비 ⑤ 자동화재탐지설비 · 소화활동설비(무선통신보조설비 제외) 보기 ①

답 ④

 제 4 과목 소방기계시설의 구조 및 원리

 61
20.08.문10
19.04.문70
15.03.문74
12.09.문69
02.09.문63

이산화탄소소화설비의 화재안전기준에 따른 소화약제의 저장용기 설치기준으로 틀린 것은?

① 용기 간의 간격은 점검에 지장이 없도록 2cm 이상의 간격을 유지할 것
② 방화문으로 구획된 실에 설치할 것
③ 방호구역 외의 장소에 설치할 것
④ 온도가 40℃ 이하이고, 온도변화가 작은 곳에 설치할 것

해설 ① 2cm 이상 → 3cm 이상

이산화탄소 소화약제 저장용기 설치기준
(1) 온도가 **40℃** 이하인 장소 보기 ④
(2) **방호구역 외**의 장소에 설치할 것 보기 ③
(3) 직사광선 및 빗물이 침투할 우려가 없는 곳
(4) 온도의 변화가 작은 곳에 설치 보기 ④
(5) **방화문**으로 구획된 실에 설치할 것 보기 ⑤
(6) **방호구역 내**에 설치할 경우에는 피난 및 조작이 용이하도록 피난구 부근에 설치
(7) 용기의 설치장소에는 해당 용기가 설치된 곳임을 표시하는 표지할 것
(8) 용기 간의 간격은 점검에 지장이 없도록 **3cm 이상**의 간격 유지 보기 ①
(9) 저장용기와 집합관을 연결하는 연결배관에는 **체크밸브** 설치

비교 **저장용기 온도**

40℃ 이하	55℃ 이하
• 이산화탄소소화설비 • 할론소화설비 • 분말소화설비	할로겐화합물 및 불활성 기체소화설비

답 ①

62
20.08.문68
19.03.문64
17.09.문66
17.05.문68
15.03.문77
09.05.문63

소화수조 및 저수조의 화재안전기준에 따라 소화수조가 옥상 또는 옥탑의 부분에 설치된 경우에는 지상에 설치된 채수구에서의 압력이 몇 MPa 이상이 되도록 하여야 하는가?

① 0.17 ② 0.1
③ 0.15 ④ 0.25

해설 **소화수조 또는 저수조의 설치기준**
(1) 소화수조의 깊이가 **4.5m** 이상일 경우 가압송수장치를 설치할 것
(2) 소화수조는 소방펌프자동차가 채수구로부터 **2m** 이내의 지점까지 접근할 수 있는 위치에 설치할 것

(3) 소화수조는 **옥상**에 **설치**할 수 있다.

(4) 소화수조가 **옥상** 또는 옥탑부분에 설치된 경우에는 지상에 설치된 채수구에서의 압력 0.15MPa 이상 되도록 한다. 보기 ③

기억법 옥15

용어

채수구
소방대상물의 펌프에 의하여 양수된 물을 소방차가 흡입하는 구멍

답 ③

★★★
63 상수도 소화용수설비의 화재안전기준상 상수도 소화용수설비 설치기준에 따라 소화전은 특정소방대상물의 수평투영면의 각 부분으로부터 몇 m 이하가 되도록 설치해야 하는가?

20.08.문68
19.03.문62
17.09.문66
17.05.문68
15.03.문77
09.05.문63

① 80   ② 140

③ 120   ④ 100

해설 상수도 소화용수설비의 설치기준
소화전은 특정소방대상물의 수평투영면의 각 부분으로부터 **140m** 이하가 되도록 설치할 것 보기 ②

답 ②

★
64 피난기구의 화재안전기준에 따른 다수인 피난장비 설치기준 중 틀린 것은?

18.09.문77

① 사용시에 보관실 외측 문이 먼저 열리고 탑승기가 외측으로 자동으로 전개될 것

② 피난층에는 해당 층에 설치된 피난기구가 착지에 지장이 없도록 충분한 공간을 확보할 것

③ 보관실의 문은 상시 개방상태를 유지하도록 할 것

④ 하강시에 탑승기가 건물 외벽이나 돌출물에 충돌하지 않도록 설치할 것

해설
③ 문은 상시 개방상태를 유지하도록 할 것 → 문에는 오작동 방지조치를 하고~

다수인 피난장비의 설치기준(NFPC 301 5조, NFTC 301 2.1.3.8)

(1) **피난**에 **용이**하고 안전하게 하강할 수 있는 장소에 적재하중을 충분히 견딜 수 있도록 「건축물의 구조기준 등에 관한 규칙」에서 정하는 구조안전의 확인을 받아 견고하게 설치할 것

(2) 다수인 피난장비 **보관실**은 건물 외측보다 돌출되지 아니하고, 빗물·먼지 등으로부터 장비를 보호할 수 있는 구조일 것

(3) 사용시에 보관실 **외측 문**이 먼저 열리고 **탑승기**가 외측으로 **자동**으로 **전개**될 것 보기 ①

(4) 하강시에 탑승기가 건물 외벽이나 돌출물에 충돌하지 않도록 설치할 것 보기 ④

---

(5) 상·하층에 설치할 경우에는 탑승기의 **하강경로**가 중**첩되지 않도록** 할 것

(6) 하강시에는 안전하고 **일정**한 **속도**를 유지하도록 하고 전복, 흔들림, 경로이탈 방지를 위한 안전조치를 할 것

(7) 보관실의 문에는 **오작동 방지조치**를 하고, 문 개방시에는 당해 소방대상물에 설치된 **경보설비**와 연동하여 유효한 경보음을 발하도록 할 것 보기 ③

(8) 피난층에는 해당 층에 설치된 피난기구가 착지에 지장이 없도록 충분한 공간을 확보할 것 보기 ②

용어

다수인 피난장비(NFPC 301 3조, NFTC 301 1.8)
화재시 **2인 이상**의 피난자가 동시에 해당 층에서 **지상** 또는 **피난층**으로 하강하는 피난기구

답 ③

★
65 간이스프링클러설비의 화재안전기준에 따라 폐쇄형 스프링클러헤드를 사용하는 설비의 경우로서 1개 중 하나의 급수배관(또는 밸브 등)이 담당하는 구역의 최대면적은 몇 m² 를 초과하지 아니하여야 하는가?

17.09.문80

① 2500   ② 2000

③ 1000   ④ 3000

해설 **1개층**에 **하나의 급수배관**이 **담당**하는 구역의 **최대면적**
(NFPC 103A 〔별표 1〕, NFTC 103A 2.5.3.3)

간이스프링클러설비 (폐쇄형 헤드)	스프링클러설비 (폐쇄형 헤드)
1000m² 이하 보기 ③	3000m² 이하

기억법 폐간1(폐간일)

답 ③

★
66 소화기구 및 자동소화장치의 화재안전기준상 자동소화장치의 종류에 따른 설치기준으로 옳은 것은?

① 캐비닛형 자동소화장치 : 감지기는 방호구역 내의 천장 또는 옥내에 면하는 부분에 설치하여야 한다.

② 주거용 주방자동소화장치 : 가스용 주방자동소화장치를 사용하는 경우 탐지부는 수신부와 통합하여 설치하여야 한다.

③ 상업용 주방자동소화장치 : 후드에 방출되는 분사헤드는 후드의 가장 짧은 변의 길이까지 방출될 수 있도록 약제방출방향 및 거리를 고려하여 설치하여야 한다.

④ 고체에어로졸 자동소화장치 : 열감지선의 감지부는 형식승인 받은 최저주위온도범위 내에 설치하여야 한다.

해설
② 통합 → 분리
③ 짧은 변 → 긴 변
④ 최저주위온도범위 → 최고주위온도범위

자동소화장치의 **설치기준**(NFPC 101 4조, NFTC 101 2.1.2)
(1) 캐비닛형 자동소화장치 : 화재감지기는 방호구역 내의 천장 또는 옥내에 면하는 부분에 설치하되 「자동화재탐지설비 및 시각경보장치의 화재안전성능기준(NFPC 203)」 제7조에 적합하도록 설치 보기 ①
(2) 주거용 주방자동소화장치 : 가스용 주방자동소화장치를 사용하는 경우 탐지부는 수신부와 **분리**하여 설치하되, 공기보다 **가벼운 가스**를 사용하는 경우 **천장면**으로부터 **30cm** 이하의 위치에 설치하고, 공기보다 **무거운 가스**를 사용하는 장소에는 **바닥면**으로부터 **30cm** 이하의 위치에 설치 보기 ②
(3) 상업용 주방자동소화장치 : 후드에 방출되는 분사헤드는 후드의 **가장 긴 변**의 길이까지 방출될 수 있도록 약제방출 방향 및 거리를 고려하여 설치 보기 ③
(4) 가스, 분말, 고체에어로졸 자동소화장치 : 감지부는 형식승인된 유효설치범위 내에 설치하여야 하며 설치장소의 평상시 최고주위 온도에 따라 규정된 표시온도의 것으로 설치할 것(단, 열감지선의 감지부는 형식승인받은 **최고주위온도범위** 내에 설치) 보기 ④

답 ①

★★★
67
19.04.문75
16.03.문63
15.09.문74
물분무소화설비의 화재안전기준에 따라 케이블트레이에 물분무소화설비를 설치하는 경우 저장하여야 할 수원의 최소 저수량은 몇 m^3인가?(단, 케이블트레이의 투영된 바닥면적은 70m^2이다.)
① 12.4
② 14
③ 16.8
④ 28

해설 **물분무소화설비**의 **수원**(NFPC 104 4조, NFTC 104 2.1.1)

특정소방대상물	토출량	비 고
컨베이어벨트	10L/min · m²	벨트부분의 바닥면적
절연유 봉입변압기	10L/min · m²	표면적을 합한 면적(바닥면적 제외)
특수가연물	10L/min · m² (최소 50m²)	최대방수구역의 바닥면적 기준
케이블트레이 · 덕트	12L/min · m²	투영된 바닥면적
차고 · 주차장	20L/min · m² (최소 50m²)	최대방수구역의 바닥면적 기준
위험물 저장탱크	37L/min · m	위험물탱크 둘레길이(원주길이) : 위험물규칙 〔별표 6〕 Ⅱ

※ 모두 **20분**간 방수할 수 있는 양 이상으로 하여야 한다.

케이블트레이의 **저수량** Q는
Q = 바닥면적(m^2) × 토출량(L/min · m^2) × 20min
= 투영된 바닥면적 × 12L/min · m^2 × 20min
= 70m^2 × 12L/min · m^2 × 20min
= 16800L = 16.8m^3(1000L = 1m^3)

답 ③

★★★
68
17.09.문77
15.03.문76
07.09.문72
물분무소화설비의 화재안전기준상 물분무헤드의 설치제외장소가 아닌 것은?
① 표준방사량으로 방호대상물의 화재를 유효하게 소화하는데 필요한 장소
② 물과 반응하여 위험한 물질을 생성하는 물질을 저장 또는 취급하는 장소
③ 운전시에 표면의 온도가 260℃ 이상으로 되는 등 직접 분무를 하는 경우 그 부분에 손상을 입힐 우려가 있는 기계장치 등이 있는 장소
④ 고온의 물질 및 증류범위가 넓어 끓어 넘치는 위험이 있는 물질을 저장 또는 취급하는 장소

해설 **물분무헤드 설치제외장소**
(1) **물**과 심하게 **반응**하는 물질 취급장소
(2) **물**과 반응하여 **위험한 물질**을 **생성**하는 물질저장 · 취급장소 보기 ②
(3) **고온물질** 취급장소 보기 ④
(4) 표면온도 260℃ 이상 보기 ③

답 ①

★★★
69
19.04.문77
17.03.문69
14.05.문65
13.09.문66
포소화설비의 화재안전기준에 따라 포소화설비의 자동식 기동장치로 폐쇄형 스프링클러헤드를 사용하고자 하는 경우 다음 (   )안에 알맞은 내용은?

> 부착면의 높이는 바닥으로부터 (㉠)m 이하로 하고, 1개의 스프링클러헤드의 경계면적은 (㉡)m² 이하로 할 것

① ㉠ 5, ㉡ 18
② ㉠ 4, ㉡ 18
③ ㉠ 5, ㉡ 20
④ ㉠ 4, ㉡ 20

해설 **자동식 기동장치**(폐쇄형 헤드 개방방식)(NFTC 105 2.8.2)
(1) 표시온도가 **79℃** 미만인 것을 사용하고, 1개의 스프링클러헤드의 **경계면적**은 **20m²** 이하 보기 ㉡
(2) 부착면의 높이는 바닥으로부터 **5m** 이하로 하고, 화재를 유효하게 감지할 수 있도록 함 보기 ㉠
(3) 하나의 감지장치 경계구역은 하나의 **층**이 되도록 함

기억법 경27 자동(경이롭다. 자동차!)

답 ③

★★★
70
18.03.문61
13.09.문76
11.06.문78
제연설비의 화재안전기준상 제연설비가 설치된 부분의 거실 바닥면적이 400m² 이상이고 수직거리가 2m 이하일 때, 예상제연구역의 직경이 40m인 원의 범위를 초과한다면 예상제연구역의 배출량은 몇 m³/h 이상이어야 하는가?

① 40000
② 25000
③ 30000
④ 45000

해설 **거실의 배출량**
(1) 바닥면적 400m² 미만(최저치 5000m³/h 이상)
배출량(m³/min)=바닥면적(m²)×1 m³/m²·min
(2) 바닥면적 400m² 이상
㉠ 직경 40m 이하 : **40000m³/h 이상**

예상제연구역이 제연경계로 구획된 경우

수직거리	배출량
2m 이하	40000m³/h 이상
2m 초과 2.5m 이하	45000m³/h 이상
2.5m 초과 3m 이하	50000m³/h 이상
3m 초과	60000m³/h 이상

㉡ 직경 40m 초과 : **45000m³/h 이상**

예상제연구역이 제연경계로 구획된 경우

수직거리	배출량
2m 이하	→45000m³/h 이상 보기 ④
2m 초과 2.5m 이하	50000m³/h 이상
2.5m 초과 3m 이하	55000m³/h 이상
3m 초과	65000m³/h 이상

답 ④

★★
71
18.03.문68
17.09.문68
스프링클러설비의 화재안전기준에 따라 사무실에 측벽형 스프링클러헤드를 설치하려고 한다. 긴 변의 양쪽에 각각 일렬로 설치하되 마주보는 헤드가 나란히 꼴이 되도록 설치해야 하는 경우, 사무실 폭의 범위는?

① 6.3m 이상 12.6m 이하
② 9m 이상 15.5m 이하
③ 5.4m 이상 10.8m 이하
④ 4.5m 이상 9m 이하

해설 **스프링클러헤드**의 설치기준(NFPC 103 10조, NFTC 103 2.7.7)
(1) **연소할 우려**가 있는 **개구부**에는 그 상하좌우에 **2.5m** 간격으로 스프링클러헤드를 설치하되, 스프링클러헤드와 개구부의 내측면으로부터 직선거리는 **15cm 이하**가 되도록 할 것. 이 경우 사람이 상시 출입하는 개구부로서 통행에 지장이 있는 때에는 개구부의 상부 또는 측면(개구부의 폭이 **9m 이하**인 경우에 한함)에 설치하되, 헤드 상호간의 간격은 **1.2m 이하**로 설치
(2) 살수가 방해되지 않도록 스프링클러헤드로부터 반경 **60cm 이상**의 공간을 보유할 것(단, 벽과 **스프링클러헤드** 간의 공간은 **10cm 이상**)

(3) 스프링클러헤드와 그 부착면과의 거리는 **30cm 이하**로 할 것
(4) 측벽형 스프링클러헤드를 설치하는 경우 긴 변의 한쪽 벽에 일렬로 설치(폭이 **4.5~9m 이하**인 실에 있어서는 긴 변의 양쪽에 각각 일렬로 설치하되 마주보는 스프링클러헤드가 나란히 꼴이 되도록 설치)하고 **3.6m 이내**마다 설치할 것 보기 ④

답 ④

★★
72
19.04.문68
18.04.문63
분말소화설비의 화재안전기준에 따라 화재시 현저하게 연기가 찰 우려가 없는 장소로서 호스릴 분말소화설비를 설치할 수 있는 기준 중 다음 ( ) 안에 알맞은 것은?

• 지상 1층 및 피난층에 있는 부분으로서 지상에서 수동 또는 원격조작에 따라 개방할 수 있는 개구부의 유효면적의 합계가 바닥면적의 (㉠)% 이상이 되는 부분
• 전기설비가 설치되어 있는 부분 또는 다량의 화기를 사용하는 부분의 바닥면적이 해당 설비가 설치되어 있는 구획의 바닥면적의 (㉡) 미만이 되는 부분

① ㉠ 15, ㉡ $\frac{1}{2}$
② ㉠ 15, ㉡ $\frac{1}{5}$
③ ㉠ 20, ㉡ $\frac{1}{5}$
④ ㉠ 20, ㉡ $\frac{1}{2}$

해설 **호스릴 분말** · 호스릴 이산화탄소 · 호스릴 할론소화설비 설치장소(NFPC 108 11조(NFTC 108 2.8.3), NFPC 106 10조(NFTC 106 2.7.3), NFPC 107 10조(NFTC 107 2.7.3))
(1) **지상 1층** 및 **피난층**에 있는 부분으로서 지상에서 수동 또는 원격조작에 따라 개방할 수 있는 개구부의 유효면적의 합계가 바닥면적의 **15% 이상**이 되는 부분 보기 ㉠
(2) 전기설비가 설치되어 있는 부분 또는 다량의 화기를 사용하는 부분(해당 설비의 주위 **5m 이내**의 부분 포함)의 바닥면적이 해당 설비가 설치되어 있는 구획의 바닥면적의 $\frac{1}{5}$ **미만**이 되는 부분 보기 ㉡

답 ②

★★
73
20.06.문69
19.04.문73
15.03.문70
13.06.문74
옥외소화전설비의 화재안전기준에 따라 특정소방대상물의 각 부분으로부터 하나의 호스접결구까지의 수평거리가 최대 몇 m 이하가 되도록 설치하여야 하는가?

① 25
② 35
③ 40
④ 50

해설 수평거리 및 보행거리

(1) 수평거리

구 분	설 명
수평거리 10m 이하	• 예상제연구역~배출구
수평거리 15m 이하	• 분말호스릴 • 포호스릴 • CO₂호스릴
수평거리 20m 이하	• 할론호스릴
수평거리 25m 이하	• 옥내소화전 방수구(호스릴 포함) • 포소화전 방수구 • 연결송수관 방수구(지하가, 지하층 바닥면적 3000m² 이상)
수평거리 40m 이하 ← 보기 ③	• 옥외소화전 방수구
수평거리 50m 이하	• 연결송수관 방수구(사무실)

(2) 보행거리

구 분	설 명
보행거리 20m 이하	소형소화기
보행거리 30m 이하	대형소화기 기억법 대3(대상을 받다.)

답 ③

★★★ 74

소화기구 및 자동소화장치의 화재안전기준상 주거용 주방자동소화장치의 설치기준으로 틀린 것은?

19.09.문68
16.03.문65
09.08.문74
07.03.문78
06.03.문70

① 감지부는 형식 승인받은 유효한 높이 및 위치에 설치할 것

② 소화약제 방출구는 환기구의 청소부분과 분리되어 있을 것

③ 차단장치(전기 또는 가스)는 상시 확인 및 점검이 가능하도록 설치할 것

④ 가스용 주방자동소화장치를 사용하는 경우 탐지부는 수신부와 분리하여 설치하되, 공기보다 무거운 가스를 사용하는 장소에는 바닥면으로부터 20cm 이하의 위치에 설치할 것

해설

④ 20cm 이하 → 30cm 이하

주거용 주방자동소화장치의 설치기준

사용가스	탐지부 위치
LNG (공기보다 가벼운 가스)	천장면에서 30cm(0.3m) 이하 LNG 탐지기 위치
LPG (공기보다 무거운 가스)	바닥면에서 30cm(0.3m) 이하 보기 ④ LPG 탐지기 위치

(1) 소화약제 방출구는 환기구의 청소부분과 분리되어 있을 것 보기 ②

(2) 감지부는 형식 승인받은 **유효한** 높이 및 위치에 설치할 것 보기 ①

(3) 차단장치(전기 또는 가스)는 상시 확인 및 점검이 가능하도록 설치할 것 보기 ③

(4) 수신부는 주위의 열기류 또는 습기 등과 주위온도에 영향을 받지 아니하고 사용자가 **상시 볼 수 있는 장소**에 설치할 것

답 ④

★★ 75

분말소화설비의 화재안전기준상 전역방출방식의 분말소화설비에 있어서 방호구역의 체적이 500m³일 때 적합한 분사헤드의 최소 개수는? (단, 제1종 분말이며, 체적 1m³당 소화약제의 양은 0.60kg이며, 분사헤드 1개의 분당 표준방사량은 18kg이다.)

18.04.문61
13.09.문70

① 30
② 34
③ 134
④ 17

해설 분말저장량

$$\boxed{\text{방호구역체적[m}^3\text{]}\times\text{약제량[kg/m}^3\text{]}+\text{개구부 면적[m}^2\text{]}\times\text{개구부 가산량[kg/m}^2\text{]}}$$

기억법 방약개산

$$= 500m^3 \times 0.60kg/m^3 = 300kg$$

∴ 분사헤드수 $= \dfrac{300kg}{9kg} ≒ 34$개

• 개구부 면적, 개구부 가산량은 문제에서 주어지지 않았으므로 무시

• 1분당 표준방사량이 18kg이므로 18kg/분이 된다. 따라서 30초에는 그의 50%인 **9kg**를 방사해야 한다. 30초를 적용한 이유는 **전역방출방식**의 분말소화설비는 30초 이내에 방사해야 하기 때문이다.

중요

약제 방사시간

소화설비		전역방출방식		국소방출방식	
		일반건축물	위험물제조소	일반건축물	위험물제조소
할론소화설비		10초 이내	30초 이내	10초 이내	30초 이내
분말소화설비		30초 이내			
CO₂ 소화설비	표면화재	1분 이내	60초 이내	30초 이내	
	심부화재	7분 이내			

- 문제에서 '위험물제조소'라는 말이 없으면 **일반건축물** 적용

답 ②

⭐⭐⭐
76
19.04.문77
17.03.문69
14.05.문65
13.09.문64

포소화설비의 화재안전기준에 따라 포소화설비의 자동식 기동장치에서 폐쇄형 스프링클러헤드를 사용하는 경우의 설치기준에 대한 설명이다. (   ) 안의 내용으로 옳은 것은?

- 표시온도가 (㉠)℃ 미만인 것을 사용하고, 1개의 스프링클러헤드의 경계면적은 (㉡)m² 이하로 할 것
- 부착면의 높이는 바닥으로부터 (㉢)m 이하로 하고, 화재를 유효하게 감지할 수 있도록 할 것

① ㉠ 68, ㉡ 20, ㉢ 5   ② ㉠ 68, ㉡ 30, ㉢ 7
③ ㉠ 79, ㉡ 20, ㉢ 5   ④ ㉠ 79, ㉡ 30, ㉢ 7

해설 **자동식 기동장치**(폐쇄형 헤드 개방방식)(NFTC 105 2.8.2)
(1) 표시온도가 **79℃** 미만인 것을 사용하고, 1개의 스프링클러헤드의 **경계면적**은 **20m²** 이하 **보기 ㉠㉡**
(2) 부착면의 높이는 바닥으로부터 **5m** 이하로 하고, 화재를 유효하게 감지할 수 있도록 함 **보기 ㉢**
(3) 하나의 감지장치 경계구역은 하나의 **층**이 되도록 함

기억법 경27 자동(**경이**롭다. **자동차**!)

답 ③

⭐⭐⭐
77
19.04.문78
18.09.문79
16.05.문65
15.09.문78
14.03.문71
05.03.문72

소화기구 및 자동소화장치의 화재안전기준상 바닥면적이 1500m²인 공연장 시설에 소화기구를 설치하려 한다. 소화기구의 최소능력단위는? (단, 주요구조부는 내화구조이고, 벽 및 반자의 실내와 면하는 부분이 불연재료로 되어 있다.)

① 7단위   ② 30단위
③ 9단위   ④ 15단위

해설 **특정소방대상물별 소화기구의 능력단위기준**(NFTC 101 2.1.1.2)

특정소방대상물	소화기구의 능력단위	건축물의 주요구조부가 내화구조이고, 벽 및 반자의 실내에 면하는 부분이 불연재료·준불연재료 또는 난연재료로 된 특정소방대상물의 능력단위
• **위**락시설 **기억법** 위3(위상)	바닥면적 **30m²**마다 1단위 이상	바닥면적 **60m²**마다 1단위 이상
• **공연장** • **집**회장 • **관**람장 및 **문**화재 • **의**료시설·**장**례시설 **기억법** 5공연장 문의 집관람 (손오공 연장 문의 집관람)	바닥면적 **50m²**마다 1단위 이상	바닥면적 **100m²**마다 1단위 이상
• **근**린생활시설 • **판**매시설 • **운**수시설 • **숙**박시설 • **노**유자시설 • **전**시장 • 공동**주**택 • **업**무시설 • **방**송통신시설 • 공**장**·**창**고 • **항**공기 및 자동**차** 관련 시설 및 **관광**휴게시설 **기억법** 근판숙노전 주업방차창 1항관광(근판숙노전 주업방차창 일본항 관광)	바닥면적 **100m²**마다 1단위 이상	바닥면적 **200m²**마다 1단위 이상
• 그 밖의 것	바닥면적 **200m²**마다 1단위 이상	바닥면적 **400m²**마다 1단위 이상

공연장으로서 **내화구조**이고 **불연재료**를 사용하므로 바닥면적 100m²마다 1단위 이상

공연장 최소능력단위 = $\dfrac{1500\text{m}^2}{100\text{m}^2}$ = 15단위

- 소수점이 발생하면 절상한다.

답 ④

78 다음 중 제연설비의 화재안전기준에 따른 제연구역 구획에 관한 기준으로 옳은 것은?

17.03.문76
05.05.문68

① 하나의 제연구역은 직경 50m 원 내에 들어갈 수 있어야 한다. 다만, 구조상 불가피한 경우에는 그 직경을 70m까지로 할 수 있다.
② 통로상의 제연구역은 보행중심선의 길이가 50m를 초과하지 않는다. 다만, 구조상 불가피한 경우에는 70m까지로 할 수 있다.
③ 거실과 통로는 하나의 제연구획으로 한다.
④ 하나의 제연구역의 면적은 1000m² 이내로 한다.

해설

> ① 50m 원 내 → 60m 원 내, 다만~ → 삭제
> ② 50m를 초과 → 60m를 초과, 다만~ → 삭제
> ③ 하나의 제연구획 → 각각 제연구획

제연구역의 기준
(1) 하나의 제연구역의 면적은 **1000m²** 이내로 한다. 보기 ④
(2) 거실과 통로(복도 포함)는 **각각 제연구획**한다. 보기 ③
(3) 통로상의 제연구역은 보행중심선의 길이가 **60m**를 초과하지 않아야 한다. 보기 ②

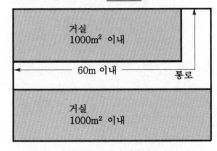

‖ 제연구역의 구획(Ⅰ) ‖

(4) 하나의 제연구역은 직경 **60m** 원 내에 들어갈 수 있도록 한다. 보기 ①

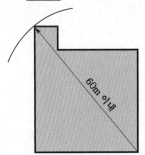

‖ 제연구역의 구획(Ⅱ) ‖

(5) 하나의 제연구역은 **2개** 이상의 층에 미치지 않도록 한다(단, 층의 구분이 불분명한 부분은 다른 부분과 별도로 제연구획할 것).

답 ④

79 스프링클러설비의 화재안전기준상 폐쇄형 스프링클러설비의 방호구역 및 유수검지장치에 관한 설명으로 틀린 것은?

15.05.문64

① 스프링클러헤드에 공급되는 물은 유수검지장치를 지나도록 한다.
② 유수검지장치란 유수현상을 자동적으로 검지하여 신호 또는 경보를 발하는 장치를 말한다.
③ 하나의 방호구역의 바닥면적은 2500m²를 초과하지 아니한다.
④ 하나의 방호구역에는 1개 이상의 유수검지장치를 설치한다.

해설

> ③ 2500m² → 3000m²

폐쇄형 설비의 방호구역 및 유수검지장치(NFPC 103 6조, NFTC 103 2.3)
(1) 하나의 방호구역의 바닥면적은 **3000m²**를 초과하지 않을 것 보기 ③
(2) 하나의 방호구역에는 1개 이상의 유수검지장치 설치 보기 ④
(3) 하나의 방호구역은 **2개층**에 미치지 아니하도록 하되, 1개층에 설치되는 스프링클러헤드의 수가 **10개 이하** 및 복층형 구조의 공동주택에는 **3개층** 이내
(4) 유수검지장치를 실내에 설치하거나 보호용 철망 등으로 구획하여 바닥으로부터 **0.8m 이상 1.5m 이하**의 위치에 설치하되, 그 실 등에는 개구부가 가로 **0.5m** 이상 세로 **1m** 이상의 출입문을 설치하고 그 출입문 상단에 '유수검지장치실'이라고 표시한 표지를 설치할 것(단, 유수검지장치를 기계실(공조용 기계실 포함) 안에 설치하는 경우에는 별도의 실 또는 보호용 철망을 설치하지 않고 기계실 출입문 상단에 "유수검지장치실"이라고 표시한 표지 설치 가능)
(5) 스프링클러헤드에 공급되는 물은 유수검지장치를 지나도록 한다. 보기 ①
(6) 유수검지장치란 유수현상을 자동적으로 검지하여 신호 또는 경보를 발하는 장치를 말한다. 보기 ②

답 ③

80 이산화탄소 소화설비의 화재안전기준에 따라 전역방출방식을 적용하는 이산화탄소 소화설비에서 심부화재 방호대상물별 방호구역의 체적 1m³에 필요한 최소 소화약제량[kg] 및 설계농도[%]로 틀린 것은?

① 고무류 · 면화류창고, 모피창고, 석탄창고, 집진설비 : 2.7kg, 75%
② 유압기기를 제외한 전기설비, 케이블실 : 1.3kg, 50%
③ 체적 55m² 미만의 전기설비 : 1.5kg, 55%
④ 서고, 전자제품창고, 목재가공품창고, 박물관 : 2.0kg, 65%

해설

③ 1.5kg, 55% → 1.6kg, 50%

심부화재의 약제량 및 개구부가산량

이산화탄소 소화설비 방호대상물	약제량	개구부가산량 (자동폐쇄장치 미설치시)	설계농도 [%]
전기설비(55m³ 이상), 케이블실	1.3kg/m³		50
전기설비(55m³ 미만) 보기 ③	→1.6kg/m³		
서고, **전**자제품창고, **목**재가공품창고, **박**물관	2.0kg/m³	10kg/m²	65
고무류 · **면**화류창고, **모**피창고, **석**탄창고, **집**진설비	2.7kg/m³		75

기억법 **서박목전**(**선박**이 **목전**에 보인다.)
석면고모집(**석면**은 **고모 집**에 있다.)

답 ③

2021년

소방설비기사 필기(기계분야)

** 수험자 유의사항 **

1. 문제지를 받는 즉시 **본인**이 **응시한 종목**이 맞는지 확인하시기 바랍니다.
2. 문제지 표지에 본인의 **수험번호**와 **성명**을 기재하여야 합니다.
3. 문제지의 **총면수, 문제번호 일련순서, 인쇄상태, 중복 및 누락 페이지 유무**를 확인하시기 바랍니다.
4. 답안은 각 문제마다 요구하는 가장 적합하거나 가까운 답 1개만을 선택하여야 합니다.
5. 답안카드는 뒷면의 「수험자 유의사항」에 따라 작성하시고, 답안카드 작성 시 형별누락, 마킹착오로 인한 불이익은 전적으로 수험자에게 책임이 있음을 알려드립니다.
6. 문제지는 시험 종료 후 본인이 가져갈 수 있습니다.

** 안내사항 **

• 가답안/최종정답은 큐넷(www.q-net.or.kr)에서 확인하실 수 있습니다. 가답안에 대한 의견은 큐넷의 [가답안 의견 제시]를 통해 제시할 수 있으며, 확정된 답안은 최종정답으로 갈음합니다.
• 공단에서 제공하는 자격검정서비스에 대해 개선할 점이 있으시면 고객참여(http://hrdkorea.or.kr/7/1/1/)를 통해 건의하여 주시기 바랍니다.

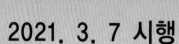

2021. 3. 7 시행

┃2021년 기사 제1회 필기시험┃

자격종목	종목코드	시험시간	형별	수험번호	성명
소방설비기사(기계분야)		**2시간**			

※ 각 문항은 4지택일형으로 질문에 가장 적합한 보기 항을 선택하여 체크하여야 합니다.

제1과목 소방원론

⭐⭐
01 위험물별 저장방법에 대한 설명 중 틀린 것은?

`16.03.문20`
`07.09.문05`

① 황은 정전기가 축적되지 않도록 하여 저장한다.

② 적린은 화기로부터 격리하여 저장한다.

③ 마그네슘은 건조하면 부유하여 분진폭발의 위험이 있으므로 물에 적시어 보관한다.

④ 황화인은 산화제와 격리하여 저장한다.

[해설]
① 황 : **정전기**가 축적되지 않도록 하여 저장
② 적린 : **화기**로부터 격리하여 저장
③ 마그네슘 : **물**에 적시어 보관하면 **수소**(H_2) 발생
④ 황화인 : **산화제**와 격리하여 저장

🔖 중요

주수소화(물소화)시 **위험**한 물질

구 분	현 상
•무기과산화물	**산소**(O_2) 발생
•**금**속분 •**마**그네슘 •**알**루미늄 •**칼**륨 •**나**트륨 •**수**소화리튬	**수소**(H_2) 발생
•가연성 액체의 유류화재	**연소면**(화재면) 확대

기억법 금마수

※ **주수소화** : 물을 뿌려 소화하는 방법

답 ③

⭐⭐⭐
02 분자식이 CF_2BrCl인 할로겐화합물 소화약제는?

`19.09.문07`
`17.03.문05`
`16.10.문08`
`15.03.문04`
`14.09.문04`
`14.03.문02`

① Halon 1301
② Halon 1211
③ Halon 2402
④ Halon 2021

[해설] **할론소화약제**의 약칭 및 분자식

종 류	약 칭	분자식
할론 1011	CB	CH_2ClBr
할론 104	CTC	CCl_4
할론 1211	BCF	$CF_2ClBr(CClF_2Br)$
할론 1301	BTM	CF_3Br
할론 2402	FB	$C_2F_4Br_2$

답 ②

⭐⭐⭐
03 건축물의 화재시 피난자들의 집중으로 패닉(Panic) 현상이 일어날 수 있는 피난방향은?

`17.03.문09`
`12.03.문06`
`08.05.문20`

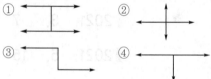

[해설] 피난형태

형 태	피난방향	상 황
X형	↔	**확실한 피난통로**가 보장되어 신속한 피난이 가능하다.
Y형	↘↙	
CO형	□	피난자들의 집중으로 **패닉**(Panic)**현상**이 일어날 수 있다. **보기 ①**
H형		

🔖 중요

패닉(Panic)의 **발생원인**
(1) 연기에 의한 시계제한
(2) 유독가스에 의한 호흡장애
(3) 외부와 단절되어 고립

답 ①

유사문제부터 풀어보세요.
실력이 팍!팍!
올라갑니다.

★★★
04 할로겐화합물 소화약제에 관한 설명으로 옳지 않은 것은?

20.06.문09
19.09.문13
18.09.문19
17.05.문06
16.03.문08
15.03.문17
14.03.문19
11.10.문19
03.08.문11

① 연쇄반응을 차단하여 소화한다.
② 할로겐족(할로젠족) 원소가 사용된다.
③ 전기에 도체이므로 전기화재에 효과가 있다.
④ 소화약제의 변질분해 위험성이 낮다.

해설
③ 도체 → 부도체(불량도체)

할론소화설비(할로겐화합물 소화약제)의 **특징**
(1) **연쇄반응**을 **차단**하여 소화한다. 보기 ①
(2) **할로겐족**(할로젠족) 원소가 사용된다. 보기 ②
(3) 전기에 **부도체**이므로 전기화재에 효과가 있다. 보기 ③
(4) 소화약제의 **변질분해** 위험성이 **낮다**. 보기 ④
(5) **오존층**을 파괴한다.
(6) 연소 **억제작용**이 크다(가연물과 산소의 화학반응을 억제한다).
(7) **소화능력**이 **크다**(소화속도가 빠르다).
(8) **금속**에 대한 **부식성**이 **작다**.

답 ③

★★
05 스테판-볼츠만의 법칙에 의해 복사열과 절대 온도와의 관계를 옳게 설명한 것은?

16.05.문06
14.03.문20

① 복사열은 절대온도의 제곱에 비례한다.
② 복사열은 절대온도의 4제곱에 비례한다.
③ 복사열은 절대온도의 제곱에 반비례한다.
④ 복사열은 절대온도의 4제곱에 반비례한다.

해설
② 복사열(열복사량)은 복사체의 **절대온도**의 **4제곱**에 **비례**하고, **단면적**에 **비례**한다.

스테판-볼츠만의 **법칙**(Stefan-Boltzman's law)

$$Q = aAF(T_1^4 - T_2^4) \propto T^4$$

여기서, Q : 복사열[W]
a : 스테판-볼츠만 상수[W/m^2·K^4]
A : 단면적[m^2]
F : 기하학적 Factor
T_1 : 고온[K]
T_2 : 저온[K]

기억법 복스(복수)

● 스테판-볼츠만의 법칙=스테판-볼쯔만의 법칙

답 ②

★★★
06 일반적으로 공기 중 산소농도를 몇 vol% 이하로 감소시키면 연소속도의 감소 및 질식소화가 가능한가?

19.09.문13
18.09.문19
17.05.문06
16.03.문08
15.03.문17
14.03.문19
11.10.문19
03.08.문11

① 15   ② 21
③ 25   ④ 31

해설 **소화**의 **방법**

구 분	설 명
냉각소화	다량의 물 등을 이용하여 **점화원**을 냉**각**시켜 소화하는 방법
질식소화	공기 중의 **산소농도**를 **16%** 또는 **15%** (10~15%) 이하로 희박하게 하여 소화하는 방법 보기 ①
제거소화	가연물을 제거하여 소화하는 방법
화학소화 (부촉매효과)	연쇄반응을 차단하여 소화하는 방법, **억제작용**이라고도 함
희석소화	고체·기체·액체에서 나오는 **분해가**스나 **증기**의 **농도**를 낮추어 연소를 중지시키는 방법
유화소화	물을 무상으로 방사하여 유류표면에 **유화층**의 막을 형성시켜 공기의 접촉을 막아 소화하는 방법
피복소화	비중이 공기의 **1.5배** 정도로 무거운 소화약제를 방사하여 가연물의 구석구석까지 침투·피복하여 소화하는 방법

용어

%	vol%
수를 100의 비로 나낸 것	어떤 공간에 차지하는 부피를 백분율로 나타낸 것
50%	공기 50vol% / 50vol%
|50%|	|50vol%|

답 ①

★★★
07 이산화탄소의 물성으로 옳은 것은?

19.03.문11
16.03.문15
14.05.문08
13.06.문20
11.03.문06

① 임계온도 : 31.35℃, 증기비중 : 0.529
② 임계온도 : 31.35℃, 증기비중 : 1.529
③ 임계온도 : 0.35℃, 증기비중 : 1.529
④ 임계온도 : 0.35℃, 증기비중 : 0.529

해설 <u>이산화탄소</u>의 물성

구 분	물 성
임계압력	72.75atm
임계온도 →	31.35℃
3중점	−**56**.3℃(약 −57℃)
승화점(**비**점)	−**78**.5℃
허용농도	0.5%
증기비중 →	1.5**29**
수분	0.05% 이하(함량 99.5% 이상)

기억법 이356, 이비78, 이증15

용어

임계온도와 임계압력	
임계온도	임계압력
아무리 큰 압력을 가해도 액화하지 않는 최저온도	임계온도에서 액화하는 데 필요한 압력

답 ②

★★★
08 조연성 가스에 해당하는 것은?

19.09.문20
17.03.문07
16.10.문03
16.03.문04
14.05.문10
12.09.문08
11.10.문02

① 일산화탄소
② 산소
③ 수소
④ 부탄

해설 ①③④ 일산화탄소, 수소, 부탄 : 가연성 가스

가연성 가스와 **지연성 가스**

가연성 가스	지연성 가스(조연성 가스)
• **수소** 보기 ③ • 메탄 • **일산화탄소** 보기 ① • 천연가스 • **부탄** 보기 ④ • 에탄 • 암모니아 • 프로판	• **산소** 보기 ② • 공기 • 염소 • 오존 • 불소 **기억법** 조산공 염오불

기억법 가수일천 암부 메에프

용어

가연성 가스와 **지연성 가스**

가연성 가스	지연성 가스(조연성 가스)
물질 자체가 연소하는 것	자기 자신은 연소하지 않지만 연소를 도와주는 가스

답 ②

★★★
09 가연물질의 구비조건으로 옳지 않은 것은?

19.09.문08
18.03.문10
17.05.문18
16.10.문05
16.03.문14
15.05.문19
15.03.문09
14.09.문09
14.09.문17
12.03.문09

① 화학적 활성이 클 것
② 열의 축적이 용이할 것
③ 활성화에너지가 작을 것
④ 산소와 결합할 때 발열량이 작을 것

해설 ④ 작을 것 → 클 것

가연물이 **연소**하기 쉬운 **조건**(가연물질의 **구비조건**)
(1) 산소와 **친화력**이 클 것(좋을 것)
(2) **발열량**이 클 것 보기 ④
(3) **표면적**이 넓을 것
(4) **열**전도율이 **작**을 것
(5) **활성화에너지**가 **작**을 것 보기 ③
(6) **연쇄반응**을 일으킬 수 있을 것
(7) 산소가 포함된 **유기물**일 것
(8) 연소시 **발열반응**을 할 것
(9) **화학적 활성**이 클 것 보기 ①
(10) 열의 축적이 용이할 것 보기 ②

기억법 가열작 활작(가열작품)

용어

활성화에너지
가연물이 처음 연소하는 데 필요한 열

비교

자연발화의 방지법	자연발화 조건
① 습도가 높은 곳을 피할 것(건조하게 유지할 것) ② 저장실의 온도를 낮출 것 ③ 통풍이 잘 되게 할 것 ④ 퇴적 및 수납시 열이 쌓이지 않게 할 것 (**열축적 방지**) ⑤ 산소와의 접촉을 차단할 것 ⑥ **열전도성**을 좋게 할 것	① 열전도율이 작을 것 ② 발열량이 클 것 ③ 주위의 온도가 높을 것 ④ 표면적이 넓을 것

답 ④

★★★
10 가연성 가스이면서도 독성 가스인 것은?

19.04.문10
11.03.문10
09.08.문11
04.09.문14

① 질소
② 수소
③ 염소
④ 황화수소

해설 가연성 가스 + 독성 가스
(1) **황화수소**(H_2S) 보기 ④
(2) **암**모니아(NH_3)

기억법 가독황암

용어

가연성 가스	독성 가스
물질 자체가 연소하는 것	독한 성질을 가진 가스

중요

연소가스

구 분	특 징
일산화탄소 (CO)	화재시 흡입된 일산화탄소(CO)의 화학적 작용에 의해 **헤모글로빈**(Hb)이 혈액의 산소운반작용을 저해하여 사람을 질식·사망하게 한다.
이산화탄소 (CO_2)	연소가스 중 **가장 많은 양**을 차지하고 있으며 가스 그 자체의 독성은 거의 없으나 다량이 존재할 경우 호흡속도를 증가시키고, 이로 인하여 화재가스에 혼합된 유해가스의 혼입을 증가시켜 위험을 가중시키는 가스이다.
암모니아 (NH_3)	나무, 페놀수지, 멜라민수지 등의 **질소 함유물**이 연소할 때 발생하며, 냉동시설의 **냉매**로 쓰인다.
포스겐 ($COCl_2$)	매우 독성이 강한 가스로서 소화제인 **사염화탄소**(CCl_4)를 화재시에 사용할 때도 발생한다.
황화수소 (H_2S)	**달걀**(계란) **썩는 냄새**가 나는 특성이 있다. **기억법** 황달
아크롤레인 ($CH_2=CHCHO$)	독성이 매우 높은 가스로서 **석유제품, 유지** 등이 연소할 때 생성되는 가스이다.

답 ④

★★★
11 다음 물질 중 연소범위를 통해 산출한 위험도 값이 가장 높은 것은?

20.06.문19
19.03.문03
18.03.문18

① 수소
② 에틸렌
③ 메탄
④ 이황화탄소

해설 위험도

$$H=\frac{U-L}{L}$$

여기서, H : 위험도
U : 연소상한계
L : 연소하한계

① 수소 $=\dfrac{75-4}{4}=17.75$

② 에틸렌 $=\dfrac{36-2.7}{2.7}=12.33$

③ 메탄 $=\dfrac{15-5}{5}=2$

④ 이황화탄소 $=\dfrac{50-1}{1}=49$ 보기 ④

중요

공기 중의 폭발한계(상온, 1atm)

가 스	하한계 [vol%]	상한계 [vol%]
아세틸렌(C_2H_2)	2.5	81
수소(H_2) 보기 ①	4	75
일산화탄소(CO)	12	75
에터(($C_2H_5)_2O$)	1.7	48
이황화탄소(CS_2) 보기 ④	1	50
에틸렌(C_2H_4) 보기 ②	2.7	36
암모니아(NH_3)	15	25
메탄(CH_4) 보기 ③	5	15
에탄(C_2H_6)	3	12.4
프로판(C_3H_8)	2.1	9.5
부탄(C_4H_{10})	1.8	8.4

• 연소한계＝연소범위＝가연한계＝가연범위＝
  폭발한계＝폭발범위

답 ④

★★★
12 다음 각 물질과 물이 반응하였을 때 발생하는 가스의 연결이 틀린 것은?

18.04.문18
11.10.문05
10.09.문12

① 탄화칼슘 – 아세틸렌
② 탄화알루미늄 – 이산화황
③ 인화칼슘 – 포스핀
④ 수소화리튬 – 수소

해설 ② 이산화황 → 메탄

① **탄화칼슘**과 물의 반응식
$$CaC_2 + 2H_2O \rightarrow Ca(OH)_2 + C_2H_2\uparrow$$
탄화칼슘　물　　수산화칼슘　**아세틸렌**

② **탄화알루미늄**과 물의 반응식 보기 ②
$$Al_4C_3 + 12H_2O \rightarrow 4Al(OH)_3 + 3CH_4\uparrow$$
탄화알루미늄　물　　수산화알루미늄　**메탄**

③ **인화칼슘**과 물의 반응식
$$Ca_3P_2 + 6H_2O \rightarrow 3Ca(OH)_2 + 2PH_3\uparrow$$
인화칼슘　물　　수산화칼슘　**포스핀**

④ **수소화리튬**과 물의 반응식
$$LiH + H_2O \rightarrow LiOH + H_2$$
수소화리튬　물　수산화리튬　**수소**

비교

주수소화(물소화)시 **위험한 물질**

구 분	현 상
• 무기과산화물	**산소**(O₂) 발생
• **금**속분 • **마**그네슘 • 알루미늄 • 칼륨 • 나트륨 • 수소화리튬	**수소**(H₂) 발생
• 가연성 액체의 유류화재	**연소면**(화재면) 확대

기억법 금마수

※ **주수소화** : 물을 뿌려 소화하는 방법

답 ②

★★★
13 블레비(BLEVE)현상과 관계가 없는 것은?

19.09.문15
18.09.문08
17.03.문17
16.10.문15
16.05.문02
15.05.문18
15.03.문01
14.09.문12
14.03.문01
09.05.문10

① 핵분열
② 가연성 액체
③ 화구(Fire ball)의 형성
④ 복사열의 대량 방출

해설 블레비(BLEVE)현상
(1) 가연성 액체 보기 ②
(2) 화구(Fire ball)의 형성 보기 ③
(3) 복사열의 대량 방출 보기 ④

용어

블레비=블레이브(BLEVE)
과열상태의 탱크에서 내부의 액화가스가 분출하여
기화되어 폭발하는 현상

답 ①

★★★
14 인화점이 낮은 것부터 높은 순서로 옳게 나열된 것은?

18.04.문05
15.09.문02
14.05.문05
14.03.문10
12.03.문01
11.06.문09
11.03.문12
10.05.문11

① 에틸알코올< 이황화탄소< 아세톤
② 이황화탄소< 에틸알코올< 아세톤
③ 에틸알코올< 아세톤< 이황화탄소
④ 이황화탄소< 아세톤< 에틸알코올

해설

물 질	인화점	착화점
• 프로필렌	−107℃	497℃
• 에틸에터 • 다이에틸에터	−45℃	180℃
• 가솔린(휘발유)	−43℃	300℃
• **이황화탄소**	−30℃	**100℃**
• 아세틸렌	−18℃	335℃

• **아세톤**	−18℃	**538℃**
• 벤젠	−11℃	562℃
• 톨루엔	4.4℃	480℃
• **에틸알코올**	13℃	**423℃**
• 아세트산	40℃	–
• 등유	43~72℃	210℃
• 경유	50~70℃	200℃
• 적린	–	260℃

답 ④

★★★
15 물에 저장하는 것이 안전한 물질은?

17.03.문11
16.05.문19
16.03.문07
10.03.문09
09.03.문16

① 나트륨
② 수소화칼슘
③ 이황화탄소
④ 탄화칼슘

해설 물질에 따른 저장장소

물 질	저장장소
황린, **이**황화탄소(CS₂) 보기 ③	**물속**
나이트로셀룰로오스	알코올 속
칼륨(K), 나트륨(Na), 리튬(Li)	석유류(등유) 속
알킬알루미늄	벤젠액 속
아세틸렌(C₂H₂)	디메틸포름아미드(DMF), 아세톤에 용해
수소화칼슘	**환기**가 잘 되는 내화 성 **냉암소**에 보관
탄화칼슘(칼슘카바이드)	습기가 없는 **밀폐용기** 에 저장하는 곳

기억법 **황물이**(**황**토색 **물이** 나온다.)

중요

산화프로필렌, 아세트알데하이드
구리, **마**그네슘, **은**, **수**은 및 그 합금과 저장 금지
기억법 구마은수

답 ③

★★★
16 대두유가 침적된 기름걸레를 쓰레기통에 장시간 방치한 결과 자연발화에 의하여 화재가 발생한 경우 그 이유로 옳은 것은?

19.09.문08
18.03.문10
16.10.문05
16.03.문14
15.05.문19
15.03.문09
14.09.문04
14.09.문17
12.03.문09
09.05.문08
03.03.문13
02.09.문01

① 융해열 축적
② 산화열 축적
③ 증발열 축적
④ 발효열 축적

해설 자연발화

구 분	설 명
정의	가연물이 공기 중에서 산화되어 **산화열**의 **축적**으로 발화
일어나는 경우	기름걸레를 쓰레기통에 장기간 방치하면 **산화열**이 **축적**되어 자연발화가 일어남 보기 ②
일어나지 않는 경우	기름걸레를 빨랫줄에 걸어 놓으면 **산**화열이 **축적**되지 않아 **자**연발화는 일어나지 않음
	기억법 **자산축**

🌱 **용어**

산화열
물질이 산소와 화합하여 반응하는 과정에서 생기는 열

답 ②

⭐⭐⭐
17 건축법령상 내력벽, 기둥, 바닥, 보, 지붕틀 및 주계단을 무엇이라 하는가?

17.09.문19
17.07.문14
15.03.문18
13.09.문18

① 내진구조부　　② 건축설비부
③ 보조구조부　　④ 주요구조부

해설 **주요구조부** 보기 ④
(1) 내력**벽**
(2) **보**(작은 보 제외)
(3) **지**붕틀(차양 제외)
(4) **바**닥(최하층 바닥 제외)
(5) **주**계단(옥외계단 제외)
(6) **기**둥(사잇기둥 제외)

기억법 **벽보지 바주기**

🌱 **용어**

주요구조부
건물의 구조 내력상 주요한 부분

답 ④

⭐
18 전기화재의 원인으로 거리가 먼 것은?

08.03.문07 ① 단락　　② 과전류
③ 누전　　④ 절연 과다

해설 ④ 절연 과다 → 절연저항 감소

전기화재의 발생원인
(1) **단락**(합선)에 의한 발화 보기 ①
(2) **과부하**(과전류)에 의한 발화 보기 ②
(3) **절연저항 감소**(누전)로 인한 발화 보기 ③
(4) 전열기기 과열에 의한 발화
(5) 전기불꽃에 의한 발화
(6) 용접불꽃에 의한 발화
(7) **낙뢰**에 의한 발화

답 ④

⭐⭐⭐
19 소화약제로 사용하는 물의 증발잠열로 기대할 수 있는 소화효과는?

19.09.문13
18.09.문19
17.05.문06
16.03.문08
15.03.문17
14.03.문19
11.10.문19
03.08.문11

① 냉각소화
② 질식소화
③ 제거소화
④ 촉매소화

해설 소화의 형태

구 분	설 명
냉각소화	① **점화원**을 냉각하여 소화하는 방법 ② **증**발잠열을 이용하여 열을 빼앗아 가연물의 온도를 떨어뜨려 화재를 진압하는 소화방법 보기 ① ③ **다량**의 **물**을 뿌려 소화하는 방법 ④ 가연성 물질을 발화점 **이하**로 **냉각**하여 소화하는 방법 ⑤ **식용유화재**에 신선한 **야채**를 넣어 소화하는 방법 ⑥ 용융잠열에 의한 **냉각효과**를 이용하여 소화하는 방법 기억법 **냉점증발**
질식소화	① 공기 중의 **산소농도**를 16%(10~15%) 이하로 희박하게 하여 소화하는 방법 ② 산화제의 농도를 낮추어 연소가 지속될 수 없도록 소화하는 방법 ③ 산소 공급을 차단하여 소화하는 방법 ④ 산소의 농도를 낮추어 소화하는 방법 ⑤ 화학반응으로 발생한 **탄산가스**에 의한 소화방법 기억법 **질산**
제거소화	**가연물**을 **제거**하여 소화하는 방법
부촉매소화 (억제소화, 화학소화)	① **연쇄반응**을 **차단**하여 소화하는 방법 ② 화학적인 방법으로 화재를 억제하여 소화하는 방법 ③ **활성기**(Free radical, 자유라디칼)의 **생성**을 **억제**하여 소화하는 방법 ④ 할론계 소화약제 기억법 **부억(부엌)**
희석소화	① 기체·고체·액체에서 나오는 분해가스나 증기의 농도를 낮춰 소화하는 방법 ② 불연성 가스의 공기 중 **농도**를 높여 소화하는 방법 ③ 불활성기체를 방출하여 연소범위 이하로 낮추어 소화하는 방법

중요

화재의 소화원리에 따른 소화방법

소화원리	소화설비
냉각소화	① 스프링클러설비 ② 옥내·외소화전설비
질식소화	① 이산화탄소 소화설비 ② 포소화설비 ③ 분말소화설비 ④ 불활성기체 소화약제
억제소화 (부촉매효과)	① 할론소화약제 ② 할로겐화합물 소화약제

답 ①

★★★
20

18.03.문06
17.03.문08
14.09.문20
13.09.문09
13.06.문18
10.09.문20

1기압 상태에서 100℃ 물 1g이 모두 기체로 변할 때 필요한 열량은 몇 cal인가?

① 429
② 499
③ 539
④ 639

 해설

③ 물의 기화잠열 539cal : 1기압 100℃의 물 1g이 모두 기체로 변화하는 데 539cal의 열량이 필요

물(H_2O)

기화잠열(증발잠열)	융해잠열
539cal/g　보기 ③	80cal/g
100℃의 물 1g이 수증기로 변화하는 데 필요한 열량	0℃의 얼음 1g이 물로 변화하는 데 필요한 열량

기억법 기53, 융8

답 ③

제2과목　　소방유체역학　　∷

★★★
21

17.09.문34
17.05.문35
15.09.문40
15.03.문34
14.05.문34
14.03.문33
13.06.문22
10.09.문33

대기압이 90kPa인 곳에서 진공 76mmHg는 절대압력[kPa]으로 약 얼마인가?

① 10.1
② 79.9
③ 99.9
④ 101.1

해설 (1) 수치

- 대기압 : 90kPa
- 진공압 : 76mmHg ≒ 10.1kPa

표준대기압
1atm=760mmHg
　　=1.0332kg$_f$/cm^2
　　=10.332mH₂O(mAq)
　　=14.7PSI(lb$_f$/in^2)
　　=101.325kPa(kN/m^2)
　　=1013mbar

760mmHg = 101.325kPa

$76mmHg = \dfrac{76mmHg}{760mmHg} \times 101.325kPa$

　　　　≒ 10.1kPa

(2) 절대압(력)=대기압−진공압
　　　　　　　= (90−10.1)kPa = 79.9kPa

중요

절대압
(1) **절**대압= **대**기압 + **게**이지압(계기압)
(2) 절대압= 대기압 − 진공압

기억법 절대게

답 ②

★
22

18.03.문31
17.05.문39

지름 0.4m인 관에 물이 0.5m³/s로 흐를 때 길이 300m에 대한 동력손실은 60kW이었다. 이때 관마찰계수(f)는 얼마인가?

① 0.0151
② 0.0202
③ 0.0256
④ 0.0301

 해설

$$H = \frac{\Delta P}{\gamma} = \frac{fLV^2}{2gD}$$

(1) 기호

- D : 0.4m
- Q : 0.5m³/s
- L : 300m
- P : 60kW
- f : ?

(2) 유량

$$Q = AV = \left(\frac{\pi D^2}{4}\right)V$$

여기서, Q : 유량[m³/s]
　　　　A : 단면적[m²]
　　　　V : 유속[m/s]
　　　　D : 지름[m]

유속 V는

$$V = \frac{Q}{\frac{\pi D^2}{4}} = \frac{0.5\text{m}^3/\text{s}}{\frac{\pi \times (0.4\text{m})^2}{4}} \doteqdot 3.979\text{m/s}$$

(3) **전동력**

$$P = \frac{0.163QH}{\eta}K$$

여기서, P : 전동력 또는 동력손실〔kW〕

Q : 유량〔m³/min〕

H : 전양정 또는 손실수두〔m〕

K : 전달계수

η : 효율

손실수두 H는

$$H = \frac{P\eta}{0.163QK}$$

$$H = \frac{60\text{kW}}{0.163 \times (0.5 \times 60)\text{m}^3/\text{min}} = 12.269\text{m}$$

• η, K : 주어지지 않았으므로 무시

• 1min=60s, 1s=$\frac{1}{60}$min 이므로

$$0.5\text{m}^3/\text{s} = 0.5\text{m}^3 \left| \frac{1}{60}\text{min} = (0.5 \times 60)\text{m}^3/\text{min} \right.$$

(4) **마찰손실**(달시-웨버의 식, Darcy-Weisbach formula)

$$H = \frac{\Delta P}{\gamma} = \frac{fLV^2}{2gD}$$

여기서, H : 마찰손실(수두)〔m〕

ΔP : 압력차〔kPa〕 또는 〔kN/m²〕

γ : 비중량(물의 비중량 9.8kN/m³)

f : 관마찰계수

L : 길이〔m〕

V : 유속(속도)〔m/s〕

g : 중력가속도(9.8m/s²)

D : 내경〔m〕

관마찰계수 f는

$$f = \frac{2gDH}{LV^2}$$

$$= \frac{2 \times 9.8\text{m/s}^2 \times 0.4\text{m} \times 12.269\text{m}}{300\text{m} \times (3.979\text{m/s})^2} \doteqdot 0.0202$$

답 ②

★★★
23
15.05.문33
13.09.문27
10.05.문35
액체 분자들 사이의 응집력과 고체면에 대한 부착력의 차이에 의하여 관내 액체표면과 자유표면 사이에 높이 차이가 나타나는 것과 가장 관계가 깊은 것은?

① 관성력

② 점성

③ 뉴턴의 마찰법칙

④ 모세관현상

해설

용 어	설 명
관성력	물체가 현재의 **운동상태**를 계속 **유지**하려는 성질
점성	운동하고 있는 유체에 서로 인접하고 있는 층 사이에 **미끄럼**이 생겨 **마찰**이 발생하는 성질
뉴턴의 마찰법칙	레이놀즈수가 큰 경우에 물체가 받는 **마찰력**이 속도의 **제곱**에 **비례**한다는 법칙
모세관현상	① 액체분자들 사이의 **응집력**과 고체면에 대한 **부착력**의 차이에 의하여 관내 액체표면과 자유표면 사이에 **높이 차이**가 나타나는 것 보기 ④ ② 액체와 고체가 접촉하면 상호 부착하려는 성질을 갖는데 이 **부착력**과 액체의 **응집력**의 상대적 크기에 의해 일어나는 현상

중요

모세관현상(capillarity in tube)
액체와 고체가 접촉하면 상호 **부착**하려는 **성질**을 갖는데 이 **부착력**과 액체의 **응집력**의 **상대적 크기**에 의해 일어나는 현상

$$h = \frac{4\sigma \cos\theta}{\gamma D}$$

여기서, h : 상승높이〔m〕

σ : 표면장력〔N/m〕

θ : 각도(접촉각)

γ : 비중량(물의 비중량 9800N/m³)

D : 관의 내경〔m〕

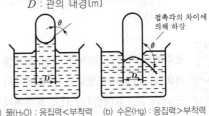

(a) 물(H₂O) : 응집력＜부착력　　(b) 수은(Hg) : 응집력＞부착력

‖모세관현상‖

답 ④

★
24
20.08.문28
피스톤이 설치된 용기 속에서 1kg의 공기가 일정온도 50℃에서 처음 체적의 5배로 팽창되었다면 이때 전달된 열량〔kJ〕은 얼마인가? (단, 공기의 기체상수는 0.287kJ/(kg·K)이다.)

① 149.2

② 170.6

③ 215.8

④ 240.3

해설 **(1) 기호**

- m : 1kg
- T : 50℃ $= (273+50)$K
- $\dfrac{V_2}{V_1}$: 5배
- $_1W_2$: ?
- R : 0.287kJ/kg · K

(2) **등온과정** : 문제에서 '일정 온도'라고 했으므로
절대일(압축일)

$$_1W_2 = P_1 V_1 \ln \frac{V_2}{V_1}$$

$$= mRT \ln \frac{V_2}{V_1}$$

$$= mRT \ln \frac{P_1}{P_2}$$

$$= P_1 V_1 \ln \frac{P_1}{P_2}$$

여기서, $_1W_2$: 절대일[kJ]
P_1, P_2 : 변화 전후의 압력[kJ/m³]
V_1, V_2 : 변화 전후의 체적[m³]
m : 질량[kg]
R : 기체상수[kJ/kg · K]
T : 절대온도(273+℃)[K]

열량(절대일) $_1W_2$는

$$_1W_2 = mRT \ln \frac{V_2}{V_1}$$

$$= 1\text{kg} \times 0.287\text{kJ/kg} \cdot \text{K} \times (273+50)\text{K} \times \ln 5$$

$$≒ 149.2\text{kJ}$$

답 ①

★★★
25 호주에서 무게가 20N인 어떤 물체를 한국에서
재어보니 19.8N이었다면 한국에서의 중력가속
도[m/s²]는 얼마인가? (단, 호주에서의 중력가
속도는 9.82m/s²이다.)

18.04.문31
14.03.문28
10.05.문37

① 9.46 ② 9.61
③ 9.72 ④ 9.82

해설 **(1) 기호**

- $W_{호}$: 20N
- $W_{한}$: 19.8N
- $g_{한}$: ?
- $g_{호}$: 9.82m/s²

(2) 비례식으로 풀면

호주 호주 한국 한국
20N : 9.82m/s² = 19.8N : x
$9.82 \times 19.8 = 20x$

$20x = 9.82 \times 19.8$ ← 좌우항 위치 바꿈

$$x = \frac{9.82 \times 19.8}{20} ≒ 9.72\text{m/s}^2$$

답 ③

★★★
26 두께 20cm이고 열전도율 4W/(m · K)인 벽의
내부 표면온도는 20℃이고, 외부 벽은 −10℃인
공기에 노출되어 있어 대류 열전달이 일어난다.
외부의 대류열전달계수가 20W/(m² · K)일 때,
정상상태에서 벽의 외부 표면온도[℃]는 얼마인
가? (단, 복사 열전달은 무시한다.)

19.04.문36
14.05.문28
13.09.문36
11.06.문29

① 5 ② 10
③ 15 ④ 20

해설 **(1) 기호**

- l : 20cm$=0.2$m(100cm=1m)
- k : 4W/m · K
- $T_{2전}$: 20℃
- $T_{1대}$: −10℃
- h : 20W/m² · K
- $T_{2대}$ 또는 $T_{1전}$: ?

(2) 전도 열전달

$$\dot{q} = \frac{kA(T_2 - T_1)}{l}$$

여기서, $\dot{q}$: 열전달량[J/s=W]
k : 열전도율[W/m · K]
A : 단면적[m²]
T_2 : 내부 벽온도(273+℃)[K]
T_1 : 외부 벽온도(273+℃)[K]
l : 두께[m]

- 열전달량=열전달률
- 열전도율=열전달계수

(3) 대류 열전달

$$\dot{q} = Ah(T_2 - T_1)$$

여기서, $\dot{q}$: 대류열류[W]
A : 대류면적[m²]
h : 대류전열계수(대류열전달계수)[W/m² · K]
T_2 : 외부 벽온도(273+℃)[K]
T_1 : 대기온도(273+℃)[K]

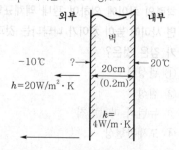

?℃에서 −10℃로 대류 열전달	=	20℃에서 ?℃로 전도 열전달

$$\cancel{A}h(T_2 - T_{1대}) = \frac{k\cancel{A}(T_{2전} - T_1)}{l}$$

$$20W/m^2 \cdot K \times (x - (-10))K$$

$$= \frac{4W/m \cdot K(20 - x)K}{0.2m}$$

$$20x + 200 = \frac{80 - 4x}{0.2}$$

$$0.2(20x + 200) = 80 - 4x$$

$$4x + 40 = 80 - 4x$$

$$4x + 4x = 80 - 40$$

$$8x = 40$$

$$x = \frac{40}{8} = 5℃$$

• 온도차는 ℃로 나타내든지 K로 나타내든지 계산해 보면 값은 같다. 그러므로 여기서는 단위를 일치시키기 위해 K로 쓰기로 한다.

답 ①

★★ 27

[17.09.문21]
[16.05.문32]

질량 m[kg]의 어떤 기체로 구성된 밀폐계가 Q[kJ]의 열을 받아 일을 하고, 이 기체의 온도가 ΔT[℃] 상승하였다면 이 계가 외부에 한 일 W[kJ]을 구하는 계산식으로 옳은 것은? (단, 이 기체의 정적비열은 C_v[kJ/(kg · K)], 정압비열은 C_p[kJ/kg · K)]이다.)

① $W = Q - mC_v \Delta T$

② $W = Q + mC_v \Delta T$

③ $W = Q - mC_p \Delta T$

④ $W = Q + mC_p \Delta T$

해설 열

$$Q = (U_2 - U_1) + W$$

여기서, Q : 열[kJ]

$U_2 - U_1$: 내부에너지 변화[kJ]

W : 일[kJ]

$Q = (U_2 - U_1) + W$

$Q - (U_2 - U_1) = W$

좌우를 이항하면

$W = Q - (U_2 - U_1)$

밀폐계는 **체적**이 일정하므로 정적과정

$W = Q - {}_1 q_2$

$W = Q - mC_v \Delta T$

• 정적과정(열량)

$${}_1 q_2 = U_2 - U_1 = mC_v \Delta T$$

여기서, ${}_1 q_2$: 열량[kJ]

$U_2 - U_1$: 내부에너지 변화[kJ]

m : 질량[kg]

C_v : 정적비열[kJ/kg · K]

ΔT : 온도차[K]

답 ①

★★ 28

[18.03.문23]
[10.05.문23]

정육면체의 그릇에 물을 가득 채울 때, 그릇 밑면이 받는 압력에 의한 수직방향 평균 힘의 크기를 P라고 하면, 한 측면이 받는 압력에 의한 수평방향 평균 힘의 크기는 얼마인가?

① $0.5P$　　　　② P

③ $2P$　　　　④ $4P$

해설 작용하는 힘

$$F = \gamma y \sin\theta A = \gamma h A$$

여기서, F : 작용하는 힘[N]

γ : 비중량(물의 비중량 9800N/m³)

y : 표면에서 수문 중심까지의 경사거리[m]

h : 표면에서 수문 중심까지의 수직거리[m]

A : 단면적[m²]

• 문제에서 정육면체이므로 밑면이 받는 힘은 $F = \gamma h A$, 옆면은 밑면을 수직으로 세우면 깊이가 $0.5h$이므로 $F_2 = \gamma 0.5 h A = 0.5 \gamma h A$

∴ 수직방향 평균 힘의 크기 $P = 0.5P$

• 압력은 어느 부분에서나 같은 높이선상이면 동일한 압력이 된다. 그러므로 밑면의 압력이 P라고 하고 이때 옆면이 받는 압력의 평균은 높이의 $\frac{1}{2}$이 적응된 압력이 되므로 $0.5P$가 된다.

※ 추가적으로 높이의 $\frac{1}{2}$을 한 이유를 설명하면 옆면은 맨 위의 압력이 있을 수 있고, 맨 아래의 압력이 있을 수 있으므로 한 면에 작용하는 힘의 작용점은 중심점으로서 맨 위는 0, 맨 아래는 1이라 하면 평균은 **0.5**가 된다.

답 ①

★ 29

[14.09.문27]

베르누이 방정식을 적용할 수 있는 기본 전제조건으로 옳은 것은?

① 비압축성 흐름, 점성 흐름, 정상 유동

② 압축성 흐름, 비점성 흐름, 정상 유동

③ 비압축성 흐름, 비점성 흐름, 비정상 유동

④ 비압축성 흐름, 비점성 흐름, 정상 유동

해설 (1) **베르누이(Bernoulli)식**
'에너지 보존의 법칙'을 유체에 적용하여 얻은 식
(2) **베르누이 방정식의 적용 조건**
㉠ 정상흐름(정상유동)
㉡ 비압축성 흐름
㉢ 비점성 흐름
㉣ 이상유체

중요

수정 베르누이 방정식(실제유체)

$$\frac{V_1^2}{2g} + \frac{P_1}{\gamma} + Z_1 = \frac{V_2^2}{2g} + \frac{P_2}{\gamma} + Z_2 + \Delta H$$

속도 · 압력 · 위치
수두 · 수두 · 수두

여기서, V_1, V_2 : 유속[m/s]
P_1, P_2 : 압력[kN/m²] 또는 [kPa]
Z_1, Z_2 : 높이[m]
g : 중력가속도(9.8m/s²)
γ : 비중량(물의 비중량 9.8kN/m³)
ΔH : 손실수두[m]

비교

오일러의 운동방정식의 가정	운동량 방정식의 가정
① **정상유동**(정상류)일 경우	① 유동 단면에서의 유속은 **일정**하다.
② 유체의 **마찰**이 **없을 경우**(점성 마찰이 없을 경우)	② **정상유동**이다.
③ 입자가 **유선**을 따라 **운동**할 경우	

답 ④

★★★
30 Newton의 점성법칙에 대한 옳은 설명으로 모두 짝지은 것은?

17.09.문40
16.03.문31
15.03.문23
12.03.문31
07.03.문30

㉠ 전단응력은 점성계수와 속도기울기의 곱이다.
㉡ 전단응력은 점성계수에 비례한다.
㉢ 전단응력은 속도기울기에 반비례한다.

① ㉠, ㉡　　　　② ㉡, ㉢
③ ㉠, ㉢　　　　④ ㉠, ㉡, ㉢

해설 **Newton의 점성법칙 특징**
(1) 전단응력은 **점성계수**와 **속도기울기**의 **곱**이다.
(2) 전단응력은 **속도기울기**에 **비례**한다.
(3) 속도기울기가 0인 곳에서 전단응력은 0이다.
(4) 전단응력은 **점성계수**에 **비례**한다.
(5) Newton의 점성법칙(난류)

$$\tau = \mu \frac{du}{dy}$$

여기서, τ : 전단응력[N/m²]
μ : 점성계수[N·s/m²]
$\frac{du}{dy}$: 속도구배(속도기울기)$\left[\frac{1}{s}\right]$

비교

Newton의 점성법칙

층류	난류
$\tau = \frac{p_A - p_B}{l} \cdot \frac{r}{2}$	$\tau = \mu \frac{du}{dy}$
여기서, τ : 전단응력[N/m²] $p_A - p_B$: 압력강하[N/m²] l : 관의 길이[m] r : 반경[m]	여기서, τ : 전단응력[N/m²] μ : 점성계수[N·s/m²] 　또는 [kg/m·s] $\frac{du}{dy}$: 속도구배(속도기울기)$\left[\frac{1}{s}\right]$

답 ①

★★★
31 물이 배관 내에 유동하고 있을 때 흐르는 물속 어느 부분의 정압이 그때 물의 온도에 해당하는 증기압 이하로 되면 부분적으로 기포가 발생하는 현상을 무엇이라고 하는가?

19.04.문22
17.09.문35
17.05.문37
16.10.문23
16.05.문31
15.03.문35
14.05.문39
14.03.문32
11.05.문29

① 수격현상　　　② 서징현상
③ 공동현상　　　④ 와류현상

해설 **펌프의 현상**

용어	설명
공동현상 (cavitation)	• 펌프의 흡입측 배관 내의 물의 정압이 기존의 증기압보다 낮아져서 **기포**가 발생되어 물이 흡입되지 않는 현상 **기억법** **공기**
수격작용 (water hammering)	• 배관 속의 물흐름을 급히 차단하였을 때 동압이 정압으로 전환되면서 일어나는 쇼크(shock)현상 • 배관 내를 흐르는 유체의 유속을 급격하게 변화시키므로 압력이 상승 또는 하강하여 **관로**의 **벽면**을 치는 현상
서징현상 (surging)	• 유량이 단속적으로 변하여 펌프 입출구에 설치된 **진공계·압력계**가 흔들리고 **진동**과 **소음**이 일어나며 펌프의 **토출유량**이 **변하는** 현상 **기억법** **서흔(서른)**

- 서징현상=맥동현상

답 ③

32 그림과 같이 사이펀에 의해 용기 속의 물이 4.8m³/min로 방출된다면 전체 손실수두[m]는 얼마인가? (단, 관내 마찰은 무시한다.)

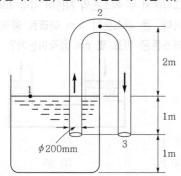

① 0.668　　② 0.330
③ 1.043　　④ 1.826

해설 (1) 기호

- Q : 4.8m³/min=4.8m³/60s(1min=60s)
- ΔH : ?
- Z_1 =0m(수면의 높이를 기준으로 해서 0m로 정함)
  Z_2 =−1m(기준보다 아래에 있어서 −로 표시)

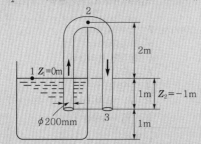

- D : 200mm=0.2m(1000mm=1m) : 그림에서 주어짐

(2) 유량

$$Q = AV = \left(\frac{\pi D^2}{4}\right)V$$

여기서, Q : 유량[m³/s]
　　　　A : 단면적[m²]
　　　　V : 유속[m/s]
　　　　D : 직경[m]
방출 전 유속 V_1 = 0

방출 시 유속 $V_2 = \dfrac{Q}{\dfrac{\pi D^2}{4}} = \dfrac{4.8\text{m}^3/60\text{s}}{\dfrac{\pi \times (0.2\text{m})^2}{4}} = 2.55\text{m/s}$

- 방출 전에는 유속이 없으므로 V_1 = 0

(3) 베르누이 방정식

$$\frac{V_1^2}{2g} + \frac{P_1}{\gamma} + Z_1 = \frac{V_2^2}{2g} + \frac{P_2}{\gamma} + Z_2 + \Delta H$$

여기서, V_1, V_2 : 유속[m/s]
　　　　P_1, P_2 : 압력[kPa] 또는 [kN/m²]
　　　　Z_1, Z_2 : 높이[m]
　　　　g : 중력가속도(9.8m/s²)
　　　　γ : 비중량(물의 비중량 9.8kN/m³)
　　　　ΔH : 손실수두[m]

$$\frac{V_1^2}{2g} + \frac{\cancel{P_1}}{\cancel{\gamma}} + Z_1 = \frac{V_2^2}{2g} + \frac{\cancel{P_2}}{\cancel{\gamma}} + Z_2 + \Delta H$$

- [단서]에서 관내 마찰은 무시

  $P_1 = P_2$ 이므로 $\dfrac{P_1}{\gamma}$, $\dfrac{P_2}{\gamma}$ 삭제

- V_1 = 0(방출 전 유속은 없으므로)으로 $\dfrac{V_1^2}{2g}=0$
  이므로 삭제

$$Z_1 = \frac{V_2^2}{2g} + Z_2 + \Delta H$$

$$Z_1 - Z_2 - \frac{V_2^2}{2g} = \Delta H$$

$$\Delta H = Z_1 - Z_2 - \frac{V_2^2}{2g} \quad \leftarrow \text{좌우항 위치 바꿈}$$

$$= 0 - (-1) - \frac{V_2^2}{2g}$$

$$= 1 - \frac{V^2}{2g}$$

$$= 1 - \frac{(2.55\text{m/s})^2}{2 \times 9.8\text{m/s}^2} \fallingdotseq 0.668\text{m}$$

답 ①

33 반지름 R_0 인 원형 파이프에 유체가 층류로 흐를 때, 중심으로부터 거리 R 에서의 유속 U 와 최대 속도 $U_{\max}$ 의 비에 대한 분포식으로 옳은 것은?

① $\dfrac{U}{U_{\max}} = \left(\dfrac{R}{R_0}\right)^2$

② $\dfrac{U}{U_{\max}} = 2\left(\dfrac{R}{R_0}\right)^2$

③ $\dfrac{U}{U_{\max}} = \left(\dfrac{R}{R_0}\right)^2 - 2$

④ $\dfrac{U}{U_{\max}} = 1 - \left(\dfrac{R}{R_0}\right)^2$

해설 국부속도

$$U = U_{\max}\left[1 - \left(\frac{R}{R_0}\right)^2\right]$$

여기서, U : 국부속도[cm/s]

U_{max} : 중심속도[cm/s]

R_0 : 반경[cm]

R : 중심에서의 거리[cm]

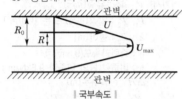

|국부속도|

$$\therefore \frac{U}{U_{max}} = 1 - \left(\frac{R}{R_0}\right)^2$$

답 ④

34 이상기체의 기체상수에 대해 옳은 설명으로 모두 짝지어진 것은?

> ㉠ 기체상수의 단위는 비열의 단위와 차원이 같다.
> ㉡ 기체상수는 온도가 높을수록 커진다.
> ㉢ 분자량이 큰 기체의 기체상수가 분자량이 작은 기체의 기체상수보다 크다.
> ㉣ 기체상수의 값은 기체의 종류에 관계없이 일정하다.

① ㉠

② ㉠, ㉢

③ ㉡, ㉢

④ ㉠, ㉡, ㉣

 ㉠ 기체상수와 비열은 차원이 같다.

기체상수의 단위	비열의 단위
① atm · m³/kmol · K	
② kJ/kg · K	kJ/kg · K
③ kJ/kmol · K	

㉡ 이상기체 상태방정식

> 커진다 → 작아진다

$$PV = \frac{m}{M}RT$$

여기서, P : 기압[atm]

V : 방출가스량[m³]

m : 질량[kg]

M : 분자량[kg/kmol]

R : 0.082[atm · m³/kmol · K]

T : 절대온도(273+℃)[K]

$$PV = \frac{m}{M}RT$$

$$\frac{PV}{T} = \frac{m}{M}R$$

$$\therefore R \propto \frac{1}{T}(\text{반비례})$$

㉢ 분자량에 관계없이 **동일**하다.

㉣ 관계없이 일정하다. → 따라 다르다.

답 ①

35 그림에서 두 피스톤의 지름이 각각 30cm와 5cm이다. 큰 피스톤이 1cm 아래로 움직이면 작은 피스톤은 위로 몇 cm 움직이는가?

19.09.문39
19.03.문30
17.05.문26
05.03.문22

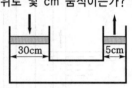

① 1

② 5

③ 30

④ 36

해설 (1) 기호

> • D_1 : 30cm
> • D_2 : 5cm
> • h_1 : 1cm
> • h_2 : ?

(2) 압력

$$P = \gamma h = \frac{F}{A}, \quad P_1 = P_2, \quad V_1 = V_2$$

여기서, P : 압력[N/cm²]

γ : 비중량[N/cm³]

h : 움직인 높이[cm]

F : 힘[N]

A : 단면적[cm²]

P_1, P_2 : 압력[kPa] 또는 [kN/m²]

V_1, V_2 : 체적[m³]

$\boxed{V_1 = V_2}$ 에서

$V_1 : h_1 A_1$, $V_2 : h_2 A_2$

$V_1 = V_2$

$h_1 A_1 = h_2 A_2$

작은 피스톤이 **움직인 거리** h_2는

$$h_2 = \frac{A_1}{A_2}h_1$$

$$= \frac{\frac{\pi}{4}D_1^2}{\frac{\pi}{4}D_2^2}h_1$$

$$= \frac{\frac{\pi}{4} \times (30cm)^2}{\frac{\pi}{4} \times (5cm)^2} \times 1cm$$

$$= 36cm$$

답 ④

36

흐르는 유체에서 정상류의 의미로 옳은 것은?

① 흐름의 임의의 점에서 흐름특성이 시간에 따라 일정하게 변하는 흐름

② 흐름의 임의의 점에서 흐름특성이 시간에 관계없이 항상 일정한 상태에 있는 흐름

③ 임의의 시각에 유로 내 모든 점의 속도벡터가 일정한 흐름

④ 임의의 시각에 유로 내 각 점의 속도벡터가 다른 흐름

해설 **정상류와 비정상류**

정상류(steady flow)	비정상류(unsteady flow)
① 유체의 흐름의 특성이 **시간**에 따라 변하지 않는 흐름	① 유체의 흐름의 특성이 **시간**에 따라 변하는 흐름
② 흐름의 임의의 점에서 흐름특성이 시간에 관계없이 항상 일정한 상태에 있는 흐름	② 흐름의 임의의 점에서 흐름특성이 시간에 따라 일정하게 변하는 흐름
$\dfrac{\partial V}{\partial t}=0,\ \dfrac{\partial \rho}{\partial t}=0,$ $\dfrac{\partial p}{\partial t}=0,\ \dfrac{\partial T}{\partial t}=0$	$\dfrac{\partial V}{\partial t}\neq0,\ \dfrac{\partial \rho}{\partial t}\neq0,$ $\dfrac{\partial p}{\partial t}\neq0,\ \dfrac{\partial T}{\partial t}\neq0$
여기서, V : 속도[m/s] ρ : 밀도[kg/m³] p : 압력[kPa] T : 온도[℃] t : 시간[s]	여기서, V : 속도[m/s] ρ : 밀도[kg/m³] p : 압력[kPa] T : 온도[℃] t : 시간[s]

답 ②

37

용량 1000L의 탱크차가 만수 상태로 화재현장에 출동하여 노즐압력 294.2kPa, 노즐구경 21mm를 사용하여 방수한다면 탱크차 내의 물을 전부 방수하는 데 몇 분 소요되는가? (단, 모든 손실은 무시한다.)

19.09.문29
03.08.문30
00.03.문36

① 1.7분

② 2분

③ 2.3분

④ 2.7분

해설 (1) **기호**

- Q' : 1000L
- P : 294.2kPa
- D : 21mm
- t : ?

(2) **방수량**

$$Q=0.653D^2\sqrt{10P}$$

여기서, Q : 방수량[L/min]
 D : 구경[mm]
 P : 방수압[MPa]

또한

$$Q'=0.653D^2\sqrt{10P}\,t$$

여기서, Q' : 용량[L]
 D : 구경[mm]
 P : 방수압[MPa]
 t : 시간[min]

0.101325MPa=101.325kPa 이므로

$$P=294.2\text{kPa}=\frac{294.2\text{kPa}}{101.325\text{kPa}}\times0.101325\text{MPa}$$

$$\fallingdotseq0.294\text{MPa}$$

시간 t 는

$$t=\frac{Q'}{0.653D^2\sqrt{10P}}$$

$$=\frac{1000\text{L}}{0.653\times(21\text{mm})^2\times\sqrt{10\times0.294\text{MPa}}}$$

$$\fallingdotseq2분$$

중요

표준대기압
1atm=760mmHg=1.0332kg$_f$/cm²
=10.332mH₂O(mAq)
=14.7PSI(lb$_f$/in²)
=101.325kPa(kN/m²)
=1013mbar

답 ②

38

그림과 같이 60°로 기울어진 고정된 평판에 직경 50mm의 물 분류가 속도(V) 20m/s로 충돌하고 있다. 분류가 충돌할 때 판에 수직으로 작용하는 충격력 R[N]은?

15.05.문28
01.06.문38

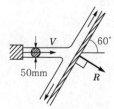

① 296

② 393

③ 680

④ 785

해설 (1) 기호

- $\beta : 60°$
- $D : 50mm = 0.05m(1000mm=1m)$
- $V : 20m/s$
- $F(R) : ?$

(2) 유량

$$Q = AV = \left(\frac{\pi}{4}D^2\right)V$$

여기서, Q : 유량[m³/s]

A : 단면적[m²]

D : 직경[m]

V : 유속[m/s]

유량 Q는

$$Q = \frac{\pi}{4}D^2 V = \frac{\pi}{4} \times (0.05m)^2 \times 20m/s = 0.039m^3/s$$

(3) 수직충격력

$$F = \rho QV\sin\beta$$

여기서, F : 수직충격력[N]

ρ : 밀도(물의 밀도 1000N·s²/m⁴)

Q : 유량[m³/s]

V : 속도[m/s]

β : 유출방향

수직충격력 F는

$F = \rho QV\sin\beta$

$= 1000N \cdot s^2/m^4 \times 0.039m^3/s \times 20m/s \times \sin 60°$

$= 675 ≒ 680N$

답 ③

★★★
39 외부지름이 30cm이고, 내부지름이 20cm인 길이 10m의 환형(annular)관에 물이 2m/s의 평균속도로 흐르고 있다. 이때 손실수두가 1m일 때, 수력직경에 기초한 마찰계수는 얼마인가?

17.09.문28
17.05.문22
16.10.문37
14.03.문24
08.05.문33
07.03.문36
06.09.문31

① 0.049

② 0.054

③ 0.065

④ 0.078

해설 (1) 기호

- $D_외 : 30cm = 0.3m$
- $D_내 : 20cm = 0.2m$
- $L : 10m$
- $V : 2m/s$
- $H : 1m$
- $f : ?$

(2) 수력반경(hydraulic radius)

$$R_h = \frac{A}{L}$$

여기서, R_h : 수력반경[m]

A : 단면적[m²]

L : 접수길이(단면둘레의 길이)[m]

(3) 수력직경(수력지름)

$$D_h = 4R_h$$

여기서, D_h : 수력직경[m]

R_h : 수력반경[m]

외경 30cm(반지름 15cm=0.15m)

내경 20cm(반지름 10cm=0.1m)인 환형관

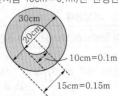

수력반경

$R_h = \dfrac{A}{L} = \dfrac{\pi(r_1^2 - r_2^2)}{2\pi(r_1 + r_2)}$

$= \dfrac{\cancel{\pi} \times (0.15^2 - 0.1^2)m^2}{2\cancel{\pi} \times (0.15 + 0.1)m} = 0.025m$

- 단면적 $A = \pi r^2$

여기서, A : 단면적[m²]

r : 반지름[m]

- 접수길이(원둘레) $L = 2\pi r$

여기서, L : 접수길이[m]

r : 반지름[m]

수력지름

$D_h = 4R_h = 4 \times 0.025m = 0.1m$

(4) 손실수두

$$H = \frac{fLV^2}{2gD}$$

여기서, H : 손실수두(마찰손실)[m]

f : 관마찰계수(마찰계수)

L : 길이[m]

V : 유속[m/s]

g : 중력가속도(9.8m/s²)

$D(D_h)$: 내경(수력지름)[m]

마찰계수 f는

$f = \dfrac{2gD_h H}{LV^2} = \dfrac{2 \times 9.8m/s^2 \times 0.1m \times 1m}{10m \times (2m/s)^2} = 0.049$

답 ①

40
17.05.문23
토출량이 0.65m³/min인 펌프를 사용하는 경우 펌프의 소요 축동력[kW]은? (단, 전양정은 40m이고, 펌프의 효율은 50%이다.)

① 4.2   ② 8.5
③ 17.2   ④ 50.9

해설 (1) 기호
- Q : 0.65m³/min
- P : ?
- H : 40m
- η : 50%=0.5

(2) 축동력
$$P = \frac{0.163QH}{\eta}$$

여기서, P : 축동력[kW]
Q : 유량[m³/min]
H : 전양정(수두)[m]
η : 효율

펌프의 축동력 P는
$$P = \frac{0.163QH}{\eta}$$
$$= \frac{0.163 \times 0.65\text{m}^3/\text{min} \times 40\text{m}}{0.5} ≒ 8.5\text{kW}$$

- K(전달계수) : 축동력이므로 K 무시

용어
축동력
전달계수(K)를 고려하지 않은 동력

답 ②

 제3과목 | **소방관계법규**

 41
19.09.문52
19.04.문46
13.03.문42
10.03.문45
05.09.문44
05.03.문57
소방기본법에서 정의하는 소방대의 조직구성원이 아닌 것은?
① 의무소방원
② 소방공무원
③ 의용소방대원
④ 공항소방대원

해설 **기본법 2조**
소방대
(1) 소방**공**무원
(2) **의**무소방원
(3) **의**용소방대원

기억법 소공의

답 ④

 42
18.09.문47
18.03.문54
15.03.문07
14.05.문45
08.09.문58
위험물안전관리법령상 인화성 액체 위험물(이황화탄소를 제외)의 옥외탱크저장소의 탱크 주위에 설치하여야 하는 방유제의 기준 중 틀린 것은?
① 방유제의 용량은 방유제 안에 설치된 탱크가 하나인 때에는 그 탱크용량의 110% 이상으로 할 것
② 방유제의 용량은 방유제 안에 설치된 탱크가 2기 이상인 때에는 그 탱크 중 용량이 최대인 것의 용량의 110% 이상으로 할 것
③ 방유제는 높이 1m 이상 2m 이하, 두께 0.2m 이상, 지하매설깊이 0.5m 이상으로 할 것
④ 방유제 내의 면적은 80000m² 이하로 할 것

해설 ③ 1m 이상 2m 이하 → 0.5m 이상 3m 이하,
0.5m → 1m

위험물규칙 [별표 6]
(1) 옥외탱크저장소의 방유제

구분	설명
높이	**0.5~3m** 이하(두께 **0.2m** 이상, 지하매설깊이 **1m** 이상) 보기 ③
탱크	**10기**(모든 탱크용량이 **20만L** 이하, 인화점이 **70~200℃** 미만은 **20기**) 이하
면적	**80000m²** 이하 보기 ④
용량	① 1기 이상 : **탱크용량**×110% 이상 보기 ① ② 2기 이상 : **최대탱크용량**×110% 이상 보기 ②

(2) 높이가 **1m**를 넘는 방유제 및 간막이 둑의 안팎에는 방유제 내에 출입하기 위한 계단 또는 경사로를 약 **50m**마다 설치할 것

답 ③

 43
20.08.문52
18.04.문51
14.09.문50
소방시설공사업법령상 공사감리자 지정대상 특정소방대상물의 범위가 아닌 것은?
① 물분무등소화설비(호스릴방식의 소화설비는 제외)를 신설·개설하거나 방호·방수구역을 증설할 때
② 제연설비를 신설·개설하거나 제연구역을 증설할 때
③ 연소방지설비를 신설·개설하거나 살수구역을 증설할 때
④ 캐비닛형 간이스프링클러설비를 신설·개설하거나 방호·방수구역을 증설할 때

해설 ④ 캐비닛형 간이스프링클러설비를 → 스프링클러
설비(캐비닛형 간이스프링클러설비 제외)를

공사업령 10조
소방공사감리자 지정대상 특정소방대상물의 범위
(1) **옥내소화전설비**를 신설 · 개설 또는 **증설**할 때
(2) **스프링클러설비** 등(캐비닛형 간이스프링클러설비 제외)을
신설 · 개설하거나 방호 · **방수구역**을 증설할 때 보기 ④
(3) **물분무등소화설비**(호스릴방식의 소화설비 제외)를 신
설 · 개설하거나 방호 · 방수구역을 **증설**할 때 보기 ①
(4) **옥외소화전설비**를 신설 · 개설 또는 **증설**할 때
(5) **자동화재탐지설비**를 신설 또는 개설할 때
(6) 비상방송설비를 신설 또는 개설할 때
(7) **통합감시시설**을 신설 또는 **개설**할 때
(8) **소화용수설비**를 신설 또는 **개설**할 때
(9) 다음의 **소화활동설비**에 대하여 시공할 때
㉠ **제연설비**를 신설 · 개설하거나 제연구역을 증설할 때
보기 ②
㉡ 연결송수관설비를 신설 또는 개설할 때
㉢ 연결살수설비를 신설 · 개설하거나 송수구역을 증설
할 때
㉣ 비상콘센트설비를 신설 · 개설하거나 전용회로를 증
설할 때
㉤ 무선통신보조설비를 신설 또는 개설할 때
㉥ **연소방지설비**를 신설 · 개설하거나 살수구역을 증
설할 때 보기 ③

답 ④

44 소방기본법령상 소방신호의 방법으로 틀린 것은?

12.03.문48

① 타종에 의한 훈련신호는 연 3타 반복
② 사이렌에 의한 발화신호는 5초 간격을 두고
10초씩 3회
③ 타종에 의한 해제신호는 상당한 간격을 두고
1타씩 반복
④ 사이렌에 의한 경계신호는 5초 간격을 두고
30초씩 3회

해설 ② 10초 → 5초

기본규칙〔별표 4〕
소방신호표

종 별　　　신호방법	타종 신호	사이렌 신호
경계신호	1타와 연 2타를 반복	5초 간격을 두고 30초씩 3회 보기 ④
발화신호	난타	5초 간격을 두고 5초씩 3회 보기 ②
해제신호	상당한 간격을 두고 1타씩 반복 보기 ③	1분간 1회
훈련신호	연 3타 반복 보기 ①	10초 간격을 두고 1분씩 3회

기억법	타	사
경	1+2	5+30=3
발 난		5+5=3
해	1	1=1
훈	3	10+1=3

답 ②

45 소방시설 설치 및 관리에 관한 법령상 대통령령

17.03.문48

또는 화재안전기준이 변경되어 그 기준이 강화
되는 경우 기존 특정소방대상물의 소방시설 중
강화된 기준을 적용하여야 하는 소방시설은?

① 비상경보설비
② 비상방송설비
③ 비상콘센트설비
④ 옥내소화전설비

해설 **소방시설법 13조**
변경강화기준 적용설비
(1) 소화기구
(2) **비**상**경**보설비 보기 ①
(3) 자동화재탐지설비
(4) **자**동화재**속**보설비
(5) **피**난구조설비
(6) 소방시설(공동구 설치용, 전력 및 통신사업용 지하구)
(7) **노**유자시설
(8) 의료시설

기억법 강비경 자속피노

중요

소방시설법 시행령 13조
변경강화기준 적용설비

공동구, 전력 및 통신사업용 지하구	노유자시설에 설치하여야 하는 소방시설	의료시설에 설치하여야 하는 소방시설
• 소화기 • 자동소화장치 • 자동화재탐지 설비 • 통합감시시설 • 유도등 및 연소 방지설비	• 간이스프링클 러설비 • 자동화재탐지 설비 • 단독경보형 감 지기	• 간이스프링클 러설비 • 스프링클러설비 • 자동화재탐지 설비 • 자동화재속보 설비

답 ①

46 소방시설 설치 및 관리에 관한 법령상 지하가는

18.04.문47
15.05.문53
15.03.문56
14.03.문55
13.06.문43
12.05.문51

연면적이 최소 몇 m² 이상이어야 스프링클러설비
를 설치하여야 하는 특정소방대상물에 해당하는
가? (단, 터널은 제외한다.)

① 100 　　　　② 200
③ 1000 　　　　④ 2000

[해설] 소방시설법 시행령〔별표 4〕
스프링클러설비의 설치대상

설치대상	조건

① 문화 및 집회시설, 운동시설
② 종교시설
	• 수용인원 : 100명 이상
	• 영화상영관 : 지하층·무창층 500m² (기타 1000m²) 이상
	• 무대부
	  – 지하층·무창층·4층 이상 300m² 이상
	  – 1~3층 500m² 이상

③ 판매시설 ④ 운수시설 ⑤ 물류터미널	• 수용인원 : 500명 이상 • 바닥면적 합계 5000m² 이상
⑥ 노유자시설 ⑦ 정신의료기관 ⑧ 수련시설(숙박 가능한 것) ⑨ 종합병원, 병원, 치과병원, 한방병원 및 요양병원(정신병원 제외) ⑩ 숙박시설	• 바닥면적 합계 600m² 이상
⑪ 지하층·무창층·4층 이상	• 바닥면적 1000m² 이상
⑫ 창고시설(물류터미널 제외)	• 바닥면적 합계 5000m² 이상 : 전층
⑬ 지하가(터널 제외)	• 연면적 1000m² 이상 [보기 ③]
⑭ 10m 넘는 랙식 창고	• 연면적 1500m² 이상
⑮ 복합건축물 ⑯ 기숙사	• 연면적 5000m² 이상 : 전층
⑰ 6층 이상	• 전층
⑱ 보일러실·연결통로	• 전부
⑲ 특수가연물 저장·취급	• 지정수량 1000배 이상
⑳ 발전시설	• 전기저장시설

답 ③

★★★ 47 화재의 예방 및 안전관리에 관한 법령상 특정소방대상물의 관계인이 수행하여야 하는 소방안전관리 업무가 아닌 것은?

19.09.문01
18.04.문45
14.09.문52
14.09.문53
13.06.문48

① 소방훈련의 지도·감독
② 화기(火氣)취급의 감독
③ 피난시설, 방화구획 및 방화시설의 관리
④ 소방시설이나 그 밖의 소방 관련 시설의 관리

[해설] ① 소방훈련의 지도·감독 : 소방본부장·소방서장
(화재예방법 37조)

화재예방법 24조 ⑤항
관계인 및 소방안전관리자의 업무

특정소방대상물 (관계인)	소방안전관리대상물 (소방안전관리자)
① 피난시설·방화구획 및 방화시설의 관리 [보기 ③] ② 소방시설, 그 밖의 소방관련 시설의 관리 [보기 ④] ③ 화기취급의 감독 [보기 ②] ④ 소방안전관리에 필요한 업무 ⑤ 화재발생시 초기대응	① 피난시설·방화구획 및 방화시설의 관리 ② 소방시설, 그 밖의 소방관련 시설의 관리 ③ 화기취급의 감독 ④ 소방안전관리에 필요한 업무 ⑤ 소방계획서의 작성 및 시행(대통령령으로 정하는 사항 포함) ⑥ 자위소방대 및 초기대응체계의 구성·운영·교육 ⑦ 소방훈련 및 교육 ⑧ 소방안전관리에 관한 업무 수행에 관한 기록·유지 ⑨ 화재발생시 초기대응

[용어]

특정소방대상물	소방안전관리대상물
건축물 등의 규모·용도 및 수용인원 등을 고려하여 소방시설을 설치하여야 하는 소방대상물로서 대통령령으로 정하는 것	대통령령으로 정하는 특정소방대상물

답 ①

★★★ 48 소방기본법령상 저수조의 설치기준으로 틀린 것은?

16.10.문52
16.05.문44
16.03.문41
13.03.문49

① 지면으로부터의 낙차가 4.5m 이상일 것
② 흡수부분의 수심이 0.5m 이상일 것
③ 흡수에 지장이 없도록 토사 및 쓰레기 등을 제거할 수 있는 설비를 갖출 것
④ 흡수관의 투입구가 사각형의 경우에는 한 변의 길이가 60cm 이상, 원형의 경우에는 지름이 60cm 이상일 것

[해설] ① 4.5m 이상 → 4.5m 이하

기본규칙〔별표 3〕
소방용수시설의 저수조에 대한 설치기준

(1) 낙차 : **4.5m** 이하 [보기 ①]
(2) **수심** : **0.5m** 이상 [보기 ②]
(3) 투입구의 길이 또는 지름 : **60cm** 이상 [보기 ④]
(4) 소방펌프자동차가 **쉽게 접근**할 수 있도록 할 것
(5) 흡수에 지장이 없도록 **토사** 및 **쓰레기** 등을 제거할 수 있는 설비를 갖출 것 [보기 ③]
(6) 저수조에 물을 공급하는 방법은 **상수도**에 연결하여 **자동**으로 **급수**되는 구조일 것

[기억법] 수5(수호천사)

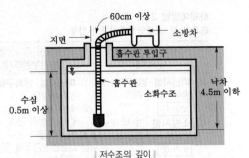

60cm 이상
지면
소방차
흡수관 투입구
흡수관
낙차
4.5m 이하
수심
0.5m 이상
소화수조

| 저수조의 깊이 |

답 ①

★★★ 49

위험물안전관리법상 시·도지사의 허가를 받지 아니하고 당해 제조소 등을 설치할 수 있는 기준 중 다음 ( ) 안에 알맞은 것은?

18.03.문43
17.05.문46
14.05.문44
13.09.문60
06.03.문58

> 농예용·축산용 또는 수산용으로 필요한 난방시설 또는 건조시설을 위한 지정수량 ( )배 이하의 저장소

① 20   ② 30
③ 40   ④ 50

해설 위험물법 6조
제조소 등의 설치허가
(1) 설치허가자 : 시·도지사
(2) 설치허가 제외장소
  ㉠ 주택의 난방시설(공동주택의 중앙난방시설은 제외)을 위한 **저장소** 또는 **취급소**
  ㉡ 지정수량 **20배** 이하의 **농예용·축산용·수산용** 난방시설 또는 건조시설의 **저장소** 보기 ①
(3) 제조소 등의 변경신고 : 변경하고자 하는 날의 **1일** 전까지

> **기억법** 농축수2

> **참고**
> 시·도지사
> (1) 특별시장
> (2) 광역시장
> (3) 특별자치시장
> (4) 도지사
> (5) 특별자치도지사

답 ①

★ 50

소방안전교육사가 수행하는 소방안전교육의 업무에 직접적으로 해당되지 않는 것은?

13.09.문42

① 소방안전교육의 분석
② 소방안전교육의 기획
③ 소방안전관리자 양성교육
④ 소방안전교육의 평가

해설 기본법 17조 2
소방안전교육사의 수행업무
(1) 소방안전교육의 **기획** 보기 ②
(2) 소방안전교육의 **진행**
(3) 소방안전교육의 **분석** 보기 ①
(4) 소방안전교육의 **평가** 보기 ④
(5) 소방안전교육의 **교수**업무

> **기억법** 기진분평교

답 ③

★★★ 51

소방시설 설치 및 관리에 관한 법령상 특정소방대상물의 소방시설 설치의 면제기준 중 다음 ( ) 안에 알맞은 것은?

18.03.문80
17.09.문48
14.09.문78
14.03.문53

> 물분무등소화설비를 설치하여야 하는 차고·주차장에 ( )를 화재안전기준에 적합하게 설치한 경우에는 그 설비의 유효범위에서 설치가 면제된다.

① 옥내소화전설비
② 스프링클러설비
③ 간이스프링클러설비
④ 청정소화약제소화설비

해설 소방시설법 시행령 [별표 5]
소방시설 면제기준

면제대상(설치대상)	대체설비
스프링클러설비	• 물분무등소화설비
물분무등소화설비 →	• **스프링클러설비** 보기 ②
간이스프링클러설비	• 스프링클러설비 • **물분무소화설비** • 미분무소화설비
비상**경**보설비 또는 **단**독경보형 감지기	• 자동화재탐지설비 **기억법** 탐경단
비상**경**보설비	• **2개** 이상 단독경보형 감지기 연동 **기억법** 경단2
비상방송설비	• 자동화재탐지설비 • 비상경보설비
연결살수설비	• 스프링클러설비 • 간이스프링클러설비 • 물분무소화설비 • 미분무소화설비
제연설비	• 공기조화설비
연소방지설비	• 스프링클러설비 • 물분무소화설비 • 미분무소화설비

연결송수관설비	• 옥내소화전설비 • 스프링클러설비 • 간이스프링클러설비 • 연결살수설비
자동화재탐지설비	• 자동화재탐지설비의 기능을 가진 스프링클러설비 • 물분무등소화설비
옥내소화전설비	• 옥외소화전설비 • 미분무소화설비(호스릴방식)

답 ②

52 화재의 예방 및 안전관리에 관한 법령상 소방안
13.09.문57 전관리대상물의 소방계획서에 포함되어야 하는
사항이 아닌 것은?

① 소방시설·피난시설 및 방화시설의 점검·
  정비계획
② 위험물안전관리법에 따라 예방규정을 정하는
  제조소 등의 위험물 저장·취급에 관한 사항
③ 특정소방대상물의 근무자 및 거주자의 자위
  소방대 조직과 대원의 임무에 관한 사항
④ 방화구획, 제연구획, 건축물의 내부 마감재
  료(불연재료·준불연재료 또는 난연재료로
  사용된 것) 및 방염대상물품의 사용현황과
  그 밖의 방화구조 및 설비의 유지·관리계획

해설 ② 위험물 관련은 해당 없음

화재예방법 시행령 27조
소방안전관리대상물의 소방계획서 작성
(1) 소방안전관리대상물의 위치·구조·연면적·용도 및
    수용인원 등의 **일반현황**
(2) 화재예방을 위한 **자체점검계획** 및 **대응대책**
(3) 특정소방대상물의 **근무자** 및 거주자의 **자위소방대**
    조직과 대원의 임무에 관한 사항 보기 ③
(4) **소방시설**·**피난시설** 및 **방화시설**의 점검·정비계획
    보기 ①
(5) **방화구획**, **제연구획**, 건축물의 **내부 마감재료**(불연
    재료·준불연재료 또는 난연재료로 사용된 것) 및
    방염대상물품의 사용현황과 그 밖의 방화구조 및
    설비의 유지·관리계획 보기 ④

답 ②

53 위험물안전관리법상 업무상 과실로 제조소 등에
18.04.문53 서 위험물을 유출·방출 또는 확산시켜 사람의
18.03.문57
17.05.문41 생명·신체 또는 재산에 대하여 위험을 발생시
킨 자에 대한 벌칙기준은?

① 5년 이하의 금고 또는 2000만원 이하의 벌금
② 5년 이하의 금고 또는 7000만원 이하의 벌금
③ 7년 이하의 금고 또는 2000만원 이하의 벌금
④ 7년 이하의 금고 또는 7000만원 이하의 벌금

해설 **위험물법 34조**

벌 칙	행 위
7년 이하의 금고 또는 **7천만원** 이하의 벌금 보기 ④	업무상 과실로 제조소 등에서 **위험물** 을 유출·방출 또는 확산시켜 사람의 생명·신체 또는 재산에 대하여 **위험** 을 발생시킨 자 기억법 **77천위**(**위험**한 **칠천량** 해전)
10년 이하의 징역 또는 금고나 **1억원** 이하의 벌금	업무상 과실로 제조소 등에서 위험물을 유출·방출 또는 확산시켜 사람을 **사상** 에 이르게 한 자

비교

소방시설법 56조

벌 칙	행 위
5년 이하의 징역 또는 **5천만원 이하**의 벌금	소방시설에 폐쇄·차단 등 의 **행위**를 한 자
7년 이하의 징역 또는 **7천만원** 이하의 벌금	소방시설에 폐쇄·차단 등 의 행위를 하여 사람을 **상** **해**에 이르게 한 때
10년 이하의 징역 또는 **1억원 이하**의 벌금	소방시설에 폐쇄·차단 등 의 행위를 하여 사람을 **사** **망**에 이르게 한 때

답 ④

54 소방시설공사업법령상 소방시설업 등록을 하지
20.06.문47 아니하고 영업을 한 자에 대한 벌칙은?
19.09.문47
14.09.문58
07.09.문58 ① 500만원 이하의 벌금
② 1년 이하의 징역 또는 1000만원 이하의 벌금
③ 3년 이하의 징역 또는 3000만원 이하의 벌금
④ 5년 이하의 징역

해설 **소방시설법 57조, 공사업법 35조, 화재예방법 50조**
3년 이하의 징역 또는 3000만원 이하의 벌금
(1) **화재안전조사** 결과에 따른 조치명령 위반(화재예방
    법 50조)
(2) **소방시설관리업** 무등록자(소방시설법 57조)
(3) **소방시설업** 무등록자(공사업법 35조) 보기 ③
(4) **부정한** 청탁을 받고 재물 또는 재산상의 이익을 취득
    하거나 부정한 청탁을 하면서 재물 또는 재산상의
    이익을 제공한 자(공사업법 35조)
(5) 형식승인을 받지 않은 **소방용품** 제조·수입자(소방
    시설법 57조)
(6) **제품검사**를 받지 않은 자(소방시설법 57조)
(7) 거짓이나 그 밖의 **부정한 방법**으로 제품검사 전문
    기관의 지정을 받은 자(소방시설법 57조)

중요

3년 이하의 징역 또는 3000만원 이하의 벌금	5년 이하의 징역 또는 1억원 이하의 벌금
① 소방시설업 무등록 ② 소방시설관리업 무등록	제조소 무허가(위험물법 34조 2)

답 ③

55 위험물안전관리법령상 위험물의 유별 저장·취급의 공통기준 중 다음 ( ) 안에 알맞은 것은?

> ( ) 위험물은 산화제와의 접촉·혼합이나 불티·불꽃·고온체와의 접근 또는 과열을 피하는 한편, 철분·금속분·마그네슘 및 이를 함유한 것에 있어서는 물이나 산과의 접촉을 피하고 인화성 고체에 있어서는 함부로 증기를 발생시키지 아니하여야 한다.

① 제1류　　② 제2류
③ 제3류　　④ 제4류

해설 위험물규칙 〔별표 18〕 Ⅱ
위험물의 유별 저장·취급의 공통기준(중요 기준)

위험물	공통기준
제1류 위험물	**가연물**과의 접촉·혼합이나 분해를 촉진하는 물품과의 접근 또는 과열·충격·마찰 등을 피하는 한편, 알칼리금속의 과산화물 및 이를 함유한 것에 있어서는 물과의 접촉을 피할 것
제2류 위험물	**산화제**와의 접촉·혼합이나 불티·불꽃·고온체와의 접근 또는 과열을 피하는 한편, 철분·금속분·마그네슘 및 이를 함유한 것에 있어서는 물이나 산과의 접촉을 피하고 인화성 고체에 있어서는 함부로 증기를 발생시키지 않을 것 보기 ②
제3류 위험물	**자연발화성** 물질에 있어서는 불티·불꽃 또는 고온체와의 접근·과열 또는 공기와의 접촉을 피하고, 금수성 물질에 있어서는 물과의 접촉을 피할 것
제4류 위험물	불티·불꽃·**고온체**와의 접근 또는 과열을 피하고, 함부로 **증기**를 발생시키지 않을 것
제5류 위험물	불티·불꽃·**고온체**와의 접근이나 과열·충격 또는 **마찰**을 피할 것
제6류 위험물	가연물과의 접촉·혼합이나 분해를 촉진하는 물품과의 접근 또는 과열을 피할 것

답 ②

56 소방기본법령상 소방용수시설의 설치기준 중 급수탑의 급수배관의 구경은 최소 몇 mm 이상이어야 하는가?

① 100　　② 150
③ 200　　④ 250

해설 기본규칙 〔별표 3〕
소방용수시설별 설치기준

소화전	급수탑
●65mm : 연결금속구의 구경	●100mm : 급수배관의 구경 보기 ① ●1.5~1.7m 이하 : 개폐밸브 높이

기억법 57탑(57층 탑)

답 ①

57 소방시설 설치 및 관리에 관한 법령상 자동화재탐지설비를 설치하여야 하는 특정소방대상물에 대한 기준 중 ( )에 알맞은 것은?

> 근린생활시설(목욕장 제외), 의료시설(정신의료기관 또는 요양병원 제외), 위락시설, 장례시설 및 복합건축물로서 연면적 ( )m² 이상인 것

① 400　　② 600
③ 1000　　④ 3500

해설 소방시설법 시행령 〔별표 4〕
자동화재탐지설비의 설치대상

설치대상	조 건
① 정신의료기관·의료재활시설	●창살설치 : 바닥면적 300m² 미만 ●기타 : 바닥면적 300m² 이상
② 노유자시설	●연면적 400m² 이상
③ 근린생활시설·**위**락시설 ④ **의**료시설(정신의료기관, 요양병원 제외) ⑤ **복**합건축물·장례시설 **기억법** 근위의복 6	●연면적 600m² 이상 보기 ②
⑥ 목욕장·문화 및 집회시설, 운동시설 ⑦ 종교시설 ⑧ 방송통신시설·관광휴게시설 ⑨ 업무시설·판매시설 ⑩ 항공기 및 자동차관련시설·공장·창고시설 ⑪ **지하가**(터널 제외)·운수시설·발전시설·위험물 저장 및 처리시설 ⑫ 교정 및 군사시설 중 국방·군사시설	●연면적 1000m² 이상

⑬ **교**육연구시설 · **동**식물관련시설
⑭ **자**원순환관련시설 · **교**정 및 군사시설(국방 · 군사시설 제외)
⑮ **수**련시설(숙박시설이 있는 것 제외)
⑯ 묘지관련시설

| | • 연면적 **2000m²** 이상 |

기억법 **교동자교수 2**

⑰ 지하가 중 터널	• 길이 **1000m** 이상
⑱ 지하구	• 전부
⑲ 노유자생활시설	
⑳ 아파트 등 기숙사	
㉑ 숙박시설	
㉒ **6층** 이상인 건축물	
㉓ 조산원 및 산후조리원	
㉔ 전통시장	
㉕ 요양병원(정신병원, 의료재활시설 제외)	
㉖ 특수가연물 저장 · 취급	• 지정수량 **500배** 이상
㉗ 수련시설(숙박시설이 있는 것)	• 수용인원 **100명** 이상
㉘ 발전시설	• 전기저장시설

답 ②

58
15.05.문54
12.05.문48
소방기본법에서 정의하는 소방대상물에 해당되지 않는 것은?

① 산림
② 차량
③ 건축물
④ 항해 중인 선박

해설 **기본법 2조 1호**
소방대상물
소방차가 출동해서 불을 끌 수 있는 범위
(1) **건**축물 보기 ③
(2) **차**량 보기 ②
(3) **선**박(매어둔 것) 보기 ④
(4) 선박건조구조물
(5) **산**림 보기 ①
(6) **인**공구조물
(7) **물**건

기억법 **건차선 산인물**

비교

위험물법 3조
위험물의 저장 · 운반 · 취급에 대한 적용 제외
(1) 항공기
(2) 선박
(3) 철도
(4) 궤도

답 ④

59
20.06.문59
17.09.문53
12.09.문48
소방시설 설치 및 관리에 관한 법령상 건축허가 등의 동의대상물의 범위 기준 중 틀린 것은?

① 건축 등을 하려는 학교시설 : 연면적 200m² 이상
② 노유자시설 : 연면적 200m² 이상
③ 정신의료기관(입원실이 없는 정신건강의학과 의원은 제외) : 연면적 300m² 이상
④ 장애인 의료재활시설 : 연면적 300m² 이상

해설 ① 200m² 이상 → 100m² 이상

소방시설법 시행령 7조
건축허가 등의 동의대상물
(1) 연면적 **400m²**(학교시설 : **100m²**, 수련시설 · 노유자시설 : **200m²**, 정신의료기관 · 장애인 의료재활시설 : **300m²**) 이상
(2) **6층** 이상인 건축물
(3) 차고 · 주차장으로서 바닥면적 **200m²** 이상(**자**동차 **20대** 이상)
(4) **항공기격납고, 관망탑, 항공관제탑, 방송용 송수신탑**
(5) 지하층 또는 무창층의 바닥면적 **150m²**(공연장은 **100m²**) 이상
(6) **위험물저장** 및 **처리시설, 지하구**
(7) **결핵환자**나 **한센인**이 24시간 생활하는 **노유자시설**
(8) 전기저장시설, 풍력발전소
(9) 노인주거복지시설 · 노인의료복지시설 및 재가노인복지시설 · 학대피해노인 전용쉼터 · 아동복지시설 · 장애인거주시설
(10) 정신질환자 관련시설(공동생활가정을 제외한 재활훈련시설과 종합시설 중 24시간 주거를 제공하지 않는 시설 제외)
(11) 조산원, 산후조리원, 의원(입원실이 있는 것)
(12) 노숙인자활시설, 노숙인재활시설 및 노숙인요양시설
(13) 요양병원(의료재활시설 제외)
(14) 공장 또는 창고시설로서 지정수량의 **750배** 이상의 특수가연물을 저장 · 취급하는 것
(15) 가스시설로서 지상에 노출된 탱크의 저장용량의 합계가 **100t** 이상인 것

기억법 **2자(이자)**

답 ①

60
19.09.문47
14.09.문58
07.09.문58
소방시설 설치 및 관리에 관한 법령상 형식승인을 받지 아니한 소방용품을 판매하거나 판매 목적으로 진열하거나 소방시설공사에 사용한 자에 대한 벌칙기준은?

① 3년 이하의 징역 또는 3000만원 이하의 벌금
② 2년 이하의 징역 또는 1500만원 이하의 벌금
③ 1년 이하의 징역 또는 1000만원 이하의 벌금
④ 1년 이하의 징역 또는 500만원 이하의 벌금

해설 소방시설법 57조
3년 이하의 징역 또는 3000만원 이하의 벌금
(1) 소방시설관리업 무등록자
(2) 형식승인을 받지 않은 **소방용품 제조 · 수입자**
(3) 제품검사를 받지 않은 자
(4) **제품검사**를 받지 아니하거나 **합격표시**를 하지 아니한 소방용품을 판매 · 진열하거나 소방시설공사에 사용한 자
(5) 거짓이나 그 밖의 **부정한 방법**으로 제품검사 전문기관의 지정을 받은 자
(6) 소방용품 판매 · 진열 · 소방시설공사에 사용한 자 보기 ①

답 ①

제 4 과목 : 소방기계시설의 구조 및 원리 ::

61 ★★
20.09.문72
15.05.문64
스프링클러설비의 화재안전기준상 폐쇄형 스프링클러헤드의 방호구역 · 유수검지장치에 대한 기준으로 틀린 것은?

① 하나의 방호구역에는 1개 이상의 유수검지장치를 설치하되, 화재발생시 접근이 쉽고 점검하기 편리한 장소에 설치할 것
② 하나의 방호구역은 2개층에 미치지 아니하도록 할 것. 다만, 1개층에 설치되는 스프링클러헤드의 수가 10개 이하인 경우와 복층형 구조의 공동주택에는 3개층 이내로 할 수 있다.
③ 송수구를 통하여 스프링클러헤드에 공급되는 물은 유수검지장치 등을 지나도록 할 것
④ 조기반응형 스프링클러헤드를 설치하는 경우에는 습식 유수검지장치 또는 부압식 스프링클러설비를 설치할 것

해설 ③ 송수구 제외

폐쇄형 설비의 **방호구역** 및 **유수검지장치**(NFPC 103 6조, NFTC 103 2.3)
(1) 하나의 방호구역의 바닥면적은 **3000m²**를 초과하지 않을 것
(2) 하나의 방호구역에는 1개 이상의 유수검지장치를 설치할 것 보기 ①
(3) 하나의 방호구역은 **2개층**에 미치지 아니하도록 하되, 1개층에 설치되는 스프링클러헤드의 수가 **10개 이하**인 경우와 복층형 구조의 공동주택 **3개층** 이내 보기 ②
(4) 유수검지장치를 실내에 설치하거나 보호용 철망 등으로 구획하여 바닥으로부터 **0.8m 이상 1.5m 이하**의 위치에 설치하되, 그 실 등에는 개구부가 가로 **0.5m 이상** 세로 **1m 이상**의 출입문을 설치하고 그 출입문 상단에 "**유수검지장치실**"이라고 표시한 표지를 설치할 것[단, 유수검지장치를 기계실(공조용 기계실 포함) 안에 설치하는 경우에는 별도의 실 또는 보호용 철망을 설치하지 않고 기계실 출입문 상단에 "**유수검지장치실**"이라고 표시한 표지 설치가능]

(5) 스프링클러헤드에 공급되는 물은 **유수검지장치**를 지나도록 할 것(단, **송수구**를 통하여 공급되는 물은 제외) 보기 ③
(6) **조기반응형** 스프링클러헤드를 설치하는 경우에는 **습식** 유수검지장치 또는 **부압식** 스프링클러설비를 설치할 것 보기 ④

📢 중요

설치높이

0.5~1m 이하	0.8~1.5m 이하	1.5m 이하
• **연결송수관설비**의 송수구 · 방수구 • **연결살수설비**의 송수구 • 물분무소화설비의 송수구 • **소화용수설비**의 채수구	• **제어밸브**(수동식 개방밸브) • **유수검지장치** • 일제개방밸브	• **옥내소화전설비**의 방수구 • **호**스릴함 • **소화기**(투척용 소화기 포함)
기억법 연소용 51(연소용 오일은 잘 탄다.)	**기억법** 제유일 85(제가 유일하게 팔았어요.)	**기억법** 옥내호소 5(옥내에서 호소하시오.)

답 ③

62 ★★
17.03.문62
12.05.문70
스프링클러설비의 화재안전기준상 조기반응형 스프링클러헤드를 설치해야 하는 장소가 아닌 것은?

① 수련시설의 침실   ② 공동주택의 거실
③ 오피스텔의 침실   ④ 병원의 입원실

해설 조기반응형 스프링클러헤드의 설치장소(NFPC 103 10조, NFTC 103 2.7.5)
(1) **공동주택 · 노유자시설**의 거실
(2) **오피스텔 · 숙박시설**의 침실
(3) **병원 · 의원**의 입원실

기억법 조공노 오숙병의

답 ①

63 ★
18.09.문71
스프링클러설비의 화재안전기준상 스프링클러설비를 설치하여야 할 특정소방대상물에 있어서 스프링클러헤드를 설치하지 아니할 수 있는 장소 기준으로 틀린 것은?

① 천장과 반자 양쪽이 불연재료로 되어 있고 천장과 반자 사이의 거리가 2.5m 미만인 부분
② 천장 및 반자가 불연재료 외의 것으로 되어 있고 천장과 반자 사이의 거리가 0.5m 미만인 부분
③ 천장 · 반자 중 한쪽이 불연재료로 되어 있고 천장과 반자 사이의 거리가 1m 미만인 부분
④ 현관 또는 로비 등으로서 바닥으로부터 높이가 20m 이상인 장소

해설 스프링클러헤드의 **설치 제외 장소**(NFTC 103 2.12)
(1) 계단실, 경사로, 승강기의 승강로, 파이프 덕트, 목욕실, 수영장(관람석 제외), 화장실, 직접 외기에 개방되어 있는 복도, 기타 이와 유사한 장소
(2) **통신기기실 · 전자기기실**, 기타 이와 유사한 장소
(3) **발전실 · 변전실 · 변압기**, 기타 이와 유사한 전기설비가 설치되어 있는 장소
(4) **병원의 수술실 · 응급처치실**, 기타 이와 유사한 장소
(5) 천장과 반자 양쪽이 **불연재료**로 되어 있는 경우로서 그 사이의 거리 및 구조가 다음에 해당하는 부분
　㉠ 천장과 반자 사이의 거리가 **2m** 미만인 부분
　보기 ①

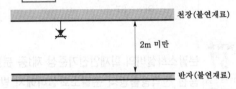

천장(불연재료)

2m 미만

반자(불연재료)

‖ 천장 · 반자가 불연재료인 경우 ‖

　㉡ 천장과 반자 사이의 **벽**이 **불연재료**이고 천장과 반자 사이의 거리가 **2m 이상**으로서 그 사이에 **가연물**이 존재하지 **아니하는** 부분
(6) 천장 · 반자 중 한쪽이 **불연재료**로 되어 있고, 천장과 반자 사이의 거리가 **1m 미만**인 부분 보기 ③

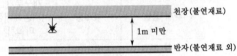

천장(불연재료)

1m 미만

반자(불연재료 외)

‖ 천장 · 반자 중 한쪽이 불연재료인 경우 ‖

(7) 천장 및 반자가 **불연재료 외**의 것으로 되어 있고, 천장과 반자 사이의 거리가 **0.5m 미만**인 경우 보기 ②

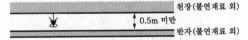

천장(불연재료 외)

0.5m 미만

반자(불연재료 외)

‖ 천장 · 반자 중 한쪽이 불연재료 외인 경우 ‖

(8) 펌프실 · 물탱크실 · 엘리베이터 권상기실 그 밖의 이와 비슷한 장소
(9) **현관 · 로비** 등으로서 바닥에서 높이가 **20m 이상**인 장소 보기 ④

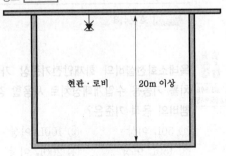

현관 · 로비　　20m 이상

‖ 현관 · 로비 등의 헤드 설치 ‖

① 2.5m 미만 → 2m 미만

답 ①

★
64 물분무소화설비의 화재안전기준상 배관 등의 설치기준으로 틀린 것은?
15.05.문74

① 펌프 흡입측 배관은 공기고임이 생기지 않는 구조로 하고 여과장치를 설치한다.
② 펌프의 흡입측 배관은 수조가 펌프보다 낮게 설치된 경우에는 각 펌프(충압펌프를 포함한다)마다 수조로부터 별도로 설치한다.
③ 배관은 동결방지조치를 하거나 동결의 우려가 없는 장소에 설치한다.
④ 급수배관에 설치되어 급수를 차단할 수 있는 개폐밸브는 개폐표시형으로 할 것. 이 경우 펌프의 흡입측 배관에는 버터플라이밸브의 개폐표시형 밸브를 설치해야 한다.

해설　④ 버터플라이밸브의 → 버터플라이밸브 외의

물분무소화설비 배관 등 **설치기준**(NFPC 104 6조, NFTC 104 2.3)
(1) 펌프의 흡입측 배관 설치기준
　㉠ 공기고임이 생기지 않는 구조로 하고 **여과장치** 설치 보기 ①
　㉡ 수조가 펌프보다 낮게 설치된 경우에는 각 펌프(**충압펌프 포함**)마다 수조로부터 별도 설치 보기 ②
(2) 배관은 **동결방지조치**를 하거나 동결의 우려가 없는 장소에 설치(단, 보온재를 사용할 경우에는 **난연재료** 성능 이상의 것) 보기 ③
(3) 급수배관에 설치되어 급수를 차단할 수 있는 개폐밸브는 **개폐표시형**으로 할 것. 이 경우 펌프의 **흡입측** 배관에는 **버터플라이밸브 외의** 개폐표시형 밸브를 설치해야 한다. 보기 ④

답 ④

★★★
65 분말소화설비의 화재안전기준상 배관에 관한 기준으로 틀린 것은?
16.03.문78
15.03.문78
10.03.문75

① 배관은 전용으로 할 것
② 배관은 모두 스케줄 40 이상으로 할 것
③ 동관을 사용하는 경우의 배관은 고정압력 또는 최고사용압력의 1.5배 이상의 압력에 견딜 수 있는 것을 사용할 것
④ 밸브류는 개폐위치 또는 개폐방향을 표시한 것으로 할 것

해설　② 모두 스케줄 40 이상 → 강관의 경우 축압식 중 20℃에서 압력이 **2.5~4.2MPa** 이하인 것만 **스케줄 40 이상**

분말소화설비의 **배관**(NFPC 108 9조, NFTC 108 2.6.1)
(1) **전용** 보기 ①
(2) **강관: 아연도금**에 의한 **배관용 탄소강관**(단, 축압식 분말소화설비에 사용하는 것 중 20℃에서 압력이 **2.5~4.2MPa** 이하인 것은 **압력배관용 탄소강관**(KS D 3562) 중 이음이 없는 스케줄 **40 이상**의 것 사용) 보기 ②

(3) **동관**: 고정압력 또는 최고사용압력의 **1.5배** 이상의 압력에 견딜 것 보기 ③

(4) **밸브류**: 개폐위치 또는 개폐방향을 표시한 것 보기 ④

(5) **배관의 관부속 및 밸브류**: 배관과 동등 이상의 강도 및 내식성이 있는 것

(6) 주밸브~헤드까지의 배관의 분기: **토너먼트방식**

(7) 저장용기 등~배관의 굴절부까지의 거리: 배관 내경의 **20배** 이상

내경의
20배 이상

┃ 배관의 이격거리 ┃

답 ②

★★★
66 물분무소화설비의 화재안전기준상 수원의 저수량 설치기준으로 틀린 것은?

20.06.문61
20.06.문62
19.04.문75
17.03.문77
16.03.문63
15.09.문74

① 특수가연물을 저장 또는 취급하는 특정소방대상물 또는 그 부분에 있어서 그 바닥면적(최대방수구역의 바닥면적을 기준으로 하며, 50m^2 이하인 경우에는 50m^2) 1m^{2}에 대하여 10L/min로 20분간 방수할 수 있는 양 이상으로 할 것

② 차고 또는 주차장은 그 바닥면적(최대방수구역의 바닥면적을 기준으로 하며, 50m^2 이하인 경우에는 50m^2) 1m^{2}에 대하여 20L/min로 20분간 방수할 수 있는 양 이상으로 할 것

③ 케이블트레이, 케이블덕트 등은 투영된 바닥면적 1m^{2}에 대하여 12L/min로 20분간 방수할 수 있는 양 이상으로 할 것

④ 컨베이어 벨트 등은 벨트부분의 바닥면적 1m^{2}에 대하여 20L/min로 20분간 방수할 수 있는 양 이상으로 할 것

해설 **물분무소화설비**의 **수원**(NFPC 104 4조, NFTC 104 2.1.1)

특정소방대상물	토출량	비 고
컨베이어벨트	10L/min · m^2 보기 ④	벨트부분의 바닥면적
절연유 봉입변압기	10L/min · m^2	표면적을 합한 면적(바닥면적 제외)
특수가연물	10L/min · m^2 (최소 50m^2)	최대방수구역의 바닥면적 기준
케이블트레이 · 덕트	12L/min · m^2	투영된 바닥면적
차고 · 주차장	20L/min · m^2 (최소 50m^2)	최대방수구역의 바닥면적 기준

위험물 저장탱크	37L/min · m	위험물탱크 둘레 길이(원주길이): 위험물규칙 [별표 6] Ⅱ

※ 모두 **20분**간 방수할 수 있는 양 이상으로 하여야 한다.

기억법
컨	0
절	0
특	0
케	2
차	0
위	37

답 ④

★★★
67 분말소화설비의 화재안전기준상 제1종 분말을 사용한 전역방출방식 분말소화설비에서 방호구역의 체적 1m^{3}에 대한 소화약제의 양은 몇 kg인가?

19.09.문65
14.03.문77
13.03.문73
12.03.문65

① 0.24
② 0.36
③ 0.60
④ 0.72

해설 (1) **분말소화설비**(전역방출방식)

약제 종별	약제량	개구부가산량 (자동폐쇄장치 미설치시)
제**1**종 분말 →	0.**6**kg/m^3	**4.5**kg/m^2
제**2 · 3**종 분말	0.**36**kg/m^3	**2.7**kg/m^2
제**4**종 분말	0.**24**kg/m^3	**1.8**kg/m^2

기억법
1	6	45
23	36	27
4	24	18

(2) **호스릴방식**(분말소화설비)

약제 종별	약제저장량	약제방사량
제1종 분말	50kg	45kg/min
제2 · 3종 분말	30kg	27kg/min
제4종 분말	20kg	**18**kg/min

기억법 **호분418**

답 ③

★★
68 옥내소화전설비의 화재안전기준상 가압송수장치를 기동용 수압개폐장치로 사용할 경우 압력챔버의 용적 기준은?

17.05.문78
12.05.문65

① 50L 이상
② 100L 이상
③ 150L 이상
④ 200L 이상

해설 **100L 이상**
(1) **압력챔버**(기동용 수압개폐장치)의 용적
(2) **물올림수조**의 용량

| 금속화재(D급) | 무색 | • 가연성 금속 |
| 주방화재(K급) | – | • 식용유화재 |

• 요즘은 표시색의 의무규정은 없음

답 ③

중요

물분무소화설비 가압송수장치의 설치기준(NFPC 104 5조, NFTC 104 2.2)
(1) 가압송수장치가 기동이 된 경우에는 **자동**으로 **정지**되지 **않도록** 할 것
(2) 가압송수장치(**충압펌프 제외**)에는 **순환배관** 설치
(3) 가압송수장치에는 **펌프**의 **성능**을 시험하기 위한 배관 설치
(4) 가압송수장치는 점검이 편리하고, 화재 등의 재해로 인한 피해를 받을 우려가 없는 곳에 설치
(5) 기동용 수압개폐장치(압력챔버)를 사용할 경우 그 용적은 **100L 이상**으로 한다.
(6) 수원의 수위가 펌프보다 **낮은 위치**에 있는 가압송수장치에는 물올림장치를 설치한다.
(7) 기동용 수압개폐장치를 기동장치로 사용할 경우에 설치하는 충압펌프의 토출압력은 가압송수장치의 **정격토출압력**과 **같게** 한다.

답 ②

69 포소화설비의 화재안전기준상 포헤드를 소방대상물의 천장 또는 반자에 설치하여야 할 경우 헤드 1개가 방호해야 할 바닥면적은 최대 몇 m²인가?
15.03.문79
14.03.문68
① 3 ② 5
③ 7 ④ 9

해설 헤드의 설치개수(NFPC 105 12조, NFTC 105 2.9.2)

구 분	설치개수
포워터 스프링클러헤드	$\frac{바닥면적}{8m^2}$
포헤드 →	$\frac{바닥면적}{9m^2}$
압축공기포 소화설비	특수가연물 저장소 $\frac{바닥면적}{9.3m^2}$
	유류탱크 주위 $\frac{바닥면적}{13.9m^2}$

답 ④

70 소화기구 및 자동소화장치의 화재안전기준상 규정하는 화재의 종류가 아닌 것은?
19.09.문16
19.03.문08
17.09.문07
16.05.문09
15.09.문19
13.09.문07
① A급 화재 ② B급 화재
③ G급 화재 ④ K급 화재

해설 화재의 종류

구 분	표시색	적응물질
일반화재(A급)	백색	• 일반가연물 • 종이류 화재 • 목재 · 섬유화재
유류화재(B급)	황색	• 가연성 액체 • 가연성 가스 • 액화가스화재 • 석유화재
전기화재(C급)	청색	• 전기설비

71 상수도 소화용수설비의 화재안전기준상 소화전은 구경(호칭지름)이 최소 얼마 이상의 수도배관에 접속하여야 하는가?
19.04.문74
19.03.문69
18.04.문79
17.03.문64
14.09.문75
14.03.문63
13.03.문61
07.03.문70
① 50mm 이상의 수도배관
② 75mm 이상의 수도배관
③ 85mm 이상의 수도배관
④ 100mm 이상의 수도배관

해설 상수도 소화용수설비의 설치기준(NFPC 401 4조, NFTC 401 2.1)
(1) 호칭지름

수도배관	소화전
75mm 이상	100mm 이상
기억법 수75(수지침으로 치료)	**기억법** 소1(소일거리)

(2) 소화전은 소방자동차 등의 진입이 쉬운 **도로변** 또는 **공지**에 설치할 것
(3) 소화전은 특정소방대상물의 수평투영면의 각 부분으로부터 **140m** 이하가 되도록 설치할 것
(4) 지상식 소화전의 호스접구는 지면으로부터 높이가 0.5m 이상 1m 이하가 되도록 설치할 것

기억법 용14

답 ②

72 할로겐화합물 및 불활성기체소화설비의 화재안전기준상 저장용기 설치기준으로 틀린 것은?
17.09.문78
14.09.문74
04.03.문75
① 온도가 40℃ 이하이고 온도의 변화가 작은 곳에 설치할 것
② 용기 간의 간격은 점검에 지장이 없도록 3cm 이상의 간격을 유지할 것
③ 직사광선 및 빗물이 침투할 우려가 없는 곳에 설치할 것
④ 저장용기를 방호구역 외에 설치한 경우에는 방화문으로 구획된 실에 설치할 것

해설 ① 40℃ 이하 → 55℃ 이하

저장용기 온도

40℃ 이하	55℃ 이하
• 이산화탄소소화설비 • 할론소화설비 • 분말소화설비	• 할로겐화합물 및 불활성기체소화설비

답 ①

★★★
73 제연설비의 화재안전기준상 제연풍도의 설치기준으로 틀린 것은?

20.06.문76
16.10.문70
15.03.문80
10.05.문76

① 배출기의 전동기 부분과 배풍기 부분은 분리하여 설치할 것
② 배출기와 배출풍도의 접속부분에 사용하는 캔버스는 내열성이 있는 것으로 할 것
③ 배출기의 흡입측 풍도 안의 풍속은 20m/s 이하로 할 것
④ 유입풍도 안의 풍속은 20m/s 이하로 할 것

해설 ③ 20m/s 이하 → 15m/s 이하

제연설비의 **풍속**(NFPC 501 8~10조, NFTC 501 2.5.5, 2.6.2.2, 2.7.1)

조 건	풍 속
• 유입구가 바닥에 설치시 상향분출 가능	1m/s 이하
• 예상제연구역의 공기유입 풍속	5m/s 이하
• 배출기의 흡입측 풍속	15m/s 이하 보기 ③
• 배출기의 **배출**측 풍속 • **유**입풍도 안의 풍속	20m/s 이하

기억법 배2유(배이다 아파! 이유)

용어 풍도
공기가 유동하는 덕트

답 ③

★★
74 포소화설비의 화재안전기준상 압축공기포소화설비의 분사헤드를 유류탱크 주위에 설치하는 경우 바닥면적 몇 m² 마다 1개 이상 설치하여야 하는가?

20.08.문70
18.03.문69

① 9.3   ② 10.8
③ 12.3   ④ 13.9

해설 **포헤드**의 **설치기준**(NFPC 105 12조, NFTC 105 2.9.2)

구 분		설치개수
포워터 스프링클러헤드		$\dfrac{\text{바닥면적}}{8\text{m}^2}$
포헤드		$\dfrac{\text{바닥면적}}{9\text{m}^2}$
압축공기포 소화설비	특수가연물 저장소	$\dfrac{\text{바닥면적}}{9.3\text{m}^2}$
	유류탱크 주위 →	$\dfrac{\text{바닥면적}}{13.9\text{m}^2}$

중요

포헤드의 **설치기준**(NFPC 105 12조, NFTC 105 2.9.2)
압축공기포소화설비의 분사헤드는 천장 또는 반자에 설치하되 방호대상물에 따라 측벽에 설치할 수 있으며 유류탱크 주위에는 바닥면적 **13.9m²** 마다 1개 이상, **특수가연물** 저장소에는 바닥면적 **9.3m²** 마다 1개 이상으로 당해 방호대상물의 화재를 유효하게 소화할 수 있도록 할 것

방호대상물	방호면적 1m² 에 대한 1분당 방출량
특수가연물	2.3L
기타의 것	1.63L

답 ④

★★
75 소화기구 및 자동소화장치의 화재안전기준상 일반화재, 유류화재, 전기화재 모두에 적응성이 있는 소화약제는?

20.06.문65
19.03.문75

① 마른모래
② 인산염류소화약제
③ 중탄산염류소화약제
④ 팽창질석 · 팽창진주암

해설 ② 인산암모늄=인산염류

분말소화약제

종 별	소화약제	충전비 〔L/kg〕	적응 화재	비 고
제**1**종	중탄산나트륨 (NaHCO₃)	0.8	BC급	**식**용유 및 지방질유의 화재에 적합 **기억법** 1식분(일식 분식)
제2종	중탄산칼륨 (KHCO₃)		BC급	–
제**3**종	인산암모늄 (NH₄H₂PO₄)	1.0	ABC 급	**차**고 · **주**차장에 적합 **기억법** 3분 차주(삼보컴퓨터 차주)
제4종	중탄산칼륨+요소 (KHCO₃ +(NH₂)₂CO)	1.25	BC급	–

• ABC급 : 일반화재, 유류화재, 전기화재

답 ②

76 ★★★
18.03.문78
15.03.문65
12.05.문62

소화기구 및 자동소화장치의 화재안전기준상 바닥면적이 280m²인 발전실에 부속용도별로 추가하여야 할 적응성이 있는 소화기의 최소 수량은 몇 개인가?

① 2   ② 4
③ 6   ④ 12

해설 전기설비(발전실) 부속용도 추가 소화기

$$전기설비 = \frac{바닥면적}{50m^2} = \frac{280m^2}{50m^2} = 5.6 ≒ 6개(절상)$$

용어

절상
'소수점은 끊어 올린다'는 뜻

중요

전기설비
발전실 · 변전실 · 송전실 · 변압기실 · 배전반실 · 통신기기실 · 전산기기실

공식

소화기 추가 설치개수 (NFTC 101 2.1.1.3)

보일러 · 음식점 · 의료시설 · 업무시설 등	전기설비 (발전실, 통신기기실)
해당 바닥면적	해당 바닥면적
25m²	50m²

답 ③

77 ★★★
19.04.문74
19.03.문69
18.04.문79
17.03.문64
14.03.문63
13.03.문61
07.03.문70

상수도 소화용수설비의 화재안전기준상 소화전은 소방대상물의 수평투영면의 각 부분으로부터 최대 몇 m 이하가 되도록 설치하는가?

① 75   ② 100
③ 125   ④ 140

해설 상수도 소화용수설비의 기준 (NFPC 401 4조, NFTC 401 2.1)
(1) 호칭지름

수도배관	소화전
75mm 이상	100mm 이상
기억법 수75(수지침으로 치료)	**기억법** 소1(소일거리)

(2) 소화전은 소방자동차 등의 진입이 쉬운 **도로변** 또는 **공지**에 설치
(3) 소화전은 특정소방대상물의 수평투영면의 각 부분으로부터 **140m** 이하가 되도록 설치 보기 ④
(4) 지상식 소화전의 호스접결구는 지면으로부터 높이가 0.5m 이상 1m 이하가 되도록 설치할 것

기억법 용14

답 ④

78 ★★
14.03.문72
07.09.문69

이산화탄소소화설비의 화재안전기준상 배관의 설치기준 중 다음 ( ) 안에 알맞은 것은?

고압식의 1차측(개폐밸브 또는 선택밸브 이전) 배관부속의 최소 사용설계압력은 (㉠)MPa로 하고, 고압식의 2차측과 저압식의 배관부속의 최소 사용설계압력은 (㉡)MPa로 할 것

① ㉠ 8.5, ㉡ 4.5   ② ㉠ 9.5, ㉡ 4.5
③ ㉠ 8.5, ㉡ 5.0   ④ ㉠ 9.5, ㉡ 5.0

해설 이산화탄소소화설비의 배관 (NFPC 106 8조, NFTC 106 2.5)

구 분	고압식	저압식
강관	스케줄 80(호칭구경 20mm 스케줄 40) 이상	스케줄 40 이상
동관	16.5MPa 이상	3.75MPa 이상
배관 부속	• 1차측 배관부속 : 9.5MPa • 2차측 배관부속 : 4.5MPa	4.5MPa

답 ②

79 ★★★
19.03.문76
17.05.문62
16.10.문69
16.05.문74
15.05.문75
11.03.문72
10.03.문71

피난기구의 화재안전기준상 의료시설에 구조대를 설치해야 할 층이 아닌 것은?

① 2   ② 3
③ 4   ④ 5

해설 피난기구의 적응성 (NFTC 301 2.1.1)

층별 / 설치장소별 구분	1층	2층	3층	4층 이상 10층 이하
노유자시설	• 미끄럼대 • 구조대 • 피난교 • 다수인 피난장비 • 승강식 피난기	• 미끄럼대 • 구조대 • 피난교 • 다수인 피난장비 • 승강식 피난기	• 미끄럼대 • 구조대 • 피난교 • 다수인 피난장비 • 승강식 피난기	• 구조대[1] • 피난교 • 다수인 피난장비 • 승강식 피난기
의료시설 · 입원실이 있는 의원 · 접골원 · 조산원	–	보기 ①	• 미끄럼대 • 구조대 • 피난교 • 피난용 트랩 • 다수인 피난장비 • 승강식 피난기	• 구조대 • 피난교 • 피난용 트랩 • 다수인 피난장비 • 승강식 피난기
영업장의 위치가 4층 이하인 다중이용업소	–	• 미끄럼대 • 피난사다리 • 구조대 • 완강기 • 다수인 피난장비 • 승강식 피난기	• 미끄럼대 • 피난사다리 • 구조대 • 완강기 • 다수인 피난장비 • 승강식 피난기	• 미끄럼대 • 피난사다리 • 구조대 • 완강기 • 다수인 피난장비 • 승강식 피난기
그 밖의 것 (근린생활시설 사무실 등)	–	–	• 미끄럼대 • 피난사다리 • 구조대 • 완강기 • 피난교 • 피난용 트랩 • 간이완강기[2] • 공기안전매트[2] • 다수인 피난장비 • 승강식 피난기	• 피난사다리 • 구조대 • 완강기 • 피난교 • 간이완강기[2] • 공기안전매트[2] • 다수인 피난장비 • 승강식 피난기

[비고] 1) 구조대의 적응성은 장애인 관련 시설로서 주된 사용자 중 스스로 피난이 불가한 자가 있는 경우 추가로 설치하는 경우에 한한다.
2) 간이완강기의 적응성은 숙박시설의 3층 이상에 있는 객실에 추가로 설치하는 경우에 한한다.

답 ①

★★
80

18.09.문75
17.03.문75

인명구조기구의 화재안전기준상 특정소방대상물의 용도 및 장소별로 설치하여야 할 인명구조기구 종류의 기준 중 다음 (   ) 안에 알맞은 것은?

특정소방대상물	인명구조기구의 종류
물분무등소화설비 중 ( )를 설치하여야 하는 특정소방대상물	공기호흡기

① 분말소화설비
② 할론소화설비
③ 이산화탄소소화설비
④ 할로겐화합물 및 불활성기체소화설비

해설 **특정소방대상물**의 **용도 및 장소별로 설치하여야 할 인명구조기구**(NFTC 302 2.1.1.1)

특정소방대상물	인명구조기구의 종류	설치수량
7층 이상인 **관광호텔** 및 **5층** 이상인 **병원**(지하층 포함)	• **방열복** 또는 **방화복**(안전모, 보호장갑, 안전화 포함) • **공기호흡기** • **인공소생기**	각 2개 이상 비치할 것(단, 병원의 경우에는 인공소생기 설치 제외 가능)
• 문화 및 집회시설 중 수용인원 **100명** 이상의 영화상영관 • 대규모 점포 • 지하역사 • **지하상가**	공기호흡기	층마다 **2개** 이상 비치할 것(단, 각 층마다 갖추어 두어야 할 공기호흡기 중 일부를 직원이 상주하는 인근 사무실에 갖추어 둘 수 있음)
이산화탄소소화설비(호스릴 이산화탄소소화설비 **제외**)를 설치하여야 하는 특정소방대상물 보기 ③	공기호흡기	이산화탄소소화설비가 설치된 장소의 출입구 외부 인근에 **1대** 이상 비치할 것

답 ③

				수험번호	성명

2021년 기사 제2회 필기시험

자격종목	종목코드	시험시간	형별
소방설비기사(기계분야)		2시간	

※ 각 문항은 4지택일형으로 질문에 가장 적합한 보기 항을 선택하여 체크하여야 합니다.

제1과목 소방원론

01 내화건축물과 비교한 목조건축물 화재의 일반적인 특징을 옳게 나타낸 것은?

19.09.문11
18.03.문05
16.10.문04
14.05.문01
10.09.문08

① 고온, 단시간형
② 저온, 단시간형
③ 고온, 장시간형
④ 저온, 장시간형

해설 (1) **목조건물**의 화재온도 표준곡선
  ㉠ 화재성상 : **고온 단기형** [보기 ①]
  ㉡ 최고온도(최성기 온도) : **1300℃**

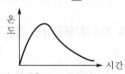

(2) **내화건물**의 화재온도 표준곡선
  ㉠ 화재성상 : 저온 장기형
  ㉡ 최고온도(최성기 온도) : **900~1000℃**

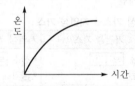

* 목조건물=목재건물

[기억법] 목고단 13

답 ①

02 다음 중 증기비중이 가장 큰 것은?

16.10.문20
11.06.문06

① Halon 1301   ② Halon 2402
③ Halon 1211   ④ Halon 104

해설 **증기비중**이 큰 순서
Halon 2402 > Halon 1211 > Halon 104 > Halon 1301

중요

증기비중

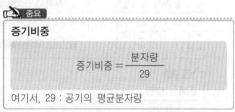

$$증기비중 = \frac{분자량}{29}$$

여기서, 29 : 공기의 평균분자량

답 ②

03 화재발생시 피난기구로 직접 활용할 수 없는 것은?

11.03.문18

① 완강기
② 무선통신보조설비
③ 피난사다리
④ 구조대

해설 ② 무선통신보조설비 : **소화활동설비**

피난기구
(1) **완강기** [보기 ①]
(2) **피난사다리** [보기 ③]
(3) **구조대**(수직구조대 포함) [보기 ④]
(4) 소방청장이 정하여 고시하는 화재안전기준으로 정하는 것(미끄럼대, 피난교, 공기안전매트, 피난용 트랩, 다수인 피난장비, 승강식 피난기, 간이완강기, 하향식 피난구용 내림식 사다리)

답 ②

04 정전기에 의한 발화과정으로 옳은 것은?

16.10.문11

① 방전 → 전하의 축적 → 전하의 발생 → 발화
② 전하의 발생 → 전하의 축적 → 방전 → 발화
③ 전하의 발생 → 방전 → 전하의 축적 → 발화
④ 전하의 축적 → 방전 → 전하의 발생 → 발화

해설 **정전기**의 **발화과정**

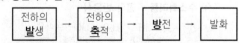

전하의 발생	→	전하의 축적	→	방전	→	발화

[기억법] 발축방

답 ②

05 물리적 소화방법이 아닌 것은?

15.09.문05
14.05.문13
13.03.문12
11.03.문16

① 산소공급원 차단
② 연쇄반응 차단
③ 온도냉각
④ 가연물 제거

해설 ② 화학적 소화방법

물리적 소화방법	화학적 소화방법
• 질식소화(산소공급원 차단)	**억**제소화(연쇄반응의 억제)
• 냉각소화(온도냉각)	**기억법** 억화(**억화**감정)
• 제거소화(가연물 제거)	

중요

소화의 방법

소화방법	설 명
냉각소화	• 다량의 물 등을 이용하여 **점화원**을 **냉각**시켜 소화하는 방법 • 다량의 물을 뿌려 소화하는 방법
질식소화	• 공기 중의 **산소농도**를 16%(10~15%) 이하로 희박하게 하여 소화하는 방법
제거소화	• 가연물을 제거하여 소화하는 방법
억제소화 (부촉매효과)	• 연쇄반응을 차단하여 소화하는 방법으로 '화학소화'라고도 함

답 ②

06 탄화칼슘이 물과 반응할 때 발생되는 기체는?

19.03.문17
18.04.문18
17.05.문09
11.10.문05
10.09.문12

① 일산화탄소
② 아세틸렌
③ 황화수소
④ 수소

해설 (1) **탄화칼슘**과 물의 **반응식** 보기 ②

$$CaC_2 + 2H_2O \rightarrow Ca(OH)_2 + C_2H_2 \uparrow$$
탄화칼슘   물   수산화칼슘 **아세틸렌**

(2) **탄화알루미늄**과 물의 반응식

$$Al_4C_3 + 12H_2O \rightarrow 4Al(OH)_3 + 3CH_4 \uparrow$$
탄화알루미늄   물   수산화알루미늄 메탄

(3) **인화칼슘**과 물의 반응식

$$Ca_3P_2 + 6H_2O \rightarrow 3Ca(OH)_2 + 2PH_3 \uparrow$$
인화칼슘   물   수산화칼슘   포스핀

(4) **수소화리튬**과 물의 반응식

$$LiH + H_2O \rightarrow LiOH + H_2$$
수소화리튬   물   수산화리튬   수소

답 ②

07 분말소화약제 중 A급, B급, C급 화재에 모두 사용할 수 있는 것은?

12.03.문16

① 제1종 분말
② 제2종 분말
③ 제3종 분말
④ 제4종 분말

해설 **분말소화약제**

종 별	분자식	착 색	적응 화재	비 고
제1종	중탄산나트륨 ($NaHCO_3$)	백색	BC급	**식용유** 및 **지방질유**의 화재에 적합
제2종	중탄산칼륨 ($KHCO_3$)	담자색 (담회색)	BC급	–
제3종 보기 ③	제1인산암모늄 ($NH_4H_2PO_4$)	담홍색	ABC급	**차고·주차장**에 적합
제4종	중탄산칼륨 +요소 ($KHCO_3$+ $(NH_2)_2CO$)	회(백)색	BC급	–

기억법 1식분(**일식 분식**)
3분 **차주**(**삼보**컴퓨터 **차주**)

답 ③

08 조연성 가스에 해당하는 것은?

16.10.문03
14.05.문10
12.09.문08

① 수소
② 일산화탄소
③ 산소
④ 에탄

해설 **가연성 가스**와 **지연성 가스**

가연성 가스	지연성 가스(조연성 가스)
• 수소 보기 ①	• **산소** 보기 ③
• 메탄	• **공기**
• 일산화탄소 보기 ②	• **염소**
• 천연가스	• **오**존
• 부탄	• **불**소
• 에탄 보기 ④	

기억법 조산공 염오불

용어

가연성 가스와 **지연성 가스**

가연성 가스	지연성 가스(조연성 가스)
물질 자체가 연소하는 것	자기 자신은 연소하지 않지만 연소를 도와주는 가스

답 ③

★★★
09 분자 내부에 나이트로기를 갖고 있는 TNT, 나이
15.03.문19
14.03.문13 트로셀룰로오스 등과 같은 제5류 위험물의 연소
형태는?
① 분해연소　　② 자기연소
③ 증발연소　　④ 표면연소

해설 **연소의 형태**

연소 형태	종 류
표면연소	• **숯**, 코크스 • **목탄**, **금**속분
분해연소	• 석탄, 종이 • 플라스틱, 목재 • 고무, 중유, 아스팔트
증발연소	• 황, 왁스 • 파라핀, 나프탈렌 • 가솔린, 등유 • 경유, 알코올, 아세톤
자기연소 (제5류 위험물) 보기 ②	• 나이트로글리세린, 나이트로셀룰로오스(질화면) • TNT, 피크린산(TNP)
액적연소	• 벙커C유
확산연소	• 메탄(CH_4), 암모니아(NH_3) • 아세틸렌(C_2H_2), 일산화탄소(CO) • 수소(H_2)

기억법 표숯코목탄금

중요

연소 형태	설 명
증발연소	• 가열하면 **고체**에서 **액체**로, **액체**에서 **기체**로 상태가 변하여 그 기체가 연소하는 현상
자기연소 (제5류 위험물)	• 열분해에 의해 **산소**를 발생하면서 연소하는 현상 • 분자 자체 내에 포함하고 있는 **산소**를 이용하여 연소하는 형태
분해연소	• 연소시 **열분해**에 의하여 발생된 가스와 산소가 혼합하여 연소하는 현상
표면연소	• 열분해에 의하여 가연성 가스를 발생하지 않고 그 **물질 자체**가 **연소**하는 현상

기억법 자산

답 ②

★★★
10 가연물질의 종류에 따라 화재를 분류하였을 때
13.03.문05 섬유류 화재가 속하는 것은?

① A급 화재　　② B급 화재
③ C급 화재　　④ D급 화재

해설

화재의 종류	표시색	적응물질
일반화재(A급)	백색	• 일반가연물 • 종이류 화재 • 목재, **섬유화재**(섬유류화재) 보기 ①
유류화재(B급)	황색	• 가연성 액체 • 가연성 가스 • 액화가스화재 • 석유화재
전기화재(C급)	청색	• 전기설비
금속화재(D급)	무색	• 가연성 금속
주방화재(K급)	–	• 식용유화재

• 요즘은 표시색의 의무규정은 없음

답 ①

★★
11 위험물안전관리법령상 제6류 위험물을 수납하
19.04.문58
16.10.문53 는 운반용기의 외부에 주의사항을 표시하여야
15.03.문44
11.10.문45 할 경우, 어떤 내용을 표시하여야 하는가?
① 물기엄금
② 화기엄금
③ 화기주의·충격주의
④ 가연물접촉주의

해설 위험물규칙 〔별표 19〕
위험물 운반용기의 주의사항

위험물		주의사항
제1류 위험물	알칼리금속의 과산화물	• 화기·충격주의 • 물기엄금 • 가연물접촉주의
	기타	• 화기·충격주의 • 가연물접촉주의
제2류 위험물	철분·금속분·마그네슘	• 화기주의 • 물기엄금
	인화성 고체	• 화기엄금
	기타	• 화기주의
제3류 위험물	자연발화성 물질	• 화기엄금 • 공기접촉엄금
	금수성 물질	• 물기엄금
제4류 위험물		• 화기엄금
제5류 위험물		• 화기엄금 • 충격주의
제6류 위험물		→ 가연물접촉주의 보기 ④

비교

위험물규칙〔별표 4〕
위험물제조소의 게시판 설치기준

위험물	주의사항	비 고
• 제1류 위험물(알칼리금속의 과산화물) • 제3류 위험물(금수성 물질)	물기엄금	**청색**바탕에 **백색**문자
• 제2류 위험물(인화성 고체 제외)	화기주의	
• 제2류 위험물(인화성 고체) • 제3류 위험물(자연발화성 물질) • 제4류 위험물 • 제5류 위험물	화기엄금	**적색**바탕에 **백색**문자
• 제6류 위험물	별도의 표시를 하지 않는다.	

답 ④

★★★
12 다음 연소생성물 중 인체에 독성이 가장 높은 것은?

19.04.문10
11.03.문10
04.09.문14

① 이산화탄소
② 일산화탄소
③ 수증기
④ 포스겐

해설 **연소가스**

연소가스	설 명
일산화탄소(CO)	화재시 흡입된 일산화탄소(CO)의 화학적 작용에 의해 **헤모글로빈**(Hb)이 혈액의 산소운반작용을 저해하여 사람을 질식·사망하게 한다.
이산화탄소(CO_2)	연소가스 중 **가장 많은 양**을 차지하고 있으며 가스 그 자체의 독성은 거의 없으나 다량이 존재할 경우 호흡속도를 증가시키고, 이로 인하여 화재가스에 혼합된 유해가스의 혼입을 증가시켜 위험을 가중시키는 가스이다.
암모니아(NH_3)	나무, 페놀수지, 멜라민수지 등의 **질소함유물**이 연소할 때 발생하며, 냉동시설의 **냉매**로 쓰인다.
포스겐($COCl_2$) 보기 ④	**매우 독성이 강한 가스**로서 소화제인 **사염화탄소**(CCl_4)를 화재시에 사용할 때도 발생한다.
황화수소(H_2S)	**달걀 썩는 냄새**가 나는 특성이 있다.
아크롤레인 ($CH_2=CHCHO$)	독성이 매우 높은 가스로서 **석유제품, 유지** 등이 연소할 때 생성되는 가스이다.

답 ④

★★★
13 알킬알루미늄 화재에 적합한 소화약제는?

16.05.문20
07.09.문03

① 물
② 이산화탄소
③ 팽창질석
④ 할로젠화합물

해설 **알킬알루미늄 소화약제**

위험물	소화약제
• 알킬알루미늄	• 마른모래 • 팽창질석 보기 ③ • 팽창진주암

답 ③

★
14 열전도도(Thermal conductivity)를 표시하는 단위에 해당하는 것은?

18.03.문13
15.05.문23
06.05.문34

① $J/m^2 \cdot h$
② $kcal/h \cdot ℃^2$
③ $W/m \cdot K$
④ $J \cdot K/m^3$

해설 **전도**

$$\mathring{q}'' = \frac{K(T_2 - T_1)}{l}$$

여기서, $\mathring{q}''$: 단위면적당 열량(열손실)〔W/m^2〕
K : **열전도율(열전도도)〔W/m·K〕**
$T_2 - T_1$: 온도차〔℃〕 또는 〔K〕
l : 두께〔m〕

답 ③

★★
15 위험물안전관리법령상 위험물에 대한 설명으로 옳은 것은?

20.08.문20
19.03.문06
16.05.문01
15.03.문51
09.05.문57

① 과염소산은 위험물이 아니다.
② 황린은 제2류 위험물이다.
③ 황화인의 지정수량은 100kg이다.
④ 산화성 고체는 제6류 위험물의 성질이다.

해설
① 위험물이 아니다. → 위험물이다.
② 제2류 → 제3류
④ 제6류 → 제1류

위험물의 지정수량

위험물	지정수량
• 질산에스터류	제1종 : 10kg, 제2종 : 100kg
• 황린	20kg
• 무기과산화물 • 과산화나트륨	50kg
• 황화인 • 적린	100kg 보기 ③

• 트리나이트로톨루엔	제1종 : 10kg, 제2종 : 100kg
• 탄화알루미늄	300kg

중요

위험물령 〔별표 1〕
위험물

유 별	성 질	품 명
제1류	**산**화성 **고**체	• 아염소산염류 • **염**소산염류(**염소산나트륨**) • 과염소산염류 • 질산염류 • 무기과산화물 **기억법** 1산고염나
제2류	가연성 고체	• **황화**인 • **적**린 • **황** • **마**그네슘 **기억법** 황화적황마
제3류	자연발화성 물질 및 금수성 물질	• **황**린 • **칼**륨 • **나**트륨 • **알**칼리토금속 • **트**리에틸알루미늄 **기억법** 황칼나알트
제4류	인화성 액체	• 특수인화물 • 석유류(벤젠) • 알코올류 • 동식물유류
제5류	자기반응성 물질	• 유기과산화물 • 나이트로화합물 • 나이트로소화합물 • 아조화합물 • 질산에스터류(셀룰로이드)
제6류	산화성 액체	• **과염소산** • 과산화수소 • 질산

답 ③

★★★
16 제3종 분말소화약제의 주성분은?

17.09.문10
16.10.문06
16.10.문10
16.05.문15
16.05.문17
16.03.문09
16.03.문11
15.09.문01

① 인산암모늄
② 탄산수소칼륨
③ 탄산수소나트륨
④ 탄산수소칼륨과 요소

해설 (1) **분말소화약제**

종 별	주성분	착 색	적응 화재	비 고
제1종	중탄산나트륨 ($NaHCO_3$)	백색	BC급	**식용유** 및 **지방질유**의 화재에 적합
제2종	중탄산칼륨 ($KHCO_3$)	담자색 (담회색)	BC급	–
제3종	제1인산암모늄 ($NH_4H_2PO_4$)	담홍색 (황색)	ABC급	**차고 · 주차장**에 적합
제4종	중탄산칼륨 +요소 ($KHCO_3$+ $(NH_2)_2CO$)	회(백)색	BC급	–

기억법 1식분(일식 분식)
3분 차주(**삼보**컴퓨터 **차주**)

• 제1인산암모늄=인산암모늄=인산염

(2) **이산화탄소 소화약제**

주성분	적응화재
이산화탄소(CO_2)	BC급

답 ①

★★★
17 이산화탄소 소화기의 일반적인 성질에서 단점이 아닌 것은?

14.09.문03
03.03.문08

① 밀폐된 공간에서 사용시 질식의 위험성이 있다.
② 인체에 직접 방출시 동상의 위험성이 있다.
③ 소화약제의 방사시 소음이 크다.
④ 전기가 잘 통하기 때문에 전기설비에 사용할 수 없다.

해설 ④ 잘 통하기 때문에 → 통하지 않기 때문에,
없다. → 있다.

이산화탄소 소화설비

구 분	설 명
장점	• 화재진화 후 깨끗하다. • **심부화재**에 적합하다. • **증거보존**이 **양호**하여 화재원인조사가 쉽다. • 전기의 **부도체**로서 전기절연성이 높다(**전기설비**에 사용 가능).
단점	• 인체의 **질식**이 **우려**된다. 보기 ① • 소화약제의 방출시 인체에 닿으면 **동상**이 우려된다. 보기 ② • 소화약제의 방사시 **소리**가 **요란**하다. 보기 ③

답 ④

18 IG-541이 15℃에서 내용적 50리터 압력용기에 155kgf/cm²으로 충전되어 있다. 온도가 30℃가 되었다면 IG-541 압력은 약 몇 kgf/cm²가 되겠는가? (단, 용기의 팽창은 없다고 가정한다.)

① 78
② 155
③ 163
④ 310

해설 **(1) 기호**

- T_1 : 15℃=(273+15)K=288K
- $V_1 = V_2$: 50L(용기의 팽창이 없으므로)
- P_1 : 155kgf/cm²
- T_2 : 30℃=(273+30)K=303K
- P_2 : ?

(2) 보일-샤를의 법칙

$$\frac{P_1 V_1}{T_1} = \frac{P_2 V_2}{T_2}$$

여기서, P_1, P_2 : 기압[atm]
V_1, V_2 : 부피[m³]
T_1, T_2 : 절대온도[K](273+℃)

$V_1 = V_2$이므로

$$\frac{P_1 \cancel{V_1}}{T_1} = \frac{P_2 \cancel{V_2}}{T_2}$$

$$\frac{P_1}{T_1} = \frac{P_2}{T_2}$$

$$\frac{155 \mathrm{kgf/cm^2}}{288 \mathrm{K}} = \frac{x \mathrm{[kgf/cm^2]}}{303 \mathrm{K}}$$

$$x \mathrm{[kgf/cm^2]} = \frac{155 \mathrm{kgf/cm^2}}{288 \mathrm{K}} \times 303 \mathrm{K}$$

$$\fallingdotseq 163 \mathrm{kgf/cm^2}$$

용어

보일-샤를의 법칙(Boyle-Charl's law)
기체가 차지하는 **부피**는 압력에 **반비례**하며, 절대온도에 **비례**한다.

답 ③

19 소화약제 중 HFC-125의 화학식으로 옳은 것은?

17.09.문06
16.10.문12
15.03.문20
14.03.문15

① CHF₂CF₃
② CHF₃
③ CF₃CHFCF₃
④ CF₃I

해설 **할로겐화합물 및 불활성기체 소화약제**

구 분	소화약제	화학식
할로겐화합물 소화약제	FC-3-1-10 기억법 FC31(FC 서울의 3.1절)	C₄F₁₀
	HCFC BLEND A	HCFC-123(CHCl₂CF₃) : **4.75%** HCFC-22(CHClF₂) : **82%** HCFC-124(CHClFCF₃) : **9.5%** C₁₀H₁₆ : **3.75%** 기억법 475 82 95 375(사시오 빨리 그래서 구어 삼키시오!)
	HCFC-124	CHClFCF₃
	HFC-125 → 기억법 125(이리온)	CHF₂CF₃ 보기①
	HFC-227ea 기억법 227e(둘둘치 킨이 맛있다)	CF₃CHFCF₃
	HFC-23	CHF₃
	HFC-236fa	CF₃CH₂CF₃
	FIC-13I1	CF₃I
불활성기체 소화약제	IG-01	Ar
	IG-100	N₂
	IG-541	• **N₂**(질소) : **52%** • **Ar**(아르곤) : **40%** • **CO₂**(이산화탄소) : **8%** 기억법 NACO(내코) 52408
	IG-55	N₂ : 50%, Ar : 50%
	FK-5-1-12	CF₃CF₂C(O)CF(CF₃)₂

답 ①

20 프로판 50vol%, 부탄 40vol%, 프로필렌 10vol%로 된 혼합가스의 폭발하한계는 약 몇 vol%인가? (단, 각 가스의 폭발하한계는 프로판은 2.2vol%, 부탄은 1.9vol%, 프로필렌은 2.4vol%이다.)

17.05.문03

① 0.83
② 2.09
③ 5.05
④ 9.44

혼합가스의 폭발하한계

$$\frac{100}{L}=\frac{V_1}{L_1}+\frac{V_2}{L_2}+\frac{V_3}{L_3}$$

여기서, L : 혼합가스의 폭발하한계[vol%]
L_1, L_2, L_3 : 가연성 가스의 폭발하한계[vol%]
V_1, V_2, V_3 : 가연성 가스의 용량[vol%]

$$\frac{100}{L}=\frac{V_1}{L_1}+\frac{V_2}{L_2}+\frac{V_3}{L_3}$$

$$\frac{100}{L}=\frac{50}{2.2}+\frac{40}{1.9}+\frac{10}{2.4}$$

$$\frac{100}{\frac{50}{2.2}+\frac{40}{1.9}+\frac{10}{2.4}}=L$$

$$L=\frac{100}{\frac{50}{2.2}+\frac{40}{1.9}+\frac{10}{2.4}}≒2.09\%$$

• 단위가 원래는 [vol%] 또는 [v%], [vol.%]인데 줄여서 [%]로 쓰기도 한다.

답 ②

제 2 과목 소방유체역학

21 직경 20cm의 소화용 호스에 물이 392N/s 흐른다. 이때의 평균유속[m/s]은?

① 2.96 ② 4.34
③ 3.68 ④ 1.27

해설 (1) 기호

• D : 20cm=0.2m(100cm=1m)
• G : 392N/s
• V : ?

(2) **중량유량**(Weight flowrate)

$$G=AV\gamma=\left(\frac{\pi}{4}D^2\right)V\gamma$$

여기서, G : 중량유량[N/s]
A : 단면적[m²]
V : 유속[m/s]
γ : 비중량(물의 비중량 9800N/m³)
D : 직경[m]

유속 V는

$$V=\frac{G}{\left(\frac{\pi}{4}D^2\right)\gamma}=\frac{392N/s}{\frac{\pi}{4}\times(0.2m)^2\times9800N/m^3}≒1.27m/s$$

비교

질량유량 (mass flowrate)	유량(flowrate) =체적유량
$\overline{m}=AV\rho=\left(\frac{\pi D^2}{4}\right)V\rho$	$Q=AV$
여기서, $\overline{m}$: 질량유량[kg/s] A : 단면적[m²] V : 유속[m/s] ρ : 밀도(물의 밀도 1000kg/m³) D : 직경[m]	여기서, Q : 유량[m³/s] A : 단면적[m²] V : 유속[m/s]

답 ④

22 수은이 채워진 U자관에 수은보다 비중이 작은 어떤 액체를 넣었다. 액체기둥의 높이가 10cm, 수은과 액체의 자유 표면의 높이 차이가 6cm일 때 이 액체의 비중은? (단, 수은의 비중은 13.6이다.)

① 5.44 ② 8.16
③ 9.63 ④ 10.88

해설 (1) 기호

• h_2 : 10cm
• h_1 : 4cm
• s_2 : ?
• s_1 : 13.6

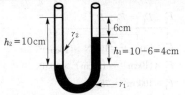

U자관

$$\gamma_1 h_1=\gamma_2 h_2$$
$$s_1 h_1=s_2 h_2$$

여기서, γ_1, γ_2 : 비중량[N/m³]
h_1, h_2 : 높이[m]
s_1, s_2 : 비중

액체의 비중 s_2는

$$s_2=\frac{s_1 h_1}{h_2}=\frac{13.6\times4cm}{10cm}≒5.44$$

• 수은의 비중 : 13.6

답 ①

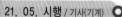

★★★ 23

19.09.문39
19.03.문30
17.09.문37
17.05.문26
05.03.문22

수압기에서 피스톤의 반지름이 각각 20cm와 10cm이다. 작은 피스톤에 19.6N의 힘을 가하는 경우 평형을 이루기 위해 큰 피스톤에는 몇 N의 하중을 가하여야 하는가?

① 4.9   ② 9.8

③ 68.4   ④ 78.4

해설

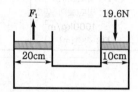

(1) 기호

- D_1 : 20cm
- D_2 : 10cm
- F_2 : 19.6N
- F_1 : ?

(2) 압력

$$P=\gamma h=\frac{F}{A}$$

여기서, P : 압력[N/cm²]
γ : 비중량[N/cm³]
h : 움직인 높이[cm]
F : 힘[N]
A : 단면적[cm²]

힘 $F=\gamma h A$ $=\gamma h\left(\frac{\pi D^2}{4}\right) \propto D^2$

$F_1 : D_1^2=F_2 : D_2^2$

$F_1 : (20cm)^2=19.6N : (10cm)^2$

$F_1 \times(10cm)^2=(20cm)^2 \times 19.6N$

$F_1 \times 100cm^2=7840N \cdot cm^2$

$F_1=\dfrac{7840N \cdot cm^2}{100cm^2}=78.4N$

답 ④

★ 24

18.04.문24
12.05.문25
(산업)

그림과 같이 중앙부분에 구멍이 뚫린 원판에 지름 D의 원형 물제트가 대기압 상태에서 V의 속도로 충돌하여 원판 뒤로 지름 $\dfrac{D}{2}$의 원형 물제트가 V의 속도로 흘러나가고 있을 때, 이 원판이 받는 힘을 구하는 계산식으로 옳은 것은? (단, ρ는 물의 밀도이다.)

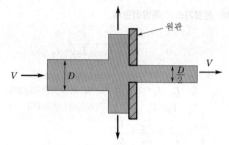

① $\dfrac{3}{16}\rho\pi V^2 D^2$ ② $\dfrac{3}{8}\rho\pi V^2 D^2$

③ $\dfrac{3}{4}\rho\pi V^2 D^2$ ④ $3\rho\pi V^2 D^2$

해설 (1) 유량

$$Q=AV=\left(\frac{\pi D^2}{4}\right)V$$

여기서, Q : 유량[m³/s]
A : 단면적[m²]
V : 유속[m/s]
D : 지름[m]

(2) 원판이 받는 힘

$$F=\rho QV$$

여기서, F : 원판이 받는 힘[N]
ρ : 밀도(물의 밀도 1000N · s²/m⁴)
Q : 유량[m³/s]
V : 유속[m/s]

원판이 받는 힘 F는

$F=\rho QV$

$=\rho(AV)V$

$=\rho AV^2$

$=\rho\left(\dfrac{\pi D^2}{4}\right)V^2=\dfrac{\rho\pi V^2 D^2}{4}$

∴ 변형식 $F=\dfrac{\rho\pi V^2\left(D^2-\left(\dfrac{D}{2}\right)^2\right)}{4}$

$=\dfrac{\rho\pi V^2\left(D^2-\dfrac{D^2}{4}\right)}{4}$

$=\dfrac{\rho\pi V^2\left(\dfrac{4D^2}{4}-\dfrac{D^2}{4}\right)}{4}$

$=\dfrac{\rho\pi V^2\left(\dfrac{3D^2}{4}\right)}{4}$

$=\rho\pi V^2\dfrac{3D^2}{16}$

$=\dfrac{3}{16}\rho\pi V^2 D^2$

답 ①

25

17.03.문35
04.03.문28

압력 0.1MPa, 온도 250℃ 상태인 물의 엔탈피가 2974.33kJ/kg이고, 비체적은 2.40604m³/kg이다. 이 상태에서 물의 내부에너지[kJ/kg]는 얼마인가?

① 2733.7   ② 2974.1

③ 3214.9   ④ 3582.7

해설 **(1) 기호**

- P : 0.1MPa=0.1×10³kPa(1MPa=10³kPa)
- H : 2974.33kJ/kg
- V : 2.40604m³/kg

(2) 엔탈피

$$H = U + PV$$

여기서, H : 엔탈피[kJ/kg]
　　　　 U : 내부에너지[kJ/kg]
　　　　 P : 압력[kPa]
　　　　 V : 비체적[m³/kg]

내부에너지 U는
$U = H - PV$
　 $= 2974.33$kJ/kg$- 0.1×10^3$kPa$×2.40604$m³/kg
　 $≒ 2733.7$kJ/kg

답 ①

 26

12.03.문37

300K의 저온 열원을 가지고 카르노 사이클로 작동하는 열기관의 효율이 70%가 되기 위해서 필요한 고온 열원의 온도[K]는?

① 800   ② 900

③ 1000   ④ 1100

해설 **(1) 기호**

- T_L : 300K
- η : 70%=0.7
- T_H : ?

(2) 카르노사이클(열효율)

$$\eta = 1 - \frac{T_L}{T_H} = 1 - \frac{Q_L}{Q_H}$$

여기서, η : 카르노사이클의 열효율
　　　　 T_L : 저온(273+℃)[K]
　　　　 T_H : 고온(273+℃)[K]
　　　　 Q_L : 저온열량[kJ]
　　　　 Q_H : 고온열량[kJ]

$\eta = 1 - \dfrac{T_L}{T_H}$

$\eta - 1 = -\dfrac{T_L}{T_H}$

$\dfrac{T_L}{T_H} = 1 - \eta$

$\dfrac{T_L}{1-\eta} = T_H$

$T_H = \dfrac{T_L}{1-\eta} = \dfrac{300}{1-0.7} = 1000$K

답 ③

 27

15.05.문37
97.10.문40

물이 들어 있는 탱크에 수면으로부터 20m 깊이에 지름 50mm의 오리피스가 있다. 이 오리피스에서 흘러나오는 유량[m³/min]은? (단, 탱크의 수면 높이는 일정하고 모든 손실은 무시한다.)

① 1.3   ② 2.3

③ 3.3   ④ 4.3

해설

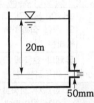

(1) 기호

- H : 20m
- D : 50mm=0.05m(1000mm=1m)
- Q : ?

(2) 유속

$$V = C_0 C_v \sqrt{2gH}$$

여기서, V : 유속[m/s]
　　　　 C_0 : 수축계수
　　　　 C_v : 속도계수
　　　　 g : 중력가속도(9.8m/s²)
　　　　 H : 깊이(높이)[m]

유속 V는
$V = C_0 C_v \sqrt{2gH}$
　 $= \sqrt{2×9.8\text{m/s}^2×20\text{m}} ≒ 19.799$m/s

- 수축계수·속도계수는 주어지지 않았으므로 무시

(3) 유량

$$Q = AV = \left(\frac{\pi}{4}D^2\right)V$$

여기서, Q : 유량[m³/s]
　　　　 A : 단면적[m²]
　　　　 V : 유속[m/s]
　　　　 D : 직경[m]

유량 Q는
$Q = \left(\dfrac{\pi}{4}D^2\right)V$

　 $= \dfrac{\pi}{4}×(0.05\text{m})^2×19.799\text{m/s} ≒ 0.038$m³/s

$0.038\text{m}^3/\text{s} = 0.038\text{m}^3 \left|\dfrac{1}{60}\right.\text{min} = (0.038×60)\text{m}^3/\text{min}$

　 $≒ 2.3$m³/min

• 1min=60s이고 1s=$\frac{1}{60}$min이므로

$$0.038m^3/s=0.038m^3\Big/\frac{1}{60}min$$

답 ②

★★★
28 다음 중 열전달 매질이 없이도 열이 전달되는 형태는?

18.03.문13
17.09.문35
17.05.문33
16.10.문40

① 전도
② 자연대류
③ 복사
④ 강제대류

해설 열전달의 종류

종류	설명	관련 법칙
전도 (conduction)	하나의 물체가 다른 물체와 직접 **접촉**하여 열이 이동하는 현상	**푸리에**(Fourier)의 법칙
대류 (convection)	**유체**의 흐름에 의하여 열이 이동하는 현상	**뉴턴**의 법칙
복사 (radiation)	① 화재시 화원과 **격리**된 인접 가연물에 불이 옮겨 붙는 현상 ② **열전달 매질이 없이 열이 전달되는 형태** ③ 열에너지가 **전자파**의 형태로 옮겨지는 현상으로, **가장 크게 작용**한다.	스테판-볼츠만의 법칙

 중요

공식

(1) 전도

$$Q=\frac{kA(T_2-T_1)}{l}$$

여기서, Q : 전도열[W]
k : 열전도율[W/m · K]
A : 단면적[m²]
(T_2-T_1) : 온도차[K]
l : 벽체 두께[m]

(2) 대류

$$Q=h(T_2-T_1)$$

여기서, Q : 대류열[W/m²]
h : 열전달률[W/m² · ℃]
(T_2-T_1) : 온도차[℃]

(3) 복사

$$Q=aAF(T_1^4-T_2^4)$$

여기서, Q : 복사열[W]
a : 스테판-볼츠만 상수[W/m² · K⁴]
A : 단면적[m²]
F : 기하학적 Factor
T_1 : 고온[K]
T_2 : 저온[K]

참고

대류의 종류

강제대류	자연대류
송풍기, **펌프** 또는 바람들의 외부 사단에 의해 표면 위의 유동이 **강제**적으로 생길 때의 대류	강제대류와 달리 유체의 **온도** 차이로 인한 **밀도** 차이에 의해 발생하는 부력이 유체의 유동을 생기게 할 때의 대류

답 ③

★★
29 양정 220m, 유량 0.025m³/s, 회전수 2900rpm인 4단 원심 펌프의 비교회전도(비속도)[m³/min, m, rpm]는 얼마인가?

13.03.문28

① 176
② 167
③ 45
④ 23

해설 **(1) 기호**

• H : 220m

• Q : $0.025m^3/s=0.025m^3\Big/\frac{1}{60}min$
  $=(0.025\times60)m^3/min$
  ($1min=60s$, $1s=\frac{1}{60}min$)

• N : 2900rpm

• n : 4

• N_s : ?

(2) 비교회전도(비속도)

$$N_s=N\frac{\sqrt{Q}}{\left(\dfrac{H}{n}\right)^{\frac{3}{4}}}$$

여기서, N_s : 펌프의 비교회전도(비속도)
[m³/min · m/rpm]
N : 회전수[rpm]
Q : 유량[m³/min]
H : 양정[m]
n : 단수

펌프의 비교회전도 N_s는

$$N_s=N\frac{\sqrt{Q}}{\left(\dfrac{H}{n}\right)^{\frac{3}{4}}}$$

$$=2900rpm\times\frac{\sqrt{(0.025\times60)m^3/min}}{\left(\dfrac{220m}{4}\right)^{\frac{3}{4}}}$$

$$=175.8≒176$$

• rpm(revolution per minute) : 분당 회전속도

용어

비속도
펌프의 성능을 나타내거나 가장 적합한 **회전수**를 결정하는 데 이용되며, **회전자**의 **형상**을 나타내는 척도가 된다.

답 ①

★★★
30 동력(power)의 차원을 MLT(질량 M, 길이 L, 시간 T)계로 바르게 나타낸 것은?

19.04.문40
17.05.문40
16.05.문25
12.03.문25
10.03.문37

① MLT^{-1}
② M^2LT^{-2}
③ ML^2T^{-3}
④ MLT^{-2}

해설 **단위와 차원**

차 원	중력단위 [차원]	절대단위 [차원]
부력(힘)	N [F]	$kg \cdot m/s^2$ $[MLT^{-2}]$
일 (에너지·열량)	$N \cdot m$ [FL]	$kg \cdot m^2/s^2$ $[ML^2T^{-2}]$
동력(일률)	$N \cdot m/s$ $[FLT^{-1}]$ →	$kg \cdot m^2/s^3$ $[ML^2T^{-3}]$
표면장력	N/m $[FL^{-1}]$	kg/s^2 $[MT^{-2}]$

중요

차 원	중력단위[차원]	절대단위[차원]
길이	m[L]	m[L]
시간	s[T]	s[T]
운동량	$N \cdot s[FT]$	$kg \cdot m/s[MLT^{-1}]$
속도	$m/s[LT^{-1}]$	$m/s[LT^{-1}]$
가속도	$m/s^2[LT^{-2}]$	$m/s^2[LT^{-2}]$
질량	$N \cdot s^2/m[FL^{-1}T^2]$	kg[M]
압력	$N/m^2[FL^{-2}]$	$kg/m \cdot s^2[ML^{-1}T^{-2}]$
밀도	$N \cdot s^2/m^4[FL^{-4}T^2]$	$kg/m^3[ML^{-3}]$
비중	무차원	무차원
비중량	$N/m^3[FL^{-3}]$	$kg/m^2 \cdot s^2[ML^{-2}T^{-2}]$
비체적	$m^4/N \cdot s^2[F^{-1}L^4T^{-2}]$	$m^3/kg[M^{-1}L^3]$
점성계수	$N \cdot s/m^2[FL^{-2}T]$	$kg/m \cdot s[ML^{-1}T^{-1}]$
동점성계수	$m^2/s[L^2T^{-1}]$	$m^2/s[L^2T^{-1}]$

답 ③

★★★
31 직사각형 단면의 덕트에서 가로와 세로가 각각 a 및 $1.5a$이고, 길이가 L이며, 이 안에서 공기가 V의 평균속도로 흐르고 있다. 이때 손실수두를 구하는 식으로 옳은 것은? (단, f는 이 수력지름에 기초한 마찰계수이고, g는 중력가속도를 의미한다.)

17.09.문28
17.05.문22
17.03.문36
16.10.문37
14.03.문24
08.05.문33
06.09.문31

① $f \dfrac{L}{a} \dfrac{V^2}{2.4g}$
② $f \dfrac{L}{a} \dfrac{V^2}{2g}$
③ $f \dfrac{L}{a} \dfrac{V^2}{1.4g}$
④ $f \dfrac{L}{a} \dfrac{V^2}{g}$

해설 **(1) 기호**

- $A : a \times 1.5a$

- $L : a+a+1.5a+1.5a$
- $H : ?$

(2) 수력반경(hydraulic radius)

$$R_h = \frac{A}{L} \quad \cdots\cdots ㉠$$

여기서, R_h : 수력반경[m]
　A : 단면적[m^2]
　L : 접수길이(단면둘레의 길이)[m]

(3) 수력직경(수력지름)

$$D_h = 4R_h \quad \cdots\cdots ㉡$$

여기서, D_h : 수력직경[m]
　R_h : 수력반경[m]

㉠식을 ㉡식에 대입하면

$$D_h = 4R_h = \frac{4A}{L}$$

수력반경 $R_h = \dfrac{A}{L}$ 에서

A=(가로×세로)=$a \times 1.5a$
$L = a+a+1.5a+1.5a$

수력직경 D_h 는

$$D_h = 4R_h = \frac{4A}{L} = \frac{4 \times (a \times 1.5a)}{a+a+1.5a+1.5a}$$

$$= \frac{6a^2}{2a+3a} = \frac{6a^2}{5a} = 1.2a$$

(4) 손실수두

$$H = \frac{fLV^2}{2gD} = \frac{fLV^2}{2gD_h}$$

여기서, H : 손실수두(마찰손실)[m]
$\quad\quad f$: 관마찰계수
$\quad\quad L$: 길이[m]
$\quad\quad V$: 유속[m/s]
$\quad\quad g$: 중력가속도(9.8m/s²)
$\quad\quad D(D_h)$: 내경(수력직경)[m]

위에서 $D_h = 1.2a$이므로

$$H = \frac{fLV^2}{2gD_h} = \frac{fLV^2}{2g(1.2a)} = \frac{fLV^2}{a2.4g} = f\frac{L}{a}\frac{V^2}{2.4g}$$

답 ①

⭐⭐⭐ 32 무차원수 중 레이놀즈수(Reynolds number)의 물리적인 의미는?

20.09.문39
18.03.문22
14.05.문35
12.03.문28
07.09.문30
06.09.문26
06.05.문37
03.05.문25

① $\dfrac{관성력}{중력}$

② $\dfrac{관성력}{탄성력}$

③ $\dfrac{관성력}{점성력}$

④ $\dfrac{관성력}{음속}$

해설 레이놀즈수

원관 내에 유체가 흐를 때 유동의 특성을 결정하는 가장 중요한 요소

‖요소의 물리적 의미‖

명칭	물리적 의미	비고
레이놀즈 (Reynolds)수	$\dfrac{관성력}{점성력}$	–
프루드 (Froude)수	$\dfrac{관성력}{중력}$	–
마하 (Mach)수	$\dfrac{관성력}{압축력}$	$\dfrac{V}{C}$ 여기서, V : 유속[m/s] C : 음속[m/s]
코우시스 (Cauchy)수	$\dfrac{관성력}{탄성력}$	$\dfrac{\rho V^2}{k}$ 여기서, ρ : 밀도[N·s²/m⁴] k : 탄성계수[Pa] 또는 [N/m²] V : 유속[m/s]
웨버 (Weber)수	$\dfrac{관성력}{표면장력}$	–
오일러 (Euler)수	$\dfrac{압축력}{관성력}$	–

기억법 레관점

답 ③

⭐⭐⭐ 33 동일한 노즐구경을 갖는 소방차에서 방수압력이 1.5배가 되면 방수량은 몇 배로 되는가?

19.04.문33
17.09.문33
14.03.문23
12.09.문36

① 1.22배   ② 1.41배

③ 1.52배   ④ 2.25배

해설 (1) 기호

• P_2 : $1.5P_1$
• Q_2 : ?

(2) 방수량

$$Q = 0.653D^2\sqrt{10P} \propto \sqrt{P}$$

여기서, Q : 방수량[L/min]
$\quad\quad D$: 구경[mm]
$\quad\quad P$: 방수압(계기압력)[MPa]

$Q_1 : Q_2 = \sqrt{P_1} : \sqrt{P_2}$

$Q_1 : xQ_1 = \sqrt{P_1} : \sqrt{1.5P_1}$

$xQ_1\sqrt{P_1} = Q_1 \times \sqrt{1.5P_1}$

$x = \dfrac{Q_1 \times \sqrt{1.5P_1}}{Q_1\sqrt{P_1}} = 1.22배$

답 ①

⭐⭐⭐ 34 전양정 80m, 토출량 500L/min인 물을 사용하는 소화펌프가 있다. 펌프효율 65%, 전달계수(K) 1.1인 경우 필요한 전동기의 최소동력 [kW]은?

19.09.문26
17.09.문38
17.03.문30
15.09.문30
13.06.문38

① 9   ② 11

③ 13   ④ 15

해설 (1) 기호

• H : 80m
• Q : 500L/min = 0.5m³/min(1000L = 1m³)
• η : 65% = 0.65
• K : 1.1

(2) 소요동력

$$P = \frac{0.163QH}{\eta}K$$

여기서, P : 전동력(소요동력)[kW]
$\quad\quad Q$: 유량[m³/min]
$\quad\quad H$: 전양정[m]
$\quad\quad K$: 전달계수
$\quad\quad \eta$: 효율

소요동력 P는

$P = \dfrac{0.163QH}{\eta}K$

$= \dfrac{0.163 \times 0.5\text{m}^3/\text{min} \times 80\text{m}}{0.65} \times 1.1$

$≒ 11\text{kW}$

답 ②

★★★

35

17.05.문39
16.10.문37
15.05.문36
11.10.문27

안지름 10cm인 수평 원관의 층류유동으로 4km 떨어진 곳에 원유(점성계수 0.02N·s/m², 비중 0.86)를 0.10m³/min의 유량으로 수송하려 할 때 펌프에 필요한 동력[W]은? (단, 펌프의 효율은 100%로 가정한다.)

① 76   ② 91
③ 10900   ④ 9100

해설 (1) 기호

- $D = 10\text{cm} = 0.1\text{m}$ (100cm=1m)
- $l = 4\text{km} = 4000\text{m}$ (1km=1000m)
- $\mu = 0.02\text{N} \cdot \text{s/m}^2 = 0.02\text{kg/m} \cdot \text{s}$
  $(1\text{N} \cdot \text{s/m}^2 = 1\text{kg/m} \cdot \text{s})$
- $Q = 0.1\text{m}^3/\text{min} = 0.1\text{m}^3/60\text{s}$
  $= 1.666 \times 10^{-3}\,\text{m}^3/\text{s}$
- $\eta = 100\% = 1$
- $P : ?$
- $s = 0.86$

(2) 유량

$$Q = AV = \left(\frac{\pi D^2}{4}\right)V$$

여기서, Q : 유량[m³/s]
  A : 단면적[m²]
  V : 유속[m/s]
  D : 지름[m]

유속 V는

$$V = \frac{Q}{\frac{\pi D^2}{4}} = \frac{(1.666 \times 10^{-3})\text{m}^3/\text{s}}{\frac{\pi \times (0.1\text{m})^2}{4}} \fallingdotseq 0.212\text{m/s}$$

(3) 비중

$$s = \frac{\rho}{\rho_w} = \frac{\gamma}{\gamma_w}$$

여기서, s : 비중
  ρ : 어떤 물질의 밀도[kg/m³]
  ρ_w : 물의 밀도(1000kg/m³)
  γ : 어떤 물질의 비중량[N/m³]
  γ_w : 물의 비중량(9800N/m³)

원유의 밀도 ρ는

$\rho = s \cdot \rho_w$
  $= 0.86 \times 1000\text{kg/m}^3 = 860\text{kg/m}^3$

원유의 비중량 γ는

$\gamma = s \cdot \gamma_w$
  $= 0.86 \times 9800\text{N/m}^3 = 8428\text{N/m}^3$

(4) 레이놀즈수

$$Re = \frac{DV\rho}{\mu} = \frac{DV}{\nu}$$

여기서, Re : 레이놀즈수
  D : 내경[m]
  V : 유속[m/s]
  ρ : 밀도[kg/m³]
  μ : 점도[kg/m·s] = [N·s/m²]
  ν : 동점성계수$\left(\frac{\mu}{\rho}\right)$[m²/s]

레이놀즈수 Re는

$Re = \frac{DV\rho}{\mu}$

$= \frac{0.1\text{m} \times 0.212\text{m/s} \times 860\text{kg/m}^3}{0.02\text{kg/m} \cdot \text{s}} = 911.6$

(5) 관마찰계수

$$f = \frac{64}{Re}$$

여기서, f : 관마찰계수
  Re : 레이놀즈수

관마찰계수 f는

$f = \frac{64}{Re} = \frac{64}{911.6} \fallingdotseq 0.07$

(6) 마찰손실
달시-웨버의 식(Darcy-Weisbach formula) : 층류

$$H = \frac{\Delta p}{\gamma} = \frac{flV^2}{2gD}$$

여기서, H : 마찰손실(수두)[m]
  Δp : 압력차([kPa] 또는 [kN/m²])
  γ : 비중량(물의 비중량 9800N/m³)
  f : 관마찰계수
  l : 길이[m]
  V : 유속(속도)[m/s]
  g : 중력가속도(9.8m/s²)
  D : 내경[m]

마찰손실 H는

$H = \frac{flV^2}{2gD} = \frac{0.07 \times 4000\text{m} \times (0.212\text{m/s})^2}{2 \times 9.8\text{m/s}^2 \times 0.1\text{m}} \fallingdotseq 6.42\text{m}$

(7) 전동력(전동기의 용량)

$$P = \frac{\gamma QH}{1000\eta}K$$

여기서, P : 전동력[kW]
  γ : 비중량(물의 비중량 9800N/m³)
  Q : 유량[m³/s]
  H : 전양정[m]
  K : 전달계수
  η : 효율

전동기의 용량 P는

$P = \frac{\gamma QH}{1000\eta}K$

$= \frac{8428\text{N/m}^3 \times (1.666 \times 10^{-3})\text{m}^3/\text{s} \times 6.42\text{m}}{1000 \times 1}$

$\fallingdotseq 0.09\text{kW}$

$= 90\text{W}(\therefore$ 소수점 등을 고려하면 91W 정답)

- K : 주어지지 않았으므로 무시
- γ : 원유의 비중량 8428N/m³(물의 비중량이 아님을 주의!)

답 ②

36 유속 6m/s로 정상류의 물이 화살표 방향으로 흐르는 배관에 압력계와 피토계가 설치되어 있다. 이때 압력계의 계기압력이 300kPa이었다면 피토계의 계기압력은 약 몇 kPa인가?

18.03.문21
13.09.문39
11.10.문40

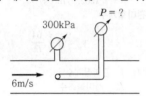

① 180
② 280
③ 318
④ 336

해설 **(1) 기호**

- V : 6m/s
- P_o : 300kPa
- P : ?

(2) 속도수두

$$H = \frac{V^2}{2g}$$

여기서, H : 속도수두[m]
V : 유속[m/s]
g : 중력가속도(9.8m/s²)

속도수두 H는

$$H = \frac{V^2}{2g} = \frac{(6\text{m/s})^2}{2 \times 9.8\text{m/s}^2} \fallingdotseq 1.836\text{m}$$

(3) 피토계 계기압력

$$P = P_o + \gamma H$$

여기서, P : 피토계 계기압력[kPa]
P_o : 압력계 계기압력[kPa]
γ : 비중량(물의 비중량 9.8kN/m³)
H : 수두(속도수두)[m]

피토계 계기압력 P는

$P = P_o + \gamma H = 300\text{kPa} + 9.8\text{kN/m}^3 \times 1.836\text{m}$
$= 300\text{kPa} + 17.99\text{kN/m}^2$
$= 300\text{kPa} + 17.99\text{kPa}(1\text{kN/m}^2 = 1\text{kPa})$
$\fallingdotseq 318\text{kPa}$

답 ③

37 유체의 압축률에 관한 설명으로 올바른 것은?

13.03.문32
① 압축률 = 밀도 × 체적탄성계수
② 압축률 = $\dfrac{1}{\text{체적탄성계수}}$
③ 압축률 = $\dfrac{\text{밀도}}{\text{체적탄성계수}}$
④ 압축률 = $\dfrac{\text{체적탄성계수}}{\text{밀도}}$

해설 **압축률**

$$\beta = \frac{1}{K}$$

여기서, β : 압축률[1/kPa]
K : 체적탄성계수[kPa]

중요

압축률
(1) 체적탄성계수의 역수
(2) 단위압력변화에 대한 체적의 변형도
(3) 압축률이 적은 것은 압축하기 어렵다.

답 ②

38 질량이 5kg인 공기(이상기체)가 온도 333K로 일정하게 유지되면서 체적이 10배가 되었다. 이 계(system)가 한 일[kJ]은? (단, 공기의 기체상수는 287J/kg · K이다.)

① 220
② 478
③ 1100
④ 4779

해설 **(1) 기호**

- m : 5kg
- T : 333K
- V_2 : $10V_1$
- $_1W_2$: ?
- R : 287J/kg · K = 0.287kJ/kg · K(1000J = 1kJ)

(2) 등온과정 : 문제에서 **온도**가 **일정**하게 유지되므로 **절대일**(압축일)

$$_1W_2 = P_1 V_1 \ln \frac{V_2}{V_1}$$
$$= mRT \ln \frac{V_2}{V_1}$$
$$= mRT \ln \frac{P_1}{P_2}$$
$$= P_1 V_1 \ln \frac{P_1}{P_2}$$

여기서, $_1W_2$: 절대일[kJ]
P_1, P_2 : 변화 전후의 압력[kJ/m³]
V_1, V_2 : 변화 전후의 체적[m³]
m : 질량[kg]
R : 기체상수[kJ/kg · K]
T : 절대온도(273 + ℃)[K]

절대일 $_1W_2$는

$$_1W_2 = mRT\ln\frac{V_2}{V_1}$$
$$= mRT\ln\frac{10V_1}{V_1}$$
$$= 5\text{kg}\times0.287\text{kJ/kg}\cdot\text{K}\times333\text{K}\times\ln10$$
$$= 1100\text{kJ}$$

답 ③

39
[18.04.문38]
[15.09.문34]
무한한 두 평판 사이에 유체가 채워져 있고 한 평판은 정지해 있고 또 다른 평판은 일정한 속도로 움직이는 Couette 유동을 하고 있다. 유체 A만 채워져 있을 때 평판을 움직이기 위한 단위면적당 힘을 τ_1이라 하고 같은 평판 사이에 점성이 다른 유체 B만 채워져 있을 때 필요한 힘을 τ_2라 하면 유체 A와 B가 반반씩 위아래로 채워져 있을 때 평판을 같은 속도로 움직이기 위한 단위면적당 힘에 대한 표현으로 옳은 것은?

① $\dfrac{\tau_1+\tau_2}{2}$
② $\sqrt{\tau_1\tau_2}$
③ $\dfrac{2\tau_1\tau_2}{\tau_1+\tau_2}$
④ $\tau_1+\tau_2$

해설 **단위면적당 힘**

$$\tau = \frac{2\tau_1\tau_2}{\tau_1+\tau_2}$$

여기서, τ : 단위면적당 힘[N]
　　　τ_1 : 평판을 움직이기 위한 단위면적당 힘[N]
　　　τ_2 : 평판 사이에 다른 유체만 채워져 있을 때 필요한 힘[N]

답 ③

40
[17.09.문39]
[17.03.문31]
[15.05.문40]
[14.09.문36]
2m 깊이로 물이 차있는 물탱크 바닥에 한 변이 20cm인 정사각형 모양의 관측창이 설치되어 있다. 관측창이 물로 인하여 받는 순 힘(net force)은 몇 N인가? (단, 관측창 밖의 압력은 대기압이다.)

① 784
② 392
③ 196
④ 98

해설
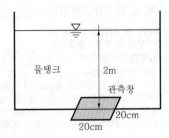

(1) 기호
- h : 2m
- A : 20cm×20cm=0.2m×0.2m=0.04m² (100cm=1m)
- F : ?

(2) 정수력

$$F = \gamma h A$$

여기서, F : 정수력[N]
　　　γ : 비중량(물의 비중량 9800N/m³)
　　　h : 표면에서 수문 중심까지의 수직거리[m]
　　　A : 수문의 단면적[m²]

정수력 F는
$F = \gamma h A = 9800\text{N/m}^3\times2\text{m}\times0.04\text{m}^2 ≒ 784\text{N}$

답 ①

제3과목 　소방관계법규

41
[14.05.문48]
[10.03.문60]
소방기본법의 정의상 소방대상물의 관계인이 아닌 자는?

① 감리자
② 관리자
③ 점유자
④ 소유자

해설 **기본법 2조**
관계인
(1) **소**유자 보기④
(2) **관**리자 보기②
(3) **점**유자 보기③

기억법 소관점

답 ①

42
[17.09.문45]
화재의 예방 및 안전관리에 관한 법령상 화재의 예방상 위험하다고 인정되는 행위를 하는 사람에게 행위의 금지 또는 제한명령을 할 수 있는 사람은?

① 소방본부장
② 시·도지사
③ 의용소방대원
④ 소방대상물의 관리자

해설 **소방청장·소방본부장·소방서장** : 소방관서장
(1) **화재의 예방조치**(화재예방법 17조) 보기①
(2) 옮긴 물건 등의 보관
(3) 화재예방강화지구의 화재안전조사·소방훈련 및 교육 (화재예방법 18조)
(4) 화재위험경보발령(화재예방법 20조)

답 ①

43

18.03.문53
08.09.문51

위험물안전관리법령상 위험물제조소에서 취급하는 위험물의 최대수량이 지정수량의 10배 이하인 경우 공지의 너비기준은?

① 2m 이하   ② 2m 이상
③ 3m 이하   ④ 3m 이상

해설 위험물규칙〔별표 4〕
위험물제조소의 보유공지

지정수량의 10배 이하	지정수량의 10배 초과
3m 이상	5m 이상

비교

보유공지
(1) 옥외탱크저장소의 보유공지(위험물규칙〔별표 6〕)

위험물의 최대수량	공지의 너비
지정수량의 500배 이하	3m 이상
지정수량의 501~1000배 이하	5m 이상
지정수량의 1001~2000배 이하	9m 이상
지정수량의 2001~3000배 이하	12m 이상
지정수량의 3001~4000배 이하	15m 이상
지정수량의 4000배 초과	당해 탱크의 수평단면의 **최대지름**(가로형인 경우에는 긴 변)과 **높이** 중 **큰 것**과 같은 거리 이상(단, 30m 초과의 경우에는 **30m 이상**으로 할 수 있고, 15m 미만의 경우에는 **15m 이상**)

(2) 옥내저장소의 보유공지(위험물규칙〔별표 5〕)

위험물의 최대수량	공지의 너비	
	내화구조	기타구조
지정수량의 5배 이하	–	0.5m 이상
지정수량의 5배 초과 10배 이하	1m 이상	1.5m 이상
지정수량의 10배 초과 20배 이하	2m 이상	3m 이상
지정수량의 20배 초과 50배 이하	3m 이상	5m 이상
지정수량의 50배 초과 200배 이하	5m 이상	10m 이상
지정수량의 200배 초과	10m 이상	15m 이상

(3) 옥외저장소의 보유공지(위험물규칙〔별표 11〕)

위험물의 최대수량	공지의 너비
지정수량의 10배 이하	3m 이상
지정수량의 11~20배 이하	5m 이상
지정수량의 21~50배 이하	9m 이상
지정수량의 51~200배 이하	12m 이상
지정수량의 200배 초과	15m 이상

답 ④

44

17.05.문52
11.10.문56

위험물안전관리법령상 제조소 또는 일반취급소에서 취급하는 제4류 위험물의 최대수량의 합이 지정수량의 48만배 이상인 사업소의 자체소방대에 두는 화학소방자동차 및 인원기준으로 다음 ( ) 안에 알맞은 것은?

화학소방자동차	자체소방대원의 수
(㉠)	(㉡)

① ㉠ 1대, ㉡ 5인   ② ㉠ 2대, ㉡ 10인
③ ㉠ 3대, ㉡ 15인   ④ ㉠ 4대, ㉡ 20인

해설 위험물령〔별표 8〕
자체소방대에 두는 화학소방자동차 및 인원

구 분	화학소방자동차	자체소방대원의 수
지정수량 **3천~12만배** 미만	1대	5인
지정수량 **12~24만배** 미만	2대	10인
지정수량 **24~48만배** 미만	3대	15인
지정수량 **48만배** 이상 →	4대	20인
옥외탱크저장소에 저장하는 제4류 위험물의 최대수량이 지정수량의 **50만배** 이상	2대	10인

답 ④

45

19.03.문55
18.03.문60
14.05.문46
14.03.문46
13.03.문60

화재의 예방 및 안전관리에 관한 법령상 특수가연물의 저장 및 취급기준이 아닌 것은? (단, 석탄 · 목탄류를 발전용으로 저장하는 경우는 제외)

① 품명별로 구분하여 쌓는다.
② 쌓는 높이는 20m 이하가 되도록 한다.
③ 쌓는 부분의 바닥면적 사이는 실내의 경우 1.2m 또는 쌓는 높이의 $\frac{1}{2}$ 중 큰 값 이상이 되도록 한다.
④ 특수가연물을 저장 또는 취급하는 장소에는 품명, 최대저장수량, 단위부피당 질량 또는 단위체적당 질량, 관리책임자 성명 · 직책 · 연락처 및 화기취급의 금지표지를 설치해야 한다.

해설 화재예방법 시행령〔별표 3〕
특수가연물의 저장 · 취급기준

(1) **품명별**로 구분하여 쌓을 것 〔보기 ①〕
(2) 쌓는 높이는 **10m** 이하가 되도록 할 것 〔보기 ②〕
(3) 쌓는 부분의 바닥면적은 **50m²**(석탄 · 목탄류는 **200m²**) 이하가 되도록 할 것(단, 살수설비를 설치하거나 대형수동식 소화기를 설치하는 경우에는 높이 **15m** 이하, 바닥면적 **200m²**(석탄 · 목탄류는 **300m²**) 이하)

(4) 쌓는 부분의 바닥면적 사이는 실내의 경우 **1.2m** 또는 **쌓는 높이의 $\frac{1}{2}$ 중 큰 값**(실외 **3m** 또는 **쌓는 높이 중 큰 값**) 이상으로 간격을 둘 것 보기 ③

실내 : 1.2m 또는 쌓는 높이의 $\frac{1}{2}$ 중 큰 값
실외 : 3m 또는 쌓는 높이 중 큰 값

(살수·설비 대형
수동식 소화기 15m) 이하

10m

50m² (석탄·목탄류 200m²) 이하

∎ 살수·설비 대형 수동식 소화기 200m²
(석탄·목탄류 300m²) 이하

(5) 취급장소에는 **품명, 최대저장수량, 단위부피당 질량** 또는 **단위체적당 질량, 관리책임자 성명·직책·연락처** 및 **화기취급의 금지표지** 설치 보기 ④

② 20m 이하 → 10m 이하

답 ②

⭐ **46** 소방시설 설치 및 관리에 관한 법령상 소화설비를 구성하는 제품 또는 기기에 해당하지 않는 것은?

15.03.문49
14.09.문42

① 가스누설경보기　　② 소방호스
③ 스프링클러헤드　　④ 분말자동소화장치

해설 **소방시설법 시행령 [별표 3]**
소방용품

구 분	설 명
소화설비를 구성하는 제품 또는 기기	• 소화기구(소화약제 외의 것을 이용한 간이소화용구 제외) 보기 ④ • 소화전 • 자동소화장치 • 관창(菅槍) • 소방호스 보기 ② • 스프링클러헤드 보기 ③ • 기동용 수압개폐장치 • 유수제어밸브 • 가스관선택밸브
경보설비를 구성하는 제품 또는 기기	• 누전경보기 • 가스누설경보기 • 발신기 • 수신기 • 중계기 • 감지기 및 음향장치(경종만 해당)
피난구조설비를 구성하는 제품 또는 기기	• 피난사다리 • 구조대 • 완강기(간이완강기 및 지지대 포함) • 공기호흡기(충전기 포함) • 유도등 • 예비전원이 내장된 비상조명등
소화용으로 사용하는 제품 또는 기기	• 소화약제 • 방염제

① 가스누설경보기는 소화설비가 아니고 **경보설비**

답 ①

---

47 소방기본법령상 출동한 소방대원에게 폭행 또는 협박을 행사하여 화재진압·인명구조 또는 구급활동을 방해한 사람에 대한 벌칙기준은?

18.09.문42
17.03.문49
16.05.문57
15.09.문43
15.05.문58
11.10.문51
10.09.문54

① 500만원 이하의 과태료
② 1년 이하의 징역 또는 1000만원 이하의 벌금
③ 3년 이하의 징역 또는 3000만원 이하의 벌금
④ 5년 이하의 징역 또는 5000만원 이하의 벌금

해설 **기본법 50조**
5년 이하의 징역 또는 5000만원 이하의 벌금
(1) 소방자동차의 **출동** 방해
(2) **사람구출** 방해
(3) **소방용수시설** 또는 **비상소화장치**의 효용 방해
(4) 출동한 소방대의 화재진압·인명구조 또는 구급활동 **방해**
(5) 소방대의 현장출동 **방해**
(6) 출동한 소방대원에게 **폭행·협박** 행사 보기 ④

답 ④

---

48 소방시설 설치 및 관리에 관한 법령상 건축허가 등의 동의대상물의 범위로 틀린 것은?

14.05.문51
13.09.문53

① 항공기 격납고
② 방송용 송·수신탑
③ 연면적이 400제곱미터 이상인 건축물
④ 지하층 또는 무창층이 있는 건축물로서 바닥면적이 50제곱미터 이상인 층이 있는 것

해설
④ 50제곱미터 → 150제곱미터

소방시설법 시행령 7조
건축허가 등의 동의대상물
(1) 연면적 **400m²**(학교시설 : 100m², 수련시설·노유자시설 : 200m², 정신의료기관·장애인의료재활시설 : 300m²) 이상 보기 ③
(2) **6층** 이상인 건축물
(3) 차고·주차장으로서 바닥면적 **200m²** 이상(**자**동차 **20대** 이상)
(4) **항공기 격납고, 관망탑, 항공관제탑, 방송용 송수신탑** 보기 ①②
(5) 지하층 또는 무창층의 바닥면적 **150m²**(공연장은 100m²) 이상 보기 ④
(6) **위험물저장** 및 **처리시설, 지하구**
(7) **결핵환자**나 **한센인이** 24시간 생활하는 **노유자시설**
(8) 전기저장시설, 풍력발전소
(9) 노인주거복지시설·노인의료복지시설 및 재가노인복지시설·학대피해노인 전용쉼터·아동복지시설·장애인거주시설
(10) 정신질환자 관련시설(공동생활가정을 제외한 재활훈련시설과 종합시설 중 24시간 주거를 제공하지 않는 시설 제외)
(11) 조산원, 산후조리원, 의원(입원실이 있는 것)
(12) 노숙인자활시설, 노숙인재활시설 및 노숙인요양시설
(13) 요양병원(의료재활시설 제외)
(14) 공장 또는 창고시설로서 지정수량의 **750배** 이상의 특수가연물을 저장·취급하는 것

(15) 가스시설로서 지상에 노출된 탱크의 저장용량의 합계가 100t 이상인 것

기억법 2자(이자)

답 ④

★★★
49 소방시설공사업법령에 따른 완공검사를 위한 현장확인 대상 특정소방대상물의 범위기준으로 틀린 것은?

18.03.문51
17.03.문43
15.03.문59
14.05.문54

① 연면적 1만제곱미터 이상이거나 11층 이상인 특정소방대상물(아파트는 제외)
② 가연성 가스를 제조 · 저장 또는 취급하는 시설 중 지상에 노출된 가연성 가스탱크의 저장용량 합계가 1천톤 이상인 시설
③ 호스릴방식의 소화설비가 설치되는 특정소방대상물
④ 문화 및 집회시설, 종교시설, 판매시설, 노유자시설, 수련시설, 운동시설, 숙박시설, 창고시설, 지하상가

해설
③ 호스릴방식 제외

공사업령 5조
완공검사를 위한 현장확인 대상 특정소방대상물의 범위
(1) **문**화 및 집회시설, **종**교시설, **판**매시설, **노**유자시설, **수**련시설, **운**동시설, **숙**박시설, **창**고시설, 지하**상**가 및 다중이용업소 보기 ④
(2) 다음의 어느 하나에 해당하는 설비가 설치되는 특정소방대상물
  ㉠ 스프링클러설비 등
  ㉡ 물분무등소화설비(호스릴방식의 소화설비 제외) 보기 ③
(3) 연면적 10000m² 이상이거나 11층 이상인 특정소방대상물(아파트 제외) 보기 ①
(4) 가연성 가스를 제조 · 저장 또는 취급하는 시설 중 지상에 노출된 가연성 가스탱크의 저장용량 합계가 1000t 이상인 시설 보기 ②

기억법 문종판 노수운 숙창상현

답 ③

★★★
50 소방시설 설치 및 관리에 관한 법령상 스프링클러설비를 설치하여야 할 특정소방대상물에 다음 중 어떤 소방시설을 화재안전기준에 적합하게 설치할 때 면제받을 수 없는 소화설비는?

17.09.문48
14.09.문78
14.03.문53

① 포소화설비
② 물분무소화설비
③ 간이스프링클러설비
④ 이산화탄소 소화설비

해설 **소방시설법 시행령〔별표 5〕**
소방시설 면제기준

면제대상	대체설비
스프링클러설비	• 물분무등소화설비
물분무등소화설비	• 스프링클러설비 ←
간이스프링클러설비	• 스프링클러설비 • **물분무소화설비** • **미분무소화설비**
비상**경**보설비 또는 **단**독경보형 감지기	• **자동화재탐지설비** 기억법 탐경단
비상**경**보설비	• 2개 이상 **단**독경보형 감지기 연동 기억법 경단2
비상방송설비	• 자동화재탐지설비 • 비상경보설비
연결살수설비	• 스프링클러설비 • 간이스프링클러설비 • 물분무소화설비 • 미분무소화설비
제연설비	• **공기조화설비**
연소방지설비	• 스프링클러설비 • 물분무소화설비 • 미분무소화설비
연결송수관설비	• 옥내소화전설비 • 스프링클러설비 • 간이스프링클러설비 • 연결살수설비
자동화재탐지설비	• 자동화재탐지설비의 기능을 가진 스프링클러설비 • 물분무등소화설비
옥내소화전설비	• 옥외소화전설비 • 미분무소화설비(호스릴방식)

🔊 중요

물분무등소화설비
(1) **분**말소화설비
(2) **포**소화설비 보기 ①
(3) **할**론소화설비
(4) **이**산화탄소 소화설비 보기 ④
(5) **할**로겐화합물 및 불활성기체 소화설비
(6) **강**화액소화설비
(7) **미**분무소화설비
(8) 물분무등소화설비 보기 ②
(9) **고**체에어로졸 소화설비

기억법 분포할이 할강미고

답 ③

51

17.03.문48
14.09.문41
12.03.문53

소방시설 설치 및 관리에 관한 법령상 대통령령 또는 화재안전기준이 변경되어 그 기준이 강화되는 경우 기존 특정소방대상물의 소방시설 중 강화된 기준을 설치장소와 관계없이 항상 적용하여야 하는 것은? (단, 건축물의 신축·개축·재축·이전 및 대수선 중인 특정소방대상물을 포함한다.)

① 제연설비
② 비상경보설비
③ 옥내소화전설비
④ 화재조기진압용 스프링클러설비

해설 소방시설법 13조
변경**강**화기준 적용설비
(1) 소화기구
(2) **비**상**경**보설비 보기②
(3) 자동화재탐지설비
(3) **자**동화재**속**보설비
(4) **피**난구조설비
(5) 소방시설(공동구 설치용, 전력 및 통신사업용 지하구)
(6) **노**유자시설
(7) **의**료시설

기억법 **강비경 자속피노**

중요

소방시설법 시행령 13조
변경강화기준 적용설비

공동구, 전력 및 통신사업용 지하구	노유자시설에 설치하여야 하는 소방시설	의료시설에 설치하여야 하는 소방시설
• 소화기 • 자동소화장치 • 자동화재탐지설비 • 통합감시시설 • 유도등 및 연소방지설비	• 간이스프링클러설비 • 자동화재탐지설비 • 단독경보형 감지기	• 간이스프링클러설비 • 스프링클러설비 • 자동화재탐지설비 • 자동화재속보설비

답 ②

52

17.09.문52
17.05.문57

소방시설 설치 및 관리에 관한 법령상 시·도지사가 소방시설 등의 자체점검을 하지 아니한 관리업자에게 영업정지를 명할 수 있으나, 이로 인해 국민에게 심한 불편을 줄 때에는 영업정지처분을 갈음하여 과징금 처분을 한다. 과징금의 기준은?

① 1000만원 이하   ② 2000만원 이하
③ 3000만원 이하   ④ 5000만원 이하

해설 소방시설법 36조, 위험물법 13조, 소방공사업법 10조
과징금

3000만원 이하	2억원 이하
• **소방시설관리업** 영업정지처분 갈음	• **제조소** 사용정지처분 갈음 • **소방시설업** 영업정지처분 갈음

중요

소방시설업
(1) 소방시설설계업
(2) 소방시설공사업
(3) 소방공사감리업
(4) 방염처리업

답 ③

53

17.09.문02
16.05.문46
16.05.문52
15.09.문03
15.05.문10
15.03.문51
14.09.문38
11.06.문54

위험물안전관리법령상 위험물별 성질로서 **틀린** 것은?

① 제1류 : 산화성 고체
② 제2류 : 가연성 고체
③ 제4류 : 인화성 액체
④ 제6류 : 인화성 고체

해설 ④ 인화성 고체 → 산화성 액체

위험물령〔별표 1〕
위험물

유별	성질	품명
제1류	**산**화성 **고**체	• 아염소산염류 • 염소산염류(**염소산나트륨**) • 과염소산염류 • 질산염류 • 무기과산화물 기억법 **1산고염나**
제2류	가연성 고체	• **황화**인 • **적**린 • **황** • **마**그네슘 기억법 **황화적황마**
제3류	자연발화성 물질 및 금수성 물질	• **황**린 • **칼**륨 • **나**트륨 • **알**칼리토금속 • 트리에틸알루미늄 기억법 **황칼나알트**
제4류	인화성 액체	• 특수인화물 • 석유류(벤젠) • 알코올류 • 동식물유류
제5류	자기반응성 물질	• 유기과산화물 • 나이트로화합물 • 나이트로소화합물 • 아조화합물 • 질산에스터류(셀룰로이드)

제6류	산화성 액체	• 과염소산 • 과산화수소 • 질산

답 ④

★★★ 54

17.09.문57
16.05.문55
12.05.문45

소방시설 설치 및 관리에 관한 법령상 소방시설 등의 종합점검 대상 기준에 맞게 (　)에 들어갈 내용으로 옳은 것은?

> 물분무등소화설비(호스릴방식의 물분무등소화설비만을 설치한 경우는 제외)가 설치된 연면적 (　)m² 이상인 특정소방대상물(위험물제조소 등은 제외)

① 2000
② 3000
③ 4000
④ 5000

해설 소방시설법 시행규칙 〔별표 3〕
소방시설 등 자체점검의 구분과 대상, 점검자의 자격

점검 구분	정 의	점검대상	점검자의 자격 (주된 인력)
	소방시설 등을 인위적으로 조작하여 정상적으로 작동하는지를 점검하는 것	① 간이스프링클러설비 ② 자동화재탐지설비	① 관계인 ② 소방안전관리자로 선임된 **소방시설관리사** 또는 **소방기술사** ③ 소방시설관리업에 등록된 소방시설관리사 또는 특급 **점검자**
작동 점검		③ 간이스프링클러설비 또는 자동화재탐지설비가 미설치된 특정소방대상물	① 소방시설관리업에 등록된 기술인력 중 소방시설관리사 ② 소방안전관리자로 선임된 소방시설관리사 또는 소방기술사
	④ **작동점검**대상 제외 　㉠ 특정소방대상물 중 소방안전관리자를 선임하지 않는 대상 　㉡ **위험물제조소** 등 　㉢ **특급소방안전관리대상물**		

종합 점검	소방시설 등의 작동점검을 포함하여 소방시설 등의 설비별 주요구성부품의 구조기준이 관련법령에서 정하는 기준에 적합한지 여부를 점검하는 것 (1) 최초점검 : 특정소방대상물의 소방시설이 새로 설치되는 경우 건축물을 사용할 수 있게 된 날부터 **60일** 이내 점검하는 것 (2) 그 밖의 종합점검 : 최초점검을 제외한 종합점검	① 소방시설 등이 신설된 경우에 해당하는 특정소방대상물 ② **스프링클러설비**가 설치된 특정소방대상물 ③ **물분무등소화설비**(호스릴방식의 물분무등소화설비만을 설치한 경우는 제외)가 설치된 연면적 **5000m²** 이상인 특정소방대상물(위험물제조소 등 제외) 　보기 ④ ④ 다중이용업의 영업장이 설치된 특정소방대상물로서 연면적이 2000m² 이상인 것 ⑤ 제연설비가 설치된 터널 ⑥ 공공기관 중 연면적(터널·지하구의 경우 그 길이와 평균폭을 곱하여 계산된 값을 말한다)이 1000m² 이상인 것으로서 옥내소화전설비 또는 자동화재탐지설비가 설치된 것(단, 소방대가 근무하는 공공기관 제외)	① 소방시설관리업에 등록된 기술인력 중 소방시설관리사 ② 소방안전관리자로 선임된 소방시설관리사 또는 소방기술사

답 ④

★★ 55

18.03.문50
17.03.문53
16.03.문43

소방시설 설치 및 관리에 관한 법령상 음료수 공장의 충전을 하는 작업장 등과 같이 화재안전기준을 적용하기 어려운 특정소방대상물에 설치하지 않을 수 있는 소방시설의 종류가 아닌 것은?

① 상수도소화용수설비
② 스프링클러설비
③ 연결송수관설비
④ 연결살수설비

해설 소방시설법 시행령 〔별표 6〕
소방시설을 설치하지 않을 수 있는 특정소방대상물 및 소방시설의 범위

구 분	특정소방대상물	소방시설
화재위험도가 낮은 특정소방대상물	석재, 불연성 금속, 불연성 건축재료 등의 가공공장·기계조립공장 또는 불연성 물품을 저장하는 창고	① 옥외소화전설비 ② 연결살수설비 [기억법] 석불금외
화재안전기준을 적용하기 어려운 특정소방대상물	펄프공장의 작업장, 음료수 공장의 세정 또는 충전을 하는 작업장, 그 밖에 이와 비슷한 용도로 사용하는 것	① 스프링클러설비 ② 상수도소화용수설비 ③ 연결살수설비 [보기 ③]
	정수장, 수영장, 목욕장, 어류양식용 시설, 그 밖에 이와 비슷한 용도로 사용되는 것	① 자동화재탐지설비 ② 상수도소화용수설비 ③ 연결살수설비
화재안전기준을 달리 적용하여야 하는 특수한 용도 또는 구조를 가진 특정소방대상물	원자력발전소, 중·저준위방사성폐기물의 저장시설	① 연결송수관설비 ② 연결살수설비
자체소방대가 설치된 특정소방대상물	자체소방대가 설치된 위험물제조소 등에 부속된 사무실	① 옥내소화전설비 ② 소화용수설비 ③ 연결살수설비 ④ 연결송수관설비

[중요]

소방시설법 시행령 [별표 6]
소방시설을 설치하지 않을 수 있는 소방시설의 범위
(1) **화재위험도**가 낮은 특정소방대상물
(2) 화재안전기준을 적용하기가 어려운 특정소방대상물
(3) 화재안전기준을 달리 적용하여야 하는 특수한 **용도·구조**를 가진 특정소방대상물
(4) **자체소방대**가 설치된 특정소방대상물

답 ③

★★★
56
15.09.문47
15.05.문49
14.03.문52
12.05.문60

화재의 예방 및 안전관리에 관한 법령에 따른 특수가연물의 기준 중 다음 ( ) 안에 알맞은 것은?

품 명	수 량
나무껍질 및 대팻밥	(㉠)kg 이상
면화류	(㉡)kg 이상

① ㉠ 200, ㉡ 400
② ㉠ 200, ㉡ 1000
③ ㉠ 400, ㉡ 200
④ ㉠ 400, ㉡ 1000

[해설] **화재예방법 시행령 [별표 2]**
특수가연물

품 명	수 량
가연성 **액**체류	**2**m³ 이상
목재가공품 및 나무부스러기	**10**m³ 이상
면화류 ——— [기억법] 면2(면이 맛있다.)	**200**kg 이상
나무껍질 및 대팻밥 ———	**400**kg 이상
넝마 및 종이부스러기	
사류(絲類)	**1000**kg 이상
볏짚류	
가연성 **고**체류	**3000**kg 이상
고무류·플라스틱류	발포시킨 것	**20**m³ 이상
	그 밖의 것	**3000**kg 이상
석탄·목탄류	**10000**kg 이상

[용어]

특수가연물
화재가 발생하면 그 확대가 빠른 물품

[기억법]
가액목면나 넝사볏가고 고석
2 124 1 3 31

답 ③

★
57
19.03.문43
16.10.문60

화재의 예방 및 안전관리에 관한 법령상 화재안전조사위원회의 위원에 해당하지 아니하는 사람은?

① 소방기술사
② 소방시설관리사
③ 소방 관련 분야의 석사학위 이상을 취득한 사람
④ 소방 관련 법인 또는 단체에서 소방 관련 업무에 3년 이상 종사한 사람

[해설] ④ 3년 → 5년

화재예방법 시행령 11조
화재안전조사위원회의 구성
(1) **과장급** 직위 이상의 소방공무원
(2) 소방기술사 [보기 ①]
(3) 소방시설관리사 [보기 ②]
(4) 소방 관련 분야의 **석사**학위 이상을 취득한 사람 [보기 ③]
(5) 소방 관련 법인 또는 단체에서 소방 관련 업무에 **5년** 이상 종사한 사람 [보기 ④]
(6) 소방공무원 교육훈련기관, 학교 또는 연구소에서 소방과 관련한 교육 또는 연구에 **5년** 이상 종사한 사람

답 ④

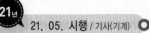
★★
58 위험물안전관리법령상 소화난이도 등급 Ⅰ의 옥내

`18.09.문60`
`16.10.문44`
탱크저장소에서 황만을 저장·취급할 경우 설치
하여야 하는 소화설비로 옳은 것은?

① 물분무소화설비　② 스프링클러설비
③ 포소화설비　　　④ 옥내소화전설비

해설 위험물규칙 [별표 17]
황만을 저장·취급하는 옥내·외탱크저장소·암반탱크
저장소에 설치해야 하는 소화설비

물분무소화설비 보기 ①

기억법 황물

답 ①

★★★
59 소방시설공사업법령상 하자보수를 하여야 하는

`17.05.문51`
`16.10.문56`
`15.05.문59`
`15.03.문52`
`12.05.문59`
소방시설 중 하자보수 보증기간이 3년이 아닌
것은?

① 자동소화장치　　② 비상방송설비
③ 스프링클러설비　④ 상수도소화용수설비

해설 ② 2년

공사업령 6조
소방시설공사의 하자보수 보증기간

보증 기간	소방시설
2년	① **유**도등·유도표지·**피**난기구 ② **비상조**명등·비상**경**보설비·비상**방**송설비 보기 ② ③ **무**선통신보조설비 **기억법** 유비 조경방무피2
3년	① 자동소화장치 ② 옥내·외소화전설비 ③ 스프링클러설비·간이스프링클러설비 ④ 물분무등소화설비·상수도소화용수설비 ⑤ 자동화재탐지설비·소화활동설비(무선통신보조설비 제외)

답 ②

★★★
60 소방기본법령상 소방대장은 화재, 재난·재해

`19.04.문42`
`15.03.문43`
`11.06.문48`
`06.03.문44`
그 밖의 위급한 상황이 발생한 현장에 소방활동
구역을 정하여 소방활동에 필요한 자로서 대통
령령으로 정하는 사람 외에는 그 구역에의 출입
을 제한할 수 있다. 다음 중 소방활동구역에 출
입할 수 없는 사람은?

① 소방활동구역 안에 있는 소방대상물의 소유
　자·관리자 또는 점유자
② 전기·가스·수도·통신·교통의 업무에 종
　사하는 사람으로서 원활한 소방활동을 위하
　여 필요한 사람

③ 시·도지사가 소방활동을 위하여 출입을 허
　가한 사람
④ 의사·간호사 그 밖에 구조·구급업무에 종
　사하는 사람

해설 ③ 시·도지사가 → 소방대장이

기본령 8조
소방활동구역 출입자
(1) **소방활동구역** 안에 있는 **소유자**·관리자 또는 점유자
　보기 ①
(2) **전기**·가스·수도·통신·교통의 업무에 종사하는 자
　로서 원활한 소방활동을 위하여 필요한 자 보기 ②
(3) **의사**·간호사, 그 밖에 구조·구급업무에 종사하는 자
　보기 ④
(4) **취재인력** 등 보도업무에 종사하는 자
(5) **수사업무**에 종사하는 자
(6) **소방대장**이 소방활동을 위하여 **출입**을 **허가**한 자
　보기 ③

용어

소방활동구역
화재, 재난·재해 그 밖의 위급한 상황이 발생한 현장
에 정하는 구역

답 ③

제4과목 소방기계시설의 구조 및 원리 ⠿

★★
61 다음 중 화재조기진압용 스프링클러설비의 화재

`18.09.문80`
안전기준상 헤드의 설치기준 중 ( ) 안에 알맞
은 것은?

헤드 하나의 방호면적은 (㉠)m² 이상 (㉡)m²
이하로 할 것

① ㉠ 2.4, ㉡ 3.7　② ㉠ 3.7, ㉡ 9.1
③ ㉠ 6.0, ㉡ 9.3　④ ㉠ 9.1, ㉡ 13.7

해설 **화재조기진압용 스프링클러헤드의 적합기준**(NFPC 103B 10조,
NFTC 103B 2.7)
(1) 헤드 하나의 방호면적은 **6.0~9.3m²** 이하로 할 것
(2) 가지배관의 헤드 사이의 거리는 천장의 높이가 **9.1m**
　미만인 경우에는 **2.4~3.7m** 이하로, **9.1~13.7m**
　이하인 경우에는 **3.1m** 이하로 할 것

천장높이	가지배관 헤드 사이의 거리
9.1m 미만	2.4~3.7m 이하
9.1~13.7m 이하	3.1m 이하

(3) 헤드의 반사판은 천장 또는 반자와 평행하게 설치하
　고 저장물의 최상부와 **914mm** 이상 확보되도록 할 것
(4) **하향식 헤드**의 반사판의 위치는 천장이나 반자 아래
　125~355mm 이하일 것
(5) **상향식 헤드**의 감지부 중앙은 천장 또는 반자와 **101~
152mm** 이하이어야 하며, 반사판의 위치는 스프링
　클러배관의 윗부분에서 최소 **178mm** 상부에 설치되
　도록 할 것

(6) 헤드와 벽과의 거리는 헤드 상호 간 거리의 $\frac{1}{2}$을 초과하지 않아야 하며 최소 **102mm 이상**일 것

(7) 헤드의 작동온도는 **74℃ 이하**일 것(단, 헤드 주위의 온도가 **38℃ 이상**의 경우에는 그 온도에서의 화재시험 등에서 헤드작동에 관하여 공인기관의 시험을 거친 것을 사용할 것)

답 ③

★★
62 분말소화설비의 화재안전기준상 수동식 기동장
12.05.문61 치의 부근에 설치하는 비상스위치에 대한 설명으로 옳은 것은?

① 자동복귀형 스위치로서 수동식 기동장치의 타이머를 순간 정지시키는 기능의 스위치를 말한다.

② 자동복귀형 스위치로서 수동식 기동장치가 수신기를 순간 정지시키는 기능의 스위치를 말한다.

③ 수동복귀형 스위치로서 수동식 기동장치의 타이머를 순간 정지시키는 기능의 스위치를 말한다.

④ 수동복귀형 스위치로서 수동식 기동장치가 수신기를 순간 정지시키는 기능의 스위치를 말한다.

해설 **방출지연 스위치**
자동복귀형 스위치로서 수동식 기동장치의 **타이머를 순간 정지**시키는 기능의 스위치

- 방출지연 스위치＝방출지연 비상스위치

답 ①

★
63 할론소화설비의 화재안전기준상 화재표시반의 설치기준이 아닌 것은?

① 소화약제 방출지연 비상스위치를 설치할 것

② 소화약제의 방출을 명시하는 표시등을 설치할 것

③ 수동식 기동장치는 그 방출용 스위치의 작동을 명시하는 표시등을 설치할 것

④ 자동식 기동장치는 자동·수동의 절환을 명시하는 표시등을 설치할 것

해설
① 방출지연 비상스위치는 화재표시반이 아니고 수동식 기동장치의 부근에 설치

할론소화설비 화재표시반의 설치기준(NFTC 107 2.4.1.2)
(1) 각 방호구역마다 **음향경보장치**의 조작 및 **감지기**의 작동을 명시하는 표시등과 이와 연동하여 작동하는

벨·버저 등의 **경보기**를 설치할 것. 이 경우 음향경보장치의 조작 및 감지기의 작동을 명시하는 **표시등**을 **겸용**할 수 있다.

(2) 수동식 기동장치는 그 **방출용 스위치**의 작동을 명시하는 표시등을 설치할 것 보기 ③

(3) 소화약제의 **방출**을 **명시**하는 표시등을 설치할 것 보기 ②

(4) 자동식 기동장치는 **자동·수동**의 **절환**을 **명시**하는 **표시등**을 설치할 것 보기 ④

답 ①

★★★
64 피난기구의 화재안전기준상 노유자시설의 4층
19.03.문76 이상 10층 이하에서 적응성이 있는 피난기구가
17.05.문62 아닌 것은?
16.10.문69
16.05.문74 ① 피난교   ② 다수인 피난장비
11.03.문72 ③ 승강식 피난기   ④ 미끄럼대

해설 **피난기구의 적응성**(NFTC 301 2.1.1)

설치장소별 구분 \ 층별	1층	2층	3층	4층 이상 10층 이하
노유자시설	● 미끄럼대 ● 구조대 ● 피난교 ● 다수인 피난장비 ● 승강식 피난기	● 미끄럼대 ● 구조대 ● 피난교 ● 다수인 피난장비 ● 승강식 피난기	● 미끄럼대 ● 구조대 ● 피난교 ● 다수인 피난장비 ● 승강식 피난기	● 구조대¹⁾ ● 피난교 보기 ① ● 다수인 피난장비 보기 ② ● 승강식 피난기 보기 ③
의료시설·입원실이 있는 의원·접골원·조산원	—	—	● 미끄럼대 ● 구조대 ● 피난교 ● 피난용 트랩 ● 다수인 피난장비 ● 승강식 피난기	● 구조대 ● 피난교 ● 피난용 트랩 ● 다수인 피난장비 ● 승강식 피난기
영업장의 위치가 4층 이하인 다중이용업소	—	● 미끄럼대 ● 피난사다리 ● 구조대 ● 완강기 ● 다수인 피난장비 ● 승강식 피난기	● 미끄럼대 ● 피난사다리 ● 구조대 ● 완강기 ● 다수인 피난장비 ● 승강식 피난기	● 미끄럼대 ● 피난사다리 ● 구조대 ● 완강기 ● 다수인 피난장비 ● 승강식 피난기
그 밖의 것 (근린생활시설 사무실 등)	—	—	● 미끄럼대 ● 피난사다리 ● 구조대 ● 완강기 ● 피난교 ● 피난용 트랩 ● 간이완강기²⁾ ● 공기안전매트²⁾ ● 다수인 피난장비 ● 승강식 피난기	● 피난사다리 ● 구조대 ● 완강기 ● 피난교 ● 간이완강기²⁾ ● 공기안전매트²⁾ ● 다수인 피난장비 ● 승강식 피난기

[비고] 1) 구조대의 적응성은 장애인 관련 시설로서 주된 사용자 중 스스로 피난이 불가한 자가 있는 경우 추가로 설치하는 경우에 한한다.

2) 간이완강기의 적응성은 숙박시설의 3층 이상에 있는 객실에 추가로 설치하는 경우에 한한다.

답 ④

★★★
65 분말소화설비의 화재안전기준상 다음 ( ) 안에 알맞은 것은?

19.04.문69
18.03.문67
13.09.문77

> 분말소화약제의 가압용 가스 용기에는 ( )의 압력에서 조정이 가능한 압력조정기를 설치하여야 한다.

① 2.5MPa 이하
② 2.5MPa 이상
③ 25MPa 이하
④ 25MPa 이상

해설 (1) 압력조정기(압력조정장치)의 압력

할론소화설비	분말소화설비(분말소화약제)
2MPa 이하	**2.5**MPa 이하

기억법 분압25(분압이오.)

(2) 전자개방밸브 부착

분말소화약제 가압용 가스용기	• 이산화탄소소화설비 전기 식 기동장치 • 분말소화설비 전기식 기동 장치
3병 이상 설치한 경우 **2개** 이상	**7병** 이상 개방시 **2병** 이상

기억법 이7(이치)

답 ①

★★★
66 스프링클러설비의 화재안전기준상 개방형 스프링클러설비에서 하나의 방수구역을 담당하는 헤드의 개수는 최대 몇 개 이하로 해야 하는가? (단, 방수구역은 나누어져 있지 않고 하나의 구역으로 되어 있다.)

19.03.문62
17.03.문78
16.05.문66
11.10.문62

① 50
② 40
③ 30
④ 20

해설 개방형 설비의 방수구역(NFPC 103 7조, NFTC 103 2.4.1)
(1) 하나의 방수구역은 **2개층**에 미치지 아니할 것
(2) 방수구역마다 **일제개방밸브**를 설치
(3) 하나의 방수구역을 담당하는 헤드의 개수는 **50개** 이하
(단, 2개 이상의 방수구역으로 나눌 경우에는 **25개** 이상)

기억법 5개(오골개)

(4) 표지는 '일제개방밸브실'이라고 표시한다.

답 ①

★★★
67 연결살수설비의 화재안전기준상 배관의 설치기준 중 하나의 배관에 부착하는 살수헤드의 개수가 3개인 경우 배관의 구경은 최소 몇 mm 이상으로 설치해야 하는가? (단, 연결살수설비 전용헤드를 사용하는 경우이다.)

17.03.문72
14.03.문73
13.03.문64

① 40
② 50
③ 65
④ 80

해설 연결살수설비(NFPC 503 5조, NFTC 503 2.2.3.1)

배관의 구경	32mm	40mm	**50**mm	65mm	80mm
살수헤드 개수	1개	2개	**3**개	4개 또는 5개	6~10개 이하

기억법 503살

답 ②

★★★
68 이산화탄소소화설비의 화재안전기준상 수동식 기동장치의 설치기준에 적합하지 않은 것은?

20.06.문79
19.09.문61
17.05.문70
15.05.문63
12.03.문70
98.07.문73

① 전역방출방식에 있어서는 방호대상물마다 설치
② 전기를 사용하는 기동장치에는 전원표시등을 설치할 것
③ 기동장치의 조작부는 바닥으로부터 높이 0.8m 이상 1.5m 이하의 위치에 설치하고, 보호판 등에 따른 보호장치를 설치할 것
④ 기동장치의 방출용 스위치는 음향경보장치와 연동하여 조작될 수 있는 것으로 할 것

해설 ① 방호대상물 → 방호구역

이산화탄소소화설비의 **기동장치**(NFPC 106 6조, NFTC 106 2.3)
(1) **자동식 기동장치**는 **자동화재탐지설비** 감지기의 작동과 **연동**
(2) **전역방출방식**에 있어서 수동식 기동장치는 **방호구역**마다 설치 보기①
(3) 가스압력식 자동기동장치의 기동용 가스용기 용적은 **5L 이상**
(4) 수동식 기동장치의 조작부는 **0.8~1.5m** 이하 높이에 설치 보기③
(5) 전기식 기동장치는 **7병** 이상의 경우에 **2병** 이상이 전자개방밸브 설치
(6) 수동식 기동장치의 부근에는 소화약제의 방출을 지연시킬 수 있는 **방출지연스위치** 설치
(7) **전기**를 사용하는 기동장치에는 **전원표시등**을 설치할 것 보기②
(8) 기동장치의 **방출용 스위치**는 음향경보장치와 연동하여 조작될 수 있는 것으로 할 것 보기④

답 ①

★
69 옥내소화전설비의 화재안전기준상 옥내소화전 펌프의 풋밸브를 소방용 설비 외의 다른 설비의 풋밸브보다 낮은 위치에 설치한 경우의 유효수량으로 옳은 것은? (단, 옥내소화전설비와 다른 설비 수원을 저수조로 겸용하여 사용한 경우이다.)

① 저수조의 바닥면과 상단 사이의 전체 수량
② 옥내소화전설비 풋밸브와 소방용 설비 외의 다른 설비의 풋밸브 사이의 수량
③ 옥내소화전설비의 풋밸브와 저수조 상단 사이의 수량
④ 저수조의 바닥면과 소방용 설비 외의 다른 설비의 풋밸브 사이의 수량

^{해설} **유효수량**(NFPC 102 4조, NFTC 102 2.1.5)
일반급수펌프의 풋밸브와 옥내소화전용 펌프의 풋밸브 사이의 수량

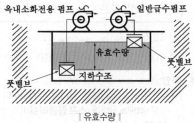
‖유효수량‖

답 ②

★★
70 포소화설비의 화재안전기준상 포소화설비의 배관 등의 설치기준으로 옳은 것은?

① 포워터스프링클러설비 또는 포헤드설비의 가지배관의 배열은 토너먼트방식으로 한다.
② 송액관은 겸용으로 하여야 한다. 다만, 포소화전의 기동장치의 조작과 동시에 다른 설비의 용도에 사용하는 배관의 송수를 차단할 수 있거나, 포소화설비의 성능에 지장이 없는 경우에는 전용으로 할 수 있다.
③ 송액관은 포의 방출 종료 후 배관 안의 액을 배출하기 위하여 적당한 기울기를 유지하도록 하고 그 낮은 부분에 배액밸브를 설치하여야 한다.
④ 송수구는 지면으로부터 높이가 1.5m 이하의 위치에 설치하여야 한다.

^{해설}
① 토너먼트방식으로 한다 → 토너먼트방식이 아니어야 한다.
② 겸용 → 전용, 전용 → 겸용
④ 1.5m 이하 → 0.5m 이상 1m 이하

포소화설비의 배관(NFPC 105 7조, NFTC 105 2.4.3)
(1) 송액관은 포의 방출 종료 후 배관 안의 액을 배출하기 위하여 적당한 기울기를 유지하도록 하고 그 낮은 부분에 **배액밸브 설치** 보기 ③

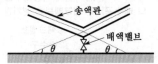
‖송액관의 기울기‖

(2) **포워터스프링클러설비** 또는 **포헤드설비**의 가지배관의 배열은 **토너먼트방식**이 **아니어야** 하며, 교차배관에서 분기하는 지점을 기점으로 한쪽 가지배관에 설치하는 헤드의 수 **8개 이하** 보기 ①

• 포워터스프링클러설비 • 포헤드설비	• 압축공기포소화설비
토너먼트방식이 아닐 것	토너먼트방식

(3) 송액관은 **전용**(단, 포소화전의 기동장치의 조작과 동시에 다른 설비의 용도에 사용하는 배관의 송수를 차단할 수 있거나, 포소화설비의 성능에 지장이 없는 경우에는 다른 설비와 겸용 가능) 보기 ②
(4) 송수구는 지면으로부터 높이가 0.5m 이상 1m 이하의 위치에 설치할 것

답 ③

★★★
71 물분무소화설비의 화재안전기준상 송수구의 설치기준으로 틀린 것은?

17.05.문64
16.10.문80
13.03.문66

① 구경 65mm의 쌍구형으로 할 것
② 지면으로부터 높이가 0.5m 이상 1m 이하의 위치에 설치할 것
③ 송수구는 하나의 층의 바닥면적이 1500m² 를 넘을 때마다 1개(5개를 넘을 경우에는 5개로 한다) 이상을 설치할 것
④ 가연성 가스의 저장·취급시설에 설치하는 송수구는 그 방호대상물로부터 20m 이상의 거리를 두거나 방호대상물에 면하는 부분이 높이 1.5m 이상, 폭 2.5m 이상의 철근콘크리트 벽으로 가려진 장소에 설치할 것

^{해설}
③ 1500m² → 3000m²

물분무소화설비의 **송수구**의 **설치기준**(NFPC 104 7조, NFTC 104 2.4)
(1) 구경 **65mm**의 **쌍구형**으로 할 것 보기 ①
(2) 지면으로부터 높이가 **0.5~1m** 이하의 위치에 설치할 것 보기 ②

(3) 가연성 가스의 저장·취급시설에 설치하는 송수구는 그 방호대상물로부터 **20m 이상**의 거리를 두거나 방호대상물에 면하는 부분이 높이 **1.5m 이상**, 폭 **2.5m 이상**의 **철근콘크리트 벽**으로 가려진 장소에 설치하여야 한다. 보기 ④

(4) 송수구는 하나의 층의 바닥면적이 **3000m²**를 넘을 때마다 1개(5개를 넘을 경우에는 **5개**로 한다) 이상을 설치할 것 보기 ③

(5) 송수구의 가까운 부분에 **자동배수밸브**(또는 직경 5mm의 **배수공**) 및 **체크밸브**를 설치할 것

| 자동배수밸브 및 체크밸브 |

중요

설치높이

0.5~1m 이하	0.8~1.5m 이하	1.5m 이하
① **연**결송수관설비의 송수구	① **수**동식 **기**동장치 조작부	① **옥내**소화전설비의 방수구
② **연**결살수설비의 송수구	② **제**어밸브(수동식 개방밸브)	② **호**스릴함
③ 물분무소화설비의 송수구	③ **유**수검지장치	③ **소**화기(투척용 소화기)
④ **소**화용수설비의 채수구	④ **일**제개방밸브	

기억법
연소용51(연소용 **오**일은 잘 탄다.)

기억법
수기8(**수기** 팔아요.) 제유일 85(**제**가 **유일**하게 팔았어**요**.)

기억법
옥내호소5(**옥내**에서 **호소**하시**오**.)

답 ③

★
72 미분무소화설비의 화재안전기준상 미분무소화설비의 성능을 확인하기 위하여 하나의 발화원을 가정한 설계도서 작성시 고려하여야 할 인자를 모두 고른 것은?

| ⑦ 화재 위치 |
| ⓛ 점화원의 형태 |
| ⓒ 시공 유형과 내장재 유형 |
| ② 초기 점화되는 연료 유형 |
| ⑩ 공기조화설비, 자연형(문, 창문) 및 기계형 여부 |
| ⑪ 문과 창문의 초기상태(열림, 닫힘) 및 시간에 따른 변화상태 |

① ⑦, ⓒ, ⑪
② ⑦, ⓛ, ⓒ, ⑩

③ ⑦, ⓛ, ②, ⑩, ⑪
④ ⑦, ⓛ, ⓒ, ②, ⑩, ⑪

해설 미분무소화설비의 성능확인을 위한 설계도서의 작성 (NFTC 104A 2.1.1)
(1) **점화원**의 형태 ⓛ
(2) **초기 점화**되는 연료 유형 ②
(3) **화재 위치** ⑦
(4) **문**과 **창문**의 **초기상태**(열림, 닫힘) 및 시간에 따른 변화상태 ⑪
(5) **공기조화설비**, 자연형(문, 창문) 및 기계형 여부 ⑩
(6) 시공 유형과 내장재 유형 ⓒ

답 ④

★★★
73 특별피난계단의 계단실 및 부속실 제연설비의 화재안전기준상 차압 등에 관한 기준 중 다음 ( ) 안에 알맞은 것은?
19.09.문76
18.04.문68
09.05.문64

| 제연설비가 가동되었을 경우 출입문의 개방에 필요한 힘은 ( )N 이하로 하여야 한다. |

① 12.5   ② 40
③ 70   ④ 110

해설 **차압**(NFPC 501A 6·10조, NFTC 501A 2.3, 2.7.1)
(1) 제연구역과 옥내와의 사이에 유지하여야 하는 최소차압은 **40Pa**(옥내에 스프링클러설비가 설치된 경우는 **12.5Pa**) 이상
(2) 제연설비가 가동되었을 경우 출입문의 개방에 필요한 힘은 **110N 이하** 보기 ④
(3) 계단실과 부속실을 동시에 제연하는 경우 부속실의 기압은 계단실과 같게 하거나 계단실의 기압보다 낮게 할 경우에는 부속실과 계단실의 압력차이는 **5Pa 이하**
(4) 계단실 및 그 부속실을 동시에 제연하는 것 또는 계단실만 단독으로 제연할 때의 방연풍속은 **0.5m/s 이상**
(5) 피난을 위하여 제연구역의 출입문이 일시적으로 개방되는 경우 개방되지 아니하는 제연구역과 옥내와의 차압은 기준 차압의 70% 미만이 되어서는 아니 된다

답 ④

★★★
74 포소화설비의 화재안전기준상 펌프의 토출관에 압입기를 설치하여 포소화약제 압입용 펌프로 포소화약제를 압입시켜 혼합하는 방식은?
16.03.문64
15.09.문76
15.05.문80
12.05.문64

① 라인 프로포셔너방식
② 펌프 프로포셔너방식
③ 프레져 프로포셔너방식
④ 프레져사이드 프로포셔너방식

해설 포소화약제의 혼합장치
(1) 펌프 프로포셔너방식(펌프 혼합방식)
　㉠ 펌프 토출측과 흡입측에 바이패스를 설치하고, 그 바이패스의 도중에 설치한 어댑터(adaptor)로 펌프 토출측 수량의 일부를 통과시켜 공기포 용액을 만드는 방식
　㉡ 펌프의 **토출관**과 **흡입관** 사이의 배관 도중에 설치한 흡입기에 펌프에서 토출된 물의 일부를 보내고 **농도조정밸브**에서 조정된 포소화약제의 필요량을 포소화약제 탱크에서 펌프 흡입측으로 보내어 약제를 혼합하는 방식

기억법 펌농

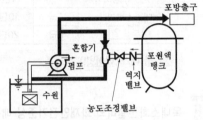

| 펌프 프로포셔너방식 |

(2) 프레져 프로포셔너방식(차압 혼합방식)
　㉠ 가압송수관 도중에 공기포 소화원액 혼합조(P.P.T)와 혼합기를 접속하여 사용하는 방법
　㉡ **격막방식 휨탱크**를 사용하는 에어휨 혼합방식
　㉢ 펌프와 발포기의 중간에 설치된 벤투리관의 **벤투리작용**과 펌프 가압수의 **포소화약제 저장탱크**에 대한 압력에 의하여 포소화약제를 흡입·혼합하는 방식

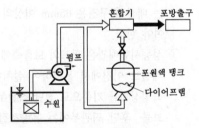

| 프레져 프로포셔너방식 |

(3) 라인 프로포셔너방식(관로 혼합방식)
　㉠ 급수관의 배관 도중에 포소화약제 흡입기를 설치하여 그 흡입관에서 소화약제를 흡입하여 혼합하는 방식
　㉡ 펌프와 발포기의 중간에 설치된 **벤**투리관의 **벤투리작용**에 의하여 포소화약제를 흡입·혼합하는 방식

기억법 라벤벤

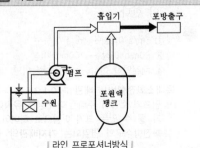

| 라인 프로포셔너방식 |

(4) 프레져사이드 프로포셔너방식(압입 혼합방식) 보기 ④
　㉠ 소화원액 가압펌프(압입용 펌프)를 별도로 사용하는 방식
　㉡ 펌프 **토출관**에 압입기를 설치하여 포소화약제 **압입용 펌프**로 포소화약제를 압입시켜 혼합하는 방식

기억법 프사압

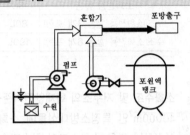

| 프레져사이드 프로포셔너방식 |

(5) 압축공기포 믹싱챔버방식
포수용액에 공기를 강제로 주입시켜 **원거리 방수**가 가능하고 물 사용량을 줄여 **수손피해**를 **최소화**할 수 있는 방식

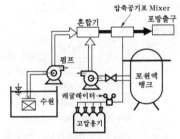

| 압축공기포 믹싱챔버방식 |

답 ④

★★★
75 소화기구 및 자동소화장치의 화재안전기준에 따라 다음과 같이 간이소화용구를 비치하였을 경우 능력단위의 합은?
18.04.문76
17.09.문76
15.03.문02
13.06.문78

- 삽을 상비한 마른모래 50L포 2개
- 삽을 상비한 팽창질석 80L포 1개

① 1단위　　　② 1.5단위
③ 2.5단위　　④ 3단위

해설 간이소화용구의 **능력단위**(NFTC 101 1.7.1.6)

간이소화용구		능력단위
마른모래	삽을 상비한 50L 이상의 것 1포	0.5단위
팽창질석 또는 팽창진주암	삽을 상비한 80L 이상의 것 1포	

기억법 마 0.5

마른모래 50L포 2개×0.5단위=1단위
팽창질석 80L포 1개×0.5단위=0.5단위
합계 **1.5단위**

비교

위험물규칙 〔별표 17〕 능력단위

소화설비	용량	능력단위
소화전용 물통	8L	0.3단위
수조(소화전용 물통 3개 포함)	80L	1.5단위
수조(소화전용 물통 6개 포함)	190L	2.5단위

답 ②

★★
76
18.03.문74
11.06.문67

소화수조 및 저수조의 화재안전기준상 연면적이 40000m²인 특정소방대상물에 소화용수설비를 설치하는 경우 소화수조의 최소저수량은 몇 m³인가? (단, 지상 1층 및 2층의 바닥면적 합계가 15000m² 이상인 경우이다.)

① 53.3   ② 60
③ 106.7   ④ 120

해설 저수량

$$저수량 = \frac{연면적}{기준면적}(절상) \times 20m^3$$

$$\frac{연면적}{기준면적} = \frac{40000m^2}{7500m^2}(절상) = 5.3 ≒ 6$$

$$저수량 = 6 \times 20m^3 = 120m^3$$

• 단서 조건에 의해 기준면적은 7500m² 적용

중요

소화수조 및 저수조의 저수량 산출(NFPC 402 4조, NFTC 402 2.1.2)

구 분	기준면적
지상 1층 및 2층 바닥면적 합계 15000m² 이상	7500m²
기타	12500m²

답 ④

★★★
77
20.09.문74
17.03.문71
16.05.문72
13.03.문68

소화기구 및 자동소화장치의 화재안전기준에 따른 용어에 대한 정의로 틀린 것은?

① "소화약제"란 소화기구 및 자동소화장치에 사용되는 소화성능이 있는 고체·액체 및 기체의 물질을 말한다.
② "대형소화기"란 화재시 사람이 운반할 수 있도록 운반대와 바퀴가 설치되어 있고 능력단위가 A급 20단위 이상, B급 10단위 이상인 소화기를 말한다.

③ "전기화재(C급 화재)"란 전류가 흐르고 있는 전기기기, 배선과 관련된 화재를 말한다.
④ "능력단위"란 소화기 및 소화약제에 따른 간이소화용구에 있어서는 소방시설법에 따라 형식승인된 수치를 말한다.

해설 ② 20단위 → 10단위, 10단위 → 20단위

소화능력단위에 의한 분류(소화기 형식 4조)

소화기 분류		능력단위
소형소화기		1단위 이상
대형소화기 보기 ②	A급	10단위 이상
	B급	20단위 이상

기억법 대2B(데이빗!)

답 ②

★★★
78
18.03.문62
13.06.문71
13.03.문67
08.09.문80

옥내소화전설비의 화재안전기준상 배관 등에 관한 설명으로 옳은 것은?

① 펌프의 토출측 주배관의 구경은 유속이 5m/s 이하가 될 수 있는 크기 이상으로 하여야 한다.
② 연결송수관설비의 배관과 겸용할 경우의 주배관은 구경 80mm 이상, 방수구로 연결되는 배관의 구경은 65mm 이상의 것으로 하여야 한다.
③ 성능시험배관은 펌프의 토출측에 설치된 개폐밸브 이전에서 분기하여 설치하고, 유량측정장치를 기준으로 전단 직관부에 개폐밸브를, 후단 직관부에는 유량조절밸브를 설치하여야 한다.
④ 가압송수장치의 체절운전시 수온의 상승을 방지하기 위하여 체크밸브와 펌프 사이에서 분기한 구경 20mm 이상의 배관에 체절압력 이상에서 개방되는 릴리프밸브를 설치하여야 한다.

해설
① 5m/s 이하 → 4m/s 이하
② 80mm 이상 → 100mm 이상
④ 체절압력 이상 → 체절압력 미만

옥내소화전설비의 배관(NFPC 102 6조, NFTC 102 2.3)
(1) 펌프의 토출측 주배관의 구경은 유속이 **4m/s** 이하가 될 수 있는 크기 이상으로 하여야 하고, 옥내소화전방수구와 연결되는 **가지배관**의 구경은 **40mm**

(**호스릴**옥내소화전설비의 경우에는 **25mm**) 이상으로 하여야 하며, 주배관 중 **수직배관**의 구경은 **50mm** (**호스릴**옥내소화전설비의 경우에는 **32mm**) 이상으로 하여야 한다. 보기 ①

설 비		유 속
옥내소화전설비		4m/s 이하
스프링클러설비	가지배관	6m/s 이하
	기타의 배관	10m/s 이하

(2) **연결송수관설비**의 배관과 겸용할 경우의 **주배관**은 구경 100mm 이상, 방수구로 연결되는 배관의 구경은 65mm 이상 보기 ②

주배관	방수구로 연결되는 배관
구경 100mm 이상	구경 65mm 이상

(3) 성능시험배관은 펌프의 토출측에 설치된 **개폐밸브 이전**에서 분기하여 설치하고, 유량측정장치를 기준으로 **전단 직관부**에 **개폐밸브**를, **후단 직관부**에는 **유량조절밸브**를 설치 보기 ③

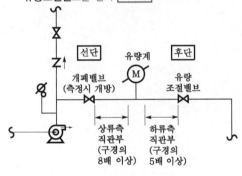

‖ 성능시험배관 ‖

(4) 가압송수장치의 체절운전시 수온의 상승을 방지하기 위하여 체크밸브와 펌프 사이에서 분기한 구경 **20mm** 이상의 배관에 **체절압력 미만**에서 개방되는 **릴리프밸브**를 설치 보기 ④

답 ③

★★★
79 소화전함의 성능인증 및 제품검사의 기술기준상 옥내소화전함의 재질을 합성수지 재료로 할 경우 두께는 최소 몇 mm 이상이어야 하는가?

14.05.문77
05.09.문61

① 1.5　　② 2.0
③ 3.0　　④ 4.0

해설 **옥내소화전함**의 재질

강 판	합성수지재
1.5mm 이상	<u>4</u>mm 이상 보기 ④

기억법 내합4(내가 합한 사과)

답 ④

★★★
80 소화설비용 헤드의 성능인증 및 제품검사의 기술기준상 소화설비용 헤드의 분류 중 수류를 살수판에 충돌하여 미세한 물방울을 만드는 물분무헤드 형식은?

17.05.문66
03.05.문63

① 디프렉타형
② 충돌형
③ 슬리트형
④ 분사형

해설 **물분무헤드**의 **종류**

종 류	설 명
충돌형	유수와 유수의 충돌에 의해 미세한 물방울을 만드는 물분무헤드 ‖ 충돌형 ‖
분사형	소구경의 오리피스로부터 고압으로 분사하여 미세한 물방울을 만드는 물분무헤드 ‖ 분사형 ‖
선회류형	선회류에 의해 확산 방출하든가 선회류와 직선류의 충돌에 의해 확산 방출하여 미세한 물방울을 만드는 물분무헤드  ‖ 선회류형 ‖

디프렉타형 (디플렉터형)	수류를 **살**수판에 충돌하여 미세한 물방울을 만드는 물분무헤드 보기 ①

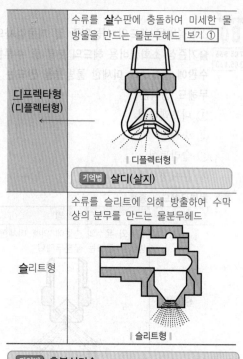

‖ 디플렉터형 ‖

기억법 **살**디(살지)

슬리트형	수류를 슬리트에 의해 방출하여 수막상의 분무를 만드는 물분무헤드

‖ 슬리트형 ‖

기억법 **충분선디슬**

답 ①

2021. 9. 12 시행

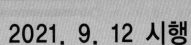

■ 2021년 기사 제4회 필기시험 ■

					수험번호	성명
자격종목 **소방설비기사(기계분야)**		종목코드	시험시간 **2시간**	형별		

※ 각 문항은 4지택일형으로 질문에 가장 적합한 보기 항을 선택하여 체크하여야 합니다.

제1과목 소방원론

01 다음 중 피난자의 집중으로 패닉현상이 일어날 우려가 가장 큰 형태는?

17.03.문09
12.03.문06
08.05.문20

① T형
② X형
③ Z형
④ H형

유사문제부터 풀어보세요. 실력이 팍!팍! 올라갑니다.

해설 **피난형태**

형 태	피난방향	상 황
X형		**확실한 피난통로**가 보장되어 신속한 피난이 가능하다.
Y형		
CO형		피난자들의 집중으로 **패닉**(Panic)**현상**이 일어날 수가 있다.
H형		

답 ④

02 연기감지기가 작동할 정도이고 가시거리가 20~30m에 해당하는 감광계수는 얼마인가?

17.03.문10
16.10.문16
16.03.문03
14.05.문06
13.09.문11

① 0.1m^{-1}
② 1.0m^{-1}
③ 2.0m^{-1}
④ 10m^{-1}

해설 **감광계수와 가시거리**

감광계수 〔m^{-1}〕	가시거리 〔m〕	상 황
<u>0.1</u>	20~30	연기**감**지기가 작동할 때의 농도(연기감지기가 작동하기 직전의 농도)
<u>0.3</u>	<u>5</u>	건물 내부에 **익**숙한 사람이 피난에 지장을 느낄 정도의 농도
<u>0.5</u>	<u>3</u>	**어**두운 것을 느낄 정도의 농도
<u>1</u>	<u>1~2</u>	앞이 거의 **보**이지 않을 정도의 농도
<u>10</u>	<u>0.2~0.5</u>	화재 **최**성기 때의 농도
<u>30</u>	<u>-</u>	출화실에서 연기가 **분**출할 때의 농도

> 기억법
> | 0123 | 감 |
> |---|---|
> | 035 | 익 |
> | 053 | 어 |
> | 112 | 보 |
> | 100205 | 최 |
> | 30 | 분 |

답 ①

03 소화에 필요한 CO_2의 이론소화농도가 공기 중에서 37vol%일 때 한계산소농도는 약 몇 vol%인가?

19.04.문13
17.03.문14
15.03.문14
14.05.문07
12.05.문14

① 13.2
② 14.5
③ 15.5
④ 16.5

해설 **CO_2의 농도**(이론소화농도)

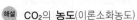

$$CO_2 = \frac{21 - O_2}{21} \times 100$$

여기서, CO_2 : CO_2의 이론소화농도〔vol%〕
O_2 : 한계산소농도〔vol%〕

$$CO_2 = \frac{21 - O_2}{21} \times 100$$

$$37 = \frac{21-O_2}{21} \times 100, \quad \frac{37}{100} = \frac{21-O_2}{21}$$

$$0.37 = \frac{21-O_2}{21}, \quad 0.37 \times 21 = 21 - O_2$$

$$O_2 + (0.37 \times 21) = 21$$

$$O_2 = 21 - (0.37 \times 21) ≒ 13.2 vol\%$$

용어

vol%
어떤 공간에 차지하는 부피를 백분율로 나타낸 것

답 ①

04 건물화재시 패닉(Panic)의 발생원인과 직접적인 관계가 없는 것은?
16.03.문16
11.03.문19
① 연기에 의한 시계제한
② 유독가스에 의한 호흡장애
③ 외부와 단절되어 고립
④ 불연내장재의 사용

해설 패닉(Panic)의 발생원인
(1) 연기에 의한 시계제한 [보기 ①]
(2) 유독가스에 의한 호흡장애 [보기 ②]
(3) 외부와 단절되어 고립 [보기 ③]

용어

패닉(Panic)
인간이 극도로 긴장되어 돌출행동을 하는 것

답 ④

05 소화기구 및 자동소화장치의 화재안전기준에 따르면 소화기구(자동확산소화기는 제외)는 거주자 등이 손쉽게 사용할 수 있는 장소에 바닥으로부터 높이 몇 m 이하의 곳에 비치하여야 하는가?
16.05.문12
11.03.문01
① 0.5   ② 1.0
③ 1.5   ④ 2.0

해설 설치높이

0.5~1m 이하	0.8~1.5m 이하	1.5m 이하
① **연**결송수관설비의 송수구	① **수**동식 **기**동장치 조작부	① **옥**내소화전설비의 방수구
② **연**결살수설비의 송수구	② **제**어밸브(수동식 개방밸브)	② **호**스릴함
③ **물**분무소화설비의 송수구	③ 유수검지장치	③ **소**화기(투척용 소화기) [보기 ③]
④ **소**화용수설비의 채수구	④ 일제개방밸브	

기억법
수기8(수기 팔아요.)
제유일 85(제가유일하게 팔았어요.)

기억법
연소용51(연소용오일은 잘 탄다.)

기억법
옥내호소5(옥내에서 호소하시오.)

답 ③

06 물리적 폭발에 해당하는 것은?
18.04.문11
17.09.문04
① 분해폭발
② 분진폭발
③ 중합폭발
④ 수증기폭발

해설 폭발의 종류

화학적 폭발	물리적 폭발
• 가스폭발 • 유증기폭발 • 분진폭발 • 화약류의 폭발 • 산화폭발 • 분해폭발 • 중합폭발 • 증기운폭발	• 증기폭발(수증기폭발) [보기 ④] • 전선폭발 • 상전이폭발 • 압력방출에 의한 폭발

답 ④

07 소화약제로 사용되는 이산화탄소에 대한 설명으로 옳은 것은?
19.03.문05
14.03.문16
10.09.문14
① 산소와 반응시 흡열반응을 일으킨다.
② 산소와 반응하여 불연성 물질을 발생시킨다.
③ 산화하지 않으나 산소와는 반응한다.
④ 산소와 반응하지 않는다.

해설 가연물이 될 수 없는 물질(불연성 물질)

특 징	불연성 물질
주기율표의 0족 원소	• 헬륨(He) • 네온(Ne) • 아르곤(Ar) • 크립톤(Kr) • 크세논(Xe) • 라돈(Rn)
산소와 더 이상 반응하지 않는 물질 [보기 ④]	• 물(H_2O) • **이산화탄소(CO_2)** • 산화알루미늄(Al_2O_3) • 오산화인(P_2O_5)
흡열반응 물질	질소(N_2)

• 탄산가스=이산화탄소(CO_2)

답 ④

08 Halon 1211의 화학식에 해당하는 것은?
13.09.문14
12.05.문04
① CH_2BrCl
② CF_2ClBr
③ CH_2BrF
④ CF_2HBr

해설 **할론소화약제**의 **약칭** 및 **분자식**

종 류	약 칭	분자식
할론 1011	CB	CH_2ClBr
할론 104	CTC	CCl_4
할론 1211	BCF	CF_2ClBr 보기 ②
할론 1301	BTM	CF_3Br
할론 2402	FB	$C_2F_4Br_2$

답 ②

 ★★★
09 건축물 화재에서 플래시오버(Flash over) 현상
15.09.문07
11.06.문11 이 일어나는 시기는?
① 초기에서 성장기로 넘어가는 시기
② 성장기에서 최성기로 넘어가는 시기
③ 최성기에서 감쇠기로 넘어가는 시기
④ 감쇠기에서 종기로 넘어가는 시기

해설 **플래시오버**(Flash over)

구 분	설 명
발생시간	화재발생 후 **5~6분경**
발생시점	**성장기~최성기**(성장기에서 최성기로 넘어가는 분기점) 보기 ② 기억법 플성최
실내온도	약 **800~900℃**

답 ②

 ★★★
10 인화칼슘과 물이 반응할 때 생성되는 가스는?
20.06.문12
18.04.문18 ① 아세틸렌
14.09.문08
11.10.문05 ② 황화수소
10.09.문12
04.03.문02 ③ 황산
④ 포스핀

해설 (1) **탄화칼슘**과 물의 **반응식**

$$CaC_2 + 2H_2O \rightarrow Ca(OH)_2 + C_2H_2 \uparrow$$
탄화칼슘 물   수산화칼슘 아세틸렌

(2) **탄화알루미늄**과 물의 **반응식**

$$Al_4C_3 + 12H_2O \rightarrow 4Al(OH)_3 + 3CH_4 \uparrow$$
탄화알루미늄 물   수산화알루미늄 메탄

(3) **인화칼슘**과 물의 **반응식** 보기 ④

$$Ca_3P_2 + 6H_2O \rightarrow 3Ca(OH)_2 + 2PH_3 \uparrow$$
인화칼슘 물   수산화칼슘 포스핀

(4) **수소화리튬**과 물의 **반응식**

$$LiH + H_2O \rightarrow LiOH + H_2$$
수소화리튬 물 수산화리튬 수소

답 ④

 ★★★
11 위험물안전관리법령상 자기반응성 물질의 품명에
19.04.문44
16.05.문46 해당하지 않는 것은?
15.09.문03
15.09.문18 ① 나이트로화합물
15.05.문10
15.05.문42 ② 할로젠간화합물
15.03.문51
14.09.문18 ③ 질산에스터류
14.03.문18
11.06.문54 ④ 하이드록실아민염류

해설 ② **산화성 액체**

위험물규칙 3조, 위험물령 [별표 1]
위험물

유별	성질	품명
제**1**류	산화성 고체	• 아염소산**염류** • 염소산**염류** • 과염소산**염류** • 질산**염류** • **무기과산화물** • 과아이오딘산염류 • 과아이오딘산 • 크로뮴, 납 또는 아이오딘의 산화물 • 아질산염류 • 차아염소산염류 • 염소화아이소사이아누르산 • 퍼옥소이황산염류 • 퍼옥소붕산염류 기억법 1산고(일산GO), ~염류, 무기과산화물
제**2**류	가연성 고체	• 황화인 • 적린 • 황 • 마그네슘 • 금속분 기억법 2황화적황마
제**3**류	자연발화성 물질 및 금수성 물질	• 황린 • 칼륨 • 나트륨 • 트리에틸**알**루미늄 • 금속의 수소화물 • 염소화규소화합물 기억법 황칼나트알
제**4**류	인화성 액체	• 특수인화물 • 석유류(벤젠) • 알코올류 • 동식물유류
제**5**류	자기반응성 물질	• 유기과산화물 • 나이트로화합물 보기 ① • 나이트로소화합물 • 아조화합물 • 질산에스터류(셀룰로이드) 보기 ③ • 하이드록실아민염류 보기 ④ • 금속의 아지화합물 • 질산구아니딘

제6류	산화성 액체	• 과염소산 • 과산화수소 • 질산 • 할로젠간화합물 보기 ②			

답 ②

12 마그네슘의 화재에 주수하였을 때 물과 마그네슘의 반응으로 인하여 생성되는 가스는?

19.03.문04
15.09.문06
15.09.문13
14.03.문06
12.09.문16
12.05.문05

① 산소

② 수소

③ 일산화탄소

④ 이산화탄소

해설 **주수소화**(물소화)시 위험한 물질

위험물	발생물질
• **무**기과산화물	**산소**(O_2) 발생 기억법 **무산**(**무산**되다.)
• 금속분 • **마**그네슘 → • 알루미늄 • 칼륨 문제 14 • 나트륨 • 수소화리튬	**수소**(H_2) 발생 기억법 **마수**
• 가연성 액체의 유류화재 (경유)	**연소면**(화재면) 확대

답 ②

13 제2종 분말소화약제의 주성분으로 옳은 것은?

20.08.문15
19.03.문01
18.04.문06
17.09.문10
16.10.문06
16.05.문15
16.03.문09
15.09.문01

① NaH_2PO_4

② KH_2PO_4

③ $NaHCO_3$

④ $KHCO_3$

해설 **(1) 분말소화약제**

종 별	주성분	착 색	적응 화재	비 고
제**1**종	중탄산나트륨 ($NaHCO_3$)	백색	BC급	**식용유** 및 **지방질유**의 화재에 적합
제**2**종	중탄산칼륨 ($KHCO_3$)	담자색 (담회색)	BC급	–
제**3**종	제1인산암모늄 ($NH_4H_2PO_4$)	담홍색	ABC급	**차고 · 주차 장**에 적합

제4종	중탄산칼륨 +요소 ($KHCO_3$+ $(NH_2)_2CO$)	회(백)색	BC급	–

기억법 1식분(일식 분식)
 3분 차주(삼보컴퓨터 차주)

(2) 이산화탄소 소화약제

주성분	적응화재
이산화탄소(CO_2)	BC급

답 ④

14 물과 반응하였을 때 가연성 가스를 발생하여 화재의 위험성이 증가하는 것은?

15.03.문09
13.06.문15
10.05.문07

① 과산화칼슘

② 메탄올

③ 칼륨

④ 과산화수소

해설 ③ 칼륨은 물과 반응하여 가연성 가스(수소)를 발생함

문제 12 참조

 중요

> **경유화재시 주수소화가 부적당한 이유**
> 물보다 비중이 가벼워 물 위에 떠서 **화재확대**의 우려가 있기 때문이다.

답 ③

15 물리적 소화방법이 아닌 것은?

16.03.문17
15.09.문05
14.05.문13
11.03.문16

① 연쇄반응의 억제에 의한 방법

② 냉각에 의한 방법

③ 공기와의 접촉 차단에 의한 방법

④ 가연물 제거에 의한 방법

해설 ① 화학적 소화방법

구 분	물리적 소화방법	화학적 소화방법
소화 형태	• 질식소화(공기와의 접속 차단) • 냉각소화(냉각) • 제거소화(가연물 제거)	• **억**제소화(연쇄반응의 억제) 보기 ① 기억법 억화(**억화**감정)
소화 약제	• 물소화약제 • 이산화탄소소화약제 • 포소화약제 • 불활성기체소화약제 • 마른모래	• 할론소화약제 • 할로겐화합물소화 약제

중요

소화의 방법

소화방법	설 명
냉각소화	• 다량의 물 등을 이용하여 **점화원**을 **냉각**시켜 소화하는 방법 • 다량의 물을 뿌려 소화하는 방법
질식소화	• 공기 중의 **산소농도**를 16%(10~15%) 이하로 희박하게 하여 소화하는 방법
제거소화	• 가연물을 제거하여 소화하는 방법
억제소화 (부촉매효과)	• 연쇄반응을 차단하여 소화하는 방법으로 '화학소화'라고도 함

답 ①

16 다음 중 착화온도가 가장 낮은 것은?

19.09.문02
17.03.문14
15.09.문02
14.05.문05
12.09.문04

① 아세톤
② 휘발유
③ 이황화탄소
④ 벤젠

해설

물 질	인화점	착화점
• 프로필렌	-107℃	497℃
• 에틸에터 • 다이에틸에터	-45℃	180℃
• **가솔린(휘발유)** 보기 ②	-43℃	**300℃**
• **이황화탄소** 보기 ③	-30℃	**100℃**
• 아세틸렌	-18℃	335℃
• **아세톤** 보기 ①	-18℃	**538℃**
• **벤젠** 보기 ④	-11℃	**562℃**
• 톨루엔	4.4℃	480℃
• 에틸알코올	13℃	423℃
• 아세트산	40℃	-
• 등유	43~72℃	210℃
• 경유	50~70℃	200℃
• 적린	-	260℃

• 착화점=발화점=착화온도=발화온도

답 ③

17 화재의 분류방법 중 유류화재를 나타낸 것은?

19.03.문08
17.09.문07
16.05.문09
15.09.문19
13.09.문07

① A급 화재
② B급 화재
③ C급 화재
④ D급 화재

해설 **화재의 종류**

구 분	표시색	적응물질
일반화재(A급)	백색	• 일반가연물 • 종이류 화재 • 목재·섬유화재
유류화재(B급) 보기 ②	황색	• 가연성 액체 • 가연성 가스 • 액화가스화재 • 석유화재
전기화재(C급)	청색	• 전기설비
금속화재(D급)	무색	• 가연성 금속
주방화재(K급)	-	• 식용유화재

※ 요즘은 표시색의 의무규정은 없음

답 ②

18 소화약제로 사용되는 물에 관한 소화성능 및 물성에 대한 설명으로 틀린 것은?

19.04.문06
18.03.문19
15.05.문04
99.08.문06

① 비열과 증발잠열이 커서 냉각소화 효과가 우수하다.
② 물(15℃)의 비열은 약 1cal/g·℃이다.
③ 물(100℃)의 증발잠열은 439.6cal/g이다.
④ 물의 기화에 의한 팽창된 수증기는 질식소화 작용을 할 수 있다.

해설 ③ 439.6cal/g → 539cal/g

물의 소화능력
(1) **비열**이 크다. 보기 ①
(2) **증발잠열**(기화잠열)이 크다. 보기 ①
(3) 밀폐된 장소에서 증발가열하면 수증기에 의해서 **산소희석작용** 또는 **질식소화작용**을 한다. 보기 ④
(4) **무상**으로 주수하면 **중질유 화재**에도 사용할 수 있다.

융해잠열	증발잠열(기화잠열)
80cal/g	539cal/g 보기 ③

참고

물이 소화약제로 많이 쓰이는 이유

장 점	단 점
① 쉽게 구할 수 있다. ② 증발잠열(기화잠열)이 크다. ③ 취급이 간편하다.	① 가스계 소화약제에 비해 사용 후 **오염**이 **크다**. ② 일반적으로 **전기화재**에는 **사용**이 **불가**하다.

답 ③

19 다음 중 공기에서의 연소범위를 기준으로 했을 때 위험도(H) 값이 가장 큰 것은?

20.06.문19
19.03.문03
15.09.문08
10.03.문14

① 다이에틸에터 ② 수소
③ 에틸렌 ④ 부탄

해설 위험도

$$H = \frac{U-L}{L}$$

여기서, H : 위험도
U : 연소상한계
L : 연소하한계

① 다이에틸에터 $= \dfrac{48-1.7}{1.7} = 27.23$

② 수소 $= \dfrac{75-4}{4} = 17.75$

③ 에틸렌 $= \dfrac{36-2.7}{2.7} = 12.33$

④ 부탄 $= \dfrac{8.4-1.8}{1.8} = 3.67$

공기 중의 폭발한계(상온, 1atm)

가 스	하한계 [vol%]	상한계 [vol%]
보기① 다이에틸에터((C₂H₅)₂O)	→ 1.7	48
보기② 수소(H₂)	→ 4	75
보기③ 에틸렌(C₂H₄)	→ 2.7	36
보기④ 부탄(C₄H₁₀)	→ 1.8	8.4
아세틸렌(C₂H₂)	2.5	81
일산화탄소(CO)	12	75
이황화탄소(CS₂)	1	50
암모니아(NH₃)	15	25
메탄(CH₄)	5	15
에탄(C₂H₆)	3	12.4
프로판(C₃H₈)	2.1	9.5

• 연소한계=연소범위=가연한계=가연범위= 폭발한계=폭발범위
• 다이에틸에터=에터

답 ①

20 조연성 가스로만 나열되어 있는 것은?

18.04.문07
17.03.문07
16.10.문03
16.03.문04
14.05.문10
12.09.문08
10.05.문18

① 질소, 불소, 수증기
② 산소, 불소, 염소
③ 산소, 이산화탄소, 오존
④ 질소, 이산화탄소, 염소

해설 가연성 가스와 지연성 가스(조연성 가스)

가연성 가스	지연성 가스(조연성 가스)
• 수소 • 메탄 • 일산화탄소 • 천연가스 • 부탄 • 에탄 • 암모니아 • 프로판	• 산소 보기② • 공기 • 염소 보기② • 오존 • 불소 보기②

기억법 가수일천 암부 메에프

기억법 조산공 염오불

용어 가연성 가스와 지연성 가스

가연성 가스	지연성 가스(조연성 가스)
물질 자체가 연소하는 것	자기 자신은 연소하지 않지만 연소를 도와주는 가스

답 ②

제 2 과목 소방유체역학

21 지름이 5cm인 원형 관 내에 이상기체가 층류로 흐른다. 다음 중 이 기체의 속도가 될 수 있는 것을 모두 고르면? (단, 이 기체의 절대압력은 200kPa, 온도는 27℃, 기체상수는 2080J/kg·K, 점성계수는 2×10^{-5}N·s/m², 하임계 레이놀즈수는 2200으로 한다.)

17.03.문30
14.03.문21

㉠ 0.3m/s	㉡ 1.5m/s
㉢ 8.3m/s	㉣ 15.5m/s

① ㉠
② ㉠, ㉡
③ ㉠, ㉡, ㉢
④ ㉠, ㉡, ㉢, ㉣

해설 (1) 기호

• D : 5cm=0.05m(100cm=1m)
• P : 200kPa=200kN/m²
 =200×10^3N/m²
 (1Pa=1N/m²이고 1kPa=10^3Pa)
• T : 27℃
• R : 2080J/kg·K=2080N·m/kg·K(1J=1N·m)
• μ : 2×10^{-5}N·s/m²
• Re : 2200 이하(하임계 레이놀즈수이므로 '이하'를 붙임)

(2) 밀도

$$\rho = \frac{P}{RT}$$

여기서, ρ : 밀도[kg/m³]
　　　P : 압력[Pa] 또는 [N/m²]
　　　R : 기체상수[N·m/kg·K]
　　　T : 절대온도(273+℃)[K]

밀도 $\rho = \dfrac{P}{RT}$

$$= \frac{200 \times 10^3 \text{N/m}^2}{2080 \text{N·m/kg·K} \times (273+27)\text{K}}$$

$$= 0.3205 \text{kg/m}^3 = 0.3205 \text{N·s}^2/\text{m}^4$$

● $1 \text{kg/m}^3 = 1 \text{N·s}^2/\text{m}^4$

(3) 레이놀즈수

$$Re = \frac{DV\rho}{\mu} = \frac{DV}{\nu}$$

여기서, Re : 레이놀즈수
　　　D : 내경[m]
　　　V : 유속[m/s]
　　　ρ : 밀도[kg/m³]
　　　μ : 점성계수[kg/m·s]
　　　ν : 동점성계수$\left(\dfrac{\mu}{\rho}\right)$[m²/s]

$Re = \dfrac{DV\rho}{\mu}$ 에서

유속 $V = \dfrac{Re\mu}{D\rho}$

$$= \frac{2200 \text{ 이하} \times (2 \times 10^{-5})\text{N·s/m}^2}{0.05\text{m} \times 0.3205 \text{N·s}^2/\text{m}^4}$$

$$= 2.8\text{m/s} \text{ 이하}$$

∴ ㉠ 0.3m/s, ㉡ 1.5m/s 선택

답 ②

★★★
22 표면장력에 관련된 설명 중 옳은 것은?

18.09.문32
13.09.문27
10.05.문35

① 표면장력의 차원은 $\dfrac{\text{힘}}{\text{면적}}$이다.

② 액체와 공기의 경계면에서 액체분자의 응집력보다 공기분자와 액체분자 사이의 부착력이 클 때 발생된다.

③ 대기 중의 물방울은 크기가 작을수록 내부압력이 크다.

④ 모세관 현상에 의한 수면 상승 높이는 모세관의 직경에 비례한다.

해설 보기① **차원**

차 원	중력단위 [차원]	절대단위 [차원]
부력(힘)	N [F]	kg·m/s² [MLT⁻²]
일 (에너지·열량)	N·m [FL]	kg·m²/s² [ML²T⁻²]
동력(일률)	N·m/s [FLT⁻¹]	kg·m²/s³ [ML²T⁻³]
표면장력 →	N/m [FL⁻¹]	kg/s² [MT⁻²]

① $\dfrac{\text{힘}}{\text{면적}} \rightarrow \dfrac{\text{힘}}{\text{길이}}$

보기②③④ **모세관 현상**(capillarity in tube)
액체와 고체가 접촉하면 상호 **부착**하려는 **성질**을 갖는데 이 **부착력**과 액체의 **응집력**의 **상대적 크기**에 의해 일어나는 현상

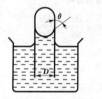 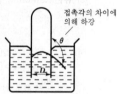

(a) 물(H₂O) : 응집력<부착력　　(b) 수은(Hg) : 응집력>부착력
┃ 모세관 현상 ┃

② 공기의 → 고체의
　공기분자와 → 고체분자와

$$h = \frac{4\sigma \cos\theta (\text{비례})}{\gamma D (\text{반비례})}, \quad P = \gamma h$$

여기서, h : 상승높이[m]
　　　σ : 표면장력[N/m]
　　　θ : 각도(접촉각)
　　　γ : 비중량(물의 비중량 9800N/m³)$(\gamma = \rho g)$
　　　ρ : 밀도(물의 밀도 1000kg/m³)
　　　g : 중력가속도(9.8m/s²)
　　　D : 관의 내경[m]
　　　P : 압력[N/m²]

④ 비례 → 반비례

$$P = \gamma h = \cancel{\gamma} \times \frac{4\sigma \cos\theta}{\cancel{\gamma} D} = \frac{4\sigma \cos\theta}{D} \propto \frac{1}{D}$$

③ 물방울의 **직경**과 **압력**은 **반비례**하므로 물방울이 작을수록 내부압력이 크다.

답 ③

★★ 23 유체의 점성에 대한 설명으로 틀린 것은?

16.03.문31
12.03.문31
11.06.문40

① 질소 기체의 동점성계수는 온도 증가에 따라 감소한다.

② 물(액체)의 점성계수는 온도 증가에 따라 감소한다.

③ 점성은 유동에 대한 유체의 저항을 나타낸다.

④ 뉴턴유체에 작용하는 전단응력은 속도기울기에 비례한다.

해설 유체의 점성

(1) 액체의 점성(점성계수, 동점성계수) 온도가 상승하면 감소한다. 보기 ②

(2) 기체의 점성(점성계수, 동점성계수) 온도가 상승하면 증가하는 경향이 있다. 보기 ①

(3) 이상유체가 아닌 모든 실제유체는 점성을 가진다.

(4) **점성**은 유동에 대한 유체의 **저항**을 나타낸다. 보기 ③

(5) **뉴턴**(Newton)의 **점성법칙**

$$\tau = \mu \frac{du}{dy} \propto \frac{du}{dy}$$

여기서, τ : 전단응력[N/m²]

μ : 점성계수[N · s/m²]

$\frac{du}{dy}$: 속도구배(속도기울기) $\left[\frac{1}{\mathrm{s}}\right]$

• 전단응력은 **속도구배**(속도기울기)에 **비례**한다. 보기 ④

답 ①

★★★ 24 회전속도 1000rpm일 때 송출량 Q[m³/min], 전양정 H[m]인 원심펌프가 상사한 조건에서 송출량이 1.1 Q[m³/min]가 되도록 회전속도를 증가시킬 때 전양정은?

19.03.문34
17.05.문29
14.09.문23
11.06.문35
11.03.문35
00.10.문61

① 0.91H

② H

③ 1.1H

④ 1.21H

해설 펌프의 상사법칙(송출량)

(1) **유량(송출량)**

$$Q_2 = Q_1 \left(\frac{N_2}{N_1}\right)\left(\frac{D_2}{D_1}\right)^3$$

(2) **전양정**

$$H_2 = H_1 \left(\frac{N_2}{N_1}\right)^2\left(\frac{D_2}{D_1}\right)^2$$

(3) **축동력**

$$P_2 = P_1 \left(\frac{N_2}{N_1}\right)^3\left(\frac{D_2}{D_1}\right)^5$$

여기서, $Q_1 \cdot Q_2$: 변화 전후의 유량(송출량)[m³/min]

$H_1 \cdot H_2$: 변화 전후의 전양정[m]

$P_1 \cdot P_2$: 변화 전후의 축동력[kW]

$N_1 \cdot N_2$: 변화 전후의 회전수(회전속도)[rpm]

$D_1 \cdot D_2$: 변화 전후의 직경[m]

• 위의 공식에서 D는 생략 가능

유량 $Q_2 = Q_1\left(\frac{N_2}{N_1}\right) = 1.1 Q_1$

$Q_1\left(\frac{N_2}{N_1}\right) = 1.1 Q_1$

$\left(\frac{N_2}{N_1}\right) = \frac{1.1 Q_1}{Q_1} = 1.1$

전양정 $H_2 = H_1\left(\frac{N_2}{N_1}\right)^2 = H_1 (1.1)^2 = 1.21 H_1$

※ **상사법칙** : 기하학적으로 유사하거나 같은 펌프에 적용하는 법칙

답 ④

★ 25 그림과 같이 노즐이 달린 수평관에서 계기압력이 0.49MPa이었다. 이 관의 안지름이 6cm이고 관의 끝에 달린 노즐의 지름이 2cm라면 노즐의 분출속도는 몇 m/s인가? (단, 노즐에서의 손실은 무시하고, 관마찰계수는 0.025이다.)

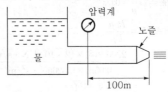

① 16.8

② 20.4

③ 25.5

④ 28.4

해설

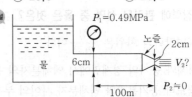

(1) **기호**

• P_1 : 0.49MPa=0.49×10⁶Pa=0.49×10⁶N/m²
　　　　=490×10³N/m²=490kN/m²

• D_1 : 6cm=0.06m(100cm=1m)

• D_2 : 2cm=0.02m(100cm=1m)

• V_2 : ?

• f : 0.025

• l : 100m

(2) **유량**

$$Q = AV = \frac{\pi D^2}{4} V$$

여기서, Q : 유량[m³/s]
　　　　A : 단면적[m²]
　　　　V : 유속[m/s]
　　　　D : 지름(안지름)[m]

식을 변형하면

$$Q = A_1 V_1 = A_2 V_2 = \frac{\pi D_1^{\,2}}{4} V_1 = \frac{\pi D_2^{\,2}}{4} V_2$$ 에서

$$\frac{\pi D_1^{\,2}}{4} V_1 = \frac{\pi D_2^{\,2}}{4} V_2$$

$$\left(\frac{\pi \times 0.06^2}{4}\right) m^2 \times V_1 = \left(\frac{\pi \times 0.02^2}{4}\right) m^2 \times V_2$$

$$\therefore \ V_2 = 9 V_1$$

(3) 마찰손실수두

$$\Delta H = \frac{\Delta P}{\gamma} = \frac{fl V^2}{2gD}$$

여기서, ΔH : 마찰손실(수두)[m]
　　　　ΔP : 압력차[kPa] 또는 [kN/m²]
　　　　γ : 비중량(물의 비중량 9800N/m³)
　　　　f : 관마찰계수
　　　　l : 길이[m]
　　　　V : 유속[m/s]
　　　　g : 중력가속도(9.8m/s²)
　　　　D : 내경[m]

배관의 **마찰손실** ΔH 는

$$\Delta H = \frac{fl V_1^{\,2}}{2gD_1} = \frac{0.025 \times 100m \times V_1^{\,2}}{2 \times 9.8m/s^2 \times 0.06m}$$

$$\fallingdotseq 2.12 V_1^{\,2}$$

(4) 베르누이 방정식(비압축성 유체)

$$\underbrace{\frac{V_1^{\,2}}{2g}}_{\text{속도수두}} + \underbrace{\frac{P_1}{\gamma}}_{\text{압력수두}} + \underbrace{Z_1}_{\text{위치수두}} = \frac{V_2^{\,2}}{2g} + \frac{P_2}{\gamma} + Z_2 + \Delta H$$

여기서, V_1, V_2 : 유속[m/s]
　　　　P_1, P_2 : 압력[N/m²]
　　　　Z_1, Z_2 : 높이[m]
　　　　g : 중력가속도(9.8m/s²)
　　　　γ : 비중량(물의 비중량 9.8kN/m³)
　　　　ΔH : 마찰손실(수두)[m]

• 수평관이므로 $Z_1 = Z_2$
• 노즐을 통해 대기로 분출되므로 노즐로 분출되는
　계기압 $P_2 \fallingdotseq 0$

$$\frac{V_1^{\,2}}{2g} + \frac{P_1}{\gamma} + \cancel{Z_1} = \frac{V_2^{\,2}}{2g} + \frac{0}{\gamma} + \cancel{Z_2} + \Delta H$$

$$\frac{V_1^{\,2}}{2 \times 9.8m/s^2} + \frac{490kN/m^2}{9.8kN/m^3} = \frac{(9 V_1)^2}{2 \times 9.8m/s^2} + 0m + 2.12 V_1^{\,2}$$

$$\frac{490kN/m^2}{9.8kN/m^3} = \frac{(9 V_1)^2}{2 \times 9.8m/s^2} - \frac{V_1^{\,2}}{2 \times 9.8m/s^2} + 2.12 V_1^{\,2}$$

$$\frac{490kN/m^2}{9.8kN/m^3} = \frac{81 V_1^{\,2} - V_1^{\,2}}{2 \times 9.8m/s^2} + 2.12 V_1^{\,2}$$

$$\frac{490kN/m^2}{9.8kN/m^3} = \frac{80 V_1^{\,2}}{2 \times 9.8m/s^2} + 2.12 V_1^{\,2}$$

$$50m = 4.081 V_1^{\,2} + 2.12 V_1^{\,2}$$

$$50m = 6.201 V_1^{\,2}$$

$$6.201 V_1^{\,2} = 50m$$

$$V_1^{\,2} = \frac{50m}{6.201}$$

$$\sqrt{V_1^{\,2}} = \sqrt{\frac{50m}{6.201}}$$

$$V_1 = \sqrt{\frac{50m}{6.201}} = 2.84m/s$$

노즐에서의 유속 V_2는

$$V_2 = 9 V_1 = 9 \times 2.84m/s \fallingdotseq 25.5m/s$$

답 ③

★★
26 원심펌프가 전양정 120m에 대해 6m³/s의 물을
공급할 때 필요한 축동력이 9530kW이었다. 이때
펌프의 체적효율과 기계효율이 각각 88%, 89%
라고 하면, 이 펌프의 수력효율은 약 몇 %인가?

15.03.문24
13.03.문36

① 74.1

② 84.2

③ 88.5

④ 94.5

해설 (1) 기호

• H : 120m
• Q : 6m³/s=6m³ $\left|\dfrac{1}{60}\right.$min=(6×60)m³/min
• P : 9530kW
• η_v : 88%=0.88
• η_m : 89%=0.89
• η_h : ?

(2) 축동력

$$P = \frac{0.163QH}{\eta}$$

여기서, P : 축동력[kW]
　　　　Q : 유량[m³/min]
　　　　H : 전양정[m]
　　　　$\eta(\eta_T)$: 효율(전효율)

전효율 η_T는

$$\eta_T = \frac{0.163QH}{P}$$

$$= \frac{0.163 \times (6 \times 60)\text{m}^3/\text{min} \times 120\text{m}}{9530\text{kW}} ≒ 0.73888$$

※ **축동력** : 전달계수(K)를 고려하지 않은 동력

(3) 펌프의 전효율

$$\eta_T = \eta_m \times \eta_h \times \eta_v$$

여기서, η_T : 펌프의 전효율

　　　　η_m : 기계효율

　　　　η_h : 수력효율

　　　　η_v : 체적효율

수력효율 η_h 는

$$\eta_h = \frac{\eta_T}{\eta_m \times \eta_v} = \frac{0.73888}{0.89 \times 0.88} = 0.943 ≒ 94.3\%$$

(∴ 계산과정에서 소수점 무시 등을 고려하면 94.5%가 정답)

답 ④

★★★
27
안지름 4cm, 바깥지름 6cm인 동심 이중관의 수력직경(hydraulic diameter)은 몇 cm인가?

18.03.문40
17.09.문28
17.05.문22
17.03.문36
16.10.문37
14.03.문24
08.05.문33
07.03.문36
06.09.문31

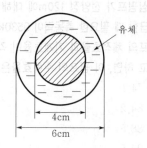
유체
4cm
6cm

① 2　　　　② 3
③ 4　　　　④ 5

해설 **(1) 기호**

- D_2 : 4cm → r_2 : 2cm
- D_1 : 6cm → r_1 : 3cm

(2) 수력반경(hydraulic radius)

$$R_h = \frac{A}{L}$$

여기서, R_h : 수력반경[cm]

　　　　A : 단면적[cm²]

　　　　L : 접수길이(단면둘레의 길이)[cm]

(3) 수력직경(수력지름)

$$D_h = 4R_h$$

여기서, D_h : 수력직경[cm]

　　　　R_h : 수력반경[cm]

바깥지름 6cm, 안지름 4cm인 환형관

6cm
4cm

수력반경

$$R_h = \frac{A}{L} = \frac{\pi(r_1^2 - r_2^2)}{2\pi(r_1 + r_2)} = \frac{\cancel{\pi} \times (3^2 - 2^2)\text{cm}^2}{2\cancel{\pi} \times (3+2)\text{cm}} = 0.5\text{cm}$$

- 수력직경을 cm로 물어보았으므로 안지름, 바깥지름을 m로 환산하지 말고 cm를 그대로 두고 계산하면 편함
- 단면적 $A = \pi r^2$

　여기서, A : 단면적[cm²]

　　　　　r : 반지름[cm]

- 접수길이(원둘레) $L = 2\pi r$

　여기서, L : 접수길이[cm]

　　　　　r : 반지름[cm]

수력지름

$$D_h = 4R_h = 4 \times 0.5\text{cm} = 2\text{cm}$$

답 ①

★★★
28
열역학 관련 설명 중 틀린 것은?

19.03.문21
18.09.문29
18.03.문33

① 삼중점에서는 물체의 고상, 액상, 기상이 공존한다.

② 압력이 증가하면 물의 끓는점도 높아진다.

③ 열을 완전히 일로 변환할 수 있는 효율이 100%인 열기관은 만들 수 없다.

④ 기체의 정적비열은 정압비열보다 크다.

해설
④ 크다 → 작다

열역학

① **삼중점**(3중점) : 물체의 고상, 액상, 기상이 공존한다.

② 압력이 증가하면 물의 끓는점도 높아진다.

③ 열을 완전히 일로 변환할 수 있는 효율이 100%인 열기관은 만들 수 없다(열역학 **제2법칙**).

④ 기체의 정적비열은 정압비열보다 작다.

용어

고 상	액 상	기 상
고체상태	액체상태	기체상태

중요

(1) 비열
- ㉠ 정적비열 : 체적이 일정하게 유지되는 동안 온도변화에 대한 내부에너지 변화율
- ㉡ 정압비열을 정적비열로 나눈 것이 비열비이다.
- ㉢ 정압비열 : 압력이 일정하게 유지될 때 온도변화에 대한 엔탈피 변화율
- ㉣ 비열비 : 항상 1보다 크다.
- ㉤ 정압비열 : 항상 정적비열보다 크다. 보기 ④

(2) 열역학의 법칙

법칙	설명
열역학 제0법칙 (열평형의 법칙)	① 온도가 높은 물체에 낮은 물체를 접촉시키면 온도가 높은 물체에서 낮은 물체로 열이 이동하여 두 물체의 온도는 평형을 이루게 된다. ② 열평형 상태에 있는 물체의 온도는 같다.
열역학 제1법칙 (에너지보존의 법칙)	① 기체의 공급에너지는 내부에너지와 외부에서 한 일의 합과 같다. ② 사이클과정에서 시스템(계)이 한 총일은 시스템이 받은 총열량과 같다. ③ 일은 열로 변환시킬 수 있고 열은 일로 변환시킬 수 있다.
열역학 제2법칙	① 열은 스스로 저온에서 고온으로 절대로 흐르지 않는다(일을 가하면 저온부로부터 고온부로 열을 이동시킬 수 있다). ② 열은 그 스스로 저열원체에서 고열원체로 이동할 수 없다. ③ 자발적인 변화는 비가역적이다. ④ 열을 완전히 일로 바꿀 수 있는 열기관을 만들 수 없다(일을 100% 열로 변환시킬 수 없다). 보기 ③ ⑤ 사이클과정에서 열이 모두 일로 변화할 수 없다.
열역학 제3법칙	① 순수한 물질이 1atm하에서 결정상태이면 엔트로피는 0K에서 0이다. ② 단열과정에서 시스템의 엔트로피는 변하지 않는다.

답 ④

★
29 다음 중 차원이 서로 같은 것을 모두 고르면? (단, P : 압력, ρ : 밀도, V : 속도, h : 높이, F : 힘, m : 질량, g : 중력가속도)

㉠ ρV^2	㉡ ρgh
㉢ P	㉣ $\dfrac{F}{m}$

① ㉠, ㉡ ② ㉠, ㉢
③ ㉠, ㉡, ㉢ ④ ㉠, ㉡, ㉢, ㉣

해설 (1) 기호

- P [N/m²] • ρ [N · s²/m⁴]
- V [m/s] • h [m]
- F [N] • m [kg]
- g [m/s²]

(2) ㉠ $\rho V^2 = $ N · s²/m⁴ × (m/s)² = N · s²/m⁴ × m²/s²

$$\frac{N}{m^2} \cdot \frac{s^2}{s^2} \cdot \frac{m^2}{m^4}$$

$$= N/m^2$$

㉡ $\rho gh = $ N · s²/m⁴ × m/s² × m

$$\frac{N}{m^2} \cdot \frac{s^2}{s^2} \cdot \frac{m}{m^4} \cdot m$$

$$= N/m^2$$

㉢ $P = $ N/m²

㉣ $\dfrac{F}{m} = \dfrac{N}{kg}$

∴ ㉠, ㉡, ㉢은 N/m²로 차원이 모두 같다.

답 ③

★★★
30
20.08.문23
19.03.문22
16.03.문40
11.06.문33

밀도가 10kg/m³인 유체가 지름 30cm인 관 내를 1m³/s로 흐른다. 이때의 평균유속은 몇 m/s인가?

① 4.25 ② 14.1
③ 15.7 ④ 84.9

해설 (1) 기호

- ρ : 10kg/m³
- D : 30cm = 0.3m(100cm = 1m)
- Q : 1m³/s
- V : ?

(2) 유량(flowrate, 체적유량, 용량유량)

$$Q = AV = \left(\frac{\pi D^2}{4}\right)V$$

여기서, Q : 유량[m³/s]
A : 단면적[m²]
V : 유속[m/s]
D : 직경(안지름)[m]

유속 V는

$$V = \frac{Q}{\dfrac{\pi D^2}{4}} = \frac{1\text{m}^3/\text{s}}{\dfrac{\pi \times (0.3\text{m})^2}{4}} ≒ 14.1\text{m/s}$$

- 밀도(ρ)는 평균유속을 구하는 데 필요 없음

답 ②

★★★
31

20.06.문30
18.04.문29
18.03.문35
13.03.문28
04.09.문32

초기 상태에서 압력 100kPa, 온도 15℃인 공기가 있다. 공기의 부피가 초기 부피의 $\dfrac{1}{20}$ 이 될 때까지 가역단열 압축할 때 압축 후의 온도는 약 몇 ℃인가? (단, 공기의 비열비는 1.4이다.)

① 54   ② 348
③ 682   ④ 912

해설 (1) 기호

- P_1 : 100kPa
- T_1 : 15℃=(273+15)K
- V_1 : 1m³
- V_2 : $\dfrac{1}{20}$ m³ ─ 공기의 부피(v_2)가 초기 부피(v_1)의 $\dfrac{1}{20}$ 이므로
- T_2 : ?
- K : 1.4

(2) 단열변화

$$\frac{T_2}{T_1}=\left(\frac{v_1}{v_2}\right)^{K-1}=\left(\frac{V_1}{V_2}\right)^{K-1}=\left(\frac{P_2}{P_1}\right)^{\frac{K-1}{K}}$$

여기서, T_1, T_2 : 변화 전후의 온도(273+℃)[K]
　　　　v_1, v_2 : 변화 전후의 비체적[m³/kg]
　　　　V_1, V_2 : 변화 전후의 체적[m³]
　　　　P_1, P_2 : 변화 전후의 압력[kJ/m³] 또는 [kPa]
　　　　K : 비열비

$$\frac{T_2}{T_1}=\left(\frac{V_1}{V_2}\right)^{K-1}$$

압축 후의 온도 T_2는

$$T_2=(273+15)\text{K}\times\left(\frac{1\text{m}^3}{\frac{1}{20}\text{m}^3}\right)^{1.4-1}≒955\text{K}$$

(3) 절대온도

$$K=273+℃$$

여기서, K : 절대온도[K]
　　　　℃ : 섭씨온도[℃]

$K=273+℃$
$955=273+℃$
$℃=955-273=682℃$

답 ③

★
32

12.05.문36

부피가 240m³인 방 안에 들어 있는 공기의 질량은 약 몇 kg인가? (단, 압력은 100kPa, 온도는 300K이며, 공기의 기체상수는 0.287kJ/kg · K이다.)

① 0.279   ② 2.79
③ 27.9   ④ 279

해설 (1) 기호

- V : 240m³
- m : ?
- P : 100kPa=100kN/m²(1kPa=1kN/m²)
- T : 300K
- R : 0.287kJ/kg · K=0.287kN · m/kg · K(1kJ=1kN · m)

(2) 이상기체 상태방정식

$$PV=mRT$$

여기서, P : 압력[kJ/m³]
　　　　V : 체적[m³]
　　　　m : 질량[kg]
　　　　R : 기체상수[kJ/kg · K]
　　　　T : 절대온도(273+℃)[K]

공기의 질량 m은

$$m=\frac{PV}{RT}=\frac{100\text{kN/m}^2\times240\text{m}^3}{0.287\text{kN}\cdot\text{m/kg}\cdot\text{K}\times300\text{K}}≒279\text{kg}$$

답 ④

★
33

11.03.문33

그림의 액주계에서 밀도 ρ_1=1000kg/m³, ρ_2=13600kg/m³, 높이 h_1=500mm, h_2=800mm 일 때 관 중심 A의 계기압력은 몇 kPa인가?

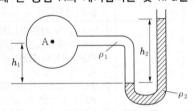

① 101.7   ② 109.6
③ 126.4   ④ 131.7

해설 (1) 기호

- ρ_1 : 1000kg/m³=1000N · s²/m⁴ (1kg/m³=1N · s²/m⁴)
- ρ_2 : 13600kg/m³=13600N · s²/m⁴ (1kg/m³=1N · s²/m⁴)
- h_1 : 500mm=0.5m(1000mm=1m)
- h_2 : 800mm=0.8m(1000mm=1m)
- p_A : ?

(2) 비중량

$$\gamma=\rho g$$

여기서, γ : 비중량[N/m³]
　　　　ρ : 밀도[N · s²/m⁴]
　　　　g : 중력가속도(9.8m/s²)

밀도 γ_1은
$\gamma_1=\rho_1 g=1000\text{N}\cdot\text{s}^2/\text{m}^4\times9.8\text{m/s}^2$
　　　$=9800\text{N/m}^3=9.8\text{kN/m}^3$

밀도 γ_2은
$\gamma_2=\rho_2 g=13600\text{N}\cdot\text{s}^2/\text{m}^4\times9.8\text{m/s}^2$
　　　$=133280\text{N/m}^3=133.28\text{kN/m}^3$

(3) 액주계 압력

$$p_A + \gamma_1 h_1 - \gamma_2 h_2 = P_o$$

여기서, p_A : 중심 A의 압력(kPa)

γ_1, γ_2 : 비중량(kN/m²)

h_1, h_2 : 액주계의 높이(m)

P_o : 대기압(kPa)

$p_A = -\gamma_1 h_1 + \gamma_2 h_2 + P_o$

$\quad = -9.8\text{kN/m}^3 \times 0.5\text{m} + 133.28\text{kN/m}^3 \times 0.8\text{m} + 0$

$\quad \fallingdotseq 101.7\text{kN/m}^2$

$\quad = 101.7\text{kPa}$

- 대기 중에서 계기압력 $P_o \fallingdotseq 0$
- 1kN/m² = 1kPa

중요

시차액주계의 압력계산 방법

점 A를 기준으로 내려가면 더하고, 올라가면 빼면 된다.

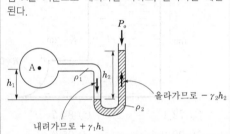

올라가므로 $-\gamma_2 h_2$

내려가므로 $+\gamma_1 h_1$

답 ①

34 그림과 같이 수조의 두 노즐에서 물이 분출하여 한 점(A)에서 만나려고 하면 어떤 관계가 성립되어야 하는가? (단, 공기저항과 노즐의 손실은 무시한다.)

05.05.문31
98.03.문39

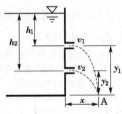

① $h_1 y_1 = h_2 y_2$

② $h_1 y_2 = h_2 y_1$

③ $h_1 h_2 = y_1 y_2$

④ $h_1 y_1 = 2 h_2 y_2$

해설

① $h_1 y_1 = h_2 y_2$

답 ①

---

35 길이 100m, 직경 50mm, 상대조도 0.01인 원형 수도관 내에 물이 흐르고 있다. 관 내 평균유속이 3m/s에서 6m/s로 증가하면 압력손실은 몇 배로 되겠는가? (단, 유동은 마찰계수가 일정한 완전난류로 가정한다.)

15.03.문21

① 1.41배 ② 2배
③ 4배 ④ 8배

해설 (1) 기호

- V_1 : 3m/s
- V_2 : 6m/s
- ΔP : ?

(2) 난류(패닝의 법칙)

$$H = \frac{\Delta P}{\gamma} = \frac{2 f l V^2}{g D} \text{[m]}$$

여기서, H : 손실수두(m)

ΔP : 압력손실(Pa)

γ : 비중량(물의 비중량 9800N/m³)

f : 관마찰계수

l : 길이(m)

V : 유속(m/s)

g : 중력가속도(9.8m/s²)

D : 내경(m)

$$\frac{\Delta P}{\gamma} = \frac{2 f l V^2}{g D} \propto V^2$$

$$\Delta P \propto V^2 = \left(\frac{V_2}{V_1}\right)^2 = \left(\frac{6\text{m/s}}{3\text{m/s}}\right)^2 = 2^2 = 4\text{배}$$

비교

층류 : 손실수두	
유체의 속도를 알 수 있는 경우	유체의 속도를 알 수 없는 경우
$H = \dfrac{\Delta P}{\gamma} = \dfrac{f l V^2}{2 g D}$ [m] (다르시-바이스바하의 식)	$H = \dfrac{\Delta P}{\gamma} = \dfrac{128 \mu Q l}{\gamma \pi D^4}$ [m] (하젠-포아젤의 식)
여기서, H : 마찰손실(손실수두)(m) ΔP : 압력차(Pa) 또는 (N/m²) γ : 비중량(물의 비중량 9800N/m³) f : 관마찰계수 l : 길이(m) V : 유속(m/s) g : 중력가속도(9.8m/s²) D : 내경(m)	여기서, ΔP : 압력차(압력강하, 압력손실)(N/m²) γ : 비중량(물의 비중량 9800N/m³) μ : 점성계수(N·s/m²) Q : 유량(m³/s) l : 길이(m) D : 내경(m)

답 ③

36 한 변이 8cm인 정육면체를 비중이 1.26인 글리세린에 담그니 절반의 부피가 잠겼다. 이때 정육면체를 수직방향으로 눌러 완전히 잠기게 하는 데 필요한 힘은 약 몇 N인가?

① 2.56 ② 3.16
③ 6.53 ④ 12.5

해설 (1) 기호

- 잠긴 체적 : 8cm×8cm×4cm
  = 0.08m×0.08m×0.04m(100cm=1m)
  ∵ 절반만 잠겼으므로 4cm
- s : 1.26
- F : ?

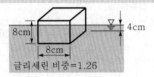

8cm
8cm
4cm
글리세린 비중=1.26

(2) 비중

$$s = \frac{\gamma}{\gamma_w}$$

여기서, s : 비중
γ : 어떤 물질의 비중량(글리세린의 비중량)[N/m³]
γ_w : 물의 비중량(9800N/m³)

글리세린의 비중량 γ는
$\gamma = s \times \gamma_w = 1.26 \times 9800\text{N/m}^3 = 12348\text{N/m}^3$

(3) 물체의 잠기는 무게

$$W = \gamma V$$

여기서, W : 물체의 잠기는 무게[N]
γ : 비중량(물의 비중량 9800N/m³)
V : 물체가 잠긴 체적[m³]

물체의 잠기는 무게 W는
$W = \gamma V$
$= 12348\text{N/m}^3 \times (\text{가로}\times\text{세로}\times\text{잠긴 높이})$
$= 12348\text{N/m}^3 \times (0.08\text{m}\times0.08\text{m}\times0.04\text{m}) ≒ 3.16\text{N}$

- 8cm=0.08m
- 4cm=0.04m(절반의 부피가 잠겼으므로)

(4) 부력

$$F_B = \gamma V$$

여기서, F_B : 부력[N]
γ : 물질의 비중량[N/m³]
V : 물체가 잠긴 체적[m³]

부력 F_B는
$F_B = \gamma V = 12348\text{N/m}^3 \times (\text{가로}\times\text{세로}\times\text{높이})$
$= 12348\text{N/m}^3 \times (0.08\text{m}\times0.08\text{m}\times0.08\text{m}) ≒ 6.32\text{N}$

(5) 정육면체가 완전히 잠기는 데 필요한 힘

$$F = F_B - W$$

여기서, F : 정육면체가 완전히 잠기는 데 필요한 힘[N]
F_B : 부력[N]
W : 물에서 구한 정육면체의 중량[N]

정육면체가 완전히 잠기는 데 필요한 힘 F는
$F = F_B - W = 6.32\text{N} - 3.16\text{N} = 3.16\text{N}$

답 ②

37 그림과 같이 반지름이 0.8m이고 폭이 2m인 곡면 AB가 수문으로 이용된다. 물에 의한 힘의 수평성분의 크기는 약 몇 kN인가? (단, 수문의 폭은 2m이다.)

19.03.문35 18.04.문28 17.03.문23 15.03.문30 13.09.문34 13.06.문27 13.03.문21 11.03.문37

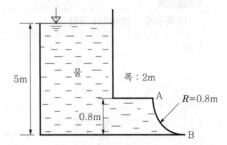

5m 물 폭 : 2m A R=0.8m 0.8m B

① 72.1 ② 84.7
③ 90.2 ④ 95.4

해설 (1) 기호

- h' : $\frac{0.8\text{m}}{2} = 0.4\text{m}$
- h : $(5-0.4)\text{m} = 4.6\text{m}$
- A : 세로×폭=0.8m×2m=1.6m²

(2) 수평분력

$$F_H = \gamma h A$$

여기서, F_H : 수평분력[N]
γ : 비중량(물의 비중량 9800N/m³)
h : 표면에서 수문 중심까지의 수직거리[m]
A : 수문의 단면적[m²]

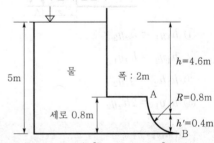

5m 물 폭 : 2m h=4.6m 세로 0.8m A R=0.8m h'=0.4m B

$F_H = \gamma h A = 9800\text{N/m}^3 \times 4.6\text{m} \times 1.6\text{m}^2$
$= 72128\text{N} ≒ 72100\text{N} = 72.1\text{kN}$

답 ①

38 펌프 운전시 발생하는 캐비테이션의 발생을 예방하는 방법이 아닌 것은?

19.04.문22
17.09.문35
17.05.문37
16.10.문23
15.03.문35
14.05.문39
14.03.문32

① 펌프의 회전수를 높여 흡입 비속도를 높게 한다.
② 펌프의 설치높이를 될 수 있는 대로 낮춘다.
③ 입형펌프를 사용하고, 회전차를 수중에 완전히 잠기게 한다.
④ 양흡입펌프를 사용한다.

해설
① 높여 → 낮추어, 높게 → 낮게

공동현상(cavitation, 캐비테이션)

개요	펌프의 흡입측 배관 내의 물의 정압이 기존의 증기압보다 낮아져서 기포가 발생되어 물이 흡입되지 않는 현상
발생현상	• **소음**과 **진동** 발생 • 관 **부식** • **임펠러**의 손상(수차의 날개를 해친다) • 펌프의 성능저하
발생원인	• 펌프의 흡입수두가 클 때(소화펌프의 흡입고가 클 때) • 펌프의 마찰손실이 클 때 • 펌프의 임펠러속도가 클 때 • 펌프의 설치위치가 수원보다 높을 때 • 관 내의 수온이 높을 때(물의 온도가 높을 때) • 관 내의 물의 정압이 그때의 **증기압**보다 낮을 때 • 흡입관의 **구경**이 작을 때 • 흡입거리가 길 때 • 유량이 증가하여 펌프물이 과속으로 흐를 때
방지대책	• 펌프의 흡입수두를 작게 한다. • 펌프의 마찰손실을 작게 한다. • 펌프의 임펠러속도(회전수)를 낮추어 흡입비속도를 낮게 한다. 보기 ① • 펌프의 설치위치를 수원보다 낮게 한다. 보기 ② • **양흡입펌프**를 사용한다(펌프의 흡입측을 가압한다). 보기 ④ • 관 내의 물의 정압을 그때의 증기압보다 **높게** 한다. • 흡입관의 구경을 **크게** 한다. • 펌프를 2개 이상 설치한다. • 입형펌프를 사용하고, 회전차를 수중에 완전히 잠기게 한다. 보기 ③

 중요

비속도(비교회전도)

$$N_s = N \frac{\sqrt{Q}}{\left(\dfrac{H}{n}\right)^{\frac{3}{4}}} \propto N$$

여기서, N_s : 펌프의 비교회전도(비속도)[m³/min·m/rpm]
　　　　N : 회전수[rpm]
　　　　Q : 유량[m³/min]
　　　　H : 양정[m]
　　　　n : 단수

• 공식에서 비속도(N_s)와 회전수(N)는 비례
보기 ①

답 ①

39 실내의 난방용 방열기(물-공기 열교환기)에는 대부분 방열핀(fin)이 달려 있다. 그 주된 이유는?

12.09.문27

① 열전달 면적 증가
② 열전달계수 증가
③ 방사율 증가
④ 열저항 증가

해설
방열핀(fin)
방열핀은 **열전달 면적**을 **증가**시켜 열을 외부로 잘 전달하는 역할을 한다.

방열핀

‖ 난방용 방열기 ‖

답 ①

40 그림에서 물 탱크차가 받는 추력은 약 몇 N인가? (단, 노즐의 단면적은 0.03m²이며, 탱크 내의 계기압력은 40kPa이다. 또한 노즐에서 마찰손실은 무시한다.)

19.03.문28
13.03.문24

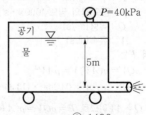

① 812
② 1490
③ 2710
④ 5340

해설 (1) 기호

- F : ?
- A : 0.03m^2
- P : 40kPa=40kN/m^2(1kPa=1kN/m^2)
- H_2 : 5m(그림에서 주어짐)

(2) 수두

$$H = \frac{P}{\gamma}$$

여기서, H : 수두[m]

P : 압력[kPa] 또는 [kN/m^2]

γ : 비중량(물의 비중량 9.8kN/m^3)

수두 H_1은

$$H_1 = \frac{P}{\gamma} = \frac{40\text{kN/m}^2}{9.8\text{kN/m}^3} = 4.08\text{m}$$

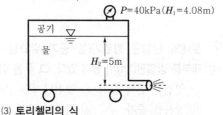

$P=40$kPa($H_1=4.08$m)

공기 / 물 / $H_2=5$m

(3) 토리첼리의 식

$$V = \sqrt{2gH} = \sqrt{2g(H_1 + H_2)}$$

여기서, V : 유속[m/s]

g : 중력가속도(9.8m/s^2)

H, H_2 : 높이[m]

H_1 : 탱크 내의 손실수두[m]

유속 V는

$$V = \sqrt{2g(H_1 + H_2)}$$
$$= \sqrt{2 \times 9.8\text{m/s}^2 \times (4.08+5)\text{m}} \fallingdotseq 13.34\text{m/s}$$

(4) 유량

$$Q = AV = \left(\frac{\pi D^2}{4}\right)V$$

여기서, Q : 유량[m^3/s]

A : 단면적[m^2]

V : 유속[m/s]

D : 직경[m]

(5) 추력(힘)

$$F = \rho QV$$

여기서, F : 추력(힘)[N]

ρ : 밀도(물의 밀도 1000N·s^2/m^4)

Q : 유량[m^3/s]

V : 유속[m/s]

추력 F는

$$F = \rho QV = \rho(AV)V = \rho AV^2$$
$$= 1000\text{N·s}^2/\text{m}^4 \times 0.03\text{m}^2 \times (13.34\text{m/s})^2 \fallingdotseq 5340\text{N}$$

- $Q = AV$이므로 $F = \rho QV = \rho(AV)V$

답 ④

제3과목 소방관계법규

41

16.03.문50
08.03.문54

다음 위험물안전관리법령의 자체소방대 기준에 대한 설명으로 틀린 것은?

> 다량의 위험물을 저장·취급하는 제조소 등으로서 대통령령이 정하는 제조소 등이 있는 동일한 사업소에서 대통령령이 정하는 수량 이상의 위험물을 저장 또는 취급하는 경우 당해 사업소의 관계인은 대통령령이 정하는 바에 따라 당해 사업소에 자체소방대를 설치하여야 한다.

① "대통령령이 정하는 제조소 등"은 제4류 위험물을 취급하는 제조소를 포함한다.

② "대통령령이 정하는 제조소 등"은 제4류 위험물을 취급하는 일반취급소를 포함한다.

③ "대통령령이 정하는 수량 이상의 위험물"은 제4류 위험물의 최대수량의 합이 지정수량의 3천배 이상인 것을 포함한다.

④ "대통령령이 정하는 제조소 등"은 보일러로 위험물을 소비하는 일반취급소를 포함한다.

해설 위험물령 18조

자체소방대를 설치하여야 하는 사업소 : 대통령령

(1) | 제4류 위험물을 취급하는 제조소 또는 일반취급소 (대통령령이 정하는 제조소 등) 보기 ① ②

제조소 또는 일반취급소에서 취급하는 제4류 위험물의 최대수량의 합이 지정수량의 3천배 이상 보기 ③

(2) | 제4류 위험물을 저장하는 옥외탱크저장소

옥외탱크저장소에 저장하는 제4류 위험물의 최대수량이 지정수량의 50만배 이상

답 ④

42

13.06.문59

위험물안전관리법령상 제조소등에 설치하여야 할 자동화재탐지설비의 설치기준 중 ( ) 안에 알맞은 내용은? (단, 광전식 분리형 감지기 설치는 제외한다.)

> 하나의 경계구역의 면적은 (㉠)m^2 이하로 하고 그 한 변의 길이는 (㉡)m 이하로 할 것. 다만, 당해 건축물 그 밖의 공작물의 주요한 출입구에서 그 내부의 전체를 볼 수 있는 경우에 있어서는 그 면적을 1000m^2 이하로 할 수 있다.

① ㉠ 300, ㉡ 20 ② ㉠ 400, ㉡ 30

③ ㉠ 500, ㉡ 40 ④ ㉠ 600, ㉡ 50

해설 위험물규칙〔별표 17〕
제조소 등의 자동화재탐지설비 설치기준
(1) 하나의 경계구역의 면적은 600m² 이하로 하고 그 한 변의 길이는 50m 이하로 한다. 보기 ④
(2) 경계구역은 건축물 그 밖의 공작물의 2 이상의 층에 걸치지 아니하도록 한다.
(3) 건축물의 그 밖의 공작물의 주요한 출입구에서 그 내부의 전체를 볼 수 있는 경우에 경계구역의 면적을 1000m² 이하로 할 수 있다.

답 ④

★★★
43 소방시설공사업법령상 전문 소방시설공사업의 등록기준 및 영업범위의 기준에 대한 설명으로 틀린 것은?
13.09.문43
① 법인인 경우 자본금은 최소 1억원 이상이다.
② 개인인 경우 자산평가액은 최소 1억원 이상이다.
③ 주된 기술인력 최소 1명 이상, 보조기술인력 최소 3명 이상을 둔다.
④ 영업범위는 특정소방대상물에 설치되는 기계분야 및 전기분야 소방시설의 공사·개설·이전 및 정비이다.

해설
③ 3명 이상 → 2명 이상

공사업령〔별표 1〕
소방시설공사업

종류	기술인력	자본금	영업범위
전문	• 주된 기술인력 :1명 이상 • 보조기술인력 :2명 이상 보기 ③	• 법인:1억원 이상 • 개인:1억원 이상	• 특정소방대상물
일반	• 주된 기술인력 :1명 이상 • 보조기술인력 :1명 이상	• 법인:1억원 이상 • 개인:1억원 이상	• 연면적 10000m² 미만 • 위험물제조소 등

답 ③

★★
44 소방시설 설치 및 관리에 관한 법령상 특정소방대상물의 관계인의 특정소방대상물의 규모·용도 및 수용인원 등을 고려하여 갖추어야 하는 소방시설의 종류에 대한 기준 중 다음 (   ) 안에 알맞은 것은?

화재안전기준에 따라 소화기구를 설치하여야 하는 특정소방대상물은 연면적 (㉠)m² 이상인 것. 다만, 노유자시설의 경우에는 투척용 소화용구 등을 화재안전기준에 따라 산정된 소화기 수량의 (㉡) 이상으로 설치할 수 있다.

① ㉠ 33, ㉡ $\frac{1}{2}$　　② ㉠ 33, ㉡ $\frac{1}{5}$

③ ㉠ 50, ㉡ $\frac{1}{2}$　　④ ㉠ 50, ㉡ $\frac{1}{5}$

해설 소방시설법 시행령〔별표 4〕
소화설비의 설치대상

종류	설치대상
소화기구	① 연면적 33m² 이상(단, **노유자시설**은 **투척용 소화용구** 등을 산정된 소화기 수량의 $\frac{1}{2}$ 이상으로 설치 가능) 보기 ① ② 국가유산 ③ 가스시설 ④ 터널 ⑤ 지하구 ⑥ 전기저장시설
주거용 주방자동소화장치	① 아파트 등(모든 층) ② **오피스텔**(모든 층)

답 ①

★★★
45 화재의 예방 및 안전관리에 관한 법령상 천재지변 및 그 밖에 대통령령으로 정하는 사유로 화재안전조사를 받기 곤란하여 화재안전조사의 연기를 신청하려는 자는 화재안전조사 시작 최대 며칠 전까지 연기신청서 및 증명서류를 제출해야 하는가?
17.03.문45
① 3　　　　② 5
③ 7　　　　④ 10

해설 화재예방법 7·8조, 화재예방법 시행규칙 4조
화재안전조사
(1) 실시자 : **소방청장·소방본부장·소방서장**
(2) 관계인의 승낙이 필요한 곳 : **주거**(주택)
(3) 화재안전조사 연기신청 : **3일 전** 보기 ①

용어

화재안전조사
소방대상물, 관계지역 또는 관계인에 대하여 소방시설 등이 소방관계법령에 적합하게 설치·관리되고 있는지, 소방대상물에 화재의 발생위험이 있는지 등을 확인하기 위하여 실시하는 현장조사·문서열람·보고요구 등을 하는 활동

답 ①

★★★
46 위험물안전관리법령상 정기점검의 대상인 제조소 등의 기준으로 틀린 것은?

20.09.문48
17.09.문51
16.10.문45

① 지하탱크저장소
② 이동탱크저장소
③ 지정수량의 10배 이상의 위험물을 취급하는 제조소
④ 지정수량의 20배 이상의 위험물을 저장하는 옥외탱크저장소

 ④ 20배 이상 → 200배 이상

위험물령 15·16조
정기점검의 대상인 제조소 등
(1) **제조소** 등(**이**송취급소·**암**반탱크저장소)
(2) **지하탱크**저장소 [보기 ①]
(3) **이동탱크**저장소 [보기 ②]
(4) 위험물을 취급하는 탱크로서 지하에 매설된 탱크가 있는 **제조소·주유취급소** 또는 **일반취급소**

[기억법] 정이암 지이

(5) 예방규정을 정하여야 할 제조소 등

배 수	제조소 등
10배 이상	• **제조소** [보기 ③] • **일**반취급소
100배 이상	• 옥**외**저장소
1**5**0배 이상	• 옥**내**저장소
200배 이상	• 옥외**탱**크저장소 [보기 ④]
모두 해당	• 이송취급소 • 암반탱크저장소

[기억법]	1	제일
	0	외
	5	내
	2	탱

※ **예방규정** : 제조소 등의 화재예방과 화재 등 재해발생시의 비상조치를 위한 규정

답 ④

★★★
47 위험물안전관리법령상 제4류 위험물 중 경유의 지정수량은 몇 리터인가?

20.09.문46
17.09.문42
15.05.문41
13.09.문54

① 500
② 1000
③ 1500
④ 2000

위험물령 〔별표 1〕
제4류 위험물

성 질	품 명		지정수량	대표물질
인화성 액체	특수인화물		50L	• 다이에틸에터 • 이황화탄소
	제1 석유류	비수용성	200L	• 휘발유 • 콜로디온
		수용성	**4**00L	• 아세톤 [기억법] 수4
	알코올류		400L	• 변성알코올
	제2 석유류	비수용성	1000L	• 등유 • **경유** [보기 ②]
		수용성	2000L	• 아세트산
	제3 석유류	비수용성	2000L	• 중유 • 크레오소트유
		수용성	4000L	• 글리세린
	제4석유류		6000L	• 기어유 • 실린더유
	동식물유류		10000L	• 아마인유

답 ②

★★
48 화재의 예방 및 안전관리에 관한 법령상 1급 소방안전관리대상물의 소방안전관리자 선임대상기준 중 ( ) 안에 알맞은 내용은?

소방공무원으로 ( ) 근무한 경력이 있는 사람으로서 1급 소방안전관리자 자격증을 받은 사람

① 1년 이상
② 3년 이상
③ 5년 이상
④ 7년 이상

화재예방법 시행령 〔별표 4〕
(1) **특급** 소방안전관리대상물의 소방안전관리자 선임조건

자 격	경 력	비 고
• 소방기술사 • 소방시설관리사	경력 필요 없음	특급 소방안전관리자 자격증을 받은 사람
• 1급 소방안전관리자(소방설비기사)	5년	
• 1급 소방안전관리자(소방설비산업기사)	7년	
• 소방공무원	20년	
• 소방청장이 실시하는 특급 소방안전관리대상물의 소방안전관리에 관한 시험에 합격한 사람	경력 필요 없음	

(2) **1급 소방안전관리대상물**의 **소방안전관리자 선임 조건**

자 격	경 력	비 고
• 소방설비기사 · 소방설비산업기사	경력 필요 없음	1급 소방안전관리자 자격증을 받은 사람
• 소방공무원 보기 ④	7년	
• 소방청장이 실시하는 1급 소방안전관리대상물의 소방안전관리에 관한 시험에 합격한 사람	경력 필요 없음	
• 특급 소방안전관리대상물의 소방안전관리자 자격이 인정되는 사람		

(3) **2급 소방안전관리대상물**의 **소방안전관리자 선임 조건**

자 격	경 력	비 고
• 위험물기능장 · 위험물산업기사 · 위험물기능사	경력 필요 없음	2급 소방안전관리자 자격증을 받은 사람
• 소방공무원	3년	
• 소방청장이 실시하는 2급 소방안전관리대상물의 소방안전관리에 관한 시험에 합격한 사람	경력 필요 없음	
• 「기업활동 규제완화에 관한 특별조치법」에 따라 소방안전관리자로 선임된 사람(소방안전관리자로 선임된 기간으로 한정)		
• 특급 또는 1급 소방안전관리대상물의 소방안전관리자 자격이 인정되는 사람		

(4) **3급 소방안전관리대상물**의 **소방안전관리자 선임 조건**

자 격	경 력	비 고
• 소방공무원	1년	3급 소방안전관리자 자격증을 받은 사람
• 소방청장이 실시하는 3급 소방안전관리대상물의 소방안전관리에 관한 시험에 합격한 사람		
• 「기업활동 규제완화에 관한 특별조치법」에 따라 소방안전관리자로 선임된 사람(소방안전관리자로 선임된 기간으로 한정)	경력 필요 없음	
• 특급 소방안전관리대상물, 1급 소방안전관리대상물 또는 2급 소방안전관리대상물의 소방안전관리자 자격이 인정되는 사람		

답 ④

49 소방시설 설치 및 관리에 관한 법령상 용어의 정의 중 ( ) 안에 알맞은 것은?
18.03.문55

> 특정소방대상물이란 건축물 등의 규모 · 용도 및 수용인원 등을 고려하여 소방시설을 설치하여야 하는 소방대상물로서 ( )으로 정하는 것을 말한다.

① 대통령령　② 국토교통부령
③ 행정안전부령　④ 고용노동부령

해설 **소방시설법 2조**
정의

용 어	뜻
소방시설	**소화설비, 경보설비, 피난구조설비, 소화용수설비**, 그 밖에 **소화활동설비**로서 **대통령령**으로 정하는 것
소방시설 등	**소방시설**과 **비상구**, 그 밖에 소방관련시설로서 **대통령령**으로 정하는 것
특정소방대상물	건축물 등의 규모 · 용도 및 수용인원 등을 고려하여 **소방시설**을 **설치**하여야 하는 소방대상물로서 **대통령령**으로 정하는 것 보기 ①
소방용품	소방시설 등을 구성하거나 소방용으로 사용되는 **제품** 또는 **기기**로서 **대통령령**으로 정하는 것

답 ①

50 소방기본법 제1장 총칙에서 정하는 목적의 내용으로 거리가 먼 것은?
15.05.문50
13.06.문60

① 구조, 구급 활동 등을 통하여 공공의 안녕 및 질서유지
② 풍수해의 예방, 경계, 진압에 관한 계획, 예산지원 활동
③ 구조, 구급 활동 등을 통하여 국민의 생명, 신체, 재산 보호
④ 화재, 재난, 재해 그 밖의 위급한 상황에서의 구조, 구급 활동

해설 **기본법 1조**
소방기본법의 목적
(1) 화재의 **예방 · 경계 · 진압**
(2) 국민의 **생명 · 신체 및 재산보호** 보기 ③
(3) 공공의 안녕 및 질서유지와 **복리증진** 보기 ①
(4) **구조 · 구급활동** 보기 ④

기억법 **예경진**(**경진**이한테 **예**를 갖춰라!)

답 ②

51 소방기본법령상 소방본부 종합상황실의 실장이 서면·팩스 또는 컴퓨터 통신 등으로 소방청 종합상황실에 보고하여야 하는 화재의 기준이 아닌 것은?

18.04.문41
17.05.문53
16.03.문46
05.09.문55

① 이재민이 100인 이상 발생한 화재
② 재산피해액이 50억원 이상 발생한 화재
③ 사망자가 3인 이상 발생하거나 사상자가 5인 이상 발생한 화재
④ 층수가 5층 이상이거나 병상이 30개 이상인 종합병원에서 발생한 화재

해설 ③ 3인 이상 → 5인 이상, 5인 이상 → 10인 이상

기본규칙 3조
종합상황실 실장의 보고화재
(1) 사망자 **5인 이상** 화재 보기 ③
(2) 사상자 **10인 이상** 화재 보기 ③
(3) 이재민 **100인 이상** 화재 보기 ①
(4) 재산피해액 **50억원 이상** 화재 보기 ②
(5) 관광호텔, 층수가 11층 이상인 건축물, 지하상가, 시장, 백화점
(6) **5층 이상** 또는 객실 30실 이상인 **숙박시설**
(7) **5층 이상** 또는 병상 **30개 이상**인 **종합병원·정신병원·한방병원·요양소** 보기 ④
(8) **1000t 이상**인 선박(항구에 매어둔 것)
(9) 지정수량 **3000배 이상**의 위험물 제조소·저장소·취급소
(10) 연면적 **15000㎡ 이상**인 **공장** 또는 **화재예방강화지구**에서 발생한 화재
(11) **가스** 및 **화약류**의 폭발에 의한 화재
(12) 관공서·학교·정부미도정공장·문화재·지하철 또는 지하구의 **화재**
(13) 철도차량, 항공기, 발전소 또는 변전소
(14) 다중이용업소의 화재

 용어
종합상황실
화재·재난·재해·구조·구급 등이 필요한 때에 신속한 소방활동을 위한 정보를 수집·전파하는 소방서 또는 소방본부의 지령관제실

답 ③

52 소방시설 설치 및 관리에 관한 법령상 관리업자가 소방시설 등의 점검을 마친 후 점검기록표에 기록하고 이를 해당 특정소방대상물에 부착하여야 하나 이를 위반하고 점검기록표를 기록하지 아니하거나 특정소방대상물의 출입자가 쉽게 볼 수 있는 장소에 게시하지 아니하였을 때 벌칙기준은?

19.04.문49
15.09.문57
10.03.문57

① 100만원 이하의 과태료
② 200만원 이하의 과태료
③ 300만원 이하의 과태료
④ 500만원 이하의 과태료

해설 **소방시설법 61조**
300만원 이하의 과태료
(1) 소방시설을 화재안전기준에 따라 설치·관리하지 아니한 자
(2) 피난시설, 방화구획 또는 방화시설의 **폐쇄·훼손·변경** 등의 행위를 한 자
(3) 임시소방시설을 설치·관리하지 아니한 자
(4) 점검기록표를 기록하지 아니하거나 특정소방대상물의 출입자가 쉽게 볼 수 있는 장소에 게시하지 아니한 관계인

답 ③

53 소방시설 설치 및 관리에 관한 법령상 분말형태의 소화약제를 사용하는 소화기의 내용연수로 옳은 것은? (단, 소방용품의 성능을 확인받아 그 사용기한을 연장하는 경우는 제외한다.)

① 3년　② 5년
③ 7년　④ 10년

해설 **소방시설법 시행령 19조**
분말형태의 **소화약제**를 사용하는 소화기 : 내용연수 **10년**

답 ④

54 소방시설공사업법령상 소방시설공사업자가 소속 소방기술자를 소방시설공사 현장에 배치하지 않았을 경우에 과태료 기준은?

17.09.문43

① 100만원 이하　② 200만원 이하
③ 300만원 이하　④ 400만원 이하

해설 **200만원 이하의 과태료**
(1) 소방용수시설·소화기구 및 설비 등의 설치명령 위반(화재예방법 52조)
(2) 특수가연물의 저장·취급 기준 위반(화재예방법 52조)
(3) 한국119청소년단 또는 이와 유사한 명칭을 사용한 자(기본법 56조)
(4) 소방활동구역 출입(기본법 56조)
(5) 소방자동차의 출동에 지장을 준 자(기본법 56조)
(6) 한국소방안전원 또는 이와 유사한 명칭을 사용한 자(기본법 56조)
(7) 관계서류 미보관자(공사업법 40조)
(8) **소방기술자 미배치자**(공사업법 40조) 보기 ②
(9) 완공검사를 받지 아니한 자(공사업법 40조)
(10) 방염성능기준 미만으로 방염한 자(공사업법 40조)
(11) 하도급 미통지자(공사업법 40조)
(12) 관계인에게 지위승계·행정처분·휴업·폐업 사실을 거짓으로 알린 자(공사업법 40조)

답 ②

55 ★★★
19.04.문48
19.04.문56
18.04.문56
16.05.문49
14.03.문58
11.06.문49

화재의 예방 및 안전관리에 관한 법령상 옮긴 물건 등의 보관기간은 해당 소방관서의 인터넷 홈페이지에 공고하는 기간의 종료일 다음 날부터 며칠로 하는가?

① 3
② 4
③ 5
④ 7

해설 7일
(1) **옮긴 물건 등의 보관기간**(화재예방법 시행령 17조) 보기 ④
(2) 건축허가 등의 취소통보(소방시설법 시행규칙 5조)
(3) **소방공사 감리원**의 **배치통보일**(공사업규칙 17조)
(4) 소방공사 감리결과 통보·보고일(공사업규칙 19조)

기억법 감배7(감 배치)

답 ④

56 ★★★
19.09.문54
14.09.문46
14.05.문52
14.03.문59
06.05.문60

소방기본법령상 소방활동장비와 설비의 구입 및 설치시 국고보조의 대상이 아닌 것은?

① 소방자동차
② 사무용 집기
③ 소방헬리콥터 및 소방정
④ 소방전용통신설비 및 전산설비

해설 기본령 2조
(1) **국고보조의 대상**
 ㉠ 소방활동장비와 설비의 구입 및 설치
  • 소방**자**동차 보기 ①
  • 소방**헬**리콥터·소방**정** 보기 ③
  • 소방**전**용통신설비·전산설비 보기 ④
  • 방**화**복
 ㉡ 소방관서용 **청**사
(2) **소방활동장비** 및 설비의 **종류**와 **규격**: 행정안전부령
(3) **대상사업**의 **기준보조율**:「보조금관리에 관한 법률 시행령」에 따름

기억법 자헬 정전화 청국

답 ②

57 ★
화재의 예방 및 안전관리에 관한 법령상 특정소방대상물의 관계인은 소방안전관리자를 기준일로부터 30일 이내에 선임하여야 한다. 다음 중 기준일로 틀린 것은?

① 소방안전관리자를 해임한 경우 : 소방안전관리자를 해임한 날
② 특정소방대상물을 양수하여 관계인의 권리를 취득한 경우 : 해당 권리를 취득한 날

③ 신축으로 해당 특정소방대상물의 소방안전관리자를 신규로 선임하여야 하는 경우 : 해당 특정소방대상물의 완공일
④ 증축으로 인하여 특정소방대상물이 소방안전관리대상물로 된 경우 : 증축공사의 개시일

해설 ④ 개시일 → 완공일

화재예방법 시행규칙 14조
소방안전관리자 30일 이내 선임조건

구 분	설 명
소방안전관리자를 해임한 경우 보기 ①	소방안전관리자를 해임한 날
특정소방대상물을 양수하여 관계인의 권리를 취득한 경우 보기 ②	해당 권리를 취득한 날
신축으로 해당 특정소방대상물의 소방안전관리자를 신규로 선임하여야 하는 경우 보기 ③	해당 특정소방대상물의 완공일
증축으로 인하여 특정소방대상물이 소방안전관리대상물로 된 경우 보기 ④	증축공사의 완공일

답 ④

58 ★★
13.06.문44
12.09.문53

위험물안전관리법령상 위험물을 취급함에 있어서 정전기가 발생할 우려가 있는 설비에 설치할 수 있는 정전기 제거설비 방법이 아닌 것은?

① 접지에 의한 방법
② 공기를 이온화하는 방법
③ 자동적으로 압력의 상승을 정지시키는 방법
④ 공기 중의 상대습도를 70% 이상으로 하는 방법

해설 위험물규칙 〔별표 4〕
정전기 제거방법
(1) **접지**에 의한 방법 보기 ①
(2) 공기 중의 상대습도를 **70%** 이상으로 하는 방법 보기 ④
(3) **공기**를 **이온화**하는 방법 보기 ②

📋 비교

위험물규칙 〔별표 4〕
위험물을 가압하는 설비 또는 그 취급하는 위험물의 압력이 상승할 우려가 있는 설비에 설치하는 안전장치
(1) 자동적으로 **압력**의 **상승**을 **정지**시키는 장치 보기 ③
(2) 감압측에 **안전밸브**를 부착한 **감압밸브**
(3) **안전밸브**를 겸하는 **경보장치**
(4) **파괴판**

답 ③

 ④ 30명 이상 → 50명 이상

소방시설법 시행령 〔별표 4〕
비상경보설비의 설치대상

설치대상	조 건
지하층·무창층	• 바닥면적 150m² (공연장 100m²) 이상 보기 ① ②
전부	• 연면적 400m² 이상 보기 ①
지하가 중 터널	• 길이 500m 이상 보기 ③
옥내작업장	• 50명 이상 작업 보기 ④

답 ④

★★★ 59 화재의 예방 및 안전관리에 관한 법령상 특수가연물의 수량 기준으로 옳은 것은?

20.08.문55
15.09.문47
15.05.문49
14.03.문52
12.05.문60

① 면화류 : 200kg 이상
② 가연성 고체류 : 500kg 이상
③ 나무껍질 및 대팻밥 : 300kg 이상
④ 넝마 및 종이부스러기 : 400kg 이상

해설
② 500kg → 3000kg
③ 300kg → 400kg
④ 400kg → 1000kg

화재예방법 시행령 〔별표 2〕
특수가연물

품 명	수 량
가연성 **액**체류	2m³ 이상
목재가공품 및 나무부스러기	10m³ 이상
면화류	200kg 이상 보기 ①
나무껍질 및 대팻밥	400kg 이상 보기 ③
넝마 및 종이부스러기	
사류(絲類)	1000kg 이상 보기 ④
볏짚류	
가연성 **고**체류	3000kg 이상 보기 ②
고무류·플라스틱류	발포시킨 것	20m³ 이상
	그 밖의 것	3000kg 이상
석탄·목탄류	10000kg 이상

※ **특수가연물** : 화재가 발생하면 그 확대가 빠른 물품

기억법
가액목면나 넝사볏가고 고석
2 124 1 3 31

답 ①

★★★ 60 비상경보설비를 설치하여야 할 특정소방대상물이 아닌 것은?

19.04.문48
19.04.문56
18.04.문56
16.05.문49
14.03.문58
11.06.문49

① 연면적 400m² 이상이거나 지하층 또는 무창층의 바닥면적이 150m² 이상인 것
② 지하층에 위치한 바닥면적 100m²인 공연장
③ 지하가 중 터널로서 길이가 500m 이상인 것
④ 30명 이상의 근로자가 작업하는 옥내작업장

제4과목 소방기계시설의 구조 및 원리

★★ 61 특별피난계단의 계단실 및 부속실 제연설비의 화재안전기준상 수직풍도에 따른 배출기준 중 각 층의 옥내와 면하는 수직풍도의 관통부에 설치하여야 하는 배출댐퍼 설치기준으로 틀린 것은?

18.03.문65
14.05.문61

① 화재층에 설치된 화재감지기의 동작에 따라 당해 층의 댐퍼가 개방될 것
② 풍도의 배출댐퍼는 이·탈착구조가 되지 않도록 설치할 것
③ 개폐여부를 당해 장치 및 제어반에서 확인할 수 있는 감지기능을 내장하고 있을 것
④ 배출댐퍼는 두께 1.5mm 이상의 강판 또는 이와 동등 이상의 성능이 있는 것으로 설치하여야 하며 비내식성 재료의 경우에는 부식방지 조치를 할 것

해설
② 이·탈착구조가 되지 않도록 설치할 것 → 이·탈착구조로 할 것

각 층의 옥내와 면하는 수직풍도의 관통부 배출댐퍼 설치기준(NFPC 501A 14조, NFTC 501A 2.11.1.3)

(1) 배출댐퍼는 두께 **1.5mm** 이상의 강판 또는 이와 동등 이상의 강도가 있는 것으로 설치하여야 하며, 비내식성 재료의 경우에는 부식방지 조치를 할 것 보기 ④
(2) 평상시 **닫힘구조**로 기밀상태를 유지할 것
(3) 개폐여부를 해당 장치 및 **제어반**에서 확인할 수 있는 감지기능을 내장하고 있을 것 보기 ③
(4) 구동부의 작동상태와 닫혀 있을 때의 기밀상태를 수시로 점검할 수 있는 구조일 것

(5) 풍도의 내부마감상태에 대한 점검 및 댐퍼의 정비가 가능한 **이·탈착구조**로 할 것 [보기 ②]

(6) 화재층에 설치된 화재감지기의 동작에 따라 해당 층의 댐퍼가 개방될 것 [보기 ①]

(7) 개방시의 실제개구부의 크기는 수직풍도의 최소 내부단면적 이상으로 할 것

(8) 댐퍼는 풍도 내의 공기흐름에 지장을 주지 않도록 수직풍도의 내부로 돌출하지 않게 설치할 것

답 ②

---

62 포소화설비의 화재안전기준에 따라 포소화설비 송수구의 설치기준에 대한 설명으로 옳은 것은?

① 구경 65mm의 쌍구형으로 할 것

② 지면으로부터 높이가 0.5m 이상 1.5m 이하의 위치에 설치할 것

③ 하나의 층의 바닥면적이 2000m²를 넘을 때마다 1개 이상을 설치할 것

④ 송수구의 가까운 부분에 자동배수밸브(또는 직경 3mm의 배수공) 및 안전밸브를 설치할 것

 해설
② 1.5m 이하 → 1m 이하
③ 2000m² → 3000m²
④ 3mm → 5mm

포소화설비 송수구 설치기준(NFPC 105 7조, NFTC 105 2.4.14)

(1) 화재층으로부터 지면으로 떨어지는 유리창 등이 송수 및 그 밖의 소화작업에 지장을 주지 않는 장소에 설치

(2) 포소화설비의 주배관에 이르는 연결배관에 **개폐밸브**를 설치한 때에는 그 **개폐상태**를 쉽게 확인 및 조작할 수 있는 **옥외** 또는 **기계실** 등의 장소에 설치

(3) 구경 **65mm**의 **쌍구형**으로 할 것 [보기 ①]

(4) 그 가까운 곳의 보기 쉬운 곳에 **송수압력범위**를 **표시한 표지**를 할 것

(5) 하나의 층의 바닥면적이 **3000m²**를 넘을 때마다 1개(5개를 넘을 경우에는 **5개**로 한다)를 설치 [보기 ③]

(6) 지면으로부터 **0.5~1m** 이하의 위치에 설치 [보기 ②]

(7) 가까운 부분에 **자동배수밸브**(또는 직경 **5mm**의 배수공) 및 **체크밸브**를 설치 [보기 ④]

(8) 이물질을 막기 위한 **마개**를 씌울 것

답 ①

63
14.05.문71
07.03.문76
스프링클러설비 본체 내의 유수현상을 자동적으로 검지하여 신호 또는 경보를 발하는 장치는?

① 수압개폐장치

② 물올림장치

③ 일제개방밸브장치

④ 유수검지장치

해설

구 분	설 명
기동용 수압개폐장치	① 소화설비의 배관 내 **압력변동**을 검**지**하여 자동적으로 펌프를 **가동** 또는 **정지**시키는 장치 ② 종류 : 압력챔버, 기동용 압력스위치 [보기 ①]
물올림장치	수원의 수위가 펌프보다 아래에 있을 때 설치하며, 주기능은 펌프와 풋밸브 사이의 흡입관 내에 항상 물을 충만시켜 펌프가 **물**을 **흡입**할 수 있도록 하는 설비 [보기 ②]
일제개방밸브	**개방형 스프링클러헤드**를 사용하는 **일제살수식 스프링클러설비**에 설치하는 **밸브**로서 화재발생시 **자동** 또는 **수동식 기동장치**에 따라 밸브가 열려지는 것 [보기 ③]
유수검지장치	**유수현상**을 **자동적**으로 **검지**하여 신호 또는 경보를 발하는 장치 [보기 ④]

답 ④

---

64 옥내소화전설비의 화재안전기준에 따라 옥내소화전설비의 표시등 설치기준으로 옳은 것은?

① 가압송수장치의 기동을 표시하는 표시등은 옥내소화전함의 상부 또는 그 직근에 설치한다.

② 가압송수장치의 기동을 표시하는 표시등은 녹색등으로 한다.

③ 자체소방대를 구성하여 운영하는 경우 가압송수장치의 기동표시등을 반드시 설치해야 한다.

④ 옥내소화전설비의 위치를 표시하는 표시등은 함의 하부에 설치하되, 「표시등의 성능인증 및 제품검사의 기술기준」에 적합한 것으로 한다.

 ② 녹색등 → 적색등

③ 반드시 설치해야 한다 → 설치하지 않을 수 있다

④ 하부 → 상부

옥내소화전설비의 표시등 설치기준(NFPC 102 7조, NFTC 102 2.4.3)

(1) 옥내소화전설비의 위치를 표시하는 **표시등**은 **함**의 **상부**에 설치하되, 소방청장이 고시하는 「표시등의 성능인증 및 제품검사의 기술기준」에 적합한 것으로 할 것 |보기 ④|

(2) 가압송수장치의 기동을 표시하는 **표시등**은 옥내소화전함의 **상부** 또는 그 **직근**에 설치하되 **적색등**으로 할 것(단, **자체소방대**를 구성하여 운영하는 경우(「위험물안전관리법 시행령」 〔별표 8〕에서 정한 소방자동차와 자체소방대원의 규모) **가압송수장치의 기동표시등**을 설치하지 않을 수 있다) |보기 ①②③|

답 ①

★★★
65 소화기구 및 자동소화장치의 화재안전기준상 건축물의 주요구조부가 내화구조이고, 벽 및 반자의 실내에 면하는 부분이 불연재료로 된 바닥면적이 $600m^2$인 노유자시설에 필요한 소화기구의 능력단위는 최소 얼마 이상으로 하여야 하는가?

19.04.문78
18.09.문79
16.05.문65
15.09.문78
14.03.문71
05.03.문72

① 2단위
② 3단위
③ 4단위
④ 6단위

특정소방대상물별 소화기구의 능력단위기준(NFTC 101 2.1.1.2)

특정소방대상물	소화기구의 능력단위	건축물의 주요구조부가 내화구조이고, 벽 및 반자의 실내에 면하는 부분이 불연재료·준불연재료 또는 난연재료로 된 특정소방대상물의 능력단위
● **위**락시설 〔기억법〕 **위3**(**위상**)	바닥면적 $30m^2$마다 1단위 이상	바닥면적 $60m^2$마다 1단위 이상
● **공**연장 ● **집**회장 ● **관**람장 및 **문**화재 ● **의**료시설·**장**례시설 〔기억법〕 **5공연장 문의 집관람**(손오공 연장 문의 집관람)	바닥면적 $50m^2$마다 1단위 이상	바닥면적 $100m^2$마다 1단위 이상

● **근**린생활시설
● **운**수시설
● **판**매시설
● **숙**박시설
● **노유자시설**
● **전**시장
● 공동**주**택
● **업**무시설
● **방**송통신시설
● 공장·**창**고
● **항**공기 및 자동**차** 관련 시설 및 **관광**휴게시설

〔기억법〕 **근판숙노전 주업방차창 1항관광**(근판숙노전 주업방차창 일본항 관광)

	바닥면적 $100m^2$마다 1단위 이상	바닥면적 $200m^2$마다 1단위 이상
● 그 밖의 것	바닥면적 $200m^2$마다 1단위 이상	바닥면적 $400m^2$마다 1단위 이상

노유자시설로서 내화구조이고 **불연재료**를 사용하므로 바닥면적 200m^2마다 1단위 이상

노유자시설 최소능력단위 $= \dfrac{600m^2}{200m^2} = 3$단위

답 ②

★★★
66 분말소화설비의 화재안전기준에 따라 분말소화설비의 자동식 기동장치의 설치기준으로 틀린 것은? (단, 자동식 기동장치는 자동화재탐지설비의 감지기의 작동과 연동하는 것이다.)

18.09.문61
17.03.문67
16.10.문61

① 기동용 가스용기의 충전비는 1.5 이상으로 할 것

② 자동식 기동장치에는 수동으로도 기동할 수 있는 구조로 할 것

③ 전기식 기동장치로서 3병 이상의 저장용기를 동시에 개방하는 설비는 2병 이상의 저장용기에 전자개방밸브를 부착할 것

④ 기동용 가스용기에는 내압시험압력의 0.8배 내지 내압시험압력 이하에서 작동하는 안전장치를 설치할 것

 ③ 3병 이상 → 7병 이상

전자개방밸브 부착

분말소화약제 가압용 가스용기	이산화탄소소화설비 전기식 기동장치·분말 소화설비 전기식 기동장치
3병 이상 설치한 경우 2개 이상	**7병** 이상 개방시 2병 이상 |보기 ③|

중요

(1) 분말소화설비 가스압력식 기동장치

구 분	기 준
기동용 가스용기의 체적	5L 이상(단, 1L 이상시 CO_2량 0.6kg 이상)
기동용 가스용기 충전비	1.5~1.9 이하
기동용 가스용기 안전장치의 압력	내압시험압력의 0.8~ 내압시험압력 이하
기동용 가스용기 및 해당 용기에 사용하는 밸브의 견디는 압력	25MPa 이상

(2) 이산화탄소소화설비 가스압력식 기동장치

구 분	기 준
기동용 가스용기의 체적	5L 이상

답 ③

67 상수도 소화용수설비의 화재안전기준에 따른 설치기준 중 다음 ( ) 안에 알맞은 것은?

19.09.문66
19.04.문74
19.03.문69
17.03.문64
14.03.문63
07.03.문70

호칭지름 (㉠)mm 이상의 수도배관에 호칭지름 (㉡)mm 이상의 소화전을 접속하여야 하며, 소화전은 특정소방대상물의 수평투영면의 각 부분으로부터 (㉢)m 이하가 되도록 설치할 것

① ㉠ 65, ㉡ 80, ㉢ 120
② ㉠ 65, ㉡ 100, ㉢ 140
③ ㉠ 75, ㉡ 80, ㉢ 120
④ ㉠ 75, ㉡ 100, ㉢ 140

해설 상수도 소화용수설비의 기준(NFPC 401 4조, NFTC 401 2.1)
(1) 호칭지름

수도배관	소화전
75mm 이상	100mm 이상

(2) 소화전은 소방자동차 등의 진입이 쉬운 **도로변** 또는 **공지**에 설치할 것
(3) 소화전은 특정소방대상물의 수평투영면의 각 부분으로부터 **140m** 이하가 되도록 설치할 것
(4) 지상식 소화전의 호스접결구는 지면으로부터 높이가 0.5m 이상 1m 이하가 되도록 설치할 것

기억법 수75(수지침으로 치료), 소1(소일거리)

답 ④

68 스프링클러설비의 화재안전기준에 따라 스프링클러헤드를 설치하지 않을 수 있는 장소로만 나열된 것은?

19.04.문65
15.03.문72
13.03.문79
12.09.문73

① 계단실, 병실, 목욕실, 냉동창고의 냉동실, 아파트(대피공간 제외)

② 발전실, 병원의 수술실·응급처치실, 통신기기실, 관람석이 없는 실내 테니스장(실내 바닥·벽 등이 불연재료)
③ 냉동창고의 냉동실, 변전실, 병실, 목욕실, 수영장 관람석
④ 병원의 수술실, 관람석이 없는 실내 테니스장(실내 바닥·벽 등이 불연재료), 변전실, 발전실, 아파트(대피공간 제외)

해설 스프링클러헤드 설치 제외 장소(NFTC 103 2.12)
(1) 발전실
(2) 수술실
(3) 응급처치실
(4) 통신기기실
(5) 직접 외기에 개방된 복도

비교

스프링클러헤드 설치장소
(1) **보**일러실
(2) 복도
(3) 슈퍼마켓
(4) 소매시장
(5) 위험물·특수가연물 취급장소
(6) 아파트

기억법 보스(BOSS)

답 ②

69 포소화설비의 화재안전기준에서 포소화설비에 소방용 합성수지배관을 설치할 수 있는 경우로 틀린 것은?

① 배관을 지하에 매설하는 경우
② 다른 부분과 내화구조로 구획된 덕트 또는 피트의 내부에 설치하는 경우
③ 동결방지조치를 하거나 동결의 우려가 없는 경우
④ 천장과 반자를 불연재료 또는 준불연재료로 설치하고 소화배관 내부에 항상 소화수가 채워진 상태로 설치하는 경우

해설 포소화설비 **소방용 합성수지배관**으로 **설치**할 수 있는 경우(NFTC 105 2.4.2)
(1) 배관을 **지하**에 **매설**하는 경우 보기 ①
(2) 다른 부분과 **내화구조**로 구획된 덕트 또는 피트의 내부에 설치하는 경우 보기 ②
(3) 천장(상층이 있는 경우에는 상층바닥의 하단 포함)과 반자를 **불연재료** 또는 **준불연재료**로 설치하고 소화배관 내부에 항상 소화수가 채워진 상태로 설치하는 경우 보기 ④

동결방지조치를 하거나 동결의 우려가 없는 장소에 설치 보기 ③
(1) **수조** 설치기준(NFPC 105 5조, NFTC 105 2.2.4.2)
(2) **가압송수장치** 설치기준(NFPC 105 6조, NFTC 105 2.3.1.2)
(3) **배관**설치기준(NFPC 105 7조, NFTC 105 2.4.10)

답 ③

★ 70 [13.09.문79]

다음 중 피난기구의 화재안전기준에 따라 피난기구를 설치하지 아니하여도 되는 소방대상물로 틀린 것은?

① 갓복도식 아파트 또는 4층 이상인 층에서 발코니에 해당하는 구조 또는 시설을 설치하여 인접세대로 피난할 수 있는 아파트
② 주요구조부가 내화구조로서 거실의 각 부분으로 직접 복도로 피난할 수 있는 학교(강의실 용도로 사용되는 층에 한함)
③ 무인공장 또는 자동창고로서 사람의 출입이 금지된 장소
④ 문화 · 집회 및 운동시설 · 판매시설 및 영업시설 또는 노유자시설의 용도로 사용되는 층으로서 그 층의 바닥면적이 1000m² 이상인 것

해설 **피난기구**의 **설치장소**(NFTC 301 2.2.1.3)
문화 · 집회 및 **운동시설 · 판매시설 및 영업시설** 또는 **노유자시설**의 용도로 사용되는 층으로서 그 층의 바닥면적이 **1000m²** 이상 보기 ④

기억법 피설문1000(피설문천)

답 ④

★★ 71 [17.03.문73] [14.03.문62]

지하구의 화재안전기준에 따라 연소방지설비 헤드의 설치기준으로 옳은 것은?

① 헤드 간의 수평거리는 연소방지설비 전용헤드의 경우에는 1.5m 이하로 할 것
② 헤드 간의 수평거리는 스프링클러헤드의 경우에는 2m 이하로 할 것
③ 천장 또는 벽면에 설치할 것
④ 한쪽 방향의 살수구역의 길이는 2m 이상으로 할 것

해설 ① 1.5m 이하 → 2m 이하
② 2m 이하 → 1.5m 이하
④ 2m → 3m

지하구 연소방지설비 헤드의 **설치기준**(NFPC 605 8조, NFTC 605 2.4.2)
(1) **천장** 또는 **벽면**에 설치하여야 한다. 보기 ③
(2) 헤드 간의 수평거리 보기 ①②

스프링클러헤드	연소방지설비 전용헤드
1.5m 이하	2m 이하

기억법 연방2(연방이 좋다.)

(3) 한쪽 방향의 살수구역의 길이는 **3m 이상**으로 할 것 보기 ④

기억법 연방3

답 ③

★★ 72 [19.04.문62] [16.03.문80]

소화기구 및 자동소화장치의 화재안전기준상 소화기구의 소화약제별 적응성 중 C급 화재에 적응성이 없는 소화약제는?

① 마른모래
② 할로겐화합물 및 불활성기체 소화약제
③ 이산화탄소 소화약제
④ 중탄산염류 소화약제

해설 **소화기구** 및 **자동소화장치**(NFTC 101 2.1.1.1)
전기화재(C급 화재)에 적응성이 있는 소화약제
(1) 이산화탄소 소화약제 보기 ③
(2) 할론소화약제
(3) 할로겐화합물 및 불활성기체 소화약제 보기 ②
(4) 인산염류 소화약제(분말)
(5) 중탄산염류 소화약제(분말) 보기 ④
(6) 고체 에어로졸화합물

답 ①

★ 73 [12.03.문76]

이산화탄소소화설비 및 할론소화설비의 국소방출방식에 대한 설명으로 옳은 것은?

① 고정식 소화약제 공급장치에 배관 및 분사헤드를 설치하여 직접 화점에 소화약제를 방출하는 방식이다.
② 고정된 분사헤드에서 밀폐 방호구역 공간 전체로 소화약제를 방출하는 방식이다.
③ 호스 선단에 부착된 노즐을 이동하여 방호대상물에 직접 소화약제를 방출하는 방식이다.
④ 소화약제 용기 노즐 등을 운반기구에 적재하고 방호대상물에 직접 소화약제를 방출하는 방식이다.

해설
② 전역방출방식
③, ④ 호스릴방식

소화설비의 방출방식

방출방식	설 명
전역방출방식	① 고정식 소화약제 공급장치에 배관 및 분사헤드를 고정 설치하여 **밀폐 방호구역** 내에 소화약제를 방출하는 설비 ② 내화구조 등의 벽 등으로 구획된 방호대상물로서 고정한 분사헤드에서 공간 전체로 소화약제를 분사하는 방식
국소방출방식	① 고정식 소화약제 공급장치에 배관 및 분사헤드를 설치하여 **직접 화점**에 소화약제를 방출하는 설비로 화재발생 부분에만 **집중적**으로 소화약제를 방출하도록 설치하는 방식 ② 고정된 분사헤드에서 특정 방호대상물에 직접 소화약제를 분사하는 방식
호스방출방식 (호스릴방식)	① 분사헤드가 배관에 고정되어 있지 않고 소화약제 저장용기에 호스를 연결하여 사람이 직접 화점에 소화약제를 방출하는 이동식 소화설비 ② 호스 선단에 부착된 노즐을 이동하여 방호대상물에 직접 소화약제를 분사하는 방식 ③ 소화약제 용기 노즐 등을 운반기구에 적재하고 방호대상물에 직접 소화약제를 방출하는 방식이다.

답 ①

★★★
74 특고압의 전기시설을 보호하기 위한 소화설비로 물분무소화설비를 사용한다. 그 주된 이유로 옳은 것은?

16.03.문75
13.06.문69
08.05.문79

① 물분무설비는 다른 물 소화설비에 비해서 신속한 소화를 보여주기 때문이다.
② 물분무설비는 다른 물 소화설비에 비해서 물의 소모량이 적기 때문이다.
③ 분무상태의 물은 전기적으로 비전도성이기 때문이다.
④ 물분무입자 역시 물이므로 전기전도성이 있으나 전기시설물을 젖게 하지 않기 때문이다.

해설 **물분무(무상주수)**가 **전기설비**에 **적합**한 **이유**
분무상태의 물은 전기적으로 **비전도성**을 나타내기 때문

※ **무상주수** : 물을 안개모양으로 방사하는 것

답 ③

★★★
75 물분무소화설비의 화재안전기준에 따라 물분무소화설비를 설치하는 차고 또는 주차장의 배수설비 설치기준으로 틀린 것은?

19.03.문70
17.09.문72
17.03.문67
16.10.문67
16.05.문79
15.05.문78
10.03.문63

① 차량이 주차하는 바닥은 배수구를 향해 $\frac{1}{100}$ 이상의 기울기를 유지할 것
② 배수구에서 새어나온 기름을 모아 소화할 수 있도록 길이 40m 이하마다 집수관·소화피트 등 기름분리장치를 설치할 것
③ 차량이 주차하는 장소의 적당한 곳에 높이 10cm 이상의 경계턱으로 배수구를 설치할 것
④ 배수설비는 가압송수장치의 최대송수능력의 수량을 유효하게 배수할 수 있는 크기 및 기울기로 할 것

해설
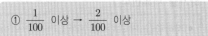
① $\frac{1}{100}$ 이상 → $\frac{2}{100}$ 이상

물분무소화설비의 **배수설비**(NFPC 104 11조, NFTC 104 2.8)
(1) **10cm** 이상의 경계턱으로 배수구 설치(차량이 주차하는 곳) 보기 ③
(2) **40m** 이하마다 기름분리장치 설치 보기 ②

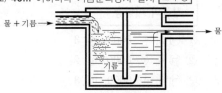

물＋기름 → 기름 → 물

| 기름분리장치 |

(3) 차량이 주차하는 바닥은 $\frac{2}{100}$ 이상의 기울기 유지 보기 ①
(4) **배수설비** : 가압송수장치의 최대송수능력의 수량을 유효하게 배수할 수 있는 크기 및 기울기로 할 것 보기 ④

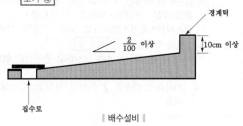

경계턱
$\frac{2}{100}$ 이상
10cm 이상
집수로
| 배수설비 |

참고

기울기

구 분	설 명
$\dfrac{1}{100}$ 이상	연결살수설비의 수평주행배관
$\dfrac{2}{100}$ 이상	물분무소화설비의 배수설비
$\dfrac{1}{250}$ 이상	습식·부압식 설비 외 설비의 가지배관
$\dfrac{1}{500}$ 이상	습식·부압식 설비 외 설비의 수평주행배관

답 ①

76 ★★

18.09.문76

연결송수관설비의 화재안전기준에 따라 송수구가 부설된 옥내소화전을 설치한 특정소방대상물로서 연결송수관설비의 방수구를 설치하지 아니할 수 있는 층의 기준 중 다음 (   ) 안에 알맞은 것은? (단, 집회장·관람장·백화점·도매시장·소매시장·판매시설·공장·창고시설 또는 지하가를 제외한다.)

- 지하층을 제외한 층수가 (㉠)층 이하이고 연면적이 (㉡)m² 미만인 특정소방대상물의 지상층
- 지하층의 층수가 (㉢) 이하인 특정소방대상물의 지하층

① ㉠ 3, ㉡ 5000, ㉢ 3
② ㉠ 4, ㉡ 6000, ㉢ 2
③ ㉠ 5, ㉡ 3000, ㉢ 3
④ ㉠ 6, ㉡ 4000, ㉢ 2

해설 **연결송수관설비**의 **방수구 설치제외 장소**(NFPC 502 6조, NFTC 502 2.3)

(1) **아파트**의 **1층** 및 **2층**

(2) 소방차의 접근이 가능하고 소방대원이 소방차로부터 각 부분에 쉽게 도달할 수 있는 피난층

(3) 송수구가 부설된 옥내소화전을 설치한 특정소방대상물(집회장·관람장·백화점·도매시장·소매시장·판매시설·공장·창고시설 또는 지하가 제외)로서 다음에 해당하는 층 ┃보기 ②┃
  ㉠ 지하층을 제외한 **4층** 이하이고 연면적이 **6000m²** 미만인 특정소방대상물의 지상층
  ㉡ 지하층의 층수가 **2** 이하인 특정소방대상물의 지하층

기억법 송426(송사리로 **육**포를 만들다.)

답 ②

77 ★★★

19.04.문64
13.09.문80
04.05.문69

스프링클러설비의 화재안전기준에 따라 폐쇄형 스프링클러헤드를 최고 주위온도 40℃인 장소 (공장 제외)에 설치할 경우 표시온도는 몇 ℃의 것을 설치하여야 하는가?

① 79℃ 미만
② 79℃ 이상 121℃ 미만
③ 121℃ 이상 162℃ 미만
④ 162℃ 이상

해설 **폐쇄형 스프링클러헤드**(NFTC 103 2.7.6)

설치장소의 최고주위온도	표시온도
39℃ 미만	**79**℃ 미만
39℃ 이상 **64**℃ 미만 →	→79℃ 이상 **121**℃ 미만
64℃ 이상 **106**℃ 미만	121℃ 이상 **162**℃ 미만
106℃ 이상	162℃ 이상

기억법		
	39	79
	64	121
	106	162

답 ②

78 ★★

18.09.문74
13.06.문64

할론소화설비의 화재안전기준상 할론 1211을 국소방출방식으로 방출할 때 분사헤드의 방출압력 기준은 몇 MPa 이상인가?

① 0.1
② 0.2
③ 0.9
④ 1.05

해설 **할론소화약제**

구 분		할론 1301	할론 1211	할론 2402
저장압력		2.5 MPa 또는 4.2 MPa	1.1 MPa 또는 2.5 MPa	–
방출압력		0.9 MPa	0.2 MPa	0.1 MPa
충전비	가압식	0.9~1.6 이하	0.7~1.4 이하	0.51~0.67 미만
	축압식			0.67~2.75 이하

답 ②

79

★★★

물분무소화설비의 화재안전기준상 물분무헤드를 설치하지 아니할 수 있는 장소의 기준 중 다음 (   ) 안에 알맞은 것은?

18.03.문73
17.09.문77
15.03.문76
14.09.문61
07.09.문72

> 운전시에 표면의 온도가 (   )℃ 이상으로 되는 등 직접 분무를 하는 경우 그 부분에 손상을 입힐 우려가 있는 기계장치 등이 있는 장소

① 160
② 200
③ 260
④ 300

해설 **물분무헤드 설치제외 장소**(NFPC 104 15조, NFTC 104 2.12)
(1) 물과 심하게 **반응**하는 **물질** 취급장소
(2) **고온물질** 취급장소
(3) **표면온도** **260℃** 이상 보기 ③

기억법 물표26(물표 이륙)

답 ③

80

★★

인명구조기구의 화재안전기준에 따라 특정소방대상물의 용도 및 장소별로 설치해야 할 인명구조기구의 기준으로 틀린 것은?

17.03.문75

① 지하가 중 지하상가는 인공소생기를 층마다 2개 이상 비치할 것
② 판매시설 중 대규모 점포는 공기호흡기를 층마다 2개 이상 비치할 것
③ 지하층을 포함하는 층수가 7층 이상인 관광호텔은 방열복(또는 방화복), 공기호흡기, 인공소생기를 각 2개 이상 비치할 것
④ 물분무등소화설비 중 이산화탄소소화설비를 설치해야 하는 특정소방대상물은 공기호흡기를 이산화탄소소화설비가 설치된 장소의 출입구 외부 인근에 1대 이상 비치할 것

해설 ① 인공소생기 → 공기호흡기

특정소방대상물의 **용도** 및 **장소**별로 설치하여야 할 **인명구조기구**(NFTC 302 2.1.1.1)

특정소방대상물	인명구조기구의 종류	설치수량
•**7층** 이상인 **관광호텔** 및 **5층** 이상인 **병원**(지하층 포함)	•**방열복** •**방화복**(안전헬멧 보호장갑, 안전화 포함) •**공기호흡기** •**인공소생기**	•각 **2개** 이상 비치할 것(단, **병원**의 경우에는 **인공소생기** 설치**제외** 가능) 보기 ③
•문화 및 집회시설 중 수용인원 **100명** 이상의 영화상영관 •**대규모 점포** •지하역사 •**지하상가**	•**공기호흡기** 보기 ①	•층마다 **2개** 이상 비치할 것(단, 각 층마다 갖추어 두어야 할 공기호흡기 중 일부를 직원이 상주하는 인근 사무실에 갖추어 둘 수 있다) 보기 ②
•**이산화탄소화설비**를 설치하여야 하는 특정소방대상물	•**공기호흡기**	•이산화탄소소화설비가 설치된 장소의 출입구 외부 인근에 **1대** 이상 비치할 것 보기 ④

답 ①

성공자와 실패자

1. 성공자는 실패자보다 더 열심히 일하면서도 더 많은 여유를 가집니다.

2. 실패자는 언제나 분주해서 꼭 필요한 일도 하지 못합니다.
   성공자는 뉘우치면서도 결단합니다.

3. 실패자는 후회하지만 그 다음 순간 꼭 같은 실수를 저지릅니다.

4. 성공자는 자기의 기본원칙이 망가지지 않는 한 그가 할 수 있는 모든 양보를 합니다.

5. 실패자는 자존심에 매달려 양보하기를 두려워한 나머지 그의 원칙까지도 완전히 잃어버립니다.

과년도 기출문제

2020년
소방설비기사 필기(기계분야)

** 수험자 유의사항 **

1. 문제지를 받는 즉시 **본인**이 **응시한 종목**이 맞는지 확인하시기 바랍니다.
2. 문제지 표지에 본인의 **수험번호**와 **성명**을 기재하여야 합니다.
3. 문제지의 **총면수, 문제번호 일련순서, 인쇄상태, 중복 및 누락 페이지 유무**를 확인하시기 바랍니다.
4. 답안은 각 문제마다 요구하는 가장 적합하거나 가까운 답 1개만을 선택하여야 합니다.
5. 답안카드는 뒷면의 「수험자 유의사항」에 따라 작성하시고, 답안카드 작성 시 형별누락, 마킹착오로 인한 불이익은 전적으로 수험자에게 책임이 있음을 알려드립니다.
6. 문제지는 시험 종료 후 본인이 가져갈 수 있습니다.

** 안내사항 **

• 가답안/최종정답은 큐넷(www.q-net.or.kr)에서 확인하실 수 있습니다. 가답안에 대한 의견은 큐넷의 [가답안 의견 제시]를 통해 제시할 수 있으며, 확정된 답안은 최종정답으로 갈음합니다.
• 공단에서 제공하는 자격검정서비스에 대해 개선할 점이 있으시면 고객참여(http://hrdkorea.or.kr/7/1/1)를 통해 건의하여 주시기 바랍니다.

2020. 6. 6 시행

■ 2020년 기사 제1·2회 통합 필기시험 ■

수험번호	성명

자격종목	종목코드	시험시간	형별
소방설비기사(기계분야)		2시간	

※ 각 문항은 4지택일형으로 질문에 가장 적합한 보기 항을 선택하여 체크하여야 합니다.

제1과목 소방원론

01 실내 화재시 발생한 연기로 인한 감광계수[m⁻¹]와 가시거리에 대한 설명 중 틀린 것은?

17.03.문10
16.10.문16
14.05.문06
13.09.문11

유사문제부터 풀어보세요. 실력이 팍!팍! 올라갑니다.

① 감광계수가 0.1일 때 가시거리는 20~30m이다.
② 감광계수가 0.3일 때 가시거리는 15~20m이다.
③ 감광계수가 1.0일 때 가시거리는 1~2m이다.
④ 감광계수가 10일 때 가시거리는 0.2~0.5m이다.

해설 ② 15~20m → 5m

감광계수와 가시거리

감광계수[m⁻¹]	가시거리[m]	상황
0.1	20~30	연기감지기가 작동할 때의 농도(연기감지기가 작동하기 직전의 농도) 보기①
0.3	5	건물 내부에 익숙한 사람이 피난에 지장을 느낄 정도의 농도 보기②
0.5	3	어두운 것을 느낄 정도의 농도
1	1~2	앞이 거의 보이지 않을 정도의 농도 보기③
10	0.2~0.5	화재 최성기 때의 농도 보기④
30	–	출화실에서 연기가 분출할 때의 농도

기억법
0123 감
035 익
053 어
112 보
100205 최
30 분

답 ②

02 종이, 나무, 섬유류 등에 의한 화재에 해당하는 것은?

19.03.문08
17.09.문07
16.05.문09
15.09.문19
13.09.문07

① A급 화재
② B급 화재
③ C급 화재
④ D급 화재

해설 **화재의 종류**

구분	표시색	적응물질
일반화재(A급)	백색	• 일반가연물 • 종이류 화재 보기① • 목재·섬유화재
유류화재(B급)	황색	• 가연성 액체 • 가연성 가스 • 액화가스화재 • 석유화재
전기화재(C급)	청색	• 전기설비
금속화재(D급)	무색	• 가연성 금속
주방화재(K급)	–	• 식용유화재

※ 요즘은 표시색의 의무규정은 없음

답 ①

03 다음 중 소화에 필요한 이산화탄소 소화약제의 최소설계농도값이 가장 높은 물질은?

15.03.문11

① 메탄
② 에틸렌
③ 천연가스
④ 아세틸렌

해설 **설계농도**

방호대상물	설계농도[vol%]
① 부탄	34 보기①
② 메탄	
③ 프로판	36
④ 이소부탄	
⑤ 사이크로 프로판	37 보기③
⑥ 석탄가스, 천연가스	
⑦ 에탄	40
⑧ 에틸렌	49 보기②
⑨ 산화에틸렌	53
⑩ 일산화탄소	64
⑪ 아세틸렌	66 보기④
⑫ 수소	75

기억법 아66

※ **설계농도**: 소화농도에 20%의 여유분을 더한 값

답 ④

04 가연물이 연소가 잘 되기 위한 구비조건으로 틀린 것은?

17.05.문18
08.03.문11

① 열전도율이 클 것
② 산소와 화학적으로 친화력이 클 것
③ 표면적이 클 것
④ 활성화에너지가 작을 것

해설 ① 클 것 → 작을 것

가연물이 **연소**하기 쉬운 **조건**
(1) 산소와 **친화력**이 클 것 보기 ②
(2) **발열량**이 클 것
(3) **표면적**이 넓을 것 보기 ③
(4) **열전도율**이 작을 것 보기 ①
(5) **활성화에너지**가 작을 것 보기 ④
(6) **연쇄반응**을 일으킬 수 있을 것
(7) 산소가 포함된 **유기물**일 것

※ **활성화에너지** : 가연물이 처음 연소하는 데 필요한 열

답 ①

05 다음 중 상온·상압에서 액체인 것은?

18.03.문04
13.09.문04
12.03.문17

① 탄산가스
② 할론 1301
③ 할론 2402
④ 할론 1211

해설
상온·상압에서 **기체상태**	상온·상압에서 **액체상태**
• 할론 1301 보기 ② • 할론 1211 보기 ④ • 이산화탄소(CO_2) 보기 ①	• 할론 1011 • 할론 104 • **할론 2402** 보기 ③

※ **상온·상압** : 평상시의 온도·평상시의 압력

답 ③

06 $NH_4H_2PO_4$를 주성분으로 한 분말소화약제는 제몇 종 분말소화약제인가?

19.03.문01
18.04.문06
17.09.문10
16.10.문06
16.05.문15
16.03.문09
15.09.문01
15.05.문08
14.09.문10
14.03.문03
14.03.문14
12.03.문13

① 제1종
② 제2종
③ 제3종
④ 제4종

해설 (1) <u>분말소화약제</u>

종 별	주성분	착 색	적응 화재	비 고
제1종	중탄산나트륨 ($NaHCO_3$)	백색	BC급	**식용유** 및 **지방질유**의 화재에 적합
제2종	중탄산칼륨 ($KHCO_3$)	담자색 (담회색)	BC급	–
제3종	제1인산암모늄 ($NH_4H_2PO_4$) 보기 ③	담홍색	AB C급	**차고·주차장**에 적합
제4종	중탄산칼륨 +요소 ($KHCO_3$+ $(NH_2)_2CO$)	회(백)색	BC급	–

기억법 1식분(일식 분식)
3분 차주(삼보컴퓨터 차주)

(2) 이산화탄소 소화약제

주성분	적응화재
이산화탄소(CO_2)	BC급

답 ③

07 제거소화의 예에 해당하지 않는 것은?

19.04.문18
16.10.문07
16.03.문12
14.05.문11
13.03.문01
11.03.문04
08.09.문17

① 밀폐 공간에서의 화재시 공기를 제거한다.
② 가연성 가스화재시 가스의 밸브를 닫는다.
③ 산림화재시 확산을 막기 위하여 산림의 일부를 벌목한다.
④ 유류탱크 화재시 연소되지 않은 기름을 다른 탱크로 이동시킨다.

해설 ① 질식소화

제거소화의 예
(1) **가연성 기체** 화재시 **주밸브**를 **차단**한다(화학반응기의 화재시 원료공급관의 밸브를 잠금). 보기 ②
(2) **가연성 액체** 화재시 펌프를 이용하여 **연료**를 제거한다.
(3) **연료탱크**를 냉각하여 가연성 가스의 발생속도를 작게 하여 연소를 억제한다.
(4) 금속화재시 **불활성 물질**로 가연물을 덮는다.
(5) **목재**를 **방염처리**한다.
(6) 전기화재시 **전원**을 **차단**한다.
(7) 산불이 발생하면 화재의 진행방향을 앞질러 **벌목**한다(산불의 확산방지를 위하여 **산림**의 **일부**를 **벌채**). 보기 ③
(8) 가스화재시 **밸브**를 **잠궈** 가스흐름을 차단한다(가스화재시 중간밸브를 잠금).
(9) 불타고 있는 장작더미 속에서 아직 타지 않은 것을 안전한 곳으로 **운반**한다.
(10) 유류탱크 화재시 주변에 있는 유류탱크의 **유류**를 **다른 곳**으로 **이동**시킨다. 보기 ④
(11) 촛불을 입김으로 불어서 끈다.

용어

제거효과
가연물을 반응계에서 제거하든지 또는 반응계로의 공급을 정지시켜 소화하는 효과

답 ①

★★ 08

19.03.문45
14.09.문06
07.05.문09

위험물안전관리법령상 제2석유류에 해당하는 것으로만 나열된 것은?

① 아세톤, 벤젠
② 중유, 아닐린
③ 에터, 이황화탄소
④ 아세트산, 아크릴산

해설 제4류 위험물

품 명	대표물질
특수인화물	이황화탄소 보기③ · 다이에틸에터 · 아세트알데하이드 · 산화프로필렌 · 이소프렌 · 펜탄 · 디비닐에터 · 트리클로로실란
제1석유류	• **아세톤** · 휘발유 · **벤젠** 보기① • 톨루엔 · 시클로헥산 • 아크롤레인 · 초산에스터류 • 의산에스터류 • 메틸에틸케톤 · 에틸벤젠 · 피리딘
제2석유류	• 등유 · 경유 · 의산 • 테레빈유 · 장뇌유 • **아세트산(=초산)** · **아크릴산** 보기④ • 송근유 · 스티렌 · 메틸셀로솔브 · 크실렌 • 에틸셀로솔브 · **클로로벤젠** · 알릴알코올 기억법 2클(이크!)
제3석유류	• **중유** · 크레오소트유 · 에틸렌글리콜 • 글리세린 · 나이트로벤젠 · **아닐린** 보기② • 담금질유
제4석유류	• 기어유 · 실린더유

답 ④

★★★ 09

19.09.문13
18.09.문10
17.05.문06
16.03.문08
15.03.문17
14.03.문19
11.10.문19
03.08.문11

산소의 농도를 낮추어 소화하는 방법은?

① 냉각소화
② 질식소화
③ 제거소화
④ 억제소화

해설 소화의 형태

구 분	설 명
냉각소화	① **점화원**을 냉각하여 소화하는 방법 ② **증발잠열**을 이용하여 열을 빼앗아 가연물의 온도를 떨어뜨려 화재를 진압하는 소화방법 ③ **다량의 물**을 뿌려 소화하는 방법 ④ 가연성 물질을 **발화점 이하**로 **냉각**하여 소화하는 방법 ⑤ **식용유화재**에 신선한 **야채**를 넣어 소화하는 방법 ⑥ 용융잠열에 의한 **냉각효과**를 이용하여 소화하는 방법 기억법 냉점증발

구 분	설 명
질식소화	① 공기 중의 **산소농도**를 16%(10~15%) 이하로 희박하게 하여 소화하는 방법 ② 산화제의 농도를 낮추어 연소가 지속될 수 없도록 소화하는 방법 ③ 산소공급을 차단하여 소화하는 방법 ④ **산소**의 **농도**를 **낮추어** 소화하는 방법 보기② ⑤ 화학반응으로 발생한 **탄산가스**에 의한 소화방법 기억법 질산
제거소화	**가연물**을 **제거**하여 소화하는 방법
부촉매 소화 (억제소화, 화학소화)	① **연쇄반응**을 차단하여 소화하는 방법 ② 화학적인 방법으로 화재를 억제하여 소화하는 방법 ③ **활성기**(free radical, 자유라디칼)의 **생성**을 **억제**하여 소화하는 방법 ④ 할론계 소화약제 기억법 부억(부엌)
희석소화	① 기체 · 고체 · 액체에서 나오는 분해가스나 증기의 농도를 낮춰 소화하는 방법 ② 불연성 가스의 **공기** 중 **농도**를 높여 소화하는 방법 ③ 불활성기체를 방출하여 연소범위 이하로 낮추어 소화하는 방법

🔧 중요

화재의 소화원리에 따른 **소화방법**

소화원리	소화설비
냉각소화	① 스프링클러설비 ② 옥내 · 외소화전설비
질식소화	① 이산화탄소 소화설비 ② 포소화설비 ③ 분말소화설비 ④ 불활성기체 소화약제
억제소화 (부촉매효과)	① 할론소화약제 ② 할로겐화합물 소화약제

답 ②

★★★ 10

17.05.문04

유류탱크 화재시 기름 표면에 물을 살수하면 기름이 탱크 밖으로 비산하여 화재가 확대되는 현상은?

① 슬롭오버(Slop over)
② 플래시오버(Flash over)
③ 프로스오버(Froth over)
④ 블레비(BLEVE)

해설 유류탱크, 가스탱크에서 발생하는 현상

구 분	설 명
블래비=블레비 (BLEVE)	• 과열상태의 탱크에서 내부의 액화가스가 분출하여 기화되어 폭발하는 현상

보일오버 (Boil over)	• 중질유의 석유탱크에서 장시간 조용히 연소하다 탱크 내의 잔존기름이 갑자기 분출하는 현상 • 유류탱크에서 **탱크바닥**에 **물**과 기름의 **에멀션**이 섞여 있을 때 이로 인하여 화재가 발생하는 현상 • 연소유면으로부터 100℃ 이상의 열파가 탱크 저부에 고여 있는 물을 비등하게 하면서 연소유를 탱크 밖으로 비산시키며 연소하는 현상
오일오버 (Oil over)	• 저장탱크에 저장된 유류저장량이 내용적의 **50%** 이하로 충전되어 있을 때 화재로 인하여 탱크가 폭발하는 현상
프로스오버 (Froth over)	• 물이 점성의 뜨거운 기름표면 아래에서 끓을 때 화재를 수반하지 않고 용기가 넘치는 현상
슬롭오버 (Slop over)	• **유류탱크 화재시** 기름 표면에 물을 살수하면 **기름**이 **탱크** 밖으로 **비산**하여 화재가 확대되는 현상(연소유가 비산되어 탱크 외부까지 화재가 확산) 보기 ① • 물이 연소유의 뜨거운 표면에 들어갈 때 기름 표면에서 화재가 발생하는 현상 • 유화제로 소화하기 위한 물이 수분의 급격한 증발에 의하여 액면이 거품을 일으키면서 열유층 밑의 냉유가 급히 열팽창하여 기름의 일부가 불이 붙은 채 탱크벽을 넘어서 일출하는 현상 • 연소면의 온도가 100℃ 이상일 때 물을 주수하면 발생 • 소화시 외부에서 방사하는 포에 의해 발생

답 ①

⭐⭐ 11 물질의 화재 위험성에 대한 설명으로 틀린 것은?

14.05.문03
13.03.문14

① 인화점 및 착화점이 낮을수록 위험
② 착화에너지가 작을수록 위험
③ 비점 및 융점이 높을수록 위험
④ 연소범위가 넓을수록 위험

 ③ 높을수록 → 낮을수록

화재 위험성
(1) **비**점 및 **융**점이 **낮을수록** 위험하다. 보기 ③
(2) **발**화점(착화점) 및 **인**화점이 **낮을**수록 **위**험하다. 보기 ①
(3) 착화에너지가 작을수록 위험하다. 보기 ②
(4) 연소하한계가 낮을수록 위험하다.
(5) 연소범위가 넓을수록 위험하다. 보기 ④
(6) 증기압이 클수록 위험하다.

기억법 **비융발인 낮위**

• 연소한계=연소범위=폭발한계=폭발범위=가연한계=가연범위

답 ③

⭐ 12 인화알루미늄의 화재시 주수소화하면 발생하는 물질은?

18.04.문18

① 수소   ② 메탄
③ 포스핀   ④ 아세틸렌

 인화알루미늄과 **물**과의 반응식 보기 ③

$$AlP + 3H_2O \rightarrow Al(OH)_3 + PH_3$$
인화알루미늄   물   수산화알루미늄 포스핀=인화수소

비교

(1) 인화칼슘과 물의 반응식
$$Ca_3P_2 + 6H_2O \rightarrow 3Ca(OH)_2 + 2PH_3 \uparrow$$
인화칼슘   물   수산화칼슘   포스핀
(2) 탄화알루미늄과 물의 반응식
$$Al_4C_3 + 12H_2O \rightarrow 4Al(OH)_3 + 3CH_4 \uparrow$$
탄화알루미늄   물   수산화알루미늄   메탄

답 ③

⭐⭐⭐ 13 이산화탄소의 증기비중은 약 얼마인가? (단, 공기의 분자량은 29이다.)

19.03.문18
16.03.문01
15.03.문05
14.09.문15
12.09.문18
07.05.문17

① 0.81   ② 1.52
③ 2.02   ④ 2.51

(1) **증기비중**

$$증기비중 = \frac{분자량}{29}$$

여기서, 29 : 공기의 평균 분자량
(2) **분자량**

원 소	원자량
H	1
C	12
N	14
O	16

이산화탄소(CO_2) 분자량 = $12 + 16 \times 2 = 44$

증기비중 = $\frac{44}{29} ≒ 1.52$

• 증기비중 =가스비중

중요

이산화탄소의 물성

구 분	물 성
임계압력	72.75atm
임계온도	31.35℃(약 31.1℃)
3중점	**−56.**3℃(약 −56℃)
승화점(**비**점)	**−78.**5℃
허용농도	0.5%
증기비중	**1.5**29
수분	0.05% 이하(함량 99.5% 이상)

기억법 **이356, 이비78, 이증15**

답 ②

★★★ 14

16.10.문19
13.06.문19

다음 물질의 저장창고에서 화재가 발생하였을 때 주수소화를 할 수 없는 물질은?

① 부틸리튬
② 질산에틸
③ 나이트로셀룰로오스
④ 적린

해설 **주수소화**(물소화)시 **위험**한 물질

구 분	현 상
• 무기과산화물	**산소** 발생
• **금**속분 • **마**그네슘 • 알루미늄 • 칼륨 • 나트륨 • 수소화리튬 • **부틸리튬** 보기①	**수소** 발생
• 가연성 액체의 유류화재	**연소면**(화재면) 확대

기억법 금마수

※ **주수소화** : 물을 뿌려 소화하는 방법

답 ①

★★ 15

19.03.문11
16.03.문15
14.05.문08
13.06.문20
11.03.문06

이산화탄소에 대한 설명으로 틀린 것은?

① 임계온도는 97.5℃이다.
② 고체의 형태로 존재할 수 있다.
③ 불연성 가스로 공기보다 무겁다.
④ 드라이아이스와 분자식이 동일하다.

해설 ① 97.5℃ → 31.35℃

이산화탄소의 물성

구 분	물 성
임계압력	72.75atm
임계온도	31.35℃(약 31.1℃) 보기①
3중점	−**56**.3℃(약 −56℃)
승화점(**비**점)	−**78**.5℃
허용농도	0.5%
증기비중	1.**5**29
수분	0.05% 이하(함량 99.5% 이상)
형상	**고체**의 형태로 존재할 수 있음
가스 종류	**불연성** 가스로 공기보다 무거움
분자식	**드라이아이스**와 분자식이 동일

기억법 이356, 이비78, 이증15

답 ①

★ 16

다음 물질 중 연소하였을 때 시안화수소를 가장 많이 발생시키는 물질은?

① Polyethylene
② Polyurethane
③ Polyvinyl chloride
④ Polystyrene

해설 연소시 **시안화수소**(HCN) 발생물질
(1) 요소
(2) 멜라닌
(3) 아닐린
(4) Polyurethane(**폴리우**레탄) 보기②

기억법 시폴우

답 ②

★★★ 17

18.09.문11
14.09.문07
12.03.문19
06.09.문13
97.03.문03

0℃, 1기압에서 44.8m³의 용적을 가진 이산화탄소를 액화하여 얻을 수 있는 액화탄산가스의 무게는 약 몇 kg인가?

① 88
② 44
③ 22
④ 11

해설 (1) 기호
• T : 0℃=(273+0℃)K
• P : 1기압=1atm
• V : 44.8m³
• m : ?

(2) **이상기체상태 방정식**

$$PV = nRT$$

여기서, P : 기압[atm]
V : 부피[m³]
n : 몰수$\left(n = \dfrac{m(질량)[kg]}{M(분자량)[kg/kmol]}\right)$
R : 기체상수(0.082atm · m³/kmol · K)
T : 절대온도(273+℃)[K]

$PV = \dfrac{m}{M}RT$에서

$m = \dfrac{PVM}{RT}$

$= \dfrac{1atm \times 44.8m^3 \times 44kg/kmol}{0.082atm \cdot m^3/kmol \cdot K \times (273+0℃)K}$

$≒ 88kg$

• 이산화탄소 분자량(M)=44kg/kmol

답 ①

18 밀폐된 내화건물의 실내에 화재가 발생했을 때 그 실내의 환경변화에 대한 설명 중 틀린 것은?

16.10.문17
01.03.문03

① 기압이 급강하한다.
② 산소가 감소된다.
③ 일산화탄소가 증가한다.
④ 이산화탄소가 증가한다.

해설 ① 급강하 → 상승

밀폐된 내화건물
실내에 화재가 발생하면 **기압**이 **상승**한다. 보기①

답 ①

19 다음 중 연소범위를 근거로 계산한 위험도값이 가장 큰 물질은?

19.03.문03
15.09.문08
10.03.문14

① 이황화탄소   ② 메탄
③ 수소   ④ 일산화탄소

해설 위험도

$$H = \frac{U - L}{L}$$

여기서, H : 위험도
U : 연소상한계
L : 연소하한계

① 이황화탄소 = $\frac{50 - 1}{1} = 49$

② 메탄 = $\frac{15 - 5}{5} = 2$

③ 수소 = $\frac{75 - 4}{4} = 17.75$

④ 일산화탄소 = $\frac{75 - 12}{12} = 5.25$

중요

공기 중의 폭발한계(상온, 1atm)

가 스	하한계 [vol%]	상한계 [vol%]
에터((C₂H₅)₂O)	1.7	48
보기③ → 수소(H₂)	4	75
에틸렌(C₂H₄)	2.7	36
부탄(C₄H₁₀)	1.8	8.4
아세틸렌(C₂H₂)	2.5	81
보기④ → 일산화탄소(CO)	12	75
보기① → 이황화탄소(CS₂)	1	50
암모니아(NH₃)	15	25
보기② → 메탄(CH₄)	5	15
에탄(C₂H₆)	3	12.4
프로판(C₃H₈)	2.1	9.5

• 연소한계=연소범위=가연한계=가연범위=폭발한계=폭발범위

답 ①

 20 화재시 나타나는 인간의 피난특성으로 볼 수 없는 것은?

18.04.문03
16.05.문03
12.05.문15
11.10.문09
10.09.문11

① 어두운 곳으로 대피한다.
② 최초로 행동한 사람을 따른다.
③ 발화지점의 반대방향으로 이동한다.
④ 평소에 사용하던 문, 통로를 사용한다.

해설 ① 어두운 곳 → 밝은 곳

화재발생시 인간의 피난특성

구 분	설 명
귀소본능 보기④	• **친숙한 피난경로**를 선택하려는 행동 • 무의식 중에 평상시 사용하는 출입구나 통로를 사용하려는 행동
지광본능 보기①	• **밝은 쪽**을 지향하는 행동 • 화재의 공포감으로 인하여 **빛**을 따라 외부로 달아나려고 하는 행동
퇴피본능 보기③	• 화염, 연기에 대한 공포감으로 발화의 **반대방향**으로 이동하려는 행동
추종본능 보기②	• 많은 사람이 달아나는 방향으로 쫓아 가려는 행동 • 화재시 최초로 행동을 개시한 사람을 따라 전체가 움직이려는 행동
좌회본능	• **좌측통행**을 하고 **시계반대방향**으로 회전하려는 행동
폐쇄공간 지향본능	가능한 넓은 공간을 찾아 이동하다가 위험성이 높아지면 의외의 좁은 공간을 찾는 본능
초능력본능	비상시 **상상**도 **못할 힘**을 내는 본능
공격본능	**이상심리현상**으로서 구조용 헬리콥터를 부수려고 한다든지 무차별적으로 주변 사람과 구조인력 등에게 공격을 가하는 본능
패닉 (panic) 현상	인간의 비이성적인 또는 부적합한 **공포 반응행동**으로서 무모하게 높은 곳에서 뛰어내리는 행위라든지, 몸이 굳어서 움직이지 못하는 행동

답 ①

제2과목 소방유체역학

21 240mmHg의 절대압력은 계기압력으로 약 몇 kPa 인가? (단, 대기압은 760mmHg이고, 수은의 비중은 13.6이다.)

14.05.문34
14.03.문33
13.06.문22

① -32.0   ② 32.0
③ -69.3   ④ 69.3

해설 **(1) 기호**

- 절대압(력) : 240mmHg
- 계기압(력) : ?
- 대기압 : 760mmHg
- s : 13.6

(2) 절대압

- ㉠ **절**대압＝**대**기압＋**게**이지압(계기압)
- ㉡ 절대압＝대기압－진공압

> **기억법** 절대게

- ㉢ 계기압(력)＝절대압－대기압
  $$= (240-760)mmHg$$
  $$= -520mmHg$$

(3) 표준대기압

$$1atm = 760mmHg = 1.0332kg_f/cm^2$$
$$= 10.332mH_2O(mAq)$$
$$= 14.7PSI(lb_f/in^2)$$
$$= 101.325kPa(kN/m^2)$$
$$= 101325Pa(N/m^2)$$
$$= 1013mbar$$

$$-520mmHg = \frac{-520mmHg}{760mmHg} \times 101.325kPa$$
$$≒ -69.3kPa$$

답 ③

★★★
22 다음 (㉠), (㉡)에 알맞은 것은?

19.04.문22
18.03.문36
17.09.문35
17.05.문37
16.10.문23
15.03.문35
14.05.문39
14.03.문32

파이프 속을 유체가 흐를 때 파이프 끝의 밸브를 갑자기 닫으면 유체의 (㉠)에너지가 압력으로 변환되면서 밸브 직전에서 높은 압력이 발생하고 상류로 압축파가 전달되는 (㉡)현상이 발생한다.

① ㉠ 운동, ㉡ 서징
② ㉠ 운동, ㉡ 수격작용
③ ㉠ 위치, ㉡ 서징
④ ㉠ 위치, ㉡ 수격작용

해설 **수격작용(water hammering)**

개요	① 흐르는 물을 갑자기 정지시킬 때 **수압**이 **급격히 변화**하는 현상 ② 배관 속의 물흐름을 급히 차단하였을 때 **동압**이 **정압**으로 전환되면서 일어나는 **쇼크(shock)현상** ③ 배관 내를 흐르는 유체의 유속을 급격하게 변화시키므로 압력이 상승 또는 하강하여 **관로의 벽면**을 치는 현상 ④ 파이프 속을 유체가 흐를 때 파이프 끝의 밸브를 갑자기 닫으면 유체의 **운동에너지**가 **압력**으로 변환되면서 밸브 직전에서 높은 압력이 발생하고 상류로 **압축파**가 전달되는 **수격작용현상**이 발생한다. **보기 ㉠㉡**

발생 원인	① 펌프가 갑자기 정지할 때 ② 급히 밸브를 개폐할 때 ③ 정상운전시 유체의 압력변동이 생길 때
방지 대책	① 관로의 **관경**을 크게 한다. ② 관로 내의 유속을 낮게 한다(관로에서 일부 고압수 방출). ③ 조압수조(surge tank)를 설치하여 적정압력을 유지한다. ④ **플라이 휠**(fly wheel)을 설치한다. ⑤ 펌프송출구 **가까이**에 **밸브**를 **설치**한다. 송출구 가까이 밸브를 설치하면 밸브가 펌프의 압력을 일부 흡수하는 효과가 있다. 그래서 수격작용을 방지할 수 있는 것이다. ⑥ 펌프송출구에 **수격**을 **방지**하는 **체크밸브**를 달아 역류를 막는다. ⑦ **에어챔버**(air chamber)를 설치한다. ⑧ 회전체의 **관성모멘트**를 **크게** 한다.

- 수격작용＝수격현상＝수격작용현상

> **비교**

공동현상 (cavitation, 캐비테이션)	맥동현상 (surging, 서징)
펌프의 흡입측 배관 내의 물의 정압이 기존의 증기압보다 낮아져서 **기포**가 **발생**되어 물이 흡입되지 않는 현상	유량이 단속적으로 변하여 펌프 입출구에 설치된 **진공계 · 압력계**가 흔들리고 **진동**과 소음이 일어나며 펌프의 **토출유량**이 변하는 현상

답 ②

★★★
23 표준대기압 상태인 어떤 지방의 호수 밑 72.4m에 있던 공기의 기포가 수면으로 올라오면 기포의 부피는 최초 부피의 몇 배가 되는가? (단, 기포 내의 공기는 보일의 법칙을 따른다.)

16.05.문26
11.06.문37
07.09.문27

① 2
② 4
③ 7
④ 8

해설 **(1) 기호**

- h : 72.4m
- V_2 : ?

(2) 물속의 압력

$$P = P_0 + \gamma h$$

여기서, P : 물속의 압력[kPa]
　　　　P_0 : 표준대기압(101.325kPa＝101.325kN/m²)
　　　　γ : 비중량(물의 비중량 9.8kN/m³)
　　　　h : 높이[m]
$P = P_0 + \gamma h$
수면으로 올라왔을 때 기포의 **부피배수**를 x로 놓으면
$$xP_0 = P_0 + \gamma h$$
$$xP_0 - P_0 = \gamma h$$
$$(x-1)P_0 = \gamma h$$
$$x-1 = \frac{\gamma h}{P_0} = \frac{9.8kN/m^3 \times 72.4m}{101.325kN/m^2}$$

$x - 1 ≒ 7$

$x = 7 + 1 = 8$

(3) 보일의 법칙

$$P_1 V_1 = P_2 V_2$$

여기서, P_1, P_2 : 압력(kPa)

V_1, V_2 : 체적(m³)

$P_1 V_1 = P_2 V_2$

$V_2 = \dfrac{P_1}{P_2} V_1 = x V_1 = 8 V_1$

• x : 수면으로 올라왔을 때 기포의 부피배수

답 ④

★24 펌프의 일과 손실을 고려할 때 베르누이 수정 방
[19.03.문29] 정식을 바르게 나타낸 것은? (단, H_P와 H_L은
펌프의 수두와 손실수두를 나타내며, 하첨자 1,
2는 각각 펌프의 전후 위치를 나타낸다.)

① $\dfrac{V_1^2}{2g} + \dfrac{P_1}{\gamma} + Z_1 = \dfrac{V_2^2}{2g} + \dfrac{P_2}{\gamma} + H_L$

② $\dfrac{V_1^2}{2g} + \dfrac{P_1}{\gamma} + Z_1 + H_P = \dfrac{V_2^2}{2g} + \dfrac{P_2}{\gamma} + H_L$

③ $\dfrac{V_1^2}{2g} + \dfrac{P_1}{\gamma} + H_P = \dfrac{V_2^2}{2g} + \dfrac{P_2}{\gamma} + Z_2 + H_L$

④ $\dfrac{V_1^2}{2g} + \dfrac{P_1}{\gamma} + Z_1 + H_P = \dfrac{V_2^2}{2g} + \dfrac{P_2}{\gamma} + Z_2 + H_L$

해설 (1) 베르누이 방정식(기본식)

$$\dfrac{V_1^2}{2g} + \dfrac{P_1}{\gamma} + Z_1 = \dfrac{V_2^2}{2g} + \dfrac{P_2}{\gamma} + Z_2 + \Delta H$$

(2) 베르누이 방정식(변형식)

$$\dfrac{V_1^2}{2g} + \dfrac{P_1}{\gamma} + Z_1 + H_P = \dfrac{V_2^2}{2g} + \dfrac{P_2}{\gamma} + Z_2 + H_L$$

(속도수두)(압력수두)(위치수두)

여기서, V_1, V_2 : 유속(m/s)

P_1, P_2 : 압력(kPa) 또는 (kN/m²)

Z_1, Z_2 : 높이(m)

g : 중력가속도(9.8m/s²)

γ : 비중량(물의 비중량 9.81kN/m³)

H_P : 펌프의 수두(m)

H_L : 손실수두(m)

답 ④

★25 지름 10cm의 호스에 출구지름이 3cm인 노즐
[16.05.문24] 이 부착되어 있고, 1500L/min의 물이 대기 중
으로 뿜어져 나온다. 이때 4개의 플랜지볼트를
사용하여 노즐을 호스에 부착하고 있다면 볼트

1개에 작용되는 힘의 크기(N)는? (단, 유동에서
마찰이 존재하지 않는다고 가정한다.)

① 58.3 ② 899.4

③ 1018.4 ④ 4098.2

해설 (1) 기호

• D_1 : 10cm=0.1m(100cm=1m)

• D_2 : 3cm=0.03m

• Q : 1500L/min=1.5m³/min=1.5m³/60s

$\qquad = \left(1.5 \times \dfrac{1}{60}\right)$m³/s($\because$ 1min=60s)

• F_1 : ?

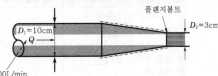

(2) 단면적

$$A = \dfrac{\pi D^2}{4}$$

여기서, A : 단면적(m²)

D : 지름(m)

호스의 단면적(A_1)

$A_1 = \dfrac{\pi D_1^2}{4} = \dfrac{\pi \times (0.1m)^2}{4} ≒ 7.85 \times 10^{-3}m^2$

노즐의 출구단면적(A_2)

$A_2 = \dfrac{\pi D_2^2}{4} = \dfrac{\pi \times (0.03m)^2}{4} ≒ 7.068 \times 10^{-4}m^2$

(3) 플랜지볼트에 작용하는 힘

$$F = \dfrac{\gamma Q^2 A_1}{2g}\left(\dfrac{A_1 - A_2}{A_1 A_2}\right)^2$$

여기서, F : 플랜지볼트에 작용하는 힘(N)

γ : 비중량(물의 비중량 9800N/m³)

Q : 유량(m³/s)

A_1 : 호스의 단면적(m²)

A_2 : 노즐의 출구단면적(m²)

g : 중력가속도(9.8m/s²)

플랜지볼트에 작용하는 힘 F는

$F = \dfrac{\gamma Q^2 A_1}{2g}\left(\dfrac{A_1 - A_2}{A_1 A_2}\right)^2$

$= \dfrac{9800N/m^3 \times \left(1.5 \times \dfrac{1}{60}m^3/s\right)^2 \times (7.85 \times 10^{-3})m^2}{2 \times 9.8m/s^2}$

$\times \left(\dfrac{(7.85 \times 10^{-3})m^2 - (7.068 \times 10^{-4})m^2}{(7.85 \times 10^{-3})m^2 \times (7.068 \times 10^{-4})m^2}\right)^2$

$≒ 4066.05N$

(4) 플랜지볼트 1개에 작용하는 힘(F_1)

$F_1 = \dfrac{F}{4개} = \dfrac{4066.05N}{4개} = 1016.5N$

$\therefore$ 소수점 절상 등의 차이를 감안하면 ③ 1018.4N 정답

답 ③

★★★
26 다음 중 배관의 유량을 측정하는 계측장치가 아
닌 것은?

18.09.문28
16.03.문28
08.03.문37
01.09.문36
01.06.문25
99.08.문33

① 로터미터(rotameter)
② 유동노즐(flow nozzle)
③ 마노미터(manometer)
④ 오리피스(orifice)

 ③ 마노미터 : 배관의 **압력** 측정

유량·유속 측정

배관의 유량 또는 유속 측정	개수로의 유량 측정
① 벤투리미터(벤투리관) ② 오리피스 보기 ④ ③ 로터미터 보기 ① ④ 노즐(유동노즐) 보기 ② ⑤ 피토관	위어(삼각위어)

🖊 중요

측정기구의 용도

측정기구	설 명
피토관 (pitot tube)	유체의 **국부속도**를 측정하는 장치 | 피토관 |
로터미터 (rotameter)	**부자**(float)의 오르내림에 의해서 배관 내의 **유량** 및 **유속**을 측정할 수 있는 기구 부자 | 로터미터 |
오리피스 (orifice)	① 두 점 간의 압력차를 측정하여 유속 및 유량을 측정하는 기구 ② **저가**이나 압력손실이 크다. | 오리피스 |

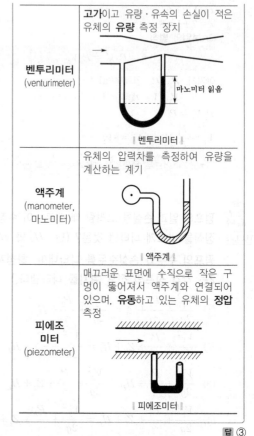

벤투리미터 (venturimeter)	**고가**이고 유량·유속의 손실이 적은 유체의 **유량** 측정 장치 마노미터 읽음 | 벤투리미터 |
액주계 (manometer, 마노미터)	유체의 압력차를 측정하여 유량을 계산하는 계기 | 액주계 |
피에조 미터 (piezometer)	매끄러운 표면에 수직으로 작은 구멍이 뚫어져서 액주계와 연결되어 있으며, **유동**하고 있는 유체의 **정압** 측정 | 피에조미터 |

답 ③

★
27 점성에 관한 설명으로 틀린 것은?

15.05.문33
① 액체의 점성은 분자 간 결합력에 관계된다.
② 기체의 점성은 분자 간 운동량 교환에 관계된다.
③ 온도가 증가하면 기체의 점성은 감소된다.
④ 온도가 증가하면 액체의 점성은 감소된다.

 ③ 감소 → 증가

점성

(1) 액체의 점성은 분자 간 **결합력**에 관계된다. 보기 ①
(2) 기체의 점성은 분자 간 **운동량 교환**에 관계된다. 보기 ②
(3) **온도가 증가**하면 기체는 분자의 **운동량이 증가**하기 때문에 분자 사이의 **마찰력도 증가**하여 결국은 **점성이 증가**된다. 보기 ③
(4) **온도가 증가**하면 액체는 분자 사이의 결속력이 약해져서 **점성은 감소**된다. 보기 ④

🔖 용어

점성
운동하고 있는 유체에 서로 인접하고 있는 층 사이에 **미끄럼**이 생겨 **마찰**이 발생하는 성질

답 ③

28
18.03.문26
04.09.문31

펌프의 입구에서 진공계의 계기압력은 −160mmHg, 출구에서 압력계의 계기압력은 300kPa, 송출유량은 10m³/min일 때 펌프의 수동력[kW]은? (단, 진공계와 압력계 사이의 수직거리는 2m이고, 흡입관과 송출관의 직경은 같으며, 손실은 무시한다.)

① 5.7
② 56.8
③ 557
④ 3400

해설 (1) **기호**

- Q : 10m³/min
- P : ?

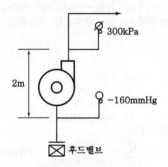

| 101.325kPa = 10.332m | 이므로 |

$$300\text{kPa} = \frac{300\text{kPa}}{101.325\text{kPa}} \times 10.332\text{m} ≒ 30.59\text{m}$$

| 760mmHg = 10.332m | 이므로 |

$$-160\text{mmHg} = \frac{-160\text{mmHg}}{760\text{mmHg}} \times 10.332\text{m} = -2.175\text{m}$$

(2) **펌프의 전양정**

H = 압력계 지시값 − 진공계 지시값 + 높이
    = 30.59m − (−2.175m) + 2m
    = 34.765m

(3) **수동력**

$$P = 0.163QH$$

여기서, P : 수동력[kW]
       Q : 유량[m³/min]
       H : 전양정[m]

수동력 P는

$P = 0.163QH$
  $= 0.163 \times 10\text{m}^3/\text{min} \times 34.765\text{m} ≒ 56.8\text{kW}$

 용어

수동력
전달계수(K)와 효율(η)을 고려하지 않은 동력

중요

펌프의 동력

(1) **수동력**

$$P = 0.163QH$$

여기서, P : 수동력[kW]
       Q : 유량[m³/min]
       H : 전양정[m]

(2) **축동력**

$$P = \frac{0.163QH}{\eta}$$

여기서, P : 축동력[kW]
       Q : 유량[m³/min]
       H : 전양정[m]
       η : 효율

(3) **모터동력**(전동력)

$$P = \frac{0.163QH}{\eta}K$$

여기서, P : 전동력[kW]
       Q : 유량[m³/min]
       H : 전양정[m]
       K : 전달계수
       η : 효율

답 ②

29
19.04.문37
19.03.문26
18.09.문11
14.09.문07
12.03.문19
06.09.문13
97.03.문03

압력이 100kPa이고 온도가 20℃인 이산화탄소를 완전기체라고 가정할 때 밀도[kg/m³]는? (단, 이산화탄소의 기체상수는 188.95J/kg · K이다.)

① 1.1
② 1.8
③ 2.56
④ 3.8

해설 (1) **기호**

- P : 100kPa = 100kN/m² (1kPa = 1kN/m²)
- T : 20℃ = (273 + 20)K
- ρ : ?
- R : 188.95J/kg · K = 0.18895kJ/kg · K
       = 0.18895kN · m/kg · K
       (1J = 1N · m)

(2) **밀도**

$$\rho = \frac{P}{RT}$$

여기서, ρ : 밀도[kg/m³]
       P : 압력[kPa] 또는 [kN/m²]
       R : 기체상수[kJ/kg · K]
       T : 절대온도[K]

밀도 ρ는

$$\rho = \frac{P}{RT} = \frac{100\text{kN/m}^2}{0.18895\text{kN} \cdot \text{m/kg} \cdot \text{K} \times (273+20)\text{K}}$$
$$≒ 1.8\text{kg/m}^3$$

답 ②

★ 30

18.03.문35

-10℃, 6기압의 이산화탄소 10kg이 분사노즐에서 1기압까지 가역 단열팽창을 하였다면 팽창 후의 온도는 몇 ℃가 되겠는가? (단, 이산화탄소의 비열비는 1.289이다.)

① -85   ② -97
③ -105   ④ -115

해설 (1) 기호

- T_1 : -10℃=[273+(-10)]K
- P_1 : 6기압=6atm
- m : 10kg
- P_2 : 1기압=1atm
- T_2 : ?
- K : 1.289

(2) 단열변화

$$\frac{T_2}{T_1} = \left(\frac{v_1}{v_2}\right)^{K-1} = \left(\frac{P_2}{P_1}\right)^{\frac{K-1}{K}}$$

여기서, T_1, T_2 : 변화 전후의 온도(273+℃)[K]
v_1, v_2 : 변화 전후의 비체적[m³/kg]
P_1, P_2 : 변화 전후의 압력[kJ/m³] 또는 [kPa]
K : 비열비

$$\frac{T_2}{T_1} = \left(\frac{P_2}{P_1}\right)^{\frac{K-1}{K}}$$

팽창 후의 온도 T_2는

$$T_2 = T_1\left(\frac{P_2}{P_1}\right)^{\frac{K-1}{K}} = 273+(-10)\times\left(\frac{1atm}{6atm}\right)^{\frac{1.289-1}{1.289}}$$
$$≒ 176K$$

(3) 절대온도

$$K = 273 + ℃$$

$K = 273 + ℃$
$176 = 273 + ℃$
$℃ = 176 - 273 = -97℃$

답 ②

★ 31

19.03.문22

비중이 0.85이고 동점성계수가 3×10^{-4}m²/s인 기름이 직경 10cm의 수평원형관 내에 20L/s로 흐른다. 이 원형관의 100m 길이에서의 수두손실[m]은? (단, 정상 비압축성 유동이다.)

① 16.6
② 25.0
③ 49.8
④ 82.2

해설 (1) 기호

- s : 0.85
- ν : 3×10^{-4}m²/s
- D : 10cm=0.1m(100cm=1m)
- Q : 20L/s=0.02m³/s(1000L=1m³)
- l : 100m
- H : ?

(2) 비중

$$s = \frac{\rho}{\rho_w} = \frac{\gamma}{\gamma_w}$$

여기서, s : 비중
ρ : 어떤 물질의 밀도(기름의 밀도)[kg/m³] 또는 [N·s²/m⁴]
ρ_w : 물의 밀도(1000kg/m³ 또는 1000N·s²/m⁴)
γ : 어떤 물질의 비중량(기름의 비중량)[N/m³]
γ_w : 물의 비중량(9800N/m³)

기름의 밀도 ρ는
$\rho = s\times\rho_w = 0.85\times1000kg/m³ = 850kg/m³$

(3) 유량(flowrate, **체적유량, 용량유량**)

$$Q = AV = \left(\frac{\pi D^2}{4}\right)V$$

여기서, Q : 유량[m³/s]
A : 단면적[m²]
V : 유속[m/s]
D : 직경(안지름)[m]

유속 V는
$$V = \frac{Q}{\frac{\pi D^2}{4}} = \frac{0.02m³/s}{\frac{\pi\times(0.1m)^2}{4}} ≒ 2.546m/s$$

(4) 레이놀즈수

$$Re = \frac{DV\rho}{\mu} = \frac{DV}{\nu}$$

여기서, Re : 레이놀즈수
D : 내경[m]
V : 유속[m/s]
ρ : 밀도[kg/m³]
μ : 점성계수[g/cm·s] 또는 [kg/m·s]
ν : 동점성계수$\left(\frac{\mu}{\rho}\right)$[cm²/s] 또는 [m²/s]

레이놀즈수 Re는
$$Re = \frac{DV}{\nu} = \frac{0.1m\times2.546m/s}{3\times10^{-4}m²/s} ≒ 848.7(층류)$$

‖ 레이놀즈수 ‖

층류	천이영역(임계영역)	난류
$Re < 2100$	$2100 < Re < 4000$	$Re > 4000$

(5) 관마찰계수(**층류**일 때만 적용 가능)

$$f = \frac{64}{Re}$$

여기서, f : 관마찰계수
Re : 레이놀즈수

관마찰계수 f는

$$f = \frac{64}{Re} = \frac{64}{848.7} ≒ 0.075$$

(6) 달시-웨버의 식(Darcy-Weisbach formula, 층류)

$$H = \frac{\Delta p}{\gamma} = \frac{flV^2}{2gD}$$

여기서, H : 마찰손실수두(전양정, 수두손실)[m]
Δp : 압력차[Pa] 또는 [N/m^2]
γ : 비중량(물의 비중량 9800N/m^3)
f : 관마찰계수
l : 길이[m]
V : 유속[m/s]
g : 중력가속도(9.8m/s^2)
D : 내경[m]

마찰손실수두 H는

$$H = \frac{flV^2}{2gD}$$
$$= \frac{0.075 \times 100m \times (2.546m/s)^2}{2 \times 9.8m/s^2 \times 0.1m} = 24.8 ≒ 25m$$

답 ②

★ 32 그림과 같이 길이 5m, 입구직경(D_1) 30cm, 출
【19.03.문29】 구직경(D_2) 16cm인 직관을 수평면과 30° 기울
어지게 설치하였다. 입구에서 0.3m^3/s로 유입
되어 출구에서 대기 중으로 분출된다면 입구에
서의 압력[kPa]은? (단, 대기는 표준대기압 상
태이고 마찰손실은 없다.)

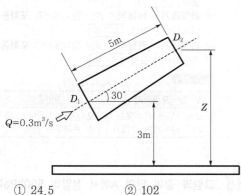

① 24.5　　　　② 102
③ 127　　　　④ 228

해설

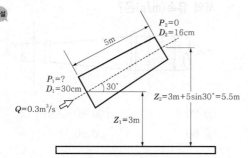

(1) 기호

- D_1 : 30cm=0.3m(100cm=1m)
- D_2 : 16cm=0.16m(100cm=1m)
- θ : 30°
- Q : 0.3m^3/s
- P_2 : 0(대기 중으로 분출되므로)
- Z_1 : 3m(그림에 주어짐)
- Z_2 : 3m+5sin30°=5.5m
- P_1 : ?

(2) 유량

$$Q = AV = \left(\frac{\pi D^2}{4}\right)V$$

여기서, Q : 유량[m^3/s]
A : 단면적[m^2]
V : 유속[m/s]
D : 직경[m]

입구유속 V_1은

$$V_1 = \frac{Q}{\frac{\pi D_1^2}{4}} = \frac{0.3m^3/s}{\frac{\pi \times (0.3m)^2}{4}} ≒ 4.24m/s$$

출구유속 V_2는

$$V_2 = \frac{Q}{\frac{\pi D_2^2}{4}} = \frac{0.3m^3/s}{\frac{\pi \times (0.16m)^2}{4}} ≒ 14.92m/s$$

(3) 베르누이 방정식

$$\underset{(속도수두)}{\frac{V_1^2}{2g}} + \underset{(압력수두)}{\frac{p_1}{\gamma}} + \underset{(위치수두)}{Z_1} = \frac{V_2^2}{2g} + \frac{p_2}{\gamma} + Z_2$$

여기서, V_1, V_2 : 유속[m/s]
p_1, p_2 : 압력(게이지압)[kPa] 또는 [kN/m^2]
Z_1, Z_2 : 높이[m]
g : 중력가속도(9.8m/s^2)
γ : 비중량(물의 비중량 9.8kN/m^3)

$$\frac{p_1}{\gamma} = \frac{V_2^2}{2g} + \frac{p_2}{\gamma} + Z_2 - \frac{V_1^2}{2g} - Z_1$$

$$p_1 = \gamma\left(\frac{V_2^2}{2g} + \frac{p_2}{\gamma} + Z_2 - \frac{V_1^2}{2g} - Z_1\right)$$

$$= 9.8kN/m^3\left(\frac{(14.92m/s)^2}{2 \times 9.8m/s^2} + \frac{0}{9.8kN/m^3} + 5.5m \right.$$

$$\left. - \frac{(4.24m/s)^2}{2 \times 9.8m/s^2} - 3m\right)$$

$$= 126.81kN/m^2$$

$$≒ 127kN/m^2 = 127kPa(∵ 1kN/m^2=1kPa)$$

(4) 절대압

㉠ 절대압=대기압+게이지압(계기압)
㉡ 절대압=대기압-진공압

기억법 절대게

ⓒ 절대압＝대기압＋게이지압(계기압)
　　　＝101.325kPa＋127kPa
　　　＝228.325kPa
　　　≒228kPa

• 일반적으로 압력이라 하면 절대압을 말하므로 228kPa 정답

중요

표준대기압
$1atm = 760mmHg = 1.0332kg_f/cm^2$
$\qquad\quad = 10.332mH_2O(mAq)$
$\qquad\quad = 14.7PSI(lb_f/in^2)$
$\qquad\quad = 101.325kPa(kN/m^2)$
$\qquad\quad = 1013mbar$

답 ④

33

19.03.문34
17.05.문29
14.09.문23
11.06.문35
11.03.문35
05.09.문29
00.10.문61

회전속도 N[rpm]일 때 송출량 Q[m³/min], 전양정 H[m]인 원심펌프를 상사한 조건에서 회전속도를 $1.4N$[rpm]으로 바꾸어 작동할 때 (㉠) 유량과 (㉡) 전양정은?

① ㉠ $1.4Q$, ㉡ $1.4H$
② ㉠ $1.4Q$, ㉡ $1.96H$
③ ㉠ $1.96Q$, ㉡ $1.4H$
④ ㉠ $1.96Q$, ㉡ $1.96H$

해설 (1) **기호**
• N_1 : N[rpm]
• Q_1 : Q[m³/min]
• H_1 : H[m]
• N_2 : $1.4N$[rpm]
• Q_2 : ?
• H_2 : ?

(2) **펌프의 상사법칙**
㉠ **유량**(송출량)

$$Q_2 = Q_1\left(\frac{N_2}{N_1}\right)$$

㉡ **전양정**

$$H_2 = H_1\left(\frac{N_2}{N_1}\right)^2$$

ⓒ **축동력**

$$P_2 = P_1\left(\frac{N_2}{N_1}\right)^3$$

여기서, Q_2, Q_1 : 변경 전후의 유량(송출량)[m³/min]
　　　　H_2, H_1 : 변경 전후의 전양정[m]
　　　　P_2, P_1 : 변경 전후의 축동력[kW]
　　　　N_2, N_1 : 변경 전후의 회전수(회전속도)[rpm]

∴ 유량 $Q_2 = Q_1\left(\dfrac{N_2}{N_1}\right) = Q\dfrac{1.4N}{N} = 1.4Q$

　전양정 $H_2 = H_1\left(\dfrac{N_2}{N_1}\right)^2 = H\left(\dfrac{1.4\cancel{N}}{\cancel{N}}\right)^2 = 1.96H$

용어

상사법칙
기하학적으로 유사하거나 같은 펌프에 적용하는 법칙

답 ②

34

과열증기에 대한 설명으로 틀린 것은?
① 과열증기의 압력은 해당 온도에서의 포화압력보다 높다.
② 과열증기의 온도는 해당 압력에서의 포화온도보다 높다.
③ 과열증기의 비체적은 해당 온도에서의 포화증기의 비체적보다 크다.
④ 과열증기의 엔탈피는 해당 압력에서의 포화증기의 엔탈피보다 크다.

해설 ① 포화압력보다 높다. → 포화압력과 같다.

과열증기
(1) **과열증기**의 **압력**은 해당 온도에서의 **포화압력과 같다.** 보기 ①
(2) **과열증기**의 **온도**는 해당 압력에서의 **포화온도보다 높다.** 보기 ②
(3) **과열증기**의 **비체적**은 해당 온도에서의 **포화증기**의 비체적보다 **크다.** 보기 ③
(4) **과열증기**의 **엔탈피**는 해당 압력에서의 **포화증기**의 엔탈피보다 **크다.** 보기 ④

용어

포화증기	과열증기
포화온도에서 수분과 증기가 공존하는 습증기	포화온도 이상에서 증기만 존재하는 건증기

답 ①

35

그림과 같이 단면 A에서 정압이 500kPa이고 10m/s로 난류의 물이 흐르고 있을 때 단면 B에서의 유속[m/s]은?

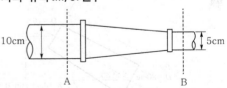

① 20
② 40
③ 60
④ 80

해설 (1) **기호**
- P_1 : 500kPa
- V_1 : 10m/s
- V_2 : ?
- D_1 : 10cm=0.1m(그림에 주어짐)
- D_2 : 5cm=0.05m(그림에 주어짐)

(2) **비압축성 유체**
압력을 받아도 체적변화를 일으키지 아니하는 유체

$$\frac{V_1}{V_2}=\frac{A_2}{A_1}=\left(\frac{D_2}{D_1}\right)^2$$

여기서, $V_1,\ V_2$: 유속[m/s]
$A_1,\ A_2$: 단면적[m²]
$D_1,\ D_2$: 직경[m]

$$\frac{V_1}{V_2}=\left(\frac{D_2}{D_1}\right)^2$$
$$V_1\times\left(\frac{D_1}{D_2}\right)^2=V_2$$
$$V_2=V_1\times\left(\frac{D_1}{D_2}\right)^2=10\text{m/s}\times\left(\frac{0.1\text{m}}{0.05\text{m}}\right)^2=40\text{m/s}$$

• 이 문제에서 정압 500kPa은 적용할 필요 없음

답 ②

★★
36 온도차이가 ΔT, 열전도율이 k_1, 두께 x인 벽을 통한 열유속(heat flux)과 온도차이가 $2\Delta T$, 열전도율이 k_2, 두께 0.5x인 벽을 통한 열유속이 서로 같다면 두 재질의 열전도율비 k_1/k_2의 값은?
19.03.문38
13.03.문27
① 1　　　　② 2
③ 4　　　　④ 8

해설 (1) **기호**
- T_2-T_1 : ΔT
- k : k_1
- l : x
- T_2-T_1 : $2\Delta T$
- k : k_2
- l : $0.5x$

(2) **전도**
$$\overset{\circ}{q}''=\frac{k(T_2-T_1)}{l}$$

여기서, $\overset{\circ}{q}''$: 열전달량[W/m²]
k : 열전도율[W/(m·K)]
(T_2-T_1) : 온도차[℃] 또는 [K]
l : 벽체두께[m]

• 열전달량=열전달률=열유동률=열흐름률

$$k=\frac{\overset{\circ}{q}''\,l}{T_2-T_1}$$
$$\therefore\ \frac{k_1}{k_2}=\frac{\dfrac{\overset{\circ}{q}''\,x}{\Delta T}}{\dfrac{\overset{\circ}{q}''\,0.5x}{2\Delta T}}=\frac{2}{0.5}=4$$

답 ③

★
37 관의 길이가 l이고, 지름이 d, 관마찰계수가 f일 때, 총 손실수두 H[m]를 식으로 바르게 나타낸 것은? (단, 입구 손실계수가 0.5, 출구 손실계수가 1.0, 속도수두는 $V^2/2g$이다.)

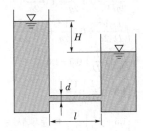

① $\left(1.5+f\dfrac{l}{d}\right)\dfrac{V^2}{2g}$

② $\left(f\dfrac{l}{d}+1\right)\dfrac{V^2}{2g}$

③ $\left(0.5+f\dfrac{l}{d}\right)\dfrac{V^2}{2g}$

④ $\left(f\dfrac{l}{d}\right)\dfrac{V^2}{2g}$

해설 (1) **기호**
- K_1 : 0.5
- K_2 : 1.0
- H : ?

(2) **돌연 축소관에서의 손실**
$$H=K\frac{V^2}{2g}$$

여기서, H : 손실수두[m]
K : 손실계수
V : 축소관 유속[m/s]
g : 중력가속도(9.8m/s²)

• 마찰손실수두=손실수두

(3) **마찰손실**
달시-웨버의 식(Darcy-Weisbach formula, 층류)
$$H=\frac{\Delta p}{\gamma}=\frac{flV^2}{2gD}$$

여기서, H : 마찰손실(수두)[m]

$\quad\quad \Delta p$: 압력차[kPa] 또는 [kN/m²]

$\quad\quad \gamma$: 비중량(물의 비중량 9800N/m³)

$\quad\quad f$: 관마찰계수

$\quad\quad l$: 길이[m]

$\quad\quad V$: 유속(속도)[m/s]

$\quad\quad g$: 중력가속도(9.8m/s²)

$\quad\quad D$: 내경[m]

마찰손실 H는

$$H = \frac{fl V^2}{2gD} + K_1 \frac{V^2}{2g} + K_2 \frac{V^2}{2g}$$

$\quad\quad\quad\uparrow\quad\quad\quad\quad\uparrow\quad\quad\quad\quad\uparrow$

$\quad$주손실 부차적 손실 부차적 손실

$$= \frac{fl V^2}{2gD} + 0.5\frac{V^2}{2g} + 1.0\frac{V^2}{2g}$$

$$= f\frac{l}{D}\frac{V^2}{2g} + 0.5\frac{V^2}{2g} + 1.0\frac{V^2}{2g}$$

$$= \frac{V^2}{2g}\left(f\frac{l}{D} + 0.5 + 1.0\right)$$

$$= \left(1.5 + f\frac{l}{D}\right)\frac{V^2}{2g}$$

$$= \left(1.5 + f\frac{l}{d}\right)\frac{V^2}{2g} \;\leftarrow\; \text{문제에서는 } D \rightarrow d \text{로 표현}$$

중요

배관의 마찰손실

주손실	부차적 손실
관로에 의한 마찰손실(직선원관 내의 손실)	① 관의 급격한 **확대손실**(관 단면의 급격한 확대손실) ② 관의 급격한 **축소손실**(유동 단면의 장애물에 의한 손실) ③ 관 부속품에 의한 손실(곡선부에 의한 손실)

답 ①

★★★

38 다음 그림에서 A, B점의 압력차[kPa]는? (단, A는 비중 1의 물, B는 비중 0.899의 벤젠이다.)

19.03.문24
18.03.문37
15.09.문26
10.03.문35

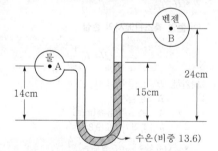

① 278.7

② 191.4

③ 23.07

④ 19.4

해설

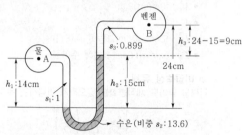

(1) 기호

- γ_1 : 9.8kN/m³
- s_2 : 13.6(그림에 주어짐)
- s_3 : 0.899
- h_1 : 14cm=0.14m(그림에 주어짐)(100cm=1m)
- h_2 : 15cm=0.15m(그림에 주어짐)
- h_3 : 9cm=0.09m(그림에 주어짐)

(2) 비중

$$s = \frac{\gamma}{\gamma_w}$$

여기서, s : 비중

$\quad\quad \gamma$: 어떤 물질(수은, 벤젠)의 비중량[kN/m³]

$\quad\quad \gamma_w$: 물의 비중량(9.8kN/m³)

수은의 비중량 $\gamma_2 = s_2 \times \gamma_w$

$$= 13.6 \times 9.8\text{kN/m}^3$$

$$= 133.28\text{kN/m}^3$$

벤젠의 비중량 $\gamma_3 = s_3 \times \gamma_w$

$$= 0.899 \times 9.8\text{kN/m}^3$$

$$= 8.8102\text{kN/m}^3$$

(3) 압력차

$$P_A + \gamma_1 h_1 - \gamma_2 h_2 - \gamma_3 h_3 = P_B$$

$P_A - P_B = -\gamma_1 h_1 + \gamma_2 h_2 + \gamma_3 h_3$

$\quad\quad = -9.8\text{kN/m}^3 \times 0.14\text{m} + 133.28\text{kN/m}^3$

$\quad\quad\quad \times 0.15\text{m} + 8.8102\text{kN/m}^3 \times 0.09\text{m}$

$\quad\quad \fallingdotseq 19.4\text{kN/m}^2$

$\quad\quad = 19.4\text{kPa}$

- 1N/m²=1Pa, 1kN/m²=1kPa이므로 19.4kN/m²=19.4kPa
- 시차액주계=차압액주계

중요

시차액주계의 **압력계산방법**
다음 그림을 참고하여 점 A를 기준으로 내려가면 **더하고**, 올라가면 **빼면** 된다.

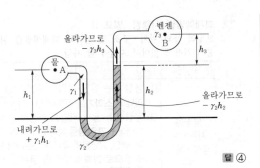

답 ④

(4) 무게

$$W = mg$$

여기서, W : 무게[N]

m : 질량[kg]

g : 중력가속도(9.8m/s²)

질량 m**은**

$$m = \frac{W}{g} = \frac{3.92\text{N}}{9.8\text{m/s}^2} = 0.4\text{N} \cdot \text{s}^2/\text{m} = 0.4\text{kg}$$

• 1N · s²/m=1kg 이므로 0.4N · s²/m=0.4kg

답 ①

39 ★

12.03.문26

비중이 0.8인 액체가 한 변이 10cm인 정육면체 모양 그릇의 반을 채울 때 액체의 질량[kg]은?

① 0.4 ② 0.8

③ 400 ④ 800

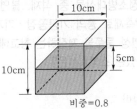

비중=0.8

(1) 기호

• s : 0.8

• 가로 : 10cm=0.1m(100cm=1m)

• 세로 : 10cm=0.1m

• 채운 높이 : 5cm=0.05m

$$\left(\text{그릇의 반을 채웠으므로 } \frac{10\text{cm}}{2} = 5\text{cm}\right)$$

• m : ?

(2) 비중

$$s = \frac{\gamma}{\gamma_w}$$

여기서, s : 비중

γ : 어떤 물질(액체)의 비중량[N/m³]

γ_w : 물의 비중량(9800N/m³)

액체의 비중량 γ는

$$\gamma = s \times \gamma_w = 0.8 \times 9800\text{N/m}^3 = 7840\text{N/m}^3$$

(3) 물체의 잠기는 무게(액체에서 구한 정육면체의 중량)

$$W = \gamma V$$

여기서, W : 물체의 잠기는 무게[N]

γ : 비중량[N/m³]

V : 물체가 잠긴 체적[m³]

물체의 잠기는 무게 W**는**

$W = \gamma V$

$= 7840\text{N/m}^3 \times (\text{가로} \times \text{세로} \times \text{채운 높이})$

$= 7840\text{N/m}^3 \times (0.1\text{m} \times 0.1\text{m} \times 0.05\text{m}) = 3.92\text{N}$

40 ★★★

17.09.문39
17.03.문31
16.10.문29
15.05.문40
14.09.문36

그림과 같이 수족관에 직경 3m의 투시경이 설치되어 있다. 이 투시경에 작용하는 힘[kN]은?

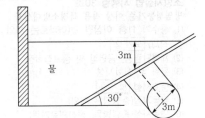

① 207.8 ② 123.9

③ 87.1 ④ 52.4

(1) 기호

• D : 3m

• h : 3m(그림에 주어짐)

• F : ?

(2) 수평면에 작용하는 힘

$$F = \gamma h A = \gamma h \left(\frac{\pi D^2}{4}\right)$$

여기서, F : 수평면(투시경)에 작용하는 힘[N]

γ : 비중량(물의 비중량 9.8kN/m³)

h : 표면에서 투시경 중심까지의 수직거리[m]

A : 투시경의 단면적[m²]

D : 직경[m]

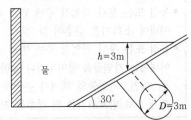

투시경에 작용하는 힘 F는

$$F = \gamma h A = \gamma h \left(\frac{\pi D^2}{4}\right)$$

$$= 9.8\text{kN/m}^3 \times 3\text{m} \times \frac{\pi \times (3\text{m})^2}{4} = 207.8\text{kN}$$

답 ①

제 3 과목 소방관계법규

⭐⭐⭐
41
[17.09.문41]
[15.09.문42]
[11.10.문60]
소방시설 설치 및 관리에 관한 법령상 방염성능기준 이상의 실내 장식물 등을 설치해야 하는 특정소방대상물이 아닌 것은?

① 숙박이 가능한 수련시설
② 층수가 11층 이상인 아파트
③ 건축물 옥내에 있는 종교시설
④ 방송통신시설 중 방송국 및 촬영소

 ② 아파트 → 아파트 제외

소방시설법 시행령 30조
방염성능기준 이상 적용 특정소방대상물
(1) 층수가 **11층 이상**인 것(아파트는 제외 : 2026. 12. 1. 삭제) [보기 ②]
(2) 체력단련장, 공연장 및 종교집회장
(3) 문화 및 집회시설
(4) 종교시설 [보기 ③]
(5) 운동시설(수영장은 제외)
(6) 의료시설(종합병원, 정신의료기관)
(7) 의원, 조산원, 산후조리원
(8) 교육연구시설 중 합숙소
(9) 노유자시설
(10) **숙박**이 가능한 **수련시설** [보기 ①]
(11) 숙박시설
(12) 방송국 및 촬영소 [보기 ④]
(13) 다중이용업소(단란주점영업, 유흥주점영업, 노래연습장의 영업장 등)

• 11층 이상 : '**고층건축물**'에 해당된다.

답 ②

⭐⭐
42
[18.09.문41]
[17.05.문42]
화재의 예방 및 안전관리에 관한 법령상 불꽃을 사용하는 용접·용단 기구의 용접 또는 용단 작업장에서 지켜야 하는 사항 중 다음 (　) 안에 알맞은 것은?

- 용접 또는 용단 작업장 주변 반경 (　㉠　)m 이내에 소화기를 갖추어 둘 것
- 용접 또는 용단 작업장 주변 반경 (　㉡　)m 이내에는 가연물을 쌓아두거나 놓아두지 말 것. 다만, 가연물의 제거가 곤란하여 방화포 등으로 방호조치를 한 경우는 제외한다.

① ㉠ 3, ㉡ 5
② ㉠ 5, ㉡ 3
③ ㉠ 5, ㉡ 10
④ ㉠ 10, ㉡ 5

 화재예방법 시행령 〔별표 1〕
보일러 등의 위치·구조 및 관리와 화재예방을 위하여 불의 사용에 있어서 지켜야 할 사항

구 분	기 준
불꽃을 사용하는 용접·용단 기구	① 용접 또는 용단 작업장 주변 반경 **5m** 이내에 **소화기**를 갖추어 둘 것 [보기 ㉠] ② 용접 또는 용단 작업장 주변 반경 **10m** 이내에는 **가연물**을 쌓아두거나 놓아두지 말 것(단, 가연물의 제거가 곤란하여 방화포 등으로 방호조치를 한 경우는 제외) [보기 ㉡] **기억법** 5소(**오소**서)

답 ③

⭐
43
[17.05.문43]
소방시설 설치 및 관리에 관한 법령상 화재위험도가 낮은 특정소방대상물 중 석재, 불연성 금속, 불연성 건축재료 등의 가공공장·기계조립공장 또는 불연성 물품을 저장하는 창고에 설치하지 않을 수 있는 소방시설은?

① 피난기구
② 비상방송설비
③ 연결송수관설비
④ 옥외소화전설비

소방시설법 시행령 〔별표 6〕
소방시설을 설치하지 않을 수 있는 특정소방대상물 및 소방시설의 범위

구 분	특정소방대상물	소방시설
화재 위험도가 낮은 특정소방대상물	**석**재, **불**연성 **금**속, 불연성 건축재료 등의 가공공장·기계조립공장 또는 불연성 물품을 저장하는 창고	① **옥외**소화전설비 [보기 ④] ② 연결살수설비 **기억법** 석불금외

🔧 중요

소방시설법 시행령 〔별표 6〕
소방시설을 설치하지 않을 수 있는 소방시설의 범위
(1) **화재위험도**가 낮은 특정소방대상물
(2) 화재안전기준을 적용하기가 어려운 특정소방대상물
(3) 화재안전기준을 달리 적용하여야 하는 특수한 **용도**·**구조**를 가진 특정소방대상물
(4) **자체소방대**가 설치된 특정소방대상물

답 ④

⭐⭐⭐
44
[19.03.문58]
[17.03.문54]
[16.10.문55]
[09.08.문43]
소방기본법령에 따른 소방용수시설 급수탑 개폐밸브의 설치기준으로 맞는 것은?

① 지상에서 1.0m 이상 1.5m 이하
② 지상에서 1.2m 이상 1.8m 이하
③ 지상에서 1.5m 이상 1.7m 이하
④ 지상에서 1.5m 이상 2.0m 이하

해설 기본규칙 〔별표 3〕
소방용수시설별 설치기준

소화전	급수탑
• 65mm : 연결금속구의 구경	• 100mm : 급수배관의 구경 • 1.5~1.7m 이하 : 개폐밸브 높이 보기 ③ **기억법** 57탑(57층 탑)

답 ③

★★★
45 소방기본법령상 소방업무 상호응원협정 체결시 포함되어야 하는 사항이 아닌 것은?
19.04.문47
15.05.문55
11.03.문54
① 응원출동의 요청방법
② 응원출동 훈련 및 평가
③ 응원출동 대상지역 및 규모
④ 응원출동시 현장지휘에 관한 사항

해설
④ 현장지휘는 해당 없음

기본규칙 8조
소방업무의 상호응원협정
(1) 다음의 **소방활동**에 관한 사항
  ㉠ 화재의 경계 · 진압활동
  ㉡ 구조 · 구급업무의 지원
  ㉢ 화재조사활동
(2) **응원출동 대상지역** 및 **규모** 보기 ③
(3) **소요경비**의 부담에 관한 사항
  ㉠ 출동대원의 수당 · 식사 및 의복의 수선
  ㉡ 소방장비 및 기구의 정비와 연료의 보급
(4) **응원출동**의 **요청방법** 보기 ①
(5) **응원출동 훈련 및 평가** 보기 ②

답 ④

★★
46 소방기본법령에 따라 주거지역 · 상업지역 및 공업지역에 소방용수시설을 설치하는 경우 소방대상물과의 수평거리를 몇 m 이하가 되도록 해야 하는가?
17.09.문56
10.05.문41
① 50 ② 100
③ 150 ④ 200

해설 기본규칙 〔별표 3〕
소방용수시설의 설치기준

거리기준	지 역
수평거리 **100m** 이하 보기 ②	• **공업지역** • **상업지역** • **주거지역** **기억법** 주상공100(주상공 백지에 사인을 하시오.)
수평거리 **140m** 이하	• 기타지역

답 ②

★★★
47 소방시설 설치 및 관리에 관한 법률상 소방용품의 형식승인을 받지 아니하고 소방용품을 제조하거나 수입한 자에 대한 벌칙기준은?
19.09.문47
14.09.문58
07.09.문58
① 100만원 이하의 벌금
② 300만원 이하의 벌금
③ 1년 이하의 징역 또는 1천만원 이하의 벌금
④ 3년 이하의 징역 또는 3천만원 이하의 벌금

해설 3년 이하의 징역 또는 3000만원 이하의 벌금
(1) **화재안전조사** 결과에 따른 조치명령 위반(화재예방법 50조)
(2) **소방시설관리업** 무등록자(소방시설법 57조)
(3) **소방시설업** 무등록자(공사업법 35조)
(4) 부정한 청탁을 받고 재물 또는 재산상의 이익을 취득하거나 부정한 청탁을 하면서 재물 또는 재산상의 이익을 제공한 자(공사업법 35조)
(5) 형식승인을 받지 않은 **소방용품** 제조 · 수입자(소방시설법 57조) 보기 ④
(6) **제품검사**를 받지 않은 자(소방시설법 57조)
(7) 거짓이나 그 밖의 **부정한 방법**으로 제품검사 전문기관의 지정을 받은 자(소방시설법 57조)

답 ④

★★★
48 위험물안전관리법령에 따라 위험물안전관리자를 해임하거나 퇴직한 때에는 해임하거나 퇴직한 날부터 며칠 이내에 다시 안전관리자를 선임하여야 하는가?
19.03.문59
18.03.문56
16.10.문54
16.03.문55
11.03.문56
① 30일 ② 35일
③ 40일 ④ 55일

해설 30일
(1) 소방시설업 등록사항 변경신고(공사규칙 6조)
(2) **위험물안전관리자의 재선임**(위험물안전관리법 15조) 보기 ①
(3) 소방안전관리자의 재선임(화재예방법 시행규칙 14조)
(4) **도급계약 해지**(공사업법 23조)
(5) 소방시설공사 중요사항 변경시의 신고일(공사업규칙 12조)
(6) 소방기술자 실무교육기관 지정서 발급(공사업규칙 32조)
(7) 소방공사감리자 변경서류 제출(공사업규칙 15조)
(8) **승계**(위험물법 10조)
(9) 위험물안전관리자의 직무대행(위험물법 15조)
(10) 탱크시험자의 변경신고일(위험물법 16조)

답 ①

★
49 위험물안전관리법령상 정밀정기검사를 받아야 하는 특정 · 준특정옥외탱크저장소의 관계인은 특정 · 준특정옥외탱크저장소의 설치허가에 따른 완공검사합격확인증을 발급받은 날부터 몇 년 이내에 정밀정기검사를 받아야 하는가?
12.05.문54
① 9 ② 10
③ 11 ④ 12

해설 **위험물규칙 65조**
특정옥외탱크저장소의 구조안전점검기간

점검기간	조 건
• 11년 이내	최근의 정밀정기검사를 받은 날부터
• 12년 이내 보기 ④	완공검사합격확인증을 발급받은 날부터
• 13년 이내	최근의 정밀정기검사를 받은 날부터(연장 신청을 한 경우)

비교
위험물규칙 68조 ②항
정기점검기록

특정옥외탱크저장소의 구조안전점검	기 타
25년	3년

답 ④

★
50 다음 소방시설 중 경보설비가 아닌 것은?
12.03.문47
① 통합감시시설
② 가스누설경보기
③ 비상콘센트설비
④ 자동화재속보설비

해설 ③ 비상콘센트설비 : 소화활동설비

소방시설법 시행령〔별표 1〕
경보설비
(1) 비상경보설비 ┬ 비상벨설비
　　　　　　　└ 자동식 사이렌설비
(2) 단독경보형 감지기
(3) 비상방송설비
(4) 누전경보기
(5) 자동화재탐지설비 및 시각경보기
(6) 화재알림설비
(7) 자동화재속보설비 보기 ④
(8) 가스누설경보기 보기 ②
(9) 통합감시시설 보기 ①

※ **경보설비** : 화재발생 사실을 통보하는 기계·기구 또는 설비

비교
소방시설법 시행령〔별표 1〕
소화활동설비
화재를 진압하거나 인명구조활동을 위하여 사용하는 설비
(1) **연**결송수관설비
(2) **연**결살수설비
(3) **연**소방지설비
(4) **무**선통신보조설비
(5) **제**연설비
(6) **비상콘**센트설비 보기 ③

기억법 **3연무제비콘**

답 ③

★★
51 소방시설공사업법령에 따른 소방시설업의 등록 권자는?
16.03.문49
08.03.문56
① 국무총리　　② 소방서장
③ 시·도지사　　④ 한국소방안전원장

해설 **시·도지사 등록**
(1) 소방시설관리업(소방시설법 29조)
(2) 소방시설업(공사업법 4조) 보기 ③
(3) 탱크안전성능시험자(위험물법 16조)

답 ③

★
52 화재의 예방 및 안전관리에 관한 법령상 정당한 사유 없이 화재의 예방조치에 관한 명령에 따르지 아니한 경우에 대한 벌칙은?
① 100만원 이하의 벌금
② 200만원 이하의 벌금
③ 300만원 이하의 벌금
④ 500만원 이하의 벌금

해설 **300만원 이하의 벌금**(화재예방법 50조)
화재의 **예**방조치명령 위반 보기 ③

기억법 예2(예의)

답 ③

★
53 위험물안전관리법령상 다음의 규정을 위반하여 위험물의 운송에 관한 기준을 따르지 아니한 자에 대한 과태료 기준은?
17.09.문43

> 위험물운송자는 이동탱크저장소에 의하여 위험물을 운송하는 때에는 행정안전부령으로 정하는 기준을 준수하는 등 당해 위험물의 안전확보를 위하여 세심한 주의를 기울여야 한다.

① 50만원 이하
② 100만원 이하
③ 200만원 이하
④ 500만원 이하

해설 **500만원 이하의 과태료**
(1) **화재** 또는 **구조·구급**이 필요한 상황을 **거짓**으로 알린 사람(기본법 56조)
(2) 화재, 재난·재해, 그 밖의 위급한 상황을 소방본부, 소방서 또는 관계행정기관에 알리지 아니한 관계인 (기본법 56조)
(3) 위험물의 임시저장 미승인(위험물법 39조)

(4) 위험물의 저장 또는 취급에 관한 세부기준 위반(위험물법 39조)

(5) 제조소 등의 지위 승계 거짓신고(위험물법 39조)

(6) 예방규정을 준수하지 아니한 자(위험물법 39조)

(7) **제조소** 등의 **점검결과**를 기록·보존하지 아니한 자 (위험물법 39조)

(8) **위험물**의 **운송기준** 미준수자(위험물법 39조) 보기 ④

(9) 제조소 등의 폐지 허위신고(위험물법 39조)

답 ④

54 소방시설공사업법령상 소방공사감리를 실시함에 있어 용도와 구조에서 특별히 안전성과 보안성이 요구되는 소방대상물로서 소방시설물에 대한 감리를 감리업자가 아닌 자가 감리할 수 있는 장소는?

① 정보기관의 청사

② 교도소 등 교정관련시설

③ 국방 관계시설 설치장소

④ 원자력안전법상 관계시설이 설치되는 장소

해설 (1) **공사업법 시행령 8조** : 감리업자가 아닌 자가 감리할 수 있는 보안성 등이 요구되는 소방대상물의 시공장소 「원자력안전법」 제2조 제10호에 따른 관계시설이 설치되는 장소

(2) **원자력안전법 2조 10호** : "**관계시설**"이란 원자로의 **안전에 관계**되는 **시설**로서 **대통령령**으로 정하는 것을 말한다. 보기 ④

답 ④

55 소방시설 설치 및 관리에 관한 법령상 소방시설 18.03.문41 등에 대한 자체점검 중 종합점검 대상인 것은?

① 제연설비가 설치되지 않은 터널

② 스프링클러설비가 설치된 연면적이 5000m² 이고, 12층인 아파트

③ 물분무등소화설비가 설치된 연면적이 5000m² 인 위험물제조소

④ 호스릴방식의 물분무등소화설비만을 설치한 연면적 3000m²인 특정소방대상물

해설
① 설치되지 않은 → 설치된
② 스프링클러설비가 설치되면 종합점검 대상이므로 정답
③ 위험물제조소 → 위험물제조소 제외
④ 호스릴방식 → 호스릴방식 제외, 연면적 3000m² → 연면적 5000m² 이상

소방시설법 시행규칙 〔별표 3〕
소방시설 등 자체점검의 구분과 대상, 점검자의 자격

점검 구분	정 의	점검대상	점검자의 자격 (주된 인력)
작동 점검	소방시설 등을 인위적으로 조작하여 정상적으로 작동하는지를 점검하는 것	① 간이스프링클러설비 ② 자동화재탐지설비	① 관계인 ② 소방안전관리자로 선임된 **소방시설관리사** 또는 **소방기술사** ③ 소방시설관리업에 등록된 소방시설관리사 또는 **특급점검자**
		③ 간이스프링클러설비 또는 자동화재탐지설비가 미설치된 특정소방대상물	① 소방시설관리업에 등록된 기술인력 중 소방시설관리사 ② 소방안전관리자로 선임된 소방시설관리사 또는 소방기술사
	④ **작동점검**대상 제외 ㉠ 특정소방대상물 중 소방안전관리자를 선임하지 않는 대상 ㉡ **위험물제조소** 등 ㉢ **특급소방안전관리대상물**		
종합 점검	소방시설 등의 작동점검을 포함하여 소방시설 등의 설비별 주요 구성부품의 구조 기준이 관련법령에서 정하는 기준에 적합한지 여부를 점검하는 것 (1) 최초점검 : 특정소방대상물의 소방시설이 새로 설치되는 경우 건축물을 사용할 수 있게 된 날부터 **60일** 이내 점검하는 것 (2) 그 밖의 종합점검 : 최초점검을 제외한 종합점검	① 소방시설 등이 신설된 경우에 해당하는 특정소방대상물 ② **스프링클러설비**가 설치된 특정소방대상물 보기 ② ③ **물분무등소화설비**(호스릴방식의 물분무등소화설비만을 설치한 경우는 제외)가 설치된 연면적 5000m² 이상인 특정소방대상물(위험물제조소 등 제외) 보기 ③④ ④ 다중이용업의 영업장이 설치된 특정소방대상물로서 연면적이 2000m² 이상인 것 ⑤ 제연설비가 설치된 터널 보기 ① ⑥ 공공기관 중 연면적(터널·지하구의 경우 그 길이와 평균폭을 곱하여 계산된 값을 말한다)이 **1000m²** 이상인 것으로서 옥내소화전설비 또는 자동화재탐지설비가 설치된 것(단, 소방대가 근무하는 공공기관 제외)	① 소방시설관리업에 등록된 기술인력 중 소방시설관리사 ② 소방안전관리자로 선임된 소방시설관리사 또는 소방기술사

답 ②

⭐⭐⭐

56 소방기본법에 따라 화재 등 그 밖의 위급한 상황이 발생한 현장에서 소방활동을 위하여 필요한 때에는 그 관할구역에 사는 사람 또는 그 현장에 있는 사람으로 하여금 사람을 구출하는 일 또는 불을 끄는 등의 일을 하도록 명령할 수 있는 권한이 없는 사람은?

19.03.문56
18.04.문43
17.05.문48

① 소방서장
② 소방대장
③ 시·도지사
④ 소방본부장

해설 **소방본부장·소방서장·소방대장**
(1) 소방활동 **종**사명령(기본법 24조) 질문
(2) **강**제처분·제거(기본법 25조)
(3) **피**난명령(기본법 26조)
(4) 댐·저수지 사용 등 위험시설 등에 대한 긴급조치(기본법 27조)

| 기억법 | **소대종강피**(**소방대**의 **종강**파티) |

| 용어 |
소방활동 종사명령
화재, 재난·재해, 그 밖의 위급한 상황이 발생한 현장에서 소방활동을 위하여 필요할 때에는 그 관할구역에 사는 사람 또는 그 현장에 있는 사람으로 하여금 사람을 구출하는 일 또는 불을 끄거나 불이 번지지 아니하도록 하는 일을 하게 할 수 있는 것

답 ③

⭐⭐⭐

57 소방시설공사업법령에 따른 소방시설업 등록이 가능한 사람은?

15.03.문41
12.09.문44
11.03.문53

① 피성년후견인
② 위험물안전관리법에 따른 금고 이상의 형의 집행유예를 선고받고 그 유예기간 중에 있는 사람
③ 등록하려는 소방시설업 등록이 취소된 날부터 3년이 지난 사람
④ 소방기본법에 따른 금고 이상의 실형을 선고받고 그 집행이 면제된 날부터 1년이 지난 사람

해설 ③ 2년이 지났으므로 등록 가능

공사업법 5조
소방시설업의 등록결격사유
(1) 피성년후견인
(2) 금고 이상의 실형을 선고받고 그 집행이 끝나거나 집행이 면제된 날부터 **2년**이 지나지 아니한 사람

(3) 금고 이상의 형의 집행유예를 선고받고 그 유예기간 중에 있는 사람
(4) 시설업의 등록이 취소된 날부터 **2년**이 지나지 아니한 자 보기 ③

 비교
소방시설법 30조
소방시설관리업의 등록결격사유
(1) 피성년후견인
(2) 금고 이상의 실형을 선고받고 그 집행이 끝나거나 집행이 면제된 날부터 **2년**이 지나지 아니한 사람
(3) 금고 이상의 형의 집행유예를 선고받고 그 유예기간 중에 있는 사람
(4) 관리업의 등록이 취소된 날부터 **2년**이 지나지 아니한 자

답 ③

⭐⭐⭐

58 위험물안전관리법령상 제조소 등의 경보설비 설치기준에 대한 설명으로 틀린 것은?

16.03.문53
15.05.문44
13.06.문47

① 제조소 및 일반취급소의 연면적이 $500m^2$ 이상인 것에는 자동화재탐지설비를 설치한다.
② 자동신호장치를 갖춘 스프링클러설비 또는 물분무등소화설비를 설치한 제조소 등에 있어서는 자동화재탐지설비를 설치한 것으로 본다.
③ 경보설비는 자동화재탐지설비·자동화재속보설비·비상경보설비(비상벨장치 또는 경종 포함)·확성장치(휴대용 확성기 포함) 및 비상방송설비로 구분한다.
④ 지정수량의 10배 이상의 위험물을 저장 또는 취급하는 제조소 등(이동탱크저장소를 포함한다)에는 화재발생시 이를 알릴 수 있는 경보설비를 설치하여야 한다.

해설 ④ (이동탱크저장소를 포함한다) → (이동탱크저장소를 제외한다)

(1) **위험물규칙〔별표 17〕**
제조소 등별로 설치하여야 하는 경보설비의 종류

구 분	경보설비
① 연면적 $500m^2$ 이상인 것 보기 ① ② 옥내에서 지정수량의 **100배** 이상을 취급하는 것	• **자동화재탐지설비**
③ 지정수량의 **10배** 이상을 저장 또는 취급하는 것	• **자동화재탐지설비** ┐ • **비상경보설비** │ 1종 • **확성장치** │ 이상 • **비상방송설비** ┘

(2) **위험물규칙 42조**

ⓐ 자동신호장치를 갖춘 **스프링클러설비** 또는 **물분무등소화설비**를 설치한 제조소 등에 있어서는 자동화재탐지설비를 설치한 것으로 본다. 보기 ②

ⓑ 경보설비는 **자동화재탐지설비 · 자동화재속보설비 · 비상경보설비**(비상벨장치 또는 경종 포함) **· 확성장치**(휴대용 확성기 포함) 및 **비상방송설비**로 구분한다. 보기 ③

ⓒ 지정수량의 **10배** 이상의 위험물을 저장 또는 취급하는 제조소 등(이동탱크저장소 제외)에는 화재발생시 이를 알릴 수 있는 경보설비를 설치하여야 한다. 보기 ④

답 ④

59

 소방시설 설치 및 관리에 관한 법령상 건축허가 등의 관한 법률상 건축허가 등의 동의대상물이 아닌 것은?

17.09.문53

① 항공기격납고
② 연면적이 300m²인 공연장
③ 바닥면적이 300m²인 차고
④ 연면적이 300m²인 노유자시설

해설
② 300m² → 400m²
연면적 300m²인 공연장은 지하층 및 무창층이 아니므로 연면적 400m² 이상이어야 건축허가 동의대상물이 된다.

소방시설법 시행령 7조
건축허가 등의 동의대상물
(1) 연면적 **400m²**(학교시설 : **100m²**, 수련시설 · 노유자시설 : **200m²**, 정신의료기관 · 장애인 의료재활시설 : **300m²**) 이상 보기 ②
(2) **6층** 이상인 건축물
(3) 차고 · 주차장으로서 바닥면적 **200m²** 이상(**자**동차 **20대** 이상) 보기 ③
(4) **항공기격납고, 관망탑, 항공관제탑, 방송용 송수신탑** 보기 ①
(5) 지하층 또는 무창층의 바닥면적 **150m²**(공연장은 **100m²**) 이상
(6) **위험물저장** 및 **처리시설, 지하구**
(7) **결핵환자**나 **한센인**이 24시간 생활하는 **노유자시설** 보기 ④
(8) 전기저장시설, 풍력발전소
(9) 노인주거복지시설 · 노인의료복지시설 및 재가노인복지시설 · 학대피해노인 전용쉼터 · 아동복지시설 · 장애인거주시설
(10) 정신질환자 관련시설(공동생활가정을 제외한 재활훈련시설과 종합시설 중 24시간 주거를 제공하지 않는 시설 제외)
(11) 조산원, 산후조리원, 의원(입원실이 있는 것)
(12) 노숙인자활시설, 노숙인재활시설 및 노숙인요양시설
(13) 요양병원(의료재활시설 제외)
(14) 공장 또는 창고시설로서 지정수량의 **750배** 이상의 특수가연물을 저장 · 취급하는 것
(15) 가스시설로서 지상에 노출된 탱크의 저장용량의 합계가 **100t** 이상인 것

기억법 **2자(이자)**

답 ②

60

★★★ **화재의 예방 및 안전관리에 관한 법률상 소방안전관리대상물의 소방안전관리자의 업무가 아닌 것은?**

19.03.문51
15.03.문12
14.09.문52
14.09.문53
13.06.문48
08.05.문53

① 소방시설 공사
② 소방훈련 및 교육
③ 소방계획서의 작성 및 시행
④ 자위소방대의 구성 · 운영 · 교육

해설 ① 소방시설공사업자의 업무

화재예방법 24조 ⑤항
관계인 및 소방안전관리자의 업무

특정소방대상물 (관계인)	소방안전관리대상물 (소방안전관리자)
• 피난시설 · 방화구획 및 방화시설의 관리	• 피난시설 · 방화구획 및 방화시설의 관리
• 소방시설, 그 밖의 소방관련 시설의 관리	• 소방시설, 그 밖의 소방관련 시설의 관리
• **화기취급**의 감독	• **화기취급**의 감독
• 소방안전관리에 필요한 업무	• 소방안전관리에 필요한 업무
• 화재발생시 초기대응	• **소방계획서**의 작성 및 시행 (대통령령으로 정하는 사항 포함) 보기 ③
	• **자위소방대** 및 **초기대응체계**의 구성 · 운영 · 교육 보기 ④
	• 소방훈련 및 교육 보기 ②
	• 소방안전관리에 관한 업무 수행에 관한 기록 · 유지
	• 화재발생시 초기대응

용어

특정소방대상물	소방안전관리대상물
건축물 등의 규모 · 용도 및 수용인원 등을 고려하여 소방시설을 설치하여야 하는 소방대상물로서 대통령령으로 정하는 것	대통령령으로 정하는 특정소방대상물

답 ①

제4과목 **소방기계시설의 구조 및 원리**

61

★★★ **물분무소화설비의 화재안전기준에 따른 물분무소화설비의 저수량에 대한 기준 중 다음 ( ) 안의 내용으로 맞는 것은?**

19.04.문75
17.03.문77
16.03.문63
15.09.문74

절연유 봉입변압기는 바닥부분을 제외한 표면적을 합한 면적 1m²에 대하여 ( )L/min로 20분간 방수할 수 있는 양 이상으로 할 것

① 4
② 8
③ 10
④ 12

해설 **물분무소화설비**의 **수원**(NFPC 104 4조, NFTC 104 2.1.1)

특정소방대상물	토출량	비 고
컨베이어벨트	10L/min · m²	벨트부분의 바닥면적
절연유 봉입변압기	10L/min · m² 보기 ③	표면적을 합한 면적 (바닥면적 제외)
특수가연물	10L/min · m² (최소 50m²)	최대방수구역의 바닥면적 기준
케이블트레이 · 덕트	12L/min · m²	투영된 바닥면적
차고 · 주차장	20L/min · m² (최소 50m²)	최대방수구역의 바닥면적 기준
위험물 저장탱크	37L/min · m	위험물탱크 둘레길이(원주길이) : 위험물규칙 [별표 6] Ⅱ

※ 모두 **20분**간 방수할 수 있는 양 이상으로 하여야 한다.

답 ③

62 물분무소화설비의 화재안전기준에 따른 물분무소화설비의 설치장소별 1m²당 수원의 최소 저수량으로 맞는 것은?

19.04.문75
16.03.문63
15.09.문74

① 차고 : 30L/min×20분×바닥면적
② 케이블트레이 : 12L/min×20분×투영된 바닥면적
③ 컨베이어벨트 : 37L/min×20분×벨트부분의 바닥면적
④ 특수가연물을 취급하는 특정소방대상물 : 20L/min×20분×바닥면적

해설
① 30L/min → 20L/min
③ 37L/min → 10L/min
④ 20L/min → 10L/min

물분무소화설비의 **수원**(NFPC 104 4조, NFTC 104 2.1.1)

특정소방대상물	토출량	비 고
컨베이어벨트	10L/min · m²	벨트부분의 바닥면적
절연유 봉입변압기	10L/min · m²	표면적을 합한 면적 (바닥면적 제외)
특수가연물	10L/min · m² (최소 50m²)	최대방수구역의 바닥면적 기준
케이블트레이 · 덕트	12L/min · m² 보기 ②	투영된 바닥면적
차고 · 주차장	20L/min · m² (최소 50m²)	최대방수구역의 바닥면적 기준
위험물 저장탱크	37L/min · m	위험물탱크 둘레길이(원주길이) : 위험물규칙 [별표 6] Ⅱ

※ 모두 **20분**간 방수할 수 있는 양 이상으로 하여야 한다.

답 ②

63 피난기구를 설치하여야 할 소방대상물 중 피난기구의 2분의 1을 감소할 수 있는 조건이 아닌 것은?

13.09.문69

① 주요구조부가 내화구조로 되어 있다.
② 특별피난계단이 2 이상 설치되어 있다.

③ 소방구조용(비상용) 엘리베이터가 설치되어 있다.
④ 직통계단인 피난계단이 2 이상 설치되어 있다.

해설 **피난기구**의 $\frac{1}{2}$을 **감소할 수 있는 경우**(NFPC 301 7조, NFTC 301 2.3.1.)
(1) 주요구조부가 **내화구조**로 되어 있을 것 보기 ①
(2) 직통계단인 **피난계단**이 2 이상 설치되어 있을 것 보기 ④
(3) 직통계단인 **특별피난계단**이 2 이상 설치되어 있을 것 보기 ②

답 ③

64 분말소화설비의 화재안전기준에 따라 분말소화약제의 가압용 가스용기에는 최대 몇 MPa 이하의 압력에서 조정이 가능한 압력조정기를 설치하여야 하는가?

19.04.문69
18.03.문67
13.09.문77

① 1.5   ② 2.0
③ 2.5   ④ 3.0

해설 (1) **압력조정기(압력조정장치)**의 **압력**

할론소화설비	분말소화설비(분말소화약제)
2MPa 이하	**2.5**MPa 이하 보기 ③

기억법 **분압25(분압이오.)**

(2) **전자개방밸브 부착**

분말소화약제 가압용 가스용기	이산화탄소 · 분말 소화설비 전기식 기동장치
3병 이상 설치한 경우 **2개** 이상	**7병** 이상 개방시 **2병** 이상

기억법 **이7(이치)**

답 ③

65 분말소화설비의 화재안전기준상 차고 또는 주차장에 설치하는 분말소화설비의 소화약제는?

19.03.문75

① 인산염을 주성분으로 한 분말
② 탄산수소칼륨을 주성분으로 한 분말
③ 탄산수소칼륨과 요소가 화합된 분말
④ 탄산수소나트륨을 주성분으로 한 분말

해설 ① 인산암모늄=인산염

분말소화약제

종별	소화약제	충전비 〔L/kg〕	적응화재	비 고
제**1**종	중탄산나트륨 ($NaHCO_3$)	0.8	BC급	**식**용유 및 지방질유의 화재에 적합
제2종	중탄산칼륨 ($KHCO_3$)		BC급	–
제**3**종	인산암모늄 ($NH_4H_2PO_4$)	1.0	ABC급	**차**고 · **주**차장에 적합 보기 ①

제4종	중탄산칼륨+요소 $(KHCO_3$ $+(NH_2)_2CO)$	1.25	BC급	–

기억법 **1식분(일식 분식)**
3분 차주(삼보컴퓨터 **차주)**

답 ①

★★★
66 연결살수설비의 화재안전기준에 따른 건축물에 설치하는 연결살수설비의 헤드에 대한 기준 중 다음 ( ) 안에 알맞은 것은?

18.04.문65
17.03.문73
15.03.문70
13.06.문73
10.03.문72

천장 또는 반자의 각 부분으로부터 하나의 살수헤드까지의 수평거리가 연결살수설비 전용 헤드의 경우는 (㉠)m 이하, 스프링클러헤드의 경우는 (㉡)m 이하로 할 것. 다만, 살수헤드의 부착면과 바닥과의 높이가 (㉢)m 이하인 부분은 살수헤드의 살수분포에 따른 거리로 할 수 있다.

① ㉠ 3.7, ㉡ 2.3, ㉢ 2.1
② ㉠ 3.7, ㉡ 2.3, ㉢ 2.3
③ ㉠ 2.3, ㉡ 3.7, ㉢ 2.3
④ ㉠ 2.3, ㉡ 3.7, ㉢ 2.1

해설 **연결살수설비헤드**의 **수평거리**(NFPC 503 6조, NFTC 503 2.3.2.2)

연결살수설비 전용헤드	스프링클러헤드
3.7m 이하 보기 ㉠	**2.3m** 이하 보기 ㉡

살수헤드의 부착면과 바닥과의 높이가 **2.1m** 이하인 부분에 있어서는 살수헤드의 살수분포에 따른 거리로 할 수 있다. 보기 ㉢

(1) 연결살수설비에서 하나의 송수구역에 설치하는 **개 방형 헤드**수는 **10개** 이하
(2) 연결살수설비에서 하나의 송수구역에 설치하는 **단 구형 살수헤드**수도 **10개** 이하

비교

연소방지설비 헤드 간의 수평거리

연소방지설비 전용헤드	스프링클러헤드
2m 이하	1.5m 이하

답 ①

★
67 완강기의 형식승인 및 제품검사의 기술기준상 완강기의 최대사용하중은 최소 몇 N 이상의 하중이어야 하는가?

18.04.문69

① 800
② 1000
③ 1200
④ 1500

해설 **완강기의 하중**
(1) 250N 이상(최소사용하중)
(2) 750N
(3) **1500N 이상**(**최대사용하중**) 보기 ④

중요

완강기의 최대사용자수

$$최대사용자수 = \frac{최대사용하중}{1500N}$$

답 ④

★★
68 포소화설비의 화재안전기준에 따라 바닥면적이 $180m^2$인 건축물 내부에 호스릴방식의 포소화설비를 설치할 경우 가능한 포소화약제의 최소필요량은 몇 L인가? (단, 호스접구 : 2개, 약제농도 : 3%)

14.05.문80
04.05.문80

① 180
② 270
③ 650
④ 720

해설 (1) **기호**

- N : 2개
- S : 3%=0.03
- Q : ?

(2) **옥내포소화전방식 또는 호스릴방식**(NFPC 105 8조, NFTC 105 2.5)

$Q = N \times S \times 6000$(바닥면적 $200m^2$ 이상)
$Q = N \times S \times 6000 \times 0.75$(바닥면적 $200m^2$ 미만)

여기서, Q : 포소화약제의 양[L]
N : 호스접결수(최대 5개)
S : 포소화약제의 사용농도
포소화약제의 양 Q는
$Q = N \times S \times 6000 \times 0.75$
$= 2개 \times 0.03 \times 6000 \times 0.75 = 270L$

- 문제에서 바닥면적 $180m^2$로 $200m^2$ 미만임

답 ②

★★★
69 옥외소화전설비의 화재안전기준에 따라 옥외소화전배관은 특정소방대상물의 각 부분으로부터 하나의 호스접결구까지의 수평거리가 최대 몇 m 이하가 되도록 설치하여야 하는가?

19.04.문73
15.03.문70
13.06.문74

① 25
② 35
③ 40
④ 50

해설 **수평거리 및 보행거리**
(1) 수평거리

구 분	설 명
수평거리 10m 이하	• 예상제연구역~배출구
수평거리 15m 이하	• 분말호스릴 • 포호스릴 • CO_2호스릴
수평거리 20m 이하	• 할론호스릴
수평거리 25m 이하	• 옥내소화전 방수구(호스릴 포함) • 포소화전 방수구 • 연결송수관 방수구(지하가, 지하층 바닥면적 3000m² 이상)
수평거리 40m 이하 ←	• 옥외소화전 방수구 보기 ③
수평거리 50m 이하	• 연결송수관 방수구(사무실)

(2) 보행거리

구 분	설 명
보행거리 20m 이하	소형소화기
보행거리 30m 이하	대형소화기 기억법 대3(대상을 받다.)

답 ③

★★★
70 스프링클러설비의 화재안전기준에 따라 연소할 우려가 있는 개구부에 드렌처설비를 설치한 경우 해당 개구부에 한하여 스프링클러헤드를 설치하지 아니할 수 있다. 관련 기준으로 틀린 것은?

17.05.문76
16.10.문80
13.03.문66
07.05.문63
04.09.문72
04.05.문77

① 드렌처헤드는 개구부 위측에 2.5m 이내마다 1개를 설치할 것
② 제어밸브는 특정소방대상물 층마다에 바닥면으로부터 0.5m 이상 1.5m 이하의 위치에 설치할 것
③ 드렌처헤드가 가장 많이 설치된 제어밸브에 설치된 드렌처헤드를 동시에 사용하는 경우에 각 헤드 선단의 방수압력은 0.1MPa 이상이 되도록 할 것
④ 드렌처헤드가 가장 많이 설치된 제어밸브에 설치된 드렌처헤드를 동시에 사용하는 경우에 각 헤드선단의 방수량은 80L/min 이상이 되도록 할 것

해설 ② 0.5m 이상 1.5m 이하 → 0.8m 이상 1.5m 이하

설치높이

0.5~1m 이하	• 연결송수관설비의 송수구 · 방수구 • 연결살수설비의 송수구 • 소화용수설비의 채수구 기억법 연소용 51(연소용 오일은 잘 탄다.)
0.8~1.5m 이하	• 제어밸브(개폐표시형 밸브 및 수동조작부를 합한 것) 보기 ② • 유수검지장치 • 일제개방밸브 기억법 제유일 85(제가 유일하게 팔았어요.)
1.5m 이하	• 옥내소화전설비의 방수구 • 호스릴함 • 소화기 기억법 옥내호소 5(옥내에서 호소하시오.)

답 ②

★
71 포소화설비의 화재안전기준상 차고 · 주차장에 설치하는 포소화전설비의 설치기준 중 다음 (   ) 안에 알맞은 것은? (단, 1개층의 바닥면적이 200m² 이하인 경우는 제외한다.)

17.05.문71

> 특정소방대상물의 어느 층에 있어서도 그 층에 설치된 포소화전방수구(포소화전방수구가 5개 이상 설치된 경우에는 5개)를 동시에 사용할 경우 각 이동식 포노즐 선단의 포수용액 방사압력이 (㉠)MPa 이상이고 (㉡)L/min 이상의 포수용액을 수평거리 15m 이상으로 방사할 수 있도록 할 것

① ㉠ 0.25, ㉡ 230 ② ㉠ 0.25, ㉡ 300
③ ㉠ 0.35, ㉡ 230 ④ ㉠ 0.35, ㉡ 300

해설 **차고 · 주차장**에 설치하는 **호스릴포소화설비** 또는 **포소화전설비**의 설치기준(NFPC 105 12조, NFTC 105 2.9.3)
(1) 특정소방대상물의 어느 층에 있어서도 그 층에 설치된 호스릴포방수구 또는 포소화전방수구(5개 이상 설치된 경우 **5개**)를 동시에 사용할 경우 각 이동식 포노즐 선단의 포수용액 방사압력이 **0.35MPa** 이상이고 **300L/min** 이상(1개층의 바닥면적이 **200m²** 이하인 경우에는 **230L/min** 이상)의 포수용액을 **수평거리 15m** 이상으로 방사할 수 있도록 할 것 보기 ㉠㉡
(2) **저발포**의 포소화약제를 사용할 수 있는 것으로 할 것
(3) 호스릴 또는 호스를 호스릴포방수구 또는 포소화전방수구로 분리하여 비치하는 때에는 그로부터 **3m** 이내의 거리에 **호스릴함** 또는 **호스함**을 설치할 것
(4) 호스릴함 또는 호스함은 바닥으로부터 높이 **1.5m** 이하의 위치에 설치하고 그 표면에는 '**포호스릴함(또는 포소화전함)**'이라고 표시한 표지와 **적색**의 위치표시등을 설치할 것

(5) 방호대상물의 각 부분으로부터 하나의 호스릴포방수구까지의 **수평거리**는 15m 이하(**포소화전방수구**는 25m 이하)가 되도록 하고 호스릴 또는 호스의 길이는 방호대상물의 각 부분에 포가 유효하게 뿌려질 수 있도록 할 것

답 ④

★★★
72
19.09.문63
18.04.문64
16.10.문77
15.09.문77
11.03.문68

소화수조 및 저수조의 화재안전기준에 따라 소화용수설비에 설치하는 채수구의 수는 소요수량이 40m³ 이상 100m³ 미만인 경우 몇 개를 설치해야 하는가?

① 1   ② 2
③ 3   ④ 4

해설 **채수구**의 **수**(NFPC 402 4조, NFTC 402 2.1.3.2.1)

소화수조 소요수량	20~40m³ 미만	40~100m³ 미만	100m³ 이상
채수구의 수	1개	2개 보기 ②	3개

용어

채수구
소방대상물의 펌프에 의하여 양수된 물을 소방차가 흡입하는 구멍

비교

흡수관 투입구

소요수량	80m³ 미만	80m³ 이상
흡수관 투입구의 수	1개 이상	2개 이상

답 ②

★
73
화재조기진압용 스프링클러설비의 화재안전기준상 화재조기진압용 스프링클러설비 설치장소의 구조기준으로 틀린 것은?

① 창고 내의 선반의 형태는 하부로 물이 침투되는 구조로 할 것
② 천장의 기울기가 1000분의 168을 초과하지 않아야 하고, 이를 초과하는 경우에는 반자를 지면과 수평으로 설치할 것
③ 천장은 평평하여야 하며 철재나 목재트러스 구조인 경우, 철재나 목재의 돌출부분이 102mm를 초과하지 아니할 것
④ 해당 층의 높이가 10m 이하일 것. 다만, 3층 이상일 경우에는 해당층의 바닥을 내화구조로 하고 다른 부분과 방화구획할 것

해설 ④ 10m 이하 → 13.7m 이하, 3층 이상 → 2층 이상

화재조기진압용 스프링클러설비 설치장소의 구조기준 (NFPC 103B 4조, NFTC 103B 2.1.1)

(1) 해당 층의 높이가 **13.7m** 이하일 것(단, **2층 이상**일 경우에는 해당층의 바닥을 **내화구조**로 하고 다른 부분과 **방화구획**할 것) 보기 ④

(2) 천장의 **기**울기가 $\frac{168}{1000}$을 초과하지 않아야 하고, 이를 초과하는 경우에는 반자를 지면과 **수평**으로 설치할 것 보기 ②

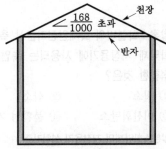

┃기울어진 천장의 경우┃

(3) 천장은 **평평**하여야 하며 철재나 목재트러스 구조인 경우, 철재나 목재의 돌출부분이 **102mm**를 초과하지 아니할 것 보기 ③

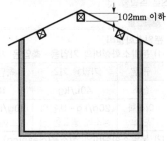

┃철재 또는 목재의 돌출치수┃

(4) 보로 사용되는 목재·콘크리트 및 철재 사이의 간격이 **0.9~2.3m** 이하일 것(단, 보의 간격이 **2.3m** 이상인 경우에는 화재조기진압용 스프링클러헤드의 동작을 원활히 하기 위하여 보로 구획된 부분의 천장 및 반자의 넓이가 **28m²**를 초과하지 아니할 것)

(5) 창고 내의 **선**반의 형태는 하부로 물이 침투되는 구조로 할 것 보기 ①

기억법 137 기168 평102선

답 ④

★
74
14.03.문69
난방설비가 없는 교육장소에 비치하는 소화기로 가장 적합한 것은? (단, 교육장소의 겨울 최저온도는 -15℃ 이다.)

① 화학포소화기   ② 기계포소화기
③ 산알칼리소화기   ④ ABC 분말소화기

해설 **소화기의 사용온도**(소화기 형식 36)

소화기의 종류	사용온도
• **분**말 • **강**화액	**−2**0~40℃ 이하
• 그 밖의 소화기	0~40℃ 이하

기억법 **분강-2(분강마이)**

• 난방설비가 없으므로 사용온도가 넓은 것이 정답! 그러므로 **분**말소화기 또는 **강**화액소화기가 정답!

답 ④

★★★
75 할론소화설비의 화재안전기준상 축압식 할론소화약제 저장용기에 사용되는 축압용 가스로서 적합한 것은?

17.09.문61
16.05.문68
12.05.문66

① 질소
② 산소
③ 이산화탄소
④ 불활성 가스

해설 **할론소화약제의 저장용기 설치기준**(NFPC 107 4조, NFTC 107 2.1.2.1)

축압식 저장용기의 압력은 온도 20℃에서 **할론 1211**을 저장하는 것은 **1.1MPa 또는 2.5MPa, 할론 1301**을 저장하는 것은 **2.5MPa 또는 4.2MPa**이 되도록 **질소가스**로 축압할 것

비교

분말소화설비
(1) **분말소화설비**의 **가압용·축압용 가스**

구 분	가압용 가스	축압용 가스
질소	40L/kg	10L/kg
이산화탄소	20g/kg+배관의 청소에 필요한 양	20g/kg+배관의 청소에 필요한 양

(2) **분말소화설비**의 **청소용(cleaning) 가스** : 질소, 이산화탄소

답 ①

★★★
76 제연설비의 화재안전기준상 유입풍도 및 배출풍도에 관한 설명으로 맞는 것은?

16.10.문70
15.03.문80
10.05.문76

① 유입풍도 안의 풍속은 25m/s 이하로 한다.
② 배출풍도는 석면재료와 같은 내열성의 단열재로 유효한 단열 처리를 한다.
③ 배출풍도와 유입풍도의 아연도금강판 최소 두께는 0.45mm 이상으로 하여야 한다.
④ 배출기 흡입측 풍도 안의 풍속은 15m/s 이하로 하고 배출측 풍속은 20m/s 이하로 한다.

해설 **제연설비의 풍속**(NFPC 501 8~10조, NFTC 501 2.5.5, 2.6.2.2, 2.7.1)

조 건	풍 속
• 유입구가 바닥에 설치시 상향분출 가능	1m/s 이하
• 예상제연구역의 공기유입 풍속	5m/s 이하
• 배출기의 흡입측 풍속 보기 ④	15m/s 이하
• 배출기의 **배**출측 풍속 보기 ④ • **유**입풍도 안의 풍속 보기 ①	20m/s 이하

기억법 **배2유(배**이다 아파! **이유)**

용어

풍도
공기가 유동하는 덕트

답 ④

★★
77 소화수조 및 저수조의 화재안전기준에 따라 소화용수설비를 설치하여야 할 특정소방대상물에 있어서 유수의 양이 최소 몇 m³/min 이상인 유수를 사용할 수 있는 경우에 소화수조를 설치하지 아니할 수 있는가?

16.10.문72
09.08.문75

① 0.8
② 1
③ 1.5
④ 2

해설 소화용수설비를 설치하여야 할 특정소방대상물에 유수의 양이 **0.8m³/min** 이상인 유수를 사용할 수 있는 경우에는 소화수조를 설치하지 아니할 수 있다.

답 ①

★
78 소방시설 설치 및 관리에 관한 법률상 자동소화장치를 모두 고른 것은?

┌─────────────────────┐
│ ㉠ 분말자동소화장치 │
│ ㉡ 액체자동소화장치 │
│ ㉢ 고체에어로졸자동소화장치 │
│ ㉣ 공업용 주방자동소화장치 │
│ ㉤ 캐비닛형 자동소화장치 │
└─────────────────────┘

① ㉠, ㉡
② ㉡, ㉢, ㉣
③ ㉠, ㉢, ㉤
④ ㉠, ㉡, ㉢, ㉣, ㉤

해설 **소방시설법 시행령〔별표 1〕**
자동소화장치
(1) **주**거용 주방자동소화장치
(2) **상**업용 주방자동소화장치
(3) **캐**비닛형 자동소화장치 보기 ㉤
(4) **가**스자동소화장치
(5) **분**말자동소화장치 보기 ㉠
(6) **고**체에어로졸자동소화장치 보기 ㉢

기억법 주상캐가 분고자

답 ③

★★★
79 이산화탄소 소화설비의 화재안전기준에 따른 이
19.09.문61
17.05.문70
15.05.문63
12.03.문70
98.07.문73
산화탄소 소화설비 기동장치의 설치기준으로 맞는 것은?

① 가스압력식 기동장치 기동용 가스용기의 체적은 3L 이상으로 한다.
② 수동식 기동장치는 전역방출방식에 있어서 방호대상물마다 설치한다.
③ 수동식 기동장치의 부근에는 소화약제의 방출을 지연시킬 수 있는 방출지연스위치를 설치해야 한다.
④ 전기식 기동장치로서 5병의 저장용기를 동시에 개방하는 설비는 2병 이상의 저장용기에 전자개방밸브를 부착해야 한다.

 해설
① 3L → 5L
② 방호대상물 → 방호구역
④ 5병의 → 7병의

이산화탄소 소화설비의 기동장치
(1) 자동식 기동장치는 **자동화재탐지설비 감지기**의 작동과 **연동**
(2) 전역방출방식에 있어서 수동식 기동장치는 **방호구역**마다 설치 보기 ②
(3) 가스압력식 자동기동장치의 기동용 가스용기 체적은 **5L 이상** 보기 ①
(4) 수동식 기동장치의 조작부는 **0.8~1.5m** 이하 높이에 설치
(5) 전기식 기동장치는 **7병** 이상의 경우에 **2병** 이상이 전자개방밸브 설치 보기 ④
(6) 수동식 기동장치의 부근에는 소화약제의 방출을 지연시킬 수 있는 **방출지연스위치** 설치 보기 ③

중요

이산화탄소 소화설비 가스압력식 기동장치

구 분	기 준
비활성 기체 충전압력	6MPa 이상(21℃ 기준)
기동용 가스용기의 체적	**5L 이상**
기동용 가스용기 안전장치의 압력	내압시험압력의 0.8~ 내압시험압력 이하
기동용 가스용기 및 해당 용기에 사용하는 밸브의 견디는 압력	25MPa 이상

 비교

분말소화설비 가스압력식 기동장치

구 분	기 준
기동용 가스용기의 체적	5L 이상(단, 1L 이상시 CO_2량 0.6kg 이상)

답 ③

★★★
80 스프링클러설비의 화재안전기준에 따라 개방형
19.03.문62
17.03.문78
16.05.문66
11.10.문62
스프링클러설비에서 하나의 방수구역을 담당하는 헤드개수는 최대 몇 개 이하로 설치하여야 하는가?

① 30   ② 40
③ 50   ④ 60

해설 **개방형 설비**의 **방수구역**(NFPC 103 7조, NFTC 103 2.4.1)
(1) 하나의 방수구역은 **2개층**에 미치지 아니할 것
(2) 방수구역마다 **일제개방밸브**를 설치
(3) 하나의 방수구역을 담당하는 헤드의 개수는 **50개** 이하
보기 ③ (단, 2개 이상의 방수구역으로 나눌 경우에는 **25개** 이상)

기억법 5개(오골개)

(4) 표지는 '**일제개방밸브실**'이라고 표시한다.

답 ③

2020년 기사 제3회 필기시험				수험번호	성명

자격종목	종목코드	시험시간	형별		
소방설비기사(기계분야)		**2시간**			

※ 각 문항은 4지택일형으로 질문에 가장 적합한 보기 항을 선택하여 체크하여야 합니다.

제 1 과목　소방원론

01 밀폐된 공간에 이산화탄소를 방사하여 산소의 체적농도를 12%가 되게 하려면 상대적으로 방사된 이산화탄소의 농도는 얼마가 되어야 하는가?

19.09.문10
15.05.문13
14.05.문07
13.09.문16
12.05.문14

① 25.40%

② 28.70%

③ 38.35%

④ 42.86%

유사문제부터 풀어보세요. 실력이 팍!팍! 올라갑니다.

해설 이산화탄소의 농도

$$CO_2 = \frac{21 - O_2}{21} \times 100$$

여기서, CO_2 : CO_2의 농도[%]
　　　　O_2 : O_2의 농도[%]

$$CO_2 = \frac{21 - O_2}{21} \times 100 = \frac{21 - 12}{21} \times 100 ≒ 42.86\%$$

중요

이산화탄소 소화설비와 관련된 식

$$CO_2 = \frac{\text{방출가스량}}{\text{방호구역체적} + \text{방출가스량}} \times 100$$
$$= \frac{21 - O_2}{21} \times 100$$

여기서, CO_2 : CO_2의 농도[%]
　　　　O_2 : O_2의 농도[%]

$$\text{방출가스량} = \frac{21 - O_2}{O_2} \times \text{방호구역체적}$$

여기서, O_2 : O_2의 농도[%]

답 ④

02 Halon 1301의 분자식은?

19.09.문07
17.03.문05
16.10.문08
15.03.문04
14.09.문04
14.03.문02

① CH_3Cl

② CH_3Br

③ CF_3Cl

④ CF_3Br

해설 할론소화약제의 약칭 및 분자식

종 류	약 칭	분자식
할론 1011	CB	CH_2ClBr
할론 104	CTC	CCl_4
할론 1211	BCF	$CF_2ClBr(CClF_2Br)$
할론 1301	BTM	**CF_3Br** 보기 ④
할론 2402	FB	$C_2F_4Br_2$

답 ④

03 화재의 종류에 따른 분류가 틀린 것은?

19.03.문08
17.09.문07
16.05.문09
15.09.문19
13.09.문07

① A급 : 일반화재

② B급 : 유류화재

③ C급 : 가스화재

④ D급 : 금속화재

해설 ③ 가스화재 → 전기화재

화재의 종류

구 분	표시색	적응물질
일반화재(A급) 보기 ①	백색	• 일반가연물 • 종이류 화재 • 목재·섬유화재
유류화재(B급) 보기 ②	황색	• 가연성 액체 • 가연성 가스 • 액화가스화재 • 석유화재
전기화재(C급) 보기 ③	청색	• 전기설비
금속화재(D급) 보기 ④	무색	• 가연성 금속
주방화재(K급)	–	• 식용유화재

※ 요즘은 표시색의 의무규정은 없음

답 ③

04 건축물의 내화구조에서 바닥의 경우에는 철근콘크리트의 두께가 몇 cm 이상이어야 하는가?

16.05.문05
14.05.문12

① 7

② 10

③ 12

④ 15

해설 **내화구조의 기준**

구분	기준
벽 · 바닥	철골 · 철근콘크리트조로서 두께가 **10cm** 이상인 것 〔보기 ②〕
기둥	철골을 두께 **5cm** 이상의 콘크리트로 덮은 것
보	두께 **5cm** 이상의 콘크리트로 덮은 것

〔기억법〕 벽바내1(**벽**을 **바**라보면 **내일**이 보인다.)

비교

방화구조의 기준

구조 내용	기준
•**철망모르타르** 바르기	두께 **2cm** 이상
•석고판 위에 시멘트모르타르를 바른 것 •석고판 위에 회반죽을 바른 것 •시멘트모르타르 위에 타일을 붙인 것	두께 **2.5cm** 이상
•심벽에 흙으로 맞벽치기 한 것	모두 해당

답 ②

19.09.문06
05 소화약제인 IG – 541의 성분이 아닌 것은?
① 질소
② 아르곤
③ 헬륨
④ 이산화탄소

해설 ③ 해당 없음

불활성기체 소화약제

구분	화학식
IG-01	•Ar(아르곤)
IG-100	•N_2(질소)
IG-541	•N_2(질소) : **52%** 〔보기 ①〕 •Ar(아르곤) : **40%** 〔보기 ②〕 •CO_2(이산화탄소) : 8% 〔보기 ④〕 〔기억법〕 NACO(내코) 5240
IG-55	•N_2(질소) : 50% •Ar(아르곤) : 50%

답 ③

06 다음 중 발화점이 가장 낮은 물질은?
19.09.문02
18.03.문07
15.09.문02
14.05.문05
12.09.문04
12.03.문01
① 휘발유
② 이황화탄소
③ 적린
④ 황린

해설 **물질의 발화점**

물질의 종류	발화점
•황린	30~50℃ 〔보기 ④〕
•황화인 •이황화탄소	100℃ 〔보기 ②〕
•나이트로셀룰로오스	180℃
•적린	260℃ 〔보기 ③〕
•휘발유(가솔린)	300℃ 〔보기 ①〕

답 ④

07 화재시 발생하는 연소가스 중 인체에서 헤모글로빈과 결합하여 혈액의 산소운반을 저해하고 두통, 근육조절의 장애를 일으키는 것은?
19.09.문17
14.03.문05
00.03.문04
① CO_2
② CO
③ HCN
④ H_2S

해설 **연소가스**

구분	설명
일산화탄소 (CO) 〔보기 ②〕	화재시 흡입된 일산화탄소(CO)의 화학적 작용에 의해 **헤모글로빈**(Hb)이 혈액의 산소운반작용을 저해하여 사람을 질식 · 사망하게 한다.
이산화탄소 (CO_2)	연소가스 중 **가장 많은 양**을 차지하고 있으며 가스 그 자체의 독성은 거의 없으나 다량이 존재할 경우 호흡속도를 증가시키고, 이로 인하여 화재가스에 혼합된 유해가스의 혼입을 증가시켜 위험을 가중시키는 가스이다.
암모니아 (NH_3)	나무, 페놀수지, 멜라민수지 등의 **질소함유물**이 연소할 때 발생하며, 냉동시설의 **냉매**로 쓰인다.
포스겐 ($COCl_2$)	매우 독성이 강한 가스로서 소화제인 **사염화탄소**(CCl_4)를 화재시에 사용할 때도 발생한다.
황화수소 (H_2S)	**달**걀 썩는 냄새가 나는 특성이 있다. 〔기억법〕 황달
아크롤레인 ($CH_2=CHCHO$)	독성이 매우 높은 가스로서 **석유제품, 유지** 등이 연소할 때 생성되는 가스이다. 〔기억법〕 유아석

용어

유지(油脂)
들기름 및 지방을 통틀어 일컫는 말

답 ②

★★★
08 다음 중 연소와 가장 관련 있는 화학반응은?

[13.03.문02]
① 중화반응　　② 치환반응
③ 환원반응　　④ 산화반응

해설　**연소**(combustion) : 가연물이 공기 중에 있는 산소와 반응
하여 **열**과 **빛**을 동반하여 급격히 **산화반응**하는 현상
보기 ④

● **산화속도**는 가연물이 산소와 반응하는 속도이므
로 **연소속도**와 직접 관계된다.

답 ④

★
09 다음 중 고체 가연물이 덩어리보다 가루일 때 연
소되기 쉬운 이유로 가장 적합한 것은?

① 발열량이 작아지기 때문이다.
② 공기와 접촉면이 커지기 때문이다.
③ 열전도율이 커지기 때문이다.
④ 활성에너지가 커지기 때문이다.

해설　**가루**가 **연소**되기 **쉬운** 이유
고체가연물이 가루가 되면 **공기**와 **접촉면**이 커져서(넓어
져서) 연소가 더 잘 된다. 보기 ②

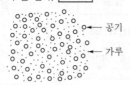
　　　　　← 공기
　　　　　← 가루

┃가루와 공기의 접촉┃

답 ②

★★★
10 이산화탄소 소화약제 저장용기의 설치장소에 대
한 설명 중 옳지 않은 것은?

[19.04.문70]
[15.03.문74]
[12.09.문69]
[02.09.문63]
① 반드시 방호구역 내의 장소에 설치한다.
② 온도의 변화가 작은 곳에 설치한다.
③ 방화문으로 구획된 실에 설치한다.
④ 해당 용기가 설치된 곳임을 표시하는 표지
를 한다.

해설
① 반드시 방호구역 내 → 방호구역 외

이산화탄소 소화약제 저장용기 설치기준
(1) 온도가 **40℃** 이하인 장소
(2) **방호구역 외**의 장소에 설치할 것 보기 ①
(3) 직사광선 및 빗물이 침투할 우려가 없는 곳
(4) 온도의 변화가 작은 곳에 설치 보기 ②
(5) **방화문**으로 구획된 실에 설치할 것 보기 ③

(6) **방호구역** 내에 설치할 경우에는 피난 및 조작이 용
이하도록 피난구 부근에 설치
(7) 용기의 설치장소에는 해당 용기가 설치된 곳임을 표시
하는 표지할 것 보기 ④
(8) 용기 간의 간격은 점검에 지장이 없도록 **3cm 이상**의
간격 유지
(9) 저장용기와 집합관을 연결하는 연결배관에는 **체크밸
브** 설치

답 ①

★★★
11 질식소화시 공기 중의 산소농도는 일반적으로 약
몇 vol% 이하로 하여야 하는가?

[19.09.문13]
[18.09.문19]
[17.05.문06]
[16.03.문08]
[15.03.문17]
[14.03.문19]
[11.10.문19]
[03.08.문11]
① 25
② 21
③ 19
④ 15

해설　**소화**의 형태

구 분	설 명
냉각소화	① **점화원**을 냉각하여 소화하는 방법 ② **증**발잠열을 이용하여 열을 빼앗아 가연물의 온도를 떨어뜨려 화재를 진압하는 소화방법 ③ **다량**의 **물**을 뿌려 소화하는 방법 ④ 가연성 물질을 **발화점 이하**로 **냉각**하여 소화하는 방법 ⑤ **식용유화재**에 신선한 **야채**를 넣어 소화하는 방법 ⑥ 용융잠열에 의한 **냉각효과**를 이용하여 소화하는 방법 기억법 냉점증발
질식소화	① 공기 중의 **산소농도**를 **16%(10~15%)** 이하로 희박하게 하여 소화하는 방법 보기 ④ ② 산소제의 농도를 낮추어 연소가 지속될 수 없도록 소화하는 방법 ③ 산소공급을 차단하여 소화하는 방법 ④ 산소의 농도를 낮추어 소화하는 방법 ⑤ 화학반응으로 발생한 **탄산가스**에 의한 소화방법 기억법 질산
제거소화	**가연물**을 **제거**하여 소화하는 방법
부촉매소화 (억제소화, 화학소화)	① **연쇄반응**을 **차단**하여 소화하는 방법 ② 화학적인 방법으로 화재를 억제하여 소화하는 방법 ③ **활성기**(free radical, 자유라디칼)의 **생성**을 **억제**하여 소화하는 방법 ④ 할론계 소화약제 기억법 부억(부엌)
희석소화	① 기체·고체·액체에서 나오는 분해가스나 증기의 농도를 낮춰 소화하는 방법 ② 불연성 가스의 **공기 중 농도**를 높여 소화하는 방법 ③ 불활성기체를 방출하여 연소범위 이하로 낮추어 소화하는 방법

중요

화재의 소화원리에 따른 소화방법

소화원리	소화설비
냉각소화	① 스프링클러설비 ② 옥내·외소화전설비
질식소화	① 이산화탄소 소화설비 ② 포소화설비 ③ 분말소화설비 ④ 불활성기체 소화약제
억제소화 (부촉매효과)	① 할론소화약제 ② 할로겐화합물 소화약제

답 ④

12

소화효과를 고려하였을 경우 화재시 사용할 수 있는 물질이 아닌 것은?

19.09.문07
17.03.문05
16.10.문08
15.03.문04
14.09.문04
14.03.문02

① 이산화탄소
② 아세틸렌
③ Halon 1211
④ Halon 1301

해설

② 아세틸렌 : **가연성 가스**로서 화재시 사용불가

소화약제

(1) **이산화탄소 소화약제**

주성분	적응화재
이산화탄소(CO_2) 보기 ①	BC급

(2) **할론소화약제**의 **약칭** 및 **분자식**

종류	약칭	분자식
할론 1011	CB	CH_2ClBr
할론 104	CTC	CCl_4
할론 1211 보기 ③	BCF	$CF_2ClBr(CClF_2Br)$
할론 1301 보기 ④	BTM	CF_3Br
할론 2402	FB	$C_2F_4Br_2$

답 ②

13

다음 원소 중 전기음성도가 가장 큰 것은?

17.05.문20
15.03.문16
12.03.문04

① F
② Br
③ Cl
④ I

해설 **할론소화약제**

부촉매효과(소화능력) 크기	전기음성도(친화력, 결합력) 크기
I > Br > Cl > F	F > Cl > Br > I

● 전기음성도 크기 = 수소와의 결합력 크기

중요

할로젠족 원소

(1) 불소 : **F**
(2) 염소 : **Cl**
(3) 브로민(취소) : **Br**
(4) 아이오딘(옥소) : **I**

기억법 FClBrI

답 ①

14

화재하중의 단위로 옳은 것은?

19.07.문20
16.10.문18
15.09.문17
01.06.문06
97.03.문19

① kg/m^2
② $℃/m^2$
③ $kg \cdot L/m^3$
④ $℃ \cdot L/m^3$

해설 **화재하중**

(1) 가연물 등의 **연소시** 건축물의 **붕괴** 등을 고려하여 설계하는 하중
(2) 화재실 또는 화재구획의 **단위면적당 가연물의 양**
(3) 일반건축물에서 가연성의 건축구조재와 **가연성 수용물의 양**으로서 건물화재시 발열량 및 화재위험성을 나타내는 용어
(4) 화재하중이 크면 단위면적당의 발열량이 크다.
(5) 화재하중이 같더라도 물질의 상태에 따라 가혹도는 달라진다.
(6) 화재하중은 화재구획실 내의 가연물 총량을 목재 중량당비로 환산하여 면적으로 나눈 수치이다.
(7) 건물화재에서 가열온도의 정도를 의미한다.
(8) 건물의 내화설계시 고려되어야 할 사항이다.
(9)

$$q = \frac{\Sigma G_t H_t}{HA} = \frac{\Sigma Q}{4500A}$$

여기서, q : 화재하중[kg/m^2] 또는 [N/m^2] 보기 ①
G_t : 가연물의 양[kg]
H_t : 가연물의 단위발열량[kcal/kg]
H : 목재의 단위발열량[kcal/kg]
　(4500kcal/kg)
A : 바닥면적[m^2]
ΣQ : 가연물의 전체 발열량[kcal]

비교

화재가혹도
화재로 인하여 건물 내에 수납되어 있는 재산 및 건물자체에 손상을 주는 능력의 정도

답 ①

15

제1종 분말소화약제의 주성분으로 옳은 것은?

19.03.문01
18.04.문06
17.09.문10
16.10.문06
16.05.문15
16.03.문09
15.09.문01
15.05.문08
14.09.문10

① $KHCO_3$
② $NaHCO_3$
③ $NH_4H_2PO_4$
④ $Al_2(SO_4)_3$

해설 (1) **분말소화약제**

종 별	주성분	착 색	적응 화재	비 고
제**1**종	중탄산나트륨 ($NaHCO_3$) 보기 ②	백색	BC급	**식용유** 및 **지방질유**의 화재에 적합
제2종	중탄산칼륨 ($KHCO_3$)	담자색 (담회색)	BC급	–
제**3**종	제1인산암모늄 ($NH_4H_2PO_4$)	담홍색	ABC급	**차고 · 주차** **장**에 적합
제4종	중탄산칼륨 +요소 ($KHCO_3$+ $(NH_2)_2CO$)	회(백)색	BC급	–

기억법 1식분(일식 분식)
3분 차주(삼보컴퓨터 차주)

(2) **이산화탄소 소화약제**

주성분	적응화재
이산화탄소(CO_2)	BC급

답 ②

★★★
16 탄화칼슘이 물과 반응시 발생하는 가연성 가스는?

19.03.문17
17.05.문09
11.10.문05
10.09.문12

① 메탄
② 포스핀
③ 아세틸렌
④ 수소

해설 **탄화칼슘**과 **물**의 **반응식**
$CaC_2 + 2H_2O \rightarrow Ca(OH)_2 + C_2H_2 \uparrow$
탄화칼슘　물　　　수산화칼슘　아세틸렌 보기 ③

답 ③

★★★
17 화재의 소화원리에 따른 소화방법의 적용으로 틀린 것은?

19.09.문13
18.09.문19
17.05.문06
16.03.문08
15.03.문17
14.03.문19
11.10.문19
03.08.문11

① 냉각소화 : 스프링클러설비
② 질식소화 : 이산화탄소 소화설비
③ 제거소화 : 포소화설비
④ 억제소화 : 할로겐화합물 소화설비

해설 ③ 포소화설비 → 물(봉상주수)

화재의 **소화원리**에 따른 **소화방법**

소화원리	소화설비
냉각소화	① 스프링클러설비 보기 ① ② 옥내 · 외소화전설비
질식소화	① 이산화탄소 소화설비 보기 ② ② 포소화설비 ③ 분말소화설비 ④ 불활성기체 소화약제

억제소화 (부촉매효과)	① 할론소화약제 ② 할로겐화합물 소화약제 보기 ④
제거소화	물(봉상주수) 보기 ③

답 ③

★★★
18 공기의 평균 분자량이 29일 때 이산화탄소 기체의 증기비중은 얼마인가?

19.03.문18
16.03.문01
15.03.문05
14.09.문15
12.09.문18
07.05.문17

① 1.44
② 1.52
③ 2.88
④ 3.24

해설 (1) **분자량**

원 소	원자량
H	1
C	12
N	14
O	16

이산화탄소(CO_2) : $12 + 16 \times 2 = 44$

(2) **증기비중**

$$증기비중 = \frac{분자량}{29}$$

여기서, 29 : 공기의 평균 분자량[g/mol]

이산화탄소 증기비중 $= \dfrac{분자량}{29} = \dfrac{44}{29} ≒ 1.52$

비교

증기밀도

$$증기밀도 = \frac{분자량}{22.4}$$

여기서, 22.4 : 기체 1몰의 부피[L]

중요

이산화탄소의 물성

구 분	물 성
임계압력	72.75atm
임계온도	31.35℃(약 31.1℃)
3중점	−**56**.3℃(약 −56℃)
승화점(**비**점)	−**78**.5℃
허용농도	0.5%
증기비중	1.**5**29
수분	0.05% 이하(함량 99.5% 이상)

기억법 이356, 이비78, 이증15

답 ②

19 인화점이 20℃인 액체위험물을 보관하는 창고
12.05.문17 의 인화 위험성에 대한 설명 중 옳은 것은?

① 여름철에 창고 안이 더워질수록 인화의 위험성이 커진다.

② 겨울철에 창고 안이 추워질수록 인화의 위험성이 커진다.

③ 20℃에서 가장 안전하고 20℃보다 높아지거나 낮아질수록 인화의 위험성이 커진다.

④ 인화의 위험성은 계절의 온도와는 상관없다.

 ① 여름철에 창고 안이 더워질수록 액체위험물에 점도가 낮아져서 점화가 쉽게 될 수 있기 때문에 인화의 위험성이 커진다고 판단함이 합리적이다.

답 ①

20 위험물과 위험물안전관리법령에서 정한 지정수
19.03.문06 량을 옳게 연결한 것은?
16.05.문01
09.05.문57 ① 무기과산화물 – 300kg

② 황화인 – 500kg

③ 황린 – 20kg

④ 질산에스터류(제1종) – 200kg

 ① 300kg → 50kg
② 500kg → 100kg
④ 200kg → 10kg

위험물의 지정수량

위험물	지정수량
질산에스터류	제1종 : 10kg, 제2종 : 100kg 보기 ④
황린	20kg 보기 ③
• 무기과산화물 • 과산화나트륨	50kg 보기 ①
• 황화인 • 적린	100kg 보기 ②
트리나이트로톨루엔	제1종 : 10kg, 제2종 : 100kg
탄화알루미늄	300kg

답 ③

제 2 과목 소방유체역학

21 체적 0.1m³의 밀폐용기 안에 기체상수가 0.4615
19.09.문33 kJ/kg · K인 기체 1kg이 압력 2MPa, 온도 250℃
15.05.문25
14.03.문35 상태로 들어있다. 이때 이 기체의 압축계수(또는
10.09.문35 압축성 인자)는?

① 0.578
② 0.828
③ 1.21
④ 1.73

(1) 기호

- V : 0.1m³
- R : 0.4615kJ/kg · K=0.4615kN · m/kg · K (1kJ=1kN · m)
- m : 1kg
- P : 2MPa=2000kPa (1MPa=10⁶Pa, 1kPa=10³Pa이므로 1MPa=1000kPa) =2000kN/m²(1kPa=1kN/m²)
- T : 250℃=(273+250)K
- Z : ?

(2) 이상기체상태 방정식

$$PV = ZmRT$$

여기서, P : 압력[kPa] 또는 [kN/m²]

V : 부피[m³]

Z : 압축계수(압축성 인자)

m : 질량[kg]

R : 기체상수[kJ/kg · K]

T : 절대온도(273+℃)[K]

압축계수 Z는

$$Z = \frac{PV}{mRT}$$

$$= \frac{2000kN/m^2 \times 0.1m^3}{1kg \times 0.4615kN \cdot m/kg \cdot K \times (273+250)K}$$

늑 0.828

답 ②

22 물의 체적탄성계수가 2.5GPa일 때 물의 체적을
19.04.문25 1% 감소시키기 위해선 얼마의 압력[MPa]을 가
08.09.문21
05.03.문21 하여야 하는가?

① 20
② 25
③ 30
④ 35

(1) 기호

- K : 2.5GPa=2500MPa(1GPa=10⁹Pa, 1MPa=10⁶Pa 이므로 1GPa=1000MPa)
- $\Delta V/V$: 1%=0.01
- ΔP : ?

(2) 체적탄성계수

$$K = -\frac{\Delta P}{\Delta V/V}$$

여기서, K : 체적탄성계수[kPa]

ΔP : 가해진 압력[kPa]

$\Delta V/V$: 체적의 감소율

$$\Delta P = P_2 - P_1, \ \Delta V = V_2 - V_1$$

가해진 압력 ΔP는

$$-\Delta P = K \times \Delta V/V$$

$$\Delta P = -K \times \Delta V / V$$
$$= -2500\text{MPa} \times 0.01 = -25\text{MPa}$$

• '-'는 누르는 방향을 나타내므로 여기서는 무시

답 ②

★ 23

19.03.문22

안지름 40mm의 배관 속을 정상류의 물이 매분 150L로 흐를 때의 평균유속[m/s]은?

① 0.99　　② 1.99
③ 2.45　　④ 3.01

해설 (1) 기호

• D : 40mm=0.04m(1000mm=1m)
• Q : 150L/min=0.15m^3/min=0.15m^3/60s (1000L=1m^3, 1min=60s)
• V : ?

(2) **유량**(flowrate, **체적유량, 용량유량**)

$$Q = AV = \left(\frac{\pi D^2}{4}\right) V$$

여기서, Q : 유량[m^3/s]
　　　　A : 단면적[m^2]
　　　　V : 유속[m/s]
　　　　D : 직경(안지름)[m]

유속 V는

$$V = \frac{Q}{\frac{\pi D^2}{4}} = \frac{0.15\text{m}^3/60\text{s}}{\frac{\pi \times (0.04\text{m})^2}{4}} ≒ 1.99\text{m/s}$$

답 ②

★★★ 24

18.09.문30
17.05.문39
16.10.문37
15.09.문30
15.05.문36
11.10.문27

원심펌프를 이용하여 0.2m^3/s로 저수지의 물을 2m 위의 물탱크로 퍼올리고자 한다. 펌프의 효율이 80%라고 하면 펌프에 공급해야 하는 동력 [kW]은?

① 1.96　　② 3.14
③ 3.92　　④ 4.90

해설 (1) 기호

• Q : 0.2m^3/s=0.2m^3 / $\frac{1}{60}$ min=(0.2×60)m^3/min

　$\left(1\text{min}=60\text{s이므로 } 1\text{s}=\frac{1}{60}\text{min}\right)$

• H : 2m
• η : 80%=0.8
• P : ?

(2) **전동력**(전동기의 용량)

$$P = \frac{0.163QH}{\eta}K$$

여기서, P : 전동력[kW]
　　　　Q : 유량[m^3/min]
　　　　H : 전양정[m]

K : 전달계수
η : 효율

전동력 P는

$$P = \frac{0.163QH}{\eta}K$$

$$= \frac{0.163 \times (0.2 \times 60)\text{m}^3/\text{min} \times 2\text{m}}{0.8}$$

$$= 4.89\text{kW} ≒ 4.9\text{kW}$$

• K : 주어지지 않았으므로 무시

답 ④

★ 25

15.03.문21

원관에서 길이가 2배, 속도가 2배가 되면 손실수두는 원래의 몇 배가 되는가? (단, 두 경우 모두 완전발달 난류유동에 해당되며, 관마찰계수는 일정하다.)

① 동일하다.　　② 2배
③ 4배　　④ 8배

해설 (1) 기호

• l : 2배
• V : 2배
• H : ?

(2) **난류**(패닝의 법칙)

$$H = \frac{\Delta P}{\gamma} = \frac{2flV^2}{gD}$$

여기서, H : 손실수두[m]
　　　　ΔP : 압력손실[Pa]
　　　　γ : 비중량(물의 비중량 9800N/m^3)
　　　　f : 관마찰계수
　　　　l : 길이[m]
　　　　V : 유속[m/s]
　　　　g : 중력가속도(9.8m/s^2)
　　　　D : 내경[m]

손실수두 H는

$$H = \frac{2flV^2}{gD} \propto lV^2$$

$$H \propto lV^2$$

$$\propto 2\text{배} \times (2\text{배})^2 = 8\text{배}$$

답 ④

★★★ 26

19.04.문22
18.03.문36
17.09.문35
17.05.문37
16.10.문37
15.03.문35
14.05.문39
14.03.문32

펌프가 운전 중에 한숨을 쉬는 것과 같은 상태가 되어 펌프 입구의 진공계 및 출구의 압력계 지침이 흔들리고 송출유량도 주기적으로 변화하는 이상현상을 무엇이라고 하는가?

① 공동현상(cavitation)
② 수격작용(water hammering)
③ 맥동현상(surging)
④ 언밸런스(unbalance)

해설 **펌프의 현상**

용어	설명
공동현상 (cavitation)	펌프의 흡입측 배관 내의 물의 정압이 기존의 증기압보다 낮아져서 **기포**가 발생되어 물이 흡입되지 않는 현상 기억법 **공기**
수격작용 (water hammering)	① 배관 속의 물흐름을 급히 차단하였을 때 동압이 정압으로 전환되면서 일어나는 쇼크(shock)현상 ② 배관 내를 흐르는 유체의 유속을 급격하게 변화시키므로 압력이 상승 또는 하강하여 **관로의 벽면을 치는 현상**
서징현상 (surging, 맥동현상)	유량이 단속적으로 변하여 펌프 입출구에 설치된 **진공계 · 압력계가 흔들리고 진동과 소음이** 일어나며 펌프의 **토출유량이 변하는 현상** 보기 ③ 기억법 **서흔(서른)**

• 토출유량=송출유량

답 ③

★★★
27 터보팬을 6000rpm으로 회전시킬 경우, 풍량은 0.5m³/min, 축동력은 0.049kW이었다. 만약 터보팬의 회전수를 8000rpm으로 바꾸어 회전시킬 경우 축동력[kW]은?

19.03.문34
18.09.문31
17.05.문29
16.05.문38
14.09.문23
11.06.문35
11.03.문35
05.09.문29
00.10.문61

① 0.0207　　② 0.207
③ 0.116　　④ 1.161

해설 **(1) 기호**

• N_1 : 6000rpm
• Q_1 : 0.5m³/min
• P_1 : 0.049kW
• N_2 : 8000rpm
• P_2 : ?

(2) 펌프의 상사법칙
㉠ **유량**(송출량, 풍량)

$$Q_2 = Q_1\left(\frac{N_2}{N_1}\right) \text{ 또는 } Q_2 = Q_1\left(\frac{N_2}{N_1}\right)\left(\frac{D_2}{D_1}\right)^3$$

㉡ **전양정**

$$H_2 = H_1\left(\frac{N_2}{N_1}\right)^2 \text{ 또는 } H_2 = H_1\left(\frac{N_2}{N_1}\right)^2\left(\frac{D_2}{D_1}\right)^2$$

㉢ **축동력**

$$P_2 = P_1\left(\frac{N_2}{N_1}\right)^3 \text{ 또는 } P_2 = P_1\left(\frac{N_2}{N_1}\right)^3\left(\frac{D_2}{D_1}\right)^5$$

여기서, Q_1, Q_2 : 변화 전후의 유량(송출량, 풍량)[m³/min]
H_1, H_2 : 변화 전후의 전양정[m]
P_1, P_2 : 변화 전후의 축동력[kW]
N_1, N_2 : 변화 전후의 회전수(회전속도)[rpm]
D_1, D_2 : 변화 전후의 직경[m]

축동력 P_2는

$$P_2 = P_1\left(\frac{N_2}{N_1}\right)^3$$
$$= 0.049\text{kW} \times \left(\frac{8000\text{rpm}}{6000\text{rpm}}\right)^3$$
$$= 0.116\text{kW}$$

용어
상사법칙
기하학적으로 유사하거나 같은 펌프에 적용하는 법칙

답 ③

★
28 어떤 기체를 20℃에서 등온 압축하여 절대압력이 0.2MPa에서 1MPa로 변할 때 체적은 초기 체적과 비교하여 어떻게 변화하는가?

① 5배로 증가한다.
② 10배로 증가한다.
③ $\frac{1}{5}$로 감소한다.
④ $\frac{1}{10}$로 감소한다.

해설 **등온과정**
(1) 기호

• T : 20℃
• P_1 : 0.2MPa
• P_2 : 1MPa
• $\frac{V_2}{V_1}$: ?

(2) 압력과 비체적

$$\frac{P_2}{P_1} = \frac{v_1}{v_2}$$

여기서, P_1, P_2 : 변화 전후의 압력[kJ/m³] 또는 [kPa]
v_1, v_2 : 변화 전후의 비체적[m³/kg]

(3) 변형식

$$\frac{P_2}{P_1} = \frac{V_1}{V_2}$$

여기서, P_1, P_2 : 변화 전후의 압력[kJ/m³] 또는 [kPa]
V_1, V_2 : 변화 전후의 체적[m³]

$$\frac{V_2}{V_1} = \frac{P_1}{P_2} = \frac{0.2\text{MPa}}{1\text{MPa}} = \frac{1}{5}\left(\therefore \ \frac{1}{5}\text{로 감소}\right)$$

답 ③

29

원관 속의 흐름에서 관의 직경, 유체의 속도, 유체의 밀도, 유체의 점성계수가 각각 D, V, ρ, μ로 표시될 때 층류흐름의 마찰계수(f)는 어떻게 표현될 수 있는가?

① $f = \dfrac{64\mu}{DV\rho}$

② $f = \dfrac{64\rho}{DV\mu}$

③ $f = \dfrac{64D}{V\rho\mu}$

④ $f = \dfrac{64}{DV\rho\mu}$

해설 (1) 관마찰계수(**층류**일 때만 적용 가능)

$$f = \frac{64}{Re}$$

여기서, f : 관마찰계수
Re : 레이놀즈수

(2) **레이놀즈수**

$$Re = \frac{DV\rho}{\mu} = \frac{DV}{\nu}$$

여기서, Re : 레이놀즈수
D : 내경[m]
V : 유속[m/s]
ρ : 밀도[kg/m³]
μ : 점도[g/cm · s] 또는 [kg/m · s]
ν : 동점성계수$\left(\dfrac{\mu}{\rho}\right)$[cm²/s] 또는 [m²/s]

관마찰계수 f는

$$f = \frac{64}{Re} = \frac{64}{\dfrac{DV\rho}{\mu}} = \frac{64\mu}{DV\rho}$$

답 ①

30

그림과 같이 매우 큰 탱크에 연결된 길이 100m, 안지름 20cm인 원관에 부차적 손실계수가 5인 밸브 A가 부착되어 있다. 관 입구에서의 부차적 손실계수가 0.5, 관마찰계수는 0.02이고, 평균속도가 2m/s일 때 물의 높이 H[m]는?

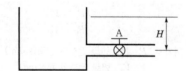

① 1.48
② 2.14
③ 2.81
④ 3.36

해설 (1) 기호

- L : 100m
- D : 20cm=0.2m(100cm=1m)
- K_1 : 5
- K_2 : 0.5
- f : 0.02
- V : 2m/s
- H : ?

(2) 속도수두

$$H = \frac{V^2}{2g}$$

여기서, H : 속도수두[m]
V : 유속[m/s]
g : 중력가속도(9.8m/s²)

속도수두 H_1은

$$H_1 = \frac{V^2}{2g} = \frac{(2m/s)^2}{2 \times 9.8m/s^2} = 0.2m$$

(3) 등가길이

$$L_e = \frac{KD}{f}$$

여기서, L_e : 등가길이[m]
K : 손실계수
D : 내경(지름)[m]
f : 마찰손실계수

원관 등가길이 L_{e1}은

$$L_{e1} = \frac{K_1 D}{f} = \frac{5 \times 0.2m}{0.02} = 50m$$

관 입구 등가길이 L_{e2}는

$$L_{e2} = \frac{K_2 D}{f} = \frac{0.5 \times 0.2m}{0.02} = 5m$$

- 상당길이=상당관길이=등가길이
- 관마찰계수=마찰손실계수

(4) 총 길이

$$L_T = L + L_{e1} + L_{e2}$$

여기서, L_T : 총 길이[m]
L : 길이[m]
L_{e1} : 원관 등가길이[m]
L_{e2} : 관 입구 등가길이[m]

총 길이 L_T는
$$L_T = L + L_{e1} + L_{e2} = 100m + 50m + 5m = 155m$$

(5) **달시－웨버**의 식(Darcy－Weisbach formula, 층류)

$$H = \frac{\Delta p}{\gamma} = \frac{fLV^2}{2gD}$$

여기서, H : 마찰손실수두(전양정)[m]
Δp : 압력차[Pa] 또는 [N/m²]
γ : 비중량(물의 비중량 9800N/m³)
f : 관마찰계수
L : 길이(총 길이)[m]
V : 유속[m/s]

g : 중력가속도(9.8m/s^2)

D : 내경(지름)[m]

마찰손실수두 H_2는

$$H_2 = \frac{fL_TV^2}{2gD} = \frac{0.02 \times 155\text{m} \times (2\text{m/s})^2}{2 \times 9.8\text{m/s}^2 \times 0.2\text{m}} ≒ 3.16\text{m}$$

(6) 물의 높이

$$H = H_1 + H_2$$

여기서, H : 물의 높이[m]

H_1 : 속도수두[m]

H_2 : 마찰손실수두[m]

물의 높이 H는

$H = H_1 + H_2 = 0.2\text{m} + 3.16\text{m} = 3.36\text{m}$

답 ④

31 마그네슘은 절대온도 293K에서 열전도도가 156W/m·K, 밀도는 1740kg/m^{3}이고, 비열이 1017J/kg·K일 때 열확산계수[m^2/s]는?

① 8.96×10^{-2}　　② 1.53×10^{-1}

③ 8.81×10^{-5}　　④ 8.81×10^{-4}

해설 **(1) 기호**

- T : 293K
- K : 156W/m·K=156J/s·m·K(1W=1J/s)
- ρ : 1740kg/m^3
- C : 1017J/kg·K
- σ : ?

(2) 열확산계수

$$\sigma = \frac{K}{\rho C}$$

여기서, σ : 열확산계수[m^2/s]

K : 열전도도(열전도율)[W/m·K]

ρ : 밀도[kg/m^3]

C : 비열[J/kg·K]

열확산계수 σ는

$$\sigma = \frac{K}{\rho C}$$

$$= \frac{156\text{J/s}\cdot\text{m}\cdot\text{K}}{1740\text{kg/m}^3 \times 1017\text{J/kg}\cdot\text{K}}$$

$≒ 8.81 \times 10^{-5}\text{m}^2/\text{s}$

답 ③

32 그림과 같이 반지름이 1m, 폭(y방향) 2m인 곡면 AB에 작용하는 물에 의한 힘의 수직성분(z방향) F_z와 수평성분(x방향) F_x와의 비(F_z/F_x)는 얼마인가?

19.03.문35
18.04.문28
17.03.문23
15.03.문30
13.09.문34
13.06.문27
13.03.문21
11.03.문37

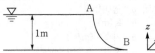

① $\dfrac{\pi}{2}$　　② $\dfrac{2}{\pi}$

③ 2π　　④ $\dfrac{1}{2\pi}$

해설 **(1) 수평분력**

$$F_x = \gamma h A$$

여기서, F_x : 수평분력[N]

γ : 비중량(물의 비중량 9800N/m^3)

h : 표면에서 수문 중심까지의 수직거리[m]

A : 수문의 단면적[m^2]

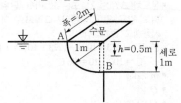

$F_x = \gamma h A$

$= 9800\text{N/m}^3 \times 0.5\text{m} \times 2\text{m}^2$

$= 9800\text{N}$

- h : $\dfrac{1\text{m}}{2} = 0.5\text{m}$

- A : 가로(폭)×세로=2m×1m=2m^2

(2) 수직분력

$$F_z = \gamma V$$

여기서, F_z : 수직분력[N]

γ : 비중량(물의 비중량 9800N/m^3)

V : 체적[m^3]

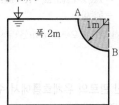

$F_z = \gamma V$

$= 9800\text{N/m}^3 \times \left(\dfrac{br^2}{2} \times \text{수문폭(각도)}\right)$

$= 9800\text{N/m}^3 \times \left(\dfrac{2\text{m} \times (1\text{m})^2}{2} \times \dfrac{\pi}{2}\right) ≒ 15393\text{N}$

- b(폭) : 2m
- r(반경) : 1m
- 문제에서 $\dfrac{1}{4}$이므로 각도는 90°= $\dfrac{\pi}{2}$, 만약 $\dfrac{1}{2}$ 이라면 각도 180°= π

$\therefore \dfrac{F_z}{F_x} = \dfrac{15393\text{N}}{9800\text{N}} ≒ 1.57 = \dfrac{\pi}{2}$

답 ①

33

18.04.문27
16.05.문34
13.03.문35
99.04.문32

대기압하에서 10℃의 물 2kg이 전부 증발하여 100℃의 수증기로 되는 동안 흡수되는 열량〔kJ〕은 얼마인가? (단, 물의 비열은 4.2kJ/kg·K, 기화열은 2250kJ/kg이다.)

① 756   ② 2638
③ 5256   ④ 5360

해설 (1) 기호

- ΔT : (100−10)K=90K
- 온도차(ΔT)는 ℃ 또는 K 어느 단위로 계산하여도 같은 값이 나온다. 그러므로 어느 단위를 사용해도 관계없다.
  예) K = $(273+100) - (273+10) = 90$K
  ℃ = $100 - 10 = 90$℃
- m : 2kg
- Q : ?
- C : 4.2kJ/kg·K
- r_2 : 2250kJ/kg

(2) 열량

$$Q = r_1 m + mC\Delta T + r_2 m$$

여기서, Q : 열량〔kJ〕
　　　r_1 : 융해열〔kJ/kg〕
　　　r_2 : 기화열〔kJ/kg〕
　　　m : 질량〔kg〕
　　　C : 비열〔kJ/kg·K〕
　　　ΔT : 온도차(273+℃)〔K〕

열량 $Q = mC\Delta T + r_2 m$
　　　 $= 2\text{kg} \times 4.2\text{kJ/kg}·\text{K} \times 90\text{K} + 2250\text{kJ/kg} \times 2\text{kg}$
　　　 $= 5256$kJ

- 융해열은 없으므로 $r_1 m$은 무시

답 ③

34

16.03.문27
10.03.문34

경사진 관로의 유체흐름에서 수력기울기선의 위치로 옳은 것은?

① 언제나 에너지선보다 위에 있다.
② 에너지선보다 속도수두만큼 아래에 있다.
③ 항상 수평이 된다.
④ 개수로의 수면보다 속도수두만큼 위에 있다.

해설 **수력구배선**(HGL, 수력기울기선)
(1) 관로 중심에서의 위치수두에 압력수두를 더한 높이에 있는 선이다.
(2) 에너지선보다 항상 아래에 있다.
(3) 에너지선보다 속도수두만큼 아래에 있다. 보기 ②

- 속도구배선=속도기울기선

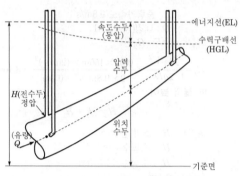

| 에너지선과 수력구배선(수력기울기선) |

답 ②

35

그림과 같이 폭(b)이 1m이고 깊이(h_0) 1m로 물이 들어있는 수조가 트럭 위에 실려 있다. 이 트럭이 7m/s²의 가속도로 달릴 때 물의 최대높이(h_2)와 최소높이(h_1)는 각각 몇 m인가?

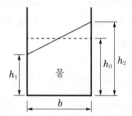

① $h_1 = 0.643$m, $h_2 = 1.413$m
② $h_1 = 0.643$m, $h_2 = 1.357$m
③ $h_1 = 0.676$m, $h_2 = 1.413$m
④ $h_1 = 0.676$m, $h_2 = 1.357$m

해설 (1) 기호

- b : 1m
- h_0 : 1m
- a : 7m/s²
- h_2 : ?
- h_1 : ?

(2) 높이

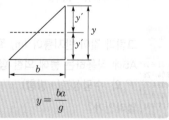

$$y = \frac{ba}{g}$$

여기서, y : 높이〔m〕
　　　b : 폭〔m〕
　　　a : 가속도〔m/s²〕
　　　g : 중력가속도(9.8m/s²)

높이 y는

$$y = \frac{ba}{g} = \frac{1\text{m} \times 7\text{m/s}^2}{9.8\text{m/s}^2} \fallingdotseq 0.714\text{m}$$

(3) 중심높이

$$y' = \frac{y}{2}$$

여기서, y' : 중심높이[m]

$\quad\quad\ y$: 높이[m]

중심높이 y'는

$$y' = \frac{y}{2} = \frac{0.714\text{m}}{2} = 0.357\text{m}$$

(4) 최소높이, 최대높이

$$h_1 = h_0 - y', \quad h_2 = h_0 + y'$$

여기서, h_1 : 최소높이[m]

$\quad\quad\ h_2$: 최대높이[m]

$\quad\quad\ h_0$: 깊이[m]

$\quad\quad\ y'$: 중심높이[m]

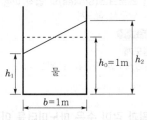

최소높이 h_1은

$$h_1 = h_0 - y' = 1\text{m} - 0.357\text{m} = 0.643\text{m}$$

최대높이 h_2는

$$h_2 = h_0 + y' = 1\text{m} + 0.357\text{m} = 1.357\text{m}$$

답 ②

★★★
36 유체의 거동을 해석하는 데 있어서 **비점성 유체**에 대한 설명으로 옳은 것은?

18.04.문32
06.09.문22
01.09.문28
98.03.문34

① 실제 유체를 말한다.

② 전단응력이 존재하는 유체를 말한다.

③ 유체 유동시 마찰저항이 속도기울기에 비례하는 유체이다.

④ 유체 유동시 마찰저항을 무시한 유체를 말한다.

① 실제유체 → 이상유체

② 존재하는 → 존재하지 않는

③ 마찰저항이 속도기울기에 비례하는 → 마찰저항을 무시한

비점성 유체

(1) 이상유체 보기 ①

(2) 전단응력이 존재하지 않는 유체 보기 ②

(3) 유체 유동시 마찰저항을 무시한 유체 보기 ③④

유체의 종류

종류	설명
실제유체	**점**성이 **있**으며, **압**축성인 유체
이상유체	점성이 없으며, **비압축성**인 유체
압축성 유체	**기체**와 같이 체적이 변화하는 유체
비압축성 유체	**액체**와 같이 체적이 변화하지 않는 유체

기억법 **실점있압**(**실점**이 **있**는 사람만 **압**박해!)
기압(**기압**)

비교

비압축성 유체

(1) 밀도가 압력에 의해 변하지 않는 유체

(2) 굴뚝둘레를 흐르는 **공기흐름**

(3) **정지**된 자동차 주위의 **공기흐름**

(4) 체적탄성계수가 큰 유체

(5) **액체**와 같이 체적이 변하지 않는 유체

답 ④

★★★
37 출구단면적이 0.0004m²인 소방호스로부터 25m/s의 속도로 수평으로 분출되는 물제트가 수직으로 세워진 평판과 충돌한다. 평판을 고정시키기 위한 힘(F)은 몇 N인가?

19.04.문32
13.06.문31
08.03.문32

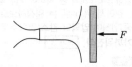

① 150

② 200

③ 250

④ 300

해설 **(1) 기호**

• A : 0.0004m²

• V : 25m/s

• F : ?

(2) 유량

$$Q = AV$$

여기서, Q : 유량[m³/s]

$\quad\quad\ A$: 단면적[m²]

$\quad\quad\ V$: 유속[m/s]

(3) **평판**에 **작용**하는 **힘**

$$F = \rho Q V$$

여기서, F : 힘[N]
ρ : 밀도(물의 밀도 1000N·s²/m⁴)
Q : 유량[m³/s]
V : 유속[m/s]

힘 F는
$F = \rho Q V$
$= \rho(AV)V(\because Q = AV)$
$= \rho A V^2$
$= 1000 \text{N·s}^2/\text{m}^4 \times 0.0004\text{m}^2 \times (25\text{m/s})^2$
$= 250\text{N}$

답 ③

★★★
38 두 개의 가벼운 공을 그림과 같이 실로 매달아 놓았다. 두 개의 공 사이로 공기를 불어 넣으면 공은 어떻게 되겠는가?

19.09.문34
14.09.문26
97.10.문23

공기

① 파스칼의 법칙에 따라 벌어진다.
② 파스칼의 법칙에 따라 가까워진다.
③ 베르누이의 법칙에 따라 벌어진다.
④ 베르누이의 법칙에 따라 가까워진다.

해설 **베르누이법칙**에 의해 속도수두, 압력수두, 위치수두의 합은 일정하므로 2개의 공 사이에 기류를 불어 넣으면 공의 높이는 같아서 위치수두는 일정하므로 **속도**가 **증가**(속도수두 증가)하여 **압력**이 **감소**(압력수두 감소)하므로 2개의 공은 **가까워진다.** 보기 ④

🔧 중요

베르누이방정식

$$\frac{V^2}{2g} + \frac{p}{\gamma} + Z = 일정$$

↑ (속도수두) ↑ (압력수두) ↑ (위치수두)

여기서, V : 유속[m/s]
p : 압력[kPa]
Z : 높이[m]
g : 중력가속도(9.8m/s²)
γ : 비중량(물의 비중량 9.8kN/m³)

답 ④

★★★
39 다음 중 뉴턴(Newton)의 점성법칙을 이용하여 만든 회전원통식 점도계는?

19.03.문39
17.05.문27
06.05.문25
05.05.문21

① 세이볼트(Saybolt) 점도계
② 오스왈트(Ostwald) 점도계

③ 레드우드(Redwood) 점도계
④ 맥 마이클(Mac Michael) 점도계

해설 **점도계**
(1) **세관법**
　㉠ **하겐-포아젤(Hagen-Poiseuille)**의 **법칙** 이용
　㉡ 세이볼트(Saybolt) 점도계 보기 ①
　㉢ 레드우드(Redwood) 점도계 보기 ③
　㉣ 엥글러(Engler) 점도계
　㉤ 바베이(Barbey) 점도계
　㉥ 오스트발트(Ostwald) 점도계(오스왈트 점도계) 보기 ②
(2) **회전원통법** (회전원통식)
　㉠ **뉴턴(Newton)**의 **점성법칙** 이용
　㉡ **스토머(Stormer)** 점도계
　㉢ **맥** 마이클(Mac Michael) 점도계 보기 ④

기억법 **뉴점스맥**

(3) **낙구법**
　㉠ **스토크스(Stokes)**의 **법칙** 이용
　㉡ 낙구식 점도계

🔖 용어

점도계
점성계수를 측정할 수 있는 기기

답 ④

★★★
40 그림과 같이 수은 마노미터를 이용하여 물의 유속을 측정하고자 한다. 마노미터에서 측정한 높이차(h)가 30mm일 때 오리피스 전후의 압력[kPa] 차이는? (단, 수은의 비중은 13.6이다.)

17.09.문23
17.03.문29
13.03.문26
13.03.문37

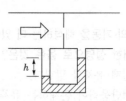
h

① 3.4　　　② 3.7
③ 3.9　　　④ 4.4

해설 (1) **기호**
　• $h(R)$: 30mm = 0.03m(1000mm = 1m)
　• s : 13.6
　• ΔP : ?

(2) **비중**

$$s = \frac{\gamma}{\gamma_w}$$

여기서, s : 비중
　γ : 어떤 물질의 비중량[kN/m³]
　γ_w : 물의 비중량(9.8kN/m³)

수은의 비중량 $\gamma = \gamma_w s = 9.8\text{kN/m}^3 \times 13.6$
$$= 133.28\text{kN/m}^3$$

(3) 어떤 물질의 압력차

$$\Delta P = p_2 - p_1 = R(\gamma - \gamma_w)$$

여기서, ΔP : U자관 마노미터의 압력차(Pa) 또는 〔N/m²〕
p_2 : 출구압력〔Pa〕 또는 〔N/m²〕
p_1 : 입구압력〔Pa〕 또는 〔N/m²〕
R : 마노미터 읽음〔m〕
γ : 어떤 물질의 비중량(수은의 비중량)〔kN/m³〕
γ_w : 물의 비중량(9.8kN/m³)

압력차 ΔP는
$\Delta P = R(\gamma - \gamma_w) = 0.03\text{m} \times (133.28 - 9.8)\text{kN/m}^3$
$\fallingdotseq 3.7\text{kN/m}^2$
$= 3.7\text{kPa} (\because 1\text{kN/m}^2 = 1\text{kPa})$

답 ②

제3과목 소방관계법규

★★★
41
18.03.문49
17.09.문60
10.03.문55
06.09.문61

소방시설 설치 및 관리에 관한 법령상 단독경보형 감지기를 설치하여야 하는 특정소방대상물의 기준으로 옳은 것은?

① 연면적 400m^2 미만의 유치원
② 연면적 600m^2 미만의 숙박시설
③ 수련시설 내에 있는 합숙소 또는 기숙사로서 연면적 1000m^2 미만인 것
④ 교육연구시설 내에 있는 합숙소 또는 기숙사로서 연면적 1000m^2 미만인 것

해설 **소방시설법 시행령** 〔별표 4〕
단독경보형 감지기의 설치대상

연면적	설치대상
400m^2 미만	• 유치원 보기 ①
2000m^2 미만	• 교육연구시설 · 수련시설 내에 있는 **합숙소** 또는 **기숙사** 보기 ④
모두 적용	• 100명 미만의 수련시설(숙박시설이 있는 것) 보기 ②③ • 연립주택 • 다세대주택

※ **단독경보형 감지기** : 화재발생상황을 단독으로 감지하여 자체에 내장된 음향장치로 경보하는 감지기

ℹ️ 비교

단독경보형 감지기의 설치기준(NFPC 201 5조, NFTC 201 2.2.1)
(1) 각 실(이웃하는 실내의 바닥면적이 각각 **30m² 미만**이고 벽체의 상부의 전부 또는 일부가 개방되어 이웃하는 실내와 공기가 상호 유통되는 경우에는 이를 1개의 실로 본다)마다 설치하되, 바닥면적이 **150m²**를 초과하는 경우에는 **150m²**마다 1개 이상 설치할 것
(2) 최상층의 계단실의 **천장**(외기가 상통하는 계단실의 경우 제외)에 설치할 것
(3) 건전지를 주전원으로 사용하는 단독경보형 감지기는 정상적인 작동상태를 유지할 수 있도록 건전지를 교환할 것
(4) 상용전원을 주전원으로 사용하는 단독경보형 감지기의 **2차 전지**는 제품검사에 합격한 것을 사용할 것

답 ①

★★
42
15.09.문44
08.09.문45

위험물안전관리법령상 위험물취급소의 구분에 해당하지 않는 것은?

① 이송취급소
② 관리취급소
③ 판매취급소
④ 일반취급소

해설 **위험물령** 〔별표 3〕
위험물취급소의 구분

구분	설명
주유취급소	고정된 주유설비에 의하여 **자동차 · 항공기** 또는 **선박** 등의 연료탱크에 직접 주유하기 위하여 위험물을 취급하는 장소
판매취급소 보기 ③	**점포**에서 위험물을 용기에 담아 판매하기 위하여 지정수량의 **40배** 이하의 위험물을 취급하는 장소 기억법 판4(판사 검사)
이송취급소 보기 ①	배관 및 이에 부속된 설비에 의하여 위험물을 **이송**하는 장소
일반취급소 보기 ④	주유취급소 · 판매취급소 · 이송취급소 이외의 장소

답 ②

★
43

소방시설 설치 및 관리에 관한 법률상 주택의 소유자가 설치하여야 하는 소방시설의 설치대상으로 틀린 것은?

① 다세대주택   ② 다가구주택
③ 아파트   ④ 연립주택

해설 **소방시설법 10조**
주택의 소유자가 설치하는 소방시설의 설치대상
(1) **단독주택**
(2) **공동주택**(아파트 및 기숙사 제외) 보기 ③
  ㉠ **연립주택** 보기 ④
  ㉡ **다세대주택** 보기 ①
  ㉢ **다가구주택** 보기 ②

답 ③

★★★
44 화재의 예방 및 안전관리에 관한 법령상 1급 소방
19.03.문60
17.09.문55
16.03.문52
15.03.문60
13.09.문51
안전관리 대상물에 해당하는 건축물은?
① 지하구
② 층수가 15층인 공공업무시설
③ 연면적 15000m² 이상인 동물원
④ 층수가 20층이고, 지상으로부터 높이가 100m
  인 아파트

해설 **화재예방법 시행령** 〔별표 4〕
소방안전관리자를 두어야 할 특정소방대상물
(1) 특급 소방안전관리대상물 : 동식물원, 철강 등 불연성
  물품 저장·취급창고, 지하구, 위험물제조소 등 제외
  ㉠ **50층** 이상(지하층 제외) 또는 지상 **200m** 이상 **아**
    파트
  ㉡ **30층** 이상(지하층 포함) 또는 지상 **120m** 이상(아파
    트 제외)
  ㉢ 연면적 **10만m²** 이상(아파트 제외)
(2) 1급 소방안전관리대상물 : 동식물원, 철강 등 불연성
  물품 저장·취급창고, 지하구, 위험물제조소 등 제외
  ㉠ **30층** 이상(지하층 제외) 또는 지상 **120m** 이상 아파트
  ㉡ 연면적 **15000m²** 이상인 것(아파트 및 연립주택
    제외)
  ㉢ **11층** 이상(아파트 제외) 보기 ②
  ㉣ 가연성 가스를 **1000t** 이상 저장·취급하는 시설
(3) 2급 소방안전관리대상물
  ㉠ 지하구 보기 ①
  ㉡ 가스제조설비를 갖추고 도시가스사업 허가를 받아야
    하는 시설 또는 가연성 가스를 **100~1000t** 미만 저장·
    취급하는 시설
  ㉢ **옥내소화전설비·스프링클러설비** 설치대상물
  ㉣ **물분무등소화설비**(호스릴방식의 물분무등소화설비
    만을 설치한 경우 제외) 설치대상물
  ㉤ **공동주택**(옥내소화전설비 또는 스프링클러설비가
    설치된 공동주택 한정)
  ㉥ **목조건축물**(국보·보물)
(4) 3급 소방안전관리대상물
  ㉠ **자동화재탐지설비** 설치대상물
  ㉡ 간이스프링클러설비(주택전용 간이스프링클러설비
    제외) 설치대상물

답 ②

★★
45 위험물안전관리법령상 제조소의 기준에 따라 건
19.03.문50
08.05.문52
축물의 외벽 또는 이에 상당하는 공작물의 외측으
로부터 제조소의 외벽 또는 이에 상당하는 공작물
의 외측까지의 안전거리기준으로 틀린 것은? (단,
제6류 위험물을 취급하는 제조소를 제외하고, 건
축물에 불연재료로 된 방화상 유효한 담 또는 벽
을 설치하지 않은 경우이다.)
① 의료법에 의한 종합병원에 있어서는 30m 이상
② 도시가스사업법에 의한 가스공급시설에 있
  어서는 20m 이상
③ 사용전압 35000V를 초과하는 특고압가공전
  선에 있어서는 5m 이상
④ 문화유산의 보존 및 활용에 관한 법률에 의
  한 유형문화재와 기념물 중 지정문화재에
  있어서는 30m 이상

해설
④ 30m → 50m

위험물규칙 〔별표 4〕
위험물제조소의 안전거리

안전거리	대상
3m 이상	• **7~35kV** 이하의 특고압가공전선
5m 이상	• **35kV**를 초과하는 특고압가공전선 보기 ③
10m 이상	• **주거용**으로 사용되는 것
20m 이상	• 고압가스 **제조**시설(용기에 충전하는 것 포함) • 고압가스 **사용**시설(1일 **30m³** 이상 용적 취급) • 고압가스 **저장**시설 • 액화산소 **소비**시설 • 액화석유가스 제조·저장시설 • 도시가스 공급시설 보기 ②
30m 이상	• 학교 • 병원급 의료기관 보기 ① • 공연장 ─┐ **300명** 이상 수용시설 • 영화상영관 ─┘ • 아동복지시설 • 노인복지시설 • 장애인복지시설 • 한부모가족 복지시설 **20명** 이상 수용시설 • 어린이집 • 성매매 피해자 등을 위한 지원시설 • 정신건강증진시설 • 가정폭력 피해자 보호시설
50m 이상	• 유형문화재 보기 ④ • 지정문화재 보기 ④

답 ④

46

11.10.문46

소방시설 설치 및 관리에 관한 법령상 지하가 중 터널로서 길이가 1000m일 때 설치하지 않아도 되는 소방시설은?

① 인명구조기구　② 옥내소화전설비
③ 연결송수관설비　④ 무선통신보조설비

해설 ① 1000m일 때 이므로 500m 이상, 1000m 이상 모두 해당된다.

소방시설법 시행령〔별표 4〕
지하가 중 터널길이

터널길이	적용설비
500m 이상	• 비상조명등설비 • 비상경보설비 • 무선통신보조설비 보기④ • 비상콘센트설비
1000m 이상	• 옥내소화전설비 보기② • 자동화재탐지설비 • 연결송수관설비 보기③

중요

소방시설법 시행령〔별표 4〕
인명구조기구의 설치장소
(1) 지하층을 포함한 **7층** 이상의 **관광호텔**[방열복, 방화복(안전모, 보호장갑, 안전화 포함), 인공소생기, 공기호흡기]
(2) 지하층을 포함한 **5층** 이상의 **병원**[방열복, 방화복(안전모, 보호장갑, 안전화 포함), 공기호흡기]

기억법 5병(오병이어의 기적)

(3) 공기호흡기를 설치하여야 하는 특정소방대상물
ㄱ 수용인원 **100명** 이상인 **영화상영관**
ㄴ 대규모점포
ㄷ 지하역사
ㄹ 지하상가
ㅁ **이산화탄소 소화설비**(호스릴 이산화탄소 소화설비 제외)를 설치하여야 하는 특정소방대상물

답 ①

---

④ 판매시설, 운수시설 및 창고시설(물류터미널에 한정)로서 바닥면적의 합계가 5000m² 이상이거나 수용인원이 500명 이상인 경우에는 모든 층

해설 ① 3500m² → 5000m²

스프링클러설비의 설치대상

설치대상	조건
① 문화 및 집회시설, 운동시설 ② 종교시설	• 수용인원 : **100명** 이상 • 영화상영관 : 지하층·무창층 **500m²**(기타 1000m²) 이상 • 무대부 　- 지하층·무창층·**4층** 이상 **300m²** 이상 　- 1~3층 **500m²** 이상
③ 판매시설 ④ 운수시설 ⑤ 물류터미널	• 수용인원 : **500명** 이상 • 바닥면적 합계 : 5000m² 이상 보기④
⑥ 노유자시설 ⑦ 정신의료기관 ⑧ 수련시설(숙박 가능한 것) ⑨ 종합병원, 병원, 치과병원, 한방병원 및 요양병원(정신병원 제외) ⑩ 숙박시설	• 바닥면적 합계 **600m²** 이상 보기③
⑪ 지하층·무창층·**4층** 이상	• 바닥면적 1000m² 이상
⑫ 창고시설(물류터미널 제외)	• 바닥면적 합계 5000m² 이상 : 전층 보기②
⑬ **지하가**(터널 제외)	• 연면적 1000m² 이상
⑭ 10m 넘는 랙식 창고	• 연면적 1500m² 이상
⑮ 복합건축물 →	• 연면적 5000m² 이상 : 전층 보기①
⑯ 기숙사	
⑰ 6층 이상	• 전층
⑱ 보일러실·연결통로	• 전부
⑲ 특수가연물 저장·취급	• 지정수량 1000배 이상
⑳ 발전시설	• 전기저장시설 : 전부

답 ①

 47

19.03.문48
15.03.문56
12.05.문51

소방시설 설치 및 관리에 관한 법령상 스프링클러설비를 설치하여야 하는 특정소방대상물의 기준으로 틀린 것은? (단, 위험물 저장 및 처리 시설 중 가스시설 또는 지하구는 제외한다.)

① 복합건축물로서 연면적 3500m² 이상인 경우에는 모든 층
② 창고시설(물류터미널은 제외)로서 바닥면적 합계가 5000m² 이상인 경우에는 모든 층
③ 숙박이 가능한 수련시설 용도로 사용되는 시설의 바닥면적의 합계가 600m² 이상인 것은 모든 층

 48

19.03.문42
18.04.문54
13.03.문48
12.05.문55
10.09.문49

소방시설 설치 및 관리에 관한 법령상 1년 이하의 징역 또는 1천만원 이하의 벌금기준에 해당하는 경우는?

① 소방용품의 형식승인을 받지 아니하고 소방용품을 제조하거나 수입한 자
② 형식승인을 받은 소방용품에 대하여 제품검사를 받지 아니한 자
③ 거짓이나 그 밖의 부정한 방법으로 제품검사 전문기관으로 지정을 받은 자
④ 소방용품에 대하여 형상 등의 일부를 변경한 후 형식승인의 변경승인을 받지 아니한 자

해설 ①, ②, ③ : 3년 이하의 징역 또는 3000만원 이하의 벌금

1년 이하의 징역 또는 1000만원 이하의 벌금
(1) 소방시설의 **자체점검** 미실시자(소방시설법 58조)
(2) **소방시설관리사증** 대여(소방시설법 58조)
(3) **소방시설관리업**의 등록증 또는 등록수첩 대여(소방시설법 58조)
(4) 제조소 등의 정기점검기록 허위작성(위험물법 35조)
(5) **자체소방대**를 두지 않고 제조소 등의 허가를 받은 자(위험물법 35조)
(6) **위험물 운반용기**의 검사를 받지 않고 유통시킨 자(위험물법 35조)
(7) **소방용품** 형상 일부 변경 후 변경 미승인(소방시설법 58조) 보기 ④

비교
소방시설법 57조, 화재예방법 50조
3년 이하의 징역 또는 3000만원 이하의 벌금
(1) 화재안전조사 결과에 따른 조치명령 위반
(2) 소방시설관리업 무등록자
(3) 형식승인을 받지 않은 소방용품 제조 · 수입자 보기 ①
(4) 제품검사를 받지 않은 자 보기 ②
(5) 거짓이나 그 밖의 **부정한 방법**으로 제품검사 전문 기관의 지정을 받은 자 보기 ③

답 ④

★★★
49 소방기본법령상 소방대장의 권한이 아닌 것은?

19.04.문43
19.03.문56
18.04.문43
17.05.문48
16.03.문44
08.05.문54

① 화재현장에 대통령령으로 정하는 사람 외에는 그 구역에 출입하는 것을 제한할 수 있다.
② 화재진압 등 소방활동을 위하여 필요할 때에는 소방용수 외에 댐 · 저수지 등의 물을 사용할 수 있다.
③ 국민의 안전의식을 높이기 위하여 소방박물관 및 소방체험관을 설립하여 운영할 수 있다.
④ 불이 번지는 것을 막기 위하여 필요할 때에는 불이 번질 우려가 있는 소방대상물 및 토지를 일시적으로 사용할 수 있다.

해설 (1) 소방**대**장 : 소방**활**동**구**역의 설정(기본법 23조) 보기 ①

기억법 대구활(**대구**의 **활동**)

(2) **소**방본부장 · **소**방서장 · 소방**대**장
ⓐ 소방활동 **종**사명령(기본법 24조)
ⓑ **강**제처분(기본법 25조)
ⓒ **피**난명령(기본법 26조)

ⓓ 댐 · 저수지 사용 등 위험시설 등에 대한 긴급조치(기본법 27조) 보기 ②

기억법 소대종강피(**소**방**대**의 **종강파티**)

비교
기본법 5조 ①항
설립과 운영

소방박물관	소방체험관
소방청장	시 · 도지사 보기 ③

답 ③

★★★
50 위험물안전관리법령상 위험물시설의 설치 및 변경 등에 관한 기준 중 다음 ( ) 안에 들어갈 내용으로 옳은 것은?

19.09.문42
18.04.문49
17.05.문46
15.03.문55
14.05.문44
13.09.문60

제조소 등의 위치 · 구조 또는 설비의 변경 없이 당해 제조소 등에서 저장하거나 취급하는 위험물의 품명 · 수량 또는 지정수량의 배수를 변경하고자 하는 자는 변경하고자 하는 날의 (ⓐ)일 전까지 (ⓑ)이 정하는 바에 따라 (ⓒ)에게 신고하여야 한다.

① ⓐ : 1, ⓑ : 대통령령, ⓒ : 소방본부장
② ⓐ : 1, ⓑ : 행정안전부령, ⓒ : 시 · 도지사
③ ⓐ : 14, ⓑ : 대통령령, ⓒ : 소방서장
④ ⓐ : 14, ⓑ : 행정안전부령, ⓒ : 시 · 도지사

해설 **위험물법 6조**
제조소 등의 설치허가
(1) **설치허가자** : **시 · 도지사**
(2) 설치허가 제외 장소
ⓐ 주택의 난방시설(공동주택의 중앙난방시설은 제외)을 위한 **저장소** 또는 **취급소** 문제 51 보기 ④
ⓑ 지정수량 **20배** 이하의 **농예용 · 축산용 · 수산용** 난방시설 또는 건조시설의 **저장소**
(3) 제조소 등의 변경신고 : 변경하고자 하는 날의 **1일** 전까지 **시 · 도지사**에게 **신고(행정안전부령)** 보기 ②

기억법 농축수2

참고
시 · 도지사
(1) 특별시장
(2) 광역시장
(3) 특별자치시장
(4) 도지사
(5) 특별자치도지사

답 ②

★★★
51 위험물안전관리법령상 허가를 받지 아니하고 당해 제조소 등을 설치하거나 그 위치·구조 또는 설비를 변경할 수 있으며, 신고를 하지 아니하고 위험물의 품명·수량 또는 지정수량의 배수를 변경할 수 있는 기준으로 옳은 것은?

19.09.문42
18.04.문49
17.05.문46
15.03.문55
14.05.문44
13.09.문60

① 축산용으로 필요한 건조시설을 위한 지정수량 40배 이하의 저장소
② 수산용으로 필요한 건조시설을 위한 지정수량 30배 이하의 저장소
③ 농예용으로 필요한 난방시설을 위한 지정수량 40배 이하의 저장소
④ 주택의 난방시설(공동주택의 중앙난방시설 제외)을 위한 저장소

해설 문제 50 참조

① 40배 → 20배
② 30배 → 20배
③ 40배 → 20배

답 ④

★★
52 소방시설공사업법령상 공사감리자 지정대상 특정소방대상물의 범위가 아닌 것은?

18.04.문51
14.09.문50

① 제연설비를 신설·개설하거나 제연구역을 증설할 때
② 연소방지설비를 신설·개설하거나 살수구역을 증설할 때
③ 캐비닛형 간이스프링클러설비를 신설·개설하거나 방호·방수 구역을 증설할 때
④ 물분무등소화설비(호스릴방식의 소화설비 제외)를 신설·개설하거나 방호·방수 구역을 증설할 때

해설 ③ 캐비닛형 간이스프링클러설비는 제외

공사업령 10조
소방공사감리자 지정대상 특정소방대상물의 범위
(1) **옥내소화전설비**를 신설·개설 또는 **증설**할 때
(2) **스프링클러설비** 등(캐비닛형 간이스프링클러설비 제외)을 신설·개설하거나 방호·**방수구역**을 **증설**할 때 보기 ③
(3) **물분무등소화설비**(호스릴방식의 소화설비 제외)를 신설·개설하거나 방호·방수구역을 **증설**할 때 보기 ④
(4) **옥외소화전설비**를 신설·개설 또는 **증설**할 때
(5) **자동화재탐지설비**를 신설 또는 개설할 때
(6) **비상방송설비**를 신설 또는 개설할 때
(7) **통합감시시설**을 신설 또는 **개설**할 때

(8) **소화용수설비**를 신설 또는 **개설**할 때
(9) 다음의 **소화활동설비**에 대하여 시공할 때
  ⊙ 제연설비를 신설·개설하거나 제연구역을 증설할 때 보기 ①
  ⓒ 연결송수관설비를 신설 또는 개설할 때
  ⓒ 연결살수설비를 신설·개설하거나 송수구역을 증설할 때
  ② 비상콘센트설비를 신설·개설하거나 전용회로를 증설할 때
  ⑩ 무선통신보조설비를 신설 또는 개설할 때
  ⑭ 연소방지설비를 신설·개설하거나 살수구역을 증설할 때 보기 ②

답 ③

★★★
53 화재의 예방 및 안전관리에 관한 법령상 화재안전조사 결과 소방대상물의 위치 상황이 화재예방을 위하여 보완될 필요가 있을 것으로 예상되는 때에 소방대상물의 개수·이전·제거, 그 밖의 필요한 조치를 관계인에게 명령할 수 있는 사람은?

19.03.문56
18.04.문43
17.05.문48

① 소방서장
② 경찰청장
③ 시·도지사
④ 해당 구청장

해설 **화재예방법 14조**
화재안전조사 결과에 따른 조치명령
(1) 명령권자 : **소방청장·소방본부장·소방서장-소방관서장**
(2) 명령사항 보기 ①
  ⊙ **개수**명령
  ⓒ **이전**명령
  ⓒ **제거**명령
  ② **사용**의 금지 또는 제한명령, 사용폐쇄
  ⑩ **공사**의 정지 또는 중지명령

중요
소방본부장·소방서장·소방대장
(1) 소방활동 **종**사명령(기본법 24조)
(2) **강**제처분·제거(기본법 25조)
(3) **피**난명령(기본법 26조)
(4) **댐**·저수지 사용 등 위험시설 등에 대한 긴급조치 (기본법 27조)

기억법 소대종강피(소방대의 종강파티)

용어
소방활동 종사명령
화재, 재난·재해, 그 밖의 위급한 상황이 발생한 현장에서 소방활동을 위하여 필요할 때에는 그 관할구역에 사는 사람 또는 그 현장에 있는 사람으로 하여금 사람을 구출하는 일 또는 불을 끄거나 불이 번지지 아니하도록 하는 일을 하게 할 수 있는 것

③ 나무껍질 및 대팻밥 400kg 이상

④ 넝마 및 종이부스러기 500kg 이상

해설 ④ 500kg → 1000kg

화재예방법 시행령 〔별표 2〕
특수가연물

품 명		수 량
가연성 **액**체류		$2m^3$ 이상
목재가공품 및 나무부스러기		$10m^3$ 이상
면화류 [보기 ②]		**2**00kg 이상
나무껍질 및 대팻밥 [보기 ③]		**4**00kg 이상
넝마 및 종이부스러기 [보기 ④]		
사류(絲類) [보기 ①]		**1**000kg 이상
볏짚류		
가연성 **고**체류		**3**000kg 이상
고무류·플라스틱류	발포시킨 것	$20m^3$ 이상
	그 밖의 것	**3**000kg 이상
석탄·목탄류		**1**0000kg 이상

※ **특수가연물**: 화재가 발생하면 그 확대가 빠른 물품

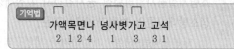

기억법	가액목면나 넝사볏가고 고석
	2 1 2 4 1 3 31

답 ④

54 소방기본법령상 시장지역에서 화재로 오인할
19.03.문56
18.04.문43
17.05.문48
17.05.문49
만한 우려가 있는 불을 피우거나 연막소독을 하려는 자가 신고를 하지 아니하여 소방자동차를 출동하게 한 자에 대한 과태료 부과·징수 권자는?

① 국무총리

② 시·도지사

③ 행정안전부장관

④ 소방본부장 또는 소방서장

해설 **기본법 57조**
연막소독 과태료 징수
(1) **20만원** 이하 **과태료**
(2) **소방본부장·소방서장**이 부과·징수 [보기 ④]

중요
기본법 19조
화재로 오인할 만한 불을 피우거나 연막소독시 신고 지역
(1) **시장**지역
(2) **공장·창고**가 밀집한 지역
(3) **목조건물**이 밀집한 지역
(4) **위험물**의 저장 및 **처리시설**이 밀집한 지역
(5) **석유화학제품**을 생산하는 공장이 있는 지역
(6) 그 밖에 **시·도**의 **조례**로 정하는 지역 또는 장소

답 ④

55 다음 중 화재의 예방 및 안전관리에 관한 법령상
15.09.문47
15.05.문49
14.03.문52
12.05.문60
특수가연물에 해당하는 품명별 기준수량으로 틀린 것은?

① 사류 1000kg 이상

② 면화류 200kg 이상

56 소방시설공사업법상 소방시설공사 결과 소방시
19.09.문59
14.05.문57
11.03.문55
07.05.문56
설의 하자발생시 통보를 받은 공사업자는 며칠 이내에 하자를 보수해야 하는가?

① 3

② 5

③ 7

④ 10

해설 **공사업법 15조**
소방시설공사의 하자보수기간 : **3일** 이내 [보기 ①]

중요
3일
(1) **하**자보수기간 (공사업법 15조)
(2) 소방시설업 **등록증** **분실** 등의 **재발급** (공사업규칙 4조)

기억법 **3하등분재**(**상하**이에서 **동생**이 **분재**를 가져왔다.)

답 ①

★★★
57 다음 중 소방시설 설치 및 관리에 관한 법령상
소방시설관리업을 등록할 수 있는 자는?

15.09.문45
15.03.문41
12.09.문44

① 피성년후견인
② 소방시설관리업의 등록이 취소된 날부터 2
년이 경과된 자
③ 금고 이상의 형의 집행유예를 선고받고 그
유예기간 중에 있는 자
④ 금고 이상의 실형을 선고받고 그 집행이 면
제된 날부터 2년이 지나지 아니한 자

해설 **소방시설법 30조**
소방시설관리업의 등록결격사유
(1) 피성년후견인 보기 ①
(2) 금고 이상의 실형을 선고받고 그 집행이 끝나거나 집행이
   면제된 날부터 **2년**이 지나지 아니한 사람 보기 ④
(3) 금고 이상의 형의 집행유예를 선고받고 그 유예기간
   중에 있는 사람 보기 ③
(4) 관리업의 등록이 취소된 날부터 **2년**이 지나지 아니한 자
   보기 ②

답 ②

★★★
58 소방시설 설치 및 관리에 관한 법령상 수용인원
산정방법 중 침대가 없는 숙박시설로서 해당 특
정소방대상물의 종사자의 수는 5명, 복도, 계단
및 화장실의 바닥면적을 제외한 바닥면적이
158m²인 경우의 수용인원은 약 몇 명인가?

19.04.문51
18.09.문43
17.03.문57

① 37
② 45
③ 58
④ 84

해설 **소방시설법 시행령 〔별표 7〕**
수용인원의 산정방법

특정소방대상물		산정방법
• 강의실　• 교무실 • 상담실　• 실습실 • 휴게실		바닥면적 합계 1.9m²
• 숙박 시설	침대가 있는 경우	종사자수 + 침대수
	침대가 없는 경우 →	종사자수 + 바닥면적 합계 3m²
• 기타		바닥면적 합계 3m²
• 강당 • 문화 및 집회시설, 운동시설 • 종교시설		바닥면적 합계 4.6m²

• **소수점** 이하는 **반올림**한다.

기억법 수반(수반! 동반!)

숙박시설(침대가 없는 경우)
$$= 종사자수 + \frac{바닥면적 합계}{3m^2}$$
$$= 5명 + \frac{158m^2}{3m^2} = 58명$$

답 ③

★★★
59 소방시설공사업법령상 소방시설공사의 하자보수
보증기간이 3년이 아닌 것은?

17.05.문51
16.10.문56
15.05.문59
15.03.문52
12.05.문55

① 자동소화장치
② 무선통신보조설비
③ 자동화재탐지설비
④ 간이스프링클러설비

해설 ② 2년

공사업령 6조
소방시설공사의 하자보수 보증기간

보증 기간	소방시설
2년	① **유**도등 · 유도표지 · **피**난기구 ② **비상조**명등 · 비상**경**보설비 · 비상**방**송설비 ③ **무**선통신보조설비 보기 ②
3년	① 자동소화장치 보기 ① ② 옥내 · 외소화전설비 ③ 스프링클러설비 · 간이스프링클러설비 보기 ④ ④ 물분무등소화설비 · 상수도소화용수설비 ⑤ 자동화재탐지설비 · 소화활동설비(무선통신보 조설비 제외) 보기 ③

기억법 유비 조경방무피2

답 ②

★
60 국민의 안전의식과 화재에 대한 경각심을 높이
고 안전문화를 정착시키기 위한 소방의 날은 몇
월 며칠인가?

① 1월 19일
② 10월 9일
③ 11월 9일
④ 12월 19일

해설 **소방기본법 7조**
소방의 날 제정과 운영 등
(1) 소방의 날 : **11월 9일** 보기 ③
(2) 소방의 날 행사에 관하여 필요한 사항 : **소방청장** 또
   는 **시 · 도지사**

답 ③

제4과목 소방기계시설의 구조 및 원리

★★★ 61 다음 중 스프링클러설비에서 자동경보밸브에 리타딩챔버(retarding chamber)를 설치하는 목적으로 가장 적절한 것은?

19.09.문79
15.05.문79
12.09.문68
11.10.문65
98.07.문68

① 자동으로 배수하기 위하여
② 압력수의 압력을 조절하기 위하여
③ 자동경보밸브의 오보를 방지하기 위하여
④ 경보를 발하기까지 시간을 단축하기 위하여

 리타딩챔버의 **역할**
(1) **오**작동(오보) 방지 보기 ③
(2) **안**전밸브의 역할
(3) **배**관 및 압력스위치의 손상보호

기억법 **오리**(**오리** 꽥! 꽥!)

답 ③

★★★ 62 구조대의 형식승인 및 제품검사의 기술기준상 수직강하식 구조대의 구조기준 중 틀린 것은?

19.03.문74
16.10.문73
15.05.문76
01.06.문61

① 구조대는 연속하여 강하할 수 있는 구조이어야 한다.
② 구조대는 안전하고 쉽게 사용할 수 있는 구조이어야 한다.
③ 입구틀 및 고정틀의 입구는 지름 40cm 이하의 구체가 통과할 수 있는 것이어야 한다.
④ 구조대의 포지는 외부포지와 내부포지로 구성하되, 외부포지와 내부포지의 사이에 충분한 공기층을 두어야 한다.

해설 ③ 40cm 이하 → 60cm 이상

수직강하식 구조대의 구조(구조대 형식 17조)
(1) 구조대는 안전하고 쉽게 사용할 수 있는 구조이어야 한다. 보기 ②
(2) 구조대의 포지는 **외부포지**와 **내부포지**로 구성하되, 외부포지와 내부포지의 사이에 충분한 **공기층**을 두어야 한다(건물 내부의 별실에 설치하는 것은 외부포지 설치제외 가능). 보기 ④
(3) 입구틀 및 고정틀의 입구는 지름 **60cm 이상**의 구체가 통과할 수 있는 것이어야 한다. 보기 ③
(4) 구조대는 **연속**하여 **강하**할 수 있는 구조이어야 한다. 보기 ①
(5) 포지는 사용할 때 **수직방향**으로 현저하게 늘어나지 아니하여야 한다.

(6) 포지 · 지지틀 · 고정틀, 그 밖의 부속장치 등은 견고하게 부착되어야 한다.

중요

구조대
(1) 수직강하식 구조대
⊙ 본체에 적당한 간격으로 협축부를 마련하여 피난자가 안전하게 활강할 수 있도록 만든 구조
ⓛ 소방대상물 또는 기타 장비 등에 **수직**으로 설치하여 사용하는 구조대

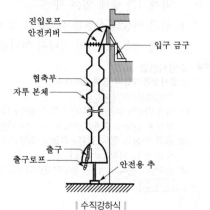

|수직강하식|

(2) 경사강하식 구조대 : 소방대상물에 비스듬하게 고정시키거나 설치하여 사용자가 **미끄럼식**으로 내려올 수 있는 구조대

답 ③

★★ 63 분말소화설비의 화재안전기준상 분말소화설비의 가압용 가스로 질소가스를 사용하는 경우 질소가스는 소화약제 1kg마다 최소 몇 L 이상이어야 하는가? (단, 질소가스의 양은 35℃에서 1기압의 압력상태로 환산한 것이다.)

19.03.문63
18.03.문67

① 10
② 20
③ 30
④ 40

해설 **가압식**과 **축압식**의 **설치기준**(NFPC 108 5조, NFTC 108 2.2.4)
35℃에서 1기압의 압력상태로 환산한 것

구분 사용 가스	가압식 (가압용 가스)	축압식
질소(N₂)	40L/kg 이상 보기 ④	10L/kg 이상
이산화탄소(CO₂)	20g/kg+배관청소 필요량 이상	20g/kg+배관청소 필요량 이상

※ 배관청소용 가스는 별도의 용기에 저장한다.

답 ④

64 도로터널의 화재안전기준상 옥내소화전설비 설치기준 중 괄호 안에 알맞은 것은?

> 가압송수장치는 옥내소화전 2개(4차로 이상의 터널인 경우 3개)를 동시에 사용할 경우 각 옥내소화전의 노즐선단에서의 방수압력은 (㉠)MPa 이상이고 방수량은 (㉡)L/min 이상이 되는 성능의 것으로 할 것

① ㉠ 0.1, ㉡ 130 ② ㉠ 0.17, ㉡ 130
③ ㉠ 0.25, ㉡ 350 ④ ㉠ 0.35, ㉡ 190

해설 **도로터널**의 **옥내소화전설비 설치기준**(NFPC 603 6조, NFTC 603 2.2)

가압송수장치는 옥내소화전 **2개(4차로** 이상의 터널인 경우 **3개)**를 동시에 사용할 경우 각 옥내소화전의 노즐선단에서의 방수압력은 **0.35MPa 이상**이고 방수량은 **190L/min 이상**이 되는 성능의 것으로 할 것(단, 하나의 옥내소화전을 사용하는 노즐선단에서의 방수압력이 **0.7MPa**을 초과할 경우에는 호스접결구의 **인입측**에 감압장치 설치) 보기 ④

답 ④

65 물분무소화설비의 화재안전기준상 110kV 초과 154kV 이하의 고압 전기기기와 물분무헤드 사이의 이격거리는 최소 몇 cm 이상이어야 하는가?

19.04.문61
17.03.문74
15.09.문79
14.09.문78
12.09.문79

① 110 ② 150
③ 180 ④ 210

해설 **물분무헤드**의 **이격거리**(NFPC 104 10조, NFTC 104 2.7.2)

전 압	거 리
66kV 이하	**70**cm 이상
66kV 초과 **77**kV 이하	**80**cm 이상
77kV 초과 **110**kV 이하	**110**cm 이상
110kV 초과 **154**kV 이하 →	**150**cm 이상 보기 ②
154kV 초과 **181**kV 이하	**180**cm 이상
181kV 초과 **220**kV 이하	**210**cm 이상
220kV 초과 **275**kV 이하	**260**cm 이상

> 기억법 66 → 70
> 77 → 80
> 110 → 110
> 154 → 150
> 181 → 180
> 220 → 210
> 275 → 260

답 ②

66 분말소화설비의 화재안전기준상 분말소화설비의 배관으로 동관을 사용하는 경우에는 최고사용압력의 최소 몇 배 이상의 압력에 견딜 수 있는 것을 사용하여야 하는가?

16.03.문78
15.03.문78
10.03.문75

① 1
② 1.5
③ 2
④ 2.5

해설 **분말소화설비**의 **배관**(NFPC 108 9조, NFTC 108 2.6.1)

(1) **전용**

(2) **강관** : 아연도금에 의한 배관용 탄소강관(단, **축압식** 분말소화설비에 사용하는 것 중 20℃에서 압력이 **2.5~4.2MPa 이하**인 것은 **압력배관용 탄소강관**(KS D 3562) 중 이음이 없는 스케줄 **40 이상**의 것 사용)

(3) **동관** : 고정압력 또는 최고사용압력의 **1.5배** 이상의 압력에 견딜 것 보기 ②

(4) **밸브류** : **개폐위치** 또는 **개폐방향**을 표시한 것

(5) **배관의 관부속 및 밸브류** : 배관과 동등 이상의 강도 및 내식성이 있는 것

(6) 주밸브~헤드까지의 배관의 분기 : **토너먼트방식**

(7) 저장용기 등~배관의 굴절부까지의 거리 : 배관 내경의 **20배** 이상

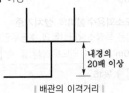

내경의
20배 이상

‖ 배관의 이격거리 ‖

답 ②

67 소화기의 형식승인 및 제품검사의 기술기준상 A급 화재용 소화기의 능력단위 산정을 위한 소화능력시험의 내용으로 틀린 것은?

15.05.문62
09.08.문70

① 모형 배열시 모형 간의 간격은 3m 이상으로 한다.

② 소화는 최초의 모형에 불을 붙인 다음 1분 후에 시작한다.

③ 소화는 무풍상태(풍속 0.5m/s 이하)와 사용상태에서 실시한다.

④ 소화약제의 방사가 완료된 때 잔염이 없어야 하며, 방사완료 후 2분 이내에 다시 불타지 아니한 경우 그 모형은 완전히 소화된 것으로 본다.

해설 ② B급 화재용 소화기의 소화능력시험

A급 화재용 소화기의 능력단위 산정을 위한 소화능력시험

(1) 모형 배열시 모형 간의 간격은 **3m 이상**으로 한다. 보기 ①

(2) 소화약제의 방사가 완료된 때 **잔염**이 없어야 하며, 방사완료 후 **2분** 이내에 다시 불타지 아니한 경우 그 모형은 완전히 소화된 것으로 본다. 보기 ④

(3) 소화능력시험은 **목재**를 대상으로 실시

(4) 소화기를 조작하는 자는 적합한 **작업복**(안전모, 내열성의 얼굴가리개 및 방화복, 장갑 등)을 착용

(5) 소화기의 소화능력시험은 **무풍상태**(풍속 0.5m/s 이하)와 사용상태에서 실시 보기 ③

답 ②

★★★
68 상수도소화용수설비의 화재안전기준상 소화전은 특정소방대상물의 수평투영면의 각 부분으로부터 몇 m 이하가 되도록 설치하여야 하는가?

19.03.문64
17.09.문66
17.05.문68
15.03.문77
09.05.문63

① 70
② 100
③ 140
④ 200

해설 **상수도소화용수설비**의 **설치기준**

소화전은 특정소방대상물의 수평투영면의 각 부분으로부터 **140m** 이하가 되도록 설치할 것 보기 ③

기억법 옥15

답 ③

★★★
69 물분무소화설비의 화재안전기준상 차고 또는 주차장에 설치하는 배수설비의 기준 중 다음 괄호 안에 알맞은 것은?

19.03.문70
18.04.문78
17.09.문72
17.03.문67
16.10.문67
16.05.문79
15.05.문78
10.03.문63

차량이 주차하는 바닥은 배수구를 향하여 ( ) 이상의 기울기를 유지할 것

① $\dfrac{1}{1000}$

② $\dfrac{2}{100}$

③ $\dfrac{1}{100}$

④ $\dfrac{1}{500}$

해설 **기울기**

구 분	설 명
$\dfrac{1}{100}$ 이상	연결살수설비의 수평주행배관
$\dfrac{2}{100}$ 이상	물분무소화설비의 배수설비 보기 ②
$\dfrac{1}{250}$ 이상	습식·부압식 설비 외 설비의 가지배관
$\dfrac{1}{500}$ 이상	습식·부압식 설비 외 설비의 수평주행배관

답 ②

★
70 포소화설비의 화재안전기준상 포헤드의 설치기준 중 다음 괄호 안에 알맞은 것은?

18.03.문69

압축공기포소화설비의 분사헤드는 천장 또는 반자에 설치하되 방호대상물에 따라 측벽에 설치할 수 있으며 유류탱크 주위에는 바닥면적 (㉠)m²마다 1개 이상, 특수가연물 저장소에는 바닥면적 (㉡)m²마다 1개 이상으로 당해 방호대상물의 화재를 유효하게 소화할 수 있도록 할 것

① ㉠ 8, ㉡ 9
② ㉠ 9, ㉡ 8
③ ㉠ 9.3, ㉡ 13.9
④ ㉠ 13.9, ㉡ 9.3

해설 **포헤드**의 **설치기준**(NFPC 105 12조, NFTC 105 2.9.2)

압축공기포소화설비의 분사헤드는 천장 또는 반자에 설치하되 방호대상물에 따라 측벽에 설치할 수 있으며 유류탱크 주위에는 바닥면적 **13.9m²**마다 1개 이상, **특수가연물** 저장소에는 바닥면적 **9.3m²**마다 1개 이상으로 당해 방호대상물의 화재를 유효하게 소화할 수 있도록 할 것 보기 ④

방호대상물	방호면적 1m²에 대한 1분당 방출량
특수가연물	2.3L
기타의 것	1.63L

답 ④

---

71 ★★★

19.04.문73
15.03.문70
13.06.문74

제연설비의 화재안전기준상 배출구 설치시 예상제연구역의 각 부분으로부터 하나의 배출구까지의 수평거리는 최대 몇 m 이내가 되어야 하는가?

① 5
② 10
③ 15
④ 20

해설 수평거리 및 보행거리
(1) 수평거리

구 분	설 명
수평거리 10m 이하	• 예상제연구역~배출구 보기 ②
수평거리 15m 이하	• 분말호스릴 • 포호스릴 • CO₂호스릴
수평거리 20m 이하	• 할론호스릴
수평거리 25m 이하	• 옥내소화전 방수구(호스릴 포함) • 포소화전 방수구 • 연결송수관 방수구(지하가, 지하층 바닥면적 3000m² 이상)
수평거리 40m 이하	• 옥외소화전 방수구
수평거리 50m 이하	• 연결송수관 방수구(사무실)

(2) 보행거리

구 분	설 명
보행거리 20m 이하	소형소화기
보행거리 30m 이하	**대**형소화기

기억법 **대**3(**대상**을 받다.)

답 ②

72 ★★★

17.09.문75
16.10.문71
12.05.문76

스프링클러설비의 화재안전기준상 스프링클러헤드를 설치하는 천장 · 반자 · 천장과 반자 사이 · 덕트 · 선반 등의 각 부분으로부터 하나의 스프링클러헤드까지의 수평거리 기준으로 틀린 것은? (단, 성능이 별도로 인정된 스프링클러헤드를 수리계산에 따라 설치하는 경우는 제외한다.)

① 무대부에 있어서는 1.7m 이하
② 공동주택(아파트) 세대 내에 있어서는 2.6m 이하
③ 특수가연물을 저장 또는 취급하는 장소에 있어서는 2.1m 이하
④ 특수가연물을 저장 또는 취급하는 랙식 창고의 경우에는 1.7m 이하

해설 ③ 2.1m → 1.7m

수평거리(R)(NFPC 103 10조, NFTC 103 2.7.3 · 2.7.4/NFPC 608 7조, NFTC 608 2.3.1.4)

설치장소	설치기준
무대부 · 특수가연물 (창고 포함)	수평거리 **1.7m** 이하 보기 ①③④
기타구조(창고 포함)	수평거리 **2.1m** 이하
내화구조(창고 포함)	수평거리 **2.3m** 이하
공동주택(**아**파트) 세대 내	수평거리 **2.6m** 이하 보기 ②

기억법 **무기내아**(**무기** 내려놔 **아**!)

답 ③

73 ★

15.09.문62
(산업)

이산화탄소 소화설비의 화재안전기준상 전역방출식의 이산화탄소 소화설비의 분사헤드 방사압력은 저압식인 경우 최소 몇 MPa 이상이어야 하는가?

① 0.5
② 1.05
③ 1.4
④ 2.0

해설 전역방출방식의 이산화탄소 소화설비 분사헤드의 방사압력

저압식	고압식
1.05MPa 보기 ②	2.1MPa

답 ②

74 ★★★

15.09.문64
98.03.문70

완강기의 형식승인 및 제품검사의 기술기준상 완강기 및 간이완강기의 구성으로 적합한 것은?

① 속도조절기, 속도조절기의 연결부, 하부지지장치, 연결금속구, 벨트
② 속도조절기, 속도조절기의 연결부, 로프, 연결금속구, 벨트
③ 속도조절기, 가로봉 및 세로봉, 로프, 연결금속구, 벨트
④ 속도조절기, 가로봉 및 세로봉, 로프, 하부지지장치, 벨트

해설 완강기 및 간이완강기의 구성 보기 ②
(1) 속도**조**절기
(2) **로**프
(3) **벨**트
(4) 속도조절기의 **연**결부
(5) 연결금속구

기억법 **조 로 벨 연**

중요

속도조절기
(1) 피난자의 **체중**에 의해 강하속도를 조절하는 것
(2) 피난자가 그 강하속도를 조절할 수 없다.

기억법 체조

답 ②

75
19.09.문74
17.05.문69
15.09.문73
09.03.문75

스프링클러설비의 화재안전기준상 스프링클러설비의 교차배관에서 분기되는 지점을 기점으로 한쪽 가지배관에 설치되는 헤드의 개수는 최대 몇 개 이하인가? (단, 방호구역 안에서 칸막이 등으로 구획하여 헤드를 증설하는 경우와 격자형 배관방식을 채택하는 경우는 제외한다.)
① 8 　　　　　② 10
③ 12 　　　　　④ 15

해설 **스프링클러설비**
한쪽 가지배관에 설치되는 헤드의 개수는 **8개** 이하로 한다. 보기 ①

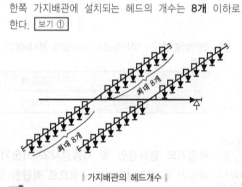

| 가지배관의 헤드개수 |

비교

연결살수설비
연결살수설비에서 하나의 송수구역에 설치하는 개방형 헤드의 수는 **10개** 이하로 한다.

답 ①

76
19.09.문72
14.05.문69
13.06.문76
13.03.문63

제연설비의 화재안전기준상 제연설비의 설치장소 기준 중 하나의 제연구역의 면적은 최대 몇 m² 이내로 하여야 하는가?
① 700 　　　　② 1000
③ 1300 　　　　④ 1500

해설 **제연구역의 구획**(NFPC 501 4조, NFTC 501 2.1.1)
(1) 1제연구역의 면적은 **1000m²** 이내로 할 것 보기 ②
(2) 거실과 통로는 **각각 제연구획**할 것
(3) 통로상의 제연구역은 보행중심선의 길이가 **60m**를 초과하지 않을 것

(4) 1제연구역은 직경 **60m** 원 내에 들어갈 것
(5) 1제연구역은 **2개** 이상의 층에 미치지 않을 것

기억법 제10006(충북 제천에 육교 있음)
2개제(이게 제목이야!)

답 ②

77
19.09.문67
18.09.문68
17.05.문65
16.10.문79
15.09.문72
11.10.문72
02.03.문62

옥내소화전설비의 화재안전기준상 배관의 설치기준 중 다음 괄호 안에 알맞은 것은?

연결송수관설비의 배관과 겸용할 경우의 주배관은 구경 (㉠)mm 이상, 방수구로 연결되는 배관의 구경은 (㉡)mm 이상의 것으로 하여야 한다.

① ㉠ 80, ㉡ 65 　② ㉠ 80, ㉡ 50
③ ㉠ 100, ㉡ 65 　④ ㉠ 125, ㉡ 80

해설 **옥내소화전설비**(NFPC 102 6조, NFTC 102 2.3)

배 관	구 경	비 고
가지배관	40mm 이상	호스릴 : 25mm 이상
주배관 중 수직배관	50mm 이상	호스릴 : 32mm 이상
연결송수관설비 **겸용** 주배관	100mm 이상 보기 ㉠	방수구로 연결되는 배관의 구경 : 65mm 이상 보기 ㉡

답 ③

78
19.03.문67
18.04.문62
16.03.문77
15.03.문74
12.09.문69

이산화탄소 소화설비의 화재안전기준상 저압식 이산화탄소 소화약제 저장용기에 설치하는 안전밸브의 작동압력은 내압시험압력의 몇 배에서 작동해야 하는가?
① 0.24~0.4 　　　② 0.44~0.6
③ 0.64~0.8 　　　④ 0.84~1

해설 **이산화탄소 소화설비**의 **저장용기**(NFPC 106 4조, NFTC 106 2.1.2)

자동냉동장치	2.1MPa, -18℃ 이하	
압력경보장치	2.3MPa 이상 1.9MPa 이하	
선택밸브 또는 개폐밸브의 안전장치	배관의 최소사용설계압력과 최대 허용압력 사이의 압력	
저장용기	고압식	25MPa 이상
	저압식	3.5MPa 이상
안전밸브	내압시험압력의 0.64~0.8배 보기 ③	
봉판	내압시험압력의 0.8~내압시험압력	
충전비	고압식	1.5~1.9 이하
	저압식	1.1~1.4 이하

답 ③

★★★
79 소화기구 및 자동소화장치의 화재안전기준상 노유
자시설은 당해 용도의 바닥면적 얼마마다 능력단위
1단위 이상의 소화기구를 비치해야 하는가?

19.04.문79
18.09.문79
17.03.문63
16.05.문65
15.09.문78
14.03.문71
05.03.문72

① 바닥면적 30m²마다
② 바닥면적 50m²마다
③ 바닥면적 100m²마다
④ 바닥면적 200m²마다

해설 **특정소방대상물별 소화기구의 능력단위기준**(NFTC 101 2.1.1.2)

특정소방대상물	소화기구의 능력단위	건축물의 주요 구조부가 내화구조이고, 벽 및 반자의 실내에 면하는 부분이 불연재료·준불연재료 또는 난연재료로 된 특정소방대상물의 능력단위
• **위**락시설 [기억법] 위3(위상)	바닥면적 30m²마다 1단위 이상	바닥면적 60m²마다 1단위 이상
• **공**연장 • **집**회장 • **관**람장 및 **문**화재 • **의**료시설·**장**례식장 [기억법] 5공연장 문의 집관람 (손오공 연장 문의 집관람)	바닥면적 50m²마다 1단위 이상	바닥면적 100m²마다 1단위 이상
• **근**린생활시설 • **판**매시설 • 운**수**시설 • 숙**박**시설 • **노**유자시설 → • **전**시장 • 공동**주**택 • **업**무시설 • **방**송통신시설 • 공장·**창**고 • **항**공기 및 자동**차** 관련 시설 및 **관광**휴게시설 [기억법] 근판숙노전 주업방차창 1항관광(근 판숙노전 주 업방차창 일 본항 관광)	바닥면적 100m²마다 1단위 이상 [보기 ③]	바닥면적 200m²마다 1단위 이상
• 그 밖의 것	바닥면적 200m²마다 1단위 이상	바닥면적 400m²마다 1단위 이상

답 ③

★★
80 포소화설비의 화재안전기준상 전역방출방식 고
발포용 고정포방출구의 설치기준으로 옳은 것은?
(단, 해당 방호구역에서 외부로 새는 양 이상의
포수용액을 유효하게 추가하여 방출하는 설비가
있는 경우는 제외한다.)

16.10.문76
07.03.문62

① 개구부에 자동폐쇄장치를 설치할 것
② 바닥면적 600m²마다 1개 이상으로 할 것
③ 방호대상물의 최고부분보다 낮은 위치에 설치할 것
④ 특정소방대상물 및 포의 팽창비에 따른 종별에 관계없이 해당 방호구역의 관포체적 1m³에 대한 1분당 포수용액 방출량은 1L 이상으로 할 것

해설
② 600m² → 500m²
③ 낮은 → 높은
④ 따른 종별에 관계없이 → 따라

전역방출방식의 **고발포용 고정포방출구**(NFPC 105 12조, NFTC 105 2.9.4)
(1) 개구부에 **자동폐쇄장치**를 설치할 것 [보기 ①]
(2) 고발포용 고정포방출구는 바닥면적 **500m²**마다 1개 이상으로 할 것 [보기 ②]
(3) 고발포용 고정포방출구는 방호대상물의 **최고부분**보다 **높은 위치**에 설치할 것 [보기 ③]
(4) 해당 방호구역의 관포체적 1m³에 대한 1분당 포수용액 방출량은 특정소방대상물 및 포의 팽창비에 따라 달라진다. [보기 ④]

답 ①

■ 2020년 기사 제4회 필기시험 ■

자격종목		종목코드	시험시간	형별	수험번호	성명
소방설비기사(기계분야)			**2시간**			

※ 각 문항은 4지택일형으로 질문에 가장 적합한 보기 항을 선택하여 체크하여야 합니다.

제 1 과목   소방원론

01 피난시 하나의 수단이 고장 등으로 사용이 불가능하더라도 다른 수단 및 방법을 통해서 피난할 수 있도록 하는 것으로 2방향 이상의 피난통로를 확보하는 피난대책의 일반원칙은?

16.10.문14
14.03.문07

유사문제부터 풀어보세요. 실력이 팍!팍! 올라갑니다.

① Risk-down 원칙
② Feed back 원칙
③ Fool-proof 원칙
④ Fail-safe 원칙

해설 **Fail safe와 Fool proof**

용 어	설 명
페일 세이프 (fail safe)	• 한 가지 피난기구가 고장이 나도 다른 수단을 이용할 수 있도록 고려하는 것(한 가지가 고장이 나도 다른 수단을 이용하는 원칙) • **두 방향**의 피난동선을 항상 확보하는 원칙 보기 ④
풀 프루프 (fool proof)	• 피난경로는 **간단명료**하게 한다. • 피난구조설비는 **고정식 설비**를 위주로 설치한다. • 피난수단은 **원시적 방법**에 의한 것을 원칙으로 한다. • 피난통로를 **완전불연화**한다. • 막다른 복도가 없도록 계획한다. • 간단한 **그림**이나 **색채**를 이용하여 표시한다.

기억법 풀그색 간고원

용어
피드백제어(feedback control)
출력신호를 입력신호로 되돌려서 **입력**과 **출력**을 **비교**함으로써 **정확한 제어**가 가능하도록 한 제어

답 ④

---

02 열분해에 의해 가연물 표면에 유리상의 메타인산 피막을 형성하여 연소에 필요한 산소의 유입을 차단하는 분말약제는?

17.05.문10

① 요소
② 탄산수소칼륨
③ 제1인산암모늄
④ 탄산수소나트륨

해설 **제3종 분말**(제1인산암모늄)의 **열분해 생성물**
(1) H_2O(물)
(2) NH_3(암모니아)
(3) P_2O_5(오산화인)
(4) HPO_3(메타인산) : 산소 차단 보기 ③

중요
분말소화약제

종별	분자식	착 색	적응화재	비 고
제1종	중탄산나트륨 ($NaHCO_3$)	백색	BC급	**식용유** 및 **지방질유**의 화재에 적합
제2종	중탄산칼륨 ($KHCO_3$)	담자색 (담회색)	BC급	–
제3종	제1인산암모늄 ($NH_4H_2PO_4$)	담홍색	ABC급	**차고·주차장**에 적합
제4종	중탄산칼륨 +요소 ($KHCO_3$+ $(NH_2)_2CO$)	회(백)색	BC급	–

답 ③

---

03 공기 중의 산소의 농도는 약 몇 vol%인가?

16.03.문19

① 10
② 13
③ 17
④ 21

해설 **공기의 구성 성분**

구성성분	비 율
산소	21vol% 보기 ④
질소	78vol%
아르곤	1vol%

ⓒ 주위의 온도가 높을 것
ⓔ 표면적이 넓을 것

답 ④

 중요

공기 중 산소농도

구 분	산소농도
체적비(부피백분율, vol%)	약 21vol%
중량비(중량백분율, wt%)	약 23wt%

• 일반적인 산소농도라 함은 '**체적비**'를 말한다.

답 ④

★★★
04 일반적인 플라스틱 분류상 열경화성 플라스틱에 해당하는 것은?

18.03.문03
13.06.문15
10.09.문07
06.05.문20

① 폴리에틸렌
② 폴리염화비닐
③ 페놀수지
④ 폴리스티렌

 합성수지의 화재성상

열가소성 수지	열경화성 수지
• PVC수지	• 페놀수지 보기 ③
• 폴리에틸렌수지 보기 ①	• 요소수지
• 폴리스티렌수지 보기 ④	• 멜라민수지

기억법 **열가P폴**

• 수지＝플라스틱

용어

열가소성 수지	열경화성 수지
열에 의해 변형되는 수지	열에 의해 변형되지 않는 수지

답 ③

★★★
05 자연발화 방지대책에 대한 설명 중 틀린 것은?

18.04.문02
16.10.문05
16.03.문14
15.05.문19
15.03.문09
14.09.문09
14.09.문17
12.03.문09
10.03.문13

① 저장실의 온도를 낮게 유지한다.
② 저장실의 환기를 원활히 시킨다.
③ 촉매물질과의 접촉을 피한다.
④ 저장실의 습도를 높게 유지한다.

 ④ 높게 → 낮게

(1) **자연발화**의 **방지법**
ⓐ **습**도가 높은 곳을 **피**할 것(건조하게 유지할 것) 보기 ④
ⓑ 저장실의 온도를 낮출 것 보기 ①
ⓒ 통풍이 잘 되게 할 것(**환기**를 원활히 시킨다) 보기 ②
ⓓ 퇴적 및 수납시 열이 쌓이지 않게 할 것(**열축적 방지**)
ⓔ 산소와의 접촉을 차단할 것(**촉매물질**과의 접촉을 피한다) 보기 ③
ⓕ **열전도성**을 좋게 할 것

기억법 **자습피**

(2) **자연발화 조건**
ⓐ 열전도율이 작을 것
ⓑ 발열량이 클 것

★★★
06 공기 중에서 수소의 연소범위로 옳은 것은?

17.03.문03
16.03.문13
15.09.문14
13.06.문04
09.03.문02

① 0.4~4vol%
② 1~12.5vol%
③ 4~75vol%
④ 67~92vol%

해설 (1) 공기 중의 **폭발한계**(익사천리로 나와야 한다.)

가 스	하한계[vol%]	상한계[vol%]
아세틸렌(C_2H_2)	2.5	81
수소(H_2) 보기 ③	**4**	**75**
일산화탄소(CO)	12	75
암모니아(NH_3)	15	25
메탄(CH_4)	5	15
에탄(C_2H_6)	3	12.4
프로판(C_3H_8)	2.1	9.5
부탄(C_4H_{10})	**1.8**	**8.4**

기억법 **수475**(**수사** 후 **치료**하세요.)
부18(**부자**의 **일반적인 팔자**)

(2) **폭발한계**와 같은 의미
ⓐ 폭발범위　　ⓑ 연소한계
ⓒ 연소범위　　ⓓ 가연한계
ⓔ 가연범위

답 ③

★★★
07 탄산수소나트륨이 주성분인 분말소화약제는?

19.03.문01
18.04.문06
17.09.문10
16.10.문06
16.10.문10
16.05.문15
16.03.문09
16.03.문11
15.05.문08

① 제1종 분말
② 제2종 분말
③ 제3종 분말
④ 제4종 분말

해설 **분말소화약제**

종별	분자식	착색	적응화재	비 고
제1종	**탄산수소나트륨**($NaHCO_3$) 보기 ①	백색	BC급	**식용유** 및 **지방질유**의 화재에 적합
제2종	탄산수소칼륨($KHCO_3$)	담자색(담회색)	BC급	–
제3종	제1인산암모늄($NH_4H_2PO_4$)	담홍색	ABC급	**차고·주차장**에 적합
제4종	탄산수소칼륨＋요소($KHCO_3$＋$(NH_2)_2CO$)	회(백)색	BC급	–

기억법 1식분 (일식 분식)
3분 차주 (삼보컴퓨터 차주)

답 ①

★★★
08 불연성 기체나 고체 등으로 연소물을 감싸 산소공
19.09.문13
18.09.문19
17.05.문06
16.03.문08
15.03.문17
14.03.문19
11.10.문11
11.03.문02
03.08.문11

급을 차단하는 소화방법은?
① 질식소화
② 냉각소화
③ 연쇄반응차단소화
④ 제거소화

해설 소화의 형태

구 분	설 명
냉각소화	① **점화원**을 냉각하여 소화하는 방법 ② **증발잠열**을 이용하여 열을 빼앗아 가연물의 온도를 떨어뜨려 화재를 진압하는 소화방법 [문제 9 보기 ④] ③ **다량**의 **물**을 뿌려 소화하는 방법 ④ 가연성 물질을 **발화점 이하**로 **냉각**하여 소화하는 방법 ⑤ **식용유화재**에 신선한 **야채**를 넣어 소화하는 방법 ⑥ 용융잠열에 의한 **냉각효과**를 이용하여 소화하는 방법 **기억법** 냉점증발
질식소화	① 공기 중의 **산소농도**를 **16%(10~15%)** 이하로 희박하게 하여 소화하는 방법 ② 산화제의 농도를 낮추어 연소가 지속될 수 없도록 소화하는 방법 ③ **산소공급**을 **차단**하여 소화하는 방법 [보기 ①] ④ 산소의 농도를 낮추어 소화하는 방법 ⑤ 화학반응으로 발생한 **탄산가스**에 의한 소화방법 **기억법** 질산
제거소화	**가연물**을 **제거**하여 소화하는 방법
부촉매 소화 (억제소화, 화학소화)	① **연쇄반응**을 **차단**하여 소화하는 방법 ② 화학적인 방법으로 화재를 억제하여 소화하는 방법 ③ **활성기**(free radical, 자유라디칼)의 **생성**을 **억제**하여 소화하는 방법 ④ 할론계 소화약제 **기억법** 부촉매(부엌)
희석소화	① 기체·고체·액체에서 나오는 분해가스나 증기의 농도를 낮춰 소화하는 방법 ② 불연성 가스의 **공기 중 농도**를 높여 소화하는 방법 ③ 불활성기체를 방출하여 연소범위 이하로 낮추어 소화하는 방법

 중요

화재의 소화원리에 따른 **소화방법**

소화원리	소화설비
냉각소화	① 스프링클러설비 ② 옥내·외소화전설비
질식소화	① 이산화탄소 소화설비 ② 포소화설비 ③ 분말소화설비 ④ 불활성기체 소화약제
억제소화 (부촉매효과)	① 할론소화약제 ② 할로겐화합물 소화약제

답 ①

★★★
09 증발잠열을 이용하여 가연물의 온도를 떨어뜨려
16.05.문13
13.09.문13

화재를 진압하는 소화방법은?
① 제거소화   ② 억제소화
③ 질식소화   ④ 냉각소화

해설 문제 8 참조

④ 냉각소화 : **증발잠열** 이용

답 ④

★★★
10 화재발생시 인간의 피난특성으로 틀린 것은?
18.04.문03
16.05.문03
11.10.문09
12.05.문15
10.09.문11

① 본능적으로 평상시 사용하는 출입구를 사용한다.
② 최초로 행동을 개시한 사람을 따라서 움직인다.
③ 공포감으로 인해서 빛을 피하여 어두운 곳으로 몸을 숨긴다.
④ 무의식 중에 발화장소의 반대쪽으로 이동한다.

해설
③ 공포감으로 인해서 빛을 따라 외부로 달아나려는 경향이 있다.

화재발생시 인간의 피난 특성

구 분	설 명
귀소본능	• **친숙한 피난경로**를 선택하려는 행동 • 무의식 중에 평상시 사용하는 출입구나 통로를 사용하려는 행동 [보기 ①]
지광본능	• **밝은 쪽**을 지향하는 행동 • 화재의 공포감으로 인하여 **빛**을 따라 외부로 달아나려고 하는 행동 [보기 ③]
퇴피본능	• 화염, 연기에 대한 공포감으로 **발화의 반대 방향**으로 이동하려는 행동 [보기 ④]
추종본능	• 많은 사람이 달아나는 방향으로 쫓아가려는 행동 • 화재시 최초로 행동을 개시한 사람을 따라 전체가 움직이려는 행동 [보기 ②]

좌회본능	• **좌측통행**을 하고 **시계반대방향**으로 회전하려는 행동
폐쇄공간 지향본능	• 가능한 **넓은 공간**을 찾아 **이동**하다가 위험성이 높아지면 의외의 좁은 공간을 찾는 본능
초능력 본능	• 비상시 **상상도 못할 힘**을 내는 본능
공격본능	• **이상심리현상**으로서 구조용 헬리콥터를 부수려고 한다든지 무차별적으로 주변사람과 구조인력 등에게 공격을 가하는 본능
패닉 (panic) 현상	• 인간의 비이성적인 또는 부적합한 **공포반응행동**으로서 무모하게 높은 곳에서 뛰어내리는 행위라든지, 몸이 굳어서 움직이지 못하는 행동

답 ③

⭐⭐ 11

17.05.문16
12.09.문07

공기와 할론 1301의 혼합기체에서 할론 1301에 비해 공기의 확산속도는 약 몇 배인가? (단, 공기의 평균분자량은 29, 할론 1301의 분자량은 149이다.)

① 2.27배   ② 3.85배

③ 5.17배   ④ 6.46배

해설 그레이엄의 **확산속도법칙**

$$\frac{V_B}{V_A} = \sqrt{\frac{M_A}{M_B}}$$

여기서, V_A, V_B : 확산속도[m/s]

$\begin{cases} V_A : \text{공기의 확산속도[m/s]} \\ V_B : \text{할론 1301의 확산속도[m/s]} \end{cases}$

M_A, M_B : 분자량

$\begin{cases} M_A : \text{공기의 분자량} \\ M_B : \text{할론 1301의 분자량} \end{cases}$

$\dfrac{V_B}{V_A} = \sqrt{\dfrac{M_A}{M_B}}$ 는 $\boxed{\dfrac{V_A}{V_B} = \sqrt{\dfrac{M_B}{M_A}}}$ 로 쓸 수 있으므로

$\therefore \ \dfrac{V_A}{V_B} = \sqrt{\dfrac{M_B}{M_A}} = \sqrt{\dfrac{149}{29}} = 2.27$배

답 ①

⭐⭐⭐ 12

17.09.문15
15.03.문16
12.05.문20
12.03.문04

다음 원소 중 할로젠족 원소인 것은?

① Ne

② Ar

③ Cl

④ Xe

해설 **할로젠족 원소**(할로젠원소)

(1) 불소 : F

(2) 염소 : Cl   보기 ③

(3) 브로민(취소) : Br

(4) 아이오딘(옥소) : I

기억법 FClBrI

답 ③

⭐⭐⭐ 13

17.05.문15
14.09.문02
10.03.문11

건물 내 피난동선의 조건으로 옳지 않은 것은?

① 2개 이상의 방향으로 피난할 수 있어야 한다.

② 가급적 단순한 형태로 한다.

③ 통로의 말단은 안전한 장소이어야 한다.

④ 수직동선은 금하고 수평동선만 고려한다.

해설 ④ 수직동선과 수평동선을 모두 고려해야 한다.

피난동선의 특성

(1) 가급적 **단순형태**가 좋다. 보기 ②

(2) **수평동선**과 **수직동선**으로 구분한다. 보기 ④

(3) 가급적 **상호 반대방향**으로 다수의 출구와 연결되는 것이 좋다.

(4) 어느 곳에서도 2개 이상의 방향으로 피난할 수 있으며, 그 말단은 화재로부터 안전한 장소이어야 한다. 보기 ①③

※ **피난동선** : 복도・통로・계단과 같은 피난전용의 통행구조

답 ④

⭐⭐⭐ 14

14.05.문18
14.03.문11
13.06.문17
11.06.문11

실내화재에서 화재의 최성기에 돌입하기 전에 다량의 가연성 가스가 동시에 연소되면서 급격한 온도상승을 유발하는 현상은?

① 패닉(Panic)현상

② 스택(Stack)현상

③ 파이어볼(Fire Ball)현상

④ 플래쉬오버(Flash Over)현상

해설 **플래시오버**(flash over) : 순발연소

(1) **폭발적인 착화현상**

(2) **폭발적인 화재확대현상**

(3) 건물화재에서 발생한 가연성 가스가 일시에 인화하여 화염이 **충만**하는 단계

(4) 실내의 가연물이 연소됨에 따라 생성되는 가연성 가스가 실내에 누적되어 **폭발적**으로 연소하여 실 전체가 순간적으로 불길에 싸이는 현상

(5) **옥내화재**가 서서히 진행하여 열이 축적되었다가 일시에 화염이 크게 발생하는 상태

(6) **다량**의 **가연성 가스**가 동시에 연소되면서 **급격**한 온도상승을 유발하는 현상 보기 ④

(7) 건축물에서 한순간에 폭발적으로 화재가 확산되는 현상

기억법 플확충 폭급

• 플래시오버=플래쉬오버

비교

(1) **패닉(panic)현상**
인간의 비이성적인 또는 부적합한 **공포반응행동**
으로서 무모하게 높은 곳에서 뛰어내리는 행위라
든지, 몸이 굳어서 움직이지 못하는 행동

(2) **굴뚝효과**(stack effect)
㉠ 건물 내외의 **온도차**에 따른 공기의 흐름현상이다.
㉡ 굴뚝효과는 **고층건물**에서 주로 나타난다.
㉢ 평상시 건물 내의 기류분포를 지배하는 중요 요
소이며 화재시 **연기의 이동**에 큰 영향을 미친다.
㉣ 건물 외부의 온도가 내부의 온도보다 높은 경우 저층
부에서는 내부에서 외부로 공기의 흐름이 생긴다.

(3) **블레비(BLEVE)=블레이브(BLEVE)현상**
과열상태의 탱크에서 내부의 액화가스가 분출하
여 기화되어 폭발하는 현상
㉠ 가연성 액체
㉡ 화구(fire ball)의 형성
㉢ 복사열의 대량 방출

답 ④

★★★
15 과산화수소와 과염소산의 공통성질이 아닌 것은?

19.09.문44
16.03.문05
15.05.문05
11.10.문03
07.09.문18

① 산화성 액체이다.
② 유기화합물이다.
③ 불연성 물질이다.
④ 비중이 1보다 크다.

해설
② 모두 제6류 위험물로서 유기화합물과 혼합하면
산화시킨다.

위험물령 [별표 1]
위험물

유 별	성 질	품 명
제1류	**산**화성 **고**체	• 아**염**소산염류 • 염소산염류(**염**소산**나**트륨) • 과염소산염류 • 질산염류 • 무기과산화물 기억법 1산고염나
제2류	가연성 고체	• **황화**인 • **적**린 • **황** • **마**그네슘 기억법 황화적황마
제3류	자연발화성 물질 및 금수성 물질	• **황**린 • **칼**륨 • **나**트륨 • **알**칼리토금속 • **트**리에틸알루미늄 기억법 황칼나알트

제4류	인화성 액체	• 특수인화물 • 석유류(벤젠) • 알코올류 • 동식물유류
제5류	자기반응성 물질	• 유기과산화물 • 나이트로화합물 • 나이트로소화합물 • 아조화합물 • 질산에스터류(셀룰로이드)
제6류	산화성 액체	• **과염소산** • **과산화수소** • 질산

중요

제6류 위험물의 공통성질
(1) 대부분 비중이 **1보다 크다.** 보기 ④
(2) **산화성 액체**이다. 보기 ①
(3) **불연성 물질**이다. 보기 ③
(4) 모두 **산소**를 함유하고 있다.
(5) 유기화합물과 혼합하면 산화시킨다.

답 ②

★★★
16 화재를 소화하는 방법 중 물리적 방법에 의한 소
화가 아닌 것은?

17.05.문12
15.09.문15
14.05.문13
13.03.문12
11.03.문16

① 억제소화
② 제거소화
③ 질식소화
④ 냉각소화

해설
① 억제소화 : 화학적 방법

물리적 방법에 의한 소화	화학적 방법에 의한 소화
• 질식소화 보기 ③ • 냉각소화 보기 ④ • 제거소화 보기 ②	• 억제소화 보기 ①

중요

소화방법

소화방법	설 명
냉각소화	• 다량의 물 등을 이용하여 **점화원**을 **냉각**시켜 소화하는 방법 • 다량의 물을 뿌려 소화하는 방법
질식소화	• 공기 중의 **산소농도**를 16%(10~15%) 이하로 희박하게 하여 소화하는 방법
제거소화	• 가연물을 제거하여 소화하는 방법
화학소화 (부촉매효과)	• 연쇄반응을 차단하여 소화하는 방법 (=**억제작용**)

희석소화	• 고체 · 기체 · 액체에서 나오는 **분해가스**나 증기의 **농도**를 낮추어 연소를 중지시키는 방법
유화소화	• 물을 무상으로 방사하여 유류 표면에 **유화층**의 막을 형성시켜 공기의 접촉을 막아 소화하는 방법
피복소화	• 비중이 공기의 **1.5배** 정도로 무거운 소화약제를 방사하여 가연물의 구석구석까지 침투 · 피복하여 소화하는 방법

답 ①

★★★ 17 물과 반응하여 가연성 기체를 발생하지 않는 것은?

18.04.문13
15.05.문03
13.03.문03
12.09.문17

① 칼륨
② 인화아연
③ 산화칼슘
④ 탄화알루미늄

해설 **분진폭발을 일으키지 않는 물질**
물과 반응하여 가연성 기체를 발생하지 않는 것
(1) **시**멘트
(2) **석**회석
(3) **탄**산칼슘($CaCO_3$)
(4) **생**석회(CaO)=**산화칼슘** 보기 ③

기억법 분시석탄생

답 ③

★★★ 18 목재건축물의 화재진행과정을 순서대로 나열한 것은?

19.04.문01
11.06.문07
01.09.문02
99.04.문04

① 무염착화 – 발염착화 – 발화 – 최성기
② 무염착화 – 최성기 – 발염착화 – 발화
③ 발염착화 – 발화 – 최성기 – 무염착화
④ 발염착화 – 최성기 – 무염착화 – 발화

해설 **목조건축물의 화재진행상황**

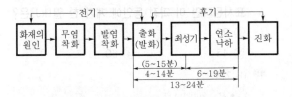

• 최성기=성기=맹화
• 진화=소화

답 ①

★★ 19 다음 물질을 저장하고 있는 장소에서 화재가 발생하였을 때 주수소화가 적합하지 않은 것은?

16.03.문20
07.09.문05

① 적린
② 마그네슘 분말
③ 과염소산칼륨
④ 황

해설 **주수소화**(물소화)시 **위험**한 물질

구 분	현 상
• 무기과산화물	**산소** 발생
• **금속분** • **마**그네슘(마그네슘 분말) 보기 ② • 알루미늄 • 칼륨 • 나트륨 • 수소화리튬	**수소** 발생
• 가연성 액체의 유류화재	**연소면**(화재면) 확대

기억법 금마수

※ **주수소화** : 물을 뿌려 소화하는 방법

답 ②

★★★ 20 다음 중 가연성 가스가 아닌 것은?

17.03.문07
16.10.문03
16.03.문04
14.05.문10
12.09.문08
11.10.문02

① 일산화탄소
② 프로판
③ 아르곤
④ 메탄

해설 ③ 아르곤 : 불연성 가스

가연성 가스와 **지연성 가스**

가연성 가스	지연성 가스(조연성 가스)
• **수**소 • **메**탄 보기 ④ • **일**산화탄소 보기 ① • **천**연가스 • **부**탄 • **에**탄 • **암**모니아 • **프**로판 보기 ②	• **산**소 • **공**기 • **염**소 • **오**존 • **불**소

기억법 가수일천 암부 메에프 / 기억법 조산공 염오불

용어

가연성 가스와 **지연성 가스**

가연성 가스	지연성 가스(조연성 가스)
물질 자체가 연소하는 것	자기 자신은 연소하지 않지만 연소를 도와주는 가스

답 ③

제 2 과목 　소방유체역학

★ 21

17.09.문22

그림과 같이 수조의 밑부분에 구멍을 뚫고 물을 유량 Q로 방출시키고 있다. 손실을 무시할 때 수위가 처음 높이의 1/2로 되었을 때 방출되는 유량은 어떻게 되는가?

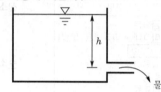

① $\dfrac{1}{\sqrt{2}}Q$ ② $\dfrac{1}{2}Q$

③ $\dfrac{1}{\sqrt{3}}Q$ ④ $\dfrac{1}{3}Q$

해설 (1) **유량**

$$Q = AV \cdots\cdots\cdots\cdots ㉠$$

여기서, Q : 유량[m³/s]
　　　　 A : 단면적[m²]
　　　　 V : 유속[m/s]

(2) **유속**(토리첼리의 식)

$$V = \sqrt{2gh} \cdots\cdots\cdots\cdots ㉡$$

여기서, V : 유속[m/s]
　　　　 g : 중력가속도(9.8m/s²)
　　　　 h : 높이[m]

㉠식에 ㉡식을 대입하면
$$Q = AV = A\sqrt{2gh} \propto \sqrt{h}$$
$$Q \propto \sqrt{h} = \sqrt{\dfrac{1}{2}} = \dfrac{1}{\sqrt{2}}$$

∴ 수위가 처음 높이의 $\dfrac{1}{2}$로 되면 $\boxed{Q' = \dfrac{1}{\sqrt{2}}Q}$ 가 된다.

답 ①

★★★ 22

12.09.문30

다음 중 등엔트로피 과정은 어느 과정인가?

① 가역단열 과정　　② 가역등온 과정
③ 비가역단열 과정　④ 비가역등온 과정

해설 엔트로피(ΔS)

가역단열 과정	비가역단열 과정
$\Delta S = 0$	$\Delta S > 0$

• 등엔트로피 과정 = 가역단열 과정($\Delta S = 0$)

답 ①

★★★ 23

19.09.문31
15.05.문21
08.09.문30

비중이 0.95인 액체가 흐르는 곳에 그림과 같이 피토튜브를 직각으로 설치하였을 때 h가 150mm, H가 30mm로 나타났다. 점 1위치에서의 유속 [m/s]은?

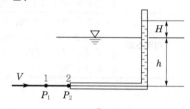

① 0.8   ② 1.6
③ 3.2   ④ 4.2

해설 (1) **기호**

• s : 0.95
• h : 150mm=0.15m(1000mm=1m)
• H : 30mm=0.03m(1000mm=1m)
• V : ?

(2) **피토관**(pitot tube)

$$V = C_V\sqrt{2gH}$$

여기서, V : 유속[m/s]
　　　　 C_V : 속도계수
　　　　 g : 중력가속도(9.8m/s²)
　　　　 H : 높이[m]

유속 V는
$$V = C_V\sqrt{2gH} = \sqrt{2 \times 9.8m/s^2 \times 0.03m} = 0.76 ≒ 0.8$$

• h : 적용할 필요 없음
• C_V : 주어지지 않았으므로 무시
• s : 이 문제에서 비중은 적용되지 않음
• 피토튜브=피토관

답 ①

★ 24

14.03.문22

어떤 밀폐계가 압력 200kPa, 체적 0.1m³인 상태에서 100kPa, 0.3m³인 상태까지 가역적으로 팽창하였다. 이 과정이 $P-V$선도에서 직선으로 표시된다면 이 과정 동안에 계가 한 일[kJ]은?

① 20   ② 30
③ 45   ④ 60

해설 (1) **기호**

• P_1 : 200kPa
• V_1 : 0.1m³
• P_2 : 100kPa
• V_2 : 0.3m³
• $_1W_2$: ?

(2) 일

$$_1W_2 = \int_1^2 PdV = P(V_2 - V_1)$$

여기서, $_1W_2$: 상태가 1에서 2까지 변화할 때의 일[kJ]
P : 압력[kPa]
dV, $(V_2 - V_1)$: 체적변화[m³]

일 $_1W_2 = P(V_2 - V_1)$
$$= \frac{(200+100)\text{kPa}}{2}(0.3-0.1)\text{m}^3$$
$$= 30\text{kPa} \cdot \text{m}^3$$
$$= 30\text{kJ}$$

• P : 문제에서 직선으로 표시되므로 평균값 적용
$$P = \frac{(200+100)\text{kPa}}{2}$$
• 1kJ=1kPa · m³

답 ②

★★★
25 유체에 관한 설명으로 틀린 것은?

16.10.문28
14.09.문40
00.10.문40

① 실제유체는 유동할 때 마찰로 인한 손실이 생긴다.
② 이상유체는 높은 압력에서 밀도가 변화하는 유체이다.
③ 유체에 압력을 가하면 체적이 줄어드는 유체는 압축성 유체이다.
④ 전단력을 받았을 때 저항하지 못하고 연속적으로 변형하는 물질을 유체라 한다.

해설 **실제유체 vs 이상유체**

실제유체	이상유체
• 점성이 있으며, 압축성인 유체	• 점성이 없으며, 비압축성인 유체
• 유동시 마찰이 존재하는 유체 보기 ①	• 밀도가 변화하지 않는 유체 보기 ②

🌱 용어

유체와 압축성 유체

구 분	설 명
유체	전단력을 받았을 때 저항하지 못하고 연속적으로 변형하는 물질이다. 보기 ④
압축성 유체	유체에 압력을 가하면 체적이 줄어드는 유체이다. 보기 ③

답 ②

★
26 대기압에서 10℃의 물 10kg을 70℃까지 가열할 경우 엔트로피 증가량[kJ/K]은? (단, 물의 정압비열은 4.18kJ/kg · K이다.)

① 0.43
② 8.03
③ 81.3
④ 2508.1

해설 **(1) 기호**

• T_1 : 10℃=(273+10)K
• m : 10kg
• T_2 : 70℃=(273+70)K
• ΔS : ?
• C_p : 4.18kJ/kg · K

(2) 엔트로피 증가량

$$\Delta S = C_p m \ln \frac{T_2}{T_1}$$

여기서, ΔS : 엔트로피 증가량[kJ/K]
C_p : 정압비열[kJ/kg · K]
m : 질량[kg]
T_1 : 변화 전 온도(273+℃)K
T_2 : 변화 후 온도(273+℃)K
엔트로피 증가량 ΔS는

$$\Delta S = C_p m \ln \frac{T_2}{T_1}$$
$$= 4.18\text{kJ/kg} \cdot \text{K} \times 10\text{kg} \times \ln \frac{(273+70)\text{K}}{(273+10)\text{K}}$$
$$\fallingdotseq 8.03\text{kJ/K}$$

답 ②

★
27 물속에 수직으로 완전히 잠긴 원판의 도심과 압력 중심 사이의 최대거리는 얼마인가? (단, 원판의 반지름은 R이며, 이 원판의 면적 관성모멘트는 $I_{xc} = \pi R^4/4$이다.)

① $\dfrac{R}{8}$
② $\dfrac{R}{4}$
③ $\dfrac{R}{2}$
④ $\dfrac{2R}{3}$

해설 **(1) 기호**

• $I_{xc} = \dfrac{\pi R^4}{4}$ [m⁴]
• $y_p - \bar{y}$: ?

(2) 도심과 압력 중심 사이의 거리

$$y_p - \bar{y} = \frac{I_{xc}}{AR}$$

여기서, y_p : 압력 중심의 거리[m]
$\bar{y}$: 도심의 거리[m]
I_{xc} : 면적 관성모멘트[m⁴]
A : 단면적[m²]
R : 반지름[m]
도심과 압력 중심 사이의 거리 $y_p - \bar{y}$는

$$y_p - \bar{y} = \frac{I_{xc}}{AR} = \frac{\frac{\pi R^4}{4}}{\pi R^2 \times R} = \frac{\pi R^4}{4\pi R^3} = \frac{R}{4} \text{[m]}$$

답 ②

★★★ 28

19.04.문33
15.05.문29
15.05.문30
12.09.문35

점성계수가 0.101N·s/m², 비중이 0.85인 기름이 내경 300mm, 길이 3km의 주철관 내부를 0.0444m³/s의 유량으로 흐를 때 손실수두[m]는?

① 7.1　　② 7.7
③ 8.1　　④ 8.9

해설 (1) 기호

- μ : 0.101N·s/m²
- s : 0.85
- D : 300mm=0.3m(1000mm=1m)
- L : 3km=3000m(1km=1000m)
- Q : 0.0444m³/s
- H : ?

(2) 유량

$$Q=AV=\left(\frac{\pi}{4}D^2\right)V$$

여기서, Q : 유량[m³/s]
　　　　A : 단면적[m²]
　　　　V : 유속[m/s]
　　　　D : 직경(내경)[m]

유속 V는

$$V=\frac{Q}{A}=\frac{Q}{\frac{\pi}{4}D^2}=\frac{0.0444\text{m}^3/\text{s}}{\frac{\pi}{4}\times(0.3\text{m})^2}≒0.628\text{m/s}$$

(3) 비중

$$s=\frac{\rho}{\rho_w}$$

여기서, s : 비중
　　　　ρ : 어떤 물질의 밀도(기름의 밀도)[kg/m³]
　　　　ρ_w : 표준물질의 밀도(물의 밀도 1000kg/m³)

기름의 밀도 ρ는
$\rho=s\cdot\rho_w=0.85\times1000\text{kg/m}^3=850\text{kg/m}^3$
　　　$=850\text{N}\cdot\text{s}^2/\text{m}^4(1\text{kg/m}^3=1\text{N}\cdot\text{s}^2/\text{m}^4)$

(4) 레이놀즈수

$$Re=\frac{DV\rho}{\mu}$$

여기서, Re : 레이놀즈수
　　　　D : 내경(직경)[m]
　　　　V : 유속[m/s]
　　　　ρ : 밀도[kg/m³]
　　　　μ : 점성계수(점도)[kg/m·s] 또는 [N·s/m²]

레이놀즈수 Re는
$Re=\dfrac{DV\rho}{\mu}$

$=\dfrac{0.3\text{m}\times0.628\text{m/s}\times850\text{N}\cdot\text{s}^2/\text{m}^4}{0.101\text{N}\cdot\text{s/m}^2}≒1585.5$

(5) 관마찰계수

$$f=\frac{64}{Re}$$

여기서, f : 관마찰계수
　　　　Re : 레이놀즈수

관마찰계수 f는
$$f=\frac{64}{Re}=\frac{64}{1585.5}≒0.04$$

(6) 마찰손실(손실수두)

$$H=\frac{fLV^2}{2gD}$$

여기서, H : 마찰손실[m]
　　　　f : 관마찰계수
　　　　L : 길이[m]
　　　　V : 유속[m/s]
　　　　g : 중력가속도(9.8m/s²)
　　　　D : 내경[m]

마찰손실 H는
$$H=\frac{fLV^2}{2gD}=\frac{0.04\times3000\text{m}\times(0.628\text{m/s})^2}{2\times9.8\text{m/s}^2\times0.3\text{m}}=8.048\text{m}$$
$$≒8.1\text{m}$$

답 ③

★★ 29

16.10.문34
09.05.문40

그림과 같은 곡관에 물이 흐르고 있을 때 계기압력으로 P_1이 98kPa이고, P_2가 29.42kPa이면 이 곡관을 고정시키는 데 필요한 힘[N]은? (단, 높이차 및 모든 손실은 무시한다.)

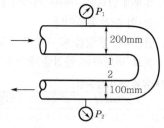

① 4141　　② 4314
③ 4565　　④ 4744

해설 (1) 기호

- P_1 : 98kPa=98kN/m²(1kPa=1kN/m²)
- P_2 : 29.42kPa=29.42kN/m²(1kPa=1kN/m²)
- F : ?
- D_1 : 200mm=0.2m(1000mm=1m)
- D_2 : 100mm=0.1m(1000mm=1m)

(2) 비압축성 유체

$$\frac{V_1}{V_2}=\frac{A_2}{A_1}=\left(\frac{D_2}{D_1}\right)^2$$

여기서, V_1, V_2 : 유속[m/s]
　　　　A_1, A_2 : 단면적[m²]
　　　　D_1, D_2 : 직경[m]

$$V_2=\left(\frac{D_1}{D_2}\right)^2\times V_1=\left(\frac{0.2\text{m}}{0.1\text{m}}\right)^2\times V_1=4V_1$$

(3) 베르누이 방정식

$$\frac{V_1^2}{2g} + \frac{P_1}{\gamma} + Z_1 = \frac{V_2^2}{2g} + \frac{P_2}{\gamma} + Z_2$$

여기서, V : 유속[m/s]

P : 압력[N/m²]

Z : 높이[m]

g : 중력가속도(9.8m/s²)

γ : 비중량(물의 비중량 9.8kN/m³)

단서에서 **높이차**를 **무시**하라고 하였으므로

$$\frac{V_1^2}{2g} + \frac{P_1}{\gamma} = \frac{V_2^2}{2g} + \frac{P_2}{\gamma}$$

$$\frac{V_1^2}{2 \times 9.8\text{m/s}^2} + \frac{98\text{kN/m}^2}{9.8\text{kN/m}^3} = \frac{(4\text{V}_1)^2}{2 \times 9.8\text{m/s}^2} + \frac{29.42\text{kN/m}^2}{9.8\text{kN/m}^3}$$

$$\frac{V_1^2}{2 \times 9.8\text{m/s}^2} + 10\text{m} = \frac{16V_1^2}{2 \times 9.8\text{m/s}^2} + 3.002\text{m}$$

$$10\text{m} - 3.002\text{m} = \frac{16V_1^2}{2 \times 9.8\text{m/s}^2} - \frac{V_1^2}{2 \times 9.8\text{m/s}^2}$$

$$6.998\text{m} = \frac{15V_1^2}{2 \times 9.8\text{m/s}^2}$$

$6.998 \times (2 \times 9.8) = 15V_1^2$ ← 계산편의를 위해 단위 생략

$137.16 = 15V_1^2$

$15V_1^2 = 137.16$

$$V_1^2 = \frac{137.16}{15}$$

$$V_1 = \sqrt{\frac{137.16}{15}} = 3.023\text{m/s}$$

$V_2 = 4V_1 = 4 \times 3.023\text{m/s} = 12.092\text{m/s}$

(4) 유량

$$Q = AV$$

여기서, Q : 유량[m³/s]

A : 단면적[m²]

V : 유속[m/s]

유량 Q_1는

$$Q_1 = A_1 V_1 = \left(\frac{\pi D_1^2}{4}\right)V_1$$

$$= \left(\frac{\pi}{4} \times 0.2^2\right)\text{m}^2 \times 3.023\text{m/s} \fallingdotseq 0.0949\text{m}^3/\text{s}$$

(5) 힘

$$F = P_1 A_1 - P_2 A_2 + \rho Q(V_1 - V_2)$$

여기서, F : 힘[N]

P : 압력[N/m²]

A : 단면적[m²]

ρ : 밀도(물의 밀도 1000N · s²/m⁴)

Q : 유량[m³/s]

V : 유속[m/s]

$F = P_1 A_1 - P_2 A_2 + \rho Q_1(V_1 - V_2)$ 에서

힘의 방향을 고려하여 재정리하면

$F = P_1 A_1 + P_2 A_2 - \rho Q_1(- V_2 - V_1)$

$= 98000\text{N/m}^2 \times \left(\frac{\pi}{4} \times 0.2^2\right)\text{m}^2 + 29420\text{N/m}^2$

$\times \left(\frac{\pi}{4} \times 0.1^2\right)\text{m}^2 - 1000\text{N} \cdot \text{s}^2/\text{m}^4 \times 0.0949\text{m}^3/\text{s}$

$\times (-12.092 - 3.023)\text{m/s}$

$\fallingdotseq 4744\text{N}$

답 ④

★★★

30 물의 체적을 5% 감소시키려면 얼마의 압력[kPa]을 가하여야 하는가? (단, 물의 압축률은 $5 \times 10^{-10}\text{m}^2/\text{N}$이다.)

19.09.문27
16.03.문37
15.09.문31
14.05.문36
11.06.문23
10.09.문36

① 1

② 10^2

③ 10^4

④ 10^5

해설 (1) **기호**

- $\dfrac{\Delta V}{V}$: 5%=0.05
- ΔP : ?
- β : $5 \times 10^{-10}\text{m}^2/\text{N}$

(2) **압축률**

$$\beta = \frac{1}{K}$$

여기서, β : 압축률[1/Pa]

K : 체적탄성계수[Pa]

체적탄성계수 K는

$$K = \frac{1}{\beta} = \frac{1}{5 \times 10^{-10}\text{m}^2/\text{N}}$$

$= 2000000000\text{N/m}^2 = 2000000\text{kN/m}^2$

$= 2000000\text{kPa}(1\text{kN/m}^2 = 1\text{kPa})$

(3) **체적탄성계수**

$$K = -\frac{\Delta P}{\dfrac{\Delta V}{V}}$$

여기서, K : 체적탄성계수[kPa]

ΔP : 가해진 압력[kPa]

$\dfrac{\Delta V}{V}$: 체적의 감소율

- $-$는 압력의 방향을 나타내는 것으로 특별한 의미를 갖지 않아도 된다.

가해진 압력 ΔP는

$$\Delta P = K \times \frac{\Delta V}{V}$$

$= 2000000\text{kPa} \times 0.05 = 100000\text{kPa} = 10^5\text{kPa}$

중요

체적탄성계수

(1) 체적탄성계수는 **압력**의 차원을 가진다.

(2) 체적탄성계수가 큰 기체는 압축하기가 **어렵다**.

(3) 체적탄성계수의 **역수**를 **압축률**이라고 한다.

(4) 이상기체를 **등온압축**시킬 때 체적탄성계수는 **절대압력**과 같은 값이다.

답 ④

31

15.03.문26
12.09.문36
10.05.문32

옥내소화전에서 노즐의 직경이 2cm이고, 방수량이 0.5m³/min라면 방수압(계기압력)[kPa]은?

① 35.18
② 351.8
③ 566.4
④ 56.64

 (1) 기호

- D : 2cm=20mm(1cm=10mm)
- Q : 0.5m³/min=500L/min(1m³=1000L)
- P : ?

(2) 방수량

$$Q = 0.653D^2 \sqrt{10P} = 0.6597CD^2\sqrt{10P}$$

여기서, Q : 방수량[L/min]
D : 구경(직경)[mm]
P : 방수압(계기압력)[MPa]
C : 유량계수(노즐의 흐름계수)

$Q = 0.653D^2\sqrt{10P}$

$Q^2 = (0.653D^2\sqrt{10P})^2$ ← 양변에 제곱을 함

$Q^2 = 0.4264D^4 \times 10P$

$\dfrac{Q^2}{0.4264D^4} = 10P$

$\dfrac{Q^2}{10 \times 0.4264D^4} = P$

$\dfrac{Q^2}{4.264D^4} = P$

$P = \dfrac{Q^2}{4.264D^4} = \dfrac{(500\text{L/min})^2}{4.264 \times (20\text{mm})^4}$
$= 0.3664\text{MPa} = 366.4\text{kPa}$

- 1MPa=10⁶Pa, 1kPa=10³Pa이므로 1MPa=1000kPa

$\therefore$ 근사값인 351.8kPa이 정답

답 ②

32

14.03.문36
10.05.문30

공기 중에서 무게가 941N인 돌이 물속에서 500N이라면 이 돌의 체적[m³]은? (단, 공기의 부력은 무시한다.)

① 0.012
② 0.028
③ 0.034
④ 0.045

해설 (1) 기호

- $G_{공}$: 941N
- $G_{물}$: 500N
- V : ?

(2) 부력

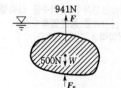

$$F_B = \gamma V$$

여기서, F_B : 부력[N]
γ : 비중량(물의 비중량 9800N/m³)
V : 물체가 잠긴 체적[m³]

부력 $F_B = G_{공} - G_{물} = 941\text{N} - 500\text{N} = 441\text{N}$

$F_B = \gamma V$에서

돌의 체적 V는

$V = \dfrac{F_B}{\gamma} = \dfrac{441\text{N}}{9800\text{N/m}^3} = 0.045\text{m}^3$

답 ④

33

17.09.문23
17.03.문29
13.03.문26
13.03.문37

그림과 같이 비중이 0.8인 기름이 흐르고 있는 관에 U자관이 설치되어 있다. A점에서의 계기압력이 200kPa일 때 높이 h[m]는 얼마인가? (단, U자관 내의 유체의 비중은 13.6이다.)

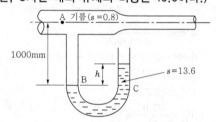

① 1.42
② 1.56
③ 2.43
④ 3.20

해설 (1) 기호

- s : 0.8
- s' : 13.6
- ΔP : 200kPa=200kN/m²(1kPa=1kN/m²)
- $R(h)$: ?

(2) 비중

$$s = \dfrac{\gamma}{\gamma_w}$$

여기서, s : 비중
γ : 어떤 물질의 비중량[kN/m³]
γ_w : 물의 비중량(9.8kN/m³)

비중량 $\gamma = s \times \gamma_w = 0.8 \times 9.8\text{kN/m}^3 = 7.84\text{kN/m}^3$

비중량 $\gamma' = s' \times \gamma_w = 13.6 \times 9.8\text{kN/m}^3$
$= 133.28\text{kN/m}^3$

(3) 압력차

$$\Delta P = p_2 - p_1 = R(\gamma - \gamma_w)$$

여기서, ΔP : U자관 마노미터의 압력차[Pa] 또는 [N/m²]
p_2 : 출구압력[Pa] 또는 [N/m²]
p_1 : 입구압력[Pa] 또는 [N/m²]
R : 마노미터 읽음[m]
γ : 어떤 물질의 비중량[N/m³]
γ_w : 물의 비중량(9800N/m³)

압력차 $\Delta P = R(\gamma - \gamma_w)$를 문제에 맞게 변형하면 다음과 같다.

$\Delta P = R(\gamma' - \gamma)$

높이(마노미터 읽음) R는

$R = \dfrac{\Delta P}{\gamma' - \gamma} = \dfrac{200 \mathrm{kN/m^2}}{(133.28 - 7.84)\mathrm{kN/m^3}} \fallingdotseq 1.59\mathrm{m}$

∴ 근사값인 1.56m가 정답

답 ②

34

 17.09.문29

열전달면적이 A이고 온도차이가 10℃, 벽의 열전도율이 10W/m·K, 두께 25cm인 벽을 통한 열류량은 100W이다. 동일한 열전달면적에서 온도차이가 2배, 벽의 열전도율이 4배가 되고 벽의 두께가 2배가 되는 경우 열류량[W]은 얼마인가?

① 50
② 200
③ 400
④ 800

해설 (1) 기호

- $(T_2 - T_1)$: 10℃
- k : 10W/m·K
- l : 25cm=0.25m(100cm=1m)
- $\mathring{q}$: 100W
- $\mathring{q}'$: ?

(2) 전도 열전달

$$\mathring{q} = \frac{kA(T_2 - T_1)}{l}$$

여기서, $\mathring{q}$: 열전달량[W]
　　　　k : 열전도율[W/m·K]
　　　　A : 단면적[m²]
　　　　$(T_2 - T_1)$: 온도차[℃] 또는 [K]
　　　　l : 두께[m]

- 열전달량=열전달률=열류량
- 열전도율=열전달계수

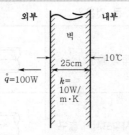

열전달면적 A는

$A = \dfrac{\mathring{q}l}{k(T_2 - T_1)} = \dfrac{100\mathrm{W} \times 0.25\mathrm{m}}{10\mathrm{W/m \cdot K} \times 10℃}$

$= \dfrac{100\mathrm{W} \times 0.25\mathrm{m}}{10\mathrm{W/m \cdot K} \times 10\mathrm{K}} = 0.25\mathrm{m^2}$

- 온도차는 ℃로 나타내던지 K으로 나타내던지 계산해 보면 값은 같다. 그러므로 여기서는 단위를 일치시키기 위해 K으로 쓰기로 한다.

$(T_2 - T_1)' = 2(T_2 - T_1) = 2 \times 10℃ = 20℃$

$k' = 4k = 4 \times 10\mathrm{W/m \cdot K} = 40\mathrm{W/m \cdot K}$

$l' = 2l = 2 \times 0.25\mathrm{m} = 0.5\mathrm{m}$

열류량 $\mathring{q}'$는

$\mathring{q}' = \dfrac{k'A(T_2 - T_1)'}{l'}$

$= \dfrac{40\mathrm{W/m \cdot K} \times 0.25\mathrm{m^2} \times 20℃}{0.5\mathrm{m}}$

$= \dfrac{40\mathrm{W/m \cdot K} \times 0.25\mathrm{m^2} \times 20\mathrm{K}}{0.5\mathrm{m}} = 400\mathrm{W}$

답 ③

35

19.09.문32
19.03.문25
17.05.문30
17.03.문37
16.03.문40
15.09.문22
11.06.문33
10.03.문36
(산업)

지름 40cm인 소방용 배관에 물이 80kg/s로 흐르고 있다면 물의 유속[m/s]은?

① 6.4
② 0.64
③ 12.7
④ 1.27

해설 (1) 기호

- D : 40cm=0.4m(100cm=1m)
- $\overline{m}$: 80kg/s
- V : ?

(2) 질량유량(mass flowrate)

$$\overline{m} = AV\rho = \left(\frac{\pi D^2}{4}\right)V\rho$$

여기서, $\overline{m}$: 질량유량[kg/s]
　　　　A : 단면적[m²]
　　　　V : 유속[m/s]
　　　　ρ : 밀도(물의 밀도 1000kg/m³)
　　　　D : 직경[m]

유속 V는

$V = \dfrac{\overline{m}}{\dfrac{\pi D^2}{4}\rho} = \dfrac{80\mathrm{kg/s}}{\dfrac{\pi \times (0.4\mathrm{m})^2}{4} \times 1000\mathrm{kg/m^3}} \fallingdotseq 0.64\mathrm{m/s}$

답 ②

36

16.05.문36

지름이 400mm인 베어링이 400rpm으로 회전하고 있을 때 마찰에 의한 손실동력[kW]은? (단, 베어링과 축 사이에는 점성계수가 0.049N·s/m²인 기름이 차 있다.)

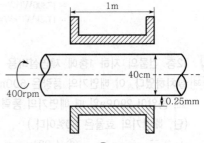

① 15.1
② 15.6
③ 16.3
④ 17.3

해설 (1) 기호

- D : 400mm=0.4m(1000mm=1m)
- N : 400rpm
- P : ?
- μ : 0.049N · s/m²
- L : 1m(그림에 주어짐)
- C : 0.25mm=0.00025m(1000mm=1m)(그림에 주어짐)

(2) 속도

$$V=\frac{\pi DN}{60}$$

여기서, V : 속도[m/s]
　　　　 D : 직경[m]
　　　　 N : 회전수[rpm]

속도 V는

$$V=\frac{\pi DN}{60}=\frac{\pi\times0.4\text{m}\times400\text{r pm}}{60}≒8.38\text{m/s}$$

(3) 힘

$$F=\mu\frac{V}{C}A=\mu\frac{V}{C}\pi DL$$

여기서, F : 힘[N]
　　　　 μ : 점성계수[N · s/m²]
　　　　 V : 속도[m/s]
　　　　 C : 틈새간격[m]
　　　　 A : 면적[m²]($=\pi DL$)
　　　　 D : 직경[m]
　　　　 L : 길이[m]

힘 F는

$$F=\mu\frac{V}{C}\pi DL$$

$$=0.049\text{N · s/m}^2\times\frac{8.38\text{m/s}}{0.00025\text{m}}\times\pi\times0.4\text{m}\times1\text{m}$$

$$≒2064\text{N}$$

(4) 손실동력

$$P=FV$$

여기서, P : 손실동력[kW]
　　　　 F : 힘[N]
　　　　 V : 속도[m/s]

손실동력 P는

$P=FV=2064\text{N}\times8.38\text{m/s}≒17300\text{N · m/s}$
　　　　　　　　　　$=17300\text{J/s}(1\text{J}=1\text{N · m})$
　　　　　　　　　　$=17300\text{W}(1\text{W}=1\text{J/s})$
　　　　　　　　　　$=17.3\text{kW}(1\text{kW}=1000\text{W})$

답 ④

37 12층 건물의 지하 1층에 제연설비용 배연기를 설치하였다. 이 배연기의 풍량은 500m³/min이고, 풍압이 290Pa일 때 배연기의 동력[kW]은? (단, 배연기의 효율은 60%이다.)
[16.10.문38]

① 3.55　　　　　② 4.03
③ 5.55　　　　　④ 6.11

해설 (1) 기호

- Q : 500m³/min
- P_T : 290Pa=$\dfrac{290\text{Pa}}{101325\text{Pa}}\times10332\text{mmH}_2\text{O}$
　　　　　$≒29.57\text{mmH}_2\text{O}$

표준대기압
1atm=760mmHg 　　　=1.0332kg$_f$/cm² 　　　=10.332mH₂O(mAq) 　　　=14.7PSI(lb$_f$/in²) 　　　=101.325kPa(kN/m²) 　　　=1013mbar
101.325kPa=101325Pa=10.332mH₂O=10332mmH₂O

- P : ?
- η : 60%=0.6

(2) 축동력(배연기동력)

$$P=\frac{P_T Q}{102\times60\eta}$$

여기서, P : 축동력[kW]
　　　　 P_T : 전압(풍압)[mmAq] 또는 [mmH₂O]
　　　　 Q : 풍량[m³/min]
　　　　 η : 효율

축동력 P는

$$P=\frac{P_T Q}{102\times60\eta}=\frac{29.57\text{mmH}_2\text{O}\times500\text{m}^3/\text{min}}{102\times60\times0.6}$$

$$=4.026≒4.03\text{kW}$$

용어

축동력
전달계수(K)를 고려하지 않은 동력

답 ②

38 다음 중 배관의 출구측 형상에 따라 손실계수가 가장 큰 것은?
[18.04.문40]

㉠ 돌출 출구	
㉡ 사각모서리 출구	
㉢ 둥근 출구	

① ㉠　　　　　　② ㉡
③ ㉢　　　　　　④ 모두 같다.

해설 ④ 출구측 손실계수는 형상에 관계없이 **모두 같다**.

비교

입구측 손실계수

입구 유동조건	손실계수
잘 다듬어진 모서리(많이 둥근 모서리)	0.04
약간 둥근 모서리(조금 둥근 모서리)	0.2
날카로운 모서리(직각 모서리, 사각 모서리)	0.5
돌출 입구	0.8

답 ④

★★★ 39

18.03.문22
14.05.문35
12.03.문28
07.09.문30
06.09.문26
06.05.문37
03.05.문25

원관 내에 유체가 흐를 때 유동의 특성을 결정하는 가장 중요한 요소는?

① 관성력과 점성력　② 압력과 관성력
③ 중력과 압력　　　④ 압력과 점성력

해설 레이놀즈수
원관 내에 유체가 흐를 때 유동의 특성을 결정하는 가장 중요한 요소

‖ 요소의 물리적 의미 ‖

명칭	물리적 의미	비고
레이놀즈 (Reynolds)수	$\dfrac{관성력}{점성력}$ 보기 ①	–
프루드 (Froude)수	$\dfrac{관성력}{중력}$	–
마하 (Mach)수	$\dfrac{관성력}{압축력}$	$\dfrac{V}{C}$ 여기서, V : 유속[m/s] C : 음속[m/s]
코우시스 (Cauchy)수	$\dfrac{관성력}{탄성력}$	$\dfrac{\rho V^2}{k}$ 여기서, ρ : 밀도[N·s²/m⁴] k : 탄성계수[Pa] 또는 [N/m²] V : 유속[m/s]
웨버 (Weber)수	$\dfrac{관성력}{표면장력}$	–
오일러 (Euler)수	$\dfrac{압축력}{관성력}$	–

기억법 레관점

답 ①

★ 40

16.10.문35

토출량이 1800L/min, 회전차의 회전수가 1000rpm인 소화펌프의 회전수를 1400rpm으로 증가시키면 토출량은 처음보다 얼마나 더 증가되는가?

① 10%　　　　② 20%
③ 30%　　　　④ 40%

해설 (1) 기호
- Q_1 : 1800L/min
- N_1 : 1000rpm
- N_2 : 1400rpm
- Q_2 : ?

(2) 유량, 양정, 축동력
　㉠ 유량

$$Q_2 = Q_1\left(\frac{N_2}{N_1}\right) \;\; 또는 \;\; Q_2 = Q_1\left(\frac{N_2}{N_1}\right)\left(\frac{D_2}{D_1}\right)^3$$

　㉡ 양정(수두)

$$H_2 = H_1\left(\frac{N_2}{N_1}\right)^2 \;\; 또는 \;\; H_2 = H_1\left(\frac{N_2}{N_1}\right)^2\left(\frac{D_2}{D_1}\right)^2$$

　㉢ 축동력

$$P_2 = P_1\left(\frac{N_2}{N_1}\right)^3 \;\; 또는 \;\; P_2 = P_1\left(\frac{N_2}{N_1}\right)^3\left(\frac{D_2}{D_1}\right)^5$$

여기서, Q_2 : 변경 후 유량[m³/min] 또는 [L/min]
　　　　Q_1 : 변경 전 유량[m³/min] 또는 [L/min]
　　　　H_2 : 변경 후 양정[m]
　　　　H_1 : 변경 전 양정[m]
　　　　P_2 : 변경 후 축동력[kW]
　　　　P_1 : 변경 전 축동력[kW]
　　　　N_2 : 변경 후 회전수[rpm]
　　　　N_1 : 변경 전 회전수[rpm]
　　　　D_2 : 변경 후 관경[mm]
　　　　D_1 : 변경 전 관경[mm]
변경 후 유량(토출량) Q_2는

$$\begin{aligned} Q_2 &= Q_1\left(\frac{N_2}{N_1}\right) \\ &= 1800\text{L/min} \times \left(\frac{1400\,\text{rpm}}{1000\,\text{rpm}}\right) \\ &= 2520\text{L/min} \end{aligned}$$

$$\frac{Q_2}{Q_1} = \frac{2520\text{L/min}}{1800\text{L/min}} = 1.4 = 140\% (\therefore \; 40\% \text{ 증가})$$

답 ④

제3과목 소방관계법규

41
17.09.문42

위험물안전관리법령상 위험물 중 제1석유류에 속하는 것은?

① 경유 ② 등유
③ 중유 ④ 아세톤

해설
① 제2석유류
② 제2석유류
③ 제3석유류

위험물령 〔별표 1〕
제4류 위험물

성질	품명		지정수량	대표물질
인화성 액체	특수인화물		50L	• 다이에틸에터 • 이황화탄소
	제1 석유류	비수용성	200L	• 휘발유 • 콜로디온
		수용성	400L	• 아세톤 보기 ④ 기억법 수4
	알코올류		400L	• 변성알코올
	제2 석유류	비수용성	1000L	• 등유 보기 ② • 경유 보기 ①
		수용성	2000L	• 아세트산
	제3 석유류	비수용성	2000L	• 중유 보기 ③ • 크레오소트유
		수용성	4000L	• 글리세린
	제4석유류		6000L	• 기어유 • 실린더유
	동식물유류		10000L	• 아마인유

답 ④

42 ★★
16.05.문55
12.05.문45

소방시설 설치 및 관리에 관한 법령상 소방시설 등의 자체점검 중 종합점검을 받아야 하는 특정소방대상물 대상 기준으로 틀린 것은?

① 제연설비가 설치된 터널
② 스프링클러설비가 설치된 특정소방대상물
③ 공공기관 중 연면적이 1000㎡ 이상인 것으로서 옥내소화전설비 또는 자동화재탐지설비가 설치된 것(단, 소방대가 근무하는 공공기관은 제외한다.)
④ 호스릴방식의 물분무등소화설비만이 설치된 연면적 5000㎡ 이상인 특정소방대상물(단, 위험물제조소 등은 제외한다.)

해설
④ 호스릴방식의 물분무등소화설비만을 설치한 경우는 제외

소방시설법 시행규칙 〔별표 3〕
소방시설 등 자체점검의 구분과 대상, 점검자의 자격

점검구분	정의	점검대상	점검자의 자격 (주된 인력)
작동점검	소방시설 등을 인위적으로 조작하여 정상적으로 작동하는지를 점검하는 것	① 간이스프링클러 설비 ② 자동화재탐지설비	① 관계인 ② 소방안전관리자로 선임된 **소방시설관리사 또는 소방기술사** ③ 소방시설관리업에 등록된 소방시설관리사 또는 **특급점검자**
		③ 간이스프링클러 설비 또는 자동화재탐지설비가 미설치된 특정소방대상물	① 소방시설관리업에 등록된 기술인력 중 소방시설관리사 ② 소방안전관리자로 선임된 소방시설관리사 또는 소방기술사
	④ **작동점검**대상 **제외** ㉠ 특정소방대상물 중 소방안전관리자를 선임하지 않는 대상 ㉡ **위험물제조소** 등 ㉢ **특급**소방안전관리대상물		
종합점검	소방시설 등의 작동점검을 포함하여 소방시설 등의 설비별 주요구성부품의 구조기준이 관련법령에서 정하는 기준에 적합한지 여부를 점검하는 것 (1)최초점검: 특정소방대상물의 소방시설이 새로 설치되는 경우 건축물을 사용할 수 있게 된 날부터 **60일** 이내 점검하는 것 (2)그 밖의 종합점검: 최초점검을 제외한 종합점검	① 소방시설 등이 신설된 경우에 해당하는 특정소방대상물 ② **스프링클러설비**가 설치된 특정소방대상물 보기 ② ③ **물분무등소화설비**(호스릴방식의 물분무등소화설비만을 설치한 경우는 제외)가 설치된 연면적 **5000㎡** 이상인 특정소방대상물(위험물제조소 등 제외) 보기 ④ ④ 다중이용업의 영업장이 설치된 특정소방대상물로서 연면적이 2000㎡ 이상인 것 ⑤ 제연설비가 설치된 터널 보기 ① ⑥ 공공기관 중 연면적(터널·지하구의 경우 그 길이와 평균폭을 곱하여 계산된 값을 말한다)이 **1000㎡** 이상인 것으로서 옥내소화전설비 또는 자동화재탐지설비가 설치된 것(단, 소방대가 근무하는 공공기관 제외) 보기 ③	① 소방시설관리업에 등록된 기술인력 중 소방시설관리사 ② 소방안전관리자로 선임된 소방시설관리사 또는 소방기술사

답 ④

43 소방시설 설치 및 관리에 관한 법령상 소방시설이 아닌 것은?

18.03.문55
11.03.문44

① 소방설비　　② 경보설비
③ 방화설비　　④ 소화활동설비

해설 ③ 해당 없음

소방시설법 2조
정의

용어	뜻
소방시설	**소화설비, 경보설비, 피난구조설비, 소화용수설비**, 그 밖에 **소화활동설비**로서 **대통령령**으로 정하는 것 보기 ①②④
소방시설 등	**소방시설**과 **비상구**, 그 밖에 소방 관련 시설로서 **대통령령**으로 정하는 것
특정소방대상물	건축물 등의 규모·용도 및 수용인원 등을 고려하여 **소방시설**을 **설치**하여야 하는 소방대상물로서 **대통령령**으로 정하는 것
소방용품	소방시설 등을 구성하거나 소방용으로 사용되는 **제품** 또는 **기기**로서 **대통령령**으로 정하는 것

답 ③

44 소방기본법상 소방대장의 권한이 아닌 것은 어느 것인가?

19.03.문56
18.04.문43
17.05.문48

① 소방활동을 할 때에 긴급한 경우에는 이웃한 소방본부장 또는 소방서장에게 소방업무의 응원을 요청할 수 있다.

② 화재, 재난·재해, 그 밖의 위급한 상황이 발생한 현장에서 소방활동을 위하여 필요할 때에는 그 관할구역에 사는 사람 또는 그 현장에 있는 사람으로 하여금 사람을 구출하는 일 또는 불을 끄거나 불이 번지지 아니하도록 하는 일을 하게 할 수 있다.

③ 사람을 구출하거나 불이 번지는 것을 막기 위하여 필요할 때에는 화재가 발생하거나 불이 번질 우려가 있는 소방대상물 및 토지를 일시적으로 사용하거나 그 사용의 제한 또는 소방활동에 필요한 처분을 할 수 있다.

④ 소방활동을 위하여 긴급하게 출동할 때에는 소방자동차의 통행과 소방활동에 방해가 되는 주차 또는 정차된 차량 및 물건 등을 제거하거나 이동시킬 수 있다.

해설 ① 소방본부장, 소방서장의 권한

(1) 소방**대**장 : 소방활동**구**역의 설정(기본법 23조)

기억법 대구활(**대구**의 **활**동)

(2) **소**방본부장 · **소**방서장 · 소방**대**장
ㄱ 소방활동 **종**사명령(기본법 24조) 보기 ②
ㄴ **강**제처분(기본법 25조) 보기 ③④
ㄷ **피**난명령(기본법 26조)
ㄹ 댐·저수지 사용 등 위험시설 등에 대한 긴급조치(기본법 27조)

기억법 소대종강피(**소**방**대**의 **종강**파티)

비교

소방본부장 · 소방서장(기본법 11조)
소방업무의 응원 요청 보기 ①

답 ①

45 위험물안전관리법령상 제조소 등이 아닌 장소에서 지정수량 이상의 위험물을 취급할 수 있는 경우에 대한 기준으로 맞는 것은? (단, 시·도의 조례가 정하는 바에 따른다.)

19.09.문43
16.03.문47
07.09.문41

① 관할 소방서장의 승인을 받아 지정수량 이상의 위험물을 60일 이내의 기간 동안 임시로 저장 또는 취급하는 경우

② 관할 소방대장의 승인을 받아 지정수량 이상의 위험물을 60일 이내의 기간 동안 임시로 저장 또는 취급하는 경우

③ 관할 소방서장의 승인을 받아 지정수량 이상의 위험물을 90일 이내의 기간 동안 임시로 저장 또는 취급하는 경우

④ 관할 소방대장의 승인을 받아 지정수량 이상의 위험물을 90일 이내의 기간 동안 임시로 저장 또는 취급하는 경우

해설 ① 60일 → 90일
② 소방대장 → 소방서장, 60일 → 90일
④ 소방대장 → 소방서장

90일
(1) 소방시설업 **등**록신청 자산평가액·기업진단보고서 **유**효기간(공사규칙 2조)
(2) 위험물 임시저장·취급 기준(위험물법 5조) 보기 ③

기억법 등유9(**등유** **구**해와!)

중요

위험물법 5조
임시저장 승인 : 관할소방서장

답 ③

46

15.05.문41
13.09.문54

위험물안전관리법령상 제4류 위험물별 지정수량 기준의 연결이 틀린 것은?

① 특수인화물－50리터
② 알코올류－400리터
③ 동식물류－1000리터
④ 제4석유류－6000리터

해설 ③ 1000리터 → 10000리터

위험물령〔별표 1〕
제4류 위험물

성 질	품 명		지정수량	대표물질
인화성 액체	특수인화물		50L 보기①	• 다이에틸에터 • 이황화탄소
	제1 석유류	비수용성	200L	• 휘발유 • 콜로디온
		수용성	400L	• 아세톤
	알코올류		400L 보기②	• 변성알코올
	제2 석유류	비수용성	1000L	• 등유 • 경유
		수용성	2000L	• 아세트산
	제3 석유류	비수용성	2000L	• 중유 • 크레오소트유
		수용성	4000L	• 글리세린
	제4석유류		6000L 보기④	• 기어유 • 실린더유
	동식물류		10000L 보기③	• 아마인유

답 ③

47

19.09.문50
17.09.문49
16.05.문53
13.09.문56

화재의 예방 및 안전관리에 관한 법률상 화재예방 강화지구의 지정권자는?

① 소방서장
② 시·도지사
③ 소방본부장
④ 행정안전부장관

해설 화재예방법 18조
화재예방강화지구의 지정
(1) 지정권자 : 시·도지사 보기②
(2) 지정지역
　㉠ 시장지역
　㉡ 공장·창고 등이 밀집한 지역
　㉢ 목조건물이 밀집한 지역
　㉣ 노후·불량 건축물이 밀집한 지역
　㉤ 위험물의 저장 및 처리시설이 밀집한 지역
　㉥ 석유화학제품을 생산하는 공장이 있는 지역
　㉦ 소방시설·소방용수시설 또는 소방출동로가 없는 지역
　㉧ 「산업입지 및 개발에 관한 법률」에 따른 산업단지
　㉨ 「물류시설의 개발 및 운영에 관한 법률」에 따른 물류단지

　㉩ 소방청장·소방본부장 또는 소방서장(소방관서장)이 화재예방강화지구로 지정할 필요가 있다고 인정하는 지역

　※ 화재예방강화지구 : 화재발생 우려가 크거나 화재가 발생할 경우 피해가 클 것으로 예상되는 지역에 대하여 화재의 예방 및 안전관리를 강화하기 위해 지정·관리하는 지역

기억법 화강시

답 ②

48

19.04.문53
17.03.문41
17.03.문55
15.09.문48
15.03.문58
14.05.문41
12.09.문52

위험물안전관리법령상 관계인이 예방규정을 정하여야 하는 위험물을 취급하는 제조소의 지정수량 기준으로 옳은 것은?

① 지정수량의 10배 이상
② 지정수량의 100배 이상
③ 지정수량의 150배 이상
④ 지정수량의 200배 이상

해설 위험물령 15조
예방규정을 정하여야 할 제조소 등

배 수	제조소 등
10배 이상	• 제조소 보기① • 일반취급소
100배 이상	• 옥외저장소
150배 이상	• 옥내저장소
200배 이상	• 옥외탱크저장소
모두 해당	• 이송취급소 • 암반탱크저장소

기억법
1 제일
0 외
5 내
2 탱

　※ 예방규정 : 제조소 등의 화재예방과 화재 등 재해발생시의 비상조치를 위한 규정

답 ①

49

17.09.문45
(산업)

소방시설 설치 및 관리에 관한 법령상 주택의 소유자가 소방시설을 설치하여야 하는 대상이 아닌 것은?

① 아파트
② 연립주택
③ 다세대주택
④ 다가구주택

해설 소방시설법 10조
주택의 소유자가 설치하는 소방시설의 설치대상
(1) 단독주택
(2) 공동주택(아파트 및 기숙사 제외) : 연립주택, 다세대주택, 다가구주택 보기②③④

답 ①

★★
50 소방시설공사업법령상 정의된 업종 중 소방시설업의 종류에 해당되지 않는 것은?

15.09.문51
10.09.문48

① 소방시설설계업　　② 소방시설공사업
③ 소방시설정비업　　④ 소방공사감리업

해설 **공사업법 2조**
소방시설업의 종류

소방시설 설계업	소방시설 공사업	소방공사 감리업	방염처리업
소방시설공사에 기본이 되는 **공사계획·설계도면·설계설명서·기술계산서** 등을 작성하는 영업 보기 ①	설계도서에 따라 소방시설을 **신설·증설·개설·이전·정비**하는 영업 보기 ②	소방시설공사에 관한 발주자의 권한을 대행하여 소방시설공사가 **설계도서**와 관계법령에 따라 **적법**하게 **시공**되는지를 확인하고, 품질·시공 관리에 대한 **기술지도**를 하는 영업 보기 ④	방염대상물품에 대하여 **방염처리**하는 영업

답 ③

★★★
51 소방시설 설치 및 관리에 관한 법령상 특정소방대상물로서 숙박시설에 해당되지 않는 것은?

19.04.문50
17.03.문50
14.09.문54
11.06.문50
09.03.문56

① 오피스텔
② 일반형 숙박시설
③ 생활형 숙박시설
④ 근린생활시설에 해당하지 않는 고시원

해설 ① 오피스텔 : 업무시설

소방시설법 시행령 〔별표 2〕
업무시설
(1) 주민자치센터(동사무소)
(2) 경찰서
(3) 소방서
(4) 우체국
(5) 보건소
(6) 공공도서관
(7) 국민건강보험공단
(8) 금융업소·오피스텔·신문사 보기 ①
(9) 변전소·양수장·정수장·대피소·공중화장실

🔊 중요

숙박시설
(1) 일반형 숙박시설 보기 ②
(2) 생활형 숙박시설 보기 ③
(3) 고시원 보기 ④

답 ①

★
52 화재의 예방 및 안전관리에 관한 법령상 특수가연물의 저장 및 취급기준을 위반한 경우 과태료 부과기준은?

11.03.문57

① 50만원
② 100만원
③ 150만원
④ 200만원

해설 **화재예방법 시행령 〔별표 9〕**
과태료의 부과기준

위반사항	과태료금액
① 소방용수시설·소화기구 및 설비 등의 설치명령을 위반한 자	
② 불의 사용에 있어서 지켜야 하는 사항을 위반한 자	200
③ 특수가연물의 저장 및 취급의 기준을 위반한 자 보기 ④	

🔊 중요

과태료의 부과기준(기본령 〔별표 3〕)	
위반사항	과태료금액
① 화재 또는 구조·구급이 필요한 상황을 거짓으로 알린 자	1회 위반시 : 200 / 2회 위반시 : 400 / 3회 이상 위반시 : 500
② 소방활동구역 출입제한을 위반한 자	100
③ 한국소방안전원 또는 이와 유사한 명칭을 사용한 경우	200

답 ④

★★★
53 소방시설 설치 및 관리에 관한 법령상 수용인원 산정방법 중 다음과 같은 시설의 수용인원은 몇 명인가?

19.09.문41
19.04.문51
18.09.문43
17.03.문57
15.09.문67

> 숙박시설이 있는 특정소방대상물로서 종사자 수는 5명, 숙박시설은 모두 2인용 침대이며 침대수량은 50개이다.

① 55
② 75
③ 85
④ 105

해설

소방시설법 시행령 〔별표 7〕
수용인원의 산정방법

특정소방대상물		산정방법
• 강의실 • 상담실 • 휴게실	• 교무실 • 실습실	바닥면적 합계 1.9m²
• 숙박 시설	침대가 있는 경우 →	종사자수 + 침대수
	침대가 없는 경우	종사자수 + 바닥면적 합계 3m²
• 기타		바닥면적 합계 3m²
• 강당 • 문화 및 집회시설, 운동시설 • 종교시설		바닥면적 합계 4.6m²

• 소수점 이하는 <u>반올림</u>한다.

기억법 수반(수반! 동반!)

숙박시설(침대가 있는 경우)
=종사자수 + 침대수 = 5명+(2인용×50개) =105명

답 ④

★★★
54
19.03.문42
18.04.문54
13.03.문48
12.05.문55
10.09.문49

소방시설 설치 및 관리에 관한 법률상 소방시설 등에 대한 자체점검을 하지 아니하거나 관리업자 등으로 하여금 정기적으로 점검하게 하지 아니한 자에 대한 벌칙기준으로 옳은 것은?

① 6개월 이하의 징역 또는 1000만원 이하의 벌금
② 1년 이하의 징역 또는 1000만원 이하의 벌금
③ 3년 이하의 징역 또는 1500만원 이하의 벌금
④ 3년 이하의 징역 또는 3000만원 이하의 벌금

해설 <u>1년 이하의 징역 또는 1000만원 이하의 벌금</u>

(1) <u>소방시설의 자체점검</u> 미실시자(소방시설법 58조) 보기 ②
(2) <u>소방시설관리사증</u> 대여(소방시설법 58조)
(3) <u>소방시설관리업</u>의 등록증 또는 등록수첩 대여(소방시설법 58조)
(4) 제조소 등의 정기점검기록 허위작성(위험물법 35조)
(5) <u>자체소방대</u>를 두지 않고 제조소 등의 허가를 받은 자(위험물법 35조)
(6) <u>위험물 운반용기</u>의 검사를 받지 않고 유통시킨 자(위험물법 35조)
(7) 제조소 등의 긴급사용정지 위반자(위험물법 35조)
(8) 영업정지처분 위반자(공사업법 36조)
(9) <u>거짓 감리자</u>(공사업법 36조)
(10) 공사감리자 미지정자(공사업법 36조)
(11) 소방시설 설계 · 시공 · 감리 하도급자(공사업법 36조)
(12) 소방시설공사 재하도급자(공사업법 36조)
(13) 소방시설업자가 아닌 자에게 <u>소방시설공사</u> 등을 도급한 관계인(공사업법 36조)

답 ②

★★★
55
19.09.문50
17.09.문49
16.05.문53
13.09.문56

화재의 예방 및 안전관리에 관한 법률상 화재예방강화지구의 지정대상이 아닌 것은? (단, 소방청장 · 소방본부장 또는 소방서장이 화재예방강화지구로 지정할 필요가 있다고 인정하는 지역은 제외한다.)

① 시장지역
② 농촌지역
③ 목조건물이 밀접한 지역
④ 공장 · 창고가 밀집한 지역

해설 ② 해당 없음

화재예방법 18조
화재예방강화지구의 지정
(1) 지정권자 : <u>시</u> · 도지사
(2) 지정지역
  ㉠ <u>시장</u>지역 보기 ①
  ㉡ <u>공장 · 창고</u> 등이 밀집한 지역 보기 ④
  ㉢ <u>목조건물</u>이 밀집한 지역 보기 ③
  ㉣ 노후 · 불량 건축물이 밀집한 지역
  ㉤ <u>위험물</u>의 저장 및 처리시설이 <u>밀집</u>한 지역
  ㉥ <u>석유화학제품</u>을 생산하는 공장이 있는 지역
  ㉦ <u>소방시설 · 소방용수시설</u> 또는 <u>소방출동로</u>가 없는 지역
  ㉧ 「산업입지 및 개발에 관한 법률」에 따른 산업단지
  ㉨ 「물류시설의 개발 및 운영에 관한 법률」에 따른 물류단지
  ㉩ <u>소방청장 · 소방본부장</u> 또는 <u>소방서장(소방관서장)</u>이 화재예방강화지구로 지정할 필요가 있다고 인정하는 지역

기억법 화강시

※ <u>화재예방강화지구</u> : 화재발생 우려가 크거나 화재가 발생할 경우 피해가 클 것으로 예상되는 지역에 대하여 화재의 예방 및 안전관리를 강화하기 위해 지정 · 관리하는 지역

답 ②

★★★
56
15.09.문47
15.05.문49
14.03.문52
12.05.문60

화재의 예방 및 안전관리에 관한 법령상 특수가연물의 품명과 지정수량 기준의 연결이 틀린 것은?

① 사류－1000kg 이상
② 볏짚류－3000kg 이상
③ 석탄 · 목탄류－10000kg 이상
④ 고무류 · 플라스틱류 중 발포시킨 것－20m³ 이상

해설 ② 3000kg 이상 → 1000kg 이상

화재예방법 시행령 〔별표 2〕
특수가연물

품 명	수 량
<u>가</u>연성 액체류	<u>2</u>m³ 이상
<u>목</u>재가공품 및 나무부스러기	<u>1</u>0m³ 이상

면화류	200kg 이상
나무껍질 및 대팻밥	400kg 이상
넝마 및 종이부스러기	
사류(絲類) 보기 ①	1000kg 이상
볏짚류 보기 ②	
가연성 고체류	3000kg 이상
고무류·플라스틱류	발포시킨 것 보기 ④	20m³ 이상
	그 밖의 것	3000kg 이상
석탄·목탄류 보기 ③	10000kg 이상

• **특수가연물** : 화재가 발생하면 그 확대가 빠른 물품

기억법
가액목면나 넝사볏가고 고석
　2 1 2 4　 1　3　3 1

답 ②

57 소방기본법령상 소방안전교육사의 배치대상별 배
13.09.문46 치기준으로 틀린 것은?

① 소방청 : 2명 이상 배치
② 소방서 : 1명 이상 배치
③ 소방본부 : 2명 이상 배치
④ 한국소방안전원(본회) : 1명 이상 배치

해설 ④ 1명 이상 → 2명 이상

기본령〔별표 2의 3〕
소방안전교육사의 배치대상별 배치기준

배치대상	배치기준
소방서	• 1명 이상 보기 ②
한국소방안전원	• 시·도지부 : 1명 이상 • 본회 : 2명 이상 보기 ④
소방본부	• 2명 이상 보기 ③
소방청	• 2명 이상 보기 ①
한국소방산업기술원	• 2명 이상

답 ④

58 화재의 예방 및 안전관리에 관한 법령상 관리의
18.03.문59 권원이 분리된 특정소방대상물이 아닌 것은?
16.03.문42
06.03.문60 ① 판매시설 중 도매시장 및 소매시장
② 전통시장
③ 지하층을 제외한 층수가 7층 이상인 복합건축물
④ 복합건축물로서 연면적이 30000m² 이상인 것

해설 ③ 7층 → 11층

화재예방법 35조, 화재예방법 시행령 35조
관리의 권원이 분리된 특정소방대상물
(1) **복합건축물**(지하층을 제외한 **11층** 이상 또는 연면적 **3만m²** 이상인 건축물) 보기 ④
(2) **지하가**
(3) **도매시장, 소매시장, 전통시장** 보기 ①②

답 ③

59 소방시설공사업법상 도급을 받은 자가 제3자에
19.03.문42 게 소방시설공사의 시공을 하도급한 경우에 대한
18.04.문54
13.03.문48 벌칙기준으로 옳은 것은? (단, 대통령령으로 정
12.05.문55 하는 경우는 제외한다.)
10.09.문49
① 100만원 이하의 벌금
② 300만원 이하의 벌금
③ 1년 이하의 징역 또는 1000만원 이하의 벌금
④ 3년 이하의 징역 또는 1500만원 이하의 벌금

해설 1년 이하의 징역 또는 1000만원 이하의 벌금
(1) 소방시설의 **자체점검** 미실시자(소방시설법 58조)
(2) **소방시설관리사증** 대여(소방시설법 58조)
(3) **소방시설관리업**의 등록증 또는 등록수첩 대여(소방시설법 58조)
(4) 제조소 등의 정기점검기록 허위작성(위험물법 35조)
(5) **자체소방대**를 두지 않고 제조소 등의 허가를 받은 자(위험물법 35조)
(6) **위험물 운반용기**의 검사를 받지 않고 유통시킨 자(위험물법 35조)
(7) 제조소 등의 긴급사용정지 위반자(위험물법 35조)
(8) 영업정지처분 위반자(공사업법 36조)
(9) **거짓 감리자**(공사업법 36조)
(10) 공사감리자 미지정자(공사업법 36조)
(11) 소방시설 설계·시공·감리 하도급자(공사업법 36조)
(12) 소방시설공사 재하도급자(공사업법 36조) 보기 ③
(13) 소방시설업자가 아닌 자에게 **소방시설공사** 등을 도급한 관계인(공사업법 36조)

답 ③

60 소방시설 설치 및 관리에 관한 법령상 정당한 사
11.10.문55 유없이 피난시설 방화구획 및 방화시설의 관리에
필요한 조치명령을 위반한 경우 이에 대한 벌칙기
준으로 옳은 것은?

① 200만원 이하의 벌금
② 300만원 이하의 벌금
③ 1년 이하의 징역 또는 1000만원 이하의 벌금
④ 3년 이하의 징역 또는 3000만원 이하의 벌금

해설 **소방시설법 57조**
3년 이하의 징역 또는 3000만원 이하의 벌금
(1) **소방시설관리업** 무등록자
(2) **형식승인**을 받지 않은 소방용품 제조·수입자
(3) **제품검사**를 받지 않은 자
(4) 거짓이나 그 밖의 **부정한 방법**으로 제품검사 전문기관의 지정을 받은 자
(5) **피난시설**, **방화구획** 및 방화시설의 관리에 따른 **명령**을 정당한 사유없이 **위반**한 자 보기 ④

답 ④

제4과목　소방기계시설의 구조 및 원리

★★★
61 상수도소화용수설비의 화재안전기준에 따라 호칭지름 75mm 이상의 수도배관에 호칭지름 100mm 이상의 소화전을 접속한 경우 상수도소화용수설비 소화전의 설치기준으로 맞는 것은?

19.09.문66
19.04.문74
19.03.문69
17.03.문64
14.03.문63
07.03.문70

① 특정소방대상물의 수평투영면의 각 부분으로부터 80m 이하가 되도록 설치할 것
② 특정소방대상물의 수평투영면의 각 부분으로부터 100m 이하가 되도록 설치할 것
③ 특정소방대상물의 수평투영면의 각 부분으로부터 120m 이하가 되도록 설치할 것
④ 특정소방대상물의 수평투영면의 각 부분으로부터 140m 이하가 되도록 설치할 것

해설 **상수도소화용수설비**의 **기준**(NFPC 401 4조, NFTC 401 2.1)
(1) 호칭지름

수도배관	소화전
75mm 이상	100mm 이상

(2) 소화전은 소방자동차 등의 진입이 쉬운 **도로변** 또는 **공지**에 설치할 것
(3) 소화전은 특정소방대상물의 수평투영면의 각 부분으로부터 **140m** 이하가 되도록 설치할 것 보기 ④
(4) 지상식 소화전의 호스접결구는 지면으로부터 높이가 0.5m 이상 1m 이하가 되도록 설치할 것

기억법 **수75**(수지침으로 **치료**), **소1**(소일거리)

답 ④

★★★
62 분말소화설비의 화재안전기준에 따른 분말소화설비의 배관과 선택밸브의 설치기준에 대한 내용으로 틀린 것은?

16.03.문78
15.03.문78
10.03.문75

① 배관은 겸용으로 설치할 것
② 선택밸브는 방호구역 또는 방호대상물마다 설치할 것

③ 동관은 고정압력 또는 최고사용압력의 1.5배 이상의 압력에 견딜 수 있는 것을 사용할 것
④ 강관은 아연도금에 따른 배관용 탄소강관이나 이와 동등 이상의 강도·내식성 및 내열성을 가진 것을 사용할 것

해설
① 겸용 → 전용

분말소화설비의 **배관**(NFPC 108 9조, NFTC 108 2.6.1)
(1) **전용** 보기 ①
(2) **강관** : 아연도금에 의한 배관용 탄소강관이나 이와 동등 이상의 강도·내식성 및 내열성을 가진 것을 사용할 것 보기 ④
(3) **동관** : 고정압력 또는 최고사용압력의 **1.5배** 이상의 압력에 견딜 것 보기 ③
(4) **밸브류** : 개폐위치 또는 개폐방향을 표시한 것
(5) **배관의 관부속 및 밸브류** : 배관과 동등 이상의 강도 및 내식성이 있는 것
(6) 주밸브~헤드까지의 배관의 분기 : **토너먼트방식**
(7) **선택밸브** : 방호구역 또는 방호대상물마다 설치 보기 ②
(8) 저장용기 등~배관의 굴절부까지의 거리 : 배관 내경의 **20배** 이상

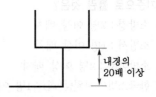
내경의
20배 이상

‖ 배관의 이격거리 ‖

답 ①

★
63 피난기구의 화재안전기준에 따라 숙박시설·노유자시설 및 의료시설로 사용되는 층에 있어서는 그 층의 바닥면적이 몇 m²마다 피난기구를 1개 이상 설치해야 하는가?

13.06.문68

① 300　　　　　　② 500
③ 800　　　　　　④ 1000

해설 **피난기구**의 **설치대상**(NFPC 301 5조, NFTC 301 2.1.2)

조 건	설치대상
500m²마다 1개 이상 (층마다 설치) 보기 ②	숙박시설·노유자시설·의료시설
800m²마다 1개 이상 (층마다 설치)	위락시설·문화 및 집회시설·운동시설·판매시설, 복합용도의 층
1000m²마다 1개 이상	그 밖의 용도의 층
각 세대마다 1개 이상	아파트 등(계단실형 아파트)

답 ②

64 다음 설명은 미분무소화설비의 화재안전기준에 따른 미분무소화설비 기동장치의 화재감지기 회로에서 발신기 설치기준이다. (   ) 안에 알맞은 내용은? (단, 자동화재탐지설비의 발신기가 설치된 경우는 제외한다.)

[17.05.문61]

> • 조작이 쉬운 장소에 설치하고, 스위치는 바닥으로부터 0.8m 이상 (㉠)m 이하의 높이에 설치할 것
> • 소방대상물의 층마다 설치하되, 당해 소방대상물의 각 부분으로부터 하나의 발신기까지의 수평거리가 (㉡)m 이하가 되도록 할 것
> • 발신기의 위치를 표시하는 표시등은 함의 상부에 설치하되, 그 불빛은 부착면으로부터 15° 이상의 범위 안에서 부착지점으로부터 (㉢)m 이내의 어느 곳에서도 쉽게 식별할 수 있는 적색등으로 할 것

① ㉠ 1.5, ㉡ 20, ㉢ 10
② ㉠ 1.5, ㉡ 25, ㉢ 10
③ ㉠ 2.0, ㉡ 20, ㉢ 15
④ ㉠ 2.0, ㉡ 25, ㉢ 15

해설 미분무소화설비 발신기의 설치기준(NFPC 104A 12조, NFTC 104A 2.9.1.8)

(1) 조작이 쉬운 장소에 설치하고, 스위치는 바닥으로부터 **0.8~1.5m** 이하의 높이에 설치할 것 [보기 ㉠]
(2) **소방대상물**의 **층**마다 설치하되, 해당 **소방대상물**의 각 부분으로부터 **수평거리가 25m** 이하가 되도록 할 것(단, 복도 또는 별도로 구획된 실로서 **보행거리 40m** 이상일 경우에는 추가 설치) [보기 ㉡]
(3) 발신기의 위치를 표시하는 **표시등**은 함의 **상부**에 설치하되, 그 불빛은 부착면으로부터 **15° 이상**의 범위 안에서 부착지점으로부터 **10m** 이내의 어느 곳에서도 쉽게 식별할 수 있는 **적색등**으로 할 것 [보기 ㉢]

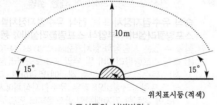

10m
15°   15°
위치표시등(적색)

∥ 표시등의 식별범위 ∥

답 ②

65 소화기구 및 자동소화장치의 화재안전기준에 따른 캐비닛형 자동소화장치 분사헤드의 설치높이 기준은 방호구역의 바닥으로부터 얼마이어야 하는가?

[17.03.문65]
[10.09.문65]

① 최소 0.1m 이상 최대 2.7m 이하
② 최소 0.1m 이상 최대 3.7m 이하
③ 최소 0.2m 이상 최대 2.7m 이하
④ 최소 0.2m 이상 최대 3.7m 이하

해설 캐비닛형 자동소화장치 분사헤드의 설치기준(NFPC 101 4조, NFTC 101 2.1.2)

(1) 분사헤드의 설치높이는 방호구역의 바닥으로부터 **최소 0.2m** 이상 **최대 3.7m** 이하일 것 [보기 ④]
(2) 화재감지기는 방호구역 내의 **천장** 또는 **옥내**에 면하는 부분에 설치
(3) 방호구역 내의 **화재감지기**의 감지에 따라 작동되도록 할 것
(4) 화재감지기의 회로는 **교차회로방식**으로 설치
(5) **개구부** 및 **통기구**(환기장치 포함)를 설치한 것에 있어서는 약제가 방사되기 전에 해당 개구부 및 통기구를 **자동**으로 폐쇄할 수 있도록 할 것
(6) 작동에 지장이 없도록 견고하게 고정
(7) 구획된 장소의 **방호체적 이상**을 방호할 수 있는 소화성능이 있을 것

답 ④

66 할로겐화합물 및 불활성기체 소화설비의 화재안전기준에 따른 할로겐화합물 및 불활성기체 소화설비의 수동식 기동장치의 설치기준에 대한 설명으로 틀린 것은?

[16.10.문68]

① 50N 이상의 힘을 가하여 기동할 수 있는 구조로 할 것
② 전기를 사용하는 기동장치에는 전원표시등을 설치할 것
③ 기동장치의 방출용 스위치는 음향경보장치와 연동하여 조작될 수 있는 것으로 할 것
④ 해당 방호구역의 출입구 부근 등 조작을 하는 자가 쉽게 피난할 수 있는 장소에 설치할 것

해설

> ① 50N 이상 → 50N 이하

할로겐화합물 및 불활성기체 소화설비 수동식 기동장치의 설치기준(NFPC 107A 8조, NFTC 107A 2.5.1)

(1) **방호구역**마다 설치
(2) 해당 방호구역의 **출입구 부근** 등 조작을 하는 자가 쉽게 피난할 수 있는 장소에 설치 [보기 ④]
(3) 기동장치의 조작부는 바닥으로부터 **0.8~1.5m 이하**의 위치에 설치하고, 보호판 등에 따른 **보호장치**를 설치
(4) 기동장치에는 가깝고 보기 쉬운 곳에 "**할로겐화합물 및 불활성기체 소화설비 기동장치**"라는 표지를 할 것
(5) 전기를 사용하는 기동장치에는 **전원표시등**을 설치 [보기 ②]
(6) 기동장치의 방출용 스위치는 **음향경보장치**와 **연동**하여 조작될 수 있는 것으로 할 것 [보기 ③]
(7) **50N 이하**의 힘을 가하여 기동할 수 있는 구조로 설치 [보기 ①]
(8) 기동장치에는 보호장치를 설치해야 하며, 보호장치를 개방하는 경우 기동장치에 설치된 버저 또는 벨 등에 의하여 경고음을 발할 것

(9) 기동장치를 옥외에 설치하는 경우 빗물 또는 외부 충격의 영향을 받지 않도록 설치할 것

비교

할로겐화합물 및 불활성기체 소화설비 자동식 기동장치의 설치기준(NFPC 107A 8조, NFTC 107A 2.5.2)
(1) 자동식 기동장치에는 **수동식 기동장치**를 함께 설치할 것
(2) **기계식, 전기식** 또는 **가스압력식**에 따른 방법으로 기동하는 구조로 설치할 것

답 ①

★★
67 지하구의 화재안전기준에 따라 연소방지설비의 살수구역은 환기구 등을 기준으로 환기구 사이의 간격으로 최대 몇 m 이내마다 1개 이상의 방수헤드를 설치하여야 하는가?
17.03.문73
14.03.문62
① 150 ② 200
③ 350 ④ 700

해설 <u>연소방지설비 헤드의 설치기준</u>(NFPC 605 8조, NFTC 605 2.4.2)
(1) **천장** 또는 **벽면**에 설치하여야 한다.
(2) 헤드 간의 수평거리

스프링클러헤드	연소방지설비 전용헤드
1.5m 이하	2m 이하

(3) 소방대원의 출입이 가능한 환기구·작업구마다 지하구의 양쪽 방향으로 살수헤드를 설정하되, 한쪽 방향의 살수구역의 길이는 **3m** 이상으로 할 것(단, 환기구 사이의 간격이 **700m**를 초과할 경우에는 700m 이내마다 살수구역을 설정하되, 지하구의 구조를 고려하여 방화벽을 설치한 경우에는 제외) 보기 ④

기억법 연방70

답 ④

★
68 구조대의 형식승인 및 제품검사의 기술기준에 따른 경사강하식 구조대의 구조에 대한 설명으로 틀린 것은?
17.09.문63
① 구조대 본체는 강하방향으로 봉합부가 설치되어야 한다.
② 연속하여 활강할 수 있는 구조로 안전하고 쉽게 사용할 수 있어야 한다.
③ 땅에 닿을 때 충격을 받는 부분에는 완충장치로서 받침포 등을 부착하여야 한다.
④ 입구틀 및 고정틀의 입구는 지름 60cm 이상의 구체가 통과할 수 있어야 한다.

해설 ① 설치되어야 한다. → 설치되지 아니하여야 한다.

경사강하식 구조대의 기준(구조대 형식 3조)
(1) 구조대 본체는 **강하방향**으로 **봉합부 설치 금지** 보기 ①
(2) 손잡이는 출구 부근에 좌우 각 **3개** 이상 균일한 간격으로 견고하게 부착
(3) 구조대 본체의 끝부분에는 길이 **4m** 이상, 지름 **4mm** 이상의 유도선을 부착하여야 하며, 유도선 끝에는 중량 **3N**(300g) 이상의 모래주머니 등 설치

(4) 본체의 포지는 **하부지지장치**에 인장력이 균등하게 걸리도록 부착하여야 하며 하부지지장치는 쉽게 조작 가능
(5) 입구틀 및 고정틀의 입구는 지름 **60cm** 이상의 구체가 통과할 수 있을 것 보기 ④
(6) 구조대 본체의 활강부는 낙하방지를 위해 포를 **2중구조**로 하거나 망목의 변의 길이가 **8cm** 이하인 망 설치(단, 구조상 낙하방지의 성능을 갖고 있는 구조대의 경우는 제외)
(7) 연속하여 활강할 수 있는 구조로 안전하고 쉽게 사용할 수 있을 것 보기 ②
(8) 땅에 닿을 때 충격을 받는 부분에는 완충장치로서 받침포 등 부착 보기 ③

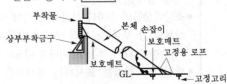

경사강하식 구조대

답 ①

★
69 스프링클러설비의 화재안전기준에 따른 습식 유수검지장치를 사용하는 스프링클러설비 시험장치의 설치기준에 대한 설명으로 틀린 것은?
18.03.문79
① 유수검지장치에서 가장 먼 가지배관의 끝으로부터 연결하여 설치해야 한다.
② 시험배관의 끝에는 물받이통 및 배수관을 설치하여 시험 중 방사된 물이 바닥에 흘러내리지 않도록 해야 한다.
③ 화장실과 같은 배수처리가 쉬운 장소에 시험배관을 설치한 경우에는 물받이통 및 배수관을 생략할 수 있다.
④ 시험장치 배관의 구경은 25mm 이상으로 하고, 그 끝에 개폐밸브 및 개방형 헤드 또는 스프링클러헤드와 동등한 방수성능을 가진 오리피스를 설치할 것

해설 ① 건식 스프링클러설비에 대한 설명

습식 유수검지장치 또는 **건식 유수검지장치**를 사용하는 **스프링클러설비**와 **부압식 스프링클러설비**에 **동장치**를 시험할 수 있는 시험장치 설치기준(NFPC 103 8조, NFTC 103 2.5.12)
(1) 습식 스프링클러설비 및 부압식 스프링클러설비에 있어서는 유수검지장치 2차측 배관에 연결하여 설치하고 건식 스프링클러설비인 경우 유수검지장치에서 가장 먼 거리에 위치한 가지배관의 끝으로부터 연결하여 설치할 것. 유수검지장치 2차측 설비의 내용적이 2840L를 초과하는 건식 스프링클러설비의 경우 시험장치 개폐밸브를 완전 개방 후 1분 이내에 물이 방사되어야 한다. 보기 ①
(2) 시험장치 배관의 구경은 25mm 이상으로 하고, 그 끝에 개폐밸브 및 개방형 헤드 또는 스프링클러헤드와 동등한 방수성능을 가진 오리피스를 설치할 것. 이 경우 개방형 헤드는 반사판 및 프레임을 제거한 오리피스만으로 설치할 수 있다. 보기 ④

(3) 시험배관의 끝에는 **물받이통** 및 **배수관**을 설치하여 시험 중 방사된 물이 바닥에 흘러내리지 아니하도록 할 것(단, **목욕실·화장실** 또는 그 밖의 곳으로서 배수처리가 쉬운 장소에 시험배관을 설치한 경우는 제외) 보기 ②③

답 ①

★★★
70 화재조기진압용 스프링클러설비의 화재안전기준에 따라 가지배관을 배열할 때 천장의 높이가 9.1m 이상 13.7m 이하인 경우 가지배관 사이의 거리기준으로 맞는 것은?

19.03.문68
18.04.문70

① 3.1m 이하
② 2.4m 이상 3.7m 이하
③ 6.0m 이상 8.5m 이하
④ 6.0m 이상 9.3m 이하

해설 화재조기진압용 스프링클러설비 가지배관의 배열기준

천장높이	가지배관 헤드 사이의 거리
9.1m 미만	**2.4~3.7m** 이하
9.1~13.7m 이하	**3.1m** 이하 보기 ①

중요

화재조기진압용 스프링클러헤드의 **적합기준**(NFPC 103B 10조, NFTC 103B 2.7)
(1) 헤드 하나의 방호면적은 **6.0~9.3m²** 이하로 할 것
(2) 가지배관의 헤드 사이의 거리는 천장의 높이가 **9.1m** 미만인 경우에는 **2.4~3.7m** 이하로, **9.1~13.7m** 이하인 경우에는 **3.1m** 이하로 할 것
(3) 헤드의 반사판은 천장 또는 반자와 평행하게 설치하고 저장물의 최상부와 **914mm** 이상 확보하도록 할 것
(4) **하향식** 헤드의 반사판의 위치는 천장이나 반자 아래 **125~355mm** 이하일 것
(5) **상향식** 헤드의 감지부 중앙은 천장 또는 반자와 **101~152mm** 이하이어야 하며, 반사판의 위치는 스프링클러배관의 윗부분에서 최소 **178mm** 상부에 설치되도록 할 것
(6) 헤드와 벽과의 거리는 헤드 상호 간 거리의 $\frac{1}{2}$ 을 초과하지 않아야 하며 최소 **102mm** 이상일 것
(7) 헤드의 작동온도는 **74℃** 이하일 것(단, 헤드 주위의 온도가 38℃ 이상의 경우에는 그 온도에서의 화재시험 등에서 헤드작동에 관하여 공인기관의 시험을 거친 것을 사용할 것)

답 ①

★
71 옥내소화전설비의 화재안전기준에 따라 옥내소화전 방수구를 반드시 설치하여야 하는 곳은?

13.09.문68

① 식물원
② 수족관
③ 수영장의 관람석
④ 냉장창고 중 온도가 영하인 냉장실

해설 옥내소화전 방수구 설치제외 장소(NFPC 102 11조, NFTC 102 2.8)
(1) 냉장창고 중 온도가 영하인 **냉장실** 또는 냉동창고의 **냉동실**
(2) **고온의 노**가 설치된 장소 또는 **물**과 격렬하게 **반응**하는 물품의 저장 또는 취급 장소
(3) **발전소·변전소** 등으로서 전기시설이 설치된 장소
(4) **식물원·수족관·목욕실·수영장**(관람석 부분 제외) 또는 그 밖의 이와 비슷한 장소 보기 ③
(5) **야외음악당·야외극장** 또는 그 밖의 이와 비슷한 장소

기억법 방관(수수방관)

답 ③

★
72 스프링클러설비의 화재안전기준에 따른 특정소방대상물의 방호구역 층마다 설치하는 폐쇄형 스프링클러설비 유수검지장치의 설치높이 기준은?

15.05.문64

① 바닥으로부터 0.8m 이상 1.2m 이하
② 바닥으로부터 0.8m 이상 1.5m 이하
③ 바닥으로부터 1.0m 이상 1.2m 이하
④ 바닥으로부터 1.0m 이상 1.5m 이하

해설 설치높이

0.5~1m 이하	0.8~1.5m 이하	1.5m 이하
• **연**결송수관설비의 송수구·방수구 • **연**결살수설비의 송수구 • 물분무소화설비의 송수구 • **소**화용수설비의 채수구	• **제**어밸브(수동식 개방밸브) • 유수검지장치 • 일제개방밸브	• **옥내**소화전설비의 방수구 • **호**스릴함 • **소**화기(투척용 소화기 포함)
기억법 연소용 51 (연소용 오일은 잘 탄다.)	**기억법** 제유일 85 (제가 유일하게 팔았어요.) 보기 ①	**기억법** 옥내호소 5 (옥내에서 호소하시오.)

중요

폐쇄형 설비의 방호구역 및 유수검지장치(NFPC 103 6조, NFTC 103 2.3)
(1) 하나의 방호구역의 바닥면적은 **3000m²**를 초과하지 않을 것
(2) 하나의 방호구역에는 1개 이상의 유수검지장치를 설치할 것
(3) 하나의 방호구역은 **2개층**에 미치지 아니하도록 하되, 1개층에 설치되는 스프링클러헤드의 수가 **10개 이하** 및 복층형 구조의 공동주택에는 **3개층** 이내
(4) 유수검지장치를 실내에 설치하거나 보호용 철망 등으로 구획하여 바닥으로부터 **0.8m 이상 1.5m 이하**의 위치에 설치하되, 그 실 등에는 개구부가 가로 **0.5m** 이상 세로 **1m** 이상의 출입문을 설치하고 그 출입문 상단에 "유수검지장치실"이라고 표시한 표지를 설치할 것[단, 유수검지장치를 기계실(공조용 기계실 포함) 안에 설치하는 경우에는 별도의 실 또는 보호용 철망을 설치하지 않고 기계실 출입문 상단에 "유수검지장치실"이라고 표시한 표지 설치가능]

답 ②

★★★
73
포소화설비의 화재안전기준에 따른 용어 정의 중 다음 (   ) 안에 알맞은 내용은?

18.04.문72
16.03.문64
15.09.문76
15.05.문80
12.05.문64
11.03.문64

(   ) 프로포셔너방식이란 펌프와 발포기의 중간에 설치된 벤투리관의 벤투리작용과 펌프 가압수의 포소화약제 저장탱크에 대한 압력에 따라 포소화약제를 흡입·혼합하는 방식을 말한다.

① 라인   ② 펌프
③ 프레져   ④ 프레져사이드

해설 **포소화약제**의 **혼합장치**

(1) **펌프 프로포셔너방식(펌프 혼합방식)**
  ㉠ 펌프 토출측과 흡입측에 바이패스를 설치하고, 그 바이패스의 도중에 설치한 어댑터(adaptor)로 펌프 토출측 수량의 일부를 통과시켜 공기포 용액을 만드는 방식
  ㉡ 펌프의 **토출관**과 **흡입관** 사이의 배관 도중에 설치한 **흡입기**에 펌프에서 토출된 물의 일부를 보내고 **농도조정밸브**에서 조정된 포소화약제의 필요량을 포소화약제 탱크에서 펌프 흡입측으로 보내어 약제를 혼합하는 방식

기억법 **펌농**

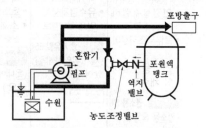
‖ 펌프 프로포셔너방식 ‖

(2) **프레져 프로포셔너방식(차압 혼합방식)** 보기 ③
  ㉠ 가압송수관 도중에 공기포 소화원액 혼합조(P.P.T)와 혼합기를 접속하여 사용하는 방법
  ㉡ **격막방식 휨탱크**를 사용하는 에어휨 혼합방식
  ㉢ 펌프와 발포기의 중간에 설치된 벤투리관의 **벤투리작용**과 펌프 가압수의 **포소화약제 저장탱크**에 대한 압력에 의하여 포소화약제를 흡입·혼합하는 방식

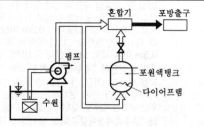
‖ 프레져 프로포셔너방식 ‖

(3) **라인 프로포셔너방식(관로 혼합방식)**
  ㉠ 급수관의 배관 도중에 포소화약제 흡입기를 설치하여 그 흡입관에서 소화약제를 흡입하여 혼합하는 방식
  ㉡ 펌프와 발포기의 중간에 설치된 **벤투리관**의 **벤투리작용**에 의하여 포소화약제를 흡입·혼합하는 방식

기억법 **라벤벤**

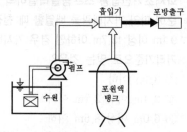
‖ 라인 프로포셔너방식 ‖

(4) **프레져사이드 프로포셔너방식(압입 혼합방식)**
  ㉠ 소화원액 가압펌프(압입용 펌프)를 별도로 사용하는 방식
  ㉡ 펌프 **토출관**에 압입기를 설치하여 포소화약제 **압입용 펌프**로 포소화약제를 압입시켜 혼합하는 방식

기억법 **프사압**

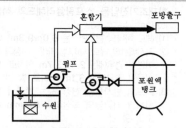
‖ 프레져사이드 프로포셔너방식 ‖

(5) **압축공기포 믹싱챔버방식** : 포수용액에 공기를 강제로 주입시켜 **원거리 방수**가 가능하고 물 사용량을 줄여 **수손피해**를 **최소화**할 수 있는 방식

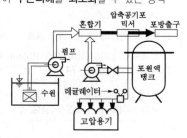
‖ 압축공기포 믹싱챔버방식 ‖

답 ③

★★★
74
소화기구 및 자동소화장치의 화재안전기준에 따른 수동으로 조작하는 대형소화기 B급의 능력단위기준은?

17.03.문71
16.05.문72
13.03.문68

① 10단위 이상   ② 15단위 이상
③ 20단위 이상   ④ 25단위 이상

해설 **소화능력단위**에 의한 **분류**(소화기 형식 4조)

소화기 분류		능력단위
소형소화기		1단위 이상
대형소화기	A급	10단위 이상
	B급	20단위 이상 보기 ③

기억법 대2B(데이빗!)

답 ③

---

75 포소화설비의 화재안전기준에 따른 포소화설비의
16.10.문64
12.09.문67
11.06.문78
포헤드 설치기준에 대한 설명으로 틀린 것은?

① 항공기격납고에 단백포 소화약제가 사용되는 경우 1분당 방사량은 바닥면적 $1m^2$당 6.5L 이상 방사되도록 할 것

② 특수가연물을 저장·취급하는 소방대상물에 단백포 소화약제가 사용되는 경우 1분당 방사량은 바닥면적 $1m^2$당 6.5L 이상 방사되도록 할 것

③ 특수가연물을 저장·취급하는 소방대상물에 합성계면활성제포 소화약제가 사용되는 경우 1분당 방사량은 바닥면적 $1m^2$당 8.0L 이상 방사되도록 할 것

④ 포헤드는 특정소방대상물의 천장 또는 반자에 설치하되, 바닥면적 $9m^2$마다 1개 이상으로 하여 해당 방호대상물의 화재를 유효하게 소화할 수 있도록 할 것

해설 ③ 8.0L → 6.5L

소방대상물별 약제저장량(소화약제 기준)(NFPC 105 12조, NFTC 105 2.9.2)

소방대상물	포소화약제의 종류	방사량
차고·주차장·항공기격납고	• 수성막포	$3.7L/m^2$분
	• 단백포	$6.5L/m^2$분 보기 ①
	• 합성계면활성제포	$8.0L/m^2$분
특수가연물 저장·취급소	• 수성막포 • 단백포 • 합성계면활성제포	$6.5L/m^2$분 보기 ②③

 중요

헤드의 설치개수

구 분		헤드개수
포워터 스프링클러헤드		$8m^2$/개
포헤드		$9m^2$/개 보기 ④
압축공기포소화설비	특수가연물 저장소	$9.3m^2$/개
	유류탱크 주위	$13.9m^2$/개

기억법 포헤9

답 ③

---

76 소화기구 및 자동소화장치의 화재안전기준에
19.04.문73
13.06.문74
따라 대형소화기를 설치할 때 특정소방대상물의 각 부분으로부터 1개의 소화기까지의 보행거리가 최대 몇 m 이내가 되도록 배치하여야 하는가?

① 20
② 25
③ 30
④ 40

해설 **수평거리 및 보행거리**

(1) **수평거리**

구 분	설 명
수평거리 10m 이하	• 예상제연구역~배출구
수평거리 15m 이하	• 분말호스릴 • 포호스릴 • CO_2호스릴
수평거리 20m 이하	• 할론호스릴
수평거리 25m 이하	• 옥내소화전 방수구(호스릴 포함) • 포소화전 방수구 • 연결송수관 방수구(지가, 지하층 바닥면적 $3000m^2$ 이상)
수평거리 40m 이하	• 옥외소화전 방수구
수평거리 50m 이하	• 연결송수관 방수구(사무실)

(2) **보행거리**

구 분	설 명
보행거리 20m 이하	소형소화기
보행거리 30m 이하	대형소화기 보기 ③

기억법 대3(대상을 받다.)

답 ③

---

77 소화수조 및 저수조의 화재안전기준에 따라 소화
19.04.문77
17.09.문66
17.05.문68
15.03.문77
12.05.문74
09.05.문63
수조의 채수구는 소방차가 최대 몇 m 이내의 지점까지 접근할 수 있도록 설치하여야 하는가?

① 1
② 2
③ 4
④ 5

해설 **소화수조 및 저수조의 설치기준**(NFPC 402 4~5조, NFTC 402 2.1.1, 2.2)

(1) 소화수조의 깊이가 4.5m 이상일 경우 가압송수장치를 설치할 것

(2) 소화수조는 소방펌프자동차(소방차)가 채수구로부터 2m 이내의 지점까지 접근할 수 있는 위치에 설치할 것 보기 ②

(3) 소화수조가 옥상 또는 옥탑부분에 설치된 경우에는 지상에 설치된 채수구에서의 압력 0.15MPa 이상 되도록 할 것

기억법 옥15

답 ②

78

18.04.문74
17.05.문75

미분무소화설비의 화재안전기준에 따른 용어정의 중 다음 (   ) 안에 알맞은 것은?

> "미분무"란 물만을 사용하여 소화하는 방식으로 최소설계압력에서 헤드로부터 방출되는 물입자 중 99%의 누적체적분포가 (㉠)μm 이하로 분무되고 (㉡)급 화재에 적응성을 갖는 것을 말한다.

① ㉠ 400, ㉡ A, B, C
② ㉠ 400, ㉡ B, C
③ ㉠ 200, ㉡ A, B, C
④ ㉠ 200, ㉡ B, C

해설 **미분무소화설비**의 **용어정의**(NFPC 104A 3조, NFTC 104A 1.7)

용 어	설 명
미분무 소화설비	가압된 물이 헤드 통과 후 **미세**한 **입자**로 분무됨으로써 소화성능을 가지는 설비를 말하며, **소화력**을 **증가**시키기 위해 **강화액** 등을 첨가할 수 있다.
미분무	물만을 사용하여 소화하는 방식으로 최소설계압력에서 헤드로부터 방출되는 물입자 중 **99%**의 누적체적분포가 **400μm** 이하로 분무되고 **A, B, C급 화재**에 적응성을 갖는 것 보기 ①
미분무 헤드	**하나 이상**의 **오리피스**를 가지고 미분무 소화설비에 사용되는 헤드

답 ①

79

17.05.문74

분말소화설비의 화재안전기준에 따라 분말소화약제 저장용기의 설치기준으로 맞는 것은?

① 저장용기의 충전비는 0.5 이상으로 할 것
② 제1종 분말(탄산수소나트륨을 주성분으로 한 분말)의 경우 소화약제 1kg당 저장용기의 내용적은 1.25L일 것
③ 저장용기에는 저장용기의 내부압력이 설정압력으로 되었을 때 주밸브를 개방하는 정압작동장치를 설치할 것
④ 저장용기에는 가압식은 최고사용압력 2배 이하, 축압식은 용기의 내압시험압력의 1배 이하의 압력에서 작동하는 안전밸브를 설치할 것

해설
① 0.5 → 0.8
② 1.25L → 0.8L
④ 2배 → 1.8배, 1배 → 0.8배

분말소화약제 저장용기의 **설치기준**(NFPC 108 4조, NFTC 108 2.1.2)
(1) 저장용기에는 **가압식**은 **최고사용압력**의 **1.8배** 이하, **축압식**은 용기의 **내압시험압력**의 **0.8배** 이하의 압력에서 작동하는 **안전밸브**를 설치 보기 ④
(2) 저장용기에는 저장용기의 내부압력이 설정압력으로 되었을 때 주밸브를 개방하는 **정압작동장치**를 설치 보기 ③
(3) 저장용기의 **충전비**는 **0.8 이상**으로 할 것 보기 ①
(4) 저장용기 및 배관에는 잔류소화약제를 처리할 수 있는 **청소장치**를 설치
(5) 축압식의 분말소화설비는 사용압력의 범위를 표시한 **지시압력계**를 설치

‖ 저장용기의 내용적 ‖

소화약제의 종별	소화약제 1kg당 저장용기의 내용적
제1종 분말(탄산수소나트륨을 주성분으로 한 분말)	0.8L 보기 ②
제2종 분말(탄산수소칼륨을 주성분으로 한 분말)	1L
제3종 분말(인산염을 주성분으로 한 분말)	1L
제4종 분말(탄산수소칼륨과 요소가 화합된 분말)	1.25L

답 ③

80

05.09.문69

할론소화설비의 화재안전기준에 따른 할론 1301 소화약제의 저장용기에 대한 설명으로 틀린 것은?

① 저장용기의 충전비는 0.9 이상 1.6 이하로 할 것
② 동일 집합관에 접속되는 저장용기의 소화약제 충전량은 동일 충전비의 것으로 할 것
③ 저장용기의 개방밸브는 안전장치가 부착된 것으로 하며 수동으로 개방되지 않도록 할 것
④ 축압식 용기의 경우에는 20℃에서 2.5MPa 또는 4.2MPa의 압력이 되도록 질소가스로 축압할 것

해설

③ 개방되지 않도록 할 것 → 개방되도록 할 것

할론소화약제 저장용기의 설치기준(NFPC 107 4조 / NFTC 107 2.1.2, 2.7.1.3)

구 분		할론 1301	할론 1211	할론 2402
저장압력		2.5MPa 또는 4.2MPa	1.1MPa 또는 2.5MPa	−
방출압력		0.9MPa	0.2MPa	0.1MPa
충전비	가압식	0.9~1.6 이하	0.7~1.4 이하	0.51~0.67 미만
	축압식	보기 ①		0.67~2.75 이하

(1) 축압식 저장용기의 압력은 온도 20℃에서 **할론 1211**을 저장하는 것은 **1.1MPa** 또는 **2.5MPa**, **할론 1301**을 저장하는 것은 **2.5MPa** 또는 **4.2MPa**이 되도록 **질소가스**로 축압할 것 보기 ④

(2) 저장용기의 충전비는 **할론 2402**를 저장하는 것 중 **가압식** 저장용기는 **0.51 이상 0.67 미만**, **축압식** 저장용기는 **0.67 이상 2.75 이하**, **할론 1211**은 **0.7 이상 1.4 이하**, **할론 1301**은 **0.9 이상 1.6 이하**로 할 것

(3) 할론소화약제 저장용기의 개방밸브는 **전기식 · 가스 압력식** 또는 **기계식**에 따라 자동으로 개방되고 **수동**으로도 개방되는 것으로서 안전장치가 부착된 것으로 할 것 보기 ③

(4) 동일 집합관에 접속되는 저장용기의 소화약제 충전량은 동일 충전비의 것으로 할 것 보기 ②

답 ③

입냄새 예방수칙

- **식사 후에는 반드시 이를 닦는다.**
  식후 입 안에 낀 음식찌꺼기는 20분이 지나면 부패하기 시작.

- **음식은 잘 씹어 먹는다.**
  침의 분비가 활발해져 입안이 깨끗해지고 소화 작용을 도와 위장에서 가스가 발산하는 것을 막을 수 있다.

- **혀에 낀 설태를 닦아 낸다.**
  설태는 썩은 달걀과 같은 냄새를 풍긴다. 1일 1회 이상 타월이나 가제 등으로 닦아 낼 것.

- **대화를 많이 한다.**
  혀 운동이 되면서 침 분비량이 늘어 구강내 자정작용이 활발해진다.

- **스트레스를 다스려라.**
  긴장과 피로가 누적되면 침의 분비가 줄어들어 입냄새의 원인이 된다.

- **과음, 과식을 피하고 규칙적인 식습관을 갖는다.**

과년도 기출문제

2019년

소방설비기사 필기(기계분야)

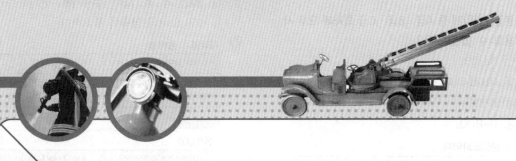

** 수험자 유의사항 **

1. 문제지를 받는 즉시 본인이 **응시한 종목**이 맞는지 확인하시기 바랍니다.
2. 문제지 표지에 본인의 **수험번호**와 **성명**을 기재하여야 합니다.
3. 문제지의 **총면수, 문제번호 일련순서, 인쇄상태, 중복 및 누락 페이지 유무**를 확인하시기 바랍니다.
4. 답안은 각 문제마다 요구하는 가장 적합하거나 가까운 답 1개만을 선택하여야 합니다.
5. 답안카드는 뒷면의 「수험자 유의사항」에 따라 작성하시고, 답안카드 작성 시 형별누락, 마킹착오로 인한 불이익은 전적으로 수험자에게 책임이 있음을 알려드립니다.
6. 문제지는 시험 종료 후 본인이 가져갈 수 있습니다.

** 안내사항 **

• 가답안/최종정답은 큐넷(www.q-net.or.kr)에서 확인하실 수 있습니다. 가답안에 대한 의견은 큐넷의 [가답안 의견 제시]를 통해 제시할 수 있으며, 확정된 답안은 최종정답으로 갈음합니다.

• 공단에서 제공하는 자격검정서비스에 대해 개선할 점이 있으시면 고객참여(http://hrdkorea.or.kr/7/1/1)를 통해 건의하여 주시기 바랍니다.

				수험번호	성명

▌2019년 기사 제1회 필기시험▐

자격종목	종목코드	시험시간	형별
소방설비기사(기계분야)		**2시간**	

※ 각 문항은 4지택일형으로 질문에 가장 적합한 보기 항을 선택하여 체크하여야 합니다.

제 1 과목   소방원론

★★★ 01 분말소화약제 중 A급·B급·C급 화재에 모두 사용할 수 있는 것은?

18.04.문06
17.09.문10
16.10.문06
16.05.문15
16.03.문09
15.09.문01
15.05.문08
14.09.문10
14.03.문03
14.03.문14
12.03.문13

① Na_2CO_3
② $NH_4H_2PO_4$
③ $KHCO_3$
④ $NaHCO_3$

해설 (1) 분말소화약제

유사문제부터 풀어보세요. 실력이 팍!팍! 올라갑니다.

종 별	주성분	착 색	적응 화재	비 고
제1종	중탄산나트륨 ($NaHCO_3$)	백색	BC급	**식용유** 및 **지방질유**의 화재에 적합
제2종	중탄산칼륨 ($KHCO_3$)	담자색 (담회색)	BC급	–
제3종	제1인산암모늄 ($NH_4H_2PO_4$)	담홍색	AB C급 [보기 ②]	**차고·주차장**에 적합
제4종	중탄산칼륨 +요소 ($KHCO_3$ + $(NH_2)_2CO$)	회(백)색	BC급	–

기억법 1식분(일식 분식)
3분 차주(삼보컴퓨터 차주)

(2) 이산화탄소 소화약제

주성분	적응화재
이산화탄소(CO_2)	BC급

답 ②

★★★ 02 물의 기화열이 539.6cal/g인 것은 어떤 의미인가?

14.09.문20
10.09.문20

① 0℃의 물 1g이 얼음으로 변화하는 데 539.6cal의 열량이 필요하다.
② 0℃의 얼음 1g이 물로 변화하는 데 539.6cal의 열량이 필요하다.
③ 0℃의 물 1g이 100℃의 물로 변화하는 데 539.6cal의 열량이 필요하다.
④ 100℃의 물 1g이 수증기로 변화하는 데 539.6cal의 열량이 필요하다.

해설 기화열과 융해열

기화열(증발열)	융해열
100℃의 **물** 1g이 **수증기**로 변화하는 데 필요한 열량	0℃의 **얼음** 1g이 **물**로 변화하는 데 필요한 열량

참고

물(H_2O)

기화잠열(증발잠열)	융해잠열(융해열)
<u>539</u>cal/g	<u>80</u>cal/g

기억법 기53, 융8

④ 물의 기화열 539.6cal : 100℃의 물 1g이 수증기로 변화하는 데 539.6cal의 열량이 필요하다.

답 ④

★★★ 03 공기와 접촉되었을 때 위험도(H)가 가장 큰 것은?

15.09.문08
10.03.문14

① 에터
② 수소
③ 에틸렌
④ 부탄

해설 위험도

$$H = \frac{U - L}{L}$$

여기서, H : 위험도
U : 연소상한계
L : 연소하한계

① 에터 $= \dfrac{48 - 1.7}{1.7} = 27.23$

② 수소 $= \dfrac{75 - 4}{4} = 17.75$

③ 에틸렌 $= \dfrac{36 - 2.7}{2.7} = 12.33$

④ 부탄 $= \dfrac{8.4 - 1.8}{1.8} = 3.67$

15.09.문06
15.09.문13
14.03.문06
12.09.문16
12.05.문05

중요

공기 중의 폭발한계(상온, 1atm)		
가 스	하한계 [vol%]	상한계 [vol%]
보기 ① → 에터((C₂H₅)₂O) →	1.7	48
보기 ② → 수소(H₂) →	4	75
보기 ③ → 에틸렌(C₂H₄) →	2.7	36
보기 ④ → 부탄(C₄H₁₀) →	1.8	8.4
아세틸렌(C₂H₂)	2.5	81
일산화탄소(CO)	12	75
이황화탄소(CS₂)	1	50
암모니아(NH₃)	15	25
메탄(CH₄)	5	15
에탄(C₂H₆)	3	12.4
프로판(C₃H₈)	2.1	9.5

- 연소한계=연소범위=가연한계=가연범위= 폭발한계=폭발범위

답 ①

★★★
04
마그네슘의 화재에 주수하였을 때 물과 마그네슘의 반응으로 인하여 생성되는 가스는?

① 산소   ② 수소
③ 일산화탄소   ④ 이산화탄소

해설 주수소화(물소화)시 위험한 물질

위험물	발생물질
• 무기과산화물	산소(O₂) 발생 [기억법] 무산(무산되다.)
• 금속분 • 마그네슘 → • 알루미늄 • 칼륨 • 나트륨 • 수소화리튬	수소(H₂) 발생 [보기 ②] [기억법] 마수
• 가연성 액체의 유류화재 (경유)	연소면(화재면) 확대

답 ②

★
05
이산화탄소의 질식 및 냉각 효과에 대한 설명 중 틀린 것은?

① 이산화탄소의 증기비중이 산소보다 크기 때문에 가연물과 산소의 접촉을 방해한다.

② 액체 이산화탄소가 기화되는 과정에서 열을 흡수한다.

③ 이산화탄소는 불연성 가스로서 가연물의 연소반응을 방해한다.

④ 이산화탄소는 산소와 반응하며 이 과정에서 발생한 연소열을 흡수하므로 냉각효과를 나타낸다.

해설 ④ 이산화탄소(CO₂)는 산소와 더 이상 반응하지 않는다.

중요

(1) **이산화탄소의 냉각효과원리**
  ㉠ 이산화탄소는 방사시 발생하는 미세한 **드라이아이스** 입자에 의해 **냉각효과**를 나타낸다.
  ㉡ 이산화탄소 방사시 **기화열**을 **흡수**하여 **점화원**을 **냉각**시키므로 **냉각효과**를 나타낸다.

(2) **가연물이 될 수 없는 물질**(불연성 물질)

특 징	불연성 물질	
주기율표의 0족 원소	• 헬륨(He) • 네온(Ne) • **아르곤**(Ar) • 크립톤(Kr) • 크세논(Xe) • 라돈(Rn)	불활성 가스
산소와 더 이상 반응하지 않는 물질	• 물(H₂O) • 이산화탄소(CO₂) • 산화알루미늄(Al₂O₃) • 오산화인(P₂O₅)	
흡열반응물질	• 질소(N₂)	

답 ④

★★
06
위험물안전관리법령상 위험물의 지정수량이 틀린 것은?

16.05.문01
09.05.문57

① 과산화나트륨 – 50kg
② 적린 – 100kg
③ 트리나이트로톨루엔(제2종) – 100kg
④ 탄화알루미늄 – 400kg

해설 위험물의 **지정수량**

위험물	지정수량
과산화나트륨	50kg [보기 ①]
적린	100kg [보기 ②]
트리나이트로톨루엔	제1종 : 10kg, 제2종 : 100kg [보기 ③]
탄화알루미늄 →	300kg [보기 ④]

④ 400kg → 300kg

답 ④

★★★
07
제2류 위험물에 해당하지 않는 것은?

15.09.문18
15.05.문42
14.03.문18

① 황   ② 황화인
③ 적린   ④ 황린

해설 위험물령 〔별표 1〕
위험물

유별	성질	품명
제**1**류	**산**화성 **고체**	• 아염소산염류 • 염소산염류 • 과염소산염류 • 질산염류 • 무기과산화물 **기억법** 1산고(일산GO)
제**2**류	가연성 고체	• **황화**인 보기 ② • **적**린 보기 ③ • **황** 보기 ① • 마그네슘 • 금속분 **기억법** 2황화적황마
제**3**류	자연발화성 물질 및 금수성 물질	• **황린** 보기 ④ • **칼륨** • **나**트륨 • **트**리에틸**알**루미늄 • 금속의 수소화물 **기억법** 황칼나트알
제**4**류	인화성 액체	• 특수인화물 • 석유류(벤젠) • 알코올류 • 동식물유류
제**5**류	자기반응성 물질	• 유기과산화물 • 나이트로화합물 • 나이트로소화합물 • 아조화합물 • 질산에스터류(셀룰로이드)
제**6**류	산화성 액체	• 과염소산 • 과산화수소 • 질산

④ 황린 : 제3류 위험물

답 ④

★★★
08 화재의 분류방법 중 유류화재를 나타낸 것은?

17.09.문07
16.05.문09
15.09.문19
13.09.문07

① A급 화재   ② B급 화재
③ C급 화재   ④ D급 화재

해설 화재의 종류

구 분	표시색	적응물질
일반화재(A급) 보기 ①	백색	• 일반가연물 • 종이류 화재 • 목재·섬유화재
유류화재(B급) 보기 ②	황색	• 가연성 액체 • 가연성 가스 • 액화가스화재 • 석유화재
전기화재(C급) 보기 ③	청색	• 전기설비
금속화재(D급) 보기 ④	무색	• 가연성 금속
주방화재(K급)	−	• 식용유화재

※ 요즘은 표시색의 의무규정은 없음

답 ②

★
09 주요구조부가 내화구조로 된 건축물에서 거실 각 부분으로부터 하나의 직통계단에 이르는 보행거리는 피난자의 안전상 몇 m 이하이어야 하는가?

99.08.문10

① 50   ② 60
③ 70   ④ 80

해설 건축령 34조
직통계단의 설치거리
(1) 일반건축물 : 보행거리 **30m** 이하
(2) 16층 이상인 공동주택 : 보행거리 **40m** 이하
(3) 내화구조 또는 불연재료로 된 건축물 : **50m** 이하
보기 ①

답 ①

★★★
10 불활성 가스에 해당하는 것은?

16.03.문04
11.10.문02

① 수증기   ② 일산화탄소
③ 아르곤   ④ 아세틸렌

해설 가연물이 될 수 없는 물질(불연성 물질)

특 징	불연성 물질
주기율표의 0족 원소	• 헬륨(He) • 네온(Ne) • **아르곤(Ar)** 보기 ③ — 불활성 가스 • 크립톤(Kr) • 크세논(Xe) • 라돈(Rn)
산소와 더 이상 반응하지 않는 물질	• 물(H_2O) • 이산화탄소(CO_2) • 산화알루미늄(Al_2O_3) • 오산화인(P_2O_5)
흡열반응물질	• 질소(N_2)

답 ③

★★
11 이산화탄소 소화약제의 임계온도로 옳은 것은?

16.03.문15
14.05.문08
13.06.문20
11.03.문06

① 24.4℃   ② 31.1℃
③ 56.4℃   ④ 78.2℃

해설 이산화탄소의 물성

구 분	물 성
임계압력	72.75atm
임계온도	→ 31.35℃(약 31.1℃) 보기 ②
3중점	−**56**.3℃(약 −56℃)
승화점(**비**점)	−**78**.5℃
허용농도	0.5%
증기비중	1.**5**29
수분	0.05% 이하(함량 99.5% 이상)

기억법 이356, 이비78, 이증15

답 ②

12 ★★

인화점이 40℃ 이하인 위험물을 저장, 취급하는 장소에 설치하는 전기설비는 방폭구조로 설치하는데, 용기의 내부에 기체를 압입하여 압력을 유지하도록 함으로써 폭발성 가스가 침입하는 것을 방지하는 구조는?

17.09.문17
12.03.문02
97.07.문15

① 압력방폭구조
② 유입방폭구조
③ 안전증방폭구조
④ 본질안전방폭구조

해설 **방폭구조**의 **종류**

① **내압(압력)방폭구조**(P) : 용기 내부에 질소 등의 보호용 가스를 충전하여 외부에서 폭발성 가스가 침입하지 못하도록 한 구조 보기 ①

② **유입방폭구조**(o) : 전기불꽃, 아크 또는 고온이 발생하는 부분을 기름 속에 넣어 폭발성 가스에 의해 인화가 되지 않도록 한 구조

③ **안전증방폭구조**(e) : 기기의 정상운전 중에 폭발성 가스에 의해 점화원이 될 수 있는 전기불꽃 또는 고온이 되어서는 안 될 부분에 기계적, 전기적으로 특히 안전도를 증가시킨 구조

④ **본질안전방폭구조**(i) : 폭발성 가스가 단선, 단락, 지락 등에 의해 발생하는 전기불꽃, 아크 또는 고온에 의하여 점화되지 않는 것이 확인된 구조

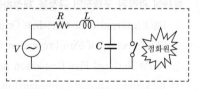

답 ①

13 ★★★

물질의 취급 또는 위험성에 대한 설명 중 틀린 것은?

14.03.문12
07.05.문03

① 용해열은 점화원이다.
② 질산은 물과 반응시 발열반응하므로 주의를 해야 한다.
③ 네온, 이산화탄소, 질소는 불연성 물질로 취급한다.
④ 암모니아를 충전하는 공업용 용기의 색상은 백색이다.

해설 **점화원**이 될 수 없는 것
(1) **기**화열(증발열)
(2) **융**해열 보기 ①
(3) **흡**착열

기억법 점기융흡

답 ①

14 ★★★

분말소화약제 분말입도의 소화성능에 관한 설명으로 옳은 것은?

① 미세할수록 소화성능이 우수하다.
② 입도가 클수록 소화성능이 우수하다.
③ 입도와 소화성능과는 관련이 없다.
④ 입도가 너무 미세하거나 너무 커도 소화성능은 저하된다.

해설 **미세도(입도)**
$20 \sim 25 \mu m$의 입자로 미세도의 분포가 골고루 되어 있어야 하며, 입도가 너무 미세하거나 너무 커도 소화성능은 저하된다. 보기 ④

• μm : '미크론' 또는 '마이크로미터'라고 읽는다.

답 ④

15 ★★

방화구획의 설치기준 중 스프링클러, 기타 이와 유사한 자동식 소화설비를 설치한 10층 이하의 층은 몇 m² 이내마다 구획하여야 하는가?

18.04.문04

① 1000
② 1500
③ 2000
④ 3000

해설 건축령 46조, 피난·방화구조 14조
방화구획의 기준

대상 건축물	대상 규모	층 및 구획방법		구획부분의 구조
주요 구조부가 내화구조 또는 불연재료 로 된 건축물	연면적 1000m² 넘는 것	10층 이하	● 바닥면적 →1000m² 이 내마다 보기 ④	● 내화구조로 된 바닥·벽 ● 60분+방화 문, 60분 방 화문 ● 자동방화셔터
		매 층 마다	● 지하 1층에서 지상으로 직 접 연결하는 경사로 부위 는 제외	
		11층 이상	● 바닥면적 200m² 이 내마다(실내 마감을 불연 재료로 한 경 우 500m² 이내마다)	

- **스프링클러**, 기타 이와 유사한 **자동식 소화설비**를 설치한 경우 바닥면적은 위의 **3배** 면적으로 산정한다.
- **필로티**나 그 밖의 비슷한 구조의 부분을 주차장으로 사용하는 경우 그 부분은 건축물의 다른 부분과 구획할 것

> ④ 스프링클러소화설비를 설치했으므로 1000m² ×
> 3배 = **3000m²**

답 ④

16 연면적이 1000m² 이상인 목조건축물은 그 외벽 및 처마 밑의 연소할 우려가 있는 부분을 방화구조로 하여야 하는데 이때 연소우려가 있는 부분은? (단, 동일한 대지 안에 2동 이상의 건물이 있는 경우이며, 공원·광장·하천의 공지나 수면 또는 내화구조의 벽, 기타 이와 유사한 것에 접하는 부분을 제외한다.)
01.09.문08
98.10.문05
① 상호의 외벽 간 중심선으로부터 1층은 3m 이내의 부분
② 상호의 외벽 간 중심선으로부터 2층은 7m 이내의 부분
③ 상호의 외벽 간 중심선으로부터 3층은 11m 이내의 부분
④ 상호의 외벽 간 중심선으로부터 4층은 13m 이내의 부분

해설 피난·방화구조 22조
연소할 우려가 있는 부분
인접대지경계선·도로중심선 또는 동일한 대지 안에 있는 2동 이상의 건축물 상호의 외벽 간의 중심선으로부터의 거리

1층	2층 이상
3m 이내 보기①	5m 이내

비교

소방시설법 시행규칙 17조
연소 우려가 있는 건축물의 구조
(1) **1층**: 타건축물 외벽으로부터 **6m** 이하
(2) **2층**: 타건축물 외벽으로부터 **10m** 이하
(3) 대지경계선 안에 2 이상의 건축물이 있는 경우
(4) 개구부가 다른 건축물을 향하여 설치된 구조

답 ①

17 탄화칼슘의 화재시 물을 주수하였을 때 발생하는 가스로 옳은 것은?
17.05.문09
11.10.문05
10.09.문12
① C_2H_2 ② H_2
③ O_2 ④ C_2H_6

해설 탄화칼슘과 물의 반응식
$$CaC_2 + 2H_2O \longrightarrow Ca(OH)_2 + C_2H_2 \uparrow$$ 보기①
탄화칼슘   물   수산화칼슘   아세틸렌

답 ①

18 증기비중의 정의로 옳은 것은? (단, 분자, 분모의 단위는 모두 g/mol이다.)
16.03.문01
15.03.문05
14.09.문15
12.09.문18
07.05.문17
① $\dfrac{분자량}{22.4}$

② $\dfrac{분자량}{29}$

③ $\dfrac{분자량}{44.8}$

④ $\dfrac{분자량}{100}$

해설 증기비중

$$증기비중 = \dfrac{분자량}{29}$$

여기서, 29 : 공기의 평균 분자량[g/mol]

비교

증기밀도

$$증기밀도 = \dfrac{분자량}{22.4}$$

여기서, 22.4 : 기체 1몰의 부피[L]

답 ②

19 화재에 관련된 국제적인 규정을 제정하는 단체는?
① IMO(International Maritime Organization)
② SFPE(Society of Fire Protection Engineers)
③ NFPA(National Fire Protection Association)
④ ISO(International Organization for Standardization) TC 92

단체명	설 명
IMO(International Maritime Organization) 보기 ①	• 국제해사기구 • 선박의 항로, 교통규칙, 항만시설 등을 국제적으로 통일하기 위하여 설치된 유엔전문기구
SFPE(Society of Fire Protection Engineers) 보기 ②	• 미국소방기술사회
NFPA(National Fire Protection Association) 보기 ③	• 미국방화협회 • 방화·안전설비 및 산업안전 방지장치 등에 대해 약 270규격을 제정
ISO(International Organization for Standardization) 보기 ④	• 국제표준화기구 • 지적 활동이나 과학·기술·경제 활동 분야에서 세계 상호간의 협력을 위해 1946년에 설립한 국제기구 ※ TC 92 : Fire Safety, ISO의 237개 전문기술위원회(TC)의 하나로서, 화재로부터 인명 안전 및 건물 보호, 환경을 보전하기 위하여 건축자재 및 구조물의 화재시험 및 시뮬레이션 개발에 필요한 세부지침을 국제규격으로 제·개정하는 것

답 ④

★★★
20 화재하중에 대한 설명 중 틀린 것은?

16.10.문18
15.09.문17
01.06.문06
97.03.문19

① 화재하중이 크면 단위면적당의 발열량이 크다.
② 화재하중이 크다는 것은 화재구획의 공간이 넓다는 것이다.
③ 화재하중이 같더라도 물질의 상태에 따라 가혹도는 달라진다.
④ 화재하중은 화재구획실 내의 가연물 총량을 목재 중량당비로 환산하여 면적으로 나눈 수치이다.

해설 화재하중

(1) 가연물 등의 **연소시 건축물의 붕괴** 등을 고려하여 설계하는 하중
(2) 화재실 또는 화재구획의 **단위면적당 가연물의 양**
(3) 일반건축물에서 가연성의 건축구조재와 **가연성 수용물의 양**으로서 건물화재시 발열량 및 화재위험성을 나타내는 용어
(4) 화재하중이 크면 단위면적당의 발열량이 크다. 보기 ①
(5) 화재하중이 같더라도 물질의 상태에 따라 가혹도는 달라진다. 보기 ③
(6) 화재하중은 화재구획실 내의 가연물 총량을 목재 중량당비로 환산하여 면적으로 나눈 수치이다. 보기 ④

---

(7) 건물화재에서 가열온도의 정도를 의미한다.
(8) 건물의 내화설계시 고려되어야 할 사항이다.
(9)

$$q = \frac{\Sigma G_t H_t}{HA} = \frac{\Sigma Q}{4500A}$$

여기서, q : 화재하중[kg/m^2] 또는 [N/m^2]
G_t : 가연물의 양[kg]
H_t : 가연물의 단위발열량[kcal/kg]
H : 목재의 단위발열량[kcal/kg] (**4500kcal/kg**)
A : 바닥면적[m^2]
ΣQ : 가연물의 전체 발열량[kcal]

비교

화재가혹도
화재로 인하여 건물 내에 수납되어 있는 재산 및 건물 자체에 손상을 주는 능력의 정도

답 ②

제 2 과목   소방유체역학

★★★
21 다음 중 열역학 제1법칙에 관한 설명으로 옳은 것은?

14.09.문30
13.06.문40
01.09.문40

① 열은 그 자신만으로 저온에서 고온으로 이동할 수 없다.
② 일은 열로 변환시킬 수 있고 열은 일로 변환시킬 수 있다.
③ 사이클과정에서 열이 모두 일로 변화할 수 없다.
④ 열평형 상태에 있는 물체의 온도는 같다.

해설 열역학의 법칙

법 칙	설 명
열역학 제0법칙 (열평형의 법칙)	① 온도가 높은 물체에 낮은 물체를 접촉시키면 온도가 높은 물체에서 낮은 물체로 열이 이동하여 두 물체의 **온도**는 **평형**을 이루게 된다. ② 열평형 상태에 있는 물체의 온도는 같다. 보기 ④
열역학 제1법칙 (에너지보존의 법칙)	① 기체의 공급에너지는 **내부에너지**와 외부에서 한 일의 합과 같다. ② 사이클과정에서 **시스템(계)**이 한 **총일**은 시스템이 받은 **총열량**과 같다. ③ 일은 열로 변환시킬 수 있고 열은 일로 변환시킬 수 있다. 보기 ②

열역학 제2법칙	① 열은 스스로 **저온**에서 **고온**으로 절대로 흐르지 않는다(일을 가하면 **저온**부로부터 **고온**부로 열을 이동시킬 수 있다). 보기 ① ② 열은 그 스스로 저열원체에서 고열원체로 이동할 수 없다. ③ 자발적인 변화는 **비가역적**이다. ④ 열을 완전히 일로 바꿀 수 있는 **열기관**을 만들 수 **없다**(일을 100% 열로 변환시킬 수 없다). ⑤ 사이클과정에서 열이 모두 일로 변화할 수 없다. 보기 ③
열역학 제3법칙	① 순수한 물질이 1atm하에서 결정상태이면 **엔트로피**는 0K에서 0이다. ② 단열과정에서 시스템의 **엔트로피**는 변하지 않는다.

① ③ 열역학 제2법칙
④ 열역학 제0법칙

답 ②

★ 22

안지름 25mm, 길이 10m의 수평파이프를 통해 비중 0.8, 점성계수는 5×10^{-3}kg/m · s인 기름을 유량 0.2×10^{-3}m³/s로 수송하고자 할 때, 필요한 펌프의 최소동력은 약 몇 W인가?

① 0.21   ② 0.58
③ 0.77   ④ 0.81

해설 (1) 기호

- D : 25mm=0.025m(1000mm=1m)
- l : 10m
- s : 0.8
- μ : 5×10^{-3}kg/m · s
- Q : 0.2×10^{-3}m³/s
- P : ?

(2) 유량(flowrate, 체적유량, 용량유량)

$$Q = AV = \left(\frac{\pi D^2}{4}\right)V$$

여기서, Q : 유량[m³/s]
A : 단면적[m²]
V : 유속[m/s]
D : 직경(안지름)[m]

유속 V는

$$V = \frac{Q}{\frac{\pi D^2}{4}} = \frac{0.2 \times 10^{-3}\text{m}^3/\text{s}}{\frac{\pi \times (0.025\text{m})^2}{4}}$$
$$\fallingdotseq 0.4074\text{m/s}$$

(3) 비중

$$s = \frac{\rho}{\rho_w} = \frac{\gamma}{\gamma_w}$$

여기서, s : 비중
ρ : 어떤 물질의 밀도(기름의 밀도)[kg/m³] 또는 [N · s²/m⁴]
ρ_w : 물의 밀도(1000kg/m³ 또는 1000N · s²/m⁴)
γ : 어떤 물질의 비중량[N/m³]
γ_w : 물의 비중량(9800N/m³)

기름의 밀도 ρ는
$$\rho = s \times \rho_w$$
$$= 0.8 \times 1000\text{kg/m}^3$$
$$= 800\text{kg/m}^3$$

(4) 레이놀즈수

$$Re = \frac{DV\rho}{\mu} = \frac{DV}{\nu}$$

여기서, Re : 레이놀즈수
D : 내경[m]
V : 유속[m/s]
ρ : 밀도[kg/m³]
μ : 점도[g/cm · s] 또는 [kg/m · s]
ν : 동점성계수$\left(\frac{\mu}{\rho}\right)$[cm²/s] 또는 [m²/s]

레이놀즈수 Re는
$$Re = \frac{DV\rho}{\mu}$$
$$= \frac{0.025\text{m} \times 0.4074\text{m/s} \times 800\text{kg/m}^3}{5 \times 10^{-3}\text{kg/m} \cdot \text{s}}$$
$$= 1629.6(\text{층류})$$

|| 레이놀즈수 ||

층 류	천이영역(임계영역)	난 류
$Re < 2100$	$2100 < Re < 4000$	$Re > 4000$

(5) **관마찰계수**(**층류**일 때만 적용 가능)

$$f = \frac{64}{Re}$$

여기서, f : 관마찰계수
Re : 레이놀즈수
관마찰계수 f는
$$f = \frac{64}{Re} = \frac{64}{1629.6} \fallingdotseq 0.039$$

(6) **달시-웨버**의 **식**(Darcy-Weisbach formula, 층류)

$$H = \frac{\Delta p}{\gamma} = \frac{flV^2}{2gD}$$

여기서, H : 마찰손실수두(전양정)[m]
Δp : 압력차[Pa] 또는 [N/m²]
γ : 비중량(물의 비중량 9800N/m³)
f : 관마찰계수
l : 길이[m]
V : 유속[m/s]
g : 중력가속도(9.8m/s²)
D : 내경[m]

마찰손실수두 H는
$$H = \frac{flV^2}{2gD}$$
$$= \frac{0.039 \times 10\text{m} \times (0.4074\text{m/s})^2}{2 \times 9.8\text{m/s}^2 \times 0.025\text{m}} \fallingdotseq 0.132\text{m}$$

(7) 비중

$$s = \frac{\rho}{\rho_w} = \frac{\gamma}{\gamma_w}$$

여기서, s : 비중
  ρ : 어떤 물질의 밀도(기름의 밀도)[kg/m^3] 또는
    [N·s^2/m^4]
  ρ_w : 물의 밀도(1000kg/m^3 또는 1000N·s^2/m^4)
  γ : 어떤 물질의 비중량(기름의 비중량)[N/m^3]
  γ_w : 물의 비중량(9800N/m^3)

기름의 비중량 γ는
$\gamma = s \times \gamma_w$
  $= 0.8 \times 9800\text{N/m}^3$
  $= 7840\text{N/m}^3$

(8) 펌프의 동력

$$P = \frac{\gamma Q H}{1000\eta} K$$

여기서, P : 전동력[kW]
  γ : 비중량(물의 비중량 9800N/m^3)
  Q : 유량[m^3/s]
  H : 마찰손실수두(전양정)[m]
  K : 전달계수
  η : 효율

펌프의 동력 P는
$P = \dfrac{\gamma Q H}{1000\eta} K$
  $= \dfrac{7840\text{N/m}^3 \times (0.2 \times 10^{-3}\text{m}^3/\text{s}) \times 0.132\text{m}}{1000}$
  $≒ 2.1 \times 10^{-4}\text{kW}$
  $= 0.21 \times 10^{-3}\text{kW}$
  $= 0.21\text{W}$

- $\eta \cdot K$: 주어지지 않았으므로 무시
- γ (7840N/m^3) : (7)에서 구한 값
- Q (0.2×10^{-3}m^3/s) : 문제에서 주어진 값
- H (0.132m) : (6)에서 구한 값

답 ①

23 수은의 비중이 13.6일 때 수은의 비체적은 몇 m^3/kg인가?

98.03.문23

① $\dfrac{1}{13.6}$ ② $\dfrac{1}{13.6} \times 10^{-3}$

③ 13.6 ④ 13.6×10^{-3}

해설 (1) 비중

$$s = \frac{\rho}{\rho_w}$$

여기서, s : 비중
  ρ : 어떤 물질의 밀도[kg/m^3] 또는 [N·s^2/m^4]
  ρ_w : 물의 밀도(1000kg/m^3 또는 1000N·s^2/m^4)

수은의 밀도 ρ는
$\rho = s \cdot \rho_w$

  $= 13.6 \times 1000\text{kg/m}^3$
  $= 13600\text{kg/m}^3$

(2) 비체적

$$V_s = \frac{1}{\rho}$$

여기서, V_s : 비체적[m^3/kg]
  ρ : 밀도[kg/m^3]

비체적 V_s는
$V_s = \dfrac{1}{\rho}$
  $= \dfrac{1}{13600} = \dfrac{1}{13.6 \times 10^3} = \dfrac{1}{13.6} \times 10^{-3}\text{m}^3/\text{kg}$

답 ②

★★★ 24 그림과 같은 U자관 차압액주계에서 A와 B에 있는 유체는 물이고 그 중간의 유체는 수은(비중 13.6)이다. 또한 그림에서 $h_1 = 20\text{cm}$, $h_2 = 30\text{cm}$, $h_3 = 15\text{cm}$일 때 A의 압력(P_A)과 B의 압력(P_B)의 차이($P_A - P_B$)는 약 몇 kPa인가?

18.03.문37
15.09.문26
10.03.문35

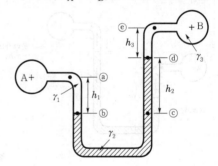

① 35.4   ② 39.5

③ 44.7   ④ 49.8

해설

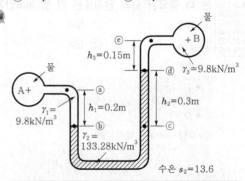

- 100cm=1m이므로 20cm=0.2m, 30cm=0.3m, 15cm=0.15m

(1) 비중

$$s = \frac{\gamma}{\gamma_w}$$

여기서, s : 비중
γ : 어떤 물질(수은)의 비중량[kN/m³]
γ_w : 물의 비중량(9.8kN/m³)

수은의 비중량 $\gamma_2 = s_2 \times \gamma_w$
$$= 13.6 \times 9.8 \text{kN/m}^3$$
$$= 133.28 \text{kN/m}^3$$

(2) **압력차**

$$P_A + \gamma_1 h_1 - \gamma_2 h_2 - \gamma_3 h_3 = P_B$$

$$P_A - P_B = -\gamma_1 h_1 + \gamma_2 h_2 + \gamma_3 h_3$$
$$= -9.8 \text{kN/m}^3 \times 0.2\text{m} + 133.28 \text{kN/m}^3 \times 0.3\text{m}$$
$$+ 9.8 \text{kN/m}^3 \times 0.15\text{m}$$
$$\fallingdotseq 39.5 \text{kN/m}^2$$
$$= 39.5 \text{kPa}$$

- 1N/m²=1Pa, 1kN/m²=1kPa이므로
  39.5kN/m²=39.5kPa
- 시차액주계=차압액주계

중요

시차액주계의 압력계산방법
점 A를 기준으로 내려가면 더하고, 올라가면 **빼면**
된다.

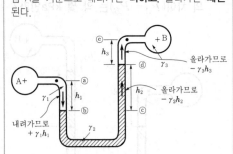

올라가므로
$-\gamma_3 h_3$

올라가므로
$-\gamma_2 h_2$

내려가므로
$+\gamma_1 h_1$

답 ②

★★★ 25

평균유속 2m/s로 50L/s 유량의 물을 흐르게 하는 데 필요한 관의 안지름은 약 몇 mm인가?

18.04.문33
17.05.문30
17.03.문37
16.03.문40
15.09.문22
11.06.문33

① 158　　② 168
③ 178　　④ 188

 (1) **기호**

- V : 2m/s
- Q : 50L/s=0.05m³/s(1000L=1m³)
- D : ?

(2) **유량**(flowrate, **체적유량**)

$$Q = AV = \left(\frac{\pi D^2}{4}\right)V$$

여기서, Q : 유량[m³/s]
A : 단면적[m²]
V : 유속[m/s]
D : 안지름(직경)[m]

$Q = \left(\frac{\pi D^2}{4}\right)V$에서

$$\frac{4Q}{\pi V} = D^2$$

$$D^2 = \frac{4Q}{\pi V}$$

$$\sqrt{D^2} = \sqrt{\frac{4Q}{\pi V}}$$

$$D = \sqrt{\frac{4Q}{\pi V}} = \sqrt{\frac{4 \times 0.05 \text{m}^3/\text{s}}{\pi \times 2\text{m/s}}} \fallingdotseq 0.178\text{m} = 178\text{mm}$$

- 1m=1000mm이므로 0.178m=178mm

비교

중량유량 (weight flowrate)	질량유량 (mass flowrate)
$G = AV\gamma$	$\overline{m} = AV\rho$ $= \left(\dfrac{\pi D^2}{4}\right)V\rho$
여기서, G : 중량유량[N/s] A : 단면적[m²] V : 유속[m/s] γ : 비중량[N/m³]	여기서, $\overline{m}$: 질량유량[kg/s] A : 단면적[m²] V : 유속[m/s] ρ : 밀도(물의 밀도 1000kg/m³) D : 직경[m]

답 ③

★★★ 26

30℃에서 부피가 10L인 이상기체를 일정한 압력으로 0℃로 냉각시키면 부피는 약 몇 L로 변하는가?

18.09.문11
14.09.문07
12.03.문19
06.09.문13
97.03.문03

① 3　　② 9
③ 12　　④ 18

해설 (1) **기호**

- T_1 : (273+℃)=(273+30)K
- V_1 : 10L
- T_2 : (273+℃)=(273+0)K
- V_2 : ?

(2) **이상기체상태 방정식**

$$PV = nRT$$

여기서, P : 기압[atm]
V : 부피[m³]
n : 몰수$\left(n = \dfrac{W(\text{질량})[\text{kg}]}{M(\text{분자량})[\text{kg/kmol}]}\right)$
R : 기체상수(0.082atm · m³/kmol · K)
T : 절대온도(273+℃)[K]

$PV = nRT$에서

$$V \propto T$$

$$V_1 : T_1 = V_2 : T_2$$

$$10\text{L} : (273+30)\text{K} = V_2 : (273+0)\text{K}$$

$$(273+30)\,V_2 = 10\times(273+0)$$

$$V_2 = \frac{10\times(273+0)}{(273+30)} = 9\text{L}$$

답 ②

27 ⭐⭐
16.05.문39
13.03.문31

이상적인 카르노사이클의 과정인 단열압축과 등온압축의 엔트로피 변화에 관한 설명으로 옳은 것은?

① 등온압축의 경우 엔트로피 변화는 없고, 단열압축의 경우 엔트로피 변화는 감소한다.
② 등온압축의 경우 엔트로피 변화는 없고, 단열압축의 경우 엔트로피 변화는 증가한다.
③ 단열압축의 경우 엔트로피 변화는 없고, 등온압축의 경우 엔트로피 변화는 감소한다.
④ 단열압축의 경우 엔트로피 변화는 없고, 등온압축의 경우 엔트로피 변화는 증가한다.

해설 **카르노사이클**

(1) **이상적인 카르노사이클** 보기③

단열압축	등온압축
엔트로피 변화가 없다.	엔트로피 변화는 **감소**한다.

(2) **이상적인 카르노사이클의 특징**
ㄱ **가역사이클**이다.
ㄴ 공급열량과 방출열량의 비는 고온부의 절대온도와 저온부의 절대온도비와 같다.
ㄷ 이론 효율은 **고열원** 및 **저열원**의 온도만으로 표시된다.
ㄹ 두 개의 **등온변화**와 두 개의 **단열변화**로 둘러싸인 사이클이다.

(3) **카르노사이클의 순서**

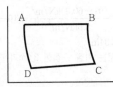

등온팽창 → 단열팽창 → 등온압축 → 단열압축
(A → B)　(B → C)　(C → D)　(D → A)

용어

엔트로피	엔탈피
어떤 물질의 정렬상태를 나타내는 수치	어떤 물질이 가지고 있는 총에너지

답 ③

28 ⭐
13.03.문24

그림에서 물탱크차가 받는 추력은 약 몇 N인가? (단, 노즐의 단면적은 0.03m²이며, 탱크 내의 계기압력은 40kPa이다. 또한 노즐에서 마찰손실은 무시한다.)

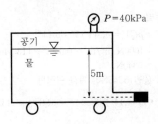

① 812　　② 1489
③ 2709　　④ 5343

해설 (1) **수두**

$$H = \frac{P}{\gamma}$$

여기서, H : 수두[m]
　　　　P : 압력[kPa] 또는 [kN/m²]
　　　　γ : 비중량(물의 비중량 9.8kN/m³)

수두 H_1은

$$H_1 = \frac{P}{\gamma} = \frac{40\text{kN/m}^2}{9.8\text{kN/m}^3} = 4.08\text{m}$$

● 1kPa = 1kN/m²이므로 40kPa = 40kN/m²

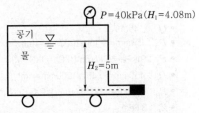

(2) **토리첼리의 식**

$$V = \sqrt{2gH} = \sqrt{2g(H_1 + H_2)}$$

여기서, V : 유속[m/s]
　　　　g : 중력가속도(9.8m/s²)
　　　　H, H_2 : 높이[m]
　　　　H_1 : 탱크 내의 손실수두[m]

유속 V는

$$V = \sqrt{2g(H_1 + H_2)}$$
$$= \sqrt{2\times 9.8\text{m/s}^2 \times (4.08+5)\text{m}}$$
$$= 13.34\text{m/s}$$

(3) **유량**

$$Q = AV$$

여기서, Q : 유량[m³/s]
　　　　A : 단면적[m²]
　　　　V : 유속[m/s]

(4) **추력**(힘)

$$F = \rho QV$$

여기서, F : 추력(힘)[N]
　　　　ρ : 밀도(물의 밀도 1000N·s²/m⁴)
　　　　Q : 유량[m³/s]
　　　　V : 유속[m/s]

추력 F는

$$F = \rho Q V = \rho(AV)V = \rho A V^2$$
$$= 1000 \text{N} \cdot \text{s}^2/\text{m}^4 \times 0.03 \text{m}^2 \times (13.34 \text{m/s})^2$$
$$≒ 5340 \text{N}$$

∴ ④번 5343N이 가장 근접함

• $Q = AV$ 이므로 $F = \rho Q V = \rho(AV)V$

답 ④

29

비중이 0.877인 기름이 단면적이 변하는 원관을 흐르고 있으며 체적유량은 0.146m³/s이다. A점에서는 안지름이 150mm, 압력이 91kPa이고, B점에서는 안지름이 450mm, 압력이 60.3kPa이다. 또한 B점은 A점보다 3.66m 높은 곳에 위치한다. 기름이 A점에서 B점까지 흐르는 동안의 손실수두는 약 몇 m인가? (단, 물의 비중량은 9810N/m³이다.)

① 3.3 　　② 7.2
③ 10.7 　　④ 14.1

해설 (1) 기호

- s : 0.877
- Q : 0.146m³/s
- D_A : 150mm = 0.15m(1000mm = 1m)
- P_A : 91kPa = 91kN/m²(1kPa = 1kN/m²)
- D_B : 450mm = 0.45m(1000mm = 1m)
- P_B : 60.3kPa = 60.3kN/m²(1kPa = 1kN/m²)
- Z_B : 3.66m
- Z_A : 0m
- H : ?
- γ_w : 9810N/m³ = 9.81kN/m³

(2) 유량

$$Q = AV = \left(\frac{\pi D^2}{4}\right)V$$

여기서, Q : 유량[m³/s]
　　　　 A : 단면적[m²]
　　　　 V : 유속[m/s]
　　　　 D : 안지름[m]

유속 V_A는

$$V_A = \frac{Q}{\frac{\pi D_A^2}{4}} = \frac{0.146 \text{m}^3/\text{s}}{\frac{\pi \times (0.15\text{m})^2}{4}} = 8.261 \text{m/s}$$

유속 V_B는

$$V_B = \frac{Q}{\frac{\pi D_B^2}{4}} = \frac{0.146 \text{m}^3/\text{s}}{\frac{\pi \times (0.45\text{m})^2}{4}} = 0.917 \text{m/s}$$

(3) 비중

$$s = \frac{\gamma}{\gamma_w}$$

여기서, s : 비중
　　　　 γ : 어떤 물질의 비중량(기름의 비중량)[kN/m³]
　　　　 γ_w : 물의 비중량[kN/m³]

기름의 비중량 γ는

$$\gamma = s \cdot \gamma_w$$
$$= 0.877 \times 9.81 \text{kN/m}^3 ≒ 8.6 \text{kN/m}^3$$

(4) **베르누이 방정식**

$$\frac{V_1^2}{2g} + \frac{p_1}{\gamma} + Z_1 = \frac{V_2^2}{2g} + \frac{p_2}{\gamma} + Z_2 + \Delta H$$

(속도수두)(압력수두)(위치수두)

여기서, V_1, V_2 : 유속[m/s]
　　　　 p_1, p_2 : 압력[kPa] 또는 [kN/m²]
　　　　 Z_1, Z_2 : 높이[m]
　　　　 g : 중력가속도(9.8m/s²)
　　　　 γ : 비중량(물의 비중량 9.81kN/m³)
　　　　 ΔH : 손실수두[m]

$$\frac{V_1^2}{2g} - \frac{V_2^2}{2g} + \frac{p_1}{\gamma} - \frac{p_2}{\gamma} + Z_1 - Z_2 = \Delta H$$

$$\Delta H = \frac{V_1^2}{2g} - \frac{V_2^2}{2g} + \frac{p_1}{\gamma} - \frac{p_2}{\gamma} + Z_1 - Z_2$$

$$= \frac{V_1^2 - V_2^2}{2g} + \frac{p_1 - p_2}{\gamma} + Z_1 - Z_2$$

계산편의를 위해 $V_1 = V_A$, $V_2 = V_B$, $p_1 = p_A$, $p_2 = p_B$, $Z_1 = Z_A$, $Z_2 = Z_B$로 놓으면

$$\Delta H = \frac{V_A^2 - V_B^2}{2g} + \frac{p_A - p_B}{\gamma} + Z_A - Z_B$$

$$= \frac{(8.261\text{m/s})^2 - (0.917\text{m/s})^2}{2 \times 9.8 \text{m/s}^2}$$

$$+ \frac{(91 - 60.3)\text{kN/m}^2}{8.6 \text{kN/m}^3} + (0 - 3.66)\text{m}$$

$$≒ 3.34 \text{m}$$

∴ 여기서는 가장 근접한 3.3m가 정답

답 ①

30

18.09.문25
17.05.문26
10.03.문27
05.09.문28
05.03.문22

그림과 같이 피스톤의 지름이 각각 25cm와 5cm이다. 작은 피스톤을 화살표방향으로 20cm만큼 움직일 경우 큰 피스톤이 움직이는 거리는 약 몇 mm인가? (단, 누설은 없고, 비압축성이라고 가정한다.)

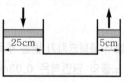

① 2 　　② 4
③ 8 　　④ 10

[해설] (1) 기호

- D_1 : 25cm
- D_2 : 5cm
- h_2 : 20cm
- h_1 : ?

(2) 압력

$$P = \gamma h = \frac{F}{A} = \frac{F}{\frac{\pi D^2}{4}}$$

여기서, P : 압력[N/cm^2]
　　　　γ : 비중량[N/cm^3]
　　　　h : 움직인 높이[cm]
　　　　F : 힘[N]
　　　　A : 단면적[cm^2]
　　　　D : 지름(직경)[cm]

힘 　$F = \gamma h A$ 　에서

$\gamma h_1 A_1 = \gamma h_2 A_2$
$h_1 A_1 = h_2 A_2$

큰 피스톤이 움직인 거리 h_1은

$$h_1 = \frac{A_2}{A_1} h_2$$

$$= \frac{\frac{\pi}{4} \times (5cm)^2}{\frac{\pi}{4} \times (25cm)^2} \times 20cm$$

$$= 0.8cm = 8mm$$

- 1cm=10mm이므로 0.8cm=8mm

답 ③

★★
31 스프링클러헤드의 방수압이 4배가 되면 방수량
은 몇 배가 되는가?
05.09.문23
98.07.문39

① $\sqrt{2}$ 배

② 2배

③ 4배

④ 8배

[해설] 방수량

$$Q = 0.653D^2 \sqrt{10P} = 0.6597CD^2 \sqrt{10P}$$

여기서, Q : 방수량[L/min]
　　　　D : 구경[mm]
　　　　P : 방수압[MPa]
　　　　C : 노즐의 흐름계수(유량계수)

방수량 Q는

$Q \propto \sqrt{P} = \sqrt{4배} = 2배$

답 ②

★
32 다음 중 표준대기압인 1기압에 가장 가까운 것은?
12.05.문29

① 860mmHg　　② 10.33mAq

③ 101.325bar　　④ 1.0332kg$_f$/m^2

[해설] 표준대기압

1atm(1기압) = 760mmHg(76cmHg)
　　　　　 = 1.0332kg$_f$/cm^2(10332kg$_f$/m^2)
　　　　　 = 10.332mH$_2$O(mAq)(10332mmH$_2$O)
　　　　　 = 14.7PSI(lb$_f$/in^2)
　　　　　 = 101.325kPa(kN/m^2)(101325Pa)
　　　　　 = 1013mbar
　　　　　 = 1.013bar

① 860mmHg → 760mmHg
③ 101.325bar → 1.013bar
④ 1.0332kg$_f$/m^2 → 10332kg$_f$/m^2

답 ②

★
33 안지름 10cm의 관로에서 마찰손실수두가 속도수
08.05.문33
두와 같다면 그 관로의 길이는 약 몇 m인가? (단,
관마찰계수는 0.03이다.)

① 1.58

② 2.54

③ 3.33

④ 4.52

[해설] (1) 손실수두

$$H = \frac{flV^2}{2gD}$$

여기서, H : 손실(마찰손실)수두[m]
　　　　f : 관마찰계수
　　　　l : 길이[m]
　　　　V : 유속[m/s]
　　　　g : 중력가속도(9.8m/s^2)
　　　　D : 내경[m]

(2) 속도수두

$$H = \frac{V^2}{2g}$$

여기서, H : 속도수두[m]
　　　　V : 유속[m/s]
　　　　g : 중력가속도(9.8m/s^2)

(3) 손실수두와 속도수두가 같게 될 때

$$\frac{flV^2}{2gD} = \frac{V^2}{2g}$$

$$l = \frac{V^2}{2g} \times \frac{2gD}{fV^2} = \frac{D}{f} = \frac{10cm}{0.03} = \frac{0.1m}{0.03} ≒ 3.33m$$

- 100cm=1m이므로 10cm=0.1m

답 ③

★★★
34 원심식 송풍기에서 회전수를 변화시킬 때 동력변화를 구하는 식으로 옳은 것은? (단, 변화 전후의 회전수는 각각 N_1, N_2, 동력은 L_1, L_2이다.)

17.05.문29
14.09.문23
11.03.문35
05.09.문29
00.10.문61

① $L_2 = L_1 \times \left(\dfrac{N_1}{N_2}\right)^3$

② $L_2 = L_1 \times \left(\dfrac{N_1}{N_2}\right)^2$

③ $L_2 = L_1 \times \left(\dfrac{N_2}{N_1}\right)^3$

④ $L_2 = L_1 \times \left(\dfrac{N_2}{N_1}\right)^2$

해설 **상사법칙**
동력을 문제와 같이 L이라 가정하면 다음과 같다.

$$L_2 = L_1 \times \left(\dfrac{N_2}{N_1}\right)^3, \quad L_2 = L_1 \times \left(\dfrac{N_2}{N_1}\right)^3\left(\dfrac{D_2}{D_1}\right)^5$$

여기서, L_2 : 변경 후 동력[kW]
　　　　L_1 : 변경 전 동력[kW]
　　　　N_2 : 변경 후 회전수[rpm]
　　　　N_1 : 변경 전 회전수[rpm]
　　　　D_2 : 변경 후 관경[mm]
　　　　D_1 : 변경 전 관경[mm]

🔧 중요

펌프의 상사법칙(송출량)
(1) **유량**(송출량)

$$Q_2 = Q_1\left(\dfrac{N_2}{N_1}\right)$$

(2) **전양정**

$$H_2 = H_1\left(\dfrac{N_2}{N_1}\right)^2$$

(3) **축동력**

$$P_2 = P_1\left(\dfrac{N_2}{N_1}\right)^3$$

여기서, Q_1, Q_2 : 변화 전후의 유량(송출량)[m³/min]
　　　　H_1, H_2 : 변화 전후의 전양정[m]
　　　　P_1, P_2 : 변화 전후의 축동력[kW]
　　　　N_1, N_2 : 변화 전후의 회전수(회전속도)[rpm]

● **상사법칙** : 기하학적으로 유사하거나 같은 펌프에 적용하는 법칙

답 ③

★★★
35 그림과 같은 1/4원형의 수문(水門) AB가 받는 수평성분 힘(F_H)과 수직성분 힘(F_V)은 각각 약 몇 kN인가? (단, 수문의 반지름은 2m이고, 폭은 3m이다.)

18.04.문28
17.03.문23
15.03.문30
13.09.문34
13.06.문27
13.03.문21
11.03.문37

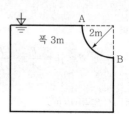

① $F_H = 24.4$, $F_V = 46.2$

② $F_H = 24.4$, $F_V = 92.4$

③ $F_H = 58.8$, $F_V = 46.2$

④ $F_H = 58.8$, $F_V = 92.4$

해설 (1) **수평분력**

$$F_H = \gamma h A$$

여기서, F_H : 수평분력[N]
　　　　γ : 비중량(물의 비중량 9800N/m³)
　　　　h : 표면에서 수문 중심까지의 수직거리[m]
　　　　A : 수문의 단면적[m²]

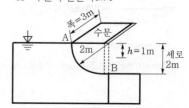

● h : $\dfrac{2m}{2} = 1m$

● A : 가로(폭)×세로 = 3m × 2m = 6m²

$F_H = \gamma h A$
　　 $= 9800\text{N/m}^3 \times 1\text{m} \times 6\text{m}^2$
　　 $= 58800\text{N} = 58.8\text{kN}$

(2) **수직분력**

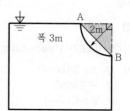

$F_V = \gamma V$
　　 $= 9.8\text{kN/m}^3 \times \left(\dfrac{br^2}{2} \times \text{수문폭(각도)}\right)$
　　 $= 9.8\text{kN/m}^3 \times \left(\dfrac{3\text{m} \times (2\text{m})^2}{2} \times \dfrac{\pi}{2}\right) \fallingdotseq 92.4\text{kN}$

- b : 폭(3m)
- r : 반경(2m)
- 문제에서 $\frac{1}{4}$이므로 각도는 $90° = \frac{\pi}{2}$, 만약 $\frac{1}{2}$ 이라면 각도 $180° = \pi$

답 ④

36

펌프 중심으로부터 2m 아래에 있는 물을 펌프 중심으로부터 15m 위에 있는 송출수면으로 양수하려 한다. 관로의 전손실수두가 6m이고, 송출수량이 1m³/min라면 필요한 펌프의 동력은 약 몇 W인가?

08.05.문24

① 2777
② 3103
③ 3430
④ 3757

해설 (1) 기호
- H : $(2+15+6)$m
- Q : 1m³/min
- P : ?

(2) **전동력**(펌프의 동력)

$$P = \frac{\gamma Q H}{1000\eta} K$$

여기서, P : 전동력(kW)
γ : 비중량(물의 비중량 9800N/m³)
Q : 유량(m³/s)
H : 전양정(m)
K : 전달계수
η : 효율

또는

$$P = \frac{0.163 Q H}{\eta} K$$

여기서, P : 전동력(kW)
Q : 유량(m³/min)
H : 전양정(m)
K : 전달계수
η : 효율

펌프의 동력 P 는

$$P = \frac{\gamma Q H}{1000\eta} K$$
$$= \frac{9800\text{N/m}^3 \times 1\text{m}^3/\text{min} \times (2+15+6)\text{m}}{1000}$$
$$= \frac{9800\text{N/m}^3 \times 1\text{m}^3/60\text{s} \times (2+15+6)\text{m}}{1000}$$
$$\approx 3.757\text{kW} = 3757\text{W}$$

- $\gamma = 9800\text{N/m}^3$
- K, η 는 주어지지 않았으므로 무시한다.
- $P = \frac{0.163 Q H}{\eta} K$ 식을 적용하여 답을 구해도 된다.

답 ④

37

일반적인 배관시스템에서 발생되는 손실을 주손실과 부차적 손실로 구분할 때 다음 중 주손실에 속하는 것은?

15.03.문40
13.06.문23
10.09.문40
97.07.문32

① 직관에서 발생하는 마찰손실
② 파이프 입구와 출구에서의 손실
③ 단면의 확대 및 축소에 의한 손실
④ 배관부품(엘보, 리턴밴드, 티, 리듀서, 유니언, 밸브 등)에서 발생하는 손실

해설 **배관의 마찰손실**

주손실	부차적 손실
① 관로에 의한 마찰손실 ② 직선 원관 내의 손실 ③ 직관에서 발생하는 마찰손실 보기①	① 관의 급격한 **확대**손실(관 단면의 급격한 확대손실) 보기③ ② 관의 급격한 **축소**손실(유동단면의 장애물에 의한 손실) 보기③ ③ 관 부속품에 의한 손실(곡선부에 의한 손실) 보기④ ④ 파이프 입구와 출구에서의 손실 보기②

답 ①

38

온도차이 20℃, 열전도율 5W/(m·K), 두께 20cm인 벽을 통한 열유속(heat flux)과 온도차이 40℃, 열전도율 10W/(m·K), 두께 t인 같은 면적을 가진 벽을 통한 열유속이 같다면 두께 t는 약 몇 cm인가?

13.03.문27

① 10
② 20
③ 40
④ 80

해설 (1) 기호
- $(T_2 - T_1)$: 20℃ 또는 20K
- k : 5W/(m·K)
- $l(t)$: 20cm=0.2m(100cm=1m)
- $(T_2 - T_1)'$: 40℃ 또는 40K
- k' : 10W/(m·K)
- $l'(t')$: ?

(2) **전도**

$$\overset{\circ}{q}'' = \frac{k(T_2 - T_1)}{l}$$

여기서, $\overset{\circ}{q}''$: 열전달량(W/m²)
k : 열전도율(W/(m·K))
$(T_2 - T_1)$: 온도차(℃) 또는 (K)
l : 벽체두께(m)

- 열전달량=열전달률=열유동률=열흐름률

열전달량 $\overset{\circ}{q}''$ 는

$$\overset{\circ}{q}'' = \frac{k(T_2 - T_1)}{l} = \frac{5\text{W/(m·K)} \times 20\text{K}}{0.2\text{m}} = 500\text{W/m}^2$$

• 온도차이를 나타낼 때는 ℃와 K를 계산하면 같다
(20℃=20K).

두께 l'는

$$l' = \frac{k'(T_2 - T_1)'}{q''}$$

$$= \frac{10W/(m \cdot K) \times 40K}{500W/m^2}$$

$$= 0.8m = 80cm$$

• 1m=100cm이므로 0.8m=80cm

답 ④

★★★ 39 낙구식 점도계는 어떤 법칙을 이론적 근거로 하는가?

17.05.문27
06.05.문25
05.05.문21

① Stokes의 법칙
② 열역학 제1법칙
③ Hagen-Poiseuille의 법칙
④ Boyle의 법칙

해설 점도계

(1) 세관법
  ㉠ 하겐-포아젤(Hagen-Poiseuille)의 법칙 이용 보기 ③
  ㉡ 세이볼트(Saybolt) 점도계
  ㉢ 레드우드(Redwood) 점도계
  ㉣ 엥글러(Engler) 점도계
  ㉤ 바베이(Barbey) 점도계
  ㉥ 오스트발트(Ostwald) 점도계

(2) 회전원통법
  ㉠ 뉴턴(Newton)의 점성법칙 이용
  ㉡ 스토머(Stormer) 점도계
  ㉢ 맥 마이클(Mac Michael) 점도계

기억법 뉴점스맥

(3) 낙구법
  ㉠ 스토크스(Stokes)의 법칙 이용 보기 ①
  ㉡ 낙구식 점도계

용어
점도계
점성계수를 측정할 수 있는 기기

답 ①

★ 40 지면으로부터 4m의 높이에 설치된 수평관 내로 물이 4m/s로 흐르고 있다. 물의 압력이 78.4kPa인 관 내의 한 점에서 전수두는 지면을 기준으로 약 몇 m인가?

04.03.문38

① 4.76
② 6.24
③ 8.82
④ 12.81

해설 (1) 기호
  • Z : 4m
  • V : 4m/s
  • P : 78.4kPa=78.4kN/m²(1kPa=1kN/m²)
  • H : ?

(2) 이상유체

$$\frac{V^2}{2g} + \frac{P}{\gamma} + Z = 일정(또는\ H)$$

(속도수두) (압력수두) (위치수두)

여기서, V : 유속[m/s]
  P : 압력[kN/m²]
  Z : 높이[m]
  g : 중력가속도(9.8m/s²)
  γ : 비중량(물의 비중량 9.8kN/m³)
  H : 전수두[m]

$$H = \frac{V^2}{2g} + \frac{P}{\gamma} + Z$$

$$= \frac{(4m/s)^2}{2 \times 9.8m/s^2} + \frac{78.4kN/m^2}{9.8kN/m^3} + 4m = 12.81m$$

답 ④

제3과목 ⬛ 소방관계법규

★★★ 41 화재의 예방 및 안전관리에 관한 법령상 보일러, 난로, 건조설비, 가스 · 전기시설, 그 밖에 화재발생 우려가 있는 설비 또는 기구 등의 위치 · 구조 및 관리와 화재예방을 위하여 불을 사용할 때 지켜야 하는 사항은 무엇으로 정하는가?

13.03.문53
07.05.문54

① 총리령
② 대통령령
③ 시 · 도 조례
④ 행정안전부령

해설 대통령령
(1) 소방장비 등에 대한 국고보조기준(기본법 9조)
(2) **불**을 **사용**하는 **설비**의 관리사항을 정하는 기준(화재예방법 17조) 보기 ②
(3) 특수가연물 저장 · 취급(화재예방법 17조)
(4) **방염성능**기준(소방시설법 20조)

중요

불을 사용하는 설비의 관리
(1) 보일러
(2) 난로
(3) 건조설비
(4) 가스 · 전기시설

답 ②

★★★
42
18.04.문54
13.03.문48
12.05.문55
10.09.문49

소방시설 설치 및 관리에 관한 법률상 소방시설 등에 대한 자체점검을 하지 아니하거나 관리업자 등으로 하여금 정기적으로 점검하게 하지 아니한 자에 대한 벌칙기준으로 옳은 것은?

① 1년 이하의 징역 또는 1000만원 이하의 벌금
② 3년 이하의 징역 또는 1500만원 이하의 벌금
③ 3년 이하의 징역 또는 3000만원 이하의 벌금
④ 6개월 이하의 징역 또는 1000만원 이하의 벌금

해설 1년 이하의 징역 또는 1000만원 이하의 벌금
(1) 소방시설의 **자체점검** 미실시자(소방시설법 58조) 보기 ①
(2) **소방시설관리사증** 대여(소방시설법 58조)
(3) **소방시설관리업**의 등록증 또는 등록수첩 대여(소방시설법 58조)
(4) 제조소 등의 정기점검기록 허위작성(위험물법 35조)
(5) **자체소방대**를 두지 않고 제조소 등의 허가를 받은 자(위험물법 35조)
(6) **위험물 운반용기**의 검사를 받지 않고 유통시킨 자(위험물법 35조)

답 ①

★★
43
16.10.문60

화재의 예방 및 안전관리에 관한 법령상 화재안전조사위원회의 위원에 해당하지 아니하는 사람은?

① 소방기술사
② 소방시설관리사
③ 소방관련분야의 석사학위 이상을 취득한 사람
④ 소방관련법인 또는 단체에서 소방관련업무에 3년 이상 종사한 사람

해설 화재예방법 시행령 11조
화재안전조사위원회의 구성
(1) **과장급** 직위 이상의 소방공무원
(2) 소방기술사 보기 ①
(3) 소방시설관리사 보기 ②
(4) 소방관련분야의 **석사**학위 이상을 취득한 사람 보기 ③
(5) 소방관련법인 또는 단체에서 소방관련업무에 **5년** 이상 종사한 사람 보기 ④
(6) 소방공무원 교육훈련기관, 학교 또는 연구소에서 소방과 관련한 교육 또는 연구에 **5년** 이상 종사한 사람

④ 3년 → 5년

답 ④

★★★
44
13.06.문52

화재의 예방 및 안전관리에 관한 법령상 소방관서장은 소방상 필요한 훈련 및 교육을 실시하고자 하는 때에는 화재예방강화지구 안의 관계인에게 훈련 또는 교육 며칠 전까지 그 사실을 통보하여야 하는가?

① 5   ② 7
③ 10   ④ 14

해설 화재예방법 18조, 화재예방법 시행령 20조
화재예방강화지구 안의 화재안전조사 · 소방훈련 및 교육
(1) 실시자: **소방청장 · 소방본부장 · 소방서장**(소방관서장)
(2) 횟수: **연 1회** 이상
(3) 훈련 · 교육: **10일** 전 통보 보기 ③

답 ③

★
45

경유의 저장량이 2000리터, 중유의 저장량이 4000리터, 등유의 저장량이 2000리터인 저장소에 있어서 지정수량의 배수는?

① 동일   ② 6배
③ 3배   ④ 2배

해설 제4류 위험물의 종류 및 지정수량

성질	품명		지정수량	대표물질
인화성 액체	특수인화물		50L	다이에틸에터 · 이황화탄소 · 아세트알데하이드 · 산화프로필렌 · 이소프렌 · 펜탄 · 디비닐에터 · 트리클로로실란
	제1석유류	비수용성	200L	휘발유 · 벤젠 · 톨루엔 · 시클로헥산 · 아크롤레인 · 에틸벤젠 · 초산에스터류 · 의산에스터류 · 콜로디온 · 메틸에틸케톤
		수용성	400L	아세톤 · 피리딘
	알코올류		400L	메틸알코올 · 에틸알코올 · 프로필알코올 · 이소프로필알코올 · 퓨젤유 · 변성알코올
	제2석유류	비수용성	1000L	**등유 · 경유** · 테레빈유 · 장뇌유 · 송근유 · 스티렌 · 클로로벤젠, 크실렌
		수용성	2000L	의산 · 초산 · 메틸셀로솔브 · 에틸셀로솔브 · 알릴알코올
	제3석유류	비수용성	2000L	**중유** · 크레오소트유 · 니트로벤젠 · 아닐린 · 담금질유
		수용성	4000L	에틸렌글리콜 · 글리세린
	제4석유류		6000L	기어유 · 실린더유
	동식물유류		10000L	아마인유 · 해바라기유 · 들기름 · 대두유 · 야자유 · 올리브유 · 팜유

지정수량의 배수

$$= \frac{저장량}{지정수량(경유)} + \frac{저장량}{지정수량(중유)}$$

$$+ \frac{저장량}{지정수량(등유)}$$

$$= \frac{2000L}{1000L} + \frac{4000L}{2000L} + \frac{2000L}{1000L} = 6배$$

답 ②

---

46 소방시설공사업법령상 상주공사감리 대상기준 중 다음 ㉠, ㉡, ㉢에 알맞은 것은?

18.04.문59
07.05.문49

- 연면적 (㉠)m² 이상의 특정소방대상물(아파트는 제외)에 대한 소방시설의 공사
- 지하층을 포함한 층수가 (㉡)층 이상으로서 (㉢)세대 이상인 아파트에 대한 소방시설의 공사

① ㉠ 10000, ㉡ 11, ㉢ 600
② ㉠ 10000, ㉡ 16, ㉢ 500
③ ㉠ 30000, ㉡ 11, ㉢ 600
④ ㉠ 30000, ㉡ 16, ㉢ 500

해설 공사업령 〔별표 3〕
소방공사감리 대상

종 류	대 상
상주공사감리	• 연면적 **30000m²** 이상 보기 ㉠ • **16층** 이상(지하층 포함)이고 **500세대** 이상 **아파트** 보기 ㉡㉢
일반공사감리	• 기타

답 ④

---

47 소방기본법령상 소방본부 종합상황실 실장이 소방청의 종합상황실에 서면 · 모사전송 또는 컴퓨터통신 등으로 보고하여야 하는 화재의 기준에 해당하지 않는 것은?

17.05.문53
16.03.문46
05.09.문55

① 항구에 매어둔 총 톤수가 1000톤 이상인 선박에서 발생한 화재
② 연면적 15000m² 이상인 공장 또는 화재예방강화지구에서 발생한 화재
③ 지정수량의 1000배 이상의 위험물의 제조소 · 저장소 · 취급소에서 발생한 화재
④ 층수가 5층 이상이거나 병상이 30개 이상인 종합병원 · 정신병원 · 한방병원 · 요양소에서 발생한 화재

해설 기본규칙 3조
종합상황실 실장의 보고화재
(1) 사망자 **5명** 이상 화재
(2) 사상자 **10명** 이상 화재
(3) 이재민 **100명** 이상 화재
(4) 재산피해액 **50억원** 이상 화재
(5) 관광호텔, 층수가 11층 이상인 건축물, 지하상가, 시장, 백화점
(6) **5층** 이상 또는 객실 **30실** 이상인 **숙박시설**
(7) **5층** 이상 또는 병상 **30개** 이상인 **종합병원 · 정신병원 · 한방병원 · 요양소** 보기 ④
(8) **1000t** 이상인 선박(항구에 매어둔 것) 보기 ①
(9) 지정수량 **3000배** 이상의 위험물 제조소 · 저장소 · 취급소 보기 ③
(10) 연면적 **15000m²** 이상인 **공장** 또는 **화재예방강화지구**에서 발생한 화재 보기 ②
(11) **가스** 및 **화약류**의 폭발에 의한 화재
(12) **관공서 · 학교 · 정부미도정공장 · 문화재 · 지하철** 또는 지하구의 **화재**
(13) 철도차량, 항공기, 발전소 또는 변전소
(14) 다중이용업소의 화재

③ 1000배 → 3000배

용어

종합상황실
화재 · 재난 · 재해 · 구조 · 구급 등이 필요한 때에 신속한 소방활동을 위한 정보를 수집 · 전파하는 소방서 또는 소방본부의 지령관제실

답 ③

---

48 아파트로 층수가 20층인 특정소방대상물에서 스프링클러설비를 하여야 하는 층수는? (단, 아파트는 신축을 실시하는 경우이다.)

15.03.문56
12.05.문51

① 전층
② 15층 이상
③ 11층 이상
④ 6층 이상

해설 소방시설법 시행령 〔별표 4〕
스프링클러설비의 설치대상

설치대상	조 건
① 문화 및 집회시설, 운동시설 ② 종교시설	• 수용인원 : **100명** 이상 • 영화상영관 : 지하층 · 무창층 **500m²**(기타 1000m²) 이상 • 무대부 　– 지하층 · 무창층 · **4층** 이상 **300m²** 이상 　– 1~3층 500m² 이상
③ 판매시설 ④ 운수시설 ⑤ 물류터미널	• 수용인원 : **500명** 이상 • 바닥면적 합계 : **5000m²** 이상
⑥ 노유자시설 ⑦ 정신의료기관 ⑧ 수련시설(숙박 가능한 것) ⑨ 종합병원, 병원, 치과병원, 한방병원 및 요양병원(정신병원 제외) ⑩ 숙박시설	• 바닥면적 합계 **600m²** 이상
⑪ 지하층 · 무창층 · **4층** 이상	• 바닥면적 **1000m²** 이상

⑫ 창고시설(물류터미널 제외)	• 바닥면적 합계 5000m² 이상 : 전층
⑬ 지하가(터널 제외)	• 연면적 1000m² 이상
⑭ 10m 넘는 랙식 창고	• 연면적 1500m² 이상
⑮ 복합건축물 ⑯ 기숙사	• 연면적 5000m² 이상 : 전층
⑰ 6층 이상 ──→	• 전층 보기 ①
⑱ 보일러실 · 연결통로	• 전부
⑲ 특수가연물 저장 · 취급	• 지정수량 1000배 이상
⑳ 발전시설	• 전기저장시설 : 전부

답 ①

★★★
49 제3류 위험물 중 금수성 물품에 적응성이 있는 소화약제는?
16.03.문45
09.05.문11

① 물 ② 강화액
③ 팽창질석 ④ 인산염류분말

해설 금수성 물품에 적응성이 있는 소화약제
(1) 마른모래
(2) 팽창질석 보기 ③
(3) 팽창진주암

참고
위험물령〔별표 1〕
금수성 물품(금수성 물질)
(1) 칼륨
(2) 나트륨
(3) 알킬알루미늄
(4) 알킬리튬
(5) 알칼리금속(칼륨 및 나트륨 제외) 및 알칼리토금속
(6) 유기금속화합물(알킬알루미늄 및 알킬리튬 제외)
(7) 금속의 수소화물
(8) 금속의 인화물
(9) 칼슘 또는 알루미늄의 탄화물

답 ③

★★
50 문화유산의 보존 및 활용에 관한 법률의 규정에 의한 유형문화재와 지정문화재에 있어서는 제조소 등과의 수평거리를 몇 m 이상 유지하여야 하는가?
08.05.문52

① 20 ② 30
③ 50 ④ 70

해설 위험물규칙〔별표 4〕
위험물제조소의 안전거리

안전거리	대 상
3m 이상	• 7~35kV 이하의 특고압가공전선
5m 이상	• 35kV를 초과하는 특고압가공전선
10m 이상	• 주거용으로 사용되는 것

20m 이상	• 고압가스 제조시설(용기에 충전하는 것 포함) • 고압가스 사용시설(1일 30m³ 이상 용적 취급) • 고압가스 저장시설 • 액화산소 소비시설 • 액화석유가스 제조 · 저장시설 • 도시가스 공급시설
30m 이상	• 학교 • 병원급의료기관 • 공연장 ┐ • 영화상영관 ┘ 300명 이상 수용시설 • 아동복지시설 • 노인복지시설 • 장애인복지시설 • 한부모가족 복지시설 • 어린이집 • 성매매 피해자 등을 위한 지원시설 • 정신보건시설(정신의료기관) • 가정폭력 피해자 보호시설 ┘ 20명 이상 수용시설
50m 이상 ←──	• 유형문화재 보기 ③ • 지정문화재 보기 ③

답 ③

★★★
51 화재의 예방 및 안전관리에 관한 법률상 소방안전관리대상물의 소방안전관리자 업무가 아닌 것은?
15.03.문12
14.09.문52
14.09.문53
13.06.문48
08.05.문53

① 소방훈련 및 교육
② 피난시설, 방화구획 및 방화시설의 관리
③ 자위소방대 및 본격대응체계의 구성 · 운영 · 교육
④ 피난계획에 관한 사항과 대통령령으로 정하는 사항이 포함된 소방계획서의 작성 및 시행

해설 화재예방법 24조 ⑤항
관계인 및 소방안전관리자의 업무

특정소방대상물 (관계인)	소방안전관리대상물 (소방안전관리자)
• 피난시설 · 방화구획 및 방화시설의 관리 • 소방시설, 그 밖의 소방관련 시설의 관리 • **화기취급**의 감독 • 소방안전관리에 필요한 업무	• 피난시설 · 방화구획 및 방화시설의 관리 보기 ② • 소방시설, 그 밖의 소방관련 시설의 관리 • **화기취급**의 감독 • 소방안전관리에 필요한 업무 • **소방계획서**의 작성 및 시행(대통령령으로 정하는 사항 포함) 보기 ④ • **자위소방대 및 초기대응체계**의 구성 · 운영 · 교육 보기 ③ • 소방훈련 및 교육 보기 ① • 소방안전관리에 관한 업무 수행에 관한 기록 · 유지 • 화재발생시 초기대응

③ 본격대응체계 → 초기대응체계

🔧 **용어**

특정소방대상물	소방안전관리대상물
건축물 등의 규모·용도 및 수용인원 등을 고려하여 소방시설을 설치하여야 하는 소방대상물로서 대통령령으로 정하는 것	대통령령으로 정하는 특정소방대상물

답 ③

⭐ **52** 다음 중 중급기술자의 학력·경력자에 대한 기준으로 옳은 것은? (단, "학력·경력자"란 고등학교·대학 또는 이와 같은 수준 이상의 교육기관의 소방관련학과의 정해진 교육과정을 이수하고 졸업하거나 그 밖의 관계법령에 따라 국내 또는 외국에서 이와 같은 수준 이상의 학력이 있다고 인정되는 사람을 말한다.)

① 일반 고등학교를 졸업 후 10년 이상 소방관련업무를 수행한 자

② 학사학위를 취득한 후 5년 이상 소방관련업무를 수행한 자

③ 석사학위를 취득한 후 1년 이상 소방관련업무를 수행한 자

④ 박사학위를 취득한 후 1년 이상 소방관련업무를 수행한 자

해설 공사업규칙 〔별표 4의 2〕
소방기술자

구분	기술자격	학력·경력	경력
특급 기술자	① 소방기술사 ② 소방시설관리사＋5년 ③ 건축사, 건축기계설비기술사, 건축전기설비기술사, 건설기계기술사, 공조냉동기계기술사, 화공기술사, 가스기술사＋5년 ④ 소방설비기사＋8년 ⑤ 소방설비산업기사＋11년 ⑥ 위험물기능장＋13년	① 박사＋3년 ② 석사＋7년 ③ 학사＋11년 ④ 전문학사＋15년	–
고급 기술자	① 소방시설관리사 ② 건축사, 건축기계설비기술사, 건축전기설비기술사, 건설기계기술사, 공조냉동기계기술사, 화공기술사, 가스기술사＋3년 ③ 소방설비기사＋5년 ④ 소방설비산업기사＋8년 ⑤ 위험물기능장＋11년 ⑥ 위험물산업기사＋13년	① 박사＋1년 ② 석사＋4년 ③ 학사＋7년 ④ 전문학사＋10년 ⑤ 고등학교(소방)＋13년 ⑥ 고등학교(일반)＋15년	① 학사＋12년 ② 전문학사＋15년 ③ 고등학교＋18년 ④ 실무경력＋22년

중급 기술자	① 건축사, 건축기계설비기술사, 건축전기설비기술사, 건설기계기술사, 공조냉동기계기술사, 화공기술사, 가스기술사 ② 소방설비기사 ③ 소방설비산업기사＋3년 ④ 위험물기능장＋5년 ⑤ 위험물산업기사＋8년	① 박사 보기 ④ ② 석사＋2년 보기 ③ ③ 학사＋5년 보기 ② ④ 전문학사＋8년 ⑤ 고등학교(소방)＋10년 ⑥ 고등학교(일반)＋12년 보기 ①	① 학사＋9년 ② 전문학사＋12년 ③ 고등학교＋15년 ④ 실무경력＋18년
초급 기술자	① 소방설비산업기사 ② 위험물기능장＋2년 ③ 위험물산업기사＋4년 ④ 위험물기능사＋6년	① 석사 ② 학사 ③ 전문학사＋2년 ④ 고등학교(소방)＋3년 ⑤ 고등학교(일반)＋5년	① 학사＋3년 ② 전문학사＋5년 ③ 고등학교＋7년 ④ 실무경력＋9년

① 10년 → 12년
③ 1년 → 2년
④ 박사학위만 소지해도 중급(1년 이상 경력이 필요 없음) 기술자

답 ②

⭐⭐⭐ **53** 화재안전조사 결과에 따른 조치명령으로 손실을 입어 손실을 보상하는 경우 그 손실을 입은 자는 누구와 손실보상을 협의하여야 하는가?

[05.05.문57]

① 소방서장　　　② 시·도지사

③ 소방본부장　　④ 행정안전부장관

해설 화재예방법 15조
화재안전조사 결과에 따른 조치명령에 따른 손실보상 :
소방청장, 시·도지사 보기 ②

🔨 **중요**

시·도지사
(1) 특별시장
(2) 광역시장
(3) 도지사
(4) 특별자치도지사
(5) 특별자치시장

답 ②

⭐⭐⭐ **54** 위험물운송자 자격을 취득하지 아니한 자가 위험물 이동탱크저장소 운전시의 벌칙으로 옳은 것은?

[14.03.문57]

① 100만원 이하의 벌금

② 300만원 이하의 벌금

③ 500만원 이하의 벌금

④ 1000만원 이하의 벌금

해설 위험물법 37조
1000만원 이하의 벌금
(1) **위험물취급**에 관한 안전관리와 감독하지 않은 자
(2) **위험물운반**에 관한 중요기준 위반
(3) 위험물 운반자 요건을 갖추지 아니한 위험물운반자 보기 ④
(4) 위험물 저장·취급장소의 **출입·검사**시 관계인의 정당업무 **방해** 또는 **비밀누설**

(5) 위험물 운송규정을 위반한 위험물**운**송자(무면허 위험물운송자)

> 기억법 **천운**

답 ④

★★★
55 화재의 예방 및 안전관리에 관한 법령상 특수가연물의 저장 및 취급 기준 중 석탄·목탄류를 저장하는 경우 쌓는 부분의 바닥면적은 몇 m² 이하인가? (단, 살수설비를 설치하거나, 방사능력 범위에 해당 특수가연물이 포함되도록 대형 수동식 소화기를 설치하는 경우이다.)

18.03.문60
14.05.문46
14.03.문46
13.03.문60

① 200   ② 250
③ 300   ④ 350

해설 **화재예방법 시행령 [별표 3]**
특수가연물의 저장·취급기준
(1) **품명별**로 구분하여 쌓을 것
(2) 쌓는 높이는 **10m** 이하가 되도록 할 것
(3) 쌓는 부분의 바닥면적은 **50m²**(석탄·목탄류는 **200m²**) 이하가 되도록 할 것(단, 살수설비를 설치하거나 대형 수동식 소화기를 설치하는 경우에는 높이 **15m** 이하, 바닥면적 **200m²**(석탄·목탄류는 **300m²**) 이하) 보기 ③
(4) 쌓는 부분의 바닥면적 사이는 실내의 경우 **1.2m** 또는 쌓는 높이의 $\frac{1}{2}$ 중 **큰 값**(실외 3m 또는 쌓는 높이 중 큰 값) 이상으로 간격을 둘 것
(5) 취급장소에는 **품명, 최대저장수량, 단위부피당 질량** 또는 **단위체적당 질량, 관리책임자 성명·직책·연락처** 및 **화기취급의 금지표지** 설치

답 ③

★★★
56 소방기본법상 명령권자가 소방본부장, 소방서장 또는 소방대장에게 있는 사항은?

18.04.문43
17.05.문48

① 소방활동을 할 때에 긴급한 경우에는 이웃한 소방본부장 또는 소방서장에게 소방업무의 응원을 요청할 수 있다.
② 화재, 재난·재해, 그 밖의 위급한 상황이 발생한 현장에서 소방활동을 위하여 필요할 때에는 그 관할구역에 사는 사람 또는 그 현장에 있는 사람으로 하여금 사람을 구출하는 일 또는 불을 끄거나 불이 번지지 아니하도록 하는 일을 하게 할 수 있다.
③ 특정소방대상물의 근무자 및 거주자에 대해 관계인이 실시하는 소방훈련을 지도·감독할 수 있다.
④ 화재, 재난·재해, 그 밖의 위급한 상황이 발생하였을 때에는 소방대를 현장에 신속하게 출동시켜 화재진압과 인명구조·구급 등 소방에 필요한 활동을 하게 하여야 한다.

해설 **소방본부장·소방서장·소방대장**
(1) 소방활동 **종**사명령(기본법 24조) 보기 ②
(2) **강**제처분·제거(기본법 25조)
(3) **피**난명령(기본법 26조)
(4) 댐·저수지 사용 등 위험시설 등에 대한 긴급조치 (기본법 27조)

> 기억법 **소대종강피(소방대의 종강파티)**

① 소방업무의 응원 : **소방본부장, 소방서장**(기본법 11조)
③ 소방훈련의 지도·감독 : **소방본부장, 소방서장** (화재예방법 37조)
④ 소방활동 : **소방청장, 소방본부장, 소방서장** (기본법 16조)

> 용어
> **소방활동 종사명령**
> 화재, 재난·재해, 그 밖의 위급한 상황이 발생한 현장에서 소방활동을 위하여 필요할 때에는 그 관할구역에 사는 사람 또는 그 현장에 있는 사람으로 하여금 사람을 구출하는 일 또는 불을 끄거나 불이 번지지 아니하도록 하는 일을 하게 할 수 있는 것

답 ②

★★★
57 화재가 발생하는 경우 인명 또는 재산의 피해가 클 것으로 예상되는 때 소방대상물의 개수·이전·제거, 사용금지 등의 필요한 조치를 명할 수 있는 자는?

15.03.문57
05.05.문46

① 시·도지사
② 의용소방대장
③ 기초자치단체장
④ 소방청장·소방본부장 또는 소방서장

해설 **화재예방법 14조**
화재안전조사 결과에 따른 조치명령
(1) **명령권자** : 소방청장·소방본부장·소방서장−소방관서장 보기 ④
(2) **명령사항**
  ㉠ 화재안전조사 조치명령
  ㉡ **개수**명령
  ㉢ **이전**명령
  ㉣ **제거**명령
  ㉤ **사용**의 **금지** 또는 제한명령, 사용폐쇄
  ㉥ **공사**의 **정지** 또는 중지명령

> 중요

화재예방법 18조 **화재예방강화지구**		
지 정	지정요청	화재안전조사
시·도지사	소방청장	소방청장·소방본부장 또는 소방서장

※ **화재예방강화지구** : 화재발생 우려가 크거나 화재가 발생할 경우 피해가 클 것으로 예상되는 지역에 대하여 화재의 예방 및 안전관리를 강화하기 위해 지정·관리하는 지역

답 ④

58 소방용수시설 중 소화전과 급수탑의 설치기준으로 틀린 것은?

17.03.문54
16.10.문55
09.08.문43

① 급수탑 급수배관의 구경은 100mm 이상으로 할 것

② 소화전은 상수도와 연결하여 지하식 또는 지상식의 구조로 할 것

③ 소방용 호스와 연결하는 소화전의 연결금속구의 구경은 65mm로 할 것

④ 급수탑의 개폐밸브는 지상에서 1.5m 이상 1.8m 이하의 위치에 설치할 것

해설 기본규칙 〔별표 3〕
소방용수시설별 설치기준

소화전	급수탑
• 65mm : 연결금속구의 구경 보기 ③	• 100mm : 급수배관의 구경 보기 ①
	• 1.5~1.7m 이하 : 개폐밸브 높이 보기 ④
	기억법 57탑(57층 탑)

④ 1.5m 이상 1.8m 이하 → 1.5m 이상 1.7m 이하

답 ④

59 특정소방대상물의 관계인이 소방안전관리자를 해임한 경우 재선임을 해야 하는 기준은? (단, 해임한 날부터를 기준일로 한다.)

16.10.문54
16.03.문55
11.03.문56

① 10일 이내   ② 20일 이내
③ 30일 이내   ④ 40일 이내

해설 화재예방법 시행규칙 14조
소방안전관리자의 재선임
30일 이내 보기 ③

답 ③

60 1급 소방안전관리대상물이 아닌 것은?

17.09.문55
16.03.문52
15.03.문60
13.09.문51

① 15층인 특정소방대상물(아파트는 제외)

② 가연성 가스를 2000톤 저장 · 취급하는 시설

③ 21층인 아파트로서 300세대인 것

④ 연면적 20000m²인 문화 · 집회 및 운동시설

해설 화재예방법 시행령 〔별표 4〕
소방안전관리자를 두어야 할 특정소방대상물
(1) 특급 소방안전관리대상물 : 동식물원, 철강 등 불연성 물품 저장 · 취급창고, 지하구, 위험물제조소 등 제외
ⓐ 50층 이상(지하층 제외) 또는 지상 200m 이상 아파트

ⓑ 30층 이상(지하층 포함) 또는 지상 120m 이상(아파트 제외)

ⓒ 연면적 10만m² 이상(아파트 제외)

(2) 1급 소방안전관리대상물 : 동식물원, 철강 등 불연성 물품 저장 · 취급창고, 지하구, 위험물제조소 등 제외
ⓐ 30층 이상(지하층 제외) 또는 지상 120m 이상 아파트 보기 ③

ⓑ 연면적 15000m² 이상인 것(아파트 및 연립주택 제외) 보기 ④

ⓒ 11층 이상(아파트 제외) 보기 ①

ⓓ 가연성 가스를 1000t 이상 저장 · 취급하는 시설 보기 ②

(3) 2급 소방안전관리대상물
ⓐ 지하구
ⓑ 가스제조설비를 갖추고 도시가스사업 허가를 받아야 하는 시설 또는 가연성 가스를 100~1000t 미만 저장 · 취급하는 시설
ⓒ 옥내소화전설비 · 스프링클러설비 설치대상물
ⓓ 물분무등소화설비(호스릴방식의 물분무등소화설비만을 설치한 경우 제외) 설치대상물
ⓔ 공동주택(옥내소화전설비 또는 스프링클러설비가 설치된 공동주택 한정)
ⓕ 목조건축물(국보 · 보물)

(4) 3급 소방안전관리대상물
ⓐ 자동화재탐지설비 설치대상물
ⓑ 간이스프링클러설비(주택전용 간이스프링클러설비 제외) 설치대상물

③ 21층인 아파트로서 300세대인 것 → 30층 이상 (지하층 제외) 아파트

답 ③

제4과목   소방기계시설의 구조 및 원리

61 대형 이산화탄소소화기의 소화약제 충전량은 얼마인가?

18.09.문72

① 20kg 이상   ② 30kg 이상
③ 50kg 이상   ④ 70kg 이상

해설 대형 소화기의 소화약제 충전량(소화기의 형식승인 10조)

종 별	충전량
포	**2**0L 이상
분말	**2**0kg 이상
할로겐화합물	**3**0kg 이상
이산화탄소 ——→ **5**0kg 이상 보기 ③
강화액	**6**0L 이상
물	**8**0L 이상

기억법 포분할 이강물
        2 2 3 5 6 8

답 ③

★★★
62 개방형 스프링클러설비에서 하나의 방수구역을 담당하는 헤드의 개수는 몇 개 이하로 해야 하는가? (단, 방수구역은 나누어져 있지 않고 하나의 구역으로 되어 있다.)

17.03.문78
16.05.문66
11.10.문62

① 50
② 40
③ 30
④ 20

 개방형 설비의 방수구역(NFPC 103 7조, NFTC 103 2.4.1)
(1) 하나의 방수구역은 **2개층**에 미치지 아니할 것
(2) 방수구역마다 **일제개방밸브**를 설치
(3) 하나의 방수구역을 담당하는 헤드의 개수는 **50개** 이하
(단, 2개 이상의 방수구역으로 나눌 경우에는 **25개** 이상)
보기 ①

기억법 5개(오골개)

(4) 표지는 '**일제개방밸브실**'이라고 표시한다.

답 ①

★
63 분말소화설비의 가압용 가스용기에 대한 설명으로 틀린 것은?

18.03.문67

① 가압용 가스용기를 3병 이상 설치한 경우에는 2개 이상의 용기에 전자개방밸브를 부착할 것
② 가압용 가스용기에는 2.5MPa 이하의 압력에서 조정이 가능한 압력조정기를 설치할 것
③ 가압용 가스에 질소가스를 사용하는 것의 질소가스는 소화약제 1kg마다 20L(35℃에서 1기압의 압력상태로 환산한 것) 이상으로 할 것
④ 축압용 가스에 질소가스를 사용하는 것의 질소가스는 소화약제 1kg에 대하여 10L(35℃에서 1기압의 압력상태로 환산한 것) 이상으로 할 것

해설 **가압식**과 **축압식**의 **설치기준**(NFPC 108 5조, NFTC 108 2.2.4)
35℃에서 1기압의 압력상태로 환산한 것

구 분 사용 가스	가압식	축압식
질소(N_2)	40L/kg 이상 보기 ③	10L/kg 이상 보기 ④
이산화탄소 (CO_2)	20g/kg+배관청소 필요량 이상	20g/kg+배관청소 필요량 이상

※ 배관청소용 가스는 별도의 용기에 저장한다.

③ 20L → 40L

답 ③

★★★
64 소화용수설비의 소화수조가 옥상 또는 옥탑부분에 설치된 경우 지상에 설치된 채수구에서의 압력은 얼마 이상이어야 하는가?

17.09.문66
17.05.문68
15.03.문77
09.05.문63

① 0.15MPa
② 0.20MPa
③ 0.25MPa
④ 0.35MPa

해설 **소화수조 및 저수조의 설치기준**(NFPC 402 4~5조, NFTC 402 2.1.1, 2.2)
(1) 소화수조의 깊이가 **4.5m** 이상일 경우 가압송수장치를 설치할 것
(2) 소화수조는 소방펌프자동차가 채수구로부터 **2m** 이내의 지점까지 접근할 수 있는 위치에 설치할 것
(3) 소화수조가 **옥상** 또는 옥탑부분에 설치된 경우에는 지상에 설치된 채수구에서의 압력 **0.15MPa** 이상 되도록 한다. 보기 ①

기억법 옥15

답 ①

★★
65 스프링클러설비의 배관 내 압력이 얼마 이상일 때 압력배관용 탄소강관을 사용해야 하는가?

15.09.문61
09.05.문73

① 0.1MPa
② 0.5MPa
③ 0.8MPa
④ 1.2MPa

해설 **스프링클러설비 배관 내 사용압력**(NFPC 103 8조, NFTC 103 2.5)

1.2MPa 미만	1.2MPa 이상
① 배관용 탄소강관 ② 이음매 없는 구리 및 구리합금관(단, **습식** 배관에 한함) ③ 배관용 스테인리스강관 또는 일반배관용 스테인리스강관 ④ 덕타일 주철관	① 압력배관용 탄소강관 보기 ④ ② 배관용 아크용접 탄소강강관

답 ④

★★★
66 할론소화설비에서 국소방출방식의 경우 할론소화약제의 양을 산출하는 식은 다음과 같다. 여기서 A는 무엇을 의미하는가? (단, 가연물이 비산할 우려가 있는 경우로 가정한다.)

14.05.문62
11.10.문80
07.03.문72
00.03.문80
98.03.문80
99.08.문71

$$Q = X - Y\left(\frac{a}{A}\right)$$

① 방호공간의 벽면적의 합계
② 창문이나 문의 틈새면적의 합계
③ 개구부면적의 합계
④ 방호대상물 주위에 설치된 벽의 면적의 합계

해설 **국소방출방식**

$$Q = X - Y\left(\frac{a}{A}\right)$$

여기서, Q : 방호공간 1m³에 대한 할론소화약제의 양[kg/m³]
a : 방호대상물 주위에 설치된 벽면적 합계[m²]
A : 방호공간의 벽면적 합계[m²]
X, Y : 수치

답 ①

★★★
67 이산화탄소 소화약제의 저장용기 설치기준 중 옳은 것은?

18.04.문62
16.03.문77
15.03.문74
12.09.문69

① 저장용기의 충전비는 고압식은 1.9 이상 2.3 이하, 저압식은 1.5 이상 1.9 이하로 할 것
② 저압식 저장용기에는 액면계 및 압력계와 2.1MPa 이상 1.7MPa 이하의 압력에서 작동하는 압력경보장치를 설치할 것
③ 저장용기는 고압식은 25MPa 이상, 저압식은 3.5MPa 이상의 내압시험압력에 합격한 것으로 할 것
④ 저압식 저장용기에는 내압시험압력의 1.8배의 압력에서 작동하는 안전밸브와 내압시험압력의 0.8배부터 내압시험압력까지의 범위에서 작동하는 봉판을 설치할 것

해설 **이산화탄소 소화설비**의 **저장용기**(NFPC 106 4조, NFTC 106 2.1.2)

자동냉동장치	2.1MPa 유지, $-18℃$ 이하	
압력경보장치	2.3MPa 이상 1.9MPa 이하 보기 ②	
선택밸브 또는 개폐밸브의 안전장치	배관의 최소사용설계압력과 최대허용압력 사이의 압력	
저장용기 보기 ③	고압식	25MPa 이상
	저압식	3.5MPa 이상
안전밸브	내압시험압력의 0.64~0.8배 보기 ④	
봉판	내압시험압력의 0.8~내압시험압력	
충전비 보기 ①	고압식	1.5~1.9 이하
	저압식	1.1~1.4 이하

① 1.9 이상 2.3 이하 → 1.5 이상 1.9 이하, 1.5 이상 1.9 이하 → 1.1 이상 1.4 이하
② 2.1MPa 이상 1.7MPa 이하 → 2.3MPa 이상 1.9MPa 이하
④ 1.8배 → 0.64배 이상 0.8배 이하

답 ③

★★★
68 포헤드를 정방형으로 설치시 헤드와 벽과의 최대 이격거리는 약 몇 m인가?

18.04.문70
14.03.문67
12.03.문67

① 1.48
② 1.62
③ 1.76
④ 1.91

해설 **포헤드 상호간의 거리기준**(NFPC 105 12조, NFTC 105 2.9.2.5)

정방형(정사각형)	장방형(직사각형)
$S = 2r \times \cos 45°$ $L = S$	$P_t = 2r$

여기서,
S : 포헤드 상호간의 거리[m]
r : 유효반경(2.1m)
L : 배관간격[m]

여기서,
P_t : 대각선의 길이[m]
r : 유효반경(2.1m)

(1) **포헤드 상호간의 거리(정방형)**
포헤드 상호간의 거리 S는
$S = 2r \times \cos 45°$
$= 2 \times 2.1m \times \cos 45°$
$≒ 2.96m$

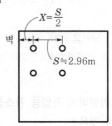

(2) **헤드와 벽과의 이격거리**

$$X = \frac{S}{2}$$

여기서, X : 헤드와 벽과의 이격거리[m]
S : 포헤드 상호간의 거리[m]
헤드와 벽과의 최대 이격거리 X는
$X = \dfrac{S}{2} = \dfrac{2.96m}{2} = 1.48m$

• S(2.96m) : (1)에서 구한 값

답 ①

★★★
69 소화용수설비와 관련하여 다음 설명 중 괄호 안에 들어갈 항목으로 옳게 짝지어진 것은?

18.04.문79
17.03.문64
14.03.문63
13.03.문61
07.03.문70

상수도 소화용수설비를 설치해야 하는 특정소방대상물은 다음 각 목의 어느 하나와 같다. 다만, 상수도 소화용수설비를 설치하여야 하는 특정소방대상물의 대지경계선으로부터 (㉠)m 이내에 지름 (㉡)mm 이상인 상수도용 배수관이 설치되지 않은 지역의 경우에는 화재안전기준에 따른 소화수조 또는 저수조를 설치해야 한다.

① ㉠ : 150, ㉡ 75
② ㉠ : 150, ㉡ 100
③ ㉠ : 180, ㉡ 75
④ ㉠ : 180, ㉡ 100

해설 **소방시설법 시행령〔별표 4〕**
상수도 소화용수설비의 설치대상
상수도 소화용수설비를 설치하여야 하는 특정소방대상물의 대지경계선으로부터 **(180)m** 이내에 지름 **(75)mm** 이상인 상수도용 배수관이 설치되지 않은 지역의 경우에는 화재안전기준에 따른 소화수조 또는 저수조를 설치해야 한다.
보기 ③

📢 **중요**

> **상수도 소화용수설비**
> (1) **상수도 소화용수설비**의 **설치대상**(소방시설법 시행령 〔별표 4〕)
>   ㉠ 연면적 **5000㎡** 이상인 것(단, 위험물 저장 및 처리시설 중 가스시설, 지하가 중 터널 또는 지하구의 경우 제외)
>   ㉡ 가스시설로서 지상에 노출된 탱크의 저장용량의 합계가 **100t** 이상인 것
>   ㉢ 폐기물재활용시설 및 폐기물처분시설
> (2) **상수도 소화용수설비**의 **기준**(NFPC 401 4조, NFTC 401 2.1)
>   ㉠ 호칭지름
>
> | 수도배관 | 소화전 |
> |---|---|
> | **75mm** 이상 | **100mm** 이상 |
>
> 기억법 **수75**(수지침으로 **치료**), **소1**(소일거리)
>
>   ㉡ 소화전은 소방자동차 등의 진입이 쉬운 **도로변** 또는 **공지**에 설치할 것
>   ㉢ 소화전은 특정소방대상물의 수평투영면의 각 부분으로부터 **140m** 이하가 되도록 설치할 것
>   ㉣ 지상식 소화전의 호스접결구는 지면으로부터 높이가 0.5m 이상 1m 이하가 되도록 설치할 것

답 ③

⭐ **70**
13.09.문61
미분무소화설비의 배관의 배수를 위한 기울기 기준 중 다음 (   ) 안에 알맞은 것은? (단, 배관의 구조상 기울기를 줄 수 없는 경우는 제외한다.)

> 개방형 미분무소화설비에는 헤드를 향하여 상향으로 수평주행배관의 기울기를 (㉠) 이상, 가지배관의 기울기를 (㉡) 이상으로 할 것

① ㉠ $\frac{1}{100}$, ㉡ $\frac{1}{500}$

② ㉠ $\frac{1}{500}$, ㉡ $\frac{1}{100}$

③ ㉠ $\frac{1}{250}$, ㉡ $\frac{1}{500}$

④ ㉠ $\frac{1}{500}$, ㉡ $\frac{1}{250}$

해설 **기울기**

기울기	설 비
$\frac{1}{100}$ 이상	연결살수설비의 수평주행배관
$\frac{2}{100}$ 이상	물분무소화설비의 배수설비
$\frac{1}{250}$ 이상	습식·부압식 설비 외 설비의 **가지배관** 보기 ㉡
$\frac{1}{500}$ 이상	습식·부압식 설비 외 설비의 **수평주행배관** 보기 ㉠

답 ④

⭐⭐⭐ **71**
16.03.문71
14.03.문70
12.09.문63
예상제연구역 바닥면적 400㎡ 미만 거실의 공기유입구와 배출구간의 직선거리 기준으로 옳은 것은? (단, 제연경계에 의한 구획을 제외한다.)

① 2m 이상 확보되어야 한다.

② 3m 이상 확보되어야 한다.

③ 5m 이상 확보되어야 한다.

④ 10m 이상 확보되어야 한다.

해설 **예상제연구역**에 **설치**되는 **공기유입구**의 **적합기준**(NFPC 501 8조, NFTC 501 2.5.2)
(1) 바닥면적 **400㎡ 미만**의 거실인 예상제연구역[제연경계에 따른 구획 제외(단, 거실과 통로와의 구획은 제외)에 대하여서는 공기유입구와 배출구간의 직선거리는 **5m** 이상 또는 구획된 실의 장변의 $\frac{1}{2}$ 이상으로 할 것. (단, 공연장·집회장·위락시설의 용도로 사용되는 부분의 바닥면적이 200㎡를 초과하는 경우의 공기유입구는 (2)에 따름)] 보기 ③
(2) 바닥면적이 **400㎡ 이상**의 거실인 예상제연구역(제연경계에 따른 구획 제외, 단, 거실과 통로와의 구획은 제외)에 대하여는 바닥으로부터 **1.5m** 이하의 높이에 설치하고 그 주변은 공기의 유입에 장애가 없도록 할 것
(3) 일반적인 예상제연구역에 대한 유입구를 벽 외의 장소에 설치할 경우에는 유입구 상단이 천장 또는 반자와 바닥 사이의 중간 아랫부분보다 낮게 되도록 하고, 수직거리가 가장 짧은 제연경계 하단보다 낮게 되도록 설치할 것

기억법 예4미5

답 ③

⭐ **72**
99.08.문79
다음 중 스프링클러설비와 비교하여 물분무소화설비의 장점으로 옳지 않은 것은?

① 소량의 물을 사용함으로써 물의 사용량 및 방사량을 줄일 수 있다.

② 운동에너지가 크므로 파괴주수효과가 크다.

③ 전기절연성이 높아서 고압통전기기의 화재에도 안전하게 사용할 수 있다.

④ 물의 방수과정에서 화재열에 따른 부피증가량이 커서 질식효과를 높일 수 있다.

해설 스프링클러설비 vs 물분무소화설비

스프링클러설비	① 운동에너지가 크므로 파괴주수효과가 크다. 보기 ② ② 통신기기실에 부적합
물분무소화설비	① 소량의 물을 사용함으로써 물의 사용량 및 방사량을 줄일 수 있다. 보기 ① ② 물의 방수과정에서 화재열에 따른 부피증가량이 커서 질식효과를 높일 수 있다. 보기 ④ ③ 전기절연성이 높아서 고압통전기기의 화재에도 안전하게 사용할 수 있다. 보기 ③ ④ 주차장에 설치가능

답 ②

⭐⭐⭐
73
오피스텔에서는 모든 층에 주거용 주방자동소화장치를 설치해야 하는데, 몇 층 이상인 경우 이러한 조치를 취해야 하는가?

14.09.문80
11.03.문46
09.03.문52

① 층수 무관　　② 20층 이상
③ 25층 이상　　④ 30층 이상

해설 소방시설법 시행령 〔별표 4〕
소화설비의 설치대상

종 류	설치대상
소화기구	① 연면적 **33m²** 이상(단, **노유자시설**은 **투척용 소화용구** 등을 산정된 소화기 수량의 $\frac{1}{2}$ 이상으로 설치 가능) ② 국가유산 ③ 가스시설 ④ 터널 ⑤ 지하구 ⑥ 전기저장시설
주거용 주방자동소화장치	① 아파트 등(모든 층) ② **오피스텔**(모든 층) 보기 ①

답 ①

⭐⭐⭐
74
수직강하식 구조대가 구조적으로 갖추어야 할 조건으로 옳지 않은 것은? (단, 건물 내부의 별실에 설치하는 경우는 제외한다.)

16.10.문73
15.05.문76
01.06.문61

① 구조대의 포지는 외부포지와 내부포지로 구성한다.
② 포지는 사용시 충격을 흡수하도록 수직방향으로 현저하게 늘어나야 한다.
③ 구조대는 연속하여 강하할 수 있는 구조이어야 한다.
④ 입구틀 및 고정틀의 입구는 지름 60cm 이상의 구체가 통과할 수 있어야 한다.

해설 **수직강하식 구조대의 구조**(구조대 형식 17조)
(1) 구조대는 안전하고 쉽게 사용할 수 있는 구조이어야 한다.

(2) 구조대의 포지는 **외부포지**와 **내부포지**로 구성하되, 외부포지와 내부포지의 사이에 충분한 **공기층**을 두어야 한다(건물 내부의 별실에 설치하는 것은 외부포지 설치제외 가능). 보기 ①
(3) 입구틀 및 고정틀의 입구는 지름 **60cm** 이상의 구체가 통과할 수 있는 것이어야 한다. 보기 ④
(4) 구조대는 **연속**하여 **강하**할 수 있는 구조이어야 한다. 보기 ③
(5) 포지는 사용할 때 **수직방향**으로 현저하게 늘어나지 아니하여야 한다. 보기 ②
(6) **포지 · 지지틀 · 고정틀**, 그 밖의 부속장치 등은 견고하게 부착되어야 한다.

② 늘어나야 한다. → 늘어나지 아니하여야 한다.

🔧 중요

구조대
(1) **수직강하식 구조대**
　㉠ 본체에 적당한 간격으로 협축부를 마련하여 피난자가 안전하게 활강할 수 있도록 만든 구조
　㉡ 소방대상물 또는 기타 장비 등에 **수직**으로 설치하여 사용하는 구조대

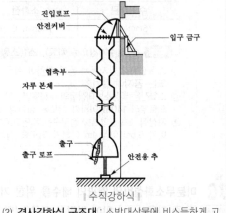

진입로프
안전커버
입구 금구
협축부
자루 본체
출구
출구 로프
안전용 추

〈수직강하식〉

(2) **경사강하식 구조대** : 소방대상물에 비스듬하게 고정시키거나 설치하여 사용자가 **미끄럼식**으로 내려올 수 있는 구조대

답 ②

⭐⭐
75
주차장에 분말소화약제 120kg을 저장하려고 한다. 이때 필요한 저장용기의 최소 내용적〔L〕은?

15.03.문64
06.09.문77

① 96　　　　② 120
③ 150　　　　④ 180

해설 (1) 분말소화약제

종 별	소화약제	충전비〔L/kg〕	적응화재	비 고
제**1**종	중탄산나트륨 (NaHCO₃)	0.8	BC급	**식**용유 및 지방질유의 화재에 적합
제2종	중탄산칼륨 (KHCO₃)	1.0	BC급	–
제**3**종	인산암모늄 (NH₄H₂PO₄)		ABC급	**차**고 · **주**차장에 적합
제4종	중탄산칼륨+요소 (KHCO₃ +(NH₂)₂CO)	1.25	BC급	

기억법 1식분(일식 분식)
3분 차주(삼보컴퓨터 **차주**)

(2) 충전비

$$C = \frac{V}{G}$$

여기서, C : 충전비〔L/kg〕
V : 내용적〔L〕
G : 저장량(중량)〔kg〕

내용적 V는
$V = GC = 120 \times 1 = 120L$

• **주차장**에는 **제3종 분말소화약제**를 사용하여야 하므로 **충전비**는 1이다.

답 ②

---

76 ★★★

17.05.문62
16.10.문69
16.05.문74
11.03.문72

다음 중 노유자시설의 4층 이상 10층 이하에서 적응성이 있는 피난기구가 아닌 것은?

① 피난교　　　② 다수인 피난장비
③ 승강식 피난기　④ 미끄럼대

해설 **피난기구의 적응성**(NFTC 301 2.1.1)

설치 장소별 구분 ＼ 층별	1층	2층	3층	4층 이상 10층 이하
노유자시설	•미끄럼대 •구조대 •피난교 •다수인 피난 장비 •승강식 피난기	•미끄럼대 •구조대 •피난교 •다수인 피난 장비 •승강식 피난기	•미끄럼대 •구조대 •피난교 •다수인 피난 장비 •승강식 피난기	•구조대[1] •피난교 보기 ① •다수인 피난 장비 보기 ② •승강식 피난기 보기 ③
의료시설 · 입원실이 있는 의원 · 접골원 · 조산원	–	–	•미끄럼대 •구조대 •피난교 •피난용 트랩 •다수인 피난 장비 •승강식 피난기	•구조대 •피난교 •피난용 트랩 •다수인 피난 장비 •승강식 피난기
영업장의 위치가 4층 이하인 다중 이용업소	–	•미끄럼대 •피난사다리 •구조대 •완강기 •다수인 피난 장비 •승강식 피난기	•미끄럼대 •피난사다리 •구조대 •완강기 •다수인 피난 장비 •승강식 피난기	•미끄럼대 •피난사다리 •구조대 •완강기 •다수인 피난 장비 •승강식 피난기
그 밖의 것 (근린생활시 설 사무실 등)	–	–	•미끄럼대 •피난사다리 •구조대 •완강기 •피난교 •피난용 트랩 •간이완강기[2] •공기안전매트[2] •다수인 피난 장비 •승강식 피난기	•피난사다리 •구조대 •완강기 •피난교 •간이완강기[2] •공기안전매트[2] •다수인 피난 장비 •승강식 피난기

[비고] 1) 구조대의 적응성은 장애인 관련 시설로서 주된 사용자 중 스스로 피난이 불가한 자가 있는 경우 추가로 설치하는 경우에 한한다.
　　2) 간이완강기의 적응성은 숙박시설의 3층 이상에 있는 객실에 추가로 설치하는 경우에 한한다.

답 ④

---

77 ★★★

17.03.문67
16.05.문79
15.05.문78
10.03.문63

물분무소화설비를 설치하는 차고의 배수설비 설치기준 중 틀린 것은?

① 차량이 주차하는 장소의 적당한 곳에 높이 10cm 이상의 경계턱으로 배수구를 설치할 것
② 길이 40m 이하마다 집수관, 소화피트 등 기름분리장치를 설치할 것
③ 차량이 주차하는 바닥은 배수구를 향하여 100분의 1 이상의 기울기를 유지할 것
④ 배수설비는 가압송수장치의 최대송수능력의 수량을 유효하게 배수할 수 있는 크기 및 기울기로 할 것

해설 **물분무소화설비의 배수설비**(NFPC 104 11조, NFTC 104 2.8)

구분	설명
경계턱	10cm 이상의 경계턱으로 배수구 설치 (차량이 주차하는 곳) 보기 ①
기름분리장치	40m 이하마다 설치 보기 ②
기울기	차량이 주차하는 바닥은 $\frac{2}{100}$ 이상 유지 보기 ③
배수비	가압송수장치의 **최대송수능력**의 수량을 유효하게 배수할 수 있는 크기 및 기울기로 할 것 보기 ④

③ 100분의 1 이상 → 100분의 2 이상

참고

기울기

구분	설명
$\frac{1}{100}$ 이상	연결살수설비의 수평주행배관
$\frac{2}{100}$ 이상	물분무소화설비의 배수설비
$\frac{1}{250}$ 이상	습식 · 부압식 설비 외 설비의 가지배관
$\frac{1}{500}$ 이상	습식 · 부압식 설비 외 설비의 수평주행배관

답 ③

78

09.05.문70
07.03.문77

층수가 10층인 일반창고에 습식 폐쇄형 스프링클러헤드가 설치되어 있다면 이 설비에 필요한 수원의 양은 얼마 이상이어야 하는가? (단, 이 창고는 특수가연물을 저장·취급하지 않는 일반물품을 적용하고, 헤드가 가장 많이 설치된 층은 8층으로서 40개가 설치되어 있다.)

① $16m^3$
② $32m^3$
③ $48m^3$
④ $64m^3$

해설 **폐쇄형 헤드**

$$Q = 1.6N$$

여기서, Q : 수원의 저수량[m^3]
N : 폐쇄형 헤드의 기준개수(설치개수가 기준개수보다 작으면 그 설치개수)

폐쇄형 헤드의 기준개수

특정소방대상물		폐쇄형 헤드의 기준개수
지하가·지하역사		
11층 이상, 창고 →		
10층 이하	공장(특수가연물), 창고시설	30
	판매시설(슈퍼마켓, 백화점 등), 복합건축물(판매시설이 설치된 것)	
	근린생활시설, 운수시설	20
	8m 이상	
	8m 미만	10
공동주택(아파트 등)		10(각 동이 주차장으로 연결된 주차장 : 30)

창고의 설치개수는 **30개**이다.
수원의 양 $Q = 1.6 \times N = 1.6 \times 30 = 48m^3$

답 ③

79

15.09.문76
15.05.문80
13.03.문78
12.05.문64

포소화설비에서 펌프의 토출관에 압입기를 설치하여 포소화약제 압입용 펌프로 포소화약제를 압입시켜 혼합하는 방식은?

① 라인 프로포셔너방식
② 펌프 프로포셔너방식
③ 프레져 프로포셔너방식
④ 프레져사이드 프로포셔너방식

해설 **포소화약제**의 **혼합장치**
(1) **펌프 프로포셔너방식(펌프 혼합방식)**
  ㉠ 펌프 토출측과 흡입측에 바이패스를 설치하고, 그 바이패스의 도중에 설치한 어댑터(adaptor)로 펌프 토출측 수량의 일부를 통과시켜 공기포용액을 만드는 방식
  ㉡ 펌프의 **토출관**과 **흡입관** 사이의 배관 도중에 설치한 흡입기에 펌프에서 토출된 물의 일부를 보내고 **농도조정밸브**에서 조정된 포소화약제의 필요량을 포소화약제 탱크에서 펌프 흡입측으로 보내어 약제를 혼합하는 방식

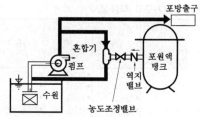

| 펌프 프로포셔너방식 |

(2) **프레져 프로포셔너방식(차압 혼합방식)**
  ㉠ 가압송수관 도중에 공기포 소화액 혼합조(P.P.T)와 혼합기를 접속하여 사용하는 방법
  ㉡ **격막방식 휨탱크**를 사용하는 에어휨 혼합방식
  ㉢ 펌프와 발포기의 중간에 설치된 벤투리관의 **벤투리작용**과 펌프 가압수의 **포소화약제 저장탱크**에 대한 압력에 의하여 포소화약제를 흡입·혼합하는 방식

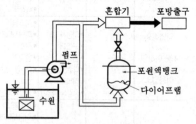

| 프레져 프로포셔너방식 |

(3) 라인 프로포셔너방식(관로 혼합방식)
　㉠ 급수관의 배관 도중에 포소화약제 흡입기를 설치하여 그 흡입관에서 소화약제를 흡입하여 혼합하는 방식
　㉡ 펌프와 발포기의 중간에 설치된 벤투리관의 **벤투리작용**에 의하여 포소화약제를 흡입·혼합하는 방식

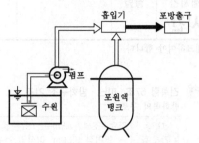

| 라인 프로포셔너방식 |

(4) 프레져사이드 프로포셔너방식(압입 혼합방식)
　㉠ 소화원액 가압펌프(압입용 펌프)를 별도로 사용하는 방식
　㉡ 펌프 **토출관**에 압입기를 설치하여 포소화약제를 **압입용 펌프**로 포소화약제를 압입시켜 혼합하는 방식
　　보기 ④

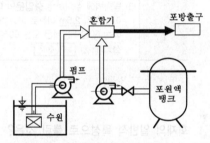

| 프레져사이드 프로포셔너방식 |

　기억법　프사압

(5) 압축공기포 믹싱챔버방식 : 포수용액에 공기를 강제로 주입시켜 **원거리방수**가 가능하고 물 사용량을 줄여 **수손피해**를 **최소화**할 수 있는 방식

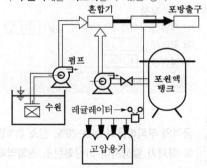

| 압축공기포 믹싱챔버방식 |

답 ④

★★
80 다음 중 옥내소화전의 배관 등에 대한 설치방법으로 옳지 않은 것은?
16.10.문79
14.03.문76
① 펌프의 토출측 주배관의 구경은 평균 유속을 5m/s가 되도록 설치하였다.
② 배관 내 사용압력이 1.1MPa인 곳에 배관용 탄소강관을 사용하였다.
③ 옥내소화전 송수구를 단구형으로 설치하였다.
④ 송수구로부터 주배관에 이르는 연결배관에는 개폐밸브를 설치하지 않았다.

해설　**배관 내의 유속**(NFPC 102 6조, NFTC 102 2.3)

설 비		유 속
옥내소화전설비		→4m/s 이하 보기 ①
스프링클러설비	가지배관	6m/s 이하
	기타배관	10m/s 이하

① 5m/s → 4m/s 이하

답 ①

		수험번호	성명

▌2019년 기사 제2회 필기시험▐

자격종목	종목코드	시험시간	형별
소방설비기사(기계분야)		**2시간**	

※ 각 문항은 4지택일형으로 질문에 가장 적합한 보기 항을 선택하여 체크하여야 합니다.

제 1 과목 | **소방원론**

★★★
01 목조건축물의 화재진행상황에 관한 설명으로 옳은 것은?

[11.06.문07]
[01.09.문02]
[99.04.문04]

유사문제부터 풀어보세요. 실력이 팍!팍! 올라갑니다.

① 화원-발염착화-무염착화-출화-최성기-소화

② 화원-발염착화-무염착화-소화-연소낙하

③ 화원-무염착화-발염착화-출화-최성기-소화

④ 화원-무염착화-출화-발염착화-최성기-소화

해설 목조건축물의 화재진행상황

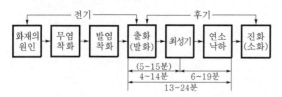

• 최성기=성기=맹화

답 ③

★★★
02 연면적이 1000m^2 이상인 건축물에 설치하는 방화벽이 갖추어야 할 기준으로 틀린 것은?

[18.03.문14]
[17.09.문16]
[13.03.문16]
[12.03.문10]
[08.09.문05]

① 내화구조로서 홀로 설 수 있는 구조일 것

② 방화벽의 양쪽 끝과 위쪽 끝을 건축물의 외벽면 및 지붕면으로부터 0.1m 이상 튀어나오게 할 것

③ 방화벽에 설치하는 출입문의 너비는 2.5m 이하로 할 것

④ 방화벽에 설치하는 출입문의 높이는 2.5m 이하로 할 것

해설 건축령 57조, 피난·방화구조 21조
방화벽의 구조

대상 건축물	주요구조부가 내화구조 또는 불연재료가 아닌 연면적 1000m^2 이상인 건축물
구획단지	연면적 **1000m^2** 미만마다 구획
방화벽의 구조	① **내화구조**로서 홀로 설 수 있는 구조일 것 [보기 ①] ② 방화벽의 양쪽 끝과 위쪽 끝을 건축물의 외벽면 및 지붕면으로부터 **0.5m** 이상 튀어나오게 할 것 [보기 ②] ③ 방화벽에 설치하는 **출입문**의 너비 및 높이는 각각 **2.5m** 이하로 하고 해당 출입문에는 60분+방화문 또는 60분 방화문을 설치할 것 [보기 ③④]

② 0.1m → 0.5m

답 ②

★★
03 화재의 일반적 특성으로 틀린 것은?

[15.09.문10]
[11.03.문17]

① 확대성

② 정형성

③ 우발성

④ 불안정성

해설 화재의 특성

(1) **우**발성(화재가 돌발적으로 발생) [보기 ③]

(2) **확**대성 [보기 ①]

(3) **불**안정성 [보기 ④]

기억법 우확불

답 ②

★★
04 공기의 부피비율이 질소 79%, 산소 21%인 전기실에 화재가 발생하여 이산화탄소 소화약제를 방출하여 소화하였다. 이때 산소의 부피농도가 14%이었다면 이 혼합공기의 분자량은 약 얼마인가? (단, 화재시 발생한 연소가스는 무시한다.)

[17.09.문11]
[15.05.문13]
[12.05.문12]

① 28.9

② 30.9

③ 33.9

④ 35.9

해설 (1) **이산화탄소의 농도**

$$CO_2 = \frac{21-O_2}{21} \times 100$$

여기서, CO_2 : CO_2의 농도[vol%]

O_2 : O_2의 농도[vol%]

$$CO_2 = \frac{21-O_2}{21} \times 100 = \frac{21-14}{21} \times 100 ≒ 33.3vol\%$$

• 원칙적인 단위 vol% = 간략 단위 %

(2) **CO_2 방출시 공기의 부피비율 변화**

㉠ 산소(O_2)=14vol%

㉡ 이산화탄소(CO_2)=33.3vol%

㉢ 질소(N_2)=100vol%−(O_2 농도+CO_2 농도)[vol%]

=100vol%−(14+33.3)vol%=52.7vol%

(3) **분자량**

원 소	원자량
H	1
C	→ 12
N	→ 14
O	→ 16

산소(O_2) : 16×2×0.14(14vol%) =4.48

이산화탄소(CO_2) : (12+16×2)×0.333(33.3vol%)=14.652

질소(N_2) : 14×2×0.527(52.7vol%) =14.756

혼합공기의 분자량 = 33.9

답 ③

★ **05** 다음 가연성 기체 1몰이 완전 연소하는 데 필요한 이론공기량으로 틀린 것은? (단, 체적비로 계산하며 공기 중 산소의 농도를 21vol%로 한다.)

① 수소−약 2.38몰

② 메탄−약 9.52몰

③ 아세틸렌−약 16.91몰

④ 프로판−약 23.81몰

해설 (1) **화학반응식**

㉠ 수소 : ②H_2+①O_2 → 2H_2O

필요한 산소 몰수 $= \dfrac{\text{산소 몰수}}{\text{수소 몰수}} = \dfrac{1}{2} = 0.5$몰

㉡ 메탄 : ①CH_4+②O_2 → CO_2+2H_2O

필요한 산소 몰수 $= \dfrac{\text{산소 몰수}}{\text{메탄 몰수}} = \dfrac{2}{1} = 2$몰

㉢ 아세틸렌 : ②C_2H_2+⑤O_2 → 4CO_2+2H_2O

필요한 산소 몰수 $= \dfrac{\text{산소 몰수}}{\text{아세틸렌 몰수}} = \dfrac{5}{2} = 2.5$몰

㉣ 프로판 : ①C_3H_8+⑤O_2 → 3CO_2+4H_2O

필요한 산소 몰수 $= \dfrac{\text{산소 몰수}}{\text{프로판 몰수}} = \dfrac{5}{1} = 5$몰

(2) **필요한 이론공기량**

$$\text{필요한 이론공기량} = \frac{\text{몰수}}{\text{공기 중 산소농도}}$$

㉠ 수소 $= \dfrac{0.5몰}{0.21(21vol\%)} ≒ 2.38$몰

㉡ 메탄 $= \dfrac{2몰}{0.21(21vol\%)} ≒ 9.52$몰

㉢ 아세틸렌 $= \dfrac{2.5몰}{0.21(21vol\%)} ≒ 11.9$몰

㉣ 프로판 $= \dfrac{5몰}{0.21(21vol\%)} ≒ 23.81$몰

답 ③

★★★ **06** 물의 소화능력에 관한 설명 중 틀린 것은?

18.03.문19 15.05.문04 99.08.문06

① 다른 물질보다 비열이 크다.

② 다른 물질보다 융해잠열이 작다.

③ 다른 물질보다 증발잠열이 크다.

④ 밀폐된 장소에서 증발가열되면 산소희석작용을 한다.

해설 **물의 소화능력**

(1) **비열**이 크다. 보기 ①

(2) **증발잠열**(기화잠열)이 크다. 보기 ③

(3) 밀폐된 장소에서 증발가열하면 수증기에 의해서 **산소희석작용**을 한다. 보기 ④

(4) **무상**으로 주수하면 **중질유화재**에도 사용할 수 있다.

② 융해잠열과는 무관

참고

물이 **소화약제**로 많이 쓰이는 이유	
장 점	단 점
• 쉽게 구할 수 있다. • 증발잠열(기화잠열)이 크다. • 취급이 간편하다.	• 가스계 소화약제에 비해 사용 후 **오염**이 **크다**. • 일반적으로 **전기화재**에는 **사용**이 **불가**하다.

답 ②

★★★ **07** 화재실의 연기를 옥외로 배출시키는 제연방식으로 효과가 가장 적은 것은?

00.03.문15

① 자연제연방식

② 스모크타워 제연방식

③ 기계식 제연방식

④ 냉난방설비를 이용한 제연방식

해설 **제연방식의 종류**

(1) **밀폐제연방식** : 밀폐도가 많은 벽이나 문으로서 화재가 발생하였을 때 밀폐하여 **연기**의 **유출** 및 **공기** 등의 **유입**을 **차단**시켜 제연하는 방식

(2) **자연제연방식** : 건물에 설치된 창 보기 ①

∥자연제연방식∥

(3) **스모크타워 제연방식** : 고층 건물에 적합 보기②

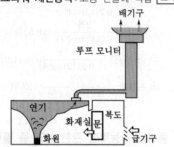

스모크타워 제연방식

(4) **기계제연방식**(기계식 제연방식) 보기③

㉠ 제1종 : 송풍기＋배연기

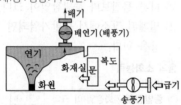

제1종 기계제연방식

㉡ 제2종 : 송풍기

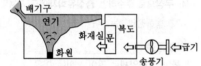

제2종 기계제연방식

㉢ 제3종 : 배연기

제3종 기계제연방식

④ 이런 제연방식은 없음

답 ④

★★★
08 분말소화약제의 취급시 주의사항으로 틀린 것은?

15.05.문09
15.05.문20
13.06.문03

① 습도가 높은 공기 중에 노출되면 고화되므로 항상 주의를 기울인다.

② 충진시 다른 소화약제와 혼합을 피하기 위하여 종별로 각각 다른 색으로 착색되어 있다.

③ 실내에서 다량 방사하는 경우 분말을 흡입하지 않도록 한다.

④ 분말소화약제와 수성막포를 함께 사용할 경우 포의 소포현상을 발생시키므로 병용해서는 안 된다.

해설 **분말소화약제 취급시 주의사항**

(1) 습도가 높은 공기 중에 노출되면 고화되므로 항상 주의를 기울인다. 보기①

(2) 충진시 다른 소화약제와 혼합을 피하기 위하여 종별로 각각 다른 색으로 착색되어 있다. 보기②

(3) 실내에서 다량 방사하는 경우 분말을 흡입하지 않도록 한다. 보기③

중요

수성막포 소화약제

(1) 안전성이 좋아 장기보관이 가능하다.

(2) 내약품성이 좋아 **분말소화약제**와 **겸용** 사용이 가능하다.

(3) 석유류 표면에 신속히 피막을 형성하여 유류증발을 억제한다.

(4) 일명 **AFFF**(Aqueous Film Forming Foam)라고 한다.

(5) 점성이 작기 때문에 가연성 기름의 표면에서 쉽게 피막을 형성한다.

(6) 단백포 소화약제와도 병용이 가능하다.

기억법 분수

④ 소포현상도 발생되지 않으므로 병용 가능

답 ④

★★★
09 건축물의 화재를 확산시키는 요인이라 볼 수 없는 것은?

16.03.문10
15.03.문06
14.05.문02
09.03.문19
06.05.문18

① 비화(飛火)

② 복사열(輻射熱)

③ 자연발화(自然發火)

④ 접염(接炎)

해설 **목조건축물의 화재원인**

종류	설명
접염 보기④ (화염의 접촉)	화염 또는 열의 **접촉**에 의하여 불이 다른 곳으로 옮겨붙는 것
비화 보기①	불티가 **바람**에 날리거나 화재현장에서 상승하는 **열기류** 중심에 흡쓸려 원거리 가연물에 착화하는 현상 기억법 비날(비가 날린다!)
복사열 보기②	복사파에 의하여 열이 **고온**에서 **저온**으로 이동하는 것

비교

열전달의 종류

종류	설명
전도 (conduction)	하나의 물체가 다른 물체와 **직접** 접촉하여 열이 이동하는 현상
대류 (convection)	**유체**의 흐름에 의하여 열이 이동하는 현상

복사 (radiation)	① 화재시 화원과 격리된 인접 가연 물에 불이 옮겨붙는 현상 ② 열전달 **매질**이 **없이** 열이 전달되 는 형태 ③ 열에너지가 **전자파**의 형태로 옮 겨지는 현상으로, 가장 크게 작용

답 ③

10 석유, 고무, 동물의 털, 가죽 등과 같이 황성분을 함유하고 있는 물질이 불완전연소될 때 발생하는 연소가스로 계란 썩는 듯한 냄새가 나는 기체는?

11.03.문10
04.09.문14

① 아황산가스　　② 시안화수소
③ 황화수소　　　④ 암모니아

해설 **연소가스**

구 분	특 징
일산화탄소 (CO)	화재시 흡입된 일산화탄소(CO)의 화학 적 작용에 의해 **헤모글로빈**(Hb)이 혈 액의 산소운반작용을 저해하여 사람을 질식·사망하게 한다.
이산화탄소 (CO_2)	연소가스 중 **가장 많은 양**을 차지하고 있으며 가스 그 자체의 독성은 거의 없 으나 다량이 존재할 경우 호흡속도를 증가시키고, 이로 인하여 화재가스에 혼합된 유해가스의 혼입을 증가시켜 위 험을 가중시키는 가스이다.
암모니아 (NH_3)	나무, 페놀수지, 멜라민수지 등의 **질소 함유물**이 연소할 때 발생하며, 냉동시 설의 **냉매**로 쓰인다.
포스겐 ($COCl_2$)	매우 독성이 강한 가스로서 소화제인 **사염화탄소**(CCl_4)를 화재시에 사용할 때도 발생한다.
황화수소 (H_2S)	**달걀**(계란) **썩는 냄새**가 나는 특성이 있다. 보기 ③ 기억법 황달
아크롤레인 ($CH_2=CHCHO$)	독성이 매우 높은 가스로서 **석유제품, 유지** 등이 연소할 때 생성되는 가스이다.

답 ③

11 다음 중 동일한 조건에서 증발잠열[kJ/kg]이 가장 큰 것은?

14.03.문09
11.06.문04

① 질소
② 할론 1301
③ 이산화탄소
④ 물

해설 **증발잠열**

약 제	증발잠열
할론 1301	119kJ/kg 보기 ②
아르곤	156kJ/kg
질소	199kJ/kg 보기 ①
이산화탄소	574kJ/kg 보기 ③
물	2245kJ/kg(539kcal/kg) 보기 ④

🔖 중요

물의 증발잠열

$1J = 0.24cal$　이므로

$1kJ = 0.24kcal$, $1kJ/kg = 0.24kcal/kg$

$539kcal/kg = \dfrac{539kcal/kg}{0.24kcal/kg} \times 1kJ/kg$

$≒ 2245kJ/kg$

답 ④

12 탱크화재시 발생되는 보일오버(Boil Over)의 방지방법으로 틀린 것은?

① 탱크내용물의 기계적 교반
② 물의 배출
③ 과열방지
④ 위험물탱크 내의 하부에 냉각수 저장

해설 **보일오버(Boil Over)**

구 분	설 명
정의	① 중질유의 탱크에서 장시간 조용히 연소하다 **탱크 내의 잔존기름**이 갑 자기 분출하는 현상 ② 유류탱크에서 탱크바닥에 물과 기 름의 **에멀션**이 섞여 있을 때 이로 인하여 화재가 발생하는 현상 ③ 연소유면으로부터 100℃ 이상의 열 파가 **탱크 저부**에 고여 있는 **물**을 비등하게 하면서 연소유를 탱크 밖 으로 비산시키며 연소하는 현상
방지대책	① 탱크내용물의 **기계적 교반** 보기 ① ② 탱크하부 물의 **배출** 보기 ② ③ 탱크 내부 **과열방지** 보기 ③

답 ④

13 화재시 CO_2를 방사하여 산소농도를 11vol%로 낮추어 소화하려면 공기 중 CO_2의 농도는 약 몇 vol%가 되어야 하는가?

17.05.문01
15.03.문14
14.05.문07
12.05.문14

① 47.6　　　　② 42.9
③ 37.9　　　　④ 34.5

해설 CO_2의 농도(이론소화농도)

$$CO_2 = \frac{21 - O_2}{21} \times 100$$

여기서, CO_2 : CO_2의 농도[%] 또는 [vol%]
O_2 : O_2의 농도[%] 또는 [vol%]

$$CO_2 = \frac{21 - O_2}{21} \times 100$$
$$= \frac{21 - 11}{21} \times 100$$
$$= 47.6\text{vol}\%$$

- 단위가 원래는 vol% 또는 vol.%인데 줄여서 %로 쓰기도 한다.

중요

이산화탄소 소화설비와 관련된 식

$$CO_2 = \frac{\text{방출가스량}}{\text{방호구역체적} + \text{방출가스량}} \times 100$$
$$= \frac{21 - O_2}{21} \times 100$$

여기서, CO_2 : CO_2의 농도[%]
O_2 : O_2의 농도[%]

$$\text{방출가스량} = \frac{21 - O_2}{O_2} \times \text{방호구역체적}$$

여기서, O_2 : O_2의 농도[%]

용어

%	vol%
수를 100의 비로 나타낸 것	어떤 공간에 차지하는 부피를 백분율로 나타낸 것
50%	공기 50vol%
	50vol%
|50%|	|50vol%|

답 ①

★★ 14 물소화약제를 어떠한 상태로 주수할 경우 전기화재의 진압에서도 소화능력을 발휘할 수 있는가?

① 물에 의한 봉상주수
② 물에 의한 적상주수
③ 물에 의한 무상주수
④ 어떤 상태의 주수에 의해서도 효과가 없다.

해설 **전기화재(변전실화재) 적응방법**
(1) 무상주수
(2) 할론소화약제 방사
(3) 분말소화설비

(4) 이산화탄소 소화설비
(5) 할로겐화합물 및 불활성기체 소화설비

참고

물을 주수하는 방법

주수방법	설명
봉상주수	화점이 멀리 있을 때 또는 고체가연물의 대규모 화재시 사용 예 옥내소화전
적상주수	일반 고체가연물의 화재시 사용 예 스프링클러헤드
무상주수	화점이 가까이 있을 때 또는 질식효과, 에멀션효과를 필요로 할 때 사용 예 물분무헤드

답 ③

★ 15 도장작업 공정에서의 위험도를 설명한 것으로 틀린 것은?

① 도장작업 그 자체 못지않게 건조공정도 위험하다.
② 도장작업에서는 인화성 용제가 쓰이지 않으므로 폭발의 위험이 없다.
③ 도장작업장은 폭발시를 대비하여 지붕을 시공한다.
④ 도장실의 환기덕트를 주기적으로 청소하여 도료가 덕트 내에 부착되지 않게 한다.

해설 **도장작업 공정에서의 위험도**
(1) 도장작업 그 자체 못지않게 **건조공정도 위험**하다. 보기 ①
(2) 도장작업에서는 **인화성** 또는 **가연성 용제**가 쓰이므로 **폭발**의 **위험**이 있다. 보기 ②
(3) 도장작업장은 폭발시를 대비하여 **지붕**을 시공한다. 보기 ③
(4) 도장실의 환기덕트를 주기적으로 청소하여 도료가 덕트 내에 부착되지 않게 한다. 보기 ④

② 인화성 용제가 쓰이지 않으므로 폭발의 위험이 없다. → **인화성** 또는 **가연성 용제**가 쓰이므로 **폭발**의 **위험**이 있다.

답 ②

★★★ 16 방호공간 안에서 화재의 세기를 나타내고 화재가 진행되는 과정에서 온도에 따라 변하는 것으로 온도–시간 곡선으로 표시할 수 있는 것은?
`02.03.문19`

① 화재저항 ② 화재가혹도
③ 화재하중 ④ 화재플럼

해설

구 분	화재하중(fire load)	화재가혹도(fire severity)
정의	화재실 또는 화재구획의 단위바닥면적에 대한 등가 가연물량값	① 화재의 양과 질을 반영한 화재의 강도 ② 방호공간 안에서 화재의 세기를 나타냄
계산식	화재하중 $$q = \frac{\Sigma G_t H_t}{HA} = \frac{\Sigma Q}{4500 A}$$ 여기서, q : 화재하중〔kg/m²〕 G_t : 가연물의 양〔kg〕 H_t : 가연물의 단위발열량 〔kcal/kg〕 H : 목재의 단위발열량 〔kcal/kg〕 A : 바닥면적〔m²〕 ΣQ : 가연물의 전체 발열량〔kcal〕	화재가혹도 =지속시간×최고온도 화재시 지속시간이 긴 것은 가연물량이 많은 양적 개념이며, 연소시 최고온도는 최성기 때의 온도로서 화재의 질적 개념이다.
비교	① 화재의 **규모**를 판단하는 척도 ② **주수시간**을 결정하는 인자	① 화재의 **강도**를 판단하는 척도 ② **주수율**을 결정하는 인자

용어

화재플럼	화재저항
상승력이 커진 부력에 의해 연소가스와 유입공기가 상승하면서 화염이 섞인 연기 기둥형태를 나타내는 현상	화재시 최고온도의 지속시간을 견디는 내력

답 ②

★★ 17 다음 위험물 중 특수인화물이 아닌 것은?

08.09.문06
① 아세톤 ② 다이에틸에터
③ 산화프로필렌 ④ 아세트알데하이드

해설 특수인화물
(1) 다이에틸에터 보기 ②
(2) 이황화탄소
(3) 아세트알데하이드 보기 ④
(4) 산화프로필렌 보기 ③
(5) 이소프렌
(6) 펜탄
(7) 디비닐에터
(8) 트리클로로실란

① 아세톤 : 제1석유류

답 ①

★★★ 18 다음 중 가연물의 제거를 통한 소화방법과 무관한 것은?

16.10.문07
16.03.문12
14.05.문11
13.03.문01
11.03.문04
08.09.문17

① 산불의 확산방지를 위하여 산림의 일부를 벌채한다.
② 화학반응기의 화재시 원료공급관의 밸브를 잠근다.
③ 전기실 화재시 IG-541 약제를 방출한다.
④ 유류탱크 화재시 주변에 있는 유류탱크의 유류를 다른 곳으로 이동시킨다.

해설 제거소화의 예
(1) **가연성 기체** 화재시 **주밸브**를 **차단**한다(화학반응기의 화재시 원료공급관의 밸브를 잠금). 보기 ②
(2) **가연성 액체** 화재시 펌프를 이용하여 **연료**를 제거한다.
(3) **연료탱크**를 냉각하여 가연성 가스의 발생속도를 작게 하여 연소를 억제한다.
(4) 금속화재시 **불활성 물질**로 가연물을 덮는다.
(5) **목재**를 방염처리한다.
(6) 전기화재시 **전원**을 차단한다.
(7) 산불이 발생하면 화재의 진행방향을 앞질러 **벌목**한다(산불의 확산방지를 위하여 산림의 **일부**를 **벌채**). 보기 ①
(8) 가스화재시 **밸브**를 **잠궈** 가스흐름을 차단한다(가스화재시 중간밸브를 잠금).
(9) 불타고 있는 장작더미 속에서 아직 타지 않은 것을 안전한 곳으로 **운반**한다.
(10) 유류탱크 화재시 주변에 있는 유류탱크의 유류를 다른 곳으로 이동시킨다. 보기 ④
(11) 촛불을 입김으로 불어서 끈다.

③ **질식소화** : IG-541(불활성기체 소화약제)

용어

제거효과
가연물을 반응계에서 제거하든지 또는 반응계로의 공급을 정지시켜 소화하는 효과

답 ③

★★★ 19 화재표면온도(절대온도)가 2배로 되면 복사에너지는 몇 배로 증가되는가?

14.09.문14
13.09.문01
13.06.문08

① 2 ② 4
③ 8 ④ 16

해설 스테판-볼츠만의 **법칙**(Stefan-Boltzman's law)
$$\frac{Q_2}{Q_1} = \frac{(273 + T_2)^4}{(273 + T_1)^4} = (2배)^4 = 16배$$

• 열복사량은 복사체의 **절대온도**의 **4제곱**에 **비례**하고, **단면적**에 **비례**한다.

참고

스테판-볼츠만의 법칙(Stefan-Boltzman's law)

$$Q = aAF(T_1^4 - T_2^4)$$

여기서, Q : 복사열[W]
a : 스테판-볼츠만 상수[W/m² · K⁴]
A : 단면적[m²]
F : 기하학적 Factor
T_1 : 고온[K]
T_2 : 저온[K]

답 ④

★★ 20 산불화재의 형태로 틀린 것은?

02.05.문14
① 지중화형태 ② 수평화형태
③ 지표화형태 ④ 수관화형태

해설 산림화재의 형태

구분	설명
지중화	나무가 썩어서 그 유기물이 타는 것 [보기①]
지표화	나무 주위에 떨어져 있는 **낙엽** 등이 타는 것 [보기③]
수간화	나무**기둥**부터 타는 것
수관화	나뭇**가지**부터 타는 것 [보기④]

답 ②

제 2 과목 소방유체역학

★★ 21 그림에서 물에 의하여 점 B에서 힌지된 사분원

15.03.문30
13.06.문27
모양의 수문이 평형을 유지하기 위하여 수면에서 수문을 잡아당겨야 하는 힘 T는 약 몇 kN인가? (단, 수문의 폭은 1m, 반지름($r = \overline{OB}$)은 2m, 4분원의 중심은 O점에서 왼쪽으로 $\dfrac{4r}{3\pi}$인 곳에 있다.)

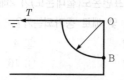

① 1.96 ② 9.8
③ 19.6 ④ 29.4

해설 수평분력

$$F_H = \gamma h A$$

여기서, F_H : 수평분력[N]

γ : 비중량(물의 비중량 9800N/m³)
h : 표면에서 수문 중심까지의 수직거리[m]
A : 수문의 단면적[m²]

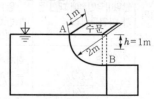

$h : \dfrac{2m}{2} = 1m$

A : 가로×세로(폭)=2m×1m = 2m²
$F_H = \gamma h A$
$\quad = 9800N/m^3 \times 1m \times 2m^2$
$\quad = 19600N = 19.6kN$

- 1000N=1kN이므로 19600N=19.6kN
- 이 문제에서 $\dfrac{4r}{3\pi}$는 적용할 필요 없음

답 ③

★★★ 22 물의 온도에 상응하는 증기압보다 낮은 부분이

17.09.문35
17.05.문37
16.10.문34
15.03.문35
14.05.문39
14.03.문32
발생하면 물은 증발되고 물속에 있던 공기와 물이 분리되어 기포가 발생하는 펌프의 현상은?
① 피드백(feedback)
② 서징현상(surging)
③ 공동현상(cavitation)
④ 수격작용(water hammering)

해설 펌프의 현상

용어	설명
공동현상 (cavitation) [보기③]	펌프의 흡입측 배관 내의 물의 정압이 기존의 증기압보다 낮아져서 **기포**가 발생되어 물이 흡입되지 않는 현상 **기억법** 공기
수격작용 (water hammering)	① 배관 속의 물흐름을 급히 차단하였을 때 동압이 정압으로 전환되면서 일어나는 쇼크(shock)현상 ② 배관 내를 흐르는 유체의 유속을 급격하게 변화시키므로 압력이 상승 또는 하강하여 **관로의 벽면을 치는 현상**
서징현상 (surging, 맥동현상)	유량이 단속적으로 변하여 펌프 입출구에 설치된 **진공계 · 압력계**가 흔들리고 **진동**과 **소음**이 일어나며 펌프의 **토출유량**이 **변하는 현상** **기억법** 서흔(서른)

① 펌프의 현상에 피드백(feedback)이란 것은 없다.

답 ③

23 단면적이 A와 $2A$인 U자형 관에 밀도가 d인 기름이 담겨져 있다. 단면적이 $2A$인 관에 관벽과는 마찰이 없는 물체를 놓았더니 그림과 같이 평형을 이루었다. 이때 이 물체의 질량은?

① $2Ah_1d$

② Ah_1d

③ $A(h_1+h_2)d$

④ $A(h_1-h_2)d$

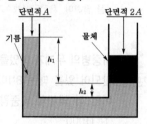

 (1) 중량

$$F = mg$$

여기서, F : 중량(힘)[N]
  m : 질량[kg]
  g : 중력가속도[9.8m/s²]
$F = mg \propto m$
질량은 중량(힘)에 비례하므로 파스칼의 원리식 적용

(2) 파스칼의 원리

$$\frac{F_1}{A_1} = \frac{F_2}{A_2}, \quad p_1 = p_2$$

여기서, F_1, F_2 : 가해진 힘[kN]
  A_1, A_2 : 단면적[m²]
  p_1, p_2 : 압력[kPa]

$\dfrac{F_1}{A_1} = \dfrac{F_2}{A_2}$ 에서 $A_2 = 2A_1$ 이므로

$$F_2 = \frac{A_2}{A_1} \times F_1 = \frac{2A_1}{A_1} \times F_1 = 2F_1$$

질량은 중량(힘)에 비례하므로 $F_2 = 2F_1$를 $m_2 = 2m_1$로 나타낼 수 있다.

(3) 물체의 질량

$$m_1 = dh_1A$$

여기서, m_1 : 물체의 질량[kg]
  d : 밀도[kg/m³]
  h_1 : 깊이[m]
  A : 단면적[m²]
$m_2 = 2m_1 = 2 \times dh_1A = 2Ah_1d$

답 ①

24 그림과 같이 물이 들어 있는 아주 큰 탱크에 사이펀이 장치되어 있다. 출구에서의 속도 V와 관의 상부 중심 A지점에서의 게이지압력 P_A를 구하는 식은? (단, g는 중력가속도, ρ는 물의 밀도이며, 관의 직경은 일정하고 모든 손실은 무시한다.)

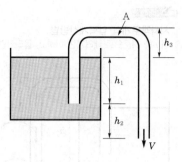

① $V = \sqrt{2g(h_1+h_2)}$
  $P_A = -\rho g h_3$

② $V = \sqrt{2g(h_1+h_2)}$
  $P_A = -\rho g(h_1+h_2+h_3)$

③ $V = \sqrt{2gh_2}$
  $P_A = -\rho g(h_1+h_2+h_3)$

④ $V = \sqrt{2g(h_1+h_2)}$
  $P_A = \rho g(h_1+h_2-h_3)$

 (1) 유속

$$V = \sqrt{2gH}$$

여기서, V : 유속[m/s]
  g : 중력가속도(9.8m/s²)
  H : 수면에서부터의 사이펀길이[m]

유속 V는
$$V = \sqrt{2gH} = \sqrt{2g(h_1+h_2)}$$

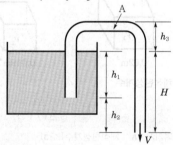

(2) 시차액주계

$$P_A + \gamma h_1 + \gamma h_2 + \gamma h_3 = 0$$

$$\begin{aligned} P_A &= -\gamma h_1 - \gamma h_2 - \gamma h_3 \\ &= -\gamma(h_1+h_2+h_3) \\ &= -\rho g(h_1+h_2+h_3) \end{aligned}$$

• **비중량**

$$\gamma = \rho g$$

여기서, γ : 비중량[N/m³]
  ρ : 밀도[kg/m³] 또는 [N·m²/m⁴]
  g : 중력가속도[m/s²]

중요

시차액주계의 **압력계산방법**
점 A를 기준으로 내려가면 더하고, 올라가면 빼면 된다.

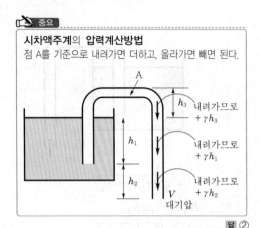

답 ②

25
08.09.문21
05.03.문21

0.02m³의 체적을 갖는 액체가 강체의 실린더 속에서 730kPa의 압력을 받고 있다. 압력이 1030kPa로 증가되었을 때 액체의 체적이 0.019m³로 축소되었다. 이때 이 액체의 체적탄성계수는 약 몇 kPa인가?

① 3000 ② 4000
③ 5000 ④ 6000

 해설

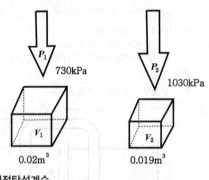

체적탄성계수

$$K = -\frac{\Delta P}{\Delta V / V}$$

여기서, K : 체적탄성계수[kPa]
 ΔP : 가해진 압력[kPa]
 $\Delta V / V$: 체적의 감소율

$$\Delta P = P_2 - P_1, \ \Delta V = V_2 - V_1$$

체적탄성계수 K는

$$
\begin{aligned}
K &= -\frac{\Delta P}{\Delta V / V} \\
&= -\frac{P_2 - P_1}{\dfrac{V_2 - V_1}{V_1}} \\
&= -\frac{1030\,\mathrm{kPa} - 730\,\mathrm{kPa}}{\left(\dfrac{0.019\,\mathrm{m}^3 - 0.02\,\mathrm{m}^3}{0.02\,\mathrm{m}^3}\right)}
\end{aligned}
$$

$$
\begin{aligned}
&= -\frac{1030\,\mathrm{kPa} - 730\,\mathrm{kPa}}{-0.05\,\mathrm{m}^3} \\
&= 6000\,\mathrm{kPa}
\end{aligned}
$$

용어

체적탄성계수
유체에서 작용한 **압력**과 **길이**의 **변형률**간의 비례상수를 말하며, 체적탄성계수가 클수록 압축하기 힘들다.

답 ④

26
09.03.문23

비중병의 무게가 비었을 때는 2N이고, 액체로 충만되어 있을 때는 8N이다. 액체의 체적이 0.5L이면 이 액체의 비중량은 약 몇 N/m³인가?

① 11000 ② 11500
③ 12000 ④ 12500

해설 (1) **액체의 무게**
비중병 무게 $W_1 = 2N$
액체로 충만되어 있을 때 $W_2 = 8N$
액체의 무게 W_3는
$$W_3 = W_2 - W_1 = 8N - 2N = 6N$$

(2) **물체의 무게**

$$W = \gamma V$$

여기서, W : 액체의 무게(물체의 무게)[N]
 γ : 비중량(액체의 비중량)[N/m³]
 V : 물체가 잠긴 체적[m³]

액체의 비중량 γ는
$$\gamma = \frac{W}{V} = \frac{6N}{0.5L} = \frac{6N}{0.5 \times 10^{-3}\,\mathrm{m}^3} = 12000\,\mathrm{N/m}^3$$

• 1L = 10^{-3}m³이므로 0.5L = 0.5×10^{-3}m³

답 ③

27

10kg의 수증기가 들어 있는 체적 2m³의 단단한 용기를 냉각하여 온도를 200℃에서 150℃로 낮추었다. 나중 상태에서 액체상태의 물은 약 몇 kg인가? (단, 150℃에서 물의 포화액 및 포화증기의 비체적은 각각 0.0011m³/kg, 0.3925m³/kg이다.)

① 0.508 ② 1.24
③ 4.92 ④ 7.86

해설 (1) **기호**
• m_1 : 10kg
• V : 2m³
• v_{S2} : 0.0011m³/kg
• v_{S1} : 0.3925m³/kg
• m_2 : ?

(2) **계산** : 문제를 잘 읽어보고 식을 만들면 된다.

$$v_{S2}\, m_2 + v_{S1}(m_1 - m_2) = V$$

여기서, v_{S2} : 물의 포화액 비체적$[m^3/kg]$
m_2 : 액체상태물의 질량$[kg]$
v_{S1} : 물의 포화증기 비체적$[m^3/kg]$
m_1 : 수증기상태 물의 질량$[kg]$
V : 체적$[m^3]$

$v_{S2} \cdot m_2 + v_{S1}(m_1 - m_2) = V$
$0.0011 m^3/kg \cdot m_2 + 0.3925 m^3/kg \cdot (10-m_2) = 2m^3$
계산의 편의를 위해 단위를 없애면 다음과 같다.
$0.0011 m_2 + 0.3925(10 - m_2) = 2$
$0.0011 m_2 + 3.925 - 0.3925 m_2 = 2$
$0.0011 m_2 - 0.3925 m_2 = 2 - 3.925$
$-0.3914 m_2 = -1.925$

$m_2 = \dfrac{-1.925}{-0.3914} ≒ 4.92kg$

답 ③

★★★
28
16.05.문23
16.03.문21
14.05.문23
11.10.문37

펌프의 입구 및 출구측에 연결된 진공계와 압력계가 각각 25mmHg와 260kPa을 가리켰다. 이 펌프의 배출유량이 0.15m³/s가 되려면 펌프의 동력은 약 몇 kW가 되어야 하는가? (단, 펌프의 입구와 출구의 높이차는 없고, 입구측 안지름은 20cm, 출구측 안지름은 15cm이다.)

① 3.95
② 4.32
③ 39.5
④ 43.2

해설 펌프의 **동력**

$$P = \frac{0.163 QH}{\eta} K$$

(1) 단위변환

$1atm = 760mmHg(76cmHg) = 1.0332 kg_f/cm^2$
$= 10.332 mH_2O[mAq](10332mmAq)$
$= 14.7 PSI[lb_f/m^2]$
$= 101.325kPa[kN/m^2](101325Pa)$
$= 1.013bar(1013mbar)$

• 760mmHg=101.325kPa

$P_1 : 25mmHg = \dfrac{25mmHg}{760mmHg} \times 101.325kPa = 3.33kPa$

(2) 유량

$$Q = AV = \left(\frac{\pi D^2}{4}\right) V$$

여기서, Q : 유량$[m^3/s]$
A : 단면적$[m^2]$
V : 유속$[m/s]$
D : 직경$[m]$

입구 유속 $V_1 = \dfrac{Q}{\dfrac{\pi D^2}{4}} = \dfrac{0.15m^3/s}{\dfrac{\pi \times (0.2m)^2}{4}} = 4.7m/s$

출구 유속 $V_2 = \dfrac{Q}{\dfrac{\pi D^2}{4}} = \dfrac{0.15m^3/s}{\dfrac{\pi \times (0.15m)^2}{4}} = 8.4m/s$

• 손실이 없다고 가정하면 입구유량=배출유량
• 100cm=1m이므로 20cm=0.2m, 15m=0.15cm

(3) 베르누이 방정식

$$\frac{V_1^2}{2g} + \frac{P_1}{\gamma} + Z_1 = \frac{V_2^2}{2g} + \frac{P_2}{\gamma} + Z_2 + \Delta H$$

여기서, V_1, V_2 : 유속$[m/s]$
P_1, P_2 : 압력$[kPa]$ 또는 $[kN/m^2]$
Z_1, Z_2 : 높이$[m]$
g : 중력가속도(9.8m/s²)
γ : 비중량(물의 비중량 9.8kN/m³)
ΔH : 손실수두$[m]$

$$\frac{V_1^2}{2g} + \frac{P_1}{\gamma} + \cancel{Z_1} = \frac{V_2^2}{2g} + \frac{P_2}{\gamma} + \cancel{Z_2} + \Delta H$$

• 문제에서 높이차는 $Z_1 = Z_2$이므로 Z_1, Z_2 삭제

$$\frac{V_1^2}{2g} + \frac{P_1}{\gamma} = \frac{V_2^2}{2g} + \frac{P_2}{\gamma} + \Delta H$$

$\dfrac{(4.7m/s)^2}{2 \times 9.8m/s^2} + \dfrac{3.33kN/m^2}{9.8kN/m^3}$

$= \dfrac{(8.4m/s)^2}{2 \times 9.8m/s^2} + \dfrac{260kN/m^2}{9.8kN/m^3} + \Delta H$

$\dfrac{(4.7m/s)^2}{2 \times 9.8m/s^2} + \dfrac{3.33kN/m^2}{9.8kN/m^3}$

$- \dfrac{(8.4m/s)^2}{2 \times 9.8m/s^2} - \dfrac{260kN/m^2}{9.8kN/m^3}$

$= \Delta H$

$-28.66m = \Delta H$

• -28.66m에서 '$-$'는 방향을 나타내므로 무시 가능

(4) 동력

$$P = \frac{0.163 QH}{\eta} K$$

여기서, P : 동력$[kW]$
Q : 유량$[m^3/min]$
$H(\Delta H)$: 전양정$[m]$
K : 전달계수
η : 효율

동력 P는
$P = \dfrac{0.163 QH}{\eta} K$
$= 0.163 \times 0.15m^3/s \times 28.66m$
$= 0.163 \times (0.15 \times 60)m^3/min \times 28.66m$
$≒ 42kW$

• 1min=60s, 1s=$\dfrac{1}{60}$min이므로 0.15m³/s=0.15m³

$\left| \dfrac{1}{60}min = (0.15 \times 60)m^3/min \right.$

• K(전달계수)와 η(효율)은 주어지지 않았으므로 무시한다.
• 42kW 이상이므로 여기서는 43.2kW가 답이 된다.

답 ④

29 피토관을 사용하여 일정 속도로 흐르고 있는 물의 유속(V)을 측정하기 위해 그림과 같이 비중 s인 유체를 갖는 액주계를 설치하였다. $s=2$일 때 액주의 높이차이가 $H=h$가 되면, $s=3$일 때 액주의 높이차(H)는 얼마가 되는가?

`09.03.문37`

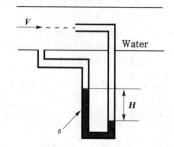

① $\dfrac{h}{9}$ ② $\dfrac{h}{\sqrt{3}}$

③ $\dfrac{h}{3}$ ④ $\dfrac{h}{2}$

해설 **유속**

$$V = \sqrt{2gh\left(\dfrac{s}{s_w}-1\right)}$$

여기서, V : 유속[m/s]
$\quad\quad g$: 중력가속도(9.8m/s^2)
$\quad\quad h$: 높이[m]
$\quad\quad s$: 어떤 물질의 비중
$\quad\quad s_w$: 물의 비중

물의 비중 $s_w=1$, $s=2$일 때 $H=h$가 되면

$$V = \sqrt{2gh\left(\dfrac{s}{s_w}-1\right)} = \sqrt{2gh\left(\dfrac{2}{1}-1\right)} = \sqrt{2gh}$$

$s=3$일 때 액주의 높이차 H는

$$V = \sqrt{2gH\left(\dfrac{s}{s_w}-1\right)} = \sqrt{2gH\left(\dfrac{3}{1}-1\right)} = \sqrt{4gH}$$

$\sqrt{2gh} = \sqrt{4gH}$
$(\sqrt{2gh})^2 = (\sqrt{4gH})^2 \leftarrow \sqrt{}$ 를 없애기 위해 양변에 제곱
$2gh = 4gH$
$\dfrac{2gh}{4g} = H$

$$H = \dfrac{2gh}{4g} = \dfrac{1}{2}h = \dfrac{h}{2}$$

답 ④

30 관 내의 흐름에서 부차적 손실에 해당하지 않는 것은?

`15.03.문40`
`13.06.문23`
`10.09.문40`

① 곡선부에 의한 손실
② 직선원관 내의 손실
③ 유동단면의 장애물에 의한 손실
④ 관 단면의 급격한 확대에 의한 손실

해설 **배관의 마찰손실**

주손실	부차적 손실
관로에 의한 마찰손실(직선원관 내의 손실) 보기 ②	① 관의 급격한 **확대**손실(관 단면의 급격한 확대손실) 보기 ④ ② 관의 급격한 **축소**손실(유동단면의 장애물에 의한 손실) 보기 ③ ③ 관 부속품에 의한 손실(곡선부에 의한 손실) 보기 ①

② 주손실

답 ②

31 압력 2MPa인 수증기의 건도가 0.2일 때 엔탈피는 몇 kJ/kg인가? (단, 포화증기 엔탈피는 2780.5kJ/kg이고, 포화액의 엔탈피는 910kJ/kg이다.)

① 1284
② 1466
③ 1845
④ 2406

해설 **(1) 기호**

- P : 2MPa
- x : 0.2
- h : ?
- h_g : 2780.5kJ/kg
- h_f : 910kJ/kg

(2) 습증기의 엔탈피

$$h = h_f + x(h_g - h_f)$$

여기서, h : 습증기의 엔탈피[kJ]
$\quad\quad h_f$: 포화액의 엔탈피[kJ/kg]
$\quad\quad x$: 건도
$\quad\quad h_g$: 포화증기의 엔탈피[kJ/kg]

습증기의 엔탈피 h는
$h = h_f + x(h_g - h_f)$
$\quad = 910\text{kJ/kg} + 0.2 \times (2780.5 - 910)\text{kJ/kg}$
$\quad = 1284\text{kJ/kg}$

비교

열량

$$Q = mx(h_g - h_f)$$

여기서, Q : 열량[kJ]
$\quad\quad m$: 질량[kg]
$\quad\quad x$: 건도
$\quad\quad h_g$: 포화증기의 엔탈피[kJ/kg]
$\quad\quad h_f$: 포화액의 엔탈피[kJ/kg]

답 ①

32

13.06.문31
08.03.문32

출구 단면적이 0.02m²인 수평노즐을 통하여 물이 수평방향으로 8m/s의 속도로 노즐 출구에 놓여있는 수직평판에 분사될 때 평판에 작용하는 힘은 약 몇 N인가?

① 800   ② 1280
③ 2560   ④ 12544

해설 (1) 기호

- A : 0.02m²
- V : 8m/s
- F : ?

(2) 유량

$$Q = AV$$

여기서, Q : 유량[m³/s]
A : 단면적[m²]
V : 유속[m/s]

유량 Q는
$$Q = AV = 0.02\text{m}^2 \times 8\text{m/s} = 0.16\text{m}^3/\text{s}$$

(3) 평판에 작용하는 힘

$$F = \rho QV$$

여기서, F : 힘[N]
ρ : 밀도(물의 밀도 1000N · s²/m⁴)
Q : 유량[m³/s]
V : 유속[m/s]

힘 F는
$$F = \rho QV$$
$$= 1000\text{N} \cdot \text{s}^2/\text{m}^4 \times 0.16\text{m}^3/\text{s} \times 8\text{m/s} \fallingdotseq 1280\text{N}$$

- 물의 밀도(ρ) = 1000N · s²/m⁴

답 ②

33

17.09.문33
14.03.문23
12.09.문36

안지름이 25mm인 노즐선단에서의 방수압력은 계기압력으로 5.8×10^5Pa이다. 이때 방수량은 약 몇 m³/s인가?

① 0.017   ② 0.17
③ 0.034   ④ 0.34

해설 (1) 기호

- D : 25mm
- P : 5.8×10^5Pa = 0.58MPa(10^6Pa=1MPa)
- Q : ?

(2) 방수량

$$Q = 0.653 D^2 \sqrt{10P}$$

여기서, Q : 방수량[L/min]
D : 구경[mm]
P : 방수압(계기압력)[MPa]

방수량 Q는
$$Q = 0.653 D^2 \sqrt{10P}$$

$$= 0.653 \times (25\text{mm})^2 \times \sqrt{10 \times 0.58\text{MPa}}$$
$$\fallingdotseq 983\text{L/min}$$
$$= 0.983\text{m}^3/\text{min}$$
$$= 0.983\text{m}^3/60\text{s}$$
$$= \left(0.983 \times \frac{1}{60}\right)\text{m}^3/\text{s}$$
$$\fallingdotseq 0.017\text{m}^3/\text{s}$$

- 1000L = 1m³이므로 983L/min = 0.983m³/min

답 ①

34

12.03.문39
01.03.문22

수평관의 길이가 100m이고, 안지름이 100mm인 소화설비배관 내를 평균유속 2m/s로 물이 흐를 때 마찰손실수두는 약 몇 m인가? (단, 관의 마찰계수는 0.05이다.)

① 9.2   ② 10.2
③ 11.2   ④ 12.2

해설 (1) 기호

- l : 100m
- D : 100mm=0.1m(1000mm=1m)
- V : 2m/s
- f : 0.05
- H : ?

(2) 마찰손실수두

$$H = \frac{\Delta P}{\gamma} = \frac{flV^2}{2gD}$$

여기서, H : 마찰손실(수두)[m]
ΔP : 압력차[kPa] 또는 [kN/m²]
γ : 비중량(물의 비중량 9800N/m³)
f : 관마찰계수
l : 길이[m]
V : 유속[m/s]
g : 중력가속도(9.8m/s²)
D : 내경[m]

마찰손실수두 H는
$$H = \frac{flV^2}{2gD}$$
$$= \frac{0.05 \times 100\text{m} \times (2\text{m/s})^2}{2 \times 9.8\text{m/s}^2 \times 0.1\text{m}}$$
$$\fallingdotseq 10.2\text{m}$$

답 ②

35

수평원관 내 완전발달 유동에서 유동을 일으키는 힘 (㉠)과 방해하는 힘 (㉡)은 각각 무엇인가?

① ㉠ : 압력차에 의한 힘, ㉡ : 점성력
② ㉠ : 중력 힘, ㉡ : 점성력
③ ㉠ : 중력 힘, ㉡ : 압력차에 의한 힘
④ ㉠ : 압력차에 의한 힘, ㉡ : 중력 힘

해설 압력차에 의한 힘 vs 점성력

압력차에 의한 힘 [보기 ㉠]	점성력 [보기 ㉡]
수평원관 내 완전발달 유동에서 유동을 **일으키는** 힘	수평원관 내 완전발달 유동에서 유동을 **방해하는** 힘

답 ①

★★★
36 외부표면의 온도가 24℃, 내부표면의 온도가
14.05.문28 24.5℃일 때 높이 1.5m, 폭 1.5m, 두께 0.5cm인
13.09.문36 유리창을 통한 열전달률은 약 몇 W인가? (단, 유
11.06.문29 리창의 열전도계수는 0.8W/(m·K)이다.)

① 180   ② 200
③ 1800 ④ 2000

해설 (1) 기호

- T_1 : 273+℃=273+24℃=297K
- T_2 : 273+℃=273+24.5℃=297.5K
- A : $(1.5 \times 1.5)m^2$
- l : 0.5cm=0.005m(100cm=1m)
- $\mathring{q}$: ?
- K : 0.8W/(m·K)

(2) 절대온도

$$K=273+℃$$

여기서, K : 절대온도[K]
　　　℃ : 섭씨온도[℃]
외부온도 T_1 = 297K
내부온도 T_2 = 297.5K

(3) 열전달량

$$\mathring{q}=\frac{KA(T_2-T_1)}{l}$$

여기서, $\mathring{q}$: 열전달량(열전달률)[W]
　　　K : 열전도율(열전도계수)[W/(m·K)]
　　　A : 단면적[m²]
　　　(T_2-T_1) : 온도차(273+℃)[K]
　　　l : 벽체두께[m]

- 열전달량=열전달률=열유동률=열흐름률

$$\mathring{q}=\frac{KA(T_2-T_1)}{l}$$

$$=\frac{0.8W/(m·K)\times(1.5\times1.5)m^2\times(297.5-297)K}{0.005\,m}$$

$$=180W$$

답 ①

★
37 어떤 용기 내의 이산화탄소(45kg)가 방호공간에
가스상태로 방출되고 있다. 방출온도와 압력이
15℃, 101kPa일 때 방출가스의 체적은 약 몇 m³인
가? (단, 일반기체상수는 8314J/(kmol·K)이다.)

① 2.2   ② 12.2
③ 20.2 ④ 24.3

해설 (1) 기호

- M : 44kg/kmol(CO_2=이산화탄소)
- m : 45kg
- T : (273+15℃)K
- P : 101kPa
- V : ?
- R : 8314J/(kmol·K)=8.314kJ/(kmol·K)

(2) 이상기체상태 방정식

$$PV=nRT=\frac{m}{M}RT,\ \rho=\frac{PM}{RT}$$

여기서, P : 압력[kPa] 또는 [kN/m²]
　　　V : 부피[m³]
　　　n : 몰수$\left(\dfrac{m}{M}\right)$
　　　R : 8.314kJ/(kmol·K)
　　　T : 절대온도(273+℃)[K]
　　　m : 질량[kg]
　　　M : 분자량(이산화탄소의 분자량 44kg/kmol)
　　　ρ : 밀도[kg/m³]

$$PV=\frac{m}{M}RT\quad 에서$$

$$V=\frac{m}{MP}RT$$

$$=\frac{45kg}{44kg/kmol\times101kPa}\times8.314kJ/(kmol·K)$$
$$\times(273+15)K$$

$$≒24.3m^3$$

답 ④

★
38 점성계수와 동점성계수에 관한 설명으로 올바른
12.05.문22 것은?

① 동점성계수 = 점성계수 × 밀도
② 점성계수 = 동점성계수 × 중력가속도
③ 동점성계수 = 점성계수/밀도
④ 점성계수 = 동점성계수/중력가속도

해설 동점성계수

$$\nu=\frac{\mu}{\rho}$$

여기서, ν : 동점성계수[m²/s]
　　　μ : 점성계수[N·s/m²]
　　　ρ : 밀도[N·s²/m⁴] 또는 [kg/m³]

- 동점성계수 = 점성계수/밀도 = $\dfrac{점성계수}{밀도}$

답 ③

	N·m/s [FLT⁻¹]	kg·m²/s³ [ML²T⁻³]
동력(일률) →	N·m/s $[FLT^{-1}]$	$\text{kg·m}^2/\text{s}^3$ $[ML^2T^{-3}]$
표면장력	N/m $[FL^{-1}]$	kg/s^2 $[MT^{-2}]$

⚡ 중요

동력(일률)의 단위
(1) W
(2) J/s
(3) N·m/s
(4) kg·m²/s³

• 1W=1J/s, 1J=1N·m이므로
  1W=1J/s=1N·m/s

답 ④

★ 39 `03.03.문32`
그림과 같은 관에 비압축성 유체가 흐를 때 A단면의 평균속도가 V_1이라면 B단면에서의 평균속도 V_2는? (단, A단면의 지름은 d_1이고 B단면의 지름은 d_2이다.)

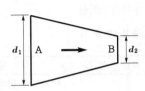

① $V_2 = \left(\dfrac{d_1}{d_2}\right)V_1$ ② $V_2 = \left(\dfrac{d_1}{d_2}\right)^2 V_1$

③ $V_2 = \left(\dfrac{d_2}{d_1}\right)V_1$ ④ $V_2 = \left(\dfrac{d_2}{d_1}\right)^2 V_1$

해설 비압축성 유체
압력을 받아도 체적변화를 일으키지 아니하는 유체이다.

$$\frac{V_1}{V_2} = \frac{A_2}{A_1} = \left(\frac{D_2}{D_1}\right)^2$$

여기서, V_1, V_2 : 유속[m/s]
A_1, A_2 : 단면적[m²]
D_1, D_2 : 직경[m]
위 식에서 V_2는

$$V_2 = \left(\frac{D_1}{D_2}\right)^2 V_1 = \left(\frac{d_1}{d_2}\right)^2 V_1$$

👉 참고

유체

압축성 유체	비압축성 유체
기체와 같이 체적이 변화하는 유체	**액체**와 같이 체적이 변하지 않는 유체

답 ②

★★★ 40 `18.03.문29` `17.05.문40` `16.05.문25` `12.03.문25` `10.03.문37`
일률(시간당 에너지)의 차원을 기본차원인 M(질량), L(길이), T(시간)로 올바르게 표시한 것은?
① L^4T^{-2} ② $MT^{-2}L^{-1}$
③ ML^2T^{-2} ④ ML^2T^{-3}

해설 차원에 따른 중력 · 절대단위

차 원	중력단위[차원] (N[F], m[L], s[T])	절대단위[차원] (kg[M], m[L], s[T])
부력(힘)	N [F]	kg·m/s² [MLT⁻²]
일 (에너지 · 열량)	N·m [FL]	kg·m²/s² [ML²T⁻²]

제 3 과목 소방관계법규

★★★ 41 `17.03.문59` `14.03.문60` `11.10.문58`
소방본부장 또는 소방서장은 건축허가 등의 동의 요구서류를 접수한 날부터 최대 며칠 이내에 건축허가 등의 동의 여부를 회신하여야 하는가? (단, 허가 신청한 건축물은 지상으로부터 높이가 200m인 아파트이다.)
① 5일   ② 7일
③ 10일   ④ 15일

해설 소방시설법 시행규칙 3조
건축허가 등의 동의 여부 회신

날 짜	연면적
5일 이내	• 기타
10일 이내	• 50층 이상(지하층 제외) 또는 지상으로부터 높이 200m 이상인 **아파트** 보기 ③ • 30층 이상(지하층 포함) 또는 지상 120m 이상(아파트 제외) • 연면적 10만m² 이상(아파트 제외)

답 ③

★★★ 42 `15.03.문43` `11.06.문48` `06.03.문44`
소방기본법령상 소방활동구역의 출입자에 해당되지 않는 자는?
① 소방활동구역 안에 있는 소방대상물의 소유자 · 관리자 또는 점유자
② 전기 · 가스 · 수도 · 통신 · 교통의 업무에 종사하는 사람으로서 원활한 소방활동을 위하여 필요한 자
③ 화재건물과 관련 있는 부동산업자
④ 취재인력 등 보도업무에 종사하는 자

해설 기본령 8조

소방활동구역 출입자

(1) 소방활동구역 **안**에 있는 소방대상물의 **소유자·관리자** 또는 **점유자** 보기 ①

(2) 전기·가스·**수도**·통신·교통의 업무에 종사하는 자로서 원활한 **소방활동**을 위하여 필요한 자 보기 ②

(3) **의사·간호사**, 그 밖의 구조·구급업무에 종사하는 자

(4) **취재인력** 등 보도업무에 종사하는 자 보기 ④

(5) **수사업무**에 종사하는 자

(6) **소방대장**이 소방활동을 위하여 **출입**을 **허가**한 자

③ 부동산업자는 관계인이 아니므로 해당 없음

용어

소방활동구역

화재, 재난·재해, 그 밖의 위급한 상황이 발생한 현장에 정하는 구역

답 ③

★★★
43 소방기본법상 화재현장에서의 피난 등을 체험할 수 있는 소방체험관의 설립·운영권자는?

16.03.문44
08.05.문54

① 시·도지사
② 행정안전부장관
③ 소방본부장 또는 소방서장
④ 소방청장

해설 기본법 5조 ①항

설립과 운영

소방박물관	소방체험관
소방청장	시·도지사 보기 ①

중요

시·도지사

(1) 제조소 등의 설치**허**가(위험물법 6조)
(2) 소방업무의 지휘·감독(기본법 3조)
(3) 소방체험관의 설립·운영(기본법 5조)
(4) 소방업무에 관한 세부적인 종합계획 수립 및 소방업무 수행(기본법 6조)
(5) **화재**예방강화지구의 지정(화재예방법 18조)

기억법 시허화

용어

시·도지사

(1) 특별시장
(2) 광역시장
(3) 도지사
(4) 특별자치시
(5) 특별자치도

답 ①

★★★
44 산화성 고체인 제1류 위험물에 해당되는 것은?

16.05.문46
15.09.문03
15.09.문18
15.05.문10
15.05.문42
15.03.문51
14.09.문18
14.03.문18
11.06.문54

① 질산염류
② 특수인화물
③ 과염소산
④ 유기과산화물

해설 위험물령 [별표 1]

위험물

유별	성질	품명
제**1**류	**산**화성 **고**체	• 아염소산**염류** • 염소산**염류** • 과염소산**염류** • 질산**염류** 보기 ① • **무**기과산화물 기억법 1산고(일산GO), ~염류, 무기과산화물
제**2**류	가연성 고체	• **황화**인 • **적**린 • **황** • **마**그네슘 • 금속분 기억법 2황화적황마
제3류	자연발화성 물질 및 금수성 물질	• **황**린 • **칼**륨 • **나**트륨 • **트**리에틸**알**루미늄 • 금속의 수소화물 기억법 황칼나트알
제4류	인화성 액체	• 특수인화물 보기 ② • 석유류(벤젠) • 알코올류 • 동식물유류
제5류	자기반응성 물질	• 유기과산화물 보기 ④ • 나이트로화합물 • 나이트로소화합물 • 아조화합물 • 질산에스터류(셀룰로이드)
제6류	산화성 액체	• 과염소산 보기 ③ • 과산화수소 • 질산

② 제4류 위험물
③ 제6류 위험물
④ 제5류 위험물

답 ①

45 소방시설관리업자가 기술인력을 변경하는 경우, 시
12.09.문56 · 도지사에게 제출하여야 하는 서류로 틀린 것은?

① 소방시설관리업 등록수첩
② 변경된 기술인력의 기술자격증(경력수첩 포함)
③ 소방기술인력대장
④ 사업자등록증 사본

해설 **소방시설법 시행규칙 34조**
소방시설관리업의 기술인력을 변경하는 경우의 서류
(1) 소방시설관리업 등록수첩 보기 ①
(2) 변경된 기술인력의 기술자격증(경력수첩 포함) 보기 ②
(3) 소방기술인력대장 보기 ③

답 ④

46 소방대라 함은 화재를 진압하고 화재, 재난 · 재
13.03.문42 해, 그 밖의 위급한 상황에서 구조 · 구급 활동 등
10.03.문45 을 하기 위하여 구성된 조직체를 말한다. 소방대의
구성원으로 틀린 것은?

① 소방공무원   ② 소방안전관리원
③ 의무소방원   ④ 의용소방대원

해설 **기본법 2조**
소방대
(1) 소방공무원 보기 ①
(2) 의무소방원 보기 ③
(3) 의용소방대원 보기 ④

답 ②

47 소방기본법령상 인접하고 있는 시 · 도 간 소방
15.05.문55 업무의 상호응원협정을 체결하고자 할 때, 포함
11.03.문54 되어야 하는 사항으로 틀린 것은?

① 소방교육 · 훈련의 종류에 관한 사항
② 화재의 경계 · 진압활동에 관한 사항
③ 출동대원의 수당 · 식사 및 의복의 수선의
소요경비의 부담에 관한 사항
④ 화재조사활동에 관한 사항

해설 **기본규칙 8조**
소방업무의 상호응원협정
(1) 다음의 **소방활동**에 관한 사항
　㉠ 화재의 경계 · 진압활동 보기 ②
　㉡ 구조 · 구급업무의 지원
　㉢ 화재조사활동 보기 ④
(2) 응원출동 **대상지역** 및 규모
(3) **소요경비**의 **부담**에 관한 사항
　㉠ 출동대원의 수당 · 식사 및 의복의 수선 보기 ③
　㉡ 소방장비 및 기구의 정비와 연료의 보급
(4) 응원출동의 **요청방법**
(5) 응원출동 **훈련** 및 **평가**

① 소방교육 · 훈련의 종류는 해당 없음

답 ①

48 소방시설 설치 및 관리에 관한 법령상 건축허가
18.04.문56 등의 동의를 요구한 기관이 그 건축허가 등을 취
16.05.문49 소하였을 때, 취소한 날부터 최대 며칠 이내에 건
14.03.문58 축물 등의 시공지 또는 소재지를 관할하는 소방본
11.06.문54 부장 또는 소방서장에게 그 사실을 통보하여야 하
는가?

① 3일   ② 4일
③ 7일   ④ 10일

해설 **7일**
(1) 옮긴 물건 등의 보관기간(화재예방법 시행령 17조)
(2) 건축허가 등의 취소통보(소방시설법 시행규칙 3조) 보기 ③
(3) **소방공사 감리원**의 **배치통보**일(공사업규칙 17조)
(4) 소방공사 감리결과 통보 · 보고일(공사업규칙 19조)

기억법 감배7(감 배치)

답 ③

49 다음 중 300만원 이하의 벌금에 해당되지 않는
15.09.문57 것은?
10.03.문57
① 등록수첩을 다른 자에게 빌려준 자
② 소방시설공사의 완공검사를 받지 아니한 자
③ 소방기술자가 동시에 둘 이상의 업체에 취
업한 사람
④ 소방시설공사 현장에 감리원을 배치하지 아
니한 자

해설 **300만원 이하의 벌금**
(1) 화재안전조사를 정당한 사유없이 거부 · 방해 · 기피(화재
예방법 50조)
(2) **소방안전관리자, 총괄소방안전관리자** 또는 **소방안전
관리보조자 미선임**(화재예방법 50조)
(3) 위탁받은 업무종사자의 **비밀누설**(소방시설법 59조)
(4) 성능위주설계평가단 비밀누설(소방시설법 59조)
(5) 방염성능검사 합격표시 위조(소방시설법 59조)
(6) 다른 자에게 자기의 성명이나 상호를 사용하여 소방시
설공사 등을 수급 또는 시공하게 하거나 소방시설업의
등록증 · **등록수첩을 빌려준 자**(공사업법 37조) 보기 ①
(7) **감리원 미배치자**(공사업법 37조) 보기 ④
(8) 소방기술인정 자격수첩을 빌려준 자(공사업법 37조)
(9) **2 이상의 업체에 취업**한 자(공사업법 37조) 보기 ③
(10) 소방시설업자나 관계인 감독시 관계인의 업무를 방해
하거나 비밀누설(공사업법 37조)

기억법 비3(비상)

② 200만원 이하의 과태료

중요

200만원 이하의 과태료

(1) 소방용수시설 · 소화기구 및 설비 등의 설치명령 위반
   (화재예방법 52조)
(2) 특수가연물의 저장 · 취급 기준 위반(화재예방법 52조)
(3) 한국119청소년단 또는 이와 유사한 명칭을 사용한
   자(기본법 56조)
(4) 소방활동구역 출입(기본법 56조)
(5) 소방자동차의 출동에 지장을 준 자(기본법 56조)
(6) 한국소방안전원 또는 이와 유사한 명칭을 사용한
   자(기본법 56조)
(7) 관계서류 미보관자(공사업법 40조)
(8) **소방기술자 미배치자**(공사업법 40조)
(9) **완공검사를 받지 아니한 자**(공사업법 40조)
(10) 하도급 미통지자(공사업법 40조)
(11) 방염성능기준 미만으로 방염한 자(공사업법 40조)

답 ②

★★
50 소방시설 설치 및 관리에 관한 법령상 특정소방
대상물 중 오피스텔은 어느 시설에 해당하는가?

17.03.문50
14.09.문54
11.06.문50
09.03.문56

① 숙박시설　　　　② 일반업무시설
③ 공동주택　　　　④ 근린생활시설

해설 **소방시설법 시행령〔별표 2〕**
일반업무시설
(1) 금융업소
(2) 사무소
(3) 신문사
(4) **오**피스텔　보기 ②

기억법 **업오**(업어주세요!)

답 ②

★★★
51 소방시설 설치 및 관리에 관한 법령상 종사자수
가 5명이고, 숙박시설이 모두 2인용 침대이며 침
대수량은 50개인 청소년 시설에서 수용인원은
몇 명인가?

18.09.문43
17.03.문57

① 55　　　　　　　② 75
③ 85　　　　　　　④ 105

해설 **소방시설법 시행령〔별표 7〕**
수용인원의 산정방법

특정소방대상물		산정방법
• 강의실　• 교무실 • 상담실　• 실습실 • 휴게실		바닥면적 합계 1.9m²
• 숙박 시설	침대가 있는 경우 →	종사자수 + 침대수
	침대가 없는 경우	종사자수 + 바닥면적 합계 3m²
• 기타		바닥면적 합계 3m²

	바닥면적 합계
• 강당 • 문화 및 집회시설, 운동시설 • 종교시설	4.6m²

• 소수점 이하는 **반올림**한다.

기억법 **수반**(**수반**! 동반!)

숙박시설(침대가 있는 경우)
= 종사자수 + 침대수 = 5명 + (2인용 × 50개) = 105명

답 ④

★
52 다음 중 중급기술자에 해당하는 학력 · 경력 기준
으로 옳은 것은?

① 박사학위를 취득한 후 2년 이상 소방관련업
   무를 수행한 사람
② 석사학위를 취득한 후 2년 이상 소방관련업
   무를 수행한 사람
③ 학사학위를 취득한 후 8년 이상 소방관련업
   무를 수행한 사람
④ 일반고등학교를 졸업 후 10년 이상 소방관
   련업무를 수행한 사람

해설 **공사업규칙〔별표 4의 2〕**
소방기술자

구분	기술자격	학력 · 경력	경력
특급 기술자	① 소방기술사 ② 소방시설관리사 + 5년 ③ 건축사, 건축기계설비기 술사, 건축전기설비기술 사, 건설기계기술사, 공조 냉동기계기술사, 화공기 술사, 가스기술사 + 5년 ④ 소방설비기사 + 8년 ⑤ 소방설비산업기사 + 11년 ⑥ 위험물기능장 + 13년	① 박사 + 3년 ② 석사 + 7년 ③ 학사 + 11년 ④ 전문학사 + 15년	―
고급 기술자	① 소방시설관리사 ② 건축사, 건축기계설비기 술사, 건축전기설비기술 사, 건설기계기술사, 공조 냉동기계기술사, 화공기 술사, 가스기술사 + 3년 ③ 소방설비기사 + 5년 ④ 소방설비산업기사 + 8년 ⑤ 위험물기능장 + 11년 ⑥ 위험물산업기사 + 13년	① 박사 + 1년 ② 석사 + 4년 ③ 학사 + 7년 ④ 전문학사 + 10년 ⑤ 고등학교(소방) + 13년 ⑥ 고등학교(일반) + 15년	① 학사 + 12년 ② 전문학사 + 15년 ③ 고등학교 + 18년 ④ 실무경력 + 22년
중급 기술자	① 건축사, 건축기계설비기 술사, 건축전기설비기술 사, 건설기계기술사, 공 조냉동기계기술사, 화공 기술사, 가스기술사 ② 소방설비기사 ③ 소방설비산업기사 + 3년 ④ 위험물기능장 + 5년 ⑤ 위험물산업기사 + 8년	① 박사　보기 ① ② 석사 + 2년　보기 ② ③ 학사 + 5년　보기 ③ ④ 전문학사 + 8년 ⑤ 고등학교(소방) + 10년 ⑥ 고등학교(일반) + 12년 보기 ④	① 학사 + 9년 ② 전문학사 + 12년 ③ 고등학교 + 15년 ④ 실무경력 + 18년

초급 기술자	① 소방설비산업기사 ② 위험기능장+2년 ③ 위험물산업기사+4년 ④ 위험물기능사+6년	① 석사 ② 학사 ③ 전문학사+2년 ④ 고등학교(소방)+3년 ⑤ 고등학교(일반)+5년	① 학사+3년 ② 전문학사+5년 ③ 고등학교+7년 ④ 실무경력+9년

① 박사학위를 가진 사람
③ 8년 이상 → 5년 이상
④ 10년 → 12년

답 ②

★★★
53 지정수량의 최소 몇 배 이상의 위험물을 취급하는 제조소에는 피뢰침을 설치해야 하는가? (단, 제6류 위험물을 취급하는 위험물제조소는 제외하고, 제조소 주위의 상황에 따라 안전상 지장이 없는 경우도 제외한다.)

17.03.문55
15.09.문48
15.03.문58
14.05.문41
12.09.문52

① 5배 　② 10배
③ 50배 　④ 100배

해설 **위험물규칙 [별표 4]**
피뢰침의 설치
지정수량의 **10배** 이상의 위험물을 취급하는 제조소(제6류 위험물을 취급하는 위험물제조소 제외)에는 **피뢰침**을 설치하여야 한다(단, 제조소 주위의 상황에 따라 안전상 지장이 없는 경우에는 피뢰침을 설치하지 아니할 수 있음).

기억법 피10(피식 웃다!)

비교
위험물령 15조
예방규정을 정하여야 할 제조소 등
(1) **10배** 이상의 **제조소 · 일반취급소** 보기 ②
(2) **100배** 이상의 **옥외저장소**
(3) **150배** 이상의 **옥내저장소**
(4) **200배** 이상의 **옥외탱크저장소**
(5) 이송취급소
(6) 암반탱크저장소

기억법
0	제일
0	외
5	내
2	탱

답 ②

★★★
54 화재안전조사 결과 소방대상물의 위치·구조·설비 또는 관리의 상황이 화재나 재난·재해 예방을 위하여 보완될 필요가 있거나 화재가 발생하면 인명 또는 재산의 피해가 클 것으로 예상되는 때에 관계인에게 그 소방대상물의 개수·이전·제거, 사용의 금지 또는 제한, 사용폐쇄, 공사의 정지 또는 중지, 그 밖의 필요한 조치를 명할 수 있는 자로 틀린 것은?

17.03.문47
15.05.문56
15.03.문57
13.06.문42
05.05.문46

① 시·도지사 　② 소방서장
③ 소방청장 　④ 소방본부장

해설 **화재예방법 14조**
화재안전조사 결과에 따른 조치명령
(1) **명령권자 : 소방청장 · 소방본부장 · 소방서장**(소방관서장)
(2) **명령사항**
　㉠ 화재안전조사 조치명령
　㉡ **이전**명령
　㉢ **제거**명령
　㉣ **개수**명령
　㉤ **사용**의 금지 또는 제한명령, 사용폐쇄
　㉥ **공사**의 **정지** 또는 중지명령

기억법 장본서 이제개사공

답 ①

★★★
55 다음 중 품질이 우수하다고 인정되는 소방용품에 대하여 우수품질인증을 할 수 있는 자는?

11.10.문41

① 산업통상자원부장관
② 시·도지사
③ 소방청장
④ 소방본부장 또는 소방서장

해설 **소방청장**
(1) **방**염성능**검**사(소방시설법 21조)
(2) 소방박물관의 설립·운영(기본법 5조)
(3) 한국소방안전원의 정관 변경(기본법 43조)
(4) 한국소방안전원의 감독(기본법 48조)
(5) 소방대원의 소방교육·훈련 정하는 것(기본규칙 9조)
(6) 소방용품의 형식승인(소방시설법 37조)
(7) **우수품질제품 인증**(소방시설법 43조) 보기 ③

기억법 검방청(검사는 방청객)

답 ③

★★★
56 화재의 예방 및 안전관리에 관한 법령상 옮긴 물건 등의 보관기간은 해당 소방관서의 인터넷 홈페이지에 공고하는 기간의 종료일 다음 날부터 며칠로 하는가?

① 3일 　② 5일
③ 7일 　④ 14일

해설 **7일**
(1) 옮긴 물건 등의 보관기간(화재예방법 시행령 17조) 보기 ③
(2) 건축허가 등의 취소통보(소방시설법 시행규칙 3조)
(3) **소방공사 감리원**의 **배치**통보일(공사업규칙 17조)
(4) 소방공사 감리결과 통보·보고일(공사업규칙 19조)

기억법 감배7(감 배치)

답 ③

57 소방시설 설치 및 관리에 관한 법령상 둘 이상의 특정소방대상물이 내화구조로 된 연결통로가 벽이 없는 구조로서 그 길이가 몇 m 이하인 경우 하나의 소방대상물로 보는가?

① 6
② 9
③ 10
④ 12

해설 소방시설법 시행령 〔별표 2〕
하나의 소방대상물로 보는 경우
둘 이상의 특정소방대상물이 내화구조의 복도 또는 통로(연결통로)로 연결된 경우로 하나의 소방대상물로 보는 경우

벽이 없는 경우	벽이 있는 경우
길이 6m 이하	길이 10m 이하

답 ①

58 제4류 위험물을 저장·취급하는 제조소에 "화기엄금"이란 주의사항을 표시하는 게시판을 설치할 경우 게시판의 색상은?

16.10.문53
15.03.문44
11.10.문45

① 청색바탕에 백색문자
② 적색바탕에 백색문자
③ 백색바탕에 적색문자
④ 백색바탕에 흑색문자

해설 위험물규칙 〔별표 4〕
위험물제조소의 게시판 설치기준

위험물	주의사항	비 고
• 제1류 위험물(알칼리금속의 과산화물) • 제3류 위험물(금수성 물질)	물기엄금	**청색**바탕에 **백색**문자
• 제2류 위험물(인화성 고체 제외)	화기주의	**적색**바탕에 **백색**문자 보기 ②
• 제2류 위험물(인화성 고체) • 제3류 위험물(자연발화성 물질) • 제4류 위험물 • 제5류 위험물	화기엄금	
• 제6류 위험물	별도의 표시를 하지 않는다.	

비교
위험물규칙 〔별표 19〕
위험물 운반용기의 주의사항

위험물		주의사항
제1류 위험물	알칼리금속의 과산화물	• 화기·충격주의 • 물기엄금 • 가연물 접촉주의
	기타	• 화기·충격주의 • 가연물 접촉주의

제2류 위험물	철분·금속분·마그네슘	• 화기주의 • 물기엄금
	인화성 고체	• 화기엄금
	기타	• 화기주의
제3류 위험물	자연발화성 물질	• 화기엄금 • 공기접촉엄금
	금수성 물질	• 물기엄금
제4류 위험물		• 화기엄금
제5류 위험물		• 화기엄금 • 충격주의
제6류 위험물		• 가연물 접촉주의

답 ②

59 소방시설을 구분하는 경우 소화설비에 해당되지 않는 것은?

12.09.문60
08.09.문55
08.03.문53

① 스프링클러설비
② 제연설비
③ 자동확산소화기
④ 옥외소화전설비

해설 소방시설법 시행령 〔별표 1〕
소화설비
(1) 소화기구·자동확산소화기·자동소화장치(주거용 주방자동소화장치) 보기 ③
(2) 옥내소화전설비·옥외소화전설비 보기 ④
(3) 스프링클러설비·간이스프링클러설비·화재조기진압용 스프링클러설비 보기 ①
(4) 물분무소화설비·강화액소화설비

② 소화활동설비

비교
소방시설법 시행령 〔별표 1〕
소화활동설비
화재를 진압하거나 인명구조활동을 위하여 사용하는 설비
(1) **연**결송수관설비
(2) **연**결살수설비
(3) **연**소방지설비
(4) **무**선통신보조설비
(5) **제**연설비 보기 ②
(6) **비상콘**센트설비

기억법 3연무제비콘

답 ②

60 위험물안전관리법상 청문을 실시하여 처분해야 하는 것은?

16.10.문41
15.05.문46

① 제조소 등 설치허가의 취소
② 제조소 등 영업정지처분
③ 탱크시험자의 영업정지처분
④ 과징금 부과처분

해설 **위험물법 29조**
청문실시
(1) 제조소 등 설치허가의 취소 │보기 ①│
(2) 탱크시험자의 등록 취소

중요

위험물법 29조
청문실시자
(1) 시·도지사
(2) 소방본부장
(3) 소방서장

공사업법 32조·소방시설법 49조
청문실시
(1) 소방시설업 등록취소처분(공사업법 32조)
(2) 소방시설업 영업정지처분(공사업법 32조)
(3) 소방기술인정 자격취소처분(공사업법 32조)
(4) 소방시설관리사 자격의 취소 및 정지(소방시설법 49조)
(5) 소방시설관리업의 등록취소 및 영업정지(소방시설법 49조)
(6) 소방용품의 형식승인 취소 및 제품검사 중지(소방시설법 49조)
(7) 우수품질인증의 취소(소방시설법 49조)
(8) 제품검사전문기관의 지정취소 및 업무정지(소방시설법 49조)
(9) 소방용품의 성능인증 취소(소방시설법 49조)

답 ①

제4과목   소방기계시설의 구조 및 원리 ::

★★★
61
17.03.문74
15.09.문79
14.09.문78
12.09.문79

작동전압이 22900V의 고압의 전기기기가 있는 장소에 물분무소화설비를 설치할 때 전기기기와 물분무헤드 사이의 최소이격거리는 얼마로 해야 하는가?

① 70cm 이상   ② 80cm 이상
③ 110cm 이상   ④ 150cm 이상

해설 **물분무헤드의 이격거리**(NFPC 104 10조, NFTC 104 2.7.2)

전압	거리
66kV 이하 ──────→	70cm 이상
66kV 초과 77kV 이하	80cm 이상
77kV 초과 110kV 이하	110cm 이상
110kV 초과 154kV 이하	150cm 이상
154kV 초과 181kV 이하	180cm 이상
181kV 초과 220kV 이하	210cm 이상
220kV 초과 275kV 이하	260cm 이상

기억법
66	→	70
77	→	80
110	→	110
154	→	150
181	→	180
220	→	210
275	→	260

• 22900V＝22.9kV이므로 66kV 이하 적용

답 ①

★★
62
18.09.문70
16.03.문80

소화기구 및 자동소화장치의 화재안전기준에 의한 일반화재(A급 화재)에 적응성을 만족하지 못한 소화약제는?

① 포소화약제
② 강화액소화약제
③ 할론소화약제
④ 이산화탄소 소화약제

해설 **소화기구** 및 **자동소화장치**((NFTC 101 2.1.1.1)
일반화재(A급 화재)에 적응성이 있는 소화약제
(1) 할론소화약제 │보기 ③│
(2) 할로겐화합물 및 불활성기체 소화약제
(3) **인산염류** 소화약제(분말)
(4) **산알칼리** 소화약제
(5) 강화액소화약제 │보기 ②│
(6) 포소화약제 │보기 ①│
(7) 물·침윤소화약제
(8) **고체에어로졸**화합물
(9) 마른모래
(10) 팽창질석·팽창진주암

④ B·C급 적응 소화약제

비교

전기화재(C급 화재)에 적응성이 있는 소화약제
(1) 이산화탄소 소화약제 │보기 ④│
(2) 할론소화약제
(3) 할로겐화합물 및 불활성기체 소화약제
(4) 인산염류 소화약제(분말)
(5) **중탄산염류** 소화약제(분말)
(6) 고체에어로졸화합물

답 ④

★
63
13.06.문61

거실제연설비 설계 중 배출량 선정에 있어서 고려하지 않아도 되는 사항은?

① 예상제연구역의 수직거리
② 예상제연구역의 바닥면적
③ 제연설비의 배출방식
④ 자동식 소화설비 및 피난설비의 설치 유무

해설 거실제연설비 설계 중 배출량 선정시 고려사항

(1) 예상제연구역의 **수직거리** [보기 ①]
(2) 예상제연구역의 **면적(바닥면적)**과 형태 [보기 ②]
(3) 공기의 유입방식과 제연설비의 **배출방식** [보기 ③]

답 ④

★★ 64

13.09.문80
04.05.문69

폐쇄형 스프링클러헤드를 최고주위온도 40℃인 장소(공장 제외)에 설치할 경우 표시온도는 몇 ℃의 것을 설치하여야 하는가?

① 79℃ 미만
② 79℃ 이상 121℃ 미만
③ 121℃ 이상 162℃ 미만
④ 162℃ 이상

해설 폐쇄형 스프링클러헤드(NFTC 103 2.7.6)

설치장소의 최고주위온도	표시온도
39℃ 미만	**79**℃ 미만
39℃ 이상 **64**℃ 미만 →	79℃ 이상 **121**℃ 미만 [보기 ②]
64℃ 이상 **106**℃ 미만	121℃ 이상 **162**℃ 미만
106℃ 이상	162℃ 이상

기억법	39	79
	64	121
	106	162

답 ②

★★★ 65

15.03.문72
13.03.문79
12.09.문73

스프링클러헤드를 설치하지 않을 수 있는 장소로만 나열된 것은?

① 계단, 병실, 목욕실, 냉동창고의 냉동실, 아파트(대피공간 제외)
② 발전실, 수술실, 응급처치실, 통신기기실, 관람석이 없는 테니스장
③ 냉동창고의 냉동실, 변전실, 병실, 목욕실, 수영장 관람석
④ 수술실, 관람석이 없는 테니스장, 변전실, 발전실, 아파트(대피공간 제외)

해설 스프링클러헤드 설치제외장소(NFTC 103 2.12)

(1) 발전실
(2) 수술실
(3) 응급처치실
(4) 통신기기실
(5) 관람석이 없는 테니스장
(6) 직접 외기에 개방된 복도

비교

스프링클러헤드 설치장소

(1) **보**일러실
(2) 복도
(3) 슈퍼마켓
(4) 소매시장
(5) 위험물·특수가연물 취급장소
(6) 아파트

기억법 보스(BOSS)

답 ②

★★★ 66

18.09.문63
17.03.문61
12.09.문61
02.09.문76

학교, 공장, 창고시설에 설치하는 옥내소화전에서 가압송수장치 및 기동장치가 동결의 우려가 있는 경우 일부 사항을 제외하고는 주펌프와 동등 이상의 성능이 있는 별도의 펌프로서 내연기관의 기동과 연동하여 작동되거나 비상전원을 연결한 펌프를 추가 설치해야 한다. 다음 중 이러한 조치를 취해야 하는 경우는?

① 지하층이 없이 지상층만 있는 건축물
② 고가수조를 가압송수장치로 설치한 경우
③ 수원이 건축물의 최상층에 설치된 방수구보다 높은 위치에 설치된 경우
④ 건축물의 높이가 지표면으로부터 10m 이하인 경우

해설 학교, 공장, 창고시설에 설치하는 옥내소화전에 동결의 우려가 있는 경우 비상전원을 연결한 펌프 등의 설치제외장소(NFPC 102 5조, NFTC 102 2.2.1.10)

유효수량의 $\frac{1}{3}$ 이상을 옥상에 설치하지 않아도 되는 경우(30층 이상은 제외)

(1) **지하층**만 있는 건축물 [보기 ①]
(2) **고가수조**를 가압송수장치로 설치한 옥내소화전설비 [보기 ②]
(3) **수원**이 건축물의 최상층에 설치된 **방수구**보다 높은 위치에 설치된 경우 [보기 ③]
(4) 건축물의 높이가 지표면으로부터 **10m** 이하인 경우 [보기 ④]
(5) **가압수조**를 가압송수장치로 설치한 옥내소화전설비

① 지하층이 없이 지상층만 → 지하층만

답 ①

67 다음은 할론소화설비의 수동기동장치 점검내용으로 옳지 않은 것은?
`12.03.문62`

① 방호구역마다 설치되어 있는지 점검한다.
② 방출지연용 비상스위치가 설치되어 있는지 점검한다.
③ 화재감지기와 연동되어 있는지 점검한다.
④ 조작부는 바닥으로부터 0.8m 이상 1.5m 이하의 위치에 설치되어 있는지 점검한다.

해설 **할론소화설비의 수동기동장치 점검내용**
(1) **방호구역**마다 설치되어 있는가? 보기 ①
(2) **방출지연용 비상스위치**가 설치되어 있는가? 보기 ②
(3) **음향경보장치**와 연동되어 있는가? 보기 ③
(4) 조작부는 바닥으로부터 **0.8~1.5m** 이하의 위치에 설치되어 있는가? 보기 ④
(5) 조작부의 보호판 및 기동장치의 표지상태는 양호한가?

③ 화재감지기 → 음향경보장치

답 ③

68 화재시 연기가 찰 우려가 없는 장소로서 호스릴 분말소화설비를 설치할 수 있는 기준 중 다음 ( ) 안에 알맞은 것은?
`18.04.문63`

• 지상 1층 및 피난층에 있는 부분으로서 지상에서 수동 또는 원격조작에 따라 개방할 수 있는 개구부의 유효면적의 합계가 바닥면적의 (㉠)% 이상이 되는 부분
• 전기설비가 설치되어 있는 부분 또는 다량의 화기를 사용하는 부분의 바닥면적이 해당 설비가 설치되어 있는 구획의 바닥면적의 (㉡) 미만이 되는 부분

① ㉠ 15, ㉡ $\frac{1}{5}$　② ㉠ 15, ㉡ $\frac{1}{2}$

③ ㉠ 20, ㉡ $\frac{1}{5}$　④ ㉠ 20, ㉡ $\frac{1}{2}$

해설 **호스릴 분말**·호스릴 이산화탄소·호스릴 할론소화설비 설치장소(NFPC 108 11조(NFTC 108 2.8.3), NFPC 106 10조(NFTC 106 2.7.3), NFPC 107 10조(NFTC 107 2.7.3))
(1) **지상 1층** 및 **피난층**에 있는 부분으로서 지상에서 수동 또는 원격조작에 따라 개방할 수 있는 개구부의 유효면적의 합계가 바닥면적의 **15% 이상**이 되는 부분 보기 ㉠
(2) 전기설비가 설치되어 있는 부분 또는 다량의 화기를 사용하는 부분(해당 설비의 주위 **5m 이내**의 부분 포함)의 바닥면적이 해당 설비가 설치되어 있는 구획의 바닥면적의 $\frac{1}{5}$ **미만**이 되는 부분 보기 ㉡

답 ①

69 다음 ( ) 안에 들어가는 기기로 옳은 것은?
`18.03.문67`
`13.09.문77`

• 분말소화약제의 가압용 가스용기를 3병 이상 설치한 경우에는 2개 이상의 용기에 (㉠)를 부착하여야 한다.
• 분말소화약제의 가압용 가스용기에는 2.5MPa 이하의 압력에서 조정이 가능한 (㉡)를 설치하여야 한다.

① ㉠ 전자개방밸브, ㉡ 압력조정기
② ㉠ 전자개방밸브, ㉡ 정압작동장치
③ ㉠ 압력조정기, ㉡ 전자개방밸브
④ ㉠ 압력조정기, ㉡ 정압작동장치

해설 (1) **전자개방밸브 부착**

분말소화약제 가압용 가스용기	이산화탄소·분말 소화설비 전기식 기동장치
3병 이상 설치한 경우 **2개** 이상 보기 ㉠	**7병** 이상 개방시 **2병** 이상

기억법 이7(이치)

(2) **압력조정기**(압력조정장치)의 압력

할론소화설비	분말소화설비(분말소화약제)
2MPa 이하	**2.5**MPa 이하 보기 ㉡

기억법 분압25(분압이오.)

답 ①

70 이산화탄소 소화약제의 저장용기에 관한 일반적인 설명으로 옳지 않은 것은?
`15.03.문74`
`12.09.문69`
`02.09.문63`

① 방호구역 내의 장소에 설치하되 피난구 부근을 피하여 설치할 것
② 온도가 40℃ 이하이고, 온도변화가 작은 곳에 설치할 것
③ 직사광선 및 빗물이 침투할 우려가 없는 곳에 설치할 것
④ 용기 간의 간격은 점검에 지장이 없도록 3cm 이상의 간격을 유지할 것

해설 **이산화탄소 소화약제 저장용기 설치기준**
(1) 온도가 **40℃** 이하인 장소 보기 ②
(2) **방호구역 외**의 장소에 설치할 것
(3) 직사광선 및 빗물이 침투할 우려가 없는 곳 보기 ③
(4) 온도의 변화가 작은 곳에 설치 보기 ②
(5) **방화문**으로 구획된 실에 설치할 것
(6) **방호구역 내**에 설치할 경우에는 피난 및 조작이 용이하도록 피난구 부근에 설치 보기 ①

(7) 용기의 설치장소에는 해당 용기가 설치된 곳임을 표시하는 표지할 것

(8) 용기 간의 간격은 점검에 지장이 없도록 **3cm 이상**의 간격 유지 보기 ④

(9) 저장용기와 집합관을 연결하는 연결배관에는 **체크밸브** 설치

> ① 설치하되 피난구 부근을 피하여 설치할 것 →
> 설치한 경우에는 피난구 부근에 설치할 것

답 ①

71 다음 중 피난사다리 하부지지점에 미끄럼 방지 장치를 설치하여야 하는 것은?

① 내림식 사다리　② 올림식 사다리
③ 수납식 사다리　④ 신축식 사다리

해설 **사다리의 구조**

올림식 사다리의 구조	내림식 사다리의 구조
① **상부지지점**(끝부분으로부터 60cm 이내의 임의의 부분)에 미끄러지거나 넘어지지 아니하도록 하기 위하여 **안전장치** 설치	① 사용시 소방대상물로부터 **10cm 이상**의 거리를 유지하기 위한 유효한 돌자를 횡봉의 위치마다 설치
② **하부지지점**에서는 미끄러짐을 막는 장치 설치	② 종봉의 끝부분에는 가변식 걸고리 또는 걸림장치가 부착되어 있을 것
③ **신축하는 구조**인 것은 사용할 때 자동적으로 작동하는 **축제방지장치** 설치	③ 걸림장치 등은 쉽게 이탈하거나 파손되지 아니하는 구조일 것
④ **접어지는 구조**인 것은 사용할 때 자동적으로 작동하는 **접힘방지장치** 설치	④ 하향식 피난구용 내림식 사다리는 사다리를 접거나 천천히 펼쳐지게 하는 완강장치를 부착할 수 있다.
	⑤ 하향식 피난구용 내림식 사다리는 한 번의 동작으로 사용 가능한 구조일 것

🔧 중요

피난사다리의 중량기준(피난사다리의 형식 9조)

올림식 사다리	내림식 사다리 (하향식 피난구용 제외)
35kgf 이하	20kgf 이하

답 ②

72 포소화약제의 혼합장치 중 펌프의 토출관에 압입기를 설치하여 포소화약제 압입용 펌프로 포소화약제를 압입시켜 혼합하는 방식은?

15.05.문80
13.03.문78
12.05.문64

① 펌프 프로포셔너방식
② 프레져사이드 프로포셔너방식
③ 라인 프로포셔너방식
④ 프레져 프로포셔너방식

해설 **포소화약제의 혼합장치**

(1) **펌프 프로포셔너방식(펌프 혼합방식)**
　㉠ 펌프 토출측과 흡입측에 바이패스를 설치하고, 그 바이패스의 도중에 설치한 어댑터(adaptor)로 펌프 토출

측 수량의 일부를 통과시켜 공기포용액을 만드는 방식
　㉡ 펌프의 **토출관**과 **흡입관** 사이의 배관 도중에 설치한 흡입기에 펌프에서 토출된 물의 일부를 보내고 **농도조정밸브**에서 조정된 포소화약제의 필요량을 포소화약제 탱크에서 펌프 흡입측으로 보내어 약제를 혼합하는 방식

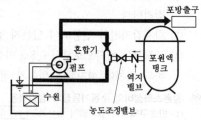

∥ 펌프 프로포셔너방식 ∥

(2) **프레져 프로포셔너방식(차압 혼합방식)**
　㉠ 가압송수관 도중에 공기포 소화원액 혼합조(P.P.T)와 혼합기를 접속하여 사용하는 방법
　㉡ **격막방식 휨탱크**를 사용하는 에어휨 혼합방식
　㉢ 펌프와 발포기의 중간에 설치된 벤투리관의 **벤투리작용**과 펌프 가압수의 **포소화약제 저장탱크**에 대한 압력에 의하여 포소화약제를 흡입·혼합하는 방식

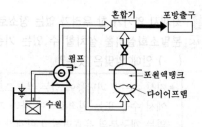

∥ 프레져 프로포셔너방식 ∥

(3) **라인 프로포셔너방식(관로 혼합방식)**
　㉠ 급수관의 배관 도중에 포소화약제 흡입기를 설치하여 그 흡입관에서 소화약제를 흡입하여 혼합하는 방식
　㉡ 펌프와 발포기의 중간에 설치된 벤투리관의 **벤투리작용**에 의하여 포소화약제를 흡입·혼합하는 방식

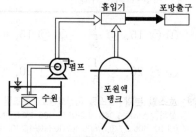

∥ 라인 프로포셔너방식 ∥

(4) **프레져사이드 프로포셔너방식(압입 혼합방식)**
　㉠ 소화원액 가압펌프(압입용 펌프)를 별도로 사용하는 방식
　㉡ 펌프 **토출관**에 압입기를 설치하여 포소화약제 **압입용 펌프**로 포소화약제를 압입시켜 혼합하는 방식 보기 ②

기억법 **프사압**

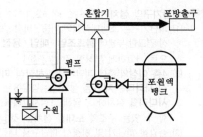

| 프레져사이드 프로포셔너방식 |

(5) **압축공기포 믹싱챔버방식**: 포수용액에 공기를 강제
로 주입시켜 **원거리 방수**가 가능하고 물 사용량을 줄
여 **수손피해**를 **최소화**할 수 있는 방식

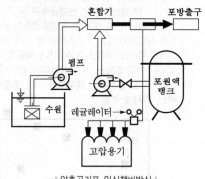

| 압축공기포 믹싱챔버방식 |

답 ②

★★
73 제연설비에서 예상제연구역의 각 부분으로부터
하나의 배출구까지의 수평거리를 몇 m 이내가
되도록 하여야 하는가?

15.03.문70
13.06.문74

① 10m ② 12m
③ 15m ④ 20m

해설 **수평거리 및 보행거리**
(1) 수평거리

구분	설명
수평거리 10m 이하	•예상제연구역~배출구 보기①
수평거리 15m 이하	•분말호스릴 •포호스릴 •CO_2호스릴
수평거리 20m 이하	•할론호스릴
수평거리 25m 이하	•옥내소화전 방수구(호스릴 포함) •포소화전 방수구 •연결송수관 방수구(지하가) •연결송수관 방수구(지하층 바닥면적 3000m² 이상)
수평거리 40m 이하	•옥외소화전 방수구
수평거리 50m 이하	•연결송수관 방수구(사무실)

(2) **보행거리**

구분	설명
보행거리 20m 이하	소형소화기
보행거리 30m 이하	대형소화기 기억법 대3(대상을 받다.)

답 ①

★★★
74 상수도 소화용수설비의 소화전은 특정소방대상
물의 수평투영면의 각 부분으로부터 최대 몇 m
이하가 되도록 설치하는가?

18.04.문79
17.03.문64
14.03.문63
13.06.문80
13.03.문61
12.09.문77
07.03.문70

① 25m ② 40m
③ 100m ④ 140m

해설 **상수도 소화용수설비**의 **기준**(NFPC 401 4조, NFTC 401 2.1)
(1) 호칭지름

수도배관	소화전
75mm 이상	100mm 이상
기억법 수75(수지침으로 치료)	기억법 소1(소일거리)

(2) 소화전은 소방자동차 등의 진입이 쉬운 **도로변** 또는
공지에 설치할 것
(3) 소화전은 특정소방대상물의 수평투영면의 각 부분으
로부터 **140m** 이하가 되도록 설치할 것 보기④
(4) 지상식 소화전의 호스접결구는 지면으로부터 높이가
0.5m 이상 1m 이하가 되도록 설치할 것

기억법 용14

답 ④

★★
75 물분무소화설비 가압송수장치의 토출량에 대한
최소기준으로 옳은 것은? (단, 특수가연물을 저
장·취급하는 특정소방대상물 및 차고·주차장
의 바닥면적은 50m² 이하인 경우는 50m²를 기
준으로 한다.)

16.03.문63
15.09.문74

① 차고 또는 주차장의 바닥면적 1m²에 대해
10L/min로 20분간 방수할 수 있는 양 이상
② 특수가연물을 저장·취급하는 특정소방대상
물의 바닥면적 1m²에 대해 20L/min로 20분
간 방수할 수 있는 양 이상
③ 케이블트레이, 케이블덕트는 투영된 바닥면
적 1m²에 대해 10L/mim로 20분간 방수할
수 있는 양 이상
④ 절연유 봉입변압기는 바닥면적을 제외한 표
면적을 합한 면적 1m²에 대해 10L/min로
20분간 방수할 수 있는 양 이상

해설 **물분무소화설비**의 **수원**(NFPC 104 4조, NFTC 104 2.1.1)

특정소방 대상물	토출량	비 고
컨베이어벨트	10L/min · m²	벨트부분의 바닥면적
절연유 봉입변압기	10L/min · m²	표면적을 합한 면적(바닥 면적 제외) 보기 ④
특수가연물	10L/min · m² (최소 50m²)	최대방수구역의 바닥면적 기준 보기 ②
케이블트레이 · 덕트	12L/min · m²	투영된 바닥면적 보기 ③
차고 · 주차장	20L/min · m² (최소 50m²)	최대방수구역의 바닥면적 기준 보기 ①
위험물 저장탱크	37L/min · m	위험물탱크 둘레길이(원주 길이) : 위험물규칙 〔별표 6〕 Ⅱ

※ 모두 **20분**간 방수할 수 있는 양 이상으로 하여야 한다.

① 10L → 20L
② 20L → 10L
③ 10L → 12L

답 ④

★★ 76 피난기구 설치기준으로 옳지 않은 것은?

16.03.문74
13.03.문70

① 피난기구는 소방대상물의 기둥 · 바닥 · 보, 기타 구조상 견고한 부분에 볼트조임 · 매입 · 용접, 기타의 방법으로 견고하게 부착할 것

② 2층 이상의 층에 피난사다리(하향식 피난구용 내림식 사다리는 제외한다)를 설치하는 경우에는 금속성 고정사다리를 설치하고, 피난에 방해되지 않도록 노대는 설치되지 않아야 할 것

③ 승강식 피난기 및 하향식 피난구용 내림식 사다리는 설치경로가 설치층에서 피난층까지 연계될 수 있는 구조로 설치할 것. 다만, 건축물의 구조 및 설치여건상 불가피한 경우에는 그러하지 아니한다.

④ 승강식 피난기 및 하향식 피난구용 내림식 사다리의 하강구 내측에는 기구의 연결금속구 등이 없어야 하며 전개된 피난기구는 하강구 수평투영면적 공간 내의 범위를 침범하지 않는 구조이어야 할 것. 단, 직경 60cm 크기의 범위를 벗어난 경우이거나, 직하층의 바닥면으로부터 높이 50cm 이하의 범위는 제외한다.

해설 **피난기구**의 **설치기준**(NFPC 301 5조, NFTC 301 2.1.3)

(1) 피난기구는 소방대상물의 기둥 · 바닥 · 보, 기타 구조상 견고한 부분에 **볼트조임 · 매입 · 용접**, 기타의 방법으로 견고하게 부착할 것 보기 ①

(2) **4층 이상**의 층에 피난사다리(**하향식 피난구용 내림식 사다리는 제외**)를 설치하는 경우에는 **금속성 고정사다리**를 설치하고, 당해 고정사다리에는 쉽게 피난할 수 있는 구조의 **노대**를 설치할 것 보기 ②

(3) 승강식 피난기 및 하향식 피난구용 내림식 사다리는 설치경로가 설치층에서 **피난층**까지 연계될 수 있는 구조로 설치할 것(단, 건축물 구조 및 설치여건상 불가피한 경우는 제외) 보기 ③

(4) 승강식 피난기 및 하향식 피난구용 내림식 사다리의 하강구 내측에는 기구의 **연결금속구** 등이 없어야 하며 전개된 피난기구는 하강구 수평투영면적 공간 내의 범위를 침범하지 않는 구조이어야 할 것(단, 직경 **60cm** 크기의 범위를 벗어난 경우이거나, 직하층의 바닥면으로부터 높이 **50cm** 이하의 범위는 제외) 보기 ④

(5) 피난기구를 설치하는 **개구부**는 서로 **동일 직선상이 아닌 위치**에 있을 것

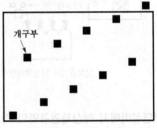

개구부

▮ 동일 직선상이 아닌 위치 ▮

② 2층 이상 → 4층 이상

답 ②

★★★ 77 포소화설비의 자동식 기동장치를 폐쇄형 스프링 클러헤드의 개방과 연동하여 가압송수장치 · 일 제개방밸브 및 포소화약제 혼합장치를 기동하는 경우 다음 ( ) 안에 알맞은 것은? (단, 자동화재탐지설비의 수신기가 설치된 장소에 상시 사람이 근무하고 있고, 화재시 즉시 해당 조작부를 작동시킬 수 있는 경우는 제외한다.)

17.03.문69
14.05.문65
13.09.문64

표시온도가 (㉠)℃ 미만인 것을 사용하고, 1개의 스프링클러헤드의 경계면적은 (㉡)m² 이하로 할 것

① ㉠ 79, ㉡ 8
② ㉠ 121, ㉡ 8
③ ㉠ 79, ㉡ 20
④ ㉠ 121, ㉡ 20

해설 **자동식 기동장치**(폐쇄형 헤드 개방방식)(NFPC 105 11조, NFTC 105 2.8.2.1)

(1) 표시온도가 **79**℃ 미만인 것을 사용하고, 1개의 스프링클러헤드의 **경계면적**은 **20m²** 이하 보기 ㉠㉡

(2) 부착면의 높이는 바닥으로부터 **5m** 이하로 하고, 화재를 유효하게 감지할 수 있도록 함
(3) 하나의 감지장치 경계구역은 하나의 **층**이 되도록 함

기억법 경27 자동(경이롭다. 자동차!)

답 ③

★★
78

14.03.문67
99.04.문63

다음 평면도와 같이 반자가 있는 어느 실내에 전등이나 공조용 디퓨져 등의 시설물을 무시하고 수평거리를 2.1m로 하여 스프링클러헤드를 정방형으로 설치하고자 할 때 최소 몇 개의 헤드를 설치해야 하는가? (단, 반자 속에는 헤드를 설치하지 아니하는 것으로 본다.)

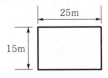

① 24개
② 42개
③ 54개
④ 72개

해설 (1) 기호

• R : 2.1m

(2) **정방형 헤드간격**

$$S = 2R\cos 45°$$

여기서, S : 헤드간격[m]
R : 수평거리[m]

헤드간격 S는
$S = 2R\cos 45°$
$= 2 \times 2.1\text{m} \times \cos 45°$
$= 2.97\text{m}$
가로 설치 헤드개수 : 25÷2.97m=9개
세로 설치 헤드개수 : 15÷2.97m=6개
∴ 9×6=54개

답 ③

★★★
79

18.09.문79
17.03.문63
16.05.문65
15.09.문78
14.03.문71
05.03.문72

특정소방대상물별 소화기구의 능력단위의 기준 중 다음 ( ) 안에 알맞은 것은?

특정소방대상물	소화기구의 능력단위
장례식장 및 의료시설	해당 용도의 바닥면적 (㉠)m²마다 능력단위 1단위 이상
노유자시설	해당 용도의 바닥면적 (㉡)m²마다 능력단위 1단위 이상
위락시설	해당 용도의 바닥면적 (㉢)m²마다 능력단위 1단위 이상

① ㉠ 30, ㉡ 50, ㉢ 100
② ㉠ 30, ㉡ 100, ㉢ 50

③ ㉠ 50, ㉡ 100, ㉢ 30
④ ㉠ 50, ㉡ 30, ㉢ 100

해설 특정소방대상물별 소화기구의 능력단위기준(NFTC 101 2.1.1.2)

특정소방대상물	소화기구의 능력단위	건축물의 주요 구조부가 내화구조이고, 벽 및 반자의 실내에 면하는 부분이 **불연재료** · 준불연재료 또는 난연재료로 된 특정소방대상물의 능력단위
• **위**락시설 → 기억법 위3(위상) 보기 ㉢	바닥면적 **30m²**마다 1단위 이상	바닥면적 **60m²**마다 1단위 이상
• **공연**장 • **집**회장 • **관람**장 및 **문**화재 • **의료시설** · **장**례식장 → 기억법 5공연장 문의 집관람 (손오공 연장 문의 집관람) 보기 ㉠	바닥면적 **50m²**마다 1단위 이상	바닥면적 **100m²**마다 1단위 이상
• **근**린생활시설 • **판**매시설 • 운**수**시설 • **숙**박시설 • **노**유자시설 → • **전**시장 • 공동**주**택 • **업**무시설 • **방**송통신시설 • 공장 · **창**고 • **항**공기 및 자동**차** 관련 시설 및 **관광**휴게시설 기억법 근판숙노전 주업방차창 1항관광(근판숙노전 주업방차창 일본항 관광) 보기 ㉡	바닥면적 **100m²**마다 1단위 이상	바닥면적 **200m²**마다 1단위 이상
• 그 밖의 것	바닥면적 **200m²**마다 1단위 이상	바닥면적 **400m²**마다 1단위 이상

답 ③

★★★
80 소화용수설비 중 소화수조 및 저수조에 대한 설명으로 틀린 것은?

17.09.문66
17.05.문68
15.03.문77
12.05.문74
09.05.문63

① 소화수조, 저수조의 채수구 또는 흡수관투입구는 소방차가 2m 이내의 지점까지 접근할 수 있는 위치에 설치할 것

② 지하에 설치하는 소화용수설비의 흡수관투입구는 그 한 변이 0.6m 이상이거나 직경이 0.6m 이상인 것으로 할 것

③ 채수구는 지면으로부터의 높이가 0.5m 이상 1m 이하의 위치에 설치하고 "채수구"라고 표시한 표지를 할 것

④ 소화수조가 옥상 또는 옥탑의 부분에 설치된 경우에는 지상에 설치된 채수구에서의 압력이 0.1MPa 이상이 되도록 할 것

해설 **소화용수설비**의 **설치기준**(NFPC 402 4·5조, NFTC 402 2.1.1, 2.2)

(1) 소화수조의 깊이가 **4.5m** 이상일 경우 가압송수장치를 설치할 것

(2) 소화수조는 소방펌프자동차(소방차)가 채수구로부터 **2m** 이내의 지점까지 접근할 수 있는 위치에 설치할 것
보기 ①

(3) 소화수조가 **옥상** 또는 옥탑부분에 설치된 경우에는 지상에 설치된 채수구에서의 압력 **0.15MPa** 이상 되도록 한다. 보기 ④

(4) 지하에 설치하는 소화용수설비의 흡수관투입구는 그 한 변이 0.6m 이상이거나 직경이 0.6m 이상인 것으로 할 것 보기 ②

(5) 채수구는 지면으로부터의 높이가 0.5m 이상 1m 이하의 위치에 설치하고 '**채수구**'라고 표시한 표지를 할 것
보기 ③

기억법 **옥15**

답 ④

2019. 9. 21 시행

2019년 기사 제4회 필기시험				수험번호	성명
자격종목 소방설비기사(기계분야)	종목코드	시험시간 2시간	형별		

※ 각 문항은 4지택일형으로 질문에 가장 적합한 보기 항을 선택하여 체크하여야 합니다.

제1과목 소방원론

★★★
01

[14.09.문52]
[14.09.문53]
[13.06.문48]
[12.03.문54]

유사문제부터 풀어보세요. 실력이 팍!팍! 올라갑니다.

특정소방대상물(소방안전관리대상물은 제외)의 관계인과 소방안전관리대상물의 소방안전관리자의 업무가 아닌 것은?

① 화기취급의 감독
② 자체소방대의 운용
③ 소방관련시설의 관리
④ 피난시설, 방화구획 및 방화시설의 관리

해설 화재예방법 24조 ⑤항
관계인 및 소방안전관리자의 업무

특정소방대상물 (관계인)	소방안전관리대상물 (소방안전관리자)
• 피난시설 · 방화구획 및 방화시설의 관리 보기④	• 피난시설 · 방화구획 및 방화시설의 관리 보기④
• 소방시설, 그 밖의 소방관련시설의 관리 보기③	• 소방시설, 그 밖의 소방관련시설의 관리 보기③
• **화기취급**의 감독 보기①	• **화기취급**의 감독 보기①
• 소방안전관리에 필요한 업무	• 소방안전관리에 필요한 업무
• 화재발생시 초기대응	• **소방계획서**의 작성 및 시행(대통령령으로 정하는 사항 포함)
	• **자위소방대** 및 **초기대응체계**의 구성 · 운영 · 교육
	• 소방훈련 및 교육
	• 소방안전관리에 관한 업무 수행에 관한 기록 · 유지
	• 화재발생시 초기대응

② 자체소방대의 운용 → 자위소방대의 운영

용어

특정소방대상물	소방안전관리대상물
건축물 등의 규모·용도 및 수용인원 등을 고려하여 소방시설을 설치하여야 하는 소방대상물로서 대통령령으로 정하는 것	대통령령으로 정하는 특정소방대상물

답 ②

★★★
02

[15.09.문02]
[14.05.문05]
[12.03.문01]

다음 중 인화점이 가장 낮은 물질은?

① 산화프로필렌
② 이황화탄소
③ 메틸알코올
④ 등유

해설 **인화점** vs **착화점**(발화점)

물 질	**인화점**	착화점
• 프로필렌	−107℃	497℃
• 에틸에터 • 다이에틸에터	−45℃	180℃
• 가솔린(휘발유)	−43℃	300℃
• **산**화프로필렌	−37℃ 보기①	465℃
• **이**황화탄소	−30℃ 보기②	100℃
• 아세틸렌	−18℃	335℃
• 아세톤	−18℃	538℃
• 벤젠	−11℃	562℃
• 톨루엔	4.4℃	480℃
• **메**틸알코올	11℃ 보기③	464℃
• 에틸알코올	13℃	423℃
• 아세트산	40℃	−
• **등**유	43~72℃ 보기④	210℃
• **경**유	50~70℃	200℃
• 적린	−	260℃

기억법 인산 이메등

• 착화점=발화점=착화온도=발화온도
• 인화점=인화온도

답 ①

★★★
03

[18.09.문20]
[14.09.문59]
[13.09.문50]
[12.03.문52]

다음 중 인명구조기구에 속하지 않는 것은?

① 방열복
② 공기안전매트
③ 공기호흡기
④ 인공소생기

해설 소방시설법 시행령〔별표 1〕
피난구조설비
(1) 피난기구 ─ 피난사다리
　　　　　　├ 구조대
　　　　　　├ 완강기
　　　　　　└ 소방청장이 정하여 고시하는 화재안전성
　　　　　　　 능기준으로 정하는 것(미끄럼대, 피난교,
　　　　　　　 공기안전매트, 피난용 트랩, 다수인 피난
　　　　　　　 장비, 승강식 피난기, 간이완강기, 하향식
　　　　　　　 피난구용 내림식 사다리) 보기 ②
(2) **인**명구조기구 ─ **방열**복 보기 ①
　　　　　　　　├ 방**화**복(안전모, 보호장갑, 안전화 포함)
　　　　　　　　├ **공**기호흡기 보기 ③
　　　　　　　　└ **인**공소생기 보기 ④

> 기억법 방화열공인

(3) 유도등 ─ 피난유도선
　　　　　├ 피난구유도등
　　　　　├ 통로유도등
　　　　　├ 객석유도등
　　　　　└ 유도표지
(4) 비상조명등 · 휴대용 비상조명등

> ② 피난기구

답 ②

★★★ 04 물의 소화력을 증대시키기 위하여 첨가하는 첨가제 중 물의 유실을 방지하고 건물, 임야 등의 입체면에 오랫동안 잔류하게 하기 위한 것은?

18.04.문12
09.08.문19
06.09.문20

① 증점제　　　　② 강화액
③ 침투제　　　　④ 유화제

해설 물의 첨가제

첨가제	설명
강화액	알칼리금속염을 주성분으로 한 것으로 **황색** 또는 **무색**의 점성이 있는 수용액
침투제	① 침투성을 높여 주기 위해서 첨가하는 계면활성제의 총칭 ② 물의 소화력을 보강하기 위해 첨가하는 약제로서 물의 **표면장력을 낮추어** 침투효과를 높이기 위한 첨가제
유화제	고비점 유류에 사용을 가능하게 하기 위한 것
증점제	① 물의 점도를 높여 줌 ② 물의 유실을 방지하고 건물, 임야 등의 입체면에 오랫동안 잔류하게 하기 위한 것 보기 ①
부동제	물이 저온에서 동결되는 단점을 보완하기 위해 첨가하는 액체

> 용어

Wet water	Wetting agent
침투제가 첨가된 물	주수소화시 물의 표면장력에 의해 연소물의 침투속도를 향상시키기 위해 첨가하는 침투제

답 ①

★★★ 05 가연물의 제거와 가장 관련이 없는 소화방법은?

17.03.문16
16.10.문07
16.03.문12
14.05.문11
13.03.문01
11.03.문04

① 유류화재시 유류공급밸브를 잠근다.
② 산불화재시 나무를 잘라 없앤다.
③ 팽창진주암을 사용하여 진화한다.
④ 가스화재시 중간밸브를 잠근다.

해설 제거소화의 예
(1) **가연성 기체** 화재시 **주밸브**를 **차단**한다(화학반응기의 화재시 원료공급관의 **밸브**를 **잠금**). 보기 ①
(2) **가연성 액체** 화재시 펌프를 이용하여 **연료**를 제거한다.
(3) **연료탱크**를 **냉각**하여 가연성 가스의 발생속도를 작게 하여 연소를 억제한다.
(4) 금속화재시 **불활성 물질**로 가연물을 덮는다.
(5) **목재**를 **방염처리**한다.
(6) 전기화재시 **전원**을 **차단**한다.
(7) 산불이 발생하면 화재의 진행방향을 앞질러 **벌목**한다(산불의 확산 방지를 위하여 **산림**의 **일부를 벌채**). 보기 ②
(8) 가스화재시 밸브를 잠궈 가스흐름을 차단한다. 보기 ④
(9) 불타고 있는 장작더미 속에서 아직 타지 않은 것을 안전한 곳으로 **운반**한다.
(10) 유류탱크 화재시 주변에 있는 유류탱크의 유류를 다른 곳으로 이동시킨다.
(11) **양초**를 입으로 불어서 끈다.

> ③ **질식소화** : 팽창진주암을 사용하여 진화한다.

> 용어
> **제거효과**
> **가연물**을 반응계에서 **제거**하든지 또는 반응계로의 공급을 정지시켜 소화하는 효과

답 ③

★★★ 06 할로겐화합물 소화약제는 일반적으로 열을 받으면 할로겐족(할로젠족)이 분해되어 가연물질의 연소과정에서 발생하는 활성종과 화합하여 연소의 연쇄반응을 차단한다. 연쇄반응의 차단과 가장 거리가 먼 소화약제는?

① FC-3-1-10　　② HFC-125
③ IG-541　　　　④ FIC-13I1

해설 할로겐화합물 및 불활성기체 소화약제의 종류

구분	할로겐화합물 소화약제	불활성기체 소화약제
정의	• **불소, 염소, 브로민** 또는 **아이오딘** 중 하나 이상의 원소를 포함하고 있는 유기화합물을 기본성분으로 하는 소화약제	• **헬륨, 네온, 아르곤** 또는 **질소가스** 중 하나 이상의 원소를 기본성분으로 하는 소화약제

종류	• FC-3-1-10 [보기 ①] • HCFC BLEND A • HCFC-124 • HFC-125 [보기 ②] • HFC-227ea • HFC-23 • HFC-236fa • FIC-13I1 [보기 ④] • FK-5-1-12	• IG-01 • IG-100 • IG-541 [보기 ③] • IG-55
저장 상태	액체	기체
효과	부촉매효과 (연쇄반응 차단)	질식효과

③ 질식효과

답 ③

⭐⭐⭐ 07 CF₃Br 소화약제의 명칭을 옳게 나타낸 것은?

17.03.문05
16.10.문08
15.03.문04
14.09.문04
14.03.문02

① 할론 1011
② 할론 1211
③ 할론 1301
④ 할론 2402

해설 **할론소화약제의 약칭 및 분자식**

종류	약칭	분자식
할론 1011	CB	CH₂ClBr
할론 104	CTC	CCl₄
할론 1211	BCF	CF₂ClBr(CClF₂Br)
할론 1301	BTM	→ **CF₃Br**
할론 2402	FB	C₂F₄Br₂

답 ③

⭐⭐⭐ 08 불포화섬유지나 석탄에 자연발화를 일으키는 원인은?

18.03.문10
16.10.문05
16.03.문14
15.05.문19
15.03.문09
14.09.문09
14.09.문17
12.03.문09
09.05.문08
03.03.문13
02.09.문01

① 분해열
② 산화열
③ 발효열
④ 중합열

해설 **자연발화의 형태**

구분	종류
분해열	① 셀룰로이드 ② 나이트로셀룰로오스
산화열	① **건**성유(정어리유, 아마인유, 해바라기유) ② **석**탄 [보기 ②] ③ **원**면 ④ **고**무분말 ⑤ 불포화섬유지

발효열	① 퇴비 ② 먼지 ③ 곡물
흡착열	① 목탄 ② 활성탄

기억법 산건석원고

답 ②

⭐⭐⭐ 09 프로판가스의 연소범위[vol%]에 가장 가까운 것은?

14.09.문16
12.03.문12
10.09.문02

① 9.8~28.4
② 2.5~81
③ 4.0~75
④ 2.1~9.5

해설 (1) **공기 중의 폭발한계**

가 스	하한계 (하한점, [vol%])	상한계 (상한점, [vol%])
아세틸렌(C₂H₂)	2.5	81
수소(H₂)	4	75
일산화탄소(CO)	12	75
에터(C₂H₅OC₂H₅)	1.7	48
이황화탄소(CS₂)	1	50
에틸렌(C₂H₄)	2.7	36
암모니아(NH₃)	15	25
메탄(CH₄)	5	15
에탄(C₂H₆)	3	12.4
프로판(C₃H₈) [보기 ④] →	2.1	9.5
부탄(C₄H₁₀)	1.8	8.4

(2) **폭발한계와 같은 의미**
㉠ 폭발범위
㉡ 연소한계
㉢ 연소범위
㉣ 가연한계
㉤ 가연범위

답 ④

⭐⭐⭐ 10 화재시 이산화탄소를 방출하여 산소농도를 13vol%로 낮추어 소화하기 위한 공기 중 이산화탄소의 농도는 약 몇 vol%인가?

15.05.문13
14.05.문07
13.09.문16
12.05.문14

① 9.5
② 25.8
③ 38.1
④ 61.5

해설 **이산화탄소의 농도**

$$CO_2 = \frac{21 - O_2}{21} \times 100$$

여기서, CO_2 : CO_2의 농도[vol%]
O_2 : O_2의 농도[vol%]

$$CO_2 = \frac{21 - O_2}{21} \times 100 = \frac{21 - 13}{21} \times 100 ≒ 38.1 vol\%$$

중요

이산화탄소 소화설비와 관련된 식

$$CO_2 = \frac{방출가스량}{방호구역체적 + 방출가스량} \times 100$$

$$= \frac{21 - O_2}{21} \times 100$$

여기서, CO_2 : CO_2의 농도〔vol%〕
O_2 : O_2의 농도〔vol%〕

$$방출가스량 = \frac{21 - O_2}{O_2} \times 방호구역체적$$

여기서, O_2 : O_2의 농도〔vol%〕

답 ③

★★★ 11

18.03.문05
16.10.문04
14.05.문01
10.09.문08

화재의 지속시간 및 온도에 따라 목재건물과 내화건물을 비교했을 때, 목재건물의 화재성상으로 가장 적합한 것은?

① 저온장기형이다.　② 저온단기형이다.
③ 고온장기형이다.　④ 고온단기형이다.

해설 (1) **목조건물**(목재건물)
　ⓐ 화재성상 : **고온단**기형　보기 ④
　ⓑ 최고온도(최성기온도) : **1300℃**

기억법 목고단 13

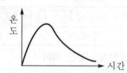

‖ 목조건물의 표준 화재온도 - 시간곡선 ‖

(2) **내화건물**
　ⓐ 화재성상 : 저온장기형
　ⓑ 최고온도(최성기온도) : 900~1000℃

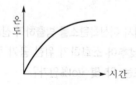

‖ 내화건물의 표준 화재온도 - 시간곡선 ‖

답 ④

★★ 12

17.05.문05

에터, 케톤, 에스터, 알데하이드, 카르복실산, 아민 등과 같은 가연성인 수용성 용매에 유효한 포소화약제는?

① 단백포　　　② 수성막포
③ 불화단백포　④ 내알코올포

해설 **내알코올형포**(알코올포)　보기 ④
(1) **알코올류** 위험물(**메탄올**)의 소화에 사용
(2) **수용성** 유류화재(**아세트알데하이드, 에스터류**)에 사용 : 수용성 용매에 사용
(3) **가연성 액체**에 사용

기억법 내알 메아에가

● 메탄올 = 메틸알코올

참고

포소화약제의 특징

약제의 종류	특징
단백포	① 흑갈색이다. ② 냄새가 지독하다. ③ 포안정제로서 **제1철염**을 첨가한다. ④ 다른 포약제에 비해 **부식성이 크다**.
수성막포	① 안전성이 좋아 장기보관이 가능하다. ② 내약품성이 좋아 **분말소화약제**와 **겸용** 사용이 가능하다. ③ 석유류 표면에 신속히 피막을 형성하여 유류증발을 억제한다. ④ 일명 **AFFF**(Aqueous Film Forming Foam)라고 한다. ⑤ 점성이 작기 때문에 가연성 기름의 표면에서 쉽게 피막을 형성한다. ⑥ 단백포 소화약제와도 병용이 가능하다. **기억법** 분수
불화단백포	① 소화성능이 가장 우수하다. ② 단백포와 수성막포의 결점인 열안정성을 보완시킨다. ③ **표면하 주입방식**에도 적합하다.
합성 계면 활성제포	① **저**팽창포와 **고**팽창포 모두 사용이 가능하다. ② 유동성이 좋다. ③ 카바이트 저장소에는 부적합하다. **기억법** 합저고

● 저팽창포 = 저발포
● 고팽창포 = 고발포

답 ④

★★★ 13

18.09.문19
17.05.문06
16.03.문08
15.03.문17
14.03.문19
11.10.문19
03.08.문11

소화원리에 대한 설명으로 틀린 것은?

① 냉각소화 : 물의 증발잠열에 의해서 가연물의 온도를 저하시키는 소화방법
② 제거소화 : 가연성 가스의 분출화재시 연료공급을 차단시키는 소화방법
③ 질식소화 : 포소화약제 또는 불연성 가스를 이용해서 공기 중의 산소공급을 차단하여 소화하는 방법
④ 억제소화 : 불활성기체를 방출하여 연소범위 이하로 낮추어 소화하는 방법

해설 소화의 형태

구 분	설 명
냉각소화	① **점**화원을 냉각하여 소화하는 방법 ② **증**발잠열을 이용하여 열을 빼앗아 가연물의 온도를 떨어뜨려 화재를 진압하는 소화방법 **보기 ①** ③ **다량**의 물을 뿌려 소화하는 방법 ④ 가연성 물질을 **발화점 이하**로 **냉각**하여 소화하는 방법 ⑤ **식용유화재**에 신선한 **야채**를 넣어 소화하는 방법 ⑥ 용융잠열에 의한 **냉각효과**를 이용하여 소화하는 방법 **기억법** 냉점증발
질식소화	① 공기 중의 **산소농도**를 16%(10~15%) 이하로 희박하게 하여 소화하는 방법 ② 산화제의 농도를 낮추어 연소가 지속될 수 없도록 소화하는 방법 ③ 산소공급을 차단하여 소화하는 방법 **보기 ③** ④ 산소의 농도를 낮추어 소화하는 방법 ⑤ 화학반응으로 발생한 **탄산가스**에 의한 소화방법 **기억법** 질산
제거소화	**가연물**을 **제거**하여 소화하는 방법 **보기 ②**
부촉매소화 (억제소화, 화학소화)	① **연쇄반응**을 **차단**하여 소화하는 방법 ② 화학적인 방법으로 화재를 억제하여 소화하는 방법 ③ **활성기**(free radical, 자유라디칼)의 **생성**을 **억제**하여 소화하는 방법 ④ 할론계 소화약제 **기억법** 부억(부엌)
희석소화	① 기체·고체·액체에서 나오는 분해가스나 증기의 농도를 낮춰 소화하는 방법 ② 불연성 가스의 **공기** 중 **농도**를 높여 소화하는 방법 ③ 불활성기체를 방출하여 연소범위 이하로 낮추어 소화하는 방법 **보기 ④**

④ 억제소화 → 희석소화

중요

화재의 **소화원리**에 따른 **소화방법**

소화원리	소화설비
냉각소화	① 스프링클러설비 ② 옥내·외소화전설비
질식소화	① 이산화탄소 소화설비 ② 포소화설비 ③ 분말소화설비 ④ 불활성기체 소화약제
억제소화 (부촉매효과)	① 할론소화약제 ② 할로겐화합물 소화약제

답 ④

---

14 방화벽의 구조 기준 중 다음 ( ) 안에 알맞은 것은?

- 방화벽의 양쪽 끝과 위쪽 끝을 건축물의 외벽면 및 지붕면으로부터 (㉠)m 이상 튀어나오게 할 것
- 방화벽에 설치하는 출입문의 너비 및 높이는 각각 (㉡)m 이하로 하고, 해당 출입문에는 60분+방화문 또는 60분 방화문을 설치할 것

① ㉠ 0.3, ㉡ 2.5
② ㉠ 0.3, ㉡ 3.0
③ ㉠ 0.5, ㉡ 2.5
④ ㉠ 0.5, ㉡ 3.0

해설 건축령 57조, 피난·방화구조 21조
방화벽의 구조

구 분	설 명
대상 건축물	• 주요구조부가 내화구조 또는 불연재료가 아닌 연면적 1000m² 이상인 건축물
구획단지	• 연면적 1000m² 미만마다 구획
방화벽의 구조	• **내화구조**로서 홀로 설 수 있는 구조일 것 • 방화벽의 양쪽 끝과 위쪽 끝을 건축물의 외벽면 및 지붕면으로부터 **0.5m** 이상 튀어나오게 할 것 **보기 ㉠** • 방화벽에 설치하는 **출입문**의 **너비** 및 높이는 각각 **2.5m** 이하로 하고 해당 출입문에는 60분+방화문 또는 60분 방화문을 설치할 것 **보기 ㉡**

답 ③

★★★
15
18.09.문08
17.03.문17
16.05.문02
15.03.문01
14.09.문12
14.03.문01
09.05.문10
05.09.문07
05.05.문07
03.03.문11
02.03.문20
15 BLEVE 현상을 설명한 것으로 가장 옳은 것은?

① 물이 뜨거운 기름 표면 아래에서 끓을 때 화재를 수반하지 않고 Over flow 되는 현상
② 물이 연소유의 뜨거운 표면에 들어갈 때 발생되는 Over flow 현상
③ 탱크바닥에 물과 기름의 에멀션이 섞여 있을 때 물의 비등으로 인하여 급격하게 Over flow 되는 현상
④ 탱크 주위 화재로 탱크 내 인화성 액체가 비등하고 가스부분의 압력이 상승하여 탱크가 파괴되고 폭발을 일으키는 현상

해설 **가스탱크 · 건축물 내**에서 발생하는 현상

(1) **가스탱크**

현 상	정 의
블래비 (BLEVE)	• 과열상태의 탱크에서 내부의 액화가스가 분출하여 기화되어 폭발하는 현상 • 탱크 주위 화재로 탱크 내 인화성 액체가 비등하고 가스부분의 압력이 상승하여 탱크가 파괴되고 폭발을 일으키는 현상 보기 ④

(2) **건축물 내**

현 상	정 의
플래시오버 (flash over)	• 화재로 인하여 실내의 온도가 급격히 상승하여 화재가 순간적으로 실내 전체에 확산되어 연소되는 현상
백드래프트 (back draft)	• **통기력**이 좋지 않은 상태에서 연소가 계속되어 산소가 심히 부족한 상태가 되었을 때 **개구부**를 통하여 산소가 공급되면 실내의 가연성 혼합기가 공급되는 **산소의 방향**과 **반대**로 흐르며 급격히 연소하는 현상 • 소방대가 소화활동을 위하여 화재실의 문을 개방할 때 신선한 공기가 유입되어 실내에 축적되었던 가연성 가스가 **단시간**에 폭발적으로 **연소**함으로써 화재가 폭풍을 동반하며 **실외**로 분출되는 현상

중요

유류탱크에서 발생하는 **현상**

현 상	정 의
보일오버 (boil over)	• 중질유의 석유탱크에서 장시간 조용히 연소하다 탱크 내의 잔존기름이 갑자기 분출하는 현상 • 유류탱크에서 탱크바닥에 물과 기름의 **에멀션**이 섞여 있을 때 이로 인하여 화재가 발생하는 현상 • 연소유면으로부터 100℃ 이상의 열파가 탱크 **저부**에 고여 있는 물을 비등하게 하면서 연소유를 탱크 밖으로 비산시키며 연소하는 현상 기억법 **보저**(보자기)
오일오버 (oil over)	• 저장탱크에 저장된 유류저장량이 내용적의 50% 이하로 충전되어 있을 때 화재로 인하여 탱크가 폭발하는 현상
프로스오버 (froth over)	• 물이 점성의 뜨거운 기름 표면 아래에서 끓을 때 화재를 수반하지 않고 용기가 넘치는 현상

슬롭오버 (slop over)	• 물이 연소유의 뜨거운 표면에 들어갈 때 기름 표면에서 화재가 발생하는 현상 • 유화제로 소화하기 위한 물이 수분의 급격한 증발에 의하여 액면이 거품을 일으키면서 열유층 밑의 냉유가 급히 열팽창하여 기름의 일부가 불이 붙은 채 탱크벽을 넘어서 일출하는 현상

답 ④

★★★
16 화재의 유형별 특성에 관한 설명으로 옳은 것은?
17.09.문07 16.05.문09 15.09.문19 13.09.문07

① A급 화재는 무색으로 표시하며, 감전의 위험이 있으므로 주수소화를 엄금한다.
② B급 화재는 황색으로 표시하며, 질식소화를 통해 화재를 진압한다.
③ C급 화재는 백색으로 표시하며, 가연성이 강한 금속의 화재이다.
④ D급 화재는 청색으로 표시하며, 연소 후에 재를 남긴다.

해설 **화재의 종류**

구 분	표시색	적응물질
일반화재(A급)	백색	① 일반가연물 ② 종이류 화재 ③ 목재 · 섬유화재
유류화재(B급) 보기 ②	황색	① 가연성 액체 ② 가연성 가스 ③ 액화가스화재 ④ 석유화재
전기화재(C급)	청색	전기설비
금속화재(D급)	무색	가연성 금속
주방화재(K급)	–	식용유화재

※ 요즘은 표시색의 의무규정은 없음

① 무색 → 백색, 감전의 위험이 있으므로 주수소화를 엄금한다. → 감전의 위험이 없으므로 주수소화를 한다.
③ 백색 → 청색, 가연성이 강한 금속의 화재 → 전기화재
④ 청색 → 무색, 연소 후에 재를 남긴다. → 가연성이 강한 금속의 화재이다.

답 ②

★★★
17 독성이 매우 높은 가스로서 석유제품, 유지(油脂)
14.03.문05 00.03.문04 등이 연소할 때 생성되는 알데하이드계통의 가스는?
① 시안화수소
② 암모니아
③ 포스겐
④ 아크롤레인

해설 연소가스

구 분	설 명
일산화탄소 (CO)	화재시 흡입된 일산화탄소(CO)의 화학적 작용에 의해 **헤모글로빈**(Hb)이 혈액의 산소운반작용을 저해하여 사람을 질식·사망하게 한다.
이산화탄소 (CO_2)	연소가스 중 **가장 많은 양**을 차지하고 있으며 가스 그 자체의 독성은 거의 없으나 다량이 존재할 경우 호흡속도를 증가시키고, 이로 인하여 화재가스에 혼합된 유해가스의 혼입을 증가시켜 위험을 가중시키는 가스이다.
암모니아 (NH_3)	나무, 페놀수지, 멜라민수지 등의 **질소함유물**이 연소할 때 발생하며, 냉동시설의 **냉매**로 쓰인다.
포스겐 ($COCl_2$)	매우 독성이 강한 가스로서 소화제인 **사염화탄소**(CCl_4)를 화재시에 사용할 때도 발생한다.
황화수소 (H_2S)	달걀 썩는 냄새가 나는 특성이 있다.
아크롤레인 ($CH_2=CHCHO$) 보기 ④	독성이 매우 높은 가스로서 **석유제품, 유지** 등이 연소할 때 생성되는 가스이다.

기억법 유아석

용어

유지(油脂)
들기름 및 지방을 통틀어 일컫는 말

답 ④

★★★
18 다음 중 전산실, 통신기기실 등에서의 소화에 가장 적합한 것은?
06.05.문16
① 스프링클러설비
② 옥내소화전설비
③ 분말소화설비
④ 할로겐화합물 및 불활성기체 소화설비

해설 이산화탄소·할론·할로겐화합물 및 불활성기체 소화기(소화설비) 적용대상
(1) 주차장
(2) 전산실 ┐
(3) 통신기기실 ┘─ 전기설비 보기 ④
(4) 박물관
(5) 석탄창고
(6) 면화류창고
(7) 가솔린
(8) 인화성 고체위험물
(9) 건축물, 기타 공작물
(10) 가연성 고체
(11) 가연성 가스

답 ④

★★
19 화재강도(fire intensity)와 관계가 없는 것은?
15.05.문01
① 가연물의 비표면적
② 발화원의 온도
③ 화재실의 구조
④ 가연물의 발열량

해설 화재강도(fire intensity)에 영향을 미치는 인자
(1) 가연물의 비표면적 보기 ①
(2) 화재실의 구조 보기 ③
(3) 가연물의 배열상태(발열량) 보기 ④

용어

화재강도
열의 집중 및 방출량을 상대적으로 나타낸 것. 즉, **화재의 온도**가 높으면 화재강도는 커진다(발화원의 온도가 아님).

답 ②

★
20 화재발생시 인명피해 방지를 위한 건물로 적합한 것은?
① 피난설비가 없는 건물
② 특별피난계단의 구조로 된 건물
③ 피난기구가 관리되고 있지 않은 건물
④ 피난구 폐쇄 및 피난구유도등이 미비되어 있는 건물

해설 인명피해 방지건물
(1) 피난설비가 **있는** 건물 보기 ①
(2) 특별피난계단의 구조로 된 건물 보기 ②
(3) 피난기구가 관리되고 **있는** 건물 보기 ③
(4) 피난구 **개방** 및 피난구유도등이 **잘 설치되어 있는** 건물 보기 ④

① 없는 → 있는
③ 있지 않은 → 있는
④ 폐쇄 → 개방, 미비되어 있는 → 잘 설치되어 있는

답 ②

제 2 과목   소방유체역학

★
21 검사체적(control volume)에 대한 운동량방정식(momentum equation)과 가장 관계가 깊은 법칙은?
15.09.문29
① 열역학 제2법칙
② 질량보존의 법칙
③ 에너지보존의 법칙
④ 뉴턴(Newton)의 운동법칙

해설 **뉴턴의 운동법칙**

구 분	설 명
제1법칙 (관성의 법칙)	물체가 외부에서 작용하는 힘이 없으면, 정지해 있는 물체는 **계속 정지**해 있고, 운동하고 있는 물체는 **계속 운동**상태를 유지하려는 성질
제2법칙 (가속도의 법칙)	① 물체에 힘을 가하면 힘의 방향으로 가속도가 생기고 물체에 가한 힘은 **질량**과 **가속도**에 **비례**한다는 법칙 ② **운동량방정식**의 근원이 되는 법칙 보기 ④ 기억법 **뉴2운**
제3법칙 (작용·반작용의 법칙)	물체에 힘을 가하면 다른 물체에는 **반작용**이 일어나고, 힘의 크기와 작용선은 서로 같으나 **방향**이 서로 **반대**이다라는 법칙

🖋 비교

연속방정식
질량보존법칙을 만족하는 법칙

답 ④

⭐⭐
22 폭이 4m이고 반경이 1m인 그림과 같은 1/4원형
13.03.문21 모양으로 설치된 수문 AB가 있다. 이 수문이 받는 수직방향분력 F_V의 크기[N]는?

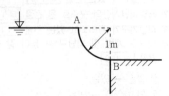

① 7613   ② 9801
③ 30787   ④ 123000

해설 **수직(방향)분력**

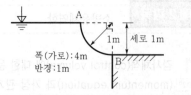

$$F_V = \gamma V$$

여기서, F_V : 수직분력[N]
　　　　γ : 비중량(물의 비중량 9800N/m³)
　　　　V : 체적[m³]
　　　　r : 반경[m]

수직(방향)분력 F_V는

$$F_V = \gamma V$$
$$= 9800\text{N/m}^3 \times \left(\frac{br^2}{2} \times \text{수문폭[라디안]}\right)$$
$$= 9800\text{N/m}^3 \times \left(\frac{4\text{m} \times (1\text{m})^2}{2} \times \frac{\pi}{2}\right)$$
$$\fallingdotseq 30787\text{N}$$

- b : 폭(4m)
- r : 반경(1m)
- 문제에서 $\frac{1}{4}$ 이므로 각도 $90° = \frac{\pi}{2}$

답 ③

⭐⭐
23 다음 단위 중 3가지는 동일한 단위이고 나머지
18.03.문29 하나는 다른 단위이다. 이 중 동일한 단위가 아
07.03.문37 닌 것은?

① J   ② N·s
③ Pa·m³   ④ kg·m²/s²

해설 1Pa=1J/m³(1J=1Pa·m³)
1J=1N·m[1J=1N·m=1(kg·m/s²)·m=1kg·m²/s²]
1N=1kg·m/s²

② N·s → N·m

답 ②

⭐
24 지름이 150mm인 원관에 비중이 0.85, 동점성
18.09.문26 계수가 $1.33 \times 10^{-4}\text{m}^2\text{/s}$인 기름이 0.01m³/s의
12.03.문34 유량으로 흐르고 있다. 이때 관마찰계수는? (단, 임계 레이놀즈수는 2100이다.)

① 0.10   ② 0.14
③ 0.18   ④ 0.22

해설 (1) **기호**

- D : 150mm=0.15m
- S : 0.85
- γ : $1.33 \times 10^{-4}\text{m}^2\text{/s}$
- Q : 0.01m³/s
- f : ?
- Re : 2100

(2) **유량**

$$Q = AV = \left(\frac{\pi D^2}{4}\right)V$$

여기서, Q : 유량[m³/s]
　　　　A : 단면적[m²]
　　　　V : 유속[m/s]
　　　　D : 내경[m]

유속 V는

$$V = \frac{Q}{\frac{\pi D^2}{4}} = \frac{0.01 \text{m}^3/\text{s}}{\frac{\pi \times (0.15\text{m})^2}{4}} = 0.565 \text{m/s}$$

(3) 레이놀즈수

$$Re = \frac{DV\rho}{\mu} = \frac{DV}{\nu}$$

여기서, Re : 레이놀즈수

D : 내경[m]

V : 유속[m/s]

ρ : 밀도[kg/m³]

μ : 점도[kg/m · s]

ν : 동점성계수 $\left(\dfrac{\mu}{\rho}\right)$ [m²/s]

레이놀즈수 Re는

$$Re = \frac{DV}{\nu} = \frac{0.15\text{m} \times 0.565\text{m/s}}{1.33 \times 10^{-4}\text{m}^2/\text{s}} = 637.218$$

(4) 관마찰계수

$$f = \frac{64}{Re}$$

여기서, f : 관마찰계수

Re : 레이놀즈수

관마찰계수 f는

$$f = \frac{64}{Re} = \frac{64}{637.218} = 0.10$$

답 ①

★★★ 25

14.09.문30
13.06.문40
09.08.문40

물질의 열역학적 변화에 대한 설명으로 틀린 것은?

① 마찰은 비가역성의 원인이 될 수 있다.

② 열역학 제1법칙은 에너지보존에 대한 것이다.

③ 이상기체는 이상기체상태 방정식을 만족한다.

④ 가역단열과정은 엔트로피가 증가하는 과정이다.

해설 엔트로피(ΔS)

가역단열과정	비가역단열과정
$\Delta S = 0$ 보기 ④	$\Delta S > 0$

④ 가역단열과정은 엔트로피가 0이다.

답 ④

★★★ 26

18.04.문21
17.09.문38
17.03.문38
15.09.문30
13.06.문38

전양정이 60m, 유량이 6m³/min, 효율이 60%인 펌프를 작동시키는 데 필요한 동력[kW]은?

① 44

② 60

③ 98

④ 117

해설 (1) 기호

• H : 60m

• Q : 6m³/min

• η : 60%=0.6

• P : ?

(2) 전동력

$$P = \frac{0.163QH}{\eta}K$$

여기서, P : 전동력[kW]

Q : 유량[m³/min]

H : 전양정[m]

K : 전달계수

η : 효율

전동력 P는

$$P = \frac{0.163QH}{\eta}K$$
$$= \frac{0.163 \times 6\text{m}^3/\text{min} \times 60\text{m}}{0.6}$$
$$= 98\text{kW}$$

• K : 주어지지 않았으므로 무시

답 ③

★★★ 27

15.09.문31
14.05.문36
11.06.문23

체적탄성계수가 2×10^9Pa인 물의 체적을 3% 감소시키려면 몇 MPa의 압력을 가하여야 하는가?

① 25

② 30

③ 45

④ 60

해설 (1) 기호

• K : 2×10^9Pa

• $\Delta V/V$: 3%=0.03

(2) 체적탄성계수

$$K = -\frac{\Delta P}{\Delta V/V}$$

여기서, K : 체적탄성계수[Pa]

ΔP : 가해진 압력[Pa]

$\Delta V/V$: 체적의 감소율

• '-' : -는 압력의 방향을 나타내는 것으로 특별한 의미를 갖지 않아도 된다.

가해진 압력 ΔP는

$$\Delta P = K \times \Delta V/V$$
$$= 2 \times 10^9 \text{Pa} \times 0.03 = 60 \times 10^6\text{Pa} = 60\text{MPa}$$

• 1×10^6Pa=1MPa이므로 60×10^6Pa=60MPa

답 ④

28 다음 유체기계들의 압력 상승이 일반적으로 큰 것부터 순서대로 바르게 나열한 것은?

① 압축기(compressor) > 블로어(blower) > 팬(fan)

② 블로어(blower) > 압축기(compressor) > 팬(fan)

③ 팬(fan) > 블로어(blower) > 압축기(compressor)

④ 팬(fan) > 압축기(compressor) > 블로어(blower)

해설 **유체기계의 압력 상승**

구 분	압력 상승
압축기(compressor)	100kPa 이상
블로어(blower)	10~100kPa 미만
팬(fan)	10kPa 미만

답 ①

29 용량 2000L의 탱크에 물을 가득 채운 소방차가 화재현장에 출동하여 노즐압력 390kPa(계기압력), 노즐구경 2.5cm를 사용하여 방수한다면 소방차 내의 물이 전부 방수되는 데 걸리는 시간은?

`03.08.문30`
`00.03.문36`

① 약 2분 26초

② 약 3분 35초

③ 약 4분 12초

④ 약 5분 44초

해설 **(1) 기호**

- Q' : 2000L
- P : 390kPa
- D : 2.5cm=25mm(1cm=10mm)
- t : ?

(2) 방수량

$$Q = 0.653D^2\sqrt{10P}$$

여기서, Q : 방수량[L/min]
$\quad\quad D$: 구경[mm]
$\quad\quad P$: 방수압[MPa]

또한

$$Q' = 0.653D^2\sqrt{10P}\,t$$

여기서, Q' : 용량[L]
$\quad\quad D$: 구경[mm]
$\quad\quad P$: 방수압[MPa]
$\quad\quad t$: 시간[min]

$P = 390\text{kPa} = 0.39\text{MPa}(1000\text{kPa}=1\text{MPa})$

시간 t 는

$$t = \frac{Q'}{0.653D^2\sqrt{10P}}$$

$$= \frac{2000\text{L}}{0.653\times(25\text{mm})^2\times\sqrt{10\times0.39\text{MPa}}}$$

$= 2.48$분 ≒ 2분 28초

∴ 여기서는 근사값 2분 26초 정답

- 0.48분을 초로 환산하면(1분=60초)
  0.48분×60초=28초
  ∴ 2.48분 ≒ 2분 28초

답 ①

30 이상기체의 폴리트로픽 변화 'PV^n=일정'에서 $n=1$인 경우 어느 변화에 속하는가? (단, P는 압력, V는 부피, n은 폴리트로픽 지수를 나타낸다.)

`13.09.문25`
`04.03.문24`
`03.08.문31`

① 단열변화   ② 등온변화

③ 정적변화   ④ 정압변화

해설 **폴리트로픽 변화**

구 분	내 용
PV^n=정수($n=0$)	등압변화(정압변화)
PV^n=정수($n=1$)	등온변화 보기 ②
PV^n=정수($n=K$)	단열변화
PV^n=정수($n=\infty$)	정적변화

여기서, P : 압력[kJ/m³]
$\quad\quad V$: 체적[m³]
$\quad\quad n$: 폴리트로픽 지수
$\quad\quad K$: 비열비

답 ②

31 피토관으로 파이프 중심선에서 흐르는 물의 유속을 측정할 때 피토관의 액주높이가 5.2m, 정압튜브의 액주높이가 4.2m를 나타낸다면 유속[m/s]은? (단, 속도계수(C_V)는 0.97이다.)

`15.05.문21`
`08.09.문30`

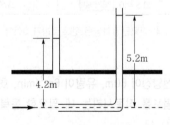

① 4.3   ② 3.5

③ 2.8   ④ 1.9

해설

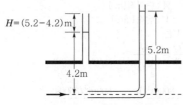

$H=(5.2-4.2)\text{m}$

5.2m

4.2m

(1) 기호

- H : $(5.2-4.2)$m
- C_V : 0.97
- V : ?

(2) 피토관(pitot tube)

$$V=C_V\sqrt{2gH}$$

여기서, V : 유속[m/s]

C_V : 속도계수

g : 중력가속도(9.8m/s²)

H : 높이[m]

유속 V는

$V=C_V\sqrt{2gH}$

$=0.97\times\sqrt{2\times9.8\text{m/s}^2\times(5.2-4.2)\text{m}}$

$\doteqdot 4.3\text{m/s}$

답 ①

★★★ 32

지름이 75mm인 관로 속에 물이 평균속도 4m/s로 흐르고 있을 때 유량[kg/s]은?

17.05.문30
17.03.문37
16.03.문40
15.09.문22
11.06.문33

① 15.52
② 16.92
③ 17.67
④ 18.52

해설

(1) 기호

- D : 75mm=0.075m(1000mm=1m)
- V : 4m/s
- $\overline{m}$: ?

(2) 질량유량

$$\overline{m}=AV\rho=\left(\frac{\pi D^2}{4}\right)V\rho$$

여기서, $\overline{m}$: 질량유량[kg/s]

A : 단면적[m²]

V : 유속[m/s]

ρ : 밀도(물의 밀도 1000kg/m³)

D : 직경(지름)[m]

질량유량 $\overline{m}$는

$\overline{m}=\left(\frac{\pi D^2}{4}\right)V\rho$

$=\frac{\pi\times(0.075\text{m})^2}{4}\times4\text{m/s}\times1000\text{kg/m}^3$

$=17.67\text{kg/s}$

중요

중량유량	유량(flowrate, 체적유량)
$G=AV\gamma=\left(\frac{\pi D^2}{4}\right)V\gamma$	$Q=AV=\left(\frac{\pi D^2}{4}\right)V$
여기서, G : 중량유량[N/s] A : 단면적[m²] V : 유속[m/s] γ : 비중량(물의 비중량 9800N/m³) D : 직경(지름)[m]	여기서, Q : 유량[m³/s] A : 단면적[m²] V : 유속[m/s] D : 직경(지름)[m]

답 ③

★★★ 33

초기에 비어 있는 체적이 0.1m³인 견고한 용기 안에 공기(이상기체)를 서서히 주입한다. 공기 1kg을 넣었을 때 용기 안의 온도가 300K이 되었다면 이때 용기 안의 압력[kPa]은? (단, 공기의 기체상수는 0.287kJ/kg·K이다.)

15.05.문25
14.03.문35
10.09.문35

① 287
② 300
③ 448
④ 861

해설

(1) 기호

- $V=0.1$m³
- $m=1$kg
- $T=300$K
- $R=0.287$kJ/kg·K
- $P=$?

(2) 이상기체상태 방정식

$$PV=mRT$$

여기서, P : 압력[kPa] 또는 [kN/m²]

V : 부피[m³]

m : 질량[kg]

R : 기체상수[kJ/kg·K]

T : 절대온도(273+℃)[K]

압력 P는

$P=\frac{mRT}{V}=\frac{1\text{kg}\times0.287\text{kJ/kg·K}\times300\text{K}}{0.1\text{m}^3}$

$=861\text{kJ/m}^3=861\text{kPa}$

- 1kJ/m³=1kPa=1kN/m²이므로 861kJ/m³=861kPa

답 ④

34

★★

14.09.문26
97.10.문23

다음 그림과 같이 두 개의 가벼운 공 사이로 빠른 기류를 불어 넣으면 두 개의 공은 어떻게 되겠는가?

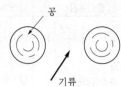

① 뉴턴의 법칙에 따라 벌어진다.
② 뉴턴의 법칙에 따라 가까워진다.
③ 베르누이의 법칙에 따라 벌어진다.
④ 베르누이의 법칙에 따라 가까워진다.

해설 **베르누이법칙**에 의해 속도수두, 압력수두, 위치수두의 합은 일정하므로 2개의 공 사이에 기류를 불어 넣으면 공의 높이는 같아서 위치수두는 일정하므로 **속도가 증가**(속도수두 증가)하여 **압력이 감소**(압력수두 감소)하므로 2개의 공은 **가까워진다.** 보기 ④

중요

베르누이방정식

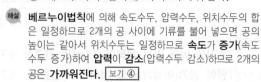

$$\frac{V^2}{2g} + \frac{p}{\gamma} + Z = 일정$$

(속도수두) (압력수두) (위치수두)

여기서, V : 유속[m/s]
　　　　p : 압력[kPa]
　　　　Z : 높이[m]
　　　　g : 중력가속도(9.8m/s^2)
　　　　γ : 비중량(물의 비중량 9.8kN/m^3)

답 ④

35

★★★

03.08.문33
03.03.문34
00.10.문36

거리가 1000m 되는 곳에 안지름 20cm의 관을 통하여 물을 수평으로 수송하려 한다. 한 시간에 800m^{3}를 보내기 위해 필요한 압력[kPa]은? (단, 관의 마찰계수는 0.03이다.)

① 1370　　　　　② 2010
③ 3750　　　　　④ 4580

해설 (1) 기호

- L : 1000m
- D : 20cm=0.2m(100cm=1m)
- Q : 800m^3/h=800m^3/3600s(1h=3600s)
- P : ?
- f : 0.03

(2) 유량

$$Q = AV$$

여기서, Q : 유량[m^3/s]

　　　　A : 단면적[m^2]
　　　　V : 유속[m/s]

유속 V는

$$V = \frac{Q}{A} = \frac{Q}{\frac{\pi}{4}D^2}$$

$$= \frac{800\text{m}^3/\text{h}}{\frac{\pi}{4}\times(0.2\text{m})^2} = \frac{800\text{m}^3/3600\text{s}}{\frac{\pi}{4}\times(0.2\text{m})^2}$$

$$= 7.07\text{m/s}$$

(3) **마찰손실**

$$H = \frac{\Delta P}{\gamma} = \frac{fLV^2}{2gD}$$

여기서, H : 마찰손실(손실수두)[m]
　　　　ΔP : 압력차[kPa]
　　　　γ : 비중량(물의 비중량 9.8kN/m^3)
　　　　f : 관마찰계수
　　　　L : 길이[m]
　　　　V : 유속[m/s]
　　　　g : 중력가속도(9.8m/s^2)
　　　　D : 내경[m]

압력차(압력) ΔP는

$$\Delta P = \frac{\gamma fLV^2}{2gD}$$

$$= \frac{9.8\text{kN/m}^3\times0.03\times1000\text{m}\times(7.07\text{m/s})^2}{2\times9.8\text{m/s}^2\times0.2\text{m}}$$

$$≒ 3750\text{kN/m}^2 = 3750\text{kPa}$$

- 1kPa=1kN/m^2

답 ③

36

★★

13.06.문33
06.09.문16

표면적이 같은 두 물체가 있다. 표면온도가 2000K인 물체가 내는 복사에너지는 표면온도가 1000K인 물체가 내는 복사에너지의 몇 배인가?

① 4　　　　　② 8
③ 16　　　　　④ 32

해설 (1) 기호

- T_2 : 2000K
- T_1 : 1000K
- $\frac{Q_2}{Q_1}$: ?

(2) **스테판-볼츠만의 법칙**(Stefan-Boltzman's law)

$$\frac{Q_2}{Q_1} = \frac{(273+t_2)^4}{(273+t_1)^4} = \frac{T_2^4}{T_1^4} = \frac{(2000\text{K})^4}{(1000\text{K})^4} = 16배$$

- 열복사량은 복사체의 **절대온도의 4제곱**에 **비례**하고, **단면적에 비례**한다.

참고

스테판-볼츠만의 법칙(Stefan-Boltzman's law)

$$Q = aAF(T_1^4 - T_2^4)$$

여기서, Q : 복사열[W]
 a : 스테판-볼츠만 상수[W/m² · K⁴]
 A : 단면적[m²]
 F : 기하학적 Factor
 T_1 : 고온[K]
 T_2 : 저온[K]

답 ③

★★★
37 다음 중 Stokes의 법칙과 관계되는 점도계는?

17.05.문27
06.05.문25
05.05.문21
① Ostwald 점도계   ② 낙구식 점도계
③ Saybolt 점도계   ④ 회전식 점도계

해설 **점도계**
(1) **세관법**
 ㉠ 하겐-포아젤(Hagen-Poiseuille)의 법칙 이용
 ㉡ 세이볼트(Saybolt) 점도계
 ㉢ 레드우드(Redwood) 점도계
 ㉣ 엥글러(Engler) 점도계
 ㉤ 바베이(Barbey) 점도계
 ㉥ 오스트발트(Ostwald) 점도계

(2) **회전원통법**
 ㉠ 뉴턴(Newton)의 점성법칙 이용
 ㉡ 스토머(Stormer) 점도계
 ㉢ 맥 마이클(Mac Michael) 점도계

기억법 **뉴점스맥**

(3) **낙구법** 보기 ②
 ㉠ 스토크스(Stokes)의 법칙 이용
 ㉡ 낙구식 점도계

기억법 **낙스(낙서)**

 용어
점도계
점성계수를 측정할 수 있는 기기

답 ②

★★
38 그림의 역U자관 마노미터에서 압력차($P_x - P_y$)는 약 몇 Pa인가?

15.09.문26
10.03.문35

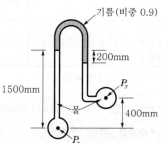

① 3215   ② 4116
③ 5045   ④ 6826

해설 (1) **시차액주계**의 **압력계산방법** : P_y를 기준으로 내려가면 **더하고**, 올라가면 **빼면** 된다.

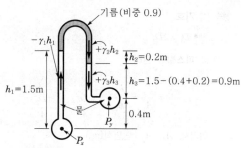

(2) **기호 정리**
 • h_1 : 1500mm=1.5m(1000mm=1m)
 • h_2 : 200mm=0.2m(1000mm=1m)
 • h_3 : 1.5m-(0.4+0.2)m=0.9m

(3) **비중**
$$s = \frac{\gamma}{\gamma_w}$$

여기서, s : 비중
 γ : 어떤 물질의 비중량[N/m³]
 γ_w : 물의 비중량(9800N/m³)
$\gamma_2 = s \times \gamma_w = 0.9 \times 9800 \text{N/m}^3 = 8820 \text{N/m}^3$

(4) **기호 재정리**
 • γ_1, γ_3 : 9800N/m³(물의 비중량)
 • γ_2 : 8820N/m³(기름의 비중량)
 • h_1 : 1.5m
 • h_2 : 0.2m
 • h_3 : 0.9m

$P_x - \gamma_1 h_1 + \gamma_2 h_2 + \gamma_3 h_3 = P_y$
$P_x - P_y = \gamma_1 h_1 - \gamma_2 h_2 - \gamma_3 h_3$
$= 9800\text{N/m}^3 \times 1.5\text{m} - 8820\text{N/m}^3 \times 0.2\text{m}$
$- 9800\text{N/m}^3 \times 0.9\text{m}$
$= 4116\text{N/m}^2 = 4116\text{Pa}$

• 4116N/m²=4116Pa(1N/m²=1Pa)

답 ②

★★
39 지름이 다른 두 개의 피스톤이 그림과 같이 연결되어 있다. "1"부분의 피스톤의 지름이 "2"부분의 2배일 때, 각 피스톤에 작용하는 힘 F_1과 F_2의 크기의 관계는?

17.05.문26
05.03.문22

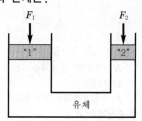

① $F_1 = F_2$ ② $F_1 = 2F_2$
③ $F_1 = 4F_2$ ④ $4F_1 = F_2$

해설 (1) 기호

- $D_1 : 2D_2$

(2) 파스칼의 원리

$$\frac{F_1}{A_1} = \frac{F_2}{A_2}, \quad \frac{F_1}{\frac{\pi D_1^2}{4}} = \frac{F_2}{\frac{\pi D_2^2}{4}}$$

여기서, A_1, A_2 : 단면적[m²]

F_1, F_2 : 힘[N]

D_1, D_2 : 지름[m]

$$\frac{F_1}{\frac{\pi D_1^2}{4}} = \frac{F_2}{\frac{\pi D_2^2}{4}}$$

$D_1 = 2D_2$ 이므로

$$\frac{F_1}{(2D_2)^2} = \frac{F_2}{D_2^2}$$

$$\frac{F_1}{4D_2^2} = \frac{F_2}{D_2^2}$$

$$F_1 = 4F_2$$

답 ③

★★★
40
16.03.문23
15.05.문32
14.09.문39
11.06.문22

글로브밸브에 의한 손실을 지름이 10cm이고 관마찰계수가 0.025인 관의 길이로 환산하면 상당길이가 40m가 된다. 이 밸브의 부차적 손실계수는?

① 0.25
② 1
③ 2.5
④ 10

해설 (1) 기호

- D : 10cm=0.1m(100cm=1m)
- f : 0.025
- L_e : 40m
- K : ?

(2) 관의 등가길이

$$L_e = \frac{KD}{f}$$

여기서, L_e : 관의 등가길이[m]

K : (부차적) 손실계수

D : 내경[m]

f : 마찰손실계수(마찰계수)

부차적 손실계수 K는

$$K = \frac{L_e f}{D} = \frac{40m \times 0.025}{0.1m} = 10$$

비교

부차손실

$$H = K \frac{V^2}{2g}$$

여기서, H : 부차손실[m]

K : 부차적 손실계수

V : 유속[m/s]

g : 중력가속도(9.8m/s²)

답 ④

제3과목 소방관계법규

★★★
41
17.03.문57
15.09.문67

다음 조건을 참고하여 숙박시설이 있는 특정소방대상물의 수용인원 산정수로 옳은 것은?

침대가 있는 숙박시설로서 1인용 침대의 수는 20개이고, 2인용 침대의 수는 10개이며, 종업원의 수는 3명이다.

① 33명
② 40명
③ 43명
④ 46명

해설 소방시설법 시행령 [별표 7]
수용인원의 산정방법

특정소방대상물		산정방법
• 강의실 • 교무실 • 상담실 • 실습실 • 휴게실		바닥면적 합계 / 1.9m²
• 숙박시설	침대가 있는 경우 →	종사자수 + 침대수
	침대가 없는 경우	종사자수 + 바닥면적 합계 / 3m²
• 기타		바닥면적 합계 / 3m²
• 강당 • 문화 및 집회시설, 운동시설 • 종교시설		바닥면적 합계 / 4.6m²

숙박시설(침대가 있는 경우)

=종사자수 + 침대수

=3명+(1인용×20개+2인용×10개)=43명

- **소수점 이하는 반올림**한다.

③ **침대가 있는 숙박시설** : 해당 특정소방대상물의 **종사자수**에 **침대의 수**(2인용 침대는 2인으로 산정)를 **합한 수**

답 ③

42
18.04.문49
17.05.문46
15.03.문55
14.05.문44
13.09.문60

제조소 등의 위치·구조 또는 설비의 변경 없이 당해 제조소 등에서 저장하거나 취급하는 위험물의 품명·수량 또는 지정수량의 배수를 변경하고자 할 때는 누구에게 신고해야 하는가?

① 국무총리
② 시·도지사
③ 관할소방서장
④ 행정안전부장관

해설 위험물법 6조
제조소 등의 설치허가
(1) 설치허가자 : **시·도지사**
(2) 설치허가 제외 장소
  ㉠ 주택의 난방시설(공동주택의 중앙난방시설은 제외)을 위한 저장소 또는 취급소
  ㉡ 지정수량 **20배** 이하의 **농예용·축산용·수산용** 난방시설 또는 건조시설의 **저장소**
(3) **제조소 등의 변경신고** : 변경하고자 하는 날의 **1일** 전까지 **시·도지사**에게 **신고**(행정안전부령) 보기 ②

기억법 농축수2

참고

시·도지사
(1) 특별시장
(2) 광역시장
(3) 특별자치시장
(4) 도지사
(5) 특별자치도지사

답 ②

43
16.03.문47
07.09.문41

위험물안전관리법령상 제조소 등이 아닌 장소에서 지정수량 이상의 위험물을 취급할 수 있는 기준 중 다음 ( ) 안에 알맞은 것은?

시·도의 조례가 정하는 바에 따라 관할소방서장의 승인을 받아 지정수량 이상의 위험물을 ( )일 이내의 기간 동안 임시로 저장 또는 취급하는 경우

① 15
② 30
③ 60
④ 90

해설 90일
(1) 소방시설업 **등록**신청 자산평가액·기업진단보고서 **유**효기간(공사업규칙 2조)
(2) 위험물 임시저장·취급 기준(위험물법 5조) 보기 ④

기억법 등유9(등유 구해와!)

중요

위험물법 5조
임시저장 승인 : 관할소방서장

답 ④

44
16.03.문05
15.05.문05
11.10.문03
07.09.문18

제6류 위험물에 속하지 않는 것은?

① 질산
② 과산화수소
③ 과염소산
④ 과염소산염류

해설 위험물령 〔별표 1〕
위험물

유별	성질	품명
제1류	**산**화성 **고체**	• 아염소산염류 • 염소산염류(**염소산나트륨**) • 과염소산염류 보기 ④ • 질산염류 • 무기과산화물 기억법 1산고염나
제2류	가연성 고체	• **황화**인 • **적**린 • **황** • **마**그네슘 기억법 황화적황마
제3류	자연발화성 물질 및 금수성 물질	• **황**린 • **칼**륨 • **나**트륨 • **알**칼리토금속 • **트**리에틸알루미늄 기억법 황칼나알트
제4류	인화성 액체	• 특수인화물 • 석유류(벤젠) • 알코올류 • 동식물유류
제5류	자기반응성 물질	• 유기과산화물 • 나이트로화합물 • 나이트로소화합물 • 아조화합물 • 질산에스터류(셀룰로이드)
제6류	산화성 액체	• 과염소산 보기 ③ • 과산화수소 보기 ② • 질산 보기 ①

④ 과염소산염류 : 제1류 위험물

중요

제6류 위험물의 공통성질
(1) 대부분 비중이 **1보다 크다.**
(2) **산화성 액체**이다.
(3) **불연성 물질**이다.
(4) 모두 **산소**를 함유하고 있다.
(5) 유기화합물과 혼합하면 산화시킨다.

답 ④

45

12.05.문42

항공기격납고는 특정소방대상물 중 어느 시설에 해당하는가?

① 위험물 저장 및 처리 시설
② 항공기 및 자동차관련 시설
③ 창고시설
④ 업무시설

[해설] 소방시설법 시행령 〔별표 2〕
항공기 및 자동차관련 시설
(1) **항공기격납고** [보기 ②]
(2) 주차용 건축물, 차고 및 기계장치에 의한 주차시설
(3) 세차장
(4) 폐차장
(5) 자동차 검사장
(6) 자동차 매매장
(7) 자동차 정비공장
(8) 운전학원·정비학원
(9) 차고 및 주기장(駐機場)

[중요]

운수시설
(1) 여객자동차터미널
(2) 철도 및 도시철도시설(정비창 등 관련 시설 포함)
(3) 공항시설(항공관제탑 포함)
(4) 항만시설 및 종합여객시설

답 ②

46

18.09.문55
16.03.문55
13.09.문47
11.03.문56

위험물안전관리법령상 제조소 등의 관계인은 위험물의 안전관리에 관한 직무를 수행하게 하기 위하여 제조소 등마다 위험물의 취급에 관한 자격이 있는 자를 위험물안전관리자로 선임하여야 한다. 이 경우 제조소 등의 관계인이 지켜야 할 기준으로 틀린 것은?

① 제조소 등의 관계인은 안전관리자를 해임하거나 안전관리자가 퇴직한 때에는 해임하거나 퇴직한 날로부터 15일 이내에 다시 안전관리자를 선임하여야 한다.

② 제조소 등의 관계인이 안전관리자를 선임한 경우에는 선임한 날부터 14일 이내에 소방본부장 또는 소방서장에게 신고하여야 한다.

③ 제조소 등의 관계인은 안전관리자가 여행·질병, 그 밖의 사유로 인하여 일시적으로 직무를 수행할 수 없는 경우에는 국가기술자격법에 따른 위험물의 취급에 관한 자격취득자 또는 위험물안전에 관한 기본지식과 경험이 있는 자를 대리자로 지정하여 그 직무를 대

행하게 하여야 한다. 이 경우 대행하는 기간은 30일을 초과할 수 없다.

④ 안전관리자는 위험물을 취급하는 작업을 하는 때에는 작업자에게 안전관리에 관한 필요한 지시를 하는 등 위험물의 취급에 관한 안전관리와 감독을 하여야 하고, 제조소 등의 관계인은 안전관리자의 위험물 안전관리에 관한 의견을 존중하고 그 권고에 따라야 한다.

[해설] 화재예방법 시행규칙 14조
소방안전관리자의 재선임
30일 이내

① 15일 이내 → 30일 이내

[중요]

30일
(1) 소방시설업 등록사항 변경신고(공사업규칙 6조)
(2) 위험물안전관리자의 재선임(위험물안전관리법 시행규칙 15조)
[보기 ①]
(3) 소방안전관리자의 재선임(화재예방법 시행규칙 14조)
(4) 도급계약 해지(공사업법 23조)
(5) 소방시설공사 중요사항 변경시의 신고일(공사업규칙 12조)
(6) 소방기술자 실무교육기관 지정서 발급(공사업규칙 32조)
(7) 소방공사감리자 변경서류 제출(공사업규칙 15조)
(8) 승계(위험물법 10조)
(9) 위험물안전관리자의 직무대행(위험물법 15조)
(10) 탱크시험자의 변경신고일(위험물법 16조)

답 ①

47

14.09.문58
07.09.문58

화재의 예방 및 안전관리에 관한 법령상 정당한 사유 없이 화재안전조사 결과에 따른 조치명령을 위반한 자에 대한 벌칙으로 옳은 것은?

① 100만원 이하의 벌금
② 300만원 이하의 벌금
③ 1년 이하의 징역 또는 1천만원 이하의 벌금
④ 3년 이하의 징역 또는 3천만원 이하의 벌금

[해설] 3년 이하의 징역 또는 3000만원 이하의 벌금
(1) **화재안전조사** 결과에 따른 조치명령 위반(화재예방법 50조)
[보기 ④]
(2) **소방시설관리업** 무등록자(소방시설법 57조)
(3) **소방시설업** 무등록자(공사업법 35조)
(4) 부정한 청탁을 받고 재물 또는 재산상의 이익을 취득하거나 부정한 청탁을 하면서 재물 또는 재산상의 이익을 제공한 자(공사업법 35조)
(5) 형식승인을 받지 않은 **소방용품** 제조·수입자(소방시설법 57조)
(6) **제품검사**를 받지 않은 자(소방시설법 57조)
(7) 거짓이나 그 밖의 **부정한 방법**으로 제품검사 전문기관의 지정을 받은 자(소방시설법 57조)

답 ④

48 소방시설 설치·및 관리에 관한 법령상 간이스프링클러설비를 설치하여야 하는 특정소방대상물의 기준으로 옳은 것은?
10.03.문41

① 근린생활시설로 사용하는 부분의 바닥면적 합계가 1000㎡ 이상인 것은 모든 층
② 교육연구시설 내에 있는 합숙소로서 연면적 500㎡ 이상인 것
③ 의료재활시설을 제외한 요양병원으로 사용되는 바닥면적의 합계가 300㎡ 이상 600㎡ 미만인 시설
④ 정신의료기관 또는 의료재활시설로 사용되는 바닥면적의 합계가 600㎡ 미만인 시설

해설 **소방시설법 시행령 〔별표 4〕**
간이스프링클러설비의 설치대상

설치대상	조 건
교육연구시설 내 합숙소	• 연면적 100㎡ 이상 보기②
노유자시설·정신의료기관·의료재활시설	• 창살설치 : 300㎡ 미만 • 기타 : 300㎡ 이상 600㎡ 미만 보기④
숙박시설	• 바닥면적 합계 300㎡ 이상 600㎡ 미만
종합병원, 병원, 치과병원, 한방병원 및 요양병원(의료재활시설 제외)	• 바닥면적 합계 600㎡ 미만 보기③
근린생활시설	• 바닥면적 합계 1000㎡ 이상은 전층 보기① • 의원, 치과의원 및 한의원으로서 입원실이 있는 시설
연립주택, 다세대주택	• 주택전용 간이스프링클러설비 설치

② 500㎡ 이상 → 100㎡ 이상
③ 300㎡ 이상 600㎡ 미만 → 600㎡ 미만
④ 600㎡ 미만 → 300㎡ 이상 600㎡ 미만

답 ①

49 소방관서장은 화재예방강화지구 안의 관계인에 대하여 소방상 필요한 훈련 및 교육은 연 몇 회 이상 실시할 수 있는가?
18.09.문59
13.06.문52

① 1   ② 2
③ 3   ④ 4

해설 **화재예방법 18조, 화재예방법 시행령 20조**
화재예방강화지구 안의 화재안전조사·소방훈련 및 교육
(1) 실시자 : 소방청장·소방본부장·소방서장─소방관서장
(2) 횟수 : 연 1회 이상 보기①
(3) 훈련·교육 : 10일 전 통보

중요
연 1회 이상
(1) 화재예방강화지구 안의 화재안전조사·훈련·교육(화재예방법 시행령 20조)

(2) 특정소방대상물의 소방훈련·교육(화재예방법 시행규칙 36조)
(3) 제조소 등의 정기점검(위험물규칙 64조)
(4) 종합점검(소방시설법 시행규칙 〔별표 3〕)
(5) 작동점검(소방시설법 시행규칙 〔별표 3〕)

기억법 연1정종 (연일 정종술을 마셨다.)

답 ①

50 화재예방강화지구로 지정할 수 있는 대상이 아닌 것은?
17.09.문49
16.05.문53
13.09.문56

① 시장지역
② 소방출동로가 있는 지역
③ 공장·창고가 밀집한 지역
④ 목조건물이 밀집한 지역

해설 **화재예방법 18조**
화재예방강화지구의 지정
(1) 지정권자 : 시·도지사
(2) 지정지역
㉠ 시장지역 보기①
㉡ 공장·창고 등이 밀집한 지역 보기③
㉢ 목조건물이 밀집한 지역 보기④
㉣ 노후·불량 건축물이 밀집한 지역
㉤ 위험물의 저장 및 처리시설이 밀집한 지역
㉥ 석유화학제품을 생산하는 공장이 있는 지역
㉦ 소방시설·소방용수시설 또는 소방출동로가 없는 지역 보기②
㉧ 「산업입지 및 개발에 관한 법률」에 따른 산업단지
㉨ 「물류시설의 개발 및 운영에 관한 법률」에 따른 물류단지
㉩ 소방청장·소방본부장·소방서장(소방관서장)이 화재예방강화지구로 지정할 필요가 있다고 인정하는 지역

② 있는 → 없는

용어
화재예방강화지구
화재발생 우려가 크거나 화재가 발생할 경우 피해가 클 것으로 예상되는 지역에 대하여 화재의 예방 및 안전관리를 강화하기 위해 지정·관리하는 지역

답 ②

51 소방시설 설치 및 관리에 관한 법령상 소방시설 등의 소방시설관리업의 자체점검시 점검인력 배치기준 중 작동점검에서 점검인력 1단위가 하루 동안 점검할 수 있는 특정소방대상물의 연면적(점검한도면적) 기준은? (단, 일반건축물의 경우이다.)
16.03.문43

① 5000㎡   ② 8000㎡
③ 10000㎡   ④ 12000㎡

해설 **소방시설법 시행규칙 〔별표 4〕**
소방시설관리업 점검인력 배치기준

구 분	일반건축물	아파트
종합 점검	점검인력 1단위 8000m² (보조점검인력 1명 추가시 : 2000m²)	점검인력 1단위 250세대 (보조점검인력 1명 추가시 : 60세대)
작동 점검	점검인력 1단위 10000m² (보조점검인력 1명 추가시 : 2500m²)	

답 ③

★★★ 52 소방기본법상 소방대의 구성원에 속하지 않는 자는?

13.03.문42
05.09.문44
05.03.문57

① 소방공무원법에 따른 소방공무원
② 의용소방대 설치 및 운영에 관한 법률에 따른 의용소방대원
③ 위험물안전관리법에 따른 자체소방대원
④ 의무소방대설치법에 따라 임용된 의무소방원

해설 **기본법 2조**
소방대
(1) 소방**공**무원 보기 ①
(2) **의**무소방원 보기 ④
(3) **의**용소방대원 보기 ②

기억법 소공의

답 ③

★★ 53 다음 중 한국소방안전원의 업무에 해당하지 않는 것은?

13.03.문41

① 소방용 기계·기구의 형식승인
② 소방업무에 관하여 행정기관이 위탁하는 업무
③ 화재예방과 안전관리의식 고취를 위한 대국민 홍보
④ 소방기술과 안전관리에 관한 교육, 조사·연구 및 각종 간행물 발간

해설 **기본법 41조**
한국소방안전원의 업무
(1) 소방기술과 안전관리에 관한 **교육** 및 **조사·연구** 보기 ④
(2) 소방기술과 안전관리에 관한 각종 **간행물**의 **발간** 보기 ④
(3) 화재예방과 안전관리의식의 고취를 위한 **대국민 홍보** 보기 ③
(4) 소방업무에 관하여 **행정기관**이 위탁하는 **사업** 보기 ②
(5) 소방안전에 관한 **국제협력**
(6) **회원**에 대한 **기술지원** 등 정관이 정하는 사항

① 한국소방산업기술원의 업무

답 ①

★★★ 54 소방기본법령상 국고보조 대상사업의 범위 중 소방활동장비와 설비에 해당하지 않는 것은?

14.09.문46
14.05.문52
14.03.문59
06.05.문60

① 소방자동차
② 소방헬리콥터 및 소방정
③ 소화용수설비 및 피난구조설비
④ 방화복 등 소방활동에 필요한 소방장비

해설 **기본령 2조**
(1) **국고보조의 대상**
 ㉠ 소방활동장비와 설비의 구입 및 설치
 • 소방**자**동차 보기 ①
 • 소방**헬**리콥터·소방**정** 보기 ②
 • 소방**전**용통신설비·전산설비
 • 방**화**복 보기 ④
 ㉡ 소방관서용 **청**사
(2) **소방활동장비 및 설비의 종류와 규격** : 행정안전부령
(3) **대상사업의 기준보조율** : 「보조금관리에 관한 법률 시행령」에 따름

기억법 자헬 정전화 청국

답 ③

★★ 55 소방안전관리자 및 소방안전관리보조자에 대한 실무교육의 교육대상, 교육일정 등 실무교육에 필요한 계획을 수립하여 매년 누구의 승인을 얻어 교육을 실시하는가?

① 한국소방안전원장 ② 소방본부장
③ 소방청장 ④ 시·도지사

해설 **공사업법 33조**
권한의 위탁

업 무	위 탁	권 한
•실무교육	•한국소방안전원 •실무교육기관	•소방청장 보기 ③
•소방기술과 관련된 자격·학력·경력의 인정 •소방기술자 양성·인정 교육훈련 업무	•소방시설업자협회 •소방기술과 관련된 법인 또는 단체	•소방청장
•시공능력평가	•소방시설업자협회	•소방청장 •시·도지사

답 ③

★★ 56 소방대상물의 방염 등과 관련하여 방염성능기준은 무엇으로 정하는가?

① 대통령령 ② 행정안전부령
③ 소방청훈령 ④ 소방청예규

해설 **소방시설법 20·21조**

대통령령	행정안전부령
방염성능기준 보기 ①	방염성능검사의 방법과 검사결과에 따른 합격표시 등에 관하여 필요한 사항

답 ①

★★★
57

14.09.문60
14.03.문41
13.06.문54

화재의 예방 및 안전관리에 관한 법령상 소방청장, 소방본부장 또는 소방서장은 관할구역에 있는 소방대상물에 대하여 화재안전조사를 실시할 수 있다. 화재안전조사 대상과 거리가 먼 것은? (단, 개인 주거에 대하여는 관계인의 승낙을 득한 경우이다.)

① 화재예방강화지구 등 법령에서 화재안전조사를 하도록 규정되어 있는 경우
② 관계인이 법령에 따라 실시하는 소방시설 등, 방화시설, 피난시설 등에 대한 자체점검 등이 불성실하거나 불완전하다고 인정되는 경우
③ 화재가 발생할 우려는 없으나 소방대상물의 정기점검이 필요한 경우
④ 국가적 행사 등 주요 행사가 개최되는 장소에 대하여 소방안전관리 실태를 조사할 필요가 있는 경우

해설 **화재예방법 7조**
화재안전조사 실시대상
(1) **관계인**이 이 법 또는 다른 법령에 따라 실시하는 소방시설 등, 방화시설, 피난시설 등에 대한 자체점검이 불성실하거나 불완전하다고 인정되는 경우 보기 ②
(2) **화재예방강화지구** 등 법령에서 화재안전조사를 하도록 규정되어 있는 경우 보기 ①
(3) 화재예방안전진단이 불성실하거나 불완전하다고 인정되는 경우
(4) **국가적 행사** 등 주요 행사가 개최되는 장소 및 그 주변의 관계지역에 대하여 소방안전관리 실태를 조사할 필요가 있는 경우 보기 ④
(5) 화재가 **자주 발생**하였거나 발생할 우려가 뚜렷한 곳에 대한 조사가 필요한 경우
(6) **재난예측정보, 기상예보** 등을 분석한 결과 소방대상물에 화재의 발생 위험이 크다고 판단되는 경우
(7) 화재, 그 밖의 긴급한 상황이 발생할 경우 인명 또는 재산 피해의 우려가 현저하다고 판단되는 경우

> 기억법 **화관국안**

> **중요**
>
> **화재예방법 7·8조**
> **화재안전조사**
> 소방대상물에 대한 화재예방을 위하여 관계인에게 필요한 자료제출을 명하거나 위치·구조·설비 또는 관리의 상황을 조사하는 것
> (1) 실시자 : 소방청장·소방본부장·소방서장
> (2) 관계인의 승낙이 필요한 곳 : **주거**(주택)

답 ③

★★
58

18.04.문59
05.03.문44

다음 중 상주공사감리를 하여야 할 대상의 기준으로 옳은 것은?

① 지하층을 포함한 층수가 16층 이상으로서 300세대 이상인 아파트에 대한 소방시설의 공사
② 지하층을 포함한 층수가 16층 이상으로서 500세대 이상인 아파트에 대한 소방시설의 공사
③ 지하층을 포함하지 않은 층수가 16층 이상으로서 300세대 이상인 아파트에 대한 소방시설의 공사
④ 지하층을 포함하지 않은 층수가 16층 이상으로서 500세대 이상인 아파트에 대한 소방시설의 공사

해설 **공사업령 [별표 3]**
소방공사감리 대상

종류	대상
상주공사감리	• 연면적 30000m² 이상 • **16층** 이상(지하층 포함)이고 **500세대** 이상 **아파트** 보기 ②
일반공사감리	• 기타

답 ②

★★★
59

14.05.문57
11.03.문55
07.05.문56

다음 소방시설 중 소방시설공사업령상 하자보수 보증기간이 3년이 아닌 것은?

① 비상방송설비
② 옥내소화전설비
③ 자동화재탐지설비
④ 물분무등소화설비

해설

보증 기간	소방시설
2년	① **유**도등·유도표지·**피**난기구 ② **비**상**조**명등·비상**경**보설비·**비상방송설비** 보기 ① ③ **무**선통신보조설비 기억법 **유비조경방무피2**
3년	① **자**동소화장치 ② **옥내**·외소화전설비 보기 ② ③ 스프링클러설비·간이스프링클러설비 ④ **물분무등소화설비**·상수도 소화용수설비 보기 ④ ⑤ **자동화재탐지설비**·소화활동설비(무선통신보조설비 제외) 보기 ③

> ① 2년

답 ①

60 화재의 예방 및 안전관리에 관한 법령상 소방대상물의 개수 · 이전 · 제거, 사용의 금지 또는 제한, 사용폐쇄, 공사의 정지 또는 중지, 그 밖의 필요한 조치로 인하여 손실을 받은 자가 손실보상청구서에 첨부하여야 하는 서류로 틀린 것은?

① 손실보상합의서
② 손실을 증명할 수 있는 사진
③ 손실을 증명할 수 있는 증빙자료
④ 소방대상물의 관계인임을 증명할 수 있는 서류(건축물대장은 제외)

해설 화재예방법 시행규칙 6조
손실보상 청구자가 제출하여야 하는 서류
(1) 소방대상물의 **관계인**임을 증명할 수 있는 서류(건축물대장 제외) 보기 ④
(2) 손실을 증명할 수 있는 **사진**, 그 밖의 **증빙자료** 보기 ②③

기억법 사증관손(사정관의 손)

답 ①

제 4 과목 　소방기계시설의 구조 및 원리

61 이산화탄소 소화설비의 기동장치에 대한 기준으로 틀린 것은?

17.05.문70
15.05.문63
12.03.문70
98.07.문73

① 자동식 기동장치에는 수동으로도 기동할 수 있는 구조이어야 한다.
② 가스압력식 기동장치에서 기동용 가스용기 및 해당 용기에 사용하는 밸브는 20MPa 이상의 압력에 견딜 수 있어야 한다.
③ 수동식 기동장치의 조작부는 바닥으로부터 높이 0.8m 이상 1.5m 이하의 위치에 설치한다.
④ 전기식 기동장치로서 7병 이상의 저장용기를 동시에 개방하는 설비는 2병 이상의 저장용기에 전자개방밸브를 부착해야 한다.

해설 이산화탄소 소화설비의 **가스압력식 기동장치**

구 분	기 준
비활성 기체 충전압력	6MPa 이상(21℃ 기준)
기동용 가스용기의 체적	5L 이상
기동용 가스용기 안전장치의 압력	내압시험압력의 0.8 ~내압시험압력 이하
기동용 가스용기 및 해당 용기에 사용하는 밸브의 견디는 압력	**25MPa** 이상 보기 ②

② 20MPa 이상 → 25MPa 이상

🖍 **중요**

이산화탄소 소화설비의 **기동장치**
(1) 자동식 기동장치는 **자동화재탐지설비** 감지기의 작동과 **연동**
(2) 전역방출방식에 있어서 수동식 기동장치는 **방호구역**마다 설치
(3) 가스압력식 자동기동장치의 기동용 가스용기 체적은 **5L 이상**
(4) 수동식 기동장치의 조작부는 **0.8~1.5m** 이하 높이에 설치 보기 ③
(5) 전기식 기동장치는 **7병 이상**의 경우에 **2병 이상**이 전자개방밸브 설치 보기 ④
(6) 수동식 기동장치의 부근에는 소화약제의 방출을 지연시킬 수 있는 **방출지연스위치** 설치

답 ②

62 물분무소화설비의 가압송수장치로 압력수조의 필요압력을 산출할 때 필요한 것이 아닌 것은?

13.03.문67
01.09.문66

① 낙차의 환산수두압
② 물분무헤드의 설계압력
③ 배관의 마찰손실수두압
④ 소방용 호스의 마찰손실수두압

해설 **물분무소화설비**(압력수조방식)(NFPC 104 5조, NFTC 104 2.2.3.1)

$$P = P_1 + P_2 + P_3$$

여기서, P : 필요한 압력(MPa)
　　　 P_1 : 물**분**무헤드의 설계압력(MPa)
　　　 P_2 : **배**관의 마찰손실수두압(MPa)
　　　 P_3 : **낙**차의 환산수두압(MPa)

기억법 분배낙물

답 ④

63 소화용수설비에서 소화수조의 소요수량이 $20m^3$ 이상 $40m^3$ 미만인 경우에 설치하여야 하는 채수구의 개수는?

18.04.문64
16.10.문77
15.09.문77
11.03.문68

① 1개　　　　　② 2개
③ 3개　　　　　④ 4개

해설 **채수구의 수**(NFPC 402 4조, NFTC 402 2.1.3.2.1)

소화수조 소요수량	20~40m³ 미만	40~100m³ 미만	100m³ 이상
채수구의 수	1개 보기 ①	2개	3개

💡 **용어**

채수구
소방대상물의 펌프에 의하여 양수된 물을 소방차가 흡입하는 구멍

비교

흡수관 투입구

소요수량	80m³ 미만	80m³ 이상
흡수관 투입구의 수	**1개** 이상	**2개** 이상

답 ①

⭐ **64**
13.03.문69

천장의 기울기가 10분의 1을 초과할 경우에 가지관의 최상부에 설치되는 톱날지붕의 스프링클러헤드는 천장의 최상부로부터의 수직거리가 몇 cm 이하가 되도록 설치하여야 하는가?

① 50　　　　　② 70
③ 90　　　　　④ 120

해설 **경사천장**에 **설치**하는 **경우**(NFTC 103 2.7.7.5.2)

구 분	설 명
최상부의 가지관 상호간의 거리	가지관상의 스프링클러헤드 상호간의 거리의 $\frac{1}{2}$ 이하(최소 1m 이상)
천장의 최상부로 부터의 수직거리	**90cm** 이하　보기 ③

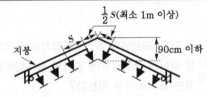

∥ 경사천장에 설치하는 경우 ∥

답 ③

⭐⭐⭐ **65**
14.03.문77
13.03.문73
12.03.문65

전역방출방식 분말소화설비에서 방호구역의 개구부에 자동폐쇄장치를 설치하지 아니한 경우, 개구부의 면적 1m²에 대한 분말소화약제의 가산량으로 잘못 연결된 것은?

① 제1종 분말 – 4.5kg
② 제2종 분말 – 2.7kg
③ 제3종 분말 – 2.5kg
④ 제4종 분말 – 1.8kg

해설 (1) **분말소화설비**(전역방출방식)

약제 종별	약제량	개구부가산량 (자동폐쇄장치 미설치시)
제1종 분말	0.6kg/m³	4.5kg/m²　보기 ①
제**2·3**종 분말	0.36kg/m³	**2.7**kg/m²　보기 ②③
제4종 분말	0.24kg/m³	1.8kg/m²　보기 ④

기억법 개2327

(2) **호스릴방식**(분말소화설비)

약제 종별	약제저장량	약제방사량
제1종 분말	50kg	45kg/min
제2·3종 분말	30kg	27kg/min
제**4**종 분말	20kg	**18**kg/min

기억법 호분418

답 ③

⭐⭐⭐ **66**
17.03.문64
14.03.문63
07.03.문70

다음은 상수도 소화용수설비의 설치기준에 관한 설명이다. (　) 안에 들어갈 내용으로 알맞은 것은?

> 호칭지름 75mm 이상의 수도배관에 호칭지름 (　)mm 이상의 소화전을 접속할 것

① 50　　　　　② 80
③ 100　　　　④ 125

해설 **상수도 소화용수설비**의 **설치기준**(NFPC 401 4조, NFTC 401 2.1)
(1) 호칭지름

수도배관	소화전
75mm 이상	**100**mm 이상　보기 ③

기억법 **수75**(수지침으로 **치료**), **소1**(소일거리)

(2) 소화전은 소방자동차 등의 진입이 쉬운 **도로변** 또는 **공지**에 설치
(3) 소화전은 특정소방대상물의 수평투영면의 각 부분으로 부터 **140m** 이하가 되도록 설치
(4) 지상식 소화전의 호스접결구는 지면으로부터 높이가 0.5m 이상 1m 이하가 되도록 설치할 것

답 ③

⭐⭐⭐ **67**
18.09.문68
15.09.문72
11.10.문72
02.03.문62

다음은 포소화설비에서 배관 등 설치기준에 관한 내용이다. (　) 안에 들어갈 내용으로 옳은 것은?

> 펌프의 성능은 체절운전시 정격토출압력의 (㉠)%를 초과하지 않고, 정격토출량의 150%로 운전시 정격토출압력의 (㉡)% 이상이 되어야 한다.

① ㉠ 120, ㉡ 65
② ㉠ 120, ㉡ 75
③ ㉠ 140, ㉡ 65
④ ㉠ 140, ㉡ 75

해설 (1) **포소화설비**의 **배관**(NFPC 105 7조, NFTC 105 2.4)
　ⓐ 급수개폐밸브 : **탬퍼스위치** 설치
　ⓑ 펌프의 흡입측 배관 : **버터플라이밸브 외의 개폐표
　　시형 밸브** 설치
　ⓒ 송액관 : **배액밸브** 설치

‖ 송액관의 기울기 ‖

(2) **소화펌프**의 **성능시험 방법** 및 **배관**
　ⓐ 펌프의 성능은 체절운전시 정격토출압력의 **140%**를
　　초과하지 않을 것　보기 ⓐ
　ⓑ 정격토출량의 150%로 운전시 정격토출압력의 **65%**
　　이상이어야 할 것　보기 ⓑ
　ⓒ 성능시험배관은 펌프의 토출측에 설치된 **개폐밸브
　　이전**에서 분기할 것
　ⓓ 유량측정장치는 펌프 정격토출량의 **175%** 이상 측
　　정할 수 있는 성능이 있을 것

답 ③

68 주거용 주방자동소화장치의 설치기준으로 틀린
것은?

16.03.문65
09.08.문74
07.03.문78
06.03.문70

① 감지부는 형식 승인받은 유효한 높이 및 위
치에 설치해야 한다.
② 소화약제 방출구는 환기구의 청소부분과 분
리되어 있어야 한다.
③ 가스차단장치는 상시 확인 및 점검이 가능
하도록 설치해야 한다.
④ 탐지부는 수신부와 분리하여 설치하되, 공
기보다 무거운 가스를 사용하는 장소에는
바닥면으로부터 0.2m 이하의 위치에 설치
해야 한다.

해설 **주거용 주방자동소화장치**의 **설치기준**(NFPC 101 4조, NFTC
101 2.1.2)

사용가스	탐지부 위치
LNG (공기보다 가벼운 가스)	**천장면**에서 **30cm(0.3m)** 이하
LPG (공기보다 무거운 가스)	**바닥면**에서 **30cm(0.3m)** 이하 보기 ④

(1) 소화약제 방출구는 환기구의 청소부분과 분리되어 있
을 것　보기 ②
(2) 감지부는 형식 승인받은 **유효한** 높이 및 위치에 설치
할 것　보기 ①
(3) 차단장치(전기 또는 가스)는 상시 확인 및 점검이 가능
하도록 설치할 것　보기 ③
(4) 수신부는 주위의 열류류 또는 습기 등과 주위온도에
영향을 받지 아니하고 사용자가 **상시 볼 수 있는 장소**
에 설치할 것

④ 0.2m 이하 → 0.3m 이하

답 ④

69 분말소화설비의 분말소화약제 1kg당 저장용기
의 내용적 기준으로 틀린 것은?

16.10.문66
12.09.문80

① 제1종 분말 : 0.8L　② 제2종 분말 : 1.0L
③ 제3종 분말 : 1.0L　④ 제4종 분말 : 1.8L

해설 분말소화약제

종별	소화약제	충전비 〔L/kg〕	적응 화재	비 고
제**1**종	중탄산나트륨 (NaHCO₃)	0.8	BC급	**식**용유 및 지 방질유의 화재 에 적합
제**2**종	중탄산칼륨 (KHCO₃)	1.0	BC급	–
제**3**종	인산암모늄 (NH₄H₂PO₄)		ABC급	**차**고·**주**차 장에 적합
제**4**종	중탄산칼륨+요소 (KHCO₃+(NH₂)₂CO)	1.25 보기 ④	BC급	–

기억법 **1식분**(일식 분식)
　　　　3분 차주(삼보컴퓨터 차주)

● 1kg당 저장용기의 내용적=충전비

④ 1.8L → 1.25L

답 ④

70 스프링클러설비의 가압송수장치의 정격토출압력
은 하나의 헤드선단에 얼마의 방수압력이 될 수
있는 크기이어야 하는가?

09.08.문70
02.03.문65

① 0.01MPa 이상 0.05MPa 이하
② 0.1MPa 이상 1.2MPa 이하
③ 1.5MPa 이상 2.0MPa 이하
④ 2.5MPa 이상 3.3MPa 이하

해설 **각 설비**의 **주요 사항**

구 분	드렌처 설비	스프링클러 설비	소화용수 설비	옥내 소화전 설비	옥외 소화전 설비
방수압	0.1MPa 이상	0.1~1.2MPa 이하 보기 ②	0.15MPa 이상	0.17~ 0.7MPa 이하	0.25~ 0.7MPa 이하
방수량	80L/min 이상	80L/min 이상	80L/min 이상 (가압송수 장치 설치)	130L/min 이상 (30층 미만 : **최대 2개**, 30층 이상 : **최대 5개**)	350L/min 이상 (최대 2개)
방수 구경	–	–	–	40mm	65mm
노즐 구경	–	–	13mm	19mm	

답 ②

71 물분무소화설비의 소화작용이 아닌 것은?
14.03.문79
12.03.문11
① 부촉매작용
② 냉각작용
③ 질식작용
④ 희석작용

해설 소화설비의 소화작용

소화설비	소화작용	주된 소화작용
물(스프링클러)	냉각작용 희석작용	냉각작용(냉각소화)
물분무	● 냉각작용 [보기 ②] ● 질식작용 [보기 ③] ● 유화작용 ● 희석작용 [보기 ④]	질식작용(질식소화)
포	● 냉각작용 ● 질식작용	
분말	● 질식작용 ● 부촉매작용 (억제작용) ● 방사열 차단 효과	
이산화탄소	● 냉각작용 ● 질식작용 ● 피복작용	
할론	● 질식작용 ● 부촉매작용 (억제작용)	부촉매작용 (연쇄반응 차단소화)

답 ①

72 제연설비의 설치장소에 따른 제연구역의 구획 기준으로 틀린 것은?
14.05.문69
13.06.문76
13.03.문63
① 거실과 통로는 각각 제연구획할 것
② 하나의 제연구역의 면적은 600m² 이내로 할 것
③ 하나의 제연구역은 직경 60m 원 내에 들어 갈 수 있을 것
④ 하나의 제연구역은 2개 이상 층에 미치지 아니하도록 할 것

해설 제연구역의 구획(NFPC 501 4조, NFTC 501 2.1.1)
(1) 1제연구역의 면적은 **1000m²** 이내로 할 것 [보기 ②]
(2) 거실과 통로는 **각각 제연구획**할 것 [보기 ①]
(3) 통로상의 제연구역은 보행중심선의 길이가 **60m**를 초과하지 않을 것
(4) 1제연구역은 직경 **60m** 원 내에 들어갈 것 [보기 ③]
(5) 1제연구역은 **2개** 이상의 층에 미치지 않을 것 [보기 ④]

기억법 제10006(충북 제천에 육교 있음)
2개제(이게 제목이야!)

② 600m² 이내 → 1000m² 이내

답 ②

73 30층 미만의 건물에 옥내소화전이 하나의 층에 는 6개, 또 다른 층에는 3개, 나머지 모든 층에 는 4개씩 설치되어 있다. 수원의 최소수량[m³] 기준은?
14.05.문75
07.03.문66
00.03.문71
① 5.2
② 10.4
③ 13
④ 15.6

해설 옥내소화전설비

$Q = 2.6N$(1~29층 이하, N : 최대 2개)
$Q = 5.2N$(30~49층 이하, N : 최대 5개)
$Q = 7.8N$(50층 이상, N : 최대 5개)

여기서, Q : 수원의 저수량[m³]
N : 가장 많은 층의 소화전 개수
수원의 저수량 Q는
$Q = 2.6N = 2.6 \times 2 = 5.2$m³

● 층수가 주어지지 않을 경우에는 30층 미만으로 보고 $Q = 2.6$식을 적용한다.

답 ①

74 스프링클러설비의 교차배관에서 분기되는 지점 을 기점으로 한쪽 가지배관에 설치되는 헤드는 몇 개 이하로 설치하여야 하는가? (단, 수리학적 배관방식의 경우는 제외한다.)
17.05.문69
15.09.문73
13.09.문63
09.03.문75
① 8
② 10
③ 12
④ 18

해설 한쪽 가지배관에 설치되는 헤드의 개수는 **8개** 이하로 한다.

기억법 한8(한팔)

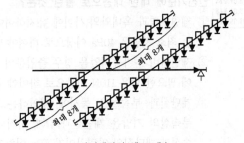

▮ 가지배관의 헤드 개수 ▮

비교

연결살수설비
연결살수설비에서 하나의 송수구역에 설치하는 **개방형 헤드**의 수는 **10개** 이하로 한다.

답 ①

★★★
75 포소화설비의 자동식 기동장치에서 폐쇄형 스프링클러헤드를 사용하는 경우의 설치기준에 대한 설명이다. ㉠~㉢의 내용으로 옳은 것은?

18.04.문66
17.03.문69
14.05.문65
13.09.문64

• 표시온도가 (㉠)℃ 미만인 것을 사용하고, 1개의 스프링클러헤드의 경계면적은 (㉡)m² 이하로 할 것
• 부착면의 높이는 바닥으로부터 (㉢)m 이하로 하고, 화재를 유효하게 감지할 수 있도록 할 것

① ㉠ 68, ㉡ 20, ㉢ 5
② ㉠ 68, ㉡ 30, ㉢ 7
③ ㉠ 79, ㉡ 20, ㉢ 5
④ ㉠ 79, ㉡ 30, ㉢ 7

해설 **자동식 기동장치**(폐쇄형 헤드 개방방식)(NFPC 105 11조, NFTC 105 2.8.2.1)
(1) 표시온도가 **79℃** 미만인 것을 사용하고, 1개의 스프링클러헤드의 **경계면적**은 **20m²** 이하로 함 보기 ㉠㉡
(2) 부착면의 높이는 바닥으로부터 **5m** 이하로 하고, 화재를 유효하게 감지할 수 있도록 함 보기 ㉢
(3) 하나의 감지장치 경계구역은 하나의 **층**이 되도록 함

기억법 **자동 경7경2**(자동차에서 바라보는 **경치**가 **경**이롭다.)

답 ③

★★★
76 특별피난계단의 계단실 및 부속실 제연설비의 안전기준에 대한 내용으로 틀린 것은?

18.09.문64
18.04.문68
09.05.문64

① 제연구역과 옥내와의 사이에 유지하여야 하는 최소 차압은 40Pa 이상으로 하여야 한다.
② 제연설비가 가동되었을 경우 출입문의 개방에 필요한 힘은 110N 이상으로 하여야 한다.
③ 계단실과 부속실을 동시에 제연하는 경우 부속실의 기압은 계단실과 같게 하거나 부속실과 계단실의 압력차이가 5Pa 이하가 되도록 하여야 한다.
④ 계단실 및 그 부속실을 동시에 제연하거나 또는 계단실만 단독으로 제연할 때의 방연풍속은 0.5m/s 이상이어야 한다.

해설 **차압**(NFPC 501A 6·10조, NFTC 501A 2.3, 2.7.1)
(1) 제연구역과 옥내와의 사이에 유지하여야 하는 최소 차압은 **40Pa**(옥내에 **스프링클러설비**가 설치된 경우는 **12.5Pa**) **이상** 보기 ①

(2) 제연설비가 가동되었을 경우 출입문의 개방에 필요한 힘은 **110N 이하** 보기 ②
(3) 계단실과 부속실을 동시에 제연하는 경우 부속실의 기압은 계단실과 같게 하거나 계단실의 기압보다 낮게 할 경우에는 부속실과 계단실의 압력차이는 **5Pa 이하** 보기 ③
(4) 계단실 및 그 부속실을 동시에 제연하는 것 또는 계단실만 단독으로 제연할 때의 방연풍속은 **0.5m/s 이상** 보기 ④
(5) 피난을 위하여 제연구역의 출입문이 일시적으로 개방되는 경우 개방되지 아니하는 제연구역과 옥내와의 차압은 기준 차압의 70% 미만이 되어서는 아니 된다.

② 110N 이상 → 110N 이하

답 ②

★★
77 체적 100m³의 면화류창고에 전역방출방식의 이산화탄소 소화설비를 설치하는 경우에 소화약제는 몇 kg 이상 저장하여야 하는가? (단, 방호구역의 개구부에 자동폐쇄장치가 부착되어 있다.)

16.10.문78
05.03.문75

① 12
② 27
③ 120
④ 270

해설 **이산화탄소 소화설비 저장량**[kg]
= 방호구역체적[m³]×약제량[kg/m³]+개구부면적[m²]×개구부가산량(10kg/m²)
=100m³×2.7kg/m³
=270kg

이산화탄소 소화설비 심부화재의 약제량 및 개구부가산량

방호대상물	약제량	개구부 가산량 (자동폐쇄장치 미설치시)	설계농도
전기설비	1.3kg/m³		
전기설비 (55m³ 미만)	1.6kg/m³		50%
서고, 박물관, 목재가공품창고, 전자제품창고	2.0kg/m³	10kg/m²	65%
석탄창고, 면화류창고, 고무류, 모피창고, 집진설비	→ 2.7kg/m³		75%

• 방호구역체적 : 100m³
• 단서에서 개구부에 **자동폐쇄장치가 부착**되어 있으므로 **개구부면적** 및 **개구부가산량**은 제외
• 면화류창고의 경우 약제량은 **2.7kg/m³**

답 ④

★★ 78
15.03.문66
12.05.문63

주요구조부가 내화구조이고 건널복도가 설치된 층의 피난기구 수의 설치감소방법으로 적합한 것은?

① 피난기구를 설치하지 아니할 수 있다.

② 피난기구의 수에서 $\frac{1}{2}$을 감소한 수로 한다.

③ 원래의 수에서 건널복도 수를 더한 수로 한다.

④ 피난기구의 수에서 해당 건널복도의 수의 2배의 수를 뺀 수로 한다.

해설 **피난기구 수의 감소**(NFPC 301 7조, NFTC 301 2.3.2)
다음과 같은 **내화구조**이고 **건널복도**가 설치된 **층**은 피난기구 수의 감소의 **2배**의 수를 **뺀 수**로 한다. [보기 ④]
(1) **내화구조** 또는 **철골구조**로 되어 있을 것
(2) 건널복도 양단의 출입구에 자동폐쇄장치를 한 **60분+방화문** 또는 **60분 방화문**(방화셔터 제외)이 설치되어 있을 것
(3) **피난 · 통행** 또는 **운반**의 전용용도일 것

답 ④

★★★ 79
15.05.문79
12.09.문68
11.10.문65
98.07.문68

스프링클러설비의 누수로 인한 유수검지장치의 오작동을 방지하기 위한 목적으로 설치하는 것은?

① 솔레노이드밸브　　② 리타딩챔버

③ 물올림장치　　　　④ 성능시험배관

해설 **리타딩챔버의 역할**
(1) **오**작동(오보) 방지 [보기 ②]
(2) 안전밸브의 역할
(3) 배관 및 압력스위치의 손상보호

기억법 **오리**(**오리** 꽥!꽥!)

답 ②

★ 80
15.09.문63

지상으로부터 높이 30m가 되는 창문에서 구조대용 유도로프의 모래주머니를 자연낙하시킨 경우 지상에 도달할 때까지 걸리는 시간(초)은?

① 2.5　　　　　　② 5

③ 7.5　　　　　　④ 10

해설 **자유낙하이론**

$$y = \frac{1}{2}gt^2$$

여기서, y : 지면에서의 높이(m)
　　　　g : 중력가속도(9.8m/s^2)
　　　　t : 지면까지의 낙하시간(s)

$y = \frac{1}{2}gt^2$

$30\text{m} = \frac{1}{2} \times 9.8\text{m/s}^2 \times t^2$

$\frac{30\text{m} \times 2}{9.8\text{m/s}^2} = t^2$

$t^2 = \frac{30\text{m} \times 2}{9.8\text{m/s}^2}$

$\sqrt{t^2} = \sqrt{\frac{30\text{m} \times 2}{9.8\text{m/s}^2}}$

$t = \sqrt{\frac{30\text{m} \times 2}{9.8\text{m/s}^2}} \fallingdotseq 2.5\,\text{s}$

답 ①

발건강에 좋은 신발 고르기

1. 신발을 신은 뒤 엄지손가락을 엄지발가락 끝에 놓고 눌러본다. (엄지손가락으로 가볍게 약간 눌려지는 것이 적당)
2. 신발을 신어본 뒤 볼이 조이지 않는지 확인한다. (신발의 볼이 여유가 있어야 발이 편하다)
3. 신발 구입은 저녁 무렵에 한다. (발은 아침 기상시 가장 작고 저녁 무렵에는 0.5~1cm 커지기 때문)
4. 선 상태에서 신발을 신어본다. (서면 의자에 앉았을 때보다 발길이가 1cm까지 커지기 때문)
5. 양 발 중 큰 발의 크기에 따라 맞춘다.
6. 신발 모양보다 기능에 초점을 맞춘다.
7. 외국인 평균치에 맞춘 신발을 살 때는 발등 높이·발너비를 잘 살핀다. (한국인은 발등이 높고 발너비가 상대적으로 넓다)
8. 앞쪽이 뾰족하고 굽이 3cm 이상인 하이힐은 가능한 한 피한다.
9. 통굽·뽀빠이 구두는 피한다. (보행이 불안해지고 보행시 척추·뇌에 충격)

자료 : 을지병원 족부클리닉

과년도 기출문제

2018년

소방설비기사 필기(기계분야)

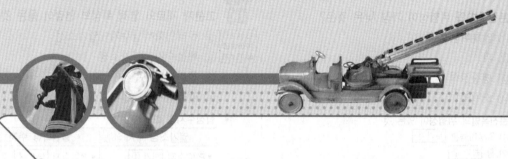

** 수험자 유의사항 **

1. 문제지를 받는 즉시 본인이 응시한 종목이 맞는지 확인하시기 바랍니다.
2. 문제지 표지에 본인의 수험번호와 성명을 기재하여야 합니다.
3. 문제지의 총면수, 문제번호 일련순서, 인쇄상태, 중복 및 누락 페이지 유무를 확인하시기 바랍니다.
4. 답안은 각 문제마다 요구하는 가장 적합하거나 가까운 답 1개만을 선택하여야 합니다.
5. 답안카드는 뒷면의 「수험자 유의사항」에 따라 작성하시고, 답안카드 작성 시 형별누락, 마킹착오로 인한 불이익은 전적으로 수험자에게 책임이 있음을 알려드립니다.
6. 문제지는 시험 종료 후 본인이 가져갈 수 있습니다.

** 안내사항 **

• 가답안/최종정답은 큐넷(www.q-net.or.kr)에서 확인하실 수 있습니다. 가답안에 대한 의견은 큐넷의 [가답안 의견 제시]를 통해 제시할 수 있으며, 확정된 답안은 최종정답으로 갈음합니다.
• 공단에서 제공하는 자격검정서비스에 대해 개선할 점이 있으시면 고객참여(http://hrdkorea.or.kr/7/1/1)를 통해 건의하여 주시기 바랍니다.

■ 2018년 기사 제1회 필기시험 ■

자격종목	종목코드	시험시간	형별	수험번호	성명
소방설비기사(기계분야)		**2시간**			

※ 각 문항은 4지택일형으로 질문에 가장 적합한 보기 항을 선택하여 체크하여야 합니다.

제 1 과목 소방원론

★★★ 01 분진폭발의 위험성이 가장 낮은 것은?

15.05.문03
13.03.문03
12.09.문17
11.10.문01
10.05.문16
03.05.문08
01.03.문20
00.10.문02
00.07.문15

① 알루미늄분
② 황
③ 팽창질석
④ 소맥분

해설 분진폭발의 위험성이 있는 것

유사문제부터
풀어보세요.
실력이 팍!팍!
올라갑니다.

(1) 알루미늄분 보기 ①
(2) 황 보기 ②
(3) 소맥분 보기 ④

③ 팽창질석 : 소화제로서 분진폭발의 위험성이 없다.

중요

분진폭발을 일으키지 않는 물질
=물과 반응하여 가연성 기체를 발생하지 않는 것
(1) **시**멘트
(2) **석**회석
(3) **탄**산칼슘($CaCO_3$)
(4) **생**석회(CaO)=산화칼슘

기억법 분시석탄생

답 ③

★★ 02 0℃, 1atm 상태에서 부탄(C_4H_{10}) 1mol을 완전 연소시키기 위해 필요한 산소의 mol수는?

14.09.문19
07.09.문10

① 2
② 4
③ 5.5
④ 6.5

해설 **부탄과 산소의 화학반응식**

$$\underset{\substack{부탄 \\ 2mol \\ 1mol}}{2C_4H_{10}} + \underset{\substack{산소 \\ 13mol \\ x}}{13O_2} \rightarrow \underset{이산화탄소}{8CO_2} + \underset{물}{10H_2O}$$

2mol : 13mol=1mol : x
$2x = 13$

$x = \dfrac{13}{2} = 6.5\text{mol}$

답 ④

★★★ 03 고분자 재료와 열적 특성의 연결이 옳은 것은?

13.06.문15
10.09.문07
06.05.문20

① 폴리염화비닐수지 – 열가소성
② 페놀수지 – 열가소성
③ 폴리에틸렌수지 – 열경화성
④ 멜라민수지 – 열가소성

해설 **합성수지의 화재성상**

열가소성 수지	열경화성 수지
• PVC수지 보기 ①	• 페놀수지 보기 ②
• 폴리에틸렌수지 보기 ③	• 요소수지
• 폴리스티렌수지	• 멜라민수지 보기 ④

기억법 열가P폴

수지=플라스틱

② 열가소성 → 열경화성
③ 열경화성 → 열가소성
④ 열가소성 → 열경화성

용어

열가소성 수지	열경화성 수지
열에 의해 변형되는 수지	열에 의해 변형되지 않는 수지

답 ①

★★ 04 상온·상압에서 액체인 물질은?

13.09.문04
12.03.문17

① CO_2
② Halon 1301
③ Halon 1211
④ Halon 2402

해설

상온·상압에서 기체상태	상온·상압에서 액체상태
• Halon 1301 보기 ②	• Halon 1011
• Halon 1211 보기 ③	• Halon 104
• 이산화탄소(CO_2) 보기 ①	• Halon 2402 보기 ④

※ **상온·상압** : 평상시의 온도·평상시의 압력

답 ④

05 다음 그림에서 목조건물의 표준 화재온도−시간 곡선으로 옳은 것은?

16.10.문04
14.05.문01
10.09.문08

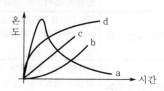

① a
② b
③ c
④ d

해설 (1) 목조건물
　　ⓐ 화재성상 : **고**온 **단**기형
　　ⓑ 최고온도(최성기온도) : **1300℃**

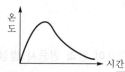

| 목조건물의 표준 화재온도−시간곡선 | 보기 ①

(2) 내화건물
　　ⓐ 화재성상 : 저온 장기형
　　ⓑ 최고온도(최성기온도) : 900~1000℃

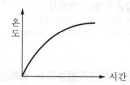

| 내화건물의 표준 화재온도−시간곡선 |

목조건물＝목재건물

기억법 목고단 13

답 ①

06 1기압상태에서, 100℃ 물 1g이 모두 기체로 변할 때 필요한 열량은 몇 cal인가?

17.03.문08
14.09.문20
13.09.문09
13.06.문18
10.09.문20

① 429
② 499
③ 539
④ 639

해설 물(H_2O)

기화잠열(증발잠열)	융해잠열
539cal/g	80cal/g

기억법 기53, 융8

③ 물의 기화잠열 539cal : 1기압 100℃의 물 1g이 모두 기체로 변화하는 데 539cal의 열량이 필요

중요

기화잠열과 융해잠열	
기화잠열(증발잠열)	융해잠열
100℃의 물 1g이 수증기로 변화하는 데 필요한 열량	0℃의 얼음 1g이 물로 변화하는 데 필요한 열량

답 ③

07 pH 9 정도의 물을 보호액으로 하여 보호액 속에 저장하는 물질은?

14.05.문20
07.09.문12

① 나트륨
② 탄화칼슘
③ 칼륨
④ 황린

해설 저장물질

물질의 종류	보관장소
• **황**린 보기 ④ • **이**황화탄소(CS_2)	• **물**속 기억법 황이물
• 나이트로셀룰로오스	• 알코올 속
• 칼륨(K) • 나트륨(Na) • 리튬(Li)	• 석유류(등유) 속
• 아세틸렌(C_2H_2)	• 디메틸포름아미드(DMF) • 아세톤

참고

물질의 발화점	
물질의 종류	발화점
• 황린	30~50℃
• 황화인 • 이황화탄소	100℃
• 나이트로셀룰로오스	180℃

답 ④

08 포소화약제가 갖추어야 할 조건이 아닌 것은?

① 부착성이 있을 것
② 유동성과 내열성이 있을 것
③ 응집성과 안정성이 있을 것
④ 소포성이 있고 기화가 용이할 것

해설 포소화약제의 **구비조건**
(1) **부착성**이 있을 것 보기 ①
(2) **유동성**을 가지고 **내열성**이 있을 것 보기 ②
(3) **응집성**과 **안정성**이 있을 것 보기 ③
(4) 소포성이 **없고** 기화가 용이하지 않을 것 보기 ④
(5) **독성**이 적을 것
(6) 바람에 견디는 힘이 클 것
(7) 수용액의 침전량이 **0.1%** 이하일 것

④ 있고 → 없고, 용이할 것 → 용이하지 않을 것

용어

수용성과 소포성

용어	설 명
수용성	어떤 물질이 물에 녹는 성질
소포성	포가 깨지는 성질

답 ④

★★★
09 소화의 방법으로 틀린 것은?

16.05.문13
13.09.문13

① 가연성 물질을 제거한다.
② 불연성 가스의 공기 중 농도를 높인다.
③ 산소의 공급을 원활히 한다.
④ 가연성 물질을 냉각시킨다.

해설 **소화의 형태**

소화형태	설 명
냉각소화	• **점화원** 또는 **가연성 물질**을 냉각시켜 소화하는 방법 • **증**발잠열을 이용하여 열을 빼앗아 가연물의 온도를 떨어뜨려 화재를 진압하는 소화 • 다량의 물을 뿌려 소화하는 방법 • 가연성 물질을 **발화점 이하**로 냉각 보기 ④ 기억법 냉점증발
질식소화	• 공기 중의 **산소농도**를 **16%**(10~15%)이하로 희박하게 하여 소화 • 산화제의 농도를 낮추어 연소가 지속될 수 없도록 함 • **산소공급**을 **차단**하는 소화방법 보기 ③ 기억법 질산
제거소화	• **가연물**을 **제거**하여 소화하는 방법 보기 ①
부촉매소화 (= 화학소화)	• **연쇄반응**을 **차단**하여 소화하는 방법 • 화학적인 방법으로 화재억제
희석소화	• 기체·고체·액체에서 나오는 분해가스나 증기의 농도를 낮추어 소화하는 방법 • 불연성 가스의 **공기 중 농도**를 높임 보기 ②

① 제거소화
② 희석소화
③ 원활히 한다 → 차단한다(질식소화)
④ 냉각소화

답 ③

★★★
10 대두유가 침적된 기름걸레를 쓰레기통에 장시간 방치한 결과 자연발화에 의하여 화재가 발생한 경우 그 이유로 옳은 것은?

19.09.문08
16.10.문05
16.03.문14
15.05.문19
15.03.문09
14.09.문09
14.09.문17
12.03.문09
09.05.문08
03.03.문13
02.09.문01

① 분해열 축적
② 산화열 축적
③ 흡착열 축적
④ 발효열 축적

해설 **자연발화**

구 분	설 명
정의	가연물이 공기 중에서 산화되어 **산화열의 축적**으로 발화
일어나는 경우	기름걸레를 쓰레기통에 장기간 방치하면 **산화열**이 **축적**되어 자연발화가 일어남 보기 ②
일어나지 않는 경우	기름걸레를 빨랫줄에 걸어 놓으면 **산화열**이 **축적**되지 않아 **자**연발화는 일어나지 않음 기억법 자산축

용어

산화열
물질이 산소와 화합하여 반응하는 과정에서 생기는 열

답 ②

★★★
11 탄화칼슘이 물과 반응시 발생하는 가연성 가스는?

17.05.문09
11.10.문05
10.09.문12

① 메탄
② 포스핀
③ 아세틸렌
④ 수소

해설 **탄화칼슘과 물의 반응식**

$$CaC_2 + 2H_2O \rightarrow Ca(OH)_2 + C_2H_2 \uparrow$$

탄화칼슘 　물　　수산화칼슘　**아세틸렌**

답 ③

★★★
12 위험물안전관리법령에서 정하는 위험물의 한계에 대한 정의로 틀린 것은?

16.10.문43
15.05.문47
12.09.문49

① 황은 순도가 60 중량퍼센트 이상인 것
② 인화성 고체는 고형 알코올 그 밖에 1기압에서 인화점이 섭씨 40도 미만인 고체
③ 과산화수소는 그 농도가 35 중량퍼센트 이상인 것
④ 제1석유류는 아세톤, 휘발유 그 밖에 1기압에서 인화점이 섭씨 21도 미만인 것

해설 **위험물령 〔별표 1〕**
위험물
(1) 과산화수소 : 농도 **36wt%** 이상 보기 ③
(2) 황 : 순도 **60wt%** 이상 보기 ①
(3) 질산 : 비중 **1.49** 이상

① **황**은 순도가 **60 중량퍼센트** 이상인 것
② **인화성 고체**란 고형 알코올 그 밖에 1기압에서 인화점이 **40℃ 미만**인 고체
③ 35 중량퍼센트 → 36 중량퍼센트
④ **제1석유류**는 아세톤, **휘발유** 그 밖에 1기압에서 인화점이 **섭씨 21도 미만**인 것

• 중량퍼센트＝wt%

답 ③

★★★ 13 Fourier법칙(전도)에 대한 설명으로 틀린 것은?

17.09.문35
17.05.문33
16.10.문40

① 이동열량은 전열체의 단면적에 비례한다.
② 이동열량은 전열체의 두께에 비례한다.
③ 이동열량은 전열체의 열전도도에 비례한다.
④ 이동열량은 전열체 내·외부의 온도차에 비례한다.

해설 **열전달의 종류**

종 류	설 명	관련 법칙
전도 (conduction)	하나의 물체가 다른 물체와 직접 **접촉**하여 열이 이동하는 현상	**푸리에**(Fourier)의 법칙
대류 (convection)	**유체**의 흐름에 의하여 열이 이동하는 현상	**뉴턴**의 법칙
복사 (radiation)	① 화재시 화원과 **격리된** 인접 가연물에 불이 옮겨 붙는 현상 ② 열전달 **매질이 없이** 열이 전달되는 형태 ③ 열에너지가 **전자파**의 형태로 옮겨지는 현상으로, **가장 크게 작용**한다.	**스테판-볼츠만**의 법칙

🔧 중요

공식
(1) **전도**

$$Q = \frac{kA(T_2 - T_1)}{l}$$

여기서, Q : 전도열〔W〕
k : 열전도율〔W/m·K〕
A : 단면적〔m²〕
$(T_2 - T_1)$: 온도차〔K〕
l : 벽체 두께〔m〕

(2) **대류**

$$Q = h(T_2 - T_1)$$

여기서, Q : 대류열〔W/m²〕
h : 열전달률〔W/m²·℃〕
$(T_2 - T_1)$: 온도차〔℃〕

(3) **복사**

$$Q = aAF(T_1^4 - T_2^4)$$

여기서, Q : 복사열〔W〕
a : 스테판-볼츠만 상수〔W/m²·K⁴〕
A : 단면적〔m²〕
F : 기하학적 Factor
T_1 : 고온〔K〕
T_2 : 저온〔K〕

답 ②

★★ 14 건축물 내 방화벽에 설치하는 출입문의 너비 및 높이의 기준은 각각 몇 m 이하인가?

19.04.문02
17.09.문16
13.03.문16
12.03.문10
08.09.문05

① 2.5
② 3.0
③ 3.5
④ 4.0

해설 **건축령 57조, 피난·방화구조 21조**
방화벽의 구조

대상 건축물	• 주요구조부가 내화구조 또는 불연재료가 아닌 연면적 1000m² 이상인 건축물
구획단지	• 연면적 1000m² 미만마다 구획
방화벽의 구조	• **내화구조**로서 홀로 설 수 있는 구조일 것 • 방화벽의 양쪽 끝과 위쪽 끝을 건축물의 외벽면 및 지붕면으로부터 **0.5m** 이상 튀어나오게 할 것 • 방화벽에 설치하는 **출입문**의 **너비** 및 높이는 각각 **2.5m** 이하로 하고 해당 출입문에는 60분+방화문 또는 60분 방화문을 설치할 것 보기 ①

답 ①

★★★ 15 다음 중 발화점이 가장 낮은 물질은?

12.05.문01
11.03.문13
08.09.문04

① 휘발유
② 이황화탄소
③ 적린
④ 황린

해설 **물질의 발화점**

종 류	발화점
• 황린	30~50℃ 보기 ④
• 황화인 • 이황화탄소	100℃ 보기 ②
• 나이트로셀룰로오스	180℃
• 적린	260℃ 보기 ③
• 휘발유(가솔린)	300℃ 보기 ①

🔧 중요

저장물질

물질의 종류	보관장소
• **황**린 • **이**황화탄소(CS₂)	• **물**속 기억법 황이물
• 나이트로셀룰로오스	• 알코올 속
• 칼륨(K) • 나트륨(Na) • 리튬(Li)	• 석유류(등유) 속
• 아세틸렌(C₂H₂)	• 디메틸포름아미드(DMF) • 아세톤

답 ④

16 MOC(Minimum Oxygen Concentration : 최소 산소농도)가 가장 작은 물질은?

① 메탄
② 에탄
③ 프로판
④ 부탄

 해설

$$MOC = 산소몰수 \times 하한계 \, [vol\%]$$

① 메탄(하한계 : 5vol%)

$$CH_4 + ②O_2 \rightarrow CO_2 + 2H_2O$$
메탄   산소

$MOC = 2몰 \times 5vol\% = 10vol\%$

② 에탄(하한계 : 3vol%)

$$②C_2H_6 + ⑦O_2 \rightarrow 4CO_2 + 6H_2O \; 또는$$
$$C_2H_6 + \frac{7}{2}O_2 \rightarrow 2CO_2 + 3H_2O$$
에탄   산소

$MOC = \dfrac{7}{2}몰 \times 3vol\% = 10.5vol\%$

③ 프로판(하한계 : 2.1vol%)

$$C_3H_8 + ⑤O_2 \rightarrow 3CO_2 + 4H_2O$$
프로판   산소

$MOC = 5몰 \times 2.1vol\% = 10.5vol\%$

④ 부탄(하한계 : 1.8vol%)

$$C_4H_{10} + \frac{13}{2}O_2 \rightarrow 4CO_2 + 5H_2O$$
부탄   산소

$MOC = \dfrac{13}{2}몰 \times 1.8vol\% = 11.7vol\%$

용어

MOC(Minimum Oxygen Concentration : 최소 산소농도)
화염을 전파하기 위해서 필요한 최소한의 산소농도

답 ①

17 수성막포 소화약제의 특성에 대한 설명으로 틀린 것은?
[15.05.문09]

① 내열성이 우수하여 고온에서 수성막의 형성이 용이하다.
② 기름에 의한 오염이 적다.
③ 다른 소화약제와 병용하여 사용이 가능하다.
④ 불소계 계면활성제가 주성분이다.

해설 **(1) 단백포**의 장단점

장 점	단 점
① **내열성**이 우수하다. ② **유면봉쇄성**이 우수하다.	① 소화기간이 길다. ② 유동성이 좋지 않다. ③ 변질에 의한 저장성이 불량하다. ④ 유류오염의 문제가 있다.

(2) 수성막포의 장단점

장 점	단 점
① 석유류 표면에 신속히 **피막**을 형성하여 유류증발을 억제한다. ② **안전성**이 좋아 장기 보존이 가능하다. ③ **내약품성**이 좋아 타 약제와 겸용사용도 가능하다. 보기 ③ ④ **내유염성**이 우수하다 (기름에 의한 오염이 적다). 보기 ② ⑤ **불소계 계면활성제**가 주성분이다. 보기 ④	① 가격이 비싸다. ② 내열성이 좋지 않다. ③ 부식방지용 저장설비가 요구된다.

(3) 합성계면활성제포의 장단점

장 점	단 점
① **유동성**이 우수하다. ② **저장성**이 우수하다.	① 적열된 기름탱크 주위에는 효과가 적다. ② 가연물에 양이온이 있을 경우 발포성능이 저하된다. ③ 타약제와 겸용시 소화효과가 좋지 않을 수 있다.

① 단백포 소화약제의 특성 : 내열성 우수

답 ①

18 다음 가연성 물질 중 위험도가 가장 높은 것은?
[15.09.문08]
 [10.03.문14]

① 수소
② 에틸렌
③ 아세틸렌
④ 이황화탄소

해설 **위험도**

$$H = \frac{U - L}{L}$$

여기서, H : 위험도
       U : 연소상한계
       L : 연소하한계

① **수소** $= \dfrac{75 - 4}{4} = 17.75$

② **에틸렌** $= \dfrac{36 - 2.7}{2.7} = 12.33$

③ **아세틸렌** $= \dfrac{81 - 2.5}{2.5} = 31.4$

④ **이황화탄소** $= \dfrac{50 - 1}{1} = 49$

중요

공기 중의 폭발한계(상온, 1atm)

가 스	하한계 〔vol%〕	상한계 〔vol%〕
아세틸렌(C_2H_2)	2.5	81
수소(H_2)	4	75
일산화탄소(CO)	12	75
에터(($C_2H_5)_2O$)	1.7	48
이황화탄소(CS_2)	1	50
에틸렌(C_2H_4)	2.7	36
암모니아(NH_3)	15	25
메탄(CH_4)	5	15
에탄(C_2H_6)	3	12.4
프로판(C_3H_8)	2.1	9.5
부탄(C_4H_{10})	1.8	8.4

연소한계=연소범위=가연한계=가연범위=폭발한계=폭발범위

답 ④

⭐⭐⭐
19 소화약제로 물을 사용하는 주된 이유는?

19.04.문04
15.05.문04
99.08.문06

① 촉매역할을 하기 때문에
② 증발잠열이 크기 때문에
③ 연소작용을 하기 때문에
④ 제거작용을 하기 때문에

해설 물의 소화능력
(1) **비열**이 크다.
(2) **증발잠열**(기화잠열)이 크다. 〔보기 ②〕
(3) 밀폐된 장소에서 증발가열하면 수증기에 의해서 **산소희석작용**을 한다.
(4) **무상**으로 주수하면 **중질유 화재**에도 사용할 수 있다.

참고

물이 소화약제로 많이 쓰이는 이유

장 점	단 점
① 쉽게 구할 수 있다. ② 증발잠열(기화잠열)이 크다. ③ 취급이 간편하다.	① 가스계 소화약제에 비해 사용 후 **오염**이 크다. ② 일반적으로 **전기화재**에는 **사용**이 **불가**하다.

답 ②

⭐⭐
20 건축물의 바깥쪽에 설치하는 피난계단의 구조기준 중 계단의 유효너비는 몇 m 이상으로 하여야 하는가?

10.09.문13

① 0.6
② 0.7
③ 0.8
④ 0.9

해설 피난·방화구조 9조
건축물의 바깥쪽에 설치하는 피난계단의 구조

(1) 계단은 그 계단으로 통하는 출입구 외의 창문 등으로부터 **2m** 이상의 거리를 두고 설치
(2) 건축물의 내부에서 계단으로 통하는 출입구에는 60분+방화문 또는 60분 방화문 설치
(3) 계단의 유효너비 : **0.9m** 이상 〔보기 ④〕
(4) 계단은 **내화구조**로 하고 지상까지 직접 연결되도록 할 것

답 ④

제2과목 **소방유체역학**

⭐⭐
21 유속 6m/s로 정상류의 물이 화살표 방향으로 흐르는 배관에 압력계와 피토계가 설치되어 있다. 이때 압력계의 계기압력이 300kPa이었다면 피토계의 계기압력은 약 몇 kPa인가?

13.09.문39
11.10.문40

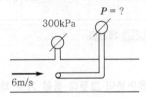

① 180
② 280
③ 318
④ 336

해설 (1) **속도수두**

$$H = \frac{V^2}{2g}$$

속도수두 H는
$$H = \frac{V^2}{2g} = \frac{(6m/s)^2}{2 \times 9.8 m/s^2} ≒ 1.836m$$

(2) **피토계 계기압력**

$$P = P_o + \gamma H$$

여기서, P : 피토계 계기압력〔kPa〕
P_o : 압력계 계기압력〔kPa〕
γ : 비중량(물의 비중량 9800N/m³)
H : 수두(속도수두)〔m〕

피토계 계기압력 P는
$P = P_o + \gamma H = 300kPa + 9.8kN/m^3 \times 1.836m$
$= 300kPa + 17.99kN/m^2 ≒ 318kPa$

● 1kPa=1kN/m²이므로 17.99kN/m²=17.99kPa

답 ③

⭐⭐⭐
22 관 내에 흐르는 유체의 흐름을 구분하는 데 사용되는 레이놀즈수의 물리적인 의미는?

14.05.문35
07.09.문30
06.09.문26
06.05.문37
03.05.문25

① 관성력/중력
② 관성력/탄성력
③ 관성력/압축력
④ 관성력/점성력

해설

명 칭	물리적 의미	비 고
레이놀즈 (Reynolds)수	$\dfrac{관성력}{점성력}$ 보기 ④	–
프루드 (Froude)수	$\dfrac{관성력}{중력}$	
마하 (Mach)수	$\dfrac{관성력}{압축력}$	V/C 여기서, V : 유속 C : 음속
코우시스 (Cauchy)수	$\dfrac{관성력}{탄성력}$	$\rho V^2/k$ 여기서, ρ : 밀도 k : 탄성계수 V : 유속
웨버 (Weber)수	$\dfrac{관성력}{표면장력}$	
오일러 (Euler)수	$\dfrac{압축력}{관성력}$	–

기억법 레관점

답 ④

★
23
10.05.문23

정육면체의 그릇에 물을 가득 채울 때, 그릇 밑면이 받는 압력에 의한 수직방향 평균 힘의 크기를 P라고 하면, 한 측면이 받는 압력에 의한 수평방향 평균 힘의 크기는 얼마인가?

① $0.5P$
② P
③ $2P$
④ $4P$

해설 **작용하는 힘**

$$F = \gamma y \sin\theta A = \gamma h A$$

여기서, F : 작용하는 힘[N]
　　　γ : 비중량(물의 비중량 9800N/m^3)
　　　y : 표면에서 수문 중심까지의 경사거리[m]
　　　h : 표면에서 수문 중심까지의 수직거리[m]
　　　A : 단면적[m^2]

• 문제에서 정육면체이므로 밑면이 받는 힘은 $F=\gamma hA$. 옆면은 밑면을 수직으로 세우면 깊이가 $0.5h$이므로 $F_2 = \gamma 0.5hA = 0.5\gamma hA$
∴ 수직방향 평균 힘의 크기 $P = 0.5P$

• 압력은 어느 부분에서나 같은 높이선상이면 동일한 압력이 된다. 그러므로 밑면의 압력이 P라고 하고 이때 옆면이 받는 압력의 평균은 높이의 $\dfrac{1}{2}$이 적응된 압력이 되므로 $0.5P$가 된다.

※ 추가적으로 높이의 $\dfrac{1}{2}$을 한 이유를 설명하면 옆면은 맨 위의 압력이 있을 수 있고 맨 아래의 압력이 있을 수 있으므로 한 면에 작용하는 힘의 작용점은 중심점으로서 맨 위는 0, 맨 아래는 1이라 하면 평균은 **0.5**가 된다.

답 ①

★
24
17.09.문25

그림과 같이 수직 평판에 속도 2m/s로 단면적이 0.01m^{2}인 물 제트가 수직으로 세워진 벽면에 충돌하고 있다. 벽면의 오른쪽에서 물 제트를 왼쪽 방향으로 쏘아 벽면의 평형을 이루게 하려면 물 제트의 속도를 약 몇 m/s로 해야 하는가? (단, 오른쪽에서 쏘는 물 제트의 단면적은 0.005m^{2}이다.)

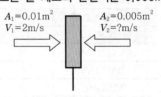

$A_1 = 0.01\text{m}^2$　　　　$A_2 = 0.005\text{m}^2$
$V_1 = 2\text{m/s}$　　　　　$V_2 = ?\text{m/s}$

① 1.42
② 2.00
③ 2.83
④ 4.00

해설 벽면이 평형을 이루므로 힘 $F_1 = F_2$

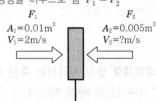

　　F_1　　　　　　　F_2
$A_1 = 0.01\text{m}^2$　　$A_2 = 0.005\text{m}^2$
$V_1 = 2\text{m/s}$　　　$V_2 = ?\text{m/s}$

(1) 유량

$$Q = AV = \frac{\pi}{4}D^2 V \quad\cdots\cdots\cdots\cdots ⊙$$

여기서, Q : 유량[m^3/s]
　　　A : 단면적[m^2]
　　　V : 유속[m/s]
　　　D : 직경[m]

(2) 힘

$$F = \rho QV \quad\cdots\cdots\cdots\cdots ⓛ$$

여기서, F : 힘[N]
　　　ρ : 밀도(물의 밀도 1000N $\cdot$ s^2/m^4)
　　　Q : 유량[m^3/s]
　　　V : 유속[m/s]

ⓛ식에 ⊙식을 대입하면

$$F = \rho QV = \rho(AV)V = \rho AV^2$$

$$F_1 = F_2$$

$$\cancel{\rho} A_1 V_1^{\,2} = \cancel{\rho} A_2 V_2^{\,2}$$

$$\frac{A_1 V_1^{\,2}}{A_2} = V_2^{\,2}$$

$$V_2^{\,2} = \frac{A_1 V_1^{\,2}}{A_2}$$

$$\sqrt{V_2^{\,2}} = \sqrt{\frac{A_1 V_1^{\,2}}{A_2}}$$

$$V_2 = \sqrt{\frac{A_1 V_1^{\,2}}{A_2}} = \sqrt{\frac{0.01\text{m}^2 \times (2\text{m/s})^2}{0.005\text{m}^2}} ≒ 2.83\text{m/s}$$

답 ③

25 그림과 같은 사이펀에서 마찰손실을 무시할 때, 사이펀 끝단에서의 속도(V)가 4m/s이기 위해서는 h가 약 몇 m이어야 하는가?

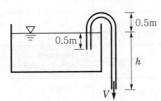

① 0.82m
② 0.77m
③ 0.72m
④ 0.87m

해설 **속도수두**

$$H(h) = \frac{V^2}{2g}$$

여기서, $H(h)$: 속도수두[m]
V : 유속[m/s²]
g : 중력가속도(9.8m/s²)

속도수두 h 는

$$h = \frac{V^2}{2g} = \frac{4^2}{2 \times 9.8} = 0.82\text{m}$$

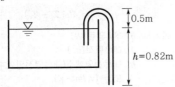

비교문제

그림과 같은 사이펀(siphon)에서 흐를 수 있는 유량은 약 몇 m³/min인가? (단, 관로손실은 무시한다.)

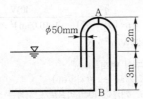

$$V = \sqrt{2gH}$$

여기서, V : 유속[m/s]
g : 중력가속도(9.8m/s²)
H : 높이[m]

유속 V 는

$$V = \sqrt{2gH} = \sqrt{2 \times 9.8\text{m/s}^2 \times 3\text{m}} = 7.668\text{m/s}$$

$$Q = AV$$

여기서, Q : 유량[m³/s]
A : 단면적[m²]
V : 유속[m/s]

유량 Q 는
$$\begin{aligned} Q &= AV \\ &= \frac{\pi}{4}D^2 V \\ &= \frac{\pi}{4} \times (50\text{mm})^2 \times 7.668\text{m/s} \\ &= \frac{\pi}{4} \times (0.05\text{m})^2 \times 7.668\text{m/s} \\ &= 0.015\text{m}^3/\text{s} \end{aligned}$$

1min = 60s 이므로

$$0.015\text{m}^3/\text{s} = \frac{0.015\text{m}^3/\text{s}}{1\text{min}} \times 60\text{s} = 0.903\text{m}^3/\text{min}$$

답 ①

26 펌프에 의하여 유체에 실제로 주어지는 동력은? (단, L_w는 동력(kW), γ는 물의 비중량(N/m³), Q는 토출량(m³/min), H는 전양정(m), g는 중력가속도(m/s²)이다.)

① $L_w = \dfrac{\gamma QH}{102 \times 60}$

② $L_w = \dfrac{\gamma QH}{1000 \times 60}$

③ $L_w = \dfrac{\gamma QHg}{102 \times 60}$

④ $L_w = \dfrac{\gamma QHg}{1000 \times 60}$

해설 **수동력**

$$L_w = \frac{\gamma QH}{1000 \times 60} = \frac{9800QH}{1000 \times 60} = 0.163QH$$

여기서, L_w : 수동력[kW]
γ : 비중량(물의 비중량 9800N/m³)
Q : 유량[m³/min]
H : 전양정[m]

• 지문에서 전달계수(K)와 효율(η)은 주어지지 않았으므로 **수동력**을 적용하면 됨

용어

수동력
전달계수(K)와 효율(η)을 고려하지 않은 동력

답 ②

27 성능이 같은 3대의 펌프를 병렬로 연결하였을 경우 양정과 유량은 얼마인가? (단, 펌프 1대에서 유량은 Q, 양정은 H라고 한다.)

① 유량은 $9Q$, 양정은 H
② 유량은 $9Q$, 양정은 $3H$
③ 유량은 $3Q$, 양정은 $3H$
④ 유량은 $3Q$, 양정은 H

해설 펌프의 운전

직렬운전	병렬운전
• 유량(토출량) : Q • 양정 : $2H$(양정증가)	• 유량(토출량) : $2Q$(유량 증가) • 양정 : H

직렬운전	병렬운전
• 소요되는 양정이 일정하 지 않고 크게 변동될 때	• 유량이 변화가 크고 1대 로는 유량이 부족할 때

• **3대 펌프**를 병렬운전하면 **유량**은 $3Q$, 양정은 H가 된다.

답 ④

28
11.10.문39
10.05.문40

비압축성 유체의 2차원 정상유동에서, x방향의 속도를 u, y방향의 속도를 v라고 할 때 다음에 주어진 식들 중에서 연속방정식을 만족하는 것은 어느 것인가?

① $u = 2x + 2y$, $v = 2x - 2y$

② $u = x + 2y$, $v = x^2 - 2y$

③ $u = 2x + y$, $v = x^2 + 2y$

④ $u = x + 2y$, $v = 2x - y^2$

해설 비압축성 2차원 정상유동

$$\frac{du}{dx} = 2x + 2y = 2$$

$$\frac{dv}{dy} = 2x - 2y = -2$$

답 ①

29
19.09.문23
19.04.문40
18.04.문26
17.05.문40

다음 중 동력의 단위가 아닌 것은?

① J/s

② W

③ kg · m^2/s

④ N · m/s

해설 동력(일률)의 단위

(1) W

(2) J/s

(3) N · m/s

(4) kg · m^2/s^3

• 1W=1J/s, 1J=1N · m이므로
1W=1J/s=1N · m/s

③ kg · m^2/s → kg · m^2/s^3

중요

차 원	중력단위 [차원]	절대단위 [차원]
부력(힘)	N [F]	kg · m/s^2 [MLT^{-2}]
일 (에너지 · 열량)	N · m [FL]	kg · m^2/s^2 [ML^{2}T^{-2}]
동력(일률) →	N · m/s [FLT^{-1}]	kg · m^2/s^3 [ML^{2}T^{-3}]
표면장력	N/m [FL^{-1}]	kg/s^2 [MT^{-2}]

답 ③

30
16.05.문29
14.03.문39
12.03.문27
07.05.문34

지름 10cm인 금속구가 대류에 의해 열을 외부공기로 방출한다. 이때 발생하는 열전달량이 40W 이고, 구 표면과 공기 사이의 온도차가 50℃라면 공기와 구 사이의 대류열전달계수(W/(m^2 · K)) 는 약 얼마인가?

① 25   ② 50

③ 75   ④ 100

해설 대류열

$$\mathring{q} = Ah(T_2 - T_1)$$

여기서, $\mathring{q}$: 대류열류[W]
A : 대류면적[m^2]
h : 대류전열계수(대류열전달계수)[W/m^2 · ℃] 또는 [W/m^2 · K]
$(T_2 - T_1)$: 온도차[℃] 또는 [K]

대류열전달계수 h 는

$$h = \frac{\mathring{q}}{A(T_2 - T_1)}$$

$$= \frac{\mathring{q}}{4\pi r^2 (T_2 - T_1)} = \frac{40\text{W}}{4\pi (0.05\text{m})^2 \times 50\text{K}}$$

$$\fallingdotseq 25\text{W/m}^2 \cdot \text{K}$$

• **구의 면적** $= 4\pi r^2$
여기서, r : 반지름[m]
• r : 지름이 10cm이므로 반지름은 5cm, 100cm= 1m이므로 5cm=**0.05m**
• **온도차**일 경우에는 50℃가 곧 50K가 된다.
예 50℃ → 0℃일 때 (50−0)℃=50℃
(273+50)K → (273+0)K일 때 (323−273)K=50K

답 ①

31
17.05.문39

지름 0.4m인 관에 물이 0.5m^3/s로 흐를 때 길이 300m에 대한 동력손실은 60kW였다. 이때 관마찰계수 f는 약 얼마인가?

① 0.015   ② 0.020

③ 0.025   ④ 0.030

$$H = \frac{\Delta P}{\gamma} = \frac{fLV^2}{2gD}$$

(1) 기호

- D : 0.4m
- Q : 0.5m³/s
- L : 300m
- P : 60kW
- f : ?

(2) 유량

$$Q = AV = \left(\frac{\pi D^2}{4}\right)V$$

여기서, Q : 유량[m³/s]
$\quad\quad A$: 단면적[m²]
$\quad\quad V$: 유속[m/s]
$\quad\quad D$: 지름[m]

유속 V는

$$V = \frac{Q}{\frac{\pi D^2}{4}} = \frac{0.5\text{m}^3/\text{s}}{\frac{\pi \times (0.4\text{m})^2}{4}} \fallingdotseq 3.979\text{m/s}$$

(3) 전동력

$$P = \frac{0.163QH}{\eta}K$$

여기서, P : 전동력 또는 동력손실[kW]
$\quad\quad Q$: 유량[m³/min]
$\quad\quad H$: 전양정 또는 손실수두[m]
$\quad\quad K$: 전달계수
$\quad\quad \eta$: 효율

손실수두 H는

$$H = \frac{P\eta}{0.163QK}$$

$$H = \frac{60\text{kW}}{0.163 \times (0.5 \times 60)\text{m}^3/\text{min}} = 12.269\text{m}$$

- η, K : 주어지지 않았으므로 무시
- 1min=60s, 1s=$\frac{1}{60}$min 이므로

$$0.5\text{m}^3/\text{s} = 0.5\text{m}^3 \left|\frac{1}{60}\text{min}\right. = (0.5 \times 60)\text{m}^3/\text{min}$$

(4) 마찰손실(달시-웨버의 식, Darcy-Weisbach formula)

$$H = \frac{\Delta P}{\gamma} = \frac{fLV^2}{2gD}$$

여기서, H : 마찰손실(수두)[m]
$\quad\quad \Delta P$: 압력차[kPa] 또는 [kN/m²]
$\quad\quad \gamma$: 비중량(물의 비중량 9.8kN/m³)
$\quad\quad f$: 관마찰계수
$\quad\quad L$: 길이[m]
$\quad\quad V$: 유속(속도)[m/s]
$\quad\quad g$: 중력가속도(9.8m/s²)
$\quad\quad D$: 내경[m]

관마찰계수 f는

$$f = \frac{2gDH}{LV^2} = \frac{2 \times 9.8\text{m/s}^2 \times 0.4\text{m} \times 12.269\text{m}}{300\text{m} \times (3.979\text{m/s})^2} \fallingdotseq 0.020$$

답 ②

★★★
32 체적이 10m³인 기름의 무게가 30000N이라면
[04.09.문33] 이 기름의 비중은 얼마인가? (단, 물의 밀도는
1000kg/m³이다.)

① 0.153 ② 0.306
③ 0.459 ④ 0.612

(1) 물체의 무게

$$W = \gamma V$$

여기서, W : 물체의 무게[kN]
$\quad\quad \gamma$: 비중량[kN/m³]
$\quad\quad V$: 물체가 잠긴 체적[m³]

비중량 γ는
$$\gamma = \frac{W}{V} = \frac{30\text{kN}}{10\text{m}^3} = 3\text{kN/m}^3$$

- 1kN=1000N이므로 30000N=30kN

(2) 비중량

$$\gamma_w = \rho_w g$$

여기서, γ_w : 물의 비중량[N/m³]
$\quad\quad \rho_w$: 물의 밀도[kg/m³] 또는 [N·m²/m⁴]
$\quad\quad g$: 중력가속도[m/s²]

물의 비중량 $\gamma_w = \rho_w g = 1000\text{kg/m}^3 \times 9.8\text{m/s}^2$
$\quad\quad\quad\quad = 1000\text{N}\cdot\text{s}^2/\text{m}^4 \times 9.8\text{m/s}^2$
$\quad\quad\quad\quad\quad (1\text{kg/m}^3 = 1\text{N}\cdot\text{s}^2/\text{m}^4)$
$\quad\quad\quad\quad = 9800\text{N/m}^3 = 9.8\text{kN/m}^3$

(3) 비중

$$s = \frac{\gamma}{\gamma_w}$$

여기서, s : 비중
$\quad\quad \gamma$: 어떤 물질의 비중량[kN/m³]
$\quad\quad \gamma_w$: 물의 비중량[kN/m³]

비중
$$s = \frac{\gamma}{\gamma_w} = \frac{3\text{kN/m}^3}{9.8\text{kN/m}^3} \fallingdotseq 0.306$$

답 ②

★★
33 비열에 대한 다음 설명 중 틀린 것은?

① 정적비열은 체적이 일정하게 유지되는 동안
온도변화에 대한 내부에너지 변화율이다.

② 정압비열을 정적비열로 나눈 것이 비열비이다.

③ 정압비열은 압력이 일정하게 유지될 때 온도
변화에 대한 엔탈피 변화율이다.

④ 비열비는 일반적으로 1보다 크나 1보다 작은
물질도 있다.

해설 **비열**

(1) **정적비열** : 체적이 **일정**하게 유지되는 동안 온도변화에 대한 내부에너지 변화율 보기 ①
(2) **정압비열**을 **정적비열**로 나눈 것이 **비열비**이다. 보기 ②
(3) **정압비열** : 압력이 **일정**하게 유지될 때 온도변화에 대한 엔탈피 변화율 보기 ③
(4) **비열비** : 항상 1보다 크다. 보기 ④
(5) **정압비열**은 항상 **정적비열**보다 크다.

> ④ 일반적으로 1보다 크나 1보다 작은 물질도 있다.
> → 항상 1보다 크다.

답 ④

★★★
34 비중 0.92인 빙산이 비중 1.025의 바닷물 수면에 떠 있다. 수면 위에 나온 빙산의 체적이 150m³이면 빙산의 전체 체적은 약 몇 m³인가?

14.05.문32
11.03.문38

① 1314   ② 1464
③ 1725   ④ 1875

해설 **비중**

$$V = \frac{s_s}{s_w}$$

여기서, V : 바닷물에 잠겨진 부피
s_s : 어떤 물질의 비중(빙산의 비중)
s_w : 표준 물질의 비중(바닷물의 비중)

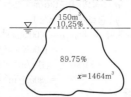

바닷물에 잠겨진 부피 V는

$$V = \frac{s_s}{s_w} = \frac{0.92}{1.025} = 0.8975 = 89.75\%$$

수면 위에 나온 빙산의 부피=100%−89.75%=10.25%
수면 위에 나온 빙산의 체적이 150m³이므로 비례식으로 풀면

| 10.25% | : | 150m³ | = | 100% | : | x |

$$10.25\%x = 150m^3 \times 100\%$$

$$x = \frac{150m^3 \times 100\%}{10.25\%} = 1464m^3$$

답 ②

★
35 초기 상태에서 압력 100kPa, 온도 15℃인 공기가 있다. 공기의 부피가 초기 부피의 $\frac{1}{20}$이 될 때까지 단열압축할 때 압축 후의 온도는 약 몇 ℃인가? (단, 공기의 비열비는 1.4이다.)

① 54   ② 348
③ 682   ④ 912

해설 **단열변화**

(1) **기호**

> • P_1 : 100kPa
> • T_1 : (273+15)K
> • $V_2 = \frac{1}{20}V_1$ (공기의 부피가 초기 부피의 $\frac{1}{20}$)
> • T_2 : ?
> • K : 1.4

(2) **단열변화**

$$\frac{T_2}{T_1} = \left(\frac{v_1}{v_2}\right)^{K-1} = \left(\frac{P_2}{P_1}\right)^{\frac{K-1}{K}}$$

여기서, $T_1 \cdot T_2$: 변화 전후의 온도(273+℃)(K)
$v_1 \cdot v_2$: 변화 전후의 비체적(m³/kg)
$P_1 \cdot P_2$: 변화 전후의 압력(kJ/m³)
K : 비열비

위 식을 변형하면

$$\frac{T_2}{T_1} = \left(\frac{V_1}{V_2}\right)^{K-1}$$

여기서, $T_1 \cdot T_2$: 변화 전후의 온도(273+℃)(K)
$V_1 \cdot V_2$: 변화 전후의 체적(부피)(m³)
K : 비열비

압축 후의 온도 T_2는

$$T_2 = T_1\left(\frac{V_1}{V_2}\right)^{K-1}$$
$$= T_1\left(\frac{V_1}{\frac{1}{20}V_1}\right)^{K-1}$$
$$= T_1(20)^{K-1}$$
$$= (273+15)K \times 20^{1.4-1} = 955K$$

(3) **절대온도**

$$T_2 = 273 + ℃$$

$955 = 273 + ℃$
$955 - 273 = ℃$
$682 = ℃$ ∴ ℃ = 682℃

답 ③

★★★
36 수격작용에 대한 설명으로 맞는 것은?

17.03.문22
16.03.문34
15.03.문28
12.05.문35
06.09.문23

① 관로가 변할 때 물의 급격한 압력 저하로 인해 수중에서 공기가 분리되어 기포가 발생하는 것을 말한다.
② 펌프의 운전 중에 송출압력과 송출유량이 주기적으로 변동하는 현상을 말한다.
③ 관로의 급격한 온도변화로 인해 응결되는 현상을 말한다.
④ 흐르는 물을 갑자기 정지시킬 때 수압이 급격히 변화하는 현상을 말한다.

해설 수격작용(water hammering)

개요	① 흐르는 물을 갑자기 정지시킬 때 **수압**이 **급격히 변화**하는 현상 보기 ④ ② 배관 속의 물흐름을 급히 차단하였을 때 **동압**이 **정압**으로 전환되면서 일어나는 **쇼크**(shock)현상 ③ 배관 내를 흐르는 유체의 유속을 급격하게 변화시키므로 압력이 상승 또는 하강하여 **관로의 벽면**을 **치는 현상**
발생 원인	① 펌프가 갑자기 정지할 때 ② 급히 밸브를 개폐할 때 ③ 정상운전시 유체의 압력변동이 생길 때
방지 대책	① 관로의 **관경**을 크게 한다. ② 관로 내의 유속을 낮게 한다(관로에서 일부 고압수를 방출한다). ③ 조압수조(surge tank)를 설치하여 적정압력을 유지한다. ④ **플라이 휠**(fly wheel)을 설치한다. ⑤ 펌프송출구 **가까이**에 밸브를 **설치**한다. ⑥ 펌프송출구에 **수격**을 **방지**하는 **체크밸브**를 달아 역류를 막는다. ⑦ **에어챔버**(air chamber)를 설치한다. ⑧ 회전체의 **관성모멘트**를 **크게** 한다.

수격작용=수격현상

비교

공동현상(cavitation) =캐비테이션	맥동현상(surging) =서징
펌프의 흡입측 배관 내의 물의 정압이 기존의 증기압보다 낮아져서 **기포**가 **발생**되어 물이 흡입되지 않는 현상	유량이 단속적으로 변하여 펌프 입출구에 설치된 **진공계·압력계**가 흔들리고 **진동**과 **소음**이 일어나며 펌프의 **토출유량**이 변하는 현상

답 ④

★★★
37 그림에서 $h_1 = 120mm$, $h_2 = 180mm$, $h_3 = 100mm$일 때 A에서의 압력과 B에서의 압력의 차이($P_A - P_B$)를 구하면? (단, A, B 속의 액체는 물이고, 차압액주계에서의 중간 액체는 수은(비중 13.6)이다.)

19.03.문24
15.09.문26
10.03.문35

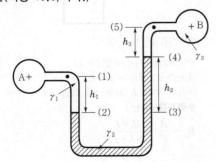

① 20.4kPa
② 23.8kPa
③ 26.4kPa
④ 29.8kPa

해설 계산의 편의를 위해 기호를 수정하면

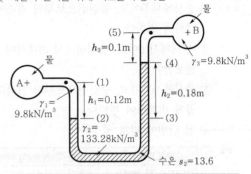

• 1000mm=1m이므로 120mm=0.12m
  180mm=0.18m, 100mm=0.1m

(1) 비중

$$s = \frac{\gamma}{\gamma_w}$$

여기서, s : 비중
γ : 어떤 물질(수은)의 비중량[kN/m³]
γ_w : 물의 비중량(9.8kN/m³)

수은의 비중량 $\gamma_2 = s_2 \times \gamma_w$
$= 13.6 \times 9.8kN/m^3 = 133.28kN/m^3$

(2) 압력차

$$P_A + \gamma_1 h_1 - \gamma_2 h_2 - \gamma_3 h_3 = P_B$$

$$
\begin{aligned}
P_A - P_B &= -\gamma_1 h_1 + \gamma_2 h_2 + \gamma_3 h_3 \\
&= -9.8kN/m^3 \times 0.12m + 133.28kN/m^3 \times 0.18m \\
&\quad + 9.8kN/m^3 \times 0.1m \\
&\fallingdotseq 23.8kN/m^2 \\
&= 23.8kPa
\end{aligned}
$$

• 1N/m²=1Pa, 1kN/m²=1kPa이므로
  23.8kN/m²=23.8kPa

중요

시차액주계의 압력계산방법
점 A를 기준으로 내려가면 **더하고**, 올라가면 **빼면**된다.

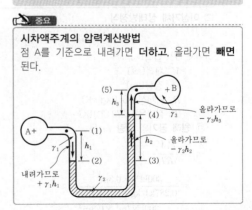

답 ②

★★★
38
16.03.문31
14.03.문38
12.03.문31

원형 단면을 가진 관 내에 유체가 완전 발달된 비압축성 층류유동으로 흐를 때 전단응력은?

① 중심에서 0이고, 중심선으로부터 거리에 비례하여 변한다.

② 관 벽에서 0이고, 중심선에서 최대이며 선형분포한다.

③ 중심에서 0이고, 중심선으로부터 거리의 제곱에 비례하여 변한다.

④ 전 단면에 걸쳐 일정하다.

해설

속도분포	전단응력(shearing stress)
포물선분포로 **관 벽**에서 속도는 0이고, **관 중심**에서 속도는 **최대**가 된다.	흐름의 중심에서 **0**이고 벽면까지 **직선적**으로 **상승**하며 **거리(반지름)**에 비례하여 변한다. 보기 ①

답 ①

★
39
12.05.문36

부피가 0.3m³로 일정한 용기 내의 공기가 원래 300kPa(절대압력), 400K의 상태였으나, 일정 시간 동안 출구가 개방되어 공기가 빠져나가 200kPa(절대압력), 350K의 상태가 되었다. 빠져나간 공기의 질량은 약 몇 g인가? (단, 공기는 이상기체로 가정하며 기체상수는 287J/(kg·K)이다.)

① 74
② 187
③ 295
④ 388

해설 (1) 기호

원래 상태	공기가 빠져나간 후의 상태
• V_1 : 0.3m³	• V_2 : 0.3m³
• P_1 : 300kPa	• P_2 : 200kPa
• T_1 : 400K	• T_2 : 350K

(2) **이상기체 상태방정식**

$$PV = mRT$$

여기서, P : 압력[kJ/m³]
　　　　V : 체적[m³]
　　　　m : 질량[kg]
　　　　R : 기체상수[kJ/kg·K]
　　　　T : 절대온도(273+℃)[K]

㉠ **원래 공기의 질량** m_1은

$$m_1 = \frac{P_1 V_1}{RT_1}$$

$$= \frac{300\text{kPa} \times 0.3\text{m}^3}{0.287\text{kJ/kg} \cdot \text{K} \times 400\text{K}}$$

$$= \frac{300\text{kN/m}^2 \times 0.3\text{m}^3}{0.287\text{kN} \cdot \text{m/kg} \cdot \text{K} \times 400\text{K}} \fallingdotseq 0.784\text{kg}$$

• 1kPa=1kN/m²
• 1kJ=1kN·m

㉡ **남은 공기의 질량** m_2는

$$m_2 = \frac{P_2 V_2}{RT_2}$$

$$= \frac{200\text{kPa} \times 0.3\text{m}^3}{0.287\text{kJ/kg} \cdot \text{K} \times 350\text{K}}$$

$$= \frac{200\text{kN/m}^2 \times 0.3\text{m}^3}{0.287\text{kN} \cdot \text{m/kg} \cdot \text{K} \times 350\text{K}} \fallingdotseq 0.597\text{kg}$$

(3) **원래 공기의 질량**

원래 공기의 질량(m_1)
＝남은 공기의 질량(m_2)+빠져나간 공기의 질량

빠져나간 공기의 질량
＝원래 공기의 질량(m_1)－남은 공기의 질량(m_2)
$= 0.784\text{kg} - 0.597\text{kg} = 0.187\text{kg} = 187\text{g}$

• 1kg=1000g이므로 0.187kg=187g

답 ②

★★★
40
17.03.문36
16.10.문37
14.03.문24
08.05.문33
06.09.문31

한 변의 길이가 L인 정사각형 단면의 수력지름 (hydraulic diameter)은?

① $\dfrac{L}{4}$
② $\dfrac{L}{2}$
③ L
④ $2L$

해설 (1) **수력반경**(hydraulic radius)

$$R_h = \frac{A}{L(P)}$$

여기서, R_h : 수력반경[m]
　　　　A : 단면적[m²]
　　　　$L(P)$: 접수길이(단면 둘레의 길이)[m]

(2) **수력지름**

$$D_h = 4R_h$$

여기서, D_h : 수력직경[m]
　　　　R_h : 수력반경[m]

$$D_h = 4R_h = \frac{4A}{P}$$

수력반경 $R_h = \dfrac{A}{P}$에서

$P = 2(\text{가로} + \text{세로}) = 2(L + L)$
$A = (\text{가로} \times \text{세로}) = L \times L$
여기서, 가로 L, 세로 L을 대입하면
수력지름 R_h는

$$R_h = \frac{A}{P} = \frac{L \times L}{2(L + L)}$$

수력지름 D_h 는

$$D_h = 4R_h = 4 \times \frac{L \times L}{2(L+L)} = \frac{2L^2}{2L} = L$$

수력지름＝수력직경

답 ③

제3과목 소방관계법규

★★★
41 소방시설 설치 및 관리에 관한 법령상 종합점검
14.05.문51
(산업) 실시대상이 되는 특정소방대상물의 기준 중 다음
( ) 안에 알맞은 것은?

- (㉠)가 설치된 특정소방대상물
- 물분무등소화설비(호스릴방식의 물분무등
소화설비만을 설치한 경우는 제외)가 설치
된 연면적 (㉡)m² 이상인 특정소방대상물
(위험물제조소 등은 제외)

① ㉠ 스프링클러설비, ㉡ 2000
② ㉠ 스프링클러설비, ㉡ 5000
③ ㉠ 옥내소화전설비, ㉡ 2000
④ ㉠ 옥내소화전설비, ㉡ 5000

해설 **소방시설법 시행규칙 〔별표 3〕**
소방시설 등 자체점검의 구분과 대상, 점검자의 자격

점검 구분	정 의	점검대상	점검자의 자격 (주된 인력)
작동 점검	소방시설 등을 인위적으로 조작하여 정상적으로 작동하는지를 점검하는 것	① 간이스프링클러설비 ② 자동화재탐지설비	① 관계인 ② 소방안전관리자로 선임된 **소방시설관리사** 또는 **소방기술사** ③ 소방시설관리업에 등록된 소방시설관리사 또는 **특급점검자**
		③ 간이스프링클러설비 또는 자동화재탐지설비가 미설치된 특정소방대상물	① 소방시설관리업에 등록된 기술인력 중 소방시설관리사 ② 소방안전관리자로 선임된 소방시설관리사 또는 소방기술사
		④ 작동점검대상 제외 ㉠ 특정소방대상물 중 소방안전관리자를 선임하지 않는 대상 ㉡ 위험물제조소 등 ㉢ 특급소방안전관리대상물	
종합 점검	소방시설 등의 작동점검을 포함하여 소방시설 등의 설비별 주요구성부품의 구조기준이 관련법령에서 정하는 기준에 적합한지 여부를 점검하는 것 (1) 최초점검 : 특정소방대상물의 소방시설이 새로 설치되는 경우 건축물을 사용할 수 있게 된 날부터 60일 이내 점검하는 것 (2) 그 밖의 종합점검 : 최초점검을 제외한 종합점검	① 소방시설 등이 신설된 경우에 해당하는 특정소방대상물 ② **스프링클러설비** 가 설치된 특정소방대상물 보기 ㉠ ③ **물분무등소화설비**(호스릴방식의 물분무등소화설비만을 설치한 경우는 제외)가 설치된 연면적 5000m² 이상인 특정소방대상물(위험물제조소 등 제외) 보기 ㉡ ④ 다중이용업의 영업장이 설치된 특정소방대상물로서 연면적이 2000m² 이상인 것 ⑤ 제연설비가 설치된 터널 ⑥ 공공기관 중 연면적(터널·지하구의 경우 그 길이와 평균폭을 곱하여 계산된 값을 말한다)이 1000m² 이상인 것으로서 옥내소화전설비 또는 자동화재탐지설비가 설치된 것(단, 소방대가 근무하는 공공기관 제외)	① 소방시설관리업에 등록된 기술인력 중 소방시설관리사 ② 소방안전관리자로 선임된 소방시설관리사 또는 소방기술사

답 ②

★
42 화재의 예방 및 안전관리에 관한 법령상 일반음
15.09.문53
식점에서 조리를 위하여 불을 사용하는 설비를
설치하는 경우 지켜야 하는 사항 중 다음 ( )
안에 알맞은 것은?

- 주방설비에 부속된 배출덕트는 (㉠)mm
이상의 아연도금강판 또는 이와 같거나 그
이상의 내식성 불연재료로 설치할 것
- 열을 발생하는 조리기구로부터 (㉡)m 이내
의 거리에 있는 가연성 주요구조부는 단열성
이 있는 불연재료로 덮어 씌울 것

① ㉠ 0.5, ㉡ 0.15 ② ㉠ 0.5, ㉡ 0.6
③ ㉠ 0.6, ㉡ 0.15 ④ ㉠ 0.6, ㉡ 0.5

해설 **화재예방법 시행령 [별표 1]**
음식조리를 위하여 설치하는 설비
(1) 주방설비에 부속된 배출덕트(공기배출통로)는 **0.5mm** 이상의 **아연도금강판** 또는 이와 같거나 그 이상의 내식성 **불연재료**로 설치 [보기 ⑦]
(2) 열을 발생하는 조리기구로부터 **0.15m** 이내의 거리에 있는 가연성 주요구조부는 **단열성**이 있는 불연 재료로 덮어 씌울 것 [보기 ⓒ]
(3) 주방시설에는 동물 또는 식물의 기름을 제거할 수 있는 **필터** 등을 설치
(4) 열을 발생하는 조리기구는 반자 또는 선반으로부터 **0.6m** 이상 떨어지게 할 것

답 ①

★★★
43 위험물안전관리법상 시·도지사의 허가를 받지
17.05.문46
14.05.문44
13.09.문60
06.03.문58
아니하고 당해 제조소 등을 설치할 수 있는 기준 중 다음 ( ) 안에 알맞은 것은?

> 농예용·축산용 또는 수산용으로 필요한 난방
> 시설 또는 건조시설을 위한 지정수량 ( )배
> 이하의 저장소

① 20　　　　② 30
③ 40　　　　④ 50

해설 **위험물법 6조**
제조소 등의 설치허가
(1) 설치허가자 : **시·도지사**
(2) 설치허가 제외장소
　⑦ 주택의 난방시설(공동주택의 중앙난방시설은 제외)을 위한 **저장소** 또는 **취급소**
　ⓒ 지정수량 **20배** 이하의 **농예용·축산용·수산용** 난방시설 또는 건조시설의 **저장소** [보기 ①]
(3) **제조소** 등의 **변경신고** : 변경하고자 하는 날의 **1일** 전까지

기억법 농축수2

참고

시·도지사
(1) 특별시장
(2) 광역시장
(3) 특별자치시장
(4) 도지사
(5) 특별자치도지사

답 ①

★★
44 소방기본법상 소방업무의 응원에 대한 설명 중
15.05.문55
11.03.문54
틀린 것은?
① 소방본부장이나 소방서장은 소방활동을 할 때에 긴급한 경우에는 이웃한 소방본부장 또는 소방서장에게 소방업무의 응원을 요청할 수 있다.
② 소방업무의 응원 요청을 받은 소방본부장 또는 소방서장은 정당한 사유 없이 그 요청을 거절하여서는 아니 된다.

③ 소방업무의 응원을 위하여 파견된 소방대원은 응원을 요청한 소방본부장 또는 소방서장의 지휘에 따라야 한다.
④ 시·도지사는 소방업무의 응원을 요청하는 경우를 대비하여 출동 대상지역 및 규모와 필요한 경비의 부담 등에 관하여 필요한 사항을 대통령령으로 정하는 바에 따라 이웃하는 시·도지사와 협의하여 미리 규약으로 정하여야 한다.

해설 **기본법 11조**

④ 대통령령 → 행정안전부령

중요

기본규칙 8조
소방업무의 상호응원협정
(1) 다음의 **소방활동**에 관한 사항
　⑦ 화재의 경계·진압활동
　ⓒ 구조·구급업무의 지원
　ⓒ 화재**조**사활동
(2) 응원출동 **대상지역** 및 **규모**
(3) 소요경비의 **부담**에 관한 사항
　⑦ 출동대원의 수당·식사 및 의복의 수선
　ⓒ 소방장비 및 기구의 정비와 연료의 보급
(4) 응원출동의 **요청방법**
(5) 응원출동 **훈련** 및 **평가**

기억법 조응(조아?)

답 ④

★
45 화재의 예방 및 안전관리에 관한 법령상 소방안
15.03.문47
전관리대상물의 소방안전관리자가 소방훈련 및 교육을 하지 않은 경우 1차 위반시 과태료 금액 기준으로 옳은 것은?
① 200만원　　　② 100만원
③ 50만원　　　④ 30만원

해설 **화재예방법 시행령 [별표 9]**
소방훈련 및 교육을 하지 않은 경우

1차 위반	2차 위반	3차 이상 위반
100만원 [보기 ②]	200만원	300만원

비교

소방시설법 시행령 [별표 10]
피난시설, 방화구획 또는 방화시설을 폐쇄·훼손·변경 등의 행위

1차 위반	2차 위반	3차 이상 위반
100만원	200만원	300만원

답 ②

★★★ 46 소방기본법령상 소방용수시설별 설치기준 중 옳은 것은?

17.03.문54
16.10.문52
16.10.문55
16.05.문44
16.03.문41
13.03.문49
09.08.문43

① 저수조는 지면으로부터의 낙차가 4.5m 이상일 것
② 소화전은 상수도와 연결하여 지하식 또는 지상식의 구조로 하고, 소방용 호스와 연결하는 소화전의 연결금속구의 구경은 50mm로 할 것
③ 저수조 흡수관의 투입구가 사각형의 경우에는 한 변의 길이가 60cm 이상일 것
④ 급수탑 급수배관의 구경은 65mm 이상으로 하고, 개폐밸브는 지상에서 0.8m 이상 1.5m 이하의 위치에 설치하도록 할 것

해설 기본규칙 〔별표 3〕
소방용수시설의 저수조에 대한 설치기준

(1) 낙차 : **4.5m** 이하 보기 ①
(2) **수**심 : **0.5m** 이상
(3) 투입구의 길이 또는 지름 : **60cm** 이상 보기 ③
(4) 소방펌프자동차가 **쉽게 접근**할 수 있도록 할 것
(5) 흡수에 지장이 없도록 **토사 및 쓰레기** 등을 제거할 수 있는 설비를 갖출 것
(6) 저수조에 물을 공급하는 방법은 **상수도**에 연결하여 **자동**으로 **급수**되는 구조일 것

기억법 수5(수호천사)	
소화전 보기 ②	급수탑 보기 ④
•65mm : 연결금속구의 구경	•100mm : 급수배관의 구경 •1.5~1.7m 이하 : 개폐밸브 높이 기억법 57탑(57층 탑)

① 4.5m 이상 → 4.5m 이하
② 50mm → 65mm
④ 65mm → 100mm, 0.8m 이상 1.5m 이하 → 1.5m 이상 1.7m 이하

답 ③

★★ 47 소방시설 설치 및 관리에 관한 법률상 중앙소방기술심의위원회의 심의사항이 아닌 것은?

① 화재안전기준에 관한 사항
② 소방시설의 설계 및 공사감리의 방법에 관한 사항
③ 소방시설에 하자가 있는지의 판단에 관한 사항
④ 소방시설공사의 하자를 판단하는 기준에 관한 사항

해설 소방시설법 18조
소방기술심의위원회의 심의사항

중앙소방기술심의위원회	지방소방기술심의위원회
① 화재안전기준에 관한 사항 보기 ① ② 소방시설의 구조 및 원리 등에서 공법이 특수한 설계 및 시공에 관한 사항 ③ 소방시설의 설계 및 공사감리의 방법에 관한 사항 보기 ② ④ **소방시설공사**의 하자를 판단하는 기준에 관한 사항 보기 ④	**소방시설**에 하자가 있는지의 판단에 관한 사항 보기 ③

③ 지방소방기술심의위원회의 심의사항

답 ③

★★★ 48 화재의 예방 및 안전관리에 관한 법령상 특수가연물의 품명별 수량기준으로 틀린 것은?

15.09.문47
15.05.문49
14.03.문52
12.05.문60

① 고무류·플라스틱류(발포시킨 것) : 20m³ 이상
② 가연성 액체류 : 2m³ 이상
③ 넝마 및 종이부스러기 : 400kg 이상
④ 볏짚류 : 1000kg 이상

해설 화재예방법 시행령 〔별표 2〕
특수가연물

품 명		수 량
가연성 **액**체류 보기 ②		2m³ 이상
목재가공품 및 나무부스러기		10m³ 이상
면화류		200kg 이상
나무껍질 및 대팻밥		400kg 이상
넝마 및 종이부스러기 보기 ③		1000kg 이상
사류(絲類)		
볏짚류 보기 ④		
가연성 **고**체류		3000kg 이상
고무류·플라스틱류	발포시킨 것 보기 ①	20m³ 이상
	그 밖의 것	3000kg 이상
석탄·목탄류		10000kg 이상

③ 400kg 이상 → 1000kg 이상

※ **특수가연물** : 화재가 발생하면 그 확대가 빠른 물품

기억법
가액목면나 넝사볏가고 고석
2 1 2 4   1   3   3 1

답 ③

49 소방시설 설치 및 관리에 관한 법령상 단독경보형 감지기를 설치하여야 하는 특정소방대상물의 기준으로 옳은 것은?

17.09.문60
10.03.문55
06.09.문61

① 연면적 400m² 미만의 유치원
② 연면적 600m² 미만의 숙박시설
③ 수련시설 내에 있는 합숙소 또는 기숙사로서 연면적 1000m² 미만인 것
④ 교육연구시설 내에 있는 합숙소 또는 기숙사로서 연면적 1000m² 미만인 것

해설 **소방시설법 시행령〔별표 4〕**
단독경보형 감지기의 설치대상

연면적	설치대상
400m² 미만	• 유치원 보기 ①
2000m² 미만	• 교육연구시설·수련시설 내에 있는 **합숙소** 또는 **기숙사**
모두 적용	• 100명 미만의 수련시설(숙박시설이 있는 것) • 연립주택 • 다세대주택

※ **단독경보형 감지기** : 화재발생상황을 단독으로 감지하여 자체에 내장된 음향장치로 경보하는 감지기

비교

단독경보형 감지기의 설치기준(NFPC 201 5조, NFTC 201 2.2.1)
(1) 각 실(이웃하는 실내의 바닥면적이 각각 **30m² 미만**이고 벽체의 상부의 전부 또는 일부가 개방되어 이웃하는 실내와 공기가 상호 유통되는 경우에는 이를 1개의 실로 본다)마다 설치하되, 바닥면적이 **150m²**를 초과하는 경우에는 150m²마다 1개 이상 설치할 것
(2) 최상층의 계단실의 **천장**(외기가 상통하는 계단실의 경우 제외)에 설치할 것
(3) 건전지를 주전원으로 사용하는 단독경보형 감지기는 정상적인 작동상태를 유지할 수 있도록 건전지를 교환할 것
(4) 상용전원을 주전원으로 사용하는 단독경보형 감지기의 **2차 전지**는 제품검사에 합격한 것을 사용할 것

답 ①

50 소방시설 설치 및 관리에 관한 법령상 화재안전기준을 달리 적용하여야 하는 특수한 용도 또는 구조를 가진 특정소방대상물인 원자력발전소에 설치하지 않을 수 있는 소방시설은?

17.03.문53

① 물분무등소화설비
② 스프링클러설비
③ 상수도소화용수설비
④ 연결살수설비

해설 **소방시설법 시행령〔별표 6〕**
소방시설을 설치하지 않을 수 있는 특정소방대상물 및 소방시설의 범위

구분	특정소방 대상물	소방시설
화재안전성능기준을 달리 적용해야 하는 특수한 용도 또는 구조를 가진 특정소방대상물	• 원자력발전소 • 중·저준위 방사성 폐기물의 저장시설	• **연**결송수관설비 • **연**결살수설비 보기 ④ 기억법 **화기연**(화기연구)
자체소방대가 설치된 특정소방대상물	자체소방대가 설치된 위험물 제조소 등에 부속된 사무실	• 옥내소화전설비 • 소화용수설비 • 연결살수설비 • 연결송수관설비
화재위험도가 낮은 특정소방대상물	**석**재, **불**연성 **금**속, **불**연성 건축재료 등의 가공공장·기계조립공장·또는 불연성 물품을 저장하는 창고	• 옥**외**소화전설비 • 연결살수설비 기억법 **석불금외**

중요

소방시설법 시행령〔별표 7〕
소방시설을 설치하지 않을 수 있는 소방시설의 범위
(1) **화재위험도**가 낮은 특정소방대상물
(2) 화재안전기준을 적용하기가 어려운 특정소방대상물
(3) 화재안전기준을 달리 적용하여야 하는 특수한 **용도·구조**를 가진 특정소방대상물
(4) **자체소방대**가 설치된 특정소방대상물

답 ④

51 소방시설공사업법령상 소방시설공사 완공검사를 위한 현장확인대상 특정소방대상물의 범위가 아닌 것은?

17.03.문43
15.03.문59
14.05.문54

① 위락시설 ② 판매시설
③ 운동시설 ④ 창고시설

해설 **공사업령 5조**
완공검사를 위한 **현장확인** 대상 특정소방대상물의 범위
(1) **문**화 및 집회시설, **종**교시설, **판**매시설, **노**유자시설, **수**련시설, **운**동시설, **숙**박시설, **창**고시설, 지하**상**가 및 다중이용업소 보기 ②③④
(2) 다음 어느 하나에 해당하는 설비가 설치되는 특정소방대상물
ⓐ 스프링클러설비 등
ⓑ 물분무등소화설비(호스릴방식의 소화설비 제외)
(3) 연면적 **10000m²** 이상이거나 **11층** 이상인 특정소방대상물(아파트 제외)
(4) 가연성 가스를 제조·저장 또는 취급하는 시설 중 지상에 노출된 가연성 가스탱크의 저장용량 합계가 **1000t** 이상인 시설

기억법 **문종판 노수운 숙창상현**

답 ①

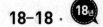

52
15.09.문50
12.05.문53

화재의 예방 및 안전관리에 관한 법률상 시·도지사가 화재예방강화지구로 지정할 필요가 있는 지역을 화재예방강화지구로 지정하지 아니하는 경우 해당 시·도지사에게 해당 지역의 화재예방강화지구 지정을 요청할 수 있는 자는?

① 행정안전부장관　② 소방청장
③ 소방본부장　　　④ 소방서장

해설 **화재예방법 18조**
화재예방강화지구

지 정	지정요청	화재안전조사
시·도지사	소방청장 보기②	소방청장·소방본부장 또는 소방서장

※ **화재예방강화지구**: 화재발생 우려가 크거나 화재가 발생할 경우 피해가 클 것으로 예상되는 지역에 대하여 화재의 예방 및 안전관리를 강화하기 위해 지정·관리하는 지역

중요

화재예방법 18조
화재예방강화지구의 지정
(1) **지정권자**: **시**·도지사
(2) **지정지역**
　⊙ **시장**지역
　ⓛ **공장**·**창고** 등이 밀집한 지역
　ⓒ **목조건물**이 밀집한 지역
　ⓔ 노후·불량 건축물이 밀집한 지역
　ⓜ **위험물**의 **저장** 및 **처리시설**이 **밀집**한 지역
　ⓗ 석유화학제품을 생산하는 공장이 있는 지역
　ⓢ **소방시설**·**소방용수시설** 또는 **소방출동로**가 **없는** 지역
　ⓞ 「산업입지 및 개발에 관한 법률」에 따른 산업단지
　ⓧ 「물류시설의 개발 및 운영에 관한 법률」에 따른 물류단지
　ⓒ **소방청장**·**소방본부장** 또는 **소방서장**(소방관서장)이 화재예방강화지구로 지정할 필요가 있다고 인정하는 지역

기억법 화강시

답 ②

53
08.09.문51

위험물안전관리법령상 제조소의 위치·구조 및 설비의 기준 중 위험물을 취급하는 건축물 그 밖의 시설의 주위에는 그 취급하는 위험물의 최대수량이 지정수량의 10배 이하인 경우 보유하여야 할 공지의 너비는 몇 m 이상이어야 하는가?

① 3　　　　② 5
③ 8　　　　④ 10

해설 **위험물규칙** 〔별표 4〕
위험물제조소의 보유공지

지정수량의 10배 이하	지정수량의 10배 초과
3m 이상 보기①	5m 이상

답 ①

54
15.03.문07
14.05.문45
08.09.문58
03.03.문75

위험물안전관리법령상 인화성 액체위험물(이황화탄소를 제외)의 옥외탱크저장소의 탱크 주위에 설치하여야 하는 방유제의 설치기준 중 틀린 것은?

① 방유제 내의 면적은 60000m² 이하로 하여야 한다.
② 방유제는 높이 0.5m 이상 3m 이하, 두께 0.2m 이상, 지하매설깊이가 1m 이상으로 할 것. 다만, 방유제와 옥외저장탱크 사이의 지반면 아래에 불침윤성 구조물을 설치하는 경우에는 지하매설깊이를 해당 불침윤성 구조물까지로 할 수 있다.
③ 방유제의 용량은 방유제 안에 설치된 탱크가 하나인 때에는 그 탱크 용량의 110% 이상, 2기 이상인 때에는 그 탱크 중 용량이 최대인 것의 용량의 110% 이상으로 하여야 한다.
④ 방유제는 철근콘크리트로 하고, 방유제와 옥외저장탱크 사이의 지표면은 불연성과 불침윤성이 있는 구조(철근콘크리트 등)로 할 것. 다만, 누출된 위험물을 수용할 수 있는 전용유조 및 펌프 등의 설비를 갖춘 경우에는 방유제와 옥외저장탱크 사이의 지표면을 흙으로 할 수 있다.

해설 **위험물규칙** 〔별표 6〕
옥외탱크저장소의 방유제

구 분	설 명
높이	0.5~3m 이하
탱크	**10기**(모든 탱크용량이 **20만L** 이하, 인화점이 70~200℃ 미만은 **20기**) 이하
면적	**80000m²** 이하 보기①
용량	① 1기 이상: **탱크용량**의 110% 이상 ② 2기 이상: **최대탱크용량**의 110% 이상

① 60000m² 이하 → 80000m² 이하

답 ①

55

소방시설 설치 및 관리에 관한 법령상 용어의 정의 중 다음 (　) 안에 알맞은 것은?

특정소방대상물이란 건축물 등의 규모·용도 및 수용인원 등을 고려하여 소방시설을 설치하여야 하는 소방대상물로서 (　)으로 정하는 것

① 행정안전부령　② 국토교통부령
③ 고용노동부령　④ 대통령령

해설 소방시설법 2조
정의

용 어	뜻
소방시설	**소화설비, 경보설비, 피난구조설비, 소화용수설비,** 그 밖에 **소화활동설비**로서 **대통령령**으로 정하는 것
소방시설 등	**소방시설**과 **비상구,** 그 밖에 소방 관련 시설로서 **대통령령**으로 정하는 것
특정소방대상물	건축물 등의 규모·용도 및 수용인원 등을 고려하여 소방시설을 설치하여야 하는 소방대상물로서 **대통령령**으로 정하는 것 보기 ④
소방용품	소방시설 등을 구성하거나 소방용으로 사용되는 **제품** 또는 **기기**로서 **대통령령**으로 정하는 것

답 ④

56 소방시설공사업법상 특정소방대상물의 관계인 또는 발주자가 해당 도급계약의 수급인을 도급계약 해지할 수 있는 경우의 기준 중 틀린 것은?

① 하도급계약의 적정성 심사 결과 하수급인 또는 하도급계약 내용의 변경 요구에 정당한 사유 없이 따르지 아니하는 경우
② 정당한 사유 없이 15일 이상 소방시설공사를 계속하지 아니하는 경우
③ 소방시설업이 등록취소되거나 영업정지된 경우
④ 소방시설업을 휴업하거나 폐업한 경우

해설 30일
(1) 소방시설업 등록사항 변경신고(공사업규칙 6조)
(2) 위험물안전관리자의 재선임(위험물안전관리법 시행규칙 15조)
(3) 소방안전관리자의 재선임(화재예방법 시행규칙 14조)
(4) **도급계약 해지**(공사업법 23조) 보기 ②
(5) 소방시설공사 중요사항 변경시의 신고일(공사업규칙 12조)
(6) 소방기술자 실무교육기관 지정서 발급(공사업규칙 32조)
(7) 소방공사감리자 변경서류 제출(공사업규칙 15조)
(8) 승계(위험물법 10조)
(9) 위험물안전관리자의 직무대행(위험물법 15조)
(10) 탱크시험자의 변경신고일(위험물법 16조)

② 15일 이상 → 30일 이상

답 ②

57 위험물안전관리법상 업무상 과실로 제조소 등에서 위험물을 유출·방출 또는 확산시켜 사람의 생명·신체 또는 재산에 대하여 위험을 발생시킨 자에 대한 벌칙기준으로 옳은 것은?

① 10년 이하의 징역 또는 금고나 1억원 이하의 벌금
② 7년 이하의 금고 또는 7천만원 이하의 벌금
③ 5년 이하의 징역 또는 1억원 이하의 벌금
④ 3년 이하의 징역 또는 3천만원 이하의 벌금

해설 위험물법 34조

벌 칙	행 위
7년 이하의 금고 또는 7천만원 이하의 벌금	업무상 과실로 제조소 등에서 위험물을 유출·방출 또는 확산시켜 사람의 생명·신체 또는 재산에 대하여 **위험**을 발생시킨 자 보기 ②
10년 이하의 징역 또는 금고나 1억원 이하의 벌금	업무상 과실로 제조소 등에서 위험물을 유출·방출 또는 확산시켜 사람을 **사상**에 이르게 한 자

비교

소방시설법 56조

벌 칙	행 위
5년 이하의 징역 또는 5천만원 이하의 벌금	소방시설에 폐쇄·차단 등의 행위를 한 자
7년 이하의 징역 또는 7천만원 이하의 벌금	소방시설에 폐쇄·차단 등의 행위를 하여 사람을 **상해**에 이르게 한 때
10년 이하의 징역 또는 1억원 이하의 벌금	소방시설에 폐쇄·차단 등의 행위를 하여 사람을 **사망**에 이르게 한 때

답 ②

58 화재의 예방 및 안전관리에 관한 법률상 소방안전특별관리시설물의 대상기준 중 틀린 것은?

① 수련시설
② 항만시설
③ 전력용 및 통신용 지하구
④ 지정문화유산인 시설(시설이 아닌 지정문화유산을 보호하거나 소장하고 있는 시설을 포함)

해설 화재예방법 40조
소방안전특별관리시설물의 안전관리
(1) 공항시설
(2) 철도시설
(3) 도시철도시설
(4) **항만시설** 보기 ②
(5) **지정문화유산** 및 **천연기념물** 등인 시설(시설이 아닌 지정문화유산 및 천연기념물 등을 보호하거나 소장하고 있는 시설 포함) 보기 ④
(6) 산업기술단지
(7) 산업단지
(8) 초고층 건축물 및 지하연계 복합건축물
(9) 영화상영관 중 수용인원 1000명 이상인 영화상영관
(10) **전력용 및 통신용 지하구** 보기 ③
(11) 석유비축시설
(12) 천연가스 인수기지 및 공급망
(13) 전통시장(**대통령령**으로 정하는 전통시장)

답 ①

★★★
59
16.03.문42
06.03.문60
화재의 예방 및 안전관리에 관한 법령상 관리의 권원이 분리된 특정소방대상물이 아닌 것은?

① 판매시설 중 도매시장 및 소매시장
② 전통시장
③ 지하층을 제외한 층수가 7층 이상인 복합건축물
④ 복합건축물로서 연면적이 30000m² 이상인 것

해설 화재예방법 35조, 화재예방법 시행령 35조
관리의 권원이 분리된 특정소방대상물
(1) 복합건축물(지하층을 제외한 **11층** 이상 또는 연면적 **3만m²** 이상인 건축물) 보기 ③④
(2) 지하가
(3) **도매시장, 소매시장, 전통시장** 보기 ①②

③ 7층 → 11층

답 ③

★★★
60
19.03.문55
14.05.문46
14.03.문46
13.03.문61
화재의 예방 및 안전관리에 관한 법령상 특수가연물의 저장 및 취급의 기준 중 다음 ( ) 안에 알맞은 것은?

살수설비를 설치하거나, 방사능력 범위에 해당 특수가연물이 포함되도록 대형 수동식 소화기를 설치하는 경우에는 쌓는 높이를 (㉠)m 이하, 석탄·목탄류의 경우에는 쌓는 부분의 바닥면적을 (㉡)m² 이하로 할 수 있다.

① ㉠ 10, ㉡ 50   ② ㉠ 10, ㉡ 200
③ ㉠ 15, ㉡ 200   ④ ㉠ 15, ㉡ 300

해설 화재예방법 시행령 〔별표 3〕
특수가연물의 저장·취급기준
(1) **품명별**로 구분하여 쌓을 것
(2) 쌓는 높이는 **10m** 이하가 되도록 할 것
(3) 쌓는 부분의 바닥면적은 **50m²**(석탄·목탄류는 **200m²**) 이하가 되도록 할 것[단, 살수설비를 설치하거나 대형 수동식 소화기를 설치하는 경우에는 높이 **15m** 이하, 바닥면적 **200m²**(석탄·목탄류는 **300m²** 이하)] 보기 ㉠㉡
(4) 쌓는 부분의 바닥면적 사이는 실내의 경우 **1.2m** 또는 **쌓는 높이**의 $\frac{1}{2}$ 중 **큰 값**(실외 3m 또는 쌓는 높이 중 **큰 값**) 이상으로 간격을 둘 것
(5) 취급장소에는 **품명, 최대저장수량, 단위부피당 질량** 또는 **단위체적당 질량, 관리책임자 성명·직책· 연락처** 및 **화기취급의 금지표지** 설치

답 ④

제 4 과목   **소방기계시설의 구조 및 원리** ::

★
61
11.06.문70
제연설비의 배출량기준 중 다음 ( ) 안에 알맞은 것은?

거실의 바닥면적이 400m² 미만으로 구획된 예상제연구역에 대한 배출량은 바닥면적 1m²당 (㉠)m³/min 이상으로 하되, 예상제연구역 전체에 대한 최저 배출량은 (㉡)m³/hr 이상으로 하여야 한다.

① ㉠ 0.5, ㉡ 10000   ② ㉠ 1, ㉡ 5000
③ ㉠ 1.5, ㉡ 15000   ④ ㉠ 2, ㉡ 5000

해설 제연설비(NFPC 501 6조, NFTC 501 2.3.1)
거실의 바닥면적이 **400m² 미만**으로 구획된 예상제연구역에 대해서는 바닥면적 1m²당 **1m³/min** 이상으로 하되, 예상제연구역에 대한 최저 배출량은 **5000m³/hr** 이상으로 하여야 한다. 보기 ㉠㉡

답 ②

★★★
62
13.06.문66
10.09.문67
케이블트레이에 물분무소화설비를 설치하는 경우 저장하여야 할 수원의 최소 저수량은 몇 m³인가? (단, 케이블트레이의 투영된 바닥면적은 70m²이다.)

① 12.4   ② 14
③ 16.8   ④ 28

해설 **물분무소화설비**의 수원(NFPC 104 4조, NFTC 104 2.1.1)

특정소방대상물	토출량	비 고
컨베이어벨트	10L/min · m²	벨트부분의 바닥면적
절연유 봉입변압기	10L/min · m²	표면적을 합한 면적(바닥면적 제외)
특수가연물	10L/min · m² (최소 50m²)	최대방수구역의 바닥면적 기준
케이블트레이 · 덕트	12L/min · m²	투영된 바닥면적
차고 · 주차장	20L/min · m² (최소 50m²)	최대방수구역의 바닥면적 기준
위험물 저장탱크	37L/min · m	위험물탱크 둘레길이(원주 길이) : 위험물규칙 〔별표 6〕Ⅱ

※ 모두 20분간 방수할 수 있는 양 이상으로 하여야 한다.

케이블트레이 = 12L/min · m²×20분×투영된 바닥면적
= 12L/min · m²×20분×70m²
= 16800L
= 16.8m³

• 1000L = 1m³

답 ③

★★★
63
15.09.문75
10.09.문75
10.03.문73
호스릴 이산화탄소소화설비의 노즐은 20℃에서 하나의 노즐마다 몇 kg/min 이상의 소화약제를 방사할 수 있는 것이어야 하는가?

① 40   ② 50
③ 60   ④ 80

해설 **호스릴 CO₂소화설비**

소화약제 저장량	분사헤드 방사량
90kg 이상	**60kg/min** 이상 보기 ③

기억법 호소9

비교

호스릴방식(분말소화설비)

약제 종별	약제 저장량	약제 방사량
제1종 분말	50kg	45kg/min
제2·3종 분말	30kg	27kg/min
제4종 분말	20kg	18kg/min

답 ③

★★★
64 차고·주차장의 부분에 호스릴포소화설비 또는 포소화전설비를 설치할 수 있는 기준 중 틀린 것은?

17.03.문72
17.03.문80
16.05.문67
13.06.문62
09.03.문79

① 지상 1층으로서 지붕이 없는 부분
② 고가 밑의 주차장 등으로서 주된 벽이 없고 기둥뿐이거나 주위가 위해방지용 철주 등으로 둘러싸인 부분
③ 옥외로 통하는 개구부가 상시 개방된 구조의 부분으로서 그 개방된 부분의 합계면적이 해당 차고 또는 주차장의 바닥면적의 20% 이상인 부분
④ 완전개방된 옥상주차장

해설 **포소화설비**의 **적응대상**(NFPC 105 4조, NFTC 105 2.1.1)

특정소방대상물	설비 종류
• 차고·주차장 • 항공기격납고 • 공장·창고(특수가연물 저장·취급)	• 포워터스프링클러설비 • 포헤드설비 • 고정포방출설비 • 압축공기포소화설비
• 완전개방된 옥상주차장(주된 벽이 없고 기둥뿐이거나 주위가 위해방지용 철주 등으로 둘러싸인 부분) 보기 ④ • **지상 1층**으로서 지붕이 없는 차고·주차장 보기 ① • 고가 밑의 주차장(주된 벽이 없고 기둥뿐이거나 주위가 위해방지용 철주 등으로 둘러싸인 부분) 보기 ②	• 호스릴포소화설비 • 포소화전설비
• 발전기실 • 엔진펌프실 • 변압기 • 전기케이블실 • 유압설비	• 고정식 압축공기포소화설비(바닥면적 합계 **300m²** 미만)

③ 무관한 내용

답 ③

★
65 특별피난계단의 계단실 및 부속실 제연설비의 수직풍도에 따른 배출기준 중 각 층의 옥내와 면하는 수직풍도의 관통부에 설치하여야 하는 배출댐퍼 설치기준으로 틀린 것은?

14.05.문61

① 화재층에 설치된 화재감지기의 동작에 따라 당해 층의 댐퍼가 개방될 것
② 풍도의 배출댐퍼는 이·탈착구조가 되지 않도록 설치할 것
③ 개폐여부를 당해 장치 및 제어반에서 확인할 수 있는 감지기능을 내장하고 있을 것
④ 배출댐퍼는 두께 1.5mm 이상의 강판 또는 이와 동등 이상의 성능이 있는 것으로 설치하여야 하며 비내식성 재료의 경우에는 부식방지 조치를 할 것

해설 **각 층의 옥내와 면하는 수직풍도의 관통부 배출댐퍼 설치기준**(NFPC 501A 14조, NFTC 501A 2.11.1.3)
(1) 배출댐퍼는 두께 **1.5mm** 이상의 강판 또는 이와 동등 이상의 강도가 있는 것으로 설치하여야 하며, 비내식성 재료의 경우에는 부식방지 조치를 할 것 보기 ④
(2) 평상시 **닫힘구조**로 기밀상태를 유지할 것
(3) 개폐여부를 해당 장치 및 **제어반**에서 확인할 수 있는 감지기능을 내장하고 있을 것 보기 ③
(4) 구동부의 작동상태와 닫혀 있을 때의 기밀상태를 수시로 점검할 수 있는 구조일 것
(5) 풍도의 내부마감상태에 대한 점검 및 댐퍼의 정비가 가능한 **이·탈착구조**로 할 것 보기 ②
(6) 화재층에 설치된 화재감지기의 동작에 따라 해당 층의 댐퍼가 개방될 것 보기 ①
(7) 개방시의 실제개구부의 크기는 수직풍도의 최소 내부단면적 이상으로 할 것
(8) 댐퍼는 풍도 내의 공기흐름에 지장을 주지 않도록 수직풍도의 내부로 돌출하지 않게 설치할 것

② 이·탈착구조가 되지 않도록 설치할 것 → 이·탈착구조로 할 것

답 ②

★★★
66 인명구조기구의 종류가 아닌 것은?

17.03.문75
14.09.문59
13.09.문50
12.03.문52

① 방열복
② 구조대
③ 공기호흡기
④ 인공소생기

19.04.문69
19.03.문63
17.09.문80
13.09.문77

해설 소방시설법 시행령 〔별표 1〕
피난구조설비
(1) 피난기구 ┬ 피난사다리
 ├ 구조대 보기 ②
 ├ 완강기
 └ 소방청장이 정하여 고시하는 화재안전
  기준으로 정하는 것(미끄럼대, 피난교,
  공기안전매트, 피난용 트랩, 다수인 피
  난장비, 승강식 피난기, 간이완강기, 하
  향식 피난구용 내림식 사다리)

(2) **인**명구조기구 ┬ **방열**복 보기 ①
 ├ 방**화**복(안전모, 보호장갑, 안전화 포함)
 ├ **공**기호흡기 보기 ③
 └ **인**공소생기 보기 ④

기억법 방화열공인

(3) 유도등 ┬ 피난유도선
 ├ 피난구유도등
 ├ 통로유도등
 ├ 객석유도등
 └ 유도표지

(4) 비상조명등·휴대용 비상조명등

② 피난기구

답 ②

★★★
67 분말소화약제의 가압용 가스용기의 설치기준 중 틀린 것은?

① 분말소화약제의 저장용기에 접속하여 설치하여야 한다.

② 가압용 가스는 질소가스 또는 이산화탄소로 하여야 한다.

③ 가압용 가스용기를 3병 이상 설치한 경우에 있어서는 2개 이상의 용기에 전자개방밸브를 부착하여야 한다.

④ 가압용 가스용기에는 2.5MPa 이상의 압력에서 압력조정이 가능한 압력조정기를 설치하여야 한다.

해설 압력조정장치(압력조정기)의 **압력**

할론소화설비	분말소화설비(분말소화약제)
2MPa 이하	**2.5**MPa 이하 보기 ④

기억법 **분압25(분압이오.)**

④ 2.5MPa 이상 → 2.5MPa 이하

🔊 중요

(1) **전자개방밸브 부착**

분말소화약제 가압용 가스용기	이산화탄소·분말소화 설비 전기식 기동장치
3병 이상 설치한 경우 **2개** 이상	**7병** 이상 개방시 **2병** 이상

기억법 **이7(이치)**

---

(2) **가압식**과 **축압식**의 **설치기준**(35℃에서 1기압의 압력상태로 환산한 것)(NFPC 108 5조, NFTC 108 2.2.4)

구 분 사용 가스	가압식	축압식
N_2(질소)	40L/kg 이상	10L/kg 이상
CO_2(이산 화탄소)	20g/kg+배관청소 필요량 이상	20g/kg+배관청소 필요량 이상

※ 배관청소용 가스는 별도의 용기에 저장한다.

답 ④

★★
68 스프링클러헤드의 설치기준 중 옳은 것은?

17.09.문68

① 살수가 방해되지 않도록 스프링클러헤드로부터 반경 30cm 이상의 공간을 보유할 것

② 스프링클러헤드와 그 부착면과의 거리는 60cm 이하로 할 것

③ 측벽형 스프링클러헤드를 설치하는 경우 긴 변의 한쪽 벽에 일렬로 설치하고 3.2m 이내마다 설치할 것

④ 연소할 우려가 있는 개구부에는 그 상하좌우에 2.5m 간격으로 스프링클러헤드를 설치하되, 스프링클러헤드와 개구부의 내측면으로부터 직선거리는 15cm 이하가 되도록 할 것

해설 스프링클러헤드의 설치기준(NFPC 103 10조, NFTC 103 2.7.7)

(1) **연소할 우려**가 있는 **개구부**에는 그 상하좌우에 **2.5m** 간격으로 스프링클러헤드를 설치하되, 스프링클러헤드와 개구부의 내측면으로부터 직선거리는 **15cm** 이하가 되도록 할 것. 이 경우 사람이 상시 출입하는 개구부로서 통행에 지장이 있는 때에는 개구부의 상부 또는 측면(개구부의 폭이 **9m** 이하인 경우에 한함)에 설치하되, 헤드 상호간의 간격은 **1.2m** 이하로 설치 보기 ④

(2) 살수가 방해되지 않도록 스프링클러헤드로부터 반경 **60cm 이상**의 공간을 보유할 것(단, **벽과 스프링클러헤드** 간의 공간은 **10cm 이상**) 보기 ①

(3) 스프링클러헤드와 그 부착면과의 거리는 **30cm 이하**로 할 것 보기 ②

(4) 측벽형 스프링클러헤드를 설치하는 경우 긴 변의 한쪽 벽에 일렬로 설치(폭이 **4.5~9m** 이하인 실에 있어서는 긴 변의 양쪽에 각각 일렬로 설치하되 마주보는 스프링클러헤드가 나란히 꼴이 되도록 설치)하고 **3.6m** 이내마다 설치할 것 보기 ③

① 30cm 이상 → 60cm 이상
② 60cm 이하 → 30cm 이하
③ 3.2m → 3.6m

용어

연소할 우려가 있는 개구부
각 방화구획을 관통하는 **컨베이어·에스컬레이터**
또는 이와 유사한 시설의 주위로서 방화구획을 할
수 없는 부분

답 ④

69 포헤드의 설치기준 중 다음 ( ) 안에 알맞은 것은?

압축공기포소화설비의 분사헤드는 천장 또는 반자에 설치하되 방호대상물에 따라 측벽에 설치할 수 있으며 유류탱크 주위에는 바닥면 적 (㉠)m²마다 1개 이상, 특수가연물 저장 소에는 바닥면적 (㉡)m²마다 1개 이상으로 당해 방호대상물의 화재를 유효하게 소화할 수 있도록 할 것

① ㉠ 8, ㉡ 9
② ㉠ 9, ㉡ 8
③ ㉠ 9.3, ㉡ 13.9
④ ㉠ 13.9, ㉡ 9.3

해설 **포헤드**의 **설치기준**(NFPC 105 12조, NFTC 105 2.9.2)
압축공기포소화설비의 분사헤드는 천장 또는 반자에 설치하되 방호대상물에 따라 측벽에 설치할 수 있으며 유류탱크 주위에는 바닥면적 **13.9m²**마다 1개 이상, **특수가연물** 저 장소에는 바닥면적 **9.3m²**마다 1개 이상으로 당해 방호대상 물의 화재를 유효하게 소화할 수 있도록 할 것 보기 ㉠㉡

방호대상물	방호면적 1m²에 대한 1분당 방출량
특수가연물	2.3L
기타의 것	1.63L

답 ④

70 분말소화설비의 수동식 기동장치의 부근에 설치 하는 비상스위치에 대한 설명으로 옳은 것은?

[12.05.문61]

① 자동복귀형 스위치로서 수동식 기동장치의 타이머를 순간정지시키는 기능의 스위치를 말한다.
② 자동복귀형 스위치로서 수동식 기동장치가 수신기를 순간정지시키는 기능의 스위치를 말한다.
③ 수동복귀형 스위치로서 수동식 기동장치의 타이머를 순간정지시키는 기능의 스위치를 말한다.

④ 수동복귀형 스위치로서 수동식 기동장치가 수신기를 순간정지시키는 기능의 스위치를 말한다.

해설 **비상스위치**(NFPC 108 7조, NFTC 108 2.4.1)
자동복귀형 스위치로서 수동식 기동장치의 **타이머를** **순간정지시키는** 기능의 스위치 보기 ①

비상스위치=방출지연 스위치=방출지연 비상스위치

답 ①

71 이산화탄소 소화설비의 배관의 설치기준 중 다음 ( ) 안에 알맞은 것은?

[14.03.문72]
[13.06.문71]
[11.03.문63]

고압식의 1차측(개폐밸브 또는 선택밸브 이전) 배관부속의 최소 사용설계압력은 (㉠)MPa 로 하고, 고압식의 2차측과 저압식의 배관부속 의 최소 사용설계압력은 (㉡)MPa로 할 것

① ㉠ 8.5, ㉡ 4.5
② ㉠ 9.5, ㉡ 4.5
③ ㉠ 8.5, ㉡ 5.0
④ ㉠ 9.5, ㉡ 5.0

해설 **이산화탄소 소화설비**의 **배관**(NFPC 106 8조, NFTC 106 2.5)

구 분	고압식	저압식
강관	**스케줄 80**(호칭구경 20mm **스케줄 40**) 이상	스케줄 40 이상
동관	16.5MPa 이상	3.75MPa 이상
배관 부속	• 1차측 배관부속 : 9.5MPa 보기 ㉠ • 2차측 배관부속 : 4.5MPa	4.5MPa 보기 ㉡

답 ②

72 옥외소화전설비 설치시 고가수조의 자연낙차를 이 용한 가압송수장치의 설치기준 중 고가수조의 최 소 자연낙차수두 산출공식으로 옳은 것은? (단, H : 필요한 낙차(m), h_1 : 소방용 호스 마찰손실 수두(m), h_2 : 배관의 마찰손실수두(m)이다.)

[11.10.문69]

① $H = h_1 + h_2 + 25$
② $H = h_1 + h_2 + 17$
③ $H = h_1 + h_2 + 12$
④ $H = h_1 + h_2 + 10$

해설 **소화설비**에 따른 **필요한 낙차**

소화설비	필요한 낙차
스프링클러설비	$H = h_1 + 10$ 여기서, H : 필요한 낙차(m) h_1 : 배관 및 관부속품의 마 찰손실수두(m)

옥내소화전설비	$H = h_1 + h_2 + 17$
	여기서, H : 필요한 낙차[m] h_1 : 소방용 호스의 마찰손 실수두[m] h_2 : 배관 및 관부속품의 마 찰손실수두[m]
옥외소화전설비 보기 ①	$H = h_1 + h_2 + 25$
	여기서, H : 필요한 낙차[m] h_1 : 소방용 호스의 마찰손 실수두[m] h_2 : 배관 및 관부속품의 마 찰손실수두[m]

용어

자연낙차수두
수조의 하단으로부터 최고층에 설치된 소화전 호스 접결구까지의 수직거리

비교

소화설비에 따른 **필요한 압력**

소화설비	필요한 압력
스프링클러설비	$P = P_1 + P_2 + 0.1$ 여기서, P : 필요한 압력[MPa] P_1 : 배관 및 관 부속품의 마찰손실수두압[m] P_2 : 낙차의 환산수두압 [MPa]
옥내소화전설비	$P = P_1 + P_2 + P_3 + 0.17$ 여기서, P : 필요한 압력[MPa] P_1 : 소방호스의 마찰손 실수두압[m] P_2 : 배관 및 관 부속품 의 마찰손실수두압 [m] P_3 : 낙차의 환산수두압 [MPa]
옥외소화전설비	$P = P_1 + P_2 + P_3 + 0.25$ 여기서, P : 필요한 압력[MPa] P_1 : 소방호스의 마찰손 실수두압[MPa] P_2 : 배관 및 관 부속품 의 마찰손실수두압 [MPa] P_3 : 낙차의 환산수두압 [MPa]

답 ①

★★★
73 물분무헤드의 설치제외 기준 중 다음 ( ) 안에 알맞은 것은?

17.09.문77
 15.03.문76
 14.09.문61
 07.09.문72

> 운전시에 표면의 온도가 ( )℃ 이상으로 되는 등 직접 분무를 하는 경우 그 부분에 손상을 입힐 우려가 있는 기계장치 등이 있 는 장소

① 100

② 260

③ 280

④ 980

해설 **물분무헤드 설치제외 장소**(NFPC 104 15조, NFTC 104 2.12)
(1) 물과 심하게 **반응**하는 물질 취급장소
(2) **고온물질** 취급장소
(3) **표면온도 260℃** 이상 보기 ②

기억법 **물표26(물표 이륙)**

답 ②

★★★
74 연면적이 35000m²인 특정소방대상물에 소화용

11.06.문67 수설비를 설치하는 경우 소화수조의 최소 저수 량은 약 몇 m³인가? (단, 지상 1층 및 2층의 바 닥면적합계가 15000m² 이상인 경우이다.)

① 28

② 46.7

③ 56

④ 100

해설 **저수량**

$$\text{저수량} = \frac{\text{연면적}}{\text{기준면적}} (\text{절상}) \times 20\text{m}^3$$

$$= \frac{35000\text{m}^2}{7500\text{m}^2} (\text{절상}) \times 20\text{m}^3$$

$$= 5 \times 20\text{m}^3$$

$$= 100\text{m}^3$$

- 단서 조건에 의해 기준면적은 7500m² 적용

중요

소화수조 및 **저수조**의 **저수량 산출**(NFPC 402 4조, NFTC 402 2.1.2)

구 분	기준면적
지상 1층 및 2층 바닥면적 합계 15000m² 이상	7500m²
기타	12500m²

답 ④

75 소화기에 호스를 부착하지 아니할 수 있는 기준 중 틀린 것은?

17.09.문62

① 소화약제의 중량이 2kg 이하인 분말소화기
② 소화약제의 중량이 3kg 이하인 이산화탄소소화기
③ 소화약제의 중량이 4kg 이하인 할로겐화합물소화기
④ 소화약제의 중량이 5kg 이하인 산알칼리소화기

해설 **호스**의 **부착**이 **제외**되는 **소화기**(소화기 형식 15조)

중량 또는 용량	소화기 종류
2kg 이하	**분말소화기** 보기 ①
3kg 이하	**이산화탄소소화기** 보기 ②
3L 이하	**액체계 소화기(액체소화기)** 보기 ④
4kg 이하	**할로겐화합물소화기** 보기 ③

기억법 **분이할**(분장이 이상한 할머니)

• 산알칼리소화기는 액체계 소화기(액체소화기)이므로 **3L 이하**

④ 5kg 이하 → 3L 이하

중요

액체계 소화기(액체소화기)(NFTC 101 2.1.1.1)
(1) 산알칼리소화기
(2) 강화액소화기
(3) 포소화기
(4) 물소화기

답 ④

76 고정식 사다리의 구조에 따른 분류로 틀린 것은?

15.03.문62
07.05.문61
06.03.문61

① 굽히는식
② 수납식
③ 접는식
④ 신축식

해설 **피난사다리의 분류**

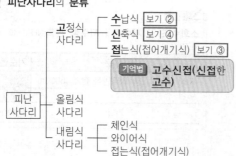

기억법 **고수신접**(신접한 고수)

답 ④

중요

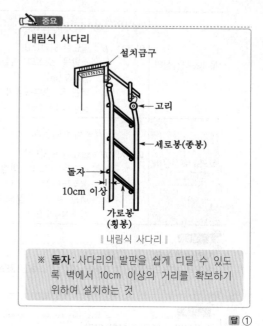

내림식 사다리

설치금구
고리
세로봉(종봉)
돌자
10cm 이상
가로봉
(횡봉)

| 내림식 사다리 |

※ **돌자** : 사다리의 발판을 쉽게 디딜 수 있도록 벽에서 10cm 이상의 거리를 확보하기 위하여 설치하는 것

답 ①

77 폐쇄형 스프링클러헤드 퓨지블링크형의 표시온도가 121~162℃인 경우 후레임의 색별로 옳은 것은? (단, 폐쇄형 헤드이다.)

05.03.문67
01.03.문77

① 파랑
② 빨강
③ 초록
④ 흰색

해설 **퓨지블링크형·글라스 벌브형**(스프링클러헤드 형식 12조 6)

퓨지블링크형		글라스 벌브형 (유리 벌브형)	
표시온도[℃]	색	표시온도[℃]	색
77℃ 미만	표시 없음	57℃	오렌지
78~120℃	흰색	**68℃**	**빨강**
121~162℃ → 파랑 보기 ①		79℃	노랑
163~203℃	빨강	93℃	초록
204~259℃	초록	141℃	파랑
260~319℃	오렌지	182℃	연한 자주
320℃ 이상	검정	227℃ 이상	검정

답 ①

78 발전실의 용도로 사용되는 바닥면적이 280m²인 발전실에 부속용도별로 추가하여야 할 적응성이 있는 소화기의 최소 수량은 몇 개인가?

15.03.문65
12.05.문62

① 2
② 4
③ 6
④ 12

해설 전기설비(발전실) 부속용도 추가 소화기

$$전기설비 = \frac{바닥면적}{50m^2} = \frac{280m^2}{50m^2} = 5.6 늑 6개(절상한다)$$

※ 절상 : '소수점은 끊어 올린다'는 뜻

중요

전기설비
발전실·변전실·송전실·변압기실·배전반실·통신기기실·전산기기실

공식

소화기 추가 설치개수(NFTC 101 2.1.1.3)

보일러·음식점·의료시설·업무시설 등	전기설비(통신기기실)
해당 바닥면적 $\frac{}{25m^2}$	해당 바닥면적 $\frac{}{50m^2}$

답 ③

79 습식 유수검지장치를 사용하는 스프링클러설비에 동장치를 시험할 수 있는 시험장치의 설치위치 기준으로 옳은 것은?
① 유수검지장치 2차측 배관에 연결하여 설치할 것
② 교차관의 중간부분에 연결하여 설치할 것
③ 유수검지장치의 측면배관에 연결하여 설치할 것
④ 유수검지장치에서 가장 먼 교차배관의 끝으로부터 연결하여 설치할 것

해설 습식 유수검지장치 또는 건식 유수검지장치를 사용하는 스프링클러설비와 부압식 스프링클러설비에 동장치를 시험할 수 있는 시험장치 설치기준(NFPC 103 8조, NFTC 103 2.5.12)
(1) 습식 스프링클러설비 및 부압식 스프링클러설비에 있어서는 유수검지장치 2차측 배관에 연결하여 설치하고 건식 스프링클러설비인 경우 유수검지장치에서 가장 먼 거리에 위치한 가지배관의 끝으로부터 연결하여 설치할 것. 유수검지장치 2차측 설비의 내용적이 2840L를 초과하는 건식 스프링클러설비의 경우 시험장치 개폐밸브를 완전 개방 후 1분 이내에 물이 방사되어야 한다. **보기 ①**
(2) 시험장치 배관의 구경은 25mm 이상으로 하고, 그 끝에 개폐밸브 및 개방형 헤드 또는 스프링클러헤드와 동등한 방수성능을 가진 오리피스를 설치할 것. 이 경우 개방형 헤드는 반사판 및 프레임을 제거한 오리피스만으로 설치할 수 있다.
(3) 시험배관의 끝에는 **물받이통** 및 **배수관**을 설치하여 시험 중 방사된 물이 바닥에 흘러내리지 아니하도록 할 것(단, **목욕실·화장실** 또는 그 밖의 곳으로서 배수처리가 쉬운 장소에 시험배관을 설치한 경우는 제외)

답 ①

80 물분무소화설비 수원의 저수량 설치기준으로 옳지 않은 것은?

17.03.문77
16.03.문63
15.09.문74
15.03.문75
14.05.문70
07.05.문67

① 특수가연물을 저장 또는 취급하는 특정소방대상물 또는 그 부분에 있어서 그 바닥면적 $1m^2$에 대하여 10L/min으로 20분간 방수할 수 있는 양 이상으로 할 것
② 차고 또는 주차장은 그 바닥면적 $1m^2$에 대하여 20L/min으로 20분간 방수할 수 있는 양 이상으로 할 것
③ 케이블덕트는 투영된 바닥면적 $1m^2$에 대하여 12L/min으로 20분간 방수할 수 있는 양 이상으로 할 것
④ 컨베이어벨트 등은 벨트부분의 바닥면적 $1m^2$에 대하여 20L/min으로 20분간 방수할 수 있는 양 이상으로 할 것

해설 물분무소화설비의 수원(NFPC 104 4조, NFTC 104 2.1.1)

특정소방대상물	토출량	비고
컨베이어벨트 **보기 ④**	$10L/min \cdot m^2$	벨트부분의 바닥면적
절연유 봉입변압기	$10L/min \cdot m^2$	표면적을 합한 면적(바닥면적 제외)
특수가연물 **보기 ①**	$10L/min \cdot m^2$ (최소 $50m^2$)	최대방수구역의 바닥면적 기준
케이블트레이·덕트 **보기 ③**	$12L/min \cdot m^2$	투영된 바닥면적
차고·주차장 **보기 ②**	$20L/min \cdot m^2$ (최소 $50m^2$)	최대방수구역의 바닥면적 기준
위험물 저장탱크	$37L/min \cdot m$	위험물탱크 둘레 길이(원주길이) : 위험물규칙 [별표 6] Ⅱ

※ 모두 **20분**간 방수할 수 있는 양 이상으로 하여야 한다.

기억법 컨 0
절 0
특 0
케 2
차 0
위 37

④ 20L/min → 10L/min

답 ④

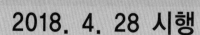

┃ 2018년 기사 제2회 필기시험 ┃

				수험번호	성명
자격종목	종목코드	시험시간	형별		
소방설비기사(기계분야)		**2시간**			

※ 각 문항은 4지택일형으로 질문에 가장 적합한 보기 항을 선택하여 체크하여야 합니다.

제 1 과목   **소방원론**

★★★
01 다음의 소화약제 중 오존파괴지수(ODP)가 가장 큰 것은?

17.09.문06
(산업)

① 할론 104   ② 할론 1301
③ 할론 1211   ④ 할론 2402

할론 1301(Halon 1301)
(1) 할론약제 중 **소화효과**가 **가장 좋다.**
(2) 할론약제 중 **독성**이 **가장 약하다.**
(3) 할론약제 중 **오존파괴지수**가 **가장 높다.** 보기 ②

**유사문제부터
풀어보세요.
실력이 팍!팍!
올라갑니다.**

> **용어**
>
> **오존파괴지수**(ODP ; Ozone Depletion Potential)
> 어떤 물질의 오존파괴능력을 상대적으로 나타내는 지표
>
> $$ODP= \frac{어떤\ 물질\ 1kg이\ 파괴하는\ 오존량}{CFC\ 11의\ 1kg이\ 파괴하는\ 오존량}$$

답 ②

★★★
02 자연발화 방지대책에 대한 설명 중 틀린 것은?

16.10.문05
16.03.문14
15.05.문19
15.03.문09
14.09.문06
14.09.문17
12.03.문09
10.03.문13

① 저장실의 온도를 낮게 유지한다.
② 저장실의 환기를 원활히 시킨다.
③ 촉매물질과의 접촉을 피한다.
④ 저장실의 습도를 높게 유지한다.

해설 (1) **자연발화의 방지법**
    ㉠ **습**도가 높은 곳을 **피**할 것(건조하게 유지할 것)
       보기 ④
    ㉡ 저장실의 온도를 낮출 것 보기 ①
    ㉢ **통**풍이 잘 되게 할 것(**환기**를 원활히 시킨다) 보기 ②
    ㉣ **퇴**적 및 수납시 열이 쌓이지 않게 할 것(**열축적 방지**)
    ㉤ 산소와의 접촉을 차단할 것(**촉매물질과의 접촉을 피한다**) 보기 ③
    ㉥ 열전도성을 좋게 할 것

> **기억법** 자습피

(2) **자연발화 조건**
    ㉠ 열전도율이 작을 것
    ㉡ 발열량이 클 것

    ㉢ 주위의 온도가 높을 것
    ㉣ 표면적이 넓을 것

  ④ 높게 → 낮게

답 ④

★★★
03 건축물의 화재발생시 인간의 피난 특성으로 틀린 것은?

16.05.문03
11.10.문09
12.05.문15
10.09.문11

① 평상시 사용하는 출입구나 통로를 사용하는 경향이 있다.
② 화재의 공포감으로 인하여 빛을 피해 어두운 곳으로 몸을 숨기는 경향이 있다.
③ 화염, 연기에 대한 공포감으로 발화지점의 반대방향으로 이동하는 경향이 있다.
④ 화재시 최초로 행동을 개시한 사람을 따라 전체가 움직이는 경향이 있다.

해설 **화재발생시 인간의 피난 특성**

구 분	설 명
귀소본능	• **친숙한 피난경로**를 선택하려는 행동 • 무의식 중에 평상시 사용하는 출입구나 통로를 사용하려는 행동 보기 ①
지광본능	• **밝은 쪽**을 지향하는 행동 • 화재의 공포감으로 인하여 **빛**을 따라 외부로 달아나려고 하는 행동 보기 ②
퇴피본능	• 화염, 연기에 대한 공포감으로 **발화의 반대방향**으로 이동하려는 행동 보기 ③
추종본능	• 많은 사람이 달아나는 방향으로 쫓아가려는 행동 • 화재시 최초로 행동을 개시한 사람을 따라 전체가 움직이려는 행동 보기 ④
좌회본능	• **좌측통행**을 하고 **시계반대방향**으로 회전하려는 행동
폐쇄공간 지향본능	가능한 **넓은 공간**을 찾아 **이동**하다가 위험성이 높아지면 의외의 좁은 공간을 찾는 본능
초능력 본능	비상시 **상상**도 **못할 힘**을 내는 본능

공격본능	**이상심리현상**으로서 구조용 헬리콥터를 부수려고 한다든지 무차별적으로 주변사람과 구조인력 등에게 공격을 가하는 본능
패닉 (panic) 현상	인간의 비이성적인 또는 부적합한 **공포 반응행동**으로서 무모하게 높은 곳에서 뛰어내리는 행위라든지, 몸이 굳어서 움직이지 못하는 행동

② 공포감으로 인해서 빛을 따라 외부로 달아나려는 경향이 있다.

답 ②

★★
04 건축물에 설치하는 방화구획의 설치기준 중 스프링클러설비를 설치한 11층 이상의 층은 바닥면적 몇 m² 이내마다 방화구획을 하여야 하는가? (단, 벽 및 반자의 실내에 접하는 부분의 마감은 불연재료가 아닌 경우이다.)

19.03.문15

① 200
② 600
③ 1000
④ 3000

해설 건축령 46조, 피난·방화구조 14조
방화구획의 기준

대상 건축물	대상 규모	층 및 구획방법		구획부분의 구조
주요구조부가 내화구조 또는 불연재료로 된 건축물	연면적 1000m² 넘는 것	10층 이하	바닥면적 1000m² 이내마다	• 내화구조로 된 바닥·벽 • 60분+방화문, 60분 방화문 • 자동방화셔터
		매 층마다	지하 1층에서 지상으로 직접 연결하는 경사로 부위는 제외	
		11층 이상	바닥면적 200m² 이내마다(실내마감을 불연재료로 한 경우 500m² 이내마다)	

• **스프링클러**, 기타 이와 유사한 **자동식 소화설비**를 설치한 경우 바닥면적은 위의 **3배** 면적으로 산정한다.
• **필로티**나 그 밖의 비슷한 구조의 부분을 주차장으로 사용하는 경우 그 부분은 건축물의 다른 부분과 구획할 것

② 스프링클러설비를 설치했으므로 200m²×3배＝ 600m²

답 ②

★★
05 인화점이 낮은 것부터 높은 순서로 옳게 나열된 것은?

15.09.문02
14.05.문05
14.03.문10
12.03.문01
11.06.문09
11.03.문12
10.05.문11

① 에틸알코올 ＜ 이황화탄소 ＜ 아세톤
② 이황화탄소 ＜ 에틸알코올 ＜ 아세톤
③ 에틸알코올 ＜ 아세톤 ＜ 이황화탄소

④ 이황화탄소 ＜ 아세톤 ＜ 에틸알코올

해설

물 질	인화점	착화점
• 프로필렌	-107℃	497℃
• 에틸에터 • 다이에틸에터	-45℃	180℃
• 가솔린(휘발유)	-43℃	300℃
• **이황화탄소**	**-30℃**	**100℃**
• 아세틸렌	-18℃	335℃
• **아세톤**	**-18℃**	**538℃**
• 벤젠	-11℃	562℃
• 톨루엔	4.4℃	480℃
• **에틸알코올**	**13℃**	**423℃**
• 아세트산	40℃	-
• 등유	43~72℃	210℃
• 경유	50~70℃	200℃
• 적린	-	260℃

답 ④

★★★
06 분말소화약제로서 ABC급 화재에 적응성이 있는 소화약제의 종류는?

19.03.문01
17.09.문10
16.10.문06
16.05.문15
16.03.문09
15.09.문01
15.05.문08
14.09.문10
14.05.문07
14.03.문03
14.03.문14
12.03.문13

① $NH_4H_2PO_4$
② $NaHCO_3$
③ Na_2CO_3
④ $KHCO_3$

해설 (1) **분말소화약제**

종 별	주성분	착 색	적응화재	비 고
제**1**종	중탄산나트륨 ($NaHCO_3$)	백색	BC급	**식용유** 및 **지방질유**의 화재에 적합
제2종	중탄산칼륨 ($KHCO_3$)	담자색 (담회색)	BC급	-
제**3**종	제1인산암모늄 ($NH_4H_2PO_4$) [보기 ①]	담홍색	ABC급	**차고·주차장**에 적합
제4종	중탄산칼륨 +요소 ($KHCO_3$+ $(NH_2)_2CO$)	회(백)색	BC급	-

기억법 1식분(일식 분식)
3분 차주(삼보컴퓨터 차주)

(2) **이산화탄소 소화약제**

주성분	적응화재
이산화탄소(CO_2)	BC급

답 ①

07 조연성 가스에 해당하는 것은?

17.03.문07
16.10.문03
16.03.문04
14.05.문10
12.09.문08
10.05.문18

① 일산화탄소
② 산소
③ 수소
④ 부탄

해설 가연성 가스와 지연성 가스(조연성 가스)

가연성 가스	지연성 가스(조연성 가스)
• **수소** 보기 ③ • **메탄** • **일산화탄소** 보기 ① • **천연가스** • **부탄** 보기 ④ • **에탄** • **암모니아** • **프로판**	• **산소** 보기 ② • **공기** • **염소** • **오존** • **불소** 기억법 **조산공 염오불**

기억법 **가수일천 암부
메에프**

용어

가연성 가스와 지연성 가스

가연성 가스	지연성 가스(조연성 가스)
물질 자체가 연소하는 것	자기 자신은 연소하지 않지만 연소를 도와주는 가스

답 ②

08 액화석유가스(LPG)에 대한 성질로 틀린 것은?

16.05.문18
13.06.문10
12.09.문02
12.03.문16
10.05.문08

① 주성분은 프로판, 부탄이다.
② 천연고무를 잘 녹인다.
③ 물에 녹지 않으나 유기용매에 용해된다.
④ 공기보다 1.5배 가볍다.

해설

종류	주성분	증기비중
도시가스 액화천연가스(LNG)	• **메탄**(CH_4)	0.55
액화석유가스(L**P**G)	• **프로판**(C_3H_8)	1.51
	• **부탄**(C_4H_{10})	2

증기비중이 1보다 작으면 공기보다 가볍다.

기억법 **도메, P프부**

④ 공기보다 **1.5배** 또는 **2배** 무겁다.

중요

액화석유가스(LPG)의 화재성상

(1) 주성분은 **프로판**(C_3H_8)과 **부탄**(C_4H_{10})이다. 보기 ①
(2) **무색, 무취**이다.

(3) 독성이 없는 가스이다.
(4) 액화하면 물보다 가볍고, 기화하면 **공기보다 무겁다.** 보기 ④
(5) 휘발유 등 **유기용매**에 잘 녹는다. 보기 ③
(6) 천연고무를 잘 녹인다. 보기 ②
(7) 공기 중에서 쉽게 연소, 폭발한다.

답 ④

09 과산화칼륨이 물과 접촉하였을 때 발생하는 것은?

① 산소
② 수소
③ 메탄
④ 아세틸렌

해설 **과산화칼륨**과 물과의 반응식

$$2K_2O_2 + 2H_2O \rightarrow 4KOH + O_2 \uparrow$$
과산화칼륨 물   수산화칼륨 산소

흡습성이 있으며 물과 반응하여 발열하고 **산소**를 발생시킨다.

답 ①

10 제2류 위험물에 해당하는 것은?

15.09.문18
15.05.문10
15.05.문42
14.03.문18
12.09.문01
10.05.문17

① 황
② 질산칼륨
③ 칼륨
④ 톨루엔

해설 **위험물령** 〔별표 1〕
위험물

유별	성질	품명
제1류	산화성 고체	• 아염소산염류 • 염소산염류 • 과염소산염류 • 질산염류(질산칼륨) 보기 ② • 무기과산화물 기억법 **1산고(일산GO)**
제2류	가연성 고체	• **황화인** • **적린** • **황** 보기 ① • **마그네슘** • **금속분** 기억법 **2황화적황마**
제3류	자연발화성 물질 및 금수성 물질	• **황린** • **칼륨** 보기 ③ • **나트륨** • **트리에틸알루미늄** • **금속의 수소화물** 기억법 **황칼나트알**
제4류	인화성 액체	• 특수인화물 • 석유류(벤젠)(제1석유류 : 톨루엔) 보기 ④ • 알코올류 • 동식물유류

제5류	자기반응성 물질	• 유기과산화물 • 나이트로화합물 • 나이트로소화합물 • 아조화합물 • 질산에스터류(셀룰로이드)
제6류	산화성 액체	• 과염소산 • 과산화수소 • 질산

① 황 : 제2류위험물
② 질산칼륨 : 제1류위험물
③ 칼륨 : 제3류위험물
④ 톨루엔 : 제4류위험물(제1석유류)

답 ①

11 물리적 폭발에 해당하는 것은?

[17.09.문04]
① 분해폭발
② 분진폭발
③ 증기운폭발
④ 수증기폭발

해설 **폭발의 종류**

화학적 폭발	물리적 폭발
• 가스폭발 • 유증기폭발 • 분진폭발 보기 ② • 화약류의 폭발 • 산화폭발 • 분해폭발 보기 ① • 중합폭발 • 증기운폭발 보기 ③	• 증기폭발(수증기폭발) 보기 ④ • 전선폭발 • 상전이폭발 • 압력방출에 의한 폭발

답 ④

12 산림화재시 소화효과를 증대시키기 위해 물에 첨가하는 증점제로서 적합한 것은?

[19.09.문04]
[09.08.문19]
[06.09.문20]
① Ethylene Glycol
② Potassium Carbonate
③ Ammonium Phosphate
④ Sodium Carboxy Methyl Cellulose

해설 **증점제**
(1) **CMC**(Sodium Carboxy Methyl Cellulose) : **산림화재**에 적합 보기 ④
(2) **Gelgard**(Dow Chemical=상품명)
(3) **Organic-Gel 제품**(무기물을 끈적끈적하게 하는 물품)
(4) **Bentonite Clay**=Short Term fire retardant=물 침투를 막는 재료
(5) **Ammonium phosphate** : **long term**에서 사용 가능(긴 시간 사용 가능)
$(NH_4)_3PO_4$=불연성, 내화성, 난연성의 성능이 있다.

중요

물의 첨가제

첨가제	설 명
강화액	알칼리 금속염을 주성분으로 한 것으로 **황색** 또는 **무색**의 점성이 있는 수용액
침투제	① 침투성을 높여 주기 위해서 첨가하는 **계면활성제**의 총칭 ② 물의 소화력을 보강하기 위해 첨가하는 약제로서 물의 **표면장력을 낮추어** 침투효과를 높이기 위한 첨가제
유화제	**고비점 유류**에 사용을 가능하게 하기 위한 것 기억법 유유
증점제	물의 **점도**를 높여 줌
부동제	물이 저온에서 **동결**되는 단점을 보완하기 위해 첨가하는 액체

답 ④

13 물과 반응하여 가연성 기체를 발생하지 않는 것은?

[15.05.문03]
[13.03.문03]
[12.09.문17]
① 칼륨
② 인화아연
③ 산화칼슘
④ 탄화알루미늄

해설 **분진폭발을 일으키지 않는 물질**
=물과 반응하여 가연성 기체를 발생하지 않는 것
(1) **시**멘트
(2) **석**회석
(3) **탄**산칼슘($CaCO_3$)
(4) **생**석회(CaO)=산화칼슘 보기 ③

기억법 분시석탄생

답 ③

14 피난계획의 일반원칙 중 Fool proof 원칙에 대한 설명으로 옳은 것은?

[16.10.문14]
[12.05.문16]
[11.10.문08]
① 1가지가 고장이 나도 다른 수단을 이용하는 원칙
② 2방향의 피난동선을 항상 확보하는 원칙
③ 피난수단을 이동식 시설로 하는 원칙
④ 피난수단을 조작이 간편한 원시적 방법으로 하는 원칙

해설 **Fail safe와 Fool proof**

용 어	설 명
페일 세이프 (fail safe)	① 한 가지 피난기구가 고장이 나도 다른 수단을 이용할 수 있도록 고려하는 것 ② 한 가지가 고장이 나도 다른 수단을 이용하는 원칙 보기 ① ③ **두 방향**의 피난동선을 항상 확보하는 원칙 보기 ②

| 풀 프루프
(fool proof) | ① 피난경로는 **간단명료**하게 한다.
② 피난구조설비는 **고정식 설비**를 위주로 설치한다.
③ 피난수단은 **원시적 방법**에 의한 것을 원칙으로 한다. 보기 ④
④ 피난통로를 **완전불연화**한다.
⑤ 막다른 복도가 없도록 계획한다.
⑥ 간단한 그림이나 색채를 이용하여 표시한다. |

① Fail safe
② Fail safe
③ Fool proof : 피난수단을 고정식 시설로 하는 원칙
④ Fool proof : 피난수단을 조작이 간편한 **원시적 방법**으로 하는 원칙

답 ④

★★★ 15

17.05.문11
14.09.문14
13.06.문08

물체의 표면온도가 250℃에서 650℃로 상승하면 열복사량은 약 몇 배 정도 상승하는가?

① 2.5　　　② 5.7
③ 7.5　　　④ 9.7

해설 스테판-볼츠만의 법칙(Stefan-Boltzman's law)

$$\frac{Q_2}{Q_1} = \frac{(273+t_2)^4}{(273+t_1)^4} = \frac{(273+650)^4}{(273+250)^4} ≒ 9.7$$

※ 열복사량은 복사체의 **절대온도**의 **4제곱**에 **비례**하고, **단면적**에 **비례**한다.

참고

스테판-볼츠만의 법칙(Stefan-Boltzman's law)

$$Q = aAF(T_1^4 - T_2^4)$$

여기서, Q : 복사열[W]
　　　　a : 스테판-볼츠만 상수[W/m² · K⁴]
　　　　A : 단면적[m²]
　　　　F : 기하학적 Factor
　　　　T_1 : 고온(273+t_1)[K]
　　　　T_2 : 저온(273+t_2)[K]
　　　　t_1 : 저온[℃]
　　　　t_2 : 고온[℃]

답 ④

★★ 16

화재발생시 발생하는 연기에 대한 설명으로 틀린 것은?

① 연기의 유동속도는 수평방향이 수직방향보다 빠르다.
② 동일한 가연물에 있어 환기지배형 화재가 연료지배형 화재에 비하여 연기발생량이 많다.
③ 고온상태의 연기는 유동확산이 빨라 화재전파의 원인이 되기도 한다.

④ 연기는 일반적으로 불완전 연소시에 발생한 고체, 액체, 기체 생성물의 집합체이다.

해설 연기의 특성
(1) 연기의 유동속도는 **수평방향**이 수직방향보다 **느리다**. 보기 ①
(2) 동일한 가연물에 있어 **환기지배형** 화재가 연료지배형 화재에 비하여 **연기발생량**이 **많다**. 보기 ②
(3) **고온상태**의 **연기**는 유동확산이 빨라 화재전파의 원인이 되기도 한다. 보기 ③
(4) 연기는 일반적으로 **불완전 연소**시에 발생한 **고체, 액체, 기체** 생성물의 집합체이다. 보기 ④

① **빠르다 → 느리다.**

중요

연료지배형 화재와 환기지배형 화재

구 분	연료지배형 화재	환기지배형 화재
지배조건	● 연료량에 의하여 지배 ● 가연물이 적음 ● 개방된 공간에서 발생	● 환기량에 의하여 지배 ● 가연물이 많음 ● 지하 무창층 등에서 발생
발생장소	● 목조건물 ● 큰 개방형 창문이 있는 건물	● 내화구조건물 ● 극장이나 밀폐된 소규모 건물
연소속도	● 빠르다.	● 느리다.
화재성상	● 구획화재시 플래시오버 **이전**에서 발생	● 구획화재시 플래시오버 **이후**에서 발생
위험성	● 개구부를 통하여 상층 연소 확대	● 실내공기 유입시 **백드래프트 발생**
온도	● 실내온도가 **낮다.**	● 실내온도가 **높다.**

답 ①

★★★ 17

17.03.문16
16.10.문07
16.03.문12
11.03.문04

소화방법 중 제거소화에 해당되지 않는 것은?

① 산불이 발생하면 화재의 진행방향을 앞질러 벌목
② 방 안에서 화재가 발생하면 이불이나 담요로 덮음
③ 가스화재시 밸브를 잠궈 가스흐름을 차단
④ 불타고 있는 장작더미 속에서 아직 타지 않은 것을 안전한 곳으로 운반

해설 ② **질식소화** : 방 안에서 화재가 발생하면 이불이나 담요로 덮는다.

 중요

제거소화의 예
(1) **가연성 기체**화재시 **주밸브**를 **차단**한다.
(2) **가연성 액체**화재시 펌프를 이용하여 **연료**를 제거한다.
(3) **연료탱크**를 **냉각**하여 가연성 가스의 발생속도를 작게 하여 연소를 억제한다.
(4) 금속화재시 **불활성 물질**로 가연물을 덮는다.

(5) **목재**를 **방염처리**한다.

(6) 전기화재시 **전원**을 **차단**한다.

(7) 산불이 발생하면 화재의 진행방향을 앞질러 **벌목**한다. 보기 ①

(8) 가스화재시 **밸브**를 **잠궈** 가스흐름을 차단한다. 보기 ③

(9) 불타고 있는 장작더미 속에서 아직 타지 않은 것을 안전한 곳으로 **운반**한다. 보기 ④

(10) 유류탱크화재시 주변에 있는 유류탱크의 유류를 다른 곳으로 이동시킨다.

(11) **양초**를 입으로 불어서 끈다.

> ※ **제거효과** : 가연물을 반응계에서 제거하든지 또는 반응계로의 공급을 정지시켜 소화하는 효과

답 ②

18 주수소화시 가연물에 따라 발생하는 가연성 가스의 연결이 틀린 것은?

11.10.문05
10.09.문12

① 탄화칼슘 – 아세틸렌

② 탄화알루미늄 – 프로판

③ 인화칼슘 – 포스핀

④ 수소화리튬 – 수소

해설 (1) **탄화칼슘**과 **물**의 반응식

> $CaC_2 + 2H_2O \rightarrow Ca(OH)_2 + C_2H_2 \uparrow$
> 탄화칼슘　　물　　수산화칼슘　아세틸렌

(2) **탄화알루미늄**과 **물**의 반응식

> $Al_4C_3 + 12H_2O \rightarrow 4Al(OH)_3 + 3CH_4 \uparrow$
> 탄화알루미늄　물　수산화알루미늄　메탄

(3) **인화칼슘**과 **물**의 반응식

> $Ca_3P_2 + 6H_2O \rightarrow 3Ca(OH)_2 + 2PH_3 \uparrow$
> 인화칼슘　　물　수산화칼슘　포스핀

(4) **수소화리튬**과 **물**의 반응식

> $LiH + H_2O \rightarrow LiOH + H_2$
> 수소화리튬　물　수산화리튬　수소

② 프로판 → 메탄

비교

주수소화(물소화)시 위험한 물질

구 분	현 상
• 무기과산화물	**산소** 발생
• **금속분** • **마그네슘** • 알루미늄 • 칼륨 • 나트륨 • 수소화리튬	**수소** 발생
• 가연성 액체의 유류화재	**연소면**(화재면) 확대

기억법 **금마수**

> ※ **주수소화** : 물을 뿌려 소화하는 방법

답 ②

19 포소화약제의 적응성이 있는 것은?

12.09.문44
(산업)

① 칼륨 화재　　② 알킬리튬 화재

③ 가솔린 화재　④ 인화알루미늄 화재

해설 **포소화약제** : 제4류위험물 적응소화약제

> ① 칼륨 : 제3류위험물
> ② 알킬리튬 : 제3류위험물
> ③ 가솔린 : 제4류위험물
> ④ 인화알루미늄 : 제3류위험물

중요

위험물별 적응소화약제

위험물	적응소화약제
제1류 위험물	• 물소화약제(단, **무기과산화물**은 **마른모래**)
제2류 위험물	• 물소화약제(단, **금속분**은 **마른모래**)
제3류 위험물	• 마른모래 보기 ①②④
제4류 위험물	• 포소화약제 보기 ③ • 물분무·미분무 소화설비 • 제1~4종 분말소화약제 • CO_2 소화약제 • 할론소화약제 • 할로겐화합물 및 불활성기체 소화설비
제5류 위험물	• 물소화약제
제6류 위험물	• 마른모래(단, **과산화수소**는 **물소화약제**)
특수가연물	• 제3종 분말소화약제 • 포소화약제

답 ③

20 위험물안전관리법령상 지정된 동식물유류의 성질에 대한 설명으로 틀린 것은?

17.03.문07
14.05.문16
11.06.문16

① 아이오딘가가 작을수록 자연발화의 위험성이 크다.

② 상온에서 모두 액체이다.

③ 물에는 불용성이지만 에터 및 벤젠 등의 유기용매에는 잘 녹는다.

④ 인화점은 1기압하에서 250℃ 미만이다.

해설 "**아이오딘값이 크다.**"라는 의미

(1) **불포**화도가 높다.

(2) **건성유**이다.

(3) 자연발화성이 크다.

(4) 산소와 결합이 쉽다.

> ※ **아이오딘값** : 기름 100g에 첨가되는 아이오딘의 g수

기억법 **아불포**

답 ②

아이오딘값＝아이오딘가

① 위험성이 크다 → 위험성이 작다.

답 ①

 제2과목 소방유체역학

★★★
21 효율이 50%인 펌프를 이용하여 저수지의 물을 1초에 10L씩 30m 위쪽에 있는 논으로 퍼 올리는 데 필요한 동력은 약 몇 kW인가?

19.09.문26
17.09.문38
17.03.문38
15.09.문30
13.06.문38

① 18.83　　② 10.48
③ 2.94　　④ 5.88

해설

$$P=\frac{0.163QH}{\eta}K$$

(1) **기호**

- η : 50%＝0.5
- Q : 10L/s(1초에 10L)＝0.01m³/s＝0.01m³／$\frac{1}{60}$min
  ＝(0.01×60)m³/min
- H : 30m
- P : ?

(2) **전동력**

$$P=\frac{0.163QH}{\eta}K$$

여기서, P : 전동력(kW)
　　　Q : 유량(m³/min)
　　　H : 전양정(m)
　　　K : 전달계수
　　　η : 효율

전동력 P 는

$$P=\frac{0.163QH}{\eta}K$$
$$=\frac{0.163\times(0.01\times60)\text{m}^3/\text{min}\times30\text{m}}{0.5}$$
$$\fallingdotseq5.88\text{kW}$$

- K : 주어지지 않았으므로 무시
- 1000L=1m³이므로 10L/s=0.01m³/s
- 1min=60s, 1s=$\frac{1}{60}$min이므로
  0.01m³/s=0.01m³／$\frac{1}{60}$min =(0.01×60)m³/min

답 ④

★
22 펌프가 실제 유동시스템에 사용될 때 펌프의 운전점은 어떻게 결정하는 것이 좋은가?

① 시스템 곡선과 펌프성능곡선의 교점에서 운전한다.
② 시스템 곡선과 펌프효율곡선의 교점에서 운전한다.
③ 펌프성능곡선과 펌프효율곡선의 교점에서 운전한다.
④ 펌프효율곡선의 최고점, 즉 최고 효율점에서 운전한다.

해설 **펌프 성능곡선과 시스템 곡선**

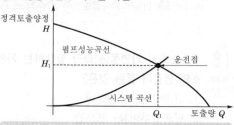

① 펌프성능곡선과 시스템 곡선의 교점은 그 시스템에서 펌프 **운전점**을 나타낸다.

답 ①

★★★
23 비중이 1.03인 바닷물에 비중 0.9인 빙산이 떠 있다. 전체 부피의 몇 %가 해수면 위로 올라와 있는가?

15.05.문22
14.05.문32
11.10.문33

① 12.6　　② 10.8
③ 7.2　　④ 6.3

해설 **비중**

$$V=\frac{s_s}{s}$$

여기서, V : 바닷물에 잠겨진 부피
　　　s : 표준물질의 비중(바닷물의 비중)
　　　s_s : 어떤 물질의 비중(물체의 비중, 빙산의 비중)

바닷물에 잠겨진 **부피** V 는

$$V=\frac{s_s}{s}=\frac{0.9}{1.03}\fallingdotseq0.874=87.4\%$$

해수면 위의 빙산 부피＝100－바닷물에 잠겨진 빙산 부피
$$=100-87.4$$
$$=12.6\%$$

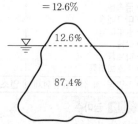

답 ①

$$= \frac{\rho \pi V^2 \left(\frac{3D^2}{4} \right)}{4}$$

$$= \rho \pi V^2 \frac{3D^2}{16}$$

$$= \frac{3}{16} \rho \pi V^2 D^2$$

답 ①

★
24
12.05.문25
(산업)

그림과 같이 중앙부분에 구멍이 뚫린 원판에 지름 D의 원형 물제트가 대기압 상태에서 V의 속도로 충돌하여, 원판 뒤로 지름 $\frac{D}{2}$의 원형 물제트가 V의 속도로 흘러나가고 있을 때, 이 원판이 받는 힘은 얼마인가? (단, ρ는 물의 밀도이다.)

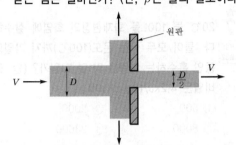

① $\frac{3}{16} \rho \pi V^2 D^2$ ② $\frac{3}{8} \rho \pi V^2 D^2$

③ $\frac{3}{4} \rho \pi V^2 D^2$ ④ $3 \rho \pi V^2 D^2$

 (1) 유량

$$Q = AV = \left(\frac{\pi D^2}{4} \right) V$$

여기서, Q : 유량[m³/s]
A : 단면적[m²]
V : 유속[m/s]
D : 지름[m]

(2) **원판이 받는 힘**

$$F = \rho Q V$$

여기서, F : 원판이 받는 힘[N]
ρ : 밀도(물의 밀도 1000N · s²/m⁴)
Q : 유량[m³/s]
V : 유속[m/s]

원판이 받는 힘 F는
$F = \rho Q V$
$= \rho (A V) V$
$= \rho A V^2$
$= \rho \left(\frac{\pi D^2}{4} \right) V^2 = \frac{\rho \pi V^2 D^2}{4}$

$\therefore$ 변형식 $F = \dfrac{\rho \pi V^2 \left(D^2 - \left(\frac{D}{2} \right)^2 \right)}{4}$

$= \dfrac{\rho \pi V^2 \left(D^2 - \frac{D^2}{4} \right)}{4}$

$= \dfrac{\rho \pi V^2 \left(\frac{4D^2}{4} - \frac{D^2}{4} \right)}{4}$

★★★
25
15.09.문33
11.06.문39

저장용기로부터 20℃의 물을 길이 300m, 지름 900mm인 콘크리트 수평 원관을 통하여 공급하고 있다. 유량이 1m³/s일 때 원관에서의 압력강하는 약 몇 kPa인가? (단, 관마찰계수는 0.023이다.)

① 3.57   ② 9.47
③ 14.3   ④ 18.8

 해설

$$H = \frac{\Delta P}{\gamma} = \frac{fLV^2}{2gD}$$

(1) **기호**
- L : 300m
- D : 0.9m(1000mm=1m이므로 900mm=0.9m)
- Q : 1m³/s
- ΔP : ?
- f : 0.023

(2) **유량**

$$Q = AV = \left(\frac{\pi D^2}{4} \right) V$$

여기서, Q : 유량[m³/s]
A : 단면적[m²]
V : 유속[m/s]
D : 지름[m]

유속 V는

$$V = \frac{Q}{A} = \frac{Q}{\frac{\pi D^2}{4}} = \frac{1m^3/s}{\frac{\pi \times (0.9m)^2}{4}} ≒ 1.572m/s$$

- 1000mm=1m이므로 900mm=0.9m

(3) **마찰손실**

$$H = \frac{\Delta P}{\gamma} = \frac{fLV^2}{2gD}$$

여기서, H : 마찰손실[m]
ΔP : 압력차[kPa]
γ : 비중량(물의 비중량 9.8kN/m³)
f : 관마찰계수
L : 길이[m]
V : 유속[m/s]
g : 중력가속도(9.8m/s²)
D : 내경[m]

압력차(압력강하) ΔP는

$$\Delta P = \frac{fLV^2\gamma}{2gD}$$

$$= \frac{0.023 \times 300\text{m} \times (1.572\text{m/s})^2 \times 9.8\text{kN/m}^3}{2 \times 9.8\text{m/s}^2 \times 0.9\text{m}}$$

$$\fallingdotseq 9.47\text{kN/m}^2$$

$$= 9.47\text{kPa}$$

- $1\text{kN/m}^2 = 1\text{kPa}$이므로 $9.47\text{kN/m}^2 = 9.47\text{kPa}$

답 ②

26
14.09.문34
12.05.문32

물탱크에 담긴 물의 수면의 높이가 10m인데, 물탱크 바닥에 원형 구멍이 생겨서 10L/s만큼 물이 유출되고 있다. 원형 구멍의 지름은 약 몇 cm인가? (단, 구멍의 유량보정계수는 0.6이다.)

① 2.7   ② 3.1
③ 3.5   ④ 3.9

해설 (1) 기호

- H : 10m
- Q : 10L/s=0.01m³/s(1000L=1m³이므로 10L/s=0.01m³/s)
- C : 0.6
- D : ?

(2) 토리첼리의 식

$$V = C\sqrt{2gH}$$

여기서, V : 유속[m/s]
C : 보정계수
g : 중력가속도(9.8m/s²)
H : 수면의 높이[m]

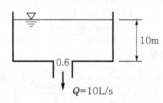

$$V = C\sqrt{2gH} = 0.6 \times \sqrt{2 \times 9.8\text{m/s}^2 \times 10\text{m}} = 8.4\text{m/s}$$

(3) 유량

$$Q = AV = \left(\frac{\pi}{4}D^2\right)V$$

여기서, Q : 유량[m³/s]
A : 단면적[m²]
V : 유속[m/s]
D : 직경[m]

$$Q = \frac{\pi}{4}D^2 V$$

$$\frac{Q}{V} \times \frac{4}{\pi} = D^2$$

$$D^2 = \frac{Q}{V} \times \frac{4}{\pi}$$

$$\sqrt{D^2} = \sqrt{\frac{Q}{V} \times \frac{4}{\pi}}$$

$$D = \sqrt{\frac{Q}{V} \times \frac{4}{\pi}} = \sqrt{\frac{0.01\text{m}^3/\text{s}}{8.4\text{m/s}} \times \frac{4}{\pi}} \fallingdotseq 0.039\text{m}$$

$$= 3.9\text{cm}$$

- 1000L=1m³이므로 10L/s=0.01m³/s
- 1m=100cm이므로 0.039m=3.9cm

답 ④

27
13.03.문35
99.04.문32

20℃ 물 100L를 화재현장의 화염에 살수하였다. 물이 모두 끓는 온도(100℃)까지 가열되는 동안 흡수하는 열량은 약 몇 kJ인가? (단, 물의 비열은 4.2kJ/(kg·K)이다.)

① 500   ② 2000
③ 8000   ④ 33600

해설

$$Q = mC\Delta T$$

(1) 기호

- ΔT : (100−20)℃ 또는 $\underset{273+100\quad 273+20}{(373 - 293)}$K
- m : 100L=100kg(물 1L=1kg이므로 100L=100kg)
- C : 4.2kJ/(kg·K)
- Q : ?

(2) 열량

$$Q = mC\Delta T$$

여기서, Q : 열량[kJ]
m : 질량[kg]
C : 비열[kJ/(kg·℃)] 또는 [kJ/(kg·K)]
ΔT : 온도차[℃] 또는 [K]

열량 Q는
$$Q = mC\Delta T = 100\text{kg} \times 4.2\text{kJ/(kg·K)} \times (373 - 293)\text{K}$$
$$= 33600\text{kJ}$$

답 ④

28
19.03.문35
17.03.문23
15.03.문30
13.09.문34
13.06.문27
11.03.문37

아래 그림과 같은 반지름이 1m이고, 폭이 3m인 곡면의 수문 AB가 받는 수평분력은 약 몇 N인가?

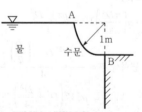

① 7350   ② 14700
③ 23900   ④ 29400

해설 수평분력

$$F_H = \gamma h A$$

여기서, F_H : 수평분력[N]

γ : 비중량(물의 비중량 9800N/m³)

h : 표면에서 수문 중심까지의 수직거리[m]

A : 수문의 단면적[m²]

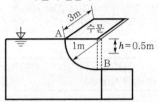

- h : $\dfrac{1m}{2} = 0.5m$

- A : $1m \times 3m = 3m^2$

$F_H = \gamma h A = 9800 \text{N/m}^3 \times 0.5\text{m} \times 3\text{m}^2 = 14700\text{N}$

답 ②

★★★ 29

13.03.문38
04.09.문32

초기온도와 압력이 각각 50℃, 600kPa인 이상 기체를 100kPa까지 가역 단열팽창시켰을 때 온도는 약 몇 K인가? (단, 이 기체의 비열비는 1.4이다.)

① 194 ② 216
③ 248 ④ 262

해설 (1) 기호

- T_1 : (273+50)K
- P_1 : 600kPa
- P_2 : 100kPa
- T_2 : ?
- K : 1.4

(2) **단열변화**시의 온도와 압력과의 관계

$$\frac{T_2}{T_1} = \left(\frac{P_2}{P_1}\right)^{\frac{K-1}{K}}$$

여기서, T_1 : 변화 전의 온도(273+℃)[K]

T_2 : 변화 후의 온도(273+℃)[K]

P_1 : 변화 전의 압력[기압]

P_2 : 변화 후의 압력[기압]

K : 비열비

변화 후의 온도 T는

$$T_2 = T_1 \times \left(\frac{P_2}{P_1}\right)^{\frac{K-1}{K}}$$

$$= (273+50)\text{K} \times \left(\frac{100\text{kPa}}{600\text{kPa}}\right)^{\frac{1.4-1}{1.4}}$$

$$\fallingdotseq 194\text{K}$$

답 ①

★ 30

15.09.문25
(산업)

100cm×100cm이고 300℃로 가열된 평판에 25℃의 공기를 불어준다고 할 때 열전달량은 약 몇 kW인가? (단, 대류열전달계수는 30W/(m²·K)이다.)

① 2.98 ② 5.34
③ 8.25 ④ 10.91

해설 (1) 기호

- A : (1m×1m)
  (100cm=1m이므로 100cm×100cm=1m×1m)
- $T_2 - T_1$: (300−25)℃ 또는 (573−298)K
  $\underset{273+300}{573} \underset{273+25}{298}$
- $\mathring{q}$: ?
- h : 30W/(m²·K)

(2) **대류열**

$$\mathring{q} = Ah(T_2 - T_1)$$

여기서, $\mathring{q}$: 대류열류[W]

A : 대류면적[m²]

h : 대류전열계수[W/m²·℃]

$(T_2 - T_1)$: 온도차[℃]

- 대류전열계수=대류열전달계수

열전달량 $\mathring{q}$는

$\mathring{q} = Ah(T_2 - T_1)$

$= (1\text{m} \times 1\text{m}) \times 30\text{W/(m}^2 \cdot \text{K)} \times (573-298)\text{K}$

$= 8250\text{W} = 8.25\text{kW}$

- 1000W=1kW이므로 8250W=8.25kW

답 ③

★★ 31

14.03.문28
10.05.문37

호주에서 무게가 20N인 어떤 물체를 한국에서 재어보니 19.8N이었다면 한국에서의 중력가속도는 약 몇 m/s²인가? (단, 호주에서의 중력가속도는 9.82m/s²이다.)

① 9.72 ② 9.75
③ 9.78 ④ 9.82

해설 물체에 작용하는 중력의 힘

$$F = mg$$

여기서, F : 물체에 작용하는 중력의 힘(무게)[N]

m : 질량[kg]

g : 중력가속도(9.82m/s²)

- kg · m/s²=N

$F = mg \propto g$이므로 비례식으로 풀면

호주　　　호주　　　한국　　　한국
20N : 9.82m/s² = 19.8N : x

$9.82 \times 19.8 = 20x$

$20x = 9.82 \times 19.8$

$x = \dfrac{9.82 \times 19.8}{20} ≒ 9.72\text{m/s}^2$

답 ①

★ 32 비압축성 유체를 설명한 것으로 가장 옳은 것은?

06.09.문22
01.09.문28
98.03.문34

① 체적탄성계수가 큰 유체를 말한다.
② 관로 내에 흐르는 유체를 말한다.
③ 점성을 갖고 있는 유체를 말한다.
④ 난류 유동을 하는 유체를 말한다.

해설 **비압축성 유체**
(1) 밀도가 압력에 의해 변하지 않는 유체
(2) 굴뚝 둘레를 흐르는 **공기 흐름**
(3) 정지된 자동차 주위의 **공기 흐름**
(4) **체적탄성계수가 큰 유체** 보기 ①
(5) 액체와 같이 체적이 변하지 않는 유체

📖 중요

유체의 종류

종류	설명
실제 유체	**점**성이 **있**으며, **압**축성인 유체
이상 유체	점성이 없으며, **비압축성**인 유체
압축성 유체	**기체**와 같이 체적이 변화하는 유체
비압축성 유체	**액체**와 같이 체적이 변화하지 않는 유체

기억법 **실점있압**(**실점**이 **있**는 사람만 **압**박해!)
기압(**기압**)

답 ①

★★★ 33 지름 20cm의 소화용 호스에 물이 질량유량 80kg/s로 흐른다. 이때 평균유속은 약 몇 m/s 인가?

19.03.문25
17.05.문30
17.03.문37
16.03.문40
15.09.문22
11.06.문33

① 0.58
② 2.55
③ 5.97
④ 25.48

해설 (1) 기호

• D : 20cm=0.2m(100cm=1m)
• $\overline{m}$: 80kg/s
• V : ?

(2) **질량유량**(mass flowrate)

$$\overline{m} = A V \rho = \left(\dfrac{\pi D^2}{4} \right) V \rho$$

여기서, $\overline{m}$: 질량유량[kg/s]
  A : 단면적[m²]
  V : 유속[m/s]

ρ : 밀도(물의 밀도 **1000kg/m³**)
D : 직경[m]

유속 V는

$$V = \dfrac{\overline{m}}{\dfrac{\pi D^2}{4} \rho} = \dfrac{80\text{kg/s}}{\dfrac{\pi \times (0.2\text{m})^2}{4} \times 1000\text{kg/m}^3}$$

$$≒ 2.55\text{m/s}$$

• D : 100cm=1m이므로 20cm=0.2m
• ρ : 물의 밀도 1000kg/m³

🖊 비교

중량유량 (Weight flowrate)	유량(flowrate) =체적유량
$G = A V \gamma$	$Q = A V = \dfrac{\pi D^2}{4} V$
여기서,	여기서,
G : 중량유량[N/s]	Q : 유량[m³/s]
A : 단면적[m²]	A : 단면적[m²]
V : 유속[m/s]	V : 유속[m/s]
γ : 비중량[N/m³]	D : 직경[m]

답 ②

★★ 34 깊이 1m까지 물을 넣은 물탱크의 밑에 오리피스가 있다. 수면에 대기압이 작용할 때의 초기 오리피스에서의 유속 대비 2배 유속으로 물을 유출시키려면 수면에는 몇 kPa의 압력을 더 가하면 되는가? (단, 손실은 무시한다.)

10.03.문33
04.03.문35

① 9.8
② 19.6
③ 29.4
④ 39.2

해설 (1) 기호

• H : 1m
• V_2 : $2V_1$(2배의 유속으로 물 유출)
• P : ?

(2) 유속

$$V = \sqrt{2gH}$$

여기서, V : 유속[m/s]
  g : 중력가속도(9.8m/s²)
  H : 높이[m]

$V_1 = \sqrt{2gH} = \sqrt{2 \times 9.8\text{m/s}^2 \times 1\text{m}} ≒ 4.43\text{m/s}$

2배의 유속으로 오리피스에서 물을 유출하므로
$V_2 = 2V_1 = 2 \times 4.43\text{m/s} = 8.86\text{m/s}$

(3) **수두**

$$H = \dfrac{V^2}{2g}$$

여기서, H : 수두[m]
  V : 유속[m/s]
  g : 중력가속도(9.8m/s²)

수두 H_2는

$$H_2 = \frac{V_2^2}{2g} = \frac{(8.86\text{m/s})^2}{2 \times 9.8\text{m/s}^2} ≒ 4\text{m}$$

(4) 압력

$$P = \gamma \Delta H = \gamma(H_2 - H_1)$$

여기서, P : 압력[kPa]

γ : 비중량(물의 비중량 9.8kN/m³)

ΔH : 수두의 변화량[m]

H_2, H_1 : 수두[m]

• 1kN/m²=1kPa

압력 P는

$$P = \gamma(H_2 - H_1) = 9.8\text{kN/m}^3 \times (4-1)\text{m} = 29.4\text{kN/m}^2$$
$$= 29.4\text{kPa}$$

답 ③

35 그림과 같은 거꾸로 된 마노미터에서 물과 기름, 수은이 채워져 있다. $a = 10$cm, $c = 25$cm이고 A의 압력이 B의 압력보다 80kPa 작을 때 b의 길이는 약 몇 cm인가? (단, 수은의 비중량은 133100N/m³, 기름의 비중은 0.9이다.)

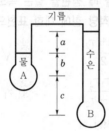

① 17.8 ② 27.8

③ 37.8 ④ 47.8

해설 **(1) 기호**

• γ_1 : 9.8kN/m³

• γ_3 : 133100N/m³=133.1kN/m³

• s_2 : 0.9

• $a(h_2)$: 10cm=0.1m

• c : 25cm=0.25m

• b : ?

(2) 비중

$$s = \frac{\gamma}{\gamma_w}$$

여기서, s : 비중

γ : 어떤 물질(기름)의 비중량[kN/m³]

γ_w : 물의 비중량(9.8kN/m³)

기름의 비중량 $\gamma_2 = s_2 \times \gamma_w$

$$= 0.9 \times 9.8\text{kN/m}^3$$
$$= 8.82\text{kN/m}^3$$

(3) 압력차

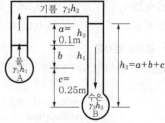

$$\overset{b}{P_A} - \underset{물}{\gamma_1 h_1'} - \overset{a}{\underset{기름}{\gamma_2 h_2}} + \overset{a+b+c}{\underset{수은}{\gamma_3 h_3}} = P_B$$

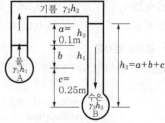

$$P_A - \gamma_1 b - \gamma_2 a + \gamma_3(a+b+c) = P_B$$
$$-\gamma_1 b + \gamma_3(a+b+c) = P_B - P_A + \gamma_2 a$$
$$-\gamma_1 b + \gamma_3 a + \gamma_3 b + \gamma_3 c = P_B - P_A + \gamma_2 a$$
$$-\gamma_1 b + \gamma_3 b = P_B - P_A + \gamma_2 a - \gamma_3 a - \gamma_3 c$$
$$\gamma_3 b - \gamma_1 b = P_B - P_A + \gamma_2 a - \gamma_3 a - \gamma_3 c$$
$$b(\gamma_3 - \gamma_1) = P_B - P_A + \gamma_2 a - \gamma_3 a - \gamma_3 c$$
$$b = \frac{P_B - P_A + \gamma_2 a - \gamma_3 a - \gamma_3 c}{\gamma_3 - \gamma_1}$$

A의 압력이 B의 압력보다 80kPa 작으므로

$$P_A = P_B - 80\text{kPa}$$

$$b = \frac{P_B - (P_B - 80\text{kPa}) + \gamma_2 a - \gamma_3 a - \gamma_3 c}{\gamma_3 - \gamma_1}$$

$$= \frac{\cancel{P_B} - \cancel{P_B} + 80\text{kPa} + \gamma_2 a - \gamma_3 a - \gamma_3 c}{\gamma_3 - \gamma_1}$$

$$= \frac{80\text{kN/m}^2 + 8.82\text{kN/m}^3 \times 0.1\text{m}}{-133.1\text{kN/m}^3 \times 0.1\text{m} - 133.1\text{kN/m}^3 \times 0.25\text{m}}{(133.1 - 9.8)\text{kN/m}^3}$$

$$≒ 0.278\text{m}$$
$$= 27.8\text{cm}$$

• 1kPa=1kN/m²이므로 80kPa=80kN/m²

• 1m=100cm이므로 0.278m=27.8cm

중요

시차액주계의 압력계산방법

점 A를 기준으로 내려가면 더하고, 올라가면 빼면 된다.

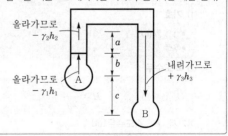

답 ②

36 공기를 체적비율이 산소(O_2, 분자량 32g/mol) 20%, 질소(N_2, 분자량 28g/mol) 80%의 혼합기체라 가정할 때 공기의 기체상수는 약 몇 kJ/(kg · K)인가? (단, 일반기체상수는 8.3145kJ/(kmol · K)이다.)

① 0.294
② 0.289
③ 0.284
④ 0.279

해설 (1) 공기의 분자량

공기의 분자량(M)=분자량×체적비율＋분자량× 체적비율……

$$= 32g/mol \times 0.2 + 28g/mol \times 0.8$$
$$= 28.8g/mol$$

(2) 기체상수

$$R = C_P - C_V = \frac{\overline{R}}{M}$$

여기서, R : 기체상수[kJ/(kg · K)]
　　　　C_P : 정압비열[kJ/(kg · K)]
　　　　C_V : 정적비열[kJ/(kg · K)]
　　　　$\overline{R}$: 일반기체상수[kJ/(kmol · K)]
　　　　M : 분자량[kg/kmol]

공기의 기체상수 R은

$$R = \frac{\overline{R}}{M} = \frac{8.3145kJ/(kmol \cdot K)}{28.8kg/kmol} ≒ 0.289kJ/(kg \cdot K)$$

• M : 28.8g/mol＝28.8kg/kmol

답 ②

37 물이 소방노즐을 통해 대기로 방출될 때 유속이 24m/s가 되도록 하기 위해서는 노즐입구의 압력은 몇 kPa이 되어야 하는가? (단, 압력은 계기압력으로 표시되며 마찰손실 및 노즐입구에서의 속도는 무시한다.)

① 153
② 203
③ 288
④ 312

해설

$$P = \gamma H$$

(1) 기호

• V : 24m/s
• P : ?

(2) 속도수두

$$H = \frac{V^2}{2g}$$

여기서, H : 속도수두[m]
　　　　V : 유속[m/s^2]
　　　　g : 중력가속도(9.8m/s^2)

속도수두 H는

$$H = \frac{V^2}{2g} = \frac{(24m/s)^2}{2 \times 9.8m/s^2} ≒ 29.4m$$

(3) 압력

$$P = \gamma H$$

여기서, P : 압력[kPa] 또는 [kN/m^2]
　　　　γ : 비중량(물의 비중량 9.8kN/m^3)
　　　　H : 높이(속도수두)[m]

압력 P는

$$P = \gamma H = 9.8kN/m^3 \times 29.4m ≒ 288kN/m^2 = 288kPa$$

• 1kN/m^2＝1kPa이므로 288kN/m^2＝288kPa

답 ③

38 [15.09.문34] 무한한 두 평판 사이에 유체가 채워져 있고 한 평판은 정지해 있고 또 다른 평판은 일정한 속도로 움직이는 Couette 유동을 하고 있다. 유체 A만 채워져 있을 때 평판을 움직이기 위한 단위면적당 힘을 τ_1이라 하고 같은 평판 사이에 점성이 다른 유체 B만 채워져 있을 때 필요한 힘을 τ_2라 하면 유체 A와 B가 반반씩 위아래로 채워져 있을 때 평판을 같은 속도로 움직이기 위한 단위면적당 힘에 대한 표현으로 옳은 것은?

① $\dfrac{\tau_1 + \tau_2}{2}$
② $\sqrt{\tau_1 \tau_2}$
③ $\dfrac{2\tau_1 \tau_2}{\tau_1 + \tau_2}$
④ $\tau_1 + \tau_2$

해설 단위면적당 힘

$$\tau = \frac{2\tau_1 \tau_2}{\tau_1 + \tau_2}$$

여기서, τ : 단위면적당 힘[N]
　　　　τ_1 : 평판을 움직이기 위한 단위면적당 힘[N]
　　　　τ_2 : 평판 사이에 다른 유체만 채워져 있을 때 필요한 힘[N]

답 ③

39 [01.09.문27] [99.04.문33] 동점성계수가 $1.15 \times 10^{-6} m^2/s$인 물이 30mm의 지름 원관 속을 흐르고 있다. 층류가 기대될 수 있는 최대 유량은 약 몇 m^3/s인가? (단, 임계 레이놀즈수는 2100이다.)

① 2.85×10^{-5}
② 5.69×10^{-5}
③ 2.85×10^{-7}
④ 5.69×10^{-7}

해설 (1) 기호

• ν : $1.15 \times 10^{-6} m^2/s$
• D : 30mm＝0.03m(1000mm=1m)
• Q : ?

(2) 레이놀즈수

$$Re = \frac{DV\rho}{\mu} = \frac{DV}{\nu}$$

여기서, Re : 레이놀즈수
  D : 내경(지름)[m]
  V : 유속[m/s]
  ρ : 밀도[kg/m³]
  μ : 점도[kg/m·s]
  ν : 동점성계수$\left(\dfrac{\mu}{\rho}\right)$[m²/s]

$Re = \dfrac{DV}{\nu}$ 에서

층류의 최대 레이놀즈수 **2100**을 적용하면

$$2100 = \frac{0.03\text{m} \times V}{1.15 \times 10^{-6}\text{m}^2/\text{s}}$$

$$2100 \times 1.15 \times 10^{-6}\text{m}^2/\text{s} = 0.03\text{m} \times V$$

$$\frac{2100 \times 1.15 \times 10^{-6}\text{m}^2/\text{s}}{0.03\text{m}} = V$$

$$0.08\text{m/s} \fallingdotseq V$$

$$V \fallingdotseq 0.08\text{m/s}$$

(3) 유량

$$Q = AV = \left(\frac{\pi D^2}{4}\right)V$$

여기서, Q : 유량[m³/s]
  A : 단면적[m²]
  V : 유속[m/s]
  D : 지름[m]

최대 유량 Q는

$$Q = \left(\frac{\pi D^2}{4}\right)V = \frac{\pi \times 0.03\text{m}^2}{4} \times 0.08\text{m/s}$$
$$\fallingdotseq 5.69 \times 10^{-5}\text{m}^3/\text{s}$$

> 🔧 참고
> **레이놀즈수**
> (1) **층류** : $Re < 2100$
> (2) **천이영역**(임계영역) : $2100 < Re < 4000$
> (3) **난류** : $Re > 4000$

답 ②

⭐ **40** 다음과 같은 유동형태를 갖는 파이프 입구영역의 유동에서 부차적 손실계수가 가장 큰 것은?

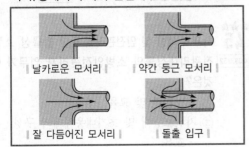

| 날카로운 모서리 | 약간 둥근 모서리 |
| 잘 다듬어진 모서리 | 돌출 입구 |

① 날카로운 모서리
② 약간 둥근 모서리
③ 잘 다듬어진 모서리
④ 돌출 입구

해설 **부차적 손실계수**

입구 유동조건	손실계수
잘 다듬어진 모서리 (많이 둥근 모서리)	0.04
약간 둥근 모서리 (조금 둥근 모서리)	0.2
날카로운 모서리 (직각 모서리)	0.5
돌출 입구	0.8

답 ④

> **제 3 과목** 　소방관계법규 　::

⭐⭐⭐ **41** 소방기본법령상 소방본부 종합상황실 실장이 소방청의 종합상황실에 서면·모사전송 또는 컴퓨터통신 등으로 보고하여야 하는 화재의 기준 중 틀린 것은?

[17.05.문53]

① 항구에 매어둔 총 톤수가 1000톤 이상인 선박에서 발생한 화재
② 층수가 5층 이상이거나 병상이 30개 이상인 종합병원·정신병원·한방병원·요양소에서 발생한 화재
③ 지정수량의 1000배 이상의 위험물의 제조소·저장소·취급소에서 발생한 화재
④ 연면적 15000m² 이상인 공장 또는 화재예방강화지구에서 발생한 화재

해설 **기본규칙 3조**
종합상황실 실장의 보고화재
(1) 사망자 **5명** 이상 화재
(2) 사상자 **10명** 이상 화재
(3) 이재민 **100명** 이상 화재
(4) 재산피해액 **50억원** 이상 화재
(5) 관광호텔, 층수가 11층 이상인 건축물, 지하상가, 시장, 백화점
(6) **5층** 이상 또는 객실 30실 이상인 **숙박시설**
(7) **5층** 이상 또는 병상 30개 이상인 **종합병원·정신병원·한방병원·요양소** 보기 ②
(8) **1000t** 이상인 선박(항구에 매어둔 것) 보기 ①
(9) 지정수량 **3000배** 이상의 위험물 제조소·저장소·취급소 보기 ③
(10) 연면적 **15000m²** 이상인 **공장** 또는 **화재예방강화지구**에서 발생한 화재 보기 ④
(11) **가스** 및 **화약류**의 폭발에 의한 화재
(12) **관공서·학교·정부미도정공장·문화재·지하철** 또는 지하구의 **화재**
(13) 철도차량, 항공기, 발전소 또는 변전소
(14) 다중이용업소의 화재

> ③ 1000배 → 3000배

※ **종합상황실** : 화재·재난·재해·구조·구급 등이 필요한 때에 신속한 소방활동을 위한 정보를 수집·전파하는 소방서 또는 소방본부의 지령관제실

답 ③

★★★ 42

17.03.문54
16.05.문44
16.05.문48

소방기본법령상 소방용수시설별 설치기준 중 틀린 것은?

① 급수탑 개폐밸브는 지상에서 1.5m 이상 1.7m 이하의 위치에 설치하도록 할 것

② 소화전은 상수도와 연결하여 지하식 또는 지상식의 구조로 하고, 소방용 호스와 연결하는 소화전의 연결금속구의 구경은 100mm로 할 것

③ 저수조 흡수관의 투입구가 사각형의 경우에는 한 변의 길이가 60cm 이상, 원형의 경우에는 지름이 60cm 이상일 것

④ 저수조는 지면으로부터의 낙차가 4.5m 이하일 것

해설 **기본규칙** 〔별표 3〕
소방용수시설별 설치기준
(1) **소화전 및 급수탑**

소화전	급수탑
• **65mm** : 연결금속구의 구경 보기 ②	• **100mm** : 급수배관의 구경 • **1.5~1.7m** 이하 : 개폐밸브 높이 보기 ①

기억법 **57탑(57층 탑)**

(2) **투입구** : **60cm** 이상 보기 ③
(3) **낙차** : **4.5m** 이하 보기 ④

② 100mm → 65mm

답 ②

★★ 43

19.03.문56
17.05.문48

소방기본법상 소방본부장, 소방서장 또는 소방대장의 권한이 아닌 것은?

① 화재, 재난·재해, 그 밖의 위급한 상황이 발생한 현장에서 소방활동을 위하여 필요할 때에는 그 관할구역에 사는 사람 또는 그 현장에 있는 사람으로 하여금 사람을 구출하는 일 또는 불을 끄거나 불이 번지지 아니하도록 하는 일을 하게 할 수 있다.

② 소방활동을 할 때에 긴급한 경우에는 이웃한 소방본부장 또는 소방서장에게 소방업무의 응원을 요청할 수 있다.

③ 사람을 구출하거나 불이 번지는 것을 막기 위하여 필요할 때에는 화재가 발생하거나 불이 번질 우려가 있는 소방대상물 및 토지를 일시적으로 사용하거나 그 사용의 제한 또는 소방활동에 필요한 처분을 할 수 있다.

④ 소방활동을 위하여 긴급하게 출동할 때에는 소방자동차의 통행과 소방활동에 방해가 되는 주차 또는 정차된 차량 및 물건 등을 제거하거나 이동시킬 수 있다.

해설 **소방본부장·소방서장·소방대장**
(1) **소방활동 종**사명령(기본법 24조) 보기 ①
(2) **강**제처분·제거(기본법 25조) 보기 ③④
(3) **피**난명령(기본법 26조)
(4) 댐·저수지 사용 등 위험시설 등에 대한 긴급조치 (기본법 27조)

기억법 **소대종강피(소방대의 종강파티)**

② 소방본부장, 소방서장의 권한(기본법 11조)

답 ②

★ 44

위험물안전관리법령상 위험물의 안전관리와 관련된 업무를 수행하는 자로서 소방청장이 실시하는 안전교육대상자가 아닌 것은?

① 안전관리자로 선임된 자
② 탱크시험자의 기술인력으로 종사하는 자
③ 위험물운송자로 종사하는 자
④ 제조소 등의 관계인

해설 **위험물령 20조**
안전교육대상자
(1) **안전관리자**로 선임된 자 보기 ①
(2) 탱크시험자의 **기술인력**으로 종사하는 자 보기 ②
(3) **위험물운반자**로 종사하는 자
(4) **위험물운송자**로 종사하는 자 보기 ③

답 ④

★★★ 45

14.09.문52

화재의 예방 및 안전관리에 관한 법률상 소방안전관리대상물의 소방안전관리자 업무가 아닌 것은?

① 소방훈련 및 교육
② 자위소방대 및 초기대응체계의 구성·운영·교육
③ 피난시설, 방화구획 및 방화시설의 설치
④ 피난계획에 관한 사항과 대통령령으로 정하는 사항이 포함된 소방계획서의 작성 및 시행

해설 화재예방법 24조 ⑤항
관계인 및 소방안전관리자의 업무

특정소방대상물 (관계인)	소방안전관리대상물 (소방안전관리자)
① 피난시설·방화구획 및 방화시설의 관리	① 피난시설·방화구획 및 방화시설의 관리 [보기 ③]
② 소방시설, 그 밖의 소방관련시설의 관리	② 소방시설, 그 밖의 소방관련시설의 관리
③ **화기취급**의 감독	③ **화기취급**의 감독
④ 소방안전관리에 필요한 업무	④ 소방안전관리에 필요한 업무
⑤ 화재발생시 초기대응	⑤ **소방계획서**의 작성 및 시행(대통령령으로 정하는 사항 포함) [보기 ④]
	⑥ **자위소방대** 및 **초기대응체계**의 구성·운영·교육 [보기 ②]
	⑦ 소방훈련 및 교육 [보기 ①]
	⑧ 소방안전관리에 관한 업무수행에 관한 기록·유지
	⑨ 화재발생시 초기대응

③ 설치 → 관리

용어

특정소방대상물	소방안전관리대상물
건축물 등의 규모·용도 및 수용인원 등을 고려하여 소방시설을 설치하여야 하는 소방대상물로서 대통령령으로 정하는 것	대통령령으로 정하는 특정소방대상물

답 ③

★★★
46 소방시설 설치 및 관리에 관한 법령상 소방용품이 아닌 것은?

16.05.문58
15.09.문41
15.05.문57
10.05.문56

① 소화약제 외의 것을 이용한 간이소화용구
② 자동소화장치
③ 가스누설경보기
④ 소화용으로 사용하는 방염제

해설 소방시설법 시행령 6조
소방용품 제외 대상
(1) 주거용 주방자동소화장치용 소화약제
(2) 가스자동소화장치용 소화약제
(3) 분말자동소화장치용 소화약제
(4) 고체에어로졸자동소화장치용 소화약제
(5) 소화약제 외의 것을 이용한 간이소화용구 [보기 ①]
(6) 휴대용 비상조명등
(7) 유도표지
(8) 벨용 푸시버튼스위치
(9) 피난밧줄
(10) 옥내소화전함
(11) 방수구
(12) 안전매트
(13) 방수복

답 ①

★★★
47 소방시설 설치 및 관리에 관한 법령상 스프링클러설비를 설치하여야 하는 특정소방대상물의 기준 중 틀린 것은? (단, 위험물 저장 및 처리 시설 중 가스시설 또는 지하구는 제외한다.)

15.05.문53
15.03.문56
14.03.문55
13.06.문43
12.05.문51

① 숙박이 가능한 수련시설 용도로 사용되는 시설의 바닥면적의 합계가 $600m^2$ 이상인 것은 모든 층
② 창고시설(물류터미널은 제외)로서 바닥면적 합계가 $5000m^2$ 이상인 경우에는 모든 층
③ 판매시설, 운수시설 및 창고시설(물류터미널에 한정)로서 바닥면적의 합계가 $5000m^2$ 이상이거나 수용인원이 500명 이상인 경우에는 모든 층
④ 복합건축물로서 연면적이 $3000m^2$ 이상인 경우에는 모든 층

해설 소방시설법 시행령 〔별표 4〕
스프링클러설비의 설치대상

설치대상	조건
① 문화 및 집회시설, 운동시설 ② 종교시설	• 수용인원 : 100명 이상 • 영화상영관 : 지하층·무창층 $500m^2$(기타 $1000m^2$) 이상 • 무대부 – 지하층·무창층·4층 이상 $300m^2$ 이상 – 1~3층 $500m^2$ 이상
③ 판매시설 ④ 운수시설 ⑤ 물류터미널	• 수용인원 : 500명 이상 • 바닥면적합계 $5000m^2$ 이상 [보기 ③]
⑥ 창고시설(물류터미널 제외)	• 바닥면적합계 $5000m^2$ 이상 : 전층 [보기 ②]
⑦ 노유자시설 ⑧ 정신의료기관 ⑨ 수련시설(숙박가능한 것) ⑩ 종합병원, 병원, 치과병원 한방병원 및 요양병원(정신병원 제외) ⑪ 숙박시설	• 바닥면적합계 $600m^2$ 이상 [보기 ①]
⑫ 지하층·무창층·4층 이상	• 바닥면적 $1000m^2$ 이상
⑬ **지하가**(터널 제외)	• 연면적 $1000m^2$ 이상
⑭ 10m 넘는 랙식 창고	• 연면적 $1500m^2$ 이상
⑮ 복합건축물 ⑯ 기숙사	• 연면적 $5000m^2$ 이상 : 전층 [보기 ④]
⑰ 6층 이상	• 전층
⑱ 보일러실·연결통로	• 전부
⑲ 특수가연물 저장·취급	• 지정수량 1000배 이상
⑳ 발전시설	• 전기저장시설

④ $3000m^2$ → $5000m^2$

답 ④

48
★★

14.05.문46
13.03.문60

화재의 예방 및 안전관리에 관한 법령상 특수가연물의 저장 및 취급기준 중 다음 (   ) 안에 알맞은 것은? (단, 석탄·목탄류를 발전용으로 저장하는 경우는 제외한다.)

> 살수설비를 설치하거나, 방사능력 범위에 해당 특수가연물이 포함되도록 대형 수동식 소화기를 설치하는 경우에는 쌓는 높이를 (㉠)m 이하, 쌓는 부분의 바닥면적을 (㉡)m² 이하로 할 수 있다.

① ㉠ 10, ㉡ 30   ② ㉠ 10, ㉡ 5
③ ㉠ 15, ㉡ 100   ④ ㉠ 15, ㉡ 200

해설 화재예방법 시행령 [별표 3]
특수가연물의 저장·취급기준
(1) **품명별**로 구분하여 쌓을 것
(2) 쌓는 높이는 **10m** 이하가 되도록 할 것
(3) 쌓는 부분의 바닥면적은 **50m²**(석탄·목탄류는 **200m²**) 이하가 되도록 할 것[단, 살수설비를 설치하거나 **대형 수동식 소화기**를 설치하는 경우에는 높이 **15m** 이하, 바닥면적 **200m²**(석탄·목탄류는 **300m²** 이하 가능)] 보기 ㉠㉡
(4) 쌓는 부분의 바닥면적 사이는 실내의 경우 **1.2m** 또는 쌓는 높이의 $\frac{1}{2}$ 중 **큰 값**(실외 3m 또는 쌓는 높이 중 **큰 값**) 이상으로 간격을 둘 것
(5) 취급장소에는 품명, 최대저장수량, 단위부피당 질량 또는 단위체적당 질량, 관리책임자 성명·직책·연락처 및 화기취급의 금지표지 설치

답 ④

49
★★★

19.09.문42
17.05.문46
15.03.문55
14.05.문44
13.09.문60

위험물안전관리법상 위험물시설의 설치 및 변경 등에 관한 기준 중 다음 (   ) 안에 알맞은 것은?

> 제조소 등의 위치·구조 또는 설비의 변경 없이 당해 제조소 등에서 저장하거나 취급하는 위험물의 품명·수량 또는 지정수량의 배수를 변경하고자 하는 자는 변경하고자 하는 날의 (㉠)일 전까지 (㉡)이 정하는 바에 따라 (㉢)에게 신고하여야 한다.

① ㉠ 1, ㉡ 행정안전부령, ㉢ 시·도지사
② ㉠ 1, ㉡ 대통령령, ㉢ 소방본부장·소방서장
③ ㉠ 14, ㉡ 행정안전부령, ㉢ 시·도지사
④ ㉠ 14, ㉡ 대통령령, ㉢ 소방본부장·소방서장

해설 위험물법 6조
제조소 등의 설치허가
(1) **설치허가자**: **시·도지사**
(2) **설치허가 제외 장소**
  ㉠ 주택의 난방시설(공동주택의 중앙난방시설은 제외)을 위한 **저장소** 또는 **취급소**
  ㉡ 지정수량 **20배** 이하의 **농예용·축산용·수산용** 난방시설 또는 건조시설의 **저장소**
(3) **제조소 등의 변경신고**: 변경하고자 하는 날의 **1일** 전까지 **시·도지사**에게 **신고**(행정안전부령) 보기 ㉠㉡㉢

기억법 농축수2

참고

시·도지사
(1) 특별시장
(2) 광역시장
(3) 특별자치시장
(4) 도지사
(5) 특별자치도지사

답 ①

50
★

13.09.문57

화재의 예방 및 안전관리에 관한 법령상 소방안전관리대상물의 소방계획서에 포함되어야 하는 사항이 아닌 것은?

① 예방규정을 정하는 제조소 등의 위험물 저장·취급에 관한 사항
② 소방시설·피난시설 및 방화시설의 점검·정비계획
③ 특정소방대상물의 근무자 및 거주자의 자위소방대 조직과 대원의 임무에 관한 사항
④ 방화구획, 제연구획, 건축물의 내부 마감재료(불연재료·준불연재료 또는 난연재료로 사용된 것) 및 방염대상물품의 사용현황과 그 밖의 방화구조 및 설비의 유지·관리계획

해설 화재예방법 시행령 27조
소방안전관리대상물의 소방계획서 작성
(1) 소방안전관리대상물의 위치·구조·연면적·용도 및 수용인원 등의 **일반현황**
(2) 화재예방을 위한 **자체점검계획** 및 **대응대책**
(3) 특정소방대상물의 **근무자** 및 거주자의 **자위소방대** 조직과 대원의 임무에 관한 사항 보기 ③
(4) **소방시설·피난시설** 및 **방화시설**의 점검·정비계획 보기 ②
(5) 방화구획, 제연구획, 건축물의 내부 마감재료(불연재료·준불연재료 또는 난연재료로 사용된 것) 및 방염대상물품의 사용현황과 그 밖의 방화구조 및 설비의 유지·관리계획 보기 ④

① 해당 없음

답 ①

51
★

14.09.문50

소방공사업법령상 공사감리자 지정대상 특정소방대상물의 범위가 아닌 것은?

① 캐비닛형 간이스프링클러설비를 신설·개설하거나 방호·방수구역을 증설할 때
② 물분무등소화설비(호스릴방식의 소화설비는 제외)를 신설·개설하거나 방호·방수구역을 증설할 때
③ 제연설비를 신설·개설하거나 제연구역을 증설할 때
④ 연소방지설비를 신설·개설하거나 살수구역을 증설할 때

해설 공사업령 10조
소방공사감리자 지정대상 특정소방대상물의 범위
(1) **옥내소화전설비**를 신설·개설 또는 **증설**할 때
(2) **스프링클러설비** 등(캐비닛형 간이스프링클러설비 제외)을 신설·개설하거나 방호·**방수구역**을 증설할 때 보기 ①
(3) **물분무등소화설비**(호스릴방식의 소화설비 제외)를 신설·개설하거나 방호·방수구역을 **증설**할 때 보기 ②
(4) **옥외소화전설비**를 신설·개설 또는 **증설**할 때
(5) **자동화재탐지설비**를 신설·개설할 때
(6) **비상방송설비**를 신설 또는 **개설**할 때
(7) **통합감시시설**을 신설 또는 **개설**할 때
(8) **소화용수설비**를 신설 또는 **개설**할 때
(9) 다음의 **소화활동설비**에 대하여 시공할 때
  ㉠ 제연설비를 신설·개설하거나 제연구역을 증설할 때 보기 ③
  ㉡ 연결송수관설비를 신설 또는 개설할 때
  ㉢ 연결살수설비를 신설·개설하거나 송수구역을 증설할 때
  ㉣ 비상콘센트설비를 신설·개설하거나 전용회로를 증설할 때
  ㉤ 무선통신보조설비를 신설 또는 개설할 때
  ㉥ 연소방지설비를 신설·개설하거나 살수구역을 증설할 때 보기 ④

① 캐비닛형 간이스프링클러설비는 제외

답 ①

52 소방시설 설치 및 관리에 관한 법률상 특정소방대상물에 소방시설이 화재안전기준에 따라 설치 또는 유지·관리되어 있지 아니할 때 해당 특정소방대상물의 관계인에게 필요한 조치를 명할 수 있는 자는?
① 소방본부장 ② 소방청장
③ 시·도지사 ④ 행정안전부장관

해설 소방시설법 12조
특정소방대상물에 설치하는 소방시설 등의 관리 명령 : **소방본부장·소방서장**

답 ①

53 위험물안전관리법상 업무상 과실로 제조소 등에서 위험물을 유출·방출 또는 확산시켜 사람의 생명·신체 또는 재산에 대하여 위험을 발생시킨 자에 대한 벌칙기준으로 옳은 것은?
① 5년 이하의 금고 또는 2000만원 이하의 벌금
② 5년 이하의 금고 또는 7000만원 이하의 벌금
③ 7년 이하의 금고 또는 2000만원 이하의 벌금
④ 7년 이하의 금고 또는 7000만원 이하의 벌금

해설 위험물법 34조
위험물 유출·방출·확산

위험발생	사람사상
7년 이하의 금고 또는 7000만원 이하의 벌금 보기 ④	10년 이하의 징역 또는 금고나 1억원 이하의 벌금

답 ④

54 소방시설 설치 및 관리에 관한 법률상 소방시설 등에 대한 자체점검을 하지 아니하거나 관리업자 등으로 하여금 정기적으로 점검하게 하지 아니한 자에 대한 벌칙기준으로 옳은 것은?
① 6개월 이하의 징역 또는 1000만원 이하의 벌금
② 1년 이하의 징역 또는 1000만원 이하의 벌금
③ 3년 이하의 징역 또는 1500만원 이하의 벌금
④ 3년 이하의 징역 또는 3000만원 이하의 벌금

해설 1년 이하의 징역 또는 1000만원 이하의 벌금
(1) 소방시설의 **자체점검** 미실시자(소방시설법 58조) 보기 ②
(2) **소방시설관리사증** 대여(소방시설법 58조)
(3) **소방시설관리업**의 등록증 또는 등록수첩 대여(소방시설법 58조)
(4) 제조소 등의 정기점검기록 허위작성(위험물법 35조)
(5) **자체소방대**를 두지 않고 제조소 등의 허가를 받은 자(위험물법 35조)
(6) **위험물 운반용기**의 검사를 받지 않고 유통시킨 자(위험물법 35조)
(7) 제조소 등의 긴급사용정지 위반자(위험물법 35조)
(8) 영업정지처분 위반자(공사업법 36조)
(9) **거짓 감리자**(공사업법 36조)
(10) 공사감리자 미지정자(공사업법 36조)
(11) 소방시설 설계·시공·감리 하도급자(공사업법 36조)
(12) 소방시설공사 재하도급자(공사업법 36조)
(13) 소방시설업자가 아닌 자에게 소방시설공사 등을 도급한 관계인(공사업법 36조)

답 ②

55 소방기본법상 소방활동구역의 설정권자로 옳은 것은?
① 소방본부장 ② 소방서장
③ 소방대장 ④ 시·도지사

해설 (1) 소방**대장** : 소방**활동구역**의 설정(기본법 23조) 보기 ③
기억법 대구활(대구의 활동)
(2) **소**방본부장·**소**방서장·소방**대**장
  ㉠ 소방활동 **종**사명령(기본법 24조)
  ㉡ **강**제처분(기본법 25조)
  ㉢ **피**난명령(기본법 26조)

ⓔ 댐·저수지 사용 등 위험시설 등에 대한 긴급조치
(기본법 27조)

기억법 소대종강피(소방대의 종강파티)

답 ③

★★★
56 화재의 예방 및 안전관리에 관한 법령상 옮긴 물건 등의 보관기간은 해당 소방관서의 인터넷 홈페이지에 공고하는 기간의 종료일 다음 날부터 며칠로 하는가?

19.04.문48
19.04.문56
16.05.문49
14.03.문58
11.06.문49

① 3 ② 4
③ 5 ④ 7

해설 **7일**
(1) 옮긴 물건 등의 보관기간(화재예방법 시행령 17조) 보기 ④
(2) 건축허가 등의 취소통보(소방시설법 시행규칙 4조)
(3) **소방공사 감리원**의 **배치**통보일(공사업규칙 17조)
(4) 소방공사 감리결과 통보·보고일(공사업규칙 19조)

기억법 감배7(감 배치)

답 ④

★★★
57 소방시설 설치 및 관리에 관한 법령상 자동화재속보설비를 설치하여야 하는 특정소방대상물의 기준으로 틀린 것은? (단, 사람이 24시간 상시 근무하고 있는 경우는 제외한다.)

23.03.문66
16.03.문63
14.05.문58
12.05.문79

① 정신병원으로서 바닥면적이 500m² 이상인 층이 있는 것
② 문화유산의 보존 및 활용에 관한 법률에 따라 보물 또는 국보로 지정된 목조건축물
③ 노유자 생활시설에 해당하지 않는 노유자시설로서 바닥면적이 300m² 이상인 층이 있는 것
④ 수련시설(숙박시설이 있는 건축물만 해당)로서 바닥면적이 500m² 이상인 층이 있는 것

해설 ③ 300m² → 500m²

소방시설법 시행령 [별표 4]
자동화재속보설비의 설치대상

설치대상	조 건
• 수련시설(숙박시설이 있는 것) 보기 ④ • 노유자시설(노유자 생활시설 제외) 보기 ③ • 정신병원 및 의료재활시설 보기 ①	• 바닥면적 500m² 이상
• 목조건축물 보기 ②	• 국보·보물
• 노유자 생활시설 • 종합병원, 병원, 치과병원, 한방병원 및 요양병원(의료재활시설 제외) • 의원, 치과의원 및 한의원(입원실이 있는 시설) • 조산원 및 산후조리원 • 전통시장	• 전부

답 ③

★★
58 소방시설 설치 및 관리에 관한 법률상 특정소방대상물의 피난시설, 방화구획 또는 방화시설의 폐쇄·훼손·변경 등의 행위를 한 자에 대한 과태료 기준으로 옳은 것은?

① 200만원 이하의 과태료
② 300만원 이하의 과태료
③ 500만원 이하의 과태료
④ 600만원 이하의 과태료

해설 **소방시설법 61조**
300만원 이하의 과태료
(1) 소방시설을 화재안전기준에 따라 설치·관리하지 아니한 자
(2) **피난시설·방화구획** 또는 **방화시설**의 **폐쇄·훼손·변경** 등의 행위를 한 자 보기 ②
(3) 임시소방시설을 설치·관리하지 아니한 자

비교
(1) **300만원 이하의 벌금**
ⓐ 화재안전조사를 정당한 사유없이 거부·방해·기피(화재예방법 50조)
ⓑ 소방안전관리자, 총괄소방안전관리자 또는 소방안전관리보조자 미선임(화재예방법 50조)
ⓒ 성능위주설계평가단 비밀누설(소방시설법 59조)
ⓓ 방염성능검사 합격표시 위조(소방시설법 59조)
ⓔ 위탁받은 업무종사자의 비밀누설(소방시설법 59조)
ⓕ 다른 자에게 자기의 성명이나 상호를 사용하여 소방시설공사 등을 수급 또는 시공하게 하거나 소방시설업의 등록증·등록수첩을 빌려준 자(공사업법 37조)
ⓖ 감리원 미배치자(공사업법 37조)
ⓗ 소방기술인정 자격수첩을 빌려준 자(공사업법 37조)
ⓘ 2 이상의 업체에 취업한 자(공사업법 37조)
ⓙ 소방시설업자나 관계인 감독시 관계인의 업무를 방해하거나 비밀누설(공사업법 37조)
(2) **200만원 이하의 과태료**
ⓐ 소방용수시설·소화기구 및 설비 등의 설치명령 위반(화재예방법 52조)
ⓑ **특수가연물의 저장·취급 기준 위반**(화재예방법 52조)
ⓒ 한국119청소년단 또는 이와 유사한 명칭을 사용한 자(기본법 56조)
ⓓ **소방활동구역 출입**(기본법 56조)
ⓔ 소방자동차의 출동에 지장을 준 자(기본법 56조)
ⓕ 한국소방안전원 또는 이와 유사한 명칭을 사용한 자(기본법 56조)
ⓖ 관계서류 미보관자(공사업법 40조)
ⓗ 소방기술자 미배치자(공사업법 40조)
ⓘ 하도급 미통지자(공사업법 40조)

답 ②

59 소방시설공사업법령상 상주공사감리 대상기준 중 다음 ( ) 안에 알맞은 것은?

★★★

19.09.문58
19.03.문46
07.05.문49
05.03.문44

- 연면적 (㉠)m² 이상의 특정소방대상물(아파트는 제외)에 대한 소방시설의 공사
- 지하층을 포함한 층수가 (㉡)층 이상으로서 (㉢)세대 이상인 아파트에 대한 소방시설의 공사

① ㉠ 10000, ㉡ 11, ㉢ 600
② ㉠ 10000, ㉡ 16, ㉢ 500
③ ㉠ 30000, ㉡ 11, ㉢ 600
④ ㉠ 30000, ㉡ 16, ㉢ 500

해설 **공사업령 〔별표 3〕**
소방공사감리 대상

종류	대상
상주공사감리	• 연면적 **30000m²** 이상 보기 ㉠ • **16층** 이상(지하층 포함)이고 **500세대** 이상 **아파트** 보기 ㉡㉢
일반공사감리	• 기타

답 ④

60 위험물안전관리법상 지정수량 미만인 위험물의 저장 또는 취급에 관한 기술상의 기준은 무엇으로 정하는가?

★★★

17.03.문52
10.05.문53

① 대통령령 ② 총리령
③ 시·도의 조례 ④ 행정안전부령

해설 **시·도의 조례**
(1) 소방**체**험관(기본법 5조)
(2) 지정수량 **미**만인 위험물의 저장·취급(위험물법 4조) 보기 ③
(3) 위험물의 **임**시저장 취급기준(위험물법 5조)

기억법 **시체임미**(**시체**를 **임**시로 저장하는 것은 의**미**가 없다.)

답 ③

제4과목 ········· 소방기계시설의 구조 및 원리 ⠿

61 전역방출방식의 분말소화설비에 있어서 방호구역의 용적이 500m³일 때 적합한 분사헤드의 수는? (단, 제1종 분말이며, 체적 1m³당 소화약제의 양은 0.60kg이며, 분사헤드 1개의 분당 표준 방사량은 18kg이다.)

★★

13.09.문70

① 17개 ② 30개
③ 34개 ④ 134개

해설 **분말저장량**

$$\boxed{\text{방호}\text{구역체적}[m^3] \times \text{약제량}[kg/m^3] + \text{개구부 면적}[m^2] \times \text{개구부 가산량}[kg/m^2]}$$

기억법 **방약개산**

$$= 500m^3 \times 0.60kg/m^3 = 300kg$$

$$\therefore \text{분사헤드수} = \frac{300kg}{9kg} ≒ 34\text{개}$$

- 개구부 면적, 개구부 가산량은 문제에서 주어지지 않았으므로 무시
- 1분당 표준방사량이 18kg이므로 18kg/분이 된다. 따라서 30초에는 그의 50%인 **9kg**을 방사해야 한다. 30초를 적용한 이유는 **전역방출방식**의 **분말소화설비**는 **30초** 이내에 방사해야 하기 때문이다.

🚒 중요

약제 방사시간

소화설비		전역방출방식		국소방출방식	
		일반 건축물	위험물 제조소	일반 건축물	위험물 제조소
할론소화설비		10초 이내	30초 이내	10초 이내	30초 이내
분말소화설비		30초 이내		30초 이내	
CO₂ 소화 설비	표면 화재	1분 이내	60초 이내	30초 이내	
	심부 화재	7분 이내			

- 문제에서 '**위험물제조소**'라는 말이 없으면 **일반건축물** 적용

답 ③

62 이산화탄소 소화약제의 저장용기 설치기준 중 옳은 것은?

★★★

19.03.문67
16.03.문77
15.03.문74
12.09.문69

① 저장용기의 충전비는 고압식은 1.9 이상 2.3 이하, 저압식은 1.5 이상 1.9 이하로 할 것
② 저압식 저장용기에는 액면계 및 압력계와 2.1MPa 이상 1.9MPa 이하의 압력에서 작동하는 압력경보장치를 설치할 것
③ 저장용기 고압식은 25MPa 이상, 저압식은 3.5MPa 이상의 내압시험압력에 합격한 것으로 할 것
④ 저압식 저장용기에는 내압시험압력의 1.8배의 압력에서 작동하는 안전밸브와 내압시험압력의 0.8배부터 내압시험압력에서 작동하는 봉판을 설치할 것

해설 이산화탄소 소화설비의 **저장용기**(NFPC 106 4조, NFTC 106 2.1.2)

자동냉동장치	2.1MPa 유지, −18℃ 이하	
압력경보장치	2.3MPa 이상, 1.9MPa 이하 보기 ②	
선택밸브 또는 개폐밸브의 안전장치	배관의 최소사용설계압력과 최대 허용압력 사이의 압력	
저장용기	• 고압식 : **25MPa** 이상 • 저압식 : **3.5MPa** 이상 보기 ③	
안전밸브	내압시험압력의 **0.64~0.8배** 보기 ④	
봉 판	내압시험압력의 0.8~내압시험압력	
충전비 보기 ①	고압식	1.5~1.9 이하
	저압식	1.1~1.4 이하

기억법 선개안내08

① 1.9 이상 2.3 이하 → 1.5 이상 1.9 이하,
1.5 이상 1.9 이하 → 1.1 이상 1.4 이하
② 2.1MPa 이상 → 2.3MPa 이상
④ 1.8배 → 0.64배 이상 0.8배 이하

답 ③

63 화재시 연기가 찰 우려가 없는 장소로서 호스릴 분말소화설비를 설치할 수 있는 기준 중 다음 (   ) 안에 알맞은 것은?
19.04.문68
17.09.문79
(산업)

• 지상 1층 및 피난층에 있는 부분으로서 지상에서 수동 또는 원격조작에 따라 개방할 수 있는 개구부의 유효면적의 합계가 바닥면적의 (㉠)% 이상이 되는 부분
• 전기설비가 설치되어 있는 부분 또는 다량의 화기를 사용하는 부분의 바닥면적이 해당 설비가 설치되어 있는 구획의 바닥면적의 (㉡) 미만이 되는 부분

① ㉠ 15, ㉡ $\frac{1}{5}$ ② ㉠ 15, ㉡ $\frac{1}{2}$

③ ㉠ 20, ㉡ $\frac{1}{5}$ ④ ㉠ 20, ㉡ $\frac{1}{2}$

해설 호스릴 분말·호스릴 이산화탄소·호스릴 할론소화설비 설치장소[(NFPC 108 11조(NFTC 108 2.8.3), NFPC 106 10조 (NFTC 106 2.7.3), NFPC 107 10조(NFTC 107 2.7.3)]
(1) **지상 1층** 및 **피난층**에 있는 부분으로서 지상에서 수동 또는 원격조작에 따라 개방할 수 있는 개구부의 유효면적의 합계가 바닥면적의 **15% 이상**이 되는 부분 보기 ㉠
(2) 전기설비가 설치되어 있는 부분 또는 다량의 화기를 사용하는 부분(해당 설비의 주위 **5m 이내**의 부분 포함)의 바닥면적이 해당 설비가 설치되어 있는 구획의 바닥면적의 $\frac{1}{5}$ **미만**이 되는 부분 보기 ㉡

답 ①

64 소화수조의 소요수량이 20m³ 이상 40m³ 미만인 경우 설치하여야 하는 채수구의 개수로 옳은 것은?
19.09.문63
16.10.문77
15.09.문77
11.03.문68

① 1개 ② 2개
③ 3개 ④ 4개

해설 채수구의 수(NFPC 402 4조, NFTC 402 2.1.3.2.1)

소화수조 용량	20~40m³ 미만	40~100m³ 미만	100m³ 이상
채수구 의 수	1개 보기 ①	2개	3개

용어

채수구
소방대상물의 펌프에 의하여 양수된 물을 소방차가 흡입하는 구멍

비교

흡수관 투입구

소요수량	80m³ 미만	80m³ 이상
흡수관 투입구의 수	1개 이상	2개 이상

답 ①

65 건축물에 설치하는 연결살수설비헤드의 설치기준 중 다음 (   ) 안에 알맞은 것은?
17.03.문73
15.03.문70
13.06.문73
10.03.문72

천장 또는 반자의 각 부분으로부터 하나의 살수헤드까지의 수평거리가 연결살수설비 전용헤드의 경우는 (㉠)m 이하, 스프링클러헤드의 경우는 (㉡)m 이하로 할 것. 다만, 살수헤드의 부착면과 바닥과의 높이가 (㉢)m 이하인 부분은 살수헤드의 살수분포에 따른 거리로 할 수 있다.

① ㉠ 3.7, ㉡ 2.3, ㉢ 2.1
② ㉠ 3.7, ㉡ 2.1, ㉢ 2.3
③ ㉠ 2.3, ㉡ 3.7, ㉢ 2.3
④ ㉠ 2.3, ㉡ 3.7, ㉢ 2.1

해설 **연결살수설비헤드**의 **수평거리**(NFPC 503 6조, NFTC 503 2.3.2.2)

연결살수설비 전용헤드	스프링클러헤드
3.7m 이하 보기 ㉠	**2.3m** 이하 보기 ㉡

살수헤드의 부착면과 바닥과의 높이가 **2.1m** 이하인 부분에 있어서는 살수헤드의 살수분포에 따른 거리로 할 수 있다. 보기 ㉢
(1) 연결살수설비에서 하나의 송수구역에 설치하는 **개방형 헤드수는 10개 이하**

(2) 연결살수설비에서 하나의 송수구역에 설치하는 **단구형 살수헤드**수도 **10개** 이하

비교

연소방지설비 헤드 간의 수평거리

연소방지설비 전용헤드	스프링클러헤드
2m 이하	1.5m 이하

답 ①

★★★
66

19.09.문75
17.03.문69
14.05.문65
13.09.문64

포소화설비의 자동식 기동장치를 폐쇄형 스프링클러헤드의 개방과 연동하여 가압송수장치·일제개방밸브 및 포소화약제 혼합장치를 기동하는 경우의 설치기준 중 다음 ( ) 안에 알맞은 것은? (단, 자동화재탐지설비의 수신기가 설치된 장소에 상시 사람이 근무하고 있고, 화재시 즉시 해당 조작부를 작동시킬 수 있는 경우는 제외한다.)

표시온도가 (㉠)℃ 미만인 것을 사용하고, 1개의 스프링클러헤드의 경계면적은 (㉡)m² 이하로 할 것

① ㉠ 79, ㉡ 8
② ㉠ 121, ㉡ 8
③ ㉠ 79, ㉡ 20
④ ㉠ 121, ㉡ 20

해설 **자동식 기동장치**(폐쇄형 헤드 개방방식)(NFPC 105 11조, NFTC 105 2.8.2.1)

(1) 표시온도가 **79℃** 미만인 것을 사용하고, 1개의 스프링클러헤드의 **경계**면적은 **20m²** 이하 보기 ㉠㉡

(2) 부착면의 높이는 바닥으로부터 **5m** 이하로 하고, 화재를 유효하게 감지할 수 있도록 함

(3) 하나의 감지장치 경계구역은 하나의 **층**이 되도록 함

기억법 **자동** 경7경2(**자동**차에서 바라보는 **경치**가 **경**이롭다.)

답 ③

★
67

17.05.문63
(산업)

스프링클러설비 가압송수장치의 설치기준 중 고가수조를 이용한 가압송수장치에 설치하지 않아도 되는 것은?

① 수위계
② 배수관
③ 오버플로우관
④ 압력계

해설 **필요설비**

고가수조	압력수조
• **수**위계 보기 ①	• **수**위계
• **배**수관 보기 ②	• **배**수관
• **급**수관	• **급**수관
• **맨**홀	• **맨**홀
• **오**버플로우관 보기 ③	• **급**기관
	• **압**력계 보기 ④
	• **안**전장치
	• **자**동식 공기압축기

기억법 고오(GO!), 기안자 배급수맨

④ 압력수조의 필요설비

답 ④

★★
68

19.09.문76
09.05.문64

특별피난계단의 계단실 및 부속실 제연설비의 차압 등에 관한 기준 중 다음 ( ) 안에 알맞은 것은?

제연설비가 가동되었을 경우 출입문의 개방에 필요한 힘은 ( )N 이하로 하여야 한다.

① 12.5
② 40
③ 70
④ 110

해설 **차압**(NFPC 501A 6·10조, NFTC 501A 2.3, 2.7.1)

(1) 제연구역과 옥내와의 사이에 유지해야 하는 최소차압은 **40Pa**(옥내에 **스프링클러설비**가 설치된 경우는 **12.5Pa** 이상)

(2) 제연설비가 가동되었을 경우 출입문의 개방에 필요한 힘은 **110N 이하** 보기 ④

(3) 계단실과 부속실을 동시에 제연하는 경우 부속실의 기압은 계단실과 같게 하거나 계단실의 기압보다 낮게 할 경우에는 부속실과 계단실의 압력차이는 **5Pa 이하**

(4) 계단실 및 그 부속실을 동시에 제연하는 것 또는 계단실만 단독으로 제연할 때의 방연풍속은 **0.5m/s 이상**

답 ④

★★
69

16.10.문77
(산업)
09.03.문61
(산업)

완강기의 최대사용자수 기준 중 다음 ( ) 안에 알맞은 것은?

최대사용자수(1회에 강하할 수 있는 사용자의 최대수)는 최대사용하중을 ( )N으로 나누어서 얻은 값으로 한다.

① 250
② 500
③ 750
④ 1500

해설 **완강기의 최대사용자수**

$$최대사용자수 = \frac{최대사용하중}{1500N}$$

중요

완강기의 하중

(1) 250N(최소하중)
(2) 750N
(3) **1500N**(최대하중) 보기 ④

답 ④

70 화재조기진압용 스프링클러설비 가지배관의 배열기준 중 천장의 높이가 9.1m 이상 13.7m 이하인 경우 가지배관 사이의 거리기준으로 옳은 것은?

`19.03.문68`
`17.03.문80`
`(산업)`

① 3.1m 이하
② 2.4m 이상 3.7m 이하
③ 6.0m 이상 8.5m 이하
④ 6.0m 이상 9.3m 이하

해설 **화재조기진압용 스프링클러설비 가지배관의 배열기준**

천장높이	가지배관 헤드 사이의 거리
9.1m 미만	2.4~3.7m 이하
9.1~13.7m 이하	3.1m 이하 보기 ①

중요

화재조기진압용 스프링클러헤드의 적합기준(NFPC 103B 10조, NFTC 103B 2.7)
(1) 헤드 하나의 방호면적은 **6.0~9.3m²** 이하로 할 것
(2) 가지배관의 헤드 사이의 거리는 천장의 높이가 **9.1m 미만**인 경우에는 **2.4~3.7m** 이하로, **9.1~13.7m** 이하인 경우에는 **3.1m** 이하로 할 것
(3) 헤드의 반사판은 천장 또는 반자와 평행하게 설치하고 저장물의 최상부와 **914mm** 이상 확보되도록 할 것
(4) **하향식 헤드**의 반사판의 위치는 천장이나 반자 아래 **125~355mm** 이하일 것
(5) **상향식 헤드**의 감지부 중앙은 천장 또는 반자와 **101~152mm** 이하이어야 하며, 반사판의 위치는 스프링클러배관의 윗부분에서 최소 **178mm** 상부에 설치되도록 할 것
(6) 헤드와 벽과의 거리는 헤드 상호 간 거리의 $\frac{1}{2}$을 초과하지 않아야 하며 최소 **102mm** 이상일 것
(7) 헤드의 작동온도는 **74℃** 이하일 것(단, 헤드 주위의 온도가 38℃ 이상의 경우에는 그 온도에서의 화재시험 등에서 헤드작동에 관하여 공인기관의 시험을 거친 것을 사용할 것)

답 ①

71 스프링클러설비헤드의 설치기준 중 다음 ( ) 안에 알맞은 것은?

`11.10.문70`

살수가 방해되지 않도록 스프링클러헤드로부터 반경 (㉠)cm 이상의 공간을 보유할 것. 다만, 벽과 스프링클러헤드 간의 공간은 (㉡)cm 이상으로 한다.

① ㉠ 10, ㉡ 60
② ㉠ 30, ㉡ 10
③ ㉠ 60, ㉡ 10
④ ㉠ 90, ㉡ 60

해설 **스프링클러헤드**

거리	적용
10cm 이상 보기 ㉡	벽과 스프링클러헤드 간의 공간
60cm 이상 보기 ㉠	스프링클러헤드의 공간
30cm 이하	스프링클러헤드와 부착면과의 거리

| 헤드 반경 |

| 헤드와 부착면과의 이격거리 |

답 ③

72 포소화약제의 혼합장치에 대한 설명 중 옳은 것은?

`16.03.문64`
`15.09.문76`
`15.05.문80`
`12.05.문64`

① 라인 프로포셔너방식이란 펌프의 토출관과 흡입관 사이의 배관 도중에 설치한 흡입기에 펌프에서 토출된 물의 일부를 보내고, 농도 조정밸브에서 조정된 포소화약제의 필요량을 포소화약제 탱크에서 펌프 흡입측으로 보내어 이를 혼합하는 방식을 말한다.
② 프레져사이드 프로포셔너방식이란 펌프의 토출관에 압입기를 설치하여 포소화약제 압입용 펌프로 포소화약제를 압입시켜 혼합하는 방식을 말한다.
③ 프레져 프로포셔너방식이란 펌프와 발포기의 중간에 설치된 벤투리관의 벤투리작용에 따라 포소화약제를 흡입·혼합하는 방식을 말한다.
④ 펌프 프로포셔너방식이란 펌프와 발포기의 중간에 설치된 벤투리관의 벤투리작용과 펌프 가압수의 포소화약제 저장탱크에 대한 압력에 따라 포소화약제를 흡입·혼합하는 방식을 발한다.

해설 포소화약제의 혼합장치
(1) 펌프 프로포셔너방식(펌프 혼합방식)
ⓐ 펌프 토출측과 흡입측에 바이패스를 설치하고, 그 바이패스의 도중에 설치한 어댑터(adaptor)로 펌프 토출측 수량의 일부를 통과시켜 공기포 용액을 만드는 방식
ⓑ 펌프의 **토출관**과 **흡입관** 사이의 배관 도중에 설치한 흡입기에 펌프에서 토출된 물의 일부를 보내고 **농도조정밸브**에서 조정된 포소화약제의 필요량을 포소화약제 탱크에서 펌프 흡입측으로 보내어 약제를 혼합하는 방식

> **기억법** 펌농

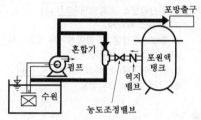

‖ 펌프 프로포셔너방식 ‖

(2) 프레져 프로포셔너방식(차압 혼합방식)
ⓐ 가압송수관 도중에 공기포 소화원액 혼합조(P.P.T)와 혼합기를 접속하여 사용하는 방법
ⓑ **격막방식 휨탱크**를 사용하는 에어휨 혼합방식
ⓒ 펌프와 발포기의 중간에 설치된 벤투리관의 **벤투리작용**과 펌프 가압수의 **포소화약제 저장탱크**에 대한 압력에 의하여 포소화약제를 흡입·혼합하는 방식

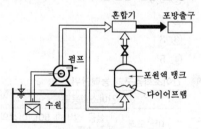

‖ 프레져 프로포셔너방식 ‖

(3) 라인 프로포셔너방식(관로 혼합방식)
ⓐ 급수관의 배관 도중에 포소화약제 흡입기를 설치하여 그 흡입관에서 소화약제를 흡입하여 혼합하는 방식
ⓑ 펌프와 발포기의 중간에 설치된 벤투리관의 **벤투리작용**에 의하여 포소화약제를 흡입·혼합하는 방식

> **기억법** 라벤벤

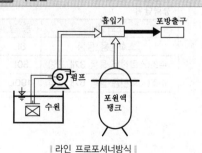

‖ 라인 프로포셔너방식 ‖

(4) 프레져사이드 프로포셔너방식(압입 혼합방식)
ⓐ 소화원액 가압펌프(압입용 펌프)를 별도로 사용하는 방식
ⓑ 펌프 **토출관**에 압입기를 설치하여 포소화약제 **압입용 펌프**로 포소화약제를 압입시켜 혼합하는 방식 보기 ②

> **기억법** 프사압

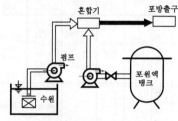

‖ 프레져사이드 프로포셔너방식 ‖

(5) 압축공기포 믹싱챔버방식
포수용액에 공기를 강제로 주입시켜 **원거리 방수**가 가능하고 물 사용량을 줄여 **수손피해**를 **최소화**할 수 있는 방식

> ① 라인 프로포셔너방식 → 펌프 프로포셔너방식
> ③ 프레져 프로포셔너방식 → 라인 프로포셔너방식
> ④ 펌프 프로포셔너방식 → 프레져 프로포셔너방식

답 ②

★★★
73 전동기 또는 내연기관에 따른 펌프를 이용하는 옥외소화전설비의 가압송수장치의 설치기준 중 다음 ( ) 안에 알맞은 것은?

13.09.문71
12.09.문70

> 해당 특정소방대상물에 설치된 옥외소화전(2개 이상 설치된 경우에는 2개의 옥외소화전)을 동시에 사용할 경우 각 옥외소화전의 노즐선단에서의 방수압력이 (ⓐ)MPa 이상이고, 방수량이 (ⓑ)L/min 이상이 되는 성능의 것으로 할 것

① ⓐ 0.17, ⓑ 350
② ⓐ 0.25, ⓑ 350
③ ⓐ 0.17, ⓑ 130
④ ⓐ 0.25, ⓑ 130

해설 **방수압** 및 **방수량**(NFPC 102 5조, NFTC 102 2.2.1.3)

구 분	방수압	방수량	최소방출시간
옥내소화전설비	0.17MPa	130L/분	● **20분**: 29층 이하 ● **40분**: 30~49층 이하 ● **60분**: 50층 이상
옥외소화전설비	0.25MPa 보기 ⓐ	350L/분 보기 ⓑ	20분

중요

각 설비의 주요사항

구분	드렌처설비	스프링클러설비	소화용수설비	옥내소화전설비	옥외소화전설비	포소화설비, 물분무소화설비, 연결송수관설비
방수압	0.1MPa 이상	0.1~1.2 MPa 이하	0.15MPa 이상	0.17~0.7 MPa 이하	0.25~0.7 MPa 이하	0.35MPa 이상
방수량	80L/min 이상	80L/min 이상	800L/min 이상 (가압송수장치 설치)	130L/min 이상 (30층 미만 : 최대 2개 30층 이상 : 최대 5개)	350L/min 이상 (최대 2개)	75L/min 이상 (포워터 스프링클러헤드)
방수구경	–	–	–	40 mm	65 mm	–
노즐구경	–	–	–	13 mm	19 mm	–

답 ②

⭐ 74 미분무소화설비 용어의 정의 중 다음 ( ) 안에 알맞은 것은?

`17.05.문75`

> "미분무"란 물만을 사용하여 소화하는 방식으로 최소설계압력에서 헤드로부터 방출되는 물입자 중 99%의 누적체적분포가 (㉠)㎛ 이하로 분무되고 (㉡)급 화재에 적응성을 갖는 것을 말한다.

① ㉠ 400, ㉡ A, B, C
② ㉠ 400, ㉡ B, C
③ ㉠ 200, ㉡ A, B, C
④ ㉠ 200, ㉡ B, C

해설 미분무소화설비의 용어정의(NFPC 104A 3조, NFTC 104A 1.7)

용어	설명
미분무소화설비	가압된 물이 헤드 통과 후 미세한 입자로 분무됨으로써 소화성능을 가지는 설비를 말하며, 소화력을 증가시키기 위해 강화액 등을 첨가할 수 있다.
미분무	물만을 사용하여 소화하는 방식으로 최소설계압력에서 헤드로부터 방출되는 물입자 중 **99%**의 누적체적분포가 <u>400㎛</u> 이하로 분무되고 **A, B, C급** 화재에 적응성을 갖는 것 보기 ㉠㉡
미분무헤드	하나 이상의 오리피스를 가지고 미분무소화설비에 사용되는 헤드

답 ①

⭐ 75 소화기구의 소화약제별 적응성 중 C급 화재에 적응성이 없는 소화약제는?

`16.03.문80`

① 마른모래
② 할로겐화합물 및 불활성기체 소화약제
③ 이산화탄소 소화약제
④ 중탄산염류 소화약제

해설 전기화재(C급 화재)에 적응성이 있는 소화약제(NFTC 101 2.1.1.1)
(1) 이산화탄소 소화약제 보기 ③
(2) 할론 소화약제
(3) 할로겐화합물 및 불활성기체 소화약제 보기 ②
(4) 인산염류 소화약제(분말)
(5) 중탄산염류 소화약제(분말) 보기 ④
(6) 고체 에어로졸화합물

답 ①

⭐⭐ 76 소화제 외의 것을 이용한 간이소화용구의 능력단위기준 중 다음 ( ) 안에 알맞은 것은?

`17.09.문76`

간이소화용구		능력단위
마른모래	삽을 상비한 50L 이상의 것 1포	( )단위

① 0.5
② 1
③ 3
④ 5

해설 간이소화용구의 능력단위(NFTC 101 1.7.1.6)

간이소화용구		능력단위
<u>마른모래</u>	삽을 상비한 **50L** 이상의 것 1포	**0.5단위** 보기 ①
팽창질석 또는 팽창진주암	삽을 상비한 **80L** 이상의 것 1포	

기억법 마 0.5

비교

위험물규칙 [별표 17] 능력단위

소화설비	용량	능력단위
소화전용 물통	8L	0.3단위
수조(소화전용 물통 3개 포함)	80L	1.5단위
수조(소화전용 물통 6개 포함)	190L	2.5단위

답 ①

77 ★★ 다음과 같은 소방대상물의 부분에 완강기를 설치할 경우 부착 금속구의 부착위치로서 가장 적합한 위치는?

`14.03.문61`
`03.08.문64`

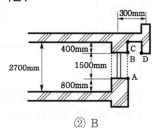

① A
② B
③ C
④ D

해설 완강기의 설치위치

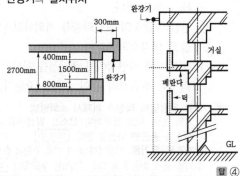

답 ④

78 ★ 미분무소화설비의 배관의 배수를 위한 기울기 기준 중 다음 ( ) 안에 알맞은 것은? (단, 배관의 구조상 기울기를 줄 수 없는 경우는 제외한다.)

`13.09.문61`

> 개방형 미분무소화설비에는 헤드를 향하여 상향으로 수평주행배관의 기울기를 (㉠) 이상, 가지배관의 기울기를 (㉡) 이상으로 할 것

① ㉠ $\dfrac{1}{100}$, ㉡ $\dfrac{1}{500}$

② ㉠ $\dfrac{1}{500}$, ㉡ $\dfrac{1}{100}$

③ ㉠ $\dfrac{1}{250}$, ㉡ $\dfrac{1}{500}$

④ ㉠ $\dfrac{1}{500}$, ㉡ $\dfrac{1}{250}$

해설 기울기

기울기	설비
$\dfrac{1}{100}$ 이상	연결살수설비의 수평주행배관
$\dfrac{2}{100}$ 이상	물분무소화설비의 배수설비

| $\dfrac{1}{250}$ 이상 | 습식·부압식 설비 외 설비의 **가지배관** 보기 ㉡ |
| $\dfrac{1}{500}$ 이상 | 습식·부압식 설비 외 설비의 **수평주행배관** 보기 ㉠ |

답 ④

79 ★★★ 상수도 소화용수설비의 소화전은 특정소방대상물의 수평투영면의 각 부분으로부터 몇 m 이하가 되도록 설치하여야 하는가?

`19.04.문74`
`19.03.문69`
`17.03.문64`
`14.03.문63`
`13.03.문61`
`07.03.문70`

① 200
② 140
③ 100
④ 70

해설 상수도 소화용수설비의 기준(NFPC 401 4조, NFTC 401 2.1)

(1) 호칭지름

수도배관	소화전
75mm 이상	**100**mm 이상

(2) 소화전은 소방자동차 등의 진입이 쉬운 **도로변** 또는 **공지**에 설치할 것
(3) 소화전은 특정소방대상물의 수평투영면의 각 부분으로부터 **140**m 이하가 되도록 설치할 것 보기 ②
(4) 지상식 소화전의 호스접결구는 지면으로부터 높이가 0.5m 이상 1m 이하가 되도록 설치할 것

기억법 수75(수지침으로 치료), 소1(소일거리), 용14

답 ②

80 ★★★ 이산화탄소 소화약제 저압식 저장용기의 충전비로 옳은 것은?

`16.03.문77`
`14.09.문68`
`13.03.문62`

① 0.9 이상 1.1 이하
② 1.1 이상 1.4 이하
③ 1.4 이상 1.7 이하
④ 1.5 이상 1.9 이하

해설 이산화탄소 소화설비의 충전비[L/kg]

구 분	저장용기
고압식	**1.5~1.9** 이하
저압식	**1.1~1.4** 이하 보기 ②

중요

이산화탄소 소화설비의 **저장용기**(NFPC 106 4조, NFTC 106 2.1.2)

자동냉동장치	2.1MPa, −18℃ 이하
압력경보장치	2.3MPa 이상, 1.9MPa 이하
선택밸브 또는 개폐밸브의 안전장치	배관의 최소사용설계압력과 최대허용압력 사이의 압력
저장용기	• 고압식 : 25MPa 이상 • 저압식 : 3.5MPa 이상
안전밸브	내압시험압력의 0.64~0.8배
봉 판	내압시험압력의 0.8~내압시험압력
충전비	고압식 1.5~1.9 이하
	저압식 1.1~1.4 이하

답 ②

2018. 9. 15 시행

2018년 기사 제4회 필기시험

자격종목	종목코드	시험시간	형별	수험번호	성명
소방설비기사(기계분야)		2시간			

※ 각 문항은 4지택일형으로 질문에 가장 적합한 보기 항을 선택하여 체크하여야 합니다.

제 1 과목 소방원론

01 60분 방화문과 30분 방화문이 연기 및 불꽃을 차단할 수 있는 시간으로 옳은 것은?

[15.09.문12]

① 60분 방화문 : 60분 이상 90분 미만
　30분 방화문 : 30분 이상 60분 미만
② 60분 방화문 : 60분 이상
　30분 방화문 : 30분 이상 60분 미만
③ 60분 방화문 : 60분 이상 90분 미만
　30분 방화문 : 30분 이상
④ 60분 방화문 : 60분 이상
　30분 방화문 : 30분 이상

해설 건축령 64조

방화문의 구분

60분+방화문	60분 방화문	30분 방화문
연기 및 불꽃을 차단할 수 있는 시간이 60분 이상이고, 열을 차단할 수 있는 시간이 30분 이상인 방화문	연기 및 불꽃을 차단할 수 있는 시간이 60분 이상인 방화문	연기 및 불꽃을 차단할 수 있는 시간이 30분 이상 60분 미만인 방화문

용어

방화문
화재시 상당한 시간 동안 연소를 차단할 수 있도록 하기 위하여 방화구획선상 또는 방화벽에 개구부 부분에 설치하는 것
(1) 직접 손으로 열 수 있을 것
(2) 자동으로 닫히는 구조(자동폐쇄장치)일 것

답 ②

02 염소산염류, 과염소산염류, 알칼리 금속의 과산화물, 질산염류, 과망가니즈산염류의 특징과 화재시 소화방법에 대한 설명 중 틀린 것은?

① 가열 등에 의해 분해하여 산소를 발생하고 화재시 산소의 공급원 역할을 한다.
② 가연물, 유기물, 기타 산화하기 쉬운 물질과 혼합물은 가열, 충격, 마찰 등에 의해 폭발하는 수도 있다.
③ 알칼리 금속의 과산화물을 제외하고 다량의 물로 냉각소화한다.
④ 그 자체가 가연성이며 폭발성을 지니고 있어 화약류 취급시와 같이 주의를 요한다.

해설 제1류 위험물의 특징과 화재시 소화방법
(1) 가열 등에 의해 분해하여 **산소**를 **발생**하고 화재시 **산소**의 **공급원** 역할을 한다. 보기 ①
(2) **가연물, 유기물**, 기타 산화하기 쉬운 물질과 혼합물은 가열, 충격, 마찰 등에 의해 폭발하는 수도 있다. 보기 ②
(3) **알칼리 금속의 과산화물**을 **제외**하고 다량의 물로 **냉각소화**한다. 보기 ③
(4) 일반적으로 **불연성**이며 폭발성을 지니고 있어 화약류 취급시와 같이 주의를 요한다. 보기 ④

④ 그 자체가 가연성이며 → 일반적으로 불연성이며

중요

제1류 위험물

구 분	설 명
종 류	① 염소산염류 ② 과염소산염류 ③ 알칼리 금속의 과산화물 ④ 질산염류 ⑤ 과망가니즈산염류
일반성질	① 상온에서 **고체상태**이며, 산화위험성·폭발위험성·유해성 등을 지니고 있다. ② **반응속도**가 대단히 **빠르다.** ③ 가열·충격 및 다른 화학제품과 접촉시 쉽게 분해하여 산소를 방출한다. ④ **조연성·조해성** 물질이다. ⑤ 일반적으로 불연성이며 강산화성 물질로서 비중은 1보다 크다. ⑥ 모두 **무기화합물**이다. ⑦ **물보다 무겁다.**

답 ④

03 비열이 가장 큰 물질은?

`12.09.문10`
`08.09.문20`

① 구리 　　　　　② 수은
③ 물 　　　　　　④ 철

해설 비열

(1) 어떤 물질 **1kg**의 온도를 1K(1℃) 높이는 데 필요한 열량
(2) 단위 : **J/kg · K** 또는 **kcal/kg · ℃**
(3) 고체, 액체 중에서 **물**의 **비열**이 **가장 크다.**

> **비교**
>
> **열용량**
> (1) 어떤 물질의 온도를 **1K**만큼 높이는 데 필요한 열량
> (2) 같은 질량의 물체라도 열용량이 클수록 온도변화가 작고, 가열시간이 많이 걸린다.
> (3) 단위 : **J/K** 또는 **kcal/K**

답 ③

04 건축물의 피난·방화구조 등의 기준에 관한 규칙에 따른 철망모르타르로서 그 바름두께가 최소 몇 cm 이상인 것을 방화구조로 규정하는가?

`13.06.문14`
`11.10.문07`
`00.10.문11`

① 2 　　　　　　② 2.5
③ 3 　　　　　　④ 3.5

해설 피난·방화구조 4조
방화구조의 기준

구조내용	기 준
• **철망모르타르** 바르기 `보기 ①`	두께 **2cm** 이상
• 석고판 위에 시멘트모르타르를 바른 것 • 회반죽을 바른 것 • 시멘트모르타르 위에 타일을 붙인 것	두께 **2.5cm** 이상
• 심벽에 흙으로 맞벽치기한 것	모두 해당

답 ①

05 제3종 분말소화약제에 대한 설명으로 틀린 것은?

`12.05.문10`

① ABC급 화재에 모두 적용한다.
② 주성분은 탄산수소칼륨과 요소이다.
③ 열분해시 발생되는 불연성 가스에 의한 질식효과가 있다.
④ 분말운무에 의한 열방사를 차단하는 효과가 있다.

해설 분말소화약제

종 별	분자식	착 색	적응화재	비 고
제**1**종	탄산수소나트륨 ($NaHCO_3$)	백색	BC급	**식용유** 및 **지방질유**의 화재에 적합
제2종	탄산수소칼륨 ($KHCO_3$)	담자색 (담회색)	BC급	–
제**3**종	인산암모늄 ($NH_4H_2PO_4$) `보기 ②`	담홍색	ABC급	**차고·주차장**에 적합
제4종	탄산수소칼륨 +요소 ($KHCO_3$+ $(NH_2)_2CO$)	회(백)색	BC급	–

> **기억법** 1식분(일식 분식)
> 3분 차주(삼보컴퓨터 차주)

> ② 탄산수소칼륨과 요소 → 인산암모늄

답 ②

06 어떤 유기화합물을 원소 분석한 결과 중량백분율이 C : 39.9%, H : 6.7%, O : 53.4%인 경우 이 화합물의 분자식은? (단, 원자량은 C = 12, O = 16, H = 1이다.)

① $C_3H_8O_2$ 　　　　② $C_2H_4O_2$
③ C_2H_4O 　　　　　④ $C_2H_6O_2$

해설
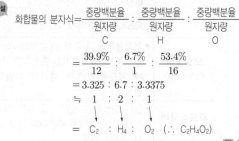

$$\text{화합물의 분자식} = \frac{\text{중량백분율}}{\text{원자량}} : \frac{\text{중량백분율}}{\text{원자량}} : \frac{\text{중량백분율}}{\text{원자량}}$$
$$C \qquad H \qquad O$$

$$= \frac{39.9\%}{12} : \frac{6.7\%}{1} : \frac{53.4\%}{16}$$
$$= 3.325 : 6.7 : 3.3375$$
$$≒ 1 : 2 : 1$$
$$= C_2 : H_4 : O_2 \quad (∴ C_2H_4O_2)$$

답 ②

07 제4류 위험물의 물리·화학적 특성에 대한 설명으로 틀린 것은?

① 증기비중은 공기보다 크다.
② 정전기에 의한 화재발생위험이 있다.
③ 인화성 액체이다.
④ 인화점이 높을수록 증기발생이 용이하다.

해설 제4류 위험물

(1) 증기비중은 공기보다 크다. `보기 ①`
(2) 정전기에 의한 화재발생위험이 있다. `보기 ②`
(3) 인화성 액체이다. `보기 ③`
(4) 인화점이 낮을수록 증기발생이 용이하다. `보기 ④`
(5) 상온에서 **액체상태**이다(**가연성 액체**).
(6) 상온에서 **안정**하다.

> ④ 높을수록 → 낮을수록

답 ④

19.09.문15
17.03.문17
16.05.문02
15.03.문01
14.09.문12
14.03.문01
09.05.문10
05.09.문07
05.05.문07
03.03.문11
02.03.문20

★★★
08 유류탱크의 화재시 탱크 저부의 물이 뜨거운 열류층에 의하여 수증기로 변하면서 급작스런 부피팽창을 일으켜 유류가 탱크 외부로 분출하는 현상은?

① 슬롭오버(slop over)
② 블래비(BLEVE)
③ 보일오버(boil over)
④ 파이어볼(fire ball)

해설 **유류탱크**에서 **발생**하는 **현상**

현 상	정 의
보일오버 (boil over)	• 중질유의 석유탱크에서 장시간 조용히 연소하다 탱크 내의 잔존기름이 갑자기 분출하는 현상 • 유류탱크에서 탱크 바닥에 물과 기름의 **에멀션**이 섞여 있을 때 이로 인하여 화재가 발생하는 현상 • 연소유면으로부터 100℃ 이상의 열파가 탱크 **저부**에 고여 있는 물을 비등하게 하면서 연소유를 탱크 밖으로 비산시키며 연소하는 현상 보기 ③

> **기억법** 보저(보자기)

현 상	정 의
오일오버 (oil over)	• 저장탱크에 저장된 유류저장량이 내용적의 50% 이하로 충전되어 있을 때 화재로 인하여 탱크가 폭발하는 현상
프로스오버 (froth over)	• 물이 점성의 뜨거운 기름 표면 아래에서 끓을 때 화재를 수반하지 않고 용기가 넘치는 현상
슬롭오버 (slop over)	• 물이 연소유의 뜨거운 표면에 들어갈 때 기름 표면에서 화재가 발생하는 현상 • 유화제로 소화하기 위한 물이 수분의 급격한 증발에 의하여 액면이 거품을 일으키면서 열유층 밑의 냉유가 급히 열팽창하여 기름의 일부가 불이 붙은 채 탱크벽을 넘어서 일출하는 현상

> **중요**

(1) **가스탱크**에서 발생하는 현상

현 상	정 의
블래비 (BLEVE)	과열상태의 탱크에서 내부의 액화가스가 분출하여 기화되어 폭발하는 현상

(2) **건축물 내**에서 발생하는 현상

현 상	정 의
플래시오버 (flash over)	• 화재로 인하여 실내의 온도가 급격히 상승하여 화재가 순간적으로 실내 전체에 확산되어 연소되는 현상
백드래프트 (back draft)	• **통기력**이 좋지 않은 상태에서 연소가 계속되어 산소가 심히 부족한 상태가 되었을 때 **개구부**를 통하여 산소가 공급되면 실내의 가연성 혼합기가 공급되는 **산소의 방향**과 **반대**로 흐르며 급격히 연소하는 현상 • 소방대가 소화활동을 위하여 화재실의 문을 개방할 때 신선한 공기가 유입되어 실내에 축적되었던 가연성 가스가 **단시간에 폭발적으로 연소**함으로써 화재가 폭풍을 동반하며 **실외**로 **분출**되는 현상

답 ③

★★
09 소방시설 설치 및 관리에 관한 법령에 따른 개구부의 기준으로 **틀린** 것은?

10.05.문52
06.09.문57
05.03.문49

① 해당 층의 바닥면으로부터 개구부 밑부분까지의 높이가 1.5m 이내일 것
② 크기는 지름 50cm 이상의 원이 통과할 수 있을 것
③ 도로 또는 차량이 진입할 수 있는 빈터를 향할 것
④ 내부 또는 외부에서 쉽게 부수거나 열 수 있을 것

해설 **소방시설법 시행령 2조**
무창층의 개구부의 기준
(1) 개구부의 크기는 지름 50cm 이상의 원이 통과할 수 있을 것 보기 ②
(2) 해당 층의 바닥면으로부터 개구부 밑부분까지의 높이가 **1.2m 이내**일 것 보기 ①
(3) 개구부는 **도로** 또는 **차량**이 진입할 수 있는 **빈터**를 향할 것 보기 ③
(4) 화재시 건축물로부터 **쉽게 피난**할 수 있도록 개구부에 창살, 그 밖의 장애물이 설치되지 않을 것
(5) 내부 또는 외부에서 **쉽게 부수거나 열 수** 있을 것 보기 ④

① 1.5m 이내 → 1.2m 이내

용어

소방시설법 시행령 2조
무창층
지상층 중 기준에 의해 개구부의 면적의 합계가 해당
층의 바닥면적의 $\frac{1}{30}$ 이하가 되는 층

답 ①

★★★
10 소화약제로 사용할 수 없는 것은?

17.09.문10
16.10.문06
16.10.문10
16.05.문06
16.05.문17
16.03.문09
16.03.문11
15.09.문01
15.05.문08
14.09.문10

① $KHCO_3$
② $NaHCO_3$
③ CO_2
④ NH_3

해설 (1) 분말소화약제

종별	주성분	착색	적응화재	비고
제1종	중탄산나트륨 ($NaHCO_3$) 보기 ②	백색	BC급	**식용유 및 지방질유**의 화재에 적합
제2종	중탄산칼륨 ($KHCO_3$) 보기 ①	담자색 (담회색)	BC급	–
제3종	제1인산암모늄 ($NH_4H_2PO_4$)	담홍색 (황색)	ABC급	**차고·주차장**에 적합
제4종	중탄산칼륨 +요소 ($KHCO_3$ + $(NH_2)_2CO$)	회(백)색	BC급	–

기억법 1식분(일식 분식)
3분 차주(삼보컴퓨터 차주)

(2) 이산화탄소소화약제

주성분	적응화재
이산화탄소(CO_2) 보기 ③	BC급

④ 암모니아(NH_3) : 독성이 있으므로 소화약제로 사용할 수 없음

답 ④

★★
11 어떤 기체가 0℃, 1기압에서 부피가 11.2L, 기체 질량이 22g이었다면 이 기체의 분자량은? (단, 이상기체로 가정한다.)

19.03.문26
14.09.문07
12.03.문19
06.09.문13
97.03.문03

① 22 ② 35
③ 44 ④ 56

해설 이상기체상태 방정식

$$PV = nRT$$

여기서, P : 기압[atm]

V : 부피[m³]

n : 몰수 $\left(n = \dfrac{m(질량)[kg]}{M(분자량)[kg/kmol]}\right)$

R : 기체상수 (0.082[atm·m³/kmol·K])

T : 절대온도(273+℃)[K]

$PV = \dfrac{m}{M}RT$에서

$M = \dfrac{mRT}{PV}$

$= \dfrac{22g \times 0.082atm \cdot m^3/kmol \cdot K \times (273+0)K}{1atm \times 11.2L}$

$= \dfrac{22g \times 0.082atm \cdot 1000L/1000mol \cdot K \times 273K}{1atm \times 11.2L}$

$= \dfrac{22g \times 0.082atm \cdot L/mol \cdot K \times 273K}{1atm \times 11.2L}$

$≒ 44kg/kmol$

• $1m^3 = 1000L$, $1kmol = 1000mol$

답 ③

★★★
12 다음 중 분진폭발의 위험성이 가장 낮은 것은?

12.09.문17
11.10.문01
10.05.문16

① 소석회
② 알루미늄분
③ 석탄분말
④ 밀가루

해설 분진폭발을 일으키지 않는 물질
=물과 반응하여 가연성 기체를 발생하지 않는 것
(1) 시멘트
(2) 석회석
(3) 탄산칼슘($CaCO_3$)
(4) 생석회(CaO)=산화칼슘

기억법 분시석탄생

답 ①

★
13 폭연에서 폭굉으로 전이되기 위한 조건에 대한 설명으로 틀린 것은?

16.05.문14

① 정상연소속도가 작은 가스일수록 폭굉으로 전이가 용이하다.
② 배관 내에 장애물이 존재할 경우 폭굉으로 전이가 용이하다.
③ 배관의 관경이 가늘수록 폭굉으로 전이가 용이하다.
④ 배관 내 압력이 높을수록 전이가 용이하다.

해설 폭연에서 폭굉으로 전이되기 위한 조건
(1) 정상연소속도가 **큰 가스**일수록 보기 ①
(2) 배관 내에 장애물이 존재할 경우 보기 ②
(3) 배관의 **관경**이 가늘수록 보기 ③
(4) 배관 내 **압력**이 높을수록(고압) 보기 ④
(5) 점화원의 **에너지**가 강할수록

① 작은 가스 → 큰 가스

중요

연소반응(전파형태에 따른 분류)

폭연(deflagration)	폭굉(detonation)
연소속도가 음속보다 느릴 때 발생	연소속도가 음속보다 빠를 때 발생

※ **음속** : 소리의 속도로서 약 **340m/s**이다.

답 ①

★★★
14 연소의 4요소 중 자유활성기(free radical)의 생성을 저하시켜 연쇄반응을 중지시키는 소화방법은?

15.09.문05
14.05.문13
13.03.문12
11.03.문16

① 제거소화 　　② 냉각소화
③ 질식소화 　　④ 억제소화

해설 **소화의 방법**

소화방법	설명
냉각소화	• 다량의 물 등을 이용하여 **점화원**을 **냉각**시켜 소화하는 방법 • 다량의 물을 뿌려 소화하는 방법
질식소화	• 공기 중의 **산소농도**를 16%(10~15%) 이하로 희박하게 하여 소화하는 방법
제거소화	• 가연물을 제거하여 소화하는 방법
억제소화 (부촉매효과)	• 연쇄반응을 차단하여 소화하는 방법으로 '화학소화'라고도 함 • **자유활성기**(free radical ; **자유라디칼**)의 생성을 저하시켜 연쇄반응을 중지시키는 소화방법 보기 ④

중요

물리적 소화방법	화학적 소화방법
• 질식소화(공기와의 접속차단) • 냉각소화(냉각) • 제거소화(가연물 제거)	• **억**제소화(연쇄반응의 억제) **기억법** 억화(억화감정)

답 ④

★★★
15 내화구조에 해당하지 않는 것은?

17.05.문17
16.05.문05
15.05.문02
14.05.문12
13.03.문07
12.09.문20
07.05.문19

① 철근콘크리트조로 두께가 10cm 이상인 벽
② 철근콘크리트조로 두께가 5cm 이상인 외벽 중 비내력벽
③ 벽돌조로서 두께가 19cm 이상인 벽
④ 철골철근콘크리트조로서 두께가 10cm 이상인 벽

해설 피난·방화구조 3조
내화구조의 기준

모든 벽	비내력벽
① 철골·철근콘크리트조로서 두께가 **10cm** 이상인 것 보기 ①④	① 철골·철근콘크리트조로서 두께가 **7cm** 이상인 것 보기 ②
② 골구를 철골조로 하고 그 양면을 두께 **4cm** 이상의 철망모르타르로 덮은 것	② 골구를 철골조로 하고 그 양면을 두께 **3cm** 이상의 철망모르타르로 덮은 것
③ 두께 **5cm** 이상의 콘크리트 블록·벽돌 또는 석재로 덮은 것	③ 두께 **4cm** 이상의 콘크리트 블록·벽돌 또는 석재로 덮은 것
④ 석조로서 철재에 덮은 콘크리트 블록의 두께가 **5cm** 이상인 것	④ 석조로서 두께가 **7cm** 이상인 것
⑤ **벽돌조**로서 두께가 **19cm** 이상인 것 보기 ③	

※ 공동주택의 각 세대 간의 경계벽의 구조는 **내화구조**이다.

② 5cm 이상 → 7cm 이상

답 ②

★★★
16 피난로의 안전구획 중 2차 안전구획에 속하는 것은?

05.05.문18
05.03.문02
04.09.문11
04.05.문12

① 복도
② 계단부속실(계단전실)
③ 계단
④ 피난층에서 외부와 직면한 현관

해설 **피난시설의 안전구획**

안전구획	장소
1차 안전구획	**복도** 보기 ①
2차 안전구획	**계단부속실**(전실) 보기 ②
3차 안전구획	**계단** 보기 ③

※ **계단부속실**(전실) : 계단으로 들어가는 입구부분

기억법 복부계

답 ②

★★★
17 경유화재가 발생했을 때 주수소화가 오히려 위험할 수 있는 이유는?

15.09.문13
15.09.문06
14.03.문06
12.09.문16
04.05.문06
03.03.문15

① 경유는 물과 반응하여 유독가스를 발생하므로
② 경유의 연소열로 인하여 산소가 방출되어 연소를 돕기 때문에
③ 경유는 물보다 비중이 가벼워 화재면의 확대 우려가 있으므로
④ 경유가 연소할 때 수소가스를 발생하여 연소를 돕기 때문에

해설 경유화재시 주수소화가 부적당한 이유

물보다 비중이 가벼워 물 위에 떠서 **화재 확대**의 우려가 있기 때문이다. 보기 ③

중요

주수소화(물소화)시 위험한 물질

위험물	발생물질
• 무기과산화물	**산소**(O_2) 발생
• 금속분 • 마그네슘 • 알루미늄 • 칼륨 • 나트륨 • 수소화리튬	**수소**(H_2) 발생
• 가연성 액체의 유류화재(경유)	**연소면**(화재면) 확대

답 ③

18 TLV(Threshold Limit Value)가 가장 높은 가스는?

① 시안화수소 ② 포스겐
③ 일산화탄소 ④ 이산화탄소

해설 **독성가스**의 **허용농도**(TLV ; Threshold Limit Value)

독성가스	허용농도
• 포스겐(COCl₂) 보기 ② • 아크롤레인(CH₂=CHCHO)	0.1ppm
• 염소(Cl₂)	1ppm
• 염화수소(HCl)	5ppm
• 황화수소(H₂S)	
• 시안화수소(HCN) 보기 ① • 벤젠(C₆H₆)	10ppm
• 암모니아(NH₃) • 일산화질소(NO)	25ppm
• 일산화탄소(CO) 보기 ③	50ppm
• 이산화탄소(CO₂) 보기 ④	5000ppm

답 ④

19 할론계 소화약제의 주된 소화효과 및 방법에 대한 설명으로 옳은 것은?

19.09.문13
17.05.문06
16.03.문08
15.03.문17
14.03.문19
11.10.문19
03.08.문11

① 소화약제의 증발잠열에 의한 소화방법이다.
② 산소의 농도를 15% 이하로 낮게 하는 소화방법이다.
③ 소화약제의 열분해에 의해 발생하는 이산화탄소에 의한 소화방법이다.
④ 자유활성기(free radical)의 생성을 억제하는 소화방법이다.

해설 소화의 형태

구 분	설 명
냉각소화	① **점화원**을 냉각하여 소화하는 방법 ② **증발잠열**을 이용하여 열을 빼앗아 가연물의 온도를 떨어뜨려 화재를 진압하는 소화방법 ③ **다량**의 물을 뿌려 소화하는 방법 ④ 가연성 물질을 **발화점 이하**로 냉각하여 소화하는 방법 ⑤ **식용유화재**에 신선한 **야채**를 넣어 소화하는 방법 ⑥ 용융잠열에 의한 **냉각효과**를 이용하여 소화하는 방법 **기억법** 냉점증발
질식소화	① 공기 중의 **산소농도**를 16%(10~15%) 이하로 희박하게 하여 소화하는 방법 ② 산화제의 농도를 낮추어 연소가 지속될 수 없도록 소화하는 방법 ③ 산소공급을 차단하여 소화하는 방법 ④ 산소의 농도를 낮추어 소화하는 방법 ⑤ 화학반응으로 발생한 **탄산가스**에 의한 소화방법 **기억법** 질산
제거소화	**가연물**을 **제거**하여 소화하는 방법
부촉매 소화 (억제소화, 화학소화)	① **연쇄반응**을 **차단**하여 소화하는 방법 ② 화학적인 방법으로 화재를 억제하여 소화하는 방법 ③ **활성기**(free radical ; 자유라디칼)의 **생성**을 **억제**하여 소화하는 방법 보기 ④ ④ 할론계 소화약제 **기억법** 부억(부엌)
희석소화	① 기체·고체·액체에서 나오는 분해가스나 증기의 농도를 낮춰 소화하는 방법 ② 불연성 가스의 **공기 중 농도**를 높여 소화하는 방법

중요

화재의 소화원리에 따른 **소화방법**

소화원리	소화설비
냉각소화	① 스프링클러설비 ② 옥내·외소화전설비
질식소화	① 이산화탄소소화설비 ② 포소화설비 ③ 분말소화설비 ④ 불활성기체 소화약제
억제소화 (부촉매효과)	① 할론소화약제 ② 할로겐화합물 소화약제

답 ④

★★
20 소방시설 중 피난구조설비에 해당하지 않는 것은?

19.09.문03
14.09.문59
13.09.문50
12.03.문52
10.05.문10
10.03.문51

① 무선통신보조설비
② 완강기
③ 구조대
④ 공기안전매트

해설 **소방시설법 시행령** 〔별표 1〕
피난구조설비
(1) 피난기구 ┬ 피난사다리
　　　　　　├ 구조대 〔보기 ③〕
　　　　　　├ 완강기 〔보기 ②〕
　　　　　　└ 소방청장이 정하여 고시하는 화재안전
　　　　　　　기준으로 정하는 것(미끄럼대, 피난교,
　　　　　　　공기안전매트, 피난용 트랩, 다수인 피
　　　　　　　난장비, 승강식 피난기, 간이완강기, 하
　　　　　　　향식 피난구용 내림식 사다리) 〔보기 ④〕
(2) **인**명구조기구 ┬ **방열**복
　　　　　　　　　├ **방화**복(안전모, 보호장갑, 안전화 포함)
　　　　　　　　　├ **공**기호흡기
　　　　　　　　　└ **인**공소생기

〔기억법〕 **방화열공인**

(3) 유도등 ┬ 피난유도선
　　　　　├ 피난구유도등
　　　　　├ 통로유도등
　　　　　├ 객석유도등
　　　　　└ 유도표지
(4) 비상조명등・휴대용 비상조명등

① 소화활동설비

답 ①

제 2 과목 　소방유체역학

★★★
21 이상기체의 등엔트로피 과정에 대한 설명 중 틀린 것은?

12.09.문30
07.09.문35

① 폴리트로픽 과정의 일종이다.
② 가역단열 과정에서 나타난다.
③ 온도가 증가하면 압력이 증가한다.
④ 온도가 증가하면 비체적이 증가한다.

해설 **이상기체의 등엔트로피 과정**
(1) **폴리트로픽 과정**의 일종이다. 〔보기 ①〕
(2) **가역단열 과정**에서 실현된다. 〔보기 ②〕
(3) 온도가 **증가**하면 **압력**이 **증가**한다. 〔보기 ③〕

👍 중요

등엔트로피(ΔS)

가역단열 과정	비가역단열 과정
$\Delta S = 0$	$\Delta S > 0$
등엔트로피 과정 = 가역단열 과정	

답 ④

★★★
22 관 내에서 물이 평균속도 9.8m/s로 흐를 때의 속도수두는 약 몇 m인가?

15.03.문37
11.03.문39
00.07.문32

① 4.9
② 9.8
③ 48
④ 128

해설 **속도수두**

$$H = \frac{V^2}{2g}$$

여기서, H : 속도수두〔m〕
　　　　V : 유속〔m/s〕
　　　　g : 중력가속도(9.8m/s²)

속도수두 H는
$$H = \frac{V^2}{2g} = \frac{(9.8\text{m/s})^2}{2 \times 9.8\text{m/s}^2} = 4.9\text{m}$$

답 ①

★★
23 그림과 같이 스프링상수(spring constant)가 10N/cm인 4개의 스프링으로 평판 A가 벽 B에 그림과 같이 설치되어 있다. 이 평판에 유량 0.01m³/s, 속도 10m/s인 물 제트가 평판 A의 중앙에 직각으로 충돌할 때, 물 제트에 의해 평판과 벽 사이의 단축되는 거리는 약 몇 cm인가?

13.06.문31
00.07.문36

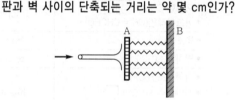

① 2.5
② 5
③ 10
④ 40

해설 (1) 기호
　• K : 10N/cm
　• Q : 0.01m³/s
　• V : 10m/s
　• L : ?

(2) **평판에 작용하는 힘**

$$F = \rho Q V$$

여기서, F : 힘〔N〕
　　　　ρ : 밀도(물의 밀도 1000N・s²/m⁴)
　　　　Q : 유량〔m³/s〕
　　　　V : 유속〔m/s〕

힘 F는
$F = \rho Q V$
　$= 1000\text{N}・\text{s}^2/\text{m}^4 \times 0.01\text{m}^3/\text{s} \times 10\text{m/s} = 100\text{N}$

　• **물**의 **밀도**(ρ) = 1000N・s²/m⁴

(3) 평판과 벽 사이의 단축거리

$$L = \frac{F}{K}$$

여기서, L : 평판과 벽 사이의 단축거리[cm]
F : 힘[F]
K : 스프링상수[N/cm]
평판과 벽 사이의 단축거리 L은

$$L = \frac{F}{K} = \frac{100N}{10N/cm \times 4개} = 2.5cm$$

답 ①

24 이상기체의 정압비열 C_p와 정적비열 C_v와의 관계로 옳은 것은? (단, R은 이상기체상수이고, k는 비열비이다.)

08.09.문34

① $C_p = \frac{1}{2} C_v$

② $C_p < C_v$

③ $C_p - C_v = R$

④ $\frac{C_v}{C_p} = k$

해설 기체상수

$$R = C_p - C_v = \frac{\overline{R}}{M}$$

여기서, R : 기체상수[J/g·K]
C_p : 정압비열[J/g·K]
C_v : 정적비열[J/g·K]
$\overline{R}$: 일반기체상수[J/mol·K]
M : 분자량[g/mol]

답 ③

25 피스톤의 지름이 각각 10mm, 50mm인 두 개의 유압장치가 있다. 두 피스톤 안에 작용하는 압력은 동일하고, 큰 피스톤이 1000N의 힘을 발생시킨다고 할 때 작은 피스톤에서 발생시키는 힘은 약 몇 N인가?

19.03.문30
10.03.문27
05.09.문28

① 40

② 400

③ 25000

④ 245000

해설 (1) 기호

- D_1 : 10mm
- D_2 : 50mm
- F_2 : 1000N
- F_1 : ?

(2) 파스칼의 원리(principle of pascal)

$$\frac{F_1}{A_1} = \frac{F_2}{A_2} , \quad p_1 = p_2$$

여기서, F_1, F_2 : 가해진 힘[kN]
A_1, A_2 : 단면적[m²] $\left(A = \frac{\pi}{4} D^2\right)$
D : 지름[m]
p_1, p_2 : 압력[kPa] 또는 [kN/m²]

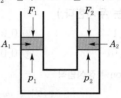

| 파스칼의 원리 |

$$\frac{F_1}{A_1} = \frac{F_2}{A_2}$$

$$\frac{F_1}{\frac{\pi}{4} D_1^2} = \frac{F_2}{\frac{\pi}{4} D_2^2}$$

$$\frac{F_1}{\frac{\pi}{4} \times (10mm)^2} = \frac{1000N}{\frac{\pi}{4} \times (50mm)^2}$$

$$F_1 = \frac{\frac{\pi}{4} \times (10mm)^2}{\frac{\pi}{4} \times (50mm)^2} \times 1000N = 40N$$

※ **수압기** : 파스칼의 원리를 이용한 대표적 기계

답 ①

26 유체가 매끈한 원 관 속을 흐를 때 레이놀즈수가 1200이라면 관마찰계수는 약 얼마인가?

19.09.문24
14.05.문40
(산업)

① 0.0254

② 0.00128

③ 0.0059

④ 0.053

해설 (1) 기호

- Re : 1200
- f : ?

(2) 관마찰계수

$$f = \frac{64}{Re}$$

여기서, f : 관마찰계수
Re : 레이놀즈수
관마찰계수 f 는

$$f = \frac{64}{Re} = \frac{64}{1200} ≒ 0.053$$

답 ④

★ 27

17.09.문40
16.03.문31
15.03.문23
07.03.문30

2cm 떨어진 두 수평한 판 사이에 기름이 차있고, 두 판 사이의 정중앙에 두께가 매우 얇은 한 변의 길이가 10cm인 정사각형 판이 놓여 있다. 이 판을 10cm/s의 일정한 속도로 수평하게 움직이는 데 0.02N의 힘이 필요하다면, 기름의 점도는 약 몇 N·s/m²인가? (단, 정사각형 판의 두께는 무시한다.)

① 0.1
② 0.2
③ 0.01
④ 0.02

해설 **Newton**의 **점성법칙**

$$\tau = \frac{F}{A} = \mu \frac{du}{dy}$$

여기서, τ : 전단응력[N/m²]
F : 힘[N]
A : 단면적[m²]
μ : 점성계수(점도)[N·s/m²]
du : 속도의 변화[m/s]
dy : 거리의 변화[m]

F와 거리는 $\frac{1}{2}$로 해야 하므로
$F = 0.01$N, $dy = 0.01$m
점도 μ는
$$\mu = \frac{Fdy}{Adu} = \frac{0.01\text{N} \times 0.01\text{m}}{(0.1 \times 0.1)\text{m}^2 \times 0.1\text{m/s}} = 0.1\text{N} \cdot \text{s/m}^2$$

비교

Newton의 **점성법칙**(층류)

$$\tau = \frac{p_A - p_B}{l} \cdot \frac{r}{2}$$

여기서, τ : 전단응력[N/m²]
$p_A - p_B$: 압력강하[N/m²]
l : 관의 길이[m]
r : 반경[m]

답 ①

★★ 28

16.03.문28
01.09.문36
01.06.문25
99.08.문33

부자(float)의 오르내림에 의해서 배관 내의 유량을 측정하는 기구의 명칭은?

① 피토관(pitot tube)
② 로터미터(rotameter)
③ 오리피스(orifice)
④ 벤투리미터(venturi meter)

해설

측정기구	설 명
피토관 (pitot tube)	유체의 **국부속도**를 측정하는 장치 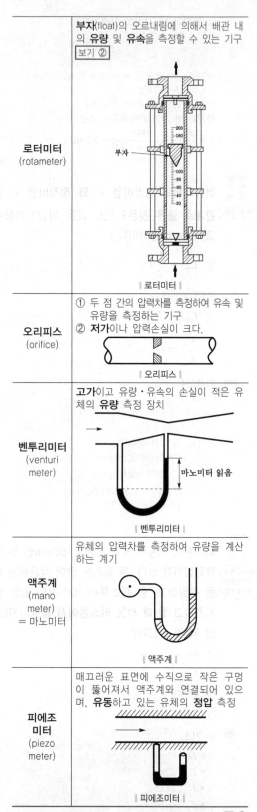 ‖ 피토관 ‖
로터미터 (rotameter)	부자(float)의 오르내림에 의해서 배관 내의 **유량** 및 **유속**을 측정할 수 있는 기구 보기 ② ‖ 로터미터 ‖
오리피스 (orifice)	① 두 점 간의 압력차를 측정하여 유속 및 유량을 측정하는 기구 ② **저가**이나 압력손실이 크다. ‖ 오리피스 ‖
벤투리미터 (venturi meter)	**고가**이고 유량·유속의 손실이 적은 유체의 **유량** 측정 장치 ‖ 벤투리미터 ‖
액주계 (mano meter) = 마노미터	유체의 압력차를 측정하여 유량을 계산하는 계기 ‖ 액주계 ‖
피에조 미터 (piezo meter)	매끄러운 표면에 수직으로 작은 구멍이 뚫어져서 액주계와 연결되어 있으며, **유동**하고 있는 유체의 **정압** 측정 ‖ 피에조미터 ‖

답 ②

★
29 다음 열역학적 용어에 대한 설명으로 틀린 것은?

`15.05.문26`
① 물질의 3중점(triple point)은 고체, 액체, 기체의 3상이 평형상태로 공존하는 상태의 지점을 말한다.
② 일정한 압력하에서 고체가 상변화를 일으켜 액체로 변화할 때 필요한 열을 융해열(융해잠열)이라 한다.
③ 고체가 일정한 압력하에서 액체를 거치지 않고 직접 기체로 변화하는 데 필요한 열을 승화열이라 한다.
④ 포화액체를 정압하에서 가열할 때 온도변화 없이 포화증기로 상변화를 일으키는 데 사용되는 열을 현열이라 한다.

해설 열역학적 용어

용어	설명
① 3중점	**고체, 액체, 기체**의 **3상**이 **평형**상태로 공존하는 상태의 지점 보기 ①
② 융해열 (융해잠열)	• 일정한 압력하에서 고체가 상변화를 일으켜 액체로 변화할 때 필요한 열 보기 ② • **고체**를 녹여서 **액체**로 바꾸는 데 소요되는 열량
③ 승화열	**고체**가 일정한 압력하에서 **액체**를 거치지 않고 직접 **기체**로 변화하는 데 필요한 열 보기 ③
④ 잠열	온도의 변화 없이 물질의 **상태변화**에 필요한 열(예 물 100℃ → 수증기 100℃) 보기 ④
⑤ 현열	상태의 변화 없이 물질의 **온도변화**에 필요한 열(예 물 0℃ → 물 100℃)

④ 현열 → 잠열

답 ④

★★★
30 펌프를 이용하여 10m 높이 위에 있는 물탱크로 유량 0.3m³/min의 물을 퍼올리려고 한다. 관로 내

`17.05.문39`
`16.10.문37`
`15.09.문30`
`15.05.문36`
`11.10.문27`
마찰손실수두가 3.8m이고, 펌프의 효율이 85%일 때 펌프에 공급해야 하는 동력은 약 몇 W인가?

① 128
② 796
③ 677
④ 219

해설 (1) 기호
• H : (10m + 3.8m) = 13.8m
• Q : 0.3m³/min
• η : 85% = 0.85
• P : ?

(2) 전동력(전동기의 용량)

$$P = \frac{0.163QH}{\eta}K$$

여기서, P : 전동력[kW]
Q : 유량[m³/min]
H : 전양정[m]
K : 전달계수
η : 효율
동력 P는

$$P = \frac{0.163QH}{\eta}K$$
$$= \frac{0.163 \times 0.3\text{m}^3/\text{min} \times 13.8\text{m}}{0.85}$$
$$= 0.793\text{kW}$$
$$= 793\text{W}$$
$$\fallingdotseq 796\text{W}$$

• 1kW=1000W이므로 0.793kW=793W
• K : 주어지지 않았으므로 무시

답 ②

★★★
31 회전속도 1000rpm일 때 송출량 Q[m³/min], 전양정 H[m]인 원심펌프가 상사한 조건에서

`17.05.문29`
`14.09.문23`
`11.06.문35`
`11.03.문35`
`00.10.문61`
송출량이 1.1Q[m³/min]가 되도록 회전속도를 증가시킬 때, 전양정은 어떻게 되는가?

① 0.91H
② H
③ 1.1H
④ 1.21H

해설 펌프의 상사법칙(송출량)
(1) 유량(송출량)

$$Q_2 = Q_1\left(\frac{N_2}{N_1}\right)$$

(2) 전양정

$$H_2 = H_1\left(\frac{N_2}{N_1}\right)^2$$

(3) 축동력

$$P_2 = P_1\left(\frac{N_2}{N_1}\right)^3$$

여기서, $Q_2 \cdot Q_1$: 변화 전후의 유량(송출량)[m³/min]
$H_2 \cdot H_1$: 변화 전후의 전양정[m]
$P_2 \cdot P_1$: 변화 전후의 축동력[kW]
$N_2 \cdot N_1$: 변화 전후의 회전수(회전속도)[rpm]

유량 $Q_2 = Q_1\left(\frac{N_2}{N_1}\right) = 1.1Q_1$

$$Q_1\left(\frac{N_2}{N_1}\right) = 1.1Q_1$$
$$\left(\frac{N_2}{N_1}\right) = \frac{1.1Q_1}{Q_1} = 1.1$$

전양정 $H_2 = H_1 \left(\dfrac{N_2}{N_1}\right)^2 = H_1 (1.1)^2 = 1.21 H_1$

(∴ 지문에서 $1.21H$가 정답)

> ※ **상사법칙** : 기하학적으로 유사하거나 같은 펌프에 적용하는 법칙

답 ④

★★ 32

13.09.문27
10.05.문35

모세관 현상에 있어서 물이 모세관을 따라 올라가는 높이에 대한 설명으로 옳은 것은?

① 표면장력이 클수록 높이 올라간다.
② 관의 지름이 클수록 높이 올라간다.
③ 밀도가 클수록 높이 올라간다.
④ 중력의 크기와는 무관하다.

해설 모세관 현상(capillarity in tube)
액체와 고체가 접촉하면 상호 **부착**하려는 **성질**을 갖는데 이 **부착력**과 액체의 **응집력**의 **상대적 크기**에 의해 일어나는 현상

$$h = \dfrac{4\sigma \cos\theta (비례)}{\gamma D (반비례)}$$

여기서, h : 상승높이[m]
σ : 표면장력[N/m]
θ : 각도(접촉각)
γ : 비중량(물의 비중량 9800N/m³)($\gamma = \rho g$)
ρ : 밀도(물의 밀도 1000kg/m³)
g : 중력가속도(9.8m/s²)
D : 관의 내경[m]

(a) 물(H₂O) : 응집력<부착력   (b) 수은(Hg) : 응집력>부착력

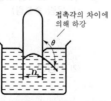

| 모세관 현상 |

> ② 높이 → 낮게
> ③ 높이 → 낮게
> ④ 크기와는 무관하다. → 크기와도 관계 있다(중력가속도와 관계되므로).

답 ①

★★ 33

09.03.문24
07.05.문29

그림과 같이 30°로 경사진 0.5m×3m 크기의 수문평판 AB가 있다. A지점에서 힌지로 연결되어 있을 때 이 수문을 열기 위하여 B지점에서 수문에 직각방향으로 가해야 할 최소 힘은 약 몇 N인가? (단, 힌지 A에서의 마찰은 무시한다.)

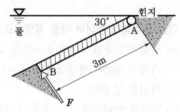

① 7350
② 7355
③ 14700
④ 14710

해설 (1) 전압력

$$F = \gamma y \sin\theta\, A = \gamma h A$$

여기서, F : 전압력[kN]
γ : 비중량(물의 비중량 9.8kN/m³)
y : 표면에서 수문 중심까지의 경사거리[m]
h : 표면에서 수문 중심까지의 수직거리[m]
A : 수문의 단면적[m²]

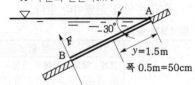

전압력 F는
$F = \gamma y \sin\theta\, A$
$= 9.8\text{kN/m}^3 \times 1.5\text{m} \times \sin 30° \times (3\times 0.5)\text{m}^2$
$= 11.025\text{kN}$

(2) 작용점 깊이

명칭	구형(rectangle)
형태	I_c 폭 b, 높이 h, y_c
A(면적)	$A = bh$
y_c (중심위치)	$y_c = y$
I_c (관성능률)	$I_c = \dfrac{bh^3}{12}$

$$y_p = y_c + \dfrac{I_c}{A y_c}$$

여기서, y_p : 작용점 깊이(작용위치)[m]
y_c : 중심위치[m]
I_c : 관성능률$\left(I_c = \dfrac{bh^3}{12}\right)$
A : 단면적[m²]($A = bh$)

작용점 깊이 y_p는
$$y_p = y_c + \dfrac{I_c}{A y_c} = y + \dfrac{\frac{bh^3}{12}}{(bh)y}$$
$$= 1.5\text{m} + \dfrac{\frac{0.5\text{m} \times (3\text{m})^3}{12}}{(0.5 \times 3)\text{m}^2 \times 1.5\text{m}} \fallingdotseq 2\text{m}$$

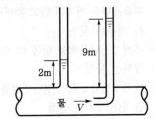

A지점 모멘트의 합이 0이므로

$\Sigma M_A = 0$

$F_B \times 3m - F \times 2m = 0$

$F_B \times 3m - 11.025kN \times 2m = 0$

$F_B \times 3m = 11.025kN \times 2m$

$F_B = \dfrac{11.025kN \times 2m}{3m} = 7.35kN = 7350N$

• 1kN=1000N이므로 7.35kN=7350N

답 ①

★★★
34 관 내에 물이 흐르고 있을 때, 그림과 같이 액주계를 설치하였다. 관 내에서 물의 유속은 약 몇 m/s인가?

17.09.문23
17.03.문29
13.03.문26
13.03.문37
00.03.문21

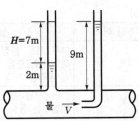

① 2.6 ② 7
③ 11.7 ④ 137.2

 해설

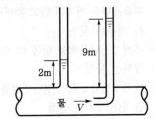

피토관(pitot tube)

$$V = \sqrt{2gH}$$

여기서, V : 유속[m/s]
g : 중력가속도(9.8m/s²)
H : 높이[m]

$V = \sqrt{2gH} = \sqrt{2 \times 9.8m/s^2 \times 7m} \fallingdotseq 11.7m/s$

답 ③

★
35 파이프 단면적이 2.5배로 급격하게 확대되는 구간을 지난 후의 유속이 1.2m/s이다. 부차적 손실계수가 0.36이라면 급격확대로 인한 손실수 두는 몇 m인가?

11.03.문22

① 0.0264 ② 0.0661
③ 0.165 ④ 0.331

해설 (1) **기호**

• A_1 : 1m²(A_1 =1m²로 가정)
• A_2 : 2.5m²(문제에서 2.5배이므로)
• V_2 : 1.2m/s(확대되는 구간을 지난 후 유속이므로 확대관 유속)
• K_1 : 0.36
• H : ?

(2) **손실계수**

$$K_1 = \left(1 - \dfrac{A_1}{A_2}\right)^2, \quad K_2 = \left(1 - \dfrac{A_2}{A_1}\right)^2$$

여기서, K_1 : 작은 관을 기준으로 한 손실계수
K_2 : 큰 관을 기준으로 한 손실계수
A_1 : 작은 관 단면적[m²]
A_2 : 큰 관 단면적[m²]

큰 관을 기준으로 한 손실계수 K_2는

$$K_2 = \left(1 - \dfrac{A_2}{A_1}\right)^2 = \left(1 - \dfrac{2.5m^2}{1m^2}\right)^2 = 2.25$$

(3) **돌연확대관에서의 손실**

$$H = K \dfrac{(V_1 - V_2)^2}{2g}$$

$$H = K_1 \dfrac{V_1^{\,2}}{2g}$$

$$H = K_2 \dfrac{V_2^{\,2}}{2g}$$

여기서, H : 손실수두[m]
K : 손실계수
K_1 : 작은 관을 기준으로 한 손실계수
K_2 : 큰 관을 기준으로 한 손실계수
V_1 : 축소관 유속[m/s]
V_2 : 확대관 유속[m/s]
g : 중력가속도(9.8m/s²)

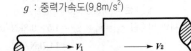

| 돌연확대관 |

• 이 문제에서 K_1은 적용하지 않아도 된다.

$$H = K_2 \dfrac{V_2^{\,2}}{2g} = 2.25 \times \dfrac{(1.2m/s)^2}{2 \times 9.8m/s^2} \fallingdotseq 0.165m$$

별해

$A_2 = 2.5A_1$ 이므로

$A_1 V_1 = A_2 V_2$

$A_1 V_1 = (2.5A_1) V_2$

$V_1 = \dfrac{2.5A_1}{A_1} V_2 = 2.5 V_2$

$H = K_1 \dfrac{V_1^{\,2}}{2g} = K_1 \dfrac{(2.5 V_2)^2}{2g}$

$= 0.36 \times \dfrac{(2.5 \times 1.2m/s)^2}{2 \times 9.8m/s^2} \fallingdotseq 0.165m$

답 ③

36 관 A에는 비중 $s_1 = 1.5$인 유체가 있으며, 마노미터 유체는 비중 $s_2 = 13.6$인 수은이고, 마노미터에서의 수은의 높이차 h_2는 20cm이다. 이후 관 A의 압력을 종전보다 40kPa 증가했을 때, 마노미터에서 수은의 새로운 높이차($h_2{}'$)는 약 몇 cm인가?

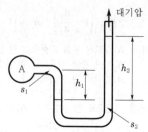

① 28.4
② 35.9
③ 46.2
④ 51.8

해설 **(1) 기호**

- s_1 : 1.5
- s_2 : 13.6
- h_2 : 20cm = 0.2m
- $h_2{}'$: ?

(2) 비중

$$s = \frac{\gamma}{\gamma_w}$$

여기서, s : 비중
γ : 어떤 물질의 비중량[kN/m³]
γ_w : 물의 비중량(9.8kN/m³)

유체의 비중량 $\gamma_1 = s_1 \times \gamma_w = 1.5 \times 9.8\text{kN/m}^3$
$= 14.7\text{kN/m}^3$

수은의 비중량 $\gamma_2 = s_2 \times \gamma_w = 13.6 \times 9.8\text{kN/m}^3$
$= 133.28\text{kN/m}^3$

(3) 압력차

$$P_A + \gamma_1 h_1 - \gamma_2 h_2 = 0 \quad \cdots\cdots\cdots\cdots ⑦$$

A의 압력을 종전보다 40kPa 증가했을 때

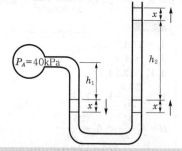

$$P_A + 40\text{kPa} + \gamma_1(h_1 + x) - \gamma_2(h_2 + 2x) = 0 \cdots ⑥$$

⑦식에서 ⑥식을 빼면

$$\cancel{P_A} + \gamma_1 h_1 - \gamma_2 h_2 - \cancel{P_A} - 40\text{kPa} - \gamma_1(h_1 + x) + \gamma_2(h_2 + 2x) = 0$$

$$\cancel{\gamma_1 h_1} - \cancel{\gamma_2 h_2} - 40\text{kPa} - \cancel{\gamma_1 h_1} - \gamma_1 x + \cancel{\gamma_2 h_2} + 2\gamma_2 x = 0$$

$$-40\text{kPa} - \gamma_1 x + 2\gamma_2 x = 0$$

$$-\gamma_1 x + 2\gamma_2 x = 40\text{kPa}$$

$$2\gamma_2 x - \gamma_1 x = 40\text{kPa}$$

$$x(2\gamma_2 - \gamma_1) = 40\text{kPa}$$

$$x = \frac{40\text{kPa}}{2\gamma_2 - \gamma_1} = \frac{40\text{kN/m}^2}{2 \times 133.28\text{kN/m}^3 - 14.7\text{kN/m}^3}$$
$$\fallingdotseq 0.158818\text{m}$$

높이차 $h_2{}' = h_2 + 2x$
$$= 0.2\text{m} + 2 \times 0.158818\text{m} \fallingdotseq 0.518\text{m} = 51.8\text{cm}$$

답 ④

37 다음 기체, 유체, 액체에 대한 설명 중 옳은 것만을 모두 고른 것은?

13.09.문40

ⓐ 기체 : 매우 작은 응집력을 가지고 있으며, 자유표면을 가지지 않고 주어진 공간을 가득 채우는 물질
ⓑ 유체 : 전단응력을 받을 때 연속적으로 변형하는 물질
ⓒ 액체 : 전단응력이 전단변형률과 선형적인 관계를 가지는 물질

① ⓐ, ⓑ
② ⓐ, ⓒ
③ ⓑ, ⓒ
④ ⓐ, ⓑ, ⓒ

해설 **용어**

용어	설명
ⓐ 기체	매우 작은 **응집력**을 가지고 있으며, 자유표면을 가지지 않고 주어진 공간을 가득 채우는 물질
ⓑ 유체	전단응력을 받을 때 **연속적**으로 **변형**하는 물질
ⓒ Newton 유체	전단응력이 **전단변형률**과 **선형적인 관계**를 가지는 물질

ⓒ 액체 → Newton 유체

답 ①

38 지름 2cm의 금속 공은 선풍기를 켠 상태에서 냉각하고, 지름 4cm의 금속 공은 선풍기를 끄고 냉각할 때 동일 시간당 발생하는 대류열전달량의 비(2cm 공 : 4cm 공)는? (단, 두 경우 온도차는 같고, 선풍기를 켜면 대류열전달계수가 10배가 된다고 가정한다.)

14.09.문33

① 1 : 0.3375
② 1 : 0.4
③ 1 : 5
④ 1 : 10

해설 대류열

$$\dot{q} = Ah(T_2 - T_1) = 4\pi r^2 h(T_2 - T_1)$$

여기서, $\dot{q}$: 대류열류[W]
A : 대류면적[m²]
h : 대류전열계수[W/m²·℃]
$T_2 - T_1$: 온도차[K]
r : 반지름[m]

대류전열계수 = 대류열전달계수

단서에서 **온도차**는 같다고 하였으므로 **무시**하면

(1) 선풍기를 끈 상태

$$\dot{q}_2 = A_2 h_2 = (4\pi r_2{}^2)h_2$$

(2) 선풍기를 켠 상태

$$\dot{q}_1 = A_1 h_1 = (4\pi r_1{}^2)h_1$$

선풍기를 켜면 열전달계수가 10배가 된다고 하였으므로
$$q_1 = 10A_1 h_1 = 10(4\pi r_1{}^2)h_1$$

(3) 열전달률의 비
$$\frac{\dot{q}_2}{\dot{q}_1} = \frac{(4\pi r_2{}^2)h_2}{10(4\pi r_1{}^2)h_1}$$
$$= \frac{(2\text{cm})^2 h_2}{10 \times (1\text{cm})^2 h_1}$$
$$= 0.4\frac{h_2}{h_1}$$
$$\therefore 1 : 0.4$$

답 ②

★★★ 39

관로에서 20℃의 물이 수조에 5분 동안 유입되었을 때 유입된 물의 중량이 60kN이라면 이때 유량은 몇 m³/s인가?

15.09.문22
11.06.문33
04.03.문40

① 0.015
② 0.02
③ 0.025
④ 0.03

해설 중량유량(weight flowrate)

$$G = AV\gamma = Q\gamma$$

여기서, G : 중량유량[N/s]
A : 단면적[m²]
V : 유속[m/s]
γ : 비중량(물의 비중량 9800N/m³)
Q : 유량[m³/s]

유량 Q 는
$$Q = \frac{G}{\gamma} = \frac{60000\text{N}/300\text{s}}{9800\text{N/m}^3} \fallingdotseq 0.02\text{m}^3/\text{s}$$

- G : 1kN=1000N이므로 60kN=60000N이며, 1분 =60s이므로 5분=5×60=300s

비교

질량유량	유량(flowrate) = 체적유량
$\overline{m} = AV\rho$ $= \left(\dfrac{\pi D^2}{4}\right)V\rho$	$Q = AV$

여기서, $\overline{m}$: 질량유량 [kg/s]
A : 단면적[m²]
V : 유속[m/s]
ρ : 밀도(물의 밀도 1000kg/m³)
D : 직경(지름) [m]

여기서, Q : 유량[m³/s]
A : 단면적[m²]
V : 유속[m/s]

답 ②

★★★ 40

펌프의 캐비테이션을 방지하기 위한 방법으로 틀린 것은?

17.09.문35
17.05.문37
16.10.문23
15.03.문35
14.05.문39
14.03.문32

① 펌프의 설치위치를 낮추어서 흡입양정을 작게 한다.
② 흡입관을 크게 하거나 밸브, 플랜지 등을 조정하여 흡입손실수두를 줄인다.
③ 펌프의 회전속도를 높여 흡입속도를 크게 한다.
④ 2대 이상의 펌프를 사용한다.

해설 공동현상(cavitation, 캐비테이션)

개 요	펌프의 흡입측 배관 내의 물의 정압이 기존의 증기압보다 낮아져서 기포가 발생되어 물이 흡입되지 않는 현상
발생 현상	• **소음**과 **진동** 발생 • 관 **부식** • **임펠러**의 손상(수차의 날개를 해침) • 펌프의 성능저하
발생 원인	• 펌프의 흡입수두가 클 때(소화펌프의 흡입고가 클 때) • 펌프의 마찰손실이 클 때 • 펌프의 임펠러속도가 클 때 • 펌프의 설치위치가 수원보다 높을 때 • 관 내의 수온이 높을 때(물의 온도가 높을 때) • 관 내의 물의 정압이 그때의 **증기압**보다 낮을 때 • 흡입관의 **구경**이 작을 때 • 흡입거리가 길 때 • 유량이 증가하여 펌프물이 과속으로 흐를 때
방지 대책	• 펌프의 흡입수두를 작게 한다. 보기 ② • 펌프의 마찰손실을 **작게** 한다. • 펌프의 임펠러속도(회전수)를 **작게** 한다. 보기 ③ • 펌프의 설치위치를 수원보다 낮게 한다. 보기 ① • **양흡입펌프**를 사용한다(펌프의 흡입측을 가압). • 관 내의 물의 정압을 그때의 증기압보다 **높게** 한다. • 흡입관의 구경을 **크게** 한다. • 펌프를 2개 이상 설치한다. 보기 ④

③ 높여 → 낮추어, 크게 → 작게

답 ③

제3과목 소방관계법규

41 화재의 예방 및 안전관리에 관한 법령에 따른 용접 또는 용단 작업장에서 불꽃을 사용하는 용접·용단 기구 사용에 있어서 작업장 주변 반경 몇 m 이내에 소화기를 갖추어야 하는가? (단, 산업안전보건법에 따른 안전조치의 적용을 받는 사업장의 경우는 제외한다.)
17.05.문42

① 1   ② 3
③ 5   ④ 7

해설 화재예방법 시행령 〔별표 1〕
보일러 등의 위치·구조 및 관리와 화재예방을 위하여 불의 사용에 있어서 지켜야 할 사항

구분	기준
불꽃을 사용하는 용접·용단기구	① 용접 또는 용단 작업장 주변 반경 **5m** 이내에 **소화기**를 갖추어 둘 것 보기 ③ ② 용접 또는 용단 작업장 주변 반경 **10m** 이내에는 **가연물**을 쌓아두거나 놓아두지 말 것(단, 가연물의 제거가 곤란하여 방화포 등으로 방호조치를 한 경우는 제외)

기억법 **5소(오소서)**

답 ③

42 소방기본법에 따른 벌칙의 기준이 다른 것은?
17.03.문49
16.05.문57
15.09.문43
15.05.문58
11.10.문51
10.09.문54

① 정당한 사유 없이 모닥불, 흡연, 화기취급, 풍등 등 소형 열기구 날리기, 그 밖에 화재예방상 위험하다고 인정되는 행위의 금지 또는 제한에 따른 명령에 따르지 아니하거나 이를 방해한 사람
② 소방활동 종사 명령에 따른 사람을 구출하는 일 또는 불을 끄거나 불이 번지지 아니하도록 하는 일을 방해한 사람
③ 정당한 사유 없이 소방용수시설 또는 비상소화장치를 사용하거나 소방용수시설 또는 비상소화장치의 효용을 해치거나 그 정당한 사용을 방해한 사람

④ 출동한 소방대의 소방장비를 파손하거나 그 효용을 해하여 화재진압·인명구조 또는 구급활동을 방해하는 행위를 한 사람

해설 기본법 50조
5년 이하의 징역 또는 5000만원 이하의 벌금
(1) 소방자동차의 **출동** 방해
(2) **사람구출** 방해 보기 ②
(3) **소방용수시설** 또는 **비상소화장치**의 효용 방해 보기 ③
(4) 출동한 소방대의 화재진압·인명구조 또는 구급활동 **방해** 보기 ④
(5) 소방대의 현장출동 **방해**
(6) 출동한 소방대원에게 **폭행·협박** 행사

① **200만원** 이하의 벌금

답 ①

43 소방시설 설치 및 관리에 관한 법령에 따른 특정소방대상물의 수용인원의 산정방법 기준 중 틀린 것은?
19.04.문51
17.03.문57

① 침대가 있는 숙박시설의 경우는 해당 특정소방대상물의 종사자수에 침대수(2인용 침대는 2인으로 산정)를 합한 수
② 침대가 없는 숙박시설의 경우는 해당 특정소방대상물의 종사자수에 숙박시설 바닥면적의 합계를 3m² 로 나누어 얻은 수를 합한 수
③ 강의실 용도로 쓰이는 특정소방대상물의 경우는 해당 용도로 사용하는 바닥면적의 합계를 1.9m² 로 나누어 얻은 수
④ 문화 및 집회시설의 경우는 해당 용도로 사용하는 바닥면적의 합계를 2.6m² 로 나누어 얻은 수

해설 소방시설법 시행령 〔별표 7〕
수용인원의 산정방법

특정소방대상물		산정방법
• 강의실 • 교무실 • 상담실 • 실습실 • 휴게실		바닥면적 합계 1.9m²
• 숙박 시설	침대가 있는 경우	종사자수+침대수
	침대가 없는 경우	종사자수+ 바닥면적 합계 3m²
• 기타		바닥면적 합계 3m²
• 강당 • 문화 및 집회시설, 운동시설 • 종교시설		바닥면적의 합계 4.6m²

※ 소수점 이하는 반올림한다.

기억법 수반(수반! 동반!)

④ 2.6m² → 4.6m²

답 ④

★
44
17.05.문59
11.10.문49

소방시설공사업법령에 따른 소방시설공사 중 특정소방대상물에 설치된 소방시설 등을 구성하는 것의 전부 또는 일부를 개설, 이전 또는 정비하는 공사의 착공신고대상이 아닌 것은?

① 수신반
② 소화펌프
③ 동력(감시)제어반
④ 제연설비의 제연구역

해설 **공사업령 4조**
소방시설공사의 **착공신고대상**
(1) **수**신반 보기 ①
(2) 소화**펌**프 보기 ②
(3) **동**력(감시)제어반 보기 ③

기억법 **동수펌착**

비교

공사업령 4조
증설공사 착공신고대상
(1) 옥내·외 소화전설비
(2) 스프링클러설비·간이스프링클러설비·물분무등소화설비
(3) 자동화재탐지설비
(4) 제연설비
(5) 연결살수설비·연결송수관설비·연소방지설비
(6) 비상콘센트설비

답 ④

★★
45
15.03.문54

소방기본법에 따른 소방력의 기준에 따라 관할구역의 소방력을 확충하기 위하여 필요한 계획을 수립하여 시행하여야 하는 자는?

① 소방서장
② 소방본부장
③ 시·도지사
④ 행정안전부장관

해설 **기본법 8조 ②항**
시·도지사는 **소방력**의 **기준**에 따라 관할구역 안의 소방력을 확충하기 위하여 필요한 **계획**을 **수립**하여 시행하여야 한다. 보기 ③

🔖 중요

기본법 8조

구 분	대 상
행정안전부령	**소방력**에 관한 기준
시·도지사	**소방력 확충**의 계획·수립·시행

답 ③

★★
46
17.03.문42
14.03.문49

소방시설 설치 및 관리에 관한 법령에 따른 화재안전기준을 달리 적용하여야 하는 특수한 용도 또는 구조를 가진 특정소방대상물 중 중·저준위 방사성 폐기물의 저장시설에 설치하지 않을 수 있는 소방시설은?

① 소화용수설비
② 옥외소화전설비
③ 물분무등소화설비
④ 연결송수관설비 및 연결살수설비

해설 **소방시설법 시행령 [별표 6]**
소방시설을 설치하지 않을 수 있는 특정소방대상물 및 소방시설의 범위

구 분	특정소방대상물	소방시설
화재안전성능기준을 달리 적용해야 하는 특수한 용도 또는 구조를 가진 특정소방대상물	• 원자력발전소 • 중·저준위 방사성 폐기물의 저장시설	• **연**결송수관설비 • **연**결살수설비 기억법 화기연(화기연구) 보기 ④
자체소방대가 설치된 특정소방대상물	자체소방대가 설치된 위험물제조소 등에 부속된 사무실	• 옥내소화전설비 • 소화용수설비 • 연결살수설비 • 연결송수관설비
화재위험도가 낮은 특정소방대상물	**석**재, **불**연성 **금**속, **불**연성 건축재료 등의 가공공장·기계조립공장 또는 불연성 물품을 저장하는 창고	• 옥**외**소화전설비 • 연결살수설비 기억법 석불금외

답 ④

47 ★★★

15.03.문07
14.05.문45
08.09.문58

위험물안전관리법령에 따른 인화성 액체위험물 (이황화탄소를 제외)의 옥외탱크저장소의 탱크 주위에 설치하는 방유제의 설치기준 중 옳은 것은?

① 방유제의 높이는 0.5m 이상 2.0m 이하로 할 것
② 방유제 내의 면적은 100000m² 이하로 할 것
③ 방유제의 용량은 방유제 안에 설치된 탱크가 2기 이상인 때에는 그 탱크 중 용량이 최대인 것의 용량의 120% 이상으로 할 것
④ 높이가 1m를 넘는 방유제 및 간막이 둑의 안팎에는 방유제 내에 출입하기 위한 계단 또는 경사로를 약 50m마다 설치할 것

해설 **위험물규칙 〔별표 6〕**
옥외탱크저장소의 방유제
(1) 높이 : **0.5~3m** 이하 보기 ①
(2) 탱크 : 10기(모든 탱크용량이 **20만L** 이하, 인화점이 70~200℃ 미만은 **20기**) 이하
(3) 면적 : **80000m²** 이하 보기 ②
(4) 용량

1기 이상	2기 이상
탱크용량×110% 이상	**최대용량×110%** 이상 보기 ③

(5) 높이가 **1m**를 넘는 방유제 및 간막이 둑의 안팎에는 방유제 내에 출입하기 위한 계단 또는 경사로를 약 **50m**마다 설치할 것 보기 ④

> ① 0.5m 이상 2.0m 이하 → 0.5m 이상 3.0m 이하
> ② 100000m² 이하 → 80000m² 이하
> ③ 120% 이상 → 110% 이상

답 ④

48 ★

17.09.문54
(산업)

소방시설 설치 및 관리에 관한 법령에 따른 임시소방시설 중 간이소화장치를 설치하여야 하는 공사의 작업현장의 규모의 기준 중 다음 ( ) 안에 알맞은 것은?

> • 연면적 (㉠)m² 이상
> • 지하층, 무창층 또는 (㉡)층 이상의 층이 경우 해당 층의 바닥면적이 (㉢)m² 이상인 경우만 해당

① ㉠ 1000, ㉡ 6, ㉢ 150
② ㉠ 1000, ㉡ 6, ㉢ 600
③ ㉠ 3000, ㉡ 4, ㉢ 150
④ ㉠ 3000, ㉡ 4, ㉢ 600

해설 **소방시설법 시행령 〔별표 8〕**
임시소방시설을 설치하여야 하는 공사의 종류와 규모

공사 종류	규 모
간이소화장치	• 연면적 **3000m²** 이상 보기 ㉠ • 지하층, 무창층 또는 **4층** 이상의 층, 바닥면적이 **600m²** 이상인 경우만 해당 보기 ㉡㉢
비상경보장치	• 연면적 **400m²** 이상 • 지하층 또는 무창층, 바닥면적이 **150m²** 이상인 경우만 해당
간이피난유도선	• 바닥면적이 **150m²** 이상인 지하층 또는 무창층의 화재위험작업현장에 설치
소화기	건축허가 등을 할 때 **소방본부장** 또는 **소방서장**의 동의를 받아야 하는 특정소방대상물의 신축·증축·개축·재축·이전·용도변경 또는 대수선 등을 위한 공사 중 화재위험작업현장에 설치
가스누설경보기 비상조명등	바닥면적이 **150m²** 이상인 지하층 또는 무창층의 화재위험작업현장에 설치
방화포	용접·용단 작업이 진행되는 화재위험작업현장에 설치

답 ④

49 ★★

15.03.문47

피난시설, 방화구획 또는 방화시설을 폐쇄·훼손·변경 등의 행위를 3차 이상 위반한 경우에 대한 과태료 부과기준으로 옳은 것은?

① 200만원
② 300만원
③ 500만원
④ 1000만원

해설 **소방시설법 시행령 〔별표 10〕**
피난시설, 방화구획 또는 방화시설을 폐쇄·훼손·변경 등의 행위

1차 위반	2차 위반	3차 이상 위반
100만원	200만원	300만원 보기 ②

중요

300만원 이하의 과태료
(1) 관계인의 소방안전관리 업무 미수행(화재예방법 52조)
(2) **소방훈련** 및 **교육** 미실시자(화재예방법 52조)
(3) 소방시설의 점검결과 미보고(소방시설법 61조)
(4) 관계인의 거짓자료제출(소방시설법 61조)
(5) 정당한 사유없이 공무원의 출입 또는 검사를 거부·방해 또는 기피한 자(소방시설법 61조)

답 ②

50

⭐⭐

17.03.문58
14.09.문48
12.09.문41

소방시설 설치 및 관리에 관한 법령에 따른 성능위주설계를 할 수 있는 자의 설계범위 기준 중 틀린 것은?

① 연면적 30000m² 이상인 특정소방대상물로서 공항시설

② 연면적 100000m² 이상인 특정소방대상물 (단, 아파트 등은 제외)

③ 지하층을 포함한 층수가 30층 이상인 특정소방대상물(단, 아파트 등은 제외)

④ 하나의 건축물에 영화상영관이 10개 이상인 특정소방대상물

해설 소방시설법 시행령 9조
성능위주설계를 해야 할 특정소방대상물의 범위

(1) 연면적 **20만m²** 이상인 특정소방대상물(아파트 등 제외) 보기 ②

(2) **50층** 이상(지하층 제외)이거나 지상으로부터 높이가 **200m** 이상인 아파트

(3) **30층** 이상(지하층 포함)이거나 지상으로부터 높이가 **120m** 이상인 특정소방대상물(아파트 등 제외) 보기 ③

(4) 연면적 **3만m²** 이상인 철도 및 도시철도 시설, **공항시설** 보기 ①

(5) 하나의 건축물에 관련법에 따른 **영화상영관**이 **10개** 이상인 특정소방대상물 보기 ④

(6) 연면적 **10만m²** 이상이거나 **지하 2층** 이하이고 지하층의 바닥면적의 합이 **3만m²** 이상인 창고시설

(7) 지하연계 복합건축물에 해당하는 특정소방대상물

(8) 터널 중 수저터널 또는 길이가 **5000m** 이상인 것

② 100000m² 이상 → 200000m² 이상

답 ②

51

⭐⭐⭐

16.10.문48
13.06.문45

소방시설 설치 및 관리에 관한 법령에 따른 특정소방대상물 중 의료시설에 해당하지 않는 것은?

① 요양병원

② 마약진료소

③ 한방병원

④ 노인의료복지시설

해설 소방시설법 시행령 [별표 2]
의료시설

구 분	종 류
병원	• 종합병원 • 병원 • 치과병원 • 한방병원 보기 ③ • 요양병원 보기 ①
격리병원	• 전염병원 • 마약진료소 보기 ②
정신의료기관	–
장애인 의료재활시설	–

④ 노유자시설

비교

소방시설법 시행령 [별표 2]
노유자시설

구 분	종 류
노인관련시설	• 노인주거복지시설 • 노인의료복지시설 보기 ④ • 노인여가복지시설 • 재가노인복지시설 • 노인보호전문기관 • 노인일자리 지원기관 • 학대피해노인 전용쉼터
아동관련시설	• 아동복지시설 • 어린이집 • 유치원
장애인관련시설	• 장애인거주시설 • 장애인지역사회재활시설(장애인 심부름센터, 한국수어통역센터, 점자도서 및 녹음서 출판시설 제외) • 장애인 직업재활시설
정신질환자관련시설	• 정신재활시설 • 정신요양시설
노숙인관련시설	• 노숙인복지시설 • 노숙인종합지원센터

답 ④

52

⭐⭐⭐

14.09.문51
13.09.문44

소방기본법령에 따른 소방대원에게 실시할 교육·훈련 횟수 및 기간의 기준 중 다음 ( ) 안에 알맞은 것은?

횟 수	기 간
(㉠)년마다 1회	(㉡)주 이상

① ㉠ 2, ㉡ 2

② ㉠ 2, ㉡ 4

③ ㉠ 1, ㉡ 2

④ ㉠ 1, ㉡ 4

해설 기본규칙 9조
소방대원의 소방교육·훈련

실시	2년마다 1회 이상 실시 보기 ㉠
기간	2주 이상 보기 ㉡
정하는 자	소방청장
종류	• 화재진압훈련 • 인명구조훈련 • 응급처치훈련 • 인명대피훈련 • 현장지휘훈련

답 ①

53 위험물안전관리법령에 따른 정기점검의 대상인 제조소 등의 기준 중 틀린 것은?

17.09.문51
16.10.문45
10.03.문52

① 암반탱크저장소
② 지하탱크저장소
③ 이동탱크저장소
④ 지정수량의 150배 이상의 위험물을 저장하는 옥외탱크저장소

해설 **위험물령 16조**
정기점검의 대상인 제조소 등
(1) 제조소 등(이송취급소·암반탱크저장소) 보기 ①
(2) **지하탱크**저장소 보기 ②
(3) **이동탱크**저장소 보기 ③
(4) 위험물을 취급하는 탱크로서 지하에 매설된 탱크가 있는 **제조소·주유취급소** 또는 **일반취급소**

기억법 **정이암 지이**

비교

위험물령 15조
예방규정을 정하여야 할 제조소 등
(1) 10배 이상의 제조소·일반취급소
(2) 100배 이상의 옥외저장소
(3) 150배 이상의 옥내저장소
(4) 200배 이상의 옥외탱크저장소
(5) 이송취급소
(6) 암반탱크저장소

답 ④

54 화재의 예방 및 안전관리에 관한 법령에 따른 소방안전 특별관리시설물의 안전관리대상 전통시장의 기준 중 다음 ( ) 안에 알맞은 것은?

전통시장으로서 대통령령으로 정하는 전통시장
: 점포가 ( )개 이상인 전통시장

① 100
② 300
③ 500
④ 600

해설 **화재예방법 시행령 41조**
대통령령으로 정하는 전통시장
점포가 **500개** 이상인 전통시장 보기 ③

답 ③

55 소방시설 설치 및 관리에 관한 법령에 따른 소방시설관리업자로 선임된 소방시설관리사 및 소방기술사는 자체점검을 실시한 경우 그 점검이 끝난 날부터 며칠 이내에 소방시설 등 자체점검 실시 결과보고서를 관계인에게 제출하여야 하는가?

19.09.문45
16.10.문54
16.03.문55
13.09.문47
11.03.문56
10.05.문43

① 10일
② 15일
③ 30일
④ 60일

해설 **소방시설법 시행규칙 23조**
소방시설 등의 자체점검 결과의 조치 등
(1) 관리업자 또는 소방안전관리자로 선임된 소방시설관리사 및 소방기술사는 자체점검을 실시한 경우에는 그 점검이 끝난 날부터 **10일 이내**에 소방시설 등 자체점검 실시 결과보고서를 관계인에게 제출하여야 한다. 보기 ①
(2) 자체점검 실시 결과보고서를 제출받거나 스스로 자체점검을 실시한 관계인은 점검이 끝난 날부터 **15일 이내**에 소방시설 등 자체점검 실시 결과보고서에 소방시설 등의 자체점검 결과 이행계획서를 첨부하여 소방본부장 또는 소방서장에게 보고해야 한다. 이 경우 소방청장이 지정하는 전산망을 통하여 그 점검결과를 보고할 수 있다.

답 ①

56 위험물안전관리법령에 따른 위험물제조소의 옥외에 있는 위험물취급탱크 용량이 100m³ 및 180m³인 2개의 취급탱크 주위에 하나의 방유제를 설치하는 경우 방유제의 최소 용량은 몇 m³이어야 하는가?

08.05.문51

① 100
② 140
③ 180
④ 280

해설 **위험물규칙 〔별표 4〕**
위험물제조소 방유제의 용량
2개 이상 탱크이므로
방유제 용량
=최대 탱크용량×0.5+기타 탱크용량의 합×0.1
=180m³×0.5+100m³×0.1
=100m³

중요

위험물제조소의 방유제 용량	
1개의 탱크	2개 이상의 탱크
탱크용량×0.5	최대 탱크용량×0.5+기타 탱크용량의 합×0.1

비교

위험물규칙 〔별표 6〕 옥외탱크저장소의 방유제 용량	
1기 이상	2기 이상
탱크용량×1.1(110%) 이상	최대 탱크용량×1.1(110%) 이상

답 ①

57 소방시설 설치 및 관리에 관한 법령에 따른 방염성능기준 이상의 실내 장식물 등을 설치하여야 하는 특정소방대상물의 기준 중 틀린 것은?

17.09.문41
15.09.문42
11.10.문60

① 건축물의 옥내에 있는 시설로서 종교시설
② 층수가 11층 이상인 아파트
③ 의료시설 중 종합병원
④ 노유자시설

해설 소방시설법 시행령 30조
방염성능기준 이상 적용 특정소방대상물
(1) 층수가 **11층 이상**인 것(아파트는 제외 : 2026. 12. 1. 삭제)
　보기 ②
(2) 체력단련장, 공연장 및 종교집회장
(3) 문화 및 집회시설
(4) 종교시설
(5) 운동시설(수영장은 제외)
(6) 의료시설(종합병원, 정신의료기관)
(7) 의원, 조산원, 산후조리원
(8) 교육연구시설 중 합숙소
(9) 노유자시설
(10) 숙박이 가능한 수련시설
(11) 숙박시설
(12) 방송국 및 촬영소
(15) 다중이용업소(단란주점영업, 유흥주점영업, 노래연습장의 영업장 등)

② 아파트 → 아파트 제외

답 ②

★★
58 화재의 예방 및 안전관리에 관한 법령에 따른 관
16.03.문42 리의 권원이 분리된 특정소방대상물 중 복합건
축물은 지하층을 제외한 층수가 몇 층 이상인 건
축물만 해당되는가?
① 6층　　　　　② 11층
③ 20층　　　　　④ 30층

해설 화재예방법 35조, 화재예방법 시행령 35조
관리의 권원이 분리된 특정소방대상물
(1) 복합건축물(**지하층**을 제외한 **11층** 이상 또는 연면
적 **3만m²** 이상인 건축물) 　보기 ②
(2) 지하가
(3) 도매시장, 소매시장, 전통시장

답 ②

★★★
59 화재의 예방 및 안전관리법령에 따른 화재예방
19.09.문49 강화지구의 관리기준 중 다음 ( ) 안에 알맞은
13.06.문52 것은?

> • 소방관서장은 화재예방강화지구 안의 소방
> 대상물의 위치·구조 및 설비 등에 대한 화
> 재안전조사를 (㉠)회 이상 실시하여야 한다.
> • 소방관서장은 소방에 필요한 훈련 및 교육
> 을 실시하려는 경우에는 화재예방강화지구
> 안의 관계인에게 훈련 또는 교육 (㉡)일 전
> 까지 그 사실을 통보하여야 한다.

① ㉠ 월 1, ㉡ 7　　② ㉠ 월 1, ㉡ 10
③ ㉠ 연 1, ㉡ 7　　④ ㉠ 연 1, ㉡ 10

해설 화재예방법 18조, 화재예방법 시행령 20조
화재예방강화지구 안의 화재안전조사·소방훈련 및 교육
(1) 실시자 : **소방청장·소방본부장·소방서장**−소방관서장
(2) 횟수 : **연 1회** 이상 　보기 ㉠
(3) 훈련·교육 : **10일 전** 통보 　보기 ㉡

중요

연 1회 이상
(1) 화재예방강화지구 안의 화재안전조사·훈련·
교육(화재예방법 시행령 20조)
(2) 특정소방대상물의 소방훈련·교육(화재예방법 시
행규칙 36조)
(3) 제조소 등의 **정**기점검(위험물규칙 64조)
(4) **종**합점검(소방시설법 시행규칙 〔별표 3〕)
(5) 작동점검(소방시설법 시행규칙 〔별표 3〕)

기억법 연1정종 (연일 정종술을 마셨다.)

답 ④

★
60 위험물안전관리법령에 따른 소화난이도 등급 Ⅰ
16.10.문44 의 옥내탱크저장소에서 황만을 저장·취급할 경
우 설치하여야 하는 소화설비로 옳은 것은?
① 물분무소화설비
② 스프링클러설비
③ 포소화설비
④ 옥내소화전설비

해설 위험물규칙 〔별표 17〕
황만을 저장·취급하는 옥내·외탱크저장소·암반탱크
저장소에 설치해야 하는 소화설비
물분무소화설비

답 ①

제 4 과목 　소방기계시설의 구조 및 원리 ::

★
61 자동화재탐지설비의 감지기의 작동과 연동하는
17.03.문67 분말소화설비 자동식 기동장치의 설치기준 중
다음 ( ) 안에 알맞은 것은?

> • 전기식 기동장치로서 (㉠)병 이상의 저장용
> 기를 동시에 개방하는 설비는 2병 이상의
> 저장용기에 전자개방밸브를 부착할 것
> • 가스압력식 기동장치의 기동용 가스용기 및
> 해당 용기에 사용하는 밸브는 (㉡)MPa 이
> 상의 압력에 견딜 수 있는 것으로 할 것

① ㉠ 3, ㉡ 2.5　　② ㉠ 7, ㉡ 2.5
③ ㉠ 3, ㉡ 25　　④ ㉠ 7, ㉡ 25

[해설] (1) **분말소화설비**(전자개방밸브 부착)

분말소화약제 가압용 가스용기	이산화탄소·분말 소화설비 전기식 기동장치
3병 이상 설치한 경우 **2개** 이상	**7병** 이상 개방시 **2병** 이상 [보기 ⑦]

(2) **분말소화설비 가스압력식 기동장치**

구 분	기 준
기동용 가스용기의 체적	**5L** 이상(단, 1L 이상시 CO_2량 **0.6kg** 이상)
기동용 가스용기 안전장치의 압력	내압시험압력의 **0.8~내압 시험압력** 이하
기동용 가스용기 및 해당 용기에 사용하는 밸브의 견디는 압력	**25MPa** 이상 [보기 ⓛ]

[비교]

이산화탄소 소화설비 가스압력식 기동장치

구 분	기 준
기동용 가스용기의 체적	**5L** 이상

답 ④

★★★
62 소화용수설비인 소화수조가 옥상 또는 옥탑 부근에 설치된 경우에는 지상에 설치된 채수구에서의 압력이 최소 몇 MPa 이상이 되어야 하는가?
17.09.문66
17.05.문68
15.03.문77
09.05.문63

① 0.8 ② 0.13
③ 0.15 ④ 0.25

[해설] **소화용수설비**의 **설치기준**(NFPC 402 4·5조, NFTC 402 2.1.1, 2.2)
(1) 소화수조의 깊이가 **4.5m** 이상일 경우 가압송수장치를 설치할 것
(2) 소화수조는 소방펌프자동차가 채수구로부터 **2m** 이내의 지점까지 접근할 수 있는 위치에 설치할 것
(3) 소화수조가 **옥상** 또는 옥탑부분에 설치된 경우에는 지상에 설치된 채수구에서의 압력 **0.15MPa** 이상 되도록 한다. [보기 ③]

[기억법] **옥15**

답 ③

★★★
63 옥내소화전설비 수원의 산출된 유효수량 외에 유효수량의 $\frac{1}{3}$ 이상을 옥상에 설치하지 아니할 수 있는 경우의 기준 중 다음 ( ) 안에 알맞은 것은?
19.04.문66
17.03.문61
12.09.문61
02.09.문76

• 수원이 건축물의 최상층에 설치된 (⊙)보다 높은 위치에 설치된 경우
• 건축물의 높이가 지표면으로부터 (ⓛ)m 이하인 경우

① ⊙ 송수구, ⓛ 7 ② ⊙ 방수구, ⓛ 7
③ ⊙ 송수구, ⓛ 10 ④ ⊙ 방수구, ⓛ 10

[해설] 유효수량의 $\frac{1}{3}$ 이상을 옥상에 설치하지 않아도 되는 경우(30층 이상은 제외)(NFPC 102 5조, NFTC 102 2.2.1.10)
(1) **지하층**이 있는 건축물
(2) **고가수조**를 가압송수장치로 설치한 옥내소화전설비
(3) **수원**이 건축물의 최상층에 설치된 **방수구**보다 높은 위치에 설치된 경우 [보기 ⊙]
(4) 건축물의 높이가 지표면으로부터 **10m** 이하인 경우 [보기 ⓛ]
(5) **가압수조**를 가압송수장치로 설치한 옥내소화전설비

답 ④

★
64 특별피난계단의 계단실 및 부속실 제연설비의 차압 등에 관한 기준 중 옳은 것은?
19.09.문76
09.05.문64

① 제연설비가 가동되었을 경우 출입문의 개방에 필요한 힘은 130N 이하로 하여야 한다.
② 제연구역과 옥내와의 사이에 유지하여야 하는 최소차압은 40Pa(옥내에 스프링클러설비가 설치된 경우에는 12.5Pa) 이상으로 하여야 한다.
③ 피난을 위하여 제연구역의 출입문이 일시적으로 개방되는 경우 개방되지 아니하는 제연구역과 옥내와의 차압은 기준 차압의 60% 미만이 되어서는 아니 된다.
④ 계단실과 부속실을 동시에 제연하는 경우 부속실의 기압은 계단실과 같게 하거나 계단실의 기압보다 낮게 할 경우에는 부속실과 계단실의 압력차는 10Pa 이하가 되도록 하여야 한다.

[해설] **차압**(NFPC 501A 6·10조, NFTC 501A 2.3, 2.7.1)
(1) 제연구역과 옥내와의 사이에 유지하여야 하는 최소차압은 **40Pa**(옥내에 **스프링클러설비**가 설치된 경우는 **12.5Pa**) 이상 [보기 ②]
(2) 제연설비가 가동되었을 경우 출입문의 개방에 필요한 힘은 **110N 이하** [보기 ①]
(3) 계단실과 부속실을 동시에 제연하는 경우 부속실의 기압은 계단실과 같게 하거나 계단실의 기압보다 낮게 할 경우에는 부속실과 계단실의 압력차는 **5Pa 이하** [보기 ④]
(4) 계단실 및 그 부속실을 동시에 제연하는 것 또는 계단실만 단독으로 제연할 때의 방연풍속은 **0.5m/s 이상**
(5) 피난을 위하여 제연구역의 출입문이 일시적으로 개방되는 경우 개방되지 아니하는 제연구역과 옥내와의 차압은 기준 차압의 **70% 미만**이 되어서는 아니 된다. [보기 ③]

① 130N 이하 → 110N 이하
③ 60% 미만 → 70% 미만
④ 10Pa → 5Pa

답 ②

65

★★★

소화용수설비에 설치하는 채수구의 설치기준 중 다음 ( ) 안에 알맞은 것은?

16.10.문80
13.03.문66
04.09.문72
04.05.문77

채수구는 지면으로부터의 높이가 (㉠)m 이상 (㉡)m 이하의 위치에 설치하고 "채수구"라고 표시한 표지를 할 것

① ㉠ 0.5, ㉡ 1.0   ② ㉠ 0.5, ㉡ 1.5
③ ㉠ 0.8, ㉡ 1.0   ④ ㉠ 0.8, ㉡ 1.5

해설 설치높이

0.5~1m 이하 보기 ㉠㉡	0.8~1.5m 이하	1.5m 이하
• **연**결송수관설비의 송수구 • **연**결살수설비의 송수구 • 물분무소화설비의 송수구 • **소**화용수설비의 **채수구** 기억법 연소용 51 (연소용 오일은 잘 탄다.)	• **제**어밸브(수동식 개방밸브) • **유**수검지장치 • **일**제개방밸브 기억법 제유일 85 (제가 유일하게 팔았어요.)	• **옥내**소화전설비의 방수구 • **호**스릴함 • **소**화기(투척용 소화기) 기억법 옥내호소 5 (옥내에서 호소하시오.)

답 ①

66

★★

개방형 스프링클러헤드 30개를 설치하는 경우 급수관의 구경은 몇 mm로 하여야 하는가?

12.09.문75

① 65   ② 80
③ 90   ④ 100

해설 스프링클러헤드 수별 **급수관의 구경**(NFTC 103 2.5.3.3)

급수관의 구경 [mm] 구분[개]	25	32	40	50	65	80	90	100	125	150
폐쇄형 헤드수	2	3	5	10	30	60	80	100	160	161 이상
개방형 헤드수	1	2	5	8	15	27	40	55	90	91 이상

• 개방형 헤드로 30개보다 같거나 큰 값은 표에서 40개이므로 **40개** 선택

답 ③

67

★★★

특정소방대상물에 따라 적응하는 포소화설비의 설치기준 중 특수가연물을 저장·취급하는 공장 또는 창고에 적응성을 갖는 포소화설비가 아닌 것은?

16.05.문67
13.06.문62

① 포헤드설비
② 고정포방출설비
③ 압축공기포소화설비
④ 호스릴포소화설비

해설 **포소화설비의 적응대상**(NFPC 105 4조, NFTC 105 2.1.1)

특정소방대상물	설비 종류
• 차고·주차장 • 항공기 격납고 • 공장·창고(특수가연물 저장·취급)	• 포워터스프링클러설비 • 포헤드설비 보기 ① • 고정포방출설비 보기 ② • 압축공기포소화설비 보기 ③
• 완전개방된 옥상주차장(주된 벽이 없고 기둥뿐이거나 주위가 위해방지용 철주 등으로 둘러싸인 부분) • **지상 1층**으로서 지붕이 없는 차고·주차장 • 고가 밑의 주차장(주된 벽이 없고 기둥뿐이거나 주위가 위해방지용 철주 등으로 둘러싸인 부분)	• 호스릴포소화설비 보기 ④ • 포소화전설비
• 발전기실 • 엔진펌프실 • 변압기 • 전기케이블실 • 유압설비	• 고정식 압축공기포소화설비(바닥면적 합계 300m² 미만)

④ 공장·창고 : 호스릴포소화설비 사용금지

답 ④

68

★★★

포소화설비의 배관 등의 설치기준 중 옳은 것은?

19.09.문67
15.09.문72
11.10.문72

① 포워터스프링클러설비 또는 포헤드설비의 가지배관의 배열은 토너먼트방식으로 한다.
② 송액관은 겸용으로 하여야 한다. 다만, 포소화전의 기동장치의 조작과 동시에 다른 설비의 용도에 사용하는 배관의 송수를 차단할 수 있거나, 포소화설비의 성능에 지장이 없는 경우에는 전용으로 할 수 있다.
③ 송액관은 포의 방출 종료 후 배관 안의 액을 배출하기 위하여 적당한 기울기를 유지하도록 하고 그 낮은 부분에 배액밸브를 설치하여야 한다.
④ 송수구는 지면으로부터 높이가 1.5m 이하의 위치에 설치하여야 한다.

해설 **포소화설비**의 **배관**(NFPC 105 7조, NFTC 105 2.4)
(1) 급수개폐밸브 : **탬퍼스위치** 설치
(2) 펌프의 흡입측 배관 : **버터플라이밸브 외**의 개폐표시형 밸브 설치
(3) 송액관 : **배액밸브** 설치 보기 ③

송액관
배액밸브
θ θ

| 송액관의 기울기 |

(4) 송수구는 지면으로부터 높이가 **0.5m 이상 1m 이하**의 위치에 설치할 것 보기 ④

① 토너먼트방식으로 한다. → 토너먼트방식이 아닐 것
② 겸용 → 전용
④ 1.5m 이하 → 0.5m 이상 1m 이하

답 ③

★★★
69 고압의 전기기기가 있는 장소에 있어서 전기의 절연을 위한 전기기기와 물분무헤드 사이의 최소 이격거리 기준 중 옳은 것은?
17.03.문74
15.09.문79
14.09.문78
12.09.문79
① 66kV 이하-60cm 이상
② 66kV 초과 77kV 이하-80cm 이상
③ 77kV 초과 110kV 이하-100cm 이상
④ 110kV 초과 154kV 이하-140cm 이상

해설 **물분무헤드**의 **이격거리**(NFPC 104 10조, NFTC 104 2.7.2)

전압[kV]	거리[cm]
66 이하	**70** 이상 보기 ①
66 초과 **77** 이하	**80** 이상 보기 ②
77 초과 **110** 이하	**110** 이상 보기 ③
110 초과 **154** 이하	**150** 이상 보기 ④
154 초과 **181** 이하	**180** 이상
181 초과 **220** 이하	**210** 이상
220 초과 **275** 이하	**260** 이상

기억법	66 → 70
	77 → 80
	110 → 110
	154 → 150
	181 → 180
	220 → 210
	275 → 260

① 60cm → 70cm
③ 100cm → 110cm
④ 140cm → 150cm

답 ②

★
70 할로겐화합물 및 불활성기체 소화설비를 설치할 수 없는 장소의 기준 중 옳은 것은? (단, 소화성능이 인정되는 위험물은 제외한다.)
19.04.문62
① 제1류 위험물 및 제2류 위험물 사용
② 제2류 위험물 및 제4류 위험물 사용
③ 제3류 위험물 및 제5류 위험물 사용
④ 제4류 위험물 및 제6류 위험물 사용

해설 **할로겐화합물 및 불활성기체 소화설비의 설치 불가능한 장소**(NFPC 107A 5조, NFTC 107A 2.2.1)
(1) 사람이 상주하는 곳으로서 **최대허용설계농도를 초과**하는 장소
(2) **제3류** 위험물 및 **제5류** 위험물을 사용하는 장소(단, 소화성능이 인정되는 위험물 제외) 보기 ③

답 ③

★★
71 스프링클러설비를 설치하여야 할 특정소방대상물에 있어서 스프링클러헤드를 설치하지 아니할 수 있는 기준 중 틀린 것은?
17.05.문68
(산업)
① 천장과 반자 양쪽이 불연재료로 되어 있고 천장과 반자 사이의 거리가 2.5m 미만인 부분
② 천장 및 반자가 불연재료 외의 것으로 되어 있고 천장과 반자 사이의 거리가 0.5m 미만인 부분
③ 천장·반자 중 한쪽이 불연재료로 되어 있고 천장과 반자 사이의 거리가 1m 미만인 부분
④ 현관 또는 로비 등으로서 바닥으로부터 높이가 20m 이상인 장소

해설 **스프링클러헤드**의 **설치 제외 장소**(NFTC 103 2.12)
(1) 계단실, 경사로, 승강기의 승강로, 파이프덕트, 목욕실, 수영장(관람석 제외), 화장실, 직접 외기에 개방되어 있는 복도, 기타 이와 유사한 장소
(2) **통신기기실·전자기기실**, 기타 이와 유사한 장소
(3) **발전실·변전실·변압기**, 기타 이와 유사한 전기설비가 설치되어 있는 장소
(4) **병원의 수술실·응급처치실**, 기타 이와 유사한 장소
(5) 천장과 반자 양쪽이 **불연재료**로 되어 있는 경우로서 그 사이의 거리 및 구조가 다음에 해당하는 부분
ㄱ 천장과 반자 사이의 거리가 **2m** 미만인 부분
ㄴ 천장과 반자 사이의 벽이 **불연재료**이고 천장과 반자 사이의 거리가 **2m** 이상으로서 그 사이에 **가연물이** 존재하지 **아니하는 부분** 보기 ①
(6) 천장·반자 중 한쪽이 **불연재료**로 되어 있고, 천장과 반자 사이의 거리가 **1m** 미만인 부분 보기 ③
(7) 천장 및 반자가 **불연재료** 외의 것으로 되어 있고, 천장과 반자 사이의 거리가 **0.5m 미만**인 경우 보기 ②

(8) 펌프실 · 물탱크실, 엘리베이터 권상기실, 그 밖의 이와 비슷한 장소

(9) 현관 · 로비 등으로서 바닥에서 높이가 **20m 이상**인 장소 보기 ④

① 2.5m 미만 → 2m 미만

답 ①

---

72 ★★★

19.03.문61
04.05.문67
(산업)

대형 소화기에 충전하는 최소 소화약제의 기준 중 다음 ( ) 안에 알맞은 것은?

- 분말소화기 : (㉠)kg 이상
- 물소화기 : (㉡)L 이상
- 이산화탄소소화기 : (㉢)kg 이상

① ㉠ 30, ㉡ 80, ㉢ 50
② ㉠ 30, ㉡ 50, ㉢ 60
③ ㉠ 20, ㉡ 80, ㉢ 50
④ ㉠ 20, ㉡ 50, ㉢ 60

해설 대형 소화기의 소화약제 충전량(소화기의 형식승인 10조)

종별	충전량
포	**2**0L 이상
분말	**2**0kg 이상 보기 ㉠
할로겐화합물	**3**0kg 이상
이산화탄소	**5**0kg 이상 보기 ㉢
강화액	**6**0L 이상
물	**8**0L 이상 보기 ㉡

기억법 포 분 할 이 강 물
2 2 3 5 6 8

답 ③

---

73 ★

13.09.문61

미분무소화설비의 배관의 배수를 위한 기울기 기준 중 다음 ( ) 안에 알맞은 것은? (단, 배관의 구조상 기울기를 줄 수 없는 경우는 제외한다.)

개방형 미분무소화설비에는 헤드를 향하여 상향으로 수평주행배관의 기울기를 (㉠) 이상, 가지배관의 기울기를 (㉡) 이상으로 할 것

① ㉠ $\dfrac{1}{100}$, ㉡ $\dfrac{1}{500}$

② ㉠ $\dfrac{1}{500}$, ㉡ $\dfrac{1}{100}$

③ ㉠ $\dfrac{1}{250}$, ㉡ $\dfrac{1}{500}$

④ ㉠ $\dfrac{1}{500}$, ㉡ $\dfrac{1}{250}$

해설 기울기

기울기	설비
$\dfrac{1}{100}$ 이상	연결살수설비의 수평주행배관
$\dfrac{2}{100}$ 이상	물분무소화설비의 배수설비
$\dfrac{1}{250}$ 이상	습식 · 부압식 설비 외 설비의 **가지배관** 보기 ㉡
$\dfrac{1}{500}$ 이상	습식 · 부압식 설비 외 설비의 **수평주행배관** 보기 ㉠

답 ④

---

74 ★★★

10.03.문70
08.03.문72

국소방출방식의 할로겐화합물소화설비(할론소화설비)의 분사헤드 설치기준 중 다음 ( ) 안에 알맞은 것은?

분사헤드의 방출압력은 할론 2402를 방출하는 것은 (㉠)MPa 이상, 할론 2402를 방출하는 분사헤드는 해당 소화약제가 (㉡)으로 분무되는 것으로 하여야 하며, 기준 저장량의 소화약제를 (㉢)초 이내에 방출할 수 있는 것으로 할 것

① ㉠ 0.1, ㉡ 무상, ㉢ 10
② ㉠ 0.2, ㉡ 적상, ㉢ 10
③ ㉠ 0.1, ㉡ 무상, ㉢ 30
④ ㉠ 0.2, ㉡ 적상, ㉢ 30

해설 국소방출방식의 할론소화설비 분사헤드 기준(NFPC 107 10조, NFTC 107 2.7.2)

(1) 소화약제의 방출에 따라 가연물이 비산하지 않는 장소에 설치할 것

(2) **할론 2402**를 방출하는 분사헤드는 해당 소화약제가 **무상**으로 **분무**되는 것으로 할 것 보기 ㉡

(3) 분사헤드의 방출압력은 **할론 2402**를 방출하는 것에 있어서는 **0.1MPa** 이상으로 할 것 보기 ㉠

(4) 기준 저장량의 소화약제를 **10초 이내**에 방출할 수 있는 것으로 할 것 보기 ㉢

중요

할론소화약제			
구 분	할론 1301	할론 1211	할론 2402
저장압력	2.5 MPa 또는 4.2 MPa	1.1 MPa 또는 2.5 MPa	–
방출압력	0.9 MPa	0.2 MPa	0.1 MPa
충전비 가압식	0.9~1.6 이하	0.7~1.4 이하	0.51~0.67 미만
충전비 축압식			0.67~2.75 이하

답 ①

75

17.03.문75

특정소방대상물의 용도 및 장소별로 설치하여야 할 인명구조기구 종류의 기준 중 다음 (   ) 안에 알맞은 것은?

특정소방대상물	인명구조기구의 종류
물분무등소화설비 중 ( )를 설치하여야 하는 특정소방대상물	공기호흡기

① 이산화탄소소화설비
② 분말소화설비
③ 할론소화설비
④ 할로겐화합물 및 불활성기체 소화설비

해설 특정소방대상물의 용도 및 장소별로 설치하여야 할 인명구조기구(NFTC 302 2.1.1.1)

특정소방대상물	인명구조기구의 종류	설치수량
7층 이상인 **관광호텔** 및 **5층** 이상인 **병원**(지하층 포함)	• **방열복** 또는 **방화복**(안전모, 보호장갑, 안전화 포함) • **공기호흡기** • **인공소생기**	각 2개 이상 비치할 것(단, 병원의 경우에는 인공소생기 설치 제외 가능)
• 문화 및 집회시설 중 수용인원 **100명** 이상의 영화상영관 • 대규모 점포 • 지하역사 • **지하상가**	공기호흡기	층마다 **2개** 이상 비치할 것(단, 각 층마다 갖추어 두어야 할 공기호흡기 중 일부를 직원이 상주하는 인근 사무실에 갖추어 둘 수 있음)
이산화탄소소화설비(호스릴 이산화탄소 소화설비 제외)를 설치하여야 하는 특정소방대상물 보기①	공기호흡기	이산화탄소소화설비가 설치된 장소의 출입구 외부 인근에 1대 이상 비치할 것

답 ①

76

17.03.문69
(산업)

송수구가 부설된 옥내소화전을 설치한 특정소방대상물로서 연결송수관설비의 방수구를 설치하지 아니할 수 있는 층의 기준 중 다음 (   ) 안에 알맞은 것은? (단, 집회장·관람장·백화점·도매시장·소매시장·판매시설·공장·창고시설 또는 지하가를 제외한다.)

- 지하층을 제외한 층수가 (㉠)층 이하이고 연면적이 (㉡)m² 미만인 특정소방대상물의 지상층의 용도로 사용되는 층
- 지하층의 층수가 (㉢) 이하인 특정소방대상물의 지하층

① ㉠ 3, ㉡ 5000, ㉢ 3
② ㉠ 4, ㉡ 6000, ㉢ 2
③ ㉠ 5, ㉡ 3000, ㉢ 3
④ ㉠ 6, ㉡ 4000, ㉢ 2

해설 연결송수관설비의 방수구 설치 제외 장소(NFPC 502 6조, NFTC 502 2.3)

(1) **아파트**의 1층 및 2층
(2) 소방차의 접근이 가능하고 소방대원이 소방차로부터 각 부분에 쉽게 도달할 수 있는 피난층
(3) 송수구가 부설된 옥내소화전을 설치한 특정소방대상물(집회장·관람장·백화점·도매시장·소매시장·판매시설·공장·창고시설 또는 지하가 제외)로서 다음에 해당하는 층
  ㉠ 지하층을 제외한 **4층** 이하이고 연면적이 **6000m²** 미만인 특정소방대상물의 지상층 보기 ㉠㉡

기억법 송46(송사리로 육포를 만들다.)

  ㉡ 지하층의 층수가 **2** 이하인 특정소방대상물의 지하층 보기 ㉢

답 ②

77

다수인 피난장비 설치기준 중 틀린 것은?

① 사용시에 보관실 외측 문이 먼저 열리고 탑승기가 외측으로 자동으로 전개될 것
② 보관실의 문은 상시 개방상태를 유지하도록 할 것
③ 하강시에 탑승기가 건물 외벽이나 돌출물에 충돌하지 않도록 설치할 것
④ 피난층에는 해당 층에 설치된 피난기구가 착지에 지장이 없도록 충분한 공간을 확보할 것

해설 다수인 피난장비의 설치기준(NFPC 301 5조, NFTC 301 2.1.3.8)

(1) **피난**에 **용이**하고 안전하게 하강할 수 있는 장소에 적재하중을 충분히 견딜 수 있도록 「건축물의 구조기준 등에 관한 규칙」에서 정하는 구조안전의 확인을 받아 견고하게 설치할 것
(2) 다수인 피난장비 **보관실**은 건물 외측보다 돌출되지 아니하고, 빗물·먼지 등으로부터 장비를 보호할 수 있는 구조일 것
(3) 사용시에 보관실 **외측 문**이 먼저 열리고 **탑승기가** 외측으로 **자동**으로 **전개**될 것 보기 ①
(4) 하강시에 탑승기가 건물 외벽이나 돌출물에 충돌하지 않도록 설치할 것 보기 ③

(5) 상·하층에 설치할 경우에는 탑승기의 **하강경로가 중첩되지 않도록** 할 것

(6) 하강시에는 안전하고 **일정**한 **속도**를 유지하도록 하고 전복, 흔들림, 경로이탈 방지를 위한 안전조치를 할 것

(7) 보관실의 문에는 **오작동 방지조치**를 하고, 문 개방 시에는 당해 소방대상물에 설치된 **경보설비**와 연동하여 유효한 경보음을 발하도록 할 것 보기 ②

(8) 피난층에는 해당 층에 설치된 피난기구가 착지에 지장이 없도록 충분한 공간을 확보할 것 보기 ④

용어

다수인 피난장비(NFPC 301 3조, NFTC 301 1.8)
화재시 **2인 이상**의 피난자가 동시에 해당 층에서 **지상** 또는 **피난층**으로 하강하는 피난기구

답 ②

★★ 78 분말소화설비 분말소화약제의 저장용기의 설치 기준 중 옳은 것은?
17.05.문74

① 저장용기에는 가압식은 최고사용압력의 0.8배 이하, 축압식은 용기의 내압시험압력의 1.8배 이하의 압력에서 작동하는 안전밸브를 설치할 것

② 저장용기의 충전비는 0.8 이상으로 할 것

③ 저장용기 간의 간격은 점검에 지장이 없도록 5cm 이상의 간격을 유지할 것

④ 저장용기에는 저장용기의 내부압력이 설정압력으로 되었을 때 주밸브를 개방하는 압력조정기를 설치할 것

해설 분말소화약제의 **저장용기 설치장소기준**(NFPC 108 4조, NFTC 108 2.1.1)

(1) **방호구역 外**의 장소에 설치할 것(단, 방호구역 내에 설치할 경우에는 피난 및 조작이 용이하도록 피난구 부근에 설치)

(2) 온도가 **40℃** 이하이고, 온도변화가 작은 곳에 설치할 것

(3) 직사광선 및 빗물이 침투할 우려가 없는 곳에 설치할 것

(4) 방화문으로 구획된 실에 설치할 것

(5) 용기의 설치장소에는 해당용기가 설치된 곳임을 표시하는 표지를 할 것

(6) 용기 간의 간격은 점검에 지장이 없도록 **3cm 이상**의 간격을 유지할 것 보기 ③

(7) 저장용기와 집합관을 연결하는 연결배관에는 **체크밸브**를 설치할 것

(8) 주밸브를 개방하는 **정압작동장치** 설치 보기 ④

(9) 저장용기의 **충전비**는 0.8 이상 보기 ②

(10) 안전밸브의 설치 보기 ①

가압식	축압식
최고사용압력의 **1.8배** 이하	내압시험압력의 **0.8배** 이하

---

① 0.8배 이하 → 1.8배 이하, 1.8배 이하 → 0.8배 이하
③ 5cm 이상 → 3cm 이상
④ 압력조정기 → 정압작동장치

답 ②

★★★ 79 바닥면적이 1300m²인 관람장에 소화기구를 설치할 경우 소화기구의 최소능력단위는? (단, 주요구조부가 내화구조이고, 벽 및 반자의 실내와 면하는 부분이 불연재료로 된 특정소방대상물이다.)
19.04.문78
16.05.문65
15.09.문78
14.03.문71
05.03.문72

① 7단위
② 13단위
③ 22단위
④ 26단위

해설 **특정소방대상물별 소화기구의 능력단위기준**(NFTC 101 2.1.1.2)

특정소방대상물	소화기구의 능력단위	건축물의 주요구조부가 내화구조이고, 벽 및 반자의 실내에 면하는 부분이 불연재료·준불연재료 또는 난연재료로 된 특정소방대상물의 능력단위
• **위**락시설 기억법 위3(위상)	바닥면적 **30m²**마다 1단위 이상	바닥면적 **60m²**마다 1단위 이상
• **공연**장 • **집**회장 • **관람**장 및 **문**화재 • **의**료시설·**장**례시설 기억법 5공연장 문의 집관람 (손오공 연장 문의 집관람)	바닥면적 **50m²**마다 1단위 이상	바닥면적 **100m²**마다 1단위 이상
• **근**린생활시설 • **판**매시설 • 운**수**시설 • **숙**박시설 • **노**유자시설 • **전**시장 • 공동**주**택 • **업**무시설 • **방**송통신시설 • 공장·**창**고 • **항**공기 및 자동**차** 관련 시설 및 **관광**휴게시설 기억법 근판숙노전 주업방차창 1항관광(근판숙노전 주업방차창 일본항 관광)	바닥면적 **100m²**마다 1단위 이상	바닥면적 **200m²**마다 1단위 이상
• 그 밖의 것	바닥면적 **200m²**마다 1단위 이상	바닥면적 **400m²**마다 1단위 이상

관람장으로서 내화구조이고 **불연재료**를 사용하므로 바닥면적 **100m²**마다 1단위 이상

관람장 최소능력단위 = $\dfrac{1300m^2}{100m^2}$ = 13단위

답 ②

★
80 화재조기진압용 스프링클러설비헤드의 기준 중
다음 ( ) 안에 알맞은 것은?

헤드 하나의 방호면적은 (㉠)m² 이상 (㉡)m² 이하로 할 것

17.03.문80
(산업)

① ㉠ 2.4, ㉡ 3.7 ② ㉠ 3.7, ㉡ 9.1

③ ㉠ 6.0, ㉡ 9.3 ④ ㉠ 9.1, ㉡ 13.7

해설 **화재조기진압용 스프링클러헤드의 적합기준**(NFPC 103B 10조, NFTC 103B 2.7)

(1) 헤드 하나의 방호면적은 <u>6.0~9.3m²</u> 이하로 할 것
보기 ㉠㉡

(2) 가지배관의 헤드 사이의 거리는 천장의 높이가 **9.1m** 미만인 경우에는 **2.4~3.7m** 이하로, **9.1~13.7m** 이하인 경우에는 **3.1m** 이하로 할 것

(3) 헤드의 반사판은 천장 또는 반자와 평행하게 설치하고 저장물의 최상부와 **914mm** 이상 확보되도록 할 것

(4) **하향식 헤드**의 반사판의 위치는 천장이나 반자 아래 **125~355mm** 이하일 것

(5) **상향식 헤드**의 감지부 중앙은 천장 또는 반자와 **101~152mm** 이하이어야 하며, 반사판의 위치는 스프링클러배관의 윗부분에서 최소 **178mm** 상부에 설치되도록 할 것

(6) 헤드와 벽과의 거리는 헤드 상호간 거리의 $\dfrac{1}{2}$을 초과하지 않아야 하며 최소 **102mm** 이상일 것

(7) 헤드의 작동온도는 **74℃** 이하일 것(단, 헤드 주위의 온도가 38℃ 이상의 경우에는 그 온도에서의 화재시험 등에서 헤드작동에 관하여 공인기관의 시험을 거친 것을 사용할 것)

답 ③

과년도 기출문제

2017년

소방설비기사 필기(기계분야)

** 수험자 유의사항 **

1. 문제지를 받는 즉시 본인이 **응시한 종목**이 맞는지 확인하시기 바랍니다.
2. 문제지 표지에 본인의 **수험번호**와 **성명**을 기재하여야 합니다.
3. 문제지의 **총면수, 문제번호 일련순서, 인쇄상태, 중복 및 누락 페이지 유무**를 확인하시기 바랍니다.
4. 답안은 각 문제마다 요구하는 가장 적합하거나 가까운 답 1개만을 선택하여야 합니다.
5. 답안카드는 뒷면의 「수험자 유의사항」에 따라 작성하시고, 답안카드 작성 시 형별누락, 마킹착오로 인한 불이익은 전적으로 수험자에게 책임이 있음을 알려드립니다.
6. 문제지는 시험 종료 후 본인이 가져갈 수 있습니다.

** 안내사항 **

• 가답안/최종정답은 큐넷(www.q-net.or.kr)에서 확인하실 수 있습니다. 가답안에 대한 의견은 큐넷의 [가답안 의견 제시]를 통해 제시할 수 있으며, 확정된 답안은 최종정답으로 갈음합니다.
• 공단에서 제공하는 자격검정서비스에 대해 개선할 점이 있으시면 고객참여(http://hrdkorea.or.kr/7/1/1)를 통해 건의하여 주시기 바랍니다.

2017년 기사 제1회 필기시험					수험번호	성명
자격종목	종목코드	시험시간	형별			
소방설비기사(기계분야)		**2시간**				

※ 각 문항은 4지택일형으로 질문에 가장 적합한 보기 항을 선택하여 체크하여야 합니다.

제 1 과목 — 소방원론

01 고층건축물 내 연기거동 중 굴뚝효과에 영향을 미치는 요소가 아닌 것은?

16.05.문16
04.03.문19
01.06.문11

① 건물 내외의 온도차
② 화재실의 온도
③ 건물의 높이
④ 층의 면적

유사문제부터 풀어보세요. 실력이 팍!팍! 올라갑니다.

해설 연기거동 중 **굴뚝효과**(연돌효과)와 관계있는 것
(1) 건물 내외의 온도차 보기 ①
(2) 화재실의 온도 보기 ②
(3) 건물의 높이 보기 ③

용어

굴뚝효과와 같은 의미
(1) 연돌효과
(2) stack effect

중요

굴뚝효과(stack effect)
(1) 건물 내외의 **온도차**에 따른 공기의 흐름현상이다.
(2) 굴뚝효과는 **고층건물**에서 주로 나타난다.
(3) 평상시 건물 내의 기류분포를 지배하는 중요 요소이며 화재시 **연기**의 **이동**에 큰 영향을 미친다.
(4) 건물 외부의 온도가 내부의 온도보다 높은 경우 저층부에서는 내부에서 외부로 공기의 흐름이 생긴다.

답 ④

02 섭씨 30도는 랭킨(Rankine)온도로 나타내면 몇 도인가?

16.10.문36
12.03.문08

① 546도
② 515도
③ 498도
④ 463도

해설 (1) 화씨온도

$$°F = \frac{9}{5}°C + 32$$

여기서, °F : 화씨온도〔°F〕
　　　　°C : 섭씨온도〔°C〕

화씨온도 $°F = \frac{9}{5}°C + 32 = \frac{9}{5} \times 30 + 32 = 86°F$

(2) 랭킨온도

$$R = 460 + °F$$

여기서, R : 랭킨온도〔R〕
　　　　°F : 화씨온도〔°F〕

랭킨온도 $R = 460 + °F = 460 + 86 = 546R$

중요

화씨온도	랭킨온도
$°F = \frac{9}{5}°C + 32$	$R = 460 + °F$
여기서, °F : 화씨온도〔°F〕 　　　　°C : 섭씨온도〔°C〕	여기서, R : 랭킨온도〔R〕 　　　　°F : 화씨온도〔°F〕

답 ①

03 물질의 연소범위와 화재위험도에 대한 설명으로 틀린 것은?

16.03.문13
15.09.문14
13.06.문04
09.03.문02

① 연소범위의 폭이 클수록 화재위험이 높다.
② 연소범위의 하한계가 낮을수록 화재위험이 높다.
③ 연소범위의 상한계가 높을수록 화재위험이 높다.
④ 연소범위의 하한계가 높을수록 화재위험이 높다.

해설 **연소범위**와 **화재위험도**
(1) 연소범위의 폭이 클수록 화재위험이 높다. 보기 ①
(2) 연소범위의 하한계가 낮을수록 화재위험이 높다. 보기 ②
(3) 연소범위의 상한계가 높을수록 화재위험이 높다. 보기 ③
(4) 연소범위의 **하한계**가 높을수록 화재위험이 **낮다**. 보기 ④

④ 높다. → 낮다.

• 연소범위=연소한계=가연한계=가연범위=폭발한계=폭발범위
• 하한계=연소하한값
• 상한계=연소상한값

중요

폭발한계와 같은 의미
(1) 폭발범위
(2) 연소한계
(3) 연소범위
(4) 가연한계
(5) 가연범위

답 ④

★★★ 04 A급, B급, C급 화재에 사용이 가능한 제3종 분말소화약제의 분자식은?

16.10.문03
16.10.문06
16.10.문10
16.05.문15
16.03.문09
16.03.문11
15.05.문08
14.05.문17
12.03.문13

① $NaHCO_3$
② $KHCO_3$
③ $NH_4H_2PO_4$
④ Na_2CO_3

해설 **분말소화기(질식효과)**

종별	소화약제	약제의 착색	화학반응식	적응화재
제1종	탄산수소 나트륨 ($NaHCO_3$)	백색	$2NaHCO_3 \rightarrow Na_2CO_3 + CO_2 + H_2O$	BC급
제2종	탄산수소 칼륨 ($KHCO_3$)	담자색 (담회색)	$2KHCO_3 \rightarrow K_2CO_3 + CO_2 + H_2O$	BC급
제3종	인산암모늄 ($NH_4H_2PO_4$) 보기 ③	담홍색	$NH_4H_2PO_4 \rightarrow HPO_3 + NH_3 + H_2O$	ABC급
제4종	탄산수소 칼륨+요소 ($KHCO_3 + (NH_2)_2CO$)	회(백)색	$2KHCO_3 + (NH_2)_2CO \rightarrow K_2CO_3 + 2NH_3 + 2CO_2$	BC급

- 탄산수소나트륨=중탄산나트륨
- 탄산수소칼륨=중탄산칼륨
- 제1인산암모늄=인산암모늄=인산염
- 탄산수소칼륨+요소=중탄산칼륨+요소

답 ③

★★ 05 할론(Halon) 1301의 분자식은?

19.09.문07
16.10.문08
15.03.문04
14.09.문04
14.03.문02

① CH_3Cl
② CH_3Br
③ CF_3Cl
④ CF_3Br

해설 **할론소화약제의 약칭 및 분자식**

종 류	약 칭	분자식
할론 1011	CB	CH_2ClBr
할론 104	CTC	CCl_4
할론 1211	BCF	$CF_2ClBr(CClF_2Br)$
할론 1301	BTM	CF_3Br 보기 ④
할론 2402	FB	$C_2F_4Br_2$

답 ④

★ 06 소화약제의 방출수단에 대한 설명으로 가장 옳은 것은?

① 액체 화학반응을 이용하여 발생되는 열로 방출한다.
② 기체의 압력으로 폭발, 기화작용 등을 이용하여 방출한다.
③ 외기의 온도, 습도, 기압 등을 이용하여 방출한다.
④ 가스압력, 동력, 사람의 손 등에 의하여 방출한다.

해설 **소화약제의 방출수단**
(1) 가스압력(CO_2, N_2 등)
(2) 동력(전동기 등)
(3) 사람의 손

답 ④

★★★ 07 다음 중 가연성 가스가 아닌 것은?

16.10.문03
16.03.문04
14.05.문10
12.09.문08
11.10.문02

① 일산화탄소
② 프로판
③ 아르곤
④ 수소

해설 **가연성 가스와 지연성 가스**

가연성 가스	지연성 가스(조연성 가스)
• **수**소 보기 ④ • **메**탄 • **일**산화탄소 보기 ① • **천**연가스 • **부**탄 • **에**탄 • **암**모니아 • **프**로판 보기 ②	• **산**소 • **공**기 • **염**소 • **오**존 • **불**소

기억법 **조산공 염오불**

기억법 **가수일천 암부 메에프**

용어

가연성 가스와 지연성 가스

가연성 가스	지연성 가스(조연성 가스)
물질 자체가 연소하는 것	자기 자신은 연소하지 않지만 연소를 도와주는 가스

답 ③

08 ★★

1기압, 100℃에서의 물 1g의 기화잠열은 약 몇 cal인가?

14.09.문20
13.06.문18
10.09.문20

① 425   ② 539
③ 647   ④ 734

해설 물(H_2O)

기화잠열(증발잠열)	융해잠열
539cal/g	80cal/g

기억법 기53, 융8

② 물의 기화잠열 539cal : 1기압 100℃의 물 1g이 수증기로 변화하는 데 539cal의 열량이 필요

중요

기화잠열과 융해잠열

기화잠열(증발잠열)	융해잠열
100℃의 물 1g이 수증기로 변화하는 데 필요한 열량	0℃의 얼음 1g이 물로 변화하는 데 필요한 열량

답 ②

09 ★★★

건축물의 화재시 피난자들의 집중으로 패닉 (panic)현상이 일어날 수 있는 피난방향은?

12.03.문06
08.05.문20

①
②
③
④

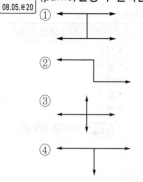

해설 피난형태

형 태	피난방향	상 황
X형		확실한 피난통로가 보장되어 신속한 피난이 가능하다.
Y형		

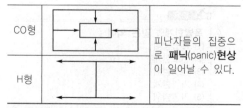

CO형	
H형	피난자들의 집중으로 **패닉(panic)현상**이 일어날 수 있다.

중요

패닉(panic)의 발생원인
(1) 연기에 의한 시계제한
(2) 유독가스에 의한 호흡장애
(3) 외부와 단절되어 고립

답 ①

10 ★★★

연기의 감광계수(m^{-1})에 대한 설명으로 옳은 것은?

16.10.문16
14.05.문06
13.09.문11

① 0.5는 거의 앞이 보이지 않을 정도이다.
② 10은 화재 최성기 때의 농도이다.
③ 0.5는 가시거리가 20~30m 정도이다.
④ 10은 연기감지기가 작동하기 직전의 농도이다.

해설

감광계수 [m^{-1}]	가시거리 [m]	상 황
0.1	20~30	연기감지기가 작동할 때의 농도(연기감지기가 작동하기 직전의 농도) 보기 ③④
0.3	5	건물 내부에 익숙한 사람이 피난에 지장을 느낄 정도의 농도
0.5	3	어두운 것을 느낄 정도의 농도
1	1~2	앞이 거의 보이지 않을 정도의 농도 보기 ①
10	0.2~0.5	화재 최성기 때의 농도 보기 ②
30	–	출화실에서 연기가 분출할 때의 농도

기억법
0123	감
035	익
053	어
112	보
100205	최
30	분

① 0.5 → 1
③ 0.5 → 0.1
④ 10 → 0.1

답 ②

11 위험물의 저장방법으로 틀린 것은?

16.05.문19
16.03.문07
10.03.문09
09.03.문16

① 금속나트륨 – 석유류에 저장
② 이황화탄소 – 수조에 저장
③ 알킬알루미늄 – 벤젠액에 희석하여 저장
④ 산화프로필렌 – 구리용기에 넣고 불연성 가스를 봉입하여 저장

해설 물질에 따른 저장장소

물 질	저장장소
황린, **이**황화탄소(CS_2)	**물**속 보기 ②
나이트로셀룰로오스	알코올 속
칼륨(K), 나트륨(Na), 리튬(Li)	석유류(등유) 속 보기 ①
알킬알루미늄	벤젠액 속 보기 ③
아세틸렌(C_2H_2)	디메틸포름아미드(DMF), 아세톤에 용해

기억법 황물이(**황**토색 **물이** 나온다.)

중요

산화프로필렌, 아세트알데하이드 보기 ④
구리, **마**그네슘, **은**, **수**은 및 그 합금과 저장 금지
기억법 구마은수

답 ④

12 건축방화계획에서 건축구조 및 재료를 불연화하여 화재를 미연에 방지하고자 하는 공간적 대응 방법은?

15.05.문16
03.08.문10

① 회피성 대응
② 도피성 대응
③ 대항성 대응
④ 설비적 대응

해설 **건축방재**의 **계획**(건축방화계획)
(1) **공간적 대응**

종 류	설 명
대항성	내화성능·방연성능·초기 소화대응 등의 화재사상의 저항능력
회피성	**불연화**·난연화·내장제한·구획의 세분화·방화훈련(소방훈련)·불조심 등 출화유발·확대 등을 저감시키는 예방조치 강구 보기 ① **기억법** 불회(**불**회, **불**회)
도피성	화재가 발생한 경우 안전하게 피난할 수 있는 시스템

기억법 도대회

(2) **설비적 대응** : 화재에 대응하여 설치하는 **소화설비, 경보설비, 피난구조설비, 소화활동설비** 등의 제반 소방시설

기억법 설설

답 ①

13 할론가스 45kg과 함께 기동가스로 질소 2kg을 충전하였다. 이때 질소가스의 몰분율은? (단, 할론가스의 분자량은 149이다.)

12.03.문14

① 0.19
② 0.24
③ 0.31
④ 0.39

해설 (1) **분자량**

원 소	원자량
H	1
C	12
N	14
O	16

질소(N_2)의 분자량 = $14 \times 2 = 28$kg/kmol

(2) **몰수**

$$몰수 = \frac{질량[kg]}{분자량[kg/kmol]}$$

㉠ 할론가스의 몰수 = $\frac{질량[kg]}{분자량[kg/kmol]}$
= $\frac{45kg}{149kg/kmol}$ ≒ 0.3kmol

㉡ 질소가스의 몰수 = $\frac{질량[kg]}{분자량[kg/kmol]}$
= $\frac{2kg}{28kg/kmol}$ ≒ 0.07kmol

(3) **몰분율**

$$몰분율 = \frac{어떤 \ 성분의 \ 몰수}{전체 \ 몰수}$$

질소가스의 몰분율 = $\frac{질소의 \ 몰수}{전체 \ 몰수}$
= $\frac{0.07kmol}{(0.3 + 0.07)kmol}$ ≒ 0.19

• **몰분율** : 어떤 성분의 몰수와 전체 성분의 몰수와의 비

답 ①

14 다음 중 착화온도가 가장 낮은 것은?

15.09.문02
14.05.문05
12.09.문04
12.03.문01

① 에틸알코올
② 톨루엔
③ 등유
④ 가솔린

해설

물 질	인화온도	착화온도
• 프로필렌	−107℃	497℃
• 에틸에터 • 다이에틸에터	−45℃	180℃
• **가솔린**(휘발유) 보기 ④	−43℃	**300℃**
• 이황화탄소	−30℃	100℃
• 아세틸렌	−18℃	335℃
• 아세톤	−18℃	538℃
• **톨루엔** 보기 ②	4.4℃	**480℃**
• **에틸알코올** 보기 ①	13℃	**423℃**
• 아세트산	40℃	−
• **등유** 보기 ③	43~72℃	**210℃**
• 경유	50~70℃	200℃
• 적린	−	260℃

※ 착화온도＝착화점＝발화온도＝발화점

답 ③

15 B급 화재시 사용할 수 없는 소화방법은?

① CO₂ 소화약제로 소화한다.

② 봉상주수로 소화한다.

③ 3종 분말약제로 소화한다.

④ 단백포로 소화한다.

해설 B급 화재시 소화방법

(1) CO₂ 소화약제(이산화탄소소화약제) 보기 ①

(2) 분말약제(1~4종) 보기 ③

(3) 포(단백포, 수성막포 등 모든 포) 보기 ④

(4) 할론소화약제

(5) 할로겐화합물 및 불활성기체 소화약제

② 봉상주수는 연소면(화재면)이 확대되어 B급 화재에는 오히려 더 위험하다.

용어

봉상주수
물줄기 모양으로 물을 방사하는 형태로서 화점이 멀리 있을 때 또는 고체가연물의 대규모 화재시 사용(예 옥내소화전)

중요

화재의 종류

구 분 \ 등급	A급	B급	C급	D급	K급
화재 종류	일반 화재	유류 화재	전기 화재	금속 화재	주방 화재
표시색	백색	황색	청색	무색	−

※ 요즘은 표시색의 의무규정은 없음

• CO₂＝이산화탄소

답 ②

16 가연물의 제거와 가장 관련이 없는 소화방법은?

19.09.문05
16.10.문07
16.03.문12
14.05.문11
13.03.문01
11.03.문04

① 촛불을 입김으로 불어서 끈다.

② 산불 화재시 나무를 잘라 없앤다.

③ 팽창 진주암을 사용하여 진화한다.

④ 가스 화재시 중간밸브를 잠근다.

해설 제거소화의 예

(1) **가연성 기체** 화재시 **주밸브**를 **차단**한다.(화학반응기의 화재시 원료공급관의 **밸브**를 **잠근다**.)

(2) **가연성 액체** 화재시 펌프를 이용하여 **연료**를 제거한다.

(3) **연료탱크**를 냉각하여 가연성 가스의 발생속도를 작게 하여 연소를 억제한다.

(4) 금속 화재시 **불활성 물질**로 가연물을 덮는다.

(5) **목재**를 방염처리한다.

(6) 전기 화재시 **전원**을 **차단**한다.

(7) 산불이 발생하면 화재의 진행방향을 앞질러 **벌목**한다.(산불의 확산방지를 위하여 **산림**의 **일부**를 **벌채**한다.)
보기 ②

(8) 가스 화재시 밸브를 잠궈 가스흐름을 차단한다. 보기 ④

(9) 불타고 있는 장작더미 속에서 아직 타지 않은 것을 안전한 곳으로 **운반**한다.

(10) 유류탱크 화재시 주변에 있는 유류탱크의 유류를 다른 곳으로 이동시킨다.

(11) **양초**를 입으로 불어서 끈다. 보기 ①

※ **제거효과** : 가연물을 반응계에서 제거하든지 또는 반응계로의 공급을 정지시켜 소화하는 효과

③ **질식소화** : 팽창 진주암을 사용하여 진화한다.

답 ③

17 유류 저장탱크의 화재에서 일어날 수 있는 현상이 아닌 것은?

19.09.문15
18.09.문08
16.05.문02
15.03.문01
14.09.문12
14.03.문01
09.05.문10
05.09.문07
05.05.문07
03.03.문11
02.03.문20

① 플래시오버(Flash over)

② 보일오버(Boil over)

③ 슬롭오버(Slop over)

④ 프로스오버(Froth over)

해설 **유류탱크**에서 **발생**하는 현상

현 상	정 의
보일오버 (Boil over) 보기 ②	• 중질유의 석유탱크에서 장시간 조용히 연소하다 탱크 내의 잔존기름이 갑자기 분출하는 현상 • 유류탱크에서 탱크 바닥에 물과 기름의 **에멀션**이 섞여 있을 때 이로 인하여 화재가 발생하는 현상 • 연소유면으로부터 100℃ 이상의 열파가 탱크 저부에 고여 있는 물을 비등하게 하면서 연소유를 탱크 밖으로 비산시키며 연소하는 현상

오일오버 (Oil over)	• 저장탱크에 저장된 유류저장량이 내용적의 50% 이하로 충전되어 있을 때 화재로 인하여 탱크가 폭발하는 현상
프로스오버 (Froth over) 보기 ④	• 물이 점성의 뜨거운 기름 표면 아래에서 끓을 때 화재를 수반하지 않고 용기가 넘치는 현상
슬롭오버 (Slop over) 보기 ③	• 물이 연소유의 뜨거운 표면에 들어갈 때 기름 표면에서 화재가 발생하는 현상 • 유화제로 소화하기 위한 물이 수분의 급격한 증발에 의하여 액면이 거품을 일으키면서 열유층 밑의 냉유가 급히 열팽창하여 기름의 일부가 불이 붙은 채 탱크벽을 넘어서 일출하는 현상

① 건축물 내에서 발생하는 현상

🖋️ 중요

(1) 가스탱크에서 발생하는 현상

현 상	정 의
블래비 (BLEVE)	과열상태의 탱크에서 내부의 액화가스가 분출하여 기화되어 폭발하는 현상

(2) 건축물 내에서 발생하는 현상

현 상	정 의
플래시오버 (Flash over)	• 화재로 인하여 실내의 온도가 급격히 상승하여 화재가 순간적으로 실내 전체에 확산되어 연소되는 현상
백드래프트 (Back draft)	• **통기력**이 좋지 않은 상태에서 연소가 계속되어 산소가 심히 부족한 상태가 되었을 때 **개구부**를 통하여 산소가 공급되면 실내의 가연성 혼합기가 공급되는 **산소의 방향**과 **반대**로 흐르며 급격히 연소하는 현상 • 소방대가 소화활동을 위하여 화재실의 문을 개방할 때 신선한 공기가 유입되어 실내에 축적되었던 가연성 가스가 **단시간**에 **폭발적**으로 **연소**함으로써 화재가 폭풍을 동반하며 **실외**로 **분출**되는 현상

답 ①

⭐⭐⭐
18 분말소화약제 중 탄산수소칼륨(KHCO₃)과 요소((NH₂)₂CO)와의 반응물을 주성분으로 하는 소화약제는?

12.09.문15
09.03.문01

① 제1종 분말
② 제2종 분말
③ 제3종 분말
④ 제4종 분말

해설 **분말소화약제**(질식효과)

종 별	분자식	착 색	적응 화재	비 고
제1종	탄산수소나트륨 ($NaHCO_3$)	백색	BC급	**식용유** 및 **지방질유**의 화재에 적합
제2종	탄산수소칼륨 ($KHCO_3$)	담자색 (담회색)	BC급	–
제3종	제1인산암모늄 ($NH_4H_2PO_4$)	담홍색	ABC급	**차고·주차장**에 적합
제4종	탄산수소칼륨 +요소 ($KHCO_3$+ $(NH_2)_2CO$) 보기 ④	회(백)색	BC급	–

기억법 **1식분**(일식 분식)
3분 차주(삼보컴퓨터 차주)

• $KHCO_3 + (NH_2)_2CO = KHCO_3 + CO(NH_2)_2$

답 ④

⭐
19 소화효과를 고려하였을 경우 화재시 사용할 수 있는 물질이 아닌 것은?

① 이산화탄소
② 아세틸렌
③ Halon 1211
④ Halon 1301

해설 **소화약제**
(1) 물
(2) 이산화탄소 보기 ①
(3) 할론(Halon 1301, Halon 1211 등) 보기 ③④
(4) 할로겐화합물 및 불활성기체 소화약제
(5) 포

② 아세틸렌(C_2H_2) : **가연성 가스**로서 화재시 사용하면 화재가 더 확대된다.

답 ②

⭐⭐
20 인화성 액체의 연소점, 인화점, 발화점을 온도가 높은 것부터 옳게 나열한 것은?

06.03.문05

① 발화점 > 연소점 > 인화점
② 연소점 > 인화점 > 발화점
③ 인화점 > 발화점 > 연소점
④ 인화점 > 연소점 > 발화점

해설 인화성 액체의 온도가 높은 순서
발화점>연소점>인화점

용어

연소와 관계되는 용어

용어	설명
발화점	가연성 물질에 불꽃을 접하지 아니하였을 때 연소가 가능한 **최저온도**
인화점	휘발성 물질에 불꽃을 접하여 연소가 가능한 **최저온도**
연소점	① 인화점보다 **10℃** 높으며 연소를 **5초** 이상 지속할 수 있는 온도 ② 어떤 인화성 액체가 공기 중에서 열을 받아 점화원의 존재하에 **지속적인 연소**를 일으킬 수 있는 온도 ③ 가연성 액체에 점화원을 가져가서 인화된 후에 점화원을 제거하여도 가연물이 **계속** 연소되는 **최저온도**

답 ①

제 2 과목 **소방유체역학**

★★
21 다음 중 펌프를 직렬운전해야 할 상황으로 가장 적절한 것은?
16.05.문33

① 유량이 변화가 크고 1대로는 유량이 부족할 때
② 소요되는 양정이 일정하지 않고 크게 변동될 때
③ 펌프에 폐입현상이 발생할 때
④ 펌프에 무구속속도(run away speed)가 나타날 때

해설 펌프의 운전

직렬운전	병렬운전
• 유량(토출량) : Q • 양정 : $2H$(양정증가)	• 유량(토출량) : $2Q$(유량증가) • 양정 : H

양정
H ┤ 2대 운전
  │ 1대 운전
  └──── 토출량 Q
│ 직렬운전 │

양정
H ┤   2대 운전
  │ 1대 운전
  └──── 토출량 Q
│ 병렬운전 │

| • 소요되는 양정이 일정하지 않고 크게 변동될 때 **보기 ②** | • 유량이 변화가 크고 1대로는 유량이 부족할 때 |

답 ②

★★★
22 펌프운전 중 발생하는 수격작용의 발생을 예방하기 위한 방법에 해당되지 않는 것은?
16.03.문34
12.05.문35

① 밸브를 가능한 펌프송출구에서 멀리 설치한다.
② 서지탱크를 관로에 설치한다.
③ 밸브의 조작을 천천히 한다.
④ 관 내의 유속을 낮게 한다.

해설 수격작용(water hammering)

개요	• 배관 속의 물흐름을 급히 차단하였을 때 동압이 정압으로 전환되면서 일어나는 쇼크(shock)현상 • 배관 내를 흐르는 유체의 유속을 급격하게 변화시키므로 압력이 상승 또는 하강하여 **관로의 벽면**을 **치는 현상**
발생 원인	• 펌프가 갑자기 정지할 때 • 급히 밸브를 개폐할 때 • 정상운전시 유체의 압력변동이 생길 때
방지 대책	• 관로의 **관경**을 크게 한다. • 관로 내의 유속을 낮게 한다.(관로에서 일부 고압수를 방출한다.) **보기 ④** • 조압수조(surge tank)를 설치하여 적정압력을 유지한다. **보기 ②** • **플라이 휠**(fly wheel)을 설치한다. • 펌프송출구 **가까이**에 밸브를 **설치**한다. **보기 ①** • 펌프송출구에 **수격**을 **방지**하는 **체크밸브**를 달아 역류를 막는다. • **에어챔버**(air chamber)를 설치한다. • 회전체의 **관성모멘트**를 **크게** 한다.

① 멀리 → 가까이

답 ①

★
23 그림과 같이 반지름이 0.8m이고 폭이 2m인 곡면 AB가 수문으로 이용된다. 물에 의한 힘의 수평성분의 크기는 약 몇 kN인가? (단, 수문의 폭은 2m이다.)
19.03.문35
13.09.문34
11.03.문37

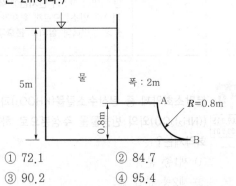

① 72.1
② 84.7
③ 90.2
④ 95.4

해설 수평분력

$$F_H = \gamma h A$$

여기서, F_H : 수평분력[N]

γ : 비중량(물의 비중량 9800N/m³)

h : 표면에서 수문 중심까지의 수직거리[m]

A : 수문의 단면적[m²]

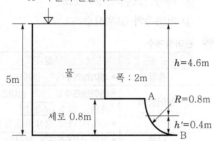

$$F_H = \gamma h A = 9800\text{N/m}^3 \times 4.6\text{m} \times 1.6\text{m}^2$$
$$= 72128\text{N} \fallingdotseq 72100\text{N} = 72.1\text{kN}$$

- h' : $\dfrac{0.8\text{m}}{2} = 0.4\text{m}$
- h : $(5 - 0.4)\text{m} = 4.6\text{m}$
- A : 세로×폭=0.8m × 2m = 1.6m²

답 ①

★★★ 24

16.10.문27
14.03.문31

베르누이방정식을 적용할 수 있는 기본 전제조건으로 옳은 것은?

① 비압축성 흐름, 점성 흐름, 정상유동
② 압축성 흐름, 비점성 흐름, 정상유동
③ 비압축성 흐름, 비점성 흐름, 비정상유동
④ 비압축성 흐름, 비점성 흐름, 정상유동

해설 베르누이방정식(정리)의 적용 조건

(1) **정**상흐름(정상류)=정상유동=정상상태의 흐름
(2) **비**압축성 흐름(비압축성 유체)
(3) **비**점성 흐름(비점성 유체)=마찰이 없는 유동
(4) **이**상유체
(5) 유선을 따라 운동=같은 유선 위의 두 점에 적용

기억법 베정비이(배를 **정비**해서 **이**곳을 떠나라!)

비교

(1) **오일러 운동방정식**의 가정
　㉠ **정상유동**(정상류)일 경우
　㉡ 유체의 **마찰**이 **없을 경우**(점성마찰이 없을 경우)
　㉢ 입자가 유선을 따라 **운동**할 경우
(2) **운동량방정식**의 가정
　㉠ 유동단면에서의 **유속**은 **일정**하다.
　㉡ **정상유동**이다.

답 ④

★★★ 25

15.03.문25
12.03.문30

그림과 같이 매끄러운 유리관에 물이 채워져 있을 때 모세관 상승높이 h는 약 몇 m인가?

[조건]
㉠ 액체의 표면장력 $\sigma = 0.073$N/m
㉡ $R = 1$mm
㉢ 매끄러운 유리관의 접촉각 $\theta \approx 0°$

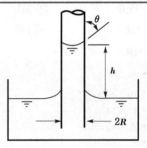

① 0.007
② 0.015
③ 0.07
④ 0.15

해설 모세관현상(capillarity in tube)

$$h = \frac{4\sigma \cos\theta}{\gamma D}$$

여기서, h : 상승높이[m]

σ : 표면장력[N/m]

θ : 각도

γ : 비중량(물의 비중량 9800N/m³)

D : 관의 내경[m]

상승높이 h는

$$h = \frac{4\sigma\cos\theta}{\gamma D}$$
$$= \frac{4 \times 0.073\text{N/m} \times \cos 0°}{9800\text{N/m}^3 \times 2\text{mm}}$$
$$= \frac{4 \times 0.073\text{N/m} \times \cos 0°}{9800\text{N/m}^3 \times 0.002\text{m}} \fallingdotseq 0.015\text{m}$$

- D : 2mm(반지름 $R = 1$mm이므로 직경(내경) $D = 2$mm 주의!)
- 1000mm=1m이므로 2mm=0.002m
- $\theta \approx 0°$(≈ '약', '거의'라는 뜻)

용어

모세관현상
액체와 고체가 접촉하면 상호 **부착**하려는 **성질**을 갖는데 이 **부착력**과 액체의 **응집력**의 **상대적 크기**에 의해 일어나는 현상

답 ②

26 공기 10kg과 수증기 1kg이 혼합되어 10m³의 용기 안에 들어있다. 이 혼합기체의 온도가 60℃라면, 이 혼합기체의 압력은 약 몇 kPa인가? (단, 수증기 및 공기의 기체상수는 각각 0.462 및 0.287kJ/kg·K이고 수증기는 모두 기체상태이다.)

① 95.6   ② 111
③ 126   ④ 145

해설 (1) 기호

- m_1 : 10kg
- m_2 : 1kg
- V : 10m³
- T : (273+60)K
- R_1 : 0.287kJ/kg·K
- R_2 : 0.462kJ/kg·K

(2) **이상기체상태 방정식**

$$PV = mRT$$

여기서, P : 기압[kPa]
V : 부피[m³]
m : 질량[kg]
R : 기체상수[kJ/kg·K]
T : 절대온도(273+℃)[K]

공기의 압력 P_1은

$$P_1 = \frac{m_1 R_1 T}{V}$$

$$= \frac{10kg \times 0.287kJ/kg \cdot K \times (273+60)K}{10m^3}$$

$$= 95.57kJ/m^3$$

$$= 95.57kPa$$

- 1kJ/m³=1kPa이므로 95.57kJ/m³=95.57kPa

수증기의 압력 P_2는

$$P_2 = \frac{m_2 R_2 T}{V}$$

$$= \frac{1kg \times 0.462kJ/kg \cdot K \times (273+60)K}{10m^3}$$

$$= 15.38kJ/m^3$$

$$= 15.38kPa$$

- 1kJ/m³=1kPa이므로 15.38kJ/m³=15.38kPa

혼합기체의 압력 $= P_1 + P_2$

$$= 95.57kPa + 15.38kPa ≒ 111kPa$$

답 ②

27 파이프 내에 정상 비압축성 유동에 있어서 관마찰계수는 어떤 변수들의 함수인가?

13.06.문26

① 절대조도와 관지름
② 절대조도와 상대조도
③ 레이놀즈수와 상대조도
④ 마하수와 코우시수

해설 관마찰계수

구 분	설 명
층류	• 레이놀즈수에만 관계되는 계수
천이영역 (임계영역)	• 레이놀즈수와 관의 **상대조도**에 관계되는 계수 보기 ③ • 파이프 내의 정상 비압축성 유동
난류	• 관의 **상대조도**에 **무관**한 계수

③ 파이프 내의 정상 비압축성 유동의 관마찰계수(f)는 천이영역으로 **레이놀즈수**(레이놀드수)와 **상대조도**의 함수이다.

용어

천이영역
층류도 아니고 난류도 아닌 그 중간의 애매한 단계

중요

관마찰계수

층 류	난 류
$f = \dfrac{64}{Re}$	$f = 0.3164 Re^{-0.25}$

여기서, f : 관마찰계수, Re : 레이놀즈수

답 ③

28 점성계수의 단위로 사용되는 푸아즈(poise)의 환산단위로 옳은 것은?

05.05.문23

① cm²/s
② N·s²/m²
③ dyne/cm·s
④ dyne·s/cm²

해설 점도(점성계수)

1poise=1p=1g/cm·s=**1dyne·s/cm²**
1cp=0.01g/cm·s
1stokes=1cm²/s(동점도)

답 ④

29

★★★

17.09.문23
13.03.문26
13.03.문37

3m/s의 속도로 물이 흐르고 있는 관로 내에 피토관을 삽입하고, 비중 1.8의 액체를 넣은 시차액주계에서 나타나게 되는 액주차는 약 몇 m인가?

① 0.191　　　　② 0.573
③ 1.41　　　　④ 2.15

 해설

$$\Delta P = R(\gamma - \gamma_w)$$

(1) 기호

- V : 3m/s
- s : 1.8

(2) 비중

$$s = \frac{\gamma}{\gamma_w}$$

여기서, s : 비중
　　　　γ : 어떤 물질의 비중량[N/m³]
　　　　γ_w : 물의 비중량(9800N/m³)

$\gamma = \gamma_w s = 9800\text{N/m}^3 \times 1.8 = 17640\text{N/m}^3$

(3) **높이차**

$$h = \frac{V^2}{2g}$$

여기서, h : 높이차[m]
　　　　V : 유속[m/s]
　　　　g : 중력가속도(9.8m/s²)

높이차 h는

$h = \frac{V^2}{2g} = \frac{(3\text{m/s})^2}{2 \times 9.8\text{m/s}^2} ≒ 0.459\text{m}$

(4) **물의 압력차**

$$\Delta P = \gamma_w h$$

여기서, ΔP : 물의 압력차[Pa] 또는 [N/m²]
　　　　γ_w : 물의 비중량(9800N/m³)
　　　　h : 높이차[m]

압력차 $\Delta P = \gamma_w h$
　　　　　　$= 9800\text{N/m}^3 \times 0.459\text{m} ≒ 4498\text{N/m}^2$

(5) **어떤 물질의 압력차**

$$\Delta P = p_2 - p_1 = R(\gamma - \gamma_w)$$

여기서, ΔP : U자관 마노미터의 압력차[Pa] 또는 [N/m²]
　　　　p_2 : 출구압력[Pa] 또는 [N/m²]
　　　　p_1 : 입구압력[Pa] 또는 [N/m²]
　　　　R : 마노미터 읽음[m]
　　　　γ : 어떤 물질의 비중량[N/m³]
　　　　γ_w : 물의 비중량(9800N/m³)

마노미터 읽음(액주차) R은

$R = \frac{\Delta P}{(\gamma - \gamma_w)} = \frac{4498\text{N/m}^2}{(17640 - 9800)\text{N/m}^3} ≒ 0.573\text{m}$

답 ②

30

★★

14.03.문21

지름이 5cm인 원형관 내에 어떤 이상기체가 흐르고 있다. 다음 보기 중 이 기체의 흐름이 층류이면서 가장 빠른 속도는? (단, 이 기체의 절대압력은 200kPa, 온도는 27℃, 기체상수는 2080J/kg·K, 점성계수는 2×10⁻⁵N·s/m², 층류에서 하임계 레이놀즈값은 2200으로 한다.)

〔보기〕

　㉠ 0.3m/s　　　　㉡ 1.5m/s
　㉢ 8.3m/s　　　　㉣ 15.5m/s

① ㉠　　　　② ㉡
③ ㉢　　　　④ ㉣

해설

$$Re = \frac{DV\rho}{\mu}$$

(1) 밀도

$$\rho = \frac{P}{RT}$$

여기서, ρ : 밀도[kg/m³]
　　　　P : 압력[Pa] 또는 [N/m²]
　　　　R : 기체상수[N·m/kg·K]
　　　　T : 절대온도(273 + ℃)[K]

밀도 $\rho = \frac{P}{RT}$

$= \frac{200 \times 10^3 \text{N/m}^2}{2080\text{N·m/kg·K} \times (273 + 27)\text{K}}$

$= 0.3205\text{kg/m}^3$

- 1Pa=1N/m²이고 1kPa=10³Pa이므로
200kPa=200kN/m²=200×10³N/m²
- 1J=1N·m이므로 2080J/kg·K=2080N·m/kg·K

(2) 레이놀즈수

$$Re = \frac{DV\rho}{\mu} = \frac{DV}{\nu}$$

여기서, Re : 레이놀즈수
　　　　D : 내경[m]
　　　　V : 유속[m/s]
　　　　ρ : 밀도[kg/m³]
　　　　μ : 점성계수[kg/m·s]
　　　　ν : 동점성계수$\left(\frac{\mu}{\rho}\right)$[m²/s]

$Re = \frac{DV\rho}{\mu}$ 에서

유속 $V = \frac{Re\mu}{D\rho}$

$= \frac{2200 \text{ 이하} \times (2 \times 10^{-5})\text{N·s/m}^2}{0.05\text{m} \times 0.3205\text{N·s}^2/\text{m}^4}$

$≒ 2.8\text{m/s}$ 이하

∴ 1.5m/s 선택

• 1N · s/m² = 1kg/m · s

 1N = 1kg · m/s²이므로

 1N · s/m² = 1kg · m/s² · s/m² = 1kg/m · s

• 100cm = 1m이므로 5cm = 0.05m

답 ②

31

17.09.문39
15.05.문40

다음 그림과 같은 탱크에 물이 들어있다. 물이 탱크의 밑면에 가하는 힘은 약 몇 N인가? (단, 물의 밀도는 1000kg/m³, 중력가속도는 10m/s²로 가정하며 대기압은 무시한다. 또한 탱크의 폭은 전체가 1m로 동일하다.)

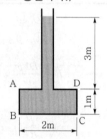

① 40000

② 20000

③ 80000

④ 60000

$$F = \gamma h A$$

(1) 기호

• ρ : 1000kg/m³

• g : 10m/s²

(2) 비중량

$$\gamma = \rho g$$

여기서, γ : 비중량[N/m³]

　　　　ρ : 밀도(물의 밀도 1000N · s²/m⁴)

　　　　g : 중력가속도[m/s²]

물의 비중량 γ는

$\gamma = \rho g$

　　= 1000N · s²/m⁴ × 10m/s² = 10000N/m³

(3) 탱크 밑면에 작용하는 힘

$$F = \gamma y \sin\theta A = \gamma h A$$

여기서, F : 전압력[N]

　　　　γ : 비중량[N/m³]

　　　　y : 표면에서 탱크 중심까지의 경사거리[m]

　　　　h : 표면에서 탱크 중심까지의 수직거리[m]

　　　　A : 단면적[m²]

　　　　θ : 경사각도[°]

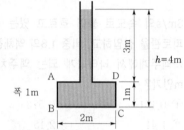

탱크 밑면에 작용하는 힘 F는

$F = \gamma h A$

　= 10000N/m³ × 4m × (밑면 × 폭)

　= 10000N/m³ × 4m × (2m × 1m)

　= 80000N

답 ③

32

12.03.문22

압력 200kPa, 온도 60℃의 공기 2kg이 이상적인 폴리트로픽 과정으로 압축되어 압력 2MPa, 온도 250℃로 변화하였을 때 이 과정 동안 소요된 일의 양은 약 몇 kJ인가? (단, 기체상수는 0.287kJ/kg · K이다.)

① 224

② 327

③ 447

④ 560

해설 폴리트로픽 과정

(1) 기호

• P_1 : 200kPa

• P_2 : 2MPa = 2000kPa

• T_1 : (273+60)K

• T_2 : (273+250)K

• m : 2kg

(2) 온도와 압력

$$\frac{T_2}{T_1} = \left(\frac{P_2}{P_1}\right)^{\frac{n-1}{n}}$$

여기서, P_1, P_2 : 변화 전후의 압력[kJ/m³]

　　　　T_1, T_2 : 변화 전후의 온도(273+℃)[K]

　　　　n : 폴리트로픽 지수

$$\frac{T_2}{T_1} = \left(\frac{P_2}{P_1}\right)^{\frac{n-1}{n}}$$

$$\frac{(273+250)\text{K}}{(273+60)\text{K}} = \left(\frac{2\text{MPa}}{200\text{kPa}}\right)^{\frac{n-1}{n}}$$

$$\frac{523\text{K}}{333\text{K}} = \left(\frac{2000\text{kPa}}{200\text{kPa}}\right)^{\frac{n-1}{n}}$$

좌우를 이항하면

$$\left(\frac{2000\text{kPa}}{200\text{kPa}}\right)^{\frac{n-1}{n}} = \frac{523\text{K}}{333\text{K}}$$

$$10^{\frac{n-1}{n}} = \frac{523\text{K}}{333\text{K}}$$

$$10^{\frac{n}{n} - \frac{1}{n}} = \frac{523\text{K}}{333\text{K}}$$

$$10^{1 - \frac{1}{n}} = \frac{523\text{K}}{333\text{K}}$$

> 로그의 정리 $a^x = b \Leftrightarrow x = \log_a b$ 에 의해

$$1 - \frac{1}{n} = \log_{10}\frac{523\text{K}}{333\text{K}}$$

$$1 - \log_{10}\frac{523\text{K}}{333\text{K}} = \frac{1}{n}$$

$$n\left(1 - \log_{10}\frac{523\text{K}}{333\text{K}}\right) = 1$$

$$n = \frac{1}{1 - \log_{10}\frac{523\text{K}}{333\text{K}}} \fallingdotseq 1.244$$

(3) 절대일(압축일)

$$_1W_2 = \frac{mR}{n-1}(T_1 - T_2)$$

여기서, $_1W_2$: 절대일[kJ]
  n : 폴리트로픽 지수
  m : 질량[kg]
  T_1, T_2 : 변화 전후의 온도(273+℃)[K]
  R : 기체상수[kJ/kg · K]

절대일 $_1W_2$는

$$_1W_2 = \frac{mR}{n-1}(T_1 - T_2)$$
$$= \frac{2\text{kg} \times 0.287\text{kJ/kg} \cdot \text{K}}{1.244 - 1}(333 - 523)\text{K}$$
$$\fallingdotseq -447\text{kJ}$$

• -447kJ에서 '$-$'는 압축일을 의미한다.

답 ③

★★★
33 표면적이 A, 절대온도가 T_1인 흑체와 절대온도가 T_2인 흑체 주위 밀폐공간 사이의 열전달량은?

① $T_1 - T_2$에 비례한다.

② $T_1{}^2 - T_2{}^2$에 비례한다.

③ $T_1{}^3 - T_2{}^3$에 비례한다.

④ $T_1{}^4 - T_2{}^4$에 비례한다.

해설 **복사(radiation)**
(1) 정의 : 전자파의 형태로 열이 옮겨지는 현상으로서, 높은 온도에서 낮은 온도로 열이 이동한다.
(2) 복사의 예 : 태양의 열이 지구에 전달되어 따뜻함을 느끼는 것이다.

$$Q = aAF(T_1^4 - T_2^4)$$

여기서, Q : 복사열[W]
  a : 스테판-볼츠만 상수[W/m² · K⁴]
  A : 단면적[m²]

F : 기하학적 factor(계수)
  T_1 : 고온[K]
  T_2 : 저온[K]

> **중요**
> **스테판-볼츠만의 법칙**
> 복사체에서 발산되는 복사열은 복사체의 절대온도의 **4제곱**에 비례한다.

답 ④

★
34 그림과 같이 수평면에 대하여 60° 기울어진 경사관에 비중(s)이 13.6인 수은이 채워져 있으며, A와 B에는 물이 채워져 있다. A의 압력이 250kPa, B의 압력이 200kPa일 때, 길이 L은 약 몇 cm인가?

11.10.문21

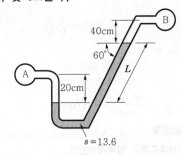

① 33.3
② 38.2
③ 41.6
④ 45.1

해설

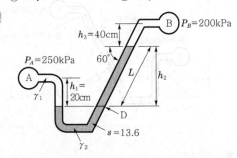

$$s = \frac{\gamma}{\gamma_w}$$

여기서, s : 비중
  γ : 어떤 물질의 비중량[kN/m³]
  γ_w : 물의 비중량[kN/m³]

• γ_w(물의 비중량)=9800N/m³=9.8kN/m³

$\gamma_2 = s \times \gamma_w = 13.6 \times 9.8\text{kN/m}^3 = 133.28\text{kN/m}^3$

$$P_A + \gamma_1 h_1 - \gamma_2 h_2 - \gamma_3 h_3 = P_B$$

여기서, P_A : A의 압력[kPa]
  γ_1, γ_2, γ_3 : 비중량[kN/m³]
  h_1, h_2, h_3 : 액주계의 높이[m]
  P_B : B의 압력[kPa]

- 1kPa=1kN/m²

$P_A + \gamma_1 h_1 = P_B + \gamma_2 h_2 + \gamma_3 h_3$

$250\text{kPa}+9.8\text{kN/m}^3\times20\text{cm}$
$=200\text{kPa}+133.28\text{kN/m}^3\times h_2+9.8\text{kN/m}^3\times40\text{cm}$

$250\text{kPa}+9.8\text{kN/m}^3\times0.2\text{m}$
$=200\text{kPa}+133.28\text{kN/m}^3\times h_2+9.8\text{kN/m}^3\times0.4\text{m}$

$250\text{kPa}+1.96\text{kN/m}^2$
$=200\text{kPa}+133.28\text{kN/m}^3\times h_2+3.92\text{kN/m}^2$

$251.96\text{kN/m}^2=203.92\text{kN/m}^2+133.28\text{kN/m}^3\times h_2$

$(251.96-203.92)\text{kN/m}^2=133.28\text{kN/m}^3\times h_2$

$133.28\text{kN/m}^3\times h_2=(251.96-203.92)\text{kN/m}^2$

$h_2=\dfrac{(251.96-203.92)\text{kN/m}^2}{133.28\text{kN/m}^3}$
$\fallingdotseq0.3604\text{m}=36.04\text{cm}$

$$\sin\theta=\frac{h_2}{L}$$

여기서, θ : 각도[°]
　　　h_2 : 마노미터 읽음[m]
　　　L : 마노미터 경사길이[m]

$L=\dfrac{h_2}{\sin\theta}=\dfrac{36.04\text{cm}}{\sin60°}\fallingdotseq41.6\text{cm}$

중요

시차액주계의 압력계산방법
점 A를 기준으로 내려가면 더하고, 올라가면 빼면 된다.

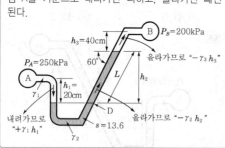

답 ③

35 압력 0.1MPa, 온도 250℃ 상태인 물의 엔탈피가
04.03.문28 2974.33kJ/kg이고 비체적은 2.40604m³/kg 이다. 이 상태에서 물의 내부에너지(kJ/kg)는?
① 2733.7　② 2974.1
③ 3214.9　④ 3582.7

해설 (1) **기호**
- P : 0.1MPa
- H : 2974.33kJ/kg
- V : 2.40604m³/kg

(2) **엔탈피**
$$H=U+PV$$
여기서, H : 엔탈피[kJ/kg]
　　　U : 내부에너지[kJ/kg]
　　　P : 압력[kPa]
　　　V : 비체적[m³/kg]
내부에너지 U는
$U=H-PV$
$=2974.33\text{kJ/kg}-0.1\times10^3\text{kPa}\times2.40604\text{m}^3/\text{kg}$
$\fallingdotseq2733.7\text{kJ/kg}$

- 0.1MPa : 1MPa=1×10³kPa이므로
 0.1MPa=0.1×10³kPa

답 ①

36 길이가 400m이고 유동단면이 20cm×30cm인
16.10.문37 직사각형관에 물이 가득 차서 평균속도 3m/s로
14.03.문24
06.09.문31 흐르고 있다. 이때 손실수두는 약 몇 m인가? (단, 관마찰계수는 0.01이다.)
① 2.38　② 4.76
③ 7.65　④ 9.52

해설
$$H=\frac{fLV^2}{2gD}$$

(1) **기호**
- L : 400m
- V : 3m/s
- f : 0.01

(2) **수력반경**(hydraulic radius)
$$R_h=\frac{A}{L}$$
여기서, R_h : 수력반경[m]
　　　A : 단면적[m²]
　　　L : 접수길이(단면 둘레의 길이)[m]

(3) **수력직경**
$$D_h=4R_h$$
여기서, D_h : 수력직경[m]
　　　R_h : 수력반경[m]

$D_h=4R_h=4\dfrac{A}{L}$

수력반경 $R_h=\dfrac{A}{L}$ 에서
$A=(가로\times세로)=(0.2\times0.3)\text{m}^2$
$L=2(가로+세로)=2(0.2+0.3)\text{m}$

수력반경 R_h 는

$$R_h = \frac{A}{L} = \frac{(0.2 \times 0.3)\text{m}^2}{2(0.2 + 0.3)\text{m}}$$

수력직경 D_h 는

$$D_h = 4R_h = 4\frac{A}{L} = 4 \times \frac{(0.2 \times 0.3)\text{m}^2}{2(0.2 + 0.3)\text{m}} = 0.24\text{m}$$

(4) 달시-웨버의 식(Darcy-Weisbach formula)

$$H = \frac{\Delta P}{\gamma} = \frac{fLV^2}{2gD}$$

여기서, H : 마찰손실(손실수두)[m]
　　　　ΔP : 압력차[kPa]
　　　　γ : 비중량(물의 비중량 9.8kN/m³)
　　　　f : 관마찰계수
　　　　L : 길이[m]
　　　　V : 유속[m/s]
　　　　g : 중력가속도(9.8m/s²)
　　　　D : 내경(수력직경)[m]

• 1kPa=1kN/m²

손실수두 H 는

$$H = \frac{fLV^2}{2gD} = \frac{0.01 \times 400\text{m} \times (3\text{m/s})^2}{2 \times 9.8\text{m/s}^2 \times 0.24\text{m}} = 7.65\text{m}$$

답 ③

37 안지름 100mm인 파이프를 통해 2m/s의 속도로 흐르는 물의 질량유량은 약 몇 kg/min인가?

19.09.문32
19.03.문25
16.03.문40
10.03.문36
(산업)

① 15.7　　　　② 157
③ 94.2　　　　④ 942

해설 (1) 기호

• D : 100mm=0.1m
• V : 2m/s

(2) 질량유량(mass flowrate)

$$\overline{m} = AV\rho = \left(\frac{\pi D^2}{4}\right)V\rho$$

여기서, $\overline{m}$: 질량유량[kg/s]
　　　　A : 단면적[m²]
　　　　V : 유속[m/s]
　　　　ρ : 밀도(물의 밀도 1000kg/m³)
　　　　D : 직경[m]

질량유량 $\overline{m}$ 은

$$\overline{m} = \left(\frac{\pi D^2}{4}\right)V\rho$$

$$= \frac{\pi \times (0.1\text{m})^2}{4} \times 2\text{m/s} \times 1000\text{kg/m}^3$$

$$= 15.7\text{kg/s}$$

$$= 15.7\text{kg} \left| \frac{1}{60}\text{min} \right.$$

$$= (15.7 \times 60)\text{kg/min}$$

$$= 942\text{kg/min}$$

• ρ : 물의 밀도 1000kg/m³

• 1min=60s, 1s=$\frac{1}{60}$min이므로

$$15.7\text{kg/s} = 15.7\text{kg} \left| \frac{1}{60}\text{min} \right.$$

답 ④

38 유량이 0.6m³/min일 때 손실수두가 5m인 관로를 통하여 10m 높이 위에 있는 저수조로 물을 이송하고자 한다. 펌프의 효율이 85%라고 할 때 펌프에 공급해야 하는 전력은 약 몇 kW인가?
19.09.문26
17.09.문38
15.09.문30
13.06.문38

① 0.58　　　　② 1.15
③ 1.47　　　　④ 1.73

해설 (1) 기호

• Q : 0.6m³/min
• H : (손실수두 + 높이)=(5+10)m
• η : 85%=0.85

(2) 전동력

$$P = \frac{0.163QH}{\eta}K$$

여기서, P : 전동력[kW]
　　　　Q : 유량[m³/min]
　　　　H : 전양정[m]
　　　　K : 전달계수
　　　　η : 효율

전동력 P 는

$$P = \frac{0.163QH}{\eta}K$$

$$= \frac{0.163 \times 0.6\text{m}^3/\text{min} \times (5+10)\text{m}}{0.85}$$

$$= 1.73\text{kW}$$

• K : 주어지지 않았으므로 무시

답 ④

39 대기의 압력이 1.08kgf/cm²였다면 게이지압력이 12.5kgf/cm²인 용기에서 절대압력(kgf/cm²)은?
08.05.문38

① 12.50　　　　② 13.58
③ 11.42　　　　④ 14.50

해설 절대압
(1) **절**대압=**대**기압+**게**이지압(계기압)
(2) 절대압=대기압-진공압

기억법 절대게

절대압=대기압+게이지압(계기압)
　　　=1.08kgf/cm² + 12.5kgf/cm²=13.58kgf/cm²

답 ②

40 시간 Δt 사이에 유체의 선운동량이 ΔP만큼 변했을 때 $\dfrac{\Delta P}{\Delta t}$ 는 무엇을 뜻하는가?

10.09.문21

① 유체 운동량의 변화량
② 유체 충격량의 변화량
③ 유체의 가속도
④ 유체에 작용하는 힘

해설
ΔP(운동량)=N·s
Δt(시간)=s

$$\frac{\Delta P}{\Delta t}=\frac{N\cdot s}{s}=N\text{(유체에 작용하는 힘)}$$

중요

유체의 단위와 차원

차 원	중력단위[차원]	절대단위[차원]
길이	m[L]	m[L]
시간	s[T]	s[T]
운동량	N·s[FT]	kg·m/s[MLT^{-1}]
힘	N[F]	kg·m/s^2[MLT^{-2}]
속도	m/s[LT^{-1}]	m/s[LT^{-1}]
가속도	m/s^2[LT^{-2}]	m/s^2[LT^{-2}]
질량	N·s^2/m[FL^{-1}T^2]	kg[M]
압력	N/m^2[FL^{-2}]	kg/m·s^2[ML^{-1}T^{-2}]
밀도	N·s^2/m^4[FL^{-4}T^2]	kg/m^3[ML^{-3}]
비중	무차원	무차원
비중량	N/m^3[FL^{-3}]	kg/m^2·s^2[ML^{-2}T^{-2}]
비체적	m^4/N·s^2[F^{-1}L^{4}T^{-2}]	m^3/kg[M^{-1}L^3]

답 ④

제3과목 소방관계법규

41 관계인이 예방규정을 정하여야 하는 제조소 등의 기준이 아닌 것은?

15.09.문48

① 지정수량의 10배 이상의 위험물을 취급하는 제조소
② 지정수량의 50배 이상의 위험물을 저장하는 옥외저장소
③ 지정수량의 150배 이상의 위험물을 저장하는 옥내저장소

④ 지정수량의 200배 이상의 위험물을 저장하는 옥외탱크저장소

해설 위험물령 15조
예방규정을 정하여야 할 제조소 등

배 수	제조소 등
10배 이상	• **제**조소 보기① • **일**반취급소
100배 이상	• 옥**외**저장소 보기②
150배 이상	• 옥**내**저장소 보기③
200배 이상	• 옥외**탱**크저장소 보기④
모두 해당	• 이송취급소 • 암반탱크저장소

기억법
1 제일
0 외
5 내
2 탱

② 50배 → 100배

※ **예방규정** : 제조소 등의 화재예방과 화재 등 재해발생시의 비상조치를 위한 규정

답 ②

42 특정소방대상물이 증축되는 경우 기존부분에 대해서 증축 당시의 소방시설의 설치에 관한 대통령령 또는 화재안전기준을 적용하지 않는 경우로 틀린 것은?

11.10.문53
11.03.문60

① 증축으로 인하여 천장·바닥·벽 등에 고정되어 있는 가연성 물질의 양이 줄어드는 경우
② 자동차 생산공장 등 화재위험이 낮은 특정소방대상물 내부에 연면적 33m^2 이하의 직원 휴게실을 증축하는 경우
③ 기존부분과 증축부분이 자동방화셔터 또는 60분＋방화문으로 구획되어 있는 경우
④ 자동차 생산공장 등 화재위험이 낮은 특정소방대상물에 캐노피(3면 이상에 벽이 없는 구조의 캐노피)를 설치하는 경우

해설 소방시설법 시행령 15조
화재안전기준 적용제외
(1) 기존부분과 증축부분이 **내화구조**로 된 **바닥**과 **벽**으로 구획된 경우
(2) 기존부분과 증축부분이 **자동방화셔터** 또는 **60분＋방화문**으로 구획되어 있는 경우 보기③

(3) 자동차 생산공장 등 화재위험이 낮은 특정소방대상물 내부에 연면적 33m² 이하의 직원휴게실을 증축하는 경우 보기 ②
(4) 자동차 생산공장 등 화재위험이 낮은 특정소방대상물에 캐노피(3면 이상에 벽이 없는 구조의 것)를 설치하는 경우 보기 ④

비교

소방시설법 시행령 15조
용도변경 전의 대통령령 또는 화재안전기준을 적용하는 경우
(1) 특정소방대상물의 구조·설비가 **화재연소 확대요인**이 적어지거나 피난 또는 화재진압활동이 **쉬워지도록** 변경되는 경우
(2) 용도변경으로 인하여 천장·바닥·벽 등에 고정되어 있는 **가연성 물질**의 **양**이 **줄어드는** 경우

답 ①

★ 43 대통령령으로 정하는 특정소방대상물 소방시설 공사의 완공검사를 위하여 소방본부장이나 소방서장의 현장확인 대상범위가 아닌 것은?
15.03.문59
14.05.문54

① 문화 및 집회시설
② 수계 소화설비가 설치되는 것
③ 연면적 10000m² 이상이거나 11층 이상인 특정소방대상물(아파트는 제외)
④ 가연성 가스를 제조·저장 또는 취급하는 시설 중 지상에 노출된 가연성 가스탱크의 저장용량 합계가 1000톤 이상인 시설

해설 **공사업령 5조**
완공검사를 위한 **현장확인** 대상 특정소방대상물의 범위
(1) **문**화 및 집회시설, **종**교시설, **판**매시설, **노**유자시설, **수**련시설, **운**동시설, **숙**박시설, **창**고시설, 지하**상**가 및 다중이용업소 보기 ①
(2) 다음의 어느 하나에 해당하는 설비가 설치되는 특정소방대상물
　ㄱ 스프링클러설비 등
　ㄴ 물분무등소화설비(호스릴방식의 소화설비 제외)
(3) 연면적 **10000m²** 이상이거나 **11층** 이상인 특정소방대상물(아파트 제외) 보기 ③
(4) 가연성 가스를 제조·저장 또는 취급하는 시설 중 지상에 노출된 가연성 가스탱크의 저장용량 합계가 **1000t** 이상인 시설 보기 ④

기억법 문종판 노수운 숙창상현가

답 ②

★★ 44 소화난이도 등급 Ⅲ인 지하탱크저장소에 설치하여야 하는 소화설비의 설치기준으로 옳은 것은?
05.03.문59
(산업)

① 능력단위 수치가 3 이상의 소형 수동식 소화기 등 1개 이상
② 능력단위 수치가 3 이상의 소형 수동식 소화기 등 2개 이상
③ 능력단위 수치가 2 이상의 소형 수동식 소화기 등 1개 이상
④ 능력단위 수치가 2 이상의 소형 수동식 소화기 등 2개 이상

해설 **위험물규칙 〔별표 17〕**
소화난이도 등급 Ⅲ의 제조소 등에 설치하여야 하는 소화설비

제조소 등의 구분	소화설비	설치기준
지하탱크 저장소	소형 수동식 소화기 등	능력단위의 수치가 **3** 이상 / **2개** 이상 보기 ②
이동탱크 저장소	마른모래, 팽창질석, 팽창진주암	• 마른모래 150L 이상 • 팽창질석·팽창진주암 640L 이상

기억법 지탱32

답 ②

★★★ 45 화재안전조사의 연기를 신청하려는 자는 화재안전조사 시작 며칠 전까지 소방청장, 소방본부장 또는 소방서장에게 화재안전조사 연기신청서에 증명서류를 첨부하여 제출해야 하는가? (단, 천재지변 및 그 밖에 대통령령으로 정하는 사유로 화재안전조사를 받기 곤란한 경우이다.)
11.06.문43
(산업)

① 3
② 5
③ 7
④ 10

해설 **화재예방법 7·8조, 화재예방법 시행규칙 4조**
화재안전조사
(1) 실시자: **소방청장·소방본부장·소방서장**
(2) 관계인의 승낙이 필요한 곳: **주거**(주택)
(3) 화재안전조사 연기신청: **3일 전** 보기 ①

용어

화재안전조사
소방대상물, 관계지역 또는 관계인에 대하여 소방시설 등이 소방관계법령에 적합하게 설치·관리되고 있는지, 소방대상물에 화재의 발생위험이 있는지 등을 확인하기 위하여 실시하는 현장조사·문서열람·보고요구 등을 하는 활동

답 ①

46 시장지역에서 화재로 오인할 만한 우려가 있는 불을 피우거나 연막소독을 하려는 자가 소방본부장 또는 소방서장에게 신고를 하지 아니하여 소방자동차를 출동하게 한 자에 대한 과태료 부과금액 기준으로 옳은 것은?

12.05.문56 (산업)

① 20만원 이하　② 50만원 이하
③ 100만원 이하　④ 200만원 이하

해설 **기본법 57조**
과태료 **20만원 이하** 보기 ①
연막소독 신고를 하지 아니하여 소방자동차를 출동하게 한 자

기억법 **20연(20년)**

중요

기본법 19조
화재로 오인할 만한 불을 피우거나 연막소독시 신고지역
(1) **시장**지역
(2) **공장·창고**가 밀집한 지역
(3) **목조건물**이 밀집한 지역
(4) **위험물의 저장** 및 **처리시설**이 **밀집**한 지역
(5) **석유화학제품**을 생산하는 공장이 있는 지역
(6) 그 밖에 **시·도**의 **조례**로 정하는 지역 또는 장소

답 ①

47 소방청장, 소방본부장 또는 소방서장이 화재안전조사 조치명령서를 해당 소방대상물의 관계인에게 발급하는 경우가 아닌 것은?

19.04.문54
15.03.문57
15.05.문56
13.06.문42
05.05.문46

① 소방대상물의 신축
② 소방대상물의 개수
③ 소방대상물의 이전
④ 소방대상물의 제거

해설 **화재예방법 14조**
화재안전조사 결과에 따른 조치명령
(1) **명령권자**: **소방청장·소방본부장·소방서장**(소방관서장)
(2) **명령사항**
　㉠ 화재안전조사 조치명령
　㉡ **이전**명령 보기 ③
　㉢ **제거**명령 보기 ④
　㉣ **개수**명령 보기 ②
　㉤ **사용**의 금지 또는 제한명령, 사용폐쇄
　㉥ **공사**의 정지 또는 중지명령

기억법 **장본서 이제개사공**

① **신축**은 해당없음

답 ①

48 대통령령 또는 화재안전기준이 변경되어 그 기준이 강화되는 경우에 기존 특정소방대상물의 소방시설에 대하여 변경으로 강화된 기준을 적용하여야 하는 소방시설은?

14.09.문41
12.03.문53

① 비상경보설비　② 비상콘센트설비
③ 비상방송설비　④ 옥내소화전설비

해설 **소방시설법 13조**
변경**강화**기준 적용설비
(1) 소화기구
(2) **비상**경보설비 보기 ①
(3) **자**동화재**속**보설비
(4) 자동화재탐지설비
(5) **피**난구조설비
(6) 소방시설(공동구 설치용, 전력 및 통신사업용 지하구)
(7) **노**유자시설
(8) **의**료시설

기억법 **강비경 자속피노**

중요

소방시설법 시행령 13조
변경강화기준 적용설비

공동구, 전력 및 통신사업용 지하구	노유자시설에 설치하여야 하는 소방시설	의료시설에 설치하여야 하는 소방시설
●소화기 ●자동소화장치 ●자동화재탐지설비 ●통합감시시설 ●유도등 및 연소방지설비	●간이스프링클러설비 ●자동화재탐지설비 ●단독경보형 감지기	●간이스프링클러설비 ●스프링클러설비 ●자동화재탐지설비 ●자동화재속보설비

답 ①

49 출동한 소방대의 화재진압 및 인명구조·구급 등 소방활동 방해에 따른 벌칙이 5년 이하의 징역 또는 5000만원 이하의 벌금에 처하는 행위가 아닌 것은?

16.10.문42
16.05.문57
15.09.문43
15.05.문58
11.10.문51
10.09.문54

① 위력을 사용하여 출동한 소방대의 구급활동을 방해하는 행위
② 화재진압을 마치고 소방서로 복귀 중인 소방자동차의 통행을 고의로 방해하는 행위
③ 출동한 소방대원에게 협박을 행사하여 구급활동을 방해하는 행위
④ 출동한 소방대의 소방장비를 파손하거나 그 효용을 해하여 구급활동을 방해하는 행위

해설 **기본법 50조**
5년 이하의 징역 또는 5000만원 이하의 벌금
(1) 소방자동차의 **출동 방해**
(2) **사람구출** 방해

(3) **소방용수시설** 또는 **비상소화장치**의 효용 방해 보기 ④
(4) 출동한 소방대의 화재진압·인명구조 또는 구급활동 **방해** 보기 ①
(5) 소방대의 현장출동 **방해**
(6) 출동한 소방대원에게 **폭행·협박** 행사 보기 ③

② 소방서로 복귀 중인 경우에는 관계없다.

답 ②

★★★
50 소방시설 설치 및 관리에 관한 법령상 특정소방대상물 중 오피스텔이 해당하는 것은?

19.04.문50
14.09.문54
11.06.문50
09.03.문56

① 숙박시설
② 업무시설
③ 공동주택
④ 근린생활시설

해설 **소방시설법 시행령 [별표 2]**
업무시설
(1) 주민자치센터(동사무소)　(2) 경찰서
(3) 소방서　(4) 우체국
(5) 보건소　(6) 공공도서관
(7) 국민건강보험공단
(8) 금융업소·**오**피스텔·신문사 보기 ②
(9) 양수장·정수장·대피소·공중화장실

기억법 업오(업어주세요!)

답 ②

★
51 소방시설업에 대한 행정처분기준 중 1차 처분이 영업정지 3개월이 아닌 경우는?

① 국가, 지방자치단체 또는 공공기관이 발주하는 소방시설의 설계·감리업자 선정에 따른 사업수행능력 평가에 관한 서류를 위조하거나 변조하는 등 거짓이나 그 밖의 부정한 방법으로 입찰에 참여한 경우
② 소방시설업의 감독을 위하여 필요한 보고나 자료제출 명령을 위반하여 보고 또는 자료제출을 하지 아니하거나 거짓으로 보고 또는 자료제출을 한 경우
③ 정당한 사유 없이 출입·검사업무에 따른 관계공무원의 출입 또는 검사·조사를 거부·방해 또는 기피한 경우
④ 감리업자의 감리시 소방시설공사가 설계도서에 맞지 아니하여 공사업자에게 공사의 시정 또는 보완 등의 요구를 하였으나 따르지 아니한 경우

해설 **공사업규칙 [별표 1]**
1차 영업정지 3개월
(1) 국가, 지방자치단체 또는 공공기관이 발주하는 소방시설의 설계·감리업자 선정에 따른 사업수행능력 평가에 관한 서류를 위조하거나 변조하는 등 **거짓**이나 그 밖의 **부정한 방법**으로 **입찰**에 참여한 경우 보기 ①
(2) 소방시설업의 감독을 위하여 필요한 보고나 자료제출 명령을 위반하여 보고 또는 자료제출을 하지 아니하거나 **거짓**으로 보고 또는 자료제출을 한 경우 보기 ②
(3) 정당한 사유 없이 출입·검사업무에 따른 관계공무원의 출입 또는 검사·조사를 **거부·방해** 또는 **기피**한 경우 보기 ③

④ 1차 영업정지 **1개월**

답 ④

★★★
52 지정수량 미만인 위험물의 저장 또는 취급에 관한 기술상의 기준은 무엇으로 정하는가?

10.05.문53

① 대통령령
② 행정안전부령
③ 소방청장 고시
④ 시·도의 조례

해설 **시·도의 조례**
(1) 소방**체**험관(기본법 5조)
(2) 지정수량 **미**만인 위험물의 저장·취급(위험물법 4조)
(3) 위험물의 **임**시저장 취급기준(위험물법 5조) 보기 ④

기억법 시체임미(시체를 임시로 저장하는 것은 의미가 없다.)

답 ④

★
53 소방시설기준 적용의 특례 중 특정소방대상물의 관계인이 소방시설을 갖추어야 함에도 불구하고 관련 소방시설을 설치하지 않을 수 있는 소방시설의 범위로 옳은 것은? (단, 화재위험도가 낮은 특정소방대상물로서 석재, 불연성 금속, 불연성 건축재료 등의 가공공장·기계조립공장 또는 불연성 물품을 저장하는 창고이다.)

15.09.문48
(산업)

① 옥외소화전설비 및 연결살수설비
② 연결송수관설비 및 연결살수설비
③ 자동화재탐지설비, 상수도소화용수설비 및 연결살수설비
④ 스프링클러설비, 상수도소화용수설비 및 연결살수설비

해설 소방시설법 시행령 〔별표 6〕
소방시설을 설치하지 않을 수 있는 특정소방대상물 및 소방시설의 범위

구 분	특정소방대상물	소방시설
화재위험도가 낮은 특정 소방대상물	**석재, 불연성 금속, 불연성 건축재료 등의 가공공장·기계조립공장 또는 불연성 물품을 저장하는 창고**	• **옥외**소화전설비 • 연결살수설비 보기 ① **기억법** 석불금외

중요 소방시설법 시행령 〔별표 6〕
소방시설을 설치하지 않을 수 있는 소방시설의 범위
(1) **화재위험도**가 낮은 특정소방대상물
(2) 화재안전기준을 적용하기가 어려운 특정소방대상물
(3) 화재안전기준을 달리 적용하여야 하는 특수한 **용도·구조**를 가진 특정소방대상물
(4) **자체소방대**가 설치된 특정소방대상물

답 ①

★★★ 54 소방용수시설 급수탑 개폐밸브의 설치기준으로 옳은 것은?
19.03.문58
16.10.문55
09.08.문43
① 지상에서 1.0m 이상 1.5m 이하
② 지상에서 1.5m 이상 1.7m 이하
③ 지상에서 1.2m 이상 1.8m 이하
④ 지상에서 1.5m 이상 2.0m 이하

해설 기본규칙 〔별표 3〕
소방용수시설별 설치기준

소화전	급수탑
• **65mm** : 연결금속구의 구경	• **100mm** : 급수배관의 구경 • **1.5~1.7m** 이하 : 개폐밸브 높이 보기 ② **기억법** 57탑(57층 탑)

답 ②

★★★ 55 옥내저장소의 위치·구조 및 설비의 기준 중 지정수량의 몇 배 이상의 저장창고(제6류 위험물의 저장창고 제외)에 피뢰침을 설치해야 하는가? (단, 저장창고 주위의 상황이 안전상 지장이 없는 경우는 제외한다.)
19.04.문53
15.09.문48
15.03.문58
14.05.문41
12.09.문52
① 10배   ② 20배
③ 30배   ④ 40배

해설 위험물규칙 〔별표 4〕
지정수량의 **10배** 이상의 위험물을 취급하는 제조소(제6류 위험물을 취급하는 위험물제조소 제외)에는 **피뢰침**을 설치하여야 한다.(단, 제조소 주위의 상황에 따라 안전상 지장이 없는 경우에는 피뢰침을 설치하지 아니할 수 있다.) 보기 ①

기억법 피10(피식 웃다!)

비교
위험물령 15조
예방규정을 정하여야 할 제조소 등
(1) **10배** 이상의 **제조소·일반취급소**
(2) **100배** 이상의 **옥외저장소**
(3) **150배** 이상의 **옥내저장소**
(4) **200배** 이상의 **옥외탱크저장소**
(5) 이송취급소
(6) 암반탱크저장소

기억법 0 제일 / 0 외 / 5 내 / 2 탱

답 ①

★★ 56 우수품질인증을 받지 아니한 제품에 우수품질인증 표시를 하거나 우수품질인증 표시를 위조 또는 변조하여 사용한 자에 대한 벌칙기준은?
14.05.문59
12.05.문52
① 100만원 이하의 벌금
② 200만원 이하의 벌금
③ 300만원 이하의 벌금
④ 1000만원 이하의 벌금

해설 1년 이하의 징역 또는 1000만원 이하의 벌금
(1) 소방시설의 **자체점검** 미실시자(소방시설법 58조)
(2) **소방시설관리사증** 대여(소방시설법 58조)
(3) **소방시설관리업**의 등록증 또는 등록수첩 대여(소방시설법 58조)
(4) 관계인의 정당업무방해 또는 **비밀누설**(소방시설법 58조)
(5) **제품검사** 합격표시 위조(소방시설법 58조)
(6) **성능인증** 합격표시 위조(소방시설법 58조)
(7) **우수품질 인증표시** 위조(소방시설법 58조) 보기 ④
(8) 제조소 등의 정기점검 기록 허위 작성(위험물법 35조)
(9) **자체소방대**를 두지 않고 제조소 등의 허가를 받은 자(위험물법 35조)
(10) **위험물 운반용기**의 검사를 받지 않고 유통시킨 자(위험물법 35조)
(11) 제조소 등의 긴급 사용정지 위반자(위험물법 35조)
(12) 영업정지처분 위반자(공사업법 36조)
(13) 거짓 감리자(공사업법 36조)
(14) 공사감리자 미지정자(공사업법 36조)
(15) 소방시설 설계·시공·감리 하도급자(공사업법 36조)
(16) 소방시설공사 재하도급자(공사업법 36조)
(17) 소방시설업자가 아닌 자에게 소방시설공사 등을 도급한 관계인(공사업법 36조)
(18) 공사업법의 명령에 따르지 않은 소방기술자(공사업법 36조)

답 ④

57 다음 조건을 참고하여 숙박시설이 있는 특정소방대상물의 수용인원 산정수로 옳은 것은?

19.09.문41
19.04.문51
18.09.문43
15.09.문67
13.06.문42
(산업)

침대가 있는 숙박시설로서 1인용 침대의 수는 20개이고, 2인용 침대의 수는 10개이며, 종업원의 수는 3명이다.

① 33
② 40
③ 43
④ 46

해설 소방시설법 시행령 〔별표 7〕
수용인원의 산정방법

특정소방대상물		산정방법
• 강의실 • 교무실 • 상담실 • 실습실 • 휴게실		바닥면적 합계 1.9m²
• 숙박 시설	침대가 있는 경우 →	종사자수+침대수
	침대가 없는 경우	종사자수+ 바닥면적 합계 3m²
• 기타		바닥면적 합계 3m²
• 강당 • 문화 및 집회시설, 운동시설 • 종교시설		바닥면적의 합계 4.6m²

※ 소수점 이하는 반올림한다.

기억법 수반(수반! 동반!)

숙박시설(침대가 있는 경우)
=종사자수+침대수
=3명+(1인용×20개+2인용×10개)=43명

답 ③

58 성능위주설계를 실시하여야 하는 특정소방대상물의 범위기준으로 틀린 것은?

10.03.문54
(산업)

① 연면적 200000m² 이상인 특정소방대상물(아파트 등은 제외)
② 지하층을 포함한 층수가 30층 이상인 특정소방대상물(아파트 등은 제외)
③ 건축물의 높이가 120m 이상인 특정소방대상물(아파트 등은 제외)
④ 하나의 건축물에 영화상영관이 5개 이상인 특정소방대상물

해설 소방시설법 시행령 9조
성능위주설계를 해야 할 특정소방대상물의 범위
(1) 연면적 20만m² 이상인 특정소방대상물(아파트 등 제외) 보기①
(2) 50층 이상(지하층 제외)이거나 지상으로부터 높이 200m 이상인 아파트
(3) 30층 이상(지하층 포함)이거나 지상으로부터 높이 120m 이상인 특정소방대상물(아파트 등 제외) 보기②③

(4) 연면적 3만m² 이상인 철도 및 도시철도 시설, 공항시설
(5) 하나의 건축물에 관련법에 따른 영화상영관이 10개 이상인 특정소방대상물 보기④
(6) 연면적 10만m² 이상이거나 지하 2층 이하이고 지하층의 바닥면적의 합이 3만m² 이상인 창고시설
(7) 지하연계 복합건축물에 해당하는 특정소방대상물
(8) 터널 중 수저터널 또는 길이가 5000m 이상인 것

④ 5개 이상 → 10개 이상

답 ④

59 소방본부장 또는 소방서장은 건축허가 등의 동의요구서류를 접수한 날부터 최대 며칠 이내에 건축허가 등의 동의 여부를 회신하여야 하는가? (단, 허가 신청한 건축물은 지상으로부터 높이가 200m인 아파트이다.)

19.04.문41
14.03.문60
11.10.문58

① 5일
② 7일
③ 10일
④ 15일

해설 소방시설법 시행규칙 3조
건축허가 등의 동의 여부 회신

날 짜	설 명
5일 이내	기타
10일 이내	• 50층 이상(지하층 제외) 또는 높이 200m 이상인 아파트 보기③ • 30층 이상(지하층 포함) 또는 높이 120m 이상(아파트 제외) • 연면적 10만m² 이상(아파트 제외)

답 ③

60 행정안전부령으로 정하는 고급감리원 이상의 소방공사 감리원의 소방시설공사 배치 현장기준으로 옳은 것은?

13.06.문55

① 연면적 5000m² 이상 30000m² 미만인 특정소방대상물의 공사현장
② 연면적 30000m² 이상 200000m² 미만인 아파트의 공사현장
③ 연면적 30000m² 이상 200000m² 미만인 특정소방대상물(아파트는 제외)의 공사현장
④ 연면적 200000m² 이상인 특정소방대상물의 공사현장

해설 공사업령 〔별표 4〕
소방공사감리원의 배치기준

공사현장	배치기준	
	책임감리원	보조감리원
• 연면적 5천m² 미만 • 지하구	초급감리원 이상 (기계 및 전기)	
• 연면적 5천~3만m² 미만	중급감리원 이상 (기계 및 전기)	

• **물분무등소화설비**(호스릴 제외) 설치 • **제연설비** 설치 • 연면적 **3만~20만m² 미만**(아파트) 보기 ②	**고급**감리원 이상 (기계 및 전기)	**초급**감리원 이상 (기계 및 전기)
• 연면적 **3만~20만m² 미만**(아파트 제외) • **16~40층 미만**(지하층 포함)	**특급**감리원 이상 (기계 및 전기)	**초급**감리원 이상 (기계 및 전기)
• 연면적 **20만m² 이상** • **40층 이상**(지하층 포함)	**특급**감리원 중 **소방기술사**	**초급**감리원 이상 (기계 및 전기)

비교

공사업령 〔별표 2〕
소방기술자의 배치기준

공사현장	배치기준
• 연면적 **1천m² 미만**	소방기술인정자격수첩 발급자
• 연면적 **1천~5천m² 미만**(아파트 제외) • 연면적 **1천~1만m² 미만**(아파트) • **지하구**	**초급**기술자 이상 (기계 및 전기분야)
• **물분무등소화설비**(호스릴 제외) 또는 **제연설비** 설치 • 연면적 **5천~3만m² 미만**(아파트 제외) • 연면적 **1만~20만m² 미만**(아파트)	**중급**기술자 이상 (기계 및 전기분야)
• 연면적 **3만~20만m² 미만**(아파트 제외) • **16~40층 미만**(지하층 포함)	**고급**기술자 이상 (기계 및 전기분야)
• 연면적 **20만m² 이상** • **40층 이상**(지하층 포함)	**특급**기술자 이상 (기계 및 전기분야)

답 ②

제 4 과목 **소방기계시설의 구조 및 원리**

61 옥내소화전설비 수원을 산출된 유효수량 외에 유효수량의 $\frac{1}{3}$ 이상을 옥상에 설치해야 하는 경우는?

〔19.04.문66〕
〔12.09.문61〕

① 지하층만 있는 건축물
② 건축물의 높이가 지표면으로부터 15m인 경우

③ 수원이 건축물의 최상층에 설치된 방수구보다 높은 위치에 설치된 경우
④ 고가수조를 가압송수장치로 설치한 옥내소화전설비

해설 유효수량의 $\frac{1}{3}$ 이상을 옥상에 설치하지 않아도 되는 경우(30층 이상은 제외)(NFPC 102 5조, NFTC 102 2.2.1.10)
(1) **지하층**만 있는 건축물 보기 ①
(2) **고가수조**를 가압송수장치로 설치한 옥내소화전설비 보기 ④
(3) **수원**이 건축물의 최상층에 설치된 **방수구**보다 높은 위치에 설치된 경우 보기 ③
(4) 건축물의 높이가 지표면으로부터 **10m** 이하인 경우
(5) **가압수조**를 가압송수장치로 설치한 옥내소화전설비

답 ②

62 조기반응형 스프링클러헤드를 설치해야 하는 장소가 아닌 것은?

〔12.05.문70〕

① 공동주택의 거실
② 수련시설의 침실
③ 오피스텔의 침실
④ 병원의 입원실

해설 **조기반응형 스프링클러헤드**의 **설치장소**(NFPC 103 10조, NFTC 103 2.7.5)
(1) **공동주택·노유자시설**의 거실 보기 ①
(3) **오피스텔·숙박시설**의 침실 보기 ③
(5) **병원·의원**의 입원실 보기 ④

기억법 조공노 오숙병의

답 ②

63 특정소방대상물별 소화기구의 능력단위기준 중 다음 (   ) 안에 알맞은 것은? (단, 건축물의 주요구조부는 내화구조가 아니고 벽 및 반자의 실내에 면하는 부분이 붙연재료·준불연재료 또는 난연재료로 된 특정소방대상물이 아니다.)

〔19.04.문78〕
〔16.03.문72〕
〔15.09.문78〕
〔14.03.문71〕

공연장은 해당 용도의 바닥면적 (   )m²마다 소화기구의 능력단위 1단위 이상

① 30
② 50
③ 100
④ 200

해설 **특정소방대상물별** 소화기구의 **능력단위기준**(NFTC 101 2.1.1.2)

특정소방대상물	소화기구의 능력단위	건축물의 주요구조부가 내화구조이고, 벽 및 반자의 실내에 면하는 부분이 불연재료·준불연재료 또는 난연재료로 된 특정소방대상물의 능력단위
• **위**락시설 기억법 위3(위상)	바닥면적 30m²마다 1단위 이상	바닥면적 60m²마다 1단위 이상
• **공**연장 • **집**회장 • **관**람장 및 **문**화재 • **의**료시설·**장**례시설 기억법 5공연장 문의 집관람(순오 공연장 문의 집관람)	바닥면적 50m²마다 1단위 이상 보기 ②	바닥면적 100m²마다 1단위 이상
• **근**린생활시설 • **판**매시설 • 운**수**시설 • **숙**박시설 • **노**유자시설 • **전**시장 • 공동**주**택 • **업**무시설 • **방**송통신시설 • 공장·**창**고 • 항공기 및 자동**차**관련 시설 및 **관광**휴게시설 기억법 근판숙노전 주업방차창 1항관광(근판숙노전 주업방차창 일본항관광)	바닥면적 100m²마다 1단위 이상	바닥면적 200m²마다 1단위 이상
• 그 밖의 것	바닥면적 200m²마다 1단위 이상	바닥면적 400m²마다 1단위 이상

답 ②

★★★
64 상수도소화용수설비 소화전의 설치기준 중 다음 ( ) 안에 알맞은 것은?

19.09.문66
19.04.문74
19.03.문69
14.03.문63
07.03.문70

• 호칭지름 (㉠)mm 이상의 수도배관에 호칭지름 (㉡)mm 이상의 소화전을 접속할 것
• 소화전은 특정소방대상물의 수평투영면의 각 부분으로부터 (㉢)m 이하가 되도록 설치할 것

---

① ㉠ 65, ㉡ 120, ㉢ 160
② ㉠ 75, ㉡ 100, ㉢ 140
③ ㉠ 80, ㉡ 90, ㉢ 120
④ ㉠ 100, ㉡ 100, ㉢ 180

해설 **상수도소화용수설비**의 **기준**(NFPC 401 4조, NFTC 401 2.1)
(1) 호칭지름

수도배관	소화전
75mm 이상 보기 ㉠	**100**mm 이상 보기 ㉡

(2) 소화전은 소방자동차 등의 진입이 쉬운 **도로변** 또는 **공지**에 설치할 것
(3) 소화전은 특정소방대상물의 수평투영면의 각 부분으로부터 **140**m 이하가 되도록 설치할 것 보기 ㉢
(4) 지상식 소화전의 호스접결구는 지면으로부터 높이가 0.5m 이상 1m 이하가 되도록 설치할 것

기억법 수75(수지침으로 **치료**), 소1(**소**일거리)

답 ②

★
65 할로겐화합물 및 불활성기체 소화설비의 분사헤드에 대한 설치기준 중 다음 ( ) 안에 알맞은 것은? (단, 분사헤드의 성능인증범위 내에서 설치하는 경우는 제외한다.)

10.09.문65

분사헤드의 설치높이는 방호구역의 바닥으로부터 최소 (㉠)m 이상 최대 (㉡)m 이하로 하여야 한다.

① ㉠ 0.2, ㉡ 3.7　② ㉠ 0.8, ㉡ 1.5
③ ㉠ 1.5, ㉡ 2.0　④ ㉠ 2.0, ㉡ 2.5

해설 **할로겐화합물 및 불활성기체 소화설비**의 **분사헤드**
(NFPC 107A 12조, NFTC 107A 2.9)
(1) 설치높이는 방호구역의 바닥에서 최소 **0.2**m 이상 최대 **3.7**m 이하로 하여야 하며 천장높이가 3.7m를 초과할 경우에는 추가로 다른 열의 분사헤드 설치 보기 ㉠㉡

기억법 0237할

(2) 헤드개수는 방호구역에 할로겐화합물 소화약제가 **10초**(불활성기체 소화약제는 **A·C급** 화재 **2분**, B급 화재 **1분**) 이내에 방호구역 각 부분에 최소 설계농도의 **95%** 이상 방출되도록 설치
(3) **부식방지 조치**를 하여야 하며 **오리피스의 크기, 제조일자, 제조업체** 표시
(4) 오리피스면적은 분사헤드가 연결되는 배관구경면적의 **70%** 이하

답 ①

★★
66 완강기의 최대사용하중은 몇 N 이상의 하중이어야 하는가?

16.05.문76
(산업)
15.05.문69
(산업)
14.09.문64

① 800　　　② 1000
③ 1200　　④ 1500

해설 **완강기**의 **사용하중**
(1) 250N(최소사용하중)
(2) 750N
(3) **1500N(최대사용하중)** 보기 ④

답 ④

★★★
67 물분무소화설비를 설치하는 차고 또는 주차장의 배수설비 설치기준으로 틀린 것은?

19.03.문70
19.03.문77
16.05.문79
15.05.문78
10.03.문63

① 차량이 주차하는 바닥은 배수구를 향해 1/100 이상의 기울기를 유지할 것
② 배수구에서 새어 나온 기름을 모아 소화할 수 있도록 길이 40m 이하마다 집수관, 소화 피트 등 기름분리장치를 설치할 것
③ 차량이 주차하는 장소의 적당한 곳에 높이 10cm 이상의 경계턱으로 배수구를 설치할 것
④ 배수설비는 가압송수장치의 최대송수능력의 수량을 유효하게 배수할 수 있는 크기 및 기울기로 할 것

해설 **물분무소화설비**의 **배수설비** (NFPC 104 11조, NFTC 104 2.8)
(1) **10cm** 이상의 경계턱으로 배수구 설치(차량이 주차하는 곳) 보기 ③
(2) **40m** 이하마다 기름분리장치 설치 보기 ②
(3) 차량이 주차하는 바닥은 $\dfrac{2}{100}$ 이상의 기울기 유지 보기 ①
(4) **배수설비** : 가압송수장치의 최대송수능력의 수량을 유효하게 배수할 수 있는 크기 및 기울기로 할 것 보기 ④

참고

기울기		
구 분		설 명
$\dfrac{1}{100}$ 이상		연결살수설비의 수평주행배관
$\dfrac{2}{100}$ 이상		물분무소화설비의 배수설비
$\dfrac{1}{250}$ 이상		습식·부압식 설비 외 설비의 가지배관
$\dfrac{1}{500}$ 이상		습식·부압식 설비 외 설비의 수평주행배관

① 1/100 이상 → 2/100 이상

답 ①

★★
68 스프링클러설비 배관의 설치기준으로 틀린 것은?
① 급수배관의 구경은 수리계산에 따르는 경우 가지배관의 유속은 6m/s, 그 밖의 배관의 유속은 10m/s를 초과할 수 없다.

② 수평주행배관에는 4.5m 이내마다 1개 이상 설치해야 한다.
③ 수직배수배관의 구경은 50mm 이상으로 해야 한다.
④ 가지배관에는 헤드의 설치지점 사이마다 1개 이상의 행거를 설치하되, 헤드간의 거리가 4.5m를 초과하는 경우에는 4.5m 이내마다 1개 이상 설치해야 한다.

해설 **배관**의 **설치기준** (NFPC 103 8조, NFTC 103 2.5)
(1) 급수배관의 구경은 수리계산에 따르는 경우 가지배관의 유속은 **6m/s**, 그 밖의 배관의 유속은 **10m/s**를 초과할 수 없다. 보기 ①
(2) 수평주행배관에는 4.5m 이내마다 1개 이상 설치해야 한다. 보기 ②
(3) 수직배수배관의 구경은 **50mm** 이상으로 해야 한다. 보기 ③
(4) 가지배관에는 헤드의 설치지점 사이마다 1개 이상의 행거를 설치하되, 헤드간의 거리가 **3.5m**를 초과하는 경우에는 **3.5m** 이내마다 1개 이상 설치해야 한다. 보기 ④

④ 4.5m → 3.5m

답 ④

★★
69 포소화설비의 자동식 기동장치로 폐쇄형 스프링클러헤드를 사용하는 경우의 설치기준 중 다음 ( ) 안에 알맞은 것은?

19.09.문75
19.04.문77
14.05.문65

• 표시온도가 (㉠)℃ 미만인 것을 사용하고 1개의 스프링클러헤드의 경계면적은 (㉡)m^2 이하로 할 것
• 부착면의 높이는 바닥으로부터 (㉢)m 이하로 하고 화재를 유효하게 감지할 수 있도록 할 것

① ㉠ 60, ㉡ 10, ㉢ 7
② ㉠ 60, ㉡ 20, ㉢ 7
③ ㉠ 79, ㉡ 10, ㉢ 5
④ ㉠ 79, ㉡ 20, ㉢ 5

해설 **자동식 기동장치**(폐쇄형 헤드 개방방식)(NFPC 105 11조, NFTC 105 2.8.2.1)
(1) 표시온도가 **79℃** 미만인 것을 사용하고, 1개의 스프링클러헤드의 **경계면적**은 **20m^2** 이하 보기 ㉠㉡
(2) 부착면의 높이는 바닥으로부터 **5m** 이하로 하고, 화재를 유효하게 감지할 수 있도록 함 보기 ㉢
(3) 하나의 감지장치 경계구역은 하나의 **층**이 되도록 함

기억법 자동 경7경2(**자동**차에서 바라보는 **경치**가 **경**이롭다.)

답 ④

★★★ 70
07.05.문70

할론소화약제 저장용기의 설치기준 중 다음 ( ) 안에 알맞은 것은?

축압식 저장용기의 압력은 온도 20℃에서 할론 1301을 저장하는 것은 (㉠)MPa 또는 (㉡)MPa이 되도록 질소가스로 축압할 것

① ㉠ 2.5, ㉡ 4.2   ② ㉠ 2.0, ㉡ 3.5
③ ㉠ 1.5, ㉡ 3.0   ④ ㉠ 1.1, ㉡ 2.5

해설 할론소화약제

구 분		할론 1301	할론 1211	할론 2402
저장압력		**2.5MPa** 또는 **4.2MPa** 보기 ㉠㉡	1.1MPa 또는 2.5MPa	–
방출압력		0.9MPa	0.2MPa	0.1MPa
충전비	가압식	0.9~1.6 이하	0.7~1.4 이하	0.51~0.67 미만
	축압식			0.67~2.75 이하

기억법 132542(13254둘)

답 ①

★★★ 71
16.05.문72
13.03.문68

대형 소화기의 정의 중 다음 ( ) 안에 알맞은 것은?

화재시 사람이 운반할 수 있도록 운반대와 바퀴가 설치되어 있고 능력단위가 A급 (㉠) 단위 이상, B급 (㉡)단위 이상인 소화기를 말한다.

① ㉠ 20, ㉡ 10
② ㉠ 10, ㉡ 5
③ ㉠ 5, ㉡ 10
④ ㉠ 10, ㉡ 20

해설 소화능력단위에 의한 분류(소화기 형식 4조)

소화기 분류		능력단위
소형 소화기		**1단위** 이상
대형 소화기	A급	**10단위** 이상 보기 ㉠
	B급	**20단위** 이상 보기 ㉡

기억법 대2B(데이빗!)

답 ④

★★★ 72
14.03.문73
13.03.문64

연결살수설비배관의 설치기준 중 하나의 배관에 부착하는 살수헤드의 개수가 3개인 경우 배관의 구경은 최소 몇 mm 이상으로 설치해야 하는가? (단, 연결살수설비 전용헤드를 사용하는 경우이다.)

① 40   ② 50
③ 65   ④ 80

해설 연결살수설비(NFPC 503 5조, NFTC 503 2.2.3.1)

배관의 구경	32mm	40mm	**50mm**	65mm	80mm
살수헤드 개수	1개	2개	**3개** 보기 ②	4개 또는 5개	6~10개 이하

기억법 503살

답 ②

★★ 73
20.09.문67

연소방지설비 헤드의 설치기준 중 살수구역은 환기구 등을 기준으로 환기구 사이의 간격으로 몇 m 이내마다 1개 이상 설치하여야 하는가?

① 150   ② 200
③ 350   ④ 700

해설 연소방지설비 헤드의 설치기준(NFPC 605 8조, NFTC 605 2.4.2)
(1) **천장** 또는 **벽면**에 설치하여야 한다.
(2) 헤드 간의 수평거리

스프링클러헤드	연소방지설비 전용헤드
1.5m 이하	**2m** 이하

(3) 소방대원의 출입이 가능한 환기구·작업구마다 지하구의 양쪽 방향으로 살수헤드를 설정하되, 한쪽 방향의 살수구역의 길이는 3m 이상으로 할 것(단, 환기구 사이의 간격이 700m를 초과할 경우에는 700m 이내마다 살수구역을 설정하되, 지하구의 구조를 고려하여 방화벽을 설치한 경우에는 제외) 보기 ④

기억법 연방70

답 ④

★★★ 74
19.04.문61
15.09.문79
14.09.문78

110kV 초과 154kV 이하의 고압 전기기기와 물분무헤드 사이에 최소 이격거리는 몇 cm인가?

① 110   ② 150
③ 180   ④ 210

해설 물분무헤드의 이격거리(NFPC 104 10조, NFTC 104 2.7.2)

전 압	거 리
66kV 이하	70cm 이상
67~77kV 이하	80cm 이상
78~110kV 이하	110cm 이상

111~154kV 이하 →	150cm 이상 보기 ②
155~181kV 이하	180cm 이상
182~220kV 이하	210cm 이상
221~275kV 이하	260cm 이상

기억법 1515, 1818

답 ②

★★ 75 특정소방대상물의 용도 및 장소별로 설치해야 할 인명구조기구의 기준으로 틀린 것은?

① 지하가 중 지하상가는 인공소생기를 층마다 2개 이상 비치할 것
② 판매시설 중 대규모 점포는 공기호흡기를 층마다 2개 이상 비치할 것
③ 지하층을 포함하는 층수가 7층 이상인 관광호텔은 방열복, 공기호흡기, 인공소생기를 각 2개 이상 비치할 것
④ 물분무등소화설비 중 이산화탄소소화설비를 설치해야 하는 특정소방대상물은 공기호흡기를 이산화탄소소화설비가 설치된 장소의 출입구 외부 인근에 1대 이상 비치할 것

해설 **특정소방대상물**의 용도 및 장소별로 설치하여야 할 **인명구조기구**(NFTC 302 2.1.1.1)

특정소방대상물	인명구조기구의 종류	설치수량
• **7층** 이상인 **관광호텔** 및 **5층** 이상인 **병원**(지하층 포함) 보기 ③	• **방열복** • **방화복**(안전헬멧 보호장갑, 안전화 포함) • **공기호흡기** • **인공소생기**	• 각 2개 이상 비치할 것(단, 병원의 경우에는 인공소생기 설치 제외 가능)
• 문화 및 집회시설 중 수용인원 **100명** 이상의 영화상영관 • 대규모 점포 보기 ② • 지하역사 • **지하상가** 보기 ①	• **공기호흡기**	• 층마다 **2개** 이상 비치할 것(단, 각 층마다 갖추어 두어야 할 공기호흡기 중 일부를 직원이 상주하는 인근 사무실에 갖추어 둘 수 있다.)
• **이산화탄소소화설비**를 설치하여야 하는 특정소방대상물 보기 ④	• **공기호흡기**	• 이산화탄소소화설비가 설치된 장소의 출입구 외부 인근에 **1대** 이상 비치할 것

① 인공소생기 → 공기호흡기

답 ①

★★★ 76 제연설비 설치장소의 제연구역 구획기준으로 틀린 것은?

05.05.문68

① 하나의 제연구역의 면적은 1000m² 이내로 할 것
② 하나의 제연구역은 직경 60m 원 내에 들어갈 수 있을 것
③ 하나의 제연구역은 3개 이상 층에 미치지 아니하도록 할 것
④ 통로상의 제연구역은 보행중심선의 길이가 60m를 초과하지 아니할 것

해설 **제연구역**의 구획(NFPC 501 4조, NFTC 501 2.1.1)
(1) 1제연구역의 면적은 **1000m²** 이내로 할 것 보기 ①
(2) 거실과 통로는 **각각 제연구획**할 것
(3) 통로상의 제연구역은 보행중심선의 길이가 **60m**를 초과하지 않을 것 보기 ④
(4) 1제연구역은 지름 **60m** 원 내에 들어갈 것 보기 ②
(5) 1제연구역은 **2개** 이상의 층에 미치지 않을 것 보기 ③

③ 3개 → 2개

답 ③

★★★ 77 물분무소화설비의 설치장소별 1m²에 대한 수원의 최소저수량으로 옳은 것은?

16.03.문63
15.09.문74
09.08.문66
(산업)

① 케이블트레이 : 12L/min×20분×투영된 바닥면적
② 절연유 봉입변압기 : 15L/min×20분×바닥부분을 제외한 표면적을 합한 면적
③ 차고 : 30L/min×20분×바닥면적
④ 컨베이어벨트 : 37L/min×20분×벨트부분의 바닥면적

해설 **물분무소화설비**의 수원(NFPC 104 4조, NFTC 104 2.1.1)

특정소방대상물	토출량	비고
컨베이어벨트	10L/min · m² 보기 ④	벨트부분의 바닥면적
절연유 봉입변압기	10L/min · m² 보기 ②	표면적을 합한 면적 (바닥면적 제외)
특수가연물	10L/min · m² (최소 50m²)	최대방수구역의 바닥면적 기준
케이블트레이 · 덕트	12L/min · m² 보기 ①	투영된 바닥면적
차고 · 주차장	20L/min · m² (최소 50m²) 보기 ③	최대방수구역의 바닥면적 기준
위험물 저장탱크	37L/min · m	위험물탱크 둘레길이(원주길이) : 위험물규칙 [별표 6] Ⅱ

※ 모두 **20분**간 방수할 수 있는 양 이상으로 하여야 한다.

② 절연유 봉입변압기 : 15L/min → 10L/min
③ 차고 : 30L/min → 20L/min
④ 컨베이어벨트 : 37L/min → 10L/min

답 ①

78 개방형 스프링클러설비의 일제개방밸브가 하나의 방수구역을 담당하는 헤드의 최대개수는? (단, 2개 이상의 방수구역으로 나눌 경우는 제외한다.)

19.03.문62
16.05.문66
11.10.문10

① 60
② 50
③ 30
④ 25

해설 **개방형 설비**의 **방수구역**(NFPC 103 7조, NFTC 103 2.4.1)
(1) 하나의 방수구역은 **2개층**에 미치지 아니할 것
(2) 방수구역마다 **일제개방밸브**를 설치
(3) 하나의 방수구역을 담당하는 헤드의 개수는 **50개** 이하(단, 2개 이상의 방수구역으로 나눌 경우에는 **25개** 이상) 보기 ②

기억법 5개(오골개)

(4) 표지는 '일제개방밸브실'이라고 표시한다.

답 ②

79 분말소화설비의 저장용기에 설치된 밸브 중 잔압방출시 개방·폐쇄상태로 옳은 것은?

11.10.문63

① 가스도입밸브 – 폐쇄
② 주밸브(방출밸브) – 개방
③ 배기밸브 – 폐쇄
④ 클리닝밸브 – 개방

해설 **잔압방출**시의 **상태**
(1) 가스도입밸브 – 닫힘(폐쇄) 보기 ①
(2) 주밸브(방출밸브) – 닫힘(폐쇄) 보기 ②
(3) 배기밸브 – 열림(개방) 보기 ③
(4) 클리닝밸브 – 닫힘(폐쇄) 보기 ④

② 개방 → 폐쇄
③ 폐쇄 → 개방
④ 개방 → 폐쇄

참고

클리닝장치(청소장치)
(1) **분말소화약제 압송 중**: 소화약제 탱크의 내부를 청소하여 약제를 충전하기 위한 것

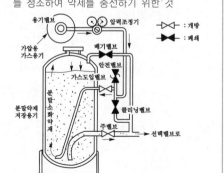

(2) **잔압방출 조작 중**: 방출을 중단했을 때 탱크 내의 압력가스 방출

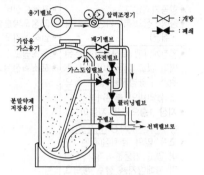

‖잔압방출 조작 중‖

(3) **클리닝 조작 중**: 분말약제의 압송용 배관 내의 잔존약제 청소

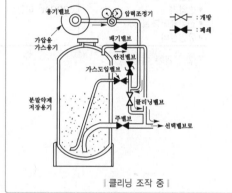

‖클리닝 조작 중‖

답 ①

80 차고·주차장에 호스릴포소화설비 또는 포소화전설비를 설치할 수 있는 부분이 아닌 것은?

16.05.문67
13.06.문62
09.03.문79

① 지상 1층으로서 지붕이 없는 부분
② 지상에서 수동 또는 원격조작에 따라 개방이 가능한 개구부의 유효면적의 합계가 바닥면적의 10% 이상인 부분
③ 고가 밑의 주차장 등으로서 주된 벽이 없고 기둥뿐이거나 주위가 위해방지용 철주 등으로 둘러싸인 부분
④ 완전 개방된 옥상주차장

해설 **포소화설비**의 **적응대상**(NFPC 105 4조, NFTC 105 2.1.1)

특정소방대상물	설비종류
• 차고·주차장 • 항공기격납고 • 공장·창고(특수가연물 저장·취급)	• 포워터스프링클러설비 • 포헤드설비 • 고정포방출설비 • 압축공기포소화설비
• 완전개방된 옥상주차장(주된 벽이 없고 기둥뿐이거나 주위가 위해방지용 철주 등으로 둘러싸인 부분) 보기 ④ • **지상 1층**으로서 지붕이 없는 차고·주차장 보기 ① • 고가 밑의 주차장(주된 벽이 없고 기둥뿐이거나 주위가 위해방지용 철주 등으로 둘러싸인 부분) 보기 ③	• 호스릴포소화설비 • 포소화전설비
• 발전기실 • 엔진펌프실 • 변압기 • 전기케이블실 • 유압설비	• 고정식 압축공기포소화설비(바닥면적 합계 300m² 미만)

② 무관한 내용

답 ②

▌2017년 기사 제2회 필기시험▌

자격종목	종목코드	시험시간	형별	수험번호	성명
소방설비기사(기계분야)		**2시간**			

※ 각 문항은 4지택일형으로 질문에 가장 적합한 보기 항을 선택하여 체크하여야 합니다.

제1과목 소방원론

01 화재시 이산화탄소를 사용하여 화재를 진압하려고 할 때 산소의 농도를 13vol%로 낮추어 화재를 진압하려면 공기 중 이산화탄소의 농도는 약 몇 vol%가 되어야 하는가?

19.04.문13
15.05.문13
14.05.문07
13.09.문16
12.05.문14

유사문제부터 풀어보세요. 실력이 팍!팍! 올라갑니다.

① 18.1

② 28.1

③ 38.1

④ 48.1

$$CO_2 = \frac{21 - O_2}{21} \times 100$$

여기서, CO_2 : CO_2의 농도[vol%]
O_2 : O_2의 농도[vol%]

$$CO_2 = \frac{21 - O_2}{21} \times 100$$

$$CO_2 = \frac{21 - 13}{21} \times 100$$

$$\fallingdotseq 38.1vol\%$$

 중요

이산화탄소소화설비와 관련된 **식**

$$CO_2 = \frac{방출가스량}{방호구역체적 + 방출가스량} \times 100$$
$$= \frac{21 - O_2}{21} \times 100$$

여기서, CO_2 : CO_2의 농도[vol%]
O_2 : O_2의 농도[vol%]

$$방출가스량 = \frac{21 - O_2}{O_2} \times 방호구역체적$$

여기서, O_2 : O_2의 농도[vol%]

• 단위가 원래는 vol% 또는 v%, vol.%인데 줄여서 %로 쓰기도 한다.

용어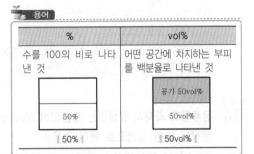

%	vol%
수를 100의 비로 나타낸 것	어떤 공간에 차지하는 부피를 백분율로 나타낸 것
50%	공기 50vol%
	50vol%
50%	50vol%

답 ③

02 건물화재의 표준시간-온도곡선에서 화재발생 후 1시간이 경과할 경우 내부온도는 약 몇 ℃ 정도 되는가?

① 225 ② 625

③ 840 ④ 925

해설 **시간경과시의 온도**

경과시간	온도
30분 후	840℃
1시간 후	925~950℃ 보기 ④
2시간 후	1010℃

기억법 1시 95

답 ④

03 프로판 50vol%, 부탄 40vol%, 프로필렌 10vol%로 된 혼합가스의 폭발하한계는 약 vol%인가? (단, 각 가스의 폭발하한계는 프로판은 2.2vol%, 부탄은 1.9vol%, 프로필렌은 2.4vol%이다.)

① 0.83 ② 2.09

③ 5.05 ④ 9.44

해설 **혼합가스의 폭발하한계**

$$\frac{100}{L} = \frac{V_1}{L_1} + \frac{V_2}{L_2} + \frac{V_3}{L_3}$$

여기서, L : 혼합가스의 폭발하한계[vol%]

$L_1 \sim L_3$: 가연성 가스의 폭발하한계[vol%]

$V_1 \sim V_3$: 가연성 가스의 용량[vol%]

$$\frac{100}{L} = \frac{V_1}{L_1} + \frac{V_2}{L_2} + \frac{V_3}{L_3}$$

$$\frac{100}{L} = \frac{50}{2.2} + \frac{40}{1.9} + \frac{10}{2.4}$$

$$\frac{100}{\frac{50}{2.2} + \frac{40}{1.9} + \frac{10}{2.4}} = L$$

$$L = \frac{100}{\frac{50}{2.2} + \frac{40}{1.9} + \frac{10}{2.4}} \fallingdotseq 2.09\,vol\%$$

- 단위가 원래는 vol% 또는 v%, vol.%인데 줄여서 %로 쓰기도 한다.

답 ②

★★★
04 유류탱크 화재시 발생하는 슬롭오버(Slop over) 현상에 관한 설명으로 틀린 것은?

① 소화시 외부에서 방사하는 포에 의해 발생한다.

② 연소유가 비산되어 탱크 외부까지 화재가 확산된다.

③ 탱크의 바닥에 고인물의 비등팽창에 의해 발생한다.

④ 연소면의 온도가 100℃ 이상일 때 물을 주수하면 발생한다.

해설 **유류탱크, 가스탱크에서 발생하는 현상**

구 분	설 명
블래비 (BLEVE)	• 과열상태의 탱크에서 내부의 액화가스가 분출하여 기화되어 폭발하는 현상
보일오버 (Boil over)	• 중질유의 석유탱크에서 장시간 조용히 연소하다 탱크 내의 잔존 기름이 갑자기 분출하는 현상 • 유류탱크에서 **탱크바닥**에 **물**과 기름의 **에멀션**이 섞여 있을 때 이로 인하여 화재가 발생하는 현상 보기 ③ • 연소유면으로부터 100℃ 이상의 열파가 탱크 저부에 고여 있는 물을 비등하게 하면서 연소유를 탱크 밖으로 비산시키며 연소하는 현상
오일오버 (Oil over)	• 저장탱크에 저장된 유류저장량이 내용적의 **50%** 이하로 충전되어 있을 때 화재로 인하여 탱크가 폭발하는 현상
프로스오버 (Froth over)	• 물이 점성의 뜨거운 기름표면 아래에서 끓을 때 화재를 수반하지 않고 용기가 넘치는 현상

슬롭오버 (Slop over)	• 물이 연소유의 뜨거운 표면에 들어갈 때 기름표면에서 화재가 발생하는 현상 • 유화제로 소화하기 위한 물이 수분의 급격한 증발에 의하여 액면이 거품을 일으키면서 열유층 밑의 냉유가 급히 열팽창하여 기름의 일부가 불이 붙은 채 탱크벽을 넘어서 일출하는 현상 • 연소면의 온도가 100℃ 이상일 때 물을 주수하면 발생 보기 ④ • 소화시 외부에서 방사하는 포에 의해 발생 보기 ① • 연소유가 비산되어 탱크 외부까지 화재가 확산 보기 ②

③ 보일오버(Boil over)에 대한 설명

답 ③

★★★
05 에터, 케톤, 에스터, 알데하이드, 카르복실산, 아민 ┃19.09.문12┃ 등과 같은 가연성인 수용성 용매에 유효한 포소 화약제는?

① 단백포   ② 수성막포

③ 불화단백포   ④ 내알코올포

해설 **내알코올형포**(알코올포)

(1) 알코올류 위험물(**메탄올**)의 소화에 사용

(2) **수용성** 유류화재(**아세트알데하이드, 에스터류**)에 사용 : 수용성 용매에 사용 보기 ④

(3) **가연성 액체**에 사용

- 메탄올=메틸알코올

┃기억법┃ 내알 메아에가

답 ④

★★
06 화재의 소화원리에 따른 소화방법의 적용이 틀린 것은?

┃19.09.문13┃
┃18.09.문19┃
┃16.03.문08┃
┃15.03.문17┃
┃14.03.문19┃
┃11.10.문19┃
┃03.08.문11┃

① 냉각소화 : 스프링클러설비

② 질식소화 : 이산화탄소소화설비

③ 제거소화 : 포소화설비

④ 억제소화 : 할론소화설비

해설 **화재의 소화원리에 따른 소화방법**

소화원리	소화설비
냉각소화	① 스프링클러설비 보기 ① ② 옥내·외소화전설비
질식소화	① 이산화탄소소화설비 보기 ② ② 포소화설비 ③ 분말소화설비 ④ 불활성기체소화약제
억제소화 (부촉매효과)	① 할론소화설비 보기 ④ ② 할로겐화합물소화약제

③ 질식소화 : 포소화설비

답 ③

07 동식물유류에서 "아이오딘값이 크다."라는 의미를 옳게 설명한 것은?

[14.05.문16]
[11.06.문16]

① 불포화도가 높다.
② 불건성유이다.
③ 자연발화성이 낮다.
④ 산소와의 결합이 어렵다.

해설 **"아이오딘값이 크다."**라는 **의미**
(1) **불포**화도가 높다. [보기 ①]
(2) **건성유**이다.
(3) 자연발화성이 높다.
(4) 산소와 결합이 쉽다.

※ **아이오딘값** : 기름 100g에 첨가되는 아이오딘의 g수

기억법 아불포

답 ①

08 다음 중 연소시 아황산가스를 발생시키는 것은?

[07.09.문11]

① 적린
② 황
③ 트리에틸알루미늄
④ 황린

해설 $S + O_2 \rightarrow SO_2$
황 산소 아황산가스

답 ②

09 탄화칼슘이 물과 반응할 때 발생되는 가스는?

[19.03.문17]
[11.10.문05]
[10.09.문12]

① 일산화탄소
② 아세틸렌
③ 황화수소
④ 수소

해설 **탄화칼슘**과 물의 **반응식**
$CaC_2 + 2H_2O \rightarrow Ca(OH)_2 + C_2H_2\uparrow$
탄화칼슘 물 수산화칼슘 아세틸렌

답 ②

10 주성분이 인산염류인 제3종 분말소화약제가 다른 분말소화약제와 다르게 A급 화재에 적용할 수 있는 이유는?

① 열분해 생성물인 CO_2가 열을 흡수하므로 냉각에 의하여 소화된다.
② 열분해 생성물인 수증기가 산소를 차단하여 탈수작용을 한다.
③ 열분해 생성물인 메타인산(HPO_3)이 산소의

차단역할을 하므로 소화가 된다.
④ 열분해 생성물인 암모니아가 부촉매작용을 하므로 소화가 된다.

해설 **제3종 분말**의 **열분해 생성물**
(1) H_2O(물)
(2) NH_3(암모니아)
(3) P_2O_5(오산화인)
(4) HPO_3**(메타인산)** : 산소 차단 [보기 ③]

중요

분말소화약제

종별	분자식	착색	적응화재	비고
제1종	중탄산나트륨 ($NaHCO_3$)	백색	BC급	**식용유** 및 **지방질유**의 화재에 적합
제2종	중탄산칼륨 ($KHCO_3$)	담자색 (담회색)	BC급	–
제3종	제1인산암모늄 ($NH_4H_2PO_4$)	담홍색	ABC급	**차고·주차장**에 적합
제4종	중탄산칼륨 + 요소 ($KHCO_3$ + $(NH_2)_2CO$)	회(백)색	BC급	–

답 ③

11 표면온도가 300℃에서 안전하게 작동하도록 설계된 히터의 표면온도가 360℃로 상승하면 300℃에 비하여 약 몇 배의 열을 방출할 수 있는가?

[12.05.문09]

① 1.1배
② 1.5배
③ 2.0배
④ 2.5배

해설 **스테판-볼츠만**의 **법칙**(Stefan-Boltzman's law)

$$\frac{Q_2}{Q_1} = \frac{(273 + t_2)^4}{(273 + t_1)^4}$$

$$\frac{Q_2}{Q_1} = \frac{(273 + 360)^4}{(273 + 300)^4} = 1.5배$$

• 열복사량은 복사체의 **절대온도**의 **4제곱**에 **비례**하고, **단면적**에 **비례**한다.

참고

스테판-볼츠만의 **법칙**(Stefan-Boltzman's law)

$$Q = aAF(T_1^4 - T_2^4)$$

여기서, Q : 복사열[W]
a : 스테판-볼츠만 상수[W/m²·K⁴]
A : 단면적[m²], F : 기하학적 Factor
T_1 : 고온[K], T_2 : 저온[K]

답 ②

★★★
12 화재를 소화하는 방법 중 물리적 방법에 의한 소화
가 아닌 것은?

14.05.문13
13.03.문12

① 억제소화
② 제거소화
③ 질식소화
④ 냉각소화

해설

물리적 방법에 의한 소화	화학적 방법에 의한 소화
• 질식소화 보기 ③ • 냉각소화 보기 ④ • 제거소화 보기 ②	• 억제소화 보기 ①

중요

소화방법	
소화방법	설 명
냉각소화	• 다량의 물 등을 이용하여 **점화원**을 **냉각**시켜 소화하는 방법 • 다량의 물을 뿌려 소화하는 방법
질식소화	• 공기 중의 **산소농도**를 16%(10~15%) 이하로 희박하게 하여 소화하는 방법
제거소화	• 가연물을 제거하여 소화하는 방법
화학소화 (부촉매효과)	• 연쇄반응을 차단하여 소화하는 방법(＝억제작용)
희석소화	• 고체·기체·액체에서 나오는 **분해가스**나 **증기**의 **농도**를 낮추어 연소를 중지시키는 방법
유화소화	• 물을 무상으로 방사하여 유류표면에 **유화층**의 막을 형성시켜 공기의 접촉을 막아 소화하는 방법
피복소화	• 비중이 공기의 **1.5배** 정도로 무거운 소화약제를 방사하여 가연물의 구석구석까지 침투·피복하여 소화하는 방법

답 ①

★★★
13 위험물의 유별 성질이 자연발화성 및 금수성 물
질은 제 몇류 위험물인가?

14.03.문51
13.03.문19

① 제1류 위험물
② 제2류 위험물
③ 제3류 위험물
④ 제4류 위험물

해설 위험물령 〔별표 1〕
위험물

유 별	성 질	품 명
제1류	산화성 고체	• 아염소산염류 • 염소산염류 • 과염소산염류 • 질산염류 • 무기과산화물
제2류	가연성 고체	• 황화인 • **적린** • **황** • **철분** • 마그네슘

제3류	자연발화성 물질 및 금수성 물질 보기 ③	• 황린 • 칼륨 • 나트륨
제4류	인화성 액체	• 특수인화물 • 알코올류 • 석유류 • 동식물유류
제5류	자기반응성 물질	• 나이트로화합물 • 유기과산화물 • 나이트로소화합물 • 아조화합물 • 질산에스터류(셀룰로이드)
제6류	산화성 액체	• 과염소산 • 과산화수소 • 질산

답 ③

★
14 다음 중 열전도율이 가장 작은 것은?

09.05.문15

① 알루미늄
② 철재
③ 은
④ 암면(광물섬유)

해설 27℃에서 물질의 **열전도율**

물질	열전도율	
암면(광물섬유)	0.046W/m·℃	보기 ④
철재	80.3W/m·℃	보기 ②
알루미늄	237W/m·℃	보기 ①
은	427W/m·℃	보기 ③

중요

열전도와 관계있는 것
(1) 열전도율〔kcal/m·h·℃, W/m·deg〕 (2) 비열〔cal/g·℃〕 (3) 밀도〔kg/m³〕 (4) 온도〔℃〕

답 ④

★★★
15 건축물의 피난동선에 대한 설명으로 틀린 것은?

14.09.문02
10.03.문11

① 피난동선은 가급적 단순한 형태가 좋다.
② 피난동선은 가급적 상호 반대방향으로 다수의 출구와 연결되는 것이 좋다.
③ 피난동선은 수평동선과 수직동선으로 구분된다.
④ 피난동선은 복도, 계단을 제외한 엘리베이터와 같은 피난전용의 통행구조를 말한다.

해설 **피난동선**의 **특성**

(1) 가급적 **단순형태**가 좋다. 보기 ①

(2) **수평동선**과 **수직동선**으로 구분한다. 보기 ③

(3) 가급적 **상호 반대방향**으로 다수의 출구와 연결되는 것이 좋다. 보기 ②

(4) 어느 곳에서도 2개 이상의 방향으로 피난할 수 있으며, 그 말단은 화재로부터 안전한 장소이어야 한다.

> ④ **피난동선** : 복도·통로·계단과 같은 피난전용의 통행구조

답 ④

★★ 16

12.09.문07

공기와 할론 1301의 혼합기체에서 할론 1301에 비해 공기의 확산속도는 약 몇 배인가? (단, 공기의 평균분자량은 29, 할론 1301의 분자량은 149이다.)

① 2.27배   ② 3.85배

③ 5.17배   ④ 6.46배

해설 **그레이엄**의 **확산속도법칙**

$$\frac{V_B}{V_A} = \sqrt{\frac{M_A}{M_B}}$$

여기서, V_A, V_B : 확산속도[m/s]

$\begin{cases} V_A : \text{공기의 확산속도[m/s]} \\ V_B : \text{할론 1301의 확산속도[m/s]} \end{cases}$

M_A, M_B : 분자량

$\begin{cases} M_A : \text{공기의 분자량} \\ M_B : \text{할론 1301의 분자량} \end{cases}$

$\dfrac{V_B}{V_A} = \sqrt{\dfrac{M_A}{M_B}}$ 는 $\boxed{\dfrac{V_A}{V_B} = \sqrt{\dfrac{M_B}{M_A}}}$ 로 쓸 수 있으므로

$\therefore \dfrac{V_A}{V_B} = \sqrt{\dfrac{M_B}{M_A}} = \sqrt{\dfrac{149}{29}} = 2.27$배

답 ①

★★★ 17

내화구조의 기준 중 벽의 경우 벽돌조로서 두께가 최소 몇 cm 이상이어야 하는가?

① 5   ② 10

③ 12   ④ 19

해설 **내화구조**의 **기준**(피난·방화구조 3조)

내화구분		기 준
벽	모든 벽	① 철골·철근콘크리트조로서 두께가 **10cm** 이상인 것 ② 골구를 철골조로 하고 그 양면을 두께 **4cm** 이상의 철망 모르타르로 덮은 것 ③ 두께 **5cm** 이상의 콘크리트 블록·벽돌 또는 석재로 덮은 것 ④ 석조로서 철재에 덮은 콘크리트 블록의 두께가 **5cm** 이상인 것 ⑤ **벽돌조**로서 두께가 **19cm** 이상인 것 보기 ④

	외벽 중 비내력벽	① 철골·철근콘크리트조로서 두께가 **7cm** 이상인 것 ② 골구를 철골조로 하고 그 양면을 두께 **3cm** 이상의 철망 모르타르로 덮은 것 ③ 두께 **4cm** 이상의 콘크리트 블록·벽돌 또는 석재로 덮은 것 ④ 석조로서 두께가 **7cm** 이상인 것
벽	기둥 (작은 지름이 **25cm** 이상인 것)	① 철골을 두께 **6cm** 이상의 철망 모르타르로 덮은 것 ② 두께 **7cm** 이상의 콘크리트 블록·벽돌 또는 석재로 덮은 것 ③ 철골을 두께 **5cm** 이상의 콘크리트로 덮은 것
	바닥	① 철골·철근콘크리트조로서 두께가 **10cm** 이상인 것 ② 석조로서 철재에 덮은 콘크리트 블록 등의 두께가 **5cm** 이상인 것 ③ 철재의 양면을 두께 **5cm** 이상의 철망 모르타르로 덮은 것
	보	① 철골을 두께 **6cm** 이상의 철망 모르타르로 덮은 것 ② 두께 **5cm** 이상의 콘크리트로 덮은 것

> ※ 공동주택의 각 세대간의 경계벽의 구조는 **내화구조**이다.

> ④ 내화구조 벽 : 벽돌조 두께 **19cm** 이상

답 ④

★★★ 18

08.03.문11

가연물이 연소가 잘 되기 위한 구비조건으로 틀린 것은?

① 열전도율이 클 것

② 산소와 화학적으로 친화력이 클 것

③ 표면적이 클 것

④ 활성화에너지가 작을 것

해설 **가연물**이 **연소**하기 쉬운 **조건**

(1) 산소와 **친화력**이 클 것 보기 ②

(2) **발열량**이 클 것

(3) **표면적**이 넓을 것 보기 ③

(4) **열전도율**이 작을 것 보기 ①

(5) **활성화에너지**가 작을 것 보기 ④

(6) **연쇄반응**을 일으킬 수 있을 것

(7) 산소가 포함된 **유기물**일 것

> ① 클 것 → 작을 것

> ※ **활성화에너지** : 가연물이 처음 연소하는 데 필요한 열

답 ①

19 질식소화시 공기 중의 산소농도는 일반적으로 약 몇 vol% 이하로 하여야 하는가?

08.09.문09

① 25
② 21
③ 19
④ 15

해설 소화형태

소화형태	설 명
냉각소화	• **점화원**을 냉각하여 소화하는 방법 • 증발잠열을 이용하여 열을 빼앗아 가연물의 온도를 떨어뜨려 화재를 진압하는 소화 • 다량의 물을 뿌려 소화하는 방법
질식소화	• 공기 중의 **산소농도**를 **16vol%**(또는 **15vol%**) 이하로 희박하게 하여 소화 보기 ④
제거소화	• **가연물**을 제거하여 소화하는 방법
부촉매 소화 (=화학소화)	• **연쇄반응**을 **차단**하여 소화하는 방법
희석소화	• 기체·고체·액체에서 나오는 분해가스나 증기의 농도를 낮춰 소화하는 방법

용어

vol% 또는 vol.%
어떤 공간에 차지하는 부피를 백분율로 나타낸 것

답 ④

20 다음 원소 중 수소와의 결합력이 가장 큰 것은?

15.03.문16
12.03.문04

① F
② Cl
③ Br
④ I

해설 할론소화약제
(1) 부촉매효과(소화능력) 크기 : I > Br > Cl > F
(2) 전기음성도(친화력, 결합력) 크기 : F > Cl > Br > I

※ 전기음성도 크기=수소와의 결합력 크기

중요

할로젠족 원소
(1) 불소 : <u>F</u>
(2) 염소 : <u>Cl</u>
(3) 브로민(취소) : <u>Br</u>
(4) 아이오딘(옥소) : <u>I</u>

기억법 FClBrI

답 ①

21 온도가 37.5℃인 원유가 $0.3m^3/s$의 유량으로 원관에 흐르고 있다. 레이놀즈수가 2100일 때 관의 지름은 약 몇 m인가? (단, 원유의 동점성계수는 $6 \times 10^{-5} m^2/s$이다.)

16.03.문30
00.10.문35

① 1.25
② 2.45
③ 3.03
④ 4.45

해설 (1) 기호

• Q : $0.3m^3/s$
• Re : 2100
• ν : $6 \times 10^{-5} m^2/s$

(2) 유량

$$Q = AV = \left(\frac{\pi D^2}{4}\right) V$$

여기서, Q : 유량[m^3/s]
　　　　A : 단면적[m^2]
　　　　V : 유속[m/s]
　　　　D : 내경(지름)[m]

유속 $V = \dfrac{Q}{\dfrac{\pi D^2}{4}} = \dfrac{4Q}{\pi D^2}$ ·············· ㉠

(3) 레이놀즈수

$$Re = \frac{DV}{\nu}$$

여기서, Re : 레이놀즈수
　　　　ν : 동점성계수[m/s]
　　　　D : 지름[m]
　　　　V : 유속[m/s]

지름 $D = \dfrac{Re\nu}{V}$ ·············· ㉡

㉠식을 ㉡식에 대입하면

지름 $D = \dfrac{Re\nu}{V} = \dfrac{Re\nu}{\dfrac{4Q}{\pi D^2}} = \dfrac{\pi D^2 Re\nu}{4Q}$

$D = \dfrac{\pi D^2 Re\nu}{4Q}$

$\dfrac{4Q}{\pi Re\nu} = \dfrac{D^{\cancel{2}}}{\cancel{D}}$

$\dfrac{4Q}{\pi Re\nu} = D$

좌우를 이항하면

$D = \dfrac{4Q}{\pi Re\nu}$

$= \dfrac{4 \times 0.3m^3/s}{\pi \times 2100 \times (6 \times 10^{-5})m^2/s} ≒ 3.03m$

답 ③

22

직사각형 단면의 덕트에서 가로와 세로가 각각 a 및 $1.5a$이고, 길이가 L이며, 이 안에서 공기가 V의 평균속도로 흐르고 있다. 이때 손실수두를 구하는 식으로 옳은 것은? (단, f는 이 수력지름에 기초한 마찰계수이고, g는 중력가속도를 의미한다.)

17.09.문28
17.03.문36
16.10.문37
14.03.문24
08.05.문33
06.09.문31

① $f\dfrac{L}{a}\dfrac{V^2}{2.4g}$　　② $f\dfrac{L}{a}\dfrac{V^2}{2g}$

③ $f\dfrac{L}{a}\dfrac{V^2}{1.4g}$　　④ $f\dfrac{L}{a}\dfrac{V^2}{g}$

해설

$$H=\frac{fLV^2}{2gD}$$

(1) **수력반경**(hydraulic radius)

$$R_h=\frac{A}{L}\quad\cdots\cdots\cdots\cdots\cdots\cdots ⊙$$

여기서, R_h : 수력반경[m]
　　　A : 단면적[m²]
　　　L : 접수길이(단면둘레의 길이)[m]

(2) **수력직경**(수력지름)

$$D_h=4R_h\quad\cdots\cdots\cdots\cdots\cdots\cdots ⓛ$$

여기서, D_h : 수력직경[m]
　　　R_h : 수력반경[m]

⊙식을 ⓛ식에 대입하면

$$D_h=4R_h=\frac{4A}{L}$$

수력반경 $R_h=\dfrac{A}{L}$에서

$A=$(가로×세로)$=a\times1.5a$
$L=2$(가로+세로)$=2(a+1.5a)$

수력직경 D_h는

$$D_h=4R_h=\frac{4A}{L}=\frac{4\times a\times1.5a}{2(a+1.5a)}$$

$$=\frac{6a^2}{2a+3a}=\frac{6a^2}{5a}=1.2a$$

(3) **손실수두**

$$H=\frac{fLV^2}{2gD}$$

여기서, H : 손실수두(마찰손실)[m]
　　　f : 관마찰계수
　　　L : 길이[m]
　　　V : 유속[m/s]
　　　g : 중력가속도(9.8m/s²)
　　　D : 내경[m]

위에서 $D=1.2a$이므로

$$H=\frac{fLV^2}{2gD}=\frac{fLV^2}{2g(1.2a)}=\frac{fLV^2}{a2.4g}=f\frac{L}{a}\frac{V^2}{2.4g}$$

답 ①

23

65%의 효율을 가진 원심펌프를 통하여 물을 1m³/s의 유량으로 송출시 필요한 펌프수두가 6m이다. 이때 펌프에 필요한 축동력은 약 몇 kW인가?

17.05.문35
01.03.문35

① 40kW　　② 60kW

③ 80kW　　④ 90kW

해설 (1) **기호**

- η : 65%=0.65
- Q : 1m³/s
- H : 6m

(2) **축동력**

$$P=\frac{0.163QH}{\eta}$$

여기서, P : 축동력[kW]
　　　Q : 유량[m³/min]
　　　H : 전양정(수두)[m]
　　　η : 효율

펌프의 **축동력** P는

$$P=\frac{0.163QH}{\eta}$$

$$=\frac{0.163\times1m^3\left|\dfrac{1}{60}\min\times6m\right.}{0.65}$$

$$=\frac{0.163\times(1\times60)m^3/\min\times6m}{0.65}≒90kW$$

- Q : 1min=60s이고 1s=$\dfrac{1}{60}$min이므로

  1m³/s=1m³$\left|\dfrac{1}{60}\min\right.$

- K(전달계수) : 축동력이므로 K 무시

※ **축동력** : 전달계수(K)를 고려하지 않은 동력

답 ④

24

체적 2000L의 용기 내에서 압력 0.4MPa, 온도 55℃의 혼합기체의 체적비가 각각 메탄(CH₄) 35%, 수소(H₂) 40%, 질소(N₂) 25%이다. 이 혼합기체의 질량은 약 몇 kg인가? (단, 일반기체상수는 8.314kJ/kmol·K이다.)

06.03.문31

① 3.11　　② 3.53

③ 3.93　　④ 4.52

 해설

원소	원자량
H	1
C	12
N	14
O	16

메탄(CH_4) 35%=(12+1×4)×0.35=5.6
수소(H_2) 40%=(1×2)×0.4=0.8
질소(N_2) 25%=(14×2)×0.25=7
혼합기체의 평균분자량 M=5.6+0.8+7=13.4kg/kmol

1atm=760mmHg=1.0332kg$_f$/cm^2
=10.332mH$_2$O[mAq]
=14.7PSI[lb$_f$/in^2]
=101.325kPa[kN/m^2]
=1013mbar

1atm=101.325kPa

$0.4MPa = 400kPa = \dfrac{400kPa}{101.325kPa} \times 1atm$
$≒ 3.95atm$

$PV = mRT$

여기서, P : 압력[kN/m^2] 또는 [kPa]
V : 체적[m^3]
m : 질량[kg]
R : $\dfrac{8.314}{M}$ [kJ/kmol·K]
(M : 분자량[kg/kmol])
T : 절대온도(273+℃)[K]

• 1kPa=1kJ/m^{3}이므로 1kJ=1kPa·m^3

$\dfrac{8.314}{M}$ [kJ/kmol·K]=$\dfrac{8.314}{M}$ [kPa·m^3/kmol·K]

1atm=101.325kPa

$8.314kPa = \dfrac{8.314kPa}{101.325kPa} \times 1atm$
$≒ 0.082atm$

$R = \dfrac{8.314}{M}$ [kPa·m^3/kmol·K]
$= \dfrac{0.082}{M}$ [atm·m^3/kmol·K]

질량 m은
$m = \dfrac{PV}{RT}$
$= \dfrac{PVM}{0.082T}$
$= \dfrac{3.95atm \times 2000L \times 13.4kg/kmol}{0.082atm·m^3/kmol·K \times (273+55)K}$
$= \dfrac{3.95atm \times 2m^3 \times 13.4kg/kmol}{0.082atm·m^3/kmol·K \times (273+55)K}$
$≒ 3.93kg$

• 1000L=1m^{3}이므로 2000L=2m^3
• $R = \dfrac{0.082}{M}$ [atm·m^3/kmol·K]이므로
$\dfrac{1}{R} = \dfrac{M}{0.082}$

답 ③

★★
25 중력가속도가 2m/s^{2}인 곳에서 무게가 8kN이고
09.05.문21
08.05.문21 부피가 5m^{3}인 물체의 비중은 약 얼마인가?
① 0.2
② 0.8
③ 1.0
④ 1.6

해설 **(1) 기호**
• g : 2m/s^2
• W : 8kN=8000N(1kN=1000N)
• V : 5m^3

(2) 물체의 무게
$W = \gamma V$ ·········· ㉠
여기서, W : 물체의 무게[N]
γ : 비중량[N/m^3]
V : 물체가 잠긴 체적(부피)[m^3]

(3) 비중
$s = \dfrac{\rho}{\rho_w}$ ·········· ㉡
여기서, s : 비중
ρ : 물체의 밀도[N·s^2/m^4]
ρ_w : 물의 밀도(1000N·s^2/m^4)

물체의 밀도 $\rho = s\rho_w$

(4) 비중량
$\gamma = \rho g$ ·········· ㉢
여기서, γ : 비중량[N/m^3]
ρ : 밀도[N·s^2/m^4]
g : 중력가속도[m/s^2]

㉢식을 ㉠식에 대입한 후 추가로 ㉡식을 대입하면
물체의 무게 $W = \gamma V = (\rho g)V = (s\rho_w g)V$
$W = s\rho_w g V$
$\dfrac{W}{\rho_w g V} = s$
좌우항을 이항하면
$s = \dfrac{W}{\rho_w g V}$
$= \dfrac{8000N}{1000N·s^2/m^4 \times 2m/s^2 \times 5m^3} = 0.8$

답 ②

★★★
26
19.09.문39
19.03.문30
05.03.문22

그림에서 두 피스톤의 지름이 각각 30cm와 5cm이다. 큰 피스톤이 1cm 아래로 움직이면 작은 피스톤은 위로 몇 cm 움직이는가?

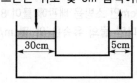

① 1cm　　　　② 5cm

③ 30cm　　　④ 36cm

해설 (1) 기호

- D_1 : 30cm
- D_2 : 5cm
- h_1 : 1cm
- h_2 : ?

(2) 압력

$$P = \gamma h = \frac{F}{A}, \ P_1 = P_2, \ V_1 = V_2$$

여기서, P : 압력[N/cm²]
　　　γ : 비중량[N/cm³]
　　　h : 움직인 높이[cm]
　　　F : 힘[N]
　　　A : 단면적[cm²]
　　　$P_1,\ P_2$: 압력[kPa] 또는 [kN/m²]
　　　$V_1,\ V_2$: 체적[m³]

$\boxed{V_1 = V_2}$ 에서

$V_1 : h_1 A,\ V_2 : h_2 A_2$
$V_1 = V_2$
$h_1 A_1 = h_2 A_2$

작은 피스톤이 움직인 거리 h_2는

$$h_2 = \frac{A_1}{A_2} h_1$$

$$= \frac{\frac{\pi}{4}D_1^2}{\frac{\pi}{4}D_2^2} h_1$$

$$= \frac{\frac{\pi}{4} \times (30\text{cm})^2}{\frac{\pi}{4} \times (5\text{cm})^2} \times 1\text{cm}$$

$$= 36\text{cm}$$

답 ④

★★★
27
19.09.문37
19.03.문39
06.05.문25

뉴턴(Newton)의 점성법칙을 이용한 회전원통식 점도계는?

① 세이볼트 점도계
② 오스트발트 점도계
③ 레드우드 점도계
④ 스토머 점도계

해설 점도계
(1) 세관법 : 하겐-포아젤(Hagen-Poiseuille)의 법칙 이용
　㉠ 세이볼트(Saybolt) 점도계 보기 ①
　㉡ 레드우드(Redwood) 점도계 보기 ③
　㉢ 앵글러(Engler) 점도계
　㉣ 바베이(Barbey) 점도계
　㉤ 오스트발트(Ostwald) 점도계 보기 ②
(2) 회전원통법 : 뉴턴(Newton)의 점성법칙 이용
　㉠ 스토머(Stormer) 점도계 보기 ④
　㉡ 맥 마이클(Mac Michael) 점도계
(3) 낙구법 : 스토크스(Stokes)의 법칙 이용
　낙구식 점도계

기억법 뉴점스맥

※ 점도계 : 점성계수를 측정할 수 있는 기기

답 ④

★★
28
01.03.문21

관 내 물의 속도가 12m/s, 압력이 103kPa이다. 속도수두(H_v)와 압력수두(H_p)는 각각 약 몇 m인가?

① $H_v = 7.35,\ H_p = 9.8$

② $H_v = 7.35,\ H_p = 10.5$

③ $H_v = 6.52,\ H_p = 9.8$

④ $H_v = 6.52,\ H_p = 10.5$

해설 수두

$$H_v = \frac{V^2}{2g}, \ H_p = \frac{P}{\gamma}$$

여기서, H_v : 속도수두[m]
　　　V : 유속[m/s]
　　　g : 중력가속도(9.8m/s²)
　　　H_p : 압력수두[m]
　　　P : 압력[kN/m²]
　　　γ : 비중량(물의 비중량 9.8kN/m³)

속도수두 H_v는

$$H_v = \frac{V^2}{2g} = \frac{(12\text{m/s})^2}{2 \times 9.8\text{m/s}^2} = 7.35\text{m}$$

압력수두 H_p는

$$H_p = \frac{P}{\gamma} = \frac{103\text{kPa}}{9.8\text{kN/m}^3} = \frac{103\text{kN/m}^2}{9.8\text{kN/m}^3} = 10.5\text{m}$$

- 물의 **비중량**(γ)=9800N/m³=9.8kN/m³
- 1kPa=1kN/m²이므로 103kPa=103kN/m²

중요

베르누이정리

$$\frac{V^2}{2g} + \frac{P}{\gamma} + Z = 일정$$

(속도수두)(압력수두)(위치수두)

- 물의 **속도수두**와 **압력수두**의 총합은 배관의 모든 부분에서 같다.

답 ②

19.03.문34
15.09.문25
14.09.문23
11.03.문35
00.10.문61

★★★
29 분당 토출량이 1600L, 전양정이 100m인 물펌프의 회전수를 1000rpm에서 1400rpm으로 증가하면 전동기 소요동력은 약 몇 kW가 되어야 하는가? (단, 펌프의 효율은 65%이고 전달계수는 1.1이다.)

① 44.1 ② 82.1
③ 121   ④ 142

 (1) 기호

- Q : 1600L/min=1.6m³/min(1000L=1m³)
- H : 100m
- N_1 : 1000rpm
- N_2 : 1400rpm
- η : 65%=0.65
- K : 1.1

(2) 전동력

$$P=\frac{0.163QH}{\eta}K$$

여기서, P : 전동력(kW)
Q : 유량(m³/min)
H : 전양정(m)
K : 전달계수
η : 효율

전동력(소요동력) P_1은

$$P_1=\frac{0.163QH}{\eta}K$$
$$=\frac{0.163\times1.6m^3/min\times100m}{0.65}\times1.1\fallingdotseq44.135kW$$

(3) 펌프의 상사법칙(송출량)
㉠ 유량(송출량)

$$Q_2=Q_1\left(\frac{N_2}{N_1}\right)$$

㉡ 전양정

$$H_2=H_1\left(\frac{N_2}{N_1}\right)^2$$

㉢ 동력

$$P_2=P_1\left(\frac{N_2}{N_1}\right)^3$$

여기서, Q_2, Q_1 : 변화 전후의 유량(송출량)(m³/min)
H_2, H_1 : 변화 전후의 전양정(m)
P_2, P_1 : 변화 전후의 동력(소요동력)(kW)
N_2, N_1 : 변화 전후의 회전수(회전속도)(rpm)

소요동력 $P_2=P_1\left(\frac{N_2}{N_1}\right)^3=44.135kW\left(\frac{1400rpm}{1000rpm}\right)^3$
$\fallingdotseq121kW$

※ **상사법칙** : 기하학적으로 유사하거나 같은 펌프에 적용하는 법칙

답 ③

19.09.문32
19.03.문25
17.03.문37
16.03.문40
15.09.문22
11.06.문33
10.03.문36
(산업)

★★★
30 지름 40cm인 소방용 배관에 물이 80kg/s로 흐르고 있다면 물의 유속은 약 몇 m/s인가?

① 6.4   ② 0.64
③ 12.7 ④ 1.27

(1) 기호

- D : 40cm=0.4m(100cm=1m)
- $\overline{m}$: 80kg/s

(2) 질량유량(mass flowrate)

$$\overline{m}=AV\rho=\left(\frac{\pi D^2}{4}\right)V\rho$$

여기서, $\overline{m}$: 질량유량(kg/s)
A : 단면적(m²)
V : 유속(m/s)
ρ : 밀도(물의 밀도 **1000kg/m³**)
D : 직경(m)

유속 V는
$$V=\frac{\overline{m}}{\frac{\pi D^2}{4}\rho}=\frac{80kg/s}{\frac{\pi\times(0.4m)^2}{4}\times1000kg/m^3}$$
$$\fallingdotseq0.64m/s$$

- ρ : 물의 밀도 1000kg/m³

답 ②

★★
31 노즐에서 분사되는 물의 속도가 $V=12$m/s이고, 분류에 수직인 평판은 속도 $u=4$m/s로 움직일 때, 평판이 받는 힘은 약 몇 N인가? (단, 노즐(분류)의 단면적은 0.01m²이다.)

06.05.문22

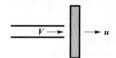

① 640   ② 960
③ 1280 ④ 1440

(1) 기호

- V : 12m/s
- u : 4m/s
- A : 0.01m²

(2) 유량

$$Q=AV'$$

여기서, Q : 유량[m³/s]

A : 단면적[m²]

V' : 유속[m/s]

유량 Q 는

$Q = AV' = A(V - u)$

$= 0.01m^2 \times (12 - 4)m/s = 0.08m^3/s$

(3) **힘**

$$F = \rho Q V'$$

여기서, F : 힘[N]

ρ : 밀도(물의 밀도 1000N·s²/m⁴)

Q : 유량[m³/s]

V' : 유속[m/s]

힘 F 는

$F = \rho Q V' = \rho Q(V - u)$

$= 1000N \cdot s^2/m^4 \times 0.08m^3/s \times (12 - 4)m/s$

$\fallingdotseq 640N$

답 ①

★★

32 압력의 변화가 없을 경우 0℃의 이상기체는 약 몇 ℃가 되면 부피가 2배로 되는가?

02.09.문39

① 273℃   ② 373℃

③ 546℃   ④ 646℃

해설 (1) **기호**

- T_1 : (273+0)K

- $\dfrac{V_2}{V_1} = 2$

(2) **절대온도**

$$K = 273 + ℃$$

여기서, K : 절대온도[K]

℃ : 섭씨온도[℃]

절대온도 K는

K = 273 + ℃ = 273 + 0 = 273K

(3) **샤를의 법칙**

$$\frac{V_1}{T_1} = \frac{V_2}{T_2}$$

여기서, V_1, V_2 : 부피[m³]

T_1, T_2 : 절대온도[K]

샤를의 법칙

$\dfrac{V_1}{T_1} = \dfrac{V_2}{T_2}$

$T_2 = T_1 \times \dfrac{V_2}{V_1} = 273K \times \dfrac{2}{1}$배 $= 546K$

K = 273 + ℃

온도 ℃는

℃ = K - 273 = 546 - 273 = 273℃

답 ①

★

33 서로 다른 재질로 만든 평판의 양쪽 온도가 다음과 같을 때, 동일한 면적 및 두께를 통한 열류량이 모두 동일하다면, 어느 것이 단열재로서 성능이 가장 우수한가?

㉠ 30~10℃	㉡ 10~-10℃
㉢ 20~10℃	㉣ 40~10℃

① ㉠   ② ㉡

③ ㉢   ④ ㉣

해설

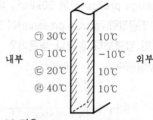

(1) **기호**

- $\dot{q}$ = 동일
- A = 동일
- l = 동일

(2) **전도 열전달**

$$\dot{q} = \frac{kA(T_2 - T_1)}{l}$$

여기서, $\dot{q}$: 전도열(열류량)[W]

k : 열전도율[W/m·℃]

A : 단면적[m²]

T_2 : 내부온도[℃]

T_1 : 외부온도[℃]

l : 벽체(벽)두께[m]

$$k = \frac{\dot{q} \cdot l}{A \cdot (T_2 - T_1)} \propto \frac{1}{(T_2 - T_1)}$$

㉠ $k = \dfrac{1}{(30 - 10)℃} = 0.05$

㉡ $k = \dfrac{1}{10 - (-10)℃} = \dfrac{1}{(10 + 10)℃} = 0.05$

㉢ $k = \dfrac{1}{(20 - 10)℃} = 0.1$

㉣ $k = \dfrac{1}{(40 - 10)℃} = 0.033$

- k값이 작으면 열전달이 안 되어서 단열효과가 높기 때문에 k값이 가장 작은 ㉣이 단열효과가 가장 높다.

답 ④

★★★
34 가역단열과정에서 엔트로피 변화 ΔS는?

`99.04.문22` ① $\Delta S > 1$ ② $0 < \Delta S < 1$

③ $\Delta S = 1$ ④ $\Delta S = 0$

해설 **엔트로피(ΔS)**

가역단열과정	비가역단열과정
$\Delta S = 0$	$\Delta S > 0$

● 등엔트로피 과정 = 가역단열과정

답 ④

★★
35 계기압력(gauge pressure)이 50kPa인 파이프

`15.09.문40`
`10.09.문33` 속의 압력은 진공압력(vacuum pressure)이 30kPa
인 용기 속의 압력보다 얼마나 높은가?

① 0kPa(동일하다.)   ② 20kPa

③ 80kPa   ④ 130kPa

해설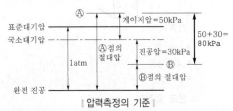

| 압력측정의 기준 |

$50\text{kPa} + 30\text{kPa} = 80\text{kPa}$

● 계기압력 = 게이지압
● 진공압력 = 진공압

중요

절대압
절대압 = 대기압 + 게이지압(계기압)
    = 대기압 - 진공압

답 ③

★
36 그림과 같은 삼각형 모양의 평판이 수직으로 유체 내에 놓여 있을 때 압력에 의한 힘의 작용점은 자유표면에서 얼마나 떨어져 있는가? (단, 삼각형의 도심에서 단면 2차 모멘트는 $bh^3/36$이다.)

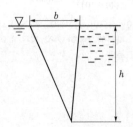

① $h/4$

② $h/3$

③ $h/2$

④ $2h/3$

해설 **작용점 깊이(삼각형)**

명 칭	삼각형(triangle)
형 태	그림
중심위치(m)	$y_c = \dfrac{h}{3}$
관성능률	$I_c = \dfrac{bh^3}{36}$
면적(m²)	$A = \dfrac{bh}{2}$

$$y_p = y_c + \frac{I_c}{Ay_c}$$

여기서, y_p : 작용점 깊이(작용위치)[m]

y_c : 중심위치[m] $\left(y_c = \dfrac{h}{3}\right)$

I_c : 관성능률 $\left(I_c = \dfrac{bh^3}{36}\right)$

A : 단면적[m²] $\left(A = \dfrac{bh}{2}\right)$

작용점 깊이 y_p는

$$y_p = y_c + \frac{I_c}{Ay_c} = \frac{h}{3} + \frac{\dfrac{bh^3}{36}}{\dfrac{bh}{2} \times \dfrac{h}{3}}$$

$$= \frac{h}{3} + \frac{\dfrac{bh^3}{36}}{\dfrac{bh^2}{6}} = \frac{h}{3} + \frac{h}{6} = \frac{2h}{6} + \frac{h}{6} = \frac{3h}{6} = \frac{h}{2}$$

비교

작용점 깊이(구형)

명 칭	구형(rectangle)
형 태	그림
중심위치(m)	$y_c = \dfrac{h}{2}$
관성능률	$I_c = \dfrac{bh^3}{12}$
면적(m²)	$A = bh$

$$y_p = y_c + \frac{I_c}{Ay_c}$$

여기서, y_p : 작용점 깊이(작용위치)[m]

$$y_c : 중심위치[m]\left(y_c = \frac{h}{2}\right)$$

$$I_c : 관성능률\left(I_c = \frac{bh^3}{12}\right)$$

$$A : 단면적[m^2](A=bh)$$

용어

관성능률
(1) 어떤 물체를 회전시키려 할 때 잘 돌아가지 않으려는 성질
(2) 각 운동상태의 변화에 대하여 그 물체가 지니고 있는 저항적 성질

답 ③

★★★ 37

펌프의 공동현상(cavitation)을 방지하기 위한 방법이 아닌 것은?

19.04.문22
17.09.문35
16.10.문23
15.03.문35
14.05.문39
14.03.문32

① 펌프의 설치위치를 되도록 낮게 하여 흡입양정을 짧게 한다.
② 단흡입펌프보다는 양흡입펌프를 사용한다.
③ 펌프의 흡입관경을 크게 한다.
④ 펌프의 회전수를 크게 한다.

해설 **공동현상(cavitation, 캐비테이션)**

개 요	• 펌프의 흡입측 배관 내의 물의 정압이 기존의 증기압보다 낮아져서 기포가 발생되어 물이 흡입되지 않는 현상
발생현상	• **소음**과 **진동** 발생 • 관 **부식** • **임펠러**의 손상(수차의 날개를 해친다.) • 펌프의 성능저하
발생원인	• 펌프의 흡입수두가 클 때(소화펌프의 흡입고가 클 때) • 펌프의 마찰손실이 클 때 • 펌프의 임펠러속도가 클 때 • 펌프의 설치위치가 수원보다 높을 때 • 관 내의 수온이 높을 때(물의 온도가 높을 때) • 관 내의 물의 정압이 그때의 **증기압**보다 낮을 때 • 흡입관의 **구경**이 작을 때 • 흡입거리가 길 때 • 유량이 증가하여 펌프물이 과속으로 흐를 때
방지대책	• 펌프의 흡입수두를 작게 한다. • 펌프의 마찰손실을 작게 한다. • 펌프의 임펠러속도(회전수)를 작게 한다. 보기 ④ • 펌프의 설치위치를 수원보다 낮게 한다. 보기 ① • **양흡입펌프**를 사용한다.(펌프의 흡입측을 가압한다.) 보기 ② • 관 내의 물의 정압을 그때의 증기압보다 **높게** 한다. • 흡입관의 구경을 **크게** 한다. 보기 ③ • 펌프를 2개 이상 설치한다.

④ 크게 → 작게

답 ④

★★ 38

08.09.문36

그림과 같이 물탱크에서 2m²의 단면적을 가진 파이프를 통해 터빈으로 물이 공급되고 있다. 송출되는 터빈은 수면으로부터 30m 아래에 위치하고, 유량은 10m³/s이고 터빈효율이 80%일 때 터빈출력은 약 몇 kW인가? (단, 밴드나 밸브 등에 의한 부차적 손실계수는 2로 가정한다.)

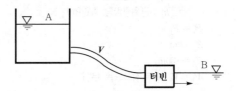

① 1254　　② 2690
③ 2152　　④ 3363

해설

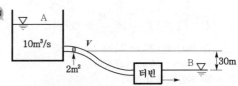

(1) 기호
• A : 2m²
• Z_2 : −30m
• Q : 10m³/s
• η : 80%=0.8
• K : 2
• P : ?

(2) 유량

$$Q=AV$$

여기서, Q : 유량[m³/s]
　　　　A : 단면적[m²]
　　　　V : 유속[m/s]

유속 V는

$$V=\frac{Q}{A}=\frac{10m^3/s}{2m^2}=5m/s$$

(3) 돌연축소관에서의 손실

$$H=K\frac{V_2^{\,2}}{2g}$$

여기서, H : 손실수두(단위중량당 손실)[m]
　　　　K : 손실계수
　　　　V_2 : 축소관유속[m/s]
　　　　g : 중력가속도(9.8m/s²)

손실수두 H는

$$H=K\frac{V_2^{\,2}}{2g}=K\frac{V^2}{2g}$$

$$= 2 \times \frac{(5\text{m/s})^2}{2 \times 9.8\text{m/s}^2} \fallingdotseq 2.55\text{m}$$

(4) 기계에너지 방정식

$$\frac{V_1^2}{2g} + \frac{P_1}{\gamma} + Z_1 = \frac{V_2^2}{2g} + \frac{P_2}{\gamma} + Z_2 + h_L + h_s$$

여기서, V_1, V_2 : 유속[m/s]

$\quad\quad\quad P_1$, P_2 : 압력[kN/m²]

$\quad\quad\quad g$: 중력가속도(9.8m/s²)

$\quad\quad\quad \gamma$: 비중량[N/m³]

$\quad\quad\quad Z_1$, Z_2 : 높이[m]

$\quad\quad\quad h_L$: 단위중량당 손실[m]

$\quad\quad\quad h_s$: 단위중량당 축일[m]

$P_1 = P_2$

$Z_1 = 0\text{m}$

$Z_2 = -30\text{m}$

$V_1 = V_2$ 매우 작으므로 무시

$$\frac{V_1^2}{2g} + \frac{P_1}{\gamma} + Z_1 = \frac{V_2^2}{2g} + \frac{P_2}{\gamma} + Z_2 + h_L + h_s$$

$$0 + \frac{P_1}{\gamma} + 0\text{m} = 0 + \frac{P_2}{\gamma} - 30\text{m} + 2.55\text{m} + h_s$$

$P_1 = P_2$ 이므로 $\dfrac{P_1}{\gamma}$ 과 $\dfrac{P_2}{\gamma}$ 를 생략하면

$0 + 0\text{m} = 0 - 30\text{m} + 2.55\text{m} + h_s$

$h_s = 30\text{m} - 2.55\text{m} = 27.45\text{m}$

(5) 터빈의 동력(출력)

$$P = \frac{\gamma h_s Q \eta}{1000}$$

여기서, P : 터빈의 동력[kW]

$\quad\quad\quad \gamma$: 비중량(물의 비중량 9800N/m³)

$\quad\quad\quad h_s$: 단위중량당 축일[m]

$\quad\quad\quad Q$: 유량[m³/s]

$\quad\quad\quad \eta$: 효율

터빈의 출력 P는

$$P = \frac{\gamma h_s Q \eta}{1000}$$

$$= \frac{9800\text{N/m}^3 \times 27.45\text{m} \times 10\text{m}^3/\text{s} \times 0.8}{1000}$$

$$\fallingdotseq 2152\text{kW}$$

- 터빈은 유체의 흐름으로부터 에너지를 얻어내는 것이므로 효율을 곱해야 하고 전동기처럼 에너지가 소비된다면 나누어야 한다.

답 ③

★★★ 39

16.10.문37
15.05.문36
11.10.문27

안지름 300mm, 길이 200m인 수평원관을 통해 유량 0.2m³/s의 물이 흐르고 있다. 관의 양 끝단에서의 압력차이가 500mmHg이면 관의 마찰계수는 약 얼마인가? (단, 수은의 비중은 13.6이다.)

① 0.017
② 0.025
③ 0.038
④ 0.041

해설

$$H = \frac{\Delta P}{\gamma} = \frac{fLV^2}{2gD}$$

(1) 기호

- D : 300mm=0.3m
- L : 200m
- Q : 0.2m³/s
- ΔP : 500mmHg
- s : 13.6

(2) 단위변환

1atm=760mmHg=1.0332kg_f/cm²

$\quad\quad\quad$ =10.332mH₂O[mAq]

$\quad\quad\quad$ =14.7PSI[lb_f/in²]

$\quad\quad\quad$ =101.325kPa[kN/m²]

$\quad\quad\quad$ =1013mbar

760mmHg=101.325kPa

$$\Delta P = 500\text{mmHg} = \frac{500\text{mmHg}}{760\text{mmHg}} \times 101.325\text{kPa}$$

$$= 66.66\text{kPa} = 66.66\text{kN/m}^2$$

- 1kPa=1kN/m²이므로 66.66kPa=66.66kN/m²

(3) 유량

$$Q = AV = \left(\frac{\pi D^2}{4}\right)V$$

여기서, Q : 유량[m³/s]

$\quad\quad\quad A$: 단면적[m²]

$\quad\quad\quad V$: 유속[m/s]

$\quad\quad\quad D$: 지름(안지름)[m]

유속 V는

$$V = \frac{Q}{\frac{\pi D^2}{4}} = \frac{0.2\text{m}^3/\text{s}}{\frac{\pi \times (0.3\text{m})^2}{4}} \fallingdotseq 2.83\text{m/s}$$

(4) 마찰손실(달시-웨버의 식, Darcy-Weisbach formula)

$$H = \frac{\Delta P}{\gamma} = \frac{fLV^2}{2gD}$$

여기서, H : 마찰손실(수두)[m]

$\quad\quad\quad \Delta P$: 압력차[kPa] 또는 [kN/m²]

$\quad\quad\quad \gamma$: 비중량(물의 비중량 9.8kN/m³)

$\quad\quad\quad f$: 관마찰계수

$\quad\quad\quad L$: 길이[m]

$\quad\quad\quad V$: 유속(속도)[m/s]

$\quad\quad\quad g$: 중력가속도(9.8m/s²)

$\quad\quad\quad D$: 내경[m]

$$\Delta P = \frac{\gamma f L V^2}{2gD}$$

관마찰계수 f는

$$f = \frac{2gD\Delta P}{\gamma L V^2}$$

$$= \frac{2 \times 9.8\text{m/s}^2 \times 0.3\text{m} \times 66.66\text{kN/m}^2}{9.8\text{kN/m}^3 \times 200\text{m} \times (2.83\text{m/s})^2} \fallingdotseq 0.025$$

• 수평원관에 **물**이 흐르고 있으므로 수은의 비중은 고려할 필요가 없다. 속지 말라!

답 ②

★★★
40 동력(power)의 차원을 옳게 표시한 것은? (단, M : 질량, L : 길이, T : 시간을 나타낸다.)

19.04.문40
16.05.문25
12.03.문25
10.03.문37

① ML^2T^{-3}
② L^2T^{-1}
③ $ML^{-1}T^{-1}$
④ MLT^{-2}

해설

차 원	중력단위[차원]	절대단위[차원]
부력(힘)	N [F]	$kg \cdot m/s^2$ $[MLT^{-2}]$
일 (에너지·열량)	N · m [FL]	$kg \cdot m^2/s^2$ $[ML^2T^{-2}]$
동력(일률)	N · m/s $[FLT^{-1}]$ →	$kg \cdot m^2/s^3$ $[ML^2T^{-3}]$ 보기 ①
표면장력	N/m $[FL^{-1}]$	kg/s^2 $[MT^{-2}]$

중요

차 원	중력단위[차원]	절대단위[차원]
길이	m[L]	m[L]
시간	s[T]	s[T]
운동량	N · s[FT]	$kg \cdot m/s[MLT^{-1}]$
속도	$m/s[LT^{-1}]$	$m/s[LT^{-1}]$
가속도	$m/s^2[LT^{-2}]$	$m/s^2[LT^{-2}]$
질량	$N \cdot s^2/m[FL^{-1}T^2]$	kg[M]
압력	$N/m^2[FL^{-2}]$	$kg/m \cdot s^2[ML^{-1}T^{-2}]$
밀도	$N \cdot s^2/m^4[FL^{-4}T^2]$	$kg/m^3[ML^{-3}]$
비중	무차원	무차원
비중량	$N/m^3[FL^{-3}]$	$kg/m^2 \cdot s^2[ML^{-2}T^{-2}]$
비체적	$m^4/N \cdot s^2[F^{-1}L^4T^{-2}]$	$m^3/kg[M^{-1}L^3]$
점성계수	$N \cdot s/m^2[FL^{-2}T]$	$kg/m \cdot s[ML^{-1}T^{-1}]$
동점성계수	$m^2/s[L^2T^{-1}]$	$m^2/s[L^2T^{-1}]$

답 ①

제3과목 소방관계법규

★★
41 소방시설 설치 및 관리에 관한 법률상 특정소방대상물의 관계인이 소방시설에 폐쇄(잠금을 포함)·차단 등의 행위를 하여서 사람을 상해에 이르게 한 때에 대한 벌칙기준으로 옳은 것은?

① 10년 이하의 징역 또는 1억원 이하의 벌금
② 7년 이하의 징역 또는 7000만원 이하의 벌금
③ 5년 이하의 징역 또는 5000만원 이하의 벌금
④ 3년 이하의 징역 또는 3000만원 이하의 벌금

해설 **소방시설법 56조**

벌 칙	행 위
5년 이하의 징역 또는 5천만원 이하의 벌금	소방시설에 폐쇄·차단 등의 **행위**를 한 자
7년 이하의 징역 또는 7천만원 이하의 벌금	소방시설에 폐쇄·차단 등의 행위를 하여 사람을 **상해**에 이르게 한 때 보기 ②
10년 이하의 징역 또는 1억 이하의 벌금	소방시설에 폐쇄·차단 등의 행위를 하여 사람을 **사망**에 이르게 한 때

답 ②

★★
42 화재의 예방 및 안전관리에 관한 법령상 불꽃을 사용하는 용접·용단 기구의 용접 또는 용단 작업장에서 지켜야 하는 사항 중 다음 ( ) 안에 알맞은 것은?

16.03.문60
(산업)

• 용접 또는 용단 작업장 주변 반경 (㉠)m 이내에 소화기를 갖추어 둘 것
• 용접 또는 용단 작업장 주변 반경 (㉡)m 이내에는 가연물을 쌓아두거나 놓아두지 말 것. 다만, 가연물의 제거가 곤란하여 방화포 등으로 방호조치를 한 경우는 제외한다.

① ㉠ 3, ㉡ 5
② ㉠ 5, ㉡ 3
③ ㉠ 5, ㉡ 10
④ ㉠ 10, ㉡ 5

해설 **화재예방법 시행령 〔별표 1〕**
보일러 등의 위치·구조 및 관리와 화재예방을 위하여 불의 사용에 있어서 지켜야 할 사항

구 분	기 준
불꽃을 사용하는 용접·용단기구	① 용접 또는 용단 작업장 주변 반경 **5m** 이내에 **소화기**를 갖추어 둘 것 보기 ㉠ ② 용접 또는 용단 작업장 주변 반경 **10m** 이내에는 **가연물**을 쌓아두거나 놓아두지 말 것(단, 가연물의 제거가 곤란하여 방화포 등으로 방호조치를 한 경우는 제외) 보기 ㉡

기억법 5소(오소서)

답 ③

43 ★★

15.09.문48
(산업)

소방시설 설치 및 관리에 관한 법령상 화재위험도가 낮은 특정소방대상물 중 석재, 불연성 금속, 불연성 건축재료 등의 가공공장·기계조립공장 또는 불연성 물품을 저장하는 창고에 설치하지 않을 수 있는 소방시설은?

① 피난기구
② 비상방송설비
③ 연결송수관설비
④ 옥외소화전설비

해설 **소방시설법 시행령** 〔**별표 6**〕
소방시설을 설치하지 않을 수 있는 특정소방대상물 및 소방시설의 범위

구 분	특정소방대상물	소방시설
화재 위험도가 낮은 특정소방 대상물	**석**재, **불**연성 **금**속, 불연성 건축재료 등의 가공공장·기계조립공장 또는 불연성 물품을 저장하는 창고	① 옥**외**소화전설비 보기 ④ ② 연결살수설비 기억법 석불금외

④ 해당 없음

📢 중요

소방시설법 시행령 〔**별표 7**〕
소방시설을 설치하지 않을 수 있는 소방시설의 범위
(1) **화재위험도**가 낮은 특정소방대상물
(2) 화재안전기준을 적용하기가 어려운 특정소방대상물
(3) 화재안전기준을 달리 적용하여야 하는 특수한 **용도·구조**를 가진 특정소방대상물
(4) **자체소방대**가 설치된 특정소방대상물

답 ④

44

05.03.문48

소방시설 설치 및 관리에 관한 법령상 시·도지사가 실시하는 방염성능검사 대상으로 옳은 것은?

① 설치현장에서 방염처리를 하는 합판·목재
② 제조 또는 가공공정에서 방염처리를 한 카펫
③ 제조 또는 가공공정에서 방염처리를 한 창문에 설치하는 블라인드
④ 설치현장에서 방염처리를 하는 암막·무대막

해설 **소방시설법 시행령** 32조
시·도지사가 실시하는 방염성능검사
설치현장에서 방염처리를 하는 **합판·목재류** 보기 ①

비교

소방시설법 시행령 31조
방염대상물품

제조 또는 가공 공정에서 방염처리를 한 물품	건축물 내부의 천장이나 벽에 부착하거나 설치하는 것
① 창문에 설치하는 **커튼류**(블라인드 포함) ② **카펫** ③ **벽지류**(두께 2mm 미만인 종이벽지 제외) ④ **전시용 합판·목재** 또는 **섬유판** ⑤ **무대용 합판·목재** 또는 **섬유판** ⑥ **암막·무대막**(영화상영관·가상체험 체육시설업의 **스크린** 포함) ⑦ 섬유류 또는 합성수지류 등을 원료로 하여 제작된 소파·의자(단란주점영업, 유흥주점영업 및 노래연습장업의 영업장에 설치하는 것만 해당)	① 종이류(두께 2mm 이상), 합성수지류 또는 **섬유류**를 주원료로 한 물품 ② **합판**이나 **목재** ③ 공간을 구획하기 위하여 설치하는 **간이칸막이** ④ **흡음재**(흡음용 커튼 포함) 또는 **방음재**(방음용 커튼 포함) ※ 가구류(옷장, 찬장, 식탁, 식탁용 의자, 사무용 책상, 사무용 의자, 계산대)와 너비 10cm 이하인 반자돌림대, 내부 마감재료 제외

답 ①

45 ★★★

06.05.문56

제조소 등의 위치·구조 및 설비의 기준 중 위험물을 취급하는 건축물의 환기설비 설치기준으로 다음 ( ) 안에 알맞은 것은?

급기구는 당해 급기구가 설치된 실의 바닥면적 (㉠)m²마다 1개 이상으로 하되, 급기구의 크기는 (㉡)cm² 이상으로 할 것

① ㉠ 100, ㉡ 800
② ㉠ 150, ㉡ 800
③ ㉠ 100, ㉡ 1000
④ ㉠ 150, ㉡ 1000

해설 **위험물규칙** 〔**별표 4**〕
위험물제조소의 환기설비
(1) 환기는 **자연배기방식**으로 할 것
(2) 급기구는 바닥면적 **150m²**마다 1개 이상으로 하되, 그 크기는 **800cm²** 이상일 것 보기 ㉠㉡

바닥면적	급기구의 면적
60m² 미만	150cm² 이상
60~90m² 미만	300cm² 이상
90~120m² 미만	450cm² 이상
120~150m² 미만	600cm² 이상

(3) 급기구는 **낮은 곳**에 설치하고, **인화방지망**을 설치할 것

(4) 환기구는 지붕 위 또는 지상 **2m** 이상의 높이에 **회전식 고정 벤틸레이터** 또는 **루프팬방식**으로 설치할 것

답 ②

46 위험물안전관리법상 위험물시설의 변경기준 중 다음 ( ) 안에 알맞은 것은?

19.09.문42
18.04.문49
15.03.문55
14.05.문44
13.09.문60

> 제조소 등의 위치·구조 또는 설비의 변경 없이 당해 제조소 등에서 저장하거나 취급하는 위험물의 품명·수량 또는 지정수량의 배수상 변경하고자 하는 자는 변경하고자 하는 날의 (㉠)일 전까지 행정안전부령이 정하는 바에 따라 (㉡)에게 신고하여야 한다.

① ㉠ 1, ㉡ 소방본부장 또는 소방서장
② ㉠ 1, ㉡ 시·도지사
③ ㉠ 7, ㉡ 소방본부장 또는 소방서장
④ ㉠ 7, ㉡ 시·도지사

해설 위험물법 6조
제조소 등의 설치허가
(1) 설치허가자: **시·도지사**
(2) 설치허가 제외 장소
  ㉠ 주택의 난방시설(공동주택의 중앙난방시설은 제외)을 위한 **저장소** 또는 **취급소**
  ㉡ 지정수량 **20배** 이하의 **농예용·축산용·수산용** 난방시설 또는 건조시설의 **저장소**
(3) **제조소 등의 변경신고**: 변경하고자 하는 날의 **1일** 전까지 **시·도지사**에게 **신고** 보기 ㉠㉡

기억법 농축수2

참고

시·도지사
(1) 특별시장
(2) 광역시장
(3) 특별자치시장
(4) 도지사
(5) 특별자치도지사

답 ②

47 소방기본법상 관계인의 소방활동을 위반하여 정당한 사유 없이 소방대가 현장에 도착할 때까지 사람을 구출하는 조치 또는 불을 끄거나 불이 번지지 아니하도록 하는 조치를 하지 아니한 자에 대한 벌칙기준으로 옳은 것은?

13.09.문42

① 100만원 이하의 벌금
② 200만원 이하의 벌금

③ 300만원 이하의 벌금
④ 400만원 이하의 벌금

해설 기본법 54조
100만원 이하의 벌금
(1) 피난명령 위반
(2) 위험시설 등에 대한 긴급조치 방해
(3) **소방활동**을 하지 않은 관계인 보기 ①
(4) 정당한 사유없이 **물**의 **사용**이나 **수도**의 **개폐장치**의 사용 또는 조작을 하지 못하게 하거나 **방해**한 자
(5) 소방대의 생활안전활동을 방해한 자

기억법 활1(할일)

용어

소방활동
사람을 구출하는 조치 또는 불을 끄거나 불이 번지지 않도록 조치하는 일

답 ①

48 소방기본법상 소방대장의 권한이 아닌 것은?

19.03.문56
18.04.문43

① 화재가 발생하였을 때에는 화재의 원인 및 피해 등에 대한 조사
② 화재, 재난·재해, 그 밖의 위급한 상황이 발생한 현장에 소방활동구역을 정하여 소방활동에 필요한 사람으로서 대통령령으로 정하는 사람 외에는 그 구역에 출입하는 것을 제한
③ 사람을 구출하거나 불이 번지는 것을 막기 위하여 필요할 때에는 화재가 발생하거나 불이 번질 우려가 있는 소방대상물 및 토지를 일시적으로 사용하거나 그 사용의 제한 또는 소방활동에 필요한 처분
④ 화재진압 등 소방활동을 위하여 필요할 때에는 소방용수 외에 댐·저수지 또는 수영장 등의 물을 사용하거나 수도의 개폐장치 등을 조작

해설 (1) 소방**대**장: 소방활동**구**역의 설정(기본법 23조) 보기 ②

기억법 대구활(대구의 활동)

(2) **소**방본부장·**소**방서장·소방**대**장
  ㉠ 소방활동 **종**사명령(기본법 24조)
  ㉡ **강**제처분(기본법 25조) 보기 ③
  ㉢ **피**난명령(기본법 26조)
  ㉣ 댐·저수지 사용 등 위험시설 등에 대한 긴급조치 (기본법 27조) 보기 ④

기억법 소대종강피(소방대의 종강파티)

답 ①

49 ★★★

시장지역에서 화재로 오인할 만한 우려가 있는 불을 피우거나 연막소독을 하려는 자가 신고를 하지 아니하여 소방자동차를 출동하게 한 자에 대한 과태료 부과·징수권자는?

① 국무총리　　　② 소방청장
③ 시·도지사　　④ 소방서장

해설 **기본법 57조**
연막소독 과태료 징수
(1) **20만원** 이하 **과태료**
(2) **소방본부장·소방서장**이 부과·징수 보기 ④

🖐 중요

기본법 19조
화재로 오인할 만한 불을 피우거나 연막소독시 신고지역
(1) **시장**지역
(2) **공장·창고**가 밀집한 지역
(3) **목조건물**이 밀집한 지역
(4) **위험물**의 **저장** 및 **처리시설**이 **밀집**한 지역
(5) **석유화학제품**을 생산하는 공장이 있는 지역
(6) 그 밖에 **시·도**의 **조례**로 정하는 지역 또는 장소

답 ④

50 ★★

위험물안전관리법령상 제조소 등의 완공검사 신청시기기준으로 틀린 것은?

14.09.문47

① 지하탱크가 있는 제조소 등의 경우에는 해당 지하탱크를 매설하기 전
② 이동탱크저장소의 경우에는 이동저장탱크를 완공하고 상치장소를 확보한 후
③ 이송취급소의 경우에는 이송배관공사의 전체 또는 일부 완료한 후
④ 배관을 지하에 설치하는 경우에는 소방서장이 지정하는 부분을 매몰하고 난 직후

해설 **위험물규칙 20조**
제조소 등의 완공검사 신청시기
(1) **지하탱크**가 있는 **제조소** : 해당 지하탱크를 매설하기 전 보기 ①
(2) **이동탱크저장소** : 이동저장탱크를 완공하고 상치장소를 확보한 후 보기 ②
(3) **이송취급소** : 이송배관공사의 전체 또는 일부를 완료한 후(지하·하천 등에 매설하는 것은 이송배관을 매설하기 전) 보기 ③

④ 매몰하고 난 직후 → 매몰하기 전

답 ④

51 ★★★

소방시설공사업법령상 하자를 보수하여야 하는 소방시설과 소방시설별 하자보수 보증기간으로 옳은 것은?

16.10.문56
15.05.문59
15.03.문52
12.05.문59

① 유도등 : 1년
② 자동소화장치 : 3년
③ 자동화재탐지설비 : 2년
④ 상수도소화용수설비 : 2년

해설 **공사업령 6조**
소방시설공사의 하자보수 보증기간

보증기간	소방시설
2년	① **유도등·유도표지·피**난기구 보기 ① ② **비상조**명등·비상**경**보설비·비상**방**송설비 ③ **무**선통신보조설비
3년	① 자동소화장치 보기 ② ② 옥내·외소화전설비 ③ 스프링클러설비·간이스프링클러설비 ④ 물분무등소화설비·상수도소화용수설비 보기 ④ ⑤ 자동화재탐지설비·소화활동설비(무선통신보조설비 제외) 보기 ③

기억법 유비 조경방무피2

① 2년
③, ④ 3년

답 ②

52 ★★

위험물안전관리법령상 제조소 또는 일반취급소에서 취급하는 제4류 위험물의 최대수량의 합이 지정수량의 24만배 이상 48만배 미만인 사업소의 관계인이 두어야 하는 화학소방자동차와 자체소방대원의 수의 기준으로 옳은 것은? (단, 화재, 그 밖의 재난발생시 다른 사업소 등과 상호 응원에 관한 협정을 체결하고 있는 사업소는 제외한다.)

11.10.문56

① 화학소방자동차-2대, 자체소방대원의 수-10인
② 화학소방자동차-3대, 자체소방대원의 수-10인
③ 화학소방자동차-3대, 자체소방대원의 수-15인
④ 화학소방자동차-4대, 자체소방대원의 수-20인

해설 위험물령 〔별표 8〕
자체소방대에 두는 화학소방자동차 및 인원

구 분	화학소방 자동차	자체소방대원의 수
지정수량 3천~12만배 미만	1대	5인
지정수량 12~24만배 미만	2대	10인
지정수량 24~48만배 미만 보기 ③	**3대**	**15인**
지정수량 48만배 이상	4대	20인
옥외탱크저장소에 저장하는 제4류 위험물의 최대수량이 지정수량의 50만배 이상	2대	10인

답 ③

★★★
53
[19.03.문47]
[16.03.문46]
[05.09.문55]

소방기본법령상 소방서 종합상황실의 실장이 서면·모사전송 또는 컴퓨터통신 등으로 소방본부의 종합상황실에 지체없이 보고하여야 하는 기준으로 틀린 것은?

① 사망자가 5명 이상 발생하거나 사상자가 10명 이상 발생한 화재

② 층수가 11층 이상인 건축물에서 발생한 화재

③ 이재민이 50명 이상 발생한 화재

④ 재산피해액이 50억원 이상 발생한 화재

해설 기본규칙 3조
종합상황실 실장의 보고화재
(1) 사망자 **5명** 이상 화재 보기 ①
(2) 사상자 **10명** 이상 화재
(3) 이재민 **100명** 이상 화재 보기 ③
(4) 재산피해액 **50억원** 이상 화재 보기 ④
(5) 관광호텔, 층수가 11층 이상인 건축물, 지하상가, 시장, 백화점 보기 ②
(6) 5층 이상 또는 객실 30실 이상인 **숙박시설**
(7) 5층 이상 또는 병상 30개 이상인 **종합병원·정신병원·한방병원·요양소**
(8) 1000t 이상인 선박(항구에 매어둔 것)
(9) 지정수량 3000배 이상의 위험물 제조소·저장소·취급소
(10) 연면적 15000m² 이상인 **공장** 또는 **화재예방강화지구**에서 발생한 화재
(11) **가스** 및 **화약류**의 폭발에 의한 화재
(12) **관공서·학교·정부미도정공장·문화재·지하철** 또는 지하구의 **화재**
(13) 철도차량, 항공기, 발전소 또는 변전소
(14) 다중이용업소의 화재

③ 50명 이상 → 100명 이상

※ **종합상황실** : 화재·재난·재해·구조·구급 등이 필요한 때에 신속한 소방활동을 위한 정보를 수집·전파하는 소방서 또는 소방본부의 지령관제실

답 ③

★★
54
[08.09.문42]

지하층을 포함한 층수가 16층 이상 40층 미만인 특정소방대상물의 소방시설 공사현장에 배치하여야 할 소방공사 책임감리원의 배치기준으로 옳은 것은?

① 행정안전부령으로 정하는 특급감리원 중 소방기술사

② 행정안전부령으로 정하는 특급감리원 이상의 소방공사감리원(기계분야 및 전기분야)

③ 행정안전부령으로 정하는 고급감리원 이상의 소방공사감리원(기계분야 및 전기분야)

④ 행정안전부령으로 정하는 중급감리원 이상의 소방공사감리원(기계분야 및 전기분야)

해설 공사업령 〔별표 4〕
소방공사감리원의 배치기준

공사현장	배치기준	
	책임감리원	보조감리원
• 연면적 **5천m²** 미만 • **지하구**	**초급감리원 이상** (기계 및 전기)	
• 연면적 **5천~3만m²** 미만	**중급감리원 이상** (기계 및 전기)	
• **물분무등소화설비**(호스릴 제외) 설치 • **제연설비** 설치 • 연면적 **3만~20만m²** 미만(아파트)	**고급감리원 이상** (기계 및 전기)	**초급감리원 이상** (기계 및 전기)
• 연면적 **3만~20만m²** 미만(아파트 제외) • **16~40층** 미만(지하층 포함) 보기 ②	**특급감리원 이상** (기계 및 전기)	**초급감리원 이상** (기계 및 전기)
• 연면적 **20만m²** 이상 • **40층** 이상(지하층 포함)	**특급감리원 중 소방기술사**	**초급감리원 이상** (기계 및 전기)

비교

공사업령 〔별표 2〕
소방기술자의 배치기준

공사현장	배치기준
• 연면적 **1천m²** 미만	소방기술인정자격수첩 발급자
• 연면적 **1천~5천m²** 미만 (아파트 제외) • 연면적 **1천~1만m²** 미만 (아파트) • **지하구**	**초급기술자 이상** (기계 및 전기분야)

• 물분무등소화설비(호스릴 제외) 또는 **제연설비** 설치 • 연면적 **5천~3만**m² 미만(아파트 제외) • 연면적 **1만~20만**m² 미만(아파트)	**중급기술자 이상** (기계 및 전기분야)
• 연면적 **3만~20만**m² 미만(아파트 제외) • **16~40층** 미만(지하층 포함)	**고급기술자 이상** (기계 및 전기분야)
• 연면적 **20만**m² 이상 • **40층** 이상(지하층 포함)	**특급기술자 이상** (기계 및 전기분야)

답 ②

55 특정소방대상물에서 사용하는 방염대상물품의 방염성능검사 방법과 검사 결과에 따른 합격표시 등에 필요한 사항은 무엇으로 정하는가?

① 대통령령
② 행정안전부령
③ 소방청 고시
④ 시·도의 조례

해설 **행정안전부령**
(1) 119 종합상황실의 설치·운영에 관하여 필요한 사항 (기본법 4조)
(2) 소방**박**물관(기본법 5조)
(3) 소방**력** 기준(기본법 8조)
(4) 소방**용**수시설의 **기준**(기본법 10조)
(5) 소방대원의 소방교육·훈련 실시규정(기본법 17조)
(6) 소방신호의 종류와 방법(기본법 18조)
(7) 소방활동장비 및 설비의 종류와 규격(기본령 2조)
(8) **방염성능검사**의 방법과 검사 결과에 따른 합격표시 (소방시설법 21조 ③항) 보기 ②

기억법 행박력 용기

답 ②

56 소방시설 설치 및 관리에 관한 법령상 자동화재탐지설비를 설치하여야 하는 특정소방대상물의 기준으로 틀린 것은?

① 문화 및 집회시설로서 연면적이 1000m² 이상인 것
② 지하가(터널은 제외)로서 연면적이 1000m² 이상인 것
③ 의료시설(정신의료기관 또는 요양병원은 제외)로서 연면적 1000m² 이상인 것
④ 지하가 중 터널로서 길이가 1000m 이상인 것

해설 소방시설법 시행령 〔별표 4〕
자동화재탐지설비의 설치대상

설치대상	조 건
① 정신의료기관·의료재활시설	• 창살설치 : 바닥면적 300m² 미만 • 기 타 : 바닥면적 300m² 이상
② 노유자시설	• 연면적 400m² 이상
③ 근린생활시설·**위**락시설 ④ **의**료시설(정신의료기관, 요양병원 제외) 보기 ③ ⑤ **복**합건축물·장례시설	• 연면적 **600m²** 이상
⑥ 목욕장·문화 및 집회시설, 운동시설 보기 ① ⑦ 종교시설 ⑧ 방송통신시설·관광휴게시설 ⑨ 업무시설·판매시설 ⑩ 항공기 및 자동차 관련시설·공장·창고시설 ⑪ 지하가(터널 제외)·운수시설·발전시설·위험물 저장 및 처리시설 보기 ② ⑫ 교정 및 군사시설 중 국방·군사시설	• 연면적 1000m² 이상
⑬ **교**육연구시설·**동**식물관련시설 ⑭ **자**원순환관련시설·**교**정 및 군사시설(국방·군사시설 제외) ⑮ **수**련시설(숙박시설이 있는 것 제외) ⑯ 묘지관련시설	• 연면적 2000m² 이상
⑰ 지하가 중 터널 보기 ④	• 길이 1000m 이상
⑱ 지하구 ⑲ 노유자생활시설 ⑳ 아파트 등 기숙사 ㉑ 숙박시설 ㉒ 6층 이상인 건축물 ㉓ 조산원 및 산후조리원 ㉔ 전통시장 ㉕ 요양병원(정신병원, 의료재활시설 제외)	• 전부
㉖ 특수가연물 저장·취급	• 지정수량 500배 이상
㉗ 수련시설(숙박시설이 있는 것)	• 수용인원 100명 이상
㉘ 발전시설	• 전기저장시설

기억법 근위의복 6, 교동자교수 2

③ 1000m² 이상 → 600m² 이상

답 ③

57 소방시설 설치 및 관리에 관한 법률상 시·도지사는 소방시설관리업자에게 영업정지를 명하는 경우로서 그 영업정지가 국민에게 심한 불편을 주거나 그 밖에 공익을 해칠 우려가 있을 때에는 영업정지처분을 갈음하여 얼마 이하의 과징금을 부과할 수 있는가?
[17.09.문52]

① 1000만원
② 2000만원
③ 3000만원
④ 5000만원

해설 소방시설법 36조, 위험물법 13조, 공사업법 10조
과징금

3000만원 이하	2억원 이하
• 소방시설관리업 영업정지처분 같음 보기 ③	• 제조소 사용정지처분 같음 • 소방시설업 영업정지처분 같음

중요

소방시설업
(1) 소방시설설계업
(2) 소방시설공사업
(3) 소방공사감리업
(4) 방염처리업

답 ③

58 소방기본법령상 소방용수시설에 대한 설명으로 틀린 것은?
15.03.문48

① 시·도지사는 소방활동에 필요한 소방용수시설을 설치하고 유지·관리하여야 한다.
② 수도법의 규정에 따라 설치된 소화전도 시·도지사가 유지·관리하여야 한다.
③ 소방본부장 또는 소방서장은 원활한 소방활동을 위하여 소방용수시설에 대한 조사를 월 1회 이상 실시하여야 한다.
④ 소방용수시설 조사의 결과는 2년간 보관하여야 한다.

해설 기본법 10조 ①항
소방용수시설
(1) 종류 : 소화전·급수탑·저수조
(2) 기준 : 행정안전부령
(3) 설치·유지·관리 : 시·도(단, 수도법에 의한 소화전은 일반수도사업자가 관할소방서장과 협의하여 설치) 보기 ②

② 시·도지사 → 일반수도사업자

답 ②

59 소방시설공사업법령상 특정소방대상물에 설치된 소방시설 등을 구성하는 것의 전부 또는 일부를 개설, 이전 또는 정비하는 공사의 경우 소방시설공사의 착공신고대상이 아닌 것은? (단, 고장 또는 파손 등으로 인하여 작동시킬 수 없는 소방시설을 긴급히 교체하거나 보수하여야 하는 경우는 제외한다.)

① 수신반 　　　② 소화펌프
③ 동력(감시)제어반　　④ 압력챔버

해설 공사업령 4조
소방시설공사의 착공신고대상
(1) 수신반 보기 ①
(2) 소화펌프 보기 ②
(3) 동력(감시)제어반 보기 ③

답 ④

60 소방시설 설치 및 관리에 관한 법령상 건축허가 등의 동의를 요구하는 때 동의요구서에 첨부하여야 하는 설계도서 중 건축물 설계도서가 아닌 것은? (단, 소방시설공사 착공신고대상에 해당하는 경우이다.)
16.03.문58
06.03.문55

① 창호도
② 실내전개도
③ 층별 평면도
④ 실내 마감재료표

해설 설계도서
(1) 건축물 설계도서
　㉠ 건축개요 및 배치도
　㉡ 주단면도 및 입면도
　㉢ 층별 평면도(용도별 기준층 평면도 포함) 보기 ③
　㉣ 방화구획도(창호도 포함) 보기 ①
　㉤ 실내·실외 마감재료표 보기 ④
　㉥ 소방자동차 진입 동선도 및 부서 공간 위치도(조경계획 포함)
(2) 소방시설 설계도서
　㉠ 소방시설(기계·전기분야의 시설)의 계통도(시설별 계산서 포함)
　㉡ 소방시설별 층별 평면도
　㉢ 실내장식물 방염대상물품 설치 계획(마감재료 제외)
　㉣ 소방시설의 내진설계 계통도 및 기준층 평면도(내진시방서 및 계산서 등 세부내용이 포함된 설계도면은 제외)

② 실내전개도 : 필요없음

비교

공사업규칙 12조
소방시설공사 착공신고서류
(1) 설계도서
(2) 기술관리를 하는 기술인력의 **기술등급을 증명하는 서류 사본**
(3) 소방시설공사업 **등록증 사본 1부**
(4) 소방시설공사업 **등록수첩 사본 1부**
(5) 소방시설공사를 하도급하는 경우의 서류
　㉠ 소방시설공사 등의 하도급통지서 사본 1부
　㉡ 하도급대금 지급에 관한 다음의 어느 하나에 해당하는 서류
　　•「하도급거래 공정화에 관한 법률」제13조의 2에 따라 공사대금 지급을 보증한 경우에는 하도급대금 지급보증서 사본 1부
　　•「하도급거래 공정화에 관한 법률」제13조의 2 제1항 외의 부분 단서 및 같은 법 시행령 제8조 제1항에 따라 보증이 필요하지 않거나 보증이 적합하지 않다고 인정되는 경우에는 이를 증빙하는 서류 사본 1부

답 ②

제4과목 소방기계시설의 구조 및 원리

61 포소화설비의 자동식 기동장치의 설치기준 중 다음 ( ) 안에 알맞은 것은? (단, 화재감지기를 사용하는 경우이며, 자동화재탐지설비의 수신기가 설치된 장소에 상시 사람이 근무하고 있고, 화재시 즉시 해당 조작부를 작동시킬 수 있는 경우는 제외한다.)

> 화재감지기 회로에는 다음의 기준에 따른 발신기를 설치할 것
> 특정소방대상물의 층마다 설치하되, 해당 특정소방대상물의 각 부분으로부터 수평거리가 (㉠)m 이하가 되도록 할 것. 다만, 복도 또는 별도로 구획된 실로서 보행거리가 (㉡)m 이상일 경우에는 추가로 설치하여야 한다.

① ㉠ 25, ㉡ 30 ② ㉠ 25, ㉡ 40
③ ㉠ 15, ㉡ 30 ④ ㉠ 15, ㉡ 40

해설 발신기의 설치기준(NFTC 105 2.8.2.2.2)
(1) 조작이 쉬운 장소에 설치하고, 스위치는 바닥으로부터 **0.8~1.5m** 이하의 높이에 설치할 것
(2) 특정소방대상물의 **층**마다 설치하되, 해당 특정소방대상물의 각 부분으로부터 **수평거리**가 **25m** 이하가 되도록 할 것(단, 복도 또는 별도로 구획된 실로서 **보행거리**가 **40m** 이상일 경우에는 추가 설치) 보기 ㉠㉡
(3) 발신기의 위치를 표시하는 **표시등**은 함의 **상부**에 설치하되, 그 불빛은 부착면으로부터 **15° 이상**의 범위 안에서 부착지점으로부터 **10m** 이내의 어느 곳에서도 쉽게 식별할 수 있는 **적색등**으로 할 것

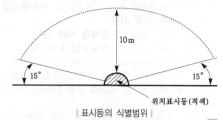

10m

15° 15°

위치표시등(적색)

┃표시등의 식별범위┃

답 ②

62 노유자시설의 3층에 적응성을 가진 피난기구가 아닌 것은?
19.03.문76
16.05.문74
11.03.문72
① 미끄럼대 ② 피난교
③ 구조대 ④ 간이완강기

해설 피난기구의 적응성(NFTC 301 2.1.1)

설치 장소별 구분 / 층별	1층	2층	3층	4층 이상 10층 이하
노유자시설	• 미끄럼대 • 구조대 • 피난교 • 다수인 피난장비 • 승강식 피난기	• 미끄럼대 • 구조대 • 피난교 • 다수인 피난장비 • 승강식 피난기	• 미끄럼대 • 구조대 • 피난교 • 다수인 피난장비 • 승강식 피난기	• 구조대[1] • 피난교 • 다수인 피난장비 • 승강식 피난기
의료시설 · 입원실이 있는 의원 · 접골원 · 조산원	–	–	• 미끄럼대 • 구조대 • 피난교 • 피난용 트랩 • 다수인 피난장비 • 승강식 피난기	• 구조대 • 피난교 • 피난용 트랩 • 다수인 피난장비 • 승강식 피난기
영업장의 위치가 4층 이하인 다중이용업소	–	• 미끄럼대 • 피난사다리 • 구조대 • 완강기 • 다수인 피난장비 • 승강식 피난기	• 미끄럼대 • 피난사다리 • 구조대 • 완강기 • 다수인 피난장비 • 승강식 피난기	• 미끄럼대 • 피난사다리 • 구조대 • 완강기 • 다수인 피난장비 • 승강식 피난기
그 밖의 것 (근린생활시설 사무실 등)	–	–	• 미끄럼대 • 피난사다리 • 구조대 • 완강기 • 피난교 • 피난용 트랩 • 간이완강기[2] • 공기안전매트[2] • 다수인 피난장비 • 승강식 피난기	• 피난사다리 • 구조대 • 완강기 • 피난교 • 간이완강기[2] • 공기안전매트[2] • 다수인 피난장비 • 승강식 피난기

[비고] 1) 구조대의 적응성은 장애인 관련 시설로서 주된 사용자 중 스스로 피난이 불가한 자가 있는 경우 추가로 설치하는 경우에 한한다.
2) 간이완강기의 적응성은 숙박시설의 3층 이상에 있는 객실에 추가로 설치하는 경우에 한한다.

④ 해당 없음

답 ④

63 건축물의 층수가 40층인 특별피난계단의 계단실 및 부속실 제연설비의 비상전원은 몇 분 이상 유효하게 작동할 수 있어야 하는가?
06.09.문79
① 20 ② 30
③ 40 ④ 60

해설 비상전원 용량

설비의 종류	비상전원 용량
• **자**동화재탐지설비 • 비상**경**보설비 • **자**동화재속보설비	**10분** 이상
• 유도등 • 비상콘센트설비 • 제연설비 • 물분무소화설비 • 옥내소화전설비(30층 미만) • 특별피난계단의 계단실 및 부속실 제연설비(30층 미만)	**20분** 이상
• 무선통신보조설비의 **증**폭기	**30분** 이상

• 옥내소화전설비(30~49층 이하) • 특별피난계단의 계단실 및 부속실 제연설비(30~49층 이하) 보기 ③ • 연결송수관설비(30~49층 이하) • 스프링클러설비(30~49층 이하)	40분 이상
• 유도등·비상조명등(지하상가 및 11층 이상) • 옥내소화전설비(50층 이상) • 특별피난계단의 계단실 및 부속실 제연설비(50층 이상) • 연결송수관설비(50층 이상) • 스프링클러설비(50층 이상)	60분 이상

기억법 경자비1(경자라는 이름은 비일비재하게 많다.)
3증(3중고)

답 ③

중요

설치높이		
0.5~1m 이하	0.8~1.5m 이하	1.5m 이하
① 연결송수관설비의 송수구 ② 연결살수설비의 송수구 ③ 물분무소화설비의 송수구 ④ 소화용수설비의 채수구	① 수동식 기동장치 조작부 ② 제어밸브(수동식 개방밸브) ③ 유수검지장치 ④ 일제개방밸브	① 옥내소화전설비의 방수구 ② 호스릴함 ③ 소화기(투척용 소화기)
기억법 연소용51(연소용 오일은 잘 탄다.)	기억법 수기8(수기 팔아요), 제유일85(제가 유일하게 팔았어요)	기억법 옥내호소5(옥내에서 호소하시오.)

답 ④

★★
64 물분무소화설비 송수구의 설치기준 중 틀린 것은?
16.10.문80
13.03.문66
① 구경 65mm의 쌍구형으로 할 것
② 지면으로부터 높이가 0.5m 이상 1m 이하의 위치에 설치할 것
③ 가연성 가스의 저장·취급시설에 설치하는 송수구는 그 방호대상물로부터 20m 이상의 거리를 두거나 방호대상물에 면하는 부분이 높이 1.5m 이상, 폭 2.5m 이상의 철근콘크리트벽으로 가려진 장소에 설치할 것
④ 송수구는 하나의 층의 바닥면적이 1500m²를 넘을 때마다 1개(5개를 넘을 경우에는 5개로 한다) 이상을 설치할 것

해설 **물분무소화설비**의 **송수구**의 **설치기준**(NFPC 104 7조, NFTC 104 2.4)
(1) 구경 65mm의 쌍구형으로 할 것 보기 ①
(2) 지면으로부터 높이가 0.5~1m 이하의 위치에 설치할 것 보기 ②
(3) 가연성 가스의 저장·취급시설에 설치하는 송수구는 그 방호대상물로부터 20m 이상의 거리를 두거나 방호대상물에 면하는 부분이 높이 1.5m 이상, 폭 2.5m 이상의 철근콘크리트벽으로 가려진 장소에 설치하여야 한다. 보기 ③
(4) 송수구는 하나의 층의 바닥면적이 3000m²를 넘을 때마다 1개(5개를 넘을 경우에는 5개로 한다.) 이상을 설치할 것 보기 ④
(5) 송수구의 가까운 부분에 자동배수밸브(또는 직경 5mm의 배수공) 및 체크밸브를 설치할 것

④ 1500m² → 3000m²

★★★
65 옥내소화전설비 배관의 설치기준 중 다음 ( )
16.10.문79
안에 알맞은 것은?

연결송수관설비의 배관과 겸용할 경우의 주배관은 구경 (㉠)mm 이상, 방수구로 연결되는 배관의 구경은 (㉡)mm 이상의 것으로 하여야 한다.

① ㉠ 80, ㉡ 65
② ㉠ 80, ㉡ 50
③ ㉠ 100, ㉡ 65
④ ㉠ 125, ㉡ 80

해설 **옥내소화전설비**(NFPC 102 6조, NFTC 102 2.3)

배관	구경	비고
가지배관	40mm 이상	호스릴 : 25mm 이상
주배관 중 수직배관	50mm 이상	호스릴 : 32mm 이상
연결송수관설비 겸용 주배관	100mm 이상 보기 ㉠	방수구로 연결되는 배관의 구경 : 65mm 이상 보기 ㉡

답 ③

★★★
66 소방설비용 헤드의 분류 중 수류를 살수판에 충돌하여 미세한 물방울을 만드는 물분무헤드는?
03.05.문63
① 디프렉타형
② 충돌형
③ 슬리트형
④ 분사형

해설 **물분무헤드**의 **종류**

종 류	설 명
충돌형	유수와 유수의 충돌에 의해 미세한 물 방울을 만드는 물분무헤드 ┃충돌형┃
분사형	소구경의 오리피스로부터 고압으로 분 사하여 미세한 물방울을 만드는 물분 무헤드 ┃분사형┃
선회류형	선회류에 의해 확산 방출하든가 선회 류와 직선류의 충돌에 의해 확산 방출 하여 미세한 물방울을 만드는 물분무 헤드 ┃선회류형┃
디프렉타형 (디플렉터형) 보기①	수류를 **살**수판에 충돌하여 미세한 물 방울을 만드는 물분무헤드 ┃디플렉터형┃

기억법 살디(살지)

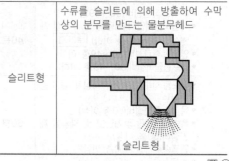

슬리트형	수류를 슬리트에 의해 방출하여 수막 상의 분무를 만드는 물분무헤드 ┃슬리트형┃

답 ①

★
67 내림식 사다리의 구조기준 중 다음 ( ) 안에 공
15.03.문62
06.03.문61
통으로 들어갈 내용은?

> 사용시 소방대상물로부터 ( )cm 이상의 거
> 리를 유지하기 위한 유효한 돌자를 횡봉의
> 위치마다 설치하여야 한다. 다만, 그 돌자를
> 설치하지 아니하여도 사용시 소방대상물에
> 서 ( )cm 이상의 거리를 유지할 수 있는 것
> 은 그러하지 아니하다.

① 15   ② 10
③ 7   ④ 5

해설 **내림식 사다리**의 **구조기준**(피난사다리의 형식승인 6조)
(1) 사용시 소방대상물로부터 **10cm** 이상의 거리를 유지하기
위한 유효한 돌자를 횡봉의 위치마다 설치(단, 그 돌자를
설치하지 아니하여도 사용시 소방대상물에서 **10cm** 이상
의 거리를 유지할 수 있는 것은 제외) 보기②
(2) 종봉의 끝부분에는 **가변식 걸고리** 또는 **걸림장치**
부착
(3) 걸림장치 등은 쉽게 이탈하거나 파손되지 아니하는
구조
(4) 하향식 피난구용 내림식 사다리는 사다리를 접거나 천
천히 펼쳐지게 하는 **완강장치** 부착
(5) 하향식 피난구용 내림식 사다리는 한 번의 동작으로
사용 가능한 구조이어야 한다.

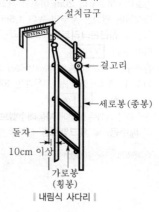

┃내림식 사다리┃

답 ②

★★
68
19.04.문80
19.03.문64
17.09.문66
15.03.문77
09.05.문63

소화수조 및 저수조의 가압송수장치 설치기준 중 다음 ( ) 안에 알맞은 것은?

> 소화수조가 옥상 또는 옥탑의 부분에 설치된 경우에는 지상에 설치된 채수구에서의 압력이 ( )MPa 이상이 되도록 하여야 한다.

① 0.1 　　　　 ② 0.15
③ 0.17 　　　　 ④ 0.25

해설 **소화용수설비**의 **설치기준**(NFPC 402 4·5조, NFTC 402 2.1.1, 2.2)
(1) 소화수조의 깊이가 **4.5m** 이상일 경우 가압송수장치를 설치할 것
(2) 소화수조는 소방펌프자동차가 채수구로부터 **2m** 이내의 지점까지 접근할 수 있는 위치에 설치할 것
(3) 소화수조가 **옥상** 또는 옥탑부분에 설치된 경우에는 지상에 설치된 채수구에서의 압력 **0.15MPa** 이상 되도록 한다. 보기 ②

> **기억법** 옥15

답 ②

★★★
69
19.09.문74
15.09.문73
09.03.문75

스프링클러설비의 교차배관에서 분기되는 지점을 기점으로 한쪽 가지배관에 설치되는 헤드의 개수는 최대 몇 개 이하인가? (단, 방호구역 안에서 칸막이 등으로 구획하여 헤드를 증설하는 경우와 격자형 배관방식을 채택하는 경우는 제외한다.)

① 8 　　　　 ② 10
③ 12 　　　　 ④ 15

해설 **한**쪽 가지배관에 설치되는 헤드의 개수는 **8개** 이하로 한다.

‖ 가지배관의 헤드개수 ‖

> **기억법** 한8(함 팔아요.)

| 비교 |

연결살수설비
연결살수설비에서 하나의 송수구역에 설치하는 개방형 헤드의 수는 **10개** 이하로 한다. 보기 ②

답 ①

★
70
19.09.문61
15.05.문63
12.03.문70
98.07.문73

이산화탄소소화설비 기동장치의 설치기준으로 옳은 것은?

① 가스압력식 기동장치 기동용 가스용기의 체적은 3L 이상으로 한다.
② 전기식 기동장치로서 5병의 저장용기를 동시에 개방하는 설비는 2병 이상의 저장용기에 전자개방밸브를 부착해야 한다.

③ 수동식 기동장치는 전역방출방식에 있어서 방호대상물마다 설치한다.
④ 수동식 기동장치의 부근에는 소화약제의 방출을 지연시킬 수 있는 방출지연스위치를 설치한다.

해설 **이산화탄소소화설비**의 **기동장치**
(1) 자동식 기동장치는 **자동화재탐지설비 감지기**의 작동과 **연동**
(2) 전역방출방식에 있어서 수동식 기동장치는 **방호구역**마다 설치 보기 ③
(3) 가스압력식 자동기동장치의 기동용 가스용기 체적은 **5L 이상** 보기 ①
(4) 수동식 기동장치의 조작부는 **0.8~1.5m** 이하 높이에 설치
(5) 전기식 기동장치는 **7병** 이상의 경우에 **2병** 이상이 전자개방밸브 설치 보기 ②
(6) 수동식 기동장치의 부근에는 소화약제의 **방출**을 지연시킬 수 있는 **방출지연스위치** 설치 보기 ④

> ① 3L → 5L
> ② 5병 → 7병
> ③ 방호대상물 → 방호구역

▶ 중요 ◀

이산화탄소 소화설비 가스압력식 기동장치

구 분	기 준
비활성 기체 충전압력	6MPa 이상(21℃ 기준)
기동용 가스용기의 체적	**5L 이상**
기동용 가스용기 안전장치의 압력	내압시험압력의 0.8~내압시험압력 이하
기동용 가스용기 및 해당 용기에 사용하는 밸브의 견디는 압력	25MPa 이상

| 비교 |

분말소화설비 가스압력식 기동장치

구 분	기 준
기동용 가스용기의 체적	5L 이상(단, 1L 이상시 CO_2량 0.6kg 이상)

답 ④

★
71

차고·주차장에 설치하는 포소화전설비의 설치기준 중 다음 ( ) 안에 알맞은 것은? (단, 1개층의 바닥면적이 200m² 이하인 경우는 제외한다.)

> 특정소방대상물의 어느 층에 있어서도 그 층에 설치된 포소화전방수구(포소화전방수구가 5개 이상 설치된 경우에는 5개)를 동시에 사용할 경우 각 이동식 포노즐 선단의 포수용액 방사압력이 (㉠)MPa 이상이고 (㉡) L/min 이상의 포수용액을 수평거리 15m 이상으로 방사할 수 있도록 할 것

① ㉠ 0.25, ㉡ 230 ② ㉠ 0.25, ㉡ 300
③ ㉠ 0.35, ㉡ 230 ④ ㉠ 0.35, ㉡ 300

해설 차고·주차장에 설치하는 **호스릴포소화설비** 또는 **포소화전설비**의 설치기준(NFPC 105 12조, NFTC 105 2.9.3)

(1) 특정소방대상물의 어느 층에 있어서도 그 층에 설치된 호스릴포방수구 또는 포소화전방수구(5개 이상 설치된 경우 5개)를 동시에 사용할 경우 각 이동식 포노즐 선단의 포수용액 방사압력이 **0.35MPa** 이상이고 **300L/min** 이상(1개층의 바닥면적이 200m² 이하인 경우에는 230L/min 이상)의 포수용액을 **수평거리 15m 이상**으로 방사할 수 있도록 할 것 보기 ㉠㉡

(2) **저발포**의 포소화약제를 사용할 수 있는 것으로 할 것

(3) 호스릴 또는 호스를 호스릴포방수구 또는 포소화전방수구로 분리하여 비치하는 때에는 그로부터 **3m** 이내의 거리에 **호스릴함** 또는 **호스함**을 설치할 것

(4) 호스릴함 또는 호스함은 바닥으로부터 높이 **1.5m** 이하의 위치에 설치하고 그 표면에는 '**포호스릴함(또는 포소화전함)**'이라고 표시한 표지와 **적색**의 위치표시등을 설치할 것

(5) 방호대상물의 각 부분으로부터 하나의 호스릴포방수구까지의 **수평거리**는 **15m** 이하(**포소화전방수구**는 **25m** 이하)가 되도록 하고 호스릴 또는 호스의 길이는 방호대상물의 각 부분에 포가 유효하게 뿌려질 수 있도록 할 것

답 ④

⭐ 72 연결송수관설비의 가압송수장치의 설치기준으로 틀린 것은? (단, 지표면에서 최상층 방수구의 높이가 70m 이상의 특정소방대상물이다.)

11.10.문73 (산업)

① 펌프의 양정은 최상층에 설치된 노즐 선단의 압력이 0.35MPa 이상의 압력이 되도록 할 것

② 계단식 아파트의 경우 펌프의 토출량은 1200L/min 이상이 되는 것으로 할 것

③ 계단식 아파트의 경우 해당층에 설치된 방수구가 3개를 초과하는 것은 1개마다 400L/min를 가산한 양이 펌프의 토출량이 되는 것으로 할 것

④ 내연기관을 사용하는 경우(층수가 30층 이상 49층 이하) 내연기관의 연료량은 20분 이상 운전할 수 있는 용량일 것

해설 **연결송수관설비**의 **가압송수장치** 설치기준(NFPC 502 8조, NFTC 502 2.5)

(1) 펌프의 양정은 최상층에 설치된 노즐 선단의 압력이 **0.35MPa** 이상의 압력이 되도록 할 것 보기 ①

(2) 펌프의 토출량은 **2400L/min**(**계단식 아파트**의 경우에는 **1200L/min**) 이상이 되는 것으로 할 것 보기 ②

(3) 해당층에 설치된 방수구가 3개를 초과(방수구가 5개 이상인 경우에는 5개)하는 것에 있어서는 1개마다 **800L/min**(**계단식 아파트**의 경우에는 **400L/min**)를 가산한 양이 되는 것으로 할 것 보기 ③

(4) 내연기관의 연료량은 펌프를 **20분**(층수가 30~49층 이하는 **40분**, 50층 이상은 **60분**) 이상 운전할 수 있는 용량일 것 보기 ④

④ 20분 → 40분

🔧 중요

연결송수관설비의 펌프토출량

일반적인 경우	계단식 아파트
• 방수구 **3개** 이하	• 방수구 **3개** 이하
$Q = 2400$L/min 이상	$Q = 1200$L/min 이상
• 방수구 **4개** 이상	• 방수구 **4개** 이상
$Q = 2400 + (N-3) \times 800$	$Q = 1200 + (N-3) \times 400$

여기서, Q : 펌프토출량[L/min]
　　　　 N : 가장 많은 층의 방수구개수(**최대 5개**)

※ **방수구** : 가압수가 나오는 구멍

답 ④

⭐⭐⭐ 73 연소방지설비 헤드의 설치기준으로 옳은 것은?

17.03.문73
14.03.문62

① 헤드간의 수평거리는 연소방지설비 전용 헤드의 경우에는 1.5m 이하로 할 것

② 헤드간의 수평거리는 스프링클러헤드의 경우에는 2m 이하로 할 것

③ 환기구 사이의 간격이 700m를 초과할 경우에는 700m 이내마다 살수구역을 설정하되, 지하구의 구조를 고려하여 방화벽을 설치한 경우에는 제외

④ 하나의 살수구역의 길이는 2m 이상으로 할 것

해설 **연소방지설비 헤드**의 **설치기준**(NFPC 605 8조, NFTC 605 2.4.2)

(1) **천장** 또는 **벽면**에 설치하여야 한다.

(2) 헤드 간의 수평거리

스프링클러헤드	연소방지설비 전용헤드
1.5m 이하 보기 ②	2m 이하 보기 ①

(3) 소방대원의 출입이 가능한 환기구·작업구마다 지하구의 양쪽 방향으로 살수헤드를 설정하되, 한쪽 방향의 살수구역의 길이는 **3m** 이상으로 할 것(단, 환기구 사이의 간격이 **700m**를 초과할 경우에는 700m 이내마다 살수구역을 설정하되, 지하구의 구조를 고려하여 방화벽을 설치한 경우에는 제외) 보기 ③④

기억법 연방70

① 1.5m → 2m
② 2m → 1.5m
④ 2m → 3m

답 ③

★★ 74 분말소화약제 저장용기의 설치기준으로 틀린 것은?

① 설치장소의 온도가 40℃ 이하이고, 온도변화가 작은 곳에 설치할 것
② 용기간의 간격은 점검에 지장이 없도록 5cm 이상의 간격을 유지할 것
③ 저장용기의 충전비는 0.8 이상으로 할 것
④ 저장용기에는 가압식은 최고사용압력의 1.8배 이하, 축압식은 용기의 내압시험압력의 0.8배 이하의 압력에서 작동하는 안전밸브를 설치할 것

해설 **분말소화약제의 저장용기 설치장소기준**(NFPC 108 4조, NFTC 108 2.1.1)

(1) **방호구역 외**의 장소에 설치할 것(단, 방호구역 내에 설치할 경우에는 피난 및 조작이 용이하도록 피난구 부근에 설치)
(2) 온도가 **40℃** 이하이고, 온도변화가 작은 곳에 설치할 것 보기①
(3) 직사광선 및 빗물이 침투할 우려가 없는 곳에 설치할 것
(4) 방화문으로 구획된 실에 설치할 것
(5) 용기의 설치장소에는 해당용기가 설치된 곳임을 표시하는 표지를 할 것
(6) 용기간의 간격은 점검에 지장이 없도록 **3cm** 이상의 간격을 유지할 것 보기②
(7) 저장용기와 집합관을 연결하는 연결배관에는 **체크밸브**를 설치할 것
(8) 저장용기의 **충전비**는 **0.8** 이상 보기③
(9) 안전밸브의 설치 보기④

가압식	축압식
최고사용압력의 **1.8배** 이하	내압시험압력의 **0.8배** 이하

② 5cm → 3cm

답 ②

★★★ 75 축압식 분말소화기 지시압력계의 정상사용압력 범위 중 상한값은?

15.03.문03
13.06.문78

① 0.68MPa ② 0.78MPa
③ 0.88MPa ④ 0.98MPa

해설 **축압식 분말소화기**
압력계의 지침이 **녹색**부분을 가리키고 있으면 **정상**, 그 외의 부분을 가리키고 있으면 **비정상**상태이다.

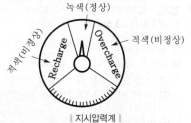

지시압력계

기억법 정녹(정로환)

※ 축압식 분말소화기 충진압력 : 0.7~0.98MPa
보기④

답 ④

★★★ 76 연소할 우려가 있는 개구부에 드렌처설비를 설치한 경우 해당 개구부에 한하여 스프링클러헤드를 설치하지 아니할 수 있는 기준으로 틀린 것은?

07.05.문63

① 드렌처헤드는 개구부 위측에 2.5m 이내마다 1개를 설치할 것
② 제어밸브는 특정소방대상물 층마다에 바닥면으로부터 0.5m 이상 1.5m 이하의 위치에 설치할 것
③ 드렌처헤드가 가장 많이 설치된 제어밸브에 설치된 드렌처헤드를 동시에 사용하는 경우에 각 헤드 선단의 방수량은 80L/min 이상이 되도록 할 것
④ 드렌처헤드가 가장 많이 설치된 제어밸브에 설치된 드렌처헤드를 동시에 사용하는 경우에 각 헤드 선단의 방수압력은 0.1MPa 이상이 되도록 할 것

해설 **설치높이**

0.5~1m 이하	• **연결**송수관설비의 송수구 · 방수구 • **연결**살수설비의 송수구 • 소화**용**수설비의 채수구 **기억법** 연소용 51(**연소용 오일**은 잘 탄다.)
0.8~1.5m 이하	• **제**어밸브(수동식 개방밸브) 보기② • **유**수검지장치 • **일**제개방밸브 **기억법** 제유일 85(**제**가 **유일**하게 **팔**았**어요**.)
1.5m 이하	• **옥내**소화전설비의 방수구 • **호**스릴함 • **소**화기 **기억법** 옥내호소 5(**옥내**에서 **호소**하시**오**.)

② 0.5m 이상 1.5m 이하 → 0.8m 이상 1.5m 이하

답 ②

★★ 77 할로겐화합물 및 불활성기체 소화설비 중 약제의 저장용기 내에서 저장상태가 기체상태의 압축가스인 소화약제는?

12.03.문74

① IG-541 ② HCFC BLEND A
③ HFC-227ea ④ HFC-23

해설 **할로겐화합물 및 불활성기체 소화약제의 종류**

구분	할로겐화합물 소화약제	불활성기체 소화약제
정의	• 불소, 염소, 브로민 또는 아이오딘 중 하나 이상의 원소를 포함하고 있는 유기화합물을 기본 성분으로 하는 소화약제	• 헬륨, 네온, 아르곤 또는 질소가스 중 하나 이상의 원소를 기본성분으로 하는 소화약제
종류	• FC-3-1-10 • HCFC BLEND A [보기 ②] • HCFC-124 • HFC-125 • HFC-227ea [보기 ③] • HFC-23 [보기 ④] • HFC-236fa • FIC-13I1 • FK-5-1-12	• IG-01 • IG-100 • IG-541 [보기 ①] • IG-55
저장 상태	• 액체	• 기체

답 ①

78 ★ **물분무소화설비**의 **가압송수장치**의 **설치기준** 중 틀린 것은? (단, 전동기 또는 내연기관에 따른 펌프를 이용하는 가압송수장치이다.)

[12.05.문65]

① 기동용 수압개폐장치를 기동장치로 사용할 경우에 설치하는 충압펌프의 토출압력은 가압송수장치의 정격토출압력과 같게 한다.

② 가압송수장치가 기동된 경우에는 자동으로 정지되도록 한다.

③ 기동용 수압개폐장치(압력챔버)를 사용할 경우 그 용적은 100L 이상으로 한다.

④ 수원의 수위가 펌프보다 낮은 위치에 있는 가압송수장치에는 물올림장치를 설치한다.

해설 **물분무소화설비 가압송수장치**의 **설치기준**(NFPC 104 5조, NFTC 104 2.2)

(1) 가압송수장치가 기동이 된 경우에는 **자동**으로 **정지되지 않도록** 할 것 [보기 ②]

(2) 가압송수장치(**충압펌프 제외**)에는 **순환배관** 설치

(3) 가압송수장치에는 **펌프**의 **성능**을 **시험**하기 위한 배관 설치

(4) 가압송수장치는 점검이 편리하고, 화재 등의 재해로 인한 피해를 받을 우려가 없는 곳에 설치

(5) 기동용 수압개폐장치(압력챔버)를 사용할 경우 그 용적은 100L 이상으로 한다. [보기 ③]

(6) 수원의 수위가 펌프보다 **낮은 위치**에 있는 가압송수장치에는 물올림장치를 설치한다. [보기 ④]

(7) 기동용 수압개폐장치를 기동장치로 사용할 경우에 설치하는 충압펌프의 토출압력은 가압송수장치의 **정격토출압력**과 **같게** 한다. [보기 ①]

> ② 자동으로 정지되도록 한다. → 자동으로 정지되지 않도록 할 것

답 ②

79 ★★★ **국소방출방식**의 **분말소화설비** 분사헤드는 기준 저장량의 소화약제를 몇 초 이내에 방사할 수 있는 것이어야 하는가?

[15.05.문73]
[13.03.문71]

① 60   ② 30

③ 20   ④ 10

해설 **약제방사시간**

소화설비	전역방출방식		국소방출방식	
	일반건축물	위험물제조소	일반건축물	위험물제조소
할론소화설비	10초이내	30초이내	10초이내	30초이내
분말소화설비	30초이내		30초이내 [보기 ②]	
CO₂ 소화설비 표면화재	1분이내	60초이내		
CO₂ 소화설비 심부화재	7분이내			

※ 문제에서 특정한 조건이 없으면 '일반건축물'을 적용하면 된다.

답 ②

80 ★★ **연결살수설비**의 **배관**에 관한 **설치기준** 중 옳은 것은?

[12.03.문63]

① 개방형 헤드를 사용하는 연결살수설비의 수평주행배관은 헤드를 향하여 상향으로 100분의 5 이상의 기울기로 설치한다.

② 가지배관 또는 교차배관을 설치하는 경우에는 가지배관의 배열은 토너먼트방식이어야 한다.

③ 교차배관에는 가지배관과 가지배관 사이마다 1개 이상의 행거를 설치하되, 가지배관 사이의 거리가 4.5m를 초과하는 경우에는 4.5m 이내마다 1개 이상 설치한다.

④ 가지배관은 교차배관 또는 주배관에서 분기되는 지점을 기점으로 한쪽 가지배관에 설치되는 헤드의 개수는 6개 이하로 하여야 한다.

해설 **행거**의 **설치**(NFPC 503 5조, NFTC 503 2.2.10)

(1) 가지배관 : **3.5m** 이내마다 설치

(2) 교차배관 ┐

(3) 수평주행배관 ┘ **4.5m** 이내마다 설치 [보기 ③]

(4) 헤드와 행거 사이의 간격 : **8cm** 이상

> ① 100분의 5 이상 → 100분의 1 이상
> ② 토너먼트방식이어야 한다. → 토너먼트방식이 아니어야 한다.
> ④ 6개 이하 → 8개 이하

답 ③

▌2017년 기사 제4회 필기시험 ▌

자격종목	종목코드	시험시간	형별	수험번호	성명
소방설비기사(기계분야)		2시간			

※ 각 문항은 4지택일형으로 질문에 가장 적합한 보기 항을 선택하여 체크하여야 합니다.

제 1 과목 소방원론

★★★
01 연소확대 방지를 위한 방화구획과 관계없는 것은?
① 일반 승강기의 승강장구획
② 층 또는 면적별 구획
③ 용도별 구획
④ 방화댐퍼

해설 **연소확대 방지**를 위한 **방화구획**
(1) 층 또는 면적별 구획 [보기 ②]
(2) 피난용 승강기의 승강로구획 [보기 ①]
(3) 위험용도별 구획(용도별 구획) [보기 ③]
(4) 방화댐퍼 설치 [보기 ④]

> ① 일반 승강기 → 피난용 승강기
> 승강장 → 승강로

> ※ **방화구획의 종류** : 층단위, 용도단위, 면적단위

답 ①

★★
02 공기 중에서 자연발화 위험성이 높은 물질은?
16.05.문46
16.05.문52
15.09.문03
15.05.문10
15.03.문51
14.09.문18
11.06.문14
① 벤젠
② 톨루엔
③ 이황화탄소
④ 트리에틸알루미늄

유사문제부터 풀어보세요. 실력이 팍!팍! 올라갑니다.

해설 **위험물령〔별표 1〕**
위험물

유별	성질	품명
제1류	산화성 고체	• 아염소산염류 • 염소산염류(**염소산나트륨**) • 과염소산염류 • 질산염류 • 무기과산화물 **기억법** 1산고염나
제2류	가연성 고체	• **황화인** • **적린** • **황** • 마그네슘 **기억법** 황화적황마

제3류	자연발화성 물질 및 금수성 물질	• **황린** • **칼륨** • **나트륨** • 알칼리토금속 • 트리에틸알루미늄 [보기 ④] **기억법** 황칼나알트
제4류	인화성 액체	• 특수인화물 • 석유류(벤젠) • 알코올류 • 동식물유류
제5류	자기반응성 물질	• 유기과산화물 • 나이트로화합물 • 나이트로소화합물 • 아조화합물 • 질산에스터류(셀룰로이드)
제6류	산화성 액체	• **과염소산** • 과산화수소 • 질산

> ※ **자연발화성 물질** : 자연발화 위험성이 높은 물질

답 ④

★★★
03 목재화재시 다량의 물을 뿌려 소화할 경우 기대
12.09.문09 되는 주된 소화효과는?
① 제거효과
② 냉각효과
③ 부촉매효과
④ 희석효과

해설 **소화의 형태**

구 분	설 명
냉각소화	• **점화원**을 냉각하여 소화하는 방법 • **증발잠열**을 이용하여 열을 빼앗아 가연물의 온도를 떨어뜨려 화재를 진압하는 소화방법 • **다량의 물을 뿌려 소화하는 방법** [보기 ②] • 가연성 물질을 **발화점 이하**로 **냉각**하여 소화하는 방법 • **식용유화재**에 신선한 **야채**를 넣어 소화하는 방법 • 용융잠열에 의한 **냉각효과**를 이용하여 소화하는 방법 **기억법** 냉점증발

질식소화	• 공기 중의 **산소농도**를 16%(10~15%) 이하로 희박하게 하여 소화하는 방법 • 산화제의 농도를 낮추어 연소가 지속될 수 없도록 소화하는 방법 • 산소공급을 차단하여 소화하는 방법 • 산소의 농도를 낮추어 소화하는 방법 • 화학반응으로 발생한 **탄산가스**에 의한 소화방법 **기억법** 질산
제거소화	• **가연물**을 **제거**하여 소화하는 방법
부촉매 소화 (=화학 소화)	• **연쇄반응**을 **차단**하여 소화하는 방법 • 화학적인 방법으로 화재를 억제하여 소화하는 방법 • **활성기**(free radical)의 **생성**을 **억제**하여 소화하는 방법 **기억법** 부억(부엌)
희석소화	• 기체·고체·액체에서 나오는 분해가스나 증기의 농도를 낮춰 소화하는 방법 • 불연성 가스의 **공기 중 농도**를 높여 소화하는 방법

답 ②

★★ 04 폭발의 형태 중 화학적 폭발이 아닌 것은?

① 분해폭발
② 가스폭발
③ 수증기폭발
④ 분진폭발

해설 폭발의 종류

화학적 폭발	물리적 폭발
• 가스폭발 보기 ② • 유증기폭발 • 분진폭발 보기 ④ • 화약류의 폭발 • 산화폭발 • 분해폭발 보기 ① • 중합폭발	• 증기폭발(=수증기폭발) 보기 ③ • 전선폭발 • 상전이폭발 • 압력방출에 의한 폭발

③ 수증기폭발 → 유증기폭발

답 ③

★★ 05 포소화약제 중 고팽창포로 사용할 수 있는 것은?

15.05.문09
15.05.문20
14.03.문78
13.06.문03

① 단백포
② 불화단백포
③ 내알코올포
④ 합성계면활성제포

해설 포소화약제

저팽창포	고팽창포
• 단백포소화약제 보기 ① • 수성막포소화약제 • 내알코올형포소화약제 보기 ③ • 불화단백포소화약제 보기 ② • 합성계면활성제포소화약제	• **합**성계면활성제포소화약제 보기 ④ **기억법** 고합(고합그룹)

• 저팽창포=저발포
• 고팽창포=고발포

중요

포소화약제의 특징

약제의 종류	특 징
단백포	• 흑갈색이다. • 냄새가 지독하다. • 포안정제로서 **제1철염**을 첨가한다. • 다른 포약제에 비해 **부식성**이 **크다.**
수성막포	• 안전성이 좋아 장기보관이 가능하다. • 내약품성이 좋아 **분말소화약제**와 **겸용** 사용이 가능하다. • 석유류 표면에 신속히 피막을 형성하여 유류증발을 억제한다. • 일명 **AFFF**(Aqueous Film Forming Foam)라고 한다. • 점성이 작기 때문에 가연성 기름의 표면에서 쉽게 피막을 형성한다. • 단백포 소화약제와도 병용이 가능하다. **기억법** 분수
내알코올형포 (내알코올포)	• 알코올류 위험물(**메탄올**)의 소화에 사용한다. • 수용성 유류화재(**아세트알데하이드**, **에스터류**)에 사용한다. • 가연성 액체에 사용한다.
불화단백포	• 소화성능이 가장 우수하다. • 단백포와 수성막포의 결점인 열안정성을 보완시킨다. • **표면하 주입방식**에도 적합하다.
합성계면 활성제포	• **저**팽창포와 **고**팽창포 모두 사용 가능하다. • 유동성이 좋다. • 카바이트 저장소에는 부적합하다. **기억법** 합저고

답 ④

★★ 06 FM200이라는 상품명을 가지며 오존파괴지수(ODP)가 0인 할론 대체소화약제는 무슨 계열인가?

16.10.문12
15.03.문20
14.03.문15

① HFC계열
② HCFC계열
③ FC계열
④ Blend계열

해설 **할로겐화합물 및 불활성기체 소화약제**의 **종류**(NFPC 107A 4조, NFTC 107A 2.1.1)

계 열	소화약제	상품명	화학식
FC 계열	퍼플루오로부탄 (FC-3-1-10)	CEA-410	C_4F_{10}
HFC 계열 보기①	트리플루오로메탄 (HFC-23)	FE-13	CHF_3
	펜타플루오로에탄 (HFC-125)	FE-25	CHF_2CF_3
	헵타플루오로프로판 (HFC-227ea)	**FM-200**	CF_3CHFCF_3
HCFC 계열	클로로테트라플루오로에탄 (HCFC-124)	FE-241	$CHClFCF_3$
	하이드로클로로플루오로카본혼화제 (HCFC BLEND A)	NAF S-Ⅲ	• $C_{10}H_{16}$: 3.75% • HCFC-123 ($CHCl_2CF_3$) : 4.75% • HCFC-124 ($CHClFCF_3$) : 9.5% • HCFC-22 ($CHClF_2$) : 82%
IG 계열	불연성·불활성기체혼합가스 (IG-541)	Inergen	• CO_2 : 8% • Ar : 40% • N_2 : 52%

답 ①

★★★
07 화재의 종류에 따른 분류가 틀린 것은?

19.09.문16
19.03.문08
16.05.문09
15.09.문19
13.09.문07

① A급 : 일반화재
② B급 : 유류화재
③ C급 : 가스화재
④ D급 : 금속화재

해설 **화재의 종류**

구 분	표시색	적응물질
일반화재(A급)	백색	• 일반가연물 • 종이류 화재 • 목재·섬유화재
유류화재(B급)	황색	• 가연성 액체 • 가연성 가스 • 액화가스화재 • 석유화재
전기화재(C급) 보기③	청색	• 전기설비
금속화재(D급)	무색	• 가연성 금속
주방화재(K급)	–	• 식용유화재

※ 요즘은 표시색의 의무규정은 없음

③ 가스화재 → 전기화재

답 ③

★★★
08 고비점 유류의 탱크화재시 열류층에 의해 탱크 아래의 물이 비등·팽창하여 유류를 탱크 외부로 분출시켜 화재를 확대시키는 현상은?

97.03.문04

① 보일오버(Boil over)
② 롤오버(Roll over)
③ 백드래프트(Back draft)
④ 플래시오버(Flash over)

해설 **보일오버**(Boil over)
(1) **중질유**의 탱크에서 장시간 조용히 연소하다 탱크 내의 잔존기름이 갑자기 분출하는 현상
(2) 유류탱크에서 탱크바닥에 물과 기름의 **에멀션**이 섞여 있을 때 이로 인하여 화재가 발생하는 현상
(3) 연소유면으로부터 100℃ 이상의 **열**파가 탱크 저부에 고여 있는 물을 비등하게 하면서 연소유를 탱크 밖으로 비산시키며 연소하는 현상
(4) **고비점** 유류의 탱크화재시 열류층에 의해 **탱크 아래의 물이** 비등·팽창하여 유류를 탱크 외부로 분출시켜 화재를 확대시키는 현상 보기①

※ **에멀션** : 물의 미립자가 기름과 섞여서 기름의 증발능력을 떨어뜨려 연소를 억제하는 것

기억법 보중에열

중요
유류탱크, 가스탱크에서 **발생**하는 현상

여러 가지 현상	정 의
블래비 (BLEVE)	• 과열상태의 탱크에서 내부의 액화가스가 분출하여 기화되어 폭발하는 현상
보일오버 (Boil over)	• 중질유의 탱크에서 장시간 조용히 연소하다 탱크 내의 잔존기름이 갑자기 분출하는 현상 • 유류탱크에서 탱크바닥에 물과 기름의 **에멀션**이 섞여 있을 때 이로 인하여 화재가 발생하는 현상 • 연소유면으로부터 100℃ 이상의 열파가 탱크 저부에 고여 있는 물을 비등하게 하면서 연소유를 탱크 밖으로 비산시키며 연소하는 현상 • 탱크 **저부**의 물이 급격히 증발하여 기름이 탱크 밖으로 화재를 동반하여 방출하는 현상
	기억법 보저(보자기)
오일오버 (Oil over)	• 저장탱크에 저장된 유류저장량이 내용적의 **50%** 이하로 충전되어 있을 때 화재로 인하여 탱크가 폭발하는 현상
프로스오버 (Froth over)	• 물이 점성의 뜨거운 **기름표면 아래에서 끓을 때** 화재를 수반하지 않고 용기가 넘치는 현상
슬롭오버 (Slop over)	• 물이 연소유의 **뜨거운 표면**에 **들어갈 때** 기름표면에서 화재가 발생하는 현상 • 유화제로 소화하기 위한 물이 수분의 급격한 증발에 의하여 액면이 거품을 일으키면서 **열유층 밑의 냉유**가 급히 열팽창하여 **기름의 일부**가 불이 붙은 채 탱크벽을 넘어서 일출하는 현상

답 ①

★★★
09 제3류 위험물로서 자연발화성만 있고 금수성이

16.03.문07
10.03.문09

없기 때문에 물속에 보관하는 물질은?

① 염소산암모늄　　② 황린
③ 칼륨　　　　　　④ 질산

해설 **물질**에 따른 **저장장소**

물 질	저장장소
황린, **이**황화탄소(CS_2) 보기 ②	**물**속
나이트로셀룰로오스	알코올 속
칼륨(K), 나트륨(Na), 리튬(Li)	석유류(등유) 속
아세틸렌(C_2H_2)	디메틸포름아미드(DMF), 아세톤에 용해

기억법 황물이(**황**토색 **물이** 나온다.)

✋중요

위험물령 〔별표 1〕
위험물

유 별	성 질	품 명
제1류	**산**화성 **고**체	• 아염소산염류 • **염**소산염류(**염소산나트륨**) • 과염소산염류 • 질산염류 • 무기과산화물 **기억법** 1산고염나
제2류	가연성 고체	• **황화**인 • **적**린 • **황** • **마**그네슘 **기억법** 황화적황마
제3류	자연발화성 물질 및 금수성 물질	• **황린** : 자연발화성 물질 • **칼**륨 • **나**트륨 • **알**칼리토금속 • **트**리에틸알루미늄 **기억법** 황칼나알트
제4류	인화성 액체	• 특수인화물 • 석유류(벤젠) • 알코올류 • 동식물유류
제5류	자기반응성 물질	• 유기과산화물 • 나이트로화합물 • 나이트로소화합물 • 아조화합물 • 질산에스터류(셀룰로이드)
제6류	산화성 액체	• **과**염소산 • 과산화수소 • 질산

답 ②

★★
10 분말소화약제에 관한 설명 중 틀린 것은?

19.03.문01
18.04.문06
16.10.문06
16.10.문10
16.05.문15
16.05.문17
16.03.문09
16.03.문11
15.09.문01
15.05.문08
14.09.문10
14.05.문17
14.03.문03
12.03.문13

① 제1종 분말은 담홍색 또는 황색으로 착색되어 있다.
② 분말의 고화를 방지하기 위하여 실리콘수지 등으로 방습 처리한다.
③ 일반화재에도 사용할 수 있는 분말소화약제는 제3종 분말이다.
④ 제2종 분말의 열분해식은 $2KHCO_3 \rightarrow K_2CO_3 + CO_2 + H_2O$이다.

해설 **분말소화약제**

종 별	주성분	착 색	적응화재	비 고
제1종	중탄산나트륨 ($NaHCO_3$)	백색 보기 ①	BC급	**식용유** 및 **지방질유**의 화재에 적합
제2종	중탄산칼륨 ($KHCO_3$)	담자색 (담회색)	BC급	–
제3종	제1인산암모늄 ($NH_4H_2PO_4$)	담홍색 (황색)	ABC급	**차고 · 주차장**에 적합
제4종	중탄산칼륨 +요소 ($KHCO_3 +$ $(NH_2)_2CO$)	회(백)색	BC급	–

기억법 1식분(**일**식 **분식**)
3분 차주(**삼보**컴퓨터 **차주**)

① 담홍색 또는 황색 → 백색

답 ①

★★
11 질소 79.2vol%, 산소 20.8vol%로 이루어진 공기의 평균분자량은?

19.04.문04
16.10.문02
(산업)
12.05.문12

① 15.44　　　　② 20.21
③ 28.83　　　　④ 36.00

해설 **분자량**

원 소	원자량
H	1
C	12
N →	14
O →	16

질소 N_2 : $14 \times 2 \times 0.792 = 22.176$
산소 O_2 : $16 \times 2 \times 0.208 = 6.656$

공기의 평균분자량 $= 28.832 ≒ 28.83$

- 질소 79.2vol%=0.792
- 산소 20.8vol%=0.208
- 단위가 원래는 vol% 또는 v%, vol.%인데 줄여서 %로 쓰기도 한다.

답 ③

12 휘발유의 위험성에 관한 설명으로 틀린 것은?

① 일반적인 고체가연물에 비해 인화점이 낮다.
② 상온에서 가연성 증기가 발생한다.
③ 증기는 공기보다 무거워 낮은 곳에 체류한다.
④ 물보다 무거워 화재발생시 물분무소화는 효과가 없다.

해설 휘발유의 **위험성**

(1) 일반적인 고체가연물에 비해 인화점이 낮다. 보기 ①
(2) 상온에서 **가연성 증기**가 발생한다. 보기 ②
(3) **증기**는 공기보다 **무거워** 낮은 곳에 체류한다. 보기 ③
(4) 물보다 가벼워 화재발생시 물분무소화도 효과가 있다. 보기 ④

④ 무거워 → 가벼워
물분무소화는 효과가 없다. → 물분무소화도 효과가 있다.

답 ④

13 피난층에 대한 정의로 옳은 것은?

12.05.문54
① 지상으로 통하는 피난계단이 있는 층
② 비상용 승강기의 승강장이 있는 층
③ 비상용 출입구가 설치되어 있는 층
④ 직접 지상으로 통하는 출입구가 있는 층

해설 소방시설법 시행령 2조
피난층: 곧바로 지상으로 갈 수 있는 출입구가 있는 층(직접 지상으로 통하는 출입구가 있는 층)

답 ④

14 이산화탄소 20g은 몇 mol인가?

① 0.23   ② 0.45
③ 2.2   ④ 4.4

해설 원자량

원 소	원자량
H	1
C →	12
N	14
O	16

이산화탄소 $CO_2 = 12 + 16 \times 2 = 44$g/mol
그러므로 이산화탄소는 44g=1mol 이다.

비례식으로 풀면 44g : 1mol=20g : x

$$x = \frac{20g}{44g} \times 1mol = 0.45mol$$

답 ②

15 할로젠원소의 소화효과가 큰 순서대로 배열된 것은?

17.05.문20
15.03.문16
12.03.문04
① I > Br > Cl > F
② Br > I > F > Cl
③ Cl > F > I > Br
④ F > Cl > Br > I

해설 할론소화약제

부촉매효과(소화효과) 크기	전기음성도(친화력) 크기
I > Br > Cl > F	F > Cl > Br > I

- 소화효과=소화능력
- 전기음성도 크기=수소와의 결합력 크기

중요

할로젠족 원소
(1) 불소 : F
(2) 염소 : Cl
(3) 브로민(취소) : Br
(4) 아이오딘(옥소) : I

기억법 FClBrI

답 ①

16 건축물에 설치하는 방화벽의 구조에 대한 기준 중 틀린 것은?

19.09.문14
19.04.문02
18.03.문14
13.03.문16
12.03.문10
08.09.문05
① 내화구조로서 홀로 설 수 있는 구조이어야 한다.
② 방화벽의 양쪽 끝은 지붕면으로부터 0.2m 이상 튀어나오게 하여야 한다.
③ 방화벽의 위쪽 끝은 지붕면으로부터 0.5m 이상 튀어나오게 하여야 한다.
④ 방화벽에 설치하는 출입문은 너비 및 높이가 각각 2.5m 이하인 해당 출입문에는 60분+방화문 또는 60분 방화문을 설치하여야 한다.

해설 건축령 제57조
방화벽의 구조

대상 건축물	주요구조부가 내화구조 또는 불연재료가 아닌 연면적 1000m² 이상인 건축물
구획단지	연면적 1000m² 미만마다 구획
방화벽의 구조	• **내화구조**로서 홀로 설 수 있는 구조일 것 보기 ① • 방화벽의 양쪽 끝과 위쪽 끝을 건축물의 외벽면 및 지붕면으로부터 **0.5m** 이상 튀어나오게 할 것 보기 ②③ • 방화벽에 설치하는 **출입문**의 **너비** 및 높이는 각각 **2.5m** 이하로 하고 해당 출입문에는 60분+방화문 또는 60분 방화문을 설치할 것 보기 ④

② 0.2m → 0.5m

답 ②

17 전기불꽃, 아크 등이 발생하는 부분을 기름 속에 넣어 폭발을 방지하는 방폭구조는?

19.03.문12
12.03.문02
97.07.문15

① 내압방폭구조　　② 유입방폭구조
③ 안전증방폭구조　　④ 특수방폭구조

해설 **방폭구조**의 종류

(1) **내압**(內壓)**방폭구조** : P
　용기 내부에 질소 등의 보호용 가스를 충전하여 외부에서 폭발성 가스가 침입하지 못하도록 한 구조

(2) **유입방폭구조** : o
　전기불꽃, 아크 또는 고온이 발생하는 부분을 **기름** 속에 넣어 폭발성 가스에 의해 인화가 되지 않도록 한 구조 보기 ②

기억법 **유기**(**유기** 그릇)

(3) **안전증방폭구조** : e
　기기의 정상운전 중에 폭발성 가스에 의해 점화원이 될 수 있는 전기불꽃 또는 고온이 되어서는 안될 부분에 기계적, 전기적으로 특히 안전도를 증가시킨 구조

(4) **본질안전방폭구조** : i
　폭발성 가스가 단선, 단락, 지락 등에 의해 발생하는 전기불꽃, 아크 또는 고온에 의하여 점화되지 않는 것이 확인된 구조

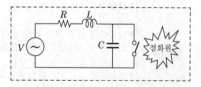

답 ②

18 화재시 소화에 관한 설명으로 틀린 것은?

① 내알코올포소화약제는 수용성 용제의 화재에 적합하다.
② 물은 불에 닿을 때 증발하면서 다량의 열을 흡수하여 소화한다.
③ 제3종 분말소화약제는 식용유화재에 적합하다.
④ 할론소화약제는 연쇄반응을 억제하여 소화한다.

해설 **분말소화약제**

종 별	주성분	착 색	적응 화재	비 고
제1종	중탄산나트륨 ($NaHCO_3$)	백색	BC급	**식용유** 및 **지방질유**의 화재에 적합 보기 ③
제2종	중탄산칼륨 ($KHCO_3$)	담자색 (담회색)	BC급	–
제3종	제1인산암모늄 ($NH_4H_2PO_4$)	담홍색 (황색)	ABC급	**차고·주차장**에 적합
제4종	중탄산칼륨 +요소 ($KHCO_3$+ $(NH_2)_2CO$)	회(백)색	BC급	–

③ 제3종 → 제1종

🔧 중요

소화약제

보 기	소화약제	특 징
①	내알코올포	**수용성** 용제의 화재에 적합
②	물	**다량**의 **열**을 흡수하여 소화 (냉각소화)
④	할론	**연쇄반응**을 억제하여 소화

답 ③

19 건물의 주요구조부에 해당되지 않는 것은?

15.03.문18
13.09.문18

① 바닥　　② 천장
③ 기둥　　④ 주계단

해설 **주요구조부**

(1) 내력**벽**
(2) **보**(작은 보 제외)
(3) **지붕**틀(차양 제외)
(4) **바닥**(최하층 바닥 제외) 보기 ①
(5) **주**계단(옥외계단 제외) 보기 ④
(6) **기**둥(사잇기둥 제외) 보기 ③

여기서, Q : 열[kJ]

기억법 벽보지 바주기

답 ②

★★★
20 공기 중에서 연소범위가 가장 넓은 물질은?

① 수소
② 이황화탄소
③ 아세틸렌
④ 에터

해설 **공기 중의 폭발한계**(상온, 1atm)

가 스	하한계 [vol%]	상한계 [vol%]
아세틸렌(C_2H_2) 보기 ③	2.5	81
수소(H_2) 보기 ①	4	75
일산화탄소(CO)	12	75
에터(($C_2H_5)_2O$) 보기 ④	1.7	48
이황화탄소(CS_2) 보기 ②	1	50
에틸렌(C_2H_4)	2.7	36
암모니아(NH_3)	15	25
메탄(CH_4)	5	15
에탄(C_2H_6)	3	12.4
프로판(C_3H_8)	2.1	9.5
부탄(C_4H_{10})	1.8	8.4
가솔린(C_5H_{12}~C_9G_{20})	1.2	7.6

기억법 아수일에이

• 연소한계=연소범위=가연한계=가연범위=폭발한계=폭발범위
• 하한계=연소하한값
• 상한계=연소상한값
• 가솔린=휘발유

답 ③

제2과목 소방유체역학

★
21 질량 m[kg]의 어떤 기체로 구성된 밀폐계가 Q[kJ]의 열을 받아 일을 하고, 이 기체의 온도가 ΔT[℃] 상승하였다면 이 계가 외부에 한 일(W)은? (단, 이 기체의 정적비열은 C_v[kJ/kg·K], 정압비열은 C_p[kJ/kg·K]이다.)
16.05.문32

① $W = Q - mC_v\Delta T$
② $W = Q + mC_v\Delta T$
③ $W = Q - mC_p\Delta T$
④ $W = Q + mC_p\Delta T$

해설 **열**

$$Q = (U_2 - U_1) + W$$

여기서, Q : 열[kJ]
　　　　$U_2 - U_1$: 내부에너지 변화[kJ]
　　　　W : 일[kJ]

$Q = (U_2 - U_1) + W$
$Q - (U_2 - U_1) = W$
좌우를 이항하면
$W = Q - (U_2 - U_1)$
체적이 일정하므로 정적과정
$W = Q - {}_1q_2$
$W = Q - mC_v\Delta T$

• **정적과정**(열량)

$$_1q_2 = U_2 - U_1 = mC_v\Delta T$$

여기서, $_1q_2$: 열량[kJ]
　　　　$U_2 - U_1$: 내부에너지 변화[kJ]
　　　　m : 질량[kg]
　　　　C_v : 정적비열[kJ/kg·K]
　　　　ΔT : 온도차[K]

답 ①

★★★
22 그림과 같이 수조의 밑부분에 구멍을 뚫고 물을 유량 Q로 방출시키고 있다. 손실을 무시할 때 수위가 처음 높이의 1/2로 되었을 때 방출되는 유량은 어떻게 되는가?

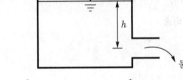

① $\dfrac{1}{\sqrt{2}}Q$
② $\dfrac{1}{2}Q$
③ $\dfrac{1}{\sqrt{3}}Q$
④ $\dfrac{1}{3}Q$

해설 (1) **유량**

$$Q = AV \cdots\cdots\cdots ㉠$$

여기서, Q : 유량[m^3/s]
　　　　A : 단면적[m^2]
　　　　V : 유속[m/s]

(2) **유속**(토리첼리의 식)

$$V = \sqrt{2gh} \cdots\cdots\cdots ㉡$$

여기서, V : 유속[m/s]
　　　　g : 중력가속도(9.8m/s^2)
　　　　h : 높이[m]

㉠식에 ㉡식을 대입하면
$Q = AV = A\sqrt{2gh} \propto \sqrt{h}$

$Q \propto \sqrt{h} = \sqrt{\dfrac{1}{2}} = \dfrac{1}{\sqrt{2}}$

$\therefore$ 수위가 처음 높이의 $\dfrac{1}{2}$로 되면 $Q'=\dfrac{1}{\sqrt{2}}Q$ 가 된다.

답 ①

★★ 23

 그림과 같이 기름이 흐르는 관에 오리피스가 설치되어 있고 그 사이의 압력을 측정하기 위해 U자형 차압액주계가 설치되어 있다. 이때 두 지점 간의 압력차$(P_x - P_y)$는 약 몇 kPa인가?

| 17.03.문29 |
| 13.03.문26 |
| 13.03.문37 |

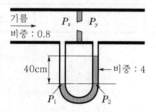

① 28.8
② 15.7
③ 12.5
④ 3.14

해설

$$\Delta P = R(\gamma - \gamma_w)$$

(1) 기호

- s : 0.8
- s' : 4
- R : 40cm=0.4m(100cm=1m)

(2) 비중

$$s = \frac{\gamma}{\gamma_w}$$

여기서, s : 비중
　　　　γ : 어떤 물질의 비중량(kN/m³)
　　　　γ_w : 물의 비중량(9.8kN/m³)

비중량 $\gamma = s \times \gamma_w = 0.8 \times 9.8$kN/m³ $= 7.84$kN/m³

비중량 $\gamma' = s' \times \gamma_w = 4 \times 9.8$kN/m³ $= 39.2$kN/m³

(3) 압력차

$$\Delta P = p_2 - p_1 = R(\gamma - \gamma_w)$$

여기서, ΔP : U자관 마노미터의 압력차(Pa) 또는 (N/m²)
　　　　p_2 : 출구압력(Pa) 또는 (N/m²)
　　　　p_1 : 입구압력(Pa) 또는 (N/m²)
　　　　R : 마노미터 읽음(m)
　　　　γ : 어떤 물질의 비중량(N/m³)
　　　　γ_w : 물의 비중량 9800N/m³

압력차 $\Delta P = R(\gamma - \gamma_w)$를 문제에 맞게 변형하면

압력차 $\Delta P = R(\gamma' - \gamma) = 0.4$m $\times (39.2 - 7.84)$kN/m³
　　　　　　　$≒ 12.5$kN/m² $= 12.5$kPa

- 1kN/m²=1kPa이므로 12.5kN/m²=12.5kPa

답 ③

★ 24

체적이 0.1m³인 탱크 안에 절대압력이 1000kPa인 공기가 6.5kg/m³의 밀도로 채워져 있다. 시간이 $t=0$일 때 단면적이 70mm²인 1차원 출구로 공기가 300m/s의 속도로 빠져나가기 시작한다면 그 순간에서의 밀도변화율[kg/(m³·s)]은 약 얼마인가? (단, 탱크 안의 유체의 특성량은 일정하다고 가정한다.)

① −1.365
② −1.865
③ −2.365
④ −2.865

해설 (1) 기호

- V(체적) : 0.1m³
- P : 1000kPa
- ρ : 6.5kg/m³
- A : 70mm²=70×10⁻⁶m²(1000mm=1m이므로 70mm²=70×(10⁻³m)²=70×10⁻⁶m²)
- U : 300m/s

(2) 유량

$$Q = AU = \frac{V}{t}$$

여기서, Q : 유량[m³/s]
　　　　A : 단면적[m²]
　　　　U : 유속[m/s]
　　　　V : 체적[m³]
　　　　t : 시간[s]

- 기호의 혼돈을 막기 위해 유속을 여기서는 U로 나타낸다.

유량 Q는
$Q = AU = (70 \times 10^{-6})$m² $\times 300$m/s $= 0.021$m³/s

시간 t는
$t = \dfrac{V}{Q} = \dfrac{0.1\text{m}^3}{0.021\text{m}^3/\text{s}} ≒ 4.7619$s

(3) 밀도변화율

$$\Delta\rho = -\frac{\rho}{t}$$

여기서, $\Delta\rho$: 밀도변화율[kg/(m³·s)]
　　　　ρ : 밀도[kg/m³]
　　　　t : 시간[s]

밀도변화율 $\Delta\rho$

$\Delta\rho = -\dfrac{\rho}{t}$

　　$= -\dfrac{6.5\text{kg/m}^3}{4.7619\text{s}} = -1.365$kg/(m³·s)

답 ①

★★★ 25

08.05.문23 지름이 5cm인 소방노즐에서 물제트가 40m/s의 속도로 건물벽에 수직으로 충돌하고 있다. 벽이 받는 힘은 약 몇 N인가?

① 1204   ② 2253

③ 2570   ④ 3141

해설 (1) 기호

- D : 5cm=0.05m
- V : 40m/s

(2) 유량

$$Q = AV = \frac{\pi}{4}D^2 V$$

여기서, Q : 유량[m³/s]

A : 단면적[m²]

V : 유속[m/s]

D : 직경[m]

유량 Q는

$$Q = \frac{\pi}{4}D^2 V$$

$$= \frac{\pi}{4}(5\text{cm})^2 \times 40\text{m/s}$$

$$= \frac{\pi}{4}(5 \times 10^{-2}\text{m})^2 \times 40\text{m/s} \fallingdotseq 0.0786\text{m}^3/\text{s}$$

(3) 힘

$$F = \rho Q V$$

여기서, F : 힘[N]

ρ : 밀도(물의 밀도 1000N·s²/m⁴)

Q : 유량[m³/s]

V : 유속[m/s]

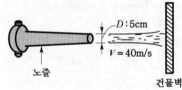

노즐   건물벽

벽이 받는 **힘** F는

$F = \rho Q V$

$= 1000\text{N}\cdot\text{s}^2/\text{m}^4 \times 0.0786\text{m}^3/\text{s} \times 40\text{m/s}$

$\fallingdotseq 3141\text{N}$

답 ④

★ 26

모세관에 일정한 압력차를 가함에 따라 발생하는 층류유동의 유량을 측정함으로써 유체의 점도를 측정할 수 있다. 같은 압력차에서 두 유체의 유량의 비 $Q_2/Q_1 = 2$이고 밀도비 $\rho_2/\rho_1 = 2$일 때, 점성계수비 μ_2/μ_1은?

① 1/4   ② 1/2

③ 1   ④ 2

해설 일정한 압력차를 가함에 따라 층류유동의 유량을 측정하므로 **하겐-포아젤의 법칙**(Hargen-Poiselle's law, **층류**)을 적용하여

$$\Delta P = \frac{128 \mu Q l}{\pi D^4}$$

여기서, ΔP : 압력차(압력강하)[kPa]

μ : 점도[kg/m·s]

Q : 유량[m³/s]

l : 길이[m]

D : 내경[m]

문제에서 $Q_2/Q_1 = 2$이고, 위 공식에서 $\mu \propto \dfrac{1}{Q}$

$$\mu \propto \frac{1}{Q} = \frac{1}{2}$$

- 밀도비 $\rho_2/\rho_1 = 2$는 적용되지 않는다. 주의!

답 ②

★ 27

다음 중 동일한 액체의 물성치를 나타낸 것이 아닌 것은?

① 비중이 0.8

② 밀도가 800kg/m^3

③ 비중량이 7840N/m^3

④ 비체적이 $1.25\text{m}^3/\text{kg}$

해설 (1) 비중

$$s = \frac{\gamma}{\gamma_w} = \frac{\rho}{\rho_w}$$

여기서, s : 비중

γ : 어떤 물질의 비중량[kN/m³]

γ_w : 물의 비중량(9.8kN/m³)

ρ : 어떤 물질의 밀도[kg/m³]

ρ_w : 물의 밀도(1000kg/m³)

(2) 비체적

$$V_s = \frac{1}{\rho}$$

여기서, V_s : 비체적[m³/kg]

ρ : 어떤 물질의 밀도[kg/m³]

① 비중 $s = 0.8$

② 비중 $s = \dfrac{\rho}{\rho_w} = \dfrac{800\text{kg/m}^3}{1000\text{kg/m}^3} = 0.8$

③ 비중 $s = \dfrac{\gamma}{\gamma_w} = \dfrac{7.84\text{kN/m}^3}{9.8\text{kN/m}^3} = 0.8$

- $7840\text{N/m}^3 = 7.84\text{kN/m}^3$

④ $\rho = \dfrac{1}{V_s} = \dfrac{1}{1.25\text{m}^3/\text{kg}} = 0.8\text{kg/m}^3$

비중 $s = \dfrac{\rho}{\rho_w} = \dfrac{0.8\text{kg/m}^3}{1000\text{kg/m}^3} = 8 \times 10^{-4} = 0.0008$

답 ④

28

17.05.문22
16.10.문37
14.03.문24
08.05.문33
07.03.문36
06.09.문31

길이가 5m이며 외경과 내경이 각각 40cm와 30cm인 환형(annular)관에 물이 4m/s의 평균 속도로 흐르고 있다. 수력지름에 기초한 마찰계수가 0.02일 때 손실수두는 약 몇 m인가?

① 0.063 ② 0.204
③ 0.472 ④ 0.816

해설

$$H = \frac{fLV^2}{2gD}$$

(1) 기호

- L : 5m
- D_1 : 40cm=0.4m(100cm=1m)
- D_2 : 30cm=0.3m(100cm=1m)
- V : 4m/s
- f : 0.02

(2) 수력반경(hydraulic radius)

$$R_h = \frac{A}{L}$$

여기서, R_h : 수력반경[m]
　　　A : 단면적[m²]
　　　L : 접수길이(단면둘레의 길이)[m]

(3) 수력직경(수력지름)

$$D_h = 4R_h$$

여기서, D_h : 수력직경[m]
　　　R_h : 수력반경[m]

외경 40cm, 내경 30cm인 환형관

수력반경

$$R_h = \frac{A}{L} = \frac{\pi(r_1^2 - r_2^2)}{2\pi(r_1 + r_2)}$$
$$= \frac{\pi \times (0.2^2 - 0.15^2)\mathrm{m}^2}{2\pi \times (0.2 + 0.15)\mathrm{m}} = 0.025\mathrm{m}$$

- 단면적 $\boxed{A = \pi r^2}$
  여기서, A : 단면적[m²]
  　　　r : 반지름[m]
- 접수길이(원둘레) $\boxed{L = 2\pi r}$
  여기서, L : 접수길이[m]
  　　　r : 반지름[m]

수력지름

$$D_h = 4R_h = 4 \times 0.025\mathrm{m} = 0.1\mathrm{m}$$

(4) 손실수두

$$H = \frac{fLV^2}{2gD}$$

여기서, H : 손실수두(마찰손실)[m]
　　　f : 관마찰계수
　　　L : 길이[m]
　　　V : 유속[m/s]
　　　g : 중력가속도(9.8m/s²)
　　　D : 내경(수력지름)[m]

손실수두 H는
$$H = \frac{fLV^2}{2gD}$$
$$= \frac{0.02 \times 5\mathrm{m} \times (4\mathrm{m/s})^2}{2 \times 9.8\mathrm{m/s}^2 \times 0.1\mathrm{m}} ≒ 0.816\mathrm{m}$$

답 ④

29

열전달면적이 A이고 온도차이가 10℃, 벽의 열전도율이 10W/m·K, 두께 25cm인 벽을 통한 열류량은 100W이다. 동일한 열전달면적에서 온도차이가 2배, 벽의 열전도율이 4배가 되고 벽의 두께가 2배가 되는 경우 열류량은 약 몇 W인가?

① 50
② 200
③ 400
④ 800

해설 (1) 기호

- $(T_2 - T_1)$: 10℃
- k : 10W/m·K
- l : 25cm=0.25m(100cm=1m)
- $\mathring{q}$: 100W

(2) 전도 열전달

$$\mathring{q} = \frac{kA(T_2 - T_1)}{l}$$

여기서, $\mathring{q}$: 열전달량[W]
　　　k : 열전도율[W/m·K]
　　　A : 단면적[m²]
　　　$(T_2 - T_1)$: 온도차[℃] 또는 [K]
　　　l : 두께[m]

- 열전달량=열전달률=열류량
- 열전도율=열전달계수

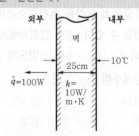

열전달면적 A는

$$A = \frac{\overset{\circ}{q}\,l}{k(T_2 - T_1)}$$

$$= \frac{100\text{W} \times 0.25\text{m}}{10\text{W/m} \cdot \text{K} \times 10\text{℃}}$$

$$= \frac{100\text{W} \times 0.25\text{m}}{10\text{W/m} \cdot \text{K} \times 10\text{K}}$$

$$= 0.25\text{m}^2$$

- 온도차는 ℃로 나타내던지 K으로 나타내던지 계산해 보면 값은 같다. 그러므로 여기서는 단위를 일치시키기 위해 K으로 쓰기로 한다.

$$(T_2 - T_1)' = 2(T_2 - T_1)$$
$$= 2 \times 10\text{℃}$$
$$= 20\text{℃}$$
$$k' = 4k = 4 \times 10\text{W/m} \cdot \text{K} = 40\text{W/m} \cdot \text{K}$$
$$l' = 2l = 2 \times 0.25\text{m} = 0.5\text{m}$$

열류량 $\overset{\circ}{q}'$는

$$\overset{\circ}{q}' = \frac{k'A(T_2 - T_1)'}{l'}$$

$$= \frac{40\text{W/m} \cdot \text{K} \times 0.25\text{m}^2 \times 20\text{℃}}{0.5\text{m}}$$

$$= \frac{40\text{W/m} \cdot \text{K} \times 0.25\text{m}^2 \times 20\text{K}}{0.5\text{m}}$$

$$= 400\text{W}$$

답 ③

 30 길이 1200m, 안지름 100mm인 매끈한 원관을 통해서 0.01m³/s의 유량으로 기름을 수송한다. 이때 관에서 발생하는 압력손실은 약 kPa인가? (단, 기름의 비중은 0.8, 점성계수는 0.06N · s/m² 이다.)

① 163.2
② 201.5
③ 293.4
④ 349.7

해설

$$H = \frac{\Delta P}{\gamma} = \frac{fLV^2}{2gD}$$

(1) **기호**

- L : 1200m
- D : 100mm=0.1m
- Q : 0.01m³/s
- s : 0.8
- μ : 0.06N · s/m²

(2) **유량**

$$Q = AV = \left(\frac{\pi D^2}{4}\right)V$$

여기서, Q : 유량[m³/s]
　　　　 A : 단면적[m²]
　　　　 V : 유속[m/s]
　　　　 D : 내경(직경)[m]

유속 V는

$$V = \frac{Q}{\dfrac{\pi D^2}{4}} = \frac{0.01\text{m}^3/\text{s}}{\dfrac{\pi \times (0.1\text{m})^2}{4}} = 1.273\text{m/s}$$

- 1000mm=1m이므로 100mm=0.1m

(3) **비중**

$$s = \frac{\rho}{\rho_w}$$

여기서, s : 비중
　　　　 ρ : 어떤 물질의 밀도[N · s²/m⁴]
　　　　 ρ_w : 물의 밀도(1000N · s²/m⁴)

어떤 물질의 밀도 ρ는

$$\rho = s \times \rho_w = 0.8 \times 1000\text{N} \cdot \text{s}^2/\text{m}^4$$
$$= 800\text{N} \cdot \text{s}^2/\text{m}^4$$

(4) **레이놀즈수**

$$Re = \frac{DV\rho}{\mu} = \frac{DV}{\nu}$$

여기서, Re : 레이놀즈수
　　　　 D : 내경(직경)[m]
　　　　 V : 유속(속도)[m/s]
　　　　 ρ : 어떤 물질의 밀도[N · s²/m⁴]
　　　　 μ : 점성계수[N · s/m²]
　　　　 ν : 동점성계수$\left(\dfrac{\mu}{\rho}\right)$[m²/s]

레이놀즈수 $Re = \dfrac{DV\rho}{\mu}$

$$= \frac{0.1\text{m} \times 1.273\text{m/s} \times 800\text{N} \cdot \text{s}^2/\text{m}^4}{0.06\text{N} \cdot \text{s/m}^2}$$

$$= 1697$$

(5) **관마찰계수**(층류)

$$f = \frac{64}{Re}$$

여기서, f : 관마찰계수
　　　　 Re : 레이놀즈수

관마찰계수 $f = \dfrac{64}{Re} = \dfrac{64}{1697} = 0.0377$

- Re(레이놀즈수)가 2100 이하이므로 층류식 적용

(6) **비중량**

$$\gamma = \rho g$$

여기서, γ : 비중량[N/m³]
　　　　 ρ : 어떤 물질의 밀도[N · s²/m⁴]
　　　　 g : 중력가속도(9.8m/s²)

(7) **달시-웨버의 식**

$$H = \frac{\Delta P}{\gamma} = \frac{fLV^2}{2gD}$$

여기서, H : 마찰손실[m]
　　　　 ΔP : 압력차(압력손실)[kPa] 또는 [kN/m²]
　　　　 γ : 비중량(물의 비중량 9.8kN/m³)
　　　　 f : 관마찰계수
　　　　 L : 길이[m]
　　　　 V : 유속[m/s]

g : 중력가속도(9.8m/s²)

D : 내경(직경)[m]

압력손실 ΔP는

$$\Delta P = \frac{\gamma f L V^2}{2gD}$$

$$= \frac{(\rho g) f L V^2}{2 g D}$$

$$= \frac{800\text{N} \cdot \text{s}^2/\text{m}^4 \times 0.0377 \times 1200\text{m} \times (1.273\text{m/s})^2}{2 \times 0.1\text{m}}$$

$$\fallingdotseq 293250\text{N/m}^2 \fallingdotseq 293400\text{N/m}^2$$

$$= 293.4\text{kN/m}^2 = 293.4\text{kPa}$$

- 1kN/m² = 1kPa이므로 293.4kN/m² = 293.4kPa

답 ③

★★★ 31

14.09.문25
97.07.문30

대기 중으로 방사되는 물제트에 피토관의 흡입구를 갖다 대었을 때 피토관의 수직부에 나타나는 수주의 높이가 0.6m라고 하면, 물제트의 유속은 약 몇 m/s인가? (단, 모든 손실은 무시한다.)

① 0.25 ② 1.55
③ 2.75 ④ 3.43

해설 (1) 기호

- H : 0.6m

(2) 토리첼리의 식

$$V = \sqrt{2gH}$$

여기서, V : 유속[m/s]

g : 중력가속도(9.8m/s²)

H : 높이[m]

유속 V는

$$V = \sqrt{2gH}$$

$$= \sqrt{2 \times 9.8\text{m/s}^2 \times 0.6\text{m}} \fallingdotseq 3.43\text{m/s}$$

답 ④

★★ 32

Carnot(카르노) 사이클이 800K의 고온열원과 500K의 저온열원 사이에서 작동한다. 이 사이클에 공급하는 열량이 사이클당 800kJ이라 할 때 한 사이클당 외부에 하는 일은 약 몇 kJ인가?

① 200 ② 300
③ 400 ④ 500

해설

$$W = Q_H\left(1 - \frac{T_L}{T_H}\right)$$

(1) 기호

- T_H : 800K
- T_L : 500K
- Q_H : 800kJ

(2) 출력(일)

$$W = Q_H\left(1 - \frac{T_L}{T_H}\right)$$

여기서, W : 출력(일)[kJ]

Q_H : 고온열량[kJ]

T_L : 저온(273+℃)[K]

T_H : 고온(273+℃)[K]

출력(일) W는

$$W = Q_H\left(1 - \frac{T_L}{T_H}\right)$$

$$= 800\text{kJ} \times \left(1 - \frac{500\text{K}}{800\text{K}}\right) = 300\text{kJ}$$

 중요

열효율

$$\eta = 1 - \frac{T_L}{T_H} = 1 - \frac{Q_L}{Q_H}$$

여기서, η : 카르노사이클의 열효율

T_L : 저온(273+℃)[K]

T_H : 고온(273+℃)[K]

Q_L : 저온열량[kJ]

Q_H : 고온열량[kJ]

답 ②

★★★ 33

19.04.문33
14.03.문23

안지름이 13mm인 옥내소화전의 노즐에서 방출되는 물의 압력(계기압력)이 230kPa이라면 10분 동안의 방수량은 약 몇 m³인가?

① 1.7 ② 3.6
③ 5.2 ④ 7.4

해설 (1) 기호

- D : 13mm
- P : 230kPa = 0.23MPa(k=10³이고 M=10⁶이므로)

(2) 방수량

$$Q = 0.653 D^2 \sqrt{10P} = 0.6597 C D^2 \sqrt{10P}$$

여기서, Q : 방수량[L/min]

C : 유량계수(노즐의 흐름계수)

D : 구경[mm]

P : 방수압[MPa]

$$Q = 0.653 D^2 \sqrt{10P}$$

$$= 0.653 \times (13\text{mm})^2 \times \sqrt{10 \times 0.23\text{MPa}} \fallingdotseq 167\text{L/min}$$

- 1000kPa = 1MPa이므로 230kPa = 0.23MPa

10분 동안의 방수량은

167L/min × 10min = 1670L = 1.67m³ ≒ 1.7m³

- 1000L = 1m³이므로 1670L = 1.67m³

답 ①

★★★ 34

계기압력이 730mmHg이고 대기압이 101.3kPa일 때 절대압력은 약 몇 kPa인가? (단, 수은의 비중은 13.6이다.)

15.03.문34
14.05.문34
14.03.문33
13.06.문22

① 198.6
② 100.2
③ 214.4
④ 93.2

 해설

$$절대압(력) = 대기압 + 게이지압(계기압)$$

(1) 표준대기압

$$1atm = 760mmHg = 1.0332kg_f/cm^2$$
$$= 10.332mH_2O[mAq]$$
$$= 14.7PSI[lb_f/in^2]$$
$$= 101.325kPa[kN/m^2]$$
$$= 1013mbar$$

$$760mmHg = 101.325kPa$$

$$730mmHg = \frac{730mmHg}{760mmHg} \times 101.325kPa$$

$$≒ 97.3kPa$$

(2) 절대압(력) = 대기압 + 게이지압(계기압)
$$= (101.3 + 97.3)kPa$$
$$= 198.6kPa$$

※ 수은의 비중은 본 문제를 해결하는 데 무관하다.

중요

절대압
(1) **절대**압 = **대기**압 + **게**이지압(계기압)
(2) 절대압 = 대기압 − 진공압

기억법 절대게

답 ①

★★★ 35

펌프의 공동현상(cavitation)을 방지하기 위한 대책으로 옳지 않은 것은?

19.04.문22
17.05.문37
16.10.문23
15.03.문35
14.05.문39
14.03.문32

① 펌프의 설치높이를 될 수 있는 대로 높여서 흡입양정을 길게 한다.
② 펌프의 회전수를 낮추어 흡입 비속도를 적게 한다.
③ 단흡입펌프보다는 양흡입펌프를 사용한다.
④ 밸브, 플랜지 등의 부속품수를 줄여서 손실수두를 줄인다.

해설 **공동현상(cavitation, 캐비테이션)**

개요	•펌프의 흡입측 배관 내의 물의 정압이 기존의 증기압보다 낮아져서 기포가 발생되어 물이 흡입되지 않는 현상
발생현상	•**소음**과 **진동** 발생 •관 **부식** •**임펠러**의 손상(수차의 날개를 해친다.) •펌프의 성능저하
발생원인	•펌프의 흡입수두가 클 때(소화펌프의 흡입고가 클 때) •펌프의 마찰손실이 클 때 •펌프의 임펠러속도가 클 때 •펌프의 설치위치가 수원보다 높을 때 •관 내의 수온이 높을 때(물의 온도가 높을 때) •관 내의 물의 정압이 그때의 **증기압**보다 낮을 때 •흡입관의 **구경**이 작을 때 •흡입거리가 길 때 •유량이 증가하여 펌프물이 과속으로 흐를 때
방지대책	•펌프의 흡입수두(양정)를 작게 한다. •펌프의 마찰손실을 작게 한다.(손실수두를 줄인다.) 보기 ④ •펌프의 임펠러속도(회전수)를 작게 한다. 보기 ② •펌프의 설치위치를 수원보다 낮게 한다. 보기 ① •**양흡입펌프**를 사용한다.(펌프의 흡입측을 가압한다.) 보기 ③ •관 내의 물의 정압을 그때의 증기압보다 **높게** 한다. •흡입관의 구경을 **크게** 한다. •펌프를 2개 이상 설치한다.

① 펌프의 설치높이를 수원보다 낮게 하고, 흡입양정을 짧게 한다.

답 ①

★★★ 36

이상적인 교축과정(throttling process)에 대한 설명 중 옳은 것은?

12.09.문28

① 압력이 변하지 않는다.
② 온도가 변하지 않는다.
③ 엔탈피가 변하지 않는다.
④ 엔트로피가 변하지 않는다.

해설 **교축과정**(throttling process) : 이상기체의 **엔탈피**가 변하지 않는 과정

용어

엔탈피와 엔트로피

엔탈피	엔트로피
어떤 물질이 가지고 있는 총에너지	어떤 물질의 정렬상태를 나타내는 수치

답 ③

★★
37 피스톤 A_2의 반지름이 A_1의 반지름의 2배이며
[08.09.문27] A_1과 A_2에 작용하는 압력을 각각 P_1, P_2라
하면 두 피스톤이 같은 높이에서 평형을 이룰 때
P_1과 P_2 사이의 관계는?

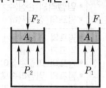

① $P_1 = 2P_2$ 　 ② $P_2 = 4P_1$

③ $P_1 = P_2$ 　 ④ $P_2 = 2P_1$

해설 두 피스톤이 같은 높이에서 **평형**을 이루므로 **파스칼의**
원리에서

$$P_1 = P_2$$

여기서, P_1, P_2 : 압력(kPa) 또는 (kN/m²)

$$\frac{F_1}{A_1} = \frac{F_2}{A_2}$$

여기서, A_1, A_2 : 단면적(m²)
　　　　F_1, F_2 : 힘(N)

답 ③

★★★
38 전양정 80m, 토출량 500L/min인 물을 사용하는
[19.09.문26] 소화펌프가 있다. 펌프효율 65%, 전달계수(K)
[17.03.문38] 1.1인 경우 필요한 전동기의 최소동력은 약 몇 kW
[15.09.문30]
[13.06.문38] 인가?

① 9kW 　 ② 11kW

③ 13kW 　 ④ 15kW

해설 (1) **기호**

• H : 80m
• Q : 500L/min=0.5m³/min(1000L=1m³)
• η : 65%=0.65
• K : 1.1

(2) **소요동력**

$$P = \frac{0.163QH}{\eta}K$$

여기서, P : 전동력(소요동력)(kW)
　　　　Q : 유량(m³/min)
　　　　H : 전양정(m)
　　　　K : 전달계수
　　　　η : 효율
소요동력 P는
$$P = \frac{0.163QH}{\eta}K$$

$$= \frac{0.163 \times 0.5\text{m}^3/\text{min} \times 80\text{m}}{0.65} \times 1.1$$
$$\doteqdot 11\text{kW}$$

답 ②

★★
39 그림과 같이 수조에 비중이 1.03인 액체가 담겨
[17.03.문31] 있다. 이 수조의 바닥면적이 4m²일 때 이 수조
[15.05.문40]
[14.09.문36] 바닥 전체에 작용하는 힘은 약 몇 kN인가? (단,
[06.05.문34]
(산업) 대기압은 무시한다.)

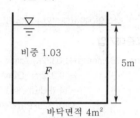

① 98 　 ② 51

③ 156 　 ④ 202

해설

$$F = \gamma h A$$

(1) **기호**

• s : 1.03
• A : 4m²
• h : 5m

(2) **비중**

$$s = \frac{\gamma}{\gamma_w}$$

여기서, s : 비중
　　　　γ : 어떤 물질의 비중량(N/m³)
　　　　γ_w : 물의 비중량(9800N/m³)

$\gamma = \gamma_w \times s = 9800\text{N/m}^3 \times 1.03 = 10094\text{N/m}^3$

(3) **수조 밑면에 작용하는 힘**

$$F = \gamma y \sin\theta A = \gamma h A$$

여기서, F : 전압력(N)
　　　　γ : 어떤 물질의 비중량(N/m³)
　　　　y : 표면에서 수조바닥까지의 경사거리(m)
　　　　h : 표면에서 수조바닥까지의 수직거리(m)
　　　　A : 단면적(m²)
　　　　θ : 경사각도(°)
수조 밑면에 작용하는 힘 F는
$F = \gamma h A$
　$= 10094\text{N/m}^3 \times 5\text{m} \times 4\text{m}^2$
　$= 201880\text{N} = 201.88\text{kN} \doteqdot 202\text{kN}$

• 1000N=1kN이므로 201880N=201.88kN

답 ④

40 유체가 평판 위를 $u[m/s]=500y-6y^2$의 속도분
15.03.문23
07.03.문30
포로 흐르고 있다. 이때 $y[m]$는 벽면으로부터 측정된 수직거리일 때 벽면에서의 전단응력은 약 몇 N/m^2인가? (단, 점성계수는 $1.4\times10^{-3}Pa\cdot s$이다.)

① 14 ② 7
③ 1.4 ④ 0.7

해설 **뉴턴(Newton)의 점성법칙**

$$\tau=\mu\frac{du}{dy}$$

여기서, τ : 전단응력 $[N/m^2]$
　　　μ : 점성계수 $[N\cdot s/m^2]$ 또는 $[kg/m\cdot s]$
　　　$\frac{du}{dy}$: 속도구배(속도기울기) $\left[\frac{1}{s}\right]$

전단응력 τ는

$$\tau=\mu\frac{du}{dy}$$
$$=1.4\times10^{-3}N\cdot s/m^2\times\frac{d(500y-6y^2)}{dy}\frac{1}{s}$$
$$=1.4\times10^{-3}N\cdot s/m^2\times(500-12y)\frac{1}{s}$$
$y=0$(벽면으로부터 측정된 수직거리=0)
$$=1.4\times10^{-3}N\cdot s/m^2\times500\frac{1}{s}$$
$$=0.7N/m^2$$

• $1Pa=1N/m^2$이므로 $1.4\times10^{-3}Pa\cdot s=1.4\times10^{-3}N\cdot s/m^2$

📢 **중요**

뉴턴(Newton)의 점성법칙 특징
(1) 전단응력은 **점성계수**와 **속도기울기**의 **곱**이다.
(2) 전단응력은 **속도기울기**에 **비례**한다.
(3) 속도기울기가 0인 곳에서 전단응력은 0이다.
(4) 전단응력은 **점성계수**에 **비례**한다.

답 ④

제3과목 소방관계법규

41 방염성능기준 이상의 실내장식물 등을 설치해야
15.09.문42
11.10.문60
하는 특정소방대상물이 아닌 것은?
① 건축물 옥내에 있는 종교시설
② 방송통신시설 중 방송국 및 촬영소
③ 층수가 11층 이상인 아파트
④ 숙박이 가능한 수련시설

해설 **소방시설법 시행령 30조**
방염성능기준 이상 적용 특정소방대상물
(1) 층수가 **11층 이상**인 것(아파트는 제외 : 2026. 12. 1. 삭제)
보기 ③
(2) 체력단련장, 공연장 및 종교집회장
(3) 문화 및 집회시설

(4) 종교시설 보기 ①
(5) 운동시설(수영장은 제외)
(6) 의료시설(종합병원, 정신의료기관)
(7) 의원, 조산원, 산후조리원
(8) 교육연구시설 중 합숙소
(9) 노유자시설
(10) 숙박이 가능한 수련시설 보기 ④
(11) 숙박시설
(12) 방송국 및 촬영소 보기 ②
(13) 다중이용업소(단란주점영업, 유흥주점영업, 노래연습장의 영업장 등)

③ 아파트 → 아파트 제외

답 ③

42 위험물로서 제1석유류에 속하는 것은?
① 중유 ② 휘발유
③ 실린더유 ④ 등유

해설 **위험물령 [별표 1]**
제4류 위험물

성질	품명		지정수량	대표물질
인화성 액체	특수인화물		50L	• 다이에틸에터 • 이황화탄소
	제1석유류	비수용성	200L	• **휘발유** 보기 ② • 콜로디온
		수용성	**4**00L	• 아세톤 기억법 **수4**
	알코올류		400L	• 변성알코올
	제2석유류	비수용성	1000L	• 등유 보기 ④ • 경유
		수용성	2000L	• 아세트산
	제3석유류	비수용성	2000L	• 중유 보기 ① • 크레오소트유
		수용성	4000L	• 글리세린
	제4석유류		6000L	• 기어유 • 실린더유 보기 ③
	동식물유류		10000L	• 아마인유

① 제3석유류
③ 제4석유류
④ 제2석유류

답 ②

43 다음 중 과태료 대상이 아닌 것은?
① 소방안전관리대상물의 소방안전관리자를 선임하지 아니한 자
② 소방안전관리 업무를 수행하지 아니한 자
③ 특정소방대상물의 근무자 및 거주자에 대한 소방훈련 및 교육을 하지 아니한 자
④ 특정소방대상물 소방시설 등의 점검결과를 보고하지 아니한 자

해설 300만원 이하의 과태료

(1) 관계인의 **소방안전관리업무** 미수행(화재예방법 52조)
보기 ②

(2) **소방훈련** 및 **교육** 미실시자(화재예방법 52조) 보기 ③

(3) 소방시설의 점검결과 미보고(소방시설법 61조) 보기 ④

　① 300만원 이하의 벌금(소방시설법 50조)

답 ①

---

44 건축물의 공사현장에 설치하여야 하는 임시소방시설과 기능 및 성능이 유사하여 임시소방시설을 설치한 것으로 보는 소방시설로 연결이 틀린 것은? (단, 임시소방시설-임시소방시설을 설치한 것으로 보는 소방시설 순이다.)

① 간이소화장치-옥내소화전
② 간이피난유도선-유도표지
③ 비상경보장치-비상방송설비
④ 비상경보장치-자동화재탐지설비

해설 **소방시설법 시행령 [별표 8]**
임시소방시설을 설치한 것으로 보는 소방시설

설치한 것으로 보는 소방시설	소방시설
간이소화장치	• 옥내소화전 보기 ① • 소방청장이 정하여 고시하는 기준에 맞는 소화기
비상경보장치	• 비상방송설비 보기 ③ • 자동화재탐지설비 보기 ④
간이피난유도선	• 피난유도선 • 피난구유도등 • 통로유도등 • 비상조명등

　② 간이피난유도선-피난유도선, 피난구유도등, 통로유도등, 비상조명등

답 ②

---

45 화재의 예방조치 등과 관련하여 모닥불, 흡연, 화기취급, 풍등 등 소형 열기구 날리기, 그 밖에 화재예방상 위험하다고 인정되는 행위의 금지 또는 제한의 명령을 할 수 있는 자는?

① 시·도지사
② 국무총리
③ 소방대상물의 관리자
④ 소방본부장

해설 **소방청장·소방본부장·소방서장** : 소방관서장

(1) **화재의 예방조치**(화재예방법 17조) 보기 ④

(2) 옮긴 물건 등의 보관(화재예방법 17조)

(3) 화재예방강화지구의 화재안전조사·소방훈련 및 교육
　(화재예방법 18조)

(4) 화재위험경보발령(화재예방법 20조)

답 ④

---

46 행정안전부령으로 정하는 연소우려가 있는 구조에 대한 기준 중 다음 (　) 안에 알맞은 것은?

16.05.문41
09.08.문59

> 건축물대장의 건축물현황도에 표시된 대지경계선 안에 2 이상의 건축물이 있는 경우로서 각각의 건축물이 다른 건축물의 외벽으로부터 수평거리가 1층의 경우에는 (㉠)m 이하, 2층 이상의 층의 경우에는 (㉡)m 이하이고 개구부가 다른 건축물을 향하여 설치된 구조를 말한다.

① ㉠ 3, ㉡ 5
② ㉠ 5, ㉡ 8
③ ㉠ 6, ㉡ 8
④ ㉠ 6, ㉡ 10

해설 **소방시설법 시행규칙 17조**
연소우려가 있는 건축물의 구조

(1) **1층** : 타건축물 외벽으로부터 **6m** 이하 보기 ㉠

(2) **2층** : 타건축물 외벽으로부터 **10m** 이하 보기 ㉡

(3) 대지경계선 안에 2 이상의 건축물이 있는 경우

(4) 개구부가 다른 건축물을 향하여 설치된 구조

답 ④

---

47 2급 소방안전관리대상물의 소방안전관리자 선임기준으로 틀린 것은?

① 위험물기능장 자격을 가진 자로 2급 소방안전관리자 자격증을 받은 사람

② 소방공무원으로 3년 이상 근무한 경력이 있는 자로 2급 소방안전관리자 자격증을 받은 사람

③ 의용소방대원으로 2년 이상 근무한 경력이 있는 자로 2급 소방안전관리자 시험 합격자

④ 위험물산업기사 자격을 가진 자로 2급 소방안전관리자 자격증을 받은 사람

해설 **2급 소방안전관리대상물의 소방안전관리자 선임조건**

자 격	경 력	비 고
• 위험물기능장·위험물산업기사·위험물기능사 보기 ①④	경력 필요 없음	
• 소방공무원 보기 ②	3년	2급 소방안전관리자 자격증을 받은 사람
• 소방청장이 실시하는 2급 소방안전관리대상물의 소방안전관리에 관한 시험에 합격한 사람	경력 필요 없음	
• 「기업활동 규제완화에 관한 특별조치법」에 따라 소방안전관리자로 선임된 사람(소방안전관리자로 선임된 기간으로 한정)		
• 특급 또는 1급 소방안전관리대상물의 소방안전관리자 자격이 인정되는 사람		

③ 2년 → 3년

중요
2급 소방안전관리대상물
(1) 지하구
(2) 가연성 가스를 100~1000t 미만 저장·취급하는 시설
(3) **옥내소화전설비·스프링클러설비** 설치대상물
(4) **물분무등소화설비**(호스릴방식의 물분무등소화설비만을 설치한 경우 제외) 설치대상물
(5) **공동주택**(옥내소화전설비 또는 스프링클러설비가 설치된 공동주택 한정)
(6) **목조건축물**(국보·보물)

답 ③

★★★
48 특정소방대상물의 소방시설 설치의 면제기준 중
14.03.문53 다음 (　) 안에 알맞은 것은?

비상경보설비 또는 단독경보형 감지기를 설치하여야 하는 특정소방대상물에 (　)를 화재안전기준에 적합하게 설치한 경우에는 그 설비의 유효범위에서 설치가 면제된다.

① 자동화재탐지설비 　② 스프링클러설비
③ 비상조명등　　　　④ 무선통신보조설비

해설 **소방시설법 시행령** 〔별표 5〕
소방시설 면제기준

면제대상	대체설비
스프링클러설비	• 물분무등소화설비
물분무등소화설비	• 스프링클러설비
간이스프링클러설비	• 스프링클러설비 • 물분무소화설비 • 미분무소화설비
비상경보설비 또는 단독경보형 감지기	• 자동화재탐지설비 보기 ① 기억법 탐경단

비상경보설비	• 2개 이상 단독경보형 감지기 연동 기억법 경단2
비상방송설비	• 자동화재탐지설비 • 비상경보설비
연결살수설비	• 스프링클러설비 • 간이스프링클러설비 • 물분무소화설비 • 미분무소화설비
제연설비	• 공기조화설비
연소방지설비	• 스프링클러설비 • 물분무소화설비 • 미분무소화설비
연결송수관설비	• 옥내소화전설비 • 스프링클러설비 • 간이스프링클러설비 • 연결살수설비
자동화재탐지설비	• 자동화재탐지설비의 기능을 가진 스프링클러설비 • 물분무등소화설비
옥내소화전설비	• 옥외소화전설비 • 미분무소화설비(호스릴방식)

답 ①

★★★
49 화재예방강화지구의 지정대상이 아닌 것은?
19.09.문50
17.05.문58(산업)
16.05.문53
13.09.문56
① 공장·창고가 밀집한 지역
② 목조건물이 밀집한 지역
③ 농촌지역
④ 시장지역

해설 **화재예방법 18조**
화재예방강화지구의 지정
(1) **지정권자** : **시**·도지사
(2) **지정지역**
　㉠ **시장**지역 보기 ④
　㉡ **공장·창고** 등이 밀집한 지역 보기 ①
　㉢ **목조건물**이 밀집한 지역 보기 ②
　㉣ 노후·불량 건축물이 밀집한 지역
　㉤ 위험물의 **저장** 및 **처리시설**이 **밀집**한 지역
　㉥ **석유화학제품**을 생산하는 공장이 있는 지역
　㉦ **소방시설·소방용수시설** 또는 **소방출동로**가 **없**는 지역
　㉧ 「**산업입지 및 개발에 관한 법률**」에 따른 산업단지
　㉨ 「물류시설의 개발 및 운영에 관한 법률」에 따른 물류단지
　㉩ **소방청장·소방본부장·소방서장**(소방관서장)이 화재예방강화지구로 지정할 필요가 있다고 인정하는 지역

기억법 화강시

※ **화재예방강화지구** : 화재발생 우려가 크거나 화재가 발생할 경우 피해가 클 것으로 예상되는 지역에 대하여 화재의 예방 및 안전관리를 강화하기 위해 지정·관리하는 지역

답 ③

50

★★

위험물안전관리자로 선임할 수 있는 위험물취급 자격자가 취급할 수 있는 위험물기준으로 틀린 것은?

① 위험물기능장 자격취득자 : 모든 위험물
② 안전관리자 교육이수자 : 위험물 중 제4류 위험물
③ 소방공무원으로 근무한 경력이 3년 이상인 자 : 위험물 중 제4류 위험물
④ 위험물산업기사 자격취득자 : 위험물 중 제4류 위험물

해설 위험물령 〔별표 5〕
위험물취급자격자의 자격

위험물취급자격자의 구분	취급할 수 있는 위험물
• 위험물기능장, 위험물산업기사, 위험물기능사의 자격을 취득한 사람 [보기 ①④]	모든 위험물
• 소방청장이 실시하는 안전관리자 교육을 이수한 자 [보기 ②] • 소방공무원으로 근무한 경력이 **3년** 이상인 자 [보기 ③]	제4류 위험물

④ 제4류 위험물 → 모든 위험물

답 ④

51

★★★

[16.10.문45] 정기점검의 대상이 되는 제조소 등이 아닌 것은?

① 옥내탱크저장소
② 지하탱크저장소
③ 이동탱크저장소
④ 이송취급소

해설 위험물령 16조
정기점검의 대상인 제조소 등

(1) **제조소** 등(**이**송취급소·**암**반탱크저장소) [보기 ④]
(2) **지하탱크**저장소 [보기 ②]
(3) **이동탱크**저장소 [보기 ③]
(4) 위험물을 취급하는 탱크로서 지하에 매설된 탱크가 있는 **제조소·주유취급소** 또는 **일반취급소**

[기억법] 정이암 지이

답 ①

52

★★★

[17.05.문57] 시·도지사가 소방시설업의 영업정지처분에 갈음하여 부과할 수 있는 최대과징금의 범위로 옳은 것은?

① 2000만원 이하
② 3000만원 이하
③ 5000만원 이하
④ 2억원 이하

해설 과징금

3000만원 이하	2억원 이하
• **소방시설관리업** 영업정지처분 갈음(화재예방법 36조)	• **제조소** 사용정지처분 갈음 (위험물법 13조) • **소방시설업** 영업정지처분 갈음(공사업법 10조) [보기 ④]

중요

소방시설업
(1) 소방시설설계업
(2) 소방시설공사업
(3) 소방공사감리업
(4) 방염처리업

답 ④

53

★★★

건축허가 등을 함에 있어서 미리 소방본부장 또는 소방서장의 동의를 받아야 하는 건축물 등의 범위기준이 아닌 것은?

① 노유자시설 및 수련시설로서 연면적 $100m^2$ 이상인 건축물
② 지하층 또는 무창층이 있는 건축물로서 바닥면적이 $150m^2$ 이상인 층이 있는 것
③ 차고·주차장으로 사용되는 바닥면적이 $200m^2$ 이상인 층이 있는 건축물이나 주차시설
④ 장애인 의료재활시설로서 연면적 $300m^2$ 이상인 건축물

해설 소방시설법 시행령 7조
건축허가 등의 동의대상물

(1) 연면적 **400m²**(학교시설 : 100m², 수련시설·노유자시설 : 200m², 정신의료기관·장애인 의료재활시설 : 300m²) 이상 [보기 ①④]
(2) 6층 이상인 건축물
(3) 차고·주차장으로서 바닥면적 200m² 이상(**자**동차 **20대** 이상) [보기 ③]
(4) 항공기격납고, 관망탑, 항공관제탑, 방송용 송수신탑
(5) 지하층 또는 무창층의 바닥면적 150m²(공연장은 100m²) 이상 [보기 ②]
(6) **위험물저장** 및 **처리시설, 지하구**
(7) **결핵환자**나 **한센인**이 24시간 생활하는 **노유자시설**
(8) 전기저장시설, 풍력발전소
(9) 노인주거복지시설·노인의료복지시설 및 재가노인복지시설·학대피해노인 전용쉼터·아동복지시설·장애인거주시설
(10) 정신질환자 관련시설(공동생활가정을 제외한 재활훈련시설과 종합시설 중 24시간 주거를 제공하지 않는 시설 제외)
(11) 조산원, 산후조리원, 의원(입원실이 있는 것)
(12) 노숙인자활시설, 노숙인재활시설 및 노숙인요양시설
(13) 요양병원(의료재활시설 제외)

(14) 공장 또는 창고시설로서 지정수량의 **750배** 이상의 특수가연물을 저장·취급하는 것

(15) 가스시설로서 지상에 노출된 탱크의 저장용량의 합계가 **100t** 이상인 것

> **기억법** 2자(이자)
>
> ① 100m² → 200m²

답 ①

---

54 자동화재탐지설비의 일반 공사감리기간으로 포함시켜 산정할 수 있는 항목은?

① 고정금속구를 설치하는 기간
② 전선관의 매립을 하는 공사기간
③ 공기유입구의 설치기간
④ 소화약제 저장용기 설치기간

해설 공사업규칙 〔별표 3〕
일반 공사감리기간

소방시설	일반 공사감리기간
• 자동화재탐지설비 • 시각경보기 • 비상경보설비 • 비상방송설비 • 통합감시시설 • 유도등 • 비상콘센트설비 • 무선통신보조설비	• 전선관의 매립 보기 ② • 감지기·유도등·조명등 및 비상콘센트의 설치 • 증폭기의 접속 • 누설동축케이블 등의 부설 • 무선기기의 접속단자·분배기·증폭기의 설치 • 동력전원의 접속공사를 하는 기간
• 피난기구	• 고정금속구를 설치하는 기간
• 비상전원이 설치되는 소방시설	• 비상전원의 설치 및 소방시설과의 접속을 하는 기간

답 ②

---

55 1급 소방안전관리대상물에 대한 기준이 아닌 것은? (단, 동식물원, 철강 등 불연성 물품을 저장·취급하는 창고, 위험물 저장 및 처리시설 중 위험물제조소 등, 지하구를 제외한 것이다.)

19.03.문60
16.03.문52
15.03.문60
13.09.문51

① 연면적 15000m² 이상인 특정소방대상물(아파트 및 연립주택 제외)
② 150세대 이상으로서 승강기가 설치된 공동주택
③ 가연성 가스를 1000톤 이상 저장·취급하는 시설
④ 30층 이상(지하층은 제외)이거나 지상으로부터 높이가 120m 이상인 아파트

해설 화재예방법 시행령 〔별표 4〕
소방안전관리자를 두어야 할 특정소방대상물

(1) **특급 소방안전관리대상물** (동·식물원, 철강 등 불연성 물품 저장·취급창고, 지하구, 위험물제조소 등 제외)
 ㉠ **50층** 이상(지하층 제외) 또는 지상 **200m** 이상 **아파트**
 ㉡ **30층** 이상(지하층 포함) 또는 지상 **120m** 이상(아파트 제외)
 ㉢ 연면적 **10만m²** 이상(아파트 제외)

(2) **1급 소방안전관리대상물** (동·식물원, 철강 등 불연성 물품 저장·취급창고, 지하구, 위험물제조소 등 제외)
 ㉠ **30층** 이상(지하층 제외) 또는 지상 **120m** 이상 **아파트** 보기 ④
 ㉡ 연면적 **15000m²** 이상인 것(아파트 및 연립주택 제외) 보기 ①
 ㉢ **11층** 이상(아파트 제외)
 ㉣ 가연성 가스를 **1000t** 이상 저장·취급하는 시설 보기 ③

(3) **2급 소방안전관리대상물**
 ㉠ 지하구
 ㉡ 가스제조설비를 갖추고 도시가스사업 허가를 받아야 하는 시설 또는 가연성 가스를 **100~1000t** 미만 저장·취급하는 시설
 ㉢ 옥내소화전설비·스프링클러설비 설치대상물
 ㉣ 물분무등소화설비(호스릴방식의 물분무등소화설비만을 설치한 경우 제외) 설치대상물
 ㉤ **공동주택**(옥내소화전설비 또는 스프링클러설비가 설치된 공동주택 한정) 보기 ②
 ㉥ **목조건축물**(국보·보물)

(4) **3급 소방안전관리대상물**
 ㉠ **자동화재탐지설비** 설치대상물
 ㉡ 간이스프링클러설비(주택전용 간이스프링클러설비 제외) 설치대상물

> ② 2급 소방안전관리대상물

답 ②

---

56 소방용수시설의 설치기준 중 주거지역·상업지역 및 공업지역에 설치하는 경우 소방대상물과의 수평거리는 최대 몇 m 이하인가?

10.05.문41

① 50   ② 100
③ 150   ④ 200

해설 기본규칙 〔별표 3〕
소방용수시설의 설치기준

거리기준	지역
수평거리 **100m** 이하 보기 ②	• **공업**지역 • **상업**지역 • **주거**지역 **기억법** 주상공100(주상공 백지에 사인을 하시오.)
수평거리 **140m** 이하	• 기타지역

답 ②

57 ★★

스프링클러설비가 설치된 소방시설 등의 자체점검에서 종합점검을 받아야 하는 아파트의 기준으로 옳은 것은?

16.05.문55
12.05.문45

① 연면적이 3000m² 이상이고 층수가 11층 이상인 것만 해당
② 연면적이 3000m² 이상이고 층수가 16층 이상인 것만 해당
③ 연면적이 5000m² 이상이고 층수가 11층 이상인 것만 해당
④ 스프링클러설비가 설치되었다면 모두 해당

해설 소방시설법 시행규칙 〔별표 3〕
소방시설 등 자체점검의 구분과 대상, 점검자의 자격

점검구분	정 의	점검대상	점검자의 자격 (주된 인력)
작동점검	소방시설 등을 인위적으로 조작하여 정상적으로 작동하는지를 점검하는 것	① 간이스프링클러설비 ② 자동화재탐지설비	① 관계인 ② 소방안전관리자로 선임된 **소방시설관리사** 또는 **소방기술사** ③ 소방시설관리업에 등록된 소방시설관리사 또는 **특급점검자**
		③ 간이스프링클러설비 또는 자동화재탐지설비가 미설치된 특정소방대상물	① 소방시설관리업에 등록된 기술인력 중 소방시설관리사 ② 소방안전관리자로 선임된 소방시설관리사 또는 소방기술사
	④ **작동점검**대상 **제외** ⊙ 특정소방대상물 중 소방안전관리자를 선임하지 않는 대상 ⓒ **위험물제조소** 등 ⓒ **특급**소방안전관리대상물		
종합점검	소방시설 등의 작동점검을 포함하여 소방시설 등의 설비별 주요구성부품의 구조기준이 관련법령에서 정하는 기준에 적합한지 여부를 점검하는 것	① 소방시설 등이 신설된 경우에 해당하는 특정소방대상물 ② **스프링클러설비**가 설치된 특정소방대상물	① 소방시설관리업에 등록된 기술인력 중 소방시설관리사 ② 소방안전관리자로 선임된 소방시설관리사 또는 소방기술사
종합점검	(1) 최초점검 : 특정소방대상물의 소방시설이 새로 설치되는 경우 건축물을 사용할 수 있게 된 날부터 **60일** 이내 점검하는 것 (2) 그 밖의 종합점검 : 최초점검을 제외한 종합점검	③ 물분무등소화설비(호스릴방식의 물분무등소화설비만을 설치한 경우는 제외)가 설치된 연면적 **5000m²** 이상인 특정소방대상물(위험물제조소 등 제외) ④ 다중이용업의 영업장이 설치된 특정소방대상물로서 연면적이 **2000m²** 이상인 것 ⑤ 제연설비가 설치된 터널 ⑥ 공공기관 중 연면적(터널·지하구의 경우 그 길이와 평균폭을 곱하여 계산한 값을 말한다)이 **1000m²** 이상인 것으로서 옥내소화전설비 또는 자동화재탐지설비가 설치된 것(단, 소방대가 근무하는 공공기관 제외)	

답 ④

58 ★

대통령령으로 정하는 특정소방대상물의 소방시설 중 내진설계대상이 아닌 것은?

① 옥내소화전설비　② 스프링클러설비
③ 미분무소화설비　④ 연결살수설비

해설 소방시설법 시행령 8조
소방시설의 내진설계대상
(1) 옥**내**소화전설비 보기 ①
(2) **스**프링클러설비 보기 ②
(3) **물**분무등소화설비

기억법 스물내(스물네살)

중요

물분무등소화설비
(1) 분말소화설비
(2) 포소화설비
(3) 할론소화설비
(4) 이산화탄소 소화설비
(5) 할로겐화합물 및 불활성기체 소화설비
(6) 강화액소화설비
(7) 미분무소화설비 보기 ③
(8) 물분무소화설비
(9) 고체에어로졸 소화설비

답 ④

59 ★★★
소방시설업의 반드시 등록 취소에 해당하는 경우는?

16.03.문48
09.05.문50
05.05.문42

① 거짓이나 그 밖의 부정한 방법으로 등록한 경우
② 다른 자에게 등록증 또는 등록수첩을 빌려준 경우
③ 소속 소방기술자를 공사현장에 배치하지 아니하거나 거짓으로 한 경우
④ 등록을 한 후 정당한 사유 없이 1년이 지날 때까지 영업을 시작하지 아니하거나 계속하여 1년 이상 휴업한 경우

해설 **공사업법 9조**
소방시설업 등록의 취소와 영업정지
(1) **등록의 취소 또는 영업정지**
　㉠ 등록기준에 미달하게 된 후 30일 경과
　㉡ 등록의 결격사유에 해당하는 경우
　㉢ **거짓**, 그 밖의 **부정한 방법**으로 등록을 한 경우
　㉣ 계속하여 **1년** 이상 휴업한 때 보기 ④
　㉤ 등록을 한 후 정당한 사유 없이 **1년**이 지날 경우
　㉥ 등록증 또는 등록수첩을 빌려준 경우 보기 ②
(2) **등록 취소**
　㉠ 거짓, 그 밖의 **부정한 방법**으로 등록을 한 경우 보기 ①
　㉡ 등록 **결격사유**에 해당된 경우
　㉢ 영업정지기간 중에 소방시설공사 등을 한 경우

답 ①

60 ★★
경보설비 중 단독경보형 감지기를 설치해야 하는 특정소방대상물의 기준으로 틀린 것은?

10.03.문55

① 연면적 400m² 미만의 유치원
② 교육연구시설 내에 있는 연면적 2000m² 미만의 합숙소
③ 수련시설 내에 있는 연면적 2000m² 미만의 기숙사
④ 연면적 2000m² 미만의 아파트

해설 **소방시설법 시행령 〔별표 4〕**
단독경보형 감지기의 설치대상

연면적	설치대상
400m² 미만	• 유치원 보기 ①
2000m² 미만	• 교육연구시설 · 수련시설 내에 있는 **합숙소** 또는 **기숙사** 보기 ②③
모두 적용	• 100명 미만의 수련시설(숙박시설이 있는 것) • 연립주택 • 다세대주택

④ 아파트는 해당없음

※ **단독경보형 감지기** : 화재발생상황을 단독으로 감지하여 자체에 내장된 음향장치로 경보하는 감지기

비교
단독경보형 감지기의 **설치기준**(NFPC 201 5조, NFTC 201 2.2.1)
(1) 각 실(이웃하는 실내의 바닥면적이 각각 **30m² 미만**이고 벽체의 상부의 전부 또는 일부가 개방되어 이웃하는 실내와 공기가 상호 유통되는 경우에는 이를 1개의 실로 본다)마다 설치하되, 바닥면적이 **150m²**를 초과하는 경우에는 **150m²**마다 1개 이상 설치할 것
(2) 최상층의 계단실의 **천장**(외기가 상통하는 계단실의 경우 제외)에 설치할 것
(3) 건전지를 주전원으로 사용하는 단독경보형 감지기는 정상적인 작동상태를 유지할 수 있도록 건전지를 교환할 것
(4) 상용전원을 주전원으로 사용하는 단독경보형 감지기의 **2차 전지**는 제품검사에 합격한 것을 사용할 것

답 ④

제4과목 　소방기계시설의 구조 및 원리

61 ★★
분말소화약제의 가압용 가스 또는 축압용 가스의 설치기준 중 틀린 것은?

① 가압용 가스에 이산화탄소를 사용하는 것의 이산화탄소는 소화약제 1kg에 대하여 20g에 배관의 청소에 필요한 양을 가산한 양 이상으로 할 것
② 가압용 가스에 질소가스를 사용하는 것의 질소가스는 소화약제 1kg마다 40L(35℃에서 1기압의 압력상태로 환산한 것) 이상으로 할 것
③ 축압용 가스에 이산화탄소를 사용하는 것의 이산화탄소는 소화약제 1kg에 대하여 20g에 배관의 청소에 필요한 양을 가산한 양 이상으로 할 것
④ 축압용 가스에 질소가스를 사용하는 것의 질소가스는 소화약제 1kg에 대하여 40L(35℃에서 1기압의 압력상태로 환산한 것) 이상으로 할 것

해설 분말소화약제 가압식과 축압식의 설치기준(35℃에서 1기압의 압력상태로 환산한 것)(NFPC 108 5조, NFTC 108 2.2.4)

구 분 사용가스	가압식	축압식
N₂(질소)	40L/kg 이상	10L/kg 이상 보기 ④
CO₂ (이산화탄소)	20g/kg+배관청소 필요량 이상	20g/kg+배관청소 필요량 이상

※ 배관청소용 가스는 별도의 용기에 저장한다.

④ 40L → 10L

답 ④

62 소화기에 호스를 부착하지 아니할 수 있는 기준 중 옳은 것은?

① 소화약제의 중량이 2kg 이하인 이산화탄소 소화기
② 소화약제의 중량이 3L 이하의 액체계 소화기
③ 소화약제의 중량이 3kg 이하인 할로겐화합물소화기
④ 소화약제의 중량이 4kg 이하의 분말소화기

해설 호스의 부착이 제외되는 소화기(소화기 형식 15조)

중량 또는 용량	소화기 종류
2kg 이하 보기 ④	분말소화기
3L 이하 보기 ②	액체계 소화기(액체소화기)
3kg 이하 보기 ①	이산화탄소소화기
4kg 이하 보기 ③	할로겐화합물소화기

기억법 분이할(분장이 이상한 할머니)

① 2kg → 3kg
③ 3kg → 4kg
④ 4kg → 2kg

답 ②

63 경사강하식 구조대의 구조기준 중 틀린 것은?

① 구조대 본체는 강하방향으로 봉합부가 설치되어야 한다.
② 손잡이는 출구부근에 좌우 각 3개 이상 균일한 간격으로 견고하게 부착하여야 한다.
③ 구조대 본체의 끝부분에는 길이 4m 이상, 지름 4mm 이상의 유도선을 부착하여야 하며, 유도선 끝에는 중량 3N(300g) 이상의 모래주머니 등을 설치하여야 한다.
④ 본체의 포지는 하부지지장치에 인장력이 균등하게 걸리도록 부착하여야 하며 하부지지장치는 쉽게 조작할 수 있어야 한다.

해설 경사강하식 구조대의 기준(구조대 형식 3조)

(1) 구조대 본체는 **강하방향**으로 봉합부 설치 금지 보기 ①
(2) 손잡이는 출구부근에 좌우 각 **3개 이상** 균일한 간격으로 견고하게 부착 보기 ②
(3) 구조대 본체의 끝부분에는 길이 **4m 이상**, 지름 **4mm** 이상의 유도선을 부착하여야 하며, 유도선 끝에는 중량 **3N(300g) 이상**의 모래주머니 등 설치 보기 ③
(4) 본체의 포지는 하부지지장치에 인장력이 균등하게 걸리도록 부착하여야 하며 하부지지장치는 쉽게 조작 가능 보기 ④
(5) 입구틀 및 고정틀의 입구는 지름 **60cm 이상**의 구체가 통과할 수 있을 것
(6) 구조대 본체의 활강부는 낙하방지를 위해 포를 **2중구조**로 하거나 망목의 변의 길이가 **8cm 이하**인 망 설치 (단, 구조상 낙하방지의 성능을 갖고 있는 구조대의 경우는 제외)

① 설치되어야 한다. → 설치되지 아니하여야 한다.

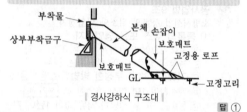

경사강하식 구조대

답 ①

64 옥내소화전설비 배관과 배관이음쇠의 설치기준 중 배관 내 사용압력이 1.2MPa 미만일 경우에 사용하는 것이 아닌 것은?

① 배관용 탄소강관(KS D 3507)
② 배관용 스테인리스강관(KS D 3576)
③ 덕타일 주철관(KS D 4311)
④ 배관용 아크용접 탄소강강관(KS D 3583)

해설 옥내소화전설비의 배관종류(NFPC 102 6조, NFTC 102 2.3)

1.2MPa 미만	1.2MPa 이상
① 배관용 탄소강관 보기 ① ② 이음매 없는 구리 및 구리합금관(단, 습식 배관에 한함) ③ 배관용 스테인리스강관 또는 일반 배관용 스테인리스강관 보기 ② ④ 덕타일 주철관 보기 ③	① 압력배관용 탄소강관 ② 배관용 아크용접 탄소강강관 보기 ④

④ 1.2MPa 이상용

답 ④

65 특정소방대상물에 따라 적응하는 포소화설비의 설치기준 중 발전기실, 엔진펌프실, 변압기, 전기케이블실, 유압설비 바닥면적의 합계가 300m² 미만의 장소에 설치할 수 있는 것은?

① 포헤드설비
② 호스릴포소화설비
③ 포워터스프링클러설비
④ 고정식 압축공기포소화설비

해설 고정식 압축공기포소화설비 설치장소(NFPC 105 4조, NFTC 105 2.1.1)
발전기실, 엔진펌프실, 변압기, 전기케이블실, 유압설비로서 바닥면적의 합계가 300m² 미만의 장소
답 ④

★★★
66 소화수조가 옥상 또는 옥탑의 부분에 설치된 경우에는 지상에 설치된 채수구에서의 압력이 최소 몇 MPa 이상이 되도록 하여야 하는가?

19.04.문80
19.03.문64
17.05.문68
15.03.문77
09.05.문63

① 0.1　　　　　② 0.15
③ 0.17　　　　　④ 0.25

해설 소화용수설비의 설치기준(NFPC 402 4·5조, NFTC 402 2.1.1, 2.2)
(1) 소화수조의 깊이가 4.5m 이상일 경우 가압송수장치를 설치할 것
(2) 소화수조는 소방펌프자동차가 채수구로부터 2m 이내의 지점까지 접근할 수 있는 위치에 설치할 것
(3) 소화수조가 옥상 또는 옥탑부분에 설치된 경우에는 지상에 설치된 채수구에서의 압력 0.15MPa 이상 되도록 한다. **보기 ②**

기억법 옥15

답 ②

★★★
67 차고 또는 주차장에 설치하는 분말소화설비의 소화약제로 옳은 것은?

17.09.문10
17.03.문04
16.10.문06
16.10.문10
16.05.문17
16.05.문64
16.03.문09
16.03.문11
15.09.문01
15.05.문08
14.09.문10
14.03.문03
12.03.문13

① 제1종 분말
② 제2종 분말
③ 제3종 분말
④ 제4종 분말

해설 (1) **분말소화약제**

종 별	주성분	착 색	적응화재	비 고
제**1**종	중탄산나트륨 (NaHCO₃)	백색	BC급	**식용유** 및 **지방질유**의 화재에 적합
제**2**종	중탄산칼륨 (KHCO₃)	담자색 (담회색)	BC급	-
제**3**종	제1인산암모늄 (NH₄H₂PO₄)	담홍색	ABC급	**차고·주차장**에 적합 **보기 ③**
제**4**종	중탄산칼륨+요소 (KHCO₃+ (NH₂)₂CO)	회(백)색	BC급	-

기억법 1식분(**일식 분**식)
3분 차주(**삼보**컴퓨터 **차주**)

● 제1인산암모늄=인산염

(2) **이산화탄소소화약제**

주성분	적응화재
이산화탄소(CO₂)	BC급

답 ③

★★
68 스프링클러헤드의 설치기준 중 다음 ( ) 안에 알맞은 것은?

연소할 우려가 있는 개구부에는 그 상하좌우에 (㉠)m 간격으로 스프링클러헤드를 설치하되, 스프링클러헤드와 개구부의 내측면으로부터 직선거리는 (㉡)cm 이하가 되도록 할 것

① ㉠ 1.7, ㉡ 15　　② ㉠ 2.5, ㉡ 15
③ ㉠ 1.7, ㉡ 25　　④ ㉠ 2.5, ㉡ 25

해설 스프링클러헤드의 설치기준(NFPC 103 10조, NFTC 103 2.7.7)
연소할 우려가 있는 개구부에는 그 상하좌우에 2.5m 간격으로 스프링클러헤드를 설치하되, 스프링클러헤드와 개구부의 내측면으로부터 직선거리는 15cm 이하가 되도록 할 것. 이 경우 사람이 상시 출입하는 개구부로서 통행에 지장이 있는 때에는 개구부의 상부 또는 측면(개구부의 폭이 9m 이하인 경우에 한함)에 설치하되, 헤드 상호간의 간격은 1.2m 이하로 설치 **보기 ㉠㉡**

용어

연소할 우려가 있는 개구부
각 방화구획을 관통하는 **컨베이어·에스컬레이터** 또는 이와 유사한 시설의 주위로서 방화구획을 할 수 없는 부분

답 ②

★★
69 연소방지설비 헤드의 설치기준 중 다음 ( ) 안에 알맞은 것은?

17.05.문73
17.03.문73
14.03.문62

헤드간의 수평거리는 연소방지설비 전용헤드의 경우에는 (㉠)m 이하, 스프링클러헤드의 경우에는 (㉡)m 이하로 할 것

① ㉠ 2, ㉡ 1.5　　② ㉠ 1.5, ㉡ 2
③ ㉠ 1.7, ㉡ 2.5　　④ ㉠ 2.5, ㉡ 1.7

해설 연소방지설비 헤드의 설치기준(NFPC 605 8조, NFTC 605 2.4)
(1) **천장** 또는 **벽면**에 설치하여야 한다.
(2) 헤드 간의 수평거리

스프링클러헤드	연소방지설비 전용헤드
1.5m 이하 **보기 ㉡**	**2m** 이하 **보기 ㉠**

(3) 소방대원의 출입이 가능한 환기구·작업구마다 지하구의 양쪽 방향으로 살수헤드를 설정하되, 한쪽 방향의 살수구역의 길이는 3m 이상으로 할 것(단, 환기구 사이의 간격이 700m를 초과할 경우에는 700m 이내마다 살수구역을 설정하되, 지하구의 구조를 고려하여 방화벽을 설치한 경우에는 제외)

기억법 연방70

답 ①

★★
70 완강기와 간이완강기를 소방대상물에 고정 설치해 줄 수 있는 지지대의 강도시험기준 중 ( ) 안에 알맞은 것은?

> 지지대는 연직방향으로 최대사용자수에 ( )N을 곱한 하중을 가하는 경우 파괴·균열 및 현저한 변형이 없어야 한다.

① 250
② 750
③ 1500
④ 5000

해설 **완강기 지지대**(완강기 형식 18·19조)
(1) 금속재료를 사용하여야 하며, 비내식성 재료일 경우 내식가공 등을 할 것(단, 외벽부착형의 경우 스테인리스 강판 및 강대 사용)
(2) 내식가공의 확인은 **염수분무시험방법**(중성, 아세트산 및 캐스분무시험)에 의하여 **5회** 시험하는 경우 부식 생성물이 발생하지 아니할 것
(3) 연직방향으로 최대사용자수에 **5000N**을 곱한 하중을 가하는 경우 파괴·균열 및 현저한 변형이 없을 것

답 ④

★★★
71 상수도 소화용수설비의 설치기준 중 다음 ( ) 안에 알맞은 것은?

14.09.문75
12.03.문77

> 호칭지름 (㉠)mm 이상의 수도배관에 호칭지름 (㉡)mm 이상의 소화전을 접속하여야 하며, 소화전은 특정소방대상물의 수평투영면의 각 부분으로부터 (㉢)m 이하가 되도록 설치할 것

① ㉠ 65, ㉡ 100, ㉢ 120
② ㉠ 65, ㉡ 100, ㉢ 140
③ ㉠ 75, ㉡ 100, ㉢ 120
④ ㉠ 75, ㉡ 100, ㉢ 140

해설 **상수도 소화용수설비**의 **기준**(NFPC 401 4조, NFTC 401 2.1)
(1) 호칭지름

수도배관	소화전
75mm 이상 보기 ㉠	**100**mm 이상 보기 ㉡

(2) 소화전은 소방자동차 등의 진입이 쉬운 **도로변** 또는 **공지**에 설치할 것
(3) 소화전은 특정소방대상물의 수평투영면의 각 부분으로부터 **140**m 이하가 되도록 설치할 것 보기 ㉢
(4) 지상식 소화전의 호스접결구는 지면으로부터 높이가 0.5m 이상 1m 이하가 되도록 설치할 것

기억법 **수75(수**지침으로 **치료), 소1(소**일거리**)**

답 ④

★★★
72 물분무소화설비를 설치하는 차고 또는 주차장의 배수설비 설치기준 중 틀린 것은?

19.03.문70
16.10.문67
16.05.문79
15.05.문78
10.03.문63

① 차량이 주차하는 장소의 적당한 곳에 높이 10cm 이상 경계턱으로 배수구를 설치할 것
② 배수구에는 새어 나온 기름을 모아 소화할 수 있도록 길이 30m 이하마다 집수관, 소화피트 등 기름분리장치를 설치할 것
③ 차량이 주차하는 바닥은 배수구를 향하여 100분의 2 이상의 기울기를 유지할 것
④ 배수설비는 가압송수장치의 최대송수능력의 수량을 유효하게 배수할 수 있는 크기 및 기울기로 할 것

해설 **물분무소화설비**의 **배수설비**(NFPC 104 11조, NFTC 104 2.8)
(1) **10cm** 이상의 경계턱으로 배수구 설치(차량이 주차하는 곳) 보기 ①
(2) **40m** 이하마다 기름분리장치 설치 보기 ②
(3) 차량이 주차하는 바닥은 $\frac{2}{100}$ 이상의 기울기 유지 보기 ③
(4) **배수설비** : 가압송수장치의 최대송수능력의 수량을 유효하게 배수할 수 있는 크기 및 기울기로 할 것 보기 ④

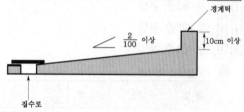

∥배수설비∥

② 30m 이하 → 40m 이하

참고

기울기

구 분	설 명
$\frac{1}{100}$ 이상	연결살수설비의 수평주행배관
$\frac{2}{100}$ 이상	물분무소화설비의 배수설비
$\frac{1}{250}$ 이상	습식·부압식 설비 외 설비의 가지배관
$\frac{1}{500}$ 이상	습식·부압식 설비 외 설비의 수평주행배관

답 ②

73

할로겐화합물 및 불활성기체 소화설비를 설치한 특정소방대상물 또는 그 부분에 대한 자동폐쇄장치의 설치기준 중 다음 ( ) 안에 알맞은 것은?

개구부가 있거나 천장으로부터 (㉠)m 이상의 아래부분 또는 바닥으로부터 해당층의 높이의 (㉡) 이내의 부분에 통기구가 있어 할로겐화합물 및 불활성기체 소화약제의 유출에 따라 소화효과를 감소시킬 우려가 있는 것은 할로겐화합물 및 불활성기체 소화약제가 방사되기 전에 당해 개구부 및 통기구를 폐쇄할 수 있도록 할 것

① ㉠ 1, ㉡ 3분의 2
② ㉠ 2, ㉡ 3분의 2
③ ㉠ 1, ㉡ 2분의 1
④ ㉠ 2, ㉡ 2분의 1

해설 할로겐화합물 및 불활성기체 소화설비 · 분말소화설비 · 이산화탄소소화설비, 자동폐쇄장치 설치기준[(NFPC 107A 15조(NFTC 107A 2.12), NFPC 108 14조(NFTC 108 2.11.1)]
개구부가 있거나 천장으로부터 **1m 이상**의 아래부분 또는 바닥으로부터 해당층의 높이의 $\dfrac{2}{3}$ **이내**의 부분에 통기구가 있어 소화약제의 유출에 따라 소화효과를 감소시킬 우려가 있는 것은 소화약제가 방출되기 전에 당해 **개구부 및 통기구**를 폐쇄할 수 있도록 할 것 [보기 ㉠㉡]

답 ①

74

특별피난계단의 계단실 및 부속실 제연설비의 비상전원은 제연설비를 유효하게 최소 몇 분 이상 작동할 수 있도록 하여야 하는가? (단, 층수가 30층 이상 49층 이하인 경우이다.)

[06.09.문79]

① 20
② 30
③ 40
④ 60

해설 비상전원 용량

설비의 종류	비상전원 용량
• **자**동화재탐지설비 • 비상**경**보설비 • **자**동화재속보설비	**10분** 이상
• 유도등 • 비상콘센트설비 • 제연설비 • 물분무소화설비 • 옥내소화전설비(30층 미만) • 특별피난계단의 계단실 및 부속실 제연설비(30층 미만)	**20분** 이상

• 무선통신보조설비의 **증**폭기	30분 이상
• 옥내소화전설비(30~49층 이하) • 특별피난계단의 계단실 및 부속실 제연설비(30~49층 이하) [보기 ③] • 연결송수관설비(30~49층 이하) • 스프링클러설비(30~49층 이하)	40분 이상
• 유도등 · 비상조명등(지하상가 및 11층 이상) • 옥내소화전설비(50층 이상) • 특별피난계단의 계단실 및 부속실 제연설비(50층 이상) • 연결송수관설비(50층 이상) • 스프링클러설비(50층 이상)	60분 이상

기억법 경자비1(**경자**라는 이름은 **비일**비재하게 많다.) 3증(3중고)

답 ③

75

스프링클러헤드를 설치하는 천장 · 반자 · 천장과 반자 사이 · 덕트 · 선반 등의 각 부분으로부터 하나의 스프링클러헤드까지의 수평거리 기준으로 틀린 것은?

[16.10.문71]
[12.05.문76]

① 무대부에 있어서는 1.7m 이하
② 내화구조가 아닌 곳에 있어서는 2.1m 이하
③ 공동주택(아파트) 세대 내에 있어서는 2.6m 이하
④ 특수가연물을 저장 또는 취급하는 장소에 있어서는 2.1m 이하

해설 수평거리(R)

설치장소	설치기준
무대부 · **특**수가연물 (창고 포함) [보기 ①④]	수평거리 **1.7m** 이하
기타구조(창고 포함)	수평거리 **2.1m** 이하
내화구조(창고 포함) [보기 ②]	수평거리 **2.3m** 이하
공동주택(**아**파트) 세대 내 [보기 ③]	수평거리 **2.6m** 이하

기억법 무특기내아(**무기** 내려놔 **아**!) 7136

④ 2.1m 이하 → 1.7m 이하

답 ④

76

소화약제 외의 것을 이용한 간이소화용구의 능력단위기준 중 다음 ( ) 안에 알맞은 것은?

간이소화용구		능력단위
마른모래	삽을 상비한 (㉠)L 이상의 것 1포	0.5 단위
팽창질석 또는 팽창진주암	삽을 상비한 (㉡)L 이상의 것 1포	

① ㉠ 50, ㉡ 80
② ㉠ 50, ㉡ 160
③ ㉠ 100, ㉡ 80
④ ㉠ 100, ㉡ 160

해설 **간이소화용구**의 **능력단위**(NFTC 101 1.7.1.6)

간이소화용구		능력단위
마른모래	삽을 상비한 **50L** 이상의 것 1포 보기 ㉠	**0.5단위**
팽창질석 또는 팽창진주암	삽을 상비한 **80L** 이상의 것 1포 보기 ㉡	

기억법 **마 0.5**

비교

위험물규칙 〔별표 17〕 **능력단위**

소화설비	용량	능력단위
소화전용 물통	8L	0.3
수조(소화전용 물통 **3개** 포함)	80L	1.5
수조(소화전용 물통 **6개** 포함)	190L	2.5

답 ①

77

★★★

15.03.문76
07.09.문72

물분무헤드를 설치하지 아니할 수 있는 장소의 기준 중 다음 ( ) 안에 알맞은 것은?

운전시에 표면의 온도가 ( )℃ 이상으로 되는 등 직접 분무를 하는 경우 그 부분에 손상을 입힐 우려가 있는 기계장치 등이 있는 장소

① 160
② 200
③ 260
④ 300

해설 **물분무헤드 설치제외장소**(NFPC 104 15조, NFTC 104 2.12)
(1) **물**과 심하게 **반응**하는 물질 취급장소
(2) **고온물질** 취급장소
(3) **표면온도 260℃** 이상 보기 ③

기억법 **물표26(물표 이륙)**

답 ③

78

★★★

14.09.문74
04.03.문75

할로겐화합물 및 불활성기체 소화약제 저장용기의 설치장소기준 중 다음 ( ) 안에 알맞은 것은?

할로겐화합물 및 불활성기체 소화약제의 저장용기는 온도가 ( )℃ 이하이고 온도의 변화가 작은 곳에 설치할 것

① 40
② 55
③ 60
④ 75

해설 **저장용기 온도**

40℃ 이하	55℃ 이하
• 이산화탄소소화설비 • 할론소화설비 • 분말소화설비	• 할로겐화합물 및 불활성기체 소화설비 보기 ②

답 ②

79

★★

포소화약제의 저장량 설치기준 중 포헤드방식 및 압축공기포소화설비에 있어서 하나의 방사구역 안에 설치된 포헤드를 동시에 개방하여 표준방사량으로 몇 분간 방사할 수 있는 양 이상으로 하여야 하는가?

① 10
② 20
③ 30
④ 60

해설 **방사시간**

포헤드 · 고정포방출구 · 압축공기포소화설비	물분무소화설비
10분 이상 보기 ①	**20분** 이상

답 ①

80

★

간이스프링클러설비에서 폐쇄형 스프링클러헤드를 사용하는 설비의 경우로서 1개층에 하나의 급수배관(또는 밸브 등)이 담당하는 구역의 최대면적은 몇 m^2를 초과하지 아니하여야 하는가?

① 1000
② 2000
③ 2500
④ 3000

해설 **1개층**에 하나의 **급수배관**이 담당하는 **구역**의 **최대면적**
(NFPC 103A 〔별표 1〕, NFTC 103A 2.5.3.3)

간이스프링클러설비 (폐쇄형 헤드)	스프링클러설비 (폐쇄형 헤드)
1000m^2 이하 보기 ③	**3000m^2** 이하

기억법 **폐간1(폐간일)**

답 ①

과년도 기출문제

2016년

소방설비기사 필기(기계분야)

** 수험자 유의사항 **

1. 문제지를 받는 즉시 **본인**이 **응시한 종목**이 맞는지 확인하시기 바랍니다.
2. 문제지 표지에 본인의 **수험번호**와 성명을 기재하여야 합니다.
3. 문제지의 **총면수, 문제번호 일련순서, 인쇄상태, 중복 및 누락 페이지 유무**를 확인하시기 바랍니다.
4. 답안은 각 문제마다 요구하는 가장 적합하거나 가까운 답 1개만을 선택하여야 합니다.
5. 답안카드는 뒷면의 「수험자 유의사항」에 따라 작성하시고, 답안카드 작성 시 형별누락, 마킹착오로 인한 불이익은 전적으로 수험자에게 책임이 있음을 알려드립니다.
6. 문제지는 시험 종료 후 본인이 가져갈 수 있습니다.

** 안내사항 **

• 가답안/최종정답은 큐넷(www.q-net.or.kr)에서 확인하실 수 있습니다. 가답안에 대한 의견은 큐넷의 [가답안 의견 제시]를 통해 제시할 수 있으며, 확정된 답안은 최종정답으로 갈음합니다.

• 공단에서 제공하는 자격검정서비스에 대해 개선할 점이 있으시면 고객참여(http://hrdkorea.or.kr/7/1/1)를 통해 건의하여 주시기 바랍니다.

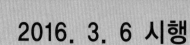

■ 2016년 기사 제1회 필기시험 ■

자격종목	종목코드	시험시간	형별	수험번호	성명
소방설비기사(기계분야)		**2시간**			

※ 각 문항은 4지택일형으로 질문에 가장 적합한 보기 항을 선택하여 체크하여야 합니다.

제1과목 소방원론

★★★
01 증기비중의 정의로 옳은 것은? (단, 보기에서 분자, 분모의 단위는 모두 g/mol이다.)

19.03.문18
15.03.문05
14.09.문15
12.09.문18
07.05.문17

① $\dfrac{분자량}{22.4}$ ② $\dfrac{분자량}{29}$

③ $\dfrac{분자량}{44.8}$ ④ $\dfrac{분자량}{100}$

해설 증기비중

유사문제부터 풀어보세요. 실력이 팍!팍! 올라갑니다.

$$증기비중 = \dfrac{분자량}{29}$$

여기서, 29 : 공기의 평균 분자량

답 ②

★★
02 위험물안전관리법령상 제4류 위험물의 화재에 적응성이 있는 것은?

10.09.문19

① 옥내소화전설비
② 옥외소화전설비
③ 봉상수소화기
④ 물분무소화설비

해설 위험물의 일반사항

종류	성질	소화방법
제1류	강산화성 물질 (산화성 고체)	물에 의한 **냉각소화**(단, 무기과산화물은 마른모래 등에 의한 **질식소화**)
제2류	환원성 물질 (가연성 고체)	물에 의한 **냉각소화**(단, 황화인·철분·마그네슘·금속분은 마른모래 등에 의한 질식소화)
제3류	금수성 물질 및 자연발화성 물질	마른모래, 팽창질석, 팽창진주암에 의한 **질식소화**(마른모래보다 **팽창질석** 또는 **팽창진주암**이 더 효과적)

제4류	인화성 물질 (인화성 액체)	포·분말·이산화탄소(CO_2)·할론·물분무 소화약제에 의한 **질식소화** 보기 ④
제5류	폭발성 물질 (자기반응성 물질)	화재 초기에만 대량의 물에 의한 **냉각소화**(단, 화재가 진행되면 자연진화되도록 기다릴 것)
제6류	산화성 물질 (산화성 액체)	마른모래 등에 의한 **질식소화**(단, **과산화수소**는 다량의 **물**로 희석소화)

답 ④

★★★
03 화재 최성기 때의 농도로 유도등이 보이지 않을 정도의 연기농도는? (단, 감광계수로 나타낸다.)

12.03.문07

① $0.1m^{-1}$ ② $1m^{-1}$
③ $10m^{-1}$ ④ $30m^{-1}$

해설

감광계수 [m⁻¹]	가시거리 [m]	상황
0.1	20~30	**연기감지기**가 작동할 때의 농도 (연기감지기가 작동하기 직전의 농도)
0.3	5	건물 내부에 **익숙한 사람**이 피난에 지장을 느낄 정도의 농도
0.5	3	**어두운 것**을 느낄 정도의 농도
1	1~2	앞이 거의 보이지 않을 정도의 농도
10	0.2~0.5	화재 **최성기** 때의 농도 보기 ③
30	—	출화실에서 **연기**가 **분출**할 때의 농도

답 ③

★★★
04 가연성 가스가 아닌 것은?

19.03.문10
17.03.문07
16.10.문03
16.03.문04
14.05.문10
12.09.문08
11.10.문02

① 일산화탄소
② 프로판
③ 수소
④ 아르곤

해설 **가연물이 될 수 없는 물질**(불연성 물질)

특 징	불연성 물질
주기율표의 0족 원소	• 헬륨(He) • 네온(Ne) • **아르곤**(Ar) 보기 ④ • 크립톤(Kr) • 크세논(Xe) • 라돈(Rn) — 불활성 가스
산소와 더 이상 반응하지 않는 물질	• 물(H₂O) • 이산화탄소(CO₂) • 산화알루미늄(Al₂O₃) • 오산화인(P₂O₅)
흡열반응물질	• 질소(N₂)

답 ④

★★★
05 위험물안전관리법령상 위험물 유별에 따른 성질이 잘못 연결된 것은?

19.09.문44
15.05.문05
11.10.문03
07.09.문18

① 제1류 위험물 – 산화성 고체
② 제2류 위험물 – 가연성 고체
③ 제4류 위험물 – 인화성 액체
④ 제6류 위험물 – 자기반응성 물질

해설 **위험물령** 〔별표 1〕
위험물

유별	성질	품 명
제**1**류	**산화성 고체** 보기 ①	• 아염소산염류 • **염소산염류(염소산나트륨)** • 과염소산염류 • 질산염류 • 무기과산화물 기억법 **1산고염나**
제2류	가연성 고체 보기 ②	• **황화인** • **적린** • **황** • **마**그네슘 기억법 **황화적황마**
제3류	자연발화성 물질 및 금수성 물질	• **황**린 • **칼**륨 • **나**트륨 • **알**칼리토금속 • **트**리에틸알루미늄 기억법 **황칼나알트**
제4류	인화성 액체 보기 ③	• 특수인화물 • 석유류(벤젠) • 알코올류 • 동식물유류
제5류	자기반응성 물질 보기 ④	• 유기과산화물 • 나이트로화합물 • 나이트로소화합물 • 아조화합물 • 질산에스터류(셀룰로이드)
제6류	산화성 액체	• **과염소산** • 과산화수소 • 질산

④ 제6류 위험물 – 산화성 액체

답 ④

★★
06 무창층 여부를 판단하는 개구부로서 갖추어야 할 조건으로 옳은 것은?

15.03.문46

① 개구부 크기가 지름 30cm의 원이 통과할 수 있을 것
② 해당 층의 바닥면으로부터 개구부 밑부분까지의 높이가 1.5m인 것
③ 내부 또는 외부에서 쉽게 부수거나 열 수 있을 것
④ 창에 방범을 위하여 40cm 간격으로 창살을 설치한 것

해설 **소방시설법 시행령 2조**
개구부
(1) 개구부의 크기는 지름 **50cm**의 원이 통과할 수 있을 것 보기 ①
(2) 해당 층의 바닥면으로부터 개구부 밑부분까지의 높이가 **1.2m** 이내일 것 보기 ②
(3) 내부 또는 외부에서 쉽게 부수거나 열 수 있을 것 보기 ③
(4) 화재시 건축물로부터 쉽게 피난할 수 있도록 **창살**, 그 밖의 **장애물**이 설치되지 않을 것 보기 ④
(5) 도로 또는 차량이 진입할 수 있는 **빈터**를 향할 것

> ① 지름 30cm → 지름 50cm
> ② 1.5m → 1.2m 이내
> ④ 창살을 설치한 것 → 창살을 설치하지 아니할 것

용어
개구부
화재시 쉽게 피난할 수 있는 출입문, 창문 등을 말한다.

답 ③

★★★
07 황린의 보관방법으로 옳은 것은?

17.03.문11
16.05.문19
10.03.문09
09.03.문16

① 물속에 보관
② 이황화탄소 속에 보관
③ 수산화칼륨 속에 보관
④ 통풍이 잘 되는 공기 중에 보관

해설 **물질**에 따른 **저장장소**

위험물	저장장소
• 황린 • 이황화탄소(CS₂)	물속 보기 ①
• 나이트로셀룰로오스	알코올 속
• 칼륨(K) • 나트륨(Na) • 리튬(Li)	석유(등유) 속
• 아세틸렌(C₂H₂)	디메틸포름아미드(DMF), 아세톤

답 ①

08 가연성 가스나 산소의 농도를 낮추어 소화하는 방법은?

19.09.문13
18.09.문19
17.05.문06
15.03.문17
14.03.문19
11.10.문19
03.08.문11

① 질식소화
② 냉각소화
③ 제거소화
④ 억제소화

해설 소화의 형태

구 분	설 명
냉각소화	• **점화원**을 냉각하여 소화하는 방법 • **증발잠열**을 이용하여 열을 빼앗아 가연물의 온도를 떨어뜨려 화재를 진압하는 소화방법 • **다량**의 **물**을 뿌려 소화하는 방법 • 가연성 물질을 **발화점 이하**로 **냉각**하여 소화하는 방법 • **식용유화재**에 신선한 **야채**를 넣어 소화하는 방법 • 용융잠열에 의한 **냉각효과**를 이용하여 소화하는 방법 **기억법** 냉점증발
질식소화	• 공기 중의 **산소농도**를 16%(10~15%) 이하로 희박하게 하여 소화하는 방법 • 산화제의 농도를 낮추어 연소가 지속될 수 없도록 소화하는 방법 • 산소공급을 차단하여 소화하는 방법 • 산소의 농도를 낮추어 소화하는 방법 [보기 ①] • 화학반응으로 발생한 **탄산가스**에 의한 소화방법 **기억법** 질산
제거소화	• **가연물**을 **제거**하여 소화하는 방법
부촉매 소화 (=화학소화)	• **연쇄반응**을 **차단**하여 소화하는 방법 • 화학적인 방법으로 화재를 억제하여 소화하는 방법 • **활성기**(free radical)의 **생성**을 **억제**하여 소화하는 방법 **기억법** 부억(부엌)
희석소화	• 기체·고체·액체에서 나오는 분해가스나 증기의 농도를 낮춰 소화하는 방법 • 불연성 가스의 공기 중 **농도**를 높여 소화하는 방법

답 ①

09 분말소화약제 중 A급, B급, C급 화재에 모두 사용할 수 있는 것은?

19.03.문01
18.04.문06
17.03.문04
16.10.문06
16.10.문10
16.05.문15
16.03.문09
16.03.문11
15.05.문08
14.05.문17
12.03.문13

① Na$_2$CO$_3$
② NH$_4$H$_2$PO$_4$
③ KHCO$_3$
④ NaHCO$_3$

해설 분말소화기(질식효과)

종 별	소화약제	약제의 착색	화학반응식	적응 화재
제1종	탄산수소 나트륨 (NaHCO$_3$)	백색	$2NaHCO_3 \rightarrow$ $Na_2CO_3 + CO_2 + H_2O$	BC급
제2종	탄산수소 칼륨 (KHCO$_3$)	담자색 (담회색)	$2KHCO_3 \rightarrow$ $K_2CO_3 + CO_2 + H_2O$	BC급
제3종	인산암모늄 (NH$_4$H$_2$PO$_4$)	담홍색	$NH_4H_2PO_4 \rightarrow$ $HPO_3 + NH_3 + H_2O$	AB C급 [보기 ②]
제4종	탄산수소 칼륨+요소 (KHCO$_3$+ (NH$_2$)$_2$CO)	회(백)색	$2KHCO_3 +$ $(NH_2)_2CO \rightarrow$ $K_2CO_3 +$ $2NH_3 + 2CO_2$	BC급

• 탄산수소나트륨=중탄산나트륨
• 탄산수소칼륨=중탄산칼륨
• 제1인산암모늄=인산암모늄=인산염
• 탄산수소칼륨+요소=중탄산칼륨+요소

답 ②

10 화재 발생시 건축물의 화재를 확대시키는 주요 인이 아닌 것은?

19.04.문09
15.03.문06
14.05.문02
09.03.문19
06.05.문18

① 비화
② 복사열
③ 화염의 접촉(접염)
④ 흡착열에 의한 발화

해설 목조건축물의 화재원인

종 류	설 명
접염 (화염의 접촉) [보기 ③]	화염 또는 열의 **접촉**에 의하여 불이 다른 곳으로 옮겨붙는 것
비화 [보기 ①]	불티가 **바람**에 날리거나 화재현장에서 상승하는 **열기류** 중심에 휩쓸려 원거리 가연물에 착화하는 현상 **기억법** 비날(비가 날린다!)
복사열 [보기 ②]	복사파에 의하여 열이 **고온**에서 **저온**으로 이동하는 것

비교

열전달의 종류

종 류	설 명
전도 (conduction)	하나의 물체가 다른 **물체**와 **직접** 접촉하여 열이 이동하는 현상
대류 (convection)	**유체**의 흐름에 의하여 열이 이동하는 현상
복사 (radiation)	• 화재시 화원과 격리된 인접 가연물에 불이 옮겨붙는 현상 • 열전달 매질이 **없이** 열이 전달되는 형태 • 열에너지가 **전자파**의 형태로 옮겨지는 현상으로, 가장 크게 작용

답 ④

★★ 11 제2종 분말소화약제가 열분해되었을 때 생성되는 물질이 아닌 것은?

17.09.문10
17.03.문04
16.10.문06
16.10.문10
16.05.문15
16.05.문17
16.03.문09
15.09.문01
15.05.문08
14.09.문10
14.05.문17
14.03.문03
12.03.문13

① CO_2
② H_2O
③ H_3PO_4
④ K_2CO_3

해설 분말소화약제

종 별	열분해 반응식
제1종	$2NaHCO_3 \rightarrow Na_2CO_3+H_2O+CO_2$
제2종	$2KHCO_3 \rightarrow K_2CO_3+H_2O+CO_2$
제3종	$190℃ : NH_4H_2PO_4 \rightarrow H_3PO_4$(오쏘인산)$+NH_3$ $215℃ : 2H_3PO_4 \rightarrow H_4P_2O_7$(피로인산)$+H_2O$ $300℃ : H_4P_2O_7 \rightarrow 2HPO_3$(메타인산)$+H_2O$ $250℃ : 2HPO_3 \rightarrow P_2O_5$(오산화인)$+H_2O$
제4종	$2KHCO_3+(NH_2)_2CO \rightarrow K_2CO_3+2NH_3+2CO_2$

답 ③

★★ 12 제거소화의 예가 아닌 것은?

19.09.문05
19.04.문18
17.03.문16
16.10.문07
14.05.문11
13.03.문01
11.03.문04
08.09.문17

① 유류화재시 다량의 포를 방사한다.
② 전기화재시 신속하게 전원을 차단한다.
③ 가연성 가스 화재시 가스의 밸브를 닫는다.
④ 산림화재시 확산을 막기 위하여 산림의 일부를 벌목한다.

해설 ① **질식소화** : 유류화재시 가연물을 **포**로 덮는다.

🔊 중요

제거소화의 예
(1) **가연성 기체** 화재시 **주밸브**를 **차단**한다.(화학반응기의 화재시 원료공급관의 **밸브**를 **잠근다**.) 보기 ③
(2) **가연성 액체** 화재시 펌프를 이용하여 **연료**를 제거한다.
(3) **연료탱크**를 **냉각**하여 가연성 가스의 발생속도를 작게 하여 연소를 억제한다.
(4) 금속화재시 **불활성** 물질로 가연물을 덮는다.
(5) **목재**를 **방염처리**한다.
(6) 전기화재시 **전원**을 **차단**한다. 보기 ②
(7) 산불이 발생하면 화재의 진행방향을 앞질러 **벌목**한다.(산불의 확산방지를 위하여 **산림**의 **일부**를 **벌채**한다.) 보기 ④
(8) 가스화재시 **밸브**를 **잠궈** 가스흐름을 차단한다.
(9) 불타고 있는 장작더미 속에서 아직 타지 않은 것을 안전한 곳으로 **운반**한다.
(10) 유류탱크 화재시 주변에 있는 유류탱크의 유류를 다른 곳으로 이동시킨다.
(11) **양초**를 입으로 불어서 끈다.

※ **제거효과** : 가연물을 반응계에서 제거하든지 또는 반응계로의 공급을 정지시켜 소화하는 효과

답 ①

★★★ 13 공기 중에서 수소의 연소범위로 옳은 것은?

17.03.문03
15.09.문14
09.03.문02

① 0.4~4vol%
② 1~12.5vol%
③ 4~75vol%
④ 67~92vol%

해설 (1) **공기 중의 폭발한계**(**외사천러로 나와야 한다.**)

가 스	하한계[vol%]	상한계[vol%]
아세틸렌(C_2H_2)	2.5	81
수소(H_2) 보기 ③	**4**	**75**
일산화탄소(CO)	12	75
암모니아(NH_3)	15	25
메탄(CH_4)	5	15
에탄(C_2H_6)	3	12.4
프로판(C_3H_8)	2.1	9.5
부탄(C_4H_{10})	**1.8**	**8**.4

기억법 **수475**(**수사** 후 **치료**하세요.)
부18(**부자**의 **일**반적인 **팔**자)

(2) **폭발한계**와 **같은 의미**
㉠ 폭발범위
㉡ 연소한계
㉢ 연소범위
㉣ 가연한계
㉤ 가연범위

답 ③

★★★ 14 일반적인 자연발화의 방지법으로 틀린 것은?

19.09.문08
18.03.문10
16.10.문05
15.05.문19
15.03.문09
14.09.문09
14.09.문17
12.03.문09
09.05.문08
03.03.문13
02.09.문01

① 습도를 높일 것
② 저장실의 온도를 낮출 것
③ 정촉매작용을 하는 물질을 피할 것
④ 통풍을 원활하게 하여 열축적을 방지할 것

해설 **자연발화**
가연물이 공기 중에서 산화되어 **산화열**의 **축적**으로 발화

🔊 중요

(1) **자연발화의 방지법**
㉠ **습도**가 높은 곳을 **피**할 것(건조하게 유지할 것) 보기 ①
㉡ 저장실의 온도를 낮출 것 보기 ②
㉢ 통풍이 잘 되게 할 것 보기 ④
㉣ 퇴적 및 수납시 열이 쌓이지 않게 할 것(**열축적 방지**)
㉤ 산소와의 접촉을 차단할 것
㉥ **열전도성**을 좋게 할 것
㉦ **정촉매작용**을 하는 물질을 피할 것 보기 ③

기억법 **자습피**

(2) **자연발화 조건**
㉠ 열전도율이 작을 것
㉡ 발열량이 클 것
㉢ 주위의 온도가 높을 것
㉣ 표면적이 넓을 것

답 ①

15 이산화탄소(CO_2)에 대한 설명으로 틀린 것은?

19.03.문11
14.05.문08
13.06.문20
11.03.문06

① 임계온도는 97.5℃이다.

② 고체의 형태로 존재할 수 있다.

③ 불연성 가스로 공기보다 무겁다.

④ 상온, 상압에서 기체상태로 존재한다.

해설 **이산화탄소의 물성**

구 분	물 성
임계압력	72.75atm
임계온도	31℃ 보기 ①
3중점	−**56**.3℃(약 −56℃)
승화점(**비**점)	−**78**.5℃
허용농도	0.5%
수분	0.05% 이해(함량 99.5% 이상)

기억법 이356, 이비78

① 97.5℃ → 31℃

답 ①

16 건물화재시 패닉(panic)의 발생원인과 직접적인 관계가 없는 것은?

11.03.문19

① 연기에 의한 시계제한

② 유독가스에 의한 호흡장애

③ 외부에 단절되어 고립

④ 불연내장재의 사용

해설 **패닉(panic)의 발생원인**

(1) 연기에 의한 시계제한 보기 ①

(2) 유독가스에 의한 호흡장애 보기 ②

(3) 외부와 단절되어 고립 보기 ③

용어

패닉(panic)
인간이 극도로 긴장되어 돌출행동을 하는 것

답 ④

17 화학적 소화방법에 해당하는 것은?

① 모닥불에 물을 뿌려 소화한다.

② 모닥불을 모래로 덮어 소화한다.

③ 유류화재를 할론 1301로 소화한다.

④ 지하실 화재를 이산화탄소로 소화한다.

해설 **물리적 소화와 화학적 소화**

구 분	물리적 소화	화학적 소화
소화 형태	① 질식소화 ② 냉각소화 ③ 제거소화 ④ 희석소화 ⑤ 피복소화	화학소화(억제소화, 부촉매효과)

소화 약제	① 물소화약제 ② 이산화탄소 소화약제 ③ 포소화약제 ④ 불활성기체 소화 약제 ⑤ 마른모래	① 할론소화약제 보기 ③ ② 할로겐화합물 소 화약제

답 ③

18 목조건축물에서 발생하는 옥외출화 시기를 나타낸 것으로 옳은 것은?

15.05.문14

① 창, 출입구 등에 발염착화한 때

② 천장 속, 벽 속 등에서 발염착화한 때

③ 가옥구조에서는 천장면에 발염착화한 때

④ 불연천장인 경우 실내의 그 뒷면에 발염착화한 때

해설 **옥외출화와 옥내출화**

옥외출화	옥내출화
① **창·출입구** 등에 발염 착화한 경우 보기 ① ② 목재 사용 가옥에서는 **벽·추녀** 밑의 판자 나 목재에 **발염착화**한 경우	① **천장 속·벽 속** 등에서 발 염착화한 경우 보기 ② ② 가옥구조시에는 천장판에 **발염착화**한 경우 보기 ③ ③ 불연벽체나 칸막이의 불 연천장인 경우 실내에서 는 그 뒤판에 **발염착화** 한 경우 보기 ④

기억법 외창출

②, ③, ④ 옥내출화

답 ①

19 공기 중의 산소의 농도는 약 몇 vol%인가?

① 10

② 13

③ 17

④ 21

해설 **공기의 구성 성분**

(1) 산소 : 21vol% 보기 ④

(2) 질소 : 78vol%

(3) 아르곤 : 1vol%

중요

공기 중 산소농도

구 분	산소농도
체적비 (부피백분율)	약 21vol%
중량비 (중량백분율)	약 23wt%

• 일반적인 산소농도라 함은 '**체적비**'를 말한다.

답 ④

★★★
20 화재 발생시 주수소화가 적합하지 않은 물질은?

07.09.문05

① 적린
② 마그네슘 분말
③ 과염소산칼륨
④ 황

해설 **주수소화**(물소화)시 **위험**한 **물질**

구 분	현 상
• 무기과산화물	**산소** 발생
• **금**속분 • **마**그네슘 보기 ② • 알루미늄 • 칼륨 • 나트륨 • 수소화리튬	**수소** 발생
• 가연성 액체의 유류화재	**연소면**(화재면) 확대

기억법 금마수

※ **주수소화** : 물을 뿌려 소화하는 방법

답 ②

제 2 과목 **소방유체역학**

★
21 펌프의 입구 및 출구측에 연결된 진공계와 압력계가 각각 25mmHg와 260kPa을 가리켰다. 이 펌프의 배출유량이 0.15m³/s가 되려면 펌프의 동력은 약 몇 kW가 되어야 하는가? (단, 펌프의 입구와 출구의 높이차는 없고, 입구측 관직경은 20cm, 출구측 관직경은 15cm이다.)

19.04.문28
14.05.문23
11.10.문37

① 3.95
② 4.32
③ 39.5
④ 43.2

해설

$$P = \frac{0.163QH}{\eta}K$$

(1) 단위변환

$$1atm = 760mmHg(76cmHg) = 1.0332kg_f/cm^2$$
$$= 10.332mH_2O[mAq](10332mmAq)$$
$$= 14.7PSI[lb_f/m^2]$$
$$= 101.325kPa[kN/m^2](101325Pa)$$
$$= 1.013bar(1013mbar)$$

$$760mmHg = 101.325kPa$$

$$P_1 : 25mmHg = \frac{25mmHg}{760mmHg} \times 101.325kPa = 3.33kPa$$

(2) 유량

$$Q = AV = \left(\frac{\pi D^2}{4}\right)V$$

여기서, Q : 유량[m³/s]
A : 단면적[m²]
V : 유속[m/s]
D : 직경[m]

입구 유속 $V_1 = \dfrac{Q}{\dfrac{\pi D^2}{4}} = \dfrac{0.15m^3/s}{\dfrac{\pi \times (0.2m)^2}{4}} = 4.7m/s$

출구 유속 $V_2 = \dfrac{Q}{\dfrac{\pi D^2}{4}} = \dfrac{0.15m^3/s}{\dfrac{\pi \times (0.15m)^2}{4}} = 8.4m/s$

• 100cm=1m이므로 20cm=0.2m이고 15m=0.15cm

(3) 베르누이 방정식

$$\frac{V_1^2}{2g} + \frac{P_1}{\gamma} + Z_1 = \frac{V_2^2}{2g} + \frac{P_2}{\gamma} + Z_2 + \Delta H$$

여기서, V_1, V_2 : 유속[m/s]
P_1, P_2 : 압력[kPa] 또는 [kN/m²]
Z_1, Z_2 : 높이[m]
g : 중력가속도(9.8m/s²)
γ : 비중량(물의 비중량 9.8kN/m³)
ΔH : 손실수두[m]

$$\frac{V_1^2}{2g} + \frac{P_1}{\gamma} + \cancel{Z_1} = \frac{V_2^2}{2g} + \frac{P_2}{\gamma} + \cancel{Z_2} + \Delta H$$

• 문제에서 높이차는 $Z_1 = Z_2$이므로 Z_1, Z_2 삭제

$$\frac{V_1^2}{2g} + \frac{P_1}{\gamma} = \frac{V_2^2}{2g} + \frac{P_2}{\gamma} + \Delta H$$

$$\frac{(4.7m/s)^2}{2 \times 9.8m/s^2} + \frac{3.33kN/m^2}{9.8kN/m^3} = \frac{(8.4m/s)^2}{2 \times 9.8m/s^2} + \frac{260kN/m^2}{9.8kN/m^3} + \Delta H$$

$$\frac{(4.7m/s)^2}{2 \times 9.8m/s^2} + \frac{3.33kN/m^2}{9.8kN/m^3} - \frac{(8.4m/s)^2}{2 \times 9.8m/s^2} - \frac{260kN/m^2}{9.8kN/m^3} = \Delta H$$

$$-28.66m = \Delta H$$

• −28.66m에서 '−'는 방향을 나타내므로 무시 가능

(4) 동력

$$P = \frac{0.163QH}{\eta}K$$

여기서, P : 동력[kW]
Q : 유량[m³/min]
$H(\Delta H)$: 전양정[m]
K : 전달계수
η : 효율

동력 P는

$$P = \frac{0.163QH}{\eta}K = 0.163 \times 0.15m^3/s \times 28.66m$$
$$= 0.163 \times (0.15 \times 60)m^3/min \times 28.66m$$
$$\fallingdotseq 42kW$$

- 1min=60s, 1s=$\frac{1}{60}$min이므로 0.15m³/s=0.15m³

  /$\frac{1}{60}$min = (0.15×60)m³/min
- K(전달계수)와 η(효율)은 주어지지 않았으므로 무시한다.
- 42kW 이상이므로 여기서는 43.2kW가 답이 된다.

답 ④

★★ 22 펌프에 대한 설명 중 틀린 것은?

06.05.문38

① 회전식 펌프는 대용량에 적당하며 고장 수리가 간단하다.
② 기어펌프는 회전식 펌프의 일종이다.
③ 플런저펌프는 왕복식 펌프이다.
④ 터빈펌프는 고양정, 대용량에 적당하다.

해설

회전식 펌프	터빈펌프
저양정, 저용량	고양정, 대용량

① 대용량에 적당 → 저용량에 적당

답 ①

★★★ 23 어떤 밸브가 장치된 지름 20cm인 원판에 4℃

19.09.문40
15.05.문32
14.09.문39
11.06.문22

의 물이 2m/s의 평균속도로 흐르고 있다. 밸브의 앞과 뒤에서의 압력차이가 7.6kPa일 때, 이 밸브의 부차적 손실계수 K와 등가길이 L_e은? (단, 관의 마찰계수는 0.02이다.)

① $K=3.8$, $L_e=38$m
② $K=7.6$, $L_e=38$m
③ $K=38$, $L_e=3.8$m
④ $K=38$, $L_e=7.6$m

해설 (1) 손실수두

$$h=\frac{P}{\gamma}=K\frac{V^2}{2g}$$

여기서, h : 손실수두[m]
P : 압력차이[kPa] 또는 [kN/m²]
γ : 비중량(물의 비중량 9.8kN/m³)
K : 부차적 손실계수
V : 유속[m/s]
g : 중력가속도(9.8m/s²)

부차적 손실계수 K는

$K=\frac{2gP}{V^2\gamma}=\frac{2\times 9.8\text{m/s}^2 \times 7.6\text{kN/m}^2}{(2\text{m/s})^2 \times 9.8\text{kN/m}^3}=3.8$

- 1kPa=1kN/m²이므로 7.6kPa=7.6kN/m²

(2) 관의 등가길이

$$L_e=\frac{KD}{f}$$

여기서, L_e : 관의 등가길이[m]
K : (부차적) 손실계수
D : 내경[m]
f : 마찰손실계수(마찰계수)

관의 등가길이 L_e는

$L_e=\frac{KD}{f}$

$=\frac{3.8\times 0.2\text{m}}{0.02}=38\text{m}$

- 100cm=1m이므로 20cm=0.2m
- 등가길이=상당길이=상당관길이

답 ①

★★★ 24 안지름 30cm의 원관 속을 절대압력 0.32MPa,

03.08.문22

온도 27℃인 공기가 4kg/s로 흐를 때 이 원관 속을 흐르는 공기의 평균속도는 약 몇 m/s인가? (단, 공기의 기체상수 $R=287$J/kg · K이다.)

① 15.2
② 20.3
③ 25.2
④ 32.5

해설 (1) 밀도

$$\rho=\frac{P}{RT}$$

여기서, ρ : 밀도[kg/m³]
P : 압력[kPa]
R : 기체상수(0.287kJ/kg · K)
T : 절대온도(273+℃)[K]

밀도 ρ는

$\rho=\frac{P}{RT}$

$=\frac{320\text{kPa}}{0.287\text{kJ/kg} \cdot \text{K}\times(273+27)\text{K}}$

$=\frac{320\text{kN/m}^2}{0.287\text{kN} \cdot \text{m/kg} \cdot \text{K}\times(273+27)\text{K}}$

$≒ 3.716\text{kg/m}^3$

- 1Pa=1N/m², 1kPa=1kN/m²
- 1J=1N · m, 1kJ=1kN · m

(2) 질량유량

$$\overline{m}=AV\rho$$

여기서, $\overline{m}$: 질량유량[kg/s]
A : 단면적[m²]
V : 유속[m/s]
ρ : 밀도[kg/m³]

유속(공기의 평균속도) V 는

$$V = \frac{\overline{m}}{A\rho} = \frac{\overline{m}}{\frac{\pi}{4}D^2\rho}$$

$$= \frac{4\text{kg/s}}{\frac{\pi}{4}(0.3\text{m})^2 \times 3.716\text{kg/m}^3} ≒ 15.2\text{m/s}$$

> ※ **초**(시간)의 단위는 'sec' 또는 's'로 나타낸다.

답 ①

25 국소대기압이 102kPa인 곳의 기압을 비중 1.59, 증기압 13kPa인 액체를 이용한 기압계로 측정하면 기압계에서 액주의 높이는?

① 5.71m

② 6.55m

③ 9.08m

④ 10.4m

해설 (1) **기압계의 압력**

$$P = P_0 + \gamma h = P_0 + \Delta P$$

여기서, P : 압력[kPa]
P_0 : 대기압(101.325kPa)
γ : 비중[N/m³]
h : 높이[m]
ΔP : 증기압[kPa]

(2) **비중**

$$s = \frac{\gamma}{\gamma_w}$$

여기서, s : 비중
γ : 어떤 물질의 비중량[kN/m³]
γ_w : 물의 비중량(9.8kN/m³)
어떤 물질의 비중량 $\gamma = \gamma_w s$

(3) **압력**

$$P_0 = \gamma h$$

여기서, P_0 : 압력[kN/m²] 또는 [kPa]
γ : 어떤 물질의 비중량[kN/m³]
h : 액주높이[m]
기압계의 압력 P 는
$P = P_0 + \Delta P$
$P = \gamma h + \Delta P$
$P = (\gamma_w s)h + \Delta P \leftarrow \gamma = \gamma_w s$ 대입
$102\text{kN/m}^2 = 9.8\text{kN/m}^3 \times 1.59 \times h + 13\text{kPa}$
$102\text{kN/m}^2 = 9.8\text{kN/m}^3 \times 1.59 \times h + 13\text{kN/m}^2$
$9.8\text{kN/m}^3 \times 1.59 \times h + 13\text{kN/m}^2 = 102\text{kN/m}^2$(계산의 편의를 위해 좌우변 이항)

$$h = \frac{102\text{kN/m}^2 - 13\text{kN/m}^2}{9.8\text{kN/m}^3 \times 1.59} ≒ 5.71\text{m}$$

답 ①

26 이상기체 1kg을 35℃로부터 65℃까지 정적과정에서 가열하는 데 필요한 열량이 118kJ이라면 정압비열은? (단, 이 기체의 분자량은 4이고, 일반기체상수는 8.314kJ/kmol · K이다.)

① 2.11kJ/kg · K

② 3.93kJ/kg · K

③ 5.23kJ/kg · K

④ 6.01kJ/kg · K

해설 (1) **기체상수**

$$R = C_P - C_V = \frac{\overline{R}}{M}$$

여기서, R : 기체상수[kJ/kg · K]
C_P : 정압비열[kJ/kg · K]
C_V : 정적비열[kJ/kg · K]
$\overline{R}$: 일반기체상수[kJ/kmol · K]
M : 분자량[kg/kmol]
기체상수 R 은
$$R = \frac{\overline{R}}{M} = \frac{8.314\text{kJ/kmol · K}}{4\text{kg/kmol}} = 2.0785\text{kJ/kg · K}$$

(2) **정적과정 내부에너지 변화**

$$U_2 - U_1 = C_V(T_2 - T_1)$$

여기서, $U_2 - U_1$: 내부에너지 변화[kJ]
C_V : 정적비열[kJ/K]
T_1, T_2 : 변화 전후의 온도(273+℃)[K]
정적비열 C_V 는
$$C_V = \frac{U_2 - U_1}{T_2 - T_1} = \frac{118\text{kJ}}{(338-308)\text{K}} = 3.93\text{kJ/K}$$

> • $T_2 = 273 + ℃ = 273 + 65℃ = 338\text{K}$
> • $T_1 = 273 + ℃ = 273 + 35℃ = 308\text{K}$

이상기체 1kg을 가열하였으므로 1kg당 정적비열 C_V 는
$$C_V = \frac{3.93\text{kJ/K}}{1\text{kg}} = 3.93\text{kJ/kg · K}$$

$$R = C_P - C_V$$ 에서

정압비열 C_P 는
$C_P = R + C_V$
$= 2.0785\text{kJ/kg · K} + 3.93\text{kJ/kg · K}$
$≒ 6.01\text{kJ/kg · K}$

답 ④

27 경사진 관로의 유체흐름에서 수력기울기선의 위치로 옳은 것은?

10.03.문34

① 언제나 에너지선보다 위에 있다.

② 에너지선보다 속도수두만큼 아래에 있다.

③ 항상 수평이 된다.

④ 개수로의 수면보다 속도수두만큼 위에 있다.

해설 **수력구배선**(HGL)
(1) 관로 중심에서의 위치수두에 압력수두를 더한 높이 점을 맺은 선이다.
(2) 에너지선보다 항상 아래에 있다.
(3) 에너지선보다 속도수두만큼 아래에 있다.

● **속도구배선=속도기울기선**

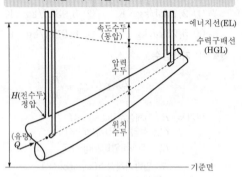

| 에너지선과 수력구배선 |

답 ②

28
15.09.문34 (산업)
11.03.문26 (산업)

A, B 두 원관 속을 기체가 미소한 압력차로 흐르고 있을 때 이 압력차를 측정하려면 다음 중 어떤 압력계를 쓰는 것이 가장 적절한가?
① 간섭계
② 오리피스
③ 마이크로마노미터
④ 부르동압력계

해설 ③ (마이크로)**마노미터**(manometer) : 유체의 **압력차**를 **측정**하여 유량을 계산하는 계기

 중요

측정 기구

종 류	측정 기구
동압 (유속)	• 시차액주계(differential manometer) • 피토관(pitot tube) • 피토-정압관(pitot-static tube) • 열선속도계(hot-wire anemometer)
정압	• 정압관(static tube) • 피에조미터(piezometer) • 마노미터(manometer)
유량	• 벤투리미터(venturimeter) • 오리피스(orifice) • 위어(weir) • 로터미터(rotameter) • 노즐(nozzle)

답 ③

29
11.06.문38

그림과 같이 속도 V인 유체가 정지하고 있는 곡면 깃에 부딪혀 θ의 각도로 유동방향이 바뀐다. 유체가 곡면에 가하는 힘의 x, y 성분의 크기를 $|F_x|$와 $|F_y|$라 할 때, $|F_y|/|F_x|$는? (단, 유동단면적은 일정하고 $0° < \theta < 90°$이다.)

① $\dfrac{1-\cos\theta}{\sin\theta}$ ② $\dfrac{\sin\theta}{1-\cos\theta}$

③ $\dfrac{1-\sin\theta}{\cos\theta}$ ④ $\dfrac{\cos\theta}{1-\sin\theta}$

해설 (1) **힘**(기본식)
$$F=\rho QV$$
여기서, F : 힘[N]
ρ : 밀도(물의 밀도 1000N·s²/m⁴)
Q : 유량[m³/s]
V : 유속[m/s]

(2) **곡면판이 받는 x방향의 힘**
$$F_x=\rho QV(1-\cos\theta)$$
여기서, F_x : 곡면판이 받는 x방향의 힘[N]
ρ : 밀도(물의 밀도 1000N·s²/m⁴)
Q : 유량[m³/s]
V : 속도[m/s]
θ : 유출방향

(3) **곡면판이 받는 y방향의 힘**
$$F_y=\rho QV\sin\theta$$
여기서, F_y : 곡면판이 받는 y방향의 힘[N]
ρ : 밀도(물의 밀도 1000N·s²/m⁴)
Q : 유량[m³/s]
V : 속도[m/s]
θ : 유출방향

$$\frac{|F_y|}{|F_x|}=\frac{\rho QV\sin\theta}{\rho QV(1-\cos\theta)}=\frac{\sin\theta}{1-\cos\theta}$$

답 ②

30
17.05.문21
00.10.문35

안지름 50mm인 관에 동점성계수 2×10^{-3}cm²/s인 유체가 흐르고 있다. 층류로 흐를 수 있는 최대유량은 약 얼마인가? (단, 임계 레이놀즈수는 2100으로 한다.)
① 16.5cm³/s ② 33cm³/s
③ 49.5cm³/s ④ 66cm³/s

해설 (1) 레이놀즈수

$$Re = \frac{DV}{\nu}$$

여기서, Re : 레이놀즈수
ν : 동점성계수[cm²/s]
D : 지름[cm]
V : 유속[cm/s]

유속 V 는

$$V = \frac{Re\,\nu}{D}$$

$$= \frac{2100 \times 2 \times 10^{-3}\,\text{cm}^2/\text{s}}{5\,\text{cm}} = 0.84\,\text{cm/s}$$

(2) 유량

$$Q = AV$$

여기서, Q : 유량[cm³/s]
A : 단면적[cm²]
V : 유속[cm/s]

유량 Q 는

$$Q = AV = \frac{\pi}{4}D^2 V$$

$$= \frac{\pi}{4} \times (5\,\text{cm})^2 \times 0.84\,\text{cm/s} \fallingdotseq 16.5\,\text{cm}^3/\text{s}$$

답 ①

31 Newton의 점성법칙에 대한 옳은 설명으로 모두 짝지은 것은?
12.03.문31

┌─────────────────────────────────┐
│ ㉠ 전단응력은 점성계수와 속도기울기의 곱 │
│   이다.   │
│ ㉡ 전단응력은 점성계수에 비례한다.   │
│ ㉢ 전단응력은 속도기울기에 반비례한다.   │
└─────────────────────────────────┘

① ㉠, ㉡
② ㉡, ㉢
③ ㉠, ㉢
④ ㉠, ㉡, ㉢

해설 Newton의 **점성법칙 특징**
(1) 전단응력은 **점성계수**와 **속도기울기**의 곱이다. 보기 ㉠
(2) 전단응력은 **속도기울기**에 **비례**한다. 보기 ㉢
(3) 속도기울기가 0인 곳에서 전단응력은 0이다.
(4) 전단응력은 **점성계수**에 **비례**한다. 보기 ㉡
(5) Newton의 점성법칙(난류)

$$\tau = \mu \frac{du}{dy}$$

여기서, τ : 전단응력[N/m²]
μ : 점성계수[N·s/m²]
$\dfrac{du}{dy}$: 속도구배(속도기울기)$\left[\dfrac{1}{s}\right]$

비교

┌─────────────────────────────────┐
│ Newton의 **점성법칙**(층류)   │
│   │
│ $$\tau = \frac{p_A - p_B}{l} \cdot \frac{r}{2}$$ │
│   │
│ 여기서, τ : 전단응력[N/m²]   │
│ $p_A - p_B$: 압력강하[N/m²]   │
│ l : 관의 길이[m]   │
│ r : 반경[m]   │
└─────────────────────────────────┘

답 ①

32 전체 질량이 3000kg인 소방차의 속력을 4초 만에 시속 40km에서 80km로 가속하는 데 필요한 동력은 약 몇 kW인가?

① 34
② 70
③ 139
④ 209

해설 (1) 힘

$$F = ma$$

여기서, F : 힘[N]
m : 질량[kg]
a : 가속도[m/s²]

힘 F 는

$$F = ma = 3000\,\text{kg} \times \left(\frac{(80000-40000)\,\text{m}}{3600\,\text{s}} \times \frac{1}{4\,\text{s}} \right)$$

$$\fallingdotseq 8333\,\text{kg} \cdot \text{m/s}^2$$

$$= 8333\,\text{N}$$

- 1km=1000m이므로 80km=80000m, 40km=40000m
- 1h=3600s 시속이므로 3600s
- 4초이므로 4s
- 1kg·m/s²=1N이므로 8333kg·m/s²=8333N

(2) 평균속도

$$\text{평균속도} = \frac{(40+80)\,\text{km/h}}{2} = 60\,\text{km/h}$$

$$= \frac{60000\,\text{m}}{3600\,\text{s}} \fallingdotseq 16.7\,\text{m/s}$$

- 1km=1000m이므로 60km=60000m
- 1h=3600s

(3) 동력

$$\text{동력} = \text{힘} \times \text{평균속도} = 8333\,\text{N} \times 16.7\,\text{m/s}$$

$$\fallingdotseq 139000\,\text{N} \cdot \text{m/s}$$

$$= 139000\,\text{J/s}$$

$$= 139000\,\text{W} = 139\,\text{kW}$$

- 1J=1N·m이므로 139000N·m/s=139000J/s
- 1J/s=1W이므로 139000J/s=139000W
- 1000W=1kW이므로 139000W=139kW

답 ③

33 관의 단면적이 $0.6m^2$에서 $0.2m^2$로 감소하는 수평 원형 축소관으로 공기를 수송하고 있다. 관마찰손실은 없는 것으로 가정하고 $7.26N/s$의 공기가 흐를 때 압력감소는 몇 Pa인가? (단, 공기밀도는 $1.23kg/m^3$이다.)

① 4.96　　② 5.58
③ 6.20　　④ 9.92

해설 (1) 베르누이 방정식

$$\frac{V_1^2}{2g}+\frac{P_1}{\gamma}+Z_1=\frac{V_2^2}{2g}+\frac{P_2}{\gamma}+Z_2$$

여기서, V_1, V_2 : 유속[m/s]
　　　　P_1, P_2 : 압력[kPa] 또는 [kN/m²]
　　　　Z_1, Z_2 : 높이[m]
　　　　g : 중력가속도(9.8m/s²)
　　　　γ : 비중량(물의 비중량 9.8kN/m³)
높이에 대한 조건이 없으므로 $Z_1=Z_2$로 보면

$$\frac{V_1^2}{2g}+\frac{P_1}{\gamma}+\cancel{Z_1}=\frac{V_2^2}{2g}+\frac{P_2}{\gamma}+\cancel{Z_2}$$

$$\frac{V_1^2}{2g}-\frac{V_2^2}{2g}=\frac{P_2}{\gamma}-\frac{P_1}{\gamma}$$

$$\frac{V_1^2-V_2^2}{2g}=\frac{P_2-P_1}{\gamma}$$

좌우변을 이항하면

$$\frac{P_2-P_1}{\gamma}=\frac{V_1^2-V_2^2}{2g}$$

$$P_2-P_1=\gamma\times\frac{V_1^2-V_2^2}{2g}$$

(2) 비중량

$$\gamma=\rho g$$

여기서, γ : 비중량[N/m³]
　　　　ρ : 밀도[kg/m³] 또는 [N·s²/m⁴]
　　　　g : 중력가속도(9.8m/s²)
비중량 γ는
$\gamma=\rho g=1.23N\cdot s^2/m^4\times9.8m/s^2=12.054N/m^3$

● $1kg/m^3=1N\cdot s^2/m^4$이므로 $1.23kg/m^3=1.23N\cdot s^2/m^4$

(3) 중량유량

$$G=AV\gamma=Q\gamma$$

여기서, G : 중량유량[N/s]
　　　　A : 단면적[m²]
　　　　V : 유속[m/s]
　　　　γ : 비중량[N/m³]
　　　　Q : 유량[m³/s]
중량유량 G는
$G=Q\gamma$에서
유량 Q는

$$Q=\frac{G}{\gamma}=\frac{G}{\rho g}=\frac{7.26N/s}{1.23N\cdot s^2/m^4\times9.8m/s^2}≒0.6023m^3/s$$

● $1kg/m^3=1N\cdot s^2/m^4$이므로 $1.23kg/m^3=1.23N\cdot s^2/m^4$
● 비중량

$$\gamma=\rho g$$

여기서, γ : 비중량[N/m³], ρ : 밀도[N·s²/m⁴]
　　　　g : 중력가속도(9.8m/s²)

(4) 유량

$$Q=AV$$

여기서, Q : 유량[m³/s]
　　　　A : 단면적[m²]
　　　　V : 유속[m/s]

유속 V는

$$V_1=\frac{Q}{A_1}=\frac{0.6023m^3/s}{0.6m^2}≒1.004m/s$$

$$V_2=\frac{Q}{A_2}=\frac{0.6023m^3/s}{0.2m^2}≒3.012m/s$$

(5) 압력감소
압력감소 P_2-P_1은

$$P_2-P_1=\gamma\times\frac{V_1^2-V_2^2}{2g}$$

$$=12.054N/m^3\times\frac{(1.004m/s)^2-(3.012m/s)^2}{2\times9.8m/s^2}$$

$$≒-4.96N/m^2=-4.96Pa$$

● '−' 단지 압력이 감소되었다는 의미이므로 무시
● $1N/m^2=1Pa$이므로 $-4.96N/m^2=-4.96Pa$

답 ①

34 물의 압력파에 의한 수격작용을 방지하기 위한 방법으로 옳지 않은 것은?
[12.05.문35]
① 펌프의 속도가 급격히 변화하는 것을 방지한다.
② 관로 내의 관경을 축소시킨다.
③ 관로 내 유체의 유속을 낮게 한다.
④ 밸브 개폐시간을 가급적 길게 한다.

해설 **수격작용의 방지대책**
(1) 관로의 관경을 크게 한다. 보기 ②
(2) 관로 내의 유속을 낮게 한다.(관로에서 일부 고압수를 방출한다.) 보기 ③
(3) 조압수조(surge tank)를 설치하여 적정 압력을 유지한다.
(4) **플라이 휠**(fly wheel)을 설치한다.
(5) 펌프 송출구 가까이에 밸브를 설치한다.
(6) 펌프 송출구에 **수격을 방지**하는 **체크밸브**를 달아 역류를 막는다.
(7) **에어챔버**(air chamber)를 설치한다.
(8) 회전체의 **관성 모멘트를 크게** 한다.
(9) 밸브 개폐시간을 가급적 **길게** 한다. 보기 ④

② 축소시킨다 → 확대시킨다.

답 ②

35

13.09.문34
11.03.문37

그림과 같이 반경 2m, 폭(y방향) 4m의 곡면 AB가 수문으로 이용된다. 이 수문에 작용하는 물에 의한 힘의 수평성분(x방향)의 크기는 약 얼마인가?

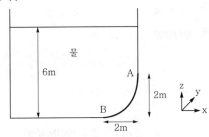

① 337kN
② 392kN
③ 437kN
④ 492kN

해설 수평분력

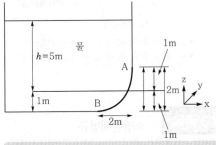

$$F_H = \gamma h A$$

여기서, F_H : 수평분력(N)
　　　　γ : 비중량(물의 비중량 9.8kN/m³)
　　　　h : 표면에서 수문 중심까지의 수직거리(m)
　　　　A : 수문의 단면적(m²)

수평분력 F_H는
$F_H = \gamma h A$
　　$= 9.8\text{kN/m}^3 \times 5\text{m} \times (\text{반경} \times \text{폭})\text{m}^2$
　　$= 9.8\text{kN/m}^3 \times 5\text{m} \times (2 \times 4)\text{m}^2 = 392\text{kN}$

답 ②

36

수두 100mmAq로 표시되는 압력은 몇 Pa인가?

① 0.098
② 0.98
③ 9.8
④ 980

해설 표준대기압

$$
\begin{aligned}
1\text{atm} &= 760\text{mmHg}(76\text{cmHg}) = 1.0332\,\text{kg}_\text{f}/\text{cm}^2 \\
&= 10.332\,\text{mH}_2\text{O}\,(\text{mAq})(10332\text{mmAq}) \\
&= 14.7\text{PSI}\,(\text{lb}_\text{f}/\text{m}^2) \\
&= 101.325\text{kPa}\,(\text{kN/m}^2)(101325\text{Pa}) \\
&= 1.013\text{bar}\,(1013\text{mbar})
\end{aligned}
$$

$$10.332\text{mAq} = 101.325\text{kPa}$$

$10332\text{mmAq} = 101325\text{Pa}$

$\dfrac{100\text{mmAq}}{10332\text{mmAq}} \times 101325\text{Pa} \fallingdotseq 980\text{Pa}$

답 ④

37

10.09.문36

기체의 체적탄성계수에 관한 설명으로 옳지 않은 것은?

① 체적탄성계수는 압력의 차원을 가진다.
② 체적탄성계수가 큰 기체는 압축하기가 쉽다.
③ 체적탄성계수의 역수를 압축률이라고 한다.
④ 이상기체를 등온압축시킬 때 체적탄성계수는 절대압력과 같은 값이다.

해설 체적탄성계수
(1) 체적탄성계수는 **압력**의 차원을 가진다. 보기 ①
(2) 체적탄성계수가 큰 기체는 압축하기가 **어렵다.** 보기 ②
(3) 체적탄성계수의 **역수**를 **압축률**이라고 한다. 보기 ③
(4) 이상기체를 **등온압축**시킬 때 체적탄성계수는 **절대압력**과 같은 값이다. 보기 ④

중요

(1) 체적탄성계수

$$K = -\frac{\Delta P}{\Delta V / V}$$

여기서, K : 체적탄성계수(Pa)
　　　　ΔP : 가해진 압력(Pa)
　　　　$\Delta V / V$: 체적의 감소율

(2) 압축률

$$\beta = \frac{1}{K}$$

여기서, β : 압축률(1/Pa)
　　　　K : 체적탄성계수(Pa)

② 체적탄성계수가 큰 기체는 압축하기 어렵다.

답 ②

38

ϕ150mm 관을 통해 소방용수가 흐르고 있다. 평균유속이 5m/s이고 50m 떨어진 두 지점 사이의 수두손실이 10m라고 하면 이 관의 마찰계수는?

① 0.0235
② 0.0315
③ 0.0351
④ 0.0472

해설 달시-웨버의 식

$$H = \frac{\Delta P}{\gamma} = \frac{fl V^2}{2gD}$$

여기서, H : 마찰손실(m)
　　　　ΔP : 압력차(kPa) 또는 (kN/m²)

γ : 비중량(물의 비중량 9.8kN/m³)
f : 관마찰계수
l : 길이[m]
V : 유속[m/s]
g : 중력가속도(9.8m/s²)
D : 내경[m]

$H = \dfrac{flV^2}{2gD}$ 에서

관마찰계수 f 는

$f = \dfrac{2gDH}{lV^2} = \dfrac{2 \times 9.8\text{m/s}^2 \times 0.15\text{m} \times 10\text{m}}{50\text{m} \times (5\text{m/s})^2} ≒ 0.0235$

- 1000mm=1m이므로 150mm=0.15m

답 ①

⭐ **39**

11.10.문23 (산업)

직경 2m인 구형태의 화염이 1MW의 발열량을 내고 있다. 모두 복사로 방출될 때 화염의 표면 온도는? (단, 화염은 흑체로 가정하고, 주변온도는 300K, 스테판-볼츠만 상수는 5.67×10⁻⁸W/m² · K⁴)

① 1090K
② 2619K
③ 3720K
④ 6240K

해설 (1) **기호**

- D : 2m(∴ r : 1m)
- Q : 1MW=1×10⁶W
- T_2 : ?
- T_1 : 300K
- σ : 5.67×10⁻⁸W/m² · K⁴

(2) **복사에너지**

$E = \sigma(T_2^4 - T_1^4) = \dfrac{Q}{A}$

여기서, E : 복사에너지[W/m²]
σ : 스테판-볼츠만 상수(5.67×10⁻⁸W/m² · K⁴)
T_2 : 표면온도(273+℃)[K]
T_1 : 주변온도(273+℃)[K]
Q : 발열량[W]
A : 구의 단면적($A = 4\pi r^2$)[m²]
r : 반지름[m]

$\sigma(T_2^4 - T_1^4) = \dfrac{Q}{A}$

$(T_2^4 - T_1^4) = \dfrac{Q}{A\sigma}$

$T_2^4 = \dfrac{Q}{A\sigma} + T_1^4$

$T_2 = \sqrt[4]{\dfrac{Q}{A\sigma} + T_1^4}$

$T_2 = \sqrt[4]{\dfrac{Q}{(4\pi r^2)\sigma} + T_1^4}$ ← 구의 단면적 $A = 4\pi r^2$

$= \sqrt[4]{\dfrac{1 \times 10^6}{(4\pi \times 1^2) \times 5.67 \times 10^{-8}} + 300^4} ≒ 1090K$

답 ①

⭐⭐ **40**

19.09.문32
19.03.문25
17.05.문30
17.03.문37
15.09.문22
10.03.문36 (산업)

안지름이 15cm인 소화용 호스에 물이 질량유량 100kg/s로 흐르는 경우 평균유속은 약 몇 m/s 인가?

① 1
② 1.41
③ 3.18
④ 5.66

해설 **질량유량**(mass flowrate)

$$\overline{m} = AV\rho = \left(\dfrac{\pi D^2}{4}\right)V\rho$$

여기서, $\overline{m}$: 질량유량[kg/s]
A : 단면적[m²]
V : 유속[m/s]
ρ : 밀도(물의 밀도 1000kg/m³)
D : 직경[m]

유속 V 는

$V = \dfrac{\overline{m}}{\dfrac{\pi D^2}{4}\rho} = \dfrac{100\text{kg/s}}{\dfrac{\pi \times (0.15\text{m})^2}{4} \times 1000\text{kg/m}^3}$

$≒ 5.66\text{m/s}$

- D : 100cm=1m이므로 15cm=0.15m
- ρ : 물의 밀도 1000kg/m³

답 ④

제3과목 소방관계법규

⭐⭐⭐ **41**

13.03.문49

소방용수시설 저수조의 설치기준으로 틀린 것은?

① 지면으로부터의 낙차가 4.5m 이하일 것
② 흡수부분의 수심이 0.3m 이상일 것
③ 흡수관의 투입구가 사각형의 경우에는 한 변의 길이가 60cm 이상일 것
④ 흡수관의 투입구가 원형의 경우에는 지름이 60cm 이상일 것

해설 **기본규칙** 〔별표 3〕
소방용수시설의 저수조에 대한 설치기준
(1) 낙차 : **4.5m** 이하 보기 ①
(2) **수심** : **0.5m** 이상 보기 ②
(3) 투입구의 길이 또는 지름 : **60cm** 이상 보기 ③④
(4) 소방펌프자동차가 **쉽게 접근**할 수 있도록 할 것
(5) 흡수에 지장이 없도록 **토사** 및 **쓰레기** 등을 제거할 수 있는 설비를 갖출 것
(6) 저수조에 물을 공급하는 방법은 **상수도**에 연결하여 **자동**으로 **급수**되는 구조일 것

② 0.3m 이상 → 0.5m 이상

기억법 수5(**수호**천사)

답 ②

★★★
42 화재의 예방 및 안전관리에 관한 법령상 관리의
06.03.문60 권원이 분리된 특정소방대상물의 기준으로 틀린 것은?
① 지하가
② 지하층을 포함한 층수가 11층 이상의 건축물
③ 복합건축물로서 연면적 3만m² 이상인 건축물
④ 판매시설 중 도매시장 또는 소매시장

해설 화재예방법 35조, 화재예방법 시행령 35조
관리의 권원이 분리된 특정소방대상물
(1) 복합건축물(**지하층**을 제외한 11층 이상 또는 연면적 3만m² 이상인 건축물) 보기 ②③
(2) 지하가 보기 ①
(3) **도매시장, 소매시장, 전통시장** 보기 ④

> ② 지하층을 **포함**한 → 지하층을 **제외**한

답 ②

★
43 소방시설관리업의 종합점검의 경우 점검인력 1
19.09.문51 단위가 하루 동안 점검할 수 있는 특정소방대상물의 연면적 기준으로 옳은 것은?
① 12000m²
② 10000m²
③ 8000m²
④ 6000m²

해설 소방시설법 시행규칙 〔별표 4〕
점검한도면적

종합점검	작동점검
8000m² 보기 ③	10000m²

용어

점검한도면적
점검인력 1단위가 하루 동안 점검할 수 있는 특정소방대상물의 연면적

답 ③

★★★
44 화재현장에서의 피난 등을 체험할 수 있는 소
19.04.문43 방체험관의 설립·운영권자는?
08.05.문54
① 시·도지사
② 소방청장
③ 소방본부장 또는 소방서장
④ 한국소방안전원장

해설 기본법 5조 ①항
설립과 운영

소방박물관	소방체험관
소방청장	시·도지사 보기 ①

중요

시·도지사
(1) 제조소 등의 설치**허**가(위험물법 6조)
(2) 소방업무의 지휘·감독(기본법 3조)
(3) 소방체험관의 설립·운영(기본법 5조)
(4) 소방업무에 관한 세부적인 종합계획 수립 및 소방업무 수행(기본법 6조)
(5) **화**재예방강화지구의 지정(화재예방법 18조)

기억법 시허화

용어

시·도지사
(1) 특별시장
(2) 광역시장
(3) 도지사
(4) 특별자치시
(5) 특별자치도

답 ①

★★★
45 제3류 위험물 중 금수성 물품에 적응성이 있는
19.03.문49 소화약제는?
09.05.문11
① 물
② 강화액
③ 팽창질석
④ 인산염류분말

해설 위험물의 일반사항

종류	성질	소화방법
제1류	강산화성 물질 (산화성 고체)	물에 의한 **냉각소화**(단, **무기과산화물**은 **마른모래** 등에 의한 **질식소화**)
제2류	환원성 물질 (가연성 고체)	물에 의한 **냉각소화**(단, **황화인·철분·마그네슘·금속분**은 **마른모래** 등에 의한 질식소화)
제3류	금수성 물질 및 자연발화성 물질	마른모래, 팽창질석, 팽창진주암에 의한 **질식소화**(마른모래보다 **팽창질석 또는 팽창진주암**이 더 효과적) 보기 ③
제4류	인화성 물질 (인화성 액체)	포·분말·이산화탄소(CO_2)·할론·물분무 소화약제에 의한 **질식소화**
제5류	폭발성 물질 (자기반응성 물질)	화재 초기에만 대량의 물에 의한 **냉각소화**(단, 화재가 진행되면 자연진화되도록 기다릴 것)
제6류	산화성 물질 (산화성 액체)	마른모래 등에 의한 **질식소화**(단, **과산화수소**는 다량의 **물**로 희석소화)

답 ③

★★★ 46

19.03.문47
17.05.문53
05.09.문55

소방서의 종합상황실 실장이 서면·모사전송 또는 컴퓨터 통신 등으로 소방본부의 종합상황실에 보고하여야 하는 화재가 아닌 것은?

① 사상자가 10명 발생한 화재
② 이재민이 100명 발생한 화재
③ 관공서·학교·정부미도정공장의 화재
④ 재산피해액이 10억원 발생한 일반화재

해설 기본규칙 3조
종합상황실 실장의 보고 화재
(1) 사망자 **5명** 이상 화재
(2) 사상자 **10명** 이상 화재 보기 ①
(3) 이재민 **100명** 이상 화재 보기 ②
(4) 재산피해액 **50억원** 이상 화재 보기 ④
(5) 관광호텔, 층수가 11층 이상인 건축물, 지하상가, 시장, 백화점
(6) **5층** 이상 또는 객실 **30실** 이상인 **숙박시설**
(7) **5층** 이상 또는 병상 **30개** 이상인 **종합병원**·**정신병원**·**한방병원**·**요양소**
(8) **1000t** 이상인 선박(항구에 매어둔 것)
(9) 지정수량 **3000배** 이상의 위험물 제조소·저장소·취급소
(10) 연면적 **15000m²** 이상인 **공장** 또는 **화재예방강화지구**에서 발생한 화재
(11) **가스** 및 **화약류**의 폭발에 의한 화재
(12) **관공서·학교·정부미도정공장·문화재·지하철** 또는 지하구의 **화재** 보기 ③
(13) 철도차량, 항공기, 발전소 또는 변전소
(14) 다중이용업소의 화재

④ 10억원 → 50억원 이상

※ **종합상황실** : 화재·재난·재해·구조·구급 등이 필요한 때에 신속한 소방활동을 위한 정보를 수집·전파하는 소방서 또는 소방본부의 지령관제실

답 ④

★★★ 47

19.09.문43
07.09.문41

시·도의 조례가 정하는 바에 따라 지정수량 이상의 위험물을 임시로 저장·취급할 수 있는 기간(㉠)과 임시저장 승인권자(㉡)는?

① ㉠ 30일 이내, ㉡ 시·도지사
② ㉠ 60일 이내, ㉡ 소방본부장
③ ㉠ 90일 이내, ㉡ 관할소방서장
④ ㉠ 120일 이내, ㉡ 소방청장

해설 90일
(1) 소방시설업 **등록신청** 자산평가액·기업진단보고서 **유효기간**(공사업규칙 2조)
(2) 위험물 임시저장·취급 기준(위험물법 5조) 보기 ㉠

기억법 등유9(등유 구해 와)

중요

위험물법 5조
임시저장 승인 : 관할소방서장 보기 ㉡

답 ③

★★★ 48

17.09.문59

소방시설관리업의 등록을 반드시 취소해야 하는 사유에 해당하지 않는 것은?

① 거짓으로 등록을 한 경우
② 등록기준에 미달하게 된 경우
③ 다른 사람에게 등록증을 빌려준 경우
④ 등록의 결격사유에 해당하게 된 경우

해설 소방시설법 34조
소방시설관리업 반드시 등록 취소
(1) 거짓이나 그 밖의 **부정한 방법**으로 등록한 경우 보기 ①
(2) **등록**의 **결격사유**에 해당하게 된 경우 보기 ④
(3) 다른 자에게 등록증이나 등록수첩을 **빌려준 경우** 보기 ③

② 등록을 취소하거나 6개월 이내의 기간을 정하여 이의 시정이나 그 **영업**의 **정지**를 명할 수 있는 경우

답 ②

★★★ 49

08.03.문56

소방시설업의 등록권자로 옳은 것은?

① 국무총리
② 시·도지사
③ 소방서장
④ 한국소방안전원장

해설 시·도지사 등록
(1) 소방시설관리업(소방시설법 29조)
(2) 소방시설업(공사업법 4조) 보기 ②
(3) 탱크안전성능시험자(위험물법 16조)

답 ②

★ 50

08.03.문54

( ) 안의 내용으로 알맞은 것은?

다량의 위험물을 저장·취급하는 제조소 등으로서 ( ) 위험물을 취급하는 제조소 또는 일반취급소가 있는 동일한 사업소에서 지정수량의 3천배 이상의 위험물을 저장 또는 취급하는 경우 해당 사업소의 관계인은 대통령령이 정하는 바에 따라 해당 사업소에 자체소방대를 설치하여야 한다.

① 제1류
② 제2류
③ 제3류
④ 제4류

해설 위험물령 18조
자체소방대를 설치하여야 하는 사업소
(1) **제4류** 위험물을 취급하는 **제조소** 또는 **일반취급소** (대통령령이 정하는 제조소 등)
(2) **제4류** 위험물을 저장하는 **옥외탱크저장소**

물품 저장·취급창고, 지하구, 위험물제조소 등 제외)

ⓐ **30층** 이상(지하층 제외) 또는 지상 **120m** 이상 아파트

ⓑ 연면적 **15000m²** 이상인 것(아파트 및 연립주택 제외)

ⓒ **11층** 이상(아파트 제외)

ⓓ 가연성 가스를 **1000t** 이상 저장·취급하는 시설 보기 ④

(3) 2급 소방안전관리대상물

ⓐ 지하구

ⓑ 가스제조설비를 갖추고 도시가스사업 허가를 받아야 하는 시설 또는 가연성 가스를 **100~1000t** 미만 저장·취급하는 시설

ⓒ 옥내소화전설비·스프링클러설비 설치대상물

ⓓ 물분무등소화설비(호스릴방식의 물분무등소화설비만을 설치한 경우 제외) 설치대상물

ⓔ **공동주택**(옥내소화전설비 또는 스프링클러설비가 설치된 공동주택 한정)

ⓕ **목조건축물**(국보·보물)

(4) 3급 소방안전관리대상물

ⓐ **자동화재탐지설비** 설치대상물

ⓑ 간이스프링클러설비(주택전용 간이스프링클러설비 제외) 설치대상물

답 ④

★★★ 51

15.09.문57

화재의 예방 및 안전관리에 관한 법률상 소방용수시설·소화기구 및 설비 등의 설치명령을 위반한 자의 과태료는?

① 100만원 이하　② 200만원 이하

③ 300만원 이하　④ 500만원 이하

해설 200만원 이하의 과태료

(1) 소방용수시설·소화기구 및 설비 등의 설치명령 위반 (화재예방법 52조) 보기 ②

(2) 특수가연물의 저장·취급 기준 위반 (화재예방법 52조)

(3) 한국119청소년단 또는 이와 유사한 명칭을 사용한 자 (기본법 56조)

(4) 소방활동구역 출입(기본법 56조)

(5) **소방자동차**의 **출동**에 **지장**을 준 자(기본법 56조)

(6) 한국소방안전원 또는 이와 유사한 명칭을 사용한 자(기본법 56조)

(9) 관계서류 미보관자(공사업법 40조)

(10) **소방기술자 미배치자**(공사업법 40조)

(11) 하도급 미통지자(공사업법 40조)

답 ②

★★★ 52

19.03.문60
17.09.문55
15.03.문60
13.09.문51

가연성 가스를 저장·취급하는 시설로서 1급 소방안전관리대상물의 가연성 가스 저장·취급 기준으로 옳은 것은?

① 100톤 미만

② 100톤 이상~1000톤 미만

③ 500톤 이상~1000톤 미만

④ 1000톤 이상

해설 **화재예방법** 〔별표 4〕
소방안전관리자를 두어야 할 특정소방대상물

(1) 특급 소방안전관리대상물 (동식물원, 철강 등 불연성 물품 저장·취급창고, 지하구, 위험물제조소 등 제외)

ⓐ **50층** 이상(지하층 제외) 또는 지상 **200m** 이상 **아파트**

ⓑ **30층** 이상(지하층 포함) 또는 지상 **120m** 이상(아파트 제외)

ⓒ 연면적 **10만m²** 이상(아파트 제외)

(2) 1급 소방안전관리대상물 (동식물원, 철강 등 불연성

★ 53

15.05.문44

연면적이 500m² 이상인 위험물제조소 및 일반취급소에 설치하여야 하는 경보설비는?

① 자동화재탐지설비　② 확성장치

③ 비상경보설비　④ 비상방송설비

해설 위험물규칙 〔별표 17〕
제조소 등별로 설치하여야 하는 경보설비의 종류

구 분	경보설비
① 연면적 **500m²** 이상인 것 ② 옥내에서 지정수량의 **100배** 이상을 취급하는 것	• **자동화재탐지설비** 보기 ①
③ 지정수량의 **10배** 이상을 저장 또는 취급하는 것	• **자동화재탐지설비** • **비상경보설비**　1종 • **확성장치**　이상 • **비상방송설비**

답 ①

★★ 54

12.03.문49

방염처리업의 종류가 아닌 것은?

① 섬유류 방염업

② 합성수지류 방염업

③ 합판·목재류 방염업

④ 실내장식물류 방염업

해설 공사업령 〔별표 1〕
방염업

종 류	설 명
섬유류 방염업 보기 ①	커튼·카펫 등 섬유류를 주된 원료로 하는 방염대상물품을 제조 또는 가공 공정에서 방염처리

합성수지류 방염업 보기 ②	합성수지류를 주된 원료로 하는 방염대 상물품을 제조 또는 가공공정에서 방염 처리
합판·목재류 방염업 보기 ③	합판 또는 목재를 제조·가공공정 또 는 설치현장에서 방염처리

답 ④

★★★ 55

19.09.문45
19.03.문59
18.09.문55
16.10.문54
13.09.문47
11.03.문56

특정소방대상물의 관계인이 소방안전관리자를 해임한 경우 재선임을 해야 하는 기준은? (단, 해임한 날부터를 기준일로 한다.)

① 10일 이내

② 20일 이내

③ 30일 이내

④ 40일 이내

해설 **화재예방법 시행규칙 14조**
소방안전관리자의 재선임
30일 이내 보기 ③

> **중요**
>
> **30일**
> (1) 소방시설업 등록사항 변경신고(공사업규칙 6조)
> (2) 위험물안전관리자의 재선임(위험물법 15조)
> (3) 소방안전관리자의 재선임(화재예방법 시행규칙 14조)
> (4) 도급계약 해지(공사업법 23조)
> (5) 소방시설공사 중요사항 변경시의 신고일(공사업규칙 12조)
> (6) 소방기술자 실무교육기관 지정서 발급(공사업규칙 32조)
> (7) 소방공사감리자 변경서류 제출(공사업규칙 15조)
> (8) 승계(위험물법 10조)
> (9) 위험물안전관리자의 직무대행(위험물법 15조)
> (10) 탱크시험자의 변경신고일(위험물법 16조)

답 ③

★★ 56

09.08.문60

소방시설공사업자의 시공능력평가 방법에 대한 설명 중 틀린 것은?

① 시공능력평가액은 실적평가액＋자본금평가 액＋기술력평가액＋경력평가액±신인도평 가액으로 산출한다.

② 신인도평가액 산정시 최근 1년간 국가기관 으로부터 우수시공업자로 선정된 경우에는 3% 가산한다.

③ 신인도평가액 산정시 최근 1년간 부도가 발 생된 사실이 있는 경우에는 2%를 감산한다.

④ 실적평가액은 최근 5년간의 연평균 공사실 적액을 의미한다.

해설 **공사업규칙 〔별표 4〕**
시공능력평가의 산정식
(1) **시공능력평가액**＝실적평가액＋자본금평가액＋기술력 평가액＋**경력평가액**±신인도평가액 보기 ①
(2) **실적평가액**＝연평균 공사실적액
(3) **자본금평가액**＝(실질자본금×실질자본금의 평점＋소 방청장이 지정한 금융회사 또는 소방산업공제조합 에 출자·예치·담보한 금액)×70/100
(4) **기술력평가액**＝전년도 공사업계의 기술자 1인당 평 균 생산액×보유기술인력 가중치합계×30/100＋전 년도 기술개발투자액
(5) **경력평가액**＝실적평가액×공사업경영기간평점×20/100
(6) **신인도평가액**＝(실적평가액＋자본금평가액＋기술력평 가액＋경력평가액)×신인도반영비율 합계

> ④ 최근 5년간 → 최근 3년간

답 ④

★★ 57

12.03.문74

자동화재탐지설비를 설치하여야 하는 특정소방대 상물의 기준으로 틀린 것은?

① 지하구

② 지하가 중 터널로서 길이 700m 이상인 것

③ 교정시설로서 연면적 2000m² 이상인 것

④ 복합건축물로서 연면적 600m² 이상인 것

해설 **소방시설법 시행령 〔별표 4〕**
자동화재탐지설비의 설치대상

설치대상	조 건
① 정신의료기관·의료재활시설	• 창살설치 : 바닥면적 300m² 미만 • 기타 : 바닥면적 300m² 이상
② 노유자시설	• 연면적 400m² 이상
③ 근린생활시설·**위**락시설 ④ **의**료시설(정신의료기관, 요양 병원 제외) ⑤ **복**합건축물·장례시설	• 연면적 600m² 이상 보기 ④
⑥ 목욕장·문화 및 집회시설, 운동시설 ⑦ 종교시설 ⑧ 방송통신시설·관광휴게시설 ⑨ 업무시설·판매시설 ⑩ 항공기 및 자동차 관련시설 ·공장·창고시설 ⑪ 지하가(터널 제외)·운수시 설·발전시설·위험물 저장 및 처리시설 ⑫ 교정 및 군사시설 중 국방 ·군사시설	• 연면적 1000m² 이상
⑬ **교**육연구시설·**동**식물관련시설 ⑭ **자**원순환관련시설·**교**정 및 군사시설(국방·군사시설 제외) ⑮ **수**련시설(숙박시설이 있는 것 제외) ⑯ 묘지관련시설	• 연면적 2000m² 이상 보기 ③
⑰ 지하가 중 터널	• 길이 1000m 이상 보기 ②

⑱ 지하구 ⑲ 노유자생활시설 ⑳ 아파트 등 기숙사 ㉑ 숙박시설 ㉒ **6층** 이상인 건축물 ㉓ 조산원 및 산후조리원 ㉔ 전통시장 ㉕ 요양병원(정신병원, 의료재활시설 제외)	• 전부 보기 ①
㉖ 특수가연물 저장 · 취급	• 지정수량 **500배** 이상
㉗ 수련시설(숙박시설이 있는 것)	• 수용인원 **100명** 이상
㉘ 발전시설	• 전기저장시설

> **기억법** 근위의복6, 교동자교수 2

② 700m 이상 → 1000m 이상

답 ②

☆ 58 소방시설공사의 착공신고시 첨부서류가 아닌 것은?

06.03.문55

① 공사업자의 소방시설공사업 등록증 사본
② 공사업자의 소방시설공사업 등록수첩 사본
③ 해당 소방시설공사의 책임시공 및 기술관리를 하는 기술인력의 기술등급을 증명하는 서류 사본
④ 해당 소방시설을 설계한 기술인력자의 기술자격증 사본

해설 **공사업규칙 12조**
소방시설공사 착공신고서류
(1) **설계도서**
(2) 기술관리를 하는 기술인력의 **기술등급을 증명하는 서류 사본** 보기 ③
(3) 소방시설공사업 **등록증 사본 1부** 보기 ①
(4) 소방시설공사업 **등록수첩 사본 1부** 보기 ②
(5) 소방시설공사를 하도급하는 경우의 서류
　㉠ 소방시설공사 등의 하도급통지서 사본 1부
　㉡ 하도급대금 지급에 관한 다음의 어느 하나에 해당하는 서류
　　•「하도급거래 공정화에 관한 법률」제13조의 2에 따라 공사대금 지급을 보증한 경우에는 하도급대금 지급보증서 사본 1부
　　•「하도급거래 공정화에 관한 법률」제13조의 2 제1항 외의 부분 단서 및 같은 법 시행령 제8조 제1항에 따라 보증이 필요하지 않거나 보증이 적합하지 않다고 인정되는 경우에는 이를 증빙하는 서류 사본 1부

> **비교**
>
> **설계도서**
> (1) 건축물 설계도서
> 　㉠ 건축개요 및 배치도
> 　㉡ 주단면도 및 입면도
> 　㉢ 층별 평면도(용도별 기준층 평면도 포함)
> 　㉣ 방화구획도(창호도 포함)
> 　㉤ 실내 · 실외 마감재료표

　㉥ 소방자동차 진입 동선도 및 부서 공간 위치도 (조경계획 포함)
(2) 소방시설 설계도서
　㉠ 소방시설(기계 · 전기분야의 시설)의 계통도(시설별 계산서 포함)
　㉡ 소방시설별 층별 평면도
　㉢ 실내장식물 방염대상물품 설치 계획(마감재료 제외)
　㉣ 소방시설의 내진설계 계통도 및 기준층 평면도(내진시방서 및 계산서 등 세부내용이 포함된 설계도면은 제외)

답 ④

☆ 59 소방시설의 자체점검에 관한 설명으로 옳지 않은 것은?

① 작동점검은 소방시설 등을 인위적으로 조작하여 정상적으로 작동하는 것을 점검하는 것이다.
② 종합점검은 설비별 주요구성부품의 구조기준이 화재안전기준 및 관련 법령에 적합한지 여부를 점검하는 것이다.
③ 종합점검에는 작동점검의 사항이 해당되지 않는다.
④ 종합점검은 소방시설관리업에 등록된 기술인력 중 소방시설관리사, 소방안전관리자로 선임된 소방시설관리사 또는 소방기술사를 점검자로 한다.

해설 **소방시설법 시행규칙〔별표 3〕**
소방시설 등의 자체점검

작동점검	종합점검
소방시설 등을 인위적으로 조작하여 정상적으로 작동하는지를 점검하는 것 보기 ①	① 소방시설 등의 **작동점검을 포함**하여 소방시설 등의 설비별 주요구성부품의 구조기준이 **소방청장**이 정하여 고시하는 화재안전기준 및 건축법 등 관련 법령에서 정하는 기준에 적합한지 여부를 점검하는 것 보기 ②③ ② 소방시설관리업에 등록된 기술인력 중 **소방시설관리사, 소방안전관리자**로 선임된 소방시설관리사 또는 **소방기술사**를 점검자로 한다. 보기 ④

> ③ 작동점검의 사항이 해당되지 않는다. → **작동점검을 포함**한다.

답 ③

★★★
60 시 · 도지사가 설치하고 유지 · 관리하여야 하는
〔09.05.문44〕 소방용수시설이 아닌 것은?

① 저수조 　　② 상수도
③ 소화전 　　④ 급수탑

해설 **기본법 10조**
소방용수시설

구 분	설 명
종류	**소**화전 · **급**수탑 · **저**수조 보기 ①③④
기준	행정안전부령
설치 · 유지 · 관리	**시** · **도**(단, 수도법에 의한 소화전은 일반 수도사업자가 관할소방서장과 협의하여 설치)

[기억법] **소용저급소**

답 ②

제 4 과목　　소방기계시설의 구조 및 원리 ••

★★★
61 스프링클러헤드의 감도를 반응시간지수(RTI) 값
〔13.09.문74〕 에 따라 구분할 때 RTI 값이 51 초과 80 이하일
때의 헤드감도는?

① Fast response
② Special response
③ Standard response
④ Quick response

해설 반응시간지수(RTI) 값

구 분	RTI 값
조기반응(fast response)	$5\underline{0}(m \cdot s)^{1/2}$ 이하
특수반응(special response) 보기 ②	$5\underline{1}\sim\underline{8}0(m \cdot s)^{1/2}$ 이하
표준반응(standard response)	$81\sim350(m \cdot s)^{1/2}$ 이하

[기억법] 조5(**조로**증), 특58(**특수오판**)

답 ②

★
62 옥외소화전의 구조 등에 관한 설명으로 틀린
것은?

① 지하용 소화전(승 · 하강식에 한함)의 유효단
면적은 밸브시트 단면적의 120% 이상이다.

② 밸브를 완전히 열 때 밸브의 개폐높이는 밸
브시트 지름의 $\frac{1}{4}$ 이상이어야 한다.

③ 지상용 소화전 토출구의 방향은 수평에서 아
래방향으로 30° 이내이어야 한다.

---

④ 지상용 소화전은 지면으로부터 길이 600mm
이상 매몰되고, 450mm 이상 노출될 수 있
는 구조이어야 한다.

해설 옥외소화전의 **구조**(소화전의 형식승인 15조)
(1) 지하용 소화전(승 · 하강식에 한함)의 유효단면적은 밸
브시트 단면적의 **120%** 이상이어야 한다. 보기 ①
(2) 밸브를 완전히 열 때 밸브의 개폐높이는 밸브시트
지름의 $\frac{1}{4}$ 이상이어야 한다. 보기 ②
(3) 지상용 소화전 토출구의 방향은 수평에서 아래방향
으로 **30°** 이내이어야 한다. 보기 ③
(4) 지상용 소화전은 지면으로부터 길이 **600mm** 이상 매
몰될 수 있어야 하며, 지면으로부터 높이 **0.5~1m**
이하로 노출될 수 있는 구조이어야 한다. 보기 ④

답 ④

★★★
63 물분무소화설비 가압송수장치의 1분당 토출량에
〔19.04.문75〕 대한 최소기준으로 옳은 것은? (단, 특수가연물
〔15.09.문74〕 을 저장 · 취급하는 특정소방대상물 및 차고 · 주
〔09.08.문66〕 차장의 바닥면적은 50m² 이하인 경우는 50m²를
(산업) 적용한다.)

① 차고 또는 주차장의 바닥면적 1m²당 10L를
곱한 양 이상
② 특수가연물을 저장 · 취급하는 특정소방대상
물의 바닥면적 1m²당 20L를 곱한 양 이상
③ 케이블 트레이, 케이블 덕트는 투영된 바닥
면적 1m²당 10L를 곱한 양 이상
④ 절연유 봉입변압기는 바닥면적을 제외한 표
면적을 합한 면적 1m²당 10L를 곱한 양 이상

해설 물분무소화설비의 **수원**(NFPC 104 4조, NFTC 104 2.1.1)

특정소방 대상물	토출량	비 고
컨베이어벨트	10L/min · m²	벨트부분의 바닥면적
절연유 봉입변압기 보기 ④	10L/min · m²	표면적을 합한 면적 (바닥면적 제외)
특수가연물 보기 ②	10L/min · m² (최소 50m²)	최대방수구역의 바닥 면적 기준
케이블트레이 · 덕트 보기 ③	12L/min · m²	투영된 바닥면적
차고 · 주차장 보기 ①	20L/min · m² (최소 50m²)	최대방수구역의 바닥 면적 기준
위험물 저장탱크	37L/min · m	위험물탱크 둘레길이 (원주길이) : 위험물 규칙 〔별표 6〕 Ⅱ

※ 모두 **20분**간 방수할 수 있는 양 이상으로 하여야 한다.

① 10L → 20L
② 20L → 10L
③ 10L → 12L

답 ④

펌프의 토출관에 압입기를 설치하여 포소화약제 압입용 펌프로 포소화약제를 압입시켜 혼합하는 방식은?

① 라인 프로포셔너방식

② 펌프 프로포셔너방식

③ 프레져 프로포셔너방식

④ 프레져사이드 프로포셔너방식

해설 **포소화약제의 혼합장치**

(1) **펌프 프로포셔너방식(펌프 혼합방식)**

　㉠ 펌프 토출측과 흡입측에 바이패스를 설치하고, 그 바이패스의 도중에 설치한 어댑터(adaptor)로 펌프 토출측 수량의 일부를 통과시켜 공기포 용액을 만드는 방식

　㉡ 펌프의 **토출관**과 **흡입관** 사이의 배관 도중에 설치한 흡입기에 펌프에서 토출된 물의 일부를 보내고 **농도조정밸브**에서 조정된 포소화약제의 필요량을 포소화약제 탱크에서 펌프 흡입측으로 보내어 약제를 혼합하는 방식

　기억법 **펌농**

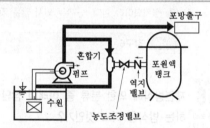

‖ 펌프 프로포셔너방식 ‖

(2) **프레져 프로포셔너방식(차압 혼합방식)**

　㉠ 가압송수관 도중에 공기포 소화원액 혼합조(P.P.T)와 혼합기를 접속하여 사용하는 방법

　㉡ **격막방식 휨탱크**를 사용하는 에어휨 혼합방식

　㉢ 펌프와 발포기의 중간에 설치된 벤투리관의 **벤투리작용**과 펌프 가압수의 **포소화약제 저장탱크**에 대한 압력에 의하여 포소화약제를 흡입·혼합하는 방식

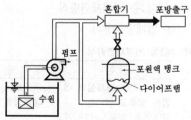

‖ 프레져 프로포셔너방식 ‖

(3) **라인 프로포셔너방식(관로 혼합방식)**

　㉠ 급수관의 배관 도중에 포소화약제 흡입기를 설치하여 그 흡입관에서 소화약제를 흡입하여 혼합하는 방식

　㉡ 펌프와 발포기의 중간에 설치된 벤투리관의 **벤투리작용**에 의하여 포소화약제를 흡입·혼합하는 방식

　기억법 **라벤벤**

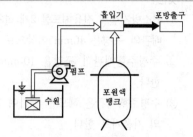

‖ 라인 프로포셔너방식 ‖

(4) **프레져사이드 프로포셔너방식(압입 혼합방식)**

　㉠ 소화원액 가압펌프(압입용 펌프)를 별도로 사용하는 방식

　㉡ 펌프 **토출관**에 압입기를 설치하여 포소화약제 **압입용 펌프**로 포소화약제를 압입시켜 혼합하는 방식 보기 ④

　기억법 **프사압**

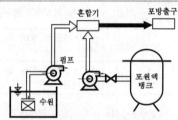

‖ 프레져사이드 프로포셔너방식 ‖

(5) **압축공기포 믹싱챔버방식**

　포수용액에 공기를 강제로 주입시켜 **원거리 방수**가 가능하고 물 사용량을 줄여 **수손피해**를 **최소화**할 수 있는 방식

답 ④

액화천연가스(LNG)를 사용하는 아파트 주방에 주거용 주방자동소화장치를 설치할 경우 탐지부의 설치위치로 옳은 것은?

① 바닥면으로부터 30cm 이하의 위치

② 천장면으로부터 30cm 이하의 위치

③ 가스차단장치로부터 30cm 이상의 위치

④ 소화약제 분사노즐로부터 30cm 이상의 위치

해설 **주거용 주방자동소화장치**

사용가스	탐지부 위치
LNG (공기보다 가벼운 가스)	**천장면**에서 **30cm** 이하 보기 ②
LPG (공기보다 무거운 가스)	**바닥면**에서 **30cm** 이하

답 ②

★★★
66 연소방지설비의 설치기준에 대한 설명 중 틀린 것은?

`13.09.문61`
`05.09.문79`

① 연소방지설비 전용헤드를 2개 설치하는 경우 배관의 구경은 40mm 이상으로 한다.

② 수평주행배관의 구경은 100mm 이상으로 한다.

③ 수평주행배관은 헤드를 향하여 1/200 이상의 기울기로 한다.

④ 연소방지설비 전용헤드의 경우 헤드 간의 수평거리는 2m 이하로 한다.

해설 기울기

기울기	설 비
$\frac{1}{100}$ 이상	연결살수설비의 수평주행배관
$\frac{2}{100}$ 이상	물분무소화설비의 배수설비
$\frac{1}{250}$ 이상	습식·부압식 설비 외 설비의 가지배관
$\frac{1}{500}$ 이상	습식·부압식 설비 외 설비의 수평주행배관

③ 수평주행배관의 기울기 규정은 없음

🔥 **중요**

연소방지설비의 **배관구경**(NFPC 605 8조, NFTC 605 2.4.1.3.1)

(1) **연소방지설비 전용헤드**를 사용하는 경우

배관의 구경	32mm	40mm	50mm	65mm	80mm
살수 헤드수	1개	2개	3개	4개 또는 5개	6개 이상

(2) **스프링클러헤드**를 사용하는 경우

배관의 구경 구분	25mm	32mm	40mm	50mm	65mm	80mm	90mm	100mm
폐쇄형 헤드수	2개	3개	5개	10개	30개	60개	80개	100개
개방형 헤드수	1개	2개	5개	8개	15개	27개	40개	55개

답 ③

★
67 경사강하식 구조대의 구조에 대한 설명으로 틀린 것은?

`14.05.문70`
`09.08.문78`

① 구조대 본체는 강하방향으로 봉합부가 설치되어야 한다.

② 입구틀 및 고정틀의 입구는 지름 60cm 이상의 구체가 통과할 수 있어야 한다.

③ 손잡이는 출구 부근에 좌우 각 3개 이상 균일한 간격으로 견고하게 부착하여야 한다.

④ 구조대 본체의 활강부는 낙하방지를 위해 포를 2중 구조로 하거나 또는 망목의 변의 길이가 8cm 이하인 망을 설치하여야 한다.

해설 **경사강하식 구조대**의 **구조**(구조대 형식 3조)

(1) 연속하여 **활강**할 수 있는 구조
(2) 입구틀 및 고정틀의 입구는 지름 **60cm** 이상의 구체가 통과할 수 있을 것 보기 ②
(3) 본체는 강하방향으로 봉합부가 설치되지 않을 것 보기 ①
(4) 본체의 포지는 하부지지장치에 인장력이 균등하게 걸리도록 부착
(5) 구조대 본체의 활강부는 포를 **2중 구조**로 하거나 망목의 변의 길이가 **8cm** 이하인 망 설치 보기 ④

① 설치되어야 한다. → 설치되지 않을 것

기억법 경구6

답 ①

★★★
68 제연방식에 의한 분류 중 아래의 장단점에 해당하는 방식은 어느 것인가?

`14.09.문65`
`06.03.문12`

● 장점 : 화재 초기에 화재실의 내압을 낮추고 연기를 다른 구역으로 누출시키지 않는다.
● 단점 : 연기온도가 상승하면 기기의 내열성에 한계가 있다.

① 제1종 기계제연방식

② 제2종 기계제연방식

③ 제3종 기계제연방식

④ 밀폐방연방식

해설 **제3종 기계제연방식**

장 점	단 점
화재 초기에 **화재실**의 **내압**을 **낮추고** 연기를 다른 구역으로 누출시키지 않는다.	연기온도가 상승하면 기기의 **내열성**에 한계가 있다.

📢 중요

(1) **제연방식**
  ㉠ **자연제연방식** : **개구부** 이용
  ㉡ **스모크타워 제연방식** : **루프모니터** 이용
  ㉢ 기계제연방식 ┬ 제1종 기계제연방식
            │ : **송풍기**+**제연기**(배출기)
            ├ 제2종 기계제연방식 : **송풍기**
            └ 제3종 기계제연방식 : **제연기**
              (배출기)

(2) **자연제연방식의 특징**
  ㉠ **기구**가 **간단**하다.
  ㉡ 외부의 **바람**에 영향을 받는다.
  ㉢ 건물 외벽에 제연구나 창문 등을 설치해야 하므로 **건축계획**에 제약을 받는다.
  ㉣ **고층건물**은 계절별로 연돌효과에 의한 상하압력차가 달라 **제연효과**가 **불안정**하다.

  ※ **자연제연방식** : 실의 상부에 설치된 **창** 또는 **전용제연구**로부터 연기를 옥외로 배출하는 방식으로 전원이나 복잡한 장치가 필요하지 않으며, 평상시 **환기** 겸용으로 방재설비의 유휴화 방지에 이점이 있다.

답 ③

⭐⭐
69 분말소화설비에서 사용하지 않는 밸브는?

14.05.문66
03.08.문72
① 드라이밸브   ② 클리닝밸브
③ 안전밸브   ④ 배기밸브

해설 **분말소화설비**에서 **사용**하는 **밸브**
(1) **클**리닝밸브 [보기 ②]
(2) **안**전밸브 [보기 ③]
(3) **배**기밸브 [보기 ④]
(4) **주**밸브
(5) **가**스도입밸브
(6) **선**택밸브
(7) **용**기밸브

기억법 클안배 주가선용

① 드라이밸브 : 건식 스프링클러설비의 구성요소

답 ①

⭐⭐
70 스프링클러설비 또는 옥내소화전설비에 사용되는 밸브에 대한 설명으로 옳지 않은 것은?

① 펌프의 토출측 체크밸브는 배관 내 압력이 가압송수장치로 역류되는 것을 방지한다.
② 가압송수장치의 풋밸브는 펌프의 위치가 수원의 수위보다 높을 때 설치한다.
③ 입상관에 사용하는 스윙체크밸브는 아래에서 위로 송수하는 경우에만 사용된다.
④ 펌프의 흡입측 배관에는 버터플라이밸브의 개폐표시형 밸브를 설치하여야 한다.

해설 스프링클러설비 또는 옥내소화전설비에 사용되는 밸브

④ 펌프의 흡입측 배관에는 **버터플라이밸브** 외의 **개폐표시형 밸브**를 설치하여야 한다.

답 ④

⭐⭐
71 바닥면적이 400m² 미만이고 예상제연구역이 벽으로 구획되어 있는 배출구의 설치위치로 옳은 것은? (단, 통로인 예상제연구역을 제외한다.)

19.03.문71
12.09.문63
① 천장 또는 반자와 바닥 사이의 중간 윗부분
② 천장 또는 반자와 바닥 사이의 중간 아랫 부분
③ 천장, 반자 또는 이에 가까운 부분
④ 천장 또는 반자와 바닥 사이의 중간 부분

해설

바닥면적이 400m² 미만인 곳의 예상제연구역이 벽으로 구획되어 있을 경우의 배출구 설치	바닥면적 400m² 이상의 거실인 예상제연구역에 설치되는 공기유입구
천장 또는 반자와 바닥 사이의 **중간 윗부분** [보기 ①]	바닥으로부터 **1.5m** 이하의 위치에 설치

답 ①

⭐
72 17층의 사무소 건축물로 11층 이상에 쌍구형 방수구가 설치된 경우, 14층에 설치된 방수기구함에 요구되는 길이 15m의 호스 및 방사형 관창의 설치개수는?

① 호스는 5개 이상, 방사형 관창은 2개 이상
② 호스는 3개 이상, 방사형 관창은 1개 이상
③ 호스는 단구형 방수구의 2배 이상의 개수, 방사형 관창은 2개 이상
④ 호스는 단구형 방수구의 2배 이상의 개수, 방사형 관창은 1개 이상

해설 **방수기구함**(NFPC 502 7조, NFTC 502 2.4)

구 분	단구형 방수구	쌍구형 방수구
호스	—	단구형 방수구의 **2배** 이상의 개수 설치
방사형 관창	**1개** 이상 비치	**2개** 이상 비치

답 ③

⭐
73 이산화탄소 소화설비에서 방출되는 가스압력을 이용하여 배기덕트를 차단하는 장치는?

① 방화셔터
② 피스톤릴리져댐퍼
③ 가스체크밸브
④ 방화댐퍼

피스톤릴리저댐퍼	모터식 댐퍼릴리져
이산화탄소 소화설비에서 방출되는 **가스압력을** 이용하여 배기덕트를 차단하는 장치 보기 ②	이산화탄소 소화설비에서 **전기**를 이용하여 배기덕트를 차단하는 장치

답 ②

74 피난기구의 설치 및 유지에 관한 사항 중 옳지 않은 것은?

19.04.문76
13.03.문70

① 피난기구를 설치하는 개구부는 서로 동일 직선상의 위치에 있을 것
② 설치장소에는 피난기구의 위치를 표시하는 발광식 또는 축광식 표지와 그 사용방법을 표시한 표지를 부착할 것
③ 피난기구는 소방대상물의 기둥·바닥·보 기타 구조상 견고한 부분에 볼트조임·매입·용접 기타의 방법으로 견고하게 부착할 것
④ 피난기구는 계단·피난구 기타 피난시설로부터 적당한 거리에 있는 안전한 구조로 된 피난 또는 소화활동상 유효한 개구부에 고정하여 설치할 것

해설 **피난기구**의 **설치기준**(NFPC 301 5조, NFTC 301 2.1.3)
피난기구를 설치하는 **개구부**는 서로 **동일 직선상**이 **아닌 위치**에 있을 것 보기 ①

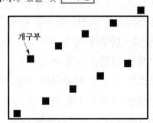

|동일 직선상이 아닌 위치|

답 ①

75 특고압의 전기시설을 보호하기 위한 수계소화설비로 물분무소화설비의 사용이 가능한 주된 이유는?

08.05.문79

① 물분무소화설비는 다른 물소화설비에 비해서 신속한 소화를 보여주기 때문이다.
② 물분무소화설비는 다른 물소화설비에 비해서 물의 소모량이 적기 때문이다.
③ 분무상태의 물은 전기적으로 비전도성이기 때문이다.

④ 물분무입자 역시 물이므로 전기전도성이 있으나 전기시설물을 젖게 하지 않기 때문이다.

해설 **물분무(무상주수)**가 **전기설비**에 **적합**한 이유 : 분무상태의 물은 전기적으로 **비전도성**을 나타내기 때문
※ **무상주수** : 물을 안개모양으로 방사하는 것

답 ③

76 포소화약제의 저장량 계산시 가장 먼 탱크까지의 송액관에 충전하기 위한 필요량을 계산에 반영하지 않는 경우는?

① 송액관의 내경이 75mm 이하인 경우
② 송액관의 내경이 80mm 이하인 경우
③ 송액관의 내경이 85mm 이하인 경우
④ 송액관의 내경이 100mm 이하인 경우

해설 **고정포방출구**의 **포소화약제 저장량**(NFPC 105 8조, NFTC 105 2.5)
(1) **고정포방출구**에서 **방출**하기 위하여 **필요한 양**

$$Q = A \times Q_1 \times T \times S$$

여기서, Q : 포소화약제의 양(L)
A : 탱크의 액표면적(m²)
Q_1 : 단위 포소화수용액의 양(L/m²·min)
T : 방출시간(min)
S : 포소화약제의 사용농도(%)

(2) **보조소화전**에서 **방출**하기 위하여 **필요한 양**

$$Q = N \times S \times 8000$$

여기서, Q : 포소화약제의 양(L)
N : 호스접결구수(3개 이상인 경우는 3)
S : 포소화약제의 사용농도(%)

(3) 가장 먼 탱크까지의 **송액관**(내경 **75mm** 이하의 송액관 제외)에 **충전**하기 위하여 필요한 양

답 ①

77 ( ) 안에 들어갈 내용으로 알맞은 것은?

19.03.문67
12.05.문68

이산화탄소 소화설비 이산화탄소 소화약제의 저압식 저장용기에는 용기 내부의 온도가 (㉠)에서 (㉡)의 압력을 유지할 수 있는 자동냉동장치를 설치할 것

① ㉠ 0℃ 이상, ㉡ 4MPa
② ㉠ −18℃ 이하, ㉡ 2.1MPa
③ ㉠ 20℃ 이하, ㉡ 2MPa
④ ㉠ 40℃ 이하, ㉡ 2.1MPa

해설 **이산화탄소 소화설비의 저장용기**(NFPC 106 4조, NFTC 106 2.1.2)

자동냉동장치	2.1MPa, -18℃ 이하 보기 ⊙ⓒ	
압력경보장치	2.3MPa 이상, 1.9MPa 이하	
선택밸브 또는 개폐밸브의 안전장치	배관의 최소사용설계압력과 최대 허용압력 사이의 압력	
저장용기	• 고압식 : 25MPa 이상 • 저압식 : 3.5MPa 이상	
안전밸브	내압시험압력의 0.64~0.8배	
봉 판	내압시험압력의 0.8~내압시험 압력	
충전비	고압식	1.5~1.9 이하
	저압식	1.1~1.4 이하

답 ②

★★★
78 분말소화설비 배관의 설치기준으로 옳지 않은 것은?

15.03.문78
10.03.문75

① 배관은 전용으로 할 것
② 배관은 모두 스케줄 40 이상으로 할 것
③ 동관을 사용할 경우는 고정압력 또는 최고 사용압력의 1.5배 이상의 압력에 견딜 수 있는 것으로 할 것
④ 밸브류는 개폐위치 또는 개폐방향을 표시한 것으로 할 것

해설 **분말소화설비의 배관**(NFPC 108 9조, NFTC 108 2.6.1)
(1) **전용** 보기 ①
(2) **강관** : 아연도금에 의한 배관용 탄소강관(단, **축압식** 분말소화설비에 사용하는 것 중 20℃에서 압력이 **2.5~4.2MPa 이하**인 것은 압력배관용 탄소강관 (KS D 3562) 중 이음이 없는 스케줄 40 이상의 것 사용) 보기 ②
(3) **동관** : 고정압력 또는 최고사용압력의 **1.5배** 이상의 압력에 견딜 것 보기 ③
(4) **밸브류** : 개폐위치 또는 개폐방향을 표시한 것 보기 ④
(5) **배관의 관부속 및 밸브류** : 배관과 동등 이상의 강도 및 내식성이 있는 것
(6) 주밸브~헤드까지의 배관의 분기 : **토너먼트방식**
(7) 저장용기 등~배관의 굴절부까지의 거리 : 배관 내경의 **20배** 이상

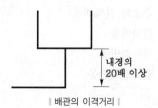

∥ 배관의 이격거리 ∥

② 배관은 강관의 경우 2.5~4.2MPa 이하만 스케줄 40 이상 사용

답 ②

★★★
79 스프링클러설비 배관의 설치기준으로 틀린 것은?

16.03.문66
13.09.문61
05.09.문79

① 급수배관의 구경은 25mm 이상으로 한다.
② 수직배수관의 구경은 50mm 이상으로 한다.
③ 지하매설배관은 소방용 합성수지배관으로 설치할 수 있다.
④ 교차배관의 최소구경은 65mm 이상으로 한다.

해설 **스프링클러설비의 배관**(NFPC 103 8조, NFTC 103 2.5.10.1, 2.5.14)
(1) 배관의 **구경**

교차배관	수직배수배관
40mm 이상 보기 ④	**5**0mm 이상

(2) 가지배관의 배열은 **토너먼트방식**이 아닐 것

기억법 교4(**교사**), 수5(**수호신**)

답 ④

★★
80 소화기구의 소화약제별 적응성 중 C급 화재에 적응성이 없는 소화약제는?

19.04.문62

① 마른모래
② 할로겐화합물 및 불활성기체 소화약제
③ 이산화탄소 소화약제
④ 중탄산염류 소화약제

해설 **소화기구 및 자동소화장치**(NFTC 101 2.1.1.1)
전기화재(C급 화재)에 적응성이 있는 소화약제
(1) 이산화탄소 소화약제 보기 ③
(2) 할론소화약제
(3) 할로겐화합물 및 불활성기체 소화약제 보기 ②
(4) 인산염류소화약제(분말)
(5) 중탄산염류소화약제(분말) 보기 ④
(6) 고체 에어로졸화합물

답 ①

2016. 5. 8 시행

▍2016년 기사 제2회 필기시험▍				수험번호	성명

자격종목	종목코드	시험시간	형별
소방설비기사(기계분야)		**2시간**	

※ 각 문항은 4지택일형으로 질문에 가장 적합한 보기 항을 선택하여 체크하여야 합니다.

제1과목 소방원론

01 위험물안전관리법상 위험물의 지정수량이 틀린 것은?

19.03.문06
09.05.문57

① 과산화나트륨 – 50kg
② 적린 – 100kg
③ 트리나이트로톨루엔(제2종) – 100kg
④ 탄화알루미늄 – 400kg

유사문제부터
풀어보세요.
실력이 팍!팍!
올라갑니다.

해설 **위험물의 지정수량**

위험물	지정수량
과산화나트륨	50kg 보기①
적린	100kg 보기②
트리나이트로톨루엔	제1종 : 10kg, 제2종 : 100kg 보기③
탄화알루미늄	300kg 보기④

답 ④

02 블레비(BLEVE)현상과 관계가 없는 것은?

19.09.문15
18.09.문08
17.03.문17
16.10.문15
15.05.문18
15.03.문01
14.09.문12
14.03.문01
09.05.문10

① 핵분열
② 가연성 액체
③ 화구(fire ball)의 형성
④ 복사열의 대량 방출

해설 **블레비(BLEVE)현상**
(1) 가연성 액체 보기②
(2) 화구(fire ball)의 형성 보기③
(3) 복사열의 대량 방출 보기④

용어

블레비=블레이브(BLEVE)
과열상태의 탱크에서 내부의 액화가스가 분출하여
기화되어 폭발하는 현상

답 ①

03 화재 발생시 인간의 피난 특성으로 틀린 것은?

12.05.문15

① 본능적으로 평상시 사용하는 출입구를 사용한다.
② 최초로 행동을 개시한 사람을 따라서 움직인다.
③ 공포감으로 인해서 빛을 피하여 어두운 곳으로 몸을 숨긴다.
④ 무의식 중에 발화장소의 반대쪽으로 이동한다.

해설 **화재 발생시 인간의 피난 특성**

구 분	설 명
귀소본능	•**친숙한 피난경로**를 선택하려는 행동 •무의식 중에 평상시 사용하는 출입구나 통로를 사용하려는 행동 보기①
지광본능	•**밝은 쪽**을 지향하는 행동 •화재의 공포감으로 인하여 **빛**을 따라 외부로 달아나려고 하는 행동 보기③
퇴피본능	•화염, 연기에 대한 공포감으로 발화의 **반대방향**으로 이동하려는 행동 보기④
추종본능	•많은 사람이 달아나는 방향으로 쫓아가려는 행동 •화재시 최초로 행동을 개시한 사람을 따라 전체가 움직이려는 행동 보기②
좌회본능	•**좌측통행**을 하고 **시계반대방향**으로 회전하려는 행동

③ 공포감으로 인해서 빛을 따라 외부로 달아나려는 경향이 있다.

답 ③

04 에스터가 알칼리의 작용으로 가수분해되어 알코올과 산의 알칼리염이 생성되는 반응은?

11.03.문14

① 수소화 분해반응
② 탄화반응
③ 비누화반응
④ 할로젠화반응

해설 비누화현상(saponification phenomenon)
에스터가 알칼리에 의해 가수분해되어 알코올과 산의 알칼리염이 되는 반응으로 주방의 식용유 화재시에 나트륨이 기름을 둘러싸 외부와 분리시켜 **질식소화** 및 **재발화 억제효과**를 나타낸다.

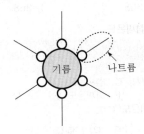

∥비누화현상∥

• 비누화현상=비누화반응

답 ③

★★★
05 건축물의 내화구조 바닥이 철근콘크리트조 또는
[14.05.문12] 철골·철근콘크리트조인 경우 두께가 몇 cm 이상이어야 하는가?
① 4
② 5
③ 7
④ 10

해설 내화구조의 기준

구 분	기 준
벽·바닥	철골·철근콘크리트조로서 두께가 **10cm** 이상인 것 보기 ④
기둥	철골을 두께 **5cm** 이상의 콘크리트로 덮은 것
보	두께 **5cm** 이상의 콘크리트로 덮은 것

기억법 벽바내1(벽을 **바**라보면 **내일**이 보인다.)

비교

방화구조의 기준

구조 내용	기 준
• **철망모르타르** 바르기	두께 **2cm** 이상
• 석고판 위에 시멘트모르타르를 바른 것 • 석고판 위에 회반죽을 바른 것 • 시멘트모르타르 위에 타일을 붙인 것	두께 **2.5cm** 이상
• 심벽에 흙으로 맞벽치기 한 것	모두 해당

답 ④

★★★
06 스테판-볼츠만의 법칙에 의해 복사열과 절대온도
[14.03.문20] 와의 관계를 옳게 설명한 것은?

① 복사열은 절대온도의 제곱에 비례한다.
② 복사열은 절대온도의 4제곱에 비례한다.
③ 복사열은 절대온도의 제곱에 반비례한다.
④ 복사열은 절대온도의 4제곱에 반비례한다.

해설 스테판–볼츠만의 **법칙**(Stefan–Boltzman's law)

$$Q = aAF(T_1^4 - T_2^4) \propto T^4$$

여기서, Q : 복사열[W]
　a : 스테판–볼츠만 상수[W/m²·K⁴]
　A : 단면적[m²]
　F : 기하학적 factor
　T_1 : 고온[K]
　T_2 : 저온[K]

※ **열복사량**은 **복사체**의 **절대온도**의 **4제곱**에 비례하고, **단면적**에 **비례**한다.

기억법 복스(복수)

답 ②

★★★
07 물을 사용하여 소화가 가능한 물질은?
① 트리메틸알루미늄
② 나트륨
③ 칼륨
④ 적린

해설 주수소화(물소화)시 **위험**한 **물질**

구 분	현 상
• 무기과산화물	**산소** 발생
• **금**속분 • **마**그네슘 • 알루미늄(트리메틸알루미늄 등) 보기 ① • 칼륨 보기 ③ • 나트륨 보기 ② • 수소화리튬	**수소** 발생
• 가연성 액체의 유류화재	**연소면**(화재면) 확대

기억법 금마수

※ **주수소화** : 물을 뿌려 소화하는 방법

답 ④

★★★
08 연쇄반응을 차단하여 소화하는 약제는?
① 물
② 포
③ 할론 1301
④ 이산화탄소

해설 **연쇄반응**을 **차단**하여 소화하는 약제
(1) 할론소화약제(할론 1301 등) 보기 ③
(2) 할로겐화합물소화약제
(3) 분말소화약제

답 ③

★★★ 09 화재의 종류에 따른 표시색 연결이 틀린 것은?

19.09.문16
19.03.문08
17.09.문07
16.05.문09
15.09.문19
13.09.문07

① 일반화재 – 백색
② 전기화재 – 청색
③ 금속화재 – 흑색
④ 유류화재 – 황색

해설 **화재의 종류**

구 분	표시색	적응물질
일반화재(A급) 보기 ①	백색	• 일반가연물 • 종이류 화재 • 목재, 섬유화재
유류화재(B급) 보기 ④	황색	• 가연성 액체 • 가연성 가스 • 액화가스화재 • 석유화재
전기화재(C급) 보기 ②	청색	• 전기설비
금속화재(D급) 보기 ③	무색	• 가연성 금속
주방화재(K급)	–	• 식용유화재

※ 요즘은 표시색의 의무규정은 없음

③ 흑색 → 무색

답 ③

★★★ 10 제4류 위험물의 화재시 사용되는 주된 소화방법은?

15.09.문58
14.09.문13

① 물을 뿌려 냉각한다.
② 연소물을 제거한다.
③ 포를 사용하여 질식소화한다.
④ 인화점 이하로 냉각한다.

해설 **위험물의 소화방법**

종 류	성 질	소화방법
제1류	강산화성 물질 (산화성 고체)	물에 의한 **냉각소화**(단, **무기과산화물**은 **마른모래** 등에 의한 **질식소화**)
제2류	환원성 물질 (가연성 고체)	물에 의한 **냉각소화**(단, **황화인 · 철분 · 마그네슘 · 금속분**은 **마른모래** 등에 의한 질식소화)
제3류	금수성 물질 및 자연발화성 물질	마른모래, 팽창질석, 팽창진주암에 의한 **질식소화**(마른모래보다 **팽창질석** 또는 **팽창진주암**이 더 효과적)
제4류	인화성 물질 (인화성 액체)	포 · 분말 · 이산화탄소(CO_2) · 할론 · 물분무 소화약제에 의한 **질식소화** 보기 ③
제5류	폭발성 물질 (자기반응성 물질)	화재 초기에만 대량의 물에 의한 **냉각소화**(단, 화재가 진행되면 자연진화되도록 기다릴 것)
제6류	산화성 물질 (산화성 액체)	마른모래 등에 의한 **질식소화**(단, **과산화수소**는 다량의 **물로 희석소화**)

답 ③

★★ 11 화씨 95도를 켈빈(Kelvin)온도로 나타내면 약 몇 K인가?

11.06.문02

① 178
② 252
③ 308
④ 368

해설 (1) **섭씨온도**

$$℃ = \frac{5}{9}(℉-32)$$

여기서, ℃ : 섭씨온도[℃]
℉ : 화씨온도[℉]

섭씨온도(℃)는

$$℃ = \frac{5}{9}(95-32) = 35℃$$

(2) **켈빈온도**

$$K = 273 + ℃$$

여기서, K : 켈빈온도[K]
℃ : 섭씨온도[℃]

켈빈온도(K)는
$$K = 273 + ℃ = 273 + 35 = 308K$$

비교

화씨온도	랭킨온도
$℉ = \frac{9}{5}℃ + 32$	$R = 460 + ℉$
여기서, ℉ : 화씨온도[℉] ℃ : 섭씨온도[℃]	여기서, R : 랭킨온도[R] ℉ : 화씨온도[℉]

답 ③

★★★ 12 소화기구는 바닥으로부터 높이 몇 m 이하의 곳에 비치하여야 하는가? (단, 자동소화장치를 제외한다.)

11.03.문01

① 0.5
② 1.0
③ 1.5
④ 2.0

해설 **설치높이**

0.5~1m 이하	0.8~1.5m 이하	1.5m 이하 보기 ③
① **연**결송수관설비의 송수구 ② **연**결살수설비의 송수구 ③ **물**분무소화설비의 송수구 ④ **소**화용수설비의 채수구	① **수**동식 **기**동장치 조작부 ② **제**어밸브(수동식 개방밸브) ③ **유**수검지장치 ④ **일**제개방밸브	① **옥내**소화전설비의 방수구 ② **호**스릴함 ③ **소**화기(투척용 소화기)
기억법 연소용51(연소용 오일은 잘 탄다.)	기억법 수기8(수기 팔아요.) 제유일 85(제가 유일하게 팔았어요.)	기억법 옥내호소5(옥내에서 호소하시오.)

답 ③

★★★
13 증발잠열을 이용하여 가연물의 온도를 떨어뜨려
13.09.문13 화재를 진압하는 소화방법은?

① 제거소화 ② 억제소화
③ 질식소화 ④ 냉각소화

해설 소화의 형태

구 분	설 명
냉각소화	• **점화원**을 냉각하여 소화하는 방법 • **증**발잠열을 이용하여 열을 빼앗아 가연물의 온도를 떨어뜨려 화재를 진압하는 소화방법 보기 ④ • **다량의 물**을 뿌려 소화하는 방법 • 가연성 물질을 **발화점 이하**로 **냉각**하여 소화하는 방법 • 식용유화재에 신선한 **야채**를 넣어 소화하는 방법 • 용융잠열에 의한 **냉각효과**를 이용하여 소화하는 방법 기억법 **냉점증발**
질식소화	• 공기 중의 **산소농도**를 16%(10~15%) 이하로 희박하게 하여 소화하는 방법 • 산화제의 농도를 낮추어 연소가 지속될 수 없도록 소화하는 방법 • 산소공급을 차단하여 소화하는 방법 • 산소의 농도를 낮추어 소화하는 방법 • 화학반응으로 발생한 **탄산가스**에 의한 소화방법 기억법 **질산**
제거소화	• **가연물**을 **제거**하여 소화하는 방법
부촉매 소화 (=화학소화)	• **연쇄반응**을 **차단**하여 소화하는 방법 • 화학적인 방법으로 화재를 억제하여 소화하는 방법 • **활성기**(free radical)의 **생성**을 **억제**하여 소화하는 방법 기억법 **부억(부엌)**
희석소화	• 기체・고체・액체에서 나오는 분해가스나 증기의 농도를 낮춰 소화하는 방법 • 불연성 가스의 **공기 중 농도**를 높여 소화하는 방법

답 ④

★★★
14 폭굉(detonation)에 관한 설명으로 틀린 것은?
03.05.문10 ① 연소속도가 음속보다 느릴 때 나타난다.
② 온도의 상승은 충격파의 압력에 기인한다.
③ 압력상승은 폭연의 경우보다 크다.
④ 폭굉의 유도거리는 배관의 지름과 관계가 있다.

해설 연소반응(전파형태에 따른 분류)

폭연(deflagration)	폭굉(detonation)
연소속도가 음속보다 느릴 때 발생	연소속도가 음속보다 빠를 때 발생 보기 ①

※ **음속** : 소리의 속도로서 약 **340m/s**이다.

답 ①

★★
15 제1종 분말소화약제의 열분해반응식으로 옳은 것은?

19.03.문15
18.04.문06
17.09.문10
16.10.문06
16.10.문10
16.10.문11
16.05.문11
16.03.문09
15.09.문01
15.05.문08
14.09.문10
14.05.문17
14.03.문03
12.03.문13

① $2NaHCO_3 \rightarrow Na_2CO_3 + CO_2 + H_2O$
② $2KHCO_3 \rightarrow K_2CO_3 + CO_2 + H_2O$
③ $2NaHCO_3 \rightarrow Na_2CO_3 + 2CO_2 + H_2O$
④ $2KHCO_3 \rightarrow K_2CO_3 + 2CO_2 + H_2O$

해설 분말소화기(질식효과)

종 별	소화약제	약제의 착색	화학반응식	적응화재
제1종	탄산수소 나트륨 (NaHCO₃)	백색	$2NaHCO_3 \rightarrow$ $Na_2CO_3 + CO_2 + H_2O$ 보기 ①	BC급
제2종	탄산수소 칼륨 (KHCO₃)	담자색 (담회색)	$2KHCO_3 \rightarrow$ $K_2CO_3 + CO_2 + H_2O$	BC급
제3종	인산암모늄 (NH₄H₂PO₄)	담홍색	$NH_4H_2PO_4 \rightarrow$ $HPO_3 + NH_3 + H_2O$	AB C급
제4종	탄산수소 칼륨+요소 (KHCO₃+ (NH₂)₂CO)	회(백)색	$2KHCO_3 +$ $(NH_2)_2CO \rightarrow$ $K_2CO_3 +$ $2NH_3 + 2CO_2$	BC급

• 탄산수소나트륨=중탄산나트륨
• 탄산수소칼륨=중탄산칼륨
• 제1인산암모늄=인산암모늄=인산염
• 탄산수소칼륨+요소=중탄산칼륨+요소

답 ①

★★
16 굴뚝효과에 관한 설명으로 틀린 것은?

17.03.문01
04.03.문19
01.06.문11

① 건물 내・외부의 온도차에 따른 공기의 흐름현상이다.
② 굴뚝효과는 고층건물에서는 잘 나타나지 않고 저층건물에서 주로 나타난다.
③ 평상시 건물 내의 기류분포를 지배하는 중요 요소이며 화재시 연기의 이동에 큰 영향을 미친다.
④ 건물외부의 온도가 내부의 온도보다 높은 경우 저층부에서는 내부에서 외부로 공기의 흐름이 생긴다.

해설 굴뚝효과(stack effect)
(1) 건물 내・외부의 **온도차**에 따른 공기의 흐름현상이다.
보기 ①
(2) 굴뚝효과는 **고층건물**에서 주로 나타난다. 보기 ②
(3) 평상시 건물 내의 기류분포를 지배하는 중요 요소이며 화재시 **연기**의 **이동**에 큰 영향을 미친다. 보기 ③
(4) 건물외부의 온도가 내부의 온도보다 높은 경우 저층부에서는 내부에서 외부로 공기의 흐름이 생긴다.
보기 ④

이상기체 상태방정식

$$\rho = \frac{P}{RT}$$

여기서, ρ : 밀도[kg/m³], P : 압력[kPa]
R : 기체상수(공기의 기체상수 0.287kJ/kg·K)
T : 절대온도(273+℃)[K]

위 식에서 밀도와 온도는 반비례하므로 건물 외부온도 >건물 내부온도인 경우 건물 외부밀도<건물 내부 밀도이므로 저층부에서는 내부에서 외부로 공기의 흐름이 생긴다. 건물 내부밀도가 높다는 것은 건물 내부의 공기입자가 빽빽하게 들어 있다는 뜻이므로 공기입자가 빽빽한 내부에서 외부로 공기의 흐름이 생기는 것이다.

중요

연기거동 중 **굴뚝효과**와 관계있는 것
(1) 건물 내외의 온도차
(2) 화재실의 온도
(3) 건물의 높이

답 ②

17 분말소화약제 중 담홍색 또는 황색으로 착색하여 사용하는 것은?

17.09.문10
17.03.문04
16.10.문06
16.10.문10
16.05.문15
16.03.문09
16.03.문11
15.09.문01
15.05.문08
14.09.문10
14.05.문17
14.03.문03
12.03.문13

① 탄산수소나트륨
② 탄산수소칼륨
③ 제1인산암모늄
④ 탄산수소칼륨과 요소와의 반응물

해설 (1) **분말소화약제**

종 별	주성분	착 색	적응 화재	비 고
제**1**종	중탄산나트륨 (NaHCO₃)	백색	BC급	**식용유** 및 **지방질유**의 화재에 적합
제2종	중탄산칼륨 (KHCO₃)	담자색 (담회색)	BC급	–
제**3**종	제1인산암모늄 (NH₄H₂PO₄) 보기 ③	담홍색 (황색)	ABC급	**차고·주차장**에 적합
제4종	중탄산칼륨 +요소 (KHCO₃+ (NH₂)₂CO)	회(백)색	BC급	–

기억법 1식분(일식 분식)
3분 차주(삼보컴퓨터 차주)

(2) **이산화탄소 소화약제**

주성분	적응화재
이산화탄소(CO₂)	BC급

답 ③

18 화재 및 폭발에 관한 설명으로 틀린 것은?

13.06.문10
① 메탄가스는 공기보다 무거우므로 가스탐지 부는 가스기구의 직하부에 설치한다.
② 옥외저장탱크의 방유제는 화재시 화재의

확대를 방지하기 위한 것이다.
③ 가연성 분진이 공기 중에 부유하면 폭발할 수도 있다.
④ 마그네슘의 화재시 주수소화는 화재를 확대할 수 있다.

해설 LPG와 LNG

구 분	액화석유가스(LPG)		액화천연가스(LNG)
특징	공기보다 무겁다.		공기보다 가볍다.
주성분	프로판 (C₃H₈)	부탄 (C₄H₁₀)	메탄(CH₄)
증기비중	1.51	2	0.55

① 메탄가스는 공기보다 **가벼우므로** 가스탐지부는 가스기구의 **직상부**에 설치한다.

답 ①

19 위험물에 관한 설명으로 틀린 것은?

17.03.문11
16.03.문07
09.03.문16

① 유기금속화합물인 사에틸납은 물로 소화할 수 없다.
② 황린은 자연발화를 막기 위해 통상 물속에 저장한다.
③ 칼륨, 나트륨은 등유 속에 보관한다.
④ 황은 자연발화를 일으킬 가능성이 없다.

해설 ① 유기금속화합물 → 제4류 위험물
④ **황**은 자연발화를 일으키지 않는다.

중요

물질에 따른 **저장장소**

물 질	저장장소
황린, **이**황화탄소(CS₂)	**물**속 보기 ②
나이트로셀룰로오스	알코올 속
칼륨(K), 나트륨(Na), 리튬(Li)	석유류(등유) 속 보기 ③
아세틸렌(C₂H₂)	디메틸포름아미드(DMF), 아세톤에 용해

기억법 황물이(황토색 물이 나온다.)

답 ①

20 알킬알루미늄 화재에 적합한 소화약제는?

07.09.문03
① 물
② 이산화탄소
③ 팽창질석
④ 할론

해설 알킬알루미늄 소화약제

위험물	소화약제
• 알킬알루미늄	• 마른모래
	• 팽창질석 보기 ③
	• 팽창진주암

답 ③

제2과목 소방유체역학

21
13.09.문37

그림과 같이 평형 상태를 유지하고 있을 때 오른쪽 관에 있는 유체의 비중(s)은? (단, 물의 밀도는 1000kg/m³이다.)

① 0.9
② 1.8
③ 2.0
④ 2.2

해설 (1) 높이

$$sh = s'h'$$

여기서, s : 물의 비중($s=1$)
h : 물의 높이[m]
s' : 기름의 비중
h' : 기름의 높이[m]

기름의 높이를 물의 높이로 환산한 h는

$$h = \frac{s'h'}{s} = \frac{0.8 \times 2m}{1} = 1.6m$$

(2) 유체의 비중

$$s_1 h_1 = s_2 h_2$$

여기서, s_1 : 물의 비중($s_1=1$)
h_1 : 물의 높이[m]
s_2 : 어떤 물질의 비중
h_2 : 어떤 물질의 높이[m]

어떤 물질의 비중 s_2는

$$s_2 = \frac{s_1 h_1}{h_2} = \frac{1 \times 3.6m}{1.8m} = 2$$

답 ③

22
13.06.문34

배연설비의 배관을 흐르는 공기의 유속을 피토 정압관으로 측정할 때 정압단과 정체압단에 연결된 U자관의 수은기둥 높이차가 0.03m이었다. 이때 공기의 속도는 약 몇 m/s인가? (단, 공기의 비중은 0.00122, 수은의 비중은 13.6이다.)

① 81
② 86
③ 91
④ 96

해설 (1) 비중

$$s = \frac{\gamma}{\gamma_w}$$

여기서, s : 비중
γ : 어떤 물질의 비중량[N/m³]
γ_w : 물의 비중량(9800N/m³)

공기의 비중량 γ_1은
$\gamma_1 = s_1 \gamma_w = 0.00122 \times 9800N/m^3 = 11.956N/m^3$

수은의 비중량 γ_2는
$\gamma_2 = s_2 \gamma_w = 13.6 \times 9800N/m^3 = 133280N/m^3$

(2) 압력

$$P = \gamma h$$

여기서, P : 압력[N/m²]
γ : 비중량[N/m³]
h : 높이차[m]

압력 P는
$P = \gamma_2 h_2 = 133280N/m^3 \times 0.03m = 3998.4N/m^2$

공기의 높이차 h_1은

$$h_1 = \frac{P}{\gamma_1} = \frac{3998.4N/m^2}{11.956N/m^3} = 334.426m$$

(3) 유속

$$V = \sqrt{2gh}$$

여기서, V : 유속(공기의 속도)[m/s]
g : 중력가속도(9.8m/s²)
h : 높이(수두, 공기의 높이차)[m]

공기의 속도 V는
$V = \sqrt{2gh} = \sqrt{2 \times 9.8m/s^2 \times 334.426m} = 81m/s$

답 ①

23
19.04.문28

폭 1.5m, 높이 4m인 직사각형 평판이 수면과 40°의 각도로 경사를 이루는 저수지의 물을 막고 있다. 평판의 밑변이 수면으로부터 3m 아래에 있다면, 물로 인하여 평판이 받는 힘은 몇 kN인가? (단, 대기압의 효과는 무시한다.)

① 44.1
② 88.2
③ 101
④ 202

해설 문제를 그림으로 나타내면

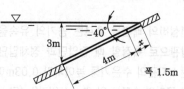

다시 간략히 도시하면

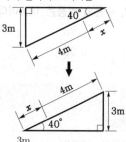

$$\frac{3\text{m}}{(x+4)\text{m}}=\sin 40°$$

$3\text{m}=(x+4)\text{m}\times\sin 40°$

$(x+4)\text{m}\times\sin 40°=3\text{m}$ ← 계산의 편의를 위해 좌우 이항

$(x+4)\text{m}=\dfrac{3\text{m}}{\sin 40°}$

$x=\dfrac{3\text{m}}{\sin 40°}-4\text{m} ≒ 0.667\text{m}$

전압력(평판이 받는 힘)

$$F=\gamma y\sin\theta A=\gamma h A$$

여기서, F : 전압력[kN]

　　　　γ : 비중량(물의 비중량 9.8kN/m³)

　　　　y : 표면에서 수문 중심까지의 경사거리[m]

　　　　h : 표면에서 수문 중심까지의 수직거리[m]

　　　　A : 수문의 단면적[m²]

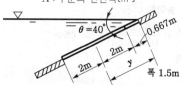

전압력 F 는

$F=\gamma y\sin\theta A$

　$=9.8\text{kN/m}^3\times(2+0.667)\text{m}\times\sin 40°\times(1.5\times 4)\text{m}^2$

　$≒101\text{kN}$

답 ③

24 출구지름이 50mm인 노즐이 100mm의 수평관과 연결되어 있다. 이 관을 통하여 물(밀도 1000 kg/m³)이 0.02m³/s의 유량으로 흐르는 경우, 이 노즐에 작용하는 힘은 몇 N인가?

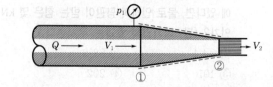

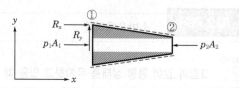

① 230　　　　　② 424

③ 508　　　　　④ 7709

해설

$$F=\frac{\gamma Q^2 A_1}{2g}\left(\frac{A_1-A_2}{A_1 A_2}\right)^2$$

(1) 비중량

$$\gamma=\rho g$$

여기서, γ : 비중량[N/m³]

　　　　ρ : 밀도(물의 밀도 1000kg/m³=1000N·s²/m⁴)

　　　　g : 중력가속도(9.8m/s²)

비중량 γ 는

$\gamma=\rho g=1000\text{N}\cdot\text{s}^2/\text{m}^4\times 9.8\text{m/s}^2=9800\text{N/m}^3$

(2) 단면적

$$A=\frac{\pi D^2}{4}$$

여기서, A : 단면적[m²]

　　　　D : 지름[m]

수평관의 단면적 $A_1=\dfrac{\pi D_1{}^2}{4}=\dfrac{\pi\times(0.1\text{m})^2}{4}$

　　　　　　　　　 $≒7.85\times 10^{-3}\text{m}^2$

● 1000mm=1m이므로 100mm=0.1m

노즐의 출구단면적 $A_2=\dfrac{\pi D_2{}^2}{4}=\dfrac{\pi\times(0.05\text{m})^2}{4}$

　　　　　　　　　　 $≒1.96\times 10^{-3}\text{m}^2$

● 1000mm=1m이므로 50mm=0.05m

(3) 노즐에 작용하는 힘(플랜지볼트에 작용하는 힘)

$$F=\frac{\gamma Q^2 A_1}{2g}\left(\frac{A_1-A_2}{A_1 A_2}\right)^2$$

여기서, F : 플랜지볼트에 작용하는 힘[N]

　　　　γ : 비중량(물의 비중량 9800N/m³)

　　　　Q : 유량[m³/s]

　　　　A_1 : 수평관의 단면적[m²]

　　　　A_2 : 노즐의 출구단면적[m²]

　　　　g : 중력가속도(9.8m/s²)

노즐에 작용하는 힘 F 는

$F=\dfrac{\gamma Q^2 A_1}{2g}\left(\dfrac{A_1-A_2}{A_1 A_2}\right)^2$

$=\dfrac{9800\text{N/m}^3\times(0.02\text{m}^3/\text{s})^2\times(7.85\times 10^{-3})\text{m}^2}{2\times 9.8\text{m/s}^2}$

$\times\left(\dfrac{(7.85\times 10^{-3})\text{m}^2-(1.96\times 10^{-3})\text{m}^2}{(7.85\times 10^{-3})\text{m}^2\times(1.96\times 10^{-3})\text{m}^2}\right)^2$

$≒230\text{N}$

답 ①

★★ 25

다음 중 동점성계수의 차원을 옳게 표현한 것은?
(단, 질량 M, 길이 L, 시간 T로 표시한다.)

19.04.문40
17.05.문40
12.03.문25
10.03.문37

① $[ML^{-1}T^{-1}]$ ② $[L^2T^{-1}]$
③ $[ML^{-2}T^{-2}]$ ④ $[ML^{-1}T^{-2}]$

해설

차 원	중력단위[차원]	절대단위[차원]
길이	m[L]	m[L]
시간	s[T]	s[T]
운동량	N·s[FT]	kg·m/s[MLT⁻¹]
힘	N[F]	kg·m/s²[MLT⁻²]
속도	m/s[LT⁻¹]	m/s[LT⁻¹]
가속도	m/s²[LT⁻²]	m/s²[LT⁻²]
질량	N·s²/m[FL⁻¹T²]	kg[M]
압력	N/m²[FL⁻²]	kg/m·s²[ML⁻¹T⁻²]
밀도	N·s²/m⁴[FL⁻⁴T²]	kg/m³[ML⁻³]
비중	무차원	무차원
비중량	N/m³[FL⁻³]	kg/m²·s²[ML⁻²T⁻²]
비체적	m⁴/N·s²[F⁻¹L⁴T⁻²]	m³/kg[M⁻¹L³]
일률	N·m/s[FLT⁻¹]	kg·m²/s³[ML²T⁻³]
일	N·m[FL]	kg·m²/s²[ML²T⁻²]
점성계수	N·s/m²[FL⁻²T]	kg/m·s[ML⁻¹T⁻¹]
동점성계수	**m²/s[L²T⁻¹]**	**m²/s[L²T⁻¹]**

답 ②

★★ 26

호수 수면 아래에서 지름 d인 공기방울이 수면으로 올라오면서 지름이 1.5배로 팽창하였다. 공기방울의 최초 위치는 수면에서부터 몇 m가 되는 곳인가? (단, 이 호수의 대기압은 750mmHg, 수은의 비중은 13.6, 공기방울 내부의 공기는 Boyle의 법칙에 따른다.)

11.06.문37
07.09.문27

① 12.0 ② 24.2
③ 34.4 ④ 43.3

해설 (1) 처음 기포지름

$$V_1 = \frac{4}{3}\pi r^3$$

여기서, V_1 : 공기방울의 체적[m³]
r : 공기방울의 반지름[m]

(2) **수면 기포지름**

$$V_2 = \frac{4}{3}\pi(1.5r)^3 = 3.375\left(\frac{4}{3}\pi r^3\right) = 3.375\,V_1$$

• 문제에서 지름이 1.5배 팽창하므로 당연히 반지름도 1.5배 팽창하여 1.5r이 된다.

---

(3) **보일의 법칙**

$$P_1 V_1 = P_2 V_2$$

여기서, P_1, P_2 : 압력[kPa]
V_1, V_2 : 체적[m³]

$P_1 V_1 = P_2 V_2$
$P_1 V_1 = P_2(3.375\,V_1)$
$P_1 = P_2\dfrac{3.375\,V_1}{V_1} = 3.375\,P_2$

(4) **압력**

$$P_1 = P_2 + \gamma h$$

여기서, P_1 : 압력[kPa]
P_2 : 수면의 압력[kPa]
γ : 비중량(물의 비중량 9.8kN/m³)
h : 높이[m]

$P_1 = P_2 + \gamma h$

$$P_1 = 3.375\,P_2 \quad 이므로$$

$3.375\,P_2 = P_2 + \gamma h$
$3.375\,P_2 - P_2 = \gamma h$
$2.375\,P_2 = \gamma h$
$\dfrac{2.375\,P_2}{\gamma} = h$

$$h = \frac{2.375\,P_2}{\gamma} = \frac{2.375\times99.99\text{kN/m}^2}{9.8\text{kN/m}^3} ≒ 24.2\text{m}$$

$$760\text{mmHg} = 101.325\text{kPa}[\text{kN/m}^2]$$

$$750\text{mmHg} = \frac{750\text{mmHg}}{760\text{mmHg}}\times101.325\text{kPa}$$

$$≒ 99.99\text{kPa} = 99.99\text{kN/m}^2$$

답 ②

★★★ 27

부차적 손실계수가 5인 밸브가 관에 부착되어 있으며 물의 평균유속이 4m/s인 경우, 이 밸브에서 발생하는 부차적 손실수두는 몇 m인가?

14.09.문36
(산업)
13.09.문29
04.03.문24
(산업)

① 61.3 ② 6.13
③ 40.8 ④ 4.08

해설 부차적 손실수두

$$H = K_L\frac{V^2}{2g}$$

여기서, H : 부차적 손실수두[m]
K_L : 손실계수
V : 유속[m/s]
g : 중력가속도(9.8m/s²)

부차적 손실수두 H는

$$H = K_L\frac{V^2}{2g} = 5\times\frac{(4\text{m/s})^2}{2\times9.8\text{m/s}^2} ≒ 4.08\text{m}$$

답 ④

28

★★★

매끈한 원관을 통과하는 난류의 관마찰계수에 영향을 미치지 않는 변수는?

① 길이   ② 속도

③ 직경   ④ 밀도

해설 (1) **난류의 관마찰계수**

$$f = 0.3164 Re^{-0.25}$$

여기서, f : 난류의 관마찰계수
Re : 레이놀즈수

(2) **레이놀즈수**

$$Re = \frac{DV\rho}{\mu} = \frac{DV}{\nu}$$

여기서, Re : 레이놀즈수
D : 내경(직경)[m]
V : 유속(속도)[m/s]
ρ : 밀도[kg/m³]
μ : 점성계수[kg/m·s]
ν : 동점성계수$\left(\frac{\mu}{\rho}\right)$[m²/s]

📢 **중요**

위 식에서
난류의 관마찰계수에 영향을 미치는 변수
(1) 직경
(2) 속도
(3) 밀도
(4) 점성계수
(5) 동점성계수

답 ①

29

★★★

14.03.문39
12.03.문27
07.05.문34

표면적이 2m²이고 표면온도가 60℃인 고체표면을 20℃의 공기로 대류 열전달에 의해서 냉각한다. 평균 대류열전달계수가 30W/m²·K라고 할 때 고체표면의 열손실은 몇 W인가?

① 600   ② 1200

③ 2400   ④ 3600

해설 (1) **절대온도**

$$K = 273 + ℃$$

여기서, K : 절대온도[K]
℃ : 섭씨온도[℃]
$T_2 = 273 + 60 = 333K$
$T_1 = 273 + 20 = 293K$

(2) **대류열류**

$$\mathring{q} = Ah(T_2 - T_1)$$

여기서, $\mathring{q}$: 대류열류(열손실)[W]
A : 대류면적[m²]
h : 대류열전달계수[W/m²·K]
$T_2 - T_1$: 온도차[K]
대류열류(열손실) $\mathring{q}$ 는
$\mathring{q} = Ah(T_2 - T_1)$
   $= 2m² \times 30W/m²·K \times (333 - 293)K$
   $= 2400W$

답 ③

30

★★★

12.03.문21

그림과 같은 수조에 0.3m×1.0m 크기의 사각 수문을 통하여 유출되는 유량은 몇 m³/s인가? (단, 마찰손실은 무시하고 수조의 크기는 매우 크다고 가정한다.)

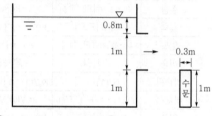

① 1.3   ② 1.5

③ 1.7   ④ 1.9

해설

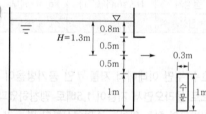

(1) **토리첼리의 식**

$$V = \sqrt{2gH}$$

여기서, V : 유속[m/s]
g : 중력가속도(9.8m/s²)
H : 높이[m]

유속 V 는
$V = \sqrt{2gH} = \sqrt{2 \times 9.8m/s² \times 1.3m} ≒ 5m/s$

(2) **유량**

$$Q = AV$$

여기서, Q : 유량[m³/s]
A : 단면적[m²]
V : 유속[m/s]

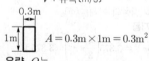

$A = 0.3m \times 1m = 0.3m²$

유량 Q 는
$Q = AV = 0.3m² \times 5m/s ≒ 1.5m³/s$

답 ②

31 펌프 입구의 진공계 및 출구의 압력계 지침이 흔

11.03.문29 들리고 송출유량도 주기적으로 변화하는 이상
현상은?

① 공동현상(cavitation)

② 수격작용(water hammering)

③ 맥동현상(surging)

④ 언밸런스(unbalance)

해설 **맥동현상(surging)**

(1) 유량이 단속적으로 변하여 펌프 입출구에 설치된 **진공계·압력계**가 흔들리고 **진동**과 **소음**이 일어나며 펌프의 토출유량이 변하는 현상 | 보기 ③ |

(2) 펌프 입구의 진공계 및 출구의 압력계 지침이 흔들리고 송출유량도 주기적으로 **변화**하는 이상현상

(3) 송출압력과 송출유량 사이에 주기적인 **변동**이 일어나는 현상

| 중요 |

맥동현상의 발생조건

(1) 배관 중에 수조가 있을 때

(2) 배관 중에 **기체상태**의 부분이 있을 때

(3) 유량조절밸브가 배관 중 수조의 **위치 후방**에 있을 때

(4) 펌프의 특성곡선이 **산모양**이고 운전점이 그 **정상부**일 때

- 서징(surging)=맥동현상

| 비교 |

공동현상과 수격작용

공동현상 (cavitation)	수격작용 (water hammering)
펌프의 흡입측 배관 내의 물의 정압이 기존의 증기압보다 낮아져서 **기포**가 발생되어 물이 흡입되지 않는 현상	① 배관 속의 물흐름을 급히 차단하였을 때 동압이 정압으로 전환되면서 일어나는 **쇼크**(shock)현상 ② 배관 내를 흐르는 유체의 유속을 급격하게 변화시키므로 **압력**이 **상승** 또는 **하강**하여 관로의 벽면을 치는 현상

| 답 ③ |

32 질량 4kg의 어떤 기체로 구성된 밀폐계가 열

17.09.문21 을 받아 100kJ의 일을 하고, 이 기체의 온도가 10℃ 상승하였다면 이 계가 받은 열은 몇 kJ인가? (단, 이 기체의 정적비열은 5kJ/kg·K, 정압비열은 6kJ/kg·K이다.)

① 200

② 240

③ 300

④ 340

해설
$$Q = (U_2 - U_1) + W$$

(1) 비열비
$$K = \frac{C_P}{C_V}$$

여기서, K : 비열비
C_P : 정압비열[kJ/kg·K]
C_V : 정적비열[kJ/kg·K]

비열비 $K = \dfrac{C_P}{C_V} = \dfrac{6\text{kJ/kg}\cdot\text{K}}{5\text{kJ/kg}\cdot\text{K}} = 1.2$

(2) 기체상수
$$R = C_P - C_V = \frac{\overline{R}}{M}$$

여기서, R : 기체상수[kJ/kg·K]
C_P : 정압비열[kJ/kg·K]
C_V : 정적비열[kJ/kg·K]
$\overline{R}$: 일반기체상수[kJ/kmol·K]
M : 분자량[kg/kmol]

기체상수 R은
$R = C_P - C_V = 6\text{kJ/kg}\cdot\text{K} - 5\text{kJ/kg}\cdot\text{K} = 1\text{kJ/kg}\cdot\text{K}$

(3) 내부에너지 변화(정적과정)
$$U_2 - U_1 = \frac{mR}{K-1}(T_2 - T_1)$$

여기서, $U_2 - U_1$: 내부에너지 변화[kJ]
$T_1,\ T_2$: 변화 전후의 온도(273+℃)[K]
m : 질량[kg]
R : 기체상수[kJ/kg·K]
K : 비열비

내부에너지 변화 $U_2 - U_1$은
$$U_2 - U_1 = \frac{mR}{K-1}(T_2 - T_1)$$
$$= \frac{4\text{kg} \times 1\text{kJ/kg}\cdot\text{K}}{1.2-1} \times 10\text{K} = 200\text{kJ}$$

- 온도가 10℃ 상승했으므로 변화 전후의 온도차는 10℃이다. 또한 온도차는 ℃로 나타내던지 K로 나타내던지 계산해 보면 값은 같다. 그러므로 여기서는 단위를 일치시키기 위해 10K로 쓰기로 한다.
  예 50℃-40℃=10℃
  (273+50℃)-(273+40℃)=10K

(4) 열
$$Q = (U_2 - U_1) + W$$

여기서, Q : 열[kJ]
$U_2 - U_1$: 내부에너지 변화[kJ]
W : 일[kJ]

열 Q는
$Q = (U_2 - U_1) + W = 200\text{kJ} + 100\text{kJ} = 300\text{kJ}$

| 답 ③ |

★★★
33 동일한 성능의 두 펌프를 직렬 또는 병렬로 연결
17.03.문21 하는 경우의 주된 목적은?

① 직렬 : 유량증가, 병렬 : 양정증가
② 직렬 : 유량증가, 병렬 : 유량증가
③ 직렬 : 양정증가, 병렬 : 유량증가
④ 직렬 : 양정증가, 병렬 : 양정증가

해설 **펌프의 운전**

직렬운전	병렬운전
(1) 유량(토출량) : Q	(1) 유량(토출량) : $2Q$(유량증가)
(2) 양정 : $2H$(양정증가)	(2) 양정 : H

양정 H — 2대 운전 / 1대 운전 — 토출량 Q
┃직렬운전┃

양정 H — 2대 운전 / 1대 운전 — 토출량 Q
┃병렬운전┃

답 ③

★
34 온도 20℃의 물을 계기압력이 400kPa인 보일러에 공급하여 포화수증기 1kg을 만들고자 한다. 주어진 표를 이용하여 필요한 열량을 구하면? (단, 대기압은 100kPa, 액체상태 물의 평균비열은 4.18kJ/kg · K이다.)

포화압력〔kPa〕	포화온도〔℃〕	수증기의 증발엔탈피 〔kJ/kg〕
400	143.63	2133.81
500	151.86	2108.47
600	158.85	2086.26

① 2640
② 2651
③ 2660
④ 2667

해설 **(1) 절대압**(포화압력)
절대압(포화압력)=대기압+게이지압(계기압)
$\quad$ =100kPa+400kPa
$\quad$ =500kPa

포화압력〔kPa〕	포화온도〔℃〕	수증기의 증발엔탈피 〔kJ/kg〕
400	143.63	2133.81
500 →	151.86	2108.47
600	158.85	2086.26

(2) 열량

$$Q = rm + mC\Delta T + rm$$

여기서, Q : 열량〔kJ〕
$\quad r$: 융해열, 기화열 또는 증발엔탈피〔kJ/kg〕
$\quad m$: 질량〔kg〕
$\quad C$: 비열〔kJ/kg · K〕
$\quad \Delta T$: 온도차(273+℃)〔K〕

㉠ **기호**
- m : 1kg
- C : 4.18kJ/kg · K
- r : 2108.47kJ/kg

㉡ 20℃ 물 → 100℃ 물
열량 Q_1는
$Q_1 = mC\Delta T$
$\quad$ =1kg×4.18kJ/kg · K×(151.86−20)K
$\quad$ ≒**551kJ**

- 온도차(ΔT)는 ℃ 또는 K 어느 단위로 계산하던지 같은 값이 나온다. 그러므로 어느 단위를 사용해도 관계없다.
  예 $K = (273 + 151.86) - (273 + 20)$
  $\quad = 131.86K$
  ℃ = 151.86 − 20 = 131.86℃

㉢ 100℃ 물 → 100℃ 포화 수증기
열량 Q_2
$Q_2 = rm$ =2108.47kJ/kg×1kg=**2108.47kJ**

㉣ 전체 열량 Q는
$Q = Q_1 + Q_2$ =(551+2108.47)kJ ≒ **2660kJ**

답 ③

★★★
35 지름의 비가 1 : 2인 2개의 모세관을 물속에 수
10.05.문28 직으로 세울 때 모세관현상으로 물이 관속으로 올라가는 높이의 비는?

① 1 : 4
② 1 : 2
③ 2 : 1
④ 4 : 1

해설 **모세관현상**

$$h = \frac{4\sigma\cos\theta}{\gamma D}$$

여기서, h : 상승높이〔m〕
$\quad \sigma$: 표면장력〔N/m〕
$\quad \theta$: 각도
$\quad \gamma$: 비중량〔N/m³〕
$\quad D$: 관의 내경〔m〕

물의 높이 h는
$h = \dfrac{4\sigma\cos\theta}{\gamma D} \propto \dfrac{1}{D}$
물의 높이비는 모세관의 지름의 비에 **반비례**하므로
$h_1 : h_2 = \dfrac{1}{D_1} : \dfrac{1}{D_2} = \dfrac{1}{1} : \dfrac{1}{2} = 2 : 1$

답 ③

36 지름이 400mm인 베어링이 400rpm으로 회전하고 있을 때 마찰에 의한 손실동력은 약 몇 kW인가? (단, 베어링과 축 사이에는 점성계수가 0.049N·s/m²인 기름이 차 있다.)

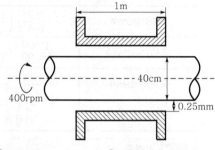

① 15.1   ② 15.6
③ 16.3   ④ 17.3

해설 **(1) 속도**

$$V = \frac{\pi DN}{60}$$

여기서, V : 속도[m/s]
　　　　D : 직경[m]
　　　　N : 회전수[rpm]

속도 V는

$$V = \frac{\pi DN}{60} = \frac{\pi \times 0.4\text{m} \times 400\text{rpm}}{60} \fallingdotseq 8.38\text{m/s}$$

・ D : 100cm=1m이므로 40cm=0.4m

(2) 힘

$$F = \mu \frac{V}{C} A = \mu \frac{V}{C} \pi DL$$

여기서, F : 힘[N]
　　　　μ : 점성계수[N·s/m²]
　　　　V : 속도[m/s]
　　　　C : 틈새간격[m]
　　　　A : 면적[m²](=πDL)
　　　　D : 직경[m]
　　　　L : 길이[m]

힘 F는

$$F = \mu \frac{V}{C} \pi DL$$
$$= 0.049\text{N·s/m}^2 \times \frac{8.38\text{m/s}}{0.00025\text{m}} \times \pi \times 0.4\text{m} \times 1\text{m}$$
$$\fallingdotseq 2064\text{N}$$

・ C : 1000mm=1m이므로 0.25mm=0.00025m

(3) 손실동력

$$P = FV$$

여기서, P : 손실동력[kW]
　　　　F : 힘[N]
　　　　V : 속도[m/s]

손실동력 P는
$$P = FV = 2064\text{N} \times 8.38\text{m/s} \fallingdotseq 17300\text{N·m/s}$$
$$= 17300\text{J/s}$$
$$= 17300\text{W}$$
$$= 17.3\text{kW}$$

・1J=1N·m이므로 17300N·m/s=17300J/s
・1J/s=1W이므로 17300J/s=17300W
・1000W=1kW이므로 17300W=17.3kW

답 ④

37 액체가 일정한 유량으로 파이프를 흐를 때 유체 속도에 대한 설명으로 틀린 것은?
05.09.문30
① 관지름에 반비례한다.
② 관단면적에 반비례한다.
③ 관지름의 제곱에 반비례한다.
④ 관반지름의 제곱에 반비례한다.

해설 **유량**

$$Q = AV = \frac{\pi}{4} D^2 V$$

여기서, Q : 유량[m³/s]
　　　　A : 단면적[m²]
　　　　V : 유속[m/s]
　　　　D : 직경[m]

유속 V는
$$V = \frac{4Q}{\pi D^2} \propto \frac{1}{D^2}$$

① 유체속도는 관**지름**의 **제곱**에 **반비례**한다.

답 ①

38 구조가 상사한 2대의 펌프에서 유동상태가 상사할 경우 2대의 펌프 사이에 성립하는 상사법칙이 아닌 것은? (단, 비압축성 유체인 경우이다.)
09.03.문38
(산업)
① 유량에 관한 상사법칙
② 전양정에 관한 상사법칙
③ 축동력에 관한 상사법칙
④ 밀도에 관한 상사법칙

해설 **펌프의 상사법칙**
(1) 유량

$$Q_2 = Q_1 \frac{N_2}{N_1} \left(\frac{D_2}{D_1}\right)^3 \text{ 또는 } Q_2 = Q_1 \frac{N_2}{N_1}$$

(2) 전양정

$$H_2 = H_1 \left(\frac{N_2}{N_1}\right)^2 \left(\frac{D_2}{D_1}\right)^2 \text{ 또는 } H_2 = H_1 \left(\frac{N_2}{N_1}\right)^2$$

(3) 축동력

$$P_2 = P_1 \left(\frac{N_2}{N_1}\right)^3 \left(\frac{D_2}{D_1}\right)^5 \quad \text{또는} \quad P_2 = P_1 \left(\frac{N_2}{N_1}\right)^3$$

여기서, Q_1, Q_2 : 변화 전후의 유량[m³/s]

H_1, H_2 : 변화 전후의 전양정[m]

P_1, P_2 : 변화 전후의 축동력[kW]

N_1, N_2 : 변화 전후의 회전수[rpm]

D_1, D_2 : 변화 전후의 직경[m]

답 ④

★★★
39 다음 보기는 열역학적 사이클에서 일어나는 여러 가지의 과정이다. 이들 중 카르노(Carnot)사이클에서 일어나는 과정을 모두 고른 것은?

[19.03.문27]
[13.03.문31]

| ㉠ 등온압축 | ㉡ 단열팽창 |
| ㉢ 정적압축 | ㉣ 정압팽창 |

① ㉠　　　　② ㉠, ㉡

③ ㉡, ㉢, ㉣　　　④ ㉠, ㉡, ㉢, ㉣

해설 카르노사이클의 순서

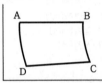

등온팽창 → 단열팽창 → 등온압축 → 단열압축
(A → B)　(B → C)　(C → D)　(D → A)
　　　　　[보기 ㉡]　[보기 ㉠]

📢 중요

카르노사이클의 특징
(1) **가역사이클**이다.
(2) 공급열량과 방출열량의 비는 고온부의 절대온도와 저온부의 절대온도의 비와 같다.
(3) 이론 열효율은 **고열원** 및 **저열원**의 온도만으로 표시된다.
(4) 두 개의 **등온변화**와 두 개의 **단열변화**로 둘러싸인 사이클이다.

답 ②

★★★
40 프루드(Froude)수의 물리적인 의미는?

[14.09.문21]
[14.05.문35]
[12.03.문28]

① $\dfrac{관성력}{탄성력}$

② $\dfrac{관성력}{중력}$

③ $\dfrac{압축력}{관성력}$

④ $\dfrac{관성력}{점성력}$

해설 **무차원수의 물리적 의미**

명 칭	물리적인 의미
레이놀즈(Reynolds)수	$\dfrac{관성력}{점성력}$
프루드(Froude)수	$\dfrac{관성력}{중력}$
마하(Mach)수	$\dfrac{관성력}{압축력}\left(\dfrac{V}{C}\right)$
코시(Cauchy)수	$\dfrac{관성력}{탄성력}\left(\dfrac{\rho V^2}{k}\right)$
웨버(Weber)수	$\dfrac{관성력}{표면장력}$
오일러(Euler)수	$\dfrac{압축력}{관성력}$

기억법 프관중

답 ②

제3과목 　소방관계법규

★★
41 연소 우려가 있는 건축물의 구조에 대한 기준 중 다음 (㉠), (㉡)에 들어갈 수치로 알맞은 것은?

[17.09.문46]
[09.08.문59]

> 건축물대장의 건축물현황도에 표시된 대지경계선 안에 2 이상의 건축물이 있는 경우로서 각각의 건축물이 다른 건축물의 외벽으로부터 수평거리가 1층에 있어서는 (㉠)m 이하, 2층 이상의 층에 있어서는 (㉡)m 이하이고 개구부가 다른 건축물을 향하여 설치된 구조를 말한다.

① ㉠ 5, ㉡ 10　　② ㉠ 6, ㉡ 10

③ ㉠ 10, ㉡ 5　　④ ㉠ 10, ㉡ 6

해설 **소방시설법 시행규칙 17조**
연소우려가 있는 건축물의 구조
(1) **1층** : 타건축물 외벽으로부터 **6m** 이하 [보기 ㉠]
(2) **2층** : 타건축물 외벽으로부터 **10m** 이하 [보기 ㉡]
(3) 대지경계선 안에 2 이상의 건축물이 있는 경우
(4) 개구부가 다른 건축물을 향하여 설치된 구조

답 ②

★★★
42 위험물제조소에서 저장 또는 취급하는 위험물에 따른 주의사항을 표시한 게시판 중 화기엄금을 표시하는 게시판의 바탕색은?

[10.09.문47]

① 청색　　　　② 적색

③ 흑색　　　　④ 백색

해설 위험물규칙〔별표 4〕
위험물제조소의 게시판 설치기준

위험물	주의사항	비 고
• 제1류 위험물(알칼리금속의 과산화물) • 제3류 위험물(금수성 물질)	물기엄금	**청색**바탕에 **백색**문자
• 제2류 위험물(인화성 고체 제외)	화기주의	**적색**바탕에 **백색**문자 보기 ②
• 제2류 위험물(인화성 고체) • 제3류 위험물(자연발화성 물질) • 제4류 위험물 • 제5류 위험물	화기엄금	
• 제6류 위험물		별도의 표시를 하지 않는다.

② 화기엄금 : 적색바탕에 백색문자

답 ②

43 다음 중 자동화재탐지설비를 설치해야 하는 특정 소방대상물은?

14.03.문79
12.03.문74

① 길이가 1.3km인 지하가 중 터널
② 연면적 600m²인 볼링장
③ 연면적 500m²인 산후조리원
④ 지정수량 100배의 특수가연물을 저장하는 창고

해설 소방시설법 시행령〔별표 4〕
자동화재탐지설비의 설치대상

설치대상	조 건
① 정신의료기관·의료재활시설	• 창살설치 : 바닥면적 **300m²** 미만 • 기타 : 바닥면적 **300m²** 이상
② 노유자시설	• 연면적 **400m²** 이상
③ **근**린생활시설·**위**락시설 ④ **의**료시설(정신의료기관, 요양병원 제외) ⑤ **복**합건축물·장례시설	• 연면적 **600m²** 이상
⑥ 목욕장·문화 및 집회시설, 운동시설 보기 ② ⑦ 종교시설 ⑧ 방송통신시설·관광휴게시설 ⑨ 업무시설·판매시설 ⑩ 항공기 및 자동차 관련시설·공장·창고시설 ⑪ 지하가(터널 제외)·운수시설·발전시설·위험물 저장 및 처리시설 ⑫ 교정 및 군사시설 중 국방·군사시설	• 연면적 1000m² 이상
⑬ **교**육연구시설·**동**식물관련시설 ⑭ **자**원순환관련시설·**교**정 및 군사시설(국방·군사시설 제외) ⑮ **수**련시설(숙박시설이 있는 것 제외) ⑯ 묘지관련시설	• 연면적 **2000m²** 이상
⑰ 지하가 중 터널 보기 ①	• 길이 1000m 이상
⑱ 지하구 ⑲ 노유자생활시설 ⑳ 아파트 등 기숙사 ㉑ 숙박시설 ㉒ **6층** 이상인 건축물 ㉓ 조산원 및 산후조리원 보기 ③ ㉔ 전통시장 ㉕ 요양병원(정신병원, 의료재활시설 제외)	• 전부
㉖ 특수가연물 저장·취급 보기 ④	• 지정수량 **500배** 이상
㉗ 수련시설(숙박시설이 있는 것)	• 수용인원 **100명** 이상
㉘ 발전시설	• 전기저장시설

기억법 근위의복 6, 교동자교수 2

② 600m² → 1000m² 이상
③ 500m² → 전부
④ 100배 → 500배 이상

답 ①

44 소방용수시설 중 저수조 설치시 지면으로부터 낙차기준은?

16.03.문41
13.03.문49

① 2.5m 이하   ② 3.5m 이하
③ 4.5m 이하   ④ 5.5m 이하

해설 기본규칙〔별표 3〕
소방용수시설의 저수조에 대한 설치기준
(1) 낙차 : **4.5m** 이하 보기 ③
(2) **수**심 : **0.5m** 이상
(3) 투입구의 길이 또는 지름 : **60cm** 이상
(4) 소방펌프자동차가 **쉽게 접근**할 수 있도록 할 것
(5) 흡수에 지장이 없도록 **토사** 및 **쓰레기** 등을 제거할 수 있는 설비를 갖출 것
(6) 저수조에 물을 공급하는 방법은 **상수도**에 연결하여 **자동**으로 **급수**되는 구조일 것

③ 낙차 : 4.5m 이하

기억법 수5(**수호**천사)

답 ③

45 소방시설업 등록사항의 변경신고사항이 아닌 것은?

13.03.문56

① 상호   ② 대표자
③ 보유설비   ④ 기술인력

해설 공사업규칙 6조
등록사항 변경신고사항
(1) 명칭·**상호** 또는 영업소 소재지를 변경하는 경우 : 소방시설업 **등록증** 및 **등록수첩** 보기 ①
(2) **대표자**를 변경하는 경우 보기 ②
　㉠ 소방시설업 **등록증** 및 **등록수첩**
　㉡ 변경된 대표자의 성명, 주민등록번호 및 주소지 등의 인적사항이 적힌 서류
(3) **기술인력**이 변경된 경우 보기 ④
　㉠ 소방시설업 등록수첩
　㉡ 기술인력 증빙서류

답 ③

★★★ 46

다음 중 그 성질이 자연발화성 물질 및 금수성 물질인 제3류 위험물에 속하지 않는 것은?

19.04.문44
17.09.문02
16.05.문52
15.09.문03
15.09.문18
15.05.문10
15.05.문42
15.03.문51
14.09.문18
14.03.문18
11.06.문54

① 황린
② 황화인
③ 칼륨
④ 나트륨

해설 위험물령 〔별표 1〕
위험물

유별	성질	품명
제1류	산화성 고체	• 아염소산염류 • **염소산염류(염소산나트륨)** • 과염소산염류 • 질산염류 • 무기과산화물 **기억법** 1산고염나
제2류	가연성 고체	• **황화인** 보기 ② • 적린 • **황** • **마**그네슘 **기억법** 황화적황마
제3류	자연발화성 물질 및 금수성 물질	• **황**린 보기 ① • **칼**륨 보기 ③ • **나**트륨 보기 ④ • **알**칼리토금속 • **트**리에틸알루미늄 **기억법** 황칼나알트
제4류	인화성 액체	• 특수인화물 • 석유류(벤젠) • 알코올류 • 동식물유류
제5류	자기반응성 물질	• 유기과산화물 • 나이트로화합물 • 나이트로소화합물 • 아조화합물 • 질산에스터류(셀룰로이드)
제6류	산화성 액체	• **과염소산** • 과산화수소 • 질산

답 ②

★ 47

옥내주유취급소에 있어서 해당 사무소 등의 출입구 및 피난구와 해당 피난구로 통하는 통로·계단 및 출입구에 설치해야 하는 피난구조설비는?

12.03.문50

① 유도등
② 구조대
③ 피난사다리
④ 완강기

해설 위험물규칙 〔별표 17〕
피난구조설비
(1) 옥내주유취급소에 있어서는 해당 사무소 등의 출입구 및 피난구와 해당 피난구로 통하는 통로·계단 및 출입구에 **유도등** 설치 보기 ①
(2) 유도등에는 **비상전원** 설치

답 ①

★ 48

완공된 소방시설 등의 성능시험을 수행하는 자는?

① 소방시설공사업자 ② 소방공사감리업자
③ 소방시설설계업자 ④ 소방기구제조업자

해설 공사업법 16조
소방공사**감리업(자)**의 업무수행
(1) 소방시설 등의 설치계획표의 적법성 검토
(2) 소방시설 등 설계도서의 적합성 검토
(3) 소방시설 등 설계변경사항의 적합성 검토
(4) 소방용품 등의 위치·규격 및 사용자재에 대한 적합성 검토
(5) 공사업자가 한 소방시설 등의 시공이 설계도서와 화재안전기준에 맞는지에 대한 지도·감독
(6) **완공**된 **소방시설** 등의 **성능시험** 보기 ②
(7) 공사업자가 작성한 시공상세도면의 적합성 검토
(8) 피난·방화시설의 적법성 검토
(9) 실내장식물의 불연화 및 방염물품의 적법성 검토

기억법 감성

답 ②

★★★ 49

소방시설 설치 및 관리에 관한 법령상 건축허가 등의 동의를 요구한 기관이 그 건축허가 등을 취소하였을 때, 취소한 날부터 최대 며칠 이내에 건축물 등의 시공지 또는 소재지를 관할하는 소방본부장 또는 소방서장에게 그 사실을 통보하여야 하는가?

19.04.문48
19.04.문56
18.04.문56
14.03.문58
11.06.문49

① 3일
② 4일
③ 7일
④ 10일

해설 **7일**
(1) 옮긴 물건 등의 보관기간(화재예방법 시행령 17조)
(2) **건축허가** 등의 취소통보(소방시설법 시행규칙 3조) 보기 ③
(3) **소방공사 감리원의 배치통보일**(공사업규칙 17조)
(4) 소방공사 감리결과 통보·보고일(공사업규칙 19조)

기억법 감배7(감 배치)

답 ③

★★★ 50

소방시설공사업자가 소방시설공사를 하고자 하는 경우 소방시설공사 착공신고서를 누구에게 제출해야 하는가?

05.09.문49

① 시·도지사
② 소방청장
③ 한국소방시설협회장
④ 소방본부장 또는 소방서장

해설 공사업법 13·14·15조
착공신고·완공검사 등
(1) 소방시설공사의 착공신고 ┐
(2) 소방시설공사의 완공검사 ┤ **소방본부장·소방서장** 보기 ④
(3) 하자보수기간 : **3일** 이내

답 ④

51 소방의 역사와 안전문화를 발전시키고 국민의 안전의식을 높이기 위하여 ⊙ 소방박물관과 ⓛ 소방체험관을 설립 및 운영할 수 있는 사람은?

① ⊙ : 소방청장, ⓛ : 소방청장
② ⊙ : 소방청장, ⓛ : 시·도지사
③ ⊙ : 시·도지사, ⓛ : 시·도지사
④ ⊙ : 소방본부장, ⓛ : 시·도지사

해설 기본법 5조 ①항
설립과 운영

소방박물관 보기 ⊙	소방체험관 보기 ⓛ
소방청장	시·도지사

답 ②

52 다음 중 위험물별 성질로서 틀린 것은?

17.09.문02
16.05.문46
15.09.문03
15.05.문10
15.03.문51
14.09.문18
11.06.문54

① 제1류 : 산화성 고체
② 제2류 : 가연성 고체
③ 제4류 : 인화성 액체
④ 제6류 : 인화성 고체

해설 위험물령〔별표 1〕
위험물

유별	성질	품명
제1류	산화성 고체 보기 ①	• 아염소산염류 • 염소산염류(염소산나트륨) • 과염소산염류 • 질산염류 • 무기과산화물 기억법 1산고염나
제2류	가연성 고체 보기 ②	• 황화인 • 적린 • 황 • 마그네슘 기억법 황화적황마
제3류	자연발화성 물질 및 금수성 물질	• 황린 • 칼륨 • 나트륨 • 알칼리토금속 • 트리에틸알루미늄 기억법 황칼나알트
제4류	인화성 액체 보기 ③	• 특수인화물 • 석유류(벤젠) • 알코올류 • 동식물유류
제5류	자기반응성 물질	• 유기과산화물 • 나이트로화합물 • 나이트로소화합물 • 아조화합물 • 질산에스터류(셀룰로이드)
제6류	산화성 액체 보기 ④	• 과염소산 • 과산화수소 • 질산

④ 인화성 고체 → 산화성 액체

답 ④

53 화재가 발생할 우려가 높거나 화재가 발생하는 경우 그로 인하여 피해가 클 것으로 예상되는 일정한 구역을 화재예방강화지구로 지정할 수 있는 권한을 가진 사람은?

19.09.문50
17.09.문49
13.09.문56

① 시·도지사 ② 소방청장
③ 소방서장 ④ 소방본부장

해설 화재예방법 18조
화재예방강화지구의 지정
(1) 지정권자 : 시·도지사 보기 ①
(2) 지정지역
⊙ 시장지역
ⓛ 공장·창고 등이 밀집한 지역
ⓒ 목조건물이 밀집한 지역
ⓔ 노후·불량 건축물이 밀집한 지역
ⓜ 위험물의 저장 및 처리시설이 밀집한 지역
ⓗ 석유화학제품을 생산하는 공장이 있는 지역
ⓢ 소방시설·소방용수시설 또는 소방출동로가 없는 지역
ⓞ 「산업입지 및 개발에 관한 법률」에 따른 산업단지
ⓩ 「물류시설의 개발 및 운영에 관한 법률」에 따른 물류단지
ⓩ 소방청장·소방본부장·소방서장(소방관서장)이 화재예방강화지구로 지정할 필요가 있다고 인정하는 지역

※ 화재예방강화지구 : 화재발생 우려가 크거나 화재가 발생할 경우 피해가 클 것으로 예상되는 지역에 대하여 화재의 예방 및 안전관리를 강화하기 위해 지정·관리하는 지역

기억법 화강시

답 ①

54 소방활동에 종사하여 시·도지사로부터 소방활동의 비용을 지급받을 수 있는 자는?

① 소방대상물에 화재, 재난·재해, 그 밖의 위급한 상황이 발생한 경우 그 관계인
② 소방대상물에 화재, 재난·재해, 그 밖의 위급한 상황이 발생한 경우 구급활동을 한 자
③ 화재 또는 구조·구급현장에서 물건을 가져간 자
④ 고의 또는 과실로 인하여 화재 또는 구조·구급활동이 필요한 상황을 발생시킨 자

해설 기본법 24조 ③항
소방활동의 비용을 지급받을 수 없는 경우
(1) 소방대상물에 화재, 재난·재해, 그 밖의 위급한 상황이 발생한 경우 그 관계인 보기 ①

(2) 고의 또는 과실로 인하여 **화재** 또는 **구조 · 구급활동**이 필요한 **상황을 발생시킨 자** 보기 ④

(3) 화재 또는 구조 · 구급 현장에서 **물건을 가져간 자** 보기 ③

답 ②

★★ 55

17.09.문57
12.05.문45

소방시설 설치 및 관리에 관한 법률상 소방시설 등에 대한 자체점검 중 종합점검 대상기준으로 옳지 않은 것은?

① 제연설비가 설치된 터널

② 노래연습장으로서 연면적이 2000m² 이상인 것

③ 물분무등소화설비가 설치된 아파트로서 연면적 3000m²이고, 11층 이상인 것

④ 소방대가 근무하지 않는 국공립학교 중 연면적이 1000m² 이상인 것으로서 자동화재탐지설비가 설치된 것

해설 **소방시설법 시행규칙 [별표 3]**
소방시설 등 자체점검의 구분과 대상, 점검자의 자격

점검 구분	정 의	점검대상	점검자의 자격 (주된 인력)
작동 점검	소방시설 등을 인위적으로 조작하여 정상적으로 작동하는지를 점검하는 것	① 간이스프링클러설비 ② 자동화재탐지설비	① 관계인 ② 소방안전관리자로 선임된 **소방시설관리사 또는 소방기술사** ③ 소방시설관리업에 등록된 소방시설관리사 또는 특급 점검자
		③ 간이스프링클러설비 또는 자동화재탐지설비가 미설치된 특정소방대상물	① 소방시설관리업에 등록된 기술인력 중 소방시설관리사 ② 소방안전관리자로 선임된 소방시설관리사 또는 소방기술사
		④ **작동점검**대상 제외 ㉠ 특정소방대상물 중 소방안전관리자를 선임하지 않는 대상 ㉡ **위험물제조소 등** ㉢ **특급**소방안전관리대상물	
종합 점검	소방시설 등의 작동점검을 포함하여 소방시설 등의 설비별 주요구성부품의 구조기준이 관련법령에서 정하는 기준에 적합한지 여부를 점검하는 것	① 소방시설 등이 신설된 경우에 해당하는 특정소방대상물 ② **스프링클러설비**가 설치된 특정소방대상물	① 소방시설관리업에 등록된 기술인력 중 소방시설관리사 ② 소방안전관리자로 선임된 소방시설관리사 또는 소방기술사
		(1)최초점검 : 특정소방대상물의 소방시설이 새로 설치되는 경우 건축물을 사용할 수 있게 된 날부터 **60일** 이내 점검하는 것 (2)그 밖의 종합점검 : 최초점검을 제외한 종합점검	③ **물분무등소화설비**(호스릴방식의 물분무등소화설비만을 설치한 경우는 제외)가 설치된 연면적 **5000m²** 이상인 특정소방대상물(위험물제조소 등 제외) 보기 ③ ④ 다중이용업의 영업장이 설치된 특정소방대상물로서 연면적이 2000m² 이상인 것 보기 ② ⑤ 제연설비가 설치된 터널 보기 ① ⑥ 공공기관 중 연면적(터널 · 지하구의 경우 그 길이와 평균폭을 곱하여 계산된 값을 말한다)이 **1000m²** 이상인 것으로서 옥내소화전설비 또는 자동화재탐지설비가 설치된 것(단, 소방대가 근무하는 공공기관 제외) 보기 ④

③ 3000m² → 5000m² 이상, 층수는 무관

답 ③

★ 56

12.03.문57

보일러 등의 위치 · 구조 및 관리와 화재예방을 위하여 불의 사용에 있어서 지켜야 하는 사항 중 보일러에 경유 · 등유 등 액체연료를 사용하는 경우에 연료탱크는 보일러 본체로부터 수평거리 최소 몇 m 이상의 간격을 두어 설치해야 하는가?

① 0.5　　　　　② 0.6

③ 1　　　　　　④ 2

해설 **화재예방법 시행령 [별표 1]**
경유 · 등유 등 액체연료를 사용하는 경우

(1) 연료탱크는 보일러 본체로부터 수평거리 1m 이상의 간격을 두어 설치할 것 보기 ③

(2) 연료탱크에는 화재 등 긴급상황이 발생할 때 연료를 차단할 수 있는 개폐밸브를 연료탱크로부터 0.5m 이내에 설치할 것

비교

화재예방법 시행령 [별표 1]
벽 · 천장 사이의 거리

종 류	벽 · 천장 사이의 거리
건조설비	0.5m 이상
보일러	0.6m 이상
보일러(경유 · 등유)	수평거리 1m 이상

답 ③

★★★
57 위력을 사용하여 출동한 소방대의 화재진압·인명구조 또는 구급활동을 방해하는 행위를 한 자에 대한 벌칙기준은?

15.09.문43
11.10.문51

① 200만원 이하의 벌금
② 300만원 이하의 벌금
③ 3년 이하의 징역 또는 1500만원 이하의 벌금
④ 5년 이하의 징역 또는 5000만원 이하의 벌금

해설 **기본법 50조**
5년 이하의 징역 또는 5000만원 이하의 벌금
(1) 소방자동차의 **출동 방해**
(2) **사람구출** 방해
(3) **소방용수시설** 또는 **비상소화장치**의 효용 방해
(4) **위력**을 사용하여 출동한 소방대의 화재진압·인명구조 또는 구급활동을 방해 보기 ④

답 ④

★★★
58 형식승인을 받아야 할 소방용품이 아닌 것은?

15.09.문41
10.05.문56

① 감지기   ② 휴대용 비상조명등
③ 소화기   ④ 방염액

해설 **소방시설법 시행령 6조**
소방용품 제외 대상
(1) 주거용 주방자동소화장치용 소화약제
(2) 가스자동소화장치용 소화약제
(3) 분말자동소화장치용 소화약제
(4) 고체에어로졸자동소화장치용 소화약제
(5) 소화약제 외의 것을 이용한 간이소화용구
(6) 휴대용 비상조명등 보기 ②
(7) 유도표지
(8) 벨용 푸시버튼스위치
(9) 피난밧줄
(10) 옥내소화전함
(11) 방수구
(12) 안전매트
(13) 방수복

답 ②

★★★
59 특정소방대상물의 근린생활시설에 해당되는 것은?

14.03.문45

① 전시장   ② 기숙사
③ 유치원   ④ 의원

해설 **소방시설법 시행령 〔별표 2〕**

구 분	설 명
전시장	문화 및 집회시설
기숙사	공동주택
유치원	노유자시설
의원 보기 ④	근린생활시설

👉 **중요**

근린생활시설

면 적	적용장소
150m² 미만	• 단란주점

300m² 미만	• **종**교집회장	• 공연장
	• 비디오물 감상실업	• 비디오물 소극장업
500m² 미만	• 탁구장	• 서점
	• 테니스장	• 볼링장
	• 체육도장	• 금융업소
	• 사무소	• 부동산 중개사무소
	• 학원	• 골프연습장
	• 당구장	
1000m² 미만	• 자동차영업소	• 슈퍼마켓
	• 일용품	• 의료기기 판매소
	• 의약품 판매소	
전부	• 이용원·미용원·목욕장 및 세탁소	
	• 휴게음식점·일반음식점, 제과점	
	• **안**마원(안마시술소 포함)	
	• 조산원(산후조리원 포함)	
	• 의원, 치과의원, 한의원, 침술원, 접골원	
	• 기원	
	• 노래연습장업	

기억법 종3(중세시대), 안의근

답 ④

★★★
60 신축·증축·개축·재축·대수선 또는 용도변경으로 해당 특정소방대상물의 소방안전관리자를 신규로 선임하는 경우 해당 특정소방대상물의 관계인은 특정소방대상물의 완공일로부터 며칠 이내에 소방안전관리자를 선임하여야 하는가?

09.08.문49

① 7일   ② 14일
③ 30일   ④ 60일

해설 **30일**
(1) 소방시설업 등록사항 변경신고(공사업규칙 6조)
(2) 위험물안전관리자의 **신규선임**·**재선임**(위험물안전관리법 15조)
(3) 소방안전관리자의 **신규선임**·**재선임**(화재예방법 시행규칙 14조) 보기 ③

기억법 3재

답 ③

제4과목 **소방기계시설의 구조 및 원리** ⋮

★★★
61 스프링클러설비의 펌프실을 점검하였다. 펌프의 토출측 배관에 설치되는 부속장치 중에서 펌프와 체크밸브(또는 개폐밸브) 사이에 설치할 필요가 없는 배관은?

09.03.문65

① 기동용 압력챔버배관 ② 성능시험배관
③ 물올림장치배관   ④ 릴리프밸브배관

해설 **펌프**와 **체크밸브** 사이에 설치하는 것
(1) 성능시험배관 보기 ②
(2) 물올림장치배관 보기 ③
(3) 릴리프밸브배관 보기 ④
(4) 순환배관

① 기동용 압력챔버배관 : 펌프 토출측 개폐밸브 2차
측에 설치

답 ①

★★★
62 스프링클러설비의 배관에 대한 내용 중 잘못된
13.06.문79 것은?

① 수직배수배관의 구경은 65mm 이상으로 하
여야 한다.

② 급수배관 중 가지배관의 배열은 토너먼트방
식이 아니어야 한다.

③ 교차배관의 청소구는 교차배관 끝에 개폐밸
브를 설치한다.

④ 습식 스프링클러설비 외의 설비에는 헤드를
향하여 상향으로 가지배관의 기울기를 250
분의 1 이상으로 한다.

해설 스프링클러설비의 **배관**(NFPC 103 8조, NFTC 103 2.5.10.1,
2.5.14)
(1) 배관의 구경

교차배관	수직배수배관
40mm 이상	**5**0mm 이상 보기 ①

기억법 교4(교사), 수5(수호천사)

(2) 가지배관의 배열은 **토너먼트방식**이 아닐 것
(3) 기울기

기울기	설 비
$\frac{1}{100}$ 이상	연결살수설비의 수평주행배관
$\frac{2}{100}$ 이상	물분무소화설비의 배수설비
$\frac{1}{250}$ 이상	습식·부압식 설비 외 설비의 가지배관
$\frac{1}{500}$ 이상	습식·부압식 설비 외 설비의 수평주행배관

답 ①

★★★
63 개방형 헤드를 사용하는 연결살수설비에서 하나
12.05.문77 의 송수구역에 설치하는 살수헤드의 최대개수는?

① 10 ② 15
③ 20 ④ 30

해설 연결살수설비에서 하나의 송수구역에 설치하는 개방형
헤드수는 **10개** 이하로 하여야 한다. 보기 ①

● 중요

헤드의 **수평거리**(NFPC 503 6조 NFTC 503 2.3.2.2)

스프링클러헤드	살수헤드 (연결살수설비 전용헤드)
2.3m 이하	3.7m 이하

답 ①

★★★
64 차고 또는 주차장에 설치하는 분말소화설비의
17.09.문67 소화약제는?
16.05.문17
15.09.문01 ① 탄산수소나트륨을 주성분으로 한 분말
14.09.문10 ② 탄산수소칼륨을 주성분으로 한 분말
14.03.문03 ③ 인산염을 주성분으로 한 분말
④ 탄산수소칼륨과 요소가 화합된 분말

해설 (1) **분말소화약제**

종 별	주성분	착색	적응 화재	비 고
제**1**종	중탄산나트륨 (NaHCO₃)	백색	BC급	**식용유** 및 **지방질유**의 화재에 적합
제2종	중탄산칼륨 (KHCO₃)	담자색 (담회색)	BC급	–
제**3**종	제1인산암모늄 (NH₄H₂PO₄) 보기 ③	담홍색	ABC급	**차고·주차장**에 적합
제4종	중탄산칼륨 +요소 (KHCO₃+ (NH₂)₂CO)	회(백)색	BC급	–

기억법 1식분(**일식 분식**)
3분 차주(**삼보**컴퓨터 **차주**)

● 제1인산암모늄=인산염

(2) **이산화탄소 소화약제**

주성분	적응화재
이산화탄소(CO₂)	BC급

답 ③

★★★
65 바닥면적이 1300m²인 관람장에 소화기구를 설
19.04.문78 치할 경우, 소화기구의 최소능력단위는? (단, 주
15.09.문78 요구조부가 내화구조이고, 벽 및 반자의 실내에
14.03.문71
05.03.문72 면하는 부분이 불연재료이다.)

① 7단위 ② 9단위
③ 10단위 ④ 13단위

해설 특정소방대상물별 소화기구의 능력단위기준(NFTC 101 2.1.1.2)

특정소방대상물	소화기구의 능력단위	건축물의 주요구조부가 내화구조이고, 벽 및 반자의 실내에 면하는 부분이 불연재료·준불연재료 또는 난연재료로 된 특정소방대상물의 능력단위
● **위**락시설 기억법 위3(위상)	바닥면적 30m²마다 1단위 이상	바닥면적 60m²마다 1단위 이상

• **공**연장 • **집**회장 • 관람장 및 **문**화재 • **의**료시설 · **장**례시설 **기억법** 5공연장 **문** 의 집관람 (손오공 연장 문의 집관람)	바닥면적 50m²마다 1단위 이상	바닥면적 100m²마다 1단위 이상
• **근**린생활시설 • **판**매시설 • **운**수시설 • **숙**박시설 • **노**유자시설 • **전**시장 • 공동**주**택 • **업**무시설 • **방**송통신시설 • 공장 · **창**고 • 항공기 및 자동**차** 관련 시설 및 **관광**휴게시설 **기억법** 근판숙노전 주업방차창 **1항관광**(근 판숙노전 주 업방차창 일 본항 관광)	바닥면적 100m²마다 1단위 이상	바닥면적 200m²마다 1단위 이상
• 그 밖의 것	바닥면적 200m²마다 1단위 이상	바닥면적 400m²마다 1단위 이상

관람장으로서 **내화구조**이고 **불연재료**를 사용하므로 바닥면적 100m²마다 1단위 이상

$$\frac{1300m^2}{100m^2}=13단위$$

답 ④

★★★
66 개방형 스프링클러설비에서 하나의 방수구역을 담당하는 헤드 개수는 몇 개 이하로 설치해야 하는가? (단, 1개의 방수구역으로 한다.)

19.03.문62
11.10.문62

① 60　　　　② 50
③ 40　　　　④ 30

해설 **개방형 설비**의 **방수구역**(NFPC 103 7조, NFTC 103 2.4.1)
(1) 하나의 방수구역은 **2개층**에 미치지 아니할 것
(2) 방수구역마다 **일제개방밸브**를 설치할 것
(3) 하나의 방수구역을 담당하는 헤드의 개수는 **50개** 이하(단, 2개 이상의 방수구역으로 나눌 경우에는 **25개** 이상)로 할 것 보기②

답 ②

★★★
67 특정소방대상물에 따라 적용하는 포소화설비의 종류 및 적응성에 관한 설명으로 틀린 것은?

13.06.문62
09.03.문79

① 소방기본법 시행령 별표 2의 특수가연물을 저장·취급하는 공장에는 호스릴포소화설 비를 설치한다.
② 완전 개방된 옥상주차장으로 주된 벽이 없고 기둥뿐이거나 주위가 위해 방지용 철주 등 으로 둘러싸인 부분에는 호스릴포소화설비

또는 포소화전설비를 설치할 수 있다.
③ 차고에는 포워터 스프링클러설비·포헤드설 비 또는 고정포방출설비, 압축공기포소화설 비를 설치한다.
④ 항공기 격납고에는 포워터 스프링클러설비 · 포헤드설비 또는 고정포방출설비, 압축공 기포 소화설비를 설치한다.

해설 **포소화설비**의 **적응대상**(NFPC 105 4조, NFTC 105 2.1.1)

특정소방대상물	설비 종류
• 차고 · 주차장 보기③ • 항공기 격납고 보기④ • 공장 · 창고(특수가연물 저장 · 취급)	• 포워터스프링클러설비 • 포헤드설비 • 고정포방출설비 • 압축공기포소화설비
• 완전개방된 옥상주차장(주된 벽이 없고 기둥뿐이거나 주위가 위해방지용 철주 등으로 둘러싸인 부분) 보기② • **지상 1층**으로서 지붕이 없는 차고 · 주차장 • 고가 밑의 주차장(주된 벽이 없고 기둥뿐이거나 주위가 위해방지용 철주 등으로 둘러싸인 부분)	• 호스릴포소화설비 • 포소화전설비
• 발전기실 • 엔진펌프실 • 변압기 • 전기케이블실 • 유압설비	• 고정식 압축공기포소화설비(바닥면적 합계 300m² 미만)

① 호스릴포 소화설비 사용금지

답 ①

★★★
68 분말소화설비가 작동한 후 배관 내 잔여분말의 청소용(cleaning)으로 사용되는 가스로 옳게 연결된 것은?

12.05.문66

① 질소, 건조공기
② 질소, 이산화탄소
③ 이산화탄소, 아르곤
④ 건조공기, 아르곤

해설 **분말소화설비**의 **청소용**(cleaning) 가스
(1) 질소가스
(2) 이산화탄소

중요

분말소화설비

구 분	가압용 가스	축압용 가스
질소가스	40L/kg	10L/kg
이산화 탄소	20g/kg+배관의 청소에 필요한 양	20g/kg+배관의 청소에 필요한 양

답 ②

69 폐쇄형 헤드를 사용하는 연결살수설비의 주배관을 옥내소화전설비의 주배관에 접속할 때 접속부분에 설치해야 하는 것은? (단, 옥내소화전설비가 설치된 경우이다.)

① 체크밸브 　　② 게이트밸브
③ 글로브밸브 　④ 버터플라이밸브

해설 폐쇄형 헤드를 사용하는 **연결살수설비**의 **주배관**은 다음에 해당하는 배관 또는 수조에 접속할 것(단, 접속부분에는 **체크밸브** 설치)(NFPC 503 5조, NFTC 503 2.2.4.1) 보기 ①
(1) **옥내소화전설비**의 **주배관**
(2) **수도배관**
(3) **옥상**에 설치된 **수조**

답 ①

70 특별피난계단의 계단실 및 부속실 제연설비의 화재안전기준 중 급기풍도 단면의 긴 변의 길이가 1300mm인 경우, 강판의 두께는 몇 mm 이상이어야 하는가?

① 0.6 　　② 0.8
③ 1.0 　　④ 1.2

해설 급기풍도 단면의 **긴 변** 또는 **직경**의 **크기**(NFPC 501A 18조, NFTC 501A 2.15.1.2.1)

풍도단면의 긴 변 또는 직경의 크기	450mm 이하	450mm 초과 750mm 이하	750mm 초과 1500mm 이하	1500mm 초과 2250mm 이하	2250mm 초과
강판두께	0.5mm	0.6mm	0.8mm 보기 ②	1.0mm	1.2mm

답 ②

71 물분무소화설비에서 압력수조를 이용한 가압송수장치의 압력수조에 설치하여야 하는 것이 아닌 것은?

① 맨홀 　　② 수위계
③ 급기관 　④ 수동식 공기압축기

해설 **필요설비**

고가수조	압력수조
● 수위계	● 수위계 보기 ②
● 배수관	● 배수관
● 급수관	● 급수관
● 맨홀	● 맨홀 보기 ①
● **오**버플로우관	● **급기관** 보기 ③
	● 압력계
	● 안전장치
	● 자동식 공기압축기

기억법 고오(GO!)

④ 자동식 공기압축기

답 ④

72 수동으로 조작하는 대형소화기 B급의 능력단위는?

① 10단위 이상 　② 15단위 이상
③ 20단위 이상 　④ 30단위 이상

해설 **소화능력단위**에 의한 **분류**(소화기 형식 4조)

소화기 분류		능력단위
소형소화기		1단위 이상
대형소화기	A급	10단위 이상
	B급	20단위 이상 보기 ③

기억법 대2B(데이빗!)

답 ③

73 경사강하식 구조대의 구조기준 중 입구틀 및 고정틀의 입구는 지름 몇 cm 이상의 구체가 통과할 수 있어야 하는가?

① 50 　　② 60
③ 70 　　④ 80

해설 **경사강하식 구조대**의 **구조**(구조대 형식 3조)
(1) 연속하여 활강할 수 있는 구조
(2) 입구틀 및 고정틀의 입구는 지름 **60cm** 이상의 구체가 통과할 수 있을 것 보기 ②
(3) 본체는 강하방향으로 봉합부가 설치되지 않을 것
(4) 본체의 포지는 하부지지장치에 인장력이 균등하게 걸리도록 부착
(5) 구조대 본체의 활강부는 망목의 변의 길이가 8cm 이하인 망 설치

① 입구틀 및 고정 : 지름 **60cm** 이상의 구체가 통과할 것

기억법 경구6

답 ②

74 백화점의 7층에 적응성이 없는 피난기구는?

① 구조대 　　② 피난용 트랩
③ 피난교 　　④ 완강기

해설 **피난기구**의 **적응성**(NFTC 301 2.1.1)

설치 장소별 구분	1층	2층	3층	4층 이상 10층 이하
노유자시설	● 미끄럼대 ● 구조대 ● 피난교 ● 다수인 피난 장비 ● 승강식 피난기	● 미끄럼대 ● 구조대 ● 피난교 ● 다수인 피난 장비 ● 승강식 피난기	● 미끄럼대 ● 구조대 ● 피난교 ● 다수인 피난 장비 ● 승강식 피난기	● 구조대¹⁾ ● 피난교 ● 다수인 피난 장비 ● 승강식 피난기
의료시설 · 입원실이 있는 의원 · 접골원 · 조산원	–	–	● 미끄럼대 ● 구조대 ● 피난교 ● 피난용 트랩 ● 다수인 피난 장비 ● 승강식 피난기	● 구조대 ● 피난교 ● 피난용 트랩 ● 다수인 피난 장비 ● 승강식 피난기

영업장의 위치가 4층 이하인 다중 이용업소	–	•미끄럼대 •피난사다리 •구조대 •완강기 •다수인 피난장비 •승강식 피난기	•미끄럼대 •피난사다리 •구조대 •완강기 •다수인 피난장비 •승강식 피난기	•미끄럼대 •피난사다리 •구조대 •완강기 •다수인 피난장비 •승강식 피난기
그 밖의 것 (근린생활시설 사무실 등)	–	–	•미끄럼대 •피난사다리 •구조대 •완강기 •피난교 •피난용 트랩 •간이완강기[2] •공기안전매[2] •다수인 피난장비 •승강식 피난기	•피난사다리 •구조대 •완강기 •피난교 •간이완강기[2] •공기안전매[2] •다수인 피난장비 •승강식 피난기

[비고] 1) 구조대의 적응성은 장애인 관련 시설로서 주된 사용자 중 스스로 피난이 불가한 자가 있는 경우 추가로 설치하는 경우에 한한다.
　　　2) 간이완강기의 적응성은 숙박시설의 3층 이상에 있는 객실에 추가로 설치하는 경우에 한한다.

답 ②

★★★ 75

04.05.문75 옥외소화전설비의 호스접결구는 특정소방대상물의 각 부분으로부터 하나의 호스접결구까지의 수평거리는 몇 m 이하인가?

① 25　　　　　② 30
③ 40　　　　　④ 50

해설 수평거리

구분	설비
15m 이하	•호스릴설비(분말·포·CO₂)의 방사거리 •포소화전설비의 방사거리
25m 이하	옥내소화전 수평거리
40m 이하	**옥외**소화전 수평거리 보기 ③

기억법 옥외4

답 ③

★★★ 76

12.09.문72 다음 중 할로겐화합물 및 불활성기체 소화설비를 설치할 수 없는 위험물 사용장소는? (단, 소화성능이 인정되는 위험물은 제외한다.)

① 제1류 위험물을 사용하는 장소
② 제2류 위험물을 사용하는 장소
③ 제3류 위험물을 사용하는 장소
④ 제4류 위험물을 사용하는 장소

해설 할로겐화합물 및 불활성기체 소화약제의 설치제외장소
(NFPC 107A 5조, NFTC 107A 2.2.1)
(1) 사람이 상주하는 곳으로서 최대 허용설계농도를 초과하는 장소
(2) **제3류 위험물** 및 **제5류 위험물**을 사용하는 장소
보기 ③

답 ③

★★★ 77

13.09.문65 다음에서 설명하는 기계제연방식은?

> 화재시 배출기만 작동하여 화재장소의 내부압력을 낮추어 연기를 배출시키며 송풍기는 설치하지 않고 연기를 배출시킬 수 있으나 연기량이 많으면 배출이 완전하지 못한 설비로 화재초기에 유리하다.

① 제1종 기계제연방식
② 제2종 기계제연방식
③ 제3종 기계제연방식
④ 스모크타워 제연방식

해설 제연방식
(1) 자연제연방식 : **개구부** 이용
(2) 스모크타워 제연방식 : **루프 모니터** 이용
(3) **기계제연방식**(강제제연방식) : 풍도를 설치하여 **강제**로 제연하는 방식
　㉠ 제1종 기계제연방식 : **송풍기＋배연기**(배출기)
　㉡ 제2종 기계제연방식 : **송풍기**
　㉢ 제3종 기계제연방식 : **배연기**(배출기)

> ③ 제3종 기계제연방식 : 화재시 배출기만 작동

기억법 강기(감기)

답 ③

★★ 78

03.05.문72 가솔린을 저장하는 고정지붕식의 옥외탱크에 설치하는 포소화설비에서 포를 방출하는 기기는 어느 것인가?

① 포워터 스프링클러헤드
② 호스릴포소화설비
③ 포헤드
④ 고정포방출구(폼챔버)

해설 고정포방출구(foam chamber)
(1) 포를 주입시키도록 설계된 **옥외탱크**에 반영구적으로 부착된 포소화설비의 포방출장치 보기 ④
(2) 옥외탱크에 포를 방출하는 기기

답 ④

★★★ 79

19.03.문70
19.03.문77
17.03.문67
15.05.문78
10.03.문63

물분무소화설비를 설치하는 주차장의 배수설비 설치기준으로 틀린 것은?

① 차량이 주차하는 장소의 적당한 곳에 높이 10cm 이상의 경계턱으로 배수구를 설치한다.
② 40m 이하마다 기름분리장치를 설치한다.
③ 차량이 주차하는 바닥은 배수구를 향하여 100분의 1 이상의 기울기를 유지한다.
④ 가압송수장치의 최대송수능력의 수량을 유효하게 배수할 수 있는 크기 및 기울기로 설치한다.

해설 **물분무소화설비**의 **배수설비**(NFPC 104 11조, NFTC 104 2.8)

(1) **10cm** 이상의 경계턱으로 배수구 설치(차량이 주차하는 곳) 보기 ①

(2) **40m** 이하마다 기름분리장치 설치 보기 ②

(3) 차량이 주차하는 바닥은 $\dfrac{2}{100}$ 이상의 기울기 유지 보기 ③

(4) **배수설비** : 가압송수장치의 최대송수능력의 수량을 유효하게 배수할 수 있는 크기 및 기울기로 할 것 보기 ④

참고

기울기

기울기	설 명
$\dfrac{1}{100}$ 이상	연결살수설비의 수평주행배관
$\dfrac{2}{100}$ 이상	물분무소화설비의 배수설비
$\dfrac{1}{250}$ 이상	습식·부압식 설비 외 설비의 가지배관
$\dfrac{1}{500}$ 이상	습식·부압식 설비 외 설비의 수평주행배관

③ 100분의 1 이상 → 100분의 2 이상

답 ③

★★★
80 저압식 이산화탄소 소화설비의 소화약제 저장용기에 설치하는 안전밸브의 작동압력은 내압시험압력의 몇 배에서 작동하는가?

16.03.문77
12.05.문68

① 0.24~0.4　　② 0.44~0.6
③ 0.64~0.8　　④ 0.84~1

해설 **이산화탄소 소화설비**의 **저장용기**(NFPC 106 4조, NFTC 106 2.1.2)

자동냉동장치	2.1MPa, -18℃ 이하	
압력경보장치	2.3MPa 이상, 1.9MPa 이하	
선택밸브 또는 개폐밸브의 안전장치	배관의 최소사용설계압력과 최대허용압력 사이의 압력	
저장용기	● 고압식 : 25MPa 이상 ● 저압식 : 3.5MPa 이상	
안전밸브	내압시험압력의 0.64~0.8배 보기 ③	
봉 판	내압시험압력의 0.8~내압시험압력	
충전비	고압식	1.5~1.9 이하
	저압식	1.1~1.4 이하

③ 안전밸브의 작동압력 : 내압시험압력의 0.64~0.8배

답 ③

	수험번호	성명

▌2016년 기사 제4회 필기시험▌

자격종목	종목코드	시험시간	형별
소방설비기사(기계분야)		**2시간**	

※ 각 문항은 4지택일형으로 질문에 가장 적합한 보기 항을 선택하여 체크하여야 합니다.

제1과목 소방원론

★
01 물의 물리·화학적 성질로 틀린 것은?

① 증발잠열은 539.6cal/g으로 다른 물질에 비해 매우 큰 편이다.

② 대기압하에서 100℃의 물이 액체에서 수증기로 바뀌면 체적은 약 1603배 정도 증가한다.

③ 수소 1분자와 산소 1/2분자로 이루어져 있으며 이들 사이의 화학결합은 극성 공유결합이다.

④ 분자 간의 결합은 쌍극자-쌍극자 상호작용의 일종인 산소결합에 의해 이루어진다.

해설 물 분자의 결합
(1) 물 분자 간 결합은 분자 간 인력인 **수소결합**이다.
　보기 ④
(2) 물 분자 내의 결합은 수소원자와 산소원자 사이의 결합인 **공유결합**이다.
(3) **공유결합**은 수소결합보다 **강한 결합**이다.

　④ 산소결합 → 수소결합

답 ④

★★★
02 나이트로셀룰로오스에 대한 설명으로 틀린 것은?

13.09.문08

유사문제부터 풀어보세요. 실력이 팍!팍! 올라갑니다.

① 질화도가 낮을수록 위험성이 크다.

② 물을 첨가하여 습윤시켜 운반한다.

③ 화약의 원료로 쓰인다.

④ 고체이다.

해설 나이트로셀룰로오스
질화도가 클수록 위험성이 크다. 보기 ①

　※ **질화도**: 나이트로셀룰로오스의 질소함유율

답 ①

★★★
03 조연성 가스로만 나열되어 있는 것은?

17.03.문07
16.03.문04
14.05.문10
12.09.문08

① 질소, 불소, 수증기

② 산소, 불소, 염소

③ 산소, 이산화탄소, 오존

④ 질소, 이산화탄소, 염소

해설 가연성 가스와 지연성 가스

가연성 가스	지연성 가스(조연성 가스)
• 수소 • 메탄 • 일산화탄소 • 천연가스 • 부탄 • 에탄	• **산소** • **공기** • **염소** • **오존** • **불소**

기억법 조산공 염오불

🖉 용어

가연성 가스와 지연성 가스

가연성 가스	지연성 가스(조연성 가스)
물질 자체가 연소하는 것	자기 자신은 연소하지 않지만 연소를 도와주는 가스

답 ②

★★★
04 건축물의 화재성상 중 내화건축물의 화재성상으로 옳은 것은?

19.09.문11
18.03.문05
14.05.문01
10.09.문08

① 저온 장기형

② 고온 단기형

③ 고온 장기형

④ 저온 단기형

해설 (1) **목조건물**의 화재온도 표준곡선
　㉠ 화재성상: **고온 단기형**
　㉡ 최고온도(최성기 온도): **1**300℃

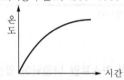

(2) **내화건물**의 화재온도 표준곡선
　㉠ 화재성상 : 저온 장기형 보기 ①
　㉡ 최고온도(최성기 온도) : **900~1000℃**

- 목조건물=목재건물

기억법 목고단 13

답 ①

★★★
05 자연발화의 예방을 위한 대책이 아닌 것은?

19.09.문08
18.03.문10
16.03.문14
15.05.문19
15.03.문09
14.09.문09
14.09.문17
12.03.문09
09.05.문08
03.03.문13
02.09.문01

① 열의 축적을 방지한다.
② 주위 온도를 낮게 유지한다.
③ 열전도성을 나쁘게 한다.
④ 산소와의 접촉을 차단한다.

해설 (1) **자연발화의 방지법**
　㉠ **습**도가 높은 곳을 **피**할 것(건조하게 유지할 것)
　㉡ 저장실의 온도를 낮출 것 보기 ②
　㉢ 통풍이 잘 되게 할 것
　㉣ 퇴적 및 수납시 열이 쌓이지 않게 할 것(**열축적 방지**) 보기 ①
　㉤ 산소와의 접촉을 차단할 것 보기 ④
　㉥ **열전도성**을 좋게 할 것 보기 ③

기억법 자습피

(2) **자연발화 조건**
　㉠ 열전도율이 작을 것
　㉡ 발열량이 클 것
　㉢ 주위의 온도가 높을 것
　㉣ 표면적이 넓을 것

답 ③

★★★
06 제1종 분말소화약제인 탄산수소나트륨은 어떤 색으로 착색되어 있는가?

19.03.문01
18.04.문06
17.09.문10
16.10.문10
16.05.문15
16.03.문09
16.03.문11
15.05.문08
14.05.문17
12.03.문13

① 담회색
② 담홍색
③ 회색
④ 백색

해설 **분말소화기**(질식효과)

종 별	소화약제	약제의 착색	화학반응식	적응 화재
제1종	탄산수소 나트륨 ($NaHCO_3$)	**백색** 보기 ④	$2NaHCO_3 \rightarrow Na_2CO_3+CO_2+H_2O$	BC급
제2종	탄산수소 칼륨 ($KHCO_3$)	담자색 (담회색)	$2KHCO_3 \rightarrow K_2CO_3+CO_2+H_2O$	BC급
제3종	인산암모늄 ($NH_4H_2PO_4$)	담홍색	$NH_4H_2PO_4 \rightarrow HPO_3+NH_3+H_2O$	AB C급
제4종	탄산수소 칼륨+요소 ($KHCO_3+$ $(NH_2)_2CO$)	회(백)색	$2KHCO_3+$ $(NH_2)_2CO \rightarrow$ K_2CO_3+ $2NH_3+2CO_2$	BC급

- 탄산수소나트륨=중탄산나트륨
- 탄산수소칼륨=중탄산칼륨
- 제1인산암모늄=인산암모늄=인산염
- 탄산수소칼륨+요소=중탄산칼륨+요소

답 ④

★★
07 다음 중 제거소화방법과 무관한 것은?

19.09.문05
19.04.문18
17.03.문16
16.03.문12
14.05.문11
13.03.문01
11.03.문04
08.09.문17

① 산불의 확산방지를 위하여 산림의 일부를 벌채한다.
② 화학반응기의 화재시 원료공급관의 밸브를 잠근다.
③ 유류화재시 가연물을 포로 덮는다.
④ 유류탱크 화재시 주변에 있는 유류탱크의 유류를 다른 곳으로 이동시킨다.

해설 ③ **질식소화** : 유류화재시 가연물을 포로 덮는다.

 중요

제거소화의 예
(1) **가연성 기체** 화재시 **주밸브**를 **차단**한다.
(2) **가연성 액체** 화재시 펌프를 이용하여 **연료**를 제거한다.
(3) **연료탱크**를 **냉각**하여 가연성 가스의 발생속도를 작게 하여 연소를 억제한다.
(4) 금속화재시 **불활성 물질**로 가연물을 덮는다.
(5) **목재**를 **방염처리**한다.
(6) 전기화재시 **전원**을 **차단**한다.
(7) 산불이 발생하면 화재의 진행방향을 앞질러 **벌목**한다. 보기 ①
(8) 가스화재시 **밸브**를 **잠궈** 가스흐름을 차단한다. 보기 ②
(9) 불타고 있는 장작더미 속에서 아직 타지 않은 것을 안전한 곳으로 **운반**한다.

※ **제거효과** : 가연물을 반응계에서 제거하든지 또는 반응계로의 공급을 정지시켜 소화하는 효과

답 ③

08 할론소화설비에서 Halon 1211 약제의 분자식은?

19.09.문07
17.03.문05
15.03.문04
14.09.문04
14.03.문02

① CBr_2ClF

② CF_2BrCl

③ CCl_2BrF

④ BrC_2ClF

해설 할론소화약제의 약칭 및 분자식

종 류	약 칭	분자식
할론 1011	CB	CH_2ClBr
할론 104	CTC	CCl_4
할론 1211	BCF	$CF_2ClBr(CClF_2Br)$ 보기 ②
할론 1301	BTM	CF_3Br
할론 2402	FB	$C_2F_4Br_2$

② 할론 1211 : CF_2BrCl

답 ②

09 위험물안전관리법상 위험물의 적재시 혼재기준 중 혼재가 가능한 위험물로 짝지어진 것은? (단, 각 위험물은 지정수량의 10배로 가정한다.)

13.06.문01

① 질산칼륨과 가솔린

② 과산화수소와 황린

③ 철분과 유기과산화물

④ 등유와 과염소산

해설 위험물규칙 〔별표 19〕
위험물의 혼재기준
(1) 제1류 + 제6류
(2) 제2류 + 제4류
(3) 제2류 + 제5류
(4) 제3류 + 제4류
(5) 제4류 + 제5류

① 질산칼륨(제1류)과 가솔린(제4류)
② 과산화수소(제6류)와 황린(제3류)
③ 철분(제2류)과 유기과산화물(제5류)
④ 등유(제4류)와 과염소산(제6류)

답 ③

10 분말소화약제의 열분해 반응식 중 다음 ( ) 안에 알맞은 화학식은?

17.09.문10
16.10.문06
16.05.문15
16.05.문17
16.03.문09
16.03.문11
15.09.문01
15.05.문08
14.09.문10
14.05.문03
14.03.문03
12.03.문13

$$2NaHCO_3 \rightarrow Na_2CO_3 + H_2O + (\quad)$$

① CO

② CO_2

③ Na

④ Na_2

해설 분말소화기(질식효과)

종 별	소화약제	약제의 착색	화학반응식	적응화재
제1종	탄산수소나트륨 ($NaHCO_3$)	백색	$2NaHCO_3 \rightarrow$ $Na_2CO_3 + CO_2 + H_2O$ 보기 ②	BC급
제2종	탄산수소칼륨 ($KHCO_3$)	담자색 (담회색)	$2KHCO_3 \rightarrow$ $K_2CO_3 + CO_2 + H_2O$	BC급
제3종	인산암모늄 ($NH_4H_2PO_4$)	담홍색	$NH_4H_2PO_4 \rightarrow$ $HPO_3 + NH_3 + H_2O$	ABC급
제4종	탄산수소칼륨+요소 ($KHCO_3 +$ $(NH_2)_2CO$)	회(백)색	$2KHCO_3 +$ $(NH_2)_2CO \rightarrow$ $K_2CO_3 +$ $2NH_3 + 2CO_2$	BC급

• 탄산수소나트륨 = 중탄산나트륨
• 탄산수소칼륨 = 중탄산칼륨
• 제1인산암모늄 = 인산암모늄 = 인산염
• 탄산수소칼륨 + 요소 = 중탄산칼륨 + 요소

답 ②

11 정전기에 의한 발화과정으로 옳은 것은?

① 방전 → 전하의 축적 → 전하의 발생 → 발화

② 전하의 발생 → 전하의 축적 → 방전 → 발화

③ 전하의 발생 → 방전 → 전하의 축적 → 발화

④ 전하의 축적 → 방전 → 전하의 발생 → 발화

해설 정전기의 발화과정

전하의 발생	→	전하의 축적	→	방전	→	발화

기억법 발축방

답 ②

12 할로겐화합물 및 불활성기체 소화약제 중 HCFC-22를 82% 포함하고 있는 것은?

17.09.문06
15.03.문20
14.03.문15

① IG-541

② HFC-227ea

③ IG-55

④ HCFC BLEND A

해설 할로겐화합물 및 불활성기체 소화약제

구 분	소화약제	화학식
할로겐화합물 소화약제	FC-3-1-10 **기억법** FC31(FC 서울의 3.1절)	C_4F_{10}

할로겐화합물 소화약제	HCFC BLEND A 보기 ④	HCFC−123(CHCl₂CF₃) : 4.75% HCFC−22(CHClF₂) : 82% HCFC−124(CHClFCF₃) : 9.5% C₁₀H₁₆ : 3.75% 기억법 475 82 95 375 (사시오. 빨리 그래서 구어 삼키시오!)
	HCFC−124	CHClFCF₃
	HFC−125 기억법 125(이리온)	CHF₂CF₃
	HFC−227ea 기억법 227e(둘둘치킨이 맛있다.)	CF₃CHFCF₃
	HFC−23	CHF₃
	HFC−236fa	CF₃CH₂CF₃
	FIC−13I1	CF₃I
불활성기체 소화약제	IG−01	Ar
	IG−100	N₂
	IG−541	• N₂(질소) : 52% • Ar(아르곤): 40% • CO₂(이산화탄소) : 8% 기억법 NACO(내코) 52408
	IG−55	N₂ : 50%, Ar : 50%
	FK−5−1−12	CF₃CF₂C(O)CF(CF₃)₂

답 ④

13 실내에서 화재가 발생하여 실내의 온도가 21℃에서 650℃로 되었다면, 공기의 팽창은 처음의 약 몇 배가 되는가? (단, 대기압은 공기가 유동하여 화재 전후가 같다고 가정한다.)
13.03.문06

① 3.14
② 4.27
③ 5.69
④ 6.01

해설 **샤를의 법칙**

$$\frac{V_1}{T_1} = \frac{V_2}{T_2}$$

여기서, V_1, V_2 : 부피[m³]
T_1, T_2 : 절대온도(273 + ℃)[K]
팽창된 공기의 부피 V_2는

$$V_2 = \frac{V_1}{T_1} \times T_2 = \frac{T_2}{T_1} \times V_1$$
$$= \frac{(273+650)}{(273+21)} \times V_1 ≒ 3.14 V_1$$

답 ①

14 피난계획의 일반원칙 중 fool proof 원칙에 해당하는 것은?
14.03.문07

① 저지능인 상태에서도 쉽게 식별이 가능하도록 그림이나 색채를 이용하는 원칙
② 피난구조설비를 반드시 이동식으로 하는 원칙
③ 한 가지 피난기구가 고장이 나도 다른 수단을 이용할 수 있도록 고려하는 원칙
④ 피난구조설비를 첨단화된 전자식으로 하는 원칙

해설 **fail safe와 fool proof**

용어	설명
페일 세이프 (fail safe)	• 한 가지 피난기구가 고장이 나도 다른 수단을 이용할 수 있도록 고려하는 것 보기③ • 한 가지가 고장이 나도 다른 수단을 이용하는 원칙 • **두 방향**의 피난동선을 항상 확보하는 원칙
풀 프루프 (fool proof)	• 피난경로는 **간단명료**하게 한다. • 피난구조설비는 **고정식 설비**를 위주로 설치한다. 보기② • 피난수단은 **원시적 방법**에 의한 것을 원칙으로 한다. 보기④ • 피난통로를 **완전불연화**한다. • 막다른 복도가 없도록 계획한다. • 간단한 **그림**이나 **색채**를 이용하여 표시한다. 보기①

기억법 풀그색 간고원

① fool proof
② fool proof : 이동식 → 고정식
③ fail safe
④ fool proof : 피난수단을 조작이 간편한 **원시적 방법**으로 하는 원칙

답 ①

15 보일오버(boil over)현상에 대한 설명으로 옳은 것은?
14.09.문12
14.03.문01

① 아래층에서 발생한 화재가 위층으로 급격히 옮겨 가는 현상
② 연소유의 표면이 급격히 증발하는 현상
③ 기름이 뜨거운 물 표면 아래에서 끓는 현상

④ 탱크 저부의 물이 급격히 증발하여 기름이 탱크 밖으로 화재를 동반하여 방출하는 현상

해설 **유류탱크, 가스탱크**에서 **발생**하는 현상

여러 가지 현상	정 의
블래비 (BLEVE)	과열상태의 탱크에서 내부의 액화가스가 분출하여 기화되어 폭발하는 현상
보일오버 (boil over)	• 중질유의 석유탱크에서 장시간 조용히 연소하다 탱크 내의 잔존기름이 갑자기 분출하는 현상 • 유류탱크에서 탱크 바닥에 물과 기름의 **에멀션**이 섞여 있을 때 이로 인하여 화재가 발생하는 현상 • 연소유면으로부터 100℃ 이상의 열파가 탱크 저부에 고여 있는 물을 비등하게 하면서 연소유를 탱크 밖으로 비산시키며 연소하는 현상 • 탱크 **저부**의 물이 급격히 증발하여 기름이 탱크 밖으로 화재를 동반하여 방출하는 현상 [보기 ④] [기억법] 보저(보자기)
오일오버 (oil over)	저장탱크에 저장된 유류저장량이 내용적의 **50%** 이하로 충전되어 있을 때 화재로 인하여 탱크가 폭발하는 현상
프로스오버 (froth over)	물이 점성의 뜨거운 **기름표면 아래서 끓을 때** 화재를 수반하지 않고 용기가 넘치는 현상
슬롭오버 (slop over)	• 물이 연소유의 **뜨거운 표면에 들어갈 때** 기름표면에서 화재가 발생하는 현상 • 유화제로 소화하기 위한 **물**이 수분의 급격한 증발에 의하여 액면이 거품을 일으키면서 **열유층 밑**의 **냉유**가 급히 열팽창하여 **기름**의 **일부**가 불이 붙은 채 탱크벽을 넘어서 일출하는 현상

답 ④

★★★
16 연기에 의한 감광계수가 $0.1m^{-1}$, 가시거리가
17.03.문10
14.05.문06
13.09.문11
20~30m일 때의 상황을 옳게 설명한 것은?

① 건물 내부에 익숙한 사람이 피난에 지장을 느낄 정도
② 연기감지기가 작동할 정도
③ 어두운 것을 느낄 정도
④ 앞이 거의 보이지 않을 정도

해설

감광계수 〔m^{-1}〕	가시거리 〔m〕	상 황
0.1	20~30	연기감지기가 작동할 때의 농도 (연기감지기가 작동하기 직전의 농도) [보기 ②]
0.3	5	건물 내부에 익숙한 사람이 피난에 지장을 느낄 정도의 농도
0.5	3	어두운 것을 느낄 정도의 농도
1	1~2	앞이 거의 보이지 않을 정도의 농도
10	0.2~0.5	화재 최성기 때의 농도
30	-	출화실에서 연기가 분출할 때의 농도

답 ②

★
17 밀폐된 내화건물의 실내에 화재가 발생했을 때
01.03.문03
그 실내의 환경변화에 대한 설명 중 틀린 것은?

① 기압이 강하한다.
② 산소가 감소된다.
③ 일산화탄소가 증가한다.
④ 이산화탄소가 증가한다.

해설

① 밀폐된 내화건물의 실내에 화재가 발생하면 **기압**이 **상승**한다.

답 ①

★★★
18 화재실 혹은 화재공간의 단위바닥면적에 대한 등
19.03.문20
15.09.문17
01.06.문06
97.03.문19
가가연물량의 값을 화재하중이라 하며, 식으로 표시할 경우에는 $Q = \Sigma(G_t \cdot H_t)/H \cdot A$와 같이 표현할 수 있다. 여기에서 H는 무엇을 나타내는가?

① 목재의 단위발열량
② 가연물의 단위발열량
③ 화재실 내 가연물의 전체 발열량
④ 목재의 단위발열량과 가연물의 단위발열량을 합한 것

해설

$$q = \frac{\Sigma G_t H_t}{HA} = \frac{\Sigma Q}{4500A}$$

여기서, q : 화재하중〔kg/m²〕
G_t : 가연물의 양〔kg〕
H_t : 가연물의 단위발열량〔kcal/kg〕
H : 목재의 단위발열량〔kcal/kg〕
A : 바닥면적〔m²〕
ΣQ : 가연물의 전체 발열량〔kcal〕

• 목재의 단위발열량 : 4500kcal/kg

답 ①

13.06.문19

★★★
19 칼륨에 화재가 발생할 경우에 주수를 하면 안 되는 이유로 가장 옳은 것은?

① 산소가 발생하기 때문에
② 질소가 발생하기 때문에
③ 수소가 발생하기 때문에
④ 수증기가 발생하기 때문에

해설 **주수소화**(물소화)시 **위험한 물질**

구 분	현 상
• 무기과산화물	**산소** 발생
• **금**속분 • **마**그네슘 • 알루미늄 • 칼륨 보기 ③ • 나트륨 • 수소화리튬	**수소** 발생
• 가연성 액체의 유류화재	**연소면**(화재면) 확대

기억법 금마수

※ **주수소화** : 물을 뿌려 소화하는 방법

답 ③

★★★
20 다음 중 증기비중이 가장 큰 것은?

11.06.문06
① 이산화탄소 ② 할론 1301
③ 할론 1211 ④ 할론 2402

해설 **증기비중**이 **큰 순서**
Halon 2402 > Halon 1211 > Halon 104 > Halon 1301

🔧중요

증기비중

$$증기비중 = \frac{분자량}{29}$$

여기서, 29 : 공기의 평균분자량

답 ④

제2과목 소방유체역학

★★
21 그림과 같은 원형 관에 유체가 흐르고 있다. 원형 관 내의 유속분포를 측정하여 실험식을 구하였더니 $V = V_{max} \dfrac{(r_0{}^2 - r^2)}{r_0{}^2}$ 이었다. 관속을 흐르는 유체의 평균속도는 얼마인가?

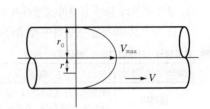

① $\dfrac{V_{max}}{8}$ ② $\dfrac{V_{max}}{4}$

③ $\dfrac{V_{max}}{2}$ ④ V_{max}

해설 **층류**와 **난류**

구 분	층류		난류
흐름	정상류		비정상류
레이놀즈수	2100 이하		4000 이상
손실수두	유체의 속도를 알 수 있는 경우 $H = \dfrac{flV^2}{2gD}$ [m] (다르시-바이스바하의 식)	유체의 속도를 알 수 없는 경우 $H = \dfrac{128\mu Ql}{\gamma \pi D^4}$ [m] (하젠-포아젤의 식)	$H = \dfrac{2flV^2}{gD}$ [m] (패닝의 법칙)
전단응력	$\tau = \dfrac{p_A - p_B}{l} \cdot \dfrac{r}{2}$ [N/m²]		$\tau = \mu \dfrac{du}{dy}$ [N/m²]
평균속도	$V = \dfrac{V_{max}}{2}$		$V = 0.8\,V_{max}$
전이길이	$L_t = 0.05 Re\,D$ [m]		$L_t = 40 \sim 50\,D$ [m]
관마찰계수	$f = \dfrac{64}{Re}$		–

③ 일반적인 원형 관이므로 **층류**로 가정하면 $V = \dfrac{V_{max}}{2}$

답 ③

★★★
22 직경 50cm의 배관 내를 유속 0.06m/s의 속도로 흐르는 물의 유량은 약 몇 L/min인가?

13.06.문25
① 153 ② 255
③ 338 ④ 707

해설 **유량**

$$Q = AV = \left(\frac{\pi D^2}{4}\right)V$$

여기서, Q : 유량[m³/s]
A : 단면적[m²]
V : 속도[m/s]
D : 안지름(직경)[m]

유량 Q는

$$Q = \left(\frac{\pi D^2}{4}\right) V = \frac{\pi \times (50cm)^2}{4} \times 0.06 m/s$$

$$= \frac{\pi \times (0.5m)^2}{4} \times 0.06 m \left/ \frac{1}{60} min \right.$$

$$= \frac{\pi \times (0.5m)^2}{4} \times (0.06 \times 60) m/min$$

$$\fallingdotseq 0.707 m^3/min = 707 L/min$$

- 100cm=1m이므로 50cm=0.5m
- 1min=60s이므로 1s=$\frac{1}{60}$min
- 1m³=1000L이므로 0.707m³/min=707L/min

답 ④

★★★
23 공동현상(cavitation)의 발생원인과 가장 관계가 먼 것은?

19.04.문22
17.05.문37
15.03.문35
14.05.문39
14.03.문32

① 관 내의 수온이 높을 때
② 펌프의 흡입양정이 클 때
③ 펌프의 설치위치가 수원보다 낮을 때
④ 관 내의 물의 정압이 그때의 증기압보다 낮을 때

해설 **공동현상(cavitation, 캐비테이션)**

개 요	펌프의 흡입측 배관 내의 물의 정압이 기존의 증기압보다 낮아져서 기포가 발생되어 물이 흡입되지 않는 현상
발생현상	• **소음**과 **진동** 발생 • 관 **부식** • **임펠러**의 손상(수차의 날개를 해친다.) • 펌프의 성능저하
발생원인	• 펌프의 흡입수두가 클 때(소화펌프의 흡입고가 클 때) 보기 ② • 펌프의 마찰손실이 클 때 • 펌프의 임펠러 속도가 클 때 • 펌프의 설치위치가 수원보다 높을 때 보기 ③ • 관 내의 수온이 높을 때(물의 온도가 높을 때) 보기 ① • 관 내의 물의 정압이 그때의 **증기압**보다 낮을 때 보기 ④ • 흡입관의 **구경**이 작을 때 • 흡입거리가 길 때 • 유량이 증가하여 펌프물이 과속으로 흐를 때
방지대책	• 펌프의 흡입수두를 작게 한다. • 펌프의 마찰손실을 작게 한다. • 펌프의 임펠러 속도(회전수)를 작게 한다. • 펌프의 설치위치를 수원보다 낮게 한다. • 양흡입펌프를 사용한다.(펌프의 흡입측을 가압한다.) • 관 내의 물의 정압을 그때의 증기압보다 높게 한다. • 흡입관의 구경을 크게 한다. • 펌프를 2개 이상 설치한다.

③ 낮을 때 → 높을 때

• 흡입양정=흡입수두

답 ③

★★★
24 열전도도가 0.08W/m·K인 단열재의 고온부가 75℃, 저온부가 20℃이다. 단위면적당 열손실이 200W/m²인 경우의 단열재 두께는 몇 mm인가?

15.05.문23
06.05.문34

① 22   ② 45
③ 55   ④ 80

해설 **(1) 절대온도**

$$T = 273 + ℃$$

여기서, T : 절대온도[K]
　　　　℃ : 섭씨온도[℃]

절대온도 T는

$T_2 = 273 + 75℃ = 348K$

$T_1 = 273 + 20℃ = 293K$

(2) 전도

$$\mathring{q}'' = \frac{K(T_2 - T_1)}{l}$$

여기서, $\mathring{q}''$: 단위면적당 열량(열손실)[W/m²]
　　　　K : 열전도율[W/m·K]
　　　　$T_2 - T_1$: 온도차[℃] 또는 [K]
　　　　l : 두께[m]

두께 l은

$$l = \frac{K(T_2 - T_1)}{\mathring{q}''}$$

$$= \frac{0.08 W/m \cdot K \times (348 - 293)K}{200 W/m^2}$$

$$= 0.022 m = 22 mm$$

답 ①

★★★
25 부차적 손실계수 $K = 40$인 밸브를 통과할 때의 수두손실이 2m일 때, 이 밸브를 지나는 유체의 평균유속은 약 몇 m/s인가?

13.03.문25

① 0.49   ② 0.99
③ 1.98   ④ 9.81

해설 **돌연축소관**에서의 손실

$$H = K \frac{{V_2}^2}{2g}$$

여기서, H : 손실수두(수두손실)[m]
　　　　K : 손실계수
　　　　V_2 : 축소관 유속[m/s]
　　　　g : 중력가속도(9.8m/s²)

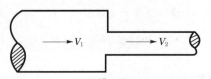

∥돌연축소관∥

유속 V_2는

$$V_2 = \sqrt{\frac{2gH}{K}} = \sqrt{\frac{2 \times 9.8 \text{m/s}^2 \times 2\text{m}}{40}}$$
$$\fallingdotseq 0.99 \text{m/s}$$

> **│참고│**
>
> **배관의 마찰손실**
> (1) **주손실** : 관로에 의한 마찰손실
> (2) **부차적 손실**
> ㉠ 관의 급격한 확대손실
> ㉡ 관의 급격한 축소손실
> ㉢ 관부속품에 의한 손실

답 ②

26 지름이 15cm인 관에 질소가 흐르는데, 피토관에 의한 마노미터는 4cmHg의 차를 나타냈다. 유속은 약 몇 m/s인가? (단, 질소의 비중은 0.00114, 수은의 비중은 13.6, 중력가속도는 9.8m/s²이다.)

① 76.5   ② 85.6
③ 96.7   ④ 105.6

해설 (1) **비중**

$$s = \frac{\gamma}{\gamma_w}$$

여기서, s : 비중
  γ : 어떤 물질의 비중량[N/m³]
  γ_w : 물의 비중량(9800N/m³)
질소의 비중량 γ_1은
$\gamma_1 = s_1 \gamma_w = 0.00114 \times 9800 \text{N/m}^3 = 11.172 \text{N/m}^3$
수은의 비중량 γ_2는
$\gamma_2 = s_2 \gamma_w = 13.6 \times 9800 \text{N/m}^3 = 133280 \text{N/m}^3$
(2) **압력**

$$P = \gamma h$$

여기서, P : 압력[N/m²]
  γ : 비중량[N/m³]
  h : 높이차[m]
수은의 압력 P는
$P = \gamma_2 h_2 = 133280 \text{N/m}^3 \times 0.04 \text{mHg} = 5331.2 \text{N/m}^2$

 • 100cm = 1m 이므로 4cm = 0.04m

수은의 압력=질소의 압력(수은과 질소가 하나의 관에 연결되어 있으므로)
질소의 높이차 h_1은
$$h_1 = \frac{P}{\gamma_1} = \frac{5331.2 \text{N/m}^2}{11.172 \text{N/m}^3} = 477.192\text{m}$$
(3) **유속**

$$V = \sqrt{2gh}$$

여기서, V : 유속(공기의 속도)[m/s]
  g : 중력가속도(9.8m/s²)
  h : 높이(수두, 공기의 높이차)[m]
공기의 속도 V는
$$V = \sqrt{2gh} = \sqrt{2 \times 9.8 \text{m/s}^2 \times 477.192\text{m}} \fallingdotseq 96.7 \text{m/s}$$

답 ③

27 베르누이의 정리 $\left(\dfrac{P}{\rho} + \dfrac{V^2}{2} + gZ = \text{Constant}\right)$가 적용되는 조건이 될 수 없는 것은?

17.03.문24
14.03.문31

① 압축성의 흐름이다.
② 정상상태의 흐름이다.
③ 마찰이 없는 흐름이다.
④ 베르누이 정리가 적용되는 임의의 두 점은 같은 유선상에 있다.

해설 **베르누이방정식**(정리)의 **적용 조건**
(1) **정상흐름**(정상류)=정상유동=정상상태의 흐름 │보기 ②│
(2) **비압축성** 흐름(비압축성 유체) │보기 ①│
(3) **비점성** 흐름(비점성 유체)=마찰이 없는 유동 │보기 ③│
(4) **이**상유체
(5) 유선을 따라 운동=같은 유선 위의 두 점에 적용 │보기 ④│

> │기억법│ **베정비이**(**배**를 **정비**해서 **이**곳을 떠나라!)

> ① 압축성 → 비압축성

> **│비교│**
>
> (1) **오일러 운동방정식의 가정**
> ㉠ **정상유동**(정상류)일 경우
> ㉡ 유체의 **마찰**이 **없**을 경우(점성마찰이 없을 경우)
> ㉢ 입자가 **유선**을 따라 **운동**할 경우
> (2) **운동량 방정식의 가정**
> ㉠ 유동단면에서의 **유속**은 **일정**하다.
> ㉡ **정상유동**이다.

답 ①

28 유체에 관한 설명 중 옳은 것은?

14.09.문40
00.10.문40

① 실제유체는 유동할 때 마찰손실이 생기지 않는다.
② 이상유체는 높은 압력에서 밀도가 변화하는 유체이다.
③ 유체에 압력을 가하면 체적이 줄어드는 유체는 압축성 유체이다.
④ 압력을 가해도 밀도변화가 없으며 점성에 의한 마찰손실만 있는 유체가 이상유체이다.

해설

실제유체	이상유체
① **점성**이 있으며, **압축성**인 유체	① **점성**이 **없**으며, **비압축성**인 유체
② 유동시 마찰이 존재하는 유체	② 밀도가 변화하지 않는 유체

답 ③

29 그림과 같이 수족관에 직경 3m의 투시경이 설치

`10.09.문29`
`(산업)`

되어 있다. 이 투시경에 작용하는 힘은 약 몇 kN 인가?

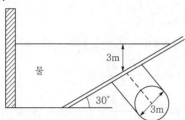

① 207.8   ② 123.9

③ 87.1   ④ 52.4

해설 **수평면**에 **작용하는 힘**

$$F = \gamma h A = \gamma h \left(\frac{\pi D^2}{4} \right)$$

여기서, F : 수평면에 작용하는 힘[N]
      γ : 비중량(물의 비중량 9.8kN/m³)
      h : 표면에서 수문 중심까지의 수직거리[m]
      A : 수문의 단면적[m²]
      D : 직경[m]

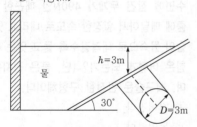

$$F = \gamma h A = \gamma h \left(\frac{\pi D^2}{4} \right)$$
$$= 9.8\text{kN/m}^3 \times 3\text{m} \times \frac{\pi \times (3\text{m})^2}{4} \fallingdotseq 207.8\text{kN}$$

답 ①

30 직경이 D인 원형 축과 슬라이딩 베어링 사이

`10.05.문27`

(간격 = t, 길이 = L)에 점성계수가 μ인 유체가 채워져 있다. 축을 ω의 각속도로 회전시킬 때 필요한 토크를 구하면? (단, $t \ll D$)

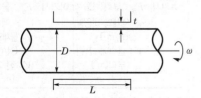

① $T = \mu \dfrac{\omega D}{2t}$

② $T = \dfrac{\pi \mu \omega D^2 L}{2t}$

③ $T = \dfrac{\pi \mu \omega D^3 L}{2t}$

④ $T = \dfrac{\pi \mu \omega D^3 L}{4t}$

해설 (1) **토크**

$$T = \frac{FD}{2}$$

여기서, T : 토크[N·m]
      F : 마찰력[N]
      D : 직경[m]

(2) **전단응력**

$$\tau = \frac{F}{A} = \mu \frac{du}{dy}$$

여기서, τ : 전단응력[N/m²]
      F : 마찰력[N]
      A : 단면적[m²]
      μ : 점성계수[N·s/m²]
      $\dfrac{du}{dy}$: 속도구배(속도변화율)[1/s] (속도변화가 일

        정한 경우 $\dfrac{V}{t}$)

      V : 유속[m/s]
      t : 시간[s]

속도변화가 **일정**하다고 가정하면

$$\frac{F}{A} = \mu \frac{du}{dy} = \mu \frac{V}{t}$$
$$F = A\mu \frac{V}{t}$$

토크 T는

$$T = \frac{FD}{2} = \frac{\left(A\mu \dfrac{V}{t} \right) D}{2}$$

축을 회전시키므로

- 유속(V) = $r\omega = \dfrac{D}{2}\omega$

- 단면적(A) = $\pi r^2 = \pi DL$

  여기서, r : 반경[m]
        ω : 각속도[rad/s]
        D : 직경[m]
        L : 길이[m]

$$T = \frac{(\pi DL)\mu \dfrac{D\omega}{2t} D}{2} = \frac{\pi \mu \omega D^3 L}{4t} \text{ [N·m]}$$

답 ④

31

★★

14.03.문35
10.09.문35

두 개의 견고한 밀폐용기 A, B가 밸브로 연결되어 있다. 용기 A에는 온도 300K, 압력 100kPa의 공기 $1m^3$, 용기 B에는 온도 300K, 압력 330kPa의 공기 $2m^3$가 들어 있다. 밸브를 열어 두 용기 안에 들어 있는 공기(이상기체)를 혼합한 후 장시간 방치하였다. 이때 주위온도는 300K로 일정하다. 내부공기의 최종압력은 약 몇 kPa인가?

① 177
② 210
③ 215
④ 253

해설 보일의 법칙(Boyle's law)-온도 일정

$$P_1 V_1 = P_2 V_2$$

여기서, P_1, P_2 : 기압[atm]
　　　　V_1, V_2 : 부피[m^3]
혼합하였을 경우 온도변화는 없고 압력은 변하므로
$P(V_1 + V_2) = P_1 V_1 + P_2 V_2$

$$P = \frac{P_1 V_1 + P_2 V_2}{V_1 + V_2}$$

$$= \frac{(100kPa \times 1m^3) + (330kPa \times 2m^3)}{1m^3 + 2m^3}$$

$$≒ 253kPa$$

중요

이상기체의 성질

법 칙	설 명
보일의 법칙 (Boyle's law)	**온도**가 **일정**할 때 기체의 부피는 절대압력에 **반비례**한다.
샤를의 법칙 (Charl's law)	**압력**이 **일정**할 때 기체의 부피는 절대온도에 **비례**한다.
보일-샤를의 법칙 (Boyle-Charl's law)	기체가 차지하는 부피는 압력에 **반비례**하며, 절대온도에 **비례**한다.

답 ④

32

★

공기의 온도 T_1에서의 음속 c_1과 이보다 20K 높은 온도 T_2에서의 음속 c_2의 비가 $c_2/c_1 = 1.05$이면 T_1은 약 몇 도인가?

① 97K
② 195K
③ 273K
④ 300K

해설 음속과 온도

$$\frac{c_2}{c_1} = \sqrt{\frac{T_2}{T_1}}$$

여기서, c_1 : 처음 음속[m/s]
　　　　c_2 : 나중 음속[m/s]
　　　　T_1 : 처음 온도[K]
　　　　T_2 : 나중 온도[K]

$$\frac{c_2}{c_1} = \sqrt{\frac{T_2}{T_1}}$$

문제에서 $T_2 = T_1 + 20$ 이므로

$$1.05 = \sqrt{\frac{T_1 + 20}{T_1}}$$

$$1.05^2 = \left(\sqrt{\frac{T_1 + 20}{T_1}} \right)^2 \leftarrow \text{계산의 편의를 위해 양변에 제곱을 곱함}$$

$$1.05^2 = \frac{T_1 + 20}{T_1}$$

$$1.05^2 T_1 = T_1 + 20$$

$$1.05^2 T_1 - T_1 = 20$$

$$1.1025 T_1 - T_1 = 20$$

$$0.1025 T_1 = 20$$

$$T_1 = \frac{20}{0.1025} ≒ 195K$$

답 ②

33

★

수면에 잠긴 무게가 490N인 매끈한 쇠구슬을 줄에 매달아서 일정한 속도로 내리고 있다. 쇠구슬이 물속으로 내려갈수록 들고 있는 데 필요한 힘은 어떻게 되는가? (단, 물은 정지된 상태이며, 쇠구슬은 완전한 구형체이다.)

① 적어진다.
② 동일하다.
③ 수면 위보다 커진다.
④ 수면 바로 아래보다 커진다.

해설 부력은 배제된 부피만큼의 유체의 무게에 해당하는 힘이다. 부력은 항상 중력의 반대방향으로 작용하므로 쇠구슬이 물속으로 내려갈수록 들고 있는 데 필요한 힘은 **동일하다.**

중요

부력	물체의 무게
$F_B = \gamma V$	$F_w = \gamma V$
여기서, F_B : 부력[N]　γ : 액체의 비중량 [N/m^3]　V : 물속에 잠긴 부피[m^3]	여기서, F_w : 물체의 무게[N]　γ : 물체의 비중량 [N/m^3]　V : 전체 부피 [m^3]

답 ②

34

09.05.문40 그림과 같은 곡관에 물이 흐르고 있을 때 계기 압력으로 P_1이 98kPa이고, P_2가 29.42kPa이면 이 곡관을 고정시키는 데 필요한 힘은 몇 N 인가? (단, 높이차 및 모든 손실은 무시한다.)

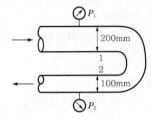

① 4141 ② 4314
③ 4565 ④ 4743

해설 **(1) 비압축성 유체**

$$\frac{V_1}{V_2} = \frac{A_2}{A_1} = \left(\frac{D_2}{D_1}\right)^2$$

여기서, V_1, V_2 : 유속[m/s]
A_1, A_2 : 단면적[m²]
D_1, D_2 : 직경[m]

$$V_2 = \left(\frac{D_1}{D_2}\right)^2 \times V_1 = \left(\frac{0.2}{0.1}\right)^2 \times V_1 = 4V_1$$

(2) 베르누이방정식

$$\frac{V_1^2}{2g} + \frac{P_1}{\gamma} + Z_1 = \frac{V_2^2}{2g} + \frac{P_2}{\gamma} + Z_2$$

여기서, V : 유속[m/s]
P : 압력[N/m²]
Z : 높이[m]
g : 중력가속도(9.8m/s²)
γ : 비중량(물의 비중량 9.8kN/m³)

단서에서 **높이차**를 **무시**하라고 하였으므로

• 1kPa = 1kN/m²

$$\frac{V_1^2}{2g} + \frac{P_1}{\gamma} = \frac{V_2^2}{2g} + \frac{P_2}{\gamma}$$

$$\frac{V_1^2}{2 \times 9.8 \text{m/s}^2} + \frac{98 \text{kN/m}^2}{9.8 \text{kN/m}^3} = \frac{(4V_1)^2}{2 \times 9.8 \text{m/s}^2} + \frac{29.42 \text{kN/m}^2}{9.8 \text{kN/m}^3}$$

$$\frac{V_1^2}{2 \times 9.8 \text{m/s}^2} + 10\text{m} = \frac{16 V_1^2}{2 \times 9.8 \text{m/s}^2} + 3.002\text{m}$$

$$10\text{m} - 3.002\text{m} = \frac{16 V_1^2}{2 \times 9.8 \text{m/s}^2} - \frac{V_1^2}{2 \times 9.8 \text{m/s}^2}$$

$$6.998\text{m} = \frac{15 V_1^2}{2 \times 9.8 \text{m/s}^2}$$

$6.998 \times (2 \times 9.8) = 15 V_1^2$ ← 계산편의를 위해 단위생략

$137.16 = 15 V_1^2$

$15 V_1^2 = 137.16$

$$V_1^2 = \frac{137.16}{15}$$

$$V_1 = \sqrt{\frac{137.16}{15}} = 3.023 \text{m/s}$$

$$V_2 = 4V_1 = 4 \times 3.023 \text{m/s} = 12.092 \text{m/s}$$

(3) 유량

$$Q = AV$$

여기서, Q : 유량[m³/s]
A : 단면적[m²]
V : 유속[m/s]

유량 Q_1는

$$Q_1 = A_1 V_1 = \left(\frac{\pi D_1^2}{4}\right) V_1$$

$$= \left(\frac{\pi}{4} \times 0.2^2\right) \text{m}^2 \times 3.023 \text{m/s} = 0.0949 \text{m}^3/\text{s}$$

(4) 힘

$$F = P_1 A_1 - P_2 A_2 + \rho Q(V_1 - V_2)$$

여기서, F : 힘[N]
P : 압력[N/m²]
A : 단면적[m²]
ρ : 밀도(물의 밀도 1000N · s²/m⁴)
Q : 유량[m³/s]
V : 유속[m/s]

$$F = P_1 A_1 - P_2 A_2 + \rho Q_1(V_1 - V_2) \text{ 에서}$$

힘의 방향을 고려하여 재정리하면

$$F = P_1 A_1 + P_2 A_2 - \rho Q_1(-V_2 - V_1)$$

$$= 98000 \text{N/m}^2 \times \left(\frac{\pi}{4} \times 0.2^2\right) \text{m}^2 + 29420 \text{N/m}^2$$

$$\times \left(\frac{\pi}{4} \times 0.1^2\right) \text{m}^2 - 1000 \text{N} \cdot \text{s}^2/\text{m}^4 \times 0.0949 \text{m}^3/\text{s}$$

$$\times (-12.092 - 3.023) \text{m/s}$$

$$= 4743 \text{N}$$

• 1kPa = 1kN/m²

답 ④

35

14.05.문23 (산업)
13.03.문21 (산업) 소화펌프의 회전수가 1450rpm일 때 양정이 25m, 유량이 5m³/min이었다. 펌프의 회전수를 1740rpm으로 높일 경우 양정[m]과 유량[m³/min]은? (단, 회전차의 직경은 일정하다.)

① 양정 : 17, 유량 : 4.2
② 양정 : 21, 유량 : 5
③ 양정 : 30.2, 유량 : 5.2
④ 양정 : 36, 유량 : 6

해설 **유량, 양정, 축동력**

(1) 유량

$$Q_2 = Q_1 \left(\frac{N_2}{N_1}\right) \left(\frac{D_2}{D_1}\right)^3 \text{ 또는 } Q_2 = Q_1 \left(\frac{N_2}{N_1}\right)$$

(2) 양정(수두)

$$H_2 = H_1 \left(\frac{N_2}{N_1}\right)^2 \left(\frac{D_2}{D_1}\right)^2 \quad 또는 \quad H_2 = H_1 \left(\frac{N_2}{N_1}\right)^2$$

(3) 축동력

$$P_2 = P_1 \left(\frac{N_2}{N_1}\right)^3 \left(\frac{D_2}{D_1}\right)^5 \quad 또는 \quad P_2 = P_1 \left(\frac{N_2}{N_1}\right)^3$$

여기서, Q_2 : 변경 후 유량(m³/min)
Q_1 : 변경 전 유량(m³/min)
H_2 : 변경 후 양정(m)
H_1 : 변경 전 양정(m)
P_2 : 변경 후 축동력(kW)
P_1 : 변경 전 축동력(kW)
N_2 : 변경 후 회전수(rpm)
N_1 : 변경 전 회전수(rpm)
D_2 : 변경 후 관경(mm)
D_1 : 변경 전 관경(mm)

변경 후 양정 H_2는

$$H_2 = H_1 \left(\frac{N_2}{N_1}\right)^2$$
$$= 25\text{m} \times \left(\frac{1740\,\text{rpm}}{1450\,\text{rpm}}\right)^2$$
$$= 36\text{m}$$

변경 후 유량 Q_2는

$$Q_2 = Q_1 \left(\frac{N_2}{N_1}\right)$$
$$= 5\text{m}^3/\text{min} \times \left(\frac{1740\,\text{rpm}}{1450\,\text{rpm}}\right)$$
$$= 6\text{m}^3/\text{min}$$

답 ④

★★★
36 화씨온도 200°F는 섭씨온도(℃)로 약 얼마인가?

12.03.문08
① 93.3℃
② 186.6℃
③ 279.9℃
④ 392℃

해설 **섭씨온도**

$$℃ = \frac{5}{9}(°F - 32)$$

여기서, ℃ : 섭씨온도(℃)
°F : 화씨온도(°F)
섭씨온도 $℃ = \frac{5}{9}(°F - 32)$
$$= \frac{5}{9}(200 - 32)$$
$$= 93.3℃$$

비교

(1) 화씨온도

$$°F = \frac{9}{5}℃ + 32$$

여기서, °F : 화씨온도(°F)
℃ : 섭씨온도(℃)

(2) 랭킨온도

$$R = 460 + °F$$

여기서, R : 랭킨온도(R)
°F : 화씨온도(°F)

(3) 켈빈온도

$$K = 273 + ℃$$

여기서, K : 켈빈온도(K)
℃ : 섭씨온도(℃)

답 ①

★★★
37 안지름이 0.1m인 파이프 내를 평균유속 5m/s로 물이 흐르고 있다. 길이 10m 사이에서 나타나는 손실수두는 약 몇 m인가? (단, 관마찰계수는 0.013이다.)

17.05.문39
17.03.문36
14.03.문24
06.09.문31
① 0.7
② 1
③ 1.5
④ 1.7

해설 **달시-웨버의 식**(Darcy-Weisbach formula) : 층류

$$H = \frac{\Delta P}{\gamma} = \frac{fl V^2}{2gD}$$

여기서, H : 마찰손실(손실수두)(m)
ΔP : 압력차(kPa)
γ : 비중량(물의 비중량 9.8kN/m³)
f : 관마찰계수
l : 길이(m)
V : 유속(m/s)
g : 중력가속도(9.8m/s²)
D : 내경(m)

● 1kPa=1kN/m³

손실수두 H는

$$H = \frac{fl V^2}{2gD} = \frac{0.013 \times 10\text{m} \times (5\text{m/s})^2}{2 \times 9.8\text{m/s}^2 \times 0.1\text{m}} = 1.7\text{m}$$

답 ④

★★★
38 송풍기의 풍량 15m³/s, 전압 540Pa, 전압효율이 55%일 때 필요한 축동력은 몇 kW인가?

07.03.문24
(산업)
① 2.23
② 4.46
③ 8.1
④ 14.7

해설 축동력(배연기 동력)

$$P=\frac{P_T Q}{102\times60\eta}$$

(1) 표준대기압

1atm=760mmHg
  =1.0332kg$_f$/cm^2
  =10.332mH$_2$O(mAq)
  =14.7PSI(lb$_f$/in^2)
  =101,325kPa(kN/m^2)
  =1013mbar

$$101,325\text{kPa}=101325\text{Pa}=10,332\text{m}$$

$540\text{Pa}=\dfrac{540\text{Pa}}{101325\text{Pa}}\times10.332\text{m}$
  $=0.05506\text{m}$
  $=55.06\text{mm}$
  $=55.06\text{mmAq}$

• 1m=1000mm이므로 0.05506m=55.06mm
• 55.06mm=55.06mmAq

(2) 축동력(배연기 동력)

$$P=\frac{P_T Q}{102\times60\eta}$$

여기서, P : 축동력(kW)
   P_T : 전압(풍압)(mmAq, mmH$_2$O)
   Q : 풍량(m^3/min)
   η : 효율

축동력 P는

$P=\dfrac{P_T Q}{102\times60\eta}$
 $=\dfrac{55.06\text{mmAq}\times(15\times60)\text{m}^3/\text{min}}{102\times60\times0.55}$
 $≒14.7\text{kW}$

• 1min=60s, 1s=$\dfrac{1}{60}$min이므로
 15m^3/s=15m^3$\left/\dfrac{1}{60}\right.$min=(15×60)m^3/min
• **축동력** : 전달계수(K)를 고려하지 않은 동력

답 ④

⭐⭐⭐
39 절대온도와 비체적이 각각 T, v인 이상기체
05.05.문33 1kg이 압력이 P로 일정하게 유지되는 가운데 가열되어 절대온도가 $6T$까지 상승되었다. 이 과정에서 이상기체가 한 일은 얼마인가?

① Pv ② $3Pv$
③ $5Pv$ ④ $6Pv$

해설 정압과정시의 **비체적**과 **온도**와의 관계

$$\frac{v_2}{v_1}=\frac{T_2}{T_1}$$

여기서, v_1 : 변화 전의 비체적(m^3/kg)
   v_2 : 변화 후의 비체적(m^3/kg)
   T_1 : 변화 전의 온도(273+℃)(K)
   T_2 : 변화 후의 온도(273+℃)(K)

$$T_2=6T_1 \quad\text{이므로}$$

변화 후의 비체적 v_2 는

$$v_2=v_1\times\frac{T_2}{T_1}=v_1\times\frac{6T_1}{T_1}=6v_1$$

$$_1W_2=P(v_2-v_1)$$

여기서, $_1W_2$: 외부에서 한 일(이상기체가 한 일)(J/kg)
   P : 압력(Pa)
   v_1 : 변화 전의 비체적(m^3/kg)
   v_2 : 변화 후의 비체적(m^3/kg)
외부에서 **한 일** $_1W_2$ 는
$_1W_2=P(v_2-v_1)$
  $=P(6v_1-v_1)=5Pv_1=5Pv$

답 ③

⭐⭐⭐
40 다음 계측기 중 측정하고자 하는 것이 다른
11.06.문31 것은?

① Bourdon 압력계
② U자관 마노미터
③ 피에조미터
④ 열선풍속계

해설

정압측정	유속측정(동압측정)	유량측정
① **정**압관 (Static tube)	① **시**차액주계 (Differential manometer)	① 벤투리미터 (Venturimeter)
② **피**에조미터 (Piezometer) 보기 ③	② **피**토관 (Pitot-tube)	② 오리피스 (Orifice)
③ **부**르동압력계 (Bourdon 압력계) 보기 ①	③ **피**토-정압관 (Pitot-static tube)	③ 위어 (Weir)
④ **마**노미터(U자관 마노미터) 보기 ②	④ **열**선속도계 (Hot-wire anemometer) 보기 ④	④ 로터미터 (Rotameter)

기억법 정피마부, 유시피열

• 열선속도계=열선풍속계

①~③ 정압측정
④ 유속측정

답 ④

제3과목　소방관계법규

41 위험물안전관리법상 행정처분을 하고자 하는 경우 청문을 실시해야 하는 것은?

19.04.문60
15.05.문46

① 제조소 등 설치허가의 취소
② 제조소 등 영업정지 처분
③ 탱크시험자의 영업정지
④ 과징금 부과처분

해설 **위험물법 29조**
청문실시
(1) 제조소 등 설치허가의 취소 [보기 ①]
(2) 탱크시험자의 등록 취소

> **중요**
>
> **위험물법 29조**
> 청문실시자
> (1) 시·도지사
> (2) 소방본부장
> (3) 소방서장

답 ①

42 소방기본법상의 벌칙으로 5년 이하의 징역 또는 5000만원 이하의 벌금에 해당하지 않는 것은?

17.03.문49
16.05.문60
15.09.문43
15.05.문58
11.10.문51
10.09.문54

① 소방자동차가 화재진압 및 구조·구급활동을 위하여 출동할 때 그 출동을 방해한 자
② 사람을 구출하거나 불이 번지는 것을 막기 위하여 불이 번질 우려가 있는 소방대상물의 사용제한의 강제처분을 방해한 자
③ 출동한 소방대의 소방장비를 파손하거나 그 효용을 해하여 화재진압·인명구조 또는 구급활동을 방해한 자
④ 정당한 사유 없이 소방용수시설 또는 비상소화장치의 효용을 해치거나 그 정당한 사용을 방해한 자

해설 **기본법 50조**
5년 이하의 징역 또는 5000만원 이하의 벌금
(1) 소방자동차의 **출동 방해** [보기 ①]
(2) **사람구출** 방해
(3) **소방용수시설** 또는 **비상소화장치**의 효용 방해 [보기 ④]
(4) 출동한 소방대의 화재진압·인명구조 또는 구급활동 **방해** [보기 ③]
(5) 소방대의 현장출동 **방해**
(6) 출동한 소방대원에게 **폭행·협박** 행사

> ② 3년 이하의 징역 또는 3000만원 이하의 벌금

답 ②

43 고형 알코올 그 밖에 1기압 상태에서 인화점이 40℃ 미만인 고체에 해당하는 것은?

15.05.문47
12.09.문49

① 가연성 고체
② 산화성 고체
③ 인화성 고체
④ 자연발화성 물질

해설 **위험물령 [별표 1]**
위험물

구 분	설 명
가연성 고체	**고체**로서 화염에 의한 발화의 위험성 또는 인화의 위험성을 판단하기 위하여 고시로 정하는 시험에서 고시로 정하는 성질과 상태를 나타내는 것
산화성 고체	**고체** 또는 **기체**로서 산화력의 잠재적인 위험성 또는 충격에 대한 민감성을 판단하기 위하여 소방청장이 정하여 고시하는 시험에서 고시로 정하는 성질과 상태를 나타내는 것
인화성 고체	**고형 알코올** 그 밖에 1기압에서 인화점이 **40℃ 미만**인 고체 [보기 ③]
자연발화성 물질 및 금수성 물질	**고체** 또는 **액체**로서 공기 중에서 발화의 위험성이 있거나 **물**과 **접촉**하여 발화하거나 가연성 가스를 발생하는 위험성이 있는 것

답 ③

44 소화난이도등급 Ⅰ의 제조소 등에 설치해야 하는 소화설비기준 중 황만을 저장·취급하는 옥내탱크저장소에 설치해야 하는 소화설비는?

① 옥내소화전설비
② 옥외소화전설비
③ 물분무소화설비
④ 고정식 포소화설비

해설 **위험물규칙 [별표 17]**
황만을 저장·취급하는 옥내·외탱크저장소·암반탱크저장소에 설치해야 하는 소화설비
물분무소화설비 [보기 ③]

답 ③

45 정기점검의 대상인 제조소 등에 해당하지 않는 것은?

17.09.문51

① 이송취급소
② 이동탱크저장소
③ 암반탱크저장소
④ 판매취급소

해설 위험물령 16조
정기점검의 대상인 제조소 등
(1) **제조소** 등(이송취급소 · 암반탱크저장소) 보기 ① ③
(2) **지하탱크**저장소
(3) **이동탱크**저장소 보기 ②
(4) 위험물을 취급하는 탱크로서 지하에 매설된 탱크가 있는 **제조소 · 주유취급소** 또는 **일반취급소**
답 ④

46 ★★
16.03.문51
15.09.문57
화재의 예방 및 안전관리에 관한 법률에 따른 소방안전관리 업무를 하지 아니한 특정소방대상물의 관계인에게는 몇 만원 이하의 과태료를 부과하는가?
① 100
② 200
③ 300
④ 500

해설 300만원 이하의 과태료
(1) 관계인의 소방안전관리 업무 미수행(화재예방법 52조)
보기 ③
(2) **소방훈련** 및 **교육** 미실시자(화재예방법 52조)
(3) 소방시설의 점검결과 미보고(소방시설법 61조)
답 ③

47 ★★★
소방체험관의 설립 · 운영권자는?
① 국무총리
② 소방청장
③ 시 · 도지사
④ 소방본부장 및 소방서장

해설 시 · 도지사
(1) 제조소 등의 설치**허**가(위험물법 6조)
(2) 소방업무의 지휘 · 감독(기본법 3조)
(3) 소방**체**험관의 설립 · 운영(기본법 5조) 보기 ③
(4) 소방업무에 관한 세부적인 종합계획 수립 및 소방업무 수행(기본법 6조)
(5) **화**재예방강화지구의 지정(화재예방법 18조)

🔧 **중요**

시 · 도지사
(1) 특별시장
(2) 광역시장
(3) 도지사
(4) 특별자치시
(5) 특별자치도

기억법 시체허화

답 ③

48 ★
13.06.문45
특정소방대상물 중 의료시설에 해당되지 않는 것은?
① 노숙인재활시설
② 장애인의료재활시설
③ 정신의료기관
④ 마약진료소

해설 소방시설법 시행령 〔별표 2〕
의료시설

구 분	종 류
병원	• 종합병원　• 병원 • 치과병원　• 한방병원 • 요양병원
격리병원	• 전염병원 • 마약진료소 보기 ④
정신의료기관 보기 ③	–
장애인의료재활시설 보기 ②	

① 노유자시설

답 ①

49 ★★★
교육연구시설 중 학교 지하층은 바닥면적의 합계가 몇 m^2 이상인 경우 연결살수설비를 설치해야 하는가?
① 500
② 600
③ 700
④ 1000

해설 소방시설법 시행령 〔별표 4〕
연결살수설비의 설치대상

설치대상	조 건
① 지하층	• 바닥면적 합계 150m^2(학교 700m^2) 이상 보기 ③
② 판매시설 ③ 운수시설 ④ 물류터미널	• 바닥면적 합계 1000m^2 이상
⑤ 가스시설	• 30t 이상 탱크시설
⑥ 전부	• 연결통로

답 ③

50 ★★
06.03.문59
소방장비 등에 대한 국고보조 대상사업의 범위와 기준보조율은 무엇으로 정하는가?
① 행정안전부령
② 대통령령
③ 시 · 도의 조례
④ 국토교통부령

해설 기본법 8 · 9조
소방력 및 소방장비
(1) 소방력의 기준 : 행정안전부령
(2) 소방장비 등에 대한 국고보조 기준 : **대통령령** 보기 ②

• **소방력** : 소방기관이 소방업무를 수행하는 데 필요한 **인력과 장비**

답 ②

51 제2류 위험물의 품명에 따른 지정수량의 연결이 틀린 것은?

① 황화인 – 100kg ② 황 – 300kg
③ 철분 – 500kg ④ 인화성 고체 – 1000kg

해설 **위험물령 〔별표 1〕**
제2류 위험물

성 질	품 명	지정수량
가연성 고체	황화인	100kg
	적린	
	황 보기 ②	
	철분	500kg
	금속분	
	마그네슘	
	인화성 고체	1000kg

② 황 – 100kg

답 ②

52 소방기본법상 소방용수시설의 저수조는 지면으로부터 낙차가 몇 m 이하가 되어야 하는가?

13.03.문49

① 3.5 ② 4
③ 4.5 ④ 6

해설 **기본규칙 〔별표 3〕**
소방용수시설의 저수조에 대한 설치기준

(1) 낙차 : **4.5m** 이하 보기 ③
(2) 수심 : **0.5m** 이상
(3) 투입구의 길이 또는 지름 : **60cm** 이상
(4) 소방펌프 자동차가 **쉽게 접근**할 수 있도록 할 것
(5) 흡수에 지장이 없도록 **토사** 및 **쓰레기** 등을 제거할 수 있는 설비를 갖출 것
(6) 저수조에 물을 공급하는 방법은 **상수도**에 연결하여 **자동**으로 **급수**되는 구조일 것

기억법 낙45(낙산사로 오세요!), 수5(수호천사)

답 ③

53 위험물제조소 게시판의 바탕 및 문자의 색으로 올바르게 연결된 것은?

19.04.문58
15.03.문44
11.10.문45

① 바탕 – 백색, 문자 – 청색
② 바탕 – 청색, 문자 – 흑색
③ 바탕 – 흑색, 문자 – 백색
④ 바탕 – 백색, 문자 – 흑색

해설 **위험물규칙 〔별표 4〕**
위험물제조소의 **표지** 설치기준(게시판)

(1) 한 변의 길이가 **0.3m** 이상, 다른 한 변의 길이가 **0.6m** 이상인 **직사각형**일 것

(2) **바탕**은 **백색**으로, 문자는 **흑색**일 것 보기 ④

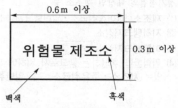

제조소의 표지

기억법 표바백036

답 ④

54 소방시설 설치 및 관리에 관한 법령에 따른 소방시설관리업자로 선임된 소방시설관리사 및 소방기술사는 자체점검을 실시한 경우 그 점검이 끝난 날부터 며칠 이내에 소방시설 등 자체점검 실시결과 보고서를 관계인에게 제출하여야 하는가?

19.03.문59
16.03.문55
11.03.문56

① 10일 ② 15일
③ 30일 ④ 60일

해설 **소방시설법 시행규칙 23조**
소방시설 등의 자체점검 결과의 조치 등

(1) 관리업자 또는 소방안전관리자로 선임된 소방시설관리사 및 소방기술사는 자체점검을 실시한 경우에는 그 점검이 끝난 날부터 **10일 이내**에 소방시설 등 자체점검 실시결과 보고서를 관계인에게 제출하여야 한다. 보기 ①
(2) 자체점검 실시결과 보고서를 제출받거나 스스로 자체점검을 실시한 관계인은 점검이 끝난 날부터 **15일 이내**에 소방시설 등 자체점검 실시결과 보고서에 소방시설 등의 자체점검결과 이행계획서를 첨부하여 소방본부장 또는 소방서장에게 보고해야 한다. 이 경우 소방청장이 지정하는 전산망을 통하여 그 점검결과를 보고할 수 있다.

답 ①

55 소방용수시설 중 소화전과 급수탑의 설치기준으로 틀린 것은?

19.03.문58
17.03.문54
09.08.문43

① 소화전은 상수도와 연결하여 지하식 또는 지상식의 구조로 할 것
② 소방용 호스와 연결하는 소화전의 연결금속구의 구경은 65mm로 할 것
③ 급수탑 급수배관의 구경은 100mm 이상으로 할 것
④ 급수탑의 개폐밸브는 지상에서 1.5m 이상 1.8m 이하의 위치에 설치할 것

해설 기본규칙〔별표 3〕
소방용수시설별 설치기준

소화전	급수탑
• **65mm** : 연결금속구의 구경	• **100mm** : 급수배관의 구경 • **1.5~1.7m** 이하 : 개폐밸브 높이 보기 ④

④ 1.5m 이상 1.8m 이하 → 1.5m 이상 1.7m 이하

답 ④

★★★
56 하자보수 대상 소방시설 중 하자보수 보증기간이 2년이 아닌 것은?

15.03.문52
12.05.문59

① 유도표지
② 비상경보설비
③ 무선통신보조설비
④ 자동화재탐지설비

해설 공사업령 6조
소방시설공사의 하자보수 보증기간

보증 기간	소방시설
2년	① **유**도등 · 유도표지 · **피**난기구 보기 ① ② **비상조**명등 · 비상**경**보설비 · 비상**방**송설비 보기 ② ③ **무**선통신보조설비 보기 ③
3년	① 자동소화장치 ② 옥내 · 외소화전설비 ③ 스프링클러설비 · 간이스프링클러설비 ④ 물분무등소화설비 · 상수도 소화용수설비 ⑤ 자동화재탐지설비 · 소화활동설비(무선통신보 조설비 제외) 보기 ④

기억법 유비조경방무피2

④ 3년

답 ④

★★
57 소방시설공사업법상 소방시설업 등록신청서 및 첨부서류에 기재되어야 할 내용이 명확하지 아니한 경우 서류의 보완기간은 며칠 이내인가?

① 14
② 10
③ 7
④ 5

해설 공사업규칙 2조 2
10일 이내
(1) 소방시설업 등록신청 첨부서류 보완
(2) 소방시설업 등록신청서 및 첨부서류 기재사항 보완
보기 ②

답 ②

★★★
58 일반 소방시설설계업(기계분야)의 영업범위는 공장의 경우 연면적 몇 m² 미만의 특정소방대상물에 설치되는 기계분야 소방시설의 설계에 한하는가? (단, 제연설비가 설치되는 특정소방대상물은 제외한다.)

05.05.문44

① 10000m²
② 20000m²
③ 30000m²
④ 40000m²

해설 공사업령〔별표 1〕
소방시설설계업

종류	기술인력	영업범위
전문	• **주된**기술인력 : **1명** 이상 • **보조**기술인력 : **1명** 이상	• 모든 특정소방대상물
일반	• **주된**기술인력 : **1명** 이상 • **보조**기술인력 : **1명** 이상	• **아파트**(기계분야 제연 설비 제외) • 연면적 **30000m²**(공 장 **10000m²**) 미만(기 계분야 제연설비 제외) 보기 ① • **위험물제조소** 등

답 ①

★★★
59 소방용품의 형식승인을 반드시 취소하여야 하는 경우가 아닌 것은?

① 거짓 또는 부정한 방법으로 형식승인을 받은 경우
② 시험시설의 시설기준에 미달되는 경우
③ 거짓 또는 부정한 방법으로 제품검사를 받은 경우
④ 변경승인을 받지 아니한 경우

해설 소방시설법 39조
소방용품 형식승인 취소
(1) **거짓**이나 그 밖의 **부정한 방법**으로 **형식승인**을 받은 경우 보기 ①
(2) **거짓**이나 그 밖의 **부정한 방법**으로 **제품검사**를 받은 경우 보기 ③
(3) 변경승인을 받지 아니하거나 **거짓**이나 그 밖의 **부정한 방법**으로 **변경승인**을 받은 경우 보기 ④

② 6개월 이내의 기간을 정하여 제품검사 중지

답 ②

★
60 소방본부장이 화재안전조사위원회 위원으로 임명하거나 위촉할 수 있는 사람이 아닌 것은?

19.03.문43

① 소방시설관리사
② 과장급 직위 이상의 소방공무원
③ 소방 관련 분야의 석사학위 이상을 취득한 사람
④ 소방 관련 법인 또는 단체에서 소방 관련 업무에 3년 이상 종사한 사람

해설 화재예방법 시행령 11조
화재안전조사위원회의 구성
(1) **과장급** 직위 이상의 소방공무원 보기 ②

(2) 소방기술사

(3) 소방시설관리사 보기 ①

(4) 소방 관련 분야의 **석사**학위 이상을 취득한 사람 보기 ③

(5) 소방 관련 법인 또는 단체에서 소방 관련 업무에 **5년** 이상 종사한 사람

(6) 소방공무원 교육훈련기관, 학교 또는 연구소에서 소방과 관련한 교육 또는 연구에 **5년** 이상 종사한 사람

④ 3년 → 5년

답 ④

제 4 과목 **소방기계시설의 구조 및 원리** ⋮

★★
61 분말소화설비의 자동식 기동장치의 설치기준 중 틀린 것은? (단, 자동식 기동장치는 자동화재탐지설비의 감지기와 연동하는 것이다.)

① 기동용 가스용기의 충전비는 1.5 이상으로 할 것

② 자동식 기동장치에는 수동으로도 기동할 수 있는 구조로 할 것

③ 전기식 기동장치로서 3병 이상의 저장용기를 동시에 개방하는 설비는 2병 이상의 저장용기에 전자개방밸브를 부착할 것

④ 기동용 가스용기에는 내압시험압력의 0.8배 내지 내압시험압력 이하에서 작동하는 안전장치를 설치할 것

해설 **분말소화설비·할론소화설비·이산화탄소소화설비**의 **전기식 기동장치**[NFPC 108 7조(NTFC 108 2.4.2.2), NFPC 107 6조(NFTC 107 2.3.2.2), NFPC 106 6조(NFTC 106 2.3.2.2)]
전기식 기동장치로서 **7병 이상**의 저장용기를 동시에 개방하는 설비는 **2병 이상**의 저장용기에 **전자개방밸브**를 부착할 것 보기 ③

③ 3병 이상 → 7병 이상

답 ③

★★★
62 주거용 주방자동소화장치의 설치기준으로 틀린 것은?

15.05.문66
11.06.문71

① 아파트의 각 세대별 주방 및 오피스텔의 각 실별 주방에 설치한다.

② 소화약제 방출구는 환기구의 청소부분과 분리되어 있어야 한다.

③ 주거용 주방자동소화장치에 사용하는 차단장치(기계 또는 가스)는 상시 확인 및 점검이 가능하도록 설치할 것

④ 주거용 주방자동소화장치의 탐지부는 수신부와 분리하여 설치하되, 공기보다 무거운 가스를 사용하는 장소에는 바닥면으로부터 30cm 이하의 위치에 설치한다.

해설 **주거용 주방자동소화장치**의 **설치기준**(NFPC 101 4조, NFTC 101 2.1.2)

사용가스	탐지부 위치
LNG (공기보다 가벼운 가스)	**천장면**에서 **30cm** 이하
LPG (공기보다 무거운 가스)	**바닥면**에서 **30cm** 이하 보기 ④

(1) 소화약제 방출구는 환기구의 청소부분과 분리되어 있을 것 보기 ②

(2) 감지부는 형식 승인받은 유효한 높이 및 위치에 설치

(3) 차단장치(전기 또는 가스)는 상시 확인 및 점검이 가능하도록 설치할 것 보기 ③

(4) 수신부는 주위의 열기류 또는 습기 등과 주위온도에 영향을 받지 아니하고 사용자가 **상시 볼 수 있는 장소**에 설치할 것

③ 기계 또는 가스 → 전기 또는 가스

답 ③

★★★
63 스프링클러헤드에서 이융성 금속으로 융착되거나 이융성 물질에 의하여 조립된 것은?

15.09.문80
10.05.문78

① 프레임　　　　② 디플렉터

③ 유리벌브　　　④ 휴지블링크

해설
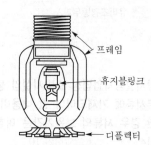

∥스프링클러헤드∥

용어	설명
프레임	스프링클러헤드의 나사부분과 디플렉터를 연결하는 이음쇠부분
디플렉터 (디프렉타)	스프링클러헤드의 방수구에서 유출되는 **물**을 **세분**시키는 작용을 하는 것 기억법 디세(드세다.)
휴지블링크	감열체 중 **이융성 금속**으로 융착되거나 이융성 물질에 의하여 조립된 것 보기 ④

● 휴지블링크=퓨즈블링크

답 ④

★★★ 64 [12.09.문67] 항공기 격납고 포헤드의 1분당 방사량은 바닥면적 1m²당 최소 몇 L 이상이어야 하는가? (단, 수성막포 소화약제를 사용한다.)

① 3.7 ② 6.5
③ 8.0 ④ 10

해설 소방대상물별 약제저장량(소화약제 기준)(NFPC 105 12조, NFTC 105 2.9.2)

소방대상물	포소화약제의 종류	방사량
• 차고·주차장 • 항공기 격납고	• 수성막포	3.7L/m²분 보기 ①
	• 단백포	6.5L/m²분
	• 합성계면활성제포	8.0L/m²분
• 특수가연물 저장·취급소	• 수성막포 • 단백포 • 합성계면활성제포	6.5L/m²분

답 ①

★★★ 65 [07.05.문68] 완강기 벨트의 강도는 늘어뜨린 방향으로 1개에 대하여 몇 N의 인장하중을 가하는 시험에서 끊어지거나 현저한 변형이 생기지 않아야 하는가?

① 1500 ② 3900
③ 5000 ④ 6500

해설 완강기

구 성	설 명
와이어로프	• 직경 : 3mm 이상 • 강도시험 : 3900N
벨트	• 두께 : 3mm 이상 • 폭 : 5cm 이상 • 강도시험 : 6500N 보기 ④

답 ④

★★★ 66 [19.09.문69] 분말소화설비 분말소화약제 1kg당 저장용기의 내용적 기준으로 틀린 것은?

① 제1종 분말 : 0.8L ② 제2종 분말 : 1.0L
③ 제3종 분말 : 1.0L ④ 제4종 분말 : 1.8L

해설 저장용기의 내용적(NFPC 108 4조, NFTC 108 2.1.2.1)

약제종별	내용적(L/kg)
제1종 분말	0.8 보기 ①
제2·3종 분말	1 보기 ②③
제4종 분말	1.25 보기 ④

④ 1.8L → 1.25L

답 ④

★★★ 67 [19.03.문70 17.09.문72 16.05.문79 15.05.문78 10.03.문63] 물분무소화설비를 설치하는 주차장의 배수설비 설치기준 중 차량이 주차하는 바닥은 배수구를 향하여 얼마 이상의 기울기를 유지해야 하는가?

① $\frac{1}{100}$ ② $\frac{2}{100}$
③ $\frac{3}{100}$ ④ $\frac{5}{100}$

해설 물분무소화설비의 배수설비(NFPC 104 11조, NFTC 104 2.8)
(1) 10cm 이상의 경계턱으로 배수구 설치(차량이 주차하는 곳)
(2) 40m 이하마다 기름분리장치 설치
(3) 차량이 주차하는 바닥은 $\frac{2}{100}$ 이상의 기울기 유지 보기 ②
(4) 배수설비 : 가압송수장치의 최대송수능력의 수량을 유효하게 배수할 수 있는 크기 및 기울기로 할 것

참고 기울기

기울기	설 명
$\frac{1}{100}$ 이상	연결살수설비의 수평주행배관
$\frac{2}{100}$ 이상	물분무소화설비의 배수설비
$\frac{1}{250}$ 이상	습식·부압식 설비 외 설비의 가지배관
$\frac{1}{500}$ 이상	습식·부압식 설비 외 설비의 수평주행배관

답 ②

★ 68 할로겐화합물 및 불활성기체 소화설비의 수동식 기동장치의 설치기준 중 틀린 것은?

① 50N 이상의 힘을 가하여 기동할 수 있는 구조로 할 것
② 전기를 사용하는 기동장치에는 전원표시등을 설치할 것
③ 기동장치의 방출용 스위치는 음향경보장치와 연동하여 조작될 수 있는 것으로 할 것
④ 해당 방호구역의 출입구 부근 등 조작을 하는 자가 쉽게 피난할 수 있는 장소에 설치할 것

해설 할로겐화합물 및 불활성기체 소화설비 수동식 기동장치의 설치기준
(1) 방호구역마다 설치
(2) 해당 방호구역의 출입구 부근 등 조작을 하는 자가 쉽게 피난할 수 있는 장소에 설치 보기 ④
(3) 기동장치의 조작부는 바닥으로부터 0.8~1.5m 이하의 위치에 설치하고, 보호판 등에 따른 보호장치를 설치

(4) 기동장치에는 가깝고 보기 쉬운 곳에 "**할로겐화합물 및 불활성기체 소화설비 기동장치**"라는 표지를 할 것

(5) 전기를 사용하는 기동장치에는 **전원표시등**을 설치 보기 ②

(6) 기동장치의 방출용 스위치는 **음향경보장치**와 **연동**하여 조작될 수 있는 것으로 할 것 보기 ③

(7) **50N 이하**의 힘을 가하여 기동할 수 있는 구조로 설치 보기 ①

(8) 기동장치에는 보호장치를 설치해야 하며, 보호장치를 개방하는 경우 기동장치에 설치된 버저 또는 벨 등에 의하여 경고음을 발할 것

(9) 기동장치를 옥외에 설치하는 경우 빗물 또는 외부 충격의 영향을 받지 않도록 설치할 것

> ① 50N 이상 → 50N 이하

비교
> **할로겐화합물 및 불활성기체 소화설비 자동식 기동장치의 설치기준**
> (1) 자동식 기동장치에는 **수동식 기동장치**를 함께 설치할 것
> (2) **기계식, 전기식** 또는 **가스압력식**에 따른 방법으로 기동하는 구조로 설치할 것

답 ①

★★★
69 근린생활시설 지상 4층에 적응성이 있는 피난기구로 틀린 것은? (단, 입원실이 있는 의원·접골원·조산원은 제외한다.)

19.03.문76
16.05.문74
11.03.문72

① 피난사다리　　② 미끄럼대
③ 구조대　　　　④ 피난교

해설 **피난기구**의 **적응성**(NFTC 301 2.1.1)

설치장소별 구분 ＼ 층별	1층	2층	3층	4층 이상 10층 이하
노유자시설	•미끄럼대 •구조대 •피난교 •다수인 피난장비 •승강식 피난기	•미끄럼대 •구조대 •피난교 •다수인 피난장비 •승강식 피난기	•미끄럼대 •구조대 •피난교 •다수인 피난장비 •승강식 피난기	•구조대[1)] •피난교 •다수인 피난장비 •승강식 피난기
의료시설·입원실이 있는 의원·접골원·조산원	–	–	•미끄럼대 •구조대 •피난교 •피난용 트랩 •다수인 피난장비 •승강식 피난기	•구조대 •피난교 •피난용 트랩 •다수인 피난장비 •승강식 피난기
영업장의 위치가 4층 이하인 다중이용업소	–	•미끄럼대 •피난사다리 •구조대 •완강기 •다수인 피난장비 •승강식 피난기	•미끄럼대 •피난사다리 •구조대 •완강기 •다수인 피난장비 •승강식 피난기	•미끄럼대 •피난사다리 •구조대 •완강기 •다수인 피난장비 •승강식 피난기
그 밖의 것 (근린생활시설 사무실 등)	–	–	•미끄럼대 •피난사다리 •구조대 •완강기 •피난교 •피난용 트랩 •간이완강기 •공기안전매트 •다수인 피난장비 •승강식 피난기	•피난사다리 보기 ① •구조대 보기 ③ •완강기 •피난교 보기 ④ •간이완강기 •공기안전매트 •다수인 피난장비 •승강식 피난기

[비고] 1) 구조대의 적응성은 장애인 관련 시설로서 주된 사용자 중 스스로 피난이 불가한 자가 있는 경우 추가로 설치하는 경우에 한한다.

2) 간이완강기의 적응성은 숙박시설의 3층 이상에 있는 객실에 추가로 설치하는 경우에 한한다.

답 ②

★★★
70 배출풍도의 설치기준 중 다음 ( ) 안에 알맞은 것은?

15.03.문80
10.05.문76

> 배출기 흡입측 풍도 안의 풍속은 (㉠)m/s 이하로 하고 배출측 풍속은 (㉡)m/s 이하로 할 것

① ㉠ 15, ㉡ 10　　② ㉠ 10, ㉡ 15
③ ㉠ 20, ㉡ 15　　④ ㉠ 15, ㉡ 20

해설 **제연설비**의 **풍속**(NFPC 501 8~10조, NFTC 501 2.5.5, 2.6.2.2, 2.7.1)

조건	풍속
•유입구가 바닥에 설치시 상향분출 가능	**1m/s** 이하
•예상제연구역의 공기유입 풍속	**5m/s** 이하
•배출기의 흡입측 풍속	**15m/s** 이하 보기 ㉠
•배출기의 **배출측** 풍속 •**유입풍도** 안의 풍속	**20m/s** 이하 보기 ㉡

기억법 배2유(배이다 아파! 이유)

용어
> **풍도**
> 공기가 유동하는 덕트

답 ④

★★★
71 특수가연물을 저장 또는 취급하는 랙식 창고의 경우에는 스프링클러헤드를 설치하는 천장·반자·천장과 반자 사이·덕트·선반 등의 각 부분으로부터 하나의 스프링클러헤드까지의 수평거리 기준은 몇 m 이하인가? (단, 성능이 별도로 인정된 스프링클러헤드를 수리계산에 따라 설치하는 경우는 제외한다.)

17.09.문75
12.05.문76

① 1.7　　　　② 2.5
③ 3.2　　　　④ 4

해설 **수평거리**(R)

설치장소	설치기준
무대부·**특**수가연물 (창고 포함)	→ 수평거리 **1.7m** 이하 보기 ①
기타구조(창고 포함)	수평거리 **2.1m** 이하
내화구조(창고 포함)	수평거리 **2.3m** 이하
공동주택(**아**파트) 세대 내	수평거리 **2.6m** 이하

기억법 **무특기내아**(**무기 내려놔 아!**) 7136

① 특수가연물 : 1.7m 이하

답 ①

72 ★★★
[09.08.문75] 소화용수설비를 설치하여야 할 특정소방대상물에 있어서 유수의 양이 최소 몇 m^3/min 이상인 유수를 사용할 수 있는 경우에 소화수조를 설치하지 아니할 수 있는가?

① 0.8   ② 1
③ 1.5   ④ 2

해설
① 소화용수설비를 설치하여야 할 소방대상물에 유수의 양이 **0.8m^3/min** 이상인 유수를 사용할 수 있는 경우에는 소화수조를 설치하지 아니할 수 있다.(NFTC 402 2.1.4)

답 ①

73 ★
[19.03.문74] 수직강하식 구조대의 구조에 대한 설명 중 틀린 것은? (단, 건물내부의 별실에 설치하는 경우는 제외한다.)

① 구조대의 포지는 외부포지와 내부포지로 구성한다.
② 사람의 중량에 의하여 하강속도를 조절할 수 있어야 한다.
③ 구조대는 연속하여 강하할 수 있는 구조이어야 한다.
④ 입구틀 및 고정틀의 입구는 지름 60cm 이상의 구체가 통과할 수 있어야 한다.

해설 **수직강하식 구조대의 구조**(구조대 형식 17조)
(1) 구조대는 안전하고 쉽게 사용할 수 있는 구조이어야 한다.
(2) 구조대의 포지는 **외부포지**와 **내부포지**로 구성하되, 외부포지와 내부포지의 사이에 충분한 **공기층**을 두어야 한다.(단, 건물 내부의 별실에 설치하는 것은 외부포지 설치제외 가능) 보기 ①
(3) 입구틀 및 고정틀의 입구는 지름 **60cm** 이상의 구체가 통과할 수 있는 것이어야 한다. 보기 ④
(4) 구조대는 **연속**하여 **강하**할 수 있는 구조이어야 한다. 보기 ③
(5) 포지는 사용할 때 **수직방향**으로 현저하게 늘어나지 아니하여야 한다.
(6) **포지·지지틀·고정틀**, 그 밖의 부속장치 등은 견고하게 부착되어야 한다.

② **완강기**에 대한 설명

답 ②

74 ★★
제연구역의 선정방식 중 계단실 및 그 부속실을 동시에 제연하는 것의 방연풍속은 몇 m/s 이상이어야 하는가?

① 0.5   ② 0.7
③ 1   ④ 1.5

해설 **방연풍속의 기준**(NFPC 501A 10조, NFTC 501A 2.7.1)

제연구역		방연풍속
• 계단실 및 그 부속실을 **동시** 제연 • **계단실**만 **단독** 제연		0.5m/s 이상 보기 ①
• **부속실**만 **단독**으로 제연하는 것	부속실 또는 승강장이 면하는 옥내가 **거실**인 경우	0.7m/s 이상
	부속실이 면하는 옥내가 **복도**로서 그 구조가 방화구조(내화시간이 **30분** 이상인 구조 포함)인 것	0.5m/s 이상

답 ①

75 ★★
[09.05.문77] 배관·행거 및 조명기구가 있어 살수의 장애가 있는 경우 스프링클러헤드의 설치방법으로 옳은 것은? (단, 스프링클러헤드와 장애물과의 이격거리를 장애물 폭의 3배 이상 확보한 경우는 제외한다.)

① 부착면과의 거리는 30cm 이하로 설치한다.
② 헤드로부터 반경 60cm 이상의 공간을 보유한다.
③ 장애물과 부착면 사이에 설치한다.
④ 장애물 아래에 설치한다.

해설 **스프링클러헤드의 설치기준**(NFPC 103 10조, NFTC 103 2.7.7)

배관, 행거 및 조명기구 등 살수를 방해하는 것이 있는 경우에는 그로부터 **아래**에 **설치**하여 살수에 장애가 없도록 할 것

답 ④

76 ★★
[07.03.문62] 전역방출방식 고발포용 고정포방출구의 설치기준으로 옳은 것은? (단, 해당 방호구역에서 외부로 새는 양 이상의 포수용액을 유효하게 추가하여 방출하는 설비가 있는 경우는 제외한다.)

① 고정포방출구는 바닥면적 600m^2마다 1개 이상으로 할 것
② 고정포방출구는 방호대상물의 최고부분보다 낮은 위치에 설치할 것
③ 개구부에 자동폐쇄장치를 설치할 것
④ 특정소방대상물 및 포의 팽창비에 따른 종별에 관계없이 해당 방호구역의 관포체적 1m^3에 대한 1분당 포수용액 방출량은 1L 이상으로 할 것

해설 **전역방출방식의 고발포용 고정포방출구**(NFPC 105 12조, NFTC 105 2.9.4)

(1) 개구부에 **자동폐쇄장치**를 설치할 것 보기 ③

(2) 포방출구는 바닥면적 **500m²**마다 1개 이상으로 할 것 보기 ①

(3) 포방출구는 방호대상물의 **최고부분**보다 **높은 위치**에 설치할 것 보기 ②

(4) 해당 방호구역의 관포체적 1m³에 대한 포수용액 방출량은 특정소방대상물 및 포의 팽창비에 따라 달라진다. 보기 ④

① 600m² → 500m²

② 낮은 위치 → 높은 위치

④ 1L 이상으로 할 것 → 특정소방대상물 및 포의 팽창비에 따라 달라진다.

답 ③

★★★
77 소화용수설비에 설치하는 채수구의 수는 소요 수량이 40m³ 이상 100m³ 미만인 경우 몇 개를 설치해야 하는가?

19.09.문63
15.09.문77
11.03.문68

① 1

② 2

③ 3

④ 4

해설 **채수구의 수**(NFPC 402 4조, NFTC 402 2.1.3.2.1)

소화수조 용량	20~40m³ 미만	40~100m³ 미만	100m³ 이상
채수구 의 수	1개	2개 보기 ②	3개

※ **채수구** : 소방대상물의 펌프에 의하여 양수된 물을 소방차가 흡입하는 구멍

답 ②

★★★
78 모피창고에 이산화탄소 소화설비를 전역방출방식으로 설치한 경우 방호구역의 체적이 600m³ 라면 이산화탄소 소화약제의 최소저장량은 몇 kg인가? (단, 설계농도는 75%이고, 개구부면적은 무시한다.)

19.09.문77

① 780

② 960

③ 1200

④ 1620

해설 **이산화탄소 소화설비 저장량**[kg]

= 방호구역체적[m³]×약제량[kg/m³]+개구부면적[m²]×개구부가산량(10kg/m²)

=600m³×2.7kg/m³

=1620kg

• 방호구역체적 : 600m³

• 개구부면적은 무시한다고 했으므로 **개구부면적** 및 **개구부가산량**은 제외

• 모피창고의 경우 약제량은 **2.7kg/m³**이다.

┃ 이산화탄소 소화설비 심부화재의 약제량 및 개구부가산량 ┃

방호대상물	약제량	개구부 가산량 (자동폐쇄 장치 미설치시)	설계농도
전기설비	1.3kg/m³		
전기설비 (55m³ 미만)	1.6kg/m³		50%
서고, 박물관, 목재가공품창고, 전자제품창고	2.0kg/m³	10kg/m²	65%
석탄창고, 면화류창고, 고무류, 모피창고, 집진설비	→ 2.7kg/m³		75%

답 ④

★★★
79 옥내소화전설비 배관의 설치기준 중 틀린 것은?

19.03.문80
17.05.문65

① 옥내소화전방수구와 연결되는 가지배관의 구경은 40mm 이상으로 한다.

② 연결송수관설비의 배관과 겸용할 경우 주배관의 구경은 100mm 이상으로 한다.

③ 펌프의 토출측 주배관의 구경은 유속이 4m/s 이하가 될 수 있는 크기 이상으로 한다.

④ 주배관 중 수직배관의 구경은 15mm 이상으로 한다.

해설 **옥내소화전설비**(NFPC 102 6조, NFTC 102 2.3)

배 관	구 경	비 고
가지배관	**40mm 이상** 보기 ①	호스릴 : 25mm 이상
주배관 중 수직배관	**50mm 이상** 보기 ④	호스릴 : 32mm 이상
연결송수관설비 겸용 주배관	**100mm 이상** 보기 ②	—

④ 15mm 이상 → 50mm 이상

답 ④

★★★
80 물분무소화설비 송수구의 설치기준 중 틀린 것은?

17.05.문64
13.03.문66

① 송수구에는 이물질을 막기 위한 마개를 씌울 것

② 지면으로부터 높이가 0.8m 이상 1.5m 이하의 위치에 설치할 것

③ 송수구의 가까운 부분에 자동배수밸브 및 체크밸브를 설치할 것

④ 송수구는 하나의 층의 바닥면적이 3000m^{2}를 넘을 때마다 1개(5개를 넘을 경우에는 5개로 한다) 이상을 설치할 것

해설 설치높이

0.5~1m 이하 보기 ②	0.8~1.5m 이하	1.5m 이하
① **연**결송수관설비의 송수구 ② **연**결살수설비의 송수구 ③ **물분무소화설비의 송수구** ④ **소**화용수설비의 채수구	① **수**동식 **기**동장치 조작부 ② **제**어밸브(수동식 개방밸브) ③ **유**수검지장치 ④ **일**제개방밸브	① **옥내**소화전설비의 방수구 ② **호**스릴함 ③ **소**화기(투척용 소화기)
기억법 연소용51(연소용 오일은 잘 탄다.)	기억법 수기8(수기 팔아요.) 제유일 85(제가 유일하게 팔았어요.)	기억법 옥내호소5(옥내에서 호소하시오.)

② 0.8m 이상 1.5m 이하 → 0.5m 이상 1m 이하

답 ②

길에서 돌이 나타나면
약자는 그것을 걸림돌이라 하고
강자는 그것을 디딤돌이라 한다.

과년도 기출문제

2015년

소방설비기사 필기(기계분야)

** 수험자 유의사항 **

1. 문제지를 받는 즉시 **본인**이 **응시한 종목**이 맞는지 확인하시기 바랍니다.

2. 문제지 표지에 본인의 **수험번호**와 **성명**을 기재하여야 합니다.

3. 문제지의 **총면수, 문제번호 일련순서, 인쇄상태, 중복 및 누락 페이지 유무**를 확인하시기 바랍니다.

4. 답안은 각 문제마다 요구하는 가장 적합하거나 가까운 답 1개만을 선택하여야 합니다.

5. 답안카드는 뒷면의 「수험자 유의사항」에 따라 작성하시고, 답안카드 작성 시 형별누락, 마킹착오로 인한 불이익은 전적으로 수험자에게 책임이 있음을 알려드립니다.

6. 문제지는 시험 종료 후 본인이 가져갈 수 있습니다.

** 안내사항 **

• 가답안/최종정답은 큐넷(www.q-net.or.kr)에서 확인하실 수 있습니다. 가답안에 대한 의견은 큐넷의 [가답안 의견 제시]를 통해 제시할 수 있으며, 확정된 답안은 최종정답으로 갈음합니다.

• 공단에서 제공하는 자격검정서비스에 대해 개선할 점이 있으시면 고객참여(http://hrdkorea.or.kr/7/1/1)를 통해 건의하여 주시기 바랍니다.

2015. 3. 8 시행

❙ 2015년 기사 제1회 필기시험 ❙

자격종목	종목코드	시험시간	형별	수험번호	성명
소방설비기사(기계분야)		2시간			

※ 각 문항은 4지택일형으로 질문에 가장 적합한 보기 항을 선택하여 체크하여야 합니다.

★★★
01 유류탱크 화재시 발생하는 슬롭오버(slop over) 현상에 관한 설명으로 틀린 것은?

19.09.문15
18.09.문08
17.03.문17
16.10.문15
16.05.문02
15.05.문18
14.09.문12
14.03.문01
09.05.문10
05.09.문07
05.05.문07
03.03.문11
02.03.문20

① 소화시 외부에서 방사하는 포에 의해 발생한다.
② 연소유가 비산되어 탱크외부까지 화재가 확산된다.
③ 탱크의 바닥에 고인 물의 비등 팽창에 의해 발생한다.
④ 연소면의 온도가 100℃ 이상일 때 물을 주수하면 발생한다.

[해설] **유류탱크, 가스탱크**에서 **발생**하는 현상

유사문제부터 풀어보세요. 실력이 팍!팍! 올라갑니다.

여러 가지 현상	정 의
블래비=블레이브(BLEVE)	과열상태의 탱크에서 내부의 액화가스가 분출하여 기화되어 폭발하는 현상
보일오버(boil over)	• 중질유의 석유탱크에서 장시간 조용히 연소하다 탱크 내의 잔존기름이 갑자기 분출하는 현상 • 유류탱크에서 탱크바닥에 물과 기름의 **에멀션**이 섞여 있을 때 이로 인하여 화재가 발생하는 현상 • 연소유면으로부터 100℃ 이상의 열파가 탱크저부에 고여 있는 물을 비등하게 하면서 연소유를 탱크 밖으로 비산시키며 연소하는 현상 • 탱크**저부**(바닥)의 물이 급격히 증발하여 기름이 탱크 밖으로 화재를 동반하여 방출하는 현상 [기억법] 보저(보자기)
오일오버(oil over)	저장탱크에 저장된 유류저장량이 내용적의 **50%** 이하로 충전되어 있을 때 화재로 인하여 탱크가 폭발하는 현상
프로스오버(froth over)	물이 점성의 뜨거운 **기름표면 아래서 끓을 때** 화재를 수반하지 않고 용기가 넘치는 현상
슬롭오버(slop over)	• 물이 연소유의 **뜨거운 표면**에 들**어갈 때** 기름표면에서 화재가 발생하는 현상 • 유화제로 소화하기 위한 **물**이 수분의 급격한 증발에 의하여 액면이 거품을 일으키면서 **열유층 밑**의 **냉유**가 급히 열팽창하여 **기름**의 **일부**가 불이 붙은 채 탱크벽을 넘어서 일출하는 현상

③ 보일오버

답 ③

★
02 간이소화용구에 해당되지 않는 것은?

17.05.문75
① 이산화탄소소화기
② 마른모래
③ 팽창질석
④ 팽창진주암

[해설] **간이소화용구**
(1) **마**른모래
(2) **팽**창질석
(3) **팽**창진주암

[기억법] 마팽간

답 ①

★
03 축압식 분말소화기의 충진압력이 정상인 것은?

① 지시압력계의 지침이 노란색부분을 가리키면 정상이다.
② 지시압력계의 지침이 흰색부분을 가리키면 정상이다.
③ 지시압력계의 지침이 빨간색부분을 가리키면 정상이다.
④ 지시압력계의 지침이 녹색부분을 가리키면 정상이다.

해설 **축압식 분말소화기**

압력계의 지침이 **녹색**부분을 가리키고 있으면 **정상**,
그 외의 부분을 가리키고 있으면 **비정상**상태임

|지시압력계|

기억법 정녹(정로환)

※ 축압식 분말소화기 충진압력: **0.7~0.98MPa**

답 ④

★★
04 **할론소화약제의 분자식이 틀린 것은?**

19.09.문07
17.03.문05
16.10.문08
14.09.문04
14.03.문02

① 할론 2402 : $C_2F_4Br_2$

② 할론 1211 : CCl_2FBr

③ 할론 1301 : CF_3Br

④ 할론 104 : CCl_4

해설 **할론소화약제의 약칭 및 분자식**

종 류	약 칭	분자식
할론 1011	CB	CH_2ClBr
할론 104	CTC	CCl_4
할론 1211	BCF	$CF_2ClBr(CClF_2Br)$
할론 1301	BTM	CF_3Br
할론 2402	FB	$C_2F_4Br_2$

② 할론 1211 : $CClF_2Br$

답 ②

★★★
05 **이산화탄소의 증기비중은 약 얼마인가?**

19.03.문18
16.03.문01
14.09.문15
12.09.문18
07.05.문17

① 0.81

② 1.52

③ 2.02

④ 2.51

해설 (1) **증기비중**

$$증기비중 = \frac{분자량}{29}$$

여기서, 29: 공기의 평균분자량
(2) **분자량**

원 소	원자량
H	1
C	12
N	14
O	16

이산화탄소(CO_2) 분자량 = $12 + 16 \times 2 = 44$

$$증기비중 = \frac{44}{29} ≒ 1.52$$

• 증기비중 = 가스비중

답 ②

★★★
06 **화재시 불티가 바람에 날리거나 상승하는 열기류에 휩쓸려 멀리 있는 가연물에 착화되는 현상은?**

19.04.문09
16.03.문10
14.05.문02
09.03.문19
06.05.문18

① 비화

② 전도

③ 대류

④ 복사

해설 **목조건축물의 화재원인**

종 류	설 명
접염 (화염의 접촉)	화염 또는 열의 **접촉**에 의하여 불이 다른 곳으로 옮겨 붙는 것
비화	불티가 **바람**에 날리거나 화재현장에서 상승하는 **열기류** 중심에 휩쓸려 원거리 가연물에 착화하는 현상 **기억법** 비날(비가 날린다!)
복사열	복사파에 의하여 열이 **고온**에서 **저온**으로 이동하는 것

비교

열전달의 종류

종 류	설 명
전도 (conduction)	하나의 물체가 다른 물체와 **직접** 접촉하여 열이 이동하는 현상
대류 (convection)	**유체**의 흐름에 의하여 열이 이동하는 현상
복사 (radiation)	• 화재시 화원과 격리된 인접 가연물에 불이 옮겨 붙는 현상 • 열전달 매질이 **없이** 열이 전달되는 형태 • 열에너지가 **전자파**의 형태로 옮겨지는 현상으로, 가장 크게 작용

답 ①

★★★
07 **위험물안전관리법령상 옥외 탱크저장소에 설치하는 방유제의 면적기준으로 옳은 것은?**

14.05.문45
08.09.문58

① 30000m^2 이하

② 50000m^2 이하

③ 80000m^2 이하

④ 100000m^2 이하

해설 **위험물규칙** 〔별표 6〕
옥외탱크저장소의 방유제
(1) 높이: **0.5~3m** 이하
(2) 탱크: **10기**(모든 탱크용량이 **20만** 이하, 인화점이 70~200℃ 미만은 **20기**) 이하
(3) 면적: **80000m^2** 이하
(4) 용량 ┌ 1기 이상: **탱크용량**×110% 이상
　　　　└ 2기 이상: **최대용량**×110% 이상

답 ③

08 위험물안전관리법령상 제4류 위험물인 알코올류에 속하지 않는 것은?

① C_2H_5OH　　　② C_4H_9OH

③ CH_3OH　　　④ C_3H_7OH

해설 위험물령〔별표 1〕
위험물안전관리법령상 알코올류

(1) 메틸알코올(CH_3OH)
(2) 에틸알코올(C_2H_5OH)
(3) 프로필알코올(C_3H_7OH)
(4) 변성알코올
(5) 퓨젤유

> ② 부틸알코올(C_4H_9OH)은 해당 없음

중요

위험물령〔별표 1〕
알코올류의 필수조건
(1) 1기압, 20℃에서 **액체**상태일 것
(2) 1분자 내의 탄소원자수가 **5개** 이하일 것
(3) 포화 **1가** 알코올일 것
(4) 수용액의 농도가 **60vol%** 이상일 것

답 ②

09 가연물이 되기 쉬운 조건이 아닌 것은?

19.09.문08
18.03.문10
16.10.문05
16.03.문14
15.05.문19
14.09.문09
14.09.문17
12.03.문09
09.05.문08
03.03.문13
02.09.문01

① 발열량이 커야 한다.
② 열전도율이 커야 한다.
③ 산소와 친화력이 좋아야 한다.
④ 활성화에너지가 작아야 한다.

해설 **가연물**이 **연소**하기 쉬운 **조건**

(1) 산소와 **친화력**이 클 것(좋을 것)
(2) **발열량**이 클 것
(3) **표면적**이 넓을 것
(4) **열전도율**이 **작**을 것
(5) **활성화에너지**가 작을 것
(6) **연쇄반응**을 일으킬 수 있을 것
(7) 산소가 포함된 **유기물**일 것
(8) 연소시 **발열반응**을 할 것

기억법 가열작 활작(가열작품)

※ **활성화에너지** : 가연물이 처음 연소하는 데 필요한 열

비교

(1) **자연발화**의 **방지법**
㉠ 습도가 높은 곳을 피할 것(건조하게 유지할 것)
㉡ 저장실의 온도를 낮출 것
㉢ 통풍이 잘 되게 할 것
㉣ 퇴적 및 수납시 열이 쌓이지 않게 할 것
　　(열축적 방지)
㉤ 산소와의 접촉을 차단할 것
㉥ **열전도성**을 좋게 할 것

(2) **자연발화 조건**
㉠ 열전도율이 작을 것
㉡ 발열량이 클 것
㉢ 주위의 온도가 높을 것
㉣ 표면적이 넓을 것

답 ②

10 마그네슘에 관한 설명으로 옳지 않은 것은?

① 마그네슘의 지정수량은 500kg이다.
② 마그네슘 화재시 주수하면 폭발이 일어날 수도 있다.
③ 마그네슘 화재시 이산화탄소 소화약제를 사용하여 소화한다.
④ 마그네슘의 저장·취급시 산화제와의 접촉을 피한다.

해설 **마그네슘(Mg) 소화방법**

(1) 화재초기에는 **마른모래·석회분** 등으로 소화한다.
(2) **물·포·이산화탄소·할론소화약제**는 소화적응성이 없다.

> ③ 이산화탄소 소화약제 → **마른모래·석회분**

답 ③

11 가연성 물질별 소화에 필요한 이산화탄소 소화약제의 설계농도로 틀린 것은?

① 메탄 : 34vol%　　② 천연가스 : 37vol%

③ 에틸렌 : 49vol%　　④ 아세틸렌 : 53vol%

해설 **설계농도**

방호대상물	설계농도〔vol%〕
① 부탄	34
② 메탄	
③ 프로판	36
④ 이소부탄	
⑤ 사이크로 프로판	37
⑥ 석탄가스, 천연가스	
⑦ 에탄	40
⑧ 에틸렌	49
⑨ 산화에틸렌	53
⑩ 일산화탄소	64
⑪ **아**세틸렌	**66**
⑫ 수소	75

기억법 아66

> ④ 아세틸렌 : 66vol%

※ **설계농도** : 소화농도에 20%의 여유분을 더한 값

답 ④

★★★ 12

19.03.문51
14.09.문52
14.09.문53
13.06.문48
08.05.문53

소방안전관리대상물에 대한 소방안전관리자의 업무가 아닌 것은?

① 소방계획서의 작성 ② 자위소방대의 구성
③ 소방훈련 및 교육 ④ 소방용수시설의 지정

해설 화재예방법 24조 ⑤항
관계인 및 소방안전관리자의 업무

특정소방대상물 (관계인)	소방안전관리대상물 (소방안전관리자)
① 피난시설·방화구획 및 방화시설의 관리	① 피난시설·방화구획 및 방화시설의 관리
② 소방시설, 그 밖의 소방 관련시설의 관리	② 소방시설, 그 밖의 소방 관련시설의 관리
③ **화기취급**의 감독	③ **화기취급**의 감독
④ 소방안전관리에 필요한 업무	④ 소방안전관리에 필요한 업무
⑤ 화재발생시 초기대응	⑤ **소방계획서**의 작성 및 시행(대통령령으로 정하는 사항 포함)
	⑥ **자위소방대** 및 **초기대응체계**의 구성·운영·교육
	⑦ 소방훈련 및 교육
	⑧ 소방안전관리에 관한 업무수행에 관한 기록·유지
	⑨ 화재발생시 초기대응

용어

특정소방대상물	소방안전관리대상물
건축물 등의 규모·용도 및 수용인원 등을 고려하여 소방시설을 설치하여야 하는 소방대상물로서 대통령령으로 정하는 것	대통령령으로 정하는 특정소방대상물

④ 시·도지사의 업무

답 ④

★★★ 13

05.03.문16

그림에서 내화조건물의 표준화재온도-시간곡선은?

① a
② b
③ c
④ d

해설 표준화재온도-시간곡선

내화조건물	목조건물
온도 ─d / 시간	온도 ─a / 시간

중요

내화건축물의 내부온도	
경과 시간	내부온도
30분 경과 후	840℃
1시간 경과 후	925~950℃
2시간 경과 후	1010℃

답 ④

★ 14

19.04.문13
17.03.문14
14.05.문07
12.05.문14

벤젠의 소화에 필요한 CO_2의 이론소화농도가 공기 중에서 37vol%일 때 한계산소농도는 약 몇 vol%인가?

① 13.2
② 14.5
③ 15.5
④ 16.5

해설 CO_2의 농도(이론소화농도)

$$CO_2 = \frac{21 - O_2}{21} \times 100$$

여기서, CO_2 : CO_2의 이론소화농도[vol%]
　　　O_2 : 한계산소농도[vol%]

$$CO_2 = \frac{21 - O_2}{21} \times 100$$

$$37 = \frac{21 - O_2}{21} \times 100, \quad \frac{37}{100} = \frac{21 - O_2}{21}$$

$$0.37 = \frac{21 - O_2}{21}, \quad 0.37 \times 21 = 21 - O_2$$

$$O_2 + (0.37 \times 21) = 21$$

$$O_2 = 21 - (0.37 \times 21) ≒ 13.2vol\%$$

용어

vol%
어떤 공간에 차지하는 부피를 백분율로 나타낸 것

답 ①

★★★ 15

가연성 액화가스의 용기가 과열로 파손되어 가스가 분출된 후 불이 붙어 폭발하는 현상은?

① 블래비(BLEVE)
② 보일오버(boil over)
③ 슬롭오버(slop over)
④ 플래시오버(flash over)

해설 유류탱크, 가스탱크에서 발생하는 현상

여러 가지 현상	정 의
블래비 (BLEVE)	과열상태의 탱크에서 내부의 **액화가스**가 분출하여 기화되어 폭발하는 현상 기억법 블액

보일오버 (boil over)	① **중**질유의 석유탱크에서 장시간 조용히 연소하다 탱크 내의 잔존기름이 갑자기 분출하는 현상 ② 유류탱크에서 탱크바닥에 물과 기름의 **에멀션**이 섞여 있을 때 이로 인하여 화재가 발생하는 현상 ③ 연소유면으로부터 100℃ 이상의 열파가 탱크저부에 고여 있는 물을 비등하게 하고 연소유를 탱크 밖으로 비산시키며 연소하는 현상 ④ 유류탱크의 화재시 탱크저부의 물이 뜨거운 열류층에 의하여 수증기로 변하면서 급작스런 부피팽창을 일으켜 유류가 탱크외부로 분출하는 현상 ⑤ **탱크저부**의 물이 급격히 증발하여 탱크 밖으로 화재를 동반하며 방출하는 현상 **기억법** 보중에탱저
오일오버 (oil over)	저장탱크에 저장된 유류저장량이 내용적의 **50%** 이하로 충전되어 있을 때 화재로 인하여 탱크가 폭발하는 현상 **기억법** 오5
프로스오버 (froth over)	물이 점성의 뜨거운 **기름표면 아래서 끓을** 때 화재를 수반하지 않고 용기가 넘치는 현상 **기억법** 프기아
슬롭오버 (slop over)	① 물이 연소유의 **뜨거운 표면에 들어갈 때** 기름표면에서 화재가 발생하는 현상 ② 유화제로 **소화**하기 위한 물이 수분의 급격한 증발에 의하여 액면이 거품을 일으키면서 열류층 밑의 냉유가 급히 열팽창하여 기름의 일부가 불이 붙은 채 탱크벽을 넘어서 일출하는 현상 **기억법** 슬물소

답 ①

★★★ 16 할론소화약제에 관한 설명으로 틀린 것은?

17.09.문15
17.05.문20
12.03.문04

① 비열, 기화열이 작기 때문에 냉각효과는 물보다 작다.
② 할로젠원자는 활성기의 생성을 억제하여 연쇄반응을 차단한다.
③ 사용 후에도 화재현장을 오염시키지 않기 때문에 통신기기실 등에 적합하다.
④ 약제의 분자 중에 포함되어 있는 할로젠원자의 소화효과는 F > Cl > Br > I의 순이다.

해설 **할론소화약제**
(1) 부촉매효과(소화능력) 크기
　I > Br > Cl > F
(2) 전기음성도(친화력) 크기
　F > Cl > Br > I

- 소화능력=소화효과
- 전기음성도 크기=수소와의 결합력 크기

★ 중요

할로젠족 원소
(1) 불소 : F
(2) 염소 : Cl
(3) 브로민(취소) : Br
(4) 아이오딘(옥소) : I

기억법 FClBrI

답 ④

★★★ 17 부촉매소화에 관한 설명으로 옳은 것은?

19.09.문13
18.09.문19
17.05.문06
16.03.문08
14.03.문19
11.10.문19
03.08.문11

① 산소의 농도를 낮추어 소화하는 방법이다.
② 화학반응으로 발생한 탄산가스에 의한 소화방법이다.
③ 활성기(free radical)의 생성을 억제하는 소화방법이다.
④ 용융잠열에 의한 냉각효과를 이용하여 소화하는 방법이다.

해설 **소화의 형태**

소화형태	설 명
냉각소화	- **점화원**을 냉각하여 소화하는 방법 - **증발잠열**을 이용하여 열을 빼앗아 가연물의 온도를 떨어뜨려 화재를 진압하는 소화 방법 - **다량**의 물을 뿌려 소화하는 방법 - 가연성 물질을 **발화점 이하**로 냉각 - **식용유화재**에 신선한 **야채**를 넣어 소화 - 용융잠열에 의한 **냉각효과**를 이용하여 소화하는 방법 **기억법** 냉점증발
질식소화	- 공기 중의 **산소농도**를 16%(10~15%) 이하로 희박하게 하여 소화하는 방법 - 산화제의 농도를 낮추어 연소가 지속될 수 없도록 하는 방법 - 산소공급을 차단하는 소화방법 - 산소의 농도를 낮추어 소화하는 방법 - 화학반응으로 발생한 **탄산가스**에 의한 소화방법 **기억법** 질산
제거소화	- **가연물**을 **제거**하여 소화하는 방법
부촉매소화 (=화학소화)	- **연쇄반응**을 **차단**하여 소화하는 방법 - 화학적인 방법으로 화재억제 - **활성기**(free radical)의 **생성**을 **억제**하는 소화방법 **기억법** 부억(부엌)
희석소화	- 기체·고체·액체에서 나오는 분해가스나 증기의 농도를 낮춰 소화하는 방법

답 ③

★★★ 18 건축물의 주요 구조부에 해당되지 않는 것은?

17.09.문19
13.09.문18

① 기둥
② 작은 보
③ 지붕틀
④ 바닥

해설 주요 구조부

(1) 내력**벽**
(2) **보**(작은 보 제외)
(3) **지**붕틀(차양 제외)
(4) **바**닥(최하층바닥 제외)
(5) **주**계단(옥외계단 제외)
(6) **기**둥(사잇기둥 제외)

> **기억법** 벽보지 바주기

답 ②

---

19 착화에너지가 충분하지 않아 가연물이 발화되지
15.09.문15
14.03.문13 못하고 다량의 연기가 발생되는 연소형태는?

① 훈소
② 표면연소
③ 분해연소
④ 증발연소

해설 훈소와 훈소흔

구 분	설 명
훈소	• 착화에너지가 충분하지 않아 가연물이 발화되지 못하고 **다량**의 **연기**가 발생되는 연소형태 • 불꽃없이 연기만 내면서 타다가 어느 정도 시간이 경과 후 발열될 때의 연소상태 **기억법** 훈연
훈소흔	목재에 남겨진 흔적

중요

연소의 형태

연소형태	설 명
증발연소	• 가열하면 **고체**에서 **액체**로, **액체**에서 **기체**로 상태가 변하여 그 기체가 연소하는 현상
자기연소	• 열분해에 의해 **산소**를 발생하면서 연소하는 현상 • 분자 자체 내에 포함하고 있는 **산소**를 이용하여 연소하는 형태
분해연소	• 연소시 **열분해**에 의하여 발생된 가스와 산소가 혼합하여 연소하는 현상
표면연소	• 열분해에 의하여 가연성 가스를 발생하지 않고 그 **물질 자체**가 **연소**하는 현상

> **기억법** 자산

답 ①

---

20 불활성기체 소화약제인 IG-541의 성분이 아닌
17.09.문06
16.10.문12
14.03.문15 것은?

① 질소
② 아르곤
③ 헬륨
④ 이산화탄소

해설 할로겐화합물 및 불활성기체 소화약제

구 분	소화약제	화학식
할로겐화합물 소화약제	FC-3-1-10 **기억법** FC31(**FC** 서울의 **3.1**절)	C_4F_{10}
	HCFC BLEND A	HCFC-123($CHCl_2CF_3$) : **4.75%** HCFC-22($CHClF_2$) : **82%** HCFC-124($CHClFCF_3$) : **9.5%** $C_{10}H_{16}$: **3.75%** **기억법** 475 82 95 375(**사시오 빨리 그래서 구**어 삼키시오!)
	HCFC-124	$CHClFCF_3$
	HFC-**125** **기억법** 125(이리온)	CHF_2CF_3
	HFC-**227ea** **기억법** 227e(둘둘치킨이 맛있다)	CF_3CHFCF_3
	HFC-23	CHF_3
	HFC-236fa	$CF_3CH_2CF_3$
	FIC-13I1	CF_3I
불활성기체 소화약제	IG-01	Ar
	IG-100	N_2
	IG-541	• N_2(질소) : **52%** • Ar(아르곤) : **40%** • CO_2(이산화탄소) : **8%** **기억법** NACO(내코) 52408
	IG-55	N_2 : 50%, Ar : 50%
	FK-5-1-12	$CF_3CF_2C(O)CF(CF_3)_2$

답 ③

제2과목 소방유체역학

21 길이 100m, 직경 50mm인 상대조도 0.01인 원형 수도관 내에 물이 흐르고 있다. 관내 평균유속이 2m/s에서 4m/s로 2배 증가하였다면 압력손실은 몇 배로 되겠는가? (단, 유동은 마찰계수가 일정한 완전난류로 가정한다.)

① 1.41배　　　② 2배
③ 4배　　　④ 8배

해설 난류(패닝의 법칙)

$$H = \frac{\Delta P}{\gamma} = \frac{2fl\,V^2}{gD} \, [\text{m}]$$

여기서, H : 손실수두[m]
ΔP : 압력손실[Pa]
γ : 비중량(물의 비중량 9800N/m³)
f : 관마찰계수
l : 길이[m]
V : 유속[m/s]
g : 중력가속도(9.8m/s²)
D : 내경[m]

$$\frac{\Delta P}{\gamma} = \frac{2fl\,V^2}{gD}$$

$$\Delta P \propto V^2 = 2^2 = 4 \text{배}$$

답 ③

22 단면이 1m²인 단열 물체를 통해서 5kW의 열이 전도되고 있다. 이 물체의 두께는 5cm이고 열전도도는 0.3W/m·℃이다. 이 물체 양면의 온도차는 몇 ℃인가?

10.09.문24

① 35　　　② 237
③ 506　　　④ 833

해설 열전달량(열전도도)

$$\overset{\circ}{q} = \frac{kA(T_2 - T_1)}{l}$$

여기서, $\overset{\circ}{q}$: 열전달량(열전도도)[W]
k : 열전도율[W/m·℃]
A : 단면적[m²]
$(T_2 - T_1)$: 온도차[℃]
l : 벽체두께[m]

- $\overset{\circ}{q}$: 5kW=5000W
- k : 0.3W/m·℃
- A : 1m²
- l : 5cm=0.05m
- $(T_2 - T_1)$: ?

열전달량 $\overset{\circ}{q}$는

$$\overset{\circ}{q} = \frac{kA(T_2 - T_1)}{l}$$

$$5000\text{W} = \frac{0.3\text{W/m} \cdot ℃ \times 1\text{m}^2 \times (T_2 - T_1)}{0.05\text{m}}$$

$$\frac{5000\text{W} \times 0.05\text{m}}{0.3\text{W/m} \cdot ℃ \times 1\text{m}^2} = (T_2 - T_1)$$

$$(T_2 - T_1) = \frac{5000\text{W} \times 0.05\text{m}}{0.3\text{W/m} \cdot ℃ \times 1\text{m}^2} = 833℃$$

- $\overset{\circ}{q}$: 1kW=1000W이므로 5kW=5000W
- l : 1m=100cm이고 1cm=0.01m이므로 5cm=0.05m

답 ④

23 지름이 10cm인 실린더 속에 유체가 흐르고 있다. 벽면으로부터 가까운 곳에서 수직거리가 y[m]인 위치에서 속도가 $u = 5y - y^2$[m/s]로 표시된다면 벽면에서의 마찰전단 응력은 몇 Pa인가? (단, 유체의 점성계수 $\mu = 3.82 \times 10^{-2}$N·s/m²)

17.09.문40
07.03.문30

① 0.191　　　② 0.38
③ 1.95　　　④ 3.82

해설 Newton의 점성법칙

$$\tau = \mu \frac{du}{dy}$$

여기서, τ : 전단응력[N/m²]
μ : 점성계수[N·s/m²=kg/m·s]
$\frac{du}{dy}$: 속도구배(속도기울기)$\left[\frac{1}{s}\right]$

전단응력 τ는

$$\tau = \mu \frac{du}{dy}$$

$$= 3.82 \times 10^{-2} \text{N} \cdot \text{s/m}^2 \times \frac{d(5y - y^2)}{dy}$$

$$= 3.82 \times 10^{-2} \text{N} \cdot \text{s/m}^2 \times (5 - 2y)\frac{1}{s} \leftarrow \text{문제에서 벽}$$
면이므로 벽면에서 $y = 0$

$$= 3.82 \times 10^{-2} \text{N} \cdot \text{s/m}^2 \times 5\frac{1}{s}$$

$$= 0.191\text{N/m}^2$$

$$= 0.191\text{Pa}$$

- 1N/m²=1Pa이므로 0.191N/m²=0.191Pa

답 ①

24 펌프에서 기계효율이 0.8, 수력효율이 0.85, 체적효율이 0.75인 경우 전효율은 얼마인가?

① 0.51　　　② 0.68
③ 0.8　　　④ 0.9

해설 펌프의 전효율

$$\eta_T = \eta_m \times \eta_h \times \eta_v$$

여기서, η_T : 펌프의 전효율

η_m : 기계효율

η_h : 수력효율

η_v : 체적효율

펌프의 전효율 η_T는

$$\eta_T = \eta_m \times \eta_h \times \eta_v = 0.8 \times 0.85 \times 0.75 = 0.51$$

답 ①

25 수직유리관 속의 물기둥의 높이를 측정하여 압력을 측정할 때, 모세관현상에 의한 영향이 0.5mm 이하가 되도록 하려면 관의 반경은 최소 몇 mm가 되어야 하는가? (단, 물의 표면장력은 0.0728N/m, 물-유리-공기 조합에 대한 접촉각은 0°로 한다.)

[12.03.문30]

① 2.97

② 5.94

③ 29.7

④ 59.4

해설 **모세관현상**(capillarity in tube)

$$h = \frac{4\sigma\cos\theta}{\gamma D}$$

여기서, h : 상승높이[m]

σ : 표면장력[N/m]

θ : 각도

γ : 비중량(물의 비중량 9800N/m³)

D : 관의 내경(직경)[m]

상승높이 h는

$$h = \frac{4\sigma\cos\theta}{\gamma D}$$

$$(0.5 \times 10^{-3})\text{m} = \frac{4 \times 0.0728\text{N/m} \times \cos 0°}{9800\text{N/m}^3 \times D}$$

$$D = \frac{4 \times 0.0728\text{N/m} \times \cos 0°}{9800\text{N/m}^3 \times (0.5 \times 10^{-3})\text{m}}$$

$$= 0.0594\text{m} = 59.4\text{mm}$$

반경 $r = \dfrac{D(직경)}{2} = \dfrac{59.4\text{mm}}{2} = 29.7\text{mm}$

- 1m=1000mm이고 1mm=0.001m이므로 0.5mm=0.5×10^{-3}m, 0.0594m=59.4mm

 용어

모세관현상

액체와 고체가 접촉하면 상호 **부착**하려는 **성질**을 갖는데 이 **부착력**과 액체의 **응집력**의 **상대적 크기**에 의해 일어나는 현상

답 ③

---

26 노즐의 계기압력 400kPa로 방사되는 옥내소화전에서 저수조의 수량이 10m³라면 저수조의 물이 전부 소비되는 데 걸리는 시간은 약 몇 분인가? (단, 노즐의 직경은 10mm이다.)

[10.05.문32]

① 75

② 95

③ 150

④ 180

해설 101.325kPa=10.332m

$$400\text{kPa} = \frac{400\text{kPa}}{101.325\text{kPa}} \times 10.332\text{m} ≒ 40.79\text{m}$$

(1) **토리첼리의 식**

$$V = \sqrt{2gh}$$

여기서, V : 유속[m/s]

g : 중력가속도(9.8m/s²)

h : 높이[m]

유속 V는

$$V = \sqrt{2gh} = \sqrt{2 \times 9.8 \times 40.79} ≒ 28.28\text{m/s}$$

(2) **유량**

$$Q = AV = \left(\frac{\pi D^2}{4}\right)V$$

여기서, Q : 유량[m³/s]

A : 단면적[m²]

V : 유속[m/s]

D : 직경[m]

$$Q = \frac{\pi D^2}{4} V = \frac{\pi \times (10\text{mm})^2}{4} \times 28.28\text{m/s}$$

$$= \frac{\pi \times (0.01\text{m})^2}{4} \times 28.28\text{m/s}$$

$$≒ 0.002219\text{m}^3/\text{s}$$

$$= \frac{0.002219\text{m}^3}{\frac{1}{60}\text{min}}$$

$$≒ 0.133\text{m}^3/\text{min}$$

10m³의 물을 소비하는 데 걸리는 시간

$$\frac{10\text{m}^3}{0.133\text{m}^3/\text{min}} ≒ 75\text{min}$$

중요

표준대기압

1atm(1기압)=760mmHg(76cmHg)

=1.0332kg$_f$/cm²(10332kg$_f$/m²)

=10.332mH₂O(mAq)(10332mmH₂O)

=14.7PSI(lb$_f$/in²)

=101.325kPa(kN/m²)(101325Pa)

=1013mbar

답 ①

27

[10.09.문31]

두 물체를 접촉시켰더니 잠시 후 두 물체가 열평형 상태에 도달하였다. 이 열평형 상태는 무엇을 의미하는가?

① 두 물체의 비열은 다르나 열용량이 서로 같아진 상태

② 두 물체의 열용량은 다르나 비열이 서로 같아진 상태

③ 두 물체의 온도가 서로 같으며 더 이상 변화하지 않는 상태

④ 한 물체에서 잃은 열량이 다른 물체에서 얻은 열량과 같은 상태

해설 열역학의 법칙

(1) **열역학 제0법칙** (열평형의 법칙)
온도가 높은 물체와 낮은 물체를 접촉시키면 온도가 높은 물체에서 낮은 물체로 열이 이동하여 두 물체의 **온도**는 **평형**을 이루게 된다.

(2) **열역학 제1법칙** (에너지보존의 법칙)
기체의 공급에너지는 **내부에너지**와 외부에서 한 일의 합과 같다.

(3) **열역학 제2법칙**
㉠ 열은 스스로 저온에서 고온으로 절대로 흐르지 않는다.
㉡ 자발적인 변화는 **비가역적**이다.
㉢ 열을 완전히 일로 바꿀 수 있는 **열기관**을 만들 수 없다.

(4) **열역학 제3법칙**
순수한 물질이 1atm하에서 결정상태이면 엔트로피는 **0K**에서 **0**이다.

※ 열평형 상태 : 두 물체의 온도가 서로 같으며 더 이상 변화하지 않는 상태

답 ③

28

[09.08.문38]

이상기체의 운동에 대한 설명으로 옳은 것은?

① 분자 사이에 인력이 항상 작용한다.

② 분자 사이에 척력이 항상 작용한다.

③ 분자가 충돌할 때 에너지의 손실이 있다.

④ 분자 자신의 체적은 거의 무시할 수 있다.

해설 이상기체의 운동론
(1) 분자 자신의 **체적**을 거의 **무시**할 수 있다.
(2) 분자 상호간의 **인력**을 **무시**한다.
(3) **아보가도르 법칙**을 만족하는 기체이다.

답 ④

29

[11.06.문32]

물의 유속을 측정하기 위해 피토관을 사용하였다. 동압이 60mmHg이면 유속은 약 몇 m/s인가? (단, 수은의 비중은 13.6이다.)

① 2.7   ② 3.5

③ 3.7   ④ 4.0

해설 (1) 단위변환

표준대기압
1atm(1기압)=760mmHg(76cmHg)
=1.0332kg$_f$/cm^2(10332kg$_f$/m^2)
=10.332mH$_2$O(mAq)(10332mmH$_2$O)
=14.7PSI(lb$_f$/in^2)
=101.325kPa(kN/m^2)(101325Pa)
=1013mbar

760mmHg=10.332m

$$60mmHg = \frac{60mmHg}{760mmHg} \times 10.332m = 0.815m$$

(2) 유속

$$V = \sqrt{2gH}$$

여기서, V : 유속[m/s]
g : 중력가속도(9.8m/s^2)
H : 높이(수두)[m]

유속 V는
$$V = \sqrt{2gH}$$
$$= \sqrt{2 \times 9.8m/s^2 \times 0.815m} = 4.0m/s$$

수은의 **비중**은 본 문제를 해결하는 데 **무관**하다.

답 ④

30

[19.04.문21]
[19.03.문35]
[13.06.문27]

그림에서 물에 의하여 점 B에서 힌지된 사분원 모양의 수문이 평형을 유지하기 위하여 잡아당겨야 하는 힘 T는 몇 kN인가? (단, 폭은 1m, 반지름($r = \overline{OB}$)은 2m, 4분원의 중심은 O점에서 왼쪽으로 $4r/3\pi$인 곳에 있으며, 물의 밀도는 1000kg/m^{3}이다.)

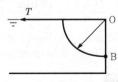

① 1.96   ② 9.8

③ 19.6   ④ 29.4

해설 수평분력

$$F_H = \gamma h A$$

여기서, F_H : 수평분력[N]

γ : 비중량(물의 비중량 9800N/m³)

h : 표면에서 수문 중심까지의 수직거리[m]

A : 수문의 단면적[m²]

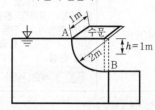

$$h : \frac{2m}{2} = 1m$$

A : 가로×세로(폭)= 2m × 1m = 2m²

$F_H = \gamma h A = 9800\text{N/m}^3 \times 1\text{m} \times 2\text{m}^2 = 19600\text{N} = 19.6\text{kN}$

- 1000N=1kN이므로 19600N=19.6kN

답 ③

★★★ 31

타원형 단면의 금속관이 팽창하는 원리를 이용하는 압력측정장치는?

12.03.문36
04.03.문31

① 액주계

② 수은기압계

③ 경사미압계

④ 부르돈압력계

해설 부르돈압력계(부르동압력계)

(1) 타원형 단면의 **금속관**이 **팽창**하는 원리를 이용한 압력측정장치

(2) 측정되는 압력에 의하여 생기는 **금속**의 **탄성변형**을 기계식으로 확대 지시하여 유체의 압력을 재는 계기

답 ④

★★★ 32

온도 50℃, 압력 100kPa인 공기가 지름 10mm 인 관 속을 흐르고 있다. 임계 레이놀즈수가 2100일 때 층류로 흐를 수 있는 최대평균속도 (V)와 유량(Q)은 각각 약 얼마인가? (단, 공기의 점성계수는 19.5×10^{-6}kg/m · s이며, 기체상수는 287J/kg · K이다.)

① $V = 0.6$m/s, $Q = 0.5 \times 10^{-4}$m³/s

② $V = 1.9$m/s, $Q = 1.5 \times 10^{-4}$m³/s

③ $V = 3.8$m/s, $Q = 3.0 \times 10^{-4}$m³/s

④ $V = 5.8$m/s, $Q = 6.1 \times 10^{-4}$m³/s

해설 (1) 밀도

$$\rho = \frac{P}{RT}$$

여기서, ρ : 밀도[kg/m³]

P : 압력[Pa]

R : 기체상수[N · m/kg · K]

T : 절대온도(273 + ℃)[K]

밀도 ρ는

$\rho = \dfrac{P}{RT} = \dfrac{100\text{kPa}}{287\text{N} \cdot \text{m/kg} \cdot \text{K} \times (273+50)\text{K}}$

$= \dfrac{100 \times 10^3 \text{Pa}}{287\text{N} \cdot \text{m/kg} \cdot \text{K} \times (273+50)\text{K}} ≒ 1.0787\text{kg/m}^3$

- 1J=1N · m이므로 287J/kg · K=287N · m/kg · K
- 1kPa=10³Pa이므로 100kPa=100×10³Pa

(2) **최대평균속도**

$$V_{\max} = \frac{Re\mu}{D\rho}$$

여기서, $V_{\max}$: 최대평균속도[m/s]

Re : 레이놀즈수

μ : 점성계수[kg/m · s]

D : 직경(관경)[m]

ρ : 밀도[kg/m³]

최대평균속도 $V_{\max}$는

$V_{\max} = \dfrac{Re\mu}{D\rho} = \dfrac{2100 \times 19.5 \times 10^{-6}\text{kg/m} \cdot \text{s}}{10\text{mm} \times 1.0787\text{kg/m}^3}$

$= \dfrac{2100 \times 19.5 \times 10^{-6}\text{kg/m} \cdot \text{s}}{0.01\text{m} \times 1.0787\text{kg/m}^3} ≒ 3.8\text{m/s}$

- 1000mm=1m이므로 10mm=0.01m

(3) **유량**

$$Q = AV = \left(\frac{\pi D^2}{4}\right)V$$

여기서, Q : 유량[m³/s]

A : 단면적[m²]

V : 유속[m/s]

D : 내경[m]

유량 Q는

$Q = \dfrac{\pi D^2}{4} V = \dfrac{\pi \times (10\text{mm})^2}{4} \times 3.8\text{m/s}$

$= \dfrac{\pi \times (0.01\text{m})^2}{4} \times 3.8\text{m/s} ≒ 3 \times 10^{-4}\text{m}^3\text{/s}$

답 ③

★★ 33

단순화된 선형운동량 방정식 $\sum \vec{F} = \dot{m}(\vec{V_2} - \vec{V_1})$ 이 성립되기 위하여 [보기] 중 꼭 필요한 조건을 모두 고른 것은? (단, $\dot{m}$은 질량유량, $\vec{V_1}$은 검사체적 입구평균속도, $\vec{V_2}$는 출구평균속도이다.)

99.04.문29

[보기]

(가) 정상상태   (나) 균일유동   (다) 비점성유동

① (가)

② (가), (나)

③ (나), (다)

④ (가), (나), (다)

해설 운동량 방정식$[\sum \vec{F} = \dot{m}(\vec{V_2} - \vec{V_1})]$의 가정
(1) 유동단면에서의 **유속**은 **일정**하다. (균일유동)
(2) **정상유동**이다. (정상상태)

기억법 운방유일정

답 ②

★★★
34 표준대기압에서 진공압이 400mmHg일 때 절
14.05.문34
14.03.문33
13.06.문22
대압력은 약 몇 kPa인가? (단, 표준대기압은 101.3kPa, 수은의 비중은 13.6이다.)

① 48
② 53
③ 149
④ 154

해설

$$1atm = 760mmHg = 1.0332kg_f/cm^2$$
$$= 10.332mH_2O(mAq)$$
$$= 14.7PSI(lb_f/in^2)$$
$$= 101.325kPa(kN/m^2)$$
$$= 1013mbar$$

$$400mmHg = \frac{400mmHg}{760mmHg} \times 101.325kPa ≒ 53kPa$$

절대압(력) = 대기압 - 진공압 = (101.3 - 53)kPa ≒ 48kPa

※ 수은의 비중은 본 문제를 해결하는 데 무관하다.

중요

절대압
(1) **절**대압 = **대**기압 + **게**이지압(계기압)
(2) 절대압 = 대기압 - 진공압

기억법 절대게

답 ①

★★★
35 펌프 운전 중에 펌프 입구와 출구에 설치된 진공
19.04.문22
17.09.문35
17.05.문37
16.10.문23
14.05.문39
14.03.문32
계, 압력계의 지침이 흔들리고 동시에 토출 유량이 변화하는 현상으로 송출압력과 송출유량 사이에 주기적인 변동이 일어나는 현상은?

① 수격현상
② 서징현상
③ 공동현상
④ 와류현상

해설

용 어	설 명
공동현상 (cavitation)	펌프의 흡입측 배관 내의 물의 정압이 기존의 증기압보다 낮아져서 **기**포가 발생되어 물이 흡입되지 않는 현상 기억법 공기

| 수격작용 (water hammering) | • 배관 속의 물흐름을 급히 차단하였을 때 동압이 정압으로 전환되면서 일어나는 쇼크(shock)현상 • 배관 내를 흐르는 유체의 유속을 급격하게 변화시키므로 압력이 상승 또는 하강하여 **관로**의 **벽면**을 **치는 현상** |
| 서징현상 (surging) | 유량이 단속적으로 변하여 펌프 입출구에 설치된 **진공계·압력계**가 **흔**들리고 **진동**과 **소음**이 일어나며 펌프의 **토출유량**이 **변하는 현상** 기억법 서흔(서른) |

• 서징현상 = 맥동현상
• 펌프의 현상에는 피드백(feed back)이란 것은 없다.

답 ②

★★★
36 고속주행시 타이어의 온도가 20℃에서 80℃로
03.08.문32
상승하였다. 타이어의 체적이 변화하지 않고, 타이어 내의 공기를 이상기체로 하였을 때 압력 상승은 약 몇 kPa인가? (단, 온도 20℃에서의 게이지압력은 0.183MPa, 대기압은 101.3kPa이다.)

① 37
② 58
③ 286
④ 345

 해설

$$\frac{P_2}{P_1} = \frac{T_2}{T_1}$$

(1) **절대압**(P_1)
절대압 = 대기압 + 게이지압
$$= 101.3kPa + 183kPa = 284.3kPa$$

• 1MPa = 10^6Pa, 1kPa = 10^3Pa이므로 1MPa = 10^3kPa
∴ 0.183MPa = 183kPa

(2) **정적변화** : 체적변화가 없다.

$$\frac{P_2}{P_1} = \frac{T_2}{T_1}$$

여기서, P_1, P_2 : 압력(kPa)
　　　　T_1, T_2 : 절대온도(273+℃)(K)

$$\frac{P_2}{P_1} = \frac{T_2}{T_1}$$
$$\frac{P_2}{284.3kPa} = \frac{(273+80℃)}{(273+20℃)}$$
$$P_2 = \frac{(273+80℃)}{(273+20℃)} \times 284.3kPa ≒ 342.5kPa$$

∴ **압력상승** = (342.5 - 284.3)kPa ≒ 58kPa

절대압
(1) 절대압=대기압+게이지압(계기압)
(2) 절대압=대기압−진공압

답 ②

37

11.03.문39

관내에서 물이 평균속도 9.8m/s로 흐를 때의 속도수두는 몇 m인가?

① 4.9　　② 9.8
③ 48　　④ 128

해설 속도수두

$$H = \frac{V^2}{2g}$$

여기서, H : 속도수두[m]
　　　　V : 유속[m/s]
　　　　g : 중력가속도(9.8m/s²)

속도수두 H 는

$$H = \frac{V^2}{2g} = \frac{(9.8\text{m/s})^2}{2 \times 9.8\text{m/s}^2} = 4.9\text{m}$$

답 ①

38

500mm×500mm인 4각관과 원형관을 연결하여 유체를 흘려보낼 때, 원형관 내 유속이 4각관 내 유속의 2배가 되려면 관의 지름을 약 몇 cm로 하여야 하는가?

① 37.14　　② 38.12
③ 39.89　　④ 41.32

해설 (1) 이해도

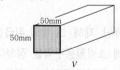
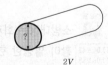

4각관　　원형관

(2) 유량

$$Q = AV = \frac{\pi}{4} D^2 V$$

여기서, Q : 유량[m³/s]
　　　　A : 단면적[m²]
　　　　V : 유속[m/s]
　　　　D : 내경[m]

4각관 유량 $Q = AV = (0.5 \times 0.5)\text{m}^2 \times V\text{m/s}$
　　　　　　　$= 0.25 V\text{m}^3/\text{s}$

• 1000mm=1m이므로 500mm=0.5m

원형관 유량 $Q = \frac{\pi}{4} D^2 (2V)$

4각관과 원형관의 유량이 같으므로

$$Q = \frac{\pi}{4} D^2 (2V)$$

$$0.25 V = \frac{\pi}{4} D^2 (2V)$$

$$\frac{0.25 V}{2V} = \frac{\pi}{4} D^2$$

$$\frac{0.25 V \times 4}{2V \times \pi} = D^2$$

$$D^2 = \frac{0.25 \times 4}{2\pi}$$

$$\sqrt{D^2} = \sqrt{\frac{0.25 \times 4}{2\pi}}$$

$$D = \sqrt{\frac{0.25 \times 4}{2\pi}} \fallingdotseq 0.3989\text{m} = 39.89\text{cm}$$

• 1m=100cm이므로, 0.3989m=39.89cm

답 ③

39

그림과 같이 물이 담겨있는 어느 용기에 진공펌프가 연결된 파이프를 세워 두고 펌프를 작동시켰더니 파이프 속의 물이 6.5m까지 올라갔다. 물기둥 윗부분의 공기압은 절대압력으로 몇 kPa인가? (단, 대기압은 101.3kPa이다.)

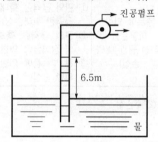

① 37.6　　② 47.6
③ 57.6　　④ 67.6

해설 (1) 물기둥에서 펌프까지의 높이

$$H = h_1 + h_2$$

여기서, H : 완전진공상태에서 물의 높이(10.332m)
　　　　h_1 : 물이 올라간 높이[m]
　　　　h_2 : 물기둥에서 펌프까지의 높이[m]

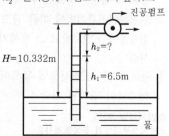

$H = h_1 + h_2$
$H - h_1 = h_2$
$h_2 = H - h_1 = 10.332\text{m} - 6.5\text{m} = 3.832\text{m}$

(2) 표준대기압

$1atm = 760mmHg = 1.0332kg_f/cm^2$

$= 10.332mH_2O(mAq)$

$= 14.7PSI(lb_f/in^2)$

$= 101.325kPa(kN/m^2)$

$= 1013mbar$

$10.332mH_2O = 10.332m = 101.325kPa$

$3.832m = \dfrac{3.832m}{10.332m} \times 101.325kPa ≒ 37.6kPa$

● 단서의 대기압은 고려하지 않아도 된다.

답 ①

★★★ 40 관내의 흐름에서 부차적 손실에 해당되지 않는 것은?

19.04.문30
19.03.문37
13.06.문23
10.09.문40

① 곡선부에 의한 손실
② 직선 원관 내의 손실
③ 유동단면의 장애물에 의한 손실
④ 관 단면의 급격한 확대에 의한 손실

해설 **배관의 마찰손실**

주손실	부차적 손실
관로에 의한 마찰손실 (직선 원관 내의 손실)	① 관의 급격한 **확대**손실(관 단면의 급격한 확대손실) ② 관의 급격한 **축소**손실(유동단면의 장애물에 의한 손실) ③ 관 부속품에 의한 손실(곡선부에 의한 손실)

② 주손실

답 ②

제3과목 소방관계법규

★★ 41 소방시설업을 등록할 수 있는 사람은?

12.09.문44

① 피성년후견인
② 소방기본법에 따른 금고 이상의 실형을 선고받고 그 집행이 종료된 후 1년이 경과한 사람
③ 위험물안전관리법에 따른 금고 이상의 형의 집행유예를 선고받고 그 유예기간 중에 있는 사람
④ 등록하려는 소방시설업 등록이 취소된 날부터 2년이 경과된 사람

해설 **소방시설법 30조**
소방시설관리업의 등록결격사유

(1) 피성년후견인
(2) 금고 이상의 실형을 선고받고 그 집행이 끝나거나 집행이 면제된 날부터 **2년**이 지나지 아니한 사람

(3) 금고 이상의 형의 집행유예를 선고받고 그 유예기간 중에 있는 사람
(4) 관리업의 등록이 취소된 날부터 **2년**이 지나지 아니한 자

🔖 중요

소방시설법 시행령 〔별표 9〕
일반소방시설관리업의 등록기준

기술인력	기 준
주된 기술인력	● 소방시설관리사 + 실무경력 1년 : **1명** 이상
보조 기술인력	● 중급점검자 : **1명** 이상 ● 초급점검자 : **1명** 이상

답 ④

★★ 42 다음의 위험물 중에서 위험물안전관리법령에서 정하고 있는 지정수량이 가장 적은 것은?

07.03.문52

① 브로민산염류
② 황
③ 알칼리토금속
④ 과염소산

해설 **위험물령 〔별표 1〕**
지정수량

위험물	지정수량
● **알칼리토**금속 (제3류)	50kg
	기억법 **알토**(소프라노, **알토**)
● 황(제2류)	100kg
● 브로민산염류(제1류) ● 과염소산(제6류)	300kg

답 ③

★★★ 43 소방대장은 화재, 재난, 재해, 그 밖의 위급한 상황이 발생한 현장에 소방활동구역을 정하여 지정한 사람 외에는 그 구역에 출입하는 것을 제한할 수 있다. 소방활동구역을 출입할 수 없는 사람은?

19.04.문42
11.06.문48
06.03.문44

① 의사·간호사 그 밖의 구조·구급업무에 종사하는 사람
② 수사업무에 종사하는 사람
③ 소방활동구역 밖의 소방대상물을 소유한 사람
④ 전기·가스 등의 업무에 종사하는 사람으로서 원활한 소방활동을 위하여 필요한 사람

해설 **기본령 8조**
소방활동구역 출입자

(1) 소방활동구역 **안**에 있는 소방대상물의 **소유자·관리자** 또는 **점유자**
(2) 전기·**가스·수도·통신·교통**의 업무에 종사하는 자로서 원활한 **소방활동**을 위하여 필요한 자
(3) **의사·간호사** 그 밖의 구조·구급업무에 종사하는 자
(4) **취재인력** 등 보도업무에 종사하는 자
(5) **수사업무**에 종사하는 자
(6) **소방대장**이 소방활동을 위하여 **출입**을 **허가**한 자

> ③ 소방활동구역 밖 → 소방활동구역 **안**

> ※ **소방활동구역**: 화재, 재난·재해 그 밖의 위급한 상황이 발생한 현장에 정하는 구역

답 ③

★★★
44 제4류 위험물을 저장하는 위험물 제조소의 주의사항을 표시한 게시판의 내용으로 적합한 것은?
19.04.문58
16.10.문53
11.10.문45
① 화기엄금
② 물기엄금
③ 화기주의
④ 물기주의

해설 **위험물규칙〔별표 4〕**
위험물 제조소의 **표지** 설치기준
(1) 한 변의 길이가 **0.3m 이상**, 다른 한 변의 길이가 **0.6m 이상**인 **직사각형**일 것
(2) **바**탕은 **백색**으로, 문자는 **흑색**일 것

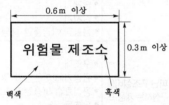

| 0.6m 이상 |
| 위험물 제조소 | 0.3m 이상 |
| 백색 | 흑색 |

|제조소의 표지|

> **기억법** 표바백036

비교

위험물규칙〔별표 4〕
위험물 제조소의 게시판 설치기준

위험물	주의사항	비고
① 제1류 위험물(알칼리금속의 과산화물) ② 제3류 위험물(금수성 물질)	물기엄금	청색바탕에 백색문자
③ 제2류 위험물(인화성 고체 제외)	화기주의	
④ 제2류 위험물(인화성 고체) ⑤ 제3류 위험물(자연발화성 물질) ⑥ 제4류 위험물 ⑦ 제5류 위험물	화기엄금	적색바탕에 백색문자
⑧ 제6류 위험물		별도의 표시를 하지 않는다.

답 ①

★★★
45 소방시설관리사 시험을 시행하고자 하는 때에는 응시자격 등 필요한 사항을 시험시행일 며칠 전까지 일간신문에 공고하여야 하는가?
① 15
② 30
③ 60
④ 90

해설 **소방시설법 시행령 42조**
소방시설관리사 시험
(1) 시행: **1년**마다 **1회**
(2) 시험공고: 시행일 **90일** 전

중요

90일
(1) 소방시설업 **등**록신청 자산평가액·기업진단보고서 **유**효기간(공사업규칙 2조)
(2) 위험물 임시저장기간(위험물법 5조)
(3) 소방시설관리사 시험공고일(소방시설법 시행령 42조)

> **기억법** 등유9(**등유 구**해와)

답 ④

★★★
46 무창층 여부 판단시 개구부 요건기준으로 옳은 것은?
16.03.문06
① 해당 층의 바닥면으로부터 개구부 밑부분까지의 높이가 1.5m 이내일 것
② 개구부의 크기가 지름 50cm 이상의 원이 통과할 수 있을 것
③ 개구부는 도로 또는 차량이 진입할 수 없는 빈터를 향할 것
④ 내부 또는 외부에서 쉽게 부수거나 열 수 없을 것

해설 **소방시설법 시행령 2조**
개구부
(1) 개구부의 크기는 지름 **50cm**의 원이 통과할 수 있을 것
(2) 해당 층의 바닥면으로부터 개구부 밑부분까지의 높이가 **1.2m** 이내일 것
(3) 내부 또는 외부에서 **쉽게 부수거나 열 수** 있을 것
(4) 화재시 건축물로부터 쉽게 피난할 수 있도록 **창살**, 그 밖의 **장애물**이 설치되지 않을 것
(5) 도로 또는 차량이 진입할 수 있는 **빈터**를 향할 것

> ① 1.5m 이내 → 1.2m 이내
> ③ 차량이 진입할 수 없는 → 차량이 진입할 수 있는
> ④ 열 수 없을 것 → 열 수 있을 것

개구부

화재시 쉽게 피난할 수 있는 출입문, 창문 등을 말한다.

답 ②

47

피난시설, 방화구획 또는 방화시설을 폐쇄·훼손·변경 등의 행위를 3차 이상 위반한 자에 대한 과태료는?

① 2백만원

② 3백만원

③ 5백만원

④ 1천만원

해설 **소방시설법 시행령** 〔별표 10〕

피난시설, 방화구획 또는 방화시설을 폐쇄·훼손·변경 등의 행위

1차 위반	2차 위반	3차 이상 위반
100만원	200만원	300만원

답 ②

48

14.09.문58

소방기본법에서 규정하는 소방용수시설에 대한 설명으로 틀린 것은?

① 시·도지사는 소방활동에 필요한 소화전·급수탑·저수조를 설치하고 유지·관리하여야 한다.

② 소방본부장 또는 소방서장은 원활한 소방활동을 위하여 소방용수시설에 대한 조사를 월 1회 이상 실시하여야 한다.

③ 소방용수시설 조사의 결과는 2년간 보관하여야 한다.

④ 수도법의 규정에 따라 설치된 소화전도 시·도지사가 유지·관리해야 한다.

해설 **기본법 10조** ①항

소방용수시설

(1) 종류 : **소화전·급수탑·저수조**

(2) 기준 : **행정안전부령**

(3) 설치·유지·관리 : **시·도**(단, 수도법에 의한 소화전은 일반수도사업자가 관할소방서장과 협의하여 설치)

④ 시·도지사 → 일반수도사업자

답 ④

49

14.09.문42

소방시설 설치 및 관리에 관한 법률에서 규정하는 소방용품 중 경보설비를 구성하는 제품 또는 기기에 해당하지 않는 것은?

① 비상조명등

② 누전경보기

③ 발신기

④ 감지기

해설 **소방시설법 시행령** 〔별표 3〕

소방용품

구 분	설 명
소화설비를 구성하는 제품 또는 기기	• 소화기구 • 소화전 • 자동소화장치 • 관창(菅槍) • 소방호스 • 스프링클러헤드 • 기동용 수압개폐장치 • 유수제어밸브 • 가스관선택밸브
경보설비를 구성하는 제품 또는 기기	• 누전경보기 • 가스누설경보기 • 발신기 • 수신기 • 중계기 • 감지기 • 음향장치(경종만 해당)
피난구조설비를 구성하는 제품 또는 기기	• 피난사다리 • 구조대 • 완강기(간이완강기 및 지지대 포함) • 공기호흡기(충전기 포함) • 유도등 • 예비전원이 내장된 **비상조**명등
	기억법 **비피조**(**비피**더스 **조**명받다)
소화용으로 사용하는 제품 또는 기기	• 소화약제 • 방염제

① 피난구조설비를 구성하는 제품 또는 기기

답 ①

50

13.09.문49

다음 소방시설 중 소화활동설비가 아닌 것은?

① 제연설비

② 연결송수관설비

③ 무선통신보조설비

④ 자동화재탐지설비

해설 **소방시설법 시행령 〔별표 1〕**
소화활동설비
(1) **연**결송수관설비
(2) **연**결살수설비
(3) **연**소방지설비
(4) **무**선통신보조설비
(5) **제**연설비
(6) **비**상콘센트설비

④ 경보설비

기억법 3연무제비콘

답 ④

★★★
51 위험물안전관리법령에서 규정하는 제3류 위험
물의 품명에 속하는 것은?

19.04.문44
16.05.문46
16.05.문52
15.09.문03
15.09.문18
15.05.문10
15.05.문42
14.09.문18
14.03.문18
11.06.문54

① 나트륨
② 염소산염류
③ 무기과산화물
④ 유기과산화물

해설 **위험물령 〔별표 1〕**
위험물

유 별	성 질	품 명
제**1**류	**산**화성 **고**체	• 아염소산염류 • 염소산염류(**염소산나트륨**) • 과염소산염류 • 질산염류 • 무기과산화물 **기억법** 1산고염나
제2류	가연성 고체	• **황화**인 • **적**린 • **황** • **마**그네슘 **기억법** 황화적황마
제3류	자연발화성 물질 및 금수성 물질	• **황린** • **칼**륨 • **나트륨** • **알**칼리토금속 • **트**리에틸알루미늄 **기억법** 황칼나알트
제4류	인화성 액체	• 특수인화물 • 석유류(벤젠) • 알코올류 • 동식물유류
제5류	자기반응성 물질	• 유기과산화물 • 나이트로화합물 • 나이트로소화합물 • 아조화합물 • 질산에스터류(셀룰로이드)
제6류	산화성 액체	• **과염소산** • 과산화수소 • 질산

답 ①

★★★
52 하자를 보수하여야 하는 소방시설에 따른 하자
보수 보증기간의 연결이 옳은 것은?

17.05.문51
16.10.문52
12.05.문59

① 무선통신보조설비 : 3년
② 상수도소화용수설비 : 3년
③ 피난기구 : 3년
④ 자동화재탐지설비 : 2년

해설 **공사업령 6조**
소방시설공사의 하자보수 보증기간

보증 기간	소방시설
2년	① **유**도등 · 유도표지 · **피**난기구 ② **비**상조명등 · 비상경보설비 · 비상방송설비 ③ **무**선통신보조설비
3년	① 자동소화장치 ② 옥내 · 외소화전설비 ③ 스프링클러설비 · 간이스프링클러설비 ④ 물분무등소화설비 · 상수도 소화용수설비 ⑤ 자동화재탐지설비 · 소화활동설비(무선통신보 조설비 제외)

기억법 유비무피2

①, ③ 2년
④ 3년

답 ②

★★
53 위험물안전관리법령에 의하여 자체 소방대에 배
치해야 하는 화학소방자동차의 구분에 속하지
않는 것은?

14.09.문43
13.03.문50

① 포수용액 방사차 ② 고가 사다리차
③ 제독차   ④ 할로젠화합물 방사차

해설 **위험물규칙 〔별표 23〕**
화학소방자동차의 방사능력

구 분	방사능력
① **분**말방사차	**35**kg/s 이상 (1400kg 이상 비치)
② **할**로젠화합물 방사차	**40**kg/s 이상 (1000kg 이상 비치)
③ **이**산화탄소 방사차	**40**kg/s 이상 (3000kg 이상 비치)
④ **제**독차	**50**kg 이상 비치
⑤ **포**수용액 방사차	**2**000l/min 이상 (10만l 이상 비치)

기억법 분할이포 3542, 제5(재워줘)

답 ②

54 소방력의 기준에 따라 관할구역 안의 소방력을 확충하기 위한 필요 계획을 수립하여 시행하는 사람은?

① 소방서장　② 소방본부장
③ 시·도지사　④ 자치소방대장

해설　**기본법 8조 ②항**
시·도지사는 소방력의 기준에 따라 관할구역 안의 소방력을 확충하기 위하여 필요한 계획을 수립하여 시행하여야 한다.

중요

기본법 8조

구 분	대 상
행정안전부령	**소방력**에 관한 기준
시·도지사	**소방력 확충**의 계획·수립·시행

답 ③

55 제조소 등의 위치·구조 또는 설비의 변경 없이 해당 제조소 등에서 저장하거나 취급하는 위험물의 품명·수량 또는 지정수량의 배수를 변경하고자 할 때는 누구에게 신고해야 하는가?

19.09.문42
18.04.문49
17.05.문46
14.05.문44
13.09.문60

① 국무총리　② 시·도지사
③ 소방청장　④ 관할소방서장

해설　**위험물법 6조**
제조소 등의 설치허가
(1) **설치허가자** : 시·도지사
(2) **설치허가 제외장소**
　㉠ 주택의 난방시설(공동주택의 중앙난방시설은 제외)을 위한 **저장소** 또는 **취급소**
　㉡ 지정수량 **20배** 이하의 **농예용·축산용·수산용** 난방시설 또는 건조시설의 **저장소**
(3) **제조소** 등의 **변경신고** : 변경하고자 하는 날의 **1일** 전까지

답 ②

56 아파트로서 층수가 20층인 특정소방대상물에는 몇 층 이상의 층에 스프링클러설비를 설치해야 하는가?

19.03.문48
12.05.문51

① 6층　② 11층
③ 16층　④ 전층

해설　**소방시설법 시행령 〔별표 4〕**
스프링클러설비의 설치대상

설치대상	조 건
① 문화 및 집회시설, 운동시설 ② 종교시설	• 수용인원 : **100명** 이상 • 영화상영관 : 지하층·무창층 500m²(기타 1000m²) 이상 • 무대부 　– 지하층·무창층·4층 이상 300m² 이상 　– 1~3층 500m² 이상

---

③ 판매시설 ④ 운수시설 ⑤ 물류터미널	• 수용인원 : **500명** 이상 • 바닥면적 합계 : **5000m²** 이상
⑥ 노유자시설 ⑦ 정신의료기관 ⑧ 수련시설(숙박 가능한 것) ⑨ 종합병원, 병원, 치과병원, 한방병원 및 요양병원(정신병원 제외) ⑩ 숙박시설	• 바닥면적 합계 **600m²** 이상
⑪ 지하층·무창층·**4층** 이상	• 바닥면적 **1000m²** 이상
⑫ 창고시설(물류터미널 제외)	• 바닥면적 합계 **5000m²** 이상 : 전층
⑬ **지하가**(터널 제외)	• 연면적 **1000m²** 이상
⑭ **10m** 넘는 랙식 창고	• 연면적 **1500m²** 이상
⑮ 복합건축물 ⑯ 기숙사	• 연면적 **5000m²** 이상 : 전층
⑰ **6층** 이상	• 전층
⑱ 보일러실·연결통로	• 전부
⑲ 특수가연물 저장·취급	• 지정수량 **1000배** 이상
⑳ 발전시설	• 전기저장시설 : 전부

답 ④

57 화재안전조사 결과 화재예방을 위하여 필요한 때 관계인에게 소방대상물의 개수·이전·제거, 사용의 금지 또는 제한 등의 필요한 조치를 명할 수 있는 사람이 아닌 것은?

19.04.문54
19.03.문57
15.05.문56
13.06.문42
05.05.문46

① 소방서장
② 소방본부장
③ 소방청장
④ 시·도지사

해설　**화재예방법 14조**
화재안전조사 결과에 따른 조치명령
(1) **명령권자** : 소방청장·소방본부장·소방서장–소방관서장
(2) **명령사항**
　㉠ 화재안전조사 조치명령
　㉡ **개수**명령
　㉢ **이전**명령
　㉣ **제거**명령
　㉤ **사용의 금지** 또는 제한명령, 사용폐쇄
　㉥ **공사의 정지** 또는 중지명령

답 ④

58 관계인이 예방규정을 정하여야 하는 옥외저장소는 지정수량의 몇 배 이상의 위험물을 저장하는 것을 말하는가?

19.04.문53
17.03.문55
15.09.문48
14.05.문41
12.09.문52

① 10　② 100
③ 150　④ 200

해설 위험물령 15조
예방규정을 정하여야 할 제조소 등
(1) **10배** 이상의 **제조소·일반취급소**
(2) **100배** 이상의 **옥외저장소**
(3) **150배** 이상의 **옥내저장소**
(4) **200배** 이상의 **옥외탱크저장소**
(5) **이송취급소**
(6) **암반탱크저장소**

> **기억법** 052
> 외내탱

비교

위험물규칙 〔별표 4〕
지정수량의 **10배** 이상의 위험물을 취급하는 제조소(제6류 위험물을 취급하는 위험물제조소 제외)에는 **피뢰침**을 설치하여야 한다. (단, 제조소 주위의 상황에 따라 안전상 지장이 없는 경우에는 피뢰침을 설치하지 아니할 수 있다.)

> **기억법** 피10(**피**식 웃다!)

답 ②

★
59 소방공사업자가 소방시설공사를 마친 때에는 완공검사를 받아야 하는데 완공검사를 위한 현장확인을 할 수 있는 특정소방대상물의 범위에 속하지 않은 것은?
`17.03.문43`
`14.05.문54`
① 문화 및 집회시설
② 노유자시설
③ 지하상가
④ 의료시설

해설 공사업령 5조
완공검사를 위한 **현장확인** 대상 특정소방대상물의 범위
(1) **문**화 및 집회시설, **종**교시설, **판**매시설, **노**유자시설, **수**련시설, **운**동시설, **숙**박시설, **창**고시설, 지하**상**가 및 다중이용업소
(2) 다음의 어느 하나에 해당하는 설비가 설치되는 특정소방대상물
　㉠ 스프링클러설비 등
　㉡ 물분무등소화설비(호스릴방식의 소화설비 제외)
(3) 연면적 10000m² 이상이거나 11층 이상인 특정소방대상물(아파트 제외)
(4) 가연성 가스를 제조·저장 또는 취급하는 시설 중 지상에 노출된 가연성 가스탱크의 저장용량 합계가 1000t 이상인 시설

> **기억법** 문종판 노수운 숙창상현

답 ④

★★★
60 1급 소방안전관리대상물에 해당하는 건축물은?
`19.03.문60`
`17.09.문55`
`16.03.문52`
`13.09.문51`
① 연면적 15000m² 이상인 동물원
② 층수가 15층인 업무시설

---

③ 층수가 20층인 아파트
④ 지하구

해설 화재예방법 시행령 〔별표 4〕
소방안전관리자를 두어야 할 특정소방대상물
(1) 특급 소방안전관리대상물(동식물원, 철강 등 불연성 물품 저장·취급창고, 지하구, 위험물제조소 등 제외)
　㉠ **50층** 이상(지하층 제외) 또는 지상 **200m** 이상 **아파트**
　㉡ **30층** 이상(지하층 포함) 또는 지상 **120m** 이상(아파트 제외)
　㉢ 연면적 **10만m²** 이상(아파트 제외)
(2) 1급 소방안전관리대상물(동식물원, 철강 등 불연성 물품 저장·취급창고, 지하구, 위험물제조소 등 제외)
　㉠ **30층** 이상(지하층 제외) 또는 지상 **120m** 이상 아파트
　㉡ 연면적 **15000m²** 이상인 것(아파트 및 연립주택 제외)
　㉢ **11층** 이상(아파트 제외)
　㉣ 가연성 가스를 **1000t** 이상 저장·취급하는 시설
(3) 2급 소방안전관리대상물
　㉠ 지하구
　㉡ 가스제조설비를 갖추고 도시가스사업 허가를 받아야 하는 시설 또는 가연성 가스를 100~1000t 미만 저장·취급하는 시설
　㉢ 옥내소화전설비·스프링클러설비 설치대상물
　㉣ 물분무등소화설비(호스릴방식의 물분무등소화설비만을 설치한 경우 제외) 설치대상물
　㉤ **공동주택**(옥내소화전설비 또는 스프링클러설비가 설치된 공동주택 한정)
　㉥ **목조건축물**(국보·보물)
(4) 3급 소방안전관리대상물
　㉠ **자동화재탐지설비** 설치대상물
　㉡ 간이스프링클러설비(주택전용 간이스프링클러설비 제외) 설치대상물

> ①, ③, ④ **2급 소방안전관리대상물**

답 ②

제4과목 소방기계시설의 구조 및 원리 ◈

★
61 반응시간지수(RTI)에 따른 스프링클러헤드의 설치에 대한 설명으로 옳지 않은 것은?
① RTI가 작을수록 헤드의 설치간격을 작게 한다.
② RTI는 감지기의 설치간격에도 이용될 수 있다.
③ 주위 온도가 큰 곳에서는 RTI를 크게 설정한다.
④ 고천장의 방호대상물에는 RTI가 작은 것을 설치한다.

해설 반응시간지수(RTI ; Response Time Index)

(1) 기류의 **온도·속도** 및 **작동시간**에 대하여 스프링 클러헤드의 반응을 예상한 지수(스프링클러헤드 형식 2)

(2) **계산식**

$$RTI = \tau \sqrt{u}$$

여기서, RTI : 반응시간지수[m·s]^0.5

τ : 감열체의 시간상수[초]

u : 기류속도[m/s]

(3) RTI가 작을수록 열을 조기에 감지하여 빨리 작동하므로

　⊙ RTI가 작을수록 헤드의 설치간격을 넓게 할 수 있다.
　ⓛ RTI는 감지기의 설치간격에도 이용
　ⓒ 주위 온도가 크면 헤드가 빨리 작동할 수 있으므로 RTI를 크게 설정
　ⓔ 고(高)천장의 방호대상물은 헤드가 늦게 작동할 수 있으므로 RTI를 작은 것으로 설치

답 ①

★★★ 62 피난사다리에 해당되지 않는 것은?

06.03.문61
① 미끄럼식 사다리　③ 고정식 사다리
③ 올림식 사다리　　④ 내림식 사다리

해설 피난사다리의 분류

```
              ┌ 수납식
        고정식 ┤ 신축식
        사다리 └ 접는식(접어개기식)
피난사다리 ┤ 올림식
        │ 사다리
        │       ┌ 체인식
        └ 내림식 ┤ 와이어식
          사다리 └ 접는식(접어개기식)
```

🔧 **중요**

내림식 사다리

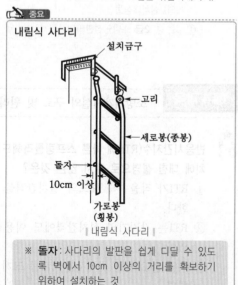

│ 내림식 사다리 │

※ **돌자** : 사다리의 발판을 쉽게 디딜 수 있도록 벽에서 10cm 이상의 거리를 확보하기 위하여 설치하는 것

답 ①

★★★ 63 다음 중 호스를 반드시 부착해야 하는 소화기는?

① 소화약제의 충전량이 5kg 이하인 산·알칼리소화기
② 소화약제의 충전량이 4kg 이하인 할로겐화합물소화기
③ 소화약제의 충전량이 3kg 이하인 이산화탄소소소화기
④ 소화약제의 충전량이 2kg 이하인 분말소화기

해설 **호스**의 **부착**이 **제외**되는 **소화기**(소화기 형식 15조)

중량 또는 용량	소화기 종류
2kg 이하	분말소화기
3L 이하	액체계 소화기(액체소화기)
3kg 이하	이산화탄소소소화기
4kg 이하	할로겐화합물소화기

답 ①

★★ 64 주차장에 필요한 분말소화약제 120kg을 저장하려고 한다. 이때 필요한 저장용기의 최소 내용적[*l*]은?

19.03.문75
06.09.문77
① 96　　　　② 120
③ 150　　　④ 180

해설 **분말소화약제**

종별	소화약제	충전비[*l*/kg]	적응화재	비 고
제1종	중탄산나트륨 ($NaHCO_3$)	0.8	BC급	**식**용유 및 지방질유의 화재에 적합
제2종	중탄산칼륨 ($KHCO_3$)	1.0	BC급	–
제3종	인산암모늄 ($NH_4H_2PO_4$)		ABC급	**차**고·**주**차장에 적합
제4종	중탄산칼륨+요소 ($KHCO_3$ +$(NH_2)_2CO$)	1.25	BC급	–

기억법 1**식분** (**일식 분식**)
3**분 차주** (**삼보**컴퓨터 **차주**)

$$C = \frac{V}{G}$$

여기서, C : 충전비[*l*/kg]
V : 내용적[*l*]
G : 저장량(중량)[kg]
내용적 V는
$V = GC = 120 \times 1 = 120\,l$

주차장에는 **제3종 분말약제**를 사용하여야 하므로 **충전비**는 1이다.

답 ②

★★★
65
12.05.문62
280m²의 발전실에 부속용도별로 추가하여야 할 적응성이 있는 소화기의 최소 수량은 몇 개인가?

① 2   ② 4
③ 6   ④ 12

해설 **전기설비(발전실) 부속용도 추가 소화기**

$$전기설비 = \frac{바닥면적}{50m^2} = \frac{280m^2}{50m^2} = 5.6 ≒ 6개(절상한다.)$$

※ **절상**: '소수점은 끊어 올린다'는 뜻

🖊 중요
전기설비
발전실·변전실·송전실·변압기실·배전반실·통신기기실·전산기기실

공식
소화기 추가설치개수(NFTC 101 2.1.1.3)

보일러·음식점· 의료시설·업무시설 등	전기설비(통신기기실)
$\dfrac{해당\ 바닥면적}{25m^2}$	$\dfrac{해당\ 바닥면적}{50m^2}$

답 ③

★★
66
19.09.문78
12.05.문63
주요 구조부가 내화구조이고 건널복도가 설치된 층의 피난기구수의 설치의 감소 방법으로 적합한 것은?

① 원래의 수에서 $\dfrac{1}{2}$로 감소한다.

② 원래의 수에서 건널복도수를 더한 수로 한다.

③ 피난기구의 수에서 해당 건널복도수의 2배의 수를 뺀 수로 한다.

④ 피난기구를 설치하지 아니할 수 있다.

해설 **내화구조**이고 **건널복도**가 설치된 **층**
피난기구의 수에서 건널복도수의 **2배**의 수를 뺀 **수**로 한다.
(1) **내화구조** 또는 **철골구조**로 되어 있을 것
(2) 건널복도 양단의 출입구에 자동폐쇄장치를 한 **60+방화문** 또는 **60분 방화문**(방화셔터 제외)이 설치되어 있을 것
(3) **피난·통행** 또는 **운반**의 전용 용도일 것

답 ③

★★★
67
06.09.문72
이산화탄소 소화설비의 시설 중 소화 후 연소 및 소화 잔류가스를 인명 안전상 배출 및 희석시키는 배출설비의 설치대상이 아닌 것은?

① 지하층   ② 피난층
③ 무창층   ④ 밀폐된 거실

해설 **이산화탄소 소화설비의 배출설비 설치대상**
(1) 지하층
(2) 무창층
(3) 밀폐된 거실

답 ②

★★★
68
11.06.문61
제연구획은 소화활동 및 피난상 지장을 가져오지 않도록 단순한 구조로 하여야 하며 하나의 제연구역의 면적은 몇 m² 이내로 규정하고 있는가?

① 700   ② 1000
③ 1300   ④ 1500

해설 **제연구역의 구획**(NFPC 501 4조, NFTC 501 2.1.1)
(1) 1제연구역의 면적은 **1000m²** 이내로 할 것
(2) 거실과 통로는 **각각 제연구획**할 것
(3) 통로상의 제연구역은 보행중심선의 길이가 **60m**를 초과하지 않을 것
(4) 1제연구역은 지름 **60m** 원 내에 들어갈 것
(5) 1제연구역은 **2개** 이상의 층에 미치지 않을 것

② 하나의 제연구역의 면적 : **1000m²** 이내

답 ②

★★★
69
다음은 포의 팽창비를 설명한 것이다. (A) 및 (B)에 들어갈 용어로 옳은 것은?

> 팽창비라 함은 최종 발생한 포 (A)을 원래 포 수용액 (B)로 나눈 값을 말한다.

① (A) 체적, (B) 중량
② (A) 체적, (B) 질량
③ (A) 체적, (B) 체적
④ (A) 중량, (B) 중량

해설 **팽창비**(NFPC 105 3조, NFTC 105 1.7)

(1) 팽창비 = $\dfrac{최종\ 발생한\ 포체적}{원래\ 포수용액\ 체적}$

(2) 팽창비 = $\dfrac{방출된\ 포의\ 체적[l]}{방출\ 전\ 포수용액의\ 체적[l]}$

(3) 팽창비 = $\dfrac{내용적(용량)}{전체\ 중량 - 빈\ 시료용기의\ 중량}$

답 ③

70

★★★

19.04.문73
13.06.문74

옥내소화전 방수구는 특정소방대상물의 층마다 설치하되, 해당 특정소방대상물의 각 부분으로부터 하나의 옥내소화전 방수구까지의 수평거리가 몇 m 이하가 되도록 하는가?

① 20
② 25
③ 30
④ 40

해설 **수평거리 및 보행거리**

(1) **수평거리**

수평거리	설 명
수평거리 **10m** 이하	• 예상제연구역
수평거리 **15m** 이하	• 분말호스릴 • 포호스릴 • CO_2호스릴
수평거리 **20m** 이하	• 할론 호스릴
수평거리 **25m** 이하	• 옥내소화전 방수구(호스릴 포함) • 포소화전 방수구 • 연결송수관 방수구(지하가) • 연결송수관 방수구(지하층 바닥면적 3000m² 이상)
수평거리 **40m** 이하	• 옥외소화전 방수구
수평거리 **50m** 이하	• 연결송수관 방수구(사무실)

(2) **보행거리**

보행거리	설 명
보행거리 **20m** 이하	소형소화기
보행거리 **30m** 이하	**대**형소화기

기억법 대3(**대상**을 받다.)

답 ②

71

★★★

04.09.문68

자동경보밸브의 오보를 방지하기 위하여 설치하는 것은?

① 자동배수밸브
② 탬퍼스위치
③ 작동시험밸브
④ 리타딩챔버

해설 **리타딩챔버의 역할**

(1) 오작동(오보) 방지
(2) 안전밸브의 역할
(3) 배관 및 압력스위치의 손상보호

답 ④

72

★★★

19.04.문65
13.03.문79

스프링클러헤드를 설치하지 않을 수 있는 장소로만 나열된 것은?

① 계단, 병실, 목욕실, 통신기기실, 아파트
② 발전실, 수술실, 응급처치실, 통신기기실
③ 발전실, 변전실, 병실, 목욕실, 아파트
④ 수술실, 병실, 변전실, 발전실, 아파트

해설 **스프링클러헤드 설치제외장소**(NFTC 103 2.12)

(1) 발전실
(2) 수술실
(3) 응급처치실
(4) 통신기기실
(5) 직접 외기에 개방된 복도

 비교

스프링클러헤드 설치장소

(1) **보**일러실
(2) **복**도
(3) **슈**퍼마켓
(4) **소**매시장
(5) 위험물 · 특수가연물 취급장소
(6) **아**파트

기억법 보스(BOSS)

답 ②

73

★★★

03.03.문61

다음 중 연결살수설비 설치대상이 아닌 것은?

① 가연성 가스 20톤을 저장하는 지상 탱크시설
② 지하층으로서 바닥면적의 합계가 200m²인 장소
③ 판매시설 물류터미널로서 바닥면적의 합계가 1500m²인 장소
④ 아파트의 대피시설로 사용되는 지하층으로서 바닥면적의 합계가 850m²인 장소

해설 **소방시설법 시행령 〔별표 4〕**
연결살수설비의 설치대상

설치대상	조 건
① 지하층	• 바닥면적 합계 **150m²**(학교 **700m²**) 이상
② 판매시설 · 운수시설 · 물류터미널	• 바닥면적 합계 **1000m²** 이상
③ 가스시설	• **30t** 이상 탱크시설
④ 전부	• 연결통로

① 20톤 → 30톤 이상
② 지하층은 150m² 이상이므로 200m²는 설치대상
③ 판매시설 · 물류터미널은 1000m² 이상이므로 1500m²는 설치대상
④ 지하층은 150m² 이상이므로 850m²는 설치대상

답 ①

74. 이산화탄소 소화약제의 저장용기 설치기준에 적합하지 않은 것은?

19.04.문70
19.03.문67
12.09.문69

① 방화문으로 구획된 실에 설치할 것
② 방호구역 외의 장소에 설치할 것
③ 용기 간의 간격은 점검에 지장이 없도록 2cm의 간격을 유지할 것
④ 온도가 40℃ 이하이고, 온도변화가 작은 곳에 설치할 것

해설 이산화탄소 소화약제 저장용기 설치기준
(1) 온도가 **40℃** 이하인 장소
(2) **방호구역 외**의 장소에 설치할 것
(3) 직사광선 및 빗물이 침투할 우려가 없는 곳
(4) 온도의 변화가 작은 곳에 설치
(5) **방화문**으로 구획된 실에 설치할 것
(6) 방호구역 내에 설치할 경우에는 피난 및 조작이 용이하도록 **피난구 부근**에 설치
(7) 용기의 설치장소에는 해당 용기가 설치된 곳임을 표시하는 표지할 것
(8) 용기 간의 간격은 점검에 지장이 없도록 **3cm 이상**의 간격 유지
(9) 저장용기와 집합관을 연결하는 연결배관에는 **체크밸브** 설치

③ 2cm → 3cm 이상

답 ③

75. 자동차 차고에 설치하는 물분무소화설비 수원의 저수량에 관한 기준으로 옳은 것은? (단, 바닥면적은 100m²인 경우이다.)

07.05.문67

① 바닥면적 1m²에 대하여 10l/min로 10분간 방수할 수 있는 양 이상
② 바닥면적 1m²에 대하여 10l/min로 20분간 방수할 수 있는 양 이상
③ 바닥면적 1m²에 대하여 20l/min로 10분간 방수할 수 있는 양 이상
④ 바닥면적 1m²에 대하여 20l/min로 20분간 방수할 수 있는 양 이상

해설 **물분무소화설비**의 **수원**(NFPC 104 4조, NFTC 104 2.1.1)

특정소방대상물	토출량	비 고
컨베이어벨트	10l/min · m²	벨트부분의 바닥면적
절연유 봉입변압기	10l/min · m²	표면적을 합한 면적(바닥면적 제외)
특수가연물	10l/min · m² (최소 50m²)	최대방수구역의 바닥면적 기준
케이블트레이 · 덕트	12l/min · m²	투영된 바닥면적
차고 · 주차장	20l/min · m² (최소 50m²) 보기 ④	최대방수구역의 바닥면적 기준
위험물 저장탱크	37l/min · m	위험물탱크 둘레길이(원주길이) : 위험물규칙 [별표 6] Ⅱ

※ 모두 **20분**간 방수할 수 있는 양 이상으로 하여야 한다.

기억법 차주2

답 ④

76. 물분무소화설비 대상 공장에서 물분무헤드의 설치제외장소로서 틀린 것은?

17.09.문77
07.09.문72

① 고온의 물질 및 증류범위가 넓어 끓어 넘치는 위험이 있는 물질을 저장하는 장소
② 물에 심하게 반응하여 위험한 물질을 생성하는 물질을 취급하는 장소
③ 운전시에 표면의 온도가 260℃ 이상으로 되는 등 직접 분무를 하는 경우 그 부분에 손상을 입힐 우려가 있는 기계장치 등이 있는 장소
④ 표준방사량으로 해당 방호대상물의 화재를 유효하게 소화하는 데 필요한 적정한 장소

해설 **물분무헤드** 설치제외장소(NFPC 104 15조, NFTC 104 2.12)
(1) 물과 심하게 **반응**하는 물질 취급장소
(2) **고온물질** 취급장소
(3) 표면온도 260℃ 이상

답 ④

77. 채수구를 부착한 소화수조를 옥상에 설치하려 한다. 지상에 설치된 채수구에서의 압력은 몇 이상이 되도록 설치해야 하는가?

19.04.문80
19.03.문64
09.05.문63

① 0.1MPa
② 0.15MPa
③ 0.17MPa
④ 0.25MPa

해설 **소화용수설비**의 **설치기준**(NFPC 402 4·5조, NFTC 402 2.1.1, 2.2)
(1) 소화수조의 깊이가 **4.5m** 이상일 경우 가압송수장치를 설치할 것
(2) 소화수조는 소방펌프 자동차가 채수구로부터 2m 이내의 지점까지 접근할 수 있는 위치에 설치할 것
(3) 소화수조가 옥상 또는 옥탑부분에 설치된 경우에는 지상에 설치된 채수구에서의 압력 0.15MPa 이상이 되도록 한다.

답 ②

78

16.03.문78
10.03.문75

분말소화설비의 배관과 선택밸브의 설치기준에 대한 내용으로 옳지 않은 것은?

① 배관은 겸용으로 설치할 것
② 강관은 아연도금에 따른 배관용 탄소강관을 사용할 것
③ 동관은 고정압력 또는 최고 사용압력의 1.5배 이상의 압력에 견딜 수 있는 것을 사용할 것
④ 선택밸브는 방호구역 또는 방호대상물마다 설치할 것

해설 **분말소화설비**의 **배관**(NFPC 108 9조, NFTC 108 2.6.1)

(1) **전용**
(2) **강관** : 아연도금에 의한 배관용 탄소강관
(3) **동관** : 고정압력 또는 최고 사용압력의 **1.5배** 이상의 압력에 견딜 것
(4) **밸브류** : **개폐위치** 또는 **개폐방향**을 표시한 것
(5) **배관의 관부속 및 밸브류** : 배관과 동등 이상의 강도 및 내식성이 있는 것
(6) 주밸브~헤드까지의 배관의 분기 : **토너먼트방식**
(7) 저장용기 등~배관의 굴절부까지의 거리 : 배관 내경의 **20배** 이상

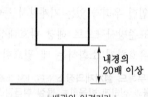

내경의
20배 이상

∥ **배관의 이격거리** ∥

① 배관은 **전용**으로 설치할 것

답 ①

79

14.03.문68

포헤드를 소방대상물의 천장 또는 반자에 설치하여야 할 경우 헤드 1개가 방호되어야 할 최대한의 바닥면적은 몇 m²인가?

① 3
② 5
③ 7
④ 9

해설 **헤드**의 **설치개수**(NFPC 105 12조, NFTC 105 2.9.2)

헤드 종류	설치개수
포워터 스프링클러헤드	$\dfrac{8m^2}{개}$
포헤드	$\dfrac{9m^2}{개}$

답 ④

80

10.05.문76

제연설비의 배출기와 배출풍도에 관한 설명 중 틀린 것은?

① 배출기와 배출풍도의 접속부분에 사용하는 캔버스는 내열성이 있는 것으로 할 것
② 배출기의 전동기부분과 배풍기부분은 분리하여 설치할 것
③ 배출기 흡입측 풍도 안의 풍속은 15m/s 이상으로 할 것
④ 배출기의 배출측 풍도 안의 풍속은 20m/s 이하로 할 것

해설 **제연설비**의 **풍속**(NFPC 501 8~10조, NFTC 501 2.5.5, 2.6.2.2, 2.7.1)

조 건	풍 속
● 유입구가 바닥에 설치시 상향분출 가능	**1m/s** 이하
● 예상제연구역의 공기유입 풍속	**5m/s** 이하
● 배출기의 흡입측 풍속	**15m/s** 이하 보기 ③
● 배출기의 **배**출측 풍속 ● **유**입풍도 안의 풍속	**20m/s** 이하

기억법 배2유(**배**이다 아파! **이유**)

용어

풍도
공기가 유동하는 덕트

③ 15m/s 이상 → 15m/s 이하

답 ③

2015. 5. 31 시행

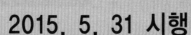

2015년 기사 제2회 필기시험

자격종목	종목코드	시험시간	형별	수험번호	성명
소방설비기사(기계분야)		**2시간**			

※ 각 문항은 4지택일형으로 질문에 가장 적합한 보기 항을 선택하여 체크하여야 합니다.

제1과목 　소방원론

01 화재강도(fire intensity)와 관계가 없는 것은?

[19.09.문19]
① 가연물의 비표면적　② 발화원의 온도
③ 화재실의 구조　　　④ 가연물의 발열량

해설　화재강도(fire intensity)에 영향을 미치는 인자
(1) 가연물의 비표면적
(2) 화재실의 구조
(3) 가연물의 배열상태(발열량)

유사문제부터 풀어보세요. 실력이 팍!팍! 올라갑니다.

용어
화재강도
열의 집중 및 방출량을 상대적으로 나타낸 것. 즉, **화재**의 **온도**가 높으면 화재강도는 커진다. (발화원의 온도가 아님)

답 ②

02 방화구조의 기준으로 틀린 것은?

[14.05.문12]
[07.05.문19]
① 심벽에 흙으로 맞벽치기한 것
② 철망모르타르로서 그 바름 두께가 2cm 이상인 것
③ 시멘트모르타르 위에 타일을 붙인 것으로서 그 두께의 합계가 1.5cm 이상인 것
④ 석고판 위에 시멘트모르타르 또는 회반죽을 바른 것으로서 그 두께의 합계가 2.5cm 이상인 것

해설　**방화구조의 기준**

구조 내용	기준
① **철망모르타르** 바르기	두께 **2cm** 이상
② 석고판 위에 시멘트모르타르를 바른 것 ③ 석고판 위에 회반죽을 바른 것 ④ 시멘트모르타르 위에 타일을 붙인 것	두께 **2.5cm** 이상
⑤ 심벽에 흙으로 맞벽치기 한 것	모두 해당

③ 1.5cm 이상 → 2.5cm 이상

비교
내화구조의 기준

내화 구분	기준
벽·바닥	철골·철근 콘크리트조로서 두께가 **10cm** 이상인 것
기둥	철골을 두께 **5cm** 이상의 콘크리트로 덮은 것
보	두께 **5cm** 이상의 콘크리트로 덮은 것

기억법 벽바내1(**벽**을 **바**라보면 **내일**이 보인다.)

답 ③

03 분진폭발을 일으키는 물질이 아닌 것은?

[13.03.문03]
① 시멘트 분말　② 마그네슘 분말
③ 석탄 분말　　④ 알루미늄 분말

해설　**분진폭발을 일으키지 않는 물질**
=물과 반응하여 가연성 기체를 발생하지 않는 것
(1) **시**멘트
(2) **석**회석
(3) **탄**산칼슘($CaCO_3$)
(4) **생**석회(CaO)=산화칼슘

기억법 분시석탄생

답 ①

04 소화약제로서 물에 관한 설명으로 틀린 것은?

[19.04.문06]
[18.03.문19]
[99.08.문06]
① 수소결합을 하므로 증발잠열이 작다.
② 가스계 소화약제에 비해 사용 후 오염이 크다.
③ 무상으로 주수하면 중질유 화재에도 사용할 수 있다.
④ 타소화약제에 비해 비열이 크기 때문에 냉각효과가 우수하다.

^{해설} **물의 소화능력**

(1) **비열**이 크다.
(2) **증발잠열**(기화잠열)이 크다.
(3) 밀폐된 장소에서 증발가열하면 수증기에 의해서 **산소희석작용**을 한다.
(4) **무상**으로 주수하면 **중질유 화재**에도 사용할 수 있다.

참고

물이 소화약제로 많이 쓰이는 이유

장 점	단 점
① 쉽게 구할 수 있다.	① 가스계 소화약제에 비해 사용 후 **오염**이 **크다.**
② 증발잠열(기화잠열)이 크다.	
③ 취급이 간편하다.	② 일반적으로 **전기화재**에는 **사용이 불가**하다.

답 ①

★★
05 제6류 위험물의 공통성질이 아닌 것은?

19.09.문44
16.03.문05
11.10.문03
07.09.문18

① 산화성 액체이다.
② 모두 유기화합물이다.
③ 불연성 물질이다.
④ 대부분 비중이 1보다 크다.

^{해설} **제6류 위험물의 공통성질**

(1) 대부분 비중이 **1보다 크다.**
(2) **산화성 액체**이다.
(3) **불연성 물질**이다.
(4) 모두 **산소**를 함유하고 있다.
(5) 유기화합물과 혼합하면 산화시킨다.

답 ②

★★★
06 이산화탄소 소화설비의 적용대상이 아닌 것은?

19.03.문04
97.07.문03

① 가솔린
② 전기설비
③ 인화성 고체 위험물
④ 나이트로셀룰로오스

^{해설} **이산화탄소 소화설비의 적용 대상**

(1) 가연성 기체와 액체류를 취급하는 장소(**가솔린** 등)
(2) 발전기, 변압기 등의 **전기설비**
(3) 박물관, 문서고 등 소화약제로 인한 오손이 문제되는 대상
(4) **인화성 고체 위험물**

④ 나이트로셀룰로오스 : 다량의 **물**로 **냉각소화**

답 ④

★★
07 표준상태에서 메탄가스의 밀도는 몇 g/l 인가?

10.09.문16

① 0.21
② 0.41
③ 0.71
④ 0.91

^{해설} 1mol의 기체는 1기압 0℃에서 **22.4l**를 가진다.

원 소	원자량
H	1
C	12
N	14
O	16

메탄(CH_4)$=12+1\times4=16$
메탄가스의 분자량은 16이므로 1g의 분자는 16g이 된다.
밀도(g/l)$=16g/22.4l≒0.714≒0.71g/l$

• 단위를 보고 계산하면 쉽다.

답 ③

★★
08 분말소화약제의 열분해 반응식 중 옳은 것은?

19.03.문01
17.03.문04
16.10.문03
16.10.문06
16.10.문10
16.05.문15
16.03.문09
16.03.문11
14.05.문17
12.03.문13

① $2KHCO_3 \rightarrow KCO_3+2CO_2+H_2O$
② $2NaHCO_3 \rightarrow NaCO_3+2CO_2+H_2O$
③ $NH_4H_2PO_4 \rightarrow HPO_3+NH_3+H_2O$
④ $2KHCO_3+(NH_2)_2CO \rightarrow K_2CO_3+NH_2+CO_2$

^{해설} **분말소화기 : 질식효과**

종 별	소화약제	약제의 착색	화학반응식	적응화재
제1종	탄산수소 나트륨 ($NaHCO_3$)	백색	$2NaHCO_3 \rightarrow$ $Na_2CO_3+CO_2+H_2O$	BC급
제2종	탄산수소 칼륨 ($KHCO_3$)	담자색 (담회색)	$2KHCO_3 \rightarrow$ $K_2CO_3+CO_2+H_2O$	
제3종	인산암모늄 ($NH_4H_2PO_4$)	담홍색	$NH_4H_2PO_4 \rightarrow$ $HPO_3+NH_3+H_2O$	ABC급
제4종	탄산수소 칼륨+요소 ($KHCO_3$+ $(NH_2)_2CO$)	회(백)색	$2KHCO_3+$ $(NH_2)_2CO \rightarrow$ K_2CO_3+ $2NH_3+2CO_2$	BC급

• 탄산수소나트륨 = 중탄산나트륨
• 탄산수소칼륨 = 중탄산칼륨
• 제1인산암모늄 = 인산암모늄 = 인산염
• 탄산수소칼륨 + 요소 = 중탄산칼륨 + 요소

답 ③

★★★
09 화재시 분말소화약제와 병용하여 사용할 수 있는 포 소화약제는?

19.04.문08
15.05.문20
13.06.문03

① 수성막포 소화약제
② 단백포 소화약제
③ 알코올형포 소화약제
④ 합성계면활성제포 소화약제

해설 **포 소화약제의 특징**

약제의 종류	특 징
단백포	• 흑갈색이다. • 냄새가 지독하다. • 포안정제로서 **제1철염**을 첨가한다. • 다른 포약제에 비해 **부식성이 크다.**
수성막포	• 안전성이 좋아 장기보관이 가능하다. • 내약품성이 좋아 **분말소화약제와 겸용** 사용이 가능하다. • 석유류 표면에 신속히 피막을 형성하여 유류증발을 억제한다. • 일명 **AFFF**(Aqueous Film Forming Foam)라고 한다. • 점성이 작기 때문에 가연성 기름의 표면에서 쉽게 피막을 형성한다. • 단백포 소화약제와도 병용이 가능하다. 기억법 **분수**
내알코올형포 (내알코올포)	• 알코올류 위험물(**메탄올**)의 소화에 사용한다. • 수용성 유류화재(**아세트알데하이드, 에스터류**)에 사용한다. • 가연성 액체에 사용한다.
불화단백포	• 소화성능이 가장 우수하다. • 단백포와 수성막포의 결점인 열안정성을 보완시킨다. • **표면하 주입방식**에도 적합하다.
합성계면활성제포	• **저**팽창포와 **고**팽창포 모두 사용 가능하다. • 유동성이 좋다. • 카바이트 저장소에는 부적합하다. 기억법 **합저고**

답 ①

★★★
10 위험물안전관리법령상 가연성 고체는 제 몇 류 위험물인가?

19.04.문44
16.05.문46
16.05.문52
15.09.문03
15.09.문18
15.05.문42
15.03.문51
14.09.문18
14.03.문18
11.06.문54

① 제1류
② 제2류
③ 제3류
④ 제4류

해설 **위험물령〔별표 1〕**
위험물

유별	성질	품명
제1류	산화성 고체	• 아염소산염류 • 염소산염류(**염소산나트륨**) • 과염소산염류 • 질산염류 • 무기과산화물 기억법 **1산고염나**

유별	성질	품명
제2류	가연성 고체	• **황화**인 • **적**린 • **황** • **마**그네슘 기억법 **황화적황마**
제3류	자연발화성 물질 및 금수성 물질	• **황린** • **칼**륨 • **나트륨** • **알**칼리토금속 • **트**리에틸알루미늄 기억법 **황칼나알트**
제4류	인화성 액체	• 특수인화물 • 석유류(벤젠) • 알코올류 • 동식물유류
제5류	자기반응성 물질	• 유기과산화물 • 나이트로화합물 • 나이트로소화합물 • 아조화합물 • 질산에스터류(셀룰로이드)
제6류	산화성 액체	• **과염소산** • 과산화수소 • 질산

답 ②

★★
11 버너의 불꽃을 제거한 때부터 불꽃을 올리며 연소하는 상태가 끝날 때까지의 시간은?

11.06.문12

① 10초 이내
② 20초 이내
③ 30초 이내
④ 40초 이내

해설
구 분	잔신시간	잔염시간
정의	버너의 **불꽃**을 제거한 때부터 **불꽃**을 올리지 않고 연소하는 상태가 그칠 때까지의 경과시간	버너의 **불꽃**을 제거한 때부터 **불꽃**을 올리며 연소하는 상태가 그칠 때까지의 경과시간
시간	**30초** 이내	**20초** 이내

• 잔신시간=잔진시간

기억법 **3신**(삼신 할머니)

답 ②

★★★
12 이산화탄소 소화약제의 주된 소화효과는?

14.03.문04

① 제거소화
② 억제소화
③ 질식소화
④ 냉각소화

해설 소화약제의 소화작용

소화약제	소화효과	주된 소화효과
① 물(스프링클러)	• 냉각효과 • 희석효과	• 냉각효과 (냉각소화)
② 물(무상)	• 냉각효과 • 질식효과 • 유화효과 • 희석효과	
③ 포	• 냉각효과 • 질식효과	
④ 분말	• 질식효과 • 부촉매효과 (억제효과) • 방사열 차단 효과	• **질식효과** (질식소화)
⑤ 이산화탄소	• 냉각효과 • 질식효과 • 피복효과	
⑥ 할론	• 질식효과 • 부촉매효과 (억제효과)	• **부촉매효과** (연쇄반응차단 소화)

기억법 할부(할아버지)
       이질(이질적이다)

답 ③

13 화재시 이산화탄소를 방출하여 산소농도를 13vol%로 낮추어 소화하기 위한 공기 중의 이산화탄소의 농도는 약 몇 vol%인가?

19.09.문08
17.05.문01
14.05.문07
13.09.문16
12.05.문14

① 9.5   ② 25.8
③ 38.1   ④ 61.5

해설
$$CO_2 = \frac{21 - O_2}{21} \times 100$$

여기서, CO_2 : CO_2의 농도[vol%]
         O_2 : O_2의 농도[vol%]

$$CO_2 = \frac{21 - O_2}{21} \times 100 = \frac{21 - 13}{21} \times 100 ≒ 38.1 vol\%$$

 중요

이산화탄소 소화설비와 관련된 식

$$CO_2 = \frac{방출가스량}{방호구역체적 + 방출가스량} \times 100$$
$$= \frac{21 - O_2}{21} \times 100$$

여기서, CO_2 : CO_2의 농도[vol%]
         O_2 : O_2의 농도[vol%]

$$방출가스량 = \frac{21 - O_2}{O_2} \times 방호구역체적$$

여기서, O_2 : O_2의 농도[vol%]

• 단위가 원래는 vol% 또는 vol.%인데 줄여서 %로 쓰기도 한다.

 용어

%	vol%
수를 100의 비로 나타낸 것	어떤 공간에 차지하는 부피를 백분율로 나타낸 것
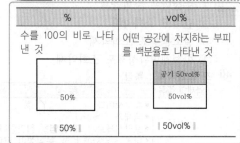	

답 ③

14 목조건축물에서 발생하는 옥내출화시기를 나타낸 것으로 옳지 않은 것은?

16.03.문18

① 천장 속, 벽 속 등에서 발염착화할 때
② 창, 출입구 등에 발염착화할 때
③ 가옥의 구조에는 천장면에 발염착화할 때
④ 불연 벽체나 불연천장인 경우 실내의 그 뒷면에 발염착화할 때

해설

옥외출화	옥내출화
① **창·출입구** 등에 **발염착화**한 경우 ② 목재사용 가옥에서는 **벽·추녀밑**의 판자나 목재에 **발염착화**한 경우	① **천장 속·벽 속** 등에서 **발염착화**한 경우 ② 가옥구조시에는 천장판에 **발염착화**한 경우 ③ 불연벽체나 칸막이의 불연천장인 경우 실내에서는 그 뒤판에 **발염착화**한 경우

기억법 외창출

② 옥외출화

답 ②

15 전기에너지에 의하여 발생되는 열원이 아닌 것은?

13.03.문10

① 저항가열   ② 마찰 스파크
③ 유도가열   ④ 유전가열

해설 열에너지원의 종류

기계열 (기계적 에너지)	전기열 (전기적 에너지)	화학열 (화학적 에너지)
압축열, **마**찰열, 마찰 스파크	유도열, 유전열, 저항열, 아크열, 정전기열, 낙뢰에 의한 열	**연**소열, **용**해열, **분**해열, **생**성열, **자**연발화열
기억법 기압마		기억법 화연용분생자

② 기계적 에너지

- 기계열=기계적 에너지=기계에너지
- 전기열=전기적 에너지=전기에너지
- 화학열=화학적 에너지=화학에너지

- 유도열=유도가열
- 유전열=유전가열

답 ②

★★★
16 건축물의 방재계획 중에서 공간적 대응계획에 해당되지 않는 것은?

17.03.문12
03.08.문10

① 도피성 대응 ② 대항성 대응
③ 회피성 대응 ④ 소방시설방재 대응

해설 **건축방재의 계획**
(1) **공간적 대응**

종류	설 명
대항성	내화성능·방연성능·초기 소화대응 등의 화재사상의 저항능력
회피성	불연화·난연화·내장제한·구획의 세분화·방화훈련(소방훈련)·불조심 등 출화유발·확대 등을 저감시키는 예방조치강구
도피성	화재가 발생한 경우 안전하게 피난할 수 있는 시스템

기억법 **도대회**

(2) **설비적 대응** : 화재에 대응하여 설치하는 **소화설비, 경보설비, 피난구조설비, 소화활동설비** 등의 제반 소방시설

기억법 **설설**

④ 설비적 대응

답 ④

★★★
17 플래시오버(flash over)현상에 대한 설명으로 틀린 것은?

① 산소의 농도와 무관하다.
② 화재공간의 개구율과 관계가 있다.
③ 화재공간 내의 가연물의 양과 관계가 있다.
④ 화재실 내의 가연물의 종류와 관계가 있다.

해설 **플래시오버**에 **영향**을 미치는 것
(1) **개구율**
(2) **내장재료**(내장재료의 제성상, 실내의 내장재료)
(3) **화원**의 크기
(4) 실의 **내표면적**(실의 넓이·모양)
(5) 가연물의 **양·종류**
(6) **산소**의 농도

중요

플래시오버(flash over)

구 분	설 명
정의	화재로 인하여 실내의 온도가 급격히 상승하여 화재가 순간적으로 실내 전체에 확산되어 연소되는 현상
발생시간	화재발생 후 **5~6분**경
발생시점	**성장기~최성기**(성장기에서 최성기로 넘어가는 분기점)
실내온도	약 **800~900℃**

답 ①

★★★
18 유류탱크 화재시 기름표면에 물을 살수하면 기름이 탱크 밖으로 비산하여 화재가 확대되는 현상은?

15.03.문01
14.09.문12

① 슬롭오버(slop over)
② 보일오버(boil over)
③ 프로스오버(froth over)
④ 블래비(BLEVE)

해설 **유류탱크, 가스탱크**에서 **발생**하는 현상

여러 가지 현상	정 의
블래비=블레이브(BLEVE)	과열상태의 탱크에서 내부의 액화가스가 분출하여 기화되어 폭발하는 현상
보일오버(boil over)	• 중질유의 석유탱크에서 장시간 조용히 연소하다 탱크 내의 잔존기름이 갑자기 분출하는 현상 • 유류탱크에서 탱크바닥에 물과 기름의 **에멀션**이 섞여 있을 때 이로 인하여 화재가 발생하는 현상 • 연소유면으로부터 100℃ 이상의 열파가 탱크저부에 고여 있는 물을 비등하게 하면서 연소유를 탱크 밖으로 비산시키며 연소하는 현상 • 탱크**저부**의 물이 급격히 증발하여 기름이 탱크 밖으로 화재를 동반하여 방출하는 현상 기억법 **보저(보자기)**
오일오버(oil over)	저장탱크에 저장된 유류저장량이 내용적의 **50%** 이하로 충전되어 있을 때 화재로 인하여 탱크가 폭발하는 현상
프로스오버(froth over)	**물**이 점성의 뜨거운 **기름표면 아래서 끓을 때** 화재를 수반하지 않고 용기가 넘치는 현상

슬롭오버 (slop over)	• 물이 연소유의 뜨거운 표면에 들어갈 때 기름표면에서 화재가 발생하는 현상 • 유화제로 소화하기 위한 물이 수분의 급격한 증발에 의하여 액면이 거품을 일으키면서 열유층 밑의 냉유가 급히 열팽창하여 기름의 일부가 불이 붙은 채 탱크벽을 넘어서 일출하는 현상 **기억법** 슬표(슬퍼하지 말아요! 슬픔 뒤엔 곧 기쁨이 와요)

답 ①

★★★
19 가연물이 공기 중에서 산화되어 산화열의 축적으로 발화되는 현상은?

19.09.문08
18.03.문10
16.10.문05
16.03.문14
15.03.문09
14.09.문09
14.09.문17
12.03.문09
09.05.문08
03.03.문13
02.09.문01

① 분해연소
② 자기연소
③ 자연발화
④ 폭굉

해설 자연발화
가연물이 공기 중에서 산화되어 **산화열**의 **축적**으로 발화

중요

(1) **자연발화의 방지법**
  ⊙ **습**도가 높은 곳을 **피**할 것(건조하게 유지할 것)
  ⓛ 저장실의 온도를 낮출 것
  ⓔ 통풍이 잘 되게 할 것
  ⓡ 퇴적 및 수납시 열이 쌓이지 않게 할 것 (**열축적 방지**)
  ⓜ 산소와의 접촉을 차단할 것
  ⓗ **열전도성**을 좋게 할 것

기억법 자습피

(2) **자연발화 조건**
  ⊙ 열전도율이 작을 것
  ⓛ 발열량이 클 것
  ⓔ 주위의 온도가 높을 것
  ⓡ 표면적이 넓을 것

답 ③

★★
20 저팽창포와 고팽창포에 모두 사용할 수 있는 포 소화약제는?

19.04.문08
17.09.문05
15.05.문09
13.06.문03

① 단백포 소화약제
② 수성막포 소화약제
③ 불화단백포 소화약제
④ 합성계면활성제포 소화약제

해설 포 소화약제의 특징

약제의 종류	특 징
단백포	• 흑갈색이다. • 냄새가 지독하다. • 포안정제로서 **제1철염**을 첨가한다. • 다른 포약제에 비해 **부식성**이 크다.
수성막포	• 안전성이 좋아 장기보관이 가능하다. • 내약품성이 좋아 **분말소화약제**와 **겸용** 사용이 가능하다. • 석유류 표면에 신속히 피막을 형성하여 유류증발을 억제한다. • 일명 **AFFF**(Aqueous Film Forming Foam)라고 한다. • 점성이 작기 때문에 가연성 기름의 표면에서 쉽게 피막을 형성한다. • 단백포 소화약제와도 병용이 가능하다. **기억법** 분수
내알코올형포 (내알코올포)	• 알코올류 위험물(**메탄올**)의 소화에 사용한다. • 수용성 유류화재(**아세트알데하이드**, 에스터류)에 사용한다. • 가연성 액체에 사용한다.
불화단백포	• 소화성능이 가장 우수하다. • 단백포와 수성막포의 결점인 열안정성을 보완시킨다. • **표면하 주입방식**에도 적합하다.
합성 계면 활성제포	• **저**팽창포와 **고**팽창포 모두 사용 가능 • 유동성이 좋다. • 카바이트 저장소에는 부적합하다. **기억법** 합저고

• 저팽창포=저발포
• 고팽창포=고발포

답 ④

제2과목 소방유체역학

★★★
21 피토관으로 파이프 중심선에서의 유속을 측정할 때 피토관의 액주높이가 5.2m, 정압튜브의 액주높이가 4.2m를 나타낸다면 유속은 약 몇 m/s인가? (단, 물의 밀도 1000kg/m³이다.)

19.09.문31
08.09.문30

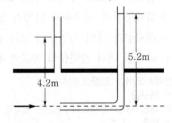

① 2.8
② 3.5
③ 4.4
④ 5.8

해설 피토관(pitot tube)

$$V = C\sqrt{2gH}$$

여기서, V : 유속[m/s]
  C : 측정계수
  g : 중력가속도(9.8m/s²)
  H : 높이[m]

유속 V는
$$V = C\sqrt{2gH}$$
$$= \sqrt{2\times9.8\text{m/s}^2\times(5.2-4.2)\text{m}} = 4.4\text{m/s}$$

이 문제를 푸는 데 물의 **밀도**는 **관계없다**. 고민하지 마라!

답 ③

★★★
22 비중 0.6인 물체가 비중 0.8인 기름 위에 떠 있
11.10.문33 다. 이 물체가 기름 위에 노출되어 있는 부분은 전체 부피의 몇 %인가?

① 20 ② 25
③ 30 ④ 35

해설

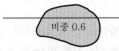

비중

$$V = \frac{s_s}{s}$$

여기서, V : 기름에 잠겨진 부피
  s : 표준물질의 비중(기름의 비중)
  s_s : 어떤 물질의 비중(물체의 비중)

기름에 잠겨진 **부피** V는
$$V = \frac{s_s}{s} = \frac{0.6}{0.8} = 0.75 = 75\%$$
기름 위에 떠 있는 부피 = 100 - 기름에 잠겨진 부피
$$= 100 - 75$$
$$= 25\%$$

답 ②

★★★
23 열전도계수가 0.7W/m · ℃인 5×6m 벽돌벽의
06.05.문34 안팎의 온도가 20℃, 5℃일 때, 열손실을 1kW 이하로 유지하기 위한 벽의 최소 두께는 몇 cm 인가?

① 1.05 ② 2.10
③ 31.5 ④ 64.3

해설 전도
$$\mathring{q} = \frac{AK(T_2 - T_1)}{l}$$

여기서, $\mathring{q}$: 열손실[W]
  A : 단면적[m²]
  K : 열전도율[W/m · ℃]
  $T_2 - T_1$: 온도차[℃]
  l : 벽의 두께[m]

두께 l 은
$$l = \frac{AK(T_2 - T_1)}{\mathring{q}}$$
$$= \frac{(5\times6)\text{m}^2\times0.7\text{W/m} \cdot \text{℃}\times(20-5)\text{℃}}{1000\text{W}}$$
$$= 0.315\text{m} = 31.5\text{cm}$$

• 1kW = 1000W
• 1m = 100cm이므로 0.315m = 31.5cm

답 ③

★★★
24 원심팬이 1700rpm으로 회전할 때의 전압은
10.05.문39 1520Pa, 풍량은 240m³/min이다. 이 팬의 비교 회전도는 약 몇 m³/min · m/rpm인가? (단, 공기의 밀도는 1.2kg/m³이다.)

① 502
② 652
③ 687
④ 827

해설
$$N_S = N\frac{\sqrt{Q}}{\left(\dfrac{H}{n}\right)^{\frac{3}{4}}}$$

(1) 단위변환
1atm = 760mmHg = 1.0332kg$_f$/cm²
     = 10.332mH₂O(mAq)
     = 14.7PSI(lb$_f$/in²)
     = 101.325kPa(kN/m²)
     = 1013mbar

101.325kPa = 101325Pa = 1.0332kg$_f$/cm²
          = 1.0332kg$_f$/10⁻⁴m²
          = (1.0332×10⁴)kg$_f$/m²
          = 10332kg$_f$/m²

P = 1520Pa = 1520N/m² (1Pa = 1N/m²)

(2) 비중량
$$\gamma = \rho g$$

여기서, γ : 비중량[N/m³]
  ρ : 밀도[kg/m³] 또는 [N · s²/m⁴]
  g : 중력가속도(9.8m/s²)

공기의 비중량 γ는
$\gamma = \rho g = 1.2$N · s²/m⁴ $\times 9.8$m/s² $= 11.76$N/m³

• 1kg/m³ = 1N · s²/m⁴이므로 1.2kg/m³ = 1.2N · s²/m⁴

(3) 양정(수두)

$$H = \frac{P}{\gamma}$$

여기서, H : 양정(수두)[m]
　　　P : 압력[N/m²]
　　　γ : 비중량[N/m³]

양정 $H = \frac{P}{\gamma} = \frac{1520\text{N/m}^2}{11.76\text{N/m}^3} \fallingdotseq 129.251\text{m}$

(4) 비속도(비교회전도)

$$N_S = N \frac{\sqrt{Q}}{\left(\dfrac{H}{n}\right)^{\frac{3}{4}}}$$

여기서, N_S : 펌프의 비교회전도(비속도)[m³/min · m/rpm]
　　　N : 회전수[rpm]
　　　Q : 유량[m³/min]
　　　H : 양정[m]
　　　n : 단수

※ **rpm**(revolution per minute) : 분당 회전속도

비교회전도 N_S는

$$N_S = N \frac{\sqrt{Q}}{\left(\dfrac{H}{n}\right)^{\frac{3}{4}}} = 1700\text{rpm} \times \frac{\sqrt{240\text{m}^3/\text{min}}}{(129.251\text{m})^{\frac{3}{4}}}$$

$$\fallingdotseq 687\text{m}^3/\text{min} \cdot \text{m/rpm}$$

• n : 주어지지 않았으므로 무시

답 ③

★★★
25 초기에 비어있는 체적이 0.1m³인 견고한 용기 안에 공기(이상기체)를 서서히 주입한다. 이때 주위 온도는 300K이다. 공기 1kg을 주입하면 압력[kPa]이 얼마가 되는가? (단, 기체상수 $R = 0.287$kJ/kg · K이다.)

19.09.문33
14.03.문35
10.09.문35

① 287　　　　　② 300
③ 348　　　　　④ 861

해설 **이상기체 상태방정식**

$$PV = mRT$$

여기서, P : 압력[kPa] 또는 [kN/m²]
　　　V : 부피[m³]
　　　m : 질량[kg]
　　　R : 기체상수[kJ/kg · K]
　　　T : 절대온도(273 + ℃)[K]

(1) **기호**

• $P = ?$
• $V = 0.1\text{m}^3$
• $m = 1\text{kg}$
• $R = 0.287\text{kJ/kg} \cdot$
• $T = 300\text{K}$

(2) **이상기체상태 방정식**

$$PV = mRT$$

$$P = \frac{mRT}{V} = \frac{1\text{kg} \times 0.287\text{kJ/kg} \cdot \text{K} \times 300\text{K}}{0.1\text{m}^3}$$

$$= 861\text{kJ/m}^3 = 861\text{kPa}$$

• 1kJ/m³=1kPa=1kN/m²이므로 861kJ/m³=861kPa

답 ④

★★
26 물질의 온도변화 형태로 나타나는 열에너지는?

① 현열　　　　　② 잠열
③ 비열　　　　　④ 증발열

해설

구 분	설 명
현열	상태의 변화 없이 물질의 **온도변화**에 필요한 열(예 물 0℃ → 물 100℃)
잠열	온도의 변화 없이 물질의 **상태변화**에 필요한 열(예 물 100℃ → 수증기 100℃)
기화열	**액체**가 **기체**로 되면서 주위에서 빼앗는 열량
융해열	**고체**를 녹여서 **액체**로 바꾸는 데 소요되는 열량

답 ①

★
27 압력 200kPa, 온도 400K의 공기가 10m/s의 속도로 흐르는 지름 10cm의 원관이 지름 20cm인 원관이 연결된 다음 압력 180kPa, 온도 350K로 흐른다. 공기가 이상기체라면 정상상태에서 지름 20cm인 원관에서의 공기의 속도[m/s]는?

① 2.43　　　　　② 2.50
③ 2.67　　　　　④ 4.50

해설

$$A_1 V_1 \rho_1 = A_2 V_2 \rho_2$$

(1) **단위변환**

1atm = 760mmHg = 1.0332kg₁/cm²
　　　= 10.332mH₂O(mAq)
　　　= 14.7PSI(lb₁/in²)
　　　= 101.325kPa(kN/m²)
　　　= 1013mbar

1atm = 101.325kPa

$$P_1 = 200\text{kPa} = \frac{200\text{kPa}}{101.325\text{kPa}} \times 1\text{atm} \fallingdotseq 1.974\text{atm}$$

$$P_2 = 180\text{kPa} = \frac{180\text{kPa}}{101.325\text{kPa}} \times 1\text{atm} \fallingdotseq 1.776\text{atm}$$

(2) **이상기체 상태방정식**

$$\rho = \frac{PM}{RT}$$

여기서, ρ : 밀도[kg/m³]
　　　P : 압력[atm]

M : 분자량(공기의 분자량 28.84kg/kmol)
R : 기체상수(0.082atm · m³/kmol · K)
T : 절대온도(273+℃)[K]

밀도 ρ_1은

$$\rho_1 = \frac{P_1 M}{RT_1}$$

$$= \frac{1.974\text{atm} \times 28.84\text{kg/kmol}}{0.082\text{atm} \cdot \text{m}^3/\text{kmol} \cdot \text{K} \times 400\text{K}} \fallingdotseq 1.735\text{kg/m}^3$$

밀도 ρ_2는

$$\rho_2 = \frac{P_2 M}{RT_2} = \frac{1.776\text{atm} \times 28.84\text{kg/kmol}}{0.082\text{atm} \cdot \text{m}^3/\text{kmol} \cdot \text{K} \times 350\text{K}}$$

$$\fallingdotseq 1.785\text{kg/m}^3$$

(3) **질량유량**(mass flowrate)

$$\overline{m} = AV\rho$$

여기서, $\overline{m}$: 질량유량[kg/s]
　　　　A : 단면적[m²]
　　　　V : 유속[m/s]
　　　　ρ : 밀도[kg/m³]

식을 변형하면

$$A_1 V_1 \rho_1 = A_2 V_2 \rho_2$$

$$\left(\frac{\pi}{4}D_1^2\right)V_1 \rho_1 = \left(\frac{\pi}{4}D_2^2\right)V_2 \rho_2$$

$$\left(\frac{\pi}{4} \times (0.1\text{m})^2\right) \times 10\text{m/s} \times 1.735\text{kg/m}^3$$

$$= \left(\frac{\pi}{4} \times (0.2\text{m})^2\right) \times V_2 \times 1.785\text{kg/m}^3$$

$$\frac{(0.1\text{m})^2 \times 10\text{m/s} \times 1.735\text{kg/m}^3}{(0.2\text{m})^2 \times 1.785\text{kg/m}^3} = V_2$$

$$V_2 = \frac{(0.1\text{m})^2 \times 10\text{m/s} \times 1.735\text{kg/m}^3}{(0.2\text{m})^2 \times 1.785\text{kg/m}^3} \fallingdotseq 2.43\text{m/s}$$

• 100cm=1m이므로 10cm=0.1m, 20cm=0.2m

답 ①

★★★
28 단면적이 일정한 물 분류가 속도 20m/s, 유량
01.06.문38　0.3m³/s로 분출되고 있다. 분류와 같은 방향으로 10m/s의 속도로 운동하고 있는 평판에 이 분류가 수직으로 충돌할 경우 판에 작용하는 충격력은 몇 N인가?

① 1500

② 2000

③ 2500

④ 3000

해설 힘

$$F = \rho Q(V_2 - V_1)$$

여기서, F : 힘[N]
　　　　ρ : 밀도(물의 밀도 1000N · s²/m⁴)
　　　　Q : 유량[m³/s]
　　　　V_2, V_1 : 유속[m/s]

힘 F 는
$F = \rho Q(V_2 - V_1)$
　　$= 1000\text{N} \cdot \text{s}^2/\text{m}^4 \times 0.3\text{m}^3/\text{s} \times (20-10)\text{m/s}$
　　$= 3000\text{N}$

• 물의 밀도(ρ) = 1000N · s²/m⁴ = 1000kg/m³

답 ④

★★
29 기름이 0.02m³/s의 유량으로 직경 50cm인 주
12.09.문35　철관 속을 흐르고 있다. 길이 1000m에 대한 손실수두는 약 몇 m인가? (단, 기름의 점성계수는 0.103N · s/m², 비중은 0.90이다.)

① 0.15

② 0.3

③ 0.45

④ 0.6

해설 (1) 유량

$$Q = AV = \left(\frac{\pi}{4}D^2\right)V$$

여기서, Q : 유량[m³/s]
　　　　A : 단면적[m²]
　　　　D : 직경[m]
　　　　V : 유속[m/s]

유속 V는

$$V = \frac{Q}{\frac{\pi}{4}D^2} = \frac{0.02\text{m}^3/\text{s}}{\frac{\pi}{4} \times (0.5\text{m})^2} \fallingdotseq 0.1\text{m/s}$$

• 직경(D) : 50cm = 0.5m(100cm=1m)

(2) 비중

$$s = \frac{\rho}{\rho_w}$$

여기서, s : 비중
　　　　ρ : 어떤물질의 밀도(기름의 밀도)[kg/m³]
　　　　ρ_w : 표준물질의 밀도(물의 밀도 1000kg/m³)

기름의 밀도 ρ는
$\rho = s \cdot \rho_w = 0.9 \times 1000\text{kg/m}^3 = 900\text{kg/m}^3$

(3) **레이놀즈수**

$$Re = \frac{DV\rho}{\mu}$$

여기서, Re : 레이놀즈수
　　　　D : 내경[m]
　　　　V : 유속[m/s]
　　　　ρ : 밀도[kg/m³]
　　　　μ : 점성계수(점도)[kg/m · s=N · s/m²]

레이놀즈수 Re는

$$Re = \frac{DV\rho}{\mu} = \frac{0.5\text{m} \times 0.1\text{m/s} \times 900\text{kg/m}^3}{0.103\text{N} \cdot \text{s/m}^2} \fallingdotseq 437$$

(4) 관마찰계수

$$f = \frac{64}{Re}$$

여기서, f : 관마찰계수

Re : 레이놀즈수

관마찰계수 f는

$$f = \frac{64}{Re} = \frac{64}{437} \fallingdotseq 0.15$$

(5) **마찰손실**(손실수두)

$$H = \frac{flV^2}{2gD}$$

여기서, H : 마찰손실[m]

f : 관마찰계수

l : 길이[m]

V : 유속[m/s]

g : 중력가속도(9.8m/s^2)

D : 내경[m]

마찰손실 H는

$$H = \frac{flV^2}{2gD} = \frac{0.15 \times 1000\text{m} \times (0.1\text{m/s})^2}{2 \times 9.8\text{m/s}^2 \times 0.5\text{m}} \fallingdotseq 0.15\text{m}$$

답 ①

★★★ 30

펌프로부터 분당 150l의 소방용수가 토출되고 있다. 토출 배관의 내경이 65mm일 때 레이놀즈수는 약 얼마인가? (단, 물의 점성계수는 0.001kg/m·s로 한다.)

15.05.문29
12.09.문35

① 1300 ② 5400

③ 49000 ④ 82000

해설 (1) 유량

$$Q = AV = \left(\frac{\pi}{4}D^2\right)V$$

여기서, Q : 유량[m^3/s]

A : 단면적[m^2]

D : 직경[m]

V : 유속[m/s]

유속 V는

$$V = \frac{Q}{\frac{\pi}{4}D^2} = \frac{0.15\text{m}^3/60\text{s}}{\frac{\pi}{4} \times (0.065\text{m})^2} = 0.753\text{m/s}$$

• Q : 1000L=1m^3, 1min=60s이므로

150l/min=0.15m^3/60s

• D : 1000mm=1m이므로 65mm=0.065m

(2) 레이놀즈수

$$Re = \frac{DV\rho}{\mu}$$

여기서, Re : 레이놀즈수

D : 내경[m]

V : 유속[m/s]

ρ : 밀도(물의 밀도 1000kg/m^3)

μ : 점성계수(점도)[kg/m·s=N·s/m^2]

레이놀즈수 Re는

$$Re = \frac{DV\rho}{\mu}$$

$$= \frac{0.065\text{m} \times 0.753\text{m/s} \times 1000\text{kg/m}^3}{0.001\text{kg/m} \cdot \text{s}}$$

$$\fallingdotseq 49000$$

• μ : 0.001kg/m·s

• ρ : 물의 밀도 1000kg/m^3

답 ③

★ 31

유체 내에서 쇠구슬의 낙하속도를 측정하여 점도를 측정하고자 한다. 점도가 μ_1 그리고 μ_2인 두 유체의 밀도가 각각 ρ_1과 $\rho_2 (> \rho_1)$일 때 낙하속도 $U_2 = \frac{1}{2}U_1$이면 다음 중 맞는 것은? (단, 항력은 Stokes의 법칙을 따른다.)

① $\mu_2/\mu_1 < 2$

② $\mu_2/\mu_1 = 2$

③ $\mu_2/\mu_1 > 2$

④ 주어진 정보만으로는 결정할 수 없다.

해설 마찰저항력

$$F_D = 3\pi\mu DU$$

여기서, F_D : 마찰저항력[N]

μ : 점도[N·s/m^2]

D : 입자의 직경[m]

U : 입자의 낙하속도[m/s]

입자의 낙하속도 $U = \frac{F_D}{3\pi\mu D} \propto \frac{1}{\mu}$

$\rho_2 > \rho_1$일 때

위 식에서 $U \propto \frac{1}{\mu}$이므로

$U_2 = \frac{1}{2}U_1$이면 $\frac{\mu_2}{\mu_1} < 2$가 된다.

답 ①

★★★ 32

직경 4cm이고 관마찰계수가 0.02인 원관에 부차적 손실계수가 4인 밸브가 장치되어 있을 때 이 밸브의 등가길이(상당길이)는 몇 m인가?

19.09.문40
14.09.문39

① 4 ② 6

③ 8 ④ 10

해설 관의 **상당관길이**

$$L_e = \frac{KD}{f}$$

여기서, L_e : 관의 상당관길이[m]
　　　　K : 손실계수
　　　　D : 내경[m]
　　　　f : 마찰손실계수

관의 **상당관길이** L_e 는

$$L_e = \frac{KD}{f} = \frac{4 \times 4\text{cm}}{0.02} = \frac{4 \times 0.04\text{m}}{0.02} = 8\text{m}$$

- 100cm=1m이므로 4cm=0.04m

상당관길이=상당길이=등가길이

답 ③

★★★
33 액체분자들 사이의 응집력과 고체면에 대한 부
[10.05.문35] 착력의 차이에 의하여 관내 액체표면과 자유표
면 사이에 높이 차이가 나타나는 것과 가장 관계
가 깊은 것은?
① 관성력
② 점성
③ 뉴턴의 마찰법칙
④ 모세관현상

해설

용 어	설 명
관성력	물체가 현재의 **운동상태**를 계속 **유지**하려는 성질
점성	운동하고 있는 유체에 서로 인접하고 있는 층 사이에 **미끄럼**이 생겨 **마찰**이 발생하는 성질
뉴턴의 마찰법칙	레이놀즈수가 큰 경우에 물체가 받는 **마찰력**이 **속도**의 **제곱**에 **비례**한다는 법칙
모세관 현상	① 액체분자들 사이의 **응집력**과 고체면에 대한 **부착력**의 차이에 의하여 관내 액체표면과 자유표면 사이에 **높이 차이**가 나타나는 것 ② 액체와 고체가 접촉하면 상호 부착하려는 성질을 갖는데 이 **부착력**과 액체의 **응집력**의 상대적 크기에 의해 일어나는 현상

답 ④

★
34 그림에서 점 A의 압력이 B의 압력보다 6.8kPa
크다면, 경사관의 각도 $\theta°$는 얼마인가? (단, s
는 비중을 나타낸다.)

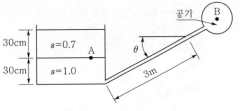

① 12
② 19.3
③ 22.5
④ 34.5

해설

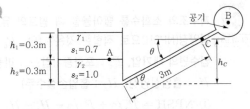

(1) 비중

$$s = \frac{\gamma}{\gamma_w}$$

여기서, s : 비중
　　　　γ : 어떤 물질의 비중량[kN/m³]
　　　　γ_w : 물의 비중량(9.8kN/m³)

(2) 압력

$$P = \gamma h$$

여기서, P : 압력[kPa]
　　　　γ : 비중량(물의 비중량 9.8kN/m³)
　　　　h : 높이[m]

A점의 **압력** P_A 는
$$P_A = \gamma_1 h_1 = (s_1 \cdot \gamma_w) h_1$$
$$= 0.7 \times 9.8\text{kN/m}^3 \times 0.3\text{m} = 2.058\text{kN/m}^2 = 2.058\text{kPa}$$

- 100cm=1m이므로 30cm=0.3m
- 1kN/m²=1kPa이므로 2.058kN/m²=2.058kPa
- $\gamma = s \gamma_w$ 이므로 $\gamma_1 = s_1 \cdot \gamma_w$

B점의 **압력** P_B 는
$$P_B = P_A - \text{AB점의 압력차}$$
$$= (2.058 - 6.8)\text{kPa} = -4.742\text{kPa}$$

- A점의 압력이 B점의 압력보다 6.8kPa 크므로 빼주어야 한다.

3m 관에 작용하는 **압력** P_3 는
$$P_3 = \gamma_1 h_1 + \gamma_2 h_2$$
$$= (s_1 \cdot \gamma_w) h_1 + (s_2 \cdot \gamma_w) h_2$$
$$= (0.7 \times 9.8\text{kN/m}^3) \times 0.3\text{m} + (1 \times 9.8\text{kN/m}^3) \times 0.3\text{m}$$
$$= 4.998\text{kN/m}^2$$
$$= 4.998\text{kPa}$$

C점의 **압력** P_C 는
$$P_C = P_3 - P_B = 4.998\text{kPa} - (-4.742\text{kPa}) = 9.74\text{kPa}$$

경사관의 **높이** h_C 는
$$h_C = \frac{P_C}{\gamma} = \frac{9.74\text{kN/m}^2}{9.8\text{kN/m}^3} ≒ 0.99\text{m}$$

• 1kPa=1kN/m²이므로 9.74kPa=9.74kN/m²

• $h = \dfrac{P}{\gamma}$ 이므로 $h_C = \dfrac{P_C}{\gamma}$

각도

$$\sin\theta = \dfrac{h_C}{3\text{m}}$$

$$\theta = \sin^{-1}\left(\dfrac{h_C}{3}\right) = \sin^{-1}\left(\dfrac{0.99\text{m}}{3\text{m}}\right) \fallingdotseq 19.3°$$

답 ②

★★★ 35
[04.09.문31]

저수조의 소화수를 빨아올릴 때 펌프의 유효흡입양정(NPSH)으로 적합한 것은? (단, P_a : 흡입수면의 대기압, P_v : 포화증기압, γ : 비중량, H_a : 흡입실양정, H_L : 흡입손실수두)

① $\text{NPSH} = P_a/\gamma + P_v/\gamma - H_a - H_L$

② $\text{NPSH} = P_a/\gamma - P_v/\gamma + H_a - H_L$

③ $\text{NPSH} = P_a/\gamma - P_v/\gamma - H_a - H_L$

④ $\text{NPSH} = P_a/\gamma - P_v/\gamma - H_a + H_L$

해설 흡상시 펌프의 유효흡입양정

$$\text{NPSH} = \dfrac{P_a}{\gamma} - \dfrac{P_v}{\gamma} - H_a - H_L$$

여기서, NPSH : 유효흡입양정[m]
　　　　P_a : 흡입수면의 대기압[Pa]
　　　　γ : 비중량(물의 비중량 9800N/m³)
　　　　P_v : 포화증기압[Pa]
　　　　H_a : 흡입실양정[m]
　　　　H_L : 흡입손실수두[m]

　※ **흡상** : 저수조의 소화수를 빨아올리는 것

🔖 비교

압입시 펌프의 유효흡입양정

$$\text{NPSH} = \dfrac{P_a}{\gamma} - \dfrac{P_v}{\gamma} + H_a - H_L$$

여기서, NPSH : 유효흡입양정[m]
　　　　P_a : 압입수면의 대기압[Pa]
　　　　γ : 비중량(물의 비중량 9800N/m³)
　　　　P_v : 포화증기압[Pa]
　　　　H_a : 압입실양정[m]
　　　　H_L : 압입손실수두[m]

　※ **압입** : 저수조의 소화수를 빨아내리는 것

답 ③

★★★ 36
[17.05.문39]
[11.10.문27]

안지름이 30cm이고 길이가 800m인 관로를 통하여 300l/s의 물을 50m 높이까지 양수하는 데 필요한 펌프의 동력은 약 몇 kW인가? (단, 관마찰계수는 0.03이고 펌프의 효율은 85%이다.)

① 173　　　　② 259

③ 398　　　　④ 427

해설 (1) 기호

• D=30cm=0.3m (100cm=1m)
• l = 800m
• Q=300l/s = 0.3m³/s (1000l=1m³)
• η=85%=0.85

(2) 유량

$$Q = AV = \left(\dfrac{\pi D^2}{4}\right)V$$

여기서, Q : 유량[m³/s]
　　　　A : 단면적[m²]
　　　　V : 유속[m/s]
　　　　D : 지름[m]

유속 V는

$$V = \dfrac{Q}{\dfrac{\pi D^2}{4}} = \dfrac{0.3\text{m}^3/\text{s}}{\dfrac{\pi \times (0.3\text{m})^2}{4}} \fallingdotseq 4.24\text{m/s}$$

(3) 마찰손실

달시 – 웨버의 식(Darcy – Weisbach formula) : 층류

$$H = \dfrac{\Delta p}{\gamma} = \dfrac{fl V^2}{2gD}$$

여기서, H : 마찰손실(수두)[m]
　　　　Δp : 압력차[kPa] 또는 [kN/m²]
　　　　γ : 비중량(물의 비중량 9800N/m³)
　　　　f : 관마찰계수
　　　　l : 길이[m]
　　　　V : 유속(속도)[m/s]
　　　　g : 중력가속도(9.8m/s²)
　　　　D : 내경[m]

마찰손실 H는

$$H = \dfrac{fl V^2}{2gD} = \dfrac{0.03 \times 800\text{m} \times (4.24\text{m/s})^2}{2 \times 9.8\text{m/s}^2 \times 0.3\text{m}} \fallingdotseq 73.377\text{m}$$

(4) 전동력(전동기의 용량)

$$P = \dfrac{0.163QH}{\eta}K$$

여기서, P : 전동력[kW]
　　　　Q : 유량[m³/min]
　　　　H : 전양정[m]
　　　　K : 전달계수
　　　　η : 효율

전동기의 용량 P 는

$$P = \frac{0.163\,QH}{\eta}K$$

$$= \frac{0.163 \times 0.3\text{m}^3 \left| \dfrac{1}{60}\text{min} \times (50 + 73.377)\text{m}\right.}{0.85}$$

$$= \frac{0.163 \times (0.3 \times 60)\text{m}^3/\text{min} \times (50 + 73.377)\text{m}}{0.85}$$

$$\fallingdotseq 427\text{kW}$$

- K : 주어지지 않았으므로 무시
- Q : 1min=60s, 1s=$\dfrac{1}{60}$min, 1000l=1m^{3}이므로

  300l/s=0.3m^3/s=0.3m$^3 \left| \dfrac{1}{60}\text{min}\right.$
- H : 물의 높이＋마찰손실＝(50+73.377)m

답 ④

★★★ 37

물이 들어있는 탱크에 수면으로부터 20m 깊이에 지름 50mm의 오리피스가 있다. 이 오리피스에서 흘러나오는 유량은 약 몇 m^3/min인가? (단, 탱크의 수면 높이는 일정하고 모든 손실은 무시한다.)

① 1.3   ② 2.3
③ 3.3   ④ 4.3

 해설

(1) 유속

$$V = C_0 C_v \sqrt{2gH}$$

여기서, V : 유속[m/s]
　　　　C_0 : 수축계수
　　　　C_v : 속도계수
　　　　g : 중력가속도(9.8m/s^2)
　　　　H : 깊이(높이)[m]

유속 V 는

$$V = C_0 C_v \sqrt{2gH}$$

$$= \sqrt{2 \times 9.8\text{m/s}^2 \times 20\text{m}} \fallingdotseq 19.799\text{m/s}$$

- 수축계수·속도계수는 주어지지 않았으므로 무시

(2) 유량

$$Q = AV = \left(\frac{\pi}{4}D^2\right)V$$

여기서, Q : 유량[m^3/s]
　　　　A : 단면적[m^2]
　　　　V : 유속[m/s]
　　　　D : 직경[m]

유량 Q 는

$$Q = \left(\frac{\pi}{4}D^2\right)V = \frac{\pi}{4} \times (50\text{mm})^2 \times 19.799\text{m/s}$$

$$= \frac{\pi}{4} \times (0.05\text{m})^2 \times 19.799\text{m/s} \fallingdotseq 0.038\text{m}^3/\text{s}$$

$$= 0.038\text{m}^3 \left| \dfrac{1}{60}\text{min} = (0.038 \times 60)\text{m}^3/\text{min}\right.$$

$$\fallingdotseq 2.3\text{m}^3/\text{min}$$

- 1000mm=1m이므로 50mm=0.05m
- 1min=60s이고 1s=$\dfrac{1}{60}$min이므로

  0.038m^3/s=0.038m$^3 \left| \dfrac{1}{60}\text{min}\right.$

답 ②

★★ 38

회전날개를 이용하여 용기 속에서 두 종류의 유체를 섞었다. 이 과정 동안 날개를 통해 입력된 일은 5090kJ이며 탱크의 방열량은 1500kJ이다. 용기 내 내부에너지 변화량[kJ]은?

① 3590   ② 5090
③ 6590   ④ 15000

해설 **내부에너지 변화량**

$$\Delta u = u_2 - u_1$$

여기서, Δu : 내부에너지 변화량[kJ]
　　　　u_2, u_1 : 내부에너지[kJ]

내부에너지 변화량 $\Delta u = u_2 - u_1$

$$= 5090\text{kJ} - 1500\text{kJ}$$

$$= 3590\text{kJ}$$

답 ①

★ 39

다음 중 크기가 가장 큰 것은?

① 19.6N
② 질량 2kg인 물체의 무게
③ 비중 1, 부피 2m^{3}인 물체의 무게
④ 질량 4.9kg인 물체가 4m/s^{2}의 가속도를 받을 때의 힘

해설 ① 19.6N
② 질량 2kg인 물체의 무게

$$F = mg$$

여기서, F : 힘[N]
　　　　m : 질량[kg]
　　　　g : 중력가속도(9.8m/s^2)

힘 $F = mg = 2\text{kg} \times 9.8\text{m/s}^2 = 19.6\text{kg} \cdot \text{m/s}^2$

$$= 19.6\text{N}$$

- 1kg·m/s^2=1N이므로 19.6kg·m/s^2=19.6N

③ 비중 1, 부피 2m³인 물체의 무게

$$s = \frac{\gamma}{\gamma_w}$$

여기서, s : 비중
γ : 어떤 물질의 비중량[N/m³]
γ_w : 표준물질의 비중량(물의 비중량 9800N/m³)
어떤 물질의 비중량 γ는
$\gamma = s \times \gamma_w = 1 \times 9800\text{N/m}^3 = 9800\text{N/m}^3$

$$F = \gamma V$$

여기서, F : 힘[N]
γ : 비중량[N/m³]
V : 부피(체적)[m³]
힘 $F = \gamma V = 9800\text{N/m}^3 \times 2\text{m}^3 = 19600\text{N}$
④ 질량 4.9kg인 물체가 4m/s²의 가속도를 받을 때의 힘

$$F = ma$$

여기서, F : 힘[N]
m : 질량[kg]
a : 가속도[m/s²]
힘 $F = ma = 4.9\text{kg} \times 4\text{m/s}^2 = 19.6\text{kg} \cdot \text{m/s}^2 = 19.6\text{N}$

• 1kg · m/s²=1N이므로 19.6kg · m/s²=19.6N

∴ ③ 19600N으로 가장 크다.

답 ③

★★★ 40

2m 깊이로 물(비중량 9.8kN/m³)이 채워진 직육면체 모양의 열린 물탱크 바닥에 지름 20cm의 원형 수문을 달았을 때 수문이 받는 정수력의 크기는 약 몇 kN인가?

17.09.문39
17.03.문31
14.09.문36
06.05.문34
(산업)

① 0.411
② 0.616
③ 0.784
④ 2.46

해설

물탱크 2m 수문 20cm

정수력

$$F = \gamma h A$$

여기서, F : 정수력[N]
γ : 비중량(물의 비중량 9800N/m³)
h : 표면에서 수문중심까지의 수직거리[m]
A : 수문의 단면적[m²]
정수력 F는
$$F = \gamma h A = \gamma h \left(\frac{\pi D^2}{4} \right)$$
$$= 9800\text{N/m}^3 \times 2\text{m} \times \frac{\pi \times (0.2\text{m})^2}{4} ≒ 616\text{N} = 0.616\text{kN}$$

• D : 100cm=1m이므로 20cm=0.2m
• F : 1000N=1kN이므로 616N=0.616kN

답 ②

제3과목 소방관계법규

★★★ 41

제4류 위험물로서 제1석유류인 수용성 액체의 지정수량은 몇 리터인가?

13.09.문54

① 100
② 200
③ 300
④ 400

해설 위험물령 [별표 1]
제4류 위험물

성 질	품 명		지정수량	대표물질
인화성 액체	특수인화물		50l	• 다이에틸에터 • 이황화탄소
	제1석유류	비수용성	200l	• 휘발유 • 콜로디온
		수용성	**4**00l 기억법 수4	• 아세톤
	알코올류		400l	• 변성알코올
	제2석유류	비수용성	1000l	• 등유 • 경유
		수용성	2000l	• 아세트산
	제3석유류	비수용성	2000l	• 중유 • 크레오소트유
		수용성	4000l	• 글리세린
	제4석유류		6000l	• 기어유 • 실린더유
	동식물유류		10000l	• 아마인유

답 ④

★★★ 42

제1류 위험물 산화성 고체에 해당하는 것은?

19.04.문44
19.03.문07
16.05.문46
15.09.문03
15.09.문18
15.05.문10
15.03.문51
14.09.문18
14.03.문18
11.06.문54

① 질산염류
② 특수인화물
③ 과염소산
④ 유기과산화물

해설 위험물령 [별표 1]
위험물

유 별	성 질	품 명
제1류	산화성 고체	• 아염소산염류 • 염소산염류 • 과염소산염류 • 질산염류 • 무기과산화물 기억법 ~염류, 무기과산화물 기억법 1산고(일산GO)

제2류	가연성 고체	• **황화**인 • **적**린 • **황** • **마**그네슘 • 금속분
		기억법 2황화적황마
제3류	자연발화성 물질 및 금수성 물질	• **황**린 • **칼**륨 • **나**트륨 • **트**리에틸**알**루미늄 • 금속의 수소화물
		기억법 황칼나트알
제4류	인화성 액체	• 특수인화물 • 석유류(벤젠) • 알코올류 • 동식물유류
제5류	자기반응성 물질	• 유기과산화물 • 나이트로화합물 • 나이트로소화합물 • 아조화합물 • 질산에스터류(셀룰로이드)
제6류	산화성 액체	• 과염소산 • 과산화수소 • 질산

② 제4류위험물
③ 제6류위험물
④ 제5류위험물

답 ①

★★
43 특정소방대상물 중 노유자시설에 해당되지 않는
[10.09.문60] 것은?

① 요양병원
② 아동복지시설
③ 장애인 직업재활시설
④ 노인의료복지시설

해설 **소방시설법 시행령 〔별표 2〕**
노유자시설

구 분	종 류
노인관련시설	• 노인주거복지시설 • 노인의료복지시설 • 노인여가복지시설 • 재가노인복지시설 • 노인보호전문기관 • 노인일자리 지원기관 • 학대피해노인 전용쉼터
아동관련시설	• 아동복지시설 • 어린이집 • 유치원
장애인관련시설	• 장애인거주시설 • 장애인지역사회재활시설(장애인 심부름센터, 한국수어통역센터, 점 자도서 및 녹음서 출판시설 제외) • 장애인 직업재활시설
정신질환자관련시설	• 정신재활시설 • 정신요양시설
노숙인관련시설	• 노숙인복지시설 • 노숙인종합지원센터

① 요양병원 : 의료시설

답 ①

★
44 위험물 제조소 등에 자동화재탐지설비를 설치하
[16.03.문44] 여야 할 대상은?

① 옥내에서 지정수량 50배의 위험물을 저장 ·
 취급하고 있는 일반취급소
② 하루에 지정수량 50배의 위험물을 제조하고
 있는 제조소
③ 지정수량의 100배의 위험물을 저장 · 취급하
 고 있는 옥내저장소
④ 연면적 100m² 이상의 제조소

해설 **위험물규칙 〔별표 17〕**
제조소 등별로 설치하여야 하는 경보설비의 종류

구 분	경보설비
① 연면적 500m² 이상 인 것 ② 옥내에서 지정수량 의 100배 이상을 취급하는 것	• 자동화재탐지설비
③ 지정수량의 10배 이 상을 저장 또는 취 급하는 것	• 자동화재탐지설비 ┐ • 비상경보설비 │1종 • 확성장치 │이상 • 비상방송설비 ┘

① 50배 → 100배 이상
② 하루에 지정수량 50배 → 옥내에서 지정수량 100배
 이상
④ 연면적 100m² 이상 → 연면적 500m² 이상

답 ③

★★★
45 "무창층"이라 함은 지상층 중 개구부 면적의 합
[08.09.문18] 계가 해당 층의 바닥면적의 얼마 이하가 되는 층
을 말하는가?

① $\frac{1}{3}$ ② $\frac{1}{10}$

③ $\frac{1}{30}$ ④ $\frac{1}{300}$

해설 **지하층 · 무창층**

지하층	무창층
건축물의 바닥이 지표면 아 래에 있는 층으로서 바닥 에서 지표면까지의 평균높 이가 해당 층 높이의 $\frac{1}{2}$ **이상**인 것	지상층 중 개구부의 면적 의 합계가 해당 층의 바닥 면적의 $\frac{1}{30}$ **이하**가 되는 층

답 ③

46 시·도지사가 소방시설의 등록취소처분이나 영
업정지처분을 하고자 할 경우 실시하여야 하는
것은?

19.04.문60
16.10.문41

① 청문을 실시하여야 한다.
② 징계위원회의 개최를 요구하여야 한다.
③ 직권으로 취소처분을 결정하여야 한다.
④ 소방기술심의위원회의 개최를 요구하여야
한다.

해설 공사업법 32조
소방시설업 등록취소처분이나 영업정지처분, 소방기술
인정 자격취소처분을 하려면 **청문**을 하여야 한다.

> **중요**
> 소방시설법 49조
> 청문실시
> (1) 소방시설관리사 자격의 취소 및 정지
> (2) 소방시설관리업의 등록취소 및 영업정지
> (3) 소방용품의 형식승인 취소 및 제품검사 중지
> (4) 우수품질인증의 취소
> (5) 제품검사전문기관의 지정취소 및 업무정지
> (6) 소방용품의 성능인증 취소

답 ①

47 고형 알코올 그 밖에 1기압상태에서 인화점이
40℃ 미만인 고체에 해당하는 것은?

16.10.문43
12.09.문49

① 가연성 고체   ② 산화성 고체
③ 인화성 고체   ④ 자연발화성 물질

해설 위험물령 〔별표 1〕

> (1) **철분**: 철의 분말로서 53μm의 표준체를 통과하
>   는 것이 **50중량퍼센트 미만**인 것은 제외한다.
> (2) **인화성 고체**: 고형 알코올 그 밖에 1기압에서
>   인화점이 **40℃ 미만**인 고체를 말한다.
> (3) **황**: 순도가 **60중량퍼센트 이상**인 것을 말한다.
> (4) **과산화수소**: 그 농도가 **36중량퍼센트 이상**인
>   것에 한한다.
>
> 중량퍼센트 = wt%

> **중요**
> 위험물
> (1) **과산화수소**: 농도 **36wt%** 이상
> (2) **황**: 순도 **60wt%** 이상
> (3) **질산**: 비중 **1.49** 이상

답 ③

48 소방시설업자가 특정소방대상물의 관계인에 대
한 통보 의무사항이 아닌 것은?

10.09.문53

① 지위를 승계한 때
② 등록취소 또는 영업정지처분을 받은 때
③ 휴업 또는 폐업한 때
④ 주소지가 변경된 때

해설 공사업법 8조
소방시설업자의 관계인 통지사항
(1) 소방시설업자의 **지위**를 **승계**한 때
(2) 소방시설의 **등록취소** 또는 **영업정지**의 처분을 받
은 때
(3) **휴업** 또는 **폐업**을 한 때

답 ④

49 다음 중 특수가연물에 해당되지 않는 것은 어느
것인가?

14.03.문52
12.05.문60

① 나무껍질 500kg
② 가연성 고체류 2000kg
③ 목재가공품 15m³
④ 가연성 액체류 3m³

해설 화재예방법 시행령 〔별표 2〕
특수가연물

품 명		수 량
가연성 **액**체류		**2**m³ 이상
목재가공품 및 나무부스러기		**10**m³ 이상
면화류		**2**00kg 이상
나무껍질 및 대팻밥		**4**00kg 이상
넝마 및 종이부스러기		
사류(絲類)		1000kg 이상
볏짚류		
가연성 **고**체류		**3**000kg 이상
고무류 · 플라스 틱류	발포시킨 것	20m³ 이상
	그 밖의 것	**3**000kg 이상
석탄 · 목탄류		**1**0000kg 이상

> ② 가연성 고체류 3000kg 이상

> ※ **특수가연물**: 화재가 발생하면 그 확대가 빠른 물품

> **기억법**
> 가액목면나 넝사볏가고 고석
> 2 124 1 3 31

답 ②

50

다음은 소방기본법의 목적을 기술한 것이다. (㉠), (㉡), (㉢)에 들어갈 내용으로 알맞은 것은?

> "화재를 (㉠)·(㉡)하거나 (㉢)하고 화재, 재난·재해 그 밖의 위급한 상황에서의 구조·구급활동 등을 통하여 국민의 생명·신체 및 재산을 보호함으로써 공공의 안녕 및 질서 유지와 복리증진에 이바지함을 목적으로 한다."

① ㉠ 예방, ㉡ 경계, ㉢ 복구
② ㉠ 경보, ㉡ 소화, ㉢ 복구
③ ㉠ 예방, ㉡ 경계, ㉢ 진압
④ ㉠ 경계, ㉡ 통제, ㉢ 진압

해설 기본법 1조
소방기본법의 목적
(1) 화재의 **예방·경계·진압**
(2) 국민의 **생명·신체 및 재산보호**
(3) 공공의 안녕 및 질서 유지와 **복리증진**
(4) **구조·구급**활동

기억법 예경진(**경진**이한테 **예**를 갖춰라!)

답 ③

51

소방시설 중 화재를 진압하거나 인명구조활동을 위하여 사용하는 설비로 나열된 것은?

13.03.문55

① 상수도소화용수설비, 연결송수관설비
② 연결살수설비, 제연설비
③ 연소방지설비, 피난구조설비
④ 무선통신보조설비, 통합감시시설

해설 소방시설법 시행령 〔별표 1〕
소화활동설비
(1) **연**결송수관설비
(2) **연**결살수설비
(3) **연**소방지설비
(4) **무**선통신보조설비
(5) **제**연설비
(6) **비**상콘센트설비

④ 경보설비

기억법 3연무제비콘

용어

소화활동설비
화재를 진압하거나 인명구조활동을 위하여 사용하는 설비

① 상수도소화용수설비 : 소화용수설비
③ 피난구조설비 : 피난구조설비 그 자체
④ 통합감시시설 : 경보설비

답 ②

52

비상경보설비를 설치하여야 할 특정소방대상물이 아닌 것은?

19.03.문70
18.04.문63
17.09.문74
12.05.문56

① 지하가 중 터널로서 길이가 1000m 이상인 것
② 사람이 거주하고 있는 연면적 400m² 이상인 건축물
③ 지하층의 바닥면적이 100m² 이상으로 공연장인 건축물
④ 35명의 근로자가 작업하는 옥내작업장

해설 소방시설법 시행령 〔별표 4〕
비상경보설비의 설치대상

설치대상	조 건
① 지하층·무창층	• 바닥면적 150m²(공연장 100m²) 이상
② 전부	• 연면적 400m² 이상
③ 지하가 중 터널길이	• 길이 500m 이상
④ 옥내작업장	• 50명 이상 작업

• 원칙적으로 기준은 지하가 중 터널길이는 500m 이상이지만 1000m 이상도 설치대상에 해당되므로 ①번도 틀린 답은 아니다. 혼동하지 마라!

④ 35명 → 50명 이상

답 ④

53

다음 중 스프링클러설비를 의무적으로 설치하여야 하는 기준으로 틀린 것은?

14.03.문55
13.06.문43

① 숙박시설로 6층 이상인 것
② 지하가로 연면적이 1000m² 이상인 것
③ 판매시설로 수용인원이 300인 이상인 것
④ 복합건축물로 연면적 5000m² 이상인 것

해설 스프링클러설비의 설치대상

설치대상	조 건
① 문화 및 집회시설, 운동시설 ② 종교시설	• 수용인원 : 100명 이상 • 영화상영관 : 지하층·무창층 500m²(기타 1000m²) 이상 • 무대부 - 지하층·무창층·4층 이상 300m² 이상 - 1~3층 500m² 이상
③ 판매시설 보기③ ④ 운수시설 ⑤ 물류터미널	• 수용인원 : 500명 이상 • 바닥면적 합계 : 5000m² 이상

⑥ 노유자시설 ⑦ 정신의료기관 ⑧ 수련시설(숙박 가능한 것) ⑨ 종합병원, 병원, 치과병원, 한방병원 및 요양병원(정신병원 제외) ⑩ 숙박시설	• 바닥면적 합계 600㎡ 이상
⑪ 지하층·무창층·4층 이상	• 바닥면적 1000㎡ 이상
⑫ 창고시설(물류터미널 제외)	• 바닥면적 합계 5000㎡ 이상 : 전층
⑬ 지하가(터널 제외)	• 연면적 1000㎡ 이상 보기 ②
⑭ 10m 넘는 랙식 창고	• 연면적 1500㎡ 이상
⑮ 복합건축물 보기 ④ ⑯ 기숙사	• 연면적 5000㎡ 이상 : 전층
⑰ 6층 이상	• 전층 보기 ①
⑱ 보일러실·연결통로	• 전부
⑲ 특수가연물 저장·취급	• 지정수량 1000배 이상
⑳ 발전시설	• 전기저장시설 : 전부

③ 300인 이상 → 500인 이상

답 ③

54 소방대상물이 아닌 것은?

12.05.문48

① 산림　　② 항해 중인 선박
③ 건축물　　④ 차량

해설 **기본법 2조 1호**
소방대상물
(1) **건**축물
(2) **차**량
(3) **선**박(매어둔 것)
(4) 선박건조구조물
(5) **산**림
(6) **인**공구조물
(7) **물**건

기억법 건차선 산인물

 비교

위험물의 저장·운반·취급에 대한 적용 제외
(위험물법 3조)
(1) 항공기
(2) 선박
(3) 철도
(4) 궤도

답 ②

55 인접하고 있는 시·도간 소방업무의 상호응원협정사항이 아닌 것은?

19.04.문47
11.03.문54

① 화재조사활동
② 응원출동의 요청방법
③ 소방교육 및 응원출동훈련
④ 응원출동대상지역 및 규모

해설 **기본규칙 8조**
소방업무의 상호응원협정
(1) 다음의 **소방활동**에 관한 사항
　㉠ 화재의 경계·진압활동
　㉡ 구조·구급업무의 지원
　㉢ 화재**조**사활동
(2) **응원출동 대상지역** 및 **규모**
(3) **소요경비**의 **부담**에 관한 사항
　㉠ 출동대원의 수당·식사 및 의복의 수선
　㉡ 소방장비 및 기구의 정비와 연료의 보급
(4) **응원출동**의 **요청방법**
(5) **응원출동 훈련** 및 **평가**

기억법 조응(조아?)

③ 소방교육은 해당 없음

답 ③

56 소방대상물의 화재안전조사에 따른 조치명령권자는?

19.04.문54
17.03.문47
15.03.문57
13.06.문42
05.05.문46

① 소방본부장 또는 소방서장
② 한국소방안전원장
③ 시·도지사
④ 국무총리

해설 **소방시설법 5조**
화재안전조사 결과에 따른 조치명령
(1) 명령권자 : **소방청장·소방본부장·소방서장**(소방관서장)
(2) 명령사항
　㉠ 화재안전조사 조치명령
　㉡ **개수**명령
　㉢ **이전**명령
　㉣ **제거**명령
　㉤ **사용**의 **금지** 또는 제한명령, 사용폐쇄
　㉥ **공사**의 **정지** 또는 중지명령

기억법 장본서

답 ①

57 다음 중 소방용품에 해당되지 않는 것은?

10.09.문44

① 방염도료　　② 소방호스
③ 공기호흡기　　④ 휴대용 비상조명등

해설 **소방시설법 시행령 6조**
소방용품 제외 대상
(1) 주거용 주방자동소화장치용 소화약제
(2) 가스자동소화장치용 소화약제
(3) 분말자동소화장치용 소화약제
(4) 고체에어로졸자동소화장치용 소화약제
(5) 소화약제 외의 것을 이용한 간이소화용구
(6) 휴대용 비상조명등
(7) 유도표지
(8) 벨용 푸시버튼스위치
(9) 피난밧줄
(10) 옥내소화전함
(11) 방수구
(12) 안전매트
(13) 방수복

답 ④

58

소방자동차의 출동을 방해한 자는 5년 이하의 징역 또는 얼마 이하의 벌금에 처하는가?

16.10.문42
16.05.문57
15.09.문43
11.10.문51
10.09.문54

① 1천 5백만원 　② 2천만원
③ 3천만원 　　　④ 5천만원

해설 기본법 50조
5년 이하의 징역 또는 5000만원 이하의 벌금
(1) 소방자동차의 **출**동 방해
(2) 사람**구**출 방해
(3) 소방**용**수시설 또는 비상소화장치의 효용 방해

기억법 출구용55

답 ④

59

다음 소방시설 중 하자보수 보증기간이 다른 것은?

15.03.문52
12.05.문59

① 옥내소화전설비 　② 비상방송설비
③ 자동화재탐지설비 　④ 상수도소화용수설비

해설 공사업령 6조
소방시설공사의 하자보수 보증기간

보증 기간	소방시설
2년	① **유**도등 · 유도표지 · **피**난기구 ② **비상조**명등 · 비상**경**보설비 · 비상**방**송설비 ③ **무**선통신보조설비
3년	① 자동소화장치 ② 옥내 · 외소화전설비 ③ 스프링클러설비 · 간이스프링클러설비 ④ 물분무등소화설비 · 상수도 소화용수설비 ⑤ 자동화재탐지설비 · 소화활동설비(무선통신보조설비 제외)

기억법 유비조경방무피2

①, ③, ④ 3년 / ② 2년

답 ②

60

소화활동을 위한 소방용수시설 및 지리조사의 실시 횟수는?

13.06.문51

① 주 1회 이상
② 주 2회 이상
③ 월 1회 이상
④ 분기별 1회 이상

해설 기본규칙 7조
소방용수시설 및 지리조사
(1) 조사자 : **소방본부장 · 소방서장**
(2) 조사일시 : **월 1회** 이상
(3) 조사내용
　㉠ 소방용수시설
　㉡ 도로의 **폭 · 교통상황**

　㉢ 도로주변의 **토지고저**
　㉣ 건축물의 **개황**
(4) 조사결과 : **2년간** 보관

[중요]

횟수
(1) **월 1**회 이상 : 소방용수시설 및 **지**리조사(기본규칙 7조)

기억법 월1지(월요일이 지났다.)

(2) **연 1**회 이상
　㉠ 화재예방강화지구 안의 화재안전조사 · 훈련 · 교육(화재예방법 시행령 20조)
　㉡ 특정소방대상물의 소방훈련 · 교육(화재예방법 시행규칙 36조)
　㉢ 제조소 등의 **정**기점검(위험물규칙 64조)
　㉣ **종**합점검(소방시설법 시행규칙 (별표 3))
　㉤ 작동점검(소방시설법 시행규칙 (별표 3))

기억법 연1정종(연일 정종술을 마셨다.)

(3) **2**년마다 1회 이상
　㉠ 소방대원의 소방교육 · 훈련(기본규칙 9조)
　㉡ **실**무교육(화재예방법 시행규칙 29조)

기억법 실2(실리)

답 ③

[제 4 과목] 소방기계시설의 구조 및 원리

61

수원의 수위가 펌프의 흡입구보다 높은 경우에 소화펌프를 설치하려고 한다. 고려하지 않아도 되는 사항은?

① 펌프의 토출측에 압력계 설치
② 펌프의 성능시험 배관 설치
③ 물올림장치를 설치
④ 동결의 우려가 없는 장소에 설치

해설 수원의 수위가 **펌프보다 높은 위치**에 있을 때 제외되는 설비(NFPC 103 5조, NFTC 103 2.2.1.4, 2.2.1.9)
(1) 물올림장치
(2) 풋밸브(foot valve)
(3) 연성계(진공계)

답 ③

62

분말소화설비에 사용하는 압력조정기의 사용목적은?

06.03.문74

① 분말용기에 도입되는 가압용 가스의 압력을 감압시키기 위함
② 분말용기에 나오는 압력을 증폭시키기 위함
③ 가압용 가스의 압력을 증대시키기 위함
④ 약제방출에 필요한 가스의 유량을 증폭시키기 위함

해설 **압력조정기**
분말용기에 도입되는 압력을 **2.5MPa** 이하로 감압시키기 위해 사용한다.

> ※ 할론소화설비 압력조정기 : **2.0MPa** 이하로 감압시킨다.

🔊 중요

압력조정기

할론소화설비	분말소화설비
2.0MPa 이하	2.5MPa 이하

답 ①

63 이산화탄소 소화설비의 기동장치에 대한 기준 중 틀린 것은?

19.09.문61
17.05.문70
12.03.문70
98.07.문73

① 수동식 기동장치의 조작부는 바닥으로부터 높이 0.8m 이상 1.5m 이하에 설치한다.

② 자동식 기동장치에는 수동으로도 기동할 수 있는 구조로 할 필요는 없다.

③ 가스압력식 기동장치에서 기동용 가스용기 및 해당 용기에 사용하는 밸브는 25MPa 이상의 압력에 견디어야 한다.

④ 전기식 기동장치로서 7병 이상의 저장용기를 동시에 개방하는 설비에는 2병 이상의 저장용기에 전자 개방밸브를 설치한다.

해설 **이산화탄소 소화설비**의 **기동장치**
(1) 자동식 기동장치는 **자동화재탐지설비 감지기**의 작동과 **연동**
(2) 전역방출방식에 있어서 수동식 기동장치는 **방호구역**마다 설치
(3) 가스압력식 자동기동장치의 기동용 가스용기 체적은 **5ℓ 이상**
(4) 수동식 기동장치의 조작부는 **0.8~1.5m** 이하 높이에 설치
(5) 전기식 기동장치는 7병 이상의 경우에 2병 이상이 전자개방밸브 설치

> ② 수동으로도 기동할 수 있는 구조로 할 것

🔊 중요

이산화탄소 소화설비 가스압력식 기동장치

구 분	기 준
비활성 기체 충전압력	6MPa 이상(21℃ 기준)
기동용 가스용기의 체적	5ℓ 이상
기동용 가스용기 안전장치의 압력	내압시험압력의 0.8~ 내압시험압력 이하
기동용 가스용기 및 해당 용기에 사용하는 밸브의 견디는 압력	25MPa 이상

비교

분말소화설비 가스압력식 기동장치

구 분	기 준
기동용 가스용기의 체적	5L 이상(단, 1L 이상시 CO_2량 0.6kg 이상)

답 ②

64 폐쇄형 스프링클러설비의 방호구역 및 유수검지장치에 관한 설명으로 틀린 것은?

① 하나의 방호구역에는 1개 이상의 유수검지장치를 설치한다.

② 유수검지장치란 유수현상을 자동적으로 검지하여 신호 또는 경보를 발하는 장치를 말한다.

③ 하나의 방호구역의 바닥면적은 3500m^2를 초과하여서는 안 된다.

④ 스프링클러헤드에 공급되는 물은 유수검지장치를 지나도록 한다.

해설 **폐쇄형 설비**의 **방호구역** 및 **유수검지장치**(NFPC 103 6조, NFTC 103 2.3)
(1) 하나의 방호구역의 바닥면적은 **3000m^2**를 초과하지 않을 것
(2) 하나의 방호구역에는 1개 이상의 유수검지장치 설치
(3) 하나의 방호구역은 **2개층**에 미치지 아니하도록 하되, 1개층에 설치되는 스프링클러헤드의 수가 **10개 이하** 및 복층형 구조의 공동주택에는 **3개층** 이내
(4) 유수검지장치를 실내에 설치하거나 보호용 철망 등으로 구획하여 바닥으로부터 **0.8m 이상 1.5m 이하**의 위치에 설치하되, 그 실 등에는 개구부가 가로 **0.5m** 이상 세로 **1m** 이상의 출입문을 설치하고 그 출입문 상단에 "**유수검지장치실**"이라고 표시한 표지를 설치할 것[단, 유수검지장치를 기계실(공조용 기계실 포함) 안에 설치하는 경우에는 별도의 실 또는 보호용 철망을 설치하지 않고 기계실 출입문 상단에 "**유수검지장치실**"이라고 표시한 표지 설치가능]

> ③ 3500m^2 → 3000m^2

답 ③

65 차고 및 주차장에 포소화설비를 설치하고자 할 때 포헤드는 바닥면적 몇 m^2마다 1개 이상 설치하여야 하는가?

12.09.문65

① 6 ② 8
③ 9 ④ 10

해설 **헤드**의 **설치개수**(NFPC 105 12조, NFTC 105 2.9.2)

구 분	헤드개수
포워터 스프링클러헤드	$\dfrac{8m^2}{\text{개}}$
포헤드	$\dfrac{9m^2}{\text{개}}$

기억법 포헤9

답 ③

★★★
66 아파트의 각 세대별 주방에 설치되는 주거용 주
16.10.문62
11.06.문71
10.05.문71
방자동소화장치의 설치기준으로 틀린 것은?
① 감지부는 형식 승인받은 유효한 높이 및 위
치에 설치
② 탐지부는 수신부와 분리하여 설치
③ 차단장치(전기 또는 가스)는 상시 확인 또는
점검이 가능하도록 설치
④ 수신부는 열기류 또는 습기 등과 주위 온도
에 영향을 받지 아니하고 사용자가 상시 볼
수 있는 장소에 설치

해설 **주거용 주방자동소화장치**의 **설치기준**(NFPC 101 4조,
NFTC 101 2.1.2)

사용가스	탐지부 위치
LNG (공기보다 가벼운 가스)	**천장면**에서 **30cm** 이하
LPG (공기보다 무거운 가스)	**바닥면**에서 **30cm** 이하

(1) 소화약제 방출구는 환기구의 청소부분과 분리되어
있을 것
(2) 감지부는 형식 승인받은 **유효한** 높이 및 위치에 설치
(3) 차단장치(전기 또는 가스)는 상시 확인 및 점검이
가능하도록 설치할 것
(4) 수신부는 주위의 열기류 또는 습기 등과 주위 온도
에 영향을 받지 아니하고 사용자가 **상시 볼 수 있
는 장소**에 설치할 것

> ③ 확인 또는 점검 → 확인 및 점검

답 ③

★★★
67 연결살수설비 헤드의 유지관리 및 점검사항으로
해당되지 않는 것은?
① 칸막이 등의 변경이나 신설로 인한 살수장애
가 되는 곳은 없는지 확인한다.
② 헤드가 탈락, 이완 또는 변형된 것은 없는지
확인한다.
③ 헤드의 주위에 장애물로 인한 살수의 장애가
되는 것이 없는지 확인한다.
④ 방수량과 살수분포 시험을 하여 살수장애가
없는지를 확인한다.

해설 **연결살수설비 헤드**의 **유지관리** 및 **점검사항**
(1) 칸막이 등의 변경이나 신설로 인한 살수장애가 되
는 곳은 없는지 확인한다.
(2) 헤드가 탈락, 이완 또는 변형된 것은 없는지 확인한다.
(3) 헤드의 주위에 장애물로 인한 살수의 장애가 되는
것이 없는지 확인한다.

답 ④

★★
68 준비작동식 스프링클러설비에 필요한 기기로만
열거된 것은?
① 준비작동밸브, 비상전원, 가압송수장치, 수
원, 개폐밸브
② 준비작동밸브, 수원, 개방형 스프링클러, 원
격조정장치
③ 준비작동밸브, 컴프레서, 비상전원, 수원,
드라이밸브
④ 드라이밸브, 수원, 리타딩챔버, 가압송수장
치, 로우에어알람스위치

해설 **스프링클러설비**의 **주요구성**

습식	건식	준비작동식
① 알람체크밸브	① 드라이밸브	① 준비작동밸브
② 비상전원	② 비상전원	② 비상전원
③ 가압송수장치	③ 가압송수장치	③ 가압송수장치
④ 수원	④ 수원	④ 수원
⑤ 개폐밸브	⑤ 개폐밸브	⑤ 개폐밸브
⑥ 리타딩챔버	⑥ 컴프레서(자동 식 공기압축기) ⑦ 로우에어알람 스위치(저수위 경보스위치)	

답 ①

★★★
69 스모크 타워식 배연방식에 관한 설명 중 틀린
08.03.문63
것은?
① 고층 빌딩에 적당하다.
② 배연 샤프트의 굴뚝효과를 이용한다.
③ 배연기를 사용하는 기계배연의 일종이다.
④ 모든 층의 일반 거실 화재에 이용할 수 있다.

해설 **스모크타워식 자연배연방식**
(1) 배연 샤프트의 **굴뚝효과**를 이용한다.
(2) **고층 빌딩**에 적당하다.
(3) **자연배연방식**의 일종이다.
(4) 모든 층의 **일반 거실 화재**에 이용할 수 있다.

중요

제연방식
(1) 자연제연방식 : **개구부** 이용
(2) 스모크타워 제연방식 : **루프 모니터** 이용
(3) 기계제연방식
 ─ 제1종 기계제연방식 : **송풍기＋배연기**
 ─ 제2종 기계제연방식 : **송풍기**
 ─ 제3종 기계제연방식 : **배연기**

> ③ 기계제연방식에 관한 설명

답 ③

★★★ 70
10.03.문72

연결살수설비 전용 헤드를 사용하는 연결살수설비에서 천장 또는 반자의 각 부분으로부터 하나의 살수헤드까지의 수평거리는 몇 m 이하인가? (단, 살수헤드의 부착면과 바닥과의 높이가 2.1m를 초과한다.)

① 2.1　　　　　　② 2.3
③ 2.7　　　　　　④ 3.7

해설 연결살수설비헤드의 수평거리(NFPC 503 6조, NFTC 503 2.3.2.2)

스프링클러헤드	전용 헤드
2.3m 이하	3.7m 이하

※ 연결살수설비에서 하나의 송수구역에 설치하는 개방형 헤드수는 **10개** 이하로 한다.

답 ④

★★★ 71
11.10.문71

층수가 16층인 아파트 건축물에 각 세대마다 12개의 폐쇄형 스프링클러헤드를 설치하였다. 이때 소화펌프의 토출량은 몇 l/min 이상인가?

① 800　　　　　　② 960
③ 1600　　　　　　④ 2400

해설 스프링클러설비의 펌프의 토출량(폐쇄형 헤드)

$$Q = N \times 80\,l/\min$$

여기서, Q : 펌프의 토출량(l/min)
　　　　N : 폐쇄형 헤드의 기준개수(설치개수가 기준개수보다 적으면 그 설치개수)

┃폐쇄형 헤드의 기준개수┃

특정소방대상물		폐쇄형 헤드의 기준개수
지하가 · 지하역사		
11층 이상		
10층 이하	공장(특수가연물), 창고시설	30
	판매시설(슈퍼마켓, 백화점 등), 복합건축물(판매시설이 설치된 것)	
	근린생활시설, 운수시설	20
	8m 이상	
	8m 미만	10
공동주택(아파트 등) →		10(각 동이 주차장으로 연결된 주차장 : 30)

펌프의 토출량 Q는
$$Q = N \times 80\,l/\min = 10개 \times 80\,l/\min = 800\,l/\min$$

비교

스프링클러설비의 수원의 저수량(폐쇄형 헤드)

$$Q = 1.6N(30\text{~}49층 \text{ 이하}: 3.2\,N, \ 50층 \text{ 이상}: 4.8\,N)$$

여기서, Q : 수원의 저수량(m^3)
　　　　N : 폐쇄형 헤드의 기준개수(설치개수가 기준개수보다 적으면 그 설치개수)

답 ①

★★★ 72
10.05.문64

부속용도로 사용하고 있는 통신기기실의 경우 바닥면적 몇 m^2마다 소화기 1개 이상을 추가로 비치하여야 하는가?

① 30　　　　　　② 40
③ 50　　　　　　④ 60

해설 (1) 소화기 설치거리

소형소화기	대형소화기
20m 이내	30m 이내

(2) 소화기 추가설치 개수

보일러 · 음식점 · 의료시설 · 업무시설 등	전기설비(통신기기실)
$\dfrac{\text{해당 바닥면적}}{25\text{m}^2}$	$\dfrac{\text{해당 바닥면적}}{50\text{m}^2}$

답 ③

★★★ 73
13.03.문71

이산화탄소 소화설비를 설치하는 장소에 이산화탄소 약제의 소요량은 정해진 약제방사시간 이내에 방사되어야 한다. 다음 기준 중 소요량에 대한 약제방사시간이 틀린 것은?

① 전역방출방식에 있어서 표면화재 방호대상물은 1분
② 전역방출방식에 있어서 심부화재 방호대상물은 7분
③ 국소방출방식에 있어서 방호대상물은 10초
④ 국소방출방식에 있어서 방호대상물은 30초

해설 약제방사시간

소화설비		전역방출방식		국소방출방식	
		일반건축물	위험물제조소	일반건축물	위험물제조소
할론소화설비		10초 이내	30초 이내	10초 이내	30초 이내
분말소화설비		30초 이내		30초 이내	
CO₂ 소화설비	표면화재	1분 이내	60초 이내		
	심부화재	7분 이내			

※ 문제에서 특정한 조건이 없으면 **"일반건축물"** 을 적용하면 된다.

답 ③

74 ★★

다음 물분무소화설비의 설치기준 중 틀린 것은?

① 펌프 흡입측 배관은 공기고임이 생기지 않는 구조로 하고 여과장치를 설치한다.

② 가압송수장치는 동결방지조치를 하거나 동결의 우려가 없는 장소에 설치한다.

③ 배관은 동결방지조치를 하거나 동결의 우려가 없는 장소에 설치한다.

④ 급수배관에 설치되어 급수를 차단할 수 있는 개폐밸브는 개폐표시형으로 할 것. 이 경우 펌프의 흡입측 배관에는 버터플라이밸브의 개폐표시형 밸브를 설치해야 한다.

해설 **물분무소화설비**의 **설치기준**(NFPC 104 6조, NFTC 104 2,3,5)

(1) **펌프의 흡입측 배관 설치기준**

　ㄱ 공기고임이 생기지 않는 구조로 하고 **여과장치** 설치 [보기 ①]

　ㄴ 수조가 펌프보다 낮게 설치된 경우에는 각 펌프 (**충압펌프 포함**)마다 수조로부터 별도 설치

(2) 배관은 **동결방지조치**를 하거나 동결의 우려가 없는 장소에 설치(단, 보온재를 사용할 경우에는 **난연재료** 성능 이상의 것) [보기 ③]

(3) 급수배관에 설치되어 급수를 차단할 수 있는 개폐밸브는 **개폐표시형**으로 할 것. 이 경우 펌프의 **흡입측** 배관에는 **버터플라이밸브 외**의 개폐표시형 밸브를 설치해야 한다. [보기 ④]

(4) 가압송수장치는 동결방지조치를 하거나 동결의 우려가 없는 장소에 설치한다. [보기 ②]

> ④ 버터플라이밸브의 → 버터플라이밸브 외의

답 ④

75 ★★★

[10.03.문71]

의료시설에 구조대를 설치하여야 할 층으로 틀린 것은?

① 2　　　　② 3

③ 4　　　　④ 5

해설 **피난기구**의 **적응성**(NFTC 301 2.1.1)

설치 장소별 구분＼층별	1층	2층	3층	4층 이상 10층 이하
노유자시설	・미끄럼대 ・구조대 ・피난교 ・다수인 피난장비 ・승강식 피난기	・미끄럼대 ・구조대 ・피난교 ・다수인 피난장비 ・승강식 피난기	・미끄럼대 ・구조대 ・피난교 ・다수인 피난장비 ・승강식 피난기	・구조대[1] ・피난교 ・다수인 피난장비 ・승강식 피난기
의료시설・입원실이 있는 의원・접골원・조산원	-	-	・미끄럼대 ・구조대 ・피난교 ・피난용 트랩 ・다수인 피난장비 ・승강식 피난기	・구조대 ・피난교 ・피난용 트랩 ・다수인 피난장비 ・승강식 피난기
영업장의 위치가 4층 이하인 다중이용업소	-	・미끄럼대 ・피난사다리 ・구조대 ・완강기 ・다수인 피난장비 ・승강식 피난기	・미끄럼대 ・피난사다리 ・구조대 ・완강기 ・다수인 피난장비 ・승강식 피난기	・미끄럼대 ・피난사다리 ・구조대 ・완강기 ・다수인 피난장비 ・승강식 피난기
그 밖의 것 (근린생활시설 사무실 등)	-	-	・미끄럼대 ・피난사다리 ・구조대 ・완강기 ・피난교 ・피난용 트랩 ・간이완강기[2] ・공기안전매트[2] ・다수인 피난장비 ・승강식 피난기	・피난사다리 ・구조대 ・완강기 ・피난교 ・간이완강기[2] ・공기안전매트[2] ・다수인 피난장비 ・승강식 피난기

[비고] 1) 구조대의 적응성은 장애인 관련 시설로서 주된 사용자 중 스스로 피난이 불가한 자가 있는 경우 추가로 설치하는 경우에 한한다.
　　　2) 간이완강기의 적응성은 숙박시설의 3층 이상에 있는 객실에 추가로 설치하는 경우에 한한다.

답 ①

76 ★★

[19.03.문74]
[01.06.문61]

수직강하식 구조대의 구조를 바르게 설명한 것은?

① 본체 내부에 로프를 사다리형으로 장착한 것

② 본체에 적당한 간격으로 협축부를 마련한 것

③ 본체 전부가 신축성이 있는 것

④ 내림식 사다리의 동쪽에 복대를 씌운 것

해설 **수직강하식 구조대**

본체에 적당한 간격으로 협축부를 마련하여 피난자가 안전하게 활강할 수 있도록 만든 구조

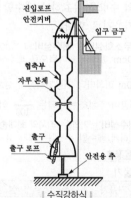

진입로프
안전커버
입구 금구
협축부
자루 본체
출구
출구 로프
안전용 추

〈수직강하식〉

용어

경사강하식 구조대	수직강하식 구조대
소방대상물에 비스듬하게 고정시키거나 설치하여 사용자가 **미끄럼식**으로 내려올 수 있는 구조대	소방대상물 또는 기타 장비 등에 **수직**으로 설치하여 사용하는 구조대

답 ②

77 ★★

[11.06.문64]

분말소화설비의 배관 청소용 가스는 어떻게 저장 유지 관리하여야 하는가?

① 축압용 가스용기에 가산 저장 유지

② 가압용 가스용기에 가산 저장 유지

③ 별도 용기에 저장 유지

④ 필요시에만 사용하므로 평소에 저장 불필요

해설 분말소화설비의 배관 청소용 가스는 **별도**의 **용기**에 저장 유지 관리하여야 한다.

중요

분말소화설비 **가압식**과 **축압식**의 설치기준		
구분 사용가스	가압식	축압식
질소(N₂)	**40ℓ/kg 이상**	**10ℓ/kg 이상**
이산화탄소(CO₂)	**20g/kg+배관 청소 필요량 이상**	**20g/kg+배관 청소 필요량 이상**

답 ③

★★★
78 물분무소화설비의 배수설비에 대한 설명 중 틀린 것은?

19.03.문70
19.03.문77
17.09.문72
16.10.문67
16.05.문79
10.03.문63

① 주차장에는 10cm 이상 경계턱으로 배수구를 설치한다.
② 배수구에는 새어 나온 기름을 모아 소화할 수 있도록 길이 30m 이하마다 집수관, 소화핏트 등 기름분리장치를 설치한다.
③ 주차장 바닥은 배수구를 향하여 100분의 2 이상의 기울기를 가진다.
④ 배수설비는 가압송수장치의 최대 송수능력의 수량을 유효하게 배수할 수 있는 크기 및 기울기로 한다.

해설 **물분무소화설비**의 **배수설비**(NFPC 104 11조, NFTC 104 2.8)
(1) **10cm** 이상의 경계턱으로 배수구 설치(차량이 주차하는 곳)
(2) **40m** 이하마다 기름분리장치 설치
(3) 차량이 주차하는 바닥은 $\dfrac{2}{100}$ 이상의 기울기 유지
(4) **배수설비**는 가압송수장치의 **최대송수능력**의 수량을 유효하게 배수할 수 있는 크기 및 기울기로 할 것

참고

기울기	
기울기	설 명
$\dfrac{1}{100}$ 이상	연결살수설비의 수평주행배관
$\dfrac{2}{100}$ 이상	물분무소화설비의 배수설비
$\dfrac{1}{250}$ 이상	습식·부압식 설비 외 설비의 가지배관
$\dfrac{1}{500}$ 이상	습식·부압식 설비 외 설비의 수평주행배관

② 30m 이하 → 40m 이하

답 ②

★★★
79 스프링클러설비의 누수로 인한 유수검지장치의 오작동을 방지하기 위한 목적으로 설치되는 것은?

19.09.문79
11.10.문65

① 솔레노이드   ② 리타딩챔버
③ 물올림장치   ④ 성능시험배관

해설 **리타딩챔버의 역할**
(1) 오작동(오보) 방지
(2) 안전밸브의 역할
(3) 배관 및 압력스위치의 손상보호

답 ②

★★★
80 포소화약제의 혼합장치 중 펌프의 토출관에 압입기를 설치하여 포소화약제 압입용 펌프로 포소화약제를 압입시켜 혼합하는 방식은?

19.04.문72
19.03.문79
12.05.문64

① 펌프 프로포셔너 방식
② 프레져사이드 프로포셔너 방식
③ 라인 프로포셔너 방식
④ 프레져 프로포셔너 방식

해설 **포소화약제의 혼합장치**
(1) **펌프 프로포셔너 방식(펌프 혼합방식)**
  ㉠ 펌프 토출측과 흡입측에 바이패스를 설치하고, 그 바이패스의 도중에 설치한 어댑터(adaptor)로 펌프 토출측 수량의 일부를 통과시켜 공기포 용액을 만드는 방식
  ㉡ 펌프의 **토출관**과 **흡입관** 사이의 배관 도중에 설치한 흡입기에 펌프에서 토출된 물의 일부를 보내고 **농도조정밸브**에서 조정된 포소화약제의 필요량을 포소화약제 탱크에서 펌프 흡입측으로 보내어 약제를 혼합하는 방식

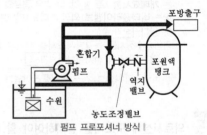

| 펌프 프로포셔너 방식 |

(2) **프레져 프로포셔너 방식(차압 혼합방식)**
  ㉠ 가압송수관 도중에 공기포 소화원액 혼합조(P.P.T)와 혼합기를 접속하여 사용하는 방법
  ㉡ **격막방식 휨탱크**를 사용하는 에어휨 혼합방식
  ㉢ 펌프와 발포기의 중간에 설치된 벤투리관의 **벤투리작용**과 펌프 가압수의 **포소화약제 저장탱크**에 대한 압력에 의하여 포소화약제를 흡입·혼합하는 방식

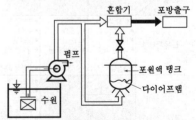

| 프레져 프로포셔너 방식 |

(3) **라인 프로포셔너 방식(관로 혼합방식)**
  ㉠ 급수관의 배관 도중에 포소화약제 흡입기를 설치하여 그 흡입관에서 소화약제를 흡입하여 혼합하는 방식
  ㉡ 펌프와 발포기의 중간에 설치된 벤투리관의 **벤투리작용**에 의하여 포소화약제를 흡입·혼합하는 방식

 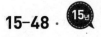

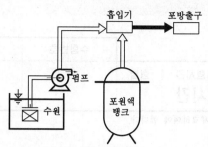

‖ 라인 프로포셔너 방식 ‖

(4) **프레져사이드 프로포셔너 방식(압입 혼합방식)**
　㉠ 소화원액 가압펌프(압입용 펌프)를 별도로 사용하는 방식
　㉡ 펌프 **토출관**에 압입기를 설치하여 포소화약제 **압입용 펌프**로 포소화약제를 압입시켜 혼합하는 방식

[기억법] 프사압

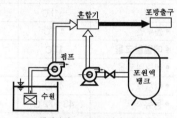

‖ 프레져사이드 프로포셔너 방식 ‖

(5) **압축공기포 믹싱챔버방식**
　포수용액에 공기를 강제로 주입시켜 **원거리 방수**가 가능하고 물 사용량을 줄여 **수손피해**를 **최소화**할 수 있는 방식

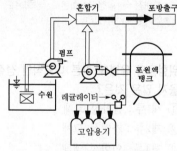

‖ 압축공기포 믹싱챔버방식 ‖

답 ②

┃2015년 기사 제4회 필기시험┃

자격종목	종목코드	시험시간	형별	수험번호	성명
소방설비기사(기계분야)		**2시간**			

※ 각 문항은 4지택일형으로 질문에 가장 적합한 보기 항을 선택하여 체크하여야 합니다.

제1과목　소방원론

★★★
01 제1인산암모늄이 주성분인 분말소화약제는?

19.03.문01
18.04.문06
17.09.문10
16.10.문06
16.05.문17
16.03.문09
15.05.문08
14.09.문10
14.03.문03

① 1종 분말소화약제
② 2종 분말소화약제
③ 3종 분말소화약제
④ 4종 분말소화약제

해설 **(1) 분말소화약제**

유사문제부터
풀어보세요.
실력이 팍!팍!
올라갑니다.

종 별	주성분	착 색	적응화재	비 고
제**1**종	중탄산나트륨 (NaHCO₃)	백색	BC급	**식용유** 및 **지방질유**의 화재에 적합
제2종	중탄산칼륨 (KHCO₃)	담자색 (담회색)	BC급	–
제**3**종	제**1인산암모늄** (NH₄H₂PO₄)	담홍색	ABC급	**차고·주차장**에 적합
제4종	중탄산칼륨 +요소 (KHCO₃+ (NH₂)₂CO)	회(백)색	BC급	–

기억법 1식분(일식 분식)
3분 차주(**삼보**컴퓨터 **차주**), 인3(인삼)

(2) 이산화탄소 소화약제

주성분	적응화재
이산화탄소(CO₂)	BC급

답 ③

★★
02 다음 중 인화점이 가장 낮은 물질은?

19.09.문02
14.05.문05
12.03.문01

① 경유
② 메틸알코올
③ 이황화탄소
④ 등유

해설

물 질	인화점	착화점
• 프로필렌	−107℃	497℃
• 에틸에터 • 다이에틸에터	−45℃	180℃
• 가솔린(휘발유)	−43℃	300℃
• **산**화프로필렌	−37℃	465℃
• **이황화탄소**	**−30℃**	100℃
• 아세틸렌	−18℃	335℃
• 아세톤	−18℃	538℃
• 벤젠	−11℃	562℃
• 톨루엔	4.4℃	480℃
• **메틸알코올**	**11℃**	464℃
• 에틸알코올	13℃	423℃
• 아세트산	40℃	–
• **등유**	**43~72℃**	210℃
• **경유**	**50~70℃**	200℃
• 적린	–	260℃

기억법 인산 이메등

• 착화점=발화점=착화온도=발화온도
• 인화점=인화온도

답 ③

★★★
03 위험물의 유별에 따른 대표적인 성질의 연결이 옳지 않은 것은?

19.04.문44
16.05.문46
16.05.문52
15.09.문18
15.05.문10
15.05.문42
15.03.문51
14.09.문18
14.03.문18
11.06.문54

① 제1류 : 산화성 고체
② 제2류 : 가연성 고체
③ 제4류 : 인화성 액체
④ 제5류 : 산화성 액체

해설 **위험물령〔별표 1〕**
위험물

유 별	성 질	품 명
제**1**류	**산**화성 **고**체	• 아염소산염류 • 염소산염류(**염소산나트륨**) • 과염소산염류 • 질산염류 • 무기과산화물
		기억법 1산고염나
제2류	가연성 고체	• 황화인 　• 적린 • 황　　　• 마그네슘

제3류	자연발화성 물질 및 금수성 물질	• **황**린 • **칼**륨 • **나**트륨 • **알**칼리토금속 • **트**리에틸알루미늄 기억법 **황칼나알트**
제4류	인화성 액체	• 특수인화물 • 석유류(벤젠) • 알코올류 • 동식물유류
제5류	**자**기반응성 물질	• 유기과산화물 • 나이트로화합물 • 나이트로소화합물 • 아조화합물 • 질산에스터류(셀룰로이드) 기억법 **5자(오자탈자)**
제6류	산화성 액체	• 과염소산 • 과산화수소 • 질산

④ 제5류 : 자기반응성 물질

답 ④

★★ 04
07.09.문13

건물 내에서 화재가 발생하여 실내온도가 20℃에서 600℃까지 상승했다면 온도상승만으로 건물 내의 공기부피는 처음의 약 몇 배 정도 팽창하는가? (단, 화재로 인한 압력의 변화는 없다고 가정한다.)

① 3   ② 9
③ 15   ④ 30

해설 (1) **샤를**의 **법칙**(Charl's law)

$$\frac{V_1}{T_1} = \frac{V_2}{T_2}$$

여기서, V_1, V_2 : 부피[m³]
　　　　T_1, T_2 : 절대온도(273 + ℃)[K]

(2) **기호**
• T_1 : (273 + 20)K
• T_2 : (273 + 600)K

기체의 **부피** V_2는

$$V_2 = \frac{V_1}{T_1} \times T_2$$
$$= \frac{V_1}{(273+20)\text{K}} \times (273+600)\text{K} ≒ 3V_1 = 3배$$

답 ①

★★ 05
14.05.문13
11.03.문16

물리적 소화방법이 아닌 것은?

① 연쇄반응의 억제에 의한 방법
② 냉각에 의한 방법

③ 공기와의 접촉 차단에 의한 방법
④ 가연물 제거에 의한 방법

해설

물리적 소화방법	화학적 소화방법
• 질식소화(공기와의 접속 차단) • 냉각소화(냉각) • 제거소화(가연물 제거)	• **억**제소화(연쇄반응의 억제) 기억법 **억화(억화감정)**

① 화학적 소화방법

중요

소화의 방법

소화방법	설 명
냉각소화	• 다량의 물 등을 이용하여 **점화원**을 **냉각**시켜 소화하는 방법 • 다량의 물을 뿌려 소화하는 방법
질식소화	• 공기 중의 **산소농도**를 16%(10~15%) 이하로 희박하게 하여 소화하는 방법
제거소화	• 가연물을 제거하여 소화하는 방법
억제소화 (부촉매효과)	• 연쇄반응을 차단하여 소화하는 방법으로 '화학소화'라고도 함

답 ①

★★★ 06
19.03.문04
15.09.문13
14.03.문06
12.09.문16
12.05.문05

비수용성 유류의 화재시 물로 소화할 수 없는 이유는?

① 인화점이 변하기 때문
② 발화점이 변하기 때문
③ 연소면이 확대되기 때문
④ 수용성으로 변하여 인화점이 상승하기 때문

해설 **경유화재시 주수소화가 부적당한 이유**
물보다 비중이 가벼워 물 위에 떠서 **화재면 확대**의 우려가 있기 때문이다.(연소면 확대)

중요

주수소화(물소화)시 위험한 물질

위험물	발생물질
• 무기과산화물	**산소**(O_2) 발생
• 금속분 • 마그네슘 • 알루미늄 • 칼륨 • 나트륨 • 수소화리튬	**수소**(H_2) 발생
• 가연성 액체의 유류화재 (경유)	**연소면**(화재면) 확대

답 ③

에탄(C_2H_6)	3	12.4
프로판(C_3H_8)	2.1	9.5
부탄(C_4H_{10})	1.8	8.4

- 연소한계=연소범위=가연한계=가연범위=폭발한계=폭발범위

답 ①

★★★
07
11.06.문11

건축물 화재에서 플래시오버(flash over) 현상이 일어나는 시기는?

① 초기에서 성장기로 넘어가는 시기
② 성장기에서 최성기로 넘어가는 시기
③ 최성기에서 감쇠기로 넘어가는 시기
④ 감쇠기에서 종기로 넘어가는 시기

해설 **플래시오버**(flash over)

구 분	설 명
발생시간	화재발생 후 5~6분경
발생시점	**성장기~최성기**(성장기에서 최성기로 넘어가는 분기점) 기억법 **플성최**
실내온도	약 800~900℃

답 ②

★★
08
19.03.문03
10.03.문14

다음 물질 중 공기에서 위험도(H)가 가장 큰 것은?

① 에터   ② 수소
③ 에틸렌   ④ 프로판

해설 **위험도**

$$H = \frac{U-L}{L}$$

여기서, H : 위험도
U : 연소상한계
L : 연소하한계

① 에터 $= \dfrac{48-1.7}{1.7} = 27.23$

② 수소 $= \dfrac{75-4}{4} = 17.75$

③ 에틸렌 $= \dfrac{36-2.7}{2.7} = 12.33$

④ 프로판 $= \dfrac{9.5-2.1}{2.1} = 3.52$

👉 중요

공기 중의 폭발한계(상온, 1atm)

가 스	하한계〔vol%〕	상한계〔vol%〕
아세틸렌(C_2H_2)	2.5	81
수소(H_2)	4	75
일산화탄소(CO)	12	75
에터(($C_2H_5)_2O$)	1.7	48
이황화탄소(CS_2)	1	50
에틸렌(C_2H_4)	2.7	36
암모니아(NH_3)	15	25
메탄(CH_4)	5	15

★★★
09
13.09.문52

다음 중 방염대상물품이 아닌 것은? (단, 제조 또는 가공 공정에서 방염처리한 물품이다.)

① 카펫
② 무대용 합판
③ 창문에 설치하는 커튼
④ 두께 2mm 미만의 종이벽지

해설 **소방시설법 시행령 31조**
방염대상물품

제조 또는 가공 공정에서 방염처리를 한 물품	건축물 내부의 천장이나 벽에 부착하거나 설치하는 것
① 창문에 설치하는 **커튼류**(블라인드 포함) ② **카펫** ③ **벽지류**(두께 2mm 미만인 종이벽지 제외) ④ **전시용 합판·목재** 또는 섬유판 ⑤ **무대용 합판·목재** 또는 섬유판 ⑥ **암막·무대막**(영화상영관·가상체험 체육시설업의 **스크린** 포함) ⑦ 섬유류 또는 합성수지류 등을 원료로 하여 제작된 소파·의자(단란주점영업, 유흥주점영업 및 노래연습장업의 영업장에 설치하는 것만 해당)	① 종이류(두께 2mm 이상), **합성수지류** 또는 **섬유류**를 주원료로 한 물품 ② **합판이나 목재** ③ 공간을 구획하기 위하여 설치하는 **간이칸막이** ④ **흡음재**(흡음용 커튼 포함) 또는 **방음재**(방음용 커튼 포함) ※ 가구류(옷장, 찬장, 식탁, 식탁용 의자, 사무용 책상, 사무용 의자, 계산대)와 너비 10cm 이하인 반자돌림대, 내부 마감재료 제외

④ 제외대상

답 ④

★
10
11.03.문17

화재의 일반적 특성이 아닌 것은?

① 확대성   ② 정형성
③ 우발성   ④ 불안정성

해설 **화재의 특성**
(1) **우**발성(화재가 돌발적으로 발생)
(2) **확**대성
(3) **불**안정성
기억법 **우확불**

답 ②

11 할론소화약제의 구성원소가 아닌 것은?

13.06.문07
12.09.문05

① 염소　　　　② 브로민
③ 네온　　　　④ 탄소

해설 할론소화약제 구성원소
(1) 탄소 : C
(2) 불소 : F
(3) 염소 : Cl
(4) 브로민 : Br

답 ③

12 60분 방화문과 30분 방화문이 연기 및 불꽃을 차단할 수 있는 시간으로 옳은 것은?

15.09.문12

① 60분 방화문 : 60분 이상 90분 미만
　　30분 방화문 : 30분 이상 60분 미만
② 60분 방화문 : 60분 이상
　　30분 방화문 : 30분 이상 60분 미만
③ 60분 방화문 : 60분 이상 90분 미만
　　30분 방화문 : 30분 이상
④ 60분 방화문 : 60분 이상
　　30분 방화문 : 30분 이상

해설 건축령 64조
방화문의 구분

60분+방화문	60분 방화문	30분 방화문
연기 및 불꽃을 차단할 수 있는 시간이 60분 이상이고, 열을 차단할 수 있는 시간이 30분 이상인 방화문	연기 및 불꽃을 차단할 수 있는 시간이 60분 이상인 방화문	연기 및 불꽃을 차단할 수 있는 시간이 30분 이상 60분 미만인 방화문

용어

방화문
화재시 상당한 시간 동안 연소를 차단할 수 있도록 하기 위하여 방화구획선상 또는 방화벽에 개구부 부분에 설치하는 것
(1) 직접 손으로 열 수 있을 것
(2) 자동으로 닫히는 구조(자동폐쇄장치)일 것

답 ②

13 마그네슘의 화재에 주수하였을 때 물과 마그네슘의 반응으로 인하여 생성되는 가스는?

19.03.문04
15.09.문06
15.09.문13
14.03.문06
12.09.문16
12.05.문05

① 산소
② 수소
③ 일산화탄소
④ 이산화탄소

해설 주수소화(물소화)시 위험한 물질

위험물	발생물질
• 무기과산화물	산소(O$_2$) 발생　**기억법** 무산(무산되다.)
• 금속분 • 마그네슘 • 알루미늄 • 칼륨 • 나트륨 • 수소화리튬	수소(H$_2$) 발생　**기억법** 마수
• 가연성 액체의 유류화재 (경유)	연소면(화재면) 확대

답 ②

14 공기 중에서 연소상한값이 가장 큰 물질은?

13.06.문04

① 아세틸렌　　② 수소
③ 가솔린　　　④ 프로판

해설 공기 중의 폭발한계(상온, 1atm)

가스	하한계[vol%]	상한계[vol%]
아세틸렌(C$_2$H$_2$)	2.5	81
수소(H$_2$)	4	75
일산화탄소(CO)	12	75
에터((C$_2$H$_5$)$_2$O)	1.7	48
이황화탄소(CS$_2$)	1	50
에틸렌(C$_2$H$_4$)	2.7	36
암모니아(NH$_3$)	15	25
메탄(CH$_4$)	5	15
에탄(C$_2$H$_6$)	3	12.4
프로판(C$_3$H$_8$)	2.1	9.5
부탄(C$_4$H$_{10}$)	1.8	8.4
가솔린(C$_5$H$_{12}$~C$_9$G$_{20}$)	1.2	7.6

기억법 아수일에이

• 연소한계＝연소범위＝가연한계＝가연범위＝폭발한계＝폭발범위
• 하한계＝연소하한값
• 상한계＝연소상한값
• 가솔린＝휘발유

답 ①

15 화재에 대한 건축물의 소실 정도에 따른 화재형태를 설명한 것으로 옳지 않은 것은?

15.03.문19
14.03.문13

① 부분소화재란 전소화재, 반소화재에 해당하지 않는 것을 말한다.
② 반소화재란 건축물에 화재가 발생하여 건축물의 30% 이상 70% 미만 소실된 상태를 말한다.
③ 전소화재란 건축물에 화재가 발생하여 건축물의 70% 이상이 소실된 상태를 말한다.
④ 훈소화재란 건축물에 화재가 발생하여 건축물의 10% 이하가 소실된 상태를 말한다.

해설 건축물의 소실 정도에 따른 **화재형태**

화재형태	설 명
전소화재	건축물에 화재가 발생하여 건축물의 **70%** 이상이 소실된 상태
반소화재	건축물에 화재가 발생하여 건축물의 **30~70%** 미만이 소실된 상태
부분소화재	전소화재, 반소화재에 해당하지 않는 것

비교

훈소와 훈소흔

구 분	설 명
훈소	• 착화에너지가 충분하지 않아 가연물이 발화되지 못하고 **다량**의 **연기**가 발생되는 연소형태 • 불꽃없이 연기만 내면서 타다가 어느 정도 시간이 경과 후 발열될 때의 연소상태 **기억법** **훈연**
훈소흔	목재에 남겨진 흔적

답 ④

16 같은 원액으로 만들어진 포의 특성에 관한 설명으로 옳지 않은 것은?

① 발포배율이 커지면 환원시간은 짧아진다.
② 환원시간이 길면 내열성이 떨어진다.
③ 유동성이 좋으면 내열성이 떨어진다.
④ 발포배율이 작으면 유동성이 떨어진다.

해설 포의 특성

(1) 발포배율이 커지면 환원시간은 짧아진다.
(2) 환원시간이 길면 내열성이 **좋아진다.**
(3) 유동성이 좋으면 내열성이 떨어진다.
(4) 발포배율이 작으면 유동성이 떨어진다.

• 발포배율=팽창비

용어

용 어	설 명
발포배율	수용액의 포가 팽창하는 비율
환원시간	발포된 포가 원래의 포수용액으로 되돌아가는 데 걸리는 시간
유동성	포가 잘 움직이는 성질

답 ②

17 화재하중 계산시 목재의 단위 발열량은 약 몇 kcal/kg인가?

19.03.문20
16.10.문18
01.06.문06
97.03.문19

① 3000
② 4500
③ 9000
④ 12000

해설

$$q= \frac{\Sigma\,G_t\,H_t}{HA} = \frac{\Sigma\,Q}{4500A}$$

여기서, q : 화재하중〔kg/m²〕
G_t : 가연물의 양〔kg〕
H_t : 가연물의 단위 발열량〔kcal/kg〕
H : 목재의 단위 발열량〔kcal/kg〕
A : 바닥면적〔m²〕
$\Sigma\,Q$: 가연물의 전체 발열량〔kcal〕

• 목재의 단위발열량 : 4500kcal/kg

답 ②

18 제2류 위험물에 해당하지 않는 것은?

19.04.문44
19.03.문07
16.05.문46
15.09.문03
15.05.문10
15.05.문42
15.03.문04
14.09.문18
14.03.문18
11.06.문54

① 황
② 황화인
③ 적린
④ 황린

해설 위험물령〔별표 1〕
위험물

유 별	성 질	품 명
제**1**류	**산**화성 **고**체	• 아염소산염류 • 염소산염류 • 과염소산염류 • 질산염류 • 무기과산화물 **기억법** **1산고(일산GO)**
제**2**류	가연성 고체	• **황화**인 • **적**린 • **황** • **마**그네슘 • 금속분 **기억법** **2황화적황마**
제3류	자연발화성 물질 및 금수성 물질	• **황**린 • **칼**륨 • **나트**륨 • **트**리에틸**알**루미늄 • 금속의 수소화물 **기억법** **황칼나트알**
제4류	인화성 액체	• 특수인화물 • 석유류(벤젠) • 알코올류 • 동식물유류
제5류	자기반응성 물질	• 유기과산화물 • 나이트로화합물 • 나이트로소화합물 • 아조화합물 • 질산에스터류(셀룰로이드)
제6류	산화성 액체	• 과염소산 • 과산화수소 • 질산

④ 황린 : 제3류 위험물

답 ④

19 가연물의 종류에 따른 화재의 분류방법 중 유류
화재를 나타내는 것은?

`19.09.문16`
`19.03.문08`
`17.09.문07`
`16.05.문09`
`13.09.문07`

① A급 화재
② B급 화재
③ C급 화재
④ D급 화재

해설

화재의 종류	표시색	적응물질
일반화재(A급)	백색	• 일반가연물 • 종이류 화재 • 목재, 섬유화재
유류화재(B급)	황색	• 가연성 액체 • 가연성 가스 • 액화가스화재 • 석유화재
전기화재(C급)	청색	• 전기설비
금속화재(D급)	무색	• 가연성 금속
주방화재(K급)	–	• 식용유화재

※ 요즘은 표시색의 의무규정은 없음

답 ②

20 고비점유 화재시 무상주수하여 가연성 증기의
발생을 억제함으로써 기름의 연소성을 상실시키
는 소화효과는?

`13.09.문06`

① 억제효과
② 제거효과
③ 유화효과
④ 파괴효과

해설 소화효과의 방법

소화방법	설 명
냉각효과	① 다량의 물 등을 이용하여 **점화원을 냉각**시켜 소화하는 방법 ② 다량의 물을 뿌려 소화하는 방법
질식효과	공기 중의 **산소농도**를 16%(10~15%) 이하로 희박하게 하여 소화하는 방법
제거효과	가연물을 제거하여 소화하는 방법
억제효과	연쇄반응을 차단하여 소화하는 방법, **부촉매효과**라고도 함
파괴효과	연소하는 물질을 **부수어서** 소화하는 방법
유화효과	① 물의 미립자가 **기름**과 섞여서 기름의 증발능력을 떨어뜨려 연소를 억제하는 것 ② **고비점유** 화재시 무상주수하여 가연성 증기의 발생을 억제함으로써 기름의 연소성을 상실시키는 소화효과

`기억법` 유고(유고슬라비아)

답 ③

제2과목 소방유체역학

21 공기의 정압비열이 절대온도 T의 함수 $C_p =$
$1.0101 + 0.0000798\,T$ kJ/kg·K로 주어진다. 공
기를 273.15K에서 373.15까지 높일 때 평균
정압비열[kJ/kg·K]은?

① 1.036
② 1.181
③ 1.283
④ 1.373

해설 평균 정압비열

$$C_{pa} = \frac{1}{T_2 - T_1}\int_{T_2}^{T_1} C_p\, dt$$

여기서, C_{pa} : 평균 정압비열[kJ/kg·K]
T_1, T_2 : 변화전후의 온도(273+℃)[K]
C_p : 정압비열[kJ/kg·K]

평균 정압비열 C_{pa}는

$$\begin{aligned}
C_{pa} &= \frac{1}{T_2 - T_1}\int_{T_2}^{T_1} C_p\, dt \\
&= \frac{1}{T_2 - T_1}\int_{T_2}^{T_1}(1.0101 + 0.0000798\,T)\,dt \\
&= \frac{1}{373.15 - 273.15}\Big[1.0101 \times (373.15 - 273.15) \\
&\quad + \frac{1}{2} \times 0.0000798(373.15^2 - 273.15^2)\Big] \\
&\approx 1.036\,\text{kJ/kg·K}
\end{aligned}$$

답 ①

22 392N/s의 물이 지름 20cm의 관 속에 흐르고
있을 때 평균 속도는 약 m/s인가?

`19.09.문32`
`19.03.문25`
`17.05.문30`
`17.03.문37`
`16.03.문40`
`11.06.문33`
`10.03.문36`
`(산업)`

① 0.127
② 1.27
③ 2.27
④ 12.7

해설 중량유량

$$G = AV\gamma = \left(\frac{\pi D^2}{4}\right)V\gamma$$

여기서, G : 중량유량[N/s]
A : 단면적[m²]
V : 유속[m/s]
γ : 비중량(물의 비중량 9800N/m³)
D : 직경(지름)[m]

유속 V는

$$V = \frac{G}{\frac{\pi D^2}{4}\gamma} = \frac{392\text{N/s}}{\frac{\pi \times (0.2\text{m})^2}{4}\times 9800\text{N/m}^3} \approx 1.27\,\text{m/s}$$

 중요

질량유량	유량(flowrate)=체적유량
$\overline{m} = AV\rho = \left(\dfrac{\pi D^2}{4}\right)V\rho$	$Q = AV = \left(\dfrac{\pi D^2}{4}\right)V$
여기서, $\overline{m}$: 질량유량[kg/s] A : 단면적[m²] V : 유속[m/s] ρ : 밀도(물의 밀도 1000kg/m³) D : 직경(지름)[m]	여기서, Q : 유량[m³/s] A : 단면적[m²] V : 유속[m/s] D : 직경(지름)[m]

답 ②

★★★
23 레이놀즈수에 대한 설명으로 옳은 것은?

02.05.문21
(산업)

① 정상류와 비정상류를 구별하여 주는 척도가 된다.

② 실체유체와 이상유체를 구별하여 주는 척도가 된다.

③ 층류와 난류를 구별하여 주는 척도가 된다.

④ 등류와 비등류를 구별하여 주는 척도가 된다.

해설 **레이놀즈수**(Reynolds number)
층류와 난류를 구분하기 위한 계수

$$Re = \frac{DV\rho}{\mu} = \frac{DV}{\nu}$$

여기서, Re : 레이놀즈수
D : 내경[m]
V : 유속[m/s]
ρ : 밀도[kg/m³]
μ : 점도[g/cm·s]
ν : 동점성계수$\left(\dfrac{\mu}{\rho}\right)$[cm²/s]

답 ③

★
24 체적 0.05m³인 구 안에 가득 찬 유체가 있다. 이

97.10.문38
구를 그림과 같이 물속에 넣고 수직 방향으로 100N의 힘을 가해서 들어주면 구가 물속에 절반만 잠긴다. 구 안에 있는 유체의 비중량[N/m³]은? (단, 구의 두께와 무게는 모두 무시할 정도로 작다고 가정한다.)

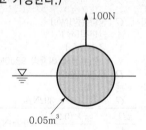

① 6900

② 7250

③ 7580

④ 7850

해설 (1) **부력**(기본식)

$$F_B = \gamma V$$

여기서, F_B : 부력[N]
γ : 비중량[N/m³]
V : 물체가 잠긴 체적[m³]

(2) **부력**(물속에 절반만 잠길 때)

$$F_B = \gamma V - \frac{1}{2}\gamma_w V$$

여기서, F_B : 부력[N]
γ : 비중량[N/m³]
V : 체적[m³]
γ_w : 물의 비중량(9800N/m³)

$$F_B = \gamma V - \frac{1}{2}\gamma_w V$$

$$F_B + \frac{1}{2}\gamma_w V = \gamma V$$

$$\gamma V = F_B + \frac{1}{2}\gamma_w V$$

$$\gamma = \frac{F_B + \frac{1}{2}\gamma_w V}{V}$$

$$= \frac{100\text{N} + \frac{1}{2} \times 9800\text{N/m}^3 \times 0.05\text{m}^3}{0.05\text{m}^3}$$

$$= 6900\text{N/m}^3$$

답 ①

★★★
25 소방펌프의 회전수를 2배로 증가시키면 소방펌프 동력은 몇 배로 증가하는가? (단, 기타 조건은 동일)

① 2

② 4

③ 6

④ 8

해설 **동력**

$$P_2 = P_1\left(\frac{N_2}{N_1}\right)^3 = P_1(2)^3 = 8P_1 = 8\text{배}$$

※ **상사**(相似)**의 법칙** : 서로 다른 구조들의 **외관** 및 **기능**이 **유사**한 현상

중요

유량, 양정, 축동력
(1) **유량**(풍량)

$$Q_2 = Q_1\left(\frac{N_2}{N_1}\right)\left(\frac{D_2}{D_1}\right)^3$$

또는

$$Q_2 = Q_1\left(\frac{N_2}{N_1}\right)$$

(2) **양정**(정압)

$$H_2 = H_1\left(\frac{N_2}{N_1}\right)^2\left(\frac{D_2}{D_1}\right)^2$$

또는

$$H_2 = H_1\left(\frac{N_2}{N_1}\right)^2$$

(3) 축동력

$$P_2 = P_1 \left(\frac{N_2}{N_1} \right)^3 \left(\frac{D_2}{D_1} \right)^5$$

또는

$$P_2 = P_1 \left(\frac{N_2}{N_1} \right)^3$$

여기서, Q_2 : 변경후 유량(풍량)[m³/min]
Q_1 : 변경전 유량(풍량)[m³/min]
H_2 : 변경후 양정(정압)[m]
H_1 : 변경전 양정(정압)[m]
P_2 : 변경후 축동력[kW]
P_1 : 변경전 축동력[kW]
N_2 : 변경후 회전수[rpm]
N_1 : 변경전 회전수[rpm]
D_2 : 변경후 관경[mm]
D_1 : 변경전 관경[mm]

답 ④

26
★★★
다음 시차압력계에서 압력차($P_A - P_B$)는 몇
19.09.문38
19.03.문24
10.03.문35
kPa인가? (단, $H_1 = 300$mm, $H_2 = 200$mm,
$H_3 = 800$mm이고 수은의 비중은 13.6이다.)

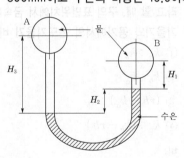

① 21.76
② 31.07
③ 217.6
④ 310.7

해설 계산의 편의를 위해 기호를 수정하면

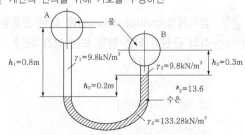

• 1000mm=1m이므로 300mm=0.3m
200mm=0.2m, 800mm=0.8m

$$s = \frac{\gamma}{\gamma_w}$$

여기서, s : 비중
γ : 어떤 물질의 비중량[kN/m³]
γ_w : 물의 비중량(9.8kN/m³)

$\gamma_2 = s_2 \times \gamma_w = 13.6 \times 9.8$kN/m³ $= 133.28$kN/m³
$P_A + \gamma_1 h_1 - \gamma_2 h_2 - \gamma_3 h_3 = P_B$
$P_A - P_B = -\gamma_1 h_1 + \gamma_2 h_2 + \gamma_3 h_3$
$\qquad = -9.8$kN/m³ $\times 0.8$m $+ 133.28$kN/m³ $\times 0.2$m
$\qquad\quad + 9.8$kN/m³ $\times 0.3$m
$\qquad ≒ 21.76$kN/m²
$\qquad = 21.76$kPa

• 1N/m²=1Pa, 1kN/m²=1kPa이므로
21.76kN/m²=21.76kPa

중요

시차액주계의 압력계산 방법
점 A를 기준으로 내려가면 **더하고**, 올라가면 **빼면**
된다.

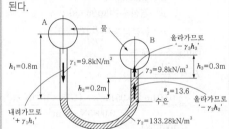

답 ①

27
★
액체가 지름 4mm의 수평으로 놓인 원통형 튜브
를 12×10^{-6}m³/s의 유량으로 흐르고 있다. 길이
1m에서의 압력강하는 몇 kPa인가? (단, 유체의
밀도와 점성계수는 $\rho = 1.18 \times 10^3$kg/m³, $\mu =$
0.0045N · s/m²이다.)

① 7.59 ② 8.59
③ 9.59 ④ 10.59

해설

$$H = \frac{\Delta P}{\gamma} = \frac{flV^2}{2gD}$$

(1) 기호

• $D = 4$mm $= 0.004$m(1000mm=1m)
• $Q = 12 \times 10^{-6}$m³/s
• $l = 1$m
• $\rho = 1.18 \times 10^3$kg/m³ $= 1.18 \times 10^3$N · s²/m⁴
(1kg/m³=1N · s²/m⁴)
• $\mu = 0.0045$N · s/m²

(2) 유량

$$Q = AV = \left(\frac{\pi}{4}D^2\right)V$$

여기서, Q : 유량[m³/s]
　　　　A : 단면적[m²]
　　　　V : 유속[m/s]
　　　　D : 지름(내경)[m]

유속 V 는

$$V = \frac{Q}{A} = \frac{Q}{\frac{\pi}{4}D^2} = \frac{12 \times 10^{-6} \text{m}^3/\text{s}}{\frac{\pi}{4}(0.004\text{m})^2} \doteqdot 0.954\text{m/s}$$

- 1000mm=1m이므로 4mm=0.004m

(3) 레이놀즈수

$$Re = \frac{DV\rho}{\mu} = \frac{DV}{\nu}$$

여기서, Re : 레이놀즈수
　　　　D : 내경[m]
　　　　V : 유속[m/s]
　　　　ρ : 밀도[kg/m³]
　　　　μ : 점성계수[kg/m·s]
　　　　ν : 동점성계수$\left(\frac{\mu}{\rho}\right)$[m²/s]

레이놀즈수 Re 는

$$Re = \frac{DV\rho}{\mu}$$
$$= \frac{0.004\text{m} \times 0.954\text{m/s} \times (1.18 \times 10^3)\text{N} \cdot \text{s}^2/\text{m}^4}{0.0045\text{N} \cdot \text{s/m}^2}$$
$$= 1001.584$$

(4) 관마찰계수

$$f = \frac{64}{Re}$$

여기서, f : 관마찰계수
　　　　Re : 레이놀즈수

관마찰계수 $f = \dfrac{64}{Re} = \dfrac{64}{1001.584} = 0.0639$

(5) 비중량

$$\gamma = \rho g$$

여기서, γ : 비중량[N/m³]
　　　　ρ : 밀도[N·s²/m⁴]
　　　　g : 중력가속도(9.8m/s²)

비중량 $\gamma = \rho g = (1.18 \times 10^3)\text{N} \cdot \text{s}^2/\text{m}^4 \times 9.8\text{m/s}^2$
　　　　　　$= 11594\text{N/m}^3$
　　　　　　$= 11.594\text{kN/m}^3$

- 1000N=1kN이므로 11594N/m³=11.594kN/m³

(6) 마찰손실

$$H = \frac{\Delta P}{\gamma} = \frac{flV^2}{2gD}$$

여기서, H : 마찰손실[m]
　　　　ΔP : 압력차(압력강하)[kPa]
　　　　γ : 비중량[kN/m³]
　　　　f : 관마찰계수
　　　　l : 길이[m]
　　　　V : 유속[m/s]
　　　　g : 중력가속도(9.8m/s²)
　　　　D : 내경[m]

압력강하 ΔP 는

$$\Delta P = \frac{flV^2\gamma}{2gD}$$
$$= \frac{0.0639 \times 1\text{m} \times (0.954\text{m/s})^2 \times 11.594\text{kN/m}^3}{2 \times 9.8\text{m/s}^2 \times 0.004\text{m}}$$
$$\doteqdot 8.59\text{kN/m}^2$$
$$= 8.59\text{kPa}$$

- 1kN/m²=1kPa이므로 8.59kN/m²=8.59kPa

답 ②

★
28 반지름 r 인 뜨거운 금속구를 실에 매달아 선풍
[10.03.문29] 기 바람으로 식힌다. 표면에서의 평균 열전달계
수를 h, 공기와 금속의 열전도계수를 k_a와 k_b
라고 할 때, 구의 표면위치에서 금속에서의 온도
기울기와 공기에서의 온도기울기 비는?

① $k_a : k_b$

② $k_b : k_a$

③ $(rh - k_a) : k_b$

④ $k_a : (k_b - rh)$

해설 비

$$\frac{k_a}{k_b} = k_a : k_b$$

여기서, k_a : 공기의 열전도계수
　　　　k_b : 금속의 열전도계수

답 ①

★
29 검사체적(control volume)에 대한 운동량방정
[19.09.문21] 식의 근원이 되는 법칙 또는 방정식은?

① 질량보존법칙

② 연속방정식

③ 베르누이방정식

④ 뉴턴의 운동 제2법칙

해설 뉴턴의 운동법칙

운동법칙	설 명
제1법칙 (관성의 법칙)	물체가 외부에서 작용하는 힘이 없으면, 정지해 있는 물체는 **계속 정지**해 있고, 운동하고 있는 물체는 **계속 운동**상태를 유지하려는 성질
제**2**법칙 (가속도의 법칙)	① '물체에 힘을 가하면 힘의 방향으로 가속도가 생기고 물체에 가한 힘은 **질량**과 **가속도에 비례**한다'는 법칙 ② **운동량방정식**의 근원이 되는 법칙 [기억법] **뉴2운**
제3법칙 (작용·반작용의 법칙)	'물체에 힘을 가하면 다른 물체에는 **반작용**이 일어나고, 힘의 크기와 작용선은 서로 같으나 **방향**이 서로 **반대**이다'는 법칙

비교

연속방정식 : **질량보존법칙**을 만족하는 법칙

답 ④

★★★ 30

유량이 0.6m³/min일 때 손실수두가 7m인 관로를 통하여 10m 높이 위에 있는 저수조로 물을 이송하고자 한다. 펌프의 효율이 90%라고 할 때 펌프에 공급해야 하는 전력은 몇 kW인가?

19.09.문26
17.09.문38
17.03.문38
13.06.문38

① 0.45　　　　② 1.85
③ 2.27　　　　④ 136

해설 전동력

$$P = \frac{0.163QH}{\eta}K$$

여기서, P : 전동력[kW]
　　　　Q : 유량[m³/min]
　　　　H : 전양정[m]
　　　　K : 전달계수
　　　　η : 효율

전동력 P 는

$$P = \frac{0.163QH}{\eta}K$$
$$= \frac{0.163 \times 0.6\text{m}^3/\text{min} \times (7+10)\text{m}}{0.9}$$
$$≒ 1.85\text{kW}$$

- K : 주어지지 않으므로 무시
- 전양정 $H = (7+10)$m
- 효율 $\eta = 90\% = 0.9$

답 ②

★★★ 31

체적탄성계수가 2×10^9Pa인 물의 체적을 3% 감소시키려면 몇 MPa의 압력을 가하여야 하는가?

19.09.문27
14.05.문36
11.06.문23

① 25　　　　② 30
③ 45　　　　④ 60

해설 체적탄성계수

$$K = -\frac{\Delta P}{\Delta V/V}$$

여기서, K : 체적탄성계수[Pa]
　　　　ΔP : 가해진 압력[Pa]
　　　　$\Delta V/V$: 체적의 감소율

- "－" : －는 압력의 방향을 나타내는 것으로 특별한 의미를 갖지 않아도 된다.

가해진 압력 ΔP는
$\Delta P = K \times \Delta V/V$
$= 2 \times 10^9\text{Pa} \times 0.03 = 60 \times 10^6\text{Pa} = 60\text{MPa}$

- $\Delta V/V$: 3% = 0.03
- 1×10^6Pa = 1MPa이므로 60×10^6Pa = 60MPa

답 ④

★ 32

그림과 같이 탱크에 비중이 0.8인 기름과 물이 들어있다. 벽면 AB에 작용하는 유체(기름 및 물)에 의한 힘은 약 몇 kN인가? (단, 벽면 AB의 폭(y방향)은 1m이다.)

09.05.문34

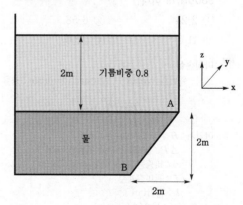

① 50　　　　② 72
③ 82　　　　④ 96

해설 압력 (1)

$$P_0 = P_1 + P_2$$

여기서, P_0 : 전체압력[kN]
　　　　P_1 : 기름부분의 압력[kN]
　　　　P_2 : 물부분의 경사면에 미치는 압력[kN]

압력 (2)

$$P = \gamma h$$

여기서, P : 압력[N/m²]

　　　　γ : 비중량[N/m³]

　　　　h : 높이[m]

※ 물의 비중량(γ) : 9800N/m³

$P_1 = \gamma_1 h_1 = (9800\text{N/m}^3 \times 0.8) \times 2\text{m} = 15680\text{N/m}^2$

$P_2 = \gamma_2 h_2 = \gamma_2 \times \sqrt{2}\sin\theta$

　　　$= 9800\text{N/m}^3 \times (\sqrt{2} \times \sin 45°)\text{m}$

　　　$= 9800\text{N/m}^2$

$P_0 = P_1 + P_2$

　　$= 15680\text{N/m}^2 + 9800\text{N/m}^2 = 25480\text{N/m}^2$

$\overline{\text{AB}}$ 계산(피타고라스 정리 이용 : $\overline{\text{AB}} = \sqrt{\text{A}^2 + \text{B}^2}$)

$\overline{\text{AB}} = \sqrt{2^2 + 2^2} = 2.828\text{m}$

경사면의 면적 $A = 2.828\text{m} \times 1\text{m} = 2.828\text{m}^2$

벽면 AB에 작용하는 유체에 의한 힘 F는

$F = P_0$(전체압력)$\times A$(경사면의 면적)

　$= 25480\text{N/m}^2 \times 2.828\text{m}^2$

　$= 72057.44\text{N} ≒ 72\text{kN}$

답 ②

★★★

33 동점성계수가 $0.1 \times 10^{-5}\text{m}^2/\text{s}$인 유체가 안지름 10cm인 원관 내에 1m/s로 흐르고 있다. 관의 마찰계수가 $f = 0.022$이며, 등가길이가 200m일 때의 손실수두는 몇 m인가? (단, 비중량은 9800N/m³이다.)

11.06.문39

① 2.24　　　　② 6.58

③ 11.0　　　　④ 22.0

해설 마찰손실

달시-웨버의 식(Darcy-Weisbach formula) : 층류

$$H = \frac{\Delta P}{\gamma} = \frac{f l V^2}{2gD}$$

여기서, H : 마찰손실(수두)[m]

　　　　ΔP : 압력차[kPa] 또는 [kN/m²]

　　　　γ : 비중량(물의 비중량 9800N/m³)

　　　　f : 관마찰계수

　　　　l : 길이[m]

　　　　V : 유속(속도)[m/s]

　　　　g : 중력가속도(9.8m/s²)

　　　　D : 내경[m]

마찰손실 H는

$H = \dfrac{f l V^2}{2gD} = \dfrac{0.022 \times 200\text{m} \times (1\text{m/s})^2}{2 \times 9.8\text{m/s}^2 \times 0.1\text{m}} ≒ 2.24\text{m}$

- D : 100cm=1m이므로 10cm=0.1m
- 동점성계수, 비중량은 필요 없다.

답 ①

★

34 무한한 두 평판 사이에 유체가 채워져 있고 한 평판은 정지해 있고 또 다른 평판은 일정한 속도로 움직이는 Couette 유동을 고려하자. 단, 유체 A만 채워져 있을 때 평판을 움직이기 위한 단위면적당 힘을 τ_1이라 하고 같은 평판 사이에 점성이 다른 유체 B만 채워져 있을 때 필요한 힘을 τ_2라 하면 유체 A와 B가 반반씩 위아래로 채워져 있을 때 평판을 같은 속도로 움직이기 위한 단위면적당 힘에 대한 표현으로 맞는 것은?

① $\dfrac{\tau_1 + \tau_2}{2}$

② $\sqrt{\tau_1 \tau_2}$

③ $\dfrac{2\tau_1 \tau_2}{\tau_1 + \tau_2}$

④ $\tau_1 + \tau_2$

해설 단위면적당 힘

$$\tau = \frac{2\tau_1 \tau_2}{\tau_1 + \tau_2}$$

여기서, τ : 단위면적당 힘[N]

　　　　τ_1 : 평판을 움직이기 위한 단위면적당 힘[N]

　　　　τ_2 : 평판 사이에 다른 유체만 채워져 있을 때 필요한 힘[N]

답 ③

★★

35 온도가 T인 유체가 정압이 P인 상태로 관 속을 흐를 때 공동현상이 발생하는 조건으로 가장 적절한 것은? (단, 유체온도 T에 해당하는 포화증기압을 P_s라 한다.)

08.09.문29

① $P > P_s$

② $P > 2 \times P_s$

③ $P < P_s$

④ $P < 2 \times P_s$

해설 공동현상(cavitation)

펌프의 흡입측 배관 내의 물(**유체**)의 정압이 기존의 증기압(**포화증기압**)보다 낮아져서 기포가 발생되어 물이 흡입되지 않는 현상

$$P < P_s$$

여기서, P : 정압[kPa]

　　　　P_s : 포화증기압[kPa]

답 ③

36 수평배관 설비에서 상류지점인 A지점의 배관을
07.05.문35 조사해 보니 지름 100mm, 압력 0.45MPa, 평균
유속 1m/s이었다. 또 하류의 B지점을 조사해 보
니 지름 50mm, 압력 0.4MPa이었다면 두 지점
사이의 손실수두는 약 몇 m인가?

① 4.34
② 5.87
③ 8.67
④ 10.87

해설 (1) 표준대기압

$$
\begin{aligned}
1atm &= 760mmHg = 1.0332kg_f/cm^2 \\
&= 10.332mH_2O(mAq) \\
&= 14.7PSI(lb_f/in^2) \\
&= 101.325kPa(kN/m^2) \\
&= 1013mbar
\end{aligned}
$$

$$
\begin{aligned}
101.325kPa &= 0.101325MPa \\
&= 1.0332kg_f/cm^2 = 10332kg_f/m^2
\end{aligned}
$$

$0.45MPa = 450kPa(1MPa = 1000kPa)$
$0.4MPa = 400kPa$

(2) 손실수두

$$
H = \frac{V^2}{2g} + \frac{P}{\gamma} + Z
$$

여기서, H : 손실수두[m]
V : 유속[m/s]
g : 중력가속도($9.8m/s^2$)
P : 압력[kPa]
γ : 비중량(물의 비중량 $9.8kN/m^3$)
Z : 높이[m]

• $1kPa = 1kN/m^2$

(3) A지점의 손실수두

$$
\begin{aligned}
H_A &= \frac{V_A^2}{2g} + \frac{P_A}{\gamma} + Z_A \\
&= \frac{(1m/s)^2}{2\times9.8m/s^2} + \frac{450kN/m^2}{9.8kN/m^3} \fallingdotseq 45.94m
\end{aligned}
$$

※ Z(높이) : 주어지지 않았으므로 **무시**

(4) 유속

$$
\frac{V_A}{V_B} = \frac{A_B}{A_A} = \left(\frac{D_B}{D_A}\right)^2
$$

여기서, V_A, V_B : 유속[m/s]
A_A, A_B : 단면적[m²]
D_A, D_B : 직경[m]

B지점의 유속 V_B는

$$
V_B = V_A \times \left(\frac{D_A}{D_B}\right)^2 = 1m/s \times \left(\frac{100mm}{50mm}\right)^2 = 4m/s
$$

(5) B지점의 손실수두

$$
\begin{aligned}
H_B &= \frac{V_B^2}{2g} + \frac{P_B}{\gamma} + Z_B \\
&= \frac{(4m/s)^2}{2\times9.8m/s^2} + \frac{400kN/m^2}{9.8kN/m^3} \fallingdotseq 41.6m
\end{aligned}
$$

(6) 두 점 사이의 손실수두

$$
H = H_A - H_B
$$

여기서, H : 두 점 사이의 손실수두[m]
H_A : A지점의 손실수두[m]
H_B : B지점의 손실수두[m]

두 점 사이의 손실수두 H는
$H = H_A - H_B = 45.94m - 41.6m = 4.34m$

답 ①

37 이상기체의 정압과정에 해당하는 것은? (단, P
09.08.문36 는 압력, T는 절대온도, v는 비체적, k는 비열
비를 나타낸다.)

① $\dfrac{P}{T}$ = 일정
② Pv = 일정
③ Pv^k = 일정
④ $\dfrac{v}{T}$ = 일정

해설 이상기체

구 분	설 명
정압과정	**압력**이 일정한 상태에서의 과정 $$\frac{v}{T} = 일정$$ 여기서, v : 비체적[m⁴/N·s²] T : 절대온도[K]
정적과정	**비체적**이 일정한 상태에서의 과정 $$\frac{P}{T} = 일정$$ 여기서, P : 압력[N/m²] T : 절대온도[K]
등온과정	**온도**가 일정한 상태에서의 과정 $$Pv = 일정$$ 여기서, P : 압력[N/m²] v : 비체적[m⁴/N·s²]
단열변화	**손실**이 없는 상태에서의 과정 $$Pv^k = 일정$$ 여기서, P : 압력[N/m²] v : 비체적[m⁴/N·s²] k : 비열비

답 ④

★
38 온도 20℃, 압력 5bar에서 비체적이 0.2m³/kg인
05.09.문25 이상기체가 있다. 이 기체의 기체상수[kJ/kg·K]는
얼마인가?

① 0.341　　② 3.41

③ 34.1　　④ 341

해설 **표준대기압**

> 1atm=760mmHg=1.0332kg_f/cm²
> 　　　=10.332mH₂O(mAq)
> 　　　=14.7PSI(lb_f/in²)
> 　　　=101.325kPa(kN/m²)
> 　　　=1013mbar=1.013bar

> 101.325kPa=1013mbar

이므로

101.325kPa=1.013bar

$$5\text{bar}=\frac{5\text{bar}}{1.013\text{bar}}\times101.325\text{kPa}=500\text{kPa}$$

$$PV=WRT$$

여기서, P: 압력[kPa]

V: 부피[m³]

W: 질량[kg]

R: $\dfrac{848}{M}$[kg·m/kg·K]

T: 절대온도(273+℃)[K]

위 식을 변형하면

$$PV_s=RT$$

여기서, P: 압력[kPa]

V_s: 비체적[m³/kg]

R: 기체상수[kg·m/kg·K]

T: 절대온도(273+℃)[K]

기체상수 R은

$$R=\frac{PV_s}{T}$$

$$=\frac{500\text{kPa}\times0.2\text{m}^3/\text{kg}}{(273+20)\text{K}}$$

$$=0.341\text{kPa}\cdot\text{m}^3/\text{kg}\cdot\text{K}$$

> 1kPa=1kN/m²=1kJ/m³

이므로

$$0.341\text{kPa}\cdot\text{m}^3/\text{kg}\cdot\text{K}=0.341\frac{\text{kJ}}{\text{m}^3}\cdot\text{m}^3/\text{kg}\cdot\text{K}$$

$$=0.341\text{kJ/kg}\cdot\text{K}$$

답 ①

★★
39 그림과 같이 크기가 다른 관이 접속된 수평배관
내에 화살표의 방향으로 정상류의 물이 흐르고
있고 두 개의 압력계 A, B가 각각 설치되어 있
다. 압력계 A, B에서 지시하는 압력을 각각
P_A, P_B라고 할 때, P_A와 P_B의 관계로 옳은

것은? (단, A와 B지점간의 배관 내 마찰손실은
없다고 가정한다.)

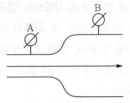

① $P_A>P_B$

② $P_A<P_B$

③ $P_A=P_B$

④ 이 조건만으로는 판단할 수 없다.

해설
$$\frac{V^2}{2g}+\frac{P}{\gamma}+Z=\text{일정}$$

(1) 유량

$$Q=AV=\left(\frac{\pi D^2}{4}\right)V$$

여기서, Q: 유량[m³/s]

A: 단면적[m²]

V: 유속[m/s]

D: 직경[m]

유속 $V=\dfrac{Q}{\dfrac{\pi D^2}{4}}=\dfrac{4Q}{\pi D^2}$

(2) 베르누이방정식

$$\frac{V^2}{2g}+\frac{P}{\gamma}+Z=\text{일정}$$

여기서, V: 유속[m/s]

g: 중력가속도(9.8m/s²)

P: 압력[N/m²] 또는 [Pa]

γ: 비중량[N/m³]

Z: 높이[m]

$$\frac{V^2}{2g}+\frac{P}{\gamma}+Z=\text{일정}$$

$$\frac{\left(\frac{4Q}{\pi D^2}\right)^2}{2g}+\frac{P}{\gamma}+Z=\text{일정}$$

$$\frac{\left(\frac{16Q^2}{\pi^2 D^4}\right)}{2g}+\frac{P}{\gamma}+Z=\text{일정}$$

$$\frac{16Q^2}{2g\pi^2 D^4}+\frac{P}{\gamma}+Z=\text{일정}$$

구경이 작으면 압력이 낮고, 구경이 크면 압력이 높아
진다.

구경이 커질 때	구경이 작아질 때
$P_A<P_B$	$P_A>P_B$

답 ②

40 국소대기압이 98.6kPa인 곳에서 펌프에 의하여 흡입되는 물의 압력을 진공계로 측정하였다. 진공계가 7.3kPa을 가리켰을 때 절대압력은 몇 kPa인가?

① 0.93 　② 9.3
③ 91.3 　④ 105.9

해설 절대압

절대압 =대기압+게이지압(계기압)
=대기압 - 진공압

절대압=대기압 - 진공압=(98.6 - 7.3)kPa=91.3kPa

답 ③

제3과목 소방관계법규

41 형식승인대상 소방용품에 해당하지 않는 것은?

① 관창 　② 안전매트
③ 피난사다리 　④ 가스누설경보기

해설 소방시설법 시행령 6조
소방용품 제외 대상
(1) 주거용 주방자동소화장치용 소화약제
(2) 가스자동소화장치용 소화약제
(3) 분말자동소화장치용 소화약제
(4) 고체에어로졸자동소화장치용 소화약제
(5) 소화약제 외의 것을 이용한 간이소화용구
(6) 휴대용 비상조명등
(7) 유도표지
(8) 벨용 푸시버튼스위치
(9) 피난밧줄
(10) 옥내소화전함
(11) 방수구
(12) 안전매트
(13) 방수복

답 ②

42 방염성능기준 이상의 실내장식물 등을 설치하여야 하는 특정소방대상물에 해당하지 않는 것은?

① 숙박시설
② 노유자시설
③ 층수가 11층 이상의 아파트
④ 건축물의 옥내에 있는 종교시설

해설 소방시설법 시행령 30조
방염성능기준 이상 적용 특정소방대상물
(1) 층수가 11층 이상인 것(아파트는 제외 : 2026.12.1. 삭제)
(2) 체력단련장, 공연장 및 종교집회장

(3) 문화 및 집회시설
(4) 종교시설
(5) 운동시설(수영장은 제외)
(6) 의료시설(종합병원, 정신의료기관)
(7) 의원, 조산원, 산후조리원
(8) 교육연구시설 중 합숙소
(9) 노유자시설
(10) 숙박이 가능한 수련시설
(11) 숙박시설
(12) 방송국 및 촬영소
(13) 다중이용업소(단란주점영업, 유흥주점영업, 노래연습장의 영업장 등)

③ 아파트 제외

답 ③

43 소방기본법상 5년 이하의 징역 또는 5천만원 이하의 벌금에 해당하는 위반사항이 아닌 것은?

① 정당한 사유 없이 소방용수시설 또는 비상소화장치를 사용하거나 소방용수시설 또는 비상소화장치의 효용을 해하거나 그 정당한 사용을 방해한 자
② 화재현장에서 사람을 구출하는 일 또는 불을 끄거나 불이 번지지 아니하도록 하는 일을 방해한 자
③ 불이 번질 우려가 있는 소방대상물 및 토지를 일시적으로 사용하거나 그 사용의 제한 또는 소방활동에 필요한 처분을 방해한 자
④ 화재진압을 위하여 출동하는 소방자동차의 출동을 방해한 자

해설 기본법 50조
5년 이하의 징역 또는 5000만원 이하의 벌금
(1) 소방자동차의 출동 방해
(2) 사람구출 방해
(3) 소방용수시설 또는 비상소화장치의 효용 방해

③ 3년 이하의 징역 또는 3000만원 이하의 벌금

답 ③

44 점포에서 위험물을 용기에 담아 판매하기 위하여 위험물을 취급하는 판매취급소는 위험물안전관리법상 지정수량의 몇 배 이하의 위험물까지 취급할 수 있는가?

① 지정수량의 5배 이하
② 지정수량의 10배 이하
③ 지정수량의 20배 이하
④ 지정수량의 40배 이하

해설 위험물령 [별표 3]
위험물취급소의 구분

구 분	설 명
주유취급소	고정된 주유설비에 의하여 **자동차·항공기** 또는 **선박** 등의 연료탱크에 직접 주유하기 위하여 위험물을 취급하는 장소
판매취급소	**점포**에서 위험물을 용기에 담아 판매하기 위하여 지정수량의 **40배** 이하의 위험물을 취급하는 장소 **기억법** 판4(판사 검사)
이송취급소	배관 및 이에 부속된 설비에 의하여 위험물을 **이송**하는 장소
일반취급소	주유취급소·판매취급소·이송취급소 이외의 장소

답 ④

★★
45 소방시설관리업 등록의 결격사유에 해당되지 않는 것은?

15.03.문41
12.09.문44

① 피성년후견인
② 금고 이상의 실형을 선고받고 그 집행이 끝나거나 집행이 면제된 날부터 2년이 지나지 아니한 사람
③ 소방시설관리업의 등록이 취소된 날로부터 2년이 지난 자
④ 금고 이상의 형의 집행유예를 선고받고 그 유예기간 중에 있는 자

해설 소방시설법 30조
소방시설관리업의 등록결격사유
(1) 피성년후견인
(2) 금고 이상의 실형을 선고받고 그 집행이 끝나거나 집행이 면제된 날부터 **2년**이 지나지 아니한 사람
(3) 금고 이상의 형의 집행유예를 선고받고 그 유예기간 중에 있는 사람
(4) 관리업의 등록이 취소된 날부터 **2년**이 지나지 아니한 자

③ 2년이 지난 자 → 2년이 지나지 아니한 자

답 ③

★
46 소방시설공사업의 상호·영업소 소재지가 변경된 경우 제출하여야 하는 서류는?

① 소방기술인력의 자격증 및 자격수첩
② 소방시설업 등록증 및 등록수첩
③ 법인등기부등본 및 소방기술인력 연명부
④ 사업자등록증 및 소방기술인력의 자격증

해설 공사업규칙 6조
(1) 명칭·상호 또는 영업소 소재지를 변경하는 경우 : 소방시설업 **등록증** 및 **등록수첩**
(2) 대표자를 변경하는 경우 : 소방시설업 **등록증** 및 **등록수첩**

답 ②

★★★
47 다음 중 특수가연물에 해당되지 않는 것은?

15.05.문49
14.03.문52
12.05.문60

① 사류 1000kg
② 면화류 200kg
③ 나무껍질 및 대팻밥 400kg
④ 넝마 및 종이부스러기 500kg

해설 화재예방법 시행령 [별표 2]
특수가연물

품 명		수 량
가연성 **액**체류		$2m^3$ 이상
목재가공품 및 나무부스러기		$10m^3$ 이상
면화류		**2**00kg 이상
나무껍질 및 대팻밥		**4**00kg 이상
넝마 및 종이부스러기		**1**000kg 이상
사류(絲類)		
볏짚류		
가연성 **고**체류		**3**000kg 이상
고무류·플라스틱류	발포시킨 것	20m³ 이상
	그 밖의 것	**3**000kg 이상
석탄·목탄류		**1**0000kg 이상

④ 넝마 및 종이부스러기 1000kg 이상

※ **특수가연물** : 화재가 발생하면 그 확대가 빠른 물품

기억법 가액목면나 넝사볏가고 고석
2 1 2 4 1 3 3 1

답 ④

★★★
48 지정수량의 몇 배 이상의 위험물을 취급하는 제조소에는 화재예방을 위한 예방규정을 정하여야 하는가?

19.04.문53
17.03.문41
15.03.문58
14.05.문41
12.09.문52

① 10배
② 20배
③ 30배
④ 50배

해설 위험물령 15조
예방규정을 정하여야 할 제조소 등
(1) **10배** 이상의 제조소·일반취급소
(2) **100배** 이상의 옥외저장소
(3) **150배** 이상의 옥내저장소
(4) **200배** 이상의 옥외탱크저장소
(5) 이송취급소
(6) 암반탱크저장소

기억법 052
외내탱

답 ①

49

11.06.문43

소방본부장 또는 소방서장이 원활한 소방활동을 위하여 행하는 지리조사의 내용에 속하지 않는 것은?

① 소방대상물에 인접한 도로의 폭
② 소방대상물에 인접한 도로의 교통상황
③ 소방대상물에 인접한 도로주변의 토지의 고저
④ 소방대상물에 인접한 지역에 대한 유동인원의 현황

해설 **기본규칙 7조**
소방용수시설 및 지리조사
(1) 조사자 : **소방본부장·소방서장**
(2) 조사일시 : **월 1회 이상**
(3) 조사내용
  ㉠ 소방용수시설
  ㉡ 도로의 **폭·교통상황**
  ㉢ 도로주변의 **토지 고저**
  ㉣ 건축물의 **개황**
(4) 조사결과 : **2년**간 보관

중요

횟수
(1) **월 1회 이상** : 소방용수시설 및 **지**리조사 (기본규칙 7조)

  기억법 월1지(월요일이 **지**났다.)

(2) **연 1회 이상**
  ㉠ 화재예방강화지구 안의 화재안전조사·훈련·교육 (화재예방법 시행령 20조)
  ㉡ 특정소방대상물의 소방 훈련·교육 (화재예방법 시행규칙 36조)
  ㉢ 제조소 등의 **정**기점검 (위험물규칙 64조)
  ㉣ **종**합점검 (소방시설법 시행규칙 [별표 3])
  ㉤ 작동점검 (소방시설법 시행규칙 [별표 3])

  기억법 연1정종(**연일 정종**술을 마셨다.)

(3) **2년**마다 1회 이상
  ㉠ 소방대원의 소방교육·훈련 (기본규칙 9조)
  ㉡ **실**무교육 (화재예방법 시행규칙 29조)

  기억법 실2(실리)

답 ④

50

12.05.문53

화재의 예방 및 안전관리에 관한 법률상 화재예방강화지구에 대한 화재안전조사권자는 누구인가?

① 시·도지사
② 소방본부장·소방서장
③ 한국소방안전원장
④ 한국소방산업기술원장

해설 **화재예방법 18조**
화재예방강화지구

지 정	화재안전조사
시·도지사	소방청장·소방본부장 또는 소방서장

※ **화재예방강화지구** : 화재발생 우려가 크거나 화재가 발생할 경우 피해가 클 것으로 예상되는 지역에 대하여 화재의 예방 및 안전관리를 강화하기 위해 지정·관리하는 지역

답 ②

51

10.09.문48

소방시설공사업법상 소방시설공사에 관한 발주자의 권한을 대행하여 소방시설공사가 설계도서 및 관계법령에 따라 적법하게 시공되는지 여부의 확인과 품질·시공관리에 대한 기술지도를 수행하는 영업은 무엇인가?

① 소방시설유지업
② 소방시설설계업
③ 소방시설공사업
④ 소방공사감리업

해설 **공사업법 2조**
소방시설업의 종류

소방시설 설계업	소방시설 공사업	소방공사 감리업	방염처리업
소방시설공사에 기본이 되는 **공사계획·설계도면·설계설명서·기술계산서** 등을 작성하는 영업	설계도서에 따라 소방시설을 **신설·증설·개설·이전·정비**하는 영업	소방시설공사에 관한 발주자의 권한을 대행하여 소방시설공사가 **설계도서**와 관계법령에 따라 **적법**하게 **시공**되는지를 확인하고, 품질·시공 관리에 대한 **기술지도**를 하는 영업	방염대상물품에 대하여 **방염처리**하는 영업

답 ④

52

12.05.문50

소방시설 중 화재를 진압하거나 인명구조활동을 위하여 사용하는 설비로 정의되는 것은?

① 소화활동설비
② 피난구조설비
③ 소화용수설비
④ 소화설비

해설 **소방시설법 시행령 [별표 1]**
소화활동설비
(1) **연**결송수관설비
(2) **연**결살수설비
(3) **연**소방지설비
(4) **무**선통신보조설비
(5) **제**연설비
(6) **비**상콘센트설비

기억법 3연무제비콘

용어

소화활동설비
화재를 진압하거나 인명구조활동을 위하여 사용하는 설비

답 ①

★★ 53

일반음식점에서 조리를 위해 불을 사용하는 설비를 설치할 때 지켜야 할 사항의 기준으로 옳지 않은 것은?

12.09.문57 (산업)

① 주방시설에는 동물 또는 식물의 기름을 제거할 수 있는 필터 등을 설치할 것

② 열을 발생하는 조리기구는 반자 또는 선반에서 50cm 이상 떨어지게 할 것

③ 주방설비에 부속된 배출덕트는 0.5mm 이상의 아연도금강판 또는 이와 같거나 그 이상의 내식성 불연재료로 설치할 것

④ 열을 발생하는 조리기구로부터 15cm 이내의 거리에 있는 가연성 주요 구조부는 단열성이 있는 불연재료로 덮어씌울 것

해설 **화재예방법 시행령 〔별표 1〕**
음식조리를 위하여 설치하는 설비
(1) 주방설비에 부속된 배출덕트(공기배출통로)는 **0.5mm** 이상의 **아연도금강판** 또는 이와 같거나 그 이상의 내식성 **불연재료**로 설치
(2) 주방시설에는 동물 또는 식물의 기름을 제거할 수 있는 **필터** 등을 설치
(3) 열을 발생하는 조리기구는 반자 또는 선반으로부터 **0.6m** 이상 떨어지게 할 것
(4) 열을 발생하는 조리기구로부터 **0.15m** 이내의 거리에 있는 가연성 주요 구조부는 **단열성**이 있는 불연재료로 덮어씌울 것

② 50cm → 60cm(0.6m) 이상

답 ②

★★ 54

화재의 예방 및 안전관리에 관한 법률상 화재의 예방조치 명령이 아닌 것은?

12.09.문43

① 모닥불·흡연 및 화기취급 제한

② 풍등 등 소형 열기구 날리기 제한

③ 용접·용단 등 불꽃을 발생시키는 행위 제한

④ 불이 번지는 것을 막기 위하여 불이 번질 우려가 있는 소방대상물의 사용 제한

해설 **화재예방법 17조**
누구든지 화재예방강화지구 및 이에 준하는 대통령령으로 정하는 장소에서는 다음의 어느 하나에 해당하는 행위를 하여서는 아니 된다. (단, 행정안전부령으로 정하는 바에 따라 안전조치를 한 경우는 제외)
(1) 모닥불, 흡연 등 화기의 취급
(2) 풍등 등 소형 열기구 날리기
(3) 용접·용단 등 불꽃을 발생시키는 행위
(4) 그 밖에 **대통령령**으로 정하는 화재발생위험이 있는 행위

답 ④

★★ 55

제4류 위험물제조소의 경우 사용전압이 22kV인 특고압가공전선이 지나갈 때 제조소의 외벽과 가공전선 사이의 수평거리(안전거리)는 몇 m 이상이어야 하는가?

11.10.문59

① 2
② 3
③ 5
④ 10

해설 **위험물규칙 〔별표 4〕**
위험물제조소의 안전거리

안전거리	대 상
3m 이상	• 7~35kV 이하의 특고압가공전선
5m 이상	• 35kV를 초과하는 특고압가공전선
10m 이상	• 주거용으로 사용되는 것
20m 이상	• 고압가스 **제조시설**(용기에 충전하는 것 포함) • 고압가스 **사용시설**(1일 30m³ 이상 용적 취급) • 고압가스 **저장시설** • 액화산소 **소비시설** • 액화석유가스 제조·저장시설 • 도시가스 공급시설
30m 이상	• 학교 • 병원급 의료기관 • 공연장 ┐ • 영화상영관 ┘ 300명 이상 수용시설 • 아동복지시설 • 노인복지시설 • 장애인복지시설 • 한부모가족 복지시설 • 어린이집 • 성매매 피해자 등을 위한 지원시설 • 정신건강증진시설 • 가정폭력 피해자 보호시설 ┘ 20명 이상 수용시설
50m 이상	• 유형문화재 • 지정문화재

답 ②

56 소방기술자의 자격의 정지 및 취소에 관한 기준 중 1차 행정처분기준이 자격정지 1년에 해당되는 경우는?

① 자격수첩을 다른 자에게 빌려준 경우
② 동시에 둘 이상의 업체에 취업한 경우
③ 거짓이나 그 밖의 부정한 방법으로 자격수첩을 발급받는 경우
④ 업무수행 중 해당 자격과 관련하여 중대한 과실로 다른 자에게 손해를 입히고 형의 선고를 받은 경우

해설 공사업법 시행규칙 〔별표 5〕
소방기술자의 자격의 정지 및 취소에 관한 기준

행정처분기준 1차 (자격취소)	행정처분기준 1차 (자격정지 1년)
① 거짓이나 그 밖의 **부정한 방법**으로 자격수첩 또는 경력수첩을 발급받은 경우 ② 자격수첩 또는 경력수첩을 다른 자에게 **빌려준** 경우 ③ 업무수행 중 해당 자격과 관련하여 고의 또는 중대한 과실로 다른 자에게 **손해**를 입히고 **형의 선고**를 받은 경우	① 동시에 **둘 이상**의 **업체**에 취업한 경우 ② 자격정지처분을 받고도 같은 기간 내에 자격증을 사용한 경우

답 ②

57 특수가연물의 저장·취급 기준을 위반했을 때 과태료 처분으로 옳은 것은?

16.10.문46
16.03.문51

① 100만원 이하　② 200만원 이하
③ 300만원 이하　④ 500만원 이하

해설 **200만원 이하의 과태료**
(1) 소방용수시설·소화기구 및 설비 등의 설치명령 위반 (화재예방법 52조)
(2) **특수가연물**의 저장·취급 기준 위반(화재예방법 52조) 보기 ②
(3) 한국119청소년단 또는 이와 유사한 명칭을 사용한 자 (기본법 56조)
(4) 소방활동구역 출입(기본법 56조)
(5) 소방자동차의 출동에 지장을 준 자(기본법 56조)
(6) 한국소방안전원 또는 이와 유사한 명칭을 사용한 자 (기본법 56조)
(7) 관계서류 미보관자(공사업법 40조)
(8) **소방기술자 미배치자**(공사업법 40조)
(9) 하도급 미통지자(공사업법 40조)
(10) 완공검사를 받지 아니한 자(공사업법 40조)
(11) 방염성능기준 미만으로 방염한 자(공사업법 40조)

답 ②

58 다음 중 위험물의 성질이 자기반응성 물질에 속하지 않는 것은?

19.04.문49
16.05.문10
14.09.문13
10.03.문57

① 유기과산화물　② 무기과산화물
③ 하이드라진유도체　④ 나이트로화합물

해설 **제5류 위험물** : **자**기반응성 물질(자기연소성 물질)

구 분	설 명
소화방법	대량의 물에 의한 **냉각소화**가 효과적이다.
종류	• 유기과산화물·나이트로화합물·나이트로소화합물 • 질산에스터류(**셀**룰로이드)·하이드라진유도체 • 아조화합물·다이아조화합물

기억법 5자셀

비교

무기과산화물	유기과산화물
제1류 위험물	제5류 위험물

답 ②

59 소방안전관리자가 작성하는 소방계획서의 내용에 포함되지 않은 것은?

① 소방시설공사 하자의 판단기준에 관한 사항
② 소방시설·피난시설 및 방화시설의 점검·정비 계획
③ 관리의 권원이 분리된 특정소방대상물의 소방안전관리에 관한 사항
④ 소화 및 연소 방지에 관한 사항

해설 **화재예방법 시행령 27조**
소방계획서의 내용
(1) 화재 예방을 위한 **자체점검계획** 및 대응대책
(2) 소방시설·피난시설 및 **방화시설**의 점검·정비계획
(3) 관리의 권원이 분리된 특정소방대상물의 소방안전관리에 관한 사항
(4) **소화**와 **연소** 방지에 관한 사항

답 ①

60 소방시설 중 연결살수설비는 어떤 설비에 속하는가?

15.03.문50
13.09.문49

① 소화설비　② 구조설비
③ 피난구조설비　④ 소화활동설비

해설 **소방시설법 시행령** 〔별표 1〕
소화활동설비
(1) **연**결송수관설비
(2) **연**결살수설비
(3) **연**소방지설비
(4) **무**선통신보조설비

(5) **제**연설비

(6) **비상콘**센트설비

기억법 3연무제비콘

답 ④

제4과목 소방기계시설의 구조 및 원리 ∷●

★★ 61
19.03.문65
11.03.문67

연결송수관설비 배관의 설치기준으로 옳지 않은 것은?

① 지면으로부터의 높이가 31m 이상인 특정소 방대상물은 습식설비로 하여야 한다.

② 다른 부분과 내화구조로 구획된 덕트 또는 피트의 내부에 설치하는 경우에는 소방용 합성수지배관으로 설치할 수 있다.

③ 배관 내 사용압력이 1.2MPa 미만인 경우, 이음매 있는 구리 및 구리합금관을 사용하여야 한다.

④ 연결송수관설비의 배관은 주배관의 구경이 100mm 이상인 옥내소화전설비의 배관과는 겸용할 수 있다.

해설 **연결송수관설비**의 **배관의 기준**(NFPC 502 5조, NFTC 502 2.2)

(1) 주배관의 구경은 **100mm 이상**(단, 주배관의 구경이 **100mm 이상**인 **옥내소화전설비**의 배관과는 겸용할 수 있다)

(2) 지면으로부터의 높이가 **31m 이상** 또는 지상 **11층** 이상은 **습식 설비**

배관 내 사용압력	
1.2MPa 미만	1.2MPa 이상
① 배관용 탄소강관	① 압력배관용 탄소강관
② 이음매 없는 구리 및 구리합금관(단, 습식 배관에 한함)	② 배관용 아크용접 탄소강강관
③ 배관용 스테인리스강관 또는 일반배관용 스테인리스강관	
④ 덕타일 주철관	

③ 이음매 있는 → 이음매 없는

답 ③

★★ 62
01.06.문64
(산업)

제연설비에 사용되는 송풍기로 적당하지 않은 것은?

① 다익형   ② 에어리프트형

③ 덕트형   ④ 리밋로드형

해설 **송풍기의 종류**

원심식	축류식
① **다**익형(multiblade type)	① 축류형(axial type)
② **익**형(airfoil type)	② 프로펠러형(propeller type)
③ **터**보형(turbo type)	
④ **반**경류형(radial type)	
⑤ 한계부하형(limit loaded type) : **리**밋로드형	
⑥ **덕**트형(duct type)	

기억법 원다익터 반리덕

제연설비용 송풍기 : **원심식**

답 ②

★ 63
19.09.문80

지상으로부터 높이 30m가 되는 창문에서 구조 대용 유도로프의 모래주머니를 자연낙하시키면 지상에 도달할 때까지의 시간은 약 몇 초인가?

① 2.5   ② 5

③ 7.5   ④ 10

해설 **자유낙하이론**

$$y = \frac{1}{2}gt^2$$

여기서, y : 지면에서의 높이[m]
g : 중력가속도(9.8m/s²)
t : 지면까지의 낙하시간[s]

$y = \frac{1}{2}gt^2$, $30\text{m} = \frac{1}{2} \times 9.8\text{m/s}^2 \times t^2$

$\frac{30\text{m} \times 2}{9.8\text{m/s}^2} = t^2$

$t^2 = \frac{30\text{m} \times 2}{9.8\text{m/s}^2}$

$\sqrt{t^2} = \sqrt{\frac{30\text{m} \times 2}{9.8\text{m/s}^2}}$

$t = \sqrt{\frac{30\text{m} \times 2}{9.8\text{m/s}^2}} = 2.5\text{s}$

답 ①

★★★ 64
98.03.문70

완강기의 구성품 중 속도조절기의 구조 및 기능에 대한 설명으로 옳지 않은 것은?

① 완강기의 속도조절기는 속도조절기의 연결부와 연결되도록 한다.

② 기능에 이상이 생길 수 있는 모래나 기타의 이물질이 쉽게 들어가지 아니하도록 견고한 덮개로 덮어져 있어야 한다.

③ 피난자가 그 강하속도를 조절할 수 있도록 하여야 한다.

④ 피난자의 체중에 의하여 로프가 V자 홈이 있는 도르래를 회전시켜 기어기구에 의하여 원심브레이크를 작동시켜 강하속도를 조절한다.

해설 속도조절기
(1) 피난자의 **체중**에 의해 강하속도를 조절하는 것
(2) 피난자가 그 강하속도를 조절할 수 없다.

기억법 체조

답 ③

★★
65
07.03.문69
분말소화설비의 가압용 가스로 질소가스를 사용하는 경우 질소가스는 소화약제 1kg마다 몇 l 이상으로 하는가? (단, 35℃에서 1기압의 압력 상태로 환산한 것)
① 10 　　② 20
③ 30 　　④ 40

해설 분말소화설비 **가압식**과 **축압식**의 설치기준(NFPC 108 5조, NFTC 108 2.2.4)

구분 사용가스	가압식	축압식
질소(N_2)	40l/kg 이상	10l/kg 이상
이산화탄소(CO_2)	20g/kg+배관청소 필요량 이상	20g/kg+배관청소 필요량 이상

∴ 1kg×40l/kg=40l

답 ④

★★
66
04.09.문67
공장, 창고 등의 용도로 사용하는 단층 건축물의 바닥면적이 큰 건축물에 스모크 해치를 설치하는 경우 그 효과를 높이기 위한 장치는?
① 제연덕트
② 배출기
③ 보조제연기
④ 드래프트 커튼

해설 드래프트 커튼
(1) 바닥면적이 **큰** 건물에서 **연기**를 **신속**하게 **배출**시키기 위한 것
(2) 공장, 창고 등의 용도로 사용하는 단층 건축물의 바닥면적이 **큰** 건축물에 **스모크 해치**를 설치하는 경우 그 효과를 높이기 위한 장치

기억법 드큰

답 ④

★★
67
13.06.문42
(산업)
숙박시설에 2인용 침대수가 40개이고, 종업원 수가 10명일 경우 수용인원을 산정하면 몇 명인가?
① 60 　　② 70
③ 80 　　④ 90

해설 소방시설법 시행령 〔별표 7〕
수용인원의 산정방법

특정소방대상물		산정방법
• 숙박 시설	침대가 있는 경우	종사자수+침대수
	침대가 없는 경우	종사자수+ 바닥면적 합계 $3m^2$
• 강의실 • 교무실 • 상담실 • 실습실 • 휴게실		바닥면적 합계 $1.9m^2$
• 기타		바닥면적 합계 $3m^2$
• 강당 • 문화 및 집회시설, 운동시설 • 종교시설		바닥면적의 합계 $4.6m^2$

④ **침대**가 있는 **숙박시설** : 해당 특정소방대상물의 **종사자수**에 **침대의 수**(2인용 침대는 2인으로 산정한다)를 **합한 수**

숙박시설(침대)=종사자수+침대수
　　　　　　　=10명+(2인용×40개)=90명

답 ④

★★★
68
00.03.문72
분말소화설비에 있어서 배관을 분기할 경우 분말소화약제 저장용기측에 있는 굴곡부에서 최소한 관경의 몇 배 이상의 거리를 두어야 하는가?
① 10 　　② 20
③ 30 　　④ 40

해설 분말소화설비의 **배관**(NFPC 108 9조, NFTC 108 2.6.1)
(1) **전용**
(2) **강관** : 아연도금에 의한 배관용 탄소강관(단, **축압식** 분말소화설비에 사용하는 것 중 20℃에서 압력이 **2.5~4.2MPa 이하**인 것은 **압력배관용 탄소강관**(KS D 3562) 중 이음이 없는 스케줄 **40 이상**의 것 사용)
(3) **동관** : 고정압력 또는 최고사용압력의 **1.5배** 이상의 압력에 견딜 것
(4) **밸브류** : **개폐위치** 또는 **개폐방향**을 표시한 것
(5) **배관의 관부속 및 밸브류** : 배관과 동등 이상의 강도 및 내식성이 있는 것
(6) 주밸브~헤드까지의 배관의 분기 : **토너먼트방식**
(7) 저장용기 등~배관의 굴절부까지의 거리 : 배관 내경의 **20배** 이상

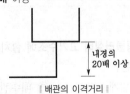

▌배관의 이격거리 ▐

답 ②

69 ★★★
06.09.문78

하나의 옥외소화전을 사용하는 노즐선단에서의 방수압력이 몇 MPa을 초과할 경우 호스접결구의 인입측에 감압장치를 설치하는가?

① 0.5 　　　　② 0.6

③ 0.7 　　　　④ 0.8

해설 **감압장치**(NFPC 109 5조, NFTC 109 2.2.1.3)
옥외소화전설비의 소방호스 노즐의 방수압력의 허용범위는 **0.25~0.7MPa**이다. **0.7MPa**을 초과시에는 **호스접결구의 인입측**에 **감압장치**를 설치하여야 한다.

🔔 중요

각 설비의 주요사항

구 분	옥내소화전설비	옥외소화전설비
방수압	0.17~ 0.7MPa 이하	0.25~ 0.7MPa 이하
방수량	130*l*/min 이상 (30층 미만 : **최대 2개**, 30층 이상 : **최대 5개**)	350*l*/min 이상 (최대 2개)
방수구경	40mm	65mm
노즐구경	13mm	19mm

답 ③

70 ★★★
13.03.문18

고발포의 포 팽창비율은 얼마인가?

① 20 이하 　　② 20 이상 80 미만

③ 80 이하 　　④ 80 이상 1000 미만

해설 **팽창비율**에 의한 **포**의 종류(NFPC 105 12조, NFTC 105 2.9.1)

팽창비	포방출구의 종류	비 고
팽창비 20 이하	포헤드, 압축공기포헤드	저발포
팽창비 80~1000 미만	고발포용 고정포 방출구	고발포

🔔 중요

팽창비

저발포	고발포
• **20배** 이하	• 제1종 기포제 : **80~250배** 미만 • 제2종 기포제 : **250~500배** 미만 • 제3종 기포제 : **500~1000배** 미만

※ **고발포** : **80~1000**배 미만

기억법 저2, 고81

답 ④

71 ★★★
12.03.문69

스프링클러설비 고가수조에 설치하지 않아도 되는 것은?

① 수위계 　　　② 배수관

③ 압력계 　　　④ 오버플로관

해설 **필요설비**

고가수조	압력수조
① 수위계	① 수위계
② 배수관	② 배수관
③ 급수관	③ 급수관
④ 맨홀	④ 맨홀
⑤ **오버플로관**	⑤ **급기관**
	⑥ **압력계**
	⑦ **안전장치**
	⑧ **자동식 공기압축기**

기억법 고오(GO!)

③ 압력수조에 설치

답 ③

72 ★★
19.09.문67
11.10.문61
(산업)

포소화설비의 배관 등의 설치기준으로 옳은 것은?

① 교차배관에서 분기하는 지점을 기점으로 한 쪽 가지배관에 설치하는 헤드의 수는 6개 이하로 한다.

② 포워터스프링클러설비 또는 포헤드설비의 가지배관의 배열은 토너먼트방식으로 한다.

③ 송액관은 포의 방출 종료 후 배관 안의 액을 배출하기 위하여 적당한 기울기를 유지하도록 하고 그 낮은 부분에 배액밸브를 설치하여야 한다.

④ 포소화전의 기동장치의 조작과 동시에 다른 설비의 용도에 사용하는 배관의 송수를 차단할 수 있거나, 포소화설비의 성능에 지장이 있는 경우에는 다른 설비와 겸용할 수 있다.

해설 **포소화설비**의 **배관**(NFPC 105 7조, NFTC 105 2.4)
(1) 급수개폐밸브 : **탬퍼스위치** 설치
(2) 펌프의 흡입측 배관 : **버터플라이밸브 외**의 개폐표시형 밸브 설치
(3) 송액관 : **배액밸브** 설치

① 6개 이하 → 8개 이하
② 토너먼트방식으로 한다 → 토너먼트방식이 아닐 것
④ 지장이 있는 경우에는 → 지장이 없는 경우에는

답 ③

★★★
73
19.09.문74
17.05.문69
09.03.문75

사무실 용도의 장소에 스프링클러를 설치할 경우 교차배관에서 분기되는 지점을 기준으로 한쪽의 가지배관에 설치되는 하향식 스프링클러헤드는 몇 개 이하로 설치하는가? (단, 수리역학적 배관 방식의 경우는 제외한다.)

① 8
② 10
③ 12
④ 16

해설 한쪽 가지배관에 설치되는 헤드의 개수는 **8개** 이하로 한다.

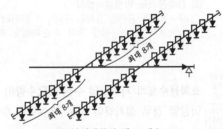

‖ 가지배관의 헤드 개수 ‖

📌 비교

연결살수설비
연결살수설비에서 하나의 송수구역에 설치하는 개방형 헤드의 수는 **10개** 이하로 한다.

답 ①

★★★
74
19.04.문75
17.03.문77
16.03.문63
09.08.문66
(산업)

물분무소화설비 수원의 저수량 설치기준으로 옳지 않은 것은?

① 특수가연물을 저장·취급하는 특정소방대상물의 바닥면적 $1m^2$에 대하여 $10l/min$으로 20분간 방수할 수 있는 양 이상일 것

② 차고, 주차장의 바닥면적 $1m^2$에 대하여 $20l/min$으로 20분간 방수할 수 있는 양 이상일 것

③ 케이블트레이, 케이블덕트 등의 투영된 바닥면적 $1m^2$에 대하여 $12l/min$으로 20분간 방수할 수 있는 양 이상일 것

④ 컨베이어벨트는 벨트부분의 바닥면적 $1m^2$에 대하여 $20l/min$으로 20분간 방수할 수 있는 양 이상일 것

해설 **물분무소화설비의 수원**(NFPC 104 4조, NFTC 104 2.1.1)

특정소방대상물	토출량	비 고
컨베이어벨트	$10l/min \cdot m^2$ 보기 ④	벨트부분의 바닥면적
절연유 봉입변압기	$10l/min \cdot m^2$	표면적을 합한 면적 (바닥면적 제외)
특수가연물	$10l/min \cdot m^2$ (최소 $50m^2$)	최대방수구역의 바닥면적 기준
케이블트레이·덕트	$12l/min \cdot m^2$	투영된 바닥면적
차고·주차장	$20l/min \cdot m^2$ (최소 $50m^2$)	최대방수구역의 바닥면적 기준
위험물 저장탱크	$37l/min \cdot m$	위험물탱크 둘레길이(원주길이) : 위험물규칙 [별표 6] Ⅱ

※ 모두 **20분간** 방수할 수 있는 양 이상으로 하여야 한다.

④ $20l/min \rightarrow 10l/min$

답 ④

★★
75
10.03.문73

호스릴 이산화탄소 소화설비의 설치기준으로 옳지 않은 것은?

① 20℃에서 하나의 노즐마다 소화약제의 방출량은 60초당 60kg 이상이어야 한다.

② 소화약제 저장용기는 호스릴 2개마다 1개 이상 설치해야 한다.

③ 소화약제 저장용기의 가장 가까운 곳의 보기 쉬운 곳에 표시등을 설치해야 한다.

④ 소화약제 저장용기의 개방밸브는 호스의 설치장소에서 수동으로 개폐할 수 있어야 한다.

해설 **호스릴 이산화탄소 소화설비의 설치기준**
(1) 노즐당 소화약제 방출량은 **20℃**에서 1분당 **60kg** 이상
(2) 소화약제 저장용기는 **호스릴**을 **설치**하는 **장소**마다 설치
(3) 소화약제 저장용기의 가장 가까운 곳의 보기 쉬운 곳에 **표시등** 설치
(4) 약제개방밸브는 호스의 설치장소에서 **수동**으로 개폐할 것

② 호스릴 2개마다 → 호스릴을 설치하는 장소마다

답 ②

★★★
76
19.03.문79
16.03.문64
15.05.문80
12.05.문64

공기포 소화약제 혼합방식으로 펌프와 발포기의 중간에 설치된 벤투리관의 벤투리작용에 따라 포소화약제를 흡입·혼합하는 방식은?

① 펌프 프로포셔너
② 라인 프로포셔너
③ 프레져 프로포셔너
④ 프레져사이드 프로포셔너

해설 포소화약제의 혼합장치

(1) **펌프 프로포셔너 방식(펌프 혼합방식)**
ⓐ 펌프 토출측과 흡입측에 바이패스를 설치하고, 그 바이패스의 도중에 설치한 어댑터(adaptor)로 펌프 토출측 수량의 일부를 통과시켜 공기포 용액을 만드는 방식
ⓑ 펌프의 **토출관**과 **흡입관** 사이의 배관 도중에 설치한 흡입기에 펌프에서 토출된 물의 일부를 보내고 **농도조정밸브**에서 조정된 포소화약제의 필요량을 포소화약제 탱크에서 펌프 흡입측으로 보내어 약제를 혼합하는 방식

기억법 펌농

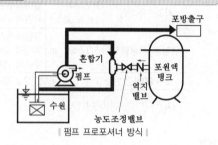

| 펌프 프로포셔너 방식 |

(2) **프레져 프로포셔너 방식(차압 혼합방식)**
ⓐ 가압송수관 도중에 공기포 소화원액 혼합조(P.P.T)와 혼합기를 접속하여 사용하는 방법
ⓑ **격막방식 휨탱크**를 사용하는 에어휨 혼합방식
ⓒ 펌프와 발포기의 중간에 설치된 벤투리관의 **벤투리작용**과 펌프 가압수의 **포소화약제 저장탱크**에 대한 압력에 의하여 포소화약제를 흡입·혼합하는 방식

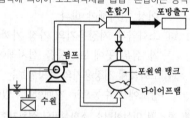

| 프레져 프로포셔너 방식 |

(3) **라인 프로포셔너 방식(관로 혼합방식)**
ⓐ 급수관의 배관 도중에 포소화약제 흡입기를 설치하여 그 흡입관에서 소화약제를 흡입하여 혼합하는 방식
ⓑ 펌프와 발포기의 중간에 설치된 **벤**투리관의 **벤투리작용**에 의하여 포소화약제를 흡입·혼합하는 방식

기억법 라벤벤

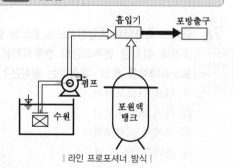

| 라인 프로포셔너 방식 |

(4) **프레져사이드 프로포셔너 방식(압입 혼합방식)**
ⓐ 소화원액 가압펌프(압입용 펌프)를 별도로 사용하는 방식
ⓑ 펌프 **토출관**에 압입기를 설치하여 포소화약제 **압입용 펌프**로 포소화약제를 압입시켜 혼합하는 방식

기억법 프사압

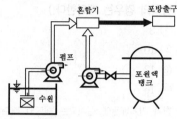

| 프레져사이드 프로포셔너 방식 |

(5) **압축공기포 믹싱챔버방식**
포수용액에 공기를 강제로 주입시켜 **원거리 방수**가 가능하고 물 사용량을 줄여 **수손피해**를 **최소화**할 수 있는 방식

답 ②

☆☆☆
77

19.09.문63
16.10.문77
11.03.문68

소화용수설비 저수조의 수원 소요수량이 100m³ 이상일 경우 설치해야 하는 채수구의 수는?

① 1개　　② 2개
③ 3개　　④ 4개

해설 채수구의 수(NFPC 402 4조, NFTC 402 2.1.3.2.1)

소화수조 용량	20~40m³ 미만	40~100m³ 미만	100m³ 이상
채수구 의 수	1개	2개	3개

※ **채수구** : 소방대상물의 펌프에 의하여 양수된 물을 소방차가 흡입하는 구멍

답 ③

☆☆☆
78

19.04.문78
17.03.문63
14.03.문71
05.03.문72

특정소방대상물별 소화기구의 능력단위기준으로 옳지 않은 것은? (단, 내화구조 아닌 건축물의 경우)

① 위락시설 : 해당 용도의 바닥면적 30m²마다 능력단위 1단위 이상
② 노유자시설 : 해당 용도의 바닥면적 30m²마다 능력단위 1단위 이상
③ 관람장 : 해당 용도의 바닥면적 50m²마다 능력단위 1단위 이상
④ 전시장 : 해당 용도의 바닥면적 100m²마다 능력단위 1단위 이상

해설 특정소방대상물별 소화기구의 능력단위기준(NFTC 101 2.1.1.2)

특정소방대상물	소화기구의 능력단위	건축물의 주요구조부가 내화구조이고, 벽 및 반자의 실내에 면하는 부분이 불연재료 · 준불연재료 또는 난연재료로 된 특정소방대상물의 능력단위
• **위**락시설 기억법 위3(위상)	바닥면적 **30m²**마다 1단위 이상	바닥면적 **60m²**마다 1단위 이상
• **공**연장 • **집**회장 • **관람**장 및 **문**화재 • **의**료시설 · **장**례시설 기억법 5공연장 문의 집관람(손**오** 공 연장 **문**의 집관람)	바닥면적 **50m²**마다 1단위 이상	바닥면적 **100m²**마다 1단위 이상
• **근**린생활시설 • **판**매시설 • 운수시설 • **숙**박시설 • **노**유자시설 • **전**시장 • 공동**주**택 • **업**무시설 • **방**송통신시설 • 공장 · **창**고 • **항**공기 및 자동**차**관련 시설 및 **관광**휴게시설 기억법 근판숙노전 주업방차창 1항관광(근 판숙노전 주 업방차창 일 본항관광)	바닥면적 **100m²**마다 1단위 이상	바닥면적 **200m²**마다 1단위 이상
• 그 밖의 것	바닥면적 **200m²**마다 1단위 이상	바닥면적 **400m²**마다 1단위 이상

> ② 30m²마다 → 100m²마다

답 ②

19.04.문61 17.03.문74 14.09.문78

★★★
79 154kV 초과 181kV 이하의 고압 전기기기와 물분무헤드 사이에 이격거리는?

① 150cm 이상   ② 180cm 이상

③ 210cm 이상   ④ 260cm 이상

해설 물분무헤드의 이격거리

전 압	거 리
66kV 이하	70cm 이상
67~77kV 이하	80cm 이상
78~110kV 이하	110cm 이상
111~**15**4kV 이하	**15**0cm 이상
155~**18**1kV 이하	**18**0cm 이상
182~220kV 이하	210cm 이상
221~275kV 이하	260cm 이상

기억법 1515, 1818

답 ②

16.10.문63 10.05.문78

★★
80 스프링클러헤드의 방수구에서 유출되는 물을 세분시키는 작용을 하는 것은?

① 클래퍼   ② 워터모터공

③ 리타딩챔버   ④ 디프렉타

해설

| 스프링클러헤드 |

용 어	설 명
프레임	스프링클러헤드의 나사부분과 디플렉터를 연결하는 이음쇠부분
디플렉터 (디프렉타)	스프링클러헤드의 방수구에서 유출되는 **물**을 **세분**시키는 작용을 하는 것 기억법 디세(**드세**다)
퓨즈블링크	감열체 중 **이융성 금속**으로 융착되거나 이융성 물질에 의하여 조립된 것

답 ④

눈 마사지는 이렇게

① 마사지 전 눈 주위 긴장된 근육을 풀어주기 위해 간단한 눈 주위 스트레칭(눈을 크게 뜨거나 감는 등)을 한다.

② 엄지손가락을 제외한 나머지 손가락을 펴서 눈썹 끝부터 눈 바로 아래 부분까지 가볍게 댄다.

③ 눈을 감고 눈꺼풀이 당긴다는 느낌이 들 정도로 30초간 잡아당긴다.

④ 눈꼬리 바로 위 손가락이 쑥 들어가는 부분(관자놀이)에 세 손가락으로 지그시 누른 후 시계 반대방향으로 30회 돌려준다.

⑤ 마사지 후 눈을 감은 뒤 두 손을 가볍게 말아 쥐고 아래에서 위로 피아노 건반을 누르듯 두드려준다. 10초 동안 3회 반복

도움말 : 고대안암병원 김효명 교수, 누네병원 최재호 원장

찾아보기

ㅇ

소방설비기사 원샷 원킬!

처음엔 강의는 듣지 않고 책의 문제만 봤습니다. 그런데 책을 보고 이해해보려 했지만 잘 되지 않았습니다. 그래도 처음은 경험이나 해보자고 동영상강의를 듣지 않고 책으로만 공부를 했습니다. 간신히 필기를 합격하고 바로 친구의 추천으로 공하성 교수님의 동영상강의를 신청했고, 확실히 혼자 할 때보다 공하성 교수님 강의를 들으니 이해가 잘 되었습니다. 중간중간 공하성 교수님의 재미있는 농담에 강의를 보다가 혼자 웃기도 하고 재미있게 강의를 들었습니다. 물론 본인의 노력도 필요하지만 인강을 들으니 필기 때는 전혀 이해가 안 가던 부분들도 실기 때 강의를 들으니 이해가 잘 되었습니다. 생소한 분야이고 지식이 전혀 없던 자격증 도전이었지만 한번에 합격할 수 있어서 너무 기쁘네요. 여러분들도 저를 보고 희망을 가지고 열심히 해서 꼭 합격하시길 바랍니다.

_ 이○목님의 글

소방설비기사(전기) 합격!

41살에 첫 기사 자격증 취득이라 기쁩니다. 실무에 필요한 소방설계 지식도 쌓고 기사 자격증도 취득하기 위해 공하성 교수님의 강의를 들었습니다. 재미나고 쉽게 설명해주시는 공하성 교수님의 강의로 필기·실기시험 모두 합격할 수 있었습니다. _ 이○용님의 글

소방설비기사 합격!

시간을 의미 없이 보내는 것보다 미래를 준비하는 것이 좋을 것 같아 소방설비기사를 공부하게 되었습니다. 퇴근 후 열심히 노력한 결과 1차 필기시험에 합격하게 되었습니다. 기쁜 마음으로 2차 실기시험을 준비하기 위해 전에 선배에게 추천받은 강의를 주저없이 구매하였습니다. 1차 필기시험을 너무 쉽게 합격해서인지 2차 실기시험을 공부하는데, 처음에는 너무 생소하고 이해되지 않는 부분이 많았는데 교수님의 자세하고 반복적인 설명으로 조금씩 내용을 이해하게 되었고 자신감도 조금씩 상승하게 되었습니다. 한 번 강의를 다 듣고 두 번 강의를 들으니 처음보다는 훨씬 더 이해가 잘 되었고 과년도 문제를 풀면서 중요한 부분을 파악하였습니다. 드디어 실기시험 시간이 다가왔고 완전한 자신감은 없었지만 실기시험을 보게 되었습니다. 확실히 아는 것이 많이 있었고 많은 문제에 생각나는 답을 기재한 결과 시험에 합격하였다는 문자를 받게 되었습니다. 합격까지의 과정에 온라인강의가 가장 많은 도움이 되었고, 반복해서 학습하는 것이 얼마나 중요한지 새삼 깨닫게 되었습니다. 자격시험에 도전하시는 모든 분들께 저의 합격수기가 조금이나마 도움이 되었으면 하는 바람입니다.

_ 이○인님의 글

" 공하성 교수의 노하우와 함께 소방자격시험 완전정복! **"**

23년 연속 판매 1위! 한 번에 합격시켜 주는 명품교재!

성안당 소방시리즈!

소방설비기사		소방설비산업기사		소방시설관리사
전기분야 (필기, 실기)	기계분야 (필기, 실기)	전기분야 (필기, 실기)	기계분야 (필기, 실기)	제1차, 제2차

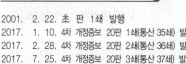

2025 최신개정판

소방설비기사 **기계 ❶ 필기**

2001.	2. 22.	초 판 1쇄 발행
2017.	1. 10.	4차 개정증보 20판 1쇄(통산 35쇄) 발행
2017.	2. 28.	4차 개정증보 20판 2쇄(통산 36쇄) 발행
2017.	7. 25.	4차 개정증보 20판 3쇄(통산 37쇄) 발행
2018.	1. 5.	5차 개정증보 21판 1쇄(통산 38쇄) 발행
2018.	4. 6.	5차 개정증보 21판 2쇄(통산 39쇄) 발행
2019.	1. 7.	6차 개정증보 22판 1쇄(통산 40쇄) 발행
2020.	1. 6.	7차 개정증보 23판 1쇄(통산 41쇄) 발행
2020.	6. 2.	7차 개정증보 23판 2쇄(통산 42쇄) 발행
2021.	1. 5.	8차 개정증보 24판 1쇄(통산 43쇄) 발행
2021.	4. 5.	8차 개정증보 24판 2쇄(통산 44쇄) 발행
2022.	1. 5.	9차 개정증보 25판 1쇄(통산 45쇄) 발행
2022.	7. 5.	9차 개정증보 25판 2쇄(통산 46쇄) 발행
2023.	1. 11.	10차 개정증보 26판 1쇄(통산 47쇄) 발행
2023.	3. 15.	10차 개정증보 26판 2쇄(통산 48쇄) 발행
2023.	8. 2.	10차 개정증보 26판 3쇄(통산 49쇄) 발행
2024.	1. 3.	11차 개정증보 27판 1쇄(통산 50쇄) 발행
2025.	1. 8.	12차 개정증보 28판 1쇄(통산 51쇄) 발행
2025.	**4. 2.**	**12차 개정증보 28판 2쇄(통산 52쇄) 발행**

지은이 | 공하성
펴낸이 | 이종춘
펴낸곳 | **BM** (주)도서출판 **성안당**

주소 | 04032 서울시 마포구 양화로 127 첨단빌딩 3층(출판기획 R&D 센터)
10881 경기도 파주시 문발로 112 파주 출판 문화도시(제작 및 물류)

전화 | 02) 3142-0036
031) 950-6300

팩스 | 031) 955-0510
등록 | 1973. 2. 1. 제406-2005-000046호
출판사 홈페이지 | www.cyber.co.kr
ISBN | 978-89-315-1311-0 (13530)

정가 | 46,000원(별책부록, 해설가리개 포함)

이 책을 만든 사람들

기획 | 최옥현
진행 | 박경희
교정·교열 | 김혜린, 최주연
전산편집 | 이다은
표지 디자인 | 박현정
홍보 | 김계향, 임진성, 김주승, 최정민
국제부 | 이선민, 조혜란
마케팅 | 구본철, 차정욱, 오영일, 나진호, 강호묵
마케팅 지원 | 장상범
제작 | 김유석

www.cyber.co.kr ★★★
성안당 Web 사이트

찐합격

당신도 이번에 반드시 **합격**합니다!

기계 ┃ 필기

요점노트

소방설비[산업]기사

우석대학교 소방방재학과 교수 **공하성**

BM (주)도서출판 **성안당**

CONTENTS

CONTENTS

요점노트 필기
(기계분야)

요점 노트

제1장 화재론

1. 화재의 정의
자연 또는 인위적인 원인에 의하여 불이 물체를 연소시키고, 인명과 재산의 손해를 주는 현상

2. 화재의 발생현황(발화요인별)
부주의>**전**기적 요인>**기**계적 요인>**화**학적 요인>**교**통사고>**방**화의심>**방**화>**자**연적 요인>**가**스누출

> **기억법** 부전기화교가

3. 화재의 종류

구분 \ 등급	A급	B급	C급	D급	K급
화재 종류	일반화재	유류화재	전기화재	금속화재	주방화재
표시색	백색	황색	청색	무색	–

> 요즘은 표시색의 의무규정은 없음

4. 유류화재

제4류 위험물	종 류
특수 인화물	• 다이에틸에터 · 이황화탄소 · 산화프로필렌 · 아세트알데하이드
제1석유류	• 아세톤 · 휘발유 · 콜로디온
제2석유류	• 등유 · 경유
제3석유류	• 중유 · 크레오소트유
제4석유류	• 기어유 · 실린더유

5. 전기화재의 발생원인
① 단락(합선)에 의한 발화
② 과부하(과전류)에 의한 발화
③ 절연저항 감소(누전)로 인한 발화
④ 전열기기 과열에 의한 발화
⑤ 전기불꽃에 의한 발화
⑥ 용접불꽃에 의한 발화
⑦ 낙뢰에 의한 발화

6. 금속화재를 일으킬 수 있는 위험물

금속화재 위험물	종 류
제1류 위험물	• 무기과산화물
제2류 위험물	• 금속분(알루미늄(Al), 마그네슘(Mg))
제3류 위험물	• 황린(P_4), 칼슘(Ca), 칼륨(K), 나트륨(Na)

7. 공기 중의 폭발한계

가 스	하한계[vol%]	상한계[vol%]
아세틸렌(C_2H_2)	2.5	81
수소(H_2)	4	75
일산화탄소(CO)	12	75
에터($C_2H_5OC_2H_5$)	1.7	48
이황화탄소(CS_2)	1	50
에틸렌(C_2H_4)	2.7	36
암모니아(NH_3)	15	25
메탄(CH_4)	5	15
에탄(C_2H_6)	3	12.4
프로판(C_3H_8)	2.1	9.5
부탄(C_4H_{10})	1.8	8.4
휘발유($C_5H_{12} \sim C_9H_{20}$)	1.2	7.6

8. 폭발한계와 위험성
① 하한계가 낮을수록 위험하다.
② 상한계가 높을수록 위험하다.
③ 연소범위가 넓을수록 위험하다.
④ 연소범위의 하한계는 그 물질의 인화점에 해당된다.
⑤ 연소범위는 주위온도에 관계가 깊다.
⑥ 압력상승시 하한계는 불변, 상한계만 상승한다.

9. 폭발의 종류

폭발 종류	물 질
분해폭발	과산화물, 아세틸렌, 다이나마이트
분진폭발	밀가루, 담뱃가루, 석탄가루, 먼지, 전분, 금속분
중합폭발	염화비닐, 시안화수소
분해 · 중합폭발	산화에틸렌
산화폭발	압축가스, 액화가스

기억법 분과아다, 중염시, 분중산, 산압액

10. 분진폭발을 일으키지 않는 물질

① **시**멘트
② **석**회석
③ **탄**산칼슘($CaCO_3$)
④ **생**석회(CaO) = 산화칼슘

기억법 분시석탄생

11. 폭굉의 연소속도

$1000 \sim 3500 m/s$

12. 폭굉

화염의 전파속도가 음속보다 빠르다.

13. 2도 화상

화상의 부위가 분홍색으로 되고, 분비액이 많이 분비되는 화상의 정도

14. 가연물이 될 수 없는 물질(불연성 물질)

특 징	불연성 물질
주기율표의 0족 원소	• 헬륨(He), 네온(Ne), 아르곤(Ar), 크립톤(Kr), 크세논(Xe), 라돈(Rn)
산소와 더이상 반응하지 않는 물질	• 물(H_2O), 이산화탄소(CO_2), 산화알루미늄(Al_2O_3), 오산화인(P_2O_5)
흡열반응 물질	• 질소(N_2)

기억법 흡질

15. 질소

복사열을 흡수하지 않는다.

16. 점화원이 될 수 없는 것

① 기화열
② 융해열
③ 흡착열

17. 정전기 방지대책

① **접지**를 한다.
② 공기의 상대습도를 **70%** 이상으로 한다.
③ 공기를 **이온화** 한다.
④ **도체물질**을 사용한다.

18. 연소의 형태

연소 형태	종 류
표면연소	• **숯**, 코크스, 목탄, 금속분
분해연소	• 석탄, 종이, 플라스틱, 목재, 고무, 중유, 아스팔트
증발연소	• 황, 왁스, 파라핀, 나프탈렌, 가솔린, 등유, 경유, 알코올, 아세톤
자기연소	• 나이트로글리세린, 나이트로셀룰로오스(질화면), TNT, 나이트로화합물(피크린산), 질산에스터류(셀룰로이드)
액적연소	• 벙커C유
확산연소	• 메탄(CH_4), 암모니아(NH_3), 아세틸렌(C_2H_2), 일산화탄소(CO), 수소(H_2)

기억법 표숯코목탄금, 분석종플 목고중아, 확메암아일수

19. 불꽃연소와 작열연소

① 불꽃연소는 작열연소에 비해 대체로 발열량이 크다.
② 작열연소에는 연쇄반응이 동반되지 않는다.
③ 분해연소는 **불꽃연소**의 한 형태이다.
④ 작열연소 · 불꽃연소는 **완전연소** 또는 **불완전연소**시에 나타난다.

20. 연소와 관계되는 용어

용어	설명
발화점	• 가연성 물질에 불꽃을 접하지 아니하였을 때 연소가 가능한 **최저온도**
인화점	• 휘발성 물질에 불꽃을 접하여 연소가 가능한 **최저온도**
연소점	• 어떤 인화성 액체가 공기 중에서 열을 받아 점화원의 존재하에 **지속적인 연소**를 일으킬 수 있는 온도

21. 물질의 발화점

물질	발화점
황린	30~50℃
황화인·이황화탄소	100℃
나이트로셀룰로오스	180℃

22. cal · BTU · chu

단위	정의
1cal	• 1g의 물체를 1℃만큼 온도 상승시키는 데 필요한 열량
1BTU	• 1lb의 물체를 1℉만큼 온도 상승시키는 데 필요한 열량
1chu	• 1lb의 물체를 1℃만큼 온도 상승시키는 데 필요한 열량

$$1BTU = 252cal$$

23. 물의 잠열

잠열 또는 열량	설명
80cal/g	융해잠열
539cal/g	기화(증발)잠열
639cal/g	0℃의 물 1g이 100℃의 수증기로 되는 데 필요한 열량
719cal/g	0℃의 얼음 1g이 100℃의 수증기로 되는 데 필요한 열량

24. 증기비중, 증기밀도

$$증기비중 = \frac{분자량}{29} , \quad 증기밀도 = \frac{분자량}{22.4}$$

여기서, 29 : 공기의 평균 분자량[kg/kmol]
22.4 : 기체 1몰의 부피[L]

25. 증기 – 공기밀도

$$증기-공기밀도 = \frac{P_2\,d}{P_1} + \frac{P_1 - P_2}{P_1}$$

여기서, P_1 : 대기압
P_2 : 주변온도에서의 증기압
d : 증기밀도

26. 위험물질의 위험성

비등점(비점)이 낮아질수록 위험하다.

27. 리프트

버너 내압이 높아져서 분출속도가 빨라지는 현상

28. 일산화탄소(CO)

화재시 흡입된 일산화탄소(CO)의 화학적 작용에 의해 헤모글로빈(Hb)이 혈액의 산소운반작용을 저해하여 사람을 질식·사망하게 한다.

농도	영향
0.2%	1시간 호흡시 생명에 위험을 준다.

29. 이산화탄소(CO₂)

연소가스 중 **가장 많은 양**을 차지한다.

이산화탄소는 온도가 낮을수록, 압력이 높을수록 용해도는 증가한다.

30. 포스겐(COCl₂)

매우 독성이 강한 가스로서 소화제인 **사염화탄소**(CCl₄)를 화재시에 사용할 때도 발생한다.

31. 황화수소(H₂S)

달걀 썩는 냄새가 나는 특성이 있다.

32. 보일오버(boil over)

① 중질유의 탱크에서 장시간 조용히 연소하다 탱크 내의 잔존기름이 갑자기 분출하는 현상
② 유류탱크에서 탱크 바닥에 물과 기름의 **에멀전**이 섞여 있을 때 이로 인하여 화재가 발생하는 현상
③ 연소유면으로부터 100℃ 이상의 열파가 탱크 저부에 고여 있는 물을 비등하게 하면서 연소유를 탱크 밖으로 비산시키며 연소하는 현상
④ 탱크저부의 물이 급격히 증발하여 탱크 밖으로 화재를 동반하여 방출하는 현상

33. 열전달의 종류

① **전**도
② **대**류
③ **복**사 : 전자파의 형태로 열이 옮겨지며, 가장 크게 작용한다.

스테판 – 볼츠만의 **법칙** : 복사체에서 발산되는 복사열은 복사체의 절대온도의 **4제곱**에 비례한다.

기억법　열전대복

34. 열에너지원의 종류

전기열	화학열
①유도열 : 도체주위의 자장에 의해 발생	①연소열 : 물질이 완전히 산화되는 과정에서 발생
②유전열 : 누설전류(절연감소)에 의해 발생	②용해열 : **농황산**
③저항열 : 백열전구의 발열	③분해열
④아크열	④생성열
⑤정전기열	⑤자연발열(자연발화) : 어떤 물질이 외부로부터 열의 공급을 받지 아니하고 온도가 상승하는 현상
⑥낙뢰에 의한 열	

35. 자연발화의 형태

자연발화	종 류
분해열	셀룰로이드, 나이트로셀룰로오스
산화열	건성유(정어리유, 아마인유, 해바라기유), 석탄, 원면, 고무분말
발효열	**퇴**비, 먼지, 곡물
흡착열	목탄, 활성탄

기억법　분셀나, 발퇴면곡

36. 자연발화의 방지법

① 습도가 높은 곳을 피할 것(건조하게 유지할 것)
② 저장실의 온도를 낮출 것(주위온도를 낮게 유지)
③ 통풍이 잘 되게 할 것
④ 퇴적 및 수납시 열이 쌓이지 않게 할 것(열의 축적방지)
⑤ 발열반응에 정촉매 작용을 하는 물질을 피할 것

37. 보일 – 샤를의 법칙

기체가 차지하는 부피는 압력에 반비례하며, 절대온도에 비례한다.

$$\frac{P_1 V_1}{T_1} = \frac{P_2 V_2}{T_2}$$

여기서, P_1, P_2 : 기압[atm]
　　　　V_1, V_2 : 부피[m^3]
　　　　T_1, T_2 : 절대온도[K]

38. 수분함량

목재의 수분함량이 **15%** 이상이면 고온에 장시간 접촉해도 착화하기 어렵다.

39. 목재건축물의 화재진행과정

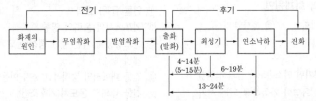

40. 무염착화

가연물이 재로 덮힌 숯불모양으로 불꽃 없이 착화하는 현상

41. 옥외출화

① 창·출입구 등에 발염착화한 때
② 목재사용 가옥에서는 **벽·추녀밑**의 판자나 목재에 **발염착화**한 때

42. 표준온도곡선

(1) 목조건축물과 내화건축물

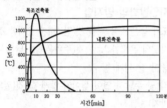

(2) 내화건축물

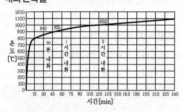

43. 건축물의 화재성상

목재건축물	내화건축물
고온단기형	저온장기형

내화건축물의 화재시 1시간 경과된 후의 화재온도는 약 **950℃**이다.

기억법 목고단

44. 목재건축물의 화재원인

① 접염   ② 비화   ③ 복사열

45. 성장기

공기의 유통구가 생기면 연소속도가 급격히 진행되어 실내가 순간적으로 화염이 가득하게 되는 시기

46. 플래시오버(flash over)

(1) 정의

① 폭발적인 착화현상
② 순발적인 연소확대현상
③ 화재로 인하여 실내의 온도가 급격히 상승하여 화재가 순간적으로 실내 전체에 확산되어 연소되는 현상

(2) 발생시점

성장기~최성기(성장기에서 최성기로 넘어가는 분기점)

47. 플래시오버에 영향을 미치는 것

① 개구율
② 내장재료(내장재료의 제성상, 실내의 내장재료)
③ 화원의 크기
④ 실의 내표면적(실의 넓이·모양)

48. 연기의 이동속도

구 분	이동속도
수평방향	0.5~1m/s
수직방향	2~3m/s
계단실 내의 수직이동속도	3~5m/s

49. 연기의 농도와 가시거리

감광계수 [m⁻¹]	가시거리 [m]	상 황
0.1	20~30	연기감지기가 작동할 때의 농도
0.3	5	건물내부에 익숙한 사람이 피난에 지장을 느낄 정도의 농도
0.5	3	어두운 것을 느낄 정도의 농도
1	1~2	앞이 거의 보이지 않을 정도의 농도
10	0.2~0.5	화재 최성기 때의 농도
30	–	출화실에서 연기가 분출할 때의 농도

50. 연기를 이동시키는 요인

① **연돌**(굴뚝) 효과
② 외부에서의 **풍력**의 영향
③ 온도상승에 의한 증기 **팽창**(온도상승에 따른 기체의 팽창)
④ 건물 내에서의 강제적인 공기 이동(공조설비)
⑤ 건물 내외의 **온도차**(기후조건)

⑥ 비중차
⑦ 부력

51. 화재를 발생시키는 열원

물리적인 열원	화학적인 열원
마찰, 충격, 단열, 압축, 전기, 정전기	화합, 분해, 혼합, 부가

52. 위험물의 일반사항

(1) 제1류 위험물

구 분	내 용
성질	강산화성 물질(산화성 고체)
소화방법	물에 의한 냉각소화(단, 무기과산화물은 마른모래 등에 의한 질식소화)

(2) 제2류 위험물

구 분	내 용
성질	환원성 물질(가연성 고체)
소화방법	물에 의한 냉각소화(단, 금속분은 마른모래 등에 의한 질식소화)

(3) 제3류 위험물

구 분	내 용
성질	금수성 물질(자연발화성 물질)
종류	① 황린·칼륨·나트륨·생석회 ② 알킬리튬·알킬알루미늄·알칼리금속류·금속칼슘·탄화칼슘
소화방법	마른모래 등에 의한 질식소화(단, 칼륨·나트륨은 연소확대방지)

(4) 제4류 위험물

구 분	내 용
성질	인화성 물질(인화성 액체)
소화방법	포·분말·CO_2·할론소화약제에 의한 질식소화

(5) 제5류 위험물

구 분	내 용
성질	폭발성 물질(자기반응성 물질)
소화방법	화재 초기에만 대량의 물에 의한 냉각소화(단, 화재가 진행되면 자연진화되도록 기다릴 것)

(6) 제6류 위험물

구 분	내 용
성질	산화성 물질(산화성 액체)
소화방법	마른모래 등에 의한 질식소화(단, 과산화수소는 다량의 물로 희석소화)

53. 물질에 따른 저장장소

물 질	저장장소
황린, 이황화탄소(CS_2)	물속
나이트로셀룰로오스	알코올 속
칼륨(K), 나트륨(Na), 리튬(Li)	석유류(등유) 속
아세틸렌(C_2H_2)	디메틸포름아미드(DMF), 아세톤

> **기억법** 황이물, 나알

54. 주수소화시 위험한 물질

물 질	현 상
무기과산화물	산소 발생
금속분·마그네슘·알루미늄·칼륨·나트륨	수소 발생
가연성 액체의 유류화재	연소면(화재면) 확대

> **기억법** 무산

55. 모(毛)

모는 연소시키기 어렵고, 연소속도가 느리나 면에 비해 소화하기 어렵다.

56. 합성수지의 화재성상

열가소성 수지	열경화성 수지
① PVC수지 ② 폴리에틸렌수지 ③ 폴리스티렌수지	① 페놀수지 ② 요소수지 ③ 멜라민수지

> **기억법** 경폐요멜

57. 방염성능 측정기준

① 잔**진**시간 : **30초** 이내
② 잔염시간 : **20초** 이내
③ 탄화면적 : **50cm²** 이내
④ 탄화길이 : **20cm** 이내
⑤ 불꽃접촉 횟수 : **3회** 이상
⑥ 최대 연기밀도 : **400** 이하

> 잔진시간 = 잔신시간

기억법 3진(삼진아웃)

58. 가스의 주성분

① 액화석유가스(LPG) : 프로판(C_3H_8)·부탄(C_4H_{10})
② 액화천연가스(LNG) ─┐
③ 도시가스 ──────┴─ 메탄(CH_4)

59. 액화석유가스(LPG)의 화재성상

① 무색, 무취하다.
② 독성이 없는 가스이다.
③ 액화하면 물보다 가볍고, 기화하면 **공기보다 무겁다.**
④ 휘발유 등 **유기용매**에 잘 녹는다.
⑤ 천연고무를 잘 녹인다.

60. BTX

① 벤젠
② 톨루엔
③ 키시렌

제2장 방화론

1. 공간적 대응

① 대항성 : 내화성능·방연성능·초기소화 대응 등의 화재사상의 저항능력

② 회피성 .

③ 도피성

> **기억법** 도대회

2. 연소확대방지를 위한 방화계획

① 수평구획(면적단위)

② 수직구획(층단위)

③ 용도구획(용도단위)

3. 내화구조

① 정의 : 수리하여 재사용할 수 있는 구조

② 종류 : 철근콘크리트조, 연와조, 석조

4. 방화구조

① 정의 : 화재시 건축물의 인접부분으로의 연소를 차단할 수 있는 구조

② 구조 : 철망모르타르 바르기, 회반죽 바르기

5. 내화구조의 기준

내화구분	기 준
벽·바닥	•철골·철근 콘크리트조로서 두께가 10cm 이상인 것
기둥	•철골을 두께 5cm 이상의 콘크리트로 덮은 것
보	•두께 5cm 이상의 콘크리트로 덮은 것

6. 방화구조의 기준

구조내용	기 준
•철망모르타르 바르기	두께 2cm 이상

•석고판 위에 시멘트모르타르를 바른 것 •석고판 위에 회반죽을 바른 것 •시멘트모르타르 위에 타일을 붙인 것	두께 2.5cm 이상
•심벽에 흙으로 맞벽치기한 것	그대로 모두 인정됨

7. 방화문의 구분

60분＋방화문	60분 방화문	30분 방화문
연기 및 불꽃을 차단할 수 있는 시간이 60분 이상이고, 열을 차단할 수 있는 시간이 30분 이상인 방화문	연기 및 불꽃을 차단할 수 있는 시간이 60분 이상인 방화문	연기 및 불꽃을 차단할 수 있는 시간이 30분 이상 60분 미만인 방화문

> **방화문** : 화재시 상당한 시간 동안 연소를 차단할 수 있도록 하기 위하여 방화구획선상 또는 방화벽에 개구부 부분에 설치하는 것

8. 방화벽의 구조

구획단지	방화벽의 구조
연면적 1000m² 미만마다 구획	•내화구조로서 홀로 설 수 있는 구조일 것 •방화벽의 양쪽 끝과 위쪽 끝을 건축물의 외벽면 및 지붕면으로부터 0.5m 이상 튀어 나오게 할 것 •방화벽에 설치하는 출입문의 너비 및 높이는 각각 2.5m 이하로 하고 해당 출입문에는 60분＋방화문 또는 60분 방화문을 설치할 것

9. 주요구조부

① 내력벽

② 보(작은 보 제외)

③ 지붕틀(차양 제외)

④ 바닥(최하층 바닥 제외)

⑤ 주계단(옥외계단 제외)

⑥ 기둥(사잇기둥 제외)

> **주요구조부** : 건물의 구조내력상 주요한 부분

10. 연소확대방지를 위한 방화구획

① 층 또는 면적별 구획
② 승강기의 승강로 구획
③ 위험 용도별 구획
④ 방화댐퍼 설치

> **방화구획의 종류** : 층단위, 용도단위, 면적단위

11. 개구부에 설치하는 방화설비

① 60분+ 방화문 또는 60분 방화문
② 드렌처설비

> **드렌처설비** : 건물의 창, 처마 등 외부화재에 의해 연소ㆍ파괴되기 쉬운 부분에 설치하여 외부화재에 대비하기 위한 설비

12. 건축물의 화재하중

(1) 화재하중
   ① 가연물 등의 연소시 건축물의 붕괴 등을 고려하여 설계하는 하중
   ② 화재실 또는 화재구획의 단위면적당 가연물의 양
   ③ 일반건축물에서 가연성의 건축구조재와 가연성 수용물의 양으로서 건물화재시 **발열량** 및 **화재위험성**을 나타내는 용어
   ④ 건물화재에서 가열온도의 정도를 의미
   ⑤ 건물의 내화설계시 고려되어야 할 사항

(2) 건축물의 화재하중

건축물의 용도	화재하중[kg/m²]
호텔	5~15
병원	10~15
사무실	10~20
주택ㆍ아파트	30~60
점포(백화점)	100~200
도서관	250
창고	200~1000

13. 피난행동의 성격

① 계단 보행속도
② 군집 보행속도 ┬ 자유보행 : 0.5~2m/s
                └ 군집보행 : 1m/s
③ 군집 유동계수

14. 피난대책의 일반적인 원칙

① 피난경로는 **간단명료**하게 한다.
② 피난구조설비는 **고정식 설비**를 위주로 설치한다.
③ 피난수단은 **원시적 방법**에 의한 것을 원칙으로 한다.
④ **2방향**의 피난통로를 확보한다.
⑤ 피난통로를 **완전불연화** 한다.

15. 제연방식

① 자연제연방식 : **개구부** 이용
② 스모크타워 제연방식 : **루프모니터** 이용
③ 기계제연방식
   ㉠ 제1종 기계제연방식 : **송풍기+ 배연기**
   ㉡ 제2종 기계제연방식 : **송풍기**
   ㉢ 제3종 기계제연방식 : **배연기**

16. 건축물의 제연방법

① 연기의 **희석** : 가장 많이 사용
② 연기의 **배기**
③ 연기의 **차단**

17. 제연구획

① 제연경계의 폭 : **0.6m** 이상
② 제연경계의 수직거리 : **2m** 이내
③ 예상제연구역~배출구의 수평거리 : **10m** 이내

18. 건축물의 안전계획

(1) 피난시설의 안전구획
   ① 1차 안전구획 : **복도**
   ② 2차 안전구획 : **부실(계단전실)**
   ③ 3차 안전구획 : **계단**

> **기억법** 복부계

(2) 피난형태

형 태	피난방향	상 황
CO형		피난자들의 집중으로 패닉(Panic) 현상이 일어날 수가 있다.
H형		

19. 피뢰설비

① 돌출부(돌침부)

② 피뢰도선(인하도선)

③ 접지전극

20. 방폭구조의 종류

내압(耐壓) 방폭구조	내압(內壓) 방폭구조
폭발성 가스가 용기 내부에서 폭발하였을 때 용기가 그 압력에 견디거나 또는 외부의 폭발성 가스에 인화될 우려가 없도록 한 구조	용기 내부에 질소 등의 보호용 가스를 충전하여 외부에서 폭발성 가스가 침입하지 못하도록 한 구조

21. 화점

화재의 원인이 되는 불이 최초로 존재하고 발생한 곳

22. 본격 소화설비

① 소화용수설비

② 연결송수관설비

③ 연결살수설비

④ 비상용 엘리베이터

⑤ 비상콘센트설비

⑥ 무선통신보조설비

23. 소화형태

(1) 질식소화

공기 중의 **산소농도**를 16%(10~15%) 이하로 희박하게 하여 소화하는 방법

(2) 희석소화

① 아세톤에 물을 다량으로 섞는다.

② 폭약 등의 폭풍을 이용한다.

③ 불연성 기체를 화염 속에 투입하여 산소의 농도를 감소시킨다.

24. 적응 화재

화재의 종류	적응 소화기구
A급	•물 •산알칼리
AB급	•포
BC급	•이산화탄소 •할론 •1, 2, 4종 분말
ABC급	•3종 분말 •강화액

25. 주된 소화작용

소화제	주된 소화작용
•물	•냉각효과
•포 •분말 •이산화탄소	•질식효과
•할론	•부촉매효과(연쇄반응 억제)

할론 1301 : 소화효과가 가장 좋고 독성이 가장 약하다.

26. 할론소화약제

부촉매효과 크기	전기음성도(친화력) 크기
I > Br > Cl > F	F > Cl > Br > I

27. 분말소화기

종 별	소화약제	약제의 착색
제1종	중탄산나트륨 ($NaHCO_3$)	백색
제2종	중탄산칼륨 ($KHCO_3$)	담자색 (담회색)
제3종	인산암모늄 ($NH_4H_2PO_4$)	담홍색
제4종	중탄산칼륨+요소 ($KHCO_3 + (NH_2)_2CO$)	회(백)색

28. CO_2 소화설비의 적용대상

① 가연성 기체와 액체류를 취급하는 장소

② 발전기, 변압기 등의 전기설비

③ 박물관, 문서고 등 소화약제로 인한 오손이 문제가 되는 대상

지하층 및 무창층에는 CO_2와 할론 1211의 사용을 제한하고 있다.

제 2 편

소방관계법규

2-1 소방기본법령

제 1 장 소방기본법

1. 소방기본법의 목적(기본법 1조)

① 화재의 예방·경계·진압
② 국민의 생명·신체 및 재산보호
③ 공공의 안녕 및 질서 유지와 복리증진
④ 구조·구급활동

2. 용어의 뜻(기본법 2조 1)

(1) 소방대상물
① 건축물
② 차량
③ 선박(매어둔 것)
④ 선박건조구조물
⑤ 인공구조물
⑥ 물건
⑦ 산림

(2) 관계지역
소방대상물이 있는 **장소** 및 그 **이웃지역**으로서 화재의 예방·경계·진압, 구조·구급 등의 활동에 필요한 지역

(3) 관계인
소유자·관리자·점유자

(4) 소방본부장
시·도에서 화재의 **예방·경계·진압·조사** 및 **구조·구급** 등의 업무를 담당하는 부서의 장

(5) 소방대
① 소방공무원
② 의무소방원
③ 의용소방대원

(6) 소방대장
소방본부장 또는 소방서장 등 화재, 재난·재해, 그 밖의 위급한 상황이 발생한 현장에서 **소방대**를 **지휘**하는 자

3. 소방업무(기본법 3조)

(1) 소방업무
① 수행 : **소방본부장·소방서장**
② 지휘·감독 : 소재지 관할 시·도지사
③ 위 ②에도 불구하고 소방청장은 화재예방 및 대형재난 등 필요한 경우 시·도 소방본부장 및 소방서장을 지휘·감독할 수 있다.
④ 시·도에서 소방업무를 수행하기 위하여 시·도지사 직속으로 소방본부를 둔다.

(2) 소방업무상 소방기관의 필요사항
대통령령

4. 119 종합상황실(기본법 4조)

(1) 설치·운영자
① 소방청장
② 소방본부장
③ 소방서장

(2) 설치·운영에 필요한 사항
행정안전부령

5. 설립과 운영(기본법 5조)

구 분	소방박물관	소방체험관
설립·운영자	소방청장	시·도지사
설립·운영 사항	행정안전부령	시·도의 조례

6. 소방력 및 소방장비(기본법 8·9조)

소방력의 기준	소방장비 등에 대한 국고보조 기준
행정안전부령	대통령령

소방력 : 소방기관이 소방업무를 수행하는 데에 필요한 인력과 장비

7. 소방용수시설(기본법 10조)

구 분	설 명
종류	소화전·급수탑·저수조
기준	행정안전부령
설치·유지·관리	시·도(단, 수도법에 의한 소화전은 **일반수도사업자**가 관할소방서장과 협의하여 설치)

8. 소방활동(기본법 16조)

① 뜻 : 화재, 재난·재해, 그 밖의 위급한 상황이 발생한 때에는 소방대를 현장에 신속하게 출동시켜 화재진압과 인명구조·구급 등 소방에 필요한 활동을 하는 것

② 권한자 ┬ **소방청장**
　　　　 ├ **소방본부장**
　　　　 └ **소방서장**

9. 소방교육·훈련(기본법 17조)

① 실시자 ┬ **소방청장**
　　　　 ├ **소방본부장**
　　　　 └ **소방서장**

② 실시규정 : **행정안전부령**

10. 소방신호(기본법 18조)

소방신호의 목적	소방신호의 종류와 방법
• 화재예방 • 소방활동 • 소방훈련	행정안전부령

11. 화재현장에서 관계인의 조치사항(기본법 20조)

관계인의 조치사항	설 명
소화작업	불을 끈다.
연소방지작업	불이 번지지 않도록 조치한다.
인명구조작업	사람을 구출한다.

관계인은 소방대상물에 화재, 재난, 재해, 그 밖의 위급한 상황이 발생한 경우에는 이를 **소방본부, 소방서** 또는 **관계 행정기관**에 **지체 없이** 알려야 한다.

12. 소방활동구역의 설정(기본법 23조)

① 설정권자 : **소방대장**
② 설정구역 ┬ 화재현장
　　　　　 └ 재난·재해 등의 위급한 상황이 발생한 현장

> **비교**
> 화재예방강화지구의 지정 : **시·도지사**

13. 소방활동의 비용을 지급받을 수 없는 경우(기본법 24조)

① 소방대상물에 화재, 재난·재해, 그 밖의 위급한 상황이 발생한 경우 그 **관계인**
② 고의 또는 과실로 인하여 **화재** 또는 **구조·구급활동**이 필요한 **상황**을 발생시킨 **자**
③ 화재 또는 구조·구급현장에서 **물건을 가져간 자**

14. 피난명령권자(기본법 26조)

① 소방본부장
② 소방서장
③ 소방대장

15. 의용소방대의 설치(의용소방대법 2~14조)

구 분	설 명
설치권자	시·도지사, 소방서장
설치장소	특별시·광역시, 특별자치시·도·특별자치도·시·읍·면
의용소방대의 임명	그 지역의 주민 중 희망하는 사람
의용소방대원의 직무	소방업무보조
의용소방대의 경비부담자	시·도지사

16. 한국소방안전원의 업무(기본법 41조)

① 소방기술과 안전관리에 관한 **교육** 및 **조사·연구**
② 소방기술과 안전관리에 관한 각종 **간행물의 발간**
③ 화재예방과 안전관리의식의 고취를 위한 **대국민 홍보**

④ 소방업무에 관하여 **행정기관**이 **위탁**하는 **사업**

⑤ 소방안전에 관한 **국제협력**

⑥ **회원**에 대한 **기술지원** 등 정관이 정하는 사항

17. 한국소방안전원의 정관(기본법 43조)

정관 변경 : **소방청장의 인가**

18. 감독(기본법 48조)

한국소방안전원의 감독권자 : **소방청장**

19. 5년 이하의 징역 또는 5000만원 이하의 벌금(기본법 50조)

① 소방자동차의 출동 방해

② 사람구출 방해

③ 소방용수시설 또는 비상소화장치의 효용 방해

20. 3년 이하의 징역 또는 3000만원 이하의 벌금(기본법 51조)

소방활동에 필요한 소방대상물 및 토지의 강제처분을 방해한 자

21. 100만원 이하의 벌금(기본법 54조)

① 피난명령 위반

② 위험시설 등에 대한 긴급조치 방해

③ 소방활동을 하지 않은 **관계인**

④ 정당한 사유없이 **물**의 **사용**이나 **수도**의 **개폐장치**의 사용 또는 조작을 하지 못하게 하거나 **방해**한 자

⑤ 소방대의 생활안전활동을 방해한 자

22. 500만원 이하의 과태료(기본법 56조)

① 화재 또는 구조·구급이 필요한 상황을 거짓으로 알린 사람

② 정당한 사유없이 화재, 재난·재해, 그 밖의 위급한 상황을 소방본부, 소방서 또는 관계 행정기관에 알리지 아니한 관계인

23. 200만원 이하의 과태료(기본법 56조)

① 한국119청소년단 또는 이와 유사한 명칭을 사용한 자

② 소방활동구역 출입

③ 소방자동차의 출동에 지장을 준 자

④ 한국소방안전원 또는 이와 유사한 명칭을 사용한 자

24. 100만원 이하의 과태료(기본법 56조)

전용구역에 차를 주차하거나 전용구역에의 진입을 가로막는 등의 방해행위를 한 자

25. 소방기본법령상 과태료(기본법 56조)

① 정하는 기준 : **대통령령**

② 부과권자 ┬ **시·도지사**
　　　　　├ **소방본부장**
　　　　　└ **소방서장**

제2장 소방기본법 시행령

1. 국고보조의 대상 및 기준(기본령 2조)

(1) 국고보조의 대상

① 소방활동장비와 설비의 구입 및 설치
  ㉠ 소방자동차
  ㉡ 소방헬리콥터 · 소방정
  ㉢ 소방전용통신설비 · 전산설비
  ㉣ 방화복
② 소방관서용 청사

(2) 소방활동장비 및 설비의 종류와 규격

행정안전부령

(3) 대상사업의 기준보조율

「보조금관리에 관한 법률 시행령」에 따름

2. 소방활동구역 출입자(기본령 8조)

① 소유자 · 관리자 또는 점유자
② 전기 · 가스 · 수도 · 통신 · 교통의 업무에 종사하는 자로서 원활한 **소방활동**을 위하여 필요한 자
③ **의사 · 간호사**, 그 밖의 구조 · 구급업무에 종사하는 자
④ **취재인력** 등 보도업무에 종사하는 자
⑤ **수사업무**에 종사하는 자
⑥ 소방대장이 소방활동을 위하여 **출입**을 **허가한 자**

> **소방활동구역** : 화재, 재난 · 재해, 그 밖의 위급한 상황이 발생한 현장에 정하는 구역

3. 승인(기본령 10조)

한국소방안전원의 사업계획 및 예산

제3장 소방기본법 시행규칙

1. 재난상황(기본규칙 3조)
화재, 재난·재해, 그 밖에 구조·구급이 필요한 상황

2. 종합상황실 실장의 보고화재(기본규칙 3조)
① 사망자 5명 이상 화재
② 사상자 10명 이상 화재
③ 이재민 100명 이상 화재
④ 재산피해액 50억원 이상 화재
⑤ 관광호텔, 층수가 11층 이상인 건축물, 지하상가, 시장, 백화점
⑥ 5층 이상 또는 객실 30실 이상인 **숙박시설**
⑦ 5층 이상 또는 병상 30개 이상인 **종합병원·정신병원·한방병원·요양소**
⑧ 1000t 이상인 선박(항구에 매어둔 것), 철도차량, 항공기, 발전소 또는 변전소
⑨ 지정수량 3000배 이상의 위험물 제조소·저장소·취급소
⑩ 연면적 15000m² 이상인 **공장** 또는 **화재예방강화지구**에서 발생한 화재
⑪ **가스** 및 **화약류**의 폭발에 의한 화재
⑫ 관공서·학교·정부미 도정공장·문화재·지하철 또는 지하구의 **화재**
⑬ 다중이용업소의 화재

> **종합상황실** : 화재·재난·재해·구조·구급 등이 필요한 때에 신속한 소방활동을 위한 정보를 수집·분석과 판단·전파, 상황관리, 현장 지휘 및 조정·통제 등의 업무수행

3. 소방박물관(기본규칙 4조)

설립·운영	운영위원
소방청장	7인 이내

> **소방박물관** : 소방의 역사와 안전문화를 발전시키고 국민의 안전의식을 높이기 위하여 **소방청장**이 설립, 운영하는 박물관

4. 국고보조산정의 기준가격(기본규칙 5조)

구 분	기준가격
국내 조달품	• 정부고시 가격
수입물품	• 해외시장의 시가
기타	• 2 이상의 물가조사기관에서 조사한 가격의 평균치

5. 소방용수시설 및 지리조사(기본규칙 7조)
(1) 조사자
　소방본부장·소방서장
(2) 조사일시
　월 1회 이상
(3) 조사내용
　① 소방용수시설
　② 도로의 **폭·교통상황**
　③ 도로주변의 **토지 고저**
　④ 건축물의 **개황**
(4) 조사결과
　2년간 보관

6. 소방업무의 상호응원협정(기본규칙 8조)
(1) 다음의 소방활동에 관한 사항
　① 화재의 경계·진압활동
　② 구조·구급업무의 지원
　③ 화재조사활동
(2) 응원출동 대상지역 및 규모
(3) 필요한 경비의 부담에 관한 사항
　① 출동대원의 수당·식사 및 의복의 수선
　② 소방장비 및 기구의 정비와 연료의 보급
(4) 응원출동의 요청방법
(5) 응원출동 훈련 및 평가

7. 소방교육훈련(기본규칙 9조)

실 시	2년마다 1회 이상 실시
기 간	2주 이상
정하는 자	소방청장
종 류	① 화재진압훈련 ② 인명구조훈련 ③ 응급처치훈련 ④ 인명대피훈련 ⑤ 현장지휘훈련

8. 소방신호의 종류(기본규칙 10조)

소방신호	설 명
경계신호	화재예방상 필요하다고 인정되거나 화재위험경보시 발령
발화신호	화재가 발생한 때 발령
해제신호	소화활동이 필요없다고 인정되는 때 발령
훈련신호	훈련상 필요하다고 인정되는 때 발령

9. 소방용수표지(기본규칙 [별표 2])

(1) 지하에 설치하는 소화전·저수조의 소방용수표지
  ① 맨홀 뚜껑은 지름 648mm 이상의 것으로 할 것
  ② 맨홀 뚜껑에는 "소화전·주정차금지" 또는 "저수조·주정차금지"의 표시를 할 것
  ③ 맨홀 뚜껑 부근에는 **노란색 반사도료**로 폭 15cm의 선을 그 둘레를 따라 칠할 것

(2) 지상에 설치하는 소화전·저수조 및 급수탑의 소방용수표지

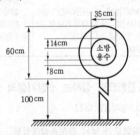

안쪽 문자는 **흰색**, 바깥쪽 문자는 **노란색**으로, 안쪽 바탕은 **붉은색**, 바깥쪽 바탕은 **파란색**으로 하고 **반사재료** 사용

10. 소방용수시설의 설치기준(기본규칙 [별표 3])

거리기준	지 역
100m 이하	• 공업지역 • 상업지역 • 주거지역
140m 이하	• 기타지역

기억법   주상공100

11. 소방용수시설의 저수조의 설치기준(기본규칙 [별표 3])

구 분	기 준
낙차	4.5m 이하
수심	0.5m 이상
투입구의 길이 또는 지름	60cm 이상

① 소방펌프자동차가 **쉽게 접근**할 수 있도록 할 것
② 흡수에 지장이 없도록 **토사** 및 **쓰레기** 등을 제거할 수 있는 설비를 갖출 것
③ 저수조에 물을 공급하는 방법은 **상수도**에 연결하여 **자동**으로 **급수**되는 구조일 것

12. 소방신호표(기본규칙 [별표 4])

신호방법 종별	타종신호	사이렌신호
경계신호	1타와 연 2타를 반복	5초 간격을 두고 30초씩 3회
발화신호	난타	5초 간격을 두고 5초씩 3회
해제신호	상당한 간격을 두고 1타씩 반복	1분간 1회
훈련신호	연 3타 반복	10초 간격을 두고 1분씩 3회

2-2 소방시설 설치 및 관리에 관한 법령

제1장 소방시설 설치 및 관리에 관한 법률

1. 소방시설 설치 및 관리에 관한 법률(소방시설법 1조)

① 국민의 생명·신체 및 재산보호
② 공공의 안전확보
③ 복리증진

2. 소방시설(소방시설법 2조)

① 소화설비
② 경보설비
③ 피난구조설비
④ 소화용수설비
⑤ 소화활동설비

3. 건축허가 등의 동의(소방시설법 6조)

건축허가 등의 동의권자	건축허가 등의 동의대상물의 범위
소방본부장·소방서장	대통령령

4. 피난·방화시설·방화구획의 금지행위(소방시설법 16조)

① **피난시설·방화구획** 및 **방화시설**을 **폐쇄**하거나 **훼손**하는 등의 행위
② 피난시설·방화구획 및 방화시설의 주위에 물건을 쌓아두거나 **장애물을 설치**하는 행위
③ 피난시설·방화구획 및 방화시설의 용도에 장애를 주거나 소방활동에 지장을 주는 행위
④ **피난시설·방화구획** 및 **방화시설**을 **변경**하는 행위

5. 변경강화기준 적용설비(소방시설법 13조, 소방시설법 시행령 13조)

① 소화기구
② 비상경보설비
③ 자동화재탐지설비
④ 자동화재속보설비
⑤ 피난구조설비
⑥ 소방시설(공동구 설치용, 전력 및 통신사업용 지하구)
⑦ **노유자시설, 의료시설**에 설치하여야 하는 소방시설

공동구, 전력 및 통신사업용 지하구	노유자시설 설치대상	의료시설 설치대상
① 소화기 ② 자동소화장치 ③ 자동화재탐지설비 ④ 통합감시시설 ⑤ 유도등 및 연소방지설비	① 간이스프링클러설비 ② 자동화재탐지설비 ③ 단독경보형 감지기	① 스프링클러설비 ② 간이스프링클러설비 ③ 자동화재탐지설비 ④ 자동화재속보설비

6. 대통령령으로 정하는 소방시설의 설치제외 장소(소방시설법 13조)

① **화재위험도**가 낮은 특정소방대상물
② **화재안전기준**을 적용하기가 어려운 특정소방대상물
③ 화재안전기준을 다르게 적용하여야 하는 **특수한 용도 또는 구조**를 가진 특정소방대상물
④ **자체소방대**가 설치된 특정소방대상물

용어

자체소방대	자위소방대
다량의 위험물을 저장·취급하는 제조소에 설치하는 소방대	빌딩·공장 등에 설치하는 사설소방대

7. 방염(소방시설법 20·21조)

구 분	설 명
방염성능 기준	• 대통령령
방염성능 검사	• 소방청장

방염성능 : 화재의 발생초기단계에서 화재확대의 매개체를 단절시키는 성질

8. 소방시설 등의 자체점검(소방시설법 23조)
소방시설 등의 자체점검결과 보고 : **소방본부장·소방서장**

9. 소방시설관리사(소방시설법 25~28조)
(1) 시험
　소방청장이 실시
(2) 응시자격 등의 사항
　대통령령
(3) 소방시설관리사의 결격사유
　① 피성년후견인
　② 금고 이상의 실형을 선고받고 그 집행이 끝나거나(집행이 끝난 것으로 보는 경우 포함) 집행이 면제된 날부터 **2년**이 지나지 아니한 사람
　③ 금고 이상의 형의 집행유예를 선고받고 그 유예기간 중에 있는 사람
　④ 자격이 취소된 날부터 **2년**이 지나지 아니한 사람
(4) 자격정지기간
　1년 이내

10. 소방시설관리업(소방시설법 29조)
① 업무 ┬ 소방시설 등의 **점검**
　　　 └ 소방시설 등의 **관리**
② 등록권자 : **시·도지사**
③ 등록기준 : **대통령령**

11. 소방용품(소방시설법 37·38조)
① 형식승인권자 ┐
② 형식승인변경권자 ┘ **소방청장**

③ 형식승인의 방법·절차 : **행정안전부령**
④ 사용·판매금지 소방용품
　㉠ **형식승인**을 받지 아니한 것
　㉡ **형상** 등을 임의로 변경한 것
　㉢ **제품검사**를 받지 아니하거나 합격표시를 하지 아니한 것

12. 형식승인(소방시설법 39조)

제품검사의 중지사항	형식승인 취소사항
① 시험시설이 시설기준에 미달한 경우 ② 제품검사의 기술기준에 미달한 경우	① 부정한 방법으로 형식승인을 받은 경우 ② 부정한 방법으로 제품검사를 받은 경우 ③ 변경승인을 받지 아니하거나 부정한 방법으로 변경승인을 받은 경우

13. 우수품질 제품의 인증(소방시설법 43조)

구 분	인 증
실시자	소방청장
인증에 관한 사항	행정안전부령

14. 청문실시 대상(소방시설법 49조)
① 소방시설관리사의 **자격취소** 및 정지
② 소방시설관리업의 **등록취소** 및 영업정지
③ **소방용품**의 **형식승인취소** 및 제품검사 중지
④ 소방용품의 제품검사 **전문기관**의 **지정취소**
⑤ 우수품질인증의 취소
⑥ 소방용품의 성능인증 취소

15. 한국소방산업기술원 업무의 위탁(소방시설법 50조)
① 대통령령으로 정하는 **방**염성능검사
② 소방용품의 **형**식승인
③ 소방용품 형식승인의 변경승인
④ 소방용품 형식승인의 취소
⑤ 소방용품의 **성**능인증 및 취소
⑥ 소방용품의 **우**수품질 인증 및 취소
⑦ 소방용품의 성능인증 변경인증

16. 벌칙(소방시설법 56조)

5년 이하의 징역 또는 5천만원 이하의 벌금	7년 이하의 징역 또는 7천만원 이하의 벌금	10년 이하의 징역 또는 1억원 이하의 벌금
소방시설 폐쇄·차단 등의 행위를 한 자	소방시설 폐쇄·차단 등의 행위를 하여 사람을 상해에 이르게 한 자	소방시설 폐쇄·차단 등의 행위를 하여 사람을 사망에 이르게 한 자

17. 3년 이하의 징역 또는 3000만원 이하의 벌금(소방시설법 57조)

① 소방시설관리업 무등록자
② 형식승인을 받지 않은 소방용품 제조·수입자
③ 제품검사를 받지 않은 자
④ 거짓이나 그 밖의 부정한 방법으로 제품검사 전문기관의 지정을 받은 자
⑤ 소방용품을 판매·진열하거나 소방시설공사에 사용한 자
⑥ 구매자에게 명령을 받은 사실을 알리지 아니하거나 필요한 조치를 하지 아니한 자

18. 1년 이하의 징역 또는 1000만원 이하의 벌금(소방시설법 58조)

① 소방시설의 자체점검 미실시자
② 소방시설관리사증 대여
③ 소방시설관리업의 등록증 또는 등록수첩 대여
④ 관계인의 정당업무방해 또는 비밀누설
⑤ 제품검사 합격표시 위조
⑥ 성능인증 합격표시 위조
⑦ 우수품질 인증표시 위조

19. 300만원 이하의 벌금(소방시설법 59조)

① 방염성능검사 합격표시 위조
② 위탁받은 업무에 종사하거나 종사하였던 사람의 비밀누설

20. 300만원 이하의 과태료(소방시설법 61조)

① 소방시설을 화재안전기준에 따라 설치·관리하지 아니한 자
② 피난시설·방화구획 또는 방화시설의 폐쇄·훼손·변경 등의 행위를 한 자
③ 임시소방시설을 설치·관리하지 아니한 자
④ 소방시설의 점검결과 미보고
⑤ 관계인의 거짓 자료제출
⑥ 정당한 사유없이 공무원의 출입 또는 검사를 거부·방해 또는 기피한 자
⑦ 방염대상물품을 방염성능기준 이상으로 설치하지 아니한 자

제2장 소방시설 설치 및 관리에 관한 법률 시행령

1. 무창층(소방시설법 시행령 2조)

(1) 무창층의 뜻

지상층 중 기준에 의한 개구부의 면적의 합계가 해당 층의 바닥면적의 $\frac{1}{30}$ 이하가 되는 층

(2) 무창층의 개구부의 기준

① 개구부의 크기가 지름 50cm 이상의 원이 통과할 수 있을 것
② 해당 층의 바닥면으로부터 개구부 밑부분까지의 높이가 1.2m 이내일 것
③ 개구부는 **도로** 또는 **차량**이 진입할 수 있는 **빈터**를 향할 것
④ 화재시 건축물로부터 **쉽게 피난**할 수 있도록 개구부에 창살, 그 밖의 장애물이 설치되지 않을 것
⑤ 내부 또는 외부에서 **쉽게 부수거나 열** 수 있을 것

2. 피난층(소방시설법 시행령 2조)

곧바로 지상으로 갈 수 있는 출입구가 있는 층

3. 소방용품 제외대상(소방시설법 시행령 6조)

① 주거용 주방자동소화장치용 소화약제
② 가스자동소화장치용 소화약제
③ 분말자동소화장치용 소화약제
④ 고체에어로졸자동소화장치용 소화약제
⑤ 소화약제 외의 것을 이용한 간이소화용구
⑥ 휴대용 비상조명등
⑦ 유도표지
⑧ 벨용 푸시버튼스위치

⑨ 피난밧줄
⑩ 옥내소화전함
⑪ 방수구
⑫ 안전매트
⑬ 방수복

4. 물분무등소화설비(소방시설법 시행령 [별표 1])

① 물분무소화설비
② 미분무소화설비
③ 포소화설비
④ 이산화탄소소화설비
⑤ 할론소화설비
⑥ 할로겐화합물 및 불활성기체 소화설비
⑦ 분말소화설비
⑧ 강화액 소화설비
⑨ 고체 에어로졸 소화설비

5. 건축허가 등의 동의대상물(소방시설법 시행령 7조)

① 연면적 400m²(학교시설 : 100m², 수련시설·노유자시설 : 200m², 정신의료기관·장애인 의료재활시설 : 300m²) 이상
② 6층 이상인 건축물
③ 차고·주차장으로서 바닥면적 200m² 이상(자동차 20대 이상)
④ 항공기격납고, 관망탑, 항공관제탑, 방송용 송수신탑
⑤ 지하층 또는 무창층의 바닥면적 150m² 이상(공연장은 100m² 이상)
⑥ **위험물저장 및 처리시설**
⑦ **결핵환자**나 한센인이 24시간 생활하는 **노유자시설**
⑧ **지하구**
⑨ 전기저장시설, 풍력발전소
⑩ 조산원, 산후조리원, 의원(입원실이 있는 것)
⑪ 요양병원(의료재활시설 제외)

⑫ 노인주거복지시설·노인의료복지시설 및 재가노인복지시설·학대피해노인 전용쉼터·아동복지시설, 장애인거주시설

⑬ 정신질환자 관련시설(공동생활가정을 제외한 재활훈련시설과 종합시설 중 24시간 주거를 제공하지 않는 시설 제외)

⑭ 노숙인자활시설, 노숙인재활시설 및 노숙인요양시설

⑮ 공장 또는 창고시설로서 지정수량의 750배 이상의 특수가연물을 저장·취급하는 것

⑯ 가스시설로서 지상에 노출된 탱크의 저장용량의 합계가 100t 이상인 것

6. 인명구조기구(소방시설법 시행령 [별표 1])

종 류	정 의
방열복	고온의 복사열에 가까이 접근할 수 있는 내열피복으로서 **방열상의·방열하의·방열장갑·방열두건 및 속복형 방열복**으로 분류한다.
방화복	안전모, 보호장갑, 안전화를 포함한다.
공기호흡기	소화활동시에 화재로 인하여 발생하는 각종 유독가스 중에서 일정시간 사용할 수 있도록 제조된 **압축공기식 개인 호흡장비**
인공소생기	호흡이 곤란한 상태의 환자에게 인공호흡을 시켜서 환자의 호흡을 돕거나 제어하기 위하여 산소나 공기를 공급하는 **장비**를 말한다.

7. 방염성능기준 이상 적용 특정소방대상물
(소방시설법 시행령 30조)

① 체력단련장, 공연장 및 종교집회장

② 문화 및 집회시설(옥내)

③ 종교시설

④ 운동시설(수영장은 제외)

⑤ 의료시설(종합병원, 정신의료기관)

⑥ 의원, 조산원, 산후조리원

⑦ 교육연구시설 중 합숙소

⑧ 노유자시설

⑨ 숙박이 가능한 수련시설

⑩ 숙박시설

⑪ 방송국 및 촬영소

⑫ 다중이용업소(단란주점영업, 유흥주점영업, 노래연습장업의 영업장 등)

⑬ 층수가 11층 이상인 것(아파트는 제외 : 2026. 12. 1. 삭제)

> **11층 이상** : '고층건축물'에 해당된다.

8. 방염대상물품(소방시설법 시행령 31조)

(1) 제조 또는 가공 공정에서 방염처리를 한 물품

① 창문에 설치하는 **커튼류**(블라인드 포함)

② 카펫

③ 벽지류(두께 2mm 미만인 종이벽지 제외)

④ 전시용 합판·목재 또는 섬유판

⑤ 무대용 합판·목재 또는 섬유판

⑥ 암막·무대막(영화상영관·가상체험 체육시설업의 스크린 포함)

⑦ 섬유류 또는 합성수지류 등을 원료로 하여 제작된 소파·의자(단란주점영업, 유흥주점영업 및 노래연습장업의 영업장에 설치하는 것만 해당)

(2) 건축물 내부의 천장이나 벽에 부착하거나 설치하는 것

① 종이류(두께 2mm 이상), 합성수지류 또는 섬유류를 주원료로 한 물품

② 합판이나 목재

③ 공간을 구획하기 위하여 설치하는 **간이칸막이**

④ 흡음재(흡음용 커튼 포함) 또는 **방음재**(방음용 커튼 포함)

※ 가구류(옷장, 찬장, 식탁, 식탁용 의자, 사무용 책상, 사무용 의자, 계산대)와 너비 10cm 이하인 반자돌림대, 내부 마감 재료 제외

9. 방염성능 기준(소방시설법 시행령 31조)

구 분	기 준
잔염시간	20초 이내
잔진시간(잔신시간)	30초 이내
탄화길이	20cm 이내
탄화면적	$50cm^2$ 이내
불꽃접촉 횟수	3회 이상
최대 연기밀도	400 이하

용어

잔염시간	잔진시간(잔신시간)
버너의 불꽃을 제거한 때부터 불꽃을 올리며 연소하는 상태가 그칠 때까지의 시간	버너의 불꽃을 제거한 때부터 불꽃을 올리지 않고 연소하는 상태가 그칠 때까지의 시간

기억법 3진(삼진아웃)

10. 소방시설관리사의 응시자격[소방시설법 시행령 27조(구법)−2026. 12. 1. 개정 예정]

① 2년 이상 ┬ 소방설비기사
　　　　　　└ 소방안전공학(소방방재공학, 안전공학 포함)
② 3년 이상 ┬ 소방설비산업기사
　　　　　　├ 산업안전기사
　　　　　　├ 위험물산업기사
　　　　　　├ 위험물기능사
　　　　　　└ 대학(소방안전관련학과)
③ 5년 이상 − 소방공무원
④ 10년 이상 − 소방실무경력
⑤ 소방기술사·건축기계설비기술사·건축전기설비기술사·공조냉동기계기술사
⑥ 위험물기능장·건축사

11. 소방시설관리사의 시험과목[소방시설법 시행령 29조(구법)]

1·2차 시험	과 목
제1차 시험	• 소방안전관리론 및 화재역학 • 소방수리학·약제화학 및 소방전기 • 소방관련법령 • 위험물의 성질·상태 및 시설기준 • 소방시설의 구조원리
제2차 시험	• 소방시설의 점검실무행정 • 소방시설의 설계 및 시공

12. 소방시설관리사의 시험위원(소방시설법 시행령 40조)

① 소방관련분야의 **박사학위**를 가진 사람
② 소방안전관련학과 조교수 이상으로 **2년** 이상 재직한 사람
③ **소방위** 이상의 소방공무원
④ **소방시설관리사**
⑤ **소방기술사**

13. 소방시설관리사 시험(소방시설법 시행령 42조)

시 행	시험공고
1년마다 1회	시행일 90일 전

14. 한국소방산업기술원 업무의 위탁(소방시설법 시행령 48조)

방염성능검사업무(합판·목재를 설치하는 현장에서 방염처리한 경우의 방염성능검사는 제외)

15. 경보설비(소방시설법 시행령 [별표 1])

① 비상경보설비 ┬ 비상벨설비
　　　　　　　　└ 자동식 사이렌설비
② 단독경보형 감지기
③ 비상방송설비
④ 누전경보기
⑤ 자동화재탐지설비 및 시각경보기
⑥ 자동화재속보설비
⑦ 가스누설경보기
⑧ 통합감시시설
⑨ 화재알림설비

경보설비 : 화재발생 사실을 통보하는 기계·기구 또는 설비

16. 피난구조설비(소방시설법 시행령 [별표 1])

① 피난기구 ┬ 피난사다리
　　　　　 ├ 구조대
　　　　　 ├ 완강기
　　　　　 └ 소방청장이 정하여 고시하는 화재안전
　　　　　　 기준으로 정하는 것(미끄럼대, 피난교,
　　　　　　 공기안전매트, 피난용 트랩, 다수인 피
　　　　　　 난장비, 승강식 피난기, 간이완강기,
　　　　　　 하향식 피난구용 내림식 사다리)

② 인명구조기구 ┬ 방열복
　　　　　　　 ├ 방화복(안전모, 보호장갑, 안전화
　　　　　　　 │ 포함)
　　　　　　　 ├ 공기호흡기
　　　　　　　 └ 인공소생기

③ 유도등 ┬ 피난유도선
　　　　 ├ 피난구유도등
　　　　 ├ 통로유도등
　　　　 ├ 객석유도등
　　　　 └ 유도표지

④ 비상조명등 · 휴대용비상조명등

17. 소화활동설비(소방시설법 시행령 [별표 1])

① **연결송수관**설비
② **연결살수**설비
③ **연소방지**설비
④ **무선통신보조**설비
⑤ **제연**설비
⑥ **비상콘센트**설비

> **용어**
>
> **소화활동설비**
> 화재를 진압하거나 인명구조활동을 위하여 사용하는 설비

18. 근린생활시설(소방시설법 시행령 [별표 2])

면 적	적용장소	
150m² 미만	• 단란주점	
300m² 미만	• 종교시설 • 비디오물 감상실업	• 공연장 • 비디오물 소극장업

기억법 종3(중세시대)

500m² 미만	• 탁구장 • 테니스장 • 체육도장 • 사무소 • 학원 • 당구장	• 서점 • 볼링장 • 금융업소 • 부동산 중개사무소 • 골프연습장
1000m² 미만	• 자동차영업소 • 일용품 • 의약품 판매소	• 슈퍼마켓 • 의료기기 판매소
전부	• 기원 • 이용원 · 미용원 · 목욕장 및 세탁소 • 휴게음식점 · 일반음식점, 제과점 • 독서실 • 안마원(안마시술소 포함) • 조산원(산후조리원 포함) • 의원, 치과의원, 한의원, 침술원, 접골원	

19. 위락시설(소방시설법 시행령 [별표 2])

① 단란주점
② 주점영업
③ 유원시설업의 시설
④ 무도장 · 무도학원
⑤ 카지노 영업소

20. 노유자시설(소방시설법 시행령 [별표 2])

① 아동관련시설
② 노인관련시설
③ 장애인관련시설

21. 의료시설(소방시설법 시행령 [별표 2])

구 분	종 류
병원	• 종합병원 • 병원 • 치과병원 • 한방병원 • 요양병원
격리병원	• 전염병원 • 마약진료소
정신의료기관	–
장애인의료재활시설	–

22. 업무시설(소방시설법 시행령 [별표 2])

① 주민자치센터(동사무소)
② 경찰서
③ 소방서
④ 우체국
⑤ 보건소
⑥ 공공도서관
⑦ 국민건강보험공단
⑧ 금융업소·오피스텔·신문사

23. 관광휴게시설(소방시설법 시행령 [별표 2])

① 야외음악당
② 야외극장
③ 어린이회관
④ 관망탑
⑤ 휴게소
⑥ 공원·유원지

24. 지하구의 규격(소방시설법 시행령 [별표 2])

구 분	규 격
폭	1.8m 이상
높이	2m 이상
길이	50m 이상

복합건축물 : 하나의 건축물 안에 둘 이상의 특정소방대상물로서의 용도가 복합되어 있는 것

25. 소화설비의 설치대상(소방시설법 시행령 [별표 4])

종 류	설치대상
•소화기구	① 연면적 33m² 이상 ② 국가유산 ③ 가스시설, 전기저장시설 ④ 터널 ⑤ 지하구
•주거용 주방자동소화 장치	① 아파트 등(모든 층) ② 오피스텔(모든 층)

26. 옥내소화전설비의 설치대상(소방시설법 시행령 [별표 4])

설치대상	조 건
① 차고·주차장	•200m² 이상
② 근린생활시설 ③ 업무시설(금융업소·사무소)	•연면적 1500m² 이상
④ 문화 및 집회시설, 운동시설 ⑤ 종교시설	•연면적 3000m² 이상
⑥ 특수가연물 저장·취급	•지정수량 750배 이상
⑦ 지하가 중 터널길이	•1000m 이상

용어

옥외소화전설비의 설치대상(소방시설법 시행령 [별표 4])

설치대상	조 건
① 목조건축물	•국보·보물
② 지상 1·2층	•바닥면적 합계 9000m² 이상
③ 특수가연물 저장·취급	•지정수량 750배 이상

27. 스프링클러설비의 설치대상(소방시설법 시행령 [별표 4])

설치대상	조 건
① 문화 및 집회시설, 운동 시설 ② 종교시설	•수용인원-100명 이상 •영화상영관-지하층·무창층 500m²(기타 1000m²) 이상 •무대부 ① 지하층·무창층·4층 이상 300m² 이상 ② 1~3층 500m² 이상
③ 판매시설 ④ 운수시설 ⑤ 물류터미널	•수용인원-500명 이상 •바닥면적 합계 5000m² 이상
⑥ 노유자시설 ⑦ 정신의료기관 ⑧ 수련시설(숙박 가능한 것) ⑨ 종합병원, 병원, 치과병원, 한방병원 및 요양병원(정 신병원 제외) ⑩ 숙박시설	•바닥면적 합계 600m² 이상

⑪ 지하층·무창층·4층 이상	• 바닥면적 1000m² 이상
⑫ 창고시설(물류터미널 제외)	• 바닥면적 합계 5000m² 이상 –전층
⑬ 지하가(터널 제외)	• 연면적 1000m² 이상
⑭ 10m 넘는 랙식 창고	• 연면적 1500m² 이상
⑮ 복합건축물 ⑯ 기숙사	• 연면적 5000m² 이상–전층
⑰ 6층 이상	• 전층
⑱ 보일러실·연결통로	• 전부
⑲ 특수가연물 저장·취급	• 지정수량 1000배 이상
⑳ 발전시설 중 전기저장시설	• 전부

28. 물분무등소화설비의 설치대상(소방시설법 시행령 [별표 4])

설치대상	조 건
① 차고·주차장	• 바닥면적 합계 200m² 이상
② 전기실·발전실·변전실 ③ 축전지실·통신기기실·전산실	• 바닥면적 300m² 이상
④ 주차용 건축물	• 연면적 800m² 이상
⑤ 기계식 주차장치	• 20대 이상
⑥ 항공기격납고	• 전부(규모에 관계없이 설치)

29. 비상경보설비의 설치대상(소방시설법 시행령 [별표 4])

설치대상	조 건
① 지하층·무창층	• 바닥면적 150m²(공연장 100m²) 이상
② 전부	• 연면적 400m² 이상
③ 지하가 중 터널 길이	• 길이 500m 이상
④ 옥내작업장	• 50인 이상 작업

30. 비상방송설비의 설치대상(소방시설법 시행령 [별표 4])

① 연면적 3500m² 이상
② 11층 이상(지하층 제외)
③ 지하 3층 이상

중요 소방시설의 적용대상

조 건	특정소방대상물
① 지하가 연면적 1000m² 이상	• 자동화재탐지설비 • 스프링클러설비 • 무선통신보조설비 • 제연설비
② 목조건축물(국보·보물)	• 옥외소화전설비 • 자동화재속보설비

31. 자동화재탐지설비의 설치대상(소방시설법 시행령 [별표 4])

설치대상	조 건
① 정신의료기관·의료재활시설	• 창살설치 : 바닥면적 300m² 미만 • 기타 : 바닥면적 300m² 이상
② 노유자시설	• 연면적 400m² 이상
③ 근린생활시설·위락시설 ④ 의료시설(정신의료기관 또는 요양병원 제외) ⑤ 복합건축물·장례시설	• 연면적 600m² 이상
⑥ 목욕장·문화 및 집회시설, 운동시설 ⑦ 종교시설 ⑧ 방송통신시설·관광휴게시설 ⑨ 업무시설·판매시설 ⑩ 항공기 및 자동차 관련시설·공장·창고시설 ⑪ 지하가(터널 제외)·운수시설·발전시설·위험물 저장 및 처리시설 ⑫ 교정 및 군사시설 중 국방·군사시설	• 연면적 1000m² 이상

⑬ 교육연구시설 · 동식물관련시설 ⑭ 자원순환관련시설 · 교정 및 군사시설(국방 · 군사시설 제외) ⑮ 수련시설(숙박시설이 있는 것 제외) ⑯ 묘지관련시설	• 연면적 2000m² 이상
⑰ 지하가 중 터널	• 길이 1000m 이상
⑱ 지하구 ⑲ 노유자생활시설 ⑳ 전통시장 ㉑ 아파트 등 기숙사 ㉒ 숙박시설 ㉓ 6층 이상 건축물 ㉔ 조산원, 산후조리원 ㉕ 요양병원(정신병원과 의료재활시설은 제외)	• 전부
㉖ 특수가연물 저장 · 취급	• 지정수량 500배 이상
㉗ 수련시설(숙박시설이 있는 것)	• 수용인원 100명 이상
㉘ 발전시설	• 전기저장시설

> **기억법** 근위의복 6, 교동자교수 2

32. 자동화재속보설비의 설치대상(소방시설법 시행령 [별표 4])

설치대상	조 건
① 수련시설(숙박시설이 있는 것) ② 노유자시설 ③ 정신병원 및 의료재활시설	• 바닥면적 500m² 이상
④ 목조건축물	• 국보 · 보물
⑤ 노유자 생활시설	• 전부
⑥ 전통시장	• 전부
⑦ 의원, 치과의원 및 한의원(입원실이 있는 시설) ⑧ 조산원 및 산후조리원 ⑨ 종합병원, 병원, 치과병원, 한방병원 및 요양병원(의료재활시설 제외)	• 전부

33. 피난기구의 설치제외대상(소방시설법 시행령 [별표 4])

① 피난층   ② 지상 1 · 2층
③ 11층 이상   ④ 가스시설
⑤ 지하구   ⑥ 지하가 중 터널

> **피난기구의 설치대상 : 3~10층**

34. 인명구조기구의 설치장소(소방시설법 시행령 [별표 4])

① 지하층을 포함한 **7층** 이상의 **관광호텔**[방열복, 방화복(안전모, 보호장갑, 안전화 포함), 인공소생기, 공기호흡기]

② 지하층을 포함한 **5층** 이상의 **병원**[방열복, 방화복(안전모, 보호장갑, 안전화 포함), 공기호흡기]

35. 객석유도등의 설치장소(소방시설법 시행령 [별표 4])

① 유흥주점영업시설(카바레 · 나이트클럽 등만 해당)
② 문화 및 집회시설(집회장)
③ 운동시설
④ 종교시설

36. 비상조명등의 설치대상물(소방시설법 시행령 [별표 4])

① 5층 이상으로서 연면적 3000m² 이상(지하층 포함)
② 지하층 · 무창층의 바닥면적 450m² 이상
③ 지하가 중 터널길이 500m 이상

37. 상수도 소화용수설비의 설치대상(소방시설법 시행령 [별표 4])

① 연면적 5000m² 이상 (단, 위험물 저장 및 처리시설 중 가스시설, 지하가 중 터널 또는 지하구의 경우 제외)
② 가스시설로서 저장용량 100t 이상
③ 폐기물재활용시설 및 폐기물처분시설

38. 제연설비의 설치대상(소방시설법 시행령 [별표 4])

설치대상	조 건
① 문화 및 집회시설, 운동시설 ② 종교시설	• 바닥면적 200m² 이상
③ 기타	• 1000m² 이상
④ 영화상영관	• 수용인원 100명 이상
⑤ 지하가 중 터널	• 예상교통량, 경사도 등 터널의 특성을 고려하여 행정안전부령으로 정하는 것
⑥ 전부	• 특별피난계단 • 비상용 승강기의 승강장 • 피난용 승강기의 승강장

39. 연결송수관설비의 설치대상(소방시설법 시행령 [별표 4])

① 5층 이상으로서 연면적 6000m² 이상
② 7층 이상(지하층 포함)
③ 지하 3층 이상이고 바닥면적 1000m² 이상
④ 지하가 중 터널길이 500m 이상

40. 연결살수설비의 설치대상(소방시설법 시행령 [별표 4])

설치대상	조 건
① 지하층	• 바닥면적 합계 150m²(학교 700m²) 이상
② 판매시설 ③ 운수시설 ④ 물류터미널	• 바닥면적 합계 1000m² 이상
⑤ 가스시설	• 30t 이상 탱크시설
⑥ 연결통로	• 전부

41. 무선통신보조설비의 설치대상(소방시설법 시행령 [별표 4])

설치대상	조 건
① 지하가	• 연면적 1000m² 이상
② 지하층	• 바닥면적 합계 3000m² 이상
③ 전층	• 지하 3층 이상이고 지하층 바닥면적의 합계 1000m² 이상
④ 지하가 중 터널	• 길이 500m 이상
⑤ 전부	• 공동구
⑥ 16층 이상의 전층	• 30층 이상

42. 소방시설 면제기준(소방시설법 시행령 [별표 5])

면제대상	대체설비
스프링클러설비	• 물분무등소화설비
물분무등소화설비	• 스프링클러설비

간이 스프링클러설비	• 스프링클러설비 • 물분무소화설비 • 미분무소화설비
비상경보설비 또는 단독경보형 감지기	• 자동화재탐지설비
비상경보설비	• 2개 이상 단독경보형 감지기 연동
비상방송설비	• 자동화재탐지설비 • 비상경보설비
연결살수설비	• 스프링클러설비 • 간이 스프링클러설비 • 물분무소화설비 • 미분무소화설비
제연설비	• 공기조화설비
연소방지설비	• 스프링클러설비 • 물분무소화설비 • 미분무소화설비
연결송수관설비	• 옥내소화전설비 • 스프링클러설비 • 간이 스프링클러설비 • 연결살수설비
자동화재탐지설비	• 자동화재탐지설비의 기능을 가진 스프링클러설비 • 물분무등소화설비
옥내소화전설비	• 옥외소화전설비 • 미분무소화설비(호스릴방식)

43. 수용인원의 산정방법(소방시설법 시행령 [별표 7])

특정소방대상물		산정방법
• 강의실·교무실·상담실·실습실·휴게실		바닥면적 합계 1.9m²
• 숙박시설	침대가 있는 경우	종사자수 + 침대수
	침대가 없는 경우	종사자수 + 바닥면적 합계 3m²
• 기타		바닥면적 합계 3m²
• 강당 • 문화 및 집회시설, 운동시설 • 종교시설		바닥면적 합계 4.6m²

44. 소방시설관리업의 등록기준(소방시설법 시행령

[별표 9])

구 분	기술인력	기술등급	영업범위
전문	• 주된 기술인력 : 소방시설관리사 2명 이상 • 보조기술인력 : 6명 이상	• 주된 기술인력 – 소방시설관리사 자격을 취득한 후 소방관련 실무경력이 5년 이상인 사람 1명 이상 – 소방시설관리사 자격을 취득한 후 소방관련 실무경력이 3년 이상인 사람 1명 이상 • 보조기술인력 – 고급점검자 : 2명 이상 – 중급점검자 : 2명 이상 – 초급점검자 : 2명 이상	모든 특정소방대상물
일반	• 주된 기술인력 : 소방시설관리사 1명 이상 • 보조기술인력 : 2명 이상	• 주된 기술인력 소방시설관리사 자격증 취득 후 소방관련 실무경력이 1년 이상인 사람 • 보조기술인력 – 중급점검자 : 1명 이상 – 초급점검자 : 1명 이상	1급, 2급, 3급 소방안전관리대상물

제3장 소방시설 설치 및 관리에 관한 법률 시행규칙

1. 건축허가 동의시 첨부서류(소방시설법 시행규칙 3조)
① 건축허가신청서 및 건축허가서 사본
② 설계도서 및 소방시설 설치계획표
③ 임시소방시설 설치계획서(설치시기 · 위치 · 종류 · 방법 등 임시소방시설의 설치와 관련한 세부사항 포함)
④ 소방시설설계업 등록증과 소방시설을 설계한 기술인력의 기술자격증 사본
⑤ 건축 · 대수선 · 용도변경신고서 사본
⑥ 주단면도 및 입면도
⑦ 소방시설별 층별 평면도
⑧ 방화구획도(창호도 포함)

> 건축허가 등의 동의권자 : 소방본부장 · 소방서장

2. 건축허가 등의 동의(소방시설법 시행규칙 3조)

내 용	날 짜	
• 동의요구 서류 보완	4일 이내	
• 건축허가 등의 취소통보	7일 이내	
• 동의여부 회신	5일 이내	기타
	10일 이내	① 50층 이상(지하층 제외) 또는 지상으로부터 높이 200m 이상인 아파트 ② 30층 이상(지하층 포함) 또는 높이 120m 이상(아파트 제외) ③ 연면적 10만m² 이상(아파트 제외)

3. 연소우려가 있는 건축물의 구조(소방시설법 시행규칙 17조)
① **1층** : 타 건축물 외벽으로부터 **6m** 이하
② **2층 이상** : 타 건축물 외벽으로부터 **10m** 이하

③ 대지경계선 안에 2 이상의 건축물이 있는 경우
④ 개구부가 다른 건축물을 향하여 설치된 구조

4. 소방시설 등의 자체점검(소방시설법 시행규칙 23조)
작동점검 또는 종합점검 결과 보관 : **2년**

5. 소방시설관리사의 행정처분기준(소방시설법 시행규칙 [별표 8])

위반사항	행정처분기준		
	1차	2차	3차
① 미점검	자격 정지 1월	자격 정지 6월	자격 취소
② 거짓점검 ③ 대행인력 배치기준 · 자격 · 방법 미준수 ④ 자체점검 업무 불성실	경고 (시정명령)	자격 정지 6월	자격 취소
⑤ 부정한 방법으로 시험 합격 ⑥ 소방시설관리증 대여 ⑦ 관리사 결격사유에 해당한 때 ⑧ 2 이상의 업체에 취업한 때	자격 취소		

6. 소방시설관리업의 행정처분기준(소방시설법 시행규칙 [별표 8])

행정처분	위반사항
1차 등록취소	① **부정한 방법**으로 등록한 경우 ② **등록결격사유**에 해당한 경우 ③ **등록증** 또는 **등록수첩** 대여

7. 소방시설 등 자체점검의 점검대상, 점검자의 자격, 점검횟수 및 시기(소방시설법 시행규칙 [별표 3])

점검구분	정 의	점검대상	점검자의 자격(주된 인력)	점검횟수 및 점검시기
작동점검	소방시설 등을 인위적으로 조작하여 정상적으로 작동하는지를 점검하는 것	① 간이스프링클러설비 · 자동화재탐지설비	• 관계인 • 소방안전관리자로 선임된 소방시설관리사 또는 소방기술사 • 소방시설관리업에 등록된 기술인력 중 소방시설관리사 또는 「소방시설공사업법 시행규칙」에 따른 특급점검자	• 작동점검은 **연 1회** 이상 실시하며, 종합점검대상은 종합점검을 받은 달부터 **6개월**이 되는 달에 실시 • 종합점검대상 외의 특정소방대상물은 사용승인일이 속하는 달의 말일까지 실시
		② ①에 해당하지 아니하는 특정소방대상물	• 소방시설관리업에 등록된 기술인력 중 소방시설관리사 • 소방안전관리자로 선임된 소방시설관리사 또는 소방기술사	
		③ 작동점검 제외대상 • 특정소방대상물 중 소방안전관리자를 선임하지 않는 대상 • 위험물제조소 등 • 특급 소방안전관리대상물		
종합점검	소방시설 등의 작동점검을 포함하여 소방시설 등의 설비별 주요 구성 부품의 구조기준이 화재안전기준과 「건축법」 등 관련 법령에서 정하는 기준에 적합한지 여부를 점검하는 것 (1) 최초점검 : 특정소방대상물의 소방시설이 새로 설치되는 경우 건축물을 사용할 수 있게 된 날부터 60일 이내에 점검하는 것 (2) 그 밖의 종합점검 : 최초점검을 제외한 종합점검	④ 소방시설 등이 신설된 경우에 해당하는 특정소방대상물 ⑤ **스프링클러설비**가 설치된 특정소방대상물 ⑥ **물분무등소화설비**(호스릴 방식의 물분무등소화설비만을 설치한 경우는 제외)가 설치된 연면적 **5000m²** 이상인 특정소방대상물(위험물제조소 등 제외) ⑦ **다중이용업**의 영업장이 설치된 특정소방대상물로서 연면적이 **2000m²** 이상인 것 ⑧ **제연설비**가 설치된 터널 ⑨ **공공기관** 중 연면적(터널 · 지하구의 경우 그 길이와 평균폭을 곱하여 계산된 값)이 **1000m²** 이상인 것으로서 옥내소화전설비 또는 자동화재탐지설비가 설치된 것(단, 소방대가 근무하는 공공기관 제외) 🗂 중요 **종합점검** ① 공공기관 : 1000m² ② 다중이용업 : 2000m² ③ 물분무등(호스릴 ×) : 5000m²	• 소방시설관리업에 등록된 기술인력 중 **소방시설관리사** • 소방안전관리자로 선임된 **소방시설관리사 또는 소방기술사**	〈점검횟수〉 ㉠ 연 1회 이상(특급 소방안전관리대상물은 반기에 1회 이상) 실시 ㉡ ㉠에도 불구하고 소방본부장 또는 소방서장은 소방청장이 소방안전관리가 우수하다고 인정한 특정소방대상물에 대해서는 3년의 범위에서 소방청장이 고시하거나 정한 기간 동안 종합점검을 면제할 수 있다(단, 면제 기간 중 화재가 발생한 경우는 제외). 〈점검시기〉 ㉠ ④에 해당하는 특정소방대상물은 건축물을 사용할 수 있게 된 날부터 60일 이내 실시 ㉡ ㉠을 제외한 특정소방대상물은 건축물의 사용승인일이 속하는 달에 실시(단, 학교의 경우 해당 건축물의 사용승인일이 1월에서 6월 사이에 있는 경우에는 6월 30일까지 실시할 수 있다) ㉢ 건축물 사용승인일 이후 ⑥에 따라 종합점검대상에 해당하게 된 경우에는 그 다음 해부터 실시 ㉣ 하나의 대지경계선 안에 2개 이상의 자체점검대상 건축물 등이 있는 경우 그 건축물 중 사용승인일이 가장 빠른 연도의 건축물의 사용승인일을 기준으로 점검할 수 있다.

2-3 화재의 예방 및 안전관리에 관한 법령

제1장 화재의 예방 및 안전관리에 관한 법률

1. 화재안전조사(화재예방법 7조)

구 분	설 명
실시자	소방청장·소방본부장·소방서장(소방관서장)
관계인의 승낙이 필요한 곳	주거(주택)

> **용어**
> **화재안전조사** : 소방대상물, 관계지역 또는 관계인에 대하여 소방시설 등이 소방관계법령에 적합하게 설치·관리되고 있는지, 소방대상물에 화재의 발생 위험이 있는지 등을 확인하기 위하여 실시하는 현장조사·문서열람·보고요구 등을 하는 활동

2. 화재안전조사 결과에 따른 조치명령(화재예방법 14조)

(1) 명령권자
   소방청장·소방본부장·소방서장(소방관서장)

(2) 명령사항
   ① 화재안전조사 조치명령
   ② 개수명령

3. 화재의 예방조치사항(화재예방법 17조)

① 모닥불, 흡연 등 화기의 취급
② 풍등 등 소형열기구 날리기
③ 용접·용단 등 불꽃을 발생시키는 행위
④ 그 밖에 대통령령으로 정하는 화재발생위험이 있는 행위

> 연소의 우려가 있는 소유자 불명의 물질은 안전한 곳으로 옮겨 소방청장·소방본부장 또는 소방서장(소방관서장)에 의해 보관되어야 한다.

4. 불을 사용하는 설비의 관리사항(화재예방법 17조)

① 정하는 기준 : 대통령령
② 대상 ┬ 보일러
       ├ 난로
       ├ 가스시설
       ├ 건조설비
       └ 전기시설

5. 화재예방강화지구의 지정(화재예방법 18조)

(1) 지정권자 : 시·도지사

(2) 지정지역
   ① **시장**지역
   ② **공장·창고** 등이 밀집한 지역
   ③ **목조건물**이 밀집한 지역
   ④ **노후·불량건축물**이 밀집한 지역
   ⑤ **위험물**의 **저장** 및 **처리시설**이 **밀집**한 지역
   ⑥ **석유화학제품**을 생산하는 공장이 있는 지역
   ⑦ **소방시설·소방용수시설** 또는 **소방출동로**가 **없는** 지역
   ⑧ 「**산업입지 및 개발에 관한 법률**」에 따른 산업단지
   ⑨ 「**물류시설의 개발 및 운영에 관한 법률**」에 따른 물류단지
   ⑩ **소방관서장**이 화재예방강화지구로 지정할 필요가 있다고 인정하는 지역

> **화재예방강화지구** : 화재 발생 우려가 크거나 화재가 발생할 경우 피해가 클 것으로 예상되는 지역에 대하여 화재의 예방 및 안전관리를 강화하기 위해 지정·관리하는 지역

지 정	화재안전조사
시·도지사	소방관서장

6. 화재(화재예방법 17·20조)

① 화재위험경보 발령권자 ┐
② 화재의 예방조치권자 ┘ ─ **소방관서장**

7. 특정소방대상물의 소방안전관리(화재예방법 24조)

(1) 소방안전관리업무 대행자

소방시설관리업을 등록한 사람(소방시설관리업자)

(2) 소방안전관리자의 선임

① 선임신고 : **14일** 이내

② 신고대상 : **소방본부장 · 소방서장**

(3) 관계인 및 소방안전관리자의 업무

소방안전관리대상물 (소방안전관리자)	특정소방대상물 (관계인)
① 피난시설 · 방화구획 및 방화시설의 관리	① 피난시설 · 방화구획 및 방화시설의 관리
② 소방시설, 그 밖의 소방관련시설의 관리	② 소방시설, 그 밖의 소방관련시설의 관리
③ **화기취급**의 감독	③ **화기취급**의 감독
④ 소방안전관리에 필요한 업무	④ 소방안전관리에 필요한 업무
⑤ **소방계획서**의 작성 및 시행(대통령령으로 정하는 사항 포함)	⑤ 화재발생시 초기대응
⑥ **자위소방대** 및 **초기대응체**계의 구성 · 운영 · 교육	
⑦ **소방훈련** 및 교육	
⑧ 소방안전관리에 관한 업무 수행에 관한 기록 · 유지	
⑨ 화재발생시 초기대응	

8. 강습 · 실무교육 대상자(화재예방법 34조)

① 소방안전관리자

② 소방안전관리보조자

③ 소방안전관리업무 대행자

④ 소방안전관리자의 자격인정을 받고자 하는 자로서 **대통령령**으로 정하는 자

⑤ 소방안전관리업무를 대항하는 자를 감독하는 자

9. 관리의 권원이 분리된 특정소방대상물의 소방안전관리(화재예방법 35조)

① 복합건축물(지하층을 제외한 층수가 11층 이상 또는 연면적 30000m² 이상)

② 지하가

③ **대통령령**으로 정하는 특정소방대상물

10. 특정소방대상물의 소방훈련(화재예방법 37조)

소방훈련의 종류	소방훈련의 지도 · 감독
① **소화훈련** ② **통보훈련** ③ **피난훈련**	**소방본부장 · 소방서장**

11. 벌칙

(1) 3년 이하의 징역 또는 3000만원 이하의 벌금(화재예방법 50조)

① **화재안전조사 결과**에 따른 조치명령을 정당한 사유 없이 위반한 자

② **소방안전관리자 선임명령** 등을 정당한 사유 없이 위반한 자

③ 화재예방안전진단 결과에 따라 보수 · 보강 등의 조치명령을 정당한 사유 없이 위반한 자

④ 거짓이나 그 밖의 부정한 방법으로 진단기관으로 지정을 받은 자

(2) 1년 이하의 징역 또는 1000만원 이하의 벌금(화재예방법 50조)

① **관계인**의 정당한 업무를 방해하거나, 조사업무를 수행하면서 취득한 자료나 알게 된 **비밀**을 다른 사람 또는 기관에게 제공 또는 누설하거나 목적 외의 용도로 사용한 자

② **소방안전관리자 자격증**을 다른 사람에게 빌려주거나 빌리거나 이를 알선한 자

③ **진단기관**으로부터 화재예방안전진단을 받지 아니한 자

(3) 300만원 이하의 벌금(화재예방법 50조)

① 화재안전조사를 정당한 사유 없이 거부 · 방해 또는 기피한 자

② 화재발생 위험이 크거나 소화활동에 지장을 줄 수 있다고 인정되는 행위나 물건에 대한 금지 또는 제한 명령을 정당한 사유 없이 따르지 아니하거나 방해한 자

③ 소방안전관리자, 총괄소방안전관리자 또는 소방안전관리보조자를 선임하지 아니한 자

④ 소방시설 · 피난시설 · 방화시설 및 방화구획 등이 법령에 위반된 것을 발견하였음에도 필요한 조치를 할 것을 요구하지 아니한 소방안전관리자

⑤ **소방안전관리자**에게 불이익한 처우를 한 관계인

⑥ 업무를 수행하면서 알게 된 비밀을 이 법에서 정한 목적 외의 용도로 사용하거나 다른 사람 또는 기관에 제공하거나 누설한 자

(4) 300만원 이하의 과태료(화재예방법 52조)

① 정당한 사유 없이 **화재예방강화지구** 및 이에 준하는 대통령령으로 정하는 장소에서의 금지 명령에 해당하는 행위를 한 자

② 다른 안전관리자가 소방안전관리자를 겸한 자

③ 소방안전관리업무를 하지 아니한 특정소방대상물의 관계인 또는 소방안전관리대상물의 소방안전관리자

④ 소방안전관리업무의 지도·감독을 하지 아니한 자

⑤ 건설현장 소방안전관리대상물의 소방안전관리자의 업무를 하지 아니한 소방안전관리자

⑥ 피난유도 안내정보를 제공하지 아니한 자

⑦ **소방훈련** 및 **교육**을 하지 아니한 자

⑧ 화재예방안전진단 결과를 제출하지 아니한 자

(5) 200만원 이하의 과태료(화재예방법 52조)

① 불을 사용할 때 지켜야 하는 사항 및 특수가연물의 저장 및 취급 기준을 위반한 자

② 소방설비 등의 설치명령을 정당한 사유 없이 따르지 아니한 자

③ 기간 내에 **선임신고**를 하지 아니하거나 **소방안전관리자**의 **성명** 등을 게시하지 아니한 자

④ 기간 내에 선임신고를 하지 아니한 자

⑤ 기간 내에 소방훈련 및 교육 결과를 제출하지 아니한 자

(6) 100만원 이하의 과태료(화재예방법 52조)

실무교육을 받지 아니한 **소방안전관리자** 및 **소방안전관리보조자**

제2장 화재의 예방 및 안전관리에 관한 법률 시행령

1. 옮긴 물건 등의 보관기간(화재예방법 시행령 17조)

보관자	보관기간
소방관서장	인터넷 홈페이지에 공고하는 기간의 종료일 다음 날부터 7일

2. 화재예방강화지구 안의 화재안전조사 · 소방 훈련 및 교육(화재예방법 시행령 20조)

구 분	설 명
실시자	소방관서장
횟수	연 1회 이상
훈련 · 교육	10일 전 통보

3. 벽 · 천장 사이의 거리(화재예방법 시행령 [별표 1])

종 류	벽 · 천장 사이의 거리
건조설비	0.5m 이상
보일러	0.6m 이상

4. 특수가연물(화재예방법 시행령 [별표 2])

① 면화류
② 나무껍질 및 대팻밥
③ 넝마 및 종이 부스러기
④ 사류
⑤ 볏짚류
⑥ 가연성 고체류
⑦ 석탄 · 목탄류
⑧ 가연성 액체류
⑨ 목재가공품 및 나무 부스러기
⑩ 고무류 · 플라스틱류

특수가연물 : 화재가 발생하면 그 확대가 빠른 물품

5. 소방안전관리자(화재예방법 시행령 [별표 4])

(1) 특급 소방안전관리대상물의 소방안전관리자 선임 조건

자 격	경 력	비 고
• 소방기술사 • 소방시설관리사	경력 필요 없음	특급 소방안전관리자 자격증을 받은 사람
• 1급 소방안전관리자(소방설비기사)	5년	
• 1급 소방안전관리자(소방설비산업기사)	7년	
• 소방공무원	20년	
• 소방청장이 실시하는 특급 소방안전관리대상물의 소방 안전관리에 관한 시험에 합격한 사람	경력 필요 없음	

(2) 1급 소방안전관리대상물의 소방안전관리자 선임 조건

자 격	경 력	비 고
• 소방설비기사 · 소방설비산업기사	경력 필요 없음	1급 소방안전관리자 자격증을 받은 사람
• 소방공무원	7년	
• 소방청장이 실시하는 1급 소방안전관리대상물의 소방 안전관리에 관한 시험에 합격한 사람	경력 필요 없음	
• 특급 소방안전관리대상물의 소방안전관리자 자격이 인정되는 사람		

(3) 2급 소방안전관리대상물의 소방안전관리자 선임 조건

자 격	경 력	비 고
• 위험물기능장 · 위험물산업기사 · 위험물기능사	경력 필요 없음	2급 소방안전관리자 자격증을 받은 사람
• 소방공무원	3년	
• 소방청장이 실시하는 2급 소방안전관리대상물의 소방 안전관리에 관한 시험에 합격한 사람	경력 필요 없음	
• 「기업활동 규제완화에 관한 특별조치법」에 따라 소방 안전관리자로 선임된 사람 (소방안전관리자로 선임된 기간으로 한정)	경력 필요 없음	
• 특급 또는 1급 소방안전관리대상물의 소방안전관리자 자격이 인정되는 사람		

(4) 3급 소방안전관리대상물의 소방안전관리자 선임 조건

자 격	경 력	비 고
• 소방공무원	1년	
• 소방청장이 실시하는 3급 소방안전관리대상물의 소방안전관리에 관한 시험에 합격한 사람	경력 필요 없음	3급 소방안전관리자 자격증을 받은 사람
• 「기업활동 규제완화에 관한 특별조치법」에 따라 소방안전관리자로 선임된 사람(소방안전관리자로 선임된 기간으로 한정)		
• 특급 소방안전관리대상물, 1급 소방안전관리대상물 또는 2급 소방안전관리대상물의 소방안전관리자 자격이 인정되는 사람		

6. 소방안전관리자를 두어야 할 특정소방대상물
(화재예방법 시행령 [별표 4])

소방안전관리대상물	특정소방대상물
특급 소방안전관리대상물 (동·식물원, 철강 등 불연성 물품 저장·취급창고, 지하구, 위험물제조소 등 제외)	• 50층 이상(지하층 제외) 또는 지상 200m 이상 아파트 • 30층 이상(지하층 포함) 또는 지상 120m 이상(아파트 제외) • 연면적 10만m² 이상(아파트 제외)
1급 소방안전관리대상물 (동·식물원, 철강 등 불연성 물품 저장·취급창고, 지하구, 위험물제조소 등 제외)	• 30층 이상(지하층 제외) 또는 지상 120m 이상 아파트 • 연면적 15000m² 이상인 것 (아파트 및 연립주택 제외) • 11층 이상(아파트 제외) • 가연성 가스를 1000t 이상 저장·취급하는 시설
2급 소방안전관리대상물	• 지하구 • 가스제조설비를 갖추고 도시가스사업 허가를 받아야 하는 시설 또는 가연성 가스를 100~1000t 미만 저장·취급하는 시설 • 옥내소화전설비·스프링클러설비 설치대상물 • 물분무등소화설비 설치대상물(호스릴 물분무등소화설비만을 설치한 경우 제외) • 공동주택(옥내소화전설비 또는 스프링클러설비가 설치된 공동주택 한정) • 목조건축물(국보·보물)
3급 소방안전관리대상물	• 간이스프링클러설비(주택전용 간이스프링클러설비 제외) 설치대상물 • 자동화재탐지설비 설치대상물

7. 소방계획에 포함되어야 할 사항 (화재예방법 시행령 27조)

① 소방안전관리대상물의 **위치·구조·연면적·용도·수용인원** 등 **일반현황**
② **소방시설·방화시설, 전기시설·가스시설·위험물시설**의 현황
③ 화재예방을 위한 **자체점검계획** 및 **대응대책**
④ **소방시설·피난시설·방화시설**의 점검·정비계획
⑤ **피난계획**
⑥ 방화구획·제연구획·건축물의 내부마감재료 및 방염대상물품의 사용, 그 밖의 **방화구조** 및 **설비**의 유지·**관리계획**
⑦ **소방교육** 및 **훈련**에 관한 계획
⑧ **자위소방대 조직**과 대원의 임무에 관한 사항
⑨ 화기취급작업에 대한 사전 안전조치 및 감독 등 공사 중 **소방안전관리**에 관한 사항
⑩ 관리의 권원이 분리된 특정소방대상물의 소방안전관리에 관한 사항
⑪ **소화** 및 **연소방지**에 관한 사항
⑫ **위험물**의 저장·취급에 관한 사항
⑬ **소방본부장** 또는 **소방서장**이 요청하는 사항

8. 소방계획의 작성·실시에 관한 지도·감독
(화재예방법 시행령 27조)

소방본부장, 소방서장

9. 관리의 권원이 분리된 특정소방대상물 (화재예방법 35조, 화재예방법 시행령 35조)

① 복합건축물(지하층을 제외한 **11층** 이상 또는 연면적 **30000m²** 이상인 건축물)
② 지하가
③ **도매시장, 소매시장, 전통시장**

10. 한국소방안전원의 권한의 위탁

① 소방안전관리자 또는 소방안전관리보조자 선임신고의 접수
② 소방안전관리자 또는 소방안전관리보조자 해임 사실의 확인
③ 건설현장 소방안전관리자 선임신고의 접수
④ 소방안전관리자 자격시험
⑤ 소방안전관리자 자격증의 발급 및 재발급
⑥ 소방안전관리 등에 관한 종합정보망의 구축·운영
⑦ 강습교육 및 실무교육

제3장 화재의 예방 및 안전관리에 관한 법률 시행규칙

1. 소방안전관리자의 강습(화재예방법 시행규칙 25조)

구 분	설 명
실시자	소방청장(위탁 : 한국소방안전원장)
실시공고	20일 전

2. 소방안전관리자의 실무교육(화재예방법 시행규칙 29조)

구 분	설 명
실시자	소방청장(위탁 : 한국소방안전원장)
실시	2년마다 1회 이상
교육통보	30일 전

3. 특정소방대상물의 소방훈련·교육(화재예방법 시행규칙 36조)

실시횟수	실시결과 기록부 보관
연 1회 이상	2년

소방안전관리자의 재선임 : 30일 이내

4. 소방안전교육(화재예방법 시행규칙 40조)

실시자	교육통보
소방본부장·소방서장	교육일 10일 전까지

5. 소방안전관리업무의 강습교육과목 및 교육시간(화재예방법 시행규칙 [별표 5])

(1) 교육과정별 과목 및 시간

구 분	교육과목	교육시간
특급 소방안전 관리자	• 소방안전관리자 제도 • 화재통계 및 피해분석 • 직업윤리 및 리더십 • 소방관계법령 • 건축·전기·가스 관계법령 및 안전관리 • 위험물안전관계법령 및 안전관리 • 재난관리 일반 및 관련법령 • 초고층재난관리법령	160시간
특급 소방안전 관리자	• 소방기초이론 • 연소·방화·방폭공학 • 화재예방 사례 및 홍보 • 고층건축물 소방시설 적용기준 • 소방시설의 종류 및 기준 • 소방시설(소화설비, 경보설비, 피난구조설비, 소화용수설비, 소화활동설비)의 구조·점검·실습·평가 • 공사장 안전관리 계획 및 감독 • 화기취급감독 및 화재위험작업 허가·관리 • 종합방재실 운용 • 피난안전구역 운영 • 고층건축물 화재 등 재난사례 및 대응방법 • 화재원인 조사실무 • 위험성 평가기법 및 성능위주 설계 • 소방계획 수립 이론·실습·평가(피난약자의 피난계획 등 포함) • 자위소방대 및 초기대응체계 구성 등 이론·실습·평가 • 방재계획 수립 이론·실습·평가 • 재난예방 및 피해경감계획 수립 이론·실습·평가 • 자체점검 서식의 작성 실습·평가 • 통합안전점검 실시(가스, 전기, 승강기 등) • 피난시설, 방화구획 및 방화시설의 관리 • 구조 및 응급처치 이론·실습·평가 • 소방안전 교육 및 훈련 이론·실습·평가 • 화재시 초기대응 및 피난 실습·평가 • 업무수행기록의 작성·유지 실습·평가 • 화재피해 복구 • 초고층 건축물 안전관리 우수사례 토의 • 소방신기술 동향 • 시청각 교육	160시간
1급 소방안전 관리자	• 소방안전관리자 제도 • 소방관계법령 • 건축관계법령 • 소방학개론 • 화기취급감독 및 화재위험작업 허가·관리 • 공사장 안전관리 계획 및 감독 • 위험물·전기·가스 안전관리 • 종합방재실 운영 • 소방시설의 종류 및 기준	80시간

1급 소방안전 관리자	• 소방시설(소화설비, 경보설비, 피난 구조설비, 소화용수설비, 소화활동 설비)의 구조·점검·실습·평가 • 소방계획 수립 이론·실습·평가 (피난약자의 피난계획 등 포함) • 자위소방대 및 초기대응체계 구성 등 이론·실습·평가 • 작동점검표 작성 실습·평가 • 피난시설, 방화구획 및 방화시설의 관리 • 구조 및 응급처치 이론·실습·평가 • 소방안전 교육 및 훈련 이론·실습 ·평가 • 화재시 초기대응 및 피난 실습· 평가 • 업무수행기록의 작성·유지 실습· 평가 • 형성평가(시험)	80시간	2급 소방안전 관리자	• 소방안전관리자 제도 • 소방관계법령(건축관계법령 포함) • 소방학개론 • 화기취급감독 및 화재위험작업 허 가·관리 • 위험물·전기·가스 안전관리 • 소방시설의 종류 및 기준 • 소방시설(소화설비, 경보설비, 피난 구조설비)의 구조·원리·점검·실 습·평가 • 소방계획 수립 이론·실습·평가 (피난약자의 피난계획 등 포함) • 자위소방대 및 초기대응체계 구성 등 이론·실습·평가 • 작동점검표 작성 실습·평가 • 피난시설, 방화구획 및 방화시설의 관리 • 응급처치 이론·실습·평가 • 소방안전 교육 및 훈련 이론·실습 ·평가 • 화재시 초기대응 및 피난 실습· 평가 • 업무수행기록의 작성·유지 실습· 평가 • 형성평가(시험)	40시간
공공기관 소방안전 관리자	• 소방안전관리자 제도 • 직업윤리 및 리더십 • 소방관계법령 • 건축관계법령 • 공공기관 소방안전규정의 이해 • 소방학개론 • 소방시설의 종류 및 기준 • 소방시설(소화설비, 경보설비, 피난 구조설비, 소화용수설비, 소화활동 설비)의 구조·점검·실습·평가 • 소방안전관리 업무대행 감독 • 공사장 안전관리 계획 및 감독 • 화기취급감독 및 화재위험작업 허 가·관리 • 위험물·전기·가스 안전관리 • 소방계획 수립 이론·실습·평가 (피난약자의 피난계획 등 포함) • 자위소방대 및 초기대응체계 구성 등 이론·실습·평가 • 작동점검표 및 외관점검표 작성 실 습·평가 • 피난시설, 방화구획 및 방화시설의 관리 • 응급처치 이론·실습·평가 • 소방안전 교육 및 훈련 이론·실습 ·평가 • 화재시 초기대응 및 피난 실습· 평가 • 업무수행기록의 작성·유지 실습· 평가 • 공공기관 소방안전관리 우수사례 토의 • 형성평가(수료)	40시간	3급 소방안전 관리자	• 소방관계법령 • 화재일반 • 화기취급감독 및 화재위험작업 허 가·관리 • 위험물·전기·가스 안전관리 • 소방시설(소화기, 경보설비, 피난구 조설비)의 구조·점검·실습·평가 • 소방계획 수립 이론·실습·평가 (업무수행기록의 작성·유지 실습 ·평가 및 피난약자의 피난계획 등 포함) • 작동점검표 작성 실습·평가 • 응급처치 이론·실습·평가 • 소방안전 교육 및 훈련 이론·실습 ·평가 • 화재 시 초기대응 및 피난 실습· 평가 • 형성평가(시험)	24시간
			업무대행 감독자	• 소방관계법령 • 소방안전관리 업무대행 감독 • 소방시설 유지·관리 • 화기취급감독 및 위험물·전기·가 스 안전관리	16시간

업무대행 감독자	• 소방계획 수립 이론·실습·평가 (업무수행기록의 작성·유지 및 피난약자의 피난계획 등 포함) • 자위소방대 구성운영 등 이론·실습·평가 • 응급처치 이론·실습·평가 • 소방안전 교육 및 훈련 이론·실습·평가 • 화재 시 초기대응 및 피난 실습·평가 • 형성평가(수료)	16시간
건설현장 소방안전 관리자	• 소방관계법령 • 건설현장 관련 법령 • 건설현장 화재일반 • 건설현장 위험물·전기·가스 안전관리 • 임시소방시설의 구조·점검·실습·평가 • 화기취급감독 및 화재위험작업 허가·관리 • 건설현장 소방계획 이론·실습·평가 • 초기대응체계 구성·운영 이론·실습·평가 • 건설현장 피난계획 수립 • 건설현장 작업자 교육훈련 이론·실습·평가 • 응급처치 이론·실습·평가 • 형성평가(수료)	24시간

(2) 교육운영방법 등

┃교육과정별 교육시간 운영 편성기준┃

구 분	시간 합계	이론 (30%)	실무(70%)	
			일반 (30%)	실습 및 평가 (40%)
특급 소방안전 관리자	160시간	48시간	48시간	64시간
1급 소방안전 관리자	80시간	24시간	24시간	32시간
2급 및 공공기관 소방안전 관리자	40시간	12시간	12시간	16시간
3급 소방안전 관리자	24시간	7시간	7시간	10시간
업무대행 감독자	16시간	5시간	5시간	6시간
건설현장 소방안전 관리자	24시간	7시간	7시간	10시간

2-4 소방시설공사업법령

제1장 소방시설공사업법

1. 소방시설공사업법의 목적(공사업법 1조)
① 소방시설업의 건전한 발전
② 소방기술의 진흥
③ 공공의 안전확보
④ 국민경제에 이바지

2. 소방시설업의 종류(공사업법 2조)

소방시설설계업	소방시설공사업	소방공사감리업	방염처리업
소방시설공사에 기본이 되는 공사계획·설계도면·설계설명서·기술계산서 등을 작성하는 영업	설계도서에 따라 소방시설을 신설·증설·개설·이전·정비하는 영업	소방시설공사에 관한 발주자의 권한을 대행하여 소방시설공사가 설계도서와 관계법령에 따라 적법하게 시공되는지를 확인하고, 품질·시공 관리에 대한 기술지도를 하는 영업	방염대상물품에 대하여 방염처리하는 영업

3. 소방기술자(공사업법 2조 ①항)
① 소방시설관리사
② 소방기술사
③ 소방설비기사
④ 소방설비산업기사
⑤ 위험물기능장
⑥ 위험물산업기사
⑦ 위험물기능사

4. 소방시설업(공사업법 4조)
① 등록권자 ┐
② 등록사항변경 ├ 시·도지사
③ 지위승계 ┘
④ 등록기준 ┬ 자본금
　　　　　 └ 기술인력

5. 종류
① 종류 ┬ 소방시설설계업
　　　　├ 소방시설공사업
　　　　├ 소방공사감리업
　　　　└ 방염처리업
⑥ 업종별 영업범위 : 대통령령

5. 소방시설업의 등록결격사유(공사업법 5조)
① 피성년후견인
② 금고 이상의 실형을 선고받고 그 집행이 끝나거나(집행이 끝난 것으로 보는 경우 포함) 면제된 날부터 2년이 지나지 아니한 사람
③ 금고 이상의 형의 집행유예를 선고받고 그 유예기간 중에 있는 사람
④ 시설업의 등록이 취소된 날부터 2년이 지나지 아니한 자
⑤ 법인의 대표자가 위 ①~④에 해당되는 경우
⑥ 법인의 임원이 위 ②~④에 해당되는 경우

6. 소방시설업의 등록취소(공사업법 9조)
① 거짓, 그 밖의 부정한 방법으로 등록을 한 경우
② 등록결격사유에 해당된 경우
③ 영업정지 기간 중에 설계·시공 또는 감리를 한 경우

7. 착공신고·완공검사 등(공사업법 13·14·15조)
① 소방시설공사의 착공신고 ┐ 소방본부장·
② 소방시설공사의 완공검사 ┘ 소방서장
③ 하자보수기간 : 3일 이내

8. 소방공사감리(공사업법 16·18·20조)
(1) 감리의 종류와 방법
　대통령령
(2) 감리원의 세부적인 배치기준
　행정안전부령

(3) 공사감리결과

　① 서면통지 ─┬─ 관계인
　　　　　　　├─ 도급인
　　　　　　　└─ 건축사

　② 결과보고서 제출 : **소방본부장·소방서장**

9. 하도급 범위(공사업법 22조)

(1) 도급받은 소방시설공사의 일부를 다른 공사업자에게 하도급할 수 있다.

(2) 하수급인은 제3자에게 다시 하도급 불가

(3) **소방시설공사의 시공을 하도급할 수 있는 경우**(공사업령 12조 ①항)

　① 주택건설사업
　② 건설업
　③ 전기공사업
　④ 정보통신공사업

10. 도급계약의 해지(공사업법 23조)

① 소방시설업이 **등록취소**되거나 **영업정지**된 경우

② 소방시설업을 **휴업** 또는 **폐업**한 경우

③ 정당한 사유없이 **30일** 이상 소방시설공사를 계속하지 아니하는 경우

④ **하수급**인의 **변경요구**에 응하지 아니한 경우

11. 소방기술자의 의무(공사업법 27조)

소방기술자는 동시에 **2** 이상의 업체에 **취업**하여서는 **아니 된다**(1개 업체에 취업).

12. 권한의 위탁(공사업법 33조)

업 무	위 탁	권 한
• 실무교육	• 한국소방안전협회 • 실무교육기관	• 소방청장
• 소방기술과 관련된 자격·학력·경력 의 인정 • 소방기술자 양성· 인정 교육훈련업무	• 소방시설업자협회 • 소방기술과 관련된 법인 또는 단체	• 소방청장
• 시공능력평가	• 소방시설업자협회	• 소방청장 • 시·도지사

13. 3년 이하의 징역 또는 3000만원 이하의 벌금(공사업법 35조)

① 소방시설업 무등록자

② 부정한 청탁을 받고 재물 또는 재산상의 이익을 취득하거나 부정한 청탁을 하면서 재물 또는 재산상의 이익을 제공한 자

14. 1년 이하의 징역 또는 1000만원 이하의 벌금(공사업법 36조)

① 영업정지처분 위반자

② 거짓 감리자

③ 공사감리자 미지정자

④ 소방시설 설계·시공·감리 하도급자

⑤ 소방시설공사 재하도급자

⑥ 소방시설업자가 아닌 자에게 소방시설공사 등을 도급한 관계인

⑦ 공사업법의 명령에 따르지 않은 소방기술자

15. 300만원 이하의 벌금(공사업법 37조)

① 등록증·등록수첩을 빌려준 자

② 다른 자에게 자기의 성명이나 상호를 사용하여 소방시설공사 등을 수급 또는 시공하게 한 자

③ 감리원 미배치자

④ 소방기술인정 자격수첩을 빌려준 자

⑤ 2 이상의 업체에 취업한 자

⑥ 소방시설업자나 관계인 감독시 관계인의 업무를 방해하거나 **비밀누설**

16. 100만원 이하의 벌금(공사업법 38조)

① 거짓 보고 또는 자료 미제출자

② 관계공무원의 출입 또는 검사·조사를 거부·방해 또는 기피한 자

17. 200만원 이하의 과태료(공사업법 40조)

① 관계서류 미보관자

② 소방기술자 미배치자

③ 하도급 미통지자

④ 관계인에게 지위승계·행정처분·휴업·폐업 사실을 거짓으로 알린 자

⑤ 완공검사를 받지 아니한 자

⑥ 방염성능기준 미만으로 방염한 자

제2장 소방시설공사업법 시행령

1. 소방시설공사의 하자보수보증기간(공사업령 6조)

보증 기간	소방시설
2년	① 유도등 · 유도표지 · 피난기구 ② 비상조명등 · 비상경보설비 · 비상방송설비 ③ 무선통신보조설비
3년	① 자동소화장치 ② 옥내 · 외소화전설비 ③ 스프링클러설비 · 간이 스프링클러설비 ④ 물분무등소화설비 · 상수도 소화용수설비 ⑤ 자동화재탐지설비 · 소화활동설비(무선통신보조설비 제외)

2. 소방공사감리자 지정대상 특정소방대상물의 범위(공사업령 10조)

① 옥내소화전설비를 신설 · 개설 또는 증설할 때
② 스프링클러설비 등(캐비닛형 간이스프링클러설비 제외)을 신설 · 개설하거나 방호 · 방수구역을 증설할 때
③ 물분무등소화설비(호스릴방식의 소화설비 제외)를 신설 · 개설하거나 방호 · 방수구역을 증설할 때
④ 옥외소화전설비를 신설 · 개설 또는 증설할 때
⑤ 자동화재탐지설비를 신설 · 개설할 때
⑥ 비상방송설비를 신설 또는 개설할 때
⑦ 통합감시시설을 신설 또는 개설할 때
⑧ 소화용수설비를 신설 또는 개설할 때
⑨ 다음의 소화활동설비에 대하여 시공을 할 때
  ㉠ 제연설비를 신설 · 개설하거나 제연구역을 증설할 때
  ㉡ 연결송수관설비를 신설 또는 개설할 때
  ㉢ 연결살수설비를 신설 · 개설하거나 송수구역을 증설할 때
  ㉣ 비상콘센트설비를 신설 · 개설하거나 전용회로를 증설할 때
  ㉤ 무선통신보조설비를 신설 또는 개설할 때
  ㉥ 연소방지설비를 신설 · 개설하거나 살수구역을 증설할 때

3. 소방시설설계업(공사업령 [별표 1])

종 류	기술인력	영업범위
전문	• 주된 기술인력 : 1명 이상 • 보조 기술인력 : 1명 이상	• 모든 특정소방대상물
일반	• 주된 기술인력 : 1명 이상 • 보조 기술인력 : 1명 이상	• 아파트(기계분야 제연설비 제외) • 연면적 30000m²(공장 10000m²) 미만(기계분야 제연설비 제외) • 위험물제조소 등

4. 소방시설공사업(공사업령 [별표 1])

종 류	기술인력	자본금	영업범위
전문	• 주된 기술 인력 : 1명 이상 • 보조 기술 인력 : 2명 이상	• 법인 : 1억원 이상 • 개인 : 1억원 이상	• 특정소방대상물
일반	• 주된 기술 인력 : 1명 이상 • 보조 기술 인력 : 1명 이상	• 법인 : 1억원 이상 • 개인 : 1억원 이상	• 연면적 10000m² 미만 • 위험물 제조소 등

5. 소방공사감리업(공사업령 [별표 1])

종 류	기술인력	영업범위
전문	• 소방기술사 1명 이상 • 특급감리원 1명 이상 • 고급감리원 1명 이상 • 중급감리원 1명 이상 • 초급감리원 1명 이상	• 모든 특정 소방대상물
일반	• 특급감리원 1명 이상 • 고급 또는 중급감리원 1명 이상 • 초급감리원 1명 이상	• 아파트(기계분야 제연설비 제외) • 연면적 30000m²(공장 10000m²) 미만(기계분야 제연설비 제외) • 위험물제조소 등

6. 소방기술자의 배치기준(공사업령 [별표 2])

자격구분	소방시설공사의 종류
전기분야 소방시설공사	• 자동화재탐지설비 · 비상경보설비 • 시각경보기 • 비상방송설비 · 자동화재속보설비 또는 통합감시시설 • 비상콘센트설비 · 무선통신보조설비 • 기계분야 소방시설에 부설되는 전기시설 중 비상전원 · 동력회로 · 제어회로

제3장 소방시설공사업법 시행규칙

1. 소방시설업(공사업규칙 2~7조)

내 용		날 짜
•등록증 재발급	지위승계·분실 등	3일 이내
	변경신고 등	5일 이내
•등록서류보완		10일 이내
•등록증 발급		15일 이내
•등록사항 변경신고 •지위승계 신고시 서류제출		30일 이내

소방시설업 등록신청 자산평가액·기업진단보고서 : 신청일 90일 이내에 작성한 것

2. 소방시설공사(공사업규칙 12조)

내 용	날 짜
•착공·변경 신고처리	2일 이내
•중요사항 변경시의 신고	30일 이내

3. 소방공사감리자(공사업규칙 15조)

내 용	날 짜
•지정·변경 신고처리	2일 이내
•변경서류 제출	30일 이내

4. 소방공사감리원의 세부배치기준(공사업규칙 16조)

감리대상	책임감리원
일반공사 감리대상	•주 1회 이상 방문감리 •담당감리현장 5개 이하로서 연면적 총합계 100000m² 이하

5. 소방공사감리원의 배치 통보(공사업규칙 17조)

① 통보대상 : 소방본부장·소방서장
② 통보일 : 배치일로부터 7일 이내

6. 소방시설공사 시공능력평가의 신청·평가

(공사업규칙 22·23조)

제출일	내 용
① 매년 2월 15일	•공사실적 증명서류 •소방시설업 등록수첩 사본 •소방기술자 보유현황 •신인도 평가신고서
② 매년 4월 15일(법인) ③ 매년 6월 10일(개인)	•법인세법·소득세법 신고서 •재무제표 •회계서류 •출자, 예치·담보 금액확인서
④ 매년 7월 31일	•시공능력평가의 공시

비교

실무교육기관	
보고일	내 용
매년 1월 말	•교육실적 보고
다음연도 1월 말	•실무교육대상자 관리 및 교육실적 보고
매년 11월 30일	•다음 연도 교육계획 보고

7. 소방기술자의 실무교육(공사업규칙 26조)

① 실무교육 실시 : 2년마다 1회 이상
② 실무교육 통지 : 10일 전
③ 실무교육 필요사항 : 소방청장

8. 소방기술자 실무교육기관(공사업규칙 31~35조)

내 용	날 짜
•교육계획의 변경보고 •지정사항 변경보고	10일 이내
•휴·폐업 신고	14일 전까지
•신청서류 보완	15일 이내
•지정서 발급	30일 이내

9. 소방시설업의 행정처분기준(공사업규칙 [별표 1])

행정처분	위반사항
1차 영업정지 1월	① 화재안전기준 등에 적합하게 설계·시공을 하지 않거나 부적합하게 감리 ② 공사감리자의 인수·인계를 기피·거부·방해 ③ 감리원의 공사현장 미배치 또는 거짓배치 ④ 하수급인에게 대금 미지급
1차 영업정지 6월	① 다른 자에게 자기의 성명이나 상호를 사용하여 소방시설공사 등을 수급 또는 시공하게 하거나 소방시설업의 **등록증** 또는 **등록수첩**을 빌려준 경우 ② 소방시설공사 등에 업무수행 등을 **고의** 또는 **과실**로 **위반**하여 다른 자에게 **상해**를 입히거나 **재산피해**를 입힌 경우
1차 등록취소	① **부정한 방법**으로 등록한 경우 ② **등록결격사유**에 해당한 경우 ③ **영업정지기간** 중에 설계·시공·감리한 경우

10. 일반공사감리기간(공사업규칙 [별표 3])

소방시설	감리기간
피난기구	• 고정금속구를 설치하는 기간
비상전원이 설치되는 소방시설	• 비상전원의 설치 및 소방시설과의 접속을 하는 기간

11. 시공능력평가의 산정식(공사업규칙 [별표 4])

① **시공능력평가액**=실적평가액+자본금평가액+기술력평가액+경력평가액±신인도평가액

② **실적평가액**=연평균 공사실적액

③ **자본금평가액**=(실질자본금×실질자본금의 평점 +소방청장이 지정한 금융회사 또는 소방산업공제조합에 출자·예치·담보한 금액)$\times \dfrac{70}{100}$

④ **기술력평가액**=전년도 공사업계의 기술자 1인당 평균생산액×보유기술인력 가중치합계$\times \dfrac{30}{100}$+전년도 기술개발투자액

⑤ **경력평가액**=실적평가액×공사업경영기간 평점 $\times \dfrac{20}{100}$

⑥ **신인도평가액**=(실적평가액+자본금평가액+기술력평가액+경력평가액)×신인도 반영비율 합계

12. 실무교육기관의 시설·장비(공사업규칙 [별표 6])

실의 종류	바닥면적
• 사무실	60m² 이상
• 강의실 • 실습실·실험실·제도실	100m² 이상

2-5 위험물안전관리법령

제1장 위험물안전관리법

1. 용어의 뜻(위험물법 2조)

용 어	설 명
위험물	인화성 또는 발화성 등의 성질을 가지는 것으로서 **대통령령**으로 정하는 물품
지정수량	위험물의 종류별로 위험성을 고려하여 대통령령으로 정하는 수량으로서 제조소 등의 설치허가 등에 있어서 **최저의 기준**이 되는 **수량**
제조소	위험물을 제조할 목적으로 **지정수량 이상**의 위험물을 취급하기 위하여 허가를 받은 장소
저장소	지정수량 이상의 위험물을 저장하기 위한 대통령령으로 정하는 장소
취급소	지정수량 이상의 위험물을 제조 외의 목적으로 취급하기 위한 대통령령으로 정하는 장소
제조소 등	제조소·저장소·취급소

2. 위험물의 저장·운반·취급에 대한 적용 제외
(위험물법 3조)
① 항공기
② 선박
③ 철도(기차)
④ 궤도

비교

소방대상물(기본법 2조 1호)
- 건축물
- 차량
- 선박(매어둔 것)
- 선박건조구조물
- 인공구조물
- 물건
- 산림

3. 위험물(위험물법 4·5조)
① 지정수량 미만인 위험물의 저장·취급 : **시·도의 조례**
② 위험물의 임시저장기간 : **90일** 이내

4. 제조소 등의 설치허가(위험물법 6조)
(1) 설치허가자
   시·도지사
(2) 설치허가 제외장소
   ① **주택의 난방시설**(공동주택의 중앙난방시설은 제외)을 위한 **저장소** 또는 **취급소**
   ② 지정수량 **20배** 이하의 **농예용·축산용·수산용** 난방시설 또는 건조시설의 **저장소**
(3) 제조소 등의 변경신고
   변경하고자 하는 날의 **1일** 전까지

5. 제조소 등의 시설기준(위험물법 6조)
① 제조소 등의 **위치**
② 제조소 등의 **구조**
③ 제조소 등의 **설비**

6. 탱크안전성능검사(위험물법 8조)

구 분	설 명
실시자	시·도지사
탱크안전성능검사의 내용	대통령령
탱크안전성능검사의 실시 등에 관한 사항	행정안전부령

7. 완공검사(위험물법 9조)
① 제조소 등 : **시·도지사**
② 소방시설공사 : **소방본부장·소방서장**

8. 제조소 등의 승계 및 용도폐지(위험물법 10·11조)

제조소 등의 승계	제조소 등의 용도 폐지
① 신고처 : **시·도지사**	① 신고처 : **시·도지사**
② 신고기간 : **30일** 이내	② 신고일 : **14일** 이내

기억법 3승

9. 제조소 등 설치허가의 취소와 사용정지(위험물법 12조)

① **변경허가**를 받지 아니하고 제조소 등의 위치·구조 또는 설비를 변경한 경우

② **완공검사**를 받지 아니하고 제조소 등을 사용한 경우

③ 안전조치 이행명령을 따르지 아니한 경우

④ 수리·개조 또는 **이전**의 **명령**에 **위반**한 경우

⑤ **위험물안전관리자**를 선임하지 아니한 경우

⑥ 안전관리자의 직무를 대행하는 **대리자**를 지정하지 아니한 경우

⑦ **정기점검**을 하지 아니한 경우

⑧ **정기검사**를 받지 아니한 경우

⑨ **저장·취급기준 준수명령**에 위반한 경우

10. 과징금(소방시설법 36조, 공사업법 10조, 위험물법 13조)

3000만원 이하	2억원 이하
• 소방시설관리업 영업정지처분 갈음	• 제조소 사용정지처분 갈음 • **소방시설업**(설계업·감리업·공사업·방염업) 영업정지처분 갈음

11. 유지·관리(위험물법 14조)

① 제조소 등의 유지·관리 ┐
② 위험물시설의 유지·관리 ┘ ─ 관계인

12. 제조소 등의 수리·개조·이전 명령(위험물법 14조 ②항)

① 시·도지사

② 소방본부장

③ 소방서장

13. 위험물안전관리자(위험물법 15조)

(1) 선임신고

① 소방안전관리자 ┐ **14일 이내**에 **소방본부장**

② 위험물안전관리자 ┘ · **소방서장**에게 신고

(2) 제조소 등의 위험물안전관리자의 자격

대통령령

날 짜	내 용
14일 이내	• 위험물안전관리자의 선임신고
30일 이내	• 위험물안전관리자의 재선임 • 위험물안전관리자의 직무대행

14. 탱크시험자(위험물법 16조)

(1) 등록권자

시·도지사

(2) 변경신고

30일 이내, 시·도지사

(3) 탱크시험자의 등록취소, 6월 이내의 업무정지

① **거짓**, 그 밖의 **부정한 방법**으로 등록을 한 경우

② 등록의 **결격사유**에 해당하게 된 경우

③ **등록증**을 다른 자에게 **빌려준 경우**

④ **등록기준**에 **미달**하게 된 경우

⑤ **탱크안전성능시험** 또는 **점검**을 **거짓**으로 한 경우

(4) 탱크시험자의 등록취소

① **거짓**, 그 밖의 **부정한 방법**으로 등록한 경우

② 등록**결격사유**에 해당한 경우

③ **등록증**을 다른 자에게 빌려준 경우

15. 예방규정(위험물법 17조)

예방규정의 제출자 : 시·도지사

> **예방규정** : 제조소 등의 화재예방과 화재 등 재해발생시의 비상조치를 위한 규정

16. 위험물운반의 기준(위험물법 20조)

① 용기

② 적재방법

③ 운반방법

17. 제조소 등의 출입·검사(위험물법 22조)

① 검사권자 ┬ **소방청장**
　　　　　├ **시·도지사**
　　　　　├ **소방본부장**
　　　　　└ **소방서장**

② 주거(주택) : 관계인의 **승낙** 필요

18. 명령권자(위험물법 23 · 24조)

① 탱크시험자에 대한 명령 ──┐ **시 · 도지사,**
② 무허가장소의 위험물 조치명령 ──┘ **소방본부장,**
소방서장

19. 위험물의 안전관리와 관련된 업무를 수행하는 자(위험물법 28조)

① 안전관리자
② 탱크시험자
③ 위험물운송자

20. 징역형(위험물법 33조)

1년 이상 10년 이하의 징역	무기 또는 3년 이상의 징역	무기 또는 5년 이상의 징역
제조소 등 또는 허가를 받지 않고 지정수량 이상의 위험물을 저장 또는 취급하는 장소에서 위험물을 유출 · 방출 또는 확산시켜 사람의 생명 · 신체 또는 재산에 대하여 위험을 발생시킨 자	제조소 등 또는 허가를 받지 않고 지정수량 이상의 위험물을 저장 또는 취급하는 장소에서 위험물을 유출 · 방출 또는 확산시켜 사람을 상해에 이르게 한 사람	제조소 등 또는 허가를 받지 않고 지정수량 이상의 위험물을 저장 또는 취급하는 장소에서 위험물을 유출 · 방출 또는 확산시켜 사람을 사망에 이르게 한 사람

21. 1년 이하의 징역 또는 1000만원 이하의 벌금(위험물법 35조)

① 제조소 등의 정기점검기록 허위 작성
② **자체소방대**를 두지 않고 제조소 등의 허가를 받은 자
③ **위험물 운반용기**의 검사를 받지 않고 유통시킨 자
④ 제조소 등의 긴급사용정지 위반자

22. 1500만원 이하의 벌금(위험물법 36조)

① 위험물의 **저장 · 취급**에 관한 중요기준 위반
② 제조소 등의 무단 변경
③ 제조소 등의 **사용정지**명령 위반
④ 안전관리자를 미선임한 관계인
⑤ 대리자를 미지정한 관계인
⑥ 탱크시험자의 업무정지명령 위반
⑦ **무허가장소**의 위험물조치명령 위반

23. 1000만원 이하의 벌금(위험물법 37조)

① 위험물 **취급**에 관한 안전관리와 감독하지 않은 자
② **위험물 운반**에 관한 중요기준 위반
③ 관계인의 정당업무방해 또는 출입 · 검사 등의 비밀누설
④ 운송규정을 위반한 위험물운송자

24. 500만원 이하의 과태료(위험물법 39조)

① 위험물의 임시저장 미승인
② 위험물의 운반에 관한 세부기준 위반
③ 제조소 등의 지위승계 거짓신고
④ 예방규정을 준수하지 아니한 자
⑤ **제조소 등**의 **점검결과** 기록보존 아니한 자
⑥ **위험물**의 **운송기준** 미준수자
⑦ 제조소 등의 폐지 허위신고

제2장 위험물안전관리법 시행령

1. 제조소 등의 재발급 완공검사합격확인증 제출
(위험물령 10조)

제출일	제출대상
10일 이내	시·도지사

2. 예방규정을 정하여야 할 제조소 등(위험물령 15조)

① 10배 이상의 제조소·일반취급소
② 100배 이상의 옥외저장소
③ 150배 이상의 옥내저장소
④ 200배 이상의 옥외탱크저장소
⑤ 이송취급소
⑥ 암반탱크저장소

3. 운송책임자의 감독·지원을 받는 위험물 (위험물령 19조)

① 알킬알루미늄
② 알킬리튬

4. 정기검사의 대상인 제조소 등과 한국소방산업기술원에 업무의 위탁(위험물령 17·22조)

정기검사의 대상인 제조소 등	한국소방산업기술원에 위탁하는 탱크안전성능검사
액체위험물을 저장 또는 취급하는 50만ℓ 이상의 옥외탱크저장소	① 100만ℓ 이상인 액체위험물을 저장하는 탱크 ② 암반탱크 ③ 지하탱크저장소의 액체위험물탱크

5. 위험물(위험물령 [별표 1])

유별	성질	품명
제1류	산화성 고체	• 아염소산염류 • 염소산염류 • 과염소산염류 • 질산염류 • 무기과산화물
제2류	가연성 고체	• 황화인 • 적린 • 황 • 마그네슘
제3류	자연발화성 물질 및 금수성 물질	• 황린 • 칼륨 • 나트륨
제4류	인화성 액체	• 특수인화물 • 석유류 • 알코올류 • 동식물유류
제5류	자기반응성 물질	• 셀룰로이드 • 유기과산화물 • 나이트로화합물 • 나이트로소화합물 • 아조화합물
제6류	산화성 액체	• 과염소산 • 과산화수소 • 질산

중요 제4류 위험물(위험물령 [별표 1])

성질	품명		지정수량	대표물질
인화성 액체	특수인화물		50ℓ	• 다이에틸에터 • 이황화탄소
	제1석유류	비수용성	200ℓ	• 휘발유 • 콜로디온
		수용성	400ℓ	• 아세톤
	알코올류		400ℓ	• 변성알코올
	제2석유류	비수용성	1000ℓ	• 등유 • 경유
		수용성	2000ℓ	• 아세트산
	제3석유류	비수용성	2000ℓ	• 중유 • 크레오스트유
		수용성	4000ℓ	• 글리세린
	제4석유류		6000ℓ	• 기어유 • 실린더유
	동식물유류		10000ℓ	• 아마인유

6. 위험물(위험물령 [별표 1])

종 류	기 준
과산화수소	농도 36wt% 이상
황	순도 60wt% 이상
질산	비중 1.49 이상

판매취급소 : 점포에서 위험물을 용기에 담아 판매하기 위하여 지정수량의 40배 이하의 위험물을 취급하는 장소

7. 위험물탱크 안전성능시험자의 기술능력·시설·장비(위험물령 [별표 7])

기술능력(필수인력)	시 설	장비(필수장비)
• 위험물기능장·산업기사·기능사 1명 이상 • 비파괴검사기술사 1명 이상·초음파비파괴검사·자기비파괴검사·침투비파괴검사별로 기사 또는 산업기사 각 1명 이상	전용 사무실	• 영상초음파시험기 • 방사선투과시험기 및 초음파시험기 • 자기탐상시험기 • 초음파두께측정기 ──┐ 택 1

제3장 위험물안전관리법 시행규칙

1. 도로(위험물규칙 2조)

(1) 도로법에 의한 도로

(2) 임항교통시설의 도로

(3) 사도

(4) 일반교통에 이용되는 너비 **2m** 이상의 도로(자동차의 통행이 가능한 것)

2. 위험물 품명의 지정(위험물규칙 3조)

품 명	지정물질
제1류 위험물	① 과아이오딘산염류 ② 과아이오딘산 ③ 크로뮴, 납 또는 아이오딘의 산화물 ④ 아질산염류 ⑤ 차아염소산염류 ⑥ 염소화아이소사이아누르산 ⑦ 퍼옥소이황산염류 ⑧ 퍼옥소붕산염류
제3류 위험물	① 염소화규소화합물
제5류 위험물	① 금속의 아지화합물 ② 질산구아니딘
제6류 위험물	① 할로젠간화합물

3. 탱크의 내용적(위험물기준 [별표 1])

(1) 타원형 탱크의 내용적

① 양쪽이 볼록한 것

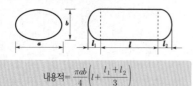

$$내용적 = \frac{\pi ab}{4}\left(l + \frac{l_1 + l_2}{3}\right)$$

② 한쪽은 볼록하고 다른 한쪽은 오목한 것

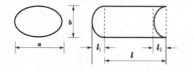

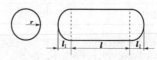

$$내용적 = \frac{\pi ab}{4}\left(l + \frac{l_1 - l_2}{3}\right)$$

(2) 원형 탱크의 내용적

① 횡으로 설치한 것

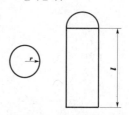

$$내용적 = \pi r^2 \left(l + \frac{l_1 + l_2}{3}\right)$$

② 종으로 설치한 것

$$내용적 = \pi r^2 l$$

탱크의 용량 = 탱크의 내용적 − 탱크의 공간용적

4. 제조소 등의 변경허가 신청서류(위험물규칙 7조)

(1) 제조소 등의 **완공검사합격확인증**

(2) 제조소 등의 **위치·구조** 및 설비에 관한 **도면**

(3) 소화설비(**소화기구 제외**)를 설치하는 제조소 등의 설계도서

(4) **화재예방**에 관한 조치사항을 기재한 **서류**

5. 제조소 등의 완공검사 신청시기(위험물규칙 20조)

(1) **지하탱크가 있는 제조소**

해당 지하탱크를 매설하기 전

(2) **이동탱크저장소**

이동저장탱크를 완공하고 상치장소를 확보한 후

(3) 이송취급소

이송배관공사의 전체 또는 일부를 완료한 후(지하·하천 등에 매설하는 것은 이송배관을 매설하기 전)

제조소 등의 정기점검횟수 : 연 1회 이상

6. 위험물의 운송책임자(위험물규칙 52조)

(1) 기술자격을 취득하고 **1년** 이상 경력이 있는 자
(2) 안전교육을 수료하고 **2년** 이상 경력이 있는 자

7. 특정·준특정 옥외탱크저장소(위험물규칙 65조)

옥외탱크저장소 중 저장 또는 취급하는 액체 위험물의 최대수량이 **50만**l 이상인 것

8. 특정옥외탱크저장소의 구조안전점검기간(위험물규칙 65조)

점검기간	조 건
•11년 이내	최근의 정밀정기검사를 받은 날부터
•12년 이내	완공검사합격확인증을 발급받은 날부터
•13년 이내	최근의 정밀정기검사를 받은 날부터(연장신청을 한 경우)

9. 자체소방대의 설치제외대상인 일반 취급소
(위험물규칙 73조)

(1) 보일러·버너로 위험물을 소비하는 일반취급소
(2) 이동저장탱크에 위험물을 주입하는 일반취급소
(3) 용기에 위험물을 옮겨담는 일반취급소
(4) 유압장치·윤활유순환장치로 위험물을 취급하는 일반취급소
(5) 광산안전법의 적용을 받는 일반취급소

10. 위험물제조소의 안전거리(위험물규칙 [별표 4])

안전거리	대 상
3m 이상	•7~35kV 이하의 특고압가공전선
5m 이상	•35kV를 초과하는 특고압가공전선
10m 이상	•주거용으로 사용되는 것
20m 이상	•고압가스 제조시설(용기에 충전하는 것 포함) •고압가스 사용시설(1일 30m³ 이상 용적 취급) •고압가스 저장시설 •액화산소 소비시설 •액화석유가스 제조·저장시설 •도시가스 공급시설
30m 이상	•학교 •병원급 의료기관 •공연장 ┐ •영화상영관 ┘ 300명 이상 수용시설 •아동복지시설 •노인복지시설 •장애인복지시설 •한부모가족 복지시설 — 20명 이상 수용시설 •어린이집 •성매매 피해자 등을 위한 지원시설 •정신건강증진시설 •가정폭력피해자 보호시설
50m 이상	•유형문화재 •지정문화재

11. 위험물제조소의 보유공지(위험물규칙 [별표 4])

취급하는 위험물의 최대수량	공지의 너비
지정수량의 10배 이하	3m 이상
지정수량의 10배 초과	5m 이상

12. 보유공지를 제외할 수 있는 방화상 유효한 격벽의 설치기준(위험물규칙 [별표 4])

(1) 방화벽은 **내화구조**로 할 것(단, 취급하는 위험물이 **제6류 위험물**인 경우에는 **불연재료**로 할 수 있다.)

(2) 방화벽에 설치하는 출입구 및 창 등의 개구부는 가능한 한 **최소**로 하고, 출입구 및 창에는 자동폐쇄식의 60분＋방화문 또는 60분 방화문을 설치할 것

(3) 방화벽의 양단 및 상단이 외벽 또는 지붕으로부터 **50cm** 이상 돌출하도록 할 것

13. 위험물제조소의 표지 설치기준(위험물규칙 [별표 4])

(1) 한 변의 길이가 **0.3m** 이상, 다른 한 변의 길이가 **0.6m** 이상인 직사각형일 것

(2) 바탕은 **백색**으로, 문자는 **흑색**일 것

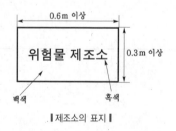

0.6m 이상

위험물 제조소

0.3m 이상

백색　　　　흑색

┃제조소의 표지┃

14. 위험물제조소의 게시판 설치기준(위험물규칙 [별표 4])

위험물	주의 사항	비 고
• 제1류 위험물 　(알칼리금속의 과산화물) • 제3류 위험물(금수성 물질)	물기엄금	**청색** 바탕에 백색문자
• 제2류 위험물(인화성 고체 제외)	화기주의	**적색** 바탕에 백색문자
• 제2류 위험물(인화성 고체) • 제3류 위험물(자연발화성 물질) • 제4류 위험물 • 제5류 위험물	화기엄금	
• 제6류 위험물	별도의 표시를 하지 않는다.	

비교

위험물 운반용기의 주의사항(위험물규칙 [별표 19])

위험물		주의사항
제1류 위험물	알칼리금속의 과산화물	• 화기 · 충격주의 • 물기엄금 • 가연물접촉주의
	기타	• 화기 · 충격주의 • 가연물접촉주의
제2류 위험물	철분 · 금속분 · 마그네슘	• 화기주의 • 물기엄금
	인화성 고체	• 화기엄금
	기타	• 화기주의
제3류 위험물	자연발화성 물질	• 화기엄금 • 공기접촉엄금
	금수성 물질	• 물기엄금
제4류 위험물		• 화기엄금
제5류 위험물		• 화기엄금 • 충격주의
제6류 위험물		• 가연물접촉주의

15. 제조소의 조명설비의 적합기준(위험물규칙 [별표 4])

(1) 가연성 가스 등이 체류할 우려가 있는 장소의 조명등은 **방폭등**으로 할 것

(2) 전선은 **내화 · 내열전선**으로 할 것

(3) 점멸스위치는 출입구 **바깥부분**에 설치할 것(단, 스위치의 스파크로 인한 화재 · 폭발의 우려가 없는 경우는 제외)

16. 위험물제조소의 환기설비(위험물규칙 [별표 4])

(1) 환기는 **자연배기방식**으로 할 것

(2) 급기구는 바닥면적 **150m²**마다 1개 이상으로 하되, 그 크기는 **800cm²** 이상일 것

바닥면적	급기구의 면적
60m² 미만	150cm² 이상
60~90m² 미만	300cm² 이상
90~120m² 미만	450cm² 이상
120~150m² 미만	600cm² 이상

(3) 급기구는 **낮은 곳**에 설치하고, 가는 눈의 구리망 등으로 **인화방지망**을 설치할 것

(4) 환기구는 지상 **2m** 이상의 높이에 **회전식 고정벤틸레이터** 또는 **루프팬 방식**으로 설치할 것

17. 채광설비 · 환기설비의 설치제외(위험물규칙 [별표 4])

채광설비의 설치제외	환기설비의 설치제외
조명설비가 설치되어 유효하게 조도가 확보되는 건축물	**배출설비**가 설치되어 유효하게 환기가 되는 건축물

위험물제조소의 배출설비의 배출능력은 1시간당 배출장소용적의 **20배** 이상인 것으로 할 것(단, 전역방식의 경우 **18m³/m²** 이상으로 할 수 있다.)

18. 옥외에서 액체위험물을 취급하는 바닥기준
(위험물규칙 [별표 4])

(1) 바닥의 둘레에 높이 **0.15m** 이상의 턱을 설치하는 등 위험물이 외부로 흘러나가지 아니하도록 할 것

(2) 바닥은 **콘크리트** 등 위험물이 스며들지 아니하는 재료로 하고, 턱이 있는 쪽이 낮게 경사지게 할 것

(3) 바닥의 **최저부**에 **집유설비**를 할 것

(4) 위험물을 취급하는 설비에 있어서는 해당 위험물이 직접 배수구에 흘러들어가지 아니하도록 집유설비에 **유분리장치**를 설치할 것

19. 안전장치의 설치기준(위험물규칙 [별표 4])

(1) **자동적**으로 압력의 상승을 정지시키는 장치

(2) **감압측**에 안전밸브를 부착한 감압밸브

(3) **안전밸브**를 겸하는 경보장치

(4) **파괴판** : **안전밸브**의 작동이 곤란한 경우에 사용

20. 위험물제조소 방유제의 용량(위험물규칙 [별표 4])

1개의 탱크	2개 이상의 탱크
방유제용량= 탱크용량×0.5	방유제용량=최대탱크용량×0.5 +기타 탱크용량의 합×0.1

지정수량의 **10배** 이상의 위험물을 취급하는 제조소(**제6류** 위험물을 취급하는 위험물제조소 제외)에는 **피뢰침**을 설치하여야 한다.

21. 아세트알데하이드 등을 취급하는 제조소의 특례(위험물규칙 [별표 4])

(1) **은 · 수은 · 동 · 마그네슘** 또는 이들을 성분으로 하는 합금으로 만들지 아니할 것

(2) 연소성 혼합기체의 생성에 의한 폭발을 방지하기 위한 **불활성 기체** 또는 **수증기**를 봉입하는 장치를 갖출 것

(3) 탱크에는 **냉각장치** 또는 **보냉장치** 및 연소성 혼합기체의 생성에 의한 폭발을 방지하기 위한 **불활성 기체**를 봉입하는 **장치**를 갖출 것

22. 하이드록실아민 등을 취급하는 제조소의 안전거리(위험물규칙 [별표 4])

$$D = 51.1\sqrt[3]{N}$$

여기서, D : 거리[m]

N : 해당 제조소에서 취급하는 하이드록실
아민 등의 지정수량의 배수

23. 옥내저장소의 안전거리 적용제외(위험물규칙 [별표 5])

(1) 제4석유류 또는 **동식물유류** 저장·취급장소(최대수량이 지정수량의 **20배** 미만)

(2) **제6류 위험물** 저장·취급장소

(3) 다음 기준에 적합한 지정수량 **20배**(하나의 저장창고의 바닥면적이 **150m²** 이하인 경우 **50배**) 이하의 장소

① 저장창고의 **벽·기둥·바닥·보** 및 **지붕**이 **내화구조**일 것

② 저장창고의 출입구에 수시로 열 수 있는 **자동폐쇄방식**의 60분＋방화문 또는 60분 방화문이 설치되어 있을 것

③ 저장창고에 **창**을 설치하지 아니할 것

24. 옥내저장소의 보유공지(위험물규칙 [별표 5])

위험물의 최대수량	공지너비	
	내화구조	기타구조
지정수량의 5배 이하	–	0.5m 이상
지정수량의 5배 초과 10배 이하	1m 이상	1.5m 이상
지정수량의 10배 초과 20배 이하	2m 이상	3m 이상
지정수량의 20배 초과 50배 이하	3m 이상	5m 이상
지정수량의 50배 초과 200배 이하	5m 이상	10m 이상
지정수량의 200배 초과	10m 이상	15m 이상

중요 보유공지

(1) 옥외저장소의 보유공지(위험물규칙 [별표 11])

위험물의 최대수량	공지의 너비
지정수량의 10배 이하	3m 이상
지정수량의 11~20배 이하	5m 이상
지정수량의 21~50배 이하	9m 이상
지정수량의 51~200배 이하	12m 이상
지정수량의 200배 초과	15m 이상

(2) 옥외탱크저장소의 보유공지(위험물규칙 [별표 6])

위험물의 최대수량	공지의 너비
지정수량의 500배 이하	3m 이상
지정수량의 501~1000배 이하	5m 이상
지정수량의 1001~2000배 이하	9m 이상
지정수량의 2001~3000배 이하	12m 이상
지정수량의 3001~4000배 이하	15m 이상
지정수량의 4000배 초과	당해 탱크의 수평단면의 최대지름(가로형인 경우에는 긴 변)과 높이 중 큰 것과 같은 거리 이상(단, 30m 초과의 경우에는 30m 이상으로 할 수 있고, 15m 미만의 경우에는 15m 이상)

(3) 지정과산화물의 옥내저장소의 보유공지(위험물규칙 [별표 5])

저장 또는 취급하는 위험물의 최대수량	공지의 너비	
	저장창고의 주위에 담 또는 토제를 설치하는 경우	기타의 경우
5배 이하	3.0m 이상	10m 이상
6~10배 이하	5.0m 이상	15m 이상
11~20배 이하	6.5m 이상	20m 이상
21~40배 이하	8.0m 이상	25m 이상
41~60배 이하	10.0m 이상	30m 이상
61~90배 이하	11.5m 이상	35m 이상
91~150배 이하	13.0m 이상	40m 이상
151~300배 이하	15.0m 이상	45m 이상
300배 초과	16.5m 이상	50m 이상

25. 옥내저장소의 저장창고(위험물규칙 [별표 5])

(1) 위험물의 저장을 전용으로 하는 **독립**된 **건축물**로 할 것

(2) 처마높이가 **6m** 미만인 **단층건물**로 하고 그 바닥을 지반면보다 **높게** 할 것

(3) **벽 · 기둥** 및 **바닥**은 **내화구조**로 하고, **보**와 **서까래**는 **불연재료**로 할 것

(4) 지붕을 폭발력이 위로 방출될 정도의 가벼운 **불연재료**로 하고, 천장을 만들지 아니할 것

(5) 출입구에는 60분＋방화문 또는 60분 방화문, 또는 30분 방화문을 설치하되, 연소의 우려가 있는 외벽에 있는 출입구에는 수시로 열 수 있는 **자동폐쇄식**의 60분＋방화문 또는 60분 방화문을 설치할 것

(6) 창 또는 출입구에 유리를 이용하는 경우에는 **망입유리**로 할 것

26. 옥내저장소의 바닥 방수구조 적용 위험물(위험물규칙 [별표 5])

유 별	품 명
제1류 위험물	• 알칼리금속의 과산화물
제2류 위험물	• 철분 • 금속분 • 마그네슘
제3류 위험물	• 금수성 물질
제4류 위험물	• 전부

27. 옥내저장소의 하나의 저장창고 바닥면적 1000m² 이하(위험물규칙 [별표 5])

유 별	품 명
제1류 위험물	• 아염소산염류 • 염소산염류 • 과염소산염류 • 무기과산화물 • 지정수량 50kg인 위험물
제3류 위험물	• 칼륨 • 나트륨 • 알킬알루미늄 • 알킬리튬 • 황린 • 지정수량 10kg 또는 20kg인 위험물
제4류 위험물	• 특수인화물 • 제석유류 • 알코올류
제5류 위험물	• 유기과산화물 • 지정수량 10kg인 위험물 • 질산에스터류
제6류 위험물	• 전부

28. 지정유기과산화물의 저장창고 두께(위험물규칙 [별표 5])

(1) 외벽

① **20cm** 이상 : 철근 콘크리트조 · 철골 철근 콘크리트조

② **30cm** 이상 : 보강 콘크리트 블록조

(2) 격벽

① **30cm** 이상 : 철근 콘크리트조 · 철골 철근 콘크리트조

② **40cm** 이상 : 보강 콘크리트 블록조

> 150m² 이내마다 격벽으로 완전구획하고, 격벽의 양측은 외벽으로부터 1m 이상, 상부는 지붕으로부터 50cm 이상일 것

29. 옥외저장탱크의 외부구조 및 설비(위험물규칙 [별표 6])

(1) 압력탱크

수압시험(최대 상용압력의 **1.5배**의 압력으로 **10분**간 실시)

(2) 압력탱크 외의 탱크

충수시험

> **비교**
>
> **지하탱크저장소의 수압시험**(위험물규칙 [별표 8])
> (1) 압력탱크 : 최대 상용압력의 **1.5배** 압력 ─┐ 10분간
> (2) 압력탱크 외 : **70kPa**의 압력 ─────────┘ 실시

30. 옥외저장탱크의 통기장치(위험물규칙 [별표 6])

(1) 밸브 없는 통기관

① 지름 : **30mm** 이상

② 끝부분 : **45°** 이상

③ 인화방지장치 : 인화점이 38℃ 미만인 위험물만을 저장 또는 취급하는 탱크에 설치하는 통기관에는 화염방지장치를 설치하고, 그 외의 탱크에 설치하는 통기관에는 40메시(mesh) 이상의 구리망 또는 동등 이상의 성능을 가진 인화방지장치를 설치할 것(단, 인화점이 70℃ 이상인 위험물만을 해당 위험물의 인화점 미만의 온도로 저장 또는 취급하는 탱크에 설치하는 통기관은 제외)

(2) 대기밸브부착 통기관

① 작동압력 차이 : **5kPa** 이하

② 인화방지장치 : 인화점이 38℃ 미만인 위험물만을 저장 또는 취급하는 탱크에 설치하는 통기관에는 화염방지장치를 설치하고, 그 외의 탱크에 설치하는 통기관에는 40메시(mesh) 이상의 구리망 또는 동등 이상의 성능을 가진 인화방지장치를 설치할 것(단, 인화점이 70℃ 이상인 위험물만을 해당 위험물의 인화점 미만의 온도로 저장 또는 취급하는 탱크에 설치하는 통기관은 제외)

참고

밸브 없는 통기관
(1) 간이 탱크저장소(위험물규칙 [별표 9])
  ① 지름 : 25mm 이상
  ② 통기관의 끝부분
    • 각도 : 45° 이상
    • 높이 : 지상 1.5m 이상
  ③ 통기관의 설치 : 옥외
  ④ 인화방지장치 : 가는 눈의 구리망 사용(단, 인화점이 70℃ 이상인 위험물만을 해당 위험물의 인화점 미만의 온도로 저장 또는 취급하는 탱크에 설치하는 통기관은 제외)
(2) 옥내탱크저장소(위험물규칙 [별표 7])
  ① 지름 : 30mm 이상
  ② 통기관의 끝부분 : 45° 이상
  ③ 인화방지장치 : 인화점이 38℃ 미만인 위험물만을 저장 또는 취급하는 탱크에 설치하는 통기관에는 화염방지장치를 설치하고, 그 외의 탱크에 설치하는 통기관에는 40메시(mesh) 이상의 구리망 또는 동등 이상의 성능을 가진 인화방지장치를 설치할 것(단, 인화점이 70℃ 이상인 위험물만을 해당 위험물의 인화점 미만의 온도로 저장 또는 취급하는 탱크에 설치하는 통기관은 제외)
  ④ 통기관은 가스 등이 체류할 우려가 있는 굴곡이 없도록 할 것

31. 옥외탱크저장소의 방유제(위험물규칙 [별표 6])

구 분	설 명
높이	0.5~3m 이하
탱크	10기(모든 탱크 용량이 20만ℓ 이하, 인화점이 70~200℃ 미만은 20기) 이하
면적	80000m² 이하
용량	① 1기 이상 : 탱크용량×110% 이상 ② 2기 이상 : 최대용량×110% 이상

32. 옥외탱크저장소의 방유제와 탱크 측면의 이격거리(위험물규칙 [별표 6])

탱크지름	이격거리
15m 미만	탱크높이의 $\frac{1}{3}$ 이상
15m 이상	탱크높이의 $\frac{1}{2}$ 이상

중요 수치 [아주 중요!]

(1) **0.15m 이상**
레버의 길이(위험물규칙 [별표 10])

(2) **0.2m 이상**
CS₂ 옥외탱크저장소의 두께(위험물규칙 [별표 6])

(3) **0.3m 이상**
지하탱크저장소의 철근 콘크리트조 **뚜껑** 두께(위험물규칙 [별표 8])

(4) **0.5m 이상**
① **옥내탱크저장소**의 탱크 등의 **간격**(위험물규칙 [별표 7])
② 지정수량 100배 이하의 지하탱크저장소의 상호간격(위험물규칙 [별표 8])

(5) **0.6m 이상**
지하탱크저장소의 철근 콘크리트 뚜껑 크기(위험물규칙 [별표 8])

(6) **1m 이내**
이동탱크저장소 측면틀 탱크 상부 네 **모퉁이**에서의 위치(위험물규칙 [별표 10])

(7) **1.5m 이하**
황 옥외저장소의 **경계표시** 높이(위험물규칙 [별표 11])

(8) **2m 이상**
주유취급소의 **담** 또는 **벽**의 높이(위험물규칙 [별표 13])

(9) **4m 이상**
주유취급소의 **고정주유설비**와 **고정급유설비** 사이의 **이격거리**(위험물규칙 [별표 13])

(10) **5m 이내**
주유취급소의 주유관의 길이(위험물규칙 [별표 13])

(11) **6m 이하**
옥외저장소의 **선반높이**(위험물규칙 [별표 11])

(12) **50m 이내**
이동탱크저장소의 **주입설비**의 길이(위험물규칙 [별표 10])

33. 옥내탱크저장소 단층건물 외의 건축물 설치 위험물 (1층·지하층 설치)(위험물규칙 [별표 7])

유 별	품 명
제2류 위험물	• 황화인 • 적린 • 덩어리상태의 황
제3류 위험물	• 황린
제6류 위험물	• 질산

34. 배관에 제어밸브 설치시 탱크의 윗부분에 설치하지 않아도 되는 경우(위험물규칙 [별표 8])

(1) 제2석유류 : 인화점 **40℃** 이상

(2) 제3석유류

(3) 제4석유류

(4) 동식물유류

35. 수치 절대 중요!

(1) **100***l* 이하

　① 셀프용 고정주유설비 **휘발유 주유량**의 상한
　(위험물규칙 [별표 13])

　② 셀프용 고정주유설비 **급유량**의 상한(위험물규칙
　[별표 13])

(2) **200***l* 이하

　셀프용 고정주유설비 **경유 주유량**의 상한(위험물
　규칙 [별표 13])

(3) **400***l* 이상

　이송취급소 **기자재창고 포소화약제** 저장량(위험
　물규칙 [별표 15])

(4) **600***l* 이하

　간이탱크저장소의 탱크용량(위험물규칙 [별표 9])

(5) **1900***l* 미만

　알킬알루미늄 등을 저장·취급하는 이동저장탱
　크의 용량(위험물규칙 [별표 10])

(6) **2000***l* 미만

　이동저장탱크의 방파판 설치제외(위험물규칙 [별표 10])

(7) **2000***l* 이하

　주유취급소의 폐유탱크용량(위험물규칙 [별표 13])

(8) **4000***l* 이하

　이동저장탱크의 칸막이 설치(위험물규칙 [별표 10])

(9) **40000***l* 이하

　일반취급소의 지하전용탱크의 용량(위험물규칙
　[별표 16])

(10) **60000***l* 이하

　고속국도 주유취급소의 특례(위험물규칙 [별표 13])

(11) **50만~100만***l* 미만

　준특정 옥외탱크저장소의 용량(위험물규칙 [별표 6])

(12) **100만***l* 이상

　① 특정옥외탱크저장소의 용량(위험물규칙 [별표 6])

　② 옥외저장탱크의 **개폐상황 확인장치** 설치(위
　험물규칙 [별표 6])

(13) **1000만***l* 이상

　옥외저장탱크의 **간막이 둑** 설치용량(위험물규칙
　[별표 6])

36. 이동탱크저장소의 두께(위험물규칙 [별표 10])

(1) 방파판 : **1.6mm** 이상

(2) 방호틀 : **2.3mm** 이상(정상부분은 **50mm** 이상
　높게 할 것)

(3) 탱크 본체 ┐
(4) 주입관의 뚜껑 ├ **3.2mm** 이상
(5) 맨홀 ┘

> **방파판의 면적** : 수직단면적의 **50%**(원형·타원형은 **40%**)
> 이상

37. 이동탱크저장소의 안전장치(위험물규칙 [별표 10])

상용압력	작동압력
20kPa 이하	20~24kPa 이하
20kPa 초과	상용압력의 1.1배 이하

38. 주유취급소의 게시판(위험물규칙 [별표 13])

주유 중 엔진 정지 : **황색**바탕에 **흑색**문자

중요 표시방식

구 분	표시방식
옥외탱크저장소·컨테이너식 이동탱크저장소	**백색바탕에 흑색문자**
주유취급소	**황색바탕에 흑색문자**
물기엄금	**청색바탕에 백색문자**
화기엄금·화기주의	**적색바탕에 백색문자**

39. 주유취급소의 탱크용량(위험물규칙 [별표 13])

탱크용량	설 명
3기 이하	고정주유설비 또는 고정급유설비에 직접 접속하는 간이탱크
2000l 이하	폐유저장을 위한 위험물탱크
10000l 이하	보일러 등에 직접 접속하는 전용 탱크
50000l 이하	① 고정급유설비에 직접 접속하는 전용탱크 ② 자동차 등에 주유하기 위한 고정주유설비에 직접 접속하는 전용탱크

40. 주유취급소의 고정주유설비·고정급유설비 배출량(위험물규칙 [별표 13])

위험물	배출량
제1석유류	50l/min 이하
등유	80l/min 이하
경유	180l/min 이하

41. 주유취급소의 고정주유설비·고정급유설비 (위험물규칙 [별표 13])

주유관의 길이는 5m (현수식은 지면 위 0.5m의 수평면에 수직으로 내려 만나는 점을 중심으로 반경 3m)이내로 할 것

> 이동탱크저장소의 주유관의 길이 : 50m 이내

42. 주유취급소의 특례기준(위험물규칙 [별표 13])

(1) 항공기
(2) 철도
(3) 고속국도
(4) 선박
(5) 자가용

43. 이송취급소의 설치제외장소(위험물규칙 [별표 15])

(1) 철도 및 도로의 터널 안
(2) 고속국도 및 자동차전용도로의 차도·갓길 및 중앙분리대
(3) 호수·저수지 등으로서 수리의 수원이 되는 곳
(4) 급경사지역으로서 붕괴의 위험이 있는 지역

44. 이송취급소 배관 등의 재료(위험물규칙 [별표 15])

배관 등	재 료
배관	• 고압배관용 탄소강관 • 압력배관용 탄소강관 • 고온배관용 탄소강관 • 배관용 스테인리스강관
관이음쇠	• 배관용 강제 맞대기용접식 관이음쇠 • 철강재 관플랜지 압력단계 • 관플랜지의 치수허용차 • 강제 용접식 관플랜지 • 철강재 관플랜지의 기본치수 • 관플랜지의 개스킷 자리치수
밸브	• 주강 플랜지형 밸브

45. 이송취급소의 지하매설배관의 안전거리 (위험물규칙 [별표 15])

대 상	안전거리
• 건축물	1.5m 이상
• 지하가 • 터널	10m 이상
• 수도시설	300m 이상

46. 이송취급소의 도로 밑 매설배관의 안전거리 (위험물규칙 [별표 15])

대 상	안전거리
• 도로 밑	1m 이상

47. 이송취급소의 철도부지 밑 매설배관의 안전거리(위험물규칙 [별표 15])

대 상	안전거리
• 철도부지의 용지경계	1m 이상
• 철도중심선	4m 이상
• 철도·도로의 경계선 • 주택	25m 이상
• 공공공지 • 도시공원 • 판매·위락·숙박시설(연면적 1000m^2 이상) • 기차역·버스터미널(1일 20000명 이상 이용)	45m 이상
• 수도시설	300m 이상

48. 이송취급소의 해저설치배관의 안전거리
(위험물규칙 [별표 15])

대 상	안전거리
• 타 배관	30m 이상

49. 이송취급소의 하천 등 횡단설치배관의 안전거리 (위험물규칙 [별표 15])

대 상	안전거리
• 좁은수로 횡단	1.2m 이상
• 하수도·운하 횡단	2.5m 이상
• 하천 횡단	4.0m 이상

50. 이송취급소 배관의 긴급차단밸브 설치기준
(위험물규칙 [별표 15])

대 상	간 격
• 시가지	약 4km
• 산림지역	약 10km

> 감진장치·강진계 : 25km 거리마다 설치

51. 이송취급소 펌프 등의 보유공지 (위험물규칙 [별표 15])

펌프 등의 최대상용압력	공지의 너비
1MPa 미만	3m 이상
1~3MPa 미만	5m 이상
3MPa 이상	15m 이상

> 이송취급소의 피그장치 : 너비 3m 이상의 공지 보유

52. 이송취급소 이송기지의 안전조치 (위험물규칙 [별표 15])

펌프 등의 최대상용압력	거 리
0.3MPa 미만	5m 이상
0.3~1MPa 미만	9m 이상
1MPa 이상	15m 이상

53. 온도 [아주 중요!]

(1) 15℃ 이하

압력탱크 외의 **아세트알데하이드**의 온도(위험물규칙 [별표 18])

(2) 21℃ 미만

① 옥외저장탱크의 **주입구 게시판** 설치(위험물규칙 [별표 6])

② 옥외저장탱크의 **펌프설비 게시판** 설치(위험물규칙 [별표 6])

(3) 30℃ 이하

압력탱크 외의 다이에틸에터·산화프로필렌의 온도(위험물규칙 [별표 18])

(4) 38℃ 이상

보일러 등으로 위험물을 소비하는 일반취급소 (위험물규칙 [별표 16])

(5) 40℃ 미만

이동탱크저장소의 **원동기** 정지(위험물규칙 [별표 18])

(6) 40℃ 이하

① 압력탱크의 다이에틸에터·아세트알데하이드의 온도(위험물규칙 [별표 18])

② 보냉장치가 없는 다이에틸에터·아세트알데하이드의 온도(위험물규칙 [별표 18])

(7) 40℃ 이상

① 지하탱크저장소의 배관 **윗부분** 설치 제외 (위험물규칙 [별표 8])

② 세정작업의 일반취급소(위험물규칙 [별표 16])

③ 이동저장탱크의 **주입구 주입호스** 결합 제외 (위험물규칙 [별표 18])

(8) 55℃ 이하

옥내저장소의 **용기수납** 저장온도(위험물규칙 [별표 18])

(9) 70℃ 미만

옥내저장소 저장창고의 **배출설비** 구비(위험물규칙 [별표 5])

(10) 70℃ 이상

① 옥내저장탱크의 **외벽·기둥·바닥**을 불연재료로 할 수 있는 경우(위험물규칙 [별표 7])

② **열처리작업** 등의 일반취급소(위험물규칙 [별표 16])

(11) 100℃ 이상

고인화점 위험물(위험물규칙 [별표 4])

(12) 200℃ 이상

옥외저장탱크의 **방유제** 거리확보 제외(위험물규칙 [별표 6])

54. 소화난이도 등급 Ⅰ에 해당하는 제조소 등(위험물 규칙 [별표 17])

구 분	적용대상
제조소 일반 취급소	연면적 1000m² 이상
	지정수량 100배 이상(고인화점 위험물만을 100℃ 미만의 온도에서 취급하는 것 및 화약류 위험물을 취급하는 것 제외)
	지반면에서 6m 이상의 높이에 위험물 취급 설비가 있는 것(고인화점 위험물만을 100℃ 미만의 온도에서 취급하는 것)
	일반취급소 이외의 건축물에 설치된 것
옥내저장소	지정수량 150배 이상
	연면적 150m²를 초과하는 것(150m² 이내마다 불연재료로 개구부 없이 구획된 것 및 인화성 고체 외의 제2류 위험물 또는 인화점 70℃ 이상의 제4류 위험물만을 저장하는 것은 제외)
	처마높이 6m 이상인 단층건물
	옥내저장소 이외의 건축물에 설치된 것
옥외탱크 저장소	액표면적 40m² 이상
	지반면에서 탱크 옆판의 상단까지 높이가 6m 이상
	지중탱크·해상탱크로서 지정수량 100배 이상
	지정수량 100배 이상(고체위험물 저장)
옥내탱크 저장소	액표면적 40m² 이상
	바닥면에서 탱크 옆판의 상단까지 높이가 6m 이상
	탱크전용실이 단층건물 외의 건축물에 있는 것
옥외 저장소	덩어리상태의 황을 저장하는 것으로서 경계표시 내부의 면적 100m² 이상인 것
	지정수량 100배 이상
암반탱크 저장소	액표면적 40m² 이상
	지정수량 100배 이상(고체위험물 저장)
이송취급소	모든 대상

55. 소화난이도 등급 Ⅱ에 해당하는 제조소 등(위험물 규칙 [별표 17])

구 분	적용대상
제조소 일반취급소	연면적 600m² 이상
	지정수량 10배 이상(고인화점 위험물만을 100℃ 미만의 온도에서 취급하는 것 및 화약류 위험물을 취급하는 것 제외)

옥내저장소	단층건물 이외의 것
	지정수량 10배 이상
	연면적 150m² 초과
옥외저장소	• 덩어리상태의 황을 저장하는 것으로서 경계표시 내부의 면적이 5~100m² 미만
	• 인화성고체, 제1석유류, 알코올류는 지정수량 10~100배 미만
	지정수량 100배 이상
주유취급소	옥내주유취급소
판매취급소	제2종 판매취급소

56. 옥내저장소의 위험물 적재높이 기준(위험물규칙 [별표 18])

대 상	높이기준
• 기타	3m
• 제3석유류 • 제4석유류 • 동식물유류	4m
• 기계에 의한 하역구조	6m

> **옥외저장소**에서 위험물을 수납한 용기를 선반에 저장하는 경우에는 6m를 초과하여 저장하지 아니하여야 한다.

57. 위험물을 꺼낼 때 불활성 기체 봉입압력 (위험물규칙 [별표 18])

위험물	봉입압력
• 아세트알데하이드 등	100kPa 이하
• 알킬알루미늄 등	200kPa 이하

58. 운반용기의 수납률(위험물규칙 [별표 19])

위험물	수납률
• 알킬알루미늄 등	90% 이하(50℃에서 5% 이상 공간용적 유지)
• 고체위험물	95% 이하
• 액체위험물	98% 이하(55℃에서 누설되지 않을 것)

59. 위험등급별 위험물(위험물규칙 [별표 19])

(1) 위험등급 Ⅰ의 위험물

위험물	품 명
제1류 위험물	• 아염소산염류 • 염소산염류 • 과염소산염류 • 무기과산화물 • 지정수량 50kg인 위험물
제3류 위험물	• 칼륨 • 나트륨 • 알킬알루미늄 • 알킬리튬 • 황린 • 지정수량 10kg 또는 20kg 위험물
제4류 위험물	• 특수인화물
제5류 위험물	• 지정수량 10kg인 위험물
제6류 위험물	• 전부

(2) 위험등급 Ⅱ의 위험물

위험물	품 명
제1류 위험물	• 브로민산염류 • 질산염류 • 아이오딘산염류 • 지정수량 300kg인 위험물
제2류 위험물	• 황화인 • 적인 • 황 • 지정수량 100kg인 위험물
제3류 위험물	• 알칼리금속(칼륨·나트륨 제외) • 알칼리토금속 • 유기금속화합물(알킬알루미늄·알킬리튬 제외) • 지정수량 50kg인 위험물
제4류 위험물	• 제1석유류 • 알코올류
제5류 위험물	• 위험등급 Ⅰ의 위험물 외

60. 위험물의 혼재기준(위험물규칙 [별표 19])

(1) 제1류 위험물+제6류 위험물

(2) 제2류 위험물+제4류 위험물

(3) 제2류 위험물+제5류 위험물

(4) 제3류 위험물+제4류 위험물

(5) 제4류 위험물+제5류 위험물

제1장 **유체의 일반적 성질**

1. 유체의 종류

① 실제 유체 : 점성이 있으며, **압축성**인 유체
② 이상 유체 : 점성이 없으며, **비압축성**인 유체
③ 압축성 유체 : **기체**와 같이 체적이 변화하는 유체
④ 비압축성 유체 : **액체**와 같이 체적이 변화하지 않는 유체

2. 유체의 차원

차 원	중력단위[차원]	절대단위[차원]
운동량	N·s[FT]	kg·m/s[MLT^{-1}]
힘	N[F]	kg·m/s²[MLT^{-2}]
압력	N/m²[FL^{-2}]	kg/m·s²[$ML^{-1}T^{-2}$]
밀도	N·s²/m⁴[$FL^{-4}T^2$]	kg/m³[ML^{-3}]
비중량	N/m³[FL^{-3}]	kg/m²·s²[$ML^{-2}T^{-2}$]
비체적	m⁴/N·s²[$F^{-1}L^4T^{-2}$]	m³/kg[L^3M^{-1}]

3. 유체의 단위

① $1N = 10^5 dyne$
② $1N = 1kg \cdot m/s^2$
③ $1dyne = 1g \cdot cm/s^2$
④ $1Joule = 1N \cdot m$
⑤ $1kg_f = 9.8N = 9.8kg \cdot m/s^2$
⑥ $1p = 1g/cm \cdot s = 1dyne \cdot s/cm^2$
⑦ $1cp = 0.01g/cm \cdot s$
⑧ $1stokes = 1cm^2/s$
⑨ $1atm = 760mmHg = 1.0332kg_f/cm^2$
$\qquad = 10.332mH_2O(mAq) = 10.332m$
$\qquad = 14.7PSI(lb_f/in^2)$
$\qquad = 101.325kPa(kN/m^2)$
$\qquad = 1013mbar$

4. 켈빈온도

$K = 273 + ℃$

5. 열의 일당량

4.18kJoule/kcal

6. 열량

$$Q = mc\Delta T + rm$$

여기서, Q : 열량[kcal]
$\qquad m$: 질량[kg]
$\qquad c$: 비열[kcal/kg·℃]
$\qquad \Delta T$: 온도차[℃]
$\qquad r$: 기화열[kcal/kg]

7. 압력

$$p = \gamma h, \ p = \frac{F}{A}$$

여기서, p : 압력[Pa]
$\qquad \gamma$: 비중량(물의 비중량 9800N/m³)
$\qquad h$: 높이[m]
$\qquad F$: 힘[N]
$\qquad A$: 단면적[m²]

8. 물속의 압력

$$P = P_o + \gamma h$$

여기서, P : 물속의 압력[kPa]
$\qquad P_o$: 대기압(101.325kN/m²)
$\qquad \gamma$: 물의 비중량(9.8kN/m³)
$\qquad h$: 물의 깊이[m]

9. 절대압

① 절대압=대기압+게이지압(계기압)
② 절대압=대기압-진공압

10. 25℃의 물의 점도

$1cp = 0.01g/cm \cdot s$

11. 동점성계수(동점도)

$$\nu = \frac{\mu}{\rho}$$

여기서, ν : 동점성계수$[cm^2/s]$
μ : 점성계수$[g/cm \cdot s]$
ρ : 밀도$[g/cm^3]$

12. 비중량

$$\gamma = \rho g$$

여기서, γ : 비중량$[N/m^3]$
ρ : 밀도$[kg/m^3]$ 또는 $[N \cdot s^2/m^4]$
g : 중력가속도($9.8m/s^2$)

① 물의 비중량
$1g_f/cm^3 = 1000kg_f/m^3 = 9800N/m^3$
② 물의 밀도
$\rho = 1g/cm^3 = 1000kg/m^3$
$= 1000N \cdot s^2/m^4$
$= 102kg_f \cdot s^2/m^4$

13. 공기의 기체상수

$R_{air} = 287J/kg \cdot K$
$= 29.27kg_f \cdot m/kg \cdot K$
$= 53.3lb_f \cdot ft/lb \cdot R$

14. 이상기체 상태방정식

$$PV = nRT = \frac{m}{M}RT, \quad \rho = \frac{PM}{RT}$$

여기서, P : 압력$[atm]$
V : 부피$[m^3]$
n : 몰수$\left(\frac{m}{M}\right)$
R : $0.082atm \cdot m^3/kmol \cdot K$
T : 절대온도(273 + ℃)$[K]$
m : 질량$[kg]$
M : 분자량$[kg/kmol]$
ρ : 밀도$[kg/m^3]$

$$PV = mRT, \quad \rho = \frac{P}{RT}$$

여기서, P : 압력$[N/m^2]$
V : 부피$[m^3]$
m : 질량$[kg]$
R : $\frac{8314}{M}N \cdot m/kg \cdot K$
T : 절대온도(273 + ℃)$[K]$
ρ : 밀도$[kg/m^3]$

$$PV = mRT$$

여기서, P : 압력$[Pa]$
V : 부피$[m^3]$
m : 질량$[kg]$
$R(N_2)$: 296J/kg $\cdot$ K
T : 절대온도(273 + ℃)$[K]$

15. 체적탄성계수

$$K = -\frac{\Delta P}{\Delta V / V}$$

여기서, K : 체적탄성계수$[kPa]$
ΔP : 가해진 압력$[kPa]$
$\Delta V / V$: 체적의 감소율

① 등온압축 : $K = P$
② 단열압축 : $K = kP$

16. 압축률

$$\beta = \frac{1}{K}$$

여기서, β : 압축률
K : 체적탄성계수

17. 부력과 물체의 무게
(1) 부력

$$F_B = \gamma V$$

여기서, F_B : 부력$[N]$
γ : 비중량$[N/m^3]$
V : 물체가 잠긴 체적$[m^3]$

(2) 물체의 무게

$$W = \gamma V$$

여기서, W : 물체의 무게[N]

　　γ : 비중량[N/m^3]

　　V : 물체가 잠긴 체적[m^3]

※ 부력의 크기는 물체의 무게와 같지만 방향이 반대이다.

18. 힘

$$F = ma$$

여기서, F : 힘[N]

　　m : 질량[kg]

　　a : 가속도[m/s^2]

$$F = mg = W\frac{g}{g_c}$$

여기서, F : 힘[N]

　　m : 질량[kg]

　　W : 중량[N]

　　g : 중력가속도(9.8m/s^2)

　　g_c : 중력가속도[m/s^2]

$$F = \rho Q V$$

여기서, F : 힘[N]

　　ρ : 밀도(물의 밀도 1000N · s^2/m^4)

　　Q : 유량[m^3/s]

　　V : 유속[m/s]

19. 전단응력

$$\tau = \mu \frac{du}{dy}$$

여기서, τ : 전단응력[N/m^2]

　　μ : 점성계수[N · s/m^2]

　　$\dfrac{du}{dy}$: 속도구배(속도기울기)$\left[\dfrac{1}{s}\right]$

※ 전단응력(shearing stress) : 흐름의 중심에서 0이고 벽면까지 직선적으로 상승하며, 반지름에 비례하여 변한다.

20. 뉴턴유체

유체유동시 속도구배와 전단응력의 변화가 원점을 통하는 직선적인 관계를 갖는 유체

21. 열역학의 법칙

(1) 열역학 제0법칙(열평형의 법칙)

온도가 높은 물체에 낮은 물체를 접촉시키면 온도가 높은 물체에서 낮은 물체로 열이 이동하여 두 물체의 온도는 평형을 이루게 된다.

(2) 열역학 제1법칙(에너지보존의 법칙)

기체의 공급에너지는 내부에너지와 외부에서 한 일의 합과 같다.

(3) 열역학 제2법칙

① 열은 스스로 저온에서 고온으로 절대로 흐르지 않는다.

② 자발적인 변화는 비가역적이다.

③ 열을 완전히 일로 바꿀 수 있는 열기관을 만들 수 없다.

(4) 열역학 제3법칙

순수한 물질이 1atm하에서 결정상태이면 엔트로피는 0K에서 0이다.

22. 엔트로피(ΔS)

① 가역 단열과정 : $\Delta S = 0$

② 비가역 단열과정 : $\Delta S > 0$

※ 등엔트로피 과정=가역 단열과정

제2장 유체의 운동과 법칙

1. 유선, 유적선, 유맥선

① **유선**(stream line) : 유동장의 한 선상의 모든 점에서 그은 접선이 그 점에서 **속도방향**과 일치되는 선이다.

② **유적선**(path line) : 한 유체입자가 일정한 기간 내에 움직여 간 경로를 말한다.

③ **유맥선**(streak line) : 모든 유체입자의 **순간적**인 **부피**를 말하며, 연소하는 물질의 체적 등을 말한다.

2. 연속방정식

① 질량불변의 법칙(질량보존의 법칙)

② 질량유량($\overline{m} = AV\rho$)

③ 중량유량($G = AV\gamma$)

④ 유량($Q = AV$)

3. 질량유량(mass flowrate)

$$\overline{m} = AV\rho$$

여기서, $\overline{m}$: 질량유량[kg/s]

A : 단면적[m²]

V : 유속[m/s]

ρ : 밀도[kg/m³]

4. 중량유량(weight flowrate)

$$G = AV\gamma$$

여기서, G : 중량유량[N/s]

A : 단면적[m²]

V : 유속[m/s]

γ : 비중량[N/m³]

5. 유량(flowrate)=체적유량

$$Q = AV = \frac{\pi D^2}{4} V$$

여기서, Q : 유량[m³/s]

A : 단면적[m²]

V : 유속[m/s]

D : 직경[m]

6. 유체

압축성 유체	비압축성 유체
기체와 같이 체적이 변화하는 유체	액체와 같이 체적이 변하지 않는 유체

7. 비압축성 유체

$$\frac{V_1}{V_2} = \frac{A_2}{A_1} = \left(\frac{D_2}{D_1}\right)^2$$

여기서 V_1, V_2 : 유속[m/s]

A_1, A_2 : 단면적[m²]

D_1, D_2 : 직경[m]

8. 오일러의 운동방정식의 가정

① **정상유동**(정상류)일 경우

② 유체의 **마찰**이 **없을 경우**(점성마찰이 없을 경우)

③ 입자가 **유선**을 따라 **운동**할 경우

9. 운동량 방정식의 가정

① 유동단면에서의 **유속**은 일정하다.

② **정상유동**이다.

10. 운동량 방정식

(1) 운동량 수정계수

$$\beta = \frac{1}{AV^2} \int_A v^2 \, dA$$

(2) 운동에너지 수정계수

$$\alpha = \frac{1}{AV^3} \int_A v^3 \, dA$$

11. 베르누이 방정식(Bernoulli's equation)

$$\frac{V^2}{2g} + \frac{p}{\gamma} + Z = 일정$$

(속도수두)(압력수두)(위치수두)

여기서, V : 유속[m/s]

p : 압력[N/m²]

Z : 높이[m]

g : 중력가속도(9.8m/s^2)

γ : 비중량[N/m^3]

※ 베르누이 방정식에 의해 2개의 공 사이에 기류를 불어 넣으면(속도가 증가하여) 압력이 감소하므로 2개의 공은 달라붙는다.

12. 토리첼리의 식(Torricelli's theorem)

$$V = \sqrt{2gH}$$

여기서, V : 유속[m/s]

g : 중력가속도(9.8m/s^2)

H : 높이[m]

13. 줄의 법칙(Joule's law)

이상기체의 내부에너지는 온도만의 함수이다.

※ 에너지선은 수력구배선보다 속도수두만큼 위에 있다.

14. 파스칼의 원리(principle of Pascal)

$$\frac{F_1}{A_1} = \frac{F_2}{A_2}, \; P_1 = P_2$$

여기서, F_1, F_2 : 가해진 힘[N]

A_1, A_2 : 단면적[m^2]

P_1, P_2 : 압력[N/m^2]

※ 수압기 : 파스칼의 원리를 이용한 대표적 기계

15. 이상기체의 성질

① 보일의 법칙 : 온도가 일정할 때 기체의 부피는 절대압력에 반비례한다.

$$P_1 V_1 = P_2 V_2$$

여기서, P_1, P_2 : 기압[atm]

V_1, V_2 : 부피[m^3]

▌보일의 법칙▐

② 샤를의 법칙 : 압력이 일정할 때 기체의 부피는 절대온도에 비례한다.

$$\frac{V_1}{T_1} = \frac{V_2}{T_2}$$

여기서, V_1, V_2 : 부피[m^3]

T_1, T_2 : 절대온도[K]

▌샤를의 법칙▐

③ 보일-샤를의 법칙 : 기체가 차지하는 부피는 압력에 반비례하며, 절대온도에 비례한다.

$$\frac{P_1 V_1}{T_1} = \frac{P_2 V_2}{T_2}$$

여기서, P_1, P_2 : 기압[atm]

V_1, V_2 : 부피[m^3]

T_1, T_2 : 절대온도[K]

▌보일-샤를의 법칙▐

제3장 유체의 유동과 계측

1. 레이놀즈수

원관유동에서 중요한 무차원수

① 층류 : $Re < 2100$

② 천이영역(임계영역) : $2100 < Re < 4000$

③ 난류 : $Re > 4000$

$$Re = \frac{DV\rho}{\mu} = \frac{DV}{\nu}$$

여기서, Re : 레이놀즈수

D : 내경[m]

V : 유속[m/s]

ρ : 밀도[kg/m³]

μ : 점도[kg/m · s]

ν : 동점성계수$\left(\dfrac{\mu}{\rho}\right)$[m²/s]

2. 임계 레이놀즈수

① 상임계 레이놀즈수 : 층류에서 난류로 변할 때의 레이놀즈수(4000)

② 하임계 레이놀즈수 : 난류에서 층류로 변할 때의 레이놀즈수(2100)

3. 관마찰계수

$$f = \frac{64}{Re}$$

여기서, f : 관마찰계수

Re : 레이놀즈수

① 층류 : 레이놀즈수에만 관계되는 계수

② 천이영역(임계영역) : 레이놀즈수와 관의 상대조도에 관계되는 계수

③ 난류 : 관의 상대조도와 무관한 계수

※ 마찰계수(f)는 파이프와 조도와 레이놀즈수와 관계가 있다.

4. 배관의 마찰손실

(1) 주손실

관로에 의한 마찰손실

(2) 부차적 손실

① 관의 급격한 확대손실

② 관의 급격한 축소손실

③ 관 부속품에 의한 손실

5. 달시-웨버의 식

$$H = \frac{\Delta P}{\gamma} = \frac{flV^2}{2gD}$$

여기서, H : 마찰손실[m]

ΔP : 압력차[N/m²]

γ : 비중량(물의 비중량 9800N/m³)

f : 관마찰계수

l : 길이[m]

V : 유속[m/s]

g : 중력가속도(9.8m/s²)

D : 내경[m]

※ **Darcy 방정식** : 곧고 긴 관에서의 손실수두 계산

6. 관의 상당관 길이

$$L_e = \frac{KD}{f}$$

여기서, L_e : 관의 상당관 길이[m]

K : 손실계수

D : 내경[m]

f : 마찰손실계수

7. 하겐-윌리엄스의 식

$$\Delta P_m = 6.053 \times 10^4 \times \frac{Q^{1.85}}{C^{1.85} \times D^{4.87}} \times L$$

여기서, ΔP_m : 압력손실[MPa]

C : 조도

D : 관의 내경[mm]

Q : 관의 유량[l/min]

L : 배관길이[m]

※ 하겐-윌리엄스 식의 적용
- 유체의 종류 : 물
- 비중량 : 9800N/m³
- 온도 : 7.2~24℃
- 유속 : 1.5~5.5m/s

8. 항력

유속의 제곱에 비례한다.

9. 수력반경(hydraulic radius)

$$R_h = \frac{A}{l} = \frac{1}{4}(D-d)$$

여기서, R_h : 수력반경[m]

　A : 단면적[m²]

　l : 접수길이[m]

　D : 관의 외경[m]

　d : 관의 내경[m]

※ **수력반경** : 면적을 접수길이(둘레길이)로 나눈 것

10. 상대조도

$$상대조도 = \frac{\varepsilon}{4R_h}$$

여기서, ε : 조도계수

　R_h : 수력반경

11. 무차원의 물리적 의미

명칭	물리적 의미
레이놀즈(Reynolds)수	관성력/점성력
프루드(Froude)수	관성력/중력
마하(Mach)수	관성력/압축력
웨버(Weber)수	관성력/표면장력
오일러(Euler)수	압축력/관성력

12. 유동하고 있는 유체의 정압측정

① 정압관

② 피에조미터

13. 유속측정(동압측정)

① 시차액주계

② 피토관

③ 피토-정압관

④ 열선속도계

14. 배관 내의 유량측정

① 마노미터 : 직접측정은 불가능

② 오리피스미터

③ 벤츄리미터

④ 로터미터 : 유체의 유량을 직접 볼 수 있다.

⑤ 유동노즐(노즐)

15. 시차액주계

$$p_A + \gamma_1 h_1 - \gamma_2 h_2 - \gamma_3 h_3 = p_B$$

여기서, p_A : 점 A의 압력[kPa]

　p_B : 점 B의 압력[kPa]

　$\gamma_1, \gamma_2, \gamma_3$: 비중량[kN/m³] 또는 [kPa/m]

　h_1, h_2, h_3 : 높이[m]

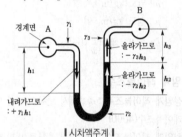

┃시차액주계┃

※ **시차액주계의 압력계산 방법** : 경계면에서 내려가면 더하고, 올라가면 뺀다.

16. 오리피스(orifice)

$$\Delta p = p_1 - p_2 = R(\gamma_s - \gamma)$$

여기서, Δp : U자관 마노미터의 압력차[Pa]

　p_1 : 입구압력[Pa]

　p_2 : 출구압력[Pa]

　R : 마노미터 읽음[m]

　γ_s : 비중량(수은의 비중량 133280N/m³)

　γ : 비중량(물의 비중량 9800N/m³)

17. V-notch 위어

$H^{\frac{5}{2}}$ 에 비례한다.

제4장 유체 정역학 및 열역학

1. 수평면에 작용하는 힘

$$F = \gamma h A$$

여기서, F : 수평면에 작용하는 힘[N]
γ : 비중량(물의 비중량 9800N/m³)
h : 표면에서 수문 중심까지의 수직거리[m]
A : 수문의 단면적[m²]

2. 경사면에 작용하는 힘

$$F = \gamma y \sin\theta A$$

여기서, F : 경사면에 작용하는 힘(전압력)[N]
γ : 비중량(물의 비중량 9800N/m³)
y : 표면에서 수문 중심까지의 경사거리[m]
θ : 각도
A : 수문의 단면적[m²]

중요 작용점 깊이

명 칭	구형(rectangle)
형 태	$I_c \leftarrow b \rightarrow$ h Y_c
A(면적)	$A = bh$
y_c (중심위치)	$y_c = y$
I_c (관성능률)	$I_c = \dfrac{bh^3}{12}$

$$y_p = y_c + \frac{I_c}{A y_c}$$

여기서, y_p : 작용점 깊이(작용위치)[m]
y_c : 중심위치[m]
I_c : 관성능률 $\left(I_c = \dfrac{bh^3}{12}\right)$
A : 단면적[m²] $(A = bh)$

---

3. 기체상수

$$R = C_P - C_V = \frac{\overline{R}}{M}$$

여기서, R : 기체상수[kJ/kg·K]
C_P : 정압비열[kJ/kg·K]
C_V : 정적비열[kJ/kg·K]
$\overline{R}$: 일반기체상수[kJ/kmol·K]
M : 분자량[kg/kmol]

4. 폴리트로픽 변화

$PV^n = $정수$(n=0)$	등압변화(정압변화)
$PV^n = $정수$(n=1)$	등온변화
$PV^n = $정수$(n=K)$	단열변화
$PV^n = $정수$(n=\infty)$	정적변화

여기서, P : 압력[kJ/m³]
V : 체적[m³]
n : 폴리트로픽 지수
K : 비열비

5. 정압비열과 정적비열

정압비열	$$C_P = \frac{KR}{K-1}$$ 여기서, C_P : 단위질량당 정압비열[kJ/K] R : 기체상수[kJ/kg·K] K : 비열비
정적비열	$$C_V = \frac{R}{K-1}$$ 여기서, C_V : 단위질량당 정적비열[kJ/K] R : 기체상수[kJ/kg·K] K : 비열비

6. 정압과정

구 분	공 식
① 비체적과 온도	$$\frac{v_2}{v_1} = \frac{T_2}{T_1}$$ 여기서, v_1, v_2 : 변화전후의 비체적[m³/kg] T_1, T_2 : 변화전후의 온도(273+℃)[K]
② 절대일(압축일)	$$_1W_2 = P(V_2 - V_1) = mR(T_2 - T_1)$$ 여기서, $_1W_2$: 절대일[kJ] P : 압력[kJ/m³] V_1, V_2 : 변화전후의 체적[m³] m : 질량[kg] R : 기체상수[kJ/kg·K] T_1, T_2 : 변화전후의 온도(273+℃)[K]
③ 공업일	$$_1W_{t2} = 0$$ 여기서, $_1W_{t2}$: 공업일[kJ]
④ 내부에너지 변화	$$U_2 - U_1 = C_V(T_2 - T_1) = \frac{R}{K-1}(T_2 - T_1) = \frac{P}{K-1}(V_2 - V_1)$$ 여기서, $U_2 - U_1$: 내부에너지 변화[kJ] C_V : 정적비열[kJ/K] T_1, T_2 : 변화전후의 온도(273+℃)[K] R : 기체상수[kJ/kg·K] K : 비열비 P : 압력[kJ/m³] V_1, V_2 : 변화전후의 체적[m³]
⑤ 엔탈피	$$h_2 - h_1 = C_P(T_2 - T_1) = m\frac{KR}{K-1}(T_2 - T_1) = K(U_2 - U_1)$$ 여기서, $h_2 - h_1$: 엔탈피[kJ] C_P : 정압비열[kJ/K] T_1, T_2 : 변화전후의 온도(273+℃)[K] m : 질량[kg] K : 비열비 R : 기체상수[kJ/kg·K] $U_2 - U_1$: 내부에너지 변화[kJ]
⑥ 열량	$$_1q_2 = C_P(T_2 - T_1)$$ 여기서, $_1q_2$: 열량[kJ] C_P : 정압비열[kJ/K] T_1, T_2 : 변화전후의 온도(273+℃)[K]

7. 정적과정

구 분	공 식
① 압력과 온도	$$\frac{P_2}{P_1} = \frac{T_2}{T_1}$$ 여기서, P_1, P_2 : 변화전후의 압력$[kJ/m^3]$ T_1, T_2 : 변화전후의 온도(273+℃)$[K]$
② 절대일(압축일)	$$_1W_2 = 0$$ 여기서, $_1W_2$: 절대일$[kJ]$
③ 공업일	$$_1W_{t2} = -V(P_2 - P_1) = V(P_1 - P_2) = mR(T_1 - T_2)$$ 여기서, $_1W_{t2}$: 공업일$[kJ]$ V : 체적$[m^3]$ P_1, P_2 : 변화전후의 압력$[kJ/m^3]$ R : 기체상수$[kJ/kg \cdot K]$ m : 질량$[kg]$ T_1, T_2 : 변화전후의 온도(273+℃)$[K]$
④ 내부에너지 변화	$$U_2 - U_1 = C_V(T_2 - T_1) = \frac{mR}{K-1}(T_2 - T_1) = \frac{V}{K-1}(P_2 - P_1)$$ 여기서, $U_2 - U_1$: 내부에너지 변화$[kJ]$ C_V : 정적비열$[kJ/K]$ T_1, T_2 : 변화전후의 온도(273+℃)$[K]$ m : 질량$[kg]$ R : 기체상수$[kJ/kg \cdot K]$ K : 비열비 V : 체적$[m^3]$ P_1, P_2 : 변화전후의 압력$[kJ/m^3]$
⑤ 엔탈피	$$h_2 - h_1 = C_P(T_2 - T_1) = m\frac{KR}{K-1}(T_2 - T_1) = K(U_2 - U_1)$$ 여기서, $h_2 - h_1$: 엔탈피$[kJ]$ C_P : 정압비열$[kJ/K]$ T_1, T_2 : 변화전후의 온도(273+℃)$[K]$ m : 질량$[kg]$ K : 비열비 R : 기체상수$[kJ/kg \cdot K]$ $U_2 - U_1$: 내부에너지 변화$[kJ]$
⑥ 열량	$$_1q_2 = U_2 - U_1$$ 여기서, $_1q_2$: 열량$[kJ]$ $U_2 - U_1$: 내부에너지 변화$[kJ]$

8. 등온과정

구 분	공 식
① 압력과 비체적	$$\frac{P_2}{P_1} = \frac{v_1}{v_2}$$ 여기서, P_1, P_2 : 변화전후의 압력(kJ/m^3) v_1, v_2 : 변화전후의 비체적(m^3/kg)
② 절대일(압축일)	$$_1W_2 = P_1V_1\ln\frac{V_2}{V_1} = mRT\ln\frac{V_2}{V_1} = mRT\ln\frac{P_1}{P_2} = P_1V_1\ln\frac{P_1}{P_2}$$ 여기서, $_1W_2$: 절대일(kJ) P_1, P_2 : 변화전후의 압력(kJ/m^3) V_1, V_2 : 변화전후의 체적(m^3) m : 질량(kg) R : 기체상수$(kJ/kg \cdot K)$ T : 절대온도$(273+℃)(K)$
③ 공업일	$$_1W_{t2} = {_1W_2}$$ 여기서, $_1W_{t2}$: 공업일(kJ) $_1W_2$: 절대일(kJ)
④ 내부에너지 변화	$$U_2 - U_1 = 0$$ 여기서, $U_2 - U_1$: 내부에너지 변화(kJ)
⑤ 엔탈피	$$h_2 - h_1 = 0$$ 여기서, $h_2 - h_1$: 엔탈피(kJ)
⑥ 열량	$$_1q_2 = {_1W_2}$$ 여기서, $_1q_2$: 열량(kJ) $_1W_2$: 절대일(kJ)

9. 단열변화

구 분	공 식
① 온도, 비체적과 압력	$$\frac{T_2}{T_1} = \left(\frac{v_1}{v_2}\right)^{K-1} = \left(\frac{P_2}{P_1}\right)^{\frac{K-1}{K}}$$ $$\frac{P_2}{P_1} = \left(\frac{v_1}{v_2}\right)^K$$ 여기서, T_1, T_2 : 변화전후의 온도$(273+℃)(K)$ v_1, v_2 : 변화전후의 비체적(m^3/kg) P_1, P_2 : 변화전후의 압력(kJ/m^3) K : 비열비

② 절대일(압축일)	$$_1W_2 = \frac{1}{K-1}(P_1V_1 - P_2V_2) = \frac{mR}{K-1}(T_1 - T_2) = C_V(T_1 - T_2)$$ 여기서, $_1W_2$: 절대일[kJ] K : 비열비 P_1, P_2 : 변화전후의 압력[kJ/m³] V_1, V_2 : 변화전후의 체적[m³] m : 질량[kg] R : 기체상수[kJ/kg·K] T_1, T_2 : 변화전후의 온도(273+℃)[K] C_V : 정적비열[kJ/K]
③ 공업일	$$_1W_{t2} = -C_p(T_2 - T_1) = C_p(T_1 - T_2) = m\frac{KR}{K-1}(T_1 - T_2)$$ 여기서, $_1W_{t2}$: 공업일[kJ] C_p : 정압비열[kJ/K] T_1, T_2 : 변화전후의 온도(273+℃)[K] m : 질량[kg] K : 비열비 R : 기체상수[kJ/kg·K]
④ 내부에너지 변화	$$U_2 - U_1 = C_V(T_2 - T_1) = \frac{mR}{K-1}(T_2 - T_1)$$ 여기서, $U_2 - U_1$: 내부에너지 변화[kJ] C_V : 정적비열[kJ/K] T_1, T_2 : 변화전후의 온도(273+℃)[K] m : 질량[kg] R : 기체상수[kJ/kg·K] K : 비열비
⑤ 엔탈피	$$h_2 - h_1 = C_p(T_2 - T_1) = m\frac{KR}{K-1}(T_2 - T_1)$$ 여기서, $h_2 - h_1$: 엔탈피[kJ] C_p : 정압비열[kJ/K] T_1, T_2 : 변화전후의 온도(273+℃)[K] m : 질량[kg] K : 비열비 R : 기체상수[kJ/kg·K]
⑥ 열량	$$_1q_2 = 0$$ 여기서, $_1q_2$: 열량[kJ]

10. 폴리트로픽 변화

구 분	공 식
① 온도, 비체적과 압력	$$\frac{P_2}{P_1} = \left(\frac{v_1}{v_2}\right)^n$$ $$\frac{T_2}{T_1} = \left(\frac{v_1}{v_2}\right)^{n-1} = \left(\frac{P_2}{P_1}\right)^{\frac{n-1}{n}}$$ 여기서, P_1, P_2 : 변화전후의 압력[kJ/m³] $\qquad v_1$, v_2 : 변화전후의 비체적[m³] $\qquad T_1$, T_2 : 변화전후의 온도(273+℃)[K] $\qquad n$: 폴리트로픽 지수
② 절대일(압축일)	$$_1W_2 = \frac{1}{n-1}(P_1 V_1 - P_2 V_2) = \frac{mR}{n-1}(T_1 - T_2) = \frac{mRT_1}{n-1}\left(1 - \frac{T_2}{T_1}\right)$$ $$= \frac{mRT_1}{n-1}\left[1 - \left(\frac{P_2}{P_1}\right)^{\frac{n-1}{n}}\right]$$ 여기서, $_1W_2$: 절대일[kJ] $\qquad n$: 폴리트로픽 지수 $\qquad P_1$, P_2 : 변화전후의 압력[kJ/m³] $\qquad V_1$, V_2 : 변화전후의 체적[m³] $\qquad m$: 질량[kg] $\qquad T_1$, T_2 : 변화전후의 온도(273+℃)[K] $\qquad R$: 기체상수[kJ/kg·K]
③ 공업일	$$_1W_{t2} = R(T_1 - T_2)\left(\frac{1}{n-1} + 1\right) = m\frac{nRT_1}{n-1}\left[1 - \left(\frac{P_2}{P_1}\right)^{\frac{n-1}{n}}\right]$$ 여기서, $_1W_{t2}$: 공업일[kJ] $\qquad R$: 기체상수[kJ/kg·K] $\qquad T_1$, T_2 : 변화전후의 온도(273+℃)[K] $\qquad n$: 폴리트로픽 지수 $\qquad m$: 질량[kg] $\qquad P_1$, P_2 : 변화전후의 압력[kJ/m³]
④ 내부에너지 변화	$$U_2 - U_1 = C_V(T_2 - T_1) = \frac{mR}{K-1}(T_2 - T_1)$$ 여기서, $U_2 - U_1$: 내부에너지 변화[kJ] $\qquad C_V$: 정적비열[kJ/K] $\qquad T_1$, T_2 : 변화전후의 온도(273+℃)[K] $\qquad m$: 질량[kg] $\qquad R$: 기체상수[kJ/kg·K] $\qquad K$: 비열비

⑤ 엔탈피	$$h_2 - h_1 = C_P(T_2 - T_1) = m\frac{KR}{K-1}(T_2 - T_1) = K(U_2 - U_1)$$ 여기서, $h_2 - h_1$: 엔탈피[kJ] C_P : 정압비열[kJ/K] T_1, T_2 : 변화전후의 온도(273+℃)[K] K : 비열비 m : 질량[kg] R : 기체상수[kJ/kg·K] $U_2 - U_1$: 내부에너지 변화[kJ]
⑥ 열량	$$_1q_2 = m\frac{KR}{K-1}(T_2 - T_1) - m\frac{nR}{n-1}(T_2 - T_1)$$ $$= C_V\left(\frac{n-K}{n-1}\right)(T_2 - T_1) = C_n(T_2 - T_1)$$ 여기서, $_1q_2$: 열량[kJ] m : 질량[kg] K : 비열비 R : 기체상수[kJ/kg·K] T_1, T_2 : 변화전후의 온도(273+℃)[K] C_V : 정적비열[kJ/K] n : 폴리트로픽 지수 C_n : 폴리트로픽 비열[kJ/K]

제5장 유체의 마찰 및 펌프의 현상

1. 펌프의 동력

(1) 전동력

$$P = \frac{0.163QH}{\eta}K$$

여기서, P : 전동력[kW]

　　　Q : 유량[m³/min]

　　　H : 전양정[m]

　　　K : 전달계수

　　　η : 효율

(2) 축동력

$$P = \frac{0.163QH}{\eta}$$

여기서, P : 축동력[kW]

　　　Q : 유량[m³/min]

　　　H : 전양정[m]

　　　η : 효율

(3) 수동력

$$P = 0.163QH$$

여기서, P : 수동력[kW]

　　　Q : 유량[m³/min]

　　　H : 전양정[m]

※ 단위
- 1HP=0.746kW
- 1PS=0.735kW

2. 원심펌프

① 벌류트펌프 : 안내깃이 없고, **저양정**에 적합한 펌프

② 터빈펌프 : 안내깃이 있고, **고양정**에 적합한 펌프

※ 안내깃=안내날개=가이드베인

3. 왕복펌프

토출측의 밸브를 닫은 채 운전해서는 안 된다.

① 다이어프램펌프

② 피스톤펌프

③ 플런저펌프

4. 회전펌프

펌프의 회전수를 일정하게 하였을 때 토출량이 증가함에 따라 양정이 감소하다가 어느 한도 이상에서는 급격히 감소하는 펌프

① **기어펌프**

② **베인펌프** : 회전속도 범위가 넓고, 효율이 가장 높은 펌프

5. 펌프의 연결

직렬연결	병렬연결
① 양수량 : Q ② 양정 : $2H$ 　(토출압 : $2P$)	① 양수량 : $2Q$ ② 양정 : H 　(토출압 : P)

6. 송풍기의 종류

① 축류식 FAN : 효율이 가장 높으며, 큰 풍량에 적합하다.

② 다익팬(시로코팬) : 풍압이 낮으나, 비교적 큰 풍량을 얻을 수 있다.

7. 공동현상

소화펌프의 흡입고가 클 때 발생

(1) 공동현상의 발생현상

① 소음과 진동 발생

② 관 부식

③ 임펠러의 손상(수차의 날개 손상)

④ 펌프의 성능저하

(2) 공동현상의 방지대책

① 펌프의 흡입수두를 작게 한다.

② 펌프의 마찰손실을 작게 한다.

③ 펌프의 임펠러속도(회전수)를 작게 한다.

④ 펌프의 설치위치를 수원보다 낮게 한다.

⑤ 양흡입펌프를 사용한다(펌프의 흡입측을 가 압한다).

⑥ 관내의 물의 정압을 그 때의 증기압보다 높게 한다.

⑦ 흡입관의 구경을 크게 한다.

⑧ 펌프를 2대 이상 설치한다.

8. 수격작용의 방지대책

① 관로의 **관경**을 크게 한다.

② 관로 내의 유속을 낮게 한다(관로에서 일부 고압 수를 방출한다).

③ 조압수조(surge tank)를 설치하여 적정압력을 유지한다.

④ **플라이휠**(fly wheel)을 설치한다.

⑤ 펌프 송출구 가까이에 밸브를 설치한다.

⑥ 펌프 송출구에 **수격**을 **방지**하는 **체크밸브**를 달아 역류를 막는다.

⑦ **에어챔버**(air chamber)를 설치한다.

⑧ 회전체의 **관성 모멘트**를 **크게** 한다.

9. 맥동현상(surging)의 발생조건

① 배관중에 수조가 있을 때

② 배관중에 **기체상태**의 부분이 있을 때

③ 유량조절밸브가 배관중 수조의 **위치 후방**에 있을 때

④ 펌프의 특성곡선이 **산 모양**이고 운전점이 그 **정 상부**일 때

10. 펌프의 비교회전도(비속도)

$$N_s = N \frac{\sqrt{Q}}{\left(\dfrac{H}{n}\right)^{\frac{3}{4}}}$$

여기서, N_s : 펌프의 비교회전도(비속도)

$\quad\quad\quad$ 〔m^3/min · m/rpm〕

$\quad\quad N$: 회전수〔rpm〕

$\quad\quad Q$: 유량〔m^3/min〕

$\quad\quad H$: 양정〔m〕

$\quad\quad n$: 단수

> **용어**
>
> **비속도**
> 펌프의 성능을 나타내거나 가장 적합한 **회전수**를 결정하 는 데 이용되며, **회전자**의 **형상**을 나타내는 척도가 된다.

제4편 소방기계시설의 구조 및 원리

1. 대형소화기의 소화약제 충전량(소화기 형식 10조)

종 별	충전량
포(포말)	20l 이상
분말	20kg 이상
할로겐화합물	30kg 이상
이산화탄소	50kg 이상
강화액	60l 이상
물	80l 이상

2. 소화기 추가 설치개수(NFTC 101 2.1.1.3)

① 전기설비 = $\dfrac{\text{해당 바닥면적}}{50\text{m}^2}$

② 보일러·음식점·의료시설·업무시설 등

$= \dfrac{\text{해당 바닥면적}}{25\text{m}^2}$

3. 소화기의 사용온도(소화기 형식 36조)

종 류	사용온도
• 분말 • 강화액	−20~40℃ 이하
• 그 밖의 소화기	0~40℃ 이하

※ 강화액 소화약제의 응고점 : −20℃ 이하

4. CO_2 소화기

(1) 저장상태

고압·액상

(2) 적응대상

① 가연성 액체류

② 가연성 고체

③ 합성수지류

5. 물소화약제의 무상주수

① 질식효과   ② 냉각효과

③ 유화효과   ④ 희석효과

※ **무상주수** : 안개모양으로 방사하는 것

6. 소화능력시험의 대상(소화기 형식 4·5조 [별표 2·3])

A급	B급
목재	휘발유

※ 소화기를 조작하는 자는 적합한 작업복(**안전모, 내열성**의 **얼굴가리개** 및 **방화복, 장갑** 등)을 착용할 수 있다.

7. 합성수지의 노화시험(소화기 형식 5조)

① 공기가열 노화시험

② 소화약제 노출시험

③ 내후성 시험

8. 자동차용 소화기(소화기 형식 9조)

① 강화액소화기(안개모양으로 방사되는 것)

② 할로겐화합물소화기

③ 이산화탄소소화기

④ 포소화기

⑤ 분말소화기

9. 호스의 부착이 제외되는 소화기(소화기 형식 15조)

① 소화약제의 중량이 4kg 이하인 할로겐화합물소화기

② 소화약제의 중량이 3kg 이하인 이산화탄소소화기

③ 소화약제의 용량이 3l 이하인 액체계 소화기(액체소화기)

④ 소화약제의 중량이 2kg 이하인 분말소화기

10. 여과망 설치 소화기(소화기 형식 17조)

① 물소화기(수동펌프식)   ② 산알칼리소화기

③ 강화액소화기   ④ 포소화기

01. 옥내소화전설비

1. 펌프와 체크밸브 사이에 연결되는 것

① 성능시험배관
② 물올림장치
③ 릴리프밸브배관
④ 압력계

2. 방수량

$$Q = 0.653D^2\sqrt{10P} = 0.6597CD^2\sqrt{10P}$$

여기서, Q : 방수량〔l/min〕
　　　　D : 구경〔mm〕
　　　　P : 방수압〔MPa〕
　　　　C : 유량계수(노즐의 흐름계수)

3. 각 설비의 주요 사항

구 분	드렌처설비	스프링클러설비	소화용수설비	옥내소화전설비	옥외소화전설비	포소화설비, 물분무소화설비, 연결송수관설비
방수압	0.1MPa 이상	0.1~1.2MPa 이하	0.15MPa 이상	0.17~0.7MPa 이하	0.25~0.7MPa 이하	0.35MPa 이상
방수량	80l/min 이상	80l/min 이상	800l/min 이상 (가압송수장치 설치)	130l/min 이상 (30층 미만 : 최대 2개 30층 이상 : 최대 5개)	350l/min 이상 (최대 2개)	
방수구경	–	–	–	40mm	65mm	–
노즐구경	–	–	–	13mm	19mm	–

4. 수원의 저수량

(1) 드렌처설비

$$Q = 1.6N$$

여기서, Q : 수원의 저수량〔m³〕
　　　　N : 헤드의 설치개수

(2) 스프링클러설비

① 폐쇄형
　㉠ 기타시설(폐쇄형)

$$Q = 1.6N(30층\ 미만)$$
$$Q = 3.2N(30\text{~}49층\ 이하)$$
$$Q = 4.8N(50층\ 이상)$$

여기서, Q : 수원의 저수량〔m³〕
　　　　N : 폐쇄형 헤드 기준개수(설치개수가 기준개수보다 적으면 그 설치개수)

　㉡ 창고시설(라지드롭형 폐쇄형)

$$Q = 3.2N\ (일반\ 창고)$$
$$Q = 9.6N\ (랙식\ 창고)$$

여기서, Q : 수원의 저수량〔m³〕
　　　　N : 가장 많은 방호구역의 설치개수 (최대 30개)

참 고

폐쇄형 헤드의 기준개수

특정소방대상물		폐쇄형 헤드의 기준개수
지하가 · 지하역사		30
11층 이상		
10층 이하	공장(특수가연물), 창고시설	
	판매시설(슈퍼마켓, 백화점 등), 복합건축물 (판매시설이 설치된 것)	
	근린생활시설, 운수시설	20
	8m 이상	
	8m 미만	10
공동주택(아파트 등)		10(각 동이 주차장으로 연결된 주차장 : 30)

② 개방형

　㉠ 30개 이하

$$Q = 1.6N$$

여기서, Q : 수원의 저수량[m^3]

　　　　N : 개방형 헤드의 설치개수

　㉡ 30개 초과

$$Q = K\sqrt{10P} \times N$$

여기서, Q : 헤드의 방수량[l/min]

　　　　K : 유출계수(15A : 80, 20A : 114)

　　　　P : 방수압력[MPa]

　　　　N : 개방형 헤드의 설치개수

(3) 옥내소화전설비

$Q = 2.6N$(1~29층 이하, N : 최대 2개)
$Q = 5.2N$(30~49층 이하, N : 최대 5개)
$Q = 7.8N$(50층 이상, N : 최대 5개)

여기서, Q : 수원의 저수량[m^3]

　　　　N : 가장 많은 층의 소화전 개수

(4) 옥외소화전설비

$$Q = 7N$$

여기서, Q : 수원의 저수량[m^3]

　　　　N : 옥외소화전 설치개수(**최대 2개**)

5. 가압송수장치(펌프방식)

(1) 스프링클러설비

$$H = h_1 + h_2 + 10$$

여기서, H : 전양정[m]

　　　　h_1 : 배관 및 관부속품의 마찰손실수두[m]

　　　　h_2 : 실양정(흡입양정+토출양정)[m]

(2) 물분무소화설비

$$H = h_1 + h_2 + h_3$$

여기서, H : 필요한 낙차[m]

　　　　h_1 : 물분무헤드의 설계압력 환산수두[m]

　　　　h_2 : 배관 및 관부속품의 마찰손실수두[m]

　　　　h_3 : 실양정(흡입양정+토출양정)[m]

(3) 옥내소화전설비

$$H = h_1 + h_2 + h_3 + 17$$

여기서, H : 전양정[m]

　　　　h_1 : 소방용 호스의 마찰손실수두[m]

　　　　h_2 : 배관 및 관부속품의 마찰손실수두[m]

　　　　h_3 : 실양정(흡입양정+토출양정)[m]

(4) 옥외소화전설비

$$H = h_1 + h_2 + h_3 + 25$$

여기서, H : 전양정[m]

　　　　h_1 : 소방용 호스의 마찰손실수두[m]

　　　　h_2 : 배관 및 관부속품의 마찰손실수두[m]

　　　　h_3 : 실양정(흡입양정+토출양정)[m]

(5) 포소화설비

$$H = h_1 + h_2 + h_3 + h_4$$

여기서, H : 펌프의 양정[m]

　　　　h_1 : 방출구의 설계압력 환산수두 또는
　　　　　　　노즐선단의 방사압력 환산수두[m]

　　　　h_2 : 배관의 마찰손실수두[m]

　　　　h_3 : 소방용 호스의 마찰손실수두[m]

　　　　h_4 : 낙차[m]

6. 계기

압력계	진공계·연성계
펌프의 토출측 설치	펌프의 흡입측 설치

7. 100l 이상

① 기동용 수압개폐장치(압력챔버)의 용적

② 물올림수조의 용량

8. 옥내소화전설비의 배관구경(NFPC 102 6조, NFTC 102 2.3)

구 분	가지배관	주배관 중 수직배관
호스릴	25mm 이상	32mm 이상
일반	40mm 이상	50mm 이상
연결송수관 겸용	65mm 이상	100mm 이상

※ **순환배관** : 체절운전시 수온의 상승 방지

9. 물올림장치의 감수원인

① 급수밸브 차단

② 자동급수장치의 고장

③ 물올림장치의 배수밸브의 개방

④ 풋밸브의 고장

10. 헤드 수 및 유수량

(1) 옥내소화전설비

배관구경 〔mm〕	40	50	65	80	100
유수량 〔*l*/min〕	130	260	390	520	650
옥내소화전 수 〔개〕	1	2	3	4	5

(2) 연결살수설비

배관구경 〔mm〕	32	40	50	65	80
살수헤드 수 〔개〕	1	2	3	4~5	6~10

(3) 스프링클러설비

급수관 구경 〔mm〕	25	32	40	50	65	80	90	100	125	150
폐쇄형 헤드 수 〔개〕	2	3	5	10	30	60	80	100	160	161 이상

11. 펌프의 성능(NFPC 102 5조, NFTC 102 2.2.1.7)

① 체절운전시 정격토출압력의 **140%**를 초과하지 않을 것

② 정격토출량의 **150%**로 운전시 정격토출압력의 **65%** 이상이 되어야 한다.

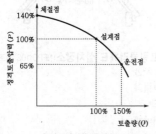

┃ 펌프의 성능곡선 ┃

12. 옥내소화전함(NFPC 102 7조, NFTC 102 2.4)

① 강판(철판) 두께 : **1.5mm** 이상

② 합성수지제 두께 : **4mm** 이상

③ 문짝의 면적 : **0.5m² 이상**

13. 옥내소화전설비

(1) 구경

① 급수배관 구경 : **15mm** 이상

② 순환배관 구경 : **20mm** 이상(정격토출량의 **2~3%** 용량)

③ 물올림관 구경 : **25mm** 이상(높이 1m 이상)

④ 오버플로관 구경 : **50mm** 이상

(2) 비상전원

① 설치대상 : 지하층의 바닥면적 합계 $3000m^2$ 이상, **7층** 이상으로서 연면적 $2000m^2$ 이상

② 용량 : **20분** 이상(30~49층 이하 : 40분 이상, 50층 이상 : 60분 이상)

(3) 표시등

부착면으로부터 **15° 이상**의 범위 안에서 부착지 점으로부터 **10m** 이내의 어느 곳에서도 쉽게 식별할 수 있는 **적색등**으로 할 것

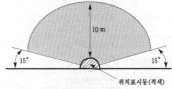

┃ 표시등의 식별범위 ┃

02. 옥외소화전설비

1. 옥외소화전함의 설치거리 · 개수(NFPC 109 7조, NFTC 109 2.4)

(1) 설치거리

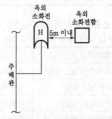

┃ 옥외소화전~옥외소화전함의 설치거리 ┃

(2) 설치개수

옥외소화전 개수	옥외소화전함 개수
10개 이하	5m 이내마다 1개 이상
11~30개 이하	11개 이상 소화전함 분산 설치
31개 이상	소화전 3개마다 1개 이상

※ 지하매설 배관 : 소방용 합성수지배관

2. 소방시설 면제기준(소방시설법 시행령 [별표 5])

면제대상	대체설비
스프링클러설비	• 물분무등소화설비
물분무등소화설비	• 스프링클러설비
간이 스프링클러설비	• 스프링클러설비 • 물분무소화설비 • 미분무소화설비
비상경보설비 또는 단독경보형 감지기	• 자동화재탐지설비
비상경보설비	• 2개 이상 단독경보형 감지기 연동
비상방송설비	• 자동화재탐지설비 • 비상경보설비
연결살수설비	• 스프링클러설비 • 간이 스프링클러설비 • 물분무소화설비 • 미분무소화설비
제연설비	• 공기조화설비
연소방지설비	• 스프링클러설비 • 물분무소화설비 • 미분무소화설비
연결송수관설비	• 옥내소화전설비 • 스프링클러설비 • 간이스프링클러설비 • 연결살수설비
자동화재탐지설비	• 자동화재탐지설비의 기능을 가진 스프링클러설비 • 물분무등소화설비
옥내소화전설비	• 옥외소화전설비 • 미분무소화설비(호스릴방식)

03. 스프링클러설비

1. 폐쇄형 스프링클러헤드(NFPC 103 10조, NFTC 103 2.7.3 · 2.7.4 / NFPC 608 7조, NFTC 608 2.3.1.4)

설치장소	설치기준
무대부 · 특수가연물(창고 포함)	수평거리 1.7m 이하
기타구조(창고 포함)	수평거리 2.1m 이하
내화구조(창고 포함)	수평거리 2.3m 이하
공동주택(아파트) 세대 내	수평거리 2.6m 이하

2. 스프링클러헤드의 배치기준(NFPC 103 10조, NFTC 103 2.7.6)

설치장소의 최고 주위온도	표시온도
39℃ 미만	79℃ 미만
39~64℃ 미만	79~121℃ 미만
64~106℃ 미만	121~162℃ 미만
106℃ 이상	162℃ 이상

3. 랙식 창고의 헤드 설치높이(NFPC 103 10조, NFTC 103 2.7.2)

3m 이하

4. 헤드의 배치형태

(1) 정방형(정사각형)

$$S = 2R\cos 45°, \quad L = S$$

여기서, S : 수평헤드간격
R : 수평거리
L : 배관간격

(2) 장방형(직사각형)

$$S = \sqrt{4R^2 - L^2}, \quad S' = 2R$$

여기서, S : 수평 헤드간격
R : 수평거리
L : 배관간격
S' : 대각선 헤드간격

5. 톱날지붕의 헤드 설치

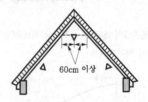

6. 스프링클러헤드 설치장소(NFPC 103 15조, NFTC 103 2.12)

① 보일러실

② 복도

③ 슈퍼마켓

④ 소매시장
⑤ 위험물 취급장소
⑥ 특수가연물 취급장소

7. 리타딩챔버의 역할
① 오작동(오보) 방지
② 안전밸브의 역할
③ 배관 및 압력스위치의 손상보호

8. 압력챔버
(1) 설치목적
　　모터펌프를 가동(기동) 또는 정지시키기 위하여
(2) 이음매
　　① 몸체의 동체 : **1개소** 이하
　　② 몸체의 경판 : 이음매 **없을 것**

9. 스프링클러설비의 비교

방식 구분	습 식	건 식	준비 작동식	부압식	일제 살수식
1차측	가압수	가압수	가압수	가압수	가압수
2차측	가압수	압축 공기	대기압	부압 (진공)	대기압
밸브 종류	자동경보 밸브 (알람체크 밸브)	건식 밸브	준비작동 밸브	준비작동 식 밸브	일제개방 밸브 (델류즈 밸브)
헤드 종류	폐쇄형 헤드	폐쇄형 헤드	폐쇄형 헤드	폐쇄형 헤드	개방형 헤드

10. 유수검지장치

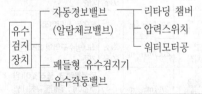

　　※ **패들형 유수검지장치** : 경보지연장치가 없다.

11. 건식 설비의 가스배출가속장치
① 액셀러레이터
② 익저스터

12. 준비작동밸브의 종류
① 전기식
② 기계식
③ 뉴매틱식(공기관식)

13. 스톱밸브의 종류
① 글러브밸브 : 소화전 개폐에 사용할 수 없다.
② 슬루스밸브
③ 안전밸브

14. 체크밸브의 종류
① 스모렌스키체크밸브
② 웨이퍼체크밸브
③ 스윙체크밸브

15. 신축이음의 종류
① 슬리브형
② 벨로스형
③ 루프형

16. 강관배관의 절단기
① 쇠톱
② 톱반(sawing machine)
③ 파이프커터(pipe cutter)
④ 연삭기
⑤ 가스용접기

17. 강관의 나사내기 공구
① 오스터형 또는 리드형 절삭기
② 파이프바이스
③ 파이프렌치

　　※ **전기용접** : 관의 두께가 얇은 것은 적합하지 않다.

18. 고가수조에 필요한 설비(NFPC 103 5조, NFTC 103 2.2.2.2)
① 수위계
② 배수관
③ 급수관
④ 맨홀
⑤ **오버플로우관**

19. 압력수조에 필요한 설비

① 수위계   ② 배수관
③ 급수관   ④ 맨홀
⑤ 급기관   ⑥ 압력계
⑦ 안전장치   ⑧ 자동식 공기압축기

20. 개방형 설비의 방수구역(NFPC 103 7조, NFTC 103 2.4.1)

① 하나의 방수구역은 **2개층**에 미치지 않아야 한다.
② 방수구역마다 **일제개방밸브**를 설치해야 한다.
③ 하나의 방수구역을 담당하는 헤드의 개수는 **50개** 이하로 해야 한다.(단, 2개 이상의 방수구역으로 나눌 경우에는 **25개 이상**)
④ 표지는 '**일제개방밸브실**'이라고 표시한다.

21. 가지배관을 신축배관으로 하는 경우(NFPC 103 8조, NFTC 103 2.5.9.3)

① 최고 사용압력은 **1.4MPa** 이상이어야 한다.
② 최고 사용압력의 **1.5배** 수압을 5분간 가하는 시험에서 파손·누수되지 않아야 한다.

> ※ 배관의 크기 결정요소 : 물의 유속

22. 배관의 구경(NFPC 103 8조, NFTC 103 2.5.10.1, 2.5.14)

① 교차배관 : **40mm** 이상
② 수직배수배관 : **50mm** 이상

23. 행가의 설치(NFPC 103 8조, NFTC 103 2.5.13)

① 가지배관 : **3.5m** 이내마다 설치
② 교차배관 ┐
③ 수평주행배관 ┘ **4.5m** 이내마다 설치
④ 헤드와 행가 사이의 간격 : **8cm** 이상

> ※ 시험배관 : 펌프의 성능시험을 하기 위해 설치

24. 기울기

기울기	설 명
$\frac{1}{100}$ 이상	연결살수설비의 수평주행배관
$\frac{2}{100}$ 이상	물분무소화설비의 배수설비
$\frac{1}{250}$ 이상	습식·부압식설비 외 설비의 가지배관
$\frac{1}{500}$ 이상	습식·부압식설비 외 설비의 수평주행배관

25. 설치높이

0.5~1m 이하	① 연결송수관설비의 송수구·방수구 ② 연결살수설비의 송수구 ③ 소화용수설비의 채수구
0.8~1.5m 이하	① 제어밸브 ② 유수검지장치 ③ 일제개방밸브
1.5m 이하	① 옥내소화전설비의 방수구 ② 호스릴함 ③ 소화기

04. 물분무소화설비

1. 물분무소화설비의 적응제외 위험물

제3류 위험물, 제2류 위험물(금속분)

> ※ 제3류 위험물, 제2류 위험물(금속분)
> • 마그네슘(Mg)
> • 알루미늄(Al)
> • 아연(Zn)
> • 알칼리금속과산화물

2. 물분무소화설비의 수원(NFPC 104 4조, NFTC 104 2.1.1)

특정 소방대상물	토출량	최소 기준	비 고
컨베이어 벨트	$10L/min \cdot m^2$	–	벨트부분의 바닥면적
절연유 봉입변압기	$10L/min \cdot m^2$	–	표면적을 합한 면적(바닥면적 제외)
특수가연물	$10L/min \cdot m^2$	최소 $50m^2$	최대방수구역의 바닥면적 기준
케이블 트레이·덕트	$12L/min \cdot m^2$	–	투영된 바닥면적
차고·주차장	$20L/min \cdot m^2$	최소 $50m^2$	최대방수구역의 바닥면적 기준
위험물 저장탱크	$37L/min \cdot m$	–	위험물탱크 둘레길이(원주길이) : 위험물규칙 [별표 6] II

※ 모두 20분간 방수할 수 있는 양 이상으로 하여야 한다.

> 기억법   컨절특케차
>   1   1 2

3. 물분무소화설비

(1) 배관재료

물분무소화설비의 배관재료(NFPC 104 6조, NFTC 104 2.3)

1.2MPa 미만	1.2MPa 이상
① 배관용 탄소강관 ② 이음매 없는 구리 및 구리합금관(단, 습식 배관에 한함) ③ 배관용 스테인리스강관 또는 일반배관용 스테인리스강관 ④ 덕타일 주철관	① 압력배관용 탄소강관 ② 배관용 아크용접 탄소강강관

(2) 배수설비(NFPC 104 11조, NFTC 104 2.8)

① 10cm 이상의 경계턱으로 배수구 설치(차량이 주차하는 곳)

② 40m 이하마다 기름분리장치 설치

③ 차량이 주차하는 바닥은 $\frac{2}{100}$ 이상의 기울기 유지

④ 배수설비는 가압송수장치의 **최대송수능력**의 수량을 유효하게 배수할 수 있는 크기 및 기울기일 것

4. 설치제외 장소(NFPC 104 15조, NFTC 104 2.12)

① 물과 심하게 반응하는 물질 저장·취급장소

② **고온물질** 저장·취급장소

③ 운전시에 표면의 온도가 260℃ 이상되는 장소

※ 물분무소화설비 : **자동화재감지장치**(감지기)가 있어야 한다.

5. 물분무헤드

(1) 분류

① 충돌형

② 분사형

③ 선회류형

④ 디플렉터형

⑤ 슬리트형

(2) 이격거리

전 압	거 리
66kV 이하	70cm 이상
67~77kV 이하	80cm 이상
78~110kV 이하	110cm 이상
111~154kV 이하	150cm 이상
155~181kV 이하	180cm 이상
182~220kV 이하	210cm 이상
221~275kV 이하	260cm 이상

05. 포소화설비

1. 포소화설비의 특징

① 옥외소화에도 소화효력을 충분히 발휘한다.

② 포화 **내화성**이 커 대규모 화재소화에도 효과가 있다.

③ **재연소**가 예상되는 화재에도 적용성이 있다.

④ 인접되는 방호대상물에 연소방지책으로 적합하다.

⑤ 소화제는 **인체에 무해**하다.

2. 포챔버

지붕식 옥외저장탱크에서 포말(거품)을 방출하는 기구

3. 포소화설비의 적응대상(NFPC 105 4조, NFTC 105 2.1)

특정소방대상물	설비 종류
•차고·주차장 •항공기격납고 •공장·창고(특수가연물 저장·취급)	•포워터 스프링클러설비 •포헤드 설비 •고정포 방출설비 •압축공기포 소화설비
•완전개방된 옥상주차장(주된 벽이 없고 기둥뿐이거나 주위가 위해방지용 철주 등으로 둘러싸인 부분) •지상 1층으로서 지붕이 없는 차고·주차장 •고가 밑의 주차장(주된 벽이 없고 기둥뿐이거나 주위가 위해방지용 철주 등으로 둘러싸인 부분)	•호스릴포 소화설비 •포소화전 설비
•발전기실 •엔진펌프실 •변압기 •전기케이블실 •유압설비	•고정식 압축공기포 소화설비(바닥면적 합계 300m² 미만)

※ 포워터스프링클러와 포헤드

포워터스프링클러헤드	포헤드
포디플렉터가 있다.	포디플렉터가 없다.

4. 개방밸브(NFPC 105 10조, NFTC 105 2.7.1)

① **자동개방밸브**는 화재감지장치의 작동에 따라 자동으로 개방되는 것으로 할 것

② **수동개방밸브**는 화재시 쉽게 접근할 수 있는 곳에 설치할 것

5. 고정포방출구방식

① 고정포방출구

$$Q = A \times Q_1 \times T \times S$$

여기서, Q : 포소화약제의 양[l]

A : 탱크의 액표면적[m²]

Q_1 : 단위포 소화수용액의 양[$l/m^2 \cdot 분$]

T : 방출시간[분]

S : 포소화약제의 사용농도

② 보조소화전

$$Q = N \times S \times 8000$$

여기서, Q : 포소화약제의 양[l]

N : 호스접결구 수(**최대 3개**)

S : 포소화약제의 사용농도

6. 옥내포소화전방식 또는 호스릴방식

$$Q = N \times S \times 6000$$
$$(바닥면적\ 200m^2\ 미만은\ 75\%)$$

여기서, Q : 포소화약제의 양[l]

N : 호스접결구 수(**최대 5개**)

S : 포소화약제의 사용농도

7. 이동식 포소화설비

① 화재시 연기가 충만하지 않은 곳에 설치

② 호스와 포방출구만 이동하여 소화하는 설비

③ **화학포 차량**

8. 포방출구(위험물기준 133)

탱크의 종류	포방출구
고정지붕구조	• Ⅰ형 방출구 • Ⅱ형 방출구 • Ⅲ형 방출구 • Ⅳ형 방출구
부상덮개부착 고정지붕구조	• Ⅱ형 방출구
부상지붕구조	• 특형 방출구

※ **포슈트** : 수직형이므로 토출구가 많다.

9. 전역방출방식의 고발포용 고정포방출구

① 해당 방호구역의 관포체적 1m³에 대한 1분당 방출량은 특정소방대상물 및 포의 팽창비에 따라 달라진다.

② 포방출구는 바닥면적 **500m²**마다 1개 이상으로 할 것

③ 포방출구는 방호대상물의 최고 부분보다 **높은 위치**에 설치할 것

④ 개구부에 **자동폐쇄장치**를 설치할 것

---

06. 이산화탄소소화설비

1. CO₂설비의 특징

① 화재진화 후 깨끗하다.

② **심부화재**에 적합하다.

③ 증거보존이 양호하여 화재원인 조사가 쉽다.

④ 방사시 **소음이 크다.**

2. CO₂설비의 가스압력식 기동장치(NFPC 106 6조, NFTC 106 2.3)

구 분	기 준
비활성 기체 충전압력	6MPa 이상(21℃ 기준)
기동용 가스용기의 체적	5l 이상
기동용 가스용기 안전장치의 압력	내압시험압력의 0.8~ 내압시험압력 이하
기동용 가스용기 및 해당 용기에 사용하는 밸브의 견디는 압력	25MPa 이하

3. CO₂설비의 충전비[l/kg]

구 분	저장용기
저압식	1.1~1.4 이하
고압식	1.5~1.9 이하

4. CO₂설비의 저장용기(NFPC 106 4조, NFTC 106 2.1.2)

자동냉동장치	2.1MPa 유지, -18℃ 이하	
압력경보장치	2.3MPa 이상, 1.9MPa 이하	
선택밸브 또는 개폐밸브의 안전장치	배관의 최소사용설계압력과 최대허용압력 사이의 압력	
저장용기	• 고압식 : 25MPa 이상 • 저압식 : 3.5MPa 이상	
안전밸브	내압시험압력의 0.64~0.8배	
봉 판	내압시험압력의 0.8~내압시험압력	
충전비	고압식	1.5~1.9 이하
	저압식	1.1~1.4 이하

5. 약제량 및 개구부 가산량

(1) CO₂소화설비(심부화재)

방호대상물	약제량	개구부 가산량 (자동폐쇄장치 미설치시)
전기설비, 케이블실	1.3kg/m³	10kg/m²
전기설비(55m² 미만)	1.6kg/m³	
서고, 박물관, 목재가공품창고, 전자제품창고	2.0kg/m³	10kg/m²
석탄창고, 면화류창고, 고무류, 모피창고, 집진설비	2.7kg/m³	

(2) 할론 1301

방호대상물	약제량	개구부 가산량 (자동폐쇄장치 미설치시)
차고 · 주차장 · 전기실 · 전산실 · 통신기기실	0.32~0.64kg/m³	2.4kg/m²
고무류 · 면화류	0.52~0.64kg/m³	3.9kg/m²

(3) 분말소화설비(전역방출방식)

종 별	약제량	개구부 가산량 (자동폐쇄장치 미설치시)
제1종	0.6kg/m³	4.5kg/m²
제2 · 3종	0.36kg/m³	2.7kg/m²
제4종	0.24kg/m³	1.8kg/m²

6. 호스릴방식

(1) CO₂ 소화설비

약제 종별	약제 저장량	약제 방사량(20℃)
CO₂	90kg	60kg/min

(2) 할론소화설비

약제 종별	약제량	약제 방사량(20℃)
할론 1301	45kg	35kg/min
할론 1211	50kg	40kg/min
할론 2402	50kg	45kg/min

(3) 분말소화설비

약제 종별	약제 저장량	약제 방사량
제1종 분말	50kg	45kg/min
제2 · 3종 분말	30kg	27kg/min
제4종 분말	20kg	18kg/min

※ 소화약제 저장용기는 호스릴을 설치하는 장소마다 설치한다.

07. 할론소화설비

1. 할론소화설비

(1) 배관(NFPC 107 8조, NFTC 107 2.5.1)
  ① 전용
  ② 강관(압력배관용 탄소강관)

저압식	고압식
스케줄 40 이상	스케줄 80 이상

  ③ 동관(이음이 없는 동 및 동합금관)

저압식	고압식
3.75MPa 이상	16.5MPa 이상

  ④ 배관부속 및 밸브류 : 강관 또는 동관과 동등 이상의 강도 및 내식성 유지

(2) 저장용기(NFPC 107 4조 / NFTC 107 2.1.2, 2.7.1.3)

구 분		할론 1211	할론 1301
저장압력		1.1MPa 또는 2.5MPa	2.5MPa 또는 4.2MPa
방출압력		0.2MPa	0.9MPa
충전비	가압식	0.7~1.4 이하	0.9~1.6 이하
	축압식		

2. 호스릴방식

수평거리	고압식
15m 이하	분말 · 포 · CO₂ 소화설비
20m 이하	할론소화설비
25m 이하	옥내소화전설비

3. 할론 1301(CF₃Br)의 특징

① 여과망을 설치하지 않아도 된다.

② 제3류 위험물에는 사용할 수 없다.

4. 국소방출방식

$$Q = X - Y\left(\frac{a}{A}\right)$$

여기서, Q : 방호공간 $1m^3$에 대한 할론소화약제의
양$[kg/m^3]$

　　　 a : 방호대상물 주위에 설치된 벽면적 합계
$[m^2]$

　　　 A : 방호공간의 벽면적 합계$[m^2]$

　　　 X, Y : 수치

08. 분말소화설비

1. 분말소화설비의 배관(NFPC 108 9조, NFTC 108 2.6.1)

① 전용

② 강관 : **아연도금**에 의한 **배관용 탄소강관**

③ 동관 : 고정압력 또는 최고 사용압력의 **1.5배** 이
상의 압력에 견딜 것

④ 밸브류 : **개폐위치** 또는 **개폐방향**을 표시한 것

⑤ 배관의 관부속 및 밸브류 : 배관과 동등 이상의
강도 및 내식성이 있는 것

⑥ 주밸브 헤드까지의 배관의 분기 : **토너먼트 방식**

⑦ 저장용기 등 배관의 굴절부까지의 거리 : 배관 **내
경**의 **20배** 이상

2. 저장용기의 내용적

약제 종별	내용적$[l/kg]$
제1종 분말	0.8
제2·3종 분말	1
제4종 분말	1.25

3. 압력조정기

할론소화설비	분말소화설비
2MPa 이하로 압력 감압	2.5MPa 이하로 압력 감압

※ **정압작동장치의 목적** : 약제를 적절히 보내기 위해

4. 용기 유니트의 설치밸브

① 배기밸브

② 안전밸브

③ 세척밸브(클리닝밸브)

5. 분말소화설비의 가압식과 축압식의 설치기준

구 분 사용가스	가압식	축압식
질소(N_2)	40l/kg 이상	10l/kg 이상
이산화탄소 (CO_2)	20g/kg+배관청소 필요량 이상	20g/kg+배관청소 필요량 이상

6. 분말소화설비의 방식

① 전역방출방식

② 국소방출방식

③ 호스릴(이동식)방식

7. 약제 방사시간

소화설비		전역방출방식		국소방출방식	
		일반 건축물	위험물 제조소	일반 건축물	위험물 제조소
할론소화설비		10초 이내	30초 이내	10초 이내	30초 이내
분말소화설비		30초 이내		30초 이내	
CO_2 소화 설비	표면화재	1분 이내	60초 이내	30초 이내	
	심부화재	7분 이내			

기억법 심7(심취하다)

※	표면화재	심부화재
	가연성 액체·가연성 가스	종이·목재·석탄·석유류 ·합성수지류

제2장 피난구조설비

1. 피난기구

① 피난사다리
② 구조대
③ 완강기
④ 소방청장이 정하여 고시하는 화재안전기준으로 정하는 것(미끄럼대, 피난교, 공기안전매트, 피난용 트랩, 다수인 피난장비, 승강식 피난기, 간이완강기, 하향식 피난구용 내림식 사다리)

2. 피난기구의 적응성(NFTC 301 2.1.1)

구 분 \ 층 별	3층
노유자시설	• 피난교 • 미끄럼대 • 구조대 • 다수인 피난장비 • 승강식 피난기

3. 피난기구의 설치 완화조건

① **층별구조**에 의한 감소
② **계단수**에 의한 감소
③ **건널복도**에 의한 감소

4. 피난사다리의 분류

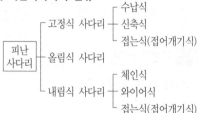

※ **올림식 사다리**
  • 사다리 상부지점에 **안전장치** 설치
  • 사다리 하부지점에 **미끄럼방지장치** 설치

5. 횡봉과 종봉의 간격

횡 봉	종 봉
25~35cm 이하	30cm 이상

6. 피난사다리의 표시사항

① 종별 및 형식
② 형식승인번호
③ 제조연월 및 제조번호
④ 제조업체명
⑤ 길이
⑥ 자체중량(고정식 및 하향식 피난구용 내림식 사다리 제외)
⑦ 사용안내문(사용방법, 취급상의 주의사항)
⑧ 용도(하향식 피난구용 내림식 사다리에 한하며, "**하향식 피난구용**"으로 표시)
⑨ 품질보증에 관한 사항(보증기간, 보증내용, A/S 방법, 자체검사필증 등)

7. 수직강하식 구조대

본체에 적당한 간격으로 협축부를 마련하여 피난자가 안전하게 활강할 수 있도록 만든 구조

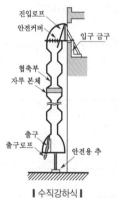

| 수직강하식 |

※ **사강식 구조대의 길이 : 수직거리의 1.3~1.5배**

8. 완강기

① **속도조절기** : 피난자가 **체중**에 의해 강하속도를 조절하는 것
② **로프** ┬ 직경 **3mm** 이상
         └ 강도시험 : **3900N**
③ **벨트** ┬ 너비 : **45mm** 이상
         ├ 최소원주길이 : **55~65cm** 이하
         ├ 최대원주길이 : **160~180cm** 이하
         └ 강도시험 : **6500N**
④ **속도조절기의 연결부**

※ 완강기에 기름이 묻으면 강하속도가 현저히 빨라지므로 위험하다.

제3장 소화활동설비 및 소화용수설비

1. 스모크타워 제연방식
① **고층빌딩**에 적당하다.
② 제연 샤프트의 **굴뚝효과**를 이용한다.
③ 모든 층의 **일반 거실화재**에 이용할 수 있다.

※ **드래프트 커튼** : 스모크 해치 효과를 높이기 위한 장치

2. 제연구의 방식
① 회전식
② 낙하식
③ 미닫이식

3. 배출량(NFPC 501 6조, NFTC 501 2.3.3)
(1) 통로
예상제연구역이 통로인 경우의 배출량은 **45000m³/hr** 이상으로 할 것

(2) 거실

바닥면적	직 경	배출량
400m² 미만	–	5000m²/h 이상
400m² 이상	40m 이내	40000m²/h 이상
	40m 초과	45000m²/h 이상

4. 제연구역의 구획(NFPC 501 4조, NFTC 501 2.1.1)
① 1제연구역의 면적은 **1000m²** 이내로 할 것
② 거실과 통로는 **각각 제연구획**할 것
③ 통로상의 제연구역은 보행중심선의 길이가 **60m**를 초과하지 않을 것
④ 1제연구역은 직경 **60m** 원 내에 들어갈 것
⑤ 1제연구역은 **2개** 이상의 층에 미치지 않을 것

※ 제연구획에서 제연경계의 폭은 0.6m 이상, 수직거리는 2m 이내이어야 한다.

5. 예상제연구역 및 유입구
① 예상제연구역의 각 부분으로부터 하나의 배출구까지의 수평거리는 **10m** 이내로 한다.

② 예상제연구역에 공기가 유입되는 순간의 풍속은 **5m/s** 이하가 되도록 한다.
③ 공기 유입구의 구조는 유입공기를 상향으로 분출하지 않도록 설치하여야 한다(단, 유입구가 바닥에 설치되는 경우에는 상향으로 분출가능하며 이때의 풍속은 1m/s 이하가 되도록 해야 한다).
④ 공기 유입구의 크기는 **35cm² · min/m³** 이상으로 한다.

6. 대규모 화재실의 제연효과
① 거주자의 피난루트 형성
② 화재 진압대원의 진입루트 형성
③ 인접실로의 연기확산지연

7. Duct(덕트) 내의 풍량과 관계되는 요인
① Duct의 내경
② 제연구역과 Duct와의 거리
③ 흡입댐퍼의 개수

8. 풍속
① 배출기의 흡입측 풍속 : **15m/s** 이하
② 배출기 배출측 풍속 ┐
③ 유입풍도 안의 풍속 ┘ **20m/s** 이하

※ 연소방지설비 : **지하구**에 설치한다.

01. 연결살수설비

1. 연결살수설비의 주요구성
① 송수구(단구형, 쌍구형)
② 밸브(선택밸브, 자동배수밸브, 체크밸브)
③ 배관
④ 살수헤드(폐쇄형, 개방형)

※ 송수구는 65mm의 **쌍구형**이 원칙이나 조건에 따라 **단구형**도 가능하다.

2. 연결살수설비의 배관 및 부속재료(NFPC 503 5조, NFTC 503 2.2)

(1) 배관 종류

① 배관용 탄소강관

② 압력배관용 탄소강관

③ 소방용 합성수지배관

④ 이음매 없는 구리 및 구리합금관(**습식**에 한함)

⑤ 배관용 스테인리스강관

⑥ 일반용 스테인리스강관

⑦ 덕타일 주철관

⑧ 배관용 아크용접 탄소강강관

(2) 부속 재료

① 나사식 가단주철제 엘보

② 배수트랩

3. 헤드의 수평거리

살수헤드	스프링클러헤드
3.7m 이하	2.3m 이하

※ 연결살수설비에서 하나의 송수구역에 설치하는 개방형 헤드 수는 **10개** 이하로 하여야 한다.

4. 연결살수설비의 설치대상(소방시설법 시행령 [별표 4])

설치대상	조 건
① 지하층	• 바닥면적 합계 150m² (학교 700m²) 이상
② 판매시설·운수시설 ·물류터미널	• 바닥면적 합계 1000m² 이상
③ 가스시설	• 30t 이상 탱크시설
④ 전부	• 연결통로

02. 연결송수관설비

1. 연결송수관설비의 주요구성

① 가압송수장치   ② 송수구

③ 방수구   ④ 방수기구함

⑤ 배관   ⑥ 전원 및 배선

※ **연결송수관설비** : 시험용 밸브가 필요없다.

2. 연결송수관설비의 부속장치

① 쌍구형 송수구

② 자동배수밸브(오토드립)

③ 체크밸브

3. 설치높이(깊이) 및 방수압

소화용수설비	연결송수관설비
① 가압송수장치의 설치깊이 : 4.5m 이상	① 가압송수장치의 설치높이 : 70m 이상
② 방수압 : 0.15MPa 이상	② 방수압 : 0.35MPa 이상

4. 연결송수관설비의 설치순서(NFPC 502 4조, NFTC 502 2.1.1.8)

습 식	건 식
송수구 → 자동배수 밸브 → 체크밸브	송수구 → 자동배수밸브 → 체크밸브 → 자동배수밸브

5. 연결송수관설비의 방수구(NFPC 502 6조, NFTC 502 2.3)

① **층**마다 설치(**아파트**인 경우 3층부터 설치)

② **11층** 이상에는 **쌍구형**으로 설치(**아파트**인 경우 **단구형** 설치 가능)

③ 방수구는 **개폐기능**을 가진 것일 것

④ 방수구는 구경 **65mm**로 한다.

⑤ 방수구는 바닥에서 **0.5~1m** 이하에 설치한다.

※ **방수구의 설치장소** : 비교적 연소의 우려가 적고 접근이 용이한 **계단실**과 같은 곳

6. 연결송수관설비를 습식으로 해야 하는 경우

(NFPC 502 5조, NFTC 502 2.2.1.2)

① 높이 **31m** 이상

② **11층** 이상

7. 접합부위(방수구·송수구 성능인증 4조)

송수구의 접합부위	방수구의 접합부위
암나사	수나사

03. 소화용수설비

1. 소화용수설비의 주요구성

① 가압송수장치
② 소화수조
③ 저수조
④ 상수도 소화용수설비

2. 소화용수설비의 설치기준(NFPC 401 4조·402 4~5조, NFTC 401 2.1.1.3·402 2.1.1, 2.2)

① 소화전은 특정소방대상물의 수평투영면의 각 부분으로부터 **140m** 이하가 되도록 설치할 것
② 소화수조 또는 저수조가 지표면으로부터의 깊이가 **4.5m** 이상인 지하에 있는 경우에는 소요수량을 고려하여 가압송수장치를 설치할 것
③ 소화수조 및 저수조의 채수구 또는 흡수관투입구는 소방차가 **2m** 이내의 지점까지 접근할 수 있는 위치에 설치할 것
④ 소화수조가 **옥상** 또는 옥탑부분에 설치된 경우에는 지상에 설치된 채수구에서의 압력 **0.15MPa** 이상 되도록 할 것

> **기억법** 용14옥15

3. 소화수조 또는 저수조의 저수량 산출

구 분	기준면적
지상 1층 및 2층 바닥면적 합계 15000m² 이상	7500m²
기타	12500m²

$$소화용수의\ 양[m^3] = \frac{연면적}{기준면적}(절상) \times 20m^3$$

4. 채수구의 수

소화수조 용량	20~40m² 미만	40~100m² 미만	100m² 이상
채수구의 수	1개	2개	3개